List of the Elements with Their Atomic Symbols and Atomic Weights

Name	Symbol	Atomic Number	Atomic Weight
Actinium	Ac	89	(227)*
Aluminum	Al	13	26.981538
Americium	Am	95	(243)
Antimony	Sb	51	121.760
Argon	Ar	18	39.948
Arsenic	As	33	74.92160
Astatine	At	85	(210)
Barium	Ba	56	137.327
Berkelium	Bk	97	(247)
Beryllium	Be	4	9.012182
Bismuth	Bi	83	208.98040
Bohrium	Bh	107	(272)
Boron	B	5	10.811
Bromine	Br	35	79.904
Cadmium	Cd	48	112.411
Calcium	Ca	20	40.078
Californium	Cf	98	(251)
Carbon	C	6	12.0107
Cerium	Ce	58	140.116
Cesium	Cs	55	132.90545
Chlorine	Cl	17	35.453
Chromium	Cr	24	51.9961
Cobalt	Co	27	58.933195
Copernicium	Cn	112	(285)
Copper	Cu	29	63.546
Curium	Cm	96	(247)
Darmstadtium	Ds	110	(281)
Dubnium	Db	105	(268)
Dysprosium	Dy	66	162.500
Einsteinium	Es	99	(252)
Erbium	Er	68	167.259
Europium	Eu	63	151.964
Fermium	Fm	100	(257)
Flerovium	Fl	114	(289)
Fluorine	F	9	18.998403
Francium	Fr	87	(223)
Gadolinium	Gd	64	157.25
Gallium	Ga	31	69.723
Germanium	Ge	32	72.64
Gold	Au	79	196.96657
Hafnium	Hf	72	178.49
Hassium	Hs	108	(270)
Helium	He	2	4.002602
Holmium	Ho	67	164.93032
Hydrogen	H	1	1.00794
Indium	In	49	114.818
Iodine	I	53	126.90447
Iridium	Ir	77	192.217
Iron	Fe	26	55.845
Krypton	Kr	36	83.798
Lanthanum	La	57	138.9055
Lawrencium	Lr	103	(262)
Lead	Pb	82	207.2
Lithium	Li	3	6.941
Livermorium	Lv	116	(293)
Lutetium	Lu	71	174.9668
Magnesium	Mg	12	24.3050
Manganese	Mn	25	54.938045
Meitnerium	Mt	109	(276)
Mendelevium	Md	101	(258)
Mercury	Hg	80	200.59
Molybdenum	Mo	42	95.96
Moscovium	Mc	115	(288)
Neodymium	Nd	60	144.242
Neon	Ne	10	20.1797
Neptunium	Np	93	(237)
Nickel	Ni	28	58.6934
Nihonium	Nh	113	(284)
Niobium	Nb	41	92.90638
Nitrogen	N	7	14.0067
Nobelium	No	102	(259)
Oganesson	Og	118	(294)
Osmium	Os	76	190.23
Oxygen	O	8	15.9994
Palladium	Pd	46	106.42
Phosphorus	P	15	30.973762
Platinum	Pt	78	195.094
Plutonium	Pu	94	(244)
Polonium	Po	84	(209)
Potassium	K	19	39.0983
Praseodymium	Pr	59	140.90765
Promethium	Pm	61	(145)
Protactinium	Pa	91	231.03588
Radium	Ra	88	(226)
Radon	Rn	86	(222)
Rhenium	Re	75	186.207
Rhodium	Rh	45	102.90550
Roentgenium	Rg	111	(280)
Rubidium	Rb	37	85.4678
Ruthenium	Ru	44	101.07
Rutherfordium	Rf	104	(265)
Samarium	Sm	62	150.36
Scandium	Sc	21	44.955912
Seaborgium	Sg	106	(271)
Selenium	Se	34	78.96
Silicon	Si	14	28.0855
Silver	Ag	47	107.8682
Sodium	Na	11	22.989769
Strontium	Sr	38	87.62
Sulfur	S	16	32.065
Tantalum	Ta	73	180.9479
Technetium	Tc	43	(98)
Tellurium	Te	52	127.60
Tennessine	Ts	117	(292)
Terbium	Tb	65	158.92535
Thallium	Tl	81	204.3833
Thorium	Th	90	232.0381
Thulium	Tm	69	168.93421
Tin	Sn	50	118.710
Titanium	Ti	22	47.867
Tungsten	W	74	183.84
Uranium	U	92	238.02891
Vanadium	V	23	50.9415
Xenon	Xe	54	131.293
Ytterbium	Yb	70	173.054
Yttrium	Y	39	88.90585
Zinc	Zn	30	65.38
Zirconium	Zr	40	91.224

*Values in parentheses are the mass numbers of the most common or longest lived isotopes of radioactive elements.

Periodic Table of the Elements

Main groups		Transition metals										Main groups					
1 1A	2 2A	3 3B	4 4B	5 5B	6 6B	7 7B	8 8B	9 8B	10 8B	11 1B	12 2B	13 3A	14 4A	15 5A	16 6A	17 7A	18 8A
1 H 1.00794																	2 He 4.002602
3 Li 6.941	4 Be 9.012182											5 B 10.811	6 C 12.0107	7 N 14.0067	8 O 15.9994	9 F 18.998403	10 Ne 20.1797
11 Na 22.989769	12 Mg 24.3050											13 Al 26.981538	14 Si 28.0855	15 P 30.973762	16 S 32.065	17 Cl 35.453	18 Ar 39.948
19 K 39.0983	20 Ca 40.078	21 Sc 44.955912	22 Ti 47.867	23 V 50.9415	24 Cr 51.9961	25 Mn 54.938045	26 Fe 55.845	27 Co 58.933195	28 Ni 58.6934	29 Cu 63.546	30 Zn 65.38	31 Ga 69.723	32 Ge 72.64	33 As 74.92160	34 Se 78.96	35 Br 79.904	36 Kr 83.798
37 Rb 85.4678	38 Sr 87.62	39 Y 88.90585	40 Zr 91.224	41 Nb 92.90638	42 Mo 95.96	43 Tc (98)	44 Ru 101.07	45 Rh 102.90550	46 Pd 106.42	47 Ag 107.8682	48 Cd 112.411	49 In 114.818	50 Sn 118.710	51 Sb 121.760	52 Te 127.60	53 I 126.90447	54 Xe 131.293
55 Cs 132.90545	56 Ba 137.327	71 Lu 174.9668	72 Hf 178.49	73 Ta 180.9479	74 W 183.84	75 Re 186.207	76 Os 190.23	77 Ir 192.217	78 Pt 195.094	79 Au 196.96657	80 Hg 200.59	81 Tl 204.3833	82 Pb 207.2	83 Bi 208.98040	84 Po (209)	85 At (210)	86 Rn (222)
87 Fr (223)	88 Ra (226)	103 Lr (262)	104 Rf (265)	105 Db (268)	106 Sg (271)	107 Bh (272)	108 Hs (270)	109 Mt (276)	110 Ds (281)	111 Rg (280)	112 Cn (285)	113 Nh (284)	114 FL (289)	115 Mc (288)	116 Lv (293)	117 Ts (292)	118 Og (294)

*Lanthanide series	57 *La 138.9055	58 Ce 140.116	59 Pr 140.90765	60 Nd 144.242	61 Pm (145)	62 Sm 150.36	63 Eu 151.964	64 Gd 157.25	65 Tb 158.92535	66 Dy 162.500	67 Ho 164.93032	68 Er 167.259	69 Tm 168.93421	70 Yb 173.054
†Actinide series	89 †Ac (227)	90 Th 232.0381	91 Pa 231.03588	92 U 238.02891	93 Np (237)	94 Pu (244)	95 Am (243)	96 Cm (247)	97 Bk (247)	98 Cf (251)	99 Es (252)	100 Fm (257)	101 Md (258)	102 No (259)

ROBINSON | MCMURRY | FAY

CHEMISTRY

EIGHTH EDITION

핵심일반화학

제8판

화학교재연구회 옮김

Pearson

자유아카데미

저자 소개

Jill K. Robinson

볼더에 있는 콜로라도 대학교에서 분석 및 대기화학으로 박사 학위를 받았다. 인디애나 대학교 수석 강사이며, 일반화학, 분석화학, 환경화학을 가르치고 있다. 명확하고 논리적인 교육 스타일로, 인디애나 대학교에서 최우수 강의 대통령상, 미국화학회 분석화학분과 교육우수상인 J. Calvin Giddings Award 등 다수의 상을 수상하였다. 로빈슨 교수는 강의기반 교육으로부터 학생중심 교육으로 전환할 수 있도록 워크숍을 이끌고 있다.

John McMurry

미국 하버드 대학교와 컬럼비아 대학교에서 수학했다. 40년 동안 20,000명이 넘는 학생들에게 일반화학과 유기화학을 가르쳤다. 현재 코넬 대학교 화학과 명예교수이며, 산타크루즈 캘리포니아 대학교(UCSC)에서 13년간 교수직에 있었다. 그는 Alfred P. Sloan Fellowship(1969~71), National Institute of Health Career Development Award(1975~80), Alexander von Humboldt Senior Scientist Award(1986~87), Max Planck Research Award(1991) 등 많은 상을 수상하였다.

Robert C. Fay

코넬 대학교 명예교수로, 1962년부터 45년간 코넬 대학교에서 일반화학과 무기화학을 가르쳤다. 명확하고 깔끔한 강의로 유명하며, 1980년에는 Clark Distinguished Teaching Award를 수상했다. 그는 또한 미국의 하버드 대학교와 이탈리아의 볼로냐 대학교에서 객원교수를 지냈다. 오벌린 대학의 파이 베타 카파(Phi Beta Kappa)로 졸업하였으며, 일리노이 대학교에서 박사 학위를 받았다. 이스트 앵글리아 대학교와 서섹스 대학교(잉글랜드)의 NSF 과학학부 연구원, 옥스포드 대학교의 NATO/Heineman 선임 연구원으로 활동했다.

머리말

학생들에게

프랜시는 첫 번째 화학 시간에 흥분되어 있었다. 모든 것은 끊임없이 운동하는 원자들로 구성되어 있다는 것을 그녀가 한 시간 만에 알게 된 것이다. 어느 것도 없어지거나 파괴되지도 않는다는 사실도 알게 되었다. 뭔가 타거나 썩어서 없어진다 해도, 지구상에서 사라지는 것이 아니라, 다른 것으로, 즉 기체, 액체, 분말로 변화한다는 것이다. 프랜시가 첫 번째 강의가 끝난 후 내린 결론이 있다. 화학에선 모든 것이 활기차고, 화학에는 죽음이 없다는 것이다. 왜 교육받은 사람들이 화학을 종교로 택하지 않는지, 그녀는 의아해했다.

– 베티 스미스, 나를 있게 한 모든 것들

이처럼 숨이 막힐 정도로, 모든 사람이 화학 강의에서 반응하는 것은 아니다. 화학을 종교로 착각하는 사람도 거의 없다. 그렇지만 화학이란 과목은 매우 논리적인 아름다움을 가지고 있다. 우리가 화학을 좋아하는 이유에는 두 가지가 있다. 우리 주변을 관찰해서 얻은 많은 결과의 '이유(Why)'를 화학이 설명해 주기 때문이다. 또한, 우리의 건강, 생활방식, 정치에 관한 정보를 선택할 수 있도록 화학이 도움을 주기 때문이다. 게다가 화학은 과학의 핵심이다. 그 덕분에 화학은 지난 세기에 있었던 그 많은 위대한 진보를 가져온 과학의 토대가 되어, 수명 연장과 풍요로운 삶을 가져다 주었다. 화학은 물질세계를 바르게 이해하도록 해줄 것이며, 필요로 하는 토대를 계속 제공하여 과학과 인류에 중요한 공헌을 하게 될 것이다.

이 책의 사용법

독자들은 교과서를 사용해 본 경험이 틀림없이 있을 것이다. 또한, 이 책을 소설처럼 읽어서는 안 된다는 것도 알고 있을 것이다. 이 책을 쓴 목적은 화학을 명확하고 쏙쏙 받아들이도록 소개하기 위함이다. 이를 위해 화학을 처음 공부하는 독자들이 화학을 이해하고 공감하도록 도울 것이다. 이 책에 푹 빠져서, 각 절마다 계속 질문하고 이해 여부를 확인해 본다면 큰 도움이 될 것이다. 이 책을 설계하고 집필한 방식은 독자의 마음을 활성화시켜 화학의 여러 원리를 배울 때 중요한 개념을 소화할 수 있도록 도울 것이다.

제8판 개정판에서는 효과적인 학습법 연구를 바탕으로, 학습 사이클을 구성하였다. 이제 학습 사이클의 구체적인 단계들이 검증된 전략들을 어떻게 사용하여 학습을 극대화하는지 알아보자.

제1단계: 새로운 자료의 학습

- **설명부**: 본문을 읽을 때는 항상 그 개념의 숨은 '이유'를 이해하도록 도전해야 한다. 예를 들어, 탄소가 네 개의 결합을 형성한다는 것을 배운다면 그 이유를 설명부에서 제공할 것이다. 개념적으로 이해한다면, 엄청 많은 사실들을 **암기할 필요가 없고**, 중요한 원칙들을 훨씬 쉽게 배우고 잊어버리지 않을 것이다!

- **그림**: 그림은 선택이 아니다! 대부분의 그림들은 중요한 점들을 요약해서 전달한다. **확인하기**에서는 핵심 원리를 주목하게 만들고, 그래프 해석 지침을 제공한다. 질문에 답하는 방법이 있다. 먼저 그림을 검토하라. 그리고 나서 관련 설명부를 다시 읽으면 된다. 확인하기 문제의 답은 문제 아래쪽에 있다. **개념탐구 질문**은 가장 중요한 개념을 독자 여러분이 소화하고 적용할 수 있도록 돕는 것으로, 여백에 있다.
- **예제**: 본문에 있는 수많은 예제들에서 보여 주는 것은 특정 유형의 문제를 해결하는 방법이다. 각 예제는 단계별로 풀어나간다.
  - **문제 파악**—문제 풀기의 첫 단계는 핵심 정보를 먼저 파악하고 기지량과 미지량으로 분류하기이다. 이 단계에서는 단어와 화학 기호 사이의 상호 변환도 포함한다. 한쪽에 기지량을, 다른 한쪽에 미지량을 나열하면, 정보가 구조화되어 올바른 전략 찾기 과정을 보다 가시화할 수 있다. 이러한 문제 파악 단계는 수치 문제에 사용된다.
  - **전략**—전략에서는 문제를 푸는 방법을 설명만 하지, 실제로 풀지는 않는다. 대개, 필요한 전략을 명확하게 설명하지 못하는 것이 흔히 빠지는 함정이다. 즉, 너무나 자주, 학생들은 숫자와 변수를 다루는 일부터 시작한다. 핵심 식을 먼저 찾지도 않고, 계획을 세우지도 않고, 시작부터 한다. 전략을 명확하게 설명한다면, 개념적 이해를 발전시킬 것이다. 또한, 특정 유형의 문제 풀이에 등장하는 단계들을 단순히 암기하는 것보다 훨씬 더 바람직하다.
  - **풀이**—계획의 윤곽이 잡히면 핵심 정보를 사용하여 답을 얻을 수 있다.
  - **점검**—문제 풀이를 끝내려면 얻은 답이 타당한지 여부를 점검하고 끝내야 한다. 세상의 유용한 지식과 화학적 지식을 모두 사용하여 얻은 답을 평가하라. 예를 들어 보자. 액체 물 시료에 열을 가할 때 나중 온도가 얼마인지를 계산하도록 요청받은 경우, 얻은 답을 비판적으로 고려해야 한다. 즉, 나중 온도는 처음 온도보다 낮은가? 가열했는데 온도 상승이 없으면 안 되는가? 나중 온도가 물의 끓는점인 100 °C보다 높은가? 이 점검 단계가 문제에서 사용되는 때는 언제일까? 어떤 수의 크기와 부호를 추정할 때 또는 답의 물리적 의미를 익숙한 관찰에 기초하여 검증할 때이다.

  예제에서는 탐구한 개념을 통달했는지를 시험하는데, 두 문제가 뒤따를 것이다.

  연습문제는 형태와 복잡성이 예제와 비슷하다. 연습문제에서는 기본적인 이해를 시험할 것이다. 이 문제를 올바르게 완수했다면, **응용문제**에 도전해 보라. 응용문제에서는 새로운 상황에서 그 개념이 사용됨으로써 그 주제를 더 깊숙이 이해할 수 있다. 응용문제에 대한 해답은 이 책의 끝부분에 있다.
- **개념 문제**: 개념적 이해는 이 책의 주요 관심사이다. 개념적 문제의 의도는, 방정식에서 수치를 정확하게 사용하는 능력보다는 핵심 원리 이해를 탐색하면서, 원자/분자의 구조와 상호 작용을 시각화하는 중요한 기술을 독자가 갖도록 하는 데 있다. 주요 개념들을 확고히만 해준다면, 이러한 문제들을 정복하는 데 소비한 시간은 높은 장기적 이익을 제공할 것이다.

제2단계: 문제 풀기 연습

더 복잡하고 오래 지속되는 학습을 성취하는 방법이 있다. 많은 노력을 필요로 하고 학습 속도를 떨어뜨리는 문제들을 연습해 보는 것이다.

- **장 끝 문제**: 문제풀기는 화학 성공의 필수이다! 각 장의 끝에 있는 많고 다양한 문제들로 연습을 하면, 특정 개념들을 통달하게 될 것이다. 문제의 해답은 책의 뒷부분 '해답' 섹션에 있고, 문제 하나 걸러 있다.

제3단계: 통달하기

일단 한 장을 읽고 나서 장 끝 문제를 완성한 경우라면, 독자는 시험을 위해 복습할 필요가 있다. 또한 어떤 주제를 통달했는지, 그리고 여전히 굳건히 해야 할 부분이 어느 것인지를 평가할 필요가 있다. Inquiry 부분과 복습 문제는 그 장의 머릿돌로서 정신적 표현을 강화하는 곳으로, 그 방법은 학습을 재연하고 의미를 부여한다.

- **Inquiry**: Inquiry 부분에서는 화학과 주변 세계를 연결해 준다. 연결 방법은 많은 학생들의 미래 직업에 유용한 링크를 클릭하면 된다. 대표적인 주제는 재료, 의약품, 환경이다. 이 부분의 목표는 이해도를 높여 기억에 도움을 주는 것으로, 그 방법은 개념과 기억할 만한 용도를 묶어 주면 된다.
- **장 끝 정리와 복습 문제**: 장 끝 정리와 복습 문제는 시험 준비에 유용한 도구이다. 각 복습 문제는 정리의 학습 목표와 연계되어 있다.

감사의 글

저자들의 가족들과 재능 있는 여러분들 덕분에 개정판이 나왔습니다. 코스웨어 포트폴리오 매니저인 Terry Haugen에게 감사를 드립니다. 그의 통찰력과 제안으로 책이 개선되었습니다. Cathy Murphy, Coleen Morrison, Jay McElroy에게 감사를 드립니다. 원고와 미술 프로그램을 꼼꼼하게 검토를 해주어, 학생들이 보다 이해하기 쉽게 만들어 주었습니다. 수석 제품 마케팅 매니저인 Elizabeth Bell에게 감사를 드립니다. 제8판의 기능을 설명하는 데 새로운 활력을 불어넣어 주었습니다. Shercian Kinosian과 Kelly Murphy에게 감사를 드립니다. 제작 및 편집에 노력을 경주해 주었습니다. 미술 작품 제작을 코디해 준 Rebecca Marshall, 사진을 담당해 준 Angelica D. Aranas에게 감사를 드립니다.

탁월한 공헌을 해주신 여러 동료들에게도 특별히 감사를 드립니다. 이분들은 중요한 보조 자료들을 많이 만들어 주었기에, 교과서를 하나의 완벽한 꾸러미로 전환시킬 수 있었습니다.

- 켄트 주립 대학의 Ruth Leslie는 부록 문제 은행을 새롭게 해주었습니다.
- 버지니아 커먼웰스 대학의 Joseph Topich는 전체 및 부분 해답집을 만들어 주었습니다.
- 디트로이트 머시 대학의 Mark Benvenuto는 교수 학습 자료에 귀중한 콘텐츠를 제공해 주었습니다.
- 톨레도 대학의 Kristi Mock은 제8판의 학생용 학습 가이드를 만들어 주었습니다.
- 클렘슨 대학의 Dennis Taylor는 강사용 자료집을 만들어 주었습니다.
- 성 요셉 칼루멧 대학의 Sandra Chimon−Rogers는 실험서를 새롭게 해주었습니다.

마지막으로, 감사를 드리고 싶은 분들이 있습니다. 모든 정확성을 검토해 주신 분들, 본문을 검토해 주신 분들, 또한 우리의 작업을 읽고 비판하고 개선해 주신 많은 다른 기관의 동료들에게도 감사를 드립니다.

Jill K. Robinson
John McMurry
Robert C. Fay

제8판을 검토해 주신 분들

Stanley Bajue, Medger Evers College
Joe Casalnuovo, Cal Poly, Pomona
Kathryn Davis, Manchester University
Sarah Edwards, Western Kentucky University
Stacy O'Reilly, Butler University
Gabriela Smeureanu, Hunter College
Lucinda Spryn, Thomas Nelson Community College
Joe Topich, Virginia Commonwealth University
Ken Tyrrell, Connors State College
Zachary Varpness, Chadron State College

제7판까지 검토해 주신 분들

James Almy, Golden West College
Laura Andersson, Big Bend Community College
David Atwood, University of Kentucky
James Ayers, Colorado Mesa University
Mufeed Basti, North Carolina A&T State University
David S. Ballantine, Northern Illinois University
Debbie Beard, Mississippi State University
Robert Blake, Glendale Community College
Ronald Bost, North Central Texas University
Danielle Brabazon, Loyola College
Gary Buckley, Cameron University
Robert Burk, Carleton University
Ken Capps, Central FL Community College
Joe Casalnuovo, Cal Poly Pomona
Myron Cherry, Northeastern State University
Sandra Chimon-Rogers, Calumet College of St. Joseph
Allen Clabo, Francis Marion University
Claire Cohen, University of Toledo
Paul Cohen, University of New Jersey
Katherine Covert, West Virginia University
David De Haan, University of San Diego
Nordulf W. G. Debye, Towson University
Dean Dickerhoof, Colorado School of Mines
David Dobberpuhl, Creighton University
Kenneth Dorris, Lamar University
Jon A. Draeger, University of Pittsburgh at Bradford
Brian Earle, Cedar Valley College
Amina El-Ashmawy, Collin County Community College
Joseph W. Ellison, United States Military Academy at West Point
Erik Eriksson, College of the Canyons
Peter M. Fichte, Coker College
Kathy Flynn, College of the Canyons
Joanne Follweiler, Lafayette College
Ted Foster, Folsom Lake College
Cheryl Frech, University of Central Oklahoma
Mark Freilich, University of Memphis
Mark Freitag, Creighton University
Travis Fridgen, Memorial University of Newfoundland
Chammi Gamage-Miller, Blinn College-Bryan Campus
Rachel Garcia, San Jacinto College
Katherine Geiser-Bush, Durham Technical Community College
Jack Goldsmith, University of South Carolina Aiken
Carolyn Griffin, Grand Canyon University
Nathanial Grove, UNC Wilmington
Thomas Grow, Pensacola Junior College
Mildred Hall, Clark State University
Tracy A. Halmi, Pennsylvania State University Erie
Keith Hansen, Lamar University
Lois Hansen-Polcar, Cuyahoga Community College
Wesley Hanson, John Brown University
Alton Hassell, Baylor University
Michael Hauser, St. Louis Community College-Meramec
M. Dale Hawley, Kansas State University
Patricia Heiden, Michigan Tech University
Sherman Henzel, Monroe Community College
Thomas Hermann, University of California-San Diego
Thomas Herrington, University of San Diego
Margaret E. Holzer, California State University-Northridge
Geoff Hoops, Butler University
Todd Hopkins, Baylor University
Narayan S. Hosmane, Northern Illinois University
Jeff Joens, Florida International University
Andy Jorgensen, University of Toledo
Jerry Keister, University of Buffalo
Chulsung Kim, University of Dubuque
Angela King, Wake Forest University

Regis Komperda, Wright State University
Ranjit Koodali, University of South Dakota
Peter Kuhlman, Denison University
Valerie Land, University of Arkansas Community College
John Landrum, Florida International University
Leroy Laverman, University of California–Santa Barbara
Celestia Lau, Lorain County Community College
Stephen S. Lawrence, Saginaw Valley State University
David Leddy, Michigan Technological University
Shannon Lieb, Butler University
Don Linn, IUPU Fort Wayne
Karen Linscott, Tri–County Technical College
Irving Lipschitz, University of Massachusetts–Lowell
Rosemary Loza, Ohio State University
Rudy Luck, Michigan Technological University
Rod Macrae, Marian University
Riham Mahfouz, Thomas Nelson Community College
Ashley Mahoney, Bethel College
Jack F. McKenna, St. Cloud State University
Craig McLauchlan, Illinois State University
Iain McNab, University of Toronto
Christina Mewhinney, Eastfield College
David Miller, California State University–Northridge
Rebecca S. Miller, Texas Tech University
Abdul Mohammed, North Carolina A&T State University
Linda Mona, United States Naval Academy
Edward Mottell, Rose–Hulman Institute
Ed Navarre, Southern Illinois University Edwardsville
Christopher Nichols, California State University–Chico
Gayle Nicoll, Texas Technological University
Mya Norman, University of Arkansas
Allyn Ontko, University of Wyoming
Robert H. Paine, Rochester Institute of Technology
Cynthia N. Peck, Delta College
Eileen Pérez, University of South Florida
Kris Quinlan, University of Toronto
Betsy Ratcliffe, West Virginia University
Al Rives, Wake Forest University
Richard Roberts, Des Moines Area Community College–Ankeny
Michael R. Ross, College of St. Benedict/St. John's University
Lev Ryzhkov, Towson University
Svein Saebo, Mississippi State University
Mark Schraf, West Virginia University
John Schreifels, George Mason University
Patricia Schroeder, Johnson County Community College
David Shoop, John Brown University
Penny Snetsinger, Sacred Heart University
Robert L. Snipp, Creighton University
Steven M. Socol, McHenry County College
Thomas E. Sorensen, University of Wisconsin–Milwaukee
L. Sreerama, St. Cloud State University
Keith Stein, University of Missouri–St. Louis
Beth Steiner, University of Akron
Kelly Sullivan, Creighton University
Susan Sutheimer, Green Mountain College
Andrew Sykes, University of South Dakota
Erach Talaty, Wichita State University
Edwin Thall, Florida Community College at Jacksonville
Lydia Tien, Monroe Community College
Donald Van Derveer, Georgia Institute of Technology
John B. Vincent, University of Alabama
Erik Wasinger, California State University–Chico
Steve Watton, Virginia Commonwealth University
Marcy Whitney, University of Alabama
James Wu, Tarrant County Community College
Mingming Xu, West Virginia University
Crystal Lin Yau, Towson University
James Zubricky, University of Toledo

역자 서문

시중에 많은 일반화학 교재들이 나와 있지만, 이들은 대부분 두 학기용 교재로서 한 학기용 일반화학 강의를 위한 교재는 지극히 부족한 실정이다. 물론 강의하는 분들이 본인의 판단이나 수강생의 전공에 따라 두 학기용 교재에서 취사 선택하여 가르칠 수도 있으나 여러모로 불편한 점이 많았다.

이 책은 일반화학 제8판을 번역하면서 한 학기용 일반화학 강의에 적합하도록 내용을 축약한 것이다. 이 책은 개정 및 추가된 부분을 반영하였으며, 지난 핵심일반화학 제7판에서와 마찬가지로 상대적으로 덜 중요한 장과 절을 제외하고 한 학기용 일반화학 강의 교재로 사용하기에 적합한 분량으로 축소하였다. 그러나 일반화학의 전반적인 내용을 다룰 수 있도록 화학의 핵심적인 개념과 내용은 모두 담았다.

이 책을 번역하면서 가능한 한 우리말 용어를 사용하려고 노력하였다. 우리말 용어와 화합물명은 대한화학회의 화학 술어(2014년 9월)와 교육부의 화합물 명명법 편수 자료에 따랐으며, 용어나 화합물명이 처음 나올 때는 괄호 안에 영어를 병기하여 이해를 돕도록 하였다.

이 책을 만들기 위해 자유아카데미 화학교재연구회의 많은 교수들이 번역과 감수에 참여하였다. 화학교재연구회에서는 원저자의 의도를 최대한 살리면서도 학생들이 이해하기 쉽게 번역하려고 노력하였으며 질 높은 교재를 완성하기 위해 여러 번의 감수 과정을 거쳤다. 그럼에도 때로 용어상의 혼동이나 오역이 있으리라 생각된다. 이러한 부분은 앞으로도 꾸준히 수정 보완할 것을 약속한다. 출간 후에라도 수정 사항이 있을 경우에는 자유아카데미 홈페이지(www.freeaca.com) 자료실에 제공할 예정이다.

끝으로 이 책의 출판을 위해 애써준 화학교재연구회의 참여 교수들께 감사드리며, 자유아카데미 출판부 여러분의 수고에 감사를 드린다.

2020년 2월
역자 대표

차례

1 화학적 도구: 실험과 측정 1

1.1 과학적 방법: 연료 전지의 나노입자 촉매 2
1.2 측정: SI 단위와 과학적 표기법 5
1.3 측정에서의 정확도, 정밀도, 유효 숫자 8
1.4 계산에서의 유효 숫자 10
1.5 단위 환산 11

INQUIRY 나노 척도 소재의 독특한 성질은 무엇일까? 15

정리 • 주요 용어 • 복습 문제 • 개념 문제 • 보충 문제

2 원자, 분자 및 이온 21

2.1 화학과 원소 22
2.2 원소와 주기율표 24
2.3 대표적 원소 족과 그들의 성질 27
2.4 원자론을 지지하는 증거들: 질량 보존 법칙과 일정 성분비 법칙 30
2.5 배수 비례 법칙과 돌턴의 원자론 32
2.6 원자 구조: 전자 34
2.7 원자 구조: 양성자와 중성자 36
2.8 원자 번호 38
2.9 원자량과 몰 40
2.10 혼합물과 화합물: 분자와 공유 결합 43
2.11 이온과 이온 결합 47
2.12 화합물 명명법 50
정리 • 주요 용어 • 복습 문제 • 개념 문제 • 보충 문제

3 화학 반응에서의 질량 관계 63

3.1 여러 다른 차원에서의 화학 표현 64
3.2 화학 반응식의 균형 맞추기 65
3.3 분자량과 몰질량 68
3.4 화학량론: 반응물과 생성물의 양적 관계 70
3.5 화학 반응의 수득률 73
3.6 반응물의 한계량이 있는 반응 74
3.7 조성 백분율과 실험식 78
3.8 실험식 결정: 원소 분석 81
정리 • 주요 용어 • 주요 식 • 복습 문제 • 개념 문제 • 보충 문제

4 수용액에서의 반응 89

4.1 용액의 농도: 몰농도 90
4.2 진한 용액의 희석 92
4.3 수용액에서의 전해질 94
4.4 수용액에서 화학 반응의 유형 96
4.5 수용액에서의 반응과 알짜 이온 반응식 97
4.6 침전 반응과 용해도 지침 98
4.7 산, 염기와 중화 반응 101
4.8 용액의 화학량론 106
4.9 용액의 농도 측정: 적정 107
4.10 산화–환원 반응 109
4.11 산화–환원 반응의 확인 112
4.12 원소의 활동도 서열 114
정리 • 주요 용어 • 주요 식 • 복습 문제 • 개념 문제 • 보충 문제

5 주기성과 원자의 전자 구조 123

5.1 복사 에너지의 파동성과 전자기 스펙트럼 124
5.2 복사 에너지의 입자성: 광전 효과와 플랑크 가설 127
5.3 원자 선 스펙트럼과 양자화된 에너지 129
5.4 양자 역학적 원자 모형: 오비탈과 양자수 134
5.5 오비탈의 모양 136
5.6 전자 스핀과 파울리 배타 원리 142
5.7 다전자 원자의 오비탈 에너지 준위 142
5.8 다전자 원자의 전자 배치 144
5.9 변칙적인 전자 배치 148
5.10 전자 배치와 주기율표 148
5.11 전자 배치와 주기적 성질: 원자 반지름 150

INQUIRY 원자 방출 스펙트럼에 대한 지식이 보다 효율적인 전구를 만드는 데 어떻게 도움이 될까? 153

정리 • 주요 용어 • 주요 식 • 복습 문제 • 개념 문제 • 보충 문제

6 이온 결합 화합물: 주기적 경향과 결합 이론 161

6.1 이온의 전자 배치 162
6.2 이온 반지름 165

6.3 이온화 에너지 167
6.4 고차 이온화 에너지 170
6.5 전자 친화도 172
6.6 팔전자 규칙 174
6.7 이온 결합과 이온성 고체의 형성 175
6.8 이온성 고체의 격자 에너지 179

INQUIRY? 이온성 액체가 어떻게 환경친화적 공정에 사용되는가? 181

정리 • 주요 용어 • 주요 식 • 복습 문제 • 개념 문제 • 보충 문제

7 공유 결합과 전자점 구조 189

7.1 분자의 공유 결합 190
7.2 공유 결합의 세기 192
7.3 극성 공유 결합: 전기 음성도 193
7.4 이온 결합 화합물과 공유 결합 화합물의 비교 197
7.5 전자점 구조: 팔전자 규칙 198
7.6 전자점 구조 그리는 방법 202
7.7 라디칼의 전자점 구조 그리기 205
7.8 수소와 2주기 원소만을 포함하는 화합물의 전자점 구조 207
7.9 전자점 구조와 공명 209
7.10 형식 전하 212
정리 • 주요 용어 • 주요 식 • 복습 문제 • 개념 문제 • 보충 문제

8 공유 결합: 결합 이론과 분자 구조 223

8.1 분자 모양: VSEPR 모형 224
8.2 극성 공유 결합과 쌍극자 모멘트 232
8.3 분자간 힘 235

INQUIRY? 천연 또는 합성 바이타민 중 어느 것이 사람의 건강에 더 좋을까? 244

정리 • 주요 용어 • 복습 문제 • 개념 문제 • 보충 문제

9 열화학: 화학 에너지 249

9.1 에너지와 에너지 보존 250
9.2 내부 에너지와 상태 함수 251
9.3 팽창 일 253
9.4 에너지와 엔탈피 256
9.5 열화학 반응식과 열역학적 표준 상태 258
9.6 화학적 변화와 물리적 변화의 엔탈피 260
9.7 열량계와 열용량 263
9.8 헤스 법칙 266
9.9 표준 생성열 269
9.10 결합 해리 에너지 271
9.11 엔트로피 소개 273

INQUIRY? 바이오 연료의 에너지 함량을 어떻게 결정하는가? 277

정리 • 주요 용어 • 주요 식 • 복습 문제 • 개념 문제 • 보충 문제

10 기체: 기체의 성질과 행동 287

10.1 기체와 기체 압력 288
10.2 기체 법칙들 293
10.3 이상 기체 법칙 298
10.4 기체들에 대한 화학량론적 관계 300
10.5 기체 혼합물: 부분 압력과 돌턴 법칙 303
10.6 기체 분자 운동론 306
10.7 기체의 확산과 분출: 그레이엄의 법칙 309
10.8 실제 기체들의 행동 311
정리 • 주요 용어 • 주요 식 • 복습 문제 • 개념 문제 • 보충 문제

11 액체와 상변화 321

11.1 액체의 성질 322
11.2 증기 압력과 끓는점 323
11.3 고체, 액체, 기체 사이의 상변화 327
11.4 상전이 동안의 에너지 변화 329
11.5 상도표 331

INQUIRY? 커피에서 카페인을 어떻게 제거하는가? 335

정리 • 주요 용어 • 주요 식 • 복습 문제 • 개념 문제 • 보충 문제

12 고체와 고체상 물질 341

12.1 고체의 종류 342
12.2 결정성 고체의 구형 쌓임: 단위 세포 344
12.3 이온성 고체의 구조 348
12.4 공유성 그물 구조 고체 350
12.5 금속에서의 결합 352
정리 • 주요 용어 • 복습 문제 • 개념 문제 • 보충 문제

13 용액과 용액의 성질 357

13.1 용액 358
13.2 엔탈피 변화와 용해 과정 359
13.3 용해도 예측 362
13.4 용액의 농도 단위 363
13.5 용해도에 영향을 미치는 인자들 367
13.6 용액의 물리적 거동: 총괄성 371

13.7 용액의 증기 압력 내림: 라울 법칙 372
13.8 용액의 끓는점 오름과 어는점 내림 377
13.9 삼투와 삼투 압력 379

INQUIRY 혈액 투석이 어떻게 신부전 환자의 혈액을 깨끗하게 할까? 384

정리 • 주요 용어 • 주요 식 • 복습 문제 • 개념 문제 • 보충 문제

14 화학 반응 속도론 393

14.1 반응 속도 394
14.2 속도 법칙과 반응 차수 399
14.3 초기 속도 방법: 속도 법칙의 실험적 결정 401
14.4 적분 속도 법칙: 1차 반응 405
14.5 적분 속도 법칙: 2차 반응 410
14.6 반응 속도와 온도: 아레니우스 식 413
14.7 아레니우스 식의 이용 418
14.8 반응 메커니즘 421
14.9 촉매 425

INQUIRY 효소는 어떻게 작용하는가? 429

정리 • 주요 용어 • 주요 식 • 복습 문제 • 개념 문제 • 보충 문제

15 화학 평형 439

15.1 평형 상태 441
15.2 평형 상수 K_c 443
15.3 평형 상수 K_p 448
15.4 불균일 평형 451
15.5 평형 상수의 이용 452
15.6 평형 혼합물의 조성을 변화시키는 인자: 르샤틀리에 원리 461
15.7 평형 혼합물에 미치는 농도 변화의 영향 462
15.8 평형 혼합물에 미치는 압력과 부피 변화의 영향 466
15.9 평형 혼합물에 미치는 온도 변화의 영향 468
15.10 화학 평형과 화학 반응 속도와의 관계 471

INQUIRY 높은 고도는 인체의 산소 운반에 어떤 영향을 미치는가? 474

정리 • 주요 용어 • 주요 식 • 복습 문제 • 개념 문제 • 보충 문제

16 수용액 평형: 산과 염기 483

16.1 산-염기 개념: 브뢴스테드-로리 이론 484
16.2 산의 세기와 염기의 세기 487
16.3 산의 세기에 영향을 주는 인자 490
16.4 물의 해리 492
16.5 pH 척도 494
16.6 pH 측정 496
16.7 강산 용액과 강염기 용액의 pH 497
16.8 약산 용액의 평형 499
16.9 약산 용액의 평형 농도 계산 501
16.10 약산 용액의 해리 백분율 505
16.11 약염기 용액의 평형 506
16.12 K_a와 K_b 사이의 관계 508
16.13 루이스 산과 염기 510

INQUIRY 산성비 문제는 해결되었는가? 514

정리 • 주요 용어 • 주요 식 • 복습 문제 • 개념 문제 • 보충 문제

17 수용액 평형의 응용 521

17.1 중화 반응 522
17.2 공통 이온 효과 525
17.3 완충 용액 529
17.4 pH 적정 곡선 533
17.5 이온 화합물의 용해도 평형 534
17.6 K_{sp} 측정과 K_{sp}로부터 용해도 계산 535
17.7 이온 화합물의 침전 537

정리 • 주요 용어 • 주요 식 • 복습 문제 • 개념 문제 • 보충 문제

18 열역학: 엔트로피, 자유 에너지와 자발성 545

18.1 자발적 과정 546
18.2 엔탈피, 엔트로피와 자발적 과정 547
18.3 엔트로피와 온도 550
18.4 표준 몰 엔트로피와 표준 반응 엔트로피 552
18.5 엔트로피와 열역학 제2법칙 554
18.6 자유 에너지와 화학 반응의 자발성 557
18.7 반응의 표준 자유 에너지 변화 560
18.8 표준 생성 자유 에너지 562
18.9 비표준 상태 조건에서 반응의 자유 에너지 변화 565
18.10 자유 에너지와 화학 평형 567

INQUIRY 고도로 정렬된 분자들의 생성은 열역학 제2법칙을 위반하는가? 571

정리 • 주요 용어 • 주요 식 • 복습 문제 • 개념 문제 • 보충 문제

19 전기 화학 581

19.1 반쪽 반응법에 의한 산화-환원 반응의 균형 맞추기 582
19.2 갈바니 전지 587
19.3 갈바니 전지의 간략 표기법 592
19.4 전지 반응의 전지 전위와 자유 에너지 변화 594

19.5 표준 환원 전위 596
19.6 표준 환원 전위의 이용 599
19.7 비표준 상태 조건에서의 전지 전위: 네른스트 식 602
19.8 표준 전지 전위와 평형 상수 605
19.9 전기 분해와 전해 전지 608
19.10 전기 분해의 정량적 관점 610

INQUIRY 수소 연료 전지는 어떻게 작동할까? 613

정리 • 주요 용어 • 주요 식 • 복습 문제 • 개념 문제 • 보충 문제

20 유기 화학 623

20.1 유기 분자와 구조: 구조 이성질체 624
20.2 유기 화합물 집단: 작용기 629
20.3 원자가 결합 이론과 오비탈 겹침 그림 632
20.4 유기 화합물의 형식 전하와 공명 636
20.5 콘쥬게이션 계 640
정리 • 주요 용어 • 복습 문제 • 개념 문제 • 보충 문제

부록 A 수학 연산 A−1
A.1 과학적 표기 A−1
A.2 로그 A−4
A.3 직선 그래프와 선형식 A−6
A.4 이차방정식 A−7
A.5 적분형 속도식의 미분 A−8
부록 B 25 ℃에서 열역학적 성질 A−10
부록 C 25 ℃에서의 평형 상수 A−15
부록 D 25 ℃에서 표준 환원 전위 A−19
부록 E 물의 성질 A−21
선택 문제 해답 A−23
찾아보기 I−1

chapter 1

화학적 도구: 실험과 측정

CONTENTS

1.1 과학적 방법: 연료 전지의 나노입자 촉매

1.2 측정: SI 단위와 과학적 표기법

1.3 측정에서의 정확도, 정밀도, 유효 숫자

1.4 계산에서의 유효 숫자

1.5 단위 환산

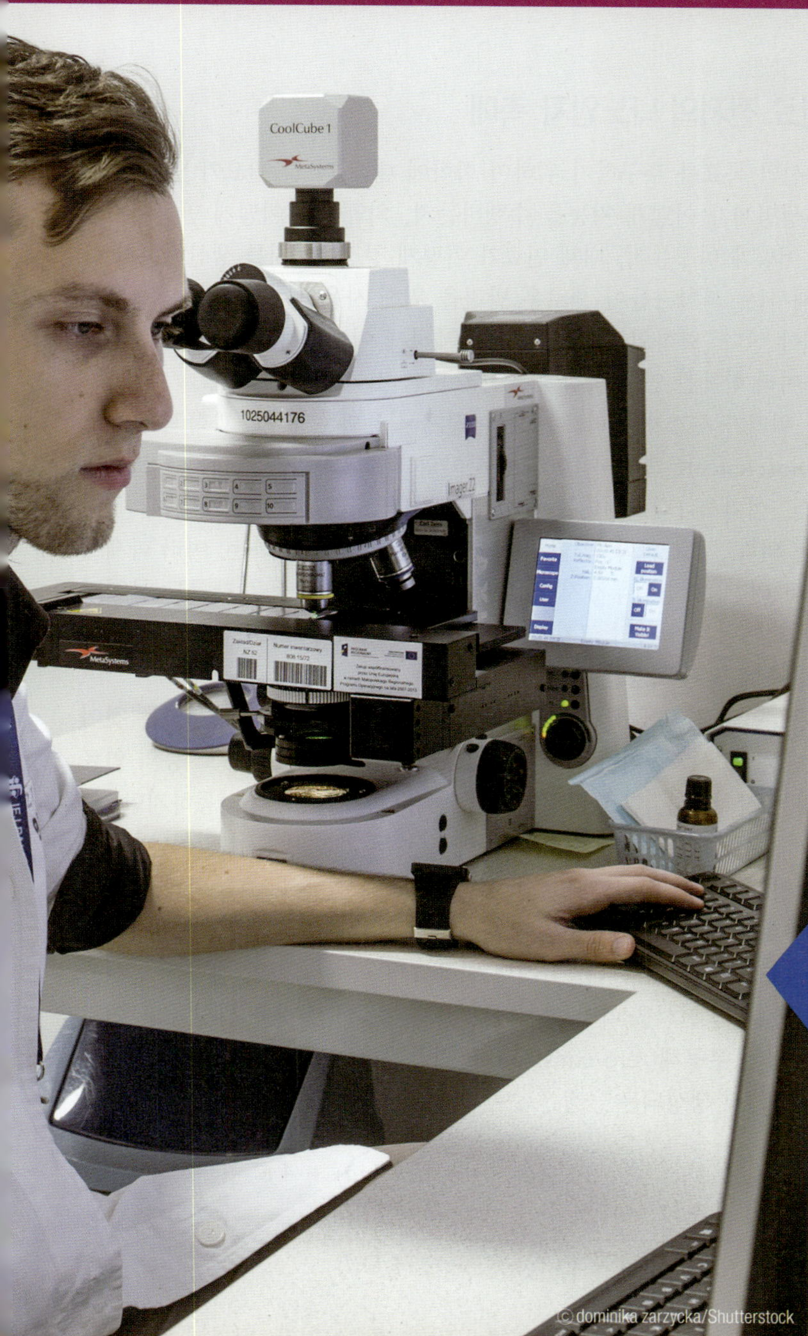

(c) dominika zarzycka/Shutterstock

몇 세기에 걸쳐 과학적 측정장비는 크게 발전하였다. 현대 기술은 원자 현미경 등의 장비를 이용하여 하나의 원자 같은 매우 미세한 입자의 영상을 구현할 수 있게 한다.

나노 수준의 크기(1 nm = 10^{-9} m)를 가진 물질의 특징은 무엇일까?

이 질문의 답은 15쪽 **INQUIRY?** 에 나와 있다.

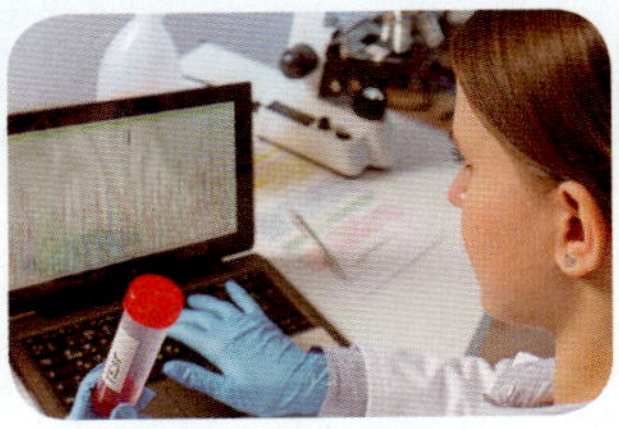

▲ 인간의 유전체(genome)에 존재하는 약 58억 개의 핵산 단위체, 뉴클레오타이드의 서열은 자동화된 DNA 서열 측정기 같은 장비를 활용하여 확인되었다.

삶은 지난 2백 년간 인간 역사의 어떤 기록보다도 더 많이 변화되었다. 의약품을 만들고 질병을 통제하고 작물 수확량을 증가시킬 수 있는 능력 덕분에, 지구의 인구는 1800년 이후 7배나 늘었고, 인간의 기대수명은 두 배로 늘어났다. 원유에 보존된 에너지를 이용할 수 있는 능력 때문에, 인간의 이동 방식은 말과 마차로부터 자동차와 비행기로 변화하였다. 자연계에서 발견할 수 없는 성질을 가진 물질을 제조할 수 있는 능력 때문에 많은 제품의 소재가 나무와 금속으로부터 폴리머와 세라믹으로 변화하였다.

어떤 면에서든 이러한 변화에는 물질의 조성, 성질, 변화를 다루는 학문인 '화학'이 관여되어 있다. 화학은 지난 200여 년간 자연에서의 변화와 그에 따른 사회에서의 변화에 깊이 관여되어 있다. 게다가, 화학은 삶이 유전적으로 조절되는 상세한 과정을 밝히는 현재의 분자생물학적 혁명의 중심에 있다. 오늘날 교육을 받은 사람이라면 화학에 대한 기초 지식 없이는 현대 세계를 이해하는 것이 불가능하다.

1.1 과학적 방법: 연료 전지의 나노입자 촉매

이 책을 펴봤다는 것은 자신의 목표를 추구하기 위하여 화학에 대해 더 알 필요가 있다고 이미 결정했다는 얘기이다. 생명체가 어떻게 기능을 수행하는지, 의약품이 어떻게 만들어지는지, 인간의 활동이 환경을 어떻게 바꾸는지, 대체 연료가 어떻게 청정에너지를 생산하는지 알고 싶을 것이다. 이를 위해서는, 과학자들이 새로운 발견을 위해 사용하는 실험적 방법론을 익히는 것으로부터 시작해야 한다. 화학의 기본 원리를 상세하게 이해하지 못해도 걱정할 필요는 없다. 우리는 현대의 여러 학제간 연구 과정에 초점을 맞출 것이기 때문이다.

과학적 방법론과 화학적 원리가 신소재를 만드는 데 어떻게 적용되는지 나노과학적 응용으로 살펴보자. **나노과학(nanoscience)**은 1에서 100 nm 사이의 최소 1차원을 가지는 구조물의 생산과 그에 대한 연구이다. 여기서 1나노미터는 10억분의 1미터이다. 나노 소재에 대한 연구는 화학, 물리학, 생물학, 의학, 재료 과학, 공학 분야에 걸쳐 빠르게 성장하는, 여러 학제에 걸친 연구이다. Inquiry에서 더 자세히 다루겠지만, 나노 규모의 무기 결정은 대규모 물질과는 다른 특성을 나타낸다. 그 특성은 입자의 크기에 따라 달라지며, 진단 치료용 도구나 지속적 에너지 플랫폼과 같은 응용에 맞춰 조정할 수 있다.

미리보기…
화학 반응 속도와 **촉매**에 의해 어떻게 반응 속도가 증가하는지는 14장에 설명되어 있다.

미리보기…
4장에서 전자의 이동을 포함하는 **산화–환원 반응**처럼 서로 다른 형태의 화학 반응을 설명한다. 19장에서는 산화 환원 반응이 **연료 전지**에서 어떻게 적용되어 전기가 만들어지는지를 살펴볼 것이다.

그런 연구 분야 중 하나는, 연료 전지에서 일어나는 반응에 나노입자 촉매를 사용하는 것이다. **촉매(catalyst)**란 화학 반응 속도를 높이는 물질이다. **연료 전지(fuel cell)**란 수소 등의 연료를 이용하여 전기를 생산하는 장치이다. 연료 전지는 전지와 유사한 방식으로 작동하지만, 연료를 계속 넣어 주어야 한다. 수소 연료 전지의 두 전극에서는 두 가지 반응이 일어난다. 한쪽 전극에서는 수소(H_2)가 양성자(H^+)로 변환되고, 다른 쪽 전극에서는 산소(O_2)가 양성자와 반응하여 물이 생성된다. 연료 전지의 화학 반응은 전자의 이동을 수반하는 과정을 포함하며, **산화–환원 반응(redox reactions)**이라고 부른다. 아래의 반응 1에 의해 생성된 전자는 전선을 따라 이동하여 반응 2에 사용된다. 전선을 따라 일어나는 전자 이동은 전기를 생성한다. 연료 전지는 유해한 배기가스가 없는 **무공해**(zero emission)로 간주된다. 수소와 산소가 일으키는 전체 반응에서 전기가 발생하면서 생성되는 물질은 순수한 물뿐이기 때문이다.

$$\begin{array}{ll} \text{반응 1:} & 2\,H_2(g) \longrightarrow 4\,H^+(aq) + 4\,e^- \\ \text{반응 2:} & O_2(g) + 4\,H^+(aq) + 4\,e^- \longrightarrow 2\,H_2O(l) \\ \hline \text{전체 반응:} & 2\,H_2(g) + O_2(g) \longrightarrow 2\,H_2O(l) \end{array}$$

연료 전지는 탄소 중립 에너지 경제를 추구하기 위해 유망한 기술이지만, 한가지 장애물이 있다. 이는 반응 2에서 산소가 물로 전환되는 속도가 느리다는 점이다. 전극 표면에 입혀진 백금 입자는 반응 속도를 높이기 위한 촉매로 사용되었으나, 이는 비용이 많이 든다. 팔라듐 합금으로 제조된 나노입자는 가성비가 높은 대체 촉매로서의 가능성을 보여 준 바 있다. 팔라듐 합금은 팔라듐(Pd)과 구리(Cu) 등의 금속 혼합물이다.

수소 연료 전지에 사용할 만한 촉매를 개발하기 위해, 화학자들은 과학적 방법을 사용하여 PdCu 나노입자의 다양한 특성을 신중하게 제어하고, 이 산소 반응의 반응 속도에 미치는 영향을 측정한다. 이 나노입자의 특성에서 변수는 팔라듐과 구리의 구성비, 입자의 크기, 입자의 모양이다. 나노입자의 모양은 놀랍게도 구, 입방체, 팔각대 등 다양하다(그림 1.1).

개념탐구 질문 1

수소 연료 전지의 광범위한 사용에 장애물은 무엇인가? 나노입자를 이용하여 이 문제를 어떻게 극복할 수 있는가?

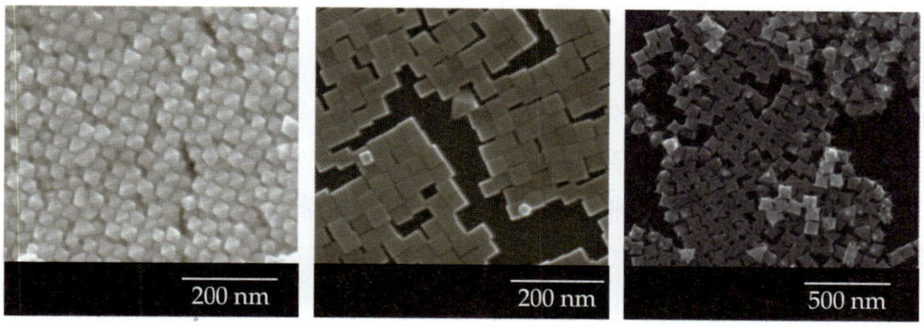

◀ 그림 1.1
왼쪽부터 팔면체 금 나노입자, 입방체 팔라듐 나노입자, 'octopods'라고 불리는 팔각대 금 나노입자의 전자 현미경 이미지. 팔각대 나노입자는 방향에 따라 한번에 4개의 가지만 볼 수 있다는 점에 유의하자.

인디애나 대학교의 스크라발라크 연구팀 제공.

과학적 방법론

연구에 대한 일반적인 접근 방식을 **과학적 방법론**이라고 부른다. 과학적 방법론은 관찰, 주의 깊은 실험설계, 신중한 결과 분석을 통해 도출한 문제의 공식화(formulation)를 반복하는 과정이다. 과학적 방법론은 새로운 아이디어의 유효성에 대한 시험법을 개발하는 과정도 포함하는데, 이런 시험법이 한 가지로 제한되는 경우는 드물다. 그림 1.2는 과학적 방법론의 주요 요소를 간략하게 나타낸 것이다.

- **관찰**. 관찰은 자연적인 현상을 체계적으로 기록하는 것으로, 정성적(성질을 묘사)일 수도 있고 정량적(측정 등에 의해 획득)일 수도 있다.
- **가설**. 가설은 관찰의 결과를 설명하기 위하여, 과학적 지식과 직관은 물론 과거의 실험에서 수집된 사실을 기반으로 수립된 것이다. 가설은 정확하지 않을 수 있고, 반드시 실험

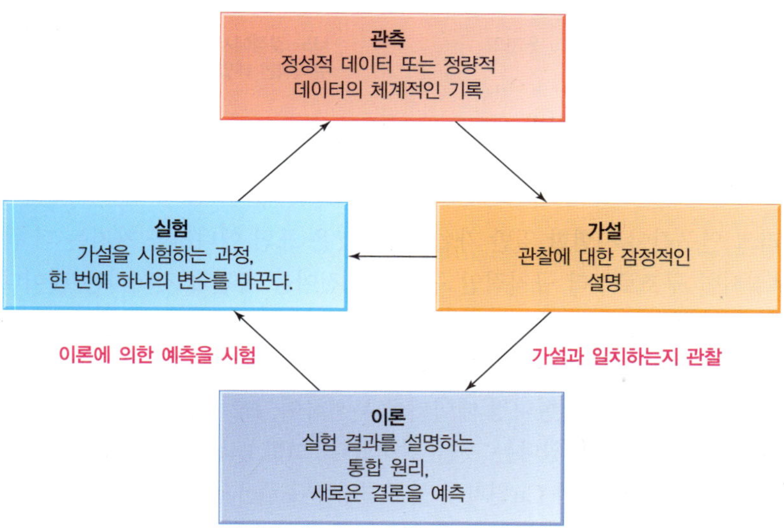

◀ 그림 1.2
과학적 방법론. 과학 연구에는 반복적 실험 방식이 사용된다. 가설과 이론은 새로운 실험과 관찰 결과를 바탕으로 다듬어진다.

▶ 확인하기

수많은 실험적 관찰이 가설을 뒷받침할 때 발전하는 것은 무엇인가?

답 이론

을 통해서 검증할 수 있어야 한다.

- **실험.** 실험은 가설을 검증하는 과정이다. 실험은 통제된 방식으로 수행해야 가치가 있다. 즉, 한번에 하나의 변수만 변경하고, 다른 변수는 일정하게 유지되는 방식으로 수행해야 한다.
- **이론.** 이론은 실험 데이터와 일치하는 가설을 통하여 수립되며, 실험 결과를 설명하는 통합된 원리이다. 이론은 관련된 체계에 대해 예측을 만들어내고, 이 이론을 검증하기 위하여 새로운 실험이 수행된다.

다른 과학 분야도 마찬가지지만 화학 분야를 연구할 때 명심해야 할 것은 그 이론(theories)은 절대적으로 입증하는 것이 불가능하다는 것이다. 새로운 실험의 결과는 현재의 이론으로는 설명할 수 없는 경우도 있다. '이론'이 할 수 있는 것은, 현재 우리가 생각해 낼 수 있는 최선의 설명을 제공하는 것이다. 과학은 끊임없이 변화하는 분야이며, 계속 정교해지는 장비를 통하여 새로운 관찰이 이루어지므로 현존 이론이 미래에 바뀔 가능성이 항상 존재한다.

과학 연구는 실험적 관찰이나 미지의 세계를 알고자 하는 욕구로부터 생겨나는 의문으로부터 시작한다. PdCu 나노입자의 경우, 연료 전지의 반응 속도가 증가하는 현상이 관찰되어 다음과 같은 의문이 야기되었다. "촉매 활성을 최적화하기 위해 나노입자의 크기, 모양, 조성과 관련된 변수를 어떻게 제어할 것인가?" 인디애나 대학의 스크라발라크(Sara Skrabalak) 교수 연구진은 고품질 나노소재를 합성하는 방법을 연구한다. 여러 가지 기술을 활용한 과거의 연구 프로젝트에서 나노입자의 크기, 형상, 조성을 제어하려는 시도가 있었지만, 나노 결정에서 팔라듐과 구리 원자의 분포는 통계적으로 규칙적이지 않다는 것이 밝혀졌다. 그림 1.3a는 나노 결정에서 Pd와 Cu 원자의 무작위적이고 무질서한 배열을 보여 준다. 그림 1.3b는 Pd 원자와 Cu 원자가 교대로 배열된 배열을 보여 준다. 정해진 원자 배열이 없다면, 화학 구조와 촉매 활성 같은 성질을 연관 지을 수 없다.

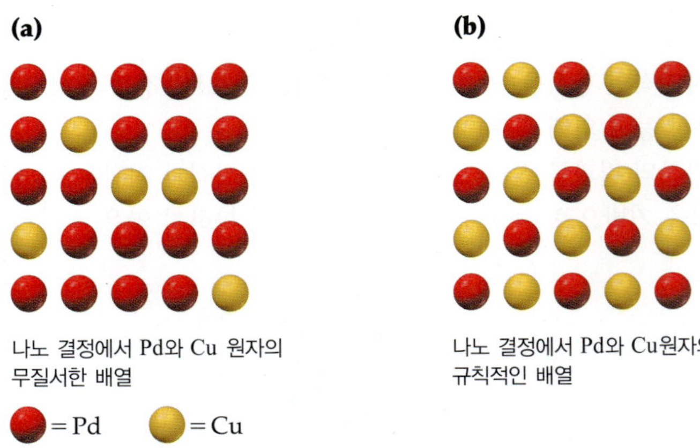

▶ 그림 1.3
나노 결정에서의 Pd와 Cu 원자 배열의 간단한 개요도. (a) Pd와 Cu 원자의 무질서한 배열은 반복 패턴이 없다. (b) 규칙적인 원자 배열은 반복적인 Pd와 Cu 원자의 반복 패턴이 있다.

스크라발라크 연구진이 시험한 일반 가설은, 더 낮은 표면 에너지를 가지는 더 큰 PdCu 나노입자가 무질서한 구조로부터 규칙적인 구조로의 전이를 촉진할 것이라는 것이다. 학생 연구원들은 좀 더 작은 입자의 표면에 팔라듐과 구리를 침착시켜 입자의 성장 속도를 조심스럽게 제어했다. 그 후 다양한 이미징 기술을 사용하여, 나노입자의 구조를 원자 수준에서 밝히고 크기 분포를 측정했다. 전자 현미경 데이터를 분석하여, B2 상이라고 부르는 정렬된 PdCu의 핵 위에 Pd의 얇은 껍질이 있다는 것을 밝혀냈다. 그림 1.4a는 새로운 합성법으로 정렬된 B2상으로 변환된 A1상의 Pd 와 Cu원자의 불규칙적 분포를 나타낸다. 그림 1.4b는 B2 단계에서 PdCu 나노입자의 투과 전자 현미경 이미지를 보여 준다. 구형 입자의 평균 지름이 18.9 nm

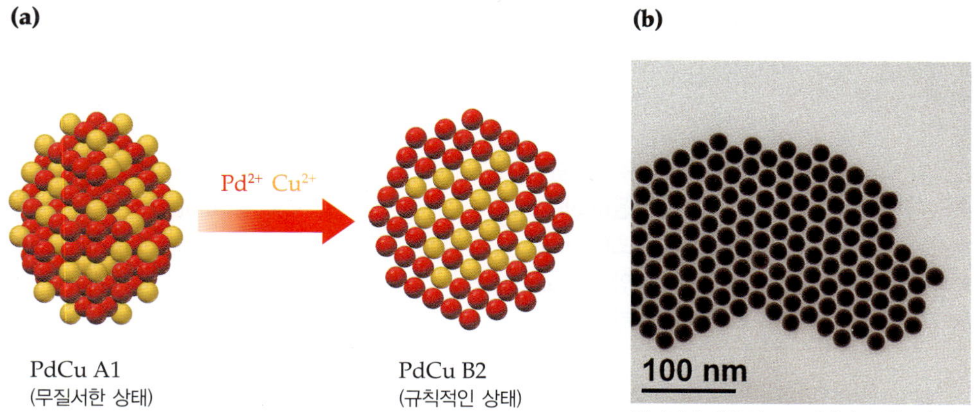

인디애나 대학의 스크라발라크 연구진 제공

◀ **그림 1.4**
(a) PdCu 나노입자에서 무질서한 A1 상이 규칙적인 B2 상으로 전환되는 과정. (b) PdCu 나노입자에서 B2 상의 투과 전자 현미경 이미지

▶ 확인하기

그림 1.4b의 축적을 이용하여, PdCu 나노입자의 평균 지름을 결정하시오.

답 20 nm

인 균일한 크기 분포를 가진다.

과학적 방법론의 과정을 반복하여, PdCu 나노입자를 합성하는 제어되는 합성 기술을 고안하고자 하였다. 실험 결과는 새로운 가설을 도출하고, 그 가설을 시험하기 위한 추가 실험으로 이어졌다. 나노입자의 성장기전에 대한 연구를 통해 규칙적인 PdCu 나노입자 합성이 재현 가능해지면, 이 나노입자들의 촉매 활성을 시험하였다. 규칙적인 PdCu 나노입자는 무질서한 나노입자와 비교하여, 연료 전지에서 산소 반응 속도를 증가시키는 데 우수한 촉매 활성을 나타내었다. 정리하자면, 스크라발라크 교수의 나노 소재 합성 연구는 연료 전지 및 기타 응용 분야를 위해 더 우수한 나노입자 촉매의 설계로 이어진다는 것이다.

본 교재에서 학습하게 될 다양한 화학적 원리는 나노소재 설계의 핵심이다. 8장 결합 이론과 분자 구조에서는 원자가 나노입자에 응집하는 결합과 힘을 학습하게 된다. 4장 수용액에서의 반응에서는 합성 기법에서 중요한 용액 농도를 계산하는 방법을 설명한다. 반응 속도와 반응에 영향을 미치는 요소들은 14장 반응 속도를 탐구하게 될 것이고, 19장 전기화학에는 나노입자 형성의 핵심 원리인 산화 환원 반응이 설명되어 있다.

전 세계의 대학교에서, 학생들은 앞서 설명한 나노입자 합성과 성질 연구와 같은 연구 프로젝트에 참여한다. 이 책이 세계 각지에서 일어나는 문제를 화학이 해결해가는 방식을 이해하고, 중요한 연구 프로젝트에 기여하는 데 요구되는 필수적인 화학 원리에 능숙해지기를 진심으로 바란다.

1.2 측정: SI 단위와 과학적 표기법

화학은 실험 과학이다. 그러나 실험이 재현성을 가지려면 실험하는 대상 물질의 양, 부피, 온도 등을 완전하게 나타내야 한다. 따라서 화학에서 가장 중요한 필수 사항 중 하나는 측정법이다.

1960년에 결정된 국제 조약에 따라, 전 세계의 과학자들은 측정의 국제 단위 체계(International System of Units)를 사용한다. 약어로는 **SI 단위**(프랑스어로 *Système Internationale d'Unités*)로 표기한다. 미국을 제외한 모든 산업화된 국가에서 사용하는 미터법에 따라, SI 체계는 일곱 가지 기본 단위로 구성되어 있다(**표 1.1**). 이 일곱 가지 기본 단위와 이들로부터 유도되는 단위들이면 모든 과학적인 측정에 충분하다.

개념탐구 질문 2

질량, 길이, 온도 측정의 SI 기본 단위는 무엇인가?

표 1.1 측정을 위한 일곱 가지 SI 기본 단위

물리량	단위명	약어
질량	킬로그램(kilogram)	kg
길이	미터(meter)	m
온도	켈빈(kelvin)	K
물질의 양	몰(mole)	mol
시간	초(second)	s
전류	암페어(ampere)	A
광도	칸델라(candela)	cd

어떤 측정계든 수반하는 한 가지 문제는, 단위의 크기가 너무 크거나 작아서 불편하다는 점이다. 예를 들어 미터(m)의 경우, 화학자가 소듐 원자의 지름(0.000 000 000 372 m)을 표기하려면 너무 크고, 천문학자가 지구와 태양 사이의 평균 거리(150,000,000,000 m)를 표기할 때에는 너무 작아서 불편하다. 이러한 이유로 SI 단위는 더 작거나 더 큰 양을 나타내는 접두사를 사용하여 변형된다. 접두사 밀리(milli−)는 1000분의 1을 나타내므로 1밀리미터(mm)는 1/1000미터(m)가 된다. 같은 방식으로, 접두사 킬로(kilo−)는 1000배를 나타내므로 1킬로미터(km)는 1000 미터(m)가 된다. (질량을 나타내는 SI 기본 단위인 킬로그램은 이미 킬로 접두사를 포함하고 있다는 점에 유의하자.) **표 1.2**에 접두사의 목록이 있다. 여기서 가장 일반적으로 사용되는 것들은 붉은 색으로 표시되어 있다.

표 1.2에 있는 매우 작거나 매우 큰 수가 **과학적 표기법(scientific notation)**이라고 부르는 지수 형식 표기법을 이용하여 어떻게 표기되어 있는지 주의해서 보자. 예를 들어, 과학적 표기법을 이용하면 55,000은 5.5×10^4으로 나타내고, 0.003 20은 3.20×10^{-3}으로 나타낸다. 과학적 표기법이 불편하거나 지수와 관련된 수학적 조작에 대한 복습을 하려면, 부록 A를 읽어보자.

모든 측정값은 숫자와 단위를 가진다. 그 숫자가 어떤 것인지 정의하는 단위 없이 숫자만 사용한다면 제대로 된 측정이 될 수 없다. 친구에게 가장 가까운 테니스장까지의 거리가 얼마인지 물어보았을 때 '3'이라고 대답한다면 3블록인지, 3킬로미터인지, 3마일인지 알 수 없다.

표 1.2 SI 단위의 배수를 나타내는 접두사. 화학에서 자주 사용되는 접두사와 기호는 붉은색으로 나타내었다.

인자	접두사	기호	예
$1,000,000,000,000 = 10^{12}$	테라(tera)	T	1테라그램(Tg) = 10^{12} g
$1,000,000,000 = 10^9$	기가(giga)	G	1기가미터(Gm) = 10^9 m
$1,000,000 = 10^6$	메가(mega)	M	1메가미터(Mm) = 10^6 m
$1000 = 10^3$	킬로(kilo)	k	1킬로그램(kg) = 10^3 g
$100 = 10^2$	헥토(hecto)	h	1헥토그램(hg) = 100 g
$10 = 10^1$	데카(deka)	da	1데카그램(dag) = 10 g
$0.1 = 10^{-1}$	데시(deci)	d	1데시미터(dm) = 0.1 m
$0.01 = 10^{-2}$	센티(centi)	c	1센티미터(cm) = 0.01 m
$0.001 = 10^{-3}$	밀리(milli)	m	1밀리그램(mg) = 0.001 g
*$0.000\ 001 = 10^{-6}$	마이크로(micro)	μ	1마이크로미터(μm) = 10^{-6} m
*$0.000\ 000\ 001 = 10^{-9}$	나노(nano)	n	1나노초(ns) = 10^{-9} s
*$0.000\ 000\ 000\ 001 = 10^{-12}$	피코(pico)	p	1피코초(ps) = 10^{-12} s
*$0.000\ 000\ 000\ 000\ 001 = 10^{-15}$	펨토(femto)	f	1펨토몰(fmol) = 10^{-15} mol

*큰 수를 표기할 때 소수점 왼쪽으로 세 자리마다 쉼표를 표시하는 것과 마찬가지로, 매우 작은 수를 표기할 때 과학에서는 보통 소수점 다음 세 자리마다 약간의 공간을 띄어서 표기한다.

예제 1.1은 과학적 표기법으로 수를 나타내는 방법과 접두사를 이용하여 단위를 나타내는 방법을 설명한다.

예제 1.1

과학적 표기법과 SI 단위를 사용하여 측정값 표현

다음 양을 과학적 표기법으로 표현하고, 또한 가장 적합한 접두사를 사용하여 수와 단위로 표현하시오.

(a) 소듐 원자의 지름 0.000 000 000 372 m

(b) 지구에서 태양까지의 거리 150,000,000,000 m

전략

수를 과학적 표기법으로 나타내기 위해서는 소수점을 왼쪽 또는 오른쪽으로 n번 옮겨서 1과 10 사이의 숫자가 나오도록 한다. 소수점을 오른쪽으로 옮기면 n은 음수이며, 소수점을 왼쪽으로 옮기면 n은 양수이다. 그런 후 1과 10 사이의 숫자를 10^n으로 곱하여 표기한다. 과학적 표기법으로 나타낸 지수에 근접한 단위의 접두사를 선택한다.

풀이

(a)

소수점 이하 자리수가 오른쪽으로 이동한다.

$$0.000\ 000\ 000\ 372\ \text{m} = 3.72 \times 10^{-10}\ \text{m} = 372\ \text{pm}$$

(b)

소수점 이하 자리수가 왼쪽으로 이동한다.

$$150{,}000{,}000{,}000\ \text{m} = 1.5 \times 10^{11}\ \text{m} = 150\ \text{Gm}$$

▶ **연습문제 1.1** 어떤 나노입자의 지름 0.000 000 050 m를 과학적 표기법으로 나타내고, 또한 가장 적합한 접두사를 이용하여 수와 단위로 표현하시오.

▶ **응용문제 1.2** 다음 양을 표 1.1에 나타낸 질량과 길이의 SI 단위를 이용하여 과학적 표기법으로 표현하시오.

(a) 사람 머리카락의 지름 70 μm

(b) 거대 발전소의 이산화 탄소 연간 방출량 20 Tg

표 1.1의 일곱 가지 SI 기본 단위를 다시 살펴보면, 면적, 부피, 밀도, 속도, 압력과 같은 친숙한 양을 측정하는 단위가 없다. 이들은 모두 기본적인 양이 아니고, 일곱 가지 기본 단위 중 하나 또는 그 이상의 단위를 사용하여 표현되는 **유도된** 양의 예이다(**표 1.3**)

표 1.3 몇 가지 유도 단위들

양	정의	유도 단위(명칭)
면적	길이 곱하기 길이	m^2
부피	면적 곱하기 길이	m^3
밀도	단위 부피당 질량	kg/m^3
속도	단위 시간당 거리	m/s
가속도	단위 시간당 속도 변화	m/s^2
힘	질량 곱하기 가속도	$(kg{\cdot}m)/s^2$ (뉴턴, N)
압력	단위 면적당 힘	$kg/(m{\cdot}s^2)$ (파스칼, Pa)
에너지	힘 곱하기 거리	$(kg{\cdot}m^2)/s^2$ (줄, J)

1.3 측정에서의 정확도, 정밀도, 유효 숫자

요리, 건축, 화학 분야에서의 측정 작업은 누구나 매일 수행하는 일이다. 그런데 이런 측정은 얼마나 정확한 것일까? 어떤 측정이든 측정하는 사람의 측정 기술과 측정 장비의 신뢰도에 따라 달라진다. 예를 들어, 여러분은 욕실 저울에서 측정한 체중과 병원 저울에서 측정한 체중이 약간 다름을 알 수 있었을 것이다. 실제 체중을 측정할 때 항상 약간의 불확정성(uncertainty)이 있다는 것이다. 화학에서도 마찬가지이다. 측정값에는 언제나 약간의 불확정성이 있다.

측정의 불확정성도를 논할 때는 **정확도**와 **정밀도**라는 용어가 필요하다. 일상생활에서는 정확도와 정밀도를 구별없이 사용하기도 하지만, 사실 이 두 용어에는 중요한 차이가 있다. **정확도(accuracy)**는 측정값이 참값과 얼마나 가까운지를 나타내고, **정밀도(precision)**는 반복된 독립 측정값이 얼마나 서로 일치하는지를 나타낸다. 그 차이를 확인하기 위해, 참값이 54.441 778 g인 테니스 공의 무게를 측정하는 경우를 생각해 보자. 세 가지 다른 종류의 저울을 사용하여 세 번씩 측정하여 다음 표와 같은 데이터를 획득하였다.

▲ 이 테니스 공의 질량은 약 54 g이다. ©SCOTTCHAN/Shutterstock

측정 번호	욕실 저울	실험실 저울	분석용 저울
1	0.1 kg	54.4 g	54.4418 g
2	0.0 kg	54.5 g	54.4417 g
3	0.1 kg	54.3 g	54.4418 g
(평균)	(0.07 kg)	(54.4 g)	(54.4418 g)

욕실 저울로 측정한 경우에는 그 측정값(평균 = 0.07 kg)은 정확하지도 않고 정밀하지도 않다. 욕실 저울로는 한 자리 수까지만 측정할 수 있었다. 이는 참값과 너무 차이가 나므로 정확도도 낮고, 측정값끼리도 너무 다르므로 정밀도도 낮다. 저렴한 실험실 저울로 측정한 경우에는 측정값(평균 54.4 g)이 세 자리 수이며, 꽤 정확한 편이다. 그러나 세 번의 측정값이 54.3 g부터 54.5 g까지 변하기 때문에 매우 정확하다고 볼 수는 없다. (공기의 흐름이나 공과 저울 표면의 점착 현상 때문일 것이다.) 마지막으로, 실험실에 있는 고가의 분석 저울로 측정한 경우에는 그 측정값(평균 = 54.4418 g)은 정밀하면서 동시에 정확하다. 측정값이 참값에 매우 가까우므로 정확하고, 여섯 자릿수가 측정 때마다 거의 변화하지 않으므로 정밀하다.

측정의 불확정성을 표현하기 위해 **기록하는 값은, 확실한 측정값의 자릿수에 추정 자릿수 하나를 더해서 표기하여야 한다.** 예를 들어, 1도마다 표시되어 있는 온도계를 읽을 때 가장 가까운 눈금의 자릿수인 25 °C는 확신할 수 있지만, 25 °C와 26 °C 사이의 값은 추정하여야 한다. 따라서 25.3 °C의 값을 얻을 수 있다.

측정 작업에서 기록된 전체 자릿수를 측정값의 **유효 숫자**(significant figure)라고 한다. 예를 들어, 테니스 공의 질량을 일반 저울로 측정하면(54.4 g) 유효 숫자가 세 개이지만, 분석용 저울로 측정하면(54.4418 g) 유효 숫자가 여섯 개이다. 마지막에 있는 숫자를 제외한 모든 숫자는 확실하다. 마지막 숫자는 추정값이다. 일반적으로 ±1의 오차를 가진다고 가정한다.

측정값에서 유효 숫자의 개수를 찾는 것은 대체로 쉽지만, 0이 존재하면 까다로워진다. 다음 네 가지 측정값을 살펴보자.

4.803 cm	유효 숫자 4개: 4, 8, 0, 3
0.006 61 g	유효 숫자 3개: 6, 6, 1
55.220 K	유효 숫자 5개: 5, 5, 2, 2, 0
34,200 m	유효 숫자가 3개(3, 4, 2)에서 5개(3, 4, 2, 0, 0) 사이

다음 규칙은 여러 상황에 적용된다.

1. **숫자 가운데에 있는 0은 다른 숫자와 동일하게 취급한다. 즉 항상 유효 숫자이다.** 4.803 cm의 유효 숫자는 4개이다.
2. **수의 시작 부분에 있는 0은 유효 숫자가 아니다. 이것은 소수점의 위치를 나타내기 위해서 사용된 것뿐이다.** 따라서 0.006 61 g의 유효 숫자는 3개이다. 따라서 0.006 61 g은 6.61×10^{-3} g 또는 6.61 mg으로 쓸 수 있음을 명심한다.
3. **수의 끝에 있는 0이 소수점 다음에 있으면 항상 유효 숫자이다.** 이런 0은 유효 숫자가 아니면 사용할 이유가 없다. 따라서 55.220 K은 유효 숫자가 5개이다. 유효 숫자가 4개이면 55.22 K으로 표기해야 한다.
4. **숫자의 마지막 부분에 있는 0이 소수점 앞에 있으면 유효 숫자일 수도 아닐 수도 있다.** 이런 0은 측정값의 일부인지, 아니면 자릿수를 채울 뿐인지 알 수 없다. 따라서 34,200 m의 유효 숫자는 3개, 4개, 5개 중 어느 것도 가능하다. 그러나 상식을 활용하여 추정한다. 온도를 20 °C라고 읽었을 때 유효 숫자는 1개보다는 2개일 가능성이 높다. 유효 숫자가 1개라면 10~30 °C 사이의 온도라는 의미인데, 이는 별 쓸모가 없기 때문이다. 마찬가지로, 300 mL의 부피는 유효 숫자가 3개일 것이다. 한편 지구와 태양 사이의 거리인 93,000,000 mi(마일)은 유효 숫자가 2개 또는 3개일 것이다.

네 번째 규칙은 숫자를 일반적 표기법보다 과학적 표기법으로 기록하는 것이 더 나은 이유를 보여준다. 과학적 표기법으로 기록하면 유효 숫자의 개수를 나타낼 수 있다. 따라서 34,200을 과학적 표기법에 따라 3.42×10^4으로 기록하면 유효 숫자는 3개이고, 3.4200×10^4으로 기록하면 유효 숫자는 5개가 된다.

유효 숫자에 대한 주의점이 하나 더 있다. 물체를 세서 얻은 수처럼 '확실한 수'는 정확하며, 유효 숫자의 개수가 무한하다. 예를 들어, 일주일은 정확하게 7일이지, 6.9, 7.0, 7.1이 아니다. 또 1피트는 정확하게 12인치이지, 11.9, 12.0, 12.1이 아니다. 또한 과학적 표기법에서 사용되는 10의 지수도 정확한 수이다. 즉 10^3은 정확히 1000이지만, 수 1×10^3의 유효 숫자 개수는 1개이다.

예제 1.2

유효 숫자

다음 측정값들의 유효 숫자는 몇 개인가?

(a) 0.036 653 m (b) 7.2100×10^{-3} g (c) 72,100 km (d) $25.03

풀이

(a) 5개 (규칙 2) (b) 5개 (규칙 3)
(c) 3개, 4개, 5개 중 하나 (규칙 4) (d) $25.03은 정확한 수이므로 유효 숫자 개수는 무한하다.

연습문제 1.3 다음 측정값들의 유효 숫자는 몇 개인가?

(a) 0.003 00 mL (b) 2070 mi (c) 47.60 mL

응용문제 1.4 뷰렛 내 내용물의 부피를 읽고, 정확한 개수의 유효 숫자를 답하시오. 부피는 메니스커스(meniscus) 밑 부분을 읽어서 측정한다. (기록할 때는 눈금으로 확인할 수 있는 자릿수에, 추정 자릿수를 모두 포함시켜야 한다는 점을 기억하자.)

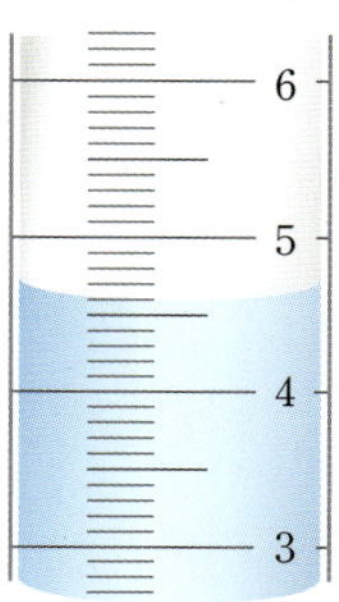

▲ 뷰렛 내 물질의 부피는 얼마인가? (응용 문제 1.4)

개념 예제 1.3

측정값에서 정밀도와 정확도 결정

다음 중 어느 다트판이, 정확도는 낮지만 정밀도가 높은 다트 판인가?

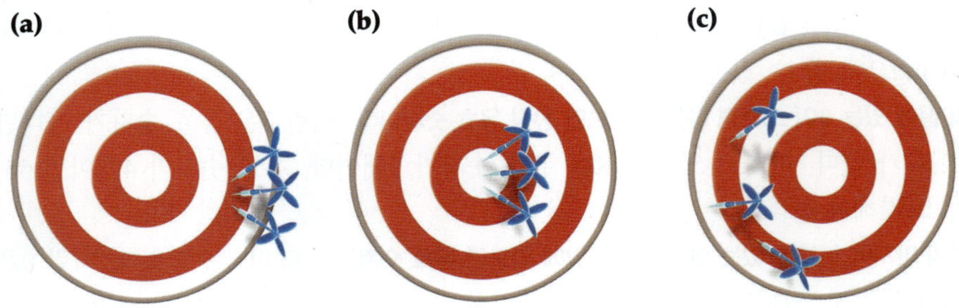

풀이

정밀도란 측정값들이 얼마나 서로 가까운지에 대한 것이고, 정확도란 측정값이 중앙에 얼마나 가까운지에 대한 것이다. 다트 판 (a)는 다트의 착점이 표적의 중앙에서 멀리 떨어져 있기 때문에 정확도는 낮지만, 다트 착점들이 거의 같은 위치에 있으므로 정밀도는 높다.

연습문제 1.5 위의 그림에서 정확도와 정밀도가 모두 낮은 다트 판은 어느 것인가?

응용문제 1.6 아세톤은 페인트의 제거제로 흔히 사용되는 용매이다. 아세톤 시료 1.000 mL가 질량 4.002 g의 작은 바이알(vial)에 담겨 있다. 아세톤이 채워진 바이알의 질량을 측정하였더니, 4.531 g, 4.525 g, 4.537 g이었다. 아세톤의 실제 질량이 0.7795 g이라면, 이 측정값의 정밀도와 정확도는 어떠한가?

▲ 계산기는 데이터의 정밀도에 의해 예상되는 유효 숫자 개수보다 더 많은 유효 숫자를 표시하기도 한다.

1.4 계산에서의 유효 숫자

실제 계산상의 유효 숫자보다 더 많은 유효 숫자가 나타나는 경우가 종종 있다. 계산기로 계산할 때가 그렇다. 예를 들어, 11.70갤런의 휘발유로 278마일을 운행한 자동차의 연비를 계산해 보자.

$$\text{연비} = \frac{\text{마일}}{\text{갤런}} = \frac{278\ \text{mi}}{11.70\ \text{gal}} = 23.760\,684\ \text{mi/gal (mpg)}$$

계산기에 표시된 바로는 유효 숫자 개수가 8개이지만, 실제 측정값은 표시된 것만큼 정밀하지는 않다. 실제 측정값의 유효 숫자 개수는 3개뿐이고, 유효 숫자가 아닌 모든 숫자는 제거하여 23.8 mi/gal로 **반올림**하여야 한다.

유효 숫자 개수를 몇 개나 유지하고 몇 개를 버려야 하는지 어떻게 결정할까? 대부분의 경우 두 가지 규칙만 알면 충분하다.

1. **곱셈이나 나눗셈에서 답은 계산하는 수보다 유효 숫자 개수가 클 수 없다.** 잘 생각해 보면 이 규칙은 상식적이다. 운전해 온 거리가 유효 숫자 3개뿐이면(278마일은 277, 278, 279마일 중 하나라는 의미), 유효 숫자가 3개를 넘는 연비를 계산하는 것이 불가능하다.

유효 숫자 3개 (278 mi), 유효 숫자 4개 (11.70 gal), 유효 숫자 3개 (23.8 mi/gal)

$$\frac{278\ \text{mi}}{11.70\ \text{gal}} = 23.8\ \text{mi/gal}$$

2. **덧셈이나 뺄셈에서 답은 계산하는 수보다 소수점 오른쪽에 더 많은 유효 숫자 개수를 가질 수 없다.** 예를 들어, 3.18 L의 물에 0.013 15 L의 물을 더한다면 3.19 L가 된다. 이 규칙도 상식 수준에서 이해하면 된다. 처음 부피가 소수점 두 자리 이하로는 얼마인지 정확히 모르므로, 더한 값이 소수점 두 자리 이하로 얼마인지 정확히 알 수 없다.

```
  3.18? ??      ← 소수점 이하 두 자리로 끝남
+ 0.013 15      ← 소수점 이하 다섯 자리로 끝남
----------
  3.19? ??      ← 소수점 이하 두 자리로 끝남
```

답에서 남겨야 하는 자릿수를 결정한 후 반올림하는 규칙은 다음과 같다.

1. **제거하는 첫 번째 숫자가 5보다 작으면 버리고 그 다음 숫자들도 모두 버린다.** 즉, 5.664를 유효 숫자 3개로 반올림할 때 버리는 첫 번째 숫자(4)가 5보다 작기 때문에 5.66이 된다.
2. **제거하는 첫 번째 숫자가 5 이상이면 왼쪽에 있는 숫자에 1을 더하여 반올림한다.** 즉, 5.664를 유효 숫자 2개로 반올림할 때 버리는 첫 번째 숫자(6)가 5 이상이기 때문에 5.7이 된다.

예제 1.4

계산에서의 유효 숫자

영국 런던에서 미국 일리노이주 시카고까지 3952 mi(마일)을 비행기로 가는 데 9.25시간이 걸린다. 비행기의 평균 속력은 시속 몇 마일인가?

문제 파악

알고 있는 것	알아내야 할 것
시간(9.25시간), 거리(3952 mi)	속력(mi/h)

전략

속력에 대한 계산식을 세우고 푼다. 수학 연산의 유효 숫자 규칙을 이용하여, 구하려는 답의 유효 숫자 개수를 결정한다.

풀이

먼저, 비행거리를 비행시간으로 나누는 계산식을 세운다

$$\text{평균 속력} = \frac{3952\ \text{mi}}{9.25\ \text{h}} = 427.243\ 24\ \text{mi/h}$$

다음 단계로, 계산값의 유효 숫자 개수를 결정한다. 위의 계산식은 나눗셈을 포함하고 있는데, 3952마일은 유효 숫자 개수가 4개이고 9.25시간은 유효 숫자 개수가 3개이다. 따라서 유효 숫자 개수가 적은 3개의 유효 숫자를 가지도록 답을 표기한다. 마지막으로, 반올림을 해야 한다. 계산기로 수행한 계산값 427.243 24에서 유효 숫자 427 다음의 숫자가 5보다 작은 2이므로 버린다. 따라서 427 mi/h로 표기한다.

이 문제뿐만 아니라 다른 문제에서도 유효 숫자이든 아니든 간에 숫자의 자릿수를 다 이용하여 계산한 후, 반올림은 가장 마지막에 해야 한다. 계산하는 중간 단계에서는 절대 반올림하면 안 된다.

▶ **연습문제 1.7** 다음 계산을 수행하고, 정확한 개수의 유효 숫자로 그 결과를 답하시오

(a) 24.567 g + 0.044 78 g = ? g

(b) 4.6742 g ÷ 0.003 71 L = ? g/L

▶ **응용문제 1.8** 다음 방법으로 염화 소듐 용액을 제조하였다.

- 25.0 mL 부피 플라스크를 분석 저울에 놓고 측정하여 질량이 35.6783 g임을 알아냈다.
- 염화 소듐을 부피 플라스크에 넣고 고체와 플라스크의 질량을 측정하였더니, 36.2365 g이었다.
- 부피 플라스크의 표선까지 물로 채우고, 잘 섞었다.

염화 소듐 용액의 농도를 g/mL 단위로 계산하고, 유효 숫자 개수에 유의하여 과학적 표기법으로 답하시오.

1.5 단위 환산

각종 측정, 무게 달기, 용액 제조 등 많은 과학 활동에는 수리적 계산이 필요하기 때문에, 측

▲ 스피드 스케이터는 바퀴를 미터로 변환하여 얼마만큼 진행했는지 확인해야 한다. ⓒmarcello farina/Shutterstock

정하거나 계산된 양을 한 단위에서 다른 단위로 환산하는 작업이 종종 필요하다. 단위 환산은 어렵지 않다. 일상적으로 늘 수행하는 작업이다. 예를 들어 400미터 트랙을 7.5바퀴 달린다면, 한 바퀴의 거리를 미터 단위로 환산하면, 3000 m(7.5바퀴 곱하기 400미터/바퀴)를 달린 것을 알아낼 수 있다. 과학적 단위 하나를 다른 단위로 환산하는 것도 이렇게 쉽다.

$$7.5\cancel{\text{바퀴}} \times \frac{400\text{미터}}{1\cancel{\text{바퀴}}} = 3000\text{미터}$$

서로 다른 단위를 포함하는 계산을 수행하는 가장 간단한 방법이 **차원 분석법(dimensional-analysis method)**이다. 이 방법은 단위 사이의 관계를 나타내는 **환산 인자(conversion factor)**를 사용하여, 한 단위로 표시된 양을 동등한 양을 가진 다른 단위로 환산한다.

$$\text{처음 양} \times \text{환산 인자} = \text{동등한 양}$$

예를 들어 1 m는 39.37 in.(인치)와 같다. 이 관계를 분수로 표현하여, 인치당 미터 또는 미터당 인치의 환산 인자로 형태를 바꾼다.

미터와 인치 사이의 환산 인자

$$\frac{1\ \text{m}}{39.37\ \text{in.}} \quad \text{또는} \quad \frac{39.37\ \text{in.}}{1\ \text{m}}$$

문제를 해결하는 차원 분석법의 핵심은 단위를 숫자처럼 취급하는 것이다. 숫자처럼 곱하고 숫자처럼 나누면 된다. 문제를 풀 때 방법은 원하지 않는 단위는 소거되고 원하는 단위만 남도록 계산식을 세우는 것이다. 보통 알고 있는 것을 일단 적어놓고, 그 알고 있는 값을 조작하는 것이 가장 좋다. 예를 들어, 키가 69.5인치인데 이것을 미터로 바꾸고 싶다고 가정해 보자. 키를 인치로 먼저 적고, 인치당 미터의 환산 인자를 키에 곱하는 계산식을 수립한다.

$$69.5\ \cancel{\text{in.}} \times \frac{1\ \text{m}}{39.37\ \cancel{\text{in.}}} = 1.77\ \text{m}$$

처음 양 → 69.5 in.; 환산 인자 → $\frac{1\ \text{m}}{39.37\ \text{in.}}$; 동등한 양 → 1.77 m

계산식 왼쪽의 단위 'in'는 분모의 단위와 약분되어 없어지고, 'm'만 남는다.

차원 분석법에서는 필요 없는 단위를 없애는 계산식이 바르게 수립되었을 때만 옳은 답을 구할 수 있다. 계산식이 다른 방식으로 수립되면, 단위가 제대로 상쇄되지 않아 옳은 답을 구할수 없다. 따라서 인치로 표시한 키에 부적절한 환산 인자인 미터당 인치를 곱하면, 의미가 없는 단위를 가진 틀린 답을 얻게 될 것이다.

틀린 예! $69.5\ \text{in} \times \frac{39.37\ \text{in.}}{1\ \text{m}} = 2740\ \text{in.}^2/\text{m}$??

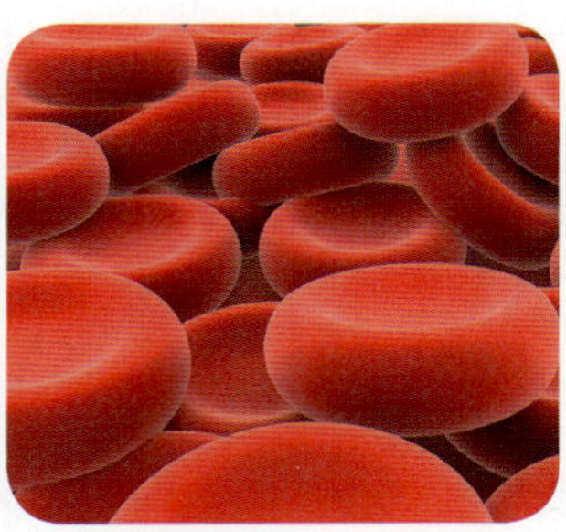

▲ 적혈구의 부피는 얼마인가? ⓒExplode/Shutterstock

차원 분석법의 가장 큰 약점은 원하는 게 무엇인지 정확히 이해하지 못해도 옳은 답을 구할 수 있다는 것이다. 따라서 문제를 푼 후 검토 과정에서 대강의 값을 추정해 보는 것이 좋다. 검토에서 추정한 값이 상세한 풀이에서 얻은 값과 가깝지 않다면, 어딘가에 실수가 있음을 의미하므로 문제를 다시 풀어야 한다.

추정을 하지 않더라도 계산된 답이 의미가 있는지 확인하는 것은 중요하다. 예를 들어, 사람 세포의 부피를 계산하려고 하였는데 5.3 cm^3의 값을 얻었다면, 이 답이 옳지 않다는 것을 알 수 있다. 세포는 눈에 보이지 않을 정도로 작지만, 5.3 cm^3라는 부피는 호두만한 크기이다. 예제 1.5와 1.6은 문제를 풀 수 있는 전략과 차원 분석을 이용하여 단위를 환산한 후, 정답을 추정하는 방법을 보여 준다.

예제 1.5

유효 숫자를 이용한 단위 환산

부가티 베이론 슈퍼 스포트(Bugatti Veyron Super Sport)는 세상에서 가장 빠른 스포츠카로, 최고 속력이 267 mi/h이다. 정확한 개수의 유효 숫자로 이 속력을 다음 단위로 환산하시오.

(a) 시간당 킬로미터 (b) 초당 미터

문제 파악

알고 있는 것	알아내야 할 것
속력(267 mi/h)	속력(km/h, m/s)

전략

(a) 본 교재의 뒤표지 안쪽 페이지에서 km와 mi의 환산 인자를 찾아내고, 차원 분석법을 이용하여 mi 단위를 소거할 수 있도록 계산식을 수립한다.

(b) 위에서 구한 km/h로 나타낸 속력으로 시작하여 m/s의 속력을 구한다. 환산 인자로 변환하면, km와 h이 약분되고 m이 분자에 남고 s가 분모에 남는다.

풀이

(a) $\frac{267\ \text{mi}}{1\ \text{h}} \times \frac{1.609\ \text{km}}{1\ \text{mi}} = 429.603\ \frac{\text{km}}{\text{h}} = 430.\ \frac{\text{km}}{\text{h}}$

(b) $\frac{430.\ \text{km}}{1\ \text{h}} \times \frac{1000\ \text{m}}{1\ \text{km}} \frac{1\ \text{h}}{60\ \text{min.}} \times \frac{1\ \text{min.}}{60\ \text{s}} = 119.444\ \frac{\text{m}}{\text{s}}$

$= 119\ \frac{\text{m}}{\text{s}}$

정말 빠른 스포츠카!

점검

(a) 계산값은 수백 km/h나 되므로 확실히 큰 수이다. 그러나 답을 추정하려면, 1 mi = 1.609 km이므로 동일한 거리를 측정할 때 킬로미터 값은 마일 값의 약 1.5배 정도 된다는 것을 알아채는 것이 좋다. 따라서 267 mi은 약 400 km가 되고 267 mi/h도 약 400 km/h가 된다. 이 추정치는 풀이 과정의 계산값과 유사하다.

(b) 척 봐도 매우 빠른 속력이므로 계산값은 맞는 것으로 보인다. 정상급 육상선수가 100 m를 약 10초에 뛰는데, 이 스포츠카는 그보다 약 10배 빠르다. 이것은 타당해 보이나 이런 문제는 여러 번의 환산을 요구하기 때문에 답을 추정하기 어려운 편이다. 따라서 중간 추정값을 적어가면서 한 번에 한 단계씩만 생각해 보는 것이 가장 좋다.

- 1 km = 1000 m이므로 스포츠카의 속력은 430,000 m/h 또는 4.3×10^5 m/h이다.
- 스포츠카는 시간당 가는 거리보다 초당 가는 거리가 작으므로, 시간 단위를 시간에서 초로 바꾸면 초당 속력의 숫자는 작아질 것이다. 1시간은 3600(3.6×10^3)초이므로, 4.3×10^5 m/h를 3.6×10^3 s/h로 나누어 최고 속력을 m/s로 추정할 수 있다.

$$\frac{10^5\ \text{m/h}}{10^3\ \text{s/h}} = 10^2\ \text{m/s}$$

계산된 값의 규모가 옳은지 점검할 때는 10의 지수를 이용하여 추정하는 것이 좋다. 따라서 이 추정값은 상세한 풀이와 일치한다.

▶ **연습문제 1.9** 보석의 중량은 캐럿(carat) 단위로 측정하고, 1캐럿은 정확히 200 mg이다. 세계에서 가장 큰 푸른 다이아몬드인 호프(Hope) 다이아몬드는 44.4캐럿이다. 이 다이아몬드의 질량은 몇 온스인가? (1 oz = 28.35 g)

▶ **응용문제 1.10** 순수한 다이아몬드의 밀도는 3.52 g/cm^{3}이다. 차원 분석 식을 세워 연습문제 1.9에 있는 호프 다이아몬드의 부피(cm^3)를 구하시오.

▲ 인도네시아 Krakatau 섬의 화산 ©Byelikova Oksana/Shutterstock

예제 1.6

제곱 단위와 세제곱 단위의 환산

1883년 8월 27일에 인도네시아 크라카타우 섬을 파괴했던 화산 폭발은 약 4.3 mi^3의 화산재를 대기 중으로 방출하여 수년 동안 세계 기후에 영향을 미쳤다. 방출된 화산재의 부피는 SI 단위인 m^3으로 환산하면 얼마인가?

문제 파악

알고 있는 것	알아내야 할 것
부피 (4.3 mi^3)	부피 (m^3)

전략

mi^3을 km^3으로 환산한 후에, km^3을 m^3으로 환산하는 것이 가장 간단할 것이다. 환산 인자 전체를 세제곱해야 한다는 것에 주의하자.

풀이

$$4.3\ \text{mi}^3 \times \left(\frac{1\ \text{km}}{0.6214\ \text{mi}}\right)^3 = 17.92\ \text{km}^3$$

$$17.92\ \text{km}^3 \times \left(\frac{1000\ \text{m}}{1\ \text{km}}\right)^3 = 1.792 \times 10^{10}\ \text{m}^3$$

$$= 1.8 \times 10^{10}\ \text{m}^3 \quad \text{반올림하였다.}$$

점검

1 m는 1 mi보다 작은 단위이므로, 1 mi^3과 같은 부피의 m^3는 큰 수이다. 따라서 계산값은 매우 큰 수가 될 것이다. 1 km는 약 0.6 mi이므로 1 km^3은 약 1 mi의 $(0.6)^3$배, 즉 0.2 mi이다. 따라서 1 mi^3은 약 5 km^3이고, 4.3 mi^3은 약 20 km^3이다. 한편 1 km^3은 $(1000\ m)^3$이고, 이것은 10^9 m^3와 같다. 따라서 크라카타우 섬의 화산 폭발로 분출된 화산재의 부피는 약 20×10^9 m^3 또는 2×10^{10} m^3이다. 이 추정값은 상세한 풀이와 일치한다.

연습문제 1.11 축구장의 최대 크기는 폭 90.0 m, 길이 120.0으로, 면적은 1.08×10^4 m^2이다. 이 축구장의 면적은 ft^2 단위로 얼마인가? (1 m = 3.28 ft)

응용문제 1.12 적혈구 세포를 지름 6×10^{-6} m, 높이 2×10^{-6} m의 원통 형태라고 가정하면, 적혈구 세포의 부피는 몇 cm^3인가? 이 부피는 몇 pL(피코리터)인가?

INQUIRY ? 나노 척도 소재의 독특한 성질은 무엇일까?

금속을 대체하는 경량 소재, 뼈를 성장시키는 합성 지지체, 부작용 없이 암세포만 죽이는 항암제, 더 빠르면서 작아진 컴퓨터 등이 존재하는 세상을 상상해 보자. 이런 것들은 현재 가장 활발하게 연구되는 분야인 나노과학 결과의 일부일 뿐이다.

'나노 척도'의 정의는 일반적으로, 최소한 한 차원의 길이가 1~100 nm의 크기를 가지는 물질을 포함한다. 이 극도로 작은 영역에서 물질을 탐구하고 이해할 수 있게 해주는 연구용 기구는, 불과 몇 년 전만해도 구현이 불가능했다.

이 극도로 작은 크기의 물질을 이해하려면, 다른 척도의 물체와 크기를 비교하는 것이 좋다. **거시 척도**(**macroscale**)의 물체는 육안으로 관찰할 수 있어서, 측정용 자나 캘리퍼와 같은 도구로 측정할 수 있다. **마이크로 척도**(**microscale**)는 이보다 작은 크기의 세계이며, 소재의 차원이 마이크로미터 범위(1 μm = 1×10^{-6} m)이기 때문에 마이크로 척도라고 부른다. 세포와 같은 마이크로 물체는 육안으로는 볼 수 없으므로 광학 현미경을 써야 형상화할 수 있다. **나노 척도**(**nanoscale**)는 마이크로 척도보다 1000배 더 작고, 나노미터 크기(1 nm = 1×10^{-9} m)의 차원을 나타낸다. 원자와 분자는 전자 현미경이나 원자 힘 현미경 같은 특수한 기구를 사용해야 형상화가 가능한 나노 척도의 물체이다. 그림 1.5는 척도 체제와 대표적인 물체이다.

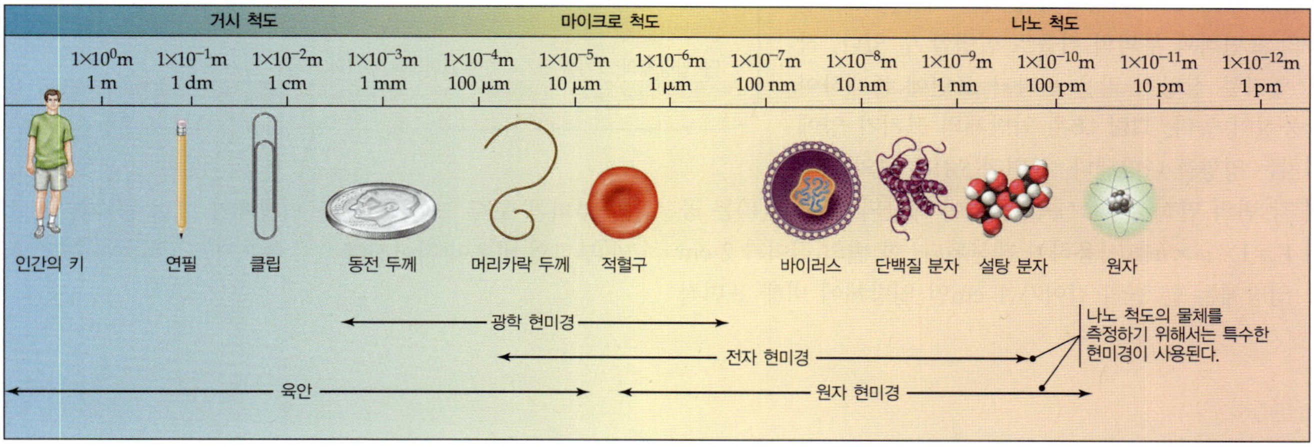

▲ 그림 1.5
거시 척도와 마이크로 척도의 물체

▲ 확인하기

육안으로는 볼 수 없으나, 현미경으로 볼 수 있는 대상체는 어떤 것인가? 광학 현미경으로는 볼 수 없으나, 원자 힘 현미경으로 볼 수 있는 것은 어떤 것인가?

답 세포는 현미경으로는 볼 수 있으나, 육안으로는 볼 수 없다. 분자와 바이러스는 원자 힘 현미경으로는 볼 수 있으나, 광학 현미경으로는 볼 수 없다. 해상도가 매우 높은 원자의 영상은 원자 힘 현미경으로 기록한 것이다.

▶ 골드바(왼쪽)와 다양한 크기의 금 나노입자 용액(오른쪽).
금은 나노 척도에서는 특징적인 색을 유지하지 않는다. 왼쪽 바이알 속의 붉은색 용액에 들어 있는 금 나노입자의 지름은 3~30 nm이고, 오른쪽으로 갈수록 입자의 크기가 커진다. 오른쪽 용액의 보라색은 수백 nm의 지름을 가지는 금 입자의 특징적인 색깔이다.

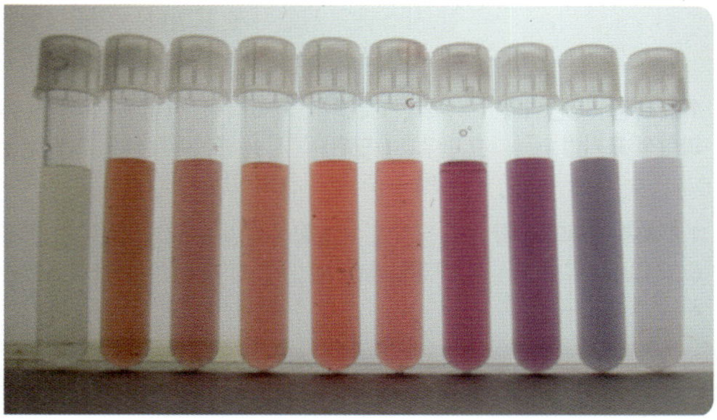

나노과학기술은 물체의 크기를 나노미터 수준으로 감소시켜 그 성질을 변화시킨다는 면에서 매우 흥미로운 연구 분야이다. 지금까지 과학 수업에서는 물질은 양과 관계없이 그 특성이 동일하다고 배웠을 것이다. 예를 들어, 금은 녹는점이 높고 전기를 전도하는 노란색의 반짝이는 물질이다. 금은 상대적으로 비활성 물질이고 반응성이 없기 때문에 보석류나 화폐를 만드는 데 쓰인다. 금은 작은 조각이든 큰 골드바 형태든 완벽히 똑같은 성질을 가진다. 그러나 이러한 성질은 금 나노입자에서는 해당되지 않는다. 금 나노입자는 화학적으로 반응성이 있고, 색은 붉은색부터 보라색까지 다양하다. **일반적으로 나노입자는 크기와 조성에 따라 독특한 성질을 가진다.** 대용량 소재보다 녹는점이 낮고 색이 다양하며, 반응성이 더 큰 경향이 있다.

입자 크기에 따라 성질이 변하는 이유는 나노입자의 **표면적과 부피의 비율**로 설명할 수 있다. 작은 입자는 상당히 많은 원자가 표면에 존재하여 반응성이 높다. 그림 1.6은 입방체의 크기가 양에 미치는 영향을 나타낸다. 표면적(SA)은 변의 개수에 각 변의 면적 $A = 1 \times w$를 곱하여 계산되며, 부피(V)는 공식 $V = 1 \times w \times h$를 사용하여 계산된다. 한 변의 길이가 2 cm인 입방체는 한 변의 길이가 1 cm인 입방체에 비해 표면적과 부피가 모두 크다. 그러나 입방체가 크면 클수록 표면적과 부피의 비율이 작아진다.

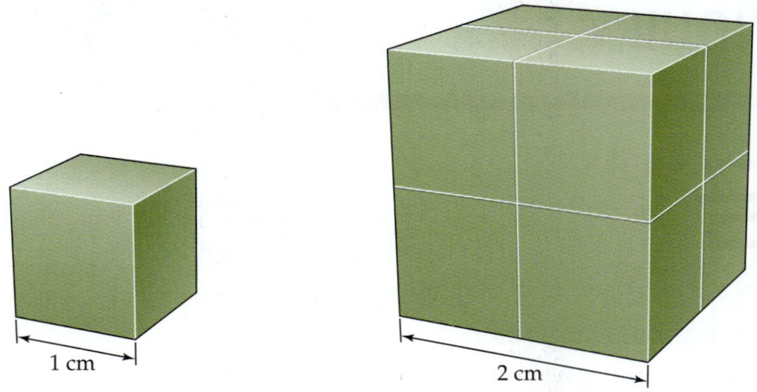

$SA = 6 \times (1\ \text{cm} \times 1\ \text{cm}) = 6\ \text{cm}^2$
$V = 1\ \text{cm} \times 1\ \text{cm} \times 1\ \text{cm} = 1\ \text{cm}^3$
$\dfrac{SA}{V} = 6$

$SA = 6 \times (2\ \text{cm} \times 2\ \text{cm}) = 24\ \text{cm}^2$
$V = 2\ \text{cm} \times 2\ \text{cm} \times 2\ \text{cm} = 8\ \text{cm}^3$
$\dfrac{SA}{V} = 3$

▲ 그림 1.6
크기가 다른 입방체의 표면적과 부피의 비율

▲ 확인하기

입방체의 크기를 증가시키면 이들의 표면적과 부피의 비율은 어떻게 변화하는가?

답 입방체의 크기를 증가시키면 표면적과 부피의 비율은 감소한다.

정리

절	개념 요약	학습 목표
1.1 과학적 방법: 연료 전지의 나노입자 촉매	**과학적 방법**이란 연구를 수행할 때 사용되는 반복적 과정이다. 첫 번째 단계로서 관찰들에 기반을 두고 문제점을 도출한다. 다음에는 관찰을 설명할 수 있는 **가설**을 개발한다. 세워진 가설을 시험할 수 있도록 실험을 고안하고, 나타난 **실험** 결과를 토대로 초기 가설을 변경하거나 수정한다. **이론**은 수많은 실험들로부터 가설의 타당성을 입증했을 때 세울 수 있으며, 새로운 예측을 하는 데 이용된다. **모형**은 복잡한 시스템을 간결하게 표현하는 것을 의미하고, 이론을 보다 구체적인 것으로 만들어 준다.	1.1 과학적 방법의 각 단계를 인지한다. 1.2 정성적 측정과 정량적 측정을 구분한다.
1.2 측정: SI 단위와 과학적 표기법	정확한 측정은 과학적인 실험에 있어서 중요하다. 과학자들은 국제단위(**SI 단위**)를 사용하여야 한다. 7개의 SI 기본 단위들이 있고, 그 외에 유도 단위들이 있다(표 1.1).	1.3 수를 과학적 표기법으로 나타내고, SI 단위의 배수를 나타낼 때는 접두사를 사용한다.
1.3 측정에서의 정확도, 정밀도, 유효 숫자	측정값들이 **정확**하다면, 측정값들은 참값에 근접하게 된다. 측정값들이 **정밀**하다면, 재현성이 있을 뿐만 아니라 서로 비슷한 값을 가진다.	1.4 측정값에서 유효 숫자의 개수를 명시한다. 1.5 얻어진 데이터 군의 정확도와 정밀도를 평가한다. 1.6 측정값이 가질 수 있는 유효 숫자의 적절한 개수를 기술한다.

절	개념 요약	학습 목표
1.4 계산에서의 유효 숫자	물리적 양을 측정하거나 계산값을 정확한 개수의 **유효 숫자**로 **반올림** 하여 측정값의 정밀도를 나타내는 것은 중요하다.	1.7 수학적인 계산 결과를 정확한 개수의 유효 숫자로 계산값을 표시한다.
1.5 단위 환산	숫자의 계산을 해야 하는 많은 실험의 경우, 측정값을 다른 종류의 단위로 환산하는 것이 종종 필요하다. 이러한 환산을 하기 위해 **차원 분석법**이 널리 사용된다. 환산 계산식에서 원하지 않는 단위는 소거되도록 하고, 원하는 단위는 남을 수 있도록 하는 방법이다.	1.8 환산 인자를 이용하여 한 단위를 측정값을 다른 단위로 환산한다.

주요 용어

SI 단위
가설
거시 척도
과학적 방법론
과학적 표기법
관찰
나노과학
나노 척도
나노미터(nm)
마이크로 척도
물질
반올림
실험
유효 숫자
이론
정량적
정밀도
정성적
정확도
차원 분석법
합금
화학
환산 인자

복습 문제

LO는 학습 목표(Learning Objectives)를 나타낸다.

이 장을 학습한 후엔, 학습자의 이해도를 평가할 수 있는 방법이 있다. **복습 문제**를 푸는 것이다. **복습 문제**들은 이 장의 학습 목표와 연계되어 있다. 따라서 푼 답이 틀렸다면, 이 장의 끝부분에 나와 있는 **정리** 문단의 **학습 목표**를 참고하면 된다. 정리 문단에는 **개념 요약**이 제공되며, **예제**를 참고하면 문제 해결 방법을 모델링 할 수 있다.

1. 다음 중 금 나노입자 합성에 대한 가설은 어느 것인가? (**LO 1.1**)
   (a) 금 나노입자에 염 용액을 가하는 것은 그 색깔을 빨간색에서 파란색으로 바꾸는 원인이다.
   (b) 금 나노입자에 미치는 염의 효과를 시험하기 위해 다양한 농도의 염 용액을 나노입자에 가하고, 그 결과를 측정한다.
   (c) 평균 지름이 30 nm인 금 나노입자 용액은 450 nm에서 최대 흡광도를 가지는 파장을 가지며, 그 색깔은 붉은 주황색이다.
   (d) 음전하를 가진 물질을 금 나노입자 표면에 가하면 작은 입자 크기를 안정화하는 반발력이 형성된다.
2. 0.055 밀리초(ms)를 초로 환산하고, 과학적 표기법으로 답을 쓰시오. (**LO 1.3**)
   (a) 5.5×10^{-3} s (b) 5.5×10^{-4} s
   (c) 5.5×10^{-5} s (d) 5.5×10^{-7} s
3. 다음 뷰렛의 측정값을 정확한 개수의 유효 숫자로 답하시오. (**LO 1.6**)
   (a) 1 mL
   (b) 1.4 mL
   (c) 1.40 mL
   (d) 1.400 mL

4. 한 과학자가 보정(calibration)이 안 된 pH 측정기를 사용하여 빗물 시료의 pH를 4회 측정하였다. 다른 pH 측정기는 표준 용액을 이용하여 보정되었다. 이 보정된 pH 측정기를 이용하여 측정한 빗물 pH의 참값은 5.12였다. 보정 안 된 pH 측정기의 정확도와 정밀도에 대해 뭐라고 말할 수 있나? (**LO 1.5**)

pH 측정기	pH
1	5.68
2	5.61
3	5.71
4	5.63

   (a) 보정이 안 된 pH 측정기는 정확하고 정밀하다.

(b) 보정이 안 된 pH 측정기는 정확하지도 않고 정밀하지도 않다.
(c) 보정이 안 된 pH 측정기는 정확하나 정밀하지는 않다.
(d) 보정이 안 된 pH 측정기는 정밀하나 정확하지는 않다.

5. 다음 계산을 수행하고, 정확한 개수의 유효 숫자 개수로 그 계산값을 답하시오. (**LO 1.7**)

$$\frac{\left(\dfrac{0.368}{1.001 \times 10^2}\right)}{(25.26 - 1.50)} = ?$$

(a) 1.5×10^{-4} (b) 1.55×10^{-4}
(c) 1.547×10^{-4} (d) 1.5473×10^{-4}

6. 어떤 사람이 6.52 mi/hr의 속도를 유지하며 달리고 있다. 이 사람이 15.0 km를 달릴 때 걸리는 시간은 얼마인가? (1 mi = 1.61 km) (**LO 1.8**)
(a) 85.7분 (b) 222분
(c) 50.0분 (d) 93.4분

7. 에어로젤은 투명한 저밀도 물질이다. 부피의 99.8%가 비어 있어 열이나 냉기에 대한 단열 효과가 뛰어나다. 실리카 계열의 에어로젤은 밀도가 3.0 mg/cm^{3}이다. 이 밀도는 g/m^3 단위로 얼마인가? (**LO 1.8**)
(a) 3.0×10^{-3} g/m^3 (b) 3.0×10^{1} g/m^3
(c) 3.0 g/m^3 (d) 3.0×10^{3} g/m^3

답:
1. d, 2. c, 3. c, 4. d, 5. b, 6. a, 7. d

개념 문제

각 장의 마지막에 있는 문제는 '개념 문제'로부터 시작한다. 이 부분의 문제는 수리적 문제보다는 시각적이고 추상적인 문제이며, 숫자와 수식에 대한 능력 향상보다는 이해를 이끌도록 구성되어 있다. 문제에 대한 해답은 책의 끝부분에 있는 부록 다음에 있다. 문제 1.1~1.12는 이 장의 본문 중에 있다.

1.13 다음 섭씨 온도계에 나타난 온도의 측정값은 얼마인가? 해답에서 유효 숫자는 몇 개가 있어야 하는가?

1.14 눈금 실린더 두 개가 있다. 하나는 용량이 5 mL(a)이고 다른 하나는 50 mL(b)이다. 두 눈금 실린더에 물 2.64 mL를 넣었을 때의 눈금을 각각 그리시오. 두 실린더 중 더 정확한 측정값을 제공하는 것은 어느 것인가? 설명하시오.

보충 문제

과학적 방법론(1.1절)

1.15 다음 내용은 18세기 프랑스 화학자 라부아지에(Lavoisier)에 의해 수립된 연소의 이론에 대한 것이다. 각 내용을 과학적 방법론의 적절한 단계(관찰, 가설, 가설 시험을 위한 실험)에 연결하시오.
(a) 금속을 밀폐된 용기에서 연소시키고, 고체의 질량 변화와 기체의 부피 변화를 측정한다.
(b) 물질의 연소 과정에서는 산소가 그 물질에 결합한다.
(c) 밀폐된 용기에 들어 있는 금속의 연소는 시간이 지나면 멈춘다.

1.16 세계 최대 금괴에 대한 다음 내용을 정량적 관찰과 정성적 관찰로 구분하시오. (이 금괴는 2013년에 약 1,025만 달러의 가치가 있었다.)
(a) 금의 녹는점은 1064.2 ℃이다.

(b) 이 금괴의 부피는 15,730 cm^3이다.
(c) 금은 전기 전도체이다.
(d) 이 금괴의 질량은 250 kg이다.
(e) 이 금괴는 노랗게 빛난다.

1.17 그림 1.2를 참고하여 답하시오. 가설을 뒷받침하는 내용이 다수 관찰되면, 무엇이 수립되는가?

SI 단위와 과학적 표기법(1.2절)

1.18 다음 양을 측정하고자 할 때 사용되는 SI 단위는 각각 무엇인가? 유도 단위의 경우, 여섯 가지 기본 단위를 이용하여 표현하시오.
(a) 질량 (b) 길이
(c) 온도 (d) 부피
(e) 에너지 (f) 밀도

1.19 다음 값이 동등한 값이 되도록 빈칸을 채우시오.
(a) 1 km = __________ m
(b) 1 m = __________ km
(c) 1 mmol = __________ mol
(d) 1 mol = __________ mmol

1.20 와인 병에는 종종 'Volume = 75 cL'이라는 문구가 적혀있다. *cL*이라는 단위는 무엇을 의미하는가?

1.21 다음 각 항에서 둘 중 더 작은 양을 고르시오.
(a) 154 pm, 7.7×10^{-9} cm
(b) 1.86×10^{11} μm, 2.02×10^2 km
(c) 2.9 GA, 3.1×10^{15} μA

1.22 1 L는 몇 마이크로리터(μL)인가? 20 mL는 몇 마이크로리터인가?

1.23 다음 측정값을 과학적 표기법으로 작성하시오.
(a) 453.32 mg (b) 0.000 042 1 mL
(c) 667,000 g

정확도, 정밀도, 유효 숫자(1.3~1.4절)

1.24 다음 중 정확한 수를 사용한 항목은 어느 것인가?
(a) 1 ft = 12 in.
(b) 1 cal = 4.184 J
(c) 에베레스트산의 높이는 29,035 ft이다.
(d) 1마일 경주의 세계기록은 모로코의 Hicham el Guerrouj가 1999년 7월에 수립한 3분 43.13초이다.

1.25 다음 측정값들은 각각 몇 개의 유효 숫자를 가지는가?
(a) 35.0445 g (b) 59.0001 cm
(c) 0.030 03 kg (d) 0.004 50 m
(e) 67,000 m^2 (f) 3.8200×10^3 L

1.26 미국 플로리다에 있는 John F. Kennedy 우주 센터의 우주선 조립 건물은 세계에서 가장 큰 건물로, 부피가 3,666,500 m^3이다.
(a) 이 부피를 유효 숫자 네 개로 반올림하고, 다시 유효 숫자 두 개로 반올림하시오.
(b) 답을 과학적 표기법으로 작성하시오.

1.27 다음 값들을 괄호 안에 표시된 유효 숫자 개수대로 반올림하시오.
(a) 35,670.06 m (4, 6) (b) 68.507 g (2, 3)
(c) 4.995×10^3 cm (3) (d) $2.309\ 85 \times 10^{-4}$ kg (5)

1.28 다음 계산의 결과를 올바른 유효 숫자 개수를 사용하여 표기하시오.
(a) 4.884×2.05 (b) $94.61 \div 3.7$
(c) $3.7 \div 94.61$ (d) $5502.3 + 24 + 0.01$
(e) $86.3 + 1.42 - 0.09$ (f) 5.7×2.31

단위 환산(1.5절)

1.29 다음 환산을 수행하시오.
(a) 0.25 lb의 햄버거에는 몇 그램의 고기가 있는가?
(b) 시카고의 Willis 타워(구 Sears 타워, 높이 1454 ft)의 높이는 몇 미터인가?
(c) 오스트레일리아의 면적(2,941,526 mi^2)은 몇 제곱미터인가?

1.30 여자 20,000미터 경주의 세계기록은 1시간 5분 26.6초이며, 2000년에 Tegla Loroupe에 의해 수립되었다. 평균 속도는 시속 몇 마일인가? 유효 숫자 개수에 유의하여 표기하시오. (경주 거리는 유효 숫자 개수가 5개인 것으로 간주하시오.)

1.31 심장병 환자의 심방 세동을 조절하는 데 사용되는 약물인 디지털리스의 투약은, 투여량이 조금만 초과되어도 치명적일 수 있으므로 신중하게 제어되어야 한다. 환자간 차이를 고려하기 위해, 약물의 용량은 mg/체중 kg으로 처방된다. 따라서 어린이와 성인의 체중은 크게 다르지만 체중 kg당 투여량은 동일하다. 처방량이 20 μg/체중 kg일 때, 체중이 160 lb인 환자에게는 몇 밀리그램의 디지털리스를 투여해야 하는가?

1.32 폴리프로필렌은 병뚜껑, 요거트 용기, 카페트 등을 만드는 데 흔히 사용되는 플라스틱이다. 폴리프로필렌의 밀도는 0.55 oz/in^3이다. 이 밀도를 g/cm^3의 단위로 환산하시오.

chapter 2

원자, 분자 및 이온

CONTENTS

2.1 화학과 원소

2.2 원소와 주기율표

2.3 대표적 원소 족과 그들의 성질

2.4 원자론을 지지하는 증거들: 질량 보존 법칙과 일정 성분비 법칙

2.5 배수 비례 법칙과 돌턴의 원자론

2.6 원자 구조: 전자

2.7 원자 구조: 양성자와 중성자

2.8 원자 번호

2.9 원자량과 몰

2.10 혼합물과 화합물: 분자와 공유 결합

2.11 이온과 이온 결합

2.12 화합물 명명법

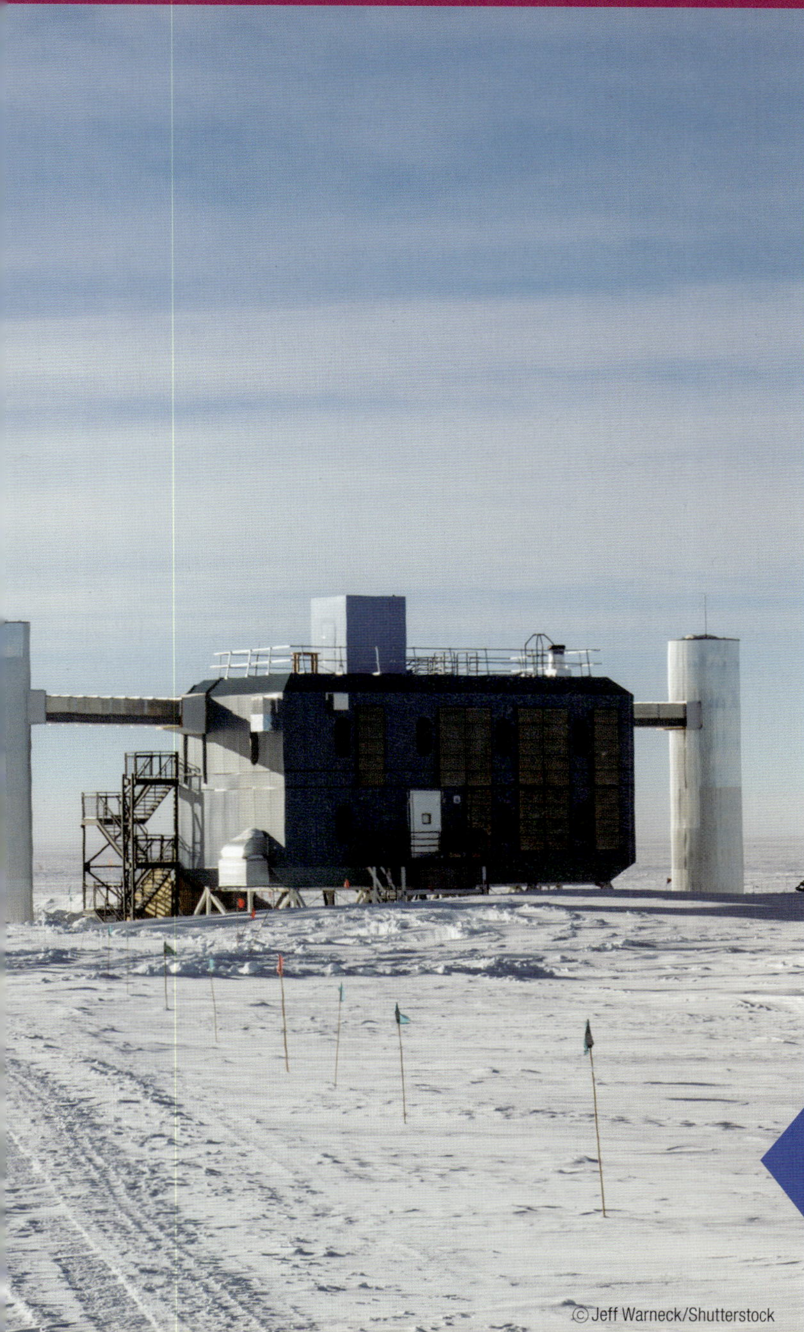

ⓒJeff Warneck/Shutterstock

만약 여러분이 탄소와 같은 큰 덩어리의 순수한 원소를 가지고 있고 이것을 계속해서 더 작은 조각으로 쪼개면, 어마어마한 수의 원자라고 하는 아주 작은 기본적인 단위로 구성된다는 것을 알게 될 것이다. 과학자들은 물질의 조성을 원자 수준으로 연구하고, 그 환경 및 시간이 지남에 따라 어떻게 변해왔는지를 연구한다.

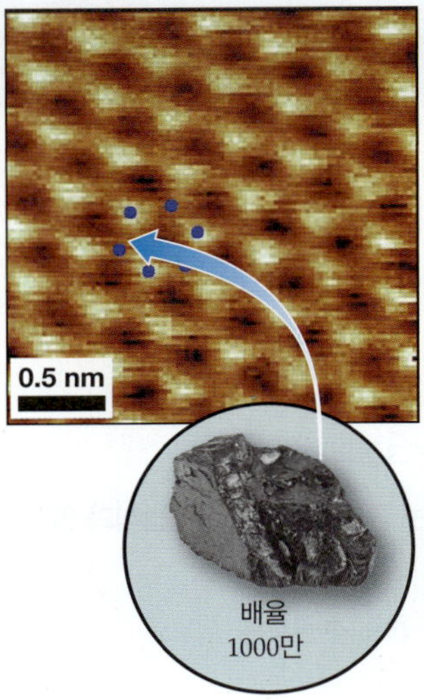

▲ 주사 터널링 현미경으로 고도로 정렬된 열분해 흑연의 작은 조각 안에 있는 탄소 개별 원자의 이미지를 생성한다.

사람들은 변화에 항상 매료되어 왔다. 특히 그 변화가 극적이거나 유용할 경우 더욱 그러하였다. 고대 사회에서는 나무 조각이 타서 열을 방출하고 잿더미로 바뀔 때 일어나는 변화가 특히 중요하였다. 마찬가지로, 붉은 암석 덩어리(철광석)를 숯과 함께 가열하여 무기, 연장, 도구의 제조에 유용한 회색 금속(철)이 만들어질 때 일어나는 변화는 엄청난 가치가 있었다. 그런 변화를 관찰하면서 철학자들은 물질들이 궁극적으로 무엇으로 이루어져 있을까를 생각하게 되었고, 오늘날 우리가 원소라고 부르는 근본적인 물질에 대한 개념에 도달하게 되었다.

같은 시대에 철학자들은 원소 문제를 깊이 생각하는 것과 동시에 관련 물질에 대해서도 유심히 숙고하였다. 원소들은 무엇으로 구성되어 있을까? 물질을 잘게 쪼개고 또 쪼갤 수 있을까? 아니면 궁극적으로 끝이 있을까? 금 한 조각을 둘로 자르고 이 한 조각을 또 둘로 자르고 하는 것을 무한히 할 수 있을까? 아니면 멈추어야 하는 시점이 있을까? 플라톤과 아리스토텔레스를 비롯한 대부분의 사람들은 물질을 계속하여 자를 수 있다고 믿었으나, 그리스 철학자 데모크리토스(Democritus, B.C. 460~370)는 이에 동의하지 않았다. 데모크리토스는 원소는 '나눌 수 없는'이라는 뜻을 가진 그리스어 'atomos'에서 유래한, 현재 우리가 **원자**(atom)라고 부르는 작은 입자로 구성되어 있다고 제안하였다. 약 2000년 뒤에 현대적인 실험과학이 탄생하고 나서야 비로소 원소와 원자에 대해 자세히 알게 되었다.

비록 원자 이론이 오랫동안 존재하였지만, 1980년대 주사 터널 현미경(STM)과 원자 힘 현미경(AFM)이 발명되기 전까지는 원자를 직접 볼 수 없었다. STM은 보조단 사진에 있는 각각의 탄소 원자의 영상을 만드는 데 사용되었다. 이때 처음으로 원자 크기에서 물질을 직접 다루고 연구할 수 있었다. 각각의 원자들은 새로운 방법으로 물질을 만들기 위한 시도에서 움직일 수 있다. 원자 수준에서 물질을 통제하고 연구하는 것은 컴퓨터, 생화학, 배터리 · 촉매제 · 플라스틱과 같은 산업 제품에 중요한 영향을 미친다.

2.1 화학과 원소

우리가 주위에서 볼 수 있는 모든 것은 현재까지 알려진 118가지 원소 중 하나 혹은 여러 개로 만들어진다. **원소**(**element**)는 화학적으로 변화시키거나 더 간단한 것으로 분해할 수 없는 기본적인 물질이다. 표 2.1에 나타낸 것처럼 수은, 은, 황은 흔히 볼 수 있는 예이다.

▲ 은, 수은, 황의 시료(위에서부터 아래로)

표 2.1 몇 가지 흔한 원소의 이름과 기호. 몇몇 원소의 기호는 라틴어 이름으로부터 유래되었으며, 그 라틴어 이름은 괄호 안에 표기하였다.

알루미늄	Al	염소	Cl	망가니즈	Mn	구리(*cuprum*)	Cu
아르곤	Ar	플루오린	F	질소	N	철(*ferrum*)	Fe
바륨	Ba	헬륨	He	산소	O	납(*plumbum*)	Pb
붕소	B	수소	H	인	P	수은(*hydrargyrum*)	Hg
브로민	Br	아이오딘	I	규소	Si	포타슘(*kalium*)	K
칼슘	Ca	리튬	Li	황	S	은(*argentum*)	Ag
탄소	C	마그네슘	Mg	아연	Zn	소듐(*natrium*)	Na

실제로 118가지 원소 중 약 90가지만 천연에서 존재하기 때문에, 앞서 말한 것처럼 모든 것이 118가지 원소 중 하나 혹은 여럿으로 만들어졌다는 것은 과장이다. 나머지 28가지 원소는 핵화학자들에 의해서 고에너지 입자 가속기를 이용하여 인공적으로 만들어졌다.

더욱이 천연으로 존재하는 90가지 정도의 원소 중 83가지만이 지구상에서 의미 있는 양으로 존재한다. 수소는 관측된 우주 질량 중 약 75%를, 산소와 규소는 지각의 질량 중 약 75%를, 산소, 탄소, 수소, 질소는 인체 질량의 95% 이상을 차지한다(그림 2.1). 대조적으로, 프랑슘(Fr)과 같은 원소는 전 지구를 통틀어서 20그램 미만으로 존재한다. 프랑슘은 불안정한 방사성 원소로서 그 원자가 끊임없이 생성되었다가 파괴되고 있다.

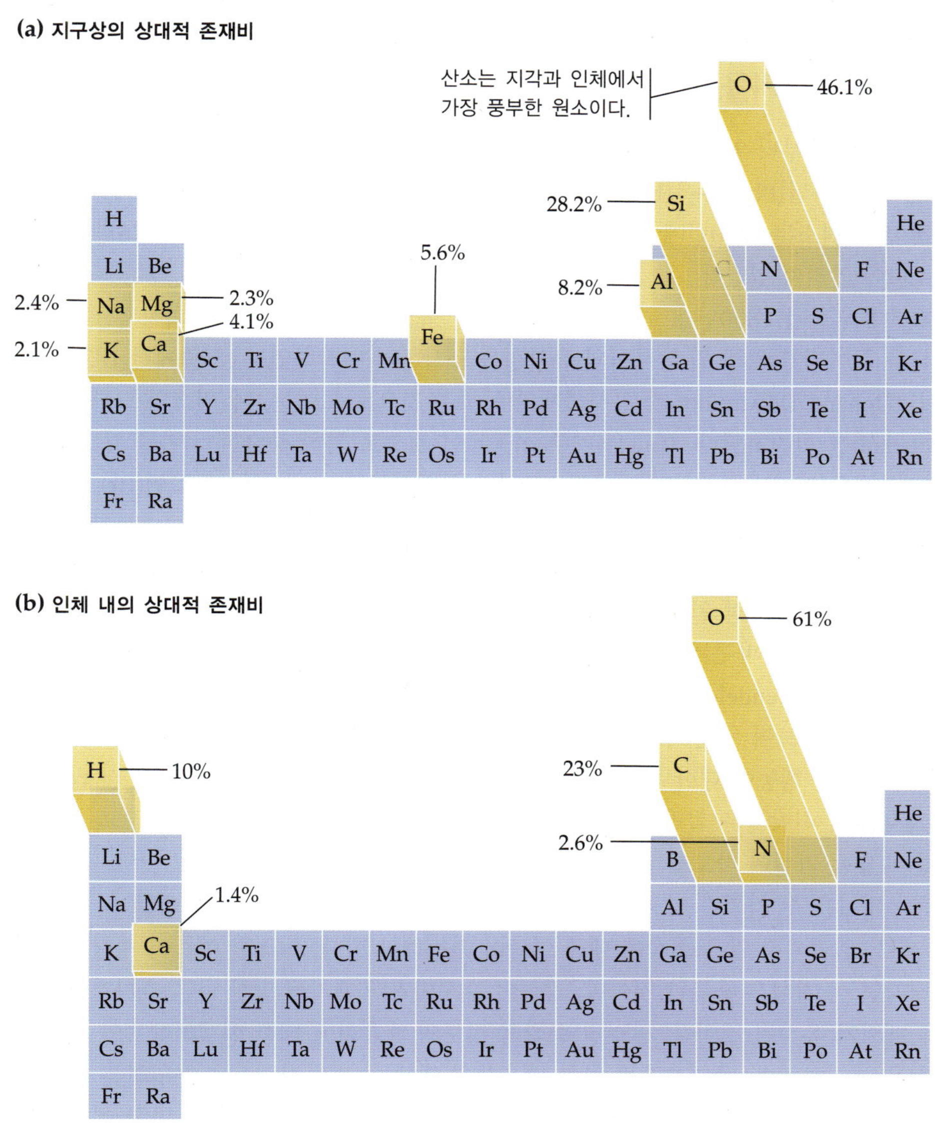

◀ 그림 2.1
질량 백분율로 표시한 (a) 지구의 지각과 (b) 인체에 포함되어 있는 원소의 조성. 각 경우 중요한 성분만을 표시하였다. 여러 다른 원소들도 소량 존재한다.

▶ 확인하기

지각과 인체 모두에서 가장 풍부하게 들어 있는 원소는 무엇인가? (a) 지각과 (b) 인체에서 두 번째로 풍부한 원소는 각각 무엇인가?

답 지각과 인체 모두에서 가장 풍부하게 들어 있는 원소는 산소이다. 규소는 지각에서 두 번째로 풍부한 원소이고, 탄소는 인체에서 두 번째로 풍부한 원소이다.

특별한 원소를 간단히 나타내기 위해 화학자들은 하나 또는 두 글자의 기호를 사용한다. 표 2.1에 예를 든 것처럼, 원소를 나타내는 기호의 첫 글자는 대문자로 쓰고 두 번째 글자가 있을 경우에는 소문자로 쓴다. 많은 기호들은 원소의 영어 이름에서 첫 글자 또는 두 글자를 써서 나타낸다. H = 수소(hydrogen), C = 탄소(carbon), Al = 알루미늄(aluminum) 등이 그렇다. 다른 기호들은 Na = 소듐(라틴어 *natrium*), Pb = 납(라틴어 *plumbum*), W = 텅스텐(독일어 *wolfram*)처럼 라틴어나 다른 언어에서 유래된 것이다. 모든 118가지 원소의 이름, 기호, 관련 정보는 이 책의 앞표지 안쪽에 있는 **주기율표(periodic table)**에 정리되어 있다.

개념탐구 질문 1

원소에 대한 다음 설명 중 거짓인 것은?

(a) 원소는 화학적으로 더 작게 부수거나 단순하게 변화시킬 수 없고 그 원소 그대로 존재한다.
(b) 모든 자연 발생적 원소는 안정하고 비방사성이다.
(c) 원소들은 지구상에 다양한 양으로 폭넓게 존재한다.
(d) 원소는 종종 원소의 라틴어 이름을 한 글자 혹은 두 글자를 사용해 기호로 표현된다.

2016년 국제 순수 응용 화학 연합(IUPAC)은 최근에 발견된 4개의 인공 원소의 이름과 기호를 승인하였다. 원소 113은 일본의 과학자들에 의해 니호늄(Nihonium, Nh)이라는 이름이 붙여졌다. 니혼(nihon)은 일본어로 "떠오르는 해의 땅"을 의미한다. 원소 115와 117은 러시아 두브나(Dubna)의 핵 연구소와 미국 테네시 주의 오크 리지 국립 연구소(Oak Ridge National Laboratories)의 공동 발견자들에 의해 각각 모스코븀(Moscovium, Mc)과 테네신(Tennesine, Ts)으로 명명되었다. 오가네손(Oganesson, Og)이라는 이름의 원소 118은 초중 원소의 발견에 오가네시안(Yuri Oganessian)의 선구적인 업적을 기려 그의 이름을 따 명명하였다.

2.2 원소와 주기율표

인류 역사의 초기부터 알려진 10가지 원소는 다음과 같다: 안티모니(Sb), 탄소(C), 구리(Cu), 금(Au), 철(Fe), 납(Pb), 수은(Hg), 은(Ag), 황(S), 주석(Sn). 그 후 수천 년 만에 '새롭게' 발견된 첫 번째 원소는 1250년에 발견된 비소(As)였다. 실제로 미국이 건국된 1776년에도 24가지 원소만이 알려져 있었다.

1700년대 후반과 1800년대 초반 과학적 발견의 속도가 빨라짐에 따라, 화학자들은 일반적인 결론을 끌어내기 위해 원소 사이의 유사성을 조사하기 시작하였다. 그중에서 1829년에 되베라이너(Johann Döbereiner)가 유사하게 행동하는 것으로 보이는, 세 원소의 그룹인 몇몇 3조원소(triad)를 발견하였다. 이것은 매우 성공적인 것으로 특히 중요한 의미를 가진다. 칼슘(Ca), 스트론튬(Sr), 바륨(Ba)이 하나의 3조원소를 형성하고, 염소(Cl), 브로민(Br), 아이오딘(I)과 리튬(Li), 소듐(Na), 포타슘(K)이 각각 다른 3조원소를 형성한다. 1843년까지 화학자들은 16가지의 3조원소를 알아냈고, 그 설명을 찾고자 애쓰고 있었다.

1800년대 중반에 특정 원소들이 가지고 있는 유사성을 설명하려는 시도가 여러 차례 있었다. 그러나 획기적 돌파구는 1869년에 현대적 주기율표의 전신을 발표한 러시아 화학자인 멘델레예프(Dmitri Mendeleev)에 의해서 만들어졌다. 멘델레예프의 업적은 과학 이론이 어떻게 발전되는지를 보여 주는 이상적인 예가 될 것이다. 처음에는 수많은 원소와 이들 원소가 나타내는 성질과 행동에 대한 관측들이 서로 연관성 없이 보고되었다. 그러다가 더 많은 사실이 알려지면서, 사람들은 설명할 수 있는 방법으로 자료를 정리하려고 노력하였고, 궁극적으로 모순이 없는 가설이 나오게 되었다.

훌륭한 가설은 두 가지가 가능해야 한다. 첫째로, 알려진 사실(fact)을 설명할 수 있어야 한다. 둘째로, 알려지지 않은 현상에 대해 예측이 가능해야 한다. 이러한 예측이 시험되어 맞다고 밝혀지면 이 가설은 훌륭한 것이며, 가설이 수정되거나 폐기될 만한 다른 추가적인 사실이 발견될 때까지 유지될 것이다. 알려진 화학적 정보의 체계화에 대한 멘델레예프의 가설은 모든 시험을 통과하였다. 주기율표는 화학 반응성에 대해 알려진 사실들을 설명하는 데 유용하고 모순이 없는 방법으로 데이터를 정리하였을 뿐 아니라, 몇 개의 특이할 만한 예측을 가능하게 하였고, 나중에 이러한 예측은 정확한 것으로 밝혀졌다.

멘델레예프의 주기율표 배열 원칙은 실험적으로 측정된 화학적 사실을 이용하여 원소들을 수소 = 1로 하는 상대 질량[**원자량**(atomic weight)이라 함, 2.9절 참조] 순으로 배열한 후, 원소들을 그들의 화학 반응성에 따라 그룹화하는 것이었다. 이렇게 원소들을 배열하였더니, **그림 2.2**에서 볼 수 있듯이 몇 개의 '빈칸'이 나타나게 되었다. 알루미늄(상대 질량 $\approx$27.3)의 화학적 특성은 붕소(상대 질량$\approx$11)와 비슷했다. 그러나 그 당시에는 알루미늄 아래 칸에 들어갈 만한 원소가 알려져 있지 않았다. 마찬가지로, 규소(상대 질량$\approx$28)와 탄소(상대 질량$\approx$12)는 많은 면에서 같은 특성을 가지고 있어서 같은 족으로 분류하였다. 그러나 규소 아래에는 그 당시 알려진 원소가 없었다.

H = 1							
Li = 7	Be = 9.4		B = 11	C = 12	N = 14	O = 16	F = 19
Na = 23	Mg = 24		Al = 27.3	Si = 28	P = 31	S = 32	Cl = 35.5
K = 39	Ca = 40	?, Ti, V, Cr, Mn, Fe, Co, Ni, Cu, Zn	? = 68	? = 72	As = 75	Se = 78	Br = 80

나중에 갈륨(Ga)으로 밝혀진, 미지의 원소가 알루미늄(Al) 아래에 있었고…

…나중에 저마늄(Ge)으로 밝혀진 미지의 원소가 규소(Si) 아래에 있었다.

◀ 그림 2.2
멘델레예프 주기율표의 일부. 이 주기율표는 그 당시에 알려진 원자들의 상대 질량과 미지의 원소들을 나타내는 몇 개의 빈칸을 보여 주고 있다.

▲ **확인하기**

1800년대에 Li, Na, K은 그들의 비슷한 반응성 때문에 3조원소로 그룹화되었다. 멘델레예프 주기율표에서 이 3조원소는 어떻게 표현되었는가?
답 비슷한 반응성을 가진 원소들은 같은 세로 그룹에 배치되었다.

멘델레예프는 주기율표에 빈칸으로 표시한 미지의 두 원소에 대해, 두 원소가 존재하며 미래에 발견될 것이라고 예측하였다. 더욱이 그는 미지의 두 원소의 성질을 놀랄만한 정확도로 예측하였다. 그는 알루미늄 밑에 있는 미지 원소를 **에카**-알루미늄[**에카**(eka)는 산스크리트어로 '처음'이라는 뜻]이라고 명명하였으며, 상대 질량이 68 정도이고 녹는점이 낮아야 된다고 예측하였다. 1875년에 발견된 Ga(갈륨)은 이러한 성질을 정확히 만족하였다. 그는 규소 밑에 있는 미지 원소를 **에카**-규소로 명명하였고, 상대 질량이 72 정도이고 어두운 회색을 가지는 것이라고 예측하였다. 1886년에 발견된 Ge(저마늄)은 이러한 성질을 정확히 만족하였다(표 2.2).

▲ 갈륨은 녹는점이 낮은 빛나는 금속이다. ©e_rik/Shutterstock

▲ 저마늄은 단단한 회색의 준금속이다. ©Bjoern Wylezich/Shutterstock

그림 2.3의 현대 주기율표에서 원소는 **주기(period)**라고 하는 7개의 수평 행과 **족(group)**이라고 하는 18개의 수직 열로 된 격자 칸에 배열된다. 이런 방법으로 정리하면 **같은 족 원소들은 비슷한 화학적 성질을 가진다.** 1족에 속하는 리튬, 소듐, 포타슘 및 다른 금속 원소들은 비슷하게 행동한다. 2족에 속하는 베릴륨, 마그네슘, 칼슘 및 다른 원소들은 비슷하게 행동한다. 17족의 플루오린, 염소, 브로민 및 다른 원소들도 비슷하게 행동하며, 이런 경향이 표 전체에 걸쳐서 나타난다. (멘델레예프는 He, Ne, Ar, Kr, Xe, Rn 같은 18족 원소의 존재에 대해 모르고 있었다. 그가 주기율표를 만들었을 때 18족은 전혀 알려지지 않았다. 이들 18족 기체는 무색무취이고 거의 반응성이 없는 원소로, 1894년이 되어서야 비로소 Ar이 처음으로 분리될 때까지 발견되지 않았다.)

주기율표의 전체적 형태는 모두 인정하고 있지만, 역사적 배경 때문에 화학자들은 국가별로 족을 다른 방법으로 표시해 왔다. 이런 어려움을 해결하고자 족을 왼쪽부터 오른쪽으로 1에서 18까지로 정하는 국제적 기준이 만들어졌다.

표 2.2 갈륨(에카-알루미늄)과 저마늄(에카-규소)의 성질에 대한 예측값과 실제 측정값의 비교

원소	성질	멘델레예프의 예측값	실제 측정값
갈륨(Ga)	상대 질량	68	69.7
	밀도	5.9 g/cm^3	5.91 g/cm^3
	녹는점	낮음	29.8 °C
저마늄(Ge)	상대 질량	72	72.6
	밀도	5.5 g/cm^3	5.35 g/cm^3
	색깔	어두운 회색	밝은 회색

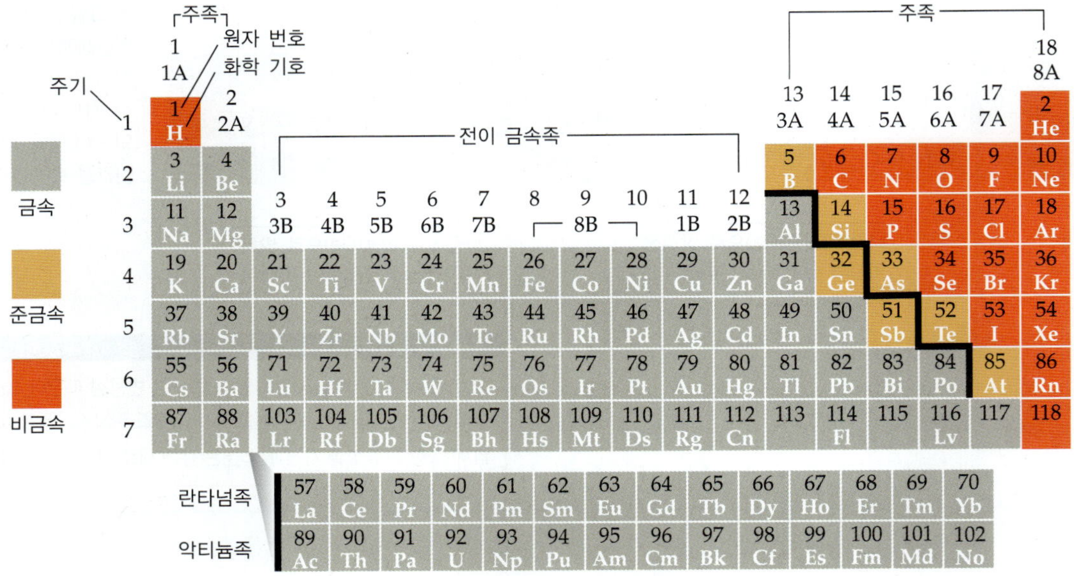

▲ 그림 2.3

주기율표. 각 원소는 한 문자 또는 두 문자 기호로 나타내고, 원자 번호로 구별한다(2.8절). 원소는 18개의 수직 열, 즉 **족**과 7개의 수평 행, 즉 **주기** 안에 정렬된다. 왼쪽의 두 족(1, 2족)과 오른쪽의 여섯 족(13~18족)을 주족이라고 한다. 중간에 있는 10개의 족(3~12족)은 **전이 금속족**이라고 한다. 란타넘에서 시작되는 14개의 원소를 **란타넘족**이라고 하고, 악티늄에서 시작되는 14개의 원소를 **악티늄족**이라고 하며, 이것들을 합쳐서 **내부 전이 금속족**이라고 한다.

붕소(B)에서 아스타틴(At)에 이르는 계단 모양의 선 왼쪽에 있는 원소(단, 수소는 예외)는 금속이며, 선의 오른쪽에 있는 원소(수소 포함)는 비금속이고, 선과 인접한 9개의 원소 중 7개는 준금속이다.

▶ 확인하기

5주기 16족에 위치하는 원소의 기호는 무엇인가? 이 원소를 금속, 준금속, 비금속으로 분류하시오.

답 Te, 준금속

미리보기…

주어진 원자의 세부 구조가 주기율표에서의 위치와 관련이 있다는 것을 5장에서 배우게 될 것이다.

주의할 점이 한 가지 더 있다. 실제로 주기율표에는 18개 족 대신에 32개의 족이 있지만 한 면에 적당하게 표시하기 위해, 란타넘 다음의 14가지 원소(**란타넘족**, lanthanides)와 악티늄 다음의 14가지 원소(**악티늄족**, actinides)를 표의 아래쪽에 따로 표시한다. 이런 족에는 족의 번호를 붙이지 않는다.

다시 설명하겠지만, 원소의 주기율표는 화학에서 가장 중요한 구성 원리이다. 지금 주기율표의 모양과 구조에 익숙해진다면 후반부에 가서 큰 도움을 받게 될 것이다. 예를 들어, 그림 2.3에서 일곱 주기(행)에 걸쳐서 주기의 크기가 규칙적으로 증가한다. 첫 번째 주기에는 수소(H)와 헬륨(He)의 2개 원소가 있고, 두 번째와 세 번째 주기에는 각각 8개의 원소가 있고, 네 번째와 다섯 번째 주기에는 각각 18개의 원소가 있다. 란타넘족과 악티늄족을 포함하는 여섯 번째와 일곱 번째 주기에는 각각 32개의 원소가 있다. 주기율표의 이런 규칙적 증가는 원자 구조의 유사한 규칙성을 반영하고 있다는 것을 5장에서 설명할 것이다.

개념탐구 질문 2

비슷한 화학적 성질을 가진 원소는 주기율표에 어떻게 위치하는가?

주기율표의 모든 족에 같은 수의 원소가 있지는 않다. 왼쪽에 있는 두 개의 큰 족(1,2족)과 오른쪽에 있는 여섯 개의 큰 족(13~18족)을 **주족**(**main group**)이라고 한다. 생명체를 구성하는 대부분의 원소, 즉 탄소, 수소, 질소, 산소, 인과 같은 원소들은 주족 원소들이다. 주족 사이 중앙에 있는 10개의 작은 족(3~12족)은 **전이 금속족**(**transition metal group**)이라고 한다. 철, 구리, 아연, 금과 같이 우리에게 친숙한 대부분의 금속은 전이 금속이다. 주기율표 밑에 따로 표시한 14개의 족은 **내부 전이 금속족**(**inner transition metal group**)이라고 한다.

2.3 대표적 원소 족과 그들의 성질

물질을 설명하거나 확인하는 데 이용되는 모든 특성을 **성질**이라고 한다. 성질의 예로는 부피, 양, 냄새, 색깔, 온도가 있다. 또한 녹는점, 용해도, 화학적 행동도 성질에 포함된다. 예를 들면 염화 소듐(식염)의 몇 가지 성질은 이렇게 말할 수 있다. "이 물질은 1474 °F(801 °C)에서 녹으며, 물에 용해되고, 질산 은 용액과 접촉하면 화학 반응을 한다."

▲ 염화 소듐 용액에 질산 은 용액을 첨가하면 염화 은의 흰색 침전이 생긴다.

성질은 시료의 양에 따라 달라지는지의 여부에 따라 **세기 성질**과 **크기 성질**로 나눌 수 있다. 온도, 녹는점과 같은 **세기 성질(intensive property)**은 시료의 양과 관계가 없는 값을 가진다. 작은 얼음 조각이나 커다란 빙산이나 같은 온도에서 녹는다. 길이, 부피와 같은 **크기 성질(extensive property)**은 시료의 양에 따라서 값이 변한다. 얼음 조각은 빙산보다 훨씬 더 작다.

또 성질은 물질의 화학적 구조에 변화가 있는가에 따라서 **물리적 성질**과 **화학적 성질**로 나눌 수 있다. **물리적 성질**은 시료의 화학적 구조 변화를 포함하지 않는 것이 특징이다. **화학적 성질**은 화학적 구조 변화를 요구하는 성질이다. 예를 들면, 얼음의 녹는점은 물의 화학적 구조 변화 없이 고체에서 액체로 형태만 변하기 때문에 물리적 성질이다. 물은 고체와 액체 상태에서 모두 정확하게 동일한 화학적 조성(H_2O)을 갖는다. 비를 맞은 자전거가 녹이 스는 것은 철(Fe)이 공기 중의 산소 및 수분과 결합하여 새로운 물질인 녹(Fe_2O_3)을 형성한 것이기 때문에 화학적 성질이다. 표 2.3에는 물리적 성질과 화학적 성질의 여러 가지 예가 있다.

표 2.3 물리적 성질 및 화학적 성질의 예

물리적 성질		화학적 성질
온도	양	(철의) 녹슴
색	냄새	(휘발유의) 연소
녹는점	용해도	(은의) 변색
전기 전도도	경도	(달걀의) 요리

앞에서 설명한 대로, 주기율표에서 같은 족에 있는 원소들은 종종 화학적 성질에서 놀라울 정도로 비슷한 성질을 나타낸다. 예를 들어 다음 몇 가지를 살펴보자.

- **1족–알칼리 금속** 리튬(Li), 소듐(Na), 포타슘(K), 루비듐(Rb), 세슘(Cs)은 무르고 은빛이 나는 금속이다. 모두 물과 빠르게(흔히 격렬하게) 반응하여 알칼리성(염기성)이 강한 생성물을 만든다. 따라서 **알칼리 금속**이라고 부른다. 알칼리 금속은 높은 반응성 때문에 천연에서 순수한 상태로는 발견되지 않으며, 다른 원소와 결합하여 존재한다. 프랑슘(Fr)도 알칼리 금속이지만, 앞서 설명한 대로 너무 희귀하기 때문에 그것에 대해서는 거의 알려진 바가 없다.

  1족에는 수소(H)도 포함되어 있지만, 수소는 무색의 기체로 외관과 성질이 알칼리 금속과는 전혀 다르다. 그 이유는 5.11절에서 설명할 것이다.

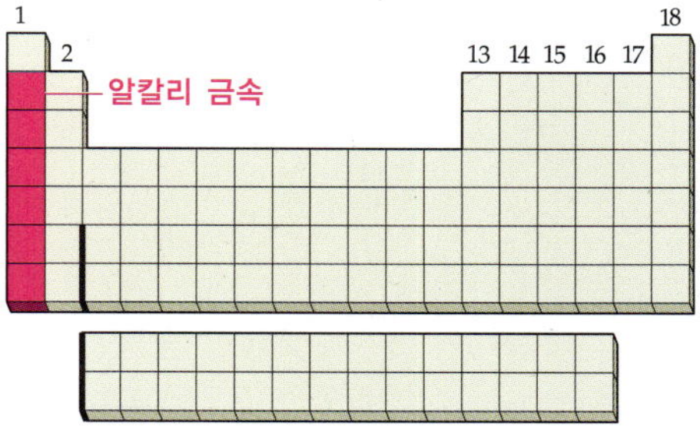

- **2족–알칼리 토금속** 베릴륨(Be), 마그네슘(Mg), 칼슘(Ca), 스트론튬(Sr), 바륨(Ba), 라듐(Ra)도 광택이 있는 은빛 금속이지만, 이웃에 있는 1족보다는 반응성이 약하다. 알칼리 금속처럼 알칼리 토금속도 천연에서 순수한 상태로 존재하지 않는다.

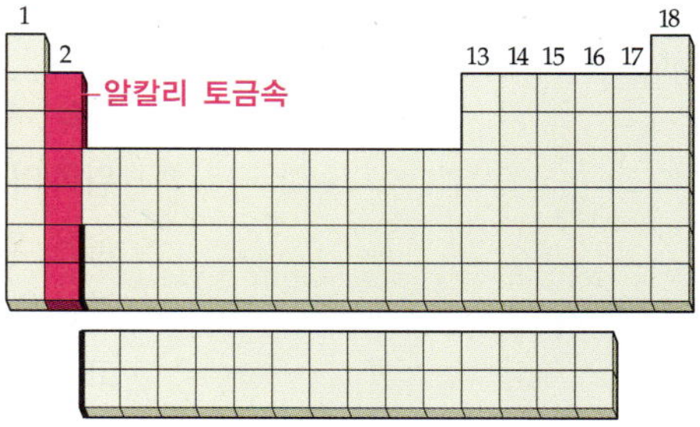

▲ 알칼리 금속인 소듐은 물과 격렬하게 반응하여 수소 기체와 알칼리성(염기성) 용액을 생성한다.

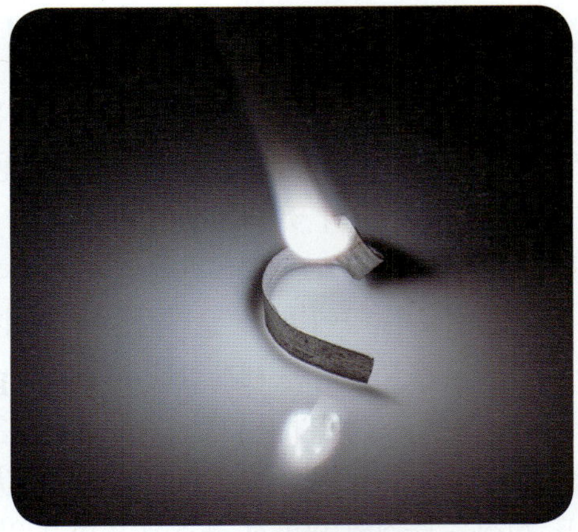

▲ 알칼리 토금속인 마그네슘은 공기 중에서 탄다. © usk75/Shutterstock

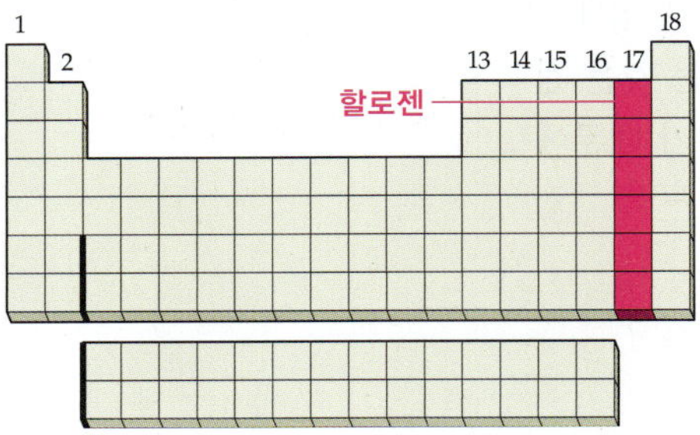

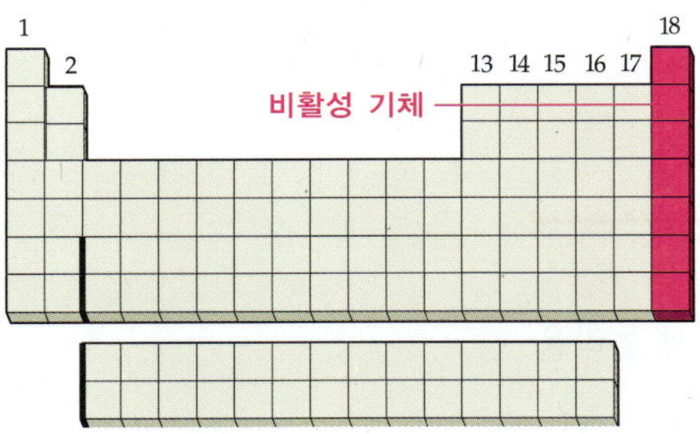

- **17족－할로젠** 플루오린(F), 염소(Cl), 브로민(Br), 아이오딘(I)은 색이 있고 부식성이 있는 비금속이다. 이들은 식염(염화 소듐, NaCl)처럼 천연에서 다른 원소와 화합한 채로만 존재한다. 실제로 **할로젠**(halogen)이란 족의 이름은 '염'을 의미하는 그리스어 'hals'에서 따온 것이다. 아스타틴(At)도 할로젠이지만, 너무 소량으로 존재하기 때문에 알려진 것이 거의 없다.
- **18족－비활성 기체** 헬륨(He), 네온(Ne), 아르곤(Ar), 크립톤(Kr), 제논(Xe), 라돈(Rn)은 무색의 기체이며 화학적 반응성이 매우 작다. 헬륨과 네온은 다른 원소와 결합하지 않으며, 아르곤, 크립톤, 제논은 아주 소수의 원소들과 결합한다.

▲ 할로젠 중 하나인 브로민은 상온에서 부식성이 있는 진한 붉은색 액체이다. © Rvkamalov gmail.com/Shutterstock

▲ 비활성 기체 중 하나인 네온은 네온등과 네온사인에 이용된다. © Sabelskaya/Shutterstock

그림 2.3에 표시한 것처럼 주기율표의 원소들은 흔히 금속, 비금속, 준금속의 세 가지 범주로 분류된다.

- **금속** 원소 중 가장 많은 부분을 차지하는 금속은 주기율표의 왼편에 자리 잡고 있으며, 위쪽의 붕소(B)에서부터 아래쪽의 아스타틴(At)에 이르는 계단선으로 구분되어 있다. 금속은 외관에서 쉽게 특징을 찾을 수 있다. 수은을 제외하면 모두 실온에서 고체이고, 대부분은 금속과 연관된 은빛 광택을 가지고 있다. 더욱이 금속은 일반적으로 부서지지 않고 두드려 가공하기 쉬워서 연속된 긴 선으로 뽑거나 감을 수 있고, 열과 전기의 좋은 도체이다.

- **비금속** 수소를 제외하면 비금속은 주기율표의 오른편에 자리 잡고 있으며, 금속처럼 그 외관에 의해서 쉽게 알 수 있다. 17가지 비금속 중 실온에서 11가지가 기체이며, 1가지는 액체(브로민), 5가지는 고체(탄소, 인, 황, 셀레늄, 아이오딘)이다. 은빛 광택이 전혀 없으며 몇 가지는 진한 색을 띤다. 고체 비금속은 부서지기 쉬워서 가공이 어려우며, 열과 전기의 전도성이 좋지 않다.

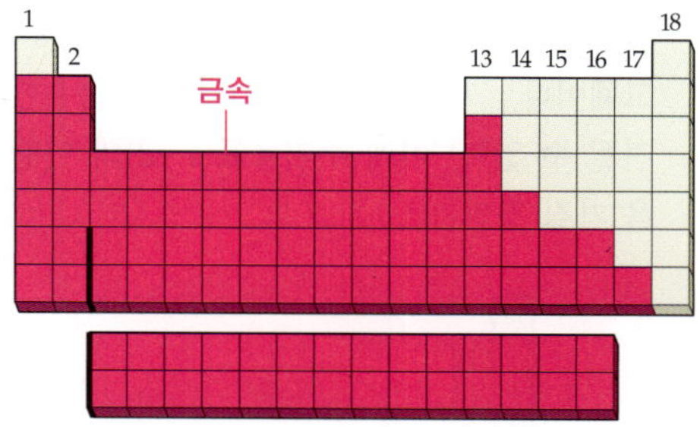

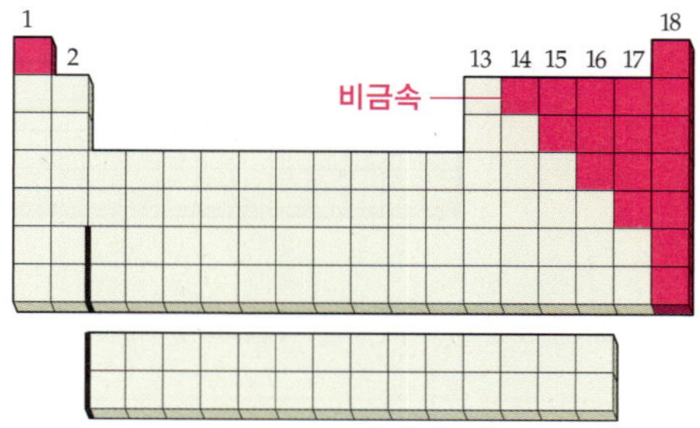

▲ 납, 알루미늄, 구리, 금, 철, 은은 대표적인 금속이다. 모두 전기를 통하며 선 형태로 만들 수 있다.
ⓒ BrankoG/Shutterstock / ⓒ Bjoern Wylezich/Shutterstock / ⓒ Roy Palmer/Shutterstock / ⓒ Roman Bodnarchuk/Shutterstock / ⓒ Aleksandr Pobedimskiy/Shutterstock / ⓒ Bjoern Wylezich/Shutterstock

▲ 브로민, 탄소, 인, 황은 대표적인 비금속이다. 모두 전기를 통하지 않고 선 형태로 가공되지 않는다.
ⓒ Rvkamalov gmail.com/Shutterstock / ⓒ Fablok/Shutterstock ⓒ Tasha Cherkasova/Shutterstock / ⓒ losmandarinas/Shutterstock

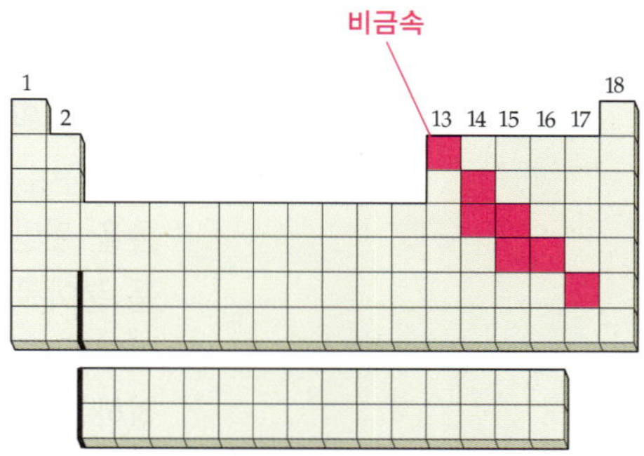

- **준금속** 금속과 비금속 사이의 계단 모양 경계선 부근에 있는 9가지 원소 중 7가지(붕소, 규소, 저마늄, 비소, 안티모니, 텔루륨, 아스타틴)는 금속과 비금속의 중간 성질을 가지므로 준금속이라고 한다. 대부분 준금속은 은빛 외관을 나타내며 실온에서 고체이지만 부서지기 쉽고 가공이 어려우며, 열이나 전기를 잘 전도하지 않는 경향이 있다. 예를 들면, **반도체**(semiconductor)로 널리 사용되는 규소는 전기 전도도가 금속과 절연체의 중간 정도이다.

개념 예제 2.1

성질에 따른 원소의 분류와 주기율표에서 원소의 위치

어떤 원소가 상온 및 상압에서 무색의 기체이다. 이 기체는 반응성이 높아 자연계에서는 다른 원소와 결합된 형태로 발견된다. 이 원소를 금속, 비금속 또는 준금속으로 분류하고, 주기율표에서 위치를 나타내시오.

전략

주요 범주의 원소들 및 네 가지 특정한 족(알칼리 금속, 알칼리 토금속, 할로젠, 비활성 기체)의 성질과 원소의 종류를 연결시킨다.

풀이

이 원소는 기체이기 때문에 비금속이다. 수은을 제외한 모든 금속과 준금속은 상온 및 상압에서 고체이다. 그것의 높은 반응성은 할로젠을 나타내지만 브로민과 아이오딘은 아니다. 왜냐하면, 이들 원소는 상온에서 기체가 아니기 때문이다.

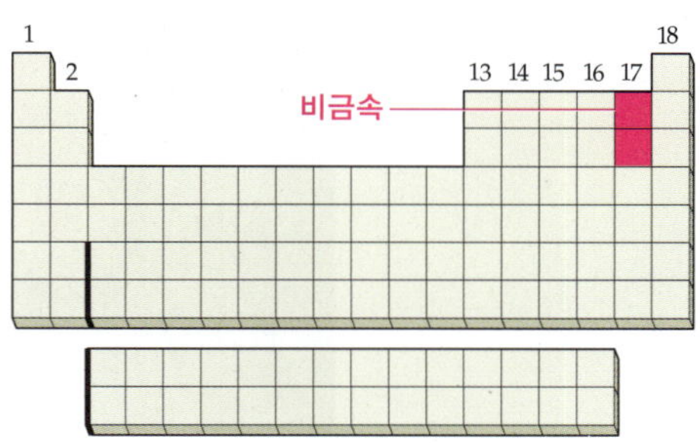

개념 연습문제 2.1 이 원소는 상온 및 상압에서 빛나는 은색의 고체이다. 그것은 전기를 전달하며 순수한 형태로 자연에서 발견될 수 있다. 아래 주기율표(a~d)의 어떤 원소가 이러한 성질을 가질 것인가?

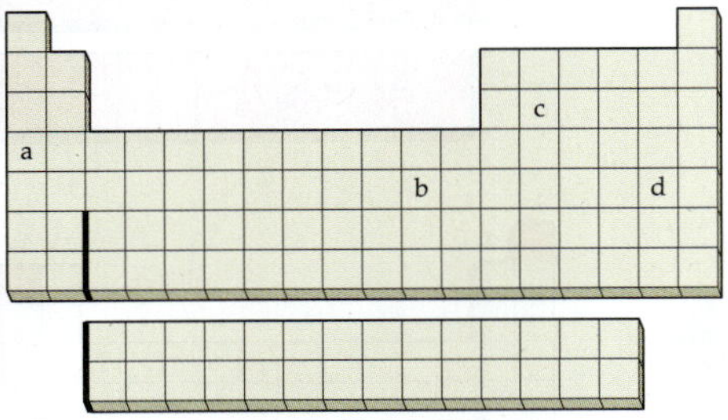

개념 응용문제 2.2 주기율표에 어떤 원소를 나타내었다.

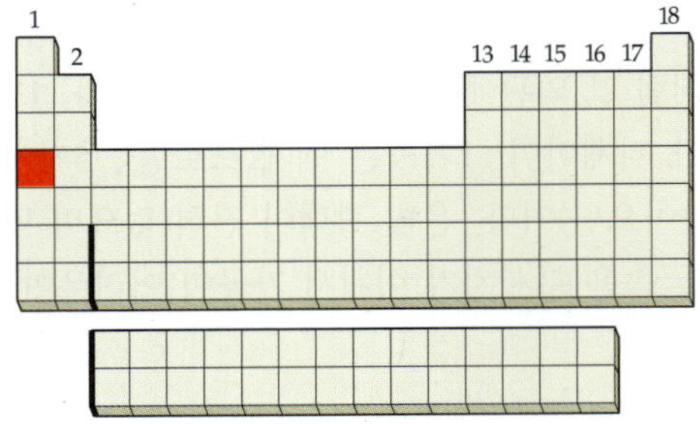

(a) 이 원소의 기호와 이름을 나타내고, 금속, 비금속, 준금속으로 분류하시오.

(b) 상온 및 상압에서 이 원소의 겉모양을 예측하시오.

(c) 이 원소의 순수한 시료를 망치로 친다면 어떤 일이 일어나겠는가?

(d) 이 원소를 전선으로 사용할 수 있을까?

2.4 원자론을 지지하는 증거들: 질량 보존 법칙과 일정 성분비 법칙

물질은 원자로 구성되어 있다는 개념은 각각의 원자들이 발견되기 전에 과학적인 이론으로 받아들여졌다. 수백 년 전에 과학자들은 훌륭한 실험을 설계하고 신중하게 측정하여 원자 이론을 뒷받침하는 결과를 얻어 냈다. 영국인 보일(Robert Boyle, 1627~1691)은 독립된 학문 분야로서 화학을 연구하였으며, 그 과정에서 많은 화학 실험을 수행한 첫 번째 과학자로 인정받고 있다. 보일은 기체의 성질과 거동에 대한 일련의 면밀한 연구를 통하여 물질을 구성하는 원자에 대해 분명한 증거를 제공하였다. 또한 보일은 원소를 더 이상 화학적으로 분해할 수 없는 물질이라고 최초로 정의하였고, 다양한 종류의 원소들이 존재할 수 있다고 제안하였다. 또한 서로 다른 원소들이 다양한 방법으로 서로 결합하여 우리가 **화합물(chemical compound)**이라고 부르는 수많은 물질이 만들어진다고 보았다.

보일 이후 수십 년 동안 화학은 느리게 발전하였는데, 프리스틀리(Joseph Priestley, 1733~1804)에 이르러서 또 한 번의 도약적인 발전이 이루어졌다. 1774년에 프리스틀리는 현재 사용되는 반응식 $2\ HgO \rightarrow 2\ Hg + O_2$에 따라 산화 수은(II)(HgO)을 가열하여 산소 기체를 제조하고 분리하였다.

▶ 붉은색 가루인 HgO를 가열하면, 은빛 액체인 수은과 무색 기체인 산소로 분해된다. © W. Oelen/CC 3.0: Attribution-Share Alike/Wikimedia Commons

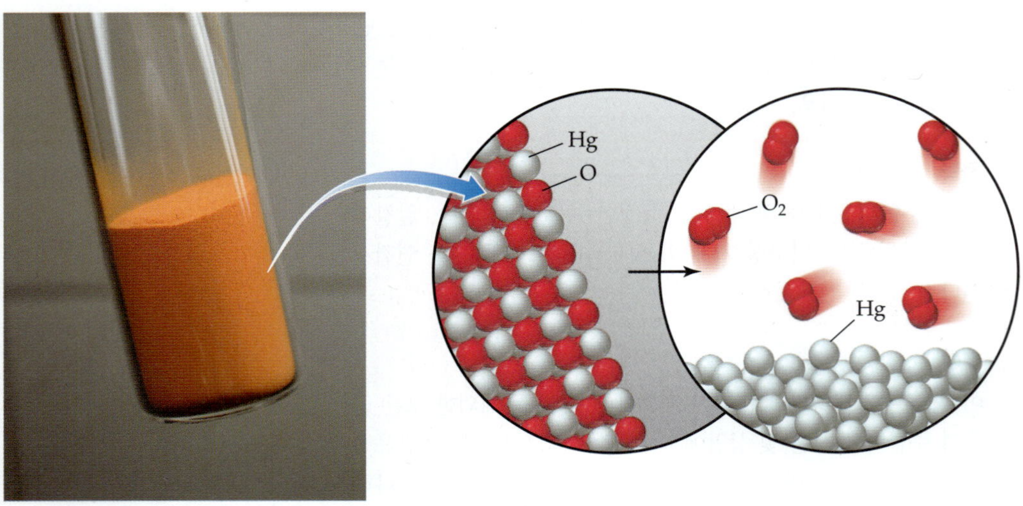

화학 변화를 표현하는 표준 방식은 각 화합물들을 **화학식(chemical formula)**으로 표시하는 것이다. 화학식은 구성 원소의 기호를 쓰고, 그 옆에 아래 첨자를 이용하여 구성 원자의 개수를 나타낸다. 만약 아래 첨자가 없다면 숫자 1을 뜻한다. 따라서 염화 소듐(식염)은 NaCl, 물은 H_2O, 수크로스(설탕)는 $C_{12}H_{22}O_{11}$로 표시된다. 화학 반응은 **화학 반응식(chemical equation)**이라는 표준 방식에 의해 작성되는데, 변화를 일으키는 반응 물질을 왼쪽에 적고, 만들어지는 생성 물질을 오른쪽에 적으며, 화학 변화 방향을 나타내는 화살표가 둘 사이에 위치한다.

프리스틀리의 발견에 곧이어 라부아지에(Antoine Lavoisier, 1743~1794)는 연소와 관련된 주요한 물질이 산소라고 증명하였다. 더욱이 라부아지에는 닫힌 용기 안에서 물질이 연소될 때 연소 생성물의 질량은 출발 물질의 질량과 정확히 똑같다는 것을 자세한 관찰을 통해 증명하였다. 예를 들어, 수소 기체가 연소하여 산소와 결합하면 물(H_2O)이 생성되고, 물의 질량은 소모된 수소와 산소의 질량과 같다. **질량 보존 법칙(law of mass conservation)**이라는 이 원리는 화학의 기초가 되었다.

질량 보존 법칙 질량은 화학 반응에서 생성되거나 소멸되지 않는다.

질량 보존 법칙은 그림 2.4와 같은 실험으로 쉽게 보여 줄 수 있다. 질산 수은[$Hg(NO_3)_2$] 3.25 g과 아이오딘화 포타슘(KI) 3.32 g을 각각 물에 용해시키고 두 용액을 섞으면 바로 화학 반응이 일어나고, 불용성의 주황색 아이오딘화 수은(HgI_2) 고체를 형성한다. 혼합물을 여과하면 아이오딘화 수은 4.55 g을 얻고, 남은 용액의 물을 증발시키면 질산 포타슘(KNO_3) 2.02 g이 남는다. 그러므로 반응물의 질량 합(3.25 g + 3.32 g = 6.57 g)은 생성물의 질량 합(4.55 g + 2.02 g = 6.57 g)과 정확히 같다.

두 가지 반응물의 질량을 합한 값은… … 두 가지 생성물의 질량을 합한 값과 같다.

$$Hg(NO_3)_2 + 2\,KI \longrightarrow HgI_2 + 2\,KNO_3$$

질산 수은 / 아이오딘화 포타슘 / 아이오딘화 수은 / 질산 포타슘

고체 KI와 고체 $Hg(NO_3)_2$의 무게를 재고 물에 용해시킨다.

각각의 용액을 섞으면 고체 HgI_2가 만들어지고, 여과를 통해 분리한다.

남은 용액을 증발시키면 고체 KNO_3를 얻는다. 질량을 측정해 보면, 생성물의 총 질량과 반응물의 총 질량이 같다.

▲ 그림 2.4
질량 보존 법칙 설명. 모든 화학 반응에서 만들어진 최종 생성물의 질량 합은 출발 반응물의 질량 합과 같다.

개념탐구 질문 3

프로페인은 다음 화학 반응식에 따라 산소를 연소시킨다.

$$C_3H_8 + 5\ O_2 \longrightarrow CO_2 + 4\ H_2O$$

프로페인 10.0g이 산소 36.4 g과 이산화 탄소 30.0 g과 완전히 반응하면 생성되는 물의 질량은?

라부아지에 이후 수십여 년간 진전된 연구에 힘입어, 프랑스 화학자 프루스트(Joseph Proust, 1754~1826)는 오늘날 **일정 성분비 법칙(law of definite proportion)**이라고 알려진 화학의 두 번째 기본 원리를 만들어 냈다.

> **일정 성분비 법칙** 화학적으로 순수한 물질로 구성된 시료들은 항상 동일한 질량비의 원소들을 함유한다.

모든 물(H_2O) 시료는 수소 대 산소의 질량비가 1:8이고, 모든 이산화 탄소(CO_2) 시료는 탄소와 산소의 질량비가 3:8이다. 이처럼 **원소들은 불규칙한 비율이 아닌 일정한 비율로 결합한다.**

2.5 배수 비례 법칙과 돌턴의 원자론

프루스트가 일정 성분비 법칙을 만들던 시기와 같은 시기에 영국의 교사인 돌턴(John Dalton, 1766~1844)도 비슷한 연구를 하고 있었다. 이러한 연구의 결과로 돌턴은 **배수 비례 법칙(law of multiple proportion)**을 제안하게 되었다.

> **배수 비례 법칙** 원소들은 다양한 방법으로 결합하여 다른 화합물을 만들 수 있고, 서로 다른 화합물에서 원소 간의 질량비는 간단한 정수배이다.

▲ 갈색 기체인 NO_2는 도시 오염의 중요한 성분이다. © 상상아카데미

같은 원소들이 다른 비율로 결합하여 서로 다른 화합물을 만들 수 있다는 것이 돌턴의 배수 비례 법칙의 핵심 사항이다. 예를 들면, 질소와 산소는 7:8 질량비로 결합하여 일산화 질소(NO)라고 알려진 물질을 만들거나, 7:16 질량비로 결합하여 이산화 질소(NO_2)라고 알려진 물질을 만들 수 있다. 두 번째 물질은 첫 번째 물질보다 정확히 두 배의 산소를 포함한다.

NO: 질소 7 g마다 산소 8 g　　N:O 질량비 = 7:8

NO_2: 질소 7 g마다 산소 16 g　　N:O 질량비 = 7:16

NO와 NO_2에서 N:O 질량비 비교　$\dfrac{\text{NO에서 N:O 질량비}}{\text{NO}_2\text{에서 N:O 질량비}} = \dfrac{(\text{질소 7 g})/(\text{산소 8 g})}{(\text{질소 7 g})/(\text{산소 16 g})} = 2$

이 결과는 물질이 고유한 질량을 가진 불연속적인 원자로 구성되고, 서로 특정하고 명확한 방식으로 결합한다고 가정할 때만 설명이 가능하다(그림 2.5).

▶ **그림 2.5**
돌턴의 배수 비례 법칙 설명

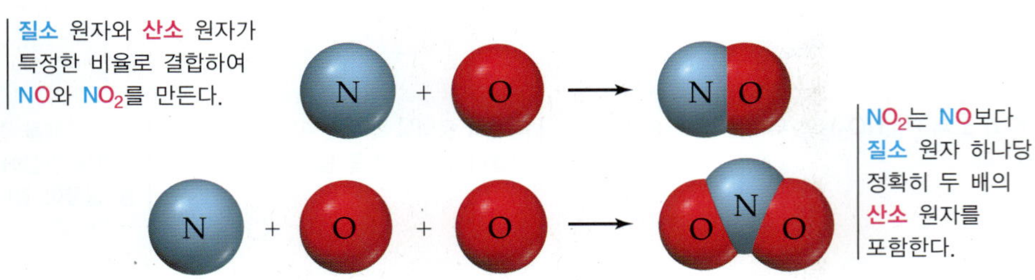

▶ 확인하기

화학식 N_2O_5인 화합물은 배수 비례 법칙을 따르는가?

답 정수 아래 첨자를 가진 모든 화학식은 배수 비례 법칙을 만족시킨다.

돌턴은 세 가지 법칙, 즉 질량 보존 법칙, 일정 성분비 법칙, 배수 비례 법칙을 조합하여 물질에 대한 새로운 이론을 아래와 같이 제안하였다.

- **원소는 원자라는 작은 입자로 구성되어 있다.** 비록 돌턴은 원자가 어떻게 생겼는지 몰랐지만, 수많은 다른 원소들이 존재하는지를 설명하기 위해서는 원자들이 필요하다는 것을 알고 있었다.
- **각 원소는 그 원자의 질량으로 특징지어 진다. 같은 원소의 원자는 같은 질량을 갖지만, 다른 원소의 원자는 다른 질량을 가진다.** 돌턴은 한 원소의 원자는 다른 원소의 원자와 분별되는 어떤 특징이 있어야 한다는 것을 알았다. 프루스트의 일정 성분비 법칙은 원소들이 언제나 특정한 질량비로 결합한다는 것을 보여 주기 때문에, 돌턴은 다른 원소들의 원자들 사이에 구별되는 특징은 질량(mass)이라고 추론하였다.
- **원자들이 정수비로 결합할 때 원소들의 화학적 조합은 다른 화합물을 만든다.** 원자들이 정수로 결합하여 서로 다른 순수한 화합물을 만들면, 항상 일정한 질량비의 원소를 함유한다(일정 성분비 법칙 및 배수 비례 법칙). 원자들은 절대로 분수비로 화학 반응에 참여하지 않는다.
- **화학 반응은 원자들이 화합물 속에서 결합하는 방법을 다시 배열할 뿐 원자 자체는 변하지 않는다.** 돌턴은 질량 보존 법칙이 성립하기 위해서는 원자들이 화학적으로 파괴될 수 없다는 것을 알았다. 만약 반응물과 생성물 모두에서 같은 개수와 종류의 원자가 존재하면, 반응물과 생성물의 질량은 같을 수밖에 없다.

돌턴이 제안한 모든 것이 맞지는 않았다. 예를 들면, 돌턴은 물이 H_2O가 아니라 HO라는 식을 가진다고 생각하였다. 그럼에도 불구하고 돌턴의 원자론은 궁극적으로 인정되었으며, 현대 화학의 기초가 되었다.

예제 2.2

배수 비례 법칙 이용

메테인과 프로페인은 천연가스의 성분이다. 메테인 시료는 탄소 5.70 g과 수소 1.90 g을 포함하고, 프로페인 시료는 탄소 4.47 g과 수소 0.993 g을 포함한다. 이 두 물질이 배수 비례 법칙에 따른다는 것을 보이시오.

전략

각 화합물에서 C:H 질량비를 구한 다음, 두 질량비가 간단한 정수배인지를 비교한다.

풀이

$$\text{메테인:}\quad \text{C:H 질량비} = \frac{5.70\ \text{g C}}{1.90\ \text{g H}} = 3.00$$

$$\text{프로페인:}\quad \text{C:H 질량비} = \frac{4.47\ \text{g C}}{0.993\ \text{g H}} = 4.50$$

$$\frac{\text{메테인에서 C:H 질량비}}{\text{프로페인에서 C:H 질량비}} = \frac{3.00}{4.50} = \frac{2}{3}$$

연습문제 2.3 화합물 A와 B는 황과 산소가 결합된 무색의 기체이다. 화합물 A는 황 6.00 g과 산소 5.99 g이 결합된 화합물이고, 화합물 B는 황 8.60 g과 산소 12.88 g이 결합된 화합물이다. 이 두 물질에서 질량비는 간단한 정수비라는 것을 보이시오.

응용문제 2.4 문제 2.3에서 화합물 A의 화학식이 SO_2라면 화합물 B의 화학식은 무엇인가?

▲ 황은 푸른 불꽃을 내면서 연소하여 무색의 SO_2 기체를 생성한다. © Tuckwalker/Shutterstock

2.6 원자 구조: 전자

돌턴의 원자설은 답하지 않은 남겨 놓은 질문이 있는데, "원자들은 무엇으로 되어 있을까"이다. 돌턴 자신도 이 질문에 대답을 할 수 없었고, 거의 1세기가 지난 뒤 영국의 물리학자 톰슨(J. J. Thomson, 1856~1940)이 실험에 의해서 몇 가지 단서를 제공하고 나서야 비로소 그 질문에 대한 해답을 찾을 수 있었다. 톰슨 실험은 구형 텔레비전과 컴퓨터 디스플레이의 선조격인 **음극선관**(CRT, cathode-ray tube)을 사용하였다.

그림 2.6a에서 볼 수 있듯이, 음극선관은 전극이라는 얇은 두 조각의 금속을 넣고 공기를 제거하여 밀봉한 유리관이다. 전극 사이에 충분히 높은 전압을 걸면, 음전하 전극[**캐쏘드**(cathode)]으로부터 양전하 전극[**애노드**(anode)]으로 전류가 흐른다. 만약 유리관이 충분히 진공이 되지 않고 소량의 공기나 다른 기체가 들어 있으면 흐르는 전류를 볼 수 있는데, 이것이 음극선이라는 빛이다.

1890년대 많은 물리학자들은 음극선관에 자석이나 전기를 띤 판을 가깝게 접촉하면 음극선이 휘어지는 것을 볼 수 있었다(그림 2.6b). 전자살이 음의 전극에서 생성되고 양의 전극판 쪽으로 휘기 때문에 톰슨은 음극선이 우리가 현재 **전자**(**electron**)라고 부르는 작은 음전하 입자로 구성된다고 제안하였다. 게다가 전자는 여러 다른 금속으로 만든 전극에서도 방출되므로 이러한 물질들은 모두 전자를 포함하고 있어야만 한다.

근처의 자기장이나 전기장에 의해 전자살이 휘는 정도는 세 가지 인자에 의존한다고 톰슨은 추론하였다.

1. **전기장이나 자기장의 세기.** 자기장이 셀수록 또는 충전판 전압이 높을수록 많이 휜다.
2. **전자에 있는 음전하의 크기.** 입자 전하가 클수록 자기장이나 전기장과 상호작용이 더 커지고, 더 많이 휜다.

(a) 전자살은 보통 직진한다.

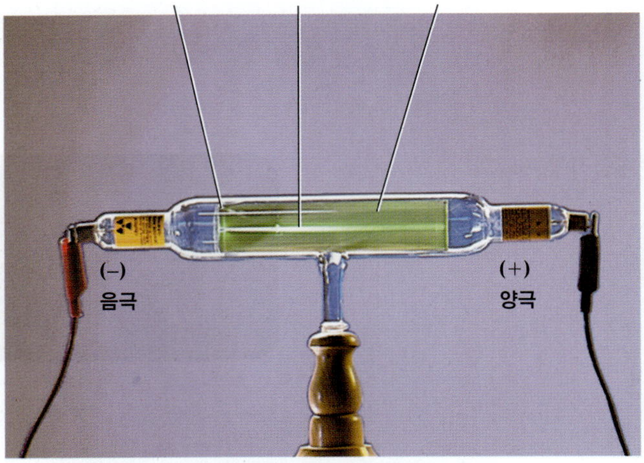

(b) 전자살은 자기장이나 전기장에 의해 휜다.

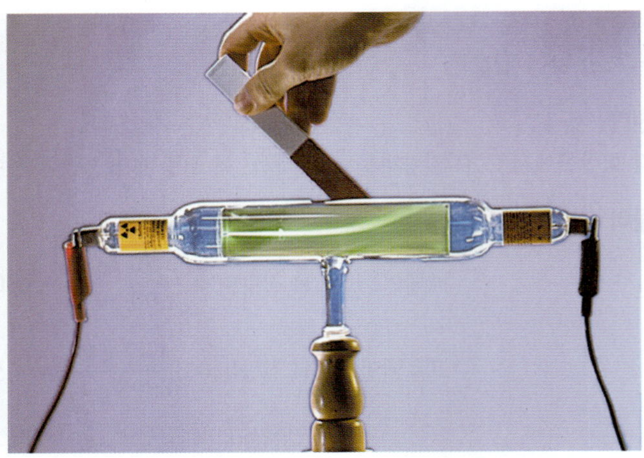

▶ 확인하기

음극선관 실험을 통해 전자의 전하에 대해 추론할 수 있는 것은 무엇인가?

답 전자들은 양전하로 대전된 판을 향해서 휘므로 음의 전하를 가지는 것을 알 수 있다.

▲ 그림 2.6
음극선관. 음극선관에서는 음전하를 띤 음극에서 방출되는 전자들이 슬릿을 통과하여 양전하를 띠는 양극으로 이동하며, 인광 띠에 의해 검출된다.

3. **전자의 질량.** 입자가 가벼울수록 더 크게 휜다(볼링공보다 탁구공이 더 많이 휘는 것처럼).

세기를 이미 알고 있는 전기장과 자기장에 의해 휘는 정도를 세밀하게 측정한 결과, 톰슨은 전자의 **전하 대 질량비** e/m를 계산할 수 있었다. 최근에 측정된 값은 다음과 같다.

$$\frac{e}{m} = 1.758\ 820 \times 10^{8}\ \mathrm{C/g}$$

여기에서 e는 쿨롱(C)으로 표시하는 전자의 전하 크기, m은 그램으로 표시하는 전자의 질량이다. [**쿨롱(coulomb)**과 **전하**에 대해서는 19장에서 더 공부할 것이다.] e는 양수값으로 정의되므로 전자의 실제 전하(음수)는 $-e$인 것에 주의하라.

미리보기…
쿨롱과 **전하**가 전기화학의 기본이라는 것을 19장에서 공부할 것이다. 전기 화학이란 배터리, 연료 전지, 금속의 전기 도금 등에 관련된 화학의 한 영역이다.

톰슨은 전자 자체의 전하 또는 질량이 아닌 전하 대 질량비만을 측정할 수 있었다. 미국인 밀리컨(R. A. Millikan, 1868~1953)이 전자의 질량을 측정할 수 있는 방법을 고안하였다(그림 2.7). 밀리컨의 실험에서는 상자 안으로 작은 기름방울들을 분무하고 작은 방울들이 두 수평 판 사이에서 떨어지도록 조작하였다. 확대경을 통해 둥근 미세 방울이 공기 중에서 떨어지는 속도를 측정하고, 이것으로부터 질량을 계산할 수 있었다. 그 다음, 기름방울에 X선을 쪼여 음전하를 띠게 만들었다. X선은 주변 공기의 기체 분자에서 전자를 두드려 전자가 기름방울에 달라 붙었다. 위쪽 판이 양전압을 가지도록 두 수평 판 사이에 전압을 걸어 밑으로 떨어지는 전하를 띤 방울에 반대의 힘을 줌으로써 기름방울이 그 자리에 머물도록 만들 수 있었다.

밀리컨은 판 사이의 전압과 방울의 질량으로부터 기름방울 전하는 언제나 e의 작은 정수 배라는 것을 보여 줄 수 있었고, 현재 이 값은 $1.602\ 177 \times 10^{-19}$ C이다. 톰슨의 전하 대 질량비에 e 값을 대입하면, 전자의 질량 m 값은 $9.109\ 382 \times 10^{-28}$ g이 된다.

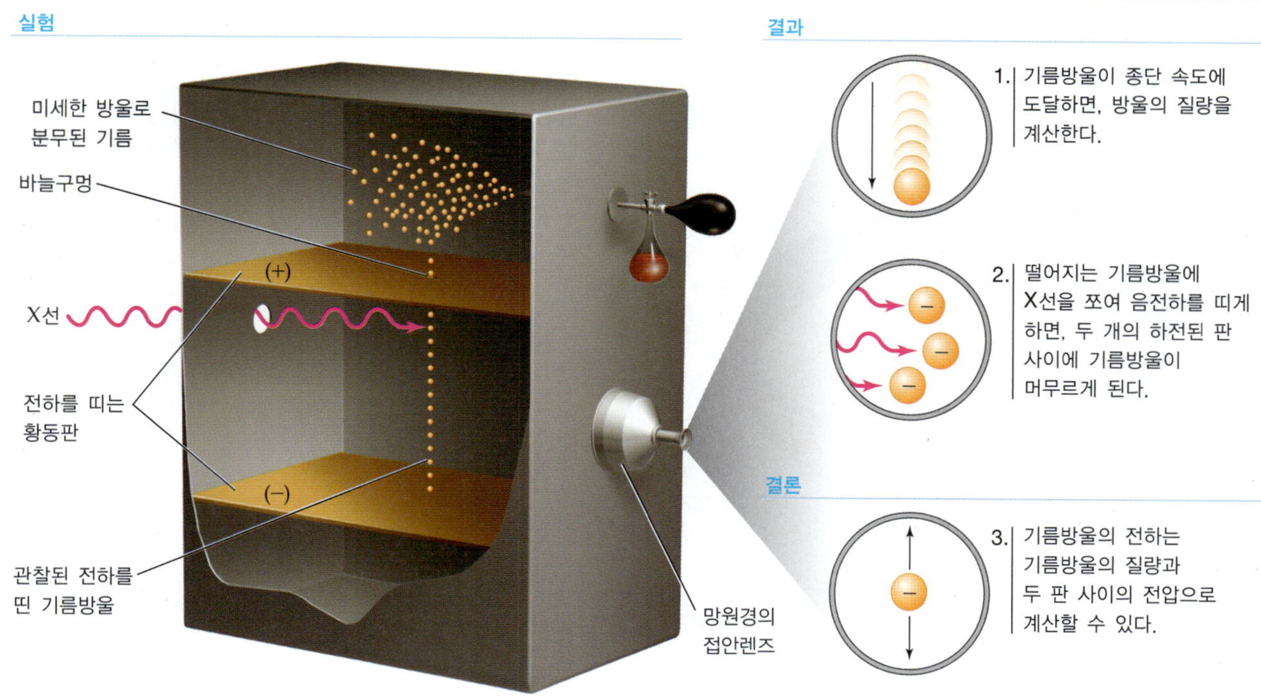

▲ 그림 2.7
밀리컨의 기름방울 낙하 실험

▶ 확인하기
기름방울의 전하가 측정되면, 전자의 전하는 어떻게 계산되는가?
답 기름방울의 전하는 표면에 부착된 전자에서 발생했기 때문에 총 전하량은 항상 전자 전하의 정수배이다.

개념탐구 질문 4

톰슨의 음극선 실험과 밀리컨의 기름방울 낙하 실험에서 전자의 어떤 성질이 측정되었는가?

$$\frac{e}{m} = 1.758\ 820 \times 10^{8}\ \text{C/g}\text{이므로}$$

$$m = \frac{e}{1.758\ 820 \times 10^{8}\ \text{C/g}} = \frac{1.602\ 177 \times 10^{-19}\ \cancel{\text{C}}}{1.758\ 820 \times 10^{8}\ \cancel{\text{C}}/\text{g}}$$
$$= 9.109\ 386 \times 10^{-28}\ \text{g}$$

2.7 원자 구조: 양성자와 중성자

알파 입자
(상대 질량 = 7000;
전하 = $+2e$)

전자
(상대 질량 = 1;
전하 = $-1e$)

톰슨의 음극선 실험 결과를 생각해 보라. 물질은 전체적으로 전기적 중성이므로, 전극에 있는 원자가 음전하 입자(전자)를 방출하는 것은 전기적 균형을 맞추기 위해 원자 내부에 양전하 입자도 가지고 있음을 의미한다. 양전하를 가진 입자와 원자 구조의 전체 모습에 관한 연구는 1911년 뉴질랜드의 물리학자 러더퍼드(Ernest Rutherford, 1871~1937)의 획기적인 실험에 의해 이루어졌다.

러더퍼드는 실험에서 라듐, 폴로늄, 라돈처럼 자연에 존재하는 여러 방사능 원소에서 방출되는 형태인 **알파(α) 입자**를 사용하였다. 러더퍼드는 알파 입자가 전자보다 7000배 더 무겁고, 전자 전하보다 두 배 크기의 양전하를 가지며, 그 부호는 전자와 반대라는 것을 알고 있었다.

러더퍼드는 알파 입자 살(beam)을 얇은 금박에 쏠 때, 대부분의 입자들이 휘지 않고 금박을 통과하는 것을 발견하였다. 그러나 아주 작은 수(20,000개마다 하나 정도)의 입자들은 진행 방향이 휘었고, 몇몇 입자들은 실제로 입자 방출원 쪽으로 되돌아갔다(그림 2.8). 러더퍼드는 다음과 같이 이 결과를 묘사하였다.

실험

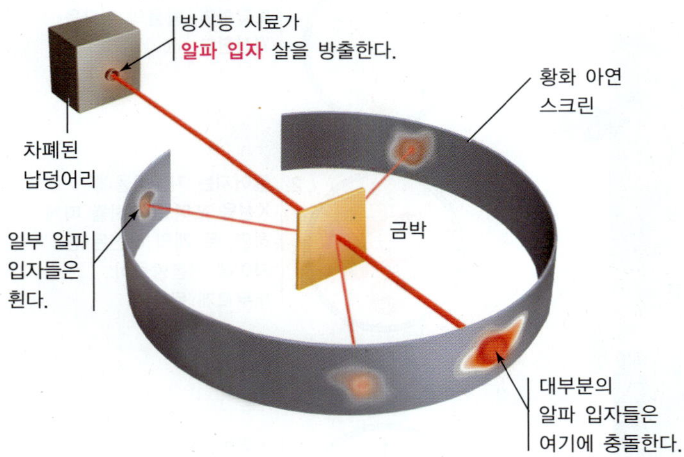

결과

알파 입자 살이 얇은 금박을 향하게 하면, 대부분의 알파 입자는 경로가 휘지 않고 통과하지만, 일부는 큰 각도로 휘거나 극히 드물게 입자 방출원 쪽으로 되돌아간다.

결론

대부분의 입자들은 경로가 휘지 않았기 때문에 금 원자들은 대부분 빈 공간으로 되어 있을 것이다. 원자의 질량은 아주 작고 조밀한 중심부에 집중되어 있어서 알파 입자의 경로가 휘게 된다.

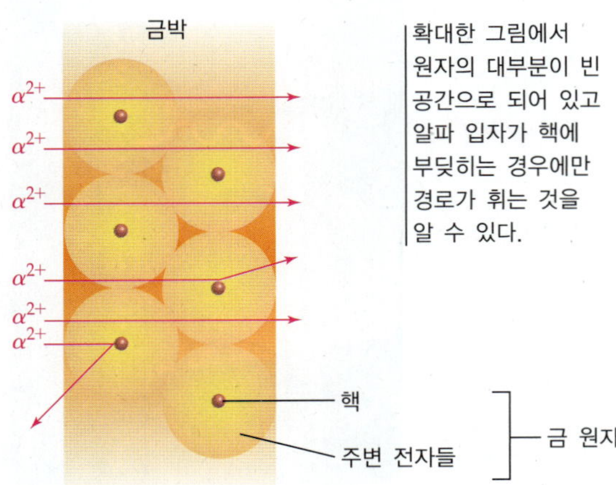

▲ 그림 2.8
러더퍼드의 산란 실험

▶ 확인하기

금박 실험에서 놀랄만한 결과는 무엇인가? 이 실험으로 알 수 있는 원자 구조에 대한 결론은 무엇인가?

답 일부 알파 입자는 튀어나온다. 이런 관찰은 금 원자에 있는 조밀한 양전하 영역(핵)과 알파 입자의 상호 작용에 의해서만 설명된다.

이것은 내 인생에서 일어난 일 중에서 가장 믿을 수 없는 사건이었다. 그것은 마치 화장지 조각에 15인치 포탄을 발사했는데 그것이 튕겨져 나와 포탄 발사자를 맞힌 것만큼 놀라운 일이다.

러더퍼드는 금속 원자는 대부분 빈 공간이고, 질량은 **핵(nucleus)**이라는 작은 중심에 모여 있다고 설명하였다. 핵이 원자의 양전하와 대부분의 질량을 포함하고 전자들이 핵에서 상당히 먼 공간에서 움직이면, 왜 이런 산란 결과가 관찰되는지 분명해진다. 대부분 알파 입자들은 금박을 통과할 때 공간과 만난다. 양전하를 띤 알파 입자는 작지만, 무거운 양전하 핵의 근처에 가까이 오는 기회가 있을 때만 세게 반발하여 튕겨나간다.

최근 측정에 의하면, 원자의 지름은 대략 10^{-10} m이고, 핵의 지름은 대략 10^{-15} m이다. 이러한 숫자만으로는 핵이 정말로 얼마나 작은지 상상하기 힘들다. 비교해서 말하면, 원자 크기를 큰 경기장이라고 할 때, 핵은 운동장 한가운데 있는 작은 콩알 하나 정도의 크기라고 할 수 있다.

▲ 원자 속에 존재하는 핵의 상대적 크기는 대략 거대한 운동장 가운데 있는 콩알 하나 정도의 크기이다. © Maxisport/Shutterstock

러더퍼드와 여러 과학자들이 1910~1930년에 실험한 결과들로부터 핵은 **양성자**와 **중성자**라는 두 종류의 입자로 구성되는 것을 알 수 있었다. **양성자(proton)**는 질량이 $1.672\ 622 \times 10^{-24}$ g이고(전자 질량의 약 1836배) 양전하를 띤다. 양성자 전하와 전자 전하는 크기는 같고 부호는 반대이므로, 중성 원자에서 양성자 수와 전자 수는 같다. **중성자(neutron)**($1.674\ 927 \times 10^{-24}$ g)는 양성자 질량과 거의 동일하지만 전하를 띠지 않고, 핵에서 중성자 수는 양성자나 전자의 수와 직접 관련이 없다. 표 2.4에서 세 가지 기본 원자 구성 입자를 비교하였다. 그림 2.9에서는 원자의 개략적 모습을 나타냈다.

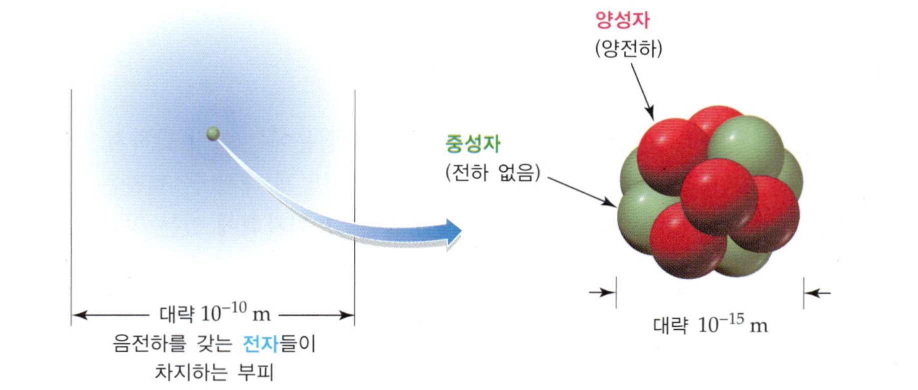

양성자 수와 같은 수의 전자는 핵의 주위에서 움직이고 원자 부피의 대부분을 차지한다.

원자핵에 있는 양성자와 중성자는 매우 작은 부피를 차지하지만, 실제로 원자 질량의 대부분을 포함한다.

◀ 그림 2.9
원자의 크기

▶ 확인하기

원자의 지름은 핵의 지름과 비교해 몇 배 더 큰가?

답 10^5 또는 100,000

표 2.4 원자 구성 입자들의 비교

	질량		전하	
입자	그램	u*	쿨롱	*e*
전자	$9.109\ 382 \times 10^{-28}$	$5.485\ 799 \times 10^{-4}$	$-1.602\ 176 \times 10^{-19}$	−1
양성자	$1.672\ 622 \times 10^{-24}$	1.007 276	$+1.602\ 176 \times 10^{-19}$	+1
중성자	$1.674\ 927 \times 10^{-24}$	1.008 665	0	0

* 통합 원자 질량 단위(u)는 2.9절에서 정의된다.

예제 2.3

원자 크기를 이용하여 계산하기

보통 연필은 실제로 탄소의 한 종류인 **흑연**(graphite)으로 만든다. 연필로 그은 선의 너비가 0.35 mm이고 탄소 원자의 지름이 1.5×10^{-10} m이면, 그 선에 몇 개의 탄소 원자가 배열되어 있는가?

문제 파악

알고 있는 것	알아내야 할 것
탄소 원자의 지름 $\left(\frac{1.5\times10^{-10}\text{ m}}{1\text{ 원자}}\right)$	선 너비에 있는 탄소 원자 수
연필 선의 너비 = 0.35 mm	

전략

알고 있는 정보(환산 인자가 아닌), 즉 연필 선의 너비로부터 시작한다. 적절한 환산 인자를 사용하여 수식을 만들고, 불필요한 단위를 소거한다. 이 문제에서는 접두사 사이의 환산 인자도 필요하다.

풀이

$$\text{원자 수} = 0.35\ \text{mm} \times \frac{1\ \text{m}}{1000\ \text{mm}} \times \frac{1\ \text{원자}}{1.5\times10^{-10}\ \text{m}}$$

$$= 2.3\times10^{6}\text{개 원자}$$

점검

원자 하나의 너비는 약 10^{-10} m이고, 일렬로 1 m를 배열하면 10^{10}개의 탄소 원자가 필요하다. 1 mm는 10^{7}개의 탄소 원자가 필요하고, 0.35 mm는 대략 0.3×10^{7} $(=3\times10^{6}$, 즉 3백만) 개가 필요하다. 추정값은 해답과 일치한다.

연습문제 2.5 러더퍼드 산란 실험에 사용한 금박은 두께가 약 0.005 mm이다. 금 원자의 지름이 2.9×10^{-10} m이면, 금박 두께에 몇 개의 원자가 있는가?

응용문제 2.6 핀의 머리 크기 정도로 작은 탄소 조각은 약 10^{19}개의 원자를 포함한다. 탄소 원자의 지름이 1.5×10^{-10} m이고, 지구 적도의 둘레는 40,075 km이다. 이 탄소 조각에 있는 원자들을 한 줄로 세우면 지구를 몇 바퀴 돌 수 있는가?

2.8 원자 번호

지금까지는 원자를 일반적 용어로만 설명하였고, 중요한 질문에는 아직 답하지 않았다. 무엇이 한 원자를 다른 원자와 다르게 만드는가? 예를 들면 어떻게 해서 금 원자는 탄소 원자와 다른가? 이 질문에 대한 답은 매우 간단하다. **원소들은 그 원자핵에 있는 양성자 수에 따라 서로 다르다.** 이 값을 원소의 **원자 번호**(**atomic number**, *Z*)라고 부른다. 동일한 원소의 모든 원자들은 원자핵에 같은 수의 **양성자**를 포함한다. 원자 번호 1인 수소 원자는 모두 1개의 양성자를 갖고, 원자 번호 2인 헬륨 원자는 모두 2개의 양성자를 가지며, 원자 번호 6인 탄소 원자는 모두 6개의 양성자를 갖는다. 물론, 모든 중성 원자는 양성자 수와 같은 수의 전자를 갖는다.

기억하기…
주기율표는 원소의 원자 번호가 증가하는 순으로 배열되어 있다(표 2.3). 원자 번호는 핵에 있는 **양성자**의 수로 정의되며, 원소의 확인에 사용된다.

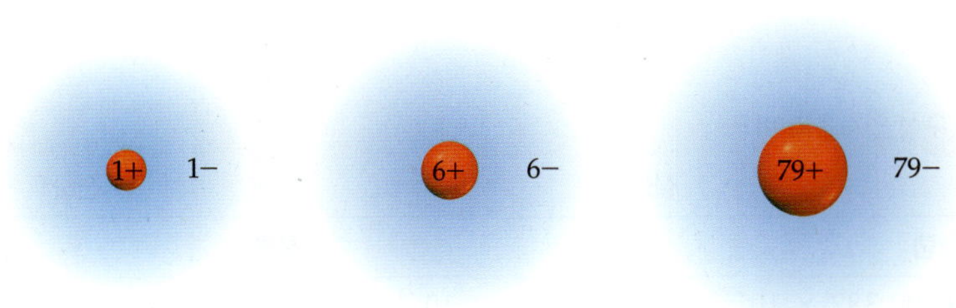

수소 원자 (양성자 1; 전자 1) 탄소 원자 (양성자 6; 전자 6) 금 원자 (양성자 79; 전자 79)

원자 번호(Z)
= 원자핵에 있는 양성자 수
= 중성 원자에서 원자핵 주위의 전자 수

모든 원자(수소는 예외)의 원자핵에는 양성자 이외에도 중성자를 포함한다. 한 원자의 양성자 수(Z)와 중성자 수(N)의 합을 **질량수(mass number,** A)라고 한다. 즉 $A = Z + N$이다.

질량수(A) = 양성자 수(Z) + 중성자 수(N)

대부분의 수소 원자는 중성자 없이 1개의 양성자를 가지므로, 질량수 $A = 1 + 0 = 1$이다. 대부분의 헬륨 원자는 2개의 양성자와 2개의 중성자를 가지므로, 질량수 $A = 2 + 2 = 4$이다. 대부분의 탄소 원자는 6개의 양성자와 6개의 중성자를 가지므로, 질량수 $A = 6 + 6 = 12$이다. 수소를 제외한 안정한 원자들은 적어도 양성자 수만큼의 중성자를 가지고 있다. 그러나 어떤 원자가 몇 개의 중성자를 가질 수 있는가를 예측할 수 있는 간단한 방법은 없다.

대부분의 수소 원자는 질량수가 1이고, **대부분**의 헬륨 원자는 질량수가 4이며, **대부분**의 탄소 원자는 질량수가 12라고 한 것에 주목하라. 실제로 한 원소의 원자들은 몇 개의 중성자를 갖는가에 따라서 서로 다른 질량수를 가질 수 있다. 원자 번호는 같지만 질량수가 다른 원자들을 **동위 원소(isotope)**라고 부른다. 예를 들면, 수소는 세 종류의 동위 원소를 가진다.

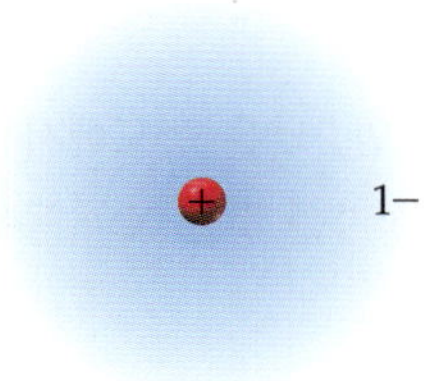

프로튬: 1개의 양성자 (●)와 0개의 중성자; 질량수 = 1

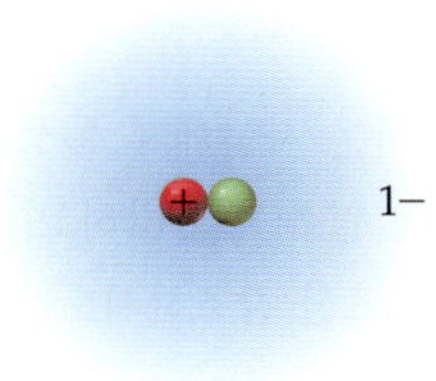

중수소: 1개의 양성자 (●)와 1개의 중성자(●); 질량수 = 2

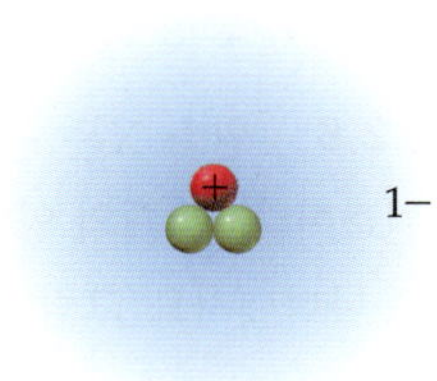

삼중수소: 1개의 양성자 (●)와 2개의 중성자(●); 질량수 = 3

모든 수소 원자들은 원자핵에 1개의 양성자를 갖지만(그렇지 않으면 수소가 아니므로), 99.985%는 중성자를 갖지 않는다. 이러한 수소 원자를 **프로튬**(protium)이라고 부르고, 질량수는 1이다. 이 밖에 수소 원자의 0.015%를 차지하는 **중수소**(deuterium)는 1개의 중성자를 갖고 질량수가 2이다. 또한 중성자 2개를 갖는 질량수 3의 수소를 **삼중수소**(tritium)라고 부른다. 불안정한 방사성 동위 원소인 삼중수소는 자연계에 미량만 존재하지만, 핵반응기에서 인공적으로 만든다. 다른 예로 질소는 15가지 동위 원소가 알려져 있으나 두 가지만 자연계에 존재하고, 우라늄은 25가지 동위 원소가 알려져 있으나 세 가지만 자연계에 존재한다. 전체적으로는 118개의 알려진 원소에 3600개 이상의 동위 원소들이 확인되고 있다.

동위 원소는 원소 기호에 질량수를 왼쪽 위 첨자로, 원자 번호를 왼쪽 아래 첨자로 표시한다. 따라서 프로튬은 ${}^{1}_{1}H$, 중수소는 ${}^{2}_{1}H$, 삼중수소는 ${}^{3}_{1}H$로 표시한다. 마찬가지로, 자연계에 존재하는 질소의 두 동위 원소는 ${}^{14}_{7}N$(질소-14라고 부름)와 ${}^{15}_{7}N$(질소-15라고 부름)로 표시할 수 있다. 동위 원소의 중성자는 따로 표시하지 않지만, 질량수(위 첨자)에서 원자 번호(아래 첨자)를 빼면, 중성자 수를 계산할 수 있다. 예를 들어, 질량수 14에서 원자 번호 7을 빼면 7이 된다. 따라서 ${}^{14}_{7}N$은 7개의 중성자를 갖는다.

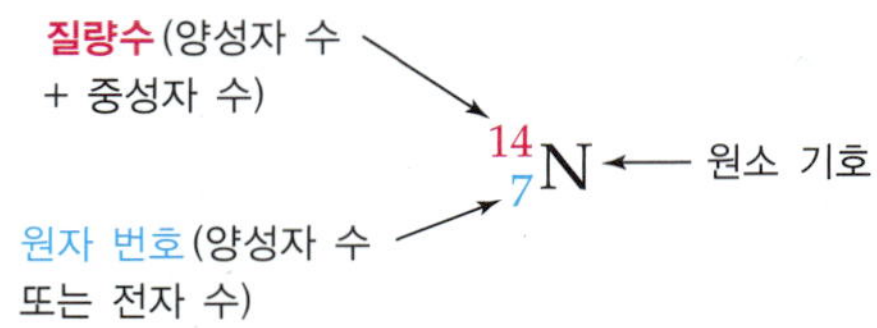

개념탐구 질문 5

원자 내 어떤 입자의 수가 원자의 종류와 원자의 질량수(A)를 결정하는가?

원자의 중성자 수는 원자의 화학적 성질에 거의 영향을 주지 않는다. 원소의 화학적 성질은 전자 수에 따라 결정되고, 전자 수는 핵에 있는 양성자 수에 따라 결정된다. 따라서 수소의 세 가지 동위 원소 모두는(똑같다고 할 수는 없지만) 화학 반응에서 거의 비슷하게 행동한다.

예제 2.4

동위 원소 기호의 해석

핵발전소에서 사용하는 우라늄 동위 원소는 $^{235}_{92}U$이다. $^{235}_{92}U$에는 양성자, 중성자, 전자가 각각 몇 개씩 있는가?

전략

$^{235}_{92}U$에서 원자 번호(아래 첨자 92)는 원자의 양성자 수와 전자 수를 표시한다. 중성자 수는 질량수(위 첨자 235)와 원자 번호(92)의 차이이다.

풀이

$^{235}_{92}U$ 원자 하나에는 양성자 92개, 전자 92개, 중성자 $235 - 92 = 143$개가 있다.

▲ 우라늄-235는 핵 추진 쇄빙선의 연료로 사용된다. © knyazev vasily/Shutterstock

연습문제 2.7 동위 원소 $^{75}_{34}Se$는 의학적으로 췌장 질환의 진단에 사용한다. $^{75}_{34}Se$ 원자 한 개에는 몇 개의 양성자, 중성자, 전자가 있는가?

응용문제 2.8 원소 X는 높은 농도에서는 사람에게 독성을 나타내지만, 낮은 농도에서는 삶에 필요한 원소이다. 24개의 양성자를 갖는 원소 X를 밝히고, 28개의 중성자를 갖는 X의 동위 원소를 기호로 나타내시오(그림 2.3의 주기율표를 참조하시오).

2.9 원자량과 몰

기억하기…

많은 출처에서 여전히 원자 질량 단위(amu)라는 용어를 사용하는데, 1961년에 통합 원자 질량 단위(u)로 대체되었다. 원자 질량 단위(amu)는 원래 시료 내 모든 산소 원자의 평균 질량(즉, 산소의 원자량)의 1/16로 정의되었으며, 통합 원자 질량 단위(u)는 ^{12}C 탄소 원자 질량의 1/12로 정의한다. 오늘날 amu라는 용어를 사용하는 경우가 있다면, 그것은 통합 원자 질량 단위(u)를 의미한다.

연필을 들어서 연필 끝의 좁은 부분을 주시해 보라. 탄소로 이루어진 연필심 끝에 몇 개의 원자가 있을까? 한 가지 확실한 것은 원자는 너무 작으므로 눈에 보이는 시료를 만드는 데 필요한 원자 수는 엄청나게 많다. 사실 원자는 매우 작아서 맨눈에 보이는 가장 작은 먼지 조각일지라도 약 10^{17}개의 원자를 포함한다. 그램으로 표시하는 단일 원자의 질량은 일상적으로 사용하기에 너무 작아서 화학자들은 **원자 질량 단위**(atomic mass unit, amu), 더 정확하게는 **통합 원자 질량 단위**(unified atomic mass unit, u)를 사용한다. 생물학에서는 **돌턴**(dalton, Da)이라고도 알려져 있다. 1 amu란 $^{12}_{6}C$ 원자 1개 질량의 정확하게 1/12로 정의하고, 이는 $1.660\ 539 \times 10^{-24}$ g이 된다.

$$\mathbf{1\ u} = \frac{^{12}_{6}\text{C 원자 1개의 질량}}{12} = 1.660\ 539 \times 10^{-24}\ \text{g}$$

전자 1개의 질량은 양성자와 중성자의 질량에 비해서 무시할 정도로 작기 때문에, 1 u를 $^{12}_{6}C$ 원자 1개 질량의 1/12로 정의하는 것은 양성자와 중성자의 질량이 거의 1 u라는 것을 의미한다(표 2.4). 그러므로 어떤 원자의 원자 질량 단위, 즉 **원자 질량**(atomic mass)은 그 원자의 질량수와 가까운 수치이다. 예를 들면, $^{1}_{1}$H 원자는 질량이 1.007 825이고, $^{235}_{92}$U 원자는 질량이 235.043 930이다. 실제로는 원자 질량은 차원이 없기 때문에, 단위 u는 따로 쓰지 않고 있는 것으로 간주한다.

자연계에 존재하는 대부분의 원소는 다른 동위 원소들의 혼합물로 존재한다. 앞표지 안쪽에 있는 주기율표를 살펴보면, 각 원소의 밑에서 원소의 **원자량**(atomic weight) 값을 볼 수 있다. 이때도 표시하지 않았지만, u 단위를 사용한다고 간주한다.

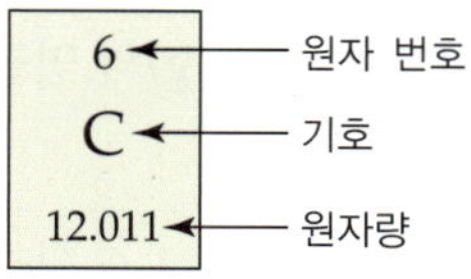

한 원소의 **원자량**이란 자연계에 존재하는 동위 원소들의 존재비를 고려한 동위 원소 질량의 가중평균값이다. 예를 들면, 지구상의 탄소는 $^{12}_{6}$C(98.89% 존재)와 $^{13}_{6}$C (1.11% 존재)의 두 가지 동위 원소 혼합물로 존재한다. 개별적으로 각 탄소는 질량이 12(^{12}C)와13.0034(^{13}C)이지만, 탄소 원자들의 평균 원자 질량, 즉 원자량은 12.011이다. 세 번째 탄소의 동위 원소 $^{14}_{6}$C는 너무 적은 양으로 존재하므로 원자량을 계산할 때 무시할 수 있다.

$$\begin{aligned} \text{C의 원자량} &= (^{12}_{6}\text{C 질량})(^{12}_{6}\text{C 존재비}) + (^{13}_{6}\text{C 질량})(^{13}_{6}\text{C 존재비}) \\ &= (12)(0.9889) + (13.0034)(0.0111) \\ &= 11.867 + 0.144 = 12.011 \end{aligned}$$

예제 2.5

원자량 계산

염소는 자연계에서 두 가지 동위 원소로 존재한다. 즉, 존재비 75.76%의 동위 원소 질량 34.969를 갖는 $^{35}_{17}$Cl과 존재비 24.24%의 동위 원소 질량 36.966을 갖는 $^{37}_{17}$Cl이다. 염소의 원자량은 얼마인가?

문제 파악

알고 있는 것	알아내야 할 것
동위 원소 질량 및 존재비	염소의 원자량
(질량 34.969인 동위 원소 75.76%와 질량 36.966인 동위 원소 24.24%)	

전략

원소의 원자량은 동위 원소 질량의 가중평균이고, 각 동위 원소 질량에 그 존재비를 곱한 값의 합과 같다.

$$\begin{aligned} \text{원자량} &= (^{35}_{17}\text{Cl 질량})(^{35}_{17}\text{Cl 존재비}) \\ &\quad + (^{37}_{17}\text{Cl 질량})(^{37}_{17}\text{Cl 존재비}) \end{aligned}$$

풀이

원자량 = (34.969)(0.7576) + (36.966)(0.2424) = 35.45

점검

원자량은 35와 37 사이의 중간값을 가질 것이며, 더 많이 존재하는 동위 원소의 질량인 35에 가까운 값을 가질 것이다.

▶ **연습문제 2.9** 구리는 자연계에서 두 가지 동위 원소가 존재한다. 즉, 구리-63(69.15%; 동위 원소 질량 = 62.93)과 구리-65(30.85%; 동위 원소 질량 = 64.93)이다. 구리의 원자량을 계산하고, 주기율표에서 답을 확인하시오.

▶ **응용문제 2.10** 갈륨은 자연계에서 두 가지 동위 원소를 가진다. 갈륨-69(동위 원소 질량 = 68.9256)와 갈륨-71(동위 원소 질량 = 70.9247)이다. 갈륨의 원자량은 69.7231이다.

(a) 계산을 하지 말고, 존재비가 높은 동위 원소를 말하시오.

(b) 각 동위 원소의 존재비를 백분율로 계산하시오.

▲ 위의 물질(헬륨, 물, 염화 소듐)은 각각 1 mol을 포함하고 있다. 이들은 모두 같은 질량을 가지는가?

일부 원소의 원자량은 자연 상수가 아니다. 자연 동위 원소 존재비는 시료의 출처에 따라 다를 수 있기 때문이다. 2009년과 2011년에 Isotopic Abundances and Atomic Weights 위원회는 12개 원소(H, Li, B, C, N, O, Mg, Si, S, Cl, Br, Tl)의 경우, 단일 값의 표준 원자량을 원자량 구간으로 대체하였다. 예를 들어, 질소의 표준 원자량은 [14.00643, 14.00728] 구간이 되었다. 실용적인 목적으로, 질소(14.0067) 및 기타 원소의 단일 대푯값이 이 책의 앞표지 안쪽에 있는 주기율표에 나와 있다.

원자량이 특별히 유용한 점은 원자 수와 질량 사이의 환산 인자이기 때문이다. 즉, 물질의 질량을 측정함으로써 무수히 많은 수의 원자를 셀 수 있게 해준다. 예를 들면, 탄소 원자량이 12.011이라는 것을 알았다면, 15 mg(1.5×10^{-2} g)의 연필심 끝에 있는 탄소 원자 수는 7.5×10^{20}개라는 것을 계산할 수 있다.

$$(1.5 \times 10^{-2}\ \cancel{\text{g}})\left(\frac{1\ \cancel{\text{u}}}{1.6605 \times 10^{-24}\ \cancel{\text{g}}}\right)\left(\frac{1\ \text{C 원자}}{12.011\ \cancel{\text{u}}}\right) = 7.5 \times 10^{20}\ \text{C 원자}$$

우리가 일상적으로 취급하는 양을 구성하는 막대하게 큰 원자 수를 언급할 때, 화학자들은 양의 SI 기본 단위인 **몰**(mole)과 그 약자로 mol을 사용한다. 어느 원소 1**몰**은 g으로 나타낸 질량, 즉 **몰질량(molar mass)**이 가진 양이며, 숫자상으로 원자량과 동일하다. 탄소 원자 1몰은 12.011 g의 질량을 가지며, 은 원자 1몰은 107.868 g의 질량을 가진다. 따라서 몰질량은 g으로 표시한 질량과 원자 수 사이의 환산 인자로 사용된다. **서로 다른 원소가 같은 몰수를 가지면 또한 같은 원자 수를 갖는다.**

1몰에는 얼마나 많은 원자들이 들어 있을까? 실험 결과에 의하면, 원소 1몰은 6.022 141 × 10^{23}개의 원자를 포함하며, 이 값을 **아보가드로수(Avogadro's number**, N_A로 표시)라고 부른다. 이 명칭은 질량/원자 수 관계의 중요성을 처음으로 인지한 이탈리아 과학자인 아보가드로의 이름을 딴 것이다. 어떤 원소도 아보가드로수만큼의 원자는 1몰이며, 원소의 원자량을 g으로 나타낸 질량을 가지고 있다.

아보가드로수가 얼마나 큰 수인지 파악하는 것은 어렵지만, 몇 개의 비교 예를 들어 보면 크기에 대한 인식을 할 수 있다. 초 단위로 나타낸 우주의 나이(137억 년, 즉 4.32×10^{17} s)는 아보가드로수의 100만 분의 1밖에 되지 않는다. 전 세계 바닷물을 L로 나타낸 부피(1.3×10^{21} L)는 아보가드로수의 100분의 1도 안 되며, kg으로 나타낸 지구의 질량(5.98×10^{24} kg)은 단지 아보가드로수의 10배일 뿐이다. 이 책의 3장에서 몰에 대해 더 살펴볼 것이다.

예제 2.6

질량과 몰수 및 원자 수 사이의 전환

10.53 g의 규소 시료에 있는 Si의 몰수와 원자 수는 얼마인가? 규소의 원자량은 28.0855이다.

문제 파악

알고 있는 것	알아내야 할 것
시료의 질량 10.53 g 규소의 원자량(28.0855)	규소의 몰수 및 원자 수

전략

몰질량(28.0855 g/mol)은 숫자적으로 원자량과 같다. 질량을 몰수로 전환하기 위해서 몰질량을 사용하고, 몰수를 원자 수로 전환하기 위해서 아보가드로수를 사용하시오.

풀이

$$(10.53\ \cancel{\text{g Si}})\left(\frac{1\ \text{mol Si}}{28.0855\ \cancel{\text{g Si}}}\right) = 0.37492\ \text{mol Si}$$

$$(0.37492\ \cancel{\text{mol Si}})\left(\frac{6.022 \times 10^{23}\ \text{원자 Si}}{1\ \cancel{\text{mol Si}}}\right) = 2.258 \times 10^{23}\ \text{원자 Si}$$

점검

규소의 질량 10.53 g은 규소의 몰질량(28.0855 g/mol)의 1/3보다 약간 크므로 시료는 0.33 mol보다 약간 큰 몰수이다. 이러한 몰수는 아보가드로수의 1/3, 즉 2×10^{23}개보다 약간 많은 원자 수에 해당된다.

▶ **연습문제 2.11** 질량 9.50 g인 백금 반지에 있는 백금(Pt)의 몰수와 원자 수는 얼마인가? 이 책의 앞표지 안쪽에 있는 주기율표를 사용하여 백금의 원자량을 찾아보시오.

▶ **응용문제 2.12** 질량이 1.50 g인 원소 Y가 2.26×10^{22}개의 원자를 갖는다면, 원소 Y는 무엇인가?

2.10 혼합물과 화합물: 분자와 공유 결합

자연계에는 90개의 원소들이 존재하지만, 지구상에는 90개보다 훨씬 더 많은 물질들이 존재한다. 물, 설탕, 단백질 같은 식품과 면이나 레이온 같은 직물은 주변에서 볼 수 있는 친숙한 물질들로서 순수한 원소는 아니다. 물질(질량을 갖고 부피를 차지하는)은 순물질과 혼합물로 분류할 수 있다(그림 2.10). 순물질은 결국 원소이거나 화합물일 수 있다.

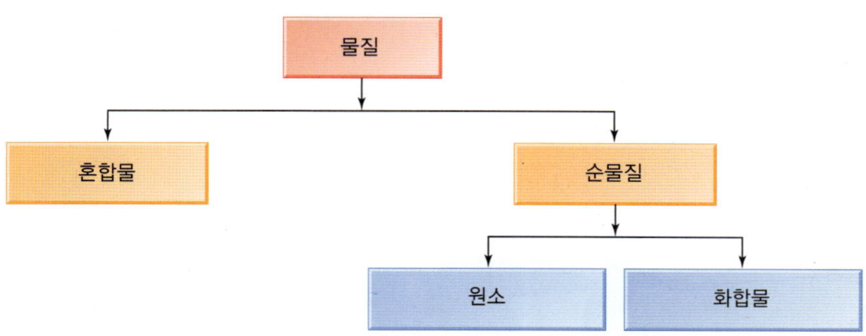

◀ 그림 2.10
물질의 분류 도표

혼합물(**mixture**)이란 두 가지 이상의 물질이 각 물질 자체의 화학적 변화 없이, 임의의 비율로 서로 가해져 단순히 혼합된 것이다. 혼합물의 구성 단위는 항상 같은 것이 아니고, 구성 단위의 비율은 변할 수 있다. 예를 들어, 수소 기체와 산소 기체는 마치 설탕 한 숟가락과 소금 한 숟가락이 섞이는 것처럼, 그들 자체의 변화 없이(가까이에 화학 반응을 개시할 수 있는 화염이 없는 조건에서) 어떤 비율로도 혼합될 수 있다.

▲ 이 해변의 결정형 석영 모래는 순수한 화합물(SiO_2)이지만, 바닷물은 물에 많은 화합물이 녹아 있는 액체 혼합물이다. © Dale Lorna Jacobsen/Shutterstock

혼합물과는 대조적으로 **화합물**이란, 여러 다른 원소의 원자들이 특정한 방법으로 결합할 때 형성되는 순수한 물질이며, 구성 원소들이 가지고 있는 성질과 전혀 다른 성질을 가진 새로운 물질이다. 화합물은 항상 일정한 조성을 가지며, 구성 단위 또한 항상 동일하다. 예를 들어, 소듐(무른 은색 금속)의 원자는 염소(독성이 있는 황록색 기체)의 원자와 결합하여 **염화 소듐**(식염)이라는 잘 알려진 흰색 고체를 만든다. 마찬가지로, 두 개의 수소 원자는 한 개의 산소 원자와 결합하여 물을 형성한다.

화합물이 어떻게 형성되는지를 이해하기 위해, 화학 반응 초기에 두 원자가 서로 접근하면 무슨 일이 일어나는지를 상상해 보라. 전자는 핵보다도 훨씬 큰 부피를 차지하기 때문에 원자들이 충돌할 때 실제로 접촉하는 것은 전자들이다. 그러므로 화합물에서 원자들을 서로 붙들어 매고 연결시키는 **화학 결합**을 하는 것은 전자들이다. 원자 간 화학 결합은 주로 **공유 결합**이나 **이온 결합**으로 분류된다. 일반적으로, 공유 결합은 주로 비금속 원자들 사이에서 나타나고, 이온 결합은 주로 금속과 비금속 원자들 사이에서 나타난다. 이 두 가지를 간단히 살펴보기로 하자.

공유 결합(covalent bond)은 화학 결합 가운데 가장 보편적인 결합으로, 두 원자가 서로 전자를 공유한 결과이다. 공유 결합은 줄다리기를 상상하면 이해하기 쉽다. 양쪽 사람들이 같은 줄을 잡아당기고 있으므로 양쪽 사람들은 효과적으로 함께 결합되었다고 할 수 있다. 양쪽 어느 누구라도 줄을 잡고 있는 한 떨어지지 않는다. 원자들의 경우도 비슷하다. 두 원자들이 몇 개의 전자를 공유하여 잡고 있으면, 원자들은 서로 결합한다(그림 2.11).

두 개 이상의 원자들이 공유 결합에 의해 결합되어 생기는 물질 단위를 **분자**라고 한다. 염화 수소(HCl) 분자는 수소 원자와 염소 원자가 전자 두 개를 공유하여 만들어진다. 물 분자(H_2O)는 수소 원자 두 개가 각각 하나의 산소 원자와 전자 두 개를 공유할 때 만들어진다. 암모니아(NH_3) 분자는 수소 원자 세 개가 각각 하나의 질소 원자와 전자 두 개를 공유할 때 만들어진다. 이러한 분자나 다른 분자들을 눈으로 보려면, 그림 2.12에 나타낸 것처럼 각 구형 원자들이 서로 결합하여 특정한 3차원 형태의 분자를 형성한다고 상상하는 것이 도움이 된다. **공-막대**(ball-and-stick) 모형은 특별히 원자들 사이의 공유 결합을 나타내낸다. 반면에, **공간 채움**(space-filling) 모형은 전체적인 분자 모양을 정확하게 표시하지만, 공유 결합을 명확하게 나타내지는 않는다.

양쪽에서 같은 줄을 잡아당기기 때문에 두 팀은 서로 연결되어 있다.

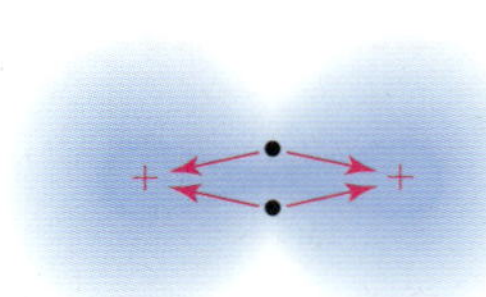

이와 유사하게, 양쪽의 핵(+)들이 (점으로 표시된) 같은 전자들을 잡아당기기 때문에 두 원자들은 서로 결합되어 있다.

▲ 그림 2.11
원자 간 공유 결합은 줄다리기와 비슷하다. © Zurijeta/Shutterstock

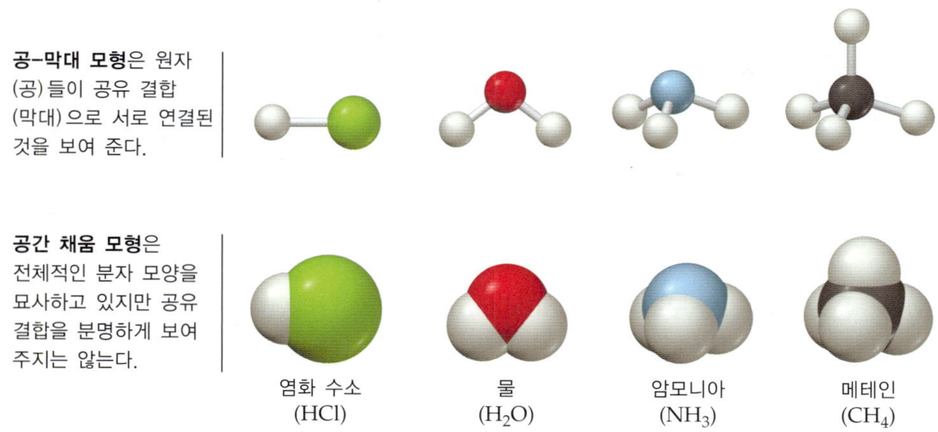

◀ **그림 2.12**
분자 모형. 이와 같은 분자 모형들은 분자들을 시각화하는 데 도움을 준다.

개념 예제 2.7

혼합물과 화합물의 시각적 표현

다음 그림을 혼합물, 순수한 화합물, 원소로 구분하시오.

(a) **(b)** **(c)**

전략

화학자를 포함한 많은 사람들은 원자의 거동을 그림으로 나타내면 좀 더 화학을 쉽게 이해할 수 있음을 알았다. 이 책의 개념 문제에서는 원자와 분자를 구(의 집합)로 표현해서 도움을 주려고 한다. 그림을 있는 그대로 받아들이지 말고, 그림이 나타내는 의미를 해석하는 데 초점을 맞춰라. 원소는 단 한 종류의 원자만을 포함하고 있는 반면, 화합물은 두 개 이상의 원소가 서로 결합되어 있다. 순물질은 한 가지 종류의 원소 또는 화합물만 포함하는 반면, 혼합물은 두 가지 이상의 물질을 포함한다.

풀이

그림 **(a)**는 두 이원자 원소, 즉 두 개의 빨간색 원자로 구성된 분자와 두 개의 파란색 원자로 구성된 분자의 혼합물을 나타낸다. 그림 **(b)**는 모든 원자들이 동일하기 때문에 순수한 이원자 원소로 된 분자들을 나타낸다. 그림 **(c)**는 한 개의 빨간색 원자와 한 개의 파란색 원자로 구성된 순수한 화합물 분자들을 나타낸다.

▶ **개념 연습문제 2.13** 다음 그림 중 어느 것이 과산화 수소(H_2O_2) 분자를 나타내는가? 빨간색 구는 산소 원자, 상아색 구는 수소 원자를 나타낸다.

(a) **(b)** **(c)** **(d)**

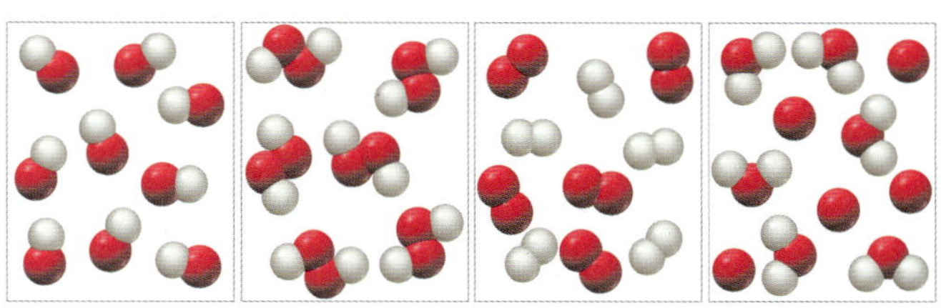

▶ **개념 응용문제 2.14** 빨간색 구와 파란색 구는 다른 원소의 원자를 나타낸다.

(a) 순물질을 설명하는 그림은 무엇인가?

(b) 혼합물을 설명하는 그림은 무엇인가?

(c) 배수 비례 법칙을 설명하는 두 개의 그림은 무엇인가?

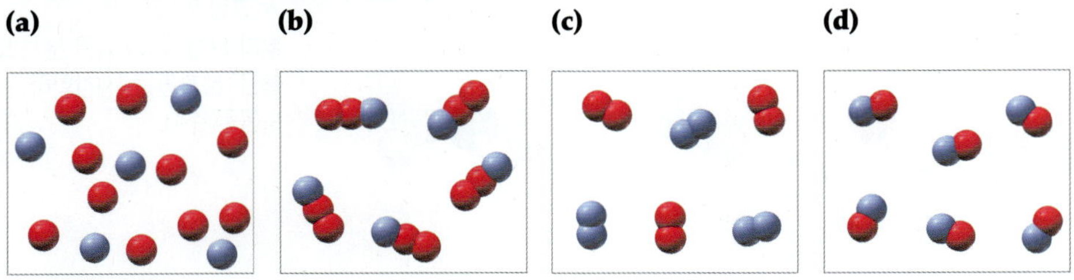

화학자들은 보통 분자를 **구조식**(**structural formula**)으로 나타낸다. 구조식은 원자들 사이에 특정한 연결을 보여 준다. 따라서 화학식만 사용하는 것보다 많은 정보를 제공한다. 예를 들면, 에틸 알코올의 화학식은 C_2H_6O이며, 구조식은 다음과 같다.

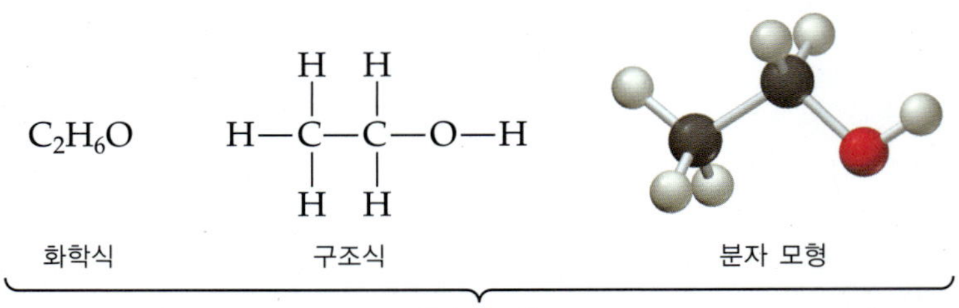

에틸 알코올

구조식에서는 원자 사이에 선을 이용하여 공유 결합을 나타낸다. 즉, 에틸 알코올에서 두 탄소 원자는 서로 공유 결합으로 연결되고, 산소 원자는 탄소 원자 중 하나와 연결되며, 여섯 개의 수소 원자는 한 탄소에 세 개의 수소, 다른 탄소에 두 개의 수소, 산소 원자에 한 개의 수소로 분배된다.

구조식은 탄소 화합물의 화학인 **유기 화학**에서 매우 중요하다. 크고 복잡한 분자의 거동은 거의 전적으로 그들 분자의 구조에 따른다. 예를 들어, 글루코스 같은 상대적으로 간단한 물질을 생각하기로 하자. 글루코스의 분자식 $C_6H_{12}O_6$은 원자들이 어떻게 결합되어 있는지에 관해서 어떠한 정보도 알려주지 않는다. 그러나 글루코스의 구조식은 5개의 탄소 원자와 1개의 산소 원자가 고리를 형성하며, 나머지 5개의 산소 원자는 각각 1개의 수소 원자와 결합하여 다른 탄소 원자에 분포되어 있음을 보여 준다.

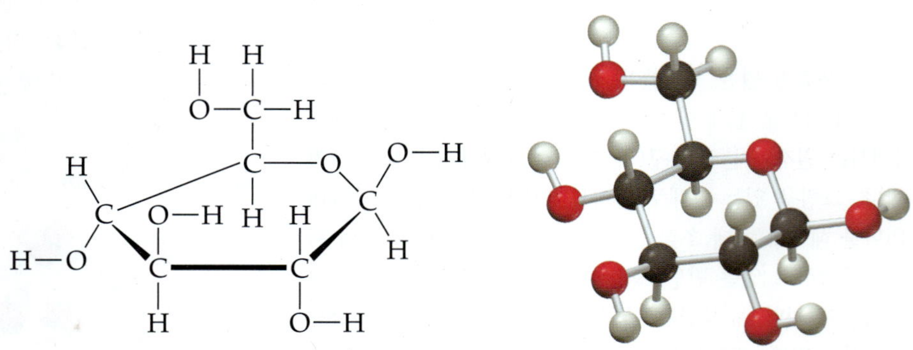

글루코스–$C_6H_{12}O_6$ [빨간색 = O, 회색 = C, 상아색 = H]

몇 가지 원소는 개별적인 원자보다는 분자로 존재한다. 수소, 질소, 산소, 플루오린, 염소, 브로민, 아이오딘은 모두 두 원자가 서로 공유 결합에 의해 결합되어 있는 **이원자**(diatomic) 분자로 존재한다. 그러므로 이러한 원소들을 화학 반응식에서 사용할 때에는 H_2, N_2, O_2, F_2, Cl_2, Br_2, I_2로 표시해야 한다. 수소를 제외한 모든 이원자 원소들은 주기율표의 가장 오른쪽에 밀집되어 있음에 주목하라.

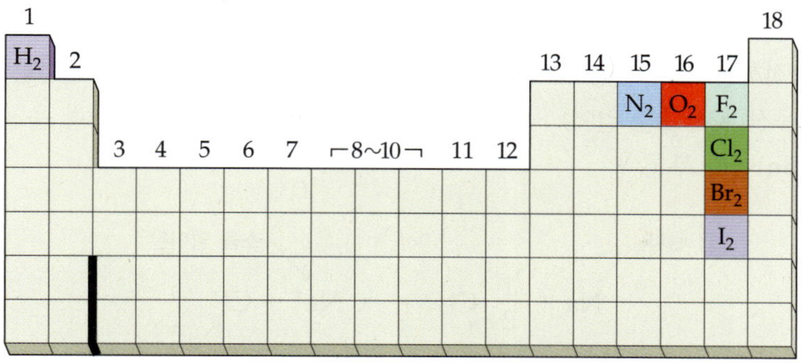

개념 예제 2.8

구조식과 분자식 사이의 전환

프로페인(C_3H_8)의 구조에서는 세 개의 탄소 원자가 일렬로 결합하고 있다. 양쪽 끝의 탄소 원자들은 세 개의 수소와 결합하고, 가운데 탄소는 두 개의 수소와 결합한다. 원자 사이의 공유 결합을 선으로 표시하여 구조식을 그리시오.

풀이

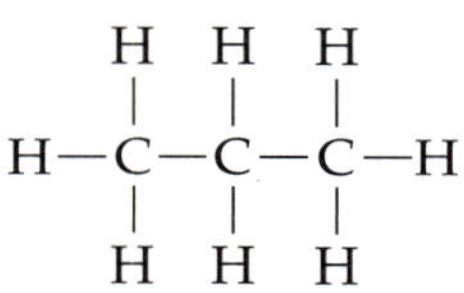

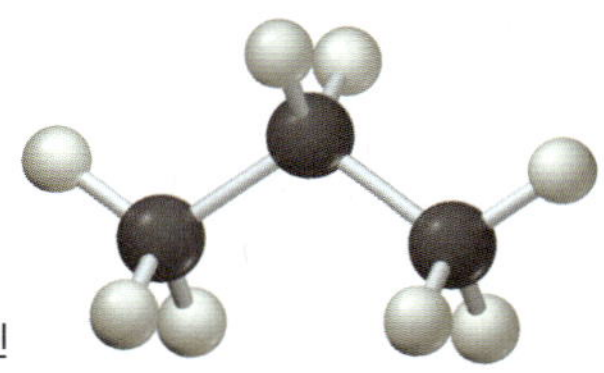

프로페인

▶ **개념 연습문제 2.15** 데옥시리보핵산(DNA)의 4가지 염기 중 하나인 타이민의 구조식은 다음과 같다. 타이민의 화학식은 무엇인가? 화학식을 쓸 때 원소 기호를 알파벳 순으로 쓰고, 각 원소의 수는 아래 첨자로 쓰시오.

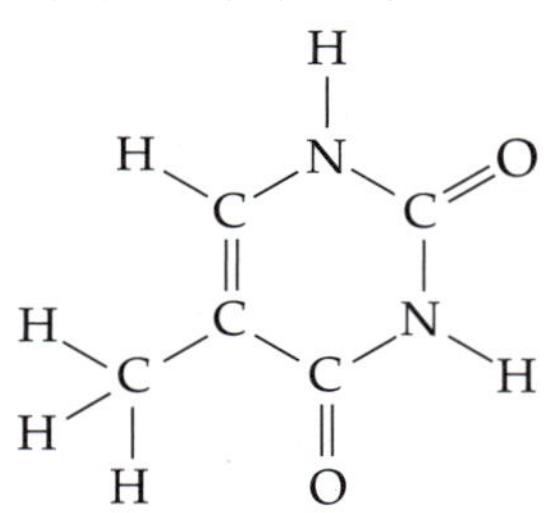

▶ **개념 응용문제 2.16** 흥분하거나 싸울 때 나오는 호르몬인 아드레날린은 다음과 같이 공-막대 모형으로 나타낼 수 있다. 아드레날린의 화학식은 무엇인가? (회색 = C , 상아색 = H, 빨간색 = O, 파란색 = N)

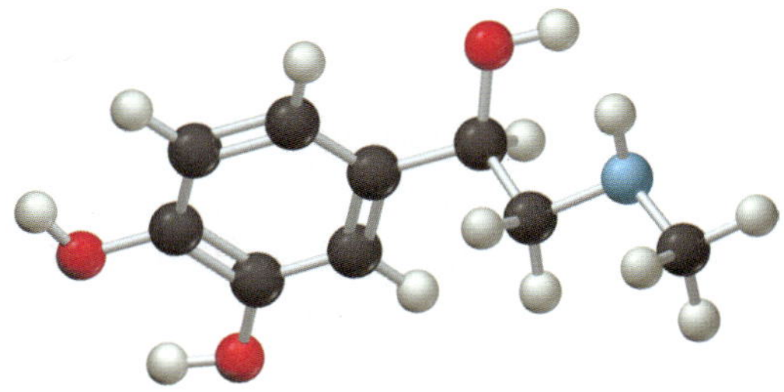

2.11 이온과 이온 결합

공유 결합과 대조적으로, **이온 결합**(**ionic bond**)은 전자를 공유하여 생기는 것이 아니라 하나 이상의 전자가 한 원자에서 다른 원자로 이동하여 생긴다. 앞에서 언급한 바와 같이, 이온 결합은 금속과 비금속 사이에 일반적으로 형성된다. 소듐, 마그네슘, 아연과 같은 금속 원소는 전자를 주는 경향이 있는 반면, 산소, 질소, 염소와 같은 비금속 원소는 전자를 받는 경향이 있다.

예를 들어, 소듐 금속이 염소 기체와 접촉하게 되면 소듐 원자는 전자를 염소 원자에게 주게되어 두 종류의 전하를 띤 입자를 형성하게 되는데, 이러한 입자를 **이온**(**ion**)이라고 한다.

▲ 염소는 유독한 녹색 기체이고, 소듐은 반응성이 좋은 금속이며, 염화 소듐은 무해한 흰색 고체이다.

소듐 원자는 전자 한 개를 잃기 때문에(음전하 한 개를 잃고) +1 전하를 가진 Na^+ 이온이 된다. 이처럼 양전하를 띤 이온을 **양이온(cation)**이라 부른다. 반대로, 염소 원자는 전자 한 개를 얻기 때문에(음전하 하나를 얻어) −1 전하를 가진 Cl^- 이온이 된다. 이처럼 음전하를 띤 이온을 **음이온(anion)**이라 부른다.

소듐 원자 ↘ ↙ 소듐 양이온

$$Na + \frac{1}{2}Cl_2 \longrightarrow Na^+ + Cl^-$$

염소 분자 ↗ ↖ 염소 음이온

앞의 화학 반응식에 이온을 표시하는 것은 하전된 원소를 추적하는 데 유용하지만, 규칙에 따라 이온은 화학 반응식에는 표시되지 않는다. 따라서 소듐과 염소의 반응은 다음과 같다.

$$Na + \frac{1}{2}Cl_2 \longrightarrow NaCl$$

마그네슘과 염소 분자(Cl_2)가 접촉할 때도 유사한 반응이 일어나 $MgCl_2$를 형성한다. 마그네슘 원자는 두 염소 원자에 각각 전자를 주고, 2가 전하를 가진 Mg^{2+} 양이온과 두 개의 Cl^- 음이온을 생성한다.

$$Mg + Cl_2 \longrightarrow Mg^{2+} + Cl^- + Cl^-$$

마그네슘과 염소의 반응에 대한 화학식은 다음과 같다.

$$Mg + Cl_2 \longrightarrow MgCl_2$$

서로 다른 전하는 서로 끌어당기기 때문에 Na^+와 Mg^{2+} 같은 양이온은 음전하를 가진 Cl^-와 같은 음이온을 강하게 전기적으로 끌어당긴다. 이런 끌어당김을 이온 결합이라고 한다. 공유 결합이 생성되었을 때와는 다르게, 보통 조건에서는 분리된 Na^+Cl^- 분자라고 말할 수 없다. 같은 수의 Na^+와 Cl^- 이온이 규칙적으로 쌓인 **이온성 고체(ionic solid)**라고 말할 수 있을 뿐이다(그림 2.13). 예를 들어, 소금 결정에서 각 Na^+ 이온은 이웃하고 있는 여섯 개의 Cl^- 이온으로 둘러싸여 있고, 각 Cl^- 이온은 이웃하고 있는 여섯 개의 Na^+ 이온으로 둘러싸이지만, 공유 결합 분자에서의 원자들처럼 어느 이온쌍이 서로 어디에 속하는지는 명확하게 말할 수 없다.

전하를 띤 공유 결합 원자들의 집합을 **다원자 이온(polyatomic ion)**이라고 한다. 예를 들면, 암모늄 이온(NH_4^+), 수산화 이온(OH^-), 질산 이온(NO_3^-), 2가 전하를 띤 황산 이온(SO_4^{2-})이 있다(그림 2.14). 이러한 다원자 이온은 공유 결합에 의해 서로 연결된 특정한 수와 종류의 원자들로 구성되고, 전체 단위는 양전하 또는 음전하를 갖고 있으므로 다원자 이온을 전하를 띤 분자라고 생각할 수 있다. 이런 이온을 두 개 이상 포함하는 물질의 화학식을 쓸 때는 전체 다원자 단위에 괄호를 쓴다. 예를 들어, 화학식 $Ba(NO_3)_2$는 Ba^{2+} 양이온과 NO_3^- 다원자 음이온이 1 : 2 비율로 구성된 물질을 나타낸다. 2.12절에서 이들 이온의 화합물을 어떻게 명명하는지 배울 것이다.

이온 결합 화합물에는 알짜 전자가 없으므로 총 양전하 수는 총 음전하 수와 같아야 한다. 전체 중성 전하를 갖는다는 것은 이온 결합 화합물의 화학식을 작성하기 위한 가이드 역할을 한다. 예를 들어, 소듐 이온(Na^+) 및 브로민화 이온(Br^-)으로 형성된 이온 결합 화합물의 화학식은 NaBr이다. 소듐 이온으로부터의 하나의 양전하가 브로민화 이온으로부터의 하나의 음전하와 균형을 맞추기 때문이다. 소듐 이온(Na^+)과 황산 이온(SO_4^{2-})으로 형성된 이온 결

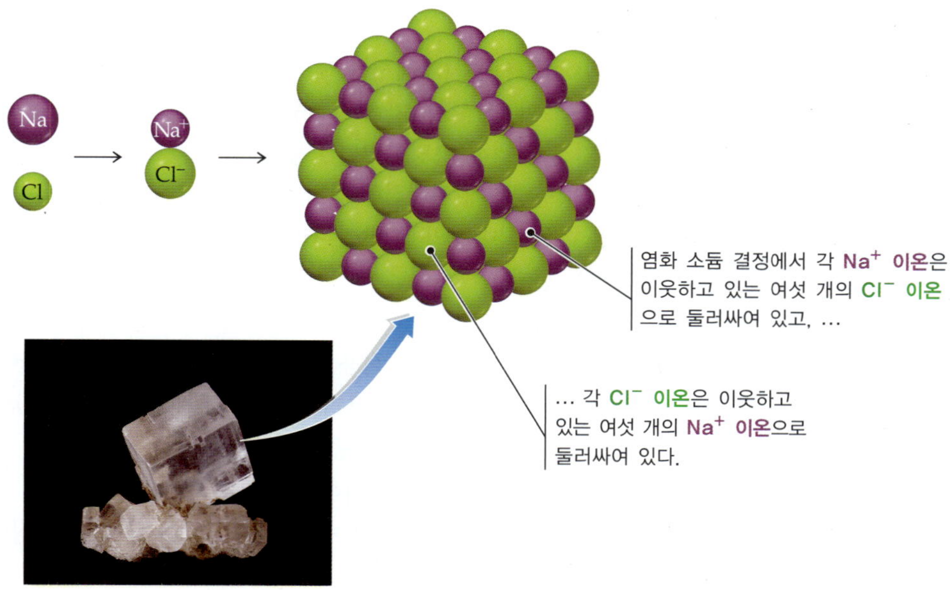

◀ 그림 2.13
염화 소듐 결정에서 Na^+ 이온과 Cl^- 이온의 배열. 분리된 NaCl 분자는 없다. 대신에 전체 결정이 하나의 이온성 고체이다.

▶ 확인하기

금속과 비금속이 이온 결합 화합물을 형성할 때, 어떤 원소가 전자를 잃고 어떤 원소가 전자를 얻는가?

답 금속은 전자를 잃어 양전하의 양이온을 형성한다. 비금속은 전자를 얻음으로써 음으로 하전된 음이온을 형성한다.

합 화합물의 화학식은 Na_2SO_4이다. 황산 이온의 −2 전하와 균형을 맞추기 위해 각각 +1 전하를 갖는 2개의 소듐 이온이 필요하기 때문이다. 소듐 이온(Na^+) 및 인산 이온(PO_4^{3-})으로 형성된 이온 결합 화합물의 화학식은 Na_3PO_4이다. 각각 +1 전하를 갖는 3개의 소듐 이온이 있어야 인산염의 −3 전하와 균형을 맞출 수 있기 때문이다.

예제 2.9

이온 결합 화합물과 분자성 화합물 확인

다음 화합물 중 어느 것이 이온 결합 화합물이고, 어느 것이 분자성 화합물(공유 결합 화합물)인가?

(a) BaF_2 (b) SF_4 (c) PH_3 (d) CH_3OH

전략

공유 결합은 일반적으로 비금속 원자들 사이에 형성되는 반면, 이온 결합은 금속과 비금속 원자들 사이에 형성된다는 것을 기억하라.

풀이

화합물 (a)는 금속(바륨)과 비금속(플루오린)으로 구성되므로 이온 결합 화합물이 될 것이다. 화합물 (b)~(d)는 모두 비금속으로만 구성되기 때문에 아마도 분자성 화합물일 것이다.

▶ **연습문제 2.17** 다음 화합물 중 어느 것이 이온 결합 화합물인가?

(a) LiBr (b) $SiCl_4$ (c) NF_3

▶ **개념 응용문제 2.18** 다음 그림 중 어느 것이 이온 결합 화합물을 나타내고, 어느 것이 분자성 화합물을 나타내는가? 설명하시오.

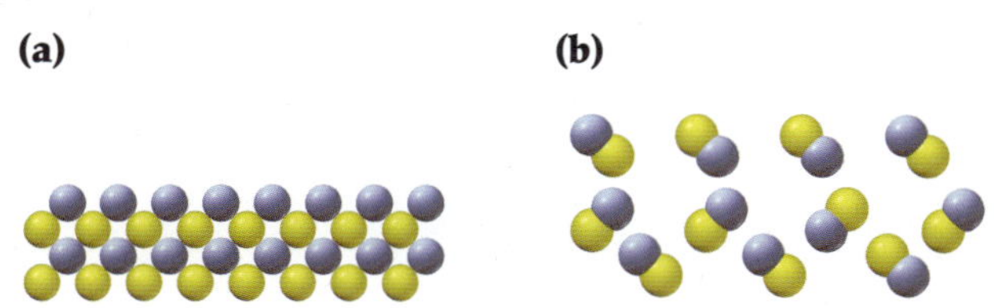

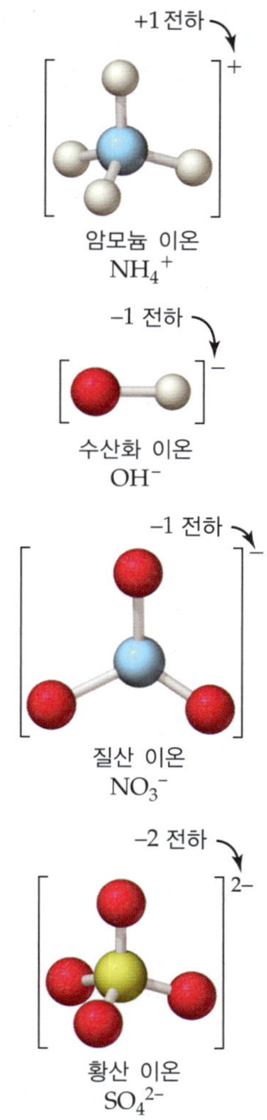

▲ 그림 2.14
몇 가지 다원자 이온의 분자 모형

2.12 화합물 명명법

몇 가지 순수한 물질만 알려졌던 화학의 초기 시대에서는 새로 발견되는 화합물들에 가끔 기발한 이름 등을 붙였다. 예를 들면 모르핀, 생석회, 가성 포타슘, 바비투르산(barbituric acid; 발견자가 친구 Barbara의 이름을 기리기 위해 명명하였다.) 등이다. 오늘날 4000만 개 이상의 순수한 화합물이 알려졌고, 이들의 명명법에 체계적인 방법을 사용하지 않으면 혼란이 있을 것이다. 모든 화합물은 그 화합물을 유일하게 정의할 뿐 아니라, 화학자나 컴퓨터가 화합물의 화학 구조를 알 수 있도록 명명되어야 한다.

다른 종류의 화합물은 다른 규칙에 따라 명명된다. 예를 들면, 식용 소금은 화학식 NaCl에 따라 **염화 소듐**(sodium chloride)이라고 명명하지만, 식용 설탕($C_{12}H_{22}O_{11}$)은 탄수화물에 대한 특별한 규칙에 따라 **β-D-프럭토퓨라노실-α-D-글루코피라노사이드**(*β*-D-*fructofuranosyl-α*-D-*glucopyranoside*)라고 명명한다. (유기 화합물은 종종 상당히 복잡한 구조와 이에 부합하는 복잡한 이름을 갖는다. 그러나 이 책에서는 이에 대해 논의하지 않을 것이다.) 이 절에서는 간단한 이온 결합 화합물을 어떻게 명명하는지를 살펴본 다음, 필요한 경우 다음 장에서 추가적인 규칙을 소개할 것이다.

▲ 양귀비에서 발견된 진통제인 모르핀은 그리스 신화의 꿈의 신 Morpheus의 이름을 따서 명명하였다. © TTstudio/Shutterstock

이성분 이온 결합 화합물의 명명법

영어 명명법에서는 두 가지 원소만으로 구성된 이성분 이온 결합 화합물은 처음에 양이온을, 다음에 음이온을 명명한다. 양이온은 원소명을 그대로 사용하고, 음이온은 원소로부터 이름의 첫 부분을 가져온 다음 끝부분에 '*-ide*'를 붙인다. 예를 들면, KBr은 potassium bromide라고 명명한다. K^+ 이온은 potassium, 음이온 Br^- 이온은 bromine 원소에서 유래된 bromide 이온으로 명명한다. 한국어로 명명할 때는 음이온을 먼저 부르고 다음에 양이온을 부르며, 음이온은 음이온의 원소 이름 끝에 '*-ide*'에 해당하는 '−화'를 붙인다. 예를 들면, KBr은 **브로민화 포타슘**이라고 명명한다. K^+ 이온은 **포타슘**, 음이온 Br^-은 **브로민화 이온**으로 명명한다. 상세한 한국어 명명법은 대한화학회 홈페이지의 화합물 명명법을 참고하라.

LiF	$CaBr_2$	$AlCl_3$
플루오린화 리튬	브로민화 칼슘	염화 알루미늄

▶ **그림 2.15**
주족 양이온(파란색)과 음이온(빨간색). 양이온은 그것이 유래된 원소와 같은 이름을 갖는다. 음이온은 -화(*-ide*)로 끝나는 이름을 갖는다.

▶ **확인하기**

2족과 16족 원소에 어떤 전하가 형성되는가?

답 2족은 +2, 16족은 −2

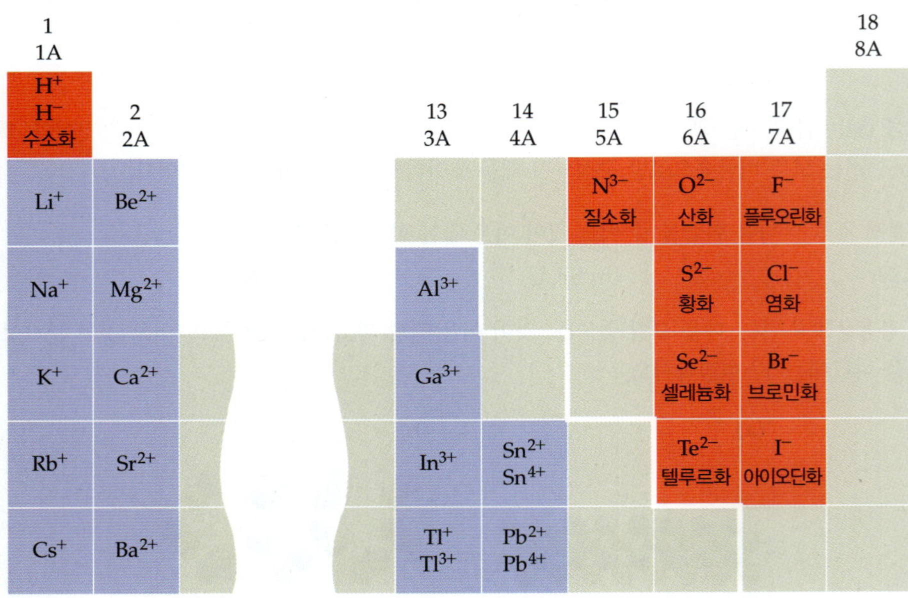

3 3B	4 4B	5 5B	6 6B	7 7B	8	9 8B	10	11 1B	12 2B
Sc^{3+}	Ti^{3+}	V^{2+} V^{3+}	Cr^{2+} Cr^{3+}	Mn^{2+}	Fe^{2+} Fe^{3+}	Co^{2+}	Ni^{2+}	Cu^{+} Cu^{2+}	Zn^{2+}
Y^{3+}					Ru^{3+}	Rh^{3+}	Pd^{2+}	Ag^{+}	Cd^{2+}
									Hg^{2+} $(Hg_2)^{2+}$

◀ **그림 2.16**
일반적인 전이 금속 이온. 수용액에서 존재하는 이온들만 나타내었다.

▶ **확인하기**

전이 금속 이온의 전하를 족 번호로부터 예측할 수 있는가?

답 아니요. 대부분의 전이 금속은 서로 다른 전하 상태를 형성한다. 전이 금속 이온의 전하는 공식 또는 이름으로 지정된다.

그림 2.15는 일반적인 주족 이온을 보여 주고, **그림 2.16**은 일반적인 전이 금속 이온을 보여 준다. 그림 2.15에는 몇 가지 흥미로운 점이 있다. 예를 들어, 금속은 양이온을, 비금속은 음이온을 형성하는 경향이 있다. 또한 주기율표에서 같은 족의 원소들은 같은 전하를 가진 이온들을 형성하고, 이온 전하는 족의 번호와 관련이 있다. 주족 금속은 일반적으로 족 번호의 끝자리와 동일한 전하를 갖는 양이온을 형성한다. 1족 원소들은 +1가 양이온(M^+, 여기서 M은 금속), 2족 원소들은 +2가 양이온(M^{2+}), 13족 원소들은 +3가 양이온(M^{3+})을 형성한다. 주족 비금속은 주로 음이온을 형성하고, 전하는 족 번호(미국식 표기법)의 끝자리에서 8을 뺀 값이다. 그러므로 16족 원소들은 −2가 이온($6-8=-2$), 17족 원소들은 −1가 이온($7-8=-1$)을 형성하고, 18족 원소들은 전혀 이온을 형성하지 않는다($8-8=0$). 이러한 18족 특성의 이유는 6장에서 다루기로 하겠다.

▶ 염화 철(II) 4수화물 결정은 초록색이고, 염화 철(III) 6수화물 결정은 황갈색이다.

그림 2.15와 그림 2.16에서 몇 가지 금속들은 두 가지 이상의 양이온을 형성함을 알 수 있다. 예를 들면, 철은 +2가인 Fe^{2+} 이온과 +3가인 Fe^{3+} 이온을 형성한다. 이러한 이온을 명명할 때 각각을 구별하여야 하므로 괄호 안에 전하수를 나타내는 로마 숫자를 써서 표현한다. 그러므로 $FeCl_2$는 염화 철(II), $FeCl_3$는 염화 철(III)이라고 쓴다. 또는 예전에 사용하던 방법으로 원소의 라틴명(철의 경우 ferrum)을 사용하여 낮은 전하에 대해서는 이름 뒤에 제일−(-*ous*)을, 높은 전하에 대해서는 제이−(-*ic*)를 사용하여 구별하기도 한다. 그러므로 $FeCl_2$는 염화 제일철(ferrous chloride), $FeCl_3$는 염화 제이철(ferric chloride)이라고 부른다. 아직도 이러한 종래의 표기법을 쓰기도 하지만, 이 책에서는 거의 사용하지 않을 것이다.

Fe^{2+}	Fe^{3+}	Sn^{2+}	Sn^{4+}
철(II) 이온 (iron(II) ion)	철(III) 이온 (iron(III) ion)	주석(II) 이온 (tin(II) ion)	주석(IV) 이온 (tin(IV) ion)
제일철 이온 (ferrous ion)	제이철 이온 (ferric ion)	제일주석 이온 (stannous ion)	제이주석 이온 (stannic ion)
(라틴어 *ferrum* = 철)		(라틴어 *stannum* = 주석)	

어떤 중성 화합물에서든 전체 양전하수의 합과 전체 음전하수의 합은 같아야 한다. 그러므로 모든 이성분 화합물에서 양이온의 양전하수는 관련 있는 음이온의 음전하수를 계산하여 알 수 있다. 예를 들면, $FeCl_2$에서 철은 반드시 Fe(II)이어야 한다. 왜냐하면, 두 개의 Cl^- 이온이 Fe(II)와 결합하고 있기 때문이다. 유사하게 $TiCl_3$에서 타이타늄 이온은 Ti(III)이어야 한다. 왜냐하면, 세 개의 Cl^- 이온이 Ti(III)와 결합하고 있기 때문이다. 일반 규칙으로 전이 금속 화합물의 경우 불분명한 것을 피하기 위해 로마 숫자가 필요하다. 또한 주석(Sn), 탈륨

(Tl), 납(Pb)과 같은 주족 금속들도 두 종류 이상의 이온을 형성하므로 이러한 화합물들을 명명하기 위해서는 로마 숫자를 사용해야 한다. 1족과 2족 금속들은 한 가지 양이온만 형성하기 때문에 로마 숫자가 필요 없다.

예제 2.10

이성분 이온 결합 화합물의 경우 이름과 화학식 사이의 전환

다음 화합물을 체계적인 이름으로 명명하시오.

(a) $BaCl_2$ **(b)** $CrCl_3$ **(c)** PbS **(d)** Fe_2O_3

전략

양이온은 원소명을 그대로 사용하고, 음이온은 원소로부터 이름의 첫 부분을 가져온 다음 끝 부분에 '–화(-ide)'를 붙인다. 만약 양이온이 전이 금속이라면, 그 전하는 로마 숫자로 명시한다. 결합 음이온의 음전하수를 세어서 양이온의 양전하수를 계산한다. 필요하면 그림 2.15와 2.16을 참고하라.

풀이

(a) 염화 바륨(barium chloride): 로마 숫자가 필요 없다. 2족 바륨은 Ba^{2+}만 형성하기 때문이다.

(b) 염화 크로뮴(III)[chromium(III) chloride]: 로마 숫자가 필요하다. 전이 금속 크로뮴의 +3가 전하를 표시하기 위해서이다.

(c) 황화 납(II)[lead(II) sulfide]: 황 음이온(S^{2-})은 −2가 전하를 가지므로 납 양이온은 +2가이다.

(d) 산화 철(III)[iron(III) oxide]: 세 개의 산화 이온(O^{2-})은 전체 −6 전하를 가지므로 두 개의 철 양이온은 전체 +6 전하를 갖는다. 그러므로 각각은 Fe(III)이다.

▶ **연습문제 2.19** 다음 화합물의 화학식을 쓰시오.

(a) 플루오린화 마그네슘(magnesium fluoride)

(b) 산화 주석(IV)[tin(IV) oxide]

▶ **개념 응용문제 2.20** 다음 주기율표에서 세 가지, 즉 빨간색–빨간색, 초록색–초록색, 파란색–파란색으로 표시한 이성분 이온 결합 화합물의 이름과 그것의 가능한 화학식을 쓰시오.

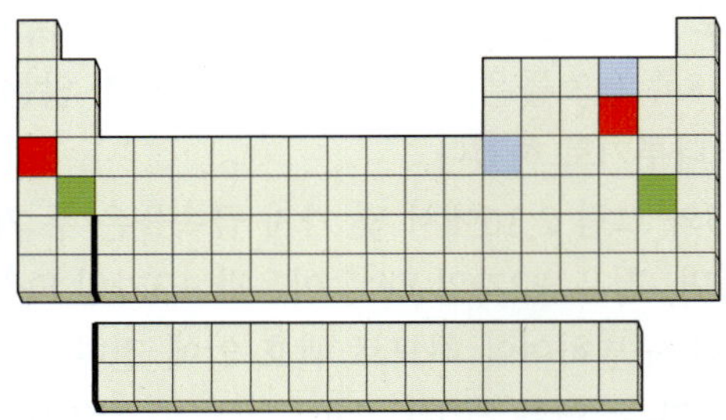

다원자 이온을 가진 화합물의 명명법

다원자 이온을 가진 이온 결합 화합물은 이성분 이온 결합 화합물과 같은 방법으로 명명한다. 먼저 양이온을 쓰고, 다음에 음이온을 쓴다. 한국어 명명은 음이온을 먼저 쓰고, 다음에 양이온을 쓴다. 예를 들어, $Ba(NO_3)_2$는 **질산 바륨**(barium nitrate)이라고 명명한다. 왜냐하면 Ba^{2+}는 양이온이고, 다원자 음이온 NO_3^-는 **질산 이온**(nitrate)이라는 이름을 갖기 때문이다. 다원자 이온은 간단하고 체계적으로 명명하는 방법이 없어서 **표 2.5**에 나열한 가장 보편적인 다원자 이온의 이름, 화학식, 전하를 모두 암기하는 것이 필요하다. 목록에서 암모늄 이온(NH_4^+)은 유일한 양이온이고, 나머지는 모두 음이온이다.

표 2.5에 있는 이온들에 대해 몇 가지 설명할 필요가 있다. 첫째, 대부분의 다원자 음이온의 이름은 아-**산**(*-ite*) 또는 -**산**(*-ate*)으로 끝난다. 수산화(hydroxide; OH^-), 사이안화(cyanide, CN^-), 과산화(peroxide, O_2^{2-})의 경우에만 -**화**(*-ide*)로 끝난다. 둘째, 몇몇 이온들은 한 원자가 서로 다른 수의 산소 원자와 결합하여 이성분 다원자 이온인 일련의 **옥소 음이온**(**oxoanion**)을 형성한다. 예를 들면, 하이포아염소산 이온(hypochlorite, ClO^-), 아염소산 이온(chlorite, ClO_2^-), 염소산 이온(chlorate, ClO_3^-), 과염소산 이온(perchlorate, ClO_4^-)이 있다. 아황산 이온(sulfite, SO_3^{2-})과 황산 이온(sulfate, SO_4^{2-})처럼 한 계열에 두 가지 옥소 음이온만 있을 때, 적은 산소 수의 이온은 아-**산**(*-ite*) 그리고 많은 산소 수의 이온은 -**산**(*-ate*)으로 쓴다.

표 2.5 몇 가지 다원자 이온

화학식	이름	화학식	이름
양이온		일전하 음이온 (계속)	
NH_4^+	암모늄(ammonium)	NO_2^-	아질산(nitrite)
일전하 음이온		NO_3^-	질산(nitrate)
$CH_3CO_2^-$	아세트산(acetate)	이전하 음이온	
CN^-	사이안화(cyanide)	CO_3^{2-}	탄산(carbonate)
ClO^-	하이포아염소산(hypochlorite)	CrO_4^{2-}	크로뮴산(chromate)
ClO_2^-	아염소산(chlorite)	$Cr_2O_7^{2-}$	다이크로뮴산(dichromate)
ClO_3^-	염소산(chlorate)	O_2^{2-}	과산화(peroxide)
ClO_4^-	과염소산(perchlorate)	HPO_4^{2-}	인산 수소(hydrogen phosphate)
$H_2PO_4^-$	인산 이수소(dihydrogen phosphate)	SO_3^{2-}	아황산(sulfite)
HCO_3^-	탄산 수소(hydrogen carbonate) [또는 중탄산(bicarbonate)]	SO_4^{2-} $S_2O_3^{2-}$	황산(sulfate) 싸이오황산(thiosulfate)
HSO_4^-	황산 수소(hydrogen sulfate) [또는 중황산(bisulfate)]	삼전하 음이온 PO_4^{3-}	 인산(phosphate)
OH^-	수산화(hydroxide)		
MnO_4^-	과망가니즈산(permanganate)		

SO_3^{2-} 아황산 이온(sul*fite* ion; 적은 산소 수) SO_4^{2-} 황산 이온(sul*fate* ion; 많은 산소 수)
NO_2^- 아질산 이온(nit*rite* ion; 적은 산소 수) NO_3^- 질산 이온(nit*rate* ion; 많은 산소 수)

한 계열에 옥소 음이온이 두 개보다 많은 경우, 가장 적은 산소 수를 가진 이온에 접두사 하이포-(*hypo-*; 더 적은 것을 의미)를, 가장 많은 산소 수를 가진 이온에 접두사 **과-**(*per-*; 더 많은 것을 의미)를 사용한다.

ClO^- **하이포**아염소산 이온(hypochlorite ion; 아염소산보다 적은 산소 수)
ClO_2^- 아염소산 이온(chlorite ion)
ClO_3^- 염소산 이온(chlorate ion)
ClO_4^- **과**염소산 이온(perchlorate ion; 염소산보다 많은 산소 수)

셋째, 몇 쌍의 이온들은 수소의 존재 여부와 연관되어 있다. 탄산수소 음이온(hydrogen carbonate anion, HCO_3^-)은 H^+ 이온이 존재하는 점에서 탄산 음이온(carbonate anion, CO_3^{2-})과 다르다. 황산 수소 음이온(hydrogen sulfate anion, HSO_4^-)은 H^+ 이온이 존재하는 점에서 황산 음이온(sulfate anion, SO_4^{2-})과 다르다. 요즘은 별로 사용하지 않지만 추가로 수소를 더 갖는 이온은 때때로 접두사 **중-**(*bi-*)을 붙인다. 예를 들면, $NaHCO_3$를 중탄산 소듐이라고 부르기도 한다.

HCO_3^- 탄산수소(hydrogen carbonate) 이온 또는 **중**탄산(*bi*carbonate) 이온
CO_3^{2-} 탄산(carbonate) 이온
HSO_4^- 황산수소(hydrogen sulfate) 이온 또는 **중**황산(*bi*sulfate) 이온
SO_4^{2-} 황산(sulfate) 이온

예제 2.11

다원자 이온을 가진 화합물의 경우, 이름과 화학식 사이의 전환

다음 화합물을 체계적인 이름으로 명명하시오.

(a) $LiNO_3$ (b) $KHSO_4$ (c) $CuCO_3$ (d) $Fe(ClO_4)_3$

전략

먼저 양이온을 명명하고, 두 번째로 음이온을 명명하라. 불행하게도 일반적인 다원자 이온의 이름과 전하는 암기하는 것 외에 대안이 없다. 도움이 필요하다면, 표 2.5를 참고하라.

풀이

(a) 질산 리튬(lithium nitrate): 로마 숫자가 필요 없다. 리튬(1족)은 Li^+ 이온만 형성하기 때문이다.

(b) 황산수소 포타슘(potassium hydrogen sulfate): 포타슘(1족)은 K^+ 이온만 형성한다.

(c) 탄산 구리(II)[copper(II) carbonate]: 로마 숫자가 필요하다. 탄산 이온은 −2가이므로 구리는 +2가이다. 전이 금속인 구리는 2개 이상의 이온을 형성할 수 있기 때문이다.

(d) 과염소산 철(III)[iron(III) perchlorate]: −1가 전하의 과염소산 이온이 세 개 있으므로 철은 +3가이어야 한다.

▶ **연습문제 2.21** 탄산 철(III)의 화학식을 쓰시오.

▶ **개념 응용문제 2.22** 다음 그림은 고체 이온 결합 화합물이다. 빨간색 구는 양이온, 파란색 구는 음이온을 나타낸다.

(1)

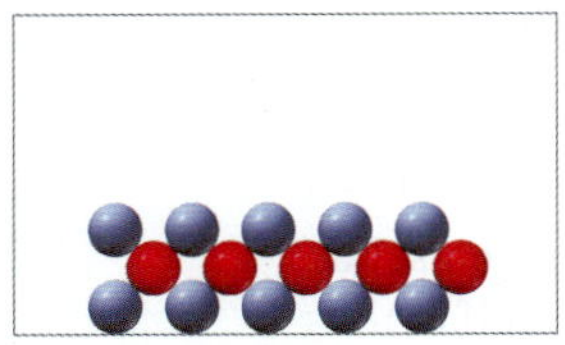

(2)

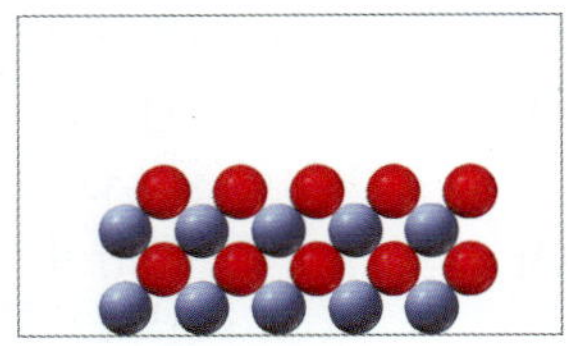

다음 화학식 중 어느 것이 각 그림과 일치하는가?

(a) LiBr (b) $NaNO_2$ (c) $CaCl_2$

이성분 분자성 화합물의 명명법

공유 결합하고 있는 두 개의 원소로만 이루어진 이성분 분자성 화합물은 이성분 이온 결합 화합물과 같은 방법으로 명명한다. 화합물에서 한 원소는 보다 전자가 부족하여 **양이온과 유사**(cationlike)하고, 다른 원소는 보다 전자가 풍부하여 **음이온과 유사**(anionlike)하다. 이온 결합 화합물의 경우처럼, 양이온성 원소는 원소명 그대로 쓰고, 음이온성 원소는 원소명 끝에 '**-화**(*-ide*)'라고 쓴다. 예를 들면, 화합물 HF는 플루오린화 수소(hydrogen fluoride)라고 부른다.

HF 수소는 주기율표에서 왼쪽 멀리 있으므로 더 양이온과 유사하고, 플루오린은 오른쪽 멀리 있으므로 더 음이온과 유사하다. 그러므로 **플루오린화 수소**라고 명명한다.

어느 원소가 좀 더 양이온성이고 어느 원소가 좀 더 음이온성인지를 결정하는 정량적 방법은 7.3절에서 살펴볼 것이다. 그러나 지금은 일반적으로 주기율표에서 원소의 상대적 위치를 살펴보는 것으로 결정할 수 있다는 것에 주목하라. 주기율표에서는 왼쪽 아래로 갈수록 더 양이온성이고, 오른쪽 위로 갈수록 더 음이온성이다(비활성 기체는 제외).

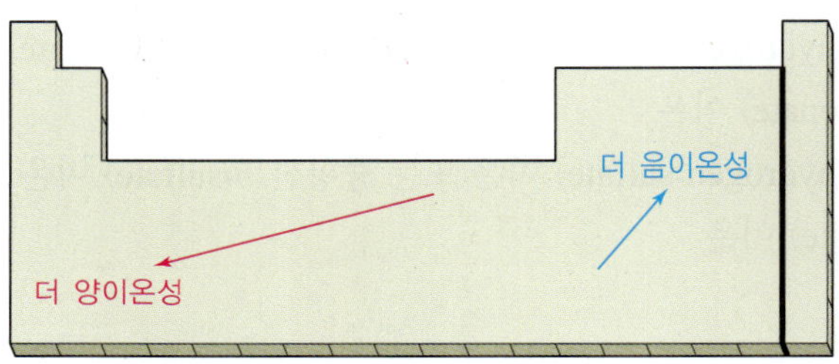

이런 일반화가 어떻게 적용되는지를 다음 예에서 볼 수 있다.

CO	일산화 탄소(carbon monoxide) (C는 14족, O는 16족)
CO_2	이산화 탄소(carbon dioxide)
PCl_3	삼염화 인(phosphorus trichloride) (P는 15족, Cl은 17족)
SF_4	테트라플루오린화 황(sulfur tetrafluoride) (S는 16족, F는 17족)
N_2O_4	사산화 이질소(dinitrogen tetroxide) (N은 15족, O는 16족)

비금속은 가끔 다른 비율로 결합하여 다른 화합물들을 만들기 때문에, 이성분 분자성 화합물의 이름은 각각 존재하는 원자 수를 분명히 표시하기 위해 수 접두사를 포함한다. 예를 들어, 화합물 CO는 일산화 탄소(carbon *mono*xide)라고 부르고, CO_2는 이산화 탄소(carbon *di*oxide)라고 부른다. 표 2.6에 가장 보편적인 접두사를 열거하였다. 영어 명명법에서 접두사 끝이 *a*나 *o*로 끝나고(*i*는 아님) 다음에 뒤따르는 음이온 이름이 모음으로 시작할 때(예를 들면 *oxide*), 접두사 끝의 *a*나 *o*는 삭제하여 이름에 두 모음이 함께 겹치는 것을 피한다. 그러므로 CO는 carbon *mono*oxide 대신에 carbon *mon*oxide를 사용하고, N_2O_4는 dinitrogen *tetra*oxide 대신 dinitrogen *tetr*oxide를 사용한다. 또한 이름의 앞쪽에 있는 원자는 *mono-* 접두사를 사용하지 않는다. 예를 들어, CO_2는 이산화 탄소(carbon dioxide)라 명명하고, 이산화 일탄소(monocarbon dioxide)라 명명하지 않는다.

표 2.6 화합물 명명에 사용하는 수 접두사

접두사	의미
일-(mono-)	1
이-(di-)	2
삼-(tri-)	3
사-(tetra-)	4
오-(penta-)	5
육-(hexa-)	6
칠-(hepta-)	7
팔-(octa-)	8
구-(nona-)	9
십-(deca-)	10

▶ 원소나 원자단의 이름이 우리말일 경우에는 일, 이, 삼, 사…와 같은 우리말 접두사를 사용하고, 우리말이 아닌 경우에는 영어 접두사(모노, 다이, 트라이, 테트라…)를 사용한다.

예제 2.12

이성분 분자성 화합물의 경우 이름과 화학식 사이의 전환

다음 화합물을 체계적인 이름으로 명명하시오.

(a) PCl_3 (b) N_2O_3 (c) P_4O_7 (d) BrF_3

전략

주기율표에서 각 화합물 중 어느 원소가 더 양이온성이고(왼쪽이나 아래쪽), 어느 원소가 더 음이온성인가(오른쪽이나 위쪽)를 살펴보라. 그다음, 적당한 수 접두사를 사용하여 명명하라.

풀이

(a) 삼염화 인(phosphorus trichloride) (b) 삼산화 이질소(dinitrogen trioxide)

(c) 칠산화 사인(tetraphosphorus heptoxide) (d) 트라이플루오린화 브로민(bromine trifluoride)

▶ **연습문제 2.23** 오산화 이질소(dinitrogen pentoxide)의 화학식을 쓰시오.

▶ **개념 응용문제 2.24** 다음 화합물을 체계적인 이름으로 명명하시오.

(a)

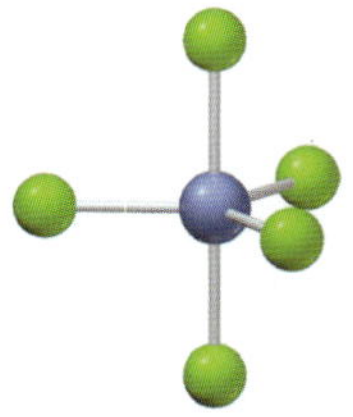

보라색 = P, 초록색 = Cl

(b)

파란색 = N, 빨간색 = O

정리

절	개념 요약	학습 목표
2.1 화학과 원소	모든 물질은 현재까지 알려진 118가지 **원소**(화학적으로 분해할 수 없는 근본적인 물질) 중 하나 혹은 여러 개로 만들어진다. 원소는 하나 또는 두 개의 글자 약어로 기호화한다.	2.1 원소 이름을 표현하기 위해 기호를 사용한다.
2.2 원소와 주기율표	원소는 **족**(세로열)과 **주기**(가로행)를 가진 **주기율표**에 배열된다. 같은 족에 있는 원소는 비슷한 화학적 행동을 보인다. 원소는 **금속**, **비금속**, **준금속**으로 분류된다.	2.2 주기율표에서 금속, 비금속, 준금속의 위치를 확인한다. 2.3 주기율표에서 위치가 주어진 원소에 대하여 원자 번호, 족, 주기를 지적한다. 2.4 주족, 전이 금속족, 내부 전이 금속족을 확인한다.
2.3 대표적 원소 족과 그들의 성질	물질을 나타내는 특징 또는 성질은 몇 가지 방법으로 분류할 수 있다. **물리적 성질**은 시료의 화학적 조성을 바꾸지 않고 측정될 수 있는 성질을 말하며, **화학적 성질**은 화학적인 변화를 포함한다. **세기 성질**은 시료의 크기에 의존하지 않는 값이며, **크기 성질**은 시료의 양에 의존한다.	2.5 알칼리 금속, 알칼리 토금속, 할로젠, 비활성 기체 족의 위치를 명시하고, 그 원소의 예를 안다. 2.6 금속, 비금속, 준금속 원소의 성질을 알고, 주기율표에서 위치를 안다.
2.4 원자론을 지지하는 증거들: 질량 보존 법칙과 일정 성분비 법칙	원소는 **화합물**을 만들기 위해서 서로 다른 방식으로 결합하고, 순수한 화합물은 항상 원소들의 질량비가 같다. 반응이 일어나는 동안 **질량 보존 법칙**이 적용되고 반응물의 질량과 생성물의 질량은 같다.	2.7 질량 보존 법칙을 사용하여 반응에서 생성물의 질량을 결정한다.
2.5 배수 비례 법칙과 돌턴의 원자론	**원소**는 **원자**라고 하는 작은 입자로 구성되어 있고, **배수 비례 법칙**에 따라 간단한 정수비로 결합할 수 있다.	2.8 같은 원소의 두 가지 화합물의 질량 조성을 사용하여 배수 비례 법칙을 설명한다. 2.9 2개의 화합물에 대한 질량 조성 데이터와 1개의 화합물의 화학식을 제공하는 화합물의 화학식을 결정한다.
2.6 원자 구조: 전자	원자는 세 개의 기본적인 입자로 구성된다. **양성자**는 (+) **전하**를 가지고, 전자는 (−) 전하를 가지며, **중성자**는 중성이다.	2.10 톰슨의 음극선관 실험을 설명하고, 이 실험이 현재의 원자 구조 모형에 얼마나 공헌했는지를 설명한다. 2.11 밀리컨의 기름 낙하 실험을 설명하고, 이 실험이 현재의 원자 구조 모형에 얼마나 공헌했는지를 설명한다.
2.7 원자 구조: 양성자와 중성자	러더퍼드에 의해 제안된 원자핵 모형에 따르면, 양성자와 중성자는 **핵**이라고 부르는 밀집된 중앙부에 뭉쳐 있다. 반면에, 전자는 상대적으로 먼 거리에서 핵 주위를 움직인다.	2.12 러더퍼드의 금박 실험을 설명하고, 이 실험이 현재의 원자 구조 모형에 얼마나 공헌했는지를 설명한다. 2.13 원자의 크기로부터 시료에 있는 원자의 개수를 계산한다.
2.8 원자 번호	원소는 원자가 가지고 있는 양성자의 수에 따라 다른데, 이 값을 원소의 **원자 번호**(Z)라고 한다. 원자의 양성자 수와 중성자 수의 합을 **질량수**(A)라 한다. 특정한 원소의 모든 원자들은 같은 원자 번호를 가지지만, 각 원자들이 갖는 중성자 수에 따라 질량수가 다르다. 원자 번호는 같지만 질량수가 다른 원자를 **동위 원소**라고 한다.	2.14 동위 원소 기호로부터 질량수, 원자 번호, 양성자 수, 중성자수, 전자 수를 결정한다.
2.9 원자량과 몰	**원자량**은 ^{12}C 원자 1개 질량의 1/12로 정의된 **통합 원자 질량 단위**(u)를 계산함으로써 측정된다. 양성자와 중성자는 대략 1의 질량을 갖기 때문에, 원자 질량 단위로 한 원자의 질량(동위 원소 질량)은 숫자상으로 그 원자의 질량수에 근접한다. 원소의 **원자량**은 자연계에 존재하는 동위 원소 질량의 가중평균값이다. 눈으로 보이는 물질을 이루는 매우 큰 원자 수를 언급할 때 기본 SI 단위인 몰이 사용된다. 1 **몰**은 g으로 나타낸 질량, 즉 몰질량이 숫자상으로 원자량과 동일한 양이다. 숫자상으로 어떤 원소도 1몰은 **아보가드로수**(N_A)로 알려진 6.022×10^{23}개의 원자를 포함한다.	2.15 각 동위 원소의 질량과 존재비로부터 원자량을 계산한다. 2.16 몰질량 및 아보가드로수를 사용하여, 그램수 및 몰수와 원자수 사이에 전환을 한다.

절	개념 요약	학습 목표
2.10 혼합물과 화합물; 분자와 공유 결합	대부분의 물질은 두 개 이상의 원소의 원자가 **화학 반응**에서 결합할 때 형성된 **화합물**이다. 화합물에 있는 원자는 두 종류의 **화합 결합** 중 하나에 의해 결합되어 있다. **공유 결합**은 두 원자가 전자를 공유할 때 형성되어 **분자**라는 새로운 물질을 만든다.	2.17 물질을 혼합물, 순물질, 원소, 화합물로 분류한다. 2.18 구조식, 공–막대 모형, 화학식 사이에 전환을 한다.
2.11 이온과 이온 결합	**이온 결합**은 하나의 원자가 하나 이상의 전자를 다른 원자에 완전히 이동시켰을 때 형성되며, 결과적으로 **이온**을 형성한다. 양(+)으로 하전된 이온(**양이온**)은 음(−)으로 하전된 이온(**음이온**)을 전기적 힘으로 강하게 끌어당긴다.	2.19 결합을 이온 결합 또는 공유 결합으로 분류한다. 2.20 화학 기호와 전하로부터 전자 수와 양성자 수를 결정한다. 2.21 이온 결합 화합물의 분자 표현과 화학식을 연결시킨다.
2.12 화합물 명명법	화합물은 다음의 일련의 규칙에 의해 체계적으로 명명한다. 이성분 이온 결합 화합물은 먼저 양이온을, 다음에 음이온을 명명한다. 이성분 분자성 화합물은 분자 내에 있는 두 원소 중 어느 하나는 양이온과 유사하고, 다른 하나는 음이온과 유사하다고 가정하고 명명한다. **다원자 이온**을 가진 화합물은 대부분의 화합물의 이름과 화학식을 암기해야 한다.	2.22 이온 결합 화합물의 경우, 이름과 화학식 사이에 전환을 한다. 2.23 이성분 분자성 화합물의 경우, 이름과 화학식 사이에 전환을 한다.

주요 용어

공유 결합
구조식
내부 전이 금속족
다원자 이온
동위 원소
몰
몰질량
물리적 성질
배수 비례 법칙
분자
성질
세기 성질
아보가드로수
양성자
양이온
옥소 음이온
원소
원자
원자량
원자 번호(Z)
원자 질량
음이온
이온
이온 결합
이온성 고체
일정 성분비 법칙
전이 금속족
전자
족
주기
주기율표
주족
중성자
질량 보존 법칙
질량수
크기 성질
통합 원자 질량 단위(u)
핵
혼합물
화학 결합
화학 반응식
화학식
화학적 성질
화합물

복습 문제

LO는 학습 목표(Learning Objectives)를 나타낸다.

이 장을 학습한 후엔, 학습자의 이해도를 평가할 수 있는 방법이 있다. **복습 문제**를 푸는 것이다. **복습 문제**들은 이 장의 학습 목표와 연계되어 있다. 따라서 푼 답이 틀렸다면, 이 장의 끝부분에 나와 있는 **정리** 문단의 **학습 목표**를 참고하면 된다. 정리 문단에는 **개념 요약**이 제공되며, **예제**를 참고하면 문제 해결 방법을 모델링 할 수 있다.

1. 주기율표를 참조하시오. 다음 중 화학적 성질이 가장 비슷한 원소 쌍은 어느 것인가? (**LO 2.3**)
   (a) K 및 Cu (b) O 및 Se
   (c) Be 및 B (d) Rb 및 Sr

2. 4주기, 16족 원소의 위치를 식별하시오. 또한 금속, 비금속, 준금속으로 분류하시오. (**LO 2.2**)

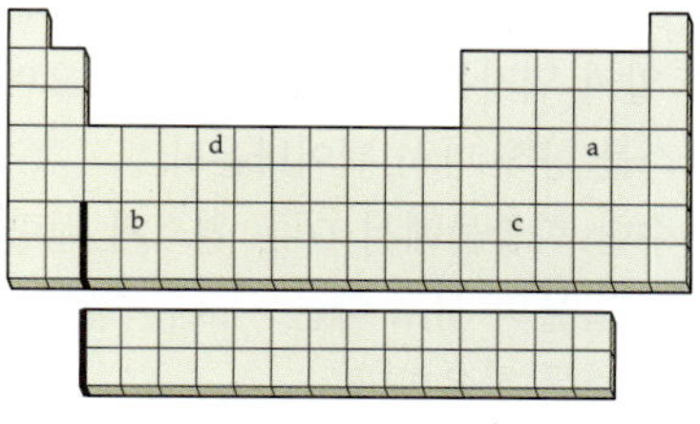

   (a) 위치 a의 원소; 비금속
   (b) 위치 b의 원소; 금속

(c) 위치 c의 원소; 준금속
(d) 위치 d의 원소; 금속

3. 금속 원소의 설명이 주기율표에서의 위치와 일치하지 않는 것은? (**LO 2.5~2.6**)

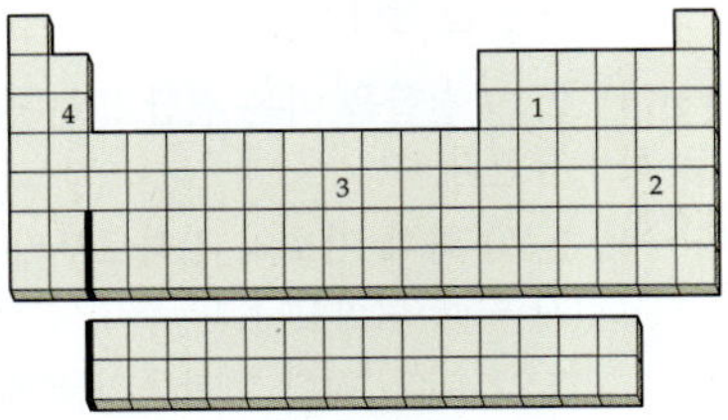

(a) 원소 3－전이 금속 족에서 우수한 전기 전도체인 원소
(b) 원소 2 – 할로젠 족에 있고 전기를 전도하지 않는 원소
(c) 원소 4－본질적으로 순수한 형태로 발견되는 알칼리 금속 족의 원소
(d) 원소 1－실온에서 단단하고 깨지기 쉬우며 전기 전도도가 낮은 원소

4. 황과 플루오린을 함유한 어떤 화합물은 8.00 g의 S와 9.50 g의 F를 함유한다. S와 F 질량을 어떻게 조합하면, 배수 비례의 법칙을 따르는 다른 화합물을 나타내는가? (**LO 2.8**)
(a) 32.0 g의 S 및 38.0 g의 F
(b) 4.00 g의 S 및 4.75 g의 F
(c) 8.00 g의 S 및 10.5 g의 F
(d) 16.0 g의 S 및 57.0 g의 F

5. 현재 전자라고 알려진 음으로 하전된 입자가 원자에 포함되어 있다는 발견은, 다음 중 어떤 실험과 후속 관찰로 인해 이루어졌는가? (**LO 2.10~2.12**)
(a) 기름이 챔버에 분사되고 기름방울이 떨어지는 속도가 전압이 가해지거나 가해지지 않은 상태에서 측정된다. 챔버의 X선은 공기 분자에서 전자를 생성한다. 전자는 기름에 달라 붙어 방울에 전반적인 음전하를 생성한다. 전압을 조정하면 음으로 대전된 기름방울이 떨어지는 속도가 변경된다.
(b) 밀봉된 유리관의 양단에서 금속 전극에 고전압이 가해지면, 음극선이 생성된다. 음극선은 음으로 하전된 판에 의해 반발된다.
(c) 방사성 물질은 얇은 금박지로 향하는 알파 입자를 방출한다. 대부분의 알파 입자는 포일을 통과하지만, 일부 알파 입자는 약간 편향되어 있으며, 일부는 방사성 소스를 향해 다시 튀어나온다.
(d) 순수한 화합물에서 다른 원소의 질량을 측정한다. 동일 화합물의 서로 다른 시료는 항상 동일한 질량 비율의 원소를 함유한다.

6. $^{206}_{82}Pb$의 원자에는 몇 개의 양성자, 중성자, 전자가 존재하는가? (**LO 2.14**)
(a) 82(양성자), 206(중성자), 82(전자)
(b) 124(양성자), 82(중성자), 124(전자)
(c) 82(양성자), 124(중성자), 82(전자)
(d) 82(양성자), 82(중성자), 124(전자)

7. 두 개의 자연 발생 동위 원소로 구성된 원소의 원자량은 얼마인가? 단, 첫 번째 동위 원소의 질량은 84.911이고 존재비는 72.17%이며, 두 번째 동위 원소의 질량은 86.909이고 존재비는 27.83%이다.(**LO 2.15**)
(a) 85.47 (b) 86.35
(c) 85.91 (d) 85.17

8. 다음 중 질량이 가장 큰 시료는? (**LO 2.16**)
(a) 5.5 mol의 C (b) 2.1 mol의 S
(c) 4.2 mol의 Be (d) 0.52 mol의 Ag

9. 1.2 g의 금에는 몇 개의 원자가 존재하는가? (**LO 2.16**)
(a) 2.5×10^{21} (b) 1.4×10^{26}
(c) 7.2×10^{23} (d) 3.7×10^{21}

10. 다음 분자 그림이 나타내는 것은? (**LO 2.17**)

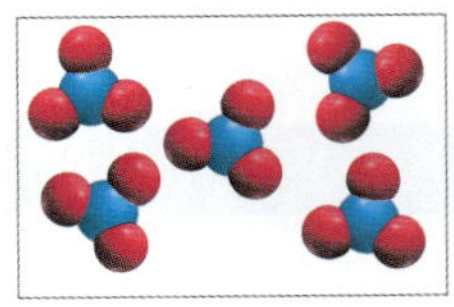

(a) 순수한 원소
(b) 두 원소의 혼합물
(c) 순수한 화합물
(d) 원소와 화합물의 혼합물

11. 다음 중 공유 결합일 것으로 예측되는 화합물은? (**LO 2.19**)
(a) Na_2O (b) PBr_3
(c) $CaBr_2$ (d) MgS

12. $^{107}_{47}Ag^+$에 있는 양성자, 중성자, 전자 수는? (**LO 2.20**)
(a) 양성자＝47, 중성자＝60, 전자＝46
(b) 양성자＝47, 중성자＝107, 전자＝48
(c) 양성자＝60, 중성자＝47, 전자＝47
(d) 양성자＝47, 중성자＝107, 전자＝46

13. 인산 소듐의 올바른 화학식은 어느 것인가? (**LO 2.23**)
(a) Na_3PO_4 (b) Na_3P
(c) $NaPO_4$ (d) $Na(PO_4)_2$

14. 다음 중 화합물의 이름이 틀린 것은? (**LO 2.22~2.23**)
(a) CaO; 산화 칼슘
(b) $FeBr_2$; 다이브로민화 철
(c) N_2O_5; 오산화 이산화 질소
(d) CrO_3; 산화 크로뮴(VI)

답:

1. b, 2. a, 3. c, 4. d, 5. b, 6. c, 7. a, 8. b, 9. d, 10. c, 11. b, 12. a, 13. a, 14. b

개념 문제

문제 2.1~2.24는 이 장의 본문 중에 있다.

2.25 다음 지시하는 원소 또는 원소 족은 주기율표의 어디에 있는가?

(a) 알칼리 금속 (b) 할로젠
(c) 알칼리 토금속 (d) 전이 금속
(e) 수소 (f) 헬륨

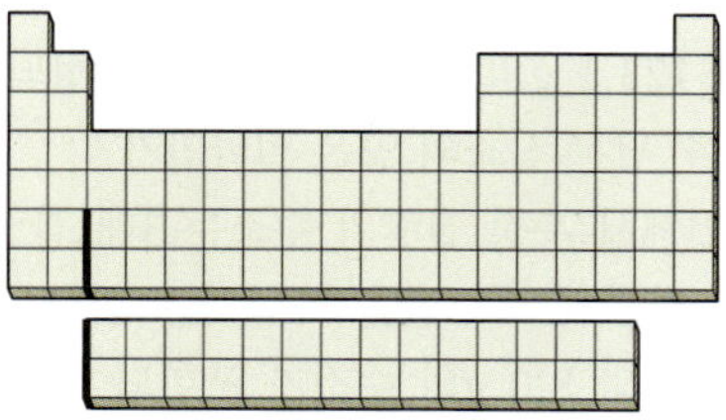

2.26 다음 주기율표에 표시된 원소는 연기 감지기에 사용된다. 그것을 식별하고, 원자 번호를 부여하고, 어떤 종류의 족인지 말하시오.

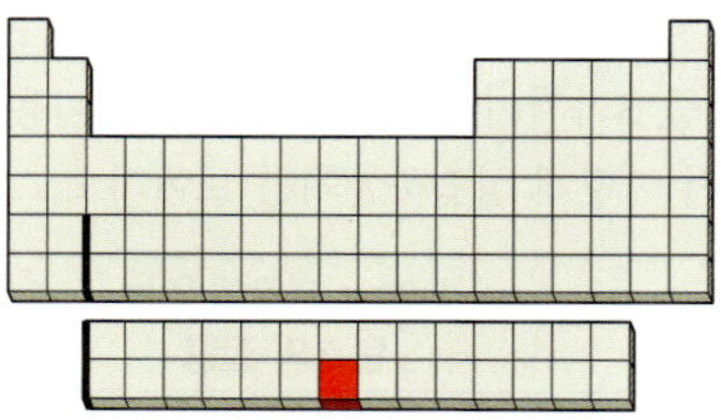

2.27 노란색 구는 황 원자를, 빨간색 구는 산소 원자를 나타내는 경우, 다음 그림 중 이산화 황(SO_2)의 집합을 나타내는 것은?

(a)

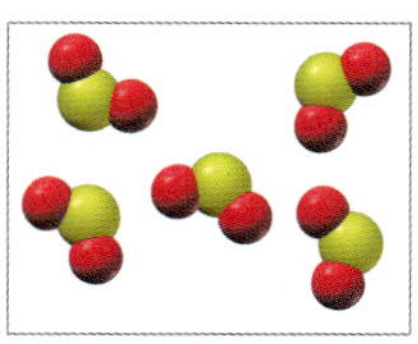

(b)

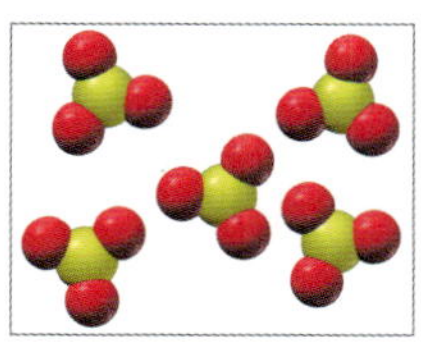

(c)

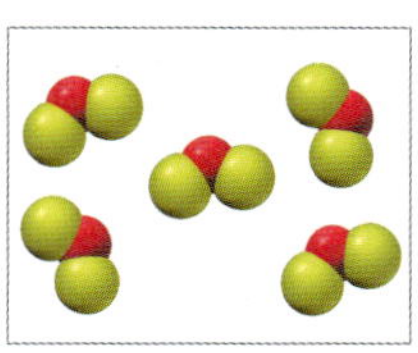

(d)

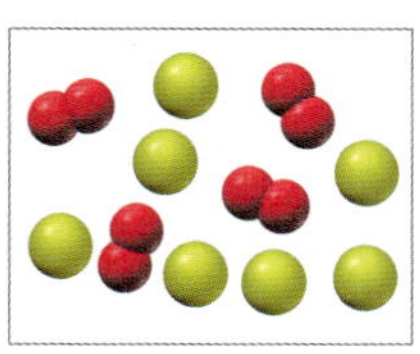

2.28 다음 그림에서 빨간색 구는 양성자를, 파란색 구는 중성자를 나타낸다. 어느 그림이 같은 원소의 다른 동위 원소를 나타내고, 어느 그림이 다른 원소를 나타내는가?

(a)

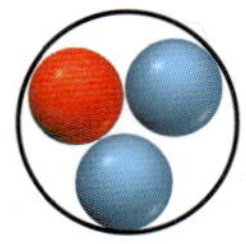

(b)

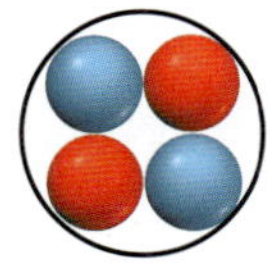

(c)

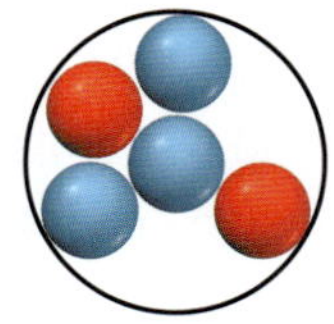

2.29 다음 그림에서 빨간색과 파란색 구는 다른 원소의 원자를 나타낸다. 분자 그림 (a)~(c)와 다음 설명을 연결하시오.

(i) 화합물로 구성된 순수한 물질
(ii) 원소로 구성된 순수한 물질
(iii) 원소의 혼합물

(a)

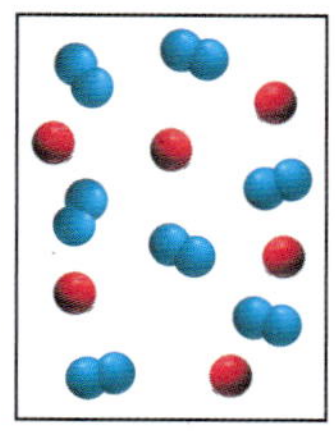

(b)

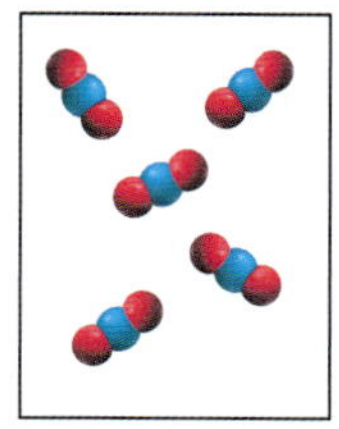

(c)

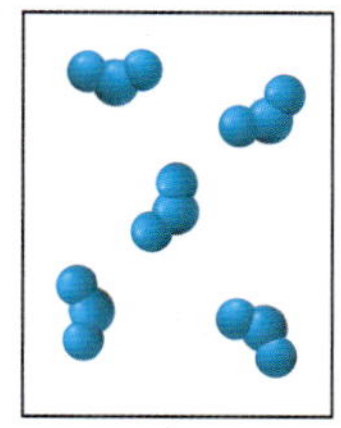

2.30 다음 공-막대 분자 그림(빨간색 = O, 회색 = C, 파란색 = N, 상아색 = H)에 각각 해당하는 분자식을 쓰시오. 분자식을 적을 때, 원소들을 알파벳 순서로 나열하시오.

(a) 알라닌
(아미노산)

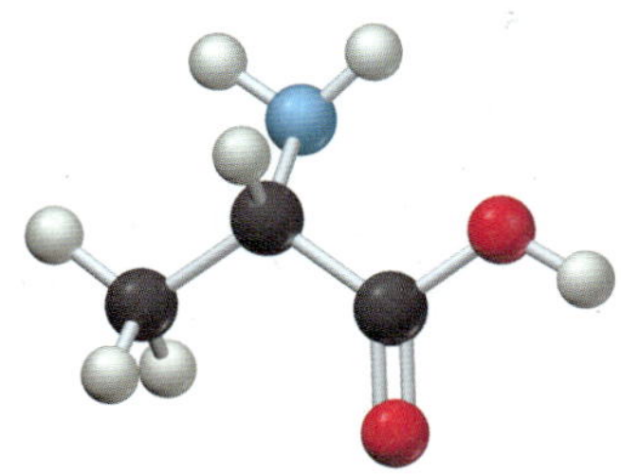

(b) 에틸렌 글리콜
(자동차 부동액)

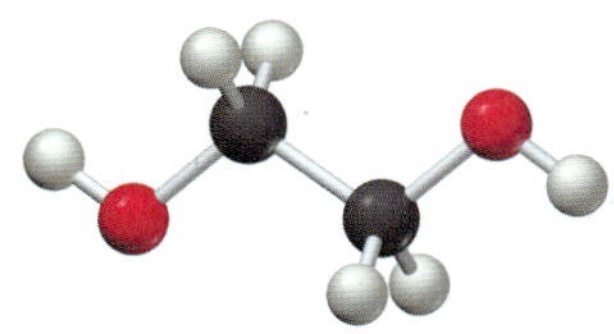

(c) 아세트산
(식초)

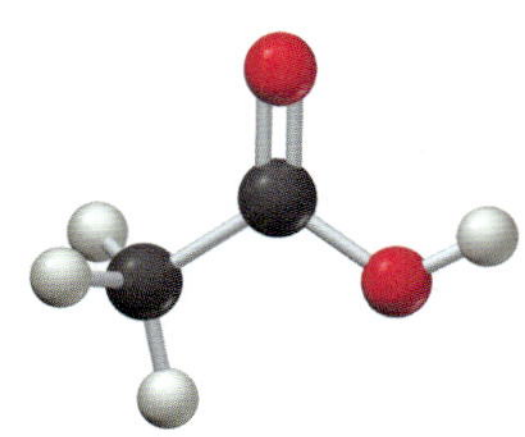

보충 문제

원소와 주기율표(2.1~2.3절)

2.31 현재 알려져 있는 원소의 개수는? 자연계에 있는 원소의 개수는?

2.32 앞표지 안쪽의 알파벳 순으로 나열된 원소들을 보고 답하시오. 다음 원소의 기호는 무엇인가?
(a) 가돌리늄(컬러 TV 화면에 사용)
(b) 저마늄(반도체에 사용)
(c) 테크네튬(생의학 이미징에 사용)
(d) 비소(살충제에 사용)

2.33 앞표지 안쪽의 알파벳 순으로 나열된 원소들을 보고 답하시오. 다음 기호에 해당하는 원소의 이름을 쓰시오.
(a) Te (b) Re (c) Be
(d) Ar (e) Pu

2.34 다음 각 서술의 틀린 점은 무엇인가?
(a) 주석의 기호는 Ti이다.
(b) 망가니즈의 기호는 Mg이다.
(c) 포타슘의 기호는 Po이다.
(d) 헬륨의 기호는 HE이다.

2.35 멘델레예프 주기율표의 일부인 그림 2.2를 살펴보자.
(a) 표의 원소들을 분류하는 데 어떤 특성을 이용하였는가?
(b) 멘델레예프는 주기율표에서 Al과 Si 아래에 알려지지 않은 원소의 특성을 어떻게 정확하게 높은 수준으로 예측할 수 있었는가?

2.36 주기율표에서 행과 열은 각각 무엇이라고 부르는가?

2.37 주기율표 족 내의 원소가 가진 공통적인 특징은 무엇인가?

2.38 주기율표에서 금속 원소는 어디에 있는가? 비금속 원소는 어디에 있는가?

2.39 다음 원소들을 금속, 비금속, 준금속으로 분류하시오.
(a) Ti (b) Te (c) Se
(d) Sc (e) Si

2.40 다음 족의 몇 가지 일반적 특성을 나열하시오.
(a) 알칼리 금속 (b) 비활성 기체 (c) 할로젠

2.41 주기율표를 보지 말고, 가능한 많은 할로젠을 나열하시오(보통 4가지가 있다).

2.42 실온에서 특정 원소는 물과 격렬하게 반응하고 전기를 잘 전달하는 은색의 고체로 밝혀졌다. 이 원소는 금속, 비금속, 준금속 중 어느 것일까?

2.43 실온에서 특정 원소는 황색 결정질 고체이다. 이것은 전기를 전도하지 않으며 망치로 때리면 산산이 부서진다. 이 원소는 금속, 비금속, 준금속 중 어느 것일까?

2.44 주기율표 1, 2, 15, 17족 중 모든 원소 기호의 첫 글자와 이름의 첫 글자가 같은 것은 어느 것인가?

2.45 어떤 유형의 성질(세기 혹은 크기)이 물질의 양에 의존하지 않는가?

원자론(2.4~2.5절)

2.46 돌턴의 원자설은 질량 보존 법칙과 일정 성분비 법칙을 어떻게 설명하는가?

2.47 질량이 114.0 g인 수은 시료를 산소 기체 12.8 g과 합한 결과, 123.1 g의 산화 수은(II)이 생성되었다. 반응이 완료된 후 남은 산소의 양은 얼마인가?

2.48 메테인에서 특정 질량의 수소는 3배 질량의 탄소와 결합한다. 탄소와 수소만을 포함하는 화합물의 시료에 32.0 g의 탄소와 8.0 g의 수소가 포함되어 있다면, 시료는 메테인일 수 있는가? 시료가 메테인이 아닌 경우, 메테인과 다른 물질이 배수 비례 법칙을 따른다는 것을 설명하시오.

2.49 벤젠, 에테인, 에틸렌은 탄소와 수소만 포함된 많은 **탄화수소** 중 3가지이다. 다음 데이터를 이용하여, 배수 비례 법칙이 어떻게 성립하는지를 보이시오.

화합물	5.00 g 시료에 있는 탄소의 질량	5.00 g 시료에 있는 수소의 질량
벤젠	4.61 g	0.39 g
에테인	4.00 g	1.00 g
에틸렌	4.29 g	0.71 g

2.50 탄소와 산소를 함유한 두 화합물의 질량 % 조성은 다음과 같다.

화합물 1: 42.9%의 탄소 및 57.1%의 산소
화합물 2: 27.3%의 탄소 및 72.7%의 산소

위 두 화합물이 배수 비례 법칙을 따름을 보이시오. 제1 화합물의 화학식이 CO인 경우, 제2 화합물의 화학식은 무엇인가?

원소와 원자(2.6~2.8절)

2.51 톰슨 음극선관 실험의 결과로, 원자 내 어떤 입자가 발견되었는가?

2.52 그림 2.6에 표시된 톰슨 음극선관 실험의 다음 설명이 참인지 거짓인지를 표시하시오.
(a) 밀폐된 진공 처리된 유리관의 금속 전극에 고전압을 가하면 전류가 흐른다.
(b) 음극선은 하전된 입자의 흐름이다.
(c) 음극선은 양으로 하전된 판으로부터 편향된다.
(d) 상이한 유형의 많은 금속 전극이 음극선을 생성할 수 있다.
(e) 음극선은 양성자로 구성된다.
(f) 알려진 세기의 전기장으로 야기된 음극선 빔의 편향을

측정함으로써, 전자의 전하 대 질량비를 계산하였다.

2.53 밀리컨 기름방울 실험의 전체 전하 중 다음 어떤 전하 값이 불가능한가? 이 문제의 경우, 현재 허용되는 전자의 전하를 반올림하여 1.602×10^{-19} C로 한다.
(a) -1.010×10^{-18} C (b) -8.010×10^{-19} C
(c) -2.403×10^{-18} C

2.54 러더퍼드의 금박 실험 전에 원자의 "자두 푸딩" 모델이 원자 구조를 나타냈다. 이 모델에서, 원자는 양전하 구름 내에 산재된 전자들로 구성된다. 이것이 올바른 원자 모델인 경우, 러더퍼드 실험 결과들이 어떻게 달라질지 예측하시오.

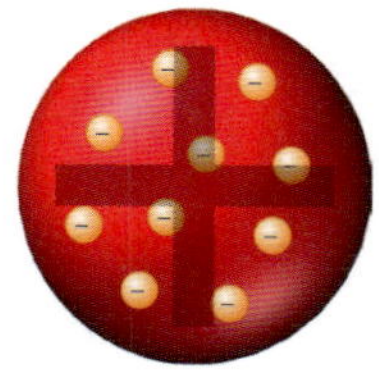

(a) 알파 입자는 거의 또는 전혀 휘지 않고, 금박을 통과할 것이다.
(b) 대부분의 알파 입자는 휘어져서 다시 방출원 쪽으로 되돌아 올 것이다.
(c) 대부분의 알파 입자는 원자에 흡수되어 금박을 통과하지도 휘어지지도 않는다.

2.55 의료용 X선으로부터 보호하기 위해 1/4-인치 두께의 납 시트가 사용된다. 단일 납 원자의 지름이 350 pm이면, 납 시트의 두께는 몇 개의 원자로 이루어지는가?

2.56 원자의 원자 수와 질량수의 차이는 무엇인가?

2.57 원자의 원자 번호를 알려 주는 첨자는 동위 원소 기호를 작성할 때 종종 생략된다. 예를 들어, ${}^{13}_{6}C$는 종종 단순히 ${}^{13}C$로 기재된다. 이것이 허용되는 이유는?

2.58 다음 원소의 명칭과 기호를 적으시오.
(a) 원자 번호가 6인 원소
(b) 핵에 18개의 양성자가 있는 원소
(c) 전자가 23개인 원소

2.59 다음 동위 원소의 기호를 쓰시오.
(a) 라돈-220 (b) 폴로늄-210 (c) 금-197

2.60 다음 원자 각각에 있는 양성자, 중성자, 전자 수는?
(a) ${}^{15}_{7}N$ (b) ${}^{60}_{27}Co$ (c) ${}^{131}_{53}I$ (d) ${}^{142}_{58}Ce$

2.61 다음 원소가 무엇인지 밝히시오.
(a) ${}^{24}_{12}X$ (b) ${}^{58}_{28}X$ (c) ${}^{104}_{46}X$ (d) ${}^{183}_{74}X$

2.62 다음 동위 원소 기호 중 올바르지 않은 것은?
${}^{18}_{9}F$ ${}^{12}_{5}C$ ${}^{33}_{35}Br$ ${}^{18}_{8}O$ ${}^{11}_{5}Bo$

2.63 플루오린은 단일 동위 원소로 자연적으로 발생한다. 플루오린화 수소(${}^{2}HF$)에 있는 양성자, 중성자, 전자 수는? (중수소는 ${}^{2}H$이다.)

원자량과 몰(2.9절)

2.64 통합 원자 질량 단위(u)는 다음 어느 중성 원자 질량의 정확히 1/12로 정의되는가?
(a) ${}^{1}H$ (b) ${}^{12}C$ (c) ${}^{14}C$ (d) ${}^{16}O$

2.65 설명 (a)~(e)와 원자량, 원자 질량, 질량수, 원자 번호, 몰 질량과 같은 용어를 연결시키시오.
(a) ${}^{13}C$의 하나의 원자와 같은 특정 원자의 질량
(b) 원소의 양성자 수로 결정되는 양
(c) 원소 1몰의 그램 수
(d) 원소의 양성자와 중성자의 수
(e) 자연 발생 동위 원소 질량의 가중평균

2.66 구리에는 ${}^{65}Cu$를 포함하여 두 개의 자연 발생 동위 원소가 있다. 주기율표를 보고, 두 번째 동위 원소가 ${}^{63}Cu$인지 ${}^{66}Cu$인지 보이시오.

2.67 붕소의 자연 발생 동위 원소 질량이 10.0129인 ${}^{10}B$(19.9%)와 동위 원소 질량이 11.009 31인 ${}^{11}B$(80.1%)의 두 동위 원소로 구성된다. 붕소의 원자량은 얼마인가? 주기율표에서 답을 말하시오.

2.68 마그네슘에는 존재비 78.99%인 ${}^{24}Mg$(23.985), 존재비 10.00%인 ${}^{25}Mg$(24.986), 존재비 11.01%인 것의 자연 동위 원소 3개가 있다. 마그네슘의 원자량을 찾은 다음 세 번째 동위 원소의 질량을 계산하시오.

2.69 구리 금속에는 구리-63(69.15%; 동위 원소 질량 = 62.93)과 구리-65(30.85%; 동위 원소 질량 64.93)의 자연 동위 원소가 2개 있다. 구리의 원자량을 계산하고, 주기율표에서 답을 확인하시오.

2.70 다음 각 시료의 질량은 몇 그램인가?
(a) Ti 1.505 mol (b) Na 0.337 mol
(c) U 2.583 mol

2.71 원소의 원자량이 x인 경우, 원소의 6.02×10^{23} 원자의 그램 단위 질량은 얼마인가? 답과 원소 x의 원자량을 수치적으로 비교하시오.

2.72 원소 Y의 6.02×10^{23} 원자의 질량이 83.80 g이라면, Y는 무엇인가?

화합물(2.10~2.11절)

2.73 공유 결합과 이온 결합의 차이점은 무엇인가?

2.74 기호 CO는 일산화 탄소를 나타내지만, 기호 Co는 원소 코발트를 나타낸다. 이를 설명하시오.

2.75 다음 이온 각각에 있는 양성자와 전자의 수는?
(a) Be^{2+} (b) Rb^{+}
(c) Se^{2-} (d) Au^{3+}

2.76 "소독용 알코올"로 더 잘 알려진 아이소프로필 알코올의 구조식이 아래에 있다. 이 물질의 화학식은 무엇인가?

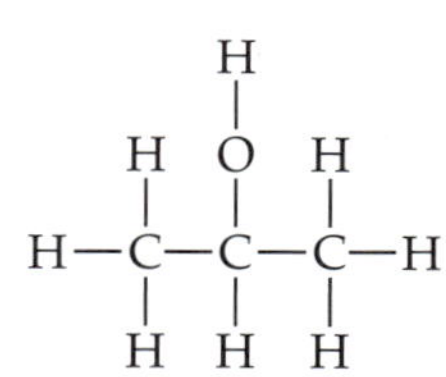

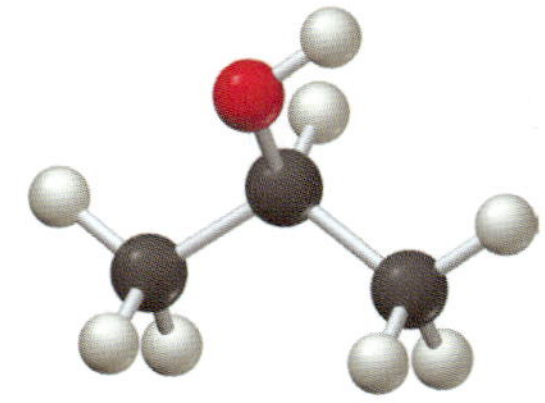

아이소프로필 알코올

2.77 뷰테인은 일회용 라이터에 사용되는 연료로, 화학식은 C_4H_{10}이다. 탄소 원자는 C—C—C—C로 연결되며, 각각의 탄소는 4개의 공유 결합을 갖는다. 뷰테인의 구조식을 그리시오.

2.78 **옥테인 값**이라는 용어가 유래된 휘발유 물질인 아이소옥테인의 화학식은 C_8H_{18}이다. 각각의 탄소는 4개의 공유 결합을 가지며, 원자들은 그림에 도시된 순서대로 연결된다. 아이소옥테인의 완전한 구조식을 그리시오.

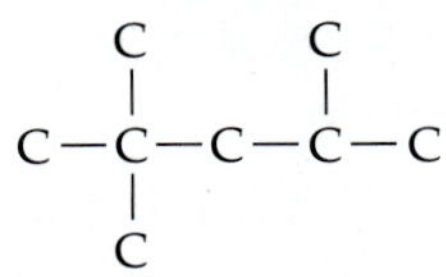

화합물의 명명법(2.12절)

2.79 다음 이성분 화합물의 체계적인 물질명을 쓰시오.
(a) CsF (b) K_2O (c) CuO

2.80 다음 이성분 화합물의 화학식을 쓰시오.
(a) 염화 포타슘
(b) 브로민화 주석(II)
(c) 산화 칼슘
(d) 염화 바륨
(e) 수소화 알루미늄

2.81 다음 화합물의 화학식을 쓰시오.
(a) 아세트산 칼슘
(b) 사이안화 철(II)
(c) 다이크로뮴산 소듐
(d) 황산 크로뮴(III)
(e) 과염소산 수은(II)

2.82 다음 화합물의 체계적인 물질명을 쓰시오.
(a) $Ca(ClO)_2$ (b) $Ag_2S_2O_3$
(c) NaH_2PO_4 (d) $Sn(NO_3)_2$
(e) $Pb(CH_3CO_2)_4$ (f) $(NH_4)_2SO_4$

2.83 다음 이온으로부터 생성된 화합물의 화학식은 무엇인가?
(a) Ca^{2+}와 Br^- (b) Ca^{2+}와 SO_4^{2-}
(c) Al^{3+}와 SO_4^{2-}

2.84 다음 원소와 생성된 칼슘 화합물의 화학식을 쓰시오.
(a) 염소 (b) 산소 (c) 황

2.85 다음 이온의 화학식과 전하를 표시하시오.
(a) 아황산 이온 (b) 인산 이온
(c) 지르코늄(IV) 이온 (d) 크로뮴산 이온
(e) 아세트산 이온 (f) 싸이오황산 이온

2.86 다음 이성분 분자 화합물의 이름을 쓰시오.
(a) CCl_4 (b) ClO_2
(c) N_2O (d) N_2O_3

2.87 다음 질소와 산소가 만든 이성분 화합물의 이름을 쓰시오.
(a) NO (b) N_2O (c) NO_2
(d) N_2O_4 (e) N_2O_5

2.88 누락된 정보를 채워 다음 화합물의 화학식을 쓰시오.
(a) $Na_?SO_4$ (b) $Ba_?(PO_4)_?$ (c) $Ga_?(SO_4)_?$

chapter 3

화학 반응에서의 질량 관계

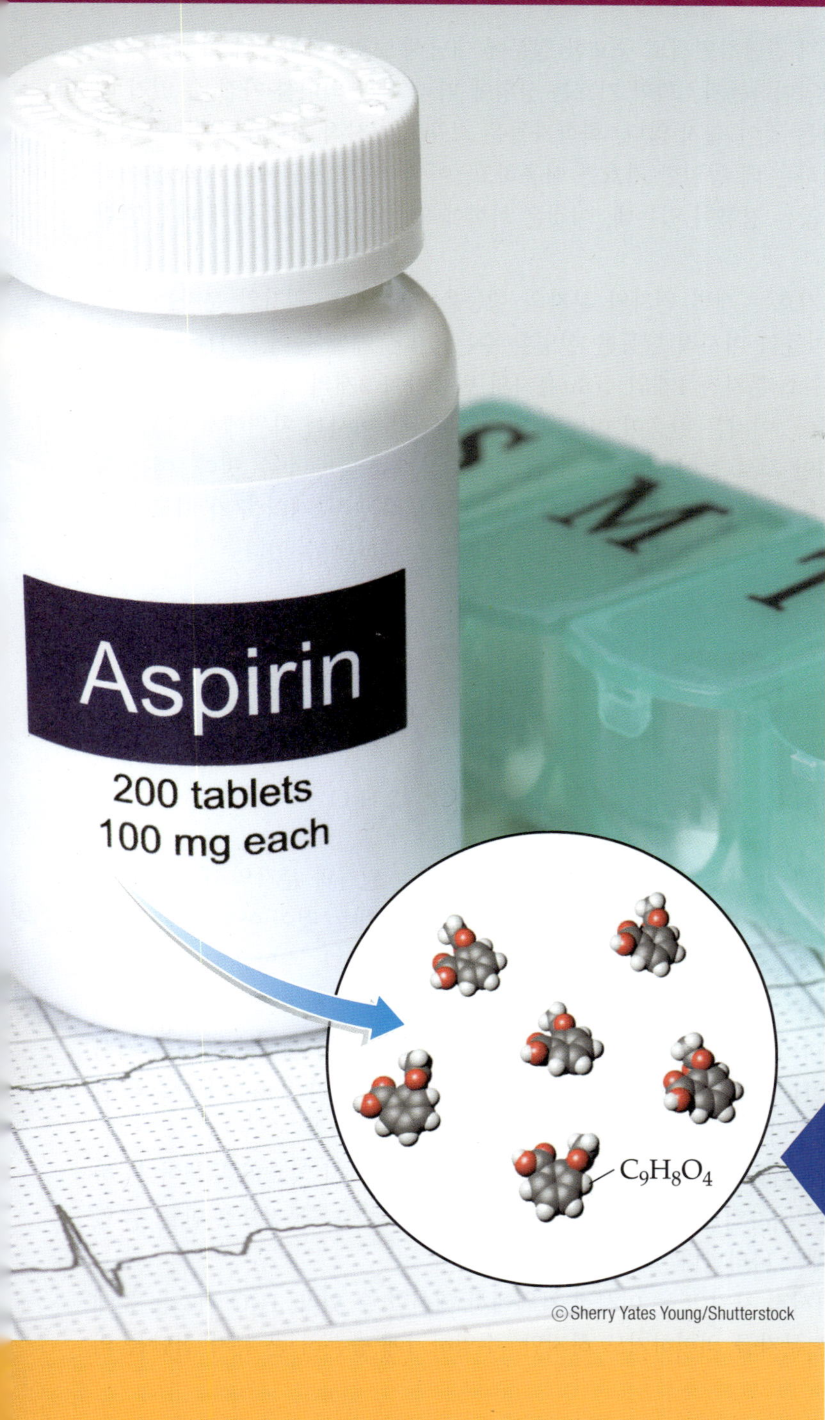

©Sherry Yates Young/Shutterstock

CONTENTS

3.1 여러 다른 차원에서의 화학 표현
3.2 화학 반응식의 균형 맞추기
3.3 분자량과 몰질량
3.4 화학량론: 반응물과 생성물의 양적 관계
3.5 화학 반응의 수득률
3.6 반응물의 한계량이 있는 반응
3.7 조성 백분율과 실험식
3.8 실험식 결정: 원소 분석

반응물과 생성물 사이의 질량 관계는 제약 산업에서 사용하는 반응에서 생성되는 아세틸 살리실산의 양을 계산하는 데 쓰일 수 있다.

한 물질이 다른 물질로 변화하는 **화학 반응**이 과학의 핵심이라는 것을 깨닫는 것이 중요하다. 시각, 통증의 감각, 음식물의 에너지 변환을 포함하여 신체에서 일어나는 거의 모든 과정은 본질적으로 일련의 화학 반응이다. 마찬가지로, 우리가 매일 사용하는 염료, 플라스틱, 컴퓨터 칩, 금속과 같은 제품도 화학 반응에 의해 제조된 것들이다.

이 장에서는 화학 반응식의 작성 규칙을 먼저 살펴봄으로써 화학 반응을 어떻게 표현하는가를 배울 것이다. 다음으로, 화학 반응에서 반응물과 생성물 사이의 질량 관계를 검토하여 주어진 양의 출발 물질로부터 얼마만큼의 생성물이 만들어지는지 계산하게 될 것이다. 마지막으로, 화학식을 결정하고 분자량을 측정하는 방법을 살펴볼 것이다.

3.1 여러 다른 차원에서의 화학 표현

이 장을 시작하기 전에 먼저 간단하면서도 중요한 질문에 대답해 보라. 화학식과 화학 반응식의 숫자와 기호는 무엇을 의미하는가? 화학 기호는 상황에 따라 다른 의미를 가질 수 있기 때문에 이 질문에 대해 답하는 것이 쉽지 않다. 화학자들은 소규모(미시적 차원)와 대규모(거시적 차원)에서 화학을 표현하는 데 동일한 기호를 사용하고, 이 두 가지 차원에서 각각 일어나고 있는 일들을 구분하지 않는 경향이 있는데, 이것은 화학에 입문한 초보자들에게 매우 혼란스러울 수 있다.

미시적 차원에서 화학 기호는 개별 원자와 분자의 행동을 나타낸다. 원자와 분자는 너무 작아서 볼 수는 없지만, 이들의 미시적 행동을 설명할 수는 있다. 예를 들어, $2\ H_2 + O_2 \rightarrow 2\ H_2O$ 반응식은 "2개의 수소 분자가 1개의 산소 분자와 반응하여 2개의 물 분자를 만든다."라는 의미로 해석할 수 있다. 이것은 반응이 어떻게 일어나는가를 미시적 차원에서 이해하려고 하는 것이다. 단순하지만 서로 붙어 있는 구의 집합체로 분자를 나타낼 수 있다. 예를 들어, H_2가 O_2와 어떻게 반응하는지를 이해하기 위해 H_2와 O_2 분자는 두 개의 구가 서로 밀착된 그림으로 나타내고, 물 분자는 세 개의 구가 밀착된 그림으로 나타낼 수 있다.

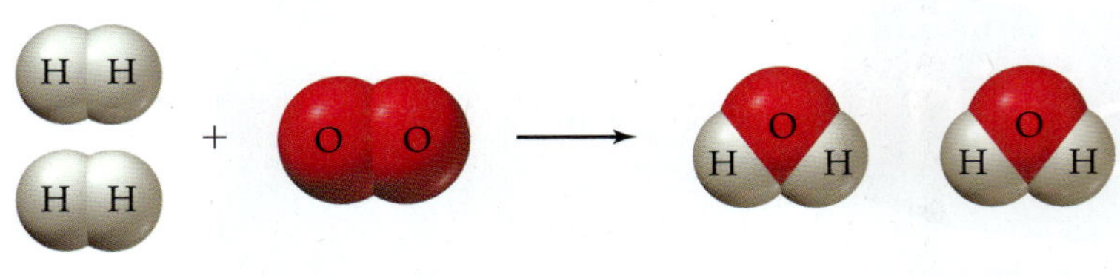

$$2\ H_2 \quad + \quad O_2 \quad \longrightarrow \quad 2\ H_2O$$

거시적 차원에서 화학식과 반응식은 가시적인 특성을 일으키는 원자와 분자의 대규모 행동을 나타낸다. 즉, H_2, O_2, H_2O 기호는 단순히 한 개의 분자를 나타내는 것이 아니라, 측정 가능한 여러 개의 물리적 특성을 공유하는 엄청나게 많은 분자를 의미한다. 수많은 H_2O 분자의 집단은 0 ℃에서 얼고 100 ℃에서 끓는 무색의 액체로 나타난다. 분명히 이것은 실험실에서 특정 양의 반응물을 측정하여 플라스크에 넣고 가시적인 변화를 관찰할 때 다루어지는 거시적 행동인 것이다. 또한 $2\ H_2 + O_2 \rightarrow 2\ H_2O$ 반응식은 "2 mol의 수소가 1 mol의 산소와 반응하여 2 mol의 물을 생성한다."라는 의미로 해석할 수도 있다.

개념탐구 질문 1

다음 반응을 설명하는 문장을 작성하시오(회색 = C, 빨간색 = O, 상아색 = H).
(힌트: CH_4는 메테인이다.)

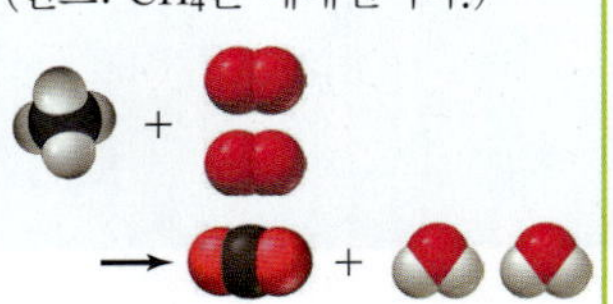

같은 방식으로 미시적 차원에서 구리의 단일 원자는 전기를 전도하지 않으며 무색이다. 하지만 거시적 차원에서 구리 원자의 큰 집단은 전선으로 가늘게 만들거나 동전으로 만들 수 있는 반짝이는 적갈색의 고체로 나타난다.

화학식이나 반응식은 거시적 차원 또는 미시적 차원에서 해석할 수 있다. H_2O 기호는 눈에 보이지 않는 한 개의 작은 분자를 의미하기도 하지만, 수영하기에 충분히 큰 분자 집단을 의미하기도 한다. 화학식 또는 반응식을 문맥에 따라 다르게 해석하는 방법을 배울 것이다.

3.2 화학 반응식의 균형 맞추기

앞 장에서 몇 가지 반응의 예로, 수소와 산소가 물을 만드는 반응, 소듐과 염소가 염화 소듐을 만드는 반응, 질산 수은(II)과 아이오딘화 포타슘이 아이오딘화 수은(II)을 만드는 반응 등을 제시하였다.

이쪽에 4 H와 2 O 원자 — 이쪽에 4 H와 2 O 원자

$$2\,H_2 + O_2 \longrightarrow 2\,H_2O$$

이쪽에 2 Na와 2 Cl 원자 — 이쪽에 2 Na와 2 Cl 원자

$$2\,Na + Cl_2 \longrightarrow 2\,NaCl$$

이쪽에 1 Hg, 2 N, 6 O, 2 K 및 2 I 원자 — 이쪽에 1 Hg, 2 N, 6 O, 2 K 및 2 I 원자

$$Hg(NO_3)_2 + 2\,KI \longrightarrow HgI_2 + 2\,KNO_3$$

이 반응식들이 어떻게 작성되는지 주의 깊게 살펴보자. 수소, 산소, 염소는 전자쌍을 공유하는 이원자 분자로 존재하므로 고립된 원자가 아닌 H_2, O_2, Cl_2로 작성해야 한다(2.11절). 이제 반응 화살표의 양쪽에 있는 원자들을 살펴보자. 아직 명시적으로 언급하지는 않았지만, 화학 반응식은 항상 **균형을 이루도록(balanced)** 작성되어 있다. 즉, 반응 화살표의 양쪽에 있는 원자의 개수와 종류는 동일하다. 이 필요조건은 **질량 보존 법칙(law of mass conservation)**의 결과이다(2.4절). 화학 반응에서 원자가 생성되거나 파괴되지 않으므로 생성물과 반응물에 있는 원자의 개수와 종류가 동일해야만 한다.

기억하기…
질량 보존 법칙에 따르면 화학 반응에서 질량이 생성되거나 소멸되지 않는다(2.4절).

화학 반응식의 균형을 맞추는 것은 반응에 참여하는 각기 다른 물질의 화학식 단위(formula unit)의 개수를 찾는 것이다. **화학식 단위(formula unit)**는 이름에서 알 수 있듯이 원자나 이온 또는 분자에 관계없이 주어진 화학식에 해당하는 단위를 의미한다. NaCl의 하나의 화학식 단위는 Na^+ 이온 1개와 Cl^- 이온 1개이고, $MgBr_2$의 하나의 화학식 단위는 Mg^{2+} 이온 1개와 Br^- 이온 2개가 되며, H_2O의 하나의 화학식 단위는 H_2O 분자 1개를 의미한다.

복잡한 반응식은 일반적으로 다음 장에서 볼 수 있듯이 체계적인 방법을 사용하여 균형을 맞춰야 하지만, 간단한 반응식은 종종 상식과 시행착오를 같이 사용하여 균형을 맞출 수 있다. 화학 반응식의 균형을 맞추는 네 단계는 다음과 같다.

1. **각 반응물과 생성물의 정확한 화학식 단위를 사용하여 불균형 반응식을 작성한다.** 암모니아(NH_3)와 산소가 반응하여 일산화 질소와 물을 만드는 반응에 대해 다음과 같이 작성한다.

$$NH_3 + O_2 \longrightarrow NO + H_2O \qquad \text{불균형 반응식}$$

2. **적합한 계수(coefficient)를 찾는다 - 화학식 앞에 있는 숫자는 반응식의 균형을 맞추는 데 필요한 각 물질의 화학식 단위의 개수를 나타낸다.** 반응식의 균형을 맞출 때 계수만 변경할 수 있으며, 화학식 자체는 변경할 수 없다. 반응식에서 두 가지 종에만 나타나는 원소부터 균형을 맞추는 것이 가장 좋다. 암모니아와 산소의 반응에서 H 원소는 NH_3와 H_2O에서 나타나고, N 원소는 NH_3와 NO에서 나타난다. H의 균형을 맞추기 위해 NH_3 앞에 계수 2를 쓰고, H_2O 앞에는 계수 3을 쓴다. 이제 반응물과 생성물에는 모두 6개의 H 원자가 있다.

$$2\,NH_3 + O_2 \longrightarrow NO + 3\,H_2O \qquad \text{H에 대한 균형}$$

N의 균형을 맞추려면 반응물에 2개의 N 원자가 있으므로 NO 앞에 계수 2가 필요하다.

$$2\ NH_3 + O_2 \longrightarrow 2\ NO + 3\ H_2O \qquad \text{H와 N에 대한 균형}$$

다른 원소와 결합하지 않은 원소는 계수를 바꾸어도 반응식에 있는 다른 종에 영향을 주지 않으므로 마지막에 균형을 맞추어야 한다. 이 경우 생성물에 5개의 O 원자가 있으므로 반응물에 있는 O_2 앞에 계수 5/2를 붙여 O_2의 균형을 맞춘다.

$$2\ NH_3 + \frac{5}{2}O_2 \longrightarrow 2\ NO + 3\ H_2O \qquad \text{H, N 및 O에 대한 균형}$$

3. **최소 정수 값으로 계수를 보고한다.** 이제 암모니아와 산소의 반응에 대한 반응식은 균형을 이루었다. 그러나 균형 반응식에는 정수 계수를 사용하는 것이 일반적이다. 따라서 모든 계수에 2를 곱하여 최종 균형 반응식을 얻는다.

$$4\ NH_3 + 5\ O_2 \longrightarrow 4\ NO + 6\ H_2O \qquad \text{균형 반응식}$$

균형을 맞추는 시행착오 과정에서 약분해야 할 계수가 있는 반응식에 도달할 수도 있다. 이러한 균형 반응식($8\ NH_3 + 10\ O_2 \longrightarrow 8\ NO + 12\ H_2O$)을 얻은 경우 공약수로 나누어 최소 정수 값을 얻는다. 모든 계수를 2로 나누면 정확한 균형 반응식이 된다.

개념탐구 질문 2

한 학생이 다음 계수를 사용하여 산화 붕소와 수산화 소듐 반응의 균형을 맞추려고 한다. 반응의 균형이 맞는가?

$$B_2O_3 + 6\ NaOH \longrightarrow 2\ Na_3BO_3 + 2\ H_2O$$

4. **반응식의 양쪽에 있는 원자의 개수와 종류가 동일한지를 확인하여 답을 점검한다.**

이쪽에 4 N, 12 H 및 10 O 원자 / 이쪽에 4 N, 12 H 및 10 O 원자

$$4\ NH_3 + 5\ O_2 \longrightarrow 4\ NO + 6\ H_2O$$

몇 가지 추가적인 예를 살펴보자.

개념 예제 3.1

화학 반응에서 원자와 분자의 시각화

다음과 같은 원소 A(빨간색 구)와 원소 B(파란색 구)의 반응에 대한 균형 반응식을 작성하시오.

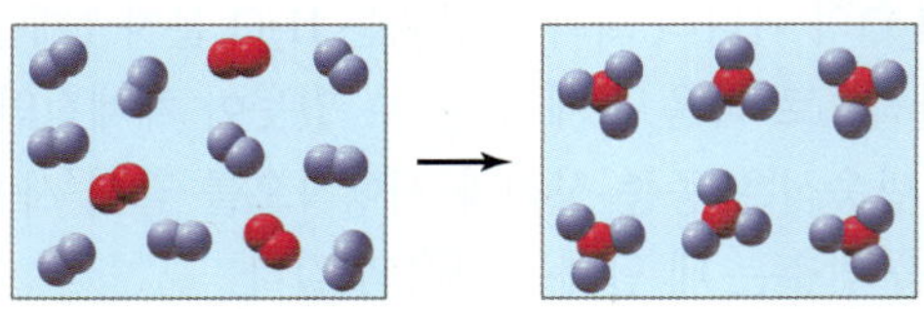

전략

분자 모형으로 나타낸 반응의 균형을 맞추는 것은 반응물과 생성물의 화학식 단위수를 세는 문제이다. 이 예에서 반응물 상자에는 3개의 빨간색 A_2 분자와 9개의 파란색 B_2 분자가 들어 있는 반면에, 생성물 상자에는 6개의 AB_3 분자가 포함되어 있고 반응물이 남아 있지 않다.

풀이

$3\ A_2 + 9\ B_2 \longrightarrow 6\ AB_3$ 반응식을 3으로 나누면 $A_2 + 3\ B_2 \longrightarrow 2\ AB_3$ 반응식이 된다.

점검

어떤 균형 반응식에서든지 원자의 개수와 종류가 양쪽에서 같아야 한다.

이쪽에 2 A와 6 B 원자 / 이쪽에 2 A와 6 B 원자

$$A_2 + 3\ B_2 \longrightarrow 2\ AB_3$$

개념 연습문제 3.1 다음과 같은 원소 A(빨간색 구)와 원소 B(녹색 구)의 반응에 대한 균형 반응식을 작성하시오.

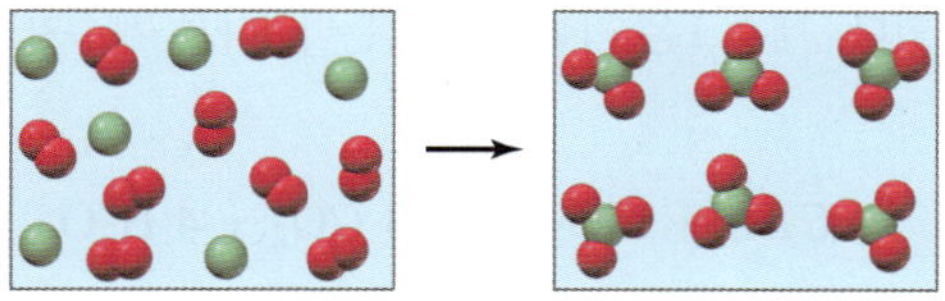

개념 응용문제 3.2 파란색 구가 질소 원자를 나타내고 빨간색 구가 산소 원자를 나타내는 경우, $2\ NO(g) + O_2(g) \longrightarrow 2\ NO_2(g)$ 반응의 반응물과 생성물을 나타내는 상자는 각각 어느 것인가?

(a)

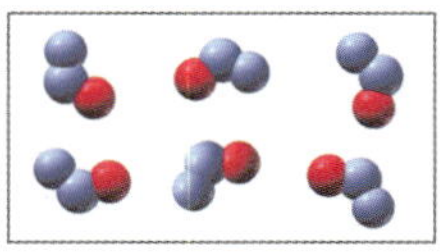

(b)

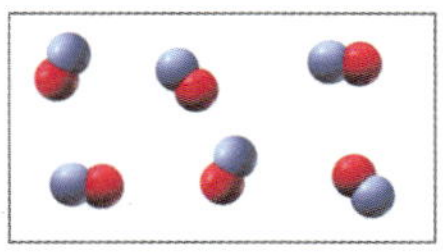

(c)

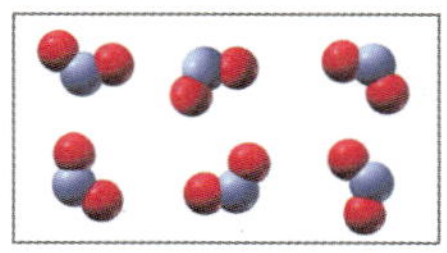

(d)

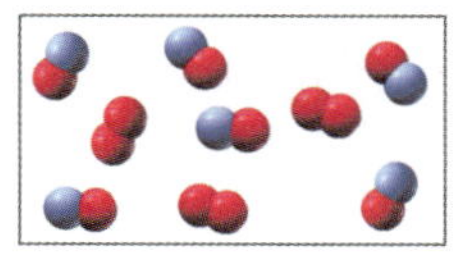

예제 3.2

화학 반응식의 균형 맞추기

프로페인(C_3H_8)은 무색무취의 기체로, 야영객이나 농촌 가정에서 난방이나 요리용 연료로 자주 사용된다. 이산화 탄소와 물을 생성하는 프로페인과 산소의 연소 반응에 대한 균형 반응식을 작성하시오.

▲ 프로페인은 야영 난로나 농촌 가정에서 연료로 사용된다.
ⓒLolostock/Shutterstock

전략과 풀이

본문에서 설명한 네 단계를 따른다.

단계 1. 모든 물질에 대해 정확한 화학식을 사용하여 불균형 반응식을 작성한다.

$$C_3H_8 + O_2 \longrightarrow CO_2 + H_2O \qquad \text{불균형 반응식}$$

단계 2. 반응식의 균형을 맞추는 계수를 찾는다. 두 가지 종에만 나타나는 원소부터 균형을 맞춘다. 이 반응에서는 C와 H이다. 불균형 반응식을 보면, 반응식의 왼쪽에는 3개의 탄소 원자가 있지만, 오른쪽에는 1개의 탄소 원자가 있음에 유의한다. 오른쪽에 있는 CO_2에 계수 3을 붙이면 탄소가 균형을 이룬다.

$$C_3H_8 + O_2 \longrightarrow 3\ CO_2 + H_2O \qquad \text{C에 대한 균형}$$

다음으로, 수소 원자의 개수를 살펴보자. 왼쪽에는 8개의 수소가 있지만, 오른쪽에는 H_2O에 2개의 수소가 있다. 오른쪽에 있는 H_2O에 계수 4를 붙이면 수소가 균형을 이룬다.

$$C_3H_8 + O_2 \longrightarrow 3\ CO_2 + 4\ H_2O \qquad \text{C와 H에 대한 균형}$$

산소는 다른 원소와 결합하지 않았으므로 O_2의 계수를 마지막으로 찾는다. 산소 원자의 개수를 살펴보자. 왼쪽에는 2개의 산소가 있지만, 오른쪽에는 10개의 산소가 있다. 왼쪽에 있는 O_2에 계수 5를 붙이면 산소가 균형을 이룬다.

$$C_3H_8 + 5\ O_2 \longrightarrow 3\ CO_2 + 4\ H_2O \qquad \text{C, H 및 O에 대한 균형}$$

단계 3. 계수가 최소 정수 값으로 약분되어 있는지를 확인한다. 실제로 답은 이미 정확하지만, 시행착오로 인하여 다른 답에 도달했을 수도 있다.

$$2\ C_3H_8 + 10\ O_2 \longrightarrow 6\ CO_2 + 8\ H_2O$$

앞의 식은 균형을 이루었지만, 그 계수가 최소 정수 값이 아니다. 최종 반응식에 도달하려면 모든 계수를 2로 나눌 필요가 있다. 계수 1은 기록하지 않는다. 다른 계수가 주어지지 않은 경우는 계수가 1임을 암시한다.

$$C_3H_8 + 5\ O_2 \longrightarrow 3\ CO_2 + 4\ H_2O$$

단계 4. 답을 점검한다. 반응식의 양쪽에 있는 원자의 개수와 종류를 세어 그 값이 동일한지를 확인한다.

이쪽에 3 C, 8 H 및 10 O 원자 이쪽에 3 C, 8 H 및 10 O 원자

$$C_3H_8 + 5\ O_2 \longrightarrow 3\ CO_2 + 4\ H_2O$$

▶ **연습문제 3.3** 로켓 연료용 하이드라진 합성 반응식의 균형을 맞추시오.

$$NH_3 + Cl_2 \longrightarrow N_2H_4 + NH_4Cl$$

▶ **응용문제 3.4** 일반적인 안전 성냥의 주요 성분인 염소산 포타슘($KClO_3$)은 연소 반응에서 산소 공급원으로 작용할 수 있는 물질이다. 예를 들어, 일반 설탕(수크로스, $C_{12}H_{22}O_{11}$)과의 반응은 격렬하게 일어나 염화 포타슘, 이산화 탄소, 물을 생성한다. 이 반응의 균형 반응식을 작성하시오.

3.3 분자량과 몰질량

▲ 염화 에틸은 운동 부상에 분무식 마취제로 자주 사용된다.
ⓒJakkrit Orrasri/Shutterstock

에틸렌(C_2H_4)과 염화 수소(HCl)의 반응으로 염화 에틸(C_2H_5Cl)을 제조하는 실험실 실험을 상상해 보자. 염화 에틸은 의사와 운동 트레이너가 가벼운 부상에 분무식 마취제로 사용하는 무색의 끓는점이 낮은 액체이다. 반응식을 작성할 때 기체(*g*), 액체(*l*), 고체(*s*), 그리고 수용액(*aq*)의 표시가 반응물과 생성물의 화학 기호에 추가되어 물리적 상태를 나타내는 경우가 많다는 점에 주목할 수 있다. 지금부터 수시로 그렇게 할 것이다.

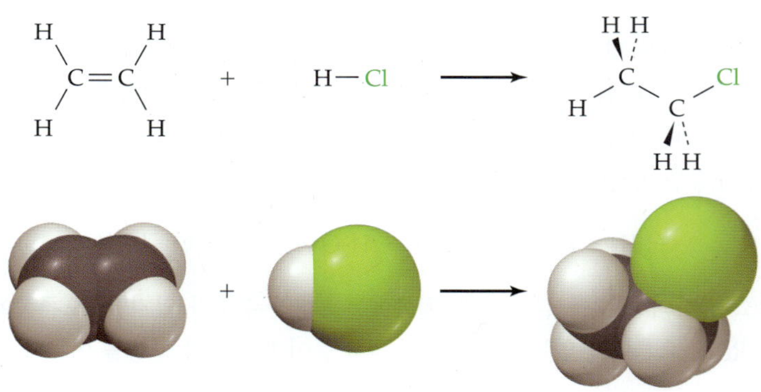

$C_2H_4(g)$ + $HCl(g)$ ⟶ $C_2H_5Cl(l)$

에틸렌 염화 수소 염화 에틸(마취제)

실험에서 얼마나 많은 에틸렌과 염화 수소를 사용해야 하는가? 균형 반응식의 계수에 따르면 두 반응물이 1:1의 비율로 필요하다. 실험실에서 반응물 분자를 셀 수 없으므로 이들의 양을 측정해야 한다. 즉, 균형 반응식에서 계수로 주어진 반응물 분자의 숫자 비율(number ratio)을 질량비(mass ratio)로 변환하여 정확한 양을 사용하고 있는지를 확인해야 한다.

질량비는 반응에 관여하는 물질의 **분자량**(molecular weight)을 사용하여 결정한다. 원소의

원자량이 원소를 이루는 **원자**의 평균 질량인 것처럼(2.9절), 물질의 **분자량**은 물질을 이루는 **분자**의 평균 질량이다. 수치적으로 분자량 또는 보다 일반적으로 이온성 및 분자성 물질을 모두 포함하는 **화학식량(formula weight)**은 분자 내 모든 원자의 원자량의 합과 같다.

기억하기…
원소의 **원자량**은 그 원소의 자연 발생 동위원소의 가중 평균 질량이다. 원자량은 보통 단위 없이 표기되지만 원자량의 단위는 통합 원자 질량 단위(u)이다(2.9절).

분자량 분자 내 모든 원자의 원자량의 합
화학식량 분자성 또는 이온성 화합물의 화학식 단위에 있는 모든 원자의 원자량의 합

예를 들어 에틸렌의 분자량은 28.0이고, 염화 수소의 분자량은 36.5이며, 염화 에틸의 분자량은 64.5이다. (이 수치는 편의상 소수점 아래 첫째 자리에서 반올림하였다. 실제 값은 더 정확하게 알려져 있다.)

에틸렌(C_2H_4)의 경우:

2 C의 원자량 = (2)(12.0)	=	24.0
4 H의 원자량 = (4)(1.0)	=	4.0
C_2H_4의 분자량	=	28.0

염화 수소(HCl)의 경우:

H의 원자량	=	1.0
Cl의 원자량	=	35.5
HCl의 분자량	=	36.5

염화 에틸(C_2H_5Cl)의 경우:

2 C의 원자량 = (2)(12.0)	=	24.0
5 H의 원자량 = (5)(1.0)	=	5.0
Cl의 원자량	=	35.5
C_2H_5Cl의 분자량	=	64.5

분자량을 어떻게 사용할 것인가? 2.9절에서 어떤 원소의 1**몰(mole)**은 그램 단위의 질량 또는 **몰질량**(molar mass)이 원소의 원자량과 수치적으로 동일한 양이라는 것을 확인하였다. 이와 마찬가지로, 어떤 화합물의 1 mol은 그램 단위의 질량이 화합물의 분자량 또는 화학식량과 수치적으로 같고, **아보가드로수(Avogadro's number**, 6.022×10^{23})의 화학식 단위를 포함하는 양이다. 따라서 에틸렌 1 mol의 질량은 28.0 g이고, HCl 1 mol의 질량은 36.5 g이며, C_2H_5Cl 1 mol의 질량은 64.5 g이다.

기억하기…
몰(mole)은 물질의 양을 측정하기 위한 기본적인 SI 단위이다. 원자나 이온 또는 분자에 관계없이 어떤 물질의 1 mol은 그램 단위의 질량이 물질의 원자량 또는 화학식량과 수치적으로 동일한 양이다. 1 mol에는 **아보가드로수**(6.022×10^{23})의 화학식 단위가 포함되어 있다(2.9절).

HCl의 분자량 = 36.5	HCl의 몰질량 = 36.5 g/mol	1 mol의 HCl = 6.022×10^{23}개 HCl 분자
C_2H_4의 분자량 = 28.0	C_2H_4의 몰질량 = 28.0 g/mol	1 mol의 C_2H_4 = 6.022×10^{23}개 C_2H_4 분자
C_2H_5Cl의 분자량 = 64.5	C_2H_5Cl의 몰질량 = 64.5 g/mol	1 mol의 C_2H_5Cl = 6.022×10^{23}개 C_2H_5Cl 분자

예제 3.3

분자량 계산하기

포도당($C_6H_{12}O_6$)의 분자량은 얼마이며, g/mol 단위의 몰질량은 얼마인가?

문제 파악

알고 있는 것	알아내야 할 것
포도당의 화학식($C_6H_{12}O_6$)	포도당의 분자량과 몰질량

전략

물질의 분자량은 성분 원자의 원자량의 합이다. 분자에 존재하는 원소들을 나열하고, 각 원소의 원자량을 찾는다(편의상 소수점 아래 첫째 자리에서 반올림한다).

C (12.0) H (1.0) O (16.0)

그런 다음, 각 원소의 원자량에 원소가 화학식에 나타나는 횟수를 곱하고 그 결과를 합산한다.

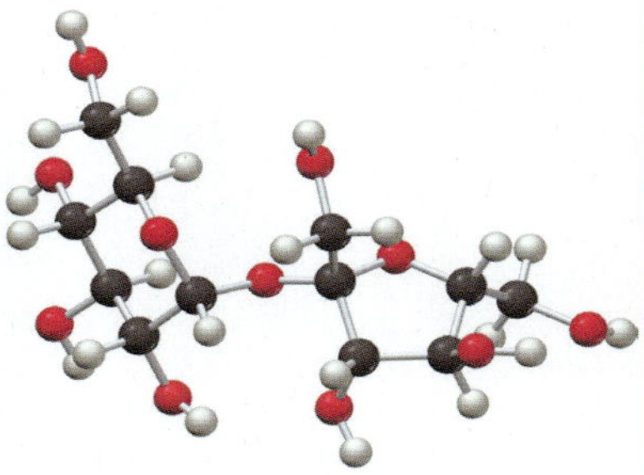
수크로스

풀이

$$\begin{array}{rl} C_6\ (6 \times 12.0) = & 72.0 \\ H_{12}\ (12 \times 1.0) = & 12.0 \\ O_6\ (6 \times 16.0) = & 96.0 \\ \hline C_6H_{12}O_6\text{의 분자량} = & 180.0 \end{array}$$

포도당 한 분자의 질량이 180.0 u이므로 포도당 1 mol의 질량은 180.0 g이다. 따라서 포도당의 몰질량은 180.0 g/mol이다.

연습문제 3.5 황산(H_2SO_4)의 분자량을 계산하시오.

개념 응용문제 3.6 수크로스의 구조식을 이용하여 분자량과 g/mol 단위의 몰질량을 계산하시오(회색 = C, 빨간색 = O, 상아색 = H).

예제 3.4

질량과 몰의 상호 변환

포도당은 저혈당 치료에 사용된다. 포도당 2.00 g을 포함한 정제에는 몇 몰의 포도당이 있는가? [포도당($C_6H_{12}O_6$)의 몰질량은 예제 3.3에서 계산하였다.]

문제 파악

알고 있는 것	알아내야 할 것
포도당의 질량(2.00 g)	포도당의 몰수

전략
알려진 양(그램)은 포도당의 몰질량을 환산 인자로 사용하면 미지의 양(mol)으로 변환할 수 있다. 원하지 않는 단위가 소거되도록 식을 세운다.

풀이

$$2.00\ \text{g 포도당} \times \frac{1\ \text{mol 포도당}}{180.0\ \text{g 포도당}} = 0.0111\ \text{mol 포도당}$$
$$= 1.11 \times 10^{-2}\ \text{mol 포도당}$$

점검
포도당의 몰질량이 180.0 g/mol이므로 포도당 1 mol의 질량은 180.0 g이다. 따라서 2.00 g의 포도당은 1/100 mol 또는 0.01 mol보다 약간 더 크다. 추정치와 풀이가 일치한다.

연습문제 3.7 알카셀처(Alka-Seltzer) 정제의 주성분인 $NaHCO_3$ 5.26 g은 몇 몰인가?

응용문제 3.8 인슐린의 과다 또는 운동 수준의 증가로 인해 당뇨병 환자가 저혈당을 경험할 경우, 치료법은 포도당 정제를 복용하는 것이다.
(a) 성인의 치료 권장량인 0.0833 mol의 포도당은 몇 그램인가?
(b) 일반 정제 한 개에는 3.75 g의 포도당이 들어 있다. 몇 정을 복용해야 하는가?
(c) 0.0833 mol에는 몇 개의 포도당 분자가 들어 있는가?

3.4 화학량론: 반응물과 생성물의 양적 관계

화학량론(**stoichiometry**, 그리스어 *stoicheion* '원소'와 *metron* '측정'에서 유래)은 화학 반응에

서 반응물과 생성물의 양을 연관시키는 데 필요한 화학 계산을 지칭한다. "주어진 양의 반응물로부터 만들 수 있는 생성물의 질량은 얼마인가?" 또는 "한 반응물이 다른 반응물과 완전히 반응하는 데 필요한 질량은 얼마인가?"와 같은 질문은 화학량론을 이용하여 대답할 수 있다.

모든 균형 화학 반응식에서 계수는 반응에 관여하는 각 물질의 화학식 단위의 개수를 나타내므로 몰수를 알 수 있다. 반응물과 생성물의 질량을 계산하기 위해 몰질량을 환산 인자로 사용할 수 있다. 예를 들어, 암모니아의 공업적 합성에 대한 다음과 같은 균형 반응식에서 2 mol의 $NH_3(g)$(2 mol × 17.0 g/mol = 34.0 g)를 생산하기 위해서는 1 mol의 $N_2(g)$(28.0 g)와 반응하는 데 3 mol의 $H_2(g)$(3 mol × 2.0 g/mol = 6.0 g)가 필요하다는 것을 알 수 있다.

이 몰수의 수소가 … / … 이 몰수의 질소와 반응하여 … / … 이 몰수의 암모니아를 생산한다.

$$3\,H_2(g) + 1\,N_2(g) \longrightarrow 2\,NH_3(g)$$

에틸렌과 HCl의 반응(3.3절의 시작 부분에 있는)을 다시 살펴보고, 15.0 g의 에틸렌이 있을 때 반응에 필요한 HCl의 그램수를 알아야 한다고 가정하자.

$$C_2H_4(g) + HCl(g) \longrightarrow C_2H_5Cl(l)$$

균형 반응식의 계수에 따르면, HCl 한 분자는 에틸렌 한 분자와 반응하므로 에틸렌 1 mol과의 반응에는 HCl 1 mol이 필요하다. 15.0 g의 에틸렌과 반응하기 위해 몇 그램의 HCl이 필요한지를 알아내려면, 먼저 15.0 g에 몇 몰의 에틸렌이 존재하는지를 알아내야 한다. 에틸렌의 몰질량을 계산하고, 그 값을 환산 인자로 사용하여 주어진 그램수를 몰수로 변환한다.

$$C_2H_4\text{의 분자량} = (2 \times 12.0) + (4 \times 1.0) = 28.0$$
$$C_2H_4\text{의 몰질량} = 28.0\ \text{g/mol}$$
$$C_2H_4\text{의 몰수} = 15.0\ \cancel{\text{g 에틸렌}} \times \frac{1\ \text{mol 에틸렌}}{28.0\ \cancel{\text{g 에틸렌}}} = 0.536\ \text{mol 에틸렌}$$

이제 에틸렌의 몰수(0.536 mol)를 알았고, 균형 반응식으로부터 필요한 HCl의 몰수(0.536 mol)도 알고 있으므로, 필요한 HCl의 질량을 구하기 위해 몰수를 그램수로 변환해야 한다. 다시 한 번 HCl의 몰질량을 계산하고, 그 값을 환산 인자로 사용하여 변환한다.

$$HCl\text{의 분자량} = 1.0 + 35.5 = 36.5$$
$$HCl\text{의 몰질량} = 36.5\ \text{g/mol}$$
$$HCl\text{의 그램수} = 0.536\ \cancel{\text{mol}\ C_2H_4} \times \frac{1\ \cancel{\text{mol HCl}}}{1\ \cancel{\text{mol}\ C_2H_4}} \times \frac{36.5\ \text{g HCl}}{1\ \cancel{\text{mol HCl}}} = 19.6\ \text{g HCl}$$

따라서 15.0 g의 에틸렌과 반응하기 위해서는 19.6 g의 HCl이 필요하다.

방금 완료한 계산의 단계 순서를 주의 깊게 살펴보라. **몰수**(분자 수)는 균형 반응식의 계수로 주어지지만, **그램수**는 실험실에서 반응물의 질량을 측정하는 데 사용된다. 몰수는 각 반응물의 **분자가 몇 개**나 필요한지 알려 주는 반면, 그램수는 각 반응물의 **질량이 얼마나** 필요한지를 알려 준다.

몰수(moles) ⟶ 분자 또는 화학식 단위의 개수
그램수(grams) ⟶ 질량

그림 3.1의 순서도는 필요한 변환을 보여 준다. 한 반응물의 그램수에서 다른 반응물의

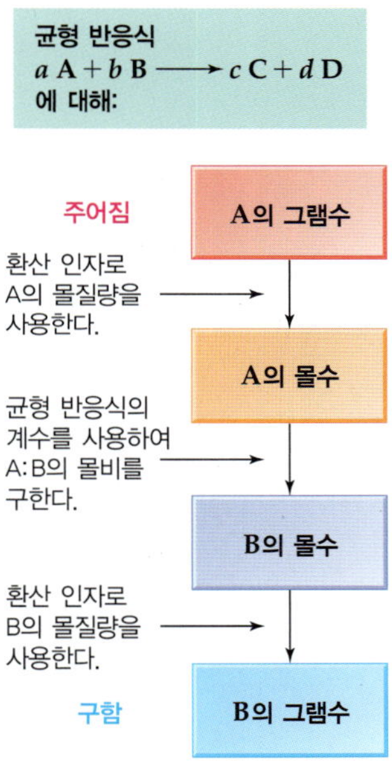

▲ **그림 3.1**
화학량론: 화학 반응에 대한 몰수와 그램수 사이의 변환. 몰수는 균형 반응식의 계수로 주어진 바와 같이 각 반응물의 분자가 얼마나 많이 필요한지를 알려 준다. 그램수는 각 반응물의 질량이 얼마나 필요한지를 나타낸다.

▶ 확인하기

한 반응물의 질량을 다른 반응물의 질량과 연관시킬 때, 그램수를 몰수로 변환해야 하는 이유는 무엇인가?

답 반응에 대한 반응물과 생성물의 상대적 양은 균형 반응식의 계수로부터 알 수 있다. 이 계수는 질량이 아닌 원자/분자의 몰수 또는 개수를 나타낸다.

그램수로 직접 이동할 수 없다는 점에 유의해야 한다. 반드시 먼저 몰수로 변환해야 한다.

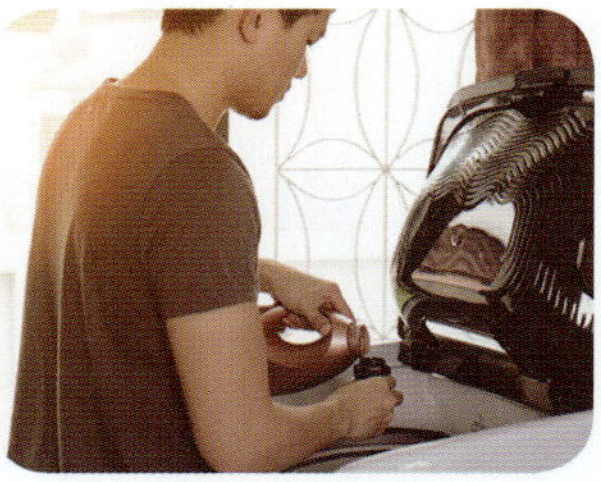

▲ 가정용 표백제는 NaOH와 Cl_2의 반응에 의해 제조된 NaOCl의 수용액이다.
ⓒAePatt Journey/Shutterstock

예제 3.5

반응물과 생성물의 질량 관계

가정용 표백제로 잘 알려진 하이포아염소산 소듐(NaOCl)의 수용액은 수산화 소듐과 염소의 반응에 의해 제조된다. 25.0 g의 Cl_2와 반응하려면 몇 그램의 NaOH가 필요한가?

$$2\,NaOH(aq) + Cl_2(g) \longrightarrow NaOCl(aq) + NaCl(aq) + H_2O(l)$$

문제 파악

알고 있는 것	알아내야 할 것
Cl_2의 질량(25.0 g)	NaOH의 질량(g)
균형 반응식	

전략

목표는 주어진 양의 반응물(Cl_2)을 다른 반응물(NaOH)과 연관시키는 것이다. 반응물의 양적 관계를 찾으려면 몰수로 변환하고, 균형 반응식을 사용하여 양을 연관시켜야 한다. 몰질량은 몰수와 그램수 사이의 상호 변환에 사용된다. 그림 3.1에 요약된 일반적인 전략을 사용한다.

풀이

단계 1. Cl_2의 그램수를 Cl_2의 몰수로 변환한다. 그램수에서 몰수로의 변환은 Cl_2의 몰질량(70.9 g/mol)을 환산 인자로 사용하여 일반적인 방식으로 수행한다.

$$25.0\ \cancel{g\ Cl_2} \times \frac{1\ mol\ Cl_2}{70.9\ \cancel{g\ Cl_2}} = 0.353\ mol\ Cl_2$$

단계 2. Cl_2의 몰수를 NaOH의 몰수로 변환한다. 균형 반응식의 계수는 1 mol의 Cl_2가 2 mol의 NaOH와 반응함을 보여 준다.

$$0.353\ \cancel{mol\ Cl_2} \times \frac{2\ mol\ NaOH}{1\ \cancel{mol\ Cl_2}} = 0.706\ mol\ NaOH$$

단계 3. NaOH의 몰수를 NaOH의 그램수로 변환한다. NaOH의 몰질량(40.0 g/mol)을 환산 인자로 사용하여 몰수를 그램수로 변환하면, 이 반응에 28.2 g의 NaOH가 필요함을 알 수 있다.

$$0.706\ \cancel{mol\ NaOH} \times \frac{40.0\ g\ NaOH}{1\ \cancel{mol\ NaOH}} = 28.2\ g\ NaOH$$

여러 단계들을 결합하여 다음과 같이 문제를 해결할 수도 있다.

$$\text{NaOH의 그램수} = 25.0\ \cancel{g\ Cl_2} \times \frac{1\ \cancel{mol\ Cl_2}}{70.9\ \cancel{g\ Cl_2}} \times \frac{2\ \cancel{mol\ NaOH}}{1\ \cancel{mol\ Cl_2}} \times \frac{40.0\ g\ NaOH}{1\ \cancel{mol\ NaOH}}$$
$$= 28.2\ g\ NaOH$$

점검

NaOH의 몰질량은 Cl_2의 약 절반이며, Cl_2 1 mol당 NaOH 2 mol이 필요하다. 따라서 필요한 NaOH의 질량은 Cl_2의 질량, 즉 약 25 g과 비슷할 것이다.

연습문제 3.9 아스피린은 다음 반응식에 따라 살리실산($C_7H_6O_3$)과 아세트산 무수물($C_4H_6O_3$)의 반응에 의해 제조된다.

$$\underset{\text{살리실산}}{C_7H_6O_3(s)} + \underset{\text{아세트산 무수물}}{C_4H_6O_3(l)} \longrightarrow \underset{\text{아스피린}}{C_9H_8O_4(s)} + \underset{\text{아세트산}}{C_2H_4O_2(l)}$$

4.50 g의 살리실산과 반응하려면 몇 그램의 아세트산 무수물이 필요한가?

응용문제 3.10 문제 3.9에서 아스피린의 합성에 대한 균형 반응식을 참조하시오.
(a) 10.0 g의 아스피린을 만들려면, 몇 그램의 살리실산이 필요한가?
(b) 10.0 g의 아스피린이 합성될 때, 부산물로 몇 그램의 아세트산이 형성되는가?

개념탐구 질문 3

다음 도표는 AB_3를 형성하는 A_2(빨간색 구)와 B_2(파란색 구)의 반응을 나타낸다. 100% 미만의 수득 백분율로 일어난 반응을 나타내는 도표는 어느 것인가?

(a)

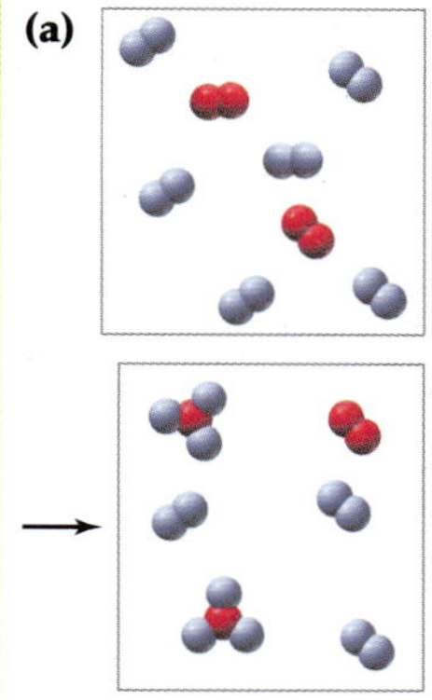

(b)

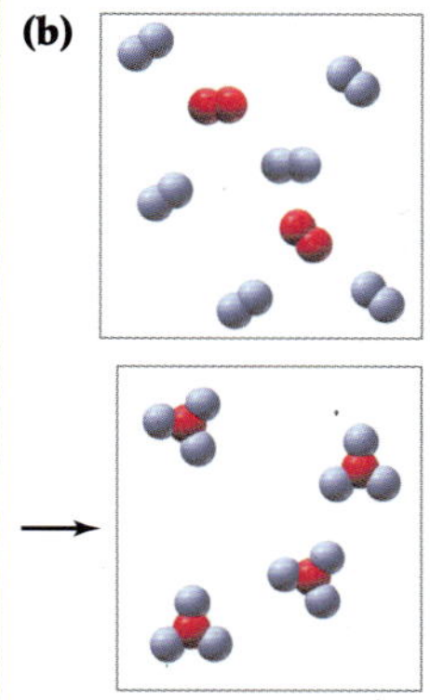

3.5 화학 반응의 수득률

앞 절에서 수행된 화학량론 예제에서 모든 반응이 "완료"된다는 미지의 가정을 하였다. 즉, 모든 반응물 분자가 생성물로 변환한다고 가정하였다. 실제로 몇몇 반응은 아주 잘 진행한다. 더 많은 경우 대부분의 분자들이 예상대로 반응하지만, 다른 과정이나 **부반응**(side reaction)도 발생한다. 따라서 반응의 **수득량(yield)**으로 불리는 실제로 형성된 생성물의 양은 일반적으로 계산에 의해 예측된 양보다 적다.

반응에서 실제로 형성된 생성물의 양을 이론적으로 가능한 양으로 나누고, 100%를 곱한 것이 반응의 **수득 백분율(percent yield)**이다. 예를 들어, 주어진 반응은 화학량론에 따라 6.9 g의 생성물을 생성할 수 있지만, 실제로 4.7 g만 생성되는 경우 이 반응의 수득 백분율은 (4.7 g/6.9 g)×100% = 68%이다.

$$\textbf{수득 백분율} = \frac{\text{생성물의 실제 수득량}}{\text{생성물의 이론적 수득량}} \times 100\%$$

예제 3.6은 수득 백분율을 계산하고 사용하는 방법을 보여 준다.

예제 3.6

수득 백분율 계산하기

건강상의 문제로, 현재 많은 지역에서 사용이 중단된 휘발유 첨가제인 메틸 *tert*-뷰틸 에터(MTBE, $C_5H_{12}O$)는 아이소뷰틸렌(C_4H_8)과 메탄올(CH_4O)을 반응시켜 제조할 수 있다. 26.3 g의 아이소뷰틸렌과 충분한 양의 메탄올을 반응시켜 32.8 g의 MTBE를 얻은 경우, 이 반응의 수득 백분율은 얼마인가?

$$\underset{\text{아이소뷰틸렌}}{C_4H_8(g)} + \underset{\text{메탄올}}{CH_4O(l)} \longrightarrow \underset{\text{메틸 }tert\text{-뷰틸 에터 (MTBE)}}{C_5H_{12}O(l)}$$

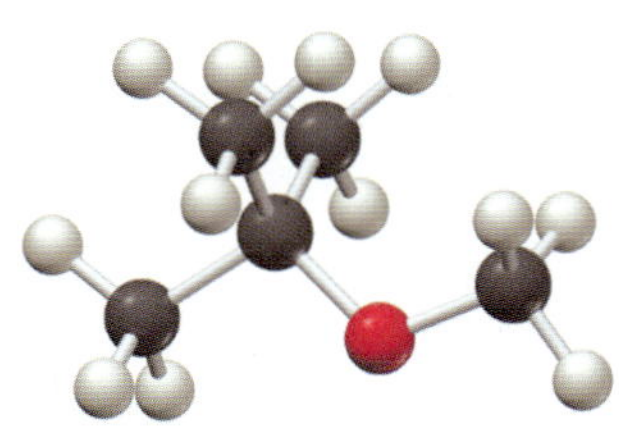

메틸 *tert*-뷰틸 에터

문제 파악

알고 있는 것	알아내야 할 것
균형 반응식	반응의 수득 백분율
아이소뷰틸렌의 질량(26.3 g)	
메탄올(아이소뷰틸렌과 반응하기에 충분한 양)	
MTBE의 질량(32.8 g, 생성물의 실제 수득량)	

전략

수득 백분율을 계산하려면, 실제 수득량과 이론적 수득량을 알아야 한다. 실제 수득량(MTBE 32.8 g)이 문제에 주어졌으므로 이론적 수득량, 즉 26.3 g의 아이소뷰틸렌이 완전히 반응하여 생성될 수 있는 MTBE의 양을 계산할 필요가 있다.

단계 1. 환산 인자로 사용할 반응물과 생성물의 몰질량을 계산한다.

단계 2. 균형 반응식의 계수와 몰질량을 환산 인자로서 사용하여 생성물인 MTBE의 이론적 양을 구한다.

단계 3. 수득 백분율 식을 사용한다.

풀이

단계 1. 몰질량 계산

아이소뷰틸렌, C_4H_8:

아이소뷰틸렌의 분자량 = (4 × 12.0) + (8 × 1.0) = 56.0

아이소뷰틸렌의 몰질량 = 56.0 g/mol

MTBE, $C_5H_{12}O$:

MTBE의 분자량 = (5 × 12.0) + (12 × 1.0) + 16.0 = 88.0

MTBE의 몰질량 = 88.0 g/mol

단계 2. 생성물의 이론적 양

26.3 g의 아이소뷰틸렌으로부터 이론적으로 생성될 수 있는 MTBE의 양을 계산하려면, 먼저 몰질량을 환산 인자로 사용하여 반응물의 몰수를 구해야 한다.

$$26.3\ \text{g 아이소뷰틸렌} \times \frac{1\ \text{mol 아이소뷰틸렌}}{56.0\ \text{g 아이소뷰틸렌}} = 0.470\ \text{mol 아이소뷰틸렌}$$

균형 반응식에 따르면, 반응물 1 mol당 생성물 1 mol이 생성되므로 0.470 mol의 아이소뷰틸렌은 이론적으로 0.470 mol의 MTBE를 생성할 수 있다. 이 MTBE의 질량을 구하려면 몰수를 질량으로 변환할 필요가 있다.

$$0.470\ \text{mol 아이소뷰틸렌} \times \frac{1\ \text{mol MTBE}}{1\ \text{mol 아이소뷰틸렌}} \times \frac{88.0\ \text{g MTBE}}{1\ \text{mol MTBE}} = 41.4\ \text{g MTBE}$$

단계 3. 수득 백분율 식

실제 양을 이론적 양으로 나누고 100%를 곱하면 수득 백분율이 얻어진다.

$$\frac{32.8\ \text{g MTBE}}{41.4\ \text{g MTBE}} \times 100\% = 79.2\%$$

점검

계산에 여러 단계가 포함되므로 수득 백분율의 수치를 추정하기가 어렵다. 그러나 수득 백분율의 값은 0%에서 100% 사이여야 한다. 따라서 79.2%의 답은 합당한 범위에 있다.

▶ **연습문제 3.11** 에틸 알코올은 에틸렌(C_2H_4)과 물의 반응에 의해 공업적으로 제조된다. 4.6 g의 에틸렌이 4.7 g의 에틸 알코올을 생성하는 경우, 이 반응의 수득 백분율은 얼마인가?

$$\underset{\text{에틸렌}}{C_2H_4(g)} + H_2O(l) \longrightarrow \underset{\text{에틸 알코올}}{C_2H_6O(l)}$$

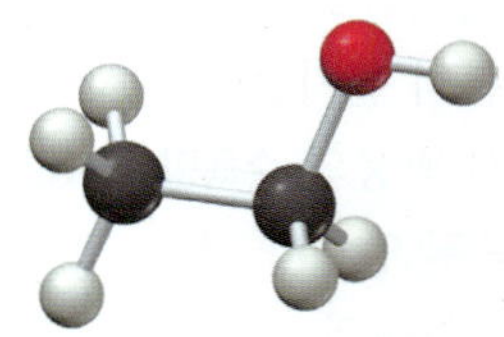

에틸 알코올

▶ **응용문제 3.12**

(a) 의학적으로 마취제로 사용되는 '에터'인 다이에틸 에터($C_4H_{10}O$)는 에틸 알코올(C_2H_6O)을 산으로 처리하여 상업적으로 제조된다. 이 반응의 수득 백분율이 87.0%인 경우, 40.0 g의 에틸 알코올로부터 몇 그램의 다이에틸 에터가 얻어지는가?

$$2\ \underset{\text{에틸 알코올}}{C_2H_6O(l)} \xrightarrow{\text{산}} \underset{\text{다이에틸 에터}}{C_4H_{10}O(l)} + H_2O(l)$$

(b) 반응의 수득 백분율이 87.0%인 경우, 100.0 g의 다이에틸 에터를 생산하는 데 몇 그램의 에틸 알코올이 필요한가?

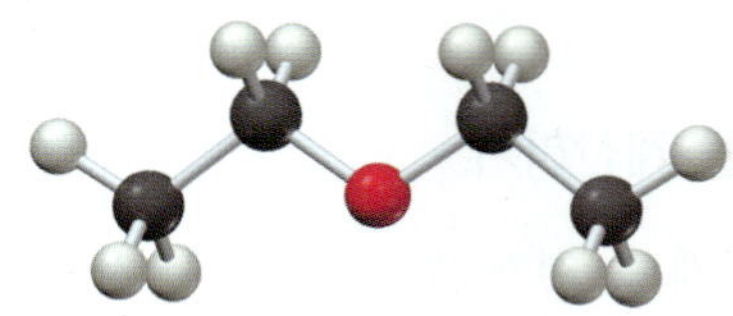

다이에틸 에터

개념탐구 질문 4

샌드위치는 치즈 1개와 빵 2조각으로 구성된다. 샌드위치를 만드는 반응식은 다음과 같이 작성할 수 있다.

$$C + 2\,B \longrightarrow S$$

여기서 C는 치즈, B는 빵 조각, S는 샌드위치를 나타낸다.

한계 반응물은 어느 것이며, 치즈 7개와 빵 10조각이 있는 경우 얼마나 많은 샌드위치를 만들 수 있는가?

3.6 반응물의 한계량이 있는 반응

화학자는 일반적으로 균형 반응식을 쓰기 때문에, 항상 정확한 비율의 반응물을 사용하여 반응이 수행된다는 인상을 쉽게 받을 수 있다. 실제로 이것은 일반적이지 않다. 화학량론에 따라 실제로 필요한 것보다 과량의 반응물을 사용하여 많은 반응이 수행된다. 예를 들어, 자동차 부동액과 폴리에스터 중합체의 제조를 위한 출발 물질로 사용되는 물질인 에틸렌 글라이콜($C_2H_6O_2$)의 공업적 합성을 살펴보자. 산화 에틸렌(C_2H_4O)과 고온에서 물과의 반응에 의해 매년 전 세계적으로 약 1,800만 톤의 에틸렌 글라이콜이 제조된다(1 톤 = 1000 kg).

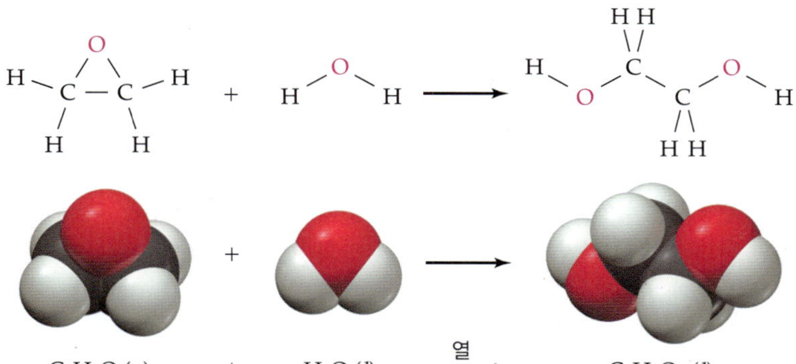

$$C_2H_4O\,(g) + H_2O\,(l) \xrightarrow{\text{열}} C_2H_6O_2\,(l)$$

산화 에틸렌 / 물 / 에틸렌 글라이콜

물은 매우 저렴하고 풍부하기 때문에, 산화 에틸렌 1 mol당 정확히 물 1 mol을 사용해야 한다는 걱정을 할 필요가 없다. 오히려 더 비싼 산화 에틸렌 반응물을 완전히 소비하기에 충분한 양의 물이 존재한다는 것을 확신하기 위해, 과량의 물을 사용하는 것이 훨씬 쉽다. 물론 과량의 물이 존재하더라도 화학량론에 의해 요구되는 양만 반응을 진행한다. 과량의 물은 반응하지 않고 그대로 남아 있다.

실험에 사용된 반응물 분자들의 비율이 균형 반응식의 계수로 주어진 것과 다를 때마다, 반응이 완료된 후 한 반응물의 여분이 남게 된다. 따라서 화학 반응이 일어나는 정도는 한계량으로 존재하는 반응물인 **한계 반응물(limiting reactant)**에 의존하게 된다. 다른 반응물은 **초과 반응물**(excess reactant)이라고 한다.

초과 반응물과 한계 반응물이 있는 상황은 때때로 사람과 의자에게 일어나는 것과 유사하다. 방 안에 5명이 있고 의자는 3개뿐인 경우, 앉은 사람의 수가 사용 가능한 의자의 개수에 의해 제한되기 때문에 3명만 앉을 수 있고 다른 2명은 서 있게 된다. 의자는 한계 반응물과 같고, 사람은 초과 반응물이 된다. 예제 3.7은 한계 반응물 문제를 시각화하는 방법을 보여 준다.

개념 예제 3.7

분자 모형으로 한계 반응물 확인

다음에 나타낸 산화 에틸렌과 물로부터 에틸렌 글라이콜을 생성하는 균형 반응식과 분자 모형 그림을 보고 답하시오.

$$C_2H_4O + H_2O \xrightarrow{\text{열}} C_2H_6O_2$$

산화 에틸렌 / 물 / 에틸렌 글라이콜

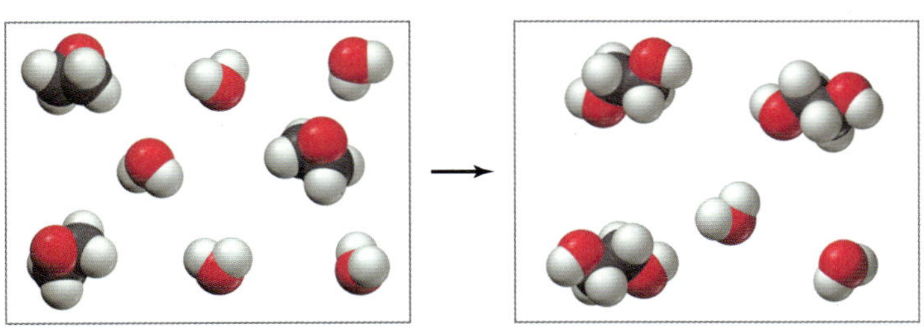

(a) 한계 반응물과 초과 반응물을 말하시오.
(b) 반응이 일어난 후 몇 개의 초과 반응물 분자가 남는가?
(c) 몇 개의 생성물 분자가 만들어지는가?

전략

반응물과 생성물 분자의 개수를 세고, 균형 반응식의 계수를 사용하여 서로 연관시킨다.

풀이

(a) 반응식의 반응물 쪽 상자에 있는 각 유형의 분자 수를 센다. 산화 에틸렌 분자 3개와 물 분자 5개가 있다. 균형 반응식에 따르면 반응물 사이의 화학량론은 1:1이다. 따라서 물 분자 5개와 반응하려면 산화 에틸렌 분자 5개가 필요하다. 산화 에틸렌 분자가 3개뿐이므로 한계 반응물이 되고, 물은 초과 반응물이다.

(b) 반응식의 생성물 쪽에 있는 물 분자 수를 센다. 반응하지 않은 2개의 물 분자가 있고, 물은 초과 반응물이라고 한다.

(c) 반응식의 생성물 쪽에 있는 에틸렌 글라이콜 분자 수를 센다. 3개의 에틸렌 글라이콜 분자가 존재한다.

그러므로 산화 에틸렌 분자 3개와 물 분자 5개의 반응은 에틸렌 글라이콜 분자 3개와 물 분자 2개를 남긴다.

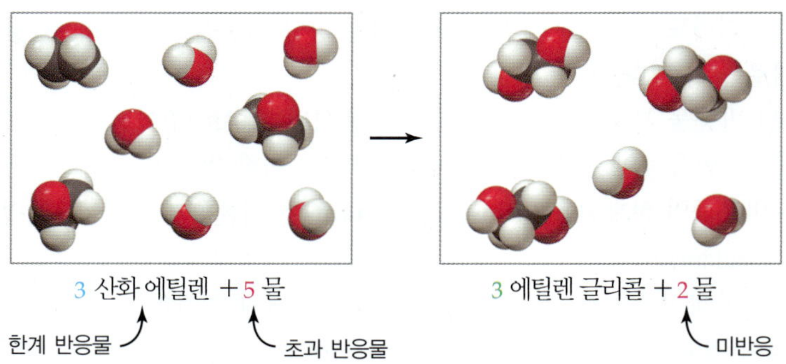

개념 연습문제 3.13 다음 도표는 A(빨간색 구)와 B_2(파란색 구)의 반응을 나타낸다.

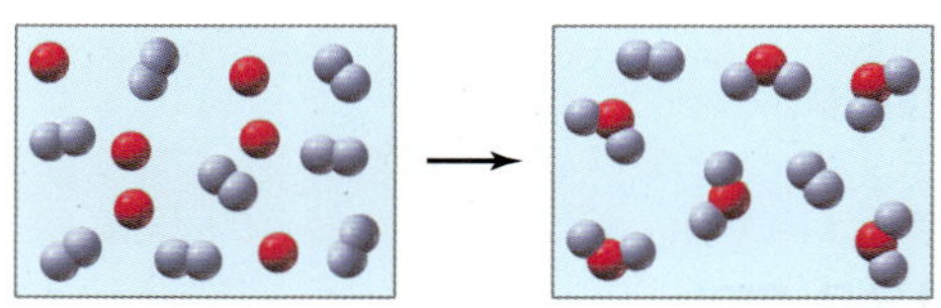

(a) 반응에 대한 균형 반응식을 쓰시오.
(b) 한계 반응물과 초과 반응물을 말하시오.
(c) 몇 개의 생성물 분자가 만들어지는가?

개념 응용문제 3.14 AB 분자 8개가 B_2 분자 6개와 반응할 때, 다음 반응에 대해 문제 3.13에 표시된 것과 유사한 도표를 그리시오. 각 원자를 기호 A 또는 B로 표시된 구로 나타내시오. 한계 반응물과 초과 반응물을 지정하시오.

$$2\ AB + B_2 \longrightarrow 2\ AB_2$$

그림 3.2는 한계 반응물을 확인하고, 지정된 양의 반응물이 혼합될 때 형성되는 생성물의 이론적 질량을 계산하는 데 필요한 단계들을 요약한 순서도이다. 이 과정에는 각 반응물이 완전히 소비된 경우 만들어질 수 있는 생성물의 양을 계산하는 과정이 포함된다. 한계 반응물은 각 반응물로부터 형성된 생성물의 양을 비교함으로써 결정할 수 있다. 한계 반응물은 가장 적은 양의 생성물을 형성할 것이며, 이는 **이론적 수득량**(theoretical yield)이 된다. 이전의 화학량론 예제에서와 같이, 반응물과 생성물의 양은 균형 반응식 및 몰수와 관련이 있다. 예제 3.8은 한계 반응물을 결정하고, 생성물과 초과 반응물의 양을 계산하는 방법을 보여 준다.

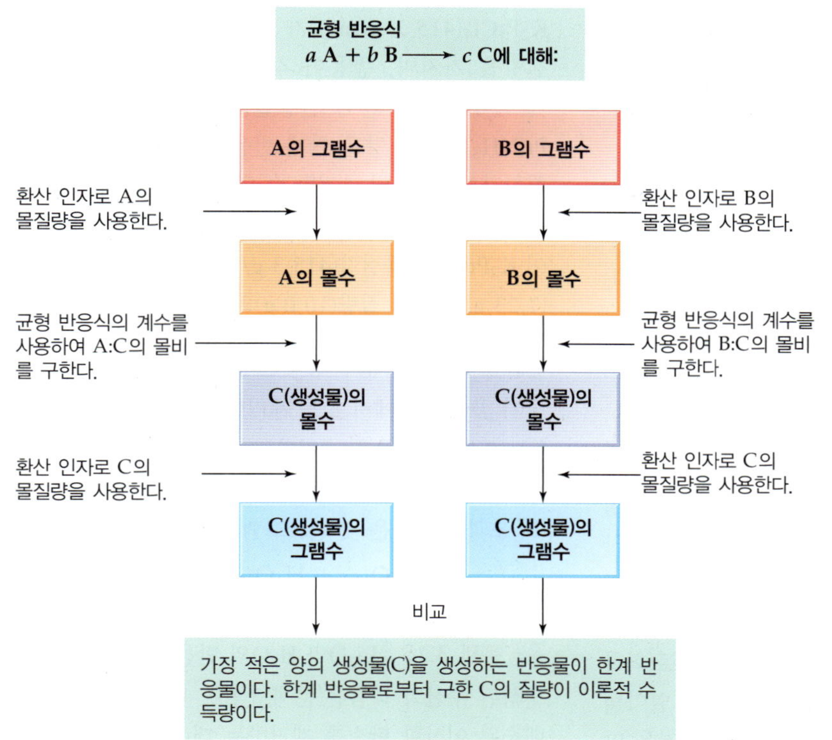

◀ 그림 3.2
한계 반응물을 확인하고 이론적 수득량을 계산하기 위한 단계

▶ 확인하기

한계 반응물은 어떻게 결정할 수 있는가?

답 화학량론을 이용하여 각 반응물에 의해 생성된 생성물의 양을 계산한다. 한계 반응물은 초과 반응물보다 적은 양의 생성물을 생성한다.

예제 3.8

한 반응물이 제한적일 때 생성물 또는 초과 반응물의 양 계산하기

고형 종양의 치료에 사용되는 항암제인 시스플라틴은 테트라클로로백금산 포타슘과 암모니아를 반응시켜 제조한다. 10.0 g의 K_2PtCl_4와 10.0 g의 NH_3가 반응한다고 가정하자.

$$\underset{\text{테트라클로로백금산 포타슘}}{K_2PtCl_4(aq)} + 2\,NH_3(aq) \longrightarrow \underset{\text{시스플라틴}}{Pt(NH_3)_2Cl_2(s)} + 2\,KCl(aq)$$

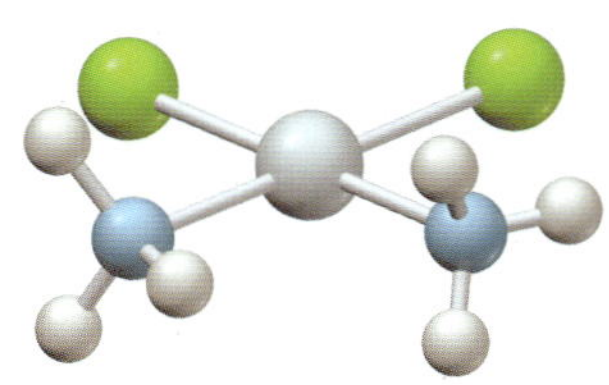
시스플라틴

(a) 한계 반응물과 초과 반응물은 각각 어느 것인가? 몇 그램의 시스플라틴이 형성되는가?
(b) 초과 반응물 중 몇 그램이 소비되고, 몇 그램이 남는가?

문제 파악

알고 있는 것	알아내야 할 것
균형 반응식	한계 반응물
NH_3의 질량(10.0 g)	$Pt(NH_3)_2Cl_2$의 질량(g)
K_2PtCl_4의 질량(10.0 g)	소비된 초과 반응물의 질량(g)
	남은 초과 반응물의 질량(g)

전략

(a) 각 반응물의 양이 알려져 있으므로, 그림 3.2에 요약된 절차를 사용하면 어떤 반응물이 한계 반응물인지 결정할 수 있다. 화학량론을 이용하여 주어진 각 반응물의 양으로 만들 수 있는 생성물의 양을 계산한다. 가장 적은 양의 생성물을 생성하는 반응물이 한계 반응물이며, 이것이 만들 수 있는 생성물의 최대량을 결정한다.

(b) 한계 반응물의 양을 초과 반응물의 양과 연관시키기 위해 화학량론을 이용할 수 있다.

풀이

(a) **단계 1.** 몰질량 계산

반응물의 몰수를 구하는 것은 항상 화학식량을 계산하고 몰질량을 환산 인자로 사용하여 시작한다.

K_2PtCl_4의 화학식량 $= (2 \times 39.1) + 195.1 + (4 \times 35.5) = 415.3$

K_2PtCl_4의 몰질량 $= 415.3$ g/mol

NH_3의 분자량 $= 14.0 + (3 \times 1.0) = 17.0$

NH_3의 몰질량 $= 17.0$ g/mol

$Pt(NH_3)_2Cl_2$의 분자량 $= 195.1 + (2 \times 17.0) + (2 \times 35.5) = 300.1$

$Pt(NH_3)_2Cl_2$의 몰질량 = 300.1 g/mol

단계 2. 각 반응물로부터 만들어지는 생성물의 양
화학량론을 이용하여 주어진 양의 각 반응물이 모두 반응한 경우 만들어질 수 있는 생성물의 양을 구한다.

$$10.0\ \text{g}\ K_2PtCl_4 \times \frac{1\ \text{mol}\ K_2PtCl_4}{415.3\ \text{g}\ K_2PtCl_4} \times \frac{1\ \text{mol}\ Pt(NH_3)_2Cl_2}{1\ \text{mol}\ K_2PtCl_4} \times \frac{300.1\ \text{g}\ Pt(NH_3)_2Cl_2}{1\ \text{mol}\ Pt(NH_3)_2Cl_2} = 7.23\ \text{g}\ Pt(NH_3)_2Cl_2$$

$$10.0\ \text{g}\ NH_3 \times \frac{1\ \text{mol}\ NH_3}{17.0\ \text{g}\ NH_3} \times \frac{1\ \text{mol}\ Pt(NH_3)_2Cl_2}{2\ \text{mol}\ NH_3} \times \frac{300.1\ \text{g}\ Pt(NH_3)_2Cl_2}{1\ \text{mol}\ Pt(NH_3)_2Cl_2} = 88.3\ \text{g}\ Pt(NH_3)_2Cl_2$$

이 계산에서 K_2PtCl_4가 가장 적은 그램수의 생성물을 생성하므로 한계 반응물임을 알 수 있다. 초과 반응물은 많은 양의 생성물을 생성하는 NH_3이다. 주어진 초기 K_2PtCl_4의 양을 고려할 때 $Pt(NH_3)_2Cl_2$ 7.23 g만이 생성될 수 있다.

(b) 초과 반응물과 한계 반응물의 정체가 확인되었으므로 화학량론을 이용하여 NH_3의 반응하는 양과 남는 양을 알아낼 수 있다. 한계 반응물(K_2PtCl_4)이 모두 소비된다는 것을 알고 있으므로, 화학량론을 통해 다음과 같이 NH_3의 반응하는 양을 계산할 수 있다.

$$10.0\ \text{g}\ K_2PtCl_4 \times \frac{1\ \text{mol}\ K_2PtCl_4}{415.3\ \text{g}\ K_2PtCl_4} \times \frac{2\ \text{mol}\ NH_3}{1\ \text{mol}\ K_2PtCl_4} \times \frac{17.0\ \text{g}\ NH_3}{1\ \text{mol}\ NH_3} = 0.819\ \text{g}\ NH_3$$

$$\text{반응하지 않은 } NH_3\text{의 그램수} = (10.0\ \text{g} - 0.819\ \text{g}) = 9.2\ \text{g}\ NH_3$$

점검

K_2PtCl_4(415.3 g/mol)가 NH_3(17.0 g/mol)보다 훨씬 큰 몰질량을 가지며, 반응이 각각 같은 그램수로 시작하기 때문에 K_2PtCl_4가 한계 반응물인 것이 합리적이다. 생성물인 $Pt(NH_3)_2Cl_2$의 양은 한계 반응물과 상대적 몰질량 및 반응의 화학량론으로부터 추정할 수 있다. 1 mol의 K_2PtCl_4가 1 mol의 $Pt(NH_3)_2Cl_2$를 생성하고 $Pt(NH_3)_2Cl_2$의 몰질량(300.1 g/mol)이 K_2PtCl_4의 몰질량(415.3 g/mol)의 약 3/4이므로, 생성된 양(7.23 g)은 초기 질량(10.0 g)의 약 3/4이어야 한다.

▶ **연습문제 3.15** 우주 왕복선 탑승 시에 산화 리튬이 사용되어 공기 공급 장치에서 물을 제거한다.

(a) 80.0 kg의 물을 제거하는 데 65 kg의 Li_2O가 사용되는 경우, 어느 반응물이 한계 반응물인가?

(b) 초과 반응물은 몇 킬로그램 남는가?

$$Li_2O(s) + H_2O(g) \longrightarrow 2\ LiOH(s)$$

▶ **응용문제 3.16** Li_2O와 H_2O의 반응으로 우주 왕복선 탑승 시 생성된 수산화 리튬은(문제 3.15), 나중에 공기 공급 장치에서 배출된 이산화 탄소를 제거하는 데 사용된다. 초기에 400.0 g의 LiOH가 존재하였고, 500.0 g의 $LiHCO_3$가 생성되었다. 이 반응은 공기에서 CO_2를 추가적으로 제거할 수 있는가? 그렇다면 얼마나 제거할 수 있는가?

$$LiOH(s) + CO_2(g) \longrightarrow LiHCO_3(s)$$

3.7 조성 백분율과 실험식

지금까지 다루었던 모든 물질은 화학식이 알려져 있었다. 그러나 새로운 화합물이 실험실에서 만들어지거나 자연에서 발견되는 경우, 그 화합물의 화학식은 실험적으로 결정해야 한다.

새로운 화합물의 화학식을 결정하는 것은 물질을 분석하여 어떤 원소가 포함되어 있고 각 원소가 얼마나 존재하는지 알아내는 것, 즉 화합물의 **조성**(composition)을 찾는 것으로 시작한다. 화합물의 **조성 백분율(percent composition)**은 존재하는 원소를 확인하고 각 원소의 질량 백분율을 부여함으로써 나타낸다. 예를 들어, 휘발유에서 발견되는 특정 무색 액체의 조성 백분율은 "질량으로 탄소 84.1%와 수소 15.9%를 포함한다."고 표현할 수 있다. 다시 말해 100.0 g의 화합물 시료는 84.1 g의 탄소 원자와 15.9 g의 수소 원자를 포함한다.

화합물의 조성 백분율을 알면 그 화합물의 화학식을 계산할 수 있다. 그림 3.3에 나타낸 바와 같이, 계산 전략은 화합물에서 각 원소의 상대적 몰수를 구한 다음, 이 수치를 사용하여 원소의 몰비를 정하는 것이다. 이 몰비는 차례대로 화학식의 아래 첨자에 해당한다.

질량으로 조성이 탄소 84.1%와 수소 15.9%인 무색의 액체를 예로 들어 보자. 계산을 쉽게 하기 위해 임의로 100 g의 물질을 취하고, 환산 인자로 몰질량을 사용하여 100 g에 포함된 원

소의 몰수를 구한다.

$$84.1\ \text{g C} \times \frac{1\ \text{mol C}}{12.01\ \text{g C}} = 7.00\ \text{mol C}$$

$$15.9\ \text{g H} \times \frac{1\ \text{mol H}}{1.008\ \text{g H}} = 15.8\ \text{mol H}$$

C와 H의 상대적 몰수를 알고 있으므로 둘 다 더 작은 숫자(7.00)로 나누어 몰비를 구한다.

$$C_{\left(\frac{7.00}{7.00}\right)}H_{\left(\frac{15.8}{7.00}\right)} = C_1H_{2.26}$$

1:2.26의 C:H 몰비는 액체의 임시 화학식으로 $C_1H_{2.26}$을 쓸 수 있음을 의미한다. 정수를 구할 때까지 시행착오 과정을 거쳐 아래 첨자에 작은 정수를 곱하면 **실험식(empirical formula)**이 얻어진다. 이는 화합물에 있는 원자의 최소 정수비를 나타낸다. 이 예에서는 C_4H_9의 실험식을 얻기 위해 아래 첨자에 4를 곱해야 한다. (아래 첨자는 실험 데이터의 작은 오차로 인해 항상 **정확한** 정수는 아니지만 그 차이는 작아야 한다.)

$$C_{(1\times4)}H_{(2.26\times4)} = C_4H_{9.04} = C_4H_9$$

조성 백분율로부터 결정된 실험식은 화합물에 존재하는 원자의 비율만을 나타낸다. 분자의 **실제 원자 수**를 나타내는 **분자식(molecular formula)**은 실험식과 동일하거나 그 배수일 수 있다. 분자식을 결정하려면 물질의 분자량을 알아야 한다. 이 예에서 화합물(옥테인)의 분자량은 114.2이며, 이는 C_4H_9의 실험식량(57.1)의 단순한 배수이다.

배수를 구하기 위해 분자량을 실험식량으로 나눈다.

$$\text{배수} = \frac{\text{분자량}}{\text{실험식량}} = \frac{114.2}{57.1} = 2.00$$

그런 다음, 실험식의 아래 첨자에 이 배수를 곱하여 분자식을 얻는다. 이 예에서 옥테인의 분자식은 $C_{(4\times2)}H_{(9\times2)}$, 즉 C_8H_{18}이 된다.

조성 백분율로부터 물질의 실험식을 구할 수 있는 것처럼, 실험식 또는 분자식으로부터 물질의 조성 백분율을 구할 수도 있다. 이들의 계산 전략은 정반대이다. 예를 들어, 아스피린은 $C_9H_8O_4$의 분자식을 가지므로 9:8:4의 C:H:O 몰비를 갖는다. 몰수를 그램수로 변환함으로써 이 몰비를 질량비와 조성 백분율로 변환할 수 있다.

계산의 단순화를 위해 1 mol의 화합물로 시작하는 것으로 가정하자.

$$1\ \text{mol 아스피린} \times \frac{9\ \text{mol C}}{1\ \text{mol 아스피린}} \times \frac{12.0\ \text{g C}}{1\ \text{mol C}} = 108\ \text{g C}$$

$$1\ \text{mol 아스피린} \times \frac{8\ \text{mol H}}{1\ \text{mol 아스피린}} \times \frac{1.01\ \text{g H}}{1\ \text{mol H}} = 8.08\ \text{g H}$$

$$1\ \text{mol 아스피린} \times \frac{4\ \text{mol O}}{1\ \text{mol 아스피린}} \times \frac{16.0\ \text{g O}}{1\ \text{mol O}} = 64.0\ \text{g O}$$

각 원소의 질량을 전체 질량으로 나누고 100%를 곱하면 조성 백분율이 된다.

$$\text{아스피린 1 mol의 전체 질량} = 108\ \text{g} + 8.08\ \text{g} + 64.0\ \text{g} = 180\ \text{g}$$

$$\%\text{C} = \frac{108\ \text{g C}}{180\ \text{g}} \times 100\% = 60.0\%$$

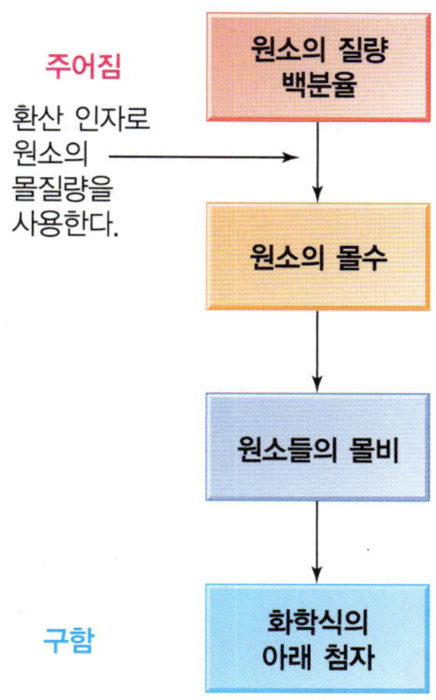

▲ 그림 3.3
화합물의 조성 백분율로부터 화합물의 화학식 계산

▶ 확인하기

몰비는 한 원소의 몰수를 다른 원소의 몰수로 나눈 값이다. 몰비는 화학식의 아래 첨자와 어떤 관련이 있는가?

답 화학식의 아래 첨자는 몰수를 나타낸다. 예를 들어, 1 mol의 C_2H_4에는 2 mol의 탄소 원자와 4 mol의 수소 원자가 있다. 몰비는 아래 첨자의 비율과 동일하다.

$$\%H = \frac{8.08\text{ g H}}{180\text{ g}} \times 100\% = 4.49\%$$

$$\%O = \frac{64.0\text{ g O}}{180\text{ g}} \times 100\% = 35.6\%$$

질량 백분율의 합계가 100%로의 반올림 오차 내에 있는지를 확인함으로써 답을 점검할 수 있다. 60.0% + 4.49% + 35.6% = 100.1%.

예제 3.9는 조성 백분율과 실험식 사이의 변환을 추가로 보여 준다.

예제 3.9

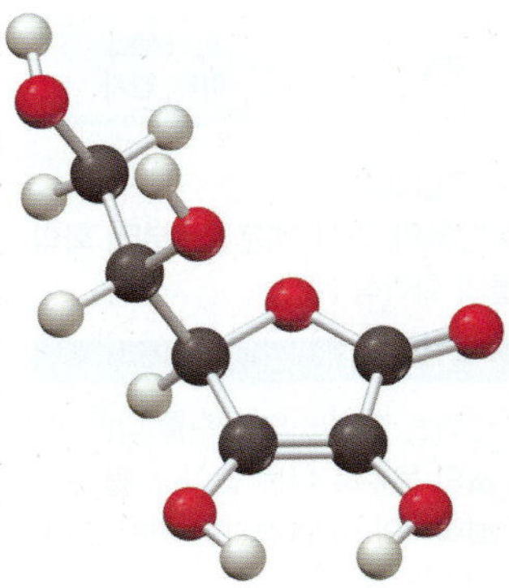

아스코브산

실험식과 분자식 계산

(a) 바이타민 C(아스코브산)는 질량으로 C 40.92%, H 4.58%, O 54.50%를 포함한다. 아스코브산의 실험식은 무엇인가?

(b) 아스코브산의 구조를 이용하여 아스코브산의 분자식을 결정하시오(회색 = C, 빨간색 = O, 상아색 = H). 실험식을 분자식으로 변환하려면 실험식에 어떤 정수를 곱해야 하는가?

(a) 문제 파악

알고 있는 것	알아내야 할 것
아스코브산의 조성 백분율 (질량으로 C 40.92%, H 4.58%, O 54.50%)	아스코브산의 실험식

전략

그림 3.3에 조성 백분율을 실험식으로 변환하는 과정이 간략하게 요약되어 있다. 100.0 g의 아스코브산이 있다고 가정하여 각 원소의 그램수를 몰수로 변환하고, 가장 작은 몰수로 나눠서 아래 첨자에 대한 몰비를 얻는다.

풀이

단계 1. 그림 3.3에 따라 첫 번째 단계는 시료에 있는 각 원소의 질량을 몰수로 변환하는 것이다.

$$40.92\text{ g C} \times \frac{1\text{ mol C}}{12.0\text{ g C}} = 3.41\text{ mol C}$$

$$4.58\text{ g H} \times \frac{1\text{ mol H}}{1.01\text{ g H}} = 4.53\text{ mol H}$$

$$54.50\text{ g O} \times \frac{1\text{ mol O}}{16.0\text{ g O}} = 3.41\text{ mol O}$$

단계 2. 몰비를 구한다. 세 숫자를 각각 가장 작은 숫자(3.41 mol)로 나누면 C:H:O 몰비는 1:1.33:1이 되고, 임시 화학식은 $C_1H_{1.33}O_1$이 된다.

단계 3. 실험식에 속한 정수 아래 첨자를 결정한다. 정수를 구할 때까지 시행착오 과정에서 아래 첨자에 1, 2, 3 또는 4와 같은 작은 정수를 곱하면 실험식이 얻어진다. $C_{(3\times1)}H_{(3\times1.33)}O_{(3\times1)} = C_3H_4O_3$.

(b) 문제 파악

알고 있는 것	알아내야 할 것
문항 (a)에서 얻은 실험식 아스코브산에 대한 공–막대 모형	분자식

전략

주어진 구조식에서 원자를 세어 분자식을 구한다. 실험식의 아래 첨자를 분자식으로 변환하는 데 필요한 곱셈 계수를 결정한다.

풀이

아스코브산의 구조식에서 원자를 세어 보면 $C_6H_8O_6$의 분자식이 얻어진다. 실험식($C_3H_4O_3$)의 아래 첨자에 2를 곱하면 분자식이 된다.

점검

실험식에 정수를 곱하여 분자식을 얻을 수 있다. 이것은 실험식이 정확하게 결정되었다는 강력한 증거이다.

연습문제 3.17 질량으로 C 14.25%, O 56.93%, Mg 28.83%의 조성 백분율을 갖는 부페린(bufferin) 정제 성분의 실험식은 무엇인가?

개념 응용문제 3.18 포도당의 구조식을 이용하여 분자식을 결정하시오. 실험식은 무엇인가? 포도당에서 각 원자의 조성 백분율은 얼마인가?

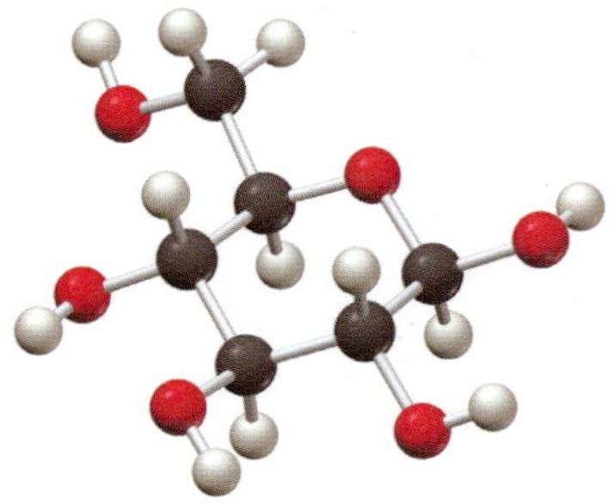

포도당

3.8 실험식 결정: 원소 분석

연소 분석은 특별히 탄소와 수소를 포함하는 유기 화합물에 대한 조성 백분율과 실험식을 결정하는 데 사용되는 가장 일반적인 방법 중 하나이다. 이 방법에서 조성을 모르는 화합물이 산소로 연소되면 휘발성 연소 생성물인 CO_2와 H_2O가 생성되고 이들을 분리하여 그 양을 자동화된 기기에 의해 측정한다. 예를 들어, 메테인(CH_4)은 다음 균형 반응식에 따라 연소한다.

$$CH_4(g) + 2\ O_2(g) \longrightarrow CO_2(g) + 2\ H_2O(g)$$

탄소를 포함하는 생성물(CO_2)과 수소를 포함하는 생성물(H_2O)의 양이 확인되면 계산 전략은 생성물에서 탄소와 수소의 몰수를 계산하는 것이다. 이로부터 출발 화합물의 C:H의 몰비를 구할 수 있다. 이 정보는 **그림 3.4**의 순서도에 요약된 것처럼 차례로 화학식을 제공한다.

연소 분석이 작동하는 방법의 예로, 가정용 좀약으로 흔히 사용되는 순수한 물질인 나프탈렌 시료가 있다고 생각하자. 시료의 알려진 양을 측정하고 순수한 산소로 연소시킨 다음, 생성물을 분석한다. 0.330 g의 나프탈렌 시료가 O_2와 반응하여 1.133 g의 CO_2와 0.185 g의 H_2O를 형성한다. 가장 먼저 구해야 할 것은 CO_2와 H_2O 생성물에 있는 탄소와 수소의 몰수로서 나프탈렌 시료에 원래 존재하는 각 원소의 몰수를 계산할 수 있다.

$$1.133\ g\ CO_2\ 중\ C의\ 몰수 = 1.133\ g\ CO_2 \times \frac{1\ mol\ CO_2}{44.01\ g\ CO_2} \times \frac{1\ mol\ C}{1\ mol\ CO_2} = 0.02574\ mol\ C$$

$$0.185\ g\ H_2O\ 중\ H의\ 몰수 = 0.185\ g\ H_2O \times \frac{1\ mol\ H_2O}{18.02\ g\ H_2O} \times \frac{2\ mol\ H}{1\ mol\ H_2O} = 0.0205\ mol\ H$$

이 경우 나프탈렌은 탄소와 수소만을 포함하기 때문에 필요하지 않지만, 모든 질량이 설명되고 다른 원소는 없는지 확인한다. 그렇게 하기 위해 출발 시료에서 C와 H의 그램수를

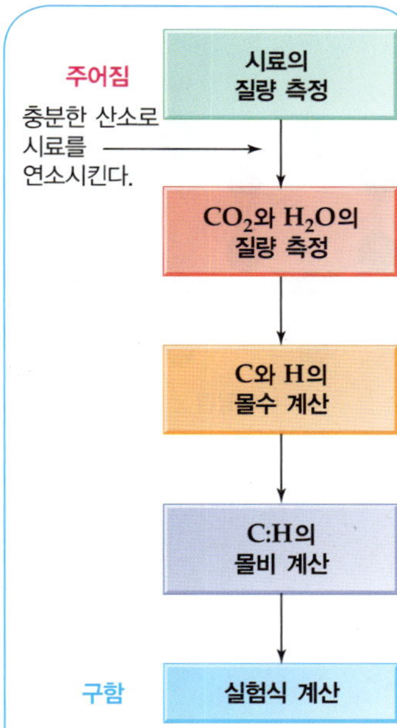

▲ **그림 3.4**
C와 H를 포함하는 화합물의 연소 분석으로부터 실험식 결정

▶ 확인하기

연소 분석 중에 생성된 CO_2와 H_2O의 질량이 탄화수소의 실험식을 결정하는 데 어떻게 유용한지 개략적으로 설명하시오.

답 모든 CO_2는 화합물에 있는 탄소로부터 생성된다. 마찬가지로 모든 H_2O는 원래 화합물에 있는 수소로부터 생성된다. 따라서 이들 화합물의 질량을 사용하여 원래 화합물에 존재하는 C와 H의 몰수를 구할 수 있다.

구하려면 몰수를 그램수로 변환한다.

$$\text{C의 질량} = 0.02574\ \cancel{\text{mol C}} \times \frac{12.01\ \text{g C}}{1\ \cancel{\text{mol C}}} = 0.3091\ \text{g C}$$

$$\text{H의 질량} = 0.0205\ \cancel{\text{mol H}} \times \frac{1.01\ \text{g H}}{1\ \cancel{\text{mol H}}} = 0.0207\ \text{g H}$$

$$\text{C와 H의 전체 질량} = 0.3091\ \text{g} + 0.0207\ \text{g} = 0.3298\ \text{g}$$

생성물에서 C와 H의 전체 질량(0.3298 g)이 출발 시료의 질량(0.330 g)과 동일하므로 나프탈렌에는 다른 원소가 존재하지 않음을 알 수 있다.

나프탈렌에 있는 C와 H의 상대적 몰수를 알고 있으므로 더 큰 몰수를 더 작은 수로 나눠서 $C_{1.26}H_1$의 화학식을 얻는다.

$$C_{\left(\frac{0.02574}{0.0205}\right)}H_{\left(\frac{0.0205}{0.0205}\right)} = C_{1.26}H_1$$

그런 다음, 정수를 구할 때까지 시행착오 과정을 거쳐 아래 첨자에 작은 정수를 곱하여 C_5H_4의 정수 화학식을 얻는다.

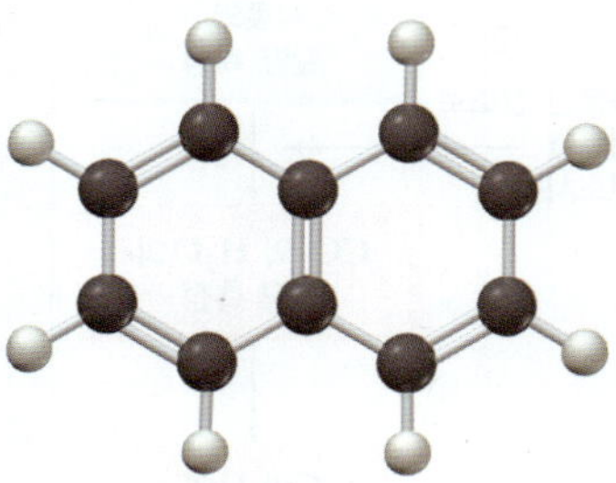

나프탈렌

아래 첨자에 2를 곱한다: $C_{(1.26\times2)}H_{(1\times2)} = C_{2.52}H_2$
아래 첨자에 3을 곱한다: $C_{(1.26\times3)}H_{(1\times3)} = C_{3.78}H_3$
아래 첨자에 4를 곱한다: $C_{(1.26\times4)}H_{(1\times4)} = C_{5.04}H_4 = C_5H_4$ (아래 첨자는 모두 정수이다.)

원소 분석은 실험식만 제공한다. 분자식을 결정하려면 물질의 분자량을 알아야 한다. 이 문제에서 나프탈렌의 분자량은 128.2, 즉 C_5H_4의 실험식량(64.1)의 두 배이다. 따라서 나프탈렌의 분자식은 $C_{(2\times5)}H_{(2\times4)} = C_{10}H_8$이 된다.

예제 3.10은 시료가 탄소와 수소 외에 산소를 포함할 때의 연소 분석하는 예를 보여 준다.

예제 3.10

연소 분석으로부터 실험식과 분자식 계산

염소(goat)의 향이나 더러운 양말이나 낡은 신발 냄새의 원인 물질인 카프로산은 탄소, 수소, 산소를 포함한다. 0.450 g의 카프로산 시료의 연소 분석에서 0.418 g의 H_2O와 1.023 g의 CO_2를 얻었다. 카프로산의 실험식은 무엇인가? 카프로산의 분자량이 116.2인 경우 분자식은 무엇인가?

문제 파악

알고 있는 것	알아내야 할 것
카프로산의 질량(0.450 g)	실험식
H_2O의 질량(0.418 g)과 CO_2의 질량(1.023 g)	분자식
카프로산의 분자량(116.2)	

전략

연소 분석 데이터를 실험식으로 바꾸려면 그림 3.4에 요약된 순서를 이용한다. 이 분자는 산소도 포함하며 산소는 연소 생성물을 만들지 않기 때문에, 분자에서 산소의 존재는 연소 분석으로 직접 알아낼 수 없다. 가급적 산소의 존재는 시료의 전체 질량에서 계산된 C와 H의 질량을 빼서 추론해야 한다. (산소의 양을 결정하는 방법을 설명하는 단계 2와 단계 3을 참조한다.)

풀이

단계 1. 시료에 있는 C와 H의 몰수를 구한다.

$$\text{C의 몰수} = 1.023\ \text{g}\ \cancel{CO_2} \times \frac{1\ \text{mol}\ CO_2}{44.01\ \text{g}\ CO_2} \times \frac{1\ \text{mol C}}{1\ \text{mol}\ CO_2} = 0.023\ 24\ \text{mol C}$$

$$\text{H의 몰수} = 0.418\ \text{g}\ H_2O \times \frac{1\ \text{mol}\ H_2O}{18.02\ \text{g}\ H_2O} \times \frac{2\ \text{mol H}}{1\ \text{mol}\ H_2O} = 0.0464\ \text{mol H}$$

단계 2. 시료에 있는 각 원소의 그램수를 구한다.
단계 1에서 구한 몰수로 계산할 수 있는 C와 H로 시작한다.

$$\text{C의 질량} = 0.023\ 24\ \text{mol C} \times \frac{12.01\ \text{g C}}{1\ \text{mol C}} = 0.2791\ \text{g C}$$

$$\text{H의 질량} = 0.0464\ \text{mol H} \times \frac{1.01\ \text{g H}}{1\ \text{mol H}} = 0.0469\ \text{g H}$$

출발 시료의 질량에서 C와 H의 질량을 빼면 0.124 g이 설명되지 않은 것으로 나타난다.

$$0.450\ \text{g} - (0.2791\ \text{g} + 0.0469\ \text{g}) = 0.124\ \text{g}$$

단계 3. 산소의 몰수를 구한다.
시료에는 산소도 존재하므로 '누락된' 질량은 산소로 인한 것이어야 한다. 이는 연소에 의해 알아낼 수 없다. 따라서 시료에서 산소의 몰수를 구해야 한다.

$$\text{O의 몰수} = 0.124\ \text{g O} \times \frac{1\ \text{mol O}}{16.00\ \text{g O}} = 0.007\ 75\ \text{mol O}$$

단계 4. 원소의 몰비를 구한다.
세 원소(C, H, O)의 상대적 몰수를 알고 있으므로 세 몰수를 가장 작은 수(0.007 75 mol의 산소)로 나누면 3:6:1의 C:H:O 비율을 얻게 된다.

$$C_{\left(\frac{0.02324}{0.00775}\right)}H_{\left(\frac{0.0464}{0.00775}\right)}O_{\left(\frac{0.00775}{0.00775}\right)} = C_3H_6O$$

단계 5. 분자식을 구한다.
따라서 카프로산의 실험식은 C_3H_6O이고, 실험식량은 58.1이다. 카프로산의 분자량이 116.2, 즉 실험식량의 두 배이므로, 카프로산의 분자식은 $C_{(2\times3)}H_{(2\times6)}O_{(2\times1)} = C_6H_{12}O_2$이어야 한다.

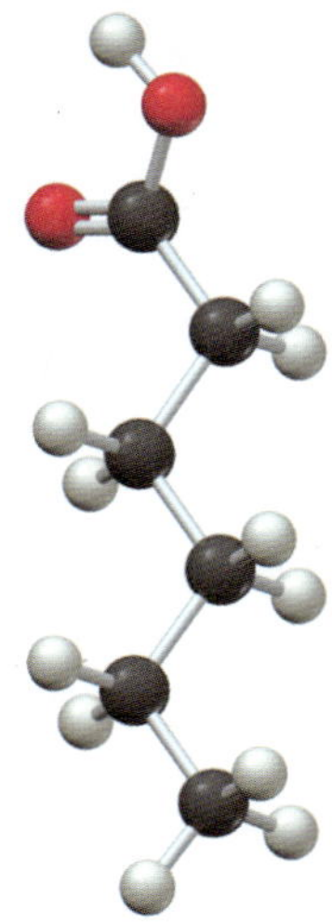
카프로산

점검

간단한 실험식이 얻어지고, 분자량이 실험식량의 정수배인 경우 화학식이 정확하게 결정되었을 가능성이 높다.

연습문제 3.19 박하유에서 얻은 향미제인 멘톨은 탄소, 수소와 산소를 포함한다. 연소 분석에서 1.00 g의 멘톨은 1.161 g의 H_2O와 2.818 g의 CO_2를 생성한다. 멘톨의 실험식은 무엇인가? 주어진 구조식으로 답을 확인하시오.

응용문제 3.20 0.50 g의 탄화수소에 대해 연소 분석을 수행하여 1.55 g의 CO_2와 0.697 g의 H_2O가 생성되었다. 탄화수소의 실험식은 무엇인가? 몰질량이 142.0 g/mol일 때 분자식은 무엇인가?

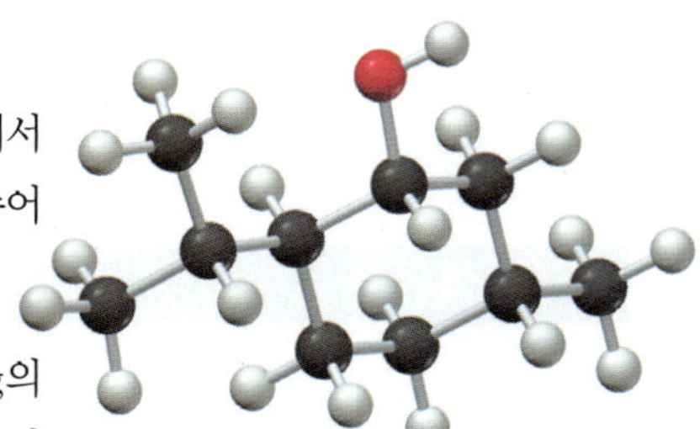
멘톨

정리

절	개념 요약	학습 목표
3.1~3.2 화학 반응식의 균형 맞추기	화학 반응에서 질량이 생성되거나 소멸되지 않으므로 모든 화학 반응식은 균형을 이루어야 한다. 즉, 반응 화살표의 양쪽에 있는 원자의 개수와 종류가 동일해야 한다. 균형 반응식은 반응에서 반응물과 생성물의 화학식 단위의 개수비를 알려 준다. 계수는 반응물 또는 생성물의 몰수 또는 분자/원자의 개수를 나타낸다.	3.1 화학 반응에서 끊어지고 형성된 결합을 시각화하고, 분자 또는 원자의 개수를 균형 반응과 연관시킨다. 3.2 반응물과 생성물의 화학식으로 화학 반응의 균형을 맞춘다.
3.3~3.4 몰질량과 화학량론	원자량이 원자의 질량인 것처럼 분자량은 분자의 질량이다. 유사한 용어인 화학식량은 이온성 및 기타 비분자성 물질에 사용된다. 분자량은 분자 내 모든 원자의 원자량의 합이다. 물질의 1 mol은 그램 단위의 질량이 물질의 분자량 또는 화학식량과 수치적으로 동일한 양이다. 질량과 몰수 관계를 이용하여 화학 계산을 수행하는 것을 **화학량론**이라고 하며, 몰질량과 균형 반응식의 계수비를 변환 인자로 사용하여 수행한다.	3.3 화학식 또는 구조에 따라 화학식량, 분자량 및 몰질량을 계산한다. 3.4 물질의 질량, 몰수, 분자 또는 원자 사이를 변환한다. 3.5 화학량론을 이용하여 균형 반응식의 반응물과 생성물의 양(몰수 또는 질량)을 연관시킨다.
3.5 화학 반응의 수득률	반응에서 실제로 형성된 생성물의 양, 즉 반응의 수득율은 종종 이론적으로 가능한 양보다 적다. 실제 양을 이론적 양으로 나누고 100%를 곱하면, 반응의 수득 백분율이 얻어진다.	3.6 반응의 수득 백분율을 계산한다.
3.6 반응물의 한계량이 있는 반응	종종 반응은 균형 반응식에 의해 요구되는 것 이상으로 하나의 반응물을 과량으로 사용하여 수행된다. 그러한 경우, 반응이 일어나는 정도는 한계량으로 존재하는 반응물인 한계 반응물에 의존한다.	3.7 분자 모형으로 균형 반응의 반응물과 생성물에서 원자 또는 분자의 상대적 양을 결정한다. 3.8 한계 반응물을 결정하고, 생성물의 이론적 수득량과 초과 반응물의 양을 계산한다. 3.9 한 반응물이 한계 반응물일 때 수득 백분율을 계산한다.
3.7~3.8 조성 백분율, 실험식 및 연소 분석	물질의 화학적 구성은 조성 백분율, 즉 각 성분 원소로 인한 물질의 질량 백분율로 설명된다. 원소 분석은 물질의 실험식을 계산하는 데 사용되며, 이 실험식은 화합물 내 원소의 원자에 대한 최소 정수비를 알려 준다. 실험식의 단순한 배수일 수 있는 분자식을 결정하려면 물질의 분자량을 알아야 한다.	3.10 화학식 또는 구조를 고려하여 조성 백분율을 계산한다. 3.11 화합물의 질량 조성 백분율과 분자량으로 실험식과 분자식을 결정한다. 3.12 연소 분석 데이터와 분자량으로 실험식과 분자식을 결정한다.

주요 용어

계수	분자식	실험식	화학량론
균형 반응식	수득량	조성 백분율	화학식 단위
분자량	수득 백분율	한계 반응물	화학식량

주요 식

• 분자량과 화학식량(3.3절)

분자량: 분자 내 모든 원자의 원자량을 더한 합

화학식량: 분자성 또는 이온성 화합물의 화학식 단위에 있는 모든 원자의 원자량을 더한 합

• 수득 백분율(3.5절)

$$\text{수득 백분율} = \frac{\text{생성물의 실제 수득량}}{\text{생성물의 이론적 수득량}} \times 100\%$$

복습 문제

LO는 학습 목표(Learning Objectives)를 나타낸다.

이 장을 학습한 후엔, 학습자의 이해도를 평가할 수 있는 방법이 있다. **복습 문제**를 푸는 것이다. **복습 문제**들은 이 장의 학습 목표와 연계되어 있다. 따라서 푼 답이 틀렸다면, 이 장의 끝부분에 나와 있는 **정리** 문단의 **학습 목표**를 참고하면 된다. 정리 문단에는 **개념 요약**이 제공되며, **예제**를 참고하면 문제 해결 방법을 모델링할 수 있다.

1. 다음 그림은 A_2(빨간색 구)와 B_2(파란색 구)의 반응을 나타낸다. 균형 화학 반응식은 어느 것인가? **(LO 3.1)**

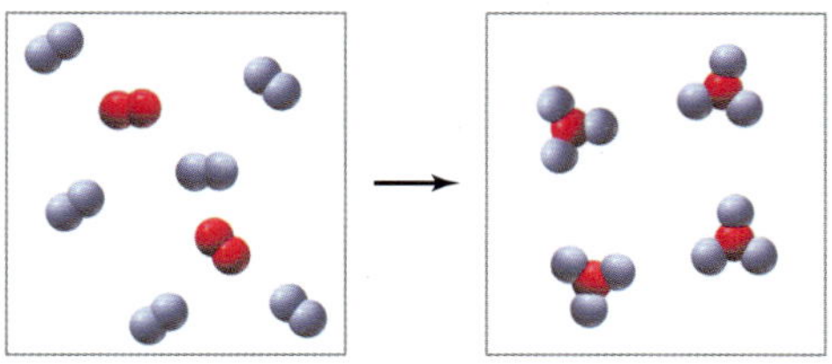

(a) $2\ A_2 + 6\ B_2 \longrightarrow 4\ AB_3$
(b) $4\ A + 12\ B \longrightarrow 4\ AB_3$
(c) $4\ A + 12\ B \longrightarrow A_4 + B_{12}$
(d) $A_2 + 3\ B_2 \longrightarrow 2\ AB_3$

2. 에탄올의 연소에 대한 균형 반응식의 계수는 어느 것인가? **(LO 3.2)**

$$\_\_\_\ C_2H_6O(l) + \_\_\_\ O_2(g) \longrightarrow \_\_\_\ CO_2(g) + \_\_\_\ H_2O(l)$$

(a) 1, 3, 2, 3 (b) 2, 3, 4, 3
(c) 2, 7, 4, 6 (d) 1, 4, 2, 3

3. 다음 공-막대 분자 모형은 카페인을 나타낸다. 카페인의 분자량을 계산하시오(회색 = C, 빨간색 = O, 파란색 = N, 상아색 = H). **(LO 3.3)**

(a) 194.2 (b) 182.2
(c) 192.2 (d) 180.2

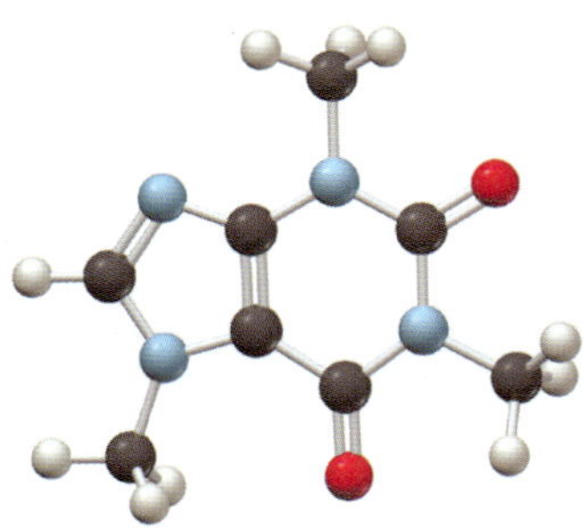

4. 다이어트 탄산음료 캔에는 저칼로리 설탕 대용 아스파탐($C_{14}H_{18}N_2O_5$)이 180 mg 들어 있다. 이 탄산음료 캔에는 몇 개의 아스파탐 분자가 들어 있는가? **(LO 3.4)**

(a) 3.7×10^{23} (b) 3.7×10^{20}
(c) 3.2×10^{25} (d) 1.2×10^{22}

5. 7.75 g의 $FeCl_3$에는 몇 몰의 염화 이온이 들어 있는가? **(LO 3.4)**

(a) 4.78×10^{-2} (b) 1.59×10^{-2}
(c) 1.43×10^{-1} (d) 1.91×10^{-1}

6. 환경에 더 좋은 석탄 연소를 수행하는 한 가지 방법은 아미노기($-NH_2$)를 함유한 화합물을 사용하여 발전소에서 배출되는 배기 가스에서 이산화 탄소를 제거하는 것이다. 이산화 탄소와 모노에탄올아민의 반응은 다음과 같다.

$$CO_2(g) + 2\ HOCH_2CH_2NH_2(aq) \longrightarrow HOCH_2CH_2NH_3^+(aq) + HOCH_2CH_2NHCO_2^-(aq)$$

1.0 kg의 이산화 탄소와 반응하는 데 필요한 모노에탄올아민의 질량은 얼마인가? **(LO 3.5)**

(a) 2.8 kg (b) 1.1 kg
(c) 0.93 kg (d) 0.53 kg

7. 42.85 g의 살리실산이 과량의 아세트산 무수물과 반응하여 48.47 g의 아스피린을 생성하는 경우 반응의 수득 백분율은 얼마인가? **(LO 3.6)**

$$\underset{\text{살리실산}}{C_7H_6O_3(s)} + \underset{\text{아세트산 무수물}}{C_4H_6O_3(l)} \longrightarrow \underset{\text{아스피린}}{C_9H_8O_4(s)} + \underset{\text{아세트산}}{CH_3CO_2H(l)}$$

(a) 88.40% (b) 64.69%
(c) 86.72% (d) 78.74%

8. 다음 그림은 AB_2와 B_2가 반응하여 AB_3을 형성하기 전의 혼합물을 나타낸다(빨간색 구 = A, 파란색 구 = B). 어느 것이 한계 반응물이며, 몇 개의 AB_3 분자가 형성되는가? **(LO 3.7)**

(a) B_2가 한계 반응물이고, 10개의 AB_3 분자가 형성된다.
(b) B_2가 한계 반응물이고, 4개의 AB_3 분자가 형성된다.
(c) AB_2가 한계 반응물이고, 6개의 AB_3 분자가 형성된다.
(d) AB_2가 한계 반응물이고, 4개의 AB_3 분자가 형성된다.

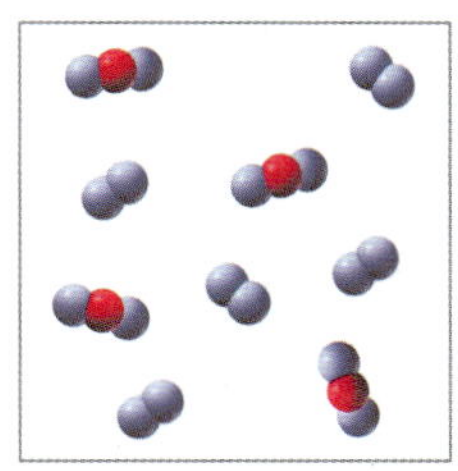

9. 2.00 mol의 질소와 5.50 mol의 수소를 반응 용기에 넣고 반응시켜 암모니아를 만드는 경우, 암모니아(NH_3)의 이론적 수득량은 얼마인가? **(LO 3.8)**

$$N_2(g) + 3\ H_2(g) \longrightarrow 2\ NH_3(g)$$

(a) 31.2 g (b) 62.3 g
(c) 93.7 g (d) 34.1 g

10. 은 제품의 변색인 황화 은은 은 금속과 황화 수소(H_2S)의 반응으로 만들어진다. 불균형 반응식은 다음과 같다.

$$Ag + H_2S + O_2 \longrightarrow Ag_2S + H_2O \text{ (불균형 반응식)}$$

반응이 Ag_2S를 의도적으로 만들기 위해 이용된다면, 90%의 수득률로 일어나는 경우, 496 g의 Ag, 80.0 g의 H_2S, 과량의 O_2로부터 몇 그램의 Ag_2S가 형성되는가? **(LO 3.9)**

(a) 525 g (b) 1139 g
(c) 583 g (d) 1025 g

11. 과망가니즈산 포타슘($KMnO_4$)에서 Mn의 질량에 의한 조성 백분율은 얼마인가? **(LO 3.10)**
(a) 22.6% (b) 34.8%
(c) 49.9% (d) 54.9%

12. 로켓 연료로 사용되는 무색의 액체 다이메틸하이드라진은 C 40.0%, H 13.3%, N 46.7%의 조성이다. 실험식은 무엇인가? **(LO 3.11)**
(a) CH_4N (b) CH_2N
(c) C_2H_4N (d) $C_2H_5N_2$

13. 격렬한 운동 후 근육 조직에는 젖산이 형성된다. 원소 분석 결과 젖산은 질량으로 탄소 40.0%, 수소 6.71%, 산소 53.3% 조성이다. 젖산의 분자량이 90.08인 경우, 분자식은 무엇인가? **(LO 3.11)**
(a) CH_2O (b) $C_3H_6O_3$
(c) $C_4H_8O_4$ (d) $C_4H_{10}O_2$

답:
1. d, 2. a, 3. a, 4. b, 5. c, 6. a, 7. c, 8. d, 9. b, 10. a, 11. b, 12. a, 13. b

개념 문제

문제 3.1~3.20은 이 장의 본문 중에 있다.

3.21 다음 그림은 분자 차원에서의 반응을 나타낸다. A 원자는 빨간색 구로 표시되고, B 원자는 파란색 구로 표시된다. 균형 화학 반응식을 작성하시오.

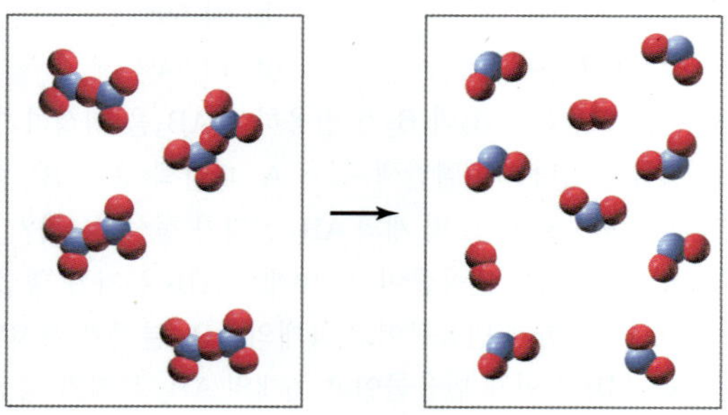

3.22 다음 그림은 A_2(빨간색 구)와 B_2(파란색 구)의 반응을 나타낸다.

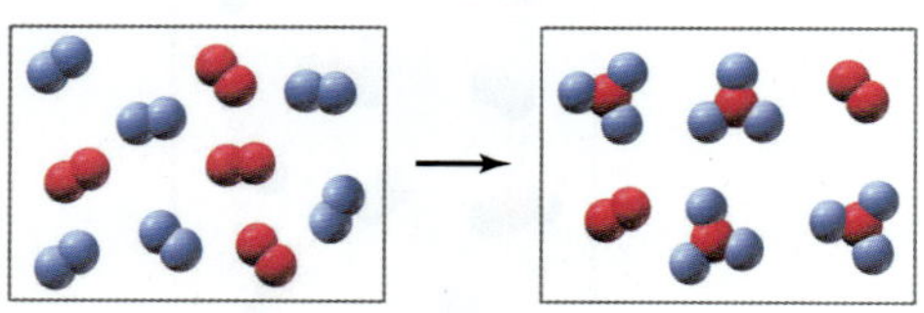

(a) 반응에 대한 균형 반응식을 작성하고, 한계 반응물을 말하시오.
(b) 1.0 mol의 A_2와 1.0 mol의 B_2로 몇 몰의 생성물을 만들 수 있는가?

3.23 데옥시리보핵산(deoxyribonucleic acid, DNA)의 성분인 사이토신(cytosine)은 다음 분자 모형으로 나타낼 수 있다. 0.001 mol의 사이토신을 연소 분석하는 경우 몇 몰의 CO_2와 H_2O가 형성되는가? (회색 = C, 빨간색 = O, 파란색 = N, 상아색 = H)

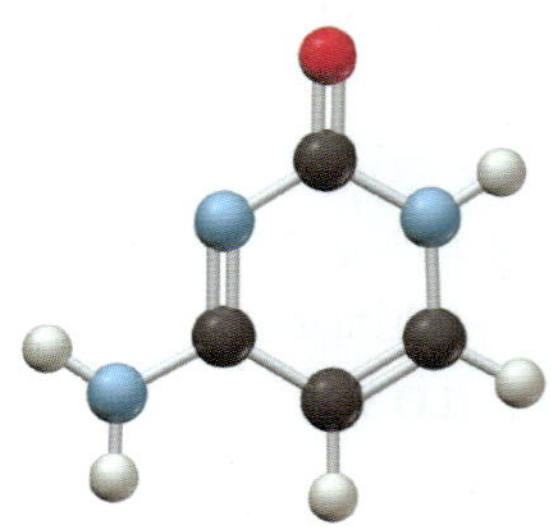
사이토신

보충 문제

균형 반응식(3.2절)

3.24 다음 반응식 중 균형 반응식은 어느 것인가?
(a) 할로젠화 은 사진의 인화 반응

$$2\ AgBr + 2\ NaOH + C_6H_6O_2 \longrightarrow 2\ Ag + H_2O + 2\ NaBr + C_6H_4O_2$$

(b) 가정용 표백제의 제조 반응

$$2\ NaOH + Cl_2 \longrightarrow NaOCl + NaCl + H_2O$$

3.25 다음 반응식의 균형을 맞추시오.
(a) $Mg + HNO_3 \longrightarrow H_2 + Mg(NO_3)_2$
(b) $CaC_2 + H_2O \longrightarrow Ca(OH)_2 + C_2H_2$
(c) $S + O_2 \longrightarrow SO_3$
(d) $UO_2 + HF \longrightarrow UF_4 + H_2O$

3.26 다음 반응식의 균형을 맞추시오.
(a) $SiCl_4 + H_2O \longrightarrow SiO_2 + HCl$
(b) $P_4O_{10} + H_2O \longrightarrow H_3PO_4$
(c) $CaCN_2 + H_2O \longrightarrow CaCO_3 + NH_3$
(d) $NO_2 + H_2O \longrightarrow HNO_3 + NO$

3.27 다음 반응식의 균형을 맞추시오.

(a) $C_6H_5NO_2 + O_2 \longrightarrow CO_2 + H_2O + NO_2$

(b) $Au + H_2SeO_4 \longrightarrow Au_2(SeO_4)_3 + H_2SeO_3 + H_2O$

(c) $NH_4ClO_4 + Al \longrightarrow Al_2O_3 + N_2 + Cl_2 + H_2O$

분자량과 몰질량(3.3절)

3.28 다음 물질의 분자량(화학식량)은 얼마인가?

(a) Hg_2Cl_2(칼로멜, 과거에 설사가 나게 하는 약으로 사용)

(b) $C_4H_8O_2$(뷰티르산, 상한 버터 냄새를 유발하는 물질)

(c) CF_2Cl_2(염화 플루오린화 탄소, 성층권의 오존층을 파괴하는 프레온 가스)

3.29 다음 의약품의 분자량은 얼마인가?

(a) $C_{33}H_{35}FN_2O_5$(아토바스타틴, 혈중 콜레스테롤 저하제)

(b) $C_{22}H_{27}F_3O_4S$(플루티카손, 소염제)

(c) $C_{16}H_{16}ClNO_2S$(클로피도그렐, 혈액응고 억제제)

3.30 다음 각 물질 1 mol의 질량은 몇 그램인가?

(a) Ti (b) Br_2 (c) Hg (d) H_2O

3.31 27.5 g의 $MgCl_2$에는 몇 몰의 이온이 들어 있는가?

3.32 클로로폼 0.0275 mol의 질량이 3.28 g인 경우 분자량은 얼마인가?

3.33 황산 철(II)인 $FeSO_4$는 빈혈 치료에 처방된다. 표준 300 mg 정제에는 몇 몰의 $FeSO_4$가 들어 있는가? 철(II) 이온은 몇 개인가?

3.34 평균 커피 한 잔에는 약 125 mg의 카페인($C_8H_{10}N_4O_2$)이 들어 있다. 한 잔에는 몇 몰의 카페인이 들어 있는가? 카페인 분자는 몇 개인가?

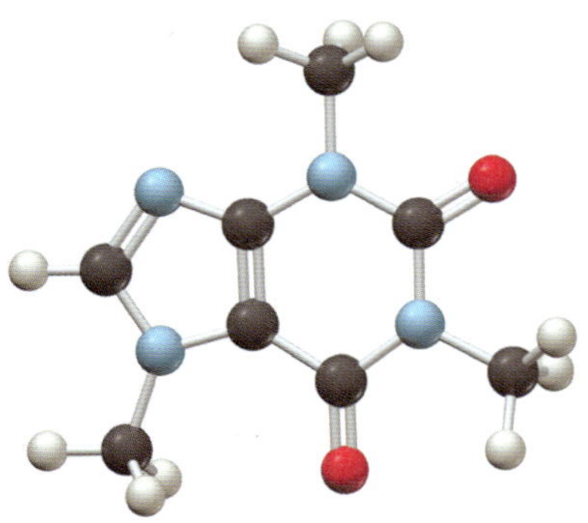

카페인

3.35 질량이 25.12 g인 시료에는 6.022×10^{23}개의 입자가 들어 있다. 총 입자 수의 25.00%는 Ar 원자이고 75.00%는 다른 원소인 경우, 그 화학 성분은 무엇인가?

3.36 타이타늄 금속은 금홍석(rutile, TiO_2) 광물로부터 얻어진다. 100.0 kg의 Ti를 생산하려면 몇 킬로그램의 금홍석이 필요한가?

화학량론(3.4절)

3.37 적철광으로부터 철을 생산하는 과정에서 Fe_2O_3는 탄소와 반응한다.

$$Fe_2O_3 + C \longrightarrow Fe + CO_2 \quad \text{(불균형 반응식)}$$

(a) 반응식의 균형을 맞추시오.

(b) 525 g의 적철광과 반응하려면 몇 몰의 탄소가 필요한가?

(c) 525 g의 적철광과 반응하려면 몇 그램의 탄소가 필요한가?

3.38 마그네슘 금속은 산소와 연소하여 산화 마그네슘(MgO)을 형성한다.

(a) 반응에 대한 균형 반응식을 작성하시오.

(b) 25.0 g의 Mg와 반응하려면 몇 그램의 O_2가 필요한가? 몇 그램의 MgO가 형성되는가?

(c) 25.0 g의 O_2와 반응하려면 몇 그램의 Mg가 필요한가? 몇 그램의 MgO가 형성되는가?

3.39 순수한 산소는 처음에 산화 수은(II)을 가열하여 만들어졌다.

$$HgO \xrightarrow{\text{열}} Hg + O_2 \quad \text{(불균형 반응식)}$$

(a) 반응식의 균형을 맞추시오.

(b) 45.5 g의 HgO로부터 몇 그램의 Hg와 O_2가 형성되는가?

(c) 33.3 g의 O_2를 얻으려면 몇 그램의 HgO가 필요한가?

3.40 은 금속은 염소(Cl_2)와 반응하여 염화 은을 생성한다. 2.00 g의 Ag가 0.657 g의 Cl_2와 반응하는 경우 염화 은의 실험식은 무엇인가?

3.41 아이오딘화 수소산(HI)의 공업적 생산은 하이드라진(N_2H_4)을 아이오딘으로 처리하여 일어난다.

$$2\,I_2 + N_2H_4 \longrightarrow 4\,HI + N_2$$

(a) 36.7 g의 N_2H_4와 반응하려면 몇 그램의 I_2가 필요한가?

(b) 115.7 g의 N_2H_4와 과량의 I_2 반응으로부터 몇 그램의 HI가 생성되는가?

반응 수득률과 한계 반응물(3.5~3.6절)

3.42 니켈 도금에 사용되는 황산 니켈(II)은 탄산 니켈(II)을 황산으로 처리하여 제조한다.

$$NiCO_3 + H_2SO_4 \longrightarrow NiSO_4 + CO_2 + H_2O$$

(a) 14.5 g의 $NiCO_3$와 반응하려면 몇 그램의 H_2SO_4가 필요한가?

(b) 수득률이 78.9%인 경우 몇 그램의 $NiSO_4$가 얻어지는가?

3.43 1.39 mol의 H_2와 3.44 mol의 N_2가 있다고 가정하자. 몇 그램의 암모니아(NH_3)를 만들 수 있으며, 반응 후 어느 반응물이 몇 그램 남는가?

$$3\,H_2 + N_2 \longrightarrow NH_3$$

3.44 드라이클리닝 용매인 1,2-다이클로로에테인은 염화 에틸렌($C_2H_4Cl_2$)이라고도 한다. 15.4 g의 에틸렌(C_2H_4)을 3.74 g의 Cl_2와 반응시키면 몇 그램의 $C_2H_4Cl_2$를 제조할 수 있는가?

$$C_2H_4 + Cl_2 \longrightarrow C_2H_4Cl_2$$

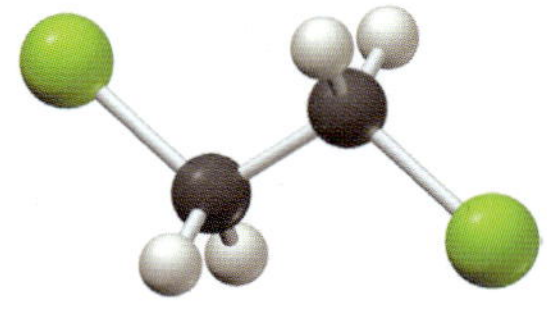

1,2-다이클로로에테인
(염화 에틸렌)

3.45 석회석($CaCO_3$)은 $CaCO_3 + 2\ HCl \longrightarrow CaCl_2 + H_2O + CO_2$ 반응식에 따라 염산과 반응한다. 1.00 mol의 CO_2가 22.4 L의 부피를 갖는 반응 조건에서 2.35 g의 $CaCO_3$와 2.35 g의 HCl 반응에 의해 몇 리터의 CO_2 기체가 형성될 수 있는가? 어느 것이 한계 반응물인가?

3.46 아세트산(CH_3CO_2H)은 아이소펜틸 알코올($C_5H_{12}O$)과 반응하여 바나나 냄새가 나는 향기 물질인 아세트산 아이소펜틸($C_7H_{14}O_2$)을 생성한다. 아세트산과 아이소펜틸 알코올의 반응에 의한 수득률이 45%인 경우, 3.58 g의 아세트산과 4.75 g의 아이소펜틸 알코올로부터 몇 그램의 아세트산 아이소펜틸이 형성되는가?

$$CH_3CO_2H + C_5H_{12}O \longrightarrow C_7H_{14}O_2 + H_2O$$

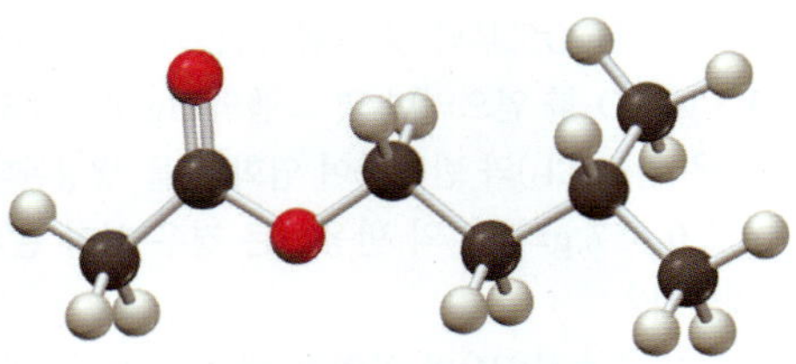

아세트산 아이소펜틸

3.47 1.87 g의 아세트산(CH_3CO_2H)이 2.31 g의 아이소펜틸 알코올($C_5H_{12}O$)과 반응하여 2.96 g의 아세트산 아이소펜틸($C_7H_{14}O_2$)을 얻은 경우(문제 3.80 참조), 반응의 수득 백분율은 얼마인가?

3.48 육염화 텅스텐(WCl_6)과 비스무트의 반응으로 십이염화 헥사텅스텐(W_6Cl_{12})을 얻었다.

$$WCl_6 + Bi \longrightarrow W_6Cl_{12} + BiCl_3 \quad (\text{불균형 반응식})$$

(a) 반응식의 균형을 맞추시오.
(b) 150.0 g의 WCl_6과 몇 그램의 비스무트가 반응하는가?
(c) 228 g의 WCl_6이 175 g의 Bi와 반응할 때, 한계 반응물에 따라 몇 그램의 W_6Cl_{12}가 형성되는가?

조성 백분율과 실험식(3.7절)

3.49 비료로 흔히 사용되는 물질인 요소의 화학식은 CH_4N_2O이다. 질량 조성 백분율은 얼마인가?

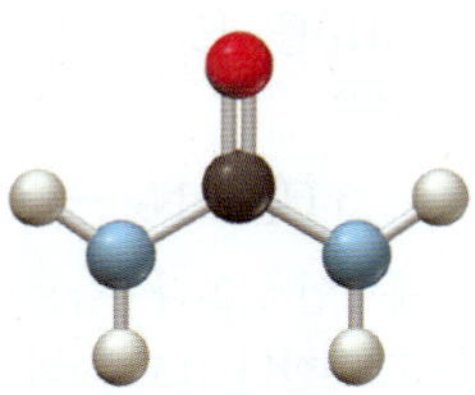

요소

3.50 다음 질량 조성 백분율로 구성된 물질의 실험식은 무엇인가?
(a) 아스피린: H 4.48%, C 60.00%, O 35.52%
(b) 일메나이트(타이타늄 함유 광석): O 31.63%, Ti 31.56%, Fe 36.81%
(c) 싸이오황산 소듐(사진 '정착제'): O 30.36%, Na 29.08%, S 40.56%

3.51 충치를 예방하기 위해 치약에 첨가된 최초의 플루오린화 화합물인 플루오린화 주석(II)의 실험식은 무엇인가? 질량 조성 백분율은 F 24.25%, Sn 75.75%이다.

화학식과 원소 분석(3.8절)

3.52 미지의 액체가 H 5.57%, Cl 28.01%, C 66.42%로 구성된다. 질량 분석법으로 구한 분자량은 126.58이다. 이 화합물의 분자식은 무엇인가?

3.53 일반적으로 사용되는 용매인 톨루엔 45.62 mg을 연소 분석하여 35.67 mg의 H_2O와 152.5 mg의 CO_2를 얻었다. 톨루엔의 실험식은 무엇인가?

3.54 사이토크롬(cytochrome) *c*는 모든 유산소 유기체의 세포에서 발견되는 철 함유 효소이다. 사이토크롬 *c*가 질량으로 Fe 0.43%인 경우, 최소 분자량은 얼마인가?

3.55 다이실레인(Si_2H_x)을 분석하여 질량으로 Si 90.28%를 포함하는 것으로 확인되었다. x의 값은 얼마인가?

3.56 널리 사용되는 난연성 데카브롬(decabrom) 시료 31.472 mg을 연소 분석하여 1.444 mg의 CO_2를 얻었다. 데카브롬의 분자식은 $C_{12}Br_{10}$과 $C_{12}Br_{10}O$ 중 어느 것인가?

chapter 4

수용액에서의 반응

© MRProduction/Shutterstock

CONTENTS

4.1 용액의 농도: 몰농도

4.2 진한 용액의 희석

4.3 수용액에서의 전해질

4.4 수용액에서 화학 반응의 유형

4.5 수용액에서의 반응과 알짜 이온 반응식

4.6 침전 반응과 용해도 지침

4.7 산, 염기와 중화 반응

4.8 용액의 화학량론

4.9 용액의 농도 측정: 적정

4.10 산화–환원 반응

4.11 산화–환원 반응의 확인

4.12 원소의 활동도 서열

우리 몸 안에서 일어나는 많은 화학 반응들은 수용액에서 일어나며, 침전, 산 – 염기 및 산화 – 환원 반응의 일반적인 종류로 분류된다. 격렬한 운동은 체액과 전해질을 감소시키고, 몸의 정교한 화학적 균형을 무너뜨린다.

우리의 세계는 물에 기초를 두고 있다. 지구 표면의 약 71%는 물로 덮여 있고, 3%는 얼음으로 덮여 있다. 또한 성인 몸무게의 66%는 물이고, 물은 모든 생명체를 유지시키는 데 필요하다. 따라서 우리 몸에서 일어나는 모든 반응을 포함한 많은 중요한 화학 반응이 물에서, 즉 **수용액**에서 일어난다는 것은 놀라운 일이 아니다.

앞 장에서는 화학 반응을 어떻게 기술하고, 반응에서 반응물과 생성물 사이의 특정한 질량 관계를 어떻게 계산할 수 있는지를 보았다. 이 장에서는 화학 반응을 분류할 수 있는 몇 가지 방법을 기술하고, 화학 반응이 일어나는 몇 가지 일반적인 방법을 탐색함으로써 화학 반응에 대한 공부를 계속할 것이다.

4.1 용액의 농도: 몰농도

화학 반응이 일어나기 위해서는 반응하는 분자나 이온들이 접촉해야 한다. 이것은 반응물들이 움직이기 쉬워야만 한다는 것이고, 대부분의 화학 반응은 고체 상태에서보다는 액체 상태, 즉 용액에서 일어남을 의미한다. 따라서 용액에서 물질의 정확한 양을 기술하기 위한 표준화된 방법이 필요하다.

이미 살펴본 바와 같이, 화학 반응에 대한 화학량론 계산은 항상 몰수로 작업하는 것이 필요하다. 따라서 용액의 농도를 표현하는 가장 일반적으로 유용한 방법은 **몰농도(molarity, M)**인데, 어느 물질, 즉 **용질(solute)**을 충분한 양의 용매에 녹여 1리터의 용액을 만들 때 용질의 몰수를 말한다. 예를 들어, NaCl 1.00 mol(58.5 g)을 충분한 물에 녹여 1.00 L를 만든다면, 그 용액의 농도는 1.00 mol/L, 즉 1.00 M이 된다. 어느 용액의 몰농도는 용질의 몰수를 용액의 부피(L)로 나누어 구할 수 있다.

$$\textbf{몰농도}(\text{M}) = \frac{\text{용질의 몰수(mol)}}{\text{용액의 부피(L)}}$$

중요한 것은 **용액**의 최종 부피이지, 사용한 **용매**의 초기 부피가 아니라는 것에 주의하라. 용질에 의해 늘어나는 부피 때문에 용액의 최종 부피는 용매의 부피보다 약간 클 수 있다. 실제로는 알려진 몰농도를 갖는 용액은 적절한 양의 용질의 무게를 잰 후에 그림 4.1에 나타낸 **부피 플라스크**라는 용기에 넣어 만든다. 충분한 용매를 넣어 용질을 녹이고, 용매를 더 가하여 정확하게 눈금이 매겨진 최종 부피에 도달하도록 맞추어 준다. 그리고 균일한 농도가 되도록 용액을 부드럽게 섞어 준다.

몰농도는 어느 용액의 부피를 용질의 몰수와 관련시키는 환산 인자로 사용할 수 있다. 용액의 몰농도와 부피를 알면 용질의 몰수를 계산할 수 있다. 용질의 몰수와 용액의 몰농도를 알면 용액의 부피를 구할 수 있다. 예제 4.1과 4.2는 어떻게 계산하는지를 보여 준다.

$$\text{몰농도} = \frac{\text{용질의 몰수}}{\text{용액의 부피(L)}}$$

$$\text{용질의 몰수} = \text{몰농도} \times \text{용액의 부피} \qquad \text{용액의 부피} = \frac{\text{용질의 몰수}}{\text{몰농도}}$$

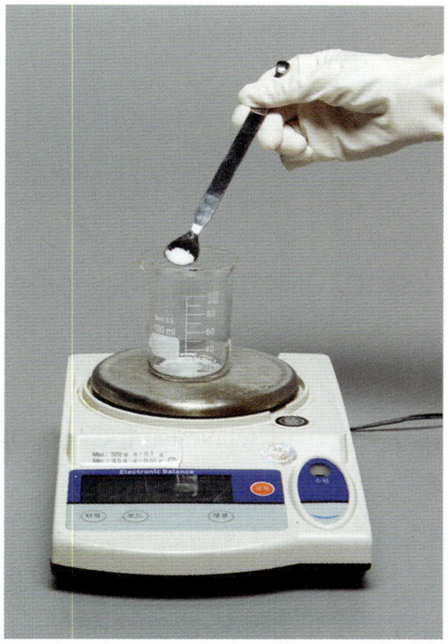

측정한 몰수의 용질을 부피 플라스크에 넣는다.

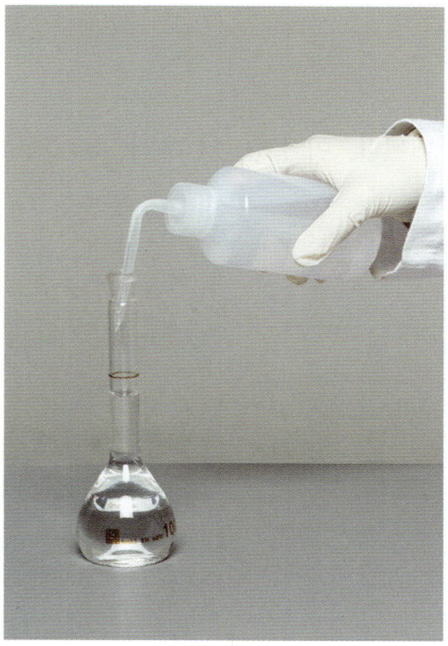

충분한 용매를 가하고 흔들어 용질을 녹인다.

플라스크의 목에 있는 보정 표선에 도달하도록 용매를 더 가한다. 균일하게 될 때까지 용액을 섞어 준다.

▲ 그림 4.1
알려진 몰농도의 용액 제조하기

▲ 확인하기

측정된 몰수의 용질을 넣기 전에 250 mL의 용매를 부피 플라스크에 넣는 것은 왜 정확하지 않은 실험 방법인지 설명하시오.

답 용액의 최종 부피가 250 mL가 되어야 정확하다. 그러나 처음부터 250 mL를 넣으면 용액의 농도가 묽어질 것으로 예상되므로 정확한 실험 방법이 아니다.

예제 4.1

용액의 몰농도 계산

황산(H_2SO_4) 2.355 g을 물에 녹여 최종 부피 50.0 mL로 희석하여 만든 용액의 몰농도는 얼마인가?

문제 파악

알고 있는 것	알아내야 할 것
용질의 질량(황산 2.355 g) 용액의 부피(50.0 mL)	몰농도(M = mol/L)

전략

몰농도란 용액의 리터당 용질의 몰수이다. 따라서 황산 2.355 g의 몰수를 알아내고, 용액의 부피(L)로 나누어 주는 것이 필요하다.

풀이

황산의 분자량 = (2 × 1.0) + (32.1) + (4 × 16.0) = 98.1

황산의 몰질량 = 98.1 g/mol

$$2.355\ \text{g}\ \cancel{H_2SO_4} \times \frac{1\ \text{mol}\ H_2SO_4}{98.1\ \text{g}\ \cancel{H_2SO_4}} = 0.0240\ \text{mol}\ H_2SO_4$$

$$\frac{0.0240\ \text{mol}\ H_2SO_4}{0.0500\ \text{L}} = 0.480\ \text{M}$$

용액 중 황산의 농도는 0.480 M이다.

▶ **연습문제 4.1** 가당(sweetened) 아이스티 음료 355 mL에 설탕(수크로스, $C_{12}H_{22}O_{11}$) 43.0 g이 들어 있다. 이 음료 중 설탕의 몰농도를 계산하시오.

▶ **응용문제 4.2** 정맥 주사용 용액을 제조하기 위해 13.252 g의 포도당($C_6H_{12}O_6$)과 0.686 g의 염화 소듐을 250.0 mL 부피 플라스크에 넣고 눈금까지 물을 채워 혼합하였다. 각 성분의 몰농도를 계산하시오.

예제 4.2

용액에서 용질의 몰수 계산

염산(HCl)은 상업적으로 12.0 M 용액으로 판매된다. 이 12.0 M 용액 300.0 mL에 들어 있는 HCl의 몰수는 얼마인가?

문제 파악

알고 있는 것	알아내야 할 것
용액의 부피(300.0 mL) 용액의 몰농도(12.0 M)	용질의 몰수(mol HCl)

전략

용질의 몰수는 용액의 몰농도와 용액의 부피를 곱하여 계산한다.

풀이

HCl의 몰수 = (용액의 몰농도) × (용액의 부피)

$$= \frac{12.0\ \text{mol HCl}}{1\ \cancel{\text{L}}} \times 0.3000\ \cancel{\text{L}} = 3.60\ \text{mol HCl}$$

12.0 M 용액 300.0 mL에는 HCl 3.60 mol이 들어 있다.

검토

12.0 M의 HCl 용액 1 L는 HCl 12 mol을 포함하고 있으므로, 용액 300 mL(0.3 L)는 0.300 × 12.0 = 3.60 mol을 포함하고 있다.

▶ **연습문제 4.3** 0.20 M $NaHCO_3$ 용액 125 mL에는 용질이 몇 mol 존재하는가?

▶ **응용문제 4.4** 정상 혈액에서 콜레스테롤(cholesterol, $C_{27}H_{46}O$)의 농도는 약 0.005 M이다.

(a) 혈액 750 mL에는 콜레스테롤이 몇 그램 들어 있는가?

(b) 콜레스테롤에 대한 의료 검사에 콜레스테롤 25 mg이 필요하다. 이러한 검사를 위해 필요한 혈액은 몇 mL인가?

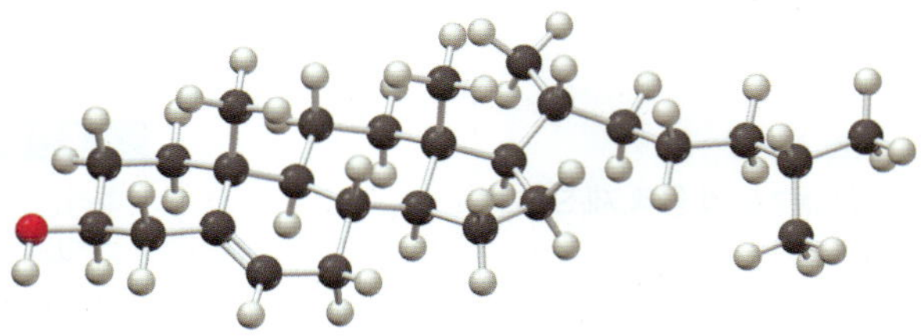

콜레스테롤

4.2 진한 용액의 희석

편의상 화학물질은 때로는 진한 용액으로 구매하여 저장하였다가 사용 전에 희석한다. 예를 들어 염산 수용액은 보통 12.0 M로 시판되지만, 실험실에서 물로 희석하여 최종 농도가 6.0 M이나 1.0 M이 되도록 제조하여 사용한다.

$$\text{진한 용액} + \text{용매} \longrightarrow \text{희석한 용액}$$

진한 용액을 희석할 때 기억해야 할 중요한 것이 있다. 용질의 몰수가 일정하다는 것이다. 용매를 더 가하면 용액의 부피만 변할 뿐이다. 용질의 몰수는 몰농도와 부피를 곱하여 계산할 수 있기 때문에, 다음의 식을 만들 수 있다.

▲ 냉동 오렌지 주스 농축액을 마시기 전에 물을 첨가하여 희석하는 것처럼 많은 화학물질의 용액도 희석해야만 한다.

$$\textbf{용질의 몰수(일정)} = \text{몰농도} \times \text{부피}$$
$$= M_i \times V_i = M_f \times V_f$$

여기서 M_i는 초기 몰농도, V_i는 초기 부피, M_f는 최종 몰농도, V_f는 희석 후 최종 부피이다. 이 식을 더 유용한 형태로 재배열하면, 희석 후 몰농도(M_f)는 초기 농도(M_i)에 초기 부피와 최종 부피의 비(V_i/V_f)를 곱해 구할 수 있다는 것을 알 수 있다.

$$M_f = M_i \times \frac{V_i}{V_f}$$

예를 들어, 2.00 M H_2SO_4 용액 50.0 mL를 부피가 200.0 mL가 되도록 희석한다고 하자. 용액의 부피는 4배로 증가하였으므로(50 mL에서 200 mL로), 용액의 농도는 1/4배로 감소한다(2.00 M에서 0.500 M로).

$$M_f = 2.00\ \mathrm{M} \times \frac{50.0\ \cancel{\mathrm{mL}}}{200.0\ \cancel{\mathrm{mL}}} = 0.500\ \mathrm{M}$$

실제로 희석은 주로 **그림 4.2**처럼 실시한다. 희석하려는 부피를 **피펫**(pipet)이라고 하는 보정된 기구를 사용하여 취한 후, 선택한 부피의 빈 부피 플라스크에 넣고, 플라스크의 보정 표선까지 희석한다. 한 가지 일반적인 예외로 H_2SO_4와 같은 강산을 희석할 때에는 많은 양의 열이 발생하기 때문에 이러한 단계로 하지 않는다. 이러한 경우에는 산에 물을 가하는 것보다 산을 천천히 물에 가하는 것이 훨씬 더 안전하다.

개념탐구 질문 1

1.0 M NaCl 수용액 10.00 mL를 100.0 mL 부피 플라스크에 넣고 눈금까지 물을 더해 희석 용액을 만들었다. 용액이 희석될 때 변하지 않는 양은 무엇인가? (용질의 몰수, 물의 몰수, 용액의 몰농도 중에서 고르시오.)

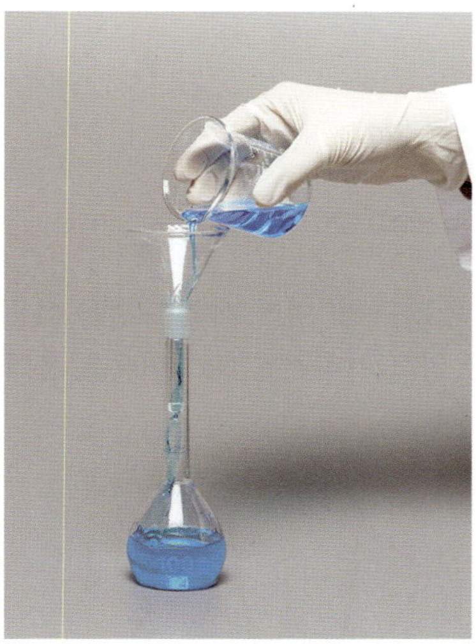

희석시키려는 부피를 취하여 빈 부피 플라스크에 넣는다.

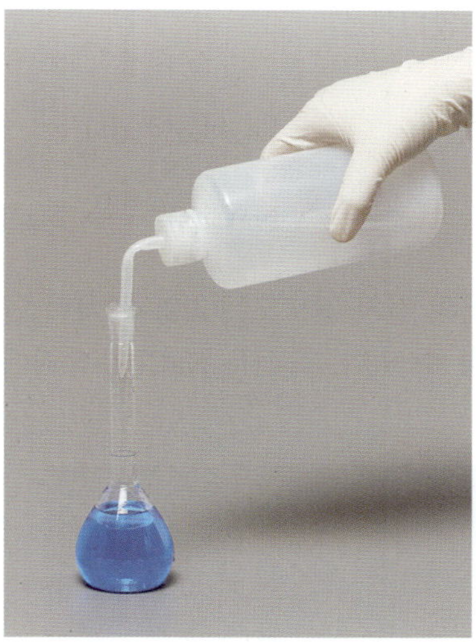

용매를 보정 표선 바로 아래까지 가하고, 플라스크를 흔들어 준다.

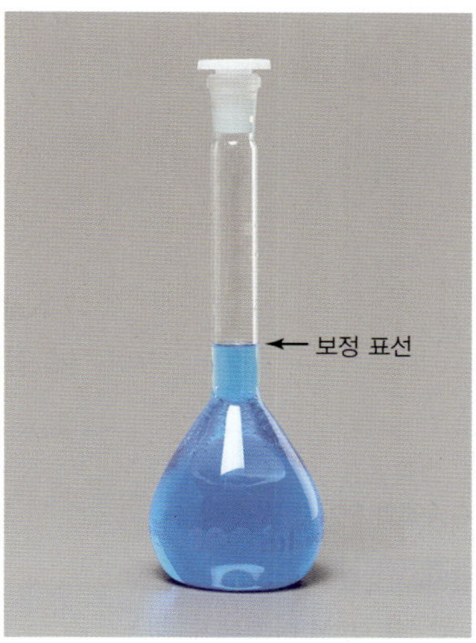

용매를 보정 표선까지 더 가하고, 플라스크를 다시 흔들어 준다.

▲ 그림 4.2
진한 용액을 희석하는 과정

예제 4.3

용액의 희석

0.2500 M NaOH 500.0 mL를 제조하는 데 필요한 1.000 M NaOH 용액의 부피는 얼마인가?

문제 파악

알고 있는 것	알아내야 할 것
최종 부피(V_f = 500.0 mL) 최종 농도(M_f = 0.2500 M) 초기 농도(M_i = 1.000 M)	초기 부피(V_i)

전략

초기 부피(V_i)는 식 $M_i \times V_i = M_f \times V_f$를 재배열하여 $V_i = (M_f/M_i) \times V_f$를 만들어 구할 수 있다.

풀이

$$V_i = \frac{M_f}{M_i} \times V_f = \frac{0.2500\ \cancel{\mathrm{M}}}{1.000\ \cancel{\mathrm{M}}} \times 500.0\ \mathrm{mL} = 125.0\ \mathrm{mL}$$

검토
희석 후에 농도가 1/4배로 감소하기 때문에(1.000 M에서 0.2500 M로), 부피는 4배로 증가하여야 한다. 따라서 용액 500.0 mL를 제조하려면 500.0/4 = 125.0 mL로 시작해야 한다.

▶ **연습문제 4.5** 3.50 M 포도당 용액 75.0 mL를 400.0 mL의 부피로 희석하면 최종 농도는 얼마인가?

▶ **응용문제 4.6** 황산은 보통 18.0 M 농도로 시판된다. 0.500 M 황산 수용액 250.0 mL를 어떻게 제조할 것인가?(산에 물을 가하지 말고 물에 산을 가해야 한다는 것을 기억하라.)

4.3 수용액에서의 전해질

물에서의 반응에 대한 공부를 시작하기 전에, 수용액의 일부 일반적인 성질을 알아보는 것은 유익하다. 설탕(수크로스)과 소금(NaCl)은 둘 다 물에 용해된다는 것을 우리는 경험적으로 알고 있다. 하지만 결과적으로 생성되는 용액은 아주 다르다. 분자 물질인 설탕이 물에 용해될 때 생성되는 용액은 물에 의해 둘러싸인 중성의 설탕 **분자**를 포함한다. 반면에, 이온성 물질인 NaCl이 물에 용해될 때 생성되는 용액은 물에 둘러싸여 있고, 서로 분리된 Na^+와 Cl^- **이온**을 포함하고 있다. 전하를 띤 이온들이 존재하기 때문에 NaCl 용액은 전류를 전도하지만, 설탕 용액은 그렇지 않다.

기억하기…
분자는 둘 이상의 비금속 원자들이 전자를 공동 소유하는 공유 결합의 결과 생성된 물질의 기본 입자이다. 이온 결합 물질은 금속 원자가 비금속 원자에게 전자를 전달하여 생긴 **이온**간의 이온 결합으로 생성된다(2.11절).

$$\underset{\text{설탕}}{C_{12}H_{22}O_{11}(s)} \xrightarrow{H_2O} C_{12}H_{22}O_{11}(aq)$$

$$NaCl(s) \xrightarrow{H_2O} Na^+(aq) + Cl^-(aq)$$

NaCl 수용액의 전기 전도도는 **그림 4.3**처럼 연결된 전지, 전구 및 여러 개의 도선을 이용하여 쉽게 설명할 수 있다. 도선을 NaCl 수용액에 담글 때, 양으로 하전된 Na^+ 이온은 용액을

▶ **그림 4.3**
수용액의 전기 전도도 실험

▶ **확인하기**
전구를 1.0 M (a) HNO_3, (b) HF, (c) C_2H_5OH의 용액에 설치할 때 전구의 모양을 설명하시오. 이 화합물의 분류에 대해서는 표 4.1을 참조하시오.
답 (a) HNO_3는 강전해질이고 거의 완전히 이온으로 해리되기 때문에, 전구는 밝을 것이다. (b) HF는 약전해질이고 약간만 해리되기 때문에, 전구에 희미하게 불이 들어올 것이다. (c) 에탄올은 비전해질이기 때문에, 전구에 불이 들어오지 않을 것이다.

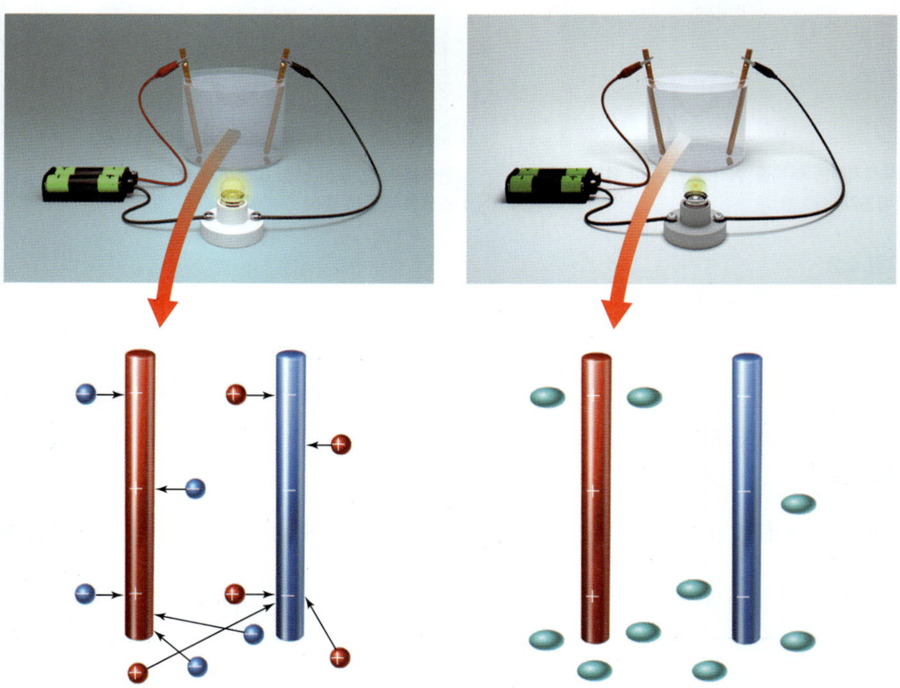

NaCl 수용액은 하전된 입자(이온들)의 이동으로 전기가 흐른다. 따라서 전기 전도도 장치에 불이 들어온다. ©haryigit/Shutterstock

설탕 수용액은 움직일 수 있는 하전된 입자가 없으므로 전기가 흐르지 않는다. 따라서 전기 전도도 장치에 불이 들어오지 않는다. ©haryigit/Shutterstock

통해 전지의 음으로 하전된 단자에 연결된 도선 쪽으로 이동하며, 음으로 하전된 Cl^- 이온은 전지의 양으로 하전된 단자에 연결된 도선 쪽으로 이동한다. 결과적으로, 전하의 이동은 전류가 흐르도록 하여 전구에 불이 들어온다. 그렇지만 도선을 설탕 수용액에 담그면, 전류를 운반하는 이온들이 없기 때문에 전구에 불이 들어오지 않는다.

물에 용해되어 전기를 전도하는 이온의 용액을 만드는 NaCl이나 KBr과 같은 물질을 **전해질(electrolyte)**이라고 한다. 수용액에서 이온을 만들지 못하는 설탕이나 에틸 알코올과 같은 물질은 **비전해질(nonelectrolyte)**이라고 한다. 대부분의 전해질은 이온 결합 화합물(ionic compound)이지만, 몇 가지 물질은 분자 화합물이다. 예를 들어, 염화 수소(HCl)는 순수할 때에는 기체상의 분자 화합물이지만, 물에 용해되면 **해리되어(dissociate)**, 즉 쪼개져서 H^+와 Cl^- 이온을 생성한다.

$$\mathrm{HCl}(g) \xrightarrow{\mathrm{H_2O}} \mathrm{H^+}(aq) + \mathrm{Cl^-}(aq)$$

물에 용해될 때 대부분(70~100%) 이온으로 해리되는 화합물을 **강전해질(strong electrolyte)**이라 하는 반면, 낮은 정도로만 해리되는 화합물을 **약전해질(weak electrolyte)**이라고 한다. 예를 들어, 염화 포타슘(KCl)과 대부분의 다른 이온 화합물은 묽은 용액에서 거의 다 해리되므로 강전해질이다. 반대로, 아세트산(acetic acid, CH_3CO_2H)은 0.10 M 용액에서 약 1.3% 정도만 해리되므로 약전해질이다. 따라서 0.10 M 아세트산 용액은 전기를 약하게 전도하여 그림 4.3에서 전구에는 희미하게 불이 들어올 뿐이다.

0.10 M 용액에 대해

$$\underset{(2\%)}{\mathrm{KCl}(aq)} \rightleftharpoons \underset{(98\%)}{\mathrm{K^+}(aq) + \mathrm{Cl^-}(aq)}$$ 강전해질

$$\underset{(99\%)}{\mathrm{CH_3CO_2H}(aq)} \rightleftharpoons \underset{(1\%)}{\mathrm{H^+}(aq) + \mathrm{CH_3CO_2^-}(aq)}$$ 약전해질

해리 반응식에서 정방향과 역방향의 이중 화살표($\rightleftharpoons$)는 반응이 양쪽 방향으로 동시에 일어나는 것을 나타내는 데 사용된다. 즉, 해리는 정방향의 반응과 역방향의 반응 간에 **평형(equilibrium)**이 이루어지는 동적 과정이다. 아세트산의 해리는 정방향으로 일어나는 반면, H^+와 $CH_3CO_2^-$ 이온의 재결합은 역방향으로 일어난다. 평형 화살표의 크기는 평형 반응이 주로 생성물을 생성하는 쪽인지 주로 반응물을 생성하는 쪽인지를 나타낸다. 결국, 반응물과 생성물의 농도는 일정한 값에 도달하고, 더 이상 시간이 지나도 변하지 않는다. **화학 평형**에 대하여는 15장에서 더 깊이 배울 것이다.

전해질의 세기에 따라 분류된 몇 가지 물질의 목록을 **표 4.1**에 나타내었다. 순수한 물은 비전

미리보기…
15장에서 살펴보게 될 **화학 평형**은 정방향과 역방향으로 둘 다 반응이 일어나되, 생성물과 반응물의 농도가 시간이 지나도 일정하게 유지되는 상태이다.

표 4.1 몇 가지 물질들의 전해질 분류

강전해질	약전해질	비전해질
HCl, HBr, HI	CH_3CO_2H	H_2O
$HClO_4$	HF	CH_3OH(메틸 알코올)
HNO_3	HCN	C_2H_5OH(에틸 알코올)
H_2SO_4		$C_{12}H_{22}O_{11}$(설탕)
KBr		대부분의 탄소 화합물(유기 화합물)
NaCl		
NaOH, KOH		
기타 가용성 이온 결합 화합물		

개념탐구 질문 2
그림 4.3에 나오는 전구 실험 기구를 1.0 M 루비듐 브로마이드 수용액에 담갔다. 전구의 불빛이 밝을지 희미할지 아니면 안 켜질지 예측하시오.

해질로 분류된다는 것에 주목하라. 상당한 정도로 H^+와 OH^- 이온으로 해리되지 않기 때문이다. 물의 해리는 16.4절에서 더 상세하게 알아볼 것이다.

예제 4.4

용액에서 이온의 농도 계산

완전한 해리를 가정하고, 강전해질인 Na_2SO_4 0.350 M 용액에서 이온들의 전체 몰농도는 얼마인가?

문제 파악

알고 있는 것	알아내야 할 것
화합물 Na_2SO_4 0.350 M의 몰농도	이온들의 전체 몰농도

전략

Na_2SO_4의 해리로부터 이온들이 생성되므로, 물에 Na_2SO_4가 용해되는 반응식을 쓴다. 균형 반응식은 화합물 1 mol로부터 이온 3 mol(Na^+ 2 mol과 SO_4^{2-} 1 mol)이 생성됨을 보여 준다.

$$Na_2SO_4(s) \xrightarrow{H_2O} 2\ Na^+(aq) + SO_4^{2-}(aq)$$

풀이

완전한 해리를 가정하면, 이온들의 전체 몰농도는 Na_2SO_4의 몰농도의 3배, 즉 1.05 M이다.

$$\frac{0.350\ \text{mol}\ \cancel{Na_2SO_4}}{1\ \text{L}} \times \frac{3\ \text{mol 이온}}{1\ \text{mol}\ \cancel{Na_2SO_4}} = 1.05\ \text{M}$$

▶ **연습문제 4.7** 완전한 해리를 가정하면, $FeBr_3$ 0.225 M 수용액에서 Br^- 이온의 몰농도는 얼마인가?

▶ **개념 응용문제 4.8** 세 가지 다른 물질 A_2X, A_2Y, A_2Z가 물에 녹아 다음 결과들을 나타내었다(명확하게 하려고 물 분자들은 생략하였다).

(a) 물질들 중 어느 것이 가장 강한 전해질이고, 어느 것이 가장 약한 전해질인가? 그 이유를 설명하시오.

(b) A_2Y 0.350 M 용액에서 A 이온과 Y 이온의 몰농도는 얼마인가?

(c) 그림에 나타낸 것으로 미루어 볼 때, A_2X의 이온화 백분율은 얼마인가?

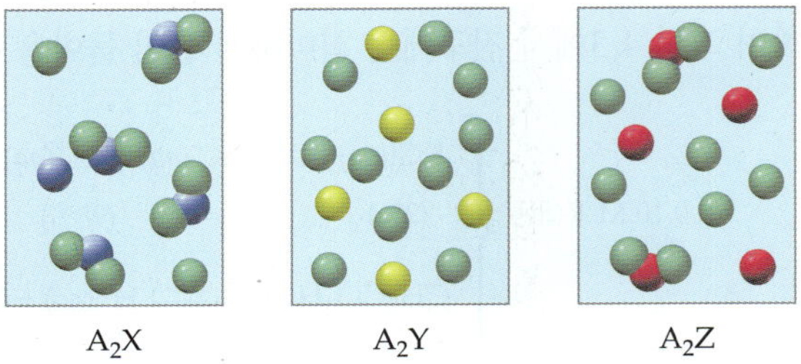

4.4 수용액에서 화학 반응의 유형

수용액에서 일어나는 많은 일반적인 화학 반응은 **침전 반응**(precipitation reaction), **산–염기 중화 반응**(acid–base neutralization reaction), **산화–환원 반응**(oxidation–reduction reaction) 중 한 부류에 속한다. 이후의 절에서 더 자세히 들여다보기 전에 각 반응의 예를 간단히 살펴보자.

▲ 질산 납(II) 수용액이 아이오딘화 포타슘(KI)과 반응하면 노란색의 아이오딘화 납(II) 침전물이 생성된다. ©Lindsey Moore/Shutterstock
$Pb(NO_3)_2(aq) + 2\ KI(aq) \longrightarrow PbI_2(s) + 2\ KNO_3(aq)$

- **침전 반응**이란 가용성 이온 반응물들(강전해질)이 **침전물**(precipitate)이라고 하는 불용성 고체 생성물을 생성하는 과정이며, 이 침전물은 용액으로부터 가라앉으므로 일부 용해된 이온들을 제거한다. 대부분의 침전 반응들은 두 개의 이온 화합물들의 음이온과 양이온이 상대를 서로 바꾸면서 일어난다. 예를 들어, 질산 납(II) 수용액은 아이오딘화 포타슘 수용액과 반응하여 질산 포타슘 수용액과 불용성의 노란색 아이오딘화 납(II)을 생성한다.

$$Pb(NO_3)_2(aq) + 2\ KI(aq) \rightarrow 2\ KNO_3(aq) + PbI_2(s)$$

- **산–염기 중화 반응**이란 산이 염기와 반응하여 물과 **염**(salt)이라고 하는 이온 결합 화합물을 생성하는 과정이다. 산은 물에 녹을 때 H^+ 이온을 생성하는 화합물이고, 염기는 물에 녹을 때 OH^- 이온을 생성하는 화합물이다. 따라서 침전 반응이 용액으로부터 금속 이온

과 비금속 이온을 제거하는 것과 같이, 중화 반응은 용액으로부터 H^+ 이온과 OH^- 이온을 제거한다. HCl과 NaOH가 반응하여 물과 수용성 NaCl이 생성되는 것은 전형적인 사례이다.

$$HCl(aq) + NaOH(aq) \longrightarrow H_2O(l) + NaCl(aq)$$

- **산화-환원 반응**이란 반응 상대들(원자, 분자, 이온) 간에 하나 이상의 전자가 이동하는 과정이다. 이러한 전자 이동의 결과로 여러 반응물에 있는 원자의 전하가 변한다. 예를 들어 금속 마그네슘이 염산 수용액과 반응할 때, 한 개의 마그네슘 원자는 한 개의 전자를 두 개의 H^+ 이온에 각각 주고 Mg^{2+} 이온과 H_2 분자를 생성한다. 마그네슘의 전하는 0에서 +2로 변하고, 각 수소의 전하는 +1에서 0으로 변한다.

$$Mg(s) + 2\ HCl(aq) \longrightarrow MgCl_2(aq) + H_2(g)$$

개념탐구 질문 3

다음 화학 반응은 침전 반응, 산-염기 중화 반응, 산화 환원 반응 중 어느 것인가?

$$Cu^{2+}(aq) + Zn(s) \longrightarrow Cu(s) + Zn^{2+}(aq)$$

4.5 수용액에서의 반응과 알짜 이온 반응식

지금까지 사용한 반응식은 모두 **분자 반응식(molecular equation)**이다. 즉, 반응에 관여한 모든 물질이 마치 **분자**인 것처럼, 완전한 화학식을 사용하여 표기하였다. 예를 들어, 앞 절에서 물질이 수용액에 녹아 있는 것을 나타내기 위하여, 괄호 안에 **상태를 나타내는 약자**(aq)를 사용하여 질산 납(II)이 아이오딘화 포타슘과 반응하여 고체 PbI_2를 생성하는 침전 반응을 표기하였다. 반응식의 어디에서도 이온들이 관여된다는 것을 나타내지 않고 있다. 그렇지만 반응 동안에 일어나는 화학 변화를 반영하는 좀 더 정확한 방식이 있다. 다음 예들이 그것이다.

기억하기… 화학 반응에서 물질의 물리적 상태는 종종 괄호 안에 **상태를 나타내는 약자**로 표기하며, 고체는 (s), 액체는 (l), 기체는 (g), 수용액은 (aq)로 표기한다(3.3절).

분자 반응식

$$Pb(NO_3)_2(aq) + 2\ KI(aq) \longrightarrow 2\ KNO_3(aq) + PbI_2(s)$$

이 반응식은 분자들이 상호 작용하는 것을 의미한다. 그렇지만 질산 납, 아이오딘화 포타슘, 질산 포타슘은 물에 녹아 이온들의 용액을 만드는 강전해질들이라는 것이 사실이다. 따라서 모든 이온들이 명확하게 보이도록 **이온 반응식(ionic equation)**으로 침전 반응을 쓰는 것이 더 정확하다.

이온 반응식

$$Pb^{2+}(aq) + 2\ NO_3^-(aq) + 2\ K^+(aq) + 2\ I^-(aq) \longrightarrow 2\ K^+(aq) + 2\ NO_3^-(aq) + PbI_2(s)$$

이 이온 반응식은 NO_3^- 이온과 K^+ 이온이 반응 동안에 변화가 일어나지 않음을 보여 준다. 대신 이 이온들은 반응 화살표의 양쪽에 나타난 전하의 균형을 맞춰 주기 위해 존재하는 **구경꾼 이온(spectator ion)**으로서의 역할을 한다. 구경꾼 이온은 반응식 양쪽에서 상쇄되기 때문에 **알짜 이온 반응식(net ionic equation)**은 반응하는 화학종(이 예에서는 Pb^{2+}와 I^- 이온)만을 나타낸다.

이온 반응식

$$Pb^{2+}(aq) + \cancel{2\ NO_3^-}(aq) + \cancel{2\ K^+}(aq) + 2\ I^-(aq) \longrightarrow \cancel{2\ K^+}(aq) + \cancel{2\ NO_3^-}(aq) + PbI_2(s)$$

알짜 이온 반응식

$$Pb^{2+}(aq) + 2\ I^-(aq) \longrightarrow PbI_2(s)$$

알짜 이온 반응식에서 구경꾼 이온을 뺀다고 해서 구경꾼 이온의 존재가 의미가 없음을 말

개념탐구 질문 4
구경꾼 이온이란 무엇인가?

하는 것은 아니다. 만약 Pb^{2+} 이온의 용액과 I^- 이온의 용액을 섞어 어느 반응이 일어난다면, 이러한 용액들은 각 용액에서 전하의 균형을 맞추기 위한 또 다른 이온들도 포함해야 한다. 즉, Pb^{2+} 용액은 음이온을 포함해야 하며, I^- 용액도 양이온을 포함해야 한다. 알짜 이온 반응식에서 이러한 다른 이온들을 빼는 것은 이러한 이온들이 화학 반응을 하지 않음을 의미할 뿐이다. 반응하지 않는 구경꾼 이온은 전하의 균형을 맞추는 역할을 한다.

예제 4.5

알짜 이온 반응식 쓰기

염산 수용액은 아연 금속과 반응하여 수소 기체와 염화 아연 수용액을 생성한다. 이 과정의 알짜 이온 반응식을 쓰고, 구경꾼 이온을 찾아내시오.

$$2\ HCl(aq) + Zn(s) \longrightarrow H_2(g) + ZnCl_2(aq)$$

전략

먼저, 용액에 존재하는 모든 화학종들을 포함시켜 이온 반응식을 쓴다. 표 4.1을 보면 HCl(분자 화합물)과 $ZnCl_2$(가용성 이온 결합 화합물) 모두 용액에서 이온으로 존재하는 강전해질이다. 다음으로 반응 화살표 양쪽에 존재하는 이온들, 즉 구경꾼 이온을 찾아 이들을 삭제하고 알짜 이온 반응식만을 남겨 놓는다.

▲ 아연 금속은 염산과 반응하여 수소 기체와 Zn^{2+} 이온 수용액을 생성한다.

풀이

이온 반응식

$$2\ H^+(aq) + \cancel{2\ Cl^-}(aq) + Zn(s) \longrightarrow H_2(g) + Zn^{2+}(aq) + \cancel{2\ Cl^-}(aq)$$

알짜 이온 반응식

$$2\ H^+(aq) + Zn(s) \longrightarrow H_2(g) + Zn^{2+}(aq)$$

염화 이온은 이 반응에서 유일한 구경꾼 이온이다.

▶ **연습문제 4.9** 다음 반응의 알짜 이온 반응식을 쓰시오.

$$2\ AgNO_3(aq) + Na_2CrO_4(aq) \longrightarrow Ag_2CrO_4(s) + 2\ NaNO_3(aq)$$

▶ **개념 응용문제 4.10** 투명한 무색 용액 두 개를 섞으면 흰색 침전물이 생성되어 용기 바닥에 가라앉는다. 오른쪽 그림은 용액 중의 이온들을 나타내며, 반응 후에 고체가 생성되었다. 구경꾼 이온을 찾고, 이 반응의 균형 알짜 이온 반응식과 분자 반응식을 쓰시오.

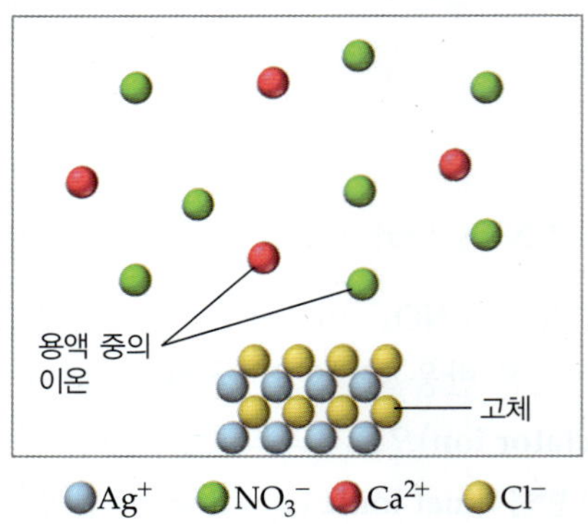

4.6 침전 반응과 용해도 지침

두 물질의 수용액들을 섞을 때 침전 반응이 일어날지를 어떻게 예측할 수 있을까? 그러려면 각 잠재적인 생성물의 **용해도(solubility)**, 즉 각 화합물이 주어진 온도에서 주어진 양의 용매에 얼마나 많이 녹을 것인지를 알아야 한다. 어떤 물질의 물에서의 용해도가 크면 침전물은 생기지 않을 것이다. 반면, 어떤 물질의 물에서의 용해도가 작으면 수용액에서 침전될 것이다.

용해도는 복잡한 문제이므로 정확한 예측이 항상 가능하지는 않다. 더욱이 용해도는 반응물 이온들의 농도에 좌우된다. 따라서 **가용성**(soluble)과 **불용성**(insoluble)이라는 말은 정확한 것이 아니다. 용해도는 용해도가 높은 물질과 용해도가 낮은 물질 사이의 연속체이다. 어떤 물질이 0.01 M 이상의 농도로 용해되면 가용성이라고 한다. 화합물을 구성하는 양이온과 음이온을 보면 용해도를 예측할 수 있다. 어떤 화합물이 다음 기준 중 하나 이상을 충족하면 가용성이다.

1. 어떤 화합물이 다음 양이온 중 하나를 포함하면 가용성이다.

- Li^+, Na^+, K^+, Rb^+, Cs^+(1A족 양이온)
- NH_4^+(암모늄 이온)

  즉, 알칼리 금속 양이온이나 암모늄 양이온을 포함하는 모든 이온 화합물들은 존재하는 음이온에 관계없이 물에 용해되어 침전되지 않는다.

2. 어떤 화합물이 다음 음이온 중 하나를 포함하면 가용성이다.

- Cl^-, Br^-, I^-(할로젠화 음이온, halide)

  예외: Ag^+, Hg_2^{2+}, Pb^{2+}의 할로젠화물
- NO_3^-(질산 이온), ClO_4^-(과염소산 이온), $CH_3CO_2^-$(아세트산 이온), SO_4^{2-}(황산 이온)

  예외: Sr^{2+}, Ba^{2+}, Hg_2^{2+}, Pb^{2+}의 황산염

  다시 말해, 할로젠화 이온, 질산 이온, 과염소산 이온, 아세트산 이온, 황산 이온을 포함하는 대부분의 이온 결합 화합물은 물에 가용성이며, 존재하는 양이온에 관계없이 침전되지 않는다. 침전 생성의 예외로는 은(I), 수은(I), 납(II)의 할로젠화물과 스트론튬, 바륨, 수은(I) 및 납(II)의 황산염들이 있다.

반면, 위에서 열거한 양이온이나 음이온 중 하나를 포함하지 않는 화합물은 가용성이 아니다. 따라서 탄산 이온(CO_3^{2-}), 황화 이온(S^{2-}), 인산 이온(PO_4^{3-}), 수산화 이온(OH^-)은 알칼리 금속이나 암모늄 양이온을 포함하지 않는다면, 일반적으로 불용성이다. 주요한 예외로는 Ca^{2+}, Sr^{2+}, Ba^{2+}의 황화물과 수산화물이 있다. 표 4.2에는 용해도 지침을 요약하였다.

표 4.2 물에서 이온 결합 화합물에 대한 용해도 지침

가용성 화합물	일반적인 예외
Li^+, Na^+, K^+, Rb^+, Cs^+(1족 양이온)	없음
NH_4^+(암모늄 이온)	없음
Cl^-, Br^-, I^-(할로젠화 이온)	Ag^+, Hg_2^{2+}, Pb^{2+}의 할로젠화물
NO_3^-(질산 이온)	없음
ClO_4^-(과염소산 이온)	없음
$CH_3CO_2^-$(아세트산 이온)	없음
SO_4^{2-}(황산 이온)	Sr^{2+}, Ba^{2+}, Hg_2^{2+}, Pb^{2+}의 황산염
불용성 화합물	**일반적인 예외**
CO_3^{2-}(탄산 이온)	1족 양이온, NH_4^+의 탄산염
S^{2-}(황화 이온)	1족 양이온, NH_4^+, Ca^{2+}, Sr^{2+}, Ba^{2+}의 황화물
PO_4^{3-}(인산 이온)	1족 양이온, NH_4^+의 인산염
OH^-(수산화 이온)	1족 양이온, NH_4^+, Ca^{2+}, Sr^{2+}, Ba^{2+}의 수산화물

개념탐구 질문 5

표 4.2의 용해도 지침을 이용하여, 이온 결합 화합물인 Na_2CO_3와 $Fe(OH)_3$가 가용성인지 불용성인지 분류하시오.

▲ $AgNO_3$ 수용액과 Na_2CO_3 수용액이 반응하여 흰색의 Ag_2CO_3 침전물이 생성된다.

용해도 지침을 활용하면, 두 가지 이온 결합 화합물의 용액들을 섞을 때 침전물이 생성될지의 여부를 예상할 수 있을 뿐만 아니라, 의도적으로 침전 반응을 일으켜 특정 화합물을 생성할 수 있다. 예를 들어 고체 탄산 은(Ag_2CO_3) 시료를 제조하려면, $AgNO_3$ 용액과 Na_2CO_3 용액을 섞으면 된다. 두 가지 출발 물질은 $NaNO_3$처럼 모두 물에 가용성이다. 탄산 은은 이온들의 유일한 불용성 조합이므로 용액으로부터 침전물이 생성될 것이다.

$$2\ AgNO_3(aq) + Na_2CO_3(aq) \longrightarrow Ag_2CO_3(s) + 2\ NaNO_3(aq)$$

예제 4.6

침전 반응의 생성물 예측

$CdCl_2$ 수용액과 $(NH_4)_2S$ 수용액을 섞을 때 침전 반응이 일어날까? 만약 그렇다면 알짜 이온 반응식을 쓰시오.

전략

한 가지 반응물의 양이온과 다른 반응물의 음이온을 결합시켜 가능한 반응의 생성물을 결정한다.

$$CdCl_2(aq) + (NH_4)_2S(aq) \longrightarrow CdS(?) + 2\ NH_4Cl(?)$$

다음으로, 표 4.2를 이용하여 각 생성물의 용해도를 예측한다.

풀이

용해도 지침으로부터, 두 가지 가능한 생성물 중 황화물인 CdS는 불용성이고, 암모늄 화합물이며 할로젠화물인 NH_4Cl은 가용성일 것으로 예상된다. 따라서 침전 반응은 일어날 것이다.

$$Cd^{2+}(aq) + S^{2-}(aq) \longrightarrow CdS(s)$$

▶ **연습문제 4.11** $AgClO_4$ 수용액과 $CaBr_2$ 수용액을 섞었을 때 침전 반응이 일어날 것인지를 예측하고, 만약 일어난다면 알짜 이온 반응식을 쓰시오.

▶ **응용문제 4.12** $Ca_3(PO_4)_2$ 시료를 제조하기 위하여 침전 반응을 어떻게 이용할 것인가? 알짜 이온 반응식을 쓰시오.

예제 4.7

침전 반응에서 화학량론의 가시화

두 가지 이온 화합물의 수용액을 혼합했을 때, 다음 결과가 얻어졌다.

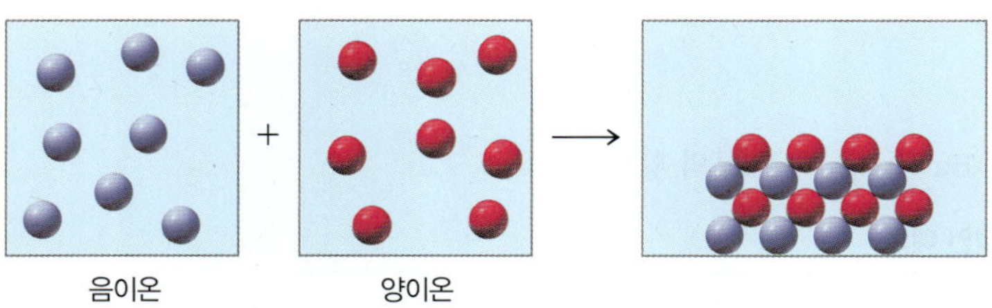

(단지 파란색 구로 나타낸 첫 번째 화합물의 음이온과 빨간색 구로 나타낸 두 번째 화합물의 양이온만을 나타냄.) 어느 양이온과 음이온의 조합이 관찰된 결과들과 잘 일치할까?

음이온: NO_3^-, Cl^-, CO_3^{2-}, PO_4^{3-}

양이온: Ca^{2+}, Ag^+, K^+, Cd^{2+}

전략
이 그림은 침전 반응을 나타낸다. 용액 중 이온들이 질서 있는 배열로 용기 바닥에 가라앉는 것을 보여 주기 때문이다. 구의 개수를 세어 보면 양이온과 음이온이 같은 수(각 8개)로 반응하여, 전하가 1이든 2이든 같은 수의 전하를 가져야 한다(목록에는 3가 양이온이 없다). 모든 가능한 조합들을 살펴보고, 어느 것이 침전될 것인지를 결정한다.

풀이
1가로 하전된 이온들의 가능한 조합: $AgNO_3$, KNO_3, AgCl, KCl
2가로 하전된 이온들의 가능한 조합: $CaCO_3$, $CdCO_3$

가능한 조합들 중에서 AgCl, $CaCO_3$, $CdCO_3$는 불용성이다. 따라서 침전물은 (1) Ag^+와 Cl^-, (2) Ca^{2+}와 CO_3^{2-}, (3) Cd^{2+}와 CO_3^{2-}의 세 가지 가능한 양이온과 음이온간의 조합으로부터 생성될 수 있다.

▶ **개념 연습문제 4.13** 파란색 구로 나타낸 음이온을 포함하는 수용액을, 빨간색 구로 나타낸 양이온을 포함하는 용액에 가하여 다음 결과를 얻었다.

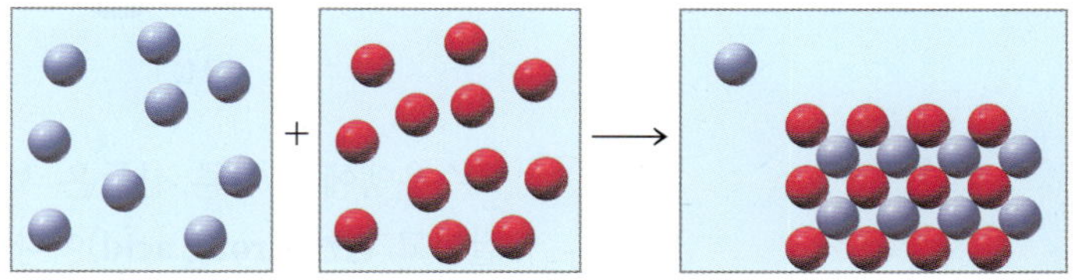

어느 양이온과 음이온의 조합들이 관찰된 결과와 일치할까?
음이온: S^{2-}, PO_4^{3-}
양이온: Mg^{2+}, Fe^{3+}, NH_4^+

▶ **개념 응용문제 4.14** 화합물 $Pb(NO_3)_2$, KBr, $Ba(CH_3CO_2)_2$를 포함하는 용액으로부터 흰색 침전물이 생성되었다. 침전물이 무엇인지 알아내고, 예제 4.7에서 나타낸 것과 비슷한 그림으로 침전 반응을 나타내시오.

4.7 산, 염기와 중화 반응

1777년에 프랑스의 화학자 앙투안 라부아지에(Antoine Lavoisier, 1743~1794)는 모든 산(acid)이 산소라고 하는 공통 원소를 포함하고 있다고 제안하였다. 실제로 **산소**라는 말은 '산을 생성하는 것'이란 의미를 갖는 그리스어로부터 파생되었다. 그렇지만 영국의 화학자 험프리 데이비(Humphrey Davy, 1778~1829)경이 1810년에 염산(muriatic acid, 현재는 hydrochloric acid라고 부름)은 수소와 염소만을 포함하고 있고, 산소를 함유하고 있지 않다는 것을 밝혀냈을 때, 라부아지에의 개념은 수정되어야 했다. 따라서 데이비의 연구에서는 산에서 공통적인 원소가 산소가 아닌 **수소**라고 제안하였다.

화합물에서 산의 거동과 수소의 존재 간의 관계는 스웨덴의 화학자 아레니우스(Svante Arrhenius, 1859~1927)에 의해 분명해졌다. 아레니우스는 **산(acid)**은 물에서 해리하여 수소 이온(H^+)을 생성하는 물질이고, **염기(base)**는 물에서 해리하여 수산화 이온(OH^-)을 생성하는 물질이라고 제안하였다.

미리보기…
산과 염기에 대해서는 16장에서 자세하게 공부할 것이다.

$$\text{산} \quad HA(aq) \longrightarrow H^+(aq) + A^-(aq)$$
$$\text{염기} \quad MOH(aq) \longrightarrow M^+(aq) + OH^-(aq)$$

이 반응식에서 HA는 산에 대한 일반적인 화학식으로, 예를 들면 HCl, HNO_3 등이 있다. MOH는 금속 수산화물에 대한 일반적인 화학식으로, 예를 들면 NaOH, KOH 등이 있다.

반응식에서 사용하기에는 편리하지만, 기호 $H^+(aq)$는 수용액에 존재하는 이온의 구조를 정확히 나타내지는 않는다. 가까이에 전자를 갖고 있지 않은 수소 핵인 양성자로서, H^+는 반응성이 너무 커서 그 자체로만은 존재할 수 없다. H^+는 물 분자의 산소 원자와 결합하여 하이드로늄 이온(hydronium ion, H_3O^+)을 형성한다. 때로 편의상, 특히 반응식의 균형을 맞출 때 $H^+(aq)$라고 쓰지만, 산 수용액을 나타낼 경우에는 $H_3O^+(aq)$를 더 자주 쓸 것이다. 예를 들어, 염화 수소(hydrogen chloride)는 물에 용해될 때 $Cl^-(aq)$와 $H_3O^+(aq)$를 생성한다.

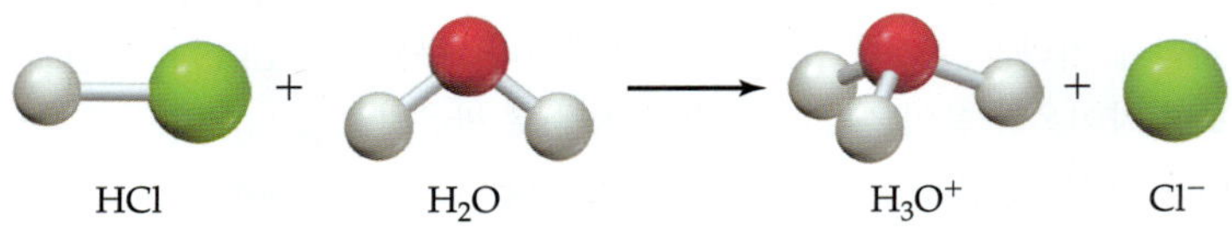

수용액에서 다른 산들은 서로 다른 정도로 해리된다. 높은 정도로 해리되는 산은 강전해질이고 **강산(strong acid)**이다. 반면, 적은 정도로만 해리되는 산은 약전해질이고 **약산(weak acid)**이다. 예를 들어, 표 4.1에서 본 바와 같이 HCl, $HClO_4$, HNO_3, H_2SO_4는 강전해질이고 강산이다. 반면, CH_3CO_2H와 HF는 약전해질이고 약산이다. 아세트산에는 실제로 수소 4개가 들어 있지만, 산소 원자에 결합된 수소 하나만 해리된다는 것에 유의해야 한다. 16장에서는 분자의 구조가 산의 해리에 미치는 영향을 설명할 것이다.

> **개념탐구 질문 6**
>
> 메틸아민과 물과의 반응은 다음과 같다.
>
> $CH_3NH_2(aq) + H_2O(l) \rightleftharpoons CH_3NH_3^+(aq) + OH^-(aq)$
>
> 메틸아민은 강산, 약산, 강염기, 약염기 중 무엇인가?

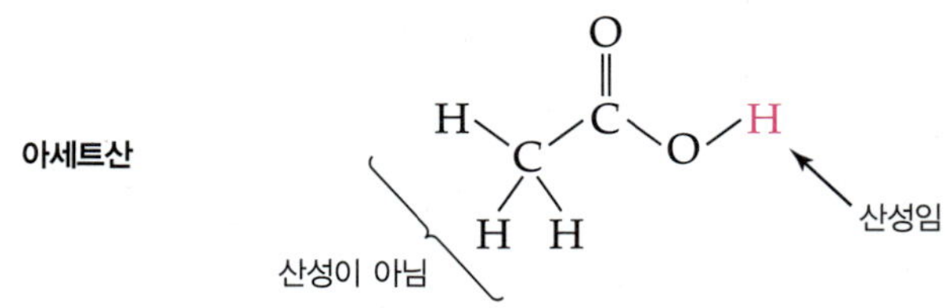

다른 산들은 산성을 나타내는 수소의 개수가 다르고, 용액에서 서로 다른 개수의 H_3O^+ 이온을 생성할 수 있다. 염산(HCl)은 **일양성자산(monoprotic acid)**이라고 한다. 그 이유는 염산이 H^+ 이온을 단 하나만 생성하기 때문이다. 반면에, 황산(H_2SO_4)은 **이양성자산(diprotic acid)**이라고 한다. 그 이유는 황산이 H^+ 이온 두 개를 생성할 수 있기 때문이다. 인산(H_3PO_4)은 삼양성자산(triprotic acid)이라고 하며, H^+ 이온 세 개를 생성할 수 있다. 황산의 경우, H^+의 첫 번째 해리는 완전히 일어난다. 즉, 모든 H_2SO_4 분자는 H^+ 하나를 잃는다. 그러나 두 번째 해리는 다음 반응식에서 이중 화살표로 나타낸 것과 같이 완결되지 않는다.

$$\text{황산:}\quad H_2SO_4(aq) + H_2O(l) \longrightarrow HSO_4^-(aq) + H_3O^+(aq)$$
$$HSO_4^-(aq) + H_2O(l) \rightleftharpoons SO_4^{2-}(aq) + H_3O^+(aq)$$

인산의 경우, 세 개의 해리 반응 중 어느 것도 완결되게 일어나지 않는다.

$$\text{인산:}\quad H_3PO_4(aq) + H_2O(l) \rightleftharpoons H_2PO_4^-(aq) + H_3O^+(aq)$$
$$H_2PO_4^-(aq) + H_2O(l) \rightleftharpoons HPO_4^{2-}(aq) + H_3O^+(aq)$$
$$HPO_4^{2-}(aq) + H_2O(l) \rightleftharpoons PO_4^{3-}(aq) + H_3O^+(aq)$$

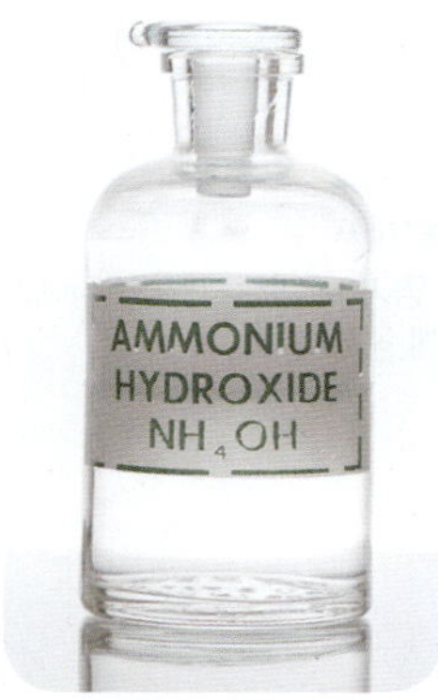

▲ 이 시약병에는 '수산화 암모늄(Ammonium Hydroxide)' 대신 '암모니아 수용액(Aqueous Ammonia)'이라고 표시해야만 하지 않을까? ©ggw/Shutterstock

염기도 산과 같이 수용액에서 OH^- 이온을 생성하는 정도에 따라 강하거나 약할 수 있다. NaOH, $Ba(OH)_2$와 같은 대부분의 금속 수산화물은 강전해질이고 **강염기(strong base)**이지만, 암모니아(NH_3)는 약전해질이며 **약염기(weak base)**이다.

$$NaOH(aq) \longrightarrow Na^+(aq) + OH^-(aq)$$
$$Ba(OH)_2(aq) \longrightarrow Ba^{2+}(aq) + 2\ OH^-(aq)$$

암모니아는 물과 소량만 반응하여 NH_4^+와 OH^- 이온을 생성하기 때문에 약염기이다. 암모니아 수용액을 종종 **수산화 암모늄**(ammonium hydroxide)이라고 부른다. 이는 NH_4^+와 OH^- 이온의 농도가 낮기 때문에 실제로는 잘못된 이름이다.

$$NH_3(g) + H_2O(l) \rightleftharpoons NH_4^+(aq) + OH^-(aq)$$

표 4.3 흔하게 사용되는 산과 염기

	산	이름	염기	이름	
강산	$HClO_4$	과염소산	KOH	수산화 포타슘	강염기
	H_2SO_4	황산	NaOH	수산화 소듐	
	HBr	브로민화 수소산	$Ba(OH)_2$	수산화 바륨	
	HCl	염화 수소산 또는 염산	$Ca(OH)_2$	수산화 칼슘	
	HNO_3	질산			
	H_3PO_4	인산	NH_3	암모니아	
	HF	플루오린화 수소산			
	HNO_2	아질산			
약산	CH_3CO_2H	아세트산			약염기

개념탐구 질문 7

다음 중 어떤 용액이 H_3O^+ 농도가 가장 높을 것인지 표 4.3을 보고 답하시오.

1.0 M HNO_3, 1.0 M HF, 1.0 M NaOH, 1.0 M NH_3

4.3절에서 설명한 아세트산의 해리처럼, 암모니아와 물 사이의 반응은 매우 적은 정도로만 (약 1%) 일어난다. 대부분의 암모니아는 반응하지 않고 남아 있기 때문에, 정반응과 역반응 사이에서의 동적 평형이 존재한다는 것을 나타내기 위하여 이중 화살표를 사용하여 그 반응을 쓴다.

표 4.3에는 몇 가지 일반적인 산과 염기의 이름, 화학식 및 분류를 요약하였다.

산의 명명

대부분의 산은 **산소산(oxoacid**, oxyacid)이다. 다시 말하면, 이들은 수소와 다른 원소들 외에 추가적으로 산소를 함유하고 있다. 물에 녹을 때 산소산은 하나 이상의 H^+ 이온과 **표 4.4**에 나열된 것들 중 한 가지의 **산소산 음이온(oxoanion**, oxyanion)을 생성한다. 이에 대해서는 이전에 2.13절에서 살펴보았다.

기억하기…
산소산 음이온은 주어진 원소의 원자가 다른 개수의 산소 원자들과 결합하는 다원자 음이온이다(2.12절).

산소산의 이름은 상응하는 산소산 음이온의 이름과 관련이 있는데, 영어명에서 *-ite*나 *-ate*로 끝나는 음이온의 이름은 각각 *-ous acid*나 *-ic acid*로 바뀐다. 다시 말하면 더 적은 수의 산소를 포함하는 산은 *-ous*로 끝나고, 더 많은 수의 산소를 포함하는 산은 *-ic*로 끝난다. 예를 들어, 화합물 HNO_2는 아질산(*nitrous acid*)이라고 부른다. 그 이유는 더 적은 수의 산소를 함유하고 있고 물에 녹을 때 아질산 이온(nitr*ite* ion, NO_2^-)을 생성하기 때문이다. 반면에, 화합물 HNO_3는 질산(*nitric acid*)이라고 부른다. 그 이유는 더 많은 수의 산소를 포함하고 있고, 물에 녹을 때 질산 이온(nitr*ate* ion, NO_3^-)을 생성하기 때문이다.

아질산은 아질산 이온을 생성

$$HNO_2(aq) + H_2O(l) \xrightleftharpoons{\text{물에 용해}} H_3O^+(aq) + NO_2^-(aq)$$

질산은 질산 이온을 생성

$$HNO_3(aq) + H_2O(l) \xrightarrow{\text{물에 용해}} H_3O^+(aq) + NO_3^-(aq)$$

비슷한 방식으로 하이포아염소산(hypochlor*ous* acid)은 하이포아염소산 이온(hypochlor*ite* ion)을 생성하고, 아염소산(chlor*ous* acid)은 아염소산 이온(chlor*ite* ion)을 생성한다. 염소산(chlor*ic* acid)은 염소산 이온(chlor*ate* ion)을 생성하고, 과염소산(perchlor*ic* acid)은 과염소산 이온(perchlor*ate* ion)을 생성한다(표 4.4).

산소산 이외에 HCl과 같이 산소를 포함하지 않는 다른 산도 소수 존재한다. 그러한 화합물에는 수용액을 나타낼 경우, 접두사 *hydro*-와 접미사 *-ic acid*가 사용된다.

염화 수소는 염산(*hydro*chlor*ic* acid)을 생성

$$HCl(g) + H_2O(l) \xrightarrow{\text{물에 용해}} H_3O^+(aq) + Cl^-(aq)$$

표 4.4 흔한 산소산들과 그들의 음이온

산소산		산소산 음이온	
HNO_2	아질산(Nitr*ous* acid)	NO_2^-	아질산 이온(Nitr*ite* ion)
HNO_3	질산(Nitr*ic* acid)	NO_3^-	질산 이온(Nitr*ate* ion)
H_3PO_4	인산(Phosphor*ic* acid)	PO_4^{3-}	인산 이온(Phosph*ate* ion)
H_2SO_3	아황산(Sulfur*ous* acid)	SO_3^{2-}	아황산 이온(Sulf*ite* ion)
H_2SO_4	황산(Sulfur*ic* acid)	SO_4^{2-}	황산 이온(Sulf*ate* ion)
$HClO$	하이포아염소산(*Hypo*chlor*ous* acid)	ClO^-	하이포아염소산 이온(*Hypo*chlor*ite* ion)
$HClO_2$	아염소산(Chlor*ous* acid)	ClO_2^-	아염소산 이온(Chlor*ite* ion)
$HClO_3$	염소산(Chlor*ic* acid)	ClO_3^-	염소산 이온(Chlor*ate* ion)
$HClO_4$	과염소산(*Per*chlor*ic* acid)	ClO_4^-	과염소산 이온(*Per*chlor*ate* ion)

사이안화 수소는 사이안산(*hydro*cyan*ic* acid)을 생성

$$HCN(g) + H_2O(l) \xrightarrow{\text{물에 용해}} H_3O^+(aq) + CN^-(aq)$$

예제 4.8

산의 명명

다음 산을 명명하시오.

(a) $HBrO(aq)$

(b) $H_2S(aq)$

전략

산을 명명하기 위해, 화학식을 보고 화합물이 산소산인지 여부를 결정한다. 그렇다면 표 4.4에 따라 산소 원자의 수를 반영하여 명명해야 한다. 화합물이 산소산이 아니면, 접두사 *hydro*-와 접미사 *-ic acid*를 사용하여 명명한다.

풀이

(a) 이 화합물은 물에 용해될 때 하이포아브로민산 이온(hypobromite ion, BrO^-)을 생성하는 산소산이다. 따라서 그 이름은 하이포아브로민산(hypobromous acid)이다.

(b) 이 화합물은 산소산이 아니며, 물에 용해될 때 황화 이온(sulfide ion)을 생성한다. 순수한 기체로서의 H_2S는 황화 수소(hydrogen sulfide)라고 부른다. 수용액에서는 황화 수소산(hydrosulfuric acid)이라고 부른다.

▶ **연습문제 4.15** 산 HI와 $HBrO_2$를 명명하시오.

▶ **응용문제 4.16** 다음 이름에 해당하는 화학식을 쓰시오.

(a) 아인산(phosphorous acid)

(b) 셀레늄화 수소산(hydroselenic acid)

중화 반응

산과 염기가 정확한 화학량론적 비로 혼합되면, 물과 이온성 **염(salt)**을 생성하는 중화 반응이 일어나 산과 염기의 성질이 모두 사라진다. 염의 음이온(A^-)은 산으로부터 유래되고, 염의 양이온(M^+)은 염기로부터 유래된다.

중화 반응

$$\underset{\text{산}}{HA(aq)} + \underset{\text{염기}}{MOH(aq)} \longrightarrow \underset{\text{물}}{H_2O(l)} + \underset{\text{염}}{MA(aq)}$$

일반적으로 염은 수용액에서 강전해질이므로, 강산과 강염기의 중화 반응을 이온 반응식으로 쓸 수 있다.

$$H^+(aq) + A^-(aq) + M^+(aq) + OH^-(aq) \longrightarrow H_2O(l) + M^+(aq) + A^-(aq)$$

이온 반응식의 양쪽에 있는 이온(A^-와 M^+)을 상쇄하면 알짜 이온 반응식이 된다. 이는 물에서 강산과 강염기의 반응을 기술하게 된다.

알짜 이온 반응식

$$H^+(aq) + OH^-(aq) \longrightarrow H_2O(l)$$
또는 $$H_3O^+(aq) + OH^-(aq) \longrightarrow 2\,H_2O(l)$$

약산과 강염기의 반응에서도 비슷한 중화 반응이 일어나지만, 약산은 물에서 불완전하게 해리되기 때문에 간단한 $H^+(aq)$보다는 그 산의 분자식을 써야 한다. 이 약산은 주로 중성의 분자로 존재한다. 예를 들어, 약산 HF와 강염기 KOH와의 반응에 대한 알짜 이온 반응식은 다음과 같이 쓴다.

$$HF(aq) + OH^-(aq) \longrightarrow H_2O(l) + F^-(aq)$$

예제 4.9

산-염기 반응의 이온 반응식과 알짜 이온 반응식 쓰기

HBr 수용액과 $Ba(OH)_2$ 수용액 간의 중화 반응에 대한 이온 반응식과 알짜 이온 반응식을 모두 쓰시오.

전략

브로민화 수소는 그 수용액이 H^+ 이온과 Br^- 이온을 포함하는 강산이다. 수산화 바륨은 그 수용액이 Ba^{2+} 이온과 OH^- 이온을 포함하는 강염기이다. 따라서 반응물 쪽에는 네 가지의 다른 이온들이 혼합되어 있다. 수산화 바륨에 2개의 수산화 이온이 있기 때문에, $Ba(OH)_2$ 하나의 화학식 단위와 반응하기 위해 HBr 2분자가 필요하다. 중화 반응을 이온 반응식으로 쓰고, 구경꾼 이온들을 상쇄하여 알짜 이온 반응식을 쓴다.

풀이

이온 반응식

$$2\,H^+(aq) + 2\,Br^-(aq) + Ba^{2+}(aq) + 2\,OH^-(aq) \longrightarrow 2\,H_2O(l) + 2\,Br^-(aq) + Ba^{2+}(aq)$$

알짜 이온 반응식

$$2H^+(aq) + 2OH^-(aq) \longrightarrow 2H_2O(l)$$
또는 $$H^+(aq) + OH^-(aq) \longrightarrow H_2O(l)$$

HBr이 $Ba(OH)_2$와 반응하면, 산으로부터의 양성자(H^+)와 염기로부터의 OH^-가 결합하여 물과 염($BaBr_2$)을 생성한다.

연습문제 4.17 다음 각 산-염기 반응의 균형 이온 반응식과 알짜 이온 반응식을 쓰시오.

$$Ca(OH)_2(aq) + 2\,CH_3CO_2H(aq) \rightarrow ?$$

응용문제 4.18 마그네시아(magnesia, 고토(苦土), 활성 성분: 산화 마그네슘) 현탁액은 소화불량과 속쓰림을 치료하기 위한 제산제로 사용된다. 산화 마그네슘과 위산(염산)과의 반응에 대한 균형 이온 반응식과 알짜 이온 반응식을 쓰시오.

© digitalreflections/Shutterstock

4.8 용액의 화학량론

4.1절에서 몰농도는 용질의 몰수와 용액의 부피 사이의 환산 인자임을 알았다. 따라서 용액의 부피와 몰농도를 알면 용질의 몰수를 계산할 수 있고, 용질의 몰수와 용액의 몰농도를 알면 용액의 부피를 구할 수 있다.

그림 4.4의 흐름도에서 나타낸 것처럼 몰농도를 사용하는 것은 용액에서 물질들의 화학량론적인 계산을 실행하는 데 있어서 매우 중요하다. 어느 용액이 또 다른 용액의 주어진 부피와 반응하는 데 필요한 부피를 계산하는 것을 몰농도는 가능하게 한다. 이런 종류의 계산은 예제 4.10에서와 같이 특히 산과 염기의 화학에서 중요하다.

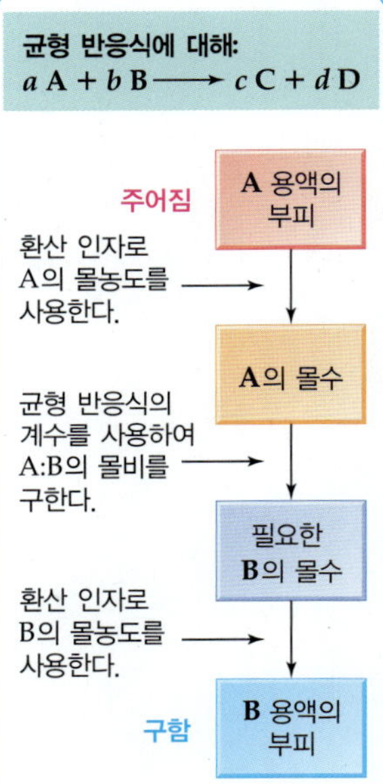

▲ **그림 4.4**
화학량론적 계산에서 몰수와 부피 간의 환산 인자로 몰농도 사용

▲ 확인하기

용액 A의 리터수를 용액 B의 리터수로 전환하는 데 필요한 환산 인자를 구하시오. 용액 A의 몰농도는 X, A와 B에 대한 화학량론적인 계수는 각각 *a*와 *b*, 용액 B의 몰농도는 Y라고 가정한다.

답

$$\mathrm{L_A} \times \frac{\mathrm{X\,mol\,A}}{1\,\mathrm{L}} \times \frac{b\,\mathrm{mol\,B}}{a\,\mathrm{mol\,A}} \times \frac{1\mathrm{L}}{\mathrm{Y\,mol\,B}} = \mathrm{L_B}$$

예제 4.10

용액에서의 반응 화학량론

HCl의 묽은 수용액인 위산은 다음 반응식과 같이 탄산수소 소듐($NaHCO_3$)과 반응시켜 중화할 수 있다.

$$\mathrm{HCl}(aq) + \mathrm{NaHCO_3}(aq) \longrightarrow \mathrm{NaCl}(aq) + \mathrm{H_2O}(l) + \mathrm{CO_2}(g)$$

0.100 M HCl 18.0 mL를 중화시키기 위해 필요한 0.125 M $NaHCO_3$ 용액의 부피는 몇 mL인가?

문제 파악

알고 있는 것	알아내야 할 것
HCl의 부피(18.0 mL) HCl의 농도(0.100 M) $NaHCO_3$의 농도(0.125 M) 균형 반응식	$NaHCO_3$의 부피(mL)

전략

화학량론 문제를 풀려면 한 가지 반응물의 몰수를 구하고, 균형 반응식의 계수를 이용하여 다른 반응물의 몰수를 구하는 것이 필요하다. 몰농도는 부피와 몰수 사이의 환산 인자로 사용된다. 그림 4.4는 반응물이나 생성물의 부피를 관련시키는 단계들을 요약해 놓은 것이다.

풀이

먼저, 부피와 몰농도를 곱하여 0.100 M 용액 18.0 mL에 HCl 몇 mol이 들어 있는지를 구해야 한다.

$$\text{HCl의 몰수} = 18.0\,\cancel{\mathrm{mL}} \times \frac{1\,\cancel{\mathrm{L}}}{1000\,\cancel{\mathrm{mL}}} \times \frac{0.100\,\mathrm{mol}}{1\,\cancel{\mathrm{L}}} = 1.80 \times 10^{-3}\,\mathrm{mol\,HCl}$$

다음에는, 균형 반응식의 계수를 이용하여 $NaHCO_3$의 몰수를 구한다.

$$1.80 \times 10^{-3}\,\cancel{\mathrm{mol\,HCl}} \times \frac{1\,\mathrm{mol\,NaHCO_3}}{1\,\cancel{\mathrm{mol\,HCl}}} = 1.80 \times 10^{-3}\,\mathrm{mol\,NaHCO_3}$$

몰수와 부피 사이의 전환을 몰농도를 이용하여 $NaHCO_3$의 부피를 구한다.

$$1.80 \times 10^{-3}\,\cancel{\mathrm{mol\,NaHCO_3}} \times \frac{\cancel{1\,\mathrm{L}\ \text{용액}}}{0.125\,\cancel{\mathrm{mol\,NaHCO_3}}} \times \frac{1000\,\mathrm{mL}}{\cancel{1\mathrm{L}\ \text{용액}}} = 14.4\,\mathrm{mL}\ \text{용액}$$

따라서 0.100 M HCl 용액 18.0 mL를 중화시키기 위해 0.125 M $NaHCO_3$ 용액 14.4 mL가 필요하다.

검토

균형 반응식은 HCl과 $NaHCO_3$가 1:1의 몰비로 반응함을 보여 준다. 따라서 두 용액의 농도가 거의 같다. 따라서 $NaHCO_3$ 용액의 부피와 HCl 용액의 부피가 거의 같아야 한다.

연습문제 4.19 0.100 M NaOH 50.0 mL와 반응하는 데 필요한 0.250 M H_2SO_4 용액의 부피는 얼마인가?

$$H_2SO_4(aq) + 2\,NaOH(aq) \longrightarrow Na_2SO_4(aq) + 2\,H_2O(l)$$

응용문제 4.20 0.150 M KOH 용액 25.0 mL와 반응하는 데 HNO_3 용액 68.5 mL가 필요하다면, HNO_3 용액의 몰농도는 얼마인가?

$$HNO_3(aq) + KOH(aq) \longrightarrow KNO_3(aq) + H_2O(l)$$

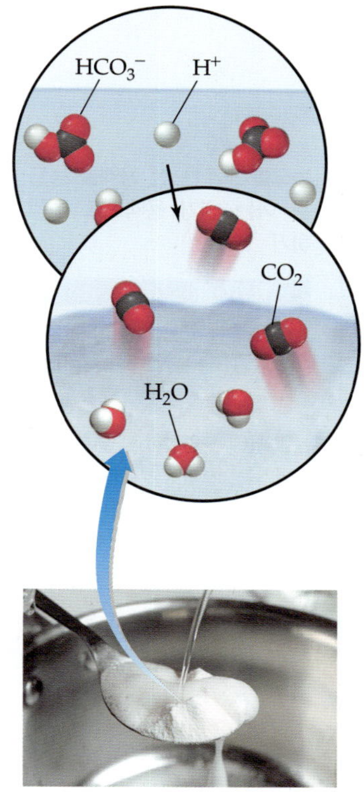

▲ 탄산수소 소듐($NaHCO_3$)을 산으로 중화하면 CO_2 기체가 발생한다. 이는 용액에서 '쉬익' 하는 소리와 함께 거품이 나는 것으로 알 수 있다. ©New Africa/Shutterstock

4.9 용액의 농도 측정: 적정

용액의 농도를 측정하는 것은 여러 이유로 중요하다. 예를 들어, H^+, OH^-, Fe^{3+}, Mg^{2+}, Ca^{2+}, Cl^-와 같은 이온의 농도는 음용, 관개 및 산업 목적으로 사용되는 물의 질에 있어서 중요하다. 더욱이 4.1절에서 기술한 방법으로 제조한 용액은 용질의 몰수를 용액의 부피로 나누어 계산한 정확한 몰농도가 아닌 결과를 가져올 수도 있다. 이러한 차이는 화학물질이 종종 순수한 형태로 판매되지 않거나, 용매나 공기 중의 다른 화학물질들과 반응하기 때문에 발생한다. 용액의 정확한 몰농도를 결정하기 위하여 흔히 사용하는 기술을 **적정**이라고 한다.

적정(**titration**)이란 부피가 측정된 어떤 용액을 농도가 알려진 또 다른 물질의 용액(**표준 용액**, standard solution)과 반응시켜 그 용액의 농도를 결정하는 절차이다. 부피를 측정한 첫 번째 용액과 반응하는 표준 용액의 부피를 구함으로써 첫 번째 용액의 농도를 계산할 수 있다. (그렇지만 이 반응이 완결되어 수득률이 100%이어야 한다.)

적정이 어떻게 실행되는지를 이해하기 위해, 산–염기 반응에서 농도를 구하려고 하는 HCl 수용액(산)을 NaOH(염기)와 반응시키는 것을 생각해 보자.

$$NaOH(aq) + HCl(aq) \longrightarrow NaCl(aq) + H_2O(l)$$

먼저 HCl 용액의 부피를 측정하고 반응하는 동안 색깔이 변하는 화합물인 **지시약**(indicator)을 소량 넣어 줌으로써 적정을 시작한다. 예를 들어, 페놀프탈레인은 산성 용액에서는 무색이지만, 염기성 용액에서는 붉게 변한다. 다음으로 **뷰렛**(buret)이라는 보정된 유리관에 농도를 아는 NaOH 표준 용액을 채우고, NaOH 용액을 HCl 용액에 서서히 가한다. 페놀프탈레인이 분홍색으로 막 변하기 시작할 때 HCl은 모두 완전히 반응하였고, 용액에는 극소량의 초과된 NaOH가 들어 있다. 뷰렛의 눈금을 읽어 부피를 알고 있는 HCl 용액과의 반응을 위해 가한 NaOH 표준 용액의 부피를 알면, HCl의 농도를 계산할 수 있다. 전략을 그림 4.5

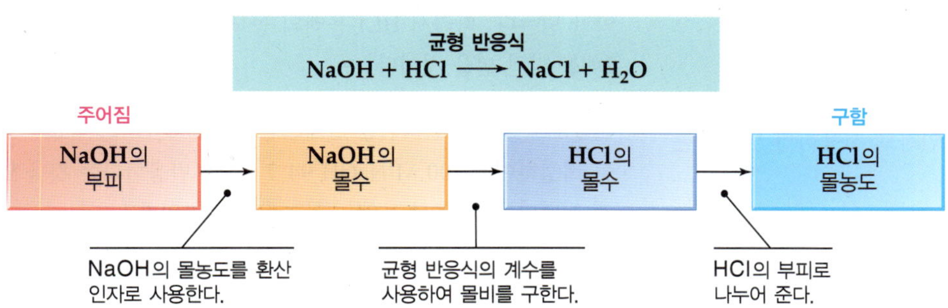

◀ **그림 4.5**
산–염기 적정에 대한 흐름도. NaOH 표준 용액으로 적정하여 HCl 용액의 농도를 결정하는 데 필요한 계산들을 요약하였다.

에 요약하였고, 실험 과정은 **그림 4.6**에 나타내었다.

▶ **그림 4.6**
농도를 모르는 산 용액을 농도를 아는 염기 용액으로 적정하기

▶ 확인하기

HCl과 NaOH의 화학 반응에서 색변화는 무엇을 나타내는가?

답 HCl은 완전히 반응하였고 염기는 용액 중에 과량이 남아 있다. 처음에 나타나는 희미하고 지속적인 색 변화는 적정의 종말점을 나타낸다.

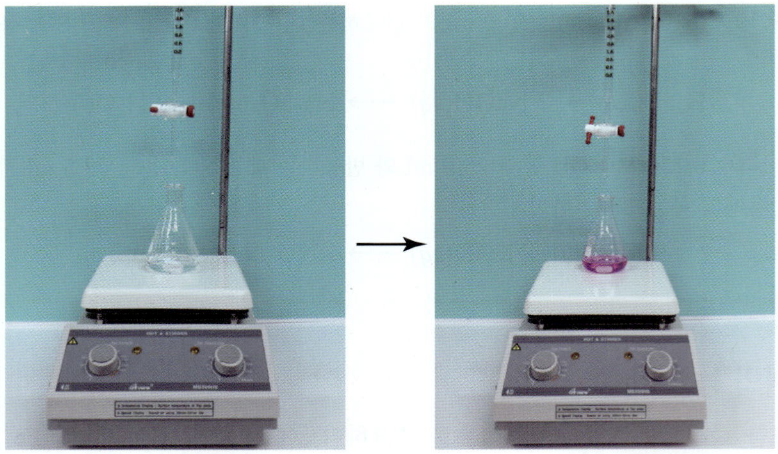

부피를 측정한 산 용액을 플라스크에 넣고 페놀프탈레인(phenolphthalein) 지시약을 가한다.

지시약의 색이 변할 때까지 농도를 아는 염기 용액을 뷰렛으로부터 가한다. 뷰렛으로 가한 염기 용액의 부피를 읽으면 산의 농도를 계산할 수 있다.

예제 4.11

적정 과정으로 용액의 농도 결정

염산(HCl) 20.0 mL 시료를 적정하여 0.100 M NaOH 42.6 mL와 반응한다는 것을 알게 되었다. 염산 용액의 몰농도는 얼마인가?

문제 파악

알고 있는 것	알아내야 할 것
HCl 용액의 부피(20.0 mL) NaOH 용액의 부피(42.6 mL) NaOH 용액의 농도(0.100 M) 균형 반응식	HCl 용액의 농도(M)

전략

화학량론 문제를 푸는 데에는 한 반응물의 몰수를 구하는 것과 균형 반응식의 계수를 사용하여 다른 반응물의 몰수를 구하는 것이 필요하다. 몰농도는 부피와 몰수 사이의 환산 인자로 사용된다. 그림 4.5에는 적정 실험에서 농도를 구하기 위해 필요한 단계들을 요약해 놓았다.

풀이

NaOH 표준 용액의 몰농도를 환산 인자로 사용하면 반응하는 NaOH의 몰수를 계산할 수 있다.

$$\text{NaOH의 몰수} = 0.0426\ \text{L NaOH} \times \frac{0.100\ \text{mol NaOH}}{1\ \text{L NaOH}} = 0.004\ 26\ \text{mol NaOH}$$

균형 반응식에 따르면 HCl의 몰수는 NaOH의 몰수와 같다.

$$\text{HCl의 몰수} = 0.004\ 26\ \text{mol NaOH} \times \frac{1\ \text{mol HCl}}{1\ \text{mol NaOH}} = 0.004\ 26\ \text{mol HCl}$$

HCl의 몰수를 부피로 나누어 줌으로써 HCl의 몰농도를 얻는다.

$$\text{HCl의 몰농도} = \frac{0.004\ 26\ \text{mol HCl}}{0.0200\ \text{L HCl}} = 0.213\ \text{M HCl}$$

검토

적정에 사용된 NaOH 용액의 부피는 HCl 용액의 부피의 2배를 약간 넘는다. 따라서 HCl 용액의 농도는 NaOH 용액의 농도의 2배를 약간 넘을 것이다.

▶ **연습문제 4.21** 식초(묽은 아세트산, CH_3CO_2H) 25.0 mL 시료를 적정하여 0.200 M NaOH 94.7 mL와 반응한다는 것을 알게 되었다. 아세트산 용액의 몰농도는 얼마인가?

$$NaOH(aq) + CH_3CO_2H(aq) \longrightarrow CH_3CO_2Na(aq) + H_2O(l)$$

개념 응용문제 4.22 뷰렛에 H^+ 이온이 들어 있고, 플라스크에 OH^- 이온이 들어 있으며, 각각의 부피는 100 mL라고 가정하자. 적정으로 모든 OH^- 이온을 중화하기 위해 뷰렛으로부터 플라스크에 가해야 하는 부피는 몇 mL인가? 반응식은 $H^+(aq) + OH^-(aq) \longrightarrow H_2O(l)$이다.

용기에 들어 있는 입자의 수는 농도에 정비례한다고 가정한다.

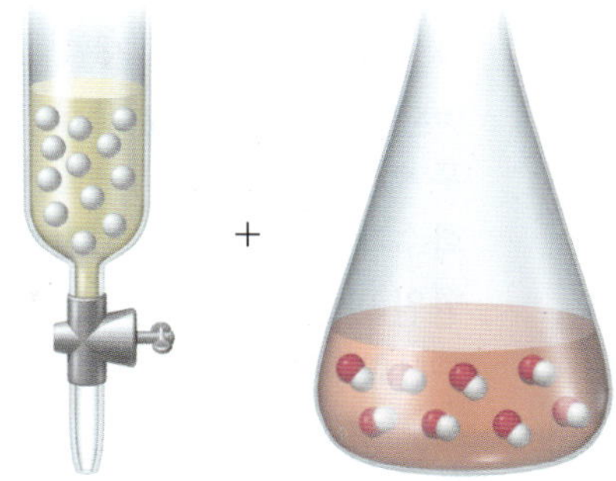

4.10 산화–환원 반응

자주색 과망가니즈산 이온(MnO_4^-)은 수용액에서 Fe^{2+} 이온과 반응하여 Fe^{3+}와 연분홍색의 Mn^{2+}를 생성한다.

$$MnO_4^-(aq) + 5\ Fe^{2+}(aq) + 8\ H^+(aq) \longrightarrow Mn^{2+}(aq) + 5\ Fe^{3+}(aq) + 4\ H_2O(l)$$

마그네슘 금속은 공기 중에서 강한 백색광을 내면서 연소하여 산화 마그네슘 고체를 생성한다.

$$2\ Mg(s) + O_2(g) \longrightarrow 2\ MgO(s)$$

붉은 인은 액체 브로민과 반응하여 삼브로민화 인 액체를 생성한다.

$$2\ P(s) + 3\ Br_2(l) \longrightarrow 2\ PBr_3(l)$$

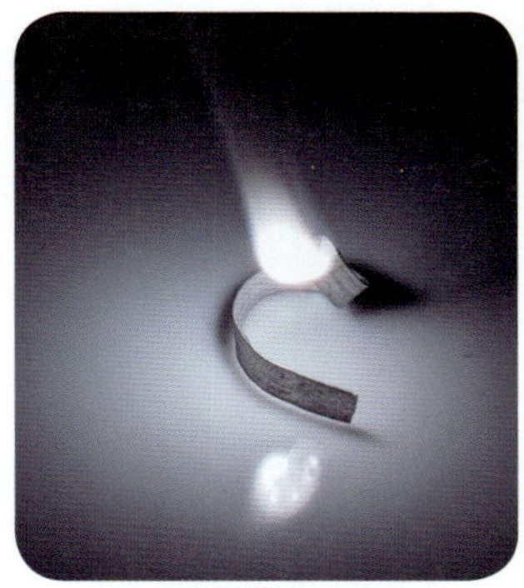

▲ 마그네슘 금속은 공기 중에서 연소하여 MgO를 생성한다.
ⓒusk75/Shutterstock

이러한 수많은 다른 반응들은 서로 관련이 없어 보이고 많은 반응이 수용액에서 일어나지도 않지만, 이 모든 반응들은 산화–환원(oxidation–reduction, redox) 반응이다.

역사적으로 **산화**(oxidation)라는 말은 어떤 원소가 산소와 결합하여 산화물을 생성하는 것을 말하고, **환원**(reduction)이라는 말은 산화물로부터 산소가 제거되어 원소를 생성하는 것을 말한다. 이러한 산화–환원 과정은 인류 문명의 발전에 중요한 역할을 해 왔고, 아직도 엄청난 상업적 가치를 가지고 있다. 금속 철이 습한 공기와 반응하여 산화되는 것(녹스는 것)은 수천 년 동안 알려져 왔고, 아직도 건물, 배, 교량 등에 엄청난 구조적 손상을 끼치는 심각한 문제이다. 철광석(Fe_2O_3)을 숯(C)으로 환원시켜 철 금속을 만드는 것은 선사 시대부터 시작되었으며, 오늘날에도 강철 제조의 초기 단계에서 사용되고 있다.

$$4\ Fe(s) + 3\ O_2(g) \longrightarrow 2\ Fe_2O_3(s)$$ 철이 녹스는 것: Fe의 산화

$$2\ Fe_2O_3(s) + 3\ C(s) \longrightarrow 4\ Fe(s) + 3\ CO_2(g)$$ 철의 생산: Fe_2O_3의 환원

오늘날에는 **산화**와 **환원**이라는 말이 훨씬 더 넓은 의미를 갖는다. 이제 **산화**는 어떤 물질(원소, 화합물, 이온)이 하나 이상의 전자를 잃는 것으로, **환원**은 어떤 물질이 하나 이상의 전자를 얻는 것으로 정의한다. 그러므로 산화–환원 반응은 한 물질로부터 다른 물질로 전자가 전달되는 과정이다.

산화 →

$A^{2-} \longrightarrow A^- +$ 전자

$A^- \longrightarrow A +$ 전자

$A \longrightarrow A^+ +$ 전자

$A^+ \longrightarrow A^{2+} +$ 전자

← 환원

반응물 A는 중성의 원자, 단원자 이온, 다원자 이온 또는 분자일 수 있다.

산화–환원 반응이 일어나는 것을 어떻게 알 수 있는가? 그 답은 어떤 화합물의 각 원자에 대해 그 원자가 중성인지, 전자가 풍부한지 또는 전자가 부족한지를 나타내는 **산화수**(**oxidation number**) 또는 **산화 상태**(oxidation state)라고 하는 값을 정하는 것이다. 반응 전후 어떤 원자의 산화수를 비교하면, 그 원자가 전자들을 얻었는지 잃었는지를 알 수 있다. 산화수가 반드시 이온의 전하를 의미하는 것은 아니라는 점에 유의하라. 산화수는 단지 산화–환원 반응 동안에 전자들을 추적하는 데 도움을 주는 편리한 도구일 뿐이다.

산화수를 정하는 규칙은 다음과 같다.

1. 원소 상태에 있는 원자의 산화수는 0이다.

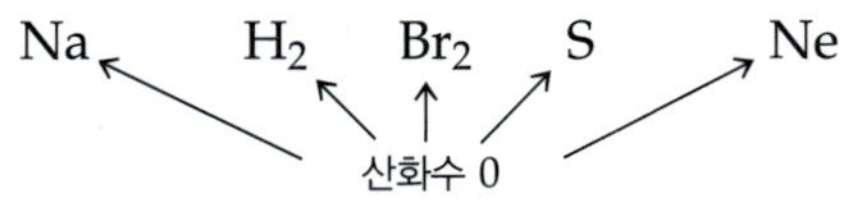

2. 단원자 이온에서 원자의 산화수는 그 전하와 동일하다. 몇 가지 이온들의 전하를 2.12절에서 복습하라. 예를 들어,

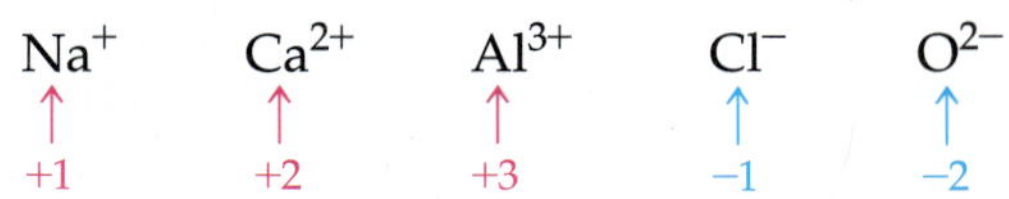

3. 다원자 이온이나 분자 화합물에 있는 원자의 산화수는 일반적으로 그것이 단원자 이온일 때의 산화수와 같다. 예를 들어, 수산화 이온(OH^-)에서 수소 원자는 마치 H^+인 것처럼 산화수가 +1이고, 산소 원자는 마치 O^{2-}인 것처럼 산화수가 −2이다.

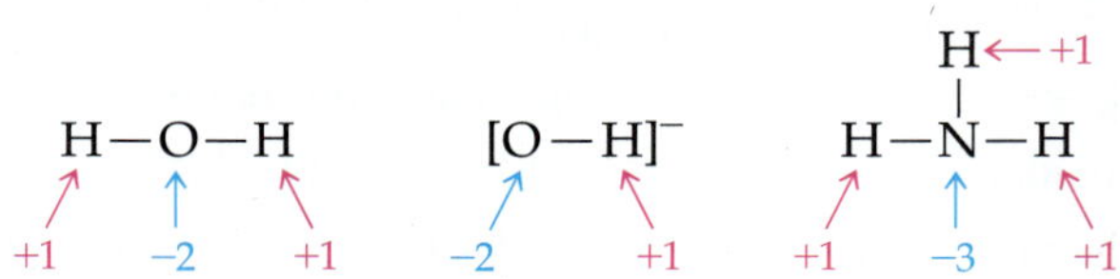

일반적으로 주기율표에서 더 왼쪽에 있는 원소들은 **'양이온이 되려는'** 가능성이 더 크다. 그러므로 금속들은 일반적으로 산화수가 양의 값이다. 주기율표에서 더 오른쪽에 있는 원소들은 **'음이온이 되려는'** 가능성이 더 크다. O, N, 할로젠과 같은 비금속들은 일반적으로 산화수가 음의 값이다. 이러한 경향에 대한 이유는 6.3~6.5절에서 알게 될 것이다.

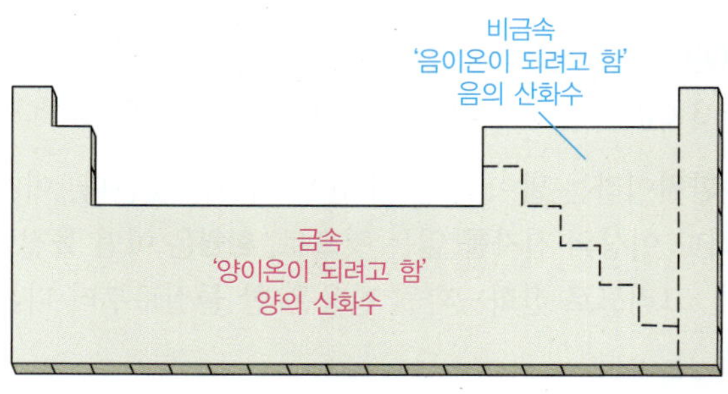

(a) 수소의 산화수는 +1 또는 −1이다. Na나 Ca 같은 금속에 결합할 때, 수소의 산화수는 −1이다. 반면 C, N, O, Cl과 같은 비금속에 결합할 때, 수소의 산화수는 +1이다.

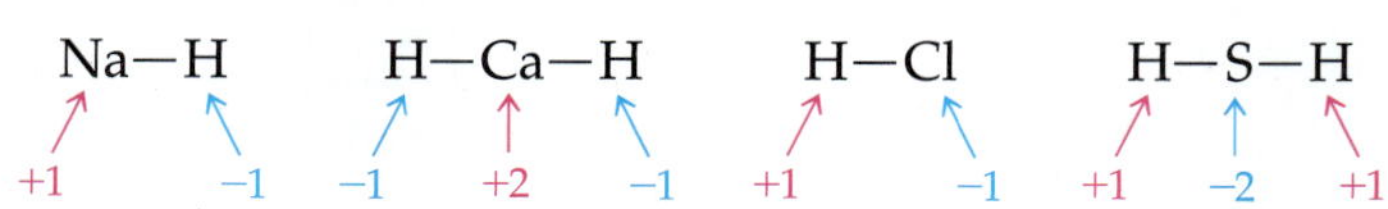

(b) 산소의 산화수는 보통 −2이다. 주요한 예외로 O_2^{2-} 이온이나 O—O 공유 결합을 갖는

개념탐구 질문 8

다음 반응이 산화 반응인지 환원 반응인지 구별하고, 그 이유를 설명하시오.

$$Cu^{2+} + e^- \longrightarrow Cu^+$$

과산화물(peroxide)이 있다. 과산화물에서 산소 원자의 산화수는 둘 다 −1이다.

$$\underset{+1}{H}-\underset{-2}{O}-\underset{+1}{H} \qquad \underset{+1}{H}-\underset{-1}{O}-\underset{-1}{O}-\underset{+1}{H} \qquad [\underset{-1}{O}-\underset{-1}{O}]^{2-}$$

(c) **할로젠의 산화수는 보통 −1이다.** 주요한 예외로 할로젠 원자가 산소에 결합된 염소, 브로민, 아이오딘의 화합물들이 있다. 이 경우 산소의 산화수는 −2이고, 할로젠의 산화수는 양의 값을 갖는다. 예를 들어, Cl_2O에서 O 원자의 산화수는 −2이고, 각 Cl 원자의 산화수는 +1이다.

$$\underset{+1}{Cl}-\underset{-2}{O}-\underset{+1}{Cl} \qquad \underset{+1}{H}-\underset{-2}{O}-\underset{+1}{Br}$$

4. 중성 분자에서 산화수의 합은 0이고, 다원자 이온에서 산화수의 합은 알짜 전하와 같다. 산화수를 구하기 어려운 경우에 어떤 원자의 산화수를 알아내고자 할 때 이 규칙은 특히 유용하다. 일반적인 개념은 처음에 '쉬운' 원자의 산화수를 정하는 것이고, 다음에 뺄셈으로 '어려운' 원자의 산화수를 알아내는 것이다. 예를 들어, 황산(H_2SO_4)에서 황 원자의 산화수를 알고자 한다고 하자. 각 H 원자의 산화수는 +1, 각 O 원자의 산화수는 −2이므로, 그 화합물이 0의 알짜 전하를 가지려면 S 원자의 산화수는 +6이어야 한다.

H_2SO_4 (H: +1, S: ?, O: −2)

$$2(+1) + (?) + 4(-2) = 0 \text{ 알짜 전하}$$
$$? = 0 - 2(+1) - 4(-2) = +6$$

과염소산 음이온(ClO_4^-)에서 염소 원자의 산화수를 구하려면, 각 산소의 산화수는 −2이므로, 과염소산 이온이 −1의 알짜 전하를 갖기 위해 Cl 원자의 산화수는 +7이어야 한다.

ClO_4^- (Cl: ?, O: −2)

$$? + 4(-2) = -1 \text{ 알짜 전하}$$
$$? = -1 - 4(-2) = +7$$

암모늄 양이온(NH_4^+)에서 질소 원자의 산화수를 구하려면, 각 H 원자의 산화수가 +1이므로, 암모늄 이온이 +1의 알짜 전하를 갖기 위해 N 원자의 산화수는 −3이어야 한다.

NH_4^+ (N: ?, H: +1)

$$? + 4(+1) = +1 \text{ 알짜 전하}$$
$$? = +1 - 4(+1) = -3$$

예제 4.12

산화수 정하기

다음 물질에서 각 원자의 산화수를 정하시오.

(a) CdS (b) AlH_3 (c) $S_2O_3^{2-}$ (d) $Na_2Cr_2O_7$

전략

원소의 산화수를 정하는 첫 단계에서 H, O와 다른 주족 원소들의 산화수는 그 원소가 단원자 이온이 될 때의 산화수와 같다고 생각한다. 그러고 나서 화학종을 이루는 모든 원자들의 산화수를 모두 더한 합이 화학종의 전하와 같다는 사실을 이용하여 산화수를 모르는 원자의 산화수를 찾아낸다.

(a) S^{2-}에서 황 원자의 산화수는 −2이므로, Cd의 산화수는 +2이어야 한다.

(b) 금속에 결합된 수소의 산화수는 −1이므로, Al의 산화수는 +3이어야 한다.

(c) O의 산화수는 일반적으로 −2이므로, 이 음이온이 −2의 알짜 전하를 가지려면 S의 산화수는 +2이어야 한다. 즉, $(2\ S^{+2})(3\ O^{-2})$에 대하여, 2(+2) + 3(−2) = −2의 알짜 전하를 갖는다.

(d) Na는 항상 +1이고 산소는 −2이므로, 이 화합물이 중성이 되려면 Cr의 산화수는 +6이어야 한다. 즉, $(2\ Na^{+})(2\ Cr^{+6})(7\ O^{-2})$에 대하여, 2(+1) + 2(+6) + 7(−2) = 0의 알짜 전하를 갖는다.

풀이

(a) CdS: Cd +2, S −2 **(b)** AlH_3: Al +3, H −1 **(c)** $S_2O_3^{2-}$: S +2, O −2 **(d)** $Na_2Cr_2O_7$: Na +1, Cr +6, O −2

▶ **연습문제 4.23** 다음 화합물에서 각 원자의 산화수를 정하시오.

(a) $SnCl_4$ (b) CrO_3 (c) $VOCl_3$
(d) V_2O_3 (e) HNO_3 (f) $FeSO_4$

▶ **응용문제 4.24** 염소의 산화수는 −1부터 +7까지 여러 값을 가질 수 있다.

(a) 염소의 산화수가 +2, +3, +6, +7인 염소 산화물 화합물의 화학식과 이름을 쓰시오.
(b) 산화수에 기초하여, (a)의 어떤 염소 산화물이 산소 분자와 반응할 수 없는가?

4.11 산화−환원 반응의 확인

일단 산화수가 정해지면, 앞 절에서 언급한 모든 반응들이 왜 산화−환원 과정인지가 분명해진다. 예를 들어, 철이 녹스는 것을 생각해 보자. 반응물 중 두 가지, 즉 Fe와 O_2는 중성 원소이므로 산화수가 0이다. 하지만, 생성물에서 산소 원자의 산화수는 −2이고 철 원자의 산화수는 +3이다. 따라서 Fe의 산화수는 0에서 +3으로 변하고(전자를 잃어 산화), O의 산화수는 0에서 −2로 변한다(전자를 얻어 환원). 산화되는 원자들이 내놓은 전체 전자 수(4 Fe × 3전자/ Fe = 12전자)는 환원되는 원자들이 얻은 전자 수(6 O × 2전자/O = 12전자)와 같다.

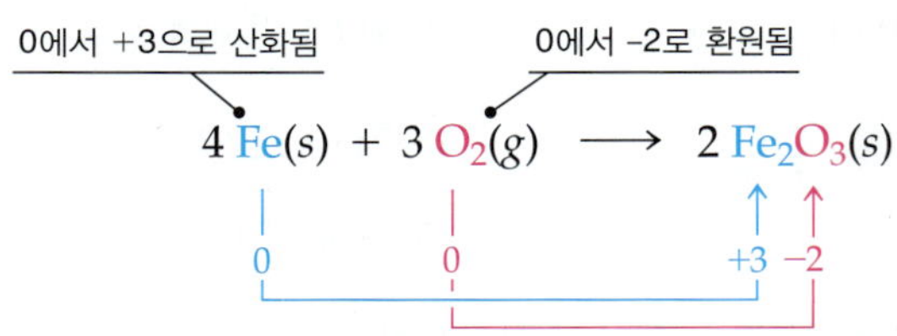

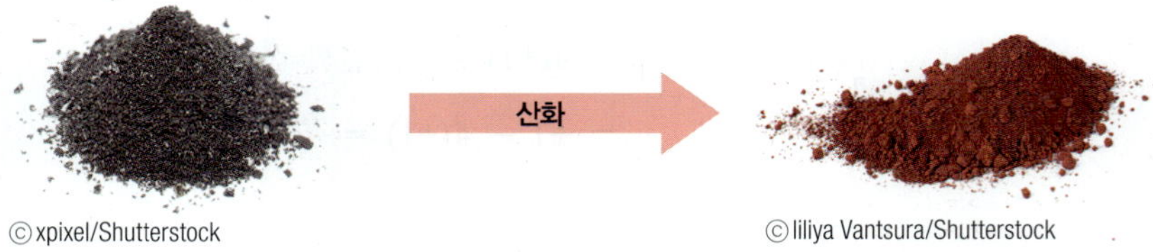

Fe(*s*) Fe_2O_3(*s*)

▲ 은색의 철가루가 산소와 결합하여 산화되면 빨간색의 산화 철(III)이 된다.

철광석으로부터 철 금속을 생산하는 과정에 대해서도 비슷한 분석을 할 수 있다. 철 원자의 산화수는 반응물(Fe_2O_3)에서 +3으로부터 생성물(Fe)에서 0으로 변하므로 환원된다. 동시에, 탄소 원자의 산화수는 반응물(C)에서 0으로부터 생성물(CO_2)에서 +4로 변하므로 산화된다. 산소 원자들은 반응물과 생성물 모두에서 산화수가 −2이므로 변하지 않는다. 산화되는 원자들이 내놓은 전체 전자 수(3 C × 4전자/C = 12전자)는 환원되는 원자들이 얻은 전자 수(4 Fe × 3전자/Fe = 12전자)와 같다.

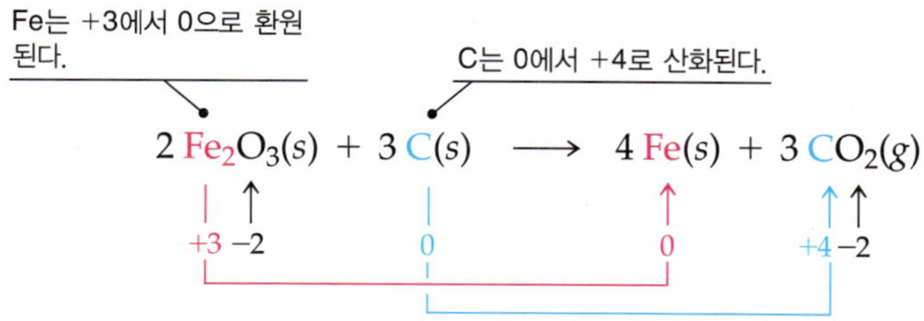

개념탐구 질문 9

이 반응에서 $Fe_2O_3(s)$와 $C(s)$ 중 산화제는 무엇인가?

이러한 예들에서 볼 수 있듯이, 산화와 환원 반응의 각각을 **반쪽 반응(half-reaction)**이라고 한다. 이들은 항상 함께 일어난다. 산화–환원 반응은 두 개의 반쪽 반응들, 즉 하나의 산화 반쪽 반응과 하나의 환원 반쪽 반응으로 구성되어 있다. 한 원자가 하나 이상의 전자들을 잃을 때, 또 다른 원자는 그 전자들을 얻어야 한다. 전자를 내놓아 환원을 일으키는 물질(예를 들면, Fe와 O_2의 반응에서 철 원자 및 C와 Fe_2O_3의 반응에서 탄소 원자)을 **환원제(reducing agent)**라고 한다. 전자들을 받아들여 산화를 일으키는 물질(예를 들어, Fe와 O_2의 반응에서 산소 원자, C와 Fe_2O_3의 반응에서 철 원자)을 **산화제(oxidizing agent)**라고 한다. 환원제가 전자를 내놓을 때 그 자체는 산화되고, 산화제가 전자를 받아들일 때 그 자체는 환원된다.

환원제	산화제
• 환원이 일어나게 한다. • 하나 이상의 전자를 잃는다. • 산화된다. • 원자의 산화수가 증가한다.	• 산화가 일어나게 한다. • 하나 이상의 전자를 받아들인다. • 환원된다. • 원자의 산화수가 감소한다.

19장에서 산화–환원 반응은 주기율표에서 18족의 비활성 기체 원소들을 제외한 거의 모든 원소에서 흔히 일어난다는 것을 알게 될 것이다. 일반적으로 금속은 전자를 잃고 환원제로 작용하는 반면, O_2와 할로젠 원소들과 같은 반응성이 강한 비금속들은 전자를 받아들여 산화제로 작용한다.

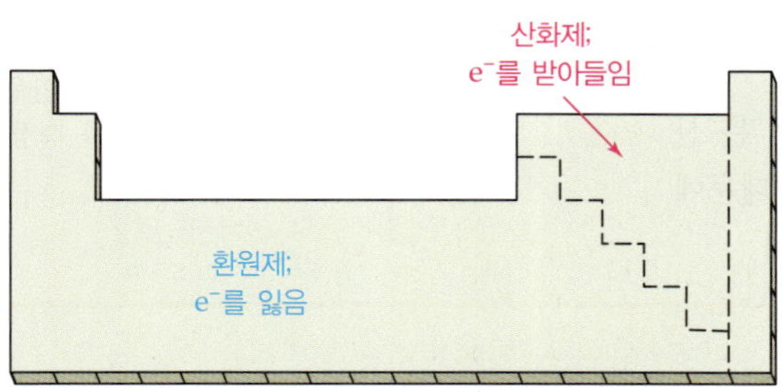

다른 금속들은 산화–환원 반응에서 서로 다른 개수의 전자를 내놓을 수 있다. 리튬, 소듐, 기타 1족 원소들은 전자 하나만을 내놓고 산화수 +1인 +1가 양이온이 된다. 그렇지만 베릴륨, 마그네슘, 기타 2족 원소들은 일반적으로 전자 두 개를 내놓고 +2가 양이온으로 된다. 주기율표의 중간에 있는 전이 금속들은 다양한 개수의 전자들을 내놓아 반응의 종류에 따라 두 가지 이상의 이온을 만들 수 있다. 예를 들어, 타이타늄은 염소와 반응하여 $TiCl_3$와 $TiCl_4$를 생성할 수 있다. 염화 이온(Cl^-)의 산화수는 −1이므로, $TiCl_3$에서 타이타늄 원자의 산화수는 +3이나, $TiCl_4$에서 타이타늄 원자의 산화수는 +4이다.

예제 4.13

산화제와 환원제의 확인

모든 원자들의 산화수를 정하고, 각 경우에 어떤 물질이 산화되고 어떤 물질이 환원되는지를 설명하시오. 산화제와 환원제를 확인하시오.

(a) $Ca(s) + 2\,H^+(aq) \longrightarrow Ca^{2+}(aq) + H_2(g)$
(b) $2\,Fe^{2+}(aq) + Cl_2(aq) \longrightarrow 2\,Fe^{3+}(aq) + 2\,Cl^-(aq)$

전략과 풀이

(a) Ca와 H_2에서 원자의 산화수는 0이다. Ca^{2+}의 산화수는 +2, H^+의 산화수는 +1이다. Ca는 산화수가 0에서 +2로 증가하였으므로 산화되었고, H^+는 산화수가 +1에서 0으로 감소하였으므로 환원되었다. 환원제는 전자를 내놓는 물질이므로 산화수가 더 커지고, 산화제는 전자를 받아들이는 물질이므로 산화수가 더 작아진다. 이 문제에서 칼슘이 환원제이고 H^+는 산화제이다.

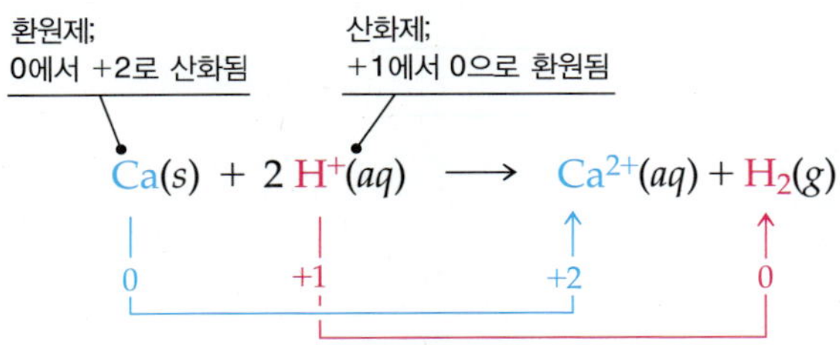

(b) 중성 원소 Cl_2의 원자들의 산화수는 0이다. 단원자 이온들은 그 전하와 산화수가 같다.

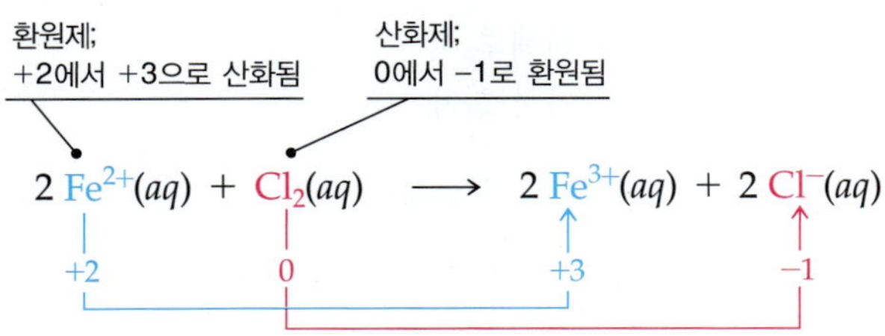

철의 산화수는 +2에서 +3으로 증가하였기 때문에 Fe^{2+}는 산화되었고, 염소의 산화수는 0에서 −1로 감소하였기 때문에 Cl_2는 환원되었다. Fe^{2+}는 환원제이고 Cl_2는 산화제이다.

▶ **연습문제 4.25** 다음 반응에서 산화제 및 환원제를 찾으시오.

$$4\,NH_3(g) + 5\,O_2(g) \longrightarrow 4\,NO(g) + 6\,H_2O(l)$$

▶ **응용문제 4.26** 경찰은 종종 사람의 혈액 중 에탄올(C_2H_5OH)의 함량을 알아내기 위해 음주 측정기 검사를 사용한다. 이 측정에는 색 변화를 일으키는 산화-환원 반응이 포함된다. 즉, 다이크로뮴산 포타슘은 불그스레한 오렌지색이고, 황산 크로뮴(III)은 녹색이다. 균형 반응식은 다음과 같다.

$$2\,K_2Cr_2O_7(aq) + 3\,C_2H_5OH(g) + 8\,H_2SO_4(aq) \longrightarrow 2\,Cr_2(SO_4)_3(aq) + 2\,K_2SO_4(aq) + 3\,CH_3COOH(aq) + 11\,H_2O(l)$$

(a) 산화되는 원소와 환원되는 원소를 말하시오.
(b) 산화제와 환원제는 무엇인지 찾으시오.

▲ 음주 측정기 검사는 산화-환원 반응을 이용하여 날숨 중 알코올 농도를 측정하는 것이다.

4.12 원소의 활동도 서열

수용액 중의 양이온, 일반적으로 금속 이온이 자유 원소와 반응하여 다른 양이온과 다른 원소를 생성하는 반응은 모든 산화-환원 반응들 중에서 가장 간단한 반응이다. 예를 들어, 수용액 중 구리(II) 이온은 철 금속과 반응하여 철(II) 이온과 구리 금속을 생성한다(**그림 4.7**).

$$Fe(s) + Cu^{2+}(aq) \longrightarrow Fe^{2+}(aq) + Cu(s)$$

어떤 주어진 이온과 어떤 주어진 원소 사이에서 반응이 일어날지 여부는, 서로 다른 물질들이 전자를 얻거나 잃기가 상대적으로 얼마나 더 쉬운지, 즉 각 화학종이 얼마나 쉽게 환원되

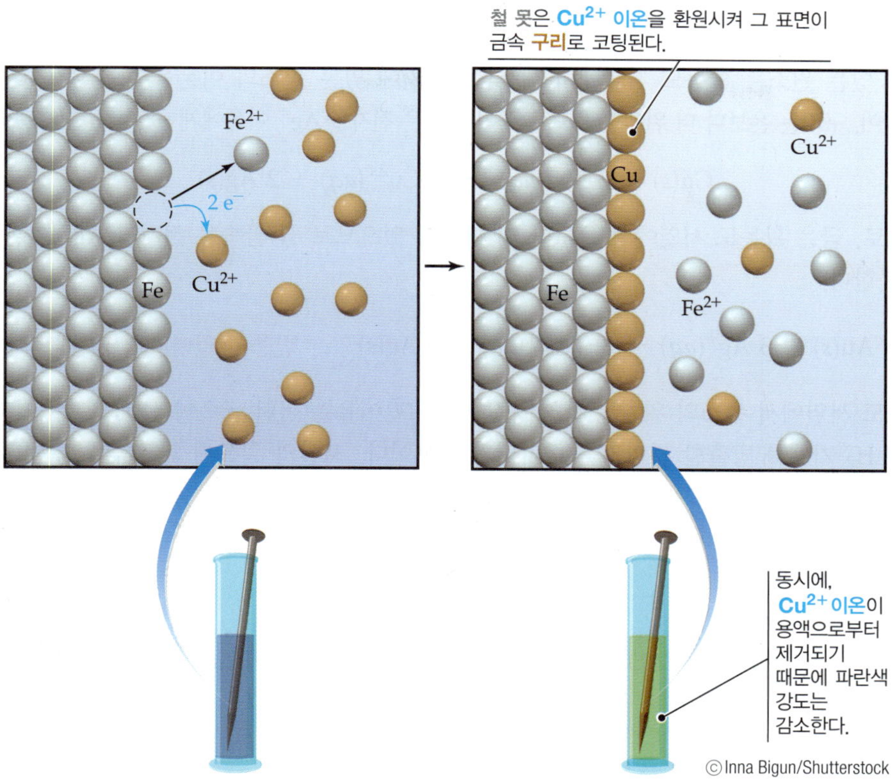

◀ **그림 4.7**
철과 수용액 중 구리(II) 이온의 산화–환원 반응

▶ 확인하기

못 표면에서는 원자 수준에서 무슨 일이 일어나고 있는가?

답 Cu^{2+}는 Fe(*s*) 원자로부터 전자 2개를 받아들여 못 표면에 Cu(*s*) 코팅을 형성한다. 못의 Fe(*s*)는 녹아서 수용액에서 Fe^{2+} 이온이 된다.

거나 산화되는지에 달려 있다. 여러 서로 다른 반응들의 결과를 주목하면, 수용액에서 환원 능력 순서로 원소들을 나열한 **활동도 서열**(**activity series**)을 구성할 수 있다(**표 4.5**).

표 4.5 원소의 활동도 서열

산화 반응		
강한 환원제 ↑	이 원소들은 수용성 H^+ 이온(산)이나 액체 H_2O와 빠르게 반응하여 H_2 기체를 방출한다.	$Li \rightarrow Li^+ + e^-$
		$K \rightarrow K^+ + e^-$
		$Ba \rightarrow Ba^{2+} + 2\,e^-$
		$Ca \rightarrow Ca^{2+} + 2\,e^-$
		$Na \rightarrow Na^+ + e^-$
	이 원소들은 수용성 H^+ 이온이나 수증기와 반응하여 H_2 기체를 방출한다.	$Mg \rightarrow Mg^{2+} + 2\,e^-$
		$Al \rightarrow Al^{3+} + 3\,e^-$
		$Mn \rightarrow Mn^{2+} + 2\,e^-$
		$Zn \rightarrow Zn^{2+} + 2\,e^-$
		$Cr \rightarrow Cr^{3+} + 3\,e^-$
		$Fe \rightarrow Fe^{2+} + 2\,e^-$
	이 원소들은 수용성 H^+ 이온과 반응하여 H_2 기체를 방출한다.	$Co \rightarrow Co^{2+} + 2\,e^-$
		$Ni \rightarrow Ni^{2+} + 2\,e^-$
		$Sn \rightarrow Sn^{2+} + 2\,e^-$
		$H_2 \rightarrow 2\,H^+ + 2\,e^-$
	이 원소들은 수용성 H^+ 이온과 반응하지 않아 H_2 기체를 방출하지 않는다.	$Cu \rightarrow Cu^{2+} + 2\,e^-$
		$Ag \rightarrow Ag^+ + e^-$
		$Hg \rightarrow Hg^{2+} + 2\,e^-$
		$Pt \rightarrow Pt^{2+} + 2\,e^-$
약한 환원제		$Au \rightarrow Au^{3+} + 3\,e^-$

개념탐구 질문 10

다음 중 어느 용액이 물과는 반응하지 않으나, 산성 용액과는 반응하여 수소 기체를 생성하는가?

K, Ba, Ag, Zn(표 4.5를 참고하시오.)

표 4.5의 위쪽에 있는 원소들은 전자를 잘 내놓아 강한 환원제가 되는 반면, 아래쪽에 있는 원소들은 전자를 잘 내놓지 않아 약한 환원제가 된다. 결과적으로, 활동도 서열에서 더 높은 위치에 있는 원소는 활동도 서열에서 더 낮은 위치에 있는 원소의 이온을 환원시킬 것이다. 예를 들어, 구리는 은보다 더 위에 있으므로 구리 금속은 전자를 Ag^+ 이온에게 줄 수 있다(**그림 4.8**).

$$Cu(s) + 2\ Ag^+(aq) \longrightarrow Cu^{2+}(aq) + 2\ Ag(s)$$

반대로, 금은 활동도 서열에서 은보다 더 아래에 있으므로 금 금속은 전자를 Ag^+ 이온에게 주지 못한다.

$$Au(s) + 3\ Ag^+(aq) \not\longrightarrow Au^{3+}(aq) + 3\ Ag(s)$$ **반응이 일어나지 않는다.**

활동도 서열에서 수소의 위치는 특히 중요한다. 그 이유는 어떤 금속이 산(H^+) 수용액과 반응하여 H_2 기체를 방출할 것인지를 나타내기 때문이다. 서열의 위쪽에 있는 금속, 즉 1족 알칼리 금속과 2족 알칼리 토금속은 매우 강한 환원제이다. 따라서 H^+의 농도가 매우 낮은 순수한 물과도 반응한다.

산화됨 환원됨 변하지 않음

$$2\ Na(s) + 2\ H_2O(l) \longrightarrow 2\ Na^+(aq) + 2\ OH^-(aq) + H_2(g)$$

산화수: Na 0 → Na^+ +1; H_2O의 H +1 → H_2 0; O −2 → OH^- −2+1

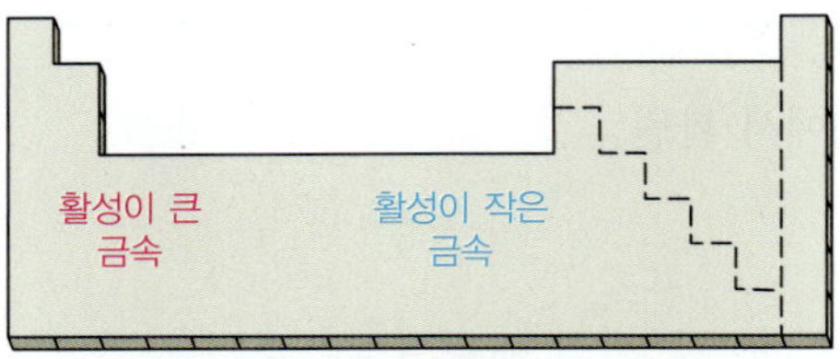

반면에, 서열의 중간에 있는 금속들은 산 수용액과 반응하지만 물과는 반응하지 않는다. 서열의 아래쪽에 있는 금속들은 산 수용액이나 물과 반응하지 않는다.

$$Fe(s) + 2\ H^+(aq) \longrightarrow Fe^{2+}(aq) + H_2(g)$$
$$Ag(s) + H^+(aq) \longrightarrow \text{반응하지 않는다.}$$

▶ 그림 4.8
구리 수용액과 Ag^+ 이온의 산화–환원 반응

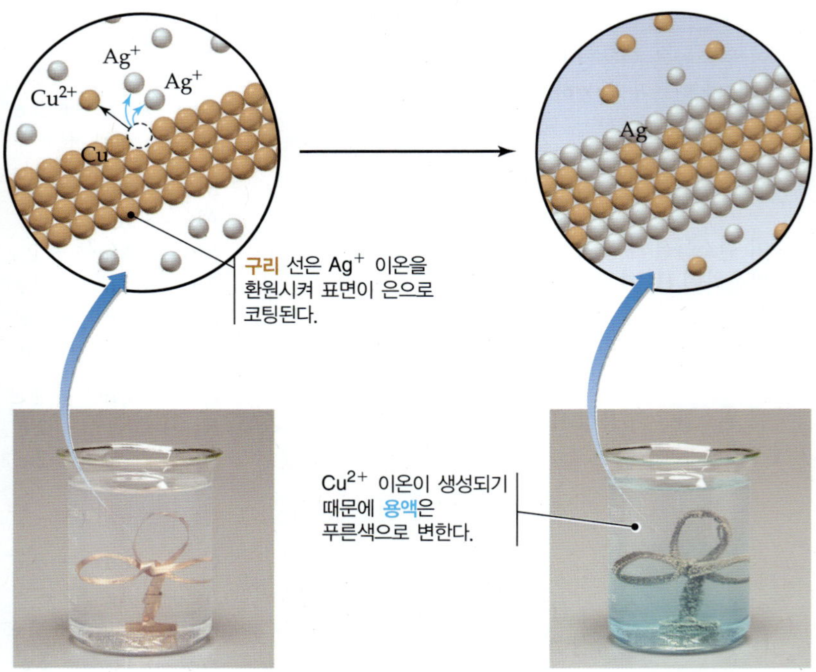

▶ 확인하기

은 이온(Ag^+)들은 구리 선 표면에서 환원되고, 구리 원자들은 산화되어 수용액에 푸른색 Cu^{2+} 이온들을 생성한다. 이 관찰을 토대로, 환원성이 강한 원소가 위쪽에 오는 활동도 서열에서 Ag의 위치를 Cu와 비교하여 예측하시오.

답 표 4.5에서 보듯이, Cu는 Ag보다 환원성이 강하므로 활동도 서열에서 위쪽에 위치한다.

가장 쉽게 산화되는 금속, 즉 활동도 서열의 위쪽에 있는 금속들은 주기율표의 왼쪽에 있다는 것에 주목하라. 반대로, 가장 어렵게 산화되는 금속, 즉 활동도 서열의 아래쪽에 있는 금속들은 주기율표의 오른쪽에 더 가까이 있는 전이 금속 족에 있다.

예제 4.14

산화–환원 반응의 생성물 예측

다음 산화–환원 반응이 일어날지 예측하시오.

(a) $Hg^{2+}(aq) + Zn(s) \longrightarrow Hg(l) + Zn^{2+}(aq)$
(b) $2\,H^{+}(aq) + Cu(s) \longrightarrow H_2(g) + Cu^{2+}(aq)$

전략

표 4.5를 보고 원소들의 상대적인 반응성을 알아본다.

풀이

(a) 아연은 활동도 서열에서 수은보다 더 위에 있다. 따라서 이 반응은 일어날 것이다.
(b) 구리는 활동도 서열에서 수소보다 더 아래에 있다. 따라서 이 반응은 일어나지 않을 것이다.

▶ **연습문제 4.27** 다음 반응이 일어날지 예측하시오.

$$Ca^{2+}(aq) + Mg(s) \longrightarrow Ca(s) + Mg^{2+}(aq)$$

▶ **응용문제 4.28** 다음 반응을 이용하여 원소 A, B, C, D를 환원제로서 가장 강한 것부터 가장 약한 것의 순서로 나열하시오.

$$A + D^{+} \longrightarrow A^{+} + D \qquad C^{+} + D \longrightarrow C + D^{+}$$
$$B^{+} + D \longrightarrow B + D^{+} \qquad B + C^{+} \longrightarrow B^{+} + C$$

정리

절	개념 요약	학습 목표
4.1 용액의 농도: 몰농도	용액에서 어느 물질의 농도는 보통 **몰농도(M)**로 나타내고, 용액 리터당 용해된 물질(**용질**)의 몰수로 정의한다. 용액의 몰농도는 용액의 부피와 용질의 몰수 사이의 환산 인자로 사용하며, 용액에서 화학량론의 계산을 가능하게 한다.	4.1 용질의 질량과 총 부피가 주어질 때 용액의 몰농도를 계산한다. 4.2 몰농도를 알고 용액의 부피가 주어질 때 용질의 양을 계산한다. 4.3 몰농도를 알고 있는 용액 제조를 위한 적당한 방법을 기술한다.
4.2 진한 용액의 희석	희석을 할 때, 용매를 가함으로써 단지 부피만 변하고, 용질의 양은 변하지 않는다.	4.4 희석하여 만든 용액의 농도를 계산한다. 4.5 용액을 희석하는 적절한 방법을 기술한다.
4.3 수용액에서의 전해질	많은 반응들이 수용액에서 일어난다. 이온을 포함하는 수용액 물질은 전기를 전도하고 **전해질**이라고 한다. NaCl과 같은 이온 결합 화합물과 물에 녹을 때 주로 이온으로 해리되는 분자 화합물들은 **강전해질**이다. 작은 정도만 해리되는 물질은 **약전해질**이고, 수용액에서 이온을 생성하지 않는 물질은 **비전해질**이다.	4.6 물질을 강전해질, 약전해질, 비전해질로 분류한다(표 4.1). 4.7 강전해질 용액에서 이온들의 농도를 계산한다.
4.4 수용액에서 화학 반응의 유형	물에서의 반응은 세 가지 주요 형태로 구분할 수 있다. **침전 반응**은 두 가지 이온 물질들이 섞여서 용액으로부터 침전물이 가라앉을 때 일어난다. **산–염기 중화 반응**은 산이 염기와 반응하여 물과 이온성 염을 생성할 때 일어난다. **산화–환원 반응**은 하나 이상의 전자들이 반응 상대들 사이에서 이동하는 과정이다.	4.8 화학 반응을 침전 반응, 산–염기 중화 반응, 산화–환원 반응으로 분류한다.
4.5 수용액에서의 반응과 알짜 이온 반응식	이온 화합물들은 수용액에서 양이온과 음이온으로 존재한다. **이온 반응식**은 반응에서의 모든 이온들을 보여주고, **알짜 이온 반응식**은 반응에 참여하는 이온들만을 보여 준다. **구경꾼 이온**들은 전하의 균형을 맞추기 위해 존재하지만, 화학 반응에는 참여하지 않는다.	4.9 분자 반응식이 주어질 때 알짜 이온 반응식을 쓰고, 구경꾼 이온들을 확인한다.

절	개념 요약	학습 목표
4.6 침전 반응과 용해도 지침	용해도 지침(표 4.2)은 이온 화합물에서 어느 음이온과 양이온의 조합이 가용성인지 불용성인지를 예측하는 데 사용된다. 반응에서 침전물이 생성될 것인지를 예측하기 위해, 가능한 생성물의 화학식을 적고 **용해도**를 결정한다.	4.10 용해도 지침(표 4.2)을 사용하여 물에서 이온 화합물의 용해도를 예측한다. 4.11 침전 반응이 일어날 것인지 예측하고, 이온 반응식과 알짜 이온 반응식을 쓴다.
4.7 산, 염기와 중화 반응	산은 물에서 해리되어 수소 이온(H^+)을 내는 물질이고, 염기는 해리되어 수산화 이온(OH^-)을 내는 물질이다. 강산과 강염기와의 중화는 알짜 이온 반응식으로 쓸 수 있다. 여기에서 반응에 참여하지 않는 구경꾼 이온들은 명시하지 않는다. $H^+(aq) + OH^-(aq) \longrightarrow H_2O(l)$	4.12 산의 이름과 화학식의 변환을 한다. 4.13 해리한 분자의 구조에 근거하여 산을 강산과 약산으로 분류한다. 4.14 산-염기 중화 반응에 대해 이온 반응식과 알짜 이온 반응식을 쓴다.
4.8 용액의 화학량론	화학량론 계산은 화학량론 계수가 몰과 관련되기 때문에 균형 반응식에서 반응물과 생성물의 양을 몰 단위로 관련시켜 실행한다. 몰농도는 용질의 몰수와 용액의 부피 사이의 환산 인자이다.	4.15 화학량론 계산에서 몰농도를 사용하여 몰과 부피 간에 환산한다.
4.9 용액의 농도 측정: 적정	**적정**은 용액에서 정확한 농도를 알기 위해 사용하는 방법이다. 농도를 모르는 용액의 일정한 부피를 플라스크에 가한다. 농도를 아는 용액(적정 시약)을 반응이 완결될 때까지 뷰렛으로 가한다. 측정한 적정 시약의 부피와 반응 화학량론을 사용하여 플라스크에 있는 용액의 농도를 계산한다.	4.16 적정 자료를 사용하여 용액의 농도를 측정한다. 4.17 적정 과정 동안에 용액에 존재하는 물질을 가시화한다.
4.10 산화-환원 반응	**산화**는 하나 이상의 전자를 잃는 것이고, **환원**은 하나 이상의 전자를 얻는 것이다. 산화-환원 반응은 물질에 있는 각 원자에 **산화수**를 정함으로써 확인할 수 있다. 이는 해당 원자가 중성인지, 전자가 풍부한지, 전자가 부족한지에 대한 척도를 제공한다. 반응 전후 원자의 산화수를 비교하면, 그 원자가 전자들을 얻었는지 잃었는지를 알 수 있다.	4.18 화합물에서 원자들의 산화수를 정한다.
4.11 산화-환원 반응 확인하기	산화와 환원은 함께 일어나야만 한다. 한 물질이 하나 이상의 전자들을 잃을 때면(산화되면), 또 다른 물질은 그 전자들을 받아들인다(환원된다). 전자들을 내어놓음으로써 환원을 일으키는 물질을 **환원제**라고 한다. 전자들을 받아들임으로써 산화를 일으키는 물질을 **산화제**라고 한다. 환원제는 전자들을 내놓을 때 그 자체는 산화되고, 산화제는 전자들을 받아들일 때 그 자체는 환원된다.	4.19 산화-환원 반응, 산화제, 환원제를 확인한다.
4.12 원소의 활동도 서열	가장 간단한 산화-환원 반응들 중에는 물 중의 양이온(보통 금속 이온)이 자유 원소와 반응하여 다른 양이온과 다른 원소를 생성하는 반응이 있다. 일련의 다른 반응들의 결과들로부터 **활동도 서열**을 구성하는 것이 가능하다. 이는 원소들을 수용액에서 환원력의 순서대로 배열하는 것이다.	4.20 주기율표에서 원소들의 위치와 활동도 서열을 사용하여 산화-환원 반응이 일어날지 예측한다. 4.21 제공되는 실험 자료에 근거하여 활동도 서열을 밝히고, 어떤 산화-환원 반응이 일어날지 예측한다.

주요 용어

강산	산-염기 중화 반응	약전해질	적정
강염기	산화	염	전해질
강전해질	산화수	염기	침전 반응
구경꾼 이온	산화제	산소산	하이드로늄 이온(H_3O^+)
몰농도(M)	산화-환원 반응	용질	해리
반쪽 반응	삼양성자산	용해도	환원
분자 반응식	알짜 이온 반응식	이양성자산	환원제
비전해질	약산	이온 반응식	활동도 서열
산	약염기	일양성자산	

주요 식

- 몰농도(4.1절)

  $$몰농도(M) = \frac{용질의\ 몰수}{용액의\ 리터수}$$

- 희석(4.2절)

  $$M_i \times V_i = M_f \times V_f$$

복습 문제

LO는 학습 목표(Learning Objectives)를 나타낸다.

이 장을 학습한 후엔, 학습자의 이해도를 평가할 수 있는 방법이 있다. **복습 문제**를 푸는 것이다. **복습 문제**들은 이 장의 학습 목표와 연계되어 있다. 따라서 푼 답이 틀렸다면, 이 장의 끝부분에 나와 있는 **정리** 문단의 **학습 목표**를 참고하면 된다. 정리 문단에는 **개념 요약**이 제공되며, **예제**를 참고하면 문제 해결 방법을 모델링할 수 있다.

1. 10.19 g의 에탄올(CH_3CH_2OH)을 충분한 양의 물에 녹여 만든 250.0 mL 수용액의 몰농도를 구하시오. (**LO 4.1**)

(a) 0.8848 M (b) 18.08 M
(c) 1.130 M (d) 0.01808 M

2. 0.250 M 염화 마그네슘 용액 375.0 mL 용액에 들어 있는 염화 이온의 질량을 구하시오. (**LO 4.2**)

(a) 3.32 g (b) 47.3 g
(c) 23.6 g (d) 6.65 g

3. 0.400 M NaOH 용액 50.0 mL를 만들기 위해 필요한 2.00 M NaOH 저장 용액의 부피를 구하시오. (**LO 4.4**)

(a) 15.0 mL (b) 1.00 mL
(c) 10.0 mL (d) 4.00 mL

다음 그림을 보고 4번과 5번 문제를 푸시오. 그림은 세 가지 다른 물질 AX_3, AY_3, AZ_3가 물에 녹은 수용액을 나타낸다(간결하게 나타내기 위해 물은 생략하였다).

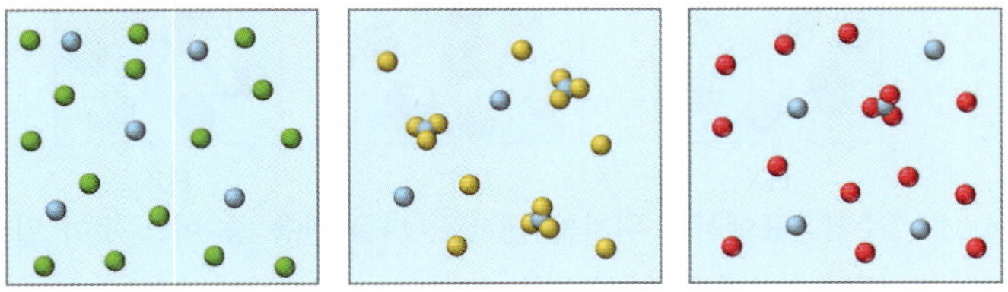

AX_3 AY_3 AZ_3

4. 다음 중 가장 약한 전해질을 고르시오. (**LO.4.6**)

(a) AX_3
(b) AY_3
(c) AZ_3
(d) 모든 물질은 강전해질이다.

5. 0.500 M AX_3 용액에 들어 있는 A 이온과 X 이온의 몰농도를 구하시오. (**LO 4.7**)

(a) 0.500 M A와 0.500 M X
(b) 0.500 M A와 0.167 M X
(c) 1.500 M A와 0.500 M X
(d) 0.500 M A와 1.500 M X

6. 다음 중 물에 녹았을 때 전류를 흐르지 않는 물질을 고르시오. (**LO 4.6**)

(a) NaOH
(b) HNO_3
(c) Na_2SO_4
(d) CH_3OH

7. 다음 중 0.10 M KOH 용액 10 mL와 혼합하였을 때, 침전을 생성하지 않는 용액을 고르시오. (**LO 4.10, 4.11**)

(a) 0.10 M NH_4Cl 용액 10 mL
(b) 0.10 M $PbSO_4$ 용액 10 mL
(c) 0.10 M $Fe(NO_3)_3$ 용액 10 mL
(d) 0.10 M $AgCH_3CO_2$ 용액 10 mL

8. 0.5 M 탄산 암모늄 용액 10 mL와 0.5 M 질산 은 용액 10 mL를 혼합한 반응의 알짜 이온 반응식으로 옳은 것을 고르시오. (**LO 4.9, 4.11**)

(a) $NH_4^+(aq) + NO_3^-(aq) \longrightarrow NH_4NO_3(s)$
(b) $Ag^+(aq) + CO_3^{2-}(aq) \longrightarrow AgCO_3^-(s)$
(c) $2\ Ag^+(aq) + CO_3^{2-}(aq) \longrightarrow Ag_2CO_3(s)$
(d) 반응이 일어나지 않으므로 알짜 이온 반응식을 쓸 수 없다.

9. 0.100 M 질산 납(II) 용액 75.0 mL와 0.190 M 아이오딘화 포타슘 용액 100.0 mL를 혼합하여 주황색의 아이오딘화 납(II) 침전이 생성되었다. 반응이 완결되었다고 가정할 때, 생성된 아이오딘화 납(II)의 질량을 구하시오. (**LO 4.11, 4.15**)

(a) 1.729 g (b) 3.458 g
(c) 4.380 g (d) 8.760 g

10. 0.375 M Na_2CO_3 용액 25.00 mL를 완전히 반응시키기 위해 필요한 0.250 M HCl 용액의 부피를 구하시오. (**LO 4.15**)

$$2\ HCl(aq) + Na_2CO_3(aq) \longrightarrow 2\ NaCl(aq) + H_2O(l) + CO_2(g)$$

(a) 75.0 mL (b) 18.8 mL
(c) 37.5 mL (d) 33.3 mL

11. 음식물이 분해되는 과정의 중간 산물인 석신산의 분자량은 118.1이다. 1.926 g의 석신산 분자를 물에 녹인 용액을 적정하는 데 0.5000 M NaOH 수용액 65.20 mL가 사용되었다면, 석신산 한 개가 내놓는 수소 이온의 수는 몇 개인지 구하시오. (**LO 4.16**)

(a) 1 (b) 2 (c) 3 (d) 4

12. 세제에 사용되는 광물인 보렉스, $Na_2B_4O_7$를 구성하는 각 원자의 산화수를 구하시오. (**LO 4.18**)

	Na	**B**	**O**
(a)	+2	+3	−2
(b)	−1	−3	+2
(c)	+1	+3	−2
(d)	+1	+2	−1

13. 다음 반응식에서 산화된 원소와 산화제를 바르게 짝지은 것을 고르시오. (**LO 4.19**)

$$HCrO_4^-(aq) + H_2S(aq) \longrightarrow Cr_2O_3(s) + SO_4^{2-}$$

	산화된 원소	**산화제**
(a)	O	$HCrO_4^-$
(b)	S	$HCrO_4^-$
(c)	Cr	H_2S
(d)	Cr	$HCrO_4^-$

14. 다음 제시된 원소들의 활성화도는 위에서 아래로 갈수록 작아진다. 제시된 부분 활성화도를 이용하여, 다음 중 가능한 반응을 고르시오. (**LO 4.20**)

$$K(s) \longrightarrow K^+(aq) + e^-$$
$$Mg(s) \longrightarrow Mg^{2+}(aq) + 2e^-$$
$$H_2(g) \longrightarrow 2\,H^+(aq) + 2e^-$$
$$Ag(s) \longrightarrow Ag^+(aq) + e^-$$

(a) $Mg(s) + 2\,K^+(aq) \longrightarrow Mg^{2+}(aq) + 2\,K(s)$

(b) $2\,Ag(s) + 2\,H^+(aq) \longrightarrow 2\,Ag^+(aq) + H_2(g)$

(c) $H_2(g) + Mg^{2+}(aq) \longrightarrow 2\,H^+(aq) + Mg(s)$

(d) $Mg(s) + 2\,Ag^+(aq) \longrightarrow Mg^{2+}(aq) + 2\,Ag(s)$

답:

1. a, 2. d, 3. c, 4. b, 5. d, 6. d, 7. a, 8. c, 9. b, 10. a, 11. b, 12. c, 13. b, 14. d

개념 문제

문제 4.1~4.28은 이 장의 본문 중에 있다.

4.29 빨간색 구로 나타낸 양이온의 수용액과 노란색 구로 나타낸 음이온의 용액이 섞이도록 놓아둔다고 하자. 세 가지 가능한 결과를 상자 (1)~(3)에 나타내었다.

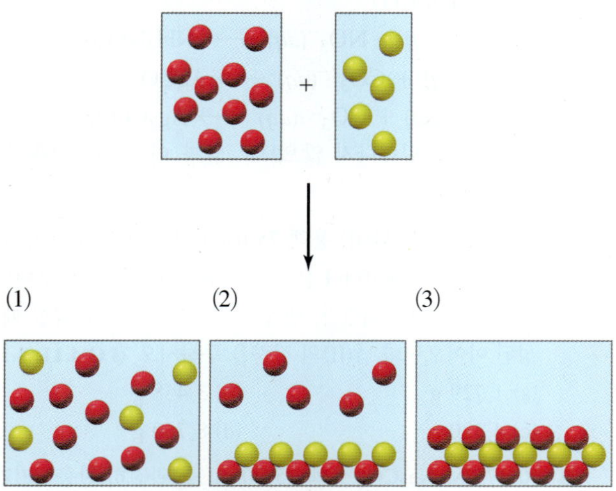

어느 결과가 다음 각 반응에 해당되는가?

(a) $2\,Na^+(aq) + CO_3^{2-}(aq) \rightarrow$

(b) $Ba^{2+}(aq) + CrO_4^{2-}(aq) \rightarrow$

(c) $2\,Ag^+(aq) + SO_3^{2-}(aq) \rightarrow$

4.30 다음 그림은 세 가지 산 HA(A = X, Y, Z)의 수용액을 나타낸다(명확하게 하기 위해 주위의 물은 생략하였다). 어느 것이 가장 강한 산이고, 어느 것이 가장 약한 산인가?

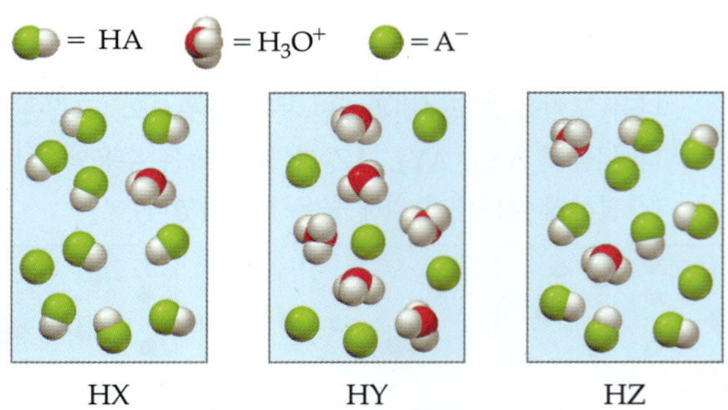

4.31 주기율표에서의 위치를 근거로, 다음 반응 중 어느 것이 일어날 것으로 예측되는가?

(a) 빨간색$^+$ + 녹색 → 빨간색 + 녹색$^+$

(b) 파란색 + 녹색$^+$ → 파란색$^+$ + 녹색

(c) 빨간색 + 파란색$^+$ → 빨간색$^+$ + 파란색

보충 문제

몰농도(4.1절)

4.32 다음 각 용액에는 용질 몇 mol이 존재하는가?
(a) 1.200 M HNO_3 35.0 mL
(b) 0.67 M 포도당($C_6H_{12}O_6$) 175 mL

4.33 $BaCl_2$ 15.0 g을 함유하는 0.45 M $BaCl_2$ 용액의 양은 몇 mL인가?

4.34 콘택트렌즈를 헹굴 때 사용하는 살균 식염수는 살균한 물에 NaCl 400 mg을 녹여 100 mL로 희석하여 만들 수 있다. 이 용액의 몰농도는 얼마인가?

4.35 구리는 다음 반응식에 따라 묽은 질산과 반응한다.

$$3\ Cu(s) + 8\ HNO_3(aq) \longrightarrow 3\ Cu(NO_3)_2(aq) + 2\ NO(g) + 4\ H_2O(l)$$

무게 3.045 g인 구리 동전을 소량의 질산에 녹이고, 그 결과 생성된 용액을 물로 50.0 mL까지 희석한다면, $Cu(NO_3)_2$의 몰농도는 얼마인가?

4.36 다음 각 용액을 만들기 위해 용질 몇 g이 필요한가?
(a) 1.25 M NaOH 500.0 mL
(b) 0.250 M 포도당($C_6H_{12}O_6$) 1.50 L

4.37 고체 CaF_2로부터 0.100 M 플루오린화 이온의 용액 250 mL를 어떻게 만들 것인가? 사용하는 유리 기구를 구체적으로 명시하시오.

희석(4.2절)

4.38 12.0 M 염산 용기에 염산이 35.7 mL 남아 있다. 이 용액을 250.0 mL로 희석할 경우, HCl의 농도는 얼마인가?

4.39 3.00 M 저장 용액으로부터 $CaCl_2$ 0.100 M 염화 이온의 용액 250 mL를 어떻게 만들 것인가? 사용하는 유리 기구를 구체적으로 명시하시오.

전해질(4.3절)

4.40 다음 수용액을 그림 4.3과 같은 전기 전도도 장치를 가지고 실험하였다. 각각 어떤 결과(어둡다, 희미하다, 밝다)를 기대하는가?
(a) 0.10 M 염화 포타슘(KCl)
(b) 0.10 M 메탄올(CH_3OH)
(c) 0.10 M 아세트산(CH_3CO_2H)

4.41 $Ba(OH)_2$와 H_2SO_4 용액 모두 개별적으로는 전기를 전도하지만, 두 용액을 같은 몰수의 양으로 섞으면 전도도가 사라진다. 그 이유를 설명하시오.

4.42 다음 각 물질을 강전해질, 약전해질, 비전해질로 분류하시오.
(a) HBr (b) HF
(c) $NaClO_4$ (d) $(NH_4)_2CO_3$
(e) NH_3 (f) 에틸 알코올

4.43 완전한 해리를 가정하면, 다음 각 용액에서 이온들의 전체 몰농도는 얼마인가?
(a) K_2CO_3 0.750 M 용액
(b) $AlCl_3$ 0.355 M 용액

4.44 화상 및 상처 치료에 사용되는 **링거액**(Ringer's solution)은 물에 NaCl 4.30 g, KCl 0.150 g, $CaCl_2$ 0.165 g을 녹여 500.0 mL로 희석하여 만든다. 용액 중 각 구성 이온의 몰농도는 얼마인가?

알짜 이온 반응식과 수용액에서의 반응(4.4~4.5절)

4.45 다음 각 반응을 침전 반응, 산–염기 중화 반응, 산화–환원 반응으로 분류하시오.
(a) $Hg(NO_3)_2(aq) + 2\ NaI(aq) \rightarrow 2\ NaNO_3(aq) + HgI_2(s)$
(b) $2\ HgO(s) \xrightarrow{\text{가열}} 2\ Hg(l) + O_2(g)$
(c) $H_3PO_4(aq) + 3\ KOH(aq) \rightarrow K_3PO_4(aq) + 3\ H_2O(l)$

4.46 문제 4.45의 반응들의 알짜 이온 반응식을 쓰시오.

침전 반응과 용해도 지침(4.6절)

4.47 다음 물질 중 어느 것이 물에 녹을 것으로 생각되는가?
(a) $PbSO_4$ (b) $Ba(NO_3)_2$
(c) $SnCO_3$ (d)$(NH_4)_3PO_4$

4.48 다음 물질의 수용액을 섞을 때 침전 반응이 일어날지 예측하시오. 침전물을 생성하는 반응들에 대해서는 알짜 이온 반응식을 쓰시오.
(a) $NaOH + HClO_4$ (b) $FeCl_2 + KOH$
(c) $(NH_4)_2SO_4 + NiCl_2$ (d) $CH_3CO_2Na + HCl$

4.49 0.10 M $BaCl_2$를 가할 때, 다음 수용액 중 어느 것이 침전물을 생성하지 않을까?
(a) 0.10 M $LiNO_3$ (b) 0.10 M K_2SO_4
(c) 0.10 M $AgNO_3$

4.50 다음 물질을 침전 반응으로 어떻게 만들 것인가?
(a) $PbSO_4$ (b) $Mg_3(PO_4)_2$
(c) $ZnCrO_4$

4.51 0.150 M HCl 30.0 mL와 0.200 M $AgNO_3$ 25.0 mL가 반응할 때, 생성되는 침전물은 무엇이고 질량은 얼마인가?

4.52 $NaNO_3$와 $AgNO_3$를 혼합한 수용액이 있다고 하자. 침전 반응을 이용하여 어떻게 두 금속 이온을 분리할 수 있는가?

4.53 미지의 염의 수용액이 있다. 그 용액을 묽은 NaOH, Na_2SO_4, KCl 용액으로 처리하면 침전이 생성되지 않는다. 이 용액은 다음 양이온 중 어느 것을 포함하고 있을까?
(a) Ag^+ (b) Cs^+
(c) Ba^{2+} (d) NH_4^+

4.54 다음 각 양이온 쌍을 분리하기 위하여 어떻게 침전 반응을 이용할 수 있는가? 첨가하고자 하는 각 반응물에 대한 화학식을 적고, 각 반응의 균형 알짜 이온 반응식을 쓰시오.
(a) K^+ 와 Hg_2^{2+} (b) Pb^{2+}와 Ni^{2+}
(c) Ca^{2+} 와 NH_4^+ (d) Fe^{2+}와 Ba^{2+}

4.55 다음 세 용액 0.100 M Na_2SO_4 100.0 mL, 0.300 M $ZnCl_2$ 50.0 mL, 0.200 M $Ba(CN)_2$ 100.0 mL를 혼합하였다.

(a) 어떤 이온 결합 화합물이 용액에서부터 침전되겠는가?
(b) 모든 불용성 화합물들은 완전히 침전된다고 가정하면, 용액에 남아 있는 각 이온의 몰농도는 얼마인가?

산, 염기와 중화 반응(4.7절)

4.56 미지의 산 또는 염기 용액이 있다. 이 물질이 산인지 염기인지 어떻게 알아낼 수 있을까?

4.57 다음 반응의 균형 이온 반응식을 쓰시오.
(a) 과염소산 수용액을 수산화 칼슘 수용액으로 중화한다.
(b) 수산화 소듐 수용액을 아세트산 수용액으로 중화한다.

4.58 다음 반응의 균형 알짜 이온 반응식을 쓰시오.
(a) $LiOH(aq) + HI(aq) \longrightarrow$?
(b) $HBr(aq) + Ca(OH)_2(aq) \rightarrow$?

용액의 화학량론과 적정(4.8~4.9절)

4.59 0.500 M HBr 450 mL가 들어 있는 플라스크를 사고로 바닥에 떨어뜨렸다. 다음 반응식에 따라 이 산을 중화시켜 흘린 것을 처리하는 데 K_2CO_3 몇 g이 필요한가?

$$2\,HBr(aq) + K_2CO_3(aq) \longrightarrow 2\,KBr(aq) + CO_2(g) + H_2O(l)$$

4.60 과망가니즈산 포타슘($KMnO_4$)은 옥살산($H_2C_2O_4$)과 다음 반응식에 따라 황산 수용액에서 반응한다.

$$2\,KMnO_4 + 5\,H_2C_2O_4 + 3\,H_2SO_4 \longrightarrow 2\,MnSO_4 + 10\,CO_2 + 8\,H_2O + K_2SO_4$$

옥살산 3.225 g과 완전히 반응하기 위해 0.250 M $KMnO_4$ 용액 몇 mL가 필요한가?

4.61 다음 용액을 중화시키기 위해서는 1.00 M KOH 몇 mL를 첨가해야 하는가?
(a) 0.240 M LiOH(25.0 mL)와 0.200 M HBr(75.0 mL)의 혼합물
(b) 0.300 M HCl(45.0 mL)과 0.250 M NaOH(10.0 mL)의 혼합물

4.62 다음 용액을 섞을 때 생성되는 용액은 산성인가 염기성인가 중성인가?
(a) 0.100 M HBr 50.0 mL와 0.200 M KOH 30.0 mL
(b) 0.0750 M HCl 100.0 mL와 0.100 M $Ba(OH)_2$ 75.0 mL

산화수(4.10절)

4.63 다음 화합물에서 각 원소의 산화수를 정하시오.
(a) NO_2 (b) SO_3
(c) $COCl_2$ (d) CH_2Cl_2
(e) $KClO_3$ (f) HNO_3

4.64 다음 이온에서 각 원소의 산화수를 정하시오.
(a) ClO_3^- (b) SO_3^{2-}
(c) $C_2O_4^{2-}$ (d) NO_2^-
(e) BrO^- (f) AsO_4^{3-}

4.65 질소는 −3에서 +5까지 여러 다른 산화수를 가질 수 있다.
(a) 질소의 산화수가 +1, +2, +4, +5인 질소 산화물의 화학식과 이름을 쓰시오.
(b) 산화수에 기초하여, (a) 중 어떤 질소 산화물이 산소 분자(O_2)와 반응할 수 없는가?

산화-환원 반응(4.11절)

4.66 주기율표에서 가장 좋은 환원제들은 어디에서 찾을 수 있는가? 가장 좋은 산화제들은 어디에서 찾을 수 있는가?

4.67 다음 각 물질이 산화−환원 반응에서 전자를 얻는지 잃는지 말하시오.
(a) 산화제 (b) 환원제
(c) 산화되는 물질 (d) 환원되는 물질

4.68 다음 각 반응에서 어떤 원소가 산화되고 어떤 원소가 환원되는가?
(a) $Ca(s) + Sn^{2+}(aq) \rightarrow Ca^{2+}(aq) + Sn(s)$
(b) $ICl(s) + H_2O(l) \rightarrow HCl(aq) + HOI(aq)$

활동도 서열(4.12절)

4.69 금속의 활동도 서열(표 4.5)을 이용하여, 다음 각 반응의 결과를 예측하시오. 반응이 일어나지 않으면, *NR*.이라고 쓰시오.
(a) $Na^+(aq) + Zn(s) \rightarrow$? **(b)** $HCl(aq) + Pt(s) \rightarrow$?
(c) $Ag^+(aq) + Au(s) \rightarrow$? **(d)** $Au^{3+}(aq) + Ag(s) \rightarrow$?

4.70 (a) 다음 반응을 이용하여, 원소 A, B, C, D를 환원제로서의 능력이 감소하는 순서로 배열하시오.

$A + B^+ \longrightarrow A^+ + B$ $C^+ + D \longrightarrow$ 반응하지 않음
$B + D^+ \longrightarrow B^+ + D$ $B + C^+ \longrightarrow B^+ + C$

(b) (a)에서 정한 활동도 서열에 따라, 다음 반응 중 어느 것이 일어날 것으로 예상되는가?
(1) $A^+ + C \longrightarrow A + C^+$
(2) $A^+ + D \longrightarrow A + D^+$

chapter 5

주기성과 원자의 전자 구조

ⓒ IanRedding/Shutterstock

CONTENTS

5.1 복사 에너지의 파동성과 전자기 스펙트럼

5.2 복사 에너지의 입자성: 광전 효과와 플랑크 가설

5.3 원자 선 스펙트럼과 양자화된 에너지

5.4 양자 역학적 원자 모형: 오비탈과 양자수

5.5 오비탈의 모양

5.6 전자 스핀과 파울리 배타 원리

5.7 다전자 원자의 오비탈 에너지 준위

5.8 다전자 원자의 전자 배치

5.9 변칙적인 전자 배치

5.10 전자 배치와 주기율표

5.11 전자 배치와 주기적 성질: 원자 반지름

불꽃 안에서 가열된 원소가 방출하는 색은 전자가 원자 내 다른 에너지 준위로 전이함으로써 발생한다. 원자는 특징적인 색을 방출하는데, 이는 각 원자들이 전자 구조라 부르는 고유의 에너지 준위를 가지고 있기 때문이다.

원자 방출 스펙트럼에 관한 지식이 보다 효율적인 전구를 만드는 데 어떻게 도움이 될까?

이 질문의 답은 153쪽 **INQUIRY ?** 에 나와 있다.

2.2절에 소개된 주기율표는 화학에서 가장 중요한 체계화된 원리이다. 만약 주기율표에서 어느 한 족(group)에 있는 한 원소의 성질을 알면, 같은 족의 다른 원소들과 심지어 그 원소 주변에 있는 원소들의 성질도 쉽게 추측할 수 있다. 주기율표는 처음에 실험적 관찰에 의해서 만들어졌지만, 주기율표의 과학적 기초는 오랜 시간에 걸쳐 확립되고 잘 이해되었다.

주기율표라고 명명한 이유를 알아보기 위하여, 그림 5.1에 나타낸 원자 번호에 대한 원자 반지름의 변화를 살펴보자. 이 그래프는 올라갔다 내려갔다 하는 주기적인 양상을 보여 준다. 제일 왼쪽의 원자 번호 1번(수소)에서 시작해서 원자 반지름은 증가하고 원자 번호 3번 (리튬)에서 극댓값을 가지며, 이후 감소하여 극솟값이 된다. 그리고 다시 증가하여 원자 번호 11번(소듐)에서 극댓값을 가진 후 다시 감소한다. 극댓값은 1족 원소(Li, Na, K, Rb, Cs, Fr)에서 나타나고, 극솟값은 17족 원소들(F, Cl, Br, I)에서 볼 수 있다.

그림 5.1에서 볼 수 있는 원자 반지름의 주기성은 특별한 것이 아니다. 수십 가지 다른 물리적, 화학적 성질들도 원자 번호에 따라 비슷한 방법으로 비슷한 결과로 나타난다. 5장과 6장에서 이러한 주기성의 여러 예를 살펴보고, 또한 왜 이러한 주기성이 나타나는지 알아보고자 한다.

▶ 그림 5.1
각 원자 번호에 대한 원자 반지름을 pm 단위로 표시한 그래프. 주기적 증감 현상을 분명하게 볼 수 있다. (18족 원소에 대해서는 정확한 자료가 없다.)

▲ 확인하기

한 주기를 따라 왼쪽에서 오른쪽으로 가로지를 때 원자 반지름은 어떤 주기적인 경향성을 보이는가? 또, 같은 족을 따라 아래로 내려갈 때는 어떤 경향성을 보이는가?

답 일반적으로 원자 반지름은 그 주기를 따라 가로지를 때 감소하며, 족을 따라 내려갈 때 증가한다.

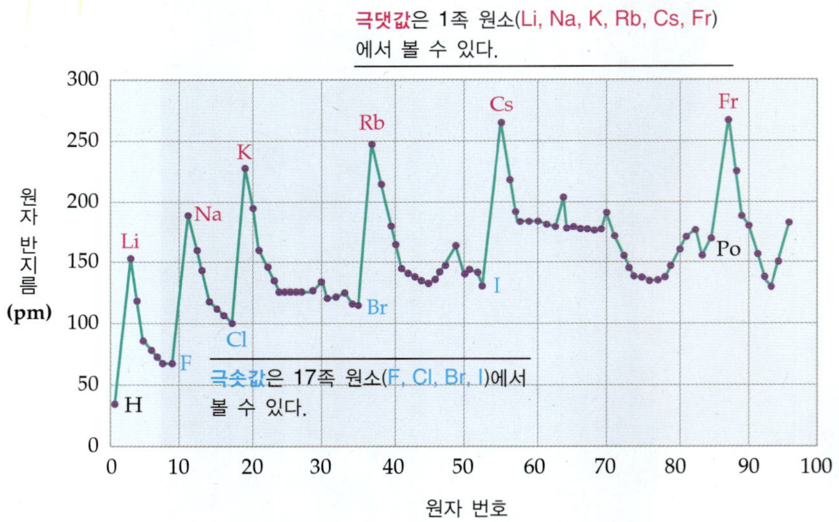

5.1 복사 에너지의 파동성과 전자기 스펙트럼

원자의 어떤 기본적인 성질이 우리가 관찰하는 원자 반지름이나 원소의 다른 많은 특징에서 나타나는 주기적 변화에 관여하는 것일까? 이런 질문은 멘델레예프 이후 50여 년 동안 화학자들의 생각을 사로잡아 왔으며, 1920년대에 이르러서야 그 해답이 정립되기 시작하였다. 어떻게 그 해답이 서서히 밝혀졌는지를 알기 위해서는, 먼저 가시광선과 다른 형태의 복사 에너지의 성질에 대해서 알아야 한다. **분광학**(spectroscopy), 즉 복사 에너지와 물질의 상호 작용에 관한 연구가 원자 구조에 관한 막대한 정보를 알려 주었다.

▲ 전자기파와 마찬가지로 바다의 파도 역시 파장, 진동수, 진폭으로 특징지을 수 있다.

우리의 감각으로 볼 때는 다른 것처럼 보이지만, 가시광선, 적외선, 마이크로파, 라디오파, X선 등은 모두 **전자기 복사**(electromagnetic radiation), 즉 **복사 에너지**의 다른 종류이다. 그림 5.2에 나타낸 것처럼, 이들은 집합적으로 **전자기 스펙트럼**(electromagnetic spectrum)을 구성한다.

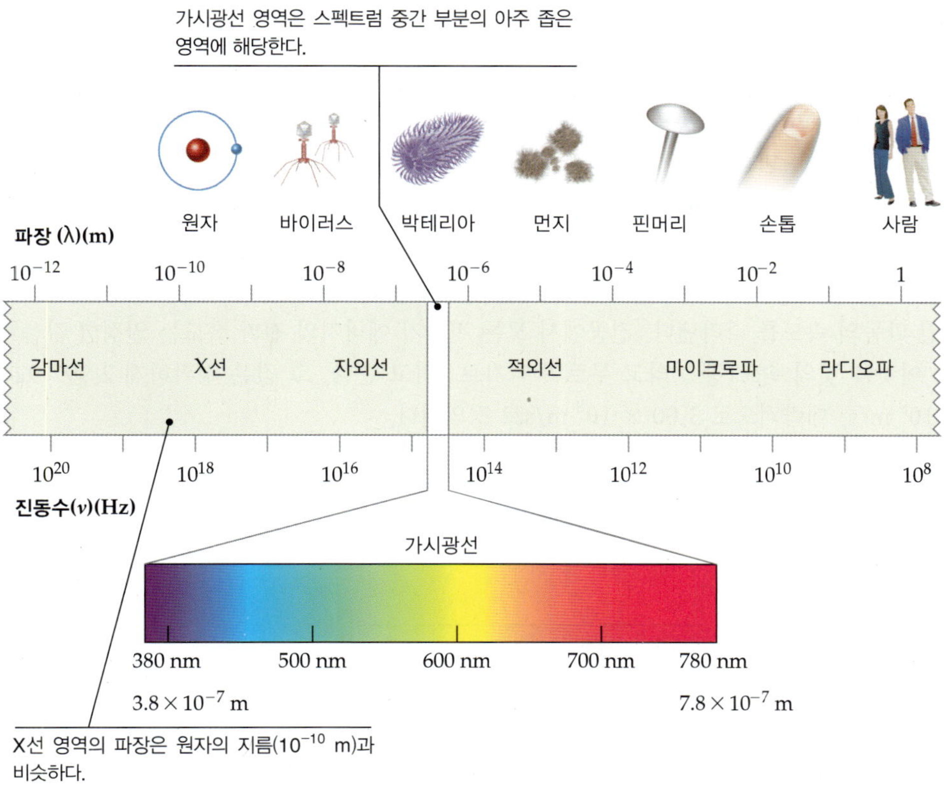

◀ 그림 5.2
전자기 스펙트럼. 스펙트럼은 낮은 진동수의 라디오파로부터 높은 진동수의 감마선까지, 파장과 진동수의 연속적인 범위로 구성된다.

진공을 지나는 전자기 에너지는 바다의 파도가 물을 통해 이동하는 것처럼 진행한다. 바다의 파도처럼 전자기 에너지도 **진동수**, **파장**, **진폭**으로 표현할 수 있다. 만약 어느 한 지점에서 물을 통해 이동하는 파도의 잘린 면을 옆에서 관찰한다면, 마루와 골이 있는 일반적 파동의 모습을 볼 수 있다(그림 5.3).

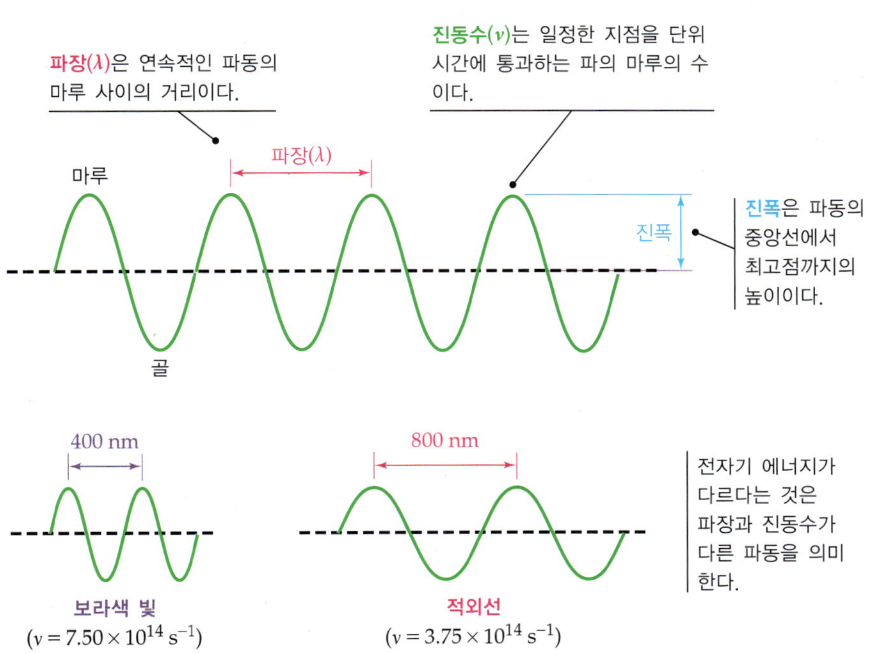

◀ 그림 5.3
전자기파의 특성. 전자기파는 파장, 진동수, 진폭으로 특징지을 수 있다.

파동의 **진동수**(**frequency**, ν; 그리스어 뉴)란 간단히 단위 시간에 일정한 지점을 지나가는 파동의 마루의 수를 말하며, 단위는 초의 역수(1/s 또는 s^{-1}) 또는 **헤르츠**(**hertz**, Hz; 1 Hz = 1 s^{-1})로 나타낸다. 파동의 **파장**(**wavelength**, λ; 그리스어 람다)이란 파동의 마루에서 그 다음 마루까지의 거리이며, 파동의 **진폭**(**amplitude**)은 마루와 골의 중간 지점을 연결한 선에서 마루까지의 높이를 말한다. 물리적으로 전자기 에너지의 세기는 파동 진폭의 제곱에 비례한다. 아주 희미한 빛과 눈이 부시는 강한 빛은 같은 파장과 진동수를 가지고 있지만, 그 진폭은 크게 다르다.

▲ 수은등의 푸른빛은 소듐등의 노란빛보다 파장이 더 길까, 더 짧을까? ©Natalia Bratslavsky/Shutterstock

미터(m) 단위인 파동의 파장에 초의 역수(s^{-1}) 단위인 진동수를 곱하면 초당 미터(m/s) 단위인 파동의 속도를 나타낸다. 진공에서 모든 전자기 에너지의 전파 속도는 일정한 값을 갖는다. 이것을 빛의 속도(광속)라고 부르며 약자로 c라고 쓴다. 그 값은 정확하게 $2.997\,924\,58 \times 10^8$ m/s, 대략적으로 3.00×10^8 m/s로 정의된다.

$$\text{파장} \times \text{진동수} = \text{속도}$$
$$\lambda(\text{m}) \times \nu(\text{s}^{-1}) = c(\text{m/s})$$

다르게 표현하면,

$$\lambda = \frac{c}{\nu} \quad \text{또는} \quad \nu = \frac{c}{\lambda}$$

이 관계식은 진동수와 파장이 서로 반비례 관계에 있음을 보여 준다. 즉 긴 파장을 갖는 전자기 에너지는 낮은 진동수를, 짧은 파장을 갖는 전자기 에너지는 높은 진동수를 갖는다. 예제 5.1은 전자기 복사의 파장과 진동수를 어떻게 변환하는지를 보여 준다.

예제 5.1

파장으로부터 진동수 계산

가로등에 쓰이는 수은등의 연한 푸른빛은 파장이 436 nm이다. 진동수(Hz)는 얼마인가?

문제 파악

알고 있는 것	알아내야 할 것
파장(λ)	진동수(ν)

전략

파장과 진동수의 관계식을 이용한다. 광속(c)은 m/s 단위이므로 nm를 m로 바꾸는 것을 잊지 말자.

풀이

$$\nu = \frac{c}{\lambda} = \frac{\left(3.00 \times 10^8 \frac{\text{m}}{\text{s}}\right)}{(436\ \text{nm})\left(\frac{1\ \text{m}}{10^9\ \text{nm}}\right)}$$
$$= 6.88 \times 10^{14}\ \text{s}^{-1} = 6.88 \times 10^{14}\ \text{Hz}$$

구하는 빛의 진동수는 $6.88 \times 10^{14}\ \text{s}^{-1}$, 즉 6.88×10^{14} Hz이다.

▶ **연습문제 5.1** 진동수 ν = 102.5 MHz인 FM 라디오파의 파장(m)은 얼마인가?

▶ **개념 응용문제 5.2** 아래에 두 개의 전자기파를 나타내었다.

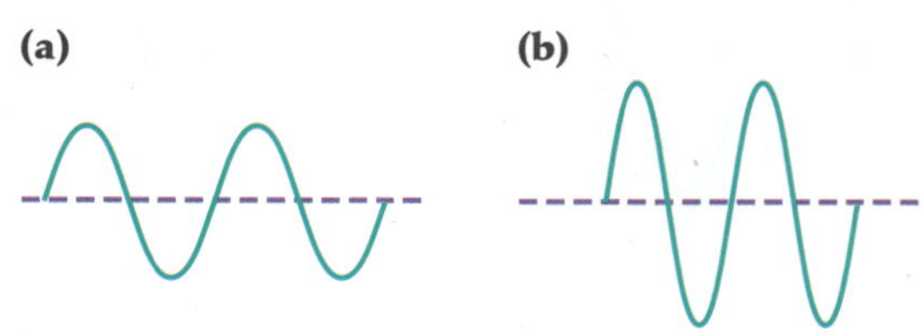

(a) 어떤 파동이 더 진동수가 높은가?
(b) 어떤 파동이 더 강한(밝은) 빛을 나타내는가?
(c) 파란색 빛과 빨간색 빛을 나타내는 파동은 각각 무엇인가?

5.2 복사 에너지의 입자성: 광전 효과와 플랑크 가설

1905년에 아인슈타인(Albert Einstein, 1879~1955)이 광전 효과(photoelectric effect)에 대한 설명을 제안했을 때, 원자 구조의 모형을 발전시키는 한 가지 중요한 진전이 이루어졌다. 과학자들은 1800년대 후반부터 깨끗한 금속 표면에 빛을 쪼이면 전자가 튀어나온다는 것을 알고 있었다(**그림 5.4**). 더구나 전자를 튀어나오게 하는 빛의 진동수는 한곗값 이상이 되어야 하며, 그것은 각 금속마다 다르다는 것을 알았다. 예를 들어, 소듐 금속은 파란색 빛($\nu \approx 6.5 \times 10^{14}$ Hz)을 쪼이면 전자를 방출하지만 빨간색, 빛($\nu \approx 4.5 \times 10^{14}$ Hz)을 쪼이면 아무런 효과를 보이지 않는다. 아인슈타인은 광전 효과를 설명하기 위해, 빛은 **광자**(photon)라는 작은 입자의 흐름처럼 행동한다고 가정하였다. 이때 광자의 에너지(E)는 독일의 물리학자인 플랑크(Max Planck, 1858~1947)의 이름을 따라 플랑크 가설(Planck's postulate)이라고 하는 관계식을 따르며, 진동수 ν(또는 파장 λ)와 관련이 있다.

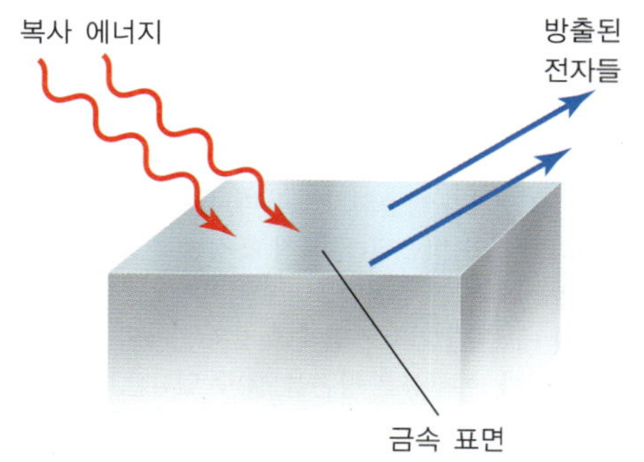

▲ **그림 5.4**
광전 효과. 깨끗한 금속 표면에 한계 진동수 이상의 복사 에너지를 조사하면 전자를 방출한다.

플랑크 가설 $E = h\nu = \dfrac{hc}{\lambda}$

비례 상수 h는 오늘날 플랑크 상수라고 부르는 기본적인 물리 상수이고, 그 값은 $h = 6.626 \times 10^{-34}$ J·s이다. 예를 들면, 진동수 $\nu = 4.62 \times 10^{14}\ \text{s}^{-1}$(파장 $\lambda = 649$ nm)인 붉은빛의 광자 한 개의 에너지는 3.06×10^{-19} J이다.

[에너지의 SI 단위는 줄(joule, J)이며, $1\ \text{J} = 1(\text{kg}\cdot\text{m}^2)/\text{s}^2$이다.]

$$E = h\nu = (6.626 \times 10^{-34}\ \text{J}\cdot\text{s})(4.62 \times 10^{14}\ \text{s}^{-1}) = 3.06 \times 10^{-19}\ \text{J}$$

2.9절로부터, 어떤 물질 1 mol은 아보가드로수(6.022×10^{23})만큼의 양이라는 사실을 기억하자. 따라서 전자기 에너지를 광자 단위로 표시하는 것보다 몰 단위로 표시하는 것이 오히려 편리하다. 3.06×10^{-19} J의 광자 에너지에 아보가드로수를 곱하면 184 kJ/mol의 에너지를 얻는다.

$$\left(3.06 \times 10^{-19}\ \frac{\text{J}}{\cancel{\text{광자}}}\right)\left(6.022 \times 10^{23}\ \frac{\cancel{\text{광자}}}{\text{mol}}\right) = 1.84 \times 10^{5}\ \frac{\text{J}}{\text{mol}}$$

$$\left(1.84 \times 10^{5}\ \frac{\cancel{\text{J}}}{\text{mol}}\right)\left(\frac{1\ \text{kJ}}{1000\ \cancel{\text{J}}}\right) = 184\ \text{kJ/mol}$$

진동수가 크고 파장이 짧은 빛은 높은 에너지 복사선을 갖는다. 그리고 진동수가 낮고 파장이 긴 빛은 낮은 에너지를 갖는다. 예를 들어, 파란색 빛($\lambda \approx 450$ nm)은 빨간색 빛($\lambda \approx 650$ nm)보다 파장은 짧고 에너지는 더 크다. 마찬가지로 X선($\lambda \approx 1$ nm)은 FM 라디오파($\lambda \approx 10^{10}$ nm, 즉 10 m) 보다 파장이 짧고 더 큰 에너지를 갖는다.

만약 금속 표면과 충돌하는 광자의 진동수(혹은 에너지)가 어떤 최솟값이 되지 못하면 전자는 튀어나오지 못한다. 그러나 한곗값 이상에서는 광자에서 전자로 충분한 에너지가 전해져서 금속에 구속되어 있는 인력을 극복하고 전자들이 튀어나온다(**그림 5.5**). 전자를 방출하는 데 필요한 에너지의 양은 금속의 일함수(Φ)라고 부르며, 1족과 2족 원소들에서 가장 낮다. 즉, 주기율표에서 왼쪽에 있는 원소들은 다른 금속들보다 전자를 약하게 붙들고 있으며, 전자들을 쉽게 방출한다(**표 5.1**).

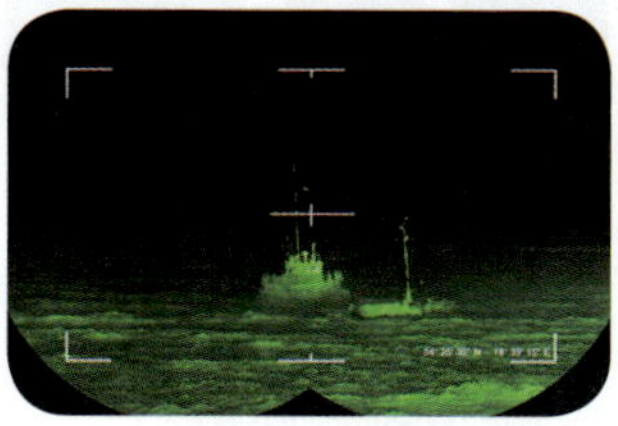

▲ 야간 시력용 안경은 적외선이 조사될 때 전자를 방출하는 금속 합금의 광전 효과에 기반을 두고 있다. ©Nightman1965/Shutterstock

표 5.1 몇 가지 금속들의 일함수

원소	일함수(Φ) (kJ/mol)
Cs	188
K	221
Na	228
Ca	277
Mg	353
Cu	437
Fe	451

▶ 그림 5.5
진동수에 의존하는 광전 효과

▲ 확인하기

만약 (a) 한곗값보다 작은 진동수를 가진 아주 강한 빛이 사용된다면 (b) 한곗값보다 큰 진동수를 가진 아주 희미한 빛이 사용된다면, 금속 표면에서 전자가 방출되겠는가? 빛이 입자성을 가진다는 것을 이러한 관찰이 어떻게 설명해 주는가?

답 (a) 전자가 방출되지 않는다. (b) 적은 수의 전자가 방출된다. 오직 특정한 진동수 이상의 빛만이 전자를 방출시키기에 충분한 에너지를 가지고 있다. 이것은 '입자'와 유사하다. 야구공은 창문을 깰 수 있지만, 탁구공은 그렇지 못하다.

쪼여준 빛의 진동수에 따라 금속 표면으로부터 튀어나오는 전자 수를 그리면 한곗값이 있음을 알 수 있다.

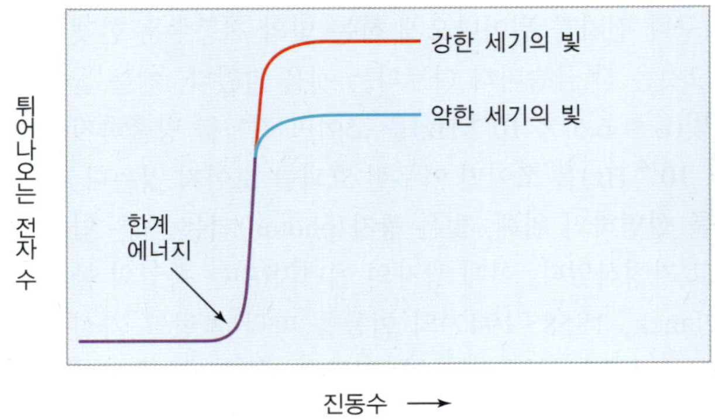

빛의 진동수를 바꾸지 않고 그 세기를 증가시키면 튀어나오는 전자 수는 증가하지만, 한곗값은 변하지 않는다.

개념탐구 질문 1

277 kJ/mol(432 nm)의 에너지를 가진 빛이 칼슘 조각의 표면에 쪼여지면 **광전 효과**에 의해 전자들이 방출된다. 칼슘의 표면에 광전 효과를 일으키는 빛의 파장은 얼마일까?

▲ 창문은 야구공 한 개를 던져도 깨질 수 있다. 하지만 천 개의 탁구공을 던진다면 튕겨져 나올 뿐이다.

각 광자의 에너지는 그 진동수(또는 파장)에 의해서만 결정되고, 빛의 세기에 무관하다는 점에 유의하자. 빛의 세기는 그 빛에 포함된 광자의 **수**의 척도인 반면에, 진동수는 그 광자가 가진 **에너지**의 척도이다. 높은 에너지를 가진 아주 약한 빛의 광자도 쉽게 금속 표면에서 몇 개의 전자를 떼어낼 수 있다. 그러나 낮은 에너지를 가진 아주 센 빛의 광자들은 단 하나의 전자도 금속에서 떼어낼 수 없다. 비유를 하자면, 유리창에 질량이 다른 공을 던지는 것을 생각해 볼 수 있다. 탁구공(낮은 에너지) 천 개를 유리창에 던지면 모두 튕겨 나오지만, 야구공(높은 에너지) 한 개를 탁구공과 같은 속도로 던지면 유리창이 깨질 것이다. 마찬가지로, 낮은 에너지의 광자는 금속 표면에서 튕겨 나가지만, 한곗값보다 큰 에너지를 가지는 광자가 하나라도 있으면 금속을 깨뜨려 전자를 떼어낼 수 있다.

아인슈타인의 업적에서 알 수 있는 중요한 결론은, 빛의 움직임과 다른 모든 형태의 전자기 에너지가 그 전에 알던 것보다 훨씬 복잡하다는 것이다. 빛에너지는 파동처럼 행동할 뿐 아니라 **작은 입자처럼 행동한다**. 플랑크 가설과 입자성을 가진 아인슈타인의 광자는 당대의 고전 물리학 법칙들로부터 극적으로 시작되었고, 궁극적으로는 과학자들로 하여금 원자 구조에 관한 생각의 전환을 야기하였다.

예제 5.2

광자의 에너지 계산

$\nu = 3.35 \times 10^8$ Hz를 갖는 레이더파의 에너지(kJ/mol)는 얼마인가?

문제 파악

알고 있는 것	알아내야 할 것
진동수(ν)	에너지(E)

전략

진동수 ν를 갖는 광자의 에너지는 식 $E_{광자} = h\nu$로 계산된다. 광자 1 mol의 에너지를 구하기 위해 광자 한 개의 에너지에 아보가드로수를 곱해야 한다.

풀이

$$E = h\nu = (6.626 \times 10^{-34}\ \mathrm{J \cdot \cancel{s}})(3.35 \times 10^{8}\ \cancel{\mathrm{s^{-1}}})$$
$$= 2.22 \times 10^{-25}\ \mathrm{J}$$

$$\left(2.22 \times 10^{-25} \frac{\mathrm{J}}{\cancel{광자}}\right)\left(6.022 \times 10^{23} \frac{\cancel{광자}}{\mathrm{mol}}\right)$$

$$= 0.134\ \mathrm{J/mol} = 1.34 \times 10^{-4}\ \mathrm{kJ/mol}$$

▶ **연습문제 5.3** 전자기 에너지를 쪼였을 때 생물학적 영향은 일반적으로 복사 에너지가 증가할수록 더 심각해진다. 즉 적외선을 쪼이면 기분 좋게 따뜻하다. 그러나 자외선을 쪼이면 살갗이 타고 심하면 화상을 입는다. 또한 X선은 상당한 조직 손상을 일으킬 수 있다. 다음 파장의 에너지(kJ/mol)는 얼마인가? $\lambda = 1.55 \times 10^{-6}$ m인 적외선, $\lambda = 250$ nm인 자외선, $\lambda = 5.49$ nm인 X선)

▶ **응용문제 5.4** 상온에서 전자레인지로 컵에 들어 있는 물을 끓이려면 74 kJ의 열이 필요하다. 전자레인지에서 나오는 마이크로파의 파장이 2.3×10^{-3} m라면, 물을 끓이기 위해서는 몇 몰의 광자가 필요한가?

예제 5.3

주어진 일함수에서 광전 효과의 진동수 계산

리튬 금속의 일함수는 $\Phi = 283$ kJ/mol이다. 리튬으로부터 전자를 방출시키기 위해 필요한 빛의 진동수는 얼마인가?

문제 파악

알고 있는 것	알아내야 할 것
일함수(Φ) = 에너지(E)	진동수(ν)

전략

금속의 일함수란 전자를 방출하는 데 필요한 최소의 에너지이다. 리튬은 $E = 283$ kJ/mol이다. 일함수의 단위 kJ/mol을 J/광자로 바꿔서 광자 한 개의 에너지를 구하고, 플랑크 식 $E = h\nu$를 $\nu = E/h$로 바꿔서 진동수를 구한다.

$$E = \left(\frac{283\ \text{kJ}}{\text{mol}}\right)\left(\frac{1000\ \text{J}}{1\ \text{kJ}}\right)\left(\frac{1\ \text{mol}}{6.022 \times 10^{23}\ \text{광자}}\right)$$

$$= 4.70 \times 10^{-19}\ \frac{\text{J}}{\text{광자}}$$

$$\nu = \frac{E}{h} = \frac{4.70 \times 10^{-19}\ \text{J}}{(6.626 \times 10^{-34}\ \text{J} \cdot \text{s})} = 7.09 \times 10^{14}\ \text{s}^{-1}$$

또는 7.09×10^{14} Hz

▶ **연습문제 5.5** 금속 아연의 일함수는 350 kJ/mol이다. $\lambda = 390$ nm인 자외선의 광자는 아연으로부터 전자를 방출할 수 있을까?

▶ **개념 응용문제 5.6** 두 원소 루비듐과 은을 비교하시오.

(a) 어떤 원소의 일함수가 더 높을까?

(b) 어떤 원소가 긴 파장의 빛에서 광전 효과를 일으킬까?

5.3 원자 선 스펙트럼과 양자화된 에너지

이제 우리는 전자기 복사가 파동성과 입자성을 가지고 있다는 것을 알았다. 이것이 물질과 어떻게 상호 작용하는지 검토하여 원자 구조에 대한 실마리를 얻을 수 있다. 원자로부터의 빛의 방출과 백열전구로부터의 빛의 방출을 비교해 보자. 태양이나 일반적인 백열전구에서 나오는 빛은 백색광이다. 그것은 전자기 스펙트럼의 가시광선 영역 전체를 차지하는 모든 파장의 빛이 다 섞여 있다는 것을 의미한다. 백색광은 실제로 많은 색깔의 빛의 스펙트럼으로 이루어져 있다. 백색광의 가는 빛살을 유리 프리즘에 통과시켰을 때 '무지개'색이 나타나는 것이 그 증거이다(그림 5.6a). 이것은 백색광에 들어 있는 서로 다른 파장의 빛이 다른 속도로 유리를 통과하기 때문에 일어난다. 그 결과, 백색광은 긴 파장 끝(780 nm)의 빨간색부터 짧은 파장 끝(380 nm)의 보라색까지 여러 색의 성분으로 나누어진다. 마찬가지로, 이러한 색의 분리는 빛이 공기 중의 물방울을 통과하여 무지개를 형성할 때, 또는 구름 속의 정렬된 얼음 결정을 통과하여 **환일**(parhelion 또는 sundog)이 일어날 때도 나타난다(그림 5.6b).

▶ 그림 5.6
백색광의 구성 색으로의 분리. (a) 보통 백색광의 가는 빛살이 유리 프리즘을 통과할 때, 파장이 다른 빛들은 유리를 통과하는 속도가 다르고 다른 색으로 나타난다. 빛이 공기 중의 물방울을 지나며 무지개를 형성할 때, (b) 빛이 구름 속의 얼음 결정을 통과하여 환일이라고 하는 특이한 기상 현상이 일어날 때 비슷한 효과가 발생한다.

ⓒKostenko Maxim/Shutterstock ⓒKarin Hildebrand Lau/Shutterstock

가시광선이나 전자기 에너지를 가지는 다른 종류의 전자기파는 원자 구조와 어떤 관계가 있을까? 그 대답은 원자를 가열하거나 다른 방법으로 원자가 높은 에너지 상태로 되면 특정한 빛을 내보내므로, 각 원자의 구조에 대한 단서를 제공해 준다는 사실과 관련이 있다. 태양에서 나오는 백색광과 달리, 높은 에너지 상태로 들뜬 원자가 내놓은 빛은 모든 파장이 연속적으로 분포하지 않는다. 좁은 슬릿과 프리즘을 통과하면 들뜬 원자에서 나오는 빛은 **선 스펙트럼(line spectrum)**이라 불리는 검은 바탕에 불연속적인 일련의 선으로 무지개 색깔 전부가 아닌 몇 가지 특정한 파장의 색으로만 나타난다. 만약 수소 원자가 방전관에서 전기적으로 들떴을 때는 몇 가지 다른 색깔로 이루어진 분홍색을 띤 빛을 낸다(그림 5.7a). 네온사인에 들어가는 네온이나 불꽃놀이에 사용되는 소듐염과 같은 다른 원소들도 들뜸에 의해 선 스펙트럼을 만들어낸다(그림 5.7b). 실제로 불꽃놀이에 쓰이는 아름다운 색상들은 화약에 의해 가열된 여러 종류의 금속 원자 혼합물에 의해 방출된 빛으로부터 만들어진다.

▶ 전기적으로 들뜬 수소 원자는 방전관에서 분홍색 빛을 낸다. 네온 원자는 주황색 빛을 방출한다. 열에 의해 들뜬 상태인 소듐 원자는 불꽃에서 노란색 빛을 방출한다.

들뜬 원자가 특정한 파장의 빛을 방출한다는 것이 발견된 후, 화학자들은 여러 원소들의 선 스펙트럼 목록을 만들기 시작하였다. 화학자들은 각 원소들이 그 자신만의 독특한 스펙트럼 '지문'을 가지고 있다는 것을 곧 알게 되었다. 그 결과를 이용하여 광물이나 다른 물질에 들어 있는 원소들을 분석하였다.

기억하기…
러더퍼드는 원자는 대부분 빈 공간이고 가운데에 양전하가 밀집한 핵으로 이루어져야 한다고 제안했다.

과학계에서는 종종 실험적 결과가 이론보다 먼저 얻어지고, 그 결과를 설명하기 위한 이론이 개발된다. 원자 선 스펙트럼이 발견된 이후 몇십 년 동안 스펙트럼을 설명하기 위한 원자 구조 이론은 발전되지 못하였다. 1900~1911년에 과학자들은 중요한 실험을 했고, 선 스펙트럼의 퍼즐을 푸는 데 도움을 주는 이론을 세웠다. 그중에는 양자 에너지에 관한 플랑크 가설(1900), 아인슈타인의 광자와 광전 효과(1905)와 **러더퍼드의 원자핵 모형(Rutherford's nuclear model**, 1911)이 있다. 이러한 중대한 발견을 기반으로, 러더퍼드의 연구실에서 일하던 덴마크 물리학자 보어(Niels Bohr, 1885~1962)는 선 스펙트럼의 존재를 예측하는 원자 모형을 제안하였다. 그의 수소 원자 모형은 행성이 태양 궤도를 도는 것과 같이, 한 개의 전자가 한 개의 작고 양전하를 띤 원자핵 주위를 원을 그리며 돌고 있다고 설명했다. 보어에 따르면, 궤도의 에너지 준위는 **양자화되어 있다**(quantized). 따라서 전자는 특정한 에너지에 해당하는 특정한 궤도에서만 회전할 수 있다. 궤도의 양자화된 특성은 계단과 경사로를 오르는 비유로 생각해 볼 수 있다. 경사로에서의 높이는 연속적으로 변하지만, 계단에서는 불연속적인 크기로 높이가 변하므로 각 계단의 높이는 양자화되어 있다.

▲ 경사로에서는 높이가 연속적으로 변하지만, 계단에서는 높이가 불연속적인 크기로 변한다. 마찬가지로 전자기 에너지는 연속적이 아니라, 불연속적인 크기로 방출된다.
ⓒNestor Noci/Shutterstock

보어 모형의 성과는 수소의 선 스펙트럼에서 관찰된 것을 설명할 수 있다는 점이다. n이라고 불리는 각 궤도는 그들만의 반지름을 가지고 있고, 이것은 곧 에너지와 연관되어 있다. 즉

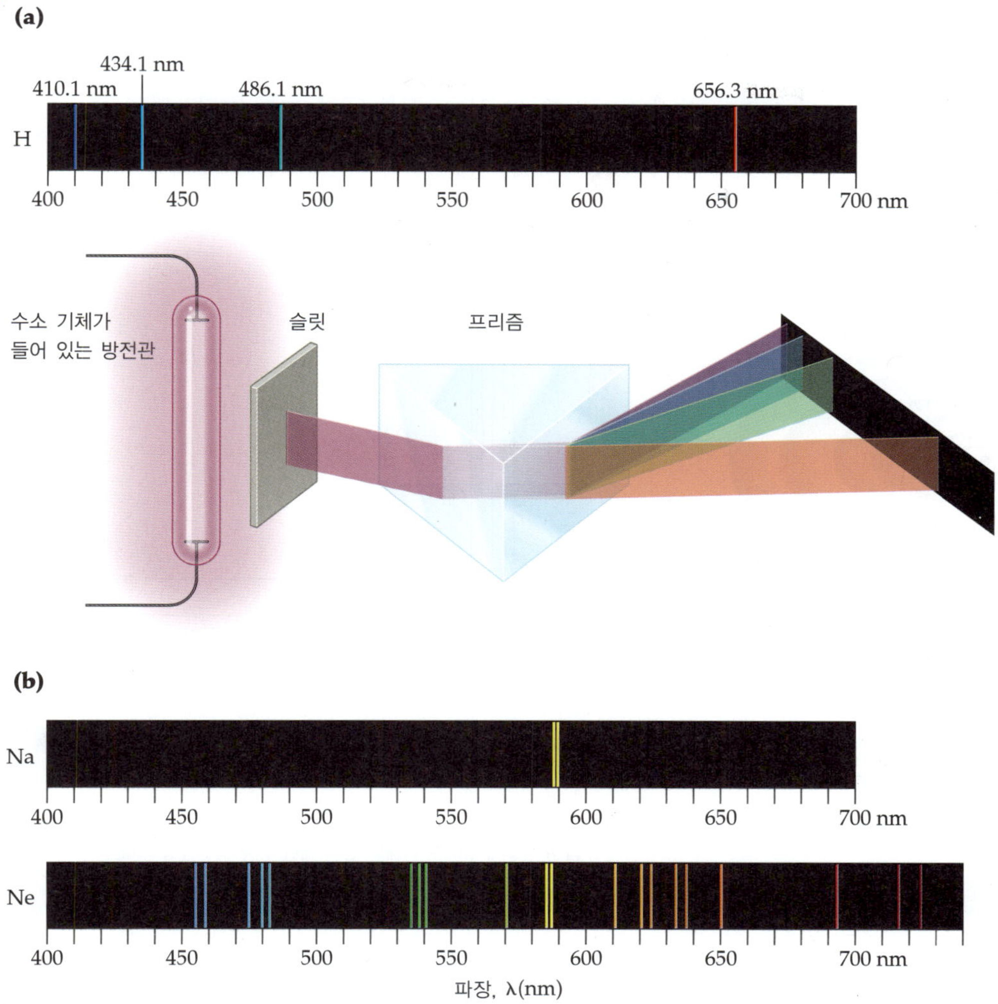

◀ **그림 5.7**

원자의 선 스펙트럼. (a) 수소 방전관에서 나온 빛이 좁은 슬릿과 프리즘을 통과할 때 방출 스펙트럼의 빛이 분리되었다. (b) 각각의 원소들, 이를테면 소듐과 네온은 각각의 고유한 선 스펙트럼을 가지고 있다. 이를 통해 시료에 들어 있는 원소를 확인하거나 양을 측정하는 데 사용된다.

▲ 확인하기

원자의 방출 스펙트럼이 태양의 방출 스펙트럼과 다른 점은 무엇인가?

답 태양의 방출 스펙트럼은 가시광선 영역의 모든 전자기 복사 파장을 포함하고 있다. 원자의 방출 스펙트럼은 불연속적인 가시광선 영역의 파장을 가진 선 스펙트럼으로 구성된다.

반지름이 증가하면 에너지 또한 증가한다. 다시 말해, $n=2$라면 $n=1$일 때보다 더 큰 에너지를 가지고 있고, $n=3$이면 $n=2$일 때보다 더 큰 에너지를 가지고 있다. 보어 모형에 따르면, 전자가 궤도 내에서 운동할 때 에너지의 변화는 없다. 그러나 낮은 궤도로 전자가 이동한다면 두 궤도 사이의 에너지 차이만큼의 에너지를 가진 광자를 방출하게 된다(**그림 5.8**).

$$\Delta E = E_{\text{최종}} - E_{\text{초기}} = h\nu$$

보어 모형에 따르면, 원자 에너지의 양자화는 마치 사람이 계단과 계단 사이에 서 있을 수 없는 것처럼, 전자가 궤도와 궤도 사이에 존재할 수 없기 때문에 발생한다.

원자에 의해서 에너지가 흡수될 때, 전자는 낮은 궤도에서 높은 궤도로 이동한다($n_{\text{초기}} < n_{\text{최종}}$). 반면에, 전자가 높은 궤도에서 낮은 궤도로 떨어질 때, 에너지는 방출된다($n_{\text{초기}} > n_{\text{최종}}$). 수소 원자에서 전자가 n = 6, 5, 4, 3에서 n = 2로 전이되면 전자기 스펙트럼의 가시광선 영역대 파장의 방출이 일어난다(발머 계열). 그림 5.8에서 볼 수 있듯이 전자들이 $n=6$, 5, 4, 3에서 $n=1$로 전이되면 발머 계열보다 에너지 차이가 크다. 그 결과, 스펙트럼의 자외선 영역대의 광자를 방출한다. 마찬가지로, $n=6$, 5, 4에서 $n=3$으로 전자가 전이되면 발머 계열보다 작은 에너지 차이를 보이고, 적외선 영역대의 스펙트럼선과 관련이 있다.

보어의 원자 모델에 앞서 발머(1825~1898)와 뤼드베리(1854~1919)의 공동 연구로 수소 원자의 선 스펙트럼에서 나타나는 선들의 관계를 나타낼 수 있는 공식을 유도하게 되었다. 수

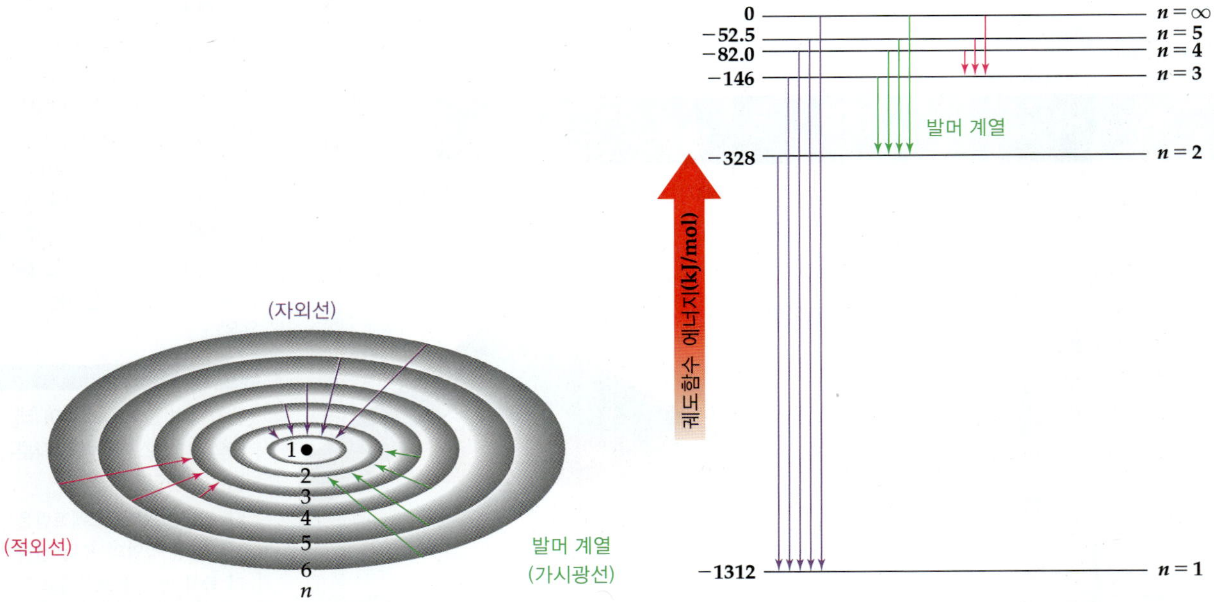

높은 에너지의 궤도로부터 낮은 에너지의 궤도로 전자가 전이할 때, 두 궤도의 에너지 차이에 해당하는 진동수를 가진 전자기 복사(에너지)를 방출한다.

서로 다른 스펙트럼 계열은 높은 에너지 궤도로부터 낮은 에너지 궤도로의 전자 전이에 해당한다.

▲ **그림 5.8**
수소에 대한 보어 모형은 원자의 선 스펙트럼을 예측한다.

▲ 확인하기

어떤 전자 전이가 가장 높은 에너지의 빛을 방출하는가? $n = 5$에서 $n = 3$, $n = 5$에서 $n = 2$, $n = 5$에서 $n = 1$

답 $n = 5$에서 $n = 1$ 궤도 간의 에너지 차이가 가장 크다.

소 원자의 선 스펙트럼이 나타내는 파장은 **발머–뤼드베리 식**에 의해 나타낼 수 있다.

발머–뤼드베리 식

$$\frac{1}{\lambda} = R_\infty\left[\frac{1}{m^2} - \frac{1}{n^2}\right] \qquad R_\infty = 1.097 \times 10^{-2}\ \text{nm}^{-1}$$

m^2: 낮은 에너지 궤도의 n 값
n^2: 높은 에너지 궤도의 n 값

뤼드베리 상수인 R_∞는 $1.097 \times 10^{-2}\ \text{nm}^{-1}$의 크기를 가지며, 수소에 대한 발머–뤼드베리 식의 변수 m과 n은 보어 모형에서 궤도의 에너지 준위를 나타낸다. 변수 n은 높은 에너지 궤도의 n 값에 해당하고, 변수 m은 핵에 더 가까운 낮은 에너지 궤도의 n 값에 해당한다.

그림 5.8에서 n 값이 아주 커져 무한대에 이르면 $n = \infty$와 $n = 1$ 간의 에너지 차이는 1312 kJ/mol에 이른다. 즉, 1312 kJ은 전자가 아주 먼 거리(무한히 큰 준위)로부터 와서 H^+와 반응하여 가장 낮은 에너지 상태에 전자가 있는 수소 원자 1 mol을 생성할 때 방출되는 에너지이다.

$$H^+ + e^- \longrightarrow H + \text{에너지} \quad (1312\ \text{kJ/mol})$$

H^+에 전자 하나를 더할 때 방출되는 에너지는 수소 원자로부터 전자를 한 개 제거할 때 흡

수되는 에너지와 크기가 같으므로, 수소 원자로부터 전자 한 개를 제거할 때 필요한 에너지를 1312 kJ/mol이라고 말할 수도 있다. 다음 장에서, 원자로부터 전자 한 개를 제거하는 데 필요한 에너지는 원소의 화학 반응성에 관한 중요한 단서를 제공한다는 사실을 배우게 될 것이다.

보어의 모형은 수소 원자의 선 스펙트럼을 설명하는 데 매우 효과적이었지만, 몇 가지 제약을 가지고 있다.

- 수소와 **1전자 화학종**(H, He^+, Li^{2+}) 이외의 원자 스펙트럼을 예측하는 데 실패하였다. 만약 2개 이상의 전자가 존재하면, 전자–전자 반발력과 같은 상호 작용은 보다 복잡한 모형으로 설명되어야 한다.
- 전자의 위치에 대한 정확한 묘사가 불가능하다. **전자들이 고정된 궤도에서 움직이는 것은 아니다.** 사실 우리는 원자 속 전자의 정확한 위치에 대해 알 수 없다. 다만 주어진 공간의 부피에서 전자가 존재할 수 있는 확률을 알 뿐이다.

개념탐구 질문 2

현대 원자 이론에 따르면, 보어의 원자 모델은 어떤 부분이 더 이상 정확한 사실로 받아들여지지 않는가?

하지만, 전자가 양자화된 에너지 준위를 가지고 있다는 근본적인 발상은 보어가 1922년 노벨 물리학상을 받게 된 중요한 이론이다. 다음 몇 절에서는 보어의 생각을 확장시키고, 더 나아가 원자 속 전자에 대한 현대적 모형을 설명할 것이다.

예제 5.4

보어 모형과 발머–뤼드베리 식의 연관성

(a) 발머–뤼드베리 식을 사용하여, 수소 원자 내 전자의 에너지 준위가 $n = 4$에서 $n = 1$로 떨어질 때 방출하는 광자의 파장을 계산하시오.

(b) 광자의 에너지를 kJ/mol 단위로 계산하시오. 광자의 에너지가 그림 5.8에 주어진 $n = 4$와 $n = 1$ 준위 사이의 에너지 차이와 부합하는지 확인하시오.

(a) 전략

발머–뤼드베리 식을 이용하고 m과 n 값을 찾는다. n은 가장 높은 에너지 준위를 나타내는 4이고, m은 가장 낮은 에너지 준위를 나타내는 1이다. 그러므로 뤼드베리 식에서 $n = 4$이고 $m = 1$이다.

풀이

파장을 구하기 위해 식을 풀면

$$\frac{1}{\lambda} = R_\infty\left[\frac{1}{m^2} - \frac{1}{n^2}\right] = (1.097 \times 10^{-2}\ \text{nm}^{-1})\left[\frac{1}{1^2} - \frac{1}{4^2}\right]$$

$$= 1.028 \times 10^{-2}\ \text{nm}^{-1}$$

또는 $$\lambda = \frac{1}{1.028 \times 10^{-2}\ \text{nm}^{-1}} = 97.3\ \text{nm}$$

(b) 전략

플랑크 가설을 이용하여 파장에서 에너지로 전환한다. 식을 이용하기 위해 먼저 파장의 단위를 미터로 바꾼다. 이유는 빛의 속도의 단위가 m/s이기 때문이다. 플랑크 식에서 에너지의 단위는 J/광자이며, 이것을 kJ/mol로 바꿔야 한다.

풀이

$$E = \frac{hc}{\lambda} = \frac{(6.626 \times 10^{-34}\ \text{J}\cdot\cancel{\text{s}})\left(3.00 \times 10^8\ \frac{\cancel{\text{m}}}{\cancel{\text{s}}}\right)}{(97.3\ \cancel{\text{nm}})\left(\frac{1\ \cancel{\text{m}}}{10^9\ \cancel{\text{nm}}}\right)}$$

$$= 2.05 \times 10^{-18}\ \frac{\text{J}}{\text{광자}}$$

$$\left(2.05 \times 10^{-18}\ \frac{\text{J}}{\cancel{\text{광자}}}\right)\left(6.022 \times 10^{23}\ \frac{\cancel{\text{광자}}}{\text{mol}}\right)$$

$$= 1.23 \times 10^6\ \text{J/mol}$$

$$= 1.23 \times 10^3\ \text{kJ/mol}$$

점검

$n = 4$에서 $n = 1$로의 전이에서 방출되는 광자의 파장은 스펙트럼의 자외선 영역에 속하며, 이는 이론과 일치한다. 그림 5.8에서 에너지는 각각의 n 값에 따라 kJ/mol 단위로 주어지고, $\Delta E = E_{최종} - E_{초기} = [-1312\ \text{kJ/mol} - (-82\ \text{kJ/mol})] = -1.23 \times 10^3$ kJ/mol이다. 이 크기는 광자의 에너지와 일치하고, 음의 부호는 전자가 높은 에너지 준위에서 낮은 에너지 준

위로 떨어지면서 원자로부터 에너지가 방출된 것을 나타낸다. ΔE의 양의 부호는 에너지가 흡수되는 것을 의미하며, 전자가 낮은 에너지 준위에서 높은 에너지 준위로 이동한 것을 나타낸다.

연습문제 5.7 발머 식은 전자기 스펙트럼의 가시광선 영역을 넘어서 자외선 영역까지 확장될 수 있다. 발머 계열에서 $n = 7$에 해당하는 자외선의 파장(nm)과 에너지(kJ/mol)는 얼마인가? (발머 계열에서는 $m = 2$임을 상기하라.)

응용문제 5.8

(a) $m = 3$인 수소의 적외선 영역의 계열에서 가장 긴 파장의 선은 몇 nm인가?

(b) $m = 3$인 수소의 적외선 영역의 계열에서 가장 짧은 파장의 선은 몇 nm인가? (힌트: $n = \infty$)

5.4 양자 역학적 원자 모형: 오비탈과 양자수

원자 구조에 대한 슈뢰딩거의 양자 역학적 모형은 **파동 방정식**(wave equation)이라고 불리는 수학적 식의 형태로 표현된다. 이렇게 불리게 된 것은 유체 내에서 일어나는 일반적인 파동의 움직임을 설명하는 데 사용되는 식의 형태와 비슷하기 때문이었다. 파동 방정식의 해를 **파동 함수**(wave function) 또는 **오비탈**(orbital)이라고 부르고, 기호 ψ(그리스 문자 psi, 프사이)로 나타낸다. 전자의 파동 함수는 그 절댓값의 제곱($|\psi|^2$)이 핵 주위 공간의 주어진 부피 안에서 전자가 발견될 확률이라고 생각하면 된다. 이때 보어 원자 모형에서의 '궤도(orbit)'와 양자 역학적 모형에서의 '오비탈(orbital)'의 차이를 명확히 구분하는 것은 중요하다. 즉, 하나의 궤도는 그 전자의 특정 위치를 말해 주는 반면, 오비탈은 하나의 수학적 식이다. 하이젠베르크의 불확정성 원리에 따르면 전자의 위치를 정확하게 아는 것은 불가능하다. 하지만 파동 함수는 전자가 어디에서 가장 높은 확률로 발견될 것인지를 말해 준다.

파동 방정식 —풀이→ 파동 함수 또는 오비탈(ψ) ⟶ 공간의 특정 영역에서 전자를 발견할 확률($|\psi|^2$)

하나의 파동 함수는 각각 n, l, m_l로 표현되는 **양자수**(quantum number)라고 불리는 3개의 매개변수에 의해 특징지어진다. 이 양자수들에 의해 오비탈의 에너지 준위와 해당 전자가 차지하고 있는 영역의 3차원적 모양이 결정된다.

- **주양자수**(principal quantum number, n)는 양의 정수($n = 1, 2, 3, 4, \cdots$)이며, 오비탈의 크기와 에너지 준위를 결정한다. 수소 및 He^+와 같은 다른 1전자 원자들의 경우, 오비탈의 에너지는 n 값에만 의존한다. 다전자 원자들의 경우 오비탈의 에너지 준위는 n과 l 양자수에 의해 결정된다.

  n 값이 증가함에 따라 허용되는 오비탈의 수는 증가하고, 그 오비탈들의 크기가 커져서 전자가 핵으로부터 더 멀리 떨어져 있을 수 있게 된다. 양전하로부터 음전하를 분리시키는 데에는 에너지가 필요하므로 전자와 핵 사이의 증가된 거리는 그 오비탈 내에 있는 전자의 에너지가 양자수 n이 증가할수록 커진다는 것을 의미한다.

  우리는 종종 오비탈들이 주양자수 n에 따라 핵 주변의 연속적인 층, 즉 **껍질**(shell)로 그룹을 짓고 있다고 표현한다. 예를 들어, $n = 3$인 오비탈들은 3번째 껍질에 들어 있다고 말한다.
- **각운동량 양자수**(angular momentum quantum number, l)는 오비탈의 3차원적인 모양을 결정한다. 주양자수가 n인 오비탈에 대해, 각운동량 양자수 l은 0에서 $n-1$까지의 정숫값을 가질 수 있다. 따라서 각 껍질에는 모양이 서로 다른 n개의 오비탈들이 존재한다.

$$n = 1\text{이면 } l = 0$$

n = 2이면 l = 0, 1
n = 3이면 l = 0, 1, 2
· · · 등

주양자수 n에 따라 오비탈들이 각 껍질 속에 그룹으로 존재하는 것으로 생각하는 것이 편리한 것처럼, 껍질 내의 오비탈들이 각운동량 양자수 l에 따라 **부껍질**(subshell) 내에 다시 그룹을 지어 존재한다고 말한다. 서로 다른 부껍질은 일반적으로 숫자 대신 소문자 알파벳으로 나타내는데, 그 순서는 *s*, *p*, *d*, *f*, *g*이다(역사적으로 문자 *s*, *p*, *d*, *f*는 원자 스펙트럼에 나타나는 여러 선들을 설명하는 *sharp*, *principal*, *diffuse*, *fundamental* 단어의 사용으로부터 유래한다). *f* 이후에 연속적으로 있는 부껍질은 *g*, *h*, ⋯와 같이 알파벳 순으로 표시한다.

각운동량 양자수 l	0	1	2	3	4	· · ·
부껍질 표기	*s*	*p*	*d*	*f*	*g*	· · ·

예를 들어 $n=3$이고 $l=2$인 오비탈은 3*d* 오비탈이다. 여기서 3은 3번째 껍질을 의미하고 *d*는 $l=2$인 부껍질을 의미한다.

• **자기 양자수(magnetic quantum number, m_l)**는 기준 좌표축들에 대한 오비탈의 공간적 배향을 결정한다. 각운동량 양자수가 l인 오비탈에 대하여 자기 양자수 m_l은 $-l \sim +l$ 사이의 정숫값을 가질 수 있다. 따라서 각 부껍질 내의 오비탈들은 모양(즉, l 값)은 같지만, $(2l+1)$개의 다른 공간적 배향으로 존재한다. 이 점에 대해서는 다음 절에서 더 자세히 살펴볼 것이다.

l = 0이면 m_l = 0
l = 1이면 m_l = −1, 0, +1
l = 2이면 m_l = −2, −1, 0, +1, +2
· · · 등

표 5.2에는 처음 4개의 껍질에 대하여 허용되는 양자수들의 조합이 정리되어 있다.

표 5.2 처음 4개 껍질에 대하여 허용되는 양자수들(n, l, m_l)의 조합

n	l	m_l	오비탈 표시	부껍질 속의 오비탈 수	껍질 속의 오비탈 수
1	0	0	1*s*	1	1
2	0	0	2*s*	1	4
	1	−1, 0, +1	2*p*	3	
3	0	0	3*s*	1	9
	1	−1, 0, +1	3*p*	3	
	2	−2, −1, 0, +1, +2	3*d*	5	
4	0	0	4*s*	1	16
	1	−1, 0, +1	4*p*	3	
	2	−2, −1, 0, +1, +2	4*d*	5	
	3	−3, −2, −1, 0, +1, +2, +3	4*f*	7	

개념탐구 질문 3

4*d* 오비탈에 있는 전자의 n, l, m_l 값을 구하시오.

그림 5.9는 여러 오비탈의 에너지 준위를 보여 준다. 이 절의 초반에 언급한 바와 같이, 수소 원자에서 오비탈의 에너지 준위는 주양자수 n에만 의존하지만, 다전자 원자에서 오비탈의 에

▶ 그림 5.9
원자 오비탈의 에너지 준위: (a) 수소와 (b) 전형적인 다전자 원자. (b)에서는 여러 부껍질들의 에너지 값의 차이들을 과장되게 표시하여 보기 쉽게 하였다.

▶ 확인하기

수소 원자와 다전자 원자에서 4s, 4p, 4d, 4f 오비탈의 에너지 준위 순서를 결정하시오.

답 수소 원자의 경우 4s, 4p, 4d, 4f 오비탈의 에너지는 모두 같다. 다전자 원자 내에서는 낮은 에너지에서 높은 에너지 순서는 $4s < 4p < 4d < 4f$이다.

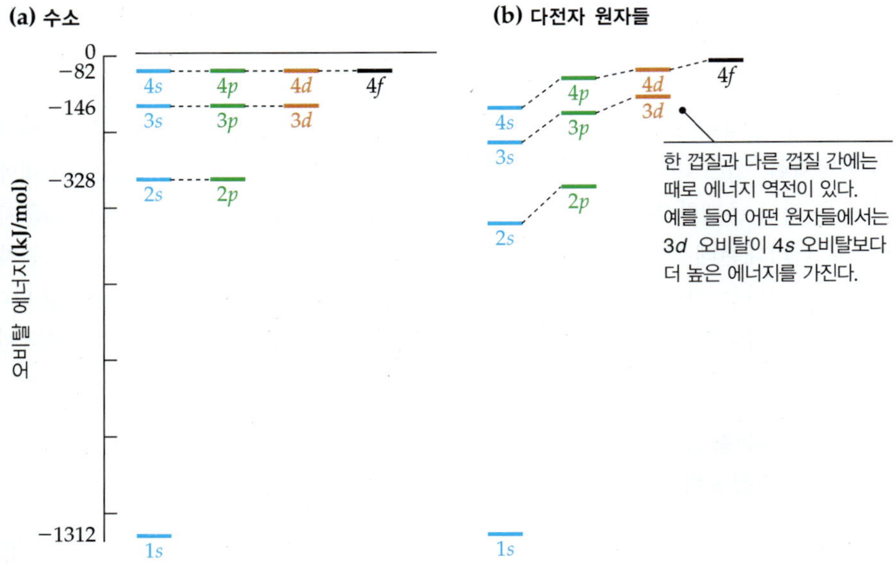

너지 준위는 n과 l에 따라 달라진다. 다시 말하면, 수소 원자의 경우 특정한 껍질 속의 오비탈들은 모두 같은 에너지를 가지지만 다른 원자들은 그들의 부껍질에 의존하여 조금씩 다른 에너지를 갖는다. 실제로 어떤 두 껍질 사이에는 에너지의 역전도 일어난다. 예를 들어, 어떤 다전자 원자의 경우 3d 오비탈은 4s 오비탈보다 더 높은 에너지를 가진다.

예제 5.5

오비탈에 양자수 부여

4p 오비탈에 대해 가능한 양자수들의 조합을 구하시오.

전략

주양자수 n은 껍질 수를 말해 주며, 여기서는 그 값이 4이다. 각운동량 양자수 l은 부껍질을 지정하며, p 오비탈의 경우 $l = 1$이다. 자기 양자수 m_l은 오비탈의 공간적 배향을 결정하며, $-l$에서 $+l$까지 정숫값을 가질 수 있으므로 $l = 1$에 대해 $m_l = -1, 0, +1$이다.

풀이

허용되는 조합은 다음과 같이 3가지가 가능하다.

$n = 4,\ l = 1,\ m_l = -1$ $n = 4,\ l = 1,\ m_l = 0$

$n = 4,\ l = 1,\ m_l = +1$

▶ **연습문제 5.9** 다음 양자수를 가지는 오비탈에서 전자의 오비탈 표기를 제시하시오.

$n = 4,\ l = 3,\ m_l = -2$

▶ **응용문제 5.10** 표 5.2를 $n = 5$까지 확대하여 허용되는 양자수의 조합들을 제시하시오. 5번째 껍질 속에는 몇 개의 오비탈이 있는가?

5.5 오비탈의 모양

앞 절에서, 파동 함수(오비탈)의 절댓값의 제곱은 공간의 특정 영역 내에서 전자가 발견될 확률을 나타낸다고 설명하였다. 그 공간 영역의 모양은 각운동량 양자수 l에 의해 정의된다. $l=0$이면 s 오비탈, $l=1$이면 p 오비탈, $l=2$이면 d 오비탈, $l=3$이면 f 오비탈로 불린다. 여러 가지 가능한 오비탈 중에서 s, p, d, f 오비탈이 중요하다. 그 이유는 알려진 원소들에서는 실제로 전자가 이들 오비탈에만 채워지기 때문이다. 이 4개의 오비탈을 각각 하나씩 살펴보자.

s 오비탈

5.4절에서 설명하였듯이, 파동 함수(ψ) 혹은 오비탈은 파동 방정식의 해이며, 파동 함수는 전자에 허용되는 에너지 상태를 예측할 수 있다. 파동 함수의 제곱($|\psi|^2$)은 공간의 주어진 영역에서 전자를 발견할 확률이다. 그림 5.10a에 ψ^2을 점들을 이용하여 $1s$ 오비탈에 대한 전자 밀도 그림으로 나타내었다. 핵 근처에서 점들이 고농도로 존재하는 것은 전자를 발견할 확률이 높다는 것이다. 모든 s 오비탈들은 구형이다. 따라서 s 오비탈에서 전자를 발견할 확률은 핵으로부터의 거리에만 의존하고 방향에는 무관하다. 그림 5.10b에 나타낸 바와 같이, $1s$ 오비탈에 대한 전자 밀도의 값은 핵($r = 0$)에서 제일 크고, 핵으로부터의 거리(r)이 커지면 전자 밀도는 감소하게 된다. 그림 5.10c는 핵에 근접한 부근에서의 전자 밀도가 제일 크며, 핵으로부터의 주어진 거리(r)에 해당되는 얇은 구 껍질 안에서 전자를 발견할 확률을 훨씬 더 정확하게 나타내는 반지름 분포 그림이다. 반지름 확률 함수(radial probability function)는 전자 밀도(ψ^2)에 반지름 r을 가지는 구의 표면적을 곱한 값이다. 핵은 $r = 0$이므로 이에 해당하는 구의 표면적은 $4\pi r^2$에 $r = 0$을 대입하면 표면적이 0이며, 핵에서 반지름 확률 함수는 0이 된다. 반지름 r이 증가하면 반지름 확률 함수는 증가한다. 이는 r이 증가함에 따라 구의 표면적 증가가 전자 밀도의 감소보다 우세하기 때문이다. 반지름 r이 더욱 증가하면, 구의 표면적의 증가보다는 전자 밀도의 지수 함수적 감소가 더 우세하여 반지름 확률 함수는 감소하게 된다.

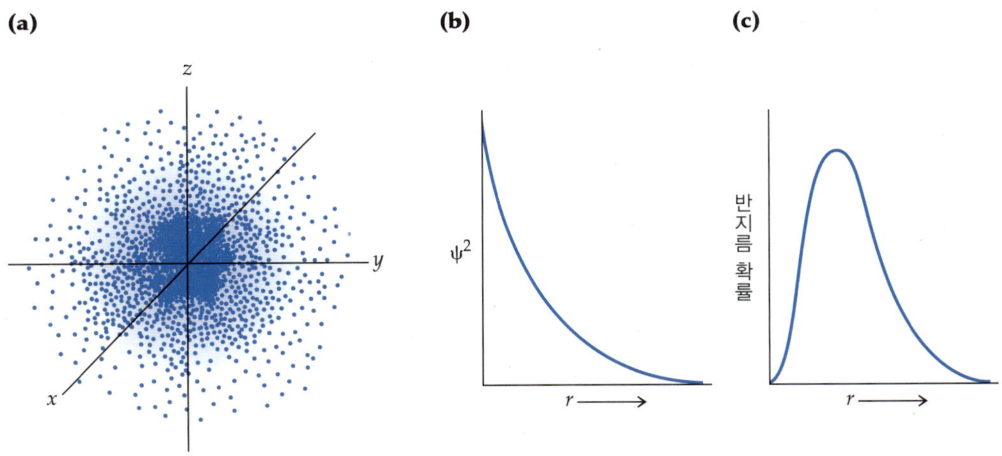

◀ 그림 5.10
$1s$ 오비탈의 표현.
(a) $1s$ 오비탈의 전자 밀도 분포. 고농도의 점들은 주어진 부피에서 전자를 발견할 확률이 높음을 나타낸다.
(b) $1s$ 오비탈에 대해 핵으로부터의 거리 r의 함수로 나타낸 확률 밀도(ψ^2)
(c) $1s$ 오비탈에 대한 반지름 분포 그림은 핵으로부터 주어진 거리(r)에 있는 얇은 구껍질에서 전자를 발견할 확률을 나타낸다.

그림 5.10b에 나타낸 바와 같이, s 오비탈의 ψ^2 값은 핵 근처에서 가장 크고 핵으로부터 거리가 멀어지면 급격하게 감소하지만, 핵으로부터 아주 멀어져도 그 값이 0이 되지는 않는다. 이 때문에 원자의 경계나 크기는 명확히 말할 수가 없다. 그러나 그림 5.11에서와 같이 흔히 전자가 90%의 확률로 발견되는 부피의 경계 표면을 가정하여 그 원자의 크기를 표현한다.

모든 s 오비탈들은 구형이지만, 다른 껍질에 존재하는 s 오비탈들 간에는 상당한 차이가 있다. 그 중 한 가지는 껍질 수가 증가하면 s 오비탈의 크기가 커진다는 것이고, 이는 바깥 껍질 s 오비탈에 있는 전자가 내부 껍질 s 오비탈에 있는 전자보다 평균적으로 핵으로부터 더 멀리 떨어져 있음을 의미한다. 또 다른 차이점은 바깥 껍질 s 오비탈의 전자 분포는 전자가 발견될 확률이 높은 영역을 2개 이상 가지고 있다는 것이다. 그림 5.11에 나타낸 바와 같이, $2s$ 오

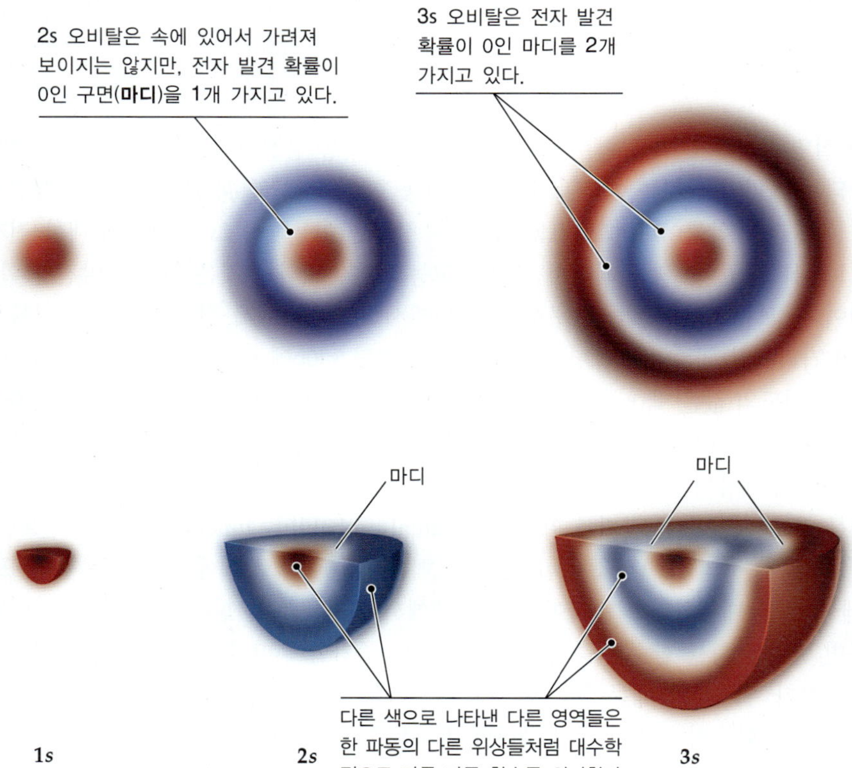

▶ **그림 5.11**
$1s$, $2s$, $3s$ 오비탈의 공간적 표현. 상단은 이 구형 오비탈을 자른 단면을, 하단은 3차원적인 내부 절단면들을 보여 준다. 전자를 발견할 확률은 각 색의 짙은 정도로 표시하였다.

▲ 확인하기

$1s$, $2s$, $3s$ 오비탈 사이의 차이점은 무엇인가?

답 $1s \rightarrow 2s \rightarrow 3s$로 갈수록 크기가 증가한다. 또한 $2s$ 오비탈에는 전자가 발견될 확률이 0인 지점, 즉 마디가 1개, 그리고 $3s$ 오비탈에는 마디가 2개 존재한다.

비탈은 하나의 구 안에 또 하나의 구가 존재하는 형태여서 전자가 발견될 확률이 높은 영역을 2개 가지고 있고, 이 두 영역은 전자가 발견될 확률이 0인 표면, 즉 **마디(node)**에 의해 나뉘어 있다. 마찬가지로, $3s$ 오비탈은 전자가 발견될 확률이 높은 영역 3개와 구형 마디 2개를 가진다.

오비탈 마디, 즉 전자 발견 확률이 0이 아닌 영역과 구분되게 해 주는, 전자 발견 확률이 0인 구의 표면의 개념은 이해하기 쉽지 않다. 왜냐하면, "만약 전자가 마디에 존재하는 것이 허용되지 않는다면, 오비탈의 한 영역에서 다른 영역으로 전자가 어떻게 이동할 수 있는가"와 같은 질문이 제기될 수도 있기 때문이다. 그러나 이는 전자가 파동과 같은 거동 대신 입자와 같은 거동을 할 것으로 가정했기 때문에 생겨난 오해로 인한 질문이다.

사실 마디는 바닷물의 진행파에서부터 로프나 기타 줄의 진동에 의해 발생하는 정상파(또는 정재파)에 이르기까지 파동의 고유한 성질이다(그림 5.12). 마디는 파동에서 진폭이 0인 지점에 해당한다. 한 마디의 양쪽은 0이 아닌 진폭을 갖는다. 파동은 두 가지 **위상(phase)**, 즉 진폭이 0이 되는 선을 기준으로 +와 −의 부호에 해당하는 위쪽의 마루와 아래쪽의 골을 갖는 것에 유의하라. 이와 비슷하게, 그림 5.11에 다른 색으로 나타낸 것과 같이 $2s$와 $3s$ 오비탈의 서로 다른 영역들도 2개의 다른 위상인 +와 −를 가지고 있다.

수소 원자에서 $1s$, $2s$, $3s$ 오비탈의 차이점을 이해하기 위한 다른 방법으로, 그림 5.13에 나타낸 바와 같이 반지름 확률 그림을 면밀히 분석해 보면 알 수 있다. $1s$ 오비탈은 $2s$ 오비탈이 최대의 반지름 확률을 나타내는 반지름보다 작은 반지름에서 최대의 반지름 확률을 보인다. 이러한 것은 $1s$ 오비탈에 있는 전자가 $2s$ 오비탈에 있는 전자보다 핵에 가까이에서 평균적으로 더 많이 시간을 소비한다는 뜻이다. 이와 마찬가지로, $2s$ 오비탈에 대해 최댓값의 반지름 확률을 보이는 반지름 r은 $3s$ 오비탈에 대해 최댓값의 반지름 확률을 보이는 반지름보다 작은

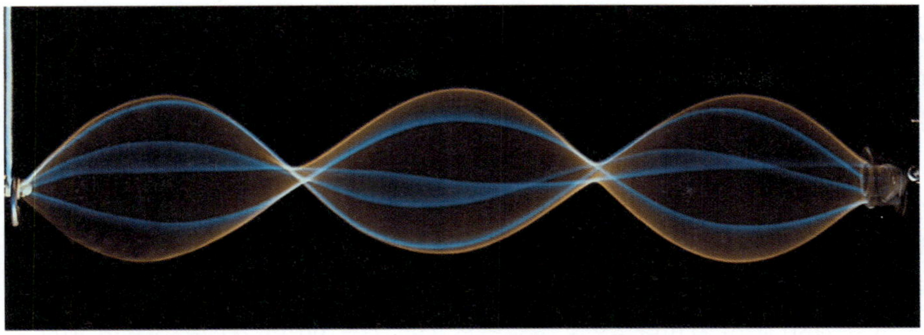

로프의 한쪽 끝을 고정시키고 다른 쪽을 빠르게 진동시키면 정상파(standing wave)가 만들어진다.

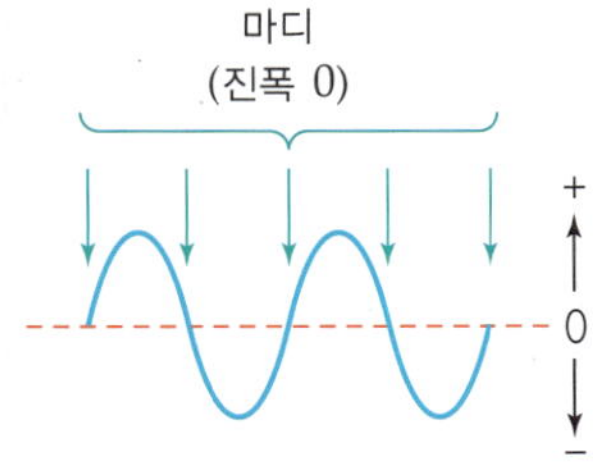

파동은 **마디**라고 불리는 진폭이 0인 영역으로 분리되어 서로 다른 부호(+/−)의 두 가지 위상을 가진다.

▲ **그림 5.12**
진동하는 로프의 정상파

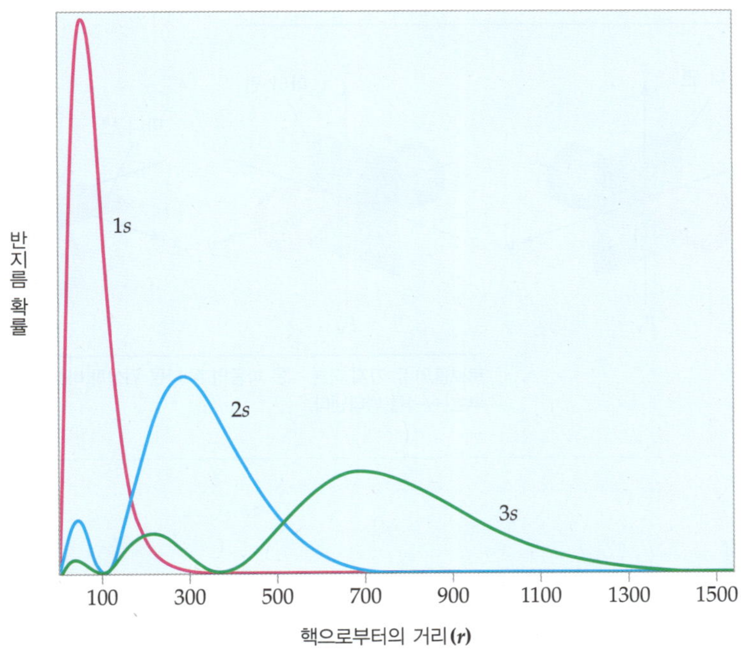

◀ **그림 5.13**
수소 원자의 1*s*, 2*s* 및 3*s* 오비탈의 반지름 확률 그림

▶ 확인하기

1*s*, 2*s* 및 3*s* 오비탈에는 몇 개의 마디가 있는가?

답 마디는 반지름 확률이 영인 곳이다. 1*s* 오비탈은 마디의 개수가 0이다. 2*s* 오비탈은 100 pm 근처에 마디가 한 개 있다. 3*s* 오비탈은 100 pm와 375 pm 근처에 마디가 두 개 있다.

값을 보이고 있어서 핵에 가깝다. *s* 오비탈에 대한 반지름 확률 그림으로부터 *n* 값을 증가시키면 *s* 오비탈의 크기가 증가함을 알 수 있다. 크기가 큰 *s* 오비탈은 크기가 작은 *s* 오비탈보다 에너지가 높다. 이는 전자가 핵으로부터 멀리 떨어져 있을 확률이 더 크며, 양의 전하와 음의 전하를 분리하기 위해서는 에너지를 필요로 하기 때문이다.

$$\text{오비탈의 크기와 에너지: } 1s < 2s < 3s$$

그림 5.11에 나타낸 바와 같이, 2*s*와 3*s* 오비탈에 대한 마디의 개수는 그림 5.13에 나타낸 반지름 확률 그림에서 확연히 알 수 있다. 2*s* 오비탈은 핵으로부터의 거리가 100 pm인 곳에 반지름 확률이 0이므로 마디에 해당된다. 3*s* 오비탈은 반지름 확률이 0인 마디가 두 개 있으며, 100 pm와 375 pm에 존재한다.

p 오비탈

p 오비탈들은 구형이 아니라 아령 모양이며, 전자의 분포는 핵을 관통하여 자르는 평면 마디(planar node)에 의해 양분되어 있고, 핵을 중심으로 양쪽에 존재하는 동일한 로브(lobe) 모양의 영역에 집중되어 있다. 그 결과 p 전자를 핵 근처에서 발견할 확률은 0이다. **그림 5.14**에 제시된 바와 같이, 한 p 오비탈의 두 로브는 서로 다른 위상(두 가지 다른 색)을 가진다. 같은 위상을 갖는 로브들이 상호 작용을 하는 경우에만 공유 화학 결합을 만들 수 있기 때문에, 위상이 화학 결합에 매우 중요하다는 것을 7장에서 배울 것이다.

l = 1일 때 허용되는 m_l 값은 3가지이다. 따라서 두 번째 껍질부터는 각 껍질에 3가지 p 오비탈들이 존재한다. 이 오비탈들은 x, y, z축을 따라 서로 90°의 각도를 이루며 배향된다. 두 번째 껍질에 들어 있는 3가지 p 오비탈은 $2p_x$, $2p_y$, $2p_z$로 표기한다. 예상할 수 있는 것이지만, 세 번째 또는 그 이상의 껍질에 들어 있는 p 오비탈은 두 번째 껍질의 p 오비탈($2p$ 오비탈)보다 더 크고, 핵으로부터 더 멀리 떨어져 있다. 그러나 이들 p 오비탈의 모양은 거의 같다.

▶ 그림 5.14
3개의 $2p$ 오비탈의 3차원적인 표현. 아령 모양의 각 오비탈들은 x, y, z축 중의 하나와 나란한 방향으로 배향되어 있다.

각 p 오비탈은 핵을 통과하는 마디 면(nodal plane)으로 분리되어 있고, 전자가 발견될 확률이 큰 두 영역(로브 모양)을 가지고 있다.

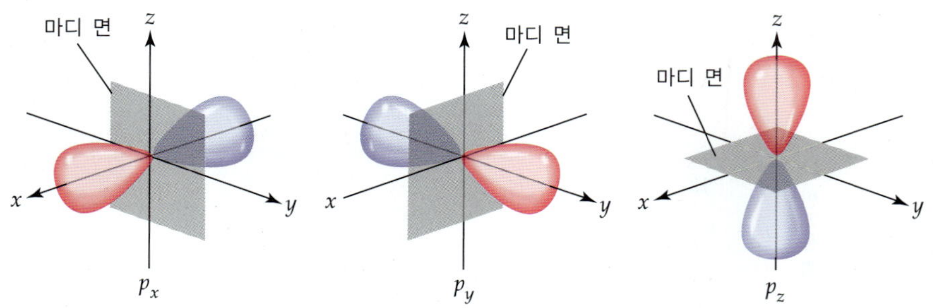

로브들의 두 가지 다른 색은 파동의 두 다른 위상과 비슷하게 다른 부호(+/−)를 나타낸다.

d와 f 오비탈

3번째 이상의 껍질들은 한 가지 모양으로 되어 있는 s와 p 오비탈과는 달리 두 가지 다른 모양으로 되어 있는 5개의 d 오비탈을 가진다. 5개의 d 오비탈 중에서 4개는 클로버 잎 모양이며 핵을 통과하는 2개의 마디 면에 의해 분리되어 있고, 전자 발견 확률이 최대인 4개의 로브들로 되어 있다(**그림 5.15a~d**). 5번째 d 오비탈은 p_z 오비탈과 비슷한 모양이지만, xy 평면에 높은 전자 밀도를 가지는 도넛 모양의 영역을 추가로 가지고 있다(**그림 5.15e**). 이 5개의 d 오비탈은 모양은 다르지만, 같은 껍질 속에서 에너지는 모두 같다. p 오비탈들과 달리 d 오비탈의 두 로브는 같은 위상(같은 색)을 가지며, 번갈아 나타나는 로브들의 위상은 서로 다르다.

부껍질의 l 양자수가 증가함에 따라 핵을 통과하는 마디 면의 수와 오비탈은 기하학적으로 복잡해지는 것을 볼 수 있다. s 오비탈은 한 개의 로브를 가지며, 핵을 통과하는 마디 면이 없다. p 오비탈은 2개의 로브와 1개의 마디 면을 가지며, d 오비탈은 4개의 로브와 2개의 마디 면을 갖는다. 7개의 f 오비탈들은 더욱 복잡하여 핵을 통과하는 3개의 마디 면으로 분리되어 있고 전자 발견 확률이 최대인 8개의 로브를 가진다. (**그림 5.15f**는 7개의 $4f$ 오비탈 중의 하나를 보여 준다.) 하지만 다음 장에서 다루게 될 대부분의 원소는 화학 결합에 f 오비탈들을 사용하지 않는다. 따라서 f 오비탈에 대해서는 더 자세히 논의하지 않을 것이다.

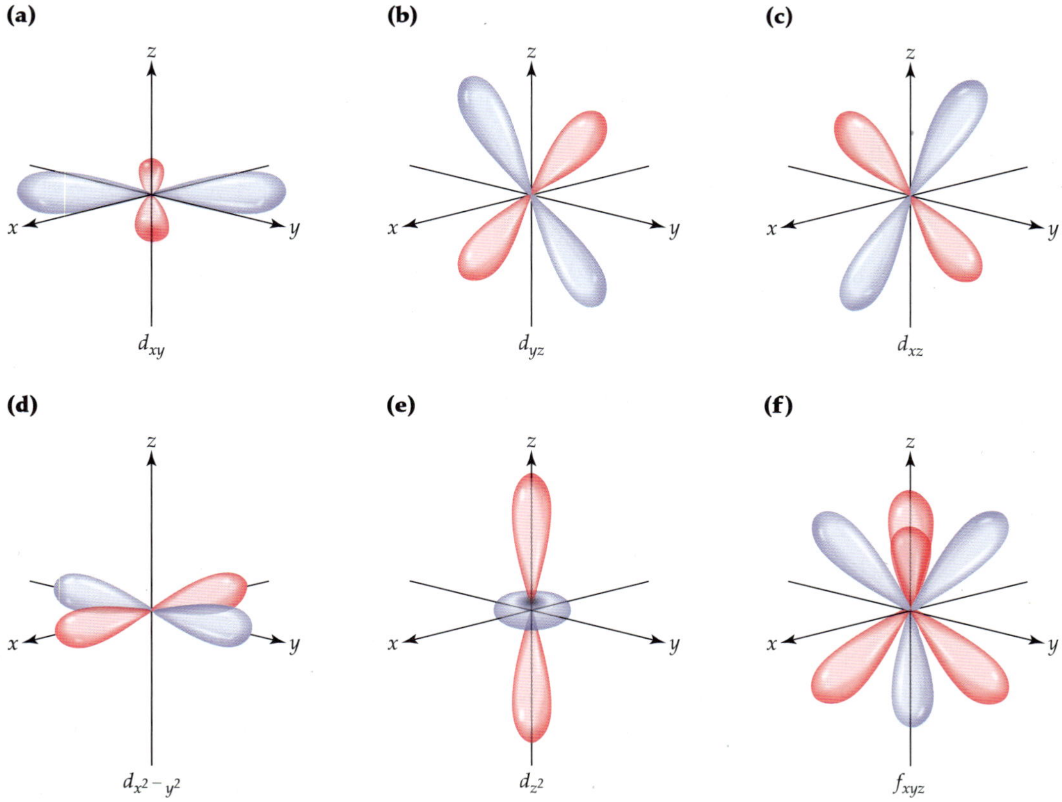

◀ 그림 5.15
5개의 $3d$ 오비탈의 3차원적인 표현. 4개의 d 오비탈은 네 잎 클로버 모양이며(a∼d), 5번째는 도넛 안에 길게 늘여진 아령 모양이다(e). 7개의 $4f$ 오비탈 중 하나도 나타내었다(f). 그림 5.14의 p 오비탈과 마찬가지로 로브의 다른 색은 다른 위상을 나타낸다.

예제 5.6

오비탈에 양자수 부여

아래에 나타낸 4번째 껍질 오비탈의 경우, n과 l 양자수의 가능한 조합을 제시하시오.

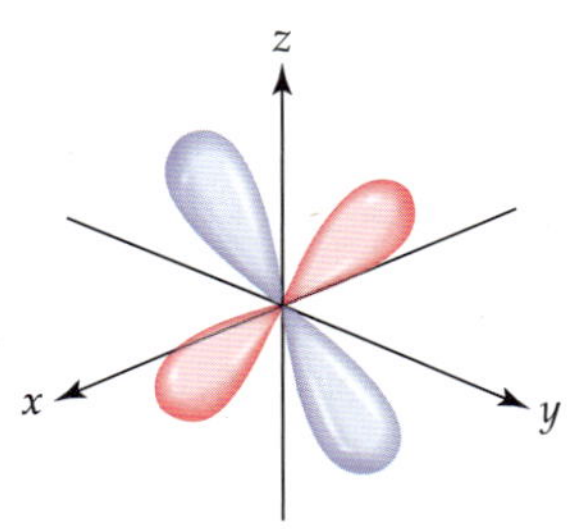

전략

이 오비탈이 4번째 껍질에 있으므로 $n = 4$이다. 오비탈 모양으로부터 각운동량 양자수 l을 결정한다. 클로버 잎 모양은 d 오비탈을 나타내고 있으므로 $l = 2$이다.

풀이

$n = 4,\ l = 2$

▶ **개념 연습문제 5.11** 아래에 나타낸 오비탈의 경우, 가능한 n과 l 양자수의 조합을 구하시오.

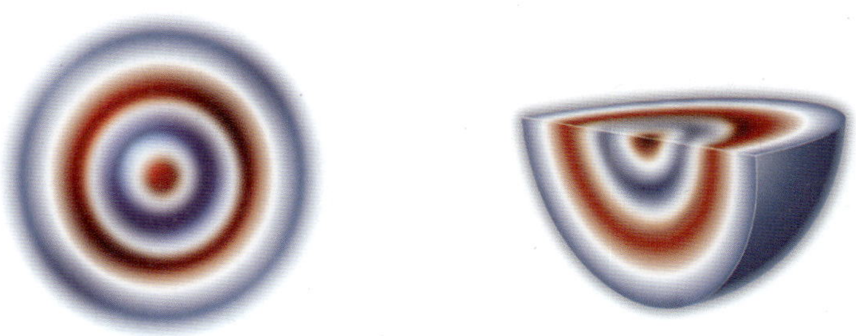

▶ **개념 응용문제 5.12** g 오비탈은 핵을 통과하는 마디 면을 몇 개 가지고 있는가?

5.6 전자 스핀과 파울리 배타 원리

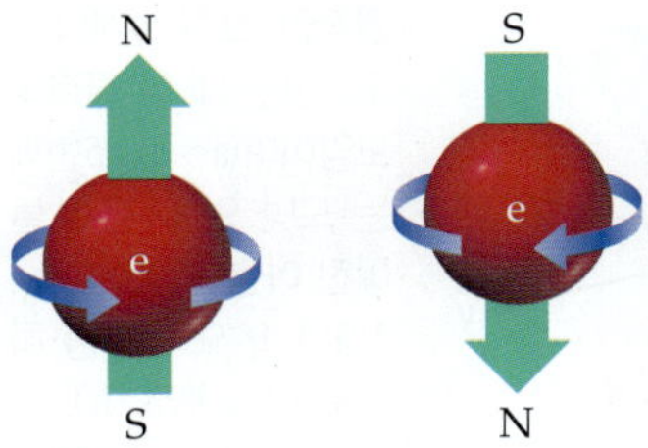

▲ 그림 5.16

전자 스핀. 전자들은 어떤 측면에서 축을 중심으로 자전하는 전하를 띤 아주 작은 구와 같이 행동한다. 이 **스핀**(파란색 화살표)은 아주 미약한 **자기장**(초록색 화살표)과 +1/2 또는 −1/2의 값을 가지는 4번째 양자수 m_s를 초래한다.

5.4절에서 논의한 3가지 양자수(n, l, m_l)는 오비탈의 에너지, 모양, 공간적 배향을 결정하지만, 오비탈에 대한 모든 것을 말해 주는 것은 아니다. 많은 다전자 원자들에 대한 선 스펙트럼을 상세히 연구한 결과, 어떤 스펙트럼 선들은 실제로 서로 아주 가깝게 위치하는 쌍으로 존재한다는 것이 밝혀졌다(그림 5.7의 소듐 가시광선 스펙트럼에서도 자세히 보면 이 선들의 쌍을 볼 수 있다). 따라서 이는 간단한 양자 역학으로 예측하는 것보다 더 많은 에너지 준위가 존재한다는 것을 의미하므로, 또 다른 4번째 양자수가 필요하다. m_s로 표기되는 이 4번째 양자수는 **전자 스핀**(electron spin)이라는 성질과 연관되어 있다.

어떤 면에서 전자들은 마치 지구가 매일 자전하는 것과 같이 축을 중심으로 자전하는 것처럼 행동한다. 이처럼 자전하는 전하는 아주 미약한 자기장과 +1/2 또는 −1/2의 값을 가질 수 있는 **스핀 양자수**(**spin quantum number**, m_s)를 초래한다(그림 5.16). +1/2 스핀은 보통 위로 향한 화살표(↑)로 표시하고, −1/2 스핀은 아래로 향한 화살표(↓)로 표시한다. 서로 관계가 있는 3개의 양자수 n, l, m_l과는 달리 m_s 값은 다른 3개의 양자수와 무관하다.

스핀 양자수는 다전자 원자들 내에서 전자들이 특정 오비탈들을 점유할 때에 중요하다. 1925년에 오스트리아 물리학자 파울리(Wolfgang Pauli, 1900~1958)에 의해 제안된 **파울리 배타 원리**(**Pauli exclusion principle**)에 따르면, 한 원자 내의 두 전자는 4개의 양자수를 모두 동일한 값으로 가질 수 없다. 다시 말해, 어떤 전자에 대한 4개의 양자수의 조합은 한 원자 내에서 그 전자의 고유한 '주소'와 같은 역할을 한다. 따라서, 두 전자는 동일한 주소를 가질 수 없다.

파울리 배타 원리 한 원자 내에 있는 두 전자는 4개의 양자수를 모두 동일하게 가질 수 없다.

개념탐구 질문 4

칼슘의 4s 오비탈에 있는 한 전자의 양자수들은 $n = 4$, $l = 0$, $m_l = 0$, $m_s = +1/2$ 값을 가진다. 칼슘의 4s 오비탈에 있는 다른 전자의 양자수들(n, l, m_l, m_s)은 어떠한 값을 가지는가?

그렇다면 파울리 배타 원리의 결과는 무엇일까? 같은 오비탈을 점유하는 전자들은 동일한 3개의 양자수(n, l, m_l)를 가진다. 그러나 그 전자들이 동일한 (n, l, m_l)값을 가지더라도, 4번째 양자수 m_s 값은 +1/2 또는 −1/2의 서로 다른 값을 가져야 한다. 따라서 하나의 오비탈은 반대 스핀을 갖는 전자들을 2개까지만 가질 수 있다.

5.7 다전자 원자의 오비탈 에너지 준위

5.4절에서 언급했던 것처럼, 전자가 1개 밖에 없는 수소 원자 내의 한 오비탈의 에너지 준위는 주양자수 n에 의해서만 결정된다. 같은 껍질 내에 존재하는 모든 수소 오비탈들은 그 외의 다른 양자수들과는 무관하게 동일한 에너지 값을 가진다. 예를 들어, 수소 원자(1전자 원자)에서 2s와 2p 오비탈들은 같은 에너지를 가지며, 3s, 3d, 3p 오비탈들은 같은 에너지를 가진다. 하지만 다전자 원자에서는 상황이 다르다. 특정 오비탈의 에너지 준위가 껍질뿐만 아니라 부껍질에도 관련이 있기 때문이다. 그림 5.9에서 본 것처럼 특정 껍질의 s, p, d, f 오비탈은 다전자 원자 내에서 조금씩 다른 에너지를 가진다. 그림 5.9로부터 다전자 원자의 $n = 3$인 오비탈들의 에너지 순서는 $3s < 3p < 3d$임을 알 수 있다.

다전자 원자에서 이러한 부껍질들의 에너지 차이는 전자−전자 간의 반발력에 기인한다. 수

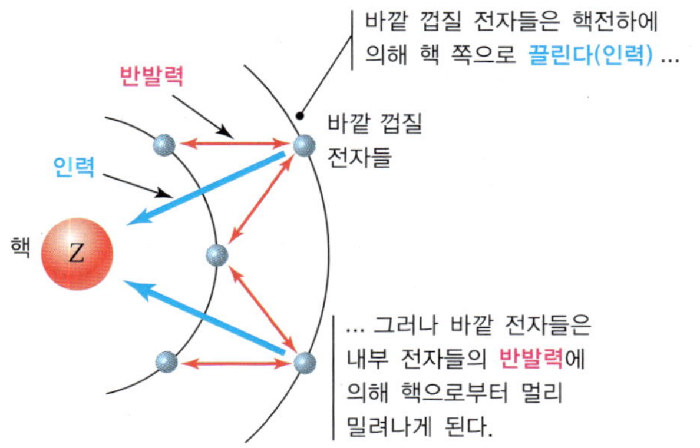

◀ 그림 5.17
전자 가림 효과의 원인과 유효 핵전하. 내부 껍질 전자들이 핵을 일부 가리기 때문에 바깥 껍질 전자들은 핵의 실제 총 전하에 비해 약한 인력을 느끼게 된다.

▶ 확인하기

2*s* 오비탈에 있는 전자와 3*s* 오비탈에 있는 전자 중 어느 전자의 유효 핵전하($Z_{유효}$)가 더 작은 값을 갖는가?

답 3*s* 오비탈에 있는 전자는 1*s*, 2*s*, 2*p* 전자들에 의해 가려지므로 더 작은 $Z_{유효}$ 값을 갖는다. 2*s* 오비탈에 있는 전자는 1*s* 전자들에 의해서만 가려진다.

소 원자에서 유일한 전기적 상호 작용은 양전하를 띤 핵과 음전하를 띤 전자 간의 인력이지만, 다전자 원자들에서는 여러 다른 상호 작용들이 존재한다. 핵과 각 전자 사이의 인력뿐만 아니라, 각 전자와 이웃하는 전자 사이에 반발력도 존재한다.

내부 껍질 전자들에 의한 바깥 껍질 전자들의 반발은 특히 중요하다. 왜냐하면 바깥 껍질 전자들이 핵으로부터 더욱 멀리 밀려나고, 그 결과 핵에 덜 단단히 붙잡히기 때문이다. 따라서 바깥 껍질 전자들에 대한 핵의 인력은 일부 소멸되는데, 이를 내부 껍질 전자가 핵으로부터 바깥 껍질 전자를 **가리는**(shield) 효과라고 한다(그림 5.17). 전자가 실제로 느끼는 핵전하를 유효 핵전하(effective nuclear charge, $Z_{유효}$)라고 하며, 실제 핵전하($Z_{실제}$)에 비하면 종종 상당히 작은 값이 된다.

유효 핵전하 $Z_{eff} = Z_{실제} - \text{전자 가림}$

전자 가림은 같은 껍질 내의 오비탈 간의 에너지 차이를 어떻게 초래하는 것일까? 그 해답은 오비탈 모양 차이의 결과이다. *s*, *p*, *d* 오비탈들의 모양을 비교해 보자. 3*s* 오비탈은 구형이어서 핵 근처에서 큰 확률 밀도를 갖는 반면, 3*p* 오비탈들은 핵의 위치에 마디가 하나 있는 아령 모양이고, 3*d* 오비탈 중 4개는 핵의 위치에 마디가 있는 클로버 잎 모양이다. 그림 5.18은

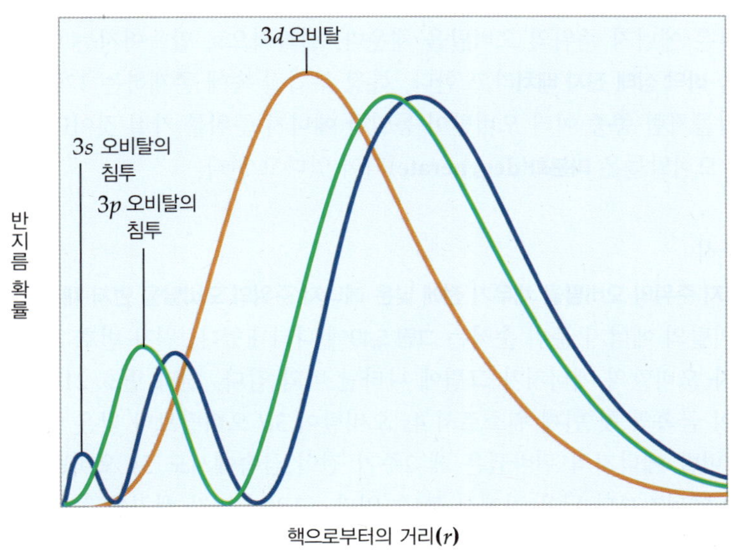

◀ 그림 5.18
3*s*, 3*p*, 3*d* 오비탈에 대한 반지름 확률 분포를 나타낸 그림. 침투 효과가 오비탈 에너지의 순서를 결정한다(3*s* < 3*p* < 3*d*).

▲ 확인하기

3*s*, 3*p*, 3*d* 오비탈에 있는 전자 중 어떤 오비탈에 있는 전자가 가장 효과적으로 가려지는가?

답 3*s* 및 3*p* 오비탈이 3*d* 오비탈보다 핵에 더 가깝게 침투하므로 내부 전자가 핵에서 3*d* 오비탈에 있는 전자를 가장 효과적으로 가린다.

3*s*, 3*p*, 3*d* 오비탈들에 대한 반지름 확률을 나타낸 그림이다. 3*s* 오비탈은 반지름 확률이 최댓값을 가지는 반지름이 3*p* 혹은 3*d*보다 핵에서 더 먼 거리에 있다. 3*s* 오비탈에 있는 전자들이 3*p* 혹은 3*d* 오비탈에 있는 전자들보다 평균적으로 더 멀리 떨어져 있다면, 3*s* 오비탈이 가장 에너지가 높다고 추측할 수 있다. 그러나 3*s* 오비탈은 핵 근처로 가까이 침투할 수 있고 3*s* 오비탈의 내부 전자들이 차지하고 있는 지역으로 침투할 수 있는 능력으로 인해 가장 낮은 에너지 준위를 가진다. 3*s* 오비탈의 반지름 확률 그림의 작은 봉우리는 3*p* 혹은 3*d* 오비탈들에 있는 전자보다 3*s* 오비탈 전자를 핵에 더 가까이에서 발견할 중요한 확률을 나타낸다. 3*s* 오비탈의 전자들은 3*p* 혹은 3*d* 전자보다 내부 전자들에 의해 덜 가려지고, 유효 핵전하($Z_{유효}$)가 가장 큰 값을 가진다. 높은 유효 핵전하는 전자의 더 낮은 에너지에 해당된다. 마찬가지로, 3*d* 오비탈에 있는 전자보다 3*p* 오비탈에 있는 전자가 핵에 더 가까이 침투할 수 있기 때문에 더 낮은 에너지를 가지게 된다.

요약하면, 특정 껍질 내의 각운동량 양자수 *l* 값이 작을수록 전자의 유효 핵전하($Z_{유효}$)가 더 크고, 에너지가 더 작다.

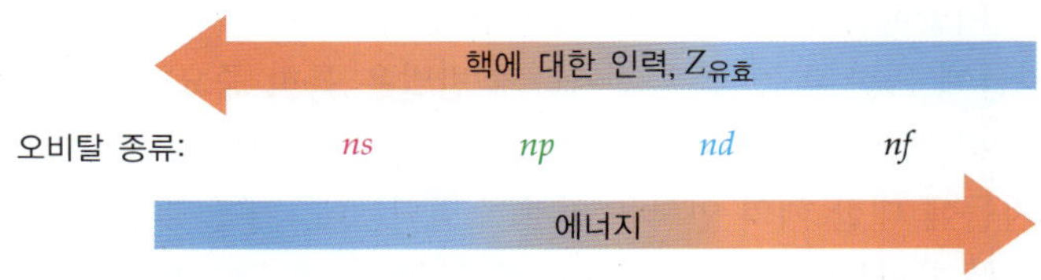

서로 다른 오비탈에 있는 전자들이 각각 정도가 다르게 가려진다. 결과적으로 다른 $Z_{유효}$ 값을 갖는다는 생각은 여러 화학적 현상들을 설명하기 위해 앞으로도 자주 쓰게 될 매우 유용한 개념이다.

5.8 다전자 원자의 전자 배치

이제 모든 원소들에 대해 전자적 설명을 제공할 모든 요소들이 준비가 되었다. 여러 오비탈의 상대적인 에너지를 알면, 각각의 원소들에 대해 어떤 오비탈들이 전자들에 의해 채워질 것인지 즉, 원소의 **전자 배치(electron configuration)**를 예측할 수 있다.

오비탈에 전자들이 채워지는 순서는 **쌓음 원리(aufbau principle)**라 부르는 3개의 규칙들에 의해 결정된다. 일반적으로 하나의 원자에 순차적으로 추가되는 각 전자는 비어 있는 오비탈 중에서 가장 낮은 에너지 준위의 오비탈을 채운다. 결과적으로 만들어지는 에너지가 가장 낮은 전자 배치를 **바닥 상태 전자 배치**라고 한다. 특정 부껍질 속에 존재하는 3개의 *p* 오비탈이나 5개의 *d* 오비탈들처럼 종종 여러 오비탈이 동일한 에너지 준위를 가질 것이다. 동일한 에너지 준위를 가지는 오비탈들은 **미분화(degenerate)**되어 있다고 한다.

쌓음 원리의 규칙

1. **높은 에너지 준위의 오비탈을 채우기 전에 낮은 에너지 준위의 오비탈을 먼저 채운다.** 다전자 원자에서 오비탈의 에너지 준위 순서는 그림 5.19에 나타내었다. 원자 번호 20인 칼슘 원자까지는 원자 오비탈의 에너지가 그림에 나타난 바와 같다. 원자 번호 21인 스칸듐(Sc) 원자는 전이 금속의 첫 번째 원소로서 4*s* 오비탈이 3*d* 오비탈보다 낮은 에너지 준위를 가진다. 오비탈 에너지의 뒤바뀜은 제 2주기 전이 금속에서도 5*s* 오비탈의 에너지가 4*d* 오비탈의 에너지보다 낮은 것에서 볼 수 있다. 그러나 전자 배치를 적을 때 그림 5.19에 나타낸 에너지 순서를 따른다. 이는 원소들의 정확한 전자 배치를 신뢰성 있게 예측할

수 있기 때문이다.

2. **하나의 오비탈에는 반대 스핀을 갖는 전자 2개까지만 채워진다.** 이는 파울리 배타 원리를 다시 표현한 것이며(5.6절 참조), 배타 원리는 한 원자 내의 두 전자는 4개의 양자수를 모두 동일하게 가질 수 없다는 것을 강조한다.
3. **2개 이상의 미분화된 오비탈들이 존재할 경우, 미분화된 오비탈들이 모두 반씩 채워질 때까지 각각의 오비탈에 전자가 1개씩 채워진다.** 이를 훈트 규칙(Hund's rule)이라고 한다. 그 다음 반씩 채워진 오비탈들에 2번째 전자들이 각각 채워진다. 여기서 1개의 전자로 채워진 각 오비탈에 있는 전자들은 스핀 양자수가 동일하다.

훈트 규칙 에너지가 동일한 오비탈이 2개 이상 존재할 경우, 오비탈들이 모두 반씩 채워질 때까지 각 오비탈에 전자가 1개씩만 채워진다. 반만 채워진 오비탈에 있는 전자들의 스핀 양자수는 모두 같다.

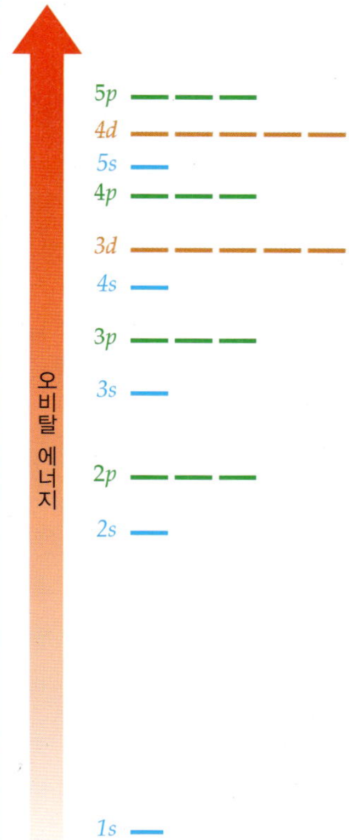

▲ **그림 5.19**
다전자 원자에서 오비탈의 에너지 준위

훈트 규칙의 원리는 전자들은 서로 반발하고 가능하면 서로 멀리 떨어져 있게 되기 때문이다. 전자들은 동일한 영역을 차지하는 동일한 오비탈에 존재하는 것보다 다른 공간 영역을 차지하는 다른 오비탈에 존재할 때 서로 더 멀리 떨어져 있게 되어 에너지가 더 낮아진다. 또한, 반만 채워진 오비탈 내의 전자들은 반대 스핀을 가진 경우보다 동일한 스핀을 가질 때가 서로 더 멀리 떨어져 있게 된다는 것이 밝혀져 있다.

전자 배치는 주양자수 n을 점유하고 있는 오비탈인 s, p, d, f 앞에 붙여서 나타내고 오비탈에 채워진 전자의 수는 위첨자로 나타낸다. 쌓음 원리의 규칙이 어떻게 적용되는지, 다음의 몇 가지 예를 살펴보자.

- **수소**: 수소는 전자를 1개만 가진다. 이 전자는 가장 낮은 에너지 준위의 $1s$ 오비탈을 차지한다. 따라서 수소의 바닥 상태 전자 배치는 $1s^1$이다.

$$\mathbf{H}: 1s^1$$

- **헬륨**: 헬륨은 2개의 전자를 가진다. 둘 다 가장 낮은 에너지 준위의 $1s$ 오비탈을 채운다. 두 전자는 서로 반대 스핀을 가진다.

$$\mathbf{He}: 1s^2$$

- **리튬과 베릴륨**: $1s$ 오비탈이 완전히 채워지면, 3번째와 4번째 전자들이 그 다음으로 낮은 에너지 준위의 비어 있는 $2s$ 오비탈에 들어간다.

$$\mathbf{Li}: 1s^2\ 2s^1 \qquad \mathbf{Be}: 1s^2\ 2s^2$$

- **붕소~네온**: 붕소에서 네온까지의 6개 원소들에서 전자들은 세 개의 $2p$ 오비탈을 순차로 채운다. 세 개의 $2p$ 오비탈들은 에너지 준위가 동일한 **미분화** 상태이므로 훈트 규칙에 따라 전자들이 채워진다. 탄소의 경우 2개의 $2p$ 전자들이 다른 오비탈들을 점유하는데, 전자 배치를 표현할 때에는 임의로 $2p_x$, $2p_y$, $2p_z$로 명시해 준다. 질소에 대해서도 마찬가지여서 3개의 $2p$ 전자들이 3개의 다른 오비탈에 채워진다. 훈트 규칙을 따라 1개의 전자로 채워진 탄소와 질소의 $2p$ 오비탈 각각에 들어 있는 전자들은 $+1/2$ 또는 $-1/2$의 동일한 스핀 양자수를 가지지만, 전자 배치에는 명시되지 않는다.

명확하게 하기 위해, 전자들을 화살표로 나타내는 **오비탈 채움 도표**(orbital-filling diagram)를 이용하여 전자 배치를 명시하기도 한다. 두 가지 스핀 양자수 값은 화살표를 위로 또는 아래로 향하게 하여 표시한다. 위/아래 화살표 쌍은 오비탈이 채워져 있음을 나타내는 반면, 위(또는 아래)로 향한 하나의 화살표는 오비탈이 반만 채워져 있음을 나

개념탐구 질문 5

다음 중에서 어느 것이 쌓음 원리의 규칙을 위반하였는가?

(a)

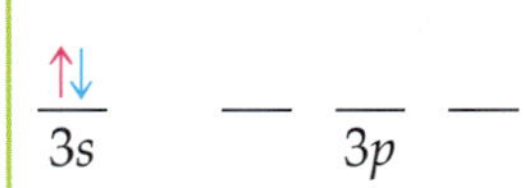

(b)

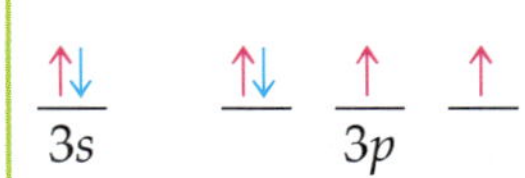

(c)

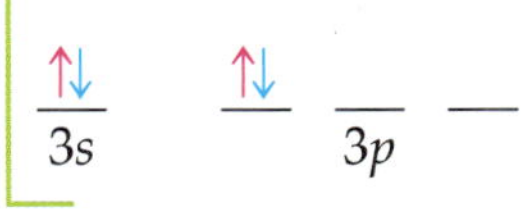

타낸다. 탄소와 질소의 도표에서 확인할 수 있듯이, 미분화된 $2p$ 오비탈들은 훈트 규칙에 따라 다 채워지지 않고 반만 채워지며, 전자 스핀은 모두 동일하다는 점에 유의해야 한다.

전자 배치		오비탈 채움 도표				
		$1s$	$2s$	$2p$		
B: $1s^2\,2s^2\,2p^1$	또는	↓↑	↓↑	↑	—	—
C: $1s^2\,2s^2\,2p_x^{\,1}\,2p_y^{\,1}$	또는	↓↑	↓↑	↑	↑	—
N: $1s^2\,2s^2\,2p_x^{\,1}\,2p_y^{\,1}\,2p_z^{\,1}$	또는	↓↑	↓↑	↑	↑	↑

산소에서 네온에 이르기까지 3개의 $2p$ 오비탈들은 순차적으로 채워진다. 플루오린과 네온의 경우 다른 $2p$ 오비탈들을 더 구분할 필요가 없기 때문에, 단순하게 $2p^5$와 $2p^6$로 전자 배치를 적는다.

		$1s$	$2s$	$2p$		
O: $1s^2\,2s^2\,2p_x^{\,2}\,2p_y^{\,1}\,2p_z^{\,1}$	또는	↓↑	↓↑	↓↑	↑	↑
F: $1s^2\,2s^2\,2p^5$	또는	↓↑	↓↑	↓↑	↓↑	↑
Ne: $1s^2\,2s^2\,2p^6$	또는	↓↑	↓↑	↓↑	↓↑	↓↑

- **소듐과 마그네슘**: 그 다음으로 $3s$ 오비탈이 채워지게 되어 소듐과 마그네슘의 바닥 상태 전자 배치는 아래와 같이 된다. 완전히 전자가 채워진 껍질을 표시하기 위하여 바로 앞 주기에 있는 비활성 기체의 원소 기호를 사용한 후, 채워지지 않은 껍질의 전자 배치만 표기하는 간략 표기법도 자주 사용함에 유의하여야 한다.

네온의 전자 배치

Na: $1s^2\,2s^2\,2p^6\,3s^1$ 또는 [Ne] $3s^1$

Mg: $1s^2\,2s^2\,2p^6\,3s^2$ 또는 [Ne] $3s^2$

- **알루미늄~아르곤**: 앞에서 붕소에서 네온까지의 $2p$ 오비탈이 채워지는 방식과 똑같은 규칙에 의해 $3p$ 오비탈들이 채워진다. Si, P, S의 경우 어느 특정한 미분화된 $3p$ 오비탈이 채워지는지를 분명히 표시하지 않고, 부껍질 속의 총 전자 수만 간단히 표기해 준다. 예를 들어, Si의 경우 $3p_x^{\,1}\,3p_y^{\,1}$ 대신 $3p^2$로만 전자 배치를 적는다.

Al: [Ne] $3s^2\,3p^1$ **Si:** [Ne] $3s^2\,3p^2$ **P:** [Ne] $3s^2\,3p^3$
S: [Ne] $3s^2\,3p^4$ **Cl:** [Ne] $3s^2\,3p^5$ **Ar:** [Ne] $3s^2\,3p^6$

- **아르곤 다음의 원소들**: 아르곤에서 $3p$ 부껍질을 다 채우고 난 후에는 처음으로 오비탈 채움 순서의 역전이 일어난다. 포타슘과 칼슘에서 다음 두 전자는 계속해서 3번째 껍질인 $3d$ 오비탈을 채우기보다는 $4s$ 부껍질에 들어간다. 그 다음에서야 $3d$ 부껍질이 채워져서 스칸듐에서 아연까지의 첫 번째 전이 금속 계열이 완성된다.

K: [Ar] $4s^1$ **Ca:** [Ar] $4s^2$ **Sc:** [Ar] $4s^2\,3d^1 \longrightarrow$ **Zn:** [Ar] $4s^2\,3d^{10}$

실험적으로 결정된 원소들의 바닥 상태 전자 배치를 그림 5.20에 나타내었다.

1	2	3	4	5	6	7	8	9	10	11	12	13	14	15	16	17	18
1 H $1s^1$																	2 He $1s^2$
3 Li $2s^1$	4 Be $2s^2$											5 B $2s^22p^1$	6 C $2s^22p^2$	7 N $2s^22p^3$	8 O $2s^22p^4$	9 F $2s^22p^5$	10 Ne $2s^22p^6$
11 Na $3s^1$	12 Mg $3s^2$											13 Al $3s^23p^1$	14 Si $3s^23p^2$	15 P $3s^23p^3$	16 S $3s^23p^4$	17 Cl $3s^23p^5$	18 Ar $3s^23p^6$
19 K $4s^1$	20 Ca $4s^2$	21 Sc $4s^23d^1$	22 Ti $4s^23d^2$	23 V $4s^23d^3$	24 Cr $4s^13d^5$	25 Mn $4s^23d^5$	26 Fe $4s^23d^6$	27 Co $4s^23d^7$	28 Ni $4s^23d^8$	29 Cu $4s^13d^{10}$	30 Zn $4s^23d^{10}$	31 Ga $4s^23d^{10}4p^1$	32 Ge $4s^23d^{10}4p^2$	33 As $4s^23d^{10}4p^3$	34 Se $4s^23d^{10}4p^4$	35 Br $4s^23d^{10}4p^5$	36 Kr $4s^23d^{10}4p^6$
37 Rb $5s^1$	38 Sr $5s^2$	39 Y $5s^24d^1$	40 Zr $5s^24d^2$	41 Nb $5s^14d^4$	42 Mo $5s^14d^5$	43 Tc $5s^24d^5$	44 Ru $5s^14d^7$	45 Rh $5s^14d^8$	46 Pd $4d^{10}$	47 Ag $5s^14d^{10}$	48 Cd $5s^24d^{10}$	49 In $5s^24d^{10}5p^1$	50 Sn $5s^24d^{10}5p^2$	51 Sb $5s^24d^{10}5p^3$	52 Te $5s^24d^{10}5p^4$	53 I $5s^24d^{10}5p^5$	54 Xe $5s^24d^{10}5p^6$
55 Cs $6s^1$	56 Ba $6s^2$	71 Lu $6s^24f^{14}5d^1$	72 Hf $6s^24f^{14}5d^2$	73 Ta $6s^24f^{14}5d^3$	74 W $6s^24f^{14}5d^4$	75 Re $6s^24f^{14}5d^5$	76 Os $6s^24f^{14}5d^6$	77 Ir $6s^24f^{14}5d^7$	78 Pt $6s^14f^{14}5d^9$	79 Au $6s^14f^{14}5d^{10}$	80 Hg $6s^24f^{14}5d^{10}$	81 Tl $6s^24f^{14}5d^{10}6p^1$	82 Pb $6s^24f^{14}5d^{10}6p^2$	83 Bi $6s^24f^{14}5d^{10}6p^3$	84 Po $6s^24f^{14}5d^{10}6p^4$	85 At $6s^24f^{14}5d^{10}6p^5$	86 Rn $6s^24f^{14}5d^{10}6p^6$
87 Fr $7s^1$	88 Ra $7s^2$	103 Lr $7s^25f^{14}6d^1$	104 Rf $7s^25f^{14}6d^2$	105 Db $7s^25f^{14}6d^3$	106 Sg $7s^25f^{14}6d^4$	107 Bh $7s^25f^{14}6d^5$	108 Hs $7s^25f^{14}6d^6$	109 Mt $7s^25f^{14}6d^7$	110 Ds $7s^15f^{14}6d^9$	111 Rg $7s^15f^{14}6d^{10}$	112 Cn $7s^25f^{14}6d^{10}$	113 Nh	114 Fl	115 Mc	116 Lv	117 Ts	118 Og

57 La $6s^25d^1$	58 Ce $6s^24f^15d^1$	59 Pr $6s^24f^3$	60 Nd $6s^24f^4$	61 Pm $6s^24f^5$	62 Sm $6s^24f^6$	63 Eu $6s^24f^7$	64 Gd $6s^24f^75d^1$	65 Tb $6s^24f^9$	66 Dy $6s^24f^{10}$	67 Ho $6s^24f^{11}$	68 Er $6s^24f^{12}$	69 Tm $6s^24f^{13}$	70 Yb $6s^24f^{14}$
89 Ac $7s^26d^1$	90 Th $7s^26d^2$	91 Pa $7s^25f^26d^1$	92 U $7s^25f^36d^1$	93 Np $7s^25f^46d^1$	94 Pu $7s^25f^6$	95 Am $7s^25f^7$	96 Cm $7s^25f^76d^1$	97 Bk $7s^25f^9$	98 Cf $7s^25f^{10}$	99 Es $7s^25f^{11}$	100 Fm $7s^25f^{12}$	101 Md $7s^25f^{13}$	102 No $7s^25f^{14}$

▲ 그림 5.20
원소들의 바깥 껍질, 바닥 상태 전자 배치

▲ 확인하기

변칙적인 전자 배치를 갖는 5주기 원소들을 확인하시오.

답 Nb, Mo, Ru, Rh, Pd, Ag

5.9 변칙적인 전자 배치

앞 절에서 설명한 바닥 상태 전자 배치를 결정하는 기준들은 잘 들어맞지만, 완전히 정확한 것은 아니다. 그림 5.20을 자세히 살펴보면, 90개의 원자의 전자 배치는 규칙에 의해 정확하게 설명될 수 있지만, 21개 원자의 경우 예측된 전자 배치가 올바르지 않다는 것을 알 수 있다.

이와 같은 변칙들에 대한 이유는 종종 반만 채워지거나 완전히 채워진 부껍질들의 특별한 안정성과 관련이 있다. 예를 들어, 크로뮴의 경우 [Ar] $4s^2\ 3d^4$의 전자 배치가 예측되지만 실제로는 [Ar] $4s^1\ 3d^5$의 전자 배치를 갖는다. $4s$ 오비탈의 전자 1개를 에너지가 비슷한 $3d$ 오비탈로 옮김으로써, 크로뮴은 하나의 완전히 채워진 부껍질($4s^2$)을 반만 채워진 2개의 부껍질($4s^1\ 3d^5$)들로 대체하여 두 전자가 서로 더 멀리 떨어져 있게 한다. 같은 방식으로, 구리도 예측되는 [Ar] $4s^2\ 3d^9$ 배치 대신 실제로는 [Ar] $4s^1\ 3d^{10}$의 전자 배치를 가진다. $4s$ 오비탈로부터 $3d$ 오비탈로 전자 1개를 이동시켜서 구리는 하나의 완전히 채워진 부껍질($4s^2$)을 또 다른 하나의 완전히 채워진 부껍질($3d^{10}$)로 대체하고, 반만 채워진 부껍질($4s^1$)을 얻게 된다.

그림 5.20에서 볼 수 있는 변칙적인 전자 배치의 대부분은 부껍질들 간의 에너지 준위 차이가 작은, 원자 번호(Z)가 40보다 큰 원소들에서 나타난다. 모든 경우에 있어서 하나의 부껍질로부터 또 다른 부껍질로의 전자 이동은 전자–전자 반발력의 감소를 통하여 원자의 총 에너지를 낮춘다.

5.10 전자 배치와 주기율표

전자 배치는 왜 그렇게 중요할까? 그리고 전자 배치는 주기율표와 어떤 관계가 있을까? 이 질문들의 답은 그림 5.20을 자세히 살펴보면 얻을 수 있다. 가장 바깥쪽 껍질, 즉 **원자가 껍질**(**valence shell**)에 있는 전자들에만 초점을 맞춰보면, **주기율표의 특정 족**(group) **내의 모든 원소들은 서로 비슷한 원자가 껍질 전자 배치를 가진다**(표 5.3). 예를 들어, 1족 원소들은 모두 s^1, 2족 원소들은 s^2, 13족 원소들은 s^2p^1 원자가 껍질 전자 배치를 가진다. 주기율표의 다른 족들도 몇 가지 예외를 제외하고는 이와 비슷한 전자 배치를 가진다. 더욱이 원자가 껍질 전자들은 가장 바깥에 있어서 가장 약하게 붙잡혀 있기 때문에 원소의 성질을 결정하는 데 있어서 가장 중요하다. 따라서 주기율표의 특정 족에 속하는 원소들은 비슷한 화학적 성질을 띠게 된다.

표 5.3 주족 원소들의 원자가 껍질 전자 배치

족	원자가 껍질 전자 배치	
1	ns^1	(총 1개)
2	ns^2	(총 2개)
13	ns^2np^1	(총 3개)
14	ns^2np^2	(총 4개)
15	ns^2np^3	(총 5개)
16	ns^2np^4	(총 6개)
17	ns^2np^5	(총 7개)
18	ns^2np^6	(총 8개)

주기율표는 전자로 채워진 오비탈들에 따라 원소들을 4개의 구역으로 나눌 수 있다(그림 5.21). 주기율표의 왼편에 있는 1족과 2족 원소들은 s 오비탈에 전자가 채워지는 원소들이기 때문에 **s-구역 원소**(**s-block element**)라고 하며, 주기율표의 오른편에 있는 13~18족 원소들은 p 오비탈에 전자가 채워지기 때문에 **p-구역 원소**(**p-block element**), 주기율표의 가운데에 있는 전이 금속들은 d 오비탈에 전자들이 채워지기 때문에 **d-구역 원소**(**d-block element**)라고 한다. 그리고 f 오비탈에 전자가 채워지는 란타넘족과 악티늄족의 **f-구역 원소**(**f-block element**)는 주기율표의 하단에 따로 분리해서 위치해 있다.

주기율표를 그림 5.21에 정리되어 있는 것과 같이 생각하면 전자들의 오비탈 채움 순서를 기억하는 데 유용하다. 주기율표의 좌측 상단에서 시작하여 연속적인 주기를 따라 이동하면 오비탈 채움 순서와 일치한다. 예를 들어, 주기율표의 1주기는 H와 He 단 2개의 s-구역 원소들만 있기 때문에 첫 번째 s 오비탈($1s$)이 먼저 채워진다. 2주기는 2개의 s-구역 원소(Li, Be)로부터 시작하여 6개의 p-구역 원소(B~Ne)로 이어진다. 그래서 이용할 수 있는(비어 있는) 두 번째 s 오비탈($2s$)이 채워지고, 그 다음 처음으로 이용할 수 있는 p 오비탈($2p$)이 채워진다.

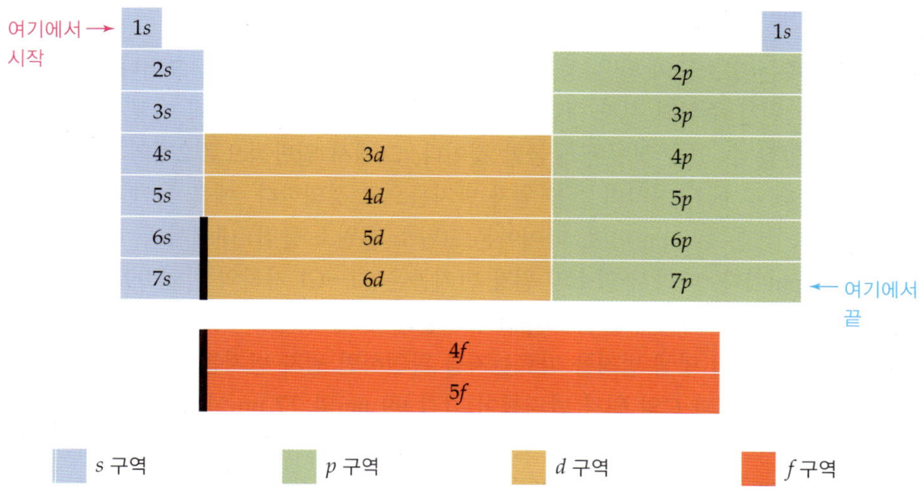

주기율표의 배열은 전자들의 오비탈 채움 순서를 기억하는 방법을 제공한다. 좌측 상단에서 출발하여 순차적으로 주기를 따라가면 그 순서가 1*s* → 2*s* → 2*p* → 3*s* → 3*p* → 4*s* → 3*d* → 4*p* 등과 같이 된다.

◀ **그림 5.21**
주기율표의 구역들. 서로 다른 구역들은 서로 다른 오비탈들이 채워지는 것을 의미한다.

이와 비슷하게 3주기를 따라가면 3*s*와 3*p* 오비탈들이 채워진다. 4주기는 다시 2개의 *s*-구역 원소(K과 Ca)로부터 시작하지만, 그 다음으로 10개의 *d*-구역 원소들(Sc~Zn)과 6개의 *p*-구역 원소들(Ga~Kr)이 뒤따른다. 따라서, 오비탈 채움 순서는 4*s* 다음에 처음으로 이용할 수 있는 *d* 오비탈(3*d*), 그 다음에 4*p* 오비탈이다. 주기율표의 순차적인 주기를 따라가면 전자의 전체 오비탈 채움 순서가 된다.

$$1s \rightarrow 2s \rightarrow 2p \rightarrow 3s \rightarrow 3p \rightarrow 4s \rightarrow 3d \rightarrow 4p \rightarrow 5s \rightarrow 4d \rightarrow$$
$$5p \rightarrow 6s \rightarrow 4f \rightarrow 5d \rightarrow 6p \rightarrow 7s \rightarrow 5f \rightarrow 6d \rightarrow 7p$$

개념 예제 5.7

한 원자에 대한 바닥 상태 전자 배치 결정

원자 번호(*Z*)가 33인 비소(As)의 바닥 상태 전자 배치를 제시하고, 위 또는 아래로 향한 화살표로 전자를 표시하여 오비탈 채움 도표를 그리시오.

전략

그림 5.21에 제시된 바와 같이, *s*, *p*, *d*, *f*-구역 원소들을 갖는 주기율표를 생각하라. 좌측 상단의 수소에서 시작하여 33개의 전자들이 추가될 때까지 오비탈을 채운다. 이때 하나의 오비탈에는 전자가 2개까지만 들어갈 수 있다는 점과 미분화된 오비탈들은 어느 한 오비탈의 다 채워지기 전에 모두 반이 채워져야 한다는 점에 유의한다.

풀이

As: $1s^2\ 2s^2\ 2p^6\ 3s^2\ 3p^6\ 4s^2\ 3d^{10}\ 4p^3$ 또는 $[Ar]\ 4s^2\ 3d^{10}\ 4p^3$

오비탈 채움 도표는 각 오비탈 속의 전자들을 화살표로 표시한다. 훈트 규칙에 따라 전자들이 짝을 짓기 전에 오비탈에 각각 1개씩 채워지기 때문에, 3개의 4*p* 전자들은 모두 동일한 스핀을 가진다는 점에 유의하라.

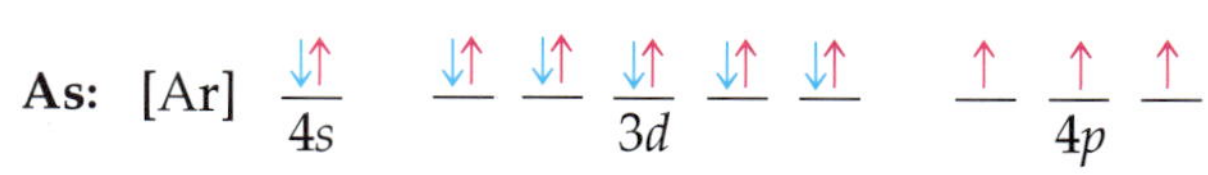

▶ **개념 연습문제 5.13** Ti(*Z* = 22)의 경우, 예측되는 바닥 상태 전자 배치를 제시하고, 오비탈 채움 도표를 그리시오.

▶ **개념 응용문제 5.14** 다음과 같은 바닥 상태 전자 배치를 갖는 원자는 무엇인지 확인하시오.

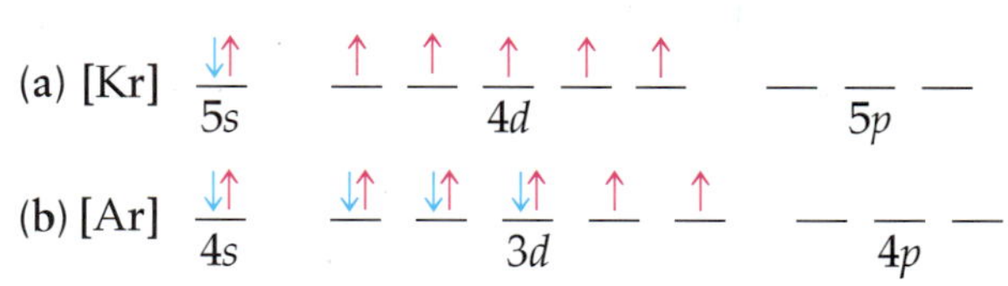

5.11 전자 배치와 주기적 성질: 원자 반지름

주기성을 보여 주는 원소들의 많은 성질 중의 하나가 원자 반지름이다. 그러나 5.4절에서 언급한 바와 같이, 원자 주위의 전자 구름이 뚜렷한 경계를 가지지 않는데 어떻게 원자의 크기를 확정적으로 말할 수 있을 것인가 궁금할 것이다. 그래서 일반적으로 2개의 동일한 원자들이 서로 결합할 때 두 핵간 거리의 반을 원자 반지름으로 정의한다. 예를 들어, Cl_2에서 두 염소 원자의 핵간 거리는 198 pm이며, 다이아몬드(탄소 홑원소 물질) 내에서 두 탄소 원자의 핵간 거리는 154 pm이다. 따라서 염소의 원자 반지름은 Cl—Cl 거리의 반인 99 pm이고, 탄소의 원자 반지름은 C—C 거리의 반인 77 pm라고 말할 수 있다.

결정한 반지름 값들이 덧셈 법칙을 따르는지를 확인하면 원자 반지름이 정확한지를 점검할 수 있다. 예를 들어, Cl과 C의 원자 반지름이 각각 99 pm와 77 pm이므로 Cl과 C가 결합할 때 Cl—C 핵간 거리는 99 pm + 77 pm, 즉 176 pm이어야 한다. 실제로 클로로메테인(CH_3Cl) 분자에서 측정한 Cl—C 핵간 거리는 178 pm이고, 이는 예상한 값에 대단히 가깝다.

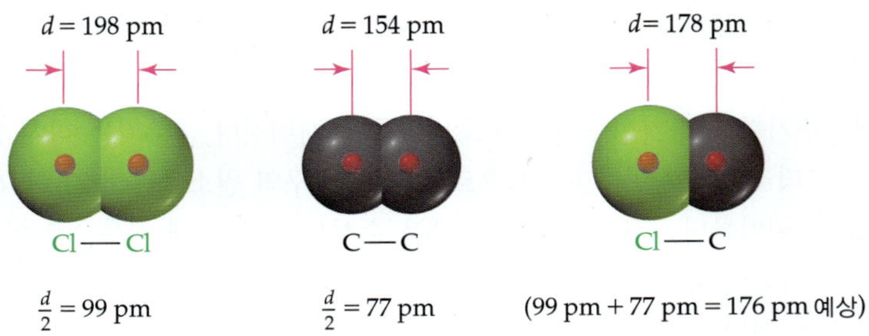

그림 5.22와 이 장의 맨 앞에 있는 그림 5.1에서 그래프로 보여 준 바와 같이, 원자 번호에 따른 원자 반지름을 비교해 보면 주기적인 증감 현상을 나타낸다. 원자 반지름은 주기율표의 같은 족(세로열)에서는 아래로 갈수록 증가(예: Li < Na < K < Rb < Cs)하지만, 같은 주기(가로행)에서는 오른쪽으로 갈수록 감소(예: Na > Mg > Al > Si > P > S > Cl)한다. 이러한 거동은 어떻게 설명할 수 있을까?

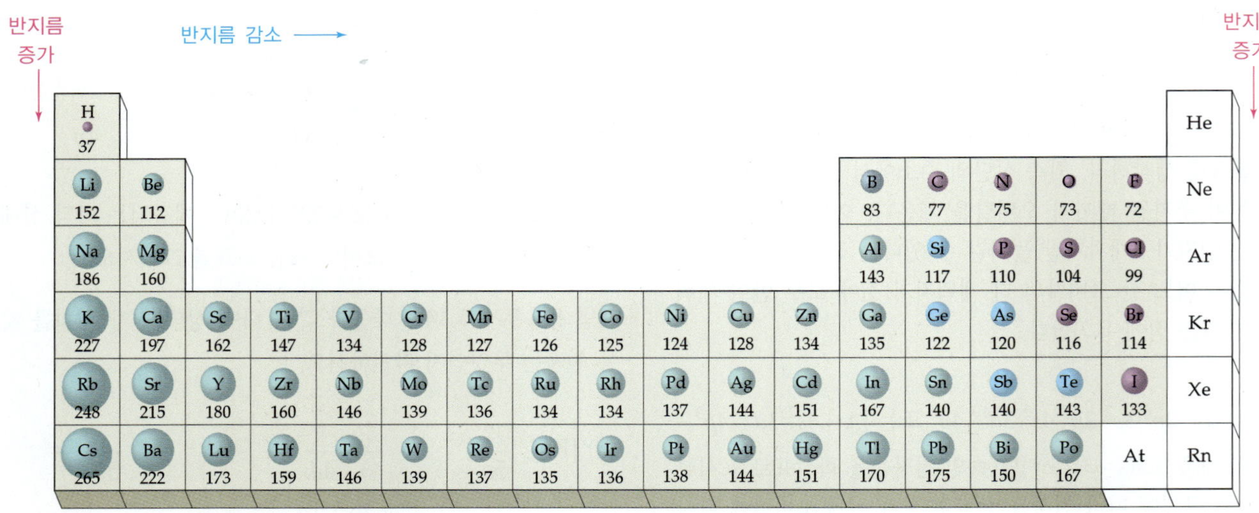

▲ **그림 5.22**
피코미터(pm) 단위로 나타낸 원소들의 원자 반지름

주기율표의 같은 족에서 아래로 갈수록 원자 반지름이 증가하는 것은 더 큰 원자가 껍질 오비탈이 순차적으로 채워지기 때문이다. 예를 들어, Li의 경우 전자가 채워진 가장 바깥 껍질이 2번째($2s^1$), Na는 3번째($3s^1$), K는 4번째($4s^1$), 그리고 Rb($5s^1$), Cs($6s^1$), Fr($7s^1$)이다. 더 큰 껍질들이 채워지므로 원자 반지름도 더 커진다.

주기율표의 왼쪽에서 오른쪽으로 갈수록 원자 반지름이 감소하는 것은 핵 속의 양성자수가 증가함에 따라 유효 핵전하가 증가하기 때문이다. 5.7절에서 살펴본 것처럼, 하나의 전자가 실제로 느끼는 유효 핵전하($Z_{유효}$)는 실제 핵전하($Z_{실제}$)보다는 작다. 이는 원자 내의 다른 전자들에 의한 가림(shielding) 때문이다. 한 전자가 느끼는 가림의 정도는 그 전자가 상호 작용하는 다른 전자들의 껍질과 부껍질에 따라 달라진다. 일반적인 규칙에 따라 원자가 껍질 전자는

- 핵에 더 가까운 내부 껍질 전자에 의해서 강하게 가려진다.
- $s > p > d > f$ 순서에 따라 같은 껍질 내의 다른 전자들에 의해서는 덜 강하게 가려진다.
- 핵으로부터 같은 거리에 있는 같은 부껍질 내의 다른 전자들에 의해서는 가장 약하게 가려진다.

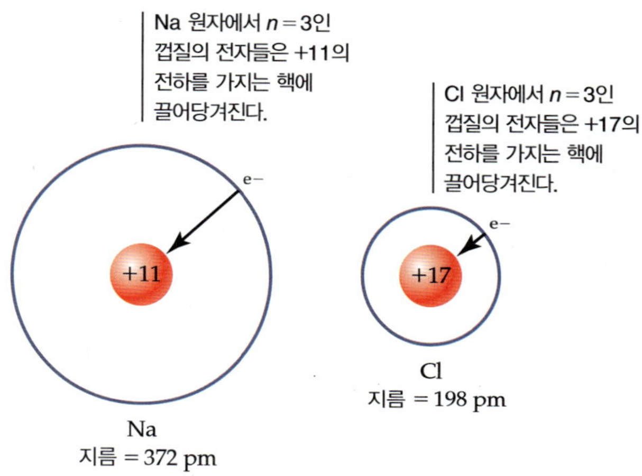

3주기에서 보면, 오른쪽으로(Na에서 Cl로) 갈수록 동일한 껍질에 전자가 1개씩 추가로 채워진다(Na의 $3s^1$에서 Cl의 $3s^2 3p^5$까지). 같은 껍질 내의 전자들은 핵으로부터의 거리가 대략 같기 때문에 서로를 효과적으로 가리지 못한다. 그러나 이와 동시에, 핵전하(Z)는 Na의 +11에서 Cl의 +17까지 증가한다.

따라서 원자가 껍질 전자들의 유효 핵전하는 같은 주기 내에서 오른쪽으로 갈수록 증가하여 원자가 껍질 전자들을 핵에 더 가까이 끌어당기므로 원자 반지름은 점차 감소한다(**그림 5.23**).

원자 반지름에 대해 참인 것은 다른 원자 성질들에도 참이고, 이들 성질의 주기성은 전자 배치로 설명할 수 있다. 다음 장에서 이 주제를 계속 다룰 것이다.

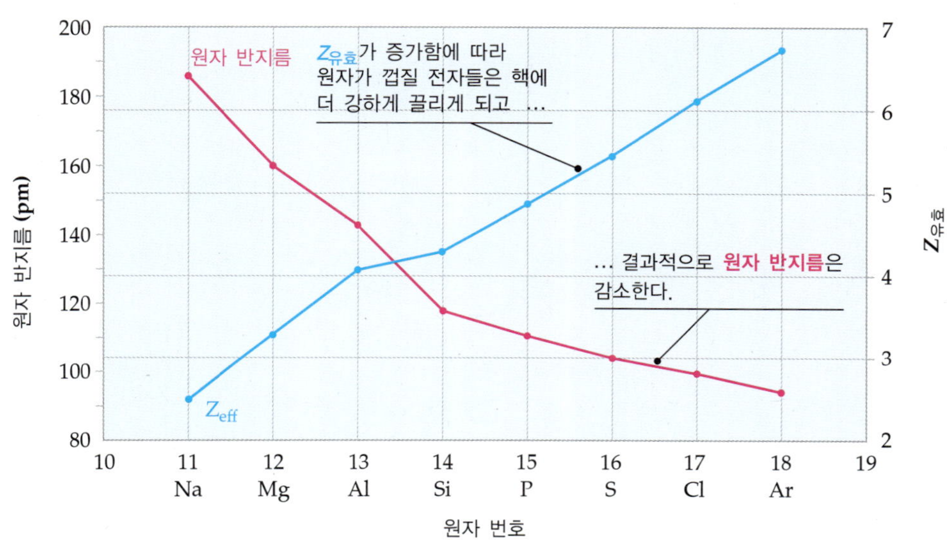

◀ 그림 5.23
원자 반지름과 가장 에너지가 높은 전자의 유효 핵전하($Z_{유효}$) 계산값을 원자 번호에 따라 도시한 그림

▲ 확인하기

$Z_{유효}$와 원자 반지름 사이의 관계는 어떠한가? $Z_{유효}$가 원자 반지름에 어떻게 영향을 미치는지 설명하시오.

답 $Z_{유효}$가 증가함에 따라 원자 반지름은 감소한다. $Z_{유효}$가 클수록 전자들이 핵과의 인력을 더 강하게 느끼게 되어 원자 반지름은 감소하게 된다.

예제 5.8

원자 반지름의 상대적 크기 예측

다음 각 원자 쌍 중 어느 원자가 더 클 것으로 예상하는가? 그 이유를 설명하시오.

(a) Mg 또는 Ba

(b) W 또는 Hf

전략

한 주기 내에서는 오른쪽으로 갈수록 강한 힘으로 전자들을 핵 쪽으로 끌어당기는 유효 핵전하($Z_{유효}$)가 증가하므로 원자 반지름이 감소한다. 같은 족 내에서는 아래로 갈수록 더 높 은 에너지 준위의 껍질에 전자가 채워지기 때문에 원자 반지름이 증가한다.

풀이

(a) Ba($n = 6$의 원자가 껍질)이 Mg($n = 3$의 원자가 껍질)보다 반지름이 더 크다.

(b) Hf(핵전하 = +72)이 W(핵전하 = +74)보다 반지름이 더 크다.

▶ **연습문제 5.15** 다음 원자들을 작은 것부터 큰 것으로 나열하시오.

Cs, Si, Sn

▶ **응용문제 5.16** 다음 화학 결합 중 결합 길이가 가장 긴 것으로 예측되는 것을 고르시오.

C−F, C−I, C−Br

INQUIRY? 원자 방출 스펙트럼에 대한 지식이 보다 효율적인 전구를 만드는 데 어떻게 도움이 될까?

백년 이상 사용해 온 표준 백열전구는 얇은 텅스텐 필라멘트에 전류가 흐르고, 그에 따라 필라멘트가 가열되어 열과 빛을 방출한다. 방출되는 빛의 파장과 세기는 가열된 필라멘트의 온도에 따라 결정된다. 일반적인 백열전구의 온도는 약 2500 ℃이고, 자외선(200~400 nm) 영역부터 가시광선(400~800 nm) 영역 및 적외선(800~2000 nm) 영역에 이르는 파장의 빛을 모두 방출한다. 자외선 진동수의 빛은 전구의 유리에 의하여 차단되고, 가시광선 진동수의 빛은 유리를 통과하며(백색광을 낸다는 의미의 백열전구), 적외선 진동수의 빛은 전구와 그 주변의 온도를 높인다.

오랜 역사에도 불구하고, 백열전구는 실제로 매우 비효율적인 장치이다. 사실 백열전구에서는 사용하는 전기 에너지의 단지 5%만이 빛에너지로 변환되고, 나머지 95%는 열에너지로 변환되어 손실된다. 따라서 가정과 회사에서 사람들은 에너지를 적게 사용하기 위해서 백열전구를 현대의 소형 형광전구로 대체하고 있다. (형광전구가 매우 효율적이라는 것은 아니다. 이것도 단지 에너지의 20%만 빛으로 변환하여 백열전구보다 4배 더 효율적일 뿐이다.)

본질적으로 형광전구는 2.6절에 기술된 음극선관의 변형된 형태이다. 전구는 두 개의 주요 부분, 즉 소량의 수은 증기를 포함하는 아르곤이 채워진 유리관(직선형 또는 코일형)과 제어된 고전압 전류를 공급해 주는 전기회로로 구성되어 있다. 전류가 관통하여 흐름에 따라 필라멘트가 가열되면 전자들이 유리관 내 공간으로 방출된다. 유리관 안에서 흐르는 전자들의 일부는 수은 원자들과 충돌하여 전자들의 운동 에너지를 전달하고, 그 결과 수은 원자의 전자들은 높은 에너지 준위의 오비탈들로 들뜨게 된다. 들뜬 상태의 수은 전자가 바닥 상태로 떨어질 때 광자가 방출되고, 그림 5.24와 같은 원자 선 방출 스펙트럼을 형성한다.

▲ 이와 같은 소형 형광전구는 일반적인 백열전구보다 가정을 밝히는 에너지 효율이 훨씬 더 높다. ⓒLaboko/Shutterstock

들뜬 상태의 수은 원자에서 방출되는 광자들의 일부는 우리 눈으로 관찰할 수 있는 가시광선 영역에 있지만, 대부분의 광자는 우리 눈으로 볼 수 없는 185 nm와 254 nm 파장을 가지는 자외선 영역에 있다. 이러한 자외선 에너지를 잡기 위하여, 자외선을 흡수하여 가시광선으로 에너지를 다시 방출하는 **형광체**(phosphor)로 형광전구 안쪽 벽면이 코팅되어 있다. 결과적으로 형광등은 백열전구보다 훨씬 적은 에너지를 소모한다.

여러 종류의 다른 형광체가 형광등에 사용되고 있다. 형광체는 종류에 따라 다양한 색깔의 가시광선을 방출하기 때문이다. 일반적으로 금속 산화물과 희토류 이온의 여러 가지 착물[Y_2O_3:Eu^{3+}(붉은색 방출), $CeMgAl_{11}O_{19}$:Tb^{3+}(초록색 방출), $BaMgAl_{10}O_{17}$:Eu^{2+}(파란색 방출)]로 만들어진 소위 삼형광체(triphosphor) 혼합물이 사용되고 있다. 형광체에 의해서 얻어지는 최종 색깔은 제조회사가 희망하는 대로 조정될 수 있으며, 일반적으로는 세 개의 형광체가 가시광선 영역에서 균일하게 방출되어 우리 눈이 천연 백색으로 감지하는 색깔로 재생된다(그림 5.25).

역자 주: 이제 소형 형광(compact fluorescent light)전구도 내구성과 에너지 효율이 더욱 뛰어난 LED 전구로 빠르게 교체되고 있다.

▶ 그림 5.24
수은의 방출 선 스펙트럼

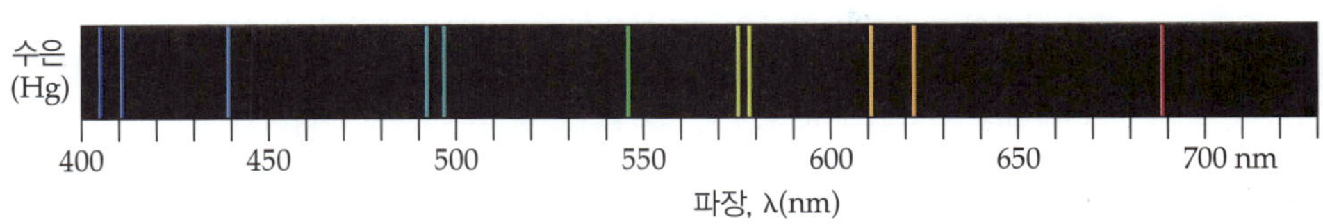

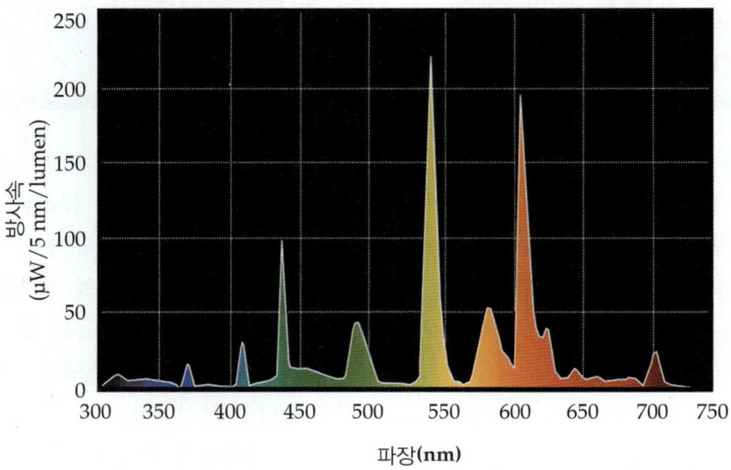

◀ 그림 5.25
일반적인 형광전구에서 방출되는 삼형광체 스펙트럼. 삼형광체 스펙트럼은 가시광선 영역에 걸쳐 분포되어 있어, 우리 눈에 백색 빛으로 인식된다.

정리

절	개념 요약	학습 목표
5.1 복사 에너지의 피동성과 전자기 스펙트럼	**전자기 스펙트럼**을 구성하는 빛과 다른 형태의 **복사 에너지**에 대한 이해를 바탕으로 원자 및 분자의 성질에 대해 이해한다. 전자기파는 진공에서 빛의 속도(c)로 이동하고, **진동수(ν)**, **파장(λ)**, **진폭**으로 구별된다.	5.1 전자기파의 파장, 진동수, 진폭을 표시하고, 그 의미를 이해한다. 5.2 전자기 복사의 파장과 진동수 사이를 상호 변환한다.
5.2 복사 에너지의 입자성: 광전 효과와 플랑크 가설	전자기 에너지는 불연속적으로 존재하며, 이를 **양자**라고 한다. 한 개의 양자의 에너지는 **플랑크 가설**로 계산되는 전자기파의 진동수와 관계가 있다. **광전 효과**에서 한곗값보다 큰 에너지를 갖는 빛은 물질로부터 전자를 제거할 수 있다. 아인슈타인은 광전 효과의 설명에서 빛이 입자(광자)와 같이 행동한다고 제안하였다.	5.3 전자기 복사의 파장 또는 진동수가 주어졌을 때, 에너지를 J/광자 또는 kJ/mol 단위로 계산한다. 5.4 광전 효과를 기술하고, 그것이 빛의 입자성을 어떻게 증명하는지 설명한다. 5.5 금속의 일함수가 주어졌을 때, 광전 효과를 일으키기 위해 필요한 복사선의 진동수 또는 파장을 계산한다.
5.3 원자 선 스펙트럼과 양자화된 에너지	들뜬 원자에서 방출되는 빛은 연속으로 분산된 파장의 빛으로 구성된 태양의 백색광과는 다르게 소수의 불연속적인 파장으로 구성된 **선 스펙트럼**이다. **발머–뤼드베리 식**은 수소 원자의 방출 스펙트럼의 파장을 계산할 수 있는 수학적인 모형이다. 보어 원자 모형은 밀도가 높고 양전하를 띠는 원자핵 주위를 전자가 다른 반지름을 가지는 궤도를 회전하는 것으로 묘사한다. 이 모형은 오비탈의 에너지가 **양자화**되어 있다고 가정하기 때문에 선 스펙트럼을 잘 설명한다. 하지만 고정된 전자 궤도를 설명하는 보어의 원자 모형은 틀렸다. 보어 모형의 또 다른 한계는 일전자 원소들만 정확히 설명한다는 것이다.	5.6 연속 스펙트럼과 선 스펙트럼의 차이를 기술한다. 5.7 보어의 원자 모형에서 서로 다른 전자 전이에 대한 파장과 진동수를 비교한다. 5.8 발머–뤼드베리 식을 사용하여, 수소 원자에서 전자 전이의 파장과 에너지를 계산한다.
5.4 양자 역학적 원자 모형: 오비탈과 양자수	슈뢰딩거는 파동의 움직임을 묘사하기 위해 사용하는 수학적인 식에 의해 원자를 표현하는 **양자 역학 모형**을 1926년에 제안하였다. 원자에서 각각의 전자의 움직임은 **파동 함수** 또는 **오비탈**로 표현할 수 있고, 파동 함수의 절댓값의 제곱은 주어진 공간에 전자를 발견할 확률을 나타낸다. 각각의 파동 함수는 **양자수**라고 불리는 3개의 파라미터 조합을 가진다. **주양자수 n**은 오비탈의 크기를 정하고, **각운동량 양자수 l**은 오비탈의 모양을 결정하며, **자기 양자수 m_l**은 오비탈의 공간적 배향을 결정한다.	5.9 다른 오비탈에 존재하는 전자를 설명하기 위해 가능한 양자수 조합을 확인하고 적는다.

절	개념 요약	학습 목표
5.5 오비탈의 모양	파동 함수의 절댓값의 제곱($\|\psi\|^2$) 또는 오비탈은 공간의 특정 영역에서 전자가 발견될 확률을 의미한다. 오비탈의 모양과 공간적 배치는 각운동량 양자수 l에 의해 정의된다. $l = 0$일 때 s 오비탈, $l = 1$일 때 p 오비탈, $l = 2$일 때 d 오비탈, $l = 3$일 때 f 오비탈이라고 한다.	**5.10** 모양을 바탕으로 오비탈을 구분하고, 양자수 조합을 사용하여 설명한다. **5.11** 다른 종류의 오비탈과 다른 껍질에 마디면을 그린다.
5.6 전자 스핀과 파울리 배타 원리	전자 스핀을 나타내는 네 번째 양자수 m_s는 하나의 오비탈에 채워진 두 개의 전자를 구분해 준다. **파울리 배타 원리**는 한 원자 안에 있는 두 전자는 어떤 경우에도 4개의 양자수가 모두 같을 수 없다는 것을 의미한다. **스핀 양자수** m_s는 전자의 스핀이 +1/2 또는 −1/2임을 명시한다. 같은 오비탈에 들어가 있는 전자들은 반드시 반대 스핀을 가져야 한다.	**5.12** 원자에 존재하는 전자들에 대해 4개의 양자수를 지정한다.
5.7 다전자 원자의 오비탈 에너지 준위	같은 껍질 안에서 수소 원자의 오비탈은 같은 에너지를 가진다. 다전자 원자에서 같은 껍질 안의 s, p, d, f 오비탈의 에너지는 조금씩 다르다. 다전자 원자의 부껍질의 에너지 차이는 오비탈의 모양이 달라 전자가 가려지는 정도가 다르기 때문에 나타난다.	**5.13** 전자의 가림 효과가 에너지가 가장 낮은 부껍질에서 가장 높은 부껍질 순서로 어떻게 형성되는지 설명한다. **5.14** 에너지에 따라서 부껍질이 채워지는 순서를 예상한다.
5.8~5.9 다전자 원자의 전자 배치	다전자 원자의 **바닥 상태 전자 배치**는 **쌓음 원리**라고 하는 다음의 일련의 규칙에 따라 완성된다. **1.** 가장 낮은 에너지의 오비탈이 먼저 채워진다. **2.** 한 개의 **오비탈**에는 2개의 전자가 들어갈 수 있고(**파울리 배타 원리**), 두 개의 전자는 반대 스핀을 가진다. **3.** 만약 둘 이상의 오비탈이 같은 에너지를 가진다면(미분화), 각각의 오비탈은 한 개의 오비탈이 완전히 채워지기 전에 절반씩 먼저 채워진다(**훈트 규칙**). 쌓음 원리는 원소의 전자 배치를 정확히 예측한다. 하지만 21개의 원소는 반이 채워지거나 완전히 채워진 부껍질의 특이한 안정성 때문에 변칙적인 전자 배치를 가진다(그림 5.20).	**5.15** 바닥 상태에서 원자의 전자 배치를 적는다.
5.10 전자 배치와 주기율표	주기율표는 화학에서 가장 중요한 배열 원리이다. 주기율표의 같은 족의 원소들은 비슷한 **원자가 껍질** 전자 배치를 가지기 때문에 비슷한 성질을 나타낸다. 주기율표는 오비탈에 전자가 채워지는 순서를 예측하는 데 사용될 수 있다(그림 5.21).	**5.16** 원자의 바닥 상태에서 오비탈 채움 도표를 그려보고, 홀전자 수를 결정한다. **5.17** 오비탈 채움 도표 또는 전자 배치를 통해 원자를 확인한다.
5.11 전자 배치와 주기적 성질: 원자 반지름	원소의 원자 반지름은 주기율표에서 원소의 위치에 따라 주기적인 증감 현상을 보인다. 원자 반지름은 같은 족에서 아래로 갈수록 주양자수(n)가 증가하므로 커지고, 같은 주기에서 왼쪽에서 오른쪽으로 갈수록 **유효 핵전하**($Z_{유효}$)가 커지므로 그에 따라 원자 반지름은 작아진다.	**5.18** 원자 반지름의 주기성을 설명한다. **5.19** 주기율표의 위치에 따른 원자의 상대적인 크기를 예측한다.

주요 용어

d-구역 원소	마디	양자수	주양자수(n)
f-구역 원소	미분화	양자화	진동수(ν)
p-구역 원소	바닥 상태 전자 배치	오비탈	진폭
s-구역 원소	발머–뤼드베리 식	원자가 껍질	파동 함수
각운동량 양자수(l)	복사 에너지	위상	파울리 배타 원리
광자	부껍질	유효 핵전하($Z_{유효}$)	파장(λ)
광전 효과	선 스펙트럼	자기 양자수(m_l)	플랑크 가설
껍질	스핀 양자수(m_s)	전자기 스펙트럼	헤르츠(Hz)
러더퍼드 원자핵 모형	쌓음 원리	전자 배치	훈트 규칙

주요 식

• 진동수(ν)와 파장(λ)과의 관계(5.1절)

$$\lambda = \frac{c}{\nu} \quad \text{또는} \quad \nu = \frac{c}{\lambda}$$

여기서 c는 빛의 속도(3.00×10^8 m/s)이다.

• 에너지(E)와 진동수(ν) 또는 파장(λ)과 관계된 플랑크 가설(5.2절)

$$E = h\nu = \frac{hc}{\lambda}$$

여기서 h는 플랑크 상수(6.626×10^{-34} J·s)이다.

• 수소의 선 스펙트럼을 설명하는 발머–뤼드베리 식(5.3절)

$$\frac{1}{\lambda} = R_\infty\left[\frac{1}{m^2} - \frac{1}{n^2}\right] \quad \text{또는} \quad \nu = R_\infty \cdot c\left[\frac{1}{m^2} - \frac{1}{n^2}\right]$$

여기서 m과 n은 정수($n > m$)이고, R_∞는 뤼드베리 상수이다.

복습 문제

LO는 학습 목표(Learning Objectives)를 나타낸다.

이 장을 학습한 후엔, 학습자의 이해도를 평가할 수 있는 방법이 있다. **복습 문제**를 푸는 것이다. **복습 문제**들은 이 장의 학습 목표와 연계되어 있다. 따라서 푼 답이 틀렸다면, 이 장의 끝부분에 나와 있는 **정리** 문단의 **학습 목표**를 참고하면 된다. 정리 문단에는 **개념 요약**이 제공되며, **예제**를 참고하면 문제 해결 방법을 모델링 할 수 있다.

1. 더 높은 에너지를 가지는 복사에 해당되는 파동은 어느 것인가? (**LO 5.1**)

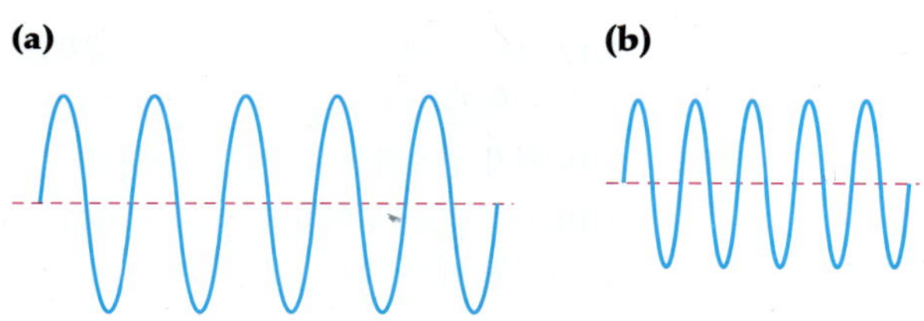

2. 다음 빛의 진동수는 헤르츠(Hz)로 얼마인가? (**LO 5.2**)

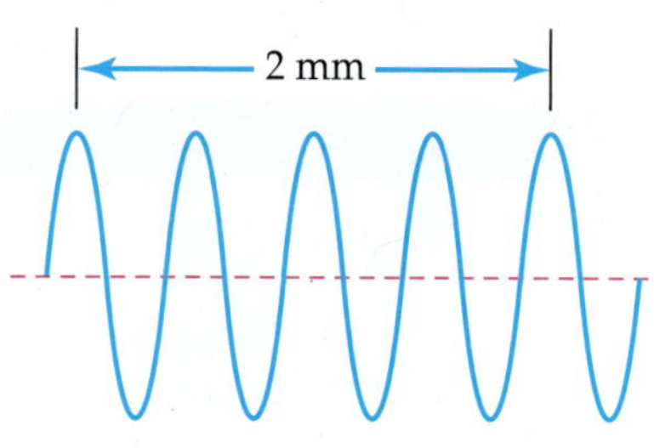

(a) 6.0×10^{11} Hz (b) 6.0×10^{8} Hz
(c) 1.5×10^{11} Hz (d) 1.5×10^{8} Hz

3. 파장이 85 nm인 자외선의 1몰 광자가 가지는 에너지는 kJ로 얼마인가? (**LO 5.3**)

(a) 1.4×10^{-6} kJ (b) 1.4×10^{3} kJ
(c) 2.4×10^{14} kJ (d) 2.4×10^{-15} kJ

4. 다음 전자파 중 일함수가 350 kJ/mol인 아연 금속으로부터 가장 많은 전자들을 방출할 수 있는 것은 어떤 것인가? (**LO 5.4, 5.5**)

(a) 320 nm의 파장을 가지는 희미한 빛
(b) 360 nm의 파장을 가지는 희미한 빛
(c) 360 nm의 파장을 가지는 밝은 빛
(d) 375 nm의 파장을 가지는 밝은 빛

5. 다음 수소 원자에 대한 가시광선 영역의 원자 발광 스펙트럼이다. (**LO 5.6**)

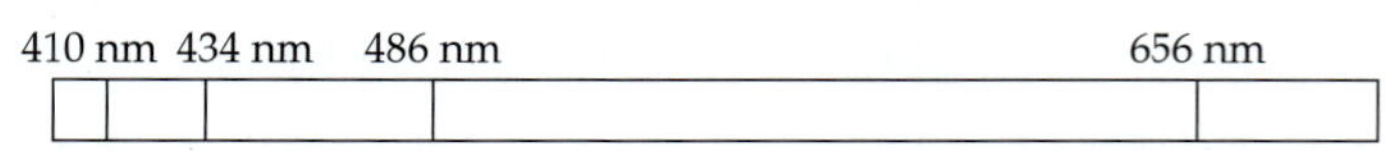

4개의 선들에 대해 얻을 수 있는 결론은 무엇인가?

(a) 수소 분자는 H_4의 화학식을 가지고 있다.
(b) 스펙트럼의 가시광선 영역에서 4개의 선밖에 없기 때문에 스펙트럼의 자외선 영역에서는 더 많은 선들이 있을 것이다.
(c) 들뜬 수소 원자에서 4개의 전자들이 있다.
(d) 수소 원자의 전자의 경우, 특정 에너지만 허용된다.

6. $Cu(NO_3)_2$와 같은 구리 염이 화염 속에서 탈 때, 파랑–초록색의 빛이 방출된다. 다음 중 구리 원소의 방출 스펙트럼을 나타낸 것은 어느 것인가? (**LO 5.6**)

(a)

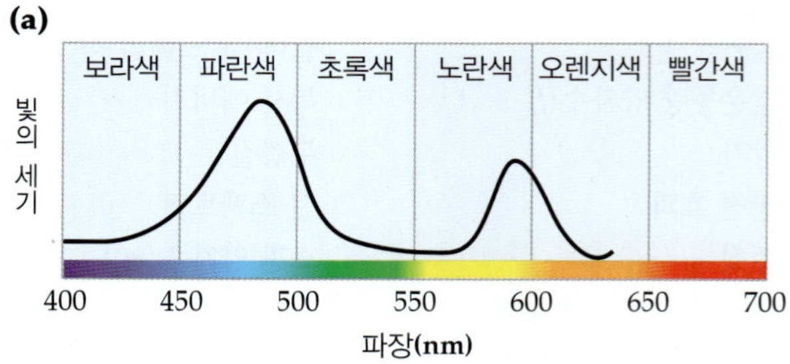

(b)

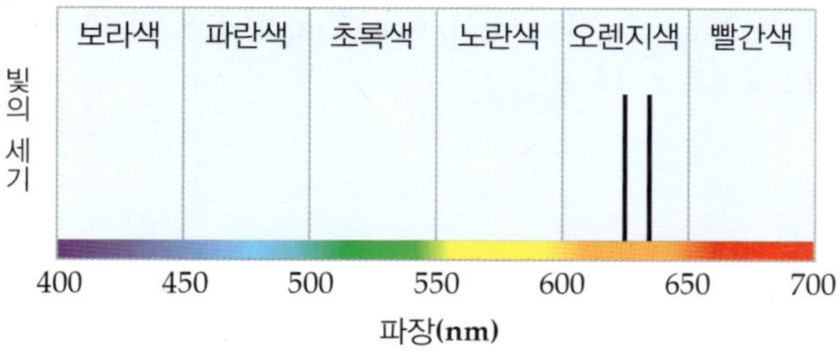

(c)

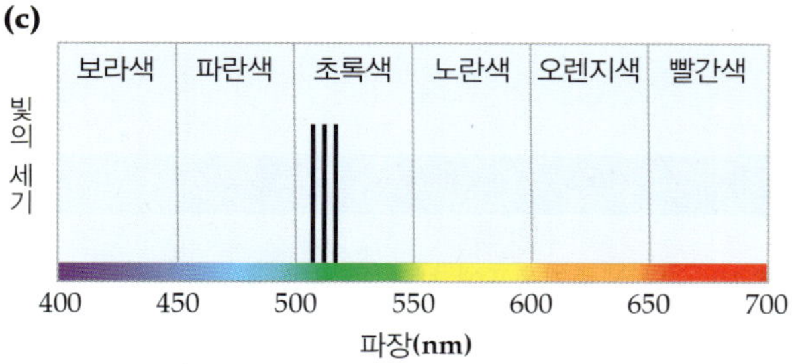

(d)

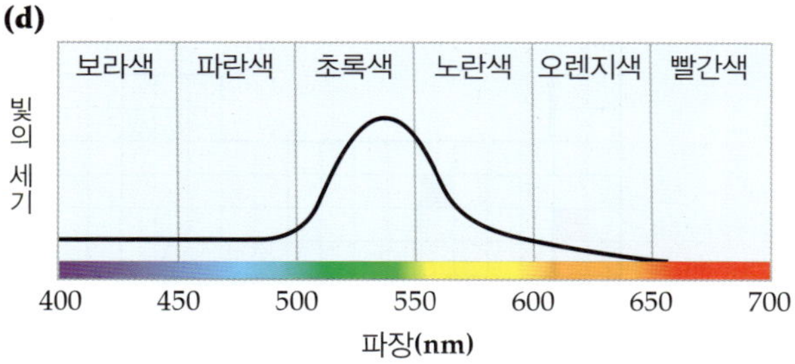

7. 다음 화살표 중 **가장 짧은 파장**을 갖는 빛의 **흡수**를 나타내는 화살은 어떤 것인가? (**LO 5.7**)

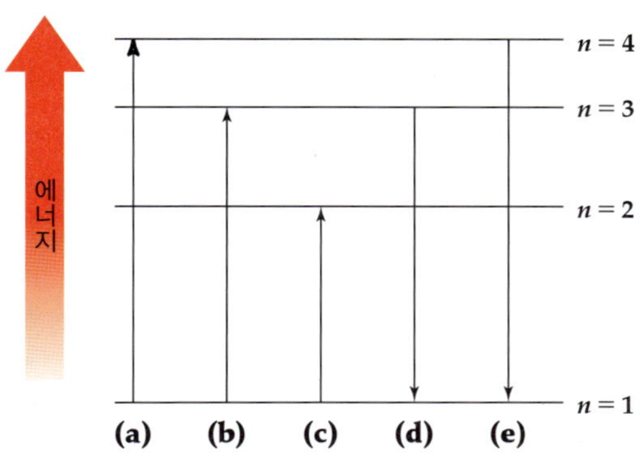

8. 수소 원자의 한 전자가 $n = 5$인 오비탈에서 $n = 2$인 오비탈로 전이를 하여 빛을 방출할 때, 빛의 파장을 nm로 계산하시오. (**LO 5.8**)
(a) 2.31×10^{-3} nm　　(b) 4.34×10^{-2} nm
(c) 231 nm　　(d) 434 nm

9. $5p$ 오비탈에 있는 전자에 대해 가능한 n, l, m_l 값은 어떤 것인가? (**LO 5.9**)

	n	l	m_l
(a)	5	0	0
(b)	1, 2, 3, 4, 5	1, 2	−2, −1, 0, +1, +2
(c)	5	2	−2, −1, 0, +1, +2
(d)	5	1	−1, 0, +1

10. 아래에 나타낸 오비탈에 대해 가능한 n, l, m_l 값은 어떤 것인가? (**LO 5.10**)

	n	l	m_l
(a)	2	0	0
(b)	3	0	0
(c)	3	1	−1, 0, +1
(d)	4	2	−2, −1, 0, +1, +2

11. 다전자 원자에서 $3s$ 오비탈은 $3p$ 오비탈보다 낮은 에너지 준위를 가진다. 그 이유는 무엇인가? (**LO 5.13**)
(a) $3p$ 오비탈이 $3s$ 오비탈보다 더 많은 마디 표면이 있기 때문이다.
(b) $3p$ 오비탈에 있는 전자가 $3s$ 오비탈에 있는 전자보다 핵에 더 가까이에 있을 확률이 높기 때문이다.
(c) $3s$ 오비탈에 있는 내부 전자가 $3p$ 오비탈에 있는 전자보다 효과적으로 전자를 가리게 되기 때문이다.
(d) $3s$ 오비탈 대신 3개의 $3p$ 오비탈들에 전자의 에너지가 분포되기 때문이다.

12. [Ne]$3s^2 3p^4$의 바닥 상태 전자 배치를 가지는 원소는 어느 것인가? (LO 5.15)
(a) S　　(b) Si
(c) Cr　　(d) Te

13. Fe 원소의 바닥 상태 전자 배치를 오비탈 채움 도표로 맞게 표시한 것은 어느 것인가? (**LO 5.16**)

(a)

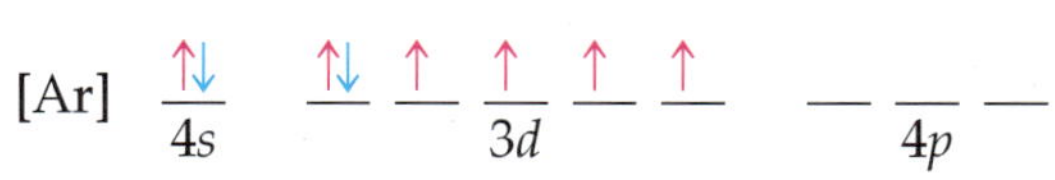

(b)

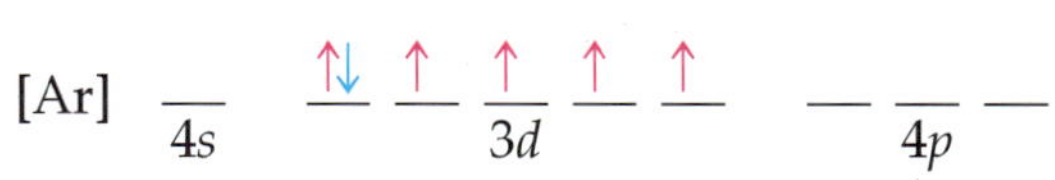

(c)

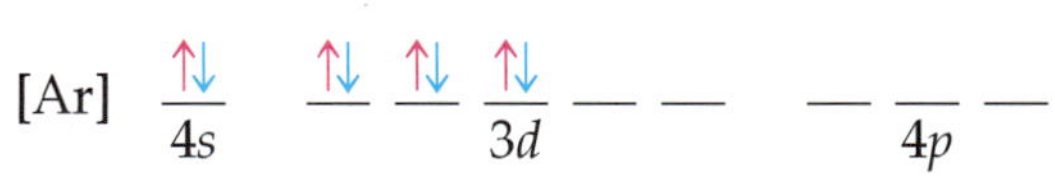

(d)

[Ar] 4s: __ 3d: ↑↓ ↑↓ ↑↓ ↑ ↑ 4p: __ __ __

14. 가장 큰 원자 반지름을 가지는 원소는 어느 것인가? (**LO 5.17**)
(a) Rb (b) Co
(c) Mg (d) As

답:
1. b, 2. a, 3. b, 4. a, 5. d, 6. c, 7. a, 8. d, 9. d, 10. b, 11. c, 12. a, 13. a, 14. a

개념 문제

문제 5.1~5.16은 이 장의 본문 중에 있다.

5.17 아래에 두 개의 전자기파가 있다.
(a) 더 강한 세기를 갖는 파동은 어느 것인가?
(b) 더 높은 에너지 복사에 해당하는 파동은 어느 것인가?
(c) 어떤 파동이 노란색을 나타내고, 어떤 파동이 적외선을 나타내는가?

(i)

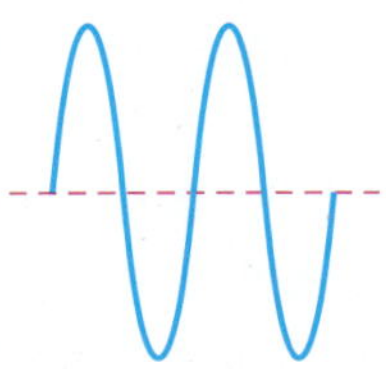

(ii)

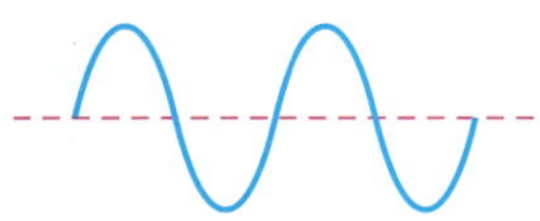

5.18 다음 오비탈 그림이 어떤 오비탈에 해당하는지 확인하고, 주양자수(n)와 각운동량 양자수(l)를 각각 나타내시오.

(a)

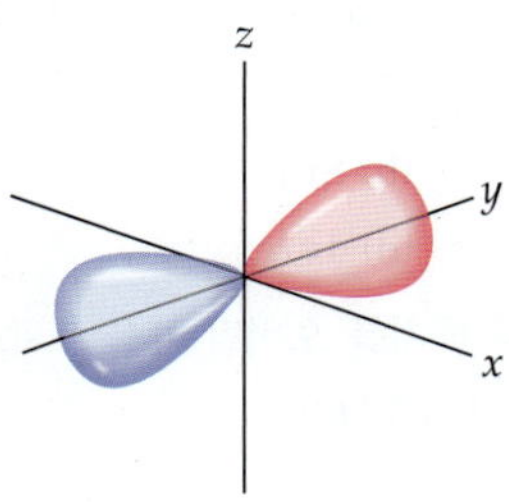

(3번째 껍질)

(b)

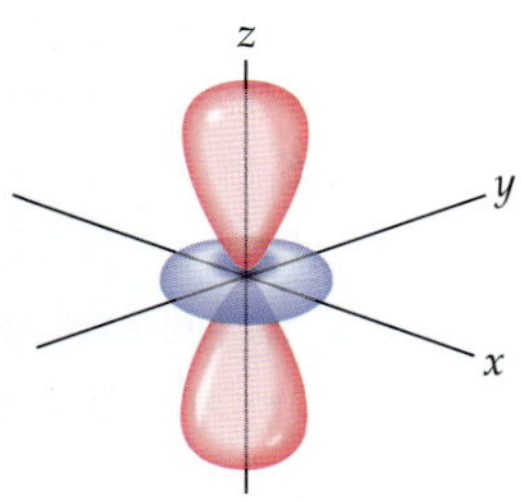

(4번째 껍질)

5.19 다음 주기율표에 보여 준 원소 중 하나는 변칙적인 바닥 상태 전자 배치를 갖는다. 다음의 빨강, 파랑, 초록으로 표시한 원소는 어느 원소에 해당하며, 그 이유는 무엇인가?

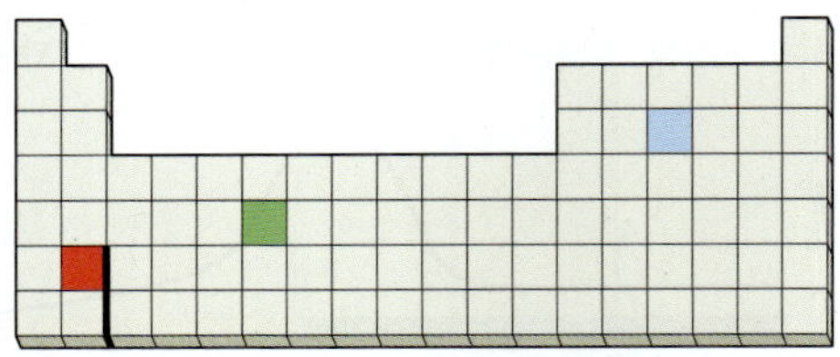

5.20 다음 오비탈 채움 도표는 바닥 상태의 원자가 아닌 들뜬 상태 원자의 전자 배치이다. 어떤 원자인지 확인하고, 바닥 상태 전자 배치를 나타내시오.

[Ar] 4s: ↓↑ 3d: ↓↑ ↓↑ ↓↑ ↓↑ ↓↑ 4p: ↓↑ ↓↑ __

보충 문제

복사 에너지의 파동성(5.1절)

5.21 빨간색과 보라색 중 어느 빛이 더 큰 진동수를 갖는가? 어느 것의 파장이 더 긴가? 어느 것의 에너지가 더 큰가?

5.22 허블(Hubble) 우주 망원경은 $1.15 \times 10^{-7} \sim 2.0 \times 10^{-6}$ m 파장 영역의 전자기 에너지를 감지한다. 이 영역에서 완전히 발견되는 전자기 스펙트럼은 어떤 영역인가? 부분적으로 검출되는 전자기 스펙트럼은 어떤 영역들인가?

5.23 진동수 $\nu = 5.5 \times 10^{15}\ s^{-1}$인 자외선의 파장은 미터 단위로 얼마인가?

5.24 휴대전화는 825 MHz의 주파수를 송출하고, 875 MHz의 주파수를 송신한다.
(a) 송출되는 신호의 파장(cm)은?

(b) 송신되는 신호의 파장(cm)은?

복사 에너지의 입자성(5.2절)

5.25 다음 파동의 에너지(kJ/mol)를 계산하고, 각 쌍 중 어느 것이 더 큰 값인지를 말하시오.

(a) 99.5 MHz에서의 FM 라디오파와 1150 kHz에서의 AM 라디오파

(b) $\lambda = 3.44 \times 10^{-9}$ m인 X선과 $\lambda = 6.71 \times 10^{-2}$ m인 마이크로파

5.26 다음과 같은 에너지를 갖는 광자들의 파장을 미터 단위로 나타내면 얼마인가? 어떤 영역의 전자기 스펙트럼인가?

(a) 90.5 kJ/mol (b) 8.05×10^{-4} kJ/mol

(c) 1.83×10^3 kJ/mol

5.27 우리는 스카치테이프를 선물 포장에 사용하는 데 익숙하지만, 이것이 전자기 복사선을 방출한다는 사실은 잘 알지 못한다. 스카치테이프가 진공 상태(공기 중이 아닌)에서 풀어질 때 나노초 동안 대략 $\nu = 2.9 \times 10^{18}$ s^{-1}의 진동수를 갖는 광자가 방출된다.

(a) $\nu = 2.9 \times 10^{18}$ s^{-1}의 진동수를 가지는 광자의 파장을 m로 나타내면 얼마인가?

(b) $\nu = 2.9 \times 10^{18}$ s^{-1}의 진동수를 가지는 광자의 에너지를 kJ/mol로 나타내면 얼마인가?

(c) 이 광자는 어떤 전자기 복사선인가?

5.28 국제 단위계(SI)에서 초(second)는 세슘-133 원자의 두 에너지 준위 사이의 전이에 해당하는 복사선이 가지는 9,192,631,770주기의 기간으로 정의된다. 이러한 두 에너지 준위의 에너지 차이를 kJ/mol로 계산하면 얼마인가?

5.29 CD, DVD, 블루-레이 디스크에 부호화되어 있는 데이터는 레이저를 사용하여 읽을 수 있다. 다음 레이저의 파장(nm)과 에너지(J)는 얼마인가?

(a) CD 레이저, $\nu = 3.85 \times 10^{14}$ s^{-1}

(b) DVD 레이저, $\nu = 4.62 \times 10^{14}$ s^{-1}

(c) 블루-레이 레이저, $\nu = 7.41 \times 10^{14}$ s^{-1}

5.30 세슘(Cs) 금속의 일함수는 188 kJ/mol이고, 이는 637 nm의 파장을 가지는 빛의 에너지와 같다. 다음 중 세슘으로부터 가장 적은 수의 전자를 방출시키는 조건은 무엇인가?

(a) 500 nm의 파장과 높은 진폭

(b) 500 nm의 파장과 낮은 진폭

(c) 650 nm의 파장과 높은 진폭

(d) 650 nm의 파장과 낮은 진폭

5.31 은(Ag) 금속의 일함수는 436 kJ/mol이다. 은 시료로부터 전자를 방출시키기 위해서 필요한 빛의 진동수는 얼마인가?

원자 선 스펙트럼과 양자화된 에너지(5.3절)

5.32 분광학은 조사한 에너지와 물질과의 상호 작용을 바탕으로 물질의 정성 및 정량 분석을 하는 기술이다. 중수소 램프는 자외선 영역의 스펙트럼 광원으로 종종 사용되고, 다음 그림과 같은 방출 스펙트럼을 나타낸다. 이 스펙트럼은 연속 스펙트럼인가? 선 방출 스펙트럼인가?

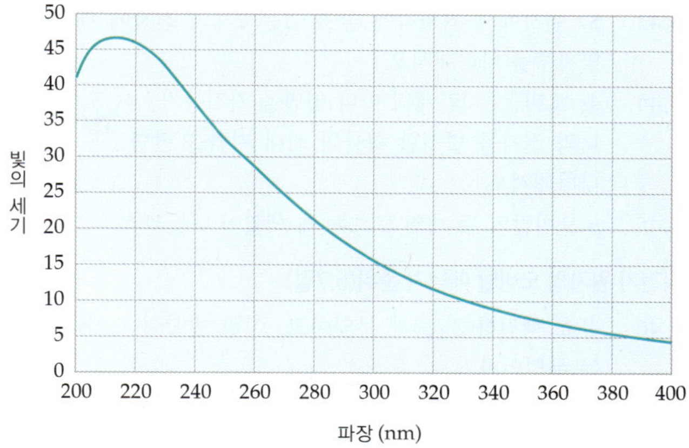

5.33 수소의 발머 선 스펙트럼에 대한 방정식에 따라, $n = 3$은 656.3 nm에서 빨간색 스펙트럼 선을, $n = 4$는 486.1 nm에서 초록색 선을, $n = 5$는 434.0 nm에서 파란색 선을 낸다. 각 스펙트럼 선에 해당하는 복사선의 에너지(kJ/mol)를 계산하시오.

5.34 수소 원자의 첫 번째 껍질($n = 1$)로부터 전자를 완전히 제거하는 데 필요한 에너지(kJ)와 파장을 계산하시오($R_\infty = 1.097 \times 10^{-2}$ nm^{-1}).

5.35 수소의 선 스펙트럼 계열 중 하나는, 전자가 더 바깥 껍질들에서 네 번째 껍질로 떨어질 때의 에너지 방출에 의하여 나타난다. 이 선은 발머-뤼드베리 식을 사용하여 계산할 수 있다.

$$\frac{1}{\lambda} = R_\infty\left[\frac{1}{m^2} - \frac{1}{n^2}\right]$$

여기서 $m = 4$, $R_\infty = 1.097 \times 10^{-2}$ nm^{-1}, n은 4보다 큰 정수이다. 이 계열의 처음 두 선의 파장(nm)과 에너지(kJ/mol)를 계산하시오. 이것은 전자기 스펙트럼의 어떤 영역에 속하는가?

5.36 발머 식을 사용하여, $n = 6$이고 $m = 2$일 때 수소의 스펙트럼 선의 파장을 nm로 계산하시오. 이 선에 해당하는 복사선의 에너지(kJ/mol)는 얼마인가?

오비탈과 양자 역학(5.4~5.6절)

5.37 네 가지 양자수는 무엇이고, 각각 무엇을 나타내는가?

5.38 다음 각 전자에 대하여 가능한 양자수 조합을 제시하시오.

(a) $4s$ 전자 (b) $3p$ 전자

(c) $5f$ 전자 (d) $5d$ 전자

5.39 다음 양자수 조합 중 어느 것이 바닥 상태의 코발트 원자($Z = 27$)를 나타내는가?

(a) $n = 3,\ l = 0,\ m_l = 2$

(b) $n = 4,\ l = 2,\ m_l = -2$

(c) $n = 3,\ l = 1,\ m_l = 0$

5.40 가장 높은 에너지를 갖는 전자의 주양자수가 $n = 5$일 때, 이 원자가 가질 수 있는 전자는 최대 몇 개인가?

5.41 소듐(Na) 원자는 전자가 $4p$ 오비탈에서 $3s$ 오비탈로 이동할 때 330 nm 파장의 빛을 방출한다. 이때 두 오비탈 사이의 에너지 차이(kJ/mol)는 얼마인가?

5.42 탄소의 각 전자들에 대한 4가지 양자수를 나타내시오.

5.43 Sr 원자에서 최외각에 놓여 있는 2개의 전자에 대한 4가지 양자수를 나타내시오

5.44 4*s* 오비탈은 몇 개의 마디 평면을 가지는가? 4*s* 오비탈의 마디와 전자를 발견할 확률의 최대 지역을 단면도를 이용하여 나타내시오.

5.45 *p* 오비탈의 두 개의 로브는 왜 색깔이 다를까?

다전자 원자의 오비탈 에너지 준위(5.7절)

5.46 **유효 핵전하**($Z_{유효}$)가 무엇이고, 이런 현상이 나타나는 이유는 무엇인가?

5.47 다음 오비탈에 있는 전자를 가림 능력에 따라 순서대로 나열하시오.

4*s*, 4*d*, 4*f*

5.48 주기율표에서 왜 한 주기의 원소들의 숫자는 아래로 가면서 2, 8, 18, 32로 증가하는지 그 이유를 설명하시오.

5.49 다음 중 더 큰 에너지를 갖는 오비탈은 무엇인가?

(a) 5*p* 또는 5*d* (b) 4*s* 또는 3*p*
(c) 6*s* 또는 4*d*

5.50 쌓음 원리에 따라 다전자 원자에서 다음의 오비탈이 채워진 후, 즉각적으로 채워지는 오비탈은 무엇인가?

(a) 4*s* (b) 3*d*
(c) 5*f* (d) 5*p*

전자 배치(5.8~5.10절)

5.51 다음 원소들의 예상되는 바닥 상태 전자 배치를 나타내시오.

(a) Ti (b) Ru
(c) Sn (d) Sr
(e) Se

5.52 다음 원자들의 오비탈 채움 도표를 그리시오. 각각의 전자는 위 또는 아래로 향한 화살표로 나타내고, 속껍질 전자들은 비활성 기체 원소의 약자를 사용하여 나타내시오.

(a) Rb (b) W
(c) Ge (d) Zr

5.53 다음 각 바닥 상태 원자에 존재하는 홀전자 수는 몇 개인가?

(a) O (b) Si
(c) K (d) As

5.54 다음 각 원자들의 원소 기호를 쓰고, 바닥 상태 전자 배치를 구하시오. 또 오비탈 채움 도표를 그리시오. 내부 껍질은 비활성 기체 원소의 약자를 사용한다.

(a) 가장 무거운 알칼리 토금속
(b) 가장 가벼운 전이 금속
(c) 가장 무거운 악티늄족 금속
(d) 가장 가벼운 준금속
(e) 5주기 16족 원소

5.55 *g* 오비탈을 채우기 시작하는 원자 번호는 몇 번인가?

5.56 중성 소듐 원자가 전자 하나를 잃을 때 생성되는 소듐 이온(Na^+)의 바닥 상태 전자 배치가 무엇일지 예측하시오.

5.57 최근에 발견된 $Z = 116$ 원소의 예상되는 바닥 상태 전자 배치는 무엇인가?

전자 배치와 주기적 성질(5.11절)

5.58 주기율표의 같은 족에서 아래로 내려갈수록 원자 반지름이 증가하는 이유는 무엇인가?

5.59 다음 원자들을 원자 반지름이 증가하는 순서대로 나열하시오: S, F, O

5.60 다음 각 쌍 중 원자 반지름이 더 큰 원자는 무엇인가?

(a) Na 또는 K (b) V 또는 Ta
(c) V 또는 Zn (d) Li 또는 Ba

chapter 6

이온 결합 화합물: 주기적 경향과 결합 이론

© Africa Studio/Shutterstock

CONTENTS

6.1 이온의 전자 배치
6.2 이온 반지름
6.3 이온화 에너지
6.4 고차 이온화 에너지
6.5 전자 친화도
6.6 팔전자 규칙
6.7 이온 결합과 이온성 고체의 형성
6.8 이온성 고체의 격자 에너지

소금과 같은 대부분의 이온 결합 화합물은 결정성 고체이다. 놀랍게도, 이 플라스크에 있는 이온 결합 화합물은 화학 공정에서 용매로 사용되는 액체이다.

어떻게 이온성 액체가 좀 더 환경친화적인 공정으로 이끌까?

이 질문의 답은 181쪽 INQUIRY ? 에 나와 있다.

5장에서는 고립 원자의 전자 구조에 대하여 살펴보았다. 지금부터는 화합물 속의 원자들에 대하여 알아보도록 하자. 화합물에서 원자들을 서로 붙잡고 있는 힘은 무엇인가? 분명히 원자들을 함께 붙잡고 있는 어떤 힘이 있음에 틀림이 없다. 그렇지 않다면 원자들은 따로 분리되어 날아갈 것이며, 화합물이란 존재하지 않을 것이다. 2.11절에서 살펴본 것처럼 원자들을 함께 붙잡는 힘을 **화학 결합**이라 부르고, 화학 결합은 공유 결합과 이온 결합의 두 종류가 있다. 일반적으로, 이온 결합은 주로 금속 원자와 비금속 원자 사이에 형성되는 반면에, 공유 결합은 주로 비금속 원자 사이에 형성된다. 양전하와 음전하 사이의 인력인 정전기적 힘은 원자들이 서로 결합을 형성하는 근본적인 이유이다. 그러나 이온 결합과 공유 결합에서 전하의 형태는 다르다. 6, 7, 8장에서, 화학 결합의 성질과 결합의 형성과 분해에 수반되는 에너지 변화를 살펴볼 것이다. 이온과 이온 결합의 형성을 살펴보면서 이 장을 시작하려고 한다.

6.1 이온의 전자 배치

4.10절과 4.11절의 산화－환원 반응 논의에서 주기율표 왼쪽의 금속 원소들은 화학 반응에서 전자를 주어 양이온을 형성한다는 것을 배웠다. 반대로, 주기율표 오른쪽의 할로젠과 몇 가지 비금속 원소들은 화학 반응에서 전자를 받아 음이온을 형성하는 경향이 있다. 그 결과로 생기는 이온의 **바닥 상태 전자 배치**는 어떠한가?

기억하기…
원자나 이온의 **바닥 상태 전자 배치**는 원자나 이온의 최저 에너지 상태에 점유된 원자 오비탈을 나타내는 것이다(5.8절).

주족 원소(1~2족, 13족~17족)**의 이온은 비활성 기체의 전자 배치를 갖기 위하여 전자를 잃거나 얻는다.** 같은 전자 배치를 갖는 원자나 이온은 등전자이다. 따라서, 주족 이온은 비활성 기체와 **등전자**이다. **쌓음 원리(aufbau principle**, 5.8절)는 이온 결합 화합물의 형성에 적용된다. 어떤 양이온을 형성할 때 금속에서 방출된 전자들은 최고 에너지 점유 오비탈로부터 나오는 반면에, 음이온을 형성할 때 비금속이 받은 전자들은 최저 에너지의 비점유 오비탈로 들어간다. 예를 들어, 소듐 원자($1s^22s^22p^63s^1$)가 염소 원자와 반응하여 전자 한 개를 잃을 때, 소듐의 원자가 껍질 $3s$ 전자를 잃고 네온($1s^22s^22p^6$)의 비활성 기체 전자 배치를 갖는 Na^+ 이온이 된다. 동시에, 염소 원자($1s^22s^22p^63s^23p^5$)가 소듐으로부터 전자 한 개를 받을 때, 그 전자는 $3p$ 부껍질에 남아 있는 빈 곳을 채워 아르곤의 비활성 기체 전자 배치($1s^22s^22p^63s^23p^6$)를 갖는 Cl^- 이온이 된다.

기억하기…
쌓음 원리에 따르면, 에너지가 더 낮은 오비탈은 에너지가 더 높은 오비탈보다 먼저 채워지고 하나의 오비탈은 반대 스핀을 가진 전자 두 개만 수용한다(5.8절).

$$\textbf{Na: } 1s^2\,2s^2\,2p^6 3s^1 \xrightarrow{-e^-} \textbf{Na}^+\textbf{: } 1s^22s^22p^6 \text{ 또는 [Ne]}$$
$$\textbf{Cl: } 1s^2\,2s^2\,2p^6\,3s^2\,3p^5 \xrightarrow{+e^-} \textbf{Cl}^-\textbf{: } 1s^2\,2s^2\,2p^6\,3s^2\,3p^6 \text{ 또는 [Ar]}$$

소듐에 대한 이와 같은 사실은 1족의 다른 원소에 대하여도 마찬가지이다. 즉, 1족의 모든 원소는 원자가 껍질 s 전자를 잃어 양이온을 형성하고, 그 결과 생성된 모든 이온은 비활성 기체 전자 배치를 갖는다. 2족 원소들도 마찬가지다. 즉, 2족의 모든 원소들은 반응할 때 원자가 껍질 s 전자 2개를 모두 잃고, 2가 양이온을 형성한다. 예를 들어, Mg 원자($1s^22s^22p^63s^2$)는 2개의 $3s$ 전자를 잃고 네온 전자 배치($1s^22s^22p^6$)를 갖는 Mg^{2+} 이온이 된다.

개념탐구 질문 1
질소는 이온을 형성할 때 얼마나 많은 수의 전자를 얻거나 잃는가?
힌트: 질소($Z=7$)의 전자 배치를 쓰시오.

$$\textbf{1족 원자}: \text{[비활성 기체] } ns^1 \xrightarrow{-e^-} \textbf{1족 이온}^+: \text{[비활성 기체]}$$
$$\textbf{2족 원자}: \text{[비활성 기체] } ns^2 \xrightarrow{-2e^-} \textbf{2족 이온}^{2+}: \text{[비활성 기체]}$$

1족과 2족 금속들이 적절한 수의 전자를 **잃고** 비활성 기체 전자 배치를 갖는 이온이 되는 것처럼, 16족과 17족 비금속은 금속과 반응할 때 적절한 수의 전자를 **얻는다.** 17족 할로젠은 전자 한 개를 얻어 비활성 기체 전자 배치를 갖는 1가 음이온을 형성하고, 16족 원소는

표 6.1 몇 가지 일반적인 주족 이온과 그들의 비활성 기체 전자 배치

1족	2족	13족	16족	17족	전자 배치
H^+					[없음]
H^-					[He]
Li^+	Be^{2+}				[He]
Na^+	Mg^{2+}	Al^{3+}	O^{2-}	F^-	[Ne]
K^+	Ca^{2+}	*Ga^{3+}	S^{2-}	Cl^-	[Ar]
Rb^+	Sr^{2+}	*In^{3+}	Se^{2-}	Br^-	[Kr]
Cs^+	Ba^{2+}	*Tl^{3+}	Te^{2-}	I^-	[Xe]

*이들 이온은 추가적으로 채워진 *d* 부껍질을 가지므로 진정한 비활성 기체 전자 배치를 갖는 것은 아니다.

전자 2개를 얻어 비활성 기체의 전자 배치를 갖는 2가 음이온을 형성한다. 예를 들어, 산소($1s^22s^22p^4$)는 금속과 반응할 때 네온 전자 배치($1s^22s^22p^6$)를 갖는 O^{2-} 이온이 된다.

$$\textbf{16족 원자}: [\text{비활성 기체}]\ ns^2 np^4 \xrightarrow{+2e^-} \textbf{16족 이온}^{2-}: [\text{비활성 기체}]\ ns^2 np^6$$

$$\textbf{17족 원자}: [\text{비활성 기체}]\ ns^2 np^5 \xrightarrow{+e^-} \textbf{17족 이온}^{-}: [\text{비활성 기체}]\ ns^2 np^6$$

가장 일반적인 주족 이온의 화학식과 전자 배치가 **표 6.1**에 나열되어 있다.

전이 금속 원소가 이온을 형성하는 것은 주족 원소가 이온을 형성하는 것과 조금 다르다. 전이 금속은 비금속과 반응하여 먼저 원자가 껍질 *s* 전자들을 잃고 그 다음에 한 개 이상의 *d* 전자를 잃어 양이온을 형성한다. 그 결과, 전이 금속 양이온에 남아 있는 모든 원자가 전자는 *d* 오비탈을 점유한다. 예를 들어, 철은 두 개의 4*s* 전자를 잃으면 Fe^{2+} 이온을 형성하고, 두 개의 4s와 한 개의 3*d* 전자를 잃으면 Fe^{3+} 이온을 형성한다.

$$\textbf{Fe:}\ [Ar]\ 4s^2\ 3d^6 \xrightarrow{-2e^-} \textbf{Fe}^{2+}\textbf{:}\ [Ar]\ 3d^6$$

$$\textbf{Fe:}\ [Ar]\ 4s^2\ 3d^6 \xrightarrow{-3e^-} \textbf{Fe}^{3+}\textbf{:}\ [Ar]\ 3d^5$$

전자 배치를 쓸 때는 4*s* 전자 **다음에** 3*d* 전자를 추가하는 반면, 전이 금속이 이온을 형성할 때는 3*d* 전자보다 4*s* 전자를 **먼저** 제거하는 것이 이상하게 보일 수 있다. 주기율표의 쌓음 원리에 따르면, 에너지가 더 낮은 오비탈은 에너지가 더 높은 오비탈보다 먼저 채워진다. 5.10절에 요약된 전자 배치를 쓰는 과정에서 3*d* 오비탈보다 먼저 4*s* 오비탈을 채운다. 이것은 4*s* 오비탈이 에너지가 더 낮다는 것을 의미한다. 이온을 형성할 때, 일반적으로 전자는 에너지가 더 높은 오비탈에서 먼저 제거된다. 이것은 전이 원소에서 4*s* 오비탈이 3*d* 오비탈보다 에너지가 더 높다는 것을 의미한다. 4s와 3*d* 오비탈의 에너지가 원자 번호에 따라 어떻게 변하는지 검토하여(**그림 6.1**) 오비탈 에너지의 명백한 모순을 설명해 보자.

4주기 원소 포타슘과 칼슘(Z = 19, 20)에 대해, 4*s* 오비탈이 3*d* 오비탈보다 에너지가 더 낮으며, 전자 배치를 쓸 때 더 먼저 채워진다는 것을 그림 6.1은 보여 준다.

$$\textbf{K와 Ca의 오비탈 에너지:}\ 4s < 3d < 4p$$

$$\textbf{K:}\ [Ar]4s^1 \quad \textbf{Ca:}\ [Ar]4s^2$$

그러나 전이 금속 스칸듐(Z = 21)에서 시작하여 핵의 인력과 내부 전자에 의한 불완전한 가리움 때문에, 3*d* 오비탈이 4*s* 오비탈보다 에너지가 더 낮다.

$$\textbf{전이 원소(Z} \geq \textbf{21)의 오비탈 에너지:}\ 3d < 4s < 4p$$

▶ 그림 6.1

다전자 원자에서 4s와 3*d* 오비탈의 에너지. $Z = 4$에서 $Z = 20$까지 4*s* 오비탈이 3*d* 오비탈보다 에너지가 더 낮다. 전이 금속 원소($Z = 21$)에서 시작하여, 4*s* 오비탈이 3*d* 오비탈보다 에너지가 더 높다. 전이 금속 이온을 형성할 때, 4*s* 오비탈이 에너지가 더 높기 때문에, 전자는 3*d* 오비탈보다 먼저 4*s* 오비탈에서 제거된다.

▶ 확인하기

4*s* 오비탈이 3*d* 오비탈보다 에너지가 더 높아지기 시작하는 원자 번호는?

답 전이 금속 계열의 시작인 원자 번호 21

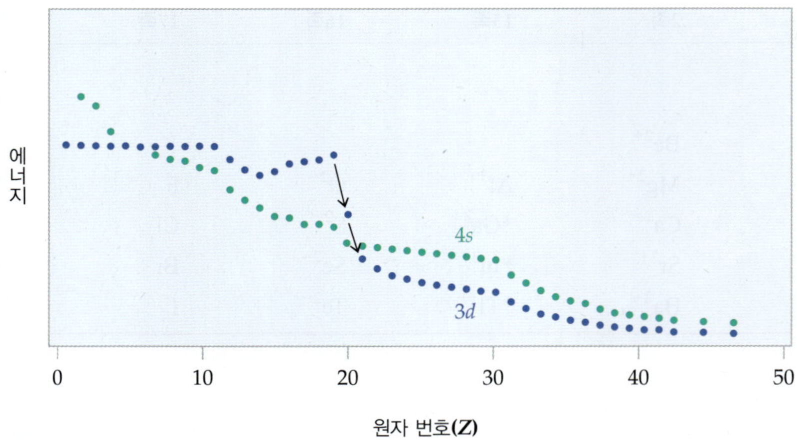

전자가 최저 에너지 오비탈을 먼저 채운다면, 4*s* 오비탈보다 3*d* 오비탈을 먼저 채울 것으로 예측된다. Sc^{3+} 이온에 전자를 첨가하여 중성 원자를 형성하는 과정을 검토해 보자. Sc^{3+}는 Ar과 등전자(isoelectronic)이다. 전자 한 개가 첨가되어 Sc^{2+}를 생성할 때, 전자 한 개는 3*d* 오비탈에 들어가서 [Ar]$3d^1$ 전자 배치를 갖는다. 놀랍게도, 다음 전자 두 개는 4*s* 오비탈에 첨가되어 Sc^+와 중성 Sc 원자를 생성한다. 그 이유는 3*d* 오비탈이 4*s* 오비탈보다 조밀하여, 다른 전자가 3*d* 오비탈에 첨가됨으로써 야기되는 전자–전자 반발이 4*s* 오비탈의 에너지 증가를 상회하기 때문이다.

$$\mathbf{Sc^{3+}}\text{: [Ar]} \xrightarrow{+e^-} Sc^{2+}\text{: [Ar]}3d^1$$
$$\mathbf{Sc^{2+}}\text{: [Ar]}3d^1 \xrightarrow{+e^-} Sc^{+}\text{: [Ar]}4s^13d^1$$
$$\mathbf{Sc^{+}}\text{: [Ar]}4s^13d^1 \xrightarrow{+e^-} Sc\text{: [Ar]}4s^23d^1$$

비슷하게, Ti^{4+} 이온에 첨가될 때 4*s* 오비탈보다 3*d* 오비탈에 전자 두 개가 먼저 첨가된다.

$$\mathbf{Ti^{4+}}\text{: [Ar]} \xrightarrow{+e^-} Ti^{3+}\text{: [Ar]}3d^1$$
$$\mathbf{Ti^{3+}}\text{: [Ar]}3d^1 \xrightarrow{+e^-} Ti^{2+}\text{: [Ar]}3d^2$$
$$\mathbf{Ti^{2+}}\text{: [Ar]}3d^2 \xrightarrow{+e^-} Ti^{+}\text{: [Ar]}4s^13d^2$$
$$\mathbf{Ti^{+}}\text{: [Ar]}4s^13d^2 \xrightarrow{+e^-} Ti\text{: [Ar]}4s^23d^2$$

중성 Ti와 Sc 원자의 전자 배치는 4*s* 오비탈을 먼저 채우는 방식으로 예측한 것과 같다. 그러므로 5.10절에서 설명한 대로, 주기율표를 이용하여 전자 배치를 쓰는 것은 올바른 전자 배치를 주는 방법이다. 그러나 전이 금속 원소에서 4*s* 오비탈이 3*d* 오비탈보다 에너지가 더 높다. 이것이 전이 금속 원소의 전자 배치를 쓸 때 3*d* 오비탈보다 4*s* 오비탈에서 전자를 먼저 제거하는 이유이다. 원소 이트륨(Y)($Z = 39$)에서 5*s*와 4*d* 오비탈의 비슷한 에너지 변화가 일어난다. 5주기 전이 금속 원소에서 5*s* 오비탈이 4*d* 오비탈보다 에너지가 더 높으며, 양이온을 생성할 때 5*s* 오비탈에서 전자를 먼저 제거한다.

예제 6.1

이온의 바닥 상태 전자 배치

다음 이온들의 바닥 상태 전자 배치를 예측하시오.

(a) Se^{2-} (b) Cs^{+} (c) Cr^{3+}

전략

먼저 원자에 대한 전자 배치를 쓰라. 이온의 전하를 설명하기 위하여 음이온에 대해서는 전자를 더하고, 양이온에 대해서는 전자를 빼시오. 전이 금속 양이온은 *d* 전자보다 더 바깥 껍질의 *s* 전자를 먼저 잃는다는 것을 기억하라.

풀이

(a) Se의 원자가 전자 배치는 $[Ar]4s^2 4p^4$이다. Se^{2-} 이온을 생성하기 위하여 전자 두 개를 더하시오.

$$\text{Se: [Ar] } 4s^2\ 4p^4 \xrightarrow{+2e^-} \text{Se}^{2-}\text{: [Ar] } 4s^2\ 4p^6 \text{ 또는 [Kr]}$$

(b) Cs의 전자 배치는 $[Xe]6s^1$이다. Cs^+ 이온을 생성하기 위하여 전자 한 개를 제거하시오.

$$\text{Cs: [Xe] } 6s^1 \xrightarrow{-e^-} \text{Cs}^{+}\text{: [Kr] } 5s^2\ 5p^6 \text{ 또는 [Xe]}$$

(c) Cr의 전자 배치는 $[Ar]4s^1 3d^5$이다. Cr^{3+}를 생성하기 위하여 전자 세 개를 제거해야 한다. 먼저 4*s* 오비탈로부터 전자 한 개를 제거하고, 그 다음에 Cr^{3+} 이온을 생성하기 위하여 3*d* 오비탈로부터 전자 두 개를 제거하시오.

$$\text{Cr: [Ar] } 4s^1\ 3d^5 \xrightarrow{-3e^-} \text{Cr}^{3+}\text{: [Ar] } 3d^3$$

▶ **연습문제 6.1** 다음 각 이온들의 바닥 상태 전자 배치를 예측하시오.

(a) Ra^{2+} (b) Ni^{2+} (c) N^{3-}

▶ **응용문제 6.2** 다음 이온 조합 중 어느 것이 등전자인가?

(a) F^-, Cl^-, Br^- (b) Ti^{4+}, Ca^{2+}, Cl^-

(c) Na^+, Mg^{2+}, Al^{3+}

6.2 이온 반지름

원자 반지름이 규칙적으로 변하는 것처럼(5.11절), 이온 반지름도 규칙적으로 변한다. **그림 6.2**에 제시한 것처럼, 1족과 2족 원소에 대하여 양이온을 형성하려고 전자를 제거할 때 원자 크기는 크게 감소한다. 예를 들어, Na 원자의 반지름은 186 pm인 반면에 Na^+ 양이온의 반지름은 102 pm이다. 마찬가지로, Mg 원자의 반지름은 160 pm이고, Mg^{2+} 양이온의 반지름은 72 pm이다.

기억하기…
원자 반지름은 주기율표의 족에서 아래로 갈수록 연속적으로 더 큰 원자가 껍질을 차지하기 때문에 증가하고, 주기율표의 주기에서 왼쪽에서 오른쪽으로 갈수록 유효 핵전하가 증가하기 때문에 감소한다(5.11절).

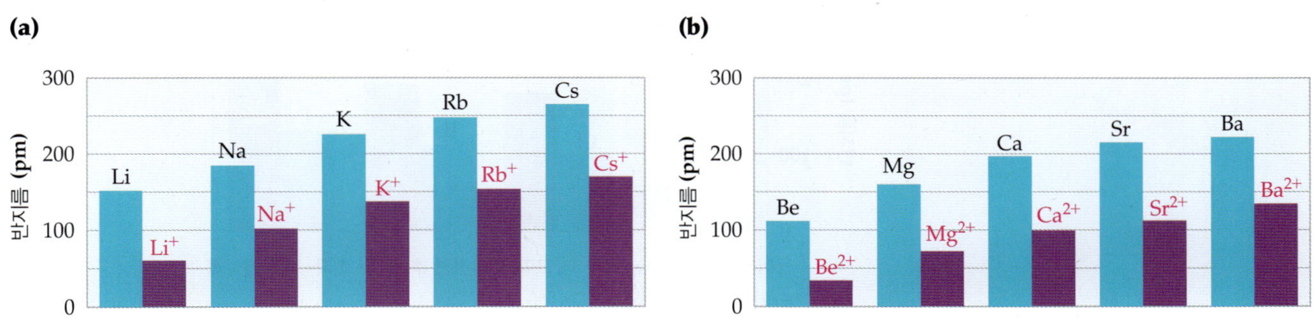

원자가 껍질 전자의 주양자수가 **중성 원자**보다 양이온의 경우에 더 작고 Z_{eff}가 더 크다는 두 가지 이유 때문에, 해당되는 **양이온**은 중성 원자보다 반지름이 더 작다.

▲ **그림 6.2**
(a) 1족의 원자와 양이온 반지름, (b) 2족의 원자와 양이온 반지름

▲ 확인하기

1족과 2족 원소들이 양이온을 형성할 때 일어나는 반지름의 크기는 어떻게 변화하는가?

답 1족과 2족 원소들은 양이온이 형성될 때 원자 반지름은 약 2배(매우 큰 변화) 감소한다.

기억하기…
전자가 느끼는 **유효 핵전하**(Z_{eff})는 안쪽 전자에 의해 바깥쪽 전자의 전자 가림 때문이고, 실제 핵전하보다 상당히 낮아질 수 있다.
$Z_{eff} = Z_{실제} -$ 전자 가림 (5.7절)

중성 원자로부터 전자를 제거하여 생기는 양이온은, 더 큰 원자가 껍질 오비탈로부터 전자가 제거되고 **유효 핵전하(effective nuclear charge, Z_{eff})**가 증가하는 등의 두 가지 이유 때문에, 중성 원자보다 반지름이 더 작다(5.7절). 예를 들어, 중성 Na 원자가 전하를 갖는 Na^+ 양이온으로 될 때 전자 배치는 $1s^22s^22p^63s^1$에서 $1s^22s^22p^6$로 변한다.

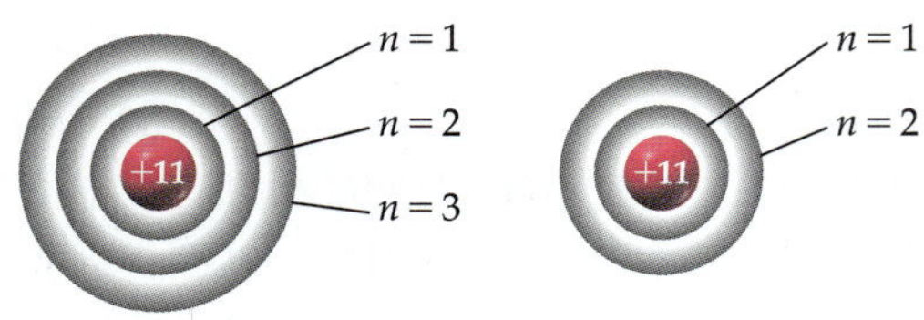

Na: $1s^2\,2s^2\,2p^6\,3s^1 \xrightarrow{-e^-}$ **Na^+:** $1s^2\,2s^2\,2p^6$ 또는 [Ne]

Cl: [Ne] $3s^2\,3p^5 \xrightarrow{+e^-}$ **Cl^-:** [Ne] $3s^2\,3p^6$

Na **원자**의 원자가 껍질은 **세 번째** 껍질이지만, Na^+ **양이온**의 원자가 껍질은 **두 번째** 껍질이다. 따라서 Na^+ 이온은 Na 원자보다 더 작은 원자가 껍질을 가지므로 크기는 더 작다. 게다가, 원자가 껍질 전자에 의하여 느끼는 유효 핵전하는 중성 원자보다 Na^+ 양이온이 더 크다. Na 원자는 양성자 11개와 전자 11개를 갖지만, Na^+ 양이온은 양성자 11개와 전자 10개만을 갖는다. 양이온에서 전자 수가 더 작아지는 것은 전자들이 서로 더 적게 가리는 것을 의미한다. 따라서 핵에 대하여 더 강한 끌어당김을 느낀다.

1족 원소들이 전자 한 개를 잃을 때 느낀 효과는 2족 원소들이 2개의 전자를 잃을 때와 동일하다. 예를 들어, Mg 원자($1s^22s^22p^63s^2$)로부터 2개의 원자가 전자를 잃으면 Mg^{2+} 양이온($1s^22s^22p^6$)으로 된다. Mg^{2+} 양이온의 전자 껍질이 더 작아지는 것과 유효 핵전하가 증가하는 원인이 합쳐져 원자 반지름은 크게 수축한다. 주기율표의 왼쪽 2/3를 차지하는 금속 원자들이 양이온으로 될 때 이와 비슷한 수축이 일어난다.

원자들이 한 개 또는 더 많은 전자를 잃고 양이온으로 될 때 수축하는 것처럼, 원자들이 전자를 얻어 음이온으로 될 때는 확장된다. 17족 원소(할로젠)는 **그림 6.3**에 제시한 것처럼 크게 확장된다. 예를 들어 염소는 거의 두 배 크기로 확장되는데, 중성일 때의 99 pm에서 184 pm인 염화 이온으로 확장된다.

▶ 그림 6.3
17족 원소(할로젠)와 음이온 반지름

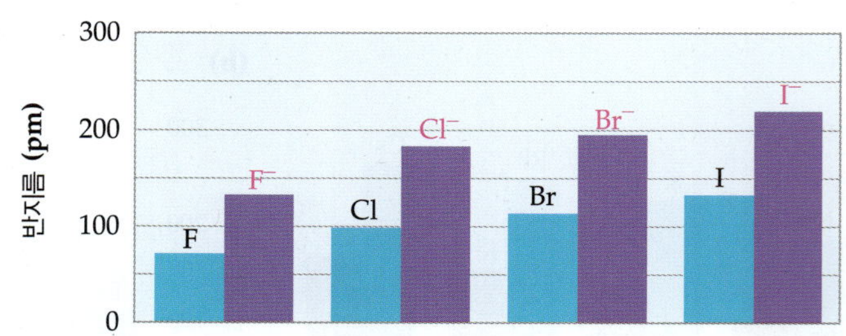

음이온은 중성 원자들보다 더 크다. 왜냐하면 추가적인 전자−전자 반발과 Z_{eff}의 감소 때문이다.

개념탐구 질문 2
중성 원자의 반지름에 비해 음이온의 반지름은 어떠할 것으로 예상하는가? 그 차이에 대한 이유는 무엇인가?

17족 원자가 전자를 얻어 음이온으로 될 때 확장되는 이유를 원자가 껍질의 양자수 변화로 설명할 수 없다. 왜냐하면 첨가된 전자는 이미 점유된 p 껍질을 거의 완전히 채우기 때문이다. 예를 들어, Cl 원자의 $[Ne]3s^23p^5$는 Cl^- 음이온으로 될 때 $[Ne]3s^23p^6$로 된다. 그러므로 그 확장은 전적으로 유효 핵전하의 감소와 전자가 추가될 때 생기는 전자−전자 반발의 증가 때문이다.

예제 6.2

이온의 상대적인 크기 예측

다음 각 쌍 중 어느 원자 또는 이온이 더 클 것으로 예상하는가?

(a) S 또는 S^{2-}　　(b) Cl^- 또는 I^-　　(c) Ni 또는 Ni^{2+}

전략

각각의 쌍에서, 원자가전자의 부껍질과 유효 핵전하(Z_{eff})를 비교한다. 더 큰 크기는 더 큰 원자가전자의 n과 더 작은 Z_{eff}와 연관된다.

풀이

(a) 양성자 대 전자의 비율이 감소함에 따라서 Z_{eff}도 감소하기 때문에 크기는 S^{2-}가 S보다 크다. 양성자 대 전자의 비율은 S^{2-}(16 양성자/18 전자)가 S(16 양성자/16 전자)보다 작다. 또한, $3p$ 부껍질에 있는 추가적인 전자는 전자–전자 반발이 커져 크기가 증가한다.

(b) I^-가 Cl^-보다 더 크다. Cl^-는 원자가전자가 $3p$ 부껍질에 있지만, I^-는 원자가전자가 $5p$ 부껍질에 있다.

(c) $3d$ 오비탈보다 큰 $4s$ 오비탈에서 2개의 전자가 제거된 Ni^{2+}보다 Ni가 더 크다. 또한 Z_{eff}도 Ni^{2+}가 Ni보다 양성자 대 전자의 비율이 더 크기 때문에 크다; Ni(28 양성자/28 전자)이고 Ni^{2+}(28 양성자/26 전자).

▶ **연습문제 6.3** 다음 원자 또는 이온 중 어느 것이 가장 클 것으로 예상하는가?

Fe, Fe^{2+}, Fe^{3+}

▶ **개념 응용문제 6.4** 다음 그림에서 어느 것이 K^+ 이온, Ca^{2+} 이온, Cl^- 이온인가?

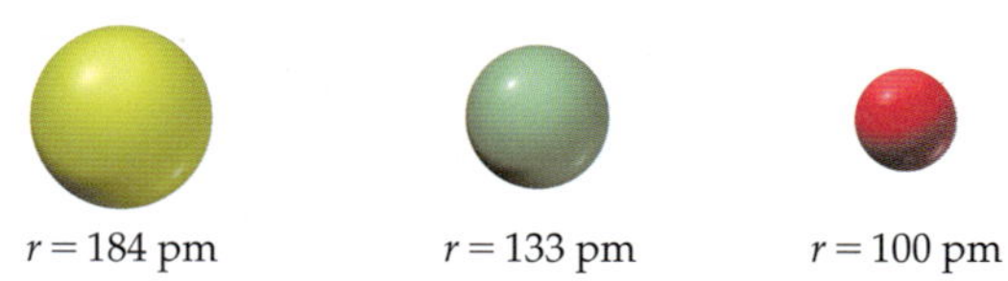

6.3 이온화 에너지

앞 장에서 원자가전자가 에너지를 흡수하면 그 전자 배치가 변하는 것을 보았다. 에너지가 흡수되면, 원자가 껍질 전자는 낮은 에너지 오비탈로부터 더 큰 주양자수 n을 갖는 높은 에너지 오비탈로 올라간다. 충분한 에너지를 흡수하면 이 전자는 원자로부터 완전히 제거되며, 그 결과로 양이온이 생긴다. 기체 상태의 고립된 중성 원자로부터 가장 높은 에너지 전자를 제거하는 데 필요한 에너지의 양을 그 원자의 **이온화 에너지(ionization energy**, E_i)라고 한다. 수소 원자의 $E_i = 1312.0$ kJ/mol이다.

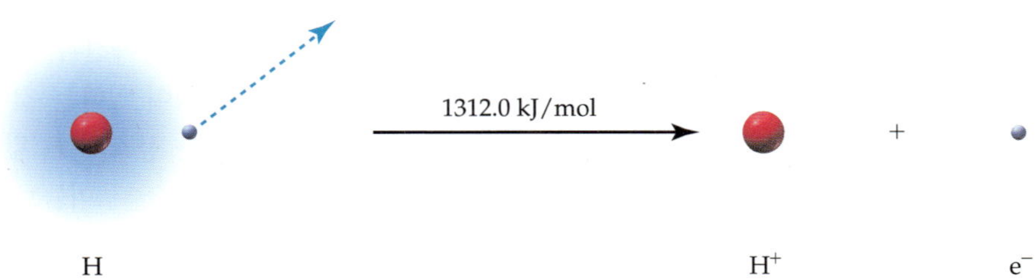

그림 6.4에 나타낸 것처럼, 이온화 에너지는 낮은 375.7 kJ/mol의 세슘부터 높은 2372.3 kJ/mol의 헬륨까지의 넓은 범위에 걸쳐 다르다. 더구나 이 자료는 분명한 주기성을 보여 준다. 최소 E_i 값은 1족 원소(알칼리 금속)에 해당하고, 최대 E_i 값은 18족 원소(비활성 기체)에 해당한다. 주기율표의 같은 주기에서는 왼쪽에서 오른쪽으로 가면서, 예를 들어 Na로부터 Ar로 가면서 E_i 값은 점진적으로 증가한다. 모든 에너지 값은 한 원자로부터 전자 1개를 제거하는 데 필요한 것을 의미하며, 항상 양수 값임을 유의하라.

그림 6.4에서 보이는 분명한 주기성은 전자 배치로 설명할 수 있다. 18족 원소의 원자들은 s(헬륨) 또는 s와 p(다른 비활성 기체)의 원자가 부껍질이 완전히 채워져 있다. 5.11절에서 본

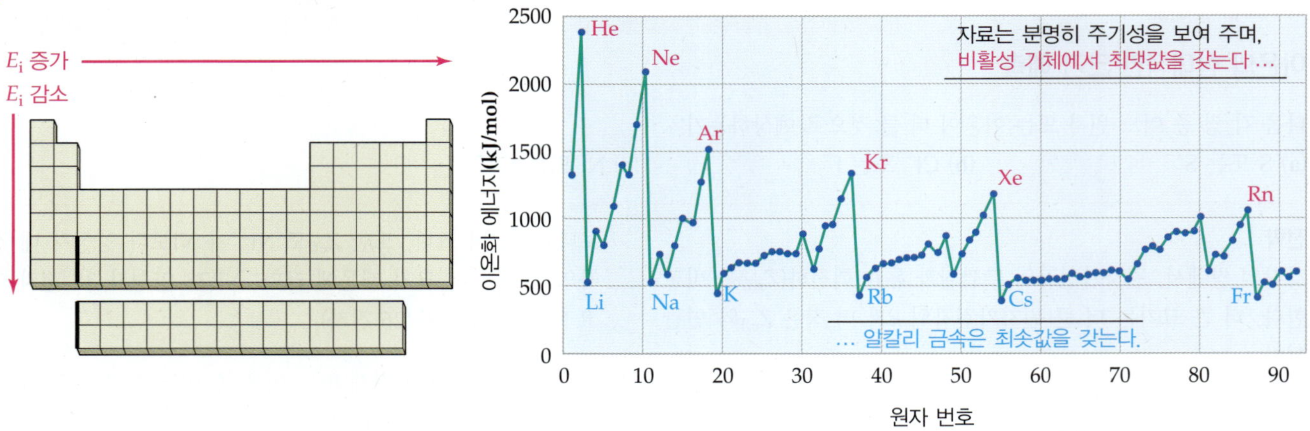

▲ **그림 6.4**
첫 92개 원소의 이온화 에너지

▲ 확인하기

이온화 에너지 경향은 같은 족에서 밑으로 내려갈 때와 같은 주기에서 가로지를 때 (왼쪽에서 오른쪽으로) 어떻게 변하는가?

답 이온화 에너지는 같은 족에서는 밑으로 내려갈 때 감소하고, 같은 주기에서는 왼쪽에서 오른쪽으로 갈수록 증가한다.

기억하기…
원자가전자는 내부 껍질 (핵심부) 전자에 의해 강하게 가려진다. 원자가 전자와 같은 껍질에 있는 다른 전자에 의해서는 덜 강하게 **가려지며**, 가려지는 정도는 $s > p > d > f$ 순이다.

것처럼, 채워진 원자가 부껍질의 전자는 비교적 큰 Z_{eff}를 느낀다. 왜냐하면, 같은 부껍질 안의 전자들은 서로를 매우 세게 **가리지(shield)** 않기 때문이다. 그 결과, 전자들은 단단하게 핵에 붙잡히고, 원자 반지름은 작으며, 전자 제거에 필요한 에너지는 비교적 크다. 그것에 비하여, 1족 원소의 원자들은 원자가 껍질에 한 개의 s 전자만 갖는다. 이러한 원자가전자는 **핵심부 전자(core electrons)**라고 불리는 모든 내부 껍질 전자에 의하여 핵으로부터 잘 가려져서 작은 Z_{eff}를 갖는다. 따라서 원자가전자는 느슨하게 붙들려 있어 전자 제거에 필요한 에너지는 비교적 작다.

그림 6.4의 이온화 에너지 그래프는 자료들의 명백한 주기적 성질 외에도 추가적인 경향을 보인다. 그 중 한 가지는 이온화 에너지가 주기율표의 한 족 내에서, 예를 들면 Li에서 Fr로, 그리고 He에서 Rn으로 내려가면서 감소하는 경향이다. 같은 족에서 아래로 내려가면 원자 번호가 증가하면서, 원자가 껍질 전자의 주양자수와 함께 핵으로부터 전자의 평균 거리도 또한 증가한다. 그 결과, 원자가 껍질 전자는 덜 단단하게 붙잡히게 되고 E_i는 더 작아진다.

E_i 데이터에 관한 또 다른 특징은 주기율표의 행을 따라서 작은 불규칙성이 있다는 것이다. 첫 20개 원소의 E_i 값을 자세히 살펴보면(**그림 6.5**), 베릴륨의 E_i 값은 이웃 붕소의 E_i 값보다 크고, 질소의 E_i 값은 이웃 산소의 E_i 값보다 크다. 마찬가지로, 마그네슘은 알루미늄보다 큰 E_i 값을 갖고, 인은 황보다 약간 더 큰 E_i 값을 갖는다.

개념탐구 질문 3
원소의 첫 번째 이온화 에너지는 주기율표의 가로줄에 따라 어떻게 변화하는가? 그 변화의 이유는 무엇인가?

Be, Mg와 그 외의 2족 원소들이 약간 큰 E_i 값을 갖는 사실은 그들의 전자 배치로 설명할 수 있다. 예를 들어 베릴륨과 붕소를 비교해 보자. 베릴륨의 이온화에서는 $2s$ 전자가 제거되지만, 붕소의 이온화에서는 $2p$ 전자가 제거된다.

제거되는 s 전자

$$\text{Be}\ (1s^2\ 2s^2) \longrightarrow \text{Be}^+\ (1s^2\ 2s^1) + e^- \qquad E_i = 899.4\ \text{kJ/mol}$$

제거되는 p 전자

$$\text{B}\ (1s^2\ 2s^2\ 2p^1) \longrightarrow \text{B}^+\ (1s^2\ 2s^2) + e^- \qquad E_i = 800.6\ \text{kJ/mol}$$

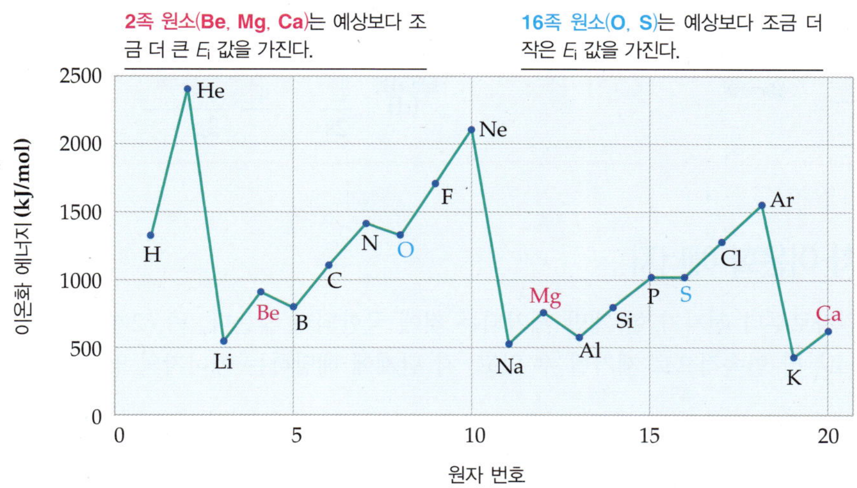

◀ **그림 6.5**
첫 20개 원소의 이온화 에너지

2*s* 전자는 평균적으로 2*p* 전자보다 핵에 더 가깝기 때문에 더 단단히 붙잡혀 있고 제거하기가 더 어렵다. 따라서 베릴륨의 E_i 값은 붕소보다 크다. 다르게 설명하면, 붕소의 2*p* 전자는 2*s* 전자에 의하여 어느 정도는 가려지기 때문에 베릴륨의 2*s* 전자가 제거되는 것보다 더 쉽게 제거된다.

16족 원소 원자들의 E_i 값들이 작은 사실도 그들의 전자 배치로 설명할 수 있다. 예를 들어, 질소와 산소를 비교하면, 질소 전자는 절반이 채워진 오비탈로부터 제거되고, 반면에 산소 전자는 채워진 오비탈로부터 제거된다.

절반이 채워진 오비탈

$$\mathrm{N}\ (1s^2\ 2s^2\ 2p_x^{\ 1}\ 2p_y^{\ 1}\ 2p_z^{\ 1}) \longrightarrow \mathrm{N}^+\ (1s^2\ 2s^2\ 2p_x^{\ 1}\ 2p_y^{\ 1}) + e^- \qquad E_i = 1402.3\ \mathrm{kJ/mol}$$

전부 채워진 오비탈

$$\mathrm{O}\ (1s^2\ 2s^2\ 2p_x^{\ 2}\ 2p_y^{\ 1}\ 2p_z^{\ 1}) \longrightarrow \mathrm{O}^+\ (1s^2\ 2s^2\ 2p_x^{\ 1}\ 2p_y^{\ 1}\ 2p_z^{\ 1}) + e^- \qquad E_i = 1313.9\ \mathrm{kJ/mol}$$

전자들은 서로 반발하고 가능한 멀리 떨어져 머무는 경향이 있다. 오비탈의 전부를 채운 전자들은 절반만 채운 전자들보다 에너지가 약간 높기 때문에 조금 쉽게 제거된다. 그러므로 산소는 질소보다 작은 E_i 값을 갖는다.

예제 6.3

이온화 에너지 예측

Se, Cl, S 원소를 이온화 에너지가 증가하는 순서로 나열하시오.

전략
이온화 에너지는 일반적으로 주기율표 행의 왼쪽에서 오른쪽으로 가면서 증가하고, 같은 족에서는 위에서 아래로 가면서 감소한다.

풀이
순서는 Se < S < Cl이다.

▶ **연습문제 6.5** 주기율표를 사용하여 다음 원소들을 이온화 에너지가 가장 낮은 것에서 높은 순서로 말하시오.

Se, O, Rb.

▶ **개념 응용문제 6.6** 주어진 원소들의 원자가전자들에 대한 오비탈 채우기 그림을 보고, 이온화 에너지가 낮은 것에서 높은 순서로 원소들을 정리하시오.

6.4 고차 이온화 에너지

이온화는 원자로부터 전자가 한 개만 제거되는 것에 국한되지 않는다. 즉, 2개 이상의 전자가 한 원자로부터 연속적으로 제거될 수 있고, 각 단계에 해당하는 에너지의 양은 측정될 수 있다.

M + 에너지 $\longrightarrow M^+ + e^-$ 1차 이온화 에너지(E_{i1})

M^+ + 에너지 $\longrightarrow M^{2+} + e^-$ 2차 이온화 에너지(E_{i2})

M^{2+} + 에너지 $\longrightarrow M^{3+} + e^-$ 3차 이온화 에너지(E_{i3})

… 등등

각 이온화 단계마다 연속적으로 더 큰 에너지가 필요하다. 이는 음전하인 전자를 양전하인 이온으로부터 제거하는 것은 중성 원자일 경우보다 더 어렵기 때문이다. 그러나 흥미롭게도 연속적 단계 사이의 에너지 차이는 원소마다 크게 다르다. 소듐에서 두 번째 전자를 제거하기 위해서는 첫 번째 전자를 제거할 때보다 거의 10배의 에너지가 필요하지만(4562 대 496 kJ/mol), 마그네슘에서 두 번째 전자를 제거하기 위해서는 첫 번째 전자를 제거할 때보다 단지 두 배의 에너지만 필요하다(1451 대 738 kJ/mol).

다른 원소들에서도 연속적 이온화 에너지들 사이에 큰 간격이 발견되는데, 이를 **표 6.2**에서 지그재그 선으로 표시하였다. 마그네슘의 2차와 3차 이온화 에너지 사이에 큰 간격이 있고, 알루미늄에서는 3차와 4차 이온화 에너지 사이에, 실리콘에서는 4차와 5차 이온화 에너지 사이에 큰 간격이 있다.

표 6.2에서 지그재그 선으로 강조된 이온화 에너지의 급증은 전자 배치를 조사하면 이해할 수 있다.

표 6.2 주족 3주기 원소들의 고차 이온화 에너지(kJ/mol)

족	1	2	13	14	15	16	17	18
E_i 번호	**Na**	**Mg**	**Al**	**Si**	**P**	**S**	**Cl**	**Ar**
E_{i1}	496	738	578	787	1,012	1,000	1,251	1,520
E_{i2}	4,562	1,451	1,817	1,577	1,903	2,251	2,297	2,665
E_{i3}	6,912	7,733	2,745	3,231	2,912	3,361	3,822	3,931
E_{i4}	9,543	10,540	11,575	4,356	4,956	4,564	5,158	5,770
E_{i5}	13,353	13,630	14,830	16,091	6,273	7,013	6,540	7,238
E_{i6}	16,610	17,995	18,376	19,784	22,233	8,495	9,458	8,781
E_{i7}	20,114	21,703	23,293	23,783	25,397	27,106	11,020	11,995

*지그재그 선은 이온화 에너지가 크게 변하는 곳을 나타낸다.

먼저, 소듐을 조사해 보자. 소듐에서 1차와 2차 이온화 에너지가 나타나는 반응식은 다음과 같다.

$$\mathrm{Na}(1s^22s^22p^63s^1) + \text{에너지} \longrightarrow \mathrm{Na}^+(1s^22s^22p^6) + e^- \quad \text{1차 이온화 에너지}(E_{i1})$$
$$\mathrm{Na}^+(1s^22s^22p^6) + \text{에너지} \longrightarrow \mathrm{Na}^{2+}(1s^22s^22p^5) + e^- \quad \text{2차 이온화 에너지}(E_{i2})$$

소듐에서 E_{i1}과 E_{i2} 사이의 커다란 이온화 에너지 차이는 $3s$ 부껍질과 $2p$ 부껍질에서 전자를 1개 제거할 때 필요한 에너지의 차이에서 기인한다. 즉, $3s$ 부껍질은 핵에서 멀리 있기 때문에 $2p$ 부껍질보다 더 많이 가려져서 1차 이온화 에너지가 더 작다. 달리 말하면, $2p$ 오비탈 전자에 비하여 $3s$ 오비탈 전자의 Z_{eff}가 더 작다.

다음으로 마그네슘을 조사해 보면, E_{i2}와 E_{i3} 사이에 큰 증가가 있다. 마그네슘의 첫 3개 이온화 에너지가 나타나는 식은 다음과 같다.

$$\mathrm{Mg}(1s^22s^22p^63s^2) + \text{에너지} \longrightarrow \mathrm{Mg}^+(1s^22s^22p^63s^1) + e^- \quad \text{1차 이온화 에너지}(E_{i1})$$
$$\mathrm{Mg}^+(1s^22s^22p^63s^1) + \text{에너지} \longrightarrow \mathrm{Mg}^{2+}(1s^22s^22p^6) + e^- \quad \text{2차 이온화 에너지}(E_{i2})$$
$$\mathrm{Mg}^{2+}(1s^22s^22p^6) + \text{에너지} \longrightarrow \mathrm{Mg}^{3+}(1s^22s^22p^5) + e^- \quad \text{3차 이온화 에너지}(E_{i3})$$

소듐의 경우와 비슷하게, 내부의 핵심부 전자($2p$)가 제거되는 3차 이온화에서 에너지가 크게 증가한다. **부분적으로** 채워진 원자가 껍질에서 전자를 제거하는 것은 Z_{eff}가 작으므로 비교적 쉬운 데 비하여, **채워진** 원자가 껍질에서 전자를 제거하는 것은 Z_{eff}가 크므로 비교적 어렵다. 달리 말하자면, 주족 원소가 반응하여 생성된 이온들은 보통 s와 p 부껍질이 채워져 있어서(비활성 기체 전자 배치) 원자가 껍질에 8개의 전자(팔전자계)를 갖는 원자나 이온에 해당한다. 주기율표의 가로줄을 따라서, 소듐([Ne]$3s^1$)은 전자 1개만을 쉽게 잃을 수 있고, 마그네슘([Ne]$3s^2$)은 전자 2개만을, 알루미늄([Ne]$3s^23p^1$)은 전자 3개만을 쉽게 잃을 수 있다.

바깥(두 번째) 껍질의 팔전자

$$\mathrm{Na}\ (1s^2\ 2s^2\ 2p^6\ 3s^1) \longrightarrow \mathrm{Na}^+\ (1s^2\ 2s^2\ 2p^6) + e^-$$
$$\mathrm{Mg}\ (1s^2\ 2s^2\ 2p^6\ 3s^2) \longrightarrow \mathrm{Mg}^{2+}\ (1s^2\ 2s^2\ 2p^6) + 2e^-$$
$$\mathrm{Al}\ (1s^2\ 2s^2\ 2p^6\ 3s^2\ 3p^1) \longrightarrow \mathrm{Al}^{3+}\ (1s^2\ 2s^2\ 2p^6) + 3e^-$$
$$\vdots \qquad\qquad \vdots$$
$$\mathrm{Cl}\ (1s^2\ 2s^2\ 2p^6\ 3s^2\ 3p^5) \longrightarrow \mathrm{Cl}^{7+}\ (1s^2\ 2s^2\ 2p^6) + 7e^-$$

예제 6.4

고차 이온화 에너지

Ge와 As의 5차 이온화 에너지 중 어느 것이 더 큰가?

전략

주기율표에서 그 원소들의 위치를 보고, 전자 배치를 써 보자. 만약 5번째 전자가 안쪽 껍질로부터 제거되어야 한다면, 그 원소의 이온화 에너지가 클 것이다.

풀이

Ge: [Ar]$4s^23d^{10}4p^2$ As: [Ar]$4s^23d^{10}4p^3$

14족 원소인 Ge는 4개의 원자가전자를 가지며 4개의 상대적으로 낮은 이온화 에너지를 가지는 반면에, 15족 원소인 As는 5개

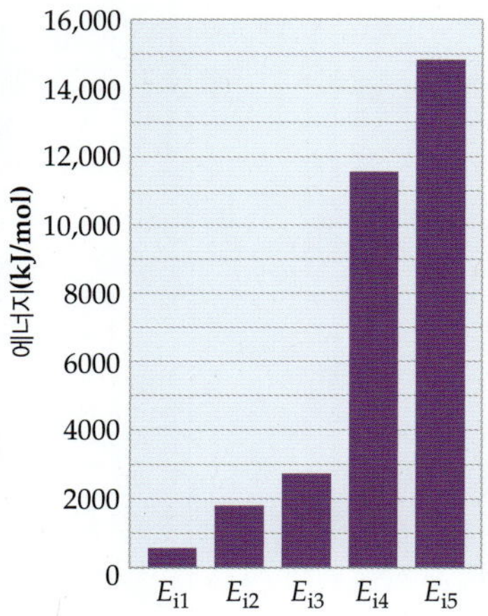

의 원자가전자를 가지며 5개의 작은 이온화 에너지를 갖는다. Ge에서 제거되는 5번째 전자는 더 낮은 부껍질($n = 3$)에 존재하므로 저마늄은 비소보다 E_{i5}가 더 크다.

연습문제 6.7 Be, C, N 중 3차 이온화 에너지는 어느 것이 더 큰가?

개념 응용문제 6.8 왼쪽의 그림은 주기율표에서 어느 3주기 원자의 연속적인 이온화 에너지를 나타낸다. 이 원자는 무엇일까?

6.5 전자 친화도

원자로부터 전자를 제거하여 양이온을 형성할 때의 에너지 변화를 측정할 수 있는 것처럼, 원자에 전자를 첨가하여 음이온을 형성할 때의 에너지 변화도 측정할 수 있다. 원소의 **전자 친화도(electron affinity, E_{ea})**란 전자 1개를 기체 상태에서 고립된 원자에 첨가할 때 일어나는 에너지 변화이다.

음으로 하전된 전자와 결과적으로 생성되는 양이온이 나누어질 때는 항상 에너지를 가해야 하기 때문에, 이온화 에너지(6.3절)는 항상 양의 값이다. 그러나 중성 원자에 한 개의 전자를 가할 때 일반적으로 에너지가 방출되기 때문에, 전자 친화도는 대개 음의 값이다.* 이와 동일한 부호 규약이 모든 화학에 적용되는 것을 9장에서 알게 될 것이다: 즉 양수 값의 에너지 변화는 에너지 흡수를 의미하고, 음수 값의 에너지 변화는 에너지 방출을 의미한다.

E_{ea} 값이 더 음수일수록 원자는 전자를 받는 경향이 증가하고, 그 음이온은 더 안정하다. 대조적으로, 전자를 첨가하여 불안정한 음이온을 형성하는 원자는 원칙적으로 양의 E_{ea} 값을 갖는다. 그러나, 그러한 경우는 일어나지 않기 때문에 실험적으로 측정할 수 없다. 그러한 원자에 대한 E_{ea} 값은 0보다 크다라고 설명할 수밖에 없다. 예를 들어, 수소의 E_{ea}는 −72.8 kJ/mol 이고, 이는 에너지를 방출하고 H^- 음이온이 안정하다는 것을 의미한다. 그러나 네온의 E_{ea}는 0 kJ/mol보다 크고, 그것은 Ne에 전자를 첨가할 수 없고 Ne^- 음이온이 불안정하다는 것을 의미한다.

$$\mathrm{H}(1s^1) + e^- \longrightarrow \mathrm{H}^-(1s^2) + 72.8\ \text{kJ/mol} \qquad E_{ea} = -72.8\ \text{kJ/mol}$$
$$\mathrm{Ne}(1s^2 2s^2 2p^6) + e^- + \text{에너지} \longrightarrow \mathrm{Ne}^-(1s^2 2s^2 2p^6 3s^1) \qquad E_{ea} > 0\ \text{kJ/mol}$$

이온화 에너지처럼, 전자 친화도도 그 원소의 전자 배치와 관련 있는 주기성을 나타낸다. 그림 6.6의 자료는 17족 원소들이 가장 큰 음수의 전자 친화도를 가지며, 가장 큰 에너지를 방출하는 반면, 2족과 18족 원소들은 거의 0에 가까운 또는 양수의 전자 친화도를 가지며 이는 작은 에너지를 방출하거나 에너지를 흡수한다는 것을 의미한다.

개념탐구 질문 4
큰 음의 전자 친화도를 갖는 원소는 유효 핵전하(Z_{eff})가 작은가 큰가?

원소의 전자 친화도 값은 몇 가지 서로 상쇄하는 요인들 사이의 상호 작용에 기인한다. 추가된 전자와 원자핵 사이의 인력은 음의 E_{ea} 값을 나타나게 하지만, 추가의 전자가 더해질 때 생기는 전자−전자 반발의 증가는 양의 E_{ea} 값을 나타낸다.

할로젠(F, Cl, Br, I)은 큰 음의 E_{ea} 값을 갖는 것으로 알려져 있다. 이는 이들 원소 각각이 큰 Z_{eff}를 가지고 있고, 첨가되는 전자가 들어갈 수 있는 원자가 껍질의 공간이 존재하기 때문이다. 플루오린화 이온(F^-)과 같이 음전하를 띠는 **할로젠화 음이온**은 s와 p 부껍질이 채워진 비활성 기체의 전자 배치를 가지며, 첨가된 전자와 원자핵 사이의 인력이 크다. 비활성 기체

*중성 원자가 음이온을 형성하기 위해 한 개의 전자를 얻을 때 에너지가 방출되는 것을 E_{ea}로 정의하고, 음의 부호를 사용한다. 어떤 책과 참고문헌은 반대 규정을 적용하여 한 음이온이 중성 원자를 형성하기 위해 한 개의 전자를 잃을 때 에너지를 흡수하는 것을 E_{ea}로 정의하고, 양의 값을 사용한다. 두 정의는 단순하게 서로 반대이다. 따라서 에너지 변화의 부호 역시 반대이다.

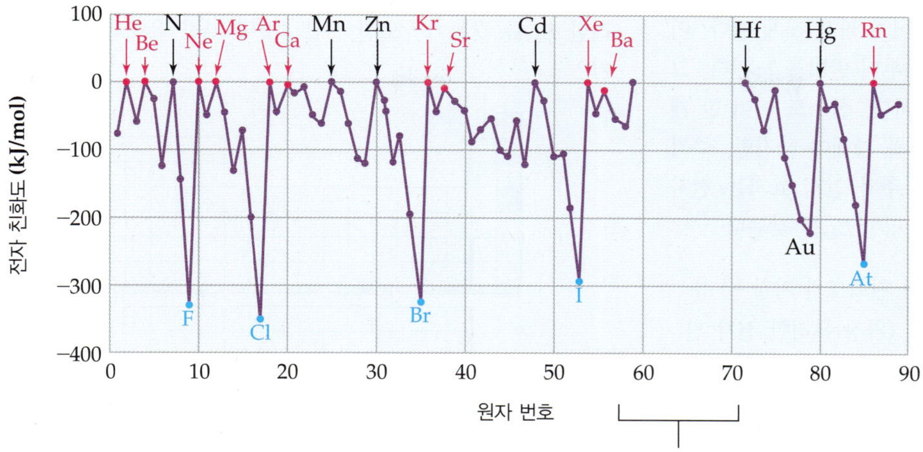

17족 원소(할로젠)에서와 같이 음의 E_{ea} 값은, 전자가 원자에 첨가될 때 에너지가 방출됨을 나타낸다.

2족 원소(알칼리 토금속)와 18족 원소(비활성 기체)에서와 같이 값이 0이면 에너지는 흡수되지만, 정확한 값은 측정할 수 없음을 나타낸다.

58~71번 원소는 정확한 값이 알려져 있지 않다.

▲ **그림 6.6**
1~57번과 72~86번 원소의 전자 친화도

▲ 확인하기

주기율표에서 어느 족이 음으로 가장 큰 전자 친화도를 가지는가? 음의 전자 친화도는 무엇을 의미하는가?

답 할로젠의 큰 음의 E_{ea} 값은 그들이 음이온을 형성하면서 큰 에너지를 방출한다는 것을 의미한다.

원소(He, Ne, Ar, Kr, Xe)는 양의 E_{ea} 값을 갖는 것으로 알려져 있다. 그 이유는 이 원소들의 s와 p 부껍질은 모두 꽉 채워져 있고, 첨가되는 전자가 핵으로부터 가리워져 있는 그 다음 껍질로 들어가고, 상대적으로 작은 Z_{eff}를 느끼기 때문이다. 그러므로 첨가되는 전자에 대한 핵의 인력은 작아지고, 추가적인 전자−전자 반발이 우세하게 된다.

할로젠: $Cl(\ldots 3s^2 3p^5) + e^- \longrightarrow Cl^-(\ldots 3s^2 3p^6)$ $\quad E_{ea} = -348.6$ kJ/mol

비활성 기체: $Ar(\ldots 3s^2 3p^6) + e^- \longrightarrow Ar^-(\ldots 3s^2 3p^6 4s^1)$ $\quad E_{ea} > 0$ kJ/mol

그림 6.6의 자료에 대한 다른 경향을 찾아보면, 0에 가까운 알칼리 토금속(Be, Mg, Ca, Sr, Ba)의 E_{ea}는 특히 주목을 끈다. 이러한 원소의 원자들은 채워진 s 부껍질을 가지며, 이는 추가되는 전자들이 p 부껍질로 들어가야 하는 것을 의미한다. 주기율표의 왼쪽에 위치하는 원소는 비교적 작은 Z_{eff}를 갖는다는 사실과 더불어, 더 높은 에너지를 갖는 p 부껍질로 전자가 추가된다는 사실 때문에, 알칼리 토금속 원자들이 전자를 받아들이기 쉽지 않고 0에 가까운 E_{ea} 값을 갖는다.

알칼리 토금속: $Mg(\ldots 3s^2) + e^- \rightarrow Mg^-(\ldots 3s^2 3p^1)$ $\quad E_{ea} \approx 0$ kJ/mol

예제 6.5

다른 원소의 전자 친화도 비교

질소는 왜 이웃한 C와 O보다 덜 유리한(더 큰 양의 값) E_{ea} 값을 갖는가?

전략 및 풀이

원소의 E_{ea} 값 크기는 그 원소의 원자가 껍질 전자 배치에 의존한다. C, N, O의 전자 배치는 다음과 같다.

탄소: $1s^2 2s^2 2p_x^{\,1} 2p_y^{\,1}$ $\quad$ 질소: $1s^2 2s^2 2p_x^{\,1} 2p_y^{\,1} 2p_z^{\,1}$

산소: $1s^2 2s^2 2p_x^{\,2} 2p_y^{\,1} 2p_z^{\,1}$

탄소는 $2p$ 부껍질에 2개의 전자만 갖고, 빈 $2p_z$ 오비탈에 쉽게 또 다른 전자를 받는다. 그러나 질소는 반만 채운 $2p$ 부껍질을 갖고, 추가되는 전자는 $2p$ 오비탈에 들어가 짝을 짓게 된다. 이때 이들 전자들은 이미 존재하는 전자로부터 반발을 느낀다. 그리하여 질소의 E_{ea}는 탄소보다 덜 유리하다. 산소도 이미 한 개의 전자를 갖는 오비탈에 한 개의 전자를 가해야 하지만, 주기율표에서 가로를 따라 증가하는 Z_{eff}의 추가 안정 효과는 전자 반발 효과를 상쇄하여 O가 N보다 더 유리한 E_{ea}를 갖는다.

연습문제 6.9 Ge, As, Br 원소를 전자 친화도가 가장 덜 유리한 것부터 유리한 순서로 나열하시오. (가장 유리한 전자 친화도가 가장 큰 음의 값을 갖는다.)

개념 응용문제 6.10 표시한 세 원소 중 어느 것이 가장 덜 유리한 E_{ea}를 갖는가? 또한, 어느 것이 가장 유리한 E_{ea}를 갖는가?

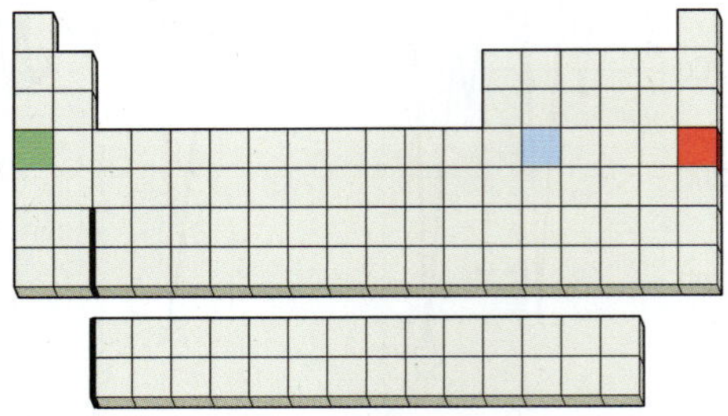

6.6 팔전자 규칙

앞의 네 절에서 살펴본 중요한 요점들을 정리해 보고, 몇 가지 일반적인 결론을 도출해 낼 수 있는지 알아보자.

- **1족 원소는 비교적 낮은 E_{i1} 값**을 가지므로, 그들이 반응할 때 ns^1 원자가 껍질의 전자를 쉽게 잃고, 주기율표의 전 주기에 있는 비활성 기체 원소의 전자 배치로 되려는 경향이 있다.
- **2족 원소는 비교적 낮은 E_{i1}과 E_{i2} 값**을 가지므로, 그들이 반응할 때 ns^2 원자가 껍질의 두 전자를 모두 쉽게 잃고, 비활성 기체 원소의 전자 배치로 되려는 경향이 있다.
- **17족 원소는 비교적 높은 음의 E_{ea} 값**을 가지므로, 그들이 반응할 때 전자 한 개를 쉽게 얻어 $ns^2\ np^5$로부터 $ns^2\ np^6$로 변하여, 같은 주기의 이웃한 비활성 기체 원소의 전자 배치로 되려는 경향이 있다.
- **18족 원소(비활성 기체)는 본래 비활성**이고, 거의 반응을 하지 않는다. 18족은 쉽게 전자를 잃거나 얻지 않는다.

이러한 모든 설명들은 **팔전자 규칙(octet rule)**이라는 한 문장으로 요약할 수 있다.

팔전자 규칙 주족 원소들은 바깥 껍질의 전자가 8개가 되도록 반응을 일으키려는 경향이 있다. 즉, 주족 원소들은 반응을 일으켜 원자가전자 껍질에 있는 s와 p 부준위가 모두 채워져 있는 비활성 기체의 전자 배치를 하려는 경향이 있다.

다음 장에서 다루겠지만, 주기율표의 3족과 그 이하의 족에서처럼 팔전자 규칙에는 예외가 있기는하다. 하지만 화학 결합을 예측하거나 결합에 대한 직관적 정보를 얻는 데 유용하다.

팔전자 규칙의 원리는 무엇일까? 얼마나 많은 원자가전자를 얻을 것인지 잃을 것인지를 결정하는 요인은 무엇일까? 만약 처음부터 전자가 느슨하게 잡혀 있다면 전자를 잃을 것이다. 다시 말해서, 전자가 느끼는 유효 핵전하(Z_{eff})가 작고 이온화 에너지가 작다면 전자를 잃을 것이다. 예를 들어, 1, 2, 13족 금속들의 원자가 껍질 전자들은, 중심부의 전자들에 의해 핵전하가 가리워져 상대적으로 작은 Z_{eff}를 느끼게 됨으로써 전자를 쉽게 잃어버린다. 그러나 일단 전자를 잃어버림으로써 비활성 기체의 전자 배치에 도달하게 되면, 강한 Z_{eff}를 느끼는 안쪽 껍질에서 전자가 떨어져 나가야 하므로 갑자기 전자를 잃어버리는 것이 어려워진다.

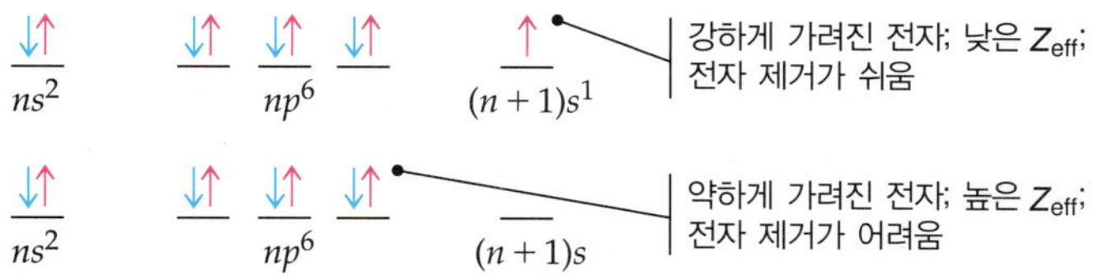

반대로, 전자가 큰 Z_{eff}를 가지면서 강하게 잡혀 있다면, 전자를 잃는 것보다 얻는 것이 더 용이하다. 예를 들어, 16, 17족의 원자가 껍질 전자들은 가리움 효과가 작기 때문에 강한 Z_{eff}를 느끼게 되므로 쉽게 떨어져 나가지 않는다. 따라서 높은 Z_{eff} 값은 비어 있는 원자가 껍질 오비탈에 하나 혹은 그 이상의 전자가 채워지는 것을 가능하게 한다. 전자를 잃을 때와 마찬가지로, 비활성 기체의 전자 배치에 도달하면 더 이상 전자가 채워질 수 있는 낮은 에너지의 오비탈이 존재하지 않기 때문에, 추가적인 전자는 낮은 Z_{eff}의 높은 에너지의 오비탈에 채워져야 한다.

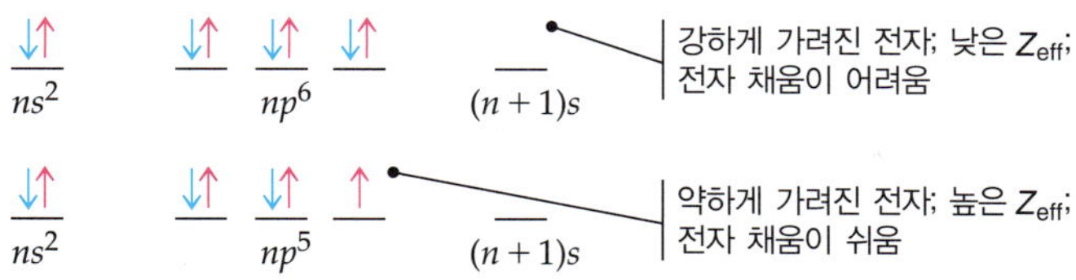

개념탐구 질문 5

왜 1족, 2족 원소들은 이온을 만들 때 전자를 잃을까?

숫자 8은 원자가 껍질 전자에 있어서 일종의 마법의 수라고 할 수 있다. 따라서, 8개의 전자로 채워진 오비탈에서 전자는 높은 Z_{eff}로 강하게 잡혀 있기 때문에 전자를 떼어내는 것이 어렵고, s와 p 부준위가 모두 채워져 낮은 에너지의 오비탈이 존재하지 않기 때문에 전자를 추가하는 것이 어렵다.

예제 6.6

화학 반응과 팔전자 규칙

금속 리튬은 질소와 반응하여 Li_3N을 생성시킨다. Li_3N에서 질소 원자는 어떤 비활성 기체의 전자 배치를 갖는가?

전략과 풀이

Li_3N 화합물에는 세 개의 Li^+ 이온이 있고, 각각은 1족인 금속 리튬의 $2s$ 오비탈의 전자가 떨어져 나간 후 생긴 이온이다. 따라서 Li_3N의 질소 원자는 중성 원자에 비해 세 개의 전자를 더 가지고 있어야 한다. 즉, 질소 원자는 3가의 음이온이 되고 팔전자 원자가 껍질을 가진 Ne의 전자 배치와 같게 된다.

$$\text{N: } (1s^2\ 2s^2\ 2p^3) \xrightarrow{+3e^-} \text{N}^{3-}\text{:}(1s^2\ 2s^2\ 2p^6) \text{ 또는 [Ne]}$$

▶ **연습문제 6.11** $SrCO_3$의 스트론튬 원자는 어떤 전자 배치를 가지고 있는가?

▶ **응용문제 6.12** 16족 원소들은 이온이 될 때 전자를 잃을 것인가 얻을 것인가? 또, 몇 개의 전자를 잃거나 얻을 것인가? 16족 원소들의 이온의 전하는 무엇일까?

6.7 이온 결합과 이온성 고체의 형성

이온 결합(ionic bond)은 한 원자에서 다른 원자로 전자가 이동한 결과로 생성되는 양전하와 음전하 이온 간의 정전기적 인력에 기인한다. 친근한 예로 Na^+와 Cl^-로 이루어진 소금을 들 수 있다. 금속 소듐과 염소 기체와 직접 반응하면, 소듐은 작은 양의 이온화 에너지로 인해 비교적 쉽게 전자를 잃고, 염소는 큰 음의 전자 친화도를 가지기 때문에 전자를 얻게 되어 소듐 이온과 염화 이온이 생성된다. 일반적으로, 작은 E_i 값을 가지는 원소에서 음의 E_{ea} 값을 가지는 원소로 전자가 이동하여 양이온과 음이온이 생성된다. 소듐에서 염소로의 전자 이동은 다음과 같다.

▲ 염화 소듐이 염소 가스와 반응하면 고체 염화 소듐이 생성되면서 불꽃의 형태로 에너지가 방출된다.

$$\mathrm{Na} + \mathrm{Cl} \longrightarrow \mathrm{Na^+\,Cl^-}$$

Na: $1s^2\,2s^2\,2p^6\,3s^1$ Cl: $1s^2\,2s^2\,2p^6\,3s^2\,3p^5$ → $\mathrm{Na^+}$: $1s^2\,2s^2\,2p^6$ $\mathrm{Cl^-}$: $1s^2\,2s^2\,2p^6\,3s^2\,3p^6$

이온성 고체 염화 소듐에서 소듐과 염소가 반응하여 Na^+와 Cl^-을 생성하는 반응의 전체적인 에너지 변화 ΔE는 어떻게 될까? 왼쪽의 그림과 같이, 용해된 염화 소듐이 염소 기체와 접촉하게 되면 격렬한 반응이 일어나고, 백색 고체 NaCl이 생성된다. 소듐과 염소의 반응은 열로서 에너지를 방출한다. (그리스 문자의 대문자 형태인 델타(delta, Δ)는 어떤 값의 변화를 나타낼 때 사용되므로 에너지 변화는 ΔE가 된다.) 원소들로부터 염화 소듐이 형성되면서 열을 방출하기 때문에 ΔE는 음이다. 에너지를 방출하는 요인을 살펴보자. E_i와 E_{ea} 값을 비교해 보면, 염소 원자가 전자를 받아들일 때 내놓는 에너지[Cl(g)의 $E_{ea} = -348.6$ kJ/mol]는 소듐 원자가 전자를 잃을 때 필요한 에너지[Na(g)의 $E_i = +495.8$ kJ/mol]를 극복하지 못한다.

Na에 대한 E_i	$= +495.8$ kJ	(불리하다)
Cl에 대한 E_{ea}	$= -348.6$ kJ	(유리하다)
ΔE	$= +147.2$ kJ	(불리하다)

기억하기…
이온성 고체에서 반대의 부호를 가지는 이온들은 이온 결합에 의해 서로 끌어당기기 때문에 서로 결합되어 있다(2.10절).

소듐 원자와 염소 원자의 반응의 알짜 에너지 변화 ΔE는 +147.2 kJ/mol이기 때문에 다른 요인이 작용하지 않는 한 반응은 일어나지 않을 것이다. 이와 같이 전자 이동의 불리한 에너지 변화를 극복할 수 있는 부가적 요인은 **이온성 고체(ionic solid)**의 형성에 참여하는 양이온과 음이온 간의 정전기적 인력으로 인해 크게 증가하는 안정성이다.

고체인 금속 소듐과 기체인 염소 분자와 반응하여 고체 염화 소듐을 형성하는 실제 반응은 단계적으로 일어나는 반응이 아니다. 하지만, 각각의 에너지 변화를 실험적으로 측정할 수 있는 가상의 단계 반응이 있다고 가정하면, 에너지 변화를 계산하는 게 좀 더 쉬워진다. 전체 에너지 변화에서 고려해야 할 다섯 단계가 있다.

단계 ① 고체인 금속 Na를 **승화** 과정을 통해 독립된 기체 상태의 Na로 전환시킨다. 고체 상태에서 원자들을 잡고 있는 힘을 이겨내야 되기 때문에 승화 과정에는 에너지가 필요하다. Na의 승화 에너지는 양의 값을 갖는다(+107.3 kJ/mol).

$$\mathrm{Na}(s) \longrightarrow \mathrm{Na}(g)$$
Na(s) 1 mol당 +107.3 kJ

단계 ② 기체 상태의 Cl_2 분자를 각각의 Cl 원자로 나눈다. 이 또한 Cl 간의 결합을 끊어내서 분리시켜야 하므로 에너지가 필요하다. 이때 필요한 에너지 역시 양의 값을 가진다: Cl_2의 경우 1 mol당 +243 kJ (혹은 Cl_2 1/2 mol당 +122 kJ)이다. 7.2절에서 결합 해리 에너지를 깊게 다룰 것이다.

$$1/2\ \mathrm{Cl_2}(g) \longrightarrow \mathrm{Cl}(g)$$
$Cl_2(g)$ $\frac{1}{2}$ mol당 +122 kJ

단계 ③ 독립된 Na 원자를 Na^+ 이온과 전자로 분리한다. 이때 필요한 에너지는 소듐의 1차 이온화 에너지(E_{i1})로 양의 값이다: +495.8 kJ/mol.

$$\mathrm{Na}(g) \longrightarrow \mathrm{Na^+}(g) + \mathrm{e^-}$$
Na(g) 1 mol당 +495.8 kJ

단계 ④ Cl 원자에 전자를 첨가함으로써 Cl^- 이온을 형성한다. 이때 내놓는 에너지는 염소 원자의 전자 친화도이며 음의 값이다: −348.6 kJ/mol.

$$\mathrm{Cl}(g) + \mathrm{e^-} \longrightarrow \mathrm{Cl^-}(g)$$
Cl(g) 1 mol당 −348.6 kJ

단계 ⑤ 마지막으로, 고체의 NaCl이 독립된 기체 상태의 Na^+와 Cl^- 이온으로부터 만들어진다. 에너지 변화는 고체 내 이온 간의 전체 정전기적 인력의 척도이고, 서로 독립된 이온들이 응집하여 고체를 형성할 때 방출되는 에너지의 양이다. NaCl 형성의 에너지 변화는 음의 값이다: −787 kJ/mol.

$$Na^+(g) + Cl^-(g) \longrightarrow NaCl(s) \quad -787\ \text{kJ/mol}$$

알짜 반응:

알짜 에너지 변화(ΔE):

$$Na(s) + 1/2\ Cl_2(g) \longrightarrow NaCl(s) \quad -411\ \text{kJ/mol}$$

금속 소듐과 염소 기체 간의 반응을 가상의 다섯 단계로 **그림 6.7**에 나타내었다. 이러한 그림 형태를 보른-하버 순환이라 하고, 각 반응이 어떻게 전체 에너지 변화에 기여하는지와 어떻게 알짜 과정이 각각의 반응의 합이 되는지를 보여 준다. 그림에서 보여 주는 것처럼, 단계 1, 2, 3은 양의 값을 가지며 에너지를 흡수하는 반면에, 단계 4, 5는 음의 값을 가지며 에너지를 방출한다. 가장 큰 기여는 단계 5인데, 이것은 고체 생성물에서 이온 사이에 정전기적 힘-즉, 이온 결합의 세기를 측정한다. 이온 결합에 기인하는 이러한 많은 양의 고체 안정화 에너지가 생기지 않는다면, 반응은 일어나지 않을 것이다.

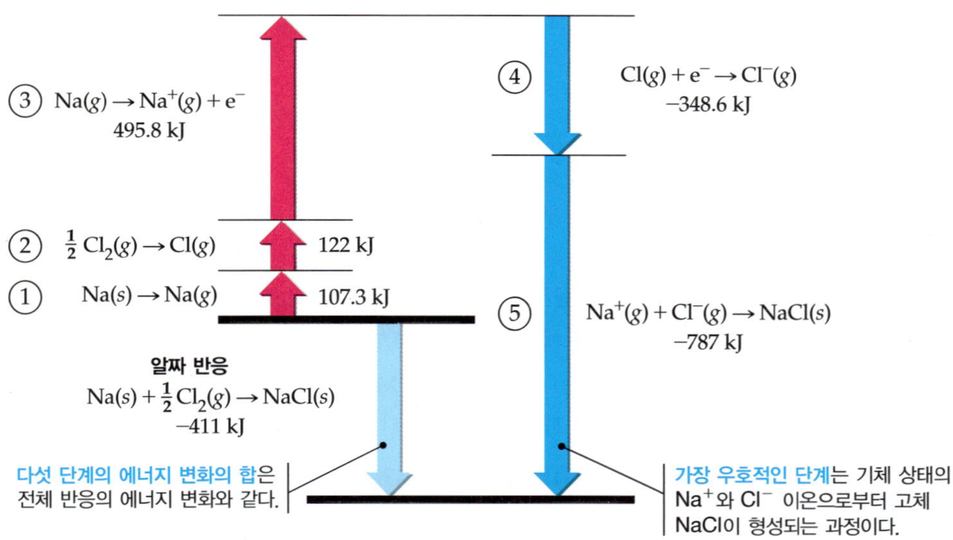

◀ **그림 6.7**
$Na(s)$와 $Cl_2(g)$로부터 $NaCl(s)$이 생성되는 과정의 보른-하버 순환

▶ 확인하기

(a) 보른-하버 순환의 어느 단계에서 가장 큰 에너지가 방출되는가?
(b) 각 원소로부터 이온 화합물이 형성될 때 왜 (a)에 해당되는 단계가 우호적이라고 고려할 수 있는가?

답 (a) 단계 ⑤. 기체 상태의 Na^+와 Cl^- 이온으로부터 고체 NaCl이 형성될 때의 정전기적 인력
(b) 반응이 에너지를 방출하게 되면 생성물은 더 낮은 에너지 상태가 되므로 좀 더 안정하다.

마그네슘과 염소의 반응에 대한 유사 보른-하버 순환은 알칼리 토금속 원소 반응의 에너지 변화를 보여 준다(**그림 6.8**). NaCl을 형성하는 소듐과 염소의 반응에서와 같이 전체 에너지 변화에는 다섯 단계가 기여한다. 첫째, 마그네슘 금속 고체가 고립된 기체상의 마그네슘 원자로 변환되어야 한다(승화). 둘째, Cl_2 분자의 결합이 끊어져 염소 원자를 생성하여야 한다. 셋째, 마그네슘 원자가 2개의 전자를 잃어 Mg^{2+} 이온을 생성하여야 한다. 넷째, 2단계에서 형성된 염소 원자가 전자를 얻어 Cl^- 이온을 생성하여야 한다. 다섯째, 기체 이온들이 결합하여 이온성 고체 $MgCl_2$를 생성하여야 한다. 보른-하버 순환에서 보듯, 이온 결합은 전체 과정이 일어나게 하는 데 충분한 에너지를 방출하게 한다.

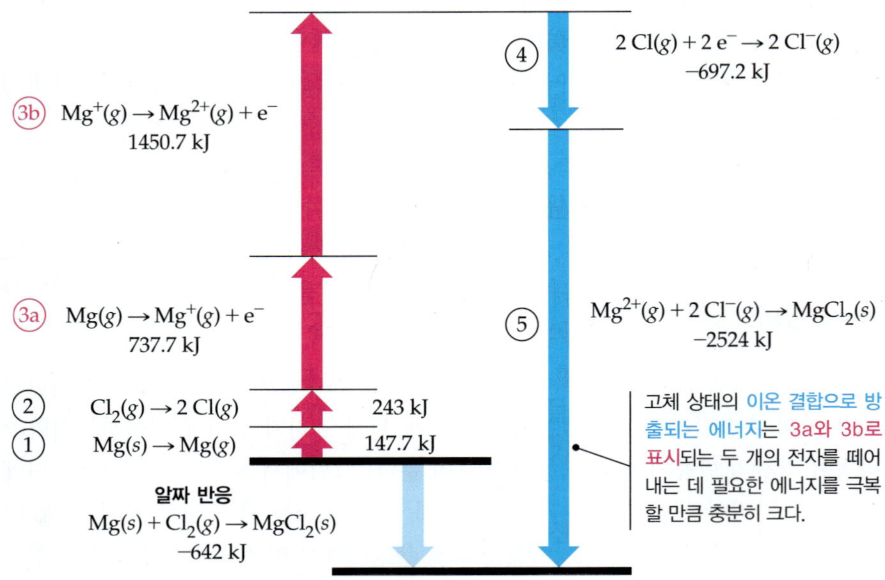

▶ 그림 6.8
원소로부터 $MgCl_2$가 생성되는 과정의 보른–하버 순환

예제 6.7

이온 결합 화합물의 형성에서 에너지 변화 계산

원소들로부터 KF(*s*)가 생성될 때 발생하는 알짜 에너지 변화를 kJ/mol 단위로 계산하시오:

$K(s) + 1/2F_2(g) \longrightarrow KF(s)$.

다음의 자료들이 필요하다.

K(*s*)의 승화열 = 89.2 kJ/mol

$F_2(g)$의 결합 해리 에너지 = 158 kJ/mol

KF(*s*)의 정전기적 상호 작용 = −821 kJ/mol

F(*g*)의 E_{ea} = −328 kJ/mol

K(*g*)의 E_i = 418.8 kJ/mol

전략

이온성 고체 KF를 생성하는 과정에서 각 단계의 화학 반응을 쓰고, 그림 6.7과 비슷한 보른–하버 순환을 그리시오. 각 단계의 에너지 변화의 합은 알짜 반응의 에너지 변화이다.

풀이

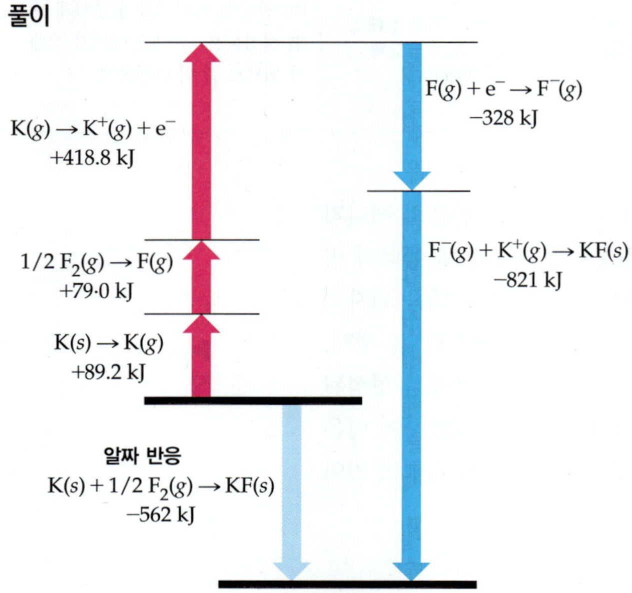

▶ **연습문제 6.13** 원소들로부터 $MgF_2(s)$가 생성될 때 발생하는 알짜 에너지 변화를 kJ/mol 단위로 계산하시오:

$Mg(s) + F_2(g) \longrightarrow MgF_2(s)$.

아래 자료들이 필요하다.

Mg(*s*)의 승화열 = 147.7 kJ/mol

$F_2(g)$의 결합 해리 에너지 = 158 kJ/mol

$MgF_2(s)$의 정전기적 상호 작용 = −2957 kJ/mol

F(*g*)의 E_{ea} = −328 kJ/mol

Mg(*g*)의 E_{i1} = 737.7 kJ/mol

Mg(*g*)의 E_{i2} = 1450.7 kJ/mol

▶ **응용문제 6.14** LiCl(*s*)의 정전기적 인력 에너지를 계산하시오. 아래 자료들이 필요하다.

Li(*s*)의 승화열 = 161 kJ/mol

$Cl_2(g)$의 결합 해리 에너지 = 243 kJ/mol

$Li(s) + 1/2Cl_2(g) \longrightarrow LiCl(s)$ = −409 kJ/mol

Cl(*g*)의 E_{ea} = −349 kJ/mol

Li(*g*)의 E_i = 520 kJ/mol

6.8 이온성 고체의 격자 에너지

고체에서 이온 간의 정전기적 상호 작용 에너지의 척도—즉, 고체의 이온 결합의 세기의 척도—를 **격자 에너지(lattice energy, *U*)**라고 한다. 일반적으로, 격자 에너지는 이온성 고체를 각 기체 이온으로 분해할 때 공급해야 하는 에너지의 양으로 정의하므로, 양의 값을 갖는다. 그러나 이온으로부터 고체의 형성은 분해의 반대이므로, 음의 값을 갖는다. 예를 들어, 그림 6.7에 그려진 보른–하버 순환의 단계 ⑤에서 NaCl의 생성은 음의 값, $-U$를 갖는다.

$$NaCl(s) \longrightarrow Na^+(g) + Cl^-(g) \qquad U = +787\ \text{kJ/mol} \qquad (\text{에너지 흡수})$$
$$Na^+(g) + Cl^-(g) \longrightarrow NaCl(s) \qquad -U = -787\ \text{kJ/mol} \qquad (\text{에너지 방출})$$

어떤 요인이 이온 결합 화합물에서 격자 에너지의 크기에 영향을 미치는가? 격자 에너지는 이온성 화합물에서 양이온과 음이온 간의 이온 결합의 세기에 의존한다. **쿨롱 법칙**(Coulomb's law)은 전기 전하의 상호 작용으로 생기는 힘(F)을 설명한다. 이 힘은 이온 전하(z_1과 z_2)의 곱을 이온의 중심(핵) 사이의 거리 d의 제곱으로 나눈 것에 상수 k를 곱한 것과 같다.

쿨롱 법칙 $$F = k \times \frac{z_1 z_2}{d^2}$$

에너지는 힘 곱하기 거리와 같으므로, 격자 에너지는 다음과 같다.

격자 에너지 $$U = F \times d = k \times \frac{z_1 z_2}{d}$$

상수 k 값은 특정한 화합물에서 이온들의 배열에 의존하고, 물질이 다르면 k 값도 다르다.

이온 간 거리 d가 작고 전하 z_1과 z_2가 클 때 격자 에너지가 크다. 거리 d가 작다는 것은 이온들이 서로 가까이 조밀하게 위치하고 있음을 의미하고, 이것은 이온 반지름이 작다는 것을 의미한다. 그러므로 z_1과 z_2가 일정하면, **표 6.3**에 나열한 것처럼, 최대 격자 에너지는 가장 작은 이온으로부터 생성된 화합물들에 속한다.

음이온이 같고 양이온이 다른 일련의 화합물 내에서, 양이온이 작을수록 격자 에너지는 증가한다. 예를 들어 LiF, NaF, KF를 비교하면, 양이온의 크기는 $K^+ > Na^+ > Li^+$ 순이므로 격자 에너지는 LiF > NaF > KF 순서에 따른다. 마찬가지로, 양이온이 같고 음이온이 다른 일련의 화합물 내에서, 음이온 크기가 감소할수록 격자 에너지는 증가한다. 예를 들어 LiF,

개념탐구 질문 6

이온의 전하 크기는 격자 에너지에 어떤 영향을 미치는가? 이온 반지름은 격자 에너지에 어떤 영향을 미치는가?

표 6.3 몇 가지 이온성 고체의 격자 에너지(kJ/mol)

	음이온				
양이온	F^-	Cl^-	Br^-	I^-	O^{2-}
Li^+	1036	853	807	757	2925
Na^+	923	787	747	704	2695
K^+	821	715	682	649	2360
Be^{2+}	3505	3020	2914	2800	4443
Mg^{2+}	2957	2524	2440	2327	3791
Ca^{2+}	2630	2258	2176	2074	3401

LiCl, LiBr, LiI를 비교하면, 음이온의 크기는 $I^- > Br^- > Cl^- > F^-$ 순서이므로 격자 에너지는 역순인 LiF > LiCl > LiBr > LiI이다.

표 6.3은 또한 더 큰 전하를 갖는 이온의 화합물일수록 더 작은 전하를 갖는 이온의 화합물보다 더 큰 격자 에너지를 갖는다는 것을 보여 준다. 예를 들면 NaI, MgI_2, AlI_3를 비교하면, 양이온 전하의 순서는 $Al^{3+} > Mg^{2+} > Na^+$이고, 격자 에너지는 $AlI_3 > MgI_2 > NaI$ 순이다.

예제 6.8

격자 에너지

NaCl과 CsI 중 어느 것이 더 큰 격자 에너지를 갖는가?

전략

물질의 격자 에너지 크기는 성분 이온의 전하와 그 성분 이온의 크기에 의하여 영향을 받는다. 이온 전하가 클수록, 또한 이온의 크기가 작을수록 격자 에너지는 크다. Na^+, Cs^+, Cl^-, I^-의 네 이온은 모두 단일 전하를 띠며, 크기만 다르다.

풀이

Na^+는 Cs^+보다 작고 Cl^-는 I^-보다 작으므로, 이온 간 거리는 NaCl이 CsI보다 작다. 따라서 NaCl은 더 큰 격자 에너지를 갖는다.

▶ **연습문제 6.15** SrF_2, CuI_2, CsI, MgO 중 격자 에너지가 가장 큰 것은 어느 것인가?

▶ **개념 응용문제 6.16** 다음 그림 중 하나는 NaCl을, 다른 하나는 MgO를 표시한다. 각 그림은 어느 화합물이며, 어느 것이 격자 에너지가 더 큰가?

(a) (b)

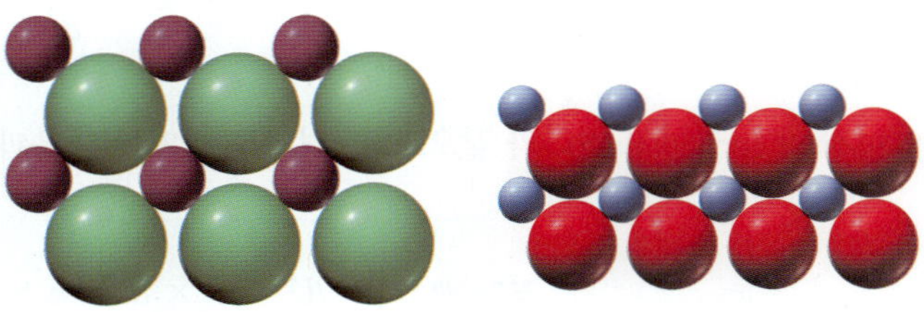

INQUIRY ? 이온성 액체가 어떻게 환경친화적 공정에 사용되는가?

이온성 화합물을 생각할 때는 아마도 높은 용융점을 갖는 결정성 고체인 염화 소듐(mp = 801 °C), 산화 마그네슘(mp = 2825 °C), 탄산 리튬(mp = 732 °C) 등을 생각할 것이다. 많은 이온 결합 화합물이 그 설명에 부합하는 것이 분명한 사실이지만, 전부 그런 것은 아니다. 이온 결합 화합물의 일부는 상온에서 액체로 존재한다. 실례로, 거의 한 세기 전에 발견된 최초의 이온성 액체 화합물인 에틸암모늄 나이트레이트($CH_3CH_2NH_3^+NO_3^-$)는 녹는점이 겨우 12 °C (54 °F)에 불과하다.

액체의 한 가지 속성은 흐를 수 있다는 것이다. 이렇게 되려면, 격자 내의 이온들은 서로 상대적 위치로의 이동이 가능하고, 그들 사이의 정전기력을 극복해야 한다. 따라서, 이온성 액체 내의 이온 사이의 인력은 이온의 위치가 단단하게 고정되어 있는 이온성 고체보다 낮다. 일반적으로, 오늘날 사용되는 이온성 액체는 양이온이 불규칙적인 모양을 갖고 있거나, 하나 또는 모든 이온의 크기가 커서 큰 부피에 걸쳐 전하가 분산되도록 한 염이다. 두 요인이 결정 격자 에너지를 최소화하고, 그것 때문에 고체를 덜 안정하게 하고 액체를 선호하게 만든다. 대표적인 양이온은 아민(amines)이라 불리는 질소 함유 유기 화합물, 테트라뷰틸암모늄 이온, *N*-알킬피리디늄 이온 중 하나로부터 유도된다.

▲ 독일의 회사 BASF에서는, 이와 같은 수백 종의 이온성 액체를 다양한 화학 공정에 사용하기 위해 상업적으로 제조 및 판매하고 있다.
ⓒdextroza/Shutterstock

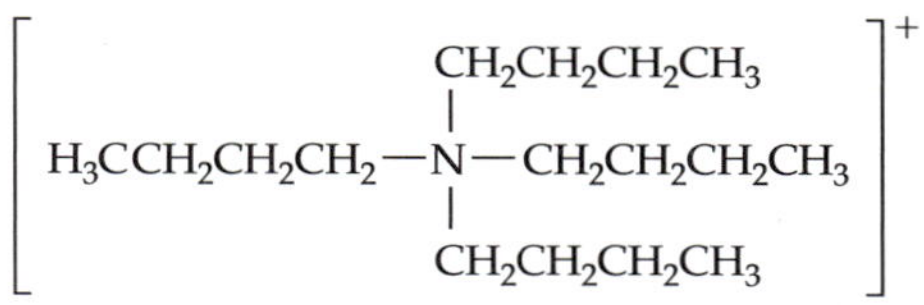

테트라뷰틸암모늄 이온

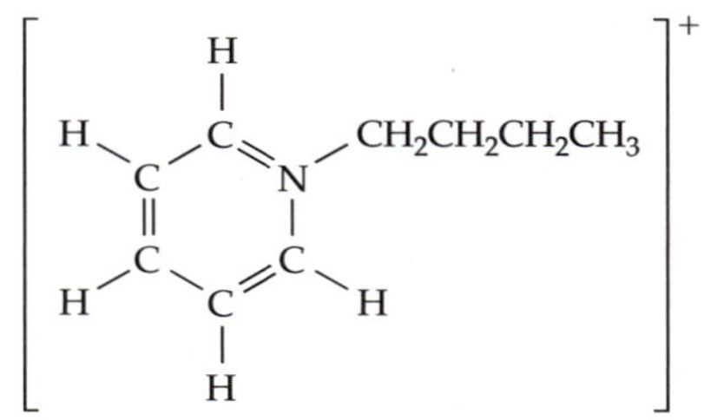

N-알킬피리디늄 이온

음이온도 양이온만큼 다양하고, 서로 다른 음이온/양이온 조합으로 제조된 500개 이상의 이온성 액체가 상업적으로 이용 가능하다. 대표적인 음이온은 헥사플루오로포스페이트, 테트라플루오로보레이트, 알킬 설페이트, 트라이플루오로메테인설포네이트, 할로젠화 이온 등이 있다.

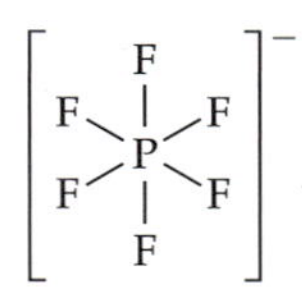

헥사플루오로 포스페이트

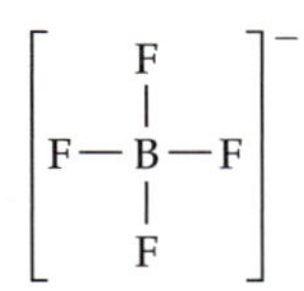

테트라플루오로 보레이트

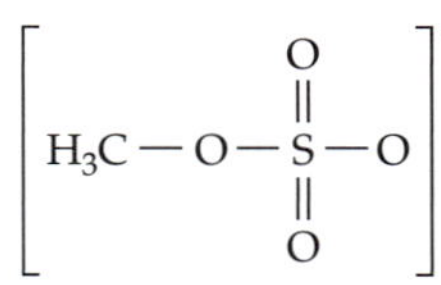

알킬 설페이트

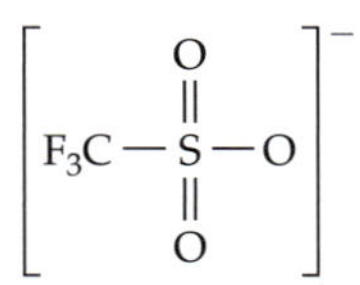

트라이플루오로 메테인설포네이트

Cl^-, Br^-, I^-

할로젠화 이온

수년 동안, 이온성 액체는 실험실 수준의 호기심에서 벗어나지 못했다. 그러나 최근에는 이온성 액체가 3장의 Inquiry에서 서술한 것과 같이, 특히 녹색 화학 공정에 사용하는 데 우수한 용매라는 것이 밝혀졌다. 이온성 액체는 많은 유용한 특성을 갖는다.

- 다양한 종류의 화합물을 고농도로 녹일 수 있어 필요한 액체의 양을 최소화할 수 있다.
- 양이온과 음이온의 구조를 변화시킴으로써, 특정 반응에 사용하기 위한 미세 조정이 가능하다.

- 불연성이다.
- 고온에서 안정적이다.
- 쉽게 증발하지 않는다.
- 일반적으로 회수가 가능하고 여러 번 재사용할 수 있다.

현재 이온성 액체는 많은 산업 공정에서 독성 또는 가연성 유기 용매의 대체재로 연구되고 있다. 예를 들면, 고온 전지에서의 전해질 및 오일 셰일에서 무거운 유기 물질의 추출을 위한 용매로 탐구되고 있다.

대부분의 의약품은 염이므로 이온성 액체 약물은 이중 작용 물질을 생성하는 새로운 방법이다. 약학적 활성 양이온과 약학적 활성 음이온을 조합하면 2가지 약물의 작용이 조합된 이온성 액체가 생성된다. 또한 이온성 액체는 태양의 열에너지를 저장하는 데 사용된다. 낮 동안 태양열은 이온성 물질을 적당한 온도에서 액체로 녹인다. 밤에 온도가 떨어져 이온성 액체가 고체로 얼어붙으면 에너지가 방출된다. 앞으로 이온성 액체에 대해 훨씬 더 많이 들을 것이다.

정리

절	개념 요약	학습 목표
6.1 이온의 전자 배치	주기율표 왼쪽의 금속 원소들은 전자를 내놓고 양이온이 되려는 경향이 강한 반면, 오른쪽의 할로젠 원소나 몇몇 비금속 원소들은 전자를 받아서 음이온이 되려는 경향이 강하다. 주족 금속들은 채워진 오비탈 중 에너지가 가장 높은 궤도의 전자들을 내놓으면서 양이온이 되며, 전자들이 비금속 원소들에 들어갈 때는 비워진 오비탈 중 에너지가 가장 낮은 궤도로 들어간다.	6.1 주족과 전이 금속 이온들의 바닥 상태 전자 배치를 쓴다. 6.2 주족과 전이 금속 이온에 있는 홀전자 수를 결정한다.
6.2 이온 반지름	양이온이 되면, **유효 핵전하**(Z_{eff})가 증가하고 때로는 원자가 껍질이 수축되므로 본래의 원자보다 크기가 줄어든다. 반대로 음이온이 되면, Z_{eff}가 감소하고 전자들 사이의 반발력이 커지므로 본래의 원자보다 크기가 늘어난다.	6.3 원자, 양이온, 음이온의 상대적 크기를 예측한다. 6.4 등전자 이온들의 상대적 크기를 예측한다.
6.3 이온화 에너지	고립된 중성 원자에서 원자가 껍질의 전자 하나를 제거하는 데 필요한 에너지를 **이온화 에너지**(E_i)라 한다. 이 에너지는 주기율표 왼쪽의 금속 원소들이 가장 작고 오른쪽의 비금속 원소들이 가장 크다. 따라서 금속들은 화학 반응에서 대개 전자를 잃고 산화제로 작용하는 경우가 많다.	6.5 원소들을 이온화 에너지가 커지는 순서로 배열한다. 6.6 이온화 에너지의 주기적 경향을 설명한다.
6.4 고차 이온화 에너지	원자의 이온화에서 전자는 하나만 제거될 수도 있지만 둘 이상의 전자가 차례로 제거될 수 있으며, 필요한 에너지도 차례로 증가한다. 일반적으로 원자가 껍질의 전자는 **핵심부 전자**보다 훨씬 쉽게 제거된다.	6.7 여러 원소들의 순차적 이온화 에너지를 비교한다. 6.8 순차적 이온화 에너지의 값으로 원소들을 판별한다.
6.5 전자 친화도	고립된 중성 원자에 전자 하나가 더해질 때 흡수되거나 방출되는 에너지를 **전자 친화도**(E_{ea})라고 부른다. 관례에 따라 에너지의 흡수는 양의 값을, 방출은 음의 값을 부여한다. 전자 친화도는 17족에서 가장 작은 음의 값, 그리고 2족과 18족에서 가장 큰 양의 값을 보인다. 따라서 17족 원소들은 화학 반응에서 대개 전자를 받아들인다.	6.9 여러 원소들의 전자 친화도를 비교한다. 6.10 전자 친화도의 주기적 경향을 설명한다.
6.6 팔전자 규칙	일반적으로 주족 원소들의 반응은 **팔전자 규칙**을 따른다. 이는 화학 반응에서 원소들이 원자가 껍질 속의 s와 p 부껍질을 가득 채워 비활성 기체의 전자 배치를 이루려는 경향을 가리킨다. 주기율표 왼쪽의 원소들은 전자를 내놓고, 반대로 오른쪽의 원소들은 전자를 받아서 0족 기체의 배치를 이루려고 하며, 비활성 기체들은 반응성이 거의 없다.	6.11 팔전자 규칙을 이용하여 주족 이온들의 전하와 전자 배치, 이온 결합 화합물들의 화학식을 예측한다.
6.7 이온 결합과 이온성 고체의 형성	1족과 2족의 금속들이 15~17족의 비금속들과 반응할 때 금속 원자는 하나 이상의 전자를 비금속 원자에게 준다. 그러면 금속 양이온과 비금속 음이온이 정전기적 인력으로 결합된 화합물이 생성된다. 이런 결합을 **이온 결합**이라 부르며, 염화 소듐은 그 한 예이다.	6.12 이온 결합 화합물들의 화학식과 분자 이미지의 관계를 나타낸다. 6.13 구성 원소들로부터 이온성 화합물이 만들어질 때 나타나는 과정을 보른-하버 순환으로 나타내고, 에너지 변화를 구한다.

절	개념 요약	학습 목표
6.8 이온성 고체의 격자 에너지	결정 안의 이온들이 상호 작용하는 에너지들의 총합을 **격자 에너지(U)**라고 한다. 이온들의 크기가 작고 전하가 클수록 격자 에너지가 크다.	6.14 이온 결합 화합물들의 화학식이나 분자적 표현을 토대로, 격자 에너지의 상대적 크기를 비교한다.

주요 용어

격자 에너지(U)
이온 결합
전자 친화도(E_{ea})
팔전자 규칙
등전자
이온화 에너지(E_i)
쿨롱 법칙
핵심부 전자
보른–하버 순환

주요 식

• 쿨롱 법칙(6.8절)

$$F = k \times \frac{z_1 z_2}{d^2}$$

• 격자 에너지(U) (6.8절)

$$U = F \times d = k \times \frac{z_1 z_2}{d}$$

복습 문제

LO는 학습 목표(Learning Objectives)를 나타낸다.

이 장을 학습한 후엔, 학습자의 이해도를 평가할 수 있는 방법이 있다. **복습 문제**를 푸는 것이다. **복습 문제**들은 이 장의 학습 목표와 연계되어 있다. 따라서 푼 답이 틀렸다면, 이 장의 끝부분에 나와 있는 **정리** 문단의 **학습 목표**를 참고하면 된다. 정리 문단에는 **개념 요약**이 제공되며, **예제**를 참고하면 문제 해결 방법을 모델링할 수 있다.

1. Mg^{2+} 이온의 바닥 상태 전자 배치는 어느 것인가? **(LO 6.1)**
   (a) $1s^2 2s^2 2p^6$
   (b) $1s^2 2s^2 2p^6 3s^2$
   (c) $1s^2 2s^2 2p^6 3s^2 3p^2$
   (d) $1s^2 2s^2 2p^6 3s^2 3p^6$
2. Ru^{2+} 이온의 바닥 상태 전자 배치와 홀전자의 개수는 몇 개인가? **(LO 6.1, 6.2)**
   (a) $[Kr]5s^2 4d^4$ 홀전자 개수 0
   (b) $[Kr]5s^2 4d^6$ 홀전자 개수 0
   (c) $[Kr]4d^6$ 홀전자 개수 4
   (d) $[Kr]5s^2 4d^4$ 홀전자 개수 4
3. 원자와 이온 반지름에 관해 틀리게 설명한 것을 찾으시오. **(LO 6.3)**
   (a) I^-는 Br^-보다 반지름이 크다.
   (b) Ba^{2+}는 Ba보다 반지름이 작다.
   (c) Te는 Te^{2-}보다 반지름이 크다.
   (d) Sr^{2+}는 Se^{2-}보다 반지름이 작다.
4. Rb^+, Br^-와 Sr^{2+} 이온들을 작은 것에서 큰 순서로 나열하시오. **(LO 6.4)**
   (a) $Br^- < Rb^+ < Sr^{2+}$
   (b) $Sr^{2+} < Br^- < Rb^+$
   (c) $Rb^+ < Sr^{2+} < Br^-$
   (d) $Sr^{2+} < Rb^+ < Br^-$
5. 다음 중 가장 큰 에너지가 필요한 과정은 어느 것인가? **(LO 6.5)**
   (a) $K(g) \longrightarrow K^+(g) + e^-$
   (b) $Na(g) \longrightarrow Na^+(g) + e^-$
   (c) $Ba(g) \longrightarrow Ba^+(g) + e^-$
   (d) $Na^+(g) \longrightarrow Na^{2+}(g) + e^-$
6. 인은 마그네슘보다 더 ______ 이온화 에너지가 필요한데, 그 이유는 ______. **(LO 6.5, 6.6)**
   (a) 큰, 인의 전자는 마그네슘의 전자보다 더 높은 n 준위에 있기 때문이다
   (b) 큰, 인의 전자는 마그네슘의 전자보다 더 큰 Z_{eff}를 갖기 때문이다
   (c) 작은, 인의 전자는 마그네슘의 전자보다 더 낮은 n 준위에 있기 때문이다
   (d) 작은, 인의 전자는 마그네슘의 전자보다 더 작은 Z_{eff}를 갖기 때문이다

7. 어떤 2주기 원소의 순차적 이온화 에너지를 표시하였다. 이 원소는 무엇인가? (**LO 6.8**)
$E_{i1} = 1402$ kJ/mol
$E_{i2} = 2856$ kJ/mol
$E_{i3} = 4578$ kJ/mol
$E_{i4} = 7475$ kJ/mol
$E_{i5} = 9445$ kJ/mol
$E_{i6} = 53{,}266$ kJ/mol
$E_{i7} = 64{,}630$ kJ/mol
(a) Be (b) C (c) N (d) F

8. 다음 중 가장 큰 에너지가 방출되는 과정은 어느 것인가? (**LO 6.9**)
(a) $Cl(g) + e^- \longrightarrow Cl^-(g)$
(b) $Kr(g) + e^- \longrightarrow Kr^-(g)$
(c) $Rb(g) + e^- \longrightarrow Rb^-(g)$
(d) $Cl^-(g) + e^- \longrightarrow Cl^{2-}(g)$

9. 큰 음수의 전자 친화도를 갖는 원소는 대개 ______. (**LO 6.10**)
(a) Z_{eff}가 크고 원자가 궤도에 빈자리가 있다
(b) Z_{eff}가 작고 원자가 궤도에 빈자리가 있다
(c) Z_{eff}가 크고 원자가 궤도가 채워져 있다
(d) Z_{eff}가 작고 원자가 궤도가 채워져 있다

10. 포타슘과 황으로 이루어진 이온 결합 화합물의 화학식을 예측하시오. (**LO 6.11**)
(a) KS (b) KS_2 (c) K_2S_2 (d) K_2S

11. 세슘과 염소로 이루어진 이온 결합 화합물을 가장 잘 표현한 분자 척도 그림은 어느 것인가? (세슘은 빨간색 원으로, 염소는 파란색 원으로 표시되어 있다.) (**LO 6.12**)

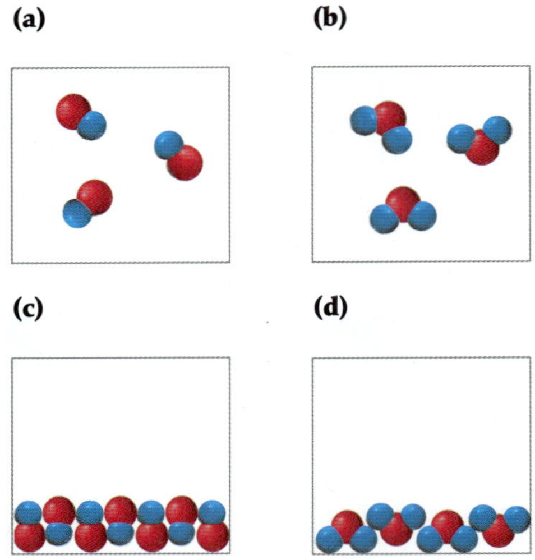

12. 다음 정보로부터 $CaCl_2(s)$의 격자 에너지를 계산하기 위한 보른–하버 순환을 그리시오. (**LO 6.13**)
$Ca(s)$와 $Cl_2(g)$로부터 $CaCl_2(s)$가 생성되는 알짜 에너지 = −795.4 kJ/mol
$Ca(s)$의 승화열 = +178 kJ/mol
$Ca(g)$의 E_{i1} = +590 kJ/mol
$Ca(g)$의 E_{i2} = +1145 kJ/mol
$Cl_2(g)$의 결합 해리 에너지 = +243 kJ/mol
$Cl(g)$의 E_{ea1} = −348.6 kJ/mol
(a) 2603 kJ/mol (b) 2254 kJ/mol
(c) 2481 kJ/mol (d) 1663 kJ/mol

13. 가장 높은 격자 에너지를 갖는 화합물을 선택하시오. (**LO 6.14**)
(a) CaS (b) $SrCl_2$
(c) NaI (d) $CuBr_2$

답:
1.a, 2.c, 3.c, 4.d, 5.d, 6.b, 7.c, 8.a, 9.a, 10.d, 11.c, 12.b, 13.a
문제 6.1~6.16은 이 장의 본문 중에 있다.

개념 문제

6.17 그림에서 금속, 비금속, 양이온, 음이온을 나타내는 구는 각각 어떤 것일까?

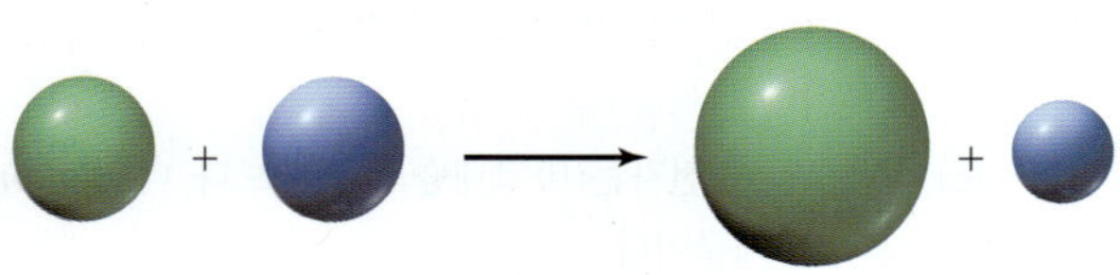

6.18 표시된 세 원소들을 셋째 전자를 잃기 쉬운 순서로 나열하시오.

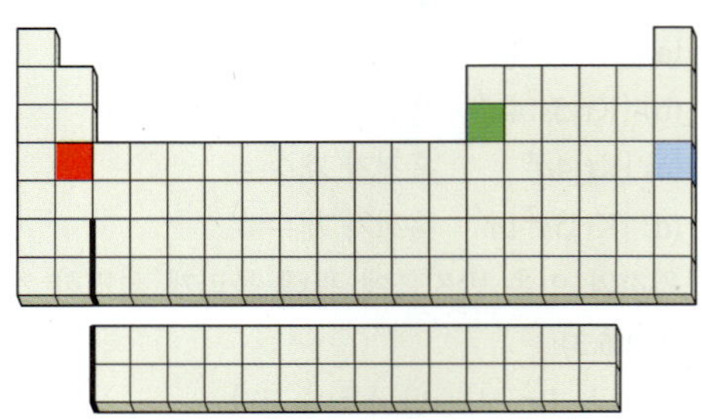

6.19 빨간색 구는 양이온, 파란색 구는 음이온을 나타낸다. 다음 이온 결합 화합물들과 그림 (a)~(d)를 각각 연결하시오.
(i) $Ca_3(PO_4)_2$ (ii) Li_2CO_3 (iii) $FeCl_2$ (iv) $MgSO_4$

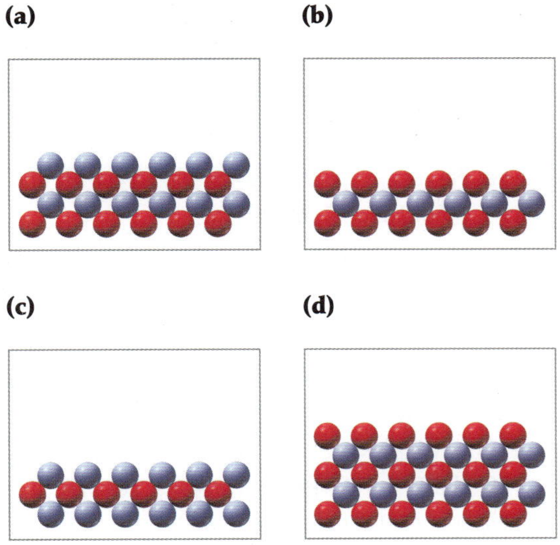

6.20 그림 (a)~(d)는 25°C의 소듐, 염소, 아이오딘, 염화 소듐을 나타낸다. 각 그림과 물질을 바르게 짝지으시오.

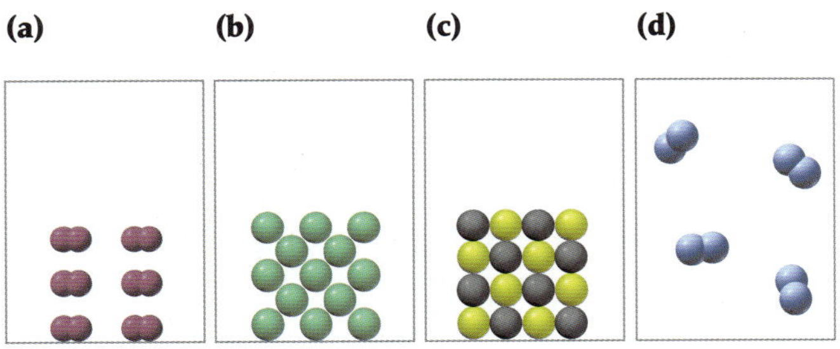

6.21 다음 할로젠화 알칼리 금속 중 어느 것이 격자 에너지가 가장 크고, 어느 것이 가장 작은가? 설명하시오.

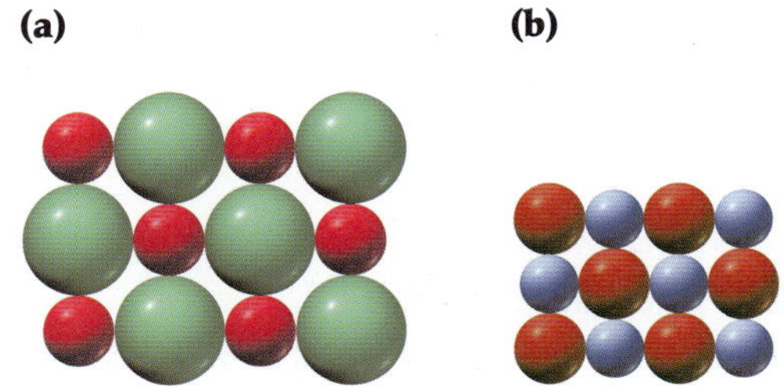

6.22 다음은 구성 원소들로부터 LiCl(s)이 생성되는 각 단계에 관련된 값들이다. 그림 6.7과 비슷한 보른-하버 순환을 그리시오.

Cl(g)의 E_{ea} = −348.6 kJ/mol
Li(s)의 승화열 = +159.4 kJ/mol
Li(g)의 E_{i1} = +520 kJ/mol
$Cl_2(g)$의 결합 해리 에너지 = +243 kJ/mol
LiCl(s)의 격자 에너지 = +853 kJ/mol

보충 문제

이온의 전자 배치(6.1절)

6.23 공유 결합과 이온 결합의 차이는 무엇인가?

6.24 분자와 이온의 차이는 무엇인가?

6.25 다음 이온에 양성자와 전자는 몇 개씩 있는가?
(a) Be^{2+} (b) Rb^{+}
(c) Se^{2-} (d) Au^{3+}

6.26 다음 양이온들의 바닥 상태 전자 배치를 쓰시오.
(a) La^{3+} (b) Ag^{+} (c) Sn^{2+}

6.27 Ca^{2+}의 전자 배치는 무엇인가? Ti^{2+}의 전자 배치를 쓰시오.

6.28 바닥 상태의 전자 배치가 $1s^22s^22p^6$인 2가 양이온은 무엇인가?

6.29 Sc부터 Zn 사이의 전이 금속 계열 중 2+ 양이온의 전자 배치가 4개의 홀전자를 갖는 원소는 두 개가 존재한다. 무엇 무엇인가?

이온 반지름(6.2절)

6.30 다음 원자나 이온 쌍 중 어느 것이 더 클까?
(a) S, S^{2-} (b) Ca, Ca^{2+} (c) O^-, O^{2-}

6.31 다음 이온들을 작은 것에서 큰 순으로 나열하시오.
Sr^{2+}, Se^{2-}, Br^-, Rb^+

6.32 Cu^+와 Cu^{2+} 중 어느 쪽이 더 큰 반지름을 가지는가? 이유를 설명하시오.

6.33 Ti^{4+}, Sc^{3+}, Ca^{2+}, S^{2-} 이온들은 같은 수의 전자들을 가지고 있다. 이 이온들을 크기에 따라 나열하고, 이유를 설명하시오.

이온화 에너지(6.3절)

6.34 주기율표에서 1차 이온화 에너지가 가장 큰 족과 가장 작은 족은 무엇인가? 이유를 설명하시오.

6.35 다음 원소들 중 1차 이온화 에너지가 가장 작은 것은 무엇이고 가장 큰 것은 무엇인가?
(a) Li, Ba, K (b) B, Be, Cl
(c) Ca, C, Cl

고차 이온화 에너지(6.4절)

6.36 (a) K와 Ca 중 2차 이온화 에너지가 작은 것은 무엇인가?
(b) Ga와 Ca 중 3차 이온화 에너지가 큰 것은 무엇인가?

6.37 세 개의 원자들이 다음과 같은 전자 배치를 가지고 있다.
(a) $1s^22s^22p^63s^23p^3$ (b) $1s^22s^22p^63s^23p^6$
(c) $1s^22s^22p^63s^23p^64s^2$

이 세 원자들 중에 E_{i2}가 가장 큰 원소는 무엇인가? E_{i7}이 가장 작은 원소는 무엇인가?

6.38 2주기의 원소의 1차~4차의 이온화 에너지가 각각 801, 2427, 3660, 25,025 kJ/mol이다. 이 원소는 무엇인가?

전자 친화도(6.5절)

6.39 Na^+와 같은 1가 양이온의 전자 친화도와 중성 원자의 이온화 에너지는 어떤 관계가 있는가?

6.40 Na^+와 Na 중 어느 것이 더 큰 음의 전자 친화도를 가지는가? Na^+와 Cl은 어떠한가?

6.41 왜 대개의 경우 중성 원자에 전자가 더해질 때 에너지가 방출되고, 중성 원자에서 전자가 제거될 때 에너지가 흡수되는가?

6.42 2차 전자 친화도가 음수인 원소는 없다. 다시 말하면, 모든 원소에 대하여 $A^-(g) + e^- \longrightarrow A^{2-}(g)$ 과정은 선호되지 않는다. 이유는 무엇인가?

팔전자 규칙(6.6절)

6.43 다음 원소가 이온이 되는 반응에서 이 원소들은 어떤 비활성 기체와 같은 전자 배치를 가지며, 어떤 전하를 가지는가?
(a) N (b) Ca (c) S (d) Br

6.44 다음 원소 쌍은 반응하여 이원자 이온 화합물을 만든다. 이 화합물의 화학식과 그 이름을 쓰시오.
(a) 마그네슘과 염소 (b) 칼슘과 산소
(c) 리튬과 질소 (d) 알루미늄과 산소

6.45 원소 X가 원소 Y와 반응하여 X^{3+}와 Y^{2-}를 포함하는 화합물을 생성한다.
(a) X는 금속인가 비금속인가? 설명하시오.
(b) Y는 금속인가 비금속인가? 설명하시오.
(c) 이 생성물의 화학식은 무엇인가?
(d) X와 Y는 주기율표의 어떤 족에서 찾을 수 있는가?

이온 화합물의 형성(6.7절)

6.46 Li 원자가 전자를 Br 원자에게 잃어 고립된 Li^+, Br^-를 만들 때의 에너지 변화를 kJ/mol로 계산하시오. [Li(g)의 E_i는 520 kJ/mol, Br(g)의 E_{ea}는 −325 kJ/mol이다.] 리튬 원자가 브로민 원자에게 전자를 주어 고립된 $Li^+(g)$와 $Br^-(g)$ 이온을 형성하는가? 설명하시오.

6.47 표 6.3에서 LiBr(s)의 격자 에너지를 찾아, 1몰의 고체 LiBr이 원자로부터 생성될 때의 에너지 변화를 kJ로 계산하시오. [Li(s)의 승화 에너지는 +159.4 kJ/mol이며, $Br_2(g)$의 결합 해리 에너지는 +224 kJ/mol이다. 또한 $Br_2(l)$를 $Br_2(g)$로 변화시키는 데 필요한 에너지는 30.9 kJ/mol이다.]

6.48 그림 6.7, 6.8에 제시된 보른–하버 순환은 닫힌 루프(loop)를 형성하므로 **순환**(cycle)이라고 부른다. 그 회로에서 여섯 가지 에너지 변화 중에서 다섯 가지만 알면 여섯 번째 값을 계산할 수 있다. 다음 다섯 가지 값을 이용하여, 수소화 소듐(NaH)의 격자 에너지(kJ/mol)를 계산하시오.
H(g)의 E_{ea} = −72.8 kJ/mol
Na(g)의 E_{i1} = +495.8 kJ/mol
Na(s)의 승화열 = +107.3 kJ/mol
$H_2(g)$의 결합 해리 에너지 = +435.9 kJ/mol
원소로부터 NaH(s)를 형성할 때 알짜 에너지 변화 = −60 kJ/mol

6.49 다음 자료들을 이용하여, 원소로부터 CsF(s) 형성에 대한 에너지 변화(kJ/mol)를 계산하시오.
F(g)의 E_{ea} = −328 kJ/mol
Cs(g)의 E_{i1} = +375.7 kJ/mol
Cs(g)의 E_{i2} = +2422 kJ/mol
Cs(s)의 승화열 = +76.1 kJ/mol
$F_2(g)$의 결합 해리 에너지 = +158 kJ/mol
CsF(s)의 격자 에너지 = +740 kJ/mol

6.50 다음 자료들을 이용하여, 원소로부터 CaCl(s)를 형성할 때의 전체 에너지 변화(kJ/mol)를 계산하시오.
Cl(g)의 E_{ea} = −348.6 kJ/mol
Ca(g)의 E_{i1} = +589.8 kJ/mol
Ca(g)의 E_{i2} = +1145 kJ/mol
Ca(s)의 승화열 = +178.2 kJ/mol
$Cl_2(g)$의 결합 해리 에너지 = +243 kJ/mol
$CaCl_2(s)$의 격자 에너지 = +2258 kJ/mol
CaCl(s)의 격자 에너지 = +717 kJ/mol(추정값)

6.51 문제 6.48의 자료들을 이용하여, NaH(g)가 생성되는 보른–하버 순환을 그리시오.

6.52 다음 자료들을 이용하여, MgF(s)와 $MgF_2(s)$가 원소로부터 생성될 때의 전체 에너지 변화를 kJ/mol로 계산하시오. 계산된 답을 볼 때, Mg와 F의 반응에서 MgF와 MgF_2 중 어떤 것이 생성될 것인가?
F(g)의 E_{ea} = −328 kJ/mol
Mg(g)의 E_{i1} = +737.7 kJ/mol
Mg(g)의 E_{i2} = +1450.7 kJ/mol
Mg(s)의 승화열 = +147.7 kJ/mol
$F_2(g)$의 결합 해리 에너지 = +158 kJ/mol
$MgF_2(s)$의 격자 에너지 = +2952 kJ/mol
MgF(s)의 격자 에너지 = +930 kJ/mol(추정값)

6.53 6.7절에서 소듐 고체가 염소 기체와 반응하여 염화 소듐(Na^+Cl^-)을 생성하는 반응이 441 kJ/mol로 선호된다는 것을 보았다. 소듐화 염소(Cl^+Na^-)가 생성되는 반응의 에너지를 계산하고, 왜 염화 소듐이 선호되는지를 설명하시오.

$$2\,Na(s) + Cl_2(g) \rightarrow 2\,Cl^+Na^-(s)$$

Cl^+Na^-의 격자 에너지는 Na^+Cl^-와 같다고 가정하시오. 다음 데이터가 추가적으로 필요하다.
Na(g)의 E_{ea} = −52.9 kJ/mol
Cl(g)의 E_{i1} = +1251 kJ/mol

6.54 아래의 자료들과 표 6.2와 6.3의 자료들을 이용하여, 산소의 2차 전자 친화도 E_{ea2}를 계산하시오. 기체 상태에서 O^{2-}는 안정한가? 고체 상태의 MgO에서는 왜 안정한가?
Mg(s)의 승화열 = +147.7 kJ/mol

$O_2(g)$의 결합 해리 에너지 = +498.4 kJ/mol
$O(g)$의 E_{ea1} = −141.0 kJ/mol
원소로부터 $MgO(s)$를 형성할 때 에너지 변화 = −601.7 kJ/mol

격자 에너지(6.8절)

6.55 예상되는 격자 에너지 순서로 다음 화합물을 나열하시오.

LiCl, KCl, KBr

chapter 7

공유 결합과 전자점 구조

CONTENTS

7.1 분자의 공유 결합

7.2 공유 결합의 세기

7.3 극성 공유 결합: 전기 음성도

7.4 이온 결합 화합물과 공유 결합 화합물의 비교

7.5 전자점 구조: 팔전자 규칙

7.6 전자점 구조 그리는 방법

7.7 라디칼의 전자점 구조 그리기

7.8 수소와 2주기 원소만을 포함하는 화합물의 전자점 구조

7.9 전자점 구조와 공명

7.10 형식 전하

파라티온은 옥수수, 밀, 목화와 같은 작물에서 해충의 피해를 줄이기 위해 사용되는 유기인산계 살충제이다. 유기인산계 화합물의 독성은 이 장에서 논의될 화학 결합의 특성에 좌우된다.

이 장의 표지 그림은 살충제인 파라티온의 화학 결합을 보여 준다. 이 **화합물**에서 모든 결합은 C—C, C—H, C—O, P—S와 같은 비금속 원소 간의 결합으로 이루어져 있다. 앞장에서 금속과 반응성이 있는 비금속 사이의 이온 결합이 일반적으로 원자들 간의 전자 이동에 의해 형성됨을 보았다. 금속은 1개 이상의 전자를 잃어서 양이온이 되는 반면, 비금속은 1개 이상의 전자를 얻어서 음이온이 된다. 상반된 전하를 띠는 이온들은 **이온 결합**(ionic bond)이라 부르는 정전기적 인력에 의해 서로 붙들려 결합하게 된다.

그렇다면 같은 원소나 비슷한 성질의 원소 사이의 결합은 어떻게 형성될까? 간단히 이 질문에 답하자면, 그런 화합물에서의 결합은 하나의 원자에서 다른 원자로 전자를 전달하기보다는 원자들 사이에 전자를 **공유**함으로써 결합이 형성된다. 전자를 공유하여 생긴 결합은 **공유 결합**(covalent bond)이며, 1개 이상의 공유 결합에 의해 서로 묶인 물질의 기본 단위를 **분자**라고 한다. 이 장에서는 공유 결합의 특성을 살펴볼 것이다.

7.1 분자의 공유 결합

공유 결합의 모형은 두 원자 사이의 전자 **공유**를 보여 주지만, 이온 결합에서는 전자의 **이동**이 일어난다. 공유 결합의 형성, 즉 원자 사이에서 전자가 어떻게 공유되는지를 보여 주기 위한 예로서 H_2 분자의 H—H 결합을 살펴보도록 하자. 두 개의 수소 원자들이 서로 접근할 때 이들 사이에 정전기적 인력이 발생하기 시작한다. 2개의 양으로 하전된 핵은 서로 반발하고 2개의 음으로 하전된 전자도 서로 반발하지만, 각 핵은 두 전자를 끌어당긴다(**그림 7.1**). 인력이 반발력보다 클 때 공유 결합을 형성하여 두 개의 원자는 서로 묶이게 되고, 두 공유 전자는 핵 사이의 영역을 점유한다.

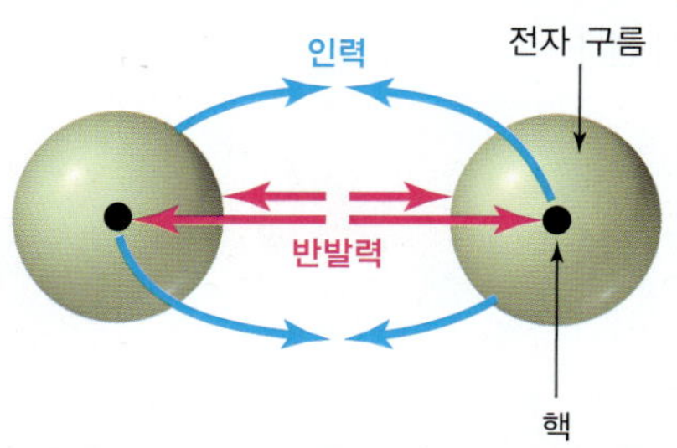

핵–전자 인력이 핵–핵과 전자–전자의 반발력보다 크면 원자들을 서로 묶는 알짜 인력의 결과를 나타낸다.

▲ **그림 7.1**
H—H 공유 결합. 이 결합은 정전기적 인력과 반발력의 알짜 결과이다.

핵심은 H_2 분자에서 공유 전자가 두 원자를 서로 결합시키는 '접착제'로 작용한다는 것이다. 두 핵은 동시에 동일한 전자들을 끌어당겨 서로 연결된다. 이것은 마치 동일한 줄을 잡아당기는 두 줄다리기 팀이 서로에게 붙잡혀 있는 것과 같은 모습이다.

공유 결합에서 핵과 전자 사이의 다양한 인력과 반발력의 크기는 원자들이 얼마나 가까이 위치하는가에 의존한다. 수소 원자들이 너무 멀리 떨어져 있으면 작

▶ **그림 7.2**
H_2 분자에서 핵간 거리에 대한 퍼텐셜 에너지 그래프

▶ 확인하기

왜 H_2 결합 길이는 74 pm인가?

답 핵간 거리 74 pm에서 인력이 극대화되므로 에너지가 최소이다. 최소 에너지 상태가 가장 안정하다.

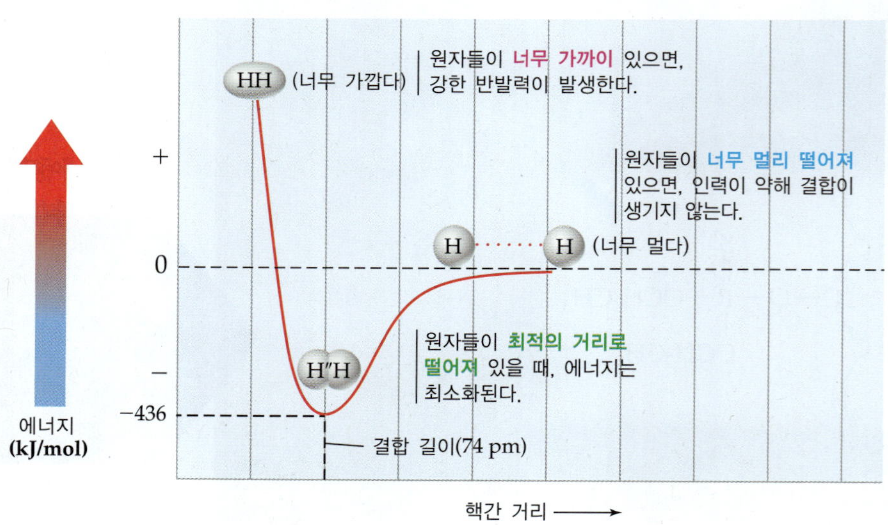

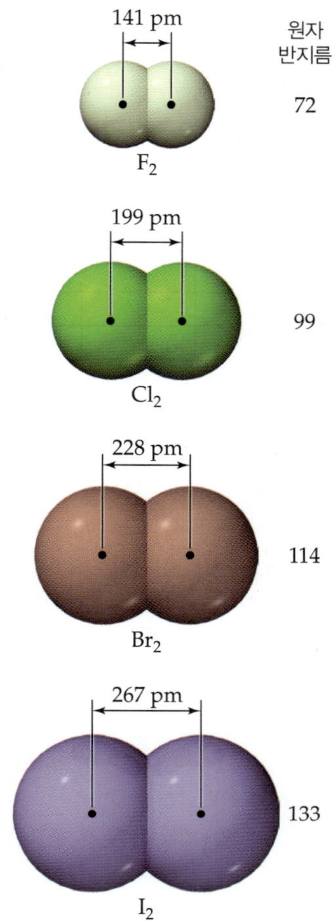

용하는 인력이 작아 결합은 존재하지 않는다. 수소 원자들이 너무 가까이 접근하면 핵간 반발력이 매우 커져서 원자들은 서로 밀쳐낸다. 그러므로 핵 사이에는 **결합 길이(bond length)**라고 부르는 최적 거리가 존재하며, 이 거리에서 알짜 인력이 최대이고 H—H 분자는 가장 안정하다. H_2 분자의 결합 길이는 74 pm이다. 핵간 거리에 따른 에너지 그래프에서 결합 길이는 최소 에너지, 즉 가장 안정한 배열을 갖는 H—H 간 거리이다(그림 7.2).

모든 분자에서 모든 결합은 두 결합 원자 사이의 핵간 거리에 해당하는 고유한 **결합 길이**를 갖는다. 그러나 당연히 같은 쌍의 원자 사이의 결합은 비슷한 결합 길이를 갖는다. 예를 들어, 탄소–탄소 단일 결합은 분자의 정확한 구조와 관계없이 보통 152.0~153.5 pm의 결합 길이를 갖는다. 다음 예는 공유 결합이 **원자 사이의 선**으로 표시되는 것에 주목하라.

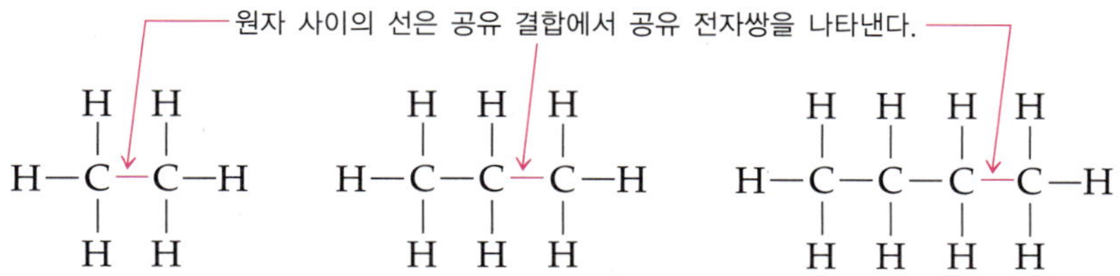

	에테인	프로페인	뷰테인
(C—C) 결합 길이:	153.5 pm	153.2 pm	153.1 pm

비슷한 결합은 비슷한 길이를 가지기 때문에 평균값들의 표를 만들어 다른 종류의 결합을 비교할 수 있다(**표 7.1**). 그렇지만 특정 분자의 실제 값은 평균값에서 ±10% 정도 벗어날 수 있음을 기억하라.

모든 공유 결합은 최대 안정도에 도달하는 자신의 고유한 결합 길이를 갖고, 그 길이는 원자 반지름(15.3절)으로부터 대략 예측할 수 있다. 예를 들어 수소 원자 반지름이 37 pm이고, 염소 원자 반지름이 99 pm이므로, 염화 수소 분자에서 H—Cl 결합 길이는 약 37 pm + 99 pm = 136 pm이다. 실제 값은 127 pm이다. 할로젠 이원자 분자 계열에서, 같은 족에서 아래로 내려갈수록 원소의 원자 반지름이 증가하고, 결합 길이가 증가함을 주목하라.

표 7.1 평균 결합 길이(pm)

H—H	74[a]	C—H	110	N—H	98	O—F	130	I—I	267[a]
H—C	110	C—C	154	N—C	147	O—Cl	165	S—F	168
H—F	92[a]	C—F	141	N—F	134	O—Br	180	S—Cl	203
H—Cl	127[a]	C—Cl	176	N—Cl	169	O—I	199	S—Br	218
H—Br	142[a]	C—Br	191	N—Br	184	O—N	136	S—S	208
H—I	161[a]	C—I	176	N—N	140	O—O	132		
H—N	98	C—N	147	N—O	136	F—F	141[a]		
H—O	94	C—O	143	O—H	94	Cl—Cl	199[a]		
H—S	132	C—S	181	O—C	143	Br—Br	228[a]		
다중 공유 결합[b]									
C=C	134	C≡C	120	C=O	121	O=O	121[a]	N≡N	113[a]

[a] 실제값

[b] 다중 공유 결합은 7.5절에서 설명함.

7.2 공유 결합의 세기

그림 7.2의 H_2 분자에서 핵간 거리에 따른 에너지 그래프를 다시 살펴보고, H_2 분자의 에너지가 결합되지 않은 상태의 2개의 수소 원자보다 왜 더 낮은가에 주목하라. 한 쌍의 수소 원자가 서로 결합하면 보다 낮은 에너지 상태의 H_2 분자를 형성하고, 이때 436 kJ/mol의 에너지를 방출한다. 반대 과정을 살펴보면, 1 mol의 H_2 분자를 2 mol의 수소 원자로 분리할 때 436 kJ/mol의 에너지를 가해 주어야 한다.

개념탐구 질문 1

화학 결합에 대한 설명 중 잘못된 것을 고르시오.

(a) 결합 길이는 핵간 거리에 따른 에너지 그래프에서 최고 에너지 상태이다.
(b) 탄소–탄소 단일 결합처럼 같은 종류의 결합 길이는 매우 다양한 분자 내에서 거의 비슷한 값을 갖는다.
(c) 탄소–탄소 이중 결합 길이는 탄소–탄소 단일 결합 길이보다 짧다.

기체 상태에 있는 고립 분자의 화학 결합을 끊기 위하여 공급해야 하는 에너지, 즉 그 결합이 형성될 때 방출되는 에너지를 **결합 해리 에너지(bond dissociation energy, *D*)**라고 한다. 결합을 끊기 위해서는 항상 에너지를 공급해야 하기 때문에, 결합 해리 에너지는 언제나 양수 값이다. 반면에, 결합 형성 시 방출되는 에너지는 언제나 음수 값이다.

결합 길이와 유사하게, 모든 결합은 그 자신만의 고유의 결합 해리 에너지 값을 갖고, 동일한 원자로 이루어진 결합은 비슷한 D 값을 갖는다. 예를 들어, 탄소–탄소 단일 결합은 분자의 정확한 구조와 관계없이 대략 350~380 kJ/mol의 D 값을 갖는다.

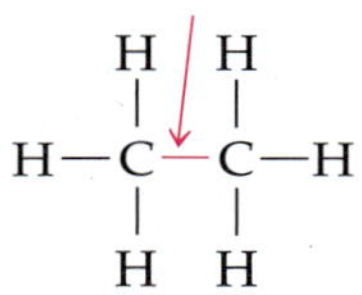
에테인
D = 377 kJ/mol

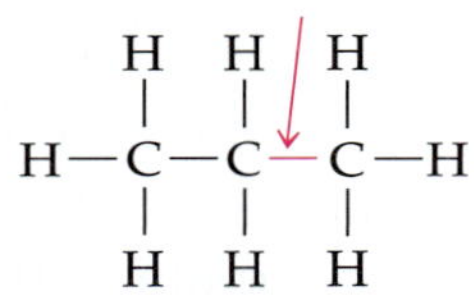
프로페인
D = 370 kJ/mol

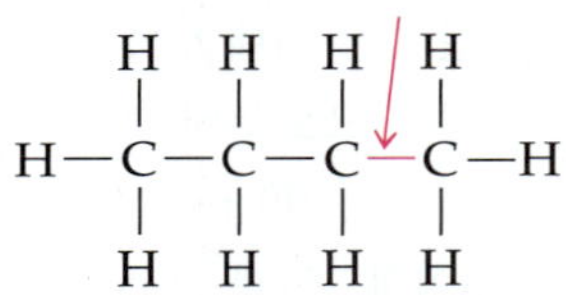
뷰테인
D = 372 kJ/mol

특정 결합의 평균 결합 해리 에너지를 **표 7.2**에 나타내었다. 이 값들 또한 분자의 실제 구조

표 7.2 평균 결합 해리 에너지, D(kJ/mol)

H—H	436[a]	C—H	410	N—H	390	O—F	180	I—I	151[a]
H—C	410	C—C	350	N—C	300	O—Cl	200	S—F	310
H—F	570[a]	C—F	450	N—F	270	O—Br	210	S—Cl	250
H—Cl	432[a]	C—Cl	330	N—Cl	200	O—I	220	S—Br	210
H—Br	366[a]	C—Br	270	N—Br	240	O—N	200	S—S	225
H—I	298[a]	C—I	240	N—N	240	O—O	180		
H—N	390	C—N	300	N—O	200	F—F	159[a]		
H—O	460	C—O	350	O—H	460	Cl—Cl	243[a]		
H—S	340	C—S	260	O—C	350	Br—Br	193[a]		
다중 공유 결합[b]									
C=C	728[c]	C≡C	965[d]	C=O	732	O=O	498[a]	N≡N	945[a]

[a] 실제값
[b] 다중 공유 결합은 7.5절에서 설명함.
[c] 에텐에서의 값
[d] 에타인(아세틸렌)에서의 값

에 따라 ±10% 정도 벗어날 수 있다. 151 kJ/mol의 작은 결합 해리 에너지를 갖는 I—I 결합으로부터 570 kJ/mol의 큰 결합 해리 에너지를 갖는 H—F 결합까지, 넓은 범위의 결합 해리 에너지가 나열되어 있다. 그렇지만 자연 상태로 존재하는 분자에서 흔히 볼 수 있는 대부분의 결합(C—H, C—C, C—O)의 해리 에너지는 일반적으로 350~400 kJ/mol 범위에 있다.

주기적인 성질과 결합 길이는 왜 어떤 결합이 다른 결합보다 더 강한지를 설명해 줄 수 있다. 일련의 할로젠화 수소 결합에서 결합 길이와 *D* 값을 살펴보자.

결합	결합 해리 에너지(*D*)(kJ/mol)	결합 길이(pm)
H—F	570	92
H—Cl	432	127
H—Br	366	142
H—I	298	161

할로젠의 주기를 따라 아래로 내려갈수록 *D* 값은 점점 작아지며, 이것은 결합이 더 약해짐을 의미한다. 할로젠의 원자 반지름이 증가할수록 공유 전자들은 더 멀리 있게 되고, 양으로 하전된 원자핵으로부터 더 많이 가려져, 결합 길이는 더 길어지고 더 약한 결합이 된다. 몇몇 예외가 있지만, **일반적으로 더 짧은 결합이 더 강하다.** 예를 들어, F—F 결합은 플루오린 원자가 더 작기 때문에 Cl—Cl 결합보다 더 강할 것으로 예측되지만, 실제는 Cl—Cl 결합 해리 에너지가 243 kJ/mol인 것과 비교해, F—F 결합 해리 에너지는 더 작은 159 kJ/mol의 값을 갖는다.

결합 길이와 세기와의 상관 관계는 다중 결합에서도 유효하다. 이러한 다중 결합을 갖는 분자를 설명할 때 종종 원자 사이의 공유 전자쌍 수에 해당되는 **결합 차수(bond order)**라는 용어를 사용한다. 따라서 F_2 분자에서 F—F 결합은 1차, O_2 분자에서 O=O 결합은 2차, N_2 분자에서 N≡N 결합은 3차가 된다.

다중 결합은 그에 상응하는 단일 결합 물질보다 원자간 서로 공유하는 전자가 더 많기 때문에 더 짧고 더 강한 결합이다. 예를 들어, O_2의 O=O 이중 결합과 H_2O_2(과산화 수소)의 O—O 단일 결합을 비교하고, N_2의 N≡N 삼중 결합과 N_2H_4(하이드라진)의 N—N 단일 결합을 비교해 보라.

개념탐구 질문 2

다음 중 탄소–산소 결합의 결합 해리 에너지(*D*)가 가장 큰 분자는 어느 것인가?

(a)

:C≡O:

(b)

:O=C=O:

(c)

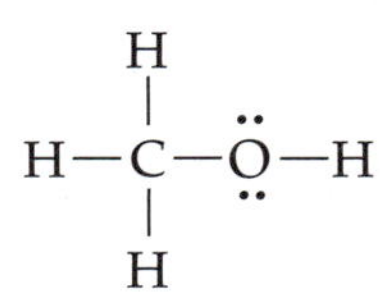

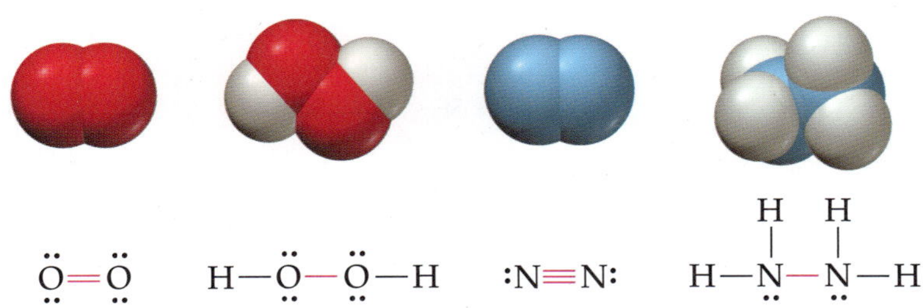

결합 길이:	121 pm	148 pm	110 pm	145 pm
결합 세기:	498 kJ/mol	213 kJ/mol	945 kJ/mol	275 kJ/mol

7.3 극성 공유 결합: 전기 음성도

이 시점에서 어떤 주어진 결합은 전자들이 완전히 이동하는 순수한 이온 결합이거나, 전자들을 동등하게 공유하는 순수한 공유 결합 중의 하나라는 그릇된 생각을 가질 수 있다. 그렇지

▶ 그림 7.3
무극성 공유 결합에서 이온 결합까지 나타낸 결합의 연속성. 델타(δ)는 부분 전하를 나타내고, 부분 양전하(δ+)와 부분 음전하(δ−)로 표시한다.

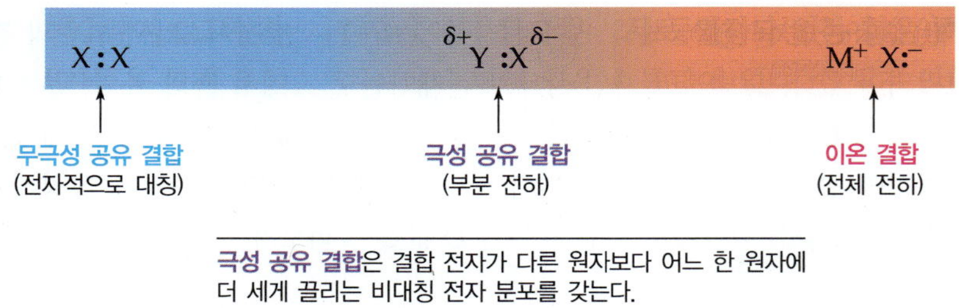

만 실제로는 이온 결합과 공유 결합은 연속되는 넓은 범위의 가능성 중 양 극단을 나타낼 뿐이다. 대부분의 결합은 이러한 양 극단 사이에 존재하고, 이 경우에 결합 전자는 두 원자 사이에 완전히 균등하게 공유되는 것도 아니고 완전히 이동되지도 않는다. 이러한 결합을 **극성 공유 결합(polar covalent bond)**이라고 한다(그림 7.3). 그 결과 원자들이 갖게 되는 부분 전하를 표시하기 위하여 그리스어 소문자 델타(δ)를 사용한다. 결합 전자를 더 적게 공유하는 원자는 부분 양전하(δ+)로 표시하고, 결합 전자를 더 많이 공유하는 원자는 부분 음전하(δ−)로 표시한다.

결합의 극성은 **전기 음성도(electronegativity, EN)**의 차이 때문이다. 전기 음성도는 공유 결합에서 공유 전자를 끌어당기는 분자 내 원자들의 능력으로 정의된다. 그림 7.4에 나타낸 바와 같이 전기 음성도는 단위가 없으며, 가장 높은 전기 음성도를 갖는 플루오린에 4.0의 값을 부여한다. 주기율표의 왼쪽에 있는 금속 원소들은 전자를 약하게 끌어당기며, 작은 전기 음성도 값을 가지고 있다. 반면, 주기율표의 오른편 위쪽에 있는 할로젠 원소들과 그 밖의 반응성이 있는 비금속 원소들은 전자를 세게 끌어당기며, 큰 전기 음성도 값을 갖는다. 그림 7.4는 또한 주기율표의 같은 족에서는 일반적으로 아래로 갈수록 전기 음성도가 감소한다는 것을 보여준다.

결합의 극성은 결합 해리 에너지에 영향을 미치는 중요한 요소 중 하나이다. 미국의 화학자인 폴링(Linus Pauling, 1901~1994)은 결합 극성에 기인하는 여분의 결합 세기를 검토하여 그림 7.4에 나타낸 전기 음성도 척도를 발전시켰다. 예를 들어, HF의 결합 해리 에너지는 대

▲ 그림 7.4
주기율표에서 전기 음성도 값과 경향성

▲ 확인하기

어떤 원소가 황과 산소 사이의 화학 결합에서 더 강하게 전자를 끌어당길까?

답 산소(EN = 3.5)는 황(EN = 2.5)보다 높은 전기 음성도를 가지므로 공유 전자쌍을 더 강하게 끌어당길 것이다.

략 H_2(436 kJ/mol)와 F_2(159 kJ/mol)의 평균값인 297 kJ/mol일 것으로 추정할 수 있을 것이다. 그러나 HF 결합 세기는 이보다 더 강하다(570 kJ/mol). 폴링은 이러한 불일치를 결합 극성으로 설명하였다. H_2의 결합은 무극성인 반면 HF의 결합은 큰 극성을 가지며, 결과적으로 플루오린은 부분 음전하, 수소는 부분 양전하를 띤다. 이들 부분 전하 사이의 인력은 결합을 끊는 데 필요한 에너지를 증가시킨다. 일반적으로, **결합 극성이 증가할수록 결합 세기가 증가한다.** 많은 화합물의 결합 해리 에너지를 이용하여 폴링은 상대적 전기 음성도 값의 척도를 구할 수 있었다.

화합물에서 전자 전이의 범위는 분리된 기체 상태 분자의 전자 분포를 계산하여 색으로 나타내는 **정전기 퍼텐셜 지도**(electrostatic potential maps)에서 가장 쉽게 볼 수 있다. 연두색은 중성의 무극성 원자, 푸른색은 한 원자의 전자 부족(부분 양전하), 붉은색은 한 원자의 전자 과잉(부분 음전하)을 나타낸다. 결합의 연속성을 나타내는 스펙트럼 상에서 다른 위치에 나타나는 세 가지 분자 Cl_2, HCl, NaCl를 비교해 보자.

무극성 공유 결합. 염소 분자의 결합은 염소 원자들이 같은 전기 음성도를 갖기 때문에 무극성 공유 결합이다. 결합 전자는 동일한 두 개의 염소 원자에게 동등하게 끌린다. 이와 같이, 동일한 두 원자 사이의 공유 결합이 있는 모든 이원자 분자는 비슷한 결과를 보인다. 그러므로 두 염소 원자들은 부분 양전하도 부분 음전하도 갖지 않고, 그림 7.5에서 보여 주는 정전기 퍼텐셜 지도에서 동일한 연두색을 나타낸다.

HCl: 극성 공유 결합. 염화 수소 분자의 결합은 극성 공유 결합이다. 3.0의 전기 음성도 값을 갖는 염소 원자는 2.1의 전기 음성도를 갖는 수소 원자보다 공유 전자쌍을 더욱 강하게 끌어당긴다. 그림 7.5의 정전기 퍼텐셜 지도에서 전자 분포는 비대칭이다. 염소는 부분 음전하(정전기 퍼텐셜 지도에서 주황색)를, 수소는 부분 양전하(정전기 퍼텐셜 지도에서 푸른색)를 띤다.

NaCl: 이온 결합. 고체 상태 염화 소듐에서의 결합은 염소(EN = 3.0)와 소듐(EN = 0.9) 사이의 큰 전기 음성도 차이 때문에 큰 이온성을 띤다. 앞에서 Na^+와 Cl^- 사이의 정전기적 인력에 의한 결합으로 이를 설명했다. 그러나 실험에 의하면 NaCl 결합은 약 80%만이 이온성이고, Na에서 Cl로 이동된 전자는 여전히 소듐 근처에서 어느 정도 존재한다. 따라서 정전기 퍼텐셜 지도에서 전자가 부족한 소듐 원자는 푸른색이고, 전자가 풍부한 염소는 붉은색이다(그림 7.5).

Cl_2: 무극성 공유 결합(ΔEN= 0) | **HCl: 극성 공유 결합(ΔEN= 0.9)** | **NaCl: 이온 결합(ΔEN= 2.1)**

연두색은 중성 원자를 나타낸다. | 붉은색은 부분 음전하를 나타내고, 푸른색은 부분 양전하를 나타낸다. | 붉은색은 부분 음전하를 나타내고, 푸른색은 부분 양전하를 나타낸다.

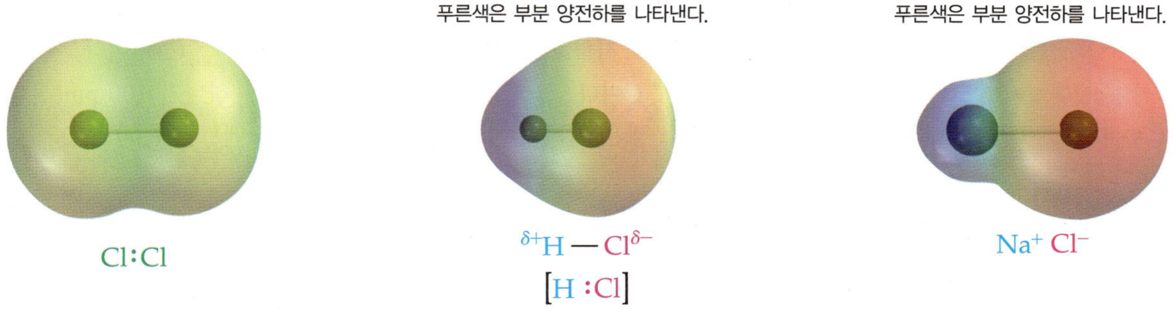

점으로 표시된 두 결합 전자는 두 Cl 원자 사이에 균등하게 분포되어 있다. | 두 결합 전자는 H보다 Cl에 더 강하게 끌려 있다. | 이온 결합은 Na에서 Cl로 하나의 전자 이동을 나타낸다.

▲ 그림 7.5
정전기 퍼텐셜 지도는 화학 결합에서 다른 전기 음성도를 갖는 원소 사이의 전자 이동 정도를 보여 준다.

예제 7.1

결합 종류의 분류

클로로폼 $CHCl_3$의 탄소–염소 결합과 브로민화 루비듐의 루비듐–브로민 결합의 종류를 비극성 공유 결합, 극성 공유 결합, 이온 결합으로 분류하시오.

전략

그림 7.4에 주어진 값들을 이용하여 원소 사이의 전기 음성도 차이를 계산하고, 분류 지침을 따른다.

- 동일하거나 비슷한 전기 음성도를 갖는 원자 사이의 결합은 보통 비극성 공유 결합이다.
- 전기 음성도 값이 2단위 이상 차이가 나는 원자 사이의 결합은 주로 이온 결합이다.
- 전기 음성도 값이 2단위 이하 차이가 나는 원자 사이의 결합은 보통 극성 공유 결합이다.

풀이

클로로폼의 C−Cl 결합은 극성인 반면, 브로민화 루비듐의 Rb^+Br^- 결합은 대부분 이온 결합이다.

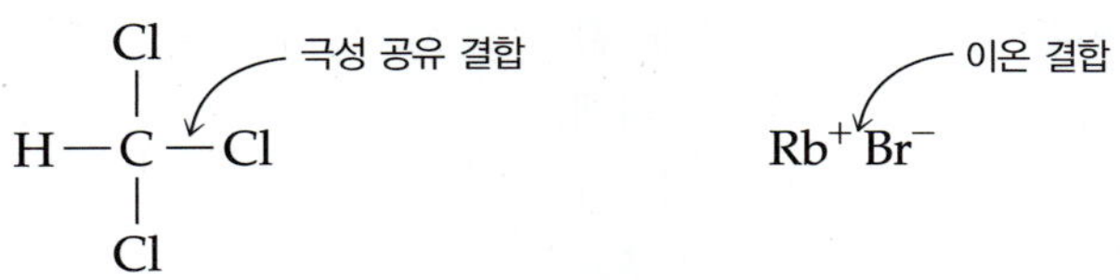

염소:	EN = 3.0	브로민:	EN = 2.8
탄소:	EN = 2.5	루비듐:	EN = 0.8
	차이 = 0.5		차이 = 2.0

▶ **연습문제 7.1** 그림 7.4의 전기 음성도 값을 이용하여, 다음 화합물의 결합이 극성 공유 결합인지 이온 결합인지를 예측하시오. 어느 화합물이 잘못되었는가?

(a) $SiCl_4$(비극성 공유)
(b) CsBr (이온성)
(c) F_2 (비극성 공유)
(d) CH_4(극성 공유)

▶ **응용문제 7.2** 아래 그림은 물의 정전기 퍼텐셜 지도이다. H와 O 중 어느 것이 양전하로 편극(전자 부족)되고 어느 것이 음전하로 편극(전자 풍부)되었는가? 이러한 편극은 그림 7.4에 주어진 O와 H의 전기 음성도 값과 일치하는가?

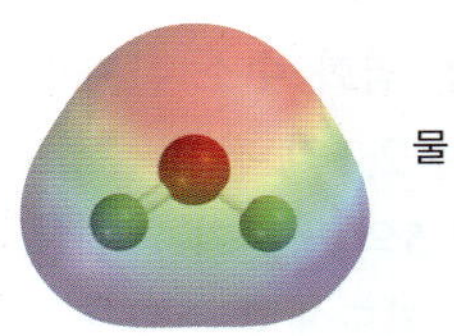

예제 7.1에서는 원소들 사이의 전기 음성도의 차이가 무극성 공유 결합, 극성 공유 결합, 이온 결합을 분류하는 데 지침으로 사용될 수 있음을 보여 준다. 일반적으로, 두 원소 사이의 전기 음성도의 차이가 2.0 또는 그보다 크면 이온 결합을 나타낸다. 실제로, $\Delta EN = 2.0$과 $\Delta EN = 1.9$를 갖는 결합 사이의 극성도는 거의 차이가 없다. 이원자 분자에서 결합의 극성의 척도는 **쌍극자 모멘트(dipole moment)**, μ(그리스어로 뮤)라 부르는 양이며, 이는 쌍극자의 양쪽 끝 전하량 Q와 전하 간 거리 r의 곱으로 정의된다. 즉 $\mu = Q \times r$이다. 쌍극자 모멘트의 단위는 **디바이**(debye, D)로 표시하고, SI 단위로 $1\ D = 3.336 \times 10^{-30}\ C \cdot m$이다. 참고로, 전하의 전하량은 1.60×10^{-19} C이다. 그러므로 양성자 하나와 전자 하나가 100 pm(전형적인 공유 결합의 길이보다 다소 짧은 거리) 떨어져 있으면, 쌍극자 모멘트는 $1.60 \times 10^{-29}\ C \cdot m$, 즉 4.8 D이다.

> **개념탐구 질문 3**
> 이원자 분자 A−B와 C−D의 결합 길이는 같다. A와 B 사이의 전기 음성도 차이는 1.0이고, C와 D 사이의 전기 음성도 차이는 0.5이다. 더 큰 쌍극자 모멘트를 갖는 이원자 분자는 어느 것인가?

$$\mu = Q \times r$$

$$\mu = (1.60 \times 10^{-19}\ C)(100 \times 10^{-12}\ m)\left(\frac{1\ D}{3.336 \times 10^{-30}\ C \cdot m}\right) = 4.80\ D$$

결합의 이온성 백분율을 계산하는 것은 극성 공유 결합과 이온 결합을 정확히 나누지 않고, 전자 이동의 정도를 연속적인 것으로 설명하는 유용한 방법이다. 전자를 동등하게 공유하는 공유 결합은 이온성이 0%이며, 완벽한 이온 결합은 이온성이 100%이다. 결합에서 이온성 백분율을 예측하는 하나의 방법은, 완전히 전하가 분리되었다고 가정했을 때 계산된 쌍극자 모멘트에 대하여 관찰된 쌍극자 모멘트 사이의 비율을 계산하고, 여기에 100을 곱한 결과이다. 예제 7.2에서 이온성 백분율을 계산하는 과정을 설명한다.

예제 7.2

쌍극자 모멘트로부터 이온성 백분율 계산

기체 상태의 NaCl의 쌍극자 모멘트는 9.00 D이고, 원자 사이의 결합 길이는 236 pm이다. NaCl 결합의 이온성 백분율을 구하시오.

전략

NaCl이 100% 이온성이라면, 음전하(Cl^-)는 양전하(Na^+)로부터 236 pm로 분리된다. 전하가 완전히 분리되었다고 가정하고 쌍극자 모멘트를 계산하고, 계산된 값과 실제 값을 비교해 본다.

풀이

전하가 완전히 분리되었을 때 쌍극자 모멘트를 계산한다.

$$\mu = Q \times r$$
$$\mu = (1.60 \times 10^{-19}\ \mathrm{C})(236 \times 10^{-12}\ \mathrm{m}) = 3.776 \times 10^{-29}\ \mathrm{C \cdot m}$$

디바이 단위로 환산하면

$$(3.776 \times 10^{-29}\ \mathrm{C \cdot m})\left(\frac{1\ \mathrm{D}}{3.336 \times 10^{-30}\ \mathrm{C \cdot m}}\right) = 11.3\ \mathrm{D}$$

NaCl의 관찰된 쌍극자 모멘트 9.00 D를 적용하면 Na^+Cl^- 결합은 79.6%의 이온성을 띤다.

$$\frac{9.00\ \mathrm{D}}{11.3\ \mathrm{D}} \times 100\% = 79.6\%$$

$$\text{이온성 백분율} = \frac{\text{실험적으로 관찰된 쌍극자 모멘트}(\mu)}{\text{이론적인 쌍극자 모멘트}(\mu)} \times 100\%$$

▶ **연습문제 7.3** 기체 상태의 AgCl의 쌍극자 모멘트는 μ = 6.08 D이고, 결합 길이는 228 pm이다. Ag−Cl 결합의 이온성 백분율을 계산하시오.

▶ **응용문제 7.4** 그림 7.4의 전기 음성도 값을 이용하여 Li−H와 H−F 중 어느 결합이 더 큰 이온성 백분율을 갖는지 예측하시오. 다음의 자료를 참고하시오: LiH의 쌍극자 모멘트는 μ = 6.00 D이고, 결합 길이는 160 pm이다; HF의 쌍극자 모멘트는 μ = 1.83 D이고, 결합 길이는 92 pm이다.

7.4 이온 결합 화합물과 공유 결합 화합물의 비교

표 7.3에 있는 NaCl과 HCl의 차이를 비교해 보면, 이온 결합 화합물과 공유 결합 화합물의 차이를 이해할 수 있다. 염화 소듐은 이온 결합 화합물이고, 녹는점 801 °C와 끓는점 1465 °C를 갖는 백색 고체이다. 공유 결합 화합물인 염화 수소는 녹는점 −115 °C와 끓는점 −84.9 °C를 갖는 무색 기체이다. 이와 같이, 이온 결합 화합물과 공유 결합 화합물의 성질 사이에 존재하는 큰 차이점은 어떻게 설명할 수 있을까?

표 7.3 NaCl과 HCl의 몇 가지 물리적 성질

성질	NaCl	HCl
화학식량	58.44 amu	36.46 amu
겉모양	백색 고체	무색 기체
결합의 종류	이온 결합	공유 결합
녹는점	801 °C	−115 °C
끓는점	1465 °C	−84.9 °C

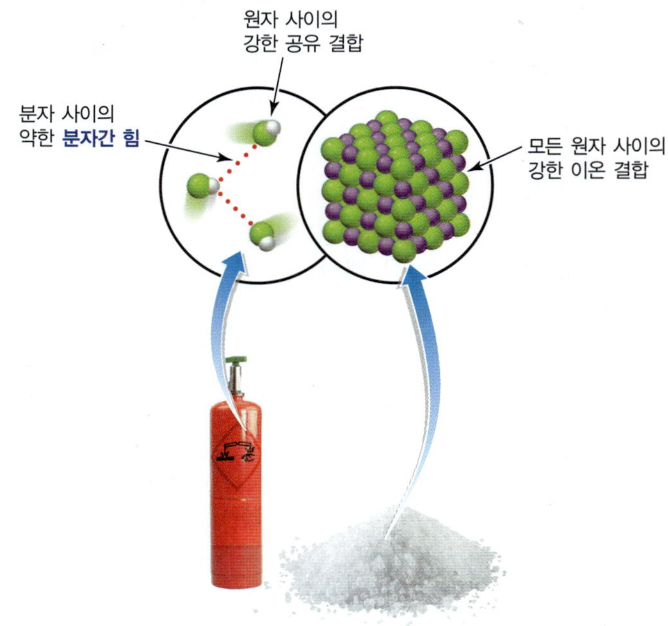

▲ 이온 결합 화합물인 염화 소듐은 801 °C에서 녹는 백색 결정성 고체이다. 분자성 화합물인 염화 수소는 상온에서 기체이다.

개념탐구 질문 4

이온 결합 화합물과 공유 결합 화합물 중 어느 것이 더 높은 녹는점과 끓는점을 갖는 경향성을 보이는가? 이유는 무엇인가?

이온 결합 화합물은 강한 이온 결합 때문에 녹는점이 높은 고체로 존재한다. 2.11절에서 설명한 것처럼, 우리가 눈으로 보는 염화 소듐은 NaCl 분자 형태로 존재하지 않는다. 각 Na^+ 이온이 주위의 많은 Cl^- 이온에 끌리고, 각 Cl^- 이온은 주위의 많은 Na^+ 이온에 끌려 형성되는 이온들의 거대한 3차원 그물 구조로 존재한다. 염화 소듐이 녹거나 끓어서 이온들이 서로 자유롭게 분리되려면 결정 전체의 모든 이온 간의 인력, 즉 **격자 에너지(lattice energy, *U*)**를 극복해야 한다. 이 과정은 많은 에너지를 필요로 한다.

기억하기…
격자 에너지(*U*)는 이온성 고체를 기체 상태의 구성 이온으로 분리할 때 필요한 에너지이고, 따라서 결정의 이온 결합 세기를 나타내는 척도이다(6.8절).

반면, 공유 결합 화합물은 녹는점이 낮은 고체나 액체, 또는 심지어 기체 상태로 존재한다. 염화 수소와 같은 공유 결합 화합물 시료는 개개의 염화 수소 분자로 구성된다. 공유 결합 화합물을 녹이거나 끓이기 위해서는 분자 사이에 작용하는 힘을 끊어야 한다. 공유 결합 화합물에서 결합은 분자 **사이에** 존재하는 것이 아니라 분자 **내**에 존재한다. 분자 사이에는 **분자간 힘(intermolecular force)**이라고 하는 인력이 존재한다. **분자간 힘은 이온 결합이나 공유 결합보다 약하다.** 따라서 분자간 힘을 극복하여 공유 결합 물질을 녹이거나 끓이는 데 상대적으로 작은 에너지가 필요하다. 분자간 힘의 특성은 8장에서 살펴볼 것이다.

미리보기…
분자의 **분자간 힘**의 크기는 녹는점, 끓는점과 같은 많은 성질에 영향을 미친다. 분자간 힘은 8.3절에서 자세히 다루겠다.

7.5 전자점 구조: 팔전자 규칙

공유 결합이나 극성 공유 결합에서 원자 사이의 전자의 공유를 나타내는 한 가지 방법은 **전자점 구조(electron-dot structure)** 또는 **루이스 구조**이다. 루이스 구조는 미국 버클리 소재 캘리포니아 대학교에 근무하던 루이스(G. N. Lewis, 1875~1946) 교수의 이름을 따서 그렇게 부른다. 전자점 구조는 원자의 원자가전자를 점으로 나타내고, 이들 원자가전자들이 분자에서 어떻게 분포되는지를 점의 위치로 표시한다. 여기서 가장 중요한 개념은 원자들이 결합을 형성할 때, **완전한 원자가 껍질** 또는 **비활성 기체 전자 배치**를 만족시키도록 전자를 공유한다는 점이다.

전자점 모형은 다른 대부분의 모형과 마찬가지로 결합을 단순화하여 표현한 도식이며, 이는 구조를 예측하는 데 유용하도록 발전되어온 것이다. 건물의 모형이 청사진 역할을 하는 것처럼, 루이스 구조는 분자를 만들기 위해 원자들을 결합할 때 작용하는 원칙들을 포함하는 '청사진'으로 생각할 수 있다. 결합에 대한 전자점 모형의 몇 가지 중요한 사용법은 분자식, 반응성, 분자의 모양을 예측하는 것이다.

H_2 분자의 전자점 구조는 수소 원자 사이에 한 쌍의 점을 그려 넣는다. 이것은 이들 수소 원자들이 공유 결합에서 한 쌍의 전자를 공유함을 나타낸다.

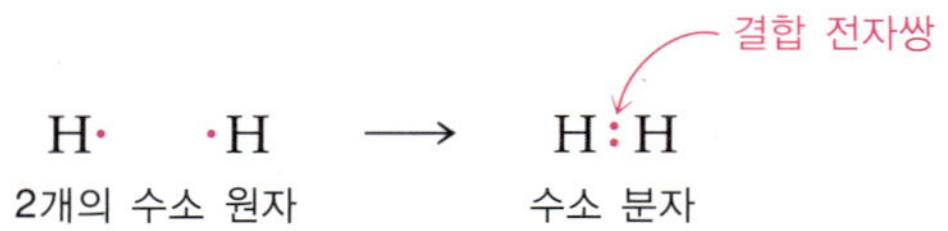

수소 분자의 공유 결합에서 전자 두 개를 공유함으로써 각 수소 원자는 실질적으로 한 쌍의 전자를 갖게 되어, 비활성 기체인 헬륨처럼 $1s^2$ 전자 배치로 안정해진다.

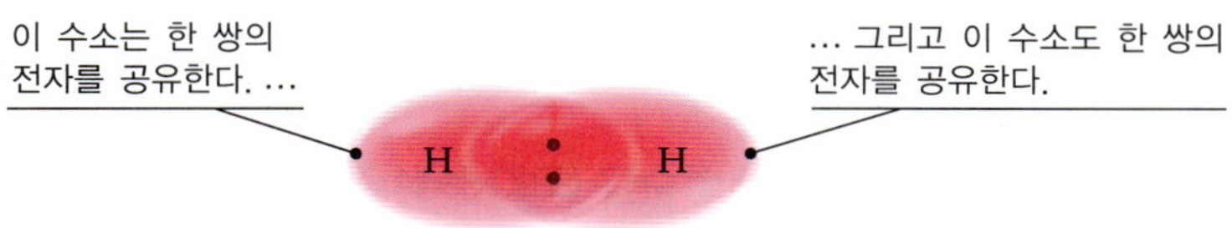

수소 이외의 원자들 또한 전자쌍을 공유하여 공유 결합을 형성한다. 이렇게 형성되는 분자의 전자점 구조는 각 원자에 올바른 수의 원자가전자를 할당하여 그린다. 붕소와 같은 13족 원자는 3개의 원자가전자를, 탄소와 같은 14족 원자는 4개의 원자가전자를 가지며, 마찬가지로 다른 원자들은 각각 그들이 속한 주기율표의 족 번호의 끝자리 수와 같은 수의 원자가전자를 갖는다. 17족의 플루오린 원소는 7개의 원자가전자를 가진다. F_2 분자의 전자점 구조는 어떻게 공유 결합이 형성되는지를 보여 준다.

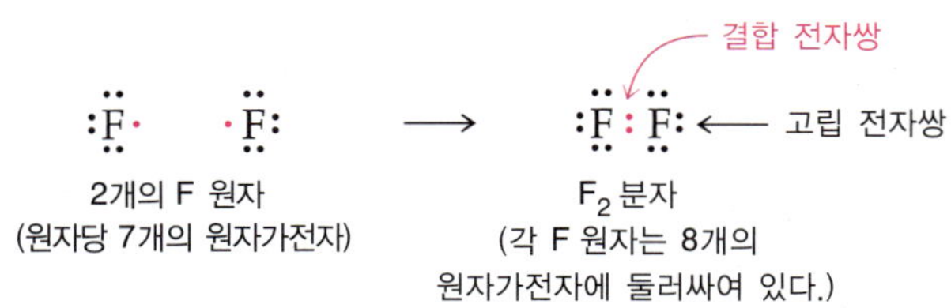

플루오린 원자의 7개 원자가전자 중 6개는 이미 3개의 원자 오비탈에 짝지어 채워져 있으므로 결합에서 공유되지 않는다. 그러나 일곱 번째 원자가전자는 홀전자이므로 다른 플루오린과의 공유 결합에서 공유될 수 있다. 그 결과 생성되는 F_2 분자의 각 원자는 8개의 원자가 껍질 전자를 갖는 비활성 기체 전자 배치를 하며, 6.6절에서 다룬 것처럼 **팔전자 규칙(octet rule)**을 따른다. 각 플루오린 원자의 3쌍의 비결합 전자를 **고립 전자쌍(lone pair)** 또는 **비결합 전자쌍(nonbonding pair)**이라고 하며, 공유된 전자를 **결합 전자쌍(bonding pair)**이라고 한다.

주족 원자들이 결합을 형성할 때 *s*와 *p* 부껍질을 채워 비활성 기체의 전자 배치를 가지려는 경향성, 즉 팔전자 규칙은 많은 분자의 화학식과 전자점 구조를 예측하는 데 중요한 지침이 되는 원리이다. 일반적 규칙으로서 주족 원자는 더 이상 공유할 수 있는 전자가 없어질 때까지 또는 팔전자 배치에 도달할 때까지, 가능하면 많은 원자가 껍질 전자를 공유한다. 다음의 지침을 적용해 보자.

- **13족 원소.** 붕소와 같은 13족 원소는 3개의 원자가전자를 가지므로 보레인(BH_3) 같은 중성 분자에서 3개의 전자쌍 결합을 형성할 수 있다. 이 분자에서 붕소 원자는 3개의 결합

(a)

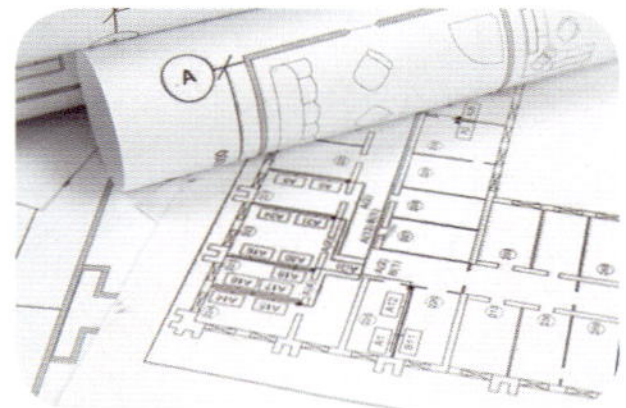

ⓒBayurov Alexander/Shutterstock

(b)

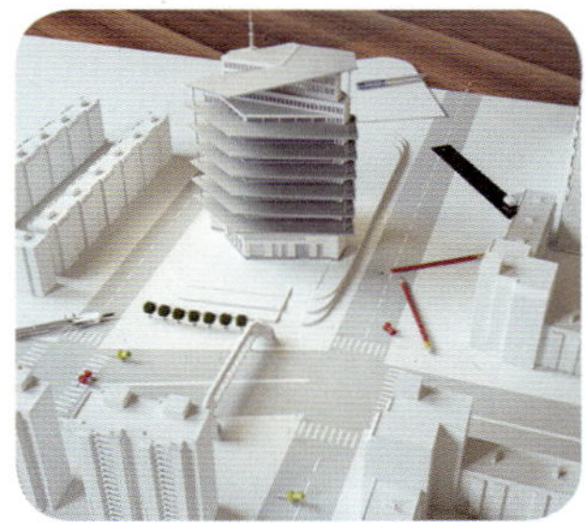

ⓒZastolskiy Victor/Shutterstock

▲ 루이스 구조는 원자를 결합하여 분자를 만들고, 그들의 3차원 구조를 예측하기 위한 일련의 지침을 제공하는 '청사진'으로 생각할 수 있다.

기억하기…
팔전자 규칙을 따르기 위해서 주족 원소들은 그들의 원자가전자 껍질에 있는 *s*와 *p* 부껍질을 채워서 비활성 기체 전자 배치를 갖는 반응을 하려고 한다(6.6절).

전자쌍만 가지므로 팔전자 규칙을 만족시킬 수 없다. (BH_3의 결합 상황은 실제로 여기에 설명한 것보다 훨씬 복잡하다.)

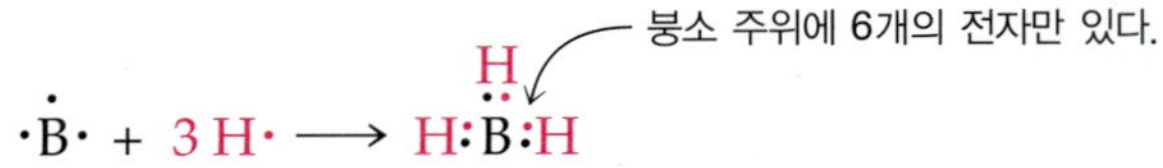

보레인

- **14족 원소**. 탄소와 같은 14족 원소는 4개의 원자가전자를 가지므로, 메테인(CH_4)처럼 4개의 결합을 형성한다. 그 결과 형성된 분자 내의 탄소 원자는 4개의 결합 전자쌍을 갖는다.

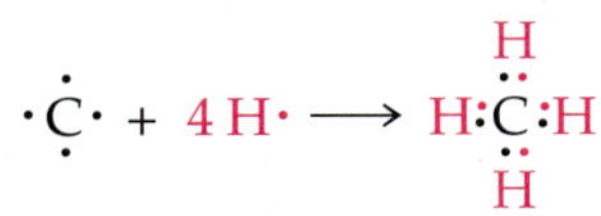

메테인

- **15족 원소**. 질소와 같은 15족 원소는 5개의 원자가전자를 가지므로, 암모니아(NH_3)처럼 3개의 결합을 형성한다. 이 분자에서 질소 원자는 3개의 결합 전자쌍과 1개의 고립 전자쌍을 갖는다.

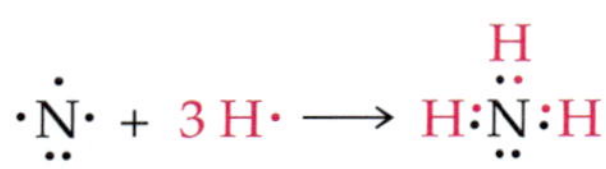

암모니아

- **16족 원소**. 산소와 같은 16족 원소는 6개의 원자가전자를 가지므로, 물(H_2O)처럼 두 개의 결합을 형성한다. 이 분자에서 산소 원자는 2개의 결합 전자쌍과 2개의 고립 전자쌍을 갖는다.

물

- **17족 원소**(할로젠). 플루오린과 같은 17족 원소는 7개의 원자가전자를 가지므로, 플루오린화 수소(HF)처럼 1개의 결합을 형성한다. 이 분자에서 플루오린 원자 1개의 결합 전자쌍과 3개의 고립 전자쌍을 갖는다.

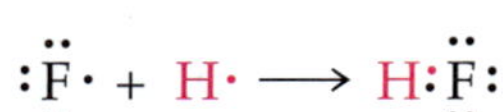

플루오린화 수소

- **18족 원소**(비활성 기체). 네온과 같은 18족 원소는 이미 원자가 껍질 팔전자를 만족시키므로, 거의 공유 결합을 형성하지 않는다.

공유 결합을 형성하지 않는다.

이러한 결론을 **표 7.4**에 요약하였다.

방금 설명한 것처럼, 모든 공유 결합이 1개의 공유 전자쌍, 즉 단일 결합(single bond)만 갖는 것이 아니다. 산소 분자, 질소 분자, 그리고 다른 많은 분자에서 원자들은 2개 이상의 전자쌍을 공유하여 다중(multiple) 공유 결합을 형성한다. 예를 들어, 산소 분자에서 산소 원자는 두 쌍의 원자 쌍, 즉 4개의 전자를 공유함으로써 원자가 껍질 팔전자를 만족시키며, **이중 결합**

표 7.4 2주기 원소의 공유 결합

족	원자가전자 수	결합 수	예
13	3	3	BH_3
14	4	4	CH_4
15	5	3	NH_3
16	6	2	H_2O
17	7	1	HF
18	8	0	Ne

(**double bond**)을 형성한다. 비슷하게 질소 분자의 질소 원자는 세 쌍의 전자쌍, 즉 6개의 전자를 공유하여 **삼중 결합(triple bond)**을 형성한다.

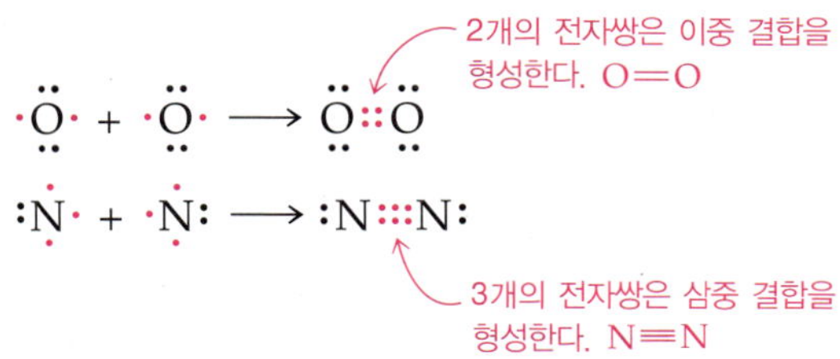

공유 결합에 대해서 마지막 한 가지 언급해야 할 점은 결합 전자들의 근원과 관련이 있다. 대부분의 공유 결합에서는 2개의 원자가 각각 1개의 전자를 제공하여 공유 결합을 형성하지만, 하나의 원자가 2개의 전자(한 쌍의 고립 전자)를 원자가 오비탈이 비어 있는 다른 원자에 제공할 때도 형성될 수 있다. 예를 들어, 암모늄 이온(NH_4^+)은 암모니아(:NH_3)의 질소 원자가 고립 전자 한 쌍을 H^+에 제공하여 결합할 때 형성된다. 이러한 결합을 **배위 공유 결합(coordinate covalent bond)**이라고 하며, 한 원자가 다른 원자의 비어 있는 오비탈에 전자쌍을 제공함으로써 형성된다.

보통의 공유 결합–각 원자는 1개의 전자를 제공한다.

배위 공유 결합–질소 원자가 2개의 전자를 모두 제공한다.

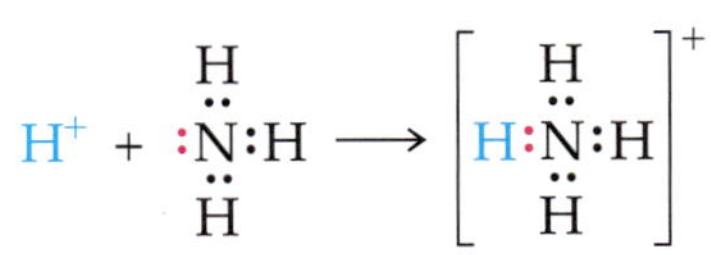

암모늄 이온(NH_4^+)의 질소 원자는 일반적인 결합 수보다 많은, 즉 3개 대신 4개의 결합을 갖지만, 여전히 팔전자 원자가전자를 갖는다. 질소, 산소, 인, 황은 자주 배위 공유 결합을 형성한다.

예제 7.3

전자점 구조 그리기

포스핀(PH_3)의 전자점 구조를 그리시오.

전략

주족 원소에서 형성되는 공유 결합의 수는 원소의 족 번호에 의존한다. 15족 원소인 인은 5개의 원자가전자를 가지므로 3개의 결합을 형성하고, 나머지 1쌍의 전자쌍은 고립 전자쌍으로 남아 원자가 껍질 팔전자가 만족된다. 각 수소는 1개의 전자를 제공한다.

풀이

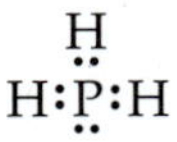
포스핀

(c)

(d)

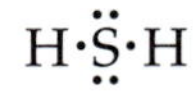

연습문제 7.5 달걀 썩는 냄새를 갖는 유독한 황화 수소(hydrogen sulfide, H_2S) 기체의 올바른 전자점 구조를 고르시오.

(a)

(b)

응용문제 7.6 팔전자 규칙을 사용하여, 다음 원소들로 형성되는 화합물의 분자식을 예측하시오.

(a) 산소와 플루오린

(b) 규소와 염소

7.6 전자점 구조 그리는 방법

전자점 구조를 그릴 때 전자 2개로 이루어진 공유 결합은 선으로 표시하는 일반적인 관례를 따른다. 마찬가지로, 이중 결합에서 4개의 공유 전자(2쌍)를 나타내기 위해서 원자 사이에 이중선을 사용하며, 삼중 결합에서 6개의 공유 전자(3쌍)를 나타내기 위해서 삼중선을 사용한다. 전자점 구조를 그릴 때 개별적인 전자를 정렬하는 것은 지루한 작업이 될 수 있다. 특히 다중 결합을 가지는 경우나 큰 분자의 경우 더욱 그러하다. 어떤 화합물에도 적용할 수 있는 전자점 구조를 그리는 일반적인 방법은 다음과 같은 단계를 따르는 것이다.

전자점 구조 그리기

단계 1. 분자 또는 이온에 있는 전체 원자가전자 수를 구한다. 모든 원자들에 대한 원자가전자 수를 찾은 다음, 음이온은 각 음전하마다 1개의 전자를 더해 주고, 양이온은 각 양전하마다 1개의 전자를 뺀다. 예를 들어, SF_4의 경우 전체 원자가전자 수는 34개(황으로부터 6개, 4개의 각 플루오린으로부터 7개의 전자)이다. OH^-는 전체 원자가전자 수가 8개(산소로부터 6개, 수소로부터 1개, 음전하에 대하여 1개)이다. NH_4^+는 전체 원자가전자 수가 8개(질소로부터 5개, 4개의 수소로부터 1개씩, 양전하에 대하여 −1개)이다.

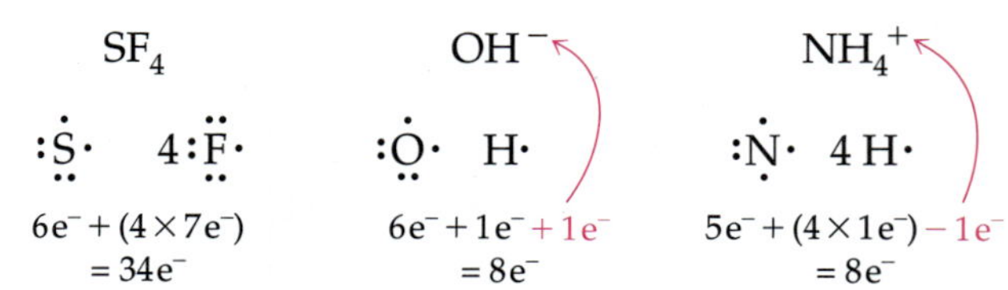

단계 2. 원자 사이의 연결이 무엇인지를 파악하고, 선을 사용하여 결합을 표시한다. 때때로 연결 방법이 제시될 것이다. 어느 경우에는 스스로 추측해야 한다. 전자점 구조에서 원자를 연결할 때 사용하는 지침은 다음과 같다.

- 중심 원자는 일반적으로 가장 낮은 전기 음성도를 가지는 원자이다(H 제외).
- 수소와 할로젠은 일반적으로 하나의 결합만을 형성한다.
- 2주기 원소들은 일반적으로 표 7.4에 주어진 결합 수대로 결합한다.
- (**팔전자 규칙 예외**) 붕소와 알루미늄 같은 13족 원소들은 흔하게 8개보다 더 적은 전자에 둘러싸이는 **전자 결핍**이 된다. 7.5절에 있는 BH_3의 전자점 구조가 대표적인 사례이다. B는 단지 3개의 결합, 즉 총 6개의 전자를 가진다.
- (**팔전자 규칙 예외**) 3주기와 그 아래 주기의 원소들을 때때로 **확장 팔전자**를 가진다. 즉, 팔전자 규칙에 의해 예측한 것보다 더 많은 수의 결합을 형성한다. 이러한 원자들은 2주기

의 대응 원자들보다 크기가 크며, 그들 주변에 4개 이상의 원자를 수용하여 4개 이상의 결합을 형성할 수 있다(그림 7.6). 예를 들어, 2주기 원소인 질소는 3개의 염소와 결합하여 NCl_3를 만들어 팔전자 규칙을 따르지만, 3주기 원소인 인은 5개의 염소와 결합하여 PCl_5를 만들어 팔전자 규칙을 따르지 않는다.

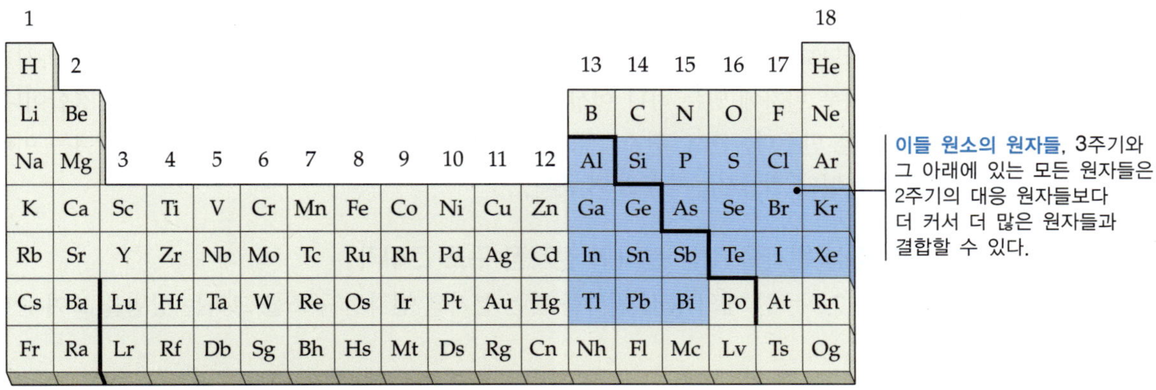

▲ 그림 7.6
파란색으로 나타낸 주족 원소들은 팔전자 규칙을 종종 따르지 않는다.

▲ 확인하기

다음 중 어떤 원소가 전자점 구조에서 중심 원자가 될 때 확장 팔전자를 갖겠는가?

Cl, O, S, I, C

답 Cl, S, I

예를 들어 SF_4에서의 연결을 예측해야 할 때, 가장 그럴듯한 예측은 각 플루오린이 중심 원자가 되는 황과 단일 결합을 형성하는 것이다.

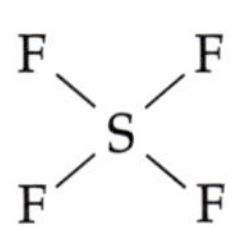

테트라플루오린화 황, SF_4

개념탐구 질문 5

전자점 구조를 만족시키는 기준은?

단계 3. 단계 1에서 구한 전체 원자가전자 수로부터 결합에 이용한 원자가전자 수를 뺀 후에, 남은 전자 수를 구한다. 이 나머지 전자를 말단 원자(수소 이외)에 필요한 만큼 할당하여 팔전자를 갖게 한다. SF_4에서 전체 34개의 원자가전자 중 8개는 공유 결합에 사용되었고, 나머지 전자는 $34 - 8 = 26$개이다. 26개 중에서 24개는 4개의 말단 플루오린 원자에 할당되어 각 원자의 팔전자 배치를 만족시킨다.

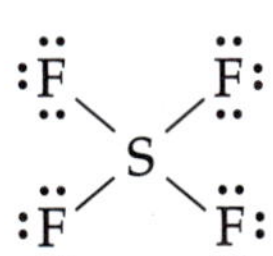

8 + 24 = 32개의 전자가 배분됨

단계 4. 단계 3 이후에도 할당되지 않고 남은 전자가 있다면, 이들은 중심 원자에 배치한다. SF_4에서 34개의 전자 중 32개는 이미 할당되었으므로, 나머지 2개의 전자는 중심은 S 원자에 배치한다. 황은 3주기 원소이므로 d 오비탈을 사용하여 팔전자를 확장할 수 있다.

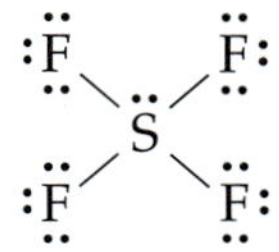

34개의 전자가 배분됨

단계 5. 중심 원자의 아직은 불완전한 팔전자를 해결하기 위해 다중 결합을 만든다. 단계 3 이후에 할당되지 않은 전자들이 더 이상 없지만, 중심 원자가 아직도 팔전자를 만족시키지 않으면 이웃 원자에 있는 하나 이상의 고립 전자쌍을 이용하여 다중 결합(이중 결합이나 삼중 결합)을 만든다. 산소, 탄소, 질소, 황은 종종 다중 결합을 형성한다. 예제 7.4는 이러한 경우를 어떻게 취급하는지를 보여 준다.

한 개의 중심 원자를 갖는 분자의 전자점 구조 그리기

예제 7.4와 7.5는 한 개의 중심 원자를 갖는 분자의 전자점 구조를 그리는 방법을 보여 준다.

예제 7.4

중심 원자 1개와 단일 결합을 갖는 분자의 전자점 구조 그리기

OF_2의 전자점 구조를 그리시오.

전략

이 절에서 설명한 '전자점 구조 그리기'의 5단계를 따른다.

풀이

단계 1. 우선 전체 원자가전자 수를 구한다. 산소는 6개, 플루오린은 각각 7개이므로 전체 20개의 전자를 갖는다.

단계 2. 다음은, 원자들이 어떻게 연결될지 결정하고, 결합을 선으로 그린다. 산소가 플루오린보다 전기 음성도가 낮고, 할로젠은 일반적으로 하나의 결합을 가지므로, 산소를 중심에 위치시킨다.

F—O—F

단계 3. 결합에 사용된 전자 수(총 4개, 결합당 2개)를 단계 1에서 계산된 전체 전자 수(20개)에 빼서 남은 전자 수를 구한다 (20 − 4 = 16). 남은 전자들은 말단 원자에 각각 팔전자를 만족하도록 최대한 많이 할당한다. 플루오린 원자는 팔전자 규칙을 만족하려면 각각 3쌍의 고립 전자쌍이 필요하며, 총 12개의 비결합 전자가 존재한다.

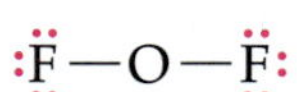

4 + 12 = 16개의 전자가 배분됨

단계 4. 단계 3에서 할당되지 않은 전자들을 중심 원자에 할당한다.

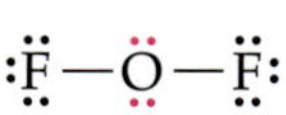

20개의 전자가 배분됨

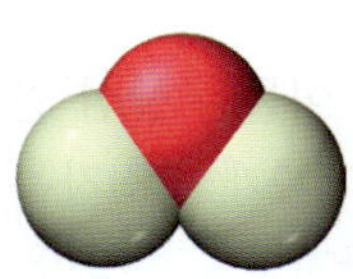

단계 5. 중심 원자가 팔전자가 아니면 다중 결합을 만든다. 중심 원자인 산소가 팔전자를 충족하므로, 이 단계는 필요하지 않다.

점검

전자점 구조는 항상 두 가지 기준으로 점검이 가능하다. (1) 최종 구조가 분자의 모든 원자가전자의 총합과 같은 전자 수를 갖는가? (2) 각각의 원자가 모두 팔전자 규칙을 만족하는가? OF_2의 구조는 20개의 전자를 갖고 모든 원자는 팔전자이므로, 유효한 전자점 구조를 그렸다고 판단할 수 있다.

▶ **연습문제 7.7** $POCl_3$의 전자점 구조가 옳은지 확인하고, 잘못된 구조의 경우 무엇이 잘못되었는지 설명하시오.

(a) **(b)** **(c)** **(d)**

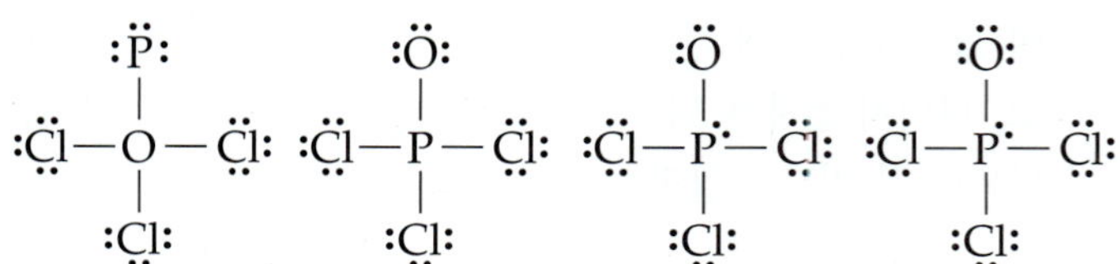

▶ **응용문제 7.8** 다음 분자 또는 이온의 전자점 구조를 그리시오.

(a) CH_2F_2 (b) $AlCl_3$ (c) ClO_4^-
(d) PCl_5 (e) $XeOF_4$ (f) NH_4^+

예제 7.5

중심 원자 1개와 다중 결합을 가지는 분자의 전자점 구조 그리기

폼알데하이드는 합판이나 파티클 보드를 만들 때 사용되는 공업용 접착제 제조에 쓰이는 화합물이다. 폼알데하이드(CH_2O)의 전자점 구조를 그리시오.

전략

'전자점 구조 그리기'에서 설명한 5단계를 따른다.

풀이

단계 1. 우선 전체 원자가전자 수를 구한다. 탄소는 4개, 수소는 1개, 산소는 6개이므로 12개의 전자를 갖는다.

단계 2. 원자들이 어떻게 연결될지 결정하고, 결합을 나타내는 선으로 그린다. 폼알데하이드의 경우, 전기 음성도가 더 낮은 탄소가 중심 원자이고, 수소와 산소 모두 탄소에 결합된다.

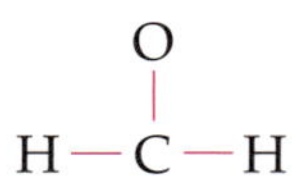

단계 3과 4. 전체 12개의 전자 중 6개는 결합에 사용되며, 말단 산소 원자에 6개의 전자를 할당한다. 중심 원자인 탄소에는 할당할 전자가 남지 않는다.

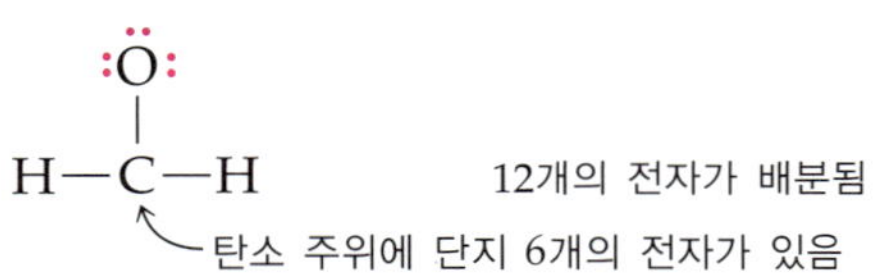

단계 5. 이 시점에서 모든 원자가전자들이 할당되었지만, 중심 원자인 탄소는 여전히 팔전자를 만족하지 않는다. 팔전자를 이루려면 산소가 가진 전자 2개가 고립 전자쌍에서 결합 전자쌍으로 이동해야 한다. 이때 산소와 탄소 모두 팔전자를 만족하는 탄소–산소 이중 결합이 생성된다.

폼알데하이드(CH_2O)

점검

CH_2O의 구조에서 원자가전자 수가 12개이며, 모든 원자는 팔전자를 만족한다.

▶ **연습문제 7.9** 일산화 탄소 CO의 올바른 전자점 구조를 고르시오.

(a)

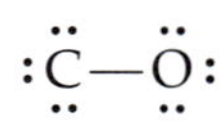

(b)

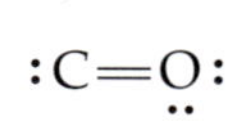

(c)

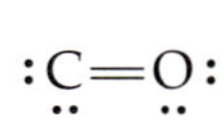

(d)

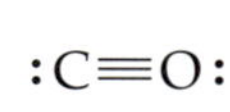

▶ **응용문제 7.10** SCN^-의 올바른 전자점 구조를 식별하시오.

(a)

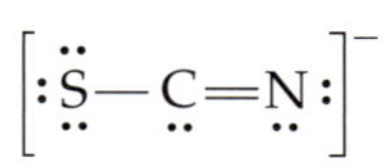

(b)

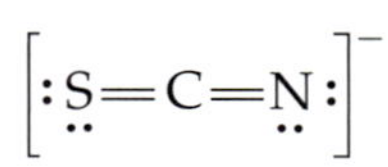

(c)

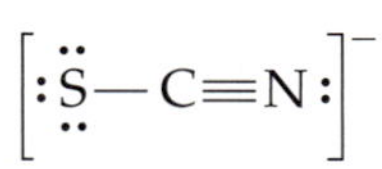

(d)

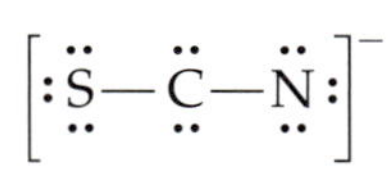

(e) **(b)**와 **(c)** 양쪽 다 옳다.

(f) **(a)**~**(d)** 모든 구조가 다 옳다.

7.7 라디칼의 전자점 구조 그리기

수소를 제외하고는 6천만 종의 알려진 화합물에 들어 있는 거의 모든 원자들은 팔전자 규칙을 따른다. 그 결과 대부분의 화합물은 짝수개의 전자를 가지며, 이는 전자들이 오비탈에 짝을 지어 채워지기 때문이다. 드물게 **라디칼**(**radical**) 또는 **자유 라디칼**(free radical)이라고 하는 물질들은 홀수개의 전자를 가진다. 이것은 이 전자들 중 적어도 하나는 절반만 채워진 오비탈에 짝을 이루지 않고 들어 있다는 것을 의미한다.

이들 홀전자 때문에 라디칼은 대개 반응성이 매우 커서 전자들이 짝을 이룰 수 있는 일련의 화학 반응을 급속히 겪게 되어 보다 안정한 생성물을 형성한다. 이러한 전자들의 짝지음은 고립된 할로젠 원자들이 이합체를 이루어 할로젠 분자를 형성하거나, 이산화 질소(NO_2)가 이합체를 이루어 사산화 이질소(N_2O_4)를 형성하는 이유이다.

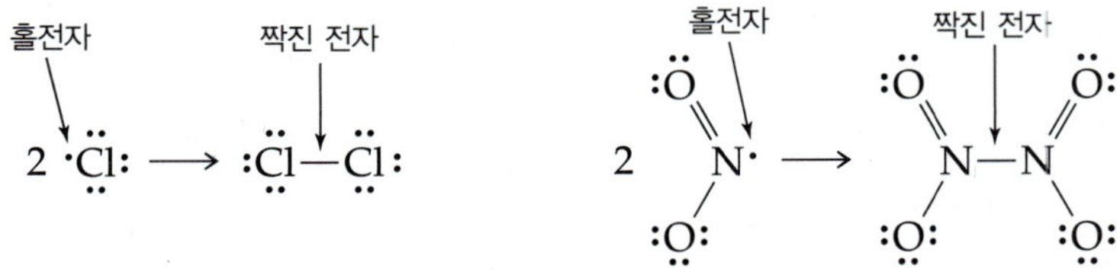

이들의 높은 반응성에도 불구하고, 적은 양의 라디칼은 연료의 연소, 폴리에틸렌이나 다른 고분자의 공업적 제조, 지금도 진행 중인 염화플루오린화탄소에 의해 상층 대기에서 지구의 오존층이 파괴되는 반응을 포함한 많은 일반적인 화학 반응 경로에 관여한다. 더욱 놀랍게도, 라디칼은 또한 우리 몸속에 존재하며, 중요 생명 반응을 매개하고 암, 폐기종, 뇌졸중, 당뇨와 같은 많은 질병의 유발 요인으로 작용한다. 심지어 정상적인 노화의 결과로 일어나는 변화 또는 라디칼과 관계가 있다고 여겨진다.

예제 7.6

라디칼의 전자점 구조 그리기

일산화 질소(NO)의 전자점 구조를 그리시오.

전략

7.6절의 '전자점 구조 그리는 방법'에서 설명한 5단계를 따른다. 라디칼에서는 최소 전기 음성도를 갖는 원자가전자가 홀수개의 전자를 가져 불완전 팔전자 형태가 된다.

풀이

단계 1. 전체 원자가전자 수를 구한다. 질소는 5개, 산소는 6개이므로 전체 11개의 전자를 가진다. 홀수개의 전자는 라디칼이 존재함을 가리킨다.

단계 2. 원자들의 연결을 결정한다. 질소와 산소가 단순 이원자 분자 형태로 서로 결합되어 있다.

단계 3과 4. 결합에 사용된 원자가전자 수(2개)를 단계 1에서 계산된 전체 전자 수(11개)에서 빼고 남은 전자 수(9개)를 구한다. 남은 전자들은 말단 원자에 팔전자를 만족하도록 최대한 많이 할당한다. 전기 음성도가 더 큰 산소에 팔전자를 부여하고, 남은 전자는 질소에 둔다.

11개의 전자가 배분됨

단계 5. 모든 원자가전자들이 할당되었지만, 이 구조에서 질소는 전자를 5개만 가져 전혀 팔전자를 만족하지 않는다. 따라서 산소의 전자 2개를 고립 전자쌍에서 결합 전자쌍으로 이동시켜 이중 결합을 생성한다. 전기 음성도가 더 큰 산소는 팔전자 규칙을 만족하며, 질소는 이제 팔전자에 좀 더 가까워졌다. 가장 작은 전기 음성도를 가지는 원소는 절대로 팔전자가 되지 못하는데, 그것은 라디칼이 홀수개의 전자를 가지기 때문이다.

11개의 전자가 배분됨

점검

NO의 구조는 11개의 전자를 갖고, 가장 큰 전기 음성도를 가지는 원자(O)가 팔전자를 이루고 있다.

▶ **연습문제 7.11** 성층권 오존의 파괴에 관여하는 ClO_2 라디칼의 가장 좋은 전자점 구조를 고르시오.

(a)

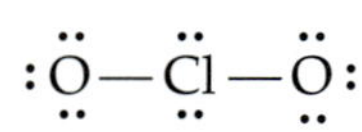

(c)

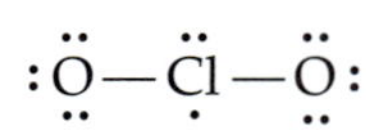

(b)

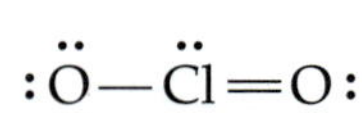

(d)

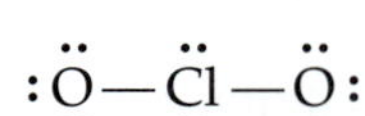

▶ **응용문제 7.12** 다음 중 어느 산소 종이 가장 반응성이 클 것으로 예상하는가?

O_3, O_2, O_2^-

7.8 수소와 2주기 원소만을 포함하는 화합물의 전자점 구조

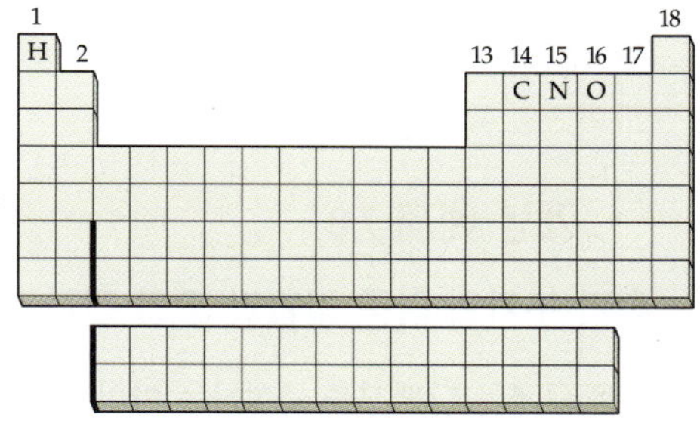

생명 현상과 관련이 있는 자연 상태에서 발견되는 많은 화합물(단백질, 지방, 탄수화물 및 기타 화합물)은 수소와 더불어 적어도 한 가지 이상의 2주기 원소, 즉 탄소, 질소, 산소만을 포함한다. 탄소 원자들이 서로 사슬 형태로 결합하고 있는 분자들을 **유기 화합물**이라고 한다. 이러한 화합물의 전자점 구조는 비교적 그리기 쉽다. 그 이유는 이들은 거의 모두 팔전자 규칙을 따르며, 각 원소에 의하여 형성되는 결합 수는 예측 가능하기 때문이다(표 7.4).

수소와 함께 몇 가지 2주기 원자를 포함하는 분자에서 2주기 원자들은 서로 결합하여 중심을 이루며, 주위에 수소들이 결합된다. 예를 들어, 에테인(C_2H_6)에서 두 탄소는 각각 4개의 결합을 형성하는데, 모두 6개의 수소와 결합하고 각각의 수소는 1개씩의 결합을 형성한다. 두 탄소 원자를 연결하고 각 탄소에 적절한 수의 수소를 더해 주면, 다음과 같은 하나의 구조가 가능하다.

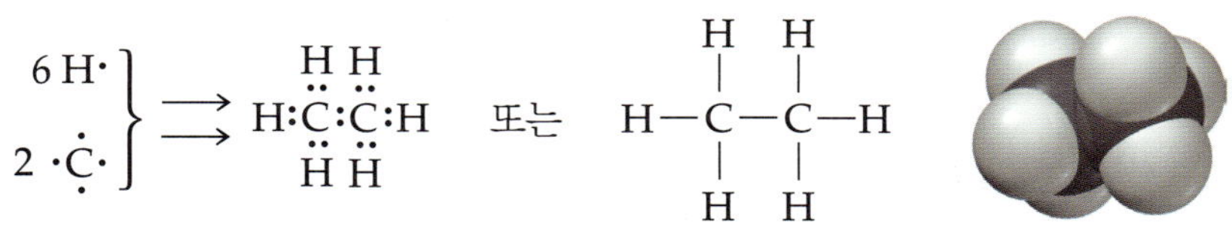

에테인(C_2H_6)

개념탐구 질문 6

전자점 구조에서, 2주기 원소 중 전형적으로 4개의 결합을 형성하는 원소는? 또한 2주기 원소 중 전형적으로 2개의 결합과 2개의 고립 전자쌍을 만드는 원소는?

여러 개의 2주기 원자를 포함하는 더 큰 분자에 대해서는 일반적으로 둘 이상의 전자점 구조를 그릴 수 있다. 이러한 경우에는 구조를 그리기 전에 원자간 연결 순서에 관한 몇 가지 추가적 지식이 필요하다.

예제 7.7

2개 이상의 중심 원자를 가진 분자의 전자점 구조 그리기

아세틸렌은 용접용 토치의 연료나 화학 합성의 출발 물질로 주로 사용된다. 아세틸렌(C_2H_2)의 전자점 구조를 그리시오.

전략

7.6절에서 설명한 '전자점 구조 그리는 방법' 5단계를 따른다. 2개 이상의 중심 원자를 갖는 분자의 경우, 2주기 원자들이 가운데에 자리하여 서로 연결된다.

풀이

단계 1. 분자 전체의 원자가전자 수를 구한다. 탄소는 각각 4개, 수소는 각각 1개이므로 전체 10개의 전자를 갖는다.

단계 2. 원자들의 연결을 결정한다. 2주기 원소(C)를 사슬로 연결한다.

H—C—C—H

단계 3과 4. 결합에 사용된 원자가전자 수(6개)를 단계 1에서 계산된 전체 전자 수(10개)에서 빼고 남은 전자 수(4개)를 구한다. 남은 전자들은 수소를 제외한 말단 원자에 팔전자를 만족하도록 최대한 많이 할당한다. 4개의 전자가 남았고 말단 원자는 모두수소이므로, 전자들은 중심 탄소 원자에 배치한다.

H—C̈—C̈—H

단계 5. 모든 원자가전자들이 할당되었지만, 이 구조에서 두 중심 탄소 원자는 팔전자가 아니다. 따라서, 두 탄소가 가진 전자쌍을 이동하여 두 탄소 사이에 삼중 결합을 만들어 탄소가 팔전자가 되도록 한다. 수소의 원자가 껍질도 2개의 전자로 채워져 있다.

H—C≡C—H

점검

C_2H_2의 구조는 10개의 원자가전자를 가지며, 각각의 원자는 완전한 껍질을 가진다. 즉, 탄소는 8개, 수소는 2개의 전자를 가진다.

연습문제 7.13 다음 분자나 이온의 전자점 구조를 그리시오.

(a) 메틸아민, CH_5N (b) 에틸렌, C_2H_4

(c) 과산화 수소, H_2O_2 (d) 하이드라진, N_2H_4

응용문제 7.14 C_2H_6O의 화학식을 갖는 두 분자가 있다. 이 두 분자에 대한 전자점 구조를 그리시오. (힌트 : 원자의 연결은 두 구조에서 다르다.)

개념 예제 7.8

유기 분자의 다중 결합과 고립 전자쌍 확인

다음 구조는 단백질을 구성하는 아미노산의 하나인 히스티딘(histidine)이다. 원자 사이의 연결 상태만 나타내고 다중 결합은 표시하지 않았다. 히스티딘의 분자식을 구하고, 다중 결합과 고립 전자쌍의 위치를 표시하여 구조를 완성하시오(빨간색=O, 회색=C, 파란색=N, 상아색=H).

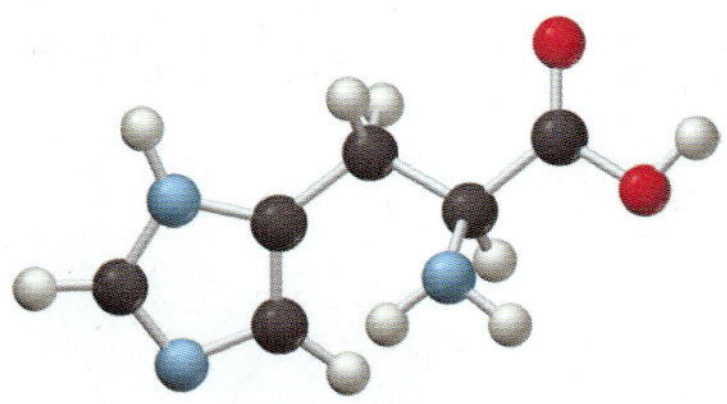

히스티딘

전략

각 원소의 원자 수를 세어 분자식을 구한다. 그런 다음, 원자가 완전한 팔전자를 이루기 위해 필요한 것이 무엇인지 찾는다. 표 7.4에는 주기율표의 다른 족에 속하는 원소가 형성하는 결합 수가 나타나 있다. 각 탄소(회색)는 4개의 결합을, 각 산소(빨간색)는 2개의 결합을, 각 질소(파란색)는 3개의 결합을 가져야 한다. 각 원자별로 고립 전자쌍을 더하여 팔전자를 만족시킨다. 탄소는 이미 4개의 결합으로 완전한 팔전자를 이루며, 질소는 1쌍의 고립 전자쌍이 필요하고, 산소는 2쌍의 고립 전자쌍이 필요하다.

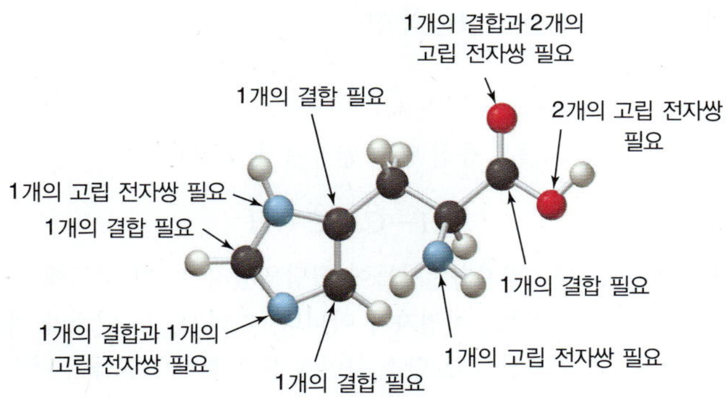

풀이

히스티딘은 $C_6H_9N_3O_2$의 분자식을 갖는다.

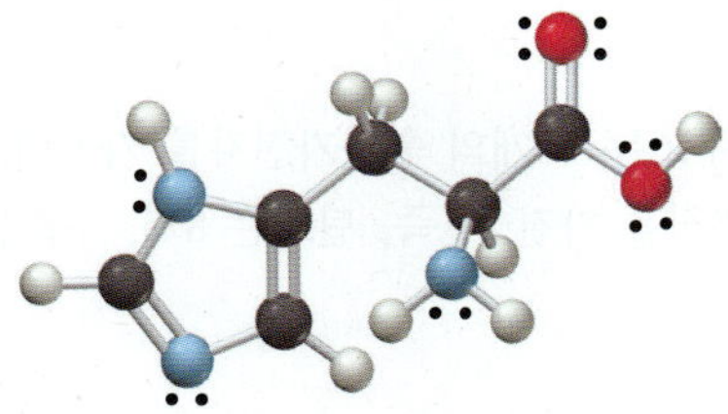

점검

이 구조에서 모든 전자를 다 세고 전체 원자가전자 수를 비교하는 것은 시간이 많이 걸릴 것이다. 큰 분자의 구조를 점검하는 가장 좋은 방법은 각 원자(H 제외)가 모두 팔전자인지 확인해 보는 것이다.

연습문제 7.15 다음 구조는 모든 살아 있는 세포에서 발견되는 DNA의 구성 성분인 사이토신을 나타낸 것이다. 원자 사이에 연결 상태만 나타내고, 다중 결합은 표시하지 않았다. 사이토신의 분자식을 구하고, 다중 결합과 고립 전자쌍의 위치를 표시하여 구조를 완성하시오(빨간색=O, 회색=C, 파란색=N, 상아색=H).

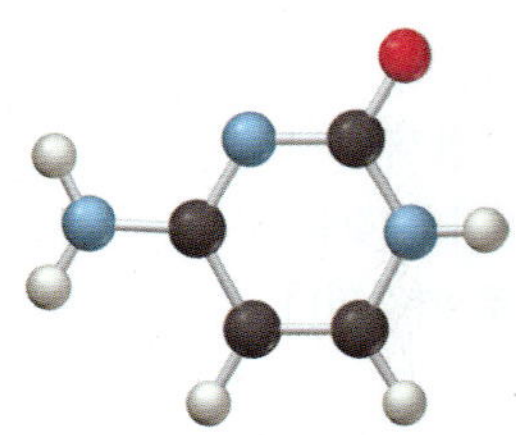

Cytosine

응용문제 7.16 다음 화학식을 갖는 분자의 두 가지 가능한 전자점 구조를 그리시오. 구조를 그릴 때 서로 다른 방법으로 원자를 연결해도 된다. (힌트: 2주기 원자들이 연결되는 공통된 방법에 대해서는 예제 7.8의 구조를 살펴보시오.)

(a) C_6H_7N (b) $C_2H_5O_2N$

7.9 전자점 구조와 공명

전자점 구조를 그리기 위해 7.6절에서 제시한 단계적 절차는 종종 흥미로운 문제를 야기시킨다. 오존(O_3)을 예로 들어 보자. 단계 1에 의해, 이 분자는 18개의 원자가전자를 가지며, 단계 2~4를 따라가면 다음과 같은 구조가 그려진다.

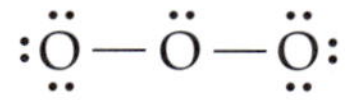

▲ 동일한 두 산소–산소 결합을 보여 주는 오존의 정전기 퍼텐셜 지도

이 시점에서 중심 원자는 아직 팔전자를 갖지 않음을 알 수 있다. 따라서 말단 산소에 있는 고립 전자쌍 하나를 결합 전자쌍으로 이동시켜 중심 산소가 팔전자가 되도록 해야 한다. 그러나 어떤 산소의 고립 전자쌍을 취해야 할까? '오른쪽'과 '왼쪽' 산소 중 어느 것에서 고립 전자쌍을 옮기더라도 타당한 구조를 얻을 수 있다.

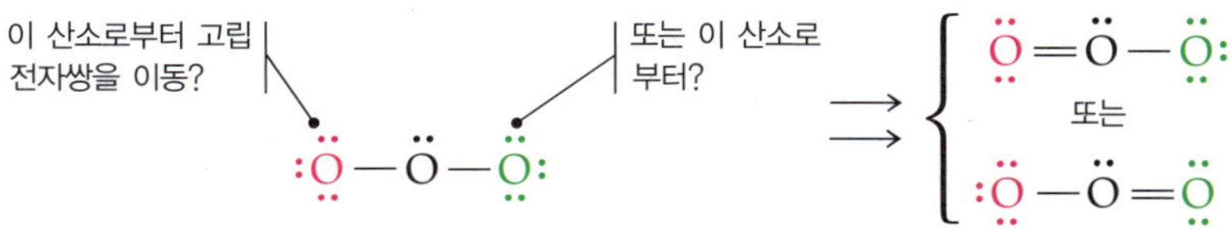

O_3의 두 구조 중 어느 것이 옳을까? 사실, 두 구조 모두 그 자체로는 옳은 구조가 아니다. 이 묘사는 실제 오존 구조에 대한 실험적인 증거와 일치하지 않는다. 이것이 정확한 묘사라면, 하나의 산소–산소 결합이 또 다른 산소–산소 결합보다 짧아야 하고, 이중 결합 영역에서 전자 밀도가 높게 나와야 한다. 하지만 측정값에 의하면, 오존 분자의 두 산소–산소 결합 길이는 동일하다. 정전기 퍼텐셜 지도에서도 두 결합의 전자 밀도가 동일하게 나타난다. 이중 결합은 중심 산소와 말단 산소 사이의 전자 밀도를 증가시켜 빨갛게 나타나도록 했을 것이다. 전자 밀도가 대칭적으로 분포하고 있다는 것은 이중 결합의 전자들이 **비편재화**(**delocalization**)되어 두 개의 산소–산소 결합에 퍼져 있음을 나타낸다.

오존의 결합 길이와 결합 세기는 실험적으로 측정하여 다른 분자들의 평균적인 단일 결합(O—O), 이중 결합(O=O)과 비교할 수 있다. 오존의 산소–산소 결합의 특성은 일반적인 단일 결합과 이중 결합 사이에 있다. 오존의 두 결합 길이는 128 pm로 동일하므로, 오존의 결합 차수는 순수한 단일 결합과 이중 결합의 중간인 1.5라고 표현할 수 있다.

	O_2의 (O=O) 결합	평균 (O—O) 결합	오존의 산소–산소 결합
결합 길이(pm)	121	132	128
결합 세기(kJ/mol)	498	146	374

전자점 모형이 실제 오존 구조와 일치하지 않는다는 사실로부터, 루이스 이론은 화학자들이 원자들이 어떻게 결합되는지를 예측하기 위해 사용하는 결합 모형에 불과하다는 것을 강조하고자 한다. 루이스 이론은 상당히 유용하지만, 모든 모형에는 한계가 있어서 실제 그 자체를 대신할 수 없다는 것을 명심해야 한다.

오존의 결합에서 어떻게 '혼합된 성질이 나타날 수 있을까? 1930년대에 폴링(Linus Pauling)이 발전시킨 **공명 이론**(**resonance theory**)에서는 많은 분자들의 실제 구조가 둘 이상의 전자점 구조의 혼합으로 묘사된다. 굽은 화살표는 다른 전자점 구조로 전환될 때 전자들이 어떻게 재배열되는지를 나타내는 표시 방법이다. 실제로, 전자들이 분자 내에서 흘러가는 것이 아니라, 전자점 구조에서 전자의 변화를 따라가기 위해 굽은 화살표를 쓴다는 것에 유의하라. 이 화살표는 어떤 전자들이 어디로 이동하는지를 나타낸다. 전자들은 이동하여 새로운 결합이나 고립 전자쌍이 될 수 있다. 공명 구조를 그릴 때는 원자는 움직이지 말고, 전자들만 이동시켜야 한다. 오존 분자의 공명에 기여하는 두 전자점 구조가 어떻게 서로 전환되는지를 굽은 화살표가 보여 준다.

공명 구조는 둘 이상의 전자점 구조를 이중머리 **공명 화살표**(⟷)로 연결하여 나타낸다. 이중머리 직선 화살표로는 항상 공명만을 나타내며, 다른 목적으로는 절대 사용하지 않는다. 오존에 대해서는 두 개의 공명 구조를 그릴 수 있다. 이 두 구조의 **평균**을 **공명 혼성(resonance hybrid)**이라고 부른다. 두 공명 형태는 원자가 껍질 전자(결합 및 비결합 전자 모두)의 위치만 다르다는 것을 주목하라. 전체 원자가전자 수는 두 구조에서 동일하며, 원자들 사이의 연결 관계와 원자들의 상대적 위치도 동일하게 유지된다.

개념탐구 질문 7
오존의 분자 구조는 어떻게 묘사되는가?

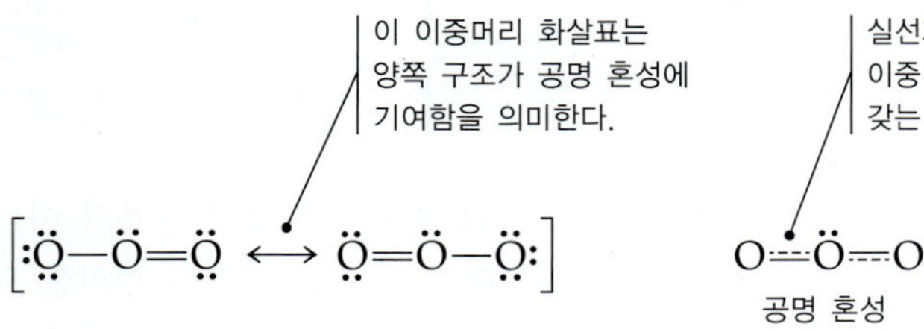

모든 분자가 하나의 전자점 구조만으로 그려질 수 없다는 사실로부터, 전자점 모형은 결합이 어떻게 형성되는지와 전자들이 분자 내에 어떻게 분포하는지를 지나치게 단순화하고 있다는 것을 알 수 있다. 전자 분포를 더 정확하게 기술하는 방법으로 **분자 오비탈 이론**(molecular orbital theory)이 있다. 그럼에도 불구하고, 화학자들은 분자 구조와 반응 위치를 예측할 때 쉽고 강력한 도구로서 전자점 구조와 공명 구조를 통상적으로 사용하고 있다.

예제 7.9

공명 구조 그리기

질산 이온(NO_3^-)은 세 개의 동등한 질소–산소 결합을 가지며, 그 전자 구조는 세 개의 전자점 구조의 공명 혼성이다.

(a) 질산 이온의 전자점 구조를 바르게 그리시오.
(b) (a)에서 그린 구조를 굽은 화살표를 이용하여 다른 두 공명 구조로 전환하시오.
(c) 세 공명 구조와 공명 혼성을 모두 그리시오.

(a) 전략 및 풀이

여느 전자점 구조를 그릴 때처럼 시작한다. 질산 이온에는 원자가전자가 질소로부터 5개, 3개의 산소로부터 각각 6개, 음전하로부터 1개로 총 24개가 있다. 동등한 세 산소는 모두 전기 음성도가 작은 중심 원자인 질소와 결합한다.

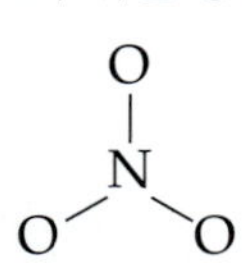

24개 원자가전자 중 할당된 6개

나머지 18개의 원자가전자를 말단 산소 원소들에 분배하면 산소의 팔전자는 완결되지만, 질소는 전자를 6개만 갖게 된다.

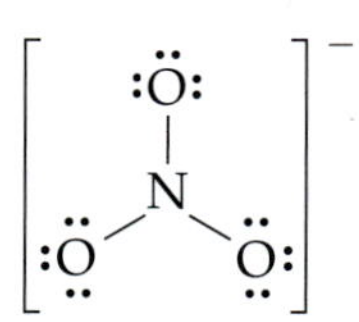

질소가 팔전자계를 채우게 하기 위해서, 산소 원자 중 하나의 고립 전자쌍을 이용하여 질소–산소 이중 결합을 형성해야 한다.

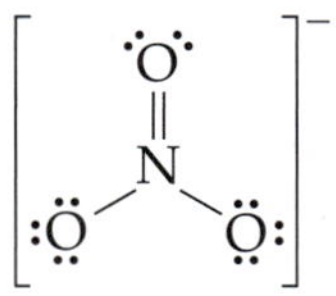

(b) 전략 및 풀이

굽은 화살표를 이용하여 전자의 위치를 바꾸고, 새로운 전자점 구조를 만든다. 공명 구조를 그릴 때 원자를 옮기거나 단일 결합을 끊어서는 안 된다.

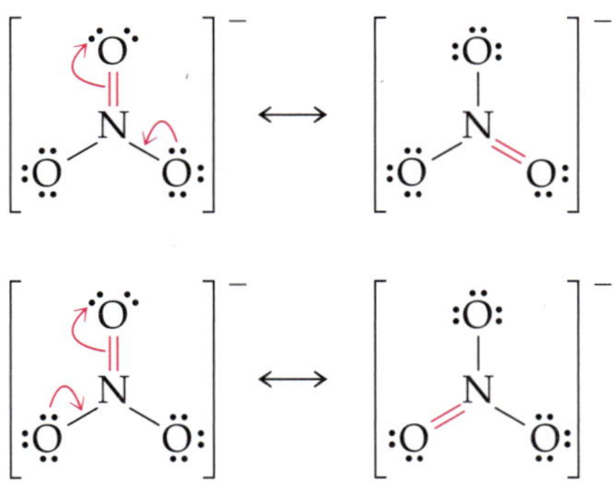

(c) 전략 및 풀이

모든 타당한 전자점 구조를 공명 화살표(들)로 이어 그린다. 공명 혼성은 세 구조의 평균이고, 동등한 세 질소–산소 결합으로 그려진다. 각 결합은 단일 결합과 이중 결합의 중간임을 나타내기 위해서 실선과 점선으로 나타낸다.

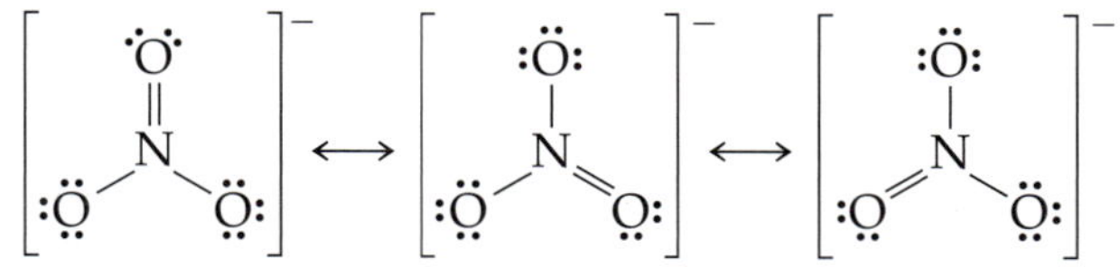

공명 혼성

점검

모든 구조에서 원자가전자가 올바르며, 팔전자 규칙이 충족된다.

▶ **연습문제 7.17** '웃음 기체'라고 불리는 일산화 이질소(N_2O)는 종종 치과에서 마취제로 쓰인다.

(a) N–N–O로 연결된 전자점 구조를 그리시오.

(b) 굽은 화살표를 이용하여, (a) 구조가 어떻게 다른 공명 구조로 전환되는지를 보이시오.

▶ **응용문제 7.18** 다음 각 분자 또는 이온에 대해, 모든 원자(H 제외)가 팔전자를 갖는 공명 구조를 가능한 한 많이 그리시오. 굽은 화살표를 이용하여, 한 구조가 어떻게 다른 구조로 전환되는지를 보이시오.

(a) SO_2 (b) CO_3^{2-} (c) BF_3

개념 예제 7.10

유기 화합물의 공명 구조 그리기

히스티딘의 구조식(예제 7.8)이 있다. 다음 화살표들을 따라간 구조가 히스티딘의 전자점 구조로서 타당한지를 평가하시오. 만약 그렇다면 그 공명 구조를 그리시오.

(a)

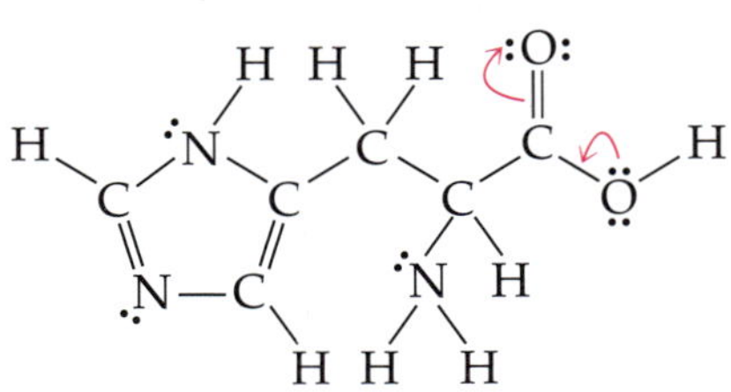

(b)

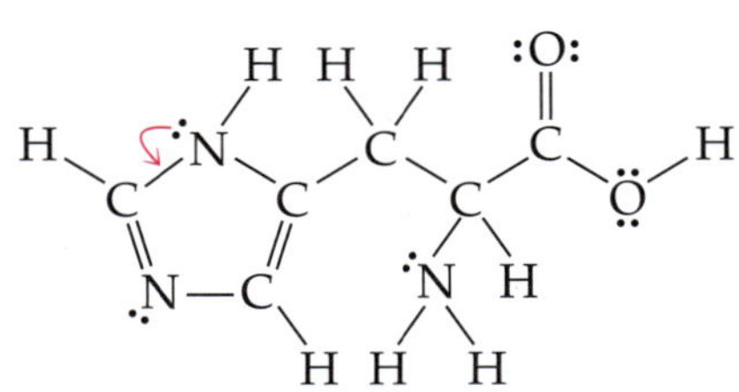

전략

굽은 화살표로 표시된 대로 전자를 재배열하고, 각 원자가 팔전자 규칙을 만족하는지 확인한다. 팔전자 규칙을 벗어나면 타당하지 않은 전자점 구조이다.

풀이

(a) 각 원자는 팔전자 규칙을 만족한다. 공명 구조는 다음과 같다.

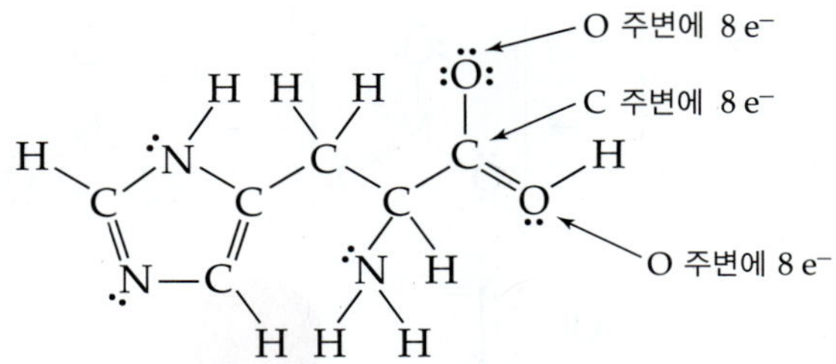

(b) 화살표대로 움직이면 무의미한 구조가 되는데, C의 결합이 다섯 개($10e^-$)가 되어 팔전자를 초과하기 때문이다. 표시된 화살표로는 공명 구조를 그릴 수 없다.

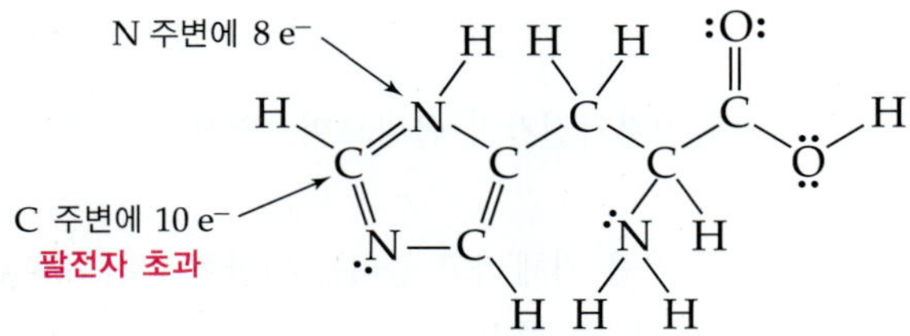

▶ **연습문제 7.19** 다음 화살표들을 따라간 구조가 히스티딘의 전자점 구조로서 타당한지 평가하시오. 만약 타당하다면 그 공명 구조를 그리시오.

(a)

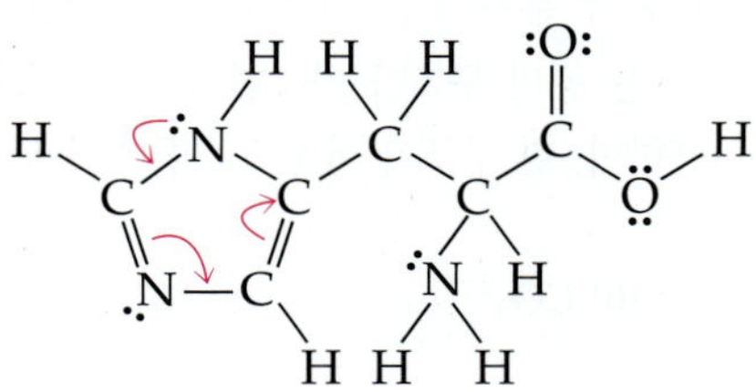

(b)

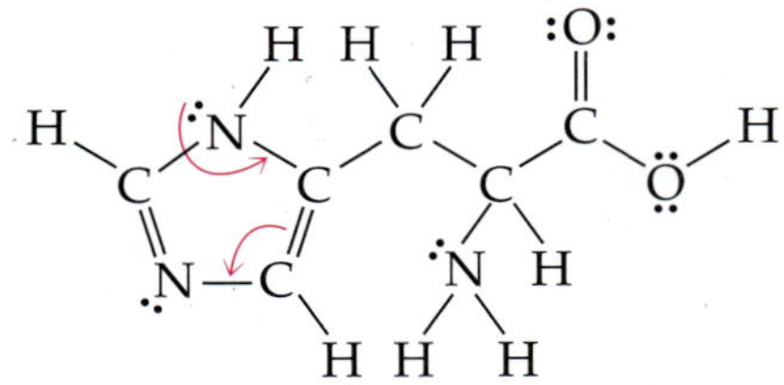

▶ **응용문제 7.20** 다음 구조는 향수에 사용되는 화합물의 일종인 아니솔의 원자들 간 연결 상태를 나타낸다(빨간색=O, 회색=C, 파란색=N, 상아색=H) .

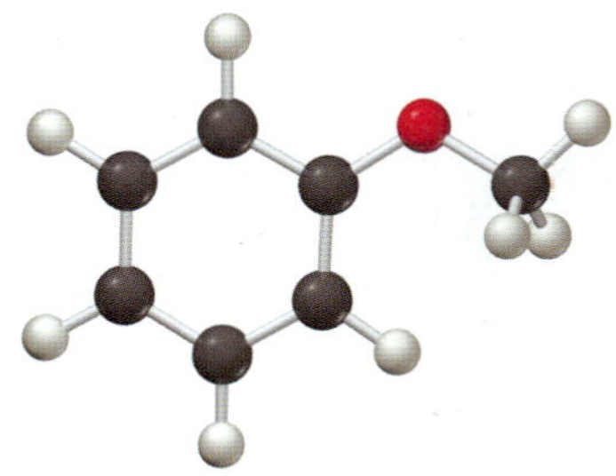

아니솔

(a) 다중 결합과 고립 전자쌍을 나타내어 아니솔의 구조를 그리시오.

(b) 원래 구조가 어떻게 두 개의 공명 구조로 전환되는지를 굽은 화살표를 이용하여 보이시오.

7.10 형식 전하

전자점 구조에서 특정 원자가 갖는 **형식 전하(formal charge)**의 개념은 7.3절에서 논의된 전기음성도 및 극성 공유 결합 개념과 밀접한 관련이 있다. 형식 전하는 일종의 전자 계산을 위한 것으로, 주어진 전자점 구조의 한 원자 주변에 있는 원자가전자 수와 고립 원자의 원자가전자 수를 비교하여 그 차이로 계산할 수 있다. 전자점 구조의 한 원자가 가진 전자 수와 그 원자의 원자가전자 수가 다르다면, 그 원자는 전자를 얻거나 잃은 것이므로 형식 전하를 갖게 된다. 분자 내 원자가 고립 원자보다 많은 전자를 가지면 음의 형식 전하를 갖고, 적은 전자를 가지면 양의 전하를 갖는다.

형식 전하 = (자유 원자의 원자가전자 수) − (결합 원자의 원자가전자 수)

결합 원자의 원자가전자 수를 셀 때, 공유되지 않은 비결합 전자와 공유 전자를 구분할 필요가 있다. 전자 계산을 위해서, 비결합 전자는 한 원자가 전부 '소유'하지만, 결합 전자는 다른 원자와 공유하기 때문에 절반만 소유한다고 생각할 수 있다. 그러므로 형식 전하의 정의는 다음과 같이 다시 쓸 수 있다.

$$\textbf{형식 전하} = (\text{자유 원자의 원자가전자 수}) - \frac{1}{2}(\text{결합 전자 수}) - (\text{비결합 전자 수})$$

예를 들어, 암모늄 이온(NH_4^+)에서 네 개의 동등한 수소 원자는 질소와의 공유 결합에서 각각 2개의 원자가전자를 가지며, 질소 원자는 네 개의 N—H 결합으로부터 각각 2개씩, 총 8개의 원자가전자를 갖는다.

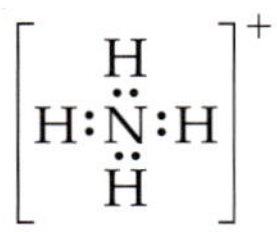

암모늄 이온:
질소 주위의 8개의 원자가전자
각 수소 주위의 2개의 원자가전자

계산을 위해서, 각 수소 원자는 두 개의 공유된 결합 전자의 절반, 즉 하나의 전자를 가지고, 질소 원자는 여덟 개의 공유된 결합 전자의 절반인 네 개의 전자를 가진다고 쓰자. 고립된 수소 원자는 전자 하나를 갖고, 암모늄 이온의 각 수소도 여전히 각각 전자 하나를 갖기 때문에, 수소 원자는 전자를 얻거나 잃은 것이 아니므로 형식 전하가 없다. 하지만, 고립된 질소 원자는 원자가전자가 다섯 개인 반면 NH_4^+의 질소 원자는 전자 네 개만을 가지므로 형식 전하가 +1이다. 모든 원자의 형식 전하의 합(이 예에서는 +1)은 그 이온의 전체 전하와 같아야 한다.

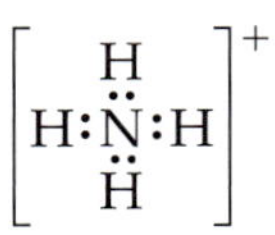

수소: 고립 수소의 원자가전자 1
결합 수소의 결합 전자 2
결합 수소의 비결합 전자 0

$$\text{형식 전하} = 1 - \frac{1}{2}(2) - 0 = 0$$

질소: 고립 질소의 원자가전자 5
결합 질소의 결합 전자 8
결합 질소의 비결합 전자 0

$$\text{형식 전하} = 5 - \frac{1}{2}(8) - 0 = +1$$

형식 전하 계산의 진가는 앞 절에서 설명한 공명 구조에 적용할 때 드러난다. 주어진 물질의 공명 구조들이 서로 동등하지 않은 경우가 종종 있다. 한 구조가 다른 것 보다 '더 좋을' 수가 있는데, 이는 구조가 물질의 실제 전자 구조에 더 근접하다는 것을 의미한다. 그런 경우, 공명 혼성은 더 좋은 구조 쪽으로 편중된다.

서로 다른 공명 구조들의 상대적 중요도를 평가할 때, 자주 쓰이는 세 가지 기준은 다음과 같다.

- 작은 형식 전하(양이든 음이든)가 선호된다. 0은 −1보다, −1은 −2보다 선호된다.
- 음의 형식 전하는 전기 음성도가 큰 원자에 위치해야 한다.
- 같은 전하가 서로 인접한 원자에 있어서는 안 된다.

이 기준으로 N_2O의 공명 구조를 평가할 수 있다. 형식 전하는 구조 내 각 원자에 표시되어 있다.

형식 전하가 최소이고, 음의 형식 전하가 전기 음성도가 가장 큰 원소에 위치하고 있기 때문에 가장 선호되는 전자점 구조이다.

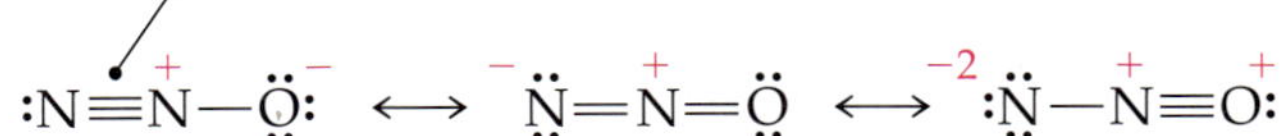

각 공명 구조에 표시된 형식 전하를 더하면 N_2O의 전체 전하 값인 0을 얻을 수 있음을 보라. 첫 번째, 두 번째 구조는 세 번째 구조보다 형식 전하의 크기가 작기 때문에 선호된다. 첫 번째 구조의 음전하는 전기 음성도가 큰 산소 원자에 위치하기 때문에 '가장 좋다'. 형식 전하에 근거한 가장 좋은 구조는 공명 혼성에 가장 많이 기여할 것이다. 이 경우, N_2O에서 질소–산소 결합은 단일 결합에 가까운 성질을 갖고, 질소–질소 결합은 삼중 결합에 가까운 성질을 가질 것이다.

예제 7.11

형식 전하 계산

다음 SO_2의 전자점 구조에서 각 원자의 형식 전하를 계산하시오.

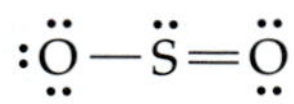

전략

형식 전하 계산 공식을 이용한다. 각 원자의 원자가전자 수(족 번호와 관련)를 구한다. 그 다음, 그 원자의 결합 전자 수의 절반과 모든 비결합 전자 수를 뺀다.

풀이

황:	고립 황의 원자가전자	6
	황의 결합 전자	6
	황의 비결합 전자	2
	형식 전하 $= 6 - \frac{1}{2}(6) - 2 = +1$	
단일 결합 산소:	고립 산소의 원자가전자	6
	산소의 결합 전자	2
	산소의 비결합 전자	6
	형식 전하 $= 6 - \frac{1}{2}(2) - 6 = -1$	
이중 결합 산소:	고립 산소의 원자가전자	6
	산소의 결합 전자	4
	산소의 비결합 전자	4
	형식 전하 $= 6 - \frac{1}{2}(4) - 4 = 0$	

SO_2의 황 원자는 +1, 단일 결합 산소는 −1의 형식 전하를 갖는다. 그러므로 SO_2 구조는 다음과 같이 그릴 수 있다.

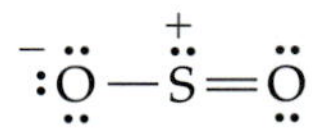

점검

형식 전하의 합은 분자 또는 이온의 전체 전하와 같아야 한다. 이 경우, 형식 전하의 합은 중성 SO_2 분자의 전하와 동일한 0이다.

▶ **연습문제 7.21** 다음 구조에서 각 원자의 형식 전하를 계산하시오.

사이안산 이온: 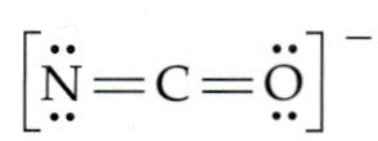

▶ **응용문제 7.22** 문제 7.21에 있는 사이안산 이온의 전자점 구조에서 시작하시오.

(a) 굽은 화살표를 이용하여, 원래 구조를 다른 두 전자점 구조로 전환하시오.

(b) 세 공명 구조에서 각 원자의 형식 전하를 계산하고, 공명 혼성에 어떤 구조가 가장 많이 기여하는지 고르시오.

(c) 어떤 결합(탄소–질소 또는 탄소–산소)이 가장 짧을 것으로 예상하는가?

예제 7.12

유기 화합물의 형식 전하 계산

단백질과 관련된 화합물인 아세트아마이드의 두 공명 구조에서 C, O, N 원자의 형식 전하를 계산하시오. 공명 혼성에 어떤 구조가 더 많이 기여하는지 고르시오.

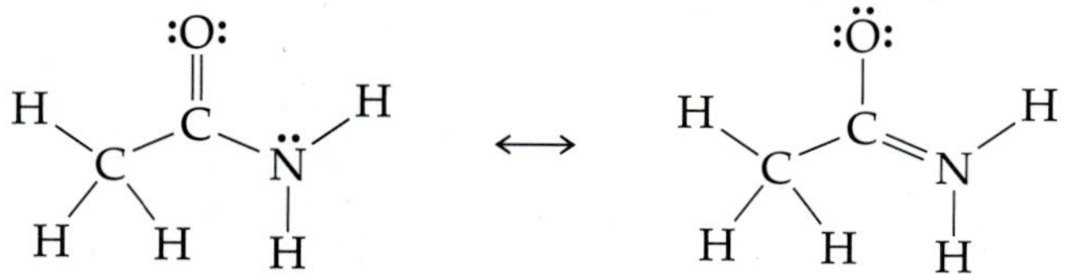

전략

형식 전하 계산 공식을 이용한다. 이 절에 나열된 세 가지 낮은 기준(낮은 형식 전하, 전기 음성도가 큰 원자에 음의 형식 전하, 같은 전하의 분리)으로 공명 구조의 중요도를 평가한다.

풀이

+와 − 전하를 나누는 데는 에너지가 필요하므로, 형식 전하가 없는 구조가 공명 혼성에 가장 크게 기여한다. 따라서 실제 아세트아마이드의 전자 구조는 가장 선호되는 낮은 에너지 구조에 더 가깝다.

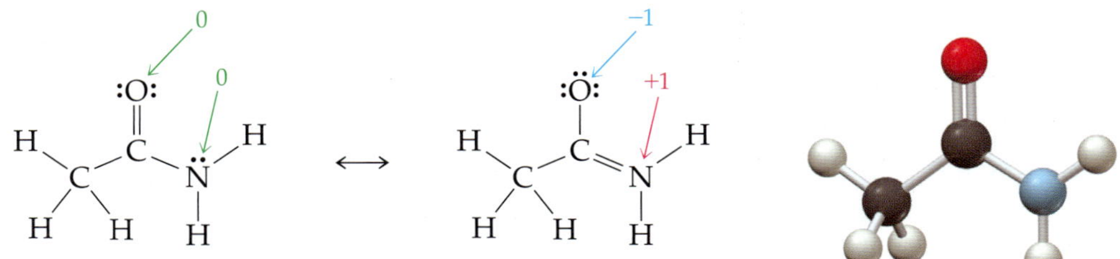

| 이 구조의 에너지가 더 낮다.　　| 이 구조의 에너지가 더 높다.

아세트아마이드

연습문제 7.23 식초의 주성분인 아세트산의 두 공명 구조에서 C와 O 원자의 형식 전하를 계산하시오. 공명 혼성에 어느 구조가 더 많이 기여하는지 고르시오.

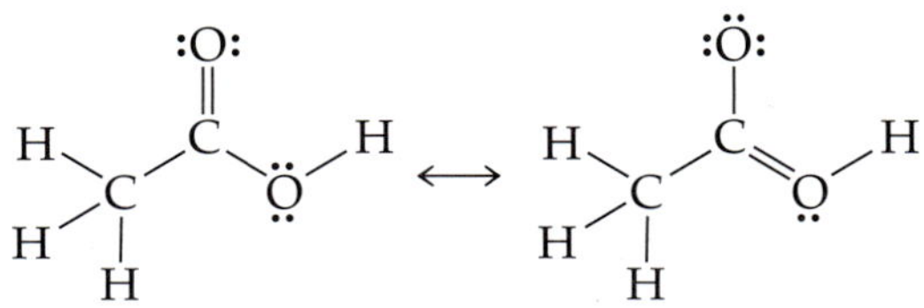

1　　2

응용문제 7.24 아니솔(문제 7.20)의 세 공명 구조는 다음과 같다. C와 O 원자의 형식 전하를 계산하시오. 공명 혼성에 어느 구조가 더 많이 기여하는지 고르시오.

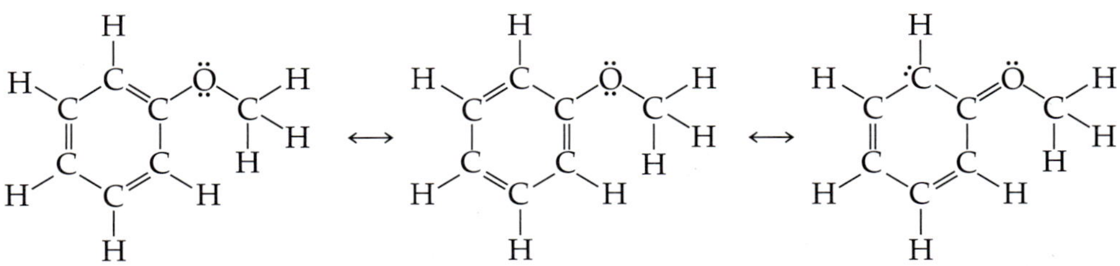

1　　2　　3

정리

절	개념 요약	학습 목표
7.1 분자의 공유 결합	**공유 결합**이란 원자 사이에 전자를 공유함으로써 이루어진다. 원자를 연결하는 힘은 각 원자에서 음전하를 띤 전자와 두 원자의 양전하를 띤 핵에 의한 정전기적 인력이다.	7.1 이온 결합과 공유 결합의 차이를 설명한다. 7.2 두 핵이 공유 결합을 형성하기 위하여 접근할 때 일어나는 에너지 변화를 설명한다.
7.2 공유 결합의 세기	모든 공유 결합은 최고의 안정성을 가지는 고유한 **결합 길이**와 그 결합 세기를 나타내는 특정한 **결합 해리 에너지**(D)를 갖는다. 결합이 형성될 때 에너지가 방출되고, 결합이 끊어질 때 에너지를 흡수한다.	7.3 결합 차수와 원자 크기에 기초하여, 결합 길이와 결합 해리 에너지의 경향을 예측한다.
7.3 극성 공유 결합: 전기 음성도	HCl에서와 같이 서로 다른 원자 사이의 결합에서 종종 한 원자는 다른 원자보다 더 강하게 결합 전자를 끌어당겨 **극성 공유 결합**을 만든다. 결합 극성은 한 분자에서 원자들이 공유 전자를 끌어당기는 능력을 나타내는 **전기 음성도(EN)**의 차이 때문이다. 전기 음성도는 주기율표의 같은 주기에서는 왼쪽에서 오른쪽으로 갈수록 증가하고, 같은 족에서는 일반적으로 위에서 아래로 갈수록 감소한다.	7.4 전기 음성도 값이 증가하는 순서로 원소들을 배열한다. 7.5 결합을 무극성 공유 결합, 극성 공유 결합, 이온 결합으로 분류한다. 7.6 전자 밀도의 높고 낮은 영역을 결정하기 위해서 정전기 퍼텐셜 지도를 해석한다. 7.7 결합의 이온성 백분율을 계산한다.
7.4 이온 결합 화합물과 공유 결합 화합물의 비교	이온 결합 화합물은 높은 녹는점을 가진 고체이다. 이것은 결정에서 모든 원자 간에 강한 이온 결합이 존재하기 때문이다. 일반적으로 공유 결합 화합물은 낮은 녹는점을 가진다. 이것은 분자들이 실제 결합보다 훨씬 약한 분자간 힘에 의해 결합되기 때문이다.	7.8 이온 결합 화합물과 공유 결합 화합물의 물리적 성질의 차이를 설명한다.
7.5 전자점 구조: 팔전자 규칙	일반적으로 주족 원소들은 팔전자 규칙을 만족하든지 혹은 더 이상 공유할 수 있는 원자가 없을 때까지, 가능하면 많은 원자가 껍질 전자를 공유한다. 주기율표의 3주기와 그 아래 주기의 원자들은 팔전자 규칙에 의해 예측한 결합 수보다 더 많은 전자를 수용한다.	7.9 팔전자 규칙을 만족하는 전자점 구조를 그린다.
7.6 전자점 구조 그리는 방법	**전자점 구조**는 원자의 원자가전자를 점으로 나타내며, 원자 사이에 공유하는 한 쌍의 점으로 **단일 결합**의 두 전자를 나타낸다. 유사하게 **이중 결합**은 4개의 점 혹은 원자 사이에 두 선으로 나타내고, **삼중 결합**은 6개의 점 혹은 원자 사이에 세 개의 선으로 나타낸다.	7.10 다중 결합 및 확장 팔전자를 포함하는 모든 분자에 대해, 다섯 단계 방법을 이용하여 전자점 구조를 그린다.
7.7 라디칼의 전자점 구조 그리기	**라디칼**이란 홀수 전자를 가진 반응성이 큰 화학종이다. 가장 작은 전기 음성도를 갖는 원자는 라디칼의 전자점 구조에서 완전한 팔전자를 이루지 못한다.	7.11 라디칼의 전자점 구조를 그린다.
7.8 수소와 2주기 원소만을 포함하는 화합물의 전자점 구조	많은 생물 및 유기 화합물들은 단지 2주기 원소와 수소 원자를 함유한다. 표 7.4에서 서술한 결합의 형태를 따라 전자점 구조를 그리면 된다.	7.12 2개 이상의 중심 원자를 갖는 분자에 대한 전자점 구조를 그린다.
7.9 전자점 구조와 공명	다중 결합을 갖는 어떤 분자들은 두 가지 이상의 전자점 구조를 나타낼 수 있다. 그런 경우에 단일 구조는 적절하지 않다. 분자의 실제 구조는 서로 다른 각 구조의 **공명 혼성**이다.	7.13 하나의 구조가 다른 구조로 어떻게 변환되는지 묘사하는 굽은 화살표를 사용하여 공명 구조를 그린다. 7.14 공명 혼성 모형을 사용하여 분자 내 결합을 묘사한다.
7.10 형식 전하	**형식 전하**는 전자점 구조에서 어떤 원자가전자 수와 비교해서, 그 원자가 더 많은 혹은 더 적은 전자를 가지고 있는지를 표시한다. 공명 혼성에 대한 각 공명 구조의 상대적인 기여를 평가하는 데 형식 전하가 사용된다.	7.15 전자점 구조에서 각 원자의 형식 전하를 계산한다. 7.16 형식 전하를 사용하여 공명 혼성에 대한 각 공명 구조의 기여를 평가한다.

주요 용어

결합 길이	공명 혼성	삼중 결합	전기 음성도(EN)
결합 전자쌍	극성 공유 결합	쌍극자 모멘트	전자 부족
결합 차수	단일 결합	원자 사이의 선	전자점 구조
결합 해리 에너지(D)	라디칼	유기 화합물	형식 전하
고립 전자쌍	배위 공유 결합	이온성 백분율	확장된 팔전자
공명 이론	비편재화	이중 결합	

주요 식

- 형식 전하(7.10절)

$$\text{형식 전하} = \text{자유 원자의 원자가전자 수} - \frac{1}{2}(\text{결합 전자 수}) - \text{비결합 전자 수}$$

복습 문제

LO는 학습 목표(Learning Objectives)를 나타낸다.

이 장을 학습한 후엔, 학습자의 이해도를 평가할 수 있는 방법이 있다. **복습 문제**를 푸는 것이다. **복습 문제**들은 이 장의 학습 목표와 연계되어 있다. 따라서 푼 답이 틀렸다면, 이 장의 끝부분에 나와 있는 **정리** 문단의 **학습 목표**를 참고하면 된다. 정리 문단에는 **개념 요약**이 제공되며, **예제**를 참고하면 문제 해결 방법을 모델링 할 수 있다.

1. 다음 그래프는 두 원자의 핵간 거리에 따른 퍼텐셜 에너지를 나타낸 것이다. (**LO 7.2**)

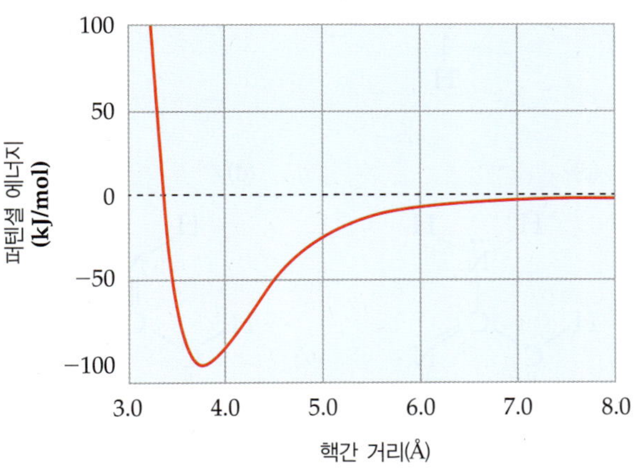

두 원자 사이의 결합 길이는 얼마인가?

(a) 3.4 Å (b) 3.8 Å

(c) 6.0 Å (d) 8.0 Å

2. 다음 중 탄소-산소 결합 길이가 가장 짧은 것은 어느 분자인가? (**LO 7.3, 7.9**)

(a) CH_3OH (b) CO

(c) CO_2 (d) HCOOH

3. 아래에 화합물들과 결합의 종류를 짝지어 놓았다. 결합의 종류가 잘못 분류된 것은 어느 것인가? (**LO 7.5**)

(a) Rb_2O(극성 공유) (b) SO_2(극성 공유)

(c) O_3(무극성 공유) (d) KBr(이온성)

(e) HF(극성 공유)

4. 아미노산인 시스테인에서 가장 극성인 결합은? (**LO 7.6**)

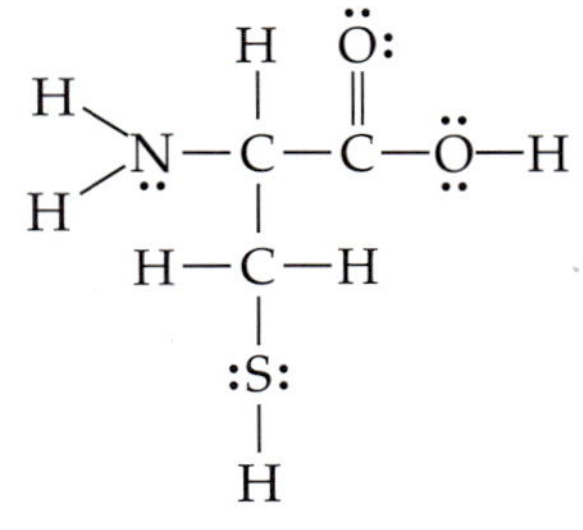

(a) N−H (b) S−H (c) C−O

(d) O−H (e) N−C

5. 상온에서 고체인 화합물은 어느 것인가? (**LO 7.8**)

(a) H_2O (b) Na_2S

(c) SO_3 (d) Cl_2

6. 아황산 이온(SO_3^{2-})의 옳은 전자점 구조를 고르시오. (**LO 7.10**)

(a) (b)

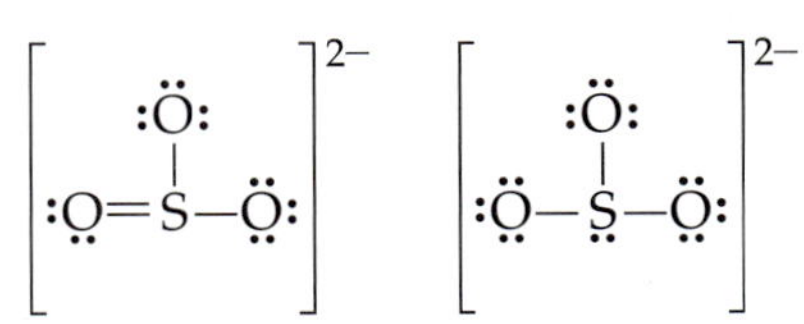

(c) 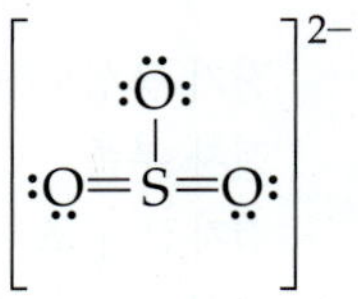 (d) 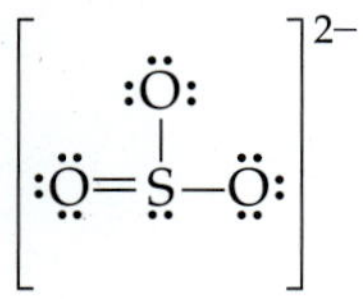

7. $SeCl_2$의 옳은 전자점 구조를 고르시오. (**LO 7.10**)

(a) 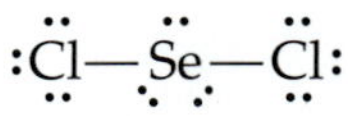 (b) 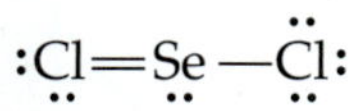

(c) 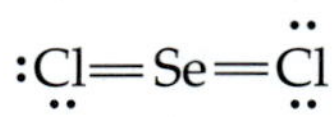 (d) 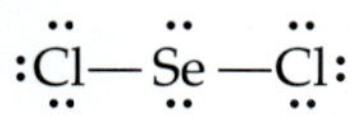

8. ClF_3의 옳은 전자점 구조를 고르시오. (**LO 7.10**)

(a) 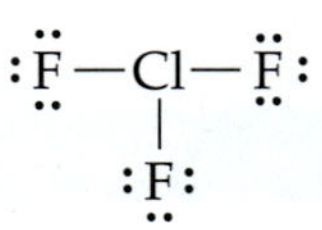 (b) 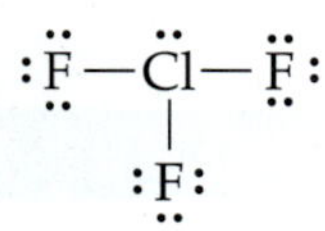

(c) 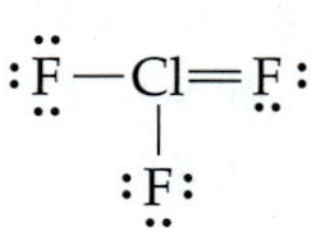 (d) 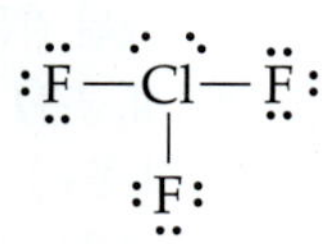

9. 원자들이 다음 순서로 연결된 분자의 옳은 전자점 구조는 어느 것인가? (**LO 7.12**)

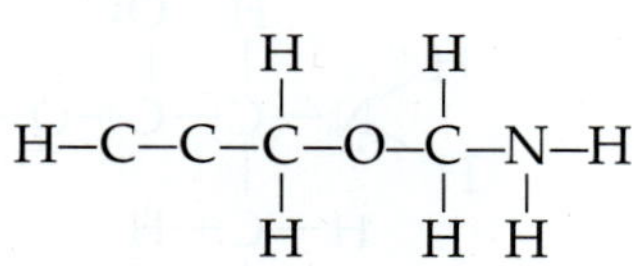

(a) 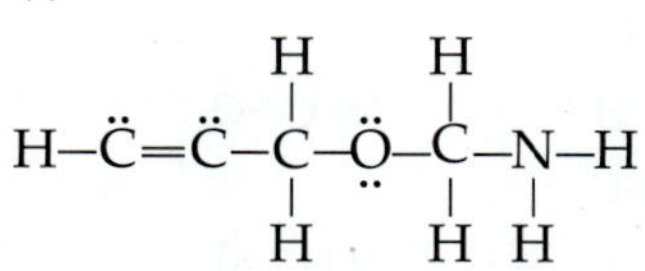 (b) 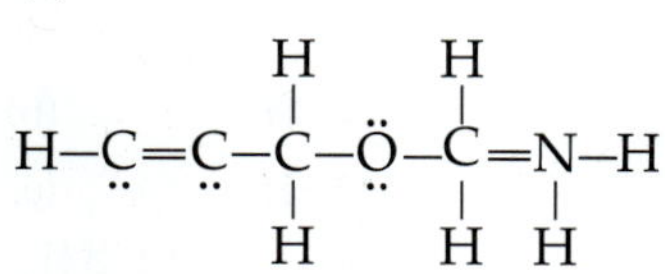

(c) 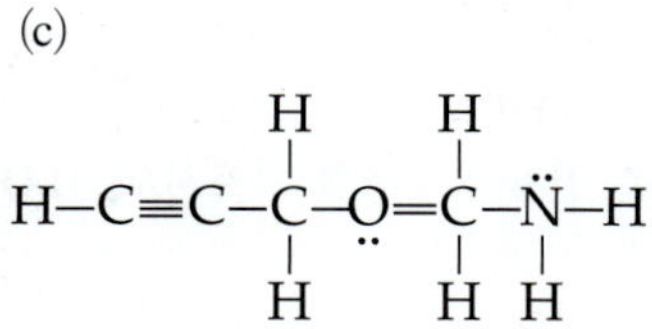 (d) 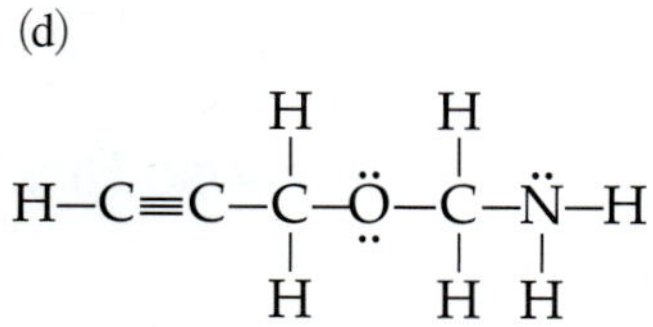

10. 다음 쌍 중 공명 구조를 나타내는 것은 어느 것인가? (**LO 7.13**)

(a)

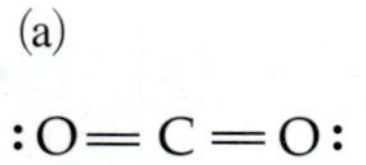 와 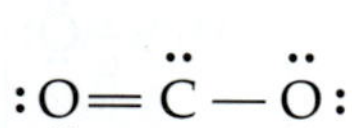

(b)

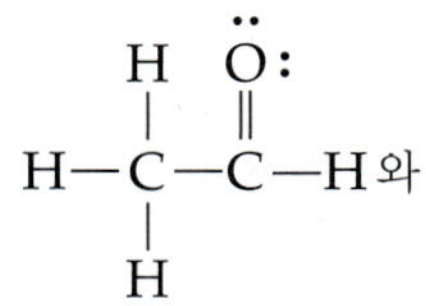 와 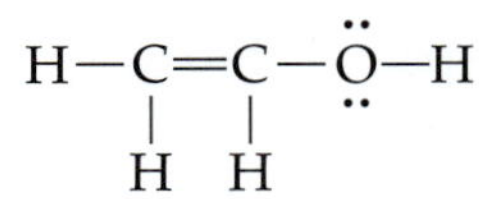

(c)

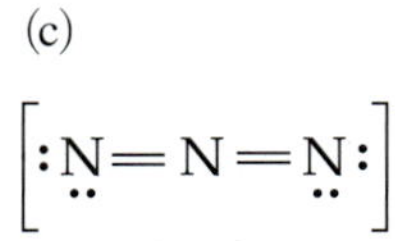 와 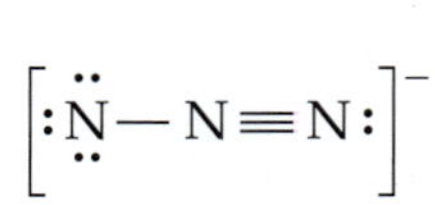

11. DNA의 염기인 사이토신의 구조는 다음과 같다.

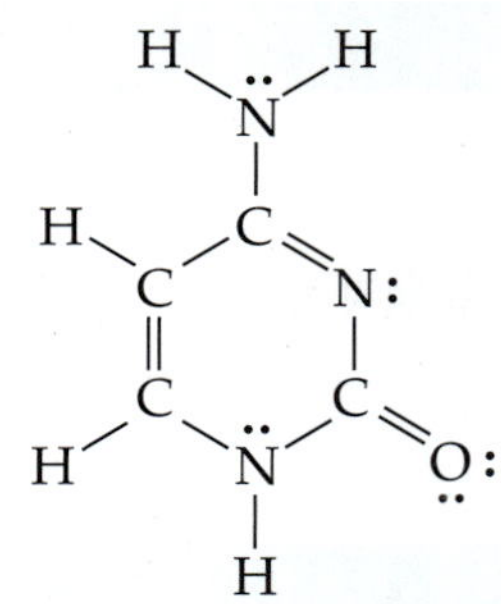

다음 중 사이토신의 공명 구조가 아닌 것은 어느 것인가? (**LO 7.13**)

(a) 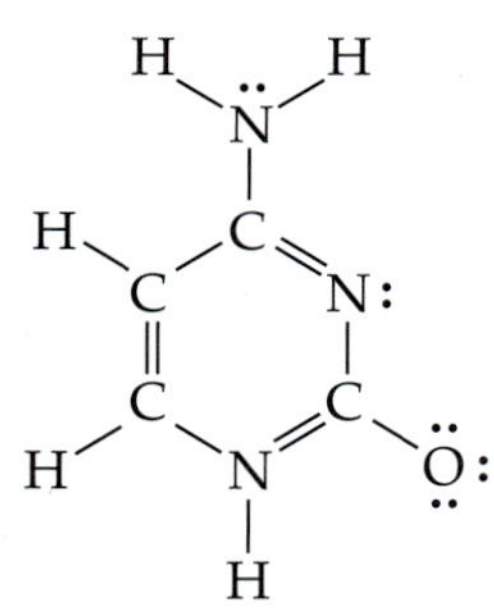 (b) 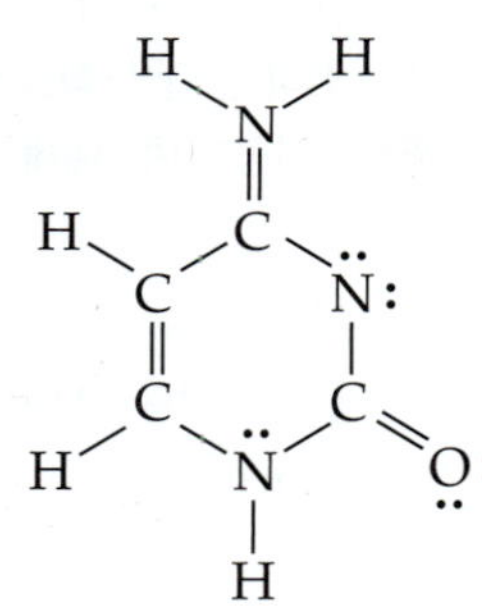

(c) 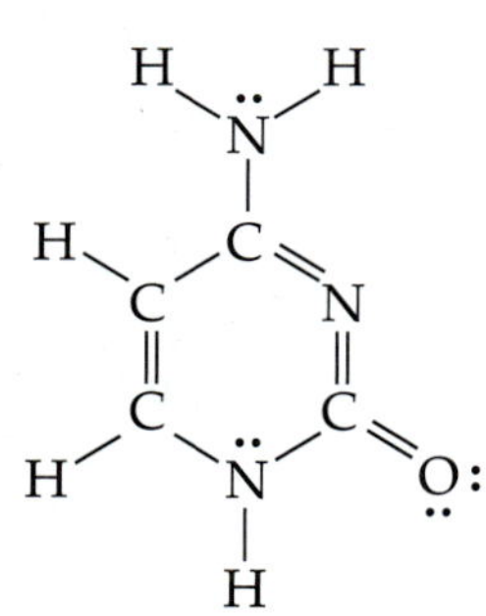 (d) 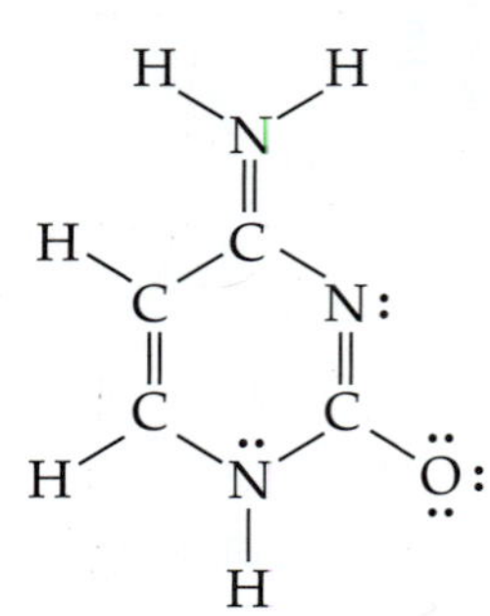

12. 탄산 이온(CO_3^{2-})에서 탄소–산소의 결합 길이를 예측하시오. (**LO 7.14**)

탄소–산소의 평균 결합 길이 자료:

C—O (143 pm) C=O (121 pm) C≡O (113 pm)

(a) 143 pm (b) 132 pm

(c) 121 pm (d) 118 pm

13. 브로민산 이온에서 브로민의 형식 전하는 어느 것인가? (**LO 7.15**)

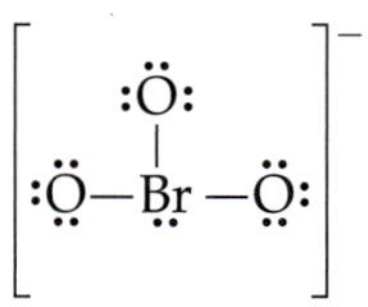

(**a**) +1 (**b**) +2
(**c**) +3 (**d**) −2

14. 형식 전하에 기초하여 싸이오 황산 이온의 가장 좋은 전자점 구조는 어느 것인가? (**LO 7.16**)

(a)

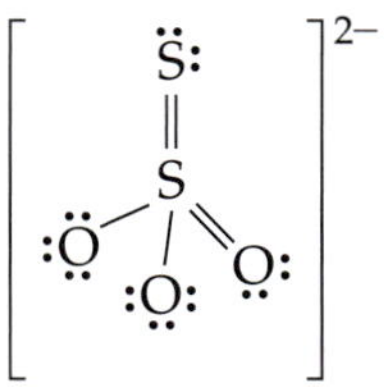

(b)

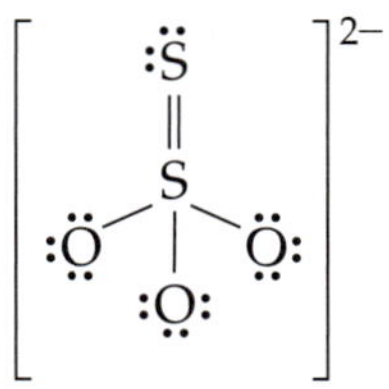

(c)

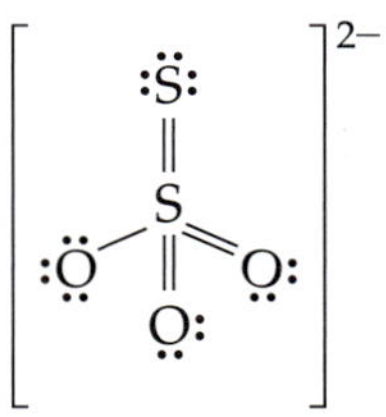

(d)

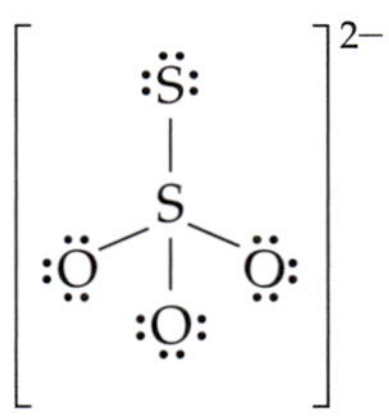

15. 형식 전하를 사용하여, 공명 혼성에 가장 크게 기여하는 공명 구조를 고르시오. (**LO 7.16**)

(a) 구조 I
(b) 구조 II
(c) 구조 III
(d) 모든 구조가 공명 혼성에 동일하게 기여한다.

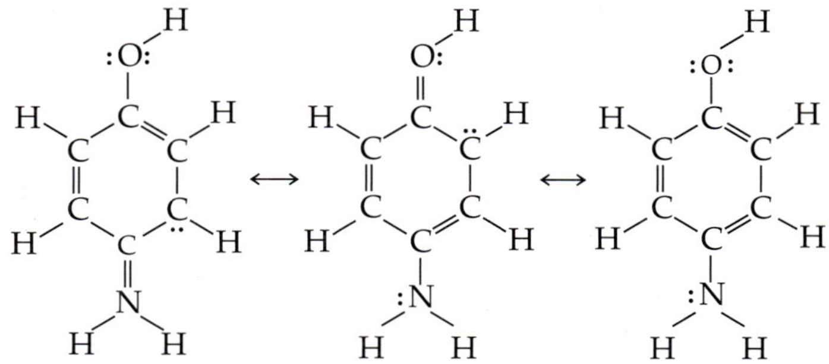

I II III

답: 1. b, 2. b, 3. a, 4. d, 5. b, 6. b, 7. d, 8. d, 9. d, 10. c, 11. c, 12. b, 13. b, 14. a, 15. c

개념 문제

문제 7.1~7.24는 이 장의 본문 중에 있다.

7.25 다음 그림은 핵간 거리에 따른 두 원자의 퍼텐셜 에너지를 보여 준다. 어느 결합이 가장 강한가? 어느 결합이 가장 긴가?

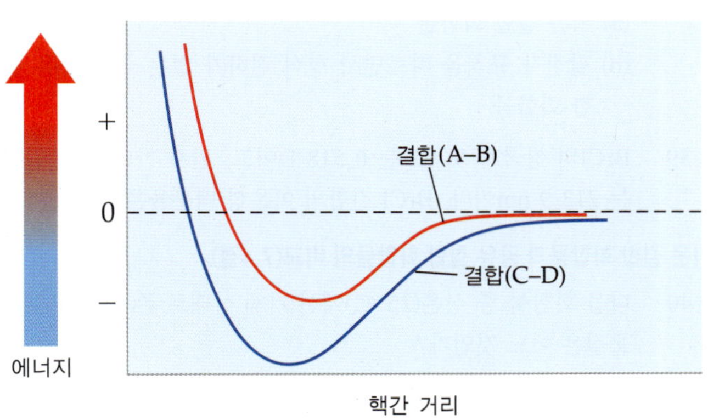

7.26 다음에 아세트알데하이드(C_2H_4O), 에테인(C_2H_6), 에탄올(C_2H_6O), 플루오로에테인(C_2H_5F)의 정전기 퍼텐셜 지도를 나타내었다. 각 화합물에 해당하는 정전기 퍼텐셜 지도를 고르시오.

(a)

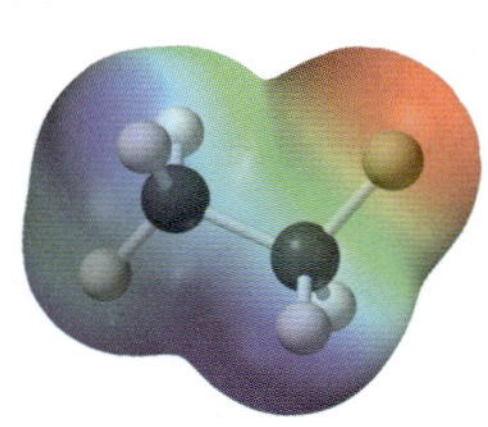

(b)

(c) (d)

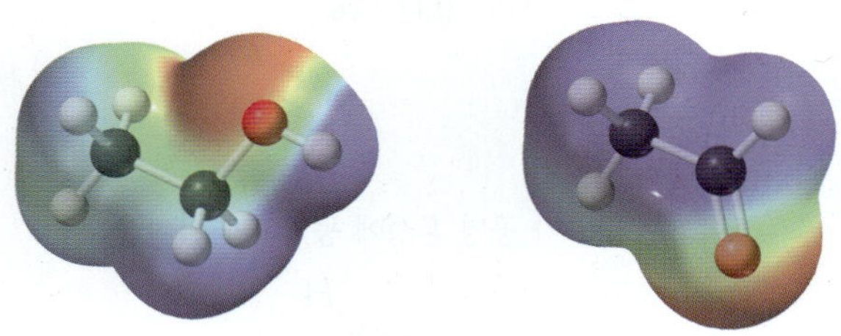

7.27 다음은 비처방 두통약 타이레놀의 주성분인 아세트아미노펜(acetaminophen)을 공–막대 모형으로 나타낸 것이다(빨간색=O, 회색=C, 파란색=N, 상아색=H). 아세트아미노펜의 분자식을 적고, 이중 결합과 고립 전자쌍의 위치를 표시하시오.

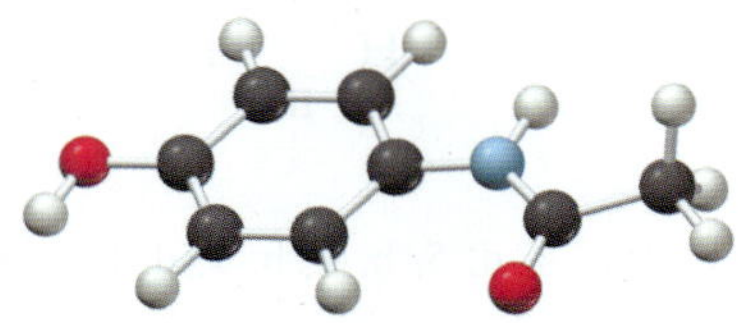

아세트아미노펜

7.28 와인 숙성에 사용되는 살짝 그을린 나무통에서 발견되는 화합물인 시납알데하이드(sinapaldehyde)는 원자 사이에 다음의 연결 구조를 갖는다. 고립 전자쌍과 다중 결합을 표시하여, 시납알데하이드의 전자점 구조를 완성하시오.

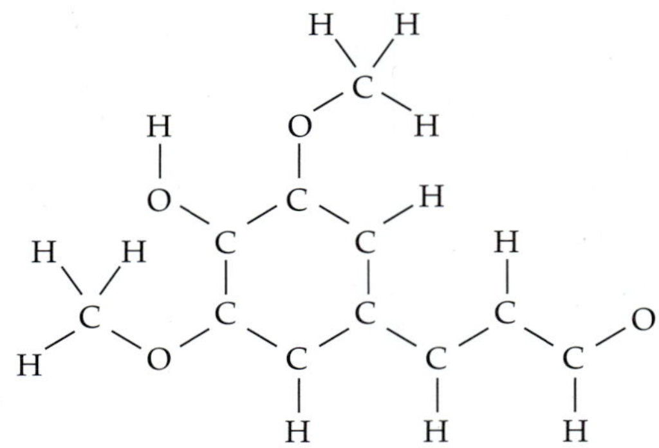

시납알데하이드

보충 문제

공유 결합(7.1절)

7.29 다음 설명에 해당하는 결합의 종류를 고르시오(이온 결합, 무극성 공유 결합, 공유 결합).

(a) 하나 또는 그 이상의 전자들이 금속에서 비금속 원자로 전달된다.

(b) 전자들이 두 원자 사이에서 동등하게 공유된다.

(c) 전자들이 두 원자 사이에서 동등하지 않게 공유된다.

공유 결합의 세기(7.2절)

7.30 다음 결합의 결합 해리 에너지 차이를 설명하시오.

(C–F, 450 kJ/mol), (N–F, 270 kJ/mol),
(O–F, 180 kJ/mol), (F–F, 159 kJ/mol)

7.31 다음 중 가장 강한 결합을 예측하시오.

N–H, O–H, S–H

극성 공유 결합 : 전기 음성도(7.3절)

7.32 주기율표에서 전기 음성도의 일반적인 경향성은 어떠한가?

7.33 다음 원소들을 전기 음성도가 증가하는 순서로 나열하시오.

Li, Br, Pb, K, Mg, C

7.34 다음 중 어느 것이 주로 이온 결합성 물질이고, 어느 것이 공유 결합성 물질인가?

(a) HF (b) HI (c) $PdCl_2$
(d) BBr_3 (e) NaOH (f) CH_3Li

7.35 문제 7.34에 나와 있는 각 결합에 대한 극성의 방향을 $\delta+/\delta-$ 표기를 이용하여 나타내시오.

7.36 $CdBr_2$, P_4, BrF_3, MgO, NF_3, $BaCl_2$, $POCl_3$, LiBr은 어떤 종류의 화합물인가?

(a) 주로 이온 결합 화합물

(b) 무극성 공유 결합 화합물

(c) 극성 공유 결합 화합물

7.37 다음 화합물을 각 결합의 이온성이 증가하는 순서로 나열하시오.

CCl_4, $BaCl_2$, $TiCl_3$, ClO_2

7.38 원소 P, Br, Mg만을 이용하여, 다음에 해당하는 화학식을 만드시오.

(a) 이온 결합 화합물

(b) 팔전자 규칙을 따르면서 형식 전하가 없는 극성 공유 결합 화합물

7.39 BrCl의 쌍극자 모멘트는 0.518 D이고, 원자 간의 결합 길이는 213.9 pm이다. BrCl 결합의 이온성 백분율은 얼마인가?

이온 결합 화합물과 공유 결합 화합물의 비교(7.4절)

7.40 다음 화합물 중 상온(25 °C)에서 기체 상태로 존재할 것 같은 물질은 어느 것인가?

(a) NH_3 (b) K_3N (c) Ca_3N_2

전자점 구조와 공명(7.5-7.7절)

7.41 팔전자 규칙이 왜 주로 주족 원소에 적용되고 전이 금속에는 적용되지 않는지 설명하시오.

7.42 다음 각 분자 또는 이온의 전자점 구조를 그리시오.

(a) CBr_4 (b) NCl_3 (c) C_2H_5Cl
(d) BF_4^- (e) O_2^{2-} **(f)** NO^+

7.43 XeF_5^+의 올바른 전자점 구조를 고르시오.

(a)

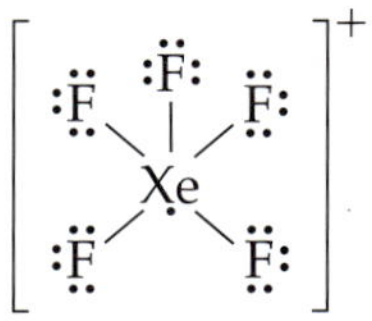

(b)

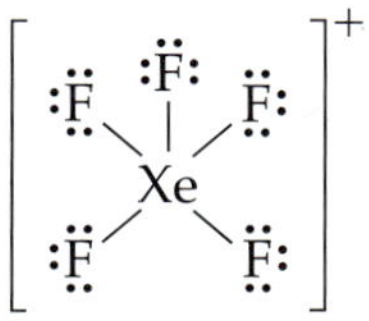

(c)

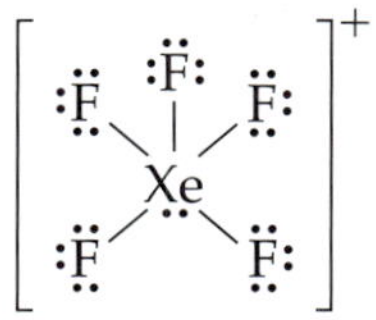

7.44 옥살산($H_2C_2O_4$)은 조리하지 않은 시금치와 다른 식물에서 발견되는 독성 물질이다(약 15 lb 가량의 시금치를 섭취해야 치사량이 된다). 옥살산이 한 개의 C−C 단일 결합을 갖고 C−H 결합은 없다면, 이것의 고립 전자쌍과 다중 결합을 표시하여 전자점 구조를 그리시오.

7.45 3주기 원소 중 다음 이온의 X가 될 수 있는 것은 무엇인지 말하시오.

(a)

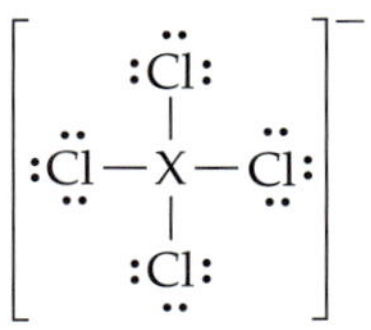

(b)

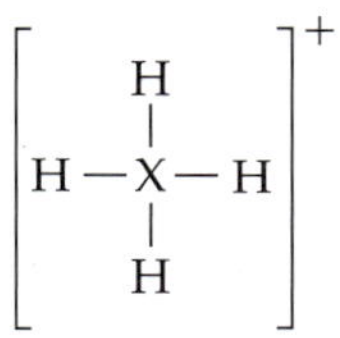

7.46 고립 전자쌍과 다중 결합을 표시하여, 다음 연결 구조를 갖는 분자의 전자점 구조를 그리시오.

(a)

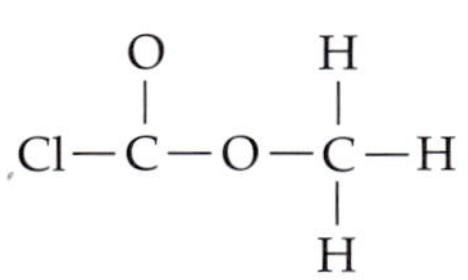

(b)

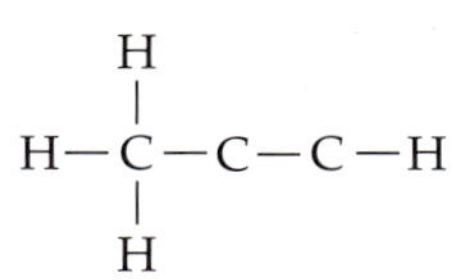

7.47 N_2H_2와 N_2H_4 중 N−N 결합이 더 강할 것으로 기대되는 화합물은 어느 것인가? 설명하시오.

7.48 다음 물질의 전자점 구조를 그리시오.

(a) F_3S-S-F
(b) $CH_3-C=C-CO_2^-$

2주기 원소만을 포함하는 분자의 전자점 구조(7.8절)

7.49 주의력 결핍 장애에 처방되는 리탈린(Ritalin)의 주성분인 메틸페니데이트(methylphenidate, $C_{14}H_{19}NO_2$)는 다음 구조를 갖는다. 고립 전자쌍과 다중 결합을 표시하여 다음 전자점 구조를 완성하시오.

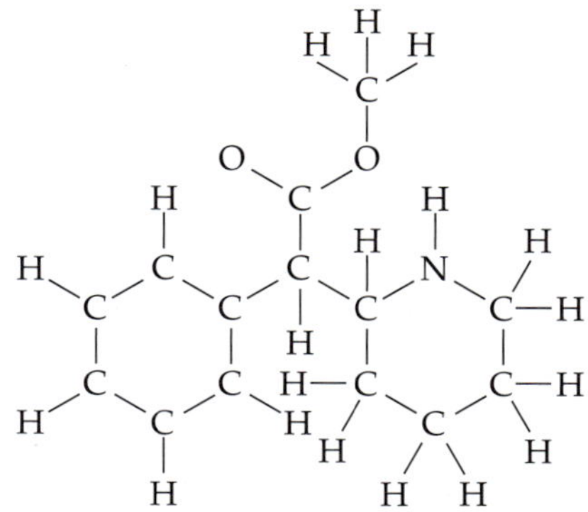

메틸페니데이트(리탈린)

7.50 다음 분자 모형은 상업적으로 알려진 인공 감미료 아스파탐(aspartame, $C_{14}H_{18}N_2O_5$)이다. 다음은 원자 간의 연결만 나타낸 것으로, 다중 결합은 표시하지 않았다. 다중 결합과 고립 전자쌍의 위치를 표시하여 구조를 완성하시오.

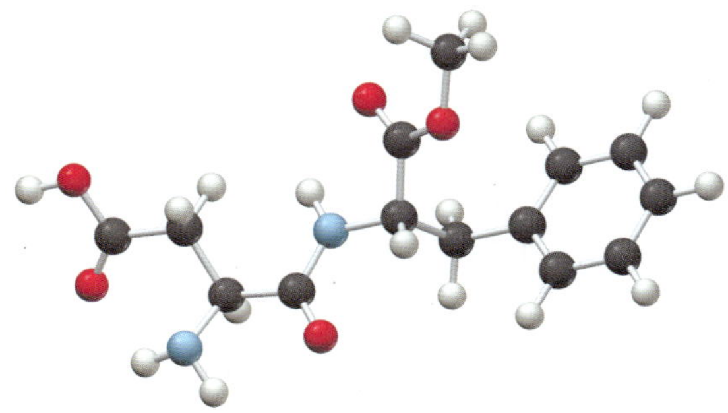

아스파탐

공명(7.9절)

7.51 다음 분자나 이온에 대하여, 팔전자 규칙에 맞는 공명 구조를 가능한 많이 그리시오. 굽은 화살표를 사용하여, 한 구조에서 다른 구조로의 전환을 묘사하시오.

(a) HN_3 (b) SO_3 (c) SCN^-

7.52 다음 구조 중 공명 구조를 나타낸 것은 어느 것이고, 아닌 것은 어느 것인가?

(a)

(b)

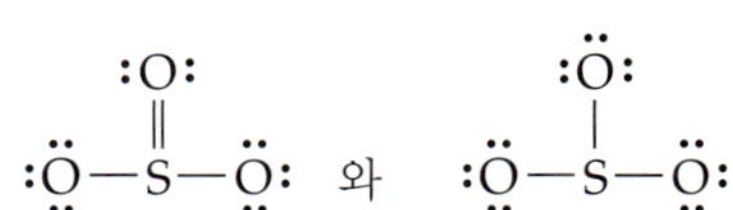

(c)

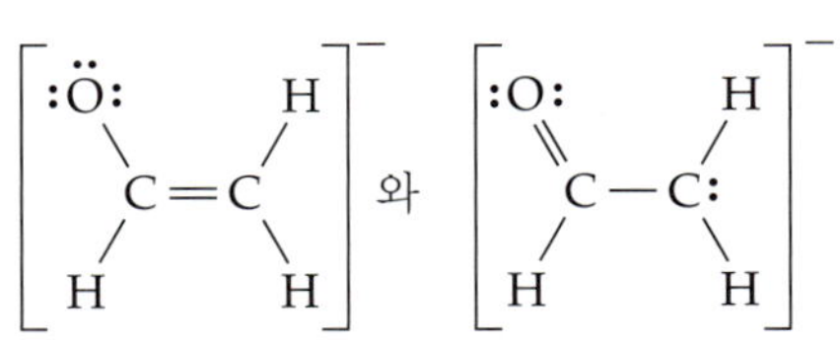

(d)

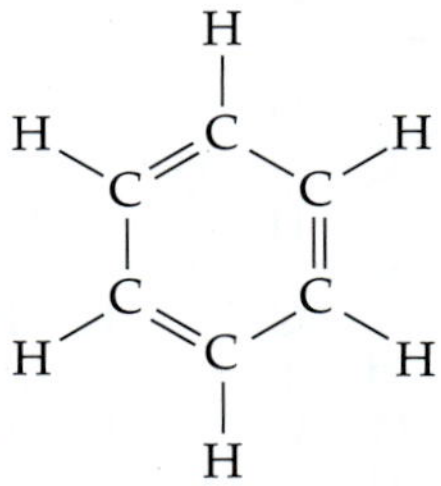

와

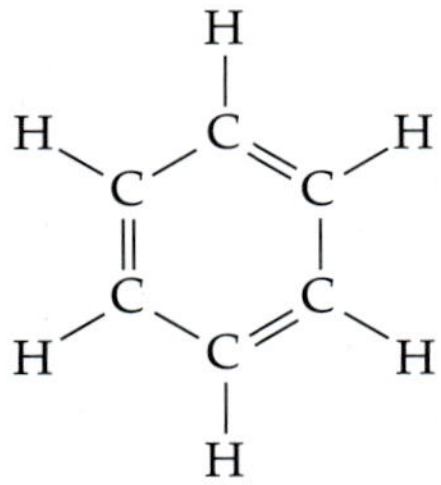

7.53 페놀(C_6H_6O)에 대해, 팔전자 규칙을 만족시키는 공명 구조를 가능한 많이 그리시오. 굽은 화살표를 사용하여, 한 구조에서 다른 구조로의 전환을 묘사하시오.

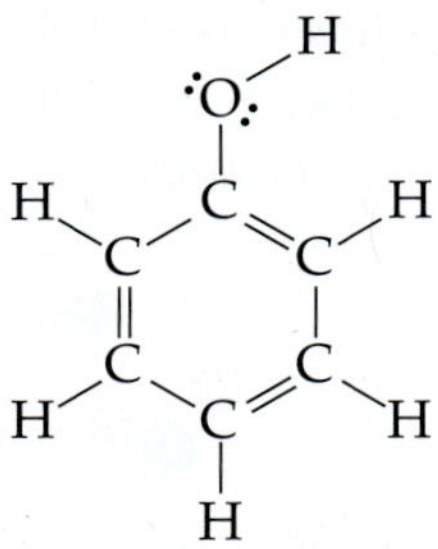

7.54 벤젠은 다음과 같은 구조식을 가진다.

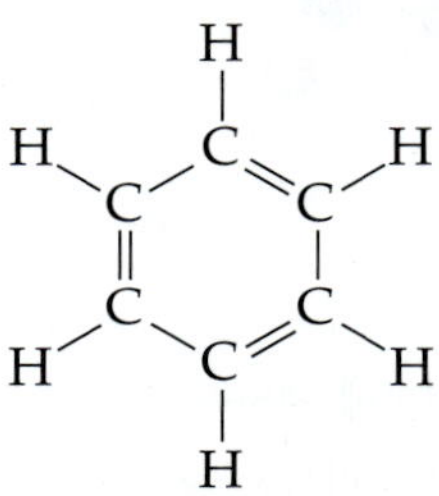

(a) 굽은 화살표를 사용하여, 기존 구조가 어떻게 공명 변환되는지 보이시오.

(b) 다음 중 어느 설명이 벤젠 중의 탄소–탄소 결합을 잘 설명한 것인가?

(i) 3개의 탄소–탄소 결합은 다른 탄소–탄소 결합보다 더 길고 약하다.

(ii) 모든 6개의 탄소–탄소 결합은 동일하며, 그 길이와 강도는 단일 및 이중 결합 사이에 있다.

(iii) 탄소–탄소 이중 결합의 길이는 단일 결합과 이중 결합 길이를 교차하여 전환한다.

7.55 다음은 의류를 보관할 때 사용되는 나프탈렌($C_{10}H_8$)의 완성하지 않은 구조이다.

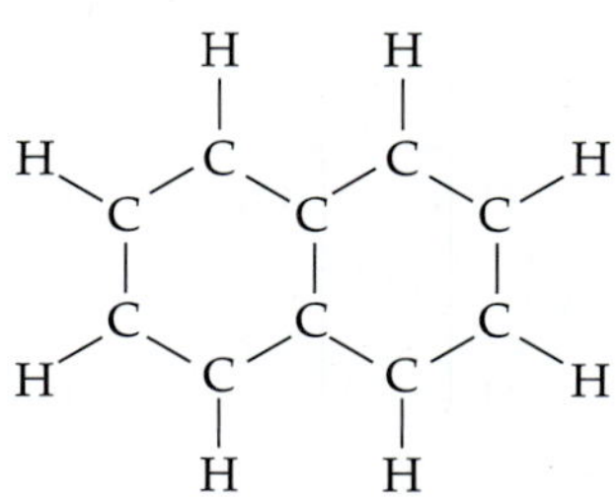

나프탈렌

(a) 필요한 위치에 이중 결합을 추가하여 완벽한 전자점 구조를 그리시오.

(b) 이 구조에서 시작하여 어떻게 새로운 공명 구조가 그려지는지 굽은 화살표를 사용하여 나타내시오.

형식 전하(7.10절)

7.56 일산화 탄소(CO)의 전자점 구조를 그리고, 두 원자의 형식 전하를 계산하시오.

7.57 다음 ClO_2^-의 공명 형태에서 각 원자의 형식 전하를 계산하시오.

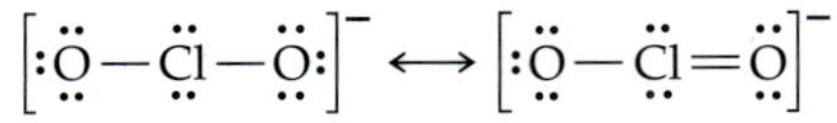

7.58 다음 구조에서 각 원자의 형식 전하를 계산하시오. 두 구조 중 어느 것이 공명 혼성에 더 중요하게 기여하는가?

(a)

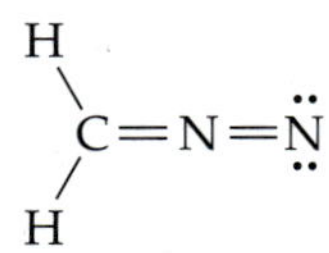

(b)

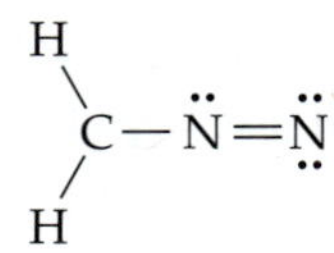

7.59 트라이클로로나이트로메테인(CCl_3NO_2)에 대해 팔전자 규칙을 따르는 두 개의 전자점 공명 구조를 그리고, 두 구조에 있는 N 원자와 O 원자의 형식 전하를 나타내시오. (탄소는 염소 및 질소와 연결된다. 질소는 두 개의 산소와도 연결된다.)

7.60 굽은 화살표로 나타낸 공명 구조를 그리시오. 형식 전하를 계산하고, 두 구조 중 어느 것이 공명 혼성에 더 큰 기여를 하는지 예측하시오.

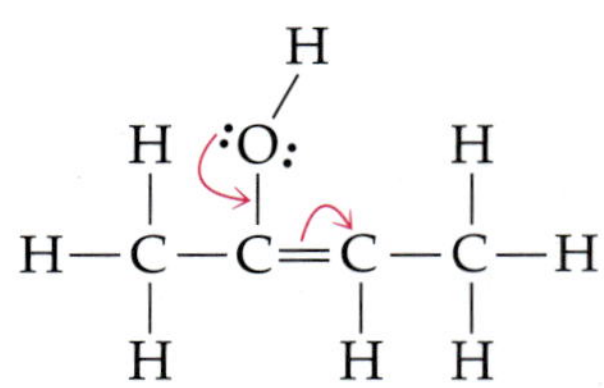

7.61 트라이플루오린화 붕소는 다이메틸 에터와 반응하여 배위 공유 결합 화합물을 형성한다. 반응물과 생성물에서 B 원자와 O 원자의 형식 전하를 계산하시오.

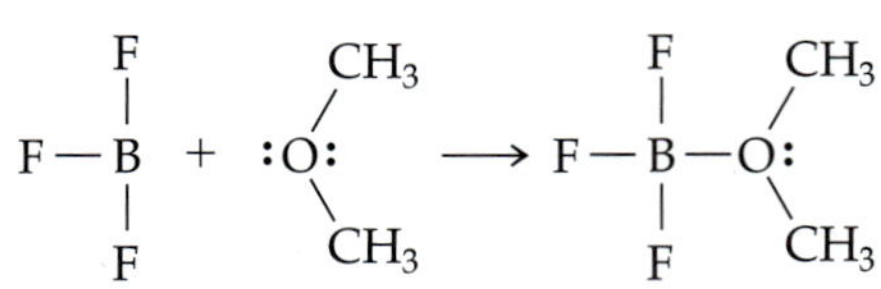

트라이플루오린화 붕소 다이메틸 에터

7.62 1984년 12월 인도의 보팔에서 기체 유출 사고로 인하여 최소한 3000명의 인명 피해를 입힌 유독 기체인, 아이소사이안화 메틸(CH_3NCO)에 대한 두 개의 공명 구조를 그리시오. 각 공명 구조에서 원자의 형식 전하를 계산하시오.

chapter 8

공유 결합: 결합 이론과 분자 구조

CONTENTS

8.1 분자 모양: VSEPR 모형

8.2 극성 공유 결합과 쌍극자 모멘트

8.3 분자간 힘

우리는 감귤류 과일을 먹거나 보충제를 섭취하여 바이타민 C라고도 알려진 아스코브산을 얻는다. 바이타민 C는 조직을 재생 또는 회복하고 신경 전달 물질을 생성하며 효소를 활성화시킨다. 분자의 생물학적 기능은 이 장에서 논의할 분자의 두 가지 특성인 분자 모양과 분자간 힘에 따라 달라진다.

천연 바이타민과 합성 바이타민 중 어느 것이 건강에 더 좋을까?

이 질문의 답은 244쪽 **INQUIRY ?** 에 나와 있다.

분자 구조의 중요성은 무엇인가? 분자의 특성과 거동을 이해하기 위해서 분자의 정확한 3차원 형태와 전하 분포는 중요하다. 녹는점, 끓는점, 용해도, 반응성 이 모든 것은 분자 구조에 의존한다. 또한 분자 구조는 냄새, 맛, 신경자극과 같은 생물학적 과정에서 중요한 역할을 한다. 앞 장에서 기술한 전자점 구조는 분자 내 원자들 간의 연결을 표시하는, 즉 공유 결합의 위치를 확인하는 간단한 방법을 제공하고 있다. 그러나 전자점 구조는 2차원인 반면 분자는 3차원이다. 분자 구조에 대한 상세한 그림을 얻기 위해서는 그 이상의 정보가 요구된다.

이 장에서는 분자의 모양 및 분자 사이의 상호 작용을 설명하는 전자점 구조의 개념과 극성 공유 결합의 개념을 정립할 것이다.

8.1 분자 모양: VSEPR 모형

물, 암모니아, 메테인의 공–막대 모형을 살펴보자. 이러한 분자들을 포함한 대부분의 분자들은 각자 고유한 3차원 모양을 갖는다. 아래의 공–막대 모형 그림은 실선, 쐐기 모양 선, 점선을 이용하여 3차원 모양을 나타낸 구조적인 모형이다. 실선은 종이 평면에 놓이는 것을, 점선은 보는 사람의 시선으로부터 종이 평면 뒤로 멀어지는 것을, 굵은 쐐기 모양 선은 종이 평면으로부터 보는 사람 방향으로 튀어나오는 것을 표시하였다. 이러한 3차원 표현법을 이용하여 분자를 그리는 것은 유용하다.

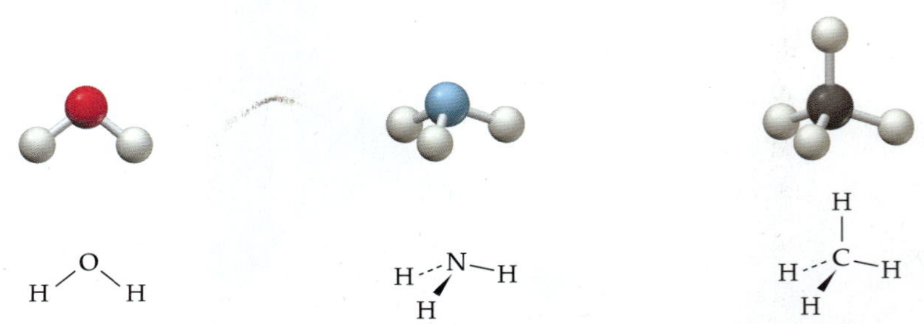

물(H_2O) 암모니아(NH_3) 메테인(CH_4)

분자 모양은 결합 원자의 전자 구조에 따라 결정된다. 어떤 분자의 대략적 구조는 **원자가 껍질 전자쌍 반발 모형**[**valence-shell electron pair repulsion (VSEPR) model**]을 이용하여 예측할 수 있다. 결합 전자 및 고립 전자쌍들은 '전하구름'으로 생각될 수 있는데, 이들은 서로 반발하여 가능하면 멀리 떨어져 있게 된다. 그 결과, 분자들이 고유한 모양을 갖게 된다는 것이다. VSEPR 모형을 적용할 때 기억해야 할 두 단계는 다음과 같다.

VSEPR 모형의 적용

개념탐구 질문 1

VSEPR 모형에 의하면 분자의 3차원 형상을 결정하는 것은 무엇인가?

단계 1. 7. 6절에서 설명한 대로 분자의 전자점 구조를 그리고, 중심 원자 주위의 전하구름 수를 센다. 전하구름은 간단히 말해서, 화학 결합이나 고립 전자쌍에서 원자 주변 영역을 차지하고 있는 한 그룹의 전자이다. 홀전자(라디칼 종), 고립쌍 전자, 단일 결합, 이중 결합과 삼중 결합 등의 결합과 전자 그룹은 한 개의 전하구름을 나타낸다. 한 개의 원자 주변의 전하구름의 전체 수는 전자들을 포함하고 있는 공간 영역의 수와 같다. 예를 들어 네 개의 단일 결합을 가지는 원자는 네 개의 전하구름을 가지고 있다. 고립 전자쌍, 단일 결합, 이중 결합을 각각 하나씩 가지고 있는 원자는 세 개의 전하구름을 가지고 있다.

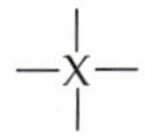

4개의 단일 결합 = 4개의 전하구름

1개의 이중 결합
1개의 고립 전자쌍
1개의 단일 결합
= 3개의 전하구름

단계 2. 전하구름은 공간에서 가능하면 서로 멀리 떨어지도록 배향한다는 가정 하에, 각 원자 주위 전하구름의 공간적 배치를 예측한다. 어떻게 그들의 방향이 결정되는가는 전하구름의 수에 의존한다. 그 가능성을 살펴보자.

2개의 전하구름

CO_2(2개의 이중 결합)와 HCN(1개의 단일 결합과 1개의 삼중 결합)의 탄소 원자처럼 한 원자가 2개의 전하구름만 가지고 있을 때, 그 구름은 서로 반대 방향을 향해야 가장 멀리 떨어져 있을 수 있다. 따라서 CO_2와 HCN은 선형 분자이고, 이때 **결합각(bond angle)**은 180°이다.

CO_2 분자는 180° 결합각을 갖는 선형이다.

HCN 분자는 180° 결합각을 갖는 선형이다.

3개의 전하구름

폼알데하이드의 탄소 원자(2개의 단일 결합과 1개의 이중 결합)와 이산화 황(SO_2)의 황 원자(1개의 단일 결합, 1개의 이중 결합, 1개의 고립 전자쌍)처럼 3개의 전하구름이 있을 때, 그 전하구름은 동일한 평면에 놓이고, 정삼각형의 꼭짓점을 향해야 가장 멀리 떨어지게 된다. 그러므로 폼알데하이드 분자는 **평면 삼각형(trigonal planar) 모양**이고, H−C−H와 H−C=O 결합각은 120°에 가깝다. 비슷한 방법으로 SO_2 분자는 황 주위에 3개의 전하구름이 위치하는 삼각 평면 배열을 갖는다. 그러나 그 삼각형의 한 꼭짓점은 1개의 고립 전자쌍이 점유하고, 두 꼭짓점은 산소 원자가 점유한다. 그러므로 이 분자는 **굽은(bent) 모양**이고, O−S=O 결합각은 180°가 아니라 대략 120°이다. 전하구름의 수가 분자의 결합각을 결정하지만 고립 전자쌍은 '보이지' 않으므로 실제 분자의 모양은 원자의 위치에 의해서만 결정된다는 점을 주목하라. 한 가지 기억해야 할 것이 있다. 우리가 **모양**이라는 표현을 사용할 때 그것은 한 분자 안에서 전체 원자의 배열을 의미하는 것이지, 특정 원자 주위의 전하구름의 기하학적인 배열을 의미하는 것은 아니라는 점이다.

폼알데하이드 분자는 대략 120°의 결합각을 갖는 평면 삼각형이다.

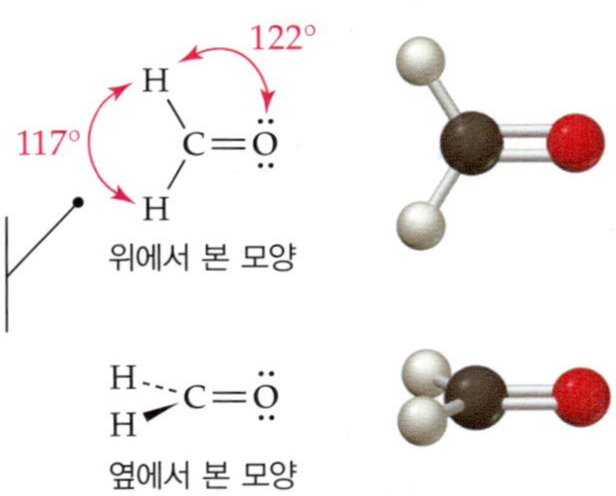

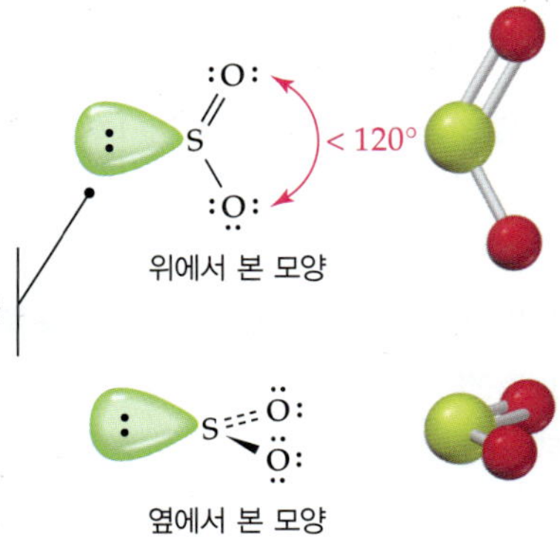

SO_2 분자는 대략 120°의 결합각을 갖는 굽은 모양이다.

4개의 전하구름

CH_4(4개의 단일 결합), NH_3(3개의 단일 결합과 1개의 고립 전자쌍), H_2O(2개의 단일 결합과 2개의 고립 전자쌍)의 중심 원자처럼 4개의 전하구름이 있을 때, 그 구름들은 정사면체의 꼭짓점을 향하는 구조일 때 가장 멀리 떨어져 있을 수 있다. **그림 8.1**에서 보여 주는 바와 같이, 정사면체는 동일한 4개의 면이 정삼각형으로 이루어진 기하 구조이다. 중심 원자는 사면체 중심에 위치하고, 전하구름은 네 꼭짓점을 향하며, 중심에서 어떠한 두 꼭짓점으로 그린 두 선 사이의 각은 109.5°이다.

▶ 그림 8.1
4개의 전하구름으로 둘러싸인 원자의 사면체 기하 구조

▶ 확인하기
사면체 기하 구조에서 4개의 전하구름을 갖는 이유는?
답 전하구름은 서로 밀어내고, 사면체 기하 구조는 전하구름들 사이에서 최대의 각을 이루기 때문이다.

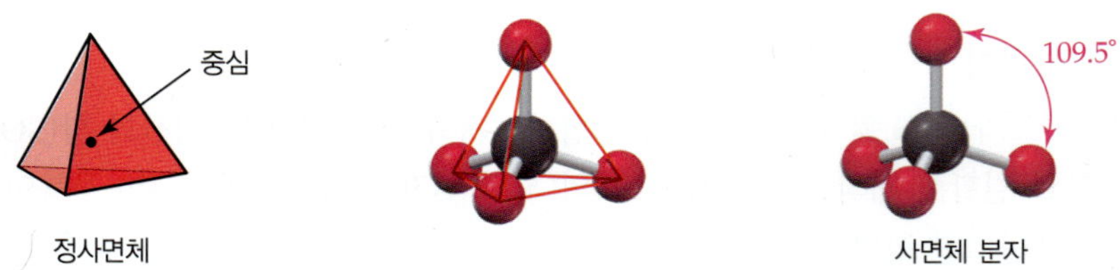

원자는 정사면체 **중심**에 위치한다.

4개의 전하구름은 **네 꼭짓점**을 향한다.

두 결합 사이의 각은 모두 109.5°이다.

팔전자 원자가전자는 특히 2주기 원소에서 거의 일반적이므로 많은 분자의 원자들은 사면체에 바탕을 둔 기하 구조를 갖는다. 예를 들어, 메테인은 109.5°의 H—C—H 결합각을 갖는 사면체 구조를 갖는다. NH_3에서 질소 원자의 4개 전하구름은 사면체 배열을 하고 있으나, 그 사면체의 꼭짓점 중 하나는 1개의 고립 전자쌍에 의해 점유되므로 분자의 모양은 **삼각뿔**(trigonal pyramid)이다. 마찬가지로, H_2O는 사면체의 두 꼭짓점이 고립 전자쌍에 의해 점유되므로 굽은 모양을 갖는다.

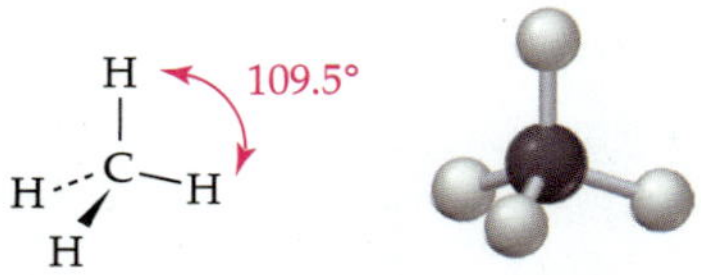

메테인 분자는 109.5°의 결합각을 가진 사면체 구조이다.

CH_4

암모니아 분자는 107°의 결합각을 가진 삼각뿔 구조이다.

NH_3

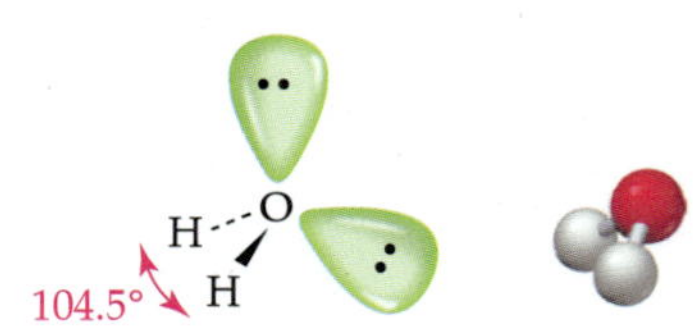

물 분자는 104.5°의 결합각을 가진 굽은 모양이다.

H_2O

암모니아의 H—N—H 결합각(107°)과 물의 H—O—H 결합각(104.5°)은 이상적인 사면체에서의 결합각(109.5°)보다 작은 것에 또한 주목하라. 그와 같이, 결합각이 이상적인 사면체값보다 약간 감소한 이유는 고립 전자쌍 때문이다. 고립 전자쌍의 전하구름은 두 핵 사이의 공간에 갇혀 있지 않기 때문에 결합 전자의 전하구름보다 더 퍼져 있다. 결과적으로, 약간 팽창된 고립 전자쌍의 전하구름은 분자의 다른 부분의 결합각을 축소시키는 경향이 있다.

5개의 전하구름

5개의 전하구름은 PCl_5, SF_4, ClF_3, I_3^-의 중심 원자에서 발견되는 것처럼 **삼각쌍뿔**(trigonal bipyramid)이라고 부르는 기하학적 구조의 꼭짓점을 향한다. 3개의 전하구름은 평면에 위치하여 정삼각형의 꼭짓점을 향하며, 네 번째 전하구름은 똑바로 위쪽을, 다섯 번째 전하구름은 똑바로 아래쪽을 향한다.

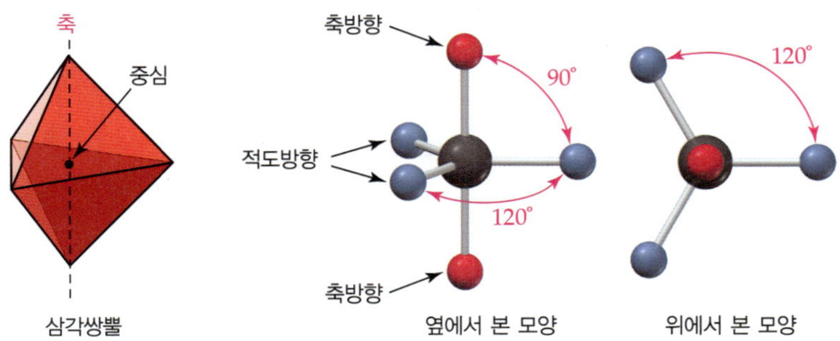

삼각쌍뿔 기하 구조는 앞에서 설명한 선형, 삼각 평면, 사면체의 기하 구조와 다르다. 왜냐하면 두 종류의 위치가 있기 때문이다. 즉, 3개의 **적도** 위치(이중뿔의 적도 방향)와 2개의 **축방향** 위치(쌍뿔의 축방향)이다. 3개의 적도 위치는 서로 120°이고, 축 위치와는 90°이다. 두 축방향 위치는 서로 180°이고, 적도 위치와는 90°이다.

삼각쌍뿔 전하구름 배열을 갖는 어떤 물질은 5개의 전하구름이 결합 전자인가 또는 비결합 전자인가에 따라 다른 모양을 갖는다. 예를 들어, 오염화 인(PCl_5)에서 인 원자는 주위의 5개의 위치를 모두 염소 원자가 차지하므로 삼각쌍뿔 모양을 갖는다.

PCl_5 분자는 삼각쌍뿔이다.

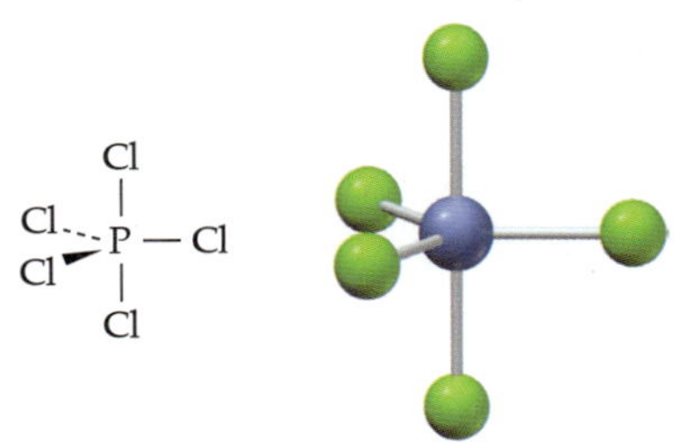

SF_4의 황 원자는 다른 4개의 원자와 결합하고, 1쌍의 비결합 고립 전자쌍을 갖는다. 고립 전자쌍은 결합 전자쌍보다 더 퍼져 있고 더 많은 공간을 점유하므로 SF_4의 비결합 전자쌍도 2개의 전하구름만 가까이에 위치하는(90° 각도로) 적도 위치를 차지한다. 만일 축방향 위치를 차지한다면 3개의 전하구름이 가까이에 위치하게 된다. 결과적으로 SF_4는 종종 시소라고 부르는 모양으로 설명한다. 즉, 두 축방향의 결합은 널판이 되고 두 적도방향 결합은 시소의 다리가 된다.

개념탐구 질문 2

4개의 결합과 1개의 고립 전자쌍(5개의 전하구름)을 가진 분자에서 고립 전자쌍의 위치는?

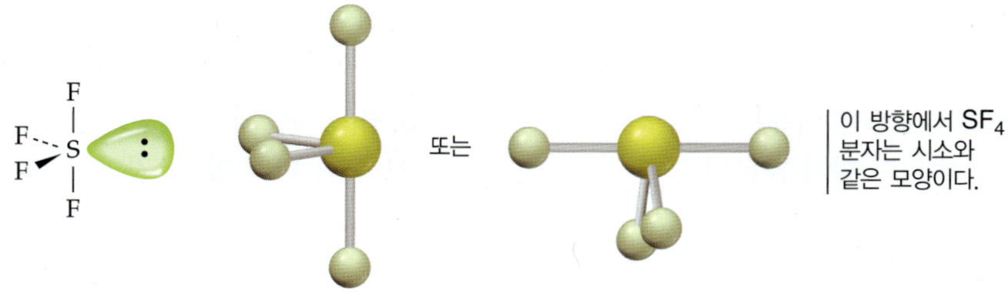

ClF_3의 염소 원자는 다른 3개의 원자와 결합하고, 2개의 비결합 고립 전자쌍을 갖는다. 2개의 고립 전자쌍은 적도 위치를 차지하므로 ClF_3 분자는 T 모양의 구조를 갖게 된다.

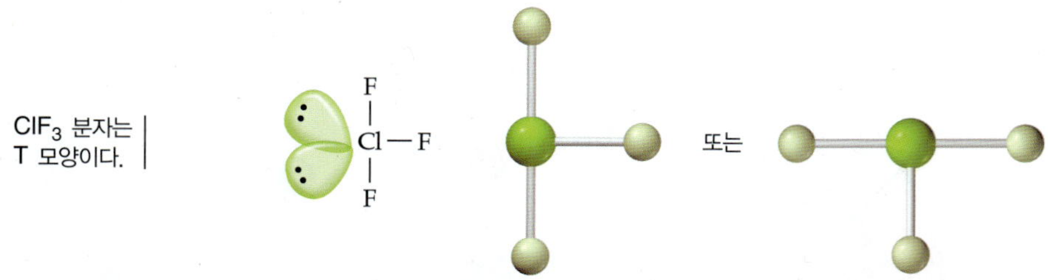

I_3^- 이온의 아이오딘 중심 원자는 다른 2개의 원자와 결합하고, 3개의 고립 전자쌍을 갖는다. 3개의 고립 전자쌍은 모두 적도 위치를 차지하므로 I_3^-는 선형 구조를 갖게 된다.

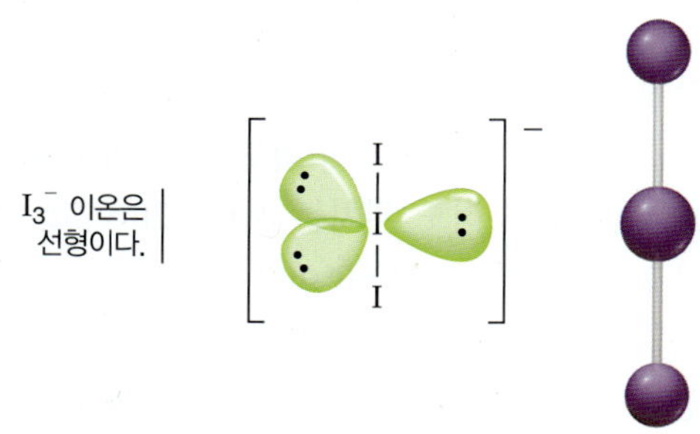

6개의 전하구름

중심 원자 주위에 있는 6개의 전하구름은 8개의 정삼각형 면으로 이루어진 기하 구조인 정팔면체의 6개 꼭짓점을 향한다. 6개의 위치는 동일하고, 두 이웃한 위치 사이의 각은 90°이다.

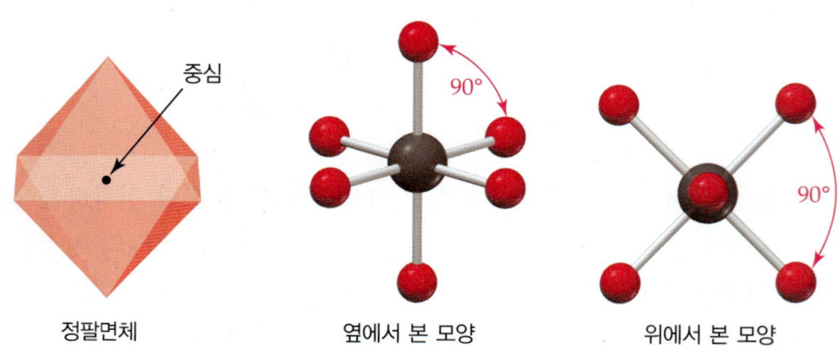

5개 전하구름의 경우에서처럼, 6개의 전하구름 원자를 갖는 분자들은 전하구름들이 결합 전자인지 또는 비결합 전자인지에 따라 다른 모양을 가질 수 있다. 예를 들어, 헥사플루오린화 황(SF_6)은 황 주위의 6개의 위치를 모두 플루오린 원자들이 차지한다.

SF$_6$ 분자는 팔면체이다.

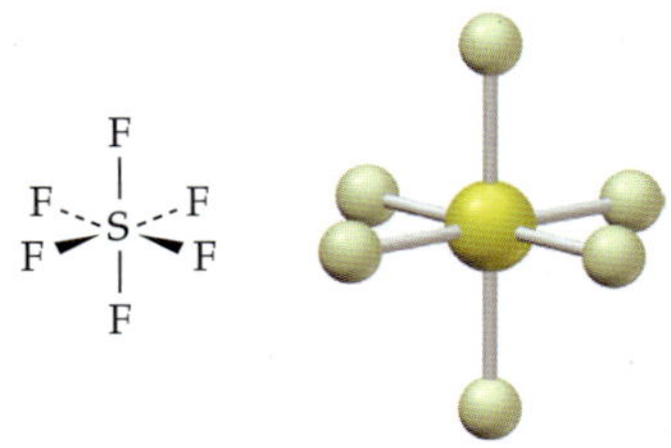

$SbCl_5^{2-}$ 이온의 안티모니 원자도 6개의 전하구름을 갖지만 5개의 원자와만 결합하고, 1개의 비결합 고립 전자쌍을 갖는다. 결과적으로, 이 이온은 사각형을 밑면으로 하는 **사각뿔**(square pyramid) 모양을 갖는다.

$SbCl_5^{2-}$ 이온은 사각뿔 모양이다.

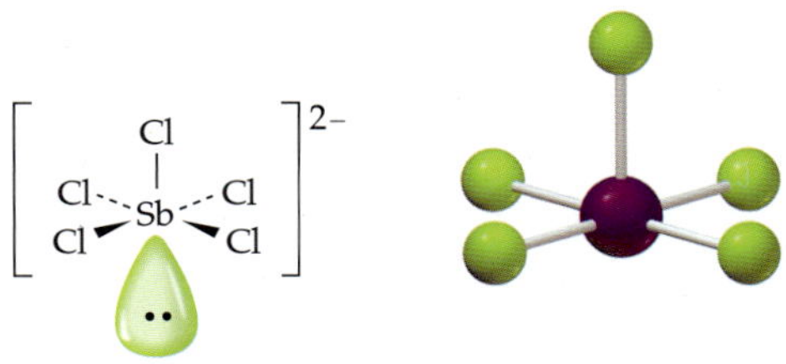

XeF_4의 제논 원자는 4개의 원자와 결합하고, 2개의 고립 전자쌍을 갖는다. 예측하는 바와 같이, 이 두 고립 전자쌍은 전기적 반발을 최소화하도록 가능하면 서로 멀리 떨어져 위치한다. 그 결과, 이 분자는 **사각 평면**(square planar) 모양을 갖게 된다.

XeF_4 분자는 사각 평면 모양이다.

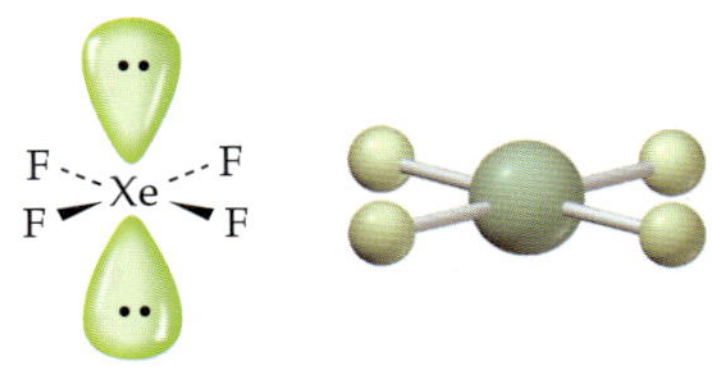

이상에서 설명한 2~6개의 전하구름의 기하학적 구조를 **표 8.1**에 요약하였다.

예제 8.1

VSEPR 모형을 이용한 분자 모양의 예측

BrF_5의 모양을 예측하시오.

전략

우선 BrF_5의 전자점 구조를 그려서, 중심 브로민 원자가 6개의 전하구름(5개의 결합과 1개의 고립 전자쌍)을 갖는다는 것을 밝혀낸다. 그다음, 6개의 전하구름이 어떻게 배열되는가를 예측하라.

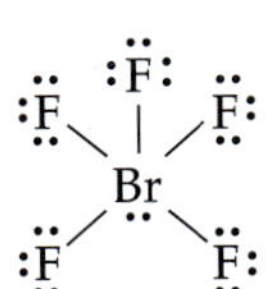

펜타플루오린화 브로민

풀이

6개의 전하구름이므로 팔면체 배열을 추측할 수 있다. 5개의 결합 원자와 1개의 고립 전자쌍은 BrF_5의 구조가 사각뿔이 되도록 한다.

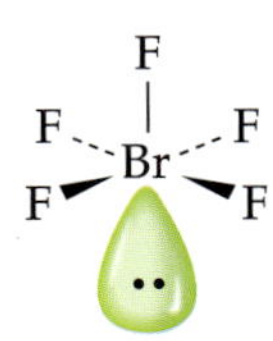

▶ **연습문제 8.1** ICl_4^-의 모양을 예측하시오.

▶ **개념 응용문제 8.2** 다음 각 분자 모형에서 중심 원자 주위의 전하구름의 수와 기하적인 배열은 무엇인가? 분자 모양은 무엇인가?

(a) **(b)**

표 8.1 2, 3, 4, 5, 6개의 전하구름을 갖는 원자 주위의 기하 구조

결합 수	고립 전자쌍 수	전하구름 수	기하 구조 및 모양	예
2	0	2	 선형	O=C=O
3	0	3	 삼각 평면	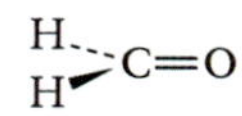
2	1	3	 굽은형	
4	0	4	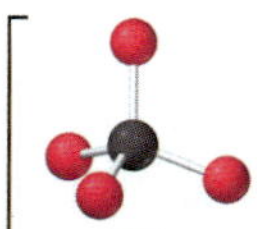 사면체	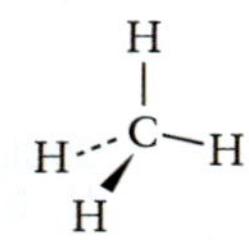
3	1	4	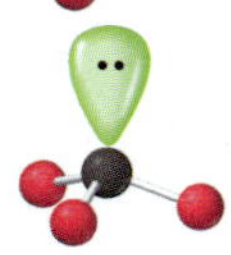 삼각뿔	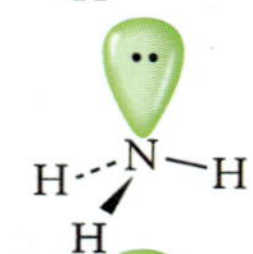
2	2	4	 굽은형	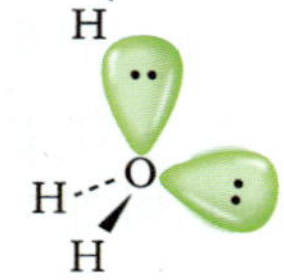
5	0	5	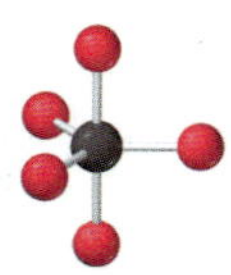 삼각쌍뿔	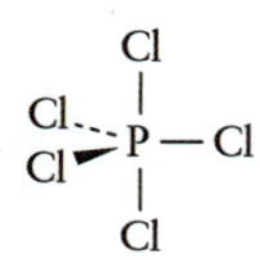
4	1	5	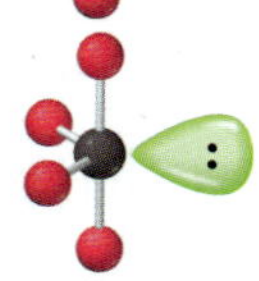 시소 모양	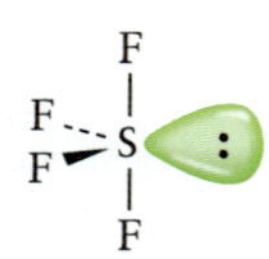
3	2	5	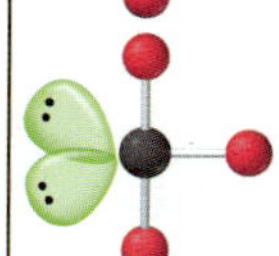 T 모양	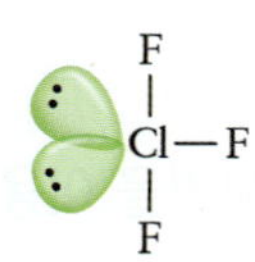
2	3	5	 선형	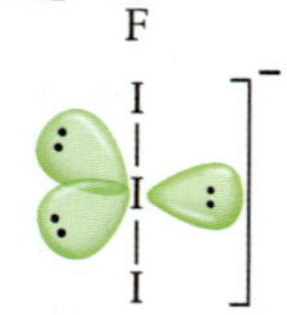
6	0	6	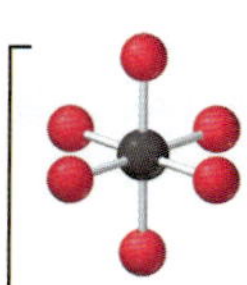 팔면체	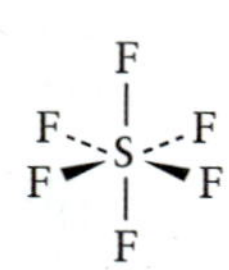
5	1	6	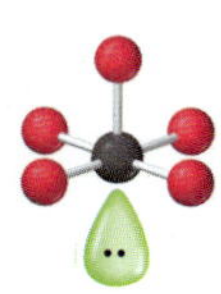 사각뿔	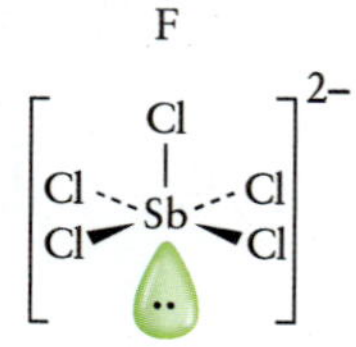
4	2	6	 사각 평면	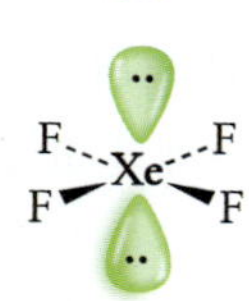

더 큰 분자의 기하 구조

표 8.1에 요약한 규칙으로부터, 더 큰 분자에서 각 원자 주위의 기하 구조 또한 예측할 수 있다. 예를 들어, 에틸렌($H_2C{=}CH_2$)에서 2개의 탄소 원자는 각각 3개의 전하구름을 가진다. 따라서 각 탄소 주위의 기하 구조는 삼각 평면이다. 분자는 전체적으로 평면이고, H−C−C와 H−C−H 결합각은 대략 120°이다.

에틸렌의 각 탄소 원자는 삼각 평면 기하 구조이고, 전체 분자는 평면이고, 결합각은 120°이다.

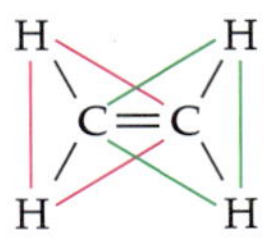

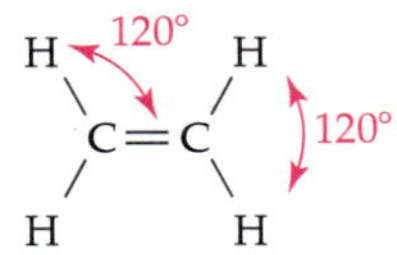

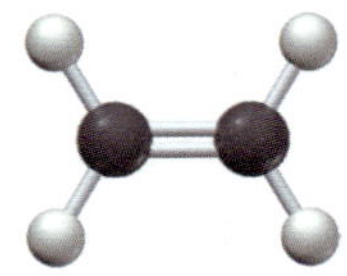

위에서 본 모양

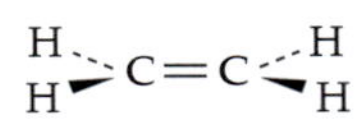

옆에서 본 모양

다른 4개의 원자와 결합한 탄소 원자들은 각각 사면체 중심에 위치한다. 에테인($H_3C{-}CH_3$)은 아래 그림에서 보여 주는 바와 같이, 한 사면체의 중심 탄소 원자가 다른 사면체의 꼭짓점 탄소 원자가 되는 모습으로 두 사면체가 결합한다.

에테인의 각 탄소는 사면체 기하 구조이고, 결합각은 109.5°이다.

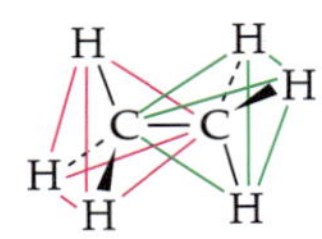

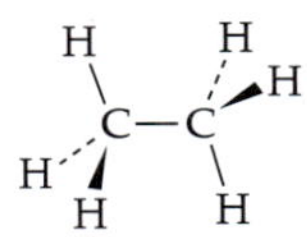

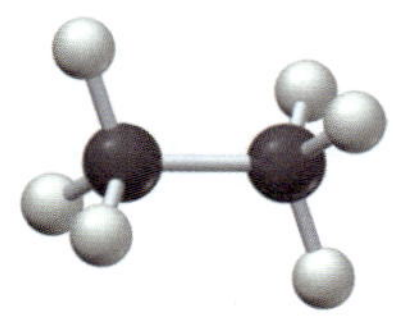

예제 8.2

두 개 이상의 중심 원자를 가지고 있는 분자 모양의 예측

피루브산(pyruvic acid)은 탄수화물과 몇몇 아미노산의 대사 작용에서 중요한 물질이다. 피루브산의 각 중심 원자들을 둘러싼 기하 구조를 설명하고, 분자의 전체 모양을 그리시오.

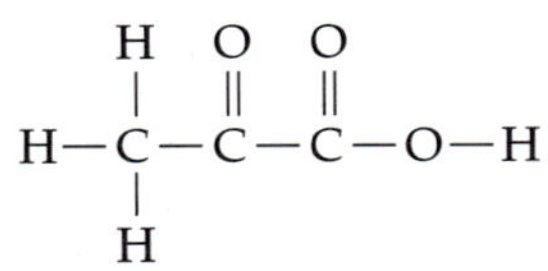

피루브산

전략

VSEPR 모형을 사용하여 3개의 탄소 원자 각각을 둘러싼 전하구름의 기하 배열을 예측한다. VSEPR 모형에 의해 예측된 결합각을 보여 주는 3차원 모양을 표현하도록, 점선과 쐐기 선을 이용하여 전체 분자를 그린다.

풀이

왼쪽에 위치한 탄소는 4개의 전하구름(4개의 단일 결합)을 가지고 있고, 109.5°의 결합각을 가진 사면체 구조이다. 중앙에 있는 탄소와 오른쪽에 있는 탄소는 둘 다 3개의 전하구름(두 개의 단일 결합과 한 개의 이중 결합)을 가지며, 120°의 결합각을 가진 삼각 평면이다.

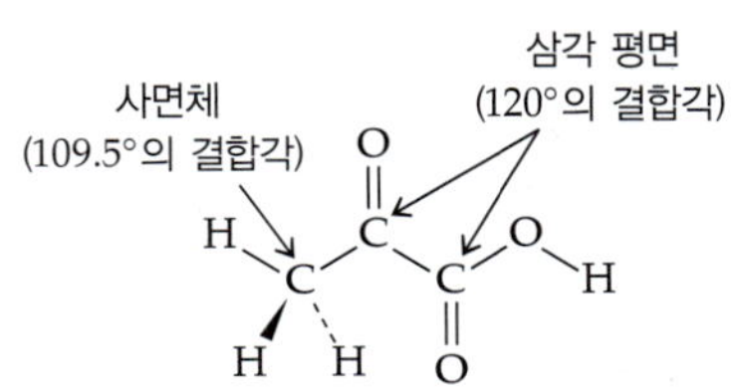

▶ **연습문제 8.3** 아세트산(CH_3CO_2H)은 식초의 주요 유기 성분이다. 아세트산의 전자점 구조를 그리고, 각 탄소 원자를 둘러싼 결합각을 부여하시오. 분자를 3차원으로 나타내시오. (두 개의 탄소는 한 개의 단일 결합으로 연결되었고, 두 개의 산소는 동일한 탄소에 연결되어 있다.)

▶ **응용문제 8.4** 벤젠(C_6H_6)은 6개의 탄소 원자들이 모두 하나의 고리로 연결되어 있고, 각 탄소 역시 한 개의 수소와 연결된 분자이다. 벤젠의 전자점 구조를 그리고, 각 탄소를 둘러싼 결합각을 말하시오. 분자를 3차원으로 나타내시오.

8.2 극성 공유 결합과 쌍극자 모멘트

분자 극성은 분자의 화학적 성질과 물리적 성질 모두에 영향을 미치는 중요한 특성이다. 분자 극성의 개념을 이해하기 위해 **결합 쌍극자**(bond dipole)와 **쌍극자 모멘트**(dipole moment)의 개념을 정립하는 것이 필요하다. 7.3절에서 살펴본 바와 같이, **전기 음성도(electronegativity)**가 서로 다른 원자 사이에는 **극성 공유 결합(polar covalent bond)**이 형성된다. 예를 들어 염소는 탄소보다 전기 음성도가 더 크기 때문에, 클로로메테인 (CH_3Cl)의 염소 원자는 C−Cl 결합에서 탄소 원자보다 전자를 더 세게 끌어당긴다. 따라서 C−Cl 결합은 편극되어 염소 원자는 전자가 약간 증가하고(δ−), 탄소 원자는 전자가 조금 부족하게 된다(δ+).

기억하기…
극성 공유 결합이란 결합 전자가 두 원자 사이에 불평등하게 공유된 것으로 완벽하게 이동하지는 않는다. 즉, 이온 결합과 비극성 공유 결합의 중간 상태이다(7.3절).

기억하기…
전기 음성도란 분자 내 원자가 공유 결합에서 공유한 전자를 끌어당기는 능력이다. 주기율표의 왼쪽에 있는 금속은 최소한의 전기 음성도를 가지는 반면, 오른쪽 상단에 있는 할로젠과 다른 반응성 비금속들은 최대한의 전기 음성도를 가진다(7.3절).

클로로메테인의 극성 C−Cl 결합은 양전하 끝과 음전하 끝을 갖는다. 이를 결합 **쌍극자(dipole)**라고 부르고, 한쪽 끝이 십자 모양으로 표시된 화살표(⟷)를 사용하여 쌍극자를 나타내며, 전자의 이동 방향을 표시한다. 화살머리 끝은 쌍극자의 음전하 끝(δ−)을, 십자 모양(+ 표시처럼 보이는)은 양전하 끝(δ+)을 나타낸다. 클로로메테인에서 C−H 결합 역시 탄소가 수소보다 전기 음성도가 약간 더 크기 때문에 작은 결합 쌍극자를 가진다. 이론적으로 결합 쌍극자는 부분적인 음전하를 가진 탄소 원자를 가리키는 화살표로 그릴 수 있지만, 실제로는 C−H 결합이 거의 무극성이라고 간주된다. 탄소와 수소 간 전기 음성도의 차이가 작기 때문에, 일반적으로 C−H 결합의 결합 쌍극자는 그리지 않는다.

분자 내 각각의 결합이 극성이면, 각각의 결합 극성과 고립 전자쌍 영향의 알짜 합계 때문에 전체 분자는 때로 극성을 나타낸다. CH_3Cl의 전체 분자 극성은 **정전기 퍼텐셜 지도(electrostatic potential map)**에서 분명히 볼 수 있다. 전자가 많은 염소 원자는 빨간색으로 보이고, 전자가 부족한 분자의 나머지 부분은 청록색으로 나타난다. 결과적으로 **분자 쌍극자**는 다음 방법으로 생각할 수 있다. 중심 원자 주변의 고립 전자쌍과 결합의 배열에서 대칭성을 고려한다. 배열이 비대칭이면 분자는 알짜 극성을 갖는다. 클로로메테인은 사면체 배열을 하며 4개의 결합이 있다. C−Cl 결합은 극성인 반면에, 세 개의 C−H 결합은 비극성이며 중심 원자 주변의 결합은 비대칭적인 배열을 나타낸다.

기억하기…
정전기 퍼텐셜 지도는 분자 내 전자의 분포도를 나타내기 위해 색을 사용한다. 전자가 많은 부분은 빨간색, 전자가 부족한 부분은 파란색이다(7.3절).

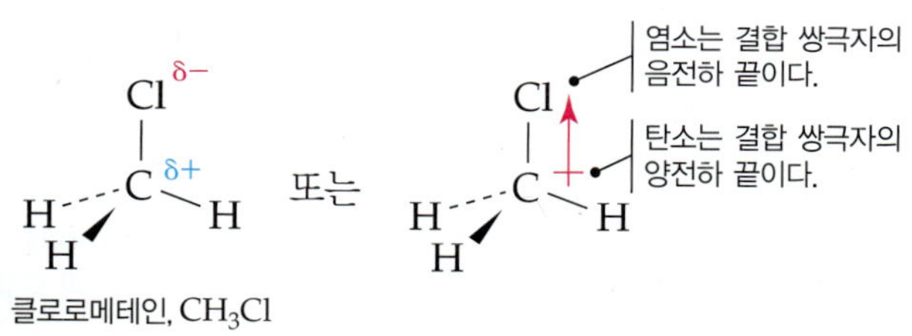

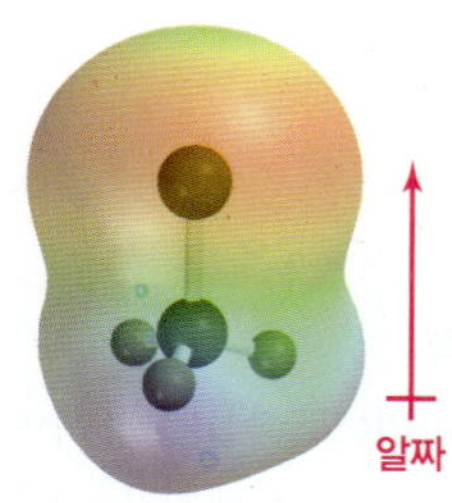

표 8.2 몇 가지 화합물의 쌍극자 모멘트

이름	쌍극자 모멘트(D)
NaCl[a]	9.0
CH_3Cl	1.90
H_2O	1.85
NH_3	1.47
HCl	1.11
CO_2	0
CCl_4	0

[a]기체상에서 측정

실험적으로 쌍극자 모멘트를 측정하는 것은 비교적 쉽다. 몇 가지 물질에 대한 값이 **표 8.2**에 제시되어 있다. 알짜 분자 극성의 척도는 **쌍극자 모멘트**(μ; 그리스어로 '뮤')라 부르는 양이다.

기억하기…
쌍극자 모멘트(μ)의 크기는 쌍극자 양쪽 끝 전하량(Q)과 전하 간 거리(r)의 곱으로 정의한다. 쌍극자 모멘트의 단위는 **디바이**(debye, D)로 표시하며, $1 D = 3.336 \times 10^{-30}$ C·m이다(7.3절).

표 8.2처럼 이온 결합 화합물인 NaCl이 훨씬 더 큰 쌍극자 모멘트를 갖는 것은 당연하다. 왜냐하면, 기체상에서 강한 이온 결합으로 서로 붙잡고 있는 Na^+와 Cl^- 이온쌍으로 존재하기

[a]확장된 옥텟 분자에서의 결합 이론에 대한 자세한 내용은 다음 참고자료를 참조하라.
Noury, S., Silvi, B., & Gillespie, R. Chemical Bonding in Hypervalent Molecules: Is the Octet Rule Relevant?, *Inorg. Chem.* Vol. 41, 2002, p. 2164.
T. A. Mitchell et al. Predicting the Stability of Hypervalent Molecules, *Journal of Chemical Education*, Vol. 84, 2007, p. 629.
Galbraith, J. On the Role of *d* Orbital Hybridization in the Chemistry Curriculum, *Journal of Chemical Education*, Vol. 84, 2007, p. 783.

때문이다. 분자 화합물인 물과 암모니아도 역시 큰 쌍극자 모멘트를 갖는다. 그 이유는 수소에 비해 산소와 질소는 전기 음성도 값이 크고, 알짜 분자 극성에 기여하는 고립 전자쌍을 갖고 있기 때문이다.

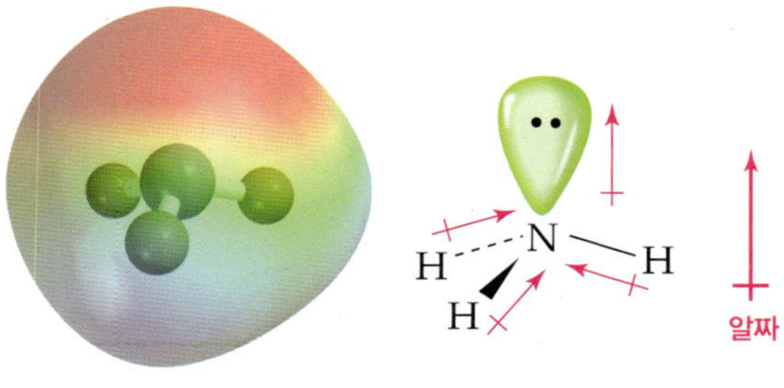

암모니아(μ = 1.47 D)

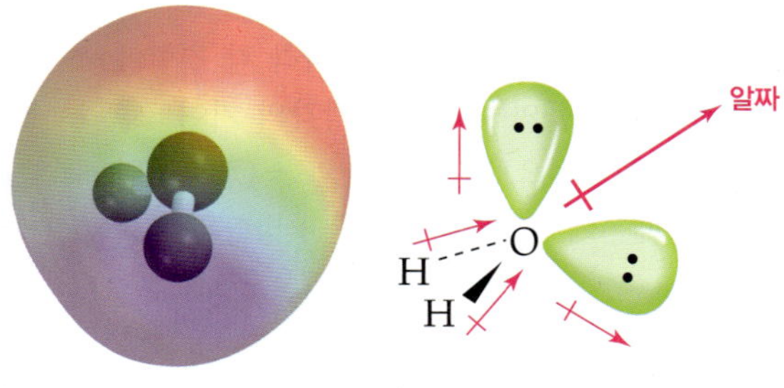

물(μ = 1.85 D)

물이나 암모니아와는 대조적으로, 이산화 탄소와 사염화 탄소(CCl_4)의 쌍극자 모멘트는 0이다. 이들 분자는 각각 분자 내에 극성 공유 결합을 갖지만 대칭 구조이므로 각 결합 극성은 모두 상쇄되기 때문이다.

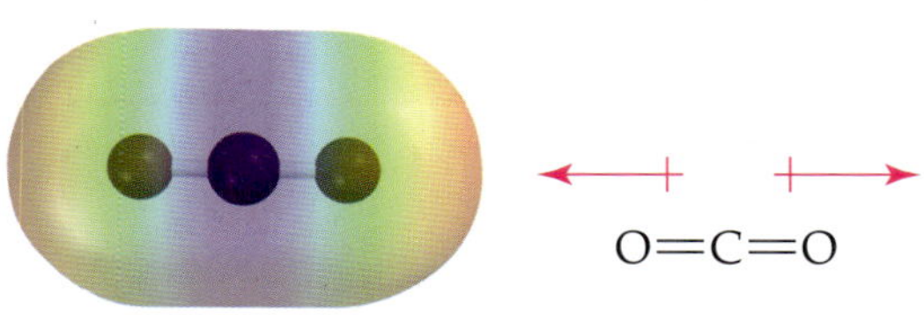

이산화 탄소(μ = 0)

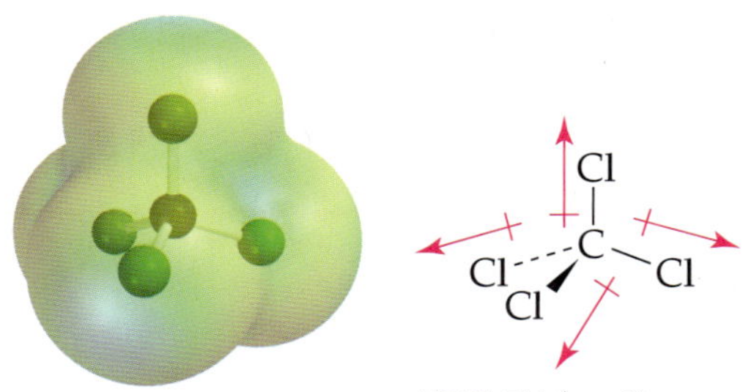

사염화 탄소(μ = 0)

그림 8.2는 분자 극성을 예측하는 전략의 윤곽을 나타낸 것이다. 첫 번째 단계로, 전자점 구조를 그리고, VSEPR 모형(8.1절)을 사용하여 3차원 분자 모양을 결정한다. 다음 단계로, 전기 음성도 값(그림 7.4)을 사용하여 결합 쌍극자를 그리고, 분자가 쌍극자 모멘트를 가지는지 결정하기 위해 결합 쌍극자와 고립 전자쌍의 대칭을 점검한다.

예제 8.3은 분자 극성을 예측하기 위한 과정을 설명한다.

개념 예제 8.3

쌍극자 모멘트의 존재 예측

폴리염화 바이닐(PVC) 고분자 제조의 출발 물질인 염화 바이닐($H_2C{=}CHCl$)은 쌍극자 모멘트를 갖는가? 그렇다면 쌍극자 모멘트의 방향을 제시하시오.

전략과 풀이

그림 8.2에 설명된 순서를 따라 분자 극성을 결정한다. 염화 바이닐의 전자점 구조는 다음과 같다.

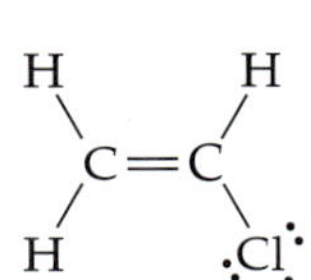

8.1절에서 설명한 VSEPR 모형은 염화 바이닐 분자 모형을 예측하기 위해 사용된다. 탄소 원자는 둘 다 세 개의 전하구름을 가지므로, 각 탄소는 삼각 평면 기하 구조를 갖는다. C=C 이중 결합의 파이 부분에서 혼성화되지 않은 탄소 $2p$ 오비탈이 측면에서 겹치기 때문에, 전체 분자는 평면이다.

염화 바이닐

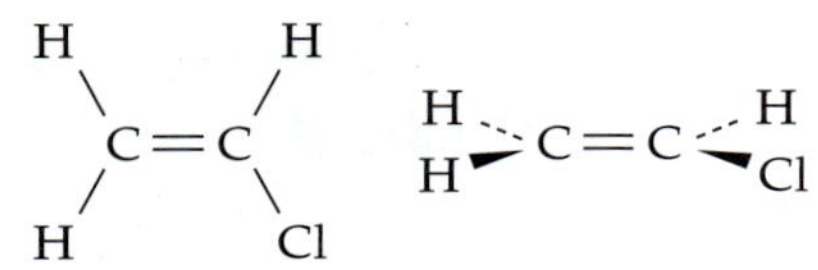

위에서 본 모양　　옆에서 본 모양

그 후에, 결합된 원자들의 전기 음성도 차이에 따라 각 결합에 극성을 배정하고, 결합 쌍극자들의 대칭성과 각각의 기여도를 모두 합하여 전체 극성을 합리적으로 예측한다. C−Cl 결합만 실제적인 극성을 가지기 때문에, 분자는 염소 원자 방향의 알짜 극성을 갖는다.

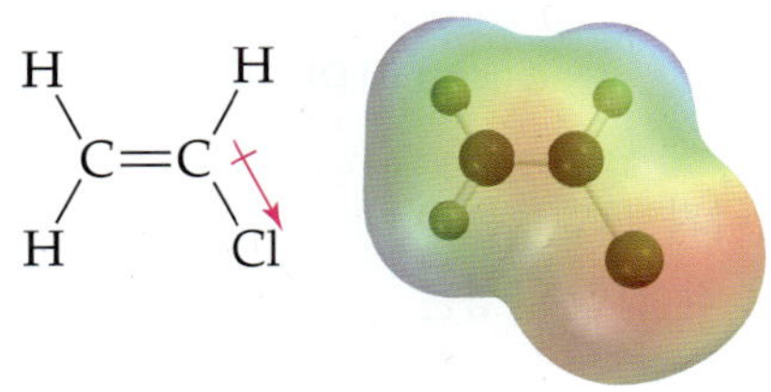

개념 연습문제 8.5 다음 중 쌍극자 모멘트를 가질 수 있는 화합물은 어느 것인가? 각 방향을 제시하시오.

(a) SF_6　　(b) SO_3　　(c) BrF_3

개념 응용문제 8.6 다음 정전기 퍼텐셜 지도와 일치하는 분자를 짝지으시오.

CH_3F, CHF_3, CF_4, CH_2F_2

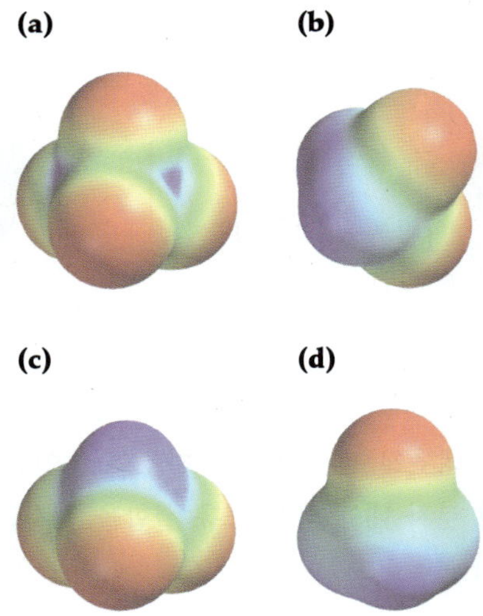

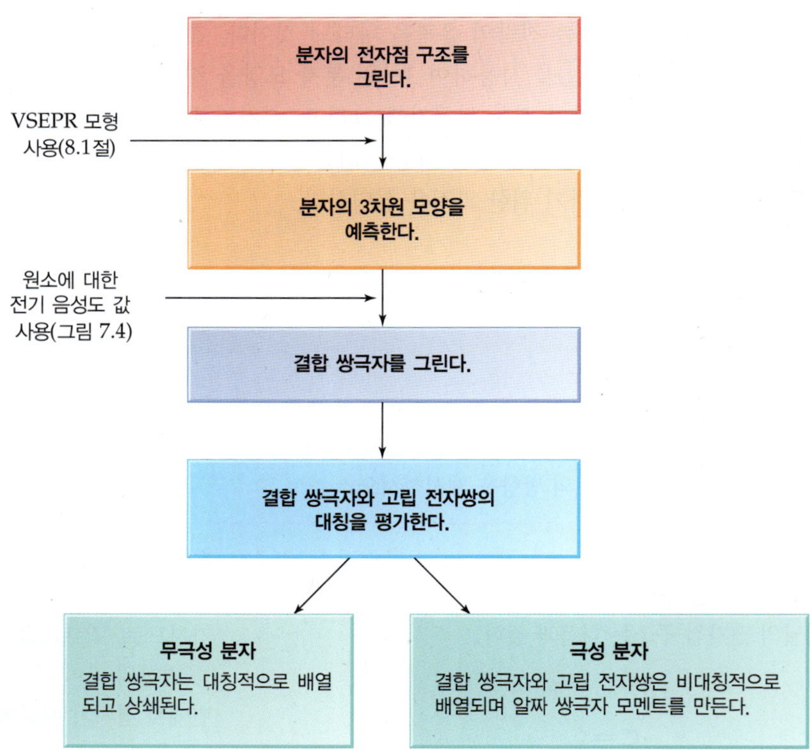

▶ 그림 8.2
분자 극성을 예측하기 위한 전략

8.3 분자간 힘

분자 극성에 대해 배웠으니, 이제 이들이 **분자간 힘**(**intermolecular force**)이라 부르는 분자 사이에 형성되는 힘을 어떻게 일으키는지 살펴보자. 이 힘은 한 분자 내에 있는 원자들 사이의 공유 결합과는 다르다. 예를 들어, 각 H_2O 분자는 수소와 산소 사이에 두 개의 공유 결합이 있지만, 2개의 H_2O 분자 간에는 분자간 힘이라고 하는 인력이 존재한다. (엄밀히 말해서 **분자간**이란 용어는 분자 상태의 물질만 설명하지만, 여기서는 분자, 이온, 원자를 포함하는 모든 종류의 입자간 상호 작용을 일반적으로 설명하기로 한다.)

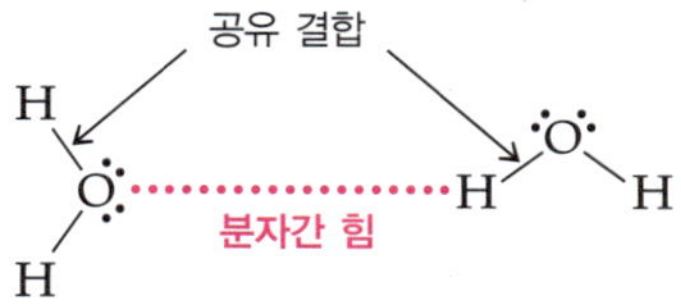

분자간 힘

분자간 힘은 용해도, 녹는점, 끓는점과 같은 물질의 많은 중요한 거시적 성질에 영향을 미친다. 이 절의 마지막에서 알게 되는 것처럼, 분자간 힘은 또한 생체 분자의 형태와 상호 작용을 안정화시키는 중요한 역할을 한다. 물질의 분자간 힘의 세기가 어떻게 녹는점과 끓는점에 영향을 미치는지를 이해하기 위해, 먼저 분자 수준에서 기체, 액체, 고체의 차이를 시각화해 보아야 한다. 그림 8.3은 기체 입자들이 입자들 간의 인력(분자간 힘)이 약하기 때문에, 사방으로 무질서하고 자유롭게 움직인다는 것과 용기의 부피를 가득 채운다는 것을 보여 준다. 액체와 고체는 입자 사이에 강한 인력이 존재한다는 점에서 기체와 구분된다. 액체에서는 인력이 입자를 가깝게 붙잡아 놓을 만큼 충분히 세지만, 여전히 서로를 지나치면서 자유롭게 이동하는 것을 허용하고 있다. 고체에서는 인력이 매우 강하여 입자들을 단단히 붙잡아 움직이지 않게 한다.

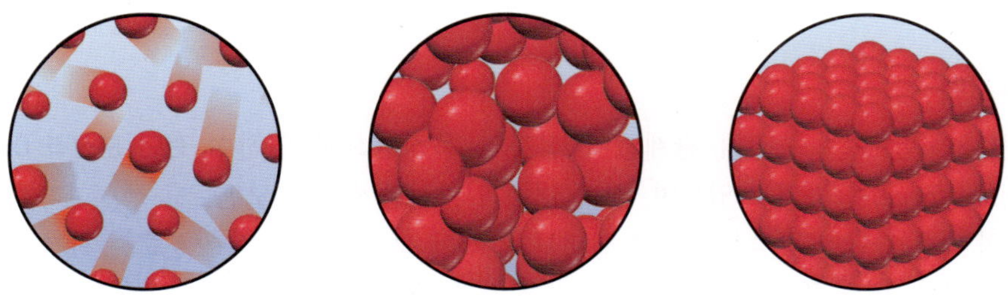

기체 입자들은 서로 인력을 거의 느끼지 않고 무질서하고 자유롭게 움직인다.

액체 입자들은 인력에 의해 서로 조밀하게 붙잡혀 있지만 자유롭게 이동한다.

고체 입자들은 규칙적인 배열로 단단하게 붙잡혀 있다.

◀ 그림 8.3
기체, 액체, 고체 분자의 비교

▶ 확인하기
어떤 상태의 물질이 분자간 인력이 가장 센가?
답 고체

온도는 물질의 상태에 영향을 미친다. 온도가 높아지면 입자들은 더 큰 운동 에너지를 가진다. 따라서 그들을 서로 붙잡고 있는 분자간 힘을 극복할 수 있다. 우리는 온도에 따라서 고체 얼음, 액체 물, 기체 수증기 중 어느 하나의 상태로 존재하는 H_2O의 예에 익숙하다. 질소(N_2)는 또 다른 예를 보여 준다. 질소는 더 높은 온도에서는 기체이지만, 낮은 온도에 서는 액체가 된다(그림 8.4).

분자간 인력은 일반적으로 네덜란드 과학자인 반데르발스(Johannes van der Waals, 1837~1923)의 이름을 붙여 **반데르발스 힘**(**van der Waals force**)이라고 부른다. 이 힘에는 **런**

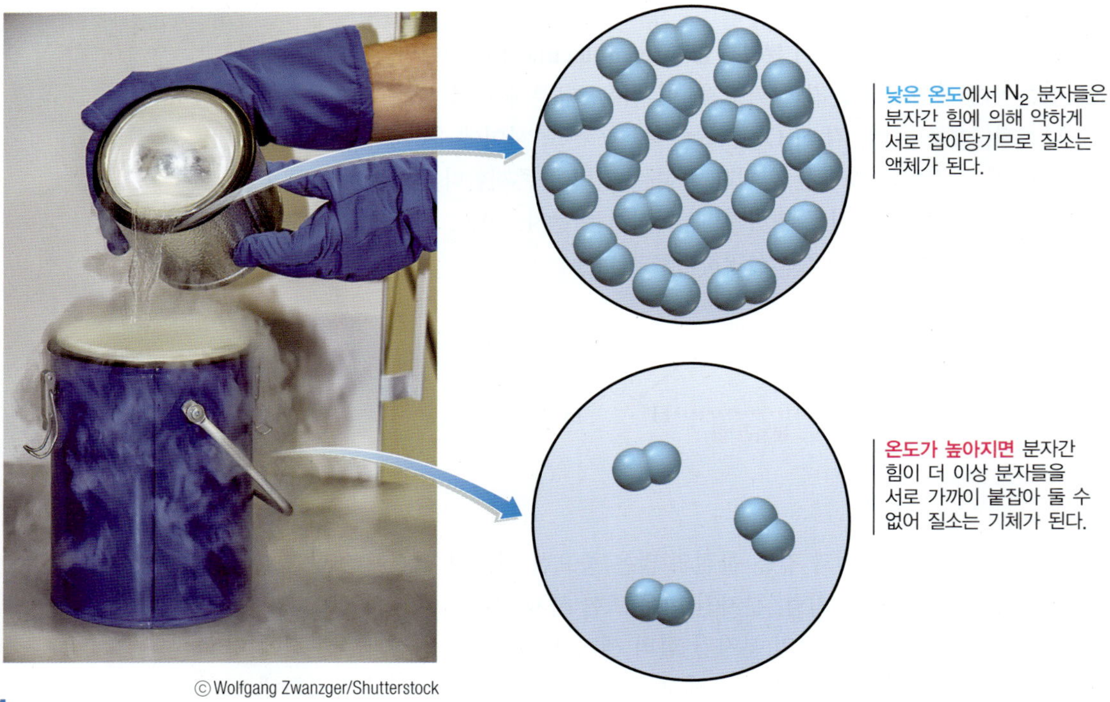

▲ 그림 8.4
분자간 힘

기억하기…
이온 결합은 일반적으로 금속의 양이온과 반응성이 좋은 비금속의 음이온 사이에서 형성된다(6.7절).

던 분산력, 쌍극자-쌍극자 힘, 수소 결합과 같은 몇 가지 형태가 있다. 또한 이온과 분자 간에는 **이온-쌍극자 힘**이 작용한다. 모든 분자간 힘은, 같은 전하 사이의 상호 반발 또는 다른 전하 사이의 상호 인력과 같은 전기적 성질에서 기인한다. 만일 어떤 입자들이 이온이라면, 전체 전하가 존재하고 이온-이온 간 인력은 매우 강하게 될 것이다(에너지는 500~1000 kJ/mol). 이것은 **이온 결합**이라고 부르는 범주에 들어간다. 입자가 중성인 경우에는 부분 전하만 존재하지만, 그렇다고 하더라도 인력은 상당할 수 있다.

런던 분산력

모든 원자와 분자는 구조에 관계없이 전자의 움직임으로 인하여 **런던 분산력(London dispersion force)**을 가지고 있으며, 분자 내에 일시적인 쌍극자 모멘트를 생성한다. 예를 들어, Br_2와 같은 간단한 무극성 분자를 살펴보자. 전체 분자 내에서 전자 분포는 시간 평균적으로 대칭이지만, 어느 짧은 순간에는 한쪽의 전자가 다른 쪽에 비해 많아져서 짧은 수명의 쌍극자가 생겨난다. 이러한 분자의 순간 쌍극자는 인접한 분자들의 전자 분포에 영향을 미쳐 주위의 분자들에게 순간 쌍극자를 유발한다(그림 8.5). 결과적으로 약한 인력이 생겨 Br_2는 실온

▶ 그림 8.5
런던 분산력

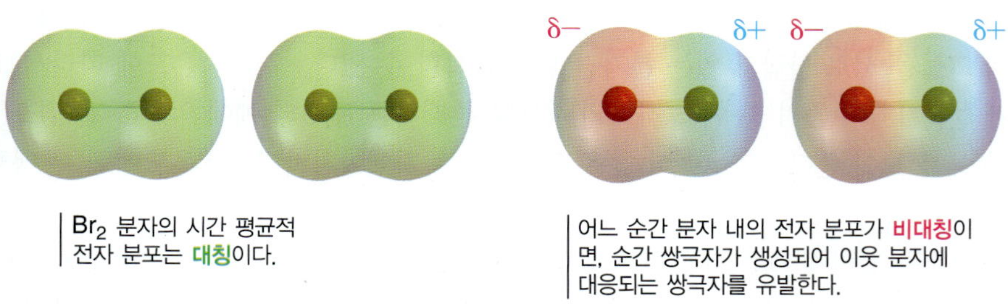

에서 기체보다 액체 상태로 존재한다.

런던 분산력은 1~10 kJ/mol 정도의 에너지로 일반적으로 작다. 이들의 정확한 크기는 분자의 전자구름이 주위의 전기장에 의해 얼마나 쉽게 일그러질 수 있는가, 즉 **편극도(polarizability)**라는 성질에 따라 달라진다. 작거나 가벼운 원자는 작은 수의 전자들이 단단하게 붙잡혀 있기 때문에 덜 편극되고, 작은 분산력을 갖는다. 그러나 큰 분자나 무거운 원자는 많은 전자를 가지므로, 이들 중 일부는 단단하게 붙잡혀 있지 않고 핵에서 멀리 떨어져 있어 편극되기 쉽고, 큰 분산력을 갖는다. 예로서, 할로젠 중 F_2 분자는 작고 편극되지 않는 경향이 있는 반면, I_2는 크고 잘 편극된다. 결과적으로 F_2는 분산력이 작아 실온에서 기체 상태이지만, I_2는 분산력이 커서 고체이다(표 8.3).

분자 모양은 분자에 영향을 미치는 분산력의 크기 결정에 중요하다. 분자 접촉을 최소화하는 조밀한 모양보다는 넓게 퍼진 모양의 분자일수록 분자 표면적을 극대화하며, 분자 간 접촉을 증가시켜 큰 분산력을 갖게 된다. 예를 들어 펜테인의 끓는점은 309.2 K이지만 2,2-다이메틸프로페인의 끓는점은 282.6 K이다. 두 물질 모두 같은 분자식(C_5H_{12})을 갖지만 펜테인이 더 길고 조금 퍼진 모양을 가진 반면, 2,2-다이메틸프로페인은 더 구형이고 조밀한 모양을 갖는다(그림 8.6).

표 8.3 주요 할로젠의 녹는점과 끓는점

할로젠	녹는점(K)	끓는점(K)
F_2	53.5	85.0
Cl_2	171.6	239.1
Br_2	265.9	331.9
I_2	386.8	457.5

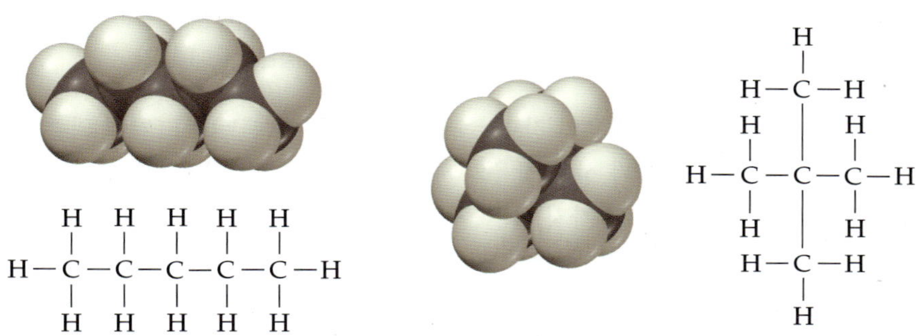

펜테인(끓는점 = 309.2 K)

2,2-다이메틸프로페인(끓는점 = 282.6 K)

펜테인처럼 더 길고 덜 조밀한 분자는 보다 강한 분산력을 갖게 되어 끓는점이 높다.

2,2-다이메틸프로페인처럼 더 조밀한 분자는 분산력이 약해 끓는점이 낮다.

◀ **그림 8.6** 분자 모양이 런던 분산력에 미치는 영향

쌍극자-쌍극자 힘

중성이지만 극성인 분자는 이웃 분자의 쌍극자 사이에 전기적 상호 작용이 생기므로 쌍극자-쌍극자 힘(dipole-dipole force)을 받게 된다. 이 힘은 분자 배향에 따라 인력 혹은 반발력이 될 수 있으며(그림 8.7), 많은 분자가 모인 집합체의 알짜 힘은 이들 두 힘의 합이다. 비슷한 분

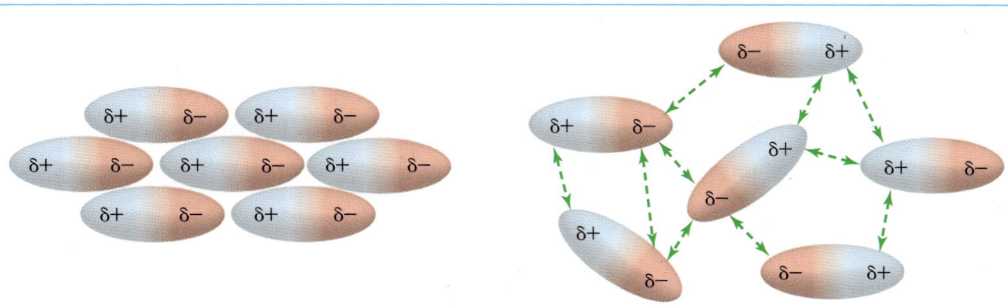

극성 분자들은 서로 다른 전하들이 접근할 때 서로 끌어당기지만 …

… 같은 전하들이 접근할 때는 반발한다.

◀ **그림 8.7** 쌍극자-쌍극자 힘

자량을 가지는 분자에서 쌍극자–쌍극자 힘은 런던 분산력보다 강하다. 쌍극자–쌍극자 힘은 3~4 kJ/mol 정도의 에너지를 가진다.

예로서 뷰테인은 분자량이 58이고 끓는점이 −0.5 ℃인 무극성 분자이다. 반면에, 분자량이 같은 아세톤은 극성이기 때문에 끓는점이 57 ℃로 더 높다.

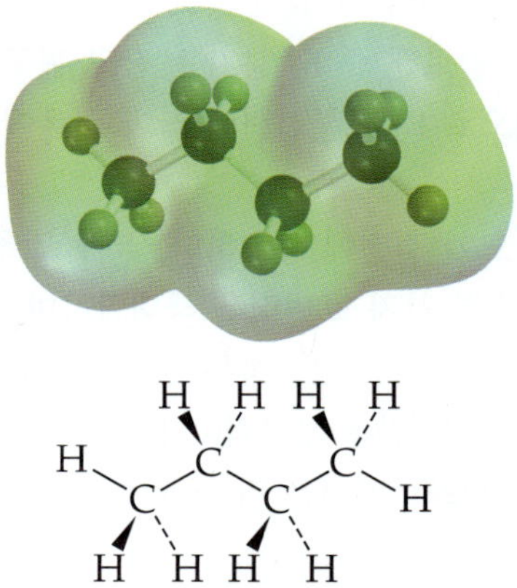

뷰테인(C_4H_{10})
분자량 = 58
끓는점 = −0.5 ℃

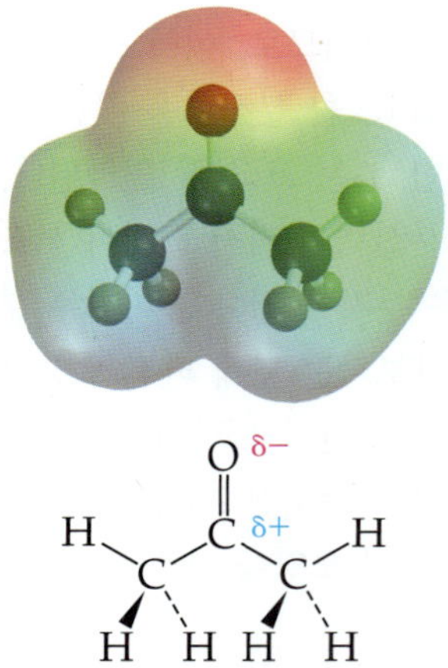

아세톤(C_3H_6O)
분자량 = 58
끓는점 = 56.1 ℃

주어진 쌍극자–쌍극자 상호 작용의 강도는 관련된 쌍극자 모멘트의 크기에 의존한다. 물질이 더 극성일수록 쌍극자–쌍극자 상호 작용의 세기가 더 세다. **표 8.4**는 비슷한 분자량을 갖지만 쌍극자 모멘트가 서로 다른 몇 가지 물질을 보여 준다. 이는 쌍극자 모멘트와 끓는점 사이에 대략적인 상호 관계를 알 수 있다. 쌍극자 모멘트가 클수록 분자간 힘이 커지고, 이러한 힘을 극복하기 위해 더 많은 열을 가해야 한다. 따라서, 쌍극자 모멘트가 큰 물질은 일반적으로 끓는점이 높다.

개념탐구 질문 3

비슷한 분자량을 가지는 세 개의 분자를 고려하자. 가장 높은 끓는점은 쌍극자 모멘트가 최대인 분자인가 최소인 분자인가?

표 8.4 분자량, 쌍극자 모멘트, 끓는점의 비교

물질	분자량	쌍극자 모멘트(D)	끓는점(K)
$CH_3CH_2CH_3$	44.10	0.08	231
CH_3OCH_3	46.07	1.30	248
CH_3CN	41.05	3.93	355

수소 결합

수소 결합(hydrogen bond)은 다방면에서 지구의 생명체에 중요하다. 물은 수소 결합 때문에 보통 온도에서 기체가 아닌 액체 상태로 존재한다. 수소 결합은 생화학적으로 필수적인 역할을 하는 거대한 생체 분자의 형태를 유지하는 데 중요한 분자간 힘이다. 우리의 유전자 코드를 저장하는 **데옥시리보핵산**(DNA)은 수소 결합을 통해 서로 꼬여 있는 나선형 구조를 갖는 두 가닥의 긴 분자 사슬로 되어 있다.

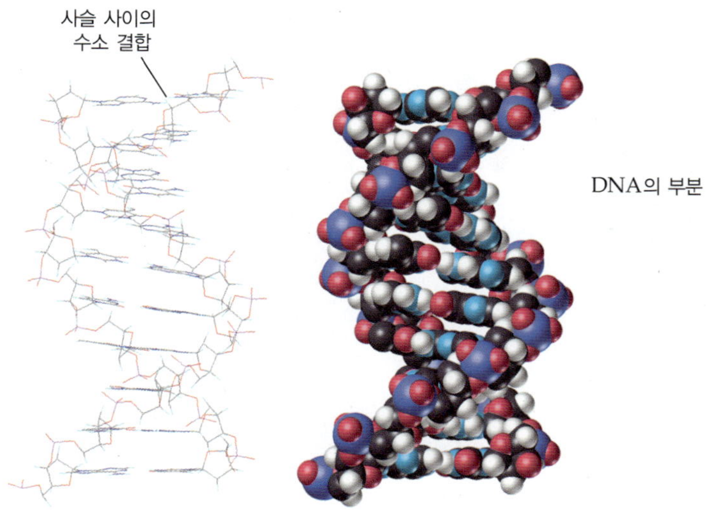

수소 결합이란 전기 음성도가 매우 큰 원자(O, N, F)에 결합한 수소 원자와, 같은 분자 또는 다른 분자의 전자가 풍부한 영역 간의 상호 인력이다. 대개 전자가 풍부한 영역은 전기 음성도가 큰 다른 원자의 비공유 전자쌍이다. 예를 들어 물과 암모니아는 모두 수소 결합을 할 수 있다.

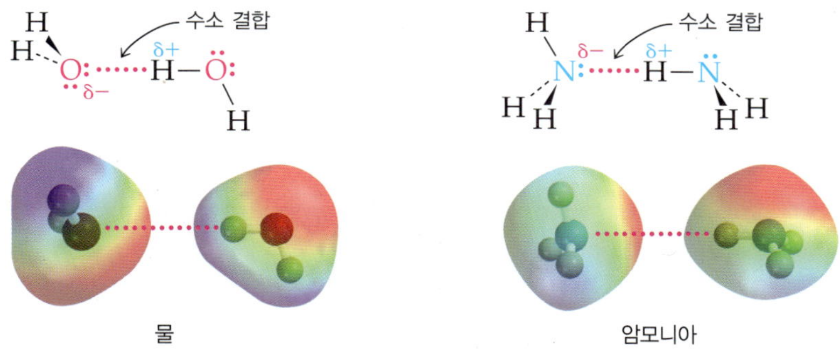

수소 결합을 생성할 수 있는 이유는 무엇인가? 이는 O—H, N—H, F—H 결합에서 수소는 부분 양전하를 띠고, 전기 음성도가 큰 원자가 부분 음전하를 가져 극성이 크기 때문이다. 또한 수소 원자는 핵을 가려 막을 수 있는 내부 전자가 없고 크기가 작기 때문에 다른 분자가 접근하기 용이하다. 따라서 수소와 이웃 원자의 비공유 전자쌍 사이에는 매우 큰 쌍극자–쌍극자 인력이 생겨 수소 결합을 형성한다. 특히, 각각의 물 분자(H_2O)는 두 개의 수소와 두 개의 전자쌍을 갖기 때문에, 수소 결합을 통해 광대한 3차원 그물구조를 형성할 수 있다(**그림 8.8**).

수소 결합은 최대 40 kJ/mol의 에너지를 가질 정도로 매우 강하다. 14~17족 원소를 포함하는 공유 결합성 이성분 수소화물의 끓는점을 나타낸 **표 8.5**는 수소 결합의 영향력을 보여준다. 예상대로 주기율표의 같은 족에서는 아래로 내려갈수록 분자량이 증가하므로, 런던 분산력이 증가하여 끓는점이 일반적으로 증가한다. 예를 들면, $CH_4 < SiH_4 < GeH_4 < SnH_4$이다. 그러나 세 가지 물질 NH_3, H_2O, HF는 매우 이례적이다. 이 물질은 예상보다 높은 끓는점을 갖는다. 모두 수소 결합 때문이다.

액체 물은 양전하로 편극된 수소와 음전하로 편극된 **산소 원자**의 전자쌍 간 인력 때문에 광대한 3차원 그물구조의 수소 결합을 형성한다.

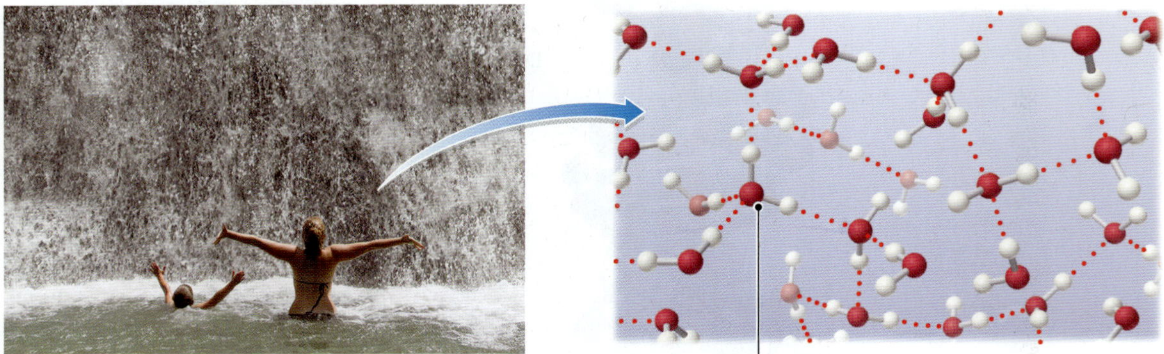

©Bronwyn Photo/Shutterstock

산소는 점선으로 표시된 두 개의 수소 결합을 형성할 수 있다.

▲ **그림 8.8**
물의 수소 결합

▲ 확인하기

한 개의 물 분자는 물 분자를 둘러싼 수소 결합을 몇 개나 형성할 수 있는가?

답 산소의 고립 전자쌍 두 개가 각각 다른 물 분자의 수소 원자와 수소 결합을 형성하고, 두 개의 수소 원자가 다른 물 분자에 있는 한 개의 산소 원자와 수소 결합을 형성한다. 따라서 모두 네 개의 수소 결합을 형성할 수 있다.

표 8.5 14, 15, 16, 17족을 포함하는 공유 결합성 이성분 수소화물의 끓는점

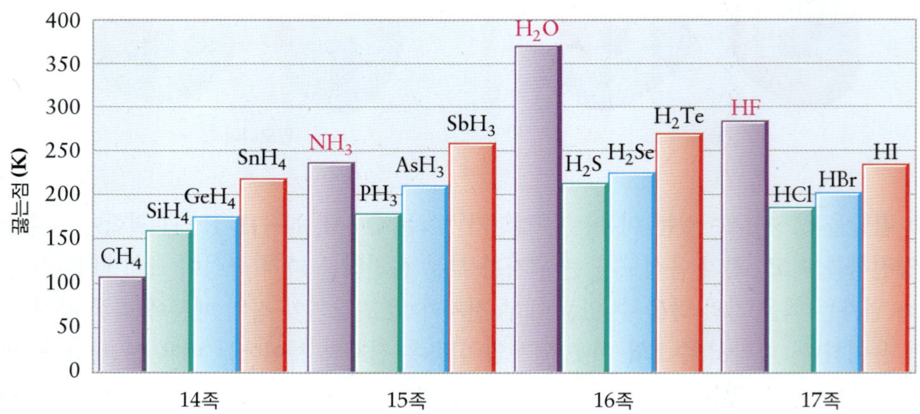

주기율표에서 같은 족에서는 아래로 내려갈수록 분자량이 증가하므로 일반적으로 끓는점이 증가한다. 질소(NH_3), 산소(H_2O), 플루오린(HF)의 수소화물은 수소 결합을 형성하기 때문에, 비정상적으로 높은 끓는점을 갖는다.

개념 예제 8.4

수소 결합 그리기

메탄올(CH_3OH)은 연료 전지로 사용될 수 있는 액체이다. 액체 시료에서 한 개의 메탄올 분자가 다른 메탄올 분자에 둘러싸일 때 형성 가능한 모든 수소 결합을 그리시오.

전략

수소 결합은 강한 쌍극자–쌍극자 상호 작용으로 발생하며, 그 모양은 다음과 같이 나타낸다. X는 전기 음성도가 높은 원자인 F, O, N 중 하나를 나타낸다. 모양을 고정하기 위해 두 개의 CH_3OH 분자를 정렬하고, 수소 결합을 그린다.

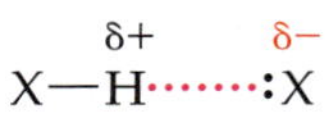

풀이

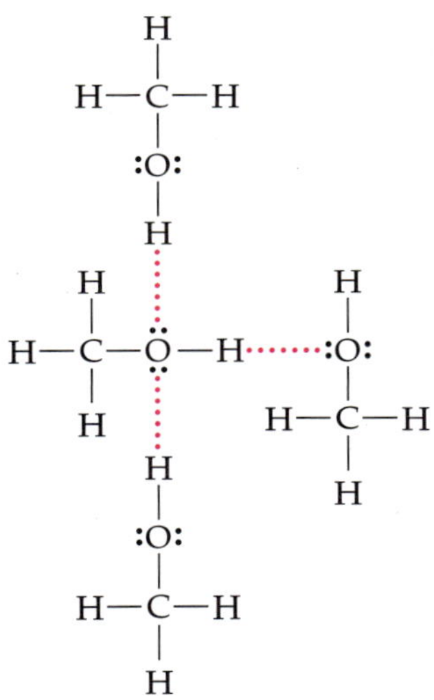

▶ **개념 연습문제 8.7** 폼알데하이드(CH_2O)를 포함한 액체 시료가 물에 용해되어 있다. 이 용액에서 형성할 수 있는 수소 결합을 잘못 표시한 것은 어느 것인가?

(a)

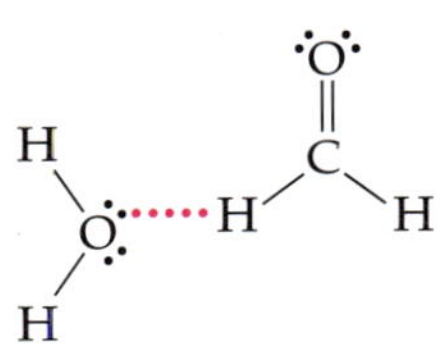

(b)

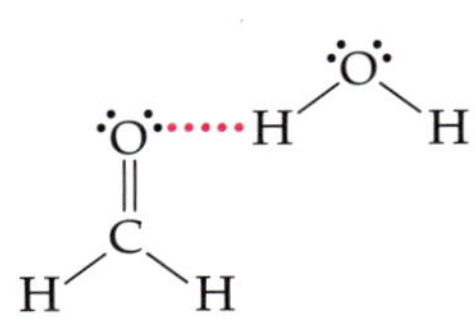

(c)

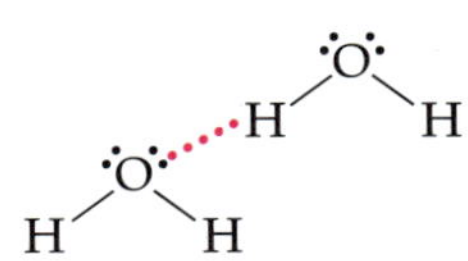

▶ **개념 응용문제 8.8** 구아닌(G)-사이토신(C) 분자 쌍과 아데닌(A)-타이민(T) 분자 쌍 사이의 수소 결합이 두 개의 DNA 가닥을 함께 잡고 있다. 아래 그림에서 이 분자 쌍들은 두 개의 DNA 가닥 안에 나란하게 존재한다. 빨간색의 구불구불한 선은 분자가 DNA의 당–인산 골격에 결합된 곳을 나타낸다.

(a) G–C 쌍과 A–T 쌍에서 발생하는 수소 결합을 그리시오.

(b) A–T 쌍과 G–C 쌍 중 DNA의 어떤 영역이 더 높은 녹는점을 가지겠는가?

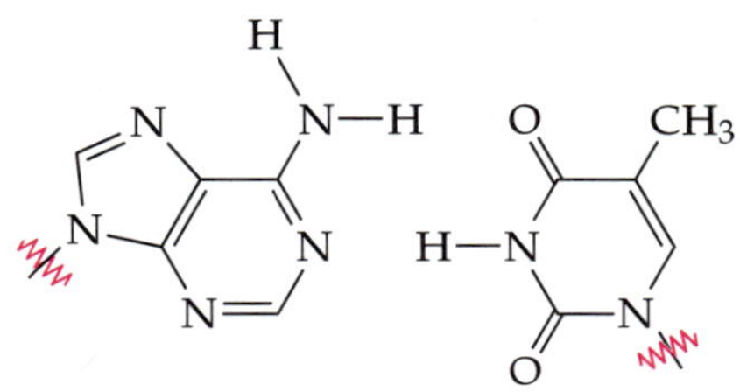

A **T**

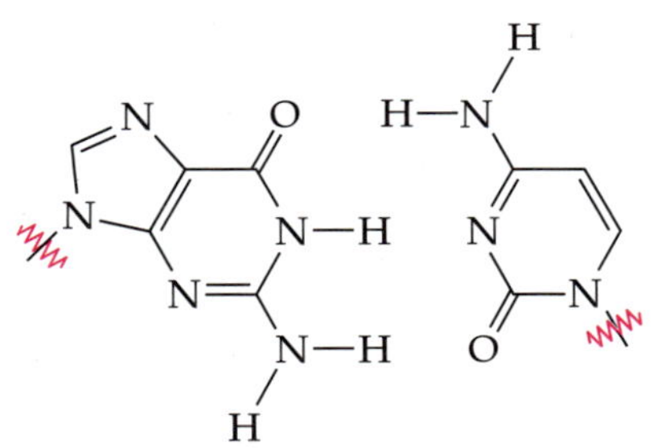

G **C**

이온–쌍극자 힘

앞 절에서, 각 결합 쌍극자의 합이 0이 아니면 분자는 알짜 극성과 전체 쌍극자 모멘트를 가지고 있음을 알았다. 분자는 한쪽 부분은 여분의 전자를 가져 부분적으로 음전하($\delta-$)를 띠고, 반대쪽 부분은 전자가 부족하여 부분적으로 양전하($\delta+$)를 띤다. **이온–쌍극자 힘(ion-dipole force)**은 이온과 극성 분자의 부분 전하 사이에 전기적 상호 작용의 결과이다(그림 8.9).

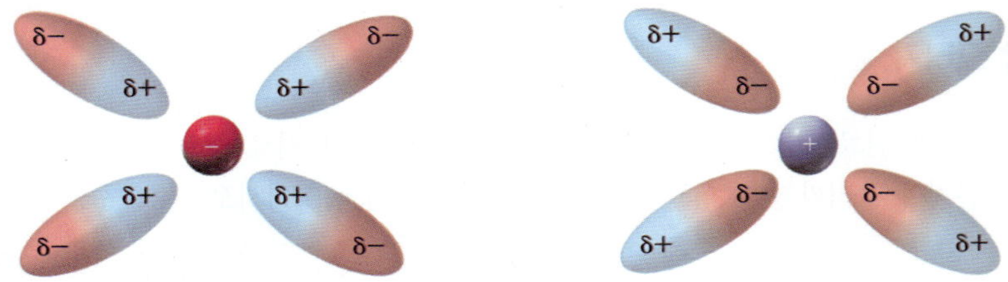

◀ 그림 8.9
이온–쌍극자 힘

이온이 존재할 때 극성 분자는 쌍극자의 양전하 끝이 음이온에 가깝고, 쌍극자의 음전하 끝은 양이온에 가깝도록 배향되는 것이 유리하다. 상호 작용 에너지 E의 크기는 이온의 전하(z), 쌍극자 모멘트 μ로 측정되는 쌍극자 세기에 비례하고, 이온과 쌍극자 사이의 거리 r의 제곱에 반비례한다. 즉 $E \propto z\mu/r^2$이다. 이온–쌍극자 힘은 세기에 있어서 매우 가변적이고, NaCl과 같은 이온성 물질의 수용액에서, 극성 물 분자들이 이온을 둘러싸는 상황에서 특히 중요하다. 13장에서 **용액의 형성**을 보다 자세히 살펴볼 것이다.

미리보기…
13.2절에서 용액의 형성을 수반하는 에너지 변화와, 그 에너지 변화가 다른 종류의 분자간 힘에 의해 어떻게 영향을 받는가를 살펴볼 것이다.

표 8.6은 여러 종류의 분자간 힘을 비교한 것이다.

표 8.6 분자간 힘의 비교

힘	세기	특징
이온–쌍극자	매우 가변적(10~70 kJ/mol)	이온과 극성 분자 사이에서 일어남.
쌍극자–쌍극자	약함(3~4 kJ/mol)	극성 분자 사이에서 일어남.
런던 분산력	약함(1~10 kJ/mol)	모든 분자 사이에서 일어남; 세기는 크기와 편극도에 좌우됨.
수소 결합	중간(10~40 kJ/mol)	O–H, N–H, F–H 결합을 갖는 분자 사이에서 일어남.

예제 8.5

분자간 힘의 결정

다음 물질은 어떤 종류의 분자간 힘을 갖는지 확인하시오.

(a) HCl
(b) CH_3CH_3(에테인)
(c) CH_3NH_2(메틸아민)
(d) Kr

전략

각 물질의 구조를 보고 어떤 종류의 분자간 힘이 존재하는지를 결정한다. 모든 분자들은 분산력을 갖는다. 극성 분자들은 쌍극자–쌍극자 힘을 갖고, O–H, N–H, F–H 결합을 포함하는 분자는 수소 결합을 한다.

풀이

(a) HCl은 극성 분자이지만 수소 결합을 형성하지 않는다. 쌍극자–쌍극자 힘과 분산력이 존재한다.

(b) CH_3CH_3는 무극성 분자이므로 분산력만 존재한다.

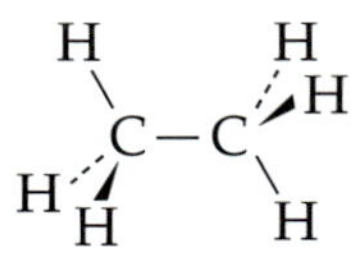

에테인

(c) CH_3NH_2는 수소 결합을 형성할 수 있는 극성 분자이다. 또한 쌍극자–쌍극자 힘과 분산력도 존재한다.

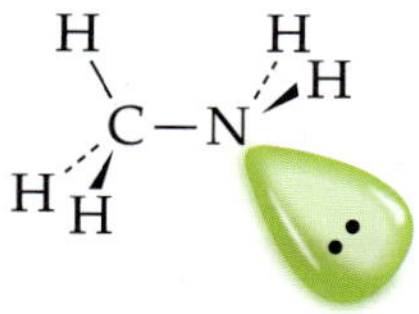

메틸아민

(d) Kr은 무극성이므로 분산력만 존재한다.

연습문제 8.9 Cl_2, CCl_4, CH_3F, HF는 어떤 종류의 분자간 힘을 갖는가? 다음 설명 중 어느 것이 거짓인가?

(a) CH_3F는 분산력, 쌍극자–쌍극자 힘, 수소 결합이 존재한다.
(b) CCl_4는 Cl_2보다 강한 분산력을 가진다.
(c) HF는 분산력, 쌍극자–쌍극자 힘, 수소 결합이 존재한다.
(d) CCl_4는 분산력만 존재한다.

응용문제 8.10 다음 화합물이 갖는 분자간 힘의 종류를 고려하여, 끓는점이 낮은 물질부터 순서대로 배열하시오. H_2S(분자량 = 34), CH_3OH(분자량 = 32), C_2H_6(분자량 = 30), Ar(분자량 = 40)

INQUIRY ? 천연 또는 합성 바이타민 중 어느 것이 사람의 건강에 더 좋을까?

화학 산업이 개발되기 전인 19세기 말과 20세기 초에는 질병 치료, 의복 염색, 향수에 사용되는 물질은 천연에서만 구한 것들이었다. 예를 들면, 17세기까지 양귀비와 버드나무 껍질의 추출물이 통증 완화에 사용되었다. 중동 지역의 패류에서 얻는 티리안 퍼플(Tyrian purple)이라고 불리는 귀한 자주색 염료는 아주 옛날부터 알려져 있었다. 수레박하, 월계수, 장미, 라벤더에서 증류되어 농축된 오일은 수세기 동안 향수 제조에 사용되어왔다.

▲ 실험실에서 만든 합성이든 식품으로부터 나온 천연이든 바이타민 C는 동일하다. ©happysmiling/Shutterstock

이러한 천연물들은 처음에는 화학적 성분을 모른 채로 사용되었다. 그러나 화학이 발전함에 따라, 과학자들은 천연물에 있는 화합물의 구조를 파악하는 방법을 알았다. 예를 들어, 라임과 다른 감귤류가 질병을 치료하는 성질을 가지고 있다는 점이 수세기 동안 알려져 있었다. 그러나 1933년까지는 활성 성분인 바이타민 C의 구조가 밝혀지지 않았다. 오늘날 민간요법에 대한 관심이 증가하고, 식물에서 약효가 있는 중요한 화합물을 확인하는 연구가 활발하게 진행되고 있다.

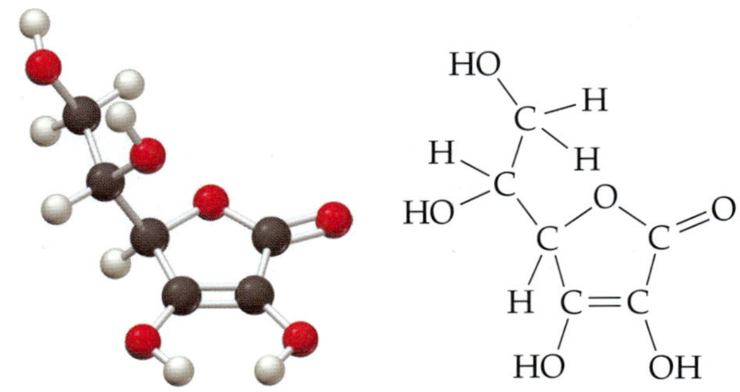

바이타민 C(아스코브산) 구조

일단 구조가 알려지면, 유기 화학자들은 실험실에서 그 화합물의 합성을 시도한다. 출발 물질의 값이 싸고 합성 과정이 매우 간단하다면, 식물이나 세균으로부터 분리하는 것보다 화합물을 제조하는 것이 더욱 경제적일 것이다. 바이타민 C의 경우 1933년에 완전한 합성이 이루어졌고, 현재는 포도당에서 시작해서 바이타민 C를 합성하는 것이 감귤이나 다른 천연물질에서 추출하는 것보다 훨씬 저렴하다. 전 세계적으로 110,000 톤 이상의 바이타민 C가 매년 합성되고 있다.

그러나 '합성' 바이타민 C는 '천연' 만큼 좋을까? 어떤 사람들은 천연이 더 좋다고 생각하면서 아직도 천연에서 나온 바이타민만을 찾는다. 오렌지를 먹는 것이 정제 한 알을 먹는 것보다 아마 더 낫다고 하여도 그 차이는 오렌지에 존재하는 많은 다른 물질 때문일 것이다. 마치 실험실에서 소듐과 염소를 반응시켜 합성한 NaCl이 바다에서 얻은 NaCl과 똑같은 것처럼, 바이타민 C는 모두 똑같다. 천연 및 합성 화합물은 어느 쪽도 다른 쪽보다 더 우수하지 않으며, 모든 면에서 동일하다.

정리

절	개념 요약	학습 목표
8.1 분자 모양: VSEPR 모형	분자 모양은 때로 **원자가 껍질 전자쌍 반발(VSEPR) 모형**으로 예측할 수 있다. 원자 주위의 전자를 서로 반발하는 전하구름으로 취급하여 그들이 가능하면 서로 멀리 떨어져 배향된다고 본다. 2개의 전하구름을 갖는 원자들은 전하구름이 선형으로, 3개의 전하구름을 갖는 원자들은 삼각 평면으로, 4개의 전하구름을 갖는 원자들은 사면체 배열로 된다. 마찬가지로 5개의 전하구름을 갖는 원자들은 삼각쌍뿔, 6개의 전하구름을 갖는 원자들은 팔면체 구조로 배열된다.	8.1 한 개의 중심 원자를 가진 분자나 이온의 모양과 결합각을 예측하기 위해 VSEPR 모형을 사용한다. 8.2 두 개 이상의 중심 원자를 가진 분자의 결합각을 예측하기 위해 VSEPR 모형을 사용한다.
8.2 극성 공유 결합과 쌍극자 모멘트	결합에서 원소들 사이의 전기 음성도 차이가 극성 공유 결합을 야기할 수 있다. 결합 쌍극자와 고립 전자쌍이 분자의 중심을 둘러싼 비대칭 배열이 발생하면, 분자는 **쌍극자 모멘트**로 측정하는 성질인 알짜 극성을 갖는다.	8.3 주어진 분자가 쌍극자 모멘트를 갖는지 예측하고, 그 방향을 나타낸다. 8.4 분자의 정전기 퍼텐셜 지도를 해석한다.
8.3 분자간 힘	반데르발스 힘으로 알려진 **분자간 힘**은 고체와 액체 상태에서 입자들이 서로 붙잡는 원인이 되는 인력이다. 분자간 힘은 모두 정전기적 인력으로부터 일어난다. **런던 분산력**은 모든 분자의 특성이고, 순간적인 비대칭 전자 분포에 의해 발생하는 일시적 쌍극자 모멘트의 존재로 생긴다. **쌍극자–쌍극자 힘**은 두 개의 극성 분자 간에 발생한다. **수소 결합**은 O, N, F에 결합된 양(+)의 극성을 띤 수소와 O, N, F 원자의 고립 전자쌍 간의 인력이다. **이온–쌍극자 힘**은 이온과 극성 분자 간에 발생한다.	8.5 분자간 힘의 종류를 확인한다. 8.6 녹는점, 끓는점과 같은 물리적 성질과 분자간 힘의 세기를 관련짓는다. 8.7 두 개의 분자 간에 발생하는 수소 결합을 그린다.

주요 용어

결합각	반데르발스 힘	쌍극자	이온–쌍극자 힘
데옥시리보핵산(DNA)	분자간 힘	쌍극자–쌍극자 힘	편극
런던 분산력	수소 결합	원자가 껍질 전자쌍 반발 모형	

복습 문제

LO는 학습 목표(Learning Objectives)를 나타낸다.

이 장을 학습한 후엔, 학습자의 이해도를 평가할 수 있는 방법이 있다. **복습 문제**를 푸는 것이다. **복습 문제**들은 이 장의 학습 목표와 연계되어 있다. 따라서 푼 답이 틀렸다면, 이 장의 끝부분에 나와 있는 **정리** 문단의 **학습 목표**를 참고하면 된다. 정리 문단에는 **개념 요약**이 제공되며, **예제**를 참고하면 문제 해결 방법을 모델링 할 수 있다.

1. SeF_4의 3차원 모양을 바르게 나타낸 것은? **(LO 8.1)**

(a)

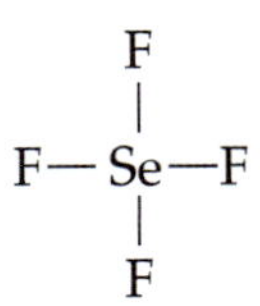

(b)

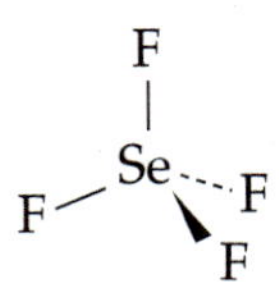

(c)

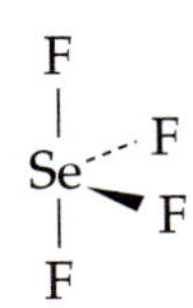

(d)

2. CCl_3^-의 기하학적 구조와 중심 원자 주변의 예측되는 결합각은 얼마인가? (**LO 8.1**)
   (a) 평면 삼각형, 120°
   (b) 삼각뿔, 109.5°
   (c) 삼각뿔, 120°
   (d) 굽은형, 109.5°
3. OCN^-의 기하학적 구조와 중심 원자 주변의 예측되는 결합각은 얼마인가? (**LO 8.1**)
   (a) 선형, 180° (b) 굽은 모양, 120°
   (c) 굽은형, 109.5° (d) 평면 삼각형, 120°
4. 젖산은 포도당 대사의 폐기물이다. 젖산에 있는 원자들 사이의 연결은 다음과 같다. 이중 결합과 고립 전자쌍을 추가하여 전자점 구조를 그리시오. 번호가 매겨진 탄소와 산소 원자들 주위의 예측되는 결합각을 나타내시오. (**LO 8.2**)

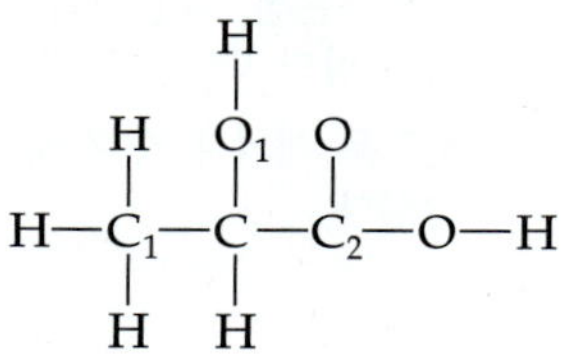

   (a) $C_1 = 90°$, $O_1 = 180°$, $C_2 = 90°$
   (b) $C_1 = 109.5°$, $O_1 = 180°$, $C_2 = 120°$
   (c) $C_1 = 109.5°$, $O_1 = 109.5°$, $C_2 = 109.5°$
   (d) $C_1 = 109.5°$, $O_1 = 109.5°$, $C_2 = 120°$
5. 아미노산 히스티딘의 원자 사이의 연결은 다음과 같다. 다중 결합과 고립 전자쌍을 추가하여 전자점 구조를 완성하시오. (**LO 8.2**)

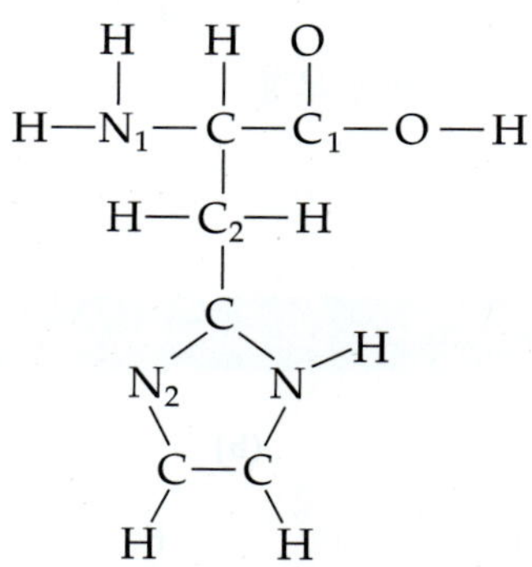

6. 다음 중 극성 결합을 가지고 있지만 비극성인 분자는? (**LO 8.3**)
   (a) SF_6 (b) SF_2
   (c) F_2 (d) NF_3
7. 다음 구조를 나타내는 아세톤에는 어떤 종류의 분자간 힘이 존재하는가? (**LO 8.5**)

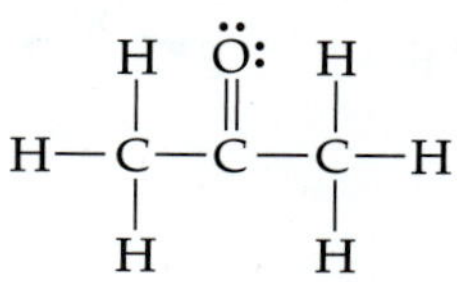

   (a) 런던 분산력
   (b) 런던 분산력과 쌍극자–쌍극자 힘
   (c) 쌍극자–쌍극자 힘
   (d) 런던 분산력, 쌍극자–쌍극자 힘과 수소 결합
8. 다음 물질 중 끓는점이 낮은 물질부터 순서대로 배열하시오. (**LO 8.6**)

   CaF_2, CF_4, CH_4, CHF_3

   (a) $CH_4 < CF_4 < CHF_3 < CaF_2$
   (b) $CF_4 < CH_4 < CHF_3 < CaF_2$
   (c) $CaF_2 < CH_4 < CHF_3 < CF_4$
   (d) $CH_4 < CHF_3 < CaF_2 < CF_4$
9. 다음 물질 중 끓는점이 낮은 물질부터 순서대로 배열하시오. (LO 8.6)

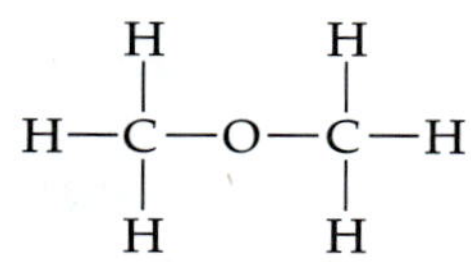

(I)

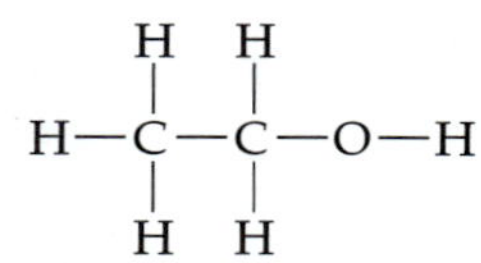

(II)

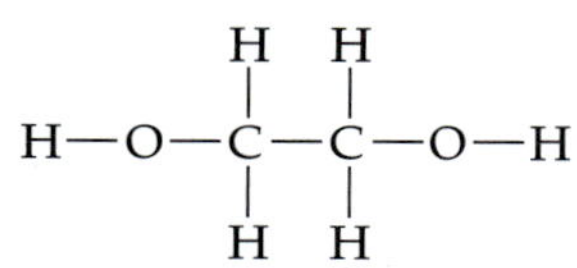

(III)

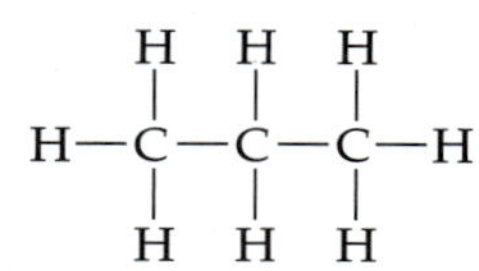

(IV)

   (a) I < II < III < IV
   (b) II < III < I < IV
   (c) IV < II < III < I
   (d) IV < I < II < III
10. DNA 염기 타이민은 수소 결합을 할 수 있기 때문에 물에 용해된다. 다음 중 타이민과 주변의 물 분자 사이에 유효한 수소 결합은? (**LO 8.7**)

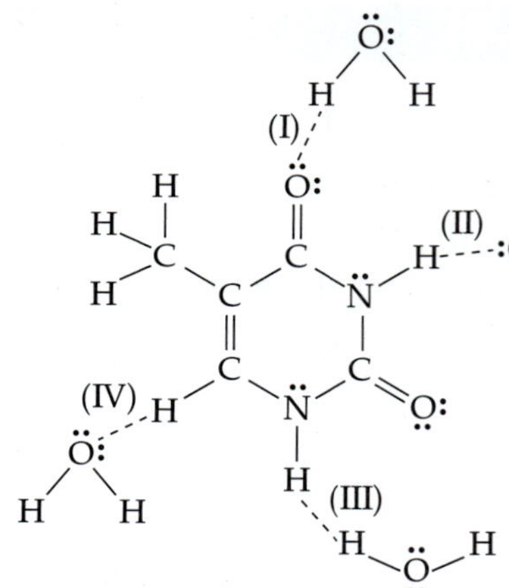

   (a) I, II (b) I, II, IV
   (c) I, II, III (d) III, IV

답:

1. c, 2. b, 3. a, 4. d, 6. a, 7. b, 8. a, 9. d, 10. a

개념 문제

문제 8.1~8.10**은 이 장의 본문 중에 있다.**

8.11 다음 각 분자 모형에서 중심 원자 주위의 기하학적 구조는 무엇인가? (어떤 경우에는 한 개의 보이는 원자 바로 뒤쪽에 '숨겨진' 원자가 있을 수 있다.)

(a) **(b)** **(c)**

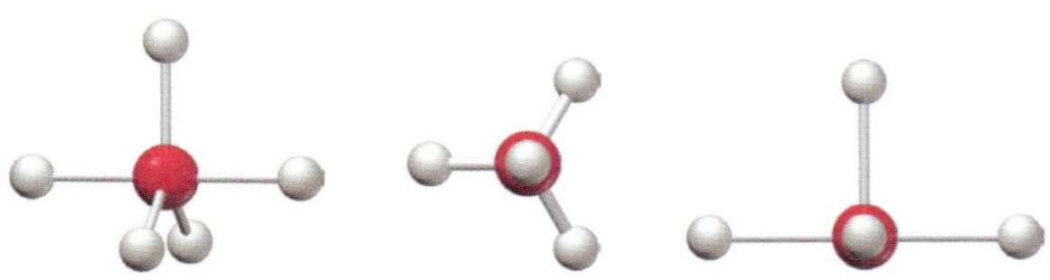

8.12 다음은 비처방 두통약 타이레놀의 주성분인 아세트아미노펜(acetaminophen)을 공–막대 모형으로 나타낸 것이다(빨간색 = O, 회색 = C, 파란색 = N, 상아색 = H).

(a) 아세트아미노펜의 분자식은 무엇인가?

(b) 아세트아미노펜에서 다중 결합의 위치를 표시하시오.

(c) 각 탄소 주위의 기하학적 구조는 무엇인가?

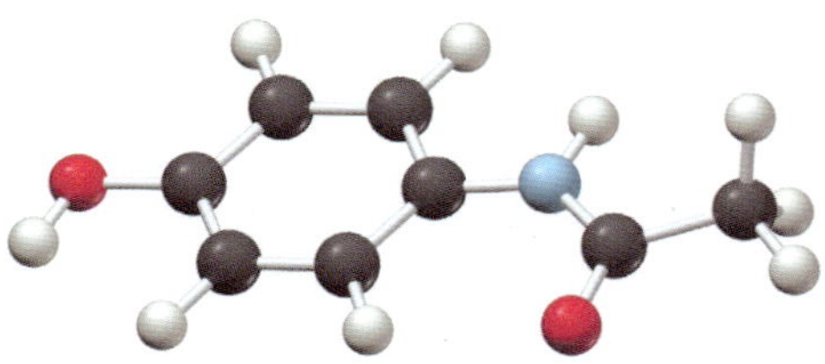

아세트아미노펜

8.13 아세트산 에틸($CH_3CO_2CH_2CH_3$)은 매니큐어 제거용 용매로 흔히 사용된다. 다음 아세트산 에틸의 정전기 퍼텐셜 지도를 보고 관찰된 극성에 대해 설명하시오.

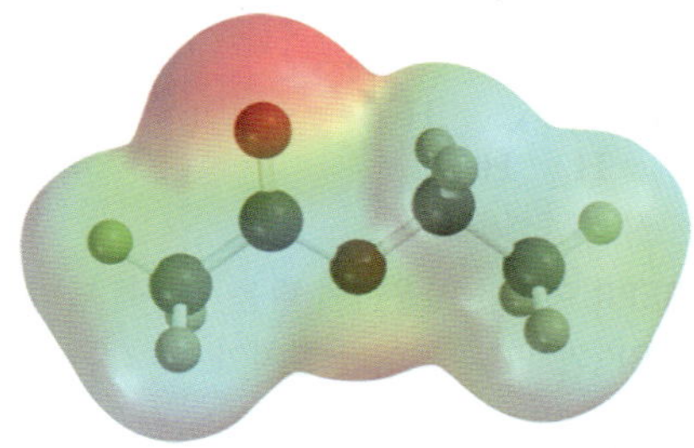

8.14 메틸아민(CH_3NH_2)은 썩은 생선의 악취를 내는 물질이다. 다음 메틸아민의 정전기 퍼텐셜 지도를 보고, 관찰된 극성을 설명하시오.

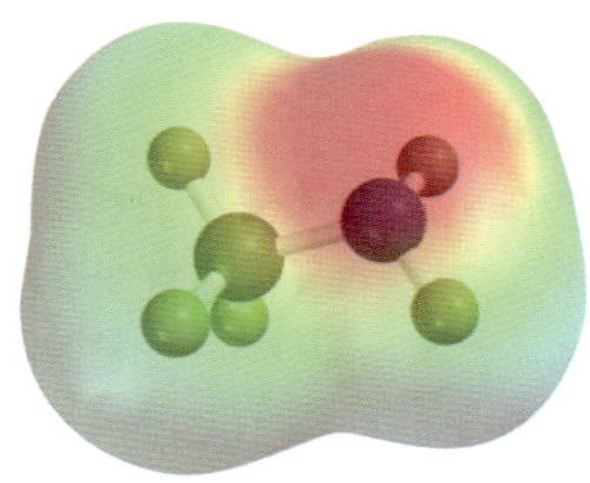

보충 문제

VSEPR 모형(8.1절)

8.15 다음과 같은 수의 전하구름을 갖는 원자는 각각 어떤 기하학적 구조를 갖는지 예측하시오.

(a) 3 (b) 5 (c) 2 (d) 6

8.16 다음과 같은 기하학적 구조를 갖는 분자에서 중심 원자 주위의 전하구름은 몇 개인가?

(a) 사면체 (b) 팔면체

(c) 굽은형 (d) 선형

(e) 사각뿔 (f) 삼각뿔

8.17 다음 각 분자의 예측되는 형태는 무엇인가?

(a) H_2Se (b) $TiCl_4$

(c) O_3 (d) GaH_3

8.18 다음 각 분자 또는 이온의 예측되는 형태는 무엇인가?

(a) SbF_5 (b) IF_4^+

(c) SeO_3^{2-} (d) CrO_4^{2-}

8.19 다음 각 음이온의 예측되는 형태는 무엇인가?

(a) PO_4^{3-} (b) MnO_4^- (c) SO_4^{2-}

(d) SO_3^{2-} (e) ClO_4^- (f) SCN^-

8.20 다음에 대하여 각각 예측되는 결합각은 얼마인가?

(a) SF_2의 F—S—F 각

(b) N_2H_2의 H—N—N 각

(c) KrF_4의 F—Kr—F 각

(d) NOCl의 Cl—N—O 각

8.21 아크릴로나이트릴(acrylonitrile)은 아크릴 섬유 제조의 출발 물질이다. 아크릴로나이트릴의 모든 결합각을 예측하시오.

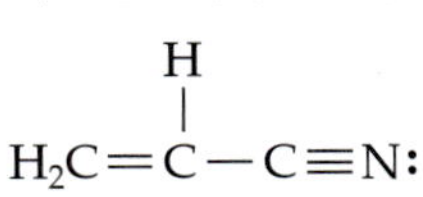

아크릴로나이트릴

8.22 해양학자들은 한 지역에서 추적자(물질의 행방, 변화를 추적하는 데 쓰는 방사성 동위 원소) 분자들을 방출하고, 다른 지역에서 그들의 존재를 검출함으로써 바닷물의 섞임 현상을 연구한다. CF_3SF_5 분자는 그런 추적자 중의 하나이다. CF_3SF_5의 전자점 구조를 그리고, 탄소와 황의 결합각을 예측하시오.

8.23 탄소 원자로 된 육각 고리를 포함하는 물질인 사이클로헥세인은 왜 평면 구조가 아니고 주름진 비평면 구조를 가지는지

설명하고, C—C—C 결합각을 예측하시오.

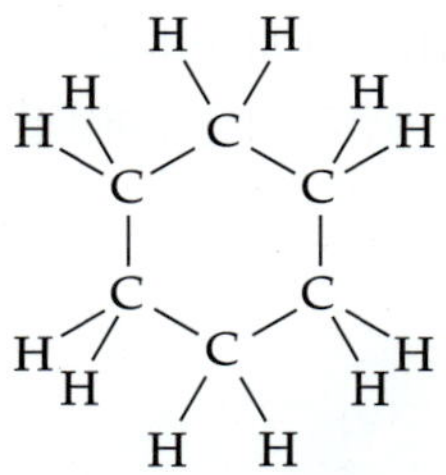

사이클로헥세인

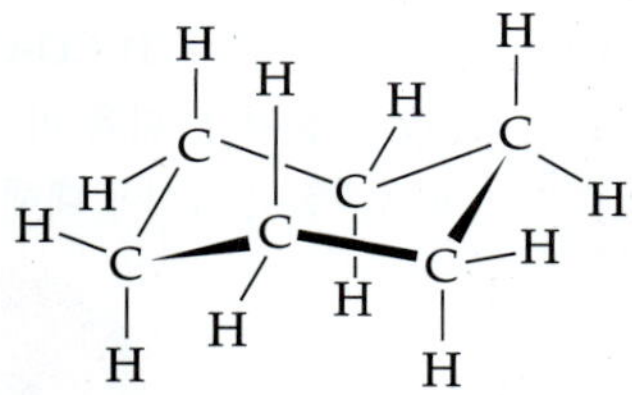

옆에서 본 구조

8.24 VSEPR 이론을 사용하여 다음 질문에 답하시오.
(a) BF_3와 PF_3 중 어떤 분자가 더 작은 F—X—F 결합각을 갖는가?
(b) PCl_4^+와 ICl_2^- 중 어떤 이온이 더 작은 Cl—X—Cl 결합각을 갖는가?
(c) CCl_3^-와 PCl_6^- 중 어떤 이온이 더 작은 Cl—X—Cl 결합각을 갖는가?

쌍극자 모멘트(8.2절)

8.25 다음 중 어느 물질의 쌍극자 모멘트가 0이 아닌가? 그 이유를 설명하고, 각 화합물에 대해 쌍극자 방향을 그리시오.
(a) Cl_2O (b) XeF_4
(c) 클로로에테인, CH_3CH_2Cl (d) BF_3

8.26 SO_2의 쌍극자 모멘트는 1.63 D이지만 CO_2는 왜 0인지 그 이유를 설명하시오.

8.27 X가 할로젠인 PtX_4^{2-} 이온은 사각 평면 구조를 갖는다.
(a) 쌍극자 모멘트를 갖지 않는 $PtBr_2Cl_2^{2-}$ 이온의 구조를 그리시오.
(b) 쌍극자 모멘트를 갖는 $PtBr_2Cl_2^{2-}$ 이온의 구조를 그리시오.

8.28 왜 극성 공유 결합을 갖지만 쌍극자 모멘트를 갖지 않는 분자들이 있는가?

분자간 힘(8.3절)

8.29 런던 분산력과 쌍극자–쌍극자 힘의 차이는 무엇인가?

8.30 다음 각 물질의 가장 중요한 분자간 힘은 무엇인가?
(a) 클로로폼, $CHCl_3$ (b) 산소, O_2
(c) 폴리에틸렌, C_nH_{2n+2} (d) 메탄올, CH_3OH

8.31 메탄올(CH_3OH; 끓는점 = 65 °C)은 메테인(CH_4; 끓는점 = −164 °C)보다 거의 230 °C 높은 온도에서 끓지만, 1-데칸올($C_{10}H_{21}OH$; 끓는점 = 231 °C)은 데케인($C_{10}H_{22}$; 끓는점 = 174 °C)보다 단지 57 °C 높은 온도에서 끓는다. 그 이유를 설명하시오.

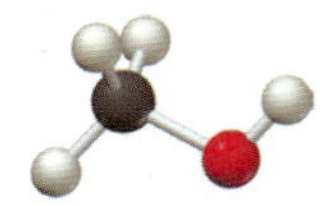

메탄올

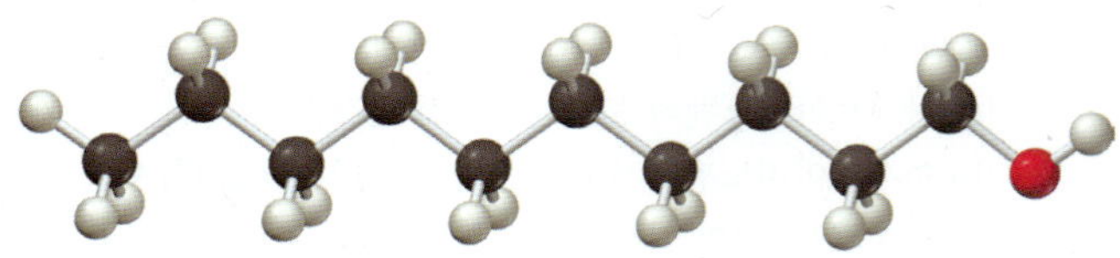

1-데칸올

8.32 두 암모니아 분자 사이에서 어떻게 수소 결합이 형성되는지 그림을 그리시오.

8.33 물에 녹은 메틸아민(CH_3NH_2)을 포함하는 액체 시료가 있다. 메틸아민과 물 사이에 생기는 수소 결합을 묘사한 그림은 어느 것인가?

(a)

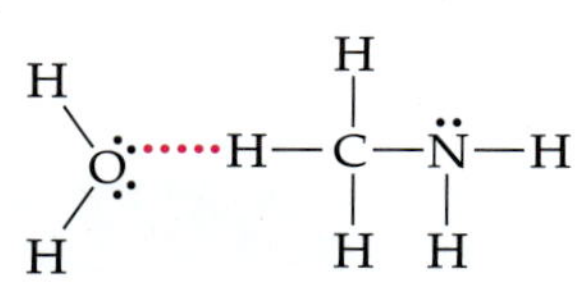

(b)

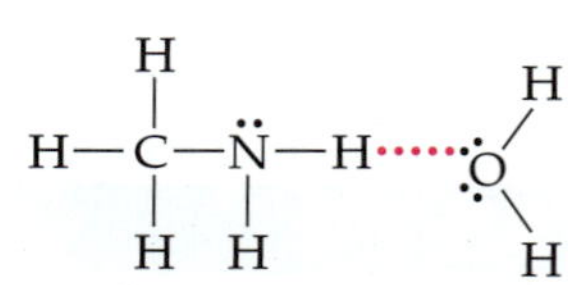

(c)

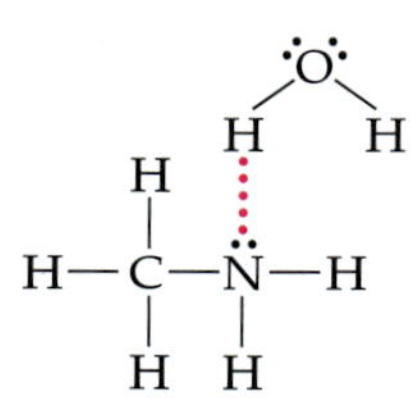

(d)

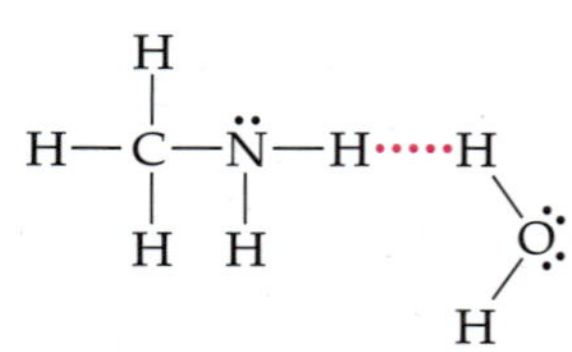

chapter 9

열화학: 화학 에너지

ⓒChokniti Khongchum/Shutterstock

CONTENTS

9.1 에너지와 에너지 보존
9.2 내부 에너지와 상태 함수
9.3 팽창 일
9.4 에너지와 엔탈피
9.5 열화학 반응식과 열역학적 표준 상태
9.6 화학적 변화와 물리적 변화의 엔탈피
9.7 열량계와 열용량
9.8 헤스 법칙
9.9 표준 생성열
9.10 결합 해리 에너지
9.11 엔트로피 소개

조류로부터의 광생물반응기에서 만들어진 바이오연료는 화석연료의 재생 가능한 대안이다.

바이오연료의 에너지 함량은 어떻게 결정되는가?

이 질문의 답은 277쪽 **INQUIRY ?** 에 나와 있다.

에너지는 우리의 생활 모든 면에서 중요하다. 우리가 먹는 음식은 이동, 성장, 사고 및 98.6 °F의 체온을 유지하기 위한 에너지를 제공한다. 석탄, 기름, 가스와 같은 화석연료는 전기 생산, 제조 과정 및 운송에 필요한 에너지를 제공한다. 예상된 석유의 부족 그리고 기후 변화와 오염을 포함한 화석연료를 태워 나온 원하지 않던 결과는 태양전지, 풍력 발전단지 및 바이오연료와 같은 재생 가능한 에너지원의 사용을 촉진시켰다. 이번 장 마지막의 Inquiry는 바이오연료가 어떻게 만들어지는지 설명하고 에너지 함량을 탐구한다.

우리는 이번 장에서 몇 가지 서로 다른 형태의 에너지를 살펴보고, 그와 함께 화학 반응을 동반하는 열에너지의 흡수 및 방출에 연관된 **열화학(thermochemistry)**의 주제를 다루고자 한다. 또한, 우리는 "왜 화학 반응이 일어나는가?"의 매우 중요한 질문에 어떻게 열전달이 영향을 미치는지 살펴볼 것이다. 간단히 말하면, 높은 에너지를 가지는 덜 안정한 물질은 일반적으로 낮은 에너지를 가진 더 안정된 물질로 변환된다.

9.1 에너지와 에너지 보존

기억하기…

에너지는 열을 공급하거나 일을 하는 능력으로 **운동 에너지**(움직임의 에너지) 또는 **퍼텐셜 에너지**(아직 방출되지 않고 저장된 에너지)로 분류된다.

에너지란 말은 모든 사람들에게 친숙한 단어이지만 기술적인 용어를 사용하지 않고 간단히 정의하기는 대단히 어렵다. 그러나 **에너지**를 일을 할 수 있는 능력 혹은 열을 공급하는 능력이라고 말하는 것은 상당히 좋은 정의이다. 예를 들어, 댐에서 떨어지는 물은 터빈을 돌리고 전기를 생산하는 데 사용될 수 있는 에너지를 가지고 있다. 프로페인 기체 탱크는 연소의 화학 과정에 노출되었을 때, 집을 덥히거나 햄버거를 조리할 수 있는 에너지를 가진다.

에너지는 **운동 에너지**와 **퍼텐셜 에너지**로 분류된다. **운동 에너지(kinetic energy, E_K)**란 움직임의 에너지이다.

> **운동 에너지** $E_K = \frac{1}{2}mv^2$ 여기서 m = 질량, v = 속도

에너지의 SI 유도 단위($kg{\cdot}m^2/s^2$)는 운동 에너지의 표현, $E_K = (1/2)mv^2$으로부터 나온 것으로 **줄(joule, J)**이라고 한다.

$$1\ (kg \cdot m^2/s^2) = 1\ J$$

그와 대조적으로 **퍼텐셜 에너지(potential energy, E_P)**란 저장된 에너지로, 높이로 인해 물체에 저장될 수 있거나 분자가 수행할 수 있는 반응으로 인해 분자에 저장될 수 있다. 댐 내부의 저수지 물은 댐의 바닥을 흐르는 물줄기보다 높은 위치로 인해 퍼텐셜 에너지를 가지고 있다. 물이 떨어지게 되면 물의 퍼텐셜 에너지는 운동 에너지로 바뀌게 된다. 연료로 사용되는 프로페인과 다른 물질들은 산소와 반응하여 열을 방출할 수 있는 **연소 반응**을 할 수 있기 때문에 퍼텐셜 에너지를 가진다.

에너지 보존 법칙(conservation of energy law)에 의하면 에너지는 창조되거나 소멸되지 않는다. 에너지는 단지 한 형태에서 다른 형태로 바뀔 뿐이다.

> **에너지 보존 법칙** 에너지는 창조되거나 소멸되지 않으며, 단지 한 형태에서 다른 형태로 변환될 뿐이다.

에너지 보존 법칙은 매우 중요해 **열역학 제1법칙**(**the first law of thermodynamics**)으로 알려져 있다.

개념탐구 질문 1

겨울에 집을 데우기 위해 천연 가스를 연소시킬 때, _____ 에너지는 _____ 에너지로 변환된다(빈칸을 '운동' 또는 '퍼텐셜'로 채우시오.

9.2 내부 에너지와 상태 함수

화학 반응에서 일어나는 에너지 변화의 경로를 추적할 때, 반응과 그것을 둘러싸고 있는 세계를 분리하여 생각하는 것이 종종 도움이 된다. 어떤 실험에서 관심의 초점이 되는 물질, 즉 반응물과 생성물을 합쳐서 **계**(**system**)라고 부르며, 그 밖의 모든 것, 즉 반응 플라스크, 용매, 실험실, 건물 등은 **주위**(**surroundings**)라고 부른다. 만약 계와 주위를 확실히 고립시킬 수 있어 계와 주위 사이에 에너지 전달이 일어나지 않는다면, 계 내부의 모든 분자 또는 이온의 운동 에너지와 퍼텐셜 에너지의 총합으로 정의되는 계의 전체 **내부 에너지**(**internal energy**, E)는 보존되고, 반응 과정에서 일정하게 유지될 것이다. 사실 이 주장은 단지 열역학 제1법칙의 다른 표현일 뿐이다.

열역학 제1법칙 고립계의 전체 내부 에너지 E는 일정하다.

물론 실제로는 화학 반응을 주위로부터 완벽하게 고립시키는 것은 가능하지 않다. 실제 상황에서는 화합물이 플라스크나 용기의 벽과 물리적으로 접촉하고, 용기 그 자체도 주위 공기 및 실험대와 접촉한다. 그러나 중요한 문제는 계를 고립시킬 수 있는가가 아니라, 주위로부터 계에 들어가는 에너지 또는 계를 떠나서 주위로 흐르는 에너지를 정확하게 측정할 수 있느냐 하는 것이다(그림 9.1). 다시 말하면 우리는 계의 내부 에너지에서의 어떠한 **변화**든 에너지를 측정할 수 있어야만 한다. 내부 에너지 변화 ΔE란 반응 후 계의 최종 상태와 반응 전 계의 초기 상태 사이에서의 내부 에너지 차이를 나타낸다.

$$\Delta E = E_{최종} - E_{초기}$$

관습적으로, 에너지 변화는 계의 관점에서 측정된다. **계로부터 주위로**(from the system to the surroundings) 흘러나가는 에너지는 계가 에너지를 잃기 때문에 음의 부호를 가진다(즉, $E_{최종}$이 $E_{초기}$보다 작다). 주위에서 계로(from the surroundings to the system) 흘러 들어가는

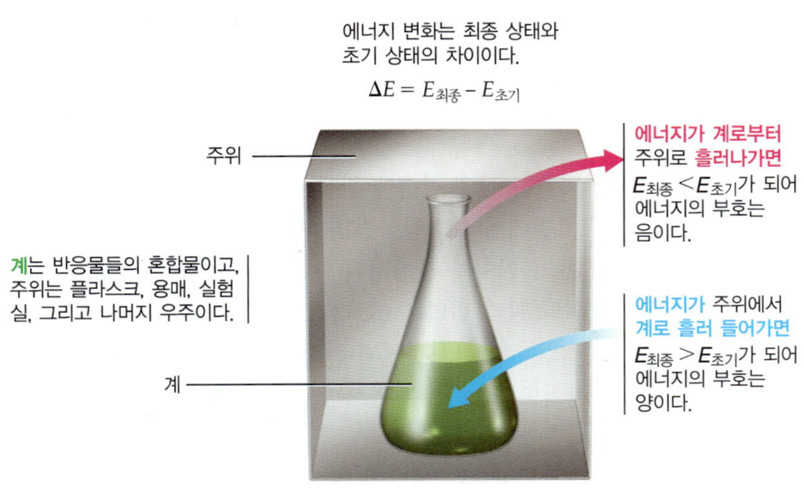

◀ 그림 9.1
화학 반응에서의 에너지 변화

▶ 확인하기

주위 온도의 감소를 유발하는 어떤 화학 반응에 대한 $\Delta E_{계}$의 부호는 무엇인가?

답 화학 반응(계)이 주위로부터 열을 흡수하기 때문에 $\Delta E_{계}$는 양이다.

에너지는 계가 에너지를 얻기 때문에 양의 부호를 가진다(즉, $E_{최종}$이 $E_{초기}$보다 크다).

예를 들어 만일 메테인(CH_4) 1.00 mol을 산소 2.00 mol과 함께 연소시키면, 802 kJ의 열이 방출되어 열이 계로부터 주위로 이동한다. 계는 반응이 시작할 때 가진 것보다 802 kJ만큼 더 적은 에너지를 갖게 되므로 $\Delta E = -802$ kJ이다. 이러한 에너지 흐름을 측정하는 방법은, 반응 용기를 항온 수조에 넣고 반응이 진행되는 동안 온도 상승을 확인하는 것이다.

$$CH_4(g) + 2O_2(g) \longrightarrow CO_2(g) + 2H_2O(g) + 802 \text{ kJ 에너지} \quad \Delta E = -802 \text{ kJ}$$

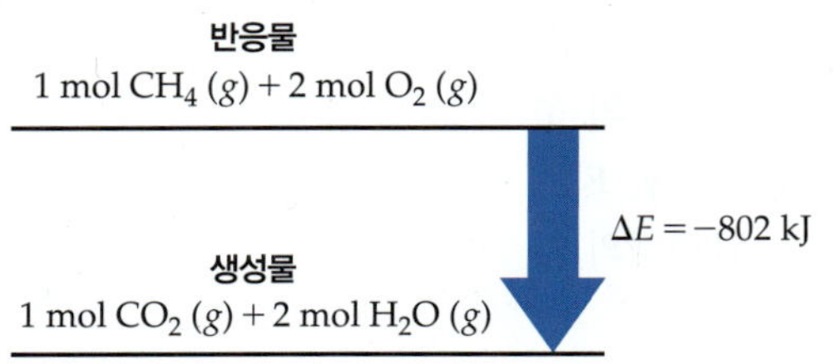

▲ 그림 9.2
1 mol 메테인(CH_4)의 연소 반응에서의 에너지 변화

메테인 연소 실험으로부터 초기 내부 에너지($E_{초기}$)와 최종 내부 에너지($E_{최종}$)의 정확한 값은 알지 못하지만, 생성물인 $CO_2(g)$와 $2H_2O(g)$는 반응물인 $CH_4(g)$와 $2O_2(g)$보다 802 kJ 적은 내부 에너지를 갖는다는 점은 알 수 있다. 이 반응의 $\Delta E = -802$ kJ 값은 반응물이 **균형 반응식에 표시된 계수의 몰수에 따라** 생성물로 변할 때 방출된 에너지 값에 해당된다는 점에 유의하라. 즉, 메테인 기체 1 mol이 산소 기체 2 mol과 반응하여 이산화 탄소 기체 1 mol과 수증기 2 mol을 생성할 때 802 kJ이 방출된다(**그림 9.2**).

▲ 천연가스(메테인, CH_4)가 연소하여 그 주위에 열로서 에너지를 방출한다. ©Darren Pullman/Shutterstock

계의 내부 에너지는 화합물의 종류, 시료의 크기, 온도, 압력, 물리적 상태(기체, 액체, 고체) 등 많은 것에 의존한다. 그러나 내부 에너지는 계의 과거 이력에는 의존하지 않는다. 하루 전 또는 한 시간 전 시점에서 계의 온도 또는 물리적 상태가 어떠하였는지는 전혀 상관이 없으며, 화합물이 어떤 경로로 생성되었는지도 관련이 없다. 문제가 되는 것은 계의 현재 상태이다. 그러므로 내부 에너지는 **상태 함수(state function)**라고 부르며, 상태 함수 값은 계의 현재 상태에만 의존한다. 압력, 부피, 온도는 상태 함수의 다른 예이고, 열과 일은 상태 함수가 아니다.

상태 함수 현재 상태에 도달하기까지의 경로와는 무관하고, 계의 현재 상태 또는 조건에만 의존하는 함수 또는 성질

우리는 '세계 아티초크(섬엉겅퀴 식물)의 수도'라 불리는 캘리포니아 주의 카스트로빌로부터 '우주의 중심(보스턴의 별명)'으로 불리는 매사추세츠 주의 보스턴까지의 여행을 상상하여 상태 함수의 개념을 설명할 수 있다. 당신은 '계'이고 당신의 위치는 상태 함수라고 할 수 있다. 그 이유는 당신이 어떻게 현재 위치에 있게 되었는가는 여기서 아무런 상관이 없기 때문이다. 위치가 상태 함수이므로 카스트로빌에서 보스턴(두 도시 간의 거리는 약 2720마일이다)까지의 여행을 마친 후에 위치 **변화**는 지나온 경로가 노스다코타이든 또는 루이지애나이든 아무런 상관이 없다(**그림 9.3**).

그림 9.3에 보여 준 대륙횡단 여행은 상태 함수에 관한 한 가지 중요한 성질인 상태 함수의 가역성을 설명하고 있다. 카스트로빌에서 보스턴까지의 여행을 끝낸 후에 다시 되돌아간다고 상상해 보라. 최종 위치는 이제 초기 위치와 같아지기 때문에 위치의 변화 값은 0이다. 계가 원래 상태로 돌아갈 때 상태 함수의 전체 변화는 0이다. 그러나 상태 함수가 아닐 때는 비록 그 경로가 계를 원래 상태로 되돌리는 경우라도 전체 변화는 0이 아니다. 예를 들어, 여행 중에 행했던 일은 초기 위치로 돌아와도 되돌릴 수 없으며, 소비한 돈이나 시간도 다시 나타나지 않는다.

음식의 칼로리 함유량 측정은 화학 반응의 에너지 변화가 상태 함수라는 원리에 기초하고

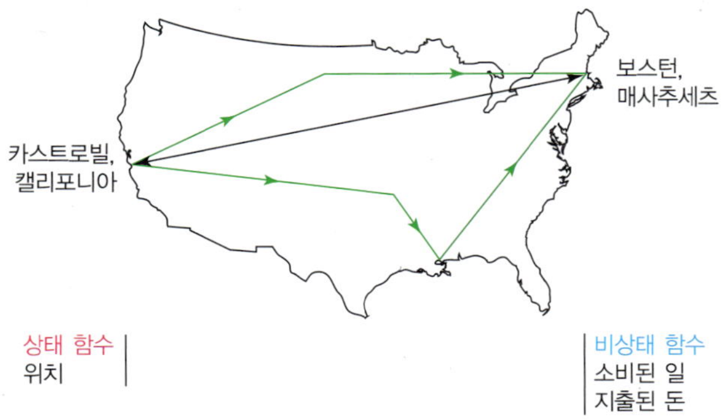

◀ 그림 9.3
상태 함수. 당신의 위치는 상태 함수이므로 캘리포니아 주 카스트로빌에서 매사추세츠 주 보스턴까지 가는 여행에서 당신의 위치 변화는 지나는 여행 경로와 무관하다.

▶ **확인하기**

다음 중 어떤 것이 상태 함수인가?

고속도로 위의 자동차 속도, 카스트로빌에서 보스턴까지 경로의 거리

답 자동차 속도는 카스트로빌에서 보스턴으로 가기 위해 선택한 경로에 의존하지 않으므로 상태 함수이다. 자동차는 30 mph에서 가속하거나 75 mph에서 감속하더라도 거의 60 mph로 주행한다. 주행 거리는 선택한 경로에 의존하기 때문에 상태 함수가 아니다.

있다. 탄수화물 및 지방과 같은 생물학적 분자의 에너지 함량은 9.7절에 서술하고 있는 것과 같이, 열량계 실험에서 분자와 산소와의 연소 반응을 통해 측정할 수 있다. 에너지 변화는 이들 화합물이 체내에서 에너지를 얻기 위해 '연소'될 때와 동일하다. 두 과정의 전체 화학 반응이 동일하기 때문이다.

$$C_6H_{12}O_6(s) + 6\ O_2(g) \xrightarrow{\text{연소 또는 물질대사}} 6\ CO_2(g) + 6\ H_2O(l) \quad \Delta E = -2810\ \text{kJ}$$

포도당이 직접 연소하거나 혹은 체내에서 일련의 반응으로 이산화 탄소와 물로 대사하거나, 같은 양의 에너지가 방출된다. 왜냐하면, 상태 함수는 초기 상태에서 최종 상태로의 선택한 경로에 의존하지 않기 때문이다. 식품의 에너지 함량은 일반적으로 g당 **큰 칼로리(Calories, Cal)** 단위로 보고된다. 포도당 연소의 에너지 변화는 다음과 같이 식품 라벨에 기재된 단위로 바꿀 수 있다.

$$\frac{2810\ \text{kJ}}{1\ \text{mol}\ C_6H_{12}O_6} \times \frac{1000\ \text{J}}{1\ \text{kJ}} \times \frac{1\ \text{cal}}{4.184\ \text{J}} \times \frac{1\ \text{Cal}}{1000\ \text{cal}} \times \frac{1\ \text{mol}\ C_6H_{12}O_6}{180.0\ \text{g}\ C_6H_{12}O_6} = 3.73\ \text{Cal/g}$$

기억하기…
에너지는 자주 다른 단위들로 변환하여 사용하며, 일반적 환산 인자는 4.184 J = 1 cal, 1000 cal = 1 Cal이다.

9.3 팽창 일

일은 많은 형태로 나타나는 에너지 전달의 한 종류이다. 물리학에서 **일(work, *w*)**은 물체를 이동시키는 힘(F)과 물체의 이동 거리(d)의 곱으로 정의한다.

$$\text{일} = \text{힘} \times \text{거리}$$
$$w = F \times d$$

예를 들어, 계단을 달려 올라갈 때 다리의 근육은 중력을 극복하기에 충분한 힘을 제공하여 계단을 오르게 한다. 또 수영을 할 때, 수영선수는 물을 헤치는 충분한 힘을 제공하여 앞으로 나아간다.

▲ 계단을 달려서 올라가는 사람은 중력을 극복하기 위한 많은 일을 한다. ©lzf/Shutterstock

화학적 계에서 보게 되는 가장 일반적 종류의 일은 계의 부피 변화로 행해지는 **팽창 일** [expansion work, **압력-부피 일**(pressure-volume work) 또는 PV **일**이라고도 함]이다. 프로페인(C_3H_8)과 산소의 연소 반응에 대한 균형 반응식에 따르면, 6 mol의 반응물로부터 7 mol

의 생성물이 생성된다.

$$\underbrace{C_3H_8(g) + 5\,O_2(g)}_{6\text{ mol 기체}} \longrightarrow \underbrace{3\,CO_2(g) + 4\,H_2O(g)}_{7\text{ mol 기체}}$$

만일 반응이 움직이는 피스톤을 가진 용기 내에서 일어나면, 부피가 더 커진 생성물 기체는 외부 압력(P)에 대항하여 피스톤을 바깥쪽으로 밀어낼 것이다. 따라서 일을 하게 된다(그림 9.4).

▶ 그림 9.4
화학 반응에서의 팽창 일

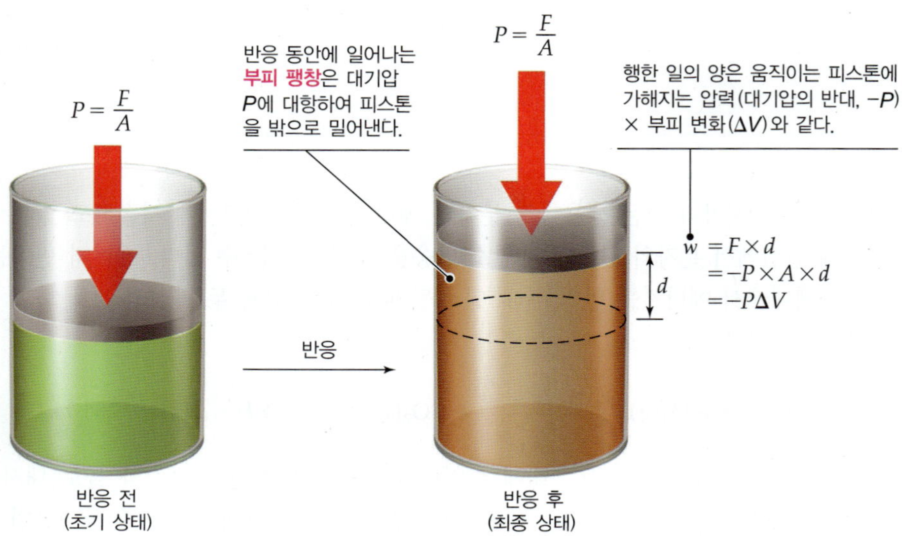

간단한 계산으로 팽창하는 동안에 행한 일의 정확한 양을 알 수 있다. 물리학에서 힘(F)은 면적(A)과 압력(P)의 곱으로 정의한다. 그림 9.4에서 팽창하는 기체가 나타내는 힘은 피스톤의 면적(A)과 기체가 피스톤을 밀어내는 압력의 곱이다. 이 내부 압력은 외부 대기압과 크기는 같지만, 움직임이 상호 반대 방향이므로 부호가 반대이다. 그러므로 외부 대기압이 P라면 내부 압력은 $-P$의 값을 가져야 한다.

$$F = -P \times A \quad \text{여기서 } P\text{는 외부 대기압이다.}$$

피스톤이 거리 d만큼 밀려 나갔을 때 행한 일의 양은 힘과 거리의 곱, 즉 압력, 면적, 거리를 곱한 것과 같다.

$$w = F \times d = -P \times A \times d$$

피스톤의 면적과 피스톤의 이동 거리의 곱은 계의 부피 변화, 즉 $\Delta V = A \times d$이므로 위의 식을 간단히 할 수 있다. 즉, 행한 일의 양은 피스톤에 가해진 기체의 압력과 부피 변화를 곱한 값과 같으므로 PV 일이라고 한다.

음수 값 ↘ ↙ 양수 값

$$w = -P\Delta V \qquad \text{팽창하는 동안 행한 일}$$

팽창하는 동안 행한 일에 대한 부호는 무엇을 의미하는가? 공기 분자를 밀어내어 피스톤을 위로 올라가게 하는 것은 계가 일을 행하는 것이므로 일에너지는 계를 빠져 나간다. 그러므로 앞의 식에서 일에 대한 음의 부호는 앞서 설정한 ΔE에 대한 관습적 표현과 일치하며(9.2절), 우리는 항상 계의 입장에서 에너지 변화를 고려한다. 계의 밖으로 흘러나가는 어떠한 에너지도 계가 에너지를 잃는 것이기 때문에 음의 부호를 갖는다($E_{최종} < E_{초기}$).

압력을 기압(atm)으로 표시하고 부피 변화를 리터(L)로 나타내면, 행한 일의 양은 리터 · 압력(L·atm) 단위를 갖는다. 여기서 1 atm = 101×10^3 kg/(m·s^2)이므로, 1 L·atm = 101 J이 된다.

$$1\ \text{L} \cdot \text{atm} = (1\ \text{L})\left(\frac{10^{-3}\ \text{m}^3}{1\ \text{L}}\right)\left(101 \times 10^3\ \frac{\text{kg}}{\text{m} \cdot \text{s}^2}\right) = 101\ \frac{\text{kg} \cdot \text{m}^2}{\text{s}^2} = 101\ \text{J}$$

어떤 반응에서 팽창이 아닌 부피의 수축이 일어나면, ΔV 항은 음의 부호를 갖게 되고 일은 양의 부호를 갖는다. 이 과정에서 계는 일에너지를 얻기 때문에($E_{최종} > E_{초기}$), 에너지의 출입은 계의 관점에서 본다는 것과 잘 일치한다. 이에 대한 한 예는, 기체 상태의 수소와 질소의 반응에 의한 암모니아의 공업적 합성이다. 기체 반응물 4 mol로부터 2 mol의 기체 생성물만 합성되므로, 계의 부피는 수축되고 계는 일을 얻게 된다.

$$\underbrace{3\ H_2(g) + N_2(g)}_{\text{4 mol 기체}} \longrightarrow \underbrace{2\ NH_3(g)}_{\text{2 mol 기체}}$$

양의 값 → $w = -P\Delta V$ ← 음의 값 수축되는 동안 얻은 일

만약 부피 변화가 없다면, $\Delta V = 0$이고 일은 하지 않는다. 이러한 예는 3 mol의 기체 반응물이 3 mol의 기체 생성물로 되는 메테인의 연소와 같은 경우이다.

$$CH_4(g) + 2\ O_2(g) \longrightarrow CO_2(g) + 2\ H_2O(g)$$

예제 9.1

PV 일의 양 계산

어떤 반응이 외부 압력 5.0 atm에 대응하여 부피가 12.0 L에서 14.5 L로 팽창할 때 행한 일(kJ)을 계산하시오.

문제 파악

알고 있는 것	알아내야 할 것
압력(P) = 5.0 atm	일(w)
초기 부피($V_{초기}$), 최종 부피($V_{최종}$)	

전략

화학 반응 동안 행해진 팽창 일은 $w = -P\Delta V$ 식으로 계산한다. 여기서 P는 부피 변화에 대응하는 외부 압력이다. 이 예에서는 P = 5.0 atm이고 ΔV = (14.5 − 12.0) L = 2.5 L이다.

풀이

$$w = -(5.0\ \text{atm})(2.5\ \text{L}) = -12.5\ \text{L} \cdot \text{atm}$$

$$(-12.5\ \text{L} \cdot \text{atm})\left(101\ \frac{\text{J}}{\text{L} \cdot \text{atm}}\right) = -1.3 \times 10^3\ \text{J} = -1.3\ \text{kJ}$$

점검

에너지 변화의 부호를 확인하는 것은 항상 유용하다. 에너지와 일의 변화는 계의 관점에서 표현한다. 이 경우 계는 부피 팽창으로 주위에 일을 행하고, 따라서 w의 부호가 음이 될 것이다.

▶ **연습문제 9.1** 44.0 atm의 일정한 외부 압력에서, 부피가 8.60 L에서 4.30 L로 수축하는 암모니아 합성이 진행되는 동안에 행해진 일(kJ)을 계산하시오. 어느 방향으로 일에너지가 흐르는가?

▶ **개념 응용문제 9.2** 다음 반응의 결과, 얼마나 많은 일(kJ)이 어느 방향으로 행해졌는가?

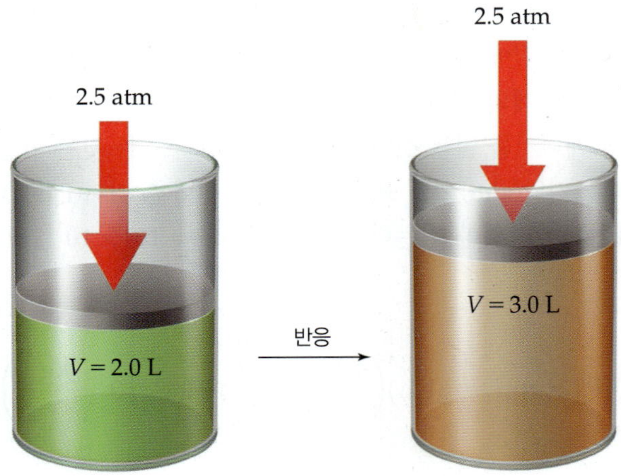

9.4 에너지와 엔탈피

지금까지 계가 열을 전달하거나 일을 하여 주위와 에너지를 교환할 수 있다는 것을 배웠다. 자동차 엔진에서 가솔린(C_8H_{18})의 연소는 주위를 가열하고, 생성물인 CO_2와 H_2O 기체가 팽창의 원인이 되어 피스톤을 밀어내는 일을 한다(그림 9.5). 전달되는 열을 표현하는 기호로 q를 사용하고, 식 $w = -P\Delta V$를 이용하면 어떤 계의 전체 내부 에너지 변화 ΔE를 다음과 같이 나타낼 수 있다.

개념탐구 질문 2

0 ℃ 아래의 온도에서 액체 상태의 물이 얼음으로 어는 것을 생각해 보자.

$$H_2O(l) \longrightarrow H_2O(s)$$

에너지의 전달이 주로 열로 일어나는가 일로 발생하는가? 그 변화의 부호는 무엇인가?

계의 내부 에너지 변화(ΔE) $\Delta E = q + w = q - P\Delta V$

여기서 계가 열을 얻으면 q의 부호는 양의 값이고, 계가 열을 잃으면 q의 부호는 음이다.

이 식을 재정리하여 전달된 열량 q에 대하여 풀면 다음 식이 된다.

$$q = \Delta E + P\Delta V$$

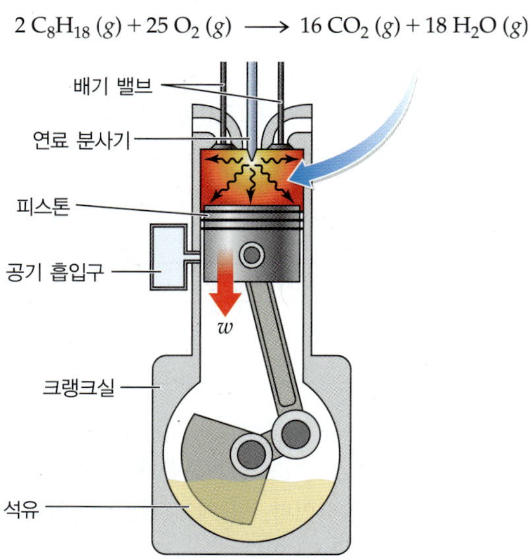

◀ **그림 9.5**
가솔린(C_8H_{18})이 자동차 엔진에서 연소될 때 에너지는 열과 일로 전달된다.

▲ 화학 반응은 종종 일정 대기압에서 열린 용기에서 진행된다.

어떤 화학 반응이 진행될 수 있는 두 가지 방법을 살펴보자. 한 가지 방법은 반응이 일정한 부피를 갖는 밀폐 용기에서 일어나도록 할 수 있다. 따라서 $\Delta V = 0$이다. 이 경우, 계의 에너지 변화는 전적으로 열전달에 기인하므로 PV 일은 없다. 이와 같은 일정 부피에서의 열전달을 기호 q_v로 나타낸다.

$$q_v = \Delta E \qquad \text{일정한 부피에서; } \Delta V = 0$$

또 다른 방법으로 어떤 반응이 일정한 압력이 유지되는 열린 플라스크 또는 기타 기구에서 진행될 수 있다. 이 경우, 계의 부피는 자유롭게 변할 수 있다. 그러한 경우에 $\Delta V \neq 0$이고 계의 에너지 변화는 열전달과 PV 일 둘 모두에 기인한다. 이와 같은 일정한 압력에서의 열전달을 기호 q_p로 나타낸다.

$$q_p = \Delta E + P\Delta V \qquad \text{일정한 압력에서}$$

일정한 압력의 열린 용기 내에서 진행되는 반응은 화학에서 매우 일반적이다. 따라서 이러한 과정에서의 열변화 q_p를 그 반응에 대한 **반응열(heat of reaction)** 또는 **엔탈피 변화(ΔH)**라고 한다. 어떤 계의 **엔탈피(enthalpy, H)**는 $E + PV$와 같다.

엔탈피 변화(ΔH) $q_p = \Delta E + P\Delta V = \Delta H$ (엔탈피 변화)

반응 동안에 발생하는 엔탈피 **변화**만이 중요하다는 것에 주목하라. 내부 에너지와 같이 엔탈피는 그 값이 현재 상태에 도달하기 위해 사용한 경로와는 무관하고, 오로지 현재 상태에만 의존하는 상태 함수이다. 따라서 반응 전후의 계의 정확한 엔탈피 값을 알 필요가 없다. 다만 최종 상태와 초기 상태의 차이만 알면 된다.

$$\begin{aligned}\Delta H &= H_{\text{최종}} - H_{\text{초기}} \\ &= H_{\text{생성물}} - H_{\text{반응물}}\end{aligned}$$

일정 부피에서의 열흐름 $q_v = \Delta E$와 일정 압력에서의 열흐름 $q_p = \Delta H$ 사이에는 얼마나 큰 차이가 있는가? 앞에서 설명했던 프로페인(C_3H_8)과 산소의 연소 반응을 다시 살펴보자. 일정한 부피의 닫힌 용기에서 반응이 진행될 때 PV 일은 없고, 방출되는 모든 에너지는 열로만 방출되며 $\Delta E = -2046$ kJ이다. 그러나 동일한 반응이 일정 압력의 열린 용기에서 일어날 때에는 단지 2044 kJ의 열만이 방출된다($\Delta H = -2044$ kJ). 2 kJ 만큼의 차이가 생기는 것은 일정 압력에서는 6 mol의 기체 반응물이 7 mol의 기체 생성물로 변환할 때 대기에 대항하여 약간의 팽창 일을 하기 때문이다.

$$\underset{\text{프로페인}}{C_3H_8(g)} + 5\,O_2(g) \longrightarrow 3\,CO_2(g) + 4\,H_2O(g) \qquad \begin{aligned}\Delta E &= -2046 \text{ kJ} \\ \Delta H &= -2044 \text{ kJ} \\ P\Delta V &= +2 \text{ kJ}\end{aligned}$$

정리하면:

$$\begin{bmatrix} q_v = q_p + w \\ \Delta E = \Delta H - P\Delta V \\ -2046 \text{ kJ} = -2044 \text{ kJ} - (+2 \text{ kJ}) \end{bmatrix}$$

개념탐구 질문 3

어떤 종류의 화학 반응에서 엔탈피 변화와 에너지 변화는 같은가($\Delta H = \Delta E$)?

프로페인과 산소의 반응에서 볼 수 있는 사실은 대부분의 다른 반응에서도 사실이다. ΔH와 ΔE 사이의 차이는 일반적으로 작아서, 두 값은 거의 같다. 물론, 3 mol의 기체 반응물로부터 3 mol의 기체 생성물이 생기는 메테인의 연소와 같이 부피 변화도 없고 일도 하지 않는 경우에는 ΔH와 ΔE가 정확히 같다.

$$CH_4(g) + 2\,O_2(g) \longrightarrow CO_2(g) + 2\,H_2O(g) \quad \Delta E = \Delta H = -802\text{ kJ}$$

일의 양은 프로페인의 연소와 같은 대부분의 화학 반응에서 열에 비해 작다. 그러나 많은 양의 일은 열이 일로 변환되는 공학 시스템에 의해 얻어질 수 있다. 자동차 엔진의 예에서, 피스톤이 행한 일의 대부분은 반응의 열전달에 따른 온도 상승의 결과로서 기체 생성물의 팽창으로부터 일어난다.

예제 9.2

반응의 내부 에너지 변화(ΔE) 계산

질소와 수소로부터 암모니아를 만드는 반응의 $\Delta H = -92.2$ kJ이다. 이 반응이 40.0 atm의 일정 압력에서 진행되고 부피 변화가 -1.12 L일 때 ΔE 값(kJ)은 얼마인가?

$$N_2(g) + 3\,H_2(g) \longrightarrow 2\,NH_3(g) \quad \Delta H = -92.2\text{ kJ}$$

문제 파악

알고 있는 것	알아내야 할 것
엔탈피 변화($\Delta H = -92.2$ kJ)	내부 에너지 변화(ΔE)
압력($P = 40.0$ atm)	
부피 변화($\Delta V = -1.12$ L)	

전략

엔탈피 변화 ΔH, 부피 변화 ΔV, 압력 P가 주어져 에너지 변화 ΔE를 구하는 문제이다. 식 $\Delta H = \Delta E + P\Delta V$를 재정리하면 $\Delta E = \Delta H - P\Delta V$ 형태가 된다. 여기에 적절한 ΔH, P, ΔV 값을 대입한다.

풀이

$$\Delta E = \Delta H - P\Delta V$$

여기서 $\Delta H = -92.2$ kJ

$$P\Delta V = (40.0\text{ atm})(-1.12\text{ L}) = -44.8\text{ L}\cdot\text{atm}$$

$$= (-44.8\text{ L}\cdot\text{atm})\left(101\,\frac{\text{J}}{\text{L}\cdot\text{atm}}\right) = -4520\text{ J}$$

$$= -4.52\text{ kJ}$$

$$\Delta E = (-92.2\text{ kJ}) - (-4.52\text{ kJ}) = -87.7\text{ kJ}$$

점검

일과 같은 에너지 전달이 열에 비하여 일반적으로 작기 때문에, ΔE는 ΔH와 부호가 같고 크기도 비슷하다고 예상할 수 있다.

▶ **연습문제 9.3** 수소와 산소가 반응하여 수증기를 만들 때 $\Delta H = -484$ kJ이다. 대기압에서 H_2 2.00 mol과 O_2 1.00 mol이 반응하고, 부피 변화가 -24.4 L라면 ΔE 값(kJ)은 얼마인가?

$$2\,H_2(g) + O_2(g) \longrightarrow 2\,H_2O(g) \quad \Delta H^\circ = -484\text{ kJ}$$

▶ **개념 응용문제 9.4** 다음 반응의 $\Delta E = -186$ kJ/mol이다.

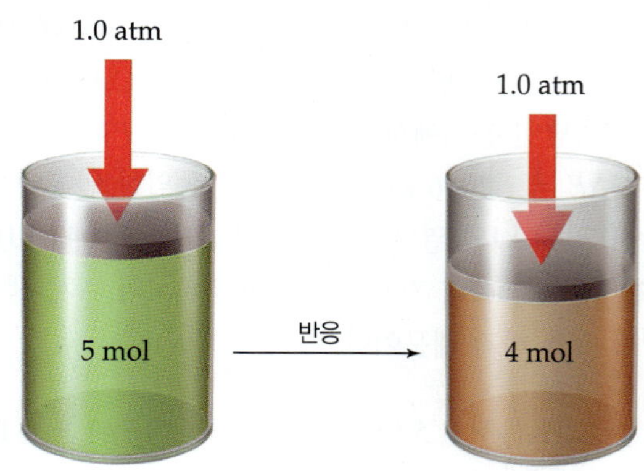

(a) $P\Delta V$의 부호는 양인가 음인가? 설명하시오.

(b) ΔH의 대략적인 크기와 부호를 구하고, 설명하시오.

9.5 열화학 반응식과 열역학적 표준 상태

반응물이 생성물로 변환될 때, **열화학 반응식(thermochemical equation)**은 흡수되거나 방출되는 엔탈피 변화(ΔH) 값과 함께 균형 화학 반응식을 제공한다. 프로페인 연소의 열화학 반응식은 다음과 같다.

$$C_3H_8(g) + 5\ O_2(g) \longrightarrow 3\ CO_2(g) + 4\ H_2O(g) \quad \Delta H = -2044\ \text{kJ}$$

서로 다른 반응이 비교될 수 있도록 모든 측정이 똑같이 이루어진다는 것을 보장하기 위해, **열역학적 표준 상태(thermodynamic standard state)**라는 특별한 조건을 정의하였다.

> **열역학적 표준 상태** 1 atm의 압력*과 명시된 온도, 일반적으로 25 ℃에서 가장 안정한 물질의 형태(용액 상태의 물질에 대해서는 1 M 농도에서)

이러한 표준 조건에서의 측정값은 기호에 위 첨자 °을 첨가하여 나타낸다. 그러므로 표준 조건에서 측정된 엔탈피 변화는 **표준 반응 엔탈피(standard enthalpy of reaction)**라 하고, $\Delta H°$로 나타낸다. 예를 들어, 열역학적 표준 상태에서 프로페인과 산소의 반응은 다음과 같이 쓴다.

$$C_3H_8(g) + 5\ O_2(g) \longrightarrow 3\ CO_2(g) + 4\ H_2O(g) \quad \Delta H° = -2044\ \text{kJ}\ (25\ °\text{C},\ 1\ \text{atm})$$

열화학 반응식은 각 물질 양을 특정한다. 프로페인의 연소 반응식은 프로페인 기체 1 mol과 산소 기체 5 mol이 반응하여 이산화 탄소 기체 3 mol과 수증기 4 mol이 생성되며, 2044 kJ의 열이 방출된다는 것을 의미한다. 그러나 특정 반응에서 방출되는 열량은 반응물의 양에 의존한다. 따라서 산소 10.00 mol과 프로페인 2.000 mol의 반응은 2.000 × 2044 kJ = 4088 kJ을 방출한다.

$$2\ C_3H_8(g) + 10\ O_2(g) \longrightarrow 6\ CO_2(g) + 8\ H_2O(g) \quad \Delta H° = -4088\ \text{kJ}$$

$\Delta H°$가 반응의 방향성을 나타낼 수 있음을 알아야 한다. **역반응의 경우 $\Delta H°$의 부호는 바뀌어야만 한다.** 상태 함수(9.2절)의 가역성으로, 역반응의 엔탈피 변화는 정반응과 부호는 반대이고 크기는 같다. 지금 이산화 탄소 기체와 수증기로부터 프로페인과 산소를 생성하는 반응을 고려해 보자(프로페인 연소 반응의 역반응). 프로페인 1 mol의 생성을 위해 $\Delta H° = +2044$ kJ이 흡수되어야만 한다.

$$3\ CO_2(g) + 4\ H_2O(g) \longrightarrow C_3H_8(g) + 5\ O_2(g) \quad \Delta H° = +2044\ \text{kJ}$$
$$C_3H_8(g) + 5\ O_2(g) \longrightarrow 3\ CO_2(g) + 4\ H_2O(g) \quad \Delta H° = -2044\ \text{kJ}$$

엔탈피 변화를 나타낼 때는 반응물과 생성물의 물리적 상태를 고체(s), 액체(l), 기체(g), 수용액(aq)과 같이 명시해야 함을 유념하라. 프로페인과 산소의 반응에 대한 엔탈피 변화는 생성물이 수증기이면 $\Delta H° = -2044$ kJ이고, 생성물이 액체 물이면 $\Delta H° = -2220$ kJ이다.

$$C_3H_8(g) + 5\ O_2(g) \longrightarrow 3\ CO_2(g) + 4\ H_2O(g) \quad \Delta H° = -2044\ \text{kJ}$$
$$C_3H_8(g) + 5\ O_2(g) \longrightarrow 3\ CO_2(g) + 4\ H_2O(l) \quad \Delta H° = -2220\ \text{kJ}$$

두 반응에 대한 $\Delta H°$ 값 사이의 176 kJ 차이는 액체 물의 수증기로의 변환이 에너지를 필요로 하기 때문에 발생한다. 액체 물이 수증기로 변환되는 반응은 44.0 kJ/mol이 필요하기 때문에, 액체 물이 생성되면 $\Delta H°$는 더 커지고(더 큰 음의 값으로), 수증기가 생성되면 $\Delta H°$는 더 작아진다(더 작은 음의 값으로).

개념탐구 질문 4

다음 반응의 엔탈피 변화를 고려할 때:

$$H_2(g) + \frac{1}{2}O_2(g) \longrightarrow H_2O(g)$$
$$\Delta H = -241.8\ \text{kJ}$$

아래 반응의 엔탈피 변화는 얼마인가?

$$2\ H_2O(g) \longrightarrow 2\ H_2(g) + O_2(g)$$
$$\Delta H = \ ?\ \text{kJ}$$

*이 책과 대부분의 다른 책에 나와 있는 표준 압력은 1기압(atm)으로 나타내었지만, 1바(bar)로 재정의되었다. 1 bar는 0.986 923 atm과 동일하지만, 그 차이는 매우 작다.

$$H_2O(l) \longrightarrow H_2O(g) \quad \Delta H° = 44.0 \text{ kJ}$$

또는 $$4\ H_2O(l) \longrightarrow 4\ H_2O(g) \quad \Delta H° = 176 \text{ kJ}$$

예제 9.3은 주어진 반응에서 알고 있는 반응물의 양과 반응 방향으로부터 그 반응의 열전달양을 어떻게 계산할 수 있는가를 보여 준다.

예제 9.3

반응에서 방출된 열량 계산

프로페인 5.00 g이 과량의 산소와 반응할 때 발생되는 열(kJ)은 얼마인가?

$$C_3H_8(g) + 5\ O_2(g) \longrightarrow 3\ CO_2(g) + 4\ H_2O(g) \quad \Delta H° = -2044 \text{ kJ}$$

문제 파악

알고 있는 것	알아내야 할 것
프로페인의 양(5.00 g)	열전달(kJ)
균형 열화학 반응식	

전략

균형 반응식에 따르면 프로페인 1 mol의 반응으로부터 2044 kJ의 열이 발생한다. 프로페인 5.00 g이 반응할 때 발생되는 열량을 알아내기 위해서는, g을 mol로 변환하고 열량과 관련되는 열화학 반응식을 이용해야 한다.

풀이

프로페인(C_3H_8)의 몰질량은 44.09 g/mol이므로, C_3H_8 5.00 g은 0.1134 mol과 같다.

$$5.00 \text{ g } C_3H_8 \times \frac{1 \text{ mol } C_3H_8}{44.09 \text{ g } C_3H_8} = 0.1134 \text{ mol } C_3H_8$$

1 mol의 프로페인은 2044 kJ의 열을 발생시키므로, 0.1134 mol의 C_3H_8은 232 kJ의 열을 방출한다.

$$0.1134 \text{ mol } C_3H_8 \times \frac{2044 \text{ kJ}}{1 \text{ mol } C_3H_8} = 232 \text{ kJ}$$

점검

C_3H_8의 몰질량은 대략 44 g/mol이므로 5 g의 C_3H_8은 거의 0.1 mol이다. 그러므로 발생되는 열은 C_3H_8 1 mol이 방출하는 열량의 거의 10분의 1이며, 추정치는 232 kJ과 상당히 가까운 204 kJ을 얻을 수 있다.

연습문제 9.5 다음 열화학 반응식을 이용하여, 10.0 g 액체 상태의 물이 수소와 산소 기체로 변환될 때 얼마나 많은 열(kJ)이 방출 또는 흡수되는가를 계산하시오.

$$2\ H_2(g) + O_2(g) \longrightarrow 2\ H_2O(l) \quad \Delta H° = -571.6 \text{ kJ}$$

응용문제 9.6 1월 한 달 동안 미국 중서부의 가정 난방에 약 1.8×10^6 kJ의 에너지가 필요하다. 1.8×10^6 kJ의 에너지를 제공하려면 얼마나 많은 프로페인(kg)을 연소해야 하는가?

$$C_3H_8(g) + 5\ O_2(g) \longrightarrow 3\ CO_2(g) + 4\ H_2O(g) \quad \Delta H° = -2044 \text{ kJ}$$

▲ 수소로 채워진 풍선은 공기 중에서 연소하여 주변에 에너지를 방출한다.

9.6 화학적 변화와 물리적 변화의 엔탈피

어떤 계에서 일어나는 거의 모든 변화에는 엔탈피의 증가나 감소가 동반된다. 그러한 변화는 고체가 액체로 녹는 것과 같은 물리적 변화이거나, 프로페인의 연소와 같은 화학적 변화일 수 있다. 이 두 종류의 예를 살펴보자.

화학적 변화의 엔탈피

엔탈피 변화는 일정한 압력에서 계의 외부 또는 내부로 흐르는 열의 측정값이기 때문에 종종 **반응열**이라고 불린다. 생성물이 반응물보다 큰 엔탈피를 가지면, 열은 주위에서 계로 흘러 들어가고 ΔH의 부호는 양이다. 이러한 반응을 **흡열**(**endothermic**; endo는 '안'을 의미하므로 '열이 안쪽으로 흐르는' 것을 뜻함)이라고 한다. 예를 들어, 수산화 바륨 팔수화물* 1 mol과 염화 암모늄의 반응은 주위로부터 80.3 kJ을 흡수한다($\Delta H° = +\ 80.3$ kJ). 열을 잃은 주위는 매우 차가워져서 온도가 영하로 떨어진다(그림 9.6).

$$Ba(OH)_2 \cdot 8\,H_2O(s) + 2\,NH_4Cl(s) \longrightarrow$$
$$BaCl_2(aq) + 2\,NH_3(aq) + 10\,H_2O(l) \quad \Delta H° = +80.3\text{ kJ}$$

만약 생성물이 반응물보다 작은 엔탈피를 가지면, 열은 계로부터 주위로 흐르고 ΔH의 부호는 음이다. 이러한 반응을 **발열**(**exothermic**; exo는 '바깥'을 의미하므로 '열이 밖으로 흐르는' 것을 뜻함)이라고 한다. 예를 들어, 테르밋(thermite) 반응이라고 하는 알루미늄과 산화 철(III) 사이의 반응은 대단히 많은 열을 방출하면서($\Delta H° = -852$ kJ) 주위를 매우 뜨겁게 만든다. 이 반응은 철을 용접하는 건설공사에 이용된다.

$$2\,Al(s) + Fe_2O_3(s) \longrightarrow 2\,Fe(s) + Al_2O_3(s) \quad \Delta H° = -852\text{ kJ}$$

앞에서 언급한 바와 같이, 어떤 반응식에 주어진 $\Delta H°$ 값은 다음 세 가지를 만족한다. 그 반응식은 반응물과 생성물의 몰수를 표현하도록 균형이 잡혀 있어야 한다. 모든 물질은 표준 상태에 있다. 각 물질의 물리적 상태는 명시한 것과 같다.

물리적 변화의 엔탈피

낮은 온도, 예를 들면 −10 ℃에 있는 얼음 덩어리에 열을 가하여 엔탈피를 서서히 증가시키면 어떤 일이 생길까? 초기에 가한 열은 0 ℃에 도달할 때까지 얼음의 온도를 증가시킬 것이다. 그 이상 가한 열은 얼음의 온도 상승 없이 얼음을 녹이며, 이때 가해지는 에너지는 얼음 결정에서 H_2O 분자를 서로 단단하게 붙잡고 있는 힘을 극복하는 데 소비된다. 온도의 변화 없이 어떤 물질을 녹이는 데 필요한 열량을 **용융 엔탈피**(enthalpy of fusion) 또는 **용융열**(heat of fusion, $\Delta H_{\text{용융}}$)이라고 한다. 0 ℃에서 H_2O의 $\Delta H_{\text{용융}} = 6.01$ kJ/mol이며, 열이 흡수되므로 이 과정은 흡열이다. 다음 열화학 반응식은 물의 용융열을 나타낸다.

$$H_2O(s) \longrightarrow H_2O(l) \qquad \Delta H_{\text{용융}} = +6.01\text{ kJ/mol}$$

얼음이 녹은 다음 추가적으로 열을 가하면 물의 온도는 100 ℃에 도달할 때까지 증가한다. 여기에 열을 더 가해 주면 물이 끓게 된다. 다시 한번 액체 상태에서 분자들을 함께 붙잡는 힘을 이겨내는 에너지가 필요하므로, 모든 액체가 증기로 변환될 때까지 온도는 다시 오르지 않는다. 온도의 변화 없이 어떤 물질을 증발시키는 데 필요한 열량을 **증발 엔탈피**(enthalpy of vaporization) 또는 **증발열**(heat of vaporization, $\Delta H_{\text{증발}}$)이라고 한다. 100 ℃에서 H_2O의 $\Delta H_{\text{증발}} = 40.7$ kJ/mol이며, 이 과정은 흡열이다. 다음 열화학 반응식은 물의 증발열을 나타낸다.

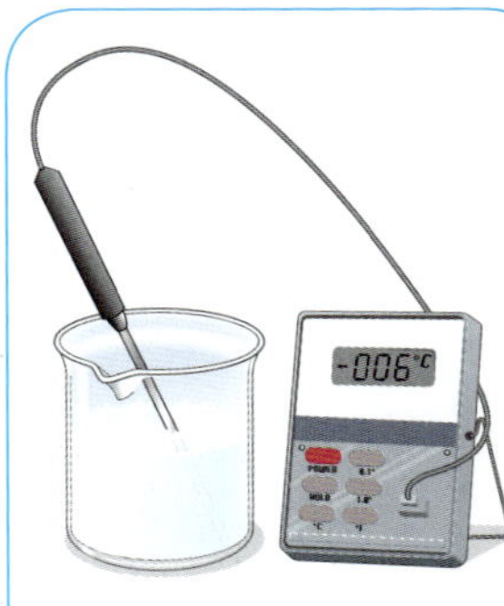

▲ 그림 9.6
수산화 바륨 팔수화물과 염화 암모늄의 흡열 반응. 이 반응은 주위로부터 많은 열을 빨아들여 외부 온도가 0 ℃ 이하로 떨어진다.

▶ 확인하기

흡열 반응의 사진 안에서 계와 주위를 확인하시오.

답 반응은 계이다.
$Ba(OH)_2 \cdot 8\,H_2O(s) +$
$2\,NH_4Cl(s) \longrightarrow$
$BaCl_2(aq) + 2\,NH_3(aq) +$
$10\,H_2O(l)$
용액, 비커, 테이블 위, 온도 측정기, 실내 공기는 주위이다.

*수산화 바륨 팔수화물[$Ba(OH)_2 \cdot 8H_2O$]은 결정성 화합물로서, 바륨 이온 주위에 8개의 물 분자가 무리지어 결합되어 있다.

$$H_2O(l) \longrightarrow H_2O(g) \qquad \Delta H_{증발} = +40.7\ \text{kJ/mol}$$

녹음과 끓음 이외에 또 다른 물리적 변화는 **승화(sublimation)**이다. 이것은 액체 상태를 거치지 않고 고체가 증기로 직접 바뀌는 것이다. 예를 들어, 고체 CO_2(드라이아이스)는 대기압에서 액체 상태로의 1차적 녹음 과정 없이 고체에서 직접 증기로 바뀐다. 엔탈피는 상태 함수이므로, 고체로부터 증기로 바뀌는 데 필요한 엔탈피 변화는 선택한 경로와 관계없이 일정해야 한다. 따라서 어떤 주어진 온도에서 물질의 **승화 엔탈피**(enthalpy of sublimation) 또는 **승화열**(heat of sublimation, $\Delta H_{승화}$)은 용융열과 증발열의 합과 같다(그림 9.7).

▶ 그림 9.7
상태 함수로서의 엔탈피. 엔탈피는 상태 함수이기 때문에 고체에서 증기로의 엔탈피 변화 값은 두 상태 사이에 선택할 수 있는 경로에 의존하지 않는다.
증기 ⓒSJ Travel Photo and Video/Shutterstock 액체 ⓒTarasyuk Igor/shutterstock 고체 ⓒAlias Studiot Oy/Shutterstock

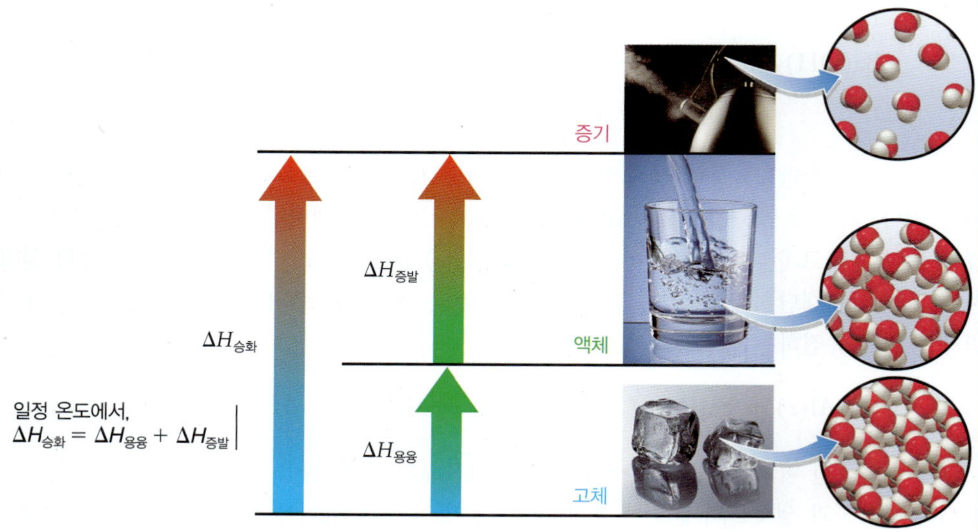

예제 9.4

흡열과 발열 과정의 분류

다음 반응에서 계와 주위 사이의 열전달 방향을 나타내고, 흡열 또는 발열로 분류하며, $\Delta H°$의 부호를 정하시오.

(a) 겨울 호수 표면에서의 물의 동결
(b) 피부에서 증발하는 땀
(c) 손난로를 만들기 위한 황산 마그네슘 염의 물에서의 용해

전략

각 과정의 반응식을 작성하고, 관측된 온도 변화에서 열이 흡수되는지 방출되는지를 평가한다.

풀이

(a) 물의 동결에 따른 주위에서의 온도 변화를 관찰하는 것은 어렵다. 그러나 고체 얼음을 액체 물로 녹이려면 주위로부터 열이 흡수되어야 한다는 것은 직관적으로 알 수 있다. 동결의 역반응에서[$H_2O(l) \longrightarrow H_2O(s)$] 계는 주위에 열을 방출한다. 따라서 이 과정은 발열이며, $\Delta H°$가 음이다.

(b) 땀이 증발할 때 액체 물은 수증기로 변하고[$H_2O(l) \longrightarrow H_2O(g)$] 계는 주위로부터 열을 흡수한다. 이러한 상변화가 당신의 몸(주위의 일부)에서 열을 흡수하기 때문에 증발한 땀이 당신을 시원하게 해준다. 따라서 기호 $\Delta H°$는 양이고, 이 과정은 흡열이다.

(c) 손난로에서 $MgSO_4(s) \longrightarrow Mg^{2+}(aq) + SO_4^{2-}(aq)$ 계가 주위에 열을 전달하므로 용액의 온도가 증가한다. 그러므로 이 과정은 발열이며, $\Delta H°$는 음이다.

▶ **연습문제 9.7** 다음 과정을 흡열 또는 발열로 분류하며, $\Delta H°$의 부호를 정하시오.

1.0 M HCl 250 mL에 1.0 M NaCl 250 mL를 넣었고, 용액의

온도는 23.4 ℃에서 30.4 ℃로 상승했다.

응용문제 9.8 순간 핫팩과 냉찜질 팩은 온도 변화를 만들기 위해, 물에 용해되거나 깨질 수 있는 캡슐 안에 고체 염을 담고 있다. 냉찜질 팩의 경우, 다음 염 중 물 100.0 mL에 용해될 때 온도가 가장 크게 감소하는 것은 어느 것인가? 다음 열화학 자료를 활용하여 물음에 답하시오.

$$LiF(s) \longrightarrow Li^+(aq) + F^-(aq) \qquad \Delta H° = +5.5\ kJ$$
$$LiCl(s) \longrightarrow Li^+(aq) + Cl^-(aq) \qquad \Delta H° = -37.1\ kJ$$
$$NH_4NO_3(s) \longrightarrow NH_4^+(aq) + NO_3^-(aq) \qquad \Delta H° = +25.7\ kJ$$
$$CaCl_2(s) \longrightarrow Ca^{2+}(aq) + 2Cl^-(aq) \qquad \Delta H° = -81.8\ kJ$$

(a) LiF 10.0 g (b) LiCl 10.0 g
(c) NH_4NO_3 10.0 g (d) $CaCl_2$ 10.0 g

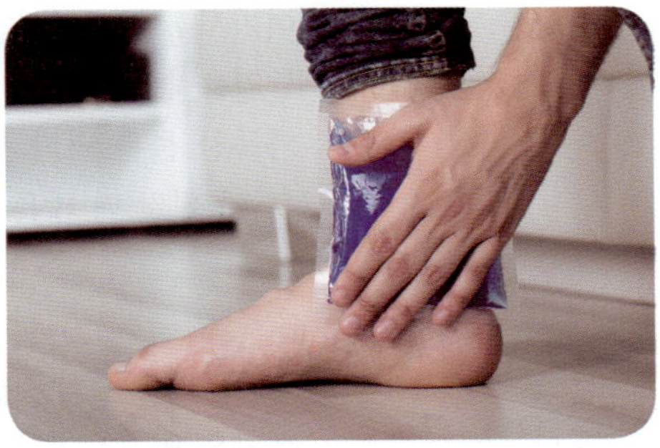

▲ 순간 냉찜질 팩은 운동 부상을 치료하는 데 사용된다. ©Andrey_Popov/Shutterstock

9.7 열량계와 열용량

반응하는 동안 전달된 열량은 그림 9.8에 개략적으로 나타낸 **열량계**(calorimeter)라는 장치로 측정될 수 있다. 아주 간단히 설명하자면, 열량계는 젓개와 온도계 그리고 내용물을 대기압과 같게 유지시킬 수 있도록 설치한 느슨한 뚜껑을 갖는 단열 용기이다. 반응은 용기 내에서 일어나고, 흡수 또는 방출되는 열은 온도 변화로부터 계산할 수 있다. 열량계 내부의 압력은 일정(대기압)하므로 온도 측정을 함으로써 반응 과정의 엔탈피 변화 ΔH를 계산할 수 있다. 이러한 형태의 열량계는 핫팩이나 냉찜질 팩에서 일어나는 반응과 같이, 염이 물에 용해되는 반응의 엔탈피 변화를 측정하는 데 이용된다.

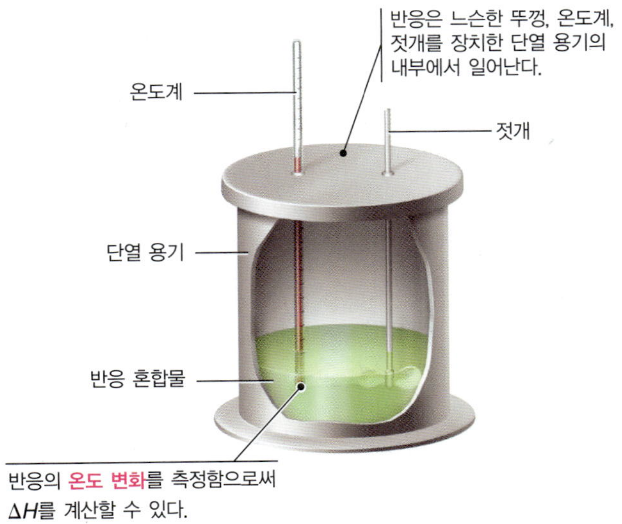

▶ 그림 9.8
일정 압력 하에서 일어나는 어떤 반응의 열흐름(ΔH)을 측정하기 위한 열량계

개념탐구 질문 5
수용액에서의 반응은 그림 9.8에 보이는 열량계에서 일어나고, 용액의 온도는 감소한다. 이 반응에 대한 ΔH의 부호는 무엇인가?

열량계 내부의 온도 변화로부터 어떤 반응의 ΔH(또는 ΔE)를 어떻게 계산할 수 있을까? 열량계와 그 내용물이 일정량의 열을 흡수할 때 온도 상승은 **열량계**의 열용량에 좌우된다. **열용량**(**heat capacity**, C)은 어떤 물체 또는 일정량의 어떤 물질의 온도 상승에 필요한 열량이다. 이는 다음과 같은 관계식으로 나타낼 수 있다.

$$C = \frac{q}{\Delta T}$$

여기서 q는 전달된 열량이고, ΔT는 온도 변화이다($\Delta T = T_{최종} - T_{초기}$).

열용량이 클수록 같은 온도 변화를 일으키는 데 필요한 열량은 더 크다. 예를 들어, 욕조에 가득찬 물은 커피 컵에 가득찬 물보다 열용량이 크다. 따라서 컵의 물보다 욕조의 물을 데우는 데 훨씬 더 많은 열이 필요하다. 흡수된 열의 정확한 양은 열용량과 상승 온도의 곱과 같다.

$$q = C \times \Delta T$$

기억하기…

길이, 부피와 같은 **크기 성질**은 시료의 크기에 의존하는 값을 가진다. 온도, 녹는점과 같은 **세기 성질**은 시료의 양에 의존하지 않는 값을 가진다(2.3절).

열용량은 **크기 성질**(**extensive property**)로 물체의 크기와 조성에 모두 의존한다. 서로 다른 물질을 비교하려면, **비열 용량**(specific heat capacity) 혹은 간단히 **비열**(**specific heat**, ***c***)이라고 알려진 값을 정의하는 것이 유용하다. 비열이란 물질 1 g의 온도를 1 ℃ 올리기 위하여 필요한 열량이다. 주어진 물질의 온도를 올리기 위하여 필요한 열량은 비열, 물질의 질량, 상승 온도를 곱한 값과 같다.

$$q = 비열(c) \times 물질의\ 질량(m) \times \Delta T$$

예제 9.5는 비열(c)과 열용량(C)이 어떻게 결정되는지를 보여 준다.

비열과 밀접한 관련이 있는 것이 **몰열용량**(**molar heat capacity**, C_m)이다. 몰열용량은 물질 1 mol의 온도를 1 ℃ 올리는 데 필요한 열량으로 정의한다. 그러므로 주어진 몰수를 가진 어떤 물질의 온도를 올리는 데 필요한 열량은 다음과 같다.

$$q = C_m \times 물질의\ 몰수 \times \Delta T$$

▲ 워싱턴 주 노스캐스케이드의 첼랜 호는 미국의 내륙 호수 중 세 번째로 깊다. 수심은 1486 ft이다. 많은 물 때문에 열용량이 커서 주위의 온도를 온화하게 한다. ©Frank L Junior/Shutterstock

몇 가지 흔한 물질의 비열과 몰열용량 값을 **표 9.1**에 나타내었다. 이 값들은 온도 의존성이 있으므로 측정된 온도가 꼭 표시되어야 한다.

표 9.1에 나타난 것처럼, 액체 물의 비열은 대부분의 다른 물질보다 훨씬 더 크다. 이 때문에 일정한 양의 물을 냉각하거나 데울 때에는 많은 열전달이 필요하다. 그 결과, 큰 호수나 물이 있는 곳은 그 주변 지역의 대기 온도 급변을 완화하는 경향이 있다. 또 다른 결과로, 약 60 %가 물인 인체는 외부 조건의 변화에도 불구하고 내부 온도를 상대적으로 일정하게 유지할 수 있다.

표 9.1 25 ℃에서 몇 가지 물질의 비열과 몰열용량

물질	비열(c) J/(g·°C)	몰열용량(C_m) J/(mol·°C)
공기(건조)	1.01	29.1
알루미늄	0.897	24.2
구리	0.385	24.4
금	0.129	25.4
철	0.449	25.1
수은	0.140	28.0
염화 소듐(NaCl)	0.859	50.2
물(s)[a]	2.03	36.6
물(l)	4.179	75.3

[a] −11°C에서

예제 9.5

비열(c)과 몰열용량(C_m)의 계산

규소 45.0 g을 6.0 ℃ 올리기 위해서는 192 J이 필요하다. 규소의 비열[J/(g·℃)]은 얼마인가? 규소의 몰열용량[J/(mol·℃)]은 얼마인가?

문제 파악

알고 있는 것	알아내야 할 것
열전달($q = 192$ J)	비열(c)
규소의 질량($m = 45.0$ g)	몰열용량(C_m)
온도 변화($\Delta T = 6.0$ ℃)	

전략

어떤 물질의 비열을 구하려면, 그 물질 1 g의 온도를 1 ℃ 올리는 데 필요한 에너지양을 계산하면 된다. 몰열용량을 계산하려면 규소의 몰질량을 사용하여 비열에서의 그램을 몰로 변환한다.

풀이

$$\text{규소의 비열}(c) = \frac{192\ \text{J}}{(45.0\ \text{g})(6.0\ ℃)} = 0.71\ \text{J}/(\text{g}\cdot ℃)$$

$$\text{몰열용량}(C_m):\ \frac{0.71\ \text{J}}{(\text{g}\cdot ℃)} \times \frac{28.1\ \text{g 규소}}{1\ \text{mol 규소}} = \frac{20.0\ \text{J}}{(\text{mol}\cdot ℃)}$$

점검

표 9.1은 여러 가지 물질의 비열과 몰열용량을 보여 준다. 계산된 값은 표에 주어진 범위 내에 있다. 따라서 적절한 수이다.

▶ **연습문제 9.9** 납 75.0 g을 10.0 ℃ 올리기 위하여 97.2 J이 필요하다면, 납의 비열[J/(g·℃)]은 얼마인가? 납의 몰열용량[J/(mol·℃)]은 얼마인가?

▶ **응용문제 9.10** 1650 J로 전체 열량계의 온도를 2.00 ℃ 올릴 때, 열량계의 열용량(C)을 계산하시오.

예제 9.6

일정한 압력의 열량계 실험으로 ΔH 계산

은 이온 수용액은 염화 이온 수용액과 반응하여 흰색의 고체 침전물인 염화 은을 생성한다.

$$Ag^+(aq) + Cl^-(aq) \longrightarrow AgCl(s)$$

열량계에 1.00 M 염화 소듐 용액 10.0 mL를 넣고 1.00 M 질산 은 용액 10.0 mL를 첨가하면, 흰색의 염화은 침전이 생기고, 혼합 수용액의 온도는 25.0 ℃에서 32.6 ℃로 상승한다. 혼합 수용액의 비열은 4.18 J/(g·℃)이고, 밀도는 1.00 g/mL이며, 열량계 자체는 무시할 정도로 열량을 흡수한다고 가정할 때, 이 반응에서의 ΔH(kJ)를 계산하시오.

문제 파악

알고 있는 것	알아내야 할 것
질산 은 용액의 부피(10.0 mL)	반응 엔탈피 변화(ΔH)
질산 은 용액의 농도(1.00 M)	
염화 소듐 용액의 부피(10.0 mL)	
염화 소듐 용액의 농도(1.00 M)	
초기 온도(25.0 ℃)	
최종 온도(32.6 ℃)	
혼합물의 비열(c = 4.18 J/(g·℃))	
혼합물의 밀도(d = 1.00 g/mL)	

전략

열량계 실험에서 주위로 전달된 열은 반응에 의해 전달된 열과 크기는 같지만, 부호는 반대이다 ($q_{반응} = -q_{계}$). 용액은 주위이며, 용액의 비열, 질량, 온도는 주어졌다. 반응의 열전달($q_{반응}$)을 몰

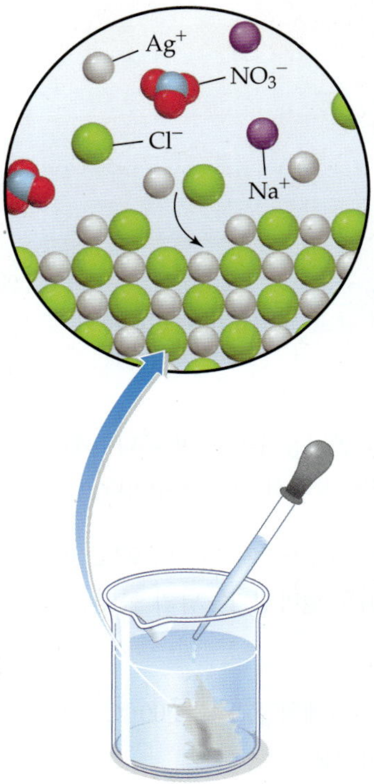

▲ 질산 은 수용액과 염화 소듐 수용액의 반응으로 고체 염화 은을 생성하는 반응은 발열 과정이다.

수로 나누면 반응의 엔탈피 변화(ΔH)를 알 수 있다.

풀이

단계 1. 반응의 열전달을 계산한다.

$$q_{반응} = -q_{주위}$$
$$q_{반응} = -q_{용액}$$

용액의 비열, 질량, 온도 변화는 주어져 있고, 이들은 이용하면 $q_{반응}$을 계산할 수 있다.

$$q_{반응} = -(c \times m \times \Delta T)_{용액}$$
$$q_{반응} = -\left[\left(\frac{4.18\ \text{J}}{g \cdot {}^\circ\text{C}}\right)(20.0\ \text{g})(7.6\ {}^\circ\text{C})\right] = -635.4\ \text{J}$$

단계 2. 반응의 열전달($q_{반응}$)을 몰수로 나누면, 엔탈피 변화(ΔH)를 구할 수 있다. 균형 반응식에 따르면, 생성물인 염화 은의 몰수는 반응물인 은 이온(또는 염화 이온)의 몰수와 같다.

$$\text{은 이온의 몰수} = (10.0\ \text{mL})\left(\frac{1\ \text{L}}{1000\ \text{mL}}\right)\left(\frac{1.00\ \text{mol Ag}^+}{1\ \text{mL}}\right) = 1.00 \times 10^{-2}\ \text{mol Ag}^+$$

$$\text{염화 은의 몰수} = 1.00 \times 10^{-2}\ \text{mol AgCl}$$

$$\Delta H = \frac{-635.4\ \text{J}}{1.00 \times 10^{-2}\ \text{mol AgCl}} \times \frac{1\ \text{kJ}}{1000\ \text{J}} = -63.5\ \text{kJ/mol AgCl}$$

따라서 $\Delta H = -63.5$ kJ(반응에 의해 열이 방출되어 용액을 데우기 때문에 음의 값을 가진다.)

▶ **연습문제 9.11** 열량계에서, 25.0 ℃의 1.0 M 황산 25.0 mL를 1.0 M 수산화 소듐 50.0 mL에 첨가하면 수용액의 온도는 33.9 ℃로 상승한다. 이 수용액의 비열은 4.18 J/(g·℃), 밀도는 1.00 g/mL이며, 열량계 자체는 무시할 정도의 열을 흡수한다고 가정할 때, 이 반응에서의 ΔH(kJ)를 계산하시오.

$$H_2SO_4(aq) + 2\ NaOH(aq) \longrightarrow 2\ H_2O(l) + Na_2SO_4(aq)$$

▶ **응용문제 9.12** 15.0 g의 질산 암모늄이 150.0 mL의 물에 용해될 때, 그 액체의 온도는 24.5 ℃에서 17.5 ℃로 떨어진다(용액의 비열은 4.18 J/g·℃이고, 열량계로 전달되는 열이 없다고 가정하시오). 이 반응에서 질산 암모늄의 ΔH(kJ)를 계산하시오.

$$NH_4NO_3(s) \longrightarrow NH_4^+(aq) + NO_3^-(aq) \quad \Delta H = ?$$

9.8 헤스 법칙

지금까지는, 화학 반응 중에 일어나는 에너지 변화에 대하여 일반적으로 기술하였다. 이제 구체적인 예로, **하버 공정**(Haber process)을 살펴보도록 하자. 이 공정에 의해 전 세계적으로 매년 약 1억 2000만 톤의 암모니아가 생산되며, 특히 이 암모니아는 주로 비료로 사용된다(1톤 = 1000 kg). 수소와 질소로부터 암모니아가 생성되는 반응은 $\Delta H° = -92.2$ kJ이고, 발열 반응이다.

$$3\ H_2(g) + N_2(g) \longrightarrow 2\ NH_3(g) \quad \Delta H° = -92.2\ \text{kJ}$$

이 반응을 자세히 살펴보면, 보이는 것처럼 그렇게 간단하지 않다. 실제로 전체 반응은 여러 단계를 거쳐 일어나고, 중간 단계에서 하이드라진(N_2H_4)이 생성된다.

$$2\,H_2(g) + N_2(g) \longrightarrow \underset{\text{하이드라진}}{N_2H_4(g)} \xrightarrow{H_2} \underset{\text{암모니아}}{2\,NH_3(g)}$$

하이드라진이 암모니아로 변환되는 반응의 엔탈피 변화는 $\Delta H° = -187.6$ kJ로 측정된다. 그러나 수소와 질소로부터 하이드라진이 형성되는 단계의 $\Delta H°$를 측정하는 것은 쉽지 않다. 이는 이 단계에서 반응이 깨끗하게 진행되지 않기 때문이다. 중간체로서 생성된 하이드라진의 일부만이 암모니아로 변환되고, 출발 물질인 질소의 일부는 반응하지 않은 채 남는다.

다행스럽게도 이 어려움을 피해갈 수 있는 방법이 있다. 이 방법을 사용하면 직접 측정할 수 없는 에너지 변화를 간접적으로 측정할 수 있다. 이것이 가능한 이유는 엔탈피가 상태 함수이기 때문이다. 상태 함수인 ΔH는 두 상태 사이에 취한 경로와 관계없이 똑같다. 그리하여 여러 단계의 각 엔탈피 변화의 합은 전체 반응의 엔탈피 변화와 같아야 한다. 이를 **헤스 법칙**(**Hess's law**)이라고 한다.

> **헤스 법칙** 어떤 반응의 전체 엔탈피 변화는 그 반응을 이루는 각 단계의 엔탈피 변화를 합한 값과 같다.

전체 반응식을 구할 때 각 단계의 반응물과 생성물은 대수처럼 합하거나 뺄 수 있다. 예를 들어, 암모니아 합성에서 단계 1과 단계 2의 합은 전체 반응과 같다. 따라서 단계 1과 단계 2의 엔탈피 변화의 합은 전체 반응의 엔탈피 변화와 같다. 이러한 지식을 이용하면, 단계 1의 엔탈피 변화를 계산할 수 있다. 그림 9.9는 이 상황을 그림으로 나타낸 것이며, 예제 9.7은 헤스 법칙을 계산하는 예이다.

$$\begin{array}{lll} \text{단계 1.} & 2\,H_2(g) + N_2(g) \longrightarrow \cancel{N_2H_4(g)} & \Delta H°_1 = ? \\ \text{단계 2.} & \cancel{N_2H_4(g)} + H_2(g) \longrightarrow 2\,NH_3(g) & \Delta H°_2 = -187.6\text{ kJ} \\ \hline \text{전체 반응} & 3\,H_2(g) + N_2(g) \longrightarrow 2\,NH_3(g) & \Delta H°_{\text{반응}} = -92.2\text{ kJ} \end{array}$$

$$\Delta H°_1 + \Delta H°_2 = \Delta H°_{\text{반응}}\text{이므로}$$
$$\Delta H°_1 = \Delta H°_{\text{반응}} - \Delta H°_2$$
$$= (-92.2\text{ kJ}) - (-187.6\text{ kJ}) = +95.4\text{ kJ}$$

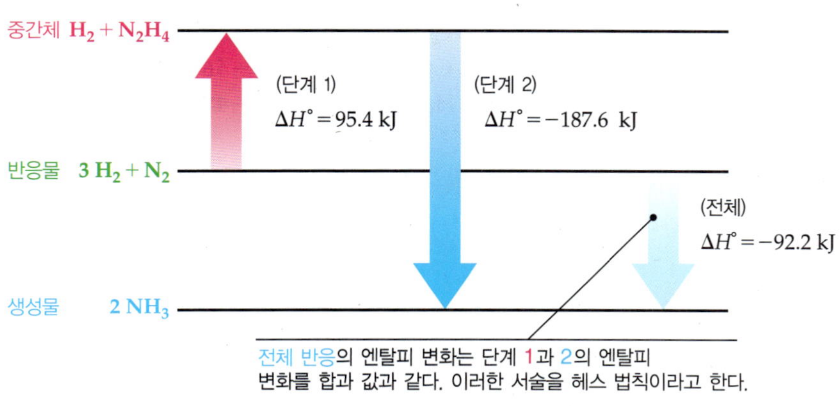

▶ **그림 9.9**
질소와 수소로부터의 암모니아 합성에 대한 단계별 엔탈피 변화. 단계 2와 전체 반응의 $\Delta H°$ 값을 알면 단계 1의 $\Delta H°$를 계산할 수 있다.

▶ 확인하기

두 단계에 걸쳐 일어나는 다른 반응에서, 단계 2에 대한 $\Delta H°$가 +25.0 kJ이고 전체 반응의 $\Delta H°$가 −25.0 kJ이면 단계 1의 $\Delta H°$는 얼마인가?

답 −50.0 kJ

예제 9.7

헤스 법칙을 이용한 $\Delta H°$ 계산

천연가스의 주성분인 메테인은 산소 중에서 연소하여 이산화 탄소와 물을 생성한다.

$$CH_4(g) + 2\,O_2(g) \longrightarrow CO_2(g) + 2\,H_2O(l)$$

다음 자료를 이용하여, 메테인 연소의 $\Delta H°$(kJ)를 계산하시오.

$$\begin{aligned} &CH_4(g) + O_2(g) \longrightarrow CH_2O(g) + H_2O(g) && \Delta H° = -275.6 \text{ kJ} \\ &CH_2O(g) + O_2(g) \longrightarrow CO_2(g) + H_2O(g) && \Delta H° = -526.7 \text{ kJ} \\ &H_2O(l) \longrightarrow H_2O(g) && \Delta H° = 44.0 \text{ kJ} \end{aligned}$$

전략

종종 시행착오가 있겠지만, 목적은 각 반응을 어떻게 조합하여 더하면 원하는 반응이 되겠는가 찾아내는 것이다. 알아두어야 할 중요한 점은 다음과 같다.

- 모든 반응물[$CH_4(g)$와 $O_2(g)$]은 왼쪽에 나타내야 한다.
- 모든 생성물[$CO_2(g)$와 $H_2O(l)$]은 오른쪽에 나타내야 한다.
- 모든 중간 생성물[$CH_2O(g)$와 $H_2O(g)$]은 오른쪽과 왼쪽의 양쪽 모두에 나타나야 하고, 그래야만 약분되어 소거된다.
- 제시된 반응의 역반응[$H_2O(g) \longrightarrow H_2O(l)$]의 $\Delta H°$는 반대 부호를 가져야 한다(9.5절).
- 만일 반응에 어떤 계수를 곱하면[$H_2O(g) \longrightarrow H_2O(l)$에 2를 곱한 경우], 그 반응의 $\Delta H°$에도 동일한 계수를 곱해 주어야 한다(9.5절).

풀이

$$\begin{aligned} &CH_4(g) + O_2(g) \longrightarrow \cancel{CH_2O(g)} + \cancel{H_2O(g)} && \Delta H° = -275.6 \text{ kJ} \\ &\cancel{CH_2O(g)} + O_2(g) \longrightarrow CO_2(g) + \cancel{H_2O(g)} && \Delta H° = -526.7 \text{ kJ} \\ &2\,[\cancel{H_2O(g)} \longrightarrow H_2O(l)] \quad 2\,[\Delta H° = -44.0 \text{ kJ}] && = -88.0 \text{ kJ} \\ \hline &CH_4(g) + 2\,O_2(g) \longrightarrow CO_2(g) + 2\,H_2O(l) && \Delta H° = -890.3 \text{ kJ} \end{aligned}$$

연습문제 9.13 수성 가스(water gas)란 1000 °C에서 탄소에 수증기를 반응시켜 만든 CO와 H_2 혼합물의 이름이다.

$$C(s) + H_2O(g) \longrightarrow \underbrace{CO(g) + H_2(g)}_{\text{'수성 가스'}}$$

이렇게 얻어진 수소는 정제하여 암모니아 합성의 출발 물질로 사용된다. 다음 자료를 이용하여, 수성 가스 반응의 $\Delta H°$(kJ)를 계산하시오.

$$\begin{aligned} &C(s) + O_2(g) \longrightarrow CO_2(g) && \Delta H° = -393.5 \text{ kJ} \\ &2\,CO(g) + O_2(g) \longrightarrow 2\,CO_2(g) && \Delta H° = -566.0 \text{ kJ} \\ &2\,H_2(g) + O_2(g) \longrightarrow 2\,H_2O(g) && \Delta H° = -483.6 \text{ kJ} \end{aligned}$$

개념 응용문제 9.14 A와 B로부터 D가 생성되는 반응은 두 단계로 진행한다. 이를 헤스 법칙 그림으로 표시하면 다음과 같다.

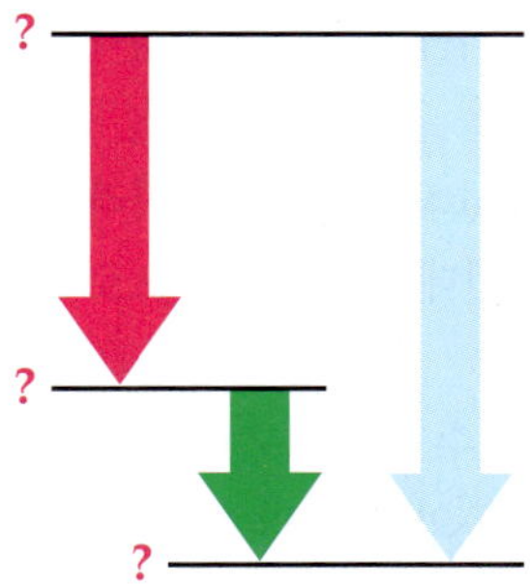

1) A + B ⟶ C $\Delta H^\circ = -100$ kJ
2) C + B ⟶ D $\Delta H^\circ = -50$ kJ

(a) 전체 반응식은 무엇이고, ΔH°는 얼마인가?
(b) 그림의 각 화살표는 어느 단계에 해당되고, 이 중 어느 화살표가 전체 반응에 해당하는가?
(c) 그림에는 세 가지 에너지 준위가 있다. 각 에너지 준위는 어느 물질의 에너지를 나타내는가?

9.9 표준 생성열

앞 절에서 사용한 ΔH° 값은 어떻게 얻어졌는가? 수억 개로 알려진 너무나도 많은 모든 반응의 ΔH°를 측정하는 것은 불가능하다. 더 효과적인 방법이 있다. 다른 물질의 **표준 생성열**(**standard heat of formation, ΔH°_f**)을 측정하고, 그 수치를 이용하여 그 물질들을 포함한 어떤 반응의 ΔH°를 계산하는 것이다.

표준 생성열 표준 상태에 있는 성분 원소들로부터 표준 상태의 물질 1 mol을 생성할 때의 엔탈피 변화(**ΔH°_f**)

이 정의에 대한 몇 가지 사항에 주목하라. 첫째, 성분 원소들로부터 하나의 물질을 형성하는 '반응'은 (종종 실제로 일어날 수도 있지만) 가상적이다. 예를 들면, 실험실에서 탄소와 수소를 합쳐 메테인을 만들 수는 없다. 그러나 메테인의 생성열은 $\Delta H^\circ_f = -74.8$ kJ/mol이고, 이는 다음과 같은 가상적인 반응의 표준 엔탈피 변화에 해당한다.

$$C(s) + 2\,H_2(g) \longrightarrow CH_4(g) \quad \Delta H^\circ = -74.8 \text{ kJ}$$

둘째, 반응에 참여하는 각 물질은 1 atm 압력과 특정한 온도(일반적으로 25 ℃)에서 가장 안정한 표준 형태에 있어야 한다. 예를 들면, 탄소는 이 조건에서 다이아몬드보다는 고체 흑연 형태가 가장 안정하고, 수소는 H 원자가 아니라 기체 H_2 분자가 가장 안정하다. 표 9.2는 몇 가지 흔한 물질의 표준 생성열을 제시하고 있으며, 더 상세한 목록은 부록 B에 있다.

표 9.2 25 ℃에서 몇 가지 물질의 표준 생성열

물질	화학식	ΔH°_f (kJ/mol)	물질	화학식	ΔH°_f (kJ/mol)
아세틸렌	$C_2H_2(g)$	227.4	염화 수소	$HCl(g)$	−92.3
암모니아	$NH_3(g)$	−46.1	산화 철(III)	$Fe_2O_3(s)$	−824.2
이산화 탄소	$CO_2(g)$	−393.5	탄산 마그네슘	$MgCO_3(s)$	−1095.8
일산화 탄소	$CO(g)$	−110.5	메테인	$CH_4(g)$	−74.8
에탄올	$C_2H_5OH(l)$	−277.7	일산화 질소	$NO(g)$	91.3
에틸렌	$C_2H_4(g)$	52.3	물(g)	$H_2O(g)$	−241.8
포도당(글루코스)	$C_6H_{12}O_6(s)$	−1273.3	물(l)	$H_2O(l)$	−285.8

표 9.2에는 어떤 원소도 수록되어 있지 않다. 정의에 따라 표준 상태에서 어떤 원소[아르곤(g), 금(s) 등]의 가장 안정한 형태는 $\Delta H°_f = 0$ kJ을 갖기 때문이다. 즉, 원소 자체로부터 그 원소가 형성될 때의 엔탈피 변화는 0이다. 모든 원소의 $\Delta H°_f$를 0이라고 정의하는 것은 마치 열화학적으로 '해수면' 같은 기준점을 설정하는 것인데, 이 기준점으로부터 다른 모든 엔탈피 변화를 측정한다.

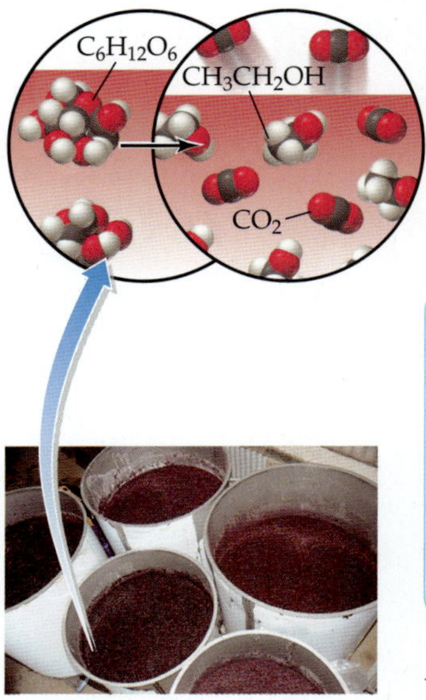

▲ 포도의 당을 발효시켜 포도주의 에틸 알코올을 얻는다. ©Alf Manciagli/Shutterstock

표준 생성열을 열화학적 계산에 어떻게 이용할 수 있는가? 어떤 화학 반응의 표준 엔탈피 변화는 모든 생성물의 생성열 합에서 모든 반응물의 생성열 합을 빼서 구할 수 있다. 이때 균형 반응식에 나타난 물질의 계수를 각 생성열에 곱해 준다.

$$\Delta H°_{\text{반응}} = \Delta H°_f(\text{생성물}) - \Delta H°_f(\text{반응물})$$

반응의 $\Delta H°$를 구하려면

$$a\,\text{A} + b\,\text{B} + \cdots \longrightarrow c\,\text{C} + d\,\text{D} + \cdots$$

. . . 이들 반응물의 생성열의 합을 뺀다.　　　이들 생성물의 생성열의 합에서 . . .

$$\Delta H°_{\text{반응}} = [c\,\Delta H°_f(\text{C}) + d\,\Delta H°_f(\text{D}) + \cdots] - [a\,\Delta H°_f(\text{A}) + b\,\Delta H°_f(\text{B}) + \cdots]$$

하나의 예로, 주류 생산 과정에서 일어나는 반응인, 포도당으로부터 에틸 알코올(에탄올)을 얻는 발효 반응의 $\Delta H°$를 구하는 계산은 다음과 같다.

$$C_6H_{12}O_6(s) \longrightarrow 2\,C_2H_5OH(l) + 2\,CO_2(g) \qquad \Delta H° = ?$$

표 9.2 자료를 이용하면 다음과 같은 답을 얻는다.

$$\begin{aligned}\Delta H° &= [2\,\Delta H°_f(\text{에탄올}) + 2\,\Delta H°_f(CO_2)] - [\Delta H°_f(\text{포도당})]\\ &= (2\text{ mol})(-277.7\text{ kJ/mol}) + (2\text{ mol})(-393.5\text{ kJ/mol}) - (1\text{ mol})(-1273.3\text{ kJ/mol})\\ &= -69.1\text{ kJ}\end{aligned}$$

이 발효 반응은 69.1 kJ의 발열 반응이다.

이와 같은 계산법이 가능한 이유는 무엇일까? 그것은 엔탈피가 하나의 상태 함수로서, 이 계산이 바로 헤스 법칙의 또 다른 응용이기 때문이다. 즉, 반응에 참여하는 각 물질의 생성열에 해당하는 반응식들의 합은 전체 반응에 대한 엔탈피 변화와 같다.

(1)	$C_6H_{12}O_6(s) \longrightarrow 6\,\cancel{C}(s) + 6\,\cancel{H_2}(g) + 3\,\cancel{O_2}(g)$	$-\Delta H°_f = +1273.3$ kJ
(2)	$2\,[2\,\cancel{C}(s) + 3\,\cancel{H_2}(g) + 1/2\,\cancel{O_2}(g) \longrightarrow C_2H_5OH(l)]$	$2\,[\Delta H°_f = -277.7\text{ kJ}] = -555.4$ kJ
(3)	$2\,[\cancel{C}(s) + \cancel{O_2}(g) \longrightarrow CO_2(g)]$	$2\,[\Delta H°_f = -393.5\text{ kJ}] = -787.0$ kJ
(전체)	$C_6H_{12}O_6(s) \longrightarrow 2\,C_2H_5OH(l) + 2\,CO_2(g)$	$\Delta H° = -69.1$ kJ

반응 (1)은 성분 원소로부터 포도당을 생성하는 반응을 역으로 나타낸 것이다. 따라서 $\Delta H°_f$ 앞에 −부호를 더해야 한다는 것에 유념하라. 또한, 에탄올과 이산화 탄소의 생성을 각각 나타내는 반응 (2)와 (3)에 각각 2를 곱해 준 것은 전체 반응의 균형을 맞추기 위한 것임도 주의하라.

예제 9.8

표준 생성열을 이용한 $\Delta H°$ 계산

산소–아세틸렌 용접용 토치는 아세틸렌 기체[$C_2H_2(g)$]를 연소시킨다. 표 9.2의 자료를 이용하여, 아세틸렌이 연소하여 $CO_2(g)$와 $H_2O(g)$를 생성하는 반응의 $\Delta H°$(kJ)를 계산하시오.

전략

균형 반응식을 쓰고, 표 9.2로부터 각 반응물과 생성물에 해당하는 생성열을 찾는다. 그리고 다음 식을 사용하여 계산한다.

$$\Delta H°_{반응} = \Delta H°_f(생성물) - \Delta H°_f(반응물)$$

균형 반응식에 나타난 계수를 $\Delta H°_f$에 곱하여 계산한다. O_2가 원소 형태이기 때문에 $\Delta H°_f(O_2) = 0$ kJ/mol임을 기억하라.

풀이

균형 반응식은 다음과 같다.

$$2\ C_2H_2(g) + 5\ O_2(g) \longrightarrow 4\ CO_2(g) + 2\ H_2O(g)$$

필요한 생성열은 표 9.2에서 다음과 같다.

$$\Delta H°_f[C_2H_2(g)] = 227.4\ \text{kJ/mol} \qquad \Delta H°_f[H_2O(g)] = -241.8\ \text{kJ/mol}$$
$$\Delta H°_f[CO_2(g)] = -393.5\ \text{kJ/mol}$$

이 반응의 표준 엔탈피 변화는 다음과 같다.

$$\begin{aligned}\Delta H° &= [4\ \Delta H°_f(CO_2)] + 2\ \Delta H°_f(H_2O)] - [2\ \Delta H°_f(C_2H_2)] \\ &= (4\ \text{mol})(-393.5\ \text{kJ/mol}) + (2\ \text{mol})(-241.8\ \text{kJ/mol}) - (2\ \text{mol})(227.4\ \text{kJ/mol}) \\ &= -2512.4\ \text{kJ}\end{aligned}$$

연습문제 9.15 표 9.2의 자료를 이용하여, 공업적 질산 제조 방법인 오스트발트(Ostwald) 공정에서 암모니아(NH_3)와 산소(O_2)가 반응하여 일산화 질소(NO)와 $H_2O(g)$를 생성하는 반응의 $\Delta H°$(kJ)를 계산하시오.

응용문제 9.16 자동차 엔진에서 일어나는 옥테인(C_8H_{18}) 연소의 열화학 반응식은 다음과 같다.

$$2\ C_8H_{18}(l) + 25\ O_2(g) \longrightarrow 8\ CO_2(g) + 9\ H_2O(l) \qquad \Delta H° = -5220\ \text{kJ}$$

표 9.2의 자료를 이용하여 $\Delta H°_f[C_8H_{18}(l)]$를 계산하시오.

9.10 결합 해리 에너지

앞 절에서 기술한 생성열로부터 전체 반응열을 구하는 방법은 대단히 유용하지만, 여전히 문제점을 갖고 있다. 이 방법을 이용하려면, 반응에 참여하는 모든 물질의 $\Delta H°_f$가 필요하다. 이것은 매우 많은 측정이 필요하다는 것을 의미한다. 왜냐하면 4000만 개 이상의 화합물이 알려져 있기 때문이다. 그러나 실제로는 몇 천 개의 $\Delta H°_f$ 값만 측정되었다.

어떤 반응의 정확한 $\Delta H°$를 계산하는 데 필요한 $\Delta H°_f$ 자료를 충분히 얻을 수 없는 반응의 경우에는 종종 7.2절에서 설명한 평균 **결합 해리 에너지(bond dissociation energy, *D*)**를 이용하면 $\Delta H°$가 추정 가능하다. 앞서 명백하게 적시하지는 않았지만, 결합 해리 에너지는 실제로 대응하는 결합 붕괴 반응의 표준 엔탈피 변화이다.

$$X - Y \longrightarrow X + Y\ 반응에서,\ \Delta H° = D = 결합\ 해리\ 에너지$$

기억하기…
결합 해리 에너지란 기체 상태에 있는 고립 분자의 화학 결합을 끊기 위하여 공급하는 에너지의 양, 즉 그 결합이 형성될 때 방출되는 에너지 양이다(7.2절).

표 9.3 평균 결합 해리 에너지, D(kJ/mol)

H—H	436[a]	C—H	410	N—H	390	O—F	180	I—I	151[a]
H—C	410	C—C	350	N—C	300	O—Cl	200	S—F	310
H—F	570[a]	C—F	450	N—F	270	O—Br	210	S—Cl	250
H—Cl	432[a]	C—Cl	330	N—Cl	200	O—I	220	S—Br	210
H—Br	366[a]	C—Br	270	N—Br	240	O—N	200	S—S	225
H—I	298[a]	C—I	240	N—N	240	O—O	180		
H—N	390	C—N	300	N—O	200	F—F	159[a]		
H—O	460	C—O	350	O—H	460	Cl—Cl	243[a]		
H—S	340	C—S	260	O—C	350	Br—Br	193[a]		
다중 공유 결합									
C=C	728	C≡C	965	C=O	732	O=O	498[a]	N≡N	945[a]

[a]정확한 값

예를 들어 Cl_2의 결합 해리 에너지가 243 kJ/mol이라고 말할 때, 그것이 의미하는 바는 $Cl_2(g) \longrightarrow 2\ Cl(g)$ 반응의 표준 엔탈피 변화가 $\Delta H° = +243$ kJ이라는 것이다. 결합을 깨려면 항상 에너지를 가해야 하기 때문에 결합 해리 에너지는 항상 양의 값이다. 평균 결합 해리 에너지는 용이한 참조를 위해 **표 9.3**에 정리되어 있다.

헤스 법칙을 이용하여, 반응물의 결합 해리 에너지의 합에서 생성물의 결합 해리 에너지의 합을 빼서 어떤 반응의 대략적인 엔탈피 변화를 계산할 수 있다.

$$\Delta H° = D(\text{반응물의 결합}) - D(\text{생성물의 결합})$$

예를 들어 수소(H_2)와 염소(Cl_2)가 반응하여 염화 수소(HCl)가 생성되는 반응에서, 반응물은 1개의 Cl—Cl 결합과 1개의 H—H 결합을 가지고 있으며, 생성물은 2개의 H—Cl 결합을 갖는다.

$$H_2(g) + Cl_2(g) \longrightarrow 2\ HCl(g)$$

앞에서 소개한 표 9.3의 자료에 의하면, Cl_2의 결합 해리 에너지는 243 kJ/mol, H_2의 결합 해리 에너지는 436 kJ/mol, HCl의 결합 해리 에너지는 432 kJ/mol이다. 그러므로 우리는 이 반응의 대략적인 표준 엔탈피 변화를 계산할 수 있다.

$$\begin{aligned}\Delta H° &= D(\text{반응물의 결합}) - D(\text{생성물의 결합})\\ &= (D_{Cl-Cl} + D_{H-H}) - (2\ D_{H-Cl})\\ &= [(1\ \text{mol})(243\ \text{kJ/mol}) + (1\ \text{mol})(436\ \text{kJ/mol})] - (2\ \text{mol})(432\ \text{kJ/mol})\\ &= -185\ \text{kJ}\end{aligned}$$

이 반응은 대략 185 kJ의 발열 반응이다.

예제 9.9

결합 해리 에너지를 이용한 $\Delta H°$ 계산

표 9.3의 자료를 이용하여, 메테인과 Cl_2가 반응하여 클로로폼을 생성하는 공업적 합성법의 대략적인 $\Delta H°$(kJ)를 계산하시오.

$$CH_4(g) + 3\ Cl_2(g) \longrightarrow CHCl_3(g) + 3\ HCl(g)$$

전략

반응물과 생성물의 모든 결합을 확인하고, 표 9.3에서 해당되는 결합 해리 에너지를 찾는다. 다음으로, 이 반응의 엔탈피 변화를 계산하기 위해 반응물의 결합 해리 에너지의 합에서 생성물의 결합 해리 에너지의 합을 뺀다.

풀이

반응물은 4개의 C−H 결합과 3개의 Cl−Cl 결합을 갖는다. 생성물은 1개의 C−H 결합, 3개의 C−Cl 결합, 3개의 H−Cl 결합을 갖는다. 표 9.3으로부터 결합 해리 에너지는 다음과 같다.

$$\begin{array}{llll} \text{C—H} & D = 410\text{ kJ/mol} & \text{Cl—Cl} & D = 243\text{ kJ/mol} \\ \text{C—Cl} & D = 330\text{ kJ/mol} & \text{H—Cl} & D = 432\text{ kJ/mol} \end{array}$$

반응물의 결합 해리 에너지의 합에서 생성물의 결합 해리 에너지의 합을 빼면, 이 반응에 대한 대략적인 엔탈피 변화를 얻는다.

$$\begin{aligned} \Delta H^\circ &= [3\,D_{\text{Cl—Cl}} + 4\,D_{\text{C—H}}] - [D_{\text{C—H}} + 3\,D_{\text{H—Cl}} + 3\,D_{\text{C—Cl}}] \\ &= [(3\text{ mol})(243\text{ kJ/mol}) + (4\text{ mol})(410\text{ kJ/mol})] - [(1\text{ mol})(410\text{ kJ/mol}) \\ &\qquad + (3\text{ mol})(432\text{ kJ/mol}) + (3\text{ mol})(330\text{ kJ/mol})] \\ &= -327\text{ kJ} \end{aligned}$$

이 반응은 대략 330 kJ의 발열 반응이다.

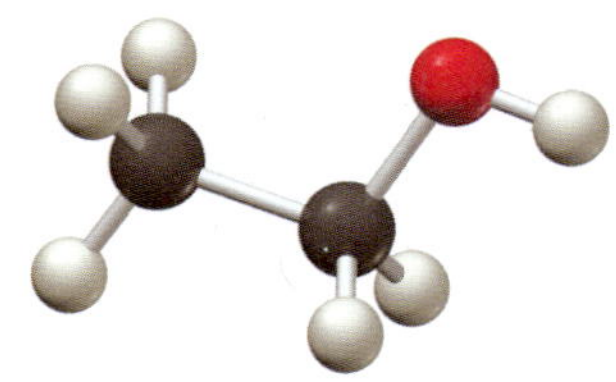

에틸 알코올

연습문제 9.17 표 9.3의 자료를 이용하여, 에틸렌으로부터 에틸 알코올의 공업적 합성의 ΔH° (kJ)를 계산하시오.

$$C_2H_4(g) + H_2O(g) \longrightarrow C_2H_5OH(g)$$

응용문제 9.18 벤젠(C_6H_6)은 두 개의 공명 구조를 가지고 있다. 이는 각각의 탄소−탄소 결합, 즉 C−C 단일 결합과 C=C 이중 결합 사이의 결합 세기가 동등하다는 의미이다.

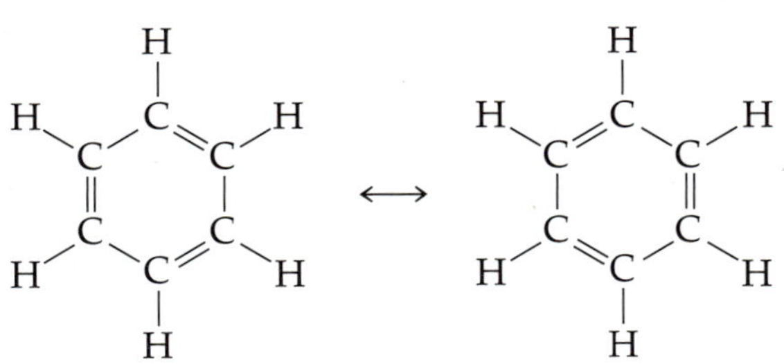

주어진 벤젠의 탄소−탄소 결합 세기를 추정하시오.

$$2\,C_6H_6(g) + 15\,O_2(g) \longrightarrow 12\,CO_2(g) + 6\,H_2O(g) \quad \Delta H^\circ = -6339\text{ kJ}$$

결합 해리 에너지의 자료를 표 9.3에서 찾을 수 있다(O_2의 O=O 결합 세기는 498 kJ/mol이고, CO_2의 C=O 결합 세기는 804 kJ/mol이다.).

9.11 엔트로피 소개

이 장의 서론에서, 화학 반응(또는 물리적 과정)은 나중 상태가 처음 상태보다 안정할 때 진행된다고 기술한 바 있다. 일반적으로 화학 반응에서는 에너지가 방출된다고 할 수 있는데, 이는 높은 내부 에너지를 가진 덜 안정한 물질이 낮은 내부 에너지를 가진 보다 안정한 물질로 바뀌기 때문이다. 그러나 동시에, 몇몇 반응은 에너지를 방출하는 대신 흡수하면서도 일어날 수 있다는 것을 보았다. 예를 들어, 이전에 보여 주었던 그림 9.6에 나타낸 수산화 바륨 팔수화물과 염화 암모늄의 흡열 반응은 주위로부터 80.3 kJ의 열을 흡수하고($\Delta H° = +80.3$ kJ), 주위는 차가워져 0 ℃ 이하로 떨어진다.

$$Ba(OH)_2 \cdot 8\ H_2O(s) + 2\ NH_4Cl(s) \longrightarrow BaCl_2(aq) + 2\ NH_3(aq) + 10\ H_2O(l) \quad \Delta H° = +80.3\ kJ$$

▲ 썰매를 타고 언덕을 내려오는 것은 자발적 과정으로, 일단 시작되면 계속된다. 썰매를 끌고 언덕을 오르는 것은 계속되는 에너지 공급이 필요한 비자발적 과정이다.

에너지를 자발적으로 흡수하면서 일어나는 물리적 과정의 한 예는 얼음조각이 녹을 때이다. 0 ℃에서 얼음은 자발적으로 주위에서 열을 흡수하여 고체에서 액체 상태의 물이 된다.

이 상황을 더 살펴보기 전에, **자발적**이라는 말이 화학에서 무엇을 의미하는가를 이해하는 것이 중요하다. 왜냐하면, 화학에서의 자발적(spontaneous)이라는 용어는 일상적 용어와 동일하지 않기 때문이다. 화학에서의 **자발적 과정**이란 한 번 시작되면 계속되는 외부의 영향이 없이도 자기 스스로 진행되는 과정을 말한다. 그 변화는 마치 용수철이 풀리는 것이나 썰매가 언덕을 굴러 내려오는 것처럼 빠르게 일어날 필요는 없다. 철교나 폐차된 자동차가 서서히 녹스는 것처럼 느리게 일어날 수도 있다. 그에 반해서, **비자발적**(nonspontaneous) 과정은 외부의 영향이 계속적으로 존재할 때만 일어난다. 용수철을 되감거나 썰매를 언덕 위로 밀어서 올리려면 에너지가 계속해서 공급되어야 한다. 외부의 영향이 멈추면 그 과정도 정지한다.

수산화 바륨 팔수화물과 염화 암모늄의 반응과 얼음조각의 녹음은 열에너지를 흡수하면서도 자발적으로 일어나는 것에 주목하라. 무슨 일이 일어나고 있는 것인가? 에너지 이외에도 어떤 반응이나 과정의 자발성을 결정하는 다른 요인이 있음에 틀림없다. 이러한 추가적인 요인을 지금 간단히 살펴보고, 구체적인 내용은 **열역학(thermodynamics)**을 주제로 하는 18장에서 조금 더 깊이 있게 공부하게 될 것이다.

미리보기…
18장의 주제는 **열역학**으로서, 엔트로피와 자유 에너지에 대해 보다 상세하게 논의할 것이다.

열을 흡수하지만 자발적으로 일어나는 두 과정, 즉 수산화 바륨 팔수화물의 반응과 얼음조각이 녹는 과정 사이의 공통점은 무엇인가? 이 예들을 포함하여, 열을 흡수하지만 자발적으로 일어나는 모든 과정의 공통점은 계의 분자 무질서도가 증가한다는 점이다. $Ba(OH)_2 \cdot 8\ H_2O$ 결정 속에 단단히 붙들려 있는 8개의 H_2O 분자는 수용액상에서 느슨하게 떨어져 나와 자유로이 무질서하게 운동한다. 마찬가지로, 고체 얼음 속에 단단히 붙들려 있던 물 분자는 결정의 질서도를 잃어버리고, 액체 상태의 물에서 자유롭게 운동하게 된다.

어떤 계의 무질서 정도를 그 계의 **엔트로피(entropy, *S*)**라고 한다. 엔트로피의 단위는 J/K(kJ/K가 아니다)이며, 순수한 물질에 대하여 측정할 수 있는 값이다. S 값이 클수록 계에 있는 입자들의 분자 무질서도는 크다. 예를 들어, 기체는 액체보다 더 큰 무질서도와 더 높은 엔트로피를 가지며, 액체는 고체보다 더 큰 무질서도와 더 높은 엔트로피를 갖는다(**그림 9.10**).

엔트로피 변화는 $\Delta S = S_{최종} - S_{초기}$로 나타낸다. 수산화 바륨 팔수화물의 반응과 얼음의 융해처럼, 무질서도가 증가하면 $S_{최종} > S_{초기}$이므로 ΔS는 양의 값을 갖는다. $Ba(OH)_2 \cdot 8\ H_2O(s)$와 $NH_4Cl(s)$ 반응의 $\Delta S° = +428$ J/K이고, 얼음 융해의 $\Delta S° = +22.0$ J/(K · mol)이다. 무질서도가 감소하면 $S_{최종} < S_{초기}$이므로 ΔS는 음의 값을 갖는다. 예를 들어, 물이 얼 때 $\Delta S° = -22.0$ J/(K · mol)을 갖는다($\Delta H°$처럼 $\Delta S°$의 위 첨자 °는 표준 상태를, $\Delta S°$는 모든 생성물과 반응물이 표준 상태에 있을 때 일어나는 반응의 표준 엔트로피 변화를 나타낸다).

따라서 열(ΔH)의 방출과 흡수, 그리고 분자 무질서도(ΔS)의 증가와 감소, 이 두 가지 요인이 어떤 계의 화학적 변화와 물리적 변화의 자발성을 결정한다. 어떤 과정이 자발적인가의 여부를 판단하려면, 엔탈피와 엔트로피 변화를 모두 고려해야 한다.

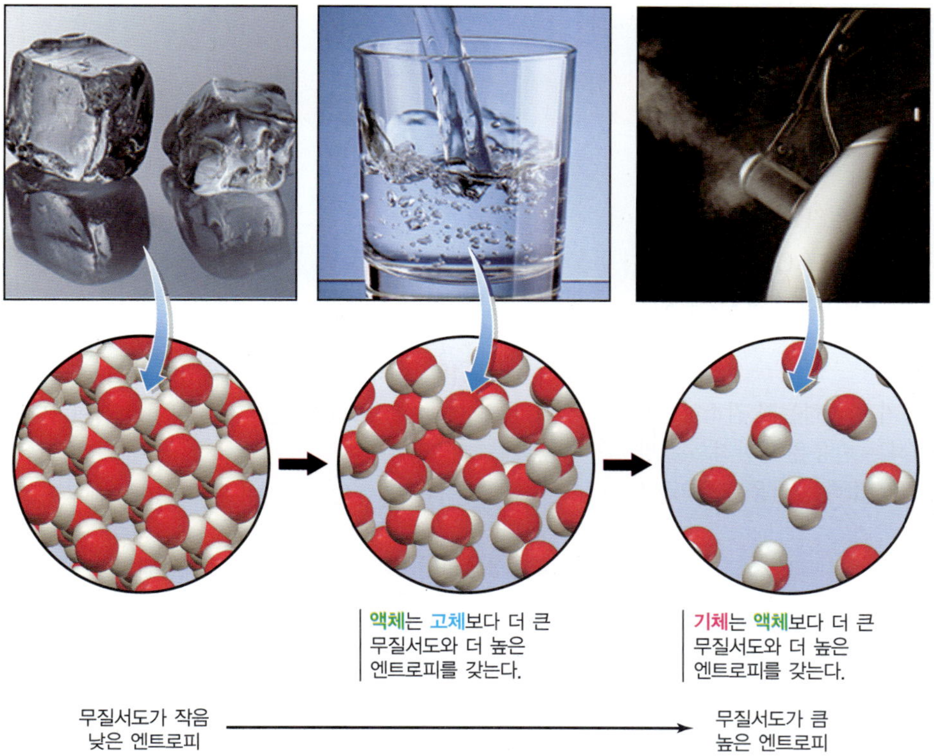

◀ **그림 9.10**
엔트로피는 분자 무질서도의 척도이다.
ⓒAlias Studiot Oy/Shutterstock
ⓒTarasyuk Igor/shutterstock
ⓒSJ Travel Photo and Video/Shutterstock

▶ **확인하기**

기체가 액체와 고체보다 높은 엔트로피를 가지는 이유는 무엇인가?

답 기체는 입자 사이의 공간에서 빠른 속도로 움직이고 있기 때문에, 고체와 액체에 비해 분자의 무질서도 정도가 더 크다. 이와 대조적으로, 고체 안 원자들의 위치는 상대적으로 고정되어 있다.

자발적 과정	*H*가 감소하면 유리(음의 ΔH)
	*S*가 증가하면 유리(양의 ΔS)
비자발적 과정	*H*가 증가하면 유리(양의 ΔH)
	*S*가 감소하면 유리(음의 ΔS)

두 가지 요인들이 동일한 방향으로 작용할 필요가 없음에 유의하라. 어떤 과정이 엔탈피에서는 **불리**하지만(흡열, 양의 ΔH), 그럼에도 불구하고 만약 엔트로피에서 대단히 **유리**하다면(양의 ΔS), 그 과정은 자발적으로 일어날 수 있다. 얼음의 융해[$\Delta H° = +6.01$ kJ/mol; $\Delta S° = +22.0$ J/(K · mol)]가 바로 그러한 과정이다. 수산화 바륨 팔수화물과 염화 암모늄의 반응($\Delta H° = +80.3$ kJ; $\Delta S° = +428$ J/K)도 마찬가지이다. 후자의 경우, 고체 반응물 3 mol로부터 10 mol의 액체 물, 용해된 2 mol의 암모니아와 3 mol의 이온(1 mol의 Ba^{2+}와 2 mol의 Cl^-) 등이 생성된다. 결과적으로 분자 무질서도가 크게 증가한다.

$$\underbrace{Ba(OH)_2 \cdot 8\,H_2O(s) + 2\,NH_4Cl(s)}_{\text{3 mol 고체 반응물}} \longrightarrow \underset{\substack{\text{3 mol}\\ \text{용해된 이온들}}}{BaCl_2(aq)} + \underset{\substack{\text{2 mol}\\ \text{용해된 분자들}}}{2\,NH_3(aq)} + \underset{\substack{\text{10 mol}\\ \text{액체 물 분자}}}{10\,H_2O(l)}$$

$$\Delta H° = +80.3\ \text{kJ} \longleftarrow \text{불리하다}$$

$$\Delta S° = +428\ \text{J/K} \longleftarrow \text{유리하다}$$

반대로, 어떤 과정이 엔탈피에서는 유리하지만(발열, 음의 ΔH), 그럼에도 불구하고 만약 엔트로피에서 대단히 불리하다면(음의 ΔS), 그 과정은 비자발적일 수 있다. 예를 들어, 액체 물이 얼음으로 변환되는 것은 0 ℃ 이상에서 비자발적이다. 왜냐하면 이 과정은 엔탈피($\Delta H° =$

-6.01 kJ/mol) 측면에서 유리하지만, 엔트로피[$\Delta S° = -22.0$ J/(K · mol)] 측면에서는 불리하기 때문이다.

예제 9.10

반응의 ΔS 부호 예측

다음 각 반응의 $\Delta S°$ 값이 양인지 또는 음인지 예측하시오.

(a) $H_2C{=}CH_2(g) + Br_2(g) \longrightarrow BrCH_2CH_2Br(l)$
(b) $2\ C_2H_6(g) + 7\ O_2(g) \longrightarrow 4\ CO_2(g) + 6\ H_2O(g)$

전략

각 반응을 살펴보고, 분자 무질서도가 증가하는지 감소하는지를 판단한다. 기체 분자 수가 증가하는 반응은 일반적으로 양의 ΔS를 갖는 반면, 기체 분자 수가 감소하는 반응은 음의 ΔS를 갖는다.

풀이

(a) 2 mol의 기체 반응물이 반응하여 1 mol의 액체 생성물로 될 때, 계의 분자 무질서도 값은 감소한다. 따라서 이 반응은 음의 $\Delta S°$ 값을 갖는다.

(b) 9 mol의 기체 반응물로부터 10 mol의 기체 생성물이 발생될 때 계의 분자 무질서도 값은 증가한다. 따라서 이 반응은 양의 $\Delta S°$ 값을 갖는다.

▶ **연습문제 9.19** 에테인(C_2H_6)은 아세틸렌(C_2H_2)에 수소를 반응시켜 합성된다. 이 반응의 $\Delta S°$ 값은 양인가 음인가? 설명하시오.

$$C_2H_2(g) + 2\ H_2(g) \longrightarrow C_2H_6(g)$$

▶ **개념 응용문제 9.20** 다음 그림으로 나타낸 반응의 $\Delta S°$ 값은 양인가 음인가? 설명하시오.

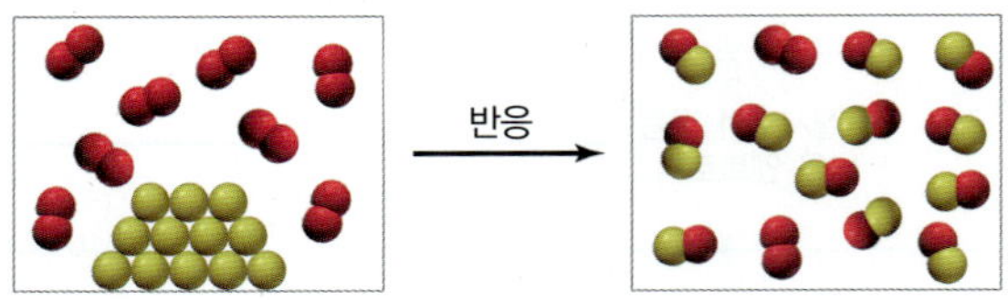

INQUIRY ? 바이오 연료의 에너지 함량을 어떻게 결정하는가?

석유 시대는 미국 펜실베니아 주의 티투스빌 근처에서 세계 최초의 유정을 뚫었던 1859년 8월에 시작되었다. 그 후 전 세계적으로 약 1350억 배럴(1배럴 = 42갤런 = 160 L)의 원유가 소비되었으며, 그중 상당량은 주로 자동차의 연료로 사용되었다. 현재 세계의 석유 소비량은 연간 3.4×10^{10}배럴이고, 현재 채굴 가능한 매장량은 1.7×10^{12}배럴이다. 따라서 세계의 알려진 석유 매장량은 현재 소비 추세로는 약 50년 후에 고갈될 것이다. 그러므로 대체 에너지 자원이 필요하다.

▲ 양식장에서 성장하는 조류는 40 %까지의 기름을 보유하는데, 이것은 바이오디젤 연료를 생산하는 데 사용되어질 수 있다. ©AJCespedes/Shutterstock

▲ 밝은 노란색 유채 식물로부터 나오는 식물성 기름은 바이오디젤 연료의 대량 생산에 대한 선두 후보이다. ©Go Jakus/Shutterstock

현재 개발되고 있는 다양한 대체 에너지 자원 중에는 바이오 연료(biofuel)가 있다. 이것은 최근에 수목, 옥수수, 사탕수수, 유채 등의 생물체들로부터 얻을 수 있는 연료로서, 재생 가능하고 화석 연료보다 탄소 중립적이기 때문에 매우 유망해 보인다. 탄소 중립(carbon neutral)이라 함은 바이오 연료의 제조 과정과 연소 과정에서 환경으로 배출되는 CO_2의 양이 식물이 성장하면서 광합성에 의해 환경으로부터 제거되는 CO_2의 양과 같다는 것을 뜻한다.

현재 가장 큰 관심의 대상이 되는 두 종류의 바이오 연료는 에탄올과 바이오디젤이다. 에탄올은 단순히 에틸 알코올로서, 알코올 음료에 포함되어 있는 알코올처럼 탄수화물을 효모로 발효시켜 얻는다.

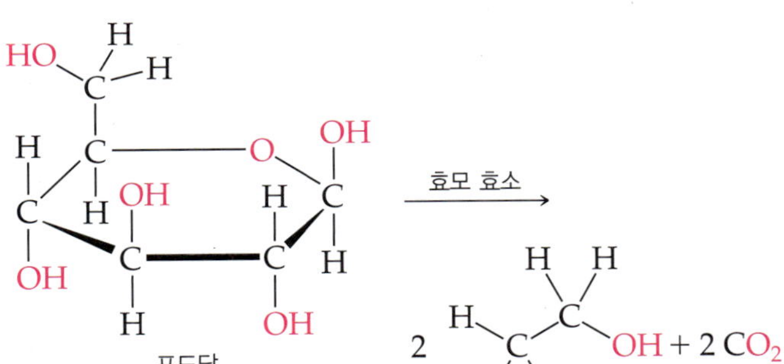

포도당 ($C_6H_{12}O_6$)

에탄올 (C_2H_5OH)

음료 에탄올과 연료 에탄올의 유일한 차이는 당(sugar)의 원료이다. 음료 에탄올은 주로 포도(포도주)나 곡류(증류주)의 당을 발효시켜 얻는 반면, 연료 에탄올은 주로 사탕수수나 옥수수를 발효시켜 얻는다. 연구자들은 주로 셀룰로스를 포함하는 값싼 농산물 또는 벌목 부산물을 발효 가능한 당으로 전환시키는 경제적 방법을 개발하고 있다.

어떤 종류의 식물성 기름이든 바이오디젤로 사용될 수 있지만, 유채 씨 기름과 콩 기름이 가장 일반적이다. 조류는 바이오디젤로 변환될 수 있는 기름의 또 다른 재생가능한 원료이고, 빠르게 성장하는 조류는 토양 식물보다 60배까지 더 빠르게 기름을 생산할 수 있다. 식물처럼 조류도 성장하기 위해 CO_2를 필요로 하며, 발전소 옆에 조류 양식장을 두어 부산물인 CO_2 배기가스를 조류에게 공급하는 것이 가능하다.

바이오연료의 에너지 함량은 어떻게 결정되는가?

물질이 연소할 때 방출되는 에너지 양을 **연소열(heat of combustion, $\Delta H°_c$)** 또는 **연소 엔탈피**(combustion enthalpy)라고 부른다. 이것은 1 mol의 물질과 산소의 반응에 대한 표준 엔탈피 변화이다. 액체 옥테인(C_8H_{18})의 $\Delta H°_c = -5470$ kJ/mol이다.

$$C_8H_{18}(l) + \frac{25}{2} O_2(g) \longrightarrow 8\ CO_2(g) + 9\ H_2O(l)$$
$$\Delta H°_c = -5470\ \text{kJ/mol}$$

이 장에서 설명했던 여러 가지 방법들을 이용하여 연소열을 결정할 수 있다. 에너지 전달량을 측정하기 위해서는 통열량계에서 연료를 연소시킬 수 있었고, 기체상 연료에 대한 연소열을 추정하기 위해서는 결합 해리 에너지를 사용할 수 있으며, 연소 반응에 대한 엔탈피 변화를 계산하기 위해서는 표준 엔탈피 생성 자료($\Delta H°_f$)를 이용할 수 있다.

바이오디젤은 산 촉매 하에서 일반적인 식물성 기름과 메틸 알코올의 반응에 의해 생산되는, 긴 사슬의 메틸 에스터라 불리는 유기 화합물로 이루어진다.

표 9.4 몇 가지 연료의 연소 엔탈피

연료	ΔH°_c(kJ/mol)	ΔH°_c(kJ/g)	ΔH°_c(kJ/mL)
수소, $H_2(g)$	−285.8	−141.8	−9.9[a]
에탄올, $C_2H_5OH(l)$	−1366.8	−29.7	−23.4
옥테인, $C_8H_{18}(l)$	−5470	−47.9	−33.6
바이오디젤, $C_{17}H_{35}CO_2CH_3(l)$ 스테아르산에서	−11,175	−37.8	−34.5

[a] 0 ℃에서 압축된 액체에 대해 계산됨.

각각 다른 연료들의 효율을 비교하기 위해서는, 몰당으로 계산하기보다는 그램이나 밀리미터당으로 계산하는 것이 유용하다(**표 9.4**). 로켓 엔진과 같은 무게가 중요한 적용 분야에 대해서는 수소가 이상적이다. 왜냐하면, 그램당 연소 엔탈피가 알려진 연료 중에서 가장 높기 때문이다. 자동차와 같이 부피가 중요한 적용 분야에서는, 가솔린과 같이 탄소와 수소를 포함하는 화합물인 탄화수소의 혼합물이 가장 효과적이다. 왜냐하면, 부피당을 기반으로 한 탄화수소 연소 엔탈피는 상대적으로 높기 때문이다.

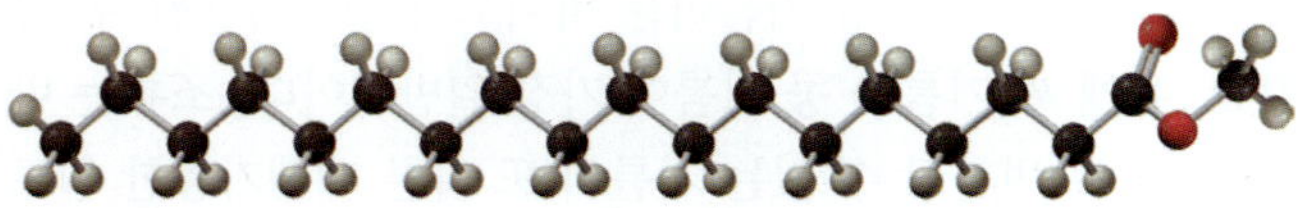

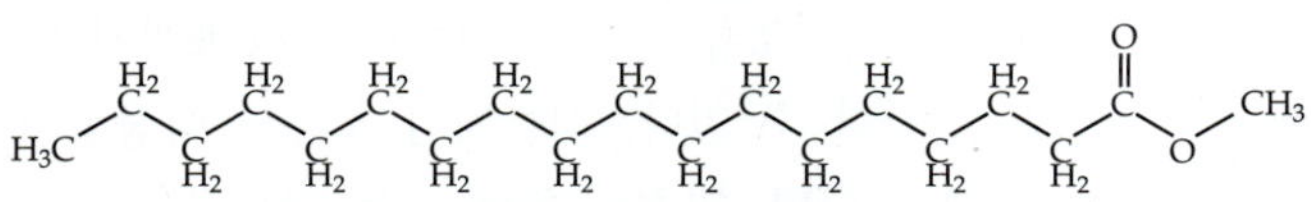

바이오디젤에 포함된 전형적인 긴 사슬의 메틸 에스터

가솔린과 비교하여 바이오연료의 에너지 함량은 어떠한가?

표 9.4에서 볼 수 있듯이, 에탄올은 가솔린의 대표적인 탄화수소인 옥테인에 비해 부피당 연소 엔탈피가 낮다. 따라서 에탄올은 기름 탱크에서 에너지의 양을 증가시키기 위해 종종 가솔린과 혼합된다. E10은 10%의 에탄올 양이 포함된 가솔린이며, E85는 85%의 에탄올 양이 포함된 가솔린이다. 바이오디젤은 부피당 기반으로 할 때 옥테인과 비슷한 연소열을 가지므로, 트럭과 자동차에 사용하는 석유 기반의 디젤과 일반적으로 혼합된다(30%까지의 바이오디젤).

정리

절	개념 요약	학습 목표
9.1 에너지와 에너지 보존	에너지는 운동 에너지 또는 퍼텐셜 에너지로 존재한다. **운동 에너지**(E_K)는 움직임의 에너지이다. 그 값은 $E_K = (1/2)mv^2$ 식에 의해서 물질의 질량 m과 속도 v 모두에 의존한다. **퍼텐셜 에너지**(E_P)는 물체의 위치 또는 그 조성으로 인해 화학 물질에 저장된 에너지이다.	9.1 움직이는 물체의 운동 에너지를 계산한다. 9.2 에너지의 서로 다른 단위들을 변환한다.
9.2 내부 에너지와 상태 함수	**열역학 제1법칙**으로 알려진 **에너지 보존 법칙**에 의하면 에너지는 창조되거나 소멸되지 않는다. 따라서 고립계의 총에너지는 일정하다. 계의 전체 **내부 에너지**(E), 즉 계 내부의 각 입자에 대한 모든 운동 에너지와 퍼텐셜 에너지의 합은 그 값이 단지 계의 현재 상태에만 의존하고, 그 조건이 어떻게 도달하는지에 의존하지 않기 때문에 **상태 함수**이다.	9.3 상태 함수를 확인한다. 9.4 열과 일의 부호를 확인한다.
9.3 팽창 일	**일**(w)은 어떤 운동을 일으킨 힘과 이동 거리의 곱으로 정의된다. 화학에서 일어나는 대부분의 일은 반응하는 동안 공기 분자가 밀어내어 생기는 부피 변화의 결과로 행해지는 팽창 일(PV 일)이다. 팽창하는 기체에 의해 행해진 일의 양은 $w = -P\Delta V$ 식으로 나타낸다. 여기서 P는 계가 밀어내는 것에 대항하는 압력이며, ΔV는 계의 부피 변화이다.	9.5 PV 일을 계산한다.

절	개념 요약	학습 목표
9.4 에너지와 엔탈피	반응하는 동안 일어나는 전체 내부 에너지 변화는 전달되는 열(q)과 행해진 일($-P\Delta V$)의 합이다. 식 $\Delta H = \Delta E + P\Delta V$는 열화학의 기본 식이며, ΔH는 계의 **엔탈피 변화**이다. 반응계의 총 내부 에너지 변화는 **반응열**이라 불리는 ΔH와 거의 같으므로 일반적으로 $P\Delta V$는 ΔE보다 훨씬 작다.	9.6 반응의 내부 에너지 변화(ΔE)를 계산한다.
9.5-9.6 열화학 반응식과 화학적 변화와 물리적 변화의 엔탈피	**열화학 반응식**은 반응 엔탈피 변화(ΔH) 값과 함께 균형 화학 반응식을 나타낸다. 이동한 열량은 반응물과 생성물의 양에 의존하고, 열화학 반응식은 화학적 및 물리적 변화에서 각 물질 양을 명시한다. 음의 ΔH를 갖는 반응은 계가 열을 잃기 때문에 **발열**이며, 양의 ΔH를 갖는 반응은 계가 열을 흡수하기 때문에 **흡열**이다.	9.7 주어진 열화학 반응식과 반응물 또는 생성물의 양을 이용하여 이동한 열량을 계산한다. 9.8 흡열 반응과 발열 반응을 분류하고 ΔH의 부호를 판단한다.
9.7 열량계와 열용량	**열용량**(C)이란 어떤 물질의 온도를 1 ℃ 높이는 데 얼마나 많은 열이 필요한가를 나타내는 값이다. 유사하게 **비열(c)** 및 **몰열용량(C_m)**은 어떤 물질의 주어진 양의 온도를 1 ℃ 높이는 데 필요한 열량을 나타내는 값이다. 열량계란 물과의 반응을 둘러싼 주위와 물의 온도 변화 측정을 통해 반응의 ΔH를 결정하는 데 이용되는 장치이다.	9.9 열용량(C), 비열(c), 몰 열용량(C_m) 식을 이용하여 열용량, 온도 변화, 열전달을 계산한다. 9.10 열량계 실험에서 엔탈피 변화를 계산한다.
9.8 헤스 법칙	엔탈피는 상태 함수이므로 ΔH는 반응물과 생성물 사이에 취하는 경로와 무관하다. 그리하여 어떤 반응에서 각 단계에 대한 엔탈피 변화의 합은 전체 반응에 대한 전체 엔탈피 변화와 같다. 이러한 관계를 **헤스 법칙**이라고 한다.	9.11 헤스 법칙을 이용하여 전체 반응과 각 단계 반응의 ΔH 값을 구한다.
9.9 표준 생성열	헤스 법칙을 이용하면 반응물과 생성물의 표준 생성열($\Delta H°_f$)이 알려진 반응의 경우, 그 반응의 엔탈피 변화를 계산할 수 있다. 표준 생성열($\Delta H°_f$)은 표준 상태(1 atm과 특정한 온도, 일반적으로 25 ℃)에 있는 가장 안정적인 형태의 성분 원소로부터 **열역학적 표준 상태**의 물질 1 mol이 가상적으로 생성될 때의 엔탈피 변화이다.	9.12 원소의 표준 상태를 확인한다. 9.13 성분 원소로부터 화합물의 표준 생성열($\Delta H°_f$)을 쓴다. 9.14 원소와 화합물의 표준 생성열($\Delta H°_f$)을 사용하여 반응의 엔탈피 변화($\Delta H°$)를 계산한다.
9.10 결합 해리 에너지	결합을 끊는 것은 흡열 과정이고, 결합을 이루는 것은 화학 반응의 엔탈피 변화를 위한 근본적인 이유가 되는 발열 과정이다. 결합 해리 에너지(D)는 반응물에서 끊어진 모든 결합에 대한 D의 합에서 생성물에서 형성된 모든 결합에 대한 D의 합을 뺌으로써 기체상에서 반응의 $\Delta H°$를 추정하기 위해서 사용될 수 있다.	9.15 결합 해리 에너지를 사용하여 반응에서의 $\Delta H°$를 추정한다.
9.11 엔트로피 소개	계의 분자 무질서도의 척도인 엔트로피(S)는 엔탈피와 함께 어떤 과정이 자발적으로 일어나는지 여부를 결정하는 데 중요하다.	9.16 주어진 화학 반응식 또는 분자 도표를 이용하여 엔트로피 변화(ΔS)의 부호를 예측한다.

주요 용어

계	에너지	열용량(C)	줄(J)
내부 에너지(E)	에너지 보존 법칙	열화학	퍼텐셜 에너지(E_P)
몰열용량(C_m)	엔탈피(H)	열화학 반응식	표준 반응 엔탈피($\Delta H°$)
반응열(ΔH)	엔탈피 변화(ΔH)	온도	표준 생성열($\Delta H°_f$)
발열	엔트로피(S)	운동 에너지(E_K)	헤스 법칙
비열(c)	열	일(w)	흡열
상태 함수	열역학적 표준 상태	자발적 과정	
승화	열역학 제1법칙	주위	

주요 식

- 운동 에너지(9.1절)

$E_K = \frac{1}{2}mv^2$ 여기서 m = 질량, v = 속도

- 일(9.3절)

일(w) = 힘(F) × 거리(d) = $-P\Delta V$

- 내부 에너지(9.4절)

$\Delta E = q + w = q - P\Delta V$

- 엔탈피(9.4절)

$\Delta H = q_p = \Delta E + P\Delta V$ 여기서 q_p = 일정 압력 하에서의 열, P = 압력,
ΔE = 내부 에너지 변화, ΔV = 부피 변화

- 열용량(9.7절)

$C = \frac{q}{\Delta T}$

- 열전달(9.7절)

$q = C \times \Delta T$

q = 비열(c) × 물질의 질량(m) × ΔT

$q = C_m$ × 물질의 몰수 × ΔT

- 반응열(9.9절)

$a\text{ A} + b\text{ B} + \cdots \longrightarrow c\text{ C} + d\text{ D} + \cdots$ 반응에서

$\Delta H°_{\text{반응}} = [c\ \Delta H°_f(C) + d\ \Delta H°_f(D) + \cdots] - [a\ \Delta H°_f(\text{A}) + b\ \Delta H°_f(\text{B}) + \cdots]$

복습 문제

LO는 학습 목표(Learning Objectives)를 나타낸다.

이 장을 학습한 후엔, 학습자의 이해도를 평가할 수 있는 방법이 있다. **복습 문제**를 푸는 것이다. **복습 문제**들은 이 장의 학습 목표와 연계되어 있다. 따라서 푼 답이 틀렸다면, 이 장의 끝부분에 나와 있는 **정리** 문단의 **학습 목표**를 참고하면 된다. 정리 문단에는 **개념 요약**이 제공되며, **예제**를 참고하면 문제 해결 방법을 모델링 할 수 있다.

1. 공기 중에서 치토스를 연소시켜 이산화 탄소와 물을 생성시킬 때, 방출되는 에너지의 양은 어떤 사람이 치토스를 먹고 탄수화물을 이산화 탄소와 물로 물질대사시켜 나오는 에너지의 양과 ________. 왜냐하면 에너지 변화는 ________(이)기 때문이다. (**LO 9.3**)
   (a) 같다; 상태 함수
   (b) 같다; 경로 함수
   (c) 다르다; 상태 함수
   (d) 다르다; 경로 함수
2. 공기로 채워진 상온의 풍선을 냉장고에 넣으면 풍선은 수축한다. 풍선 안의 공기에 대한 q와 w의 부호는 무엇인가? (**LO 9.4**)
   (a) $q = +$, $w = -$ (b) $q = +$, $w = +$
   (c) $q = -$, $w = -$ (d) $q = -$, $w = +$
3. 기체가 1.5 atm의 일정한 외부 압력에 대항하여 15 L에서 35 L로 팽창할 때, 행해진 일을 계산하시오. (**LO 9.5**)
   (a) −5.3 kJ (b) +3.0 kJ (c) −3.0 kJ
   (d) +5.3 kJ (e) +30 kJ
4. 다음 중 어느 반응의 ΔE와 ΔH가 같은가? (**LO 9.6**)
   (a) $CO_2(g) + H_2O(l) \longrightarrow H_2CO_3(aq)$
   (b) $2\ NaHCO_3(s) \longrightarrow Na_2CO_3(s) + H_2O(g) + CO_2(g)$
   (c) $2\ H_2(g) + O_2(g) \longrightarrow 2\ H_2O(g)$
   (d) $CH_4(g) + 2\ O_2(g) \longrightarrow CO_2(g) + 2\ H_2O(g)$
5. 아이소옥테인은 가솔린의 주성분이며, 공기 중에서 연소 시 물과 이산화 탄소를 생성한다.
   $2\ C_8H_{18}(l) + 25\ O_2(g) \longrightarrow 16\ CO_2(g) + 18\ H_2O(l)$
   $\Delta H° = -10{,}940\ \text{kJ}$
   100.0 mL 아이소옥테인(밀도 = 0.690 g/mL)이 연소한다면 얼마만큼의 에너지가 방출될 것인가? (**LO 9.7**)
   (a) 3300 kJ (b) 6620 kJ
   (c) 6950 kJ (d) 3.02 kJ

6. 몇 가지 과정들이 표에 주어져 있다. 이들은 흡열 또는 발열로 표시되어 있고 $\Delta H°$가 주어져 있다. $\Delta H°$ 부호와 흡열 또는 발열의 분류가 모두 올바르게 표시되어 있는 것은 어느 과정인가? (**LO 9.8**)

과정	흡열 또는 발열?	$\Delta H°$ 부호
(a) 질산 암모늄이 물에 용해되고, 용액의 온도는 감소한다.	흡열	$\Delta H° = +$
(b) 천연가스의 주성분인 메테인이 화로 위에서 연소되며, 화염을 만든다.	흡열	$\Delta H° = -$
(c) 물이 냉장고 안에서 얼음으로 언다.	흡열	$\Delta H° = +$
(d) 소독용 알코올이 피부로부터 증발한다.	발열	$\Delta H° = -$

7. 25 °C에서 50.0 g의 철 조각을 녹는점인 1538 °C까지 올리는 데 필요한 열의 양은 얼마인가? 철의 비열은 0.451 J/g·°C이다. (**LO 9.9**)
   (a) 34.1 kJ (b) 168 kJ
   (c) 12.1 kJ (d) 6.78 kJ

8. 금속 구체는 음료를 묽게 만들지 않고 시원하게 만드는 방도로 팔린다. 한 개당 20.0 g인 금속 구체 4개가 냉장고 안에서 0 °C로 냉각된다. 어떤 금속이 따뜻한 음료의 온도를 가장 낮추겠는가? (**LO 9.9**)
   (a) 금, $c = 0.128$ J/(g·°C)
   (b) 구리, $c = 0.385$ J/(g·°C)
   (c) 알루미늄, $c = 0.902$ J/(g·°C)
   (d) 스테인리스강, $c = 0.460$ J/(g·°C)

9. 100 °C의 25.0 g 화강암 조각을 25.0 °C의 물 100 g에 넣으니 물의 온도가 28.4 °C로 상승했다. 화강암의 비열은 얼마인가? (물의 비열은 4.18 J/(g·°C)이다.) (**LO 9.10**)
   (a) 0.563 J/(g·°C) (b) 1.53 J/(g·°C)
   (c) 0.992 J/(g·°C) (d) 0.794 J/(g·°C)

10. 12.5 g의 NH_4NO_3를 커피 컵 열량계 안의 150.0 g의 25.0 °C 물에 녹일 때, 용액의 최종 온도는 19.7 °C이다. 용액의 비열이 물의 비열[4.18 J/(g·°C)]과 같다고 가정할 때, NH_4NO_3의 몰당 ΔH는 얼마인가? (**LO 9.10**)

$$NH_4NO_3(s) \longrightarrow NH_4^+(aq) + NO_3^-(aq) \quad \Delta H = ?$$

   (a) +3.60 kJ (b) +23.0 kJ
   (c) +21.3 kJ (d) −3.60 kJ

11. 다음 반응의 엔탈피 변화를 계산하시오.

$$C(s) + 2\,H_2(g) \longrightarrow CH_4(g) \quad \Delta H = ?$$

다음 반응의 엔탈피 값이 주어져 있다. (**LO 9.11**)

$$CH_4(g) + 2\,O_2(g) \longrightarrow CO_2(g) + 2\,H_2O(l) \quad \Delta H = -890.4\ \text{kJ}$$

$$C(s) + O_2(g) \longrightarrow CO_2(g) \quad \Delta H = -393.5\ \text{kJ}$$

$$H_2(g) + \frac{1}{2}O_2(g) \longrightarrow H_2O(l) \quad \Delta H = -285.8\ \text{kJ}$$

   (a) −1569.7 kJ (b) +211.1 kJ
   (c) −1855.5 kJ (d) −74.7 kJ

12. 표준 생성 엔탈피($\Delta H°_f$) 표를 통해 $NaNO_3(s)$가 −467.9 kJ/mol의 값을 가짐을 알 수 있다. 어느 반응이 −467.9 kJ의 $\Delta H°$ 값을 가지는가? (**LO 9.13**)
   (**a**) $Na^+(aq) + NO_3^-(aq) \longrightarrow NaNO_3(s)$
   (**b**) $Na(s) + N(g) + O_3(g) \longrightarrow NaNO_3(s)$
   (**c**) $Na(s) + \frac{1}{2}N_2(g) + \frac{3}{2}O_2(g) \longrightarrow NaNO_3(s)$
   (**d**) $2\,Na(s) + N_2(g) + 3\,O_2(g) \longrightarrow 2\,NaNO_3(s)$

13. 나이트로글리세린 폭발의 ΔH 값은 얼마인가? (**LO 9.14**)

$$2\,C_3H_5(NO_3)_3(l) \longrightarrow 3\,N_2(g) + \frac{1}{2}O_2(g) + 6\,CO_2(g) + 5\,H_2O(g) \quad \Delta H = ?$$

물질	$\Delta H°_f$(kJ/mol)
$C_3H_5(NO_3)_3(l)$	−364.0
$H_2O(g)$	−285.8
$CO_2(g)$	−393.5

   (a) −315.0 kJ (b) −4517 kJ
   (c) −3425 kJ (d) −3062 kJ

14. 결합 해리 에너지를 이용하여, 이 반응의 엔탈피 변화를 계산하시오. (**LO 9.15**)

$$C_2H_2(g) + HCl(g) \longrightarrow CH_2CHCl(g) \quad \Delta H = ?$$

결합 종류	결합 해리 에너지(kJ/mol)
C−C	350
C=C	728
C≡C	965
H−Cl	432
C−Cl	330
C−H	410

   (a) 42 kJ (b) −71 kJ
   (c) −308 kJ (d) −42 kJ

15. 기체인 AB_3 분자와 A_2 분자의 다음 흡열(endothermic) 반응을 생각해 보자. (**LO 9.16, 9.17**)

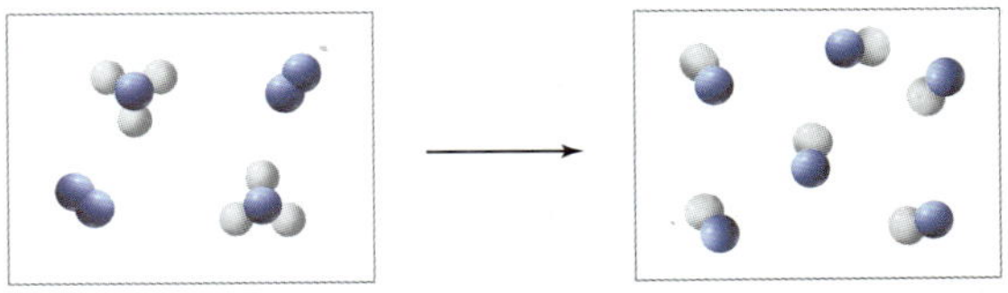

이 반응의 자발성에 대해 참인 진술을 찾으시오.
   (a) 이 반응은 높은 온도에서 자발적이다.
   (b) 이 반응은 낮은 온도에서 자발적이다.

(c) 이 반응은 항상 자발적이다.
(d) 이 반응은 자발적일 수 없다.

답:
1. a, 2. d, 3. c, 4. d, 5. a, 6. a, 7. a, 8. c, 9. d, 10. b, 11. d, 12. c, 13. d, 14. b, 15. a

개념 문제

문제 9.1~9.20은 이 장의 본문 중에 있다.

9.21 드라이아이스(고체 CO_2) 조각이 풍선 내부에 놓인 후 그 입구가 차단되었다. 시간이 지남에 따라 이산화 탄소의 승화로 풍선의 부피가 증가하였다. CO_2의 승화 과정 동안의 엔탈피 변화의 부호와 일의 부호를 결정하시오.

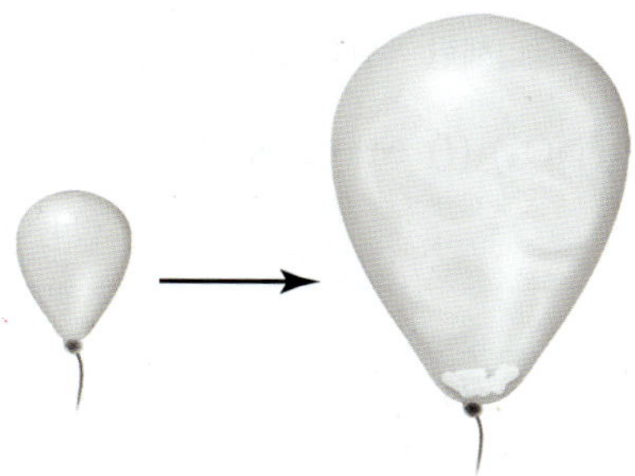

9.22 (a) 계에 일이 행해졌을 때와 (b) 주위로 일이 행해졌을 때의 상황을 나타내는 도표(도형)를 다시 그리시오.

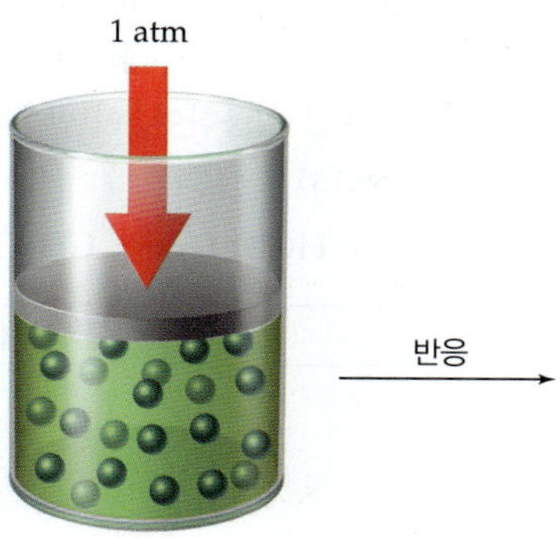

9.23 A와 B의 반응은 두 단계로 진행하여 D를 생성한다.

$$(1)\ A + B \rightarrow C \qquad \Delta H° = -20\ kJ$$
$$(2)\ C + B \rightarrow D \qquad \Delta H° = +50\ kJ$$
$$(3)\ A + 2\ B \rightarrow D \qquad \Delta H° = ?$$

(a) 어떤 헤스 법칙 도표가 반응 단계와 전체 반응에 해당하는가?

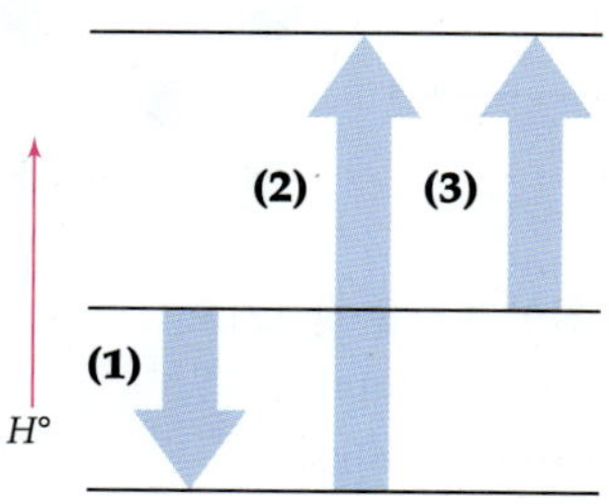

도표 1

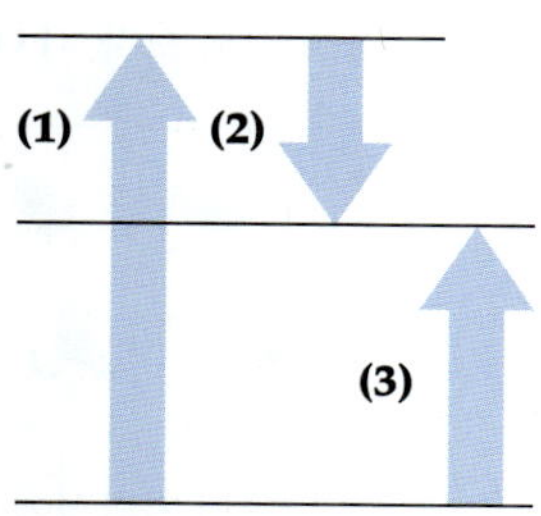

도표 2

(b) 전체 반응의 $\Delta H°$ 값은 얼마인가?

$$A + 2\ B \longrightarrow D \quad \Delta H° = ?$$

9.24 다음 반응은 발열 반응이다.

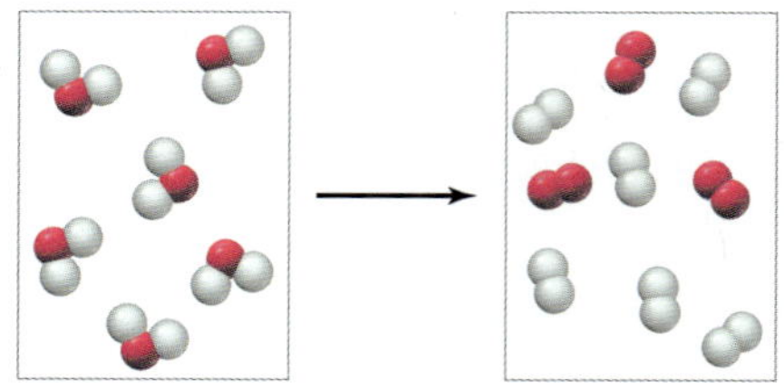

(a) 이 반응의 균형 반응식을 쓰시오(빨간색 구는 A 원자를, 상아색 구는 B 원자를 나타낸다).
(b) 이 반응의 ΔH와 ΔS의 부호(+ 혹은 −)는 무엇인가?
(c) 이 반응은 낮은 온도에서만, 또는 높은 온도에서만, 아니면 모든 온도에서 자발적인가?

9.25 다음 그림은 A → B + C 유형의 반응을 그린 것이다. 여기서 서로 다른 색깔의 구는 서로 다른 분자 구조를 나타낸다. 이 반응이 $\Delta H° = +55$ kJ을 가진다고 가정하면, 반응은 모든 온도에서 자발적인가 비자발적인가, 혹은 어떤 온도에서는 자발적이지만 다른 온도에서는 비자발적인가? 설명하시오.

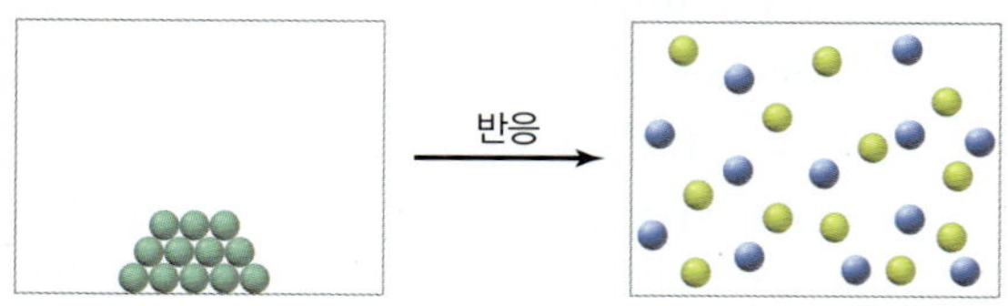

9.26 다음과 같은 자발적 변화의 ΔH와 ΔS의 부호는 무엇인가? 설명하시오.

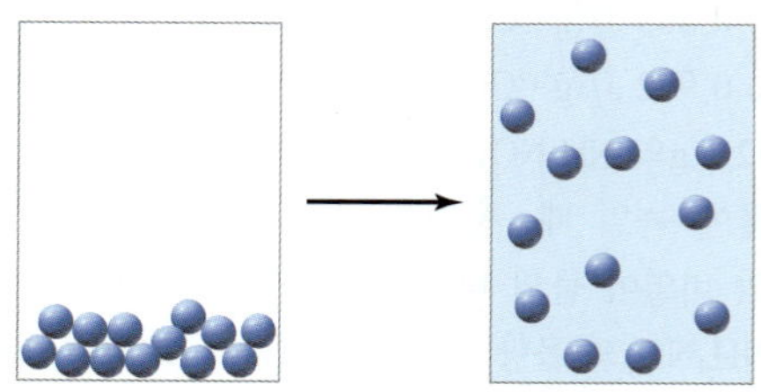

9.27 A_3 분자들의 다음 반응은 자발적이다.

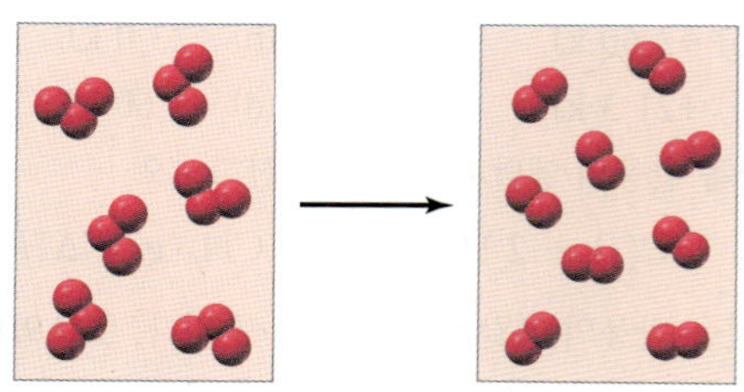

(a) 반응의 균형 반응식을 쓰시오.
(b) 반응의 ΔH와 ΔS의 부호는 무엇인가? 설명하시오.

보충 문제

열, 일, 에너지(9.1~9.3절)

9.28 일과 에너지의 차이는 무엇인가? 운동 에너지와 퍼텐셜 에너지의 차이는 무엇인가?

9.29 115 km/h로 달리는 1400 kg의 승용차와 38 km/h로 달리는 12,000 kg의 트럭 중에서 어느 것이 더 큰 운동 에너지를 갖는가?

9.30 다음 중 상태 함수인 것과 아닌 것은 어떤 것인가?
(a) 얼음조각의 온도
(b) 분무기의 부피
(c) Paula Radcliffe의 마라톤 세계 기록 갱신을 위해 필요한 시간: 2시간 15분 25초

9.31 3.6 atm의 일정한 외부 압력에 대항하여 부피를 3.2 L에서 3.4 L로 증가시키는 어떤 화학 반응이 행한 일(J)을 계산하시오. 이 에너지 변화의 부호는 무엇인가?

9.32 사과 한 개의 영양분(50 Cal)이 전구 하나를 밝힐 수 있다고 가정할 때(1 Cal = 1000 cal), 만약 이 에너지를 다음 각각의 전구에 사용한다면 전구를 몇 분간 작동시킬 수 있을 것인가?
(a) 100와트(W) 백열등(1 W = 1 J/s)
(b) 비슷한 양의 빛을 내는 23와트 소형 형광등

9.33 용기 외부의 압력이 0.975 atm으로 일정한 상태에서, 실린더 용기 내부의 반응이 피스톤을 밀어내어 12.0 L에서 18.0 L가 되었다(실린더의 부피는 $V = \pi r^2 h$, h는 높이, 1 L · atm = 101.325 J이다).
(a) 반응이 진행되는 동안 행한 일 w는 몇 J인가?
(b) 피스톤의 지름이 17.0 cm라면, 피스톤은 얼마나 멀리 움직이는가?

9.34 탄화수소 연료 시료가 산소와 점화되거나 연소될 때, 내부 에너지는 7.20 kJ만큼 감소한다. 만약 5670 J의 열이 주위로 방출되었다면, 일의 크기와 부호는 얼마인가? 만약 반응이 1 atm의 압력에서 일어났다면, 부피 변화는 얼마인가?

에너지와 엔탈피(9.4절)

9.35 내부 에너지 변화 ΔE와 엔탈피 변화 ΔH의 차이는 무엇인가? 이 둘 중 일정 압력에서 측정하는 것은 무엇이며, 일정 부피에서 측정하는 것은 무엇인가?

9.36 약 274 mL 부피를 가지는 고체 트라이나이트로톨루엔(TNT, $C_7H_5N_3O_6$) 2.00 mol이 폭발하면 1.0 atm, 상온에서 448 L의 기체를 생성한다. 폭발이 일어나는 동안 얼마나 많은 PV 일(kJ)이 행해졌는가?

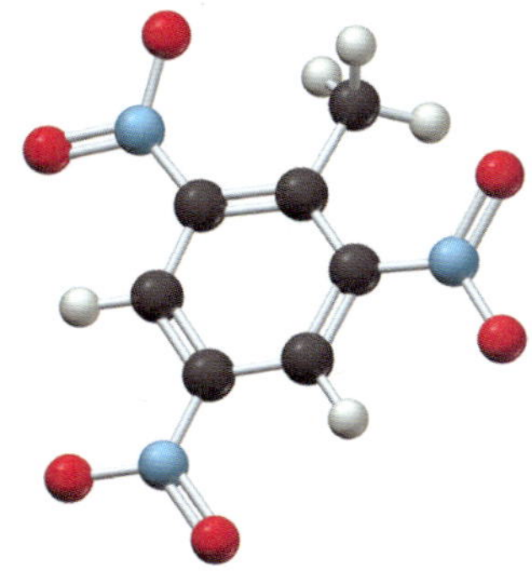

트라이나이트로톨루엔

$$2\ C_7H_5N_3O_6(s) \rightarrow 12\ CO(g) + 5\ H_2(g) + 3\ N_2(g) + 2\ C(s)$$

9.37 압력 1.5 atm에서 에틸렌 50.0 mL와 H_2 50.0 mL의 반응

$$C_2H_4(g) + H_2(g) \longrightarrow C_2H_6(g)$$

에 대한 엔탈피 변화는 $\Delta H = -0.31$ kJ이다. ΔE 값은 얼마인가?

9.38 어떤 반응의 내부 에너지 변화(ΔE)가 +44.0 kJ이고 부피 증가가 14.0 L라면, 1.00 atm의 일정 압력에서 이 반응의 엔탈피 변화(ΔH)는 얼마인가?(1 L · atm = 101.325 J)

화학적 · 물리적 변화에 대한 열화학 반응식(9.5~9.6절)

9.39 다음 과정에서 계와 주위 간의 열전달 방향을 나타내고, 흡열 또는 발열로 분류하고, $\Delta H°$의 부호를 정하시오.
(a) 피부 소독용 알코올의 증발
(b) 용융 금의 골드바로의 응고
(c) 손의 열로 인한 고체 갈륨 금속의 용융

9.40 마취제로 사용되는 친숙한 '에터'는 다이에틸 에터($C_4H_{10}O$)이다. 이것의 증발열은 끓는점에서 +26.5 kJ/mol이다. 다이에틸 에터의 밀도가 0.7138 g/mL일 때, 끓는점에서 100 mL의 다이에틸 에터를 액체에서 증기로 변환시키는 데 필요한 에너지(kJ)는 얼마인가?

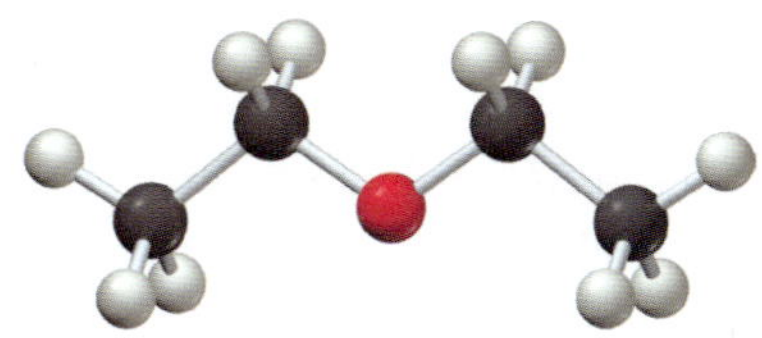

다이에틸 에터

9.41 알루미늄 금속은 염소와 반응할 때 눈부신 불꽃을 낸다.

$$2\ Al(s) + 3\ Cl_2(g) \rightarrow 2\ AlCl_3(s) \quad \Delta H° = -1408.4\ kJ$$

5.00 g의 Al이 반응할 때 방출되는 열(kJ)은 얼마인가?

9.42 다음 각 반응에서 얼마나 많은 열(kJ)이 방출되거나 흡수되는가?
(a) 프로페인 15.5 g의 연소

$$C_3H_8(g) + 5\ O_2(g) \rightarrow 3\ CO_2(g) + 4\ H_2O(l) \quad \Delta H° = -2220\ kJ$$

(b) 염화 암모늄과 수산화 바륨 팔수화물 4.88 g의 반응

$$Ba(OH)_2 \cdot 8\,H_2O(s) + 2\,NH_4Cl(s) \rightarrow$$
$$BaCl_2(aq) + 2\,NH_3(aq) + 10\,H_2O(l) \quad \Delta H° = +80.3\text{ kJ}$$

9.43 Fe_2O_3 2.50 g과 충분한 양의 일산화 탄소가 반응하여 금속 철을 생성하는 반응에서 얼마나 많은 열(kJ)이 방출되거나 흡수되는가? 이 과정은 발열 반응인가 흡열 반응인가?

$$Fe_2O_3(s) + 3\,CO(g) \rightarrow 2\,Fe(s) + 3\,CO_2(g) \quad \Delta H° = -24.8\text{ kJ}$$

열량계와 열용량(9.7절)

9.44 열용량과 비열의 차이는 무엇인가?

9.45 소듐 금속은 비교적 큰 몰열용량[28.2 J/(mol · °C)]으로 인해 때때로 열 교환기의 냉매로 이용된다. 소듐의 비열과 몰열용량은 J/(g·°C) 단위로 얼마인가?

9.46 코카콜라가 물과 같은 4.18 J/(g·°C)의 비열을 가진다고 가정하고, 하나의 캔(약 350 g)을 25 °C에서 3 °C로 냉각할 때 전달되는 열량(kJ)을 계산하시오.

9.47 운동선수의 부상을 치료하는 데 사용하는 순간 냉찜질 팩에는 고체 NH_4NO_3와 물주머니가 들어 있다. 팩이 압착되면 물주머니가 터지고, 이때 고체가 녹는 흡열 반응이 부상 부위의 온도를 낮춘다.

$$NH_4NO_3(s) \longrightarrow NH_4NO_3(aq) \qquad \Delta H = +25.7\text{ kJ}$$

50.0 g의 NH_4NO_3가 물 125 mL에 용해되어 있는 냉찜질 팩을 압착했을 때의 최종 온도는 몇 °C인가? 용액의 비열은 4.18 J/(g·°C), 초기 온도는 25.0 °C이며, 냉찜질 팩과 주위 간의 열전달은 없다고 가정하자.

9.48 CaO 1.045 g을 열량계 안에 있는 25.0 °C 물 50.0 mL에 가할 때, 물의 온도가 32.3 °C로 증가한다. 용액의 비열은 4.18 J/(g·°C)이고, 열량계 자체는 무시할 정도의 열을 흡수한다고 가정할 때, 이 반응의 ΔH(kJ/mol)를 계산하시오.

$$CaO(s) + H_2O(l) \rightarrow Ca(OH)_2(aq)$$

9.49 마그네슘 금속 1.50 g이 6.00 M HCl 수용액 200 mL와 반응할 때 온도가 25.0 °C에서 42.9 °C로 상승한다. 열량계의 열용량은 776 J/°C이고 최종 용액의 비열은 물의 비열[4.18 J/(g·°C)]과 같으며, 용액의 밀도는 1.00 g/mL라고 가정할 때, 이 반응의 ΔH(kJ)를 계산하시오.

9.50 구연산은 해리할 수 있는 수소를 3개 가지고 있다. 0.64 M 구연산 5.00 mL와 0.77 M NaOH 45.00 mL를 초기 온도 26.0 °C에서 혼합할 때, 구연산이 중화되면서 온도는 27.9 °C로 상승한다. 혼합물의 양은 51.6 g이고 비열은 4.0 J/(g·°C)이다. 주위로 열의 전달이 없다고 가정하자. 1.00 mol의 구연산이 반응할 때의 엔탈피 변화(kJ)를 계산하시오. 이 반응은 발열 반응인가 흡열 반응인가?

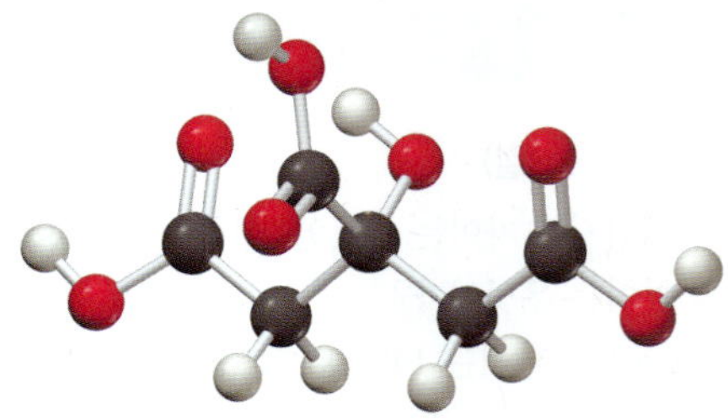

구연산

헤스 법칙(9.8절)

9.51 헤스 법칙이란 무엇인가? 헤스 법칙이 작동하는 이유는 무엇인가?

9.52 산업용 탈지 용매인 염화 메틸렌(CH_2Cl_2)은 염소와 메테인 사이의 반응으로부터 제조된다.

$$CH_4(g) + 2\,Cl_2(g) \rightarrow CH_2Cl_2(g) + 2\,HCl(g)$$

다음 자료를 활용하여, 이 반응의 $\Delta H°$(kJ)를 계산하시오.

$$CH_4(g) + Cl_2(g) \rightarrow CH_3Cl(g) + HCl(g) \quad \Delta H° = -98.3\text{ kJ}$$
$$CH_3Cl(g) + Cl_2(g) \rightarrow CH_2Cl_2(g) + HCl(g) \quad \Delta H° = -104\text{ kJ}$$

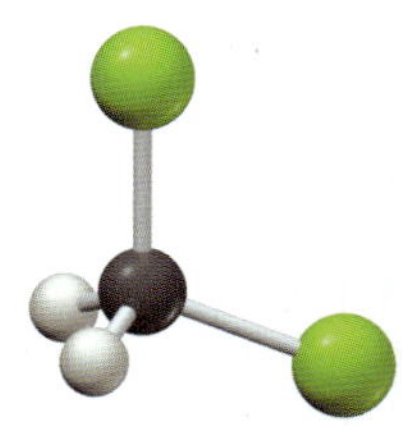

염화 메틸렌

9.53 다음 자료를 이용하여, 일산화 질소와 산소의 반응 $2\,NO(g) + O_2(g) \rightarrow N_2O_4(g)$의 $\Delta H°$(kJ) 값을 구하시오.

$$N_2O_4(g) \rightarrow 2\,NO_2(g) \qquad \Delta H° = 55.3\text{ kJ}$$
$$NO(g) + 1/2\,O_2(g) \rightarrow NO_2(g) \quad \Delta H° = -58.1\text{ kJ}$$

생성열(9.9절)

9.54 화합물의 표준 생성열이란 무엇인가?

9.55 다음 원소나 화합물의 표준 상태에서의 상태는 무엇인가?
(a) Cl_2 (b) Hg (c) CO_2 (d) Ga

9.56 원소로부터 다음 화합물이 형성될 때의 균형 화학 반응식을 쓰시오.
(a) 산화 철(III)
(b) 수크로스(설탕, $C_{12}H_{22}O_{11}$)
(c) 헥사플루오린화 우라늄(25 °C에서 고체)

9.57 세계적으로 가장 많이 생산되는 화학 물질인 황산(H_2SO_4)은 두 단계 산화 반응을 통해 황을 삼산화 황(SO_3)으로 만든 다음, 물과 반응시켜 얻을 수 있다. 다음 자료를 활용하여, SO_3의 $\Delta H°_f$(kJ/mol)를 계산하시오.

$$S(s) + O_2(g) \rightarrow SO_2(g) \qquad \Delta H° = -296.8\text{ kJ}$$
$$SO_2(g) + 1/2\,O_2(g) \rightarrow SO_3(g) \quad \Delta H° = -98.9\text{ kJ}$$

9.58 $SO_3(g)$와 $H_2O(l)$가 반응하여 $H_2SO_4(aq)$를 생성하는 반응의 표준 엔탈피 변화 $\Delta H° = -227.8$ kJ이다. 문제 9.57의 자료

를 이용하여 $H_2SO_4(aq)$에 대한 $\Delta H°_f$(kJ/mol)를 계산하시오 [$H_2O(l)$의 $\Delta H°_f = -285.8$ kJ/mol이다].

9.59 폴리스타이렌 고분자의 전구체인 스타이렌(styrene, C_8H_8)의 표준 연소열은 −4395 kJ/mol이다. 연소 반응의 균형 반응식을 쓰고, 스타이렌의 $\Delta H°_f$(kJ/mol)를 계산하시오.

$$\Delta H°_f\,[CO_2(g)] = -393.5 \text{ kJ/mol}$$
$$\Delta H°_f\,[H_2O(l)] = -285.8 \text{ kJ/mol}$$

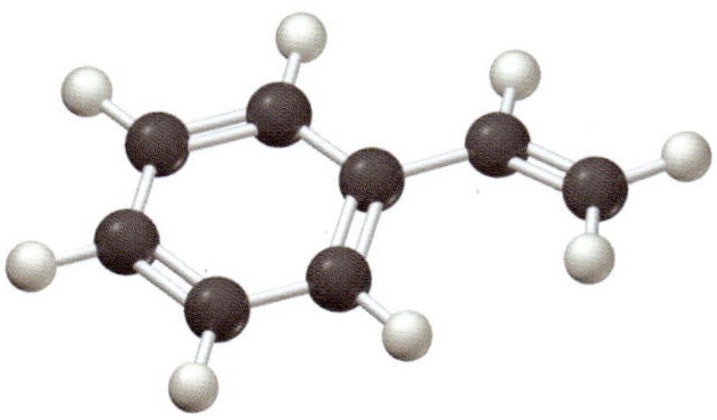

스타이렌

9.60 메틸 *tert*-뷰틸 에터(MTBE)는 다음 반응식과 같이 메탄올(l) ($\Delta H°_f = -239.2$ kJ/mol)과 2-메틸프로펜(g)을 반응시켜 제조한다.

$$CH_3-C(CH_3)=CH_2 + CH_3OH \longrightarrow CH_3-C(CH_3)_2-O-CH_3 \quad \Delta H° = -57.5 \text{ kJ}$$

2-메틸프로펜 → 메틸 *tert*-뷰틸 에터

2-메틸프로펜의 $\Delta H°_f$(kJ/mol)를 계산하시오.

9.61 부록 B의 표준 생성열을 사용할 때, $CaCO_3(s) \rightarrow CaO(s) + CO_2(g)$ 반응의 $\Delta H°$(kJ)는 얼마인가?

9.62 시멘트 제조의 중요한 단계인 석회석($CaCO_3$)으로부터 석회(CaO)를 합성하는 반응의 $\Delta H°$(kJ)를 계산하시오.

$$CaCO_3(s) \rightarrow CaO(s) + CO_2(g) \quad \Delta H°_f[CaCO_3(s)] = -1207.6 \text{ kJ/mol}$$
$$\Delta H°_f[CaO(s)] = -634.9 \text{ kJ/mol}$$
$$\Delta H°_f[CO_2(g)] = -393.5 \text{ kJ/mol}$$

9.63 부록 B의 자료를 사용하여 다음 과정의 표준 반응 엔탈피(kJ)를 구하시오.

(a) $C(s) + CO_2(g) \rightarrow 2\ CO(g)$
(b) $2\ H_2O_2(aq) \rightarrow 2\ H_2O(l) + O_2(g)$
(c) $Fe_2O_3(s) + 3\ CO(g) \rightarrow 2\ Fe(s) + 3\ CO_2(g)$

결합 해리 에너지(9.10절)

9.64 표 9.3의 결합 해리 에너지 자료를 이용하여, 에테인의 대략적인 연소열(kJ)을 계산하시오(O=O의 결합 세기는 498 kJ/mol이고, CO_2에서 C=O의 결합 세기는 804 kJ/mol이다).

9.65 표 9.3의 평균 결합 해리 에너지 자료를 이용하여, 다음 반응의 대략적인 반응 엔탈피(kJ)를 계산하시오.

(a) $2\ CH_4(g) \rightarrow C_2H_6(g) + H_2(g)$
(b) $C_2H_6(g) + F_2(g) \rightarrow C_2H_5F(g) + HF(g)$
(c) $N_2(g) + 3\ H_2(g) \rightarrow 2\ NH_3(g)$

엔트로피(9.11절)

9.66 엔트로피란 무엇을 측정하는 것인가?

9.67 자발적이면서 동시에 흡열인 반응이 어떻게 가능한가?

9.68 다음 과정의 엔트로피 변화가 양인지 음인지 말하시오.

(a) 탄산음료 캔을 처음 열 때 '쉬익' 하는 소리
(b) 종자가 식물로 성장하는 것

9.69 석유를 가솔린으로 크래킹하는 단계 중 하나에는, 큰 탄화수소 분자를 더 작은 분자로 열분해하는 과정이 포함되어 있다. 예를 들어 다음과 같은 반응이 일어날 수 있다.

$$C_{11}H_{24} \longrightarrow C_4H_{10} + C_4H_8 + C_3H_6$$

이 반응의 ΔS는 양인가 음인가? 설명하시오.

chapter 10

기체: 기체의 성질과 행동

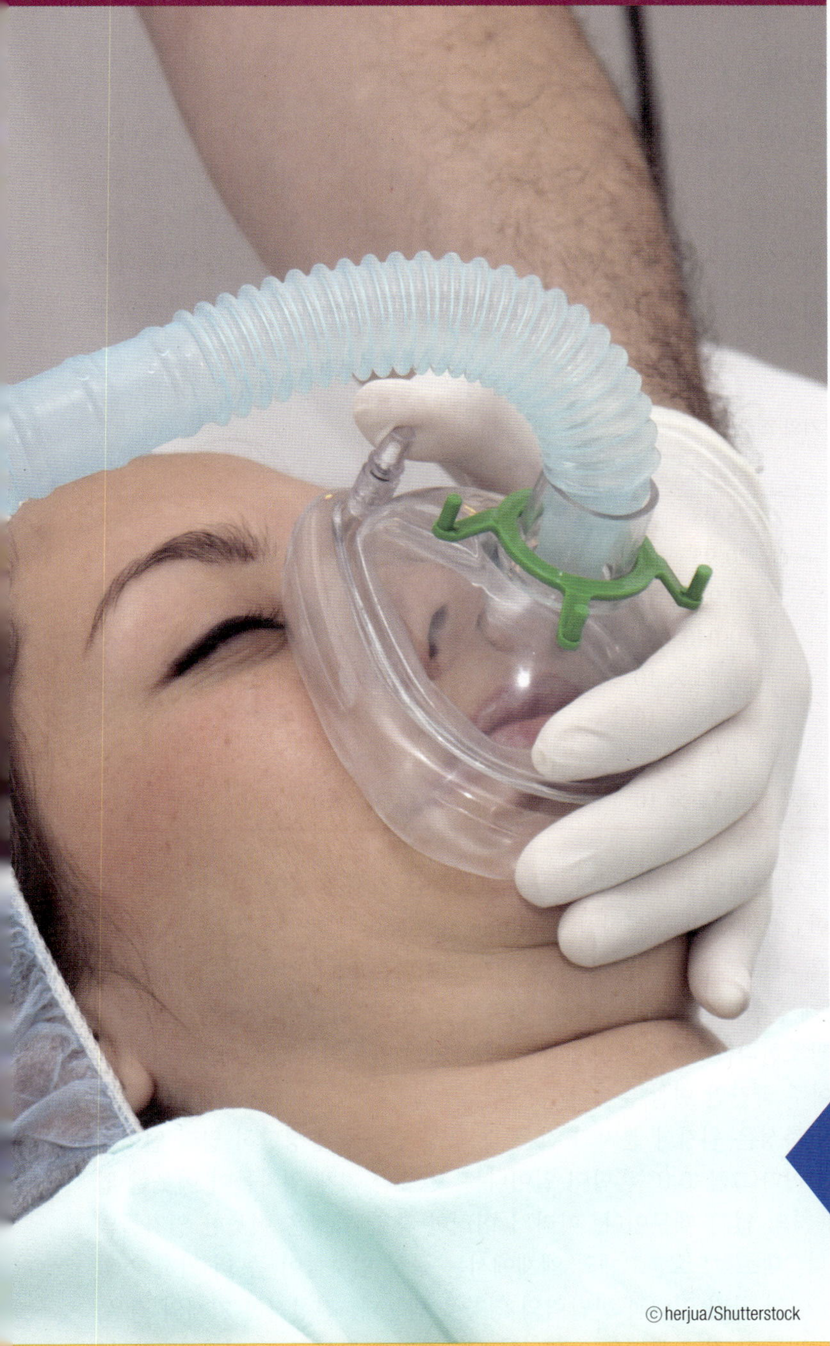

ⓒherjua/Shutterstock

CONTENTS

10.1 기체와 기체 압력

10.2 기체 법칙들

10.3 이상 기체 법칙

10.4 기체들에 대한 화학량론적 관계

10.5 기체 혼합물: 부분 압력과 돌턴 법칙

10.6 기체 분자 운동론

10.7 기체의 확산과 분출: 그레이엄의 법칙

10.8 실제 기체들의 행동

휘발성 마취 화합물들은 상온에서는 액체이나, 쉽게 증발하여 흡입으로 투여된다.

우리 주변을 살펴보면 물질들이 서로 다른 형태를 가지고 있음을 알 수 있다. 대부분의 물질들은 **고체**로 되어 있다. 이들 고체 물질은 원자, 분자, 이온들이 일정한 방법으로 단단하게 결합되어 있어 일정한 부피와 모양을 가진다. 어떤 물질은 **액체**로 되어 있는데, 액체의 구성 원자나 분자는 덜 강하게 결합되어 있어서 부피는 일정하나 모양은 일정하지 않고 변할 수 있다. 또 다른 물질은 **기체**로 되어 있는데, 기체의 구성 원자나 분자들은 그들 사이에 인력이 거의 없기 때문에, 어떠한 부피가 주어지든 그 안에서 자유롭게 운동한다.

비록 기체의 종류는 적지만(실온과 대기압에서 기체인 물질은 약 백 가지 정도뿐이다), 기체의 성질에 대한 실험적 연구들은 원자 이론 발전에서 대단히 중요하였다. 이 장에서는 기체 연구의 역사적 발전 과정을 간단하게 살펴봄으로써, 기체의 행동이 어떻게 기술될 수 있는지 알아보기로 한다.

10.1 기체와 기체 압력

우리는 지구의 대기를 구성하는 기체 혼합물인 공기 속에서 살고 있다. **표 10.1**에서 보는 바와 같이, 건조한 공기의 99% 이상의 부피를 질소와 산소 기체가 차지하고 있다. 나머지 1%는 대부분 아르곤이며, 몇 가지 다른 물질들이 미량 포함되어 있다. 기후 변화와 관련하여 많은 관심을 받고 있는 이산화 탄소는 공기 중에 약 0.040%, 즉 400 ppm 존재한다. 이는 비록 작은 수치이지만, 화석 연료의 연소나 열대 우림의 파괴가 증가함에 따라 1850년 측정치인 290 ppm에서 지난 160년 동안 증가한 것이다.

표 10.1 해수면에서 건조 공기의 조성

성분	부피 %	질량 %
N_2	78.08	75.52
O_2	20.95	23.14
Ar	0.93	1.29
CO_2	0.040	0.060
Ne	1.82×10^{-3}	1.27×10^{-3}
He	5.24×10^{-4}	7.24×10^{-5}
CH_4	1.7×10^{-4}	9.4×10^{-5}
Kr	1.14×10^{-4}	3.3×10^{-4}

공기는 여러 가지 측면에서 전형적인 기체이며, 공기의 거동은 기체에 관한 몇 가지 중요한 점을 알려 준다. 예를 들면, 기체 혼합물은 항상 **균일**(homogeneous)한다. 이것은 그 조성이 일정하다는 의미이다. 간혹 서로 혼합되지 않아 층 분리가 일어나는 액체(기름과 물처럼)와는 달리, 기체는 항상 완벽하게 혼합된다. 또한, 기체는 **압축할 수 있다**. 압력이 가해지면 기체의 부피는 압력에 비례하여 감소한다. 그렇지만 고체와 액체는 거의 압축되지 않는다. 심지어 큰 압력이 가해져도 부피는 아주 약간만 변할 뿐이다.

기체들의 균일 혼합과 압축성은 원자나 분자와 같은 각 구성 입자들이 상당히 멀리 떨어져 있기 때문에 나타나는 특성이다(**그림 10.1**). 혼합이 일어나는 것은 각 기체 입자들이 이웃한 입자들 사이의 상호 작용이 거의 없기 때문이다. 따라서 이러한 혼합 과정은 이웃한 입자들의 화학적 성질과 관계가 없다. 대조적으로, 고체와 액체에서는 구성 입자들이 좀 더 가까이 있어 혼합을 방해할 수 있는 여러 가지 인력과 반발력의 영향을 받는다. 전형적인 기체의 경우, 보통의 환경에서는 기체 입자들이 전체 부피의 0.1% 이하를 차지할 뿐이고, 나머지 99.9%는

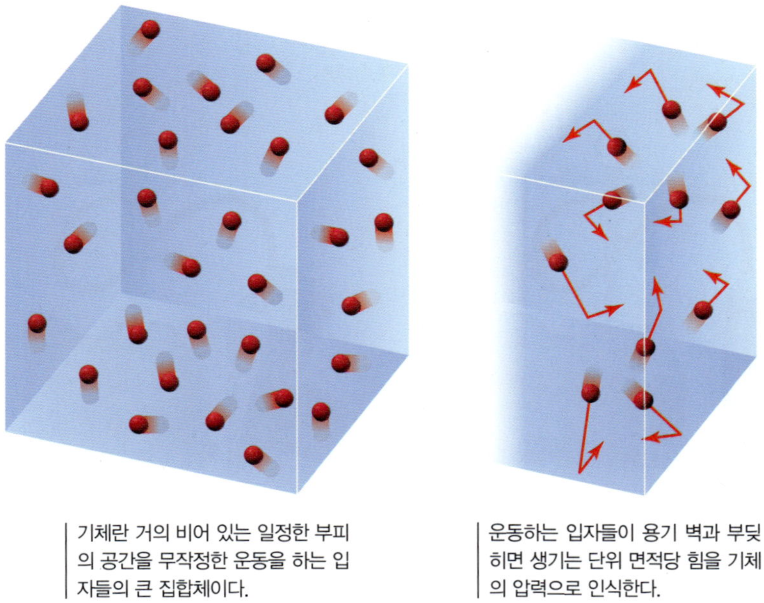

◀ 그림 10.1
기체의 분자적 관점

빈 공간으로 있기 때문에 압축이 가능하다. 그러나 고체와 액체의 경우에는 그 구성 입자들이 대략 70%의 부피를 차지한다.

기체들의 가장 뚜렷한 특성 중 한 가지는, 기체들이 용기의 기벽에 측정 가능한 **압력**을 가한다는 것이다(그림 10.1). 풍선을 불거나 자전거 타이어에 바람을 넣으면, 그 내부 압력으로 팽팽해짐을 알 수 있다. 과학적인 용어로서의 **압력**(***P***)이란 단위 면적(A)에 미치는 힘(F)으로 정의된다. 힘은 질량(m)과 가속도(a)의 곱으로 정의되며, 지상에서 중력 가속도 $a = 9.81\ \text{m/s}^2$이다.

$$\text{압력}(P) = \frac{F}{A} = \frac{m \times a}{A}$$

힘의 SI 단위는 **뉴턴(newton, N)**으로, $1\ \text{N} = 1\ (\text{kg}\cdot\text{m})/\text{s}^2$이다. 압력의 SI 단위는 **파스칼(pascal, Pa)**로, $1\ \text{Pa} = 1\ \text{N/m}^2 = 1\ \text{kg/(m}\cdot\text{s}^2)$이다. 좀 더 익숙한 단위로 나타낸다면, 1 Pa은 실제로 대단히 작은 양이다. 즉, 10.2 mg의 질량이 $1.00\ \text{cm}^2$의 면적에 가해질 때 작용하는 압력이다.

$$P = \frac{m \times a}{A} = \frac{(10.2\ \text{mg})\left(\dfrac{1\ \text{kg}}{10^6\ \text{mg}}\right)\left(9.81\dfrac{\text{m}}{\text{s}^2}\right)}{(1.00\ \text{cm}^2)\left(\dfrac{1\ \text{m}}{10^2\ \text{cm}}\right)^2} = \frac{1.00 \times 10^{-4}\dfrac{\text{kg}\cdot\text{m}}{\text{s}^2}}{1.00 \times 10^{-4}\ \text{m}^2}$$

$$= 1.00\frac{\text{kg}}{\text{m}\cdot\text{s}^2} = 1.00\ \text{Pa}$$

어림잡아 말하면, 손가락 끝에 놓여 있는 하나의 1센트짜리 동전은 약 250 Pa의 압력을 가한다. 타이어 안에 있는 공기나 작은 동전이 손가락 끝에 가하는 압력처럼, 지구 표면 위의 공기의 질량은 **대기압**으로 작용한다. 실제로 지표면에서 상층 대기까지 단면적 $1\ \text{m}^2$의 공기 기둥의 질량은 약 10,300 kg이다. 이때 작용하는 대기압은 101,000 Pa, 즉 101 kPa이다(그림 10.2).

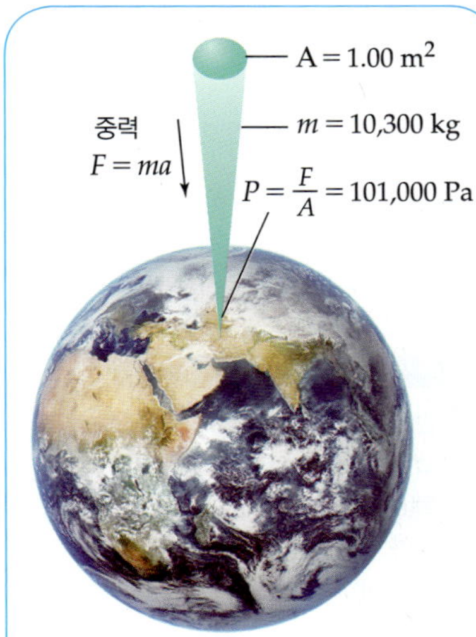

▲ 그림 10.2
대기압. 지표면에서 상층 대기까지 단면적이 $1\ \text{m}^2$인 공기 기둥의 질량은 약 10,300 kg이다. 이 공기 기둥이 약 101,000 Pa의 대기압을 나타낸다.

▶ 그림 10.3
진공 처리된 금속 캔에 대한 대기압 영향. (a) 진공 펌프가 금속 캔에 연결되어 있다. (b) 진공 펌프가 켜지면 내부 압력이 낮아지면서 대기압에 의해 금속 캔이 찌그러진다.

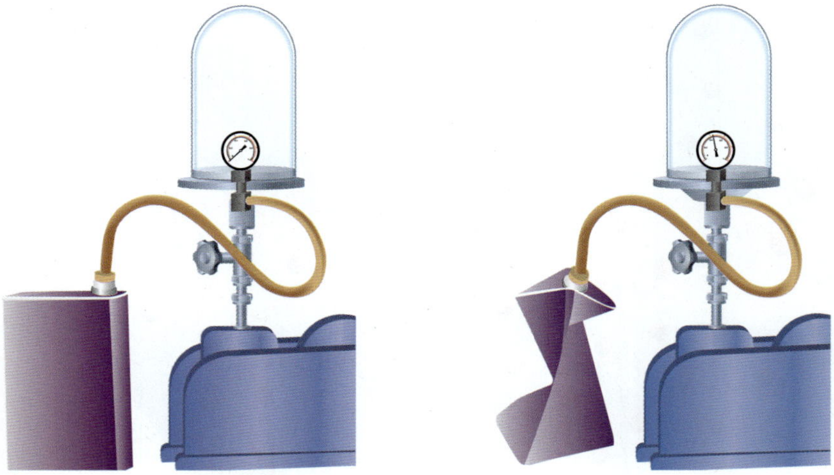

$$P = \frac{m \times a}{A} = \frac{10{,}300\ \text{kg} \times 9.81\,\dfrac{\text{m}}{\text{s}^2}}{1.00\ \text{m}^2} = 101{,}000\ \text{Pa} = 101\ \text{kPa}$$

우리는 실제로 대기에 의해서 눌리는 힘을 느낄 수가 없는데, 그 이유는 우리 몸에서 밖으로 밀어내는 힘이 동등하게 작용하기 때문이다. 하지만 대기압에 의한 힘은 금속 캔을 진공 펌프에 연결해 보면 확인할 수 있다. 진공 펌프가 켜지면, 금속 캔의 내부 압력은 낮아지고, 대기압은 금속 캔을 찌그러트릴 정도로 강하게 작용될 수 있다(그림 10.3)!

SI 단위가 의무적으로 사용되고 있지만, 압력의 화학적인 측정 단위로서 파스칼(Pa)은 불편하다. 따라서 **수은주 밀리미터**(millimeter of mercury, mmHg)와 **기압**(atmosphere, atm), **바**(bar)가 압력의 단위로 더 많이 사용되고 있다.

수은주 밀리미터(mmHg)는 이탈리아 과학자 Evangelista Torricelli (1608~1647)를 따라 **토르**(torr)라고도 하는데, 이는 그가 수은 **기압계**(barometer)를 이용하여 대기압을 측정했기 때문이다. 그림 10.4에 나타낸 바와 같이, 기압계는 한쪽 끝이 막혀 있고, 수은이 채워진 길고 가

▶ 그림 10.4
수은 기압계. 수은 기압계는 유리관에 들어 있는 수은 기둥의 높이를 읽어서 대기압을 측정한다.

▶ 확인하기

만약 기압계가 액체 수은(d=13.6 g/mL) 대신 액체 물(d=1.00 g/mL)로 채워진다면, 막힌 관에서의 물의 높이는 어떻게 되겠는가?

답 수은이 물보다 13.6배 더 밀도가 크기 때문에, 물기둥은 13.6배 더 높을 것이다(10,336 mm 혹은 1.03 m). 이렇게 높은 물기둥 때문에, 물을 기압계에 사용하는 것은 비현실적이다.

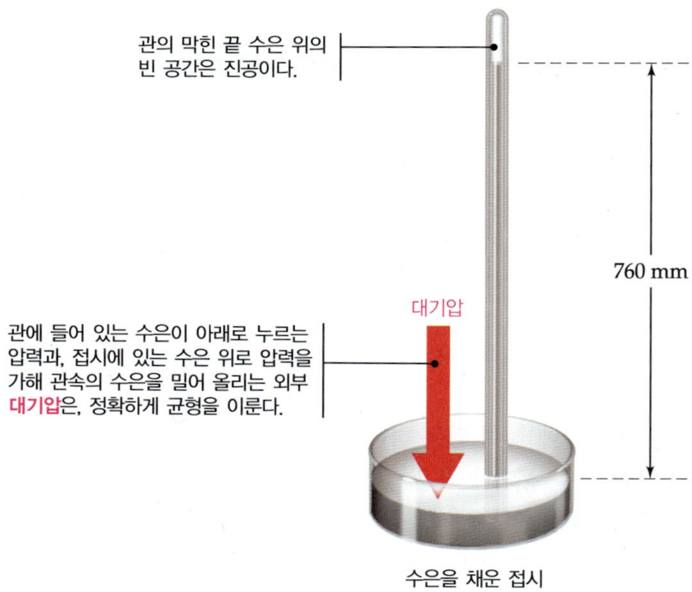

느다란 관으로 이루어져 있고, 이것을 수은이 들어 있는 용기에 뒤집어 세운다. 중력에 의한 수은 기둥에 의한 압력이 대기압과 정확하게 같아질 때까지 수은은 관을 따라 내려간다. 수은 기둥의 높이는 고도와 기상 조건에 따라서 매일 변할 수 있으나, 해수면에서의 표준 대기압은 정확하게 760 mmHg로 정의된다.

수은의 밀도(0 °C에서 $1.359\ 51 \times 10^4\ \text{kg/m}^3$)와 중력 가속도($9.806\ 65\ \text{m/s}^2$)를 알면, 760 mm(0.760 m) 높이의 수은 기둥에 의해 가해지는 압력을 계산할 수 있다. 따라서 1 표준 **기압(atm)**은 이제 정확하게 101,325 Pa로 정의된다.

$$P = (0.760\ \text{m})\left(1.359\ 51 \times 10^4 \frac{\text{kg}}{\text{m}^3}\right)\left(9.806\ 65 \frac{\text{m}}{\text{s}^2}\right) = 101{,}325\ \text{Pa}$$

$$1\ \text{atm} = 760\ \text{mmHg} = 101{,}325\ \text{Pa}$$

엄밀히 말해 SI 단위는 아니지만, 압력의 단위로 **바(bar)**가 빠르게 인기를 얻고 있다. SI 단위인 Pa의 10의 거듭제곱으로 쉽게 나타낼 수 있고, 1 atm과 약 1% 정도의 차이밖에 없기 때문이다.

$$1\ \text{bar} = 100{,}000\ \text{Pa} = 100\ \text{kPa} = 0.986\ 923\ \text{atm}$$

기압과 다른 압력 단위들 사이의 환산 인자를 표 10.2에 요약해 놓았다.

용기 속에 들어 있는 기체의 압력은 끝이 열린 **압력계(manometer)**를 사용하여 측정하는데, 원리는 수은 기압계와 유사하다. 그림 10.5에서 보는 바와 같이, 끝이 열린 압력계는 수은으로 채워진 U자관으로 되어 있으며, 한쪽 끝은 기체로 채워진 용기에 연결되어 있고 다른 쪽 끝은 대기에 열려져 있다. 기체 시료와 대기 사이의 압력 차는 U자관 양쪽의 수은 높이 차와 같다. 용기 내에 있는 기체의 압력이 대기압보다 낮으면, 용기에 연결된 관의 수은 높이가 더 높다(그림 10.5a). 만약 용기 내 기체의 압력이 대기압보다 높으면, 대기 쪽으로 열려 있는 관의 수은 높이가 더 높다(그림 10.5b).

표 10.2 일반적인 압력 단위들 사이의 변환

	1 atm
Pa(1 N/m^2)	*$1.013\ 25 \times 10^5$
kPa	*101.325
bar	*1.013 25
mmHg	*760
lb/in.^{2} 또는 psi	14.7

*이 변환들은 정확하며, 계산할 때 유효 숫자 개수를 제한하지 않는다.

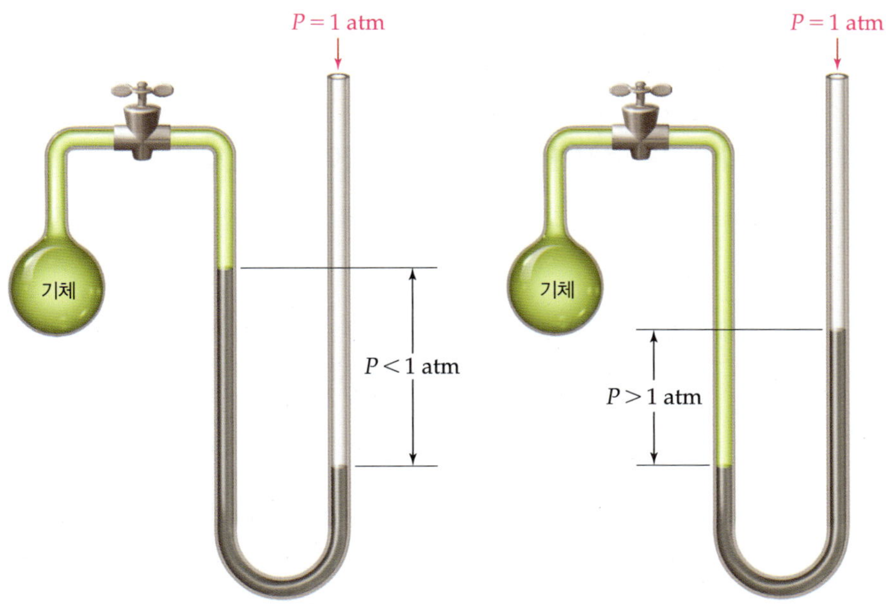

(a) 수은 높이는 용기에 연결된 관 쪽이 더 높다. 용기 내의 압력이 대기압보다 낮기 때문이다.

(b) 수은 높이는 열린 관 쪽이 더 높다. 용기 내의 압력이 대기압보다 더 높기 때문이다.

◀ **그림 10.5**
용기 내 기체의 압력을 측정하는 데 사용되는 끝이 열린 압력계

▶ **확인하기**

용기 내부의 기체 압력이 1 atm으로 같을 때, 용기에 연결된 관과 열린 관의 수은의 높이를 각각 설명하시오.

답 동일하다.

예제 10.1

다른 압력 단위들 사이의 변환

공식적인 고도가 8848 m인 에베레스트 산의 정상에서 대기압은 보통 265 mmHg이다. 이 값을 Pa, atm, bar 값으로 환산하시오.

▲ 대기압은 고도 증가에 따라 감소한다. 에베레스트 산 정상에서의 전형적인 대기압은 265 mmHg이다. ©Dmitry Pichugin/Shutterstock

전략

101,325 Pa/760 mmHg, 1 atm/760 mmHg와 1 bar/10^5 Pa의 환산 인자를 이용하여 필요한 계산을 한다.

풀이

$$(265\ \text{mmHg})\left(\frac{101{,}325\ \text{Pa}}{760\ \text{mmHg}}\right) = 3.53 \times 10^4\ \text{Pa}$$

$$(265\ \text{mmHg})\left(\frac{1\ \text{atm}}{760\ \text{mmHg}}\right) = 0.349\ \text{atm}$$

$$(3.53 \times 10^4\ \text{Pa})\left(\frac{1\ \text{bar}}{10^5\ \text{Pa}}\right) = 0.353\ \text{bar}$$

점검

1 atm은 760 mmHg와 같다. 265 mmHg는 760 mmHg의 약 1/3이므로 Everest 산에서의 공기 압력은 표준 대기압의 약 1/3, 즉 대략 30,000 Pa, 0.3 atm, 0.3 bar이다.

연습문제 10.1 허리케인 어마(Irma, 2017)는 중심부 압력이 914 mbar이었고, 이는 대서양 허리케인에 대해 가장 적게 기록된 값이다. 이 압력을 mmHg의 단위로 계산하시오.

응용문제 10.2 해수면에서 대기압은 1 atm이다. 수중으로 10 m 내려갈 때마다 압력이 1 atm씩 증가한다. Herbert Nitsch는 자유 잠수 부문에서 214 m 깊이로 세계 기록 보유자이다. 이 깊이에서의 압력은 Pa 단위로 얼마인가?

개념 예제 10.2

용기 내 기체의 압력을 측정하는 데 사용되는 끝이 열린 압력계

외부 압력이 750 mmHg이라면, 그림에서 보는 장치 내부의 기체 압력은 얼마인가?

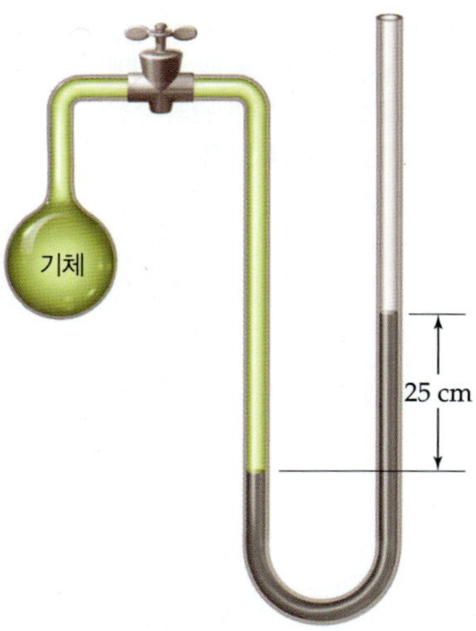

▲ 끝이 열린 압력계(개념 예제 10.2)

전략

용기 내부의 기체 압력은 외부 압력과 압력계 측정값의 차이와 같다. 용기 내부의 기체 압력은 대기압보다 높다. 그 이유는 액체 높이가 대기 쪽으로 열린 관이 높기 때문이다.

풀이

$$P_{기체} = 750\ \text{mmHg} + \left(25\ \text{cmHg} \times \frac{10\ \text{mm}}{1\ \text{cm}}\right) = 1000\ \text{mmHg} = 1.0 \times 10^3\ \text{mmHg}$$

개념 연습문제 10.3 외부 압력이 0.975 atm이면, 장치 내부의 기체 압력은 mmHg 단위로 얼마인가?

개념 응용문제 10.4 수은 대신 광물유로 채운, 끝이 열린 압력계가 있다고 가정하자. 용기에 연결된 관의 광물유의 높이가 대기에 연결된 관보다 237 mm 더 높고, 대기압이 746 mmHg이다.

(a) 그림 10.5와 유사한 압력계 그림을 그리시오.

(b) 용기 내의 기체 압력은 mmHg 단위로 얼마인가? (수은의 밀도는 13.6 g/mL이고, 광물유의 밀도는 0.822 g/mL이다.)

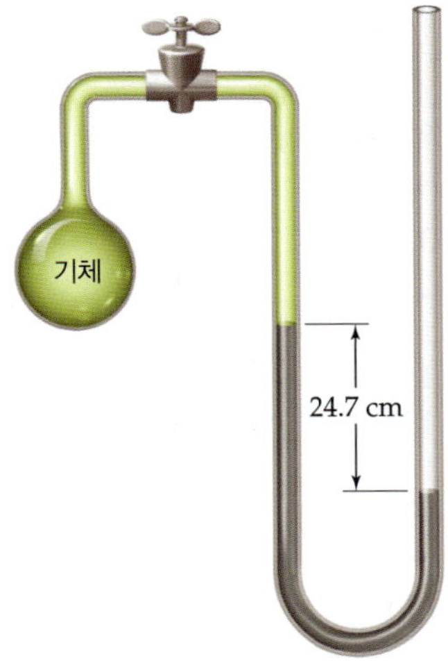

▲ 끝이 열린 압력계(개념 연습문제 10.3)

10.2 기체 법칙들

고체나 액체와는 달리, 기체들은 서로 달라도 그들의 화학적 구성과 관계없이 매우 유사한 물리적 거동을 나타낸다. 예를 들면, 헬륨과 플루오린은 화학적 특성이 매우 다르지만 대부분의 물리적 거동은 거의 동일하다. 1600년대 후반에 많은 관찰을 통해, 기체의 물리적 성질은 네 가지 변수들, 즉 압력(P), 온도(T), 부피(V), 몰수(n)로 서술할 수 있음을 알았다. 이러한 네 가지 변수들 사이의 특정한 관계를 **기체 법칙들**이라고 하고, 이러한 법칙을 정확히 따르는 기체를 **이상 기체(ideal gas)**라고 한다.

보일 법칙: 기체의 부피와 압력 사이의 관계

한쪽 끝에 움직일 수 있는 피스톤이 장치되어 있는 실린더 안에 기체 시료가 들어 있다고 생각하자(그림 10.6). 피스톤을 아래로 눌러서 기체에 가하는 압력을 증가시키면 어떤 일이 일어날까? 경험들을 통해 압력을 증가시키면 실린더 안에 있는 기체의 부피가 줄어드는 것을 알 수 있을 것이다. **보일 법칙(Boyle's law)**에 따르면, 일정한 온도에서 일정한 양의 기체의 부피는 압력에 반비례한다. 기체의 압력이 2배가 되면 부피는 1/2로 줄어들고, 압력이 1/2로 되면 부피는 2배로 증가한다.

> **보일 법칙 $V \propto 1/P$ 또는 $PV = k$(일정한 n, T에서)** 이상 기체의 부피는 압력에 반비례한다. 즉, n과 T가 일정할 때 P와 V의 곱은 일정한 값을 가진다. (기호 $\propto$은 비례함을 뜻하며, k는 상수이다.)

◀ 그림 10.6
보일 법칙

▶ 확인하기

만약 압력이 3배가 되면 부피는 어떻게 될까?

답 부피는 원래 부피의 1/3이 된다.

표 10.3 일정한 n과 T에서 기체 시료의 압력–부피 측정

압력(mmHg)	부피(L)
760	1
380	2
253	3
190	4
152	5
127	6
109	7
95	8
84	9
76	10

기체 시료에 대해서 일련의 압력–부피를 측정하고(**표 10.3**) 이들 값을 **그림 10.7**과 같이 도시하면, 보일 법칙의 타당성을 쉽게 확인할 수 있다. 부피 V를 압력 P에 대해 도시하면, 결과는 쌍곡선 형태의 곡선을 나타낸다(그림 10.7a). 그러나 부피 V를 압력의 역수인 $1/P$에 대해서 도시하면, 직선을 나타낸다(그림 10.7b). 이러한 도시는 수식 $y = mx + b$의 특성을 나타낸다. 여기서 $y = V$, $m =$ 직선의 기울기(여기서는 상수 k), $x = 1/P$, $b = y$ 절편(여기서는 상수 0)이다(직선 방정식에 대해서는 부록 A.3 참조).

$$V = k\left(\frac{1}{P}\right) + 0 \quad (\text{또는 } PV = k)$$
$$\uparrow \quad \uparrow \; \uparrow \quad\quad \uparrow$$
$$y = m \; x \quad + b$$

▶ 그림 10.7
보일 법칙의 도시

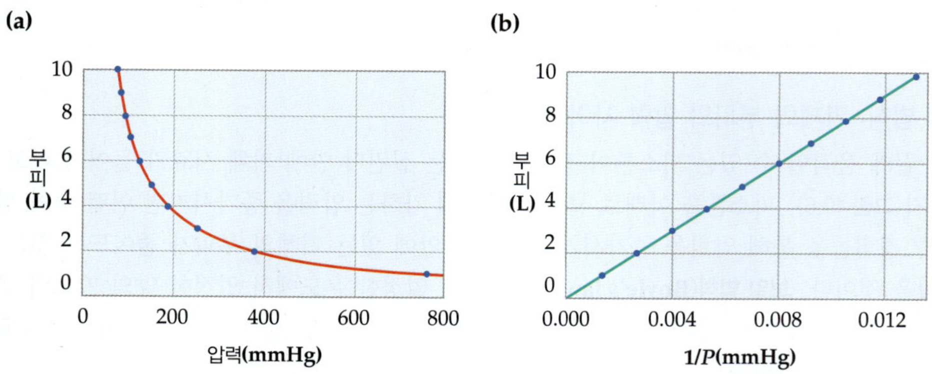

기체 시료에 대한 V 대 P의 도시는 쌍곡선이다.

V 대 $1/P$의 도시는 직선이다. 이러한 직선은 $y = mx + b$의 형태를 갖는다.

샤를 법칙: 기체의 부피와 온도 사이의 관계

움직일 수 있는 피스톤이 한쪽 끝에 장치되어 있는 실린더 안에 기체 시료가 들어 있다고 생각하자(**그림 10.8**). 압력을 일정하게 유지하기 위해 피스톤은 자유롭게 움직일 수 있도록 하고, 기체 시료의 온도를 올리면 어떤 일이 일어날까? 경험을 통해, 실린더 안의 기체 부피가 팽창하기 때문에 피스톤이 위로 움직이게 될 것이란 것을 알 수 있다. **샤를 법칙(Charles's law)**에 따르면, 일정한 압력에서 일정한 양의 이상 기체의 부피는 절대 온도에 비례한다. 기체의 켈빈 온도가 2배로 되면 부피가 2배로 되고, 기체의 켈빈 온도가 1/2로 되면 부피도 1/2이 된다.

> **샤를 법칙 $V \propto T$ 또는 $V/T = k$ (일정한 n, P에서)** 이상 기체의 부피는 절대 온도에 비례한다. 즉 n과 P가 일정할 때 V를 T로 나누면 일정한 값을 가진다.

표 10.4 일정한 n과 P에서 기체 시료의 온도–부피 측정

온도(K)	부피(L)
123	0.45
173	0.63
223	0.82
273	1.00
323	1.18
373	1.37

기체 시료에 대하여 일련의 온도–부피 관계를 측정함으로써 얻은 **표 10.4**의 결과를 통해 샤를 법칙의 타당성을 확인할 수 있다. 보일 법칙과 마찬가지로, 샤를 법칙도 수식 $y = mx + b$로 나타낼 수 있다. 여기서 $y = V$, $m =$ 직선의 기울기(여기서는 상수 k), $x = T$, $b = y$ 절편(여기서는 0)이다. 그러므로 V를 T에 대해서 도시하면, 기울기가 상수 k인 직선이 된다(**그림 10.9**).

$$V = kT + 0 \quad \left(\text{또는 } \frac{V}{T} = k\right)$$
$$\uparrow \quad \uparrow\uparrow \quad \uparrow$$
$$y = mx + b$$

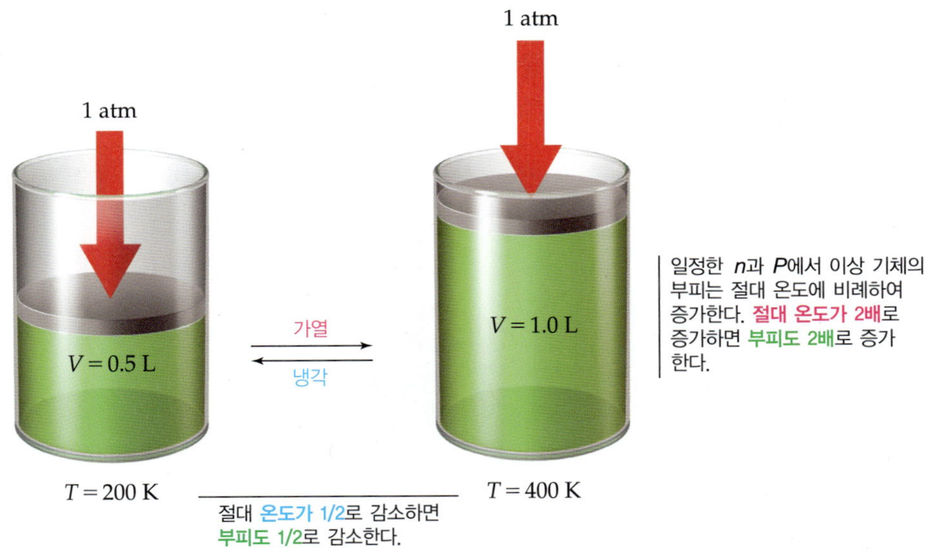

◀ 그림 10.8
샤를 법칙

▶ 확인하기

만약 절대 온도가 3배만큼 감소한다면 부피는 어떻게 될까?

답 부피는 처음 부피의 1/3이 된다.

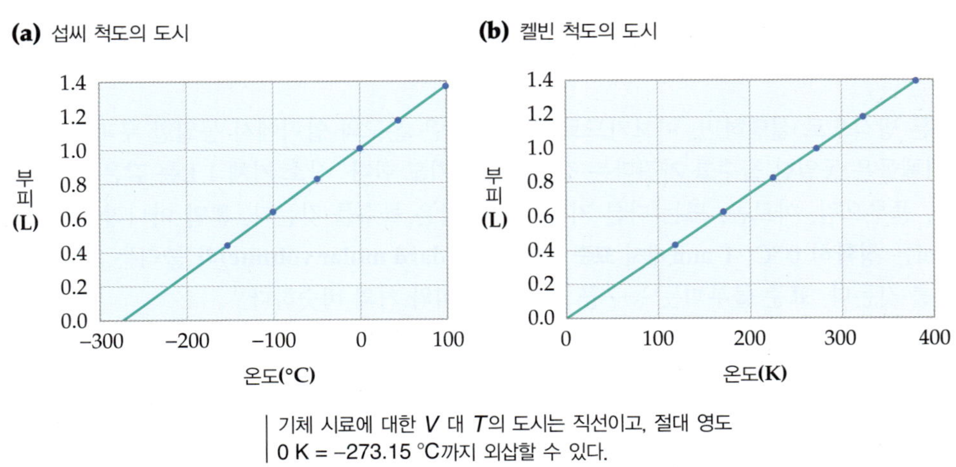

◀ 그림 10.9
샤를 법칙의 도시

그림 10.9의 부피 대 온도의 도시는 흥미로운 사실을 시사하고 있다. 부피를 섭씨 온도 단위로 도시할 때, 직선은 $T = -273.15$ ℃에서 $V = 0$으로 외삽된다(그림 10.9a). 그러나 물질은 음의 부피를 가질 수 없다. 이것은 −273.15 ℃가 가장 낮은 온도, 즉 켈빈(K) 단위에서 **절대 영도**임을 나타내고 있다(그림 10.9b). 실제로, 절대 영도의 대략적인 값은 처음에는 이와 같은 단순한 방법으로 결정되었다.

아보가드로 법칙: 기체의 부피와 양 사이의 관계

움직일 수 있는 피스톤이 장치되어 있는 실린더들 안에 들어 있는 두 종류의 기체 시료들이 있다고 생각하자(그림 10.10). 같은 온도와 압력에서 하나의 실린더에는 1 mol의 기체가 들어 있고, 또 다른 실린더에는 2 mol의 기체가 들어 있다. 두 번째 실린더에 들어 있는 기체의 양이 2배이므로 그 기체 부피도 2배일 것이라고 상식적으로 생각할 수 있다. **아보가드로 법칙**(**Avogadro's law**)에 따르면, 일정한 압력과 온도에서 기체의 부피는 오직 그 몰수에 따라 달라진다. 만일 기체의 양이 2배로 되면 기체의 부피는 2배가 되고, 기체의 양이 1/2배가 되면 부피도 1/2배가 된다.

아보가드로 법칙 $V \propto n$ 또는 $V/n = k$(일정한 T, P에서) 이상 기체의 부피는 기체의 몰수에 비례한다. 즉 T와 P가 일정할 때 V를 n으로 나누면 일정한 값을 가진다.

▶ **그림 10.10**
아보가드로 법칙

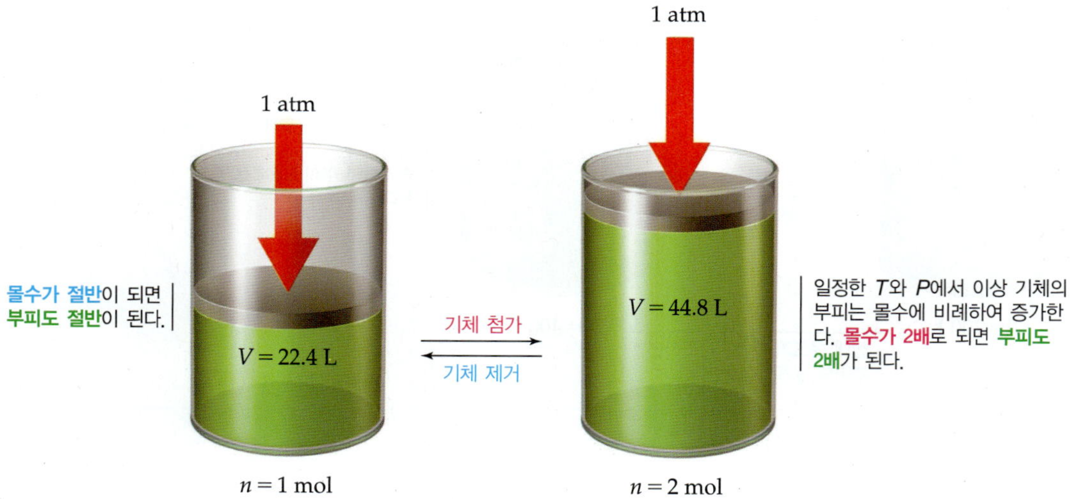

다른 방식으로 설명하면, 아보가드로 법칙은 같은 온도와 압력에서 동일한 부피의 서로 다른 기체들은 동일한 몰수를 가진다는 것을 나타내기도 한다. 산소 기체 1 L는 같은 T와 P에서 헬륨, 플루오린, 아르곤, 또는 다른 기체 1 L와 같은 몰수를 갖는다. 뿐만 아니라, 이상 기체 1 mol은 정확히 0 ℃, 1 atm에서 **표준 몰부피(standard molar volume)**라 불리는 22.414 L의 부피를 갖는다. 표준 몰부피는 농구공 세 개의 부피와 거의 비슷하다.

개념 예제 10.3

기체 법칙들의 시각적 표현

초기 기체 시료에 (a)와 (b)에 제시된 조건의 변화가 가해졌을 때, 피스톤의 대략적인 위치를 표시하시오.

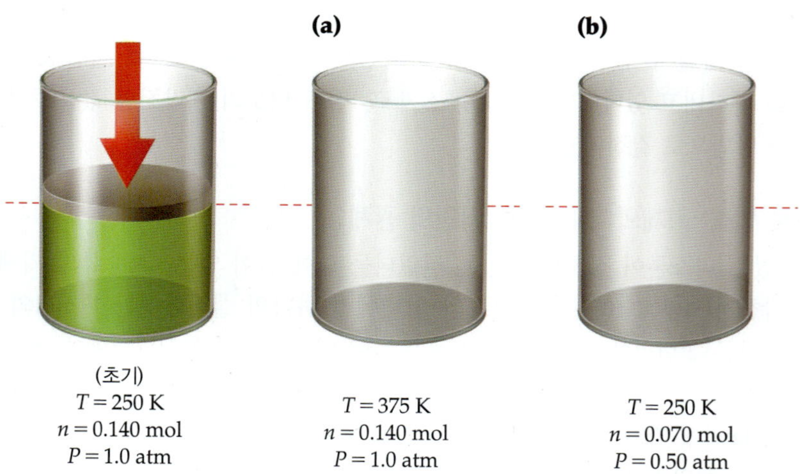

전략

P, n, T 중 어느 변수가 변하는지 확인하고, 적절한 기체 법칙에 따라 각 부피 변화를 계산한다.

풀이

(a) 몰수 n과 압력 P는 일정하고, 온도 T는 $375/250 = 1.5$배 증가한다. 샤를 법칙에 따라 $V \propto T$이므로 부피는 1.5배 증가한다.

(b) 온도 T는 일정하고, 몰수 n과 압력 P는 모두 절반으로 감소한다. 아보가드로 법칙($V \propto n$)에 따라 몰수가 반으로 감소하면 부피도 반으로 감소하고, 보일 법칙($V \propto 1/P$)에 따라 압력이 반으로 감소하면 부피는 두 배로 증가한다. 두 변화는 상쇄되어 부피는 변하지 않는다.

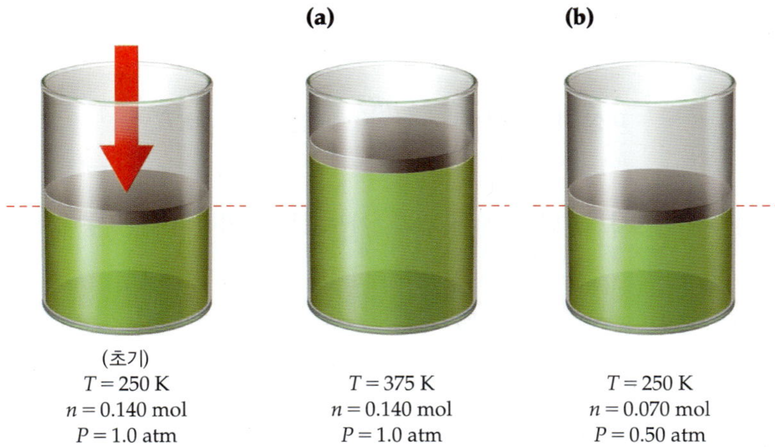

개념 연습문제 10.5 1.0 atm의 일정한 압력 하에서 초기 기체 시료에 제시된 조건의 변화가 가해졌을 때, 움직일 수 있는 피스톤의 대략적인 위치를 표시하시오.

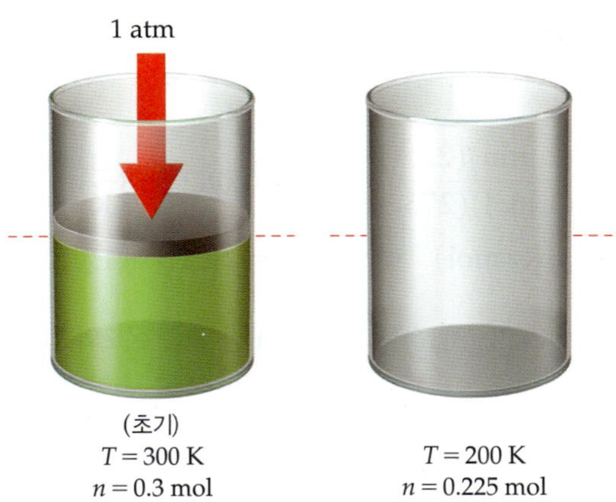

개념 응용문제 10.6 초기 기체 시료에 (a)와 (b)에 제시된 조건의 변화가 가해졌을 때, 움직일 수 있는 피스톤의 대략적인 위치를 표시하시오.

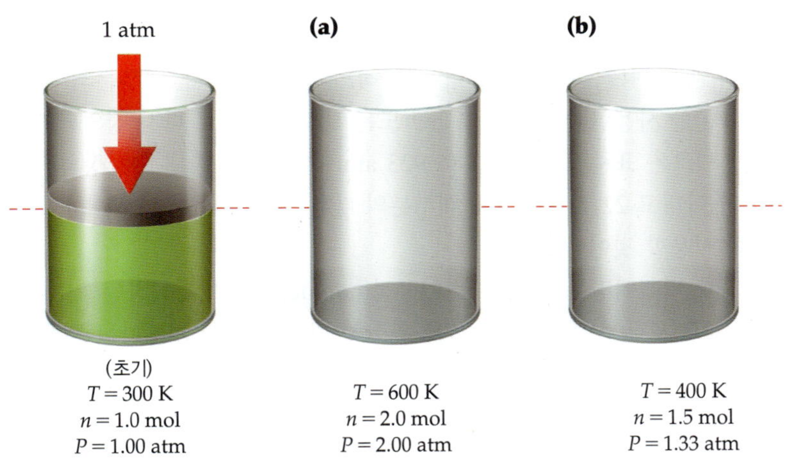

10.3 이상 기체 법칙

앞에서 논의한 세 가지 기체의 법칙들은 기체의 부피가 압력, 온도, 몰수의 변화에 어떤 영향을 받는가를 나타내는 **이상 기체 법칙**(**ideal gas law**)이라는 하나의 식으로 결합시킬 수 있다. 변수 P, V, T, n 중 세 가지 변수 값을 알면, 나머지 한 변수 값은 이상 기체 법칙을 사용하여 계산할 수 있다. 이 식에서 비례 상수 R을 **기체 상수**(**gas constant**, $\boldsymbol{R}$)라고 하며, 모든 기체에 대해서 동일한 값을 가진다.

개념탐구 질문 1

다음 기체들 중에서 STP 상태에서 가장 큰 부피를 갖는 기체는 어느 것인가? (기체들이 이상적으로 행동한다고 가정하시오.)

Ar, 10 g, O_2 10 g, He 10 g

이상 기체 법칙 $V = \dfrac{nRT}{P}$ 또는 $PV = nRT$

이상 기체 법칙은 다시 보일 법칙, 샤를 법칙, 아보가드로 법칙의 다른 형태로 재정리할 수 있다.

보일 법칙	$PV = nRT = k$	(n, T가 일정할 때)
샤를 법칙	$\dfrac{V}{T} = \dfrac{nR}{P} = k$	(n, P가 일정할 때)
아보가드로 법칙	$\dfrac{V}{n} = \dfrac{RT}{P} = k$	(T, P가 일정할 때)

기체 상수 R의 값은 기체의 표준 몰부피로부터 계산할 수 있다. 기체 1 mol은 0 ℃(273.15 K), 1 atm에서 22.414 L의 부피를 차지하므로 기체 상수 R은 0.082 058 (L·atm)/(K·mol)이며, SI 단위로는 8.3145 J/(K·mol)이다.

$$R = \frac{P \cdot V}{n \cdot T} = \frac{(1\ \text{atm})(22.414\ \text{L})}{(1\ \text{mol})(273.15\ \text{K})} = 0.082\ 058\,\frac{\text{L} \cdot \text{atm}}{\text{K} \cdot \text{mol}}$$
$$= 8.3145\ \text{J}/(\text{K} \cdot \text{mol}) \quad (P\text{의 단위는 파스칼이고, } V\text{의 단위는 m}^3\text{일 때})$$

계산에 사용된 특수 조건[0 ℃(273.15 K)와 1 atm]을 **표준 온도와 압력**(**standard temperature and pressure, STP**)이라고 한다. 이 표준 조건은 일반적으로 기체의 계산에 이용되고 있다. 기체의 측정에 사용되는 표준 온도(0 ℃ 또는 273.15 K)는 열역학적 측정에 사용되는 온도(25 ℃ 또는 298.15 K; 9.5절)와 다르다는 점에 유의해야 한다.

기체의 표준 온도와 압력(STP) $T =$ 0℃ $P =$ 1 atm

기체를 측정할 때 사용하는 표준 압력은 아직까지 이 책이나 대부분의 다른 책에서도 1 atm(101,325 Pa)을 사용한다. 그러나 1 bar 또는 100,000 Pa로 다시 정의되었다는 점에 주의해야 한다. 이 새로운 표준 압력은 0.986 923 atm이며, 따라서 새롭게 정의되는 표준 몰부피도 22.414 L가 아니고 22.711 L이다. 대부분의 다른 책에서처럼, 이 책에서도 표준 기압으로 1 atm을 계속 사용할 것이다.

이상(ideal) 기체 법칙이라는 명칭은 비이상적(nonideal)으로 행동하는 기체가 있다는 것을 의미한다. 실제로 모든 상황에서 이 식을 완전히 따르는 이상 기체라는 것은 존재하지 않는다. 모든 실제 기체들은 어느 정도는 비이상적이고, 기체 법칙들에 의해 예상되는 행동에서 약간 벗어난다. **표 10.5**에서 보는 바와 같이, 실제 기체의 몰부피는 22.414 L라는 이상적인 값과는 약간의 차이가 있다. 그러나 대부분의 조건에서 이상적인 행동으로부터 벗어나는 정도는 매우 작아서, 거의 차이가 나타나지 않는다. 10.8절에서는 벗어남의 정도가 더 큰 경우에 대해서 논의할 것이다.

표 10.5 0 ℃와 1 atm에서 몇 가지 실제 기체들의 몰부피

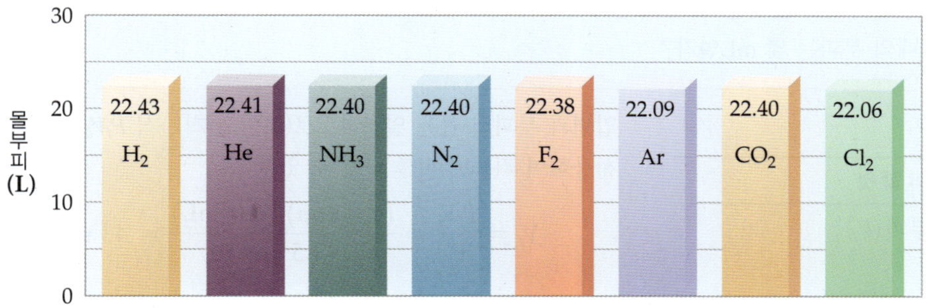

예제 10.4

이상 기체 법칙을 사용하여 미지값 구하기

성인의 평균 폐 용량은 3.8 L이다. 폐 속에 공기는 몇 mol이 들어 있는가? 폐는 1.00 atm의 압력과 정상 체온 37 ℃ 하에 있다고 가정하시오.

문제 파악

알고 있는 것	알아내야 할 것
부피(V= 3.8 L) 압력(P = 1.00 atm) 온도(T = 37 ℃)	기체의 몰수(n)

전략

이 문제는 V, P, T가 주어졌을 때, n 값을 묻는 문제이다. 이상 기체 법칙을 변형한 식 $n = PV/RT$를 이용하고, 섭씨 온도를 절대 온도로 전환하여 주어진 각 P, V, T 값을 식에 대입한다.

풀이

$$n = \frac{PV}{RT} = \frac{(1.00\ \text{atm})(3.8\ \text{L})}{\left(0.082\ 06\ \dfrac{\text{L}\cdot\text{atm}}{\text{K}\cdot\text{mol}}\right)(310\ \text{K})} = 0.15\ \text{mol}$$

평균 성인의 폐는 0.15 mol의 공기를 갖는다.

점검

4 L의 폐 부피는 이상 기체의 표준 몰부피, 즉 22.4 L의 약 1/6이다. 따라서 폐는 1/6 mol, 즉 0.17 mol의 용량을 가진다.

연습문제 10.7 STP 상태에서, 1.00×10^5 L 부피의 저장 탱크 안에는 메테인(CH_4) 기체가 몇 몰 들어 있는가?

응용문제 10.8 350 mL 부피의 에어로솔 스프레이에는 추진제로 프로페인(C_3H_8) 기체 3.2 g이 포함되어 있다. 20 ℃에서 이 용기에 들어 있는 기체의 압력은 몇 atm인가?

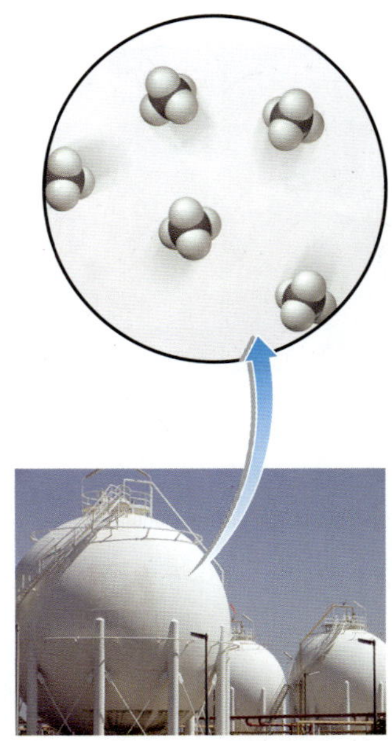

▲ 탱크 안에는 메테인 기체가 몇 몰이 존재할까?

예제 10.5

변수들이 변할 때 이상 기체 법칙의 사용

전형적인 자동차 엔진의 경우, 실린더 안에서 휘발유와 공기의 혼합물은 발화되기 전에 1.0 atm에서 9.5 atm으로 압축된다. 압축되지 않았을 때의 실린더 부피가 410 mL이면, 그 혼합물이 완전히 압축되었을 때의 부피는 몇 mL인가?

문제 파악

알고 있는 것	알아내야 할 것
초기 압력(P_i = 1.0 atm)	최종 부피(V_f)
최종 압력(P_f = 9.5 atm)	
초기 부피(V_i = 410 mL)	

전략

이상 기체 법칙을 재정리해서 식의 한 변은 값이 변하는 변수들을, 식의 다른 변에는 값이 일정한 상수들을 놓는다.

풀이

이상 기체 법칙에서 압력과 부피는 변하므로 이들을 식의 좌변에 놓고, n, R, T는 일정하므로 우변에 놓는다.

$$\underbrace{PV}_{\text{변하는 변수들}} = \underbrace{nRT}_{\text{상수들}} = k$$

압력과 부피의 곱은 일정하므로(보일 법칙), 식 $P_iV_i = P_fV_f$을 사용하여 최종 부피를 구할 수 있다.

$$V_f = \frac{P_iV_i}{P_f} = \frac{(1.0\text{ atm})(410\text{ mL})}{(9.5\text{ atm})} = 43\text{ mL}$$

점검

실린더의 압력이 약 10배 증가하므로, 보일 법칙에 따라서 부피는 대략 400 mL에서 40 mL로 감소해야 한다.

▶ **연습문제 10.9** 자동차 타이어의 부피가 일정하다고 가정하고, 0 ℃에서 타이어 내부의 압력이 2.15 atm에서 2.37 atm으로 증가하려면, 최종 온도(℃)는 얼마가 되어야 하는가?

▶ **응용문제 10.10** 745 mmHg와 25.0 ℃ 조건 하에서 한 기상 관측 기구의 부피는 45.0 L이다. 이 기구의 압력이 178 mmHg이고 온도가 225 K인 고도 10,000 m에 있다면, 기구의 부피는 얼마가 되는가?

10.4 기체들에 대한 화학량론적 관계

▲ 자동차 에어백은 아자이드화 소듐의 분해로 생성되는 질소 기체에 의해 팽창된다.
© Vereshchagin Dmitry/Shutterstock

화학 공업에서의 가장 중요한 과정들을 포함하는 많은 화학 반응들에는 기체가 관여하고 있다. 예를 들면, 세계적으로 매년 1억 3000만 톤의 암모니아가 $3\ H_2(g) + N_2(g) \longrightarrow 2\ NH_3(g)$ 반응식에 따라 수소와 질소의 반응으로 생산되고 있다. 따라서 고체, 액체, 용액의 양을 계산한 것처럼 기체 반응물의 양도 계산할 수 있어야 한다.

대부분의 기체 계산들은 이상 기체 법칙을 이용하여, P, V, T, n의 변수 중에서 세 변수를 알 때, 4번째 변수를 계산하는 과정이다. 예를 들면, 자동차 에어백 전개에 사용되는 반응은 고온에서 아자이드화 소듐 NaN_3을 분해시켜 N_2 기체를 생성하는 반응이다(소듐은 후속 반응에 의해 제거된다). 예제 10.6은 주어진 반응물의 양에서 기체 생성물의 부피를 계산하는 예를 보여 주고 있다.

예제 10.6

화학 반응에서 생산되는 기체의 부피 계산

1.15 atm과 30 ℃에서 NaN_3 45.0 g이 분해되면, N_2 기체 몇 L가 생성되겠는가?

$$2\ NaN_3(s) \longrightarrow 2\ Na(s) + 3\ N_2(g)$$

문제 파악

알고 있는 것	알아내야 할 것
압력(P = 1.15 atm) 온도(T = 30 °C) NaN_3의 질량(45.0 g)	N_2의 부피(V)

전략

화학량론적 관계를 이용하여, NaN_3 45.0 g에서 생산되는 N_2의 몰수를 구하고, 그 후 이상 기체 법칙을 이용하여 N_2의 부피를 계산한다.

풀이

생성된 N_2 기체의 몰수 n 값을 알려면, 우선 NaN_3 45.0 g이 몇 mol인가를 알아야 한다.

$$NaN_3\text{의 몰질량} = 65.0 \text{ g/mol}$$

$$NaN_3\text{의 몰수} = (45.0 \text{ g } NaN_3)\left(\frac{1 \text{ mol } NaN_3}{65.0 \text{ g } NaN_3}\right) = 0.692 \text{ mol } NaN_3$$

다음에는, 분해 반응에서 생성되는 N_2 기체의 몰수를 알아야 한다. 균형 화학 반응식에 따르면, NaN_3 2 mol이 반응하면 N_2 3 mol을 생성하므로 0.692 mol의 NaN_3가 반응하면 N_2 1.04 mol이 생성된다.

$$N_2\text{의 몰수} = (0.692 \text{ mol } NaN_3)\left(\frac{3 \text{ mol } N_2}{2 \text{ mol } NaN_3}\right) = 1.04 \text{ mol } N_2$$

마지막으로, 이상 기체 법칙을 사용하여 N_2 부피를 계산한다. 계산에서, 섭씨 온도(30 °C)가 아니라 절대 온도(303 K)를 사용해야 함을 기억해야 한다.

$$V = \frac{nRT}{P} = \frac{(1.04 \text{ mol } N_2)\left(0.08206 \dfrac{\text{L}\cdot\text{atm}}{\text{K}\cdot\text{mol}}\right)(303 \text{ K})}{1.15 \text{ atm}} = 22.5 \text{ L}$$

연습문제 10.11 석회석($CaCO_3$)과 같이 탄산기를 포함하는 암석이 염산과 같은 묽은 산과 반응하면 다음 화학 반응식과 같이 이산화 탄소를 생성한다.

$$CaCO_3(s) + 2\,HCl(aq) \longrightarrow CaCl_2(aq) + CO_2(g) + H_2O(l)$$

석회석($CaCO_3$) 33.7 g이 완전히 반응하여 생성된 CO_2 기체의 부피는 STP 상태에서 몇 L인가?

응용문제 10.12 생산되는 모든 암모니아의 약 83%는 농작물을 위한 비료로 사용된다. 암모니아는 다음 화학 반응식에 따라서 수소와 질소 기체로부터 합성이 된다.

$$3\,H_2(g) + N_2(g) \longrightarrow 2\,NH_3(g)$$

STP 상태에서 500.0 L의 암모니아 합성을 위해서 필요한 수소와 질소 기체의 부피는 얼마인가?

▲ 석회석($CaCO_3$)처럼 탄산기를 포함하는 암석은 염산과 같은 묽은 산과 반응하면 이산화 탄소 거품을 생성한다.

이상 기체 법칙을 다르게 응용하면 밀도와 몰질량 같은 성질들을 계산할 수 있다. 밀도는 그림 10.11에서 보는 것처럼, 알고 있는 온도와 압력에서 부피가 알려진 기체의 질량을 측정하여 간단히 계산한다. 기체 밀도는 온도와 압력에 의해 급격하게 변화하므로 이들의 정확한 값이 명시되어야 한다. 기체 밀도 값은 일관성 있게 STP 상태에서의 값들로 일반적으로 보고되고 있다. 이상 기체 법칙을 이용하면, 임의의 온도와 압력에서 측정된 밀도로부터 STP 상태에서의 밀도 값을 구할 수 있다. 예를 들면, 암모니아 기체 시료의 무게가 0.672 g이고, 25 °C와 733.4 mmHg 압력에서 1.000 L 용기에 들어 있다면, STP 상태에서의 암모니아의 밀도는 다

▶ 그림 10.11
미지의 기체 밀도 결정하기

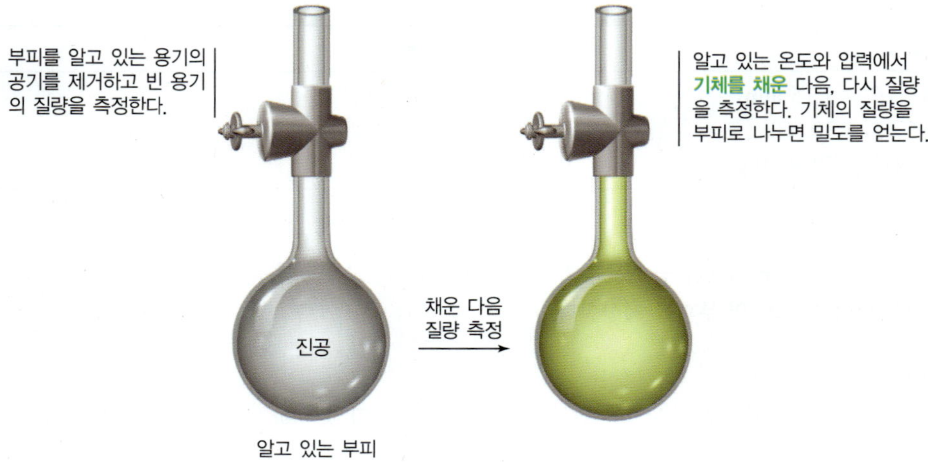

음과 같이 구할 수 있다. 물질의 밀도는 그 질량을 부피로 나눈 값이다. 암모니아 시료의 경우 질량은 0.672 g이지만, 기체 부피는 표준 상태에서 제시한 값이 아니므로 우선 STP 상태에서의 값으로 환산해야 한다. 시료의 n은 일정하기 때문에, 표준 상태가 아닌 조건에서 측정한 PV/RT는 SPT 상태에서의 PV/RT와 같다고 놓고, STP 상태에서의 V를 구할 수 있다.

$$n = \left(\frac{PV}{RT}\right)_{\text{측정}} = \left(\frac{PV}{RT}\right)_{\text{STP}} \quad \text{또는} \quad V_{\text{STP}} = \left(\frac{PV}{RT}\right)_{\text{측정}}\left(\frac{RT}{P}\right)_{\text{STP}}$$

$$V_{\text{STP}} = \left(\frac{733.4 \text{ mmHg} \times 1.000 \text{ L}}{298 \text{ K}}\right)\left(\frac{273 \text{ K}}{760 \text{ mmHg}}\right) = 0.884 \text{ L}$$

표준 상태가 아닌 조건에서 측정한 1.000 L 용기 내부의 기체는 STP 상태에서 0.884 L의 부피를 갖는다. 주어진 질량을 이 부피로 나누면, STP 상태에서 암모니아의 밀도를 구할 수 있다.

$$\text{밀도} = \frac{\text{질량}}{\text{부피}} = \frac{0.672 \text{ g}}{0.884 \text{ L}} = 0.760 \text{ g/L}$$

기체 밀도와 몰질량 사이의 관계식은 이상 기체 법칙을 재정리함으로써 얻을 수 있다. 밀도는 질량을 부피로 나눈 값이므로, 질량에 대한 항이 이상 기체 법칙에 반드시 추가되어야 한다. 몰과 몰질량(M)의 곱은 질량이므로, 이상 기체 법칙의 양변에 몰질량을 곱하면 식에 질량을 포함시킬 수 있다.

$$PV(M) = \underbrace{n(M)}_{\text{질량}(m)}RT$$

질량을 부피로 나눈 값인 밀도를 계산하기 위하여 식을 재정리할 수 있다.

$$PV(M) = mRT$$

$$\text{식의 양변을 } V\text{로 나누면} \quad \frac{P\cancel{V}(M)}{\cancel{V}} = \frac{mRT}{V}$$

$$PM = \left(\frac{m}{V}\right)RT$$

$$\text{식의 양변을 } RT\text{로 나누면} \quad \frac{PM}{RT} = \frac{\left(\frac{m}{V}\right)\cancel{RT}}{\cancel{RT}}$$

개념탐구 질문 2

다음 기체들 중 압력 1 atm과 온도 25 ℃에서 가장 높은 밀도를 갖는 기체는?

H_2, He, CO_2, N_2

$$\textbf{기체 밀도} \quad d = \frac{m}{V} = \frac{PM}{RT}$$

알고 있는 온도와 압력의 조건 하에서 미지 기체의 밀도를 측정할 수 있다면, 기체의 몰질량을 계산할 수 있다. 밀도를 측정하여 미지 기체를 확인하는 방법을 예제 10.7은 보여 주고 있다.

예제 10.7

기체 밀도를 이용하여 몰질량과 미지 기체의 확인

늪에서 발생되는 미지 기체를 유리 용기에 수집해서 STP 상태에서 밀도를 측정하여 0.714 g/L임을 알아냈다. 이 기체의 몰질량은 얼마인가? 가능한 미지 기체의 정체는 무엇인가?

문제 파악

알고 있는 것	알아내야 할 것
밀도(d = 0.714 g/L)	몰질량(M)
온도(T = 0°C)	
압력(P = 1 atm)	

전략

d, P, T 값을 알고 있기 때문에, 기체 밀도의 식을 재정리하면 몰질량을 계산할 수 있다. 일단 몰질량을 알게 되면 미지 시료를 추측할 수 있다.

풀이

기체 밀도 관계식에서는 섭씨 온도(0 ℃)보다 절대 온도(273 K)를 사용해야 한다.

$$d = \frac{P(M)}{RT} \quad \text{또는} \quad M = \frac{dRT}{P}$$

$$M = \frac{(0.714\text{g/L})\left(0.08206\,\dfrac{\text{L}\cdot\text{atm}}{\text{mol}\cdot\text{K}}\right)(273K)}{(1\text{ atm})} = 16.0\text{ g/mol}$$

그러므로 미지 기체(실제는 메테인, CH_4)의 몰질량은 16.0 g/mol이다.

▶ **연습문제 10.13** HCl과 Na_2S의 반응으로 불쾌한 냄새가 나는 기체가 생성된다. 이 기체 시료 1.00 L는 STP 상태에서 질량이 1.52 g인 것으로 확인되었다. 이 기체의 몰질량은 얼마인가? 가능하다고 생각되는 화합물의 화학식과 명칭은 무엇인가?

▶ **응용문제 10.14** 그림은 물에 드라이아이스 $CO_2(s)$를 첨가하여 생성된 이산화 탄소 기체를 보여 주고 있다. 이산화 탄소는 공기보다 밀도가 크기 때문에 아래쪽으로 흐른다.

© nikkytok/Shutterstock

(a) 1 atm과 25 ℃에서 이산화 탄소의 밀도(g/L)는 얼마인가?
(b) 왜 이산화 탄소는 공기보다 밀도가 큰가?

10.5 기체 혼합물: 부분 압력과 돌턴 법칙

기체 법칙들은 화학적 특성과 무관하게 모든 순수한 기체에 적용되는 것과 같이, 공기와 같은 기체 **혼합물**에도 적용된다. 기체 혼합물의 압력, 부피, 온도, 몰수는 이상 기체 법칙과 관련이 있다.

기체 혼합물에서 무엇이 압력을 나타내는가? 일정한 온도와 부피 하에서 순수한 기체의 압력은 기체의 몰수에 비례하므로($P = nRT/V$), 기체 혼합물에서 각 기체들이 기여하는 압력은 혼합물 중 각 기체의 몰수에 비례한다. 다시 말해서, 일정한 V와 T 하에서 용기 내부의 기체 혼합물에 의한 전체 압력은 각 기체들이 나타내는 부분 압력의 합과 같다. 이것이 **돌턴의 부분 압력 법칙(Dalton's law of partial pressure)**이다.

개념탐구 질문 3
산소와 질소 기체의 혼합물의 전체 압력은 1 atm이다. 만약 산소의 몰수가 질소의 몰수의 2배가 된다면, 각 기체의 부분 압력은 얼마인가?

돌턴의 부분 압력 법칙 일정한 V와 T에서 $P_{전체} = P_1 + P_2 + P_3 + \cdots$, 여기서 P_1, P_2, …는 각각의 기체가 용기에 단독으로 있을 때 나타내는 기체의 압력이다.

기체 혼합물 중 여러 기체들의 개별 압력 P_1, P_2, …를 부분 압력(partial pressure)이라고 한다. 또한 그것은 각각의 기체들이 용기에 단독으로 있을 때 나타나는 압력이다. 즉,

$$P_1 = n_1\left(\frac{RT}{V}\right) \quad P_2 = n_2\left(\frac{RT}{V}\right) \quad P_3 = n_3\left(\frac{RT}{V}\right) \ \ldots \text{ 등등}$$

그러나 기체 혼합물의 모든 기체들은 같은 온도와 부피를 갖는다. 따라서 전체 압력은 개개 기체들의 화학적 특성이 아니라, 존재하는 기체의 전체 몰수에 의존한다고 돌턴 법칙을 다시 쓸 수 있다.

$$P_{전체} = (n_1 + n_2 + n_3 + \ \ldots\ )\left(\frac{RT}{V}\right)$$

기체 혼합물에서 개개 성분의 농도는 일반적으로 **몰분율(mole fraction, X)**로 나타낸다. 몰분율은 혼합물 중 각 성분의 몰수를 전체 몰수로 나눈 것으로 간단히 정의된다.

$$\textbf{몰분율}(X) = \frac{\text{각 성분의 몰수}}{\text{혼합물의 전체 몰수}}$$

예를 들면, 성분 1의 몰분율은 다음과 같이 나타낸다.

$$X_1 = \frac{n_1}{n_1 + n_2 + n_3 + \ \ldots} = \frac{n_1}{n_{전체}}$$

$n = PV/RT$이므로 다음과 같이 쓸 수 있다.

$$X_1 = \frac{P_1\left(\frac{V}{RT}\right)}{P_{전체}\left(\frac{V}{RT}\right)} = \frac{P_1}{P_{전체}}$$

이것을 성분 1의 부분 압력 P_1으로 다시 쓸 수 있다.

기체 혼합물에서 성분 1의 부분 압력은 다음과 같다.

부분 압력 $P_1 = X_1 \cdot P_{전체}$

이 식은 기체 혼합물에서 각 성분이 나타내는 부분 압력은 그 성분의 몰분율에 전체 압력을 곱한 값과 같다는 것을 의미한다. 예를 들면, 공기에서는 N_2, O_2, Ar, CO_2 기체의 몰분율은 각각 0.7808, 0.2095, 0.0093, 0.000 39이고(표 10.1), 공기의 전체 압력은 각 기체의 부분 압력의 합과 같다.

$$P_{공기} = P_{N_2} + P_{O_2} + P_{Ar} + P_{CO_2} + \ \ldots$$

그러므로 공기의 전체 압력 1 atm (760 mmHg)에서 각 성분 기체의 부분 압력은 다음과 같다.

$$
\begin{aligned}
P_{N_2} &= 0.7808 \times 1.00\ \text{atm} &&= 0.7808\ \text{atm}\\
P_{O_2} &= 0.2095 \times 1.00\ \text{atm} &&= 0.2095\ \text{atm}\\
P_{Ar} &= 0.0093 \times 1.00\ \text{atm} &&= 0.0093\ \text{atm}\\
P_{CO_2} &= 0.0004 \times 1.00\ \text{atm} &&= 0.0004\ \text{atm}\\
P_{\text{공기}} &= P_{N_2} + P_{O_2} + P_{Ar} + P_{CO_2} &&= 1.0000\ \text{atm}
\end{aligned}
$$

환자의 폐에 산소와 마취제의 부분 압력을 꾸준히 점검되어야 하는 병원 수술실에서의 마취제 사용에서부터 수중 탐사에 사용되는 잠수용 기체의 성분에 이르기까지, 돌턴 법칙은 실제로 많이 응용되고 있다. 예제 10.8은 기체 혼합물의 부분 압력을 계산하는 방법을 보여 준다.

예제 10.8

부분 압력 계산

90 ℃에서 1.50 L 강철 용기에는 H_2 5.50 g, N_2 7.31 g, NH_3 2.42 g이 들어 있다. 용기 내부에 있는 각 성분 기체의 부분 압력과 전체 압력은 얼마인가?

문제 파악

알고 있는 것	알아내야 할 것
각 기체의 질량	부분 압력(P_{H_2}, P_{N_2}, P_{NH_3})
부피(V = 1.50 L)	전체 압력($P_{\text{전체}}$)
온도(T = 90°C)	

전략

몰질량을 사용하여 각 기체의 질량으로부터 각 기체의 몰수를 계산한다. 각 기체의 부분 압력은 일반식 $P_1 = n_1(RT/V)$을 사용하여 계산하고, 기체 혼합물의 전체 압력은 각 기체의 부분 압력의 합으로 계산한다.

풀이

각 기체의 몰수:

$$5.50\ \text{g}\ H_2 \times \frac{1\ \text{mol}\ H_2}{2.02\ \text{g}\ H_2} = 2.72\ \text{mol}\ H_2 \quad 7.31\ \text{g}\ N_2 \times \frac{1\ \text{mol}\ N_2}{28.0\ \text{g}\ N_2} = 0.261\ \text{mol}\ N_2$$

$$2.42\ \text{g}\ NH_3 \times \frac{1\ \text{mol}\ NH_3}{17.0\ \text{g}\ NH_3} = 0.142\ \text{mol}\ NH_3$$

각 기체의 부분 압력:

$$P_{H_2} = \frac{(2.72\ \text{mol}\ H_2)\left(0.08206\dfrac{\text{L}\cdot\text{atm}}{\text{K}\cdot\text{mol}}\right)(363\ \text{K})}{1.50\ \text{L}} = 54.0\ \text{atm}$$

$$P_{N_2} = \frac{(0.261\ \text{mol}\ N_2)\left(0.08206\dfrac{\text{L}\cdot\text{atm}}{\text{K}\cdot\text{mol}}\right)(363\ \text{K})}{1.50\ \text{L}} = 5.18\ \text{atm}$$

$$P_{NH_3} = \frac{(0.142\ \text{mol}\ NH_3)\left(0.08206\dfrac{\text{L}\cdot\text{atm}}{\text{K}\cdot\text{mol}}\right)(363\ \text{K})}{1.50\ \text{L}} = 2.82\ \text{atm}$$

▲ 수중에서 잠수용 탱크에 들어 있는 산소의 부분 압력은 대기압하에 있는 공기 중 산소의 부분 압력과 같아야 한다.

각 기체의 부분 압력의 합은 전체 압력이다.

$$P_{전체} = P_{H_2} + P_{N_2} + P_{NH_3} = 54.0\ \text{atm} + 5.18\ \text{atm} + 2.82\ \text{atm} = 62.0\ \text{atm}$$

연습문제 10.15 나이트록스(nitrox, 잠수용 기체)란 스쿠버다이버들이 질소 중독(혈액 내 질소의 과다 흡수에 기인하는)에 의한 정신적, 육체적 기능 상실을 방지하기 위해 사용하는 기체 혼합물이다. 25 ℃와 50 atm에서 10.0 L 탱크에 O_2가 235.5 g, N_2가 366.8 g이 들어 있다면, 질소와 산소의 부분 압력은 얼마인가?

응용문제 10.16 수심 250 ft에서 수압은 8.38 atm이다. 잠수용 기체 중 산소의 부분 압력이 1.0 atm 공기 중 산소의 부분 압력과 같은 0.21 atm일 때, 잠수용 기체 중 산소의 몰분율은 얼마인가?

10.6 기체 분자 운동론

지금까지는 기체들이 왜 그렇게 행동하는지에 대한 이유를 이해하는 것보다, 기체의 행동을 설명하는 데 집중하였다. 실제로 그 이유는 간단하며, 1세기 전에 **분자 운동론(kinetic molecular theory)**이라는 모형을 이용하여 설명되었다. 분자 운동론은 다음의 몇 가지 가정에 기초하고 있다.

1. 기체는 무작정하게 운동하는 원자들 또는 분자들과 같은 작은 입자들로 되어 있다.
2. 기체 입자들 자신의 부피는 기체의 전체 부피에 무시할 수 있다. 기체 부피의 대부분은 빈 공간이다.
3. 기체 입자들은 서로 독립적으로 행동한다. 입자 사이에는 인력과 반발력이 없다.
4. 기체 입자들 사이의 충돌 또는 입자와 용기의 기벽과의 충돌은 탄성 충돌이다. 즉, 입자들은 기벽과 충돌할 때 같은 속력과 같은 에너지를 가지고 튕겨진다. 따라서 일정한 온도에서 기체 입자들의 전체 운동 에너지는 일정하다.
5. 기체 입자들의 평균 운동 에너지는 기체 시료의 절대 온도에 비례한다.

이러한 가정을 기초로 하여 기체들의 행동을 이해하는 것은 가능할 뿐만 아니라, 정량적으로 이상 기체 법칙을 유도할 수 있다(여기서는 유도하지 않는다). 예를 들면, 각 기체 법칙들이 기체 분자 운동론의 5가지 가정을 어떻게 따르는가를 살펴보자.

- **보일 법칙**($P \propto 1/V$): 기체 압력은 기체 입자들이 용기의 기벽에 충돌하는 횟수와 충돌 힘의 척도이다. 일정한 n과 T에서 전체 부피가 작아질수록 입자들 사이의 거리는 짧아지므로 충돌 빈도수는 더 증가한다. 따라서 압력은 부피가 감소함에 따라 증가한다(그림 10.12a).
- **샤를 법칙**($V \propto T$): 온도는 기체 입자들의 평균 운동 에너지의 척도이다. 일정한 n과 P에서 온도가 높을수록 기체 입자들은 더 빠르게 운동한다. 일정한 압력을 유지하기 위하여, 기체 분자들의 용기의 기벽과의 충돌 빈도수가 증가하지 않으려면 더 많은 운동 공간이 필요하다. 그러므로 온도가 증가함에 따라 부피는 증가한다(그림 10.12b).
- **아보가드로 법칙**($V \propto n$): 기체 시료에 입자 수가 많을수록, 일정한 P와 T에서 일정한 압력을 유지하기 위하여, 입자의 용기의 기벽과의 충돌 빈도수가 증가하지 않기 위해서는 더 큰 부피가 필요하다. 그러므로 기체의 몰수가 증가할수록 부피도 증가한다(그림 10.12c).
- **돌턴 법칙**($P_{전체} = P_1 + P_2 + \ldots$): 기체 입자들은 떨어져 있고 서로 독립적으로 행동하기

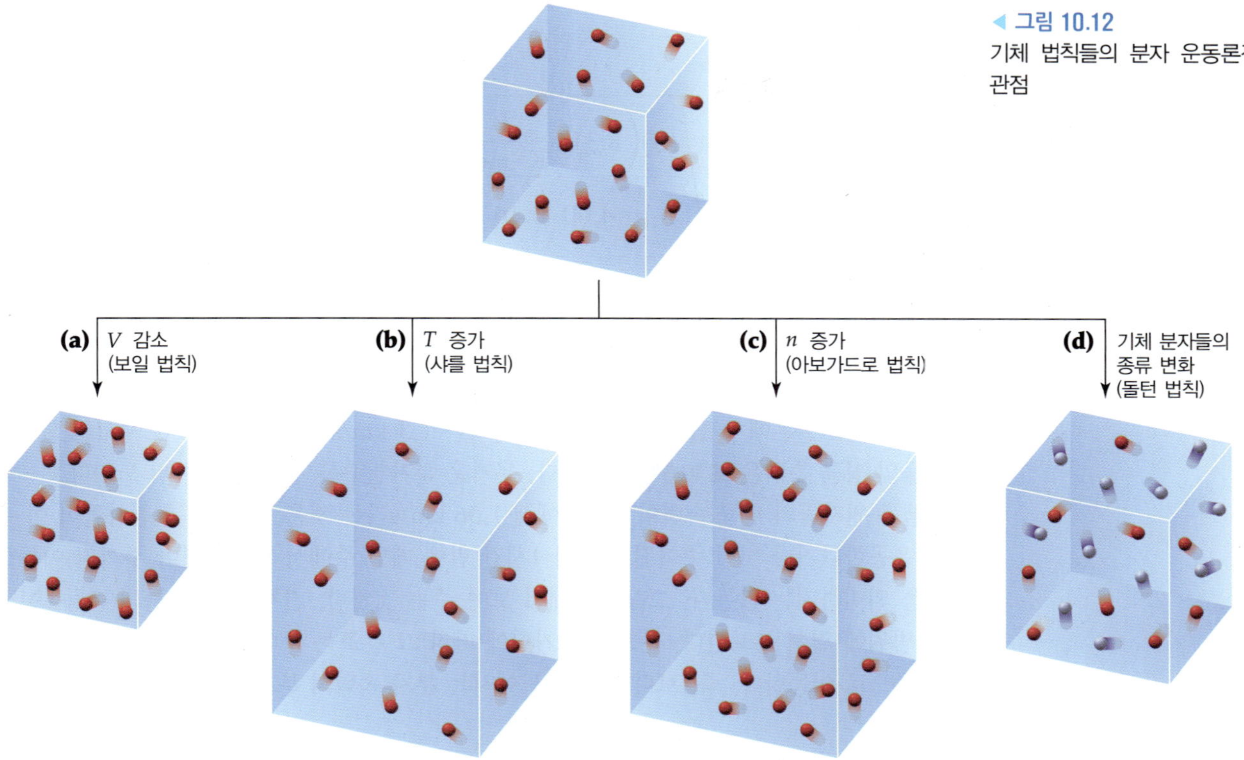

◀ 그림 10.12
기체 법칙들의 분자 운동론적 관점

일정한 n과 T에서, 기체의 부피 감소는 용기의 기벽과의 충돌 빈도를 증가시키므로 압력이 증가한다(보일 법칙).

일정한 n과 P에서, 온도(운동 에너지) 증가는 기체의 부피를 증가시킨다(샤를 법칙).

일정한 T와 P에서, 기체 몰수의 증가는 부피를 증가시킨다(아보가드로 법칙).

일정한 T와 V에서, 일부 기체 분자들의 종류 변화는 압력에 영향을 주지 않는다(돌턴 법칙).

때문에 기체 입자들의 화학적 특성과는 관계가 없다. 일정한 부피에서 기체의 전체 압력은 오로지 온도 T와 기체의 전체 몰수 n에 의존한다. 그러므로 특정 기체에 의한 압력은 그 입자의 화학적 특성과는 무관하고, 오로지 혼합물 내 그 기체의 몰분율에만 의존한다(그림 10.12d).

분자 운동론의 중요한 결론 중 하나는, 가정 5의 온도와 분자의 운동 에너지 E_K 사이의 관계로부터 나온다. 비록 이 책에서 그 증명을 하진 않겠지만, 기체 입자 1 mol의 전체 운동 에너지는 $3RT/2$와 같고, 각 입자의 평균 운동 에너지는 $3RT/2N_A$(여기서 N_A는 아보가드로수)가 된다. 이 관계를 알면 주어진 온도에서 기체 입자의 평균 속력 u의 계산이 가능하다. 예를 들면, 실온(298 K)에서 헬륨 원자의 평균 속력 u을 구하기 위하여 다음과 같이 쓸 수 있다.

$$E_K = \frac{3\,RT}{2\,N_A} = \frac{1}{2}mu^2$$

u를 구하기 위해 재정리하면 다음과 같다.

기체 입자의 평균 속력(u)

$$u^2 = \frac{3\,RT}{mN_A}$$

$$\text{또는}\quad u = \sqrt{\frac{3RT}{mN_A}} = \sqrt{\frac{3RT}{M}}\qquad \text{여기서 } M\text{은 몰질량이다.}$$

R[8.314 J/(K·mol)]과 헬륨의 몰질량 M(4.00×10^{-3} kg/mol) 값을 대입하면, 다음과 같은 결과를 얻을 수 있다.

$$u = \sqrt{\frac{(3)\left(8.314 \frac{\text{J}}{\text{K} \cdot \text{mol}}\right)(298 \text{ K})}{4.00 \times 10^{-3} \frac{\text{kg}}{\text{mol}}}} = \sqrt{1.86 \times 10^6 \frac{\text{J}}{\text{kg}}}$$

$$= \sqrt{1.86 \times 10^6 \frac{\frac{\text{kg} \cdot \text{m}^2}{\text{s}^2}}{\text{kg}}} = 1.36 \times 10^3 \text{ m/s}$$

그러므로 실온에서 헬륨 원자의 평균 속력은 1.3 km/s 이상이다! 25 ℃에서 몇몇 다른 분자들의 평균 속력은 **표 10.6**에 주어졌다. 무거운 분자일수록 평균 속력은 더 느리다.

헬륨 원자들의 평균 속력이 298 K에서 1.36 km/s라는 것은, 모든 헬륨 원자들이 이 속력으로 운동한다거나 어떤 주어진 원자가 1시간 만에 메인 주에서 캘리포니아 주까지 이동한다는 것을 의미하지는 않는다. **그림 10.13**에서 보여 주는 것처럼, 기체 내 입자들의 운동 속력은 넓은 범위에 걸쳐 분포한다. 온도가 증가함에 따라 그 분포는 보다 평평해지고, 최고 속력은 높은 쪽으로 이동한다. 즉, 보다 높은 온도에서는 분자 속력의 분포 범위가 보다 넓어진다. 더욱

개념탐구 질문 4

25 ℃에서 Ar 기체 원자들의 평균 속력은 얼마인가? 표 10.6을 이용하여 평가하시오.

표 10.6 25 ℃에서 몇몇 기체 분자들의 평균 속력(m/s)

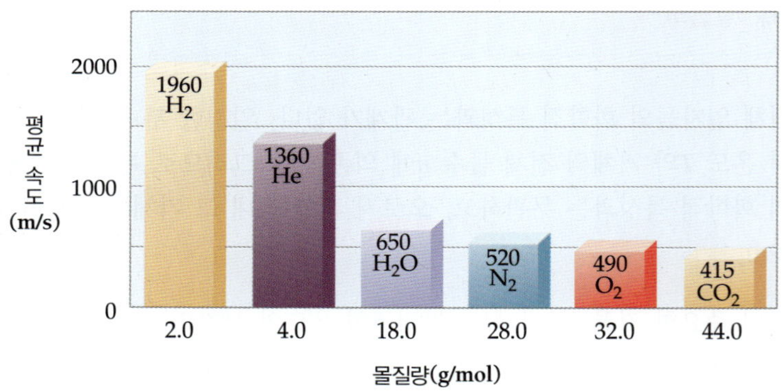

▶ **그림 10.13**
온도가 다를 때 헬륨 원자들의 속력 분포

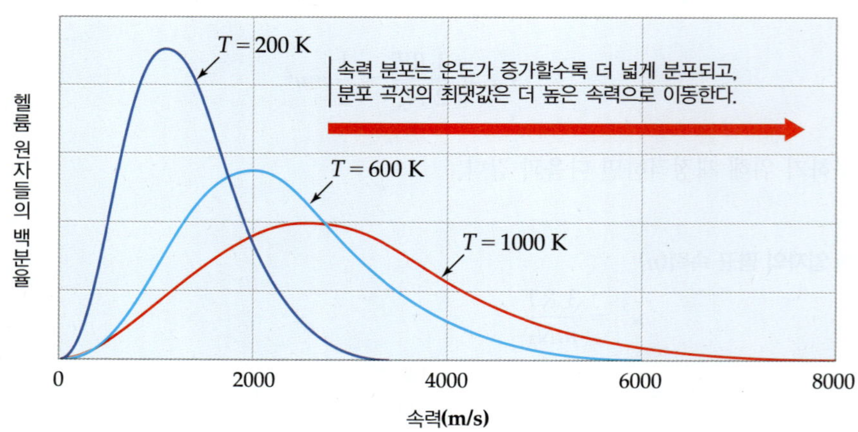

▶ **확인하기**

온도가 증가할수록 기체 입자들의 평균 속력은 어떻게 되는가? 온도가 증가할수록 기체 입자들의 속력 분포의 곡선 모양은 어떻게 되는가?

답 온도가 증가할수록 기체 분자들의 평균 속력은 증가한다. 속력 분포 곡선 모양은 더 넓게 분포된다. 이것은 더 높은 온도에서 더 넓은 범위의 속력을 갖는다는 것을 의미한다.

이 각 기체 입자들은 흔히 매우 짧은 거리만을 이동한 후, 다른 입자와 충돌하고 다른 방향으로 튕겨져 나가게 된다. 그러므로 기체 입자들의 실제 경로는 무질서한 지그재그 형태를 띤다.

1 atm과 실온에서 헬륨의 경우, 충돌 사이의 평균 거리, 즉 **평균 자유 행로**(mean free path)는 약 2×10^{-7} m, 혹은 1000개 원자의 지름 정도에 해당하고, 1초당 약 10^{10}번 충돌한다. 더 큰 산소 분자의 경우, 평균 자유 행로는 약 6×10^{-8} m이다.

10.7 기체의 확산과 분출: 그레이엄의 법칙

기체 입자들의 연속적인 운동과 빠른 속력은 몇 가지 중요한 결과를 낳는다. 그러한 결과 중 하나는, 기체들은 접촉하면 빠른 속도로 혼합한다는 것이다. 예를 들면, 향수병 마개를 열면 향기는 실내로 빠르게 퍼진다. 이것은 향수 분자들이 공기 분자들과 혼합되기 때문이다. 이와 같이, 다른 종류의 기체 분자들이 빈번한 충돌과 함께 무작정한 분자 운동에 의해 혼합되는 현상을 **확산**(**diffusion**)이라고 한다. 기체 분자들이 충돌하지 않고 작은 구멍을 통해서 진공으로 빠져나가는 유사한 과정을 **분출**(**effusion**)이라고 한다(그림 10.14).

1800년대 중반에 스코틀랜드 화학자 그레이엄(1805~1869)에 의해서 공식화된 **그레이엄의 법칙**(**Graham's law**)에 따르면, 기체의 분출 속도는 그 기체의 몰질량의 제곱근에 반비례한다. 다시 말해, 가벼운 분자들일수록 더 빨리 분출한다.

그레이엄의 법칙 분출 속도 $\propto \dfrac{1}{\sqrt{M}}$

기체의 분출 속도는 그 기체의 몰질량 ***M***의 제곱근에 반비례한다.

같은 온도와 압력에서 두 기체를 비교하면, 두 기체의 분출 속도의 비는 몰질량의 제곱근의 비에 반비례한다는 식을 얻을 수 있다.

$$\frac{\text{분출 속도}_1}{\text{분출 속도}_2} = \frac{\sqrt{M_2}}{\sqrt{M_1}} = \sqrt{\frac{M_2}{M_1}}$$

분출 속도와 몰질량의 제곱근 사이의 반비례 관계는 앞 절에서 기술한 온도와 운동 에너지 사이의 관계와 직접적인 연관이 있다. 기체 입자의 평균 속력(u)는 몰질량(M)의 제곱근에 반비례한다.

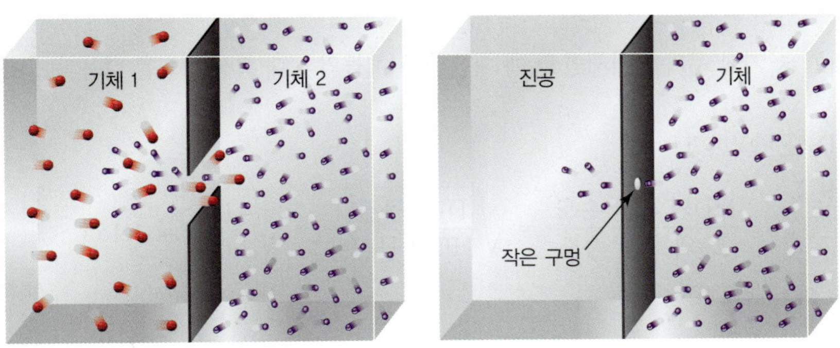

확산은 분자 충돌이 일어나는 조건에서 무작정한 운동에 의해 기체 분자들이 혼합되는 현상이다.

분출은 분자들의 충돌 없이 작은 구멍을 통하여 기체가 진공으로 빠져나가는 현상이다.

◀ 그림 10.14 기체의 확산과 분출

$$u = \sqrt{\frac{3RT}{M}}$$

$$u \propto \sqrt{\frac{1}{M}}$$

분출 속도는 분자들의 평균 속력에 비례하고, 이는 결과적으로 그레이엄의 분출 법칙이 된다.

확산은 분자 충돌이 일어나기 때문에 분출보다 더 복잡하지만, 일반적으로 그레이엄의 법칙이 좋은 근사로서 잘 적용된다. 그레이엄의 법칙에서 가장 중요한 실질적 결과 중 하나는, 기체 혼합물들을 각 성분 물질의 확산 속도 차이를 이용하여 순수한 성분으로 분리할 수 있다는 것이다. 예를 들면, 자연에 존재하는 우라늄은 ^{235}U(0.72%)과 ^{238}U(99.28%) 동위 원소의 혼합물이다. 핵 반응의 연료로 사용되는 핵분열 가능한 우라늄-235를 정제하고 농축하는 공장에서는 우라늄 원소를 끓는점 56 ℃의 휘발성 UF_6로 전환한 다음, UF_6 기체를 투과막을 통하여 한 공간에서 다른 공간으로 확산시킨다. $^{235}UF_6$와 $^{238}UF_6$ 분자들은 몰질량비의 제곱근에 따라 조금 다른 속도로 막을 통해 확산된다.

▲ 원자로의 연료로 사용하는 우라늄-235의 대부분은 이런 실린더에서 UF_6의 기체 확산을 통해서 얻는다. ©rootstock/Shutterstock

$$^{235}UF_6\text{의 경우, } M = 349.03$$

$$^{238}UF_6\text{의 경우, } M = 352.04$$

$$\text{그러므로} \quad \frac{^{235}UF_6\text{의 확산 속도}}{^{238}UF_6\text{의 확산 속도}} = \sqrt{\frac{352.04}{349.03}} = 1.0043$$

그러므로, 막을 통과하는 UF_6 기체는 더 가벼워서 빨리 운동하는 동위 원소의 양이 약간 더 많아진다. 따라서 이와 같은 과정을 수천 번 반복하면 동위 원소를 분리할 수 있다. 비록 지금은 더 좋은 방법이 개발되어서 그 비율이 감소하고 있긴 하다. 그러나 서방 세계 핵연료 공급량의 약 30%(매년 약 5000톤)는 이와 같은 기체 확산법으로 생산된다.

예제 10.9

그레이엄의 법칙을 이용한 확산 속도 계산

H_2, HD, D_2를 포함하는 수소 기체 시료를 순수한 성분들로 분리한다고 가정하자. 그레이엄의 법칙에 따라 세 분자들의 상대적인 확산 속도는 얼마인가? (H = ^{1}H)와 (D = ^{2}H)

전략

먼저, 세 분자들의 몰질량을 구한다. H_2는 M = 2.016, HD는 M = 3.022, D_2는 M = 4.028이다. 다음으로, 서로 다른 기체 분자들의 쌍에 그레이엄의 법칙을 적용한다.

풀이

세 분자들 중 가장 무거운 기체인 D_2에 대한 각 기체들의 상대 확산 속도를 다음과 같이 계산할 수 있다.

HD를 D_2와 비교하면,

$$\frac{\text{HD의 확산 속도}}{D_2\text{의 확산 속도}} = \sqrt{\frac{D_2\text{의 몰질량}}{\text{HD의 몰질량}}} = \sqrt{\frac{4.028}{3.022}} = 1.155$$

H_2를 D_2와 비교하면,

$$\frac{H_2\text{의 확산 속도}}{D_2\text{의 확산 속도}} = \sqrt{\frac{D_2\text{의 몰질량}}{H_2\text{의 몰질량}}} = \sqrt{\frac{4.028}{2.016}} = 1.414$$

따라서 상대 확산 속도들은 H_2(1.414) > HD(1.155) > D_2(1.000)이다.

점검
기체 분자의 몰질량이 작을수록 상대 확산 속도가 높다는 점에서 답은 적절하다.

연습문제 10.17 O_2와 Kr 중 어느 기체가 더 빨리 확산하고, 몇 배나 더 빠른가?

응용문제 10.18 미지 기체는 다공성 막을 SO_2보다 1.414배 빠르게 확산한다면, 그 기체의 몰질량은 얼마인가? 미지 기체는 어떤 기체인가?

10.8 실제 기체들의 행동

지금 앞에서 설명한 것을 확장하려고 한다. 실제 기체의 행동은 흔히 이상 기체의 행동과 약간 다르다. 예를 들면, 분자 운동론에서 기체 입자들 자신의 부피는 기체 전체의 부피에 비해 무시할 수 있다고 가정하고 있다. 이 가정은 전형적인 기체 분자들이 전체의 부피의 0.1%보다 적은 부피만을 차지하는 표준 온도와 압력(STP)에서 유효하다. 그러나 분자들 자신의 부피가 전체 부피의 약 20%에 달하는 0 ℃와 500 atm에서는 유효하지 않다(그림 10.15). 결과적으로, 고압에서 실제 기체의 부피는 이상 기체 법칙으로 예측한 것보다 더 크다.

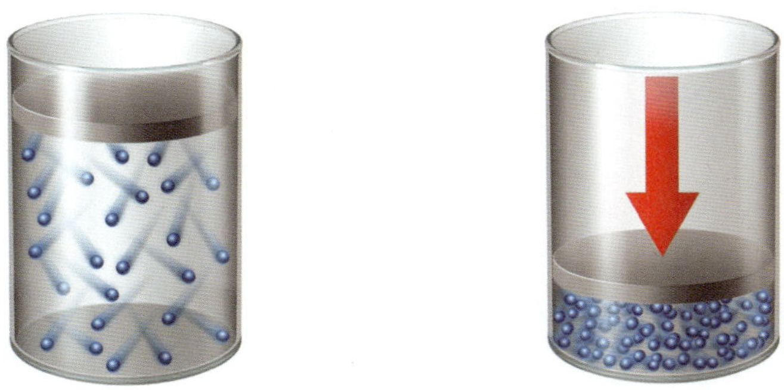

낮은 압력에서, 기체 입자들의 부피는 전체 부피에 비해 무시될 수 있다.

높은 압력에서, 기체 입자들의 부피는 전체 부피에 비해 무시될 수 없다. 그 결과 고압에서 실제 기체 부피는 이상 기체 값보다 크다.

◀ 그림 10.15
실제 기체의 부피

실제 기체들과 관련된 두 번째 문제는, 기체 입자들 사이에 인력이 작용하지 않는다는 가정이다. 낮은 압력에서는 기체 입자들이 멀리 떨어져 있어서 이들 사이의 인력은 무시할 수 있으므로 이 가정은 타당하다. 그러나 높은 압력에서는 입자들이 훨씬 가까워져서 이들 사이의 인력은 보다 더 중요해진다. 일반적으로, 분자들 사이의 인력은 분자 지름의 약 10배 거리 부근에서 중요해지며, 거리가 감소함에 따라 빠르게 증가한다(그림 10.16). 결과적으로, 실제 기체 분자들이 약하게 서로 끌어당기게 되고, 일정한 압력에서 부피가 감소한다(또는 일정한 부피에 대해서는 압력이 감소한다).

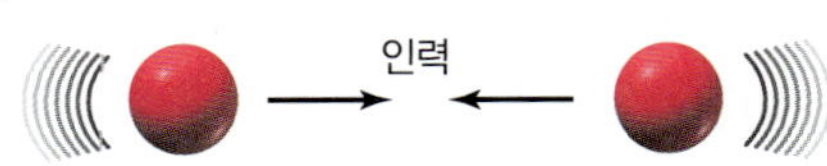

▲ 그림 10.16
분자들은 분자 지름의 약 10배 거리까지는 서로 인력이 작용한다. 그 결과, 대부분의 실제 기체의 부피는 300 atm까지의 압력에서의 이상 기체의 부피와 비교할 때 감소한다.

분자 부피의 효과(V를 증가시킴)와 분자간 인력의 효과(V를 감소시킴)가 반대라는 것에 주의해야 한다. 이 두 가지 인자는 중간 영역의 압력에서는 서로 상쇄되지만, 약 300 atm 이상에서는 분자 부피의 효과가 우세하다.

실제 기체들의 행동이 이상 기체 법칙으로부터 벗어남은 a와 b의 두 가지 보정 인자를 갖는 **반데르발스 식(van der Waals equation)**이라는 이상 기체 법칙의 수정에 의해 수학적으로 다룰 수 있다. 기체 분자 부피의 효과에 의해 생기는 V 증가는 측정 부피로부터 nb를 빼서 보정할

개념탐구 질문 5

어떤 온도와 압력 조건들이 실제 기체 부피를 이상 기체 법칙에 의해 계산된 부피보다 크게 만들까?

수 있다. 여기서 n은 기체의 몰수이다. 기체 분자간 인력 효과에 의해 생기는 일정한 P에서의 V 감소(또는 일정한 V에서 P 감소)는 압력에 an^2/V^2를 더하여 보정할 수 있다.

반데르발스 식

분자간 인력에 대한 보정 (an^2/V^2) / 분자 부피에 대한 보정 (nb)

$$\left(P + \frac{an^2}{V^2}\right)(V - nb) = nRT$$

또는 $$P = \frac{nRT}{V - nb} - \frac{an^2}{V^2}$$

정리

절	개념 요약	학습 목표
10.1 기체와 기체 압력	기체란 거대한 빈 공간에서 독립적으로 운동하는 원자들이나 분자들의 집단이다. 무작정하게 운동하는 입자와 용기 기벽과의 충돌은 단위 면적당 힘을 가하는데, 이를 **압력(*P*)**이라 한다. 압력의 SI 단위는 **파스칼(Pa)**이지만, 보다 일반적으로 **기압(atm)**, 밀리미터에이치지(mmHg), **바(bar)**를 사용한다.	10.1 압력의 다른 단위들 사이에 상호 변환한다. 10.2 기압계 또는 압력계에서 수은 기둥의 높이로부터 압력을 결정한다.
10.2 기체 법칙들	기체의 물리적 상태는 네 가지 변수, 즉 압력(P), 온도(T), 부피(V), 몰수(n)로 정의할 수 있다. 이러한 네 가지 변수 사이의 특정한 관계를 **기체 법칙**이라고 한다: 보일 법칙, 샤를 법칙, 아보가드로 법칙.	10.3 기체 법칙들을 이용하여 기체 시료의 조건이 변할 때 압력, 부피, 몰수, 온도를 계산한다.
10.3 이상 기체 법칙	세 가지의 개별 기체 법칙들을 $PV = nRT$라는 하나의 **이상 기체 법칙**으로 결합할 수 있다. P, V, T, n의 4가지 변수 중에서 세 가지를 알면, 나머지 한 변수를 계산할 수 있다. 식에서 상수 R을 **기체 상수(R)**라고 하며, 모든 기체의 경우 동일한 값을 가진다. **표준 온도와 압력**(STP; 1 atm와 0 °C)에서 이상 기체의 표준 몰부피는 22.414 L이다.	10.4 이상 기체 법칙을 이용하여 기체 시료의 압력, 부피, 몰수, 온도를 계산한다.
10.4 기체들에 대한 화학량론적 관계	이상 기체 법칙은 기체 시료의 몰수를 계산하는 데 사용될 수 있다. 화학 반응에서 기체 반응물 또는 기체 생성물의 몰수는 화학량론을 이용하면 다른 물질들과 관련시킬 수 있다. 기체 밀도는 미지 기체를 확인하는 데 사용될 수 있고, 압력, 몰질량, 온도에 의존한다.	10.5 화학 반응에서 기체들의 부피를 계산한다. 10.6 기체의 밀도에 대한 식을 이용하여 기체의 밀도 또는 몰질량을 계산한다.
10.5 기체 혼합물: 부분 압력과 돌턴 법칙	기체 법칙들은 순수 기체뿐만 아니라 기체 혼합물에도 적용된다. **돌턴의 부분 압력 법칙**에 따르면, 용기에 있는 기체 혼합물의 전체 압력은 각 성분 기체들이 단독으로 있을 때의 압력, 즉 부분 압력들의 합과 같다.	10.7 기체 혼합물에 있는 각 기체의 부분 압력, 몰분율 또는 양을 계산한다.
10.6 기체 분자 운동론	기체들의 행동을 **분자 운동론**이라는 모형을 사용하여 설명할 수 있다. 분자 운동론은 다음의 5 가지 가정에 기초하고 있다. 1. 기체는 무작정하게 운동하는 작은 입자들로 이루어져 있다. 2. 기체 입자들 자신의 부피는 기체의 전체 부피에 비해 무시할 수 있다. 3. 기체 입자들 사이에는 인력이나 반발력이 없다. 4. 기체 입자들의 충돌은 탄성 충돌이다. 5. 기체 입자들의 평균 운동 에너지는 기체의 절대 온도에 비례한다.	10.8 분자 운동론의 가정을 사용하여 기체의 행동을 예측한다. 10.9 주어진 온도에서 기체 입자의 평균 분자 속력을 계산한다.
10.7 기체의 확산과 분출: 그레이엄의 법칙	분자 운동론으로부터 얻은 운동 에너지와 온도 사이의 관계로부터, 임의의 온도에서 기체 입자의 평균 속력을 계산할 수 있다. 이러한 관계의 중요하고 실질적인 결과가 **그레이엄의 법칙**이다. 이 법칙은 기체의 **분출** 속도, 즉 막의 작은 구멍을 통한 자발적인 통과 속도가 기체 몰질량의 제곱근에 반비례한다는 것이다.	10.10 분출과 확산의 과정을 시각화한다. 10.11 그레이엄의 법칙을 사용하여 두 기체에 대한 상대 확산 속도들을 계산한다.
10.8 실제 기체들의 행동	실제 기체들의 행동은, 특히 높은 압력에서 기체 입자들이 더 가까이 있어서 분자들 사이의 인력이 중요하게 되면 이상 기체 법칙에 의해 예상되는 행동과 다르다. 이상적 행동으로부터의 벗어남은 **반데르발스 식**에 의해 수학적으로 다룰 수 있다.	10.12 기체들이 이상적 행동으로부터 상당히 벗어났을 때의 온도와 압력 조건을 확인한다. 10.13 반데르발스 식을 이용하여 실체 기체들의 성질들을 계산한다.

주요 용어

그레이엄의 법칙
기압(atm)
기체 법칙들
기체 상수(R)
뉴턴(N)
돌턴의 부분 압력 법칙
몰분율(X)
수은주 밀리미터(mmHg)
바
반데르발스 식
보일 법칙
분자 운동론
분출
샤를 법칙
아보가드로 법칙
압력(P)
압력계
이상 기체
이상 기체 법칙
파스칼(Pa)
표준 몰부피
표준 온도와 압력(STP)
확산

주요 식

- 보일 법칙(10.2절)
  $V \propto 1/P$ 또는 $PV = k$(일정한 n과 T에서)
- 샤를 법칙(10.2절)
  $V \propto T$ 또는 $V/T = k$(일정한 n과 P에서)
- 아보가드로 법칙(10.2절)
  $V \propto n$ 또는 $V/n = k$(일정한 T와 P에서)
- 이상 기체 법칙(10.3절)
  $V = \dfrac{nRT}{P}$ 또는 $PV = nRT$
- 기체의 표준 온도와 압력(STP) (10.3절)
  $T = 0\ ^\circ\mathrm{C} \quad P = 1\ \mathrm{atm}$
- 기체 밀도(10.4절)
  $d = \dfrac{m}{V} = \dfrac{PM}{RT}$
- 돌턴의 부분 압력 법칙(10.5절)
  $P_{전체} = P_1 + P_2 + P_3 + \ldots$
  여기서 P_1, P_2, …는 각 성분 기체들이 용기에 단독으로 있을 때 나타내는 압력이다.
- 몰분율(10.6절)
  $X = \dfrac{\text{각 성분의 몰수}}{\text{혼합물의 전체 몰수}}$
- 부분 압력(10.6절)
  $P_1 = X_1 \cdot P_{전체}$
- 온도 T에서 기체 입자의 평균 속력(10.6절)
  $u = \sqrt{\dfrac{3RT}{mN_A}} = \sqrt{\dfrac{3RT}{M}}$ 여기서 M은 몰질량이다.
- 그레이엄의 법칙(10.7절)
  분출 속도 $\propto \dfrac{1}{\sqrt{M}}$
- 반데르발스 식(10.8절)
  $\left(P + \dfrac{an^2}{V^2}\right)(V - nb) = nRT$ 또는 $P = \dfrac{nRT}{V - nb} - \dfrac{an^2}{V^2}$
  여기서 a와 b는 이상 기체 법칙의 보정 인자이다.

복습 문제

LO는 학습 목표(Learning Objectives)를 나타낸다.

이 장을 학습한 후엔, 학습자의 이해도를 평가할 수 있는 방법이 있다. **복습 문제**를 푸는 것이다. **복습 문제**들은 이 장의 학습 목표와 연계되어 있다. 따라서 푼 답이 틀렸다면, 이 장의 끝부분에 나와 있는 **정리** 문단의 **학습 목표**를 참고하면 된다. 정리 문단에는 **개념 요약**이 제공되며, **예제**를 참고하면 문제 해결 방법을 모델링할 수 있다.

1. 자동차 타이어의 팽창에 적정한 압력은 35 psi이다. 이 압력은 mmHg 단위로 얼마인가? (1 atm = 14.7 psi; 1 atm = 760 mmHg) (**LO 10.1**)
   (a) 3.9×10^5 mmHg
   (b) 0.68 mmHg
   (c) 3.2×10^2 mmHg
   (d) 1.8×10^3 mmHg
2. 외부 압력이 0.92 atm일 때, 용기 내부에 있는 기체의 압력은 몇 atm인가? (**LO 10.2**)

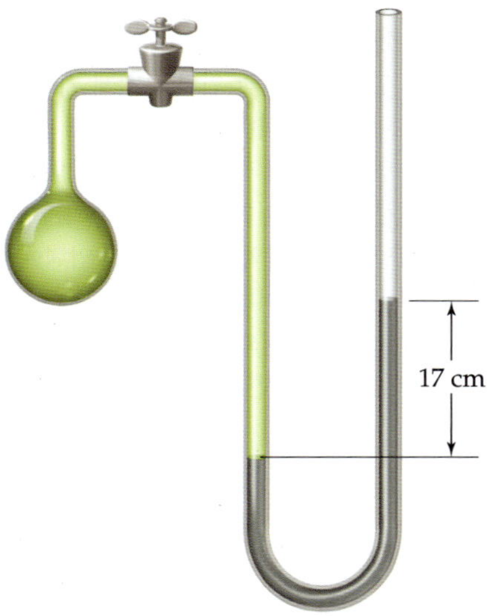

   (a) 1.1 atm (b) 2.6 atm
   (c) 0.22 atm (d) 0.70 atm
3. 움직일 수 있는 피스톤이 있는 실린더에 산소가 채워져 있다고 가정하자. 초기 조건은 T = 250 K, n = 0.140 mol, P = 1.00 atm이다. 만약 초기 부피가 1.0 L이라면, 온도가 400 K로 상승하고, 압력은 0.75 atm으로 감소되었을 때 최종 부피는 얼마인가? (**LO 10.3**)

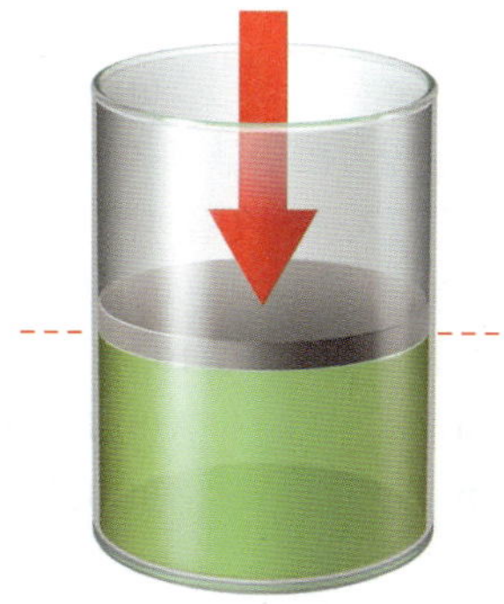

(초기)
$T = 250$ K
$n = 0.140$ mol
$P = 1.0$ atm

   (a) 2.1 L (b) 1.2 L
   (c) 0.83 L (d) 1.6 L
4. 많은 실험실용 기체들은 부피 43.8 L의 강철 실린더에 담아서 판매된다. 20 ℃에서 실린더의 압력이 17,180 kPa일 때, 실린더 속에 들어 있는 아르곤 기체의 질량은 몇 g일까? (**LO 10.4**)
   (a) 1.83×10^7 g (b) 1.81×10^5 g
   (c) 1.23×10^4 g (d) 122 g
5. 지방에서는 프로페인 가스(C_3H_8)가 종종 연료로 사용되고 있다. 25℃에서 압력이 4.50 atm, 부피가 15.0 L인 용기 안에 있는 프로페인 가스의 완전한 연소에 의해 생성되는 CO_2의 부피는 STP 상태에서 몇 L일까? 프로페인의 연소 화학 반응식은 다음과 같다. $C_3H_8(g) + 5\ O_2(g) \longrightarrow 3\ CO_2(g) + 4\ H_2O(l)$ (**LO 10.4, 10.5**)
   (a) 61.8 L (b) 186 L
   (c) 20.6 L (d) 2.21×10^3 L
6. 어떤 비금속이 440 ℃에서 수소와 반응하여, 독성이 있고 악취가 나는 기체를 생성한다. 25.0 ℃와 1.00 atm에서 질량이 6.618 g인 기체가 2.00 L의 부피를 가지는 것으로 확인되었다. 이 기체의 몰질량은 얼마인가? (**LO 10.6**)
   (a) 67.9 g/mol (b) 162 g/mol
   (c) 80.9 g/mol (d) 193.6 g/mol
7. 트리믹스는 산소, 헬륨, 질소로 이루어진 기체 혼합물로 심해 스쿠버 잠수에 사용된다. 헬륨은 혈액 내 질소와 산소가 과량으로 용해될 때 발생하는 질소 혼수 상태 및 산소 독성의 효과를 경감하기 위해 포함된다. 트리믹스가 들어 있는 용기의 전체 압력이 200 atm이고, 헬륨의 부분 압력이 34 atm이다. 용기에 들어 있는 헬륨은 부피로 몇 %를 차지하고 있을까? (**LO 10.7**)
   (a) 17% (b) 38%
   (c) 23% (d) 83%
8. 암모니아(NH_3) 기체 시료는 가열된 철 촉매에 의해 질소와 산소로 완전히 분해된다. 만약 N_2와 H_2의 기체 혼합물의 전

체 압력이 1.80 atm이라면, N_2의 부분 압력은 얼마인가? **(LO 10.7)**

(a) 1.35 atm (b) 0.45 atm

(c) 0.90 atm (d) 0.63 atm

9. 아래에 보이는 장치는 잠금 꼭지로 연결된 3개의 용기로 되어 있다. 잠금 꼭지를 열었을 때 장치 내부의 압력은 얼마일까? 용기 연결관들의 부피는 0이고 온도는 일정하게 유지된다고 가정하시오. **(LO 10.3, 10.7)**

(a) 1.10 atm (b) 1.73 atm

(c) 4.14 atm (d) 1.41 atm

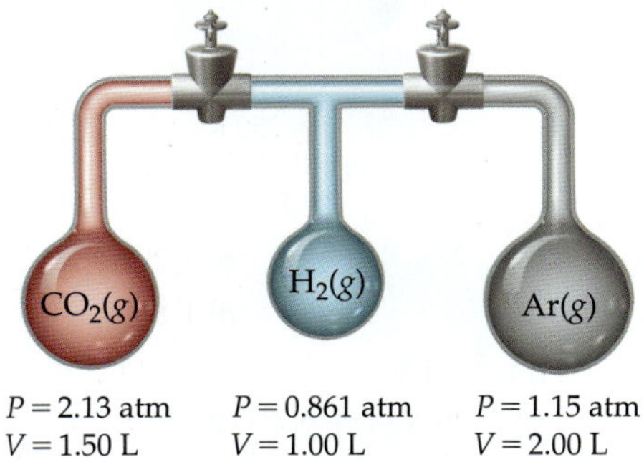

10. STP 상태에서 염소, 수소, 산소 기체의 혼합물이 용기에 담겨 있다. 산소 기체를 나타내는 곡선은 어느 것인가? **(LO 10.8)**

(a) 곡선 (a) (b) 곡선 (b) (c) 곡선 (c)

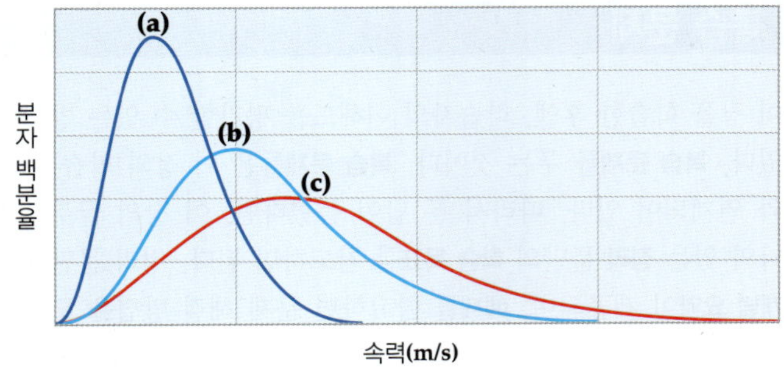

11. 지구 지표면에서 기록된 가장 차가운 온도는 남극 대륙 Vostok Station에서 관측된 −89.2 ℃이다. 이 온도에서 질소의 속력은 얼마인가? **(LO 10.9)**

(a) 933 m/s (b) 40.2 m/s

(c) 404 m/s (d) 12.8 m/s

12. 어떤 미지 기체가 다공성 막을 통해 H_2보다 2.92배 느리게 확산된다고 확인되었다. 이 기체의 몰질량은 얼마인가?

(a) 17.0 g/mol (b) 5.84 g/mol

(c) 8.52 g/mol (d) 30.0 g/mol

13. 이상 기체의 행동으로부터의 벗어남에 대하여, 다음 문장 중 참인 것을 말하시오. **(LO 10.12)**

(a) 기체 입자들 사이의 인력은 실제 기체 시료의 부피를 이상 기체 법칙에 의해 예측된 것보다 크게 만든다.

(b) 기체 입자들 사이의 인력은 낮은 압력에서 시료의 부피에 가장 큰 영향을 미친다.

(c) 기체 입자들 자신의 부피는 낮은 압력에서 시료의 부피에 가장 큰 영향을 미친다.

(d) 기체 입자들 자신의 부피는 이상 기체 법칙에 의해 예측된 것보다 실제 시료의 부피를 크게 해준다.

답:

1. d, 2. a, 3. a, 4. c, 5. b, 6. c, 7. a, 8. b, 9. d, 10. b, 11. c, 12. a, 13. d

개념 문제

문제 10.1~10.18**은 이 장의 본문 중에 있다.**

10.19 다음 그림의 장치는 **끝이 닫힌**(closed-end) 압력계라고 한다. 기체 시료와 연결되지 않은 관이 막혀 있고, 그 안이 진공으로 되어 있기 때문이다. 유리구 안에 있는 기체의 압력을 읽을 수 있는 방법을 설명하시오.

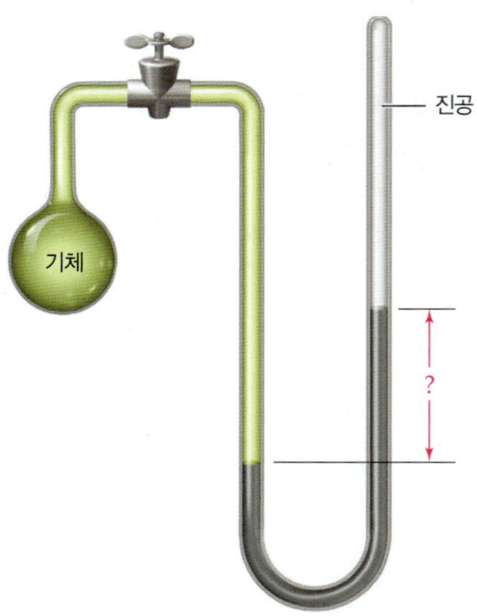

10.20 다음 그림과 같이 이동할 수 있는 피스톤이 장치된 실린더에 기체 시료가 있다고 가정하자.

(a) 일정한 압력 하에서 온도가 300 K에서 450 K로 증가한 후, (b) 일정한 온도 하에서 압력이 1 atm에서 2 atm으로 증가한 후, (c) 온도는 300 K에서 200 K로 감소하고, 압력은 3 atm에서 2 atm으로 감소한 후에, 각각 시료가 어떻게 되는지를 나타내는 그림을 다시 그리시오.

10.21 300 K에서 He(원자량 = 4)과 Xe(원자량 = 131)의 혼합물이 있다고 가정하자. 다음 그림 중 어느 것이 혼합물을 가장 잘 나타내는가? (파란색 = He, 빨간색 = Xe)

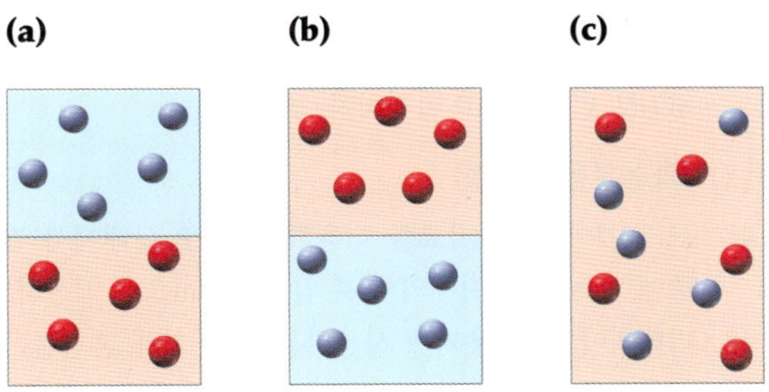

10.22 세 개의 구가 다음 그림에서처럼 두 개의 구에는 각각 다른 종류의 기체가 들어 있고, 하나의 구는 비어 있는 상태로 연결되어 있다. 잠금 꼭지들을 열고, 계가 평형을 도달하게 한 후, 장치에 기체들의 상태를 나타내는 그림을 그리시오.

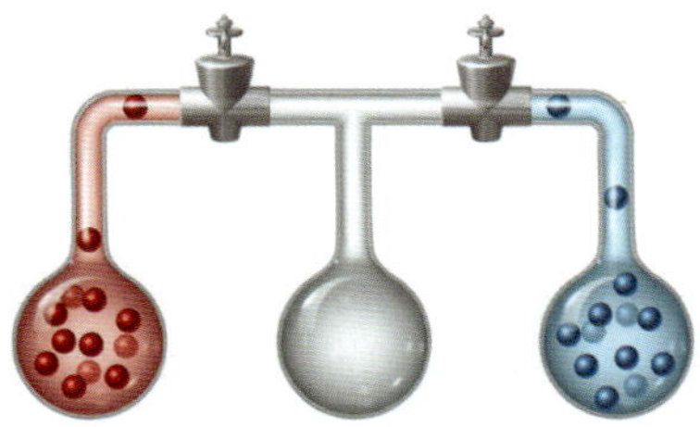

10.23 300 K에서의 헬륨(빨간색)과 아르곤(파란색)의 1:1 혼합물이 아래 왼쪽 그림에 그려져 있다. 온도가 150 K로 낮아질 때 나타나는 변화를 그리시오.

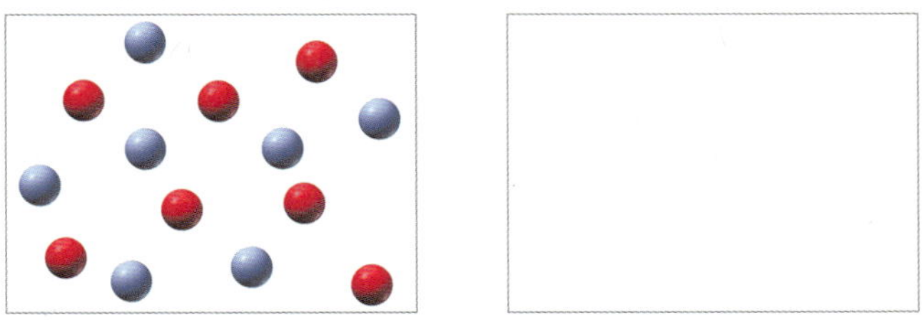

보충 문제

기체와 기체 압력(10.1절)

10.24 압력의 또 다른 일반적인 측정 단위로는 제곱 인치당 파운드(psi)가 있다. 1 atm과 1.00 mmHg는 몇 psi인가?

10.25 왜 기체들은 압력을 나타내는가?

10.26 콜로라도 주의 파이크스 피크(Pikes Peak) 정상의 대기압은 약 480 mmHg이다. 이 값을 atm과 Pa 단위로 환산하시오.

10.27 그림 10.5에 제시한 수은을 채운 끝이 열린 압력계에 연결된 기체 용기에서, 용기에 연결된 관 쪽의 높이가 대기에 연결된 관 쪽의 높이보다 17.6 cm 더 낮고, 장치의 외부 대기압이 754.3 mmHg일 때, 용기 내부의 압력은 몇 mmHg인가?

10.28 수은(20 ℃에서 밀도 = 13.546 g/mL) 대신 에틸알코올(20 ℃에서 밀도 = 0.7893 g/mL)을 채운 끝이 열린 압력계를 가정하자. 대기에 열린 쪽이 관의 액면이 기체 시료에 연결된 쪽의 액면보다 55.1 cm 더 높고, 대기압이 752.3 mmHg일 때, 기체 시료의 압력은 몇 Pa인가?

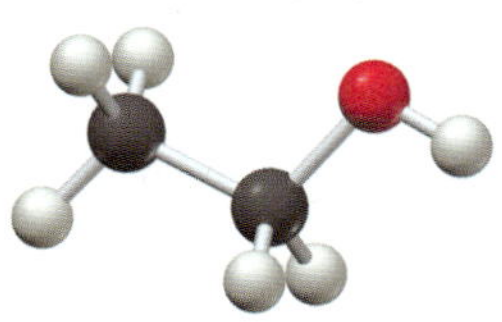

에틸 알코올

10.29 대기가 순수한 CO_2 기체로만 이루어져 있다면, 대기압은 몇 mmHg인가?

10.30 표 10.1에 주어진 자료로부터, 공기의 평균 분자량을 계산하시오.

기체 법칙들(10.2절~10.3절)

10.31 움직일 수 있는 피스톤이 장치된 실린더가 있다고 가정하자. 다음과 같이 조건이 변할 때, 실린더 내부에 있는 기체 압력은 어떻게 되는가?

(a) 부피를 일정하게 유지하면서 절대 온도를 3배로 증가시켰을 때

(b) 온도와 부피를 일정하게 유지하면서 기체의 양을 1/3 감소시켰을 때

(c) 일정한 온도에서 부피를 45% 감소시켰을 때

(d) 절대 온도를 1/2 감소시키고, 부피를 3배로 증가시켰을 때

10.32 STP 상태에서 O_2 1.00 L, 공기 1.00 L, H_2 1.00 L 중, 가장 많은 분자들을 포함하고 있는 시료는 어느 것인가?

10.33 산소 기체는 보통 150 atm으로 압축하여 49.0 L 강철 용기에 넣어 판매된다. 온도가 일정하게 유지된다면, 1.02 atm에서 기체가 차지하는 부피는 몇 L인가? 또한 압력을 150 atm으로 일정하게 유지하면서 온도를 20.0 ℃에서 35.0 ℃로 올리면 어떻게 되는가?

10.34 CO_2 기체 15.0 g이 300 K에서 부피가 0.30 L이면, 압력은 몇 mmHg인가?

10.35 태양계 우주 공간에 있는 물질은 거의 모두 온도 100 K에서 약 1원자/cm^3 밀도의 수소 원자로 구성되어 있다. 이 기체 압력은 몇 mmHg인가?

10.36 풍선을 채우는 데 사용되는 헬륨 기체의 작은 실린더는 25 ℃에서 부피는 2.30 L이고, 압력은 13,800 kPa이다. 풍선 하나가 25 ℃에서 부피가 1.5 L이고 압력이 1.25 atm이라면 몇 개의 풍선을 채울 수 있겠는가?

10.37 123.0 ℃와 0.93 atm의 수증기(기체 H_2O) 15.0 L와 −5.0 ℃의 얼음 덩어리 10.5 g 중, 어느 시료가 더 많은 분자를 포함하고 있겠는가?

10.38 STP 상태에서 하나는 수소 기체를, 다른 하나는 산소 기체를 포함하고 있는 두 개의 동일한 플라스크가 있다고 가정하자. 이들 플라스크를 열지 않고, 둘을 어떻게 구별할 수 있겠는가?

기체 화학량론(10.4절)

10.39 4.0 m × 5.0 m × 2.5 m 공간에서 산소 기체의 전체 질량은 몇 g인가? 기체는 STP 상태에 있고, 공기는 부피로 20.95%의 산소를 포함한다고 가정하자.

10.40 STP 상태에서 이상 기체 1 mol은 22.414 L의 부피를 갖는다. 이상 기체로 가정할 때, STP 상태에서 다음 기체의 밀도는 몇 g/L인가?

(a) CH_4 (b) CO_2 (c) O_2

10.41 압력은 356 mmHg, 온도는 22.5 ℃, 부피는 1.500 L인 유리구에 들어 있는 기체의 질량은 0.9847 g이다. 이 기체의 분자량은 얼마인가?

10.42 순수한 산소 기체는 처음에는 산화 수은(II)(HgO)을 가열하여 얻었다.

$$2\,HgO(s) \longrightarrow 2\,Hg(l) + O_2(g)$$

HgO 10.57 g을 가열하여 발생하는 산소 기체의 부피는 STP 상태에서 몇 L인가?

10.43 수소 기체는 아연 금속과 염산을 반응시켜 만들 수 있다.

$$Zn(s) + 2\,HCl(aq) \longrightarrow ZnCl_2(aq) + H_2(g)$$

(a) 아연 25.5 g이 반응한다면, 742 mmHg와 15 ℃에서 H_2 몇 L를 생성하겠는가?

(b) 350 mmHg와 30.0 ℃에서 H_2 5.00 L를 만들려면 아연 몇 g을 반응시켜야 하는가?

10.44 과산화 소듐(Na_2O_2)과 CO_2의 반응은 우주선에서 공기에 있는 CO_2를 제거하고, 호흡에 필요한 O_2를 생성하는 데 이용된다.

$$2\,Na_2O_2(s) + 2\,CO_2(g) \longrightarrow 2\,Na_2CO_3(s) + O_2(g)$$

(a) 평균 호흡 속도는 4.50 L/min(25 ℃, 735 mmHg)이고, 방출된 공기 안의 CO_2 농도가 부피로 3.4%라고 가정하면, 24시간 동안 생성되는 CO_2는 몇 g인가?

(b) Na_2O_2 3.65 kg으로 며칠 동안 호흡을 지속할 수 있겠는가?

10.45 자전거의 전형적인 고압 타이어는 25 ℃에서 7.80 atm의 압력과 365 mL의 부피를 갖는다. 만약에 중량을 최소화시키기 위해 타이어에 헬륨을 채운다면, 타이어에 있는 헬륨의 질량은 얼마가 되겠는가?

10.46 대기 중에 있는 SO_2의 가장 큰 공급원 중 하나는 석탄 발전소이다. 2%의 황을 포함하고 있는 석탄 1 kg을 태웠을 때, 발생하는 SO_2의 부피를 L 단위로 계산하시오. 모든 황이 SO_2로 변환된다고 가정하자.

돌턴 법칙과 몰분율(10.5절)

10.47 표 10.1에 있는 자료를 이용하여, STP 상태에서 건조 공기 중에 있는 성분 기체의 부분 압력을 atm으로 계산하시오.

10.48 박테리아 배양 용기에 사용하는 특수 기체 혼합물은 질량으로 1.00%의 CO_2와 99.0%의 O_2를 포함하고 있다. 전체 압력이 0.977 atm일 때 혼합물 중 각 기체의 부분 압력은 몇 atm인가?

10.49 어떤 레이저에 사용하는 기체 혼합물은 질량으로 5.00%의 HCl, 1.00%의 H_2, 94.0%의 Ne를 포함하고 있다. 이 기체 혼합물 속에 있는 각 기체의 몰분율은 얼마인가?

10.50 290 K에서 H_2 14.2 g과 Ar 36.7 g의 혼합물이 100.0 L 용기에 들어 있다.

(a) H_2의 부분 압력은 몇 atm인가?

(b) Ar의 부분 압력은 몇 atm인가?

10.51 마그네슘 금속은 염산과 반응하여 수소 기체를 생성한다.

$$Mg(s) + 2\,HCl(aq) \longrightarrow MgCl_2(aq) + H_2(g)$$

생성되는 기체는 25 ℃와 747 mmHg에서 3.557 L의 부피를 갖는다. 기체가 부분 압력 23.8 mmHg에서 수증기로 포화된다면, 수소 기체의 부분 압력은 몇 mmHg인가? 또한 이 반응에서 사용한 마그네슘 금속은 몇 g인가?

10.52 천연 가스는 탄화수소의 혼합물이고, 주성분은 메테인(CH_4)과 에테인(C_2H_6)이다. 전형적인 혼합물은 $X_{메테인} = 0.915$와 $X_{에테인} = 0.085$이다. 15.50 g의 천연 가스 시료가 20.00 ℃에서 부피가 15.00 L라고 가정하자.

(a) 시료 안의 기체 전체 mol 수는 얼마인가?

(b) 시료의 압력은 몇 atm인가?

(c) 시료 중에 있는 각 성분 기체들의 부분 압력은 몇 atm 인가?

분자 운동론(10.6절)

10.53 분자 운동론의 기본 가정들은 무엇인가?

10.54 20 km 고도에서의 평균 온도는 220 K이다. 이 고도에서 N_2 분자의 평균 속력은 몇 m/s인가?

10.55 제논 원자들이 20 ℃에서 Br_2 분자들의 평균 속력과 같은 평균 속력을 갖게 되는 온도는 몇 ℃인가?

10.56 150 K에서의 H_2와 375 ℃에서의 He 중에서 어느 것의 평균 속력이 더 높겠는가?

10.57 빅리그의 속구는 약 45 m/s의 속력으로 이동한다. 헬륨 원자가 같은 속력을 가지게 되는 온도는 몇 ℃인가?

그레이엄의 법칙(10.7절)

10.58 분출과 확산의 차이는 무엇인가?

10.59 다공성 막을 통해 Xe보다 1.86배 더 빨리 확산되는 기체의 분자량은 얼마인가? 그 기체는 무엇이라고 생각할 수 있는가?

10.60 HCl, F_2, Ar 기체들의 막을 통한 확산 속도에 따라 순서를 정하고 확산 속도 비를 계산하시오.

10.61 330 K에서 두 개의 112 L 탱크가 기체로 가득 차 있다. 하나는 5.00 mol의 Kr, 다른 것에는 5.00 mol의 O_2가 들어 있다. 기체 분자 운동론의 가정을 고려하여, 다음의 각 성질에 대해 낮은 것부터 높은 것 순으로 기체의 순서를 정하시오.

(a) 충돌 빈도 (b) 밀도(g/L)

(c) 평균 속력 (d) 압력

실제 기체(10.8절)

10.62 (a) 기체 입자들 자신의 부피는 ________(높은 또는 낮은) 압력에서 기체 시료의 전체 부피에 가장 큰 영향을 준다.

(b) 각 입자의 부피는 이상 기체 법칙에 의해 계산된 부피보다 기체 시료의 실제 부피를 ________(더 크게 또는 더 적게) 해준다.

10.63 300 K에서 0.600 L의 N_2 0.500 mol이 있을 때, 이상 기체 법칙과 반데르발스 식을 이용하여 압력을 atm 단위로 계산하시오. N_2의 경우, $a = 1.35\ (L^2 \cdot atm)/mol^2$, $b = 0.0387$ L/mol이다.

10.64 핵발전소의 연료로 필요한 우라늄 동위 원소의 정제에 사용되는 고체 분자인 육플루오린화 우라늄은 56.5 ℃에서 승화한다. 70.0 ℃에서 512.9 g의 UF_6가 22.9 L의 용기 속에 있다고 가정하자.

(a) 이상 기체 법칙을 이용하여 용기 내부의 압력을 계산하시오.

(b) 반데르발스 식을 이용하여 용기 내부의 압력을 계산하시오. (UF_6의 경우 $a = 15.80\ (L^2 \cdot atm)/mol^2$, $b = 0.1128$ L/mol)

chapter 11

액체와 상변화

© Karynav/Shutterstock

CONTENTS

11.1 액체의 성질

11.2 증기 압력과 끓는점

11.3 고체, 액체, 기체 사이의 상변화

11.4 상전이 동안의 에너지 변화

11.5 상도표

이산화 탄소(CO_2)는 온도와 압력이 변화하면 다른 상으로 존재한다. 1 atm일 때, −78.5 °C 이하의 온도에서 CO_2는 흔히 드라이아이스라고 하는 고체 상태이다. 만일 1 atm 하에서 온도가 상승하면, CO_2는 기체가 된다. 보다 더 높은 온도와 압력에서 CO_2는 액체 형태와 초임계 유체상이 되며 커피에서 카페인을 제거하거나 드라이클리닝과 같은 곳에서 유해한 용매의 대체 물질로 사용된다.

커피에서 카페인을 어떻게 제거하는가?

이 질문의 답은 335쪽 INQUIRY ? 에 나와 있다.

기억하기…
분자간 힘은 분자, 이온, 원자들을 포함하는 모든 입자들 사이에 발생하는 인력이다. 이온-쌍극자 힘, 쌍극자-쌍극자 힘, 런던 분산력, 수소 결합은 분자간 힘의 모든 형태이다(8.3절).

10장에서 다룬 분자 운동론에서는 기체 입자들이 서로 독립적으로 행동한다고 가정함으로써 기체의 성질을 설명하였다. 기체 입자 간의 **분자간 힘(intermolecular force)**이 매우 약하기 때문에 기체 상태의 입자들은 무질서하게 이동하며 공간상의 부피를 점유할 수 있다. 하지만 액체나 고체에 존재하는 입자들은 입자 간 거리가 작고 입자 사이에 상당한 인력이 존재하여 기체 입자와 다르다. 이 장에서는 분자간 힘이 어떻게 액체의 성질에 영향을 미치는지와 에너지가 상변화에 어떻게 관련되는지를 살펴볼 것이다. 또한 고체, 액체, 기체 및 초임계 유체상 간의 상전이가 일어나는 동안 어떤 일이 발생하는지와 이와 같은 상전이에 미치는 온도와 압력의 효과를 살펴볼 것이다.

11.1 액체의 성질

여러 친숙하고도 관찰할 수 있는 액체의 성질들은 분자간 힘으로 설명할 수 있다. 예를 들어, 물이나 휘발유를 쏟으면 쉽게 흐르지만 엔진 오일이나 단풍 시럽은 느리게 흐른다.

액체의 흐름에 대한 저항의 척도를 **점도(viscosity)**라고 한다. 꿀은 잘 흐르지 않으며 높은 점도를 가지고 있는 액체이고, 물은 쉽게 흐르며 낮은 점도를 지닌 액체이다. 점도는 액체 상태에서 각 분자들이 액체 안에서 이동하는 용이성, 즉 존재하는 분자간 힘과 관련이 있다. 약한 분자간 힘을 갖는 물질들은 상대적으로 점도가 낮지만, 강한 분자간 힘을 갖는 물질들은 상대적으로 점도가 높다. 펜테인(C_5H_{12})과 글리세롤[$C_3H_5(OH)_3$]을 비교해 보자. 비극성 물질인 펜테인은 런던 분산력으로 분자들을 서로 묶어 둔다. 런던 분산력은 상대적으로 약하므로 펜테인은 낮은 점도를 가진다. 반면, 글리세롤은 하이드록시기(OH)를 세 개 가지고 있어서 다른 글리세롤 분자들과 수소 결합을 형성할 수 있다. 글리세롤 분자들 사이의 분자간 힘은 강해서 높은 점도의 원인이 된다. 글리세롤은 점도가 꿀과 비슷한 투명한 액체이다.

개념탐구 질문 1
다음 중 어떤 액체가 가장 큰 점도를 가지고 있을까?
$CH_3CH_2CH_2CH_2OH$,
$CH_3CH_2CH_2CH_2CH_3$,
$CH_3CH_2OCH_2CH_3$

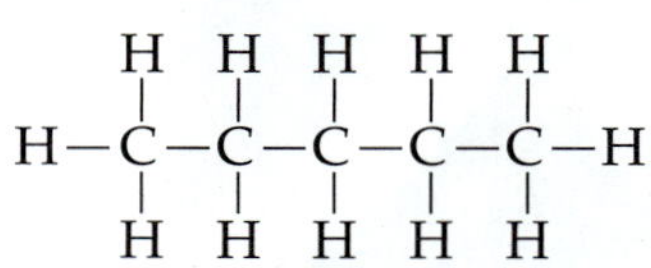
펜테인

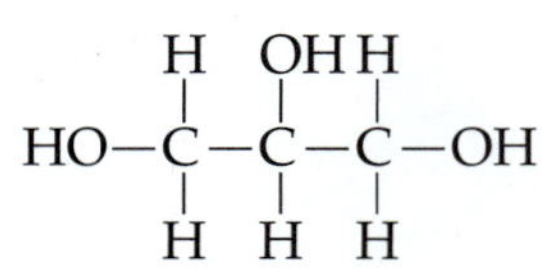
글리세롤

액체의 또 다른 친숙한 성질은 액체들이 넓게 퍼져 표면적이 증가하는 것에 대해 저항하는 장력인 **표면 장력(surface tension)**이다. 표면 장력은 액체 표면의 분자간 힘과 액체 내부의 분자간 힘의 차이에 의해 생긴다. 표면에 있는 분자는 오로지 한쪽 방향으로만 인력이 존재하므로 액체 내부 방향으로 끌어당겨지는 반면, 액체 내부의 분자들은 모든 방향으로 둘러싸여 있어 동일하게 끌어당겨진다(그림 11.1). 소금쟁이가 물 위를 걷는 것과 새로 왁스를 칠한 차에 물방울이 동그랗게 맺히는 것 모두 표면 장력 때문이다.

▲ 소금쟁이가 연못의 표면을 뚫고 들어가지 않고 연못 위를 걸을 수 있는 것은 표면 장력 때문이다.

점도와 마찬가지로 분자간 힘이 큰 액체일수록 일반적으로 표면 장력도 크다. 두 성질 모두 온도에 의존하는데, 온도가 높아지면 분자들의 운동 에너지가 증가하여 서로 묶어 놓으려는 인력을 상쇄할 수 있기 때문이다. 몇 가지 물질에 대한 자료가 표 11.1에 있다. 수은은 표면 장력이 매우 크기 때문에 수은 방울은 구슬 모양을 형성하고(그림 11.1), 압력계의 수은 기둥 꼭대기는 **메니스커스(meniscus)**라 부르는 둥근 모양을 하고 있다.

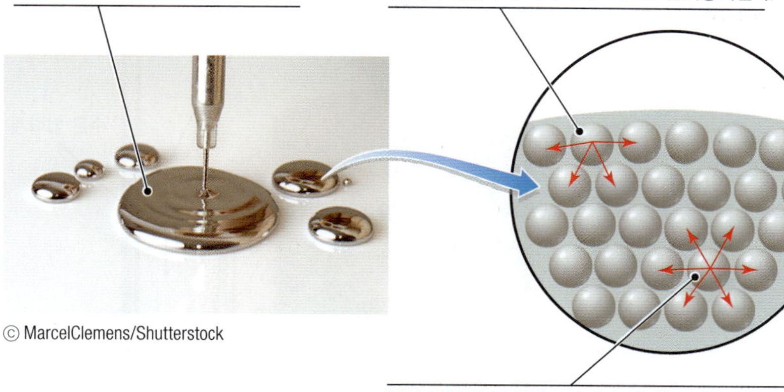

◀ 그림 11.1
표면 장력. 표면 장력은 액체가 넓게 퍼져 표면적이 증가하는 것에 대한 저항이다.

표 11.1 20℃에서 몇 가지 물질에 대한 점도와 표면 장력

이름	화학식	점도(N·s/m²)	표면 장력(J/m²)
펜테인	C_5H_{12}	2.4×10^{-4}	1.61×10^{-2}
벤젠	C_6H_6	6.5×10^{-4}	2.89×10^{-2}
물	H_2O	1.00×10^{-3}	7.29×10^{-2}
에탄올	C_2H_5OH	1.20×10^{-3}	2.23×10^{-2}
수은	Hg	1.55×10^{-3}	4.6×10^{-1}
글리세롤	$C_3H_5(OH)_3$	1.49	6.34×10^{-2}

11.2 증기 압력과 끓는점

증기 압력과 끓는점은 분자간 힘의 세기에 의해 영향을 받는 액체의 두 가지 다른 성질들이다. 우리는 이 두 가지 성질들과 이들이 어떻게 분자의 구조와 분자간 힘에 연관되는지에 대해 기술할 것이다. 액체가 끓을 때 액체가 증기로 변하는 것을 눈으로 확인할 수 있다. 그러나 다른 조건에서도 액체가 증기로 변한다. 그림 11.2에 나타낸 두 가지 실험을 살펴보자. 한 실험에서는 액체가 열린 용기에 들어 있고, 다른 실험에서는 액체가 수은 **압력계(manometer)**에 연결된 닫힌 용기에 들어 있다. 일정한 시간이 지난 후 첫 번째 용기의 액체는 증발되어 없어지는 반면, 두 번째 용기의 액체는 그대로 남아 있고 압력은 증가한다. 일정한 온도와 평형에서 압력 증가는 액체의 **증기 압력(vapor pressure)**이라고 하는 일정한 값을 갖는다.

열린 용기에서 증기상으로 변하는 분자들은 액체에서 벗어나 액체가 모두 증발할 때까지 공기 중으로 퍼져 나가지만, 닫힌 용기에 들어 있는 분자들은 용기 안에 갇혀 달아날 수 없다. 액체에서 증기로 전환되는 분자가 많으면 많을수록, 무질서한 운동을 하고 있는 기체의 일부 분자들이 때때로 액체로 되돌아가는 분자 수도 증가한다. 결국 액체로 되돌아가는 기체 분자 수와 액체에서 증발하는 분자 수가 서로 같아지는 동적 평형을 이루는 지점이 존재한다. **개개의** 분자들은 끊임없이 한 상에서 다른 상으로 오가지만, 액체상과 증기상에 존재하는 분자의 **전체 개수**는 일정하게 유지된다.

기억하기…
용기 내의 기체 압력은 수은이 채워진 U자관으로 된 한쪽 끝이 열린 **압력계**로 측정할 수 있다. 기체의 압력과 대기압과의 차이는 U자관의 두 관의 수은주의 높이 차와 같다(10.1절).

▲ 브로민은 색을 띠기 때문에 액체 위의 붉은 증기를 확인할 수 있다. ⓒ Rvkamalov/Shutterstock

▶ 그림 11.2
증기 압력의 발생

▶ 확인하기

25 °C에서 압력계 안에 물이 들어 있다. 만일 25 °C에서 물의 증기 압력이 0.0313 atm이라고 하면, 수은 관의 양쪽의 높이 차이는 얼마인가? (760 mmHg = 1 atm)

답

$0.0313\ \text{atm} \times \dfrac{760\ \text{mmHg}}{1\ \text{atm}} = 23.8\ \text{mmHg}$

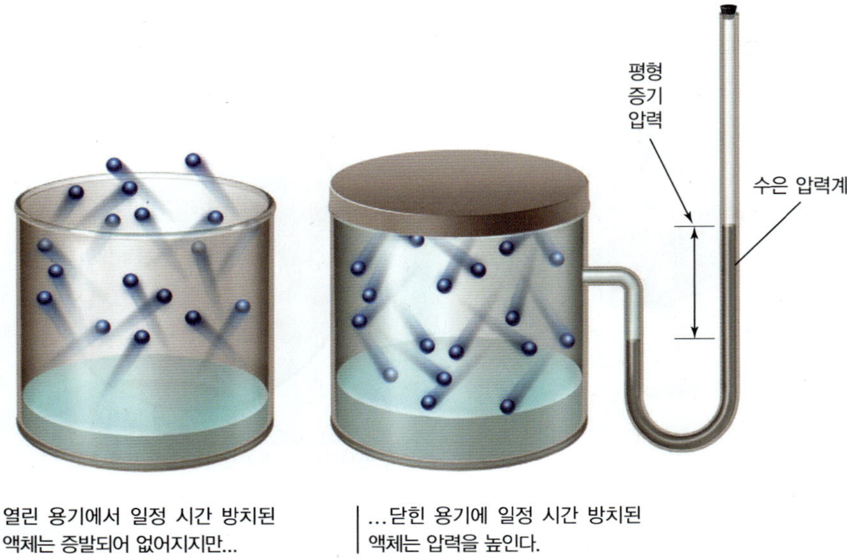

기억하기…
분자 운동론에는 다섯 가지 가정이 있으며, 이를 이용하여 기체의 거동을 설명하고, 이상 기체 법칙을 유도할 수 있다. 온도와 운동 에너지는 식 $E_K = (3/2)RT$와 같은 관계가 성립한다(10.6절).

분자 수준에서 기체의 거동을 설명하기 위해 10.6절에서 도입된 **분자 운동론(kinetic molecular theory)**으로 증발과 증기 압력 둘 다 설명할 수 있다. 액체에서 분자들은 끊임없이 움직이지만, 분자들의 운동 속도는 그들이 갖고 있는 운동 에너지의 양에 따라 다양하게 달라진다. 많은 양의 시료에 대한 분자의 운동 에너지 분포 곡선을 **그림 11.3**에 나타내었으며, 온도에 따라 곡선의 정확한 모양이 정해진다. 온도가 높을수록, 그리고 물질의 끓는점이 낮을수록, 시료의 액체 표면을 벗어나 증기로 전환될 수 있는 충분한 운동 에너지를 갖는 분자의 분율이 커진다.

▶ 그림 11.3
액체의 분자 운동 에너지 분포

▶ 확인하기

온도가 높아질수록 곡선 아래, 점선 오른쪽의 면적은 어떻게 되는가? 온도 상승은 증기 압력에 어떤 영향을 미치는가?

답 점선 오른쪽의 곡선 아래 면적은 온도에 따라 증가한다. 빨간색 선(높은 T) 아래의 면적과 파란색 선(낮은 T) 아래의 면적을 비교해 보라. 높은 온도에서는 액체로부터 기체상으로 이동할 수 있는 충분한 운동 에너지를 갖는 분자들이 더 많이 존재하므로 증기 압력이 높아진다.

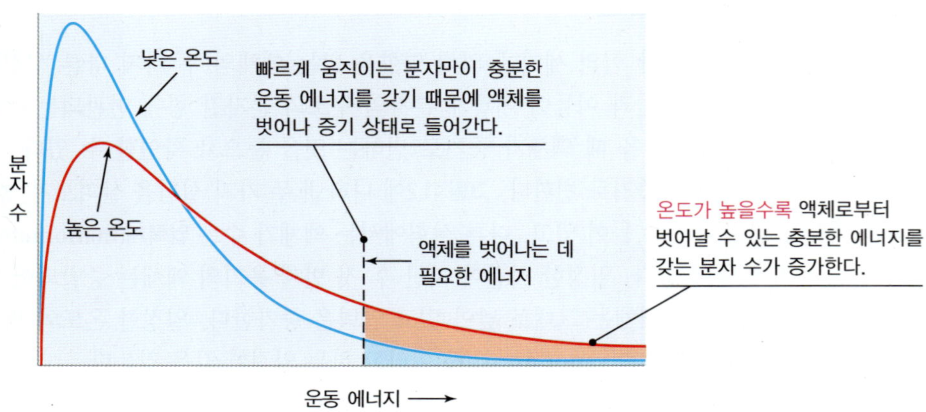

액체의 증기 압력 값은 시료에 존재하는 분자간 힘의 크기와 온도에 따라 달라진다. 분자간 힘이 약할수록 느슨하게 붙잡혀 있는 분자들이 쉽게 증발하기 때문에 증기 압력은 높다. 온도가 높을수록 증발에 필요한 충분한 운동 에너지를 갖는 분자들의 분율이 증가하기 때문에 증기 압력은 높아진다.

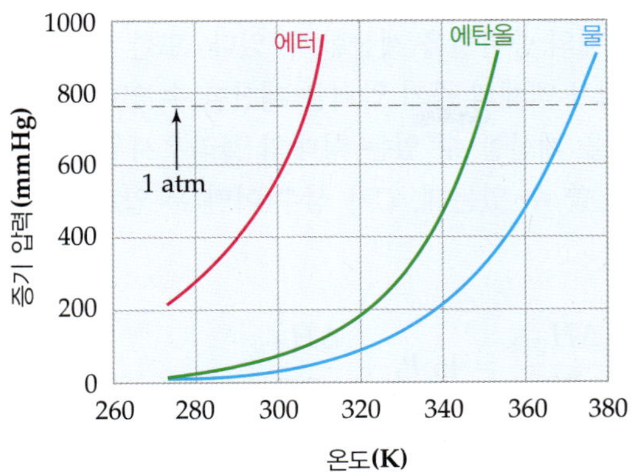

에터, 에탄올, 물의 증기 압력은 온도의 함수로 도시하면 비선형 증가를 보인다.

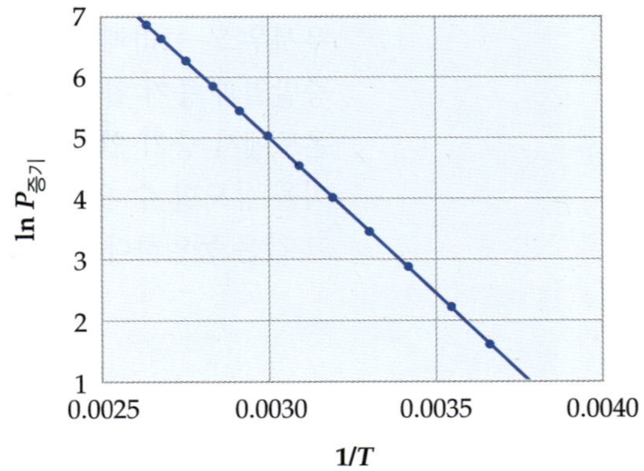

표 11.2의 자료를 기반으로 ln $P_{증기}$를 1/T(K)에 대해 도시하면 선형 관계를 보인다.

▲ 그림 11.4
여러 온도에서 액체들의 증기 압력

클라우시우스-클라페이론 식

만일 다른 온도에서 증기 압력을 측정한다면 증발 엔탈피 또는 **증발열**(**heat of vaporization**)($\Delta H_{증발}$)을 계산할 수 있다. 증발열은 액체 1 mol이 기체로 전환하는 데 필요한 에너지양이다. **그림 11.4**에 나타낸 바와 같이 액체의 증기 압력은 온도에 따라 비선형적으로 증가한다. 하지만 증기 압력에 자연로그를 취한 ln $P_{증기}$를 절대 온도의 역수인 $1/T$에 대하여 도시하면 선형 관계가 성립된다. 온도에 따른 물의 증기 압력 자료를 **표 11.2**에 나타내었으며, 그래프를 그림 11.4에 나타내었다. 선형 그래프는 수식 $y = mx + b$로 나타낼 수 있다. 이때 $y = \ln P_{증기}$, $x = 1/T$, m은 직선의 기울기($-\Delta H_{증발}/R$), b는 y절편(상수, C)이다. 따라서 자료는 **클라우시우스-클라페이론 식**(**Clausius-Clapeyron equation**)에 잘 맞는다.

클라우시우스-클라페이론 식

자연로그

$$\ln P_{증기} = \left(-\frac{\Delta H_{증발}}{R}\right)\frac{1}{T} + C$$

$$y = m \quad x + b$$

여기서 $\Delta H_{증발}$은 액체의 증발열, R은 기체 상수(10.3절), C는 각 물질의 고유한 상수이다.

표 11.2 여러 온도에서 물의 증기 압력

온도(K)	$P_{증기}$(mmHg)	ln $P_{증기}$	1/T	온도(K)	$P_{증기}$(mmHg)	ln $P_{증기}$	1/T
273	4.58	1.522	0.003 66	333	149.4	5.007	0.003 00
283	9.21	2.220	0.003 53	343	233.7	5.454	0.002 92
293	17.5	2.862	0.003 41	353	355.1	5.872	0.002 83
303	31.8	3.459	0.003 30	363	525.9	6.265	0.002 75
313	55.3	4.013	0.003 19	373	760.0	6.633	0.002 68
323	92.5	4.527	0.003 10	378	906.0	6.809	0.002 65

여러 온도에서 액체의 증기 압력을 측정하고 결과를 도시하여 선의 기울기를 얻으면, 클라우시우스-클라페이론 식을 이용하여 액체의 증발열을 계산할 수 있다. 또한 주어진 온도에서 증발열과 증기 압력을 알면, 다른 온도에서 액체의 증기 압력을 계산할 수 있다. 서로 다른 두 온도에서 증기 압력을 측정하여 $\Delta H_{증발}$을 계산할 수 있는 형태의 클라우시우스-클라페이론 식을 유도할 수 있다. 식을 아래와 같이 쓸 수 있는데, C가 상수(어떤 두 압력과 온도에서도 그 값은 동일하다)이기 때문이다.

$$C = \ln P_1 + \frac{\Delta H_{증발}}{RT_1} = \ln P_2 + \frac{\Delta H_{증발}}{RT_2}$$

압력을 한 변에, 온도를 다른 변에 있도록 이 식을 다음과 같이 정리할 수 있다.

$$\ln P_1 - \ln P_2 = \frac{\Delta H_{증발}}{RT_2} - \frac{\Delta H_{증발}}{RT_1}$$

수학적으로 좀 더 정리하면, 다음과 같은 클라우시우스-클라페이론 식의 또 다른 형태를 구할 수 있다.

$$\ln\left(\frac{P_1}{P_2}\right) = \frac{\Delta H_{증발}}{R}\left(\frac{1}{T_2} - \frac{1}{T_1}\right)$$

ⓒNoppakit 77/Shutterstock

▲ 확인하기

끓는점에서 액체의 증기 압력은 얼마인가?

답 끓는점에서 증기 압력은 외부 압력과 같다. 해수면에서 대기의 외부 압력은 1 atm에 가깝다.

만일 $\Delta H_{증발}$과 한 온도에서의 증기 압력이 알려져 있다면, 예제 11.1에서와 같이 새로운 온도에서 액체의 증기 압력을 계산할 수 있다.

액체의 증기 압력이 증가하여 외부 압력과 동일하게 되는 점에서 액체는 끓는점에 도달하며, 액체는 증기로 변한다. 분자 수준에서 끓음은 다음과 같이 묘사할 수 있다. 액체 내부에 있는 분자 몇 개가 순간적으로 주위의 인력을 끊고 미세한 기포를 형성한다. 만약 대기에 의한 외부 압력이 기포 내부의 증기 압력보다 크면 기포는 즉시 터진다. 하지만 외부 압력과 기포의 증기 압력이 같은 온도에서 기포는 터지지 않는다. 대신 기포는 밀도가 큰 액체 사이를 뚫고 올라오게 되고, 더 많은 분자들이 합쳐져 기포의 크기가 커지며, 끓을 때 관찰되는 격렬한 움직임으로 나타난다.

외부 압력이 정확히 1 atm(760 mmHg)일 때 액체의 끓는 온도를 **정상 끓는점(normal boiling point)**이라고 부른다. 그림 11.4에서 각 곡선들이 압력 760 mmHg를 나타내는 점선과 만나는 온도가 세 액체의 정상 끓는점으로, 에터 34.6 ℃(307.8 K), 에탄올 78.3 ℃(351.5 K), 물 100.0 ℃(373.15 K)이다.

외부 압력이 1 atm보다 낮으면, 끓는 데 필요한 증기 압력은 1 atm보다 낮고 액체는 정상 끓는점보다 낮은 온도에서 끓는다. 예를 들어, 대기압이 약 260 mmHg 밖에 안 되는 에베레스트산 정상에서 물은 100 ℃가 아니라 약 71 ℃에서 끓는다. 반대로, 외부 압력이 1 atm보다 높으면 끓는 데 필요한 증기 압력은 1 atm보다 높고, 따라서 액체는 정상 끓는점보다 높은 온도에서 끓는다. 압력솥은 물의 끓는점을 상승시키는 이같은 효과를 이용한 것이다. 스튜를 조리할 때 조리 최고 온도는 물의 끓는점 이상으로 올릴 수 없다. 압력솥 안의 압력이 높아지면 물의 끓는점은 250 ℉(121 ℃)로 높아진다.

예제 11.1

클라우시우스-클라페이론 식을 이용한 증기 압력 계산

34.7 ℃에서 에탄올의 증기 압력은 100.0 mmHg이고, 증발열은 38.6 kJ/mol이다. 65.0 ℃에서 에탄올의 증기 압력은 몇 mmHg인가?

문제 파악

알고 있는 것	알아내야 할 것
$\Delta H_{증발} = 38.6$ kJ/mol 34.7 ℃에서의 증기 압력 ($P_1 = 100.0$ mmHg) $T_1 = 34.7$ ℃ $T_2 = 65.0$ ℃	65 ℃에서의 증기 압력(P_2)

전략

증발열과 특정 온도에서의 증기 압력을 알고 있을 경우, 임의의 온도에서 액체의 증기 압력을 계산할 수 있는 클라우시우스-클라페이론 식의 재배열된 형태를 사용한다. 온도를 K 단위로, $\Delta H_{증발}$을 J 단위로 바꾼다.

$$\ln\left(\frac{P_1}{P_2}\right) = \frac{\Delta H_{증발}}{R}\left(\frac{1}{T_2} - \frac{1}{T_1}\right)$$

풀이

알고 있는 모든 값을 식에 대입하고, P_2에 대해 풀이한다.

$$\ln\left(\frac{100.0\ \text{mmHg}}{P_2}\right) = \frac{38{,}600\ \text{J/mol}}{8.314\ \text{J/mol}\cdot\text{K}}\left(\frac{1}{338.2} - \frac{1}{307.9}\right)$$

$$\ln\left(\frac{100.0\ \text{mmHg}}{P_2}\right) = -1.3509$$

$$\frac{100.0\ \text{mmHg}}{P_2} = e^{-1.3509} = 0.2590$$

$$P_2 = 386\ \text{mmHg}$$

점검

더 높은 온도에서 증기 압력이 더 클 것으로 예상되므로 답은 타당하다. 계산의 복잡성 때문에 구해진 증기 압력의 자릿수를 가늠하기는 어렵다.

▶ **연습문제 11.1** 브로민의 경우, 41.0℃에서 $P_{증발} = 400$ mmHg이고, 정상 끓는점은 331.9 K이다. 브로민의 증발열($\Delta H_{증발}$)은 몇 kJ/mol인가?

▶ **응용문제 11.2** 물의 정상 끓는점은 100 ℃이고, 증발열은 $\Delta H_{증발} = 40.7$ kJ/mol이다. 대기압이 $P = 407$ mmHg인 콜로라도 주에 있는 파이크스 피크(Pikes Peak) 산 정상에서 물의 끓는점은 몇 ℃나 될까?

11.3 고체, 액체, 기체 사이의 상변화

고체인 얼음이 녹아 액체인 물이 되고, 액체인 물이 얼어 고체인 얼음이 되거나 증발하여 기체인 수증기로 되며, 기체인 수증기가 응축되어 액체인 물이 되는 것에 우리는 친숙하다. 물질의 화학적 특성은 변하지 않고 물리적 형태만 변화하는 이러한 과정을 **상변화(phase change)** 또는 **상태 변화**라고 한다. 어떤 한 상태 또는 **상(phase)**으로 존재하는 물체는 다른 두 가지 상태 중 하나로 바뀔 수 있다. 드라이아이스(고체 CO_2)가 **승화(sublimation)**될 때처럼 고체는 직접 기체로 바뀔 수도 있다. 다양한 상변화에 대한 명명은 다음과 같다.

용융	고체 → 액체
응고	액체 → 고체
증발	액체 → 기체
응축	기체 → 액체
승화	고체 → 기체
증착	기체 → 고체

자연적으로 일어나는 모든 과정과 마찬가지로, 모든 상변화에는 엔탈피(ΔH)와 엔트로피(ΔS)의 변화가 수반된다. 엔탈피는 액체나 고체를 붙잡고 있는 분자간 인력을 형성하거나 끊

을 때 수반되는 열의 흐름이고, 엔트로피는 다양한 상에 존재하는 분자의 무질서도 차이와 관련된다. 기체는 액체보다 훨씬 더 무질서하고 엔트로피가 크며, 액체는 고체보다 훨씬 더 무질서하고 엔트로피가 크다.

고체가 녹아 액체가 되거나, 고체가 승화하여 기체로 되거나, 액체가 증발하여 기체로 되는 데는 모두 입자들의 운동성 증가에 따른 무질서도의 증가가 수반된다. 입자들을 서로 붙잡고 있는 분자간 힘을 극복하기 위하여 반드시 열이 흡수되어야 한다. 따라서 이와 같은 상변화에서는 ΔS와 ΔH가 모두 양의 값을 갖는다. 이와는 반대로 액체가 얼어 고체가 되거나, 기체가 고체로 증착되거나, 기체가 액체로 응축되는 데는 입자들의 운동성 감소에 따른 무질서도의 감소가 수반된다. 이 과정에서 분자간 인력이 형성되고 열에너지가 방출된다. 따라서 이와 같은 상변화에서는 ΔS와 ΔH가 모두 음의 값을 갖는다. 이와 같은 상변화 과정을 **그림 11.5**에 요약하여 나타내었다.

▶ 그림 11.5

상전이 과정에서 에너지와 엔탈피 변화. 무질서도가 작은 상에서 큰 상으로 변하면(위쪽 방향 화살표) ΔH와 ΔS는 모두 양의 값이 되며, 무질서도가 큰 상에서 작은 상으로 변하면(아래쪽 방향 화살표) ΔH와 ΔS는 모두 음의 값이 된다.

▶ 확인하기

어떤 상의 엔탈피가 가장 큰가? 어떤 상의 엔탈피가 가장 작은가?

답 기체, 고체

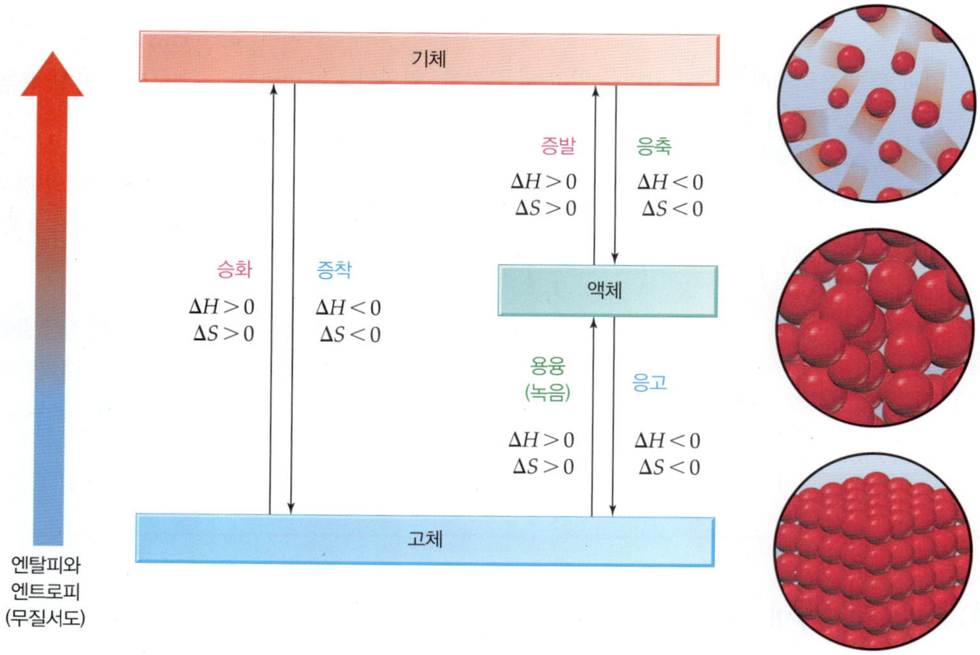

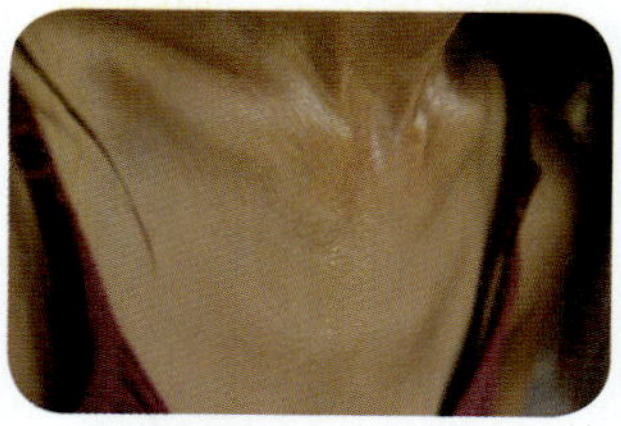

▲ 운동 후 땀이 증발하면서 열을 빼앗아가기 때문에 몸이 시원해진다. ©Fred Ho/Shutterstock

©Maria Uspenskaya/Shutterstock

고체 얼음이 액체 물로 변화되는 것과 액체 물이 기체 상태의 수증기로 변화되는 것을 통해 상변화가 일어나는 동안 에너지 상관관계를 살펴보자.

얼음이 액체 물로 용융: $\Delta H = +6.01$ kJ/mol, $\Delta S = +22.0$ J/(K·mol)
액체 물이 수증기로 증발: $\Delta H = +40.67$ kJ/mol, $\Delta S = +109$ J/(K·mol)

액체가 기체로 변할 때 더 많은 분자간 인력을 극복해야 하고 훨씬 더 큰 무질서 상태로 되기 때문에, 고체 → 액체 변화가 일어날 때보다 액체 → 기체 변화가 일어날 때 ΔH와 ΔS는 더 크다. 이와 같이 액체 물이 기체 수증기로 변할 때 많은 열을 흡수하기 때문에, 많은 생명체들은 이 과정을 냉각 메커니즘으로 이용한다. 더운 날 우리가 땀을 흘릴 때, 땀이 증발되면서 열을 흡수하기 때문에 피부는 시원함을 느끼게 된다.

상변화가 반대 방향으로 일어나는 경우, 관련된 열화학적 변화량은 숫자의 절댓값은 같고 부호는 반대이다.

액체 물이 얼음으로 응고: $\Delta H = -6.01$ kJ/mol, $\Delta S = -22.0$ J/(K·mol)

수증기가 액체 물로 응축: $\Delta H = -40.67$ kJ/mol, $\Delta S = -109$ J/(K·mol)

감귤 농가에서는 추운 밤에 나무에 물을 뿌려 물이 얼 때 방출되는 열을 이용하여 냉해를 막는다. 잎에 뿌려진 물이 얼면서 열이 발생되어 나무를 보호하게 된다.

11.4 상전이 동안의 에너지 변화

물질에 지속적으로 열을 가하면 **가열 곡선**(heating curve)을 얻을 수 있는데, H_2O에 대한 가열 곡선을 그림 11.6에 나타내었다. −25.0 ℃의 고체 H_2O로부터 125.0 ℃의 기체 H_2O가 될 때까지 가열할 때, 곡선은 5개의 다른 과정과 5개의 다른 구역으로 구성된다.

▲ 확인하기

왜 감귤 농가에서는 추운 밤에 나무에 물을 뿌리는가?

답 물이 얼 때 방출되는 열을 이용하여 과일의 냉해를 막는다.

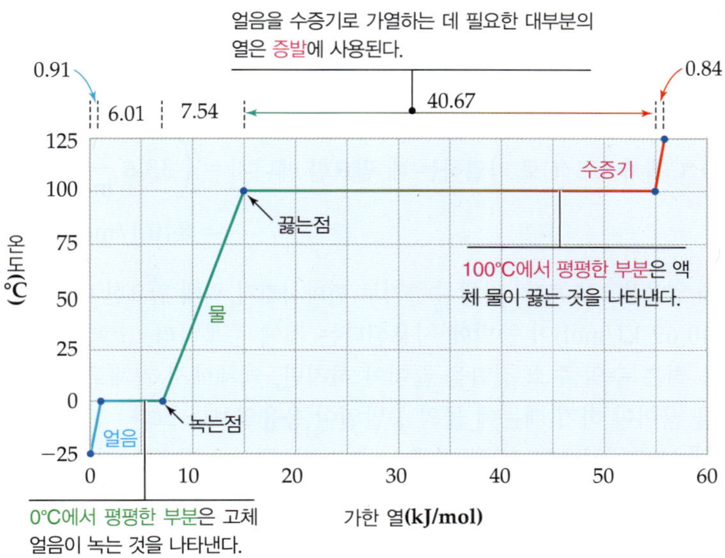

▶ 그림 11.6
H_2O 1 mol에 열을 가할 때 일어나는 온도 변화와 상 전이를 나타낸 H_2O의 가열 곡선

▶ 확인하기

가열 곡선의 평평한 구간에서는 어떤 과정이 일어나고 있는가? 이 구간에서 열은 가해지지만, 온도는 상승하지 않는다. 설명하시오.

답 평평한 구간은 상변화에 해당한다. 열로 가해진 에너지는 분자간 힘을 끊는 데 사용되고, 입자의 평균 속도(온도가 상승하면 빨라짐)를 증가시키지는 않는다.

1. **고체 H_2O의 가열**: 물의 어는점 이하의 임의의 온도, 예를 들어 −25.0 ℃에서 시작하여 0 ℃가 될 때까지 얼음에 열을 가한다. 얼음을 가열하는 데 드는 에너지의 양을 계산하려면 얼음의 **몰열용량(molar heat capacity**, 36.57 J/mol·℃)과 온도 변화(+25 ℃)를 계산에 사용한다.

$$\text{얼음을 } -25\ ℃\text{에서 } 0\ ℃\text{까지 가열하는 데 필요한 에너지} = \left(36.57\ \frac{\text{J}}{\text{mol}\cdot ℃}\right)(25.0\ ℃)$$
$$= 914\ \text{J/mol} = 0.914\ \text{kJ/mol}$$

2. **고체 H_2O의 용융(녹음)**: 얼음의 온도가 0 ℃에 도달하면 추가적으로 가한 열은 온도를 올리는 데 사용되지 않고, 수소 결합과 다른 분자간 힘을 끊는 데 사용되는데, 이는 그림 11.6에 나타낸 가열 곡선에서 0 ℃에서 평평한 부분이 나타나는 것으로 알 수 있다. 이 온도[**녹는점**(melting point)]에서 고체와 액체는 평형을 이루면서 공존하며, 얼음 결정을 이루는 분자들이 본래의 정해진 위치에서 벗어나 액체상으로 바뀐다. 고체가 완전히 액체로 변한 후에 다시 온도가 올라간다. 분자간 힘을 극복하여 고체가 액체로 전환되기 위해 필요한 에너지의 양을 **용융 엔탈피**(enthalpy of fusion) 또는 **용융열(heat of fusion, $\Delta H_{용융}$)**이라고 한다. 얼음의 용융열 $\Delta H_{용융} = +6.01$ kJ/mol이다.

3. **액체 H_2O의 가열**: 액체 물에 지속적으로 열을 가하면 100 ℃의 끓는점에 도달할 때까지 온도가 올라간다. 액체 물을 가열하는 데 필요한 에너지의 양은 액체 물의 몰열용량(75.4 J/mol·℃)과 온도 변화(+100 ℃)를 사용하여 계산한다.

기억하기…

물질의 몰열용량(C_m)은 물질 1 mol의 온도를 1℃ 올리는 데 필요한 열량이다(9.7절).

$$\text{물을 0 °C에서 100 °C까지 가열하는 데 필요한 에너지} = \left(75.4\ \frac{\text{J}}{\text{mol}\cdot\text{°C}}\right)(100\ \text{°C})$$
$$= 7.54 \times 10^3\ \text{J/mol} = 7.54\ \text{kJ/mol}$$

4. **액체 H_2O의 증발**: 일단 물의 온도가 100 ℃에 도달하면 추가적으로 가한 열은 온도를 올리는 데 사용되지 않고 분자간 힘을 극복하는 데 사용된다. 이는 이는 가열 곡선에서 100 ℃에서 두 번째 평평한 부분이 나타나는 것으로 알 수 있다. 이 온도[**끓는점**(boiling point)]에서 액체와 기체가 평형을 이루면서 공존하며, 액체의 표면에 있던 분자들이 떨어져 나와 기체상으로 들어간다. 액체가 기체로 전환되기 위해 필요한 에너지의 양을 **증발 엔탈피**(enthalpy of vaporization) 또는 증발열(heat of vaporization, $\Delta H_{증발}$)이라고 한다. 물의 $\Delta H_{증발} = +40.67$ kJ/mol이다.
5. **H_2O 기체의 가열**: 액체가 완전히 기체로 증발된 후에만 온도가 다시 올라간다. 수증기의 몰 열용량(33.6 J/mol·℃)과 온도 변화(+25 ℃)를 사용하여 수증기를 가열하는 데 필요한 에너지의 양을 계산한다.

$$\text{수증기를 100 °C에서 125 °C로 가열하는 데 필요한 에너지} = \left(33.6\ \frac{\text{J}}{\text{mol}\cdot\text{°C}}\right)(25\ \text{°C})$$
$$= 840\ \text{J/mol} = 0.840\ \text{kJ/mol}$$

−25 ℃의 고체 얼음을 125 ℃의 기체 수증기로 변화시키기 위해 필요한 에너지 56.05 kJ/mol 중에서 대부분(40.67 kJ/mol)이 증발에 사용된다는 것에 주목하라. 고체에서 액체로 전환될 때는 상대적으로 적은 수의 수소 결합을 끊어야 하지만, 액체에서 기체로 전환되기 위해서는 **모든** 수소 결합을 끊어야 하기 때문에 물의 증발열이 용융열보다 크다.

−25 ℃의 고체 H_2O에서 125 ℃의 기체 H_2O로 만드는 데 필요한 전체 에너지의 양은 다음과 같이 다섯 단계의 합이다.

(1) $H_2O(s)$ 1 mol을 −25 ℃에서 0 ℃까지 가열:	0.914	kJ
(2) 0 ℃에서 $H_2O(s)$ 1 mol을 $H_2O(l)$ 1 mol로 용융:	6.01	kJ
(3) $H_2O(l)$ 1 mol을 0 ℃에서 100 ℃까지 가열:	7.54	kJ
(4) 100 ℃에서 $H_2O(l)$ 1 mol을 $H_2O(g)$ 1 mol로 증발:	40.67	kJ
(5) $H_2O(g)$ 1 mol을 100 ℃에서 125 ℃까지 가열:	0.840	kJ
필요한 전체 에너지:	55.97	kJ

개념탐구 질문 2

사람의 피부에 110 ℃의 수증기가 응축되어 약한 화상을 입혔다. 110 ℃에서 100 ℃로 수증기의 온도가 내려갈 때; 100 ℃에서 수증기가 물로 응축될 때; 100 ℃에서 체온 37 ℃로 액체 물의 온도가 내려갈 때 중, 어떤 과정이 피부에 가장 많은 열을 방출할까?

표 11.3에 몇 가지 화합물의 용융열과 증발열을 나타내었다. 물에 대해서 살펴본 모든 내용은 다른 화합물에도 똑같이 적용된다. 증발이 일어나려면 모든 분자간 힘이 끊어져야 하지만, 고체가 액체로 변할 때는 상대적으로 작은 분자간 힘을 극복하면 되므로 화합물의 증발열은 용융열보다 항상 더 크다.

표 11.3 몇 가지 화합물의 용융열과 증발열

이름	화학식	$\Delta H_{용융}$(kJ/mol)	$\Delta H_{증발}$(kJ/mol)
암모니아	NH_3	5.66	23.33
벤젠	C_6H_6	9.87	30.72
에탄올	C_2H_5OH	4.93	38.56
헬륨	He	0.02	0.08
수은	Hg	2.30	59.11
물	H_2O	6.01	40.67

예제 11.2

온도 변화에 따른 열량 계산

25 ℃ 물 50.0 g을 150 ℃ 수증기로 바꾸는 데 필요한 열은 얼마나 되는가? 물의 끓는점은 100 ℃이고, $C_m[H_2O(l)]=75.4$ J/(mol·℃), $\Delta H_{증발}=40.67$ kJ/mol, $C_m[H_2O(g)]=33.6$ J/(mol·℃)이다.

문제 파악

알고 있는 것	알아내야 할 것
온도 변화(25 ℃에서 150 ℃)	열(q, kJ 단위)
물의 양(50.0 g)	
끓는점(100 ℃)	
$\Delta H_{증발}=40.67$ kJ/mol	
$C_m[H_2O(l)]=75.4$ J/(mol·℃)	
$C_m[H_2O(g)]=33.6$ J/(mol·℃)	

전략

시료를 가열하는 데는 3가지 단계가 수반된다. 단계 1은 액체 물을 끓는점까지 가열하는 것이고, 단계 2는 액체 물을 기화시키는 것이고, 단계 3은 수증기를 가열하는 것이다. 우선 몰열용량이 주어졌으므로 그램을 몰로 전환하여 각 단계에서 q를 계산한다.

풀이

먼저 물의 몰수를 알아낸다.

$$50.0 \text{ g } H_2O \times \frac{1 \text{ mol } H_2O}{18.0 \text{ g } H_2O} = 2.78 \text{ mol } H_2O$$

단계 1: 액체 H_2O를 25 ℃에서 100 ℃까지 가열:

$$q = C_m \times \text{물질의 몰수} \times \Delta T$$
$$= \left(75.4 \frac{\text{J}}{\text{mol}\cdot\text{℃}}\right)(2.78 \text{ mol})(75 \text{ ℃}) = 1.57 \times 10^4 \text{ J}$$
$$= 15.7 \text{ kJ}$$

단계 2: 액체 H_2O 기화:

$$q = \Delta H_{증발} \times \text{물질의 몰수} = (40.67 \text{ kJ/mol})(2.78 \text{ mol}) = 113.0 \text{ kJ}$$

단계 3: 기체 H_2O를 100 ℃에서 150 ℃까지 가열:

$$q = C_m \times \text{물질의 몰수} \times \Delta T$$
$$= \left(33.6 \frac{\text{J}}{\text{mol}\cdot\text{℃}}\right)(2.78 \text{ mol})(50 \text{ ℃}) = 4.67 \times 10^3 \text{ J}$$
$$= 4.67 \text{ kJ}$$

필요한 전체 열은 세 단계에서의 열을 합한 것이다.

15.7 kJ + 113.0 kJ + 4.67 kJ = 133 kJ

점검

열의 양은 크고 양의 값인데, 상변화를 생각하면 적절하다. 각 단계에서의 열의 크기 또한 적절하다. 액체에서 기체로의 상변화에 대부분의 열이 필요한데, 물 분자 사이의 강한 수소 결합이 끊어져야 하기 때문이다. 액체 물의 온도를 올리는 것이 수증기의 온도를 올리는 것보다 열을 더 필요로 한다. 액체 물의 경우에 몰열용량과 온도 변화가 더 크기 때문이다.

▶ **연습문제 11.3** 50 ℃의 액체 벤젠(C_6H_6) 50.0 g을 100 ℃의 기체 벤젠으로 변화시키려면 얼마만큼의 열이 필요한가? 벤젠의 끓는점은 80.1 ℃이고, $C_m[C_6H_6(l)]=136.0$ J/(mol·℃), $\Delta H_{증발}=30.72$ kJ/mol, $C_m[C_6H_6(g)]=82.4$ J/(mol·℃)이다.

▶ **응용문제 11.4** 25 ℃의 액체 물 10.0 g을 냉각하여 −10 ℃의 얼음으로 얼릴 때 q의 부호는 무엇이며, 크기는 얼마인가? 물의 어는점은 0 ℃이고, $C_m[H_2O(l)]=75.4$ J/(mol·℃), $\Delta H_{용융}=+6.01$ kJ/mol, $C_m[H_2O(s)]=36.6$ J/(mol·℃)이다.

11.5 상도표

물질의 한 상은 온도와 압력에 따라 다른 두 상 중 하나로 자발적으로 변할 수 있다. 공기가 없는 닫힌 계에서 순수한 물질의 압력과 온도 의존성을 나타내는 간편한 방법은 **상도표(phase diagram)**를 이용하는 것이다. 그림 11.7에서 물에 대해 설명한 바와 같이, 전형적인 상도표를 이용하여 여러 압력과 온도의 조합에서 안정한 상이 무엇인지를 알 수 있다. 온도나 압력을 바꾸어 상과 상 사이의 경계선을 지나갈 때 상변화가 일어난다.

▶ 삼중점에서는 끓고 있는 액체 속에 고체가 존재한다. 즉, 고체, 액체, 기체가 평형을 이루며 공존한다.

그림 11.7의 왼쪽 아래 원점에서 시작하여 왼쪽의 고체와 오른쪽의 기체 사이의 경계선을 따라 오른쪽 위로 이동하면서 물의 상도표를 조사해 보자. 이 선상에 있는 점들은 닫힌 계에서 두 상이 평형을 이루어 고체 얼음과 기체 수증기 사이에 상전이가 일어나는 압력/온도 조

합을 나타낸다. 좀 더 고체/기체 경계선을 따라가면 두 선이 갈라져 액체 영역과의 경계가 형성된 교차점을 만난다. 그림 11.7에서 보듯이, H_2O의 고체/액체 경계선은 위로 올라가면서 약간 왼쪽으로 기울어진 반면, 액체/기체 경계선은 오른쪽 위로 점진적으로 증가하는 곡선을 그린다. **삼중점(triple point)**이라고 부르는 세 선의 교차점은 세 개의 상이 평형을 이루며 공존하는 점이며, 물질마다 고유한 압력과 온도의 조합이 정해져 있다. 물의 삼중점 온도(T_t)는 0.0098 ℃이고, 삼중점 압력(P_t)은 6.0×10^{-3} atm이다.

▶ **그림 11.7**
H_2O의 **상도표.** 상도표의 다양한 특성은 본문에서 다룬다. 압력 축과 온도 축의 눈금을 비례적인 척도로 그리지 않은 것에 유의하라.

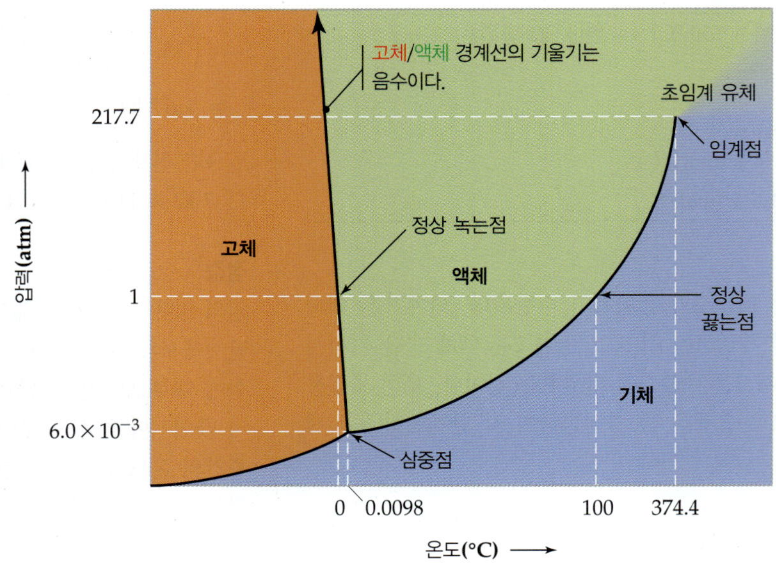

▶ **확인하기**

(a) 1기압의 −1 ℃에서 물은 어떤 상으로 존재하는가?

(b) 온도를 −1 ℃로 유지하면서 압력을 1 atm에서 1×10^{-4} atm으로 감소시키면 어떤 상변화가 일어나는가?

답 (a) $H_2O(s)$;
(b) 승화 $H_2O(s) \rightarrow H_2O(g)$

삼중점에서 약간 왼쪽 위로 올라가는 고체/액체 경계선은 다양한 압력에서 고체 얼음의 녹는점(또는 액체 물의 어는점)을 나타낸다. 압력이 1 atm일 때, **정상 녹는점(normal melting point)**이라고 부르는 녹는점은 정확하게 0 ℃이다. 경계선이 약간 음의 기울기를 갖는 것은 압력이 증가할수록 얼음의 녹는점이 낮아진다는 것을 나타낸다. 이런 점에서 물은 독특하다. 대부분의 물질은 압력이 증가함에 따라 녹는점이 상승하여 고체/액체 경계선이 양의 기울기를 갖기 때문이다. 대부분의 물질은 고체 상태일 때 입자들이 더 가깝게 뭉쳐 있기 때문에 고체상이 액체상보다 더 조밀하다. 압력이 증가하면 분자들을 더 가깝게 밀어붙이므로 고체상이 더욱 유리해지고, 따라서 고체/액체 경계선이 양의 기울기를 갖게 된다. 하지만 물은 고체인 얼음이 될 때 덜 조밀해진다. 얼음에서 3차원 수소 결합의 모양이 질서정연해지면서 분자들 사이에 커다란 빈 공간이 생기기 때문이다(그림 11.8). 결과적으로 압력이 증가하면 액체상이 유리해지며, 고체/액체 경계선이 음의 기울기를 갖게 된다.

그림 11.9는 녹는점에 대한 압력의 영향을 보여 주는 간단한 실험이다. 0 ℃ 정도의 얼음덩어리 위에 가느다란 철사를 두르고 철사의 양 끝에 무거운 추를 달아 놓으면 철사가 얼음덩어리를 빠르게 잘라 나가는데, 이는 증가된 압력에 의해 철사 아래 있는 얼음의 녹는점이 낮아져서 얼음이 액체화되기 때문이다.

삼중점에서 오른쪽 위로 올라가는 액체/기체 경계선은 액체와 기체가 공존하고 물이 증발하는(또는 수증기가 응축하는) 압력/온도의 조합을 나타낸다. 실제로 1 atm 이하까지의 곡선 부분은 그림 11.4에서 이미 본 바와 같이 증기 압력 곡선이다. 압력이 1 atm일 때 물의 정상 끓는점은 100 ℃이다. 액체/기체 경계선을 따라가면 선이 갑자기 끝나는 **임계점(critical point)**에 도달한다. 임계 온도 T_c는 아무리 압력을 높여도 기체가 액화될 수 없는 온도이며,

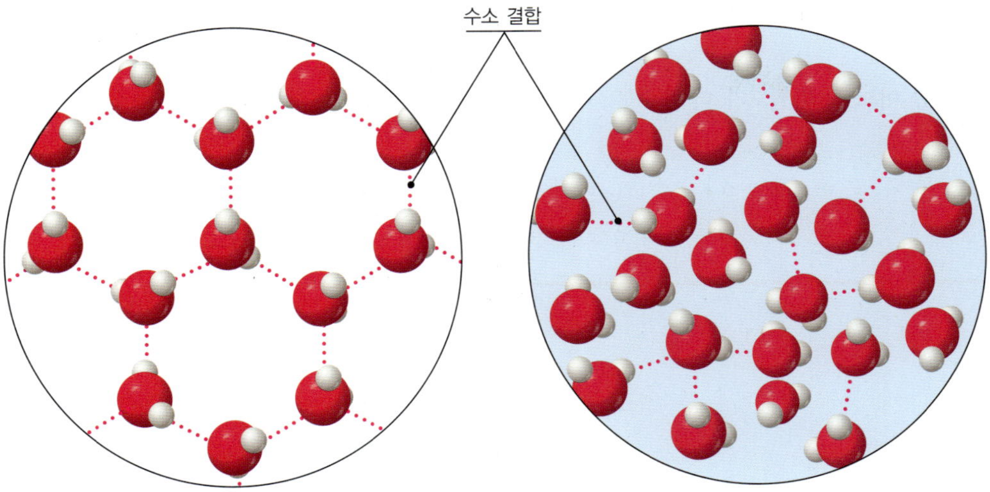

$H_2O(s)$

얼음에는 수소 결합이 규칙적인 3차원 구조를 이루고 있어 분자들 사이에 빈 공간이 생긴다.

$H_2O(l)$

액체 물의 온도가 높아지면, 약간의 수소 결합이 끊어지면서 분자 사이의 공간이 더 조밀해진다.

◀ **그림 11.8**
얼음과 액체 물의 분자 그림

▶ **확인하기**

고체와 액체 중 H_2O의 어떤 상이 가장 밀도가 큰가?

답 고체상보다 액체상에서 분자들의 공간이 작기 때문에 액체상의 밀도가 더 크다.

임계 압력 P_c는 아무리 온도를 높여도 액체가 증발될 수 없는 압력이다. 물에 대한 $T_c = 374.4$ ℃이고, $P_c = 217.7$ atm이다.

고체/액체 또는 액체/기체 사이의 상전이는 자주 보기는 하지만, 임계점에서의 거동은 일상적인 경험에서 벗어나기에 상상하기 힘들다. 다음과 같이 생각해 보도록 하자. 임계점에 있는 기체는 매우 높은 압력 하에서 분자들이 아주 가깝게 압축되므로 거의 액체와 같이 된다. 임계점에 있는 액체는 매우 높은 온도 하에서 분자들이 서로 충분히 떨어져 있기 때문에 거의 기체와 같게 된다. 따라서 두 상은 단순하게 같게 되고, 진정한 액체도 진정한 기체도 아닌 **초임계 유체(supercritical fluid)**를 형성한다. 임계점을 넘어선 영역에서는 뚜렷한 물리적 상변화가 일어나지 않는다. 대신 하얀 진주 같은 광택이 시시각각으로 나타나고, 눈으로 볼 수 있는 액체와 기체의 경계가 사라진다. Inquiry 그림 11.10에 이산화 탄소의 초임계 상전이의 모습이 보인다.

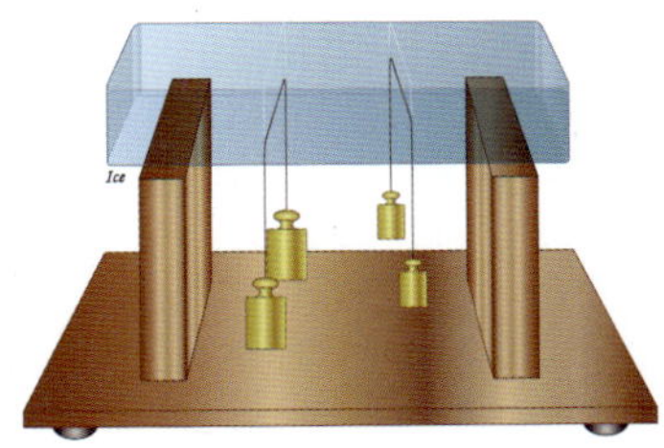

©Fouad A. Saad/Shutterstock

▲ **그림 11.9**
압력과 녹는점. 무거운 추가 달린 철사로 얼음 덩어리를 자를 수 있는 이유는 무엇인가?

예제 11.3

상도표 해석

냉동건조 식품은 음식을 얼려 낮은 압력에서 얼음을 승화시켜 수분을 제거하여 만든다. 그림 11.7에 나타낸 물의 상도표를 살펴볼 때 얼음과 수증기가 평형을 이루는 최고 압력은 몇 mmHg인가?

전략

얼음과 수증기의 평형은 삼중점 압력 $P_t = 6.0 \times 10^{-3}$ atm 이하에서만 성립하며, mmHg로 압력 단위를 바꾸어야 한다.

풀이

$$6.0 \times 10^{-3}\ \text{atm} \times \frac{760\ \text{mmHg}}{1\ \text{atm}} = 4.6\ \text{mmHg}$$

▶ **개념 연습문제 11.5** 그림 11.7에 있는 H_2O의 상도표를 보고 50 ℃에서 압력이 6×10^{-3} atm에서 5 atm으로 증가할 때와 5 atm에서 온도가 50 ℃에서 375 ℃로 상승할 때 H_2O 시료에 어떤 변화가 생기는지 설명하시오.

▶ **개념 응용문제 11.6** 갈륨 금속의 상도표는 다음과 같다(압력 축은 임의의 척도로 표시하였다). 그림에 나타낸 영역에서 갈륨은 서로 다른 두 종류의 고체상을 갖는다.

(a) 상도표에 고체, 액체, 기체 영역을 나타내시오.
(b) 갈륨은 몇 개의 삼중점이 있는가? 도표에 원으로 표시하시오.
(c) 1 atm의 압력에서 고체와 액체 중 어느 상의 밀도가 더 큰가? 설명하시오.

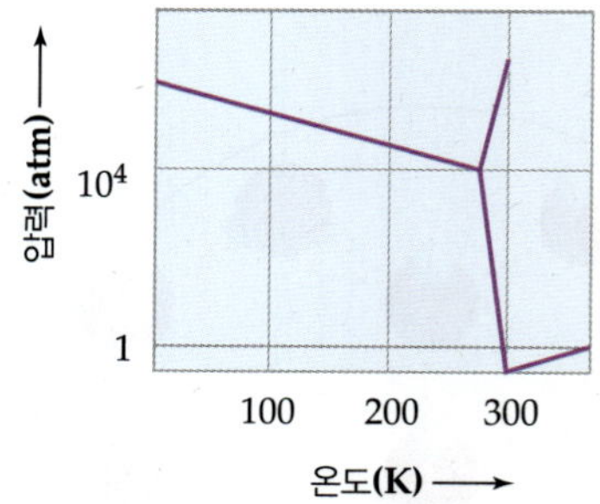

INQUIRY? 커피에서 카페인을 어떻게 제거하는가?

카페인($C_8H_{10}N_4O_2$)은 식물의 씨앗과 잎에서 자연적으로 생기는 살충제인데, 그 식물을 갉아먹는 특정 곤충들을 죽이거나 마비시킨다. 사람에게는 카페인이 자극제로 작용하는데, 그 이유 때문에 커피 원두나 녹차 잎에서 제거되기도 한다. **추출**(extraction)은 커피 원두로부터 카페인 분자를 제거하는 것과 같이 혼합물로부터 어떤 물질을 분리하는 과정이다. 1905년에 로셀리우스(Ludwig Roselius)는 벤젠(C_6H_6)을 용매로 사용하여 커피에서 카페인을 추출하는 방법을 개발하였다. 카페인은 무극성 용매인 벤젠에 잘 녹는데, 카페인 분자의 상당 부분이 무극성이기 때문이다. 만일 용질과 용매의 극성이 같으면 용해도는 높게 된다. 다시 말하면 무극성 용매에는 무극성 용질이 잘 녹고, 극성 용매에는 극성 용질이 잘 녹는다. 하지만 식품산업에서 벤젠을 용매로 사용하는 것은 잘못된 선택인데, 벤젠은 매우 독성이 크고 암을 유발하는 발암물질이기 때문이다. 커피의 잔류 벤젠은 소비자의 건강에 심각한 위협이 될 수 있다.

탄소–수소 결합을 가진 유기 화합물은 무극성이다. 카페인은 무극성 용매에 높은 용해도를 보이는데, 분자의 상당 부분이 무극성이기 때문이다.

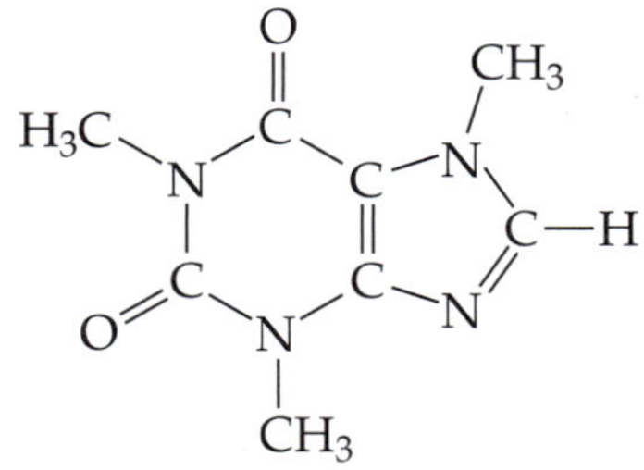

카페인

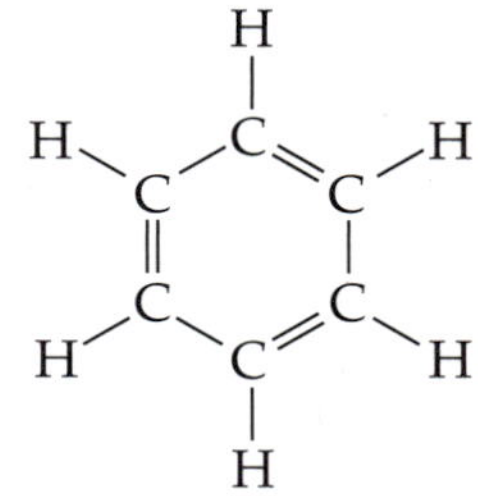

벤젠

훨씬 안전한 방법은 초임계 CO_2를 사용하여 커피 원두로부터 카페인을 추출하는 것이다. CO_2는 독성이 없고, 불연성이며, 식품 시료로부터 쉽게 분리할 수 있고, 재활용할 수 있다. CO_2는 무극성 분자이고, 카페인과 같은 무극성 용질을 잘 녹인다. 하지만 실온과 대기압(25 °C, 1 atm)에서 CO_2는 기체이기 때문에 용매로 사용될 수 없다. 온도와 압력을 올리면 CO_2의 초임계상이 만들어지는데, 기체와 액체 중간 정도의 독특한 성질을 가지게 된다. 초임계 CO_2는 액체상과 같은 용매 특성을 보이는데, 마치 기체처럼 빠르게 확산하고 흐르기 때문에 통상적인 유기 용매를 사용할 때보다 훨씬 빠르게 추출 작업을 할 수 있다. 초임계 CO_2는 표면 장력도 작아서 커피 원두에 있는 미세한 구멍으로 투과되어 내부에 있는 카페인을 녹여낼 수 있다.

그림 11.10에 있는 CO_2의 상도표에서 보듯이 CO_2의 초임계

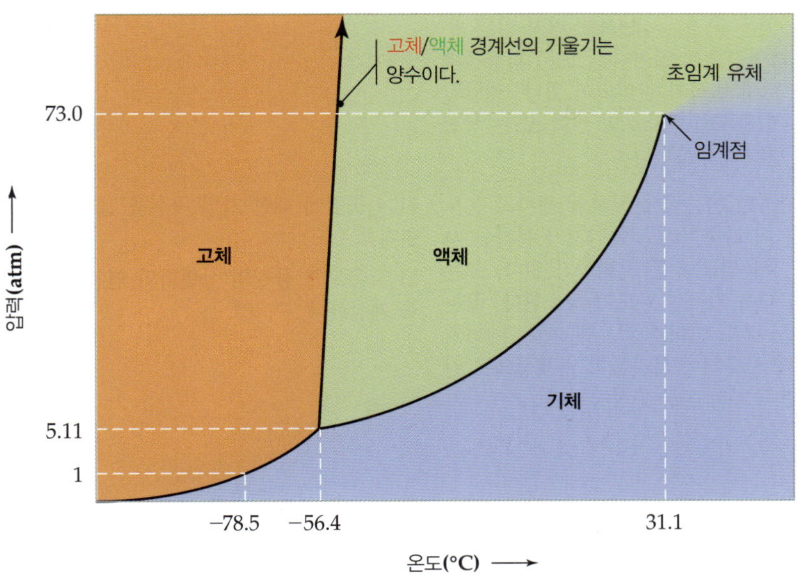

◀ 그림 11.10
CO_2의 상도표. 압력 축과 온도 축의 눈금을 비례적인 척도로 그리지 않았다.

상은 비교적 적당한 온도와 압력(31.1℃, 73.0 atm)에서 도달할 수 있다. 임계점에 쉽게 도달할 수 있기 때문에 CO_2는 가장 널리 사용되는 초임계 유체가 되었다. 산업과 연구 분야에서 용매로서의 초임계 CO_2는 환경친화적 드라이클리닝, 분석적 분리, 중합 반응에 응용된다. CO_2의 상도표는 물의 상도표(그림 11.7)와 동일한 특성을 많이 보이지만, 상이한 몇몇 흥미로운 점들이 있다. 첫째, 삼중점에서 $P_t = 5.11$ atm인데, 이 압력 이하에서는 CO_2는 온도가 몇 도가 되더라도 절대로 액체가 될 수 없다는 것이다. 압력 1 atm에서 CO_2는 −78.5 ℃ 이하에서는 고체이지만, 이 온도 이상에서는 기체로 존재한다. 이는 이산화 탄소가 표준 압력에서는 절대로 액체 형태로 존재할 수 없음을 의미한다. 둘째, 고체/액체 경계선이 양의 기울기인데, 이것은 압력이 상승하면 고체상이 유리하며 고체 CO_2의 녹는점은 압력에 따라 상승한다는 것을 의미한다.

그림 11.11에서 보듯이, 액체와 초임계 유체 사이의 전이는 고압 용기를 사용하여 관찰할 수 있다. 처음에 CO_2는 액체 상태로 용기 내에 존재하며, 기체와 액체상이 분명히 구분된다. 고압 용기를 75 atm으로 맞추면, 온도의 상승으로 액체가 덜 조밀하게 되고, 따라서 액체와 기체상의 구분이 불분명해진다. 임계 온도에 도달하면 기체와 액체상의 밀도가 같아지고, 경계선이 더 이상 존재하지 않게 된다.

▶ 그림 11.11
고압 용기에서 액체와 초임계 CO_2 사이의 상전이

임계 온도 이하에서는 액체 CO_2와 기체상 사이의 경계면이 분명하다. → 온도의 상승은 액체 CO_2의 밀도를 감소시켜, 액체와 기체상의 구분이 불명확해진다. → 임계 온도(31.1 ℃) 이상에서는 CO_2가 초임계상으로 존재하며, 경계면이 사라진다.

정리

절	개념 요약	학습 목표
11.1 액체의 성질	액체의 두 가지 중요한 성질에는, 흐름에 대한 액체의 저항의 척도인 점도와, 펼쳐짐에 따른 표면적 증가에 저항하는 **표면 장력**이 있다. 이 성질들은 액체 시료에서 분자간의 힘의 세기에 의해 영향을 받는다.	11.1 물리적 현상을 관찰한 것과 올바른 액체 성질을 짝짓는다. 11.2 분자 구조에 기초하여, 어떤 물질의 점도 혹은 표면 장력이 더 높을지 예측한다.
11.2 증기 압력과 끓는점	밀폐된 용기에서 액체 분자가 증발함에 따라 증가하는 압력을 **증기 압력**이라고 부른다. 온도가 오름에 따라 증기 압력이 상승한다. 더 많은 분자들이 분자간 힘을 극복하고 기체상으로 들어가는 데 충분한 에너지를 갖게 되기 때문이다.	11.3 클라우시우스–클라페이론 식을 사용하여, 여러 온도에서의 증기 압력이나 $\Delta H_{증발}$을 계산한다.
11.3 고체, 액체, 기체 사이의 상변화	어떤 한 **상**(고체, 액체, 기체)에 있는 물질은 **상변화**를 거쳐 다른 두 상 중에 하나로 바뀔 수 있다. 자연적으로 일어나는 모든 과정들과 같이, 상변화에는 엔탈피와 엔트로피 변화가 관련되어 있다. 엔탈피 변화 ΔH는 분자간 힘의 변화의 척도이고, 엔트로피 변화 ΔS는 상전이에 수반되는 분자의 무질서도 변화의 척도이다.	
11.4 상전이 동안의 에너지 변화	고체상으로 있는 물질에 열을 가하면 녹는점에 도달할 때까지 온도가 올라간다. 녹는점에서는 열을 더 가하더라도 에너지가 분자들 사이의 분자 상호간 힘을 끊는 데 사용되므로 온도 변화가 없다. 모든 고체가 액체로 전환된 후에 열을 더욱 가하면 온도가 상승한다. 끓는점에서는 추가로 열을 가하더라도 온도 변화가 없는데, 이는 에너지가 분자 상호간 힘을 극복하는 데 사용되어 분자들이 기체상으로 전환되기 때문이다. 열을 더 가하면 증기의 온도가 상승한다.	11.4 물질에 대한 가열 곡선을 그리거나 해석한다. 11.5 온도와 물질의 상변화와 연관된 열의 양을 계산한다.

절	개념 요약	학습 목표
11.5 상도표	상변화에 미치는 온도와 압력의 효과는 **상도표**를 사용하여 그림으로 설명할 수 있다. 전형적인 상도표는 세 구역–고체, 액체, 기체–이 세 개의 경계선으로 나뉘어 있는데, 이 경계선은 어떤 두 상이 평형에 있는지와 상변화가 일어나는 압력/온도의 조합을 나타낸다. 정확히 1 atm의 압력에서, 고체/액체 경계선의 온도가 물질의 **정상 녹는점**에 해당하고, 액체/기체 경계선의 온도가 **정상 끓는점**에 해당한다. 세 개의 선은 **삼중점**에서 만나는데, 세 상이 평형 상태로 공존하는 온도와 압력의 특이한 조합을 나타낸다. 액체/기체 경계선은 삼중점에서 시작하여 **임계점**으로 이어지는데, 임계점은 그 임계점 이상에서 액체상과 기체상이 초임계 유체가 되는 압력과 온도의 조합이다.	11.6 상도표를 사용하여, 주어진 온도와 압력에서 물질의 상 혹은 온도와 압력이 변할 때 일어나는 상전이를 식별한다. 11.7 주어진 적절한 자료로부터 상도표를 그린다.

주요 용어

상	임계점	증기 압력	표면 장력
상도표	정상 녹는점	증발열($\Delta H_{증발}$)	
상변화	정상 끓는점	초임계 유체	
용융열($\Delta H_{용융}$)	점성	클라우시우스–클라페이론 식	

주요 식

• 클라우시우스–클라페이론 식(11.2절)

$$\ln P_{증기} = \left(-\frac{\Delta H_{증기}}{R}\right)\frac{1}{T} + C$$

여기서 $\Delta H_{증발}$은 증발열, R은 기체 상수, C는 특정 물질의 특성을 나타내는 상수이다.

• 클라우시우스–클라페이론 식의 다른 형태(11.2절)

$$\ln\left(\frac{P_1}{P_2}\right) = \frac{\Delta H_{증기}}{R}\left(\frac{1}{T_2} - \frac{1}{T_1}\right)$$

복습 문제

LO는 학습 목표(Learning Objectives)를 나타낸다.

이 장을 학습한 후엔, 학습자의 이해도를 평가할 수 있는 방법이 있다. **복습 문제**를 푸는 것이다. **복습 문제**들은 이 장의 학습 목표와 연계되어 있다. 따라서 푼 답이 틀렸다면, 이 장의 끝부분에 나와 있는 **정리** 문단의 **학습 목표**를 참고하면 된다. 정리 문단에는 **개념 요약**이 제공되며, **예제**를 참고하면 문제 해결 방법을 모델링할 수 있다.

1. 동일하게 생긴 튜브 세 개에 물, 에틸렌 글라이콜, 올리브유의 각각 다른 액체가 채워져 있다. 조그만 쇠공을 튜브 안에 넣고 바닥에 가라앉는 데 걸리는 시간을 측정했다.

튜브	액체	쇠공이 바닥에 가라앉는 데 걸리는 시간
1	물	0.2초
2	에틸렌 글라이콜	3.2초
3	올리브유	16.5초

쇠공이 액체 속으로 떨어지는 시간이 다른 이유는 액체의 어떤 성질 때문인가? **(LO 11.1)**

(a) 표면 장력

(b) 끓는점

(c) 점성
(d) 증기압

2. 다음 유기 화합물 중 점성이 가장 낮은 것은 무엇인가? (**LO 11.2**)

(a)

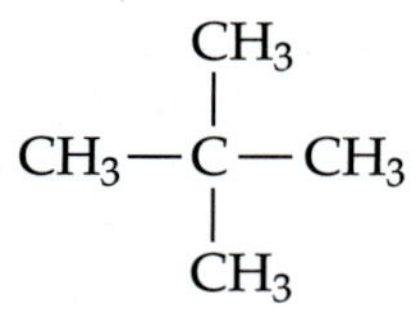

(b)

$H_3C-CH_2-CH_2-CH_2-CH_2-CH_3$

(c)

$H_3C-CH_2-CH_2-CH_2-CH_2-CH_2-NH_2$

(d)

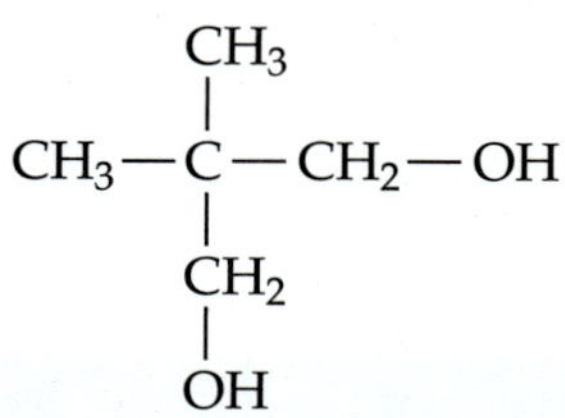

3. 웃음가스라고도 불리며, 치과의사들이 종종 마취제로 사용하는 아산화 질소는 −111.3 °C에서 $P_{증기}=100.0$ mmHg이고 정상 끓는점이 −88.5 °C이다. 아산화 질소의 증발열은 몇 kJ/mol인가? (**LO 11.3**)

(a) 22.1 kJ/mol　　(b) −22.1 kJ/mol
(c) 218 kJ/mol　　(d) 2.21×10^4 kJ/mol

4. 콜로라도주 덴버시는 해발 1마일 고도에 있어 마일−하이 시티라고 한다. 덴버시에서는 물이 95 °C에서 끓는다. 덴버의 대기압은 얼마인가? H_2O의 $\Delta H_{증기}=40.67$ kJ/mol이다. (**LO 11.3**)

(a) 532 mmHg　　(b) 759 mmHg
(c) 908 mmHg　　(d) 636 mmHg

5. 어떤 화합물의 녹는점이 65 °C이고 끓는점이 175 °C이다. 다음 그림 중에 이 화합물의 40 °C에서 200 °C까지 가열 곡선을 나타낸 것은? (**LO 11.4**)

(a)

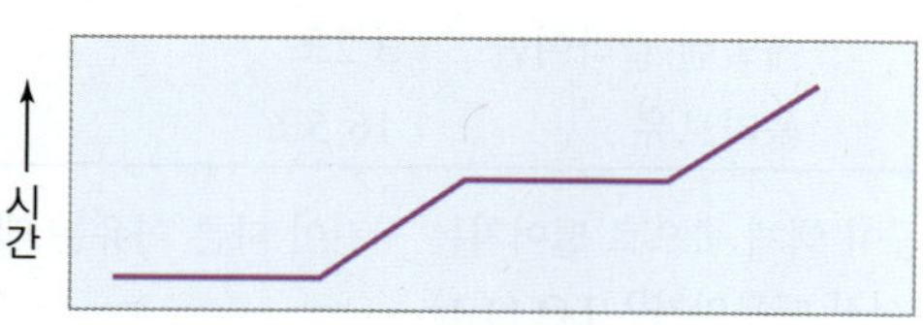

(b)

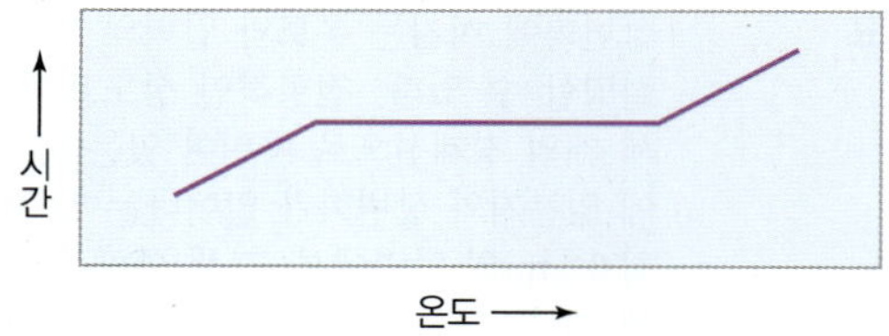

(c)

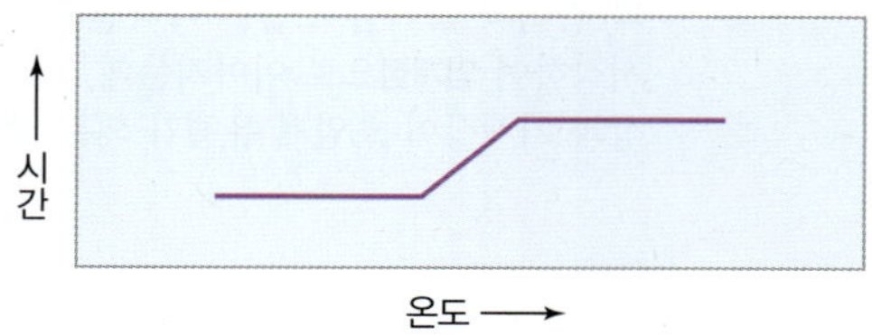

(d)

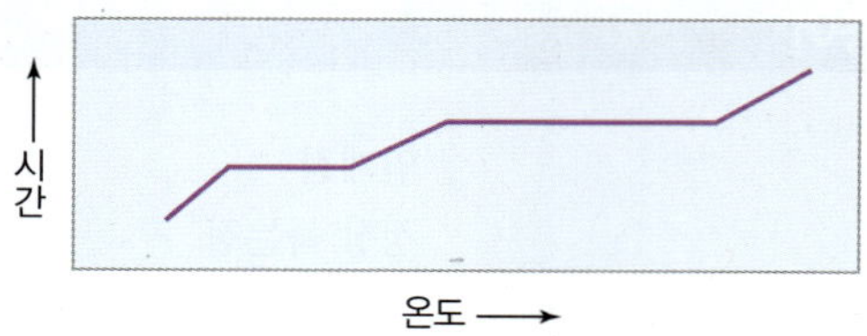

6. 수은의 녹는점은 −38.8 °C이고 몰 열용량은 액체일 때 27.9 J/(K·mol), 고체일 때 28.2 J/(K·mol)이며 $\Delta H_{용융}=2.33$ kJ/mol이다. 열용량은 온도에 따라 변하지 않는다고 가정한다. Hg 7.50 g을 −50.0 °C에서 +50.0 °C로 가열하는 데 필요한 에너지는 몇 J인가? (**LO 11.5**)

(a) 236 J　　(b) 192 J
(c) 105 J　　(d) 111 J

이산화 탄소 상도표를 이용하여 질문 7과 8에 답하시오.

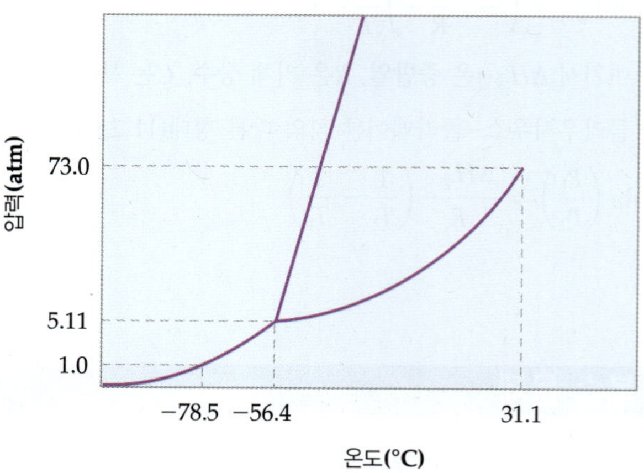

7. 만일 이산화 탄소 시료가 50 atm, 0 °C에서 시작하여 압력이 1 atm으로 감소한다면 어떤 상전이가 일어나는가? (**LO 11.6**)

(a) 고체에서 기체　　(b) 액체에서 고체
(c) 액체에서 기체　　(d) 기체에서 고체

8. 어떤 조건 하에서 초임계상이 존재하는가?

(a) 5.11 atm과 −56.4 °C　　(b) 2 atm과 25 °C
(c) 50 atm과 −50 °C　　(d) 80 atm과 35 °C

답:

1. c, 2. a, 3. a, 4. d, 5. d, 6. b, 7. c, 8. d

개념 문제

문제 11.1~11.6**은 이 장의 본문 중에 있다.**

11.7 어떤 물질의 상도표는 아래와 같다.

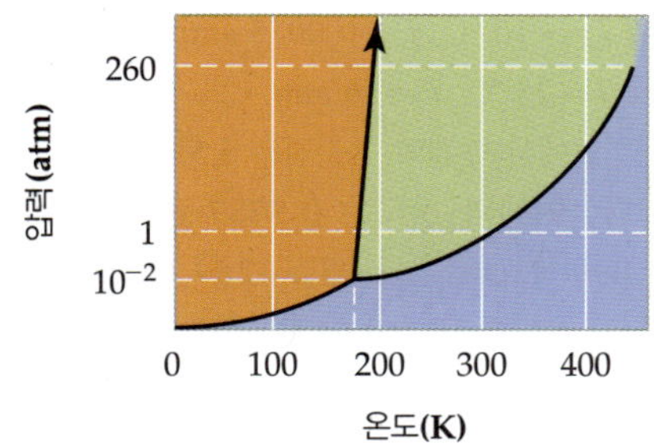

(a) 이 물질의 정상 끓는점과 정상 녹는점은 대략 얼마인가?

(b) 다음과 같은 조건에서, 이 물질의 물리적 상태는 무엇인가?

(i) $T = 150$ K, $P = 0.5$ atm

(ii) $T = 325$ K, $P = 0.9$ atm

(iii) $T = 450$ K, $P = 265$ atm

보충 문제

액체의 성질(11.1절)

11.8 자성을 띠는 바늘을 유리컵에 담긴 물의 표면 위에 가만히 놓으면 나침반과 같이 움직인다. 바늘이 물 위에 떠 있는 것은 물의 점성 때문인가, 아니면 표면 장력 때문인가?

11.9 다음 각 쌍에서 어느 물질의 표면 장력이 더 큰지 예측하시오.

(a) CCl_4와 CH_2Br_2

(b) 에탄올(CH_3CH_2OH)와 에틸렌 글라이콜 ($HOCH_2CH_2OH$)

11.10 다음은 올리브유의 주성분인 올레산의 화학 구조이다. 올리브유가 왜 물보다 점도가 더 큰지 설명하시오.

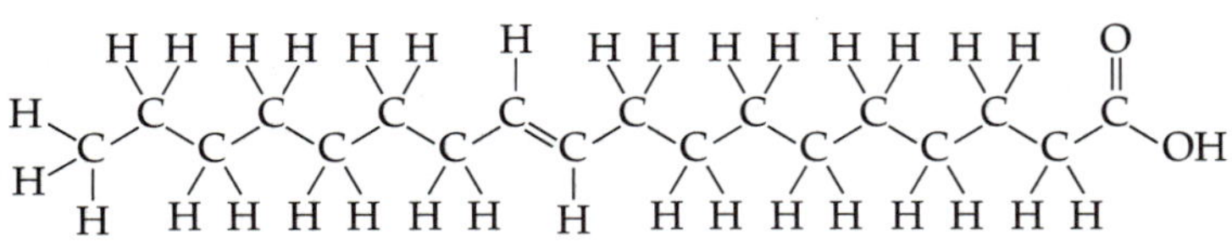

증기 압력과 끓는점(11.2절)

11.11 −5.1 °C에서 이황화 탄소(CS_2)의 $P_{증기} = 100$ mmHg이고, 정상 끓는점은 46.5 °C이다. 이황화 탄소의 $\Delta H_{증발}$은 몇 kJ/mol인가?

이황화 탄소

11.12 20.0 °C에서 CS_2의 증기 압력은 몇 mmHg인가? (문제 11.11 참조)

11.13 다이클로로메테인(CH_2Cl_2)은 커피 원두에서 카페인을 제거할 때 사용되는 유기 용매이다. 다양한 온도에서 측정한 다이클로로메테인의 증기 압력을 다음 표에 나타내었다. 표의 나머지 부분을 채우고, 자료를 이용하여 $P_{증기}$ 대 T 그래프와 ln $P_{증기}$ 대 $1/T$의 그래프를 그리시오.

온도(K)	$P_{증기}$ (mmHg)	ln $P_{증기}$	$1/T$
263	80.1	?	?
273	133.6	?	?
283	213.3	?	?
293	329.6	?	?
303	495.4	?	?
313	724.4	?	?

11.14 문제 11.13에서 만든 그래프를 이용하여, 다이클로로메테인의 $\Delta H_{증발}$(kJ/mol)을 구하시오.

11.15 문제 11.13에 주어진 표에서 임의의 두 온도를 선택하고 각 온도에서 증기 압력을 찾은 후, 이 값들을 이용하여 다이클로로메테인의 $\Delta H_{증발}$(kJ/mol)을 구하시오. 이 계산 값과 문제 11.14에서 구한 값을 비교하시오.

11.16 지구의 오존층을 파괴하는 클로로플루오로탄소 냉매들 중 하나인 다이클로로다이플루오로메테인(CCl_2F_2)은 −81.6 ℃에서 $P_{증기} = 40.0$ mmHg이고, −43.9 ℃에서 $P_{증기} = 400$ mmHg이다. CCl_2F_2의 정상 끓는점은 몇 ℃인가?

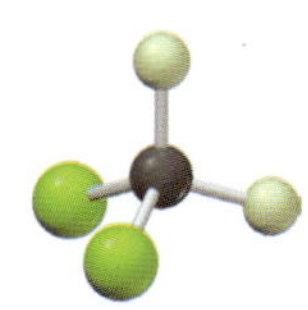

다이클로로다이플루오로메테인

상변화(11.3-11.4절)

11.17 일반적으로 $\Delta H_{증발}$가 $\Delta H_{용융}$보다 큰 이유는 무엇인가?

11.18 녹는점이 50 ℃이고 끓는점이 125 ℃이며, 1 atm 압력에 있는 어떤 화합물을 가정하자. 50 ℃에서 125 ℃로 올릴 때 가열 곡선을 그리시오.

11.19 수은의 mp는 −38.8 ℃이고, bp는 356.6 ℃이다. 1.0 atm 압력에서 다음 조건 하의 수은은 어떤 상 변화를 일으키겠는가?

(a) 시료의 온도를 −30 ℃에서 365 ℃로 올렸다.

(b) 시료의 온도를 291 K에서 238 K로 내렸다.

(c) 시료의 온도를 638 K에서 231 K로 내렸다.

11.20 얼음 5.00 g을 −11.0 ℃에서 30.0 ℃로 가열할 때 필요한 에너지는 몇 kJ인가? 물의 용융열은 6.01 kJ/mol이고, 고체 얼음의 몰열용량은 36.6 J/(K·mol)이며, 액체 물의 몰열용량은 75.4 J/(K·mol)이다.

11.21 물 7.55 g을 33.5 ℃에서 −11.0 ℃로 냉각시킬 때 방출되는 에너지는 몇 kJ인가? (필요한 자료는 문제 11.20 참조)

11.22 그림 11.6에 나타낸 물의 몰 가열 곡선과 유사한 에탄올(C_2H_5OH)의 몰 가열 곡선을 그리시오. 고체 에탄올의 녹는점에서 시작하여 온도를 100 ℃까지 올리시오.

(자료: 에탄올의 mp = −114.1 ℃, bp = 78.3 ℃, $\Delta H_{증발}$ = 38.56 kJ/mol, $\Delta H_{용융}$ = 4.93 kJ/mol)

상도표(11.5절)

11.23 실온에서 플라스크에 물을 채우고, 고무호스로 진공 펌프에 연결한 후 펌프를 작동시켰다. 몇 분 후에 물의 부피가 줄어들고 남은 물은 얼음으로 변했다. 이 현상을 설명하시오.

11.24 그림 11.10에 나타낸 CO_2의 상도표를 이용하여, 다음 조건에서 어떤 상이 존재할지 예측하시오.

(a) T = −60 ℃, P = 0.75 atm

(b) T = −35 ℃, P = 18.6 atm

(c) T = −80 ℃, P = 5.42 atm

11.25 브로민의 T_t는 −7.3 ℃, P_t는 44 mmHg, T_c는 315 ℃, P_c는 102 atm이다. 액체의 밀도는 3.1 g/cm^3, 고체의 밀도는 3.4 g/cm^{3}이다. 브로민의 상도표를 그린 후, 관심 있는 모든 점을 표기하시오.

11.26 문제 11.25에서 그린 브로민의 상도표를 이용하여, 다음 조건에서 어떤 상이 존재할지 예측하시오.

(a) T = −10 ℃, P = 0.0075 atm

(b) T = 25 ℃, P = 16 atm

11.27 대기압에서 벤젠의 녹는점은 5.53 ℃이고, 끓는점은 80.09 ℃이다. 액체의 밀도는 0.8787 g/cm^{3}이고, 고체의 밀도는 0.899 g/cm^{3}이다. T_c = 289.01 ℃, P_c = 48.34 atm, T_t = 5.52 ℃, P_t = 0.0473 atm이다. 200 K, 66.5 atm인 점에서 출발하여, 다음 경로를 상도표에서 추적하시오.

(1) 먼저, P를 일정하게 유지하면서 T를 585 K까지 올린다.

(2) 다음, T를 일정하게 유지하면서 P를 38.5 atm까지 내린다.

(3) 그 다음, P를 일정하게 유지하면서 T를 278.66 K까지 내린다.

(4) 마지막으로, T를 일정하게 유지하면서 P를 0.0025 atm까지 내린다.

출발할 때의 상과 맨 마지막의 상은 무엇인가?

11.28 문제 11.27에서 몇 번의 상전이가 일어나는가? 일어난 상전이는 무엇인가?

11.29 다음 자료를 이용하여, 크립톤의 상도표를 그리시오. T_t = −169 ℃, P_t = 133 mmHg, T_c = −63 ℃, P_c = 54 atm, mp = −156.6 ℃, bp = −152.3 ℃이다. 고체 크립톤의 밀도는 2.8 g/cm^3, 액체 크립톤의 밀도는 2.4 g/cm^{3}이다. 실온에서 기체 크립톤 시료에 압력을 증가하면 액화될 수 있는가?

chapter 12

고체와 고체상 물질

ⓒVan Pympk/Shutterstock

CONTENTS

12.1 고체의 종류

12.2 결정성 고체의 구형 쌓임: 단위 세포

12.3 이온성 고체의 구조

12.4 공유성 그물 구조 고체

12.5 금속에서의 결합

셀레늄화 카드뮴으로 만든 양자점 용액은 자외선을 흡수하여 특정 파장의 가시광선을 방출한다. 양자점은 텔레비전 디스플레이에서 암 치료에 이르기까지 응용 측면에서 혁명을 일으킬 수 있는 나노입자이다.

도구와 무기, 집과 고층 건물, 컴퓨터, 레이저 등을 만드는 데 이용되는 재료들은 인류 문명 발전에 큰 영향을 주었다. 실제로 고고학자들은 사용된 재료의 관점에서, 나무와 돌 등 자연 그대로의 재료만을 사용하던 석기 시대, 구리와 주석 합금으로 도구, 무기, 장신구 등을 만들던 청동기 시대, 철로 다양한 인공물을 만들던 철기 시대로 초기 인류 역사를 구분한다.

오늘날에도 구리와 철은 여전히 매우 중요한 자원이다. 구리는 전선을 만드는 데 사용되고, 철은 철강의 주성분이다. 고대에는 알려지지 않았던 알루미늄과 타이타늄과 같은 금속은 오늘날 현대 기술에서 선도적인 역할을 하고 있다. 예를 들어, 이러한 금속들은 밀도가 작고 내부식성이 우수하기 때문에 항공기 산업에 널리 이용된다.

반도체(semiconductors), **초전도체**(superconductors), **고기능성 세라믹**(advanced ceramics), **복합 재료**(composites) 및 **나노입자**(nanoparticles)와 같은 **고체상** 물질을 통해 현대 기술은 가능하게 되었다. 반도체는 컴퓨터의 소형 전자 장치에 이용된다. 초전도체는 의학용 영상 장비인 자기 공명 영상(magnetic resonance imaging, MRI) 장치의 강력한 전자석을 제조하는 데 사용된다. 고기능성 세라믹과 복합 재료는 공학, 전자, 생의학 등 다양한 분야에서 사용되고 있으며, 입자 크기에 따라 고유한 특성을 나타내는 나노입자는 자외선 차단제부터 암 치료제에 이르기까지 다양한 용도로 기타 여러 제품에 사용되고 있어 미래에 더욱 중요한 재료가 될 것이다.

이 장에서는 고체의 구조와 다양한 유형의 결합이 물질의 특성에 어떤 영향을 주는지 살펴볼 것이다. 금속 결합에 대한 설명과 더불어, 전도성과 같은 금속의 특성이 어떻게 발현되는지 살펴볼 것이다.

12.1 고체의 종류

우리 주변을 살펴보면, 대부분의 물질들은 액체나 기체보다 고체라는 것과, 또한 수많은 종류의 고체들이 존재한다는 사실을 쉽게 알 수 있다. 철이나 알루미늄과 같은 고체들은 딱딱하고 금속성이다. 반면 설탕이나 소금과 같은 고체들은 결정성이며 쉽게 부서진다. 또한 고무와 플라스틱 같은 고체들은 유연하고 비결정성이다.

고체의 종류를 분류하는 기본적인 기준은 결정성과 비결정성이다. **결정성 고체(crystalline solid)**는 구성 입자(원자, 이온, 분자)들이 넓은 영역에 걸쳐 질서 정연하게 규칙적으로 배열된 고체이다. 보통 결정성 고체는 평평한 면과 특징적인 각을 가지고 있기 때문에, 원자 수준에서 형성된 이와 같은 질서 있는 배열도 눈으로 확인할 수 있다(그림 12.1a). 반면, **비결정성 고체(amorphous solid)**는 구성 입자들이 무질서하게 배열되어 넓은 영역에 걸쳐 규칙성이 없는

(a) 자수정과 같은 결정성 고체는 평평한 면과 특징적인 각을 가지고 있다. 이러한 규칙적인 거시적 특성은 원자 수준에서도 입자들이 유사한 방식으로 질서 정연하게 배열되어 있음을 보여 준다. ©Jiri Vaclavek/Shutterstock

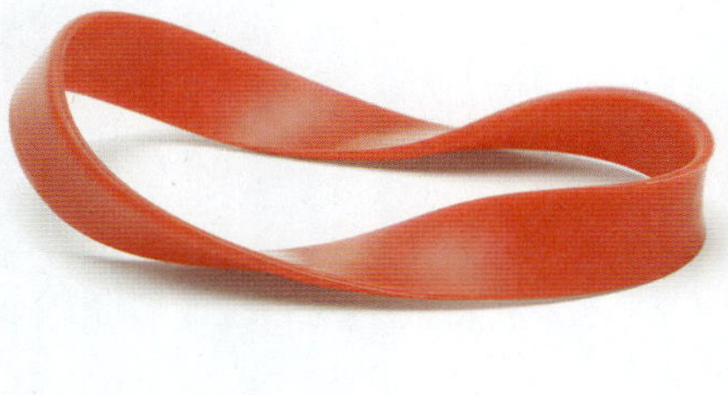

(b) 고무와 같은 비결정성 고체는 구성 입자들이 무질서하게 배열되어 있다. ©design56 / Shutterstock

▲ 그림 12.1
결정성 고체와 비결정성 고체

구조를 갖는다(그림 12.1b). 고무가 대표적인 비결정성 고체이다.

결정성 고체는 또다시 **이온성, 분자성, 공유성 그물 구조, 금속성 고체**로 분류할 수 있다. 염화 소듐과 같은 **이온성 고체(ionic solid)**의 구성 입자는 이온이다. 2.12절에서 설명한 바와 같이, 염화 소듐 결정은 규칙적인 3차원 배열에서 이온 결합을 통해 서로 붙잡고 있는, 교대로 배열된 Na^+ 이온과 Cl^- 이온들로 구성되어 있다.

설탕이나 얼음과 같은 **분자성 고체(molecular solid)**의 구성 입자는 분자이다. 8.3절에서 설명한 분자간 힘에 의하여 분자들이 서로 붙잡혀 있다. 예를 들어, 얼음 결정은 수소 결합(그림 12.2a)에 의해 규칙적인 방식으로 결합된 물 분자들로 구성되어 있다.

석영(그림 12.2b)이나 다이아몬드와 같은 **공유성 그물 구조 고체(covalent network solid)** 원자들은 공유 결합을 통하여 서로 연결되어 커다란 3차원 배열을 이룬다. 그림 12.2c는 각각의 SiO_4 단위가 하나의 **매우 커다란** 분자를 만들기 위해 산소 원자를 공유하는 것을 보여 준다.

은이나 철과 같은 **금속성 고체(metallic solid)** 역시, 원자들로 이루어진 커다란 배열로 되어 있고, 전기 전도도와 같은 금속의 성질을 갖는다.

여러 종류의 결정성 고체와 이들의 특성을 표 12.1에 요약하였다.

(a) 얼음은 각각의 H_2O 분자가 수소 결합에 의해 규칙적인 방식으로 서로 붙잡고 있는 구조로 이루어져 있다.

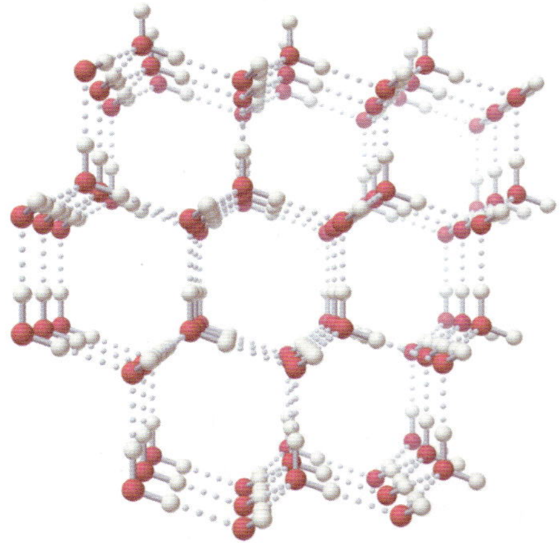

(b) 석영(SiO_2)은 기본적으로 Si−O 공유 결합을 갖는 하나의 매우 커다란 분자이다. 각 규소 원자는 산소 원자 4개와 결합하여 정사면체 기하 구조를 형성한다. 각 산소 원자는 두 개의 규소 원자와 결합하여 거의 선형 기하 구조를 형성한다.

(c) SiO_4 정사면체들이 꼭짓점에 있는 산소 원자를 공유하여 연결되는 방식을 간략하게 그림으로 표현하였다.

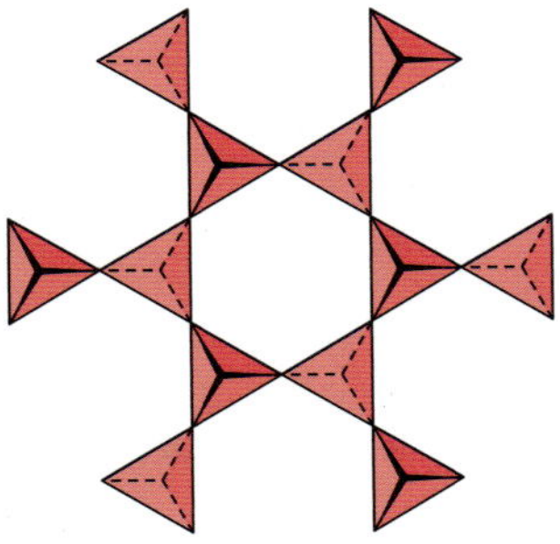

▲ 그림 12.2
분자성 고체인 얼음과 공유성 그물 구조 고체인 석영의 결정 구조

◀ 확인하기

석영은 물보다 녹는점이 훨씬 높다. 각 단위체를 서로 묶고 있는 힘의 유형에 기초하여 차이점을 설명하시오.

답 얼음에서는 물 분자들이 수소 결합으로 연결되어 있다. 석영에서는 각 SiO_2 단위들이 공유 결합으로 연결되어 있다. 공유 결합이 수소 결합보다 강하므로, 석영의 녹는점이 더 높다.

표 12.1 결정성 고체의 종류와 특성

고체의 종류	분자간 힘	성질	예
이온성	이온−이온 힘	부서지기 쉬움, 딱딱함, 높은 녹는점	NaCl, KBr, $MgCl_2$
분자성	분산력, 쌍극자−쌍극자 힘, 수소 결합	부드러움, 낮은 녹는점, 부도체	H_2O, Br_2, CO_2, CH_4
공유성 그물 구조	공유 결합	딱딱함, 높은 녹는점	C(다이아몬드), SiO_2
금속성	금속 결합	경도와 녹는점이 다양함, 전도성	Na, Zn, Cu, Fe

12.2 결정성 고체의 구형 쌓임: 단위 세포

결정 내에서 원자, 이온, 분자와 같은 입자들은 어떻게 쌓일까? 가장 간단한 결정 쌓임의 예로, 개개의 구형 금속 원자들의 쌓임으로 이루어진 금속을 살펴보자. 일반적으로 금속 원자들은(다른 종류의 입자들도 마찬가지로) 서로 쌓임으로써 가능한 한 밀집하여 원자간 인력을 극대화한다.

여러 개의 크기가 같은 구슬을 상자 안에 규칙적으로 배열하려 한다면, 네 가지 방식 중 하나를 선택할 수 있을 것이다. 구슬을 배열할 수 있는 한 가지 방식은 같은 층에 있는 구슬들이 정사각형을 이루며 질서 정연한 배열을 만들고, 그 바로 위에 다른 층을 겹쳐 쌓는 것이다. 즉, 첫 번째 층의 구슬 위에 두 번째 층의 구슬을 놓아 모든 층들이 동등하게 쌓는 것이다(그림 12.3a). **단순 입방 쌓임(simple cubic packing)**이라고 하는 이 배열에서 각 구는 여섯 개의 다른 구에 의해 둘러싸인다. 즉, 네 개는 같은 층에 있고, 한 개는 위에, 나머지 다른 한 개는 아래에 있다. 따라서 **배위수(coordination number)**는 6이다. 단순 입방 쌓임에서 구가 차지하는 부피는 단지 가용 부피의 52%로 공간 활용이 비효율적이며, 입자간 인력이 최소가 된다. 주기율표의 모든 금속 중에서 폴로늄(Po)만이 이 방식으로 결정을 형성한다.

또 다른 방법으로, 구를 위아래로 직접 쌓는 방식과 달리 공간을 좀 더 효율적으로 사용하는 방법이 있다. 주어진 층(*a*층)에 있는 구슬들이 서로 약간 떨어져 정사각형을 이루며 질서 정연한 배열을 만들고, *a*층 구들이 형성하는 오목한 부분에 새로운 구들이 들어가 *b*층 배열을 만들며, 계속해서 층을 교대로 쌓아 *a*-*b*-*a*-*b* 순으로 쌓이게 하는 방법이다(그림 12.3b). **체심 입방 쌓임(body-centered cubic packing)**이라고 하는 이 배열에서 한 개의 구는 위에 네 개, 아래에 네 개의 구로 둘러싸이므로 각 구의 배위수는 8이다. 체심 입방 쌓임에서 구가 차지하는 부피는 가용 부피의 68%로 공간 활용이 효율적이다. 철과 소듐 등 16개 금속이 이 방식으로 결정을 형성한다.

▶ **그림 12.3**
단순 입방 쌓임과 체심 입방 쌓임

◀ 확인하기
단순 입방 쌓임과 체심 입방 쌓임 중 어느 쌓임이 보다 조밀한 물질을 만들 수 있을까?
답 밀도는 단위 부피당 질량으로 정의된다. 체심 입방 쌓임에서 원자들 사이의 공간이 더 작기 때문에 단위 부피당 더 큰 질량을 만들 수 있다.

(a) 단순 입방 쌓임: 모든 층은 동등하며, 모든 원자는 열과 층으로 정렬되어 있다.

(b) 체심 입방 쌓임: *a*층에 있는 구들은 서로 약간 떨어져 있고, *b*층에 있는 구들은 *a*층 원자들이 형성하는 오목한 부분에 놓여진다. 세 번째 층은 첫 번째 층의 반복이다.

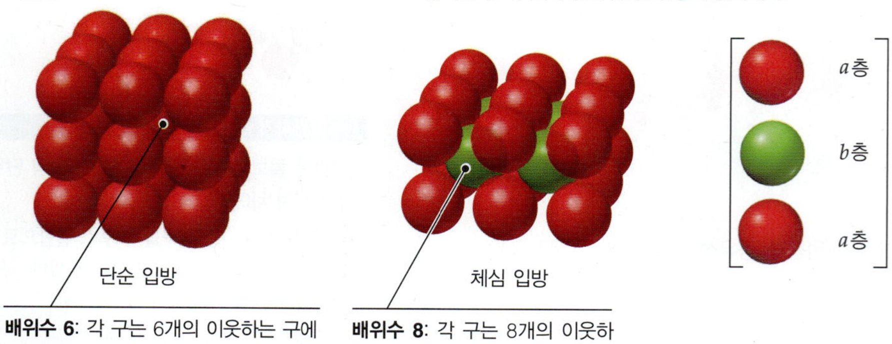

배위수 6: 각 구는 6개의 이웃하는 구에 둘러싸이는데, 같은 층에 4개, 바로 위에 1개, 바로 아래 1개가 있다.

배위수 8: 각 구는 8개의 이웃하는 구에 둘러싸이는데, 4개는 위층에, 4개는 아래층에 있다.

구를 쌓는 나머지 두 가지 배열은 모두 **조밀 쌓임(closest-packing)**이다. **육방 조밀 쌓임(hexagonal closest-packing)** 배열(그림 12.4a)은 두 층이 번갈아 *a*-*b*-*a*-*b* 형태로 쌓인다. 각 층은 서로 접촉하고 있는 구의 육각형 배열을 갖고, *a*층의 구들이 형성하는 작은 삼각형 모양의 오목한 부분에 *b*층의 구들이 들어간다. 아연과 마그네슘 등 21개 금속이 이 방식으로 결정을 형성한다.

입방 조밀 쌓임(cubic closest-packing) 배열(그림 12.4b)은 세 층이 번갈아 *a*-*b*-*c*-*a*-*b*-*c* 형태로 쌓인다. *a*-*b*층은 육방 조밀 쌓임 배열과 동일하다. 하지만 세 번째 층은 *a*층이나 *b*층과 다른

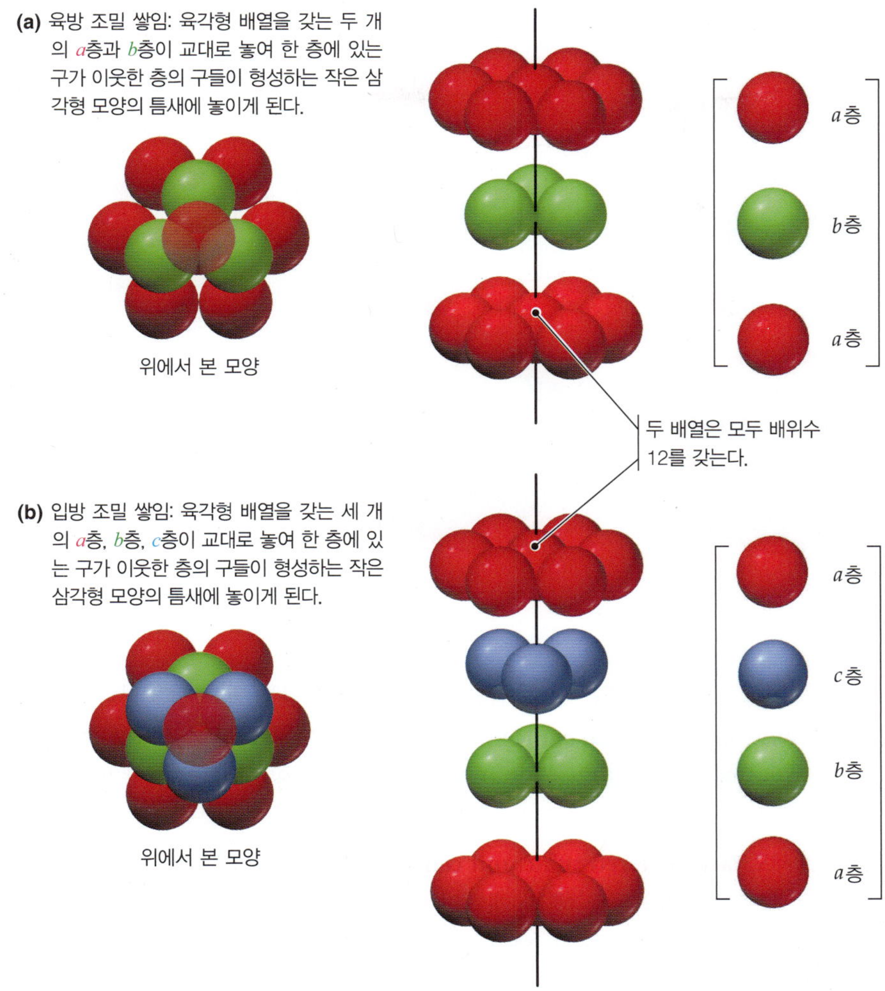

◀ **그림 12.4**
육방 조밀 쌓임과 입방 조밀 쌓임. 두 조밀 쌓임 방식에서 각 구는 이웃하는 12개의 구들과 접촉하고 있다. 6개는 같은 층에, 3개는 위층에, 3개는 아래층에 있다.

위치에 놓인다. 은과 구리 등 18개 금속이 이 방식으로 결정을 형성한다.

두 종류의 조밀 쌓임 배열에서 각 구의 배위수는 12이다. 여섯 개는 같은 층에, 세 개는 위층에, 세 개는 아래층에 있으며, 가용 부피의 74%를 차지한다. 과일 가게에 가면 진열장에 쌓여 있는 오렌지나 사과를 살펴보라. 아마도 조밀 쌓임 상태로 쌓여 있을 것이다.

▲ 이 오렌지들은 어떤 쌓임으로 배열되어 있는가? ⓒPuiipouiz/Shutterstoc

결정에서 구들이 어떻게 쌓여 있는지 전체적인 모습을 살펴보았다. 이제 좀 더 가까이 접근하여 살펴보도록 하자. 커다란 벽돌 담장은 많은 수의 동등한 벽돌을 반복적인 패턴으로 함께 쌓아 만든다. 결정은 **단위 세포(unit cell)**라고 하는 여러 반복 단위들을 3차원으로 함께 쌓아 만든다.

결정성 고체에는 14종류의 서로 다른 단위 세포 기하 구조가 있다. 모두 6면이 평행사변형인 평행육면체 기하 구조이다. 여기서는 입방 대칭을 갖는 단위 세포, 즉 모든 변의 길이가 같고 변들이 이루는 각이 90°인 단위 세포만을 고려하려고 한다. 11개의 다른 단위 세포들은 입방 기하 구조를 갖지 않는다.

▲ 이 벽돌들이 규칙적인 방식으로 서로 겹쳐 쌓인 것처럼, 결정은 규칙적인 방식으로 함께 쌓인 많은 수의 작은 반복 단위인 단위 세포로 구성된다. ⓒDja65/Shutterstoc

입방 단위 세포에는 **원시 입방**(primitive-cubic), **체심 입방**(body-centered cubic), **면심 입방**(face-centered cubic)인 세 종류가 있다. 그림 12.5a에 나타낸 바와 같이, 금속의 **원시 입방 단위 세포(primitive-cubic unit cell)**는 각 여덟 개 꼭짓점에 한 개씩의 원자가 있고, 이 원자들은 주위의 또 다른 일곱 개의 입방체에 의해 공유된다(전체 8개의 입방체). 결과적으로 각 꼭짓점에 있는 원자는 주어진 각 단위 세포에 1/8만 속한다. 이러한 원자들이 규칙적으로 줄지

▶ 그림 12.5
(a) 원시 입방 단위 세포, (b) 체심 입방 단위 세포의 기하 구조. 둘 다 골격 보기(위)와 공간 채움 보기(아래)를 나타내었다.

◀ 확인하기

원시 입방과 체심 입방 단위 세포에는 몇 개의 원자들이 존재하는가?

답 원시 입방 단위 세포는 꼭짓점 8개에 원자들이 있고, 각 꼭짓점에 있는 원자는 8개의 단위 세포가 공유하므로, 원자의 1/8만 주어진 단위 세포에 속한다. 원시 입방 단위 세포의 경우는 1/8×8(꼭짓점 원자) = 원자 1개이다. 체심 입방 단위 세포는 원자 1개가 내부에 있고, 8개가 꼭짓점에 있으므로 [1(중심 원자)] + [1/8×8(꼭짓점 원자)] = 원자 2개이다.

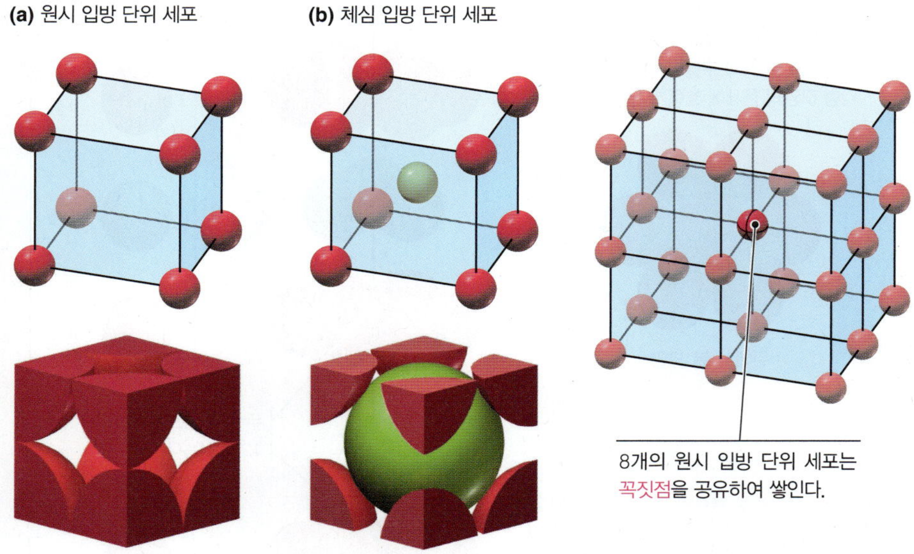

개념탐구 질문 1

입방 단위 세포를 그림으로 나타내시오. 단위 세포의 꼭짓점, 모서리, 그리고 입방체의 면 중심에 원자가 각각 어떤 비율로 존재하는가?

어 쌓여 있는 원시 입방 단위 세포는 단순 입방 쌓임에서 발견되는 반복 단위이다.

체심 입방 단위 세포(body-centered cubic unit cell)는 각 여덟 개의 꼭짓점에 한 개씩의 원자가 있고, 입방체 중심에 또 다른 원자가 있다(그림 12.5b). 두 개의 반복 층과 약간 떨어진 층에 있는 구로 이루어진 체심 입방 단위 세포는 체심 입방 쌓임에서 발견되는 반복 단위이다.

면심 입방 단위 세포(face-centered cubic unit cell)에는 각 여덟 개의 꼭짓점에 한 개씩의 원자가 있고, 입방체의 여섯 면의 중심에 한 개씩의 원자가 있는데, 이 원자들은 이웃하는 또 다른 입방체에 의해 공유된다(그림 12.6a). 따라서 각 면의 원자는 주어진 단위 세포에 1/2이 속한다. 이러한 면심 입방 단위 세포는 입방 조밀 쌓임에서 발견되는 반복 단위이고, 단위 세포의 체대각선 방향에서 아래로 내려 보면 볼 수 있다(그림 12.6b). 단위 세포 입방체의 면은 원자의 층에 대하여 54.790°의 각을 이룬다.

▶ 그림 12.6
면심 입방 단위 세포의 기하 구조

◀ 확인하기

면심 입방 단위 세포에는 몇 개의 원자들이 존재하는가?

답 면심 입방 단위 세포는 면에 원자의 1/2에 해당하는 원자 6개가 있고, 각 꼭짓점에 원자의 1/8에 해당하는 원자 8개가 있다. [1/2×6(면심 원자)]+[1/8×8(꼭짓점 원자)] = 원자 4개

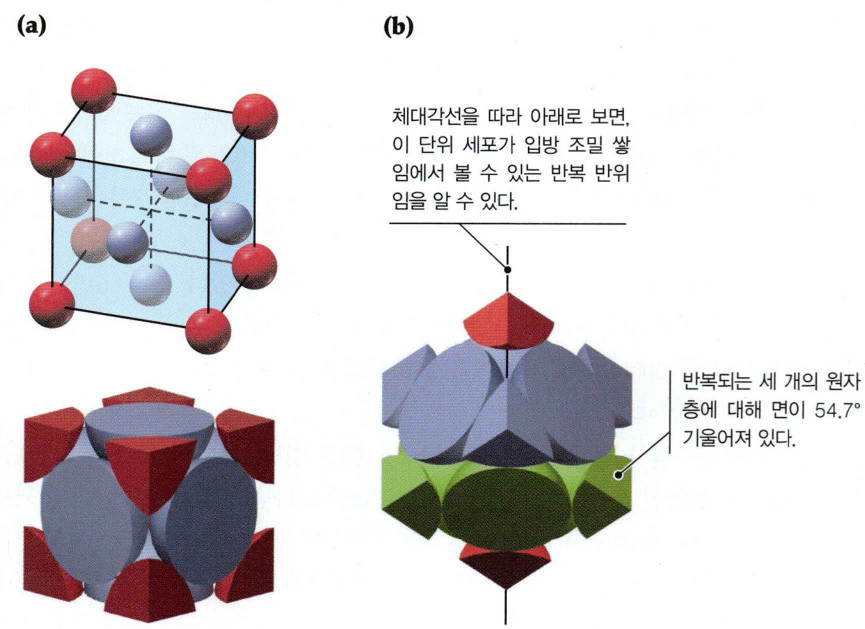

표 12.2 네 가지 구형 쌓임

구조	쌓임 방식	배위수	사용 공간(%)	단위 세포
단순 입방	*a-a-a-a-*	6	52	원시 입방
체심 입방	*a-b-a-b-*	8	68	체심 입방
육방 조밀 쌓임	*a-b-a-b-*	12	74	(입방 아님)
입방 조밀 쌓임	*a-b-c-a-b-c-*	12	74	면심 입방

네 가지 구형 쌓임에 대하여 쌓임 방식, 배위수, 점유된 공간의 부피, 단위 세포를 **표 12.2**에 요약하였다. 육방 조밀 쌓임은 네 가지 중에서 유일하게 입방 단위 세포가 아니다.

예제 12.1

단위 세포의 크기를 이용한 원자 반지름 계산

은 금속은 입방 조밀 쌓임 결정을 형성하고, 단위 세포의 한 변의 길이 $d = 407$ pm이다. 은 원자의 반지름은 몇 pm인가?

전략과 풀이

입방 조밀 쌓임은 면심 입방 단위 세포를 갖는다. 입방체의 한 면을 정면으로 바라보면 면의 대각선 방향으로 면에 위치한 원자들과 꼭짓점에 있는 원자들이 서로 접촉하고 있는 반면에, 꼭짓점에 있는 원자들은 모서리를 따라 접촉하지 않고 서로 떨어져 있다. 각 면의 대각선 길이는 원자 반지름의 4배이다. 즉 $4r$이다.

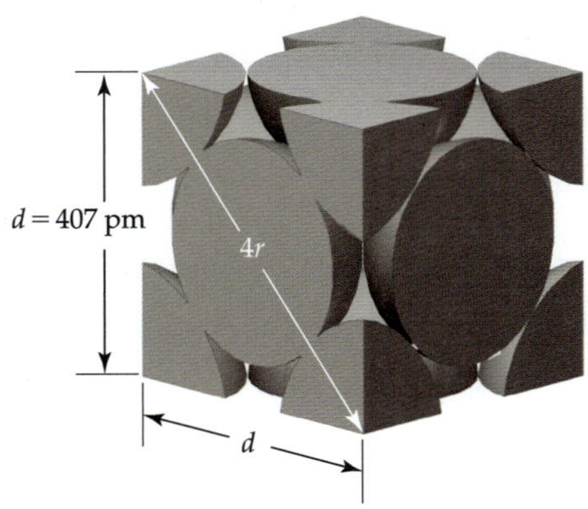

입방체에서 면의 대각선과 두 변은 직각삼각형을 형성하므로 각 변 길이의 제곱의 합은 대각선 길이의 제곱과 같다는 피타고라스 정리를 이용하면 $d^2 + d^2 = (4r)^2$을 얻을 수 있고, r에 대하여 풀면 한 원자의 반지름을 얻을 수 있다.

$$d^2 + d^2 = (4r)^2$$

$$2d^2 = 16r^2 \quad \text{and} \quad r^2 = \frac{d^2}{8}$$

$$\text{그러므로} \quad r = \sqrt{\frac{d^2}{8}} = \sqrt{\frac{(407\ \text{pm})^2}{8}} = 144\ \text{pm}$$

은 원자의 반지름은 144 pm이다.

▶ **연습문제 12.1** 칼슘 금속은 입방 조밀 쌓임 배열로 결정화된다. 칼슘의 원자 반지름은 197 pm이다. 단위 세포의 모서리 길이는 몇 pm인가?

▶ **응용문제 12.2** 폴로늄 금속은 단순 입방 배열로 결정화되는데, 단위 세포의 모서리 길이는 $d = 334$ pm이다. 폴로늄의 반지름은 몇 pm인가?

예제 12.2

단위 세포의 크기를 이용한 금속의 밀도 계산

니켈은 한 변의 길이가 352.4 pm인 면심 입방 단위 세포를 갖는다. 니켈의 밀도는 몇 g/cm^3인가?

전략

밀도는 질량을 부피로 나눈 값이다. 단일 단위 세포의 질량은 단위 세포 내의 원자 개수와 원자 한 개의 질량을 곱하여 구할 수 있다. 한 변의 길이 d인 입방 단위 세포의 부피는 $d^3 = (3.524 \times 10^{-8}\ \text{cm})^3 = 4.376 \times 10^{-23}\ \text{cm}^3$이다.

풀이

면심 입방 단위 세포 내의 여덟 개 꼭짓점에 있는 각 원자는 여덟 개의 단위 세포에 공유되므로 한 단위 세포에 $1/8 \times 8 = 1$ 원자만 속한다. 또 여섯 면에 있는 각 원자는 두 개의 단위 세포와 공유되므로 한 단위 세포에 $1/2 \times 6 = 3$ 원자만 속한다. 따라서 한 개의 단위 세포는 꼭짓점에 있는 원자 1개와 면에 있는 원자 3개, 즉 전체 4개의 원자를 가지며, 각 원자의 질량은 니켈의 몰질량(58.69 g/mol)을 아보가드로수(6.022×10^{23} 원자/mol)로 나눈 값과 같다. 이제 밀도를 계산할 수 있다.

$$\text{밀도} = \frac{\text{질량}}{\text{부피}}$$

$$= \frac{(4\,\text{원자})\left(\dfrac{58.69\,\dfrac{\text{g}}{\text{mol}}}{6.022 \times 10^{23}\,\dfrac{\text{원자}}{\text{mol}}}\right)}{4.376 \times 10^{-23}\ \text{cm}^3} = 8.909\ \text{g/cm}^3$$

계산된 니켈의 밀도는 8.909 g/cm^{3}이다(측정값은 8.90 g/cm^{3}이다).

▶ **연습문제 12.3** 폴로늄 금속은 단순 입방 배열로 결정화되는데, 단위 세포의 모서리 길이는 $d = 334$ pm라고 한다. 폴로늄의 밀도는 얼마인가?

▶ **응용문제 12.4** 어떤 금속 시료의 밀도가 22.67 g/cm^{3}로 측정되었다. X선 회절 실험을 통해 면심 입방 세포의 모서리 길이가 383.3 pm로 측정되었다. 이 금속의 원자량을 계산하고, 금속이 무엇인지 밝히시오.

12.3 이온성 고체의 구조

기억하기…
반지름은 원자가 전자를 잃고 양이온이 될 때 감소하고, 원자가 전자를 얻어 음이온이 될 때 증가한다.

NaCl이나 KBr과 같은 간단한 이온성 고체는 구가 일정한 방식으로 함께 쌓이는 점은 금속과 유사하다. 그러나 일반적으로 음이온들은 양이온들보다 큰 이온 반지름을 갖기 때문에 이들 구가 모두 같은 크기가 아니라는 점에서 금속과 다르다. 결과적으로, 이온성 고체는 이온 크기와 이온 전하에 따라 서로 다른 다양한 단위 세포를 갖는다. NaCl, KCl과 그 밖의 많은 염들은 면심 입방 단위 세포를 갖는다. 큰 Cl^- 음이온이 꼭짓점과 면에 위치하고, 작은 Na^+ 양이온은 음이온들 사이에 형성되는 공간의 크기에 맞게 위치한다(**그림 12.7**).

물론, 이온성 물질의 단위 세포는 같은 수의 양이온과 음이온을 함유하여 전기적으로 중성이어야 한다. 예를 들어, NaCl 단위 세포는 네 개의 Cl^- 음이온($1/8 \times 8 = 1$개의 꼭짓점 원자와 $1/2 \times 6 = 3$개의 면 원자)과 네 개의 Na^+ 양이온($1/4 \times 12 = 3$개의 모서리 원자와 1개의 중심 원자)이 있다. (입방 단위 세포에서 각 꼭짓점에 있는 원자는 8개의 단위 세포에 공유되고, 각 면에 있는 원자는 2개의 단위 세포에 공유되며, 각 모서리에 있는 원자는 4개의 단위 세포에 공유되는 것을 기억하라.)

◀ **그림 12.7**
NaCl 단위 세포. 단위 세포의 한 변을 중심으로 나타낸 (a) 골격 보기와 (b) 공간 채움 보기

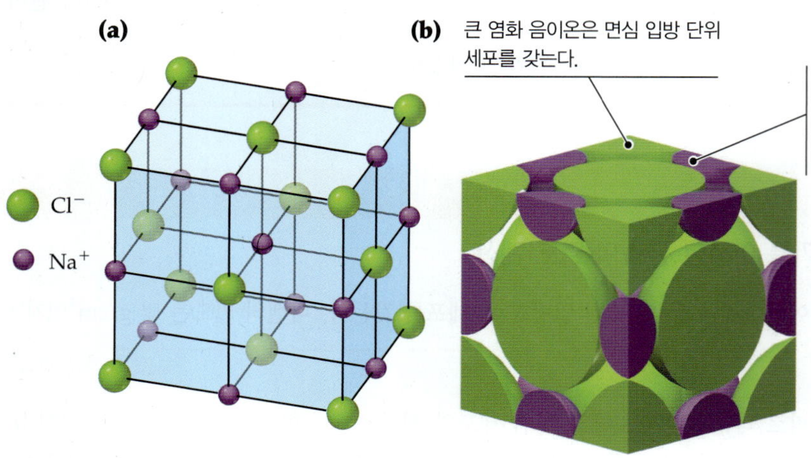

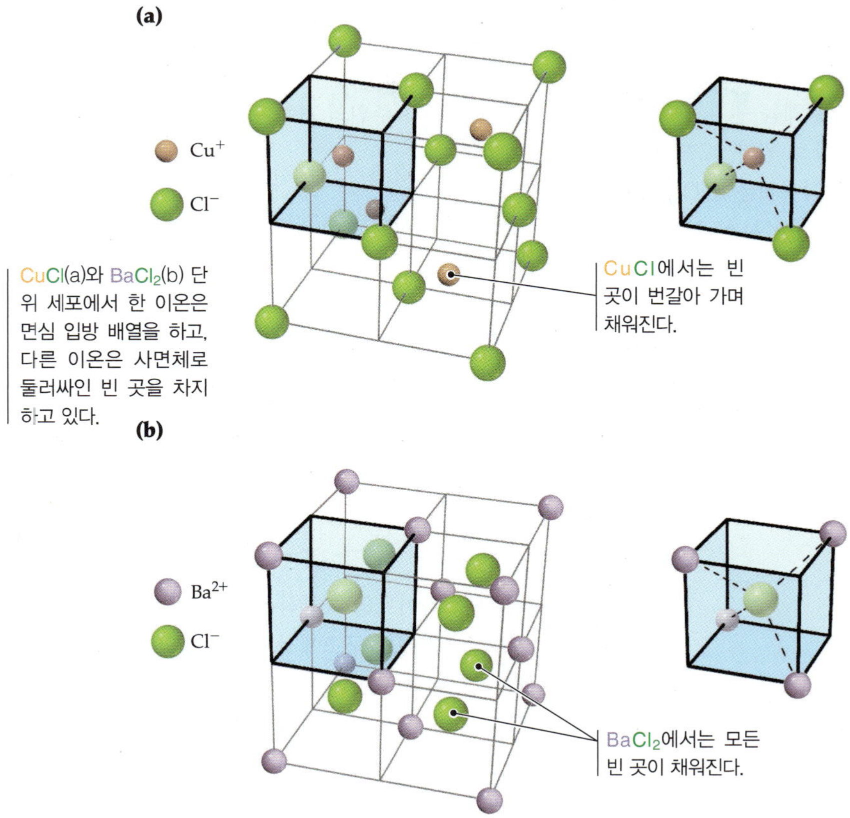

◀ **그림 12.8**
(a) CuCl과 (b) $BaCl_2$의 단위 세포

◀ 확인하기

CuCl 단위 세포에 Cu와 Cl 이온이 몇 개씩 들어 있는가? CuCl 단위 세포의 전체 전하는 얼마인가? $BaCl_2$ 단위 세포에 Ba와 Cl 이온이 몇 개씩 들어 있는가? $BaCl_2$ 단위 세포의 전체 전하는 얼마인가?

답 CuCl 단위 세포: Cu^+ 4개, Cl^- 4개, 전체 전하 0. $BaCl_2$ 단위 세포: Ba^{2+} 4개, Cl^- 8개, 전체 전하 0.

흔하게 발견되는 다른 두 이온성 단위 세포들을 그림 12.8에 나타내었다. 염화 구리(I)에서 큰 Cl^- 음이온은 면심 입방 배열을 하고, 작은 Cu^+ 양이온은 구멍에 위치하여 네 개의 음이온 사면체에 각각 둘러싸인다. 이와는 대조적으로, 염화 바륨은 작은 Ba^{2+} **양이온**이 면심 입방 배열을 하고, 큰 Cl^- 음이온이 사면체 구조로 둘러싸인다. 전하를 중성으로 만들려면 Ba^{2+} 양이온보다 두 배 많은 Cl^- 음이온이 필요하다.

개념 예제 12.3

단위 세포를 이용한 화학식과 기하학적 구조 결정

산화 레늄은 다음과 같은 입방 단위 세포로 결정화된다.

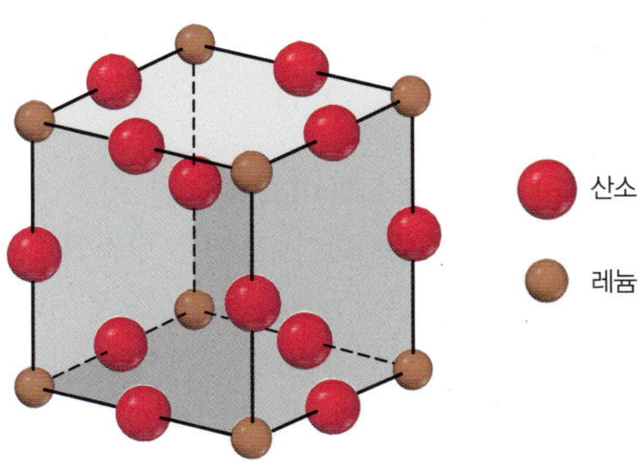

(a) 단위 세포에는 몇 개의 레늄 원자와 산소 원자가 존재하는가?
(b) 산화 레늄의 화학식은 무엇인가?
(c) 레늄의 산화 상태는 무엇인가?
(d) 각 산소 원자 주위의 기하 구조는 무엇인가?
(e) 각 레늄 원자 주위의 기하 구조는 무엇인가?

전략과 풀이

(a~b) 단위 세포의 각 꼭짓점 원자는 세포 8개에 공유되고, 각 면심 원자는 세포 2개에 공유되며, 모서리 원자는 세포 4개에 공유된다. 단위 세포의 꼭짓점 8개에 레늄 원자가 있다. $(8 \times 1/8) = 1$개 레늄 원자. 모서리에 산소 원자 12개가 있다. $(12 \times 1/4) = 3$개 산소 원자. 따라서 화학식은 ReO_3이다.

(c) 산소의 산화 상태는 −2이고, Re 원자 1개당 산소 원자가 3개 있으므로, 이온성 화합물의 단위 세포를 전기적으로 중성으로 만들려면 Re의 산화 상태는 +6이어야 한다.

(d) 각각의 산소는 결합을 두 개 형성한다. 단위 세포 그림에서 기하 구조가 선형임을 볼 수 있다.

(e) 단위 세포들이 서로 연결되면, Re는 8면체 기하 구조로 산소 6개와 결합한다.

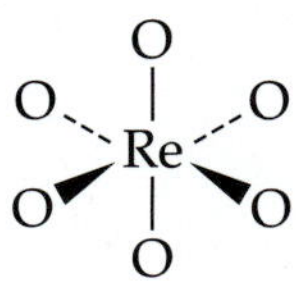

▶ **개념 연습문제 12.5** 황화 아연은 다음과 같은 입방 단위 세포로 결정화된다.

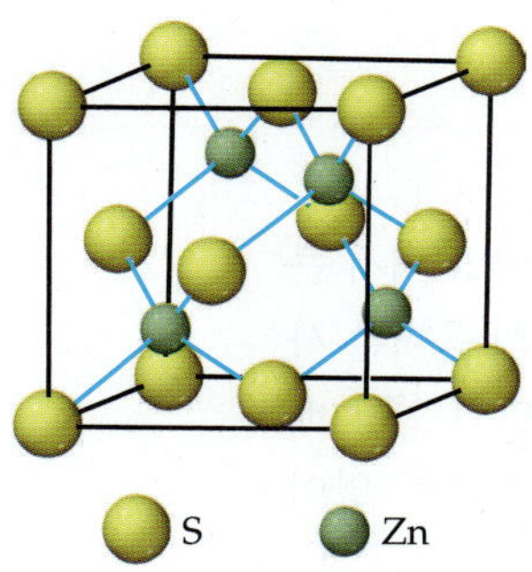

(a) 단위 세포에는 몇 개의 황 원자와 아연 원자가 존재하는가?

(b) 황화 아연의 화학식은 무엇인가?

(c) 아연의 산화 상태는 무엇인가?

(d) 각 아연 원자 주위의 기하 구조는 무엇인가?

▶ **개념 응용문제 12.6** 칼슘, 산소, 타이타늄을 포함하는 광물인 페로브스카이트(perovskite)는 다음과 같은 입방 단위 세포로 결정화된다.

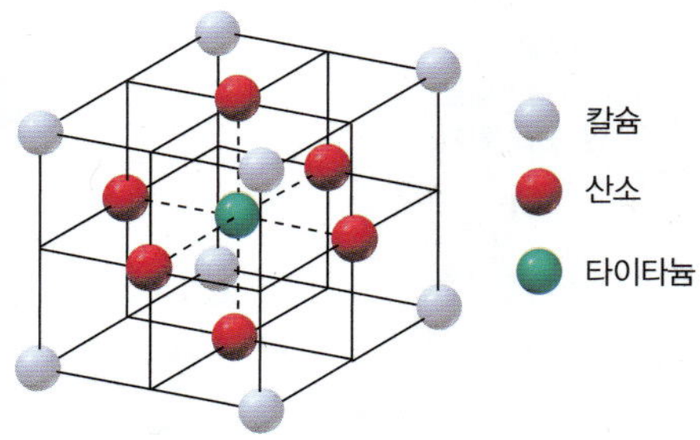

(a) 페로브스카이트의 화학식은 무엇인가?

(b) 페로브스카이트 구조에서 타이타늄의 산화수는 무엇인가?

(c) 각 타이타늄, 산소, 칼슘 이온 주위의 기하 구조는 무엇인가?

12.4 공유성 그물 구조 고체

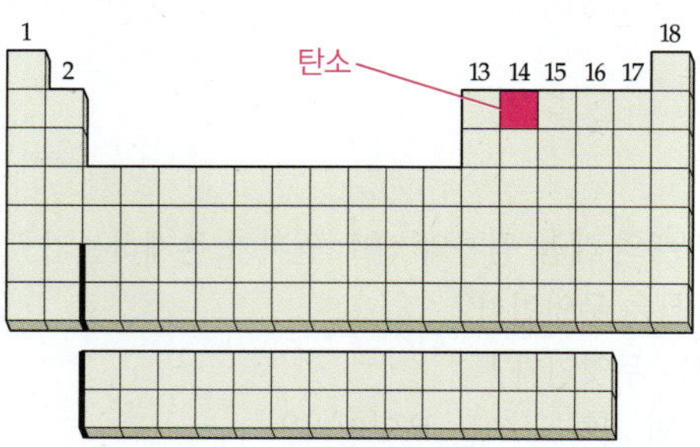

공유성 그물 구조 고체에 들어 있는 원자들은 거대한 3차원 배열 내부에 공유 결합으로 묶여 있다. 공유성 그물 구조 고체는 원자들 사이의 강한 공유 결합 때문에 단단하고 녹는점이 높다. 탄소와 규소는 몇 가지 서로 다른 공유성 그물 구조 고체를 형성하는데, 익숙한 예로서 흑연, 다이아몬드, 유리 등이 있다.

탄소

탄소는 40종류 이상의 알려진 구조, 즉 **동소체(allotrope)**를 갖고 있으며, 일부는 결정성이지만 대부분은 비결정성으로 존재한다. 흑연은 탄소의 가장 흔한 동소체로 자연 상태에서 가장 안정하며, 육각형 고리로 연결된 2차원 판상으로 구성된 결정성을 갖는 공유성 그물 구조 고체이다(그림 12.9a). 각 탄소 원자는 세 개의 다른 탄소와 삼각 평면 구조로 결합한다. 탄소로 이루어진 다이아몬드는 각 탄소 원자가 네 개의 다른 탄소 원자와 정사면체 구조로 결합된 공유성 그물 구조 고체이다(그림 12.9b).

흑연 및 다이아몬드와 더불어 탄소의 세 번째 동소체는 1985년에 발견된 그을음 성분인 **풀**

(a) 흑연은 육각 고리로 연결된 탄소 원자들이 2차원 층상 구조를 이루는 공유성 그물 구조 고체이다.

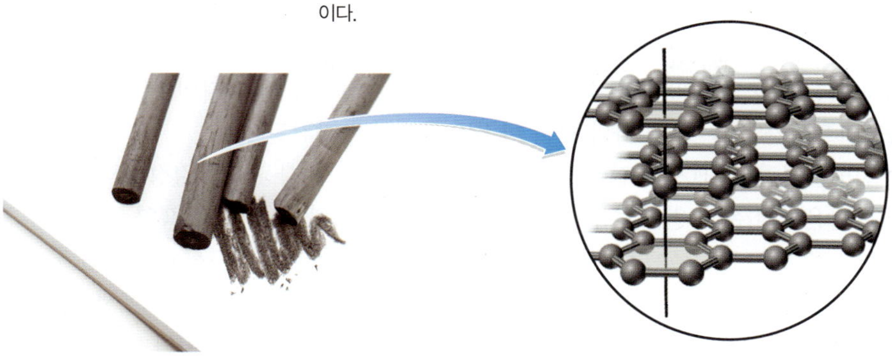

각 층에 존재하는 원자들은 이웃 층에 있는 원자들과 약간 비껴 놓여 있다.

ⓒjoannawnuk/Shutterstock

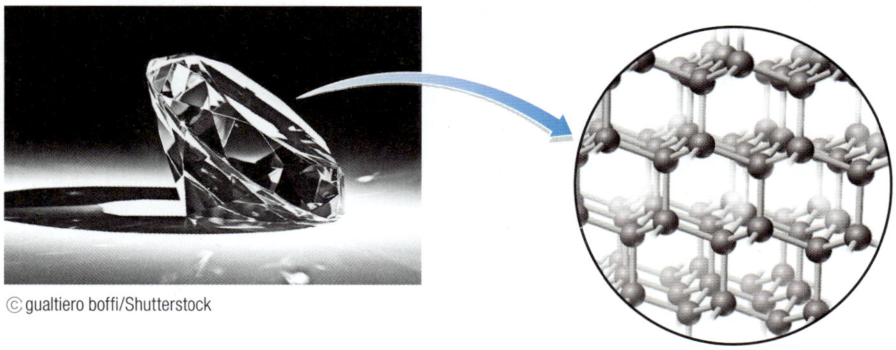

ⓒgualtiero boffi/Shutterstock

(b) 다이아몬드는 탄소 원자들의 거대한 3차원 배열이고, 각 탄소 원자들이 다른 네 개의 탄소 원자들과 정사면체 기하 구조를 이루며 결합되어 있다.

▲ 그림 12.9
탄소의 두 결정성 동소체인 (a) 흑연과 (b) 다이아몬드

러렌(fullerene)이다. 풀러렌은 축구공과 같은 독특한 모양을 가지며, 구형의 C_{60} 분자로 구성되어 있다. C_{60} 구는 오각형 면 12개와 육각형 면 20개를 가지고 있으며, 각 원자는 세 개의 다른 탄소 원자와 결합한다(그림 12.10a). 흑연과 풀러렌 모두와 밀접한 관련이 있는 탄소 동소체를 **나노튜브**(nanotube)라고 부르는데(그림 12.10b), 흑연의 한 층을 둥글게 말은 것과 같이 반복되는 6원자 탄소 고리로 이루어진 튜브 모양의 구조이다. 일반적으로 튜브의 지름은 약 2~30 nm이고, 길이는 1 mm 이하이다.

탄소 동소체들의 구조가 다르면 서로 다른 성질을 나타낸다. 다이아몬드 결정은 모든 원자

◀ 그림 12.10
풀러렌(C_{60})과 탄소 나노튜브

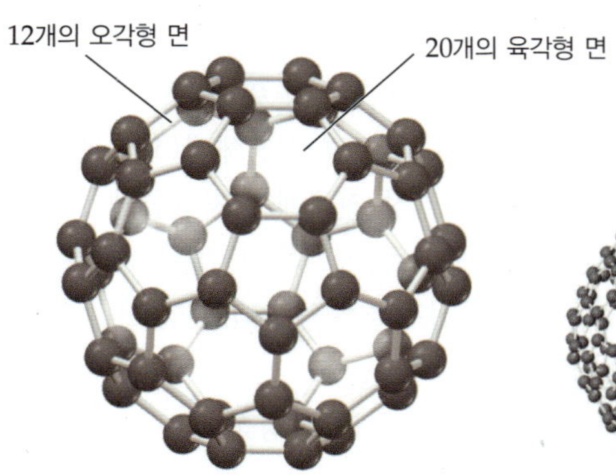

(a) 풀러렌은 분자 구조가 축구공과 같은 모양을 갖는 분자성 고체이다. 이 공은 12개의 오각형 면과 20개의 육각형 면을 갖고 있다.

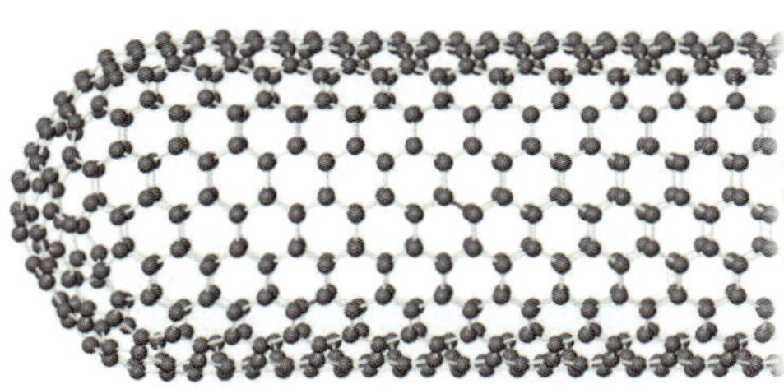

(b) 탄소 나노튜브는 지름이 2~30 nm 정도 되도록 흑연 층을 둥글게 말은 튜브로 구성되어 있다.

들이 단일 결합으로 단단히 붙잡혀 있는 3차원 그물 구조를 형성하기 때문에 지금까지 알려진 물질 중에서 가장 단단하다. 또한 다이아몬드는 보석 이외에도 공업용으로 (재료를 자르고 깎는) 톱날과 드릴날에 사용된다. 다이아몬드는 전기적으로 부도체이고, 600만~1,000만 기압에서 녹는점은 약 8700 ℃이다. 무색 투명하고 결정성이 좋은 다이아몬드는 매우 희귀하며, 중앙아프리카와 남아프리카와 같은 한정된 곳에서만 발견된다.

흑연은 연필심, 전지의 전극 물질, 자물쇠의 윤활제로 사용하는 검정색의 윤활성 물질이다. 이와 같은 성질은 흑연의 층상 구조에 기인한다. 공기와 물 분자가 흑연 층의 평평한 면에 흡착하여 층들은 서로 잘 미끄러지고, 흑연은 매끄러운 느낌과 윤활 성질을 띤다. 보통의 압력에서 흑연은 다이아몬드보다 안정하지만, 매우 높은 압력과 높은 온도에서 다이아몬드로 전환될 수 있다. 실제로, 고온에서 150,000 atm의 압력을 흑연에 가하여 매년 약 120,000 kg의 공업용 다이아몬드를 합성한다.

흑연처럼 검고 빛나는 풀러렌은 흥미로운 전기적 특성을 가지고 있기 때문에 현재 활발한 연구 대상이다. 풀러렌을 루비듐 금속과 반응시키면 풀러렌화 루비듐(Rb_3C_{60})이라는 초전도 물질이 생성된다. 골프채, 자전거의 프레임, 선박과 비행기 제조에 사용되는 구조 복합 재료의 섬유로 탄소 나노튜브를 이용하는 연구가 진행 중이다. 탄소 나노튜브의 인장 강도는 강철에 비해 약 50~60배 더 크다.

12.5 금속에서의 결합

▲ 알루미늄은 연성 때문에 전력선에 사용되는 도선으로 뽑을 수 있다. ©jeffy11390/Shutterstock

지금까지 고체의 다양한 유형과 그 구조에 대해 살펴보았다. 이제 결합 모형을 이용하여 금속의 특성에 대하여 설명할 것이다. 경도와 녹는점 같은 성질은 금속에 따라 상당히 다르지만, 어떤 성질들은 금속의 일반적인 특성이 되는 것도 있다. 예를 들어 모든 금속은 도선으로 뽑을 수 있고(연성), 유리나 이온성 결정과 같이 조각으로 깨지지 않으면서 판상으로 얇게 두드려 펼 수 있다(전성). 게다가 모든 금속은 열전도성과 전기 전도성이 크다. 금속은 손으로부터 효율적으로 열을 전도하여 빼앗아가기 때문에 금속을 만질 때 차갑게 느껴진다. 그리고 금속 도선을 전지의 단자에 연결하면 금속 도선을 통해 전류가 전도된다.

이러한 성질을 이해하기 위하여 금속에서의 결합을 살펴볼 필요가 있다. 널리 사용되는 이론적 모형인 **전자 바다 모형을 고려하자**.

금속의 전자 바다 모형

어떤 금속에 대한 전자점 구조를 그릴 때, 이웃하는 원자쌍 사이마다 전자쌍 결합을 형성하는데 이용할 원자가전자들이 충분하지 않다는 것을 쉽게 알 수 있다. 예를 들어, 원자당 한 개의 원자가전자($3s^1$)만 갖는 소듐은, 각각의 Na 원자가 8개의 가장 가까운 이웃 원자로 둘러싸여 있는 체심 입방 구조로 결정화된다. 그 결과 원자가전자들은 어떤 특정 원자쌍 사이의 결합에만 편재할 수는 없다. 그 대신에 원자가전자는 비편재화되어 있고 결정 전체에 속하게 된다.

전자 바다 모형(electron-sea model)에서 금속 결정은 그 결정 전체에서 자유롭게 이동하는 비편재화된 전자의 바다에 잠겨 있는 금속 양이온이 3차원으로 배열되어 있는 것으로 볼 수 있다(그림 12.11). 비편재화되어 있고 움직일 수 있는 원자가전자들은 연속되어 있으며, 금속 양이온들을 함께 붙잡아 주는 정전기적 접착제처럼 작용한다.

전자 바다 모형으로 금속의 전기 전도도와 열전도도를 간단하고 정성적으로 설명할 수 있다. 전자는 움직일 수 있으므로, 금속에 전압을 걸어 줄 때 음의 전극에서 양의 전극으로 전자가 자유롭게 이동한다.

움직일 수 있는 전자는 또한, 결정의 한쪽 부분에서 다른 부분으로 운동 에너지를 전달함으

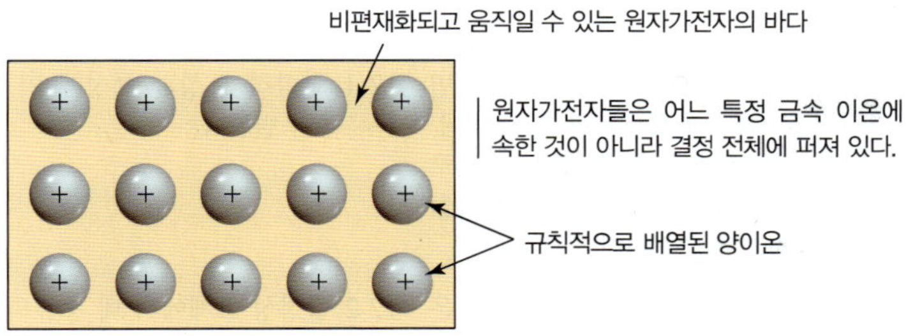

◀ 그림 12.11
2차원으로 표현한 금속의 전자 바다 모형. 규칙적으로 배열된 양이온들이 비편재화되고 움직일 수 있는, 연속적으로 분포된 원자가전자들 속에 잠겨 있다.

로써 열도 전도할 수 있다. 금속은 비편재화된 결합이 모든 방향으로 확장되므로 전성과 연성이 있다. 즉, 다이아몬드 또는 SiO_2와 같은 공유 결합성 그물 모양의 고체에서처럼 특정 결합 방향으로 제한되지 않는다. 금속 결정의 모양이 변형될 때 편재된 결합이 파괴되지는 않는다. 그 대신에 전자 바다는 그저 새로운 양이온 분포로 조정될 뿐이며, 변형된 구조의 에너지는 본래의 에너지와 비슷하다. 그러므로 소듐과 같은 금속을 변형시키는 데 필요한 에너지는 비교적 작다. 철은 더 많은 원자가전자($4s^2 3d^6$)를 가지고 있어서 정전기적 '접착'이 더 조밀하므로, 철과 같은 전이 금속을 변형시키는 데 필요한 에너지가 더 크다.

정리

절	개념 요약	학습 목표
12.1 고체의 종류	고체 입자가 무작위로 정렬되어 있으면 **비결정성 고체**, 질서 정연하면 **결정성 고체**로 규정할 수 있다. 결정성 고체는 더 세분화할 수 있는데, 입자들이 이온이면 **이온성 고체**, 입자들이 분자면 **분자성 고체**, 분자로 분리되지 않고 원자들이 공유 결합으로 정렬되어 있으면 **공유성 그물 구조 고체**, 입자들이 금속 원자이면 **금속성 고체**라고 한다.	12.1 화학적 조성과 특성에 기초하여 고체의 종류를 구별한다.
12.2~12.4 결정성 고체의 구형 쌓임과 단위 세포	결정 내부 입자들의 규칙적인 3차원 배열은 **단위 세포**라 부르는 작은 반복 단위로 구성된다. **단순 입방 쌓임**은 **원시 입방 단위 세포**를 사용하는데, 입방 세포의 각 꼭짓점에 원자가 하나씩 존재한다. **체심 입방 쌓임**은 **체심 입방 단위 세포**를 사용하는데, 원자가 세포의 중심에 한 개, 각 꼭짓점에 하나씩 존재한다. **입방 조밀 쌓임**은 **면심 입방 단위 세포**를 사용하는데, 원자가 세포 면의 중심에 각각 하나씩, 각 꼭짓점에 하나씩 존재한다. 네 번째 쌓임 유형은 **육방 조밀 쌓임**인데, 입방체가 아닌 단위 세포를 사용한다.	12.2 결정성 고체에서 네 종류의 구형 쌓임 정렬 방식과 세 종류의 입방 단위 세포를 식별한다. 12.3 단위 세포 차원으로부터 물질의 밀도, 원자의 반지름, 분자량을 계산한다. 12.4 단위 세포를 사용하여 이온 결합 화합물의 화학식과 기하 구조를 결정한다.
12.5 금속에서의 결합	**전자 바다 모형**은 금속에 대한 결합 모형의 하나이다. 이 모형에서 금속은 비편재화된 유동적인 원자가전자의 바다에 잠겨 있는 금속 양이온의 배열로 나타낼 수 있으며, 전자 바다가 양이온들을 서로 묶어주는 정전기적인 접착제와 같이 작용한다. 이 이론은 전성, 연성, 높은 열 및 전기 전도도와 같은 성질을 설명할 수 있다.	12.5 금속의 전자 바다 모형을 설명하고, 이것으로 금속의 성질을 어떻게 설명할 수 있는지 설명한다.

주요 용어

결정성 고체
공유성 그물 구조 고체
금속성 고체
단순 입방 쌓임
단위 세포
동소체
면심 입방 단위 세포
배위수
분자성 고체
비결정성 고체
원시 입방 단위 세포
육방 조밀 쌓임
이온성 고체
입방 조밀 쌓임
전자 바다 모형
체심 입방 단위 세포
체심 입방 쌓임

복습 문제

LO는 학습 목표(Learning Objectives)를 나타낸다.

이 장을 학습한 후엔, 학습자의 이해도를 평가할 수 있는 방법이 있다. **복습 문제**를 푸는 것이다. **복습 문제**들은 이 장의 학습 목표와 연계되어 있다. 따라서 푼 답이 틀렸다면, 이 장의 끝부분에 나와 있는 **정리** 문단의 **학습 목표**를 참고하면 된다. 정리 문단에는 **개념 요약**이 제공되며, **예제**를 참고하면 문제 해결 방법을 모델링할 수 있다.

1. 테트라아이오딘화 규소는 120.5 ℃에서 녹고, X선을 회절시키며, 고체나 액체 상태에서 전기를 통하지 않는다. 이것은 어떤 종류의 고체인가? (**LO 12.1**)
   (a) 이온성 고체
   (b) 공유성 그물 구조 고체
   (c) 분자성 고체
   (d) 금속성 고체
2. 저온에서 고체 상태 아르곤의 밀도는 1.623 g/cm^3이고, 면심 입방 단위 세포로 결정을 형성한다. 아르곤 원자의 반지름은 몇 pm인가? (**LO 12.2, 12.3**)
   (a) 546.9 pm (b) 273.4 pm
   (c) 136.7 pm (d) 193.4 pm
3. 텔루륨화 은의 한 형태인 Ag_2Te는 밀도가 7.70 g/cm^3이고, 입방 단위 세포로 결정을 형성한다. X-선 결정학으로 얻어진 입방 단위 세포 한 변의 길이는 529 pm이다. 단위 세포에 들어 있는 Ag 원자의 수는 몇 개인가? (**LO 12.4, 12.5**)
   (a) 1 (b) 2 (c) 4 (d) 6
4. 산화 나이오븀은 다음과 같은 입방 단위 세포로 결정을 형성한다.

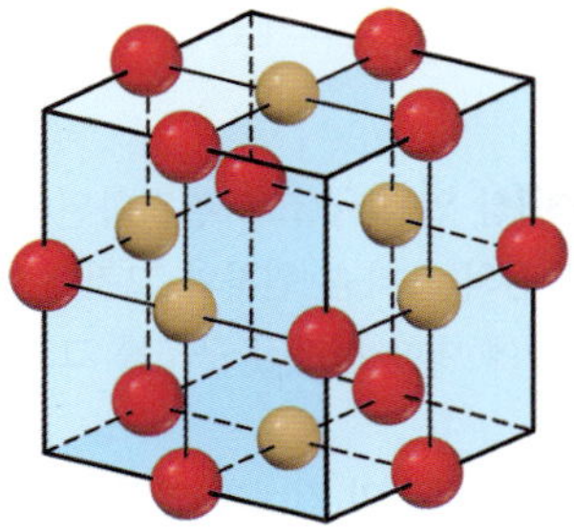

산화 나이오븀의 화학식은 무엇이며, 나이오븀의 산화 상태는 무엇인가? **(LO 12.5)**

(a) NbO, Nb = +2 (b) Nb_2O, Nb = +2
(c) NbO_2, Nb = +4 (d) Nb_2O_3, Nb = +3

답:
1. c, 2. d, 3. c, 4. a

개념 문제

문제 12.1~12.6은 이 장의 본문 중에 있다.

12.7 다음은 어떤 종류의 쌓임인가를 밝히시오.

(a) **(b)** **(c)** **(d)**

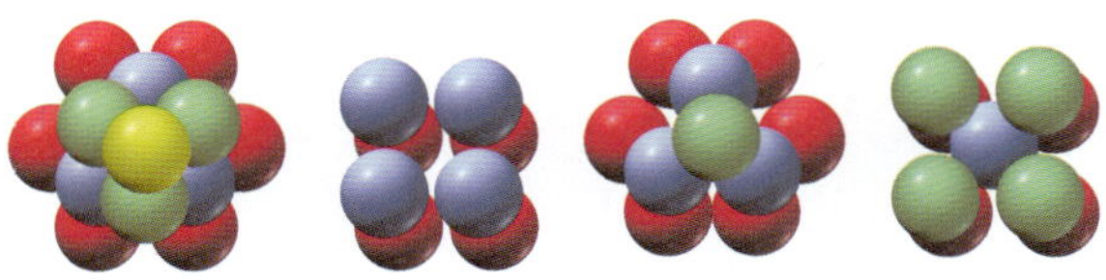

12.8 산화 타이타늄은 다음과 같은 정방(tetragonal) 단위 세포로 결정화된다.

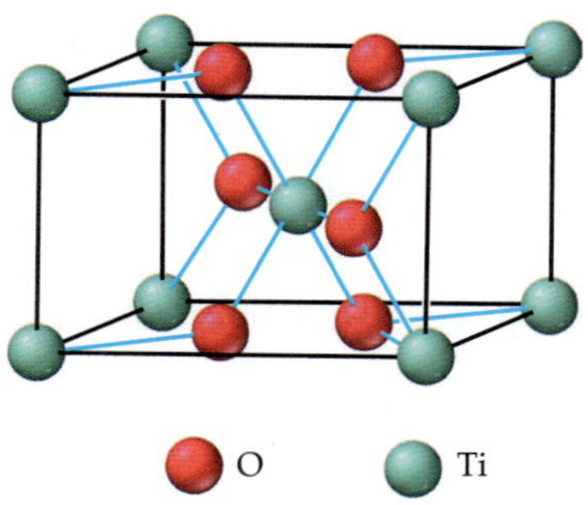

(a) 각 단위 세포에 몇 개의 타이타늄 이온과 몇 개의 산소 이온이 들어 있는가?
(b) 산화 타이타늄의 화학식은 무엇인가?
(c) 타이타늄의 산화 상태는 무엇인가?

보충 문제

고체의 종류(12.1절)

12.9 결정성 고체의 주요 분류 네 가지를 나열하고, 각각의 예를 쓰시오.

12.10 Na_3PO_4, CBr_4, 고무, 금, 석영 중 다음 각 설명에 가장 가까운 것은 어느 것인가?
(a) 비결정성 고체
(b) 이온성 고체
(c) 분자성 고체
(d) 공유성 그물 구조 고체
(e) 금속성 고체

12.11 매우 단단하며 녹는점이 알려져 있지 않은 탄화 규소는 X선을 회절시킨다. 탄화 규소는 비결정성, 이온성, 분자성, 공유성 그물 구조, 금속성 고체 중 어떤 종류의 고체인가?

결정성 고체의 구형 쌓임: 단위 세포(12.2절)

12.12 금속의 네 가지 쌓임의 종류 중 공간 이용을 가장 효율적으로 하는 것은 무엇인가? 그리고 가장 비효율적으로 하는 것은 무엇인가?

12.13 구리는 한 변의 길이가 362 pm인 면심 입방 단위 세포로 결정을 형성한다. 구리 원자의 반지름은 몇 pm인가? 구리의 밀도는 몇 g/cm^3인가?

12.14 알루미늄의 밀도는 2.699 g/cm^3이고, 면심 입방 단위 세포로 결정을 형성한다. 단위 세포 한 변의 길이는 몇 pm인가?

12.15 텅스텐은 한 변의 길이가 317 pm인 체심 입방 단위 세포로 결정을 형성한다. 텅스텐 원자의 반지름은 몇 pm인가?

12.16 타이타늄 금속의 밀도는 4.506 g/cm^3이고, 원자 반지름은 144.8 pm이다. 타이타늄은 어떤 종류의 입방 단위 세포로 결정을 형성하는가?

12.17 납(Pb)의 원자 반경은 175 pm이고, 밀도는 11.34 g/cm^3이다. 납은 원시 입방 구조와 면심 입방 구조 중 어느 구조인가?

12.18 어떤 단백질이 결정을 형성하면 X-선 결정학을 이용하여 분자 구조를 결정할 수 있다. 단백질 결정은 비록 고체이지만 단백질과 더불어 많은 양의 물 분자를 포함한다. 예를 들어, 달걀 흰자에 들어 있는 단백질인 라이소자임 결정의 단위 세포는 변의 길이가 각각 7.9×10^3 pm, 7.9×10^3 pm,

3.8×10^3 pm이고, 각도는 90°이다. 단위 세포에는 8개의 분자가 있다. 라이소자임의 분자량이 1.44×10^4이고 밀도가 1.35 g/cm^{3}라면, 단위 세포에서 단백질이 차지하는 백분율은 얼마인가?

12.19 철은 한 변의 길이가 287 pm인 체심 입방 단위 세포로 결정을 형성한다. 금속 철의 밀도는 7.86 g/cm^{3}이고, 몰질량은 55.85 g이다. 자료를 이용하여 아보가드로수를 계산하시오.

이온성 고체의 구조(12.3절)

12.20 수소화 소듐(NaH)은 NaCl(그림 12.7)과 비슷하게 면심 입방 단위 세포로 결정화된다. H^- 이온과 접해 있는 Na^+ 이온의 수는 몇 개인가? 그리고 Na^+ 이온에 접해 있는 H^- 이온의 수는 몇 개인가?

12.21 NaH 단위 세포의 한 변의 길이가 488 pm이면 Na−H 결합 길이는 몇 pm인가? (문제 12.20 참조)

공유성 그물 구조 고체(12.4절)

12.22 탄화 규소(SiC)는 다이아몬드와 비슷한 구조를 갖는 공유성 그물 구조 고체이다. 탄화 규소 구조의 일부를 그리시오.

12.23 왜 탄소 나노튜브가 좋은 전도체인지 설명하시오.

금속에서의 결합(12.5절)

12.24 포타슘 금속은 체심 입방 구조로 결정화된다. 단위 세포 한 개를 그리고, 중심의 포타슘 원자와 그것에 가장 가까운 포타슘 원자의 결합에 대한 전자점 구조를 그려보시오. 무엇이 문제인가?

12.25 전자 바다 모형으로 금속의 전성과 연성을 어떻게 설명할 수 있는가?

12.26 소듐의 녹는점은 97.8 ℃이고, 염화 소듐의 녹는점은 801 ℃이다. 녹는점으로부터 금속 결합과 이온 결합의 상대적인 세기를 어떻게 추론할 수 있는가?

12.27 세슘 금속은 매우 부드러운 반면, 텅스텐은 매우 딱딱하다. 전자 바다 모형을 이용하여 이 차이를 설명하시오.

chapter 13

용액과 용액의 성질

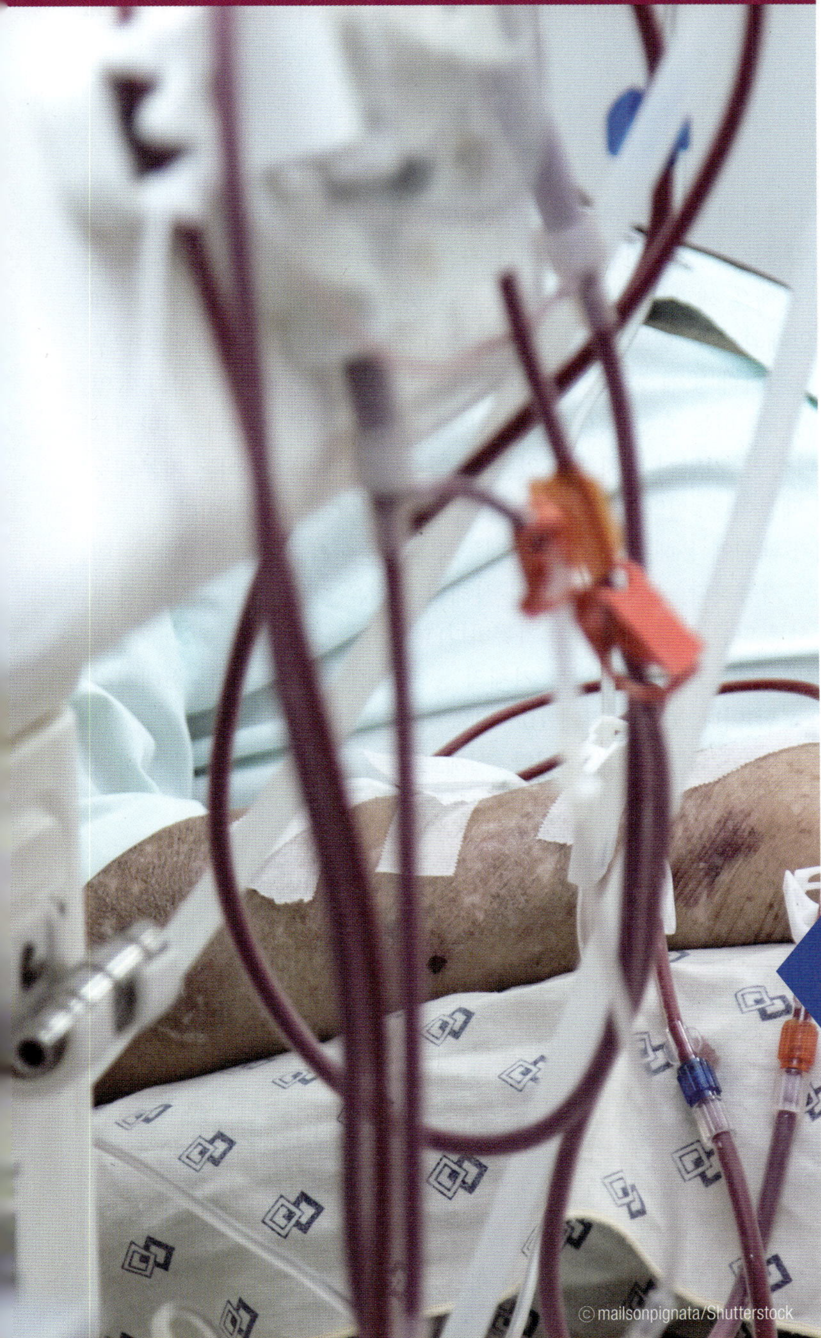
© mailsonpignata/Shutterstock

CONTENTS

13.1 용액

13.2 엔탈피 변화와 용해 과정

13.3 용해도 예측

13.4 용액의 농도 단위

13.5 용해도에 영향을 미치는 인자들

13.6 용액의 물리적 거동: 총괄성

13.7 용액의 증기 압력 내림: 라울 법칙

13.8 용액의 끓는점 오름과 어는점 내림

13.9 삼투와 삼투 압력

신장이 더 이상 기능을 하지 않는 환자의 혈액을 투석기(인공 신장기)를 이용한 혈액 투석으로 노폐물을 제거한다. 이 장에서 논의할 삼투(osmosis) 원리가 혈액 투석의 기초이다.

혈액 투석이 어떻게 신부전 환자의 혈액을 깨끗하게 할까?

이 질문의 답은 384쪽 **INQUIRY?** 에 나와 있다.

지금까지 순물질, 즉 원소와 화합물 둘에 주로 관심을 가져왔다. 하지만 주위를 둘러보면, 일상생활에서 보는 대부분의 물질들은 **혼합물**(mixture)이다. 공기는 질소와 산소가 주성분인 기체 혼합물이고, 휘발유는 여러 다양한 유기 화합물들의 액체 혼합물이며, 암석은 여러 광물이 섞여 있는 고체 혼합물이다.

혼합물은 두 가지 이상의 순물질이 각각의 화학적 성질에는 변화가 없이 임의의 비율로 섞여 있는 것이다. 혼합물은 겉보기에 따라 **불균일**(heterogeneous) 혼합물과 **균일**(homogeneous) 혼합물로 나눌 수 있다. 불균일 혼합물은 구성 성분들이 육안으로 보았을 때 균일하게 혼합되지 않아 영역에 따라 서로 다른 조성으로 나타난다. 소금과 설탕, 그리고 물과 기름이 그 예들이다. 균일 혼합물은 적어도 육안으로 보기에는 균일하게 혼합이 이루어져 전 영역에 걸쳐 일정한 조성을 갖는다. 바닷물(염화 소듐과 물)과 황동(구리와 아연)이 그 예들이다. 이 장에서는 몇 가지 균일 혼합물의 성질, 특히 **용액**(solution)이라고 하는 혼합물의 성질을 중점적으로 알아보기로 한다.

13.1 용액

균일 혼합물은 구성 입자의 크기에 따라 **용액** 또는 **콜로이드**(colloid)로 분류할 수 있다. **용액**은 가장 대표적인 균일 혼합물로서, 전형적인 이온이나 작은 분자의 크기인 지름 0.1~2 nm 범위의 입자로 되어 있다. 용액은 색깔을 띠는 경우에도 투명하고, 가만히 방치해 두었을 때 분리되지 않는다. 우유나 안개와 같은 **콜로이드**는 지름 2~500 nm 범위의 더 큰 입자들을 포함하고 있다. 콜로이드는 흐리거나 빛에 불투명하지만 가만히 방치해 두었을 때 분리되지 않는다. **현탁액**(suspension)이라고 하는 혼합물은 콜로이드보다 더 큰 입자를 갖는다. 현탁액은 정말로 균일하지 않다. 왜냐하면, 가만히 방치해 두었을 때 입자들이 분리되고 이는 저분해능의 현미경으로도 관찰되기 때문이다. 혈액, 페인트, 에어로졸 스프레이가 그 예들이다.

용액은 일반적으로 고체가 액체에 용해된 것 또는 액체들의 혼합물이라고 생각하지만, 이외에 여러 다른 종류의 용액도 가능하다. 실제로 어떤 한 상태의 물질은 다른 상태 물질과 용액을 형성할 수 있고, 7가지 서로 다른 종류의 용액이 가능하다(표 13.1).

한 고체와 또 다른 고체의 용액, 고체 중에 있는 기체의 용액도 잘 알려져 있다. 스테인리스강(철에 4~30% 크로뮴 포함)이나 놋쇠(구리에 10~40% 아연 포함)와 같은 합금은 고체/고체 용액이고, 팔라듐 중 수소는 기체/고체 용액이다. 실제로 금속 팔라듐은 자신의 부피의 935배까지 H_2 기체를 흡수할 수 있다.

표 13.1 몇 가지 서로 다른 종류의 용액

용액의 종류	예
기체 중의 기체	공기(O_2, N_2, Ar과 기타 기체들)
액체 중의 기체	탄산수(물 중의 CO_2)
고체 중의 기체	팔라듐 금속 중의 H_2
액체 중의 액체	가솔린(탄화수소 혼합물)
고체 중의 액체	치과용 아말감(은 중의 수은)
액체 중의 고체	바닷물(물 중의 NaCl과 기타 염류)
고체 중의 고체	법정 순도의 은(sterling silver; 은 92.5%, 구리 7.5%)과 같은 금속 합금

기체 또는 고체가 액체에 용해된 용액에서, 용해된 물질을 **용질**(**solute**)이라고 하고, 액체는 **용매**(**solvent**)라고 한다. 한 액체가 다른 액체에 용해된 경우, 일반적으로 소량 성분을 용질이라 하고 다량 성분을 용매라고 한다. 따라서 10% 에틸 알코올과 90% 물의 혼합물에서, 용질은 에틸 알코올이고 용매는 물이다. 그러나 90% 에틸 알코올과 10% 물의 혼합물이라면, 용질은 물이고 용매는 에틸 알코올이 된다.

13.2 엔탈피 변화와 용해 과정

공기와 같은 기체/기체 혼합물의 예외적인 경우를 제외하고, 표 13.1에 수록된 다른 종류의 용액들은 **응축상**(condensed phase)으로서 액체나 고체 상태를 가진다. 따라서 순수한 액체와 고체의 성질을 설명하기 위해, 8.3절에서 기술한 모든 **분자간 힘**(**intermolecular force**)은 용액의 성질을 설명할 때도 마찬가지로 중요하다. 하지만 용액에서의 상황은 순수한 물질에 비해 좀 더 복잡하다. 그 이유는 고려해야 할 3가지 유형의 상호 작용, 즉 용질–용질, 용매–용매, 용매–용질 상호 작용 때문이다.

기억하기…
분자간 힘에는 이온–쌍극자, 쌍극자–쌍극자, 런던 분산력, 수소 결합이 있다(8.3절).

그림 13.1은 분자적 관점에서 용액 형성 과정을 세 개의 개별 단계로 나타낸 것이다. 각 단계의 엔탈피 변화는, 분자들을 분리하거나 분자들을 모이도록 하는 데 수반되는 분자간 힘에 의해 결정된다.

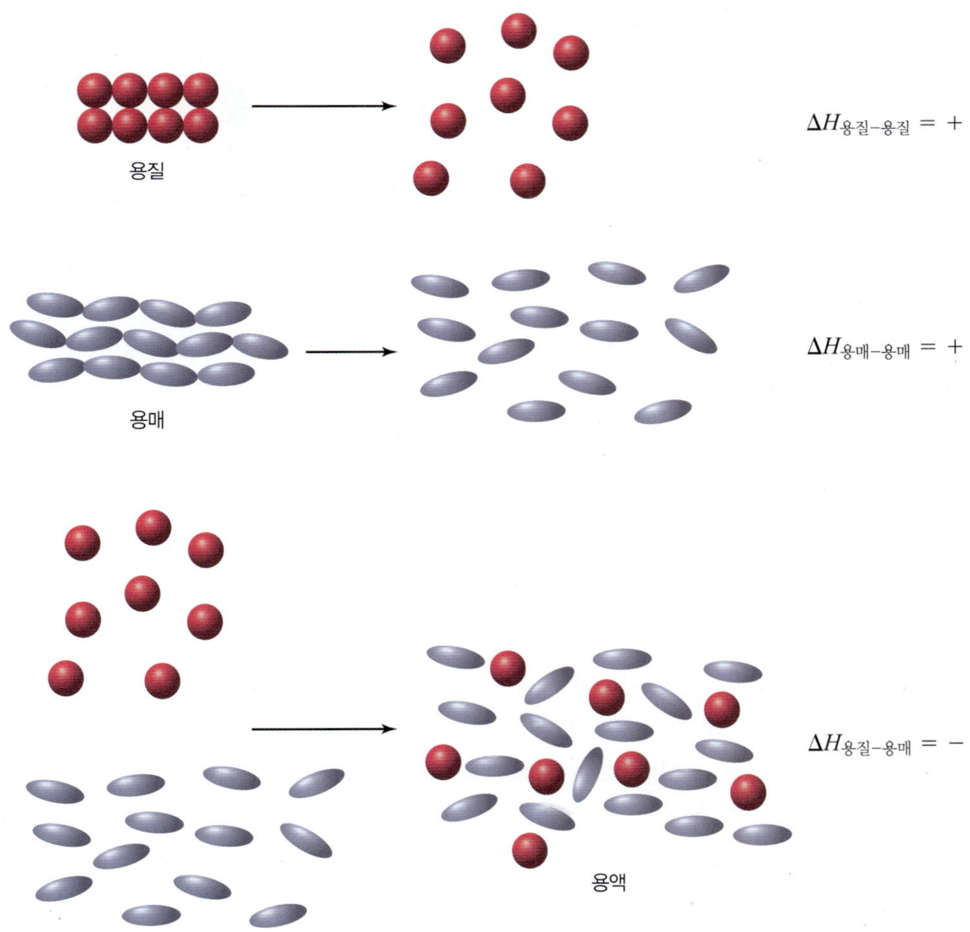

◀ 그림 13.1
분자적 관점에서 세 개의 개별 단계로 나타낸 용액 형성 과정. 용질 입자를 분리하는 과정의 엔탈피 변화($\Delta H_{용질-용질}$)는 분자간 힘을 이기는 데 에너지가 소요되기 때문에 양이다. 용매 분자들을 분리하는 과정의 엔탈피 변화($\Delta H_{용매-용매}$)는 분자간 힘을 이기는 데 에너지가 소요되기 때문에 양이다. 용질과 용매가 상호 작용하는 과정의 엔탈피 변화($\Delta H_{용질-용매}$)는 분자간 힘이 형성될 때 에너지가 방출되기 때문에 음이다.

기억하기…
격자 에너지(U)는 결정 내 이온들 사이의 정전기적 상호 작용 에너지들의 합이다. 이것은 이온성 고체를 개별 기체상 이온들로 분리하기 위해 공급해야 하는 에너지의 양이다(6.8절).

- **1 단계. 용질–용질 상호 작용:** 용질 입자들을 결정 상태로 붙잡아 두려는 분자간 힘을 이기기 위하여 에너지가 흡수된다(양의 ΔH). 이온성 고체의 경우, 용질–용질 상호 작용을 이기기 위해 필요한 에너지의 양은 **격자 에너지(lattice energy)**와 관련된다. 결과적으로, 격자 에너지가 더 큰 물질들은 격자 에너지가 작은 물질들보다 덜 용해되는 경향이 있다. 따라서 4.6절에서 용해도 지침을 논의할 때 보았던 것처럼, 1가 이온을 갖는 화합물이 2가 또는 3가 이온을 갖는 화합물보다 더 잘 용해된다.
- **2 단계. 용매–용매 상호 작용:** 용매 분자들 사이의 분자간 힘을 이기기 위해서는 용매 입자들에 대해 공간을 만들어 주기 위해 분자들을 분리하고 떨어뜨려야 하기 때문에, 에너지가 흡수된다(양의 ΔH).
- **3 단계. 용매–용질 상호 작용:** 용매 분자가 용질 입자와 인력이 작용할 때 분자간 힘이 형성되기 때문에, 에너지가 방출된다(음의 ΔH).

용액 형성 과정의 전체 엔탈피 변화를 **용해열**(heat of solution) 또는 **용해 엔탈피**($\Delta H_{용해}$)라고 부르고, 각 단계에 대한 엔탈피 변화들의 합이다.

$$\Delta H_{용해} = \Delta H_{용질-용질} + \Delta H_{용매-용매} + \Delta H_{용질-용매}$$

처음 두 종류의 상호 작용은 흡열 과정으로, 용매 분자들을 떼어 놓거나 결정을 깨뜨리려면 에너지가 필요하다. 세 번째 상호 작용만 발열 과정이며, 용매와 용질 입자 사이에 서로 당기는 분자간 힘이 작용한다. 세 가지 상호 작용의 합이 $\Delta H_{용해}$가 흡열 과정인지 발열 과정인지를 결정한다. 어떤 물질들의 경우, 하나의 발열 상호 작용이 충분히 커서 두 개의 흡열 상호 작용을 능가하기도 하지만, 다른 물질들에서는 그와 반대이다(그림 13.2).

▶ **그림 13.2**
$\Delta H_{용해}$의 구성 성분. $\Delta H_{용해}$ 값은 용매–용매, 용질–용질, 용매–용질 세 가지 항의 합이다.

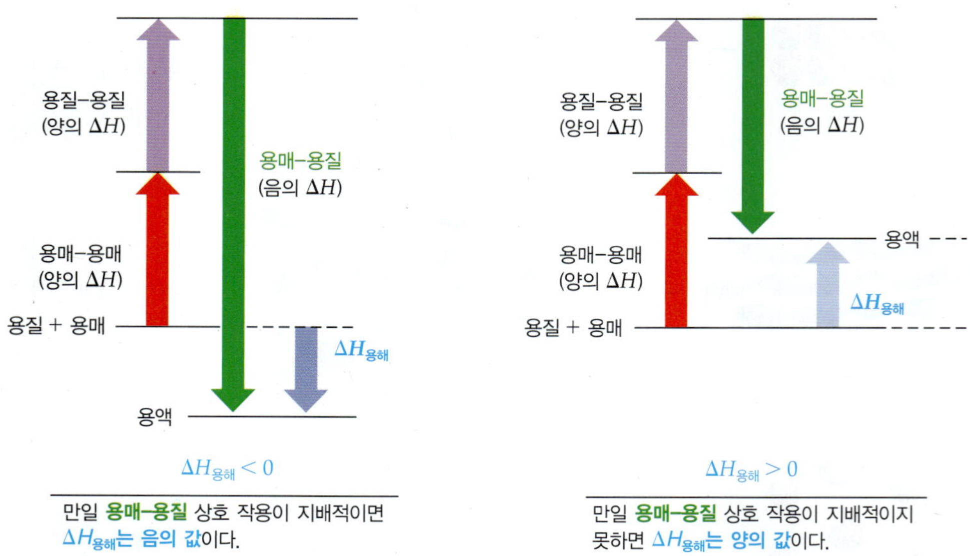

개념탐구 질문 1
용질이 용해할 때 다음과 같이 엔탈피가 변한다면, $\Delta H_{용해}$의 부호는 무엇이고, 용액의 온도는 어떻게 변하는가?

$\Delta H_{용질-용질} = +90$ kJ/mol
$\Delta H_{용매-용매} = +25$ kJ/mol
$\Delta H_{용질-용매} = -130$ kJ/mol

운동선수가 상처를 치료하기 위하여 즉석 핫팩과 콜드팩을 사용할 때 음과 양의 용해 엔탈피 모두에서 득을 본다. 두 가지 종류의 즉석 팩들은 물주머니와 건조된 화학물질로 구성되어 있다. 핫팩에는 $CaCl_2$ 또는 $MgSO_4$가, 콜드팩에는 NH_4NO_3가 들어 있다. 팩을 쥐어짜면, 물주머니가 터져서 고체가 용해되고, 온도는 상승하거나 하강한다(그림 13.3).

핫팩:	$CaCl_2(s)$	$\Delta H_{용해} = -81.3$ kJ/mol
	$MgSO_4(s)$	$\Delta H_{용해} = -91.2$ kJ/mol
콜드팩:	$NH_4NO_3(s)$	$\Delta H_{용해} = +25.7$ kJ/mol

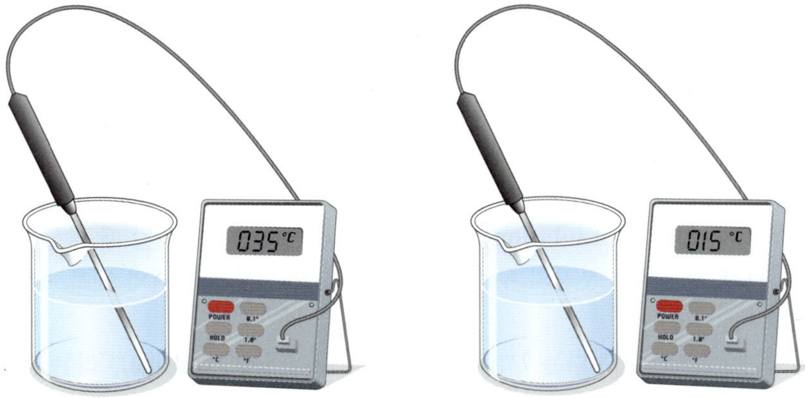

물에 $CaCl_2$를 용해시키는 것은 **발열 과정**이고, 물의 온도를 초기 온도인 25 °C보다 오르게 한다.

물에 NH_4NO_3를 용해시키는 것은 **흡열 과정**이고, 물의 온도를 초기 온도인 25 °C보다 내리게 한다.

◀ **그림 13.3**
용해 엔탈피. 용해 엔탈피는 음(발열 반응)일 수도 있고, 양(흡열 반응)일 수도 있다.

염화 소듐(NaCl)이 물에 용해될 때, 깨뜨려야 하거나 형성되어야 하는 분자간 힘의 형태를 조사해 보자. **그림 13.4**는 염화 소듐 결정에서 소듐 이온과 염화 이온이 용해되는 과정에 대한 분자적 표현을 보여 준다. 고체 염화 소듐을 물에 넣으면, 모서리 또는 가장자리의 위치 때문에 보다 약하게 결합되어 있는 이온들이 물 분자들에 노출되고, 물 분자들은 이들과 충돌하여 결국 이온이 떨어지게 된다. 더 많은 물 분자들이 이온 주위에 클러스터를 형성하고, 이온–쌍극자 인력에 의해 이온을 안정화시킨다. 새로운 가장자리와 모서리가 결정에서 노출되고, 결정 전체가 용해될 때까지 앞의 과정이 계속된다. 용액 속의 이온들은 **용매화**(solvated)된다고 하고, 특히 물이 용매인 경우에는 **수화**(hydrated)된다고 한다. 이는 이온들이 정렬된 용매 분자의 껍질에 의해 둘러싸이고, 안정화된다는 의미이다. 이온성 물질이 물속에서 방출되는 수화 에너지는 큰 양이온보다는 작은 양이온들에서 일반적으로 더 크다. 왜냐하면, 물 분자들이 작은 이온들의 핵에 더 가깝게 접근할 수 있고, 따라서 더 단단히 결합할 수 있기 때문이다. 또한 수화 에너지는 일반적으로 이온의 전하량이 증가할수록 커진다.

물 분자는 결정의 접근 가능한 모서리나 구석을 둘러싸고 이온이 떨어져 나올 때까지 충돌한다.

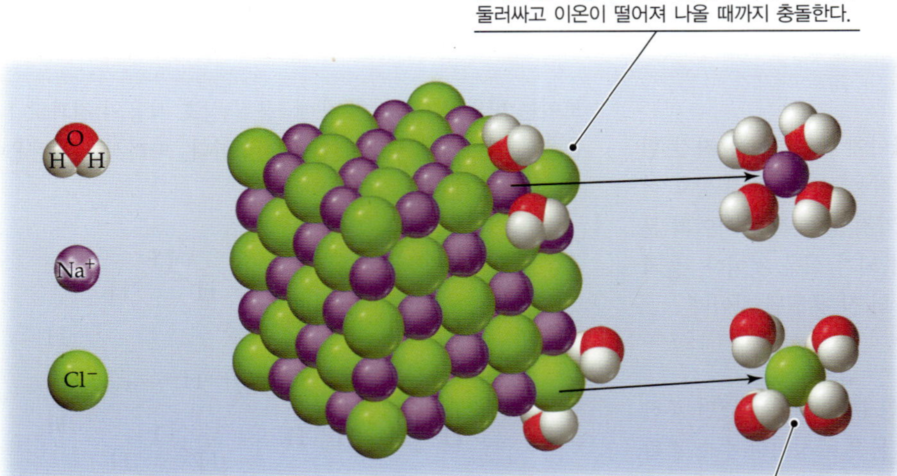

여분의 **물 분자**가 이온을 둘러싸고 이온–쌍극자 인력으로 안정화시킨다.

◀ **그림 13.4**
물속에서 NaCl 결정의 용해

▶ **확인하기**

물속에서 NaCl이 용해될 때 (a) 용매–용매, (b) 용매–용질, (c) 용질–용질 사이에 작용하는 분자간 힘을 기술하시오.

답 (a) 수소 결합, (b) 이온–쌍극자, (c) 이온 결합

13.3 용해도 예측

다른 모든 화학적 및 물리적 과정과 마찬가지로 용질이 용매에 용해되는 과정은 엔탈피와 엔트로피 변화와 관련이 있다. 엔탈피 변화 ΔH는 용해 과정 동안 계의 내부 또는 외부로의 열 흐름을 나타내며, 온도 의존성인 엔트로피 변화 ΔS는 계의 내부에서 분자 무질서 정도를 나타낸다. 앞 절에서, 엔탈피 변화는 용액이 형성될 때 방출 또는 흡수되는 열로 정의했다. 마찬가지로, **용해 엔트로피**(**entropy of solution**, $\Delta S_{용해}$)는 용질이 용매에 용해될 때 발생하는 엔트로피 변화이다. 용해 과정에서 분자의 무질서도가 증가하기 때문에 용액의 엔트로피는 일반적으로 양의 값이다.

▲ 기름과 물은 섞이지 않는다. 왜냐하면 물은 극성이고 기름은 비극성이기 때문이다. 매우 다른 형태의 분자간 힘은 기름이 물에 거의 용해되지 않도록 한다.

그러나 열역학적으로 다루기보다는 "끼리끼리 녹는다(Like dissolves like)."라는 문구로 요약되는 간단한 용해도 규칙을 이용하여 용해도를 예측하는 것은 매우 편리하다. 용질 입자들, 용매 분자들, 용매와 용질 입자들 사이의 분자간 힘의 형태가 종류와 크기에서 유사할 때 용액이 형성된다. 따라서 NaCl과 같은 이온성 고체는 물과 같은 극성 용매에 잘 용해된다. 그 이유는 Na^+ 및 Cl^- 이온과 극성 물 분자 사이에 작용하는 강한 이온–쌍극자 인력이, 물 분자 사이의 강한 수소 결합 인력 및 Na^+와 Cl^- 이온 사이의 강한 이온–이온 인력과 비슷한 크기이기 때문이다. 같은 방식으로, 콜레스테롤($C_{27}H_{46}O$)과 같은 비극성 유기 물질은 벤젠(C_6H_6)과 같은 비극성 유기 용매에 잘 용해된다. 그 이유는 두 종류의 분자들 사이에 작용하는 런던 분산력(London dispersion forces)이 비슷한 크기이기 때문이다. 하지만 기름은 물에 잘 용해되지 않는다. 그 이유는 두 액체가 서로 다른 종류의 분자간 힘을 가지기 때문이다.

개념 예제 13.1

화학 구조에서 용해도 예측

펜테인(C_5H_{12})과 1-뷰탄올(C_4H_9OH)은 비슷한 분자량의 유기물 액체이지만, 용해도는 상당히 다르다. 둘 중 어느 것이 물에 더 잘 용해될까? 설명하시오.

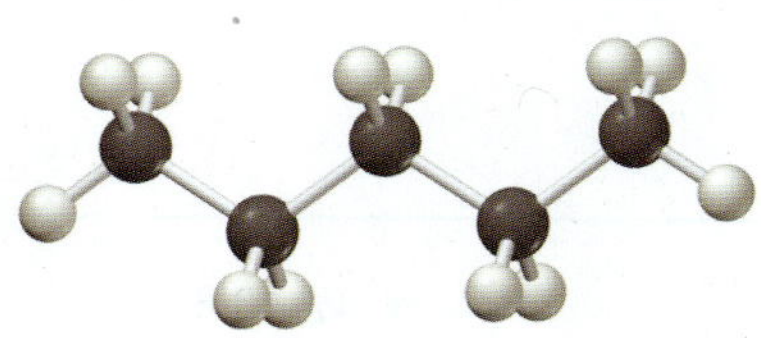

펜테인

1-뷰탄올

전략

구조를 살펴보고 각각의 경우 분자 사이에 존재하는 분자간 힘의 종류를 알아낸다. 용매–용매 상호 작용, 용매–용질 상호 작용, 용질–용질 상호 작용 만약 이 세 가지 상호 작용 사이의 분자간 힘의 크기가 비슷하다면, 용액이 되기 쉬울 것이다. 물과 비슷한 분자간 힘을 갖는 물질이 물에 더 잘 용해될 것이다.

풀이

펜테인은 비극성 분자이어서 두 펜테인 분자 간에는 런던 분산력이 분자간 힘으로 작용한다. 그러나 물은 극성이며 수소 결합을 형성한다. 펜테인은 물과 강한 분자간 상호 작용은 하지 않을 것이다. 그러나 1-뷰탄올은 물처럼 $-OH$ 작용기를 가지고 있어 스스로 그리고 물과 수소 결합을 형성할 수 있다. 아래에 보이는 바와 같이, 강한 용매–용질 상호 작용의 결과로 1-뷰탄올은 물과 3개의 수소 결합을 형성한다. 따라서 1-뷰탄올이 물에 더 잘 용해된다.

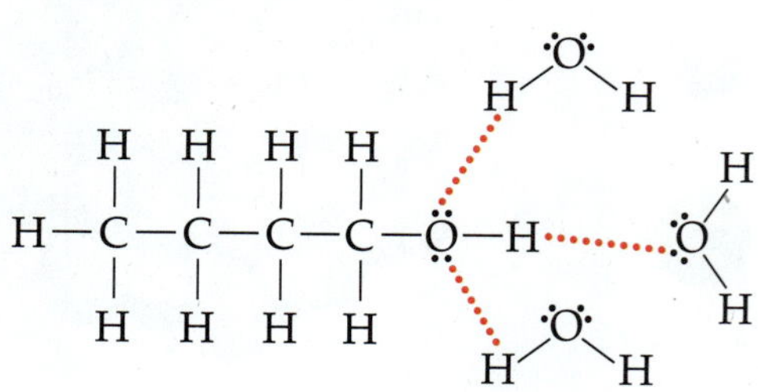

▶ **개념 연습문제 13.1** 다음 세 화합물을 펜테인(C_5H_{12})에 대한 용해도가 증가할 것으로 예상되는 순서대로 나열하시오.

1,5-펜테인다이올($C_5H_{12}O_2$), KBr, 톨루엔(C_7H_8, 가솔린의 한 성분).

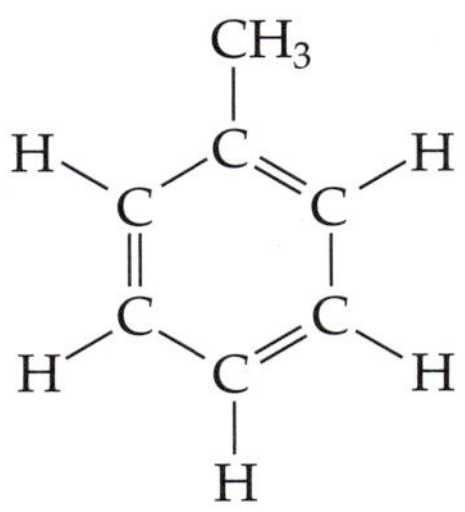

톨루엔

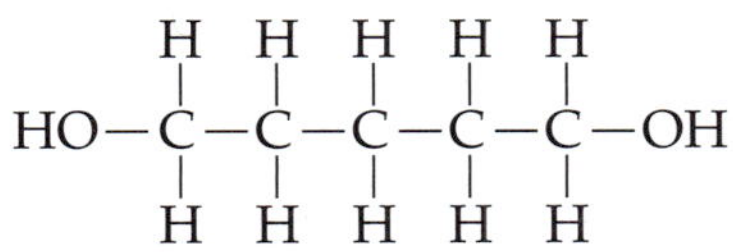

1,5-펜테인다이올

▶ **개념 응용문제 13.2** 많은 사람들이 건강을 위하여 바이타민 영양제를 먹고 있으며, 과다복용 가능성은 각각의 바이타민이 지용성인지 수용성인지에 따라 다르다. 만약 바이타민이 비극성인 지방 조직에 용해된다면 이들은 체내에 축적되는 반면, 수용성 바이타민은 빠르게 배출된다. 바이타민 C와 바이타민 E의 공-막대 모형을 이용하여 어떤 물질이 지방에 더 잘 용해되는지 결정하시오.

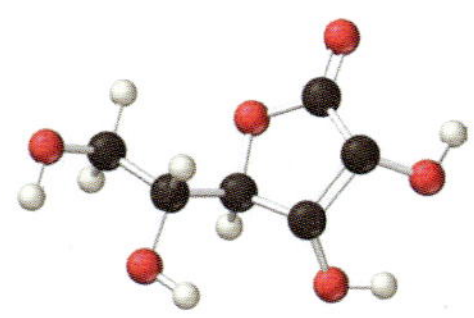

바이타민 C

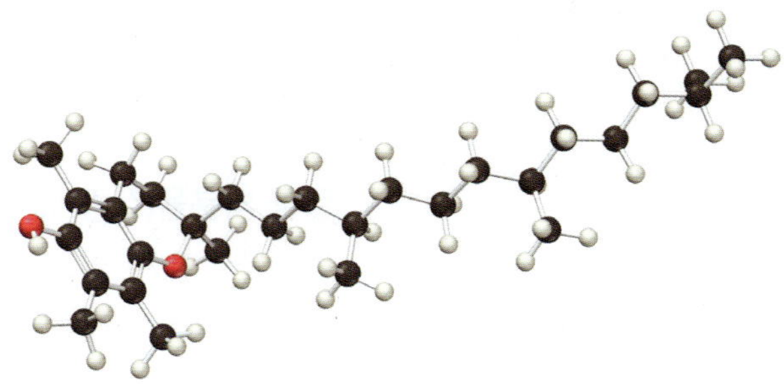

바이타민 E

13.4 용액의 농도 단위

일상생활에서는 용액을 묽다 또는 진하다라고 기술하는 것만으로 대부분 충분하다. 하지만 과학 연구에서는, 일반적으로 용액의 정확한 농도, 즉 일정한 양의 용매에 용해되어 있는 용질의 정확한 양을 알 필요가 있다. 농도를 표현하는 여러 가지 방식들이 있는데 각각 그 나름의 장점과 단점이 있다. 가장 보편적인 네 가지 농도 단위는 **몰농도(molarity)**, **몰분율**(mole fraction), **질량 백분율**(mass percent), **몰랄 농도**(molality)이다.

몰농도(M)

화학 실험실에서 농도를 나타내는 가장 보편적인 방식은 몰농도(M)를 사용하는 것이다. 4.1절에서 논의된 바와 같이, 용액의 몰농도는 용액의 부피당 용질의 몰수(mol/L, 약자 M)로 나타낸다. 예를 들어, 만약 NaOH 0.500 mol(20.0 g)을 충분한 양의 물에 용해시킨 후, 1.000 L 용액으로 만들면 이 용액의 농도는 0.500 M이다.

기억하기…
주어진 **몰농도**의 용액은 먼저 소량의 용매로 용질을 용해한 후 원하는 부피까지 용매로 묽혀서 만든다. 원하는 부피의 용매에 바로 용질을 용해시켜 용액을 만들지는 않는다(4.1절).

$$\textbf{몰농도}(\mathrm{M}) = \frac{\text{용질의 몰수}}{\text{용액의 부피(L)}}$$

몰농도를 사용할 때의 장점으로 두 가지를 들 수 있다. (1) 질량 대신에 몰수를 사용하기 때문에 화학량론적 계산이 단순화된다. (2) 용액의 양(따라서 용질의 양도 같이)을 질량이 아닌 부피로 측정한다. 그 결과, **적정(titration)**이 특히 쉬워진다.

몰농도의 단점 또한 두 가지이다. (1) 용액의 부피가 온도 변화에 따라 팽창하거나 수축하기 때문에 정확한 용질의 농도가 온도에 따라 달라진다. (2) 용액의 밀도를 알지 못하면 일정한 부피의 용액 속에 들어 있는 정확한 용매의 양을 알 수 없다.

기억하기…
적정이란 용액의 농도를 결정하는 과정으로, 정확히 측정된 부피를 가진 용액을 농도를 알고 있는 다른 물질의 표준 용액과 반응시킴으로써 수행된다(4.9절).

몰분율(X)

10.5절에서 논의된 바와 같이, 용액 중 어떤 성분의 몰분율(mole fraction, X)이란, 이 성분의 몰수를 용액을 구성하는(용매도 포함) 전체 몰수로 나눈 값이다.

$$\textbf{몰분율}(X) = \frac{\text{성분 몰수}}{\text{용액을 구성하는 전체 몰수}}$$

예를 들어, 메틸 알코올(CH_3OH) 1.00 mol(32.0 g)을 물 5.00 mol(90.0 g)에 용해시킨 용액에서, 메틸 알코올의 몰분율 $X = 1.00\ \text{mol}/(1.00\ \text{mol} + 5.00\ \text{mol}) = 0.167$이다. 단위가 상쇄되므로 몰분율은 단위가 없음을 주목하기 바란다.

몰분율은 온도와 무관하다. 이 때문에 기체 혼합물과 관련된 계산에 특히 유용하다. 특별한 상황을 제외하고는 몰분율은 액체 용액에는 거의 사용하지 않는다. 이는 다른 농도 단위들이 일반적으로 더 편리하기 때문이다.

질량 백분율(질량 %)

명칭에서 알 수 있는 것처럼, 용액 중 어떤 성분의 질량 백분율은 그 성분의 질량을 용액의 전체 질량으로 나누고 100%를 곱해서 구한다.

$$\textbf{질량 백분율} = \frac{\text{성분의 질량}}{\text{용액의 전체 질량}} \times 100\%$$

예를 들어, 글루코스 10.0 g을 물 100.0 g에 용해시켜 만든 용액은 9.09 질량 % 글루코스 농도를 갖는다.

$$\text{글루코스 질량 \%} = \frac{10.0\ \text{g}}{10.0\ \text{g} + 100.0\ \text{g}} \times 100\% = 9.09\ \text{질량 \%}$$

질량 백분율과 밀접한 관련이 있으며, 특히 매우 묽은 용액에 유용한 농도 단위로는 **백만분율**(**parts per million, ppm**)과 **십억분율**(**parts per billion, ppb**)이 있다.

$$\textbf{백만분율(ppm)} = \frac{\text{성분의 질량}}{\text{용액의 전체 질량}} \times 10^6$$

$$\textbf{십억분율(ppb)} = \frac{\text{성분의 질량}}{\text{용액의 전체 질량}} \times 10^9$$

▲ 이 뒷마당 수영장에 1/4 티스푼의 설탕을 용해시키면 약 1 ppb의 설탕 농도가 될 것이다.
ⓒsae-hwan park/Shutterstock

어떤 물질의 1 ppm 농도는 용액 1 kg(100만 mg)에 용질 1 mg이 포함된 것을 의미한다. 실온 근처에서 묽은 수용액은 1 kg이 1 L이므로, 1 ppm은 용액 1 L에 용질 1 mg이 포함된 것을 의미하기도 한다. 같은 방식으로, 1 ppb 농도는 1 L 수용액에 용질 0.001 mg이 포함된 것을 의미한다.

ppm과 ppb 값은 공기나 물에 포함된 미량의 불순물 농도를 표기하는 데 빈번하게 이용한다. 따라서 생수 속에 납의 최대 허용 농도는 15 ppb 또는 약 67,000 L당 1 g과 같이 나타낼 수 있다.

농도 표시에 질량 백분율(또는 ppm)을 사용할 때의 장점은 그 값이 온도와 무관하다는 것이다. 이는 어떤 물질을 가열하거나 냉각하여도 질량은 변하지 않기 때문이다. 질량 백분율을 사용할 때의 단점은, 일반적으로 액체 용액의 경우 부피보다 질량으로 양을 측정하는 것이 편리하지 않다는 점이다. 더구나 질량 백분율을 몰농도로 환산하기 위해서는 용액의 밀도를 알아야 한다. 예제 13.5는 환산 방법을 보여 준다.

예제 13.2

질량 백분율 농도

5.75 질량 % LiCl 수용액이 있다고 가정하자. 이 용액 몇 g이 LiCl 1.60 g을 포함하고 있는가?

문제 파악

알고 있는 것	알아내야 할 것
질량 백분율(5.75%)	용액의 질량(g)
용질의 질량(1.60 g LiCl)	

전략

농도가 5.75 질량 %라고 하는 것은 용액 100.0 g에 5.75 g의 LiCl(그리고 94.25 g의 물)이 들어 있다는 것을 의미하므로, 이 관계를 환산 인자로 이용할 수 있다.

풀이

$$\text{용액의 질량} = 1.60\text{ g LiCl} \times \frac{100\text{ g 용액}}{5.75\text{ g LiCl}} = 27.8\text{ g 용액}$$

▶ **연습문제 13.3** 1.00 L의 물에 1.00 mol의 NaCl을 용해시켜 만든 소금 수용액의 질량 백분율 농도는 얼마인가? (물의 밀도는 1.00 g/mL로 가정한다.)

▶ **응용문제 13.4** 설탕(수크로스, $C_{12}H_{22}O_{11}$) 15.0 g을 넣어 7.50 질량 %의 용액을 제조하려 한다. 이때 필요한 물의 양(g 단위)을 계산하시오.

예제 13.3

농도 단위로 백만분율(ppm) 사용

질산 이온(NO_3^-)은 비료의 유출이나 정화조의 누설로 상수도에 유입된다. 식수에 대한 질산 이온의 법적 한계는 10.0 ppm이다. 이 농도를 초과하는 식수를 마신 유아는 심각하게 병들게 된다. 10.0 ppm의 농도를 가진 물 1.5 L에 존재하는 질산 이온의 질량(mg)은 얼마인가? (물의 밀도는 1.0 g/mL라고 가정한다.)

문제 파악

알고 있는 것	알아내야 할 것
질산 이온의 농도(10.0 ppm)	질산 이온의 질량(mg)
물의 부피(1.5 L)	

전략

밀도를 이용하여 물의 질량(전체 용액의 질량)을 물의 부피로 전환한다. 알고 있는 사실을 ppm 계산식에 대입하여 NO_3^-의 질량을 계산한다.

풀이

물의 질량 계산하기: $1.5\text{ L} \times \dfrac{1\text{ mL}}{1 \times 10^{-3}\text{ L}} \times \dfrac{1.0\text{ g}}{1\text{ mL}} = 1500\text{ g}$

ppm 식 사용하기: $10.0\text{ ppm} = \dfrac{NO_3^-\text{의 질량}}{1500\text{ g}} \times 10^6$

NO_3^-의 질량 $= 0.015\text{ g} = 15\text{ mg}$

점검

계산된 질산 이온의 질량은 매우 작다. 이는 ppm이 극미량의 용질을 표현하는 데 사용하는 단위이므로 타당한 값이다. ppm의 증배계수가 10^6이므로, 용질의 양이 용액의 전체 질량과 비교할 때 약 10^6배로 적을 것이라 예상할 수 있다.

▶ **연습문제 13.5** 식수 시료 50.0 mL에 1.25 μg의 비소(As)가 포함되어 있다. ppb 단위로 농도를 계산하고, 그 값이 법적 한계인 10.0 ppb를 초과하는지 아닌지를 결정하시오. (물의 밀도는 1.0 g/mL라고 가정한다.)

▶ **응용문제 13.6** 작업장 내에서 사람의 일산화 탄소 노출에 대한 법적 한계는 35 ppm이다. 공기의 밀도를 1.3 g/L라고 하면, 최대 허용 농도에서 1.0 L의 공기 중에는 몇 g의 일산화 탄소가 들어 있는가?

몰랄 농도(m)

용액의 몰랄 농도(molality, $\boldsymbol{m}$)는 용매 1 kg당 용질의 몰수(mol/kg)로 정의한다.

$$\text{몰랄 농도}(m) = \frac{\text{용질의 몰수}}{\text{용매의 질량(kg)}}$$

예를 들어, 1.000 *m* KBr 수용액을 만들려고 하면, 물 1.000 kg(1000 mL)에 KBr 1.000 mol (119.0 g)을 용해시키면 된다. 이 수용액의 최종 부피가 얼마인지 정확하게 알 수 없지만, 1000 mL보다 약간 클 것으로 예상할 수 있다. 명칭은 비슷하지만, 몰농도와 몰랄 농도의 차이를 분명히 알아야 한다. 몰농도는 **용액의 부피**(L)당 용질의 몰수이고, 몰랄 농도는 **용매의 질량**(kg)당 용질의 몰수이다.

몰랄 농도를 사용할 때의 주된 장점은, 물질을 가열하거나 냉각하여도 질량은 변하지 않으므로 온도와 무관하다는 점이다. 따라서 이 장의 뒤에 나오는 용액의 특정한 물성의 계산에 적합하다. 몰랄 농도를 사용할 때의 단점은, 용액의 양을 부피가 아닌 질량으로 측정해야 한다는 것과, 몰랄 농도를 몰농도로 환산하기 위해서는 용액의 밀도를 알아야 한다는 점이다(예제 13.5 참조).

네 가지 농도 표시 방법의 요약을 상대적인 장점 및 단점과 함께 **표 13.2**에 제시하였다.

표 13.2 여러 농도 단위의 비교

이름	단위	장점	단점
몰농도(M)	$\frac{\text{용질 mol}}{\text{용액 L}}$	화학량론에 유리, 부피로 측정	온도 의존성, 용매의 질량을 알기 위해서는 밀도를 알아야 함
몰분율(X)	없음	온도와 무관, 특별한 용도에 유용	질량으로 측정, 몰농도로 변환하기 위해서는 밀도를 알아야 함
질량 %	%	온도와 무관, 소량에 유용	질량으로 측정, 몰농도로 변환하기 위해서는 밀도를 알아야 함
몰랄 농도(m)	$\frac{\text{용질 mol}}{\text{용매 kg}}$	온도와 무관, 특별한 용도에 유용	질량으로 측정, 몰농도로 변환하기 위해서는 밀도를 알아야 함

예제 13.4

용액의 몰랄 농도 계산

설탕(수크로스, $C_{12}H_{22}O_{11}$) 1.45 g을 물 30.0 mL에 용해시켜 만든 용액의 몰랄 농도는 얼마인가? 설탕의 몰질량은 342.3 g/mol이고, 물의 밀도는 1.00 g/mL이다.

문제 파악

알고 있는 것	알아내야 할 것
설탕의 질량(1.45 g)	몰랄 농도(m)
물의 부피(30.0 mL)	
설탕의 몰질량(342.3 g/mol)	

전략

몰랄 농도는 용매 1 kg에 들어 있는 용질의 몰수이다. 따라서 설탕 1.45 g은 몇 mol이고, 물 30.0 mL는 몇 kg인지를 알아야 한다.

풀이

설탕의 몰수는

$$1.45\text{ g 설탕} \times \frac{1\text{ mol 설탕}}{342.3\text{ g 설탕}} = 4.24 \times 10^{-3}\text{ mol 설탕}$$

물의 밀도는 1.00 g/mL이므로 물 30.0 mL의 질량은 30.0 g, 즉 0.0300 kg이다. 따라서 이 용액의 몰랄 농도는 다음과 같다.

$$\text{몰랄 농도} = \frac{4.24 \times 10^{-3}\text{ mol}}{0.0300\text{ kg}} = 0.141\ m$$

▶ **연습문제 13.7** 아세트산 소듐(CH_3CO_2Na) 0.150 mol을 얻기 위해서는 0.500 *m* 아세트산 소듐 수용액 몇 g이 필요한가?

▶ **응용문제 13.8** 콜레스테롤($C_{27}H_{46}O$) 0.385 g을 클로로폼($CHCl_3$) 40.0 g에 용해시켜 만든 용액의 몰랄 농도는 얼마인가? 이 용액에서 콜레스테롤의 몰분율은 얼마인가?

예제 13.5

밀도를 사용하여 몰농도를 다른 농도 단위로 변환

0.750 M의 황산(H_2SO_4) 수용액의 밀도는 20 °C에서 1.046 g/mL이다. 이 용액의 (a) 몰분율, (b) 질량 %, (c) 몰랄 농도는 각각 얼마인가? H_2SO_4의 몰질량은 98.1 g/mol이다.

문제 파악

알고 있는 것	알아내야 할 것
H_2SO_4 수용액 농도(0.750 M)	몰분율, 질량 %, 몰랄 농도
H_2SO_4 수용액 밀도(1.046 g/mL)	
H_2SO_4의 몰질량(98.1 g/mol)	

전략

각 농도 단위를 이용하여 처음과 마지막 농도를 식으로 적어라. 이는 알고 있는 밀도와 몰질량을 어떻게 처음 농도 단위를 마지막 농도 단위로 변환하는 데 사용할 것인지를 판단하는 데 도움이 될 것이다.

몰농도: $\dfrac{0.750\ \text{mol}_{H_2SO_4}}{1\ \text{L}_{\text{용액}}}$ →

몰분율: $\dfrac{\text{mol}_{H_2SO_4}}{\text{mol}_{\text{전체}}}$

질량 %: $\dfrac{\text{g}_{H_2SO_4}}{\text{g}_{\text{용액}}} \times 100\%$

몰랄 농도: $\dfrac{\text{mol}_{H_2SO_4}}{\text{kg}_{\text{용매}}}$

풀이

(a) **몰분율**: 몰분율을 계산하기 위해서는, 1.00 L의 용액을 이 용액의 전체 몰수(mol H_2SO_4 + mol H_2O)로 변환하는 것이 필요하다. 용액의 몰농도가 0.750 M이므로 1.00 L 내 H_2SO_4의 몰수는 0.750이다. H_2O의 몰수를 구하기 위해서는, 먼저 밀도를 이용하여 용액의 전체 질량을 계산해야 한다.

$$1.00\ \text{L 용액의 질량} = 1.00\ \text{L} \times \frac{1\ \text{mL}}{1 \times 10^{-3}\ \text{L}} \times \frac{1.046\ \text{g}}{1\ \text{mL}} = 1046\ \text{g}$$

용액의 전체 질량은 H_2SO_4의 질량 + H_2O의 질량이다. H_2SO_4의 질량은 몰수를 그램(g)으로 변환해서 구한다.

$$1.00\ \text{L 용액 내 } H_2SO_4 \text{ 질량} = 0.750\ \text{mol} \times \frac{98.1\ \text{g}}{\text{mol}} = 73.6\ \text{g}$$

물의 질량: 1046 g 용액 −73.6 g H_2SO_4 = 972.4 g H_2O
물의 몰수는 위 질량을 몰수로 변환해서 구한다.

$$972.4\ \text{g}\ H_2O \times \frac{1\ \text{mol}\ H_2O}{18.0\ \text{g}\ H_2O} = 54.0\ \text{mol}\ H_2O$$

따라서 H_2SO_4의 몰분율은

$$X_{H_2SO_4} = \frac{0.750\ \text{mol}\ H_2SO_4}{0.750\ \text{mol}\ H_2SO_4 + 54.0\ \text{mol}\ H_2O} = 0.0137$$

(b) **질량 %**: 질량 %를 계산하기 위해서는, 몰질량을 사용하여 0.750 mol의 H_2SO_4를 그램(g)으로 변환하고, 밀도를 사용하여 1.00 L의 용액을 그램(g)으로 변환한다. 이 값들은 (a) 부분에서 계산하였다. H_2SO_4의 질량 %는

$$H_2SO_4\text{의 질량 \%} = \frac{73.6\ \text{g}\ H_2SO_4}{1046\ \text{g 용액}} \times 100\% = 7.04\%$$

(c) **몰랄 농도**: 몰랄 농도를 계산하기 위해서는, 1.00 L의 용액을 용매의 kg으로 변환한다. 물의 질량은 (a) 부분에서 계산하였으며, 972.4 g 또는 0.9724 kg이다.

$$H_2SO_4\text{의 몰랄 농도} = \frac{0.750\ \text{mol}\ H_2SO_4}{0.9724\ \text{kg}\ H_2O} = 0.771\ m$$

▶ **연습문제 13.9** 20 °C에서 0.500 M 아세트산 수용액의 밀도는 1.0042 g/mL이다. 이 용액의 몰랄 농도는 얼마인가? 아세트산(CH_3CO_2H)의 몰질량은 60.05 g/mol이다.

▶ **응용문제 13.10** 20 °C에서 0.258 *m* 글루코스 수용액의 밀도는 1.0173 g/mL이고, 글루코스의 몰질량은 180.2 g/mol이다. 이 용액의 몰농도는 얼마인가?

13.5 용해도에 영향을 미치는 인자들

고체 NaCl을 물에 넣으면 처음에는 빠르게 용해되지만, 점점 더 많은 NaCl을 물에 넣을수록 용해되는 속도는 느려지게 된다. 결국에는 더 이상 용해되지 않게 된다. 그 이유는 결정에서

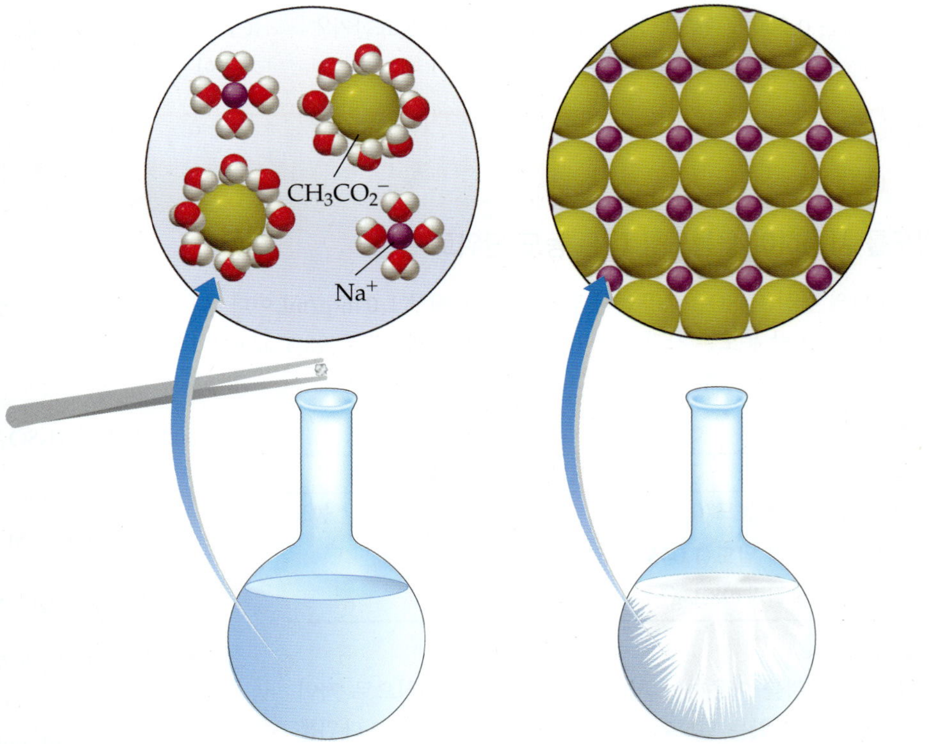

▶ 그림 13.5
과포화 용액의 침전 생성

물에 아세트산 소듐이 과포화되어 있는 용액

작은 종자 결정이 더해지면 더 큰 결정이 자라나기 시작하고, 평형에 이를 때까지 용액으로부터 침전이 일어난다.

용액 속으로 용해되어 들어가는 Na^+와 Cl^- 이온의 수와, 용액에서 결정으로 돌아오는 이들 이온의 수가 같아지는 동적 평형에 이르기 때문이다. 이 시점에서 녹을 수 있는 NaCl이 최대치가 되고, 이 용액은 그 용질로 **포화(saturated)**되었다고 한다.

$$\text{용질} + \text{용매} \underset{\text{결정화}}{\overset{\text{용해}}{\rightleftharpoons}} \text{용액}$$

이 정의에서 포화 용액은 용해되지 않은 고체와 일정 온도에서 **평형**(equilibrium)에 놓여 있다는 것에 주목할 필요가 있다. 그러나 어떤 물질은 **과포화(supersaturated)** 용액을 형성할 수 있는데, 과포화 용액은 평형 상태보다 더 많은 용질을 포함한다. 예를 들어, 아세트산 소듐 포화 용액을 고온에서 만든 다음 서서히 냉각시키면 그림 13.5처럼 과포화 용액이 얻어진다. 하지만 이러한 용액은 불안정해서 결정화를 유도하는 작은 아세트산 소듐의 종자 결정(seed crystal)을 가해 주면 침전이 일어난다.

용해도에 대한 온도 효과

일정 온도에서 포화 용액의 형성에 필요한 용매의 단위 부피당 물질의 양을 그 물질의 용해도(solubility)라고 한다. 용해도는 그 물질의 물리적 특성이다. 그림 13.6에서 보는 것처럼 물질들은 매우 상이한 용해도를 갖는다. 예를 들어, 염화 소듐은 20 °C에서 물에 대한 용해도가 35.9 g/100 mL이고, 질산 소듐은 20 °C에서 물에 대한 용해도가 87.3 g/100 mL이다. 때로는, 특히 두 액체가 섞이는 경우 용매와 용질은 혼합된다. 이는 이들이 모든 비율에서 서로 용해된다는 것을 의미한다. 에틸 알코올과 물의 용액이 한 예이다.

용해도는 온도에 의존하는 물성이므로, 측정이 이루어진 온도를 함께 보고해야 한다. 그

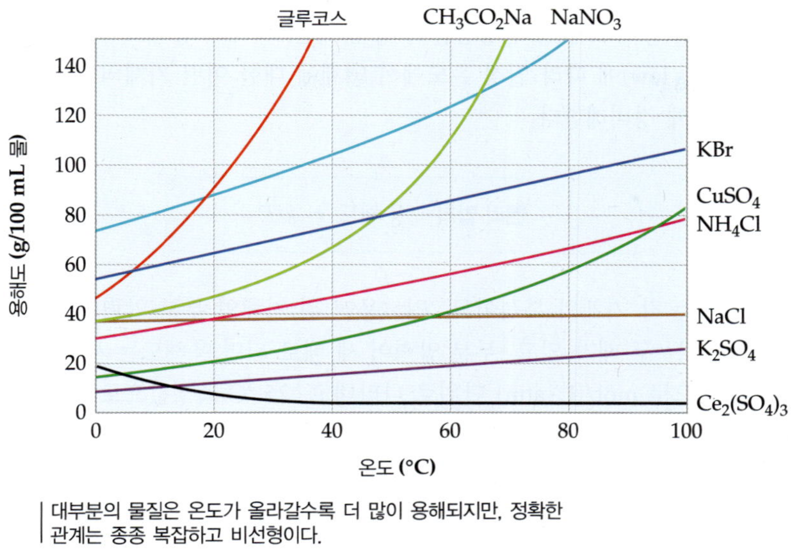

▶ **그림 13.6**
온도의 함수로 나타낸 몇 가지 흔한 고체들의 물에 대한 용해도

림 13.6에서 보는 것처럼, 구조와 용해도 사이 또는 용해도와 온도 사이에 분명한 상관관계는 없다. 분자성이나 이온성 고체의 용해도는 대부분 온도 증가에 따라 증가한다. 하지만 일부 (NaCl)의 용해도는 거의 변하지 않고, 실제로 다른 일부[$Ce_2(SO_4)_3$]의 용해도는 감소한다.

기체의 물에 대한 용해도에 미치는 온도 효과는 고체의 용해도에 미치는 온도 효과보다 더 예측 가능하다. 기체는 온도가 증가함에 따라 물에 덜 용해된다(그림 13.7). 이러한 용해도 감소의 한 예로, 탄산음료를 냉장시킨 후 꺼내어 실온으로 따뜻해질 때 계속해서 기포가 발생하는 것을 들 수 있다. 곧 이 탄산음료는 용해되어 있던 CO_2를 많이 잃어버려 맛이 밋밋해진다. 훨씬 더 중요한 예는 열오염(thermal pollution)이라고 알려진 효과이다. 이는 공장에서 방출된 열수(hot water)가 호수와 강물의 용존 산소의 농도를 감소시켜 수중 생태계에 손상을 주는 것이다.

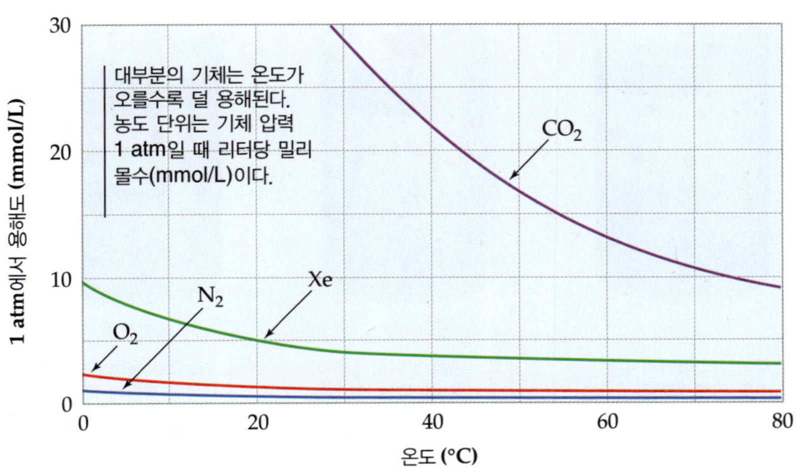

▶ **그림 13.7**
온도의 함수로 나타낸 몇 가지 기체들의 물에 대한 용해도

▶ **확인하기**

물속에 용해되어 있는 용존 산소량은 10 °C와 30 °C 중 어느 온도에서 더 높은가?

답 10 °C

용해도에 대한 압력 효과

압력은 액체와 고체의 용해도에 거의 영향을 주지 않지만, 기체의 용해도에는 크게 영향을 준다. **헨리 법칙(Henry's law)**에 따라 일정 온도에서 액체에 대한 어떤 기체의 용해도는 용액 위 그 기체의 부분 압력에 정비례한다.

헨리 법칙 용해도 $= k \cdot P$

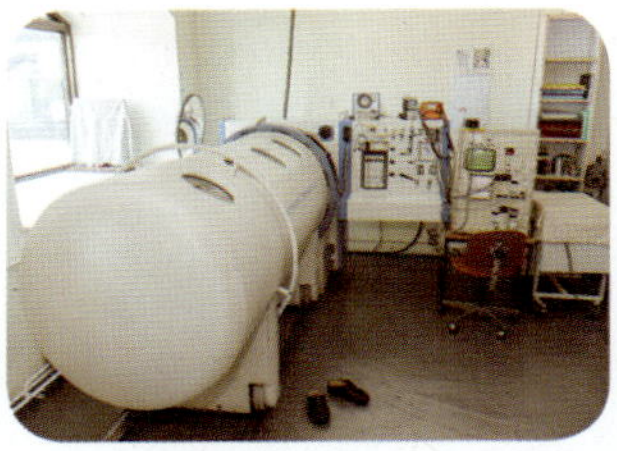

▲ 잠수부가 물속에서 너무 빠르게 올라오면 혈액 속에 질소 방울이 생성되어 생기는 증상인 잠수병을 보일 수 있다. 치료는 감압실 속에 잠수부를 넣고 압력을 천천히 조절해 가며 변화시켜 주는 방식으로 이루어진다. ©Fotosr52/Shutterstock

이 식에서 상수 k는 각 기체의 특성이고, P는 용액 위 기체의 부분 압력이다. 부분 압력이 두 배로 되면 용해도는 두 배가 되고, 부분 압력이 세 배로 되면 용해도는 세 배가 된다. 헨리 법칙 상수는 일반적으로 mol/(L·atm) 단위로 나타내고, 25 °C 측정값으로 보고한다. 기체의 부분 압력 P가 1 atm이 되면, 수치적으로 헨리 법칙 상수 k가 기체의 용해도(mol/L)와 같아짐에 주목하라.

아마 가장 흔히 볼 수 있는 헨리 법칙 거동을 따르는 예는 소다수나 탄산음료 캔을 열 때이다. 열자마자 '쉿'하는 소리를 내면서 기체 방울이 분출한다. 이는 깡통 내부의 CO_2 압력이 급감함에 따라 CO_2의 용해도가 갑자기 감소하기 때문이다. 헨리 법칙과 관련된 더 심각한 예는, 심해 잠수부들이 너무 빠르게 물 표면으로 나올 때 고통스럽고 생명을 잃을 수도 있는 상태인 **잠수병** 또는 **감압병**으로 발전하는 경우이다. 잠수병은 높은 수압 하에서 많은 양의 질소가 혈액에 용해되어 있기 때문에 발생한다. 잠수부가 물 위로 올라와 압력이 너무 급격히 감소하면 질소 기포들이 혈액 중에 생기고, 이들이 모세혈관을 막아 혈액의 흐름을 차단하게 된다. 이러한 문제는 공기(산소/질소) 대신 산소/헬륨 혼합물을 호흡용 기체로 사용함으로써 방지할 수 있다. 이는 헬륨의 혈액에 대한 용해도가 질소보다 매우 낮기 때문이다.

분자 수준에서 볼 때, 압력 상승에 따라 기체의 용해도가 증가하는 것은 용해되어 있는 기체와 용해되지 않은 기체 사이의 평형의 위치 변화 때문이다. 일정 압력에서 용액으로 들어가고 빠져나가는 기체 입자의 수가 동일할 때 평형이 형성된다. 하지만 압력이 증가하면 빠져나가는 것보다 더 많은 기체 입자가 용액으로 들어간다. 이에 따라 새로운 평형이 형성될 때까지 기체 용해도는 증가한다(그림 13.8).

▶ **그림 13.8**
분자적 관점에서의 헨리 법칙

▶ 확인하기

압력이 증가된 후 다시 평형을 회복하였을 때, 초기 상태와 비교하여 용액 중 기체의 농도는 어떻게 되는가?

답 압력이 증가하였기 때문에 농도가 증가한다.

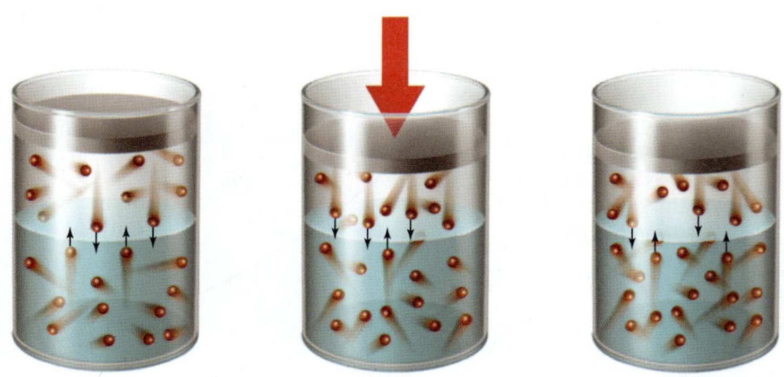

주어진 압력에서 같은 수의 기체 입자가 용액으로 들어가고 나오는 **평형**이 형성되어 있다.

피스톤을 밀어서 **압력이 증가**할 때, 떠날 수 있는 기체 입자보다 더 많은 기체 입자가 순간적으로 용액 속으로 들어간다.

그러므로 용해도는 **새로운 평형**에 도달할 때까지 증가한다.

예제 13.6

헨리 법칙을 이용한 기체의 용해도 계산

토양 훈증 소독제로 이용하는 기체인 브로민화 메틸(CH_3Br)의 25 °C에서 헨리 법칙 상수 k = 0.159 mol/(L·atm)이다. 25 °C와 125 mmHg 부분 압력에서, 물에 대한 브로민화 메틸의 용해도(mol/L)는 얼마인가?

문제 파악

알고 있는 것	알아내야 할 것
k = 0.159 mol/(L·atm)	용해도(mol/L)
T = 25 °C	
CH_3Br의 부분 압력 = 125 mmHg	

전략

헨리 법칙에 따라 용해도 = $k \cdot P$이다.

풀이

$$k = 0.159 \text{ mol/(L}\cdot\text{atm)}$$

$$P = 125 \text{ mm Hg} \times \frac{1 \text{ atm}}{760 \text{ mm Hg}} = 0.164 \text{ atm}$$

$$\text{용해도} = k \cdot P = 0.159 \frac{\text{mol}}{\text{L}\cdot\text{atm}} \times 0.164 \text{ atm} = 0.0261 \text{ M}$$

125 mmHg 부분 압력에서, 물에 대한 브로민화 메틸의 용해도는 0.0261 M이다.

▶ **연습문제 13.11** 25 °C, 1 atm에서 물에 대한 CO_2의 용해도는 3.2×10^{-2} M이다. 25 °C에서 CO_2의 부분 압력이 5.0 atm일 때, 물에 대한 CO_2의 용해도는 얼마인가?

▶ **응용문제 13.12** 문제 13.11에서 계산한 헨리 법칙 상수를 이용하여, 다음 경우에서 CO_2 농도를 구하시오.
(a) 25 °C에서 2.5 atm의 CO_2 압력으로 밀봉된 소다 캔
(b) 25 °C에서 대기로 열린 소다 캔(대기압 중의 CO_2는 약 0.04 부피 %이다.)

13.6 용액의 물리적 거동: 총괄성

용액의 거동은 순수한 용매와 비교해 볼 때 정성적으로는 비슷하지만 정량적으로는 다르다. 예를 들어 순수한 물은 100.0 °C에서 끓고 0.0 °C에서 얼지만, 1.00 m 염화 소듐 수용액은 101.0 °C에서 끓고 −3.7 °C에서 언다.

순수한 용매에 비해 용액에서 관찰되는 더 높은 끓는점과 더 낮은 어는점은 **총괄성**(**colligative property**)의 예들이다. 총괄성은 녹은 용질의 양에 의해 결정되고, 용질의 화학적 성질과는 무관하다. **총괄**(colligative)이라는 용어는 '함께 집단으로 묶임'을 의미한다. 용질 입자들의 '집단'이 관찰되는 효과의 원인이 되기 때문에 이 용어를 사용한다. 다른 총괄성으로는 순수한 용매에 비해 용액의 증기 압력이 더 낮은 것과 **삼투**(osmosis)가 있다. 삼투란 용매와 여타 작은 분자들이 반투막을 통과하여 이동하는 현상이다.

총괄성 순수한 용매와 용액의 성질을 비교해 보았을 때

- 용액의 증기 압력이 더 낮다.
- 용액의 끓는점이 더 높다.
- 용액의 어는점(또는 녹는점)이 더 낮다.
- 용액에서 삼투(osmosis)가 일어난다. 즉, 용매 분자들이 반투막을 통과하여 이동한다.

네 가지 총괄성은 13.7~13.9절에서 좀 더 상세하게 다룰 것이다.

13.7 용액의 증기 압력 내림: 라울 법칙

기억하기…
평형 상태에서 액체로부터 증기로의 증발 속도는 증기로부터 액체로의 응축 속도와 같다. 최종 **증기 압력**은 평형 상태에 있는 기체의 부분 압력이다(11.2절).

11.2절에서 밀폐 용기 내 액체는 그 액체의 증기와 평형에 놓여 있고, 그 증기에 의해 가해지는 압력을 **증기 압력**(**vapor pressure**)이라고 부른다는 것을 배웠다. 그런데 같은 온도에서 순수한 용매의 증기 압력을 용액의 증기 압력과 비교해 보면, 두 값이 다르다는 것을 알 수 있다. 고체가 녹아 있는 경우와 같이, 용질이 비휘발성이고 용질의 증기 압력이 무시할 정도로 작으면, 이 용액의 증기 압력은 항상 순수한 용매의 증기 압력보다 더 작다. 두 액체의 혼합물에서 흔히 볼 수 있는 것처럼, 용질이 휘발성이고 용질의 증기 압력이 상당히 크면, 그 혼합물의 증기 압력은 두 순수한 액체의 증기 압력 사이의 중간값으로 나타난다.

기억하기…
압력계는 압력을 측정하는 데 사용하는 수은이 채워진 U자형 관이다. 관의 한쪽 끝은 시료 용기에 연결되어 있고 다른 한쪽 끝은 대기에 노출되어 있다(10.1절).

비휘발성 용질을 갖는 용액

비휘발성 용질의 용액이 순수한 용매보다 더 낮은 증기 압력을 갖는다는 것은 **압력계**를 이용하여 쉽게 확인할 수 있다(그림 13.9). 다른 방법으로는, 순수한 용매의 증발 속도와 용액의 증발 속도를 비교해 봄으로써 확인할 수 있다. 용액은 항상 순수한 용매보다 느리게 증발한다. 왜냐하면 용액의 증기 압력이 더 낮고 용액의 분자들이 빠져나가기 더 어렵기 때문이다.

라울 법칙(Raoult's law)에 따라, 비휘발성 용질을 갖는 용액의 증기 압력은 순수한 용매의 증기 압력에 용매의 몰분율을 곱한 값과 같다. 즉,

개념탐구 질문 2
1.0 M 에탄올 수용액 100 mL와 1.0 M NaCl 수용액 100 mL가 실험실 의자에 방치되어 있다. 어느 용액이 증발하여 먼저 건조 상태가 되는가?

라울 법칙 $$P_{용액} = P_{용매} \times X_{용매}$$
여기서 $P_{용액}$은 용액의 증기 압력, $P_{용매}$는 같은 온도에서 순수한 용매의 증기 압력, $X_{용매}$는 그 용액 중 용매의 몰분율이다.

25 °C에서 15.0 mol의 물에 1.00 mol의 글루코스를 용해시킨 용액의 증기 압력은 얼마인가? 순수한 물의 증기 압력은 25 °C에서 23.76 mmHg이므로 용액의 증기 압력은 더 낮을 것으로 예측할 수 있다. 이 용액에서 물의 몰분율은 다음과 같다.

▶ 그림 13.9
용액의 평형 증기 압력

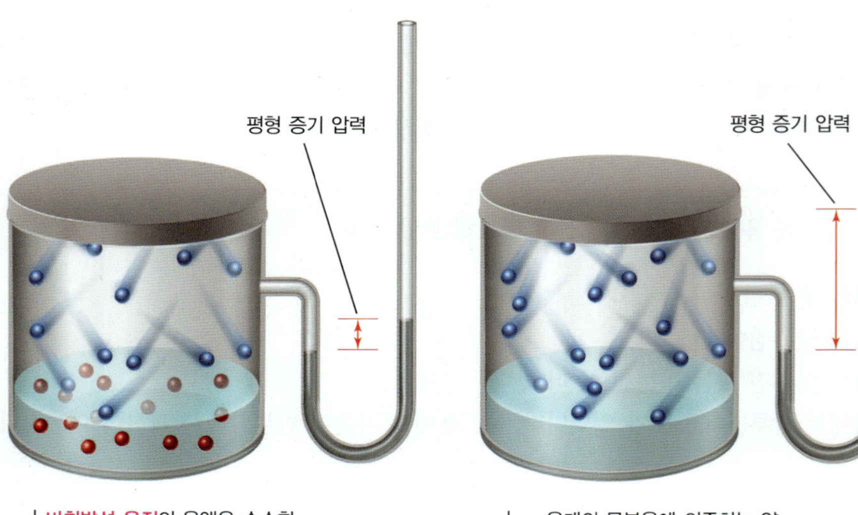

$$X_{용매} = \frac{15.0 \text{ mol } H_2O}{15.0 \text{ mol } H_2O + 1.0 \text{ mol 글루코스}} = 0.938$$

따라서, 라울 법칙으로부터 이 용액의 증기 압력이 22.3 mmHg라는 것을 알 수 있다. 이것은 1.5 mmHg의 증기 압력 내림($\Delta P_{용액}$)에 해당한다.

$$P_{용액} = P_{용매} \times X_{용매} = 23.76 \text{ mmHg} \times 0.938 = 22.3 \text{ mmHg}$$
$$\Delta P_{용액} = P_{용매} - P_{용액} = 23.76 \text{ mmHg} - 22.3 \text{ mmHg} = 1.5 \text{ mmHg}$$

다른 방법으로, 증기 압력 내림 값은 순수한 용매의 증기 압력에 **용질**의 몰분율을 곱해서도 바로 계산할 수 있다. 즉,

$$\Delta P_{용액} = P_{용매} \times X_{용질} = 23.76 \text{ mmHg} \times \frac{1.00 \text{ mol 글루코스}}{1.00 \text{ mol 글루코스} + 15.0 \text{ mol } H_2O} = 1.49 \text{ mmHg}$$

분자성 물질과는 달리, 염화 소듐과 같은 이온성 물질이 용질인 경우, 염화 소듐 화학식 단위보다 전체 용질 입자(이온)의 농도에 근거하여 몰분율을 계산해야 한다. 예를 들어 25 ℃에서 물 15.0 mol에 염화 소듐 1.00 mol을 용해시킨 용액은 완전 해리를 가정했을 때 2.00 mol의 용해된 입자를 가진다. 따라서 물의 몰분율은 0.882가 되고, 용액의 증기 압력은 21.0 mmHg가 된다.

$$X_{물} = \frac{15.0 \text{ mol } H_2O}{1.00 \text{ mol } Na^+ + 1.00 \text{ mol } Cl^- + 15.0 \text{ mol } H_2O} = 0.882$$
$$P_{용액} = P_{용매} \times X_{용매} = 23.76 \text{ mmHg} \times 0.882 = 21.0 \text{ mmHg}$$

물의 몰분율이 글루코스 용액보다 염화 소듐 용액에서 더 작으므로 염화 소듐 용액의 증기 압력이 더 작다. 25 °C에서 염화 소듐 용액의 증기 압력은 21.0 mmHg이고, 글루코스 용액의 증기 압력은 22.3 mmHg이다.

10.3절에서 설명한 이상 기체 법칙이 '이상' 기체에 대해서만 적용되는 것처럼, 라울 법칙도 이상 용액에 대해서만 적용된다. 라울 법칙은 대부분의 실제 용액에서도 근사적으로 잘 들어맞지만, 용질의 농도가 증가할수록 이상 상태에서 크게 벗어난다. 라울 법칙은 용질의 농도가 낮고 용질과 용매 입자들이 비슷한 분자간 힘을 가질 때 가장 잘 들어맞는다.

만일 용질 입자와 용매 분자 사이의 분자간 힘이 용매 분자들만의 분자간 힘보다 작으면 용매 분자는 용액 중에서 덜 단단하게 붙잡혀 있게 되고, 증기 압력은 라울 법칙의 예상값보다 크게 된다. 반대로, 용질과 용매 분자 사이의 분자간 힘이 용매 분자들만의 분자간 힘보다 세면 용매 분자는 용액 중에서 더 단단하게 붙잡혀 있게 되고, 증기 압력은 라울 법칙의 예상값보다 작게 된다. 특히 이온성 물질의 용액은 라울 법칙의 예상값보다 훨씬 더 작은 증기 압력을 종종 갖는다. 이는 용해된 이온과 극성 물 분자 사이의 이온–쌍극자 힘이 매우 강하기 때문이다.

좀 더 복잡한 것은 이온성 물질이 완전히 해리하는 경우가 극히 드물다는 것이다. 따라서 이온 결합 화합물의 용액은 일반적으로 이 화합물의 화학식이 제시하는 것보다 적은 양의 입자를 포함한다. 실제 해리되는 정도는 **반트호프 인자(van't Hoff factor, *i*)**로 표현된다.

$$\textbf{반트호프 인자} \quad i = \frac{\text{용액 중 입자의 몰수}}{\text{용해된 용질의 몰수}}$$

개념탐구 질문 3

아래 도표는 순수한 용매와 비휘발성 용질의 용액에 대한 증기 압력 곡선의 일부분에 대한 상세도를 보여 준다. 어느 곡선이 용액을 나타내는가?

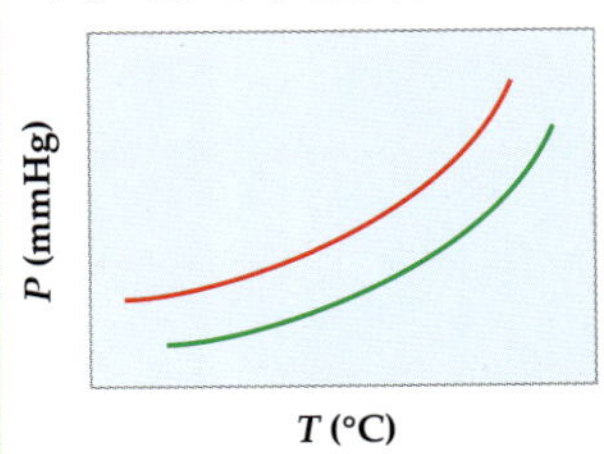

이 식을 재구성해 보면, 용액 중에 용해된 입자의 몰수는 용해된 용질의 몰수에 반트호프 인자를 곱한 값과 같다는 것을 알 수 있다.

$$\text{용액 중 입자의 몰수} = i \times \text{용해된 용질의 몰수}$$

설탕($C_{12}H_{22}O_{11}$)과 같은 비전해질에서는 항상 $i = 1$로 가정한다. 한 예로서 염화 소듐과 같은 전해질 용액의 경우, 0.05 m 염화 소듐에 대해 실험적으로 측정한 반트호프 인자는 1.9이다. 이것은 염화 소듐 1 mol이 완전 해리할 경우 예상되는 2.0 mol이 아니라 1.9 mol의 입자만 내어놓는다는 것을 의미한다. 입자 1.9 mol 중에서 0.9 mol은 Cl^-이며, 0.9 mol은 Na^+이고 0.1 mol은 해리되지 않은 NaCl이다. 그러므로 0.05 m 용액에서 NaCl은 $(0.9/1.0) \times 100\% = 90\%$만 해리하고 증기 압력 내림 값은 예상보다 작게 된다.

염화 소듐과 같은 이온성 화합물은 수용액에서 왜 완전히 해리하지 않을까? 그림 13.10은 용해된 Na^+와 Cl^- 이온의 분자 수준 이미지를 보여 준다. 각각의 이온은 수화된 껍질 속에서 주위의 물 분자들과 이온–쌍극자 힘을 형성한다. 용액에서 분자와 이온은 자유롭게 주변으로 움직이고, 때로는 반대 하전을 띤 이온이 서로 인력이 작용할 만큼 근접해서 이온 쌍(ion pair)을 형성하기도 한다. 이온 쌍은 둘이 아닌 용해된 입자 한 개처럼 행동한다. 이온 쌍 형성 때문에 많은 이온성 고체들은 완전히 해리하지 않고, 예상하는 것보다 낮게 측정된 반트호프 인자를 갖는다.

©Katrina Leigh/Shutterstock

▶ 그림 13.10
수용액 염 용액에서의 이온 쌍 형성. 염화 소듐 용액에서 수화된 양이온과 음이온은 자유롭게 움직이며, 일시적으로 서로를 끌어당겨 이온 쌍을 형성한다. 이온 쌍은 하나의 입자처럼 거동하고 용해된 입자의 농도를 감소시킨다.

예제 13.7

전해질 용액의 증기 압력 계산

70 °C에서 500.0 g의 H_2O에 18.30 g의 염화 소듐(NaCl)을 용해시킨 용액의 증기 압력(mmHg)은 반트호프 인자가 1.9라고 가정하였을 때 얼마인가? 70 °C에서 순수한 물의 증기 압력은 233.7 mmHg이다.

문제 파악

알고 있는 것	알아내야 할 것
용질의 질량(18.3 g NaCl)	$P_{용액}$
용매의 질량(500.0 g H_2O)	
$i = 1.9$	
$P_{H_2O} = 233.7$ mmHg	

전략

라울 법칙에 따라, 용액의 증기 압력($P_{용액}$)은 순수한 용매의 증기 압력(P_{H_2O})에 용액 중의 용매의 몰분율($X_{용매}$)을 곱한 값과 같다. 따라서 용매와 용질의 몰수를 구한 다음, 용매의 몰분율을 계산해야 한다. 전해질은 용액에서 해리되며, 용질 입자 수를 알기 위해서 반트호프 인자가 사용된다.

풀이

첫째, 몰질량을 사용하여 NaCl과 H_2O의 몰수를 계산한다.

$$\text{NaCl의 몰수} = 18.3 \text{ g NaCl} \times \frac{1 \text{ mol NaCl}}{58.44 \text{ g NaCl}} = 0.313 \text{ mol NaCl}$$

$$H_2O\text{의 몰수} = 500.0 \text{ g } H_2O \times \frac{1 \text{ mol } H_2O}{18.02 \text{ g } H_2O} = 27.75 \text{ mol } H_2O$$

둘째, 용액 중 물의 몰분율을 계산한다. 반트호프 인자 1.9는 NaCl이 불완전하게 해리하여 화학식 단위당 1.9개의 입자만을 내놓는다는 것을 의미한다. 따라서 이 용액은 용해된 입자를 1.9 × 0.313 mol = 0.59 mol 포함하고, 물의 몰분율은 다음과 같다.

$$H_2O\text{의 몰분율} = \frac{27.75 \text{ mol}}{0.59 \text{ mol} + 27.75 \text{ mol}} = 0.9792$$

라울 법칙으로부터, 이 용액의 증기 압력은

$$P_{용액} = P_{용매} \times X_{용매} = 233.7 \text{ mmHg} \times 0.9792 = 228.8 \text{ mmHg}$$

▶ **연습문제 13.13** 반트호프 인자를 2.7이라고 가정하고, 70 °C에서 100.0 g의 물에 10.00 g의 염화 칼슘($CaCl_2$)을 용해시킨 용액의 증기 압력은 몇 mmHg인가? 70 °C에서 순수한 물의 증기 압력은 233.7 mmHg이다.

▶ **응용문제 13.14** 70 °C에서 100.0 g의 물에 8.110 g의 염화 마그네슘($MgCl_2$)을 용해시켜 만든 용액의 증기 압력은 224.7 mmHg이다. 70 °C에서 순수한 물의 증기 압력은 233.7 mmHg이다. $MgCl_2$의 반트호프 인자는 얼마인가?

휘발성 용질을 갖는 용액

돌턴의 부분 압력 법칙(Dalton's law of partial pressures)에 따라, 두 휘발성 액체 A와 B의 혼합물에서 전체 증기 압력 $P_{전체}$는 각 성분의 증기 압력인 P_A와 P_B의 합이다.

$$P_{전체} = P_A + P_B$$

각 성분의 증기 압력 P_A와 P_B는 라울 법칙에 따라 계산한다. 즉, A의 증기 압력은 A의 몰분율(X_A)과 순수한 A의 증기 압력($P°_A$)을 곱한 값과 같다. 그리고 B의 증기 압력은 B의 몰분율(X_B)과 순수한 B의 증기 압력($P°_B$)을 곱한 값과 같다. 따라서 이 용액의 전체 증기 압력은 다음과 같다.

$$P_{전체} = P_A + P_B = (P°_A \cdot X_A) + (P°_B \cdot X_B)$$

두 가지 비슷한 액체 유기물인 벤젠(C_6H_6, bp = 80.1 °C)과 톨루엔(C_7H_8, bp = 110.6 °C)의 혼합물을 예로 들어 보자. 순수한 벤젠은 25 °C에서 증기 압력 $P° = 96.0$ mmHg이고, 순수한 톨루엔은 25 °C에서 증기 압력 $P° = 30.3$ mmHg이다. 이 둘의 1:1 혼합물에서 각각의 몰분율 $X = 0.500$이고, 용액의 증기 압력은 63.2 mmHg이다.

$$\begin{aligned} P_{전체} &= (P°_{벤젠})(X_{벤젠}) + (P°_{톨루엔})(X_{톨루엔}) \\ &= (96.0 \text{ mmHg} \times 0.500) + (30.3 \text{ mmHg} \times 0.500) \\ &= 48.0 \text{ mmHg} + 15.2 \text{ mmHg} = 63.2 \text{ mmHg} \end{aligned}$$

기억하기…
돌턴의 부분 압력 법칙에 의하면 일정한 부피와 온도에서 용기 내 기체 혼합물의 전체 압력은 용기 내 기체 각각의 압력의 합과 같다(10.5절).

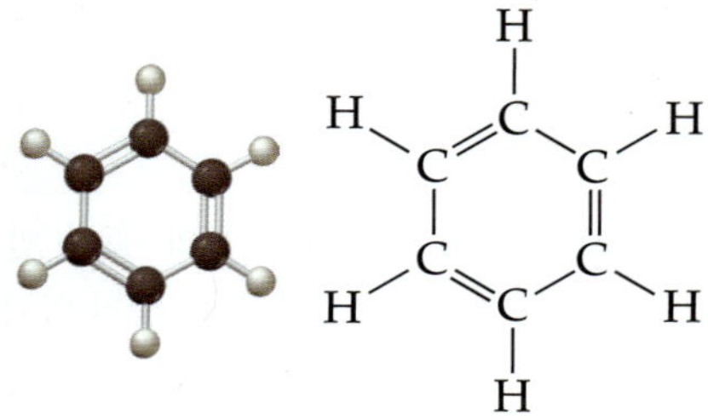

벤젠

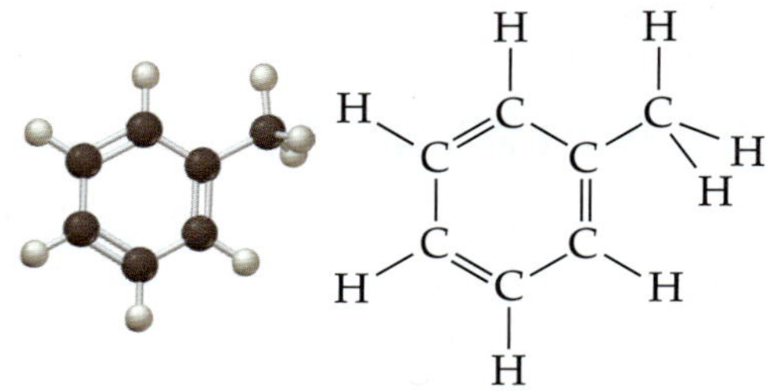

톨루엔

혼합물의 증기 압력은 순수한 두 액체의 증기 압력 사이의 중간값이라는 데 주목할 필요가 있다(**그림 13.11**). 그림 13.11은 용액의 증기 압력이 각 성분의 증기 압력의 합이라는 것을 보여 준다.

비휘발성 용질의 경우와 같이, 휘발성 액체들의 혼합물에 대해서 라울 법칙은 이상 용액에 대해서만 적용된다. 대부분의 실제 용액은 용액에 존재하는 분자간 힘의 종류와 세기에 따라, 이상 상태로부터 양이나 음의 방향으로 약간 벗어나는 거동을 보여 준다.

▶ **그림 13.11**
휘발성 액체 혼합물에 대한 라울 법칙. 25 °C에서 두 휘발성 액체인 벤젠과 톨루엔으로 된 용액의 증기 압력은 각각 라울 법칙에 의해 계산된 두 성분이 기여하는 증기 압력의 합과 같다.

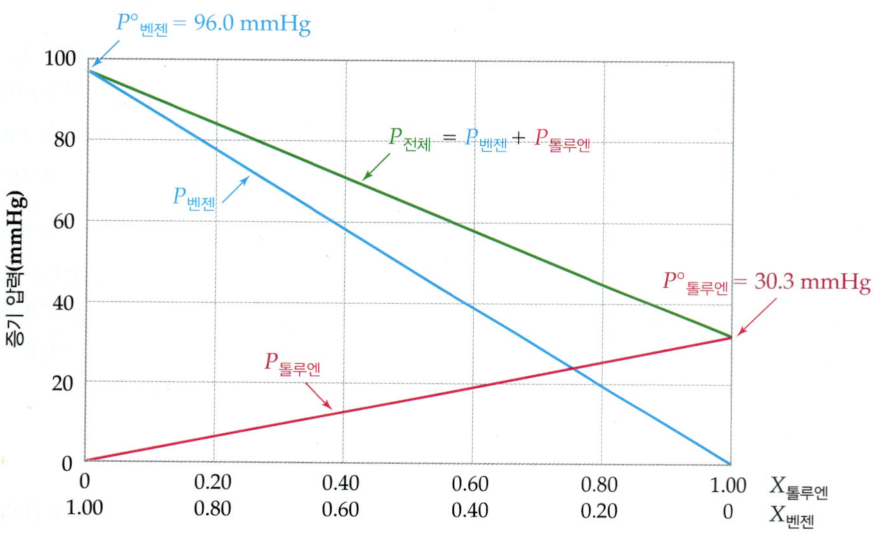

개념 예제 13.8

휘발성 용질을 갖는 용액의 증기 압력 계산

25 °C에서 에탄올(C_2H_5OH) 25.0 g을 물 100.0 g에 용해시켜 만든 용액의 증기 압력(mmHg)은 얼마인가? 25 °C에서 순수한 물의 증기 압력은 23.8 mmHg이고, 순수한 에탄올의 증기 압력은 61.2 mmHg이다.

문제 파악

알고 있는 것	알아내야 할 것
C_2H_5OH의 질량(25.0 g)	$P_{용액}$
H_2O의 질량(100.0 g)	
P_{H_2O} = 23.8 mmHg	
$P_{C_2H_5OH}$ = 61.2 mmHg	

전략

휘발성 용질을 함유한 용액의 전체 증기 압력은 $P_{전체} = P_A + P_B = (P°_A \cdot X_A) + (P°_B \cdot X_B)$인 일반 방정식을 사용하여 계산한다. 각 액체의 몰분율은 그램을 몰로 변환시킨 후 전체 몰수로 나누어 준다.

풀이

각 액체의 그램수를 몰수로 변환한다.

$$C_2H_5OH\text{ 몰수} = 25.0\text{ g }C_2H_5OH \times \frac{1\text{ mol }C_2H_5OH}{46.0\text{ g }C_2H_5OH} = 0.543\text{ mol }C_2H_5OH$$

$$H_2O\text{ 몰수} = 100.0\text{ g }H_2O \times \frac{1\text{ mol }H_2O}{18.0\text{ g }H_2O} = 5.56\text{ mol }H_2O$$

각 액체의 몰분율을 계산한다.

$$X_{C_2H_5OH} = \frac{0.543\text{ mol }C_2H_5OH}{0.543\text{ mol }C_2H_5OH + 5.56\text{ mol }H_2O} = 0.089$$

$$X_{H_2O} = \frac{5.56\text{ mol }H_2O}{0.543\text{ mol }C_2H_5OH + 5.56\text{ mol }H_2O} = 0.911$$

용액의 증기 압력은 다음과 같다.

$$P_{\text{용액}} = P_{H_2O} + P_{C_2H_5OH} = (23.8\text{ mmHg} \times 0.911) + (61.2\text{ mmHg} \times 0.089) = 27.1\text{ mmHg}$$

점검

용액의 증기 압력 27.1 mmHg는 각각의 순수한 액체의 증기 압력 값의 사이에 있으므로 이 답은 타당하다. 용액의 증기 압력이 순수한 에탄올의 증기 압력보다 물의 증기 압력의 값에 더 가까운 것은 혼합물에 에탄올보다 물의 몰분율이 더 크므로 이해가 된다.

▶ **연습문제 13.15** 25 °C에서 물 25.0 g을 에탄올 100.0 g에 용해시켜 만든 용액의 증기 압력(mmHg)은 얼마인가? 25 °C에서 순수한 물의 증기 압력은 23.8 mmHg이고, 에탄올의 증기 압력은 61.2 mmHg이다.

▶ **개념 응용문제 13.16** 다음 그림은 순수한 두 액체와 이 둘의 혼합물에 대한 증기 압력 곡선을 보여 준다. 어느 곡선이 순수한 액체를 나타내고, 어느 곡선이 혼합물을 나타내는가?

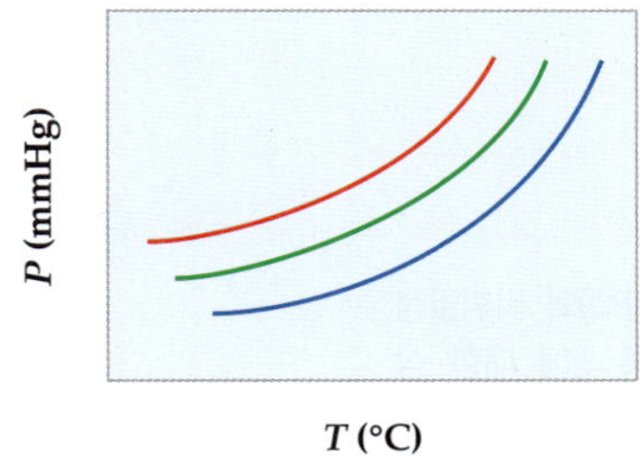

13.8 용액의 끓는점 오름과 어는점 내림

액체의 증기 압력은 온도 상승에 따라 증가하고, 액체의 증기 압력이 대기압과 같을 때 액체는 끓는다는 것을 11.3절에서 배웠다. 일정 온도에서 비휘발성 용질의 용액은 순수한 용매보다 낮은 증기 압력을 가지므로, 이 용액을 끓게 하려면 더 높은 온도로 가열해야 한다. 게다가 용액의 더 낮은 증기 압력은 **상도표(phase diagram)**에서 용액의 액체/증기 상전이(phase transition) 선이 순수한 용매의 그것보다 항상 더 아래에 있음을 의미한다. 결과적으로 용액의 삼중점 온도 T_t는 더 낮고, 용액의 고체/액체 상전이 선은 용액에서 더 낮은 온도로 이동하므로 용액을 얼리기 위해서는 더 낮은 온도로 냉각해야 한다. 그림 13.12는 용액의 상도표가 순수한 용매의 것과 어떻게 다른지를 보여 준다.

기억하기… 물질의 **상도표**는 온도와 압력 도표로서, 주어진 P와 T의 조건에서 어떤 상이 안정한지를 보여 준다(11.5절).

용액의 끓는점은 증기 압력과 같이 용해되어 있는 입자의 농도에 의존한다. 따라서 1 atm에서 1.00 *m* 글루코스 수용액은 약 100.51 °C에서 끓지만(정상보다 0.51 °C 높다), 1.00 *m* NaCl 수용액은 약 101.02 °C에서 끓는다(정상보다 1.02 °C 높다). 왜냐하면, NaCl 용액에 용해된 입자(이온)는 글루코스 용액에 비해 두 배가 많기 때문이다. 앞 절에서 기술한 증기 압력 내림과 마찬가지로, 이온성 물질의 용액에 대한 끓는점 오름의 실제 정도는 반트호프 인자로 주어지는 해리도(extent of dissociation)에 따라 달라진다.

용액의 끓는점 변화 ΔT_b

$$\Delta T_b = K_b \cdot m \cdot i$$

여기서 K_b는 각 용매의 고유한 **몰랄 끓는점 오름 상수(molal boiling-point-elevation constant)**, m은 용질 입자의 몰랄 농도, i는 반트호프 인자이다.

개념탐구 질문 4

0.5 *m* $Ca(NO_3)_2$, 1.0 *m* $C_{12}H_{22}O_{11}$, 0.6 *m* NaCl 용액 중 어느 용액의 끓는점이 가장 높은가?

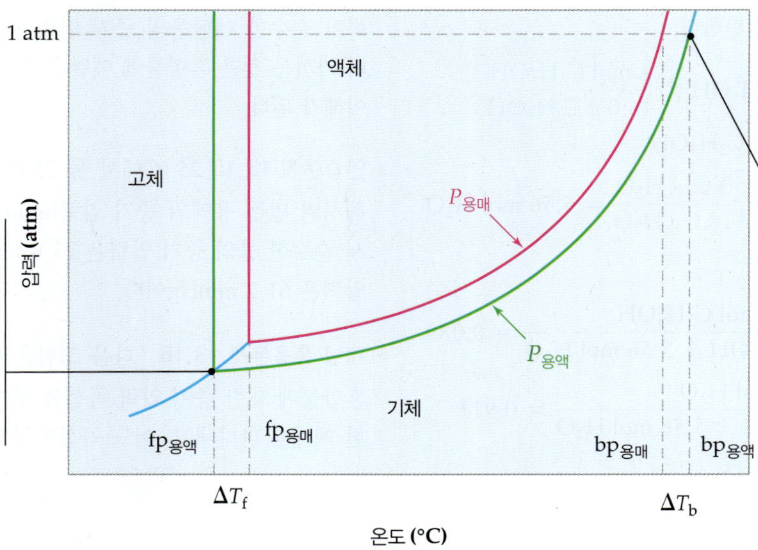

▲ 그림 13.12
순수한 용매(빨간색)와 비휘발성 용질의 용액(초록색)에 대한 상도표

▲ 확인하기

순수한 용매의 증기 압력과 용액의 증기 압력을 비교하면 어떠한가? 용액의 끓는점과 어는점은 증기 압력 변화의 어떤 영향을 받는가?

답 용액의 증기 압력은 순수한 용매의 증기 압력보다 낮다. 따라서 순수한 용액의 어는점은 순수한 용매의 어는점보다 낮아지며, 용액의 끓는점은 순수한 용매의 끓는점보다 높아진다.

▲ 프로필렌 글리콜(propylene glycol)은 제빙액의 한 가지 성분으로 얼음 형성을 방지하기 위하여 비행기 날개에 뿌린다. 얼음은 공기 흐름을 방해하고 양력을 감소시킨다. 제빙액은 얼음을 녹이고 어는점을 낮추어서 얼음이 다시 형성되는 것을 방지한다. ©aapsky/Shutterstock

농도는 몰농도가 아닌, 용질의 농도가 온도와 무관한 몰랄 농도(용매 kg당 용질의 몰수)로 나타내야 한다. 몇 가지 잘 알려진 물질의 몰랄 끓는점 오름 상수를 **표 13.3**에 나타내었다.

표 13.3 몇 가지 물질의 몰랄 끓는점 오름 상수(K_b)와 몰랄 어는점 내림 상수(K_f)

물질	K_b [(°C·kg)/mol]	K_f [(°C·kg)/mol]
벤젠(C_6H_6)	2.64	5.07
장뇌(camphor, $C_{10}H_{16}O$)	5.95	37.8
클로로폼($CHCl_3$)	3.63	4.70
다이에틸 에터($C_4H_{10}O$)	2.02	1.79
에탄올(C_2H_6O)	1.22	1.99
물(H_2O)	0.51	1.86

용액의 어는점은 끓는점처럼 용질 입자의 농도에 의해 결정된다. 예를 들어 1.00 m 글루코스 수용액은 −1.86 °C에서 얼고, 1.00 m NaCl 수용액은 약 −3.72 °C에서 언다.

용액의 어는점 변화 ΔT_f

$$\Delta T_f = -K_f \cdot m \cdot i$$

여기서 K_f는 각 용매의 고유한 **몰랄 어는점 내림 상수**(**molal freezing-point-depression constant**), m은 용질 입자의 몰랄 농도, i는 반트호프 인자이다.

몇 가지 몰랄 어는점 내림 상수도 표 13.3에 나타내었다.

총괄성은 얼핏 보기에는 모호한 것 같지만, 실상은 화학 실험실과 일상생활에서 여러 가지 실질적인 용도로 활용되고 있다. 예를 들어 자동차 운전자들은 겨울철에 도로를 운전할 때 어는점 내림을 이용하는데, 눈은 소금 살포로 녹게 된다. 자동차 방열기에 넣어 주는 부동액과 비행기 날개에 뿌리는 얼음 제거 용액 또한 물의 어는점 내림을 활용한 것이다. 이 동일한 자동차 부동액이 여름철에는 끓는점을 상승시켜 방열기의 물이 끓어 넘치지 않도록 한다.

예제 13.9

어는점 내림을 이용한 용액의 몰랄 농도 계산

에틸렌 글리콜($C_2H_6O_2$)은 물에 용해시켜서 자동차 엔진용 부동액으로 사용된다. 1 atm에서 용액의 어는점이 −37.0 °C라면 에틸렌 글리콜 수용액의 몰랄 농도는 얼마인가? 물의 몰랄 어는점 내림 상수는 표 13.3에 나와 있다.

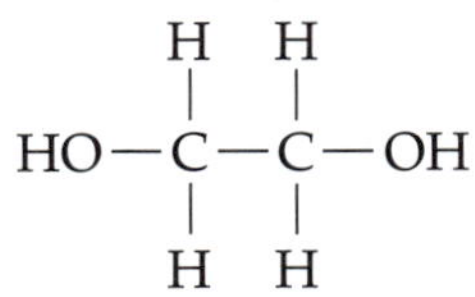

에틸렌 글리콜

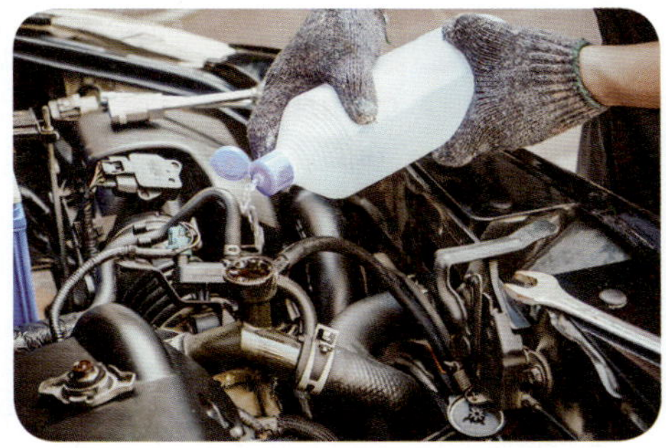

ⓒkasarp studio/Shutterstock

문제 파악

알고 있는 것	알아내야 할 것
어는점(−37.0 °C)	몰랄 농도(m)
$K_f = 1.86$(°C·kg)/mol	

전략

에틸렌 글리콜은 비전해질이므로 반트호프 인자 $i = 1$이다. 몰랄 농도 m을 구하기 위하여 몰랄 어는점 내림 식을 재정리한다.

$$\Delta T_f = -K_f \cdot m \cdot i \text{ 이므로 } m = \frac{-\Delta T_f}{K_f \cdot i}$$

여기서 $K_f = 1.86$(°C·kg)/mol이고, $\Delta T_f = 0.0\ °C - 37.0\ °C = -37.0\ °C$이다.

풀이

$$m = \frac{-(-37.0\ °C)}{1.86\dfrac{(°C \cdot kg)}{mol}} = 19.9\frac{mol}{kg} = 19.9\ m$$

용액의 몰랄 농도는 19.9 m이다.

▶ **연습문제 13.17** 500.0 g의 물에 에틸렌 글리콜($C_2H_6O_2$) 616.9 g을 용해시켜 만든 부동액의 정상 끓는점은 몇 °C인가? 물의 몰랄 끓는점 오름 상수는 0.51(°C · kg)/mol이다.

▶ **응용문제 13.18** 다음 상도표는 비휘발성 용질이 용해된 클로로폼 용액과 순수한 클로로폼의 액체/증기 상전이 경계를 확대하여 보여 주고 있다.

(a) 순수한 클로로폼의 대략적인 끓는점은 얼마인가?

(b) 비휘발성 용질의 대략적인 몰랄 농도는 얼마인가? (클로로폼의 K_b는 표 13.3에 있다.)

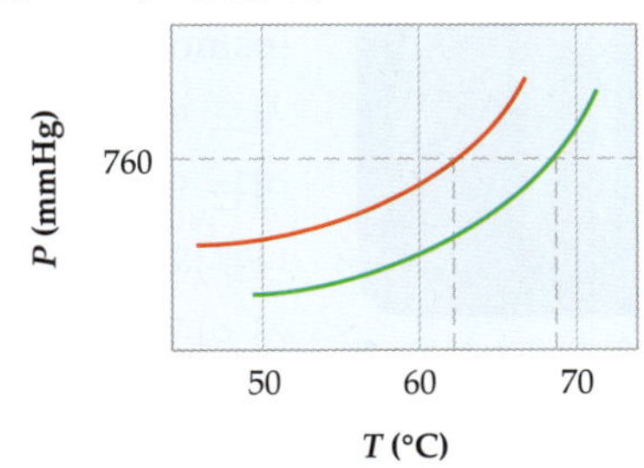

13.9 삼투와 삼투 압력

생체 세포 둘레의 막을 구성하는 물질들 중 어떤 물질들은 **반투과성**(semipermeable)이다. 즉, 이 물질들은 물이나 기타 더 작은 분자들은 통과시키지만 큰 용질 분자나 용매화된 이온은 통과하지 못하도록 차단한다. 용액과 순수한 용매 또는 다른 농도의 두 가지 용액을 적절한 반투막으로 분리하였을 때, **삼투**(**osmosis**)라고 불리는 과정으로 용매 분자는 막을 통과해서 이동한다. 비록 용매의 막 통과는 양방향으로 일어나지만, 용매 쪽에서 용액 쪽으로 통과가 더 우세하고 더 빠르게 일어난다. 결과적으로 순수한 용매 쪽 액체의 양이 감소하는 반면, 용액

쪽 액체의 양은 증가한다. 따라서 용액의 농도는 감소한다.

삼투 현상은 그림 13.13의 실험 장치를 이용하여 실증할 수 있다. 원통형 용기 내부의 용액은 반투막에 의해 비커 내에서 순수한 용매로부터 분리되어 있다. 용매는 비커 쪽에서 원통형 용기 쪽으로 막을 통과해 이동하고, 이어서 부착된 관의 액체의 액면이 상승하게 된다. 관 내부의 증가된 액체 무게는 막을 통하여 용매를 되돌려 보내는 압력을 증가시키는데, 이것은 정방향과 역방향 통과 속도가 같아지고, 액체의 액면이 더 이상 올라가지 않을 때까지 계속된다.

▶ 그림 13.13
삼투 현상

▶ 확인하기
용액측과 용매측 모두에서 반투막을 통과하는 용매의 속도는 언제 같아지는가?
답 관 속에 있는 액체 기둥에 의해 걸리는 압력과 용액의 삼투 압력이 같아질 때이다.

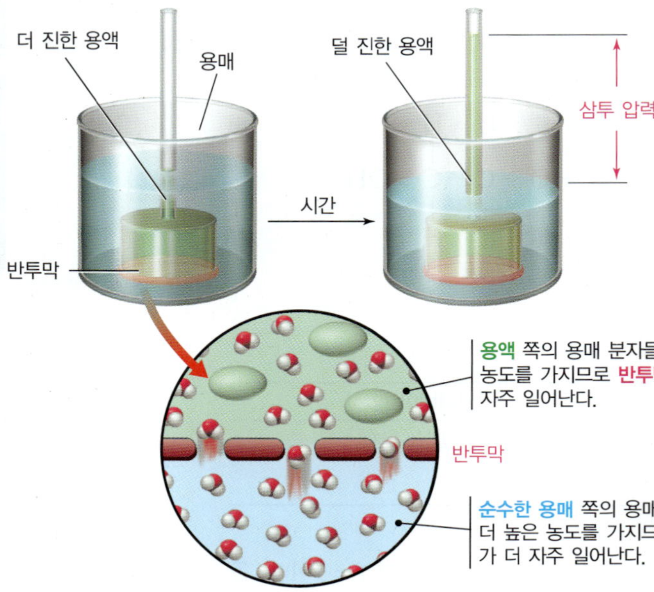

▲ 세포막이 낮은 용질 농도를 갖는 용액과 높은 용질 농도를 갖는 용액 사이에 경계를 형성할 때 나타나는 삼투 압력이 물을 뿌리에서 잎까지 올라가게 한다. ©Byelikova Oksana/Shutterstock

용매 분자가 막을 통과할 때 이러한 평형에 이르기 위해 필요한 압력을 용액의 **삼투 압력**[**osmotic pressure**, Π(그리스어 대문자 파이)]이라고 한다. 삼투 압력은 비교적 묽은 용액에서도 매우 클 수 있다. 예를 들어, 25 °C에서 0.15 M NaCl 용액의 삼투 압력은 7.3 atm이다. 이는 약 75 m의 수면 차이에 해당하는 값이다. 캘리포니아 연안의 거대한 레드우드(미국 삼나무)와 같이 뿌리에서 나무의 잎으로 물이 상승하는 것은 삼투 압력 때문이다. 나무 내부에서 이동하는 액체는 지하수보다 용질의 농도가 더 높다.

평형 상태에서 삼투 압력은 다음 식처럼 용액 속 용질 입자의 농도에 따라 달라진다.

삼투 압력

$$\Pi = MRTi$$

여기서 M은 용질 입자의 몰농도, R은 기체 상수 [$0.082\ 06\,(\text{L}\cdot\text{atm})/(\text{K}\cdot\text{mol})$], T는 절대 온도, i는 반트호프 인자이다.

예를 들어, 300 K에서 비전해질인 1.00 M 글루코스 수용액의 삼투 압력은 24.6 atm이다.

$$\Pi = MRTi = \left(1.00\ \frac{\text{mol}}{\text{L}}\right)\left(0.082\ 06\ \frac{\text{L}\cdot\text{atm}}{\text{K}\cdot\text{mol}}\right)(300\ \text{K})(1) = 24.6\ \text{atm}$$

다른 총괄성의 경우, 몰랄 농도를 사용한 것과 달리 삼투 압력을 계산할 때는 용질 농도로 **몰농도**(molarity)가 주어지는 것에 주목하라. 삼투 압력은 $\Pi = MRTi$ 식으로 표현되는 특정 온도에서 측정하므로, 몰랄 농도와 같이 온도와 무관한 단위로 농도를 표시할 필요가 없다.

모든 다른 총괄성과 마찬가지로, 삼투는 순수한 용매가 막을 통과하여 용액과 섞일 때 순수한 용매의 엔트로피가 상당히 증가하는 것에서 기인한다. 분자 수준에서도 삼투 현상을 설명해 볼 수 있는데, 막의 용매 쪽에 있는 용매 분자들은 농도가 더 크기 때문에 용액 쪽의 분자들보다 좀 더 자주 막에 접근한다. 이에 따라 좀 더 자주 통과하게 된다(그림 13.13).

예제 13.10

용액의 삼투 압력 계산

그림 13.14는 농도가 다른 용액에서 적혈구의 세포막을 통과하는 용매의 이동을 나타낸 것이다.
(a) 녹아 있는 입자들 전체의 농도가 0.30 M일 때, 적혈구 세포 내 용액의 삼투 압력은 얼마인가?
(b) 적혈구 세포막을 가로지르는 압력 차가 5 atm 이상이면 적혈구 세포는 파열된다. 만약 이들을 순수한 물에 넣으면 적혈구 세포는 파열될까?

문제 파악

알고 있는 것	알아내야 할 것
용액에서 입자의 몰농도(0.30 M)	삼투 압력(Π)
온도(298 K)	

전략

적혈구 세포를 혈장에서 분리하여 순수한 물에 넣으면 물이 세포막을 통과하여 들어옴으로써 세포 내부의 압력이 증가한다. 이 압력의 최댓값은 다음 식으로 구할 수 있다.

$$\Pi = MRTi$$

여기서 $Mi = 0.30\ \text{mol/L}$, $R = 0.082\ 06\ (\text{L}\cdot\text{atm})/(\text{K}\cdot\text{mol})$, $T = 298\ \text{K}$이다.

풀이

(a) $\Pi = \left(0.30\ \dfrac{\text{mol}}{\text{L}}\right)\left(0.082\ 06\ \dfrac{\text{L}\cdot\text{atm}}{\text{K}\cdot\text{mol}}\right)(298\ \text{K}) = 7.3\ \text{atm}$

(b) 물 분자들은 세포막을 통과해서 세포가 부풀게 한다. 왜냐하면 세포 내의 용질 농도가 외부보다 더 높기 때문이다. 내부의 삼투 압력이 7.3 atm이고, 외부는 0 atm이기 때문에 압력 차가 5 atm을 초과하므로 세포는 파열된다.

▶ **연습문제 13.19** 덱스트로스($C_6H_{12}O_6$) 50.0 g을 충분한 물에 녹여서 만든 1.00 L의 용액으로 만들어진 정맥 내 용액의 삼투 압력은 얼마인가? 덱스트로스는 비전해질이며 체온은 37.0 °C이다.

▶ **응용문제 13.20** 사람 눈 세포의 삼투 압력은 25 °C에서 8.0 atm이다. 콘택트렌즈를 보관하기 위해 사용되는 식염수는 물에 NaCl을 용해시켜 제조한다.
(a) 똑같은 삼투 압력의 용액을 만들기 위해서는 염화 소듐의 몰농도는 얼마로 하여야 할까? NaCl의 반트호프 인자는 1.9이다.
(b) 삼투 압력이 5.5 atm인 식염수에 보관했던 콘택트렌즈를 눈에 착용했다. 세포막을 통과하는 물 이동의 알짜 방향은? 세포의 크기는 어떻게 변화하나?

총괄성은 실험실에서 미지 물질의 분자량 측정에 종종 활용되고 있다. 앞서 설명한 네 가지 총괄성 모두 사용할 수 있지만, 삼투 효과의 크기가 매우 크기 때문에 가장 정확한 값은 삼투 압력 측정을 통해서 얻는다. 예를 들어, 300 K에서 0.0200 M 글루코스 수용액은 374.2 mmHg의 삼투 압력을 나타내는데, 쉽게 유효 숫자 네 자리까지 읽을 수 있다. 하지만 동일한 용액이 어는점을 0.04 °C만큼 낮추는데, 이 값은 유효 숫자 한 자리만 읽을 수 있다. 예제 13.11은 삼투 압력을 분자량 측정에 어떻게 이용할 수 있는지를 보여 준다.

▶ 그림 13.14
용질 농도가 혈장의 적혈구 세포에 미치는 영향

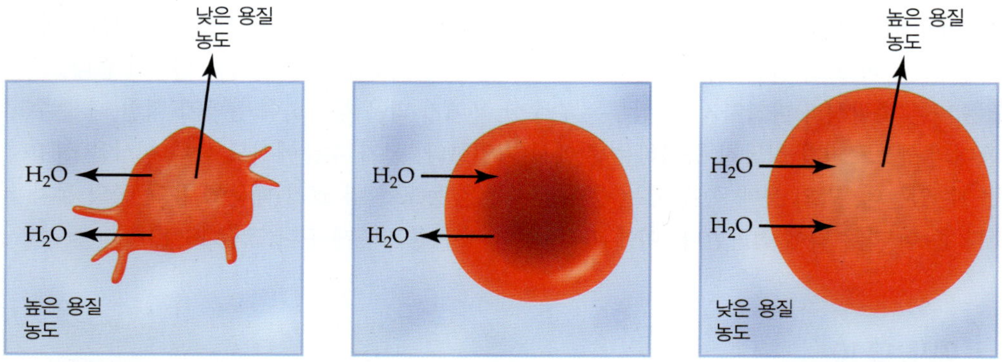

고장액에서는 용액 중(세포 밖) 용질의 농도가 세포 안 용질의 농도보다 높다. 물은 세포로부터 세포 밖으로 흘러나와 세포가 쭈글쭈글해지거나 수축된다.

등장액에서는 용액 중(세포 밖) 용질의 농도와 세포 안 용질의 농도가 같다. 세포막을 통한 물의 이동은 없다.

저장액에서는 용액 중(세포 밖) 용질의 농도가 세포 안 용질의 농도보다 낮다. 물은 세포 안으로 이동해서 세포는 부풀다가 내부 압력이 너무 높으면 터지게 된다.

예제 13.11

삼투 압력을 이용한 용질의 분자량 계산

인슐린 20.0 mg을 물에 용해시켜 부피가 5.00 mL가 되게 희석한 용액의 삼투 압력이 300 K에서 12.5 mmHg이다. 인슐린의 분자량은 얼마인가?

문제 파악

알고 있는 것	알아내야 할 것
삼투 압력(Π = 12.5 mmHg)	인슐린의 분자량
인슐린의 질량(20.0 mg)	
용액의 부피(5.00 mL)	

전략

분자량을 결정하기 위해서 20.0 mg 시료로 주어진 인슐린의 몰수를 알아야 한다. 이를 위해 우선 삼투 압력에 대한 식을 재정리하여 인슐린 용액의 몰농도를 알아낸 다음, 여기에 부피를 곱해 인슐린의 몰수를 구한다.

풀이

$\Pi = MRTi$이므로 $\quad M = \dfrac{\Pi}{RTi}$

$$M = \frac{12.5\ \text{mmHg} \times \dfrac{1\ \text{atm}}{760\ \text{mmHg}}}{0.082\ 06\ \dfrac{\text{L}\cdot\text{atm}}{\text{K}\cdot\text{mol}} \times 300\ \text{K} \times 1} = 6.68 \times 10^{-4}\ \text{M}$$

용액의 부피는 5.00 mL이므로 인슐린의 몰수는

$$\text{인슐린의 몰수} = 6.68 \times 10^{-4}\ \frac{\text{mol}}{\text{L}} \times \frac{1 \times 10^{-3}\ \text{L}}{1\ \text{mL}} \times 5.00\ \text{mL} = 3.34 \times 10^{-6}\ \text{mol}$$

인슐린의 질량과 몰수를 알고 있으므로 인슐린의 몰질량, 즉 분자량을 계산할 수 있다.

$$\text{몰질량} = \frac{\text{인슐린의 질량}}{\text{인슐린의 몰수}} = \frac{0.0200\ \text{g 인슐린}}{3.34 \times 10^{-6}\ \text{mol 인슐린}} = 5990\ \text{g/mol}$$

인슐린의 분자량은 5990이다.

▶ **연습문제 13.21** 비전해질인 글루코스 0.8220 g에 물을 가하여 200.0 mL의 용액을 만들었을 때 298 K에서의 삼투 압력이 423.1 mmHg이었다. 글루코스의 분자량은 얼마인가?

▶ **응용문제 13.22** 범죄 현장에서 설탕(수크로스, $C_{12}H_{22}O_{11}$)이라고 주장하는 미지의 흰색 가루가 테이블 위에 놓여 있다. 법의학 화학자가 미지의 흰색 가루 0.512 g에 충분한 물을 가하여 용해시킨 100.0 mL의 용액을 만들었다. 25 °C에서 측정한 삼투 압력은 278 mmHg이었다. 그 가루가 설탕이라는 주장을 삼투 압력 측정으로 지지할 수 있을까?

총괄성인 삼투 압력의 더욱 흥미로운 한 가지 활용 사례는 **역삼투**(reverse osmosis)에 의한 바닷물의 담수화(desalination)이다. 순수한 물과 바닷물을 적절한 막으로 분리해 주면, 순수한 물 쪽에서 용액 쪽으로 물 분자가 이동하는 것이 역방향 이동보다 더 빠르다. 삼투 압력이 형성됨에 따라 정방향과 역방향의 물 통과 속도는 25 °C에서 약 30 atm의 삼투 압력에서 결국 같아지게 된다. 그러나 만약 30 atm보다 더 큰 압력을 용액 쪽에 가해 주면, 물의 역방향 이동이 더 유리하게 된다. 따라서 바닷물에서 순수한 물을 얻을 수 있는 것이다(그림 13.15).

바닷물의 담수화는 크루즈선에서부터 전장의 군대에 의한 사용, 나라 전체에 식수의 제공하는 데까지 많은 응용사례들이 있다. 이스라엘의 경우, 역삼투에 의해 국내에서 소비되는 물 수요의 35% 이상을 얻는다.

▲ 이스라엘에 있는 하데라 바닷물 역삼투(seawater reverse-osmosis, SWRO) 담수화 공장은 세계에서 가장 크고 연간 약 44억 갤런의 담수를 생산한다. ©ImagineStock/Shutterstock

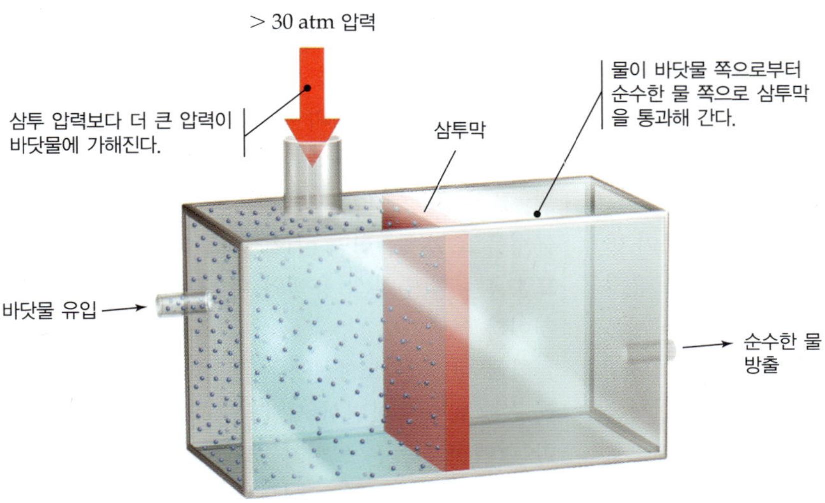

▶ 그림 13.15
높은 압력에서 역삼투에 의한 바닷물의 담수화

INQUIRY? 혈액 투석이 어떻게 신부전 환자의 혈액을 깨끗하게 할까?

신장의 주요한 기능은 혈액을 여과하고 소변으로 노폐물을 내보내는 것이다. 또한 신장은 인체의 혈압과 pH, 전해질의 균형을 조절하는 등의 생명 활동에 불가결한 중요한 기능을 가지고 있다. 더욱이 신장은 여러 가지 중요한 호르몬을 생산하며, 여과된 혈액으로부터 글루코스, 아미노산, 물과 같은 작은 분자들과 이온들의 재흡수를 책임진다. 이러한 기능들이 생명 유지에 필수적임에도 불구하고, 현재 미국에서는 66만 명 이상의 사람들이 말기 신장 질환 및 신부전으로 고통받고 있다. 신부전에 대해서는 어떠한 치료법도 없다. 신부전 환자들에게 할 수 있는 유일한 선택은, 신장의 기능을 대신하는 정기적인 투석과 장기 이식뿐이다.

투석(dialysis) 과정은 용매 분자와 작은 용질 입자들이 반투과성 투석막을 통과한다는 것을 제외하고는 삼투와 유사하다. 삼투에서는 용매 분자들만 반투막을 통과한다는 것을 기억하라. 투석에서는 세포와 같은 큰 콜로이드 입자와 단백질과 같은 큰 분자들만 막을 통과할 수 없다(그림 13.16). (작은 분자와 큰 분자에 있어 크기에 대한 정확한 기준은 애매모호하며, 다양한 기공(pore) 크기를 가지는 투석막이 사용될 수 있다.) 단백질과 같은 큰 분자들은 투석되지 않아 작은 이온들과 분자들로부터 단백질을 분리할 수 있기 때문에, 투석은 실험 연구에 필요한 단백질의 정제를 위한 소중한 과정이다.

의료계에 있어 투석의 가장 중요한 응용은 인공 신장기이다. **혈액 투석**(hemodialysis)은 인공 신장기에서 환자의 혈액을 깨끗하게 하는 것으로서, 요소와 같은 노폐물을 제거하고, 포타슘/소듐 이온의 균형을 조절할 수 있게 한다(그림 13.17). 혈액이 몸으로부터 우회하여 투석관을 통하여 펌프되어 흐르는 동안, 염화 소듐(NaCl), 탄산수소 소듐($NaHCO_3$), 염화 포타슘(KCl), 글루코스와 같은 물질들은 혈액의 혈장 내 구성 성분과 동일한 조성을 갖는 투석 용액으로 들어오기 때문에 투석막을 통한 총량 이동은 없다. 그러나 때로는 혈액 내의 임계 물질의 농도 증가가 초래될 수도 있으므로 투석 용액의 조절이 필요하기도 한다. 예를 들면, 투석 용액에 있는 과잉의 탄산수소염(HCO_3^-)은 산의 불균형을 조절(즉, 혈액 pH를 조절)하는 데 사용될 수도 있다. 표 13.4는 혈액 투석 용액의 다양한 성분들과 농도를 나타낸 것이다.

혈액 내 작은 노폐물들은 투석막을 통과하여 혈액에서 용액 쪽으로 이동하면서 제거되지만, 세포, 단백질, 기타 중요한 혈액 성분들은 크기가 크기 때문에 막을 통과하지 못한다. 일반적으로 혈액 투석 치료는 대략 3~4시간이 소요되며, 일주일에 3~4회를 반복하여야 한다.

투석 용액에서의 용질 농도가 혈액에서의 용질 농도보다

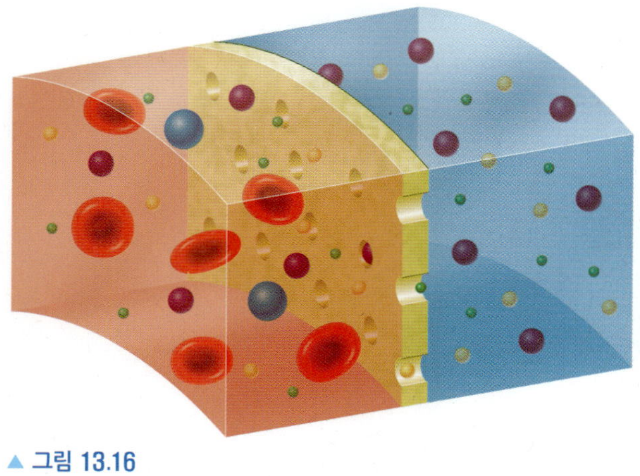

▲ 그림 13.16
투석막. 세포(붉은색 디스크로 표시)와 단백질(파란색 구로 표시)은 막을 통과하기에는 너무 커서 그대로 유지되는 반면, 용매와 작은 용질 분자들(분홍색, 초록색, 노란색 구로 표시)은 막에 있는 작은 구멍을 통하여 통과한다.

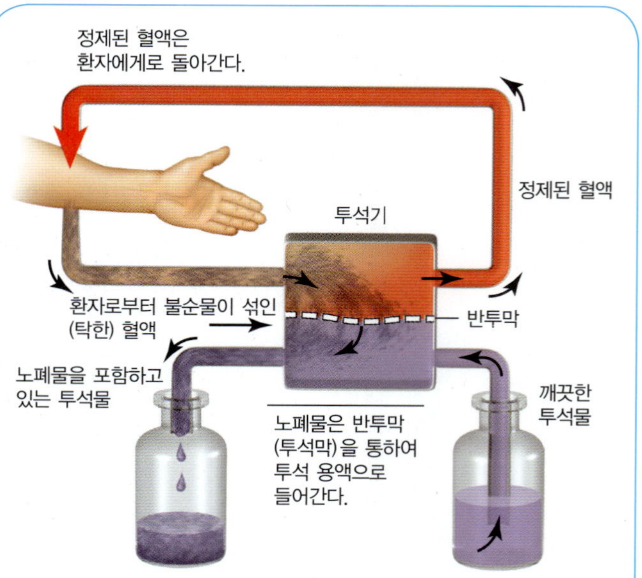

▲ 그림 13.17
혈액 투석의 도식, 인공 심장

표 13.4 대표적인 혈액 투석 용액의 조성

물질	농도
Na^+	137 mmol/L
Cl^-	105 mmol/L
Ca^{2+}	3.0 mmol/L
CH_3COO^-	4.0 mmol/L
K^+	2.0 mmol/L
HCO_3^-	33 mmol/L
Mg^{2+}	0.75 mmol/L
덱스트로스($C_6H_{12}O_6$)	1.11 mmol/dL

높게 되면, 물이 막을 통과하여 환자의 몸으로 들어갈 수 있으므로, 투석 용액을 만드는 데 사용되는 물은 극도로 순수해야 한다.

정리

절	개념 요약	학습 목표
13.1~13.2 용액과 엔탈피 변화	**용액**은 전형적인 이온이나 작은 분자 크기의 입자를 가지고 있는 균일 혼합물이다. 기체나 고체가 액체에 용해된 용액에서 용해된 물질은 **용질**, 액체는 **용매**라고 한다. 용액의 **엔탈피**($\Delta H_{용액}$)는 용매–용매, 용질–용질, 용매–용질의 분자간 힘들의 상대적인 세기에 따라 양일 수도 있고 음일 수도 있다.	13.1 용액 형성 과정에서 수반되는 분자간 힘의 종류를 분류한다. 13.2 용액 형성 과정에서 각 단계별 엔탈피 변화로부터 용액의 엔탈피를 결정한다.
13.3 용해도 예측	용매에 용질이 용해될 때 엔탈피 변화는 **용해 엔탈피**($\Delta H_{용해}$)이고, 엔트로피 변화는 **용해 엔트로피**($\Delta S_{용해}$)이다. 용해도를 예측하는 간단한 규칙은 "끼리끼리 녹는다"는 것이다. 비극성 용질은 비극성 용매에서 용해도가 클 것이고, 극성 용질은 극성 용매에서 용해도가 클 것이다.	13.3 용질과 용매의 화학 구조에 근거하여 물질의 용해도를 예측한다.
13.4 용액의 농도 단위	용액의 농도는 몰농도(용질의 몰수/용액의 리터 수), 몰분율(용질의 몰수/용액의 몰수), 질량 백분율[(용질의 질량/용액의 질량)× 100%], 몰랄 농도(용질의 몰수/용매의 kg 수) 등 여러 방식으로 나타낼 수 있다.	13.4 질량 백분율 단위로 용액의 농도를 계산한다. 13.5 백만분율(ppm) 또는 십억분율(ppb) 단위로 용액의 농도를 계산한다. 13.6 몰농도 또는 몰랄 농도 단위로 용액의 농도를 계산한다. 13.7 한 농도 단위를 다른 농도 단위로 변환한다.
13.5 용해도에 영향을 미치는 인자들	평형에 도달해 용질이 더 이상 일정한 양의 용매에 용해되지 않을 때 용액은 **포화되었다**고 한다. 용해도는 보통 온도 의존적이다. 기체의 용해도는 일반적으로 온도 증가에 따라 물에서 감소하지만, 고체의 용해도는 증가하기도 하고 감소하기도 한다. 기체의 용해도는 압력에도 좌우된다. **헨리 법칙**에 따르면, 일정 온도에서 어떤 액체에 대한 기체의 용해도는 용액 위 기체의 부분 압력에 비례한다.	13.8 주어진 온도에서 용질의 용해도를 결정하기 위하여 용해도 곡선을 분석한다. 13.9 기체의 용해도를 계산하기 위하여 헨리 법칙을 이용한다.

절	개념 요약	학습 목표
13.6~13.9 용액의 물리적 특성들: 총괄성(증기 압력 내림, 끓는점 오름, 어는점 내림, 삼투 압력)	순수한 용매와 비교할 때, 용액은 일정 온도에서 더 낮은 증기 압력, 더 낮은 어는점 및 더 높은 끓는점을 가진다. 이에 덧붙여 반투막으로 용매와 분리된 용액은 **삼투** 현상을 나타낸다. 용액의 이들 네 가지 성질 모두는 용질의 화학적 실체가 아니라 용질의 농도에만 의존한다. 이와 같은 성질을 **총괄성**이라고 한다. 모든 총괄성의 근본 원인은 모두 동일하다. 용액 중 용매가 순수한 용매에 비해 더 큰 엔트로피를 가지기 때문이다.	13.10 용질이 추가되었을 때 용액의 증기 압력 변화를 정성적으로 예측한다. 13.11 비휘발성 용질을 포함하는 용액의 증기 압력을 계산한다. 13.12 휘발성 용질을 포함하는 용액의 증기 압력을 계산한다. 13.13 용액의 끓는점 오름과 어는점 내림 양을 계산한다. 13.14 용액의 삼투 압력을 계산한다. 13.15 용질의 분자량을 계산하기 위하여 삼투 압력 혹은 다른 총괄성을 이용한다.

주요 용어

과포화
라울 법칙
몰랄 끓는점 오름 상수(K_b)
몰랄 농도(m)
몰랄 어는점 내림 상수(K_f)
반트호프 인자(i)
백만분율(ppm)
삼투
삼투 압력(Π)
십억분율(ppb)
용매
용액
용액 엔탈피($\Delta H_{용액}$)
용액 엔트로피($\Delta S_{용액}$)
용질
이온 쌍
질량 백분율(질량 %)
총괄성
콜로이드
포화
헨리 법칙
혼합물

주요 식

- 용액의 농도 단위(13.4절)

$$몰농도(M) = \frac{용질의\ 몰수}{용액의\ 부피(L)}$$

$$몰분율(X) = \frac{성분\ 몰수}{용액을\ 구성하는\ 전체\ 몰수}$$

$$질량\ 백분율 = \frac{성분의\ 질량}{용액의\ 전체\ 질량} \times 100\%$$

$$백만분율(ppm) = \frac{성분의\ 질량}{용액의\ 전체\ 질량} \times 10^6$$

$$십억분율(ppb) = \frac{성분의\ 질량}{용액의\ 전체\ 질량} \times 10^9$$

$$몰랄\ 농도(m) = \frac{용질의\ 몰수}{용매의\ 질량(kg)}$$

- 헨리 법칙(13.5절)

용해도 = $k \cdot P$, 여기에서 상수 k는 특정 기체의 고유 특성이며, P는 용액 위 기체의 부분 압력이다.

- 라울 법칙과 증기 압력 내림(13.7절)

$$P_{용액} = P_{용매} \times X_{용매}$$

$$\Delta P_{용액} = P_{용매} \times X_{용질}$$

• 반트호프 인자(13.7절)

$$i = \frac{\text{용액 중의 입자의 몰수}}{\text{용해된 용질의 몰수}} \text{ (비전해질인 경우, } i = 1)$$

• 몰랄 끓는점 오름(13.8절)

$\Delta T_b = K_b \cdot m \cdot i$, 여기서 K_b는 몰랄 끓는점 오름 상수, i는 반트호프 인자이다.

• 몰랄 어는점 내림(13.8절)

$\Delta T_f = -K_f \cdot m \cdot i$, 여기서 K_f는 몰랄 어는점 내림 상수, i는 반트호프 인자이다.

• 삼투 압력(13.9절)

$\Pi = MRTi$

복습 문제

LO는 학습 목표(Learning Objectives)를 나타낸다.

이 장을 학습한 후엔, 학습자의 이해도를 평가할 수 있는 방법이 있다. **복습 문제**를 푸는 것이다. **복습 문제**들은 이 장의 학습 목표와 연계되어 있다. 따라서 푼 답이 틀렸다면, 이 장의 끝부분에 나와 있는 **정리** 문단의 **학습 목표**를 참고하면 된다. 정리 문단에는 **개념 요약**이 제공되며, **예제**를 참고하면 문제 해결 방법을 모델링 할 수 있다.

1. 에탄올(CH_3CH_2OH)은 헥세인(C_6H_{14})에 용해된다. 용질 분자 둘, 용매 분자 둘, 용질과 용매 분자 사이에서 가장 강한 분자간 힘을 제시한 것을 고르시오. **(LO 13.1)**

용질–용질	용매–용매	용질–용매
(a) 수소 결합	분산력	수소 결합
(b) 쌍극자–쌍극자 힘	분산력	쌍극자–쌍극자 힘
(c) 분산력	분산력	분산력
(d) 수소 결합	분산력	분산력

2. 염화 리튬이 물에 용해될 때 용액의 온도는 올라간다. 용액 형성 과정에서 단계별 엔탈피 변화를 나타내는 것은 어느 도표인가? **(LO 13.2)**

(a)

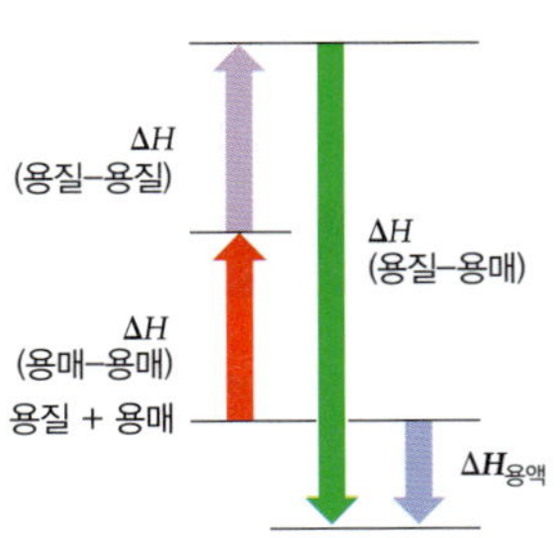

(b)

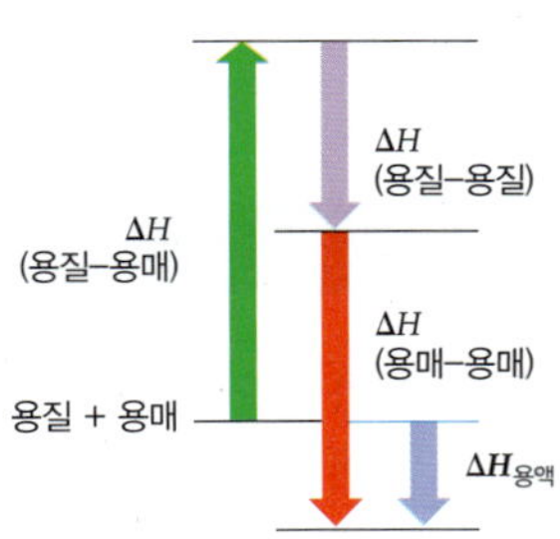

(c)

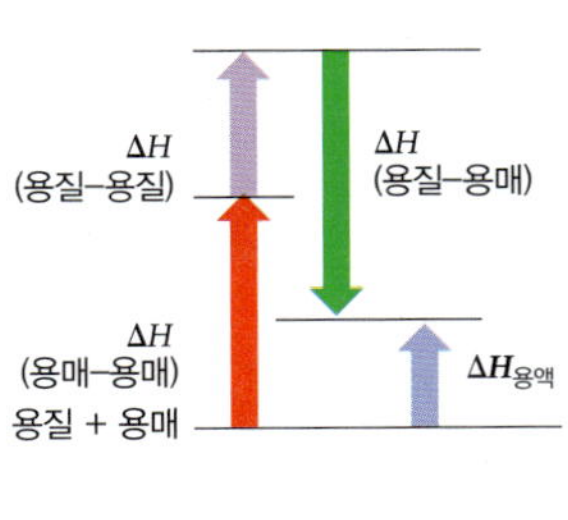

(d)

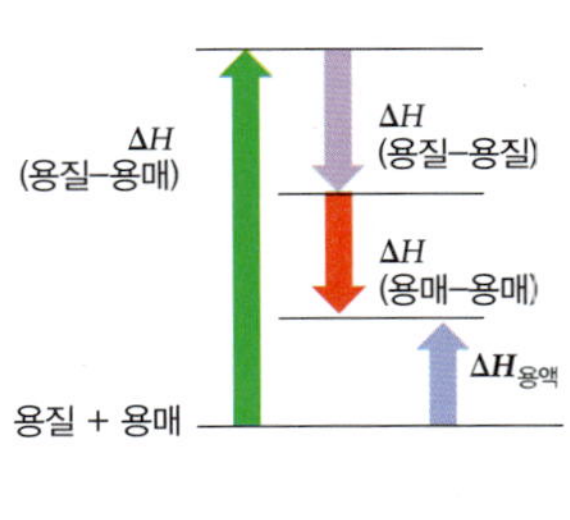

3. 아세트산 소듐(CH_3COONa)이 가장 큰 용해도를 가지는 용매는 어느 것인가? **(LO 13.3)**
   (a) 아세톤(CH_3OCH_3)
   (b) 메탄올(CH_3OH)
   (c) 에탄올(CH_3CH_2OH)
   (d) 펜테인($CH_3CH_2CH_2CH_2CH_3$)

4. 소독용 알코올은 아이소프로필 알코올 90%(질량) 수용액이다. 소독용 알코올 50.0 g에는 아이소프로필 알코올 몇 몰이 들어 있는가? **(LO 13.4)**
   (a) 45 mol (b) 0.75 mol
   (c) 4.5 mol (d) 1.3 mol

5. 플루오린화 이온을 낮은 농도로 음용수에 첨가하여 충치를 예방한다. 플루오린화 이온 1.5 ppm 용액을 만들려면, 750 L 물에 몇 그램의 플루오린화 소듐(NaF)을 첨가해야 하는가? **(LO 13.5)**
   (a) 1.1 g (b) 2.5 g
   (c) 0.51 g (d) 3.1 g

6. 진한 염산 용액에는 HCl 37.0%(질량)가 있다. 이 용액의 밀도가 1.18 g/mL라면, 몰농도는 얼마인가? **(LO 13.6, 13.7)**
   (a) 10.1 M (b) 16.2 M
   (c) 8.60 M (d) 12.0 M

7. 10.0 M NaOH 수용액은 25 °C에서 밀도가 1.33 g/cm^3이다. 이 용액에서 NaOH의 질량 백분율을 계산하시오. **(LO 13.4, 13.7)**
   (a) 53.2% (b) 30.1%
   (c) 40.0% (d) 13.3%

8. 20 °C에서 아세트산 소듐(CH_3COONa) 용액의 몰농도가 7.5 M이다. 아세트산 소듐의 용해도를 온도의 함수로 보여 주는 그래프를 이용하여 용액을 설명하시오. 이 용액은 ________이다. **(LO 13.7, 13.8)**

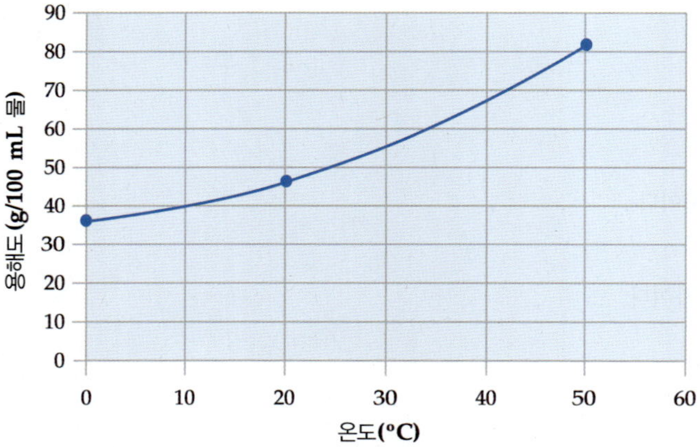

(a) 포화 용액 (b) 불포화 용액
(c) 과포화 용액 (d) 콜로이드

9. 잠수부는 수면 아래 66 ft 깊이에서 21%(부피) 산소를 포함한 압축 공기로 숨을 쉰다. 이 깊이에서 전체 압력은 3.0 atm이다. 정상 체온(37 °C)에서 물에 대한 O_2의 헨리 법칙 상수는 1.93×10^{-3} mol/(L·atm)이다. 수면 아래 66 ft에서 잠수부의 혈액 속 O_2의 용해도는 얼마인가? **(LO 13.9)**
(a) 1.22×10^{-3} M (b) 2.76×10^{-2} M
(c) 1.22×10^{-1} M (d) 2.76×10^{-1} M

10. 다음 용액들 중 어느 용액의 증기 압력이 가장 낮은가?(이온 화합물은 완전 해리가 된다고 가정한다.) **(LO 13.10)**
(a) 0.25 *m* $Ca(NO_3)_2$ 수용액
(b) 0.30 *m* 염화 소듐(NaCl) 수용액
(c) 물 50 mL와 에탄올(CH_3CH_2OH) 50 mL의 혼합 용액
(d) 물 25 mL와 에탄올(CH_3CH_2OH) 50 mL의 혼합 용액

11. 25 °C에서 250.0 g의 물에 60.0 g의 KCl을 용해시켜 용액을 만들었다. 25 °C에서 물의 증기 압력이 23.76 mmHg라면, 이 용액의 증기 압력은 얼마인가? **(LO 13.11)**
(a) 20.7 mmHg (b) 21.3 mmHg
(c) 22.5 mmHg (d) 25.5 mmHg

12. 어떤 용액이 클로로폼($CHCl_3$) 4.08 g과 아세톤(CH_3COCH_3) 9.29 g을 포함하고 있다. 순수한 클로로폼과 순수한 아세톤의 증기 압력은 35 °C에서 각각 295 torr, 332 torr이다. 이상 거동을 한다고 할 때, 이 용액 위의 증기 압력을 계산하시오. **(LO 13.12)**
(a) 256 torr (b) 314 torr
(c) 325 torr (d) 462 torr

13. 자동차 방열기에서 물의 어는점을 −22.0 °C로 낮추기 위해서는 물 3.55 kg에 에틸렌 글리콜(자동차 부동액, $C_2H_6O_2$) 몇 kg을 용해시켜야 하는가? 물에 대한 몰랄 어는점 내림 상수 $K_f = 1.86(°C \cdot kg)/mol$이다. **(LO 13.13)**
(a) 0.865 kg (b) 0.0420 kg
(c) 9.01 kg (d) 2.61 kg

14. 정맥 주사용 글루코스 용액과 혈청은 삼투 압력이 같다(37 °C에서 7.65 atm). 이 용액 0.50 L에 몇 그램의 글루코스를 용해시켜야 하는가? **(LO 13.14)**
(a) 54 g (b) 27 g
(c) 227 g (d) 2.2 g

15. 헤모글로빈은 신체에서 산소를 운반하는 큰 분자이다. 100.0 mL 물에 헤모글로빈 2.61 g을 포함하는 수용액은 25 °C에서 7.52 mmHg의 삼투 압력을 나타낸다. 헤모글로빈의 몰질량은 얼마인가? 헤모글로빈은 물에서 해리되지 않는다고 가정한다. **(LO 13.15)**
(a) 1.96×10^3 g/mol (b) 84.8 g/mol
(c) 6.45×10^4 g/mol (d) 3.65×10^3 g/mol

답:
1. d, 2. a, 3. b, 4. b, 5. b, 6. d, 7. b, 8. c, 9. a, 10. a, 11. b, 12. c, 13. d, 14. b, 15. c

개념 문제

문제 13.1~13.22는 **이 장의 본문 중에 있다.**

13.23 다음 그림에 표시한 상황을 엔트로피 증가에 따라 나열하시오.

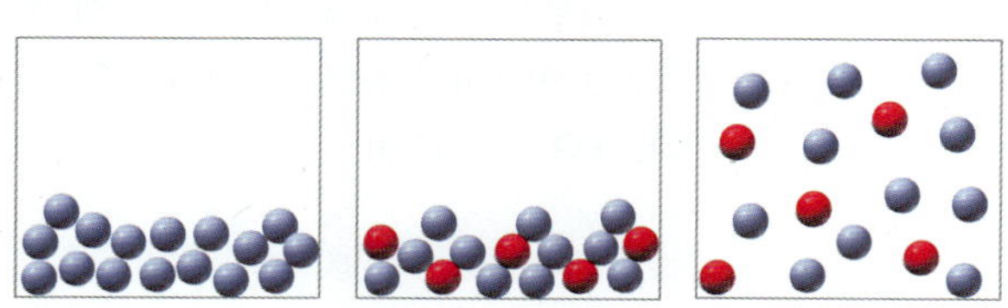

13.24 다음 상도표는 순수한 에터와, 에터에 비휘발성 용질이 용해되어 있는 용액의 액체/증기 상전이 경계를 보여 주고 있다.

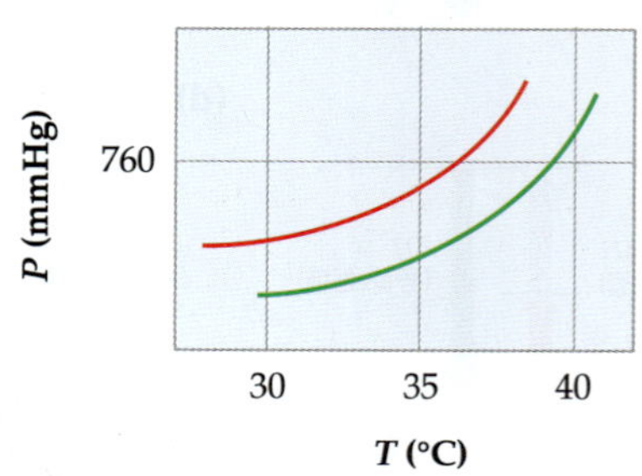

(a) 순수한 에터의 대략적인 정상 끓는점은 얼마인가?

(b) 용질의 대략적인 몰랄 농도는 얼마인가? [에터의 K_b는 2.02(°C·kg)/mol이다.]

13.25 다음 상도표는 같은 농도의 두 용액의 액체/증기 상전이 경계를 보여 주고 있다. 하나는 비휘발성 용질을 포함하고 있고, 다른 하나는 주어진 온도에서의 증기 압력이 순수한 용매의 약 절반인 휘발성 용질을 포함하고 있다.

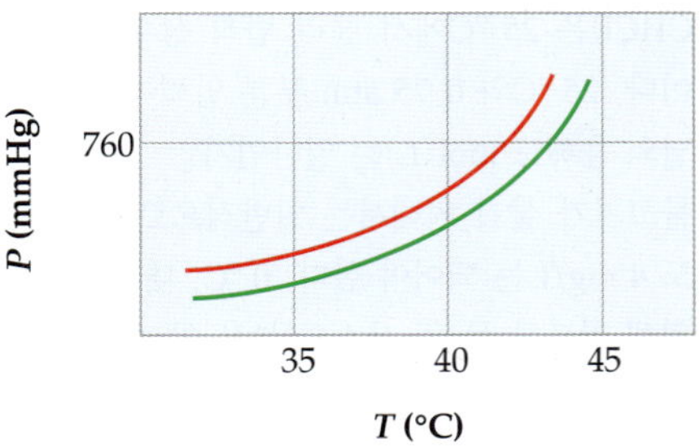

(a) 빨간색과 초록색, 어느 곡선이 비휘발성 용질의 용액을 나타내며, 어느 곡선이 휘발성 용질의 용액을 나타내는가?

(b) 순수한 용매에 해당하는 증기 압력 곡선의 대략적인 위치를 도표에 그리시오.

(c) (b)에서 그린 곡선에 근거하여, 용매가 $K_b = 2.0\ °C/m$의 값을 가진다고 할 때, 비휘발성 용질의 대략적인 몰랄 농도는 얼마인가?

(d) (b)에서 그린 곡선에 근거하여, 순수한 용매의 대략적인 정상 끓는점은 얼마인가?

13.26 두 액체가 반투막에 의해 분리되어 있다고 가정한다. 평형에 도달한 이후의 상황을 나타내는 그림을 그리시오.

평형에 도달하기 전

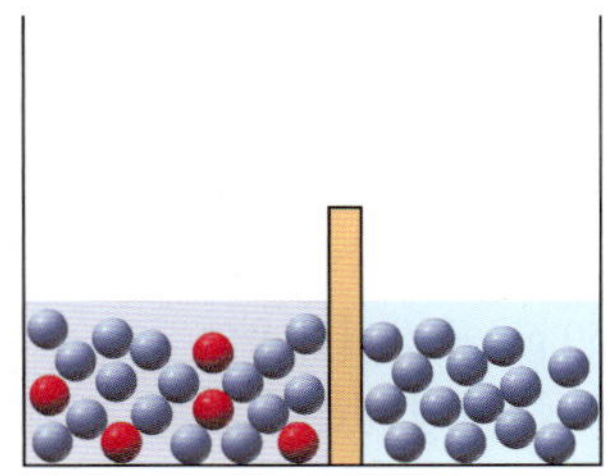

보충 문제

용액, 엔탈피 변화와 용해도(13.1~13.3절)

13.27 NaCl 덩어리 5 g을 물에 넣으면 천천히 용해되지만, NaCl 가루 5 g을 넣으면 빨리 용해된다. 그 이유를 설명하시오.

13.28 어느 것이 더 큰(더 음의) 수화 에너지(hydration energy)를 가질 것으로 예상되는가?

(a) Na^+ 또는 Cs^+ (b) K^+ 또는 Ba^{2+}

13.29 고체 아이오딘(I_2)을 물에 넣었을 때, 다음 상호 작용 중 가장 강한 분자간 힘을 분류하시오: 용매–용매, 용매–용질, 용질–용질. 이들 상호 작용을 근거로, I_2가 물에 용해되는지 아닌지 예측하시오.

13.30 용질이 다음과 같은 엔탈피 변화를 일으키며 용해될 때 $\Delta H_{용액}$의 부호는 무엇이며, 온도는 어떻게 변화하는가?

$\Delta H_{용질-용질} = +642$ kJ/mol

$\Delta H_{용매-용매} = +31$ kJ/mol

$\Delta H_{용질-용매} = -648$ kJ/mol

13.31 브로민(Br_2)은 물보다 사염화 탄소(CCl_4)에 더 잘 용해된다. 그 이유를 설명하시오.

13.32 아세트산(CH_3COOH)의 용해도는 물과 벤젠(C_6H_6) 중 어디에서 더 클지를 예측하시오

13.33 다음 화합물들을 물에서의 용해도가 증가하는 순서대로 나열하시오: Br_2, KBr, 톨루엔(C_7H_8, 휘발유의 성분).

13.34 에틸 알코올(CH_3CH_2OH)을 물에 용해시킬 때, 에틸 알코올 한 분자와 주위 물 분자 간에는 얼마나 많은 수소 결합이 형성되는가? 이들 수소 결합을 그려 보시오.(힌트: 수소 결합을 그리기 전에 구조식에 비공유 전자쌍을 넣으시오.)

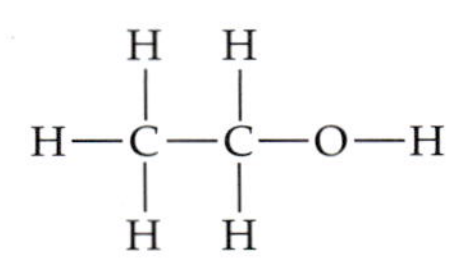

13.35 에틸 알코올(CH_3CH_2OH)은 20 °C에서 물과 섞이지만, 펜틸 알코올($CH_3CH_2CH_2CH_2CH_2OH$)은 2.7 g/100 mL 정도만 물에 용해된다. 그 이유를 설명하시오.

농도 단위(13.4절)

13.36 $CaCl_2(s)$의 물에 대한 용해 반응은 발열 반응이며, $\Delta H_{용해} = -81.3$ kJ/mol이다. 25.0 °C 물을 가지고 1.00 m $CaCl_2$ 용액을 만들기 시작하였다면, 이 용액의 최종 온도(°C)는 얼마가 되겠는가? 순수한 H_2O와 용액의 비열은 동일하게 4.18 J/(K·g)이라고 가정한다.

13.37 바닷물을 NaCl 수용액이라 가정한다면, 바닷물의 몰농도는 얼마인가? 바닷물의 밀도는 20 °C에서 1.025 g/mL이고, NaCl의 농도는 3.50 질량 %이다.

13.38 프로프라놀올(propranolol, $C_{16}H_{21}NO_2$)은 고혈압 치료에 사용되는 이른바 베타 차단제인데 혈장의 농도가 50 ng/L일 때 효능이 좋다. 프로프라놀올의 이 농도를 다음 농도 단위로 나타내시오.

(a) ppb(혈장의 밀도는 1.025 g/mL로 가정한다.)

(b) 몰농도

13.39 다음 각 용액은 어떻게 만드는가?

(a) 0.150 M 글루코스 수용액

(b) 1.135 *m* KBr 수용액

(c) $X_{메탄올} = 0.15$와 $X_{물} = 0.85$인 메틸 알코올(메탄올)과 물의 용액

13.40 클로로폼($CHCl_3$)에 용해시킨 0.0268 M 벤조산($C_7H_6O_2$) 용액 165 mL는 어떻게 만드는가?

13.41 다음 용액들 중 어느 용액의 농도가 더 진한가?

(a) 0.500 M KCl 수용액, 0.500 질량 % KCl 수용액

(b) 1.75 M 글루코스 수용액, 1.75 *m* 글루코스 수용액

13.42 다음 용액들의 질량 백분율 농도를 구하시오.

(a) 물 1.00 kg에 시트르산($C_6H_8O_7$) 0.655 mol을 용해시킨 용액

(b) 물 5.00 mL에 KBr 0.135 mg을 용해시킨 용액

(c) 다이클로로메테인(CH_2Cl_2) 145 g에 아스피린($C_9H_8O_4$) 5.50 g을 용해시킨 용액

13.43 지구의 성층권에 있는 오존층은 전체 압력이 평균 10 mmHg (1.3×10^{-2} atm)이다. 오존층에서 오존의 부분 압력은 약 1.2×10^{-6} mmHg(1.6×10^{-9} atm)이다. 공기의 평균 몰질량을 29 g/mol이라고 가정할 때, 오존 농도는 백만분율(ppm) 단위로 얼마인가?

13.44 다음 각 용액의 농도는 얼마인가?

(a) 물 1.30 L에 H_2SO_4 25.0 g을 용해시켜 만든 용액의 몰랄 농도

(b) CH_2Cl_2 80.0 g에 니코틴($C_{10}H_{14}N_2$) 2.25 g을 용해시켜 만든 용액 중 각 성분의 몰분율

13.45 16.0 질량 % 황산 수용액의 밀도는 25.0 °C에서 1.1094 g/mL이다. 이 용액의 몰농도는 얼마인가?

13.46 자동차 부동액으로 사용하는 40.0 질량 % 에틸렌 글라이콜($C_2H_6O_2$) 수용액의 몰랄 농도는 얼마인가?

13.47 모르핀과 동류인 날로핀(nalorphine, $C_{19}H_{21}NO_3$)은 마약 중독자의 금단 현상 치료에 사용한다. 1.5 mg 투여량을 얻기 위해서는 몇 g의 1.3×10^{-3} *m* 날로핀 수용액이 필요한가?

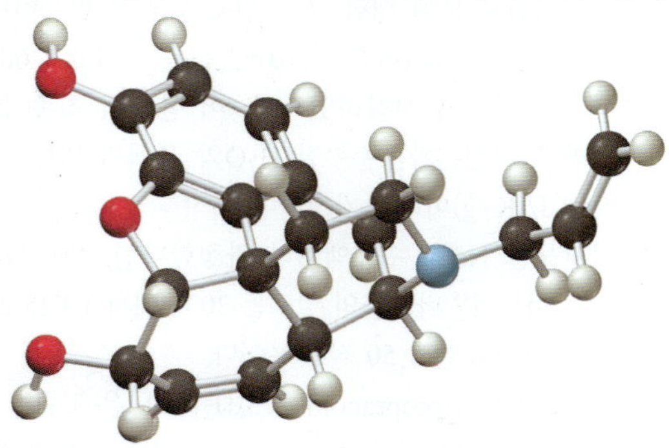

날로핀

13.48 0.944 M 글루코스($C_6H_{12}O_6$) 수용액의 밀도는 20 °C에서 1.0624 g/mL이다. 이 수용액의 농도는 다음 농도 단위로 얼마인가?

(a) 몰분율

(b) 질량 백분율

(c) 몰랄 농도

용해도와 헨리 법칙(13.5절)

13.49 그림 13.6의 용해도 그래프를 참고하여, 다음 각 쌍의 화합물 중 어느 것이 주어진 온도에서 몰 용해도가 더 클지 예상하시오.

(a) 60 °C에서 $CuSO_4$ 또는 NH_4Cl

(b) 20 °C에서 CH_3CO_2Na 또는 글루코스

13.50 PVC 고분자를 만드는 출발 물질인 염화 바이닐($H_2C=CHCl$)은 25 °C에서 헨리 법칙 상수가 0.091 mol/(L·atm)이다. 25 °C와 0.75 atm 부분 압력에서 물에 대한 염화 바이닐의 용해도(mol/L)는 얼마인가?

13.51 물고기가 살기 위해서는 일반적으로 물속의 O_2 농도가 적어도 4 mg/L는 되어야 한다. 0 °C, 대기압에서 이 농도를 얻기 위해 필요한 물 위 산소의 부분 압력은 얼마인가? 물에 대한 O_2 용해도는 0 °C와 1 atm 부분 압력에서 2.21×10^{-3} mol/L이다.

13.52 헥사플루오린화 황은 고전압 변압기 속에 불연성 절연체로 사용되며, 25 °C에서 헨리 법칙 상수가 2.4×10^{-4} mol/(L·atm) 이다. 25 °C와 2.00 atm의 부분 압력에서 헥사플루오린화 황의 물에 대한 용해도(mol/L)는 얼마인가?

총괄성(13.6~13.9절)

13.53 톨루엔 1 mL를 벤젠(bp 80.1 °C) 100 mL에 추가할 때, 벤젠의 끓는점은 상승하지만, 벤젠 1 mL를 톨루엔(bp 110.6 °C) 100 mL에 추가할 때, 톨루엔 용액의 끓는점은 떨어진다. 그 이유를 설명하시오.

13.54 다음 수용액을 어는점이 낮은 것에서 높은 것 순으로 나열하시오: 0.10 *m* $FeCl_3$, 0.30 m 글루코스($C_6H_{12}O_6$) , 0.15 *m* $CaCl_2$. 완전하게 해리한다고 가정한다.

13.55 35 °C에서 에틸 알코올(C_2H_6O) 100.00 g에 벤조산($C_7H_6O_2$) 5.00 g을 용해시켜 만든 용액의 증기 압력(mmHg)은 얼마인가? 35 °C에서 순수한 에틸 알코올의 증기 압력은 100.5 mmHg이다.

13.56 물 110 g에 $MgCl_2$ 7.40 g을 용해시킨 용액의 어는점(°C)은 얼마인가? 물의 K_f 값은 표 13.3에 있고, $MgCl_2$의 반트호프 인자는 $i = 2.7$이다.

13.57 HCl 9.12 g을 물 190 g에 용해시켰을 때, 용액의 어는점이 −4.65 °C가 되었다. HCl의 반트호프 인자는 얼마인가?

13.58 NaCl 1 mol을 물 1 L에 추가하면, 끓는점이 증가한다. 메틸 알코올 1 mol을 물 1 L에 추가하면 끓는점이 감소한다. 그 이유를 설명하시오.

13.59 용액과 비교할 때 순수한 용매의 상 경계가 어떻게 다른지를 보여 주는 상도표를 그리시오.

13.60 각각 비휘발성 용질을 포함하는 아래 용액들의 증기 압력(mmHg)은 얼마인가? 45 °C에서 물의 증기 압력은 71.93 mmHg이다.

(a) 45.0 °C에서 물 150.0 g 중 요소(CH_4N_2O) 10.0 g의 용액

(b) 완전 해리를 가정할 때, 45.0 °C에서 물 150.0 g 중 LiCl 10.0 g의 용액

13.61 문제 13.60에 나오는 각 용액의 끓는점(°C)은 얼마인가? 물의 K_b = 0.51 (°C·kg) /mol이다.

13.62 1.0 m K_2SO_4 수용액은 어는점이 −4.3 °C이다. K_2SO_4의 반트호프 인자 i 값은 얼마인가?

13.63 헵테인(C_7H_{16})과 옥테인(C_8H_{18})은 가솔린의 구성 성분이다. 80.0 °C에서 헵테인의 증기 압력은 428 mmHg이고, 옥테인의 증기 압력은 175 mmHg이다. 80.0 °C에서 헵테인과 옥테인의 혼합물이 305 mmHg의 증기 압력을 갖는다면 이 혼합물의 $X_{헵테인}$은 얼마인가?

13.64 아세톤(C_3H_6O)과 아세트산 에틸($C_4H_8O_2$)은 종종 용매로 사용하는 유기 액체이다. 30.0 °C에서 아세톤의 증기 압력은 285 mmHg이고, 아세트산 에틸의 증기 압력은 118 mmHg이다. 30 °C에서 아세트산 에틸 25.0 g에 아세톤 25.0 g을 용해시켜 만든 용액의 증기 압력(mmHg)은 얼마인가?

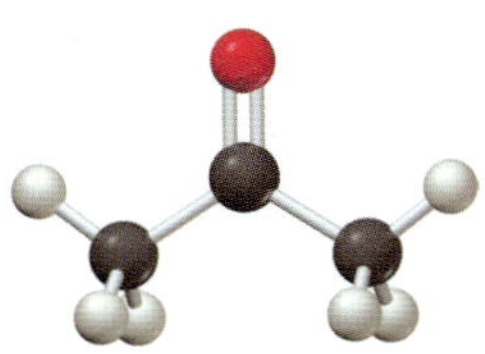

아세톤

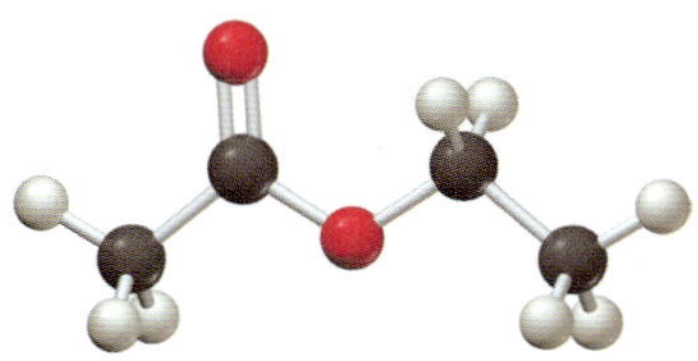

아세트산 에틸

13.65 문제 13.64에 나오는 액체 혼합물 속 각 성분의 몰분율은 얼마인가? 또한 30 °C에서 증기 속 각 성분의 몰분율은 얼마인가?

13.66 클로로폼 215 g에 아스피린($C_9H_8O_4$) 5.00 g을 용해시켜 만든 용액은 순수한 클로로폼보다 정상 끓는점이 ΔT = 0.47 °C 만큼 높다. 클로로폼의 몰랄 끓는점 오름 상수값은 얼마인가?

13.67 아세트산 50.0 g 중 시트르산($C_6H_8O_7$) 용액은 끓는점 오름이 ΔT = 1.76 °C이다. 아세트산에 대한 몰랄 끓는점 오름 상수 K_b = 3.07 (°C·kg)/mol이면 이 용액의 몰랄 농도는 얼마인가?

13.68 다음 용액들 각각의 예상 삼투 압력(atm)은 얼마인가?

(a) 50 °C에서 NaCl 5.00 g이 용해되어 있는 350.0 mL 수용액

(b) 10 °C에서 아세트산 소듐(CH_3CO_2Na) 6.33 g이 용해되어 있는 55.0 mL 수용액

13.69 300 K에서 어떤 미지 분자 물질 수용액의 삼투 압력은 4.85 atm이다. 이 용액의 몰농도는 얼마인가?

13.70 −2 °C에서 눈 덮인 도로에 소금을 뿌리면 눈이 녹는다. 하지만 −30 °C에서 눈 덮인 도로에 소금을 뿌릴 때에는 아무 일도 일어나지 않는다. 그 이유를 설명하시오.

13.71 셀로비오스(cellobiose)는 셀룰로스의 분해로 얻는 당류이다. 25.0 °C에서 셀로비오스 1.500 g을 포함하고 있는 200.0 mL 수용액이 407.2 mmHg의 삼투 압력을 발생시킨다면, 셀로비오스의 분자량은 얼마인가?

13.72 물 500 g에 플루오린화 수소(HF) 1.00 mol을 용해시켜 만든 용액의 어는점은 −3.8 °C이지만, 물 500 g에 염화 수소(HCl) 1.00 mol을 용해시켜 만든 용액의 어는점은 −7.4 °C이다. 그 이유를 설명하시오.

13.73 당류인 수크로스(sucrose, $C_{12}H_{22}O_{11}$)와 과당(fructose, $C_6H_{12}O_6$)의 혼합물 2.850 g을 물에 용해시켜 1.50 L 부피가 되게 하였을 때, 이 용액은 298.0 K에서 0.1843 atm의 삼투 압력을 나타낸다. 이 혼합물 중 $X_{수크로스}$는 얼마인가?

13.74 벤젠의 어는점을 0.35 °C만큼 낮추려면, 150.0 g의 벤젠에 몇 그램의 나프탈렌($C_{10}H_8$)(보통 가정에서 좀약으로 사용한다)을 추가해야 하는가? 벤젠의 K_f는 표 13.3을 참조하라.

13.75 바닷물이 3.5 질량 % NaCl 수용액이고 그 밀도가 1.00 g/mL라 가정할 때, 끓는점과 어는점을 °C로 계산하시오.

13.76 $CaCl_2$의 반트호프 인자는 2.71이다. T_f = −1.14 °C인 $CaCl_2$ 수용액의 질량 %는 얼마인가?

13.77 0.62 m 용액에서 LiCl의 반트호프 인자가 1.96이라면, 298 K에서 이 용액의 증기 압력 내림(mmHg)은 얼마인가? (298 K에서 물의 증기 압력은 23.76 mmHg이다.)

13.78 KCl, KNO_3, $Ba(NO_3)_2$의 고체 혼합물은 20.92 질량 % 염소를 포함하고, 25 °C에서 이 혼합물 1.000 g 시료가 들어 있는 500.0 mL 수용액의 삼투 압력이 744.7 mmHg이다. 이 혼합물에서 KCl, KNO_3, $Ba(NO_3)_2$의 질량 백분율은 얼마인가?

13.79 어떤 유기 화합물의 수용액은 밀도가 1.063 g/mL, 삼투 압력은 25.0 °C에서 12.16 atm, 어는점은 −1.03 °C이다. 이 화합물은 물에서 해리하지 않는 것으로 알려져 있다. 이 화합물의 몰질량은 얼마인가?

13.80 사우디아라비아와 같은 사막 국가들은 바닷물로부터 담수를 생산하는 역삼투 공장을 짓고 있다. 바닷물은 0.470 M NaCl과 0.068 M $MgCl_2$ 조성을 가지고, 두 화합물 모두 완전히 해리된다고 가정한다.

(a) 25 °C에서 바닷물의 삼투 압력은 얼마인가?

(b) 만일 역삼투 장비가 25.0 °C에서 최대 100.0 atm의 압력을 가한다면, 1.00 L 바닷물로부터 얻을 수 있는 담수의 최대 부피는 얼마인가?

chapter 14

화학 반응 속도론

© Olga Miltsova/Shutterstock

CONTENTS

14.1 반응 속도
14.2 속도 법칙과 반응 차수
14.3 초기 속도 방법: 속도 법칙의 실험적 결정
14.4 적분 속도 법칙: 1차 반응
14.5 적분 속도 법칙: 2차 반응
14.6 반응 속도와 온도: 아레니우스 식
14.7 아레니우스 식의 이용
14.8 반응 메커니즘
14.9 촉매

효소는 몸에서 중요한 반응의 속도를 증가시키는 거대한 생물학적 분자이다. 아밀레이스는 녹말을 포도당으로 분해하는 화학 반응을 빠르게 하는 효소이며, 이것은 에너지를 생산하는 첫 번째 단계이다.

효소는 어떻게 작용하는가?

이 질문의 답은 429쪽 INQUIRY ? 에 나와 있다.

화학자들은 화학 반응을 연구할 때 세 가지 근본적인 질문을 묻는다: 무엇이 일어나는가? 어느 정도 일어나는가? 얼마나 빨리 어떤 메커니즘으로 일어나는가? 첫 번째 질문의 해답은 균형 화학 반응식에 의해 주어진다. 이것은 반응물, 생성물 및 반응의 화학량론을 확인한다. 반응 정도에 관한 두 번째 질문의 해답은 **화학 평형(chemical equilibrium)**을 다루는 15장에서 찾을 수 있다. 이 장에서는 세 번째 질문인 속력, 즉 화학 반응의 속도와 메커니즘에 대한 해답을 살펴볼 것이다. **화학 반응 속도론(chemical kinetics)**이란 반응 속도와 반응이 일어나는 일련의 단계에 관심을 가지는 화학의 영역이다.

미리보기…
15장에서 **화학 평형**이란 반응물과 생성물의 농도가 시간에 따라 일정하게 유지되는 때에 도달한 상태라는 것을 알게 될 것이다.

화학 반응 속도론은 중대한 환경적, 생물학적 및 경제적 중요성을 가진 주제이다. 예를 들어, 대기 상층부에서 태양의 해로운 자외선으로부터 우리를 보호하는 오존층의 유지 또는 감소는 O_3 분자를 생성하고 파괴하는 반응의 상대적 속도에 의존한다. 우리 몸에서 **효소(enzyme)**라고 부르는 커다란 단백질 분자는 생명 과정에 필수적인 수많은 반응의 속도를 증가시킨다. 화학 공업에서 많은 과정의 수익성은 빠른 반응 속도를 필요로 한다. 예를 들어, 비료로 사용되는 암모니아의 경제적 합성은 N_2와 H_2 기체가 NH_3로 변환되는 속도에 의존한다. 몸에서 일어나는 생물학적 반응처럼, 공업적 반응 또한 **촉매(catalyst)**에 의해 촉진될 수 있다. 효소 및 다른 형태의 촉매들은 반응 과정에서 소모되지 않고 반응 속도를 증가시킨다.

미리보기…
왜 **촉매**가 화학 반응을 빠르게 하는지를 14.9절에서 알게 될 것이다.

이 장에서는 반응 속도를 기술할 것이고, 반응 속도가 농도와 온도 같은 변수에 의해 어떻게 영향을 받을 것인지를 살펴볼 것이다. 또한 화학자들이 반응이 일어나는 **메커니즘(mechanism)**, 즉 경로를 제안하기 위해 속도 자료를 어떻게 사용하는지를 살펴볼 것이다. 반응 메커니즘을 이해함으로써 알려진 반응을 통제할 수 있고, 새로운 반응을 예측할 수 있다.

14.1 반응 속도

화학 반응의 속도는 매우 다르다. 소듐과 브로민의 연소 반응과 같은 반응은 즉시 일어난다. 에너지를 얻기 위한 음식의 분해나 과일의 숙성과 같은 반응은 몇 시간부터 며칠의 기간에 일어난다. 하지만 철이 녹스는 반응이나 화석 연료의 생성과 같은 반응들은 몇 달 또는 심지어 수천 년에 걸쳐 일어난다.

- 소듐과 브로민의 반응
- 음식을 분해하여 에너지를 얻는(방출하는) 반응
- 철이 녹스는 반응

▲ 화학 반응은 넓은 범위의 반응 속도를 보인다.

반응 속도를 정량적으로 기술하기 위해서는 반응물 또는 생성물의 농도가 단위 시간당 얼마나 빨리 변하는지를 명시해야 한다.

$$\text{속도} = \frac{\text{농도의 변화}}{\text{시간의 변화}}$$

예를 들어, 오산화 이질소(N_2O_5) 기체가 일반적인 공기 오염 물질인 갈색의 이산화 질소와 산소 분자로 되는 열분해 반응을 살펴보자.

$$\underset{\text{무색}}{2\,N_2O_5(g)} \longrightarrow \underset{\text{갈색}}{4\,NO_2(g)} + \underset{\text{무색}}{O_2(g)}$$

시간의 함수로서의 농도 변화는 2개의 기체 분자가 5개의 기체 분자로 변환될 때 압력의 증가를 측정함으로써 결정될 수 있다. 그렇지 않으면, 농도 변화는 NO_2에 의한 갈색의 세기(진하기)를 측정함으로써 추적할 수 있다. 55 °C에서 반응물과 생성물의 농도가 시간의 함수로 **표 14.1**에 나열되어 있다.

▲ 이산화 질소(NO_2)는 갈색 기체로, 흡광도 분광 광도계를 사용하여 측정할 수 있다.
© Dlogger/Shutterstock

표 14.1 55 °C에서 $2\ N_2O_5(g) \longrightarrow 4\ NO_2(g) + O_2(g)$ 반응의 경우 시간에 따른 농도의 변화

시간(s)	농도(M) N_2O_5	NO_2	O_2
0	0.0200	0	0
100	0.0169	0.0063	0.0016
200	0.0142	0.0115	0.0029
300	0.0120	0.0160	0.0040
400	0.0101	0.0197	0.0049
500	0.0086	0.0229	0.0057
600	0.0072	0.0256	0.0064
700	0.0061	0.0278	0.0070

N_2O_5의 농도가 감소할 때 NO_2와 O_2의 농도가 증가하는 것을 주의하시오.

반응 속도(**reaction rate**)란 단위 시간당 **생성물**의 **농도 증가** 또는 단위 시간당 **반응물**의 **농도 감소**로 정의된다. 먼저 생성물의 생성을 살펴보자. N_2O_5의 분해에서 O_2의 생성 속도는 다음 식으로 주어진다.

$$O_2\text{의 생성 속도} = \frac{\Delta[O_2]}{\Delta t} = \frac{\text{시간 } t_2\text{에서 } O_2\text{의 농도} - \text{시간 } t_1\text{에서 } O_2\text{의 농도}}{t_2 - t_1}$$

여기서 O_2를 둘러싼 대괄호는 몰농도를 나타낸다. $\Delta[O_2]$는 O_2의 몰농도 변화, Δt는 시간 변화, $\Delta[O_2]/\Delta t$는 시간 t_1에서 t_2 구간 동안 O_2 몰농도의 평균 변화 속도이다. 예를 들어, 시간 구간 300~400 s에서 O_2의 평균 생성 속도는 9.0×10^{-6} M/s이다.

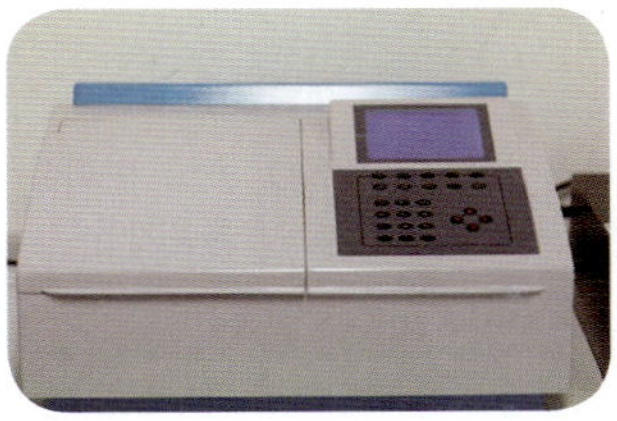

▲ 가시광선의 흡수, 즉 색깔의 세기는 분광 광도계로 측정될 수 있다. © Rattiya Thongdumhyu/Shutterstock

$$O_2\text{의 생성 속도} = \frac{\Delta[O_2]}{\Delta t} = \frac{0.0049\ \text{M} - 0.0040\ \text{M}}{400\ \text{s} - 300\ \text{s}}$$
$$= 9.0 \times 10^{-6}\ \text{M/s}$$

반응 속도의 가장 일반적인 단위는 초당 몰농도(M/s)이거나 동등한 값인 리터 초당 몰(mol/(L·s))이다. 우리는 속도가 반응의 규모에 무관하기를 원하기 때문에, 반응 속도를 양(mol)이 아닌 농도(mol/L)로 정의한다. 부피가 2배인 용기에서 2배의 0.0200 M N_2O_5가 분해될 때, 초당 생성되는 O_2의 몰수는 2배이지만, 초당 생성되는 **리터당** O_2의 몰수는 변하지 않는다.

표 14.1의 자료로 **그림 14.1**의 세 곡선을 그리면, 반응 속도의 개념에 대한 추가의 통찰력을 얻을 수 있다. O_2 곡선에서 시간 구간 300~400 s을 살펴보면, $\Delta[O_2]$와 Δt는 각각 직각 삼각형의 세로 변과 가로 변으로 표현된다. 삼각형의 빗변인 세 번째 변의 기울기는 그 시간 구간 동안 O_2의 평균 생성 속도인 $\Delta[O_2]/\Delta t$이다. 빗변의 기울기가 더 급할수록 속도는 더 빠르다. 예를 들어, $\Delta[NO_2]$와 Δt에 의해 정의되는 삼각형을 살펴보자. 시간 구간 300~400 s에서 NO_2의 평균 생성 속도는 3.7×10^{-5} M/s이다. 이것은 O_2의 생성 속도의 4배이며, N_2O_5 분해의 화학 반응식에서 NO_2와 O_2의 계수 비인 4:1과 일치한다.

▶ **그림 14.1**
55 °C에서 N_2O_5 기체가 NO_2와 O_2 기체로 분해될 때, 시간의 함수에 따른 농도

▶ **확인하기**

(a) 어떤 생성물이 가장 큰 생성 속도를 가지는가? (b) 반응 과정에 걸쳐 NO_2의 평균 생성 속도 어떻게 변화하는지 기술하시오.

답 (a) 300~400 s처럼 특정한 시간 간격에서 나타나는 삼각형을 조사하시오. NO_2의 생성 속도가 최대이다. 단위 시간당 농도 변화가 가장 크기 때문이다. (b) 반응이 진행됨에 따라 NO_2의 평균 생성 속도는 감소한다.

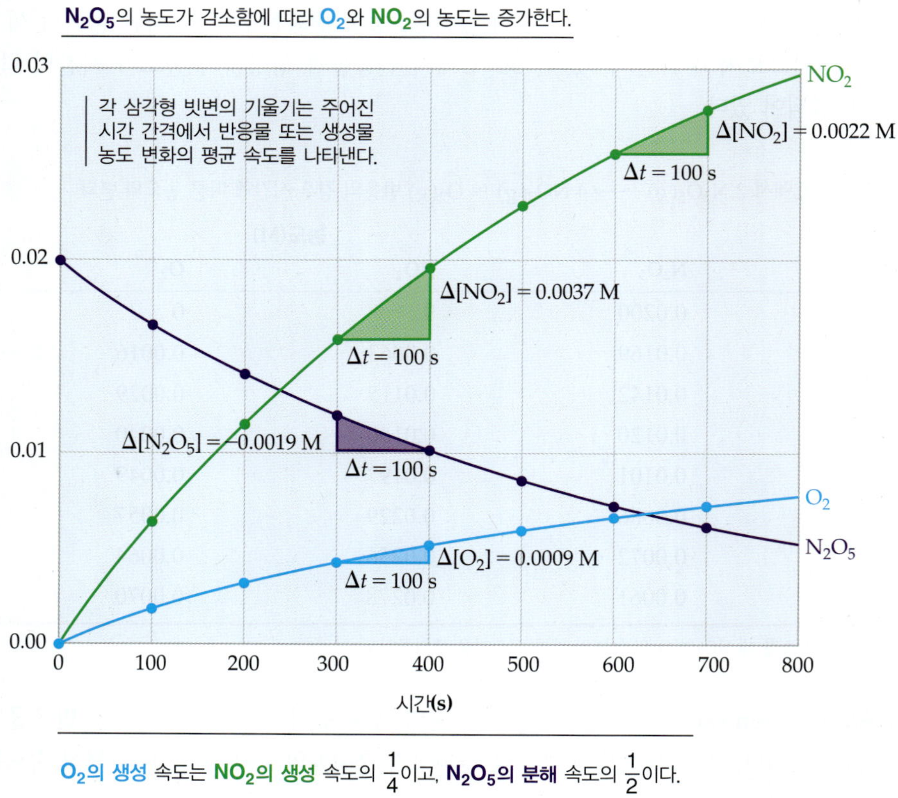

개념탐구 질문 1

다음 반응에서 NO 농도 변화에 대한 어느 진술이 **옳은가**?

$$2\,NO(g) + O_2(g) \longrightarrow 2\,NO_2(g)$$

(a) NO 농도는 시간에 따라 증가한다.
(b) NO 농도의 변화 속도는 시간에 따라 증가한다.
(c) NO의 소멸 속도는 O_2의 소멸 속도의 2배이다.
(d) 일반적인 반응 속도는 NO의 소멸 속도와 같다.

$$NO_2\text{의 생성 속도} = \frac{\Delta[NO_2]}{\Delta t} = \frac{0.0197\text{ M} - 0.0160\text{ M}}{400\text{ s} - 300\text{ s}} = 3.7 \times 10^{-5}\text{ M/s}$$

O_2와 NO_2가 생성될 때 N_2O_5는 사라진다. 결과적으로 $\Delta[N_2O_5]/\Delta t$는 음이다. 이는 그림 14.1에서 $\Delta[N_2O_5]$와 Δt에 의해 정의되는 삼각형 빗변의 음의 기울기와 일치한다. **반응 속도는 양의 값으로 정의**되기 때문에, 반응물의 감소 속도를 계산할 때는 항상 음의 부호를 붙여야 한다. 예를 들어, 300~400 s 시간 간격에서 N_2O_5의 평균 분해 속도는 1.9×10^{-5} M/s이다.

$$N_2O_5\text{의 분해 속도} = \frac{-\Delta[N_2O_5]}{\Delta t} = \frac{-(0.0101\text{ M} - 0.0120\text{ M})}{400\text{ s} - 300\text{ s}} = 1.9 \times 10^{-5}\text{ M/s}$$

반응 속도를 인용할 때, 속도에 근거가 되는 반응물이나 생성물을 명시하는 것이 중요하다. 균형 화학 반응식의 계수에 따라 생성물의 생성 속도와 반응물의 소모 속도가 다를 수 있기 때문이다. N_2O_5의 분해에서 1 mol의 O_2가 생성될 때, 4 mol의 NO_2가 생성되고 2 mol의 N_2O_5가 사라진다. 그러므로 O_2의 생성 속도는 NO_2의 생성 속도의 $\frac{1}{4}$이고, N_2O_5의 분해 속도의 $\frac{1}{2}$이다.

$$(O_2\text{의 생성 속도}) = \frac{1}{4}(NO_2\text{의 생성 속도}) = \frac{1}{2}(N_2O_5\text{의 분해 속도})$$

즉 $$\frac{\Delta[O_2]}{\Delta t} = \frac{1}{4}\left(\frac{\Delta[NO_2]}{\Delta t}\right) = -\frac{1}{2}\left(\frac{\Delta[N_2O_5]}{\Delta t}\right)$$

여러 속도의 애매함을 피하기 위해, 일반적인 반응 속도는 반응물의 소모 속도 또는 생성물의 생성 속도를 균형 화학 반응식의 계수로 나눈 것과 같다고 화학자들은 정의한다. 다음 일반적인 반응을 보자.

$$a\,A + b\,B \longrightarrow c\,C + d\,D$$

위 식에서 a, b, c, d는 반응물과 생성물 A, B, C, D의 화학량론적 계수이며, 반응 속도는 다음과 같다.

일반적인 반응 속도 $$\text{속도} = -\frac{1}{a}\frac{\Delta[A]}{\Delta t} = -\frac{1}{b}\frac{\Delta[B]}{\Delta t} = \frac{1}{c}\frac{\Delta[C]}{\Delta t} = \frac{1}{d}\frac{\Delta[D]}{\Delta t}$$

따라서 반응

$$2\,N_2O_5(g) \longrightarrow 4\,NO_2(g) + O_2(g)$$

에서 반응 속도는 다음 식으로 주어진 단일 값을 가진다.

$$\text{속도} = -\frac{1}{2}\left(\frac{\Delta[N_2O_5]}{\Delta t}\right) = \frac{1}{4}\left(\frac{\Delta[NO_2]}{\Delta t}\right) = \frac{\Delta[O_2]}{\Delta t}$$

이 장에서 반응 '속도'를 기술할 때는 위에 정의된 반응 속도를 의미하는 것이다.

우리는 단지 한 반응물 또는 생성물의 농도를 실험적으로 측정할 수 있기 때문에, 가끔 특정한 물질의 **생성 속도** 또는 **소모 속도**로 속도를 정의할 필요가 있다. 예를 들어, N_2O_5의 분해 반응에서 NO_2의 생성 속도는 NO_2가 색를 띠고 가시광선을 흡수하기 때문에 측정될 수 있다. 특정한 물질의 속도는 반응물의 소모(또는 분해) 또는 생성물의 생성으로 나타낼 수 있을 것이다. 예를 들어,

$$NO_2\text{의 생성 속도} = \frac{\Delta[NO_2]}{\Delta t} \quad \text{또는} \quad N_2O_5\text{의 분해 속도} = -\left(\frac{\Delta[N_2O_5]}{\Delta t}\right)$$

속도를 인용할 때 시간을 명시하는 것이 중요하다. 반응이 진행될 때 속도가 변하기 때문이다. 예를 들어, NO_2의 평균 생성 속도는 시간 구간 300~400 s에서 3.7×10^{-5} M/s이지만, 600~700 s에서는 단지 2.2×10^{-5} M/s이다(그림 14.1). 정상적으로 반응 속도는 적어도 어떤 반응물의 농도에 의존하기 때문에, 반응 혼합물이 반응물을 다 써버릴 때 감소한다. 이것은 그림 14.1에서 시간이 지남에 따라 곡선의 기울기가 감소하는 것으로 나타난다.

가끔, 화학자들은 시간 간격 Δt에 걸친 평균 속도보다 특정한 시간 t에서의 반응 속도를 알기 원한다. 예를 들어, t = 300 s에서 NO_2의 생성 속도는 얼마인가?

시간 t에서 농도 대 시간 곡선의 접선 기울기를 그 특정한 시간에서의 **순간 속도(instantaneous rate)**라고 한다. **그림 14.2**는 t = 300 s에서 곡선에 대한 직선의 기울기를 나타낸다. 직선의 기울기 = (0.017 M)/(400 s) = 4.25×10^{-5} M/s는 t = 300 s에서 NO_2 생성의 순간 속도이다. 반응이 시작되는 점(t = 0)에서의 순간 속도를 **초기 속도(initial rate)**라고 한다.

▶ 그림 14.2
55 °C에서 N_2O_5가 분해될 때 NO_2의 농도 대 시간. $t = 300$ s일 때 곡선에서 그은 접선의 기울기는 NO_2 생성의 순간 속도이다.

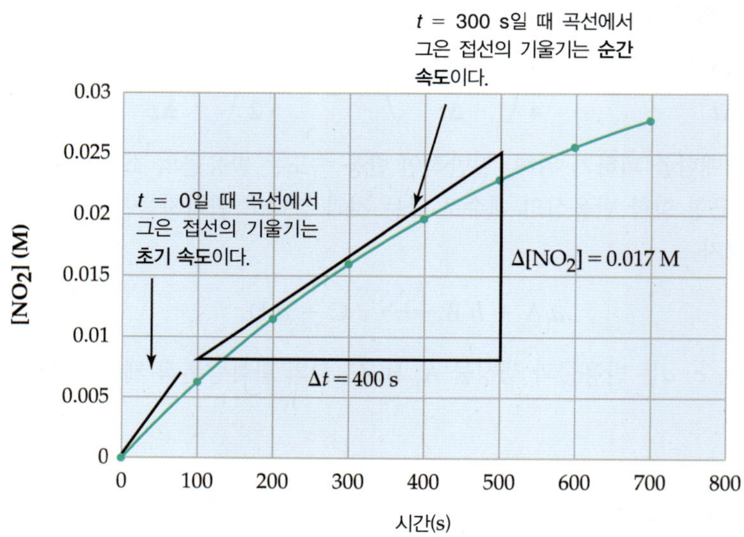

예제 14.1

생성물 생성과 반응물 소모의 상대 속도 구하기

알코올 음료의 활성 성분과 휘발유의 옥테인 촉진제인 에탄올(C_2H_5OH)은 포도당의 발효에 의해 생성된다. 균형 반응식은 다음과 같다.

$$C_6H_{12}O_6(aq) \longrightarrow 2\ C_2H_5OH(aq) + 2\ CO_2(g)$$

(a) 에탄올의 생성 속도는 포도당의 소모 속도와 어떤 관련이 있는가? 이 관계를 $\Delta[C_2H_5OH]/\Delta t$와 $\Delta[C_6H_{12}O_6]/\Delta t$로 쓰시오.

(b) $-\Delta[C_6H_{12}O_6]/\Delta t = 1.7 \times 10^{-3}$ M/s이면, 같은 시간 간격에서 $\Delta[C_2H_5OH]/\Delta t$의 값은 얼마인가?

(c) $\Delta[C_2H_5OH]/\Delta t = 3.6 \times 10^{-2}$ M/s이면, 같은 시간 간격에서 반응 속도는 얼마인가?

전략

상대 속도를 구하기 위해 균형 화학 반응식의 계수를 확인한다.

풀이

(a) 반응 속도 표현으로부터, 한 반응물 또는 생성물의 농도 변화 속도를 다른 물질의 농도 변화 속도와 관련지을 수 있다.

$$\text{속도} = -\frac{1}{1}\frac{\Delta[C_6H_{12}O_6]}{\Delta t} = \frac{1}{2}\frac{\Delta[C_2H_5OH]}{\Delta t}$$

C_2H_5OH의 생성 속도는 다음과 같다.

$$\frac{\Delta[C_2H_5OH]}{\Delta t} = -2\frac{\Delta[C_6H_{12}O_6]}{\Delta t}$$

(b) $$\frac{\Delta[C_2H_5OH]}{\Delta t} = 2\left(-\frac{\Delta[C_6H_{12}O_6]}{\Delta t}\right) = 2(1.7 \times 10^{-3}\ \text{M/s}) = 3.4 \times 10^{-3}\ \text{M/s}$$

(c) $$\text{속도} = \frac{1}{2}\frac{\Delta[C_2H_5OH]}{\Delta t} = \frac{1}{2}(3.6 \times 10^{-2}\ \text{M/s}) = 1.8 \times 10^{-2}\ \text{M/s}$$

점검

균형 반응식에 따르면, 포도당 1 mol이 반응할 때 에탄올 2 mol이 생성된다. 그러므로 에탄올 생성 속도는 포도당 소모 속도의 2배이다.

▶ **연습문제 14.1** 비소산(H_3AsO_4)에 의한 아이오딘화 이온의 산화는 다음 균형 반응식으로 기술된다.

$$3\ I^-(aq) + H_3AsO_4(aq) + 2\ H^+(aq) \longrightarrow I_3^-(aq) + H_3AsO_3(aq) + H_2O(l)$$

(a) $-\Delta[I^-]/\Delta t = 4.8 \times 10^{-4}$ M/s이면, 같은 시간 간격에서 $\Delta[I_3^-]/\Delta t$의 값은 얼마인가?

(b) 그 시간 간격에서 H^+의 평균 소모 속도는 얼마인가?

▶ **개념 응용문제 14.2**

(a) 다음 시간 농도 그래프를 이용하여 시간 구간 0~500 s에서 각 반응물과 생성물(A, B, C)의 평균 반응 속도를 계산하시오.

(b) 그래프의 자료에 일치하는 균형 반응식을 쓰시오.

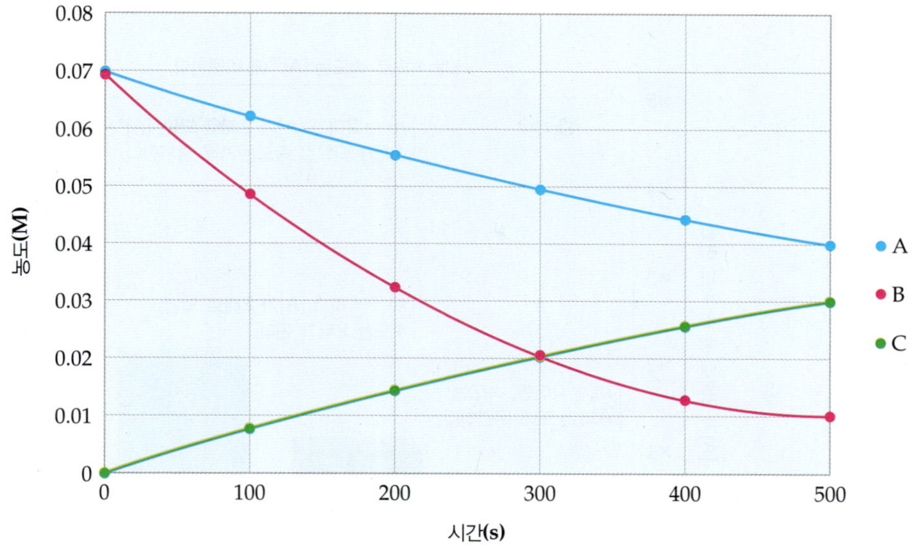

▲ 문제 14.2에 대한 자료

14.2 속도 법칙과 반응 차수

14.1절에서 N_2O_5의 분해 속도는 그 농도에 의존하며, N_2O_5의 농도가 감소함에 따라 느려진다는 것을 언급하였다. 반응 속도가 농도에 어떻게 의존하는지를 더 탐구하기 위해, 다음의 일반적인 반응을 생각해 보자.

$$a\text{ A} + b\text{ B} \longrightarrow \text{생성물}$$

여기서 A와 B는 반응물이고, a와 b는 균형 화학 반응식에서 화학량론적 계수이다. 각 반응물 농도에 대한 반응 속도의 의존성은 **속도 법칙(rate law)**이라고 하는 식으로 주어진다.

속도 법칙 $\quad \text{속도} = k[\text{A}]^m[\text{B}]^n$

이 식에서 k는 **속도 상수(rate constant)**라고 하는 비례 상수이다. 속도 법칙에서 지수 m과 n은 속도가 [A]와 [B]의 변화에 얼마나 민감한지를 나타낸다. 그들은 균형 반응식에 있는 계수 a와 b에 **관계가 없다**. 이 책에서 논의된 간단한 반응에서 지수는 보통 작은 양의 정수이다. 그러나 더 복잡한 반응에서 지수는 음수, 0, 심지어 분수가 될 수도 있다.

속도 법칙에서 지수가 반응 속도에 어떻게 영향을 미치는지를 설명하기 위해 반응물 A를 생각해 보자. 반응물 B 또는 반응물 둘 다를 조사할 수 있지만, 간단하게 반응물 A만을 가지고 시작하자. 이때 그림 14.3은 지수 m의 다양한 값에 대해, A의 농도가 2배가 될 때 속도가 어떻게 변하는지를 보여 준다. 일반적으로 속도는 $[\text{A}]^m$에 비례한다.

> **개념탐구 질문 2**
> A + B → 생성물로 되는 반응에서 속도 법칙은 속도 = $k[\text{A}]^2$이다. A의 농도가 3배로 되면, 속도 변화는 몇 배가 되는가?

- $m = -1$이면, 속도는 $[\text{A}]^{-1}$, 즉 1/[A]에 비례한다. [A]가 2배로 되면, 속도는 2배 감소한다.
- $m = 0$이면, 모든 수의 0 거듭제곱은 1과 같기 때문에 ($[\text{A}]^0 = 1$) 속도는 [A]에 무관하다.
- $m = 1$이면, 속도는 $[\text{A}]^1$, 즉 [A]에 비례한다. [A]가 2배로 되면, 속도는 2배가 된다.
- $m = 2$이면, 속도는 $[\text{A}]^2$에 비례한다. [A]가 2배로 되면, 속도는 4배 증가한다.

▶ **그림 14.3**
속도 법칙(속도 = $k[A]^m[B]^n$)에서 지수 m의 다른 값에 대해, 반응물 A의 농도가 2배가 될 때 반응 속도의 변화

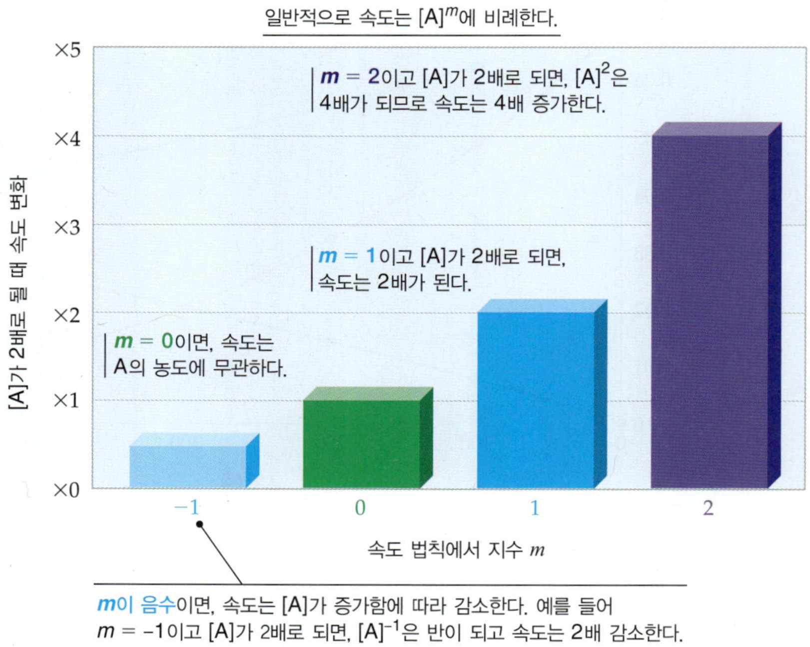

지수 m과 n의 값은 A와 B 각각에 대한 **반응 차수(reaction order)**를 결정한다. 속도 법칙에서 반응물의 지수가 0일 때 반응은 반응물에 대하여 **0차**이다. 비슷하게, 지수가 1일 때 반응은 반응물에 대해 **1차**이다. 지수가 2일 때 반응은 반응물에 대해 **2차**이다. 지수의 합($m + n$)은 **전체** 반응 차수를 정의한다. 따라서 만약 속도 법칙이

$$\text{속도} = k[A]^2[B] \quad m = 2;\ n = 1;\ m + n = 3$$

이면, 반응이 A에 대해 **2차**, B에 대해 **1차**이며 전체 **3차 반응**이라고 한다.

속도 법칙에서 지수의 값은 실험에 의해 결정되어야만 하며, 반응의 화학량론으로부터 추론할 수 없다. 표 14.2가 보여 주듯이, 균형 화학 반응식의 화학량론 계수와 속도 법칙의 지수 사이에 일반화된 관계는 없다. 예를 들어, 표14.2의 첫 번째 반응의 균형 반응식에서 $(CH_3)_3CBr$과 H_2O의 계수는 둘 다 1이지만, 속도 법칙에서 지수는 $(CH_3)_3CBr$에 대해 1이고 H_2O에 대해 0이다.

$$\text{속도} = k[(CH_3)_3CBr]^1[H_2O]^0 = k[(CH_3)_3CBr]$$

표 14.2 몇 가지 반응의 균형 화학 반응식과 실험적으로 결정된 속도 법칙

반응*	속도 법칙
$(CH_3)_3CBr(soln) + H_2O(soln) \longrightarrow (CH_3)_3COH(soln) + H^+(soln) + Br^-(soln)$	속도 = $k[(CH_3)_3CBr]$
$HCO_2H(aq) + Br_2(aq) \longrightarrow 2\ H^+(aq) + 2\ Br^-(aq) + CO_2(g)$	속도 = $k[Br_2]$
$BrO_3^-(aq) + 5\ Br^-(aq) + 6\ H^+(aq) \longrightarrow 3\ Br_2(aq) + 3\ H_2O(l)$	속도 = $k[BrO_3^-][Br^-][H^+]^2$
$H_2(g) + I_2(g) \longrightarrow 2\ HI(g)$	속도 = $k[H_2][I_2]$

일반적으로 속도 법칙의 지수는 반응의 균형 화학 반응식에서 화학량론적 계수와 같지 않다.
*첫 번째 반응에서 '(*soln*)'은 비수용액을 나타낸다.

예제 14.2

속도 법칙으로부터 반응 차수 구하기

그림 14.4의 과정에서 보여 주는 표 14.2의 두 번째 반응은 다음과 같다.

$$HCO_2H(aq) + Br_2(aq) \longrightarrow 2\,H^+(aq) + 2\,Br^-(aq) + CO_2(g) \qquad 속도 = k[Br_2]$$

무색 빨간색 무색

각 반응물의 반응 차수는 얼마인가? 전체 반응 차수는 얼마인가?

▲ 그림 14.4
폼산(HCO_2H)과 브로민(Br_2)의 반응. 시간이 흐를수록(왼쪽에서 오른쪽으로) 브로민의 빨간색은 사라진다. Br_2가 무색의 Br^- 이온으로 환원되기 때문이다. 시간의 함수로서의 Br_2의 농도, 즉 반응 속도는 색의 세기(진하기)를 측정함으로써 결정할 수 있다.

전략
각 반응물의 반응 차수를 구하기 위해서는 균형 화학 반응식의 계수가 아니라 속도 법칙의 지수를 살펴보시오. 그리고 전체 반응 차수를 구하기 위해 지수를 더한다.

풀이
폼산과 브로민의 반응에서 실험적으로 결정된 속도 법칙은 다음과 같다.

$$속도 = k[Br_2]$$

HCO_2H(폼산)이 속도 법칙에 나타나지 않기 때문에, 속도는 HCO_2H 농도에 무관하다. 따라서 반응은 HCO_2H에 대해 0차이다. $[Br_2]$의 지수가 1(지수가 주어지지 않을 때 1로 이해한다.)이기 때문에 반응은 $[Br_2]$에 대해 1차이다. 지수의 합이 1이기 때문에 전체 반응은 1차이다.

▶ **연습문제 14.3** 다음 반응

$$BrO_3^-(aq) + 5\,Br^-(aq) + 6\,H^+(aq) \longrightarrow 3\,Br_2(aq) + 3\,H_2O(l)$$

의 속도 법칙은 속도 $= k[BrO_3^-][Br^-][H^+]^2$이다. 각 반응물의 반응 차수는 얼마인가? 그리고 전체 반응 차수는 얼마인가?

▶ **응용문제 14.4** 다음 반응에서 각 반응물의 차수는 농도를 변화시키면서 속도 변화를 측정하는 방법으로 결정되었다.

$$2\,NO(g) + Cl_2(g) \longrightarrow 2\,NOCl(g)$$

Cl_2의 농도가 일정하게 유지되는 동안에 NO의 농도가 2배로 되었을 때, 속도는 2배 증가하였다. 다른 실험에서 NO의 농도가 일정하게 유지되는 동안에 Cl_2의 농도가 반이 되었을 때, 속도는 4배 감소하였다.

각 반응물의 반응 차수는 얼마인가? 전체 반응 차수는 얼마인가?

14.3 초기 속도 방법: 속도 법칙의 실험적 결정

속도 법칙의 지수 값을 결정하는 한 가지 방법은 **초기 속도 방법**(method of initial rate)이다. 이것은 반응의 초기 속도를 여러 가지 다른 초기 농도의 함수로 일련의 실험을 수행하는 것이다. 예를 들어, 공기 중에서 산화 질소의 산화를 살펴보자. 이것은 산성비의 생성에 기여하는 반응 중 하나이다.

$$2\,NO(g) + O_2(g) \longrightarrow 2\,NO_2(g)$$

표 14.3에 몇 가지 초기 속도 자료가 수집되어 있다.

표 14.3 $2\,NO(g) + O_2(g) \longrightarrow 2\,NO_2(g)$ 반응의 초기 농도와 속도 자료

실험	초기 [NO]	초기 $[O_2]$	초기 반응 속도(M/s)
1	0.015	0.015	0.024
2	0.030	0.015	0.096
3	0.015	0.030	0.048
4	0.030	0.030	0.192

단일 반응물의 초기 농도가 변할 때 일어나는 초기 속도 변화를 조사하기 위해 실험의 짝이 설계된다는 것을 주목하라. 예를 들어, 처음 두 실험에서 O_2의 농도가 일정하게 유지되는 동안에 NO의 농도가 0.015 M에서 0.030 M로 2배가 된다. 초기 속도는 0.024 M/s에서 0.096 M/s로 4배 증가한다. 이것은 속도가 NO 농도의 제곱($[NO]^2$)에 의존하는 것을 나타낸다. [NO]는 일정하게 유지되고 $[O_2]$는 2배가 될 때(실험 1과 3), 초기 속도는 0.024 M/s에서 0.048 M/s로 2배가 된다. 이것은 속도가 O_2 농도의 1제곱($[O_2]^1$)에 의존하는 것을 나타낸다. 그러므로 반응에 대한 속도 법칙은 다음과 같다.

$$\text{속도} = k[NO]^2[O_2]$$

NO에 대해 2차, O_2에 대해 1차이고 전체 3차인 이 속도 법칙에 따르면, NO와 O_2의 농도가 둘 다 2배가 될 때(실험 1과 4), 초기 속도는 8배로 증가한다.

앞의 방법은 반응의 나중 단계의 속도보다 초기 속도를 사용하였다. 그 이유는 화학 반응이 가역적이므로 역반응(반응물 ← 생성물)으로부터 오는 복잡함을 피하기 위해서이다. 생성물의 농도가 커질수록 역반응의 속도가 증가하며, 측정되는 속도는 반응물과 생성물 모두의 농도에 의해 영향을 받는다. 그러나 반응의 초기에 생성물의 농도는 0이므로 생성물은 측정되는 속도에 영향을 줄 수가 없다. 우리가 초기 속도를 측정할 때는 정반응의 속도만을 측정하는 것이다. 따라서 반응물(그리고 촉매, 14.9절 참조)만 속도 법칙에 나타날 수 있다.

지금까지 살펴보았듯이, 속도 법칙을 결정하는 한 단계는 반응 차수를 정하는 것이다. 또 다른 단계는 속도 상수(k)의 값을 결정하는 것이다. 각 반응은 온도에만 의존하고 농도에는 상관없는 특정한 속도 상수 값을 가진다. 다음 반응의 k를 결정하기 위해,

$$2\,NO(g) + O_2(g) \longrightarrow 2\,NO_2(g)$$

표 14.3에 있는 어느 실험 자료라도 이용할 수 있다. k에 대해 속도 법칙을 풀고, 첫 번째 실험으로부터 초기 속도와 농도를 대입하면, 다음 값을 얻는다.

$$k = \frac{\text{속도}}{[NO]^2[O_2]} = \frac{0.024\ \text{M/s}}{(0.015\ \text{M})^2(0.015\ \text{M})} = 7.1 \times 10^3/(\text{M}^2 \cdot \text{s})$$

실험 2~4의 계산을 반복해 보고, 오차 범위 내에서 동일한 k값을 얻는다는 것을 보이라. 이 예에서 k의 단위는 $1/(\text{M}^2 \cdot \text{s})$이며 '몰 제곱 초 분의 일'로 읽는다. k의 단위는 전체 반응 차수에 의존하며, k의 식에서 단위가 소거됨을 발견할 수 있다. 예를 들어, 일반적인 2차 반응, 속도 $= k[A][B]$에서 다음과 같이 k의 단위를 결정할 수 있다.

$$k = \frac{\text{속도}}{[A][B]} = \frac{\cancel{\text{M}}/\text{s}}{(\cancel{\text{M}})(\text{M})} = 1/(\text{M} \cdot \text{s}) \text{ or } \text{M}^{-1}\,\text{s}^{-1}$$

몇 가지 일반적인 경우의 단위는 다음과 같다.

속도 법칙	전체 반응 차수	k의 단위
속도 $= k$	0차	M/s 또는 M s^{-1}
속도 $= k[A]$	1차	1/s 또는 s^{-1}
속도 $= k[A][B]$	2차	1/(M·s) 또는 $M^{-1}\,s^{-1}$
속도 $= k[A][B]^2$	3차	1/(M^2·s) 또는 $M^{-2}\,s^{-1}$

반응 속도와 속도 상수를 혼동하지 않도록 주의하라. 속도는 농도에 의존하는 반면, 속도 상수는 농도에 의존하지 않고 주어진 온도에서 어떤 값을 가진다. 속도는 대개 M/s의 단위로 표현되는 반면, 속도 상수의 단위는 전제 반응 차수에 의존한다.

예제 14.3은 속도 법칙이 초기 속도로부터 어떻게 결정될 수 있는지에 대한 또 다른 사례를 보여 준다.

예제 14.3

초기 속도로부터 속도 법칙의 결정

반응의 초기 속도 자료가 표에 나열되어 있다.

$$2\,NO(g) + 2\,H_2(g) \longrightarrow N_2(g) + 2\,H_2O(g)$$

950 °C에서 초기 속도 자료는 다음과 같다.

실험	초기 [NO]	초기 $[H_2]$	초기 반응 속도(M/s)
1	0.200	0.122	0.0313
2	0.400	0.122	0.1250
3	0.200	0.244	0.0625

(a) 속도 법칙은 무엇인가?

(b) 속도 상수의 값과 단위는 무엇인가?

(c) 초기 농도가 [NO] = 0.300 M, $[H_2]$ = 0.150 M일 때, N_2의 초기 생성 속도는 얼마인가?

전략

(a) 반응의 속도 법칙은 다음과 같이 쓸 수 있다.

$$\text{속도} = k[NO]^m[H_2]^n$$

여기서 m은 NO의 반응 차수이고 n은 H_2의 반응 차수이다. 지수 m의 값을 구하기 위해, NO의 농도 변화(H_2의 농도가 일정하게 유지될 때)에 따른 초기 속도 변화를 비교한다. 지수 n의 값을 구하기 위해 H_2의 농도 변화(NO의 농도가 일정하게 유지될 때)에 따른 초기 속도 변화를 비교한다.

(b) 속도 상수 k의 값을 구하기 위해, k에 대한 속도 법칙을 푼다. 그다음에 세 실험 중 어느 하나의 자료를 대입한다.

(c) N_2의 초기 생성 속도를 계산하기 위해, 속도 법칙에 (b)에서 구한 속도 상수와 주어진 NO의 농도(0.300 M) 및 H_2의 농도(0.150 M)를 대입한다.

풀이

(a) **m의 결정.** 실험 1과 2의 비교는 NO의 농도가 2배로 될 때 초기 속도는 4배 증가되는 것을 보여 준다.

$$\frac{[NO]_2}{[NO]_1} = \frac{0.400\text{ M}}{0.200\text{ M}} = 2.00 \quad \frac{(\text{속도})_2}{(\text{속도})_1} = \frac{0.1250\text{ M/s}}{0.0313\text{ M/s}} = 4.0$$

초기 속도는 $[NO]^2$에 비례하고 m = 2이다.

이 문제에 접근하는 더 공식적인 방법은, 각 실험에 대해 속도 법칙을 쓰는 것이다.

$$(\text{속도})_1 = k[NO]^m[H_2]^n = k(0.200\text{ M})^m(0.122\text{ M})^n$$
$$(\text{속도})_2 = k[NO]^m[H_2]^n = k(0.400\text{ M})^m(0.122\text{ M})^n$$

첫 번째 식으로 두 번째 식을 나누면, 다음을 얻는다.

$$\frac{(\text{속도})_2}{(\text{속도})_1} = \frac{\cancel{k}(0.400\text{ M})^m\cancel{(0.122\text{ M})^n}}{\cancel{k}(0.200\text{ M})^m\cancel{(0.122\text{ M})^n}} = \left(\frac{0.400\text{ M}}{0.200\text{ M}}\right)^m = (2.0)^m$$

식의 오른쪽은 실험적인 속도의 비와 같다.

$$(2.0)^m = \frac{(0.1250\text{ M/s})}{(0.0313\text{ M/s})} = 4.0$$

$(2.0)^m = 4.0$ 식을 푸는 것은 비교적 간단하다. $(2.0)^2 = 4.0$이므로 $m = 2$이다. 지수 값을 쉽게 구할 수 없다면, 양변에 로그를 취하고 $\log x^m = m \log x$ (로그의 대한 복습은 부록 A.2 참조) 관계를 적용한다면, m에 대해 풀 수 있다.

$$\log(2.0)^m = \log 4.0$$
$$m \log 2.0 = \log 4.0$$
$$m = \frac{\log 4.0}{\log 2.0} = 2$$

m = 2이므로 반응은 NO에 대해 2차이다.

n의 결정. 실험 1과 3의 비교는 H_2의 농도가 2배로 될 때 초

기 속도는 2배 증가되는 것을 보여 준다.

$$\frac{[H_2]_3}{[H_2]_1} = \frac{0.244\ M}{0.122\ M} = 2.00 \quad \frac{(속도)_3}{(속도)_1} = \frac{0.0625\ M/s}{0.0313\ M/s} = 2.00$$

초기 속도는 $[H_2]$에 비례하고 $n = 1$이다. 공식적인 방법은 또한 실험 1과 3에 적용될 수 있으며, $n = 1$의 값을 준다. 그러므로 N_2 생성의 속도 법칙은 다음과 같다.

$$속도 = k[NO]^2[H_2]$$

속도 법칙은 NO에 대해 2차, H_2에 대해 1차이고, 전체 3차이다.

(b) k에 대해 속도 법칙을 풀고 첫 번째 실험의 자료를 대입하면, 다음 값을 얻는다.

$$k = \frac{속도}{[NO]^2[H_2]} = \frac{0.0313\ M/s}{(0.200\ M)^2(0.122\ M)} = 6.41/(M^2 \cdot s)$$

(c) 속도 법칙에 NO의 초기 농도(0.300 M)와 H_2의 초기 농도(0.150 M) 및 (b)의 속도 상수(k) $6.41/(M^2 \cdot s)$를 대입하면 다음과 같다.

$$속도 = \frac{\Delta[N_2]}{\Delta t} = k[NO]^2[H_2]$$

$$= \left(\frac{6.41}{M^2 \cdot s}\right)(0.300\ M)^2(0.150\ M) = 0.0865\ M/s$$

점검

(a) 속도 상수의 단위를 점검하는 것이 좋다. k의 단위, $1/(M^2 \cdot s)$는 3차 반응의 예상되는 단위이다.

(b) 초기 농도값은 실험 1과 2에 사용된 값 사이에 있다. 그러므로 속도는 실험 1과 2의 속도 사이에 있어야만 한다.

▶ **연습문제 14.5** 다음 표에 나열된 초기 속도는 엔진의 배기가스에서 일어나는, 이산화 질소와 일산화 탄소 사이의 반응에 대해 측정되었다.

$$NO_2(g) + CO(g) \longrightarrow NO(g) + CO_2(g)$$

실험	초기 $[NO_2]$	초기 [CO]	초기 반응 속도(M/s)
1	0.100	0.100	5.00×10^{-3}
2	0.150	0.100	1.13×10^{-2}
3	0.200	0.200	2.00×10^{-2}

(a) 속도 법칙은 무엇인가?

(b) 속도 상수값과 그것의 단위는 무엇인가?

▶ **응용문제 14.6** 다음 표에 나열된 초기 속도는 아래 반응에 대해 메탄올 용액에서 측정되었다.

$$C_2H_4Br_2 + 3\ I^- \longrightarrow C_2H_4 + 2\ Br^- + I_3^-$$

실험	초기 $[C_2H_4Br_2]$	초기 $[I^-]$	초기 반응 속도(M/s)
1	0.127	0.102	6.45×10^{-5}
2	0.343	0.102	1.74×10^{-4}
3	0.203	0.125	1.26×10^{-4}

(a) 속도 법칙은 무엇인가?

(b) 속도 상수값과 그것의 단위는 무엇인가?

(c) 반응물의 농도가 둘 다 0.150 M일 때, I_3^-의 초기 생성 속도는 얼마인가?

(d) 반응물의 농도가 둘 다 0.150 M일 때, I^-의 초기 소멸 속도는 얼마인가?

개념 예제 14.4

초기 속도 방법의 이용

용기 (1)~(4)에서 A + 2 B → 생성물 반응의 상대 속도는 1:2:2:4이다. 빨간색 구는 A 분자의 초기 개수를 나타내고, 파란색 구는 B 분자를 나타낸다.

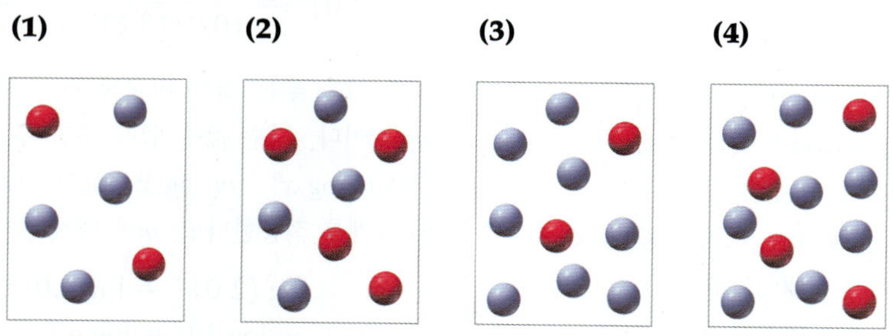

(a) A와 B에 대한 반응 차수는 얼마인가? 전체 반응 차수는 얼마인가?

(b) 속도 법칙을 쓰시오.

전략

(a) 반응 차수를 구하기 위해 초기 속도 방법을 적용한다. 용기 (1)~(4)에 있는 A와 B 분자의 개수를 세고, 각 종류의 분자의 상대 개수를 가지고 상대 속도를 비교한다. 4개의 용기가 모

두 같은 부피를 가진다고 가정하면, 농도는 분자의 개수에 비례한다.

(b) 속도 법칙은 속도 = $k[A]^m[B]^n$로 쓸 수 있고, 지수 m과 n은 각각 A와 B의 반응 차수이다.

풀이

(a) 다른 반응물의 농도가 일정하게 유지되는 동안 한 반응물의 농도가 변하는 용기의 짝을 비교한다. B의 농도가 일정하게 유지되는 동안, 용기 (2)에서 A 분자의 농도는 용기 (1)의 2배이다. 용기 (2)의 반응 속도가 용기 (1)의 2배이기 때문에 속도는 [A]에 비례한다. 그러므로 반응은 A에 대해 1차이다. A의 농도가 일정하게 유지되는 동안, B의 농도가 2배로 될 때(용기 (1)과 (3)를 비교) 속도는 2배가 된다. 따라서 반응은 B에 대해 1차이다. A와 B의 농도가 둘 다 2배로 될 때(용기 (1)과 (4)를 비교) 속도는 4배로 증가된다. 이것은 A에 대해 1차이고 B에 대해 1차인 반응과 일치한다. 전체 반응 차수는 A와 B의 차수의 합, 즉 $1+1=2$이다.

(b) 반응이 A에 대해 1차, B에 대해 1차이기 때문에 속도 법칙은 속도 = $k[A][B]$이다. 속도 법칙에서 지수는 균형 화학 반응식($A + 2\ B \rightarrow$ 생성물)의 계수와 다르다.

개념 연습문제 14.7 용기 (1)~(4)에서 A + B → 생성물 반응의 상대 속도는 1:1:4:4이다. 빨간색 구는 A 분자를 나타내고, 파란색 구는 B 분자를 나타낸다.

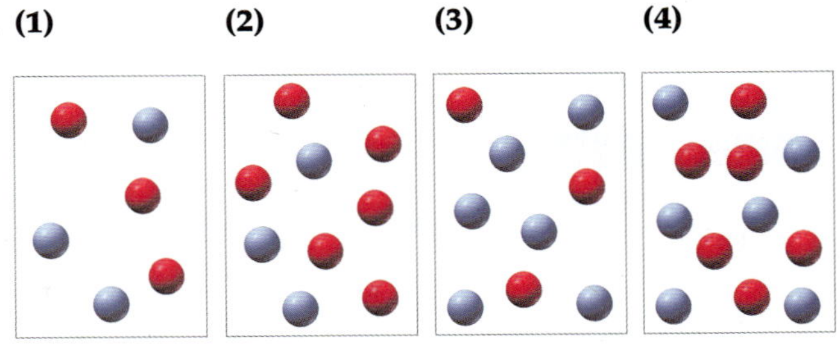

(a) A와 B의 반응 차수는 얼마인가? 전체 반응 차수는 얼마인가?

(b) 속도 법칙은 무엇인가?

개념 응용문제 14.8 A + B → C 반응의 속도 법칙은 속도 = $k[A]^2[B]$이다. 용기 1에서 초기 반응 속도는 0.01 M/s이다. 빨간색 구는 A 분자를 나타내고, 파란색 구는 B 분자를 나타낸다. 용기 2와 3에서 초기 반응 속도는 얼마인가?

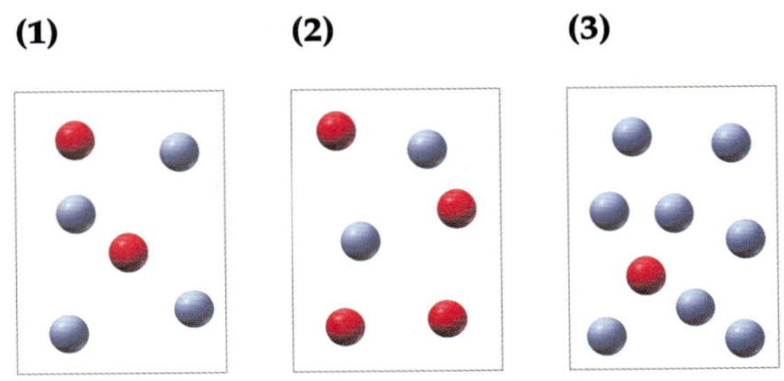

14.4 적분 속도 법칙: 1차 반응

지금까지는 반응 속도가 반응물의 농도에 어떻게 의존하는지를 말해 주는 식인 속도 법칙에 초점을 맞추었다. 그러나 우리는 또한 반응물과 생성물의 농도가 시간에 따라 어떻게 변하는지에 관심이 있다. 예를 들어, 약이 몸에서 반응하는 속도를 아는 것은 중요하지만, 주어진 시간(12시간) 후에 얼마나 많이 남아 있을 것인가와 농도가 주어진 양(가령 25%)까지 변하는 데 시간이 얼마나 걸릴 것인가를 알기 원한다. 1차와 2차 반응에 대한 속도 법칙은 **적분 속도 법칙(integrated rate law)**이라고 하는 다른 형태로 변환하기 위해 미적분을 이용하여 적분될 수 있다. 적분 속도 법칙은 어떤 시간 t에 남아 있는 반응물의 농도를 계산할 수 있게 하는 **농도-시간 식**이다. 그것은 또한 반응물의 초기 농도가 어떤 값 또는 초기 농도의 어떤 비율까지 떨어지는 데 필요한 시간을 계산하기 위해 이용될 수 있다.

1차 반응(first-order reaction)이란 속도가 단일 반응물 농도의 1제곱에 의존하는 반응이다. 일반적인 반응 'A ⟶ 생성물'에 대해 속도 법칙은 다음과 같다.

개념탐구 질문 3
1차 반응 속도는 시간에 따라 어떻게 변하는가?

$$\text{A의 소모 속도} = -\frac{\Delta[A]}{\Delta t} = k[A]$$

[A]가 변하더라도 속도가 변하지 않는 0차 반응과 달리, 1차 반응에서는 [A]가 변할 때 속도는 변하고 [A]가 감소함에 따라 속도는 감소한다. 1차 속도 법칙을 적분하기 위해 미적분을 이용하면, 다음의 식을 얻는다.

▶ 그림 14.5
1차 반응의 도시

▶ 확인하기

1차 반응의 속도 상수(k)는 어떻게 결정되는가?

답 [A] 대 시간의 도시에서 기울기는 $-k$이다.

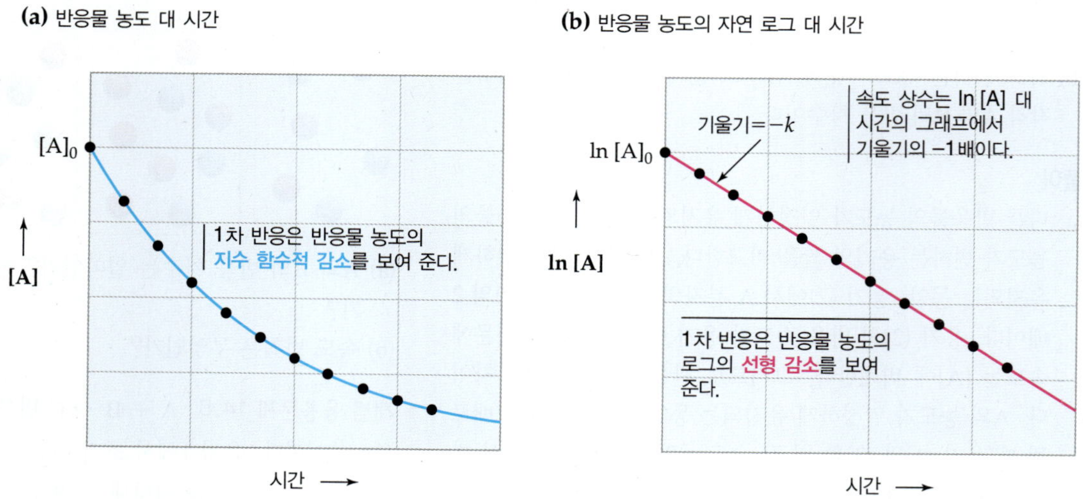

1차 반응의 적분 속도 법칙 $\ln \dfrac{[A]_t}{[A]_0} = -kt$

이 식에서 ln은 자연 로그를 나타낸다. $[A]_0$는 임의로 $t = 0$으로 간주하는 어떤 초기 시간에서 A의 농도이고, $[A]_t$는 그 후에 어떤 시간 t에서 A의 농도이다(로그에 대한 복습은 부록 A.2 참조). $[A]_t/[A]_0$의 비는 시간 t에서 남아 있는 A의 분율이다. $\ln([A]_t/[A]_0) = \ln [A]_t - \ln [A]_0$이므로, 적분 속도 법칙을 다음과 같이 다시 쓸 수 있다.

$$\ln [A]_t = -kt + \ln [A]_0$$

이 식은 직선의 방정식인 $y = mx + b$ 형태이다. 따라서 $\ln [A]_t$는 시간의 일차 함수이다.

$$\underset{y}{\underset{\uparrow}{\ln [A]_t}} = \underset{m\,x}{\underset{\uparrow\uparrow}{(-k)t}} + \underset{b}{\underset{\uparrow}{\ln [A]_0}}$$

그러므로 ln [A] 대 시간의 그래프는 기울기 $m = -k$와 절편 $b = \ln [A]_0$를 가지는 직선이다(그림 14.5b). 속도 상수의 값은 간단히 직선의 기울기의 음(−)의 값과 같다.

$$k = -(\text{기울기})$$

예제 14.6에서 설명되는, 속도 상수를 결정하는 이 그래프 방법은 예제 14.3에서 사용된 초기 속도 방법의 다른 대안이다. 그러나 반응이 A에 대해 1차일 때만 ln [A] 대 시간의 그래프는 직선이 된다. 실제로 반응이 1차인지를 확인하는 가장 좋은 방법은 이런 그래프의 모양을 조사하는 것이다.

예제 14.5

1차 반응의 적분 속도 법칙 이용

묽은 수산화 소듐 용액에서 과산화 수소의 분해는 다음 식으로 표현된다.

$$H_2O_2(aq) \longrightarrow H_2O(l) + 1/2\ O_2(g)$$

반응은 H_2O_2에 대해 1차이고, 20 °C에서 H_2O_2 소모에 대한 속도 상수는 $1.8 \times 10^{-5}\ s^{-1}$이며, H_2O_2의 초기 농도는 0.30 M이다.
(a) 4.00 h 후 H_2O_2의 농도는 얼마인가?
(b) H_2O_2의 농도가 0.12 M로 떨어지는 데 시간이 얼마나 걸리는가?
(c) H_2O_2의 90%가 분해되는 데 시간이 얼마나 걸리는가?

문제 파악

알고 있는 것	알아내야 할 것
(a) $k = 1.8 \times 10^{-5}\ s^{-1}$, $[H_2O_2]_0 = 0.030$ M, $t = 4.00$ h	$[H_2O_2]_t$
(b) $k = 1.8 \times 10^{-5}\ s^{-1}$, $[H_2O_2]_0 = 0.030$ M, $[H_2O_2]_t = 0.12$ M	시간(t)
(c) $k = 1.8 \times 10^{-5}\ s^{-1}$, 90% 분해	시간(t)

전략

이 반응은 1차 속도 법칙 $-\Delta[H_2O_2]/\Delta t = k[H_2O_2]$을 가지기 때문에, 1차 반응의 적분 속도 법칙을 이용할 수 있다.

$$\ln \frac{[H_2O_2]_t}{[H_2O_2]_0} = -kt$$

각 부분의 알고 있는 값을 1차 속도 법칙에 대입하여 알아내야 할 것에 대해 푼다.

풀이

(a) k의 단위가 s^{-1}이므로 먼저 시간을 h에서 s로 변환해야 한다.

$$t = (4.00\ \text{h})\left(\frac{60\ \text{min}}{\text{h}}\right)\left(\frac{60\ \text{s}}{\text{min}}\right) = 1.44 \times 10^4\ \text{s}$$

그 다음, 1차 적분 속도 법칙 식에 $[H_2O_2]_0$, k, t 값을 대입한다.

$$\ln \frac{[H_2O_2]_t}{0.30\ \text{M}} = -(1.8 \times 10^{-5}\ s^{-1})\ (1.44 \times 10^4\ s) = -0.259$$

양변에 역로그를 취하면 다음 식을 얻는다.

$$\frac{[H_2O_2]_t}{0.30\ \text{M}} = e^{-0.259} = 0.772$$

여기서 수 $e = 2.718\ 28 \cdots$는 자연 로그의 밑이다(부록 A.2 참조). 그러므로

$$[H_2O_2]_t = (0.772)(0.30\ \text{M}) = 0.23\ \text{M}$$

(b) 먼저, 시간에 대한 적분 속도 법칙을 푼다.

$$t = -\frac{1}{k} \ln \frac{[H_2O_2]_t}{[H_2O_2]_0}$$

그 다음, 농도와 k값을 대입하여 시간을 계산한다.

$$t = -\left(\frac{1}{1.8 \times 10^{-5}\ s^{-1}}\right)\left(\ln \frac{0.12\ \text{M}}{0.30\ \text{M}}\right)$$
$$= -\left(\frac{1}{1.8 \times 10^{-5}\ s^{-1}}\right)(-0.916) = 5.1 \times 10^4\ \text{s}$$

따라서 H_2O_2의 농도는 5.1×10^4 s, 즉 14 h의 시간에서 0.12 M에 도달한다.

(c) H_2O_2의 90%가 분해되면 10%가 남는다. 그러므로

$$\frac{[H_2O_2]_t}{[H_2O_2]_0} = \frac{(0.10)[H_2O_2]_0}{[H_2O_2]_0} = 0.10$$

90% 분해에 필요한 시간은

$$t = -\left(\frac{1}{1.8 \times 10^{-5}\ s^{-1}}\right)(\ln 0.10)$$
$$= -\left(\frac{1}{1.8 \times 10^{-5}\ s^{-1}}\right)(-2.30) = 1.3 \times 10^5\ \text{s} = 36\ \text{h}$$

점검

(a) 4 h 후에 H_2O_2의 농도(0.23 M)는 초기 농도(0.30 M)보다 더 작다. (b) 농도가 0.12 M로 떨어지려면 더 긴 시간(14 h)이 필요하다. (c) 농도가 0.030 M(처음 농도의 10%)로 떨어지려면 더 많은 시간(36 h)이 필요하다.

▶ **연습문제 14.9** 산성 수용액에서 자주색의 착이온 $Co(NH_3)_5Br^{2+}$은 브로민화 이온이 물 분자로 치환되는 느린 반응을 하여, 분홍-주황색의 착이온 $Co(NH_3)_5(H_2O)^{3+}$를 생성한다.

$$\underset{\text{자주색}}{Co(NH_3)_5Br^{2+}(aq)} + H_2O(l) \longrightarrow \underset{\text{분홍-주황색}}{Co(NH_3)_5(H_2O)^{3+}(aq)} + Br^-(aq)$$

반응은 $Co(NH_3)_5Br^{2+}$에 대해 1차이고, 25 °C에서 속도 상수는 $6.3 \times 10^{-6}\ s^{-1}$이며, $Co(NH_3)_5Br^{2+}$의 초기 농도는 0.100 M이다.
(a) 10.0 h 반응 후, $Co(NH_3)_5Br^{2+}$의 몰농도는 얼마인가?
(b) $Co(NH_3)_5Br^{2+}$가 75% 반응하는 데 얼마나 많은 시간이 필요한가?

▶ **응용문제 14.10** 일반적인 1차 반응 'A → 생성물'에서 14.2 h 후에 A가 55.0% 반응하였다. (a) h^{-1} 단위로 속도 상수의 값은 얼마인가? (b) A가 85% 반응하는 데 걸리는 시간은 얼마인가?

예제 14.6

1차 반응의 자료 도시

55 °C에서 기체 N_2O_5 분해의 실험 농도 대 시간의 자료는 표 14.1에 나열되어 있고, 그림 14.1에 도시되어 있다. 이 자료들을 이용하여 N_2O_5 분해가 1차 반응임을 확인하시오. N_2O_5 소모의 속도 상수 값은 얼마인가?

전략

반응이 1차임을 확인하기 위해 ln $[N_2O_5]$ 대 시간의 그래프가 직선으로 나타나는지를 점검한다. 1차 반응의 속도 상수는 직선의 음(−)의 기울기와 같다.

풀이

ln $[N_2O_5]$의 값은 다음 표에 나열되어 있고, 그래프에서는 시간에 대해 도시되어 있다.

시간(s)	$[N_2O_5]$	ln $[N_2O_5]$
0	0.0200	−3.912
100	0.0169	−4.080
200	0.0142	−4.255
300	0.0120	−4.423
400	0.0101	−4.595
500	0.0086	−4.756
600	0.0072	−4.934
700	0.0061	−5.099

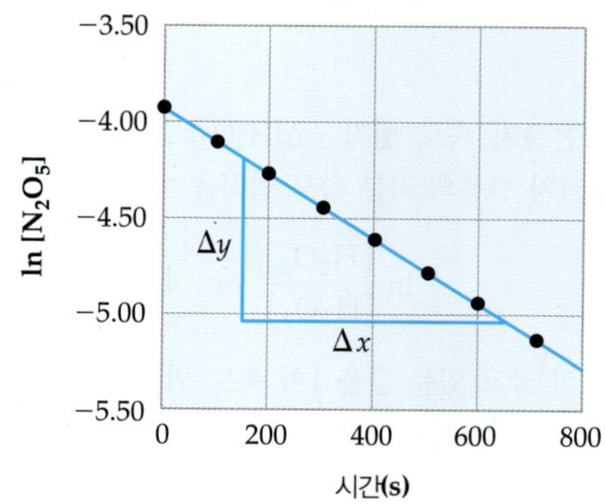

자료의 값이 직선상에 놓여 있기 때문에 반응은 N_2O_5에 대해 1차이다. 직선의 기울기는 직선상에 있는 멀리 떨어진 두 점의 좌표로부터 결정될 수 있고, 속도 상수 k는 기울기로부터 계산될 수 있다.

$$\text{기울기} = \frac{\Delta y}{\Delta x} = \frac{(-5.02) - (-4.17)}{650\ \text{s} - 150\ \text{s}} = \frac{-0.85}{500\ \text{s}} = -1.7 \times 10^{-3}\ \text{s}^{-1}$$

$$k = -(\text{기울기}) = 1.7 \times 10^{-3}\ \text{s}^{-1}$$

기울기는 음(−)이고, k는 양(+)인 것을 주의한다.

연습문제 14.11 높은 온도에서 사이클로프로페인은 폴리프로필렌 플라스틱을 만드는 물질인 프로펜으로 변환된다.

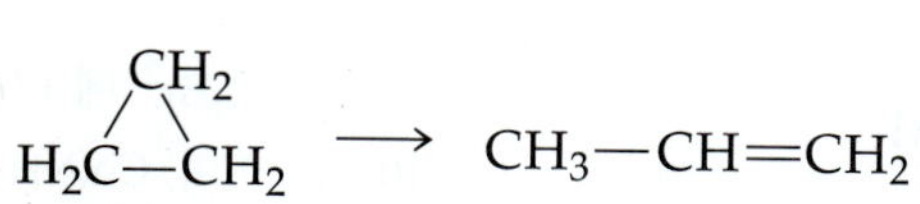

사이클로프로페인 프로펜

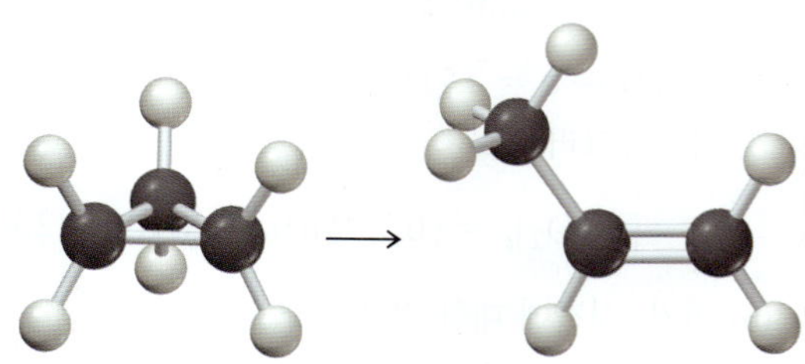

사이클로프로페인 프로펜

주어진 농도 자료로부터 반응이 1차인지를 확인하고, 속도 상수의 값을 계산하시오.

시간(min)	0	5.0	10.0	15.0	20.0
[사이클로프로페인]	0.098	0.080	0.066	0.054	0.044

응용문제 14.12 N_2O_5 기체의 분해가 35 °C에서 연구되었다.

$$N_2O_5(g) \longrightarrow 2\ NO_2(g) + 1/2\ O_2(g)$$

ln $[N_2O_5]$ 대 시간 그래프의 기울기는 $-9.8 \times 10^{-4}\ s^{-1}$이다. 만약 35 °C에서 1.0 L 플라스크에 0.100 mol의 N_2O_5가 더해진다면, 10 min 후 N_2O_5, NO_2, O_2의 농도를 계산하시오.

$t_{1/2}$로 표시되는 반응의 **반감기(half-life)**란 반응물의 농도가 처음 값의 $\frac{1}{2}$로 떨어지는 데 필요한 시간이다. 1차 반응을 생각해 보자.

$$A \longrightarrow \text{생성물}$$

반응의 반감기를 속도 상수와 관련시키기 위해 적분 속도 법칙을 가지고 시작하자.

$$\ln \frac{[A]_t}{[A]_0} = -kt$$

$t = t_{1/2}$일 때, 남아 있는 A의 분율 $[A]_t/[A]_0$은 1/2이다. 그러므로

$$\ln \frac{1}{2} = -kt_{1/2}$$

$$\text{따라서} \quad t_{1/2} = \frac{-\ln \frac{1}{2}}{k} = \frac{\ln 2}{k}$$

$$\text{즉} \quad t_{1/2} = \frac{0.693}{k}$$

그러므로 1차 반응의 반감기는 속도 상수로부터 쉽게 계산될 수 있다. 반대로, 속도 상수는 반감기로부터 쉽게 계산된다.

1차 반응의 반감기는 반응물의 농도가 아니라 속도 상수에만 의존하기 때문에 일정하다. 이 점은 언급할 가치가 있는데, 1차가 아닌 반응은 농도에 의존하는 반감기를 가지기 때문이다. 즉, 1차가 아닌 반응에서는 반응물의 농도가 변할 때 반감기의 시간이 변한다.

1차 반응의 반감기는 일정하기 때문에, 각각의 연속적인 반감기는 반응물의 농도가 2배씩 감소하더라도 동일한 크기의 시간이다(그림 14.6).

예제 14.7

1차 반응의 반감기 결정

높은 온도에서 사이클로프로페인이 프로펜으로 되는 1차 분해 반응의 속도 상수는 $0.0400\ min^{-1}$이다.

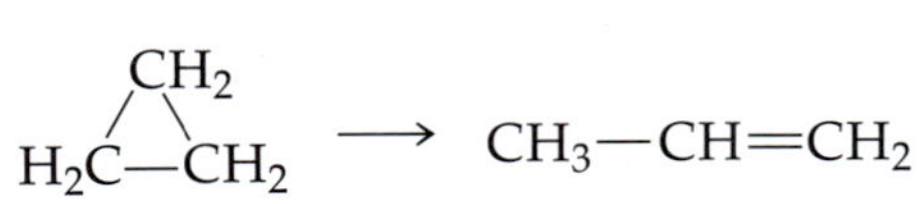

사이클로프로페인 프로펜

(a) 같은 온도에서 사이클로프로페인의 반감기를 계산하시오.

(b) 사이클로프로페인의 농도가 처음 값의 12.5%로 떨어지는 데 걸리는 시간은 얼마인가?

전략

(a) 1차 반응에서 반감기는 식 $t_{1/2} = 0.693/k$로부터 계산될 수 있다.

$$t_{1/2} = \frac{0.693}{0.0400(1/\text{min})} = 17.3\ \text{min}$$

(b) 초기 농도의 12.5%는 초기 농도의 1/8, 즉 $(1/2)^3$에 해당하기 때문에 필요한 시간은 3번의 반감기이다.

$$t = 3t_{1/2} = 3(17.3 \text{ min}) = 51.9 \text{ min}$$

연습문제 14.13 20 °C에서 1.8×10^{-5} s^{-1}의 속도 상수를 가지는 H_2O_2의 1차 분해 반응을 생각해 보자.
이 반응의 반감기(h)는 얼마이고, 4번의 반감기 후에 H_2O_2의 몰농도는 얼마인가? H_2O_2의 초기 농도는 0.30 M이다.

개념 응용문제 14.14 A 분자(빨간색 구)가 B 분자(파란색 구)로 변환되는 1차 반응 ‘A → B’를 생각해 보자.

(a) t = 0 min과 t = 10 min에서 다음의 그림이 주어질 때, 반응의 반감기는 얼마인가?

(b) t = 15 min에서 A와 B 분자의 수를 보여 주는 그림을 그리시오.

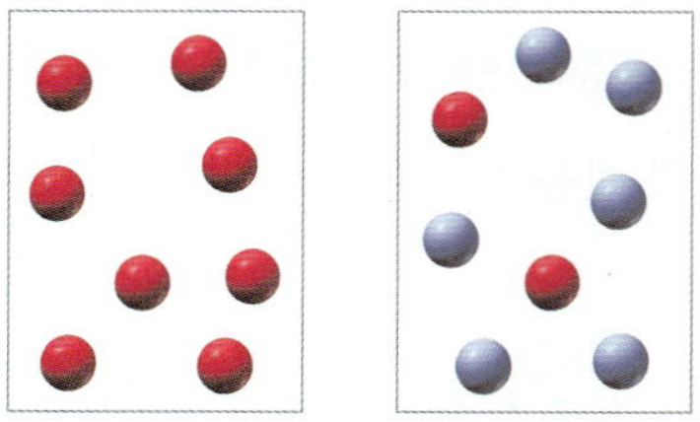

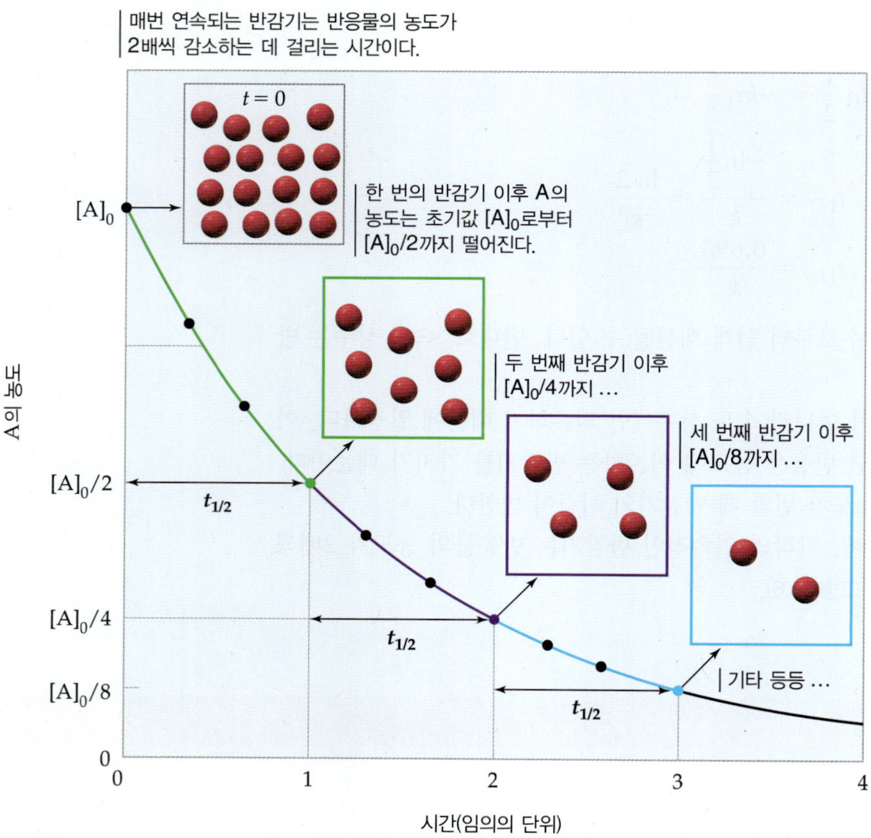

그림 14.6
1차 반응에서 시간의 함수로서 반응물 A의 농도. 각 반감기는 동일한 시간의 크기를 나타낸다.

확인하기
반응물 농도가 처음 값의 1/8로 감소하는 데 반감기가 몇 번 지나는가?
답 세 번의 반감기

14.5 적분 속도 법칙: 2차 반응

2차 반응(second-order reaction)이란 속도가 단일 반응물 농도의 2제곱이거나, 두 가지 다른 반응물 농도의 각각 1제곱에 의존하는 반응이다. 간단한 형태인 ‘A → 생성물’의 속도 법칙은 다음과 같다.

$$\text{A의 소모 속도} = -\frac{\Delta[\text{A}]}{\Delta t} = k[\text{A}]^2$$

한 가지 예로, NO와 O_2를 생성하는 이산화 질소의 열분해가 있다.

$$NO_2(g) \longrightarrow NO(g) + 1/2\ O_2(g)$$

미적분을 이용하여 속도 법칙을 적분 속도 법칙으로 변환하는 것이 가능하다.

$$\frac{1}{[A]_t} = kt + \frac{1}{[A]_0}$$

초기 농도 $[A]_0$를 알고 있다면, 이 적분 속도 법칙으로 어떤 시간 t에서 A의 농도를 계산할 수 있다.

적분 속도 법칙이 $y = mx + b$의 형태를 가지기 때문에, 반응이 2차라면 $1/[A]$ 대 시간의 그래프는 직선이다.

$$\underset{\underset{y}{\uparrow}}{\frac{1}{[A]_t}} = \underset{\underset{mx}{\uparrow\uparrow}}{kt} + \underset{\underset{b}{\uparrow}}{\frac{1}{[A]_0}}$$

직선의 기울기는 속도 상수 k이고, 절편은 $1/[A]_0$이다. 따라서 $1/[A]$ 대 시간의 도시를 함으로써 반응이 2차인지 확인할 수 있고, 속도 상수의 값을 결정할 수 있다(예제 14.8 참조). 또한 적분 속도 법칙에 $[A]_t = [A]_0/2$와 $t = t_{1/2}$을 대입함으로써 2차 반응의 반감기 식을 얻을 수 있다.

$$\frac{1}{\left(\frac{[A]_0}{2}\right)} = kt_{1/2} + \frac{1}{[A]_0}$$

따라서 $$t_{1/2} = \frac{1}{k}\left(\frac{2}{[A]_0} - \frac{1}{[A]_0}\right)$$

즉 $$t_{1/2} = \frac{1}{k[A]_0}$$

1차 반응과 대조적으로 2차 반응에서는 A의 농도가 처음 값의 $\frac{1}{2}$로 떨어지는 데 필요한 시간이 속도 상수와 초기 농도 둘 다에 의존한다. 그러므로 각각의 연속적인 반감기의 시작점에서 $[A]_0$의 값이 2배씩 더 작아지기 때문에 $t_{1/2}$의 값은 반응이 진행됨에 따라 증가한다. 그 결과, 2차 반응의 각 반감기는 바로 이전 반감기의 2배이다(그림 14.7).

표 14.4는 'A → 생성물' 형태의 1차와 2차 반응 사이에 있는 몇 가지 중요한 차이점을 요약한 것이다.

예제 14.8

그래프로 반응 차수 결정

높은 온도에서 이산화 질소는 일산화 질소와 산소 분자로 분해된다.

$$NO_2(g) \longrightarrow NO(g) + 1/2\ O_2(g)$$

300 °C에서 NO_2의 소모에 대한 농도–시간 자료는 다음과 같다.

시간(s)	$[NO_2]$	시간(s)	$[NO_2]$
0	8.00×10^{-3}	200	4.29×10^{-3}
50	6.58×10^{-3}	300	3.48×10^{-3}
100	5.59×10^{-3}	400	2.93×10^{-3}
150	4.85×10^{-3}	500	2.53×10^{-3}

(a) 반응 차수는 얼마인가?
(b) NO_2 분해 반응의 속도 상수 값은 얼마인가?
(c) $t = 20.0$ min에서 NO_2의 농도는 얼마인가?
(d) NO_2의 초기 농도가 6.00×10^{-3} M일 때, 반응의 반감기는 얼마인가?
(e) $[NO_2]_0 = 3.00 \times 10^{-3}$ M일 때, $t_{1/2}$는 얼마인가?

전략

반응 차수를 결정하기 위해 ln $[NO_2]$와 $1/[NO_2]$의 값을 계산한다. 그 다음, 시간에 대한 $[NO_2]$, ln $[NO_2]$, $1/[NO_2]$의 그래프를 그린다. 속도 상수는 직선 그래프의 기울기로부터 구할 수 있고, 농도와 반감기는 표 14.4에 있는 적당한 식으로부터 계산할 수 있다.

풀이

시간(s)	$[NO_2]$	ln $[NO_2]$	$1/[NO_2]$
0	8.00×10^{-3}	−4.828	125
50	6.58×10^{-3}	−5.024	152
100	5.59×10^{-3}	−5.187	179
150	4.85×10^{-3}	−5.329	206
200	4.29×10^{-3}	−5.451	233
300	3.48×10^{-3}	−5.661	287
400	2.93×10^{-3}	−5.833	341
500	2.53×10^{-3}	−5.980	395

(a) $[NO_2]$ 대 시간과 ln $[NO_2]$ 대 시간의 그래프는 곡선이나, $1/[NO_2]$ 대 시간의 그래프는 직선이다. 그러므로 반응은 NO_2에 대해 2차이다.

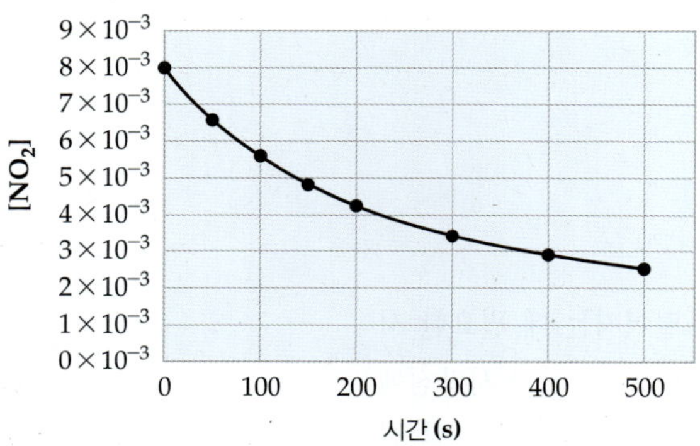

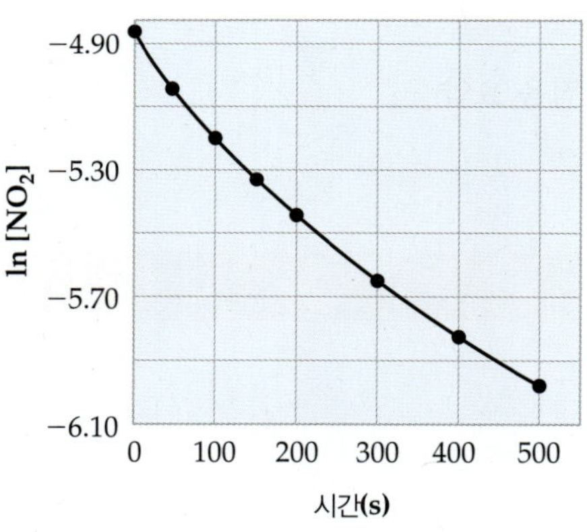

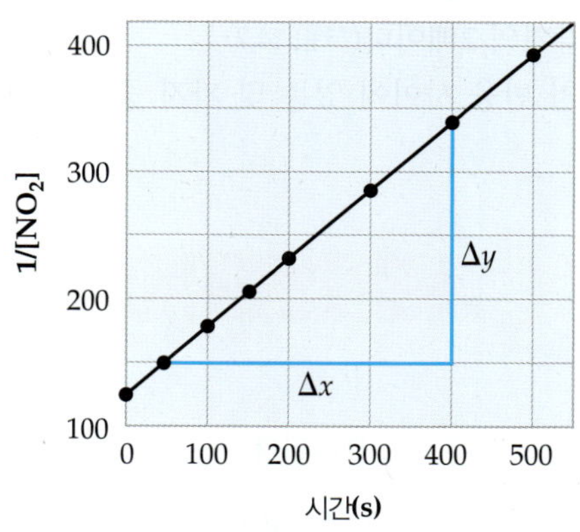

(b) 속도 상수는 $1/[NO_2]$ 대 시간의 그래프에서 직선의 기울기와 같다. 이것을 직선 위에 멀리 떨어진 두 점의 좌표로부터 계산할 수 있다.

$$k = \text{기울기} = \frac{\Delta y}{\Delta x} = \frac{340\ \text{M}^{-1} - 150\ \text{M}^{-1}}{400\ \text{s} - 50\ \text{s}}$$

$$= \frac{190\ \text{M}^{-1}}{350\ \text{s}} = 0.54/(\text{M}\cdot\text{s})$$

(c) $t = 20.0$ min$(1.20 \times 10^3$ s)에서 NO_2의 농도는 적분 속도 법칙을 이용하여 계산할 수 있다.

$$\frac{1}{[NO_2]_t} = kt + \frac{1}{[NO_2]_0}$$

k, t, $[NO_2]_0$의 값을 대입하면 다음 식을 얻는다.

$$\frac{1}{[NO_2]_t} = \left(\frac{0.54}{\text{M}\cdot\text{s}}\right)(1.20 \times 10^3\ \text{s}) + \frac{1}{8.00 \times 10^{-3}\ \text{M}} = \frac{773}{\text{M}}$$

$$[NO_2]_t = 1.3 \times 10^{-3}\ \text{M}$$

(d) NO_2의 초기 농도가 6.00×10^{-3} M일 때, 이 2차 반응의 반감기는 속도 상수와 초기 농도로부터 계산할 수 있다.

$$t_{1/2} = \frac{1}{k[NO_2]_0} = \frac{1}{\left(\frac{0.54}{\text{M}\cdot\text{s}}\right)(6.00 \times 10^{-3}\ \text{M})} = 3.1 \times 10^2\ \text{s}$$

(e) $[NO_2]_0$가 3.00×10^{-3} M일 때, $t_{1/2} = 6.2 \times 10^2$ s이다. ($[NO_2]_0$가 2배 더 작아졌기 때문에, 반감기는 $[NO_2]_0$가 6.00×10^{-3} M일 때의 2배로 길어진다).

▶ **연습문제 14.15** 410 °C에서 아이오딘화 수소 기체는 다음과 같이 분해된다.

$$2\ \text{HI}(g) \longrightarrow \text{H}_2(g) + \text{I}_2(g)$$

다음 자료는 이 분해 번응을 나타낸 것이다.

시간(min)	0	20	40	60	80
[HI]	0.500	0.382	0.310	0.260	0.224

(a) 반응 차수는 얼마이며, HI 분해의 속도 상수 값은 얼마인가?

(b) HI의 농도가 0.100 M에 도달할 때까지 걸리는 시간(min)은 얼마인가?

▶ **응용문제 14.16** 빨간색 염료 분자는 자외선에 노출되었을 때 반응식과 같이 무색의 생성물로 분해된다.

$$\underset{(\text{빨간색})}{\text{염료}} \longrightarrow \underset{(\text{무색})}{\text{생성물}}$$

염료 용액을 준비하여 그것의 흡광도를 시간의 함수로 측정하였다. 염료의 흡광도는 직접적으로 용액의 농도에 비례한다. 다음 자료를 이용하여, 이 반응의 반응 차수와 반감기를 구하시오.

시간(s)	흡광도	시간(s)	흡광도
0	0.5000	40	0.1460
10	0.3680	60	0.0793
20	0.2710	80	0.0429
30	0.1990	100	0.0232

◀ 그림 14.7
2차 반응에서 시간 함수로서의 반응물 A의 농도

▶ 확인하기

2차 반응에서 반응이 진행됨에 따라 반감기는 어떻게 변하는가?

답 반응이 진행됨에 따라 각 반감기의 시간은 증가한다.

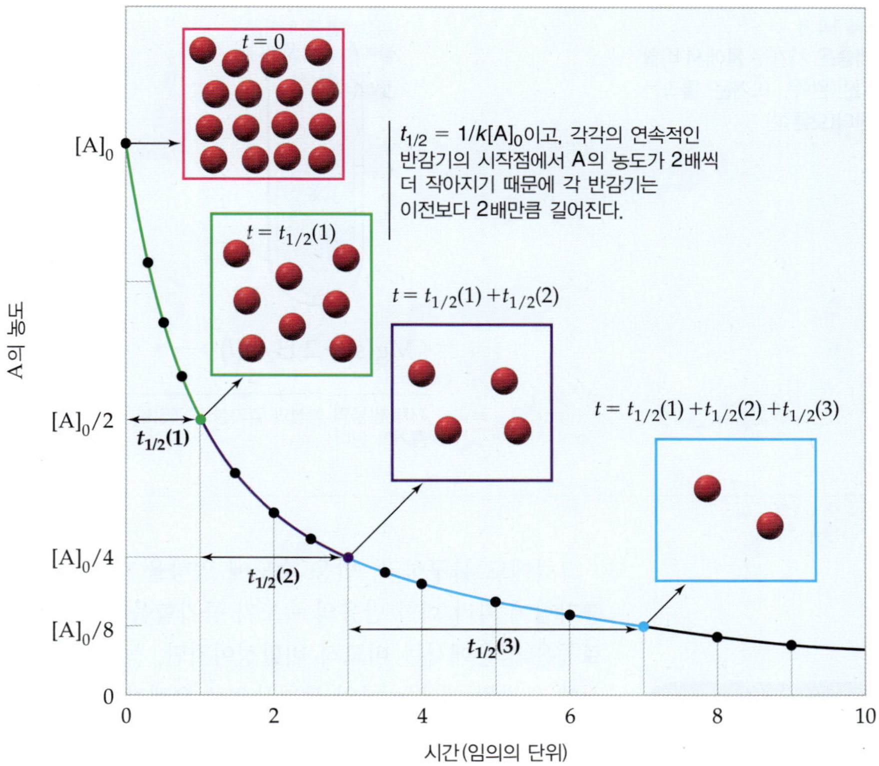

표 14.4 'A → 생성물' 형태 1차와 2차 반응의 특징

	1차	2차
속도 법칙	$-\dfrac{\Delta[A]}{\Delta t} = k[A]$	$-\dfrac{\Delta[A]}{\Delta t} = k[A]^2$
적분 속도 법칙	$\ln [A]_t = -kt + \ln [A]_0$	$\dfrac{1}{[A]_t} = kt + \dfrac{1}{[A]_0}$
직선 그래프	$\ln [A]$ 대 t	$\dfrac{1}{[A]}$ 대 t
	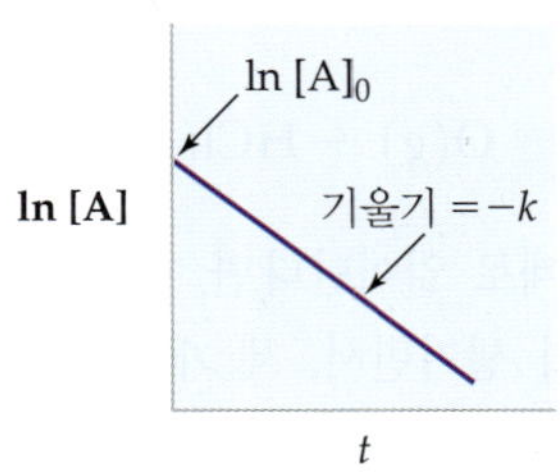	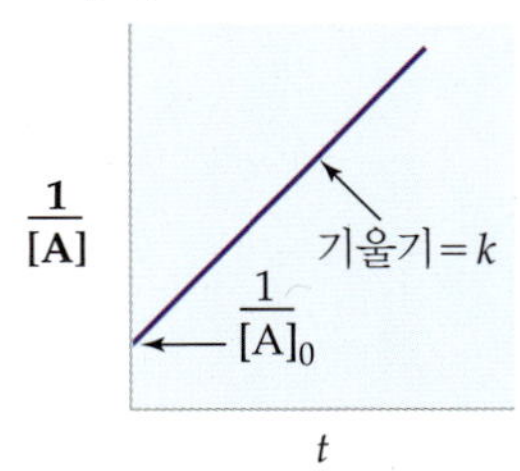
그래프에 의한 k의 결정	$k = -$(기울기)	$k =$ 기울기
반감기	$t_{1/2} = \dfrac{0.693}{k}$ (일정)	$t_{1/2} = \dfrac{1}{k[A]_0}$ (일정하지 않음)

14.6 반응 속도와 온도: 아레니우스 식

이제까지 우리의 논의는 반응 속도의 실험적인 측면에 초점을 맞추었다. 반응 속도가 반응물의 농도와 속도 상수의 값 둘 다에 의존한다는 것을 우리는 알고 있다.

▶ **그림 14.8**
마그네슘은 차가운 물에서 비활성이지만(왼쪽), 뜨거운 물과는 반응한다(오른쪽).

$$Mg(s) + 2\,H_2O(l) \longrightarrow Mg^{2+}(aq) + 2\,OH^-(aq) + H_2(g)$$

기체 방울의 형성과 염기성 용액임을 나타내는 페놀프탈레인의 분홍색은 반응의 증거가 된다.

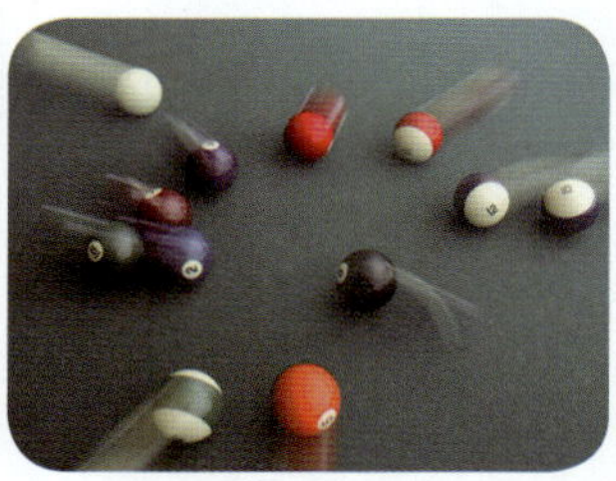

▲ 화학 반응은 원자와 분자 사이의 강력한 충돌의 결과로 일어난다.

그럼에도 불구하고, 반응 속도에 영향을 미치는 또 다른 요인은 온도이다. 우리는 온도가 증가함에 따라 화학 반응의 속도가 증가함을 매일 경험한다. 가스, 석유, 석탄 같이 친숙한 연료들은 상온에서는 비교적 비활성이지만, 높은 온도에서는 빠르게 연소한다. 음식물은 냉동실에 보관될 때에는 거의 무기한으로 오래가지만, 상온에서는 금방 부패한다. 마그네슘 금속은 차가운 물에서 비활성이지만, 뜨거운 물과는 반응한다(**그림 14.8**). 경험적으로 반응 속도는 온도가 10 °C 증가할 때마다 2배로 되는 경향이 있다.

반응 속도가 왜 온도에 의존하는지를 이해하기 위해, 반응이 어떻게 일어나는지에 대한 그림이나 모델이 필요하다. **충돌 이론(collision theory)** 모델에 따르면, 이분자 반응은 정확히 배향된 두 반응물 분자들이 충분히 강력한 충돌에 의해 하나로 합쳐질 때 일어난다. 구체적으로, 원자 A가 이원자 분자 BC와 반응하여 이원자 분자 AB와 원자 C를 생성하는 가장 간단한 반응 중 하나를 생각해 보자.

$$A + BC \longrightarrow AB + C$$

대기 화학의 한 예로, 산소 원자와 HCl 분자가 반응하여 OH 분자와 염소 원자를 생성하는 반응이 있다.

$$O(g) + HCl(g) \longrightarrow OH(g) + Cl(g)$$

만약 반응이 단일 단계로 일어난다면, 충돌 과정 동안에 기존의 결합 B—C가 깨지고 동시에 새로운 결합 A—B가 생기면서, 세 개의 핵 주위의 전자 분포가 변해야만 한다. 반응물과 생성물 단계 사이에서 핵들은 세 원자 모두가 약하게 서로 연결된 배열 구조를 거치게 된다. 반응의 진행을 다음과 같이 묘사할 수 있다.

$$A + B{-}C \longrightarrow A{-}{-}{-}B{-}{-}{-}C \longrightarrow A{-}B + C$$

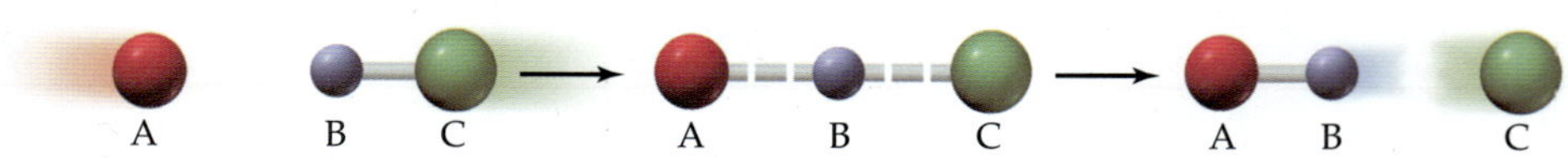

만약 A와 BC가 꽉 채워진 전자 껍질(홀전자가 없거나 비어 있는 낮은 에너지 오비탈이 없는)을 가지고 있다면, 그들은 서로 밀어낼 것이다. A—B—C 배열을 가지기 위해, 원자들은 이 반발을 극복하는 에너지가 필요하다. 이 에너지는 충돌하는 입자들의 운동 에너지로부터

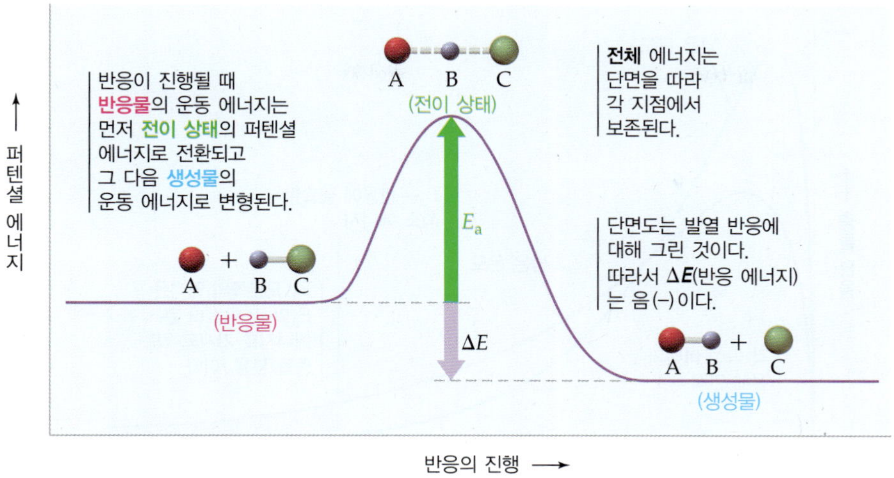

◀ 그림 14.9
A + BC → AB + C 반응의 퍼텐셜 에너지 단면도

▶ 확인하기

반응에서 에너지가 가장 높은 곳은 무엇인가? 이곳을 극복하기 위해 필요한 에너지를 분자는 어디에서 얻는가?

답 전이 상태; 만약 분자의 충돌 에너지가 전이 상태의 에너지를 초과한다면, 반응물은 생성물로 변환될 것이다.

오고 A—B—C의 퍼텐셜 에너지로 전환된다. 사실, A—B—C는 반응물이나 생성물 둘 다보다 퍼텐셜 에너지가 더 높다. 그러므로 그림 14.9의 퍼텐셜 에너지 단면도에서 그래프로 묘사된 것처럼, 반응물이 생성물로 변환하기 전에 극복해야만 하는 퍼텐셜 에너지 장벽이 있다.

장벽의 높이는 **활성화 에너지**(**activation energy**, E_a)라고 하며, 퍼텐셜 에너지 단면의 최고점에 있는 원자들의 배열은 **전이 상태**(**transition state**) 또는 **활성화물**이라고 한다. 충돌에서 에너지가 보존되기 때문에, 퍼텐셜 에너지 언덕을 오르는 데 필요한 모든 에너지는 충돌하는 분자들의 운동 에너지로부터 나와야만 한다. 만약 충돌 에너지가 E_a보다 더 적으면, 반응물 분자들은 장벽을 극복하지 못하고 단순히 튕겨 나간다. 그러나 충돌 에너지가 적어도 E_a 만큼 크다면, 반응물은 장벽을 타고 넘을 수 있고 생성물로 변환될 수 있다.

활성화 에너지 장벽의 개념에 대한 실험적 증거는 충돌 속도와 반응 속도의 비교로부터 나온다. 기체의 충돌 속도는 **분자 운동론**(**kinetic-molecular theory**)(10.6절)으로 계산될 수 있다. 상온(298 K)과 1 atm의 기압에서 각 기체 분자는 초당 약 10^9 충돌, 즉 매 10^{-9} s마다 한 번 충돌한다. 그러므로 만약 매번 충돌할 때마다 반응이 일어난다면, 모든 기체상 반응은 약 10^{-9} s 안에 완결될 것이다. 그에 반해서 관찰된 반응들은 보통 수 분 또는 수 시간의 반감기를 가지고 있다. 이는 충돌의 단지 아주 작은 비율만이 반응을 일으킨다는 것을 말한다.

기억하기…
분자 운동론에 따르면, 기체 분자의 평균 운동 에너지와 평균 속력은 Kelvin 온도(K)에 의존한다. 충돌 속도는 충돌하는 분자의 농도, 지름 및 평균 속력의 증가에 따라 증가한다(10.6절).

매우 작은 수의 충돌들이 활성화 에너지만큼 큰 충돌 에너지로 일어나기 때문에, 매우 작은 수의 충돌만이 반응을 일으킨다. 두 다른 온도에서 활성화 에너지 E_a와 같거나 더 큰 에너지를 가지고 있는 충돌 분율은, E_a의 오른쪽 곡선 아래의 면적으로 그림14.10에 나타나 있다.

E_a가 RT와 비교하여 클 때, 이 분율 f는 다음 식에 의해 대략적으로 나타낼 수 있다.

$$f = e^{-E_a/RT}$$

여기서 R은 기체 상수[8.314 J/(K·mol)]이고 T는 절대 온도(K)이다. f는 매우 작은 수라는 것에 주목하라. 예를 들어, 75 kJ/mol의 활성화 에너지를 가지는 반응에서 f 값은 298 K에서 7×10^{-14}이다.

$$f = \exp\left[\frac{-75{,}000\dfrac{\text{J}}{\text{mol}}}{\left(8.314\dfrac{\text{J}}{\text{K}\cdot\text{mol}}\right)(298\text{ K})}\right] = e^{-30.3} = 7 \times 10^{-14}$$

▶ **그림 14.10**
두 다른 온도에서 특정한 에너지를 가지고 있는 충돌 분율의 도시

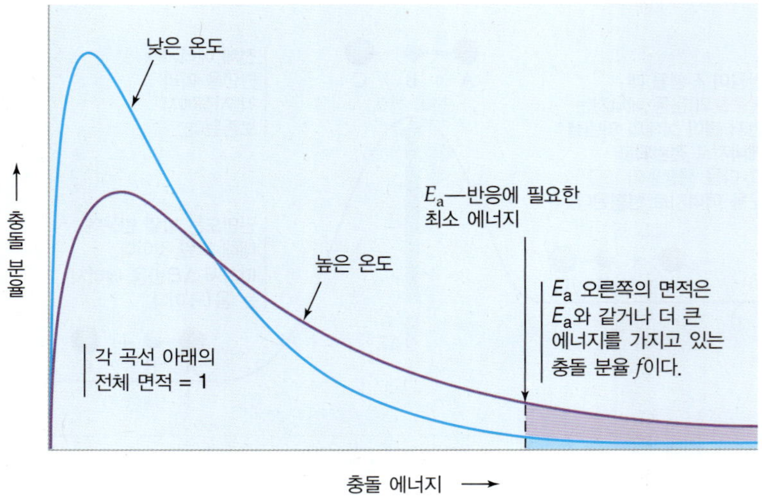

반응이 일어날 만큼 충분한 에너지를 가지고 있는 충돌 분율은, 온도가 증가함에 따라 기하급수적으로 증가한다.

▶ 확인하기

온도가 올라갈 때 반응 속도가 증가하는가 감소하는가? 설명하시오.

답 증가; E_a의 오른쪽에 있는 곡선 아래의 더 큰 영역은 분자의 더 큰 부분이 E_a 이상의 에너지와 충돌함을 나타낸다.

그러므로, 100조 번의 충돌 중에서 단지 7번의 충돌만이 반응물에서 생성물로 변환되기에 충분한 에너지를 갖는다.

온도가 증가할 때 충돌 에너지의 분포는 넓어지고, 높은 에너지 쪽으로 이동한다(그림 14.10). 결과적으로 생성물을 만드는 충돌 분율이 빠르게 증가한다. 예를 들어, 308 K에서 $E_a = 75$ kJ/mol을 가지는 반응에서 계산된 f 값은 2×10^{-13}이다. 따라서 298 K로부터 308 K까지 단지 3%의 온도 증가는 f 값을 3배 증가시킨다. 그러므로 충돌 이론은 온도의 역수에 대한 반응 속도의 지수적 의존성을 잘 설명한다.

T가 증가($1/T$이 감소)할 때, $f = e^{-E_a/RT}$는 기하급수적으로 증가한다. 충돌 이론은 또한 왜 반응 속도가 충돌 속도보다 매우 작은지를 설명한다. 충돌 속도 또한 온도가 증가함에 따라 증가하지만, 단지 적은 양만 증가한다. 즉, 298 K로부터 308 K까지 증가하면서 2% 미만으로 증가한다.

생성물로 되게 하는 충돌 분율은 배향 조건 때문에 더 감소한다. 심지어 반응물들이 충분한 에너지를 가지고 충돌하더라도, 반응물 짝들의 배향이 전이 상태 형성에 적절하지 않다면 반응하지 않을 것이다. 예를 들어, A와 BC 분자의 C쪽 끝의 충돌은 AB를 생성하지 못할 것이다.

개념탐구 질문 4
높은 온도에서 반응 속도가 증가하는 주요 이유는 무엇인가?

$$\text{A} + \text{C-B} \longrightarrow \text{A---C---B} \not\longrightarrow \text{A-B} + \text{C}$$

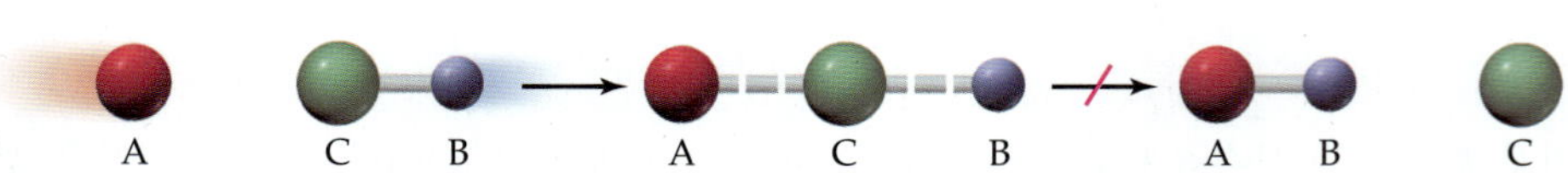

반응물 분자들은 단순히 충돌만하고, 그 다음에 반응 없이 분리될 것이다.

$$\text{A} + \text{C-B} \longrightarrow \text{A---C---B} \longrightarrow \text{A} + \text{C-B}$$

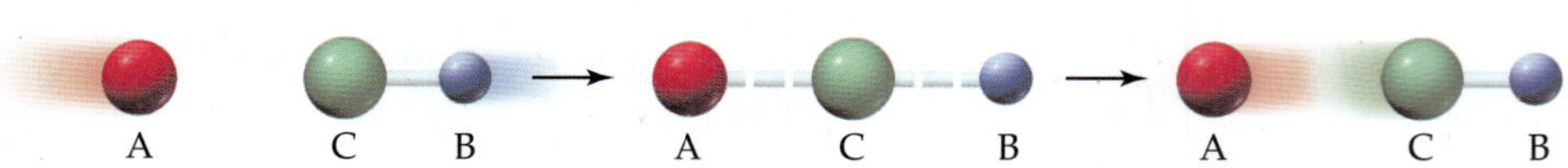

반응물에서 생성물로 변화되기에 적절한 배향을 갖는 충돌 분율을 **입체 인자**(**steric factor**, ***p***)라고 한다. A + BC → AB + C 반응에서 p 값은 약 0.5로 기대된다. 이것은 A가 BC의 양끝 B와 C와 각각 거의 1:1로 충돌할 확률을 가지기 때문이다(이것은 B와 C가 비슷한 크기와 전기적 성질을 갖는다고 가정한다). 더 크고 복잡한 분자의 반응에서 p는 0.5보다 훨씬 더 작다.

이제 두 인자 p와 f가 어떻게 속도 법칙에 들어가는지를 살펴보자. A와 B라고 하는 어떤 두 분자 사이의 이분자 충돌은 그들의 농도에 비례하는 속도로 일어나기 때문에 다음과 같이 쓸 수 있다.

$$\text{충돌 속도} = Z[\mathrm{A}][\mathrm{B}]$$

여기서 Z는 충돌 빈도와 관련된 상수로서 이차 속도 상수의 단위 $1/(\mathrm{M \cdot s})$, 즉 $\mathrm{M^{-1}s^{-1}}$을 가진다. 반응 속도는 충돌하는 분자들의 단지 일부만이 정확한 배향과 반응에 필요한 최소 에너지를 갖고 있기 때문에, 충돌 속도보다 $p \times f$배만큼 더 작다.

$$\text{반응 속도} = p \times f \times \text{충돌 속도} = pfZ[\mathrm{A}][\mathrm{B}]$$

속도 법칙이 다음과 같기 때문에

$$\text{반응 속도} = k[\mathrm{A}][\mathrm{B}]$$

충돌 이온에 의해 예측된 속도 상수는 $k = pfZ$, 즉 $k = pZe^{-E_a/RT}$이다.

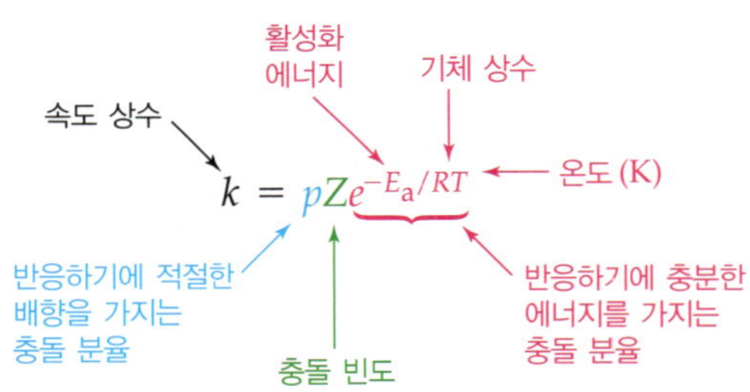

이 표현은 보통 **아레니우스 식**(**Arrhenius equation**)이라고 부른다. 이는 1889년 반응 속도의 실험적 연구에 기초하여 이것을 제안한 스웨덴 화학자 아레니우스(Svante Arrhenius)의 이름을 따서 명명한 것이다.

아레니우스 식 $k = Ae^{-E_a/RT}$

인자 $A(= pZ)$는 **진동수 인자**(**frequency factor**) 또는 지수 앞 인자라고 한다. 지수의 음(−) 부호 때문에 속도 상수는 E_a가 증가할 때 감소하고, T가 증가할 때 증가한다.

개념 예제 14.9

반응의 퍼텐셜 에너지 단면도 해석

단일 단계 반응 AB + CD → AC + BD의 퍼텐셜 에너지 단면은 다음과 같다. 이 에너지는 임의의 영점 에너지에 대한 상대적인 값(kJ/mol)이다.

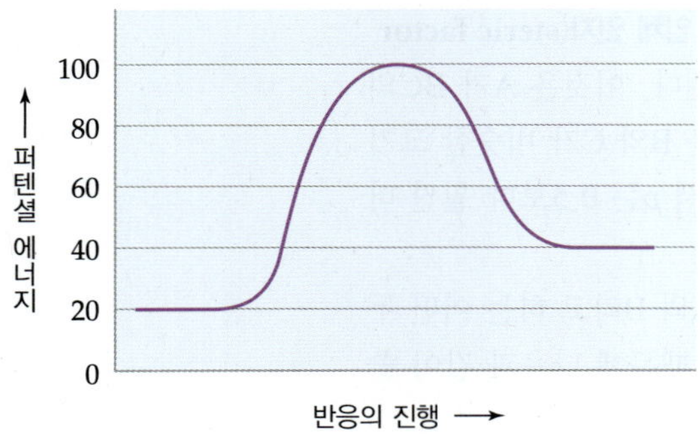

(a) 이 반응의 활성화 에너지 값은 얼마인가?

(b) 반응은 발열인가 흡열인가? 반응의 ΔE는 얼마인가?

(c) 역반응의 활성화 에너지는 얼마인가?

(d) 전이 상태의 타당한 구조를 제안하시오. 전이 상태에서 약하게 서로 결합된 원자들을 점선을 사용하여 나타내시오.

전략과 풀이

(a)~(c) 활성화 에너지란 전이 상태와 반응물 사이의 에너지 차이이다. ΔE는 생성물과 반응물 사이의 에너지 차이고, 역반응의 활성화 에너지는 전이 상태와 생성물 사이의 에너지 차이다. (E_a = 80 kJ/mol, ΔE = 20 kJ/mol(흡열 반응), E_a(역반응) = 60 kJ/mol)

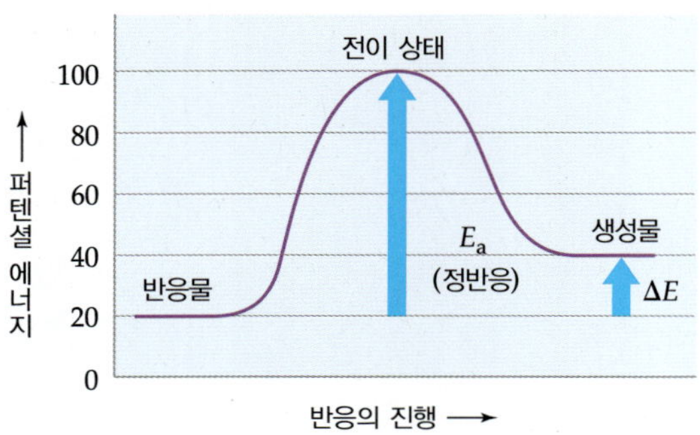

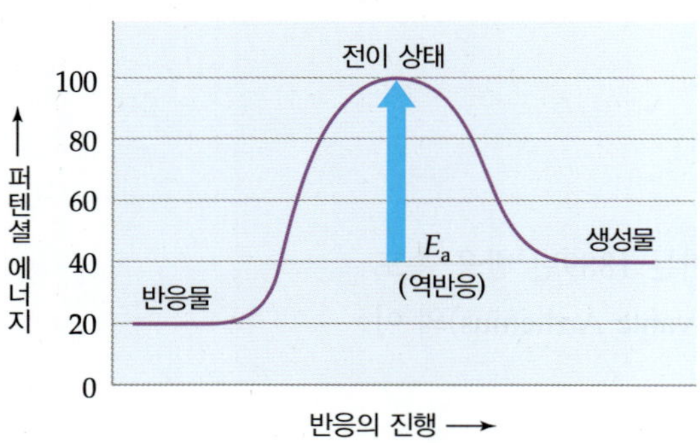

(d) 반응이 일어나기 위해 A는 C와 충돌해야만 하고 B는 D와 충돌해야만 하며, 전이 상태의 타당한 구조는 오른쪽에 나타내었다.

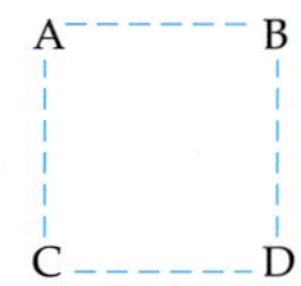

▶ 개념 연습문제 14.17

$$NO_2(g) + CO(g) \longrightarrow NO(g) + CO_2(g)$$

반응은 단일 단계로 일어난다. 활성화 에너지는 132 kJ/mol이고, ΔE = −226 kJ/mol이다.

(a) 반응은 흡열인가 발열인가?

(b) 역반응의 활성화 에너지는 얼마인가?

▶ 개념 응용문제 14.18 단일 단계 반응

$$NO_2(g) + CO(g) \longrightarrow NO(g) + CO_2(g)$$

에 대해 두 종류의 반응물 분자가 충돌할 수 있는 4가지 가능한 방법을 그리시오. 성공적인 반응을 일어나게 하는 것은 어느 것인가?

14.7 아레니우스 식의 이용

14.6절에서 보았듯이, 활성화 에너지 E_a는 화학 반응의 속도에 영향을 미치는 가장 중요한 요인 중 하나이다. 다른 온도에서의 속도 상수 값을 알고 있다면, 아레니우스 식을 이용하여 활성화 에너지 값을 결정할 수 있다.

아레니우스 식의 양변에 자연 로그를 취하하면, 로그 형태를 얻는다.

아레니우스 식의 로그 형태 $$\ln k = \ln A - \frac{E_a}{RT}$$

이 식은 $y = mx + b$ 형태로 재정리될 수 있다. 따라서 **아레니우스 도시(Arrhenius plot)**라고 부르는 ln k 대 $1/T$의 그래프가 얻어진다. 이 직선의 기울기는 $m = -E_a/R$, 절편은 $b = \ln A$이다.

$$\underset{y}{\ln k} = \underset{m}{\left(\frac{-E_a}{R}\right)}\underset{x}{\left(\frac{1}{T}\right)} + \underset{b}{\ln A}$$

예제 14.10에서 볼 수 있듯이, 활성화 에너지의 실험값은 직선의 기울기로부터 결정될 수 있다.

$$E_a = -R(\text{기울기})$$

두 온도의 속도 상수로부터 활성화 에너지를 예측할 수 있는 아레니우스 식의 또 다른 형태를 유도할 수 있다. 온도 T_1에서

$$\ln k_1 = \left(\frac{-E_a}{R}\right)\left(\frac{1}{T_1}\right) + \ln A$$

그리고 온도 T_2에서

$$\ln k_2 = \left(\frac{-E_a}{R}\right)\left(\frac{1}{T_2}\right) + \ln A$$

두 번째 식에서 첫 번째 식을 빼자. $(\ln k_2 - \ln k_1) = \ln (k_2/k_1)$를 기억하면, 다음 식을 얻는다.

아레니우스 식의 다른 형태 $\ln\left(\frac{k_2}{k_1}\right) = \left(\frac{-E_a}{R}\right)\left(\frac{1}{T_2} - \frac{1}{T_1}\right)$

이 식은 온도 T_1과 T_2에서의 속도 상수 k_1과 k_2로부터 E_a를 계산하는 데 이용될 수 있다. 마찬가지로, 한 온도 T_1에서의 E_a와 속도 상수 k_1을 알고 있다면, 또 다른 온도 T_2에서의 속도 상수 k_2를 계산할 수 있다. 예제 14.10은 이것이 어떻게 수행되는지를 보여 준다.

예제 14.10

아레니우스 식의 이용

아이오딘화 수소의 기체상 분해 반응 2 HI(g) → $H_2(g)$ + $I_2(g)$의 속도 상수들이 다음 표에 나열되어 있다.

온도(°C)	$k(M^{-1}\ s^{-1})$	온도(°C)	$k(M^{-1}\ s^{-1})$
283	3.52×10^{-7}	427	1.16×10^{-3}
356	3.02×10^{-5}	508	3.95×10^{-2}
393	2.19×10^{-4}		

(a) 모든 자료를 이용하여 활성화 에너지(kJ/mol)를 구하시오.
(b) 283 °C와 508 °C에서의 속도 상수로부터 E_a를 계산하시오.
(c) 283 °C에서의 속도 상수와 (b)에서 구한 E_a 값이 주어질 때, 293 °C에서의 속도 상수는 얼마인가?

전략

(a) 활성화 에너지 E_a는 ln k 대 $1/T$를 도시하여 얻은 직선의 기울기로부터 결정될 수 있다.

(b) 두 온도의 속도 상수 값들로부터 E_a를 계산하기 위해 다음 식을 이용한다.

$$\ln\left(\frac{k_2}{k_1}\right) = \left(\frac{-E_a}{R}\right)\left(\frac{1}{T_2} - \frac{1}{T_1}\right)$$

(c) 같은 식과 알고 있는 T_1에서의 E_a와 k_1을 이용하여 T_2에서 k_2를 계산한다.

풀이

(a) 아레니우스 식에서 온도는 K로 표현되어 있기 때문에, 먼저 섭씨 온도(°C)를 절대 온도(K)로 변환해야만 한다. 그 다음에 $1/T$과 ln k의 값을 계산하고, ln k 대 $1/T$를 도시한다. 결과를 다음 표와 그래프에 나타내었다.

T(°C)	T(K)	k($M^{-1}\ s^{-1}$)	$1/T$(1/K)	ln k
283	556	3.52×10^{-7}	0.001 80	−14.860
356	629	3.02×10^{-5}	0.001 59	−10.408
393	666	2.19×10^{-4}	0.001 50	−8.426
427	700	1.16×10^{-3}	0.001 43	−6.759
508	781	3.95×10^{-2}	0.001 28	−3.231

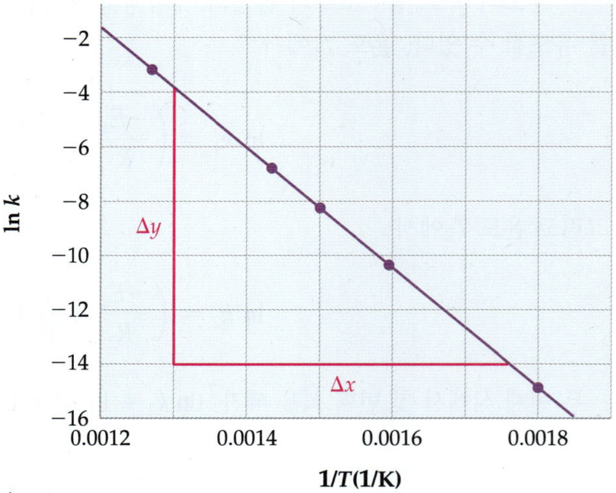

도시한 직선의 기울기는 직선 위에 멀리 떨어져 있는 임의의 두 점의 좌표로부터 결정될 수 있다.

$$\text{기울기} = \frac{\Delta y}{\Delta x} = \frac{(-14.0)-(-3.9)}{(0.001\,75\ \text{K}^{-1})-(0.001\,30\ \text{K}^{-1})} = \frac{-10.1}{0.000\,45\ \text{K}^{-1}} = -2.24 \times 10^4\ \text{K}$$

최종적으로, 이 기울기로부터 활성화 에너지를 계산한다.

$$\begin{aligned} E_a &= -R(\text{기울기}) = -\left(8.314\frac{\text{J}}{\text{K}\cdot\text{mol}}\right)(-2.24 \times 10^4\ \text{K}) \\ &= 1.9 \times 10^5\ \text{J/mol} = 190\ \text{kJ/mol} \end{aligned}$$

아레니우스 도시의 기울기는 음(−)이고, 활성화 에너지는 양(+)이라는 것에 주목하여야 한다. 특정한 반응의 활성화 에너지가 더 커질수록 ln k 대 $1/T$ 그래프의 기울기는 더 가파르게 된다. 또한 주어진 온도 증가에 대해 속도 상수의 증가가 더 커진다.

(b) T_1 = 556 K(283 °C)에서의 $k_1 = 3.52 \times 10^{-7}\ M^{-1}s^{-1}$과 T_2 = 781 K(508 °C)에서의 $k_2 = 3.95 \times 10^{-2}\ M^{-1}\ s^{-1}$ 값을 다음 식에 대입하면

$$\ln\left(\frac{k_2}{k_1}\right) = \left(\frac{-E_a}{R}\right)\left(\frac{1}{T_2} - \frac{1}{T_1}\right)$$

다음과 같이 된다.

$$\ln\left(\frac{3.95 \times 10^{-2}\ M^{-1}\ s^{-1}}{3.52 \times 10^{-7}\ M^{-1}\ s^{-1}}\right) = \left(\frac{-E_a}{8.314\frac{\text{J}}{\text{K}\cdot\text{mol}}}\right)\left(\frac{1}{781\ \text{K}} - \frac{1}{556\ \text{K}}\right)$$

이 식을 간단히 하면 다음과 같다.

$$11.628 = \left(\frac{-E_a}{8.314\dfrac{\text{J}}{\text{K}\cdot\text{mol}}}\right)\left(\frac{-5.18\times10^{-4}}{\text{K}}\right)$$

$$E_a = 1.87\times10^5\ \text{J/mol} = 187\ \text{kJ/mol}$$

(c) 지금 알고 있는 값은

$$T_1 = 556\ \text{K}(283\ ^\circ\text{C})\text{에서}\ k_1 = 3.52\times10^{-7}\ \text{M}^{-1}\ \text{s}^{-1}$$
$$E_a = 1.87\times10^5\ \text{J/mol}$$

이고 $T_2 = 566$ K(293 °C)에서의 k_2는 모르지만, (b)에서와 같은 식을 사용한다.

$$\ln\left(\frac{k_2}{3.52\times10^{-7}\ \text{M}^{-1}\ \text{s}^{-1}}\right) = \left(\frac{-1.87\times10^5\dfrac{\text{J}}{\text{mol}}}{8.314\dfrac{\text{J}}{\text{K}\cdot\text{mol}}}\right)\left(\frac{1}{566\ \text{K}} - \frac{1}{556\ \text{K}}\right) = 0.715$$

양변에 역로그(antiln)를 취하면, 다음 식을 얻는다.

$$\frac{k_2}{3.52\times10^{-7}\ \text{M}^{-1}\ \text{s}^{-1}} = e^{0.715} = 2.04$$
$$k_2 = 7.18\times10^{-7}\ \text{M}^{-1}\ \text{s}^{-1}$$

이 온도 범위에서 온도가 10 K 증가하면 속도 상수는 2배가 된다.

연습문제 14.19 오산화 이질소 기체 분해의 속도 상수는 25 °C에서 $3.7\times10^{-5}\ \text{s}^{-1}$이고, 55 °C에서 $1.7\times10^{-3}\ \text{s}^{-1}$이다.

$$N_2O_5(g) \longrightarrow 2\ NO_2(g) + 1/2\ O_2(g)$$

(a) 이 반응의 활성화 에너지(kJ/mol)는 얼마인가?

(b) 35 °C에서 속도 상수는 얼마인가?

응용문제 14.20 $CH_3Br(aq) + I^-(aq) \rightarrow CH_3I(aq) + Br^-(aq)$ 반응의 속도는 온도가 25 °C에서 36 °C까지 증가할 때 3배가 증가한다. 이 반응의 활성화 에너지는 얼마인가?

14.8 반응 메커니즘

14.6절에서 화학 반응이 적절하게 배향된 원자와 분자들의 강력한 충돌의 결과로 일어나는 것을 알았다. 반응은 보통 두 개 이상의 단계로 일어난다. 반응물로부터 생성물까지의 경로를 기술하는 반응 단계의 순서를 **반응 메커니즘(reaction mechanism)**이라고 한다. 화학자들은 알고 있는 반응을 더 잘 통제하고 새로운 반응을 예측하기 위해, 다양한 반응 단계가 일어나는 순서를 알기 원한다.

반응 메커니즘 반응물로부터 생성물까지의 경로를 기술하는 반응 단계의 순서

반응 메커니즘에서 하나의 단계는 **단일 단계 반응(elementary reaction)** 또는 **단일 단계(elementary step)**라고 한다. 단일 단계 반응과 전체 반응 사이의 결정적인 차이를 명확하게 설명하기 위해, 이산화 질소와 일산화 탄소가 일산화 질소와 이산화 탄소를 생성하는 기체상

반응을 생각해 보자.

$$NO_2(g) + CO(g) \longrightarrow NO(g) + CO_2(g)$$ 전체 반응

이 반응이 두 단계 메커니즘에 의해 일어난다는 것을 실험적 증거는 제안한다.

단계 1. $NO_2(g) + NO_2(g) \longrightarrow NO(g) + NO_3(g)$ 단일 단계 반응
단계 2. $NO_3(g) + CO(g) \longrightarrow NO_2(g) + CO_2(g)$ 단일 단계 반응

첫 번째 단일 단계에서, 2개의 NO_2 분자는 충분한 에너지를 가지고 충돌하여 하나의 N—O 결합을 깨고 다른 것을 생성한다. 결과적으로, 하나의 NO_2 분자로부터 다른 NO_2 분자로 하나의 산소 원자가 전이한 것이다. 두 번째 단계에서는, 첫 번째 단계에서 생성된 NO_3 분자가 CO 분자와 충돌하여 NO_3로부터 한 개의 산소 원자가 CO로 이동하여, NO_2 분자와 CO_2 분자를 생성한다(그림 14.11).

▶ 그림 14.11
NO_2와 CO 반응의 단일 단계

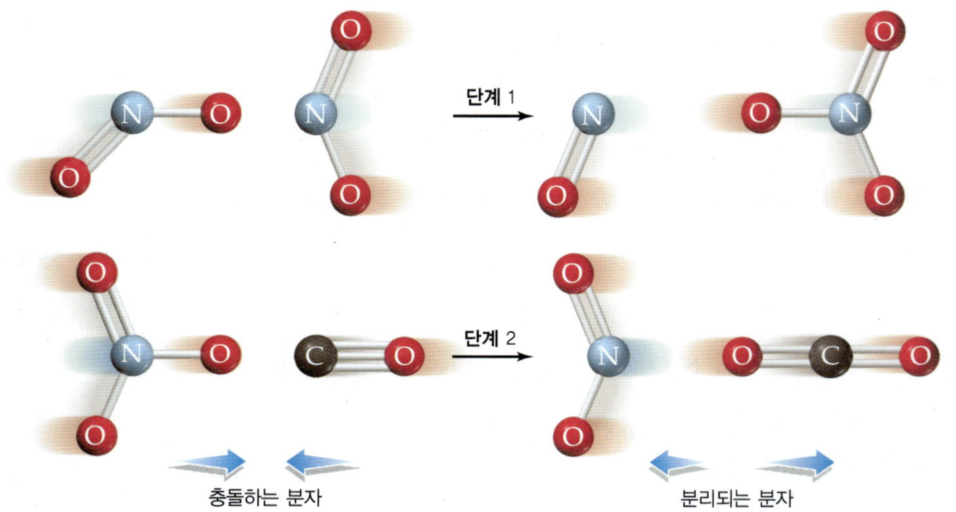

▲ 아름다운 북극광, 즉 오로라는 북반구의 고위도 지역에서 가끔 관찰된다. 빛은 대기 상층부에서 들뜬 O 원자에 의해 부분적으로 만들어진다. © ginger_polina_bublik/Shutterstock

단일 단계 반응의 화학 반응식을 기술하는 것은 화학 결합의 깨짐 및/또는 생성에 포함된 개별 분자의 사건이다. 반면에, 전체 반응의 균형 화학 반응식은 전체 과정의 화학량론만을 기술하지, 반응이 어떻게 일어나는지에 대한 정보는 제공하지 않는다. 예를 들어, NO_2와 CO의 전체 반응의 반응식은 NO_2 분자로부터 산소 원자 하나가 CO 분자로 직접 전이되면서 반응이 일어난다는 것은 아니다.

단일 단계 반응(**elementary reaction**) – 각 개별 분자의 사건을 기술한다.
전체 반응(**overall reaction**) – 반응의 화학량론을 기술한다.

제안된 반응 메커니즘에서 단일 단계들을 합해야만 전체 반응이 된다. 예를 들어, NO_2와 CO의 반응에서 단일 단계들을 합하면, 그 식의 양변에 같이 나타나는 분자들이 소거된다. 따라서 전체 반응을 얻는다.

단계 1. $NO_2(g) + NO_2(g) \longrightarrow NO(g) + NO_3(g)$ 단일 단계 반응
단계 2. $NO_3(g) + CO(g) \longrightarrow NO_2(g) + CO_2(g)$ 단일 단계 반응

$$NO_2(g) + \cancel{NO_2(g)} + \cancel{NO_3(g)} + CO(g) \longrightarrow NO(g) + \cancel{NO_3(g)} + \cancel{NO_2(g)} + CO_2(g)$$
$$NO_2(g) + CO(g) \longrightarrow NO(g) + CO_2(g)$$ 전체 반응

앞의 예에서 NO_3처럼, 반응 메커니즘의 한 단계에서 형성되지만 다음 단계에서 소모되는 화학종을 **반응 중간체(reaction intermediate)**라고 한다. 반응 중간체는 전체 반응의 알짜 반응식에는 나타나지 않고, 그 존재가 언급되는 단일 단계를 살펴볼 때에만 나타난다.

단일 단계 반응들을 분류하는 기준은 **분자도(molecularity)**이다. 분자도란 화학 반응식의 반응물 쪽에 있는 분자(또는 원자)의 수를 말한다. 예를 들어, **일분자 반응(unimolecular reaction)**은 한 개의 반응물이 참여하는 단일 단계 반응이다. 대기 상층부에서 일어나는 오존의 일분자 분해가 그 예이다.

$$O_3^*(g) \longrightarrow O_2(g) + O(g)$$

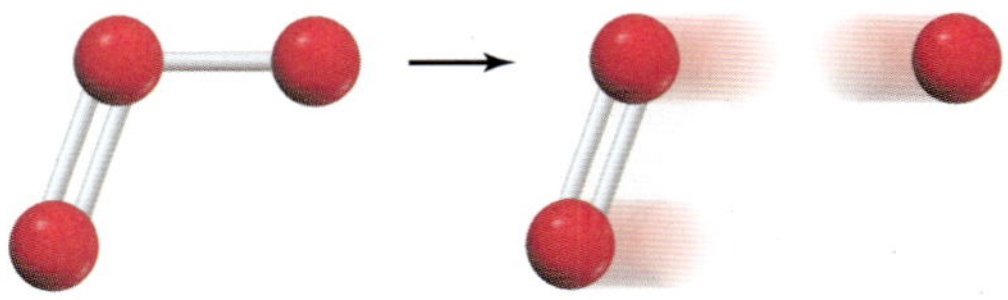

O_3 위의 별표는 에너지적으로 들뜬 상태에 있다는 것을 나타낸다. 오존 분자가 태양으로부터 오는 자외선을 흡수하기 때문이다. 이는 흡수된 에너지는 두 O−O 결합 중 하나를 끊음으로써 산소 원자 하나를 잃게 한다.

이분자 반응(bimolecular reaction)은 2개의 반응물 원자 또는 분자 사이에 강력한 충돌의 결과로 생기는 단일 단계 반응이다. 예를 들어, 대기 상층부에서 한 개의 오존 분자는 한 개의 산소 원자와 반응하여 2개의 O_2 분자를 생성할 수 있다.

$$O_3(g) + O(g) \longrightarrow 2\,O_2(g)$$

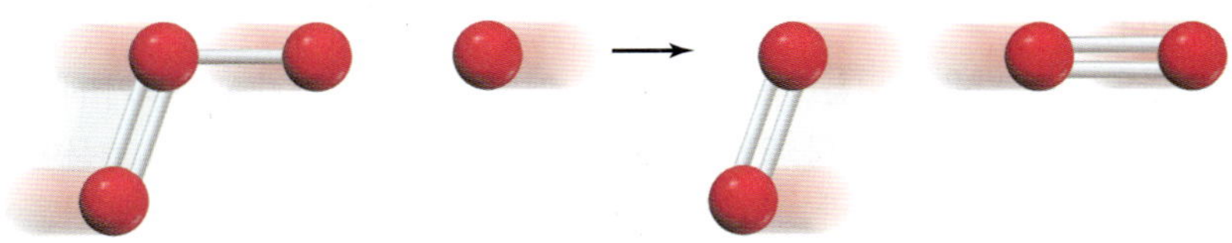

일분자와 이분자 반응은 둘 다 흔하지만, 3개의 원자 또는 분자가 관련되는 **삼분자 반응(termolecular reaction)**은 드물다. 당구 선수라면 누구나 알고 있듯이, 3-물체 충돌은 2-물체 충돌보다 가능성이 훨씬 더 적다. 그러나, 특히 두 원자가 결합하여 이원자 분자를 생성할 때처럼 3-물체 충돌이 필요한 몇 가지 반응이 있다. 예를 들어, 대기 상층부에서 산소 원자들은 어떤 제 3의 분자 M이 참여하는 충돌의 결과로 결합한다.

$$O(g) + O(g) + M(g) \longrightarrow O_2(g) + M(g)$$

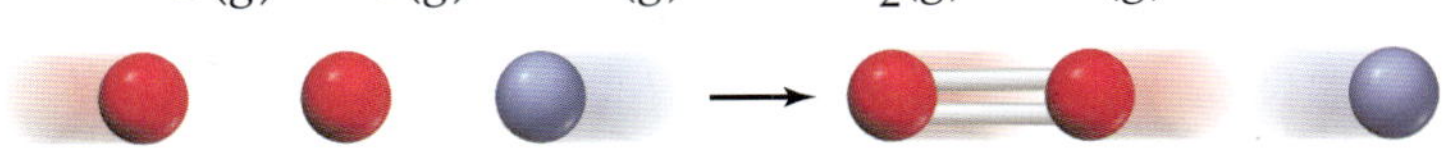

대기에서 M은 주로 N_2와 같은 것이지만, 원칙적으로 모든 원자 또는 분자일 수 있다. M의 역할은 O−O 결합이 형성될 때 방출되는 에너지를 가져가는 것이다. 만약 M이 충돌에 관련되지 않는다면, 두 산소 원자는 단순히 튕겨나가고 반응은 일어나지 않는다.

예제 14.11

반응 메커니즘에서 중간체와 분자도 확인

다음의 두 단계 메커니즘은 일산화 이질소(N_2O)의 기체상 분해에 대해 제안되었다.

단계 1. $N_2O(g) \longrightarrow N_2(g) + O(g)$

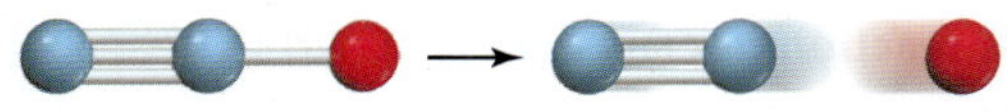

단계 2. $N_2O(g) + O(g) \longrightarrow N_2(g) + O_2(g)$

(a) 전체 반응의 화학 반응식을 쓰시오.
(b) 반응 중간체를 확인하시오.
(c) 각 단일 단계 반응의 분자도는 얼마인가?
(d) 전체 반응의 분자도는 얼마인가?

전략

전체 반응을 구하기 위해 단일 단계들을 합한다. 중간체와 분자도를 확인하기 위해 각각의 단계를 따로 살펴본다.

풀이

(a) 전체 반응은 두 단일 단계의 합이다.

단계 1	$N_2O(g) \longrightarrow N_2(g) + O(g)$	단일 단계 반응
단계 2	$N_2O(g) + O(g) \longrightarrow N_2(g) + O_2(g)$	단일 단계 반응
	$2\,N_2O(g) + \cancel{O(g)} \longrightarrow 2\,N_2(g) + \cancel{O(g)} + O_2(g)$	
	$2\,N_2O(g) \longrightarrow 2\,N_2(g) + O_2(g)$	전체 반응

(b) 산소 원자는 반응 중간체이다. 첫 번째 단일 단계에서 생성되었다가 두 번째 단계에서 소모되기 때문이다.

(c) 첫 번째 단일 단계 반응은 일분자 반응이다. 한 개의 반응물 분자가 관련되기 때문이다. 두 번째 단일 단계는 이분자 반응이다. 2개의 반응물 원자 또는 분자가 관련되기 때문이다.

(d) 전체 반응과 연관해서 분자도라는 단어를 사용하는 것은 적절하지 않다. 전체 반응이 개별적인 분자 사건을 기술하지 않기 때문이다. **분자도**란 오직 단일 단계 반응에서만 언급한다.

연습문제 14.21 이산화 질소와 플루오린 분자의 반응에 대하여 제안된 메커니즘은 다음과 같다.

단계 1. $NO_2(g) + F_2(g) \longrightarrow NO_2F(g) + F(g)$

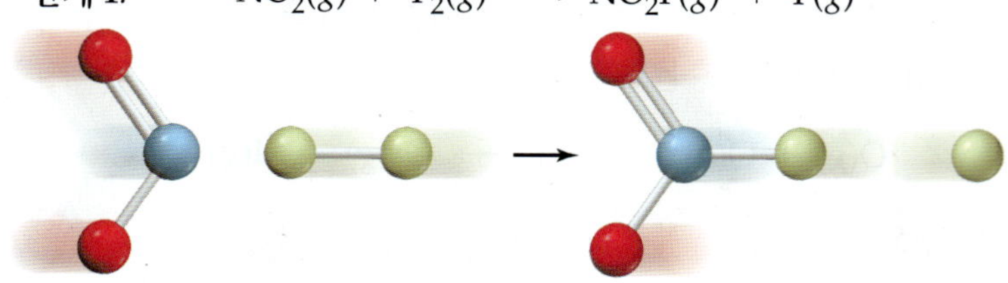

단계 2. $NO_2(g) + F(g) \longrightarrow NO_2F(g)$

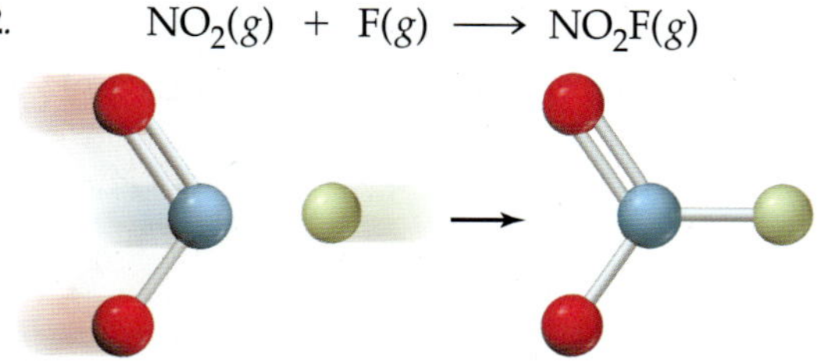

(a) 전체 반응의 화학 반응식을 쓰고, 반응 중간체를 확인하시오.
(b) 각 단일 단계 반응의 분자도는 얼마인가?

응용문제 14.22 과산화 수소의 분해에 대해 제안된 메커니즘은 다음과 같다.

단계 1. $H_2O_2(aq) \longrightarrow 2\ OH(aq)$

단계 2. $H_2O_2(aq) + OH(aq) \longrightarrow H_2O(l) + HO_2(aq)$

단계 3. $HO_2(aq) + OH(aq) \longrightarrow H_2O(l) + O_2(g)$

(a) 전체 반응의 화학 반응식을 쓰고, 반응 중간체를 확인하시오.

(b) 각 단일 단계 반응의 분자도는 얼마인가?

전체 반응이 둘 이상의 단일 단계로 일어날 때, 단계 중 하나는 보통 다른 단계들보다 훨씬 더 느리다. 반응 메커니즘에서 이 가장 느린 단계를 **속도 결정 단계(rate-determining step)**라고 부른다. 그 이유는 반응물이 생성물로 변환할 수 있는 속도를 제한하는 병목처럼 작용하기 때문이다. 이 점에 있어서 화학 반응은 깔때기를 사용하여 용기 안에 액체를 붓는 것과 비슷하다. 깔때기로부터 액체가 빠져 나오는 속도는 액체가 좁은 관을 통해 흐르는 속도에 전적으로 의존한다. 일부분의 액체가 위쪽의 원추형 부분에 머무를 수 있기 때문에, 액체를 용기에 붓는 속도는 액체를 깔때기에 넣는 속도에 아무런 영향을 받지 않는다. 이 경우, 액체가 좁은 관으로 흐르는 속도가 속도 결정 단계이다. 전체 반응은 속도 결정 단계의 속도보다 더 빠르게 일어날 수 없다.

▲ 깔때기로 액체를 부을 때 속도 결정 단계는 액체가 좁은 관을 얼마나 빨리 통과하는가이다. ©Hand Robot/Shutterstock

14.9 촉매

반응 속도는 반응물의 농도와 온도뿐만 아니라 **촉매**의 존재에 의해서도 영향을 받는다. **촉매(catalyst)**란 반응 동안에 자신은 소모되지 않으면서 반응의 속도를 증가시키는 물질이다. 한 예는 염소산 포타슘의 열분해를 가속하는 검은색 가루인 이산화 망가니즈이다.

$$2\ KClO_3(s) \xrightarrow[\text{열}]{MnO_2\ \text{촉매}} 2\ KCl(s) + 3\ O_2(g)$$

촉매가 없을 때 $KClO_3$은 매우 느리게 분해하는데, 심지어 가열해도 느리다. 그러나 가열하기 전에 소량의 MnO_2를 $KClO_3$와 섞어 주면 산소의 발생이 빠르게 일어난다. MnO_2는 반응이 완결된 후에 변화 없이 회수할 수 있다.

▲ MnO_2는 $KClO_3$가 KCl과 O_2가 되는 열분해 반응을 촉진한다.

촉매는 화학 공업과 생명체 둘 다에서 매우 중요하다. 필수적인 화학물질을 제조하는 거의 모든 공업적인 과정에서 촉매를 사용하면, 특정한 생성물의 생성을 촉진하고 반응 온도를 낮춤으로써 결과적으로 에너지 비용을 절감한다. 환경 화학에서 일산화 질소와 같은 촉매는 공기 오염물을 생성하는 역할을 하지만, 자동차 촉매 변환 장치에 있는 백금과 같은 촉매는 공기 오염을 통제하기 위한 강력한 무기이다. 생명체에서 끊임없이 일어나는 수십만 가지의 화학 반응 중 거의 모두는 **효소**라고 하는 거대 분자들에 의해 촉진된다. 예를 들어, 완두콩과 강낭콩 같은 콩과식물의 뿌리혹 박테리아에 존재하는 효소인 질소 고정 효소는 대기의 질소를 암모니아로 변환시키는 데 촉매 작용을 한다. 이 암모니아는 식물 생장에 비료의 역할을 한다.

촉매는 어떻게 작용하는가? 반응 속도를 가속시킨다. 그 방법은 촉매는 반응물이 생성물로 변환하는 데 더 낮은 에너지의 다른 메커니즘이 가능하게 만드는 것이다. 예를 들어, 염기성 수용액에서 과산화 수소의 분해를 생각해 보자.

$$2\ H_2O_2(aq) \longrightarrow 2\ H_2O(l) + O_2(g)$$

개념탐구 질문 5

촉매가 있을 때 화학 반응 속도는 왜 증가하는가?

비록 과산화 수소는 물과 산소에 비해서 불안정하지만, 높은 활성화 에너지(76 kJ/mol)를 가지기 때문에 상온에서 매우 느리게 분해한다. 그러나 아이오딘화 이온이 존재할 때 반응은

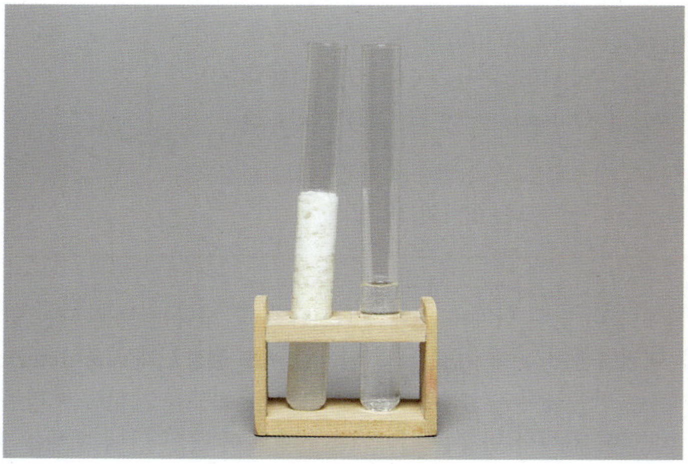

▶ 그림 14.12
촉매에 의한 과산화 수소의 분해. 30% 과산화 수소(H_2O_2) 용액은 일상적인 조건에서 물(H_2O)과 산소(O_2)로 매우 느리게 분해된다. 촉매 작용을 하는 아이오딘화 포타슘(KI) 고체 가루를 넣어 주면, 분해 속도는 매우 증가한다.

상당히 더 빨라진다(그림 14.12). 이유는 반응이 다른 더 낮은 에너지 경로로 진행될 수 있기 때문이다.

단계 1.	$H_2O_2(aq) + I^-(aq) \longrightarrow H_2O(l) + IO^-(aq)$	더 느림, 속도 결정
단계 2.	$H_2O_2(aq) + IO^-(aq) \longrightarrow H_2O(l) + O_2(g) + I^-(aq)$	더 빠름
	$2\,H_2O_2(aq) \longrightarrow 2\,H_2O(l) + O_2(g)$	전체 반응

H_2O_2는 촉매(I^-)를 하이포아아이오딘산 이온(IO^-)으로 먼저 산화시키고, 그다음에 중간체 IO^-를 I^-로 다시 환원시킨다. 촉매는 전체 반응에서 나타나지 않는다. 단계 1에서 소모되었다가 단계 2에서 재생되기 때문이다. 그러나 촉매는 반응에 직접적으로 참여하며, 관찰된 속도 법칙에 나타난다.

$$\text{속도} = k[H_2O_2][I^-]$$

속도 법칙은 H_2O_2와 I^-의 반응이 속도 결정 단계인 것과 일치한다. 일반적으로 촉매는 반응의 한 단계에서 소모되었다가 그다음 단계에서 재생되지만, 중간체는 한 단계에서 생성되었다가 그다음 단계에서 소모된다.

촉매가 있는 반응 경로는 촉매가 없는 경로보다 더 빠른 속도를 가질 수 있다. 아레니우스 식에서 더 큰 진동수 인자(A) 또는 더 작은 활성화 에너지(E_a)의 둘 중 하나 때문이다. 그렇지만 보통 촉매는 더 낮은 활성화 에너지를 가지고 있는 반응 경로가 가능하도록 작용한다(그림 14.13). 예를 들어, 과산화 수소의 분해에서 I^-에 의한 촉매 작용은 전체 반응의 E_a를 19 kJ/mol까지 낮춘다.

반응이 두 단계로 일어나기 때문에, 그림 14.13에서 촉매가 있는 경로의 에너지 단면은 두 개의 최고점(두 개의 전이 상태)을 보여 준다. 그들 사이에 첫 번째 단계 이후 존재하는 중간체의 에너지를 나타내는 최소점이 있다. 첫 번째 단계가 속도 결정이기 때문에 첫 번째 최고점이 두 번째보다 더 높고, 전체 반응의 활성화 에너지는 첫 번째 단계의 E_a이다. 그렇지만 두 단계의 최고점 모두 촉매가 없는 경로의 E_a보다 더 낮다. 촉매는 반응물과 생성물의 에너지에는 영향을 주지 않음을 주목하라. 그것은 촉매가 있거나 촉매가 없는 경로에 대해 같기 때문이다.

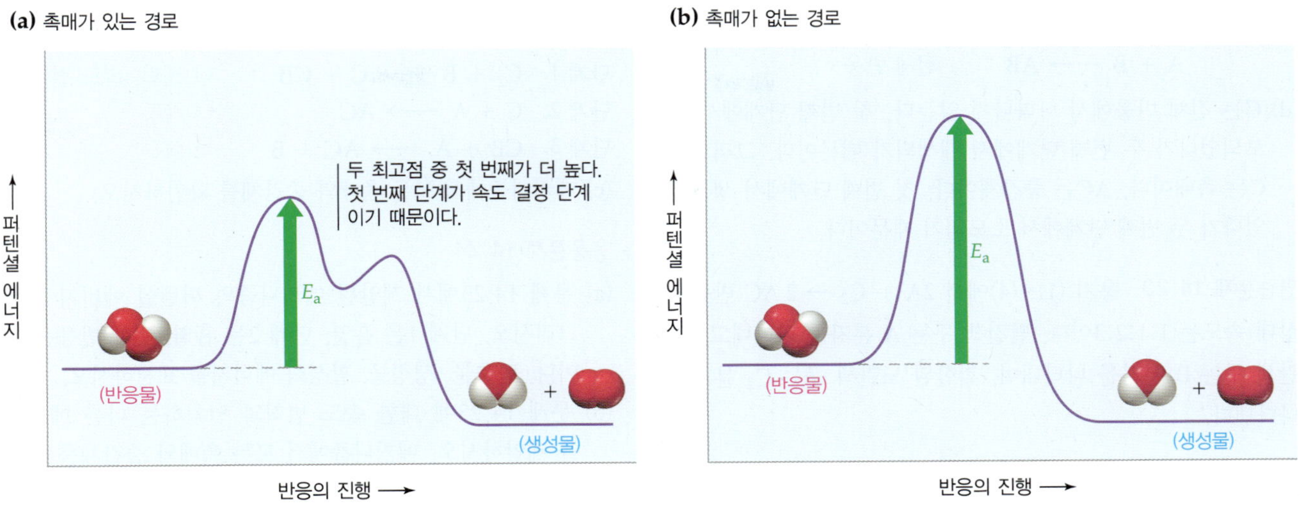

활성화 에너지 E_a는 촉매가 있는 경로에서 더 낮다. 촉매가 있는 경로에 대한 장벽의 모양은 H_2O_2의 분해에 적용된다.

▲ **그림 14.13**
촉매가 존재함으로써 활성화 에너지가 낮아지는 반응의 전형적인 퍼텐셜 에너지 단면도

개념 예제 14.12

촉매가 있는 반응에서 초기 속도 방법의 이용

용기 (1)~(4)에서 A + B → AB 반응의 상대 속도는 1:2:1:2이다. 빨간색 구는 A 분자, 파란색 구는 B 분자, 노란색 구는 제3의 물질 C 분자를 나타낸다.

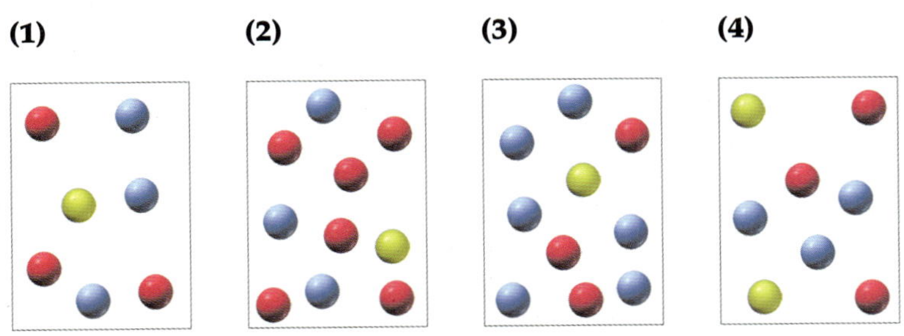

(a) A, B, C의 반응 차수는 얼마인가?
(b) 속도 법칙을 쓰시오.
(c) 속도 법칙과 일치하는 메커니즘을 쓰시오.
(d) 전체 반응의 반응식에 왜 C가 나타나지 않는가?

전략과 풀이

(a) 용기 (1)~(4)에 있는 각 형태의 분자 수를 세고, 분자의 상대적인 수를 가지고 상대 속도를 비교한다. 용기 (2)의 A 분자 농도는 용기 (1)의 2배이지만, B와 C의 농도는 일정하다. 용기 (2)의 반응 속도가 용기 (1)의 2배이므로 속도는 [A]에 비례한다. 따라서 반응은 A에 대해 1차이다. [B]가 2배가 되면[용기 (1)과 (3)을 비교] 속도는 변하지 않으므로 반응은 B에 대해 0차이다. [C]가 2배가 되면[용기 (1)과 (4)를 비교] 속도는 2배가 되므로 반응은 C에 대해 1차이다.

(b) 지수 m, n, p가 각각 A, B, C의 반응 차수라고 할 때, 속도 법칙은 속도 $= k[A]^m[B]^n[C]^p$로 쓸 수 있다. 반응은 A와 C에 대해 1차이고, B에 대해 0차이므로 속도 법칙은 속도 $= k[A][C]$이다.

(c) 속도 법칙은 A와 C가 속도 결정 단계에서 충돌한다는 것을 말해 준다. 전체 반응의 속도 법칙은 속도 결정 단계의 속도 법칙이기 때문이다. 메커니즘에서 그다음 단계들은 속도 결정 단계보다 더 빠르고, 여러 단계들은 전체 반응을 만들기 위해 합해야만 한다. 그러므로 타당한 메커니즘은 다음과 같다.

$$A + C \longrightarrow AC$$ 더 느림, 속도 결정

$$AC + B \longrightarrow AB + C$$ 더 빠름

$$A + B \longrightarrow AB$$ 전체 반응

(d) C는 전체 반응에서 나타나지 않는다. 첫 번째 단계에서 소모되었다가 두 번째 단계에서 재생되기 때문이다. 그러므로 C는 촉매이다. AC는 중간체이다. 첫 번째 단계에서 생성되었다가 두 번째 단계에서 소모되기 때문이다.

연습문제 14.23 용기 (1)~(4)에서 $2A + C_2 \rightarrow 2\,AC$ 반응의 상대 속도는 1:1:2:3이다. 빨간색 구는 A 분자를 나타내고, 파란색 구는 B 분자를 나타내며, 결합된 노란색 구는 C_2 분자를 나타낸다.

(1) (2) (3) (4)

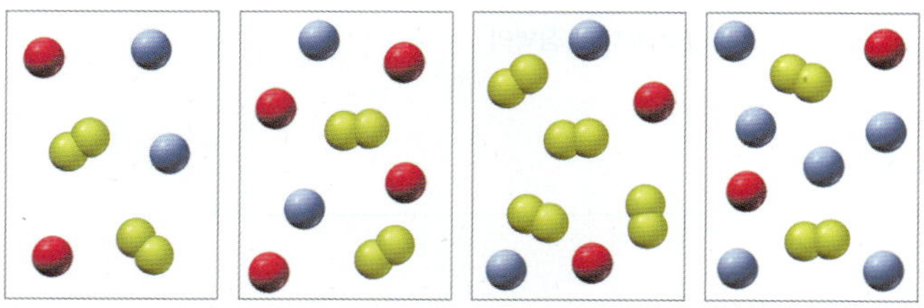

(a) 속도 법칙을 쓰시오.

(b) 다음 메커니즘은 속도 법칙과 일치하는가?

단계 1. $C_2 + B \longrightarrow C + CB$ 더 느림, 속도 결정 단계

단계 2. $C + A \longrightarrow AC$ 더 빠름

단계 3. $CB + A \longrightarrow AC + B$ 더 빠름

(c) 메커니즘에서 모든 촉매와 중간체를 확인하시오.

응용문제 14.24

(a) 문제 14.23에서 제안된 메커니즘의 퍼텐셜 에너지 도표를 그리시오. 단계 1은 흡열, 단계 2는 흡열, 전체 반응은 발열이다. 반응물, 생성물, 활성화 에너지를 표시하시오.

(b) 문제 14.23에 대한 속도 법칙과 일치하는 다른 메커니즘을 제안하시오. 메커니즘에서 모든 촉매와 중간체를 확인하시오.

촉매는 일반적으로 **균일 촉매** 또는 **불균일 촉매**의 두 가지로 분류된다. **균일 촉매(homogeneous catalyst)**란 반응물과 같은 상으로 존재하는 촉매이다. 예를 들어, 아이오딘화 이온은 과산화수소 수용액의 분해에 대한 균일 촉매이다. 이것은 I^-와 H_2O_2가 둘 다 같은 수용액 상에 존재하기 때문이다.

불균일 촉매(heterogeneous catalyst)란 반응물과 다른 상으로 존재하는 촉매이다. 보통 불균일 촉매는 고체이고, 반응물은 기체 또는 액체 중 하나이다. 예를 들어, 합성 가솔린을 제조하는 피셔–트롭쉬(Fischer–Tropsch) 과정에서 알루미나(Al_2O_3) 위에 입힌 철 또는 코발트의 작은 금속 입자들은 일산화 탄소 기체와 수소 기체를 옥테인(C_8H_{18})과 같은 탄화수소로 변환시키는 데 촉매 작용을 한다.

$$8\,CO(g) + 17\,H_2(g) \xrightarrow[\text{촉매}]{Co/Al_2O_3} C_8H_{18}(l) + 8\,H_2O(l)$$

INQUIRY 효소는 어떻게 작용하는가?

효소(enzyme)란 생물학적 반응의 촉매로서 작용하는 큰 단백질 분자이다. 이들은 간단한 무기 촉매들과 두 가지 중요한 점에서 다르다. 첫째, 효소는 분자 질량의 범위가 약 10^4~10^6 g/mol보다도 더 클 정도로 무기 촉매보다 훨씬 더 크고 더 복잡한 구조를 가지고 있다. 둘째, 효소는 무기 촉매보다 그들의 작용에서 훨씬 더 특이적인데, 가끔 효소의 **기질**(substrate)이라고 하는 한 가지 화합물의 단지 한 가지 반응에 대해서만 촉매 작용을 한다. 예를 들어, 사람의 소화 기관에서 발견되는 **아밀레이스**(amylase) 효소는 녹말을 분해하여 포도당으로 만드는 데 촉매 작용을 한다. 그러나 녹말과 셀룰로스가 구조적으로 비슷하더라도 셀룰로스에는 영향을 미치지는 않는다. 그러므로 사람은 감자(녹말)는 소화할 수 있지만, 풀(셀룰로스)은 소화하지 못한다.

$$\text{녹말} + H_2O \xrightarrow{\text{아밀레이스}} \text{많은 포도당 분자들}$$
$$\text{셀룰로스} + H_2O \xrightarrow{\text{아밀레이스}} \text{반응하지 않음}$$

효소의 촉매 활동도는 **전환수**(turnover number)에 의해 측정된다. 전환수란 초당 효소 한 분자가 작용하는 기질 분자의 수로 정의된다. 대부분의 효소는 1~20,000 범위의 전환수를 가지고 있지만, 어떤 것은 훨씬 더 큰 값을 가지고 있다. CO_2와 물이 반응하여 HCO_3^-을 생성하는 반응에 촉매로 작용하는 탄산 탈수 효소는 초당 600,000 기질 분자에 작용한다.

$$CO_2(aq) + H_2O(l) \rightleftharpoons H^+(aq) + HCO_3^-(aq)$$

정반응은 혈액이 조직에서 CO_2를 받아들일 때 일어나고, 역반응은 혈액이 폐에서 CO_2를 방출할 때 일어난다. 놀랍게도, 탄산 탈수 효소는 약 10^6배 정도로 이들 반응의 속도를 증가시킨다.

효소는 어떻게 작용할까? **자물쇠-열쇠**(lock-and-key model) 모형에 따르면, 효소는 가운데 갈라진 부분, 즉 틈을 가진 크고 불규칙한 모양의 분자로 묘사된다. 이 틈의 안쪽이 **활성 자리**(active site)로서, 기질과 결합하여 적합한 반응에 촉매 작용하기 위해 필요한 형태와 화학적 조성을 지닌 작은 영역이다. 다시 말해서, 활성 자리는 마치 오직 특정한 열쇠(기질)만 맞는 자물쇠처럼 작용한다(그림 14.14). 효소의 활성 자리는 다양한 산성, 염기성, 중성의 아미노산 곁사슬로 나열되어 있으며, 모두 기질과 최대로 상호 작용을 하기

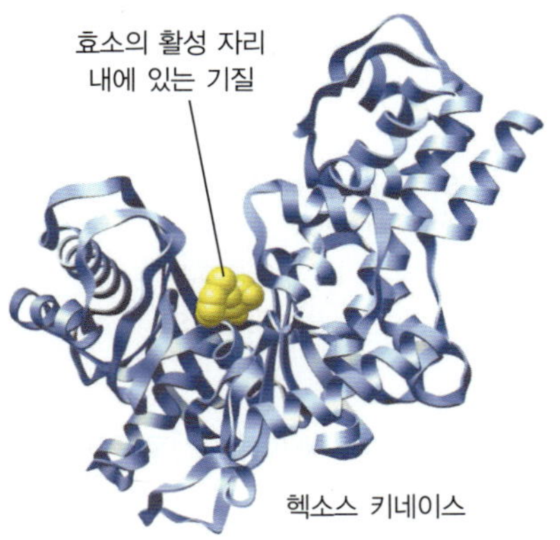

▲ 그림 14.14
효소의 활성 자리. 효소는 활성 자리를 가진 틈새를 포함하는 큰 3차원의 분자이다. 모양과 구조가 이런 활성 자리에 상보적인 기질만이 효소에 들어맞을 수 있다. 컴퓨터로 그린 이 구조는 헥소스 키네이스 효소의 활성 자리를 묘사하고 있다. 헥소스 키네이스는 6-탄당 분자에 인산기($-PO_3^{2-}$)를 첨가하는 반응을 촉진시킨다. 이것은 우리 몸에서 에너지를 저장하는 ATP 생성에 중요한 단계이다.

에 적절하게 위치하고 있다.

효소 촉매 반응은 기질이 **효소-기질 복합체**(enzyme-substrate complex)를 형성하기 위해 활성 자리로 옮겨갈 때 시작된다. 보통 공유 결합은 형성되지 않는다. 효소와 기질은 오직 수소 결합과 약한 분자간 인력에 의해서만 서로 결합되어 있다. 따라서 효소와 기질이 정확히 정의된 배열로 서로 결합하면, 활성 자리에 적합하게 위치한 원자들은 기질 분자의 화학 반응을 용이하게 한다. 그다음, 생성물과 더불어 효소가 분리된다.

반응은 다음의 간단한 메커니즘에 의해 기술될 수 있다.

$$E + S \underset{k_{-1}}{\overset{k_1}{\rightleftharpoons}} ES$$
$$ES \xrightarrow{k_2} E + P$$

여기서 E, S, P는 각각 효소, 기질, 생성물을 나타내고, ES는 효소-기질 복합체를 나타낸다. 생성물의 생성 속도는 다음과 같이 주어진다.

$$\frac{\Delta[P]}{\Delta t} = k_2[ES]$$

기질의 농도가 낮을 때, 효소-기질 복합체의 농도는 기질의 농도와 비례하고, 따라서 생성물의 생성 속도는 S에 대해

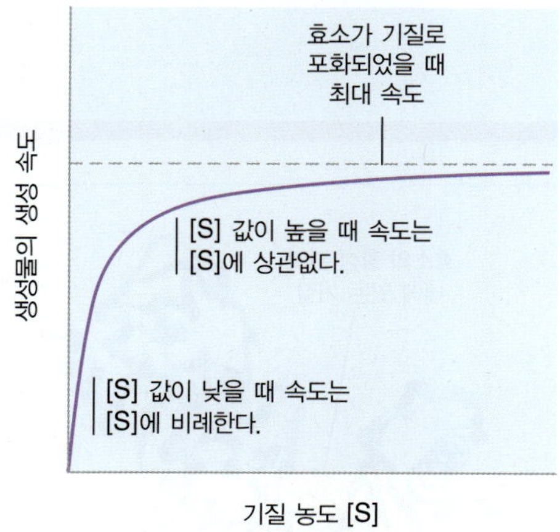

▲ 그림 14.15
효소 촉매 반응에서 기질 농도에 따른 생성물의 생성 속도

1차이다. 그러나 기질의 농도가 높을 때 효소가 기질로 포화된다. 즉, 모든 효소가 효소-기질 복합체의 형태로 있다. 그점에서 반응 속도는 최댓값에 도달하고 기질의 농도에 상관없다(S에 대해 0차). 효소에 결합된 기질만이 반응할 수 있기 때문이다. 기질 농도에 따른 속도의 의존성은 그림 14.15에 나타나 있다.

정리

절	개념 요약	학습 목표
14.1 반응 속도	**화학 반응 속도론**은 반응 속도에 관심이 있는 화학의 영역이다. **반응 속도**란 단위 시간당 생성물의 농도 증가 또는 반응물의 농도 감소로 정의된다. 그것은 주어진 기간 동안의 평균 속도, 특정한 시간에서의 **순간 속도** 또는 반응의 시작점에서의 **초기 속도**로 표현될 수 있다.	14.1 특정한 기간에 대한 평균 반응 속도를 결정하고, 농도 대 시간의 그래프로부터 순간 반응 속도를 추정한다. 14.2 반응의 화학량론을 이용하여 어떤 반응물의 소모 속도와 어떤 생성물의 생성 속도를 관련짓는다.
14.2~14.3 속도 법칙, 반응 차수 및 초기 속도 방법	반응 속도는 반응물의 농도, 온도, 촉매의 존재에 의존한다. 농도 의존성은 **속도 법칙**, 속도 $= k[A]^m[B]^n$에 의해 주어진다. 여기서 k는 **속도 상수**, m과 n은 반응물 A와 B에 대한 **반응 차수**, $m+n$은 전체 반응 차수이다. m과 n은 실험에 의해 결정되어야만 하며, 전체 반응의 화학량론으로부터 추정할 수 없다. 속도 법칙을 결정하는 하나의 실험 방법은 한 반응물의 농도를 변화시킬 때 나타나는 반응 속도의 변화를 측정하는 **초기 속도 방법**이다.	14.3 각 반응물에 대한 차수, 전체 반응 차수, 주어진 속도 법칙에서 속도 상수의 단위를 구한다. 14.4 반응물의 농도가 특정한 양 만큼 변할 때 반응 속도의 변화를 예상한다. 14.5 초기 속도와 농도 자료를 이용하여 속도 법칙과 속도 상수를 결정한다.
14.4~14.5 1, 2차 반응에 대한 적분 속도 법칙	**적분 속도 법칙**은 어떤 시간 t에서 농도 또는 초기 농도가 어떤 특정한 값에 도달하는 데 필요한 시간을 계산하게 하는 농도-시간 식이다. **1차 반응**의 경우, 적분 속도 법칙은 $[A]_t = -kt + \ln [A]_0$이고 $\ln [A]$ 대 시간의 그래프는 $-k$와 같은 기울기를 가지는 직선이다. **2차 반응**의 경우, 적분 속도 법칙은 $1/[A]_t = kt + 1/[A]_0$이고 $1/[A]$ 대 시간의 그래프는 k와 같은 기울기를 가지는 직선이다. 반응의 **반감기**($t_{1/2}$)란 반응물의 농도가 처음값의 1/2로 떨어지는 데 필요한 시간이다. 어떤 차수 반응의 반감기 식은 적분 속도 법칙으로부터 유도될 수 있다.	14.6 1차 반응의 경우, 반감기와 다양한 시간에서 남아 있는 농도를 결정하기 위해 적분 속도 법칙을 이용한다. 14.7 2차 반응의 경우, 반감기와 다양한 시간에서 남아 있는 농도를 결정하기 위해 적분 속도 법칙을 이용한다. 14.8 그래프로 반응 차수와 속도 상수를 결정한다.
14.6~14.7 반응 속도와 온도: 아레니우스 식	속도 상수의 온도 의존성은 **아레니우스 식**, $k = Ae^{-E_a/RT}$에 의해 기술된다. 여기서 A는 **진동수 인자**이고, E_a는 **활성화 에너지**이다. E_a의 값은 $\ln k$ 대 $1/T$의 직선 도시의 기울기로부터 결정될 수 있다. 그것은 반응물과 생성물 사이에 퍼텐셜 에너지 장벽의 높이로 해석될 수 있다. 장벽 꼭대기에서 원자들의 배열은 **전이 상태**라고 한다. **충돌 이론**에 따르면, 속도 상수는 $k = pZe^{-E_a/RT}$에 의해 주어진다. 여기서 p는 **입체 인자**(반응을 위해 분자들이 적절한 배향을 가지는 충돌의 분율)이며, Z는 충돌 빈도와 관련되는 상수이고, $e^{-E_a/RT}$는 E_a와 같거나 더 큰 에너지를 가지고 있는 충돌의 분율이다.	14.9 퍼텐셜 에너지 도표를 해석하고, 충돌 이론을 이용하여 성공적인 충돌과 전이 상태를 위한 기하 구조를 제안한다. 14.10 다른 온도에서의 속도 상수가 주어졌을 때, 아레니우스 식을 이용하여 반응의 활성화 에너지를 계산한다.

절	개념 요약	학습 목표
14.8 반응 메커니즘	**반응 메커니즘**은 반응물로부터 생성물까지 경로를 정의하는 **단일 단계 반응** 또는 **단일 단계**의 순서이다. 단일 단계 반응은 1개 2개 또는 3개의 반응물 분자(또는 원자)가 관련되는지에 의존하여 **일분자 반응**, **이분자 반응**, **삼분자 반응**으로 분류된다. 다단계 전체 반응의 관찰된 속도 법칙은 단일 단계의 순서와 그들의 상대적 속도에 의존한다. 가장 느린 단계를 **속도 결정 단계**라고 한다. 하나의 단일 단계에서 생성되고 그 다음 단계에서 소모되는 화학종은 **반응 중간체**라고 한다.	14.11 반응 메커니즘이 주어질 때, 전체 반응을 쓰고 중간체를 확인하며 각 단일 단계의 분자도를 결정한다.
14.9 촉매 작용	**촉매**란 반응에서 소모되지 않고 반응 속도를 증가시키는 물질이다. 촉매의 작용은 더 낮은 활성화 에너지를 가지고 있는 대안적인 반응 경로를 가능하게 한다. **균일 촉매**는 반응물과 같은 상으로 존재하지만, **불균일 촉매**는 다른 상으로 존재한다. **효소**란 생물학적 반응에 대해 촉매로 작용하는 거대한 단백질 분자이다.	14.12 속도 법칙을 결정하기 위해 촉매 반응의 분자 도표를 이용하여 속도 법칙을 결정하고, 속도 법칙과 일치하는 메커니즘을 제안한다. 14.13 촉매 반응의 메커니즘에서 촉매와 중간체를 확인한다. 14.14 촉매 반응의 메커니즘을 나타내는 퍼텐셜 에너지 도표를 해석한다.

주요 용어

1차 반응
2차 반응
균일 촉매
단일 단계
단일 단계 반응
반감기
반응 메커니즘
반응 속도

반응 중간체
반응 차수
분자도
불균일 촉매
삼분자 반응
속도 결정 단계
속도 법칙
속도 상수

순간 속도
아레니우스 도시
아레니우스 식
이분자 반응
일분자 반응
입체 인자(p)
적분 속도 법칙
전이 상태

진동수 인자
초기 속도
촉매
충돌 이론
화학 반응 속도론
활성화 에너지(E_a)
효소

주요 식

- $a\,\mathrm{A} + b\,\mathrm{B} \longrightarrow c\,\mathrm{C} + d\,\mathrm{D}$ 반응의 반응 속도(14.1절)
- 일반적인 반응 속도 (14.1절)

$$\text{속도} = -\frac{1}{a}\frac{\Delta[\mathrm{A}]}{\Delta t} = -\frac{1}{b}\frac{\Delta[\mathrm{B}]}{\Delta t} = \frac{1}{c}\frac{\Delta[\mathrm{C}]}{\Delta t} = \frac{1}{d}\frac{\Delta[\mathrm{D}]}{\Delta t}$$

여기서 a, b, c, d는 반응물과 생성물인 A, B, C, D의 화학량론적 계수이다.

- $a\,\mathrm{A} + b\,\mathrm{B} \longrightarrow$ 생성물 반응의 일반적인 속도 법칙 (14.2절)

속도 $= k[\mathrm{A}]^m[\mathrm{B}]^n$

여기서 k는 속도 상수, m은 A에 대한 반응 차수, n은 B에 대한 반응 차수이다.

여기서 $[\mathrm{A}]_t$는 시간 t일 때 A의 농도이고, $[\mathrm{A}]_0$는 A의 초기 농도이다.

- 1차 반응의 경우, 적분 속도 법칙과 반감기($t_{1/2}$) (14.4절)

$$\ln\frac{[\mathrm{A}]_t}{[\mathrm{A}]_0} = -kt \qquad t_{1/2} = \frac{0.693}{k}$$

- 2차 반응의 경우, 적분 속도 법칙과 반감기($t_{1/2}$) (14.5절)

$$\frac{1}{[\mathrm{A}]_t} = kt + \frac{1}{[\mathrm{A}]_0} \qquad t_{1/2} = \frac{1}{k[\mathrm{A}]_0}$$

- 충돌 이론으로 예상된 속도 상수: 아레니우스 식(14.6절)

$$k = pZe^{-E_a/RT} = Ae^{-E_a/RT}$$

여기서 p는 입체 인자, Z는 충돌 빈도, E_a는 활성화 에너지, $A(=pZ)$는 진동수 인자이다.

- 아레니우스 식의 두 가지 로그 형태(14.7절)

$$\ln k = \ln A - \frac{E_a}{RT} \qquad \ln\left(\frac{k_2}{k_1}\right) = \left(\frac{-E_a}{R}\right)\left(\frac{1}{T_2} - \frac{1}{T_1}\right)$$

여기서 k_1과 k_2는 온도 T_1과 T_2일 때 속도 상수이다.

복습 문제

LO는 학습 목표(Learning Objectives)를 나타낸다.

이 장을 학습한 후엔, 학습자의 이해도를 평가할 수 있는 방법이 있다. **복습 문제**를 푸는 것이다. **복습 문제**들은 이 장의 학습 목표와 연계되어 있다. 따라서 푼 답이 틀렸다면, 이 장의 끝부분에 나와 있는 **정리** 문단의 **학습 목표**를 참고하면 된다. 정리 문단에는 **개념 요약**이 제공되며, **예제**를 참고하면 문제 해결 방법을 모델링 할 수 있다.

다음 식과 그래프를 사용하여 문제 1과 2의 답을 구하시오. 410 °C 에서 아이오딘화 수소는 다음 반응과 같이 분해된다.

$$2\,\mathrm{HI}(g) \longrightarrow \mathrm{H_2}(g) + \mathrm{I_2}(g)$$

그래프는 HI의 농도가 시간에 따라 어떻게 변하는지를 보여 준다.

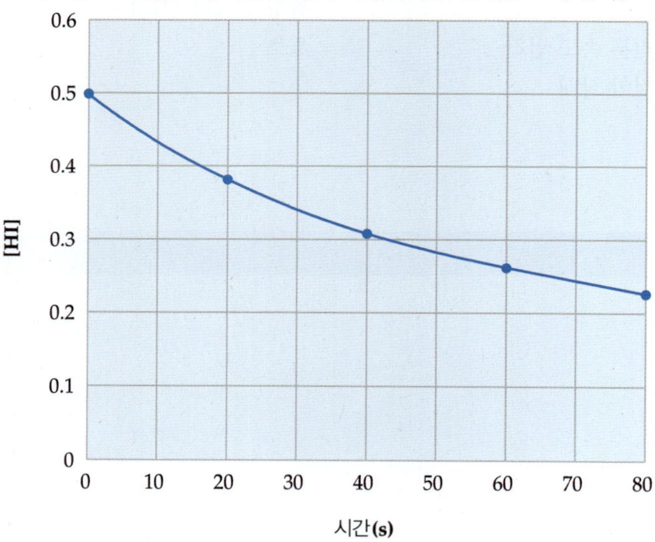

1. 0~40 s 동안 HI의 평균 소모 속도는 얼마인가? (**LO 14.1**)
   (a) 7.5×10^{-3} M/s (b) 4.8×10^{-3} M/s
   (c) 3.0×10^{-2} M/s (d) 3.5×10^{-3} M/s
2. 0~40 s 동안 H_2의 평균 생성 속도는 얼마인가? (**LO 14.2**)
   (a) 3.8×10^{-3} M/s (b) 4.8×10^{-3} M/s
   (c) 2.4×10^{-3} M/s (d) 9.6×10^{-3} M/s
3. 540 K에서 CO와 NO_2 사이의 반응 속도가 연구되었다. [CO] $= 5.1 \times 10^{-4}$ M, $[NO_2] = 7.0 \times 10^{-5}$ M일 때 초기 반응 속도는 6.8×10^{-8} M/min으로 밝혀졌다.

$$\mathrm{CO}(g) + \mathrm{NO_2}(g) \longrightarrow \mathrm{CO_2}(g) + \mathrm{NO}(g)$$
$$\text{속도} = k[\mathrm{CO}][\mathrm{NO_2}]$$

   반응 속도 상수는 얼마인가? (**LO 14.3**)
   (a) $1.9\ \mathrm{M^{-1}\ min^{-1}}$ (b) $0.53\ \mathrm{M^{-1}\ min^{-1}}$
   (c) $0.53\ \mathrm{min^{-1}}$ (d) $1.9\ \mathrm{M^{-2}\ min^{-1}}$
4. 다음 반응은 A에 대해 1차, B에 대해 1차이다.

$$\mathrm{A} + \mathrm{B} \longrightarrow \mathrm{AB} \qquad \text{속도} = k[\mathrm{A}][\mathrm{B}]$$

(1)

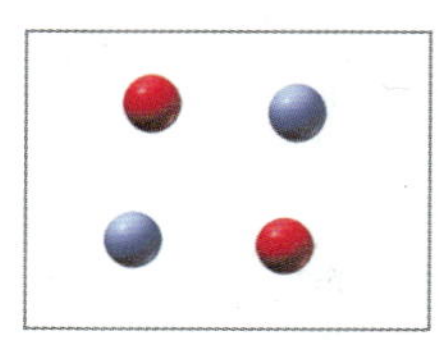

(a)

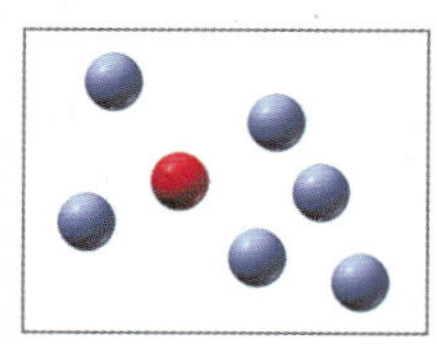

(b)

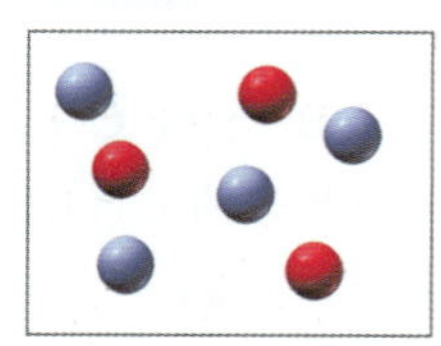

(c)

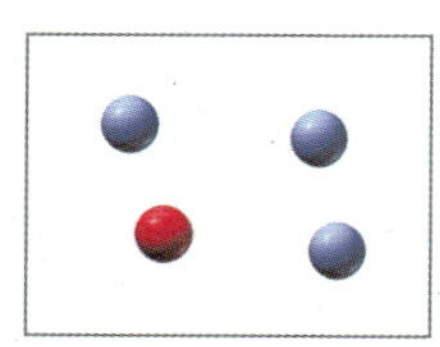

(d)

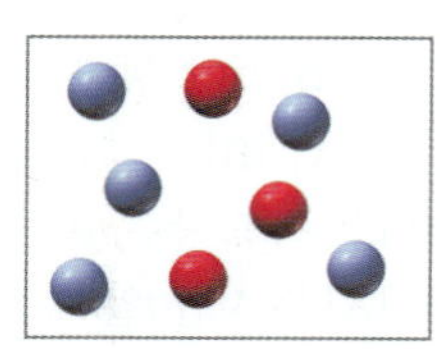

   반응 속도가 그림 1보다 3배 더 빠른 A(빨간색 구)와 B(파란색 구)의 농도 그림은 어느 것인가? (**LO 14.4**)
5. 900 °C에서 다음 반응의 경우, 반응물의 다양한 초기 농도에

서 반응 속도가 측정되었다.

$$2\ NO(g) + 2\ H_2(g) \longrightarrow N_2(g) + 2\ H_2O(g)$$

다음 표의 자료를 이용하여 반응의 속도 법칙을 결정하시오. (**LO 14.5**)

초기 [NO]	초기 [H_2]	초기 속도(M/S)
0.300	0.100	5.69×10^{-2}
0.150	0.100	1.42×10^{-2}
0.250	0.200	7.90×10^{-2}

(a) 속도 = $k[NO][H_2]$ (b) 속도 = $k[NO][H_2]^2$

(c) 속도 = $k[NO]^2[H_2]$ (d) 속도 = $k[NO]^2[H_2]^2$

6. 설탕인 수크로스는 산성 용액에서 분해되어 글루코스와 과당을 생성한다. 반응은 수크로스에 대해 1차이고, 25 °C에서 속도 상수는 $k = 3.60 \times 10^{-3}\ h^{-1}$이다. 만약 수크로스의 초기 농도가 0.050 M이면, 2일 후에 수크로스의 농도는 얼마인가? (**LO 14.6**)

(a) 0.013 M (b) 0.028 M

(c) 4.3×10^{-3} M (d) 0.042 M

7. 설탕인 수크로스는 산성 용액에서 분해되어 글루코스와 과당을 생성한다. 반응은 수크로스에 대해 1차이고, 25 °C에서 속도 상수는 $k = 3.60 \times 10^{-3}\ h^{-1}$이다. 수크로스 용액의 80.0%가 반응할 때까지 시간이 얼마나 걸리는가? (**LO 14.6**)

(a) 2.56일 (b) 9.78일

(c) 18.6일 (d) 0.164일

8. HI 기체상 분해 반응의 속도 법칙은 다음과 같다.

$$2\ HI(g) \longrightarrow H_2(g) + I_2(g) \qquad \text{Rate} = k[HI]^2$$

443 °C에서 $k = 30.1\ M^{-1}\ min^{-1}$이다. HI의 초기 농도가 0.010 M일 때, 1.5시간 후에 HI의 농도는 얼마인가? (**LO 14.7**)

(a) 6.9×10^{-3} M (b) 1.8×10^{-3} M

(c) 3.6×10^{-4} M (d) 8.9×10^{-4} M

9. 일산화 염소(ClO)는 실온에서 다음 반응식으로 분해된다.

$$2\ ClO(g) \longrightarrow Cl_2(g) + O_2(g)$$

시간에 따라 ClO의 농도를 측정하여 그래프 세 개를 만들었다.

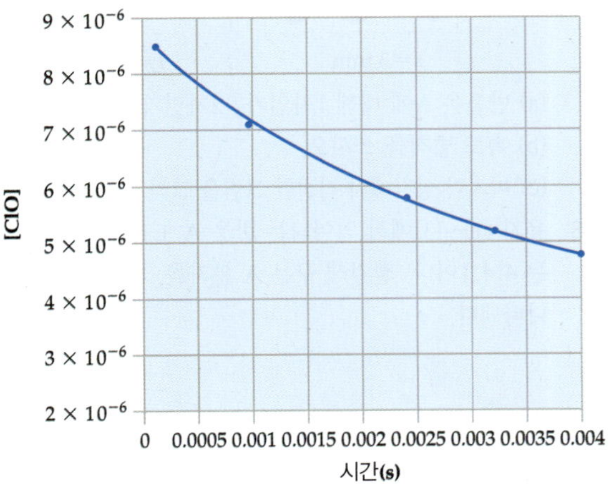

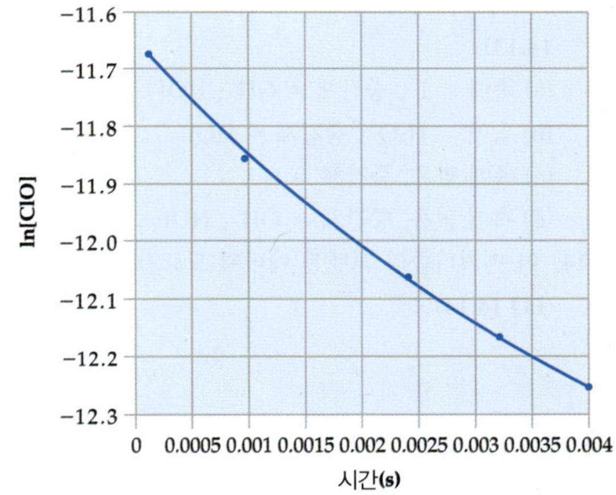

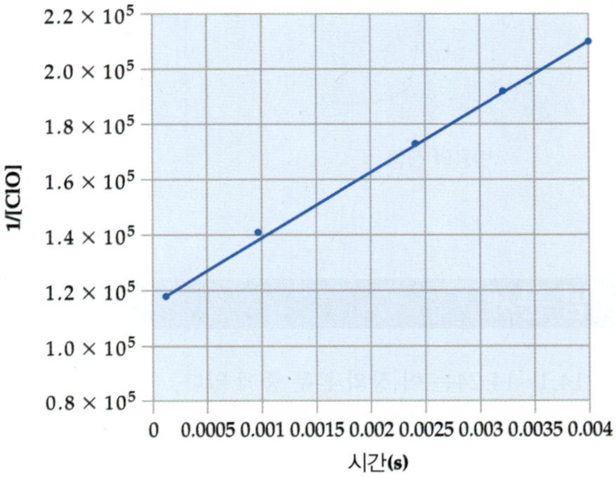

이 반응의 속도 법칙은 무엇인가? (LO 14.8)

(a) 속도 = k (b) 속도 = $k[ClO]$

(c) 속도 = $k[ClO]^2$ (d) 속도 = $k[ClO]^3$

10. H_2O_2의 1차 분해에 대한 반감기는 10.7시간(h)이다. H_2O_2의 초기 농도가 0.56 M일 때, 3번의 반감기 후에 H_2O_2의 농도는 얼마인가? (**LO 14.6**)

(a) 0.070 M (b) 0.14 M

(c) 0.047 M (d) 0.018 M

11. 대기 상층부에서 일어나는 주요 반응은 다음과 같다.

$$O_3(g) + O(g) \longrightarrow 2\ O_2(g)$$

이 과정에서 정반응의 활성화 에너지($E_{a(fwd)}$)는 19 kJ/mol이고, 반응 엔탈피 변화(ΔH_{rxn})는 −392 kJ/mol이다. 역반응의 활성화 에너지($E_{a(reverse)}$)는 얼마인가? (**LO 14.9**)

(a) 411 kJ/mol (b) 392 kJ/mol

(c) 373 kJ/mol (d) 196 kJ/mol

12. 만약 어떤 반응의 속도 상수가 500 K에서 $9.51 \times 10^{-9}\ L\ mol^{-1}\ s^{-1}$, 600 K에서 $1.10 \times 10^{-5}\ L\ mol^{-1}\ s^{-1}$라면, E_a의 값은 얼마인가? (**LO 14.10**)

문제 13의 답을 구하기 위해 다음 메커니즘을 참조하시오.

$H_2O_2(aq) + I^-(aq) \longrightarrow OH^-(aq) + HOI(aq)$ 더 느림, 속도 결정

$HOI(aq) + I^-(aq) \longrightarrow OH^-(aq) + I_2(aq)$ 더 빠름

$2\ OH^-(aq) + 2\ H_3O^+(aq) \longrightarrow 4\ H_2O(l)$ 더 빠름

13. 메커니즘에서 촉매와 중간체를 확인하시오. (**LO 14.11, 14.13**)
   (a) 촉매 = I^-, 중간체 = OH^-, HOI
   (b) 촉매 = H_3O^+, 중간체 = HOI
   (c) 촉매 없음, 중간체 = I_2
   (d) 촉매 없음, 중간체 = OH^-, HOI
14. 이 메커니즘의 퍼텐셜 에너지 도표가 옳은 것을 고르시오. (**LO 14.14**)

(a)

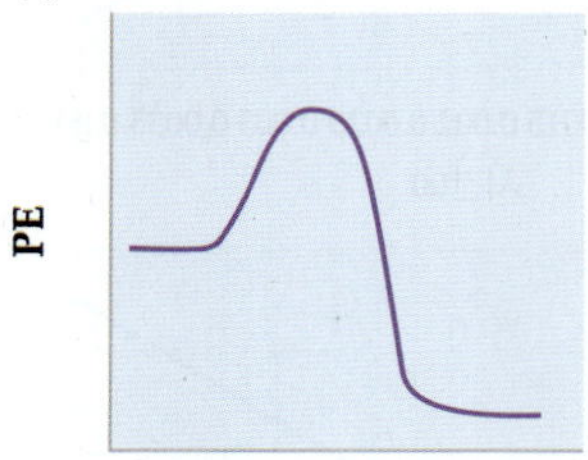

(b)

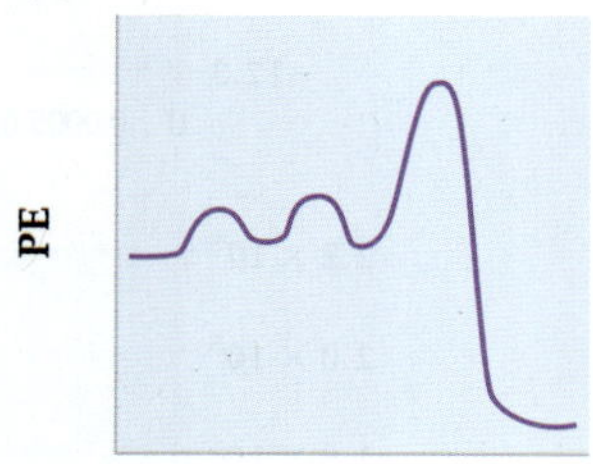

(c)

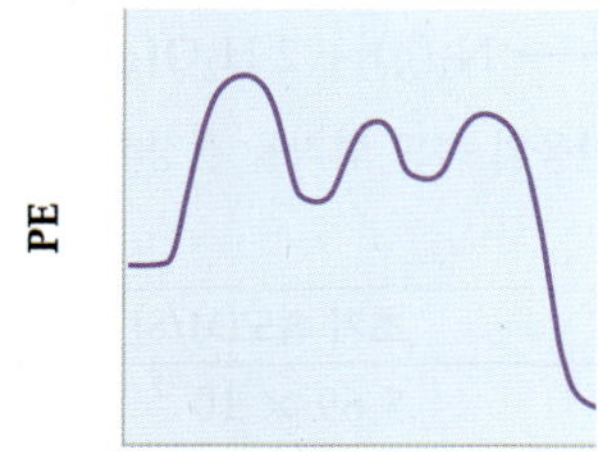

(d)

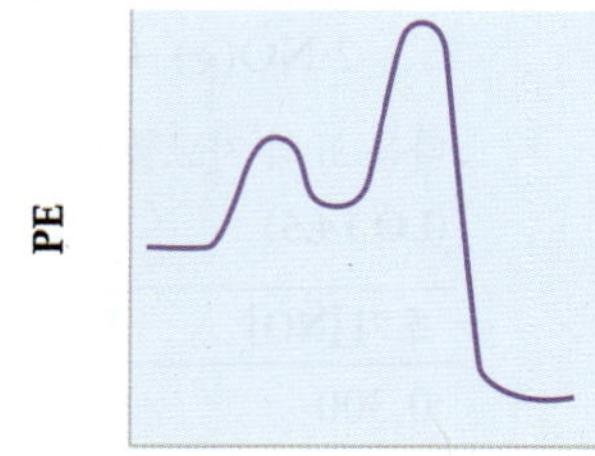

답:

1. b, 2. c, 3. a, 4. b, 5. c, 6. d, 7. c, 8. c, 9. c, 10. a, 11. a, 12. b, 13. d, 14. c

개념 문제

문제 14.1~14.24는 이 장의 본문 중에 있다.

14.25 다음 반응은 A(빨간색 구)에 대해 1차, B(파란색 구)에 대해 1차이다.

$$A + B \longrightarrow \text{생성물} \quad \text{속도} = k[A][B]$$

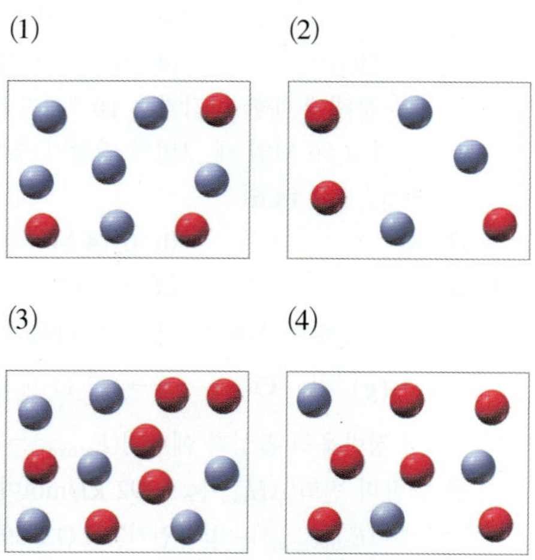

(a) 용기 (1)~(4)의 경우, 이 반응의 상대 속도는 얼마인가? 각 용기의 부피는 같다.

(b) 용기 (1)~(4)의 경우, 속도 상수 k의 상댓값은 얼마인가?

14.26 A 분자(빨간색 구)가 B 분자(파란색 구)로 변환되는 1차 반응 A → B를 생각해 보자.

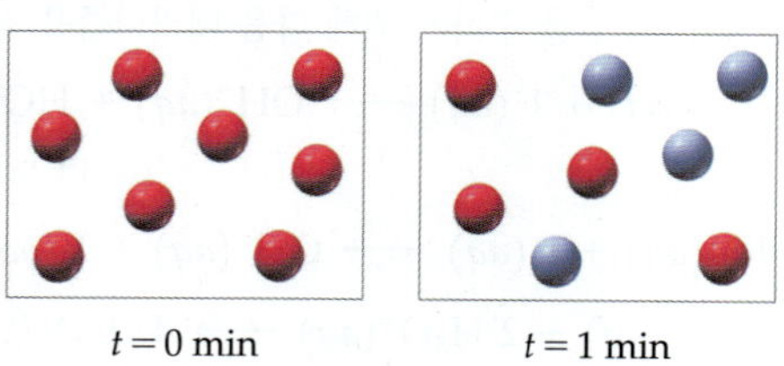

(a) t = 0 min과 t = 1 min일 때의 그림이 주어졌다. t = 2 min과 t = 3 min일 때 존재하는 A와 B 분자의 수를 나타내는 그림을 그리시오.

(b) 반응의 반감기는 얼마인가?

14.27 다음 그림은 2개의 A 분자가 더 복잡한 분자 A_2를 만들기 위해 결합하는 반응 2 A → A_2의 과정을 나타낸 것이다.

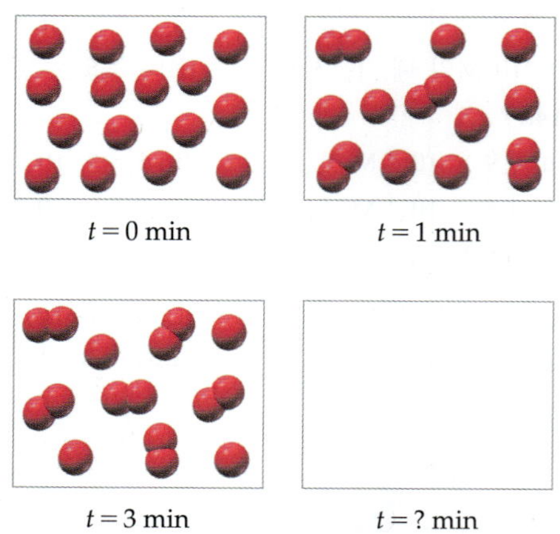

(a) 반응은 A에 대해 1차인가? 2차인가?

(b) 속도 법칙을 쓰시오.

(c) 마지막 상자에서 적절한 그림을 그리고, 시간을 명시하시오.

14.28 용기 (1)~(3)에서 일어나는 반응 A + B → AB의 상대 속도는 4:4:1이다. 빨간색 구는 A 분자를, 파란색 구는 B 분자를 나타낸다.

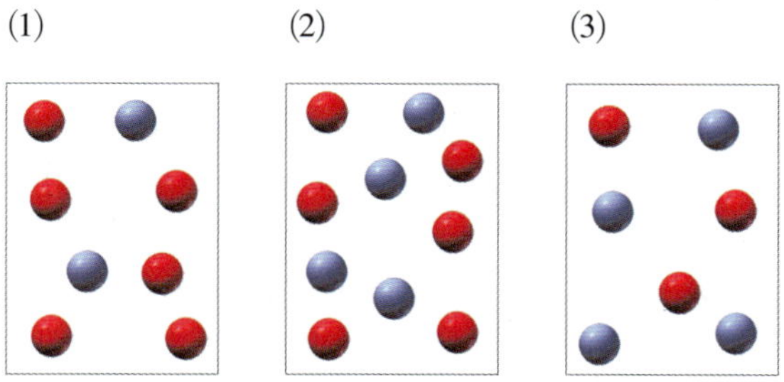

(a) A와 B의 반응 차수는 얼마인가?

(b) 속도 법칙을 쓰시오.

(c) 속도 법칙과 일치하는 메커니즘을 쓰시오.

(d) 메커니즘에서 모든 중간체를 확인하시오.

14.29 다음 메커니즘에 의해 일어나는 반응을 생각해 보자.

$$A + BC \rightarrow AC + B$$
$$AC + D \rightarrow A + CD$$

이 반응의 퍼텐셜 에너지 단면도는 다음과 같다.

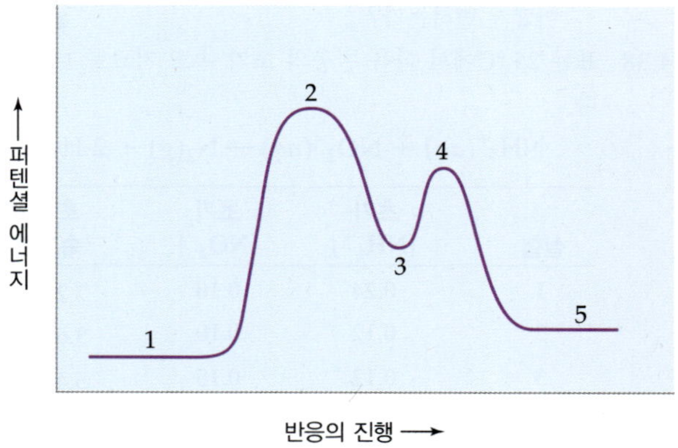

(a) 전체 반응의 반응식을 쓰시오.

(b) 반응 시기 1~5에 존재하는 모든 종의 구조식을 쓰시오. 반응물, 생성물, 촉매, 중간체, 전이 상태에 해당하는 각 종을 확인하시오.

(c) 메커니즘에서 두 단계 중 어느 것이 속도 결정 단계인가? 전체 반응의 속도 법칙을 쓰시오.

(d) 반응은 흡열인가 발열인가? 반응 에너지값 ΔE와 전체 반응의 활성화 에너지 E_a를 도표에 표시하시오.

보충 문제

반응 속도(14.1절)

14.30 표 14.1의 자료를 이용하여, 시간 범위 200~300 s 동안에 N_2O_5의 평균 분해 속도와 O_2의 평균 생성 속도를 계산하시오.

14.31 표 14.1과 그림 14.1의 자료를 이용하여, t = 350 s를 중심으로 다음 시간 범위에 걸쳐 NO_2 출현의 평균 속도를 계산함으로써 t = 350 s에서 NO_2 출현의 순간 속도를 추정하시오.

(a) 0~700 s **(b)** 100~600 s

(c) 200~500 s **(d)** 300~400 s

어느 것이 가장 좋은 추정이며, 그 이유는 무엇인가?

14.32 그림 14.1에 있는 농도-시간 자료의 도시로부터 다음을 추정하시오.

(a) t = 200 s일 때 N_2O_5 분해의 순간 속도

(b) N_2O_5 분해의 초기 속도

14.33 암모니아는 다음 반응에 의해 대량으로 생산된다.

$$N_2(g) + 3\,H_2(g) \rightarrow 2\,NH_3(g)$$

(a) H_2의 소모 속도와 N_2의 소모 속도는 어떻게 관련이 있는가?

(b) NH_3의 생성 속도와 N_2의 소모 속도는 어떻게 관련이 있는가?

14.34 다음 균형 반응식에 따라 아염소산염은 산성 용액에서 브로민화 이온에 의해 환원된다.

$$ClO_2^-(aq) + 4\,Br^-(aq) + 4\,H^+(aq) \rightarrow Cl^-(aq) + 2\,Br_2(aq) + 2\,H_2O(l)$$

(a) $\Delta[Br_2]/\Delta t = 4.8 \times 10^{-6}$ M/s이면, 같은 시간 간격 동안 $\Delta[ClO_2^-]/\Delta t$의 값은 얼마인가?

(b) 같은 시간 간격 동안 Br^- 소모의 평균 속도는 얼마인가?

속도 법칙(14.2~14.3절)

14.35 수소와 일염화 아이오딘의 기체상 반응은 H_2에 대해 1차, ICl에 대해 1차이다. 속도 법칙는 무엇이고, 속도 상수의 단위는 무엇인가?

$$H_2(g) + 2\,ICl(g) \rightarrow 2\,HCl(g) + I_2(g)$$

14.36 브로모메테인은 알칼리성 용액에서 메탄올로 변환된다. 반응은 각 반응물에 대해 1차이다.

$$CH_3Br(aq) + OH^-(aq) \rightarrow CH_3OH(aq) + Br^-(aq)$$

(a) 속도 법칙을 쓰시오.

(b) OH^-의 농도가 5배 감소한다면, 반응 속도는 어떻게 변하는가?

(c) 반응물의 농도가 둘 다 2배로 된다면, 속도의 변화는 얼마인가?

14.37 산소 분자에 의한 비스(바이피리딘) 구리(I) 이온의 산화는 다음 반응식과 같이 기술된다.

$$Cu(C_{10}H_8N_2)_2^+(aq) + O_2(aq) \rightarrow \text{생성물}$$

반응은 산소에 대해 1차, $Cu(C_{10}H_8N_2)_2^+$에 대해 2차이다.

(a) 속도 법칙을 쓰시오.

(b) 전체 반응 차수는 얼마인가?

(c) $Cu(C_{10}H_8N_2)_2^+$의 농도가 4배 감소한다면, 반응 속도는

어떻게 변하는가?

14.38 표는 25 °C에서 다음 반응의 초기 속도 자료를 나열한 것이다.

$$NH_4^+(aq) + NO_2^-(aq) \rightarrow N_2(g) + 2\,H_2O(l)$$

실험	초기 $[NH_4^+]$	초기 $[NO_2^-]$	초기 반응 속도(M/s)
1	0.24	0.10	7.2×10^{-6}
2	0.12	0.10	3.6×10^{-6}
3	0.12	0.15	5.4×10^{-6}

(a) 속도 법칙을 쓰시오.
(b) 속도 상수의 값은 얼마인가?
(c) 초기 농도가 $[NH_4^+]$ = 0.39 M, $[NO_2^-]$ = 0.052 M일 때, 초기 속도는 얼마인가?

14.39 다음 균형 반응식은 산성 용액에서 과산화 수소에 의한 아이오딘화 이온의 산화를 나타낸 것이다.

$$H_2O_2(aq) + 3\,I^-(aq) + 2\,H^+(aq) \rightarrow I_3^-(aq) + 2\,H_2O(l)$$

빨간색 트라이아이오딘화 이온의 생성 속도($\Delta[I_3^-]/\Delta t$)는 색깔이 나타나는 속도를 측정함으로써 결정할 수 있다.
25 °C와 일정한 $[H^+]$에서 초기 속도 자료는 다음과 같다.

실험	초기 $[H_2O_2]$	초기 $[I^-]$	초기 반응 속도(M/s)
1	0.100	0.100	1.15×10^{-4}
2	0.100	0.200	2.30×10^{-4}
3	0.200	0.100	2.30×10^{-4}
4	0.200	0.200	4.60×10^{-4}

(a) 속도 법칙을 쓰시오.
(b) 속도 상수의 값은 얼마인가?
(c) 초기 농도가 $[H_2O_2]$ = 0.300 M이고 $[I^-]$ = 0.400 M일 때, 초기 속도는 얼마인가?

적분 속도 법칙; 반감기(14.4~14.5절)

14.40 500 °C에서 사이클로프로페인(C_3H_6)은 프로펜($CH_3-CH=CH_2$)으로 재배열된다. 반응은 1차이고, 속도 상수는 $6.7 \times 10^{-4}\ s^{-1}$이다. C_3H_6의 초기 농도가 0.0500 M이라면
(a) 30분 후 C_3H_6의 몰농도는 얼마인가?
(b) C_3H_6의 농도가 0.0100 M로 떨어지는 데 몇 분 걸리는가?
(c) C_3H_6의 25%가 반응하는 데 몇 분이 걸리는가?

14.41 문제 14.40에서 반응의 반감기(분)는 얼마인가? 사이클로프로페인의 농도가 처음 값의 6.25%로 떨어지는 데 몇 분 걸릴 것인가?

14.42 뷰타다이엔(C_4H_6)은 스스로 반응하여 화학식 C_8H_{12}인 이합체를 형성한다. 반응은 C_4H_6에 대해 2차이다. 특정 온도에서의 속도 상수는 $4.0 \times 10^{-2}\ M^{-1}s^{-1}$이고, C_4H_6의 초기 농도가 0.0200 M이라고 가정하자.
(a) 1.00 h의 반응 시간 후 몰농도는 얼마인가?
(b) C_4H_6 농도가 0.0020 M의 값에 도달하는 데 걸리는 시간(시간)은 얼마인가?

14.43 문제 14.42에서 C_4H_6의 초기 농도가 0.0200 M일 때 반응의 반감기(분)는 얼마인가? C_4H_6의 농도가 0.0100 M에서 0.0050 M까지 떨어지는 데 몇 분 걸리는가?

14.44 25 °C에서 어떤 1차 반응의 반감기는 248 s이다. 이 온도에서의 속도 상수 값은 얼마인가?

14.45 다음 열분해 반응의 반응 차수와 속도 상수를 결정하려고 한다.

$$AB_2 \rightarrow 1/2\ A_2 + B_2$$

(a) 어떤 자료를 모아야 하는가?
(b) 반응이 0차, 1차, 2차인지를 결정하기 위해 이 자료를 어떻게 이용할 것인가?
(c) 속도 상수의 값을 어떻게 결정할 것인지 설명하시오.

14.46 브로민화 나이트로실은 10 °C에서 분해된다.

$$NOBr(g) \rightarrow NO(g) + 1/2\ Br_2(g)$$

다음의 반응 속도론 자료를 이용하여 반응 차수와 NOBr 소모의 속도 상수의 값을 결정하시오.

시간(초)	0	10	40	120	320
[NOBr]	0.0390	0.0301	0.0175	0.00812	0.003 76

14.47 낮은 온도에서 뒤틀린 고리 탄화수소인 트랜스-사이클로헵텐(C_7H_{12})은 시스-사이클로헵텐으로 변환된다. 이 분자 재배열은 60 °C에서 $0.030\ M^{-1}s^{-1}$의 속도 상수를 가지는 2차 과정이다. 트랜스-사이클로헵텐의 초기 농도가 0.035 M이라면
(a) 1600 s의 반응 시간 후 트랜스-사이클로헵텐의 농도는 얼마인가?
(b) 농도가 처음 값의 1/20로 떨어지는 데 얼마의 시간이 걸릴 것인가?
(c) 0.075 M의 초기 농도에서 시스-사이클로헵텐의 반감기는 얼마인가?

아레니우스 식 (14.6~14.7절)

14.48 왜 반응물 분자들 사이의 모든 충돌이 화학 반응을 일으키지는 않는가?

14.49 기체의 온도가 10 °C 증가할 때, 충돌 빈도는 단지 2% 증가하지만, 반응 속도는 100%(2배) 이상 증가한다. 이유를 설명하시오.

14.50 다음 반응에 대해 E_a = 183 kJ/mol과 ΔE = 9 kJ/mol이 측정되었다.

$$2\,HI(g) \rightarrow H_2(g) + I_2(g)$$

반응물, 생성물 및 전이 상태의 퍼텐셜 에너지를 나타내는 이 반응의 퍼텐셜 에너지 단면도를 그리시오. E_a와 ΔE를 정의하는 표시를 하시오.

14.51 E_a와 ΔE 값이 다른 3개의 반응을 생각해 보자.

반응 1. $E_a = 20\ kJ/mol;\ \Delta E = -60\ kJ/mol$
반응 2. $E_a = 10\ kJ/mol;\ \Delta E = -20\ kJ/mol$
반응 3. $E_a = 40\ kJ/mol;\ \Delta E = +15\ kJ/mol$

(a) 각 반응의 반응물, 생성물, 전이 상태의 퍼텐셜 에너지를 나타내는 퍼텐셜 에너지 단면도를 그리시오. E_a와 ΔE를 정의하는 표시를 하시오.

(b) 3개의 반응 모두 같은 온도에서 수행되고, 같은 진동수 인자 A를 가진다고 가정할 때, 어느 반응이 가장 빠르고 어느 반응이 가장 느린가?

(c) 어느 반응이 가장 흡열 반응이고, 어느 반응이 가장 발열 반응인가?

14.52 $NO_2(g) + CO(g) \longrightarrow NO(g) + CO_2(g)$ 반응의 속도 상수는 700 K에서 1.3 $M^{-1}s^{-1}$이고, 800 K에서 23.0 $M^{-1}s^{-1}$이다.
(a) 활성화 에너지(kJ/mol)의 값은 얼마인가?
(b) 750 K에서 속도 상수의 값은 얼마인가?

14.53 다음 식은 항암제인 시스플라틴[$Pt(NH_3)_2Cl_2$]과 물의 반응을 기술한 것이다.

$$Pt(NH_3)_2Cl_2(aq) + H_2O(l) \longrightarrow Pt(NH_3)_2(H_2O)Cl^+(aq) + Cl^-(aq)$$

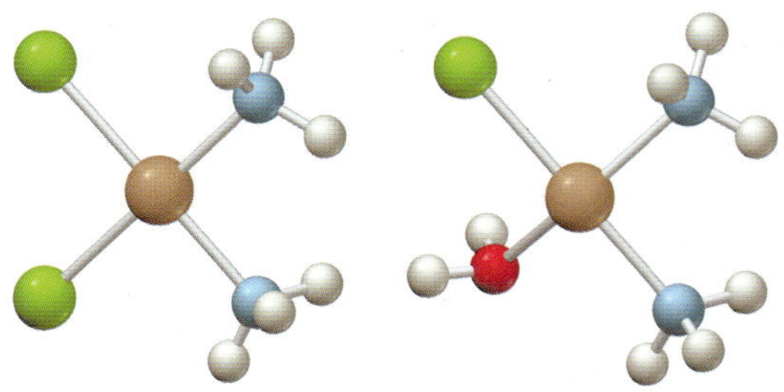

온도가 25 °C에서 50 °C로 올라갈 때 이 반응의 속도는 15배 증가한다. 활성화 에너지(kJ/mol)의 값은 얼마인가?

14.54 온도가 20 °C에서 30 °C로 증가할 때 반응 속도가 2.5배 증가한다면, 활성화 에너지(kJ/mol)의 값은 얼마인가? 온도가 120 °C에서 130 °C로 증가할 때 이 반응의 속도는 몇 배 증가하는가?

14.55 다음 1차 반응의 활성화 에너지를 결정하려고 한다.

$$A \longrightarrow B + C$$

(a) 어떤 자료를 모아야 하는가?
(b) 이 자료를 어떻게 이용하여 활성화 에너지를 결정할 것인가?

14.56 다음은 이산화 질소 열분해의 속도 상수를 나타낸 것이다.

$$NO_2(g) \longrightarrow NO(g) + 1/2\ O_2(g)$$

온도(°C)	$k(M^{-1}s^{-1})$	온도(°C)	$k(M^{-1}s^{-1})$
330	0.77	378	4.1
354	1.8	383	4.7

자료의 적절한 그래프를 도시하고, 이 반응의 활성화 에너지 E_a(kJ/mol)를 계산하시오.

반응 메커니즘(14.8절)

14.57 전체 반응의 균형 화학 반응식의 계수와 속도 법칙의 지수 사이에는 어떤 관계가 있는가?

14.58 수소와 일염화 아이오딘의 반응의 경우, 다음 메커니즘을 생각해 보자.

단계 1. $H_2(g) + ICl(g) \rightarrow HI(g) + HCl(g)$
단계 2. $HI(g) + ICl(g) \rightarrow I_2(g) + HCl(g)$

(a) 전체 반응의 반응식을 쓰시오.
(b) 반응 중간체를 확인하시오.
(c) 각 단일 단계의 분자도는 얼마인가?

14.59 다음 각 단일 단계 반응의 경우, 분자도를 구하시오.
(a) $O_3(g) + Cl(g) \rightarrow O_2(g) + ClO(g)$
(b) $NO_2(g) \rightarrow NO(g) + O(g)$
(c) $ClO(g) + O(g) \rightarrow Cl(g) + O_2(g)$
(d) $Cl(g) + Cl(g) + N_2(g) \rightarrow Cl_2(g) + N_2(g)$

14.60 염화 나이트릴(NO_2Cl)의 열분해는 다음 메커니즘에 의해 일어난다고 생각된다.

$$NO_2Cl(g) \xrightarrow{k_1} NO_2(g) + Cl(g)$$
$$Cl(g) + NO_2Cl(g) \xrightarrow{k_2} NO_2(g) + Cl_2(g)$$

(a) 전체 반응을 쓰시오.
(b) 각 단일 단계의 분자도는 얼마인가?

촉매 작용(14.9절)

14.61 다음 진술에 대해 논하시오. "촉매는 반응의 속도를 증가시키지만, 반응에 참여하지 않기 때문에 소모되지 않는다."

14.62 상층 대기에서 $CFCl_3$와 같은 염화플루오린화탄소는 햇빛을 흡수한 뒤 분해되어 Cl 라디칼을 생성한다. 염소 라디칼에 의한 오존 파괴 메커니즘의 하나는 다음과 같다.

$$Cl(g) + O_3(g) \rightarrow ClO(g) + O_2(g)$$
$$ClO(g) + O(g) \rightarrow Cl(g) + O_2(g)$$

(a) 전체 반응의 화학 반응식을 쓰시오.
(b) 이 반응에서 Cl 원자의 역할은 무엇인가?
(c) ClO는 촉매인가 반응 중간체인가?
(d) 촉매와 중간체를 구별하는 것은 무엇인가?

14.63 수용액에서 나이트라마이드(NH_2NO_2) 분해의 다음 메커니즘을 생각해 보자.

$$NH_2NO_2(aq) + OH^-(aq) \rightarrow NHNO_2^-(aq) + H_2O(l)$$
$$NHNO_2^-(aq) \rightarrow N_2O(g) + OH^-(aq)$$

(a) 전체 반응의 화학 반응식을 쓰시오.
(b) 촉매와 반응 중간체를 확인하시오.
(c) HCl이 용액에 더해진다면, 전체 반응의 속도는 어떻게 영향을 받겠는가?

chapter 15

화학 평형

CONTENTS

15.1 평형 상태

15.2 평형 상수 K_c

15.3 평형 상수 K_p

15.4 불균일 평형

15.5 평형 상수의 이용

15.6 평형 혼합물의 조성을 변화시키는 인자: 르샤틀리에 원리

15.7 평형 혼합물에 미치는 농도 변화의 영향

15.8 평형 혼합물에 미치는 압력과 부피 변화의 영향

15.9 평형 혼합물에 미치는 온도 변화의 영향

15.10 화학 평형과 화학 반응 속도와의 관계

산에서 스키를 타면, 높은 고도에서의 낮은 산소 부분압에 의해 고산병이 생길 수 있다. 혈액을 통한 근육 조직으로의 산소 운반은 산소 운반 단백질인 헤모글로빈이 관련된 화학 평형에 달려 있다.

높은 고도는 신체의 산소 운반에 어떤 영향을 미치는가?

이 질문의 답은 **474**쪽 **INQUIRY?** 에 나와 있다.

14장을 시작하면서 화학 반응에 관한 세 가지 주요 문제를 제기하였다. 어떤 일이 일어나는가? 얼마나 빠르게 그리고 어떤 메커니즘에 의해 일어나는가? 어느 정도로 일어나는가? 첫 번째 질문에 대한 답은 균형 화학 반응식의 화학량론에 따라 얻어지고, 두 번째 질문에 대한 답은 반응 속도론에 따라 얻어진다. 이 장에서는 세 번째 질문에 대한 답을 살펴보기 위해, 화학 평형 상태에 도달하기 전에 화학 반응이 완결되는 방향으로 어느 정도 진행되는가를 알아보고자 한다. **화학 평형(chemical equilibrium)** 상태란 반응물과 생성물의 농도가 더 이상 변하지 않는 상태이다.

화학 평형 시간의 경과에 따라 반응물과 생성물의 농도가 일정하게 유지되는 상태

평형의 개념은 이미 액체 증발(11.2절)과 관련해서 언급하였다. 한 액체가 밀폐 용기 내에서 증발하면 곧 일정한 증기 압력에 도달하는데, 이러한 현상은 액체에서 증발하여 기체로 되는 분자 수와 기체에서 응축하여 액체로 되는 분자 수가 동일한 동적 평형에 의해 일어난다. 화학 반응은 대체로 이와 비슷한 거동을 한다. 화학 반응은 정방향과 역방향으로 모두 일어날 수 있고, 정방향과 역방향의 반응 속도가 동일하게 될 때 반응물과 생성물의 농도는 일정하게 유지된다. 바로 그 시점이 화학계가 동적 평형 상태에 있는 것이다.

화학 평형은 여러 가지 산업, 생명, 환경 공정에서 중요하다. 예를 들어 O_2 분자와 헤모글로빈 단백질이 관여하는 평형은, 폐로부터 신체 각 부위 세포로 산소를 운반하고 공급하는 데 중요한 역할을 한다. 이와 유사한 CO 분자와 헤모글로빈이 관여하는 평형은 일산화 탄소의 독성을 설명할 수 있다.

평형 상태에서 반응물과 생성물의 혼합물을 **평형 혼합물(equilibrium mixture)**이라고 한다. 이 장에서는 평형 혼합물의 조성에 관해 다음과 같은 여러 가지 중요한 문제를 다룰 것이다. 평형 혼합물에서 반응물과 생성물 농도 사이의 관계는 무엇인가? 초기 농도로부터 평형 농도를 어떻게 결정하는가? 어떤 인자들이 평형 혼합물의 조성 변화에 영향을 미치는가? 마지막 질문은 수소, 암모니아, 메탄올(CH_3OH)과 같은 공업용 화합물들의 합성 조건을 선택하는 데 특히 중요하다.

▲ 밀폐된 용기 속의 브로민 액체와 기체는 동적 평형에 있다. ©Rvkamalov gmail.com/shutterstock

15.1 평형 상태

앞 장에서 화학 반응은 일반적으로 반응물이 생성물로 완전히 전환된다고 가정하였다. 그러나 많은 반응은 완결되지 않는다. 예를 들어, 무색의 사산화 이질소(N_2O_4) 기체가 암갈색의 이산화 질소(NO_2) 기체로 분해되는 것을 생각해 보자.

$$\underset{\text{무색}}{N_2O_4(g)} \rightleftharpoons \underset{\text{갈색}}{2\,NO_2(g)}$$

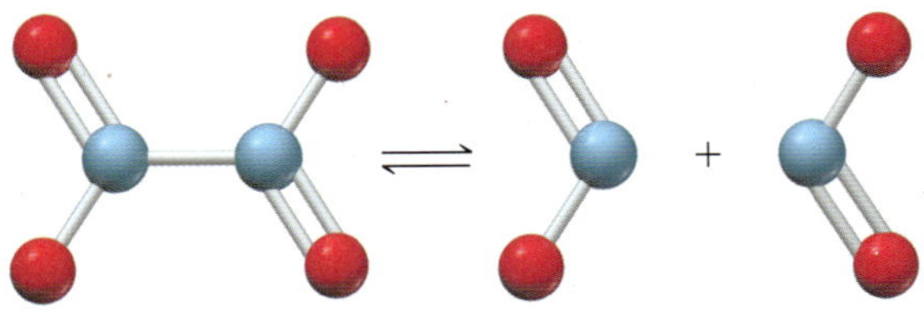

그림 15.1에 무색의 사산화 이질소(N_2O_4) 기체가 갈색의 이산화 질소(NO_2) 기체를 생성하는 분해 반응이 나와 있다. 초기에는 N_2O_4만이 존재하기 때문에, N_2O_4가 NO_2로 분해되는 정반응만 일어난다. 생성물(NO_2)의 농도가 증가하면서, NO_2 분자가 결합하여 N_2O_4가 만들어지는 역반응도 상당한 속도로 일어나기 시작한다. NO_2의 형성에 의해 발생하는 갈색은 점점 진해지는데, 정반응 속도가 역반응 속도와 같아져서 평형에 도달할 때까지 지속된다.

▲ 스모그로 덮인 홍콩의 낮. 스모그가 갈색인 이유는 주로 자동차 배기가스에서 방출된 NO_2 때문이다. ©iamlukyee/Shutterstock

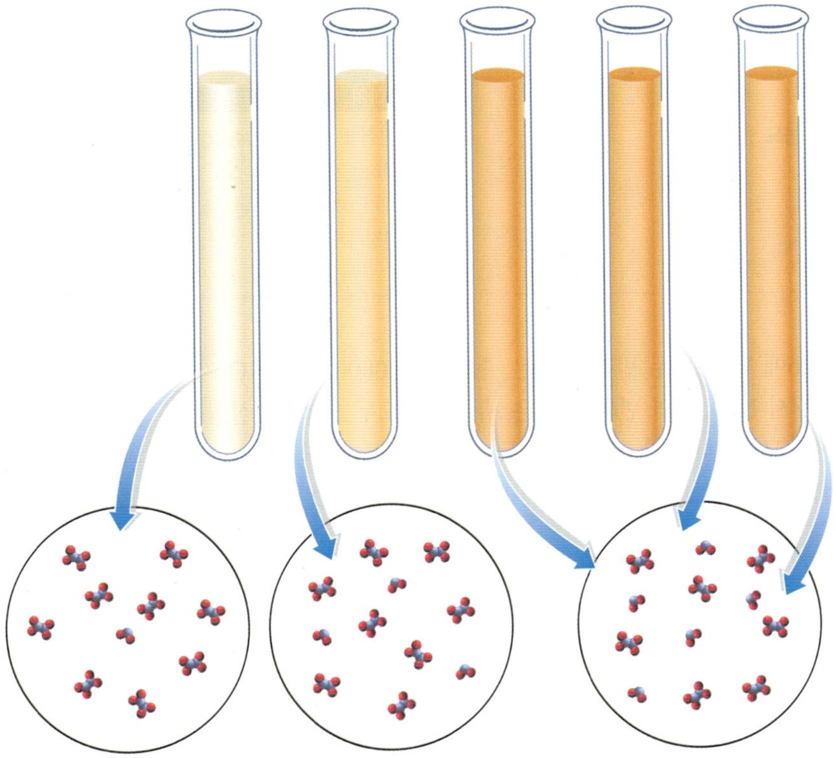

◀ **그림 15.1**
평형 반응($N_2O_4 \rightleftharpoons NO_2$)에 있는 기체들이 시험관에 들어 있다. 초기에 NO_2의 농도가 낮을 때는 정반응으로 인해 무색의 N_2O_4가 갈색인 NO_2로 전환된다. NO_2가 형성되면서 역반응이 일어나기 시작한다. 정반응 속도와 역반응 속도가 같아지면 평형이 이루어지고, 갈색이 일정하게 유지되는 것을 관찰할 수 있다.

그림 15.2는 25 ℃에서 수행된 서로 다른 두 실험에서, N_2O_4와 NO_2의 농도를 시간의 함수로 나타낸 그래프이다. 첫 번째 실험(그림 15.2a)에서는 초기 농도가 0.0400 M인 N_2O_4로 시작하였다. NO_2가 생성되면 갈색이 나타나므로, NO_2 농도는 분광 광도계를 이용해 색의 짙은 정도를 측정하여 알 수 있다. 균형 화학 반응식에 따라 N_2O_4 1.0 mol당 NO_2 2.0 mol이 생성되므로, NO_2의 생성 속도는 N_2O_4의 분해 속도의 두 배이다. 시간이 지남에 따라 두 물질의 농도가 일정한 평형 상태에 도달할 때까지 N_2O_4 농도는 감소하고 NO_2 농도는 증가한다. 평형에서의 농도는 $[N_2O_4] = 0.0337$ M, $[NO_2] = 0.0125$ M이다.

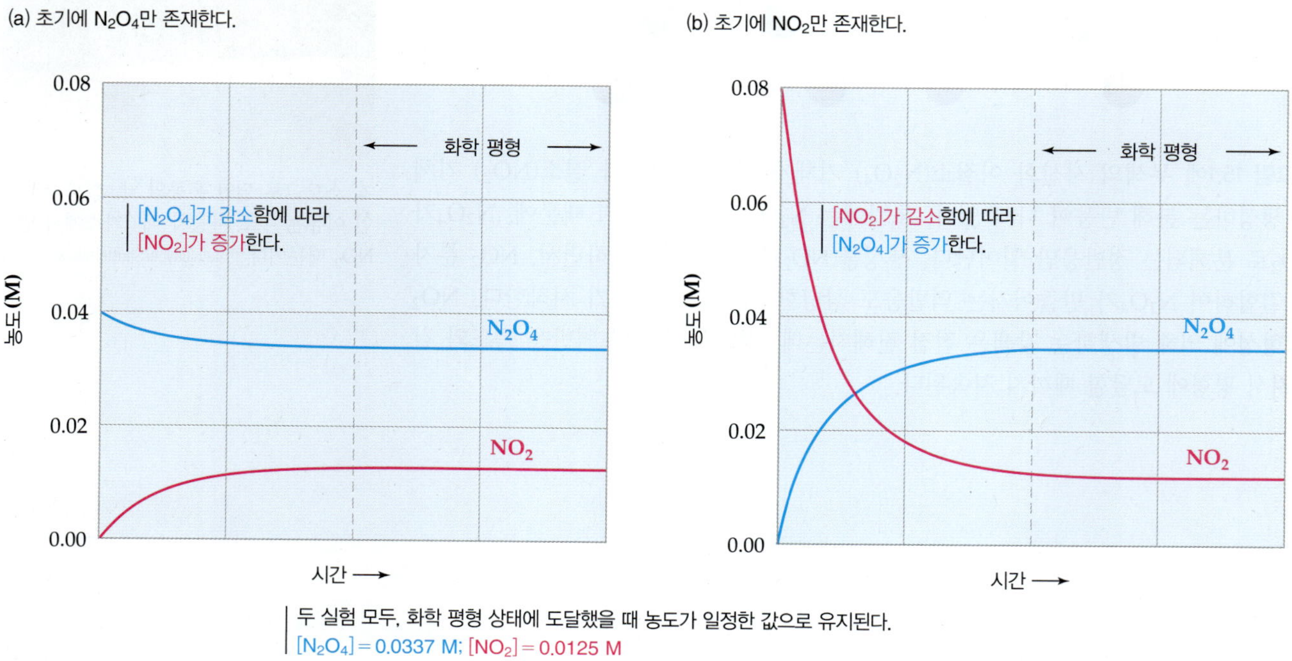

▲ **그림 15.2**
25 ℃의 두 실험에서 시간에 따른 N_2O_4와 NO_2의 농도 변화

▲ 확인하기

일단 평형에 도달하면 N_2O_4와 NO_2의 농도가 변화하는가?

답 아니다. 평형에서는 반응물과 생성물의 농도가 일정하게 유지된다.

그림 15.2b에 나타낸 두 번째 실험은, 농도가 0.0800 M인 NO_2가 유일한 반응물로서 시작한다. NO_2에서 N_2O_4로의 변환 반응은, 두 물질 모두 첫 번째 실험에서 얻은 것과 동일한 농도의 평형에 도달할 때까지 진행된다. 두 실험 결과를 통해, N_2O_4와 NO_2의 상호 변환은 가역적이며, 어느 한 물질에서 실험을 시작하더라도 동일한 평형 상태에 도달한다는 것을 알 수 있다.

$$N_2O_4(g) \rightleftharpoons 2\ NO_2(g) \qquad \text{반응은 양쪽 방향으로 일어난다.}$$

반응이 정반응과 역반응 양쪽으로 진행할 수 있다는 것을 나타내기 위하여 양쪽 화살표를 이용하여 균형 반응식을 쓰며, 한 화살표는 반응물에서 생성물을 향하고 다른 화살표는 생성물에서 반응물을 향한다. (이 문맥에서 '반응물'과 '생성물'이라는 용어는 정반응의 생성물이 역반응의 반응물이므로 혼동될 수 있다. 혼란을 피하기 위하여 **반응물**이라는 용어는 화학 반응식의 왼쪽 물질들로 한정하고, **생성물**이라는 용어는 화학 반응식의 오른쪽 물질들로 한정한다.)

엄밀하게 말해서 **모든** 화학 반응은 가역적이다. 때때로 비가역 반응이라고 표현되는 것은 단순히 그 반응이 **거의** 완결되므로 평형 혼합물은 거의 모두 생성물만을 포함하고 반응물은 거의 포함하지 않는 경우이다. 그러한 반응에서 역반응은 속도가 매우 느려서 확인할 수 없다.

화학 반응이 왜 평형 상태에 도달하는가는 화학 반응 속도론으로부터 이해할 수 있다(14장). N_2O_4와 NO_2의 상호 변환을 다시 생각해 보자. 정반응($N_2O_4 \longrightarrow 2\ NO_2$)과 역반응($N_2O_4 \longrightarrow 2\ NO_2$)의 반응 속도는 다음과 같은 **속도 법칙(rate law)**으로 주어진다.

$$정방향\ 속도 = k_f[N_2O_4] \qquad 역방향\ 속도 = k_r[NO_2]^2$$

정반응 속도는 반응물인 N_2O_4 농도가 낮아짐에 따라 감소하는 반면, 역반응 속도는 생성물인 NO_2 농도가 높아짐에 따라 증가한다. 결과적으로, 정반응의 감소 속도와 역반응의 증가 속도는 같아지며, 그 시점에서 더 이상 농도 변화는 없다. 이것은 반응이 중지되었기 때문이 아니라, N_2O_4와 NO_2 모두 생성되는 만큼 사라지기 때문이다. 그러므로 화학 평형은 정반응과 역반응이 동일한 속도로 계속되는 동적 평형 상태가 되어 반응물의 생성물로의 **알짜** 변환은 없다(그림 15.3).

기억하기…
반응 속도는 **속도 법칙**으로 주어지며, 일반적으로 반응물 농도에 의존한다. 대체로 반응 속도는 농도가 높아지면 증가하고, 농도가 낮아지면 감소한다(14.2절).

개념탐구 질문 1
화학 반응이 평형에 도달했을 때, 어떤 두 양이 같아지는가?

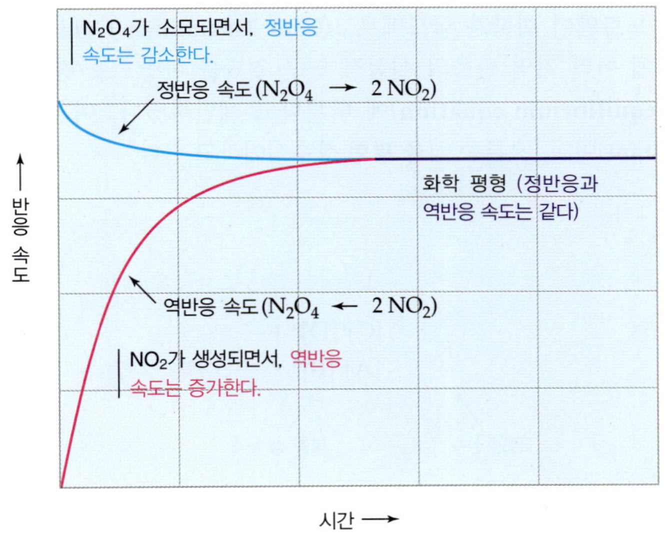

| 두 속도가 같아질 때 평형 상태가 되며, 더 이상의 농도 변화는 없게 된다.

◀ **그림 15.3**
N_2O_4가 NO_2로 분해되는 반응

◀ 확인하기
일단 평형에 도달하면 정반응 속도는 역반응 속도와 비교하여 어떤가?
답 정반응 속도와 역반응 속도는 같다.

15.2 평형 상수 K_c

표 15.1은 그림 15.2의 실험과 3가지 추가 실험의 농도 데이터를 보여 주고 있다. 실험 1과 2에서 평형 혼합물은 동일한 조성을 가지는데, 이것은 실험 1의 N_2O_4 초기 농도가 실험 2의 NO_2 초기 농도의 1/2이기 때문이다. 즉, 두 실험에서 전체 N과 O의 원자 수는 같다. 실험 3~5에서는 N_2O_4와 NO_2의 초기 농도가 다르므로 평형 농도도 서로 다르다. 그러나 모든 실험에서 평형 농도는 서로 관련되어 있다. 표 15.1의 맨 오른쪽 세로열은, 평형에서 $[NO_2]^2/[N_2O_4]$ 식이 실험 오차 범위 내에서 일정한 값 4.64×10^{-3} M을 가지는 것을 보여 준다.

$[NO_2]^2/[N_2O_4]$ 식은 $N_2O_4(g) \rightleftharpoons 2\ NO_2(g)$ 반응의 균형 화학 반응식과 관련이 있다. 즉,

생성물 농도를 균형 반응식의 계수로 거듭제곱한 것이 분자이고, 반응물의 농도가 분모이다. 모든 화학 반응에 대해 이와 유사하게 일정한 값을 갖는 식이 있을까? 만약 그렇다면 그 식의 형태는 화학 반응에 대한 균형 반응식과 어떤 관련이 있을까?

개념탐구 질문 2

평형 상수 값이 반응물이나 생성물의 초기 농도에 의존하는가?

표 15.1 25 ℃에서 반응 $N_2O_4(g) \rightleftharpoons 2\ NO_2(g)$에 대한 농도 자료

	초기 농도(M)		평형 농도(M)		평형 상수
실험	$[N_2O_4]$	$[NO_2]$	$[N_2O_4]$	$[NO_2]$	$[NO_2]^2/[N_2O_4]$
1	0.0400	0.0000	0.0337	0.0125	4.64×10^{-3}
2	0.0000	0.0800	0.0337	0.0125	4.64×10^{-3}
3	0.0600	0.0000	0.0522	0.0156	4.66×10^{-3}
4	0.0000	0.0600	0.0246	0.0107	4.65×10^{-3}
5	0.0200	0.0600	0.0429	0.0141	4.63×10^{-3}

▲ 동적 평형의 또 다른 예: 1층에서 2층으로 이동하는 사람의 속도와 2층에서 1층으로 이동하는 사람의 속도가 같으면 각 층에 사람의 수는 일정하게 남아 있게 되고 두 층에 있는 사람의 수는 동적 평형에 있게 된다.

이에 답하기 위하여 일반적인 가역 반응을 생각해 보자.

$$a\,A + b\,B \rightleftharpoons c\,C + d\,D$$

여기서 A와 B는 반응물이고, C와 D는 생성물이다. a, b, c, d는 균형 화학 반응식의 화학량론적 계수이다. 노르웨이 화학자 굴드베르그(Cato Maximilian Guldberg)와 보게(Peter Waage)는 1864년에 여러 가역 반응의 실험적 연구 결과를 바탕으로 평형 혼합물 농도 값이 다음의 **평형식(equilibrium equation)**에 따른다고 제안하였다. 여기서 K_c는 **평형 상수(equilibrium constant)**이며, 오른쪽 식을 **평형 상수식**이라고 한다.

평형 상수식

$$K_c = \frac{[C]^c[D]^d}{[A]^a[B]^b}$$

← 생성물 (분자)
← 반응물 (분모)

평형 상수 (K_c) / 평형 상수식 (오른쪽 식)

평형식의 대괄호는 괄호 안의 물질에 대한 몰농도를 나타내며, 따라서 K_c의 아래 첨자 c는 농도(concentration)를 의미한다. 평형 상수식의 물질은 기체나 용액 상태의 분자 또는 이온일 수 있지만 **순수한 고체**나 **순수한 액체**일 수는 없다. 이에 대해서는 15.4절에서 설명할 것이다. 평형식은 **질량 작용 법칙**(law of mass action)이라고도 알려져 있다. 이는 초기의 화학에서 농도를 '활성 질량(active mass)'이라고 불렀기 때문이다.

미리보기…

15.4절에서 **순수한 고체**나 **순수한 액체**는 평형 상수식에서 생략되는 이유를 설명할 것이다.

평형 상수 K_c는 모든 생성물의 평형 농도의 곱을 모든 반응물의 평형 농도의 곱으로 나누어 구한 값이며, 각 물질의 농도에 균형 화학 반응식의 계수로 거듭제곱하여 준다. **특정한 실험에서 각 평형 농도 값이 얼마든지 상관없이 특정한 온도에서 한 반응의 평형 상수는 항상 일정한 값이다.** 그러므로 $N_2O_4(g) \rightleftharpoons 2\ NO_2(g)$ 분해 반응에 대한 평형식은:

$$K_c = \frac{[NO_2]^2}{[N_2O_4]} = 4.64 \times 10^{-3} \qquad 25\ ℃에서$$

여기서 평형 상수식은 $[NO_2]^2/[N_2O_4]$이며, 25 ℃에서 평형 상수 K_c는 4.64×10^{-3}이다(표 15.1).

일반적으로 K_c 값은 단위 없이 쓴다. 왜냐하면, 평형 상수식의 농도는 각 물질의 몰농도를 **열역학적 표준 상태**(**thermodynamic standard state**)에서의 몰농도(1 M)로 나눈 농도비라고 생각하기 때문이다(9.5절). 단위들이 상쇄되므로 농도비인 K_c는 무차원다. 예를 들어 표 15.1의 실험 1의 경우,

기억하기…
열역학적 표준 상태는 열역학 측정이 이루어지는 조건을 의미한다. 즉 용액 속의 각 용질의 농도는 1 M, 각 기체의 압력은 1 atm, 온도는 일반적으로 25 ℃로 한다(9.5절).

$$K_c = \frac{[NO_2]^2}{[N_2O_4]} = \frac{\left(\frac{0.0125\ \cancel{M}}{1\ \cancel{M}}\right)^2}{\left(\frac{0.0337\ \cancel{M}}{1\ \cancel{M}}\right)} = 4.64 \times 10^{-3} \qquad 25\ ℃에서$$

평형 상수는 온도에 의존하므로, K_c 값을 말할 때는 반드시 온도를 함께 나타내야 한다. 예를 들어 N_2O_4 분해 반응의 평형 상수는 25 ℃에서 4.64×10^{-3}이지만, 127 ℃에서는 1.53으로 증가한다.

평형 상수식의 형태와 평형 상수 값은 균형 화학 반응식의 형태에 의존한다. 일반적인 반응에 대한 화학 반응식과 평형식에 대하여 다시 생각해 보자.

$$a\,A + b\,B \rightleftharpoons c\,C + d\,D \qquad K_c = \frac{[C]^c[D]^d}{[A]^a[B]^b}$$

화학 반응식을 **역방향**으로 쓰면 새로운 평형 상수식은 원래 식의 역수이고, 새로운 평형 상수 K_c(역반응)는 원래 평형 상수 K_c의 역수가 된다.

$$c\,C + d\,D \rightleftharpoons a\,A + b\,B \qquad K_c(역반응) = \frac{[A]^a[B]^b}{[C]^c[D]^d} = \frac{1}{K_c}$$

화학 반응에 공통 인수 n이 **곱해지면**, 새로운 평형 상수식은 원래 식의 각 성분들에 대해 n 제곱한 것으로 표현되며, 새로운 평형 상수 K_c'는 $(K_c)^n$과 같다.

$$n(a\,A + b\,B \rightleftharpoons c\,C + d\,D) \qquad K_c' = \frac{[C]^{nc}[D]^{nd}}{[A]^{na}[B]^{nb}} = \left(\frac{[C]^c[D]^d}{[A]^a[B]^b}\right)^n = (K_c)^n$$

주어진 K_c에 대해 균형 반응식의 형태를 명시하는 것이 중요하다. 이는 반응이 역으로 되거나 정수만큼 곱해질 때 K_c 값이 바뀌기 때문이다.

두 개 또는 그 이상의 화학 반응식이 **더해져서** 전체 반응식이 구성되는 경우, 전체 반응에 대한 평형 상수는 각 반응들에 대한 평형 상수의 곱과 같다.

$$a\,A \rightleftharpoons \cancel{b\,B} \qquad K_{c1} = \frac{[B]^b}{[A]^a}$$

$$\cancel{b\,B} \rightleftharpoons c\,C \qquad K_{c2} = \frac{[C]^c}{[B]^b}$$

$$a\,A \rightleftharpoons c\,C \qquad K_c(전체) = \frac{[C]^c}{[A]^a}$$

두 반응에 대한 K_c 값을 곱하면, 결괏값은 전체 반응의 평형 상수가 된다.

$$K_{c1} \times K_{c2} = \frac{\cancel{[B]^b}}{[A]^a} \times \frac{[C]^c}{\cancel{[B]^b}} = \frac{[C]^c}{[A]^a} = K_c(\text{전체})$$

예제 15.1

기체상과 용액 반응의 평형 상수식

다음 각 반응에 대한 평형 상수식(K_c)을 쓰시오. (b)의 평형 상수에 대해 (a)의 평형 상수와의 수학적 관계를 유도하시오.

(a) 암모니아의 합성: $N_2(g) + 3\ H_2(g) \rightleftharpoons 2\ NH_3(g)$

(b) 암모니아의 분해: $NH_3(g) \rightleftharpoons 1/2\ N_2(g) + 3/2\ H_2(g)$

(c) 가솔린 첨가제인 메틸 *tert*-뷰틸 에터(MTBE)의 합성

$$\underset{\text{메탄올}}{CH_3OH(soln)} + \underset{tert\text{-뷰틸 알코올}}{C_4H_9OH(soln)} \underset{\text{촉매}}{\overset{H^+}{\rightleftharpoons}} \underset{\text{메틸 }tert\text{-뷰틸에터}}{C_4H_9OCH_3(soln)} + H_2O(soln)$$

이 식에서 *soln*은 주로 유기물로 구성된 용액을 의미하며, 물도 포함하고 있다.

▲ MTBE는 가솔린의 한 성분인데, 지하수 오염에 대한 위험성 때문에 단계적으로 사용이 제한되고 있다. ©Lubo Ivanko/Shutterstock

전략

평형 상수식을 쓰는 규칙은 수용액 반응이나 기체상 반응이나 모두 똑같이 적용한다. 생성물의 농도는 분자에, 반응물의 농도는 분모에 넣는다. 그 다음 각 물질의 농도에 균형 화학 반응식에서의 각 계수만큼 거듭제곱한다.

풀이

(a) $$K_c = \frac{[NH_3]^2}{[N_2][H_2]^3}$$ (분자 지수 2: NH_3의 계수, 분모 지수 3: H_2의 계수)

(b) $$K_c(\text{new}) = \frac{[N_2]^{1/2}[H_2]^{3/2}}{[NH_3]} = \frac{1}{\sqrt{K_c}}$$ (N_2의 계수, H_2의 계수)

(b)의 균형 반응식은 (a)의 균형 반응식에 1/2을 곱한 역반응이다. 원래 균형 반응식에 1/2을 곱하면 원래 평형 상수의 1/2 거듭제곱(제곱근)으로 바뀌고, 원래 균형 반응식의 역반응을 취하면 원래 평형 상수의 역수가 된다.

(c) $$K_c = \frac{[C_4H_9OCH_3]\,[H_2O]}{[CH_3OH]\,[C_4H_9OH]}$$ (분자: 생성물, 분모: 반응물)

▶ **연습문제 15.1** 이산화 황에서 삼산화 황으로의 산화 반응은 황산의 합성에 대한 산업 공정에서 중요한 단계이다.

아래 반응의 평형 상수식 K_c는 무엇인가?

$$2\ SO_2\ (g) + O_2(g) \rightleftharpoons 2\ SO_3(g)$$

아래 반응식의 평형 상수식 K_c(역반응)은 무엇인가?

$$2\ SO_3(g) \rightleftharpoons 2\ SO_2(g) + O_2(g)$$

평형 상수 K_c(역반응)는 K_c와 어떤 관계가 있는가?

▶ **응용문제 15.2** 광화학 스모그에 영향을 미치는 오염 물질인 이산화 질소는 다음 두 단계의 연속적인 반응으로 생성된다.

$$N_2(g) + O_2(g) \rightleftharpoons 2\ NO(g) \quad K_{c1} = 4.3 \times 10^{-25}$$
$$2\ NO(g) + O_2(g) \rightleftharpoons 2\ NO_2(g) \quad K_{c2} = 6.4 \times 10^{9}$$

$$N_2(g) + 2\ O_2(g) \rightleftharpoons 2\ NO_2(g) \quad K_c(\text{전체}) = ?$$

(a) 전체 반응에 대한 평형 상수식을 쓰시오.

(b) K_c(전체) 값은 얼마인가?

예제 15.2

평형 상수 K_c의 계산

500 K에서 다음과 같이 평형 혼합물의 농도가 측정되었다. $[N_2] = 3.0 \times 10^{-2}$ M; $[H_2] = 3.7 \times 10^{-2}$ M; $[NH_3] = 1.6 \times 10^{-2}$ M. 500 K에서 각 반응에 대한 평형 상수를 계산하시오.

(a) $N_2(g) + 3\,H_2(g) \rightleftharpoons 2\,NH_3(g)$

(b) $2\,NH_3(g) \rightleftharpoons N_2(g) + 3\,H_2(g)$

전략

평형 상수 값을 계산하기 위해 평형식에 평형 농도를 대입한다.

풀이

(a) $K_c = \dfrac{[NH_3]^2}{[N_2][H_2]^3} = \dfrac{(1.6 \times 10^{-2})^2}{(3.0 \times 10^{-2})(3.7 \times 10^{-2})^3} = 1.7 \times 10^2$

(b) $K_c(\text{역반응}) = \dfrac{[N_2][H_2]^3}{[NH_3]^2} = \dfrac{(3.0 \times 10^{-2})(3.7 \times 10^{-2})^3}{(1.6 \times 10^{-2})^2} = 5.9 \times 10^{-3}$

K_c(역반응)는 K_c의 역수라는 점에 주목하라. 즉,

$$5.9 \times 10^{-3} = \frac{1}{1.7 \times 10^2}$$

연습문제 15.3 다음의 평형 농도는 800 K에서 측정되었다. $[SO_2] = 3.0 \times 10^{-3}$ M; $[O_2] = 3.5 \times 10^{-3}$ M; $[SO_3] = 5.0 \times 10^{-2}$ M. 800 K에서 다음 각 반응에 대한 평형 상수 K_c와 K_c(역반응)을 계산하시오.

$$2\,SO_2(g) + O_2(g) \rightleftharpoons 2\,SO_3(g) \quad K_c = ?$$
$$2\,SO_3(g) \rightleftharpoons 2\,SO_2(g) + O_2(g) \quad K_c(\text{역반응}) = ?$$

응용문제 15.4 격렬한 운동 과정에서 근육 조직에 축적되는 젖산(lactic acid)은 수용액 중에서 일부가 해리된다.

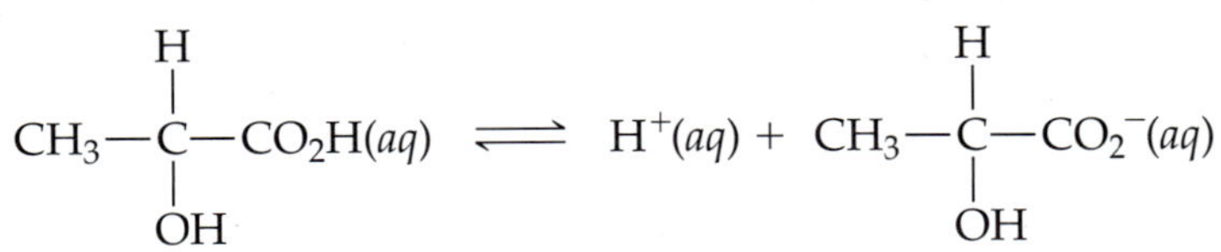

젖산 젖산 이온

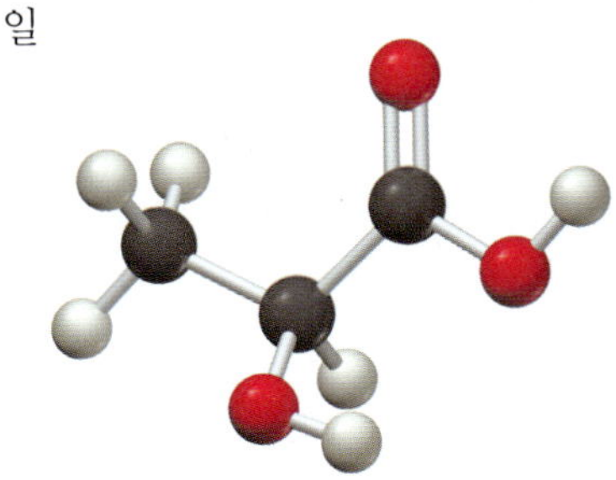

젖산

25 ℃에서 다음의 평형 농도가 측정되었다.

$$\text{젖산}[C_3H_6O_3] = 9.64 \times 10^{-2}\text{ M}; [H^+] = 3.65 \times 10^{-3}\text{ M};$$
$$\text{젖산 이온}[C_3H_5O_3^-] = 3.65 \times 10^{-3}\text{ M}.$$

(a) 평형 상수 값을 계산하시오.

(b) 평형에서 농도가 $[C_3H_5O_3^-] = [H^+] = 1.17 \times 10^{-2}$ M이라면 젖산의 농도는 얼마인가?

예제 15.3

혼합물이 평형에 있는지의 판단

다음 그림은 A 분자(빨간색 구)와 B 분자(파란색 구)의 혼합물을 나타내며, 이들은 A $\rightleftharpoons$ B 식에 따라 상호 변환한다. 혼합물 (1)이 평형에 있다면 다른 혼합물 중 평형에 있는 것은 어느 것인가? 그 이유를 설명하시오.

(1) (2) (3) (4)

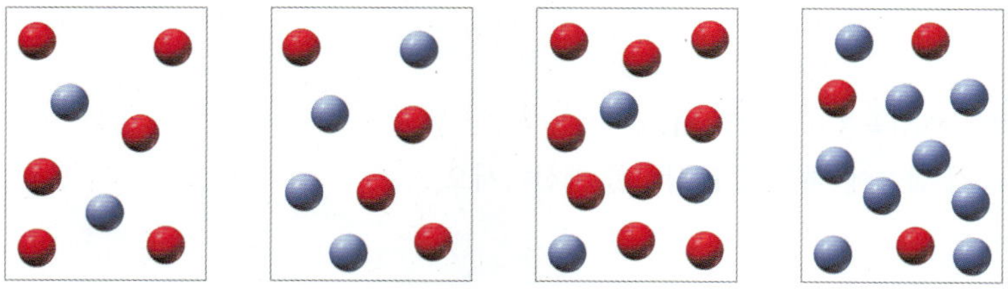

전략

이 반응에 대한 평형 상수는 $K_c = [B]/[A]$이다. 여기에서 농도는 mol/L 단위의 평형 농도이다. 평형 상수식의 분자와 분모에는 동일한 수의 농도 항이 있으므로 부피 단위는 삭제되어 K_c = (B의 몰수)/(A의 몰수)이 된다. 몰수는 분자 수에 정비례하므로 평형 혼합물 (1)에서 K_c = (B 분자 수)/(A 분자 수)이다. 다른 혼합물이 평형에 있는지 여부를 결정하기 위하여 분자 수를 세어 보고, 혼합물 (2)~(4)의 B/A비를 평형 혼합물의 B/A 비와 비교한다.

풀이

혼합물 (1)에 대하여 $K_c = [B]/[A] = 2/6 = 1/3$.
혼합물 (2)에 대하여 $[B]/[A] = 4/4 = 1 \neq K_c$.
혼합물 (3)에 대하여 $[B]/[A] = 3/9 = 1/3 = K_c$.
혼합물 (4)에 대하여 $[B]/[A] = 9/3 = 3 \neq K_c$.
혼합물 (3)이 평형에 있다. 그러나 혼합물 (2)와 (4)는 평형 상태가 아니다. 왜냐하면 평형 상수식 [B]/[A]가 K_c 값과 같지 않기 때문이다.

▶ **개념 연습문제 15.5** 다음 그림은 원자 A(빨간색 구), 원자 B(파란색 구), 그리고 분자 AB와 B_2를 포함하는 혼합물을 나타낸다. 이들은 반응식 $A + B_2 \rightleftharpoons AB + B$에 따라 상호 변환한다. 혼합물 (1)이 평형에 있다면 다른 혼합물 중 평형에 있는 것은 무엇인가? 그 이유를 설명하시오.

(1) (2) (3) (4)

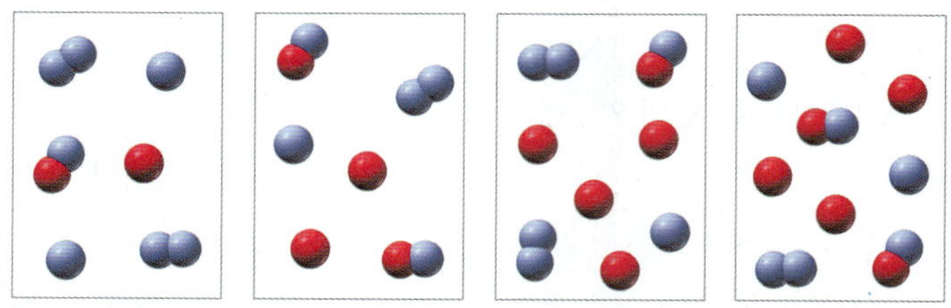

▶ **개념 응용문제 15.6** 반응 $B_2 \rightleftharpoons 2\,B$에 대한 평형 상수가 25 ℃에서 4.5이다. 평형에서 B_2와 B의 혼합물을 나타내는 예제 15.3에서 보인 것과 비슷한 분자 모형을 그리시오.

15.3 평형 상수 K_p

기억하기… 기체 혼합물에서 **부분 압력**이란 그 기체만이 단독으로 들어 있다고 가정했을 때의 압력이다. 기체 혼합물에서 한 기체의 부분 압력은 다른 기체의 부분 압력으로부터 독립적이다(10.5절).

기체 압력은 쉽게 측정될 수 있으므로 기체상의 반응에 대한 평형식은 대개 몰농도보다 **부분 압력**(**partial pressure**, 10.5절)을 이용하여 나타낸다. 예를 들어 N_2O_4 분해에 대한 평형식은 다음과 같이 쓸 수 있다.

$$K_p = \frac{(P_{NO_2})^2}{P_{N_2O_4}} \qquad \text{반응 } N_2O_4(g) \rightleftharpoons 2\,NO_2(g)\text{에 대하여}$$

여기에서 $P_{N_2O_4}$와 P_{NO_2}는 평형에서의 반응물과 생성물의 부분 압력을 기압 단위로 나타낸 것이다. **평형 상수 K_p**는 부분 압력으로 나타낸 평형 상수이고, 아래 첨자 p는 부분 압력을 의미한다. K_c의 경우처럼 K_p도 단위가 없다. 왜냐하면, 압력으로 나타낸 각 물질의 부분 압력을 1 atm 표준 상태의 부분 압력으로 나누어 단위가 삭제되기 때문이다. K_p에 대한 식이 몰농도 대신에 부분 압력으로 나타낸 것을 제외하면 평형 상수 K_p와 K_c는 같은 형태이다.

일반적인 기체상 반응 $a\,A + b\,B \rightleftharpoons c\,C + d\,D$에 대한 평형 상수 K_p와 K_c는 서로 연관되어 있다. 이는 이상 기체 혼합물에서 각 성분의 압력이 몰농도에 정비례하기 때문이다. 성분 A에 대해 예를 들면,

$$P_A V = n_A RT$$

따라서

$$P_A = \frac{n_A}{V} RT = [A]RT$$

마찬가지로 $P_B = [B]RT$, $P_C = [C]RT$, $P_D = [D]RT$이다. 그러므로 평형식 K_p는 다음과 같다.

$$K_p = \frac{(P_C)^c(P_D)^d}{(P_A)^a(P_B)^b} = \frac{([C]RT)^c([D]RT)^d}{([A]RT)^a([B]RT)^b} = \frac{[C]^c[D]^d}{[A]^a[B]^b} \times (RT)^{(c+d)-(a+b)}$$

오른쪽 첫째 항은 K_c와 같으므로 K_p와 K_c는 다음과 같은 관계를 가진다.

$$K_p = K_c(RT)^{\Delta n} \qquad \text{반응 } a\,A + b\,B \rightleftharpoons c\,C + d\,D\text{에 대하여}$$

여기서 R은 기체 상수, 0.08206 (L·atm)/(K·mol)이고, T는 절대 온도이며, $\Delta n = (c + d) - (a + b) =$ (기체 생성물의 몰수)−(기체 반응물의 몰수)이다.

N_2O_4 1 mol이 NO_2 2 mol로 분해되는 반응은 $\Delta n = 2 - 1 = 1$이므로 $K_p = K_c(RT)$이다.

$$N_2O_4(g) \rightleftharpoons 2\,NO_2(g) \qquad K_p = K_c(RT)$$

수소 1 mol과 아이오딘 1 mol이 아이오딘화 수소 2 mol로 되는 반응은 $\Delta n = 2 - (1 + 1) = 0$이므로 $K_p = K_c(RT)^0 = K_c$이다.

$$H_2(g) + I_2(g) \rightleftharpoons 2\,HI(g) \qquad K_p = K_c$$

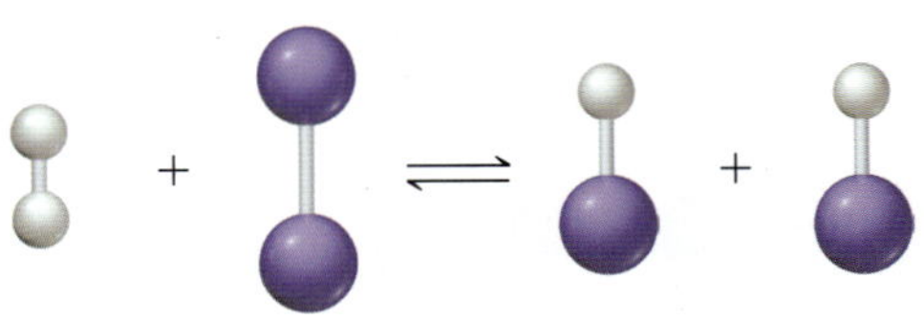

일반적으로 균형 화학 반응식 양쪽의 기체 몰수가 동일할 경우 $\Delta n = 0$이므로 K_p와 K_c는 같다.

예제 15.4

평형 상수 K_p 값의 계산

메테인(CH_4)은 황화 수소와 반응하여 H_2와 이황화 탄소로 된다. 이황화 탄소는 레이온과 셀로판 제조에 이용하는 용매이다.

$$CH_4(g) + 2\,H_2S(g) \rightleftharpoons CS_2(g) + 4\,H_2(g)$$

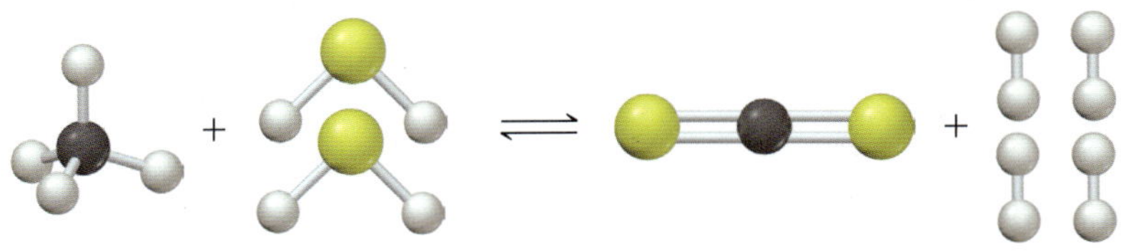

1000 K에서 평형 혼합물 중 각 기체의 부분 압력이 CH_4는 0.20 atm, H_2S는 0.25 atm, CS_2는 0.52 atm, H_2는 0.10 atm일 때 K_p 값은 얼마인가?

전략

K_p가 부분 압력으로 나타낸 평형 상수식과 같다고 하고 평형식을 쓴다. 생성물의 부분 압력을 분자에, 반응물의 부분 압력을 분모에 넣고 균형 화학 반응식의 각 계수를 써서 각 물질의 부분 압력을 거듭제곱으로 나타낸다. 그다음 부분 압력을 평형식에 대입하고 K_p에 대하여 푼다.

풀이

$$K_p = \frac{(P_{CS_2})(P_{H_2})^4}{(P_{CH_4})(P_{H_2S})^2}$$

(H_2의 계수: 4, H_2S의 계수: 2)

$$K_p = \frac{(P_{CS_2})(P_{H_2})^4}{(P_{CH_4})(P_{H_2S})^2} = \frac{(0.52)(0.10)^4}{(0.20)(0.25)^2} = 4.2 \times 10^{-3}$$

기체의 표준 상태 부분 압력은 1 atm이므로 부분 압력은 atm 단위(mmHg가 아니다)로 나타내야 한다는 것에 유의하라.

▶ **연습문제 15.7** 수소의 공업적 합성에서 CO와 H_2 혼합물로부터 H_2를 농축하기 위하여 CO와 수증기를 반응시킨다. 이 수성 가스 전환 반응(water-gas shift reaction)에 대한 화학 반응식은 다음과 같다.

$$CO(g) + H_2O(g) \rightleftharpoons CO_2(g) + H_2(g)$$

700 K에서 평형 혼합물 중 각 기체의 부분 압력이 CO는 1.31 atm, H_2O는 10.0 atm, CO_2는 6.12 atm, H_2는 20.3 atm이라면 K_p 값은 얼마인가?

▶ **응용문제 15.8** 25 ℃에서 반응 $H_2(g) + I_2(g) \rightleftharpoons 2\ HI(g)$에 대하여 $K_p = 25$이다. 평형에서 H_2와 I_2 모두 부분 압력이 0.286 atm이다. 평형에서 HI의 부분 압력은 얼마인가?

예제 15.5

평형 상수 K_p와 K_c의 관계

수소는 공업적으로 수증기-탄화수소 개질 공정(steam-hydrocarbon reforming process)에 의하여 생산된다. 이 공정의 첫 단계에서 일어나는 반응은 다음과 같다.

$$H_2O(g) + CH_4(g) \rightleftharpoons CO(g) + 3\ H_2(g)$$

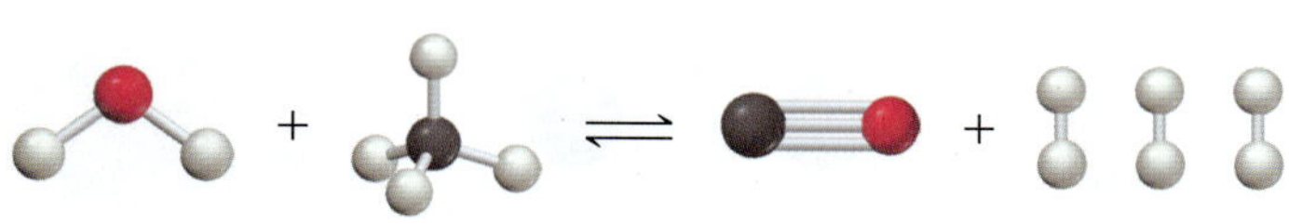

(a) 1000 K에서 $K_c = 3.8 \times 10^{-3}$이라면, 같은 온도에서 K_p 값은 얼마인가?
(b) 1125 ℃에서 $K_p = 6.1 \times 10^4$이라면, 1125 ℃에서 K_c 값은 얼마인가?

문제 파악

알고 있는 것	알아내야 할 것
(a) K_c, 온도(K), 균형 반응식	K_p
(b) K_p, 온도(K), 균형 반응식	K_c

전략

K_c로부터 K_p를 계산하려면 식 $K_p = K_c(RT)^{\Delta n}$을 이용한다. 여기서 R은 (L·atm)/(K·mol) 단위, T는 켈빈 온도, Δn은 기체 생성물의 몰수에서 기체 반응물의 몰수를 뺀 값이다.

풀이

(a) 이 반응의 $\Delta n = (1 + 3) - (1 + 1) = 2$이다. 그러므로,

$$K_p = K_c(RT)^{\Delta n} = K_c(RT)^2$$
$$= (3.8 \times 10^{-3})[(0.082\ 06)(1000)]^2 = 26$$

(b) $K_p = K_c(RT)^2$ 식을 K_c에 대하여 정리하면

$$K_c = \frac{K_p}{(RT)^2} = \frac{6.1 \times 10^4}{[(0.082\ 06)(1398)]^2} = 4.6$$

이 식에서의 온도는 절대 온도임을 유의하라. 따라서 1125 ℃는 1125 + 273 = 1398 K이다.

▶ **연습문제 15.9** 일산화 질소는 산소와 반응하여 이산화 질소로 된다. 이는 공업적으로 질산을 합성하는 오스트발트 공정의 중요한 반응이다.

$$2\,NO(g) + O_2(g) \rightleftharpoons 2\,NO_2(g)$$

227 ℃에서 $K_c = 6.9 \times 10^5$이라면, 이 온도에서 K_p 값은 얼마인가?

▶ **응용문제 15.10** 다음 반응은

$$2\,SO_2(g) + O_2(g) \rightleftharpoons 2\,SO_3(g) \qquad K_c = 245\,(1000\text{ K})$$

이다.

$2\,SO_3(g) \rightleftharpoons 2\,SO_2(g) + O_2(g)$ 반응에 대해 1000 K에서 K_p는 얼마인가?

15.4 불균일 평형

이제까지 **균일 평형(homogeneous equilibrium)**에 대하여 설명하였다. 균일 평형에서는 모든 반응물과 생성물이 단일상이고 일반적으로 기체 또는 용액이다. 이에 비하여 **불균일 평형(heterogeneous equilibrium)**에서는 반응물과 생성물이 둘 이상의 상으로 존재한다. 예를 들어, 시멘트 제조에 사용되는 고체 탄산 칼슘의 열분해 반응을 생각해 보자.

$$\underset{\text{석회석}}{CaCO_3(s)} \rightleftharpoons \underset{\text{석회}}{CaO(s)} + CO_2(g)$$

반응이 밀폐 용기에서 일어날 때 평형에서는 고체 탄산 칼슘, 고체 산화 칼슘, 기체 이산화 탄소의 세 가지 상이 존재한다. 화학 반응식에서 순수한 고체와 액체 성분의 농도는 평형 상수식에 포함되지 않는다. 왜냐하면, 평형식에서의 농도는 표준 상태 농도에 대한 실제 농도의 비로 주어지기 때문이다. 순수한 고체의 표준 상태는 순수한 고체 그 자체이므로, 평형식에서 순수한 고체의 농도비는 1이다. 마찬가지로, 순수한 액체의 표준 상태도 역시 순수한 액체 그 자체이므로, 농도비는 1이다. 그러므로 순수한 고체와 액체의 농도를 생략하면 평형식은 다음과 같이 간단하게 된다.

▲ 시멘트 제조는 거대한 가마 속에서 석회석($CaCO_3$)을 열분해하는 것으로부터 시작된다.

$$K_c = \frac{[CaO][CO_2]}{[CaCO_3]} = \frac{(1)[CO_2]}{(1)} = [CO_2]$$

압력으로 표현된 유사한 평형식은 $K_p = P_{CO_2}$이며, P_{CO_2}는 atm 단위로 나타낸 CO_2의 평형 압력이다.

$$K_c = [CO_2] \qquad K_p = P_{CO_2}$$

일반적으로 순수한 고체와 순수한 액체의 농도는 평형 상수식에 포함되지 않는다. 평형식에는 기체의 농도와 용액에서의 용질의 농도만 포함되는데, 그 이유는 이들 물질의 농도만 변하기 때문이다. 순수한 고체 또는 순수한 액체의 농도는 밀도에 의해 정의되며, 밀도는 몰농도의 단위로 나타낼 수 있다. 주어진 온도 조건에서 밀도는 일정하기 때문에, 순수한 고체와 액체의 농도도 변하지 않을 것이다.

개념탐구 질문 3
물질의 어느 상이 평형식에 포함되지 않는가?

고체 $CaCO_3$, 고체 CaO, 기체 CO_2 사이의 평형이 성립하려면 세 성분이 모두 존재해야 한다. 그러나 평형식은 $K_c = [CO_2]$, $K_p = P_{CO_2}$로 주어지므로, 평형에서 CO_2의 농도와 압력은 CaO와 $CaCO_3$의 양에 상관없이 일정한 값을 유지한다(그림 15.4). K_c와 K_p 값은 온도에 의존하므로 온도가 변하면 CO_2 농도와 압력도 변한다.

▶ 그림 15.4
탄산 칼슘의 열분해
$CaCO_3(s) \rightleftharpoons CaO(s) + CO_2(g)$

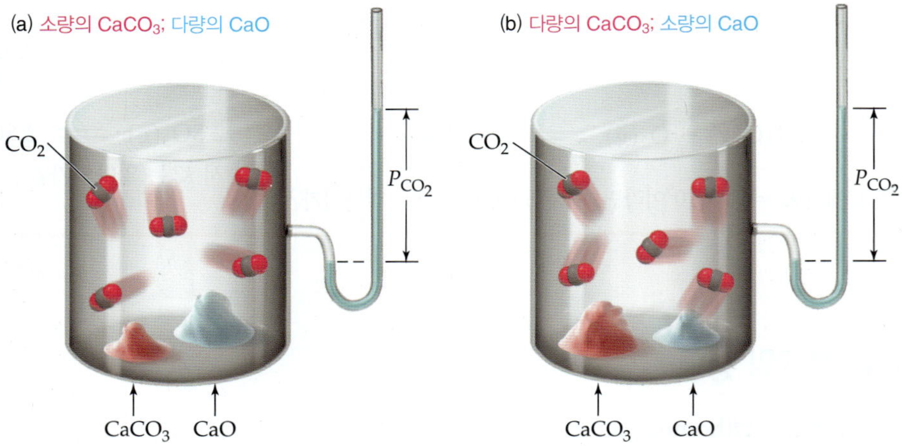

동일한 온도에서 CO_2의 평형 압력은 고체 $CaCO_3$와 CaO가 얼마나 존재하는가와는 무관하게 (a)와 (b) 모두에서 같다.

▶ 확인하기

$CaCO_3$의 양이 두 배로 되고 CaO의 양이 절반으로 된다면, 용기 (b)에서 CO_2의 평형 부분 압력은 어떻게 될까? (온도는 일정하다고 가정한다.)

답 CO_2의 부분 압력은 고체 $CaCO_3$와 CaO가 존재하는 한 변하지 않을 것이다.

예제 15.6

불균일 평형에 대한 평형식

다음 각 반응에 대한 평형식을 쓰시오.

(a) $CO_2(g) + C(s) \rightleftharpoons 2\ CO(g)$

(b) $Hg(l) + Hg^{2+}(aq) \rightleftharpoons Hg_2^{2+}(aq)$

전략

(a)에서는 순수한 고체 탄소를, (b)에서는 순수한 액체 수은을 생략하고, 일반 평형 상수식을 쓴다. 왜냐하면 이들 순수한 고체와 액체의 농도비가 1이기 때문이다.

풀이

(a) $K_c = \dfrac{[CO]^2}{[CO_2]}$

CO와 CO_2는 기체이므로 평형식은 부분 압력을 이용하여 다음과 같이 나타낼 수 있다.

$$K_p = \frac{(P_{CO})^2}{P_{CO_2}}$$

(b) $K_c = \dfrac{[Hg_2{}^{2+}]}{[Hg^{2+}]}$

이 경우, 반응물과 생성물이 기체가 아니므로 평형식을 K_p로 나타내는 것은 적절하지 않다.

▶ **연습문제 15.11** 다음 반응의 평형 상수식을 쓰시오.

$$SiCl_4(g) + 2\ H_2(g) \rightleftharpoons Si(s) + 4\ HCl(g)$$

▶ **응용문제 15.12** 수산화 마그네슘[$Mg(OH)_2$]은 제산제인 마그네시아유의 활성 성분이다. 고체 수산화 마그네슘이 물에 용해되었을 때 평형 농도가 $[Mg^{2+}] = 1.65 \times 10^{-4}$ M, $[OH^-] = 3.30 \times 10^{-4}$ M이라면, K_c 값은 얼마인가?

15.5 평형 상수의 이용

화학 반응에 대한 평형 상수 값을 알면 반응이 일어나는 정도를 판단하고 반응의 방향을 예측할 수 있으며, 초기 농도로부터 평형 농도를 계산할 수 있다. 각각의 내용에 대한 가능성을 살펴보자.

반응 진행 정도의 판단

한 반응에 대한 평형 상수 값은 반응물이 생성물로 전환되는 정도를 나타낸다. 즉, 평형 상태에 도달할 때까지 그 반응이 얼마나 더 진행할 것인가를 보여 준다. 예를 들어 H_2와 O_2의 반응을 생각해 보자. 이 반응은 매우 큰 평형 상수를 갖는다(500 K에서 $K_c = 2.4 \times 10^{47}$).

$$2\,H_2(g) + O_2(g) \rightleftharpoons 2\,H_2O(g)$$
$$K_c = \frac{[H_2O]^2}{[H_2]^2[O_2]} = 2.4 \times 10^{47} \qquad \text{500 K에서}$$

생성물은 평형 상수식의 분자에, 반응물들은 분모에 나타내므로, 매우 큰 K_c 값은 반응물에 대한 생성물의 평형비가 매우 크다는 것을 의미한다. 다시 말해 이 반응은 거의 완결된다. 예를 들어, 화학량론적 양의 H_2와 O_2가 반응하여 평형에서의 $[H_2O] = 0.10$ M이라면 남아 있는 H_2와 O_2 농도는 무시할 정도로 작다. 각각의 농도는 $[H_2] = 4.4 \times 10^{-17}$ M, $[O_2] = 2.2 \times 10^{-17}$ M이다. (이들 농도 값을 위 평형식에 대입하여 평형 상수 값을 만족하는지 살펴보라.)

이와 반대로, 어떤 반응이 매우 작은 K_c 값을 가지면 반응물 농도에 대한 생성물 농도의 평형비는 매우 작고, 그 반응은 거의 진행되지 않은 상태에서 평형에 도달한다. 예를 들어, H_2와 O_2의 반응에 대한 역반응은 정반응에서 얻은 것과 동일한 평형 혼합물을 갖는다($[H_2] = 4.4 \times 10^{-17}$ M, $[O_2] = 2.2 \times 10^{-17}$ M, $[H_2O] = 0.10$ M). 역반응은 거의 일어나지 않는다. 왜냐하면 평형 상수가 매우 작기 때문이다: K_c(역반응) $= 1/K_c = 1/(2.4 \times 10^{47}) = 4.2 \times 10^{-48}$이다.

$$2\,H_2O(g) \rightleftharpoons 2\,H_2(g) + O_2(g)$$
$$K_c = \frac{[H_2]^2[O_2]}{[H_2O]^2} = 4.2 \times 10^{-48} \qquad \text{500 K에서}$$

어떤 반응이 중간 정도의 K_c 값(10^{-3}~10^{3} 범위의 값)을 가지면 평형 혼합물에는 반응물과 생성물 모두 어느 정도의 양으로 존재한다. 예를 들어, 700 K에서 수소와 아이오딘 반응의 $K_c = 57.0$이다.

$$H_2(g) + I_2(g) \rightleftharpoons 2\,HI(g) \qquad K_c = \frac{[HI]^2}{[H_2][I_2]} = 57.0 \qquad \text{700 K에서}$$

H_2와 I_2 둘 다 평형 농도가 0.010 M이라면 평형에서 HI 농도는 0.075 M이다.

$$[HI]^2 = K_c[H_2][I_2]$$
$$[HI] = \sqrt{K_c[H_2][I_2]} = \sqrt{(57.0)(0.010)(0.010)} = 0.075\ \text{M}$$

그러므로 반응물(0.010 M)과 생성물(0.075 M) 농도는 모두 어느 정도 큰 값이다.

(계산기의 $\sqrt{x}$ 단추를 누르면 양수가 되지만, 양수의 제곱근은 양수도 될 수 있고 음수도 될 수 있다. HI 농도에 대한 두 제곱근 값 ±0.075 M 중에서 양수를 선택한다. 왜냐하면 화합물의 농도는 항상 양수 값을 갖기 때문이다.)

기체상의 N_2O_4가 NO_2로 분해되는 반응은 크지도 않고 작지도 않은 K_c 값을 갖는 또 다른 반응의 예이다. 25 ℃에서 $K_c = 4.64 \times 10^{-3}$이며, 평형 혼합물에는 표 15.1에서 제시된 바와 같이, N_2O_4와 NO_2 모두 어느 정도 크기의 농도로 존재한다.

평형 혼합물의 조성에 대하여 다음과 같이 정리할 수 있다.

- $K_c > 10^3$이면, 생성물이 반응물보다 많다. K_c 값이 매우 크면 그 반응은 거의 완결된다.
- $K_c < 10^{-3}$이면, 반응물이 생성물보다 많다. K_c 값이 매우 작으면 그 반응은 거의 일어나

지 않는다.

- K_c 값이 10^{-3}~10^{3} 범위이면 반응물과 생성물 모두 어느 정도의 농도로 존재한다.

이에 대한 내용을 **그림 15.5**에 나타내었다.

▶ **그림 15.5**
반응 진행 정도의 판단

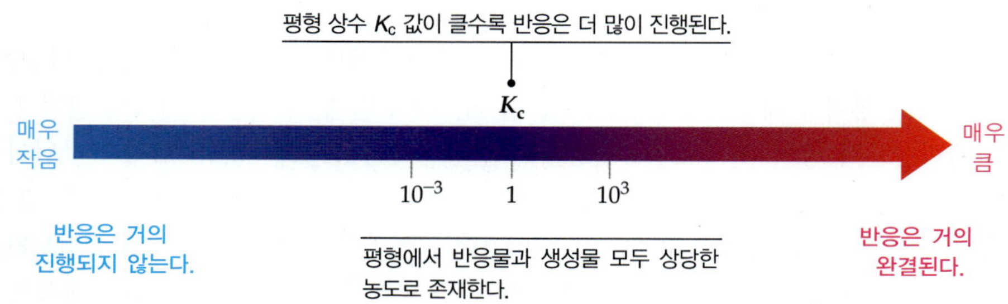

예제 15.7

반응 진행 정도의 판단

다음 반응이 평형에 도달했을 때, 평형 혼합물의 조성은 어떻게 되는가? 대부분 반응물인가 대부분 생성물인가?

(a) $NO(g) + O(g) \rightleftharpoons NO_2(g)$ $K_c = 1.5 \times 10^{48}$ 25 °C에서

(b) $N_2(g) + O_2(g) \rightleftharpoons 2\ NO(g)$ $K_c = 1.7 \times 10^{-3}$ 2025 °C에서

(c) $N_2(g) + O_2(g) \rightleftharpoons 2\ NO(g)$ $K_c = 4.5 \times 10^{-31}$ 25 °C에서

전략

K_c 값을 확인하라. K_c가 크면($>10^3$), 거의 모든 반응물은 생성물로 전환된다. K_c가 작으면($<10^{-3}$), 소량의 반응물만이 생성물로 전환된다. K_c가 중간 정도의 값($10^{-3} < K_c < 10^3$)이면, 평형에서 반응물과 생성물 모두 어느 정도 상당히 존재한다.

풀이

(a) K_c가 크므로 평형에서 대부분 생성물이 존재한다.

(b) K_c가 중간 정도의 값을 가지므로 평형에서 반응물과 생성물 모두 어느 정도 상당히 존재한다.

(c) K_c가 작으므로 평형에서 대부분 반응물이 존재한다.

▶ **연습문제 15.13** 포도주가 산패할 때, 함유된 에탄올은 공기 중의 O_2에 의해 아세트산으로 산화된다.

$$\underset{\text{에탄올}}{CH_3CH_2OH(aq)} + O_2(aq) \rightleftharpoons \underset{\text{아세트산}}{CH_3CO_2H(aq)} + H_2O(l)$$

25 °C에서 이 반응의 K_c 값은 1.2×10^{82}이다. 반응이 평형에 도달했을 때 에탄올과 아세트산의 상대적인 양은 얼마나 되는가?

▶ **응용문제 15.14** 500 K에서 수소 기체의 분해 반응 $H_2(g) \rightleftharpoons 2\ H(g)$에 대한 K_c 값은 1.2×10^{-42}이다. 반응의 평형 혼합물은 H_2 분자 또는 H 원자 중에서 주로 어느 것을 포함하는가? 수소의 전자 배치를 사용하여 평형 위치를 설명하시오.

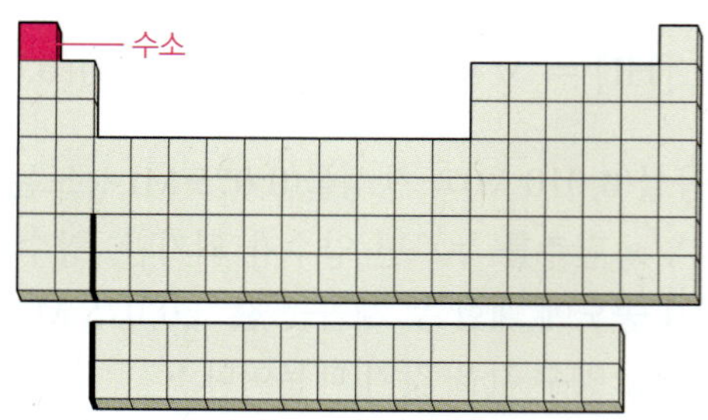

반응 방향의 예측

수소와 아이오딘의 기체 반응을 다시 생각해 보자.

$$H_2(g) + I_2(g) \rightleftharpoons 2HI(g) \quad K_c = 57.0 \quad 700\ \text{K에서}$$

700 K에서 $H_2(g)$, $I_2(g)$, $HI(g)$ 혼합물의 농도가 $[H_2]_t = 0.10$ M, $[I_2]_t = 0.20$ M, $[HI]_t = 0.40$ M 이라고 생각하자. (농도에 붙은 첨자 t는 임의의 시간 t에서 측정한 농도를 의미하며, 반드시 평형 농도일 필요는 없다.) 이 농도들을 평형 상수식에 대입하면 **반응 지수**(**reaction quotient**) Q_c라고 부르는 값을 얻는다.

$$\textbf{반응 지수} \qquad Q_c = \frac{[HI]_t^2}{[H_2]_t[I_2]_t} = \frac{(0.40)^2}{(0.10)(0.20)} = 8.0$$

반응 지수 Q_c는 평형 상수 K_c와 동일한 방법으로 정의한다. 단, Q_c에서 농도는 반드시 평형 값일 필요는 없다.

이 경우 Q_c 값(8.0)은 K_c 값(57.0)과 다르므로 $H_2(g)$, $I_2(g)$, $HI(g)$ 혼합물은 평형에 있지 않다. 하지만 시간이 지남에 따라 반응이 진행되면서 농도가 변하여 Q_c 값은 점점 증가하여 K_c 값에 가까워진다. 충분한 시간이 경과한 후에 반응은 평형 상태에 도달하고, $Q_c = K_c$가 된다.

반응 지수 Q_c는 유용하다. 왜냐하면, Q_c와 K_c 값을 비교하면 반응의 방향을 예측할 수 있기 때문이다. Q_c가 K_c보다 작으면, 반응물이 생성물로 변하면서 반응은 Q_c 값이 증가하는 방향으로 진행된다(즉, 알짜 반응은 왼쪽에서 오른쪽으로 진행된다). Q_c가 K_c보다 크면, 생성물이 반응물로 변환되면서 Q_c 값이 감소하는 방향으로 반응이 진행된다(즉 알짜 반응은 오른쪽에서 왼쪽으로 진행된다). Q_c와 K_c가 같으면, 반응 혼합물은 이미 평형에 있으며 알짜 반응은 일어나지 않는다.

그러므로 반응 방향에 관하여 다음과 같이 정리할 수 있다.

- $Q_c < K_c$이면, 알짜 반응은 왼쪽에서 오른쪽으로 진행된다(반응물이 생성물로).
- $Q_c > K_c$이면, 알짜 반응은 오른쪽에서 왼쪽으로 진행된다(생성물이 반응물로).
- $Q_c = K_c$이면, 알짜 반응은 일어나지 않는다.

이를 그림 15.6에 나타내었다.

개념탐구 질문 4

어떤 반응에 대해 $Q_c = 25$, $K_c = 2.5$라고 한다. 반응은 어느 방향으로 이동하여 평형에 도달하겠는가?

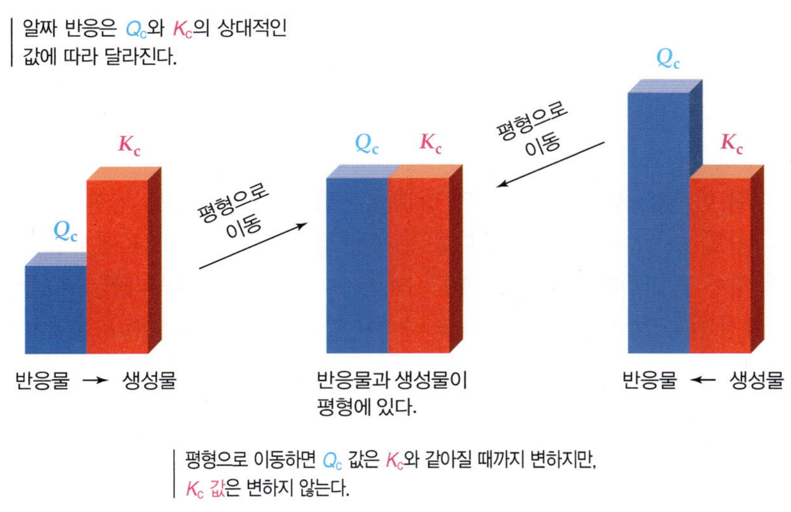

◀ 그림 15.6
반응 방향의 예측

예제 15.8

반응 방향의 예측

500 K에서 N_2 1.57 mol, H_2 1.92 mol, NH_3 8.13 mol이 들어 있는 혼합물을 20.0 L 반응 용기에 넣었다. 이 온도에서 반응 $N_2(g) + 3\ H_2(g) \rightleftharpoons 2\ NH_3(g)$에 대한 평형 상수 K_c는 1.7×10^2이다. 이 반응 혼합물은 평형에 있는가? 아니라면, 알짜 반응의 방향은 어느 쪽인가?

전략

반응 혼합물이 평형에 있는지 판단하기 위해 반응 지수 Q_c 값을 계산한 다음, 평형 상수 K_c와 비교할 필요가 있다. 혼합물이 평형에 있지 않으면, Q_c와 K_c 값의 상대적 크기를 비교하여 알짜 반응의 방향을 알 수 있다. 물질의 양이 몰수로 주어졌으므로, Q_c에 대한 식에 대입하기 위해서는 우선 주어진 몰수를 몰농도로 바꿔야 한다.

풀이

N_2의 초기 농도는 (1.57 mol)/(20.0 L) = 0.0785 M이다. 마찬가지로 $[H_2]$ = 0.0960 M, $[NH_3]$ = 0.406 M이다. 이 농도를 반응 지수 식에 대입하면

$$Q_c = \frac{[NH_3]_t^2}{[N_2]_t[H_2]_t^3} = \frac{(0.406)^2}{(0.0785)(0.0960)^3} = 2.37\times10^3$$

Q_c가 K_c (1.7×10^2)와 같지 않으므로 이 반응 혼합물은 평형에 있지 않다. Q_c가 K_c보다 크므로, $Q_c = K_c = 1.7\times10^2$이 될 때까지 알짜 반응은 오른쪽에서 왼쪽으로 진행하여, NH_3 농도는 감소하고 N_2와 H_2 농도는 증가한다.

점검

대략적인 초기 농도는 반올림한 각 물질의 몰수를 부피로 나누어 계산할 수 있다. $[N_2]\approx$(1.6 mol)/(20 L)$\approx$0.08 M, $[H_2]\approx$ (2 mol)/(20 L)$\approx$0.1 M, $[NH_3]\approx$(8 mol)/(20 L) $\approx$ 0.4 M. 이 농도를 Q_c에 대한 식에 대입하면 Q_c의 대략적인 추정값이 된다.

$$Q_c = \frac{[NH_3]_t^2}{[N_2]_t[H_2]_t^3} \approx \frac{(0.4)^2}{(0.08)(0.1)^3} \approx 2\times10^3$$

이 값은 $(16\times10^{-2})/(8\times10^{-5})$과 같기 때문에 계산기가 없어도 계산할 수 있다. Q_c의 대략적인 추정값은 보다 정확한 값인 2.37×10^3과 마찬가지로 K_c보다 크고, 따라서 반응 혼합물은 평형에 있지 않다.

▶ **연습문제 15.15** 500 K에서 $2\ NO(g) + O_2(g) \rightleftharpoons 2\ NO_2(g)$ 반응에 대한 평형 상수 K_c는 6.9×10^5이다. 500 K에서 5.0 L 반응 용기에 0.060 mol NO, 1.0 mol O_2, 0.80 mol NO_2를 채웠다. Q_c 값은 얼마이고, 알짜 반응은 어느 방향으로 진행하는가?

▶ **개념 응용문제 15.16** 반응 $A_2 + B_2 \rightleftharpoons 2AB$의 평형 상수 $K_c = 4$이다. 다음 그림은 A_2 분자(빨간색 구), B_2 분자(파란색 구), AB 분자를 포함하는 반응 혼합물을 나타낸 것이다.

(1) (2) (3)

(a) 평형에 있는 반응 혼합물은 어느 것인가?

(b) 평형에 있지 않은 반응 혼합물은 평형에 도달하기 위하여 알짜 반응이 정방향으로 진행하는가 역방향으로 진행하는가?

평형 농도의 계산

평형 상수와 어떤 한 성분을 제외한 나머지 성분들의 평형 농도를 알면, 평형식으로부터 미지 농도를 직접 계산할 수 있다. 예를 들어 다음 문제를 생각해 보자. 500 K에서 NO, O_2, NO_2 기체의 농도가 평형 혼합물에서 O_2 1.0×10^{-3} M, NO_2 5.0×10^{-2} M이라면, NO 농도는 얼마인가? 이 온도에서 반응 $2\ NO(g) + O_2(g) \rightleftharpoons 2\ NO_2(g)$에 대한 평형 상수 K_c는 6.9×10^5이다.

이 문제에서 K_c와 한 성분을 제외한 모든 평형 농도는 주어져 있고, 미지의 한 성분에 대한 평형 농도를 계산해야 한다. 먼저 반응에 대한 평형식을 쓰고, 미지 농도에 대하여 푼다.

$$K_c = \frac{[NO_2]^2}{[NO]^2[O_2]} \qquad \therefore [NO] = \sqrt{\frac{[NO_2]^2}{[O_2]K_c}}$$

그다음, 주어진 K_c, $[O_2]$, $[NO_2]$ 값을 $[NO]$의 식에 대입하여 평형 농도를 계산한다. NO의 농도가 양의 값이기 때문에 양의 제곱근을 취하면 다음을 얻는다.

$$[NO] = \sqrt{\frac{(5.0 \times 10^{-2})^2}{(1.0 \times 10^{-3})(6.9 \times 10^5)}} = \sqrt{3.6 \times 10^{-6}} = 1.9 \times 10^{-3}\ M$$

실수가 있는지 확인하기 위하여 구한 값을 평형식에 대입하여 결과를 점검하는 것이 좋다.

$$K_c = 6.9 \times 10^5 = \frac{[NO_2]^2}{[NO]^2[O_2]} = \frac{(5.0 \times 10^{-2})^2}{(1.9 \times 10^{-3})^2(1.0 \times 10^{-3})} = 6.9 \times 10^5$$

또 다른 형태의 문제로는, 초기 농도를 알고 있고 평형 농도 중 어느 한 가지를 알지 못하는 경우가 있다. 이러한 문제를 풀기 위하여 그림 15.7에 요약한 일련의 단계를 살펴보고, 이를 활용하여 예제 15.9와 15.10을 풀어보자. 예제 15.11과 같은 방법으로 초기 부분 압력과 K_p로부터 평형 부분 압력도 계산할 수 있다.

단계 1. Q_c를 계산하고 반응의 방향을 결정하기 위해 K_c와 비교한다.

↓

단계 2. 반응에 대한 균형 반응식을 쓴다. 균형 반응식 아래에 반응에 관여하는 각 물질을 반영하는 표를 만든다.
(a) 초기 농도
(b) 평형에 도달할 때까지의 농도 변화
(c) 평형 농도
표를 만들 때, 한 물질에 대한 평형에 도달할 때까지의 농도(mol/L) 변화를 x라 하고 다른 물질들의 농도 변화를 화학량론에 의하여 x의 함수로 나타낸다.

↓

단계 3. 평형 농도를 평형식에 대입하고 x에 대하여 푼다. 2차 방정식으로 풀어야 한다면 화학적으로 의미를 갖는 수학적 해를 선택한다.

↓

단계 4. 계산된 x값으로부터 평형 농도를 계산한다.

↓

단계 5. 구한 평형 농도 값들을 평형식에 대입하여 결과를 검산한다.

◀ 그림 15.7
초기 농도로부터 평형 농도를 계산하는 방법

예제 15.9

평형 농도의 계산(평형식의 양변에 제곱근 이용)

700 K에서 H_2와 I_2의 반응에 대한 평형 상수 K_c는 57.0이다.

$$H_2(g) + I_2(g) \rightleftharpoons 2\,HI(g) \qquad K_c = 57.0 \qquad 700\ \text{K에서}$$

700 K에서 H_2 1.00 mol과 I_2 1.00 mol이 10.0 L 용기에서 반응하여 평형에 도달하면 H_2, I_2, HI의 농도는 얼마인가? 평형 혼합물의 각 성분의 몰수는 얼마인가?

전략

초기 농도로부터 평형 농도를 계산해야 하므로 그림 15.7에서 설명한 방법을 이용한다.

풀이

단계 1. $Q_c = \dfrac{[HI]_t^2}{[H_2]_t[I_2]_t} = \dfrac{[0]^2}{[0.100][0.100]} = 0$

$Q_c(0) < K_c(57.0)$이므로 반응은 생성물 쪽으로 진행된다.

단계 2. 균형 반응식이 $H_2(g) + I_2(g) \rightleftharpoons 2\ HI(g)$로 주어진다.

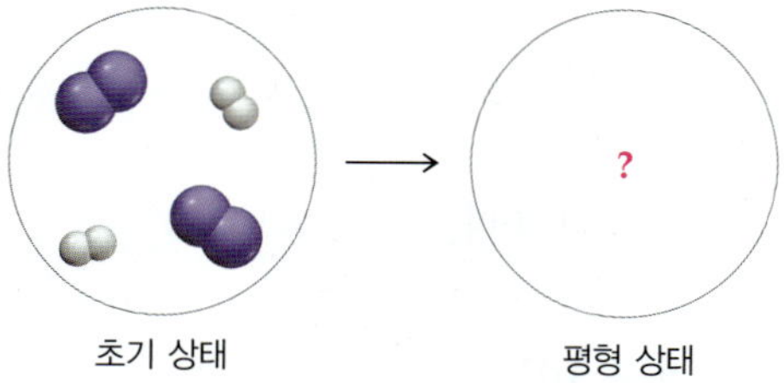

초기 농도는 $[H_2] = [I_2] = (1.00\ mol)/(10.0\ L) = 0.100\ M$이다. 편의상 반응한 H_2의 농도(mol/L)를 x라 하자. 반응에 대한 균형 반응식과 반응의 방향에 따라 H_2 x mol/L가 I_2 x mol/L와 반응하여 HI $2x$ mol/L로 된다. 따라서 평형에 도달하면 H_2와 I_2의 농도는 초기 0.100 mol/L로부터 $(0.100 - x)$ mol/L로 감소하게 된다. 이러한 결과를 균형 반응식 아래에 표로 요약해 보자.

	$H_2(g)$	+	$I_2(g)$	$\rightleftharpoons$	$2\ HI(g)$
초기 농도(M)	0.100		0.100		0
변화(M)	$-x$		$-x$		$+2x$
평형 농도(M)	$(0.100 - x)$		$(0.100 - x)$		$2x$

단계 3. 평형 농도를 평형식에 대입한다.

$$K_c = 57.0 = \frac{[HI]^2}{[H_2][I_2]} = \frac{(2x)^2}{(0.100 - x)(0.100 - x)}$$

$$= \left(\frac{2x}{0.100 - x}\right)^2$$

이 식의 우변은 완전 제곱형이므로 양변에 제곱근을 취할 수 있다.

$$\sqrt{57.0} = \pm 7.55 = \frac{2x}{0.100 - x}$$

x에 대해 풀면 두 개의 답을 얻는다. 57.0의 양수 제곱근을 갖는 식을 정리하면 다음과 같다.

$$+7.55(0.100 - x) = 2x$$
$$0.755 = 2x + 7.55x$$
$$x = \frac{0.755}{9.55} = 0.0791\ M$$

57.0의 음수 제곱근을 갖는 식을 정리하면 다음과 같다.

$$-7.55(0.100 - x) = 2x$$
$$-0.755 = 2x - 7.55x$$
$$x = \frac{-0.755}{-5.55} = 0.136\ M$$

H_2와 I_2의 초기 농도가 0.100 M이기 때문에 x는 0.100 M을 초과할 수 없다. 그러므로 화학적으로 불합리한 $x = 0.136$ M은 버리고, 첫 번째 답인 $x = 0.0791$ M을 선택한다.

단계 4. 계산된 x값으로부터 평형 농도를 계산한다.

$$[H_2] = [I_2] = 0.100 - x = 0.100 - 0.0791 = 0.021\ M$$
$$[HI] = 2x = (2)(0.0791) = 0.158\ M$$

단계 5. 이 값들을 평형식에 대입하여 결과를 확인한다.

$$K_c = 57.0 = \frac{[HI]^2}{[H_2][I_2]} = \frac{(0.158)^2}{(0.021)(0.021)} = 57$$

▶ **연습문제 15.17** 일산화 탄소와 수소의 혼합물(합성가스라 부름)에서 H_2/CO 비는 수성 가스 전환 반응$[CO(g) + H_2O(g) \rightleftharpoons CO_2(g) + H_2(g)]$에 의해 증가하며, 800 K에서 평형 상수 $K_c = 4.24$이다. 초기에 CO와 H_2O만 0.150 M 농도로 존재한다면, 800 K에서 CO_2, H_2, CO, H_2O의 평형 농도를 계산하시오.

▶ **응용문제 15.18** 연습문제 15.17에서 만일 CO, H_2O, CO_2, H_2가 0.100 M의 초기 농도로 반응 용기에 첨가되면, 800 K에서의 평형 농도를 계산하시오.

예제 15.10

평형 농도의 계산(이차 방정식 이용)

초기 농도가 $[H_2] = 0.100$ M, $[I_2] = 0.200$ M이라면, 700 K에서 H_2, I_2, HI의 평형 농도를 계산하시오. 700 K에서 반응 $H_2(g) + I_2(g) \rightleftharpoons 2HI(g)$의 평형 상수 K_c는 57.0이다.

전략

이 문제는 H_2와 I_2의 초기 농도가 다르다는 것을 제외하고는 예제 15.9와 비슷하다. 다시 그림 15.7의 단계를 적용한다.

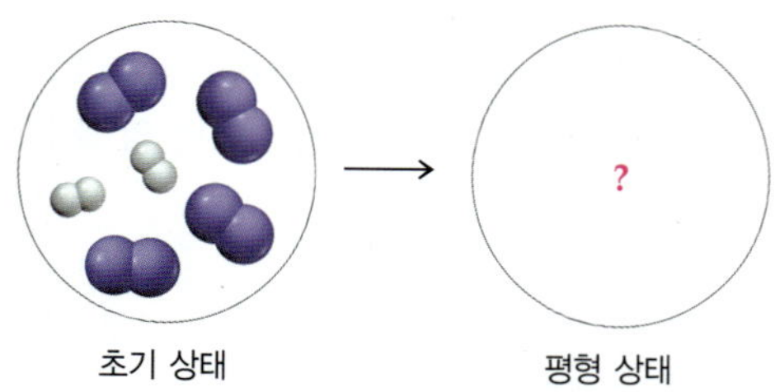

풀이

단계 1. $Q_c = \frac{[HI]_t^2}{[H_2]_t[I_2]_t} = \frac{[0]^2}{[0.100][0.200]} = 0$

$Q_c(0) < K_c(57.0)$이므로 반응은 생성물 쪽으로 진행된다.

단계 2. 균형 반응식은 $H_2(g) + I_2(g) \rightleftharpoons 2\ HI(g)$이다. 다시 반응한 H_2의 농도를 x라 하자. 균형 반응식 아래에 농도 표를 작성한다.

	$H_2(g)$	+	$I_2(g)$	$\rightleftharpoons$	$2\ HI(g)$
초기 농도(M)	0.100		0.200		0
변화(M)	$-x$		$-x$		$+2x$
평형 농도(M)	$(0.100 - x)$		$(0.200 - x)$		$2x$

단계 3. 평형 농도를 평형식에 대입한다.

$$K_c = 57.0 = \frac{[HI]^2}{[H_2][I_2]} = \frac{(2x)^2}{(0.100 - x)(0.200 - x)}$$

이 식의 우변이 완전 제곱형이 아니기 때문에, 이 경우 표준 이차 방정식 형태 $ax^2 + bx + c = 0$으로 정리하고 이차 방정식의 근의 공식을 이용하여 x를 구한다(부록 A.4).

$$x = \frac{-b \pm \sqrt{b^2 - 4ac}}{2a}$$

평형식을 다시 정리하면

$$(57.0)(0.0200 - 0.300x + x^2) = 4x^2$$

또는

$$53.0x^2 - 17.1x + 1.14 = 0$$

a, b, c를 근의 공식에 대입하면 두 개의 답을 얻는다.

$$x = \frac{17.1 \pm \sqrt{(-17.1)^2 - 4(53.0)(1.14)}}{2(53.0)} = \frac{17.1 \pm 7.1}{106}$$

$$= 0.228\text{과 } 0.0943$$

답 중 하나($x = 0.228$)는 버린다. H_2 농도는 초기 농도(0.100 M) 이상으로 변할 수 없기 때문이다. 그러므로 다른 하나의 답($x = 0.0943$)을 선택한다.

단계 4. 계산된 x값으로부터 평형 농도를 계산한다.

$$[H_2] = 0.100 - x = 0.100 - 0.0943 = 0.006\ M$$
$$[I_2] = 0.200 - x = 0.200 - 0.0943 = 0.106\ M$$
$$[HI] = 2x = (2)(0.0943) = 0.189\ M$$

단계 5. 이 값들을 평형식에 대입하여 결과를 확인한다.

$$K_c = 57.0 = \frac{[HI]^2}{[H_2][I_2]} = \frac{(0.189)^2}{(0.006)(0.106)} = 56.2$$

한 자리 유효 숫자(6×10^1)로 반올림하면, K_c의 계산값(56.2)은 문제에서 제시한 값(57.0)과 일치한다.

▶ **연습문제 15.19** 초기 농도가 $[H_2] = 0.100$ M, $[I_2] = 0.300$ M이라면, 700 K에서 H_2, I_2, HI의 평형 농도를 계산하시오. 700 K에서 반응 $H_2(g) + I_2(g) \rightleftharpoons 2\ HI(g)$의 평형 상수 K_c는 57.0이다.

▶ **응용문제 15.20** 반응 용기 내 N_2O_4의 초기 농도가 0.500 M일 때, 25 °C에서 N_2O_4와 NO_2의 평형 농도를 계산하시오. 25 °C에서 반응 $N_2O_4(g) \rightleftharpoons 2\ NO_2(g)$의 평형 상수 K_c는 4.64×10^{-3}이다.

예제 15.11

평형 농도의 계산(x가 작을 때 근사를 이용)

초기 농도가 $[CO_2] = 1.50$ M, $[H_2] = 1.10$ M일 때, 298 K에서 CO_2, H_2, CO, 그리고 H_2O의 평형 농도를 계산하시오. 298 K에서 반응 $CO_2(g) + H_2(g) \rightleftharpoons CO(g) + H_2O(g)$의 평형 상수 K_c는 9.71×10^{-6}이다.

전략

그림 15.7에 설명된 방법을 사용한다.

풀이

단계 1. $Q_c = \dfrac{[CO][H_2O]}{[CO_2][H_2]} = \dfrac{(0)(0)}{(1.50)(1.10)} = 0$

$Q_c(0) < K_c(9.71 \times 10^{-6})$; 따라서 반응은 생성물 쪽으로 진행된다.

단계 2. 균형 반응식을 사용하여 초기 농도, 농도 변화, 평형 농도를 표시하는 농도표를 만든다. 반응한 CO_2의 농도를 x라 하자.

	$CO_2(g)$	+	$H_2(g)$	$\rightleftharpoons$	$CO(g)$	+	$H_2O(g)$
초기 농도(M)	1.50		1.10		0		0
변화(M)	$-x$		$-x$		$+x$		$+x$
평형 농도(M)	$(1.50 - x)$		$(1.10 - x)$		x		x

단계 3. 평형 농도를 평형식에 대입한다.

$$K_c = 9.71 \times 10^{-6} = \frac{[CO][H_2O]}{[CO_2][H_2]} = \frac{(x)(x)}{(1.50 - x)(1.10 - x)}$$

평형 상수 K_c가 매우 작은 값인 반응의 경우, 반응은 생성물 쪽으로 매우 조금 진전되므로 x는 초기 농도(1.50 M과 1.10 M)에 비해 무시할 정도가 된다. 따라서 두 개의 가정을 세워서 풀이 과정을 대폭 단순화시킬 수 있다. 가정은 다음과 같다.

$$(1.50 - x) \approx 1.50 \qquad (1.10 - x) \approx 1.10$$

이 가정을 사용하며, 평형식을 다음과 같이 쓸 수 있다.

$$K_c = 9.71 \times 10^{-6} = \frac{(x)(x)}{(1.50)(1.10)} = \frac{x^2}{1.65}$$

$$x^2 = 1.60 \times 10^{-5}$$

$$x = 4.00 \times 10^{-3}$$

x가 감해지는 숫자에 비해 작다는 가정이 유효한지 점검해야 한다. 초기 농도에 대해 x의 계산값이 몇 %나 되는지 계산한다.

$$\frac{4.00 \times 10^{-3}}{1.50} \times 100\% = 0.267\%$$

$$\frac{4.00 \times 10^{-3}}{1.10} \times 100\% = 0.364\%$$

x가 초기 농도의 5%보다 작다면 가정은 유효하며, 평형 농도 계산에 큰 오차를 만들지 않는다. 이 경우, 0.267%와 0.364%는 5%보다 작기 때문에 가정이 유효하다고 할 수 있다.

단계 4. 표의 마지막 행의 식과 x 값을 사용하여 평형 농도를 계산한다.

$$[CO_2] = 1.50 - x = 1.50 - 4.00 \times 10^{-3} = 1.50\ M$$

$$[H_2] = 1.10 - x = 1.10 - 4.00 \times 10^{-3} = 1.10\ M$$

$$[CO] = [H_2O] = x = 4.00 \times 10^{-3}\ M$$

단계 5. 이 값들을 평형식에 대입하고, 평형 상수를 계산하여 평형 농도를 점검할 수 있다.

$$K_c = \frac{[CO][H_2O]}{[CO_2][H_2]} = \frac{(4.00 \times 10^{-3})(4.00 \times 10^{-3})}{(1.50)(1.10)}$$

$$= 9.70 \times 10^{-6}$$

평형 농도(9.70×10^{-6})를 사용하여, 계산된 K_c 값과 문제에 주어진 K_c 값(9.71×10^{-6})이 오차 한도 내에서 잘 맞는다.

▶ **연습문제 15.21** 초기 농도가 $[CO_2] = 0.750$ M, $[H_2] = 0.550$ M이라면, 298 K에서 CO_2, H_2, CO 그리고 H_2O의 평형 농도를 계산하시오. 298 K에서 반응 $CO_2(g) + H_2(g) \rightleftharpoons CO(g) + H_2O(g)$에 대한 평형 상수 K_c는 9.71×10^{-6}이다.

▶ **응용문제 15.22** 초기 농도가 $[H_2O] = 0.130$ M, $[Cl_2] = 0.250$ M이라면, 298 K에서 H_2O, Cl_2, HCl 그리고 O_2의 평형 농도를 계산하시오. 298 K에서 반응 $H_2O(g) + Cl_2(g) \rightleftharpoons HCl(g) + O_2(g)$에 대한 평형 상수 K_c는 8.96×10^{-9}이다.

예제 15.12

초기 부분 압력으로부터 평형 부분 압력의 계산

철광석으로부터 철을 제조하는 과정에서 일어나는 한 반응에서는, 산화 철(II)이 일산화 탄소에 의해 환원되어 금속 철과 이산화 탄소를 생성한다. 1000 K에서 이 반응에 대한 평형 상수 K_p는 0.259이다.

$$FeO(s) + CO(g) \rightleftharpoons Fe(s) + CO_2(g) \qquad K_p = 0.259 \quad 1000\text{ K에서}$$

초기 부분 압력이 $P_{CO} = 0.500$ atm, $P_{CO_2} = 1.000$ atm이라면, 1000 K에서 CO와 CO_2의 평형 부분 압력은 각각 얼마인가?

▲ 자동차를 만드는 데 사용되는 강철은 철광석과 일산화 탄소를 반응시켜 얻는다.

전략

초기 농도와 K_c로부터 평형 농도를 계산한 것과 동일한 방법으로 초기 부분 압력과 K_p로부터 평형 부분 압력을 계산할 수 있다. 그림 15.7의 단계들을 따르되, 농도를 부분 압력으로 대체한다.

풀이

단계 1. $Q_p = \frac{(P_{CO_2})_t}{(P_{CO})_t} = \frac{1.000\text{ atm}}{0.500\text{ atm}} = 2.00$

$Q_p(2.00) > K_p(0.259)$이므로, 반응은 반응물 쪽으로 진행된다.

단계 2. 균형 반응식은 $FeO(s) + CO(g) \rightleftharpoons Fe(s) + CO_2(g)$이다. 반응한 CO_2의 부분 압력을 x라 하자. 반응이 **반응물 쪽으로** 이동하기 때문에 반응물은 $+x$값을 가지고, 생성물은 $-x$ 값을 가진다. 균형 반응식 아래에 기체의 부분 압력 표를 작성한다.

	$FeO(s)$ +	$CO(g)$	$\rightleftharpoons$ $Fe(s)$ +	$CO_2(g)$
초기 압력(atm)		0.500		1.000
변화(atm)		$+x$		$-x$
평형 압력(atm)		$(0.500 + x)$		$(1.000 - x)$

단계 3. 평형 부분 압력을 K_p 평형식에 대입한다.

$$K_p = 0.259 = \frac{P_{CO_2}}{P_{CO}} = \frac{1.000 - x}{0.500 + x}$$

일반적인 불균일 평형에서처럼 순수한 고체는 평형식에서 생략한다. 평형식을 다시 정리하고 x에 대하여 풀면

$$0.1295 + 0.259x = 1.000 - x$$

$$\therefore x = \frac{0.8705}{1.259} = 0.691$$

단계 4. 계산된 x값으로부터 평형 부분 압력을 계산한다.

$$P_{CO} = 0.500 + x = 0.500 + (0.691) = 1.191 \text{ atm}$$

$$P_{CO_2} = 1.000 - x = 1.000 - (0.691) = 0.309 \text{ atm}$$

단계 5. 이 값들을 평형식에 대입하여 결과를 확인한다.

$$K_p = 0.259 = \frac{P_{CO_2}}{P_{CO}} = \frac{0.309}{1.191} = 0.259$$

▶ **연습문제 15.23** 1000 K에서 반응 $C(s) + H_2O(g) \rightleftharpoons CO(g) + H_2(g)$의 평형 상수 K_p는 2.44이다. 초기 부분 압력이 $P_{CO} = 1.00$ atm, $P_{H_2} = 1.00$ atm이라면, H_2O, CO, H_2의 평형 부분 압력은 얼마인가?

▶ **응용문제 15.24** 1000 K에서 반응 $C(s) + H_2O(g) \rightleftharpoons CO(g) + H_2(g)$의 평형 상수 K_p는 2.44이다. 초기 부분 압력이 $P_{H_2O} = 1.20$ atm, $P_{CO} = 1.00$ atm, $P_{H_2} = 1.40$ atm이라면, H_2O, CO, H_2의 평형 부분 압력은 얼마인가?

15.6 평형 혼합물의 조성을 변화시키는 인자: 르샤틀리에 원리

화학적 합성의 중요한 목적 중 하나는, 에너지 소비를 최소화하면서 반응물에서 생성물로의 변환을 최대화하는 것이다. 이러한 목적은 반응이 적당한 온도와 압력에서 거의 완결될 수 있다면 쉽게 달성된다. 그러나 어떤 반응의 평형 혼합물에 생성물은 적고 반응물이 많다면 그 실험 조건은 수정되어야 한다. 1913년에 독일의 화학자 하버(Fritz Haber, 1868~1934)가 개발한 N_2와 H_2로부터 암모니아를 합성하는 공정을 생각해 보자(그림 15.8).

$$N_2(g) + 3\, H_2(g) \rightleftharpoons 2\, NH_3(g)$$

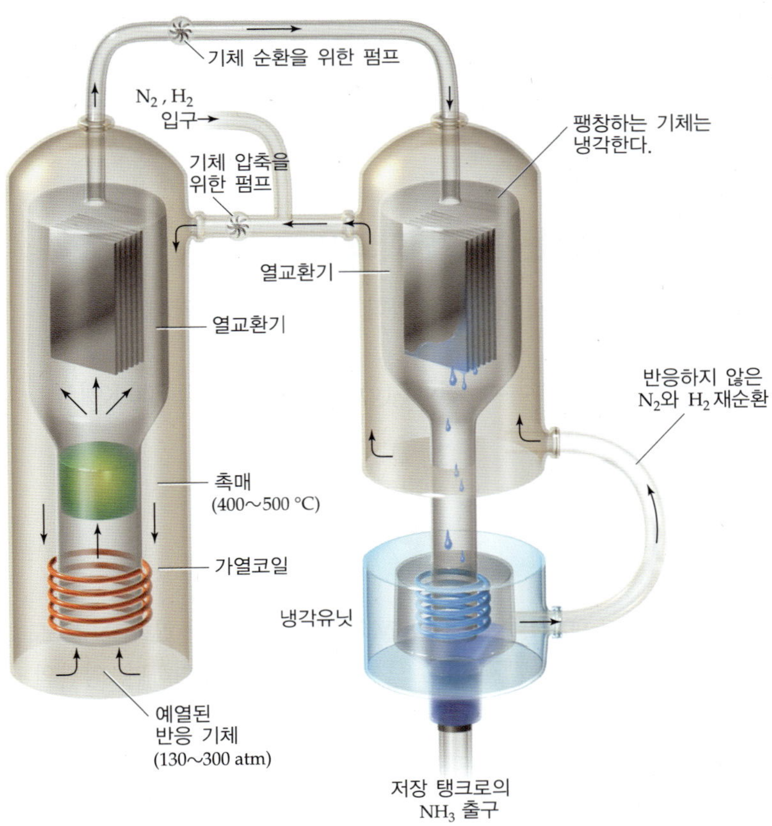

◀ **그림 15.8**
공업적 암모니아 생산의 하버-보슈 공정. 130~300 atm 압력의 H_2와 N_2 기체 혼합물이 400~500 °C 조건에서 촉매를 통과한다. $N_2(g) + 3\, H_2(g) \rightleftharpoons 2\, NH_3(g)$ 반응을 통해 암모니아가 생산된다. 반응물과 생성물의 기체 혼합물 중에서 NH_3는 액화되고, 반응하지 않은 N_2와 H_2는 재순환된다.

주로 비료로 이용되는 암모니아의 생산량이 매년 전 세계적으로 1억 3천만 톤에 달하므로, 하버 공정에서 실험 조건의 선택은 실질적으로 경제성에 있어 중요하다. 또한 암모니아의 공업적 생산은 하버-보슈 공정으로 알려져 있는데, 이는 암모니아의 대량 생산 기술을 개발한 보슈(Karl Bosch)를 기리기 위한 것이다. 하버-보슈 공정은 20세기의 가장 중요한 발명 중의 하나이다. 이는 암모니아를 이용하여 생산하는 질소 비료가 없었다면 세계 인구가 1900년대 16억 명에서 오늘날 70억 명으로 증가할 수 없었을 것이다. 오늘날 세계 인구의 거의 절반이 하버-보슈 공정의 결과물을 이용하여 생산된 농작물에 의존하고 있는 것으로 추정된다.

평형 혼합물의 조성을 변화시키기 위해, 다음의 몇 가지 인자들을 활용할 수 있다.

- 반응물과 생성물의 농도 변화
- 압력과 부피 변화
- 온도 변화

적용 가능한 네 번째 인자인 촉매의 첨가는 평형에 도달하는 속도만 증가시킨다. 15.10절에서 보겠지만, **촉매(catalyst)**는 평형 농도에 영향을 미치지 않는다.

미리보기…
촉매가 평형 상태의 조성은 변화시키지 않으면서 정반응과 역반응 속도를 모두 증가시킨다는 것을 15.10절에서 볼 것이다.

나열된 인자들의 변화가 평형 혼합물의 조성에 미치는 정성적인 영향은, 프랑스 화학자 르샤틀리에(Henri-Louis Le Châtelier, 1850~1936)가 처음으로 설명한 원리를 이용하면 예측할 수 있다.

르샤틀리에 원리 평형 상태에 있는 반응 혼합물에 스트레스를 가하면, 알짜 반응은 그 스트레스를 감소시키는 방향으로 일어난다.

이 문장에서 '스트레스'라는 용어는 본래의 평형을 방해하는 농도, 압력, 부피의 변화를 의미한다. 평형에 스트레스를 가하면 반응이 일어나며, 새로운 평형에 도달할 때까지 혼합물의 조성이 변한다. 반응은 스트레스를 완화하는 방향으로 일어난다(반응물이 생성물로 전환되거나 또는 그와 반대로 일어남). 다음의 3개 절에서 평형 혼합물의 조성을 변화시킬 수 있는 서로 다른 종류의 스트레스를 살펴보도록 하겠다.

15.7 평형 혼합물에 미치는 농도 변화의 영향

암모니아를 합성하는 하버 공정에서 일어나는 화학 평형에 대해 생각해 보자.

$$N_2(g) + 3\,H_2(g) \rightleftharpoons 2\,NH_3(g) \qquad K_c = 0.291 \quad 700\text{ K에서}$$

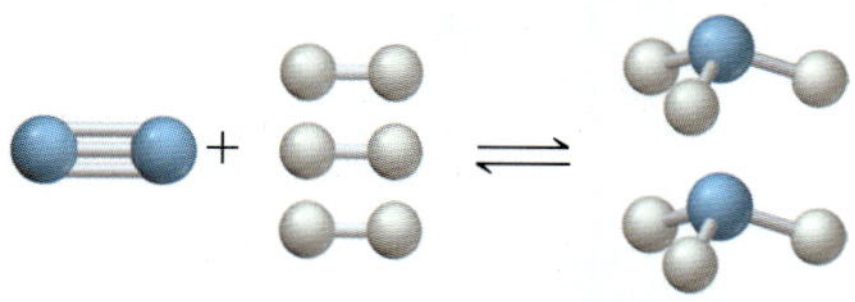

700 K에서 N_2 0.50 M, H_2 3.00 M, NH_3 1.98 M의 평형 혼합물이 있다. N_2 농도를 1.50 M로 증가시켜 그 평형을 방해한다고 생각하자. 르샤틀리에 원리에 의하면, 약간의 N_2가 NH_3로 변환되며, 반응은 증가한 N_2의 농도를 감소시키는 방향으로 진행된다. N_2 농도가 감소함에 따라 H_2 농도도 감소하고, NH_3 농도는 균형식의 화학량론에 맞춰 증가해야 한다. 이러한 변화를 그림 15.9에 나타내었다.

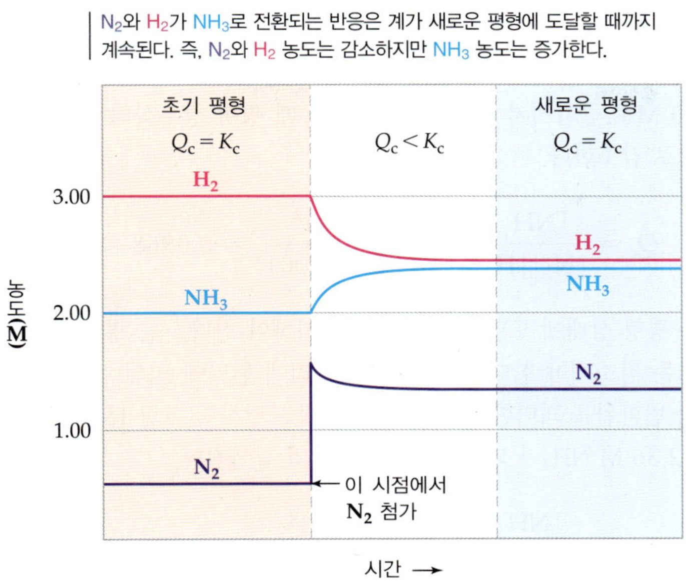

◀ 그림 15.9
N_2, H_2, NH_3 평형 혼합물에 N_2를 가할 때의 농도 변화

◀ 확인하기

N_2를 첨가한 후 H_2, NH_3, N_2의 평형 농도는 첨가 전과 비교하여 어떻게 바뀌는가? K_c 값은 어떻게 되는가?

답 $[H_2]$ 감소, $[NH_3]$ 증가, $[N_2]$ 증가, 평형 상수 K_c는 변하지 않는다.

일반적으로, 반응물이나 생성물을 첨가 또는 제거하여 평형에 있는 계가 방해받을 때, 르샤틀리에 원리로 다음을 예상할 수 있다.

- **첨가된** 반응물 또는 생성물에 의한 농도 스트레스는, 첨가된 물질을 **소비하는** 방향으로 알짜 반응이 진행됨으로써 완화된다.
- **제거된** 반응물 또는 생성물에 의한 농도 스트레스는, 제거된 물질을 **보충하는** 방향으로 알짜 반응이 진행됨으로써 완화된다.

개념탐구 질문 5

생성물을 더 만들려면 알짜 반응의 방향을 어떻게 바꿀 수 있는가?

이러한 규칙을 $N_2(g) + 3\ H_2(g) \rightleftharpoons 2\ NH_3(g)$ 평형에 응용하면, N_2나 H_2 농도의 증가 또는 NH_3 농도의 감소에 의하여 암모니아 수득률을 증가시킬 수 있다(**그림 15.10**). 공업적 암모니아 생산에서 생성된 기체상의 암모니아(bp −33 ℃)를 액화시켜 기체 NH_3 농도를 감소시킴으로써 더 많은 양의 암모니아를 생산할 수 있다.

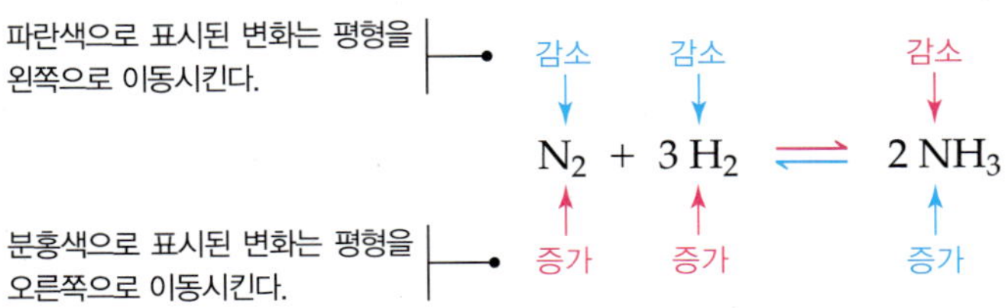

◀ 그림 15.10
$N_2(g) + 3H_2(g) \rightleftharpoons 2NH_3(g)$ 평형에 대한 농도 변화 효과. N_2나 H_2 농도의 증가 또는 NH_3 농도의 감소는 평형을 왼쪽에서 오른쪽으로 이동시킨다. N_2나 H_2 농도의 감소 또는 NH_3 농도의 증가는 평형을 오른쪽에서 왼쪽으로 이동시킨다.

르샤틀리에 원리는 평형 혼합물의 조성 변화를 예측하는 데 편리하지만, **왜** 이러한 변화가 일어나는가는 설명하지 못한다. 르샤틀리에 원리가 어떻게 작용하는지 알아보기 위하여 반응 지수 Q_c를 다시 한번 살펴보자. 700 K에서 N_2 0.50 M, H_2 3.00 M, NH_3 1.98 M 평형 혼합물에 대한 Q_c는 그 계가 평형에 있기 때문에 $K_c(0.291)$와 같다.

$$Q_c = \frac{[NH_3]_t^2}{[N_2]_t[H_2]_t^3} = \frac{(1.98)^2}{(0.50)(3.00)^3} = 0.29 = K_c$$

N_2 농도를 1.50 M로 증가시켜 그 평형을 방해할 때 평형 상수식의 분모는 증가하고 Q_c는 K_c보다 작은 값으로 감소한다.

$$Q_c = \frac{[NH_3]_t^2}{[N_2]_t[H_2]_t^3} = \frac{(1.98)^2}{(1.50)(3.00)^3} = 0.0968 < K_c$$

그 계가 새로운 평형 상태에 도달하려면 Q_c가 증가해야 한다. 즉, 평형 상수식의 분자는 증가해야 하고 분모는 감소해야 한다. 이것은 르샤틀리에 원리에 의해 예측된 것과 같이 N_2와 H_2가 NH_3로 알짜 변환됨을 의미한다. 새로운 평형에 도달하면(그림 15.9), 그 농도는 1.31 M N_2, 2.43 M H_2, 2.36 M NH_3가 되고 Q_c는 다시 K_c와 같아진다.

$$Q_c = \frac{[NH_3]_t^2}{[N_2]_t[H_2]_t^3} = \frac{(2.36)^2}{(1.31)(2.43)^3} = 0.296 = K_c$$

▲ 대황의 강한 신맛을 가진 잎은 옥살산과 같은 독소를 함유하고 있으나 줄기와 뿌리에는 영양소가 풍부하다. ⓒthoughtsofjoyce /Shutterstock

농도 변화가 평형에 영향을 주는 또 다른 예로, 철 이온(III)과 싸이오사이안산 이온(SCN^-)이 녹아 있는 수용액에서 Fe−N 결합을 통해 빨간색 착이온($FeNCS^{2+}$) 화합물이 형성되는 평형 혼합물을 생각해 보자.

$$\underset{\text{연노란색}}{Fe^{3+}(aq)} + \underset{\text{무색}}{SCN^-(aq)} \rightleftharpoons \underset{\text{빨간색}}{FeNCS^{2+}(aq)}$$

평형의 이동은 여러 시약을 가할 때 용액의 색이 어떻게 변하는가를 관찰하여 알 수 있다(**그림 15.11**). $FeCl_3$ 수용액을 가하면, 르샤틀리에 원리에 의하여 예상한 것처럼 빨간색은 더 진하게 변한다. 첨가된 Fe^{3+}에 의한 농도 스트레스는 왼쪽에서 오른쪽으로의 알짜 반응에 의해 완화된다. 이에 따라 약간의 Fe^{3+}가 소비되고, $FeNCS^{2+}$ 농도가 증가한다. (Cl^-은 이 반응에 관여하지 않는다.) 마찬가지로, KSCN 수용액을 가하면 첨가된 SCN^-의 스트레스는 평형을 왼쪽에서 오른쪽으로 이동시켜 다시 빨간색을 더 진하게 변화시킨다.

Fe^{3+} 또는 SCN^- 이온을 제거하는 시약을 가하면, 평형을 반대 방향으로 이동시킬 수 있다. 예를 들어, 옥살산($H_2C_2O_4$)은 Fe^{3+}와 반응하여 안정한 노란색 착이온 $Fe(C_2O_4)_3{}^{3-}$를 형

(a) 처음 용액: Fe^{3+}(연노란색), SCN^-(무색), $FeNCS^{2+}$(빨간색)

(b) 용액 (a)에 $FeCl_3$를 첨가하면 [$FeNCS^{2+}$]가 증가한다.

(c) 용액 (a)에 KSCN을 첨가하면 [$FeNCS^{2+}$]가 증가한다.

(d) 용액 (a)에 $H_2C_2O_4$를 첨가하면 [$Fe(C_2O_4)_3{}^{3-}$]가 증가함에 따라 [$FeNCS^{2+}$]는 감소한다.

(e) 용액 (a)에 $HgCl_2$를 첨가하면 [$Hg(SCN)_4{}^{2-}$]가 증가함에 따라 [$FeNCS^{2+}$]는 감소한다.

▲ 그림 15.11

Fe^{3+}(연노란색), SCN^-(무색), $FeNCS^{2+}$(빨간색)이 녹아 있는 평형 혼합물에 여러 시약을 첨가할 때 나타나는 색 변화

성함으로써 $Fe^{3+}(aq)$ 농도를 감소시킨다. 옥살산은 대황과 같은 식물의 잎에 존재하는 유독한 물질이다. 르샤틀리에 원리에 따라서 제거된 Fe^{3+}의 농도 스트레스는 Fe^{3+}을 보충하기 위해서 $FeNCS^{2+}$가 해리됨으로써 완화된다. $FeNCS^{2+}$ 농도가 감소하므로 용액의 빨간색은 사라진다.

$$3\,H_2C_2O_4(aq) + Fe^{3+}(aq) \longrightarrow Fe(C_2O_4)_3{}^{3-}(aq) + 6\,H^+(aq)$$
$$FeNCS^{2+}(aq) \longrightarrow Fe^{3+}(aq) + SCN^-(aq)$$

$HgCl_2$ 수용액을 첨가하면 역시 빨간색이 사라진다. 이는 $HgCl_2$가 SCN^- 이온과 반응하여 Hg−S 결합에 의해 무색의 안정한 착이온 $Hg(SCN)_4{}^{2-}$를 형성하기 때문이다. $SCN^-(aq)$가 제거되면 빨간색 $FeNCS^{2+}$ 이온이 해리되어 SCN^- 이온이 보충된다.

$$HgCl_2(aq) + 4\,SCN^-(aq) \longrightarrow Hg(SCN)_4{}^{2-}(aq) + 2\,Cl^-(aq)$$
$$FeNCS^{2+}(aq) \longrightarrow Fe^{3+}(aq) + SCN^-(aq)$$

예제 15.13

농도 변화에 대한 르샤틀리에 원리 적용

용광로에서 철광석을 금속 철로 환원시킬 때 산화 철(III)과 일산화 탄소의 반응이 일어난다.

$$Fe_2O_3(s) + 3\,CO(g) \rightleftharpoons 2\,Fe(l) + 3\,CO_2(g)$$

평형 혼합물을 다음과 같이 변화시켰을 때, 르샤틀리에 원리를 이용하여 알짜 반응의 방향을 예측하시오.

(a) Fe_2O_3 첨가
(b) CO_2 제거
(c) CO 제거; 또한 이 변화를 반응 지수 Q_c를 이용하여 설명하시오.

전략

반응 방향을 예측하기 위해서는, 농도 스트레스는 첨가된 물질을 소비하는 방향으로 또는 제거된 물질을 보충하는 방향으로 반응이 완화되는 것을 기억하라.

풀이

(a) Fe_2O_3는 순수한 고체이므로 그 농도는 평형식에 나타나지 않는다. 따라서 농도 스트레스가 없으므로 평형은 방해받지 않는다.
(b) 르샤틀리에 원리에 의하여, CO_2를 제거하는 농도 스트레스는 반응물에서 생성물로의 알짜 반응이 일어나 CO_2가 보충됨으로써 완화된다.
(c) 르샤틀리에 원리에 의하여, CO를 제거하는 농도 스트레스는 생성물로부터 반응물로의 알짜 반응이 일어나 CO가 보충됨으로써 완화된다. 반응 지수는 다음과 같다.

$$Q_c = \frac{[CO_2]_t^3}{[CO]_t^3}$$

평형이 [CO]의 감소에 의하여 방해받을 때 Q_c가 증가하므로 $Q_c > K_c$이다. 새로운 평형 상태에 도달하기 위해 Q_c는 감소해야 한다. 즉 $[CO_2]$는 감소하고, [CO]는 증가해야 한다. 따라서 알짜 반응은 르샤틀리에 원리에 의하여 예측된 바와 같이 생성물에서 반응물 쪽으로 진행된다.

▶ **연습문제 15.25** 수성 가스 전환 반응에 대한 평형을 생각해 보자.

$$CO(g) + H_2O(g) \rightleftharpoons CO_2(g) + H_2(g)$$

다음 중 어떤 변화가 H_2의 농도를 증가시키는가?

(a) CO 첨가
(b) CO_2 첨가
(c) H_2O 제거
(d) CO_2 제거
(e) (a)와 (d)를 함께

▶ **응용문제 15.26** 신장에 생기는 고체 입자들은 신장 결석이라 불리며 종종 극심한 통증을 일으킨다. 신장 결석의 일반적인 형태는 칼슘과 옥살산염의 침전 반응으로부터 형성된다.

$$Ca^{2+}(aq) + C_2O_4{}^{2-}(aq) \rightleftharpoons CaC_2O_4(s)$$

르샤틀리에 원리를 이용하여, 다음 내용을 설명하시오.

(a) 신장이 유체를 제거하도록 돕는 약인 이뇨제를 복용하는 사람은 신장 결석이 생길 위험이 증가한다.
(b) 소변의 칼슘 농도를 증가시키는 유전성 질환인 고칼슘뇨증을 앓고 있는 사람은 신장 결석이 생길 위험이 크다.
(c) 신장 결석의 간단한 치료법은 시금치, 대황, 견과류 같은 옥살산염이 많은 음식물의 섭취를 피하는 것이다.
(d) 신장 결석의 또 다른 간단한 치료법은 물을 많이 섭취하는 것이다.

15.8 평형 혼합물에 미치는 압력과 부피 변화의 영향

평형 혼합물이 부피 변화의 결과로 인한 압력 변화에 의해 어떻게 영향을 받는가를 설명하기 위해, 하버의 암모니아 합성으로 돌아가자. 이 반응에 대한 균형 반응식을 살펴보면, 반응식의 반응물 쪽에 4 mol의 기체가 있고, 생성물 쪽에 2 mol의 기체가 있다.

$$N_2(g) + 3\,H_2(g) \rightleftharpoons 2\,NH_3(g) \quad K_c = 0.291 \quad 700\text{ K에서}$$

기억하기…
이상 기체 법칙은 기체의 부피, 온도, 그리고 양에 따라 압력이 어떻게 변하는지를 설명한다; $P = nRT/V$ (10.3절).

부피가 감소하여 압력이 증가하면 평형 혼합물 조성에는 어떤 일이 생기겠는가? **이상 기체 법칙(ideal gas law)**에 따르면, 일정한 온도와 일정한 몰수에서 기체의 압력은 부피에 반비례한다. 따라서 부피가 감소하면 압력이 증가할 것이다. 르샤틀리에 원리에 따라, 알짜 반응은 압력 증가에 의한 스트레스를 완화하는 방향으로 일어난다. 이는 기체의 몰수가 감소하는 것을 의미한다. 그러므로 알짜 반응은 왼쪽에서 오른쪽으로 진행할 것으로 예상된다. 왜냐하면 정반응은 4 mol의 기체 반응물을 2 mol의 기체 생성물로 변환시키기 때문이다.

일반적으로 르샤틀리에 원리는 다음과 같이 예측한다.

- 부피 감소에 의해 압력이 **증가**하면, 알짜 반응은 전체 기체의 몰수를 **감소**시키는 방향으로 진행된다.
- 부피 증가에 의해 압력이 **감소**하면, 알짜 반응은 전체 기체의 몰수를 **증가**시키는 방향으로 진행된다.

르샤틀리에 원리가 압력(부피) 변화에 대하여 어떻게 적용되는가를 알아보기 위해, 700 K에서 N_2 0.50 M, H_2 3.00 M, NH_3 1.98 M의 평형 혼합물에 대한 반응 지수를 다시 살펴보자.

$$Q_c = \frac{[NH_3]_t^2}{[N_2]_t[H_2]_t^3} = \frac{(1.98)^2}{(0.50)(3.00)^3} = 0.29 = K_c$$

부피를 1/2로 감소시키면 전체 압력이 두 배로 될 뿐만 아니라, 각 반응물과 생성물의 부분 압력과 농도도 두 배로 된다(몰농도 $= n/V$이므로). 균형 반응식의 기체 반응물의 몰수가 기체 생성물의 몰수보다 크므로, 평형 상수식에서 분모 증가가 분자 증가보다 크고, 새로운 Q_c 값은 평형 상수 K_c보다 작아지게 된다.

$$Q_c = \frac{[NH_3]_t^2}{[N_2]_t[H_2]_t^3} = \frac{(3.96)^2}{(1.00)(6.00)^3} = 0.0726 < K_c$$

계가 새로운 평형 상태로 이동하기 위해서는 Q_c가 증가해야 하고, 이는 르샤틀리에 원리에 의하여 예측된 것처럼 알짜 반응이 반응물에서 생성물 쪽으로 진행되어야 함을 의미한다(그림 15.12). 실제로 하버 공정에서 암모니아의 수득률은 고압, 즉 전형적으로 130~300 atm의 높은 압력에서 반응이 진행되어 증가한다.

반응하는 기체의 몰수에 변화가 없는 경우, 평형 혼합물의 조성은 압력 변화의 영향을 받지 않는다. 예를 들어, 수소와 아이오딘의 반응은 균형 반응식의 양쪽에 2 mol의 기체를 갖는다.

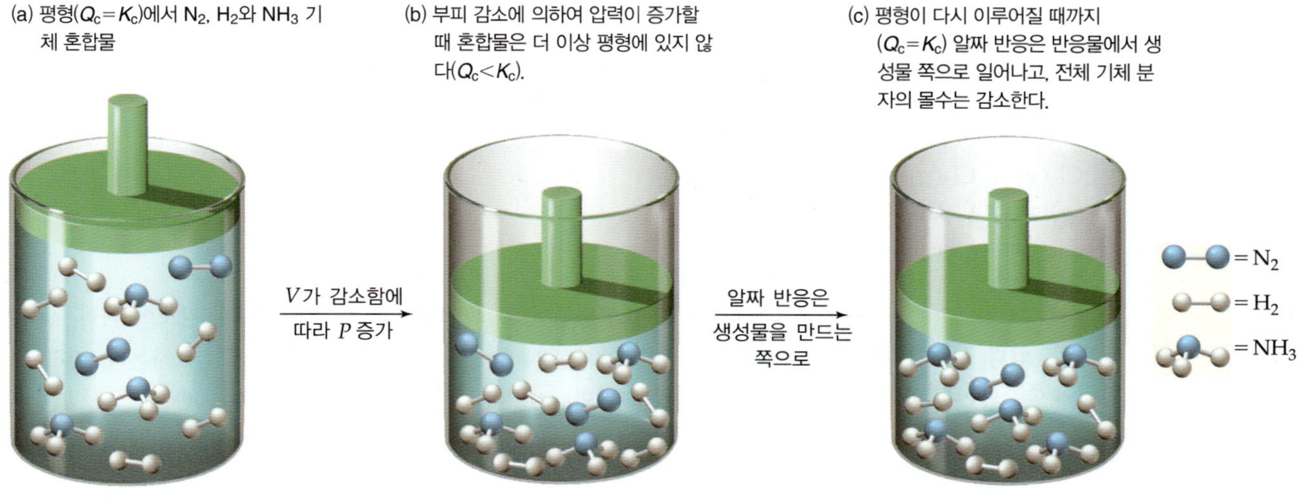

▲ 그림 15.12
$N_2(g) + 3\ H_2(g) \rightleftharpoons 2\ NH_3(g)$ 평형에서 압력과 부피의 정성적 효과

▲ 확인하기

부피가 감소하면 반응은 왜 생성물 쪽으로 이동하는가?

답 부피의 감소에 의한 변화는 압력의 증가를 가져온다. 반응은 기체 몰수를 줄여서 압력을 줄이는 방향으로 이동해야 한다. 암모니아의 합성에서 생성물은 기체 2 mol이고, 반응물은 기체 4 mol이다.

$$H_2(g) + I_2(g) \rightleftharpoons 2\ HI(g)$$

부피를 반으로 줄여 압력을 두 배로 증가시키면, 반응 지수의 분자와 분모는 같은 배수로 변하므로 Q_c는 변하지 않고 그대로 유지된다.

$$Q_c = \frac{[HI]_t^2}{[H_2]_t[I_2]_t}$$

불균일 평형에 르샤틀리에 원리를 적용할 때, 고체와 액체의 부피(그리고 농도)는 거의 압력과 무관하므로 압력 변화가 고체와 액체에 미치는 영향은 무시할 수 있다. 예를 들어, 석탄을 기체 연료로 변환하는 첫 단계인 탄소와 수증기의 고온 반응을 생각해 보자.

$$C(s) + H_2O(g) \rightleftharpoons CO(g) + H_2(g)$$

탄소는 고체이므로 탄소를 무시하면 부피 감소(압력 증가)는 이 평형을 생성물에서 반응물 쪽으로 이동시킨다. 이는 역반응에 의해 기체의 양이 2 mol에서 1 mol로 감소하기 때문이다.

이 절에서는 르샤틀리에 원리의 응용을 **부피** 변화에 의한 압력 변화로 한정하기 위하여 조심스러웠다. 그렇다면, 부피를 일정하게 유지하고 반응과 관련 없는 아르곤과 같은 비활성 기체를 첨가하여 전체 압력을 증가시키면 어떤 일이 생기는가? 그 경우에 평형은 그대로 유지된다. 왜냐하면, 일정한 부피에서 비활성 기체를 첨가하더라도 반응에 참여하는 물질들의 부분 압력 또는 몰농도가 변화하지 않기 때문이다. 첨가된 기체가 반응물이나 생성물일 경우에만 반응 지수는 변한다.

예제 15.14

압력과 부피 변화에 대한 르샤틀리에 원리 적용

다음 각 평형이 부피 증가에 따라 압력이 감소할 때 생성물의 몰수는 증가하는가 감소하는가 그대로 유지되는가?

(a) $PCl_5(g) \rightleftharpoons PCl_3(g) + Cl_2(g)$
(b) $CaO(s) + CO_2(g) \rightleftharpoons CaCO_3(s)$
(c) $3\ Fe(s) + 4\ H_2O(g) \rightleftharpoons Fe_3O_4(s) + 4\ H_2(g)$

전략

르샤틀리에 원리에 따라, 압력 감소에 의한 스트레스는 기체 몰수가 증가하여 압력이 증가하는 방향으로 알짜 반응이 일어남으로써 완화된다.

풀이

(a) 정반응은 기체 1 mol을 기체 2 mol로 변환하므로, 알짜 반응은 반응물에서 생성물 쪽으로 진행되어 PCl_3와 Cl_2의 몰수가 증가한다.
(b) 균형 반응식의 반응물 쪽에 1 mol의 기체가 있고 생성물 쪽에는 기체가 없으므로, 압력 감소에 의한 스트레스는 생성물 쪽에서 반응물 쪽으로의 알짜 반응이 일어나 완화된다. 그러므로 $CaCO_3$의 몰수는 감소한다.
(c) 균형 반응식의 양쪽에 똑같이 4 mol의 기체가 있으므로 평형 혼합물의 조성은 압력 변화에 영향을 받지 않는다. Fe_3O_4와 H_2의 몰수는 똑같게 유지된다.

▶ **연습문제 15.27** 다음 각 평형에서 부피 감소에 따라 압력이 증가할 때 생성물의 몰수는 증가하는가 감소하는가 그대로 유지되는가?

$$2\ CO(g) \rightleftharpoons C(s) + CO_2(g)$$

▶ **개념 응용문제 15.28** 다음 그림은 기체상 반응 $A_2 \rightleftharpoons 2A$의 평형 혼합물을 나타낸다.

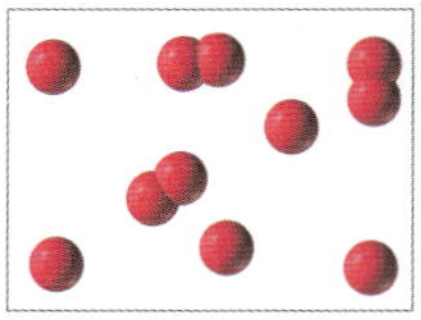

(a) 부피 감소에 따라 압력이 증가할 때 각 물질의 농도가 어떻게 변화하는지 그림으로 그리시오.
(b) 부피 감소에 따라 압력이 증가할 때 K_c 값은 그대로인가, 증가 또는 감소하는가?

15.9 평형 혼합물에 미치는 온도 변화의 영향

개념탐구 질문 6
평형 혼합물의 온도가 변화할 때, 무엇이 알짜 반응의 방향을 바꾸게 하는가?

평형이 농도, 압력, 부피의 변화에 의하여 방해를 받을 때, 반응 지수 Q_c는 더 이상 평형 상수 K_c와 같지 않으므로 평형 혼합물 조성이 변한다. 그러나 온도가 일정하면 농도, 압력, 부피가 변하더라도 평형 상수 값은 변하지 않는다. 반면에, 온도 변화는 평형 상수 값을 대체로 변화시킨다. 하버의 암모니아 합성은 발열 반응이고, 평형 상수 K_c 값이 300~1000 K 온도 범위에서 $1/10^{11}$ 수준으로 감소한다(그림 15.13).

$$N_2(g) + 3\ H_2(g) \rightleftharpoons 2\ NH_3(g) + 92.2\ kJ \quad \Delta H^\circ = -92.2\ kJ$$

낮은 온도에서는 K_c 값이 크므로 평형 혼합물에는 NH_3가 많다. 반대로 높은 온도에서는 평형이 N_2와 H_2 쪽으로 이동한다.

일반적으로 평형 상수의 온도 의존성은 그 반응의 ΔH° 부호에 따라 결정된다.

- 발열 반응(음수 ΔH°)의 평형 상수는 온도가 증가함에 따라 감소한다.
- 흡열 반응(양수 ΔH°)의 평형 상수는 온도가 증가함에 따라 증가한다.

르샤틀리에 원리를 이용하여 K_c 값과 온도의 상관관계를 예측할 수도 있다. 흡열 반응의 경우 반응식의 반응물 쪽에 열을 가하고, 발열 반응의 경우 반응식의 생성물 쪽에 열을 가해 보자. N_2O_4의 흡열 열분해를 예로 들어 생각해 보자.

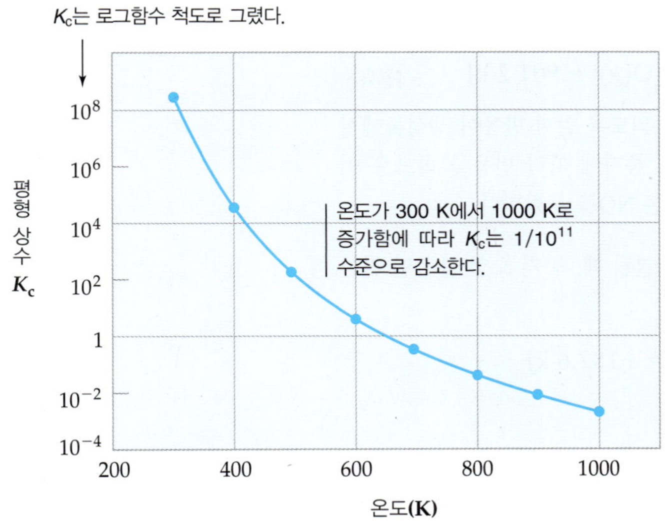

온도 (K)	K_c
300	2.6×10^8
400	3.9×10^4
500	1.7×10^2
600	4.2
700	2.9×10^{-1}
800	3.9×10^{-2}
900	8.1×10^{-3}
1000	2.3×10^{-3}

◀ **그림 15.13**
$N_2(g) + 3\,H_2(g) \rightleftharpoons 2\,NH_3(g)$ 반응에서 평형 상수의 온도 의존성

열을 가함 ↓

$$N_2O_4(g) + 55.3\text{ kJ} \rightleftharpoons 2\,NO_2(g) \qquad \Delta H° = +55.3\text{ kJ}$$

무색 ⟶ 갈색

↓ 열을 제거함

르샤틀리에 원리에 의하면, 평형 혼합물에 열을 가하여 온도가 올라가면 알짜 반응은 가한 열에 의한 스트레스를 완화시키는 방향으로 일어난다. N_2O_4 분해와 같은 흡열 반응에서 열은 정반응에 의하여 흡수된다. 그러므로 이 평형은 더 높은 온도에서 생성물 쪽으로 이동한다. 이는 K_c 값이 온도 증가에 따라 증가함을 의미한다. N_2O_4는 무색이고 NO_2는 갈색이므로, N_2O_4−NO_2 평형에 대한 온도의 영향은 혼합물의 색으로 쉽게 판명된다(**그림 15.14**). NH_3의 하버 합성과 같은 발열 반응에서는 열이 역방향 알짜 반응에 의하여 흡수되므로 K_c 값은 온도 증가에 따라 감소한다.

열을 제거함 ↑

$$N_2(g) + 3\,H_2(g) \rightleftharpoons 2\,NH_3(g) + 92.2\text{ kJ} \qquad \Delta H° = -92.2\text{ kJ}$$

↑ 열을 가함

$N_2O_4(g) \rightleftharpoons 2\,NO_2(g);\ \Delta H° > 0$

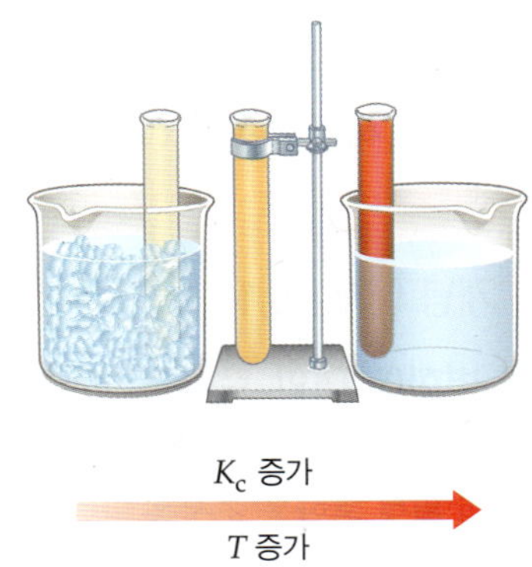

▲ **그림 15.14**
얼음물(왼쪽)과 실온(가운데), 뜨거운 물(오른쪽)에 담근 N_2O_4와 NO_2의 평형 혼합물이 들어 있는 시험관. 가장 높은 온도에서 시료의 갈색이 더 짙어지는 것은 흡열 반응에서 예측한 대로 온도가 증가할 때 반응 $N_2O_4(g) \rightleftharpoons 2\,NO_2(g)$의 평형이 반응물에서 생성물로 이동하였음을 나타낸다.

예제 15.15

온도 변화에 대한 르샤틀리에 원리 적용

질산을 합성하는 오스트발트 공정의 첫 단계에서 암모니아는 다음 반응에 의하여 일산화 질소로 산화된다.

$$4\,NH_3(g) + 5\,O_2(g) \rightleftharpoons 4\,NO(g) + 6\,H_2O(g) \quad \Delta H° = -901.2\text{ kJ}$$

평형에서 NO의 양은 온도 증가에 따라 어떻게 변하는가?

전략

르샤틀리에 원리에 의하면 온도를 증가시킬 때 가한 열의 스트레스는 열을 흡수하는 방향의 알짜 반응에 의하여 완화될 것이다. 균형 반응식에 열을 포함시킬 경우 이 반응이 흡열이면 반응물 쪽에, 또는 이 반응이 발열이면 생성물 쪽에 포함된다는 것은 상당히 유용하다.

풀이

암모니아의 산화는 발열 반응이므로 열(901.2 kJ)은 생성물 쪽에 추가한다.

$$4\ NH_3(g) + 5\ O_2(g) \rightleftharpoons 4\ NO(g) + 6\ H_2O(g) + 901.2\ kJ$$

온도를 증가시킬 때 가한 열에 의한 스트레스는 가한 열이 흡수되도록 알짜 반응이 생성물에서 반응물 쪽으로 진행됨으로써 완화된다. 그러므로 평형은 온도 증가에 따라 반응물 쪽으로 이동한다(K_c는 감소). 결과적으로 평형 혼합물은 고온에서 더 적은 NO를 포함한다.

▶ **연습문제 15.29** 자동차 엔진에서 공기가 매우 높은 온도로 가열될 때, 공기 오염 물질인 일산화 질소가 다음 반응에 의하여 생성된다.

$$N_2(g) + O_2(g) \rightleftharpoons 2\ NO(g) \quad \Delta H° = +182.6\ kJ$$

평형에서의 NO의 양은 온도 증가에 따라 어떻게 변하는가?

▶ **응용문제 15.30** 손톱 매니큐어 제거제로 이용하는 용매인 아세트산 에틸은 아세트산과 에탄올을 반응시켜 만든다.

$$\underset{\text{아세트산}}{CH_3CO_2H(soln)} + \underset{\text{에탄올}}{CH_3CH_2OH(soln)} \rightleftharpoons \underset{\text{아세트산 에틸}}{CH_3CO_2CH_2CH_3(soln)} + H_2O(soln)$$

$$\Delta H° = -2.9\ kJ$$

온도를 증가시킬 때 평형 혼합물에서 아세트산 에틸의 양은 증가하는가 감소하는가? 온도를 감소시킬 때 K_c는 어떻게 변하는가? 답을 르샤틀리에 원리를 이용하여 증명하시오.

▲ 매니큐어는 아세트산 에틸로 녹여 제거할 수 있다.

개념 예제 15.16

온도 변화에 대한 르샤틀리에 원리 적용

다음 그림은 600 K와 650 K에서 일어나는 두 개의 A 분자의 결합 반응 $2\ A(g) \rightleftharpoons A_2(g)$의 평형 혼합물 조성을 나타낸 것이다.

이 반응은 흡열 반응인가 발열 반응인가? 르샤틀리에 원리를 이용하여 설명하시오.

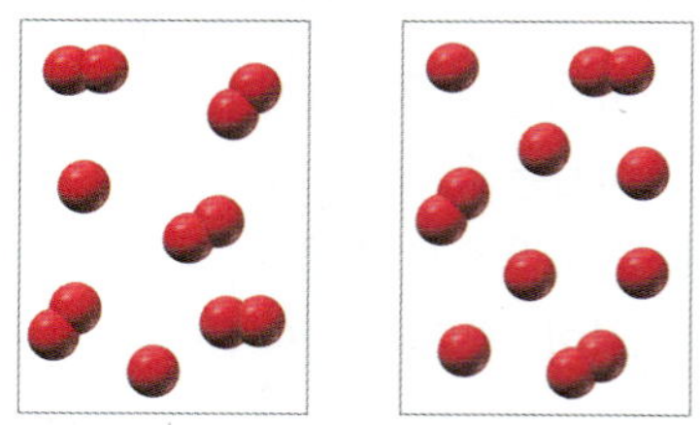

T = 600 K T = 650 K

전략

각 온도에서 A와 A_2 분자 수를 세어 보면, 온도가 증가했을 때 알짜 반응 방향이 어느 쪽인지 알 수 있다. 르샤틀리에 원리에 따르면, 온도가 높아짐에 따라 알짜 반응 방향이 반응물에서 생성물로 진행된다. 열은 화학 반응식의 반응물 쪽에 더하면 되고, 그 반응은 흡열 반응이다. 반대로, 온도가 높아짐에 따라 알짜 반응이 생성물에서 반응물로 진행되면 열은 생성물 쪽에 더하고, 그 반응은 발열 반응이다.

풀이

600 K에서는 A 분자 2개와 A_2 분자 5개, 650 K에서는 A 분자 6개와 A_2 분자 3개가 있다. 온도를 높임에 따라 알짜 반응은 생성물에서 반응물 쪽으로 진행되었다. 이는 화학 반응식에서 열이 생성물 쪽에 더해짐을 의미한다.

$$2\ A(g) \rightleftharpoons A_2(g) + 열$$

그러므로 반응은 발열 반응이고, 이것은 생성물이 되기 위해 화학 결합이 형성되는 것으로부터 예상할 수 있다. 르샤틀리에 원리에 따르면, 알짜 반응은 가한 열을 다 써버리는 방향으로 일어난다는 것을 예측할 수 있다.

▶ **개념 연습문제 15.31** 다음 그림은 400 K와 500 K에서 반응 $A(g) + B(s) \rightleftharpoons AB(g)$에서 평형 혼합물의 조성을 나타낸 것이다.

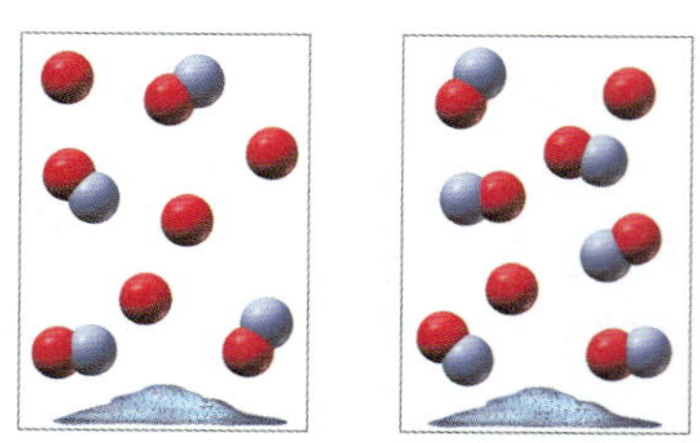

T = 400 K T = 500 K

이 반응은 흡열 반응인가 발열 반응인가? 르샤틀리에 원리를 이용하여 설명하시오.

개념 응용문제 15.32 다음 그림은 $BaCO_3$의 흡열 분해 반응의 결과로 얻은 고체 $BaCO_3$, 고체 BaO, 기체 CO_2의 평형 혼합물을 나타낸 것이다.

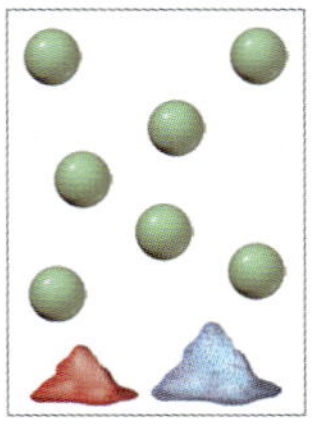

(a) 4개의 CO_2 분자가 첨가되었을 때 평형 혼합물을 나타내는 그림을 그리시오.

(b) 더 높은 온도에서 평형 혼합물을 나타내는 그림을 그리시오.

15.10 화학 평형과 화학 반응 속도와의 관계

15.1절에서 평형 상태는 반응물과 생성물의 농도가 일정하게 유지되는 동적 평형 상태라는 것을 강조하였다. 평형은 반응이 멈춘 것이 아니라 정반응 속도와 역반응 속도가 같은 것이다. 이 사실을 더 살펴보기 위해, 일반적인 가역 반응을 생각해 보자.

$$A + B \rightleftharpoons C + D$$

정반응과 역반응이 단일 이분자 과정, 즉 **단일 단계 반응(elementary reaction)**으로 일어난다고 가정하자(14.8절). 이 경우 속도 법칙은 다음과 같이 쓸 수 있다.

기억하기…
단일 단계 반응은 개별적인 분자의 거동을 나타내는 것으로, 단일 단계 반응의 속도 법칙은 화학량론과 직접적으로 연관된다.

$$\text{정반응 속도} = k_f[A][B]$$
$$\text{역반응 속도} = k_r[C][D]$$

반응이 생성물은 없고 반응물만으로 시작된다면, $[C] = [D] = 0$이므로 역반응의 초기 반응 속도는 0이다. 정반응에 의해서 A와 B가 C와 D로 전환되므로, 정반응의 속도는 [A]와 [B]가 작아짐에 따라 감소한다. 동시에 역반응의 속도는 [C]와 [D]가 커지기 때문에 증가한다. 결국 정반응의 감소 속도와 역반응의 증가 속도가 같게 되고, 그 후부터는 각 물질의 농도가 일정하게 유지된다. 즉, 계는 화학 평형에 있다(그림 15.3).

평형에서 정반응의 속도와 역반응의 속도가 같으므로 다음과 같이 쓸 수 있다.

$$k_f[A][B] = k_r[C][D] \qquad \text{평형에서}$$

이를 정리하면 다음과 같다.

$$\frac{k_f}{k_r} = \frac{[C][D]}{[A][B]}$$

위 식의 우변은 정반응의 평형 상수식이고, 반응 혼합물이 평형에 있기 때문에 이것은 평형 상수 K_c와 같다.

$$K_c = \frac{[C][D]}{[A][B]}$$

그러므로 평형 상수는 정반응과 역반응의 속도 상수비로 주어진다.

$$K_c = \frac{k_f}{k_r}$$

K_c에 대한 이 식의 유도 과정에서 단일 단계 메커니즘이라고 가정하였다. 여러 단계 메커니즘에서는 각각의 단계가 고유한 반응 속도 상수비 k_f/k_r를 갖는다. 평형 상태에서는 반응 메커니즘에 있는 각 단계들도 평형 상태이어야 하며, 전체 반응의 K_c는 각 단계의 반응 속도 상수비의 곱으로 주어진다.

K_c와 k_f/k_r을 연결하는 위 식은 화학 평형과 화학 반응 속도 사이의 기본적인 관계를 보여준다. 정반응과 역반응의 속도 상수의 상대적인 값은 평형 혼합물에서 조성을 결정한다. k_f가 k_r 보다 매우 큰 경우, K_c 값도 매우 커지며 반응은 거의 완결된 것과 같다. 이러한 반응은 역반응의 속도가 매우 느려서 측정하기가 어려우므로 때때로 비가역적이라고 한다. k_f와 k_r 값이 상당히 비슷하여 K_c가 1에 가까우면, 평형 상태에서 반응물과 생성물의 양이 비슷하게 존재할 것이다. 이러한 반응을 가역 반응이라고 한다.

기억하기…
촉매는 반응에서 소모되지 않고 속도만을 증가시키는 물질이다(14.9절).

화학 반응 속도론은 평형에 있는 반응에 대한 촉매의 영향에 대해서도 설명해 준다. **촉매(catalyst)**는 반응물이 생성물로 전환되는 새로운 낮은 에너지 경로를 제공함으로써 반응 속도를 증가시킨다(14.9절). 정반응과 역반응이 동일한 전이 상태를 거치기 때문에, 촉매가 정확히 똑같은 양만큼의 정반응과 역반응에 대한 활성화 에너지를 낮춘다. 그 결과, 정반응과 역반응의 속도는 같은 비율만큼 증가한다(그림 15.15). k_f와 k_r이 같은 비율만큼 증가하기 때문에 k_f/k_r는 영향을 받지 않으며, 평형 상수 값 $K_c = k_f/k_r$ 또한 변하지 않고 그대로이다. 그러므로 촉매의 첨가는 평형 혼합물의 조성을 변화시키지는 않는다.

만일 반응 혼합물이 촉매가 없는 상태에서 평형에 있다면(즉, 정반응과 역반응 속도가 같다면) 촉매를 가한 뒤에도 정반응과 역반응의 속도가 더 빨라지기는 하지만 여전히 두 속도는 같으므로, 이 혼합물은 여전히 평형에 있을 것이다. 초기에 반응 혼합물이 평형 상태에 있지 않다면, 촉매는 반응이 평형에 도달하는 속도를 가속시킨다. 촉매는 평형 농도에 영향을 미치지 않기 때문에, 균형 화학 반응식 또는 평형 상수식에는 표현되지 않는다.

촉매는 평형의 조성을 변화시키지 못하지만, 반응을 위한 최적 조건을 찾는 데 상당한 영향을 미칠 수 있다. 하버의 암모니아 합성법을 다시 살펴보자. 반응 $N_2(g) + 3\ H_2(g) \rightleftharpoons 2\ NH_3(g)$는 발열 반응이므로 평형 상수는 온도 증가에 따라 감소하고, NH_3의 최적 수득률은 낮은 온도에서 얻어진다. 그러나 낮은 온도에서 실제로 평형에 도달하는 속도는 너무 느리다. 따라서 실질적으로는 온도를 낮추는 것이 아무 이득이 없는 상황이 된다. 고온에서는 반응 속

▶ 그림 15.15
촉매로 인해 활성화 에너지가 감소하는 반응의 퍼텐셜 에너지

▶ 확인하기
촉매를 첨가하는 것은 반응의 평형 상수에 어떤 영향을 미치는가?
답 촉매를 첨가하더라도 평형 상수는 바뀌지 않는데, 이는 활성화 에너지 장벽이 정반응과 역반응에 대해 동일한 만큼 낮아지기 때문이다.

활성화 에너지는 촉매가 있는 반응(빨간색 곡선)의 경우 촉매가 없는 반응(파란색 곡선)보다 ΔE_a만큼 더 낮다.

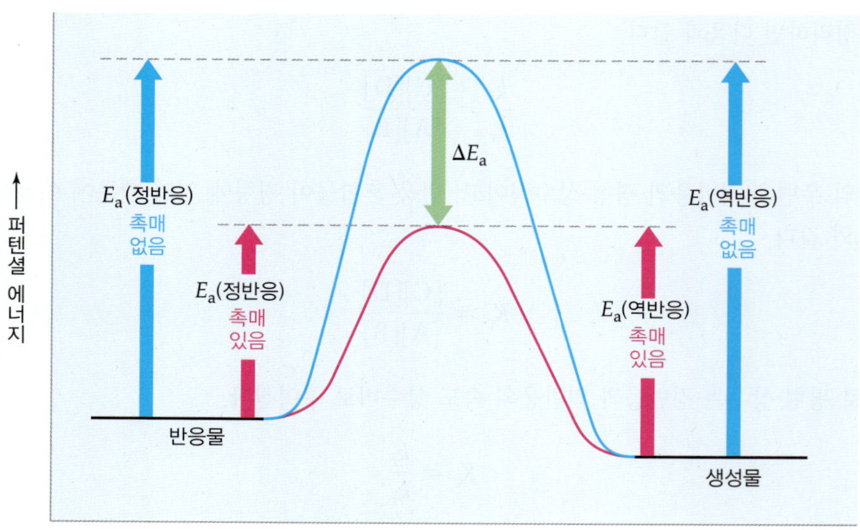

촉매는 정반응과 역반응에 대한 활성화 에너지 장벽을 정확히 동일한 양만큼 낮춘다. 따라서 촉매는 정반응과 역반응을 동일한 수준으로 가속시키고, 평형 혼합물의 조성은 변하지 않는다.

도가 만족스러우나 수득률이 낮은 반면, 저온에서는 수득률이 좋지만 반응 속도가 느리다. 이 딜레마에 대한 해답은 촉매에서 찾을 수 있다.

촉매의 도입으로 인해 하버-보쉬 공정이 매우 효율적으로 되었다. 하버는 NH_3의 평형 농도가 충분히 높은 온도에서도 만족할 만한 속도로 반응이 일어나도록 하는 철과 특정 금속 산화물이 섞인 촉매를 발견하였다. NH_3의 수득률은 이 반응을 높은 압력에서 진행시킴으로써 더욱 개선될 수 있다. 암모니아의 공업적 합성에 대한 전형적 반응 조건은 400~500 ℃와 130~300 atm이다.

예제 15.17

화학 평형과 반응 속도와의 관계

700 K에서 수소와 아이오딘의 반응에 대한 평형 상수 K_c는 57.0이고, 이 반응은 흡열 반응($\Delta H = 9$ kJ)이다.

$$H_2(g) + I_2(g) \underset{k_r}{\overset{k_f}{\rightleftharpoons}} 2\,HI(g) \quad K_c = 57.0 \quad \text{700 K에서}$$

(a) HI의 생성 속도 상수 k_f는 HI의 분해 속도 상수 k_r보다 큰가 작은가?

(b) 700 K에서 k_r 값은 1.16×10^{-3} M^{-1} s^{-1}이다. 같은 온도에서 k_f 값은 얼마인가?

(c) k_f, k_r, K_c 값은 촉매 첨가에 의해 어떠한 영향을 받는가?

전략

위 질문에 답하기 위하여 $K_c = k_f/k_r$ 관계를 이용한다. 촉매는 k_f와 k_r을 같은 비율로 증가시킨다는 것을 기억하라.

풀이

(a) $K_c = k_f/k_r = 57.0$이므로 HI 형성(정반응)의 속도 상수는 HI 분해(역반응)의 속도 상수보다 57.0배 크다.

(b) $K_c = k_f/k_r$이므로

$$k_f = (K_c)(k_r) = (57.0)(1.16 \times 10^{-3}\,M^{-1}\,s^{-1}) = 6.61 \times 10^{-2}\,M^{-1}\,s^{-1}$$

(c) 촉매는 정반응과 역반응에 대한 활성화 에너지 장벽을 같은 정도만큼 낮추므로 속도 상수 k_f와 k_r은 같은 수준만큼 증가한다. 평형 상수 K_c가 k_f/k_r 비와 같기 때문에, K_c의 값은 촉매의 첨가에 의해 영향을 받지 않는다.

▲ 초음속 비행기로부터 방출되는 일산화 질소는 오존층 파괴의 한 원인이 된다. © Chris Parypa Photography/Shutterstock

▶ **연습문제 15.33** 초음속 비행기 엔진으로부터 방출되는 일산화 질소는 성층권의 오존 파괴에 영향을 미친다.

$$NO(g) + O_3(g) \underset{k_r}{\overset{k_f}{\rightleftharpoons}} NO_2(g) + O_2(g)$$

이 반응은 대단히 큰 발열 반응($\Delta H = -201$ kJ)이고, 300 K에서 평형 상수 K_c는 3.4×10^{34}이다.

(a) 속도 상수 k_f와 k_r 중에서 어느 것이 더 큰가?

(b) 300 K에서 k_f 값은 8.5×10^6 M^{-1} s^{-1}이다. 같은 온도에서 k_r 값은 얼마인가?

▶ **응용문제 15.34** 다음은 반응 $A \underset{k_r}{\overset{k_f}{\rightleftharpoons}} B$의 에너지 변화를 나타낸 것이다. 진동수 인자(A)는 정반응과 역반응에 대하여 비슷하다.

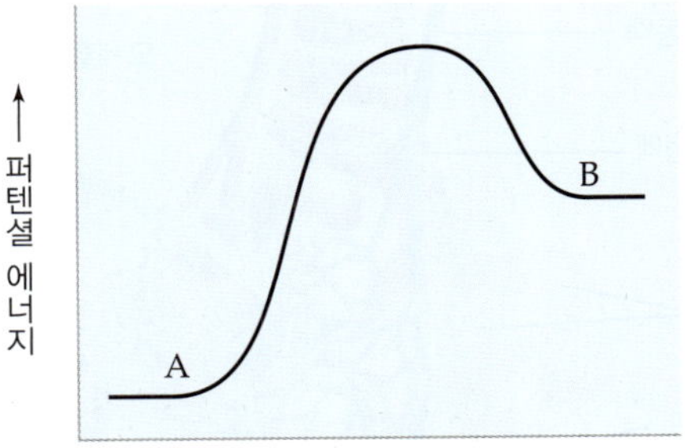

(a) 속도 상수 k_f와 k_r 중 어느 것이 더 큰가?

(b) 평형 상수가 1보다 큰지 작은지 예측하시오.

INQUIRY? 높은 고도는 인체의 산소 운반에 어떤 영향을 미치는가?

모든 동물과 마찬가지로 인간 역시 산소가 필요하다. 물론 산소는 호흡을 통하여 공급된다. 사람은 한번 호흡할 때마다 평균적으로 약 500 mL의 공기를 폐로 받아들인다. 새로 흡입한 공기는 기관지 통로를 통하여 약 1억 5000만 개의 폐포낭에 들어가면서 수분을 얻게 되고, 그 이전 호흡에서 남아 있던 폐포낭 속의 공기와 혼합된다. 혼합될 때 수증기와 이산화 탄소의 농도는 증가한다. 이러한 기체 농도는 부분 압력으로 측정되는데, 일반적으로 폐 속의 산소 부분 압력은 약 100 mmHg이다(표 15.2). 그다음 산소는 정교한 폐포벽을 통하여 동맥 혈액 속으로 확산되어 모든 인체 조직으로 운반된다.

이 산소 중 약 3%만 혈액에 녹게 되며, 나머지는 화학적으로 **헤모글로빈** 분자(Hb)와 결합한다. 헤모글로빈은 큰 단백질 분자이고, 헤모글로빈 안에 **헴** 원자단이 묻혀 있다. 각 헤모글로빈 분자는 네 개의 헴 원자단을 가지며, 각 헴 원자단은 O_2 분자와 결합할 수 있는 철 원자를 가진다. 따라서 헤모글로빈 분자는 네 개의 산소 분자와 결합할 수 있다.

표 15.2 해수면을 기준으로 인간의 폐와 혈액 중 산소의 부분 압력

공급원	P_{O_2}(mmHg)
건조한 공기	159
폐포 공기	100
동맥혈	95
정맥혈	40

인체 내에서 모든 산소의 운반과 공급은, 다음과 같은 일련의 평형에 따라 헤모글로빈에 의하여 O_2와 결합하거나 O_2를 방출함으로써 이루어진다.

$$\mathrm{Hb} + \mathrm{O_2} \rightleftharpoons \mathrm{Hb(O_2)}$$
$$\mathrm{Hb(O_2)} + \mathrm{O_2} \rightleftharpoons \mathrm{Hb(O_2)_2}$$
$$\mathrm{Hb(O_2)_2} + \mathrm{O_2} \rightleftharpoons \mathrm{Hb(O_2)_3}$$
$$\mathrm{Hb(O_2)_3} + \mathrm{O_2} \rightleftharpoons \mathrm{Hb(O_2)_4}$$

여러 조직에서의 서로 다른 평형 위치는 O_2 부분 압력(P_{O_2}) 때문이다. 심한 운동을 하여 산소가 결핍된 근육은 P_{O_2}가 낮으므로, 르샤틀리에 원리에 따라 평형은 왼쪽으로 이동하며, 헤모글로빈은 산소를 내놓는다. P_{O_2}가 높은 폐에서는 평형이 오른쪽으로 이동하여 산소가 헤모글로빈으로 흡수된다.

주어진 P_{O_2} 값에서 헤모글로빈에 의하여 운반되는 산소량은 일반적으로 포화 백분율로 표시되고, 그림 15.16에 나타낸 곡선으로부터 알 수 있다. $P_{O_2} = 100$ mmHg인 경우 폐 속에서 97.5% 포화되어 각 헤모글로빈 분자들은 최대 결합 분자 수인 $4O_2$ 분자에 가까운 산소를 운반한다. 그러나 $P_{O_2} =$ 26 mmHg인 경우 그 포화도는 50%로 감소한다.

고산지역에 사는 사람들은 어떨까? 산악 스키장의 꼭대기에서의 고도는 10,156 ft이고, 폐 안의 O_2 부분 압력이 약 68 mmHg 정도밖에 되지 않는다. 이 압력에서 헤모글로빈은 O_2에 의하여 90% 정도 포화되므로 근육 조직에 공급할 산소가 부족하다. 해수면에서 높은 고도로 갑자기 오르는 사

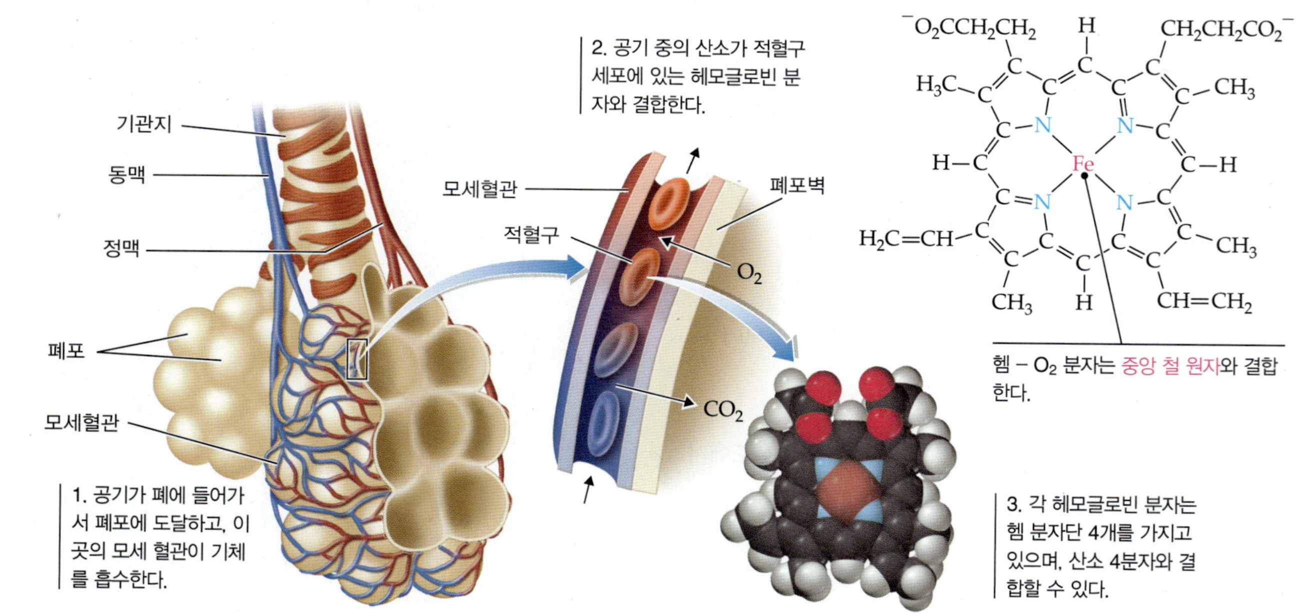

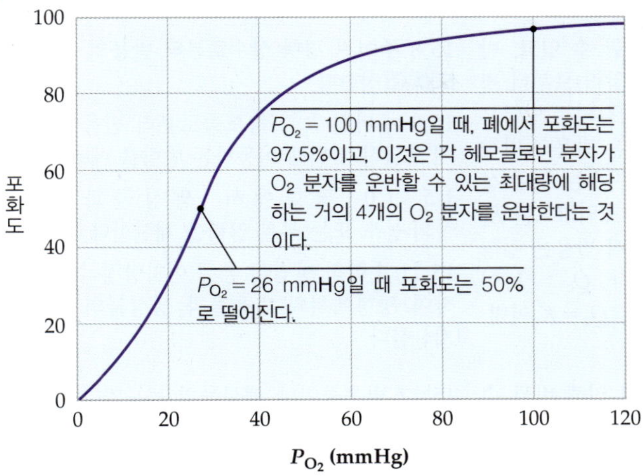

▲ 그림 15.16
헤모글로빈에 의한 산소 운반 곡선. 헤모글로빈의 산소 결합 자리의 포화 백분율은 산소의 부분 압력(P_{O_2})에 의존한다.

람은 인체 조직에 충분한 산소가 공급되지 않을 때 나타나는 산소 결핍 또는 **저산소증**(hypoxia)을 경험한다. 이런 경우, 인체는 더 많은 헤모글로빈 분자를 생산하여 O_2 운반 능력을 더 높이고, 또한 Hb + O_2 반응을 진행하여 곧 그 상황을 극복한다. 인체는 낮아진 산소 수준에 대응하기 위해 헤모글로빈 분자를 더 많이 생산하는데, 이를 통해 산소 운반 능력을 증대시키면서, Hb + O_2 평형도 오른쪽으로 이동시킨다. 하지만, 낮은 O_2 압력에 적응하는 데 보통 며칠에서 몇 주가 걸리므로, 산으로 휴가를 즐기러 오는 사람들 상당수가 약간의 **고산병**(altitude sickness)을 겪게 된다. 고산병은 두통, 피로, 위장 장애, 현기증 등의 증상을 나타낸다. 보통 이러한 불편함이 며칠 후면 사라지지만, 어떤 경우에는 폐에 물이 차거나 뇌가 부풀어 오르는 심각한 증세가 진행되기도 한다. 고산병에 가장 좋은 치료법은 P_{O_2}가 증가하는 낮은 고도로 되돌아오는 것이다.

▲ 높은 고도에서 진행되는 스포츠 경기에 참가한 선수들의 신체는 낮은 O_2 압력에 대처하기 위해 더 많은 양의 헤모글로빈을 생산한다.

정리

절	개념 요약	학습 목표
15.1 평형 상태	**화학 평형**이란 정반응과 역반응의 속도가 같기 때문에 반응물과 생성물의 농도가 일정하게 유지되는 동적 평형 상태이다.	15.1 화학 평형에서 반응의 특성을 설명한다.
15.2 평형 상수 K_c	일반적인 반응 $aA + bB \rightleftharpoons cC + dD$에서 **평형 혼합물**의 농도는 **평형식**에 의해 표현된다. $K_c = \frac{[C]^c[D]^d}{[A]^a[B]^b}$ 식의 우변의 분수를 **평형 상수식**이라 한다. **평형 상수 K_c**는 평형 농도(mol/L 단위)를 평형 상수식에 대입했을 때 얻어진 수이다. K_c 값은 온도와 균형 화학 반응식의 형태에 따라 변한다.	15.2 기체와 용액상 반응에 대하여 평형 상수 K_c를 쓴다. 15.3 반응물이 변하거나 첨가될 때 새로운 평형 상수식을 결정한다. 15.4 주어진 반응물과 생성물의 농도로부터 평형 상수 값 K_c를 계산한다. 15.5 반응 혼합물을 분자로 표현한 그림으로부터 평형 상수를 계산한다.
15.3 평형 상수 K_p	**평형 상수 K_p**는 기체상 반응에 대하여 사용될 수 있다. 평형 상수 K_p는 평형 상수식이 몰농도 대신 부분 압력(기압 단위)으로 표시되는 것 외에는 K_c와 똑같은 방식으로 정의된다. 평형 상수 K_p와 K_c는 $K_p = K_c(RT)^{\Delta n}$ 관계를 가지며, 이때 $\Delta n = (c + d) - (a + b)$이다.	15.6 반응물과 생성물의 부분 압력에 관한 평형식 K_p를 쓴다. 평형 상수 K_p와 K_c를 관련짓는다.
15.4 불균일 평형	**균일 평형**은 모든 반응물과 생성물이 단일상에 있고, **불균일 평형**은 반응물과 생성물이 한 가지 이상의 상으로 존재한다. 불균일 평형의 평형식에는 순수한 고체 또는 순수한 액체의 농도를 포함하지 않는다.	15.7 불균일 평형을 포함하는 반응에 대한 평형 상수식을 쓴다.

절	개념 요약	학습 목표
15.5 평형 상수의 이용	반응에 대한 평형 상수 값으로부터 반응 정도를 판단할 수 있고, 반응의 방향을 예측할 수 있으며, 초기 농도(또는 부분 압력)로부터 평형 농도(또는 부분 압력)를 계산할 수 있다. 반응이 완결되는 방향으로 진행될수록 더 큰 K_c 값을 가진다. 평형에 있지 않은 반응의 방향은 K_c와 **반응 지수 Q_c**의 상대적 값에 의존한다. 반응 지수는 평형 상수식에서 농도가 반드시 평형 농도가 아니라는 것을 제외하고는 K_c와 똑같은 방법으로 정의된다. 만일 $Q_c < K_c$이면, 알짜 반응은 평형에 도달하기 위해 반응물에서 생성물 쪽으로 진행한다. $Q_c > K_c$이면, 알짜 반응은 생성물에서 반응물 쪽으로 진행한다. $Q_c = K_c$이면, 계는 평형에 있다.	15.8 주어진 평형 상수로부터 반응의 진행 정도를 결정한다. 15.9 주어진 초기 농도들로부터 반응이 평형에 도달하기 위해 이동하는 방향을 예측한다. 15.10 평형에서 생성물과 반응물의 농도 또는 부분 압력을 계산한다. 15.11 수학적 방법을 통해 이차방정식을 사용하여 평형에서의 반응물과 생성물의 농도를 계산한다.
15.6~15.9 평형 혼합물의 조성을 변화시키는 인자: 르샤틀리에 원리(농도, 압력, 부피, 온도)	평형 혼합물의 조성은 농도, 압력(부피), 온도 변화에 의해 바뀔 수 있다. 이들 변화에 대한 정성적 효과는 **르샤틀리에 원리**에 의해 예측된다. 이것은 만일 평형 상태의 반응 혼합물에 스트레스가 가해지면, 알짜 반응은 그 스트레스를 완화시키는 방향으로 일어난다는 것을 설명한다. K_c는 온도에 의존하므로 온도 변화는 평형 농도에 영향을 미친다. 온도 증가에 따라 발열 반응에 대한 K_c는 감소하고, 흡열 반응에 대한 K_c는 증가한다.	15.12 반응물이나 생성물의 농도가 변할 때, 평형에 있는 반응의 이동 방향을 예측한다. 15.13 부피 또는 압력이 변할 때, 평형에 있는 반응의 이동 방향을 예측한다. 15.14 온도가 변할 때, 평형에 있는 반응의 이동 방향을 예측한다.
15.10 화학 평형과 화학 반응 속도와의 관계	단일 단계 반응에 대한 평형 상수는 정반응과 역반응에 대한 속도 상수의 비와 같다. $K_c = k_f/k_r$. 촉매는 화학 평형에 도달하는 속도를 증가시키지만, 평형 상수나 평형 농도에는 영향을 미치지 않는다.	15.15 평형 상수를 정반응과 역반응의 속도와 관련짓는다. 15.16 혼합물의 평형 위치에 미치는 촉매의 영향을 설명한다.

주요 용어

균일 평형
르샤틀리에 원리
반응 지수 Q_c
불균일 평형
평형 상수 K_c
평형 상수 K_p
평형식
평형 혼합물
화학 평형

주요 식

- 몰농도로 표현된 반응 $a\mathrm{A} + b\mathrm{B} \rightleftharpoons c\mathrm{C} + d\mathrm{D}$의 평형식(15.2절)

$$K_c = \frac{[\mathrm{C}]^c[\mathrm{D}]^d}{[\mathrm{A}]^a[\mathrm{B}]^b}$$

- 부분 압력으로 표현된 기체상 반응 $a\mathrm{A} + b\mathrm{B} \rightleftharpoons c\mathrm{C} + d\mathrm{D}$의 평형식(15.3절)

$$K_p = \frac{(P_\mathrm{C})^c(P_\mathrm{D})^d}{(P_\mathrm{A})^a(P_\mathrm{B})^b}$$

- 반응 $a\mathrm{A} + b\mathrm{B} \rightleftharpoons c\mathrm{C} + d\mathrm{D}$의 평형 상수 K_p와 K_c 사이의 관계(15.3절)

$$K_p = K_c(RT)^{\Delta n}$$

여기서 R은 기체 상수 [0.08206(L·atm)/(K·mol)], T는 절대 온도, $\Delta n = (c + d) - (a + b)$은 기체 생성물의 몰수에서 기체 반응물의 몰수를 뺀 값이다.

- 반응 $a\mathrm{A} + b\mathrm{B} \rightleftharpoons c\mathrm{C} + d\mathrm{D}$의 반응 지수 Q_c(15.5절)

$$Q_c = \frac{[\mathrm{C}]_t^c[\mathrm{D}]_t^d}{[\mathrm{A}]_t^a[\mathrm{B}]_t^b}$$

여기서 첨자 t는 임의의 시간 t에서의 농도를 의미하며, 반드시 평형 값일 필요는 없다.

• 평형 상수 K_c와 정반응과 역반응의 속도 상수와의 관계(15.10절)

$K_c = k_f/k_r$

복습 문제

LO는 학습 목표(Learning Objectives)를 나타낸다.

이 장을 학습한 후엔, 학습자의 이해도를 평가할 수 있는 방법이 있다. **복습 문제**를 푸는 것이다. **복습 문제**들은 이 장의 학습 목표와 연계되어 있다. 따라서 푼 답이 틀렸다면, 이 장의 끝부분에 나와 있는 **정리** 문단의 **학습 목표**를 참고하면 된다. 정리 문단에는 **개념 요약**이 제공되며, **예제**를 참고하면 문제 해결 방법을 모델링 할 수 있다.

1. 수소는 다음 반응을 통해 합성된다.

$$CO(g) + H_2O(g) \rightleftharpoons CO_2(g) + H_2(g)$$

아래는 시간에 따른 $H_2O(g)$와 $H_2(g)$ 농도를 나타낸 그래프이다. 어느 시점(a~e)에 **처음**으로 평형에 도달했는가? (**LO 15.1**)

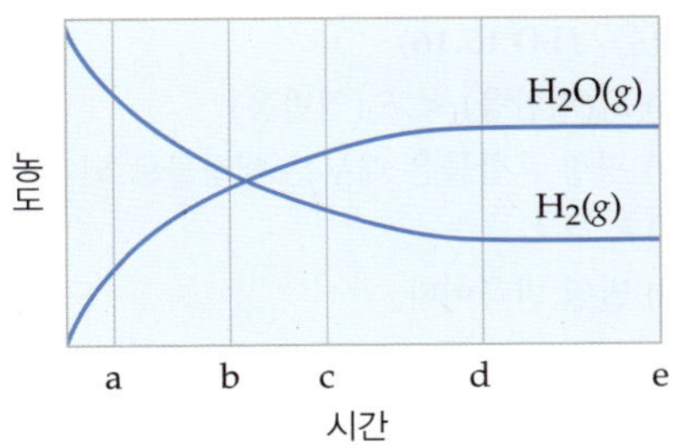

2. 금속 철과 수증기 반응의 평형식은 어느 것인가? (**LO 15.2, 15.6**)

$$2\ Fe(s) + 3\ H_2O(g) \rightleftharpoons Fe_2O_3(s) + 3\ H_2(g)$$

(a) $K_c = \dfrac{[H_2]^3[Fe_2O_3]}{[Fe][H_2O]^3}$

(b) $K_c = \dfrac{[Fe][H_2O]^3}{[H_2]^3[Fe_2O_3]}$

(c) $K_c = \dfrac{[H_2O]^3}{[H_2]^3}$

(d) $K_c = \dfrac{[H_2]^3}{[H_2O]^3}$

3. 다음은 298 K에서의 반응 데이터이다.

$$N_2(g) + O_2(g) \rightleftharpoons 2\ NO(g) \qquad K_p = 4.4 \times 10^{-31}$$

$$NO(g) + \frac{1}{2}O_2(g) \rightleftharpoons NO_2(g) \qquad K_p = 1.5 \times 10^{6}$$

298 K에서 아래 반응의 평형 상수 K_p 값을 계산하시오.

$N_2(g) + 2\ O_2(g) \rightleftharpoons 2\ NO_2(g) \quad K_p = ?$ (**LO 15.3**)

(a) $K_p = 6.6 \times 10^{-25}$ (b) $K_p = 1.3 \times 10^{-24}$

(c) $K_p = 9.9 \times 10^{-19}$ (d) $K_p = 5.4 \times 10^{-28}$

4. 황산 생산 과정에서 이산화 황이 산소와 반응하는 단계가 있다.

$$2\ SO_2(g) + O_2(g) \rightleftharpoons 2\ SO_3(g) \quad K_c = 7.9 \times 10^4 \ (800\ K)$$

평형 농도가 $[SO_2] = 4.5 \times 10^{-3}$ M, $[O_2] = 1.5 \times 10^{-3}$ M이라면, $[SO_3]$는 얼마인가? (**LO 15.4**)

(a) $[SO_3] = 6.2 \times 10^{-7}$ M

(b) $[SO_3] = 4.9 \times 10^{-2}$ M

(c) $[SO_3] = 0.73$ M

(d) $[SO_3] = 2.4 \times 10^{-3}$ M

5. 반응 $A_2(g) + B_2(g) \rightleftharpoons 2\ AB(g)$의 평형 상수 $K_c = 9$이다. 다음 그림은 A_2 분자(빨간색), B_2 분자(파란색), AB 분자로 구성된 반응 혼합물을 나타낸다. 이 혼합물에 관한 설명 중 옳은 것은? (**LO 15.5**)

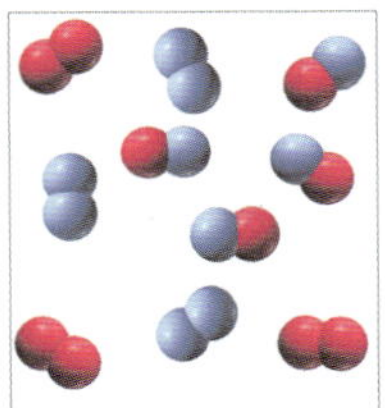

(a) 혼합물은 평형에 있으며, 반응의 방향에 알짜 변화는 없다.

(b) 반응은 반응물 쪽으로 이동하여 평형에 도달한다.

(c) 반응은 생성물 쪽으로 이동하여 평형에 도달한다.

(d) 이 질문에 답하기 위해서는 정보가 더 필요하다.

6. 400 °C에서 반응 $2\ NH_3(g) \rightleftharpoons N_2(g) + 3\ H_2(g)$의 $K_p = 1.5 \times 10^3$이다. 같은 온도에서 이 반응의 K_c 값은 얼마인가? (**LO 15.6**)

(a) 4.6×10^6 (b) 1.4

(c) 1.8×10^{-1} (d) 4.9×10^{-1}

7. 기체상 반응인 $2\ SO_2(g) + O_2(g) \rightleftharpoons 2\ SO_3(g)$의 평형 상수 K_c는 600 °C에서 5.8×10^3이다. 혼합물에는 $[SO_2] = 0.10$ M, $[O_2] = 0.100$ M, $[SO_3] = 0.200$ M 들어 있다. 다음 중 반응의 방향과 평형 혼합물에 대한 설명 중 옳은 것은? (**LO 15.8, 15.9**)

(a) 혼합물은 평형에 있으며, 상당량의 반응물과 생성물로 구성된다.

(b) 반응은 생성물을 더 만드는 쪽으로 이동할 것이고, 평형 혼합물은 상당량의 반응물과 생성물로 구성된다.

(c) 반응은 반응물을 더 만드는 쪽으로 이동할 것이고, 평형 혼합물은 대부분 생성물로 구성된다.

(d) 반응은 생성물을 더 만드는 쪽으로 이동할 것이고, 평형 혼합물은 대부분 반응물로 구성된다.

8. 반응 $2\ NOCl(g) \rightleftharpoons 2\ NO(g) + Cl_2(g)$를 생각해 보자. 반응을 개시하기 위해, $NOCl(g)$을 플라스크에 넣어 농도를 2.5 M로 만들었다. 평형에 도달한 후, $Cl_2(g)$의 농도는 0.60 M이었다. 이 실험이 수행된 온도에서의 평형 상수(K_c)를 계산하시오. **(LO 15.10)**

   (a) 0.19 (b) 0.51

   (c) 0.66 (d) 0.17

9. 430 ℃에서 반응 $H_2(g) + I_2(g) \rightleftharpoons 2\ HI(g)$의 평형 상수 $K_c = 54.3$이다. $H_2(g)$ 0.500 mol과 $I_2(g)$ 0.500 mol의 혼합물이 430 ℃인 1.00 L 스테인리스강 플라스크에 들어 있다고 생각하자. 평형에 도달했을 때, $HI(g)$의 농도를 계산하시오. **(LO 15.10)**

   (a) 0.393 M (b) 0.107 M

   (c) 0.500 M (d) 0.786 M

10. 다음 식처럼 이산화 질소는 일산화 질소와 산소로 분해된다.

$$2\ NO_2(g) \rightleftharpoons 2\ NO(g) + O_2(g)$$

   초기에는 NO_2만이 압력 7.82 atm으로 존재하고 있다. 평형에 도달한 후, 전체 압력은 9.86 atm이 되었다. 이 온도에서 반응의 K_p 값은 얼마인가? **(LO 15.10)**

   (a) 2.43 (b) 0.124

   (c) 2.22 (d) 1.36

11. 다음 식처럼 오염화 인은 고온에서 삼염화인과 염소로 분해된다.

$$PCl_5(g) \rightleftharpoons PCl_3(g) + Cl_2(g)$$

   250 ℃에서 플라스크에 0.250 M PCl_5를 넣었다. $K_c = 1.80$이라면 각 기체의 평형 농도는 얼마인가? **(LO 15.11)**

   (a) $[PCl_5] = 0.028$ M, $[PCl_3] = 0.222$ M, $[Cl_2] = 0.222$ M

   (b) $[PCl_5] = 0.125$ M, $[PCl_3] = 0.474$ M, $[Cl_2] = 0.474$ M

   (c) $[PCl_5] = 1.80$ M, $[PCl_3] = 1.80$ M, $[Cl_2] = 1.80$ M

   (d) $[PCl_5] = 2.27$ M, $[PCl_3] = 2.02$ M, $[Cl_2] = 2.02$ M

12. 다음 흡열 반응이 평형에 있다고 생각하자.

$$2\ CO(g) + O_2(g) \rightleftharpoons 2\ CO_2(g)$$

   반응을 생성물 쪽으로 이동시키는 변화는 다음 중 어느 것인가? **(LO 15.12~15.15)**

   (a) $CO(g)$를 제거한다.

   (b) 온도를 올린다.

   (c) 촉매를 첨가한다.

   (d) 용기의 부피를 늘린다.

13. 일반적인 경우, 단일 단계로 일어나는 $A(g) + B(g) \rightleftharpoons AB(g)$, $K_c = 4.5 \times 10^{-6}$인 반응의 경우, 다음 설명 중 옳은 것은? **(LO 15.16)**

   (a) E_a(정반응) $<$ E_a(역반응)

   (b) 평형 혼합물은 대부분 생성물로 되어 있다.

   (c) $k_r > k_f$

   (d) 발열 반응이다.

답:

1. d, 2. d, 3. c, 4. b, 5. c, 6. d, 7. b, 8. b, 9. d, 10. a, 11. a, 12. b, 13. c

개념 문제

문제 15.1~15.34는 이 장의 본문 중에 있다.

15.35 다음 그림은 반응 $A_2 + X_2 \rightleftharpoons 2\ AX$($X = B, C, D$)의 세 가지 다른 반응의 평형 상태를 나타낸다.

$A_2 + B_2 \rightleftharpoons 2\ AB$ $A_2 + C_2 \rightleftharpoons 2\ AC$ $A_2 + D_2 \rightleftharpoons 2\ AD$

(a) 어느 반응의 평형 상수가 가장 큰가?

(b) 어느 반응의 평형 상수가 가장 작은가?

15.36 다음 그림은 A_2 분자(빨간색)와 B 원자(파란색)가 AB 분자를 생성하는 반응의 초기 상태와 평형 상태를 나타낸다.

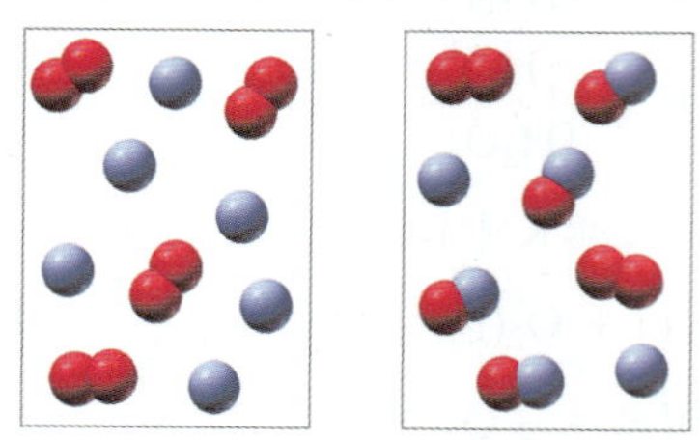

초기 상태 평형 상태

(a) 반응의 균형 화학 반응식을 쓰시오.

(b) 평형 혼합물의 부피가 감소할수록 AB 분자의 수는 증가하는가 감소하는가 그대로인가? 설명하시오.

15.37 다음 그림은 300 K와 400 K에서 반응 A + B $\rightleftharpoons$ AB의 평형 혼합물의 조성을 나타낸다.

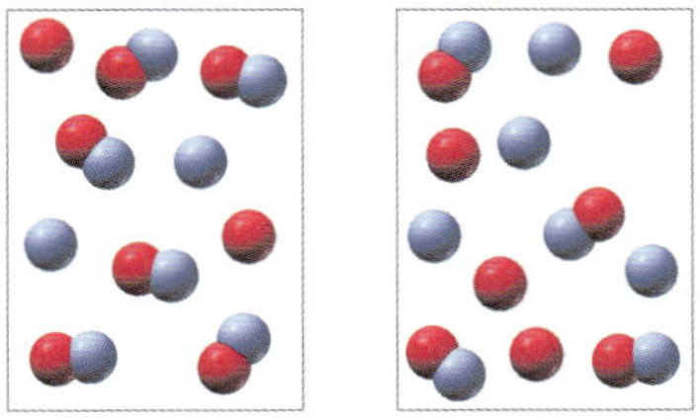

$T = 300$ K　　$T = 400$ K

이 반응은 발열 반응인가 흡열 반응인가? 르샤틀리에 원리를 이용하여 설명하시오.

15.38 다음 그림은 500 K에서 흡열 반응 $A_2 \rightleftharpoons 2A$의 평형 혼합물의 조성을 나타낸다.

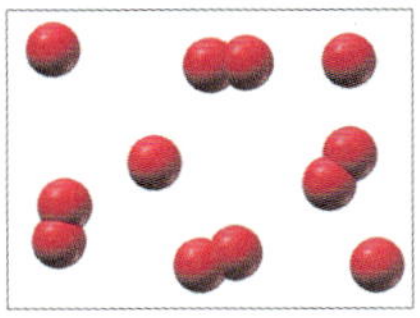

다음 각각의 변화 뒤에 평형 혼합물을 나타내는 그림을 그리시오.

(a) 촉매 첨가　(b) 부피 증가　(c) 온도 내림

15.39 다음 그림은 기체 A 분자(빨간색)가 분해되어 기체 B 분자(파란색)가 생성되는 발열 반응의 초기 상태와 평형 상태를 나타낸 것이다.

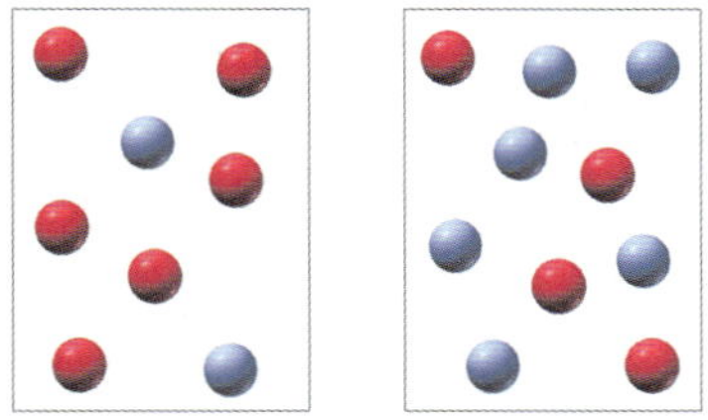

초기 상태　평형 상태

(a) 반응의 균형 화학 반응식을 쓰시오.

(b) 다음 각 변화 뒤에 평형 혼합물 속 A 분자 수는 증가할까 감소할까 그대로일까? 설명하시오.

(1) 온도 올림

(2) 부피 감소

(3) 비활성 기체 첨가에 의한 압력 증가

(4) 촉매 첨가

보충 문제

평형 상태(15.1절)

15.40 반응이 평형에 도달했을 때 정반응과 역반응에 대한 다음 설명이 참인지 밝히시오.

(a) 정반응과 역반응의 속도가 0이다.

(b) 정반응의 속도가 역반응의 속도보다 더 크다.

(c) 역반응의 속도가 정반응의 속도보다 더 크다.

(d) 정반응의 속도와 역반응의 속도가 같다.

평형 상수식과 평형 상수(15.2~15.4절)

15.41 마취제로 쓰였던 다이에틸 에터는 진한 황산과 에탄올을 함께 가열하여 합성한다. K_c에 대한 평형 상수식을 쓰시오.

$$2\,C_2H_5OH(soln) \rightleftharpoons C_2H_5OC_2H_5(soln) + H_2O(soln)$$

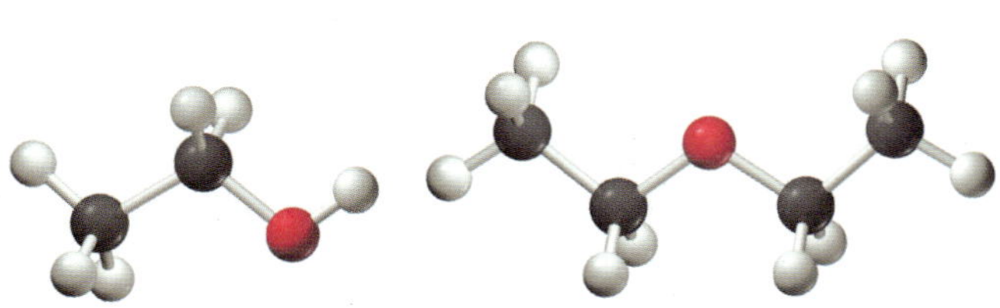

에탄올　다이에틸 에터

15.42 다음 각 평형의 K_c 평형 상수식을 쓰시오.

(a) $CH_4(g) + H_2O(g) \rightleftharpoons CO(g) + 3\,H_2(g)$

(b) $3\,F_2(g) + Cl_2(g) \rightleftharpoons 2\,ClF_3(g)$

(c) $H_2(g) + F_2(g) \rightleftharpoons 2\,HF(g)$

15.43 문제 15.42에서 각 평형의 K_p 평형 상수식을 쓰고, K_c와 K_p의 관계식을 쓰시오.

15.44 1000 K에서 반응 $N_2(g) + O_2(g) \rightleftharpoons 2\,NO(g)$의 $K_c = 7.5 \times 10^{-9}$이면, 다음 반응의 1000 K에서 K_c 값을 구하시오.

(a) $2\,NO(g) \rightleftharpoons N_2(g) + O_2(g)$

(b) $NO(g) \rightleftharpoons 1/2\,N_2(g) + 1/2\,O_2(g)$

(c) $2\,N_2(g) + 2\,O_2(g) \rightleftharpoons 4\,NO(g)$

15.45 1073 K에서 반응 $2\,AsH_3(g) \rightleftharpoons As_2(g) + 3\,H_2(g)$의 $K_p = 7.2 \times 10^7$이다. 같은 온도에서 다음 각 반응의 K_p 값은 얼마인가?

(a) $As_2(g) + 3\,H_2(g) \rightleftharpoons 2\,AsH_3(g)$

(b) $4\,AsH_3(g) \rightleftharpoons 2\,As_2(g) + 6\,H_2(g)$

(c) $9\,H_2(g) + 3\,As_2(g) \rightleftharpoons 6\,AsH_3(g)$

15.46 427 °C에서 다음과 같이 평형 상수가 주어졌을 때,

$Na_2O(s) \rightleftharpoons 2\,Na(l) + 1/2\,O_2(g) \quad K_c = 2 \times 10^{-25}$

$Na_2O_2(s) \rightleftharpoons 2\,Na(l) + O_2(g) \quad K_c = 5 \times 10^{-29}$

427 °C에서 아래 반응의 평형 상수 값을 계산하시오.

$$Na_2O(s) + 1/2\,O_2(g) \rightleftharpoons Na_2O_2(s)$$

15.47 임의의 온도에서 PCl_5, PCl_3, Cl_2의 평형 혼합물이 8.3×10^{-3} M PCl_5, 1.5×10^{-2} M PCl_3, 3.2×10^{-2} M Cl_2를 포함한다. 반응 $PCl_5(g) \rightleftharpoons PCl_3(g) + Cl_2(g)$의 평형 상수 K_c를

계산하시오.

15.48 298 K에서 반응 $F(g) + O_2(g) \rightleftharpoons O_2F(g)$의 K_c는 2.2×10^5이다. 같은 온도에서 K_p는 얼마인가?

15.49 25 ℃에서 물의 증기 압력은 0.0313 atm이다. 25 ℃에서 평형 $H_2O(l) \rightleftharpoons H_2O(g)$의 K_c와 K_p를 계산하시오.

15.50 일산화 염소와 이산화 염소는 성층권 오존의 촉매적 파괴에 관여하고, 그 반응은 다음 반응과 관계가 있다.

$$2\ ClO(g) \rightleftharpoons Cl_2O_2(g)$$

253 K에서 K_c는 4.96×10^{11}이다. $[Cl_2O_2] = 6.00 \times 10^{-6}$ M인 평형 혼합물에서 [ClO]는 얼마인가?

15.51 다음 각 평형의 K_c 평형 상수식을 쓰고, 가능한 경우 K_p 평형 상수식도 쓰시오.

(a) $Fe_2O_3(s) + 3\ CO(g) \rightleftharpoons 2\ Fe(l) + 3\ CO_2(g)$
(b) $4\ Fe(s) + 3\ O_2(g) \rightleftharpoons 2\ Fe_2O_3(s)$
(c) $BaSO_4(s) \rightleftharpoons BaO(s) + SO_3(g)$
(d) $BaSO_4(s) \rightleftharpoons Ba^{2+}(aq) + SO_4^{2-}(aq)$

평형 상수의 이용(15.5절)

15.52 다음 반응이 평형에 있을 때 그 평형 혼합물에는 반응물이 더 많이 들어 있는가? 아니면 생성물이 더 많이 들어 있는가?

(a) $H_2(g) + S(s) \rightleftharpoons H_2S(g) \quad K_c = 7.8 \times 10^5$
(b) $N_2(g) + 2\ H_2(g) \rightleftharpoons N_2H_4(g) \quad K_c = 7.4 \times 10^{-26}$

15.53 화학 공학자가 황산 제조의 한 단계 반응으로서 SO_3를 생산하기 위해 반응을 연구하고 있다. 500 K에서 반응 $2\ SO_2(g) + O_2(g) \rightleftharpoons 2\ SO_3(g)$의 K_p는 2.5×10^{10}이다. 평형에 도달될 때 SO_2와 O_2 혼합물이 더 많은 SO_3를 생성할 것인가?

15.54 1400 K에서 반응 $CH_4(g) + 2\ H_2S(g) \rightleftharpoons CS_2(g) + 4\ H_2(g)$의 $K_c = 2.5 \times 10^{-3}$이다. 1400 K에서 10 L 반응 용기에 CH_4 2.0 mol, CS_2 3.0 mol, H_2 3.0 mol, H_2S 4.0 mol이 들어 있다. 반응 혼합물이 평형에 있는가? 만일 아니라면 반응이 평형에 도달하기 위해 어느 방향으로 진행되는가?

15.55 포스핀(PH_3)은 높은 온도에서 P_2와 H_2로 분해된다.

$$2\ PH_3(g) \rightleftharpoons P_2(g) + 3\ H_2(g) \quad K_p = 398\ (873\ \text{K에서})$$

(a) 초기 부분 압력이 $P_{PH_3} = 0.0260$ atm, $P_{P_2} = 0.871$ atm, $P_{H_2} = 0.517$ atm이라면 Q_p를 계산하고, 평형에 도달하기 위한 반응 방향을 결정하시오.

(b) 873 K에서 PH_3, P_2, H_2 혼합물이 평형에 있을 때 $P_{P_2} = 0.412$ atm와 $P_{H_2} = 0.822$ atm이다. P_{PH_3}는 얼마인가?

15.56 초기 농도 0.0500 M의 N_2O_4를 포함하는 용기에 25 ℃에서 N_2O_4와 NO_2의 평형 농도를 계산하시오. 반응 $N_2O_4(g) \rightleftharpoons 2\ NO_2(g)$에 대한 평형 상수 K_c는 25 ℃에서 4.64×10^{-3}이다.

15.57 HI(9.30×10^{-3} mol) 시료를 1000 K에서 비어 있는 2.00 L 용기에 넣었다. 평형에 도달한 뒤에 I_2의 농도가 6.29×10^{-4} M이다. 1000 K에서 반응 $H_2(g) + I_2(g) \rightleftharpoons 2\ HI(g)$의 K_c 값을 계산하시오.

15.58 298 K에서 사염화 탄소 용액 중에서 일어나는 다음 반응의 $K_c = 0.145$이다.

$$2\ BrCl(soln) \rightleftharpoons Br_2(soln) + Cl_2(soln)$$

농도의 측정값 $[BrCl] = 0.050$ M, $[Br_2] = 0.035$ M, $[Cl_2] = 0.030$ M이다.

(a) Q_c를 계산하고 평형에 도달하기 위해 반응이 어느 방향으로 진행될지 결정하시오.

(b) BrCl, Br_2, Cl_2의 평형 농도를 결정하시오.

15.59 O_2, SO_2, SO_3의 평형 혼합물이 똑같은 농도의 SO_2와 SO_3를 포함한다. 반응 $2\ SO_2(g) + O_2(g) \rightleftharpoons 2\ SO_3(g)$의 $K_c = 2.7 \times 10^2$이라면 O_2의 농도를 계산하시오.

15.60 공기 오염 물질 NO는 자동차 엔진에서 고온 반응에 의하여 생성된다. 2300 K에서 $N_2(g) + O_2(g) \rightleftharpoons NO(g)$; $K_c = 1.7 \times 10^{-3}$이다. 초기 농도가 N_2 2.24 M, O_2 0.56 M일 때, 평형 농도를 계산하시오. (여기서 N_2/O_2 농도 비율은 공기에서의 비율과 같다.)

15.61 25 ℃에서 아세트산과 에탄올 반응의 K_c 값은 3.4이다.

$$\underset{\text{아세트산}}{CH_3CO_2H(soln)} + \underset{\text{에탄올}}{CH_3CH_2OH(soln)} \rightleftharpoons \underset{\text{아세트산 에틸}}{CH_3CO_2CH_2CH_3(soln)} + H_2O(soln) \quad K_c = 3.4$$

(a) 25 ℃에서 아세트산 4.0 mol, 에탄올 6.0 mol, 물 12.0 mol이 있는 평형 혼합물에는 아세트산 에틸이 몇 mol 존재하는가?

(b) 아세트산 1.00 mol과 에탄올 10.00 mol을 섞어 만든 평형 혼합물 중 모든 반응물과 생성물의 몰수를 계산하시오.

15.62 700 K에서 $ClF_3(g) \rightleftharpoons ClF(g) + F_2(g)$ 반응의 평형 상수 $K_p = 0.140$이다. 초기에 ClF_3만 1.47 atm 부분 압력으로 존재하였다면, ClF_3, ClF, F_2의 평형 부분 압력은 얼마인가?

15.63 특정 온도에서 기체 혼합물의 평형 농도가 0.13 M H_2, 0.70 M I_2, 2.1 M HI이다. 같은 온도에서 비어 있는 500.0 mL 용기에 HI 0.20 mol을 주입하였을 때 얻어지는 평형 농도는 얼마인가?

15.64 1000 K에서 반응 $C(s) + H_2O(g) \rightleftharpoons CO(g) + H_2(g)$의 K_c 값은 3.0×10^{-2}이다. 5.00 L 용기에 수증기 6.00 mol과 과량의 고체 탄소를 넣고 가열하여 얻은 반응 혼합물 중 H_2O, CO_2, H_2의 평형 농도를 계산하시오. 평형 혼합물의 몰 조성은 얼마인가?

15.65 반응 $C(s) + CO_2(g) \rightleftharpoons 2\ CO(g)$을 생각해 보자. 1100 K에서 20.0 L 용기에 CO_2 1.50 mol과 과량의 고체 탄소를 넣고 가열했을 때 CO의 평형 농도가 7.00×10^{-2} M이다.

(a) CO_2의 평형 농도는 얼마인가?

(b) 1100 K에서 평형 상수 K_c 값은 얼마인가?

15.66 100 ℃에서 반응 $2\ NO_2(g) \rightleftharpoons N_2O_4(g)$의 $K_c = 4.72$이다. 100 ℃에서 비어 있는 10.0 L 플라스크에 4.60 g NO_2를 채운다고 할 때, 평형에서 플라스크 안의 전체 압력은 얼마인가?

15.67 500 ℃에서 F_2 기체는 안정하여 분해되지 않지만, 840 ℃에서는 다음과 같이 분해된다: $F_2(g) \rightleftharpoons 2\ F(g)$. 500 ℃에서 0.600 atm의 F_2를 가득 채운 플라스크를 840 ℃로 가열하였을 때 평형 상태에서의 압력이 0.984 atm으로 측정되었다. 840 ℃에서 F_2 기체의 분해 반응의 평형 상수 K_p는 얼마인가?

15.68 포스젠($COCl_2$)은 폐에 손상을 주는 유독 기체이다. 360 ℃에서 포스젠의 분해 반응의 평형 상수 $K_c = 8.4 \times 10^{-4}$이다. 만약 360 ℃에서 비어 있는 50.0 L 용기에 1.00 mol 포스젠을 채웠다면, 평형 상태에서 용기의 전체 압력은 얼마인가?

$$COCl_2(g) \rightleftharpoons CO(g) + Cl_2(g)$$

15.69 45 ℃에서 반응 $N_2O_4(g) \rightleftharpoons 2\ NO_2(g)$의 $K_c = 0.619$이다. 2.00 L의 빈 용기에 N_2O_4 46.0 g을 가하였다면, 45 ℃ 평형 상태에서 NO_2, N_2O_4의 부분 압력은 얼마인가?

15.70 다음 반응은 수용액에서 아스파테이스(aspartase) 효소에 의해 촉매 반응이 일어난다. 37 ℃에서 이 반응의 $K_c = 6.95 \times 10^{-3}$을 갖는다.

아스파트산 이온 퓨마르산 이온

L-아스파트산 이온의 초기 농도가 8.32×10^{-3} M이라면, 37 ℃ 평형 상태에서의 L-아스파트산 이온, 퓨마르산 이온, 암모늄 이온의 농도는 얼마인가?

15.71 초기 농도가 $[SO_2] = 1.50$ M, $[Cl_2] = 0.85$ M일 때, 298 K에서 SO_2, Cl_2, SO_2Cl_2의 평형 농도를 계산하시오. 298 K에서 $SO_2(g) + Cl_2(g) \rightleftharpoons SO_2Cl_2(g)$ 반응의 K_c는 8.40×10^{-3}이다.

르샤틀리에 원리(15.6~15.9절)

15.72 다음 평형을 생각해 보자.

$$Ag^+(aq) + Cl^-(aq) \rightleftharpoons AgCl(s)$$

평형이 다음에 의하여 방해를 받을 때, 고체 염화 은의 양이 어떻게 변하는가를 르샤틀리에 원리를 이용하여 예측하시오.

(a) NaCl 첨가
(b) $AgNO_3$ 첨가
(c) Ag^+와 반응하여 착이온 $Ag(NH_3)_2^+$를 형성하는 NH_3 첨가
(d) Cl^- 제거; 또한 이 변화를 반응 지수 Q_c를 이용하여 설명하시오.

15.73 다음 각 평형이 부피 감소의 결과 때문에 압력이 증가하여 방해를 받을 때, 반응 생성물의 몰수는 증가하겠는가 감소하겠는가 그대로 유지되겠는가?

(a) $2\ CO_2(g) \rightleftharpoons 2\ CO(g) + O_2(g)$
(b) $N_2(g) + O_2(g) \rightleftharpoons 2\ NO(g)$
(c) $Si(s) + 2\ Cl_2(g) \rightleftharpoons SiCl_4(g)$

15.74 다음은 수성 가스 전환 반응이다.

$$CO(g) + H_2O(g) \rightleftharpoons CO_2(g) + H_2(g), \quad \Delta H° = -41.2\ kJ$$

평형 혼합물 중 H_2의 양은 온도가 높아질 때 증가하는가 감소하는가? 온도가 낮아질 때 K_c는 어떻게 변하는가? 르샤틀리에 원리를 이용하여 설명하시오.

15.75 다음 발열 반응을 생각해 보자.

$$CoCl_4^{2-}(aq) + 6\ H_2O(l) \rightleftharpoons Co(H_2O)_6^{2+}(aq) + 4\ Cl^-(aq)$$

이 반응은 파란색 $CoCl_4^{2-}$ 이온과 분홍색 $Co(H_2O)_6^{2+}$ 이온이 상호 변환하는 반응이다. 다음 변화가 일어날 때 $CoCl_4^{2-}$의 평형 농도는 증가하는가 감소하는가?

(a) HCl을 첨가한다.
(b) $Co(NO_3)_2$를 첨가한다.
(c) 용액을 물로 묽게 한다.
(d) 온도를 올린다.

15.76 메탄올(CH_3OH)은 $Cu/ZnO/Al_2O_3$ 촉매 존재 하에서 일산화 탄소와 수소를 반응시켜 제조된다.

$$CO(g) + 2\ H_2(g) \xrightleftharpoons[\text{촉매}]{Cu/ZnO/Al_2O_3} CH_3OH(g) \quad \Delta H° = -91\ kJ$$

반응물과 생성물의 평형 혼합물이 다음 변화로 영향을 받을 때 메탄올의 양은 증가, 감소 아니면 똑같이 유지되는가?

(a) 온도를 올린다.
(b) 부피를 감소시킨다.
(c) 헬륨을 첨가한다.
(d) CO를 첨가한다.
(e) 촉매를 제거한다.

15.77 금 광산에서 중요한 다음 반응을 생각해 보자.

$$4\ Au(s) + 8\ CN^-(aq) + O_2(g) + 2\ H_2O(l) \rightleftharpoons 4\ Au(CN)_2^-(aq) + 4\ OH^-(aq)$$

평형 상태에서 반응 혼합물에 다음 변화를 주면, 새로운 평형에 도달하기 위해 반응의 방향은 어떻게 되는가?

(a) 금 첨가
(b) OH^-의 농도 증가
(c) 산소의 부분 압력 증가
(d) CN^-과 $Fe(CN)_6^{3-}(aq)$ 착이온을 형성하는 $Fe^{3+}(aq)$ 첨가

15.78 반응 $PCl_5(g) \rightleftharpoons PCl_3(g) + Cl_2(g)$의 K_p는 600 K에서 3.81×10^2이고, 700 K에서 2.69×10^3이다.

(a) 이 반응은 흡열인가 발열인가?
(b) 다음에 의해 반응물과 생성물의 평형 농도에는 어떤 영향이 있겠는가? (i) 부피 증가, (ii) 비활성 기체 첨가, (iii) 촉매 첨가

화학 평형과 화학 반응 속도론(15.10절)

15.79 백금 촉매는 일산화 탄소의 산화를 줄이기 위해 자동차 촉매 변환기에서 사용된다.

$$2\,CO(g) + O_2(g) \xrightleftharpoons{Pt} 2\,CO_2(g) \quad \Delta H° = -566\text{ kJ}$$

$CO(g)$, $O_2(g)$, $CO_2(g)$의 평형 혼합물이 있는 반응 용기를 생각해 보자. 다음 조건 하에서 CO의 양이 증가하는가, 감소하는가, 그대로 유지되는가?

(a) 백금 촉매를 첨가한다.

(b) 온도를 올린다.

(c) 부피 감소로 인해 압력이 증가한다.

(d) 아르곤 기체의 첨가로 압력이 증가한다.

(e) O_2 기체의 첨가로 압력이 증가한다.

15.80 반응 $A_2 + 2\,B \rightleftharpoons 2\,AB$의 정반응 속도는 18 M/s이고 역반응 속도는 12 M/s이다. 반응은 평형 상태가 아니다. 반응이 평형에 도달하려면 정방향과 역방향 중 어느 방향으로 진행되겠는가?

15.81 일반적인 $A + B \rightleftharpoons C$의 단일 단계 반응을 생각해 보자. 이때 평형 상수는 정반응의 속도 상수와 역반응의 속도 상수의 비 $K_c = k_f/k_r$와 같음을 보이시오.

15.82 기체 상태에서 헥사플루오로아세톤[$(CF_3)_2CO$]의 수화 과정을 생각해 보자.

$$(CF_3)_2CO(g) + H_2O(g) \xrightleftharpoons[k_r]{k_f} (CF_3)_2C(OH)_2(g)$$

76 ℃에서 정반응과 역반응의 속도 상수는 $k_f = 0.13\ M^{-1}\ s^{-1}$, $k_r = 6.2\times10^{-4}\ M^{-1}\ s^{-1}$이다. 이때 평형 상수 K_c 값은 얼마인가?

15.83 그림 15.15를 보면, 촉매는 정반응과 역반응의 활성화 에너지를 같은 양 ΔE_a만큼 낮춘다.

(a) 정반응과 역반응에 아레니우스 식 $k = Ae^{-E_a/RT}$를 적용하여, 촉매에 의해 정반응과 역반응의 속도가 똑같이 증가함을 보이시오.

(b) 평형 상수와 정반응과 역반응의 속도 상수 사이의 관계식 $K_c = k_f/k_r$를 이용하여, 촉매가 평형 상수 값에 아무런 영향을 미치지 않음을 보이시오.

chapter 16

수용액 평형: 산과 염기

© Kenneth Keifer/Shutterstock

CONTENTS

16.1 산–염기 개념: 브뢴스테드–로리 이론
16.2 산의 세기와 염기의 세기
16.3 산의 세기에 영향을 주는 인자
16.4 물의 해리
16.5 pH 척도
16.6 pH 측정
16.7 강산 용액과 강염기 용액의 pH
16.8 약산 용액의 평형
16.9 약산 용액의 평형 농도 계산
16.10 약산 용액의 해리 백분율
16.11 약염기 용액의 평형
16.12 K_a와 K_b 사이의 관계
16.13 루이스 산과 염기

산업 배출로 인해 대기 중에 형성된 황산과 질산은 20세기 후반에 비의 pH를 급격히 낮추었다. 산성비는 소나무와 호수의 수생 생물을 죽이고 전체 생태계를 파괴했다.

산성비 문제는 해결되었는가?

이 질문의 답은 514쪽 **INQUIRY?** 에 나와 있다.

앞 장에서는, 화학 평형의 원리에 대해 논의하였다. 이제 그 원리들을 산과 염기 용액에 대해 적용할 것이다. 산과 염기는 일상생활에 흔하며 식초에 있는 아세트산, 레몬과 감귤류에 들어 있는 시트르산(구연산), 제산제에 들어 있는 수산화 마그네슘, 가정용 세정제에 들어 있는 암모니아 등이 있다. 염산은 위액에 들어 있는 산이며, 위산으로 알려져 있다. 매일 위벽에서 분비되는 1.0리터 이상의 HCl 없이는 우리는 음식물을 소화할 수 없다.

산과 염기의 특성은 수세기 동안 알려져 왔다. 산은 철, 아연과 같은 금속들과 반응하여 H_2 기체를 생성하며, 식물 염료인 **리트머스**를 푸른색에서 붉은색으로 변화시킨다. 반면에, 염기는 미끄럽고 리트머스를 붉은색에서 푸른색으로 변화시킨다. 산과 염기를 알맞은 비율로 혼합하면, 산과 염기의 특징은 사라지고 **염**(salts)이라는 새로운 물질로 바뀐다.

무엇이 산을 산으로, 그리고 염기를 염기로 작용하게 하는가? 이미 4.7절에서 이 질문을 제기하였다. 이제 화학자들이 산과 염기의 화학적 거동을 설명하기 위하여 발전시켜 온 몇 가지 개념들을 더욱 자세히 살펴볼 것이다. 또한 15장에서 다루었던 화학 평형의 원리를 산과 염기 수용액에 존재하는 물질의 농도를 결정하는 데 적용할 것이다. 모든 화학에서 아마도 가장 중요한 반응은 산–염기 반응이다. 이 관점에서 보면, 수많은 화학 반응을 이해할 수 있을 것이다.

16.1 산–염기 개념: 브뢴스테드–로리 이론

이제까지는 아레니우스의 산–염기 이론을 사용하였다(4.7절). 아레니우스에 따르면, 산은 물에서 해리하여 수소 이온(H^+)을 생성하는 물질이고, 염기는 물에서 해리하여 수산화 이온(OH^-)을 생성하는 물질이다. 따라서 HCl과 H_2SO_4는 산이고, NaOH와 $Ba(OH)_2$는 염기이다.

일반적인 아레니우스 산 $HA(aq) \rightleftharpoons H^+(aq) + A^-(aq)$

일반적인 아레니우스 염기 $MOH(aq) \rightleftharpoons M^+(aq) + OH^-(aq)$

아레니우스 이론은 많은 일반적인 산과 염기의 성질을 설명하지만, 중요한 한계를 갖고 있다. 한 가지는 아레니우스 이론은 수용액에만 적용되며, 또 다른 하나는 OH기가 없는 암모니아(NH_3)와 같은 물질의 염기성을 설명하지 못한다. 1923년에 덴마크 화학자 브뢴스테드(1879~1947)와 영국의 화학자 로리(1843~1909)는 각각 산과 염기에 대한 더 일반적인 이론을 제안하였다. **브뢴스테드–로리 이론**(**Brønsted–Lowry theory**)에 따르면, 산은 다른 물질에게 양성자(H^+ 이온)를 줄 수 있는 물질(분자나 이온)이고, 염기는 양성자를 받을 수 있는 물질이다. 간단히 말하면, 산은 양성자 주개, 염기는 양성자 받개이고, 산–염기 반응은 양성자–이동 반응이다.

브뢴스테드–로리 산 H^+를 줄 수 있는 물질

브뢴스테드–로리 염기 H^+를 받을 수 있는 물질

이 식에서 브뢴스테드–로리 산–염기 반응의 생성물인 BH^+와 A^-는, 그들 자신이 각각 산과 염기이다. 염기 B가 HA로부터 양성자를 받아 생성된 화학종 BH^+는, 자신이 다시 A^-에 양성자를 줄 수 있으므로 브뢴스테드–로리 산이라는 의미이다. 마찬가지로 HA가 양성자를 잃어 생성된 화학종 A^-는, 자신이 다시 BH^+로부터 양성자를 받을 수 있으므로 브뢴스테드–로리 염기라는 의미이다. 화학식에서 오직 양성자 하나만 차이나는 화학종들을 **짝산–염기쌍**

(conjugate acid-base pairs)이라고 부른다. 따라서 A^-는 산 HA의 **짝염기(conjugated base)**이고, HA는 염기 A^-의 **짝산(conjugated acid)**이다. 마찬가지로 B는 산 BH^+의 짝염기이고, BH^+는 염기 B의 짝산이다.

$$HA + B \rightleftharpoons BH^+ + A^-$$

HA: H^+ 주개, 산 / B: H^+ 받개, 염기 / BH^+: H^+ 주개, 산 / A^-: H^+ 받개, 염기

짝산–염기쌍

산–염기 반응에서 무슨 일이 생기는가 알려면 양성자에 주목하라. 예를 들어, 브뢴스테드–로리 산 HA가 물에 용해되면 **산 해리 평형**(acid–dissociation equilibrium)에 의해 물과 가역적으로 반응한다. 산은 염기(양성자 받개)로 작용하는 용매에 양성자를 준다. 생성물은 **하이드로늄 이온(hydronium ion) H_3O^+**(H_2O의 짝산)과 A^-(HA의 짝염기)이다.

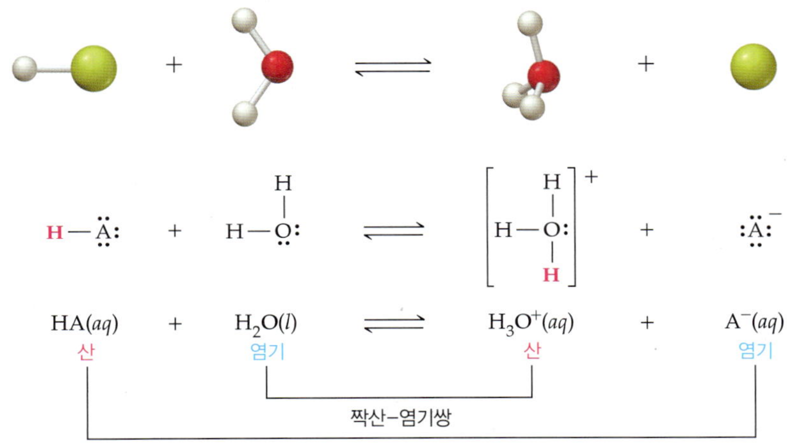

> **개념탐구 질문 1**
> 브뢴스테드–로리 염기 OH^-의 짝산은 무엇인가?

역반응에서는 H_3O^+가 양성자 주개(산)로, A^-가 양성자 받개(염기)로 작용한다. 브뢴스테드–로리 산의 전형적인 예로는, 전기적으로 중성 분자인 HCl, HNO_3, HF뿐만 아니라 NH_4^+, HSO_4^-, HCO_3^-와 같이 양성자를 내줄 수 있는 염의 양이온과 음이온까지 포함된다.

NH_3와 같은 브뢴스테드–로리 염기가 물에 용해되면 용매로부터 양성자를 받으며, 용매는 산으로 작용한다. 생성물은 수산화 이온 OH^-(물의 짝염기)와 암모늄 이온 NH_4^+(NH_3의 짝산)이다. 역반응에서는 NH_4^+가 양성자 주개로 작용하고, OH^-가 양성자 받개로 작용한다.

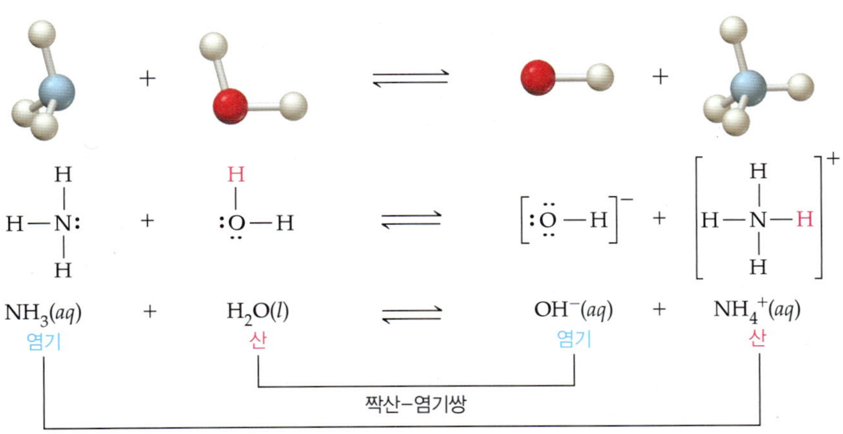

양성자를 받는 분자나 이온은 적어도 하나의 비공유 전자쌍을 가지고 있어야 양성자와 결합할 수 있다. 다음의 전자점 구조에서 보듯이, 모든 브뢴스테드–로리 염기는 하나 이상의 고립 전자쌍을 가지고 있다.

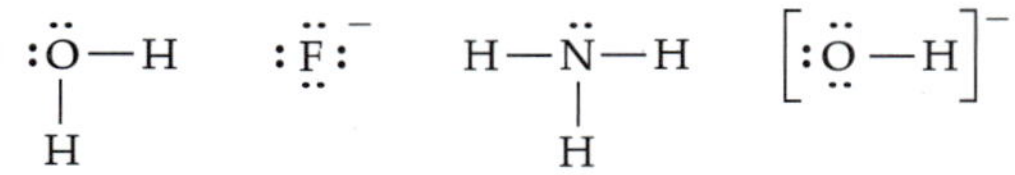

몇 가지 브뢴스테드–로리 염기

우리가 보았듯이, 양성자는 산에 대한 아레니우스와 브뢴스테드–로리의 정의에 필수적이다. 아레니우스의 정의에서 산(HA)은 해리되어 $H^+(aq)$로 표기되는 수화된 수소 이온, 또는 수화된 양성자를 낸다.

$$HA(aq) \rightleftharpoons H^+(aq) + A^-(aq)$$

노출된 양성자, 즉 양전하를 띤 H^+ 이온은 너무 반응성이 커서 수용액에 존재할 수 없으며, 용매인 물 분자의 산소 원자와 결합하여 삼각뿔 구조의 하이드로늄 이온(H_3O^+)이 된다. 가장 간단한 양성자 수화물 $[H(H_2O)]^+$로 간주되는 H_3O^+ 이온은 수소 결합을 통해 더 많은 물 분자와 회합하여, $H_5O_2^+$, $H_7O_3^+$, $H_9O_4^+$와 같이 일반식 $[H(H_2O)_n]^+$($n=2$, 3 또는 4)인 수화물을 형성한다. 산성 수용액에는 n값이 다양한 $[H(H_2O)_n]^+$ 이온들이 포함되어 있을 것이다. 그러나 이 책에서는 다양한 수의 물 분자로 수화된 양성자를 나타내는 데 기호 $H^+(aq)$와 $H_3O^+(aq)$를 사용할 것이다. 대개 산–염기 반응에서는 양성자 이동의 특성을 강조하기 위해 H_3O^+를 사용한다.

하이드로늄 이온, H_3O^+

예제 16.1

아레니우스와 브뢴스테드–로리 이론으로 산도 설명

아레니우스 이론과 브뢴스테드–로리 이론을 사용하여, 아질산(HNO_2)의 산도(acidity)를 설명하고, HNO_2의 짝염기를 밝히시오.

전략

물질의 산도를 설명하려면, 물에서 어떻게 H^+ 이온을 생성하는가(아레니우스 이론)와 어떻게 양성자 주개로 작용하는가(브뢴스테드–로리 이론)를 고려하라.

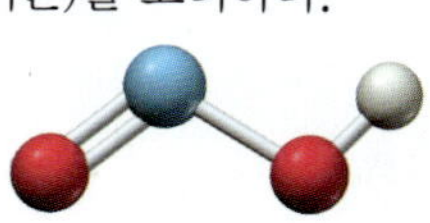

아질산

풀이

HNO_2는 물에서 해리되어 H^+ 이온을 생성하므로 아레니우스 산이다.

$$HNO_2(aq) \rightleftharpoons H^+(aq) + NO_2^-(aq)$$

아질산은 해리될 때 물에 양성자를 전이하여 하이드로늄 이온(H_3O^+)을 생성하며, 양성자 주개로 작용하므로 브뢴스테드–로리 산이다.

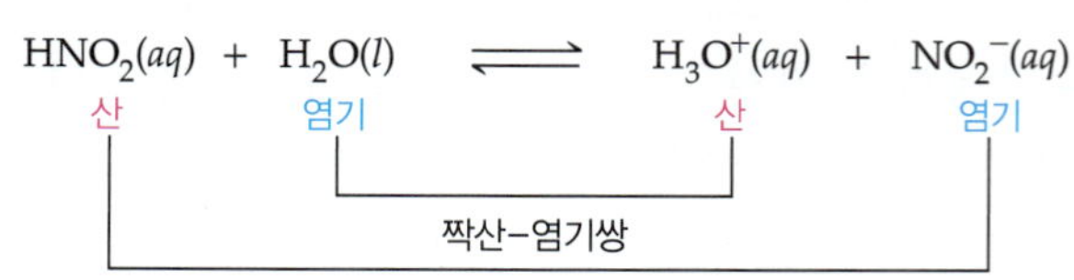

HNO_2의 짝염기는 NO_2^-이며, HNO_2가 양성자를 잃고 생성된 화학종이다.

▶ **연습문제 16.1** 브뢴스테드–로리 산 HSO_4^-가 물에서 해리되는 균형 반응식을 쓰시오.

▶ **응용문제 16.2** 탄산 이온(CO_3^{2-})과 물의 반응을 쓰시오.

개념 예제 16.2

브뢴스테드-로리 산, 염기 및 짝산-염기쌍 확인

수용액에서 일어나는 다음 반응의 경우, 브뢴스테드-로리 산, 염기, 짝산-염기쌍을 밝히시오.

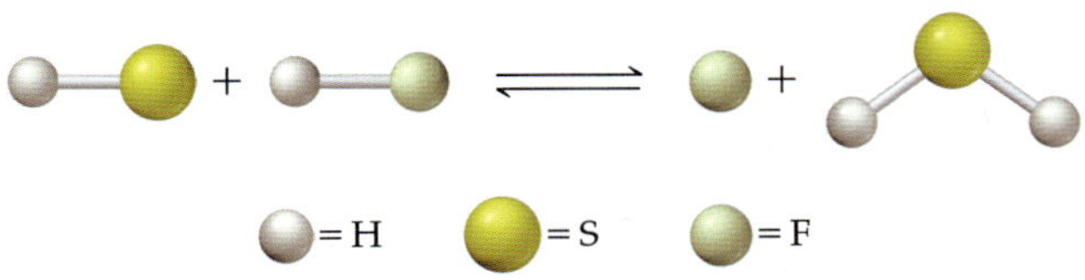

전략

가장 간단한 방법은 화학식을 비교했을 때 양성자 하나만 차이 나는 화학종인 짝산-염기쌍을 찾는 것이다.

풀이

두 번째 반응물은 HF이고, 첫 번째 생성물은 그것의 짝염기인 F^-이다. 두 번째 생성물은 H_2S이고, 첫 번째 반응물은 그 짝염기인 HS^-이다. 따라서 브뢴스테드-로리 산, 염기, 짝산-염기쌍은 다음과 같다.

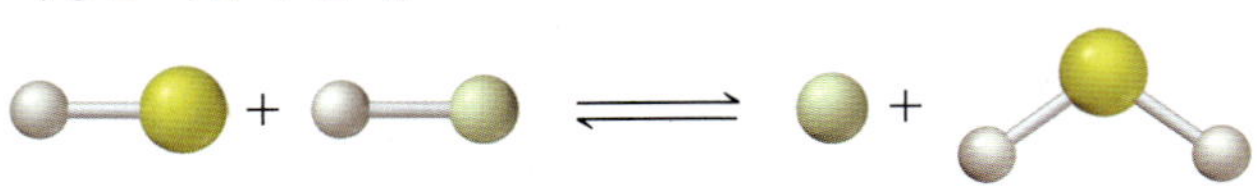

$$\underset{\text{염기}}{HS^-(aq)} + \underset{\text{산}}{HF(aq)} \rightleftharpoons \underset{\text{염기}}{F^-(aq)} + \underset{\text{산}}{H_2S(aq)}$$

짝산-염기쌍

▶ **개념 연습문제 16.3** 다음의 수용액 반응에서 브뢴스테드-로리 산, 염기, 짝산-염기쌍을 밝히시오.

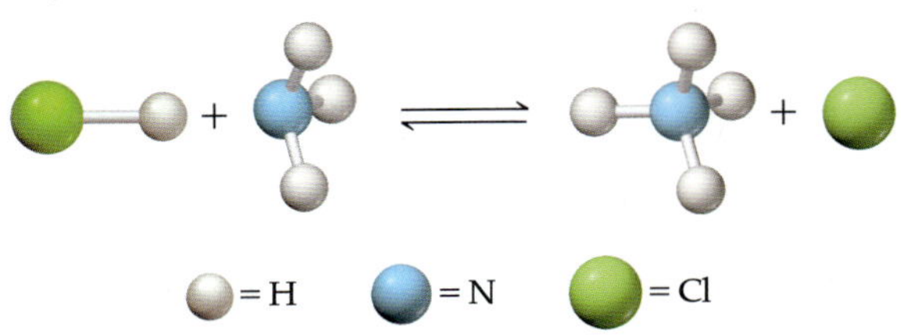

▶ **개념 응용문제 16.4** 다음의 수용액 반응에서 브뢴스테드-로리 산, 염기, 짝산-염기쌍을 밝히시오. 물은 어느 반응에서 산이고, 어느 반응에서 염기인가?

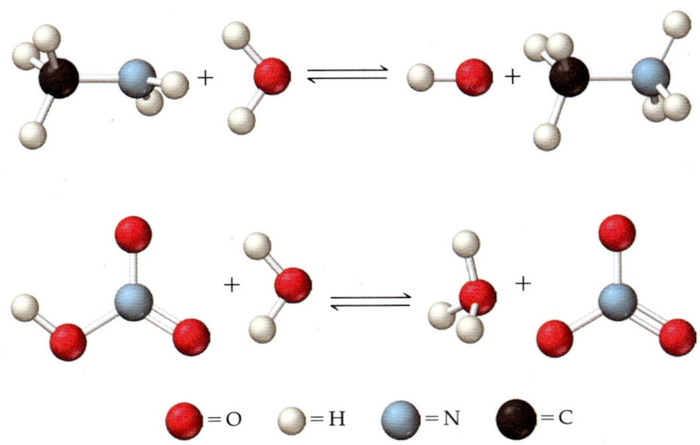

16.2 산의 세기와 염기의 세기

산 해리 평형을 고찰하는 유용한 방법이 있다. 두 염기인 H_2O와 A^-가 양성자를 얻기 위해 경쟁하고 있음을 인식하는 것이다.

$$\underset{\text{산}}{HA(aq)} + \underset{\text{염기}}{H_2O(l)} \rightleftharpoons \underset{\text{산}}{H_3O^+(aq)} + \underset{\text{염기}}{A^-(aq)}$$

위 식에서 두 염기는 H_2O와 A^-이다. 일반적으로 염기는 종종 화학식 A^-로 나타낸다. 음이온은 양성자(H^+)를 받을 수 있기 때문이다. 만일 H_2O가 A^-보다 더 강한 염기(더 강한 양성자 받개)이면, 대부분의 양성자는 HA에서 H_2O로 이동할 것이고, 용액은 주로 H_3O^+와 A^-를 함유할 것이다.

$$HA(aq) + H_2O(l) \rightleftharpoons H_3O^+(aq) + A^-(aq)$$

H_2O가 A^-보다 더 강한 염기이면 용액은 주로 생성물을 함유한다.

만일 A^-가 H_2O보다 더 강한 염기이면, A^- 이온은 양성자를 얻을 것이고, 용액은 주로 HA와 H_2O를 함유할 것이다.

$$HA(aq) + H_2O(l) \rightleftharpoons H_3O^+(aq) + A^-(aq)$$

A^-가 H_2O보다 더 강한 염기이면 용액은 주로 반응물을 함유한다.

동일한 농도의 반응물과 생성물로 시작할 때, **양성자는 항상 더 강한 염기 쪽으로 이동한다.** 이는 평형에 도달하기 위한 반응의 방향이 더 강한 산에서 더 강한 염기로 양성자가 이동하여, 더 약한 산과 더 약한 염기가 생성됨을 의미한다.

더 강한 산 + 더 강한 염기 ⟶ 더 약한 산 + 더 약한 염기

기억하기…
물에 녹아 전기를 전도하는 용액을 생성하는 물질을 **전해질**(electrolytes)이라고 한다. 물에서 대부분 이온으로 해리되는 분자성 물질을 강전해질, 적은 양만 이온으로 해리되는 물질을 약전해질이라고 한다(4.3절).

개념탐구 질문 2
HOCl은 HOI보다 더 강한 산이다. OCl^-와 OI^- 중 어느 것이 더 강한 염기인가?

서로 다른 산은 양성자를 주는 능력이 다르다. **강산(strong acid)**은 물에서 거의 완전히 해리되고 **강전해질(strong electrolyte)**이다(4.3절). 따라서 강산의 산 해리 평형은 거의 100% 오른쪽으로 치우치고, 용액은 거의 전부 H_3O^+와 A^-이온을 포함하며, 해리되지 않은 HA 분자의 양은 무시될 정도이다. 전형적인 강산으로는 과염소산($HClO_4$), 염산(HCl), 브로민화수소산(HBr), 아이오딘화수소산(HI), 질산(HNO_3), 황산(H_2SO_4)이 있다. 이 정의에 따르면, 강산은 매우 약한 짝염기를 갖는다. ClO_4^-, Cl^-, Br^-, I^-, NO_3^-, HSO_4^-는 수용액에서 양성자와 결합하는 경향이 무시할 수 있는 정도이다. 따라서 H_2O보다 훨씬 약한 염기이다.

약산(weak acid)은 물에서 일부분만 해리하므로 약전해질이다. 약산 분자들은 일부만 물에게 양성자를 전달한다. 따라서 용액은 대부분의 해리되지 않은 HA 분자와 소량의 H_3O^+와 짝염기 A^-를 함유한다. 전형적인 약산으로는 아질산(HNO_2), 플루오린화 수소산(HF), 아세

표 16.1 짝산–염기쌍의 상대적 세기

	산, HA		염기, A^-		
더 강한 산	$HClO_4$	**강산:** 수용액에서 100% 해리	ClO_4^-	**매우 약한 염기:** 수용액에서 무시할 정도의 양성자화 경향	더 약한 염기
	HCl		Cl^-		
	H_2SO_4		HSO_4^-		
	HNO_3		NO_3^-		
	H_3O^+		H_2O		
	HSO_4^-	**약산:** 수용액에서 HA, A^-, H_3O^+의 혼합물로 존재	SO_4^{2-}	**약염기:** 수용액에서 중간 정도의 양성자화 경향	
	H_3PO_4		$H_2PO_4^-$		
	HNO_2		NO_2^-		
	HF		F^-		
	CH_3CO_2H		$CH_3CO_2^-$		
	H_2CO_3		HCO_3^-		
	H_2S		HS^-		
	NH_4^+		NH_3		
	HCN		CN^-		
	HCO_3^-		CO_3^{2-}		
	H_2O		OH^-		
더 약한 산	NH_3	**매우 약한 산:** 무시할 정도의 해리 경향	NH_2^-	**강염기:** 수용액에서 100% 양성자화	더 강한 염기
	OH^-		O^{2-}		
	H_2		H^-		

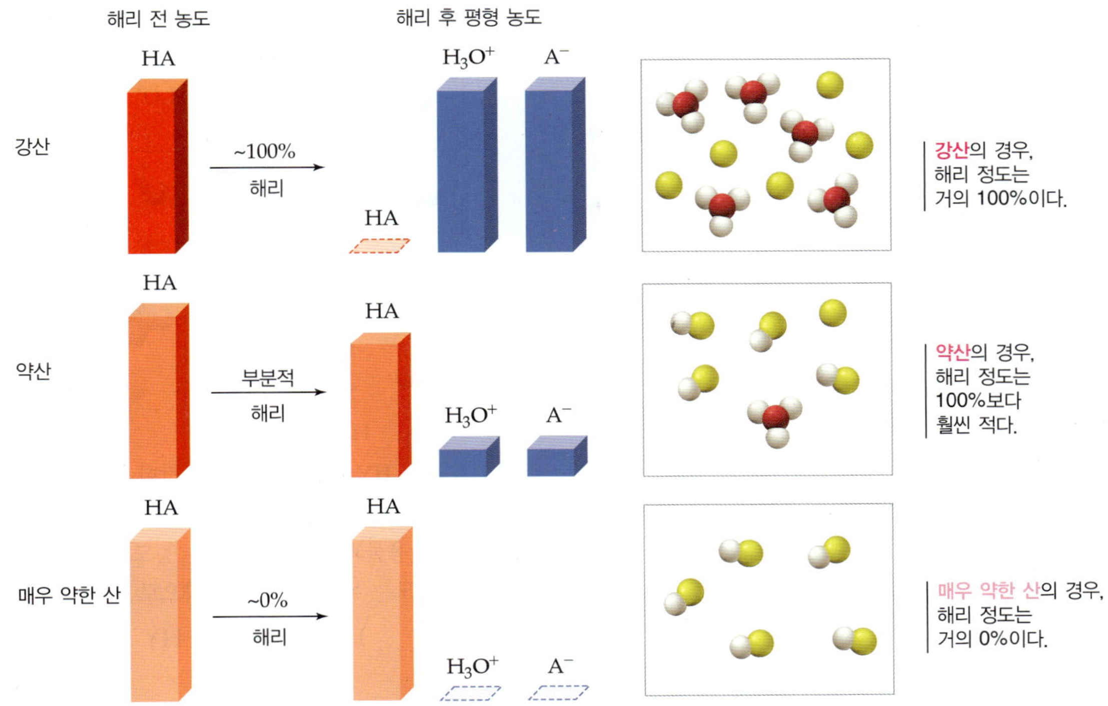

▲ 그림 16.1
HA의 해리로 H^+가 H_2O로 이동하여 H_3O^+와 A^-를 생성한다.

▲ 확인하기

가장 높은 농도의 HA 분자를 갖는 일반 산 HA의 1 M 용액은 무엇인가? 어느 용액이 가장 높은 전기 전도도를 갖는가?

답 매우 약한 산은 그림과 같이 HA 농도가 가장 높다. 강산은 해리 후 가장 높은 이온 농도를 가지므로 전도도가 가장 높다.

트산(CH_3CO_2H)이 있다. NH_3, OH^-, H_2와 같이 매우 약한 산은 실제로 양성자를 물로 전달하는 경향이 없다. 따라서 산 해리 평형은 본질적으로 100% 왼쪽으로 치우친다. 이 정의에 따르면, 매우 약한 산은 강한 짝염기를 갖는다. 예로, NH_2^-, O^{2-}, H^- 이온들은 수용액에서 100% 양성자를 얻게 되며, H_2O보다 훨씬 더 강한 염기이다.

강산, 약산, 매우 약한 산의 경우, HA, H_3O^+, A^-의 평형 농도를 그림 16.1에 나타내었고, 산의 세기와 그 짝염기의 세기 사이의 반비례 관계는 표 16.1에 도시하였다.

예제 16.3

산-염기 반응의 방향 예측

만일 같은 농도의 반응물과 생성물을 섞는다면, 다음 반응 중 어느 것이 오른쪽으로 진행하며, 어느 것이 왼쪽으로 진행하겠는가?

(a) $H_2SO_4(aq) + NH_3(aq) \rightleftharpoons NH_4^+(aq) + HSO_4^-(aq)$

(b) $HCO_3^-(aq) + SO_4^{2-}(aq) \rightleftharpoons HSO_4^-(aq) + CO_3^{2-}(aq)$

전략

반응의 방향을 예측하기 위해, 균형 반응식을 사용하여 산과 염기를 구별한다. 또한 표 16.1을 사용하여 더 강한 산과 더 강한 염기를 확인한다. 반응물과 생성물이 같은 농도로 존재할 때 양성자 이동은 항상 더 강한 산에서 더 강한 염기로 일어난다.

풀이

(a) 이 반응에서 H_2SO_4와 NH_4^+는 산이고, NH_3와 HSO_4^-는 염

기이다. 표 16.1에 따르면, H_2SO_4는 NH_4^+보다 더 강한 산이고, NH_3는 HSO_4^-보다 더 강한 염기이다. 따라서 NH_3는 양성자를 받고, 반응은 왼쪽에서 오른쪽으로 진행한다.

$$\underset{\text{더 강한 산}}{H_2SO_4(aq)} + \underset{\text{더 강한 염기}}{NH_3(aq)} \longrightarrow \underset{\text{더 약한 산}}{NH_4^+(aq)} + \underset{\text{더 약한 염기}}{HSO_4^-(aq)}$$

(b) HCO_3^-와 HSO_4^-는 산이고, SO_4^{2-}와 CO_3^{2-}는 염기이다. 표 16.1에 따르면, HSO_4^-가 더 강한 산이고, CO_3^{2-}가 더 강한 염기이다. 따라서 CO_3^{2-}가 양성자를 받고, 반응은 오른쪽에서 왼쪽으로 진행된다.

$$\underset{\text{더 약한 산}}{HCO_3^-(aq)} + \underset{\text{더 약한 염기}}{SO_4^{2-}(aq)} \longleftarrow \underset{\text{더 강한 산}}{HSO_4^-(aq)} + \underset{\text{더 강한 염기}}{CO_3^{2-}(aq)}$$

▶ **연습문제 16.5** 반응물과 생성물을 같은 농도로 섞는다면, 반응이 오른쪽 또는 왼쪽 중 어느 방향으로 진행하겠는가?

$$HF(aq) + NO_3^-(aq) \rightleftharpoons HNO_3(aq) + F^-(aq)$$

▶ **개념 응용문제 16.6** 다음 그림은 두 가지 산 HA(A = X 또는 Y)의 수용액을 나타낸다. 물 분자는 생략하였다.

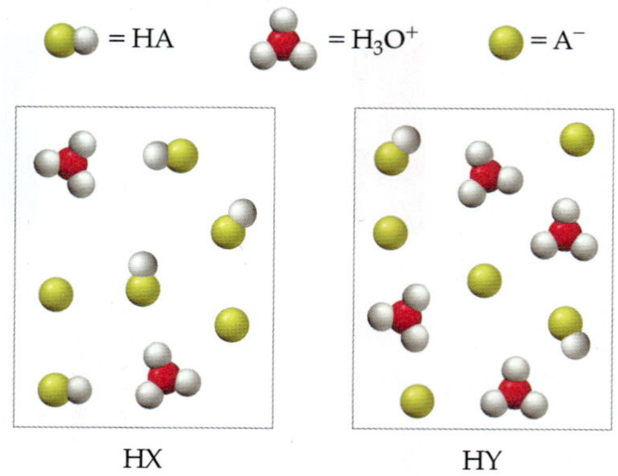

(a) HX 또는 HY 중 어느 것이 더 강한 산인가?

(b) X^- 또는 Y^- 중 어느 것이 더 강한 염기인가?

(c) 만일 반응물과 생성물을 같은 농도로 섞으면, 다음 반응은 오른쪽 또는 왼쪽 중 어느 방향으로 진행하겠는가?

$$HX + Y^- \rightleftharpoons HY + X^-$$

16.3 산의 세기에 영향을 주는 인자

기억하기…
결합의 세기는 **결합 해리 에너지**(D)로 측정된다. 이는 반응 $HA(g) \rightarrow H(g) + A(g)$로 나타낸 기체 상태 분자의 화학 결합을 끊기 위해 공급되어야 하는 에너지양이다(7.2절).

왜 어떤 산은 다른 산보다 더 강한가? 산의 세기를 결정하는 인자들에 대한 완벽한 분석은 복잡하다. 그러나 산 HA의 해리 정도를 결정하는 것은 종종 H—A 결합의 세기와 극성이다. 7.2절에서 보았듯이, H—A 결합의 세기는 **결합 해리 에너지**(**bond dissociation energy**, D)로 나타낸다. 이는 HA를 H와 A 원자로 해리하는 데 필요한 에너지양이다. H—A 결합의 극성은 A의 전기 음성도가 증가함에 따라 증가하며, H 원자로부터 A 원자로 전자가 전달되어 H^+ 양이온과 A^- 음이온을 생성하기 쉬운 정도와 관련이 있다. 일반적으로 H—A 결합이 약할수록, 극성이 클수록 더 강한 산이다.

기억하기…
정전기 퍼텐셜 지도는 분자의 계산된 전자 분포를 색상을 사용하여 나타낸다. 빨간색은 전자가 풍부한 부분, 파란색은 전자가 부족한 부분이다. 노란색, 주황색, 초록색은 중간 부분이다(7.3절).

먼저, 할로젠화 수소산인 HF, HCl, HBr, HI를 살펴보자. **정전기 퍼텐셜 지도**(**electrostatic potential map**, 7.3절)를 보면 이들 분자가 모두 극성이며, 할로젠 원자는 전자가 풍부하고(빨간색), 수소 원자는 전자가 부족함(파란색)을 보여 준다.

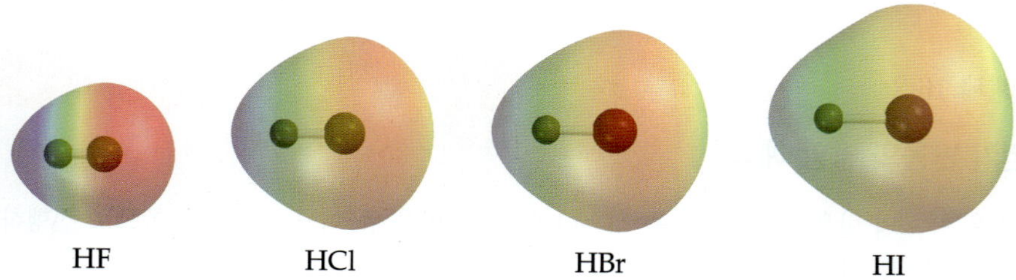

그러나 이 계열의 극성 변화는 결합 세기의 변화보다 훨씬 덜 중요하다. 결합 세기는 HF의 570 kJ/mol에서 HI의 298 kJ/mol로 크게 감소한다.

일반적으로, 주기율표의 **같은 족** 원소로 구성된 이성분 산의 경우, H—A 결합 세기가 산도(acidity)의 가장 중요한 결정 요소이다. 일반적으로, 같은 족의 아래로 내려갈수록 원소 A의 크기가 증가하고, H—A의 결합 세기는 감소하며, 따라서 산도는 증가한다. 예를 들어, HA(A = F, Cl, Br, I)의 경우, A의 크기는 F에서 I로 갈수록 증가한다. 따라서 HF에서 HI로 갈수록 결합 세기는 감소하고 산도는 증가한다. HCl, HBr, HI는 강산인 반면, 플루오린화 수소산은 약산이다.

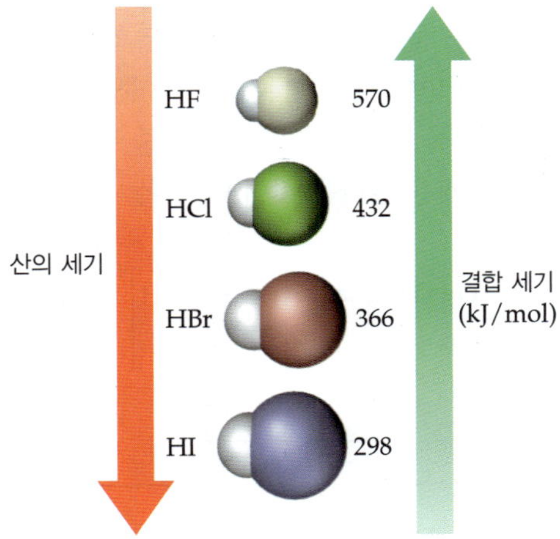

> **개념탐구 질문 3**
> 산의 세기는 H−A 결합의 어떤 성질에 의해 결정되는가?

이런 효과의 또 다른 예로, H_2S는 H_2O보다 더 강한 산이다.

주기율표의 **같은 주기** 원소들로 이루어진 이성분 산의 경우, H−A 결합 세기의 변화는 더 작으며, H−A 결합의 극성이 산의 세기에 가장 중요한 결정 요소이다. 예를 들어, 2주기 원소의 이성분 산의 세기는 A의 전기 음성도가 증가함에 따라 증가한다.

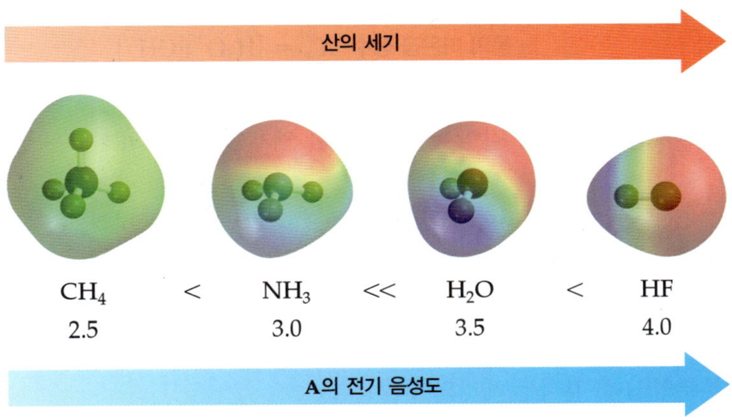

정전기 퍼텐셜 지도에서 보듯이, C−H 결합은 상대적으로 비극성이며, 메테인은 물에서 H_3O^+와 CH_3^- 이온으로 해리되는 경향이 없다. N−H 결합은 좀 더 극성이지만, NH_3가 H_3O^+와 NH_2^- 이온으로의 해리 정도는 여전히 무시할 정도로 작다. 그러나 물과 플루오린화 수소산으로 갈수록 산의 세기가 증가한다. 이성분 산 세기의 주기적 경향을 그림 16.2에 요약하였다.

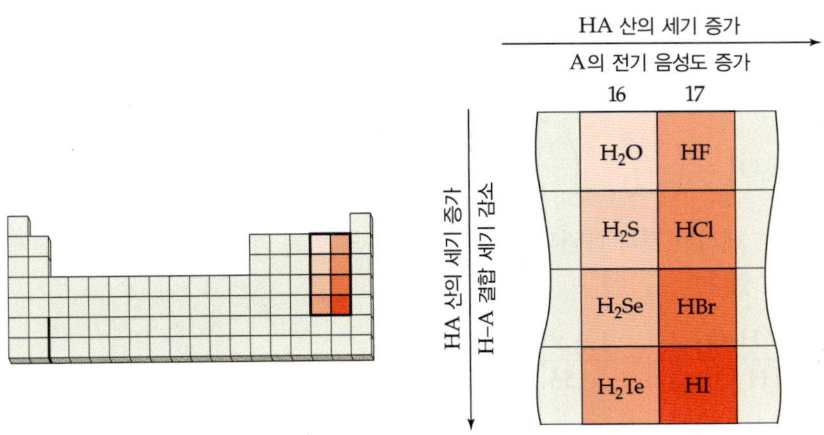

◀ 그림 16.2
이성분 산 세기의 주기적 경향. 이성분 산 HA의 세기는 주기율표의 왼쪽에서 오른쪽으로 갈수록, A의 전기 음성도가 증가할수록, 위에서 아래로 갈수록, H−A의 결합 세기가 감소할수록 증가한다.

▶ **확인하기**

16족과 17족 원소의 이성분 산 중 어느 것이 가장 강한가? 그 이유는?

답 HI가 가장 강하다. 이성분 산의 세기는 족을 따라 아래로 내려갈수록, 주기에서 오른쪽으로 갈수록 강하기 때문이다.

16.4 물의 해리

물의 가장 중요한 특성 중 하나는, 물은 산과 염기로 모두 작용할 수 있다는 것이다. 산이 존재할 때 물은 염기로 작용하고, 반면에 염기가 존재할 때 물은 산으로 작용한다. 따라서 순수한 물에서 하나의 물 분자는 다른 물 분자에게 양성자를 줄 수 있다. 따라서 같은 반응에서 물이 동시에 산과 염기로 작용하는 것은 놀라운 것이 아니다.

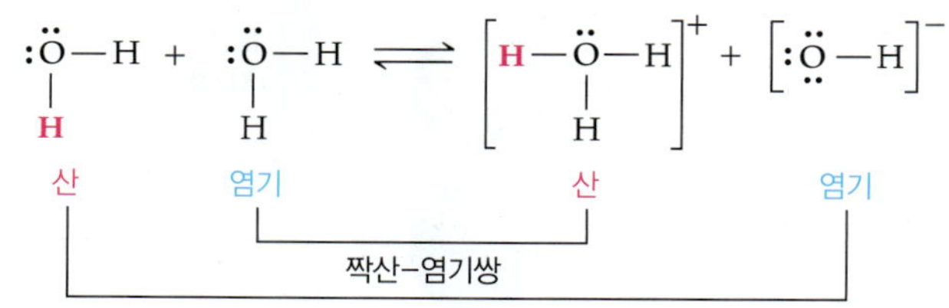

물의 해리라 부르는 이 반응은 평형식 $K_w = [H_3O^+][OH^-]$으로 나타낼 수 있다. 이때 평형 상수 K_w는 **물의 이온곱 상수**(ion-product constant for water)라 한다.

물의 해리 $2H_2O(l) \rightleftharpoons H_3O^+(aq) + OH^-(aq)$

물의 이온곱 상수 $K_w = [H_3O^+][OH^-]$

기억하기…
순수한 액체나 순수한 고체의 **농도**는 평형 상수식에서 생략된다. 왜냐하면, 그들의 실제 농도와 열역학적 표준 상태 농도의 비가 1이기 때문이다(15.4절).

15.4절에서 논의한 바와 같이, 물은 순수한 액체이므로 **물의 농도**는 평형 상수식에서 생략된다.

물의 해리에 있어 동적 평형의 두 가지 중요한 측면에 주목하라. 첫째, 정반응과 역반응은 매우 빠르다. 즉, 양성자가 한 화학종에서 다른 화학종으로 빠르게 이동함에 따라 H_2O 분자, H_3O^+ 이온, OH^- 이온은 끊임없이 상호 전환된다. 둘째, 평형의 위치는 왼쪽으로 훨씬 치우쳐 있다. 즉, 어느 순간에도 물 분자의 아주 적은 분율만이 H_3O^+와 OH^- 이온으로 해리된다. 거의 대부분의 H_2O 분자는 해리되지 않는다.

25 °C에서 순수한 물의 H_3O^+ 농도가 1.0×10^{-7} M이라는 실험적 측정으로부터 물 분자의 해리 정도를 계산할 수 있다.

$$[H_3O^+] = 1.0 \times 10^{-7}\ \text{M} \quad (25\ °\text{C에서})$$

물의 해리 반응은 같은 농도의 H_3O^+와 OH^- 이온을 생성하므로, 순수한 물의 OH^- 농도 역시 25 °C에서 1.0×10^{-7} M이다.

$$[H_3O^+] = [OH^-] = 1.0 \times 10^{-7}\ \text{M} \quad (25\ °\text{C에서})$$

또한, 물의 밀도와 몰질량으로부터 계산된 순수한 물의 몰농도는 25 °C에서 55.4 M이다.

$$[H_2O] = \left(\frac{997\ \text{g}}{\text{L}}\right)\left(\frac{1\ \text{mol}}{18.0\ \text{g}}\right) = 55.4\ \text{mol/L} \quad (25\ °\text{C에서})$$

이러한 사실로부터, 해리된 것과 해리되지 않은 물 분자의 비는 약 $2/10^9$이며, 이는 실제로 매우 작은 수라 할 수 있다.

$$\frac{[H_2O]_{\text{해리}}}{[H_2O]_{\text{비해리}}} = \frac{1.0 \times 10^{-7}\ \text{M}}{55.4\ \text{M}} = 1.8 \times 10^{-9} (\text{약 } 2/10^9)$$

또한, 25 °C에서 K_w 값이 1.0×10^{-14}이라는 것을 계산할 수 있다.

$$K_w = [H_3O^+][OH^-] = (1.0 \times 10^{-7})(1.0 \times 10^{-7})$$
$$= 1.0 \times 10^{-14} \quad (25\ ^\circ\text{C에서})$$

매우 묽은 용액에서 물은 거의 순수한 액체이고, H_3O^+와 OH^- 농도의 곱은 용질의 존재에 의해 영향을 받지 않는다. 더 진한 용액에서는 그렇지 않다. 그러나 여기에서는 이러한 복잡한 점을 무시하고, 25 °C 수용액에서 H_3O^+와 OH^- 농도의 곱은 항상 1.0×10^{-14}로 가정한다.

H_3O^+와 OH^-의 상대적인 농도 값에 의해 산성, 중성, 염기성 수용액을 구별할 수 있다.

산성: $[H_3O^+] > [OH^-]$
중성: $[H_3O^+] = [OH^-]$
염기성: $[H_3O^+] < [OH^-]$

25 °C에서 산성 용액은 $[H_3O^+] > 1.0 \times 10^{-7}$ M, 중성 용액은 $[H_3O^+] = [OH^-] = 1.0 \times 10^{-7}$ M, 염기성 용액은 $[H_3O^+] < 1.0 \times 10^{-7}$ M이다(그림 16.3). 만일 $[H_3O^+]$ 또는 $[OH^-]$ 중 하나의 농도를 알면 다른 하나도 쉽게 계산된다.

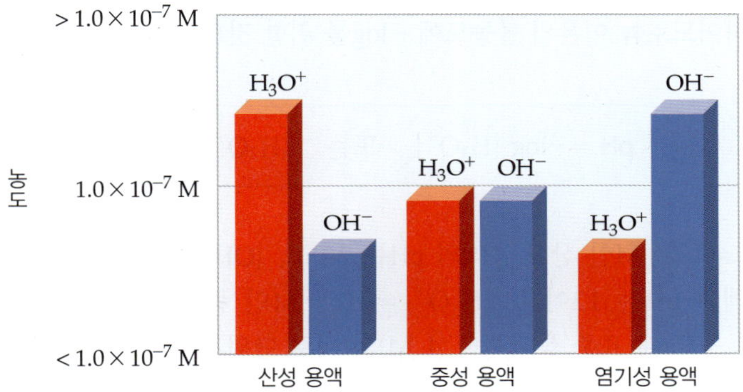

그림 16.3
25 °C에서 산성, 중성, 염기성 용액의 H_3O^+와 OH^-의 농도 값

$$[H_3O^+][OH^-] = K_w = 1.0 \times 10^{-14}\text{이므로}$$

$$[H_3O^+] = \frac{1.0 \times 10^{-14}}{[OH^-]}\text{이고, } [OH^-] = \frac{1.0 \times 10^{-14}}{[H_3O^+]}\text{이다.}$$

앞의 논의에서, $K_w = 1.0 \times 10^{-14}$ 값이 25 °C에서만 적용된다는 것을 강조하였다. 모든 평형 상수와 마찬가지로 K_w도 온도의 영향을 받으며, 25 °C 이외의 온도에서는 중성 수용액의 H_3O^+와 OH^-의 농도가 1.0×10^{-7} M에서 벗어나기 때문이다(문제 16.8을 보라). 별도로 표시하지 않는 한 온도는 항상 25 °C로 가정한다.

예제 16.4

K_w와 $[H_3O^+]$로부터 $[OH^-]$ 계산

레몬주스 시료의 H_3O^+ 농도는 2.5×10^{-3} M이다. OH^- 이온의 농도를 계산하고, 용액을 산성, 중성, 염기성으로 분류하시오.

문제 파악

알고 있는 것	알아내야 할 것
$K_w = 1.0 \times 10^{-14}$ $[H_3O^+] = 2.5 \times 10^{-3}$ M	$[OH^-]$

전략

$[H_3O^+]$의 농도를 알면, OH^-의 농도는 $[OH^-] = K_w/[H_3O^+]$로부터 계산할 수 있다.

풀이

$$[OH^-] = \frac{K_w}{[H_3O^+]} = \frac{1.0 \times 10^{-14}}{2.5 \times 10^{-3}} = 4.0 \times 10^{-12}\ M$$

$[H_3O^+] > [OH^-]$이므로 용액은 산성이다.

점검

H_3O^+와 OH^- 농도의 곱은 10^{-14}이어야 하고, H_3O^+ 농도는 10^{-3} M에서 10^{-2} M 범위에 있기 때문에, OH^- 농도는 10^{-11} M에서 10^{-12} M 범위에 있어야 한다. 대략적인 검산과 답이 일치한다.

▶ **연습문제 16.7** 어느 탄광 유출수의 H_3O^+ 농도가 1.4×10^{-4} M이다. OH^- 농도를 계산하고, 용액을 산성, 중성, 염기성으로 분류하시오.

▶ **응용문제 16.8** 50 °C에서 $K_w = 5.5 \times 10^{-14}$이다. 50 °C의 중성 용액에서 H_3O^+와 OH^-의 농도는 얼마인가?

16.5 pH 척도

하이드로늄 이온의 농도를 몰농도로 표시하기보다는, **pH 척도**(pH scale)로 알려진 로그 척도로 표현하는 것이 더 편리하다. **pH**라는 용어는 프랑스어 *puissance d'hydrogène*('power of hydrogren')에서 유래하였고, 10의 거듭제곱(지수)을 사용하여 H_3O^+의 몰농도를 표현한다. 용액의 pH는 하이드로늄 이온의 몰농도에 −log를 취한 것으로 정의된다.

$$\text{pH} = -\log [H_3O^+] \quad \text{또는} \quad [H_3O^+] = 10^{-\text{pH}}$$

따라서 $[H_3O^+] = 10^{-2}$ M인 산성 용액의 pH는 2이고, $[OH^-] = 10^{-2}$ M과 $[H_3O^+] = 10^{-12}$ M인 염기성 용액의 pH는 12이고, $[H_3O^+] = 10^{-7}$ M인 중성 용액의 pH는 7이다. 여기서 $[H_3O^+]$는 실제 농도 대 표준 상태 농도(1 M)의 비로 단위가 없기 때문에, $[H_3O^+]$에 대해 로그를 취할 수 있다는 것에 주목하라. 비록 pH보다는 훨씬 덜 사용되지만, pOH는 pH와 같은 방식으로 정의할 수 있고, OH^-의 몰농도를 표시하는 데 사용된다.

$$\text{pOH} = -\log [OH^-]$$

식 $[H_3O^+][OH^-] = 1.0 \times 10^{-14}$로부터 당연히 pH + pOH = 14.00이 된다.

만일 계산기를 사용하여 H_3O^+ 농도로부터 pH를 계산하면, 적절한 유효 숫자 이상의 소수 자리 답을 얻게 될 것이다. 예를 들어, 예제 16.4에서 레몬주스($[H_3O^+] = 2.5 \times 10^{-3}$ M)의 pH는 계산기에 다음과 같이 나올 것이다.

$$\text{pH} = -\log(2.5 \times 10^{-3}) = 2.60206$$

이 결과는 반올림해서 pH 2.60(유효 숫자 두 개)으로 답해야 한다. 왜냐하면, $[H_3O^+]$가 두 개의 유효 숫자를 갖기 때문이다. 로그에서 유효 숫자는 소수점 오른쪽 숫자뿐이라는 것에 주의하라. 소수점 왼쪽의 숫자는 $[H_3O^+]$의 지수 식에서 10의 거듭제곱에 해당하는 정확한 수이다.

$$\text{pH} = -\log(\underbrace{2.5}_{\text{유효 숫자 2개}} \times \underbrace{10^{-3}}_{\text{정확한 수}}) = -\log 10^{-3} - \log 2.5 = \underbrace{3}_{\text{정확한 수}} - 0.\underbrace{40}_{\text{유효 숫자 2개}} = \underbrace{2}_{\text{정확한 수}}.\underbrace{60}_{\text{유효 숫자 2개}}$$

pH 척도는 로그이므로, $[H_3O^+]$가 10배 변할 때 pH는 1단위 변하고, $[H_3O^+]$가 100배 변할 때 pH는 2단위 변하며, $[H_3O^+]$가 1,000,000배 변하면 pH는 6단위 변한다. pH 척도가 $[H_3O^+]$ 척도를 얼마나 압축한 것인지 실감하려면, 뒷마당 수영장 물의 pH를 바꾸는데 필요한 12 M HCl의 양을 비교해 보라. pH를 7에서 6으로 변화시키는 데 12 M HCl이 단지 100 mL 필요하다. 그러나 pH 7에서 1로 바꾸려면, 10,000 L 트럭 1대 분량의 12 M HCl이 필요하다.

그림 16.4는 pH 척도와 몇 가지 흔한 물질의 pH 값을 보여 준다. pH는 $[H_3O^+]$의 음의 로그 값이므로, $[H_3O^+]$가 증가함에 따라 pH는 감소한다. 따라서 $[H_3O^+]$가 10^{-7} M에서 10^{-6} M로 증가할 때 pH는 7에서 6으로 감소한다. 결과적으로, 산성 용액의 pH는 7보다 작고, 염기성 용액의 pH는 7보다 크다.

산성 용액: pH < 7
중성 용액: pH = 7
염기성 용액: pH > 7

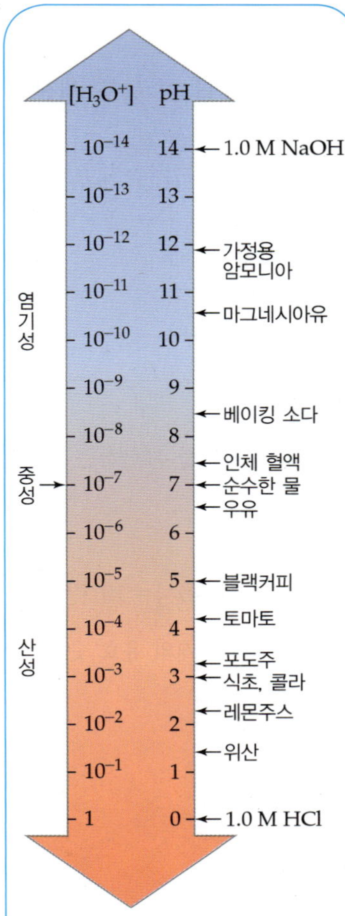

▲ 그림 16.4
pH 척도와 몇 가지 흔한 물질의 pH 값

예제 16.5

H_3O^+ 농도로부터 pH 계산

OH^- 농도가 1.9×10^{-3} M인 암모니아 수용액의 pH를 계산하시오.

문제 파악

알고 있는 것	알아내야 할 것
$[OH^-] = 1.9\times10^{-3}$ M $K_w = 1.0 \times 10^{-14}$	pH

전략
먼저 OH^- 농도로부터 H_3O^+의 농도를 계산하고, $[H_3O^+]$의 음의 로그를 취하여 pH로 변환한다.

풀이

$$[H_3O^+] = \frac{K_w}{[OH^-]} = \frac{1.0 \times 10^{-14}}{1.9 \times 10^{-3}} = 5.3 \times 10^{-12}\ \mathrm{M}$$

$$\mathrm{pH} = -\log\,[H_3O^+] = -\log\,(5.3 \times 10^{-12}) = 11.28$$

$[H_3O^+]$가 유효 숫자 두 개(5.3)로 알려져 있으므로, pH는 유효 숫자 두 개(.28)로 나타낸다.

점검
$[OH^-]$가 10^{-3} M과 10^{-2} M 사이이므로, $[H_3O^+]$는 10^{-11} M과 10^{-12} M 사이이다. 따라서 pH는 11과 12 사이에 있다. 따라서 답과 부합한다.

연습문제 16.9 OH^- 농도가 1.58×10^{-6} M인 바닷물 시료의 pH를 계산하시오.

응용문제 16.10 광산이 가동되는 동안 황철광(FeS_2)이 대기에 노출되고, 산소와 반응하여 황산(H_2SO_4)이 생성된다. 캘리포니아의 아이언 산(Iron Mountain)의 광산에서 배출된 물은 $[H_3O^+] = 6.3$ M인 것으로 밝혀졌다. 이 광산에서 스며나온 물의 pH를 계산하시오.

▲ 아이언 산에 있는 구리 광산들은 매우 산성이 높은 유출수를 발생한다. 주황-갈색 침전물은 $Fe(OH)_3(s)$이다.

예제 16.6

pH로부터 H_3O^+ 농도 계산

산성비는 심각한 문제이다. 물의 pH가 4.5~5.0보다 낮으면 대부분의 어류가 죽기 때문이다. pH 4.50인 호수의 H_3O^+ 농도를 계산하시오.

문제 파악

알고 있는 것	알아내야 할 것
pH = 4.5	$[H_3O^+]$

전략

H_3O^+의 농도를 계산하는 방법은 음의 pH의 역대수를 취하는 것이다.

풀이

$$[H_3O^+] = 10^{-pH} = 10^{-4.50} = 3.2 \times 10^{-5}\ M$$

$[H_3O^+]$는 두 개의 유효 숫자로 기록한다. pH의 소수점 우측의 숫자가 두 개이기 때문이다. (어떤 수의 역대수 값을 찾는 데 도움이 필요하면, 부록 A.2를 보라.)

점검

pH 4.5는 4와 5 사이에 있으므로, $[H_3O^+]$는 10^{-4} M과 10^{-5} M 사이에 있다. 따라서 답과 부합한다.

▶ **연습문제 16.11** 콜라 음료(pH 2.8)에 들어 있는 H_3O^+와 OH^-의 농도를 계산하시오.

▶ **응용문제 16.12** 우유의 pH는 6.6이고, 블랙커피의 pH는 5.0이다. 커피의 $[H_3O^+]$ 농도는 우유보다 몇 배 더 큰가?

16.6 pH 측정

특정 pH 범위에서 색이 변하는 **산-염기 지시약(acid-base indicator)**을 사용하면 용액의 대략적인 pH를 측정할 수 있다(그림 16.5). 지시약(약자로 HIn)은 약산이며, 산성형(HIn)과 짝염기형(In^-)의 색깔이 다르기 때문에 pH에 따라 지시약의 색이 변한다.

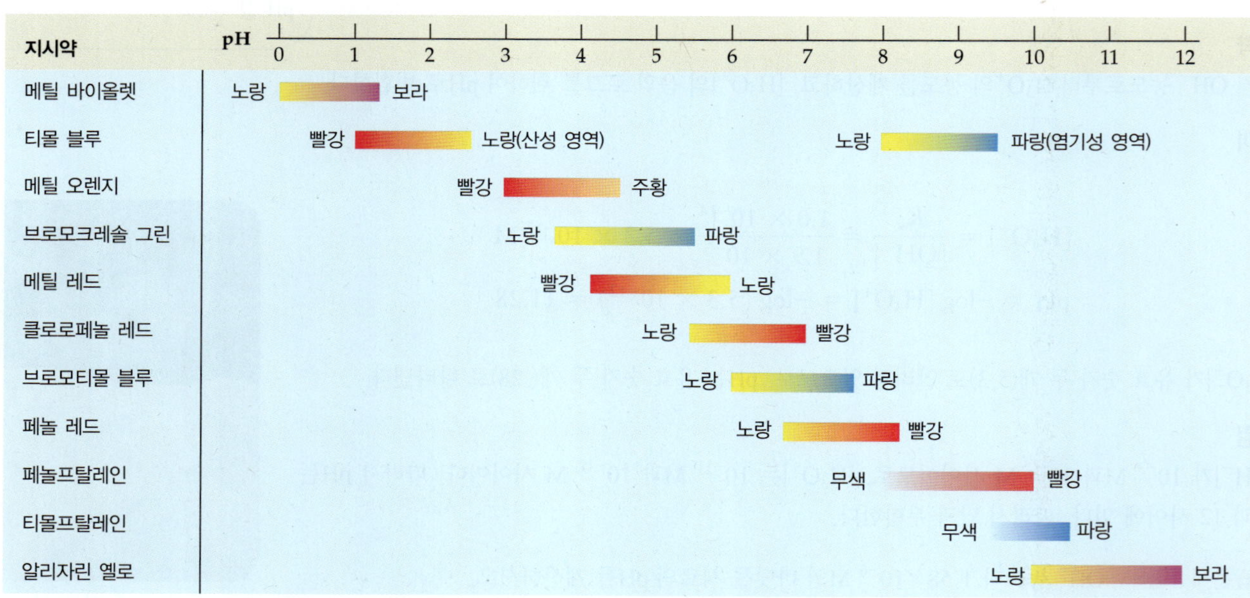

▲ **그림 16.5**
몇 가지 일반적인 산-염기 지시약의 색변화. 지시약의 색은 약 2단위의 pH 범위에 걸쳐 변한다.

▲ **확인하기**

pH 7에서 9로의 변화를 검출하는 데 어느 지시약이 가장 적합한가?

답 페놀프탈레인

$$\underset{\text{색 A}}{HIn(aq)} + H_2O(l) \rightleftharpoons H_3O^+(aq) + \underset{\text{색 B}}{In^-(aq)}$$

예를 들어, 브로모티몰 블루(bromothymol blue)는 pH 6.0~7.6 범위에서 산성형인 노란색에서 염기성형인 파란색으로 변한다.

만능 지시약(universal indicator)으로 알려진 시판용 지시약 혼합물은 대략적인 pH 측정에 특히 편리하며, pH에 따라 다양한 색깔을 나타낸다. 더 정확한 pH 값은 pH **미터**라는 전자기기로 측정할 수 있다. 이것은 시험용액의 pH에 의존하는 전위를 측정한다(그림 16.6).

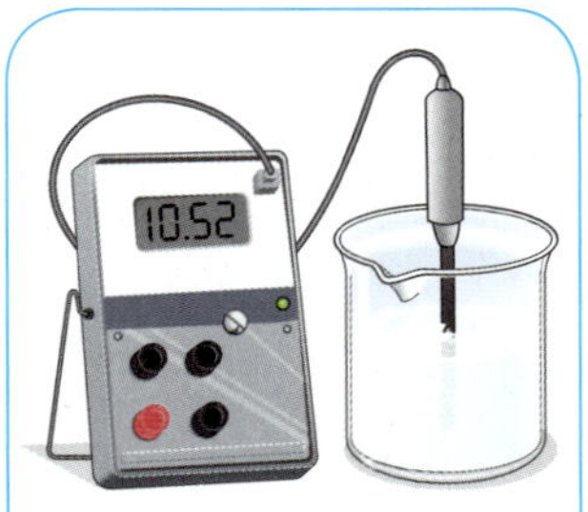

▲ 그림 16.6
마그네시아유에 전극을 담근 pH 미터. 정확한 pH 값(10.52)이 계기에 나타나 있다.

16.7 강산 용액과 강염기 용액의 pH

표 16.1에 수록된 일반적인 강산에는 한 개의 해리 가능한 양성자를 갖는 일양성자산(monoprotic acid)($HClO_4$, HCl, HNO_3)과 두 개의 해리 가능한 양성자를 갖는 이양성자산(diprotic acid)(H_2SO_4)이 포함되어 있다. 강한 일양성자산은 수용액에서 거의 100% 해리하므로, H_3O^+와 A^-의 농도는 산의 초기 농도와 같다. 해리되지 않은 HA 분자의 농도는 본질적으로 0이다.

$$HA(aq) + H_2O(l) \xrightarrow{100\%} H_3O^+(aq) + A^-(aq)$$

강한 일양성자산 용액의 pH는 예제 16.8a에서 본 것처럼 H_3O^+ 농도로부터 쉽게 계산된다. H_2SO_4 용액의 pH 계산은 좀 더 복잡하다. H_2SO_4 분자들은 H_3O^+와 HSO_4^- 이온으로 100% 해리되지만, 생성된 HSO_4^- 이온은 100%보다 훨씬 적게 H_3O^+와 SO_4^{2-} 이온으로 해리되기 때문이다.

강염기의 가장 친숙한 예는, NaOH(**가성소다**)와 KOH(**가성칼리**)와 같은 알칼리 금속 수산화물인 MOH이다. 이 화합물들은 물에 용해되는 이온성 고체로서, 수용액에서 알칼리 금속 양이온(M^+)과 OH^- 음이온으로 존재한다.

$$MOH(s) \xrightarrow{H_2O} MOH(aq) \xrightarrow{100\%} M^+(aq) + OH^-(aq)$$

따라서 0.10 M NaOH는 0.10 M Na^+와 0.10 M OH^-를 함유한다. pH는 예제 16.7b에서 보인 것처럼 OH^- 농도로부터 쉽게 계산된다.

알칼리 토금속 수산화물 $M(OH)_2$(M = Mg, Ca, Sr, Ba) 또한 강염기이지만(~100% 해리), 물에 덜 용해되기 때문에 더 낮은 농도의 OH^-를 낸다. 실온에서 그들의 용해도는 상대적으로 잘 용해되는 $Ba(OH)_2$의 38 g/L부터 비교적 잘 용해되지 않는 $Mg(OH)_2$의 ~10^{-2} g/L까지 다양하다. **마그네시아유**(milk of magnesia)라 불리는 $Mg(OH)_2$ 현탁 수용액은 제산제로 사용된다. 가장 흔하고 저렴한 알칼리 토금속 수산화물인 $Ca(OH)_2$는 회반죽과 시멘트를 만드는 데 사용된다. $Ca(OH)_2$는 **소석회**라 불리는데, **석회**(lime)인 CaO를 물로 처리하면 얻어지기 때문이다. 용해도가 겨우 ~1.3 g/L인 $Ca(OH)_2$의 수용액을 **석회수**라고 한다.

CaO와 같은 알칼리 토금속 산화물은 해당 수산화물보다 더 강한 염기이다. 왜냐하면, 산화 이온(O^{2-})이 OH^-보다 더 강한 염기이기 때문이다(표 16.1). 실제로 O^{2-} 이온은 수용액에 존재할 수 없다. 이는 O^{2-}가 물에 의해 즉시 완전하게 양성자화되어 OH^- 이온을 생성하기 때문이다.

$$O^{2-}(aq) + H_2O(l) \xrightarrow{100\%} OH^-(aq) + OH^-(aq)$$

따라서 석회가 물에 용해되면 CaO 화학식 단위당 2개의 OH^- 이온을 낸다.

$$CaO(s) + H_2O(l) \longrightarrow Ca^{2+}(aq) + 2\ OH^-(aq)$$

석회는 세상에서 가장 중요한 강염기이다. 연간 전 세계 생산량은 약 2억 8,300만 톤에 달하며, 철강 제조, 물의 정화, 화학약품 제조에 사용된다. 석회는 800~1000 ℃에서 석회석 $CaCO_3$를 열분해하여 만든다.

$$CaCO_3(s) \xrightarrow{\text{가열}} CaO(s) + CO_2(g)$$

▲ 석회는 산성 토양의 pH를 높이기 위해 잔디밭과 정원에 뿌려진다.
ⓒrichsouthwales/Shutterstock

예제 16.7

강산 용액과 강염기 용액의 pH 계산

다음 각 용액의 pH를 계산하시오.
(a) 0.025 M HNO_3 용액
(b) 0.10 M NaOH 용액
(c) 0.185 g의 소석회[$Ca(OH)_2$]를 충분한 물에 녹여 0.5 L로 만든 용액

문제 파악

알고 있는 것	알아내야 할 것
강산 또는 강염기의 농도	pH

전략

산 또는 염기의 해리 반응을 적고, 균형 반응식의 화학량론을 이용하여 용액의 $[H_3O^+]$ 또는 $[OH^-]$를 구한다. 강산과 강염기는 수용액에서 본질적으로 100% 해리된다. pH는 $-\log[H_3O^+]$이고, 강염기 용액의 $[H_3O^+]$는 K_w 식 $[H_3O^+] = K_w/[OH^-]$를 이용하여 $[OH^-]$로부터 구할 수 있다.

풀이

(a) 강산은 100% 해리하므로 $[H_3O^+]$는 HNO_3의 초기 농도와 같다.

$$HNO_3(aq) + H_2O(l) \xrightarrow{100\%} H_3O^+(aq) + NO_3^-(aq)$$
$$pH = -\log[H_3O^+] = -\log(2.5 \times 10^{-2}) = 1.60$$

(b) 강염기는 완전히 해리하므로, $[OH^-]$는 NaOH의 초기 농도(0.10 M)와 같다.

$$NaOH(s) \xrightarrow{H_2O} NaOH(aq) \xrightarrow{100\%} Na^+(aq) + OH^-(aq)$$
$$[H_3O^+] = \frac{K_w}{[OH^-]} = \frac{1.0 \times 10^{-14}}{0.10} = 1.0 \times 10^{-13}\ M$$
$$pH = -\log(1.0 \times 10^{-13}) = 13.00$$

(c) 먼저, 주어진 $Ca(OH)_2$의 질량과 몰질량(74.1 g/mol)으로부터 용해된 $Ca(OH)_2$의 몰수를 계산한다.

$$0.185\ g\ Ca(OH)_2 \times \frac{1\ mol\ Ca(OH)_2}{74.1\ g\ Ca(OH)_2} = 2.50 \times 10^{-3}\ mol$$

$Ca(OH)_2$의 몰수를 부피로 나누어 몰농도를 구한다.

$$[Ca(OH)_2] = \frac{2.50 \times 10^{-3}\ mol\ Ca(OH)_2}{0.50\ L} = 5.0 \times 10^{-3}\ M$$

소석회는 강염기이고 완전히 해리되므로, $Ca(OH)_2$ 화학식 단위당 2개의 OH^- 이온을 낸다. 따라서 $[OH^-] = 2(0.0050\ M) = 0.010\ M$이다.

$$\mathrm{Ca(OH)_2}(s) \xrightarrow{\mathrm{H_2O}} \mathrm{Ca(OH)_2}(aq) \xrightarrow{100\%} \mathrm{Ca^{2+}}(aq) + 2\mathrm{OH^-}(aq)$$

$$[\mathrm{H_3O^+}] = \frac{K_w}{[\mathrm{OH^-}]} = \frac{1.0 \times 10^{-14}}{0.010} = 1.0 \times 10^{-12}\ \mathrm{M}$$

$$\mathrm{pH} = -\log(1.0 \times 10^{-12}) = 12.00$$

점검

산 용액은 pH < 7이고, 염기 용액은 pH > 7이므로 계산된 pH 값은 타당하다. 또한 pH는 $[H_3O^+]$의 음의 지수에 가까워야 한다.

연습문제 16.13 다음 각 용액의 pH를 계산하시오.

(a) 0.050 M $HClO_4$ (b) 0.010 M $Ba(OH)_2$

응용문제 16.14 0.25 g의 CaO를 충분한 물에 용해시켜 1.50 L로 만든 용액의 pH를 계산하시오.

16.8 약산 용액의 평형

약산이 강산의 묽은 용액과 같지 않음을 인식하는 것은 중요하다. 강산은 수용액에서 100% 해리되는 반면, 약산은 일부분만 해리된다. 물론 묽은 강산의 완전 해리에 의해 생성된 H_3O^+의 농도는, 더 진한 약산의 부분적 해리에 의해 생성된 H_3O^+의 농도와 같을 수도 있다.

15장에서 논의한 평형 반응과 같이, 물에서 약산의 해리는 평형식으로 기술된다. 해리 반응의 평형 상수는 **산 해리 상수(acid-dissociation constant)**라고 하고, K_a로 표시한다.

산 해리 상수, K_a

$$\mathrm{HA}(aq) + \mathrm{H_2O}(l) \rightleftharpoons \mathrm{H_3O^+}(aq) + \mathrm{A^-}(aq) \quad K_a = \frac{[\mathrm{H_3O^+}][A^-]}{[\mathrm{HA}]}$$

물이 평형식에서 생략되었다는 것에 유의하라. 묽은 용액에서 물의 농도는 순수한 물의 농도(55.4 M)와 근본적으로 같고, 순수한 액체는 평형식에서 항상 생략되기 때문이다(15.4절).

몇 가지 전형적인 약산의 K_a와 pK_a 값을 **표 16.2**에 수록하였다. pH가 $-\log[H_3O^+]$로 정의되는 것과 같이, 산의 pK_a는 $-\log K_a$로 정의된다. K_a가 증가함에 따라 pK_a는 감소함에 주의하라. 평형식에서 알 수 있듯이, K_a값이 클수록 더 강한 산이다. 따라서 메탄올($K_a = 2.9 \times 10^{-16}$; $pK_a = 15.54$)은 표 16.2에 열거한 산 중에서 가장 약한 산이고, 아질산($K_a = 4.5 \times 10^{-4}$; $pK_a = 3.35$)은 열거한 약산 중에서 가장 강한 산이다. HCl과 같은 강산은 1보다 훨씬 큰 K_a 값을 갖고 pK_a는 음의 값을 갖는다. 더 많은 약산의 K_a 값 자료는 부록 C에 수록되어 있다. 산 해리 상수의 값은 예제 16.8에 보인 것처럼 pH 측정으로 결정된다.

개념탐구 질문 4

1 M HOI($pK_a = 10.6$) 또는 1 M HOCl($pK_a = 7.46$) 중 어느 용액의 pH가 더 작은가?

예제 16.8

용액의 pH로부터 약산의 K_a와 pK_a 계산

0.250 M HF의 pH는 2.036이다. 플루오린화 수소산의 K_a와 pK_a 값은 얼마인가?

문제 파악

알고 있는 것	알아내야 할 것
HF의 농도(0.250 M) pH = 2.036	K_a, pK_a

전략

15.5절에서 기술한 평형 문제를 풀기 위한 일반적인 절차를 이용하라. 먼저, 해리 평형의 균형 반응식을 쓴다. 다음으로 평형 표의 '초기', '변화', '평형'의 행에 알고 있는 양을 쓴다. 해리된 HF의 농도를 x로 놓으면, x는 H_3O^+의 농도와 같으므로 pH로부터 계산할 수 있다. 마지막으로, 평형 농도를 평형식에 대입하여 K_a 값을 얻고, K_a의 음의 로그를 취해 pK_a를 얻는다.

풀이

	$HF(aq)$	+ $H_2O(l)$ ⇌	$H_3O^+(aq)$	+ $F^-(aq)$
초기 농도(M)	0.250		~0*	0
변화(M)	$-x$		$+x$	$+x$
평형 농도(M)	$(0.250 - x)$		x	x

*초기에 매우 적은 농도의 H_3O^+가 존재한다. 이는 물의 해리 때문이다.

pH로부터 x값을 계산할 수 있다.

$$x = [H_3O^+] = 10^{-pH} = 10^{-2.036} = 9.20 \times 10^{-3}\ M$$

다른 평형 농도들은 다음과 같다.

$$[F^-] = x = 9.20 \times 10^{-3}\ M$$
$$[HF] = 0.250 - x = 0.250 - 0.00920 = 0.241\ M$$

이 농도들을 평형식에 대입하면 K_a 값이 얻어진다.

$$K_a = \frac{[H_3O^+][F^-]}{[HF]} = \frac{(x)(x)}{(0.250 - x)} = \frac{(9.20 \times 10^{-3})(9.20 \times 10^{-3})}{0.241} = 3.51 \times 10^{-4}$$
$$pK_a = -\log K_a = -\log(3.51 \times 10^{-4}) = 3.455$$

▲ 할로젠화 수소산 HF, HCl, HBr, HI 중에서 플루오린화 수소산만 약산이다. HF는 양의 pK_a 값을 갖는 반면, 강산인 HCl, HBr, HI는 음의 pK_a 값을 갖는다.

ⓒUser:Dorgan/CC 3.0: Attribution-Share Alike/Wikimedia Commons

점검

pH가 약 2이므로 $[H_3O^+]$와 $[F^-]$는 약 10^{-2} M이고, [HF]는 약 0.25 M$(0.250-10^{-2}$ M)이다. 따라서 K_a 값은 약 $(10^{-2})(10^{-2})/0.25$, 즉 4×10^{-4}이고, pK_a는 3과 4 사이에 있다. 그러므로 추정값과 답이 일치한다.

연습문제 16.15 0.10 M 젖산($HC_3H_5O_3$) 용액의 pH는 2.42이다. 젖산의 K_a와 pK_a를 계산하시오.

개념 응용문제 16.16 다음 그림은 세 가지 산 HA(A = X, Y, Z)의 수용액을 나타낸다. 물 분자는 생략하였다.

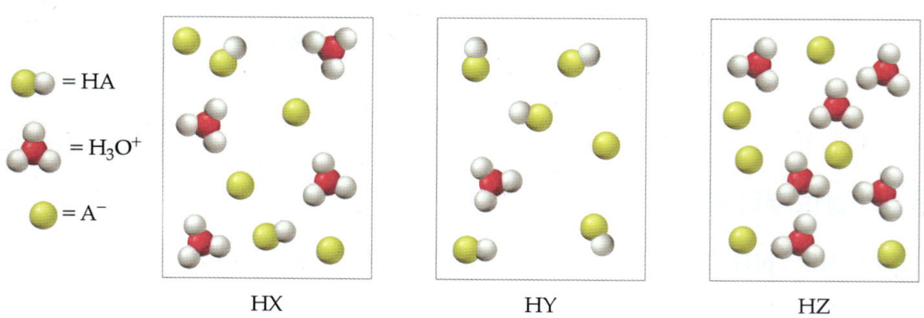

(a) K_a 값이 증가하는 순서로 세 가지 산을 나열하시오.
(b) 강산이 있다면 어느 것인가?
(c) 가장 높은 pH와 가장 낮은 pH를 갖는 용액은 각각 어느 것인가?

표 16.2 25 °C에서 산 해리 상수

	산	분자식	구조식	K_a	pK_a[†]
더 강한 산	염산	HCl	H—Cl	2×10^6	−6.3
	아질산	HNO_2	H—O—N═O	4.5×10^{-4}	3.35
	플루오린화 수소산	HF	H—F	3.5×10^{-4}	3.46
	폼산	HCO_2H	H—C(═O)—O—H	1.8×10^{-4}	3.74
	아스코브산 (바이타민 C)	$C_6H_8O_6$	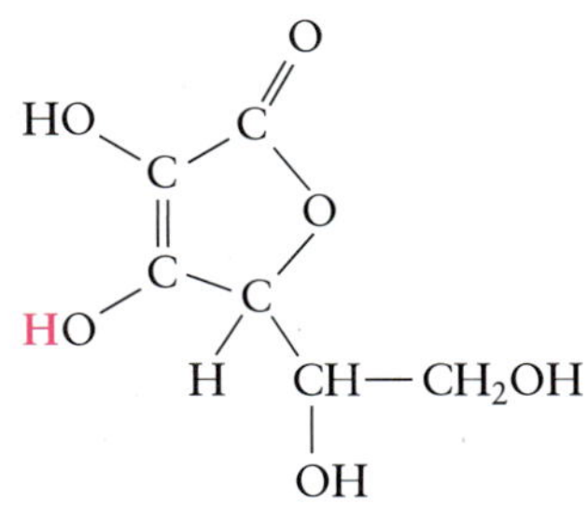	8.0×10^{-5}	4.10
	아세트산	CH_3CO_2H	CH_3—C(═O)—O—H	1.8×10^{-5}	4.74
	하이포아염소산	$HOCl$	H—O—Cl	3.5×10^{-8}	7.46
더 약한 산	사이안화 수소산	HCN	H—C≡N	4.9×10^{-10}	9.31
	메탄올	CH_3OH	CH_3—O—H	2.9×10^{-16}	15.54

*산이 해리될 때 물로 이동되는 양성자는 빨간색으로 나타내었다.
† $pK_a = -\log K_a$

16.9 약산 용액의 평형 농도 계산

약산의 K_a 값이 일단 측정되면, 이를 사용하여 산 용액의 평형 농도와 pH 계산을 할 수 있다. 0.10 M HCN 용액에 존재하는 모든 화학종(H_3O^+, CN^-, HCN, OH^-)의 농도와 pH를 계산함으로써, 이런 문제에 대한 접근 방법을 설명할 것이다. 여기서 제시하는 방법은 매우 일반적이며, 앞으로 접할 여러 경우에 유용할 것이다.

산–염기 평형 문제를 푸는 열쇠는 브뢴스테드–로리 산과 염기 사이에 일어날 가능성이 있는 양성자 이동 반응을 고려하는 것이다.

단계 1. 산–염기 주반응의 균형 반응식을 쓴다. 산–염기 주반응이란 가장 큰 평형 상수를 갖는 반응이다. 그 외의 양성자 이동 반응은 **부반응**이라고 한다. 해리되기 전 초기에 존재하는 화학종을 나열하고, 이를 산 또는 염기로 분류하는 것부터 시작하자. 물은 산 또는 염기로 거동할 수 있으며, 초기에 존재하는 화학종은 다음과 같다.

HCN	H_2O
산	산 또는 염기

두 가지 산(HCN, H_2O)과 하나의 염기(H_2O)가 있으므로 양성자 이동 반응은 두 개가 가능하다.

$$HCN(aq) + H_2O(l) \rightleftharpoons H_3O^+(aq) + CN^-(aq) \quad K_a = 4.9 \times 10^{-10}$$
$$H_2O(l) + H_2O(l) \rightleftharpoons H_3O^+(aq) + OH^-(aq) \quad K_w = 1.0 \times 10^{-14}$$

HCN의 K_a는 K_w보다 10,000배 이상 크므로, H_3O^+ 이온의 평형 농도는 더 강한 산인 HCN의 해리에 의해 결정된다고 가정할 수 있다.

$$[H_3O^+](\text{전체}) \approx [H_3O^+](\text{HCN으로부터})$$

그러므로 주반응의 균형 반응식은 약산인 HCN의 해리 반응이다.

$$HCN(aq) + H_2O(l) \rightleftharpoons H_3O^+(aq) + CN^-(aq) \quad K_a = 4.9 \times 10^{-10}$$

단계 2. 표를 작성한다. 이 표에는 균형 화학 반응식의 각 반응물과 생성물에 대한 초기 농도, 농도 변화, 평형 농도를 열거한다. 해리되는 HCN의 농도(x mol/L라고 하자)와 관련된 반응에 포함된 화학종의 농도를 표시한다. HCN 해리에 대한 균형 반응식에 따라, x mol/L의 HCN이 해리할 때 x mol/L의 H_3O^+와 x mol/L의 CN^-가 생성된다. 해리 전 HCN 초기 농도(이 예에서 0.10 mol/L)는 평형에서 $(0.10 - x)$ mol/L로 감소한다. 이들을 주반응 아래의 표에 요약해 보자.

주반응	$HCN(aq)$	$+ H_2O(l) \rightleftharpoons$	$H_3O^+(aq)$	$+ CN^-(aq)$
초기 농도(M)	0.10		~0	0
변화(M)	$-x$		$+x$	$+x$
평형 농도(M)	$0.10 - x$		x	x

단계 3. 주반응의 평형 상수 식에 평형 농도를 대입하고, x에 대해 푼다.

$$K_a = 4.9 \times 10^{-10} = \frac{[H_3O^+][CN^-]}{[HCN]} = \frac{(x)(x)}{(0.10 - x)}$$

K_a가 매우 작으므로 반응은 오른쪽으로 많이 진행하지 않고, x는 0.10에 비하여 무시할 정도로 작을 것이다. 따라서 $(0.10 - x) \approx 0.10$으로 근사할 수 있어 풀이는 매우 간단해진다.

$$4.9 \times 10^{-10} = \frac{(x)(x)}{(0.10 - x)} = \frac{x^2}{0.10}$$
$$x^2 = 4.9 \times 10^{-11}$$
$$x = 7.0 \times 10^{-6}$$

빼는 수에 비해 x가 작다는 가정의 유효성을 확인해야 한다. 가정을 확인하려면, 초기 농도에 대한 계산된 x 값의 백분율을 계산하라.

$$\frac{7.0 \times 10^{-6}}{0.10} \times 100\% = 7.0 \times 10^{-3}\%$$

모든 문제에서 단순화된 근사법의 유효성을 확인하는 것은 중요하다. 이는 x가 항상 산의 초기 농도에 비해 무시할 정도는 아니기 때문이다. 예제 16.9는 이러한 경우를 보여 준다.

단계 4. 주반응에 포함된 모든 반응물 및 생성물의 농도를 계산한다. 계산된 x값을 사용하여, 반응에 포함된 모든 화학종의 평형 농도를 구한다.

$$[H_3O^+] = [CN^-] = x = 7.0 \times 10^{-6}\ M$$
$$[HCN] = 0.10 - x = 0.10 - (7.0 \times 10^{-6}) = 0.10\ M$$

농도가 작은 $[OH^-]$는 부반응인 물의 해리로부터 얻어진다.

$$[OH^-] = \frac{K_w}{[H_3O^+]} = \frac{1.0 \times 10^{-14}}{7.0 \times 10^{-6}} = 1.4 \times 10^{-9}\ M$$

단계 5. pH를 계산한다. 다음 식을 사용하라.

$$pH = -\log [H_3O^+] = -\log (7.0 \times 10^{-6}) = 5.15$$

그림 16.7에 이 문제의 풀이 과정을 단계별로 요약하였다. 이와 동일한 체계적인 접근은 이 장과 17장에 있는 모든 산 염기 평형 문제에 적용된다.

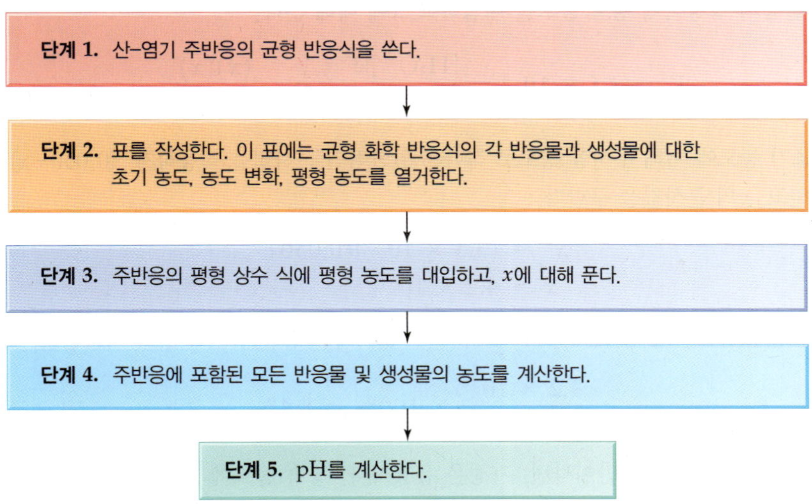

◀ 그림 16.7
약산과 약염기에 관련된 문제를 푸는 단계

예제 16.9

약산 용액의 pH와 평형 농도 계산

0.050 M HF에 존재하는 모든 화학종(H_3O^+, F^-, HF, OH^-)의 농도와 pH를 계산하시오.

문제 파악

알고 있는 것	알아내야 할 것
HF의 농도(0.050 M)	pH
$K_a = 3.5 \times 10^{-4}$	H_3O^+, F^-, HF, OH^-의 평형 농도

전략

그림 16.7에 요약된 5단계 순서를 따른다.

풀이

단계 1. 산-염기 주반응의 균형 반응식을 쓴다. 초기에 존재하는 화학종은 다음과 같다.

HF	H_2O
산	산 또는 염기

가능한 양성자 이동 반응은 다음과 같다.

$$HF(aq) + H_2O(l) \rightleftharpoons H_3O^+(aq) + F^-(aq) \qquad K_a = 3.5 \times 10^{-4}$$
$$H_2O(l) + H_2O(l) \rightleftharpoons H_3O^+(aq) + OH^-(aq) \qquad K_w = 1.0 \times 10^{-14}$$

$K_a \gg K_w$이므로 주반응은 HF의 해리이다.

$$HF(aq) + H_2O(l) \rightleftharpoons H_3O^+(aq) + F^-(aq) \qquad K_a = 3.5 \times 10^{-4}$$

단계 2. 표를 작성한다. 이 표에는 균형 화학 반응식의 각 반응물과 생성물에 대한 초기 농도, 농도 변화, 평형 농도를 열거한다.

주반응	$HF(aq)$	$+ H_2O(l) \rightleftharpoons$	$H_3O^+(aq)$	$+ F^-(aq)$
초기 농도(M)	0.050		~0	0
농도 변화(M)	$-x$		$+x$	$+x$
평형 농도(M)	$0.050 - x$		x	x

단계 3. 주반응의 평형식에 평형 농도를 대입하고, x에 대해 푼다.

$$K_a = 3.5 \times 10^{-4} = \frac{[H_3O^+][F^-]}{[HF]} = \frac{(x)(x)}{(0.050 - x)}$$

x는 산의 초기 농도에 비해 무시할 정도로 작다는 일반적인 근사법을 적용하자. $(0.050-x) \approx 0.050$이라 가정하고, x의 근삿값을 구한다.

$$x^2 \approx (3.5 \times 10^{-4})(0.050)$$
$$x \approx 4.2 \times 10^{-3}$$

x는 무시될 수 있다는 가정을 점검하기 위해, 초기 농도에 대한 계산된 x 값의 백분율을 계산한다.

$$\frac{4.2 \times 10^{-3}}{0.050} \times 100\% = 8.4\%$$

만약 x가 초기 농도의 5% 미만이라면, 가정은 유효하다. 평형 농도에 심각한 오차를 유발하지 않는다. 이 경우는 8.4%가 5%보다 크기 때문에 그 가정은 유효하지 않다. 따라서 근사법을 사용하지 않고, 이차방정식을 풀어야 한다.

$$3.5 \times 10^{-4} = \frac{x^2}{(0.050 - x)}$$
$$x^2 + (3.5 \times 10^{-4})x - (1.75 \times 10^{-5}) = 0$$

근의 공식을 사용한다. (부록 A.4)

$$x = \frac{-b \pm \sqrt{b^2 - 4ac}}{2a}$$
$$= \frac{-(3.5 \times 10^{-4}) \pm \sqrt{(3.5 \times 10^{-4})^2 - 4(1)(-1.75 \times 10^{-5})}}{2(1)}$$
$$= \frac{(-3.5 \times 10^{-4}) \pm (8.37 \times 10^{-3})}{2}$$
$$= +4.0 \times 10^{-3} \quad \text{또는} \quad -4.4 \times 10^{-3}$$

x는 H_3O^+의 농도이므로, x의 두 개의 해 중 양의 값만 물리적 의미를 갖는다. 따라서

$$x = 4.0 \times 10^{-3}$$

단계 4. 주반응의 모든 반응물과 생성물 농도를 계산한다.

$$[H_3O^+] = [F^-] = x = 4.0 \times 10^{-3}\ M$$
$$[HF] = (0.050 - x) = (0.050 - 0.0040) = 0.046\ M$$

농도가 작은 $[OH^-]$는 부반응인 물의 해리 평형으로부터 얻어진다.

$$[OH^-] = \frac{K_w}{[H_3O^+]} = \frac{1.0 \times 10^{-14}}{4.0 \times 10^{-3}} = 2.5 \times 10^{-12}\ M$$

단계 5. pH를 계산한다. 다음의 식을 이용한다.

$$pH = -\log [H_3O^+] = -\log (4.0 \times 10^{-3}) = 2.40$$

점검

K_a 식에 평형 농도를 대입하여, 그 값이 문제에 주어진 $K_a(3.5 \times 10^{-4})$의 값과 일치하는지 점검하라.

$$K_a = \frac{[H_3O^+][F^-]}{[HF]} = \frac{(4.0 \times 10^{-3})(4.0 \times 10^{-3})}{(0.046)} = 3.5 \times 10^{-4}$$

연습문제 16.17 아세트산(CH_3CO_2H)은 식초에 독특한 냄새와 신맛을 주는 용질이다. 0.100 M CH_3CO_2H($K_a = 1.8 \times 10^{-5}$) 용액에 존재하는 모든 화학종(H_3O^+, $CH_3CO_2^-$, CH_3CO_2H, OH^-)의 농도와 pH를 계산하시오.

응용문제 16.18 pH = 2.00인 용액이 되려면 폼산의 농도는 얼마여야 하는가? 폼산의 K_a 값은 표 16.2를 참조하시오.

16.10 약산 용액의 해리 백분율

K_a 외에, 약산의 세기를 나타내는 또 다른 유용한 척도는 **해리 백분율(percent dissociation)**이다. 이는 해리된 산의 농도를 산의 초기 농도로 나눈 값에 100%를 곱한 값으로 정의된다.

$$\textbf{해리 백분율} = \frac{[HA]_{해리}}{[HA]_{초기}} \times 100\%$$

예제 16.9에서 보여 준 약산 문제를 푸는 절차를 사용하면, 아세트산의 여러 초기 농도에 대한 $[H_3O^+]$ 농도를 구할 수 있다. 1.00 M CH_3CO_2H 용액은 $[H_3O^+] = 4.2 \times 10^{-3}$ M이다. 또한 $[H_3O^+]$는 해리되는 CH_3CO_2H의 농도와 같으므로 해리 백분율은 0.42%이다.

$$\text{해리 백분율} = \frac{[CH_3CO_2H]_{해리}}{[CH_3CO_2H]_{초기}} \times 100\%$$
$$= \frac{4.2 \times 10^{-3}\ M}{1.00\ M} \times 100\% = 0.42\%$$

일반적으로, 해리 백분율은 산에 따라 다르고 K_a 값이 증가함에 따라 증가한다. 그림 16.8에서 보여 주듯이, 주어진 약산의 해리 백분율은 농도가 감소할수록 증가한다. 0.0100 M CH_3CO_2H 용액은 $[H_3O^+] = 4.2 \times 10^{-4}$ M이고, 해리 백분율은 4.2%이다.

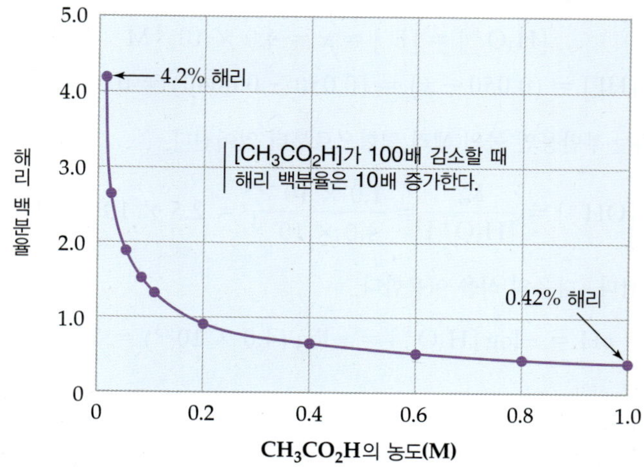

▶ **그림 16.8**
아세트산의 해리 백분율은 산의 농도가 감소함에 따라 증가한다.

▶ 확인하기

0.500 M HF와 0.050 M HF 중 어느 용액의 해리 백분율이 더 큰지 예측하시오.

답 0.05 M의 HF 용액의 해리 백분율이 더 크다. 왜냐하면, 0.50 M HF 용액보다 농도가 더 낮기 때문이다.

$$\text{해리 백분율} = \frac{[CH_3CO_2H]_{\text{해리}}}{[CH_3CO_2H]_{\text{초기}}} \times 100\%$$

$$= \frac{4.2 \times 10^{-4}\ M}{0.0100\ M} \times 100\% = 4.2\%$$

16.11 약염기 용액의 평형

암모니아와 같은 약염기는 물로부터 양성자를 받아 염기의 짝산과 OH^-이온을 생성한다.

$$NH_3(aq) + H_2O(l) \rightleftharpoons NH_4^+(aq) + OH^-(aq)$$

일반적인 염기 B와 물의 평형 반응을 규정하는 것은, 평형 반응식과 **염기 해리 상수(base-dissociation constant)**라고 하는 평형 상수 K_b이다.

염기 해리 상수 K_b

$$B(aq) + H_2O(l) \rightleftharpoons BH^+(aq) + OH^-(aq) \quad K_b = \frac{[BH^+][OH^-]}{[B]}$$

늘 그러듯이, $[H_2O]$는 평형 상수식에서 생략된다. **표 16.3**에 몇 가지 전형적인 약염기와 25 °C에서 그들의 K_b 값을 수록하였다. (**염기 양성자화 상수**(base-protonation constant)라는

표 16.3 25 °C에서 몇 가지 약염기의 K_b 값과 그 짝산의 K_a 값

염기	화학식, B	K_b	짝산, BH^+	K_a
암모니아	NH_3	1.8×10^{-5}	NH_4^+	5.6×10^{-10}
아닐린	$C_6H_5NH_2$	4.3×10^{-10}	$C_6H_5NH_3^+$	2.3×10^{-5}
다이메틸아민	$(CH_3)_2NH$	5.4×10^{-4}	$(CH_3)_2NH_2^+$	1.9×10^{-11}
하이드라진	N_2H_4	8.9×10^{-7}	$N_2H_5^+$	1.1×10^{-8}
하이드록실아민	NH_2OH	9.1×10^{-9}	NH_3OH^+	1.1×10^{-6}
메틸아민	CH_3NH_2	3.7×10^{-4}	$CH_3NH_3^+$	2.7×10^{-11}

용어가 K_b를 더 잘 표현한 명칭일 것이다. 그러나 **염기 해리 상수**라는 용어가 여전히 널리 사용된다.)

많은 약염기들은 아민(amines)이라 부르는 유기 화합물이다. 아민은 암모니아의 수소 원자 중 하나 이상이 메틸기(CH_3)와 같은 유기 원자단으로 치환된, 암모니아의 유도체들이다. 예를 들어, 메틸아민(CH_3NH_2)은 썩은 생선 냄새가 나는 유기 아민이다.

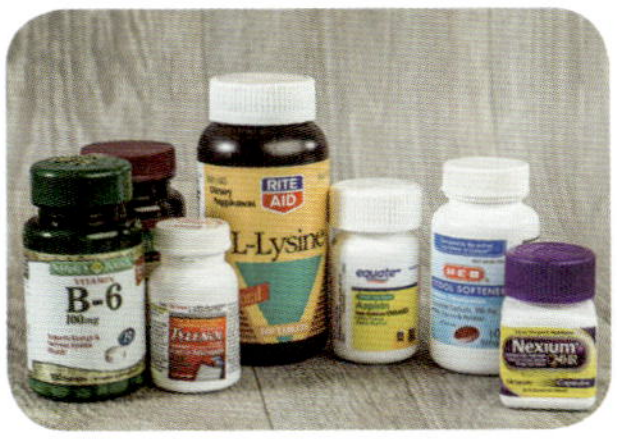

▲ 처방이 필요 없는 많은 의약품들은 아민과 염산으로부터 형성된 염을 함유한다. © Warren Price Photography/Shutterstock

아민은 유기 화합물로, 염기성 질소 원자에 메틸기와 같은 치환기가 1개, 2개, 3개 붙어 있다.

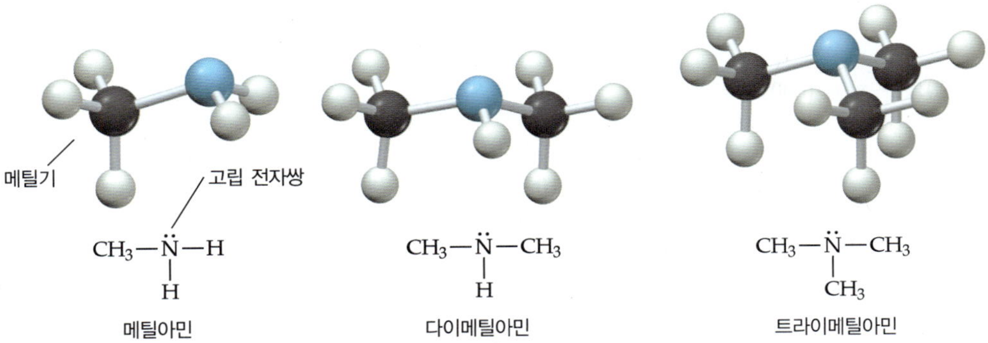

아민의 염기성은 질소 원자에 있는 고립 전자쌍 때문이다. 이들은 양성자와 배위 공유 결합을 형성할 수 있다.

약염기 용액의 평형을 취급하는 방법은 약산을 포함한 문제를 풀 때와 같다. 예제 16.10에 그 과정이 잘 나타나 있다.

예제 16.10

약염기 용액의 pH와 평형 농도 계산

진통제와 기침약으로 사용되는 코데인($C_{18}H_{21}NO_3$)은 자연계에 존재하는 아민이며, $K_b = 1.6 \times 10^{-6}$이다. 0.0012 M 코데인 용액에 존재하는 모든 화학종의 농도와 pH를 계산하시오.

문제 파악

알고 있는 것	알아내야 할 것
코데인 농도(0.0012 M)	pH
$K_b = 1.6 \times 10^{-6}$	평형 농도

전략

그림 16.7의 요약된 절차를 사용하라.

풀이

단계 1. 산-염기 주반응의 균형 반응식을 쓴다. 코데인의 약자로 Cod를 사용하고, 그 짝산을 $CodH^+$라고 하자. 초기에 존재하는 화학종은 Cod(염기)와 H_2O(산 또는 염기)이다.

가능한 양성자 이동 반응이 두 가지 있다.

$$Cod(aq) + H_2O(l) \rightleftharpoons CodH^+(aq) + OH^-(aq) \qquad K_b = 1.6 \times 10^{-6}$$

$$H_2O(l) + H_2O(l) \rightleftharpoons H_3O^+(aq) + OH^-(aq) \qquad K_w = 1.0 \times 10^{-14}$$

Cod는 H_2O보다 훨씬 강한 염기($K_b \gg K_w$)이므로, 주반응은 코데인의 양성자화 반응이다.

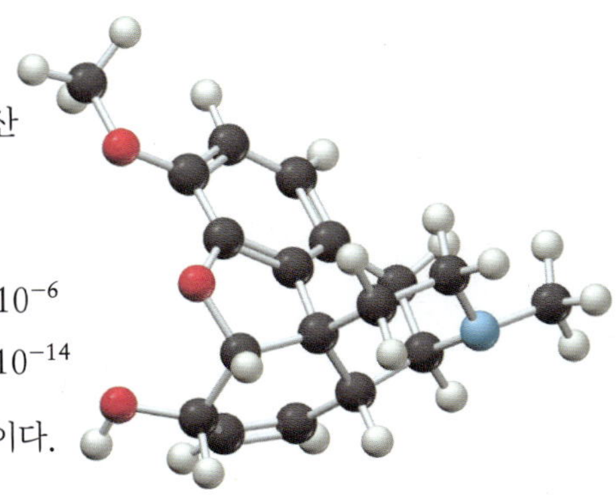

코데인

단계 2. 표를 작성한다. 이 표에는 균형 화학 반응식의 각 반응물과 생성물에 대한 초기 농

도, 농도 변화, 평형 농도를 열거한다.

주반응	$Cod(aq)$	+ $H_2O(l)$ ⇌	$CodH^+(aq)$	+ $OH^-(aq)$
초기 농도(M)	0.0012		0	~0
농도 변화(M)	$-x$		$+x$	$+x$
평형 농도(M)	$0.0012 - x$		x	x

단계 3. 주반응의 평형식에 평형 농도를 대입하고, x에 대해 푼다. 평형식으로부터 x 값을 얻는다.

$$K_b = 1.6 \times 10^{-6} = \frac{[CodH^+][OH^-]}{[Cod]} = \frac{(x)(x)}{(0.0012 - x)}$$

$(0.0012 - x) \approx 0.0012$라 가정하면,

$$x^2 = (1.6 \times 10^{-6})(0.0012)$$
$$x = 4.4 \times 10^{-5}$$

x는 무시될 수 있다는 가정을 점검하기 위해, 초기 농도에 대한 계산된 x 값의 백분율을 계산한다.

$$\frac{4.4 \times 10^{-5}}{0.0012} \times 100\% = 3.7\%$$

이 경우에 3.7%는 5% 미만이므로, 가정은 타당하다.

단계 4. 반응에 포함된 모든 반응물과 생성물의 농도를 계산한다.

$$[CodH^+] = [OH^-] = x = 4.4 \times 10^{-5}\ M$$
$$[Cod] = 0.0012 - x = 0.0012 - 0.000044 = 0.0012\ M$$

물의 해리 평형은 $[H_3O^+]$를 계산하기 위해 사용된다.

$$[H_3O^+] = \frac{K_w}{[OH^-]} = \frac{1.0 \times 10^{-14}}{4.4 \times 10^{-5}} = 2.3 \times 10^{-10}\ M$$

단계 5. pH를 계산한다. $pH = -\log[H_3O^+] = -\log(2.3 \times 10^{-10}) = 9.64$

점검

약염기 용액에 대해 예상되는 바와 같이, pH가 7보다 크다. K_b 식에 평형 농도를 대입하여, 그 값이 주어진 값(1.6×10^{-6})과 같은지 확인하여 계산을 점검하라.

$$K_b = \frac{[CodH^+][OH^-]}{[Cod]} = \frac{(4.4 \times 10^{-5})(4.4 \times 10^{-5})}{(0.0012)} = 1.6 \times 10^{-6}$$

연습문제 16.19 0.40 M NH_3($K_b = 1.8 \times 10^{-5}$)에 존재하는 모든 화학종의 농도와 pH를 계산하시오.

응용문제 16.20 젖산 링거(Lactated Ringer) 용액은 심한 혈액 손실을 겪은 환자의 체액을 보충하기 위해 정맥주사로 투여된다. 이 용액은 소듐, 포타슘, 염소, 칼슘, 젖산 이온($C_3H_5O_3^-$)을 포함한 여러 이온들을 함유한다. 젖산 이온은 pH에 영향을 주는 유일한 화학종이다. 이 용액의 젖산 이온 농도는 0.028 M, pH는 8.16이다. 젖산 이온의 K_b 값은 얼마인가?

16.12 K_a와 K_b 사이의 관계

앞 절에서 산의 세기는 K_a 값으로 표현되고, 염기의 세기는 K_b 값으로 표현된다는 것을 보았다. 짝산-염기쌍의 두 평형 상수는 간단한 방식으로 관련되어 있어 어느 한 평형 상수로부터

다른 하나를 계산할 수 있다. 예를 들어, 짝산–염기쌍인 NH_4^+와 NH_3를 생각해 보자. K_a는 산 NH_4^+로부터 물로의 양성자 이동과 관련되고, K_b는 물로부터 염기 NH_3로의 양성자 이동과 관련된다. 두 반응의 합은 단순히 물의 해리이다.

$$NH_4^+(aq) + H_2O(l) \rightleftharpoons H_3O^+(aq) + NH_3(aq) \quad K_a = \frac{[H_3O^+][NH_3]}{[NH_4^+]} = 5.6 \times 10^{-10}$$

$$NH_3(aq) + H_2O(l) \rightleftharpoons NH_4^+(aq) + OH^-(aq) \quad K_b = \frac{[NH_4^+][OH^-]}{[NH_3]} = 1.8 \times 10^{-5}$$

$$\text{알짜:}\ 2\,H_2O(l) \rightleftharpoons H_3O^+(aq) + OH^-(aq) \quad K_w = [H_3O^+][OH^-] = 1.0 \times 10^{-14}$$

알짜 반응의 평형 상수는 더해진 두 반응의 평형 상수를 곱한 것과 같다.

$$K_a \times K_b = \frac{[H_3O^+][NH_3]}{[NH_4^+]} \times \frac{[NH_4^+][OH^-]}{[NH_3]} = [H_3O^+][OH^-] = K_w$$
$$= (5.6 \times 10^{-10})(1.8 \times 10^{-5}) = 1.0 \times 10^{-14}$$

어떤 짝산–염기쌍의 산의 산 해리 상수와 그 짝염기의 염기 해리 상수를 곱한 것은 항상 물의 이온곱 상수와 같다.

$$\mathbf{K_a \times K_b = K_w}$$

$K_a \times K_b$는 1.0×10^{-14}로 일정하기 때문에, 산의 세기가 증가함에 따라(K_a가 클수록) 그 짝염기의 세기는 감소한다(K_b는 작아진다). 이러한 산의 세기와 그 짝염기의 세기 사이의 반비례 관계는 표 16.1에 정성적으로 설명되었다. $K_a \times K_b = K_w$ 식의 양변에 음의 로그를 취하면, 또 하나의 유용한 관계를 얻는다.

$$pK_a + pK_b = pK_w = 14.00$$

여기서 $pK_a = -\log K_a$, $pK_b = -\log K_b$, $pK_w = -\log K_w$이다.

부록 C와 같은 평형 상수 표는 일반적으로 K_a나 K_b 중 하나만 수록한다. 이는 K_a는 K_b로부터 쉽게 계산할 수 있기 때문이다. 그 역도 마찬가지이다.

$$K_a = \frac{K_w}{K_b} \quad \text{그리고} \quad K_b = \frac{K_w}{K_a}$$

마찬가지로, pK_a는 pK_b로부터 계산할 수 있고, 그 역도 성립한다.

$$pK_a = 14.00 - pK_b \quad \text{그리고} \quad pK_b = 14.00 - pK_a$$

예제 16.11

K_a, K_b, pK_a, pK_b의 관계

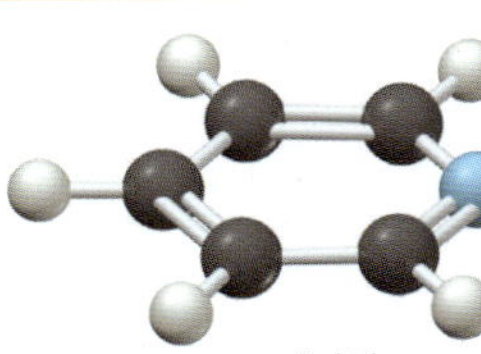

피리딘

(a) 트라이메틸아민의 $K_b = 6.5 \times 10^{-5}$이다. 트라이메틸암모늄 이온 $(CH_3)_3NH^+$의 K_a를 계산하시오.
(b) HCN의 $K_a = 4.9 \times 10^{-10}$이다. CN^-의 K_b를 계산하시오.
(c) 유기 용매인 피리딘(C_5H_5N)의 $pK_b = 8.74$이다. 피리디늄 이온 $C_5H_5NH^+$의 pK_a는 얼마인가?

전략

K_b로부터 K_a를 (또는 반대로) 계산하려면 식 $K_a = K_w/K_b$ 또는 $K_b = K_w/K_a$를 사용하라. pK_b로부터 pK_a를 계산하려면 $pK_a = 14.00 - pK_b$ 식을 사용하라.

풀이

(a) $(CH_3)_3NH^+$의 K_a는 다음의 산 해리 반응의 평형 상수이다.

$$(CH_3)_3NH^+(aq) + H_2O(l) \rightleftharpoons H_3O^+(aq) + (CH_3)_3N(aq)$$

$K_a = K_w/K_b$이므로 $(CH_3)_3NH^+$의 K_a는 그 짝염기 $(CH_3)_3N$의 K_b로부터 구할 수 있다.

$$K_a = \frac{K_w}{K_b} = \frac{1.0 \times 10^{-14}}{6.5 \times 10^{-5}} = 1.5 \times 10^{-10}$$

(b) CN^-의 K_b는 염기 양성자화 반응의 평형 상수이다.

$$CN^-(aq) + H_2O(l) \rightleftharpoons HCN(aq) + OH^-(aq)$$

$K_b = K_w/K_a$이므로 CN^-의 K_b는 그 짝산 HCN의 K_a로부터 구할 수 있다.

$$K_b = \frac{K_w}{K_a} = \frac{1.0 \times 10^{-14}}{4.9 \times 10^{-10}} = 2.0 \times 10^{-5}$$

(c) $C_5H_5NH^+$의 pK_a는 C_5H_5N의 pK_b로부터 구할 수 있다.

$$pK_a = 14.00 - pK_b = 14.00 - 8.74 = 5.26$$

▶ **연습문제 16.21** 피페리딘($C_5H_{11}N$)은 후추에서 발견되는 아민이다. 피페리딘의 K_b를 부록 C에서 찾아 $C_5H_{11}NH^+$ 이온의 K_a를 계산하시오.

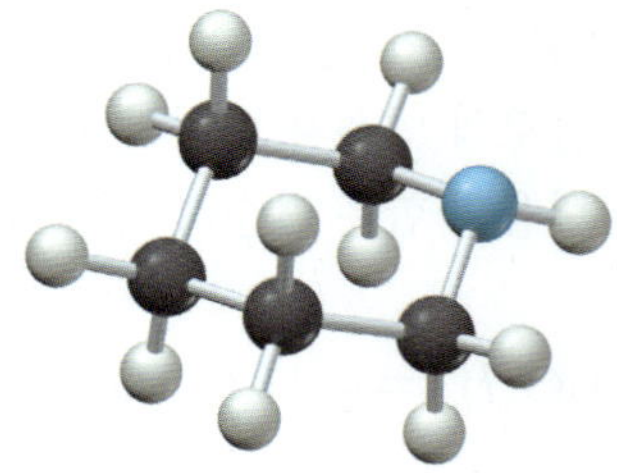

피페리딘

▶ **개념 응용문제 16.22** 다음 그림은 세 가지 산 HA(A = X, Y, Z)의 수용액을 나타낸다. 물 분자는 생략하였다.

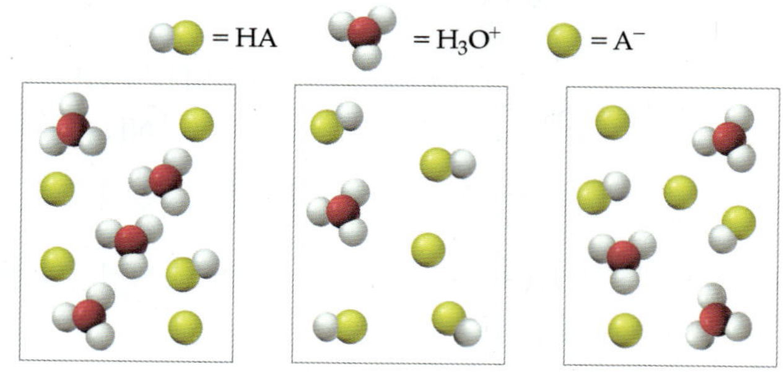

(a) 어느 산이 가장 큰 K_a 값을 갖는가?

(b) 어느 짝염기($A^- = X^-$, Y^-, Z^-)가 가장 큰 K_b 값을 갖는가?

(c) 어느 A^- 이온이 가장 약한 염기인가?

16.13 루이스 산과 염기

브뢴스테드-로리가 양성자 주개/받개 성질로 산과 염기를 정의한 1923년에, 미국의 화학자 루이스(G. N. Lewis, 1875~1946)는 산과 염기의 더 일반적인 개념을 제안하였다. 루이스가 주목한 것은, 염기가 양성자를 받을 때 양성자와 고립 전자쌍을 공유하여, 새로운 공유 결합이 형성된다는 사실이다. 예로, 암모니아를 사용하여 반응을 다음의 형태로 쓸 수 있다. 여기서 굽은 화살표는 질소의 고립 전자쌍이 제공되어 H^+와 결합을 형성함을 나타낸다.

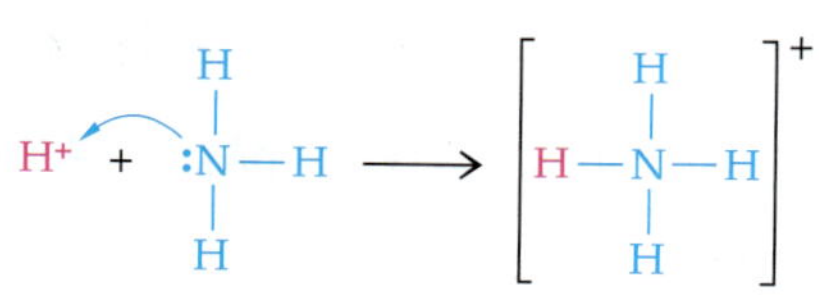

이 반응에서, 양성자는 전자쌍 받개로 거동하고, 암모니아 분자는 전자쌍 주개로 거동한다. 결과적으로, 산과 염기의 루이스 정의는 **루이스 산**은 전자쌍 받개이고, **루이스 염기**는 전자쌍 주개임을 말한다.

루이스 산	전자쌍 받개
루이스 염기	전자쌍 주개

모든 양성자 받개는 비공유 전자쌍을 가지고 있으며, 모든 전자쌍 주개는 양성자를 받을 수 있기 때문에, 염기에 대한 루이스와 브뢴스테드–로리의 정의는 단지 동일한 성질을 다른 관점에서 보는 것일 뿐이다. 모든 루이스 염기는 브뢴스테드–로리 염기이고, 모든 브뢴스테드–로리 염기는 루이스 염기이다. 그러나 산에 대한 루이스 정의는 브뢴스테드–로리 정의보다 훨씬 더 일반적이다. 루이스 산은 H^+뿐만 아니라, 루이스 염기가 제공하는 전자쌍을 공유할 수 있는 원자가 오비탈이 비어 있는 다른 양이온과 중성 분자도 포함한다.

양이온성 루이스 산의 일반적인 예는 Al^{3+}와 Cu^{2+} 같은 금속 이온이다. 예를 들어, Al^{3+} 이온의 수화 반응은 6개의 H_2O 분자들이 Al^{3+}에 전자쌍을 제공하여, 수화된 양이온 $Al(H_2O)_6{}^{3+}$를 형성하는 루이스 산–염기 반응이다.

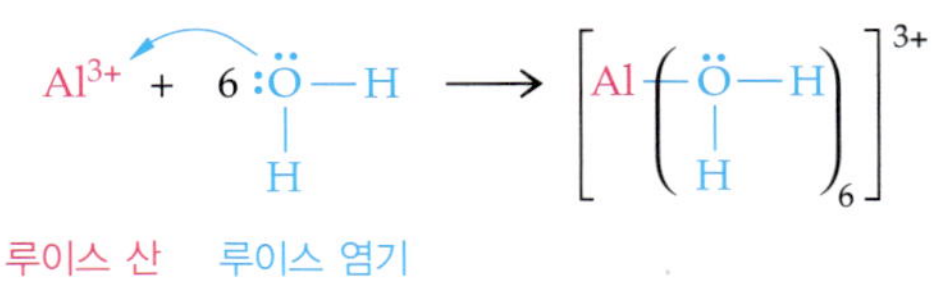

마찬가지로, Cu^{2+} 이온과 암모니아의 반응은 네 개의 NH_3 분자들이 Cu^{2+}에 전자쌍을 제공하여, 진한 파란색의 $Cu(NH_3)_4{}^{2+}$ 이온(**그림 16.9**)을 형성하는 루이스 산–염기 반응이다.

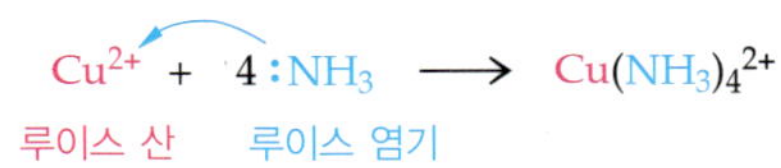

◀ **그림 16.9**
$Cu^{2+}(aq)$ 이온 용액에 암모니아 수용액을 첨가하는 것은 루이스 산–염기 반응이다.

중성 루이스 산의 예는 BF_3와 같은 13족 원소의 할로젠화물이다. 무색 기체인 트라이플루오린화 붕소는 삼각 평면형의 BF_3 분자에 있는 붕소 원자가 단지 6개의 원자가전자로 둘러싸여 있어, 아주 좋은 루이스 산이다(**그림 16.10**). 붕소 원자는 sp^2 혼성 오비탈을 사용하여 3개의 F 원자와 결합한다. 또한 한 개의 $2p$ 원자가 오비탈이 비어 있어, NH_3 같은 루이스 염기로부터 전자쌍을 받을 수 있다.

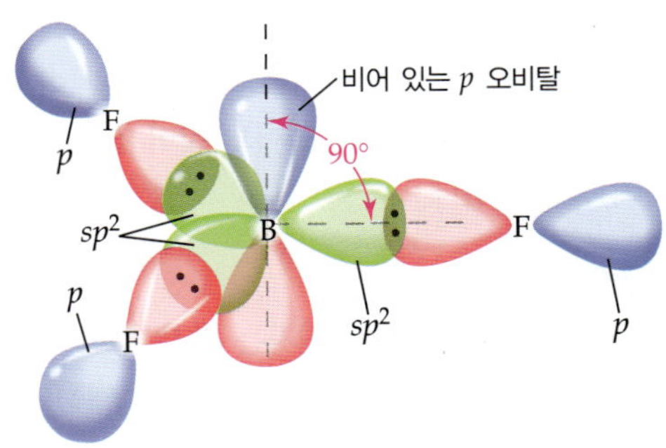

정전기 퍼텐셜 지도에서 루이스 산과 염기 부위는 전자가 부족한 B 원자(파란색)와 전자가 풍부한 N 원자(빨간색)로 명확히 나타난다. 생성물에서 붕소 원자는 안정한 팔전자계를 이루게 된다. 이 생성물은 **산–염기 첨가 생성물**(acid–base adduct)이라 부른다.

▶ 그림 16.10
루이스 산 BF_3와 루이스 염기 NH_3의 반응

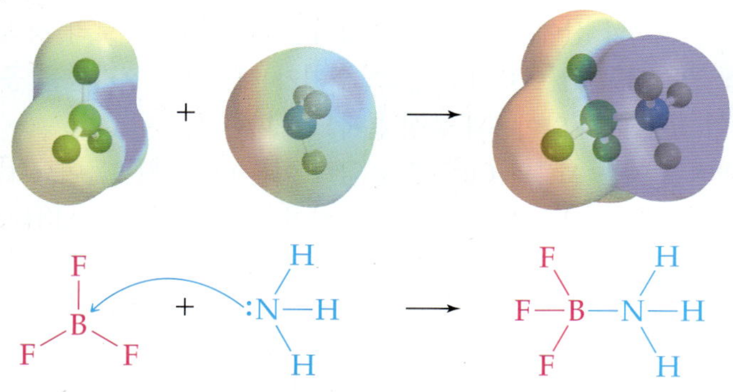

중성 루이스 산의 추가적인 예로, CO_2, SO_2, SO_3와 같은 비금속 산화물이 있다. 예로, SO_3와 물의 반응은 SO_3가 물 분자로부터 고립 전자쌍을 받는 루이스 산–염기 반응으로 볼 수 있다.

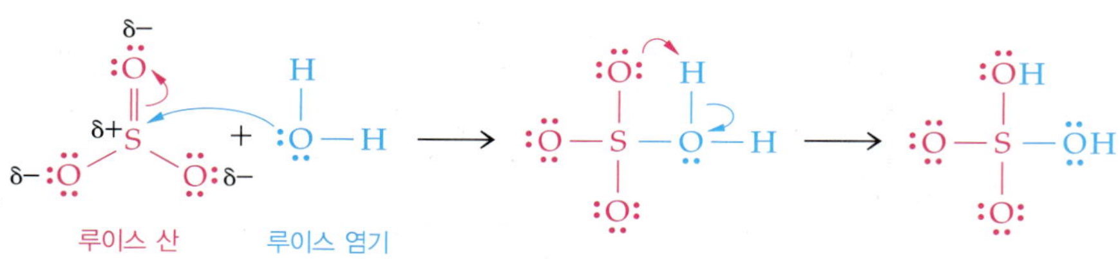

S—O 결합은 극성이며, 전기 음성도가 작은 S 원자가 부분 양전하(δ^+)를 띠게 되므로, S 원자가 H_2O로부터 전자쌍을 끌어당긴다. 물의 O 원자에서 S 원자로 결합이 형성되는 첫째 단계는, SO_3의 공유 전자쌍이 산소로 이동하는 것에 의해 촉진된다. 두 번째 단계에서, 양성자가 한 산소 원자로부터 다른 산소 원자로 이동하여 황산(H_2SO_4)을 생성한다.

예제 16.12

루이스 산과 염기의 확인

다음 각 반응의 경우, 루이스 산과 루이스 염기를 밝히시오.

(a) $CO_2 + OH^- \longrightarrow HCO_3^-$

(b) $B(OH)_3 + OH^- \longrightarrow B(OH)_4^-$

(c) $6\ CN^- + Fe^{3+} \longrightarrow Fe(CN)_6^{3-}$

전략

루이스 산과 루이스 염기를 확인하려면, 어느 분자나 이온이 전자쌍을 받고(루이스 산), 어느 것이 전자쌍을 주는가(루이스 염기)를 판별한다.

풀이

(a) O=C=O의 탄소 원자는 부분 양전하(δ+)를 띤다. 탄소가 산소보다 전기 음성도가 더 작기 때문이다. 따라서 탄소 원자는 OH^-로부터 전자쌍을 끌어당긴다. CO_2의 공유 전자쌍이 산소로 이동하는 것에 의해 OH^-에서 CO_2로의 공유 결합 형성이 촉진된다.

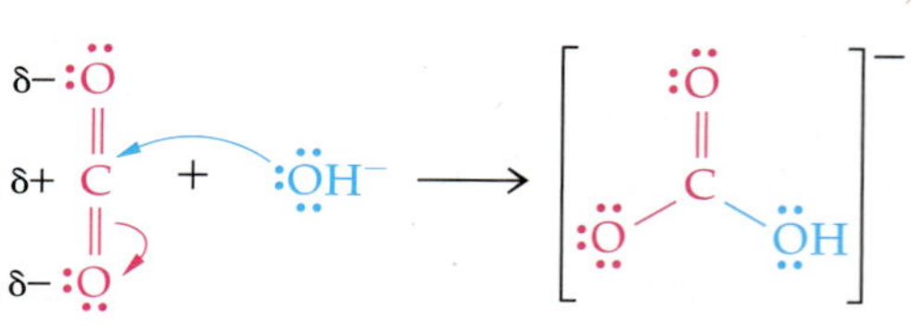

루이스 산(전자쌍 받개)은 CO_2이고, 루이스 염기(전자쌍 주개)는 OH^-이다.

(b) 루이스 산은 약산인 붕산[$B(OH)_3$]이다. 붕산은 눈 세척에 사용되는 자극성 없는 살균제이다. $B(OH)_3$의 붕소 원자는 빈 원자가 오비탈이 있어, 루이스 염기인 OH^-로부터 전자쌍을 받아 팔전자계(octet)를 완성한다.

(c) 루이스 산은 Fe^{3+}이고, 루이스 염기는 CN^-이다. 6개의 각 $[:C{\equiv}N:]^-$ 이온은 C 원자의 고립 전자쌍을, Fe^{3+} 이온과 공유함으로써 결합을 형성한다.

▶ **연습문제 16.23** $AlCl_3 + Cl^- \longrightarrow AlCl_4^-$의 반응에서, 루이스 산과 루이스 염기를 밝히시오.

▶ **개념 응용문제 16.24** 다음 루이스 산–염기 반응에서, 반응물과 생성물의 전자점 구조를 그리고, 굽은 화살표를 사용하여 루이스 염기에서 루이스 산으로 고립 전자쌍을 주는 것을 나타내시오.

$$BeCl_2 + 2\ Cl^- \rightarrow BeCl_4^{2-}$$

INQUIRY? 산성비 문제는 해결되었는가?

산성비는 최근 중요한 환경 문제 중 하나로 부각되었다. 수용액은 pH가 7 미만이면 산성으로 분류된다. 그러나 강우는 pH가 5.6 미만일 때 산성비로 분류된다. 정상 조건에서 비는 약산성(pH = 5.6)이다. 이는 CO_2가 빗방울에 녹아 물과 반응하여 탄산(H_2CO_3)을 생성하기 때문이다. 그러나 전력 생산, 제조업, 자동차 배기 등의 오염으로 인해 많은 산업화된 지역에 내리는 비의 pH는 3~4.5로 감소하였다.

산성비의 주요 원인 중 하나는 황산(H_2SO_4)이다. 황이 함유된 화석연료를 태우는 대형 발전소와 제련소는 매년 수백만 톤의 이산화 황(SO_2) 기체를 대기로 방출하며, 대기 중에서 이산화 황의 일부가 공기에 의해 산화되어 삼산화 황(SO_3)을 생성한다. 그다음에, 황 산화물들은 빗물에 용해되어 묽은 아황산과 황산을 생성한다.

$$SO_2(g) + H_2O(l) \rightarrow H_2SO_3(aq) \quad \text{아황산}$$
$$SO_3(g) + H_2O(l) \rightarrow H_2SO_4(aq) \quad \text{황산}$$

산성비의 또 다른 주요 원인은 질산(HNO_3)이다. 질소 산화물들은 석탄을 연소하는 발전소와 자동차 엔진에서 N_2와 O_2의 고온 반응으로 생성된다. 이산화 질소(NO_2)는 습기 있는 공기와 반응하여, 단순화된 다음 반응에 의해 질산(HNO_3)을 생성한다.

$$4\,NO_2(g) + 2\,H_2O(l) + O_2(g) \rightarrow 4\,HNO_3(aq)$$

황과 질소의 산화물들은 화산과 번갯불 같은 자연 발생원에 의해 생성되어 대기 중에 항상 존재해 왔다. 그러나 산업화로 인하여 지난 세기에 걸쳐 그 양이 급격하게 증가하였다.

산성비의 결과는 환경을 황폐화시킬 수 있다. 자연계의 많은 과정들은 좁은 pH 범위 밖에서는 작동하지 않기 때문이다. 뉴욕 주의 Adirondack 지역과 캐나다 남동부에 있는 수천 개의 호수들은 너무 산성화되어서 모든 어류들이 사라졌다. 산성비가 토양의 pH를 낮추고 유독성 금속들을 용해시켜, 유럽의 중부와 동부 전역에서 대량의 나무들이 고사하였다. 또한 셀 수 없이 많은 대리석상의 탄산 칼슘이, 산성비에 용해됨에 따라 서서히 파괴되고 있다.

$$CaCO_3(s) + 2\,H^+(aq) \rightarrow Ca^{2+}(aq) + H_2O(l) + CO_2(g)$$

다행히 1990년에 시작된 대기오염 방지법(Clean Air Act)과 산성비 대책(Acid Rain Program)의 결과로, 자동차와 발전소로부터 산성 물질 배출이 최근 몇 년간 크게 감소되었다. 질소 산화물을 N_2와 O_2로 분해시키는 촉매 변환 장치를 자동차에 장착함으로써 질소 산화물의 배출이 감소되었다. 연소 생성물이 발전소 굴뚝에서 배출되기 전에 세정함으로써 발전소에서의 이산화 황 배출이 감소되었다. 이 공정에서 석회(CaO) 현탁 수용액이 연소실과 굴뚝에 투입된다. 석회는 SO_2와 반응하여 아황산 칼슘($CaSO_3$)을 생성한다.

▲ 산성비의 영향을 보여 주는 1870년대 건물 ©Chris Hellyar/Shutterstock

$$CaO(s) + SO_2(g) \rightarrow CaSO_3(s)$$

일부 세정기에서는 $CaSO_3$가 $CaSO_4 \cdot 2\,H_2O$(석고)로 산화된다. 석고는 건축 산업에서 건식벽체 제조에 사용된다. 그림 16.11에서 보듯이, SO_2 배출량 감소는 미국 동부 지역의 비의 평균 pH를 1985년에서 2016년 사이에 상당히 증가시켰다.

불행히도, 빗물의 pH가 정상 수준으로 돌아온 후에도 호수와 하천이 회복되는 데 수년이 걸린다. 하나의 놀랍고도 예상치 못한 산성비의 장기적인 결과는 호수의 '젤리화(jellification)'이다. 젤리화는 **홀로물벼룩**(Holopedium glacialis)이라 불리는 젤리로 덮인 작은 무척추 동물이 증가함을 말한다. 산성비는 북아메리카 동부의 많은 호수에서 칼슘 수치를 감소시켰다. 따라서 **물벼룩**(Daphnia)과 같은 전통적인 플랑크톤이 감소했다. 칼슘 수치가 낮으면 물벼룩이 칼슘이 풍부한 외골격을 만들어 보호할 수 없다. 대조적으로, 홀로물벼룩은 젤리와 같은 외부 덮개를 사용하여 포식자로부터 자신을 보호하고, 칼슘 수준이 낮은 물에서 번성할 수 있다.

환경 규제를 통해 산성비를 크게 줄였지만, 산성화로부터

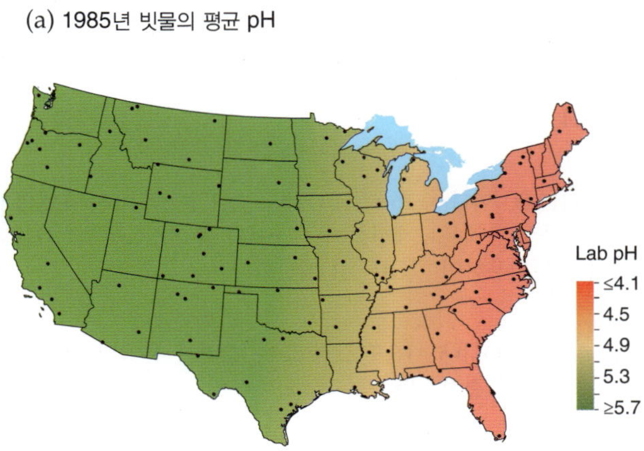

▲ 그림 16.11
Central Analytical Lab에서 (a) 1985년과 (b) 2016년에 측정한 빗물 시료의 평균 pH

완전히 회복할 수는 없다. 호수는 완전히 새로운 생태계 상태로 밀려들었을 수도 있으며, 젤리로 덮인 유기체의 증가가 어류의 먹이 사슬에 중요한 영양분이 전달되는 것을 방지하거나, 식수를 위한 여과 시스템을 막히게 할 것이라고 과학자들은 예측한다. 암석과 광물의 자연 풍화에 의해 정상적인 칼슘 농도로 돌아가려면 수천 년이 걸릴 것이다. 더욱이 오염 감소 기술을 사용하지 않는 인도와 중국 같은 나라에서는, 산성비가 계속 큰 위협이 되고 있다.

▲ 캐나다 온타리오 호수에서 채집된 젤리로 덮인 홀로물벼룩(Holopedium glacialis) ©Lebendkulturen.de/Shutterstock

정리

절	개념 요약	학습 목표
16.1 산-염기 개념: 브뢴스테드-로리 이론	**아레니우스** 이론에 따르면, 산(HA)은 물에서 해리되어 $H^+(aq)$를 내는 물질이고, 염기(MOH)는 해리되어 $OH^-(aq)$를 내는 물질이다. 좀 더 일반적인 **브뢴스테드-로리 이론**은 산은 양성자 주개, 염기는 양성자 받개, 산-염기 반응은 양성자 이동 반응으로 정의한다. 브뢴스테드-로리 산의 예로 HCl, NH_4^+, HSO_4^-가 있고, 브뢴스테드-로리 염기의 예로는 OH^-, F^-, NH_3가 있다.	16.1 아레니우스 산과 염기, 브뢴스테드-로리 산과 염기, 짝산-염기쌍을 확인한다.
16.2 산의 세기와 염기의 세기	**강산**(HA)은 거의 100% 해리되는 반면, **약산**(HA)은 일부만 해리되어 HA, H_3O^+, A^-의 평형 혼합물로 존재한다. $$HA(aq) + H_2O(l) \rightleftharpoons H_3O^+(aq) + A^-(aq)$$ 산(HA)의 세기와 그 **짝염기**(A^-)의 세기는 반비례 관계이다. 수화된 양성자 H_3O^+ 이온은 **하이드로늄 이온**이라 부른다.	16.2 용액에서 해리를 나타내는 분자 모양이 주어지면, 세기가 증가하는 순서로 산을 정렬한다. 16.3 짝산-염기쌍의 상대적인 세기에 기초하여, 반응의 방향을 예측한다.
16.3 산의 세기에 영향을 주는 인자	이성분산(HA)의 세기는, 주기율표의 같은 족 아래로 갈수록 H—A 결합의 세기가 감소함에 따라 증가하고, 같은 주기에서 왼쪽에서 오른쪽으로 갈수록 H—A 결합의 극성이 증가함에 따라 증가한다.	16.4 화학적 구조에 기초하여, 이성분산(HA)의 상대적 세기를 예측한다.

절	개념 요약	학습 목표
16.4 물의 해리	물은 산과 염기로 모두 작용할 수 있고, 해리 반응 $H_2O + H_2O \rightleftharpoons H_3O^+ + OH^-$을 한다. 25 °C의 순수한 물에서 $[H_3O^+] = [OH^-] = 1.0 \times 10^{-7}$ M이다. **물의 이온곱 상수** $K_w = [H_3O^+][OH^-] = 1.0 \times 10^{-14}$이다.	16.5 K_w 값을 이용하여, $[H_3O^+]$ 또는 $[OH^-]$의 농도를 계산한다.
16.5~16.6 pH 척도와 pH 측정	수용액의 산성도는 **pH** 척도로 표시하는데, $pH = -\log[H_3O^+]$이다. 25 °C에서 산성 용액은 pH<7, 염기성 용액은 pH>7, 중성 용액은 pH = 7이다. 용액의 pH는 **산-염기 지시약**이나 pH 미터를 이용하여 측정할 수 있다.	16.6 $[H_3O^+]$나 $[OH^-]$가 주어진 용액의 pH를 계산하거나, pH가 주어진 용액의 $[H_3O^+]$나 $[OH^-]$를 계산한다.
16.7 강산 용액과 강염기 용액의 pH	**강산**과 **강염기**는 수용액에서 거의 100% 해리된다. 따라서 $[H_3O^+]$나 $[OH^-]$는 산 또는 염기의 균형 해리 반응의 화학량론으로부터 결정할 수 있다.	16.7 강산 또는 강염기 용액의 pH를 계산한다.
16.8~16.10 약산 용액의 평형	약산 HA의 해리 정도는 **산 해리 상수**(K_a)로 판단된다. 그림 16.7에 요약된 5단계 절차는 약산이 관련된 평형 문제를 푸는 데 이용된다. 초기 농도가 상당히 변할 정도로 HA가 해리될 때는 이차방정식을 이용하여 $[H_3O^+]$를 구한다. HA의 초기 농도가 작거나 K_a 값이 클 때가 그런 경우이다.	16.8 주어진 약산의 초기 농도와 평형에서의 pH로부터 K_a 값을 계산한다. 16.9 주어진 약산의 K_a 값과 초기 농도로부터, 용액에 존재하는 모든 화학종의 농도, 해리 백분율, pH를 계산한다.
16.11~16.12 약염기 용액의 평형 및 K_a와 K_a 사이의 관계	약염기 B의 해리 정도는 **염기 해리 상수** K_b로 판단된다. 약염기의 예는 NH_3와 **아민**(amine)이라는 NH_3의 유도체들이다. 그림 16.7에 요약된 5단계 절차는 약염기가 관련된 평형 문제를 푸는 데 이용된다. 짝산-염기쌍의 경우, (산의 K_a) × (염기의 K_b) = K_w이다.	16.10 약염기 용액의 pH와 평형 농도를 계산한다. 16.11 짝산-염기쌍에 대한 K_a, K_b 및 pK_a, pK_b의 관계를 기술한다.
16.13 루이스 산과 염기	**루이스 산**은 전자쌍 받개이고, **루이스 염기**는 전자쌍 주개이다. 루이스 산은 H^+뿐만 아니라, 루이스 염기로부터 전자쌍을 받아 공유할 수 있는 다른 양이온들과 중성 분자도 포함한다. 루이스 산의 예로는 Al^{3+}, Cu^{2+}, BF_3, SO_3, CO_2가 있다.	16.12 루이스 산과 루이스 염기를 구별하고, 루이스 산-염기 반응에서 굽은 화살표를 사용하여 고립전자쌍 제공을 표시한다.

주요 용어

pH	물의 해리	산-염기 지시약	염기 해리 상수(K_b)
강산	부반응	산성비	짝산
강염기	브뢴스테드-로리 산	산 해리 상수(K_a)	짝산-염기쌍
루이스 산	브뢴스테드-로리 염기	아레니우스 산	짝염기
루이스 염기	브뢴스테드-로리 이론	아레니우스 염기	하이드로늄 이온(H_3O^+)
물의 이온곱 상수(K_w)	산-염기 주반응	약산	해리 백분율

주요 식

- 물의 이온곱 상수(16.4절)

  $K_w = [H_3O^+][OH^-] = 1.0 \times 10^{-14}$(25°C에서)

- pH의 정의(16.5절)

  $pH = -\log [H_3O^+]$ 또는 $[H_3O^+] = 10^{-pH}$

• 약산 HA의 산 해리 상수(16.8절)

$$K_a = \frac{[H_3O^+][A^-]}{[HA]} \quad pK_a = -\log K_a$$

• 약산의 해리 백분율(16.10절)

$$\text{해리 백분율} = \frac{[HA]_{\text{해리}}}{[HA]_{\text{초기}}} \times 100\%$$

• 약염기 B의 염기 해리 상수 또는 염기 양성자화 상수(16.11절)

$$K_b = \frac{[BH^+][OH^-]}{[B]} \quad pK_b = -\log K_b$$

• 짝산-염기쌍의 K_a와 K_b의 관계(16.12절)

$$K_a \times K_b = K_w \quad pK_a + pK_b = pK_w = 14.00$$

복습 문제

LO는 학습 목표(Learning Objectives)를 나타낸다.

이 장을 학습한 후엔, 학습자의 이해도를 평가할 수 있는 방법이 있다. **복습 문제**를 푸는 것이다. **복습 문제**들은 이 장의 학습 목표와 연계되어 있다. 따라서 푼 답이 틀렸다면, 이 장의 끝부분에 나와 있는 **정리** 문단의 **학습 목표**를 참고하면 된다. 정리 문단에는 **개념 요약**이 제공되며, **예제**를 참고하면 문제 해결 방법을 모델링할 수 있다.

1. 다음 중 브뢴스테드-로리 염기이지만, 아레니우스 염기가 아닌 것은 어느 것인가? (**LO 16.1**)
   (a) HNO_3 (b) CsOH
   (c) CH_3NH_2 (d) CH_3OH

2. 다음의 그림은 3개의 산 HA(A = X, Y, Z)의 동일 부피의 수용액을 나타낸다. 물 분자는 생략되었다. 가장 강한 산은 어느 것인가? (**LO 16.2**)

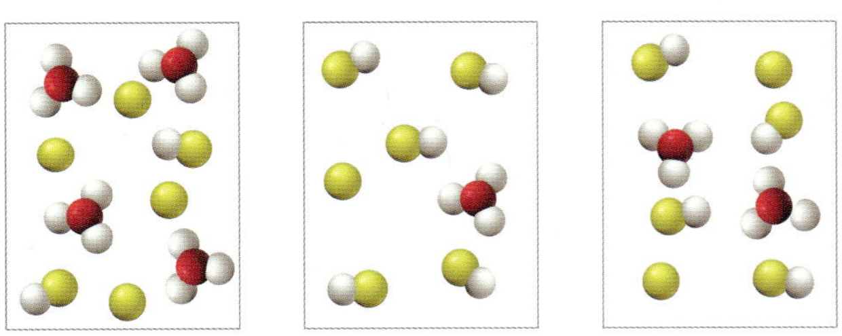

HX HY HZ

   (a) HX
   (b) HY
   (c) HZ
   (d) 세 가지 산 모두 강산이며 같은 세기를 갖는다.

3. 문제 2의 짝염기(X^-, Y^-, Z^-)를 고려하라. 같은 농도의 반응물과 생성물을 섞는다면, 다음 중 어떤 반응이 왼쪽으로 진행되는가? (**LO 16.3**)
   (a) $HX + Y^- \rightleftharpoons HY + X^-$
   (b) $HX + Z^- \rightleftharpoons HZ + X^-$
   (c) $HY + X^- \rightleftharpoons HX + Y^-$
   (d) $HZ + Y^- \rightleftharpoons HY + Z^-$

4. pH = 3.64인 와인 한 잔의 수산화 이온 농도 $[OH^-]$는 얼마인가? (**LO 16.5, 16.6**)
   (a) 2.3×10^{-4} M (b) 6.4×10^{-3} M
   (c) 6.8×10^{-9} M (d) 4.4×10^{-11} M

5. 25.0 ℃에서 6.3×10^{-5} M 농도의 $Ca(OH)_2$ 수용액의 pH는 얼마인가? (**LO 16.7**)
   (a) 4.20 (b) 10.10
   (c) 11.36 (d) 9.80

6. 어떤 산 용액 0.500 M의 pH가 3.21이다. 이 산의 K_a는 얼마인가? (**LO 16.8**)
   (a) 1.2×10^{-5} (b) 1.7×10^{-6}
   (c) 7.6×10^{-7} (d) 5.4×10^{-3}

7. $C_6H_5CO_2H$의 K_a가 6.5×10^{-5}라면, 1.5 M $C_6H_5CO_2H$ 용액의 pH는 얼마인가? (**LO 16.9**)
   (a) 4.01 (b) 5.32
   (c) 3.14 (d) 2.01

8. 암모니아(NH_3)의 염기 해리 상수(K_b)는 1.8×10^{-5}이다. pH 11.68을 갖는 암모니아 수용액의 농도는 얼마인가? (**LO 16.10**)
   (a) 0.28 M (b) 3.6 M
   (c) 9.0×10^{-3} M (d) 1.3 M

9. 다음 $SO_2 + OH^- \rightarrow HSO_3^-$ 반응을 고려하라. 어느 반응식이 루이스 산과 루이스 염기를 바르게 표시하고, 굽은 화살표를 사용하여 전자쌍의 제공을 바르게 보여 주는가? (**LO 16.12**)

(a)

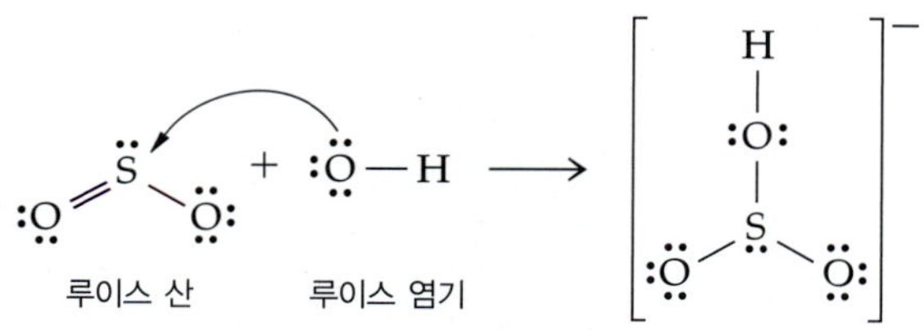

(b)

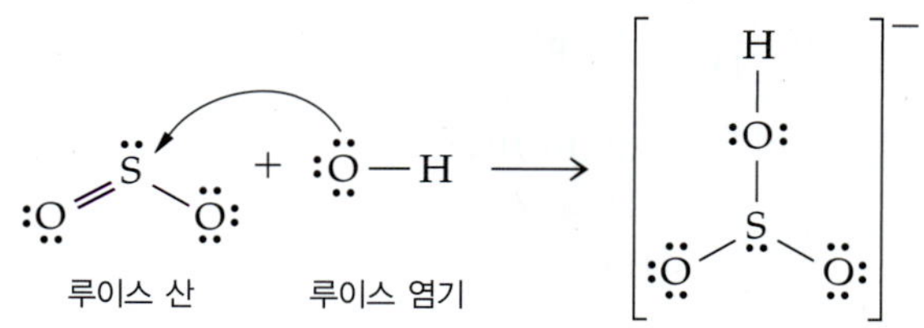

(c)

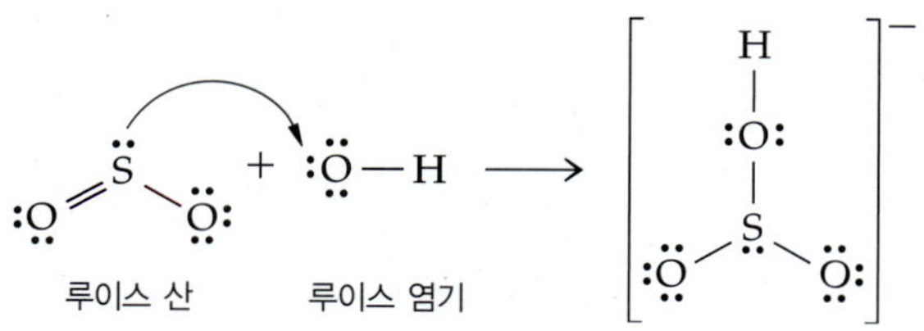

(d)

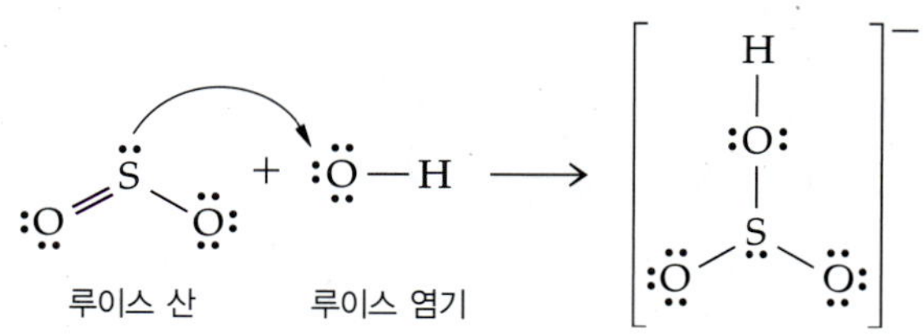

답: 1. c, 2. a, 3. c, 4. d, 5. b, 6. c, 7. d, 8. d, 9. a

개념 문제

문제 16.1~16.24는 이 장의 본문 중에 있다.

16.25 다음 각 반응의 경우, 브뢴스테드-로리 산과 염기를 밝히시오.

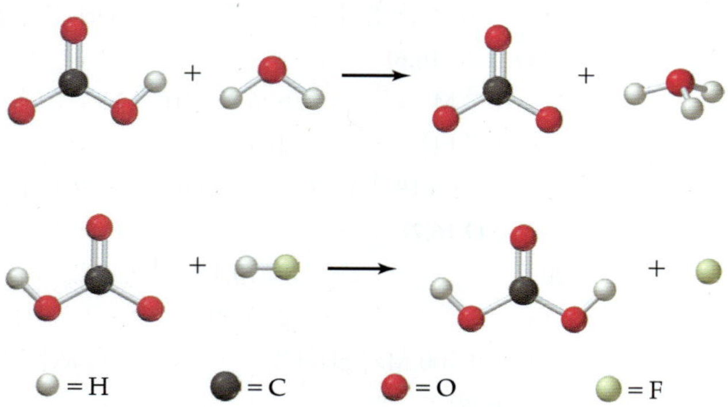

16.26 주기율표에서 황, 셀레늄, 염소, 브로민의 위치를 지정하시오.

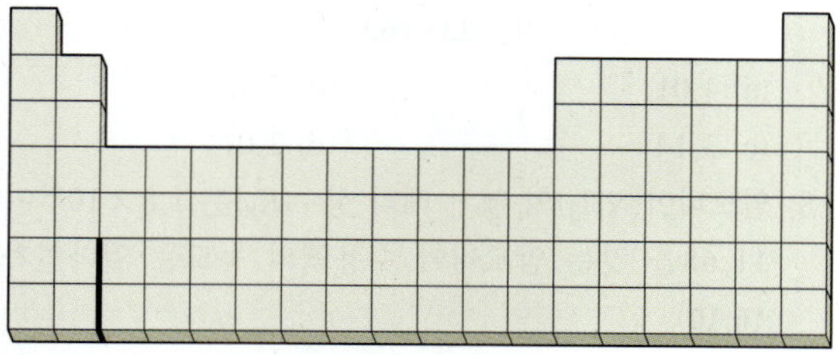

어느 이성분 산(H_2S, H_2Se, HCl, HBr)이 가장 세고, 어느 것이 가장 약한지 설명하시오.

16.27 다음 중 황산 수용액을 가장 잘 표현한 그림은 어느 것인가? 그 이유를 설명하시오. (물 분자는 생략하였다.)

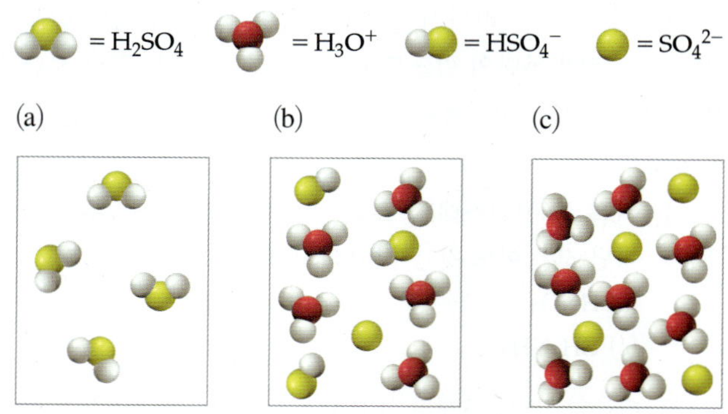

16.28 붕산(H_3BO_3)은 물에서 H_3O^+ 이온을 내는 약한 일양성자산이다. H_3BO_3는 실제로 루이스 산이지만, 브뢴스테드-로리 산 또는 루이스 산으로 거동할 수 있다.

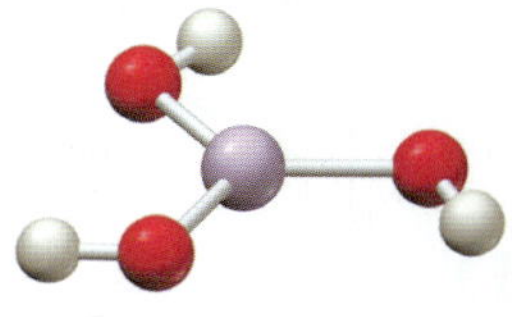

붕산

(a) H_3BO_3가 브뢴스테드-로리 산으로 작용하는 물과의 반응에 대한 균형 반응식을 쓰시오.

(b) H_3BO_3가 루이스 산으로 작용하는 물과의 반응에 대한 균형 반응식을 쓰시오. (힌트: 반응 생성물 중 하나는 사면체 구조의 붕소 원자를 갖는다.)

보충 문제

산-염기 개념(16.1절)

16.29 다음 중 브뢴스테드-로리 염기이지만 아레니우스 염기가 아닌 것은 어느 것인가?
(a) $Ca(OH)_2$ (b) NH_3
(c) HCO_3^- (d) NaOH

16.30 다음의 브뢴스테드-로리 산의 짝염기 화학식을 각각 쓰시오.
(a) HSO_4^- (b) H_2SO_3 (c) $H_2PO_4^-$
(d) NH_4^+ (e) H_2O (f) NH_3

16.31 다음의 각 반응에서 브뢴스테드-로리 산, 염기, 짝산-염기 쌍을 밝히시오.
(a) $CH_3CO_2H(aq) + NH_3(aq) \rightleftharpoons NH_4^+(aq) + CH_3CO_2^-(aq)$
(b) $CO_3^{2-}(aq) + H_3O^+(aq) \rightleftharpoons H_2O(l) + HCO_3^-(aq)$
(c) $HSO_3^-(aq) + H_2O(l) \rightleftharpoons H_3O^+(aq) + SO_3^{2-}(aq)$
(d) $HSO_3^-(aq) + H_2O(l) \rightleftharpoons H_2SO_3(aq) + OH^-(aq)$

16.32 황화 수소 수용액은 다양한 농도로 H_2S, HS^-, S^{2-}, H_3O^+, OH^-, H_2O를 함유한다. 이 화학종들 중 어느 것이 산으로만 작용할 수 있는가? 어느 것이 염기로만 작용할 수 있는가? 산과 염기로 모두 작용할 수 있는 것은 어느 것인가?

산의 세기와 염기의 세기(16.2절)

16.33 짝산-염기쌍 HSO_4^-/SO_4^{2-}, HF/F^-, NH_4^+/NH_3 중 하나를 선택하여 다음 반응식을 완결하시오. 이 반응의 평형 상수는 $K_c > 1$이다.

$$\_\_\_\_\_ + NO_2^- \rightarrow \_\_\_\_\_ + HNO_2$$

16.34 다음의 각 쌍에서 더 강한 짝염기를 갖는 산은 어느 것인가? 짝산-염기쌍의 상대적 세기를 비교하려면, 표 16.1을 보시오.
(a) HCl 또는 HF
(b) HF 또는 NH_4^+
(c) HCN 또는 HSO_4^-

산의 세기에 영향을 주는 인자(16.3절)

16.35 다음 각 그룹의 화합물을 산의 세기가 증가하는 순서로 나열하고, 그 이유를 설명하시오.
(a) HCl, H_2S, PH_3
(b) NH_3, PH_3, AsH_3

16.36 다음 각 집단에서 가장 강한 산을 찾고, 그 이유를 설명하시오.
(a) H_2O, HF, HCl
(b) HBr, H_2S, H_2Se

16.37 다음의 각 쌍에서 더 강한 산을 찾고, 그 이유를 설명하시오.
(a) H_2Se 또는 H_2Te (b) CH_4 또는 NH_4^+

물의 해리; pH(16.4~16.6절)

16.38 바닷물 시료의 OH^- 농도는 2.0×10^{-6} M이다. H_3O^+ 이온의 농도를 계산하고, 용액이 산성, 중성, 염기성인지 구별하시오.

16.39 다음 각 용액의 경우, $[H_3O^+]$로부터 $[OH^-]$, 또는 $[OH^-]$로부터 $[H_3O^+]$를 계산하고, 산성, 염기성, 중성으로 구분하시오.
(a) $[H_3O^+] = 3.4 \times 10^{-9}$ M (b) $[OH^-] = 0.010$ M
(c) $[OH^-] = 1.0 \times 10^{-10}$ M (d) $[H_3O^+] = 1.0 \times 10^{-7}$ M
(e) $[H_3O^+] = 8.6 \times 10^{-5}$ M

16.40 750 atm의 가압 하에 200 °C로 과열된 물의 $K_w = 1.5 \times 10^{-11}$이다. 200 °C에서 이 물의 $[H_3O^+]$와 $[OH^-]$는 얼마인가? 이 물은 산성, 중성, 염기성 중 무엇인가?

16.41 다음의 H_3O^+ 또는 OH^- 농도를 갖는 용액의 pH를 정확한 유효 숫자까지 계산하시오.
(a) $[H_3O^+] = 2.0 \times 10^{-5}$ M (b) $[OH^-] = 4 \times 10^{-3}$ M
(c) $[H_3O^+] = 3.56 \times 10^{-9}$ M (d) $[H_3O^+] = 10^{-3}$ M
(e) $[OH^-] = 12$ M

16.42 다음 pH 값을 갖는 용액의 경우, H_3O^+ 농도를 정확한 유효 숫자까지 계산하시오.
(a) 4.1 (b) 10.82 (c) 0.00
(d) 14.25 (e) −1.0 (f) 5.238

16.43 그림 16.5에 주어진 티몰 블루, 알리자린 옐로, 클로로페놀 레드, 메틸 오렌지 중, 다음의 pH 변화를 탐지할 수 있는 가장 적당한 지시약은 어느 것인가?
(a) 7에서 5 (b) 8에서 10 (c) 3에서 5

강산과 강염기(16.7절)

16.44 다음 화학종 중, 수용액에서 강산이나 강염기로 작용하는 것은 어느 것인가?
(a) HNO_2 (b) HNO_3
(c) NH_4^+ (d) Cl^-

16.45 다음 용액의 pH를 계산하시오.
(a) 1.0×10^{-3} M $Sr(OH)_2$
(b) 0.015 M HNO_3
(c) 0.035 M NaOH

16.46 다음과 같이 제조된 용액의 pH를 계산하시오.
(a) 4.8 g의 수산화 리튬을 물에 용해시켜 250 mL로 만든 용액
(b) 0.93 g의 염화 수소를 물에 용해시켜 0.40 L로 만든 용액
(c) 0.10 M HCl 용액 50.0 mL를 1.00 L로 묽힌 용액
(d) 2.0×10^{-3} M HCl 100.0 mL와 1.0×10^{-3} M $HClO_4$ 400.0 mL를 섞은 용액(부피는 가산적이라고 가정하라.)

16.47 CaO를 충분한 양의 물에 용해시켜 pH 10.50인 1.00 L 수용액을 만들려면, CaO 몇 g이 필요한가?

약산(16.8~16.10절)

16.48 부록 C에 있는 K_a 값을 이용하여, C_6H_5OH, HNO_3, CH_3CO_2H, HOCl을 다음 순서대로 나열하시오.
(a) 산의 세기가 증가하는 순서

(b) 해리 백분율이 감소하는 순서

(c) 각 산 1.0 M 용액의 $[H_3O^+]$를 추산하시오.

16.49 0.040 M 하이포아브로민산(HOBr)의 pH는 5.05이다. HOBr 해리의 평형식을 쓰고, 산 해리 상수(K_a) 값을 계산하시오.

16.50 녹차 잎에서 발견되는 갈산 0.050 M의 pH는 2.86이다. 갈산의 K_a와 pK_a를 계산하시오.

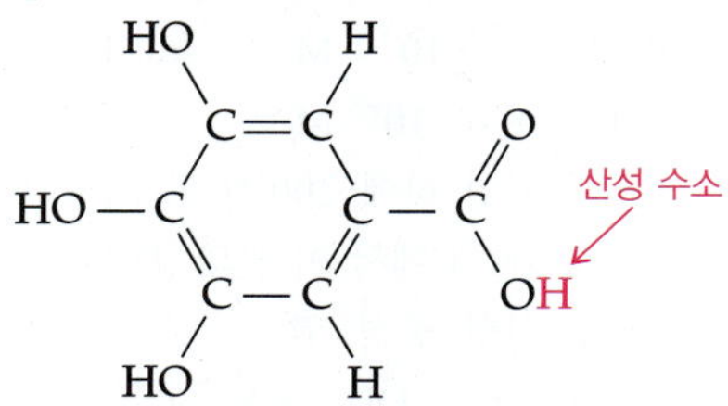

갈산

16.51 아스코브산($C_6H_8O_6$; $K_a = 8.0 \times 10^{-5}$) 250 mg을 포함하는 바이타민 C 한 정을 250 mL의 물에 용해시켰다. 이 용액의 pH는 얼마인가?

16.52 아크릴산($C_3H_4O_2$)은 페인트와 플라스틱 제조에 사용되며, 아크릴산의 pK_a는 4.25이다.

(a) 0.150 M 아크릴산에 존재하는, 모든 화학종(H_3O^+, $C_3H_3O_2^-$, $C_3H_4O_2$, OH^-)의 농도와 pH를 계산하시오.

(b) 0.0500 M 아크릴산의 해리 백분율을 계산하시오.

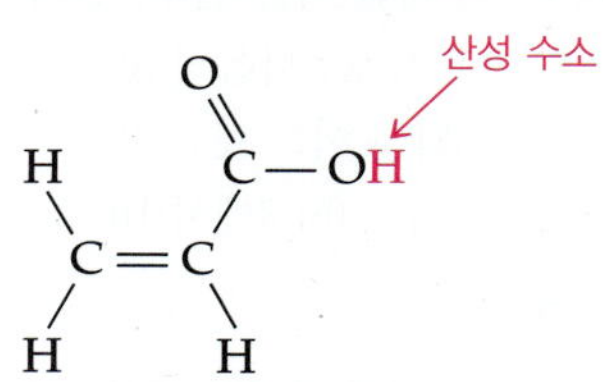

아크릴산

16.53 1.5 M HNO_2($K_a = 4.5 \times 10^{-4}$)의 pH와 해리 백분율을 계산하시오.

16.54 다음 용액에서, HF($K_a = 3.5 \times 10^{-4}$)의 해리 백분율을 계산하시오.

(a) 0.050 M HF (b) 0.50 M HF

약염기(16.11절)

16.55 다음 약염기와 물의 반응에 대한 균형 알짜 이온 반응식과 평형식을 쓰시오.

(a) 다이메틸아민, $(CH_3)_2NH$

(b) 아닐린, $C_6H_5NH_2$

(c) 사이안화 이온, CN^-

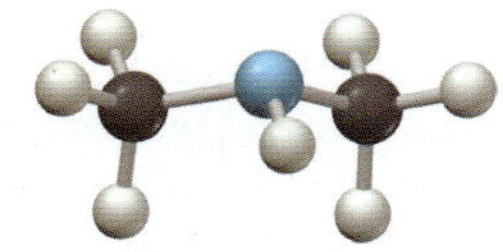

다이메틸아민

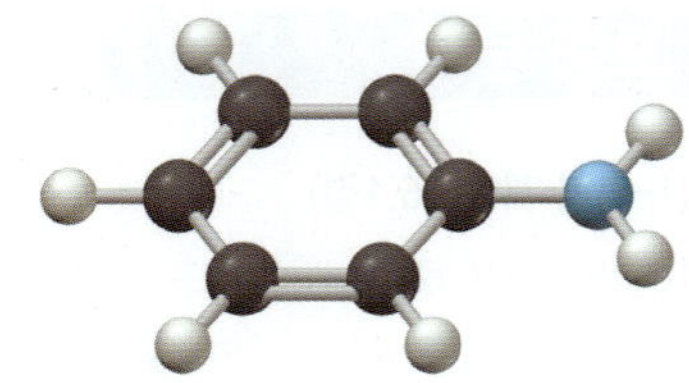

아닐린

16.56 설치류를 죽이는 데 사용되는 치명적인 독인 스트리크닌($C_{21}H_{22}N_2O_2$)은 약염기로 $K_b = 1.8 \times 10^{-6}$이다. 스트리크닌이 포화된 용액(16 mg/100 mL)의 pH를 계산하시오.

16.57 진통제로 사용되는 마취약 모르핀($C_{17}H_{19}NO_3$)은 약한 유기 염기이다. 만일 모르핀 7.0×10^{-4} M 용액의 pH가 9.50이라면, K_b와 pK_b 값은 얼마인가?

16.58 마취성 진통제인 옥시코돈($C_{18}H_{21}NO_4$)은 $pK_b = 5.47$인 약염기이다. 0.002 50 M 옥시코돈 용액에 존재하는, 모든 화학종($C_{18}H_{21}NO_4$, $HC_{18}H_{21}NO_4^+$, H_3O^+, OH^-)의 농도와 pH를 계산하시오.

K_a와 K_b의 관계(16.12절)

16.59 부록 C에 있는 K_b 값을 이용하여, 다음 이온들의 K_a 값을 계산하시오.

(a) 프로필암모늄 이온, $C_3H_7NH_3^+$

(b) 하이드록실암모늄 이온, NH_3OH^+

(c) 아닐리늄 이온, $C_6H_5NH_3^+$

(d) 피리디늄 이온, $C_5H_5NH^+$

루이스 산과 염기(16.13절)

16.60 다음 각 반응의 경우, 루이스 산과 루이스 염기를 밝히시오.

(a) $SiF_4 + 2\,F^- \rightarrow SiF_6^{2-}$

(b) $4\,NH_3 + Zn^{2+} \rightarrow Zn(NH_3)_4^{2+}$

(c) $2\,Cl^- + HgCl_2 \rightarrow HgCl_4^{2-}$

(d) $CO_2 + H_2O \rightarrow H_2CO_3$

16.61 문제 16.60에 있는 루이스 산-염기 반응의 경우, 반응물과 생성물의 루이스 전자점 구조를 그리고, 굽은 화살표를 이용하여 루이스 염기에서 루이스 산으로 고립 전자쌍을 주는 것을 나타내시오.

16.62 다음을 루이스 산 또는 루이스 염기로 분류하시오.

(a) CN^- (b) H^+ (c) H_2O

(d) Fe^{3+} (e) OH^- (f) CO_2

(g) $P(CH_3)_3$ (h) $B(CH_3)_3$

chapter 17

수용액 평형의 응용

ⓒRLS Photo/Shutterstock

CONTENTS

17.1 중화 반응
17.2 공통 이온 효과
17.3 완충 용액
17.4 pH 적정 곡선
17.5 이온 화합물의 용해도 평형
17.6 K_{sp} 측정과 K_{sp}로부터 용해도 계산
17.7 이온 화합물의 침전

'바다 나비'라고도 불리는 작은 바다 생물체인 익족류는 바닷물에서 석회화 과정을 통해 Ca^{2+}와 CO_3^{2-} 이온으로부터 탄산 칼슘($CaCO_3$) 껍질을 만든다. 이런 보호 껍질을 만드는 생물체의 석회화 능력은 바닷물의 pH와 완충 용량의 영향을 크게 받는다. 이러한 생물체들은 해양 먹이 사슬 구성에 필수적인 요소이고 바다 산성화에 의해 완전히 피괴될 수가 있다.

수용액 평형은 많은 환경 및 생물학적 변화 과정에서 매우 중요한 역할을 한다. 예를 들어, 호수와 시냇물의 pH는 식물과 수생생물의 번성을 위하여 6.0~8.0 정도로 유지되어야 한다. H_2CO_3와 HCO_3^-의 짝산-염기쌍이 주로 관여하는 평형에 의하여 사람 혈액의 pH는 7.4 정도로 미세하게 조절된다. pH가 7.4보다 낮으면, 적혈구에서 산소 분자에 대한 헤모글로빈의 친화도가 감소되어 혈액의 산소 운반 능력이 떨어지게 된다. pH가 높으면, 산소 분자에 대한 헤모글로빈의 친화도가 증가하여 조직에서 필요한 산소의 방출이 어려워진다.

15장에서는 화학 평형의 원리에 대하여 공부하였다. 평형 방정식이 어떻게 세워지고 평형 혼합물에서 반응물과 생성물의 농도가 어떻게 주어지는지를 학습하였다. 16장에서는 이러한 원리를 약산이나 약염기의 수용액에서의 평형에 적용하였다. 이 장에서는 수용액 평형에서 몇 가지 응용을 공부할 것이다. 먼저 산과 염기 혼합물의 pH를 어떻게 계산할 것인지를 알아보고, 난용성 이온 화합물의 용해와 침전에 대하여 알아볼 것이다. 염의 용해와 침전을 포함하는 수용액 평형은, 치아의 손상은 물론 산호초 및 석회암 동굴의 형성에 이르기까지 아주 많은 자연 과정에서 중요하게 작용한다.

17.1 중화 반응

지금까지 많은 경우에서 산과 염기의 중화 반응에 의해 물과 염이 생성되는 것을 보았다. 그러나 산과 염기 혼합물의 pH를 계산하기 전에, 이러한 중화 반응이 어느 정도에서 완결되는지를 예측할 수 있어야 한다. 이 장에서는 (1) 강산-강염기, (2) 약산-강염기, (3) 강산-약염기, (4) 약산-약염기의 네 가지 종류의 중화 반응에 대하여 알아보고자 한다.

강산-강염기

강산과 강염기의 반응에 대한 예로, 염산과 수산화 소듐이 반응하여 물과 염화 소듐 수용액을 형성하는 반응을 생각해 보자.

$$HCl(aq) + NaOH(aq) \longrightarrow H_2O(l) + NaCl(aq)$$

$HCl(aq)$, $NaOH(aq)$, $NaCl(aq)$은 완전히 해리할 것이므로 이 중화 반응에 대한 알짜 이온 반응식은 다음과 같다.

$$H_3O^+(aq) + OH^-(aq) \rightleftharpoons 2\ H_2O(l)$$

만일 같은 몰수의 $HCl(aq)$과 $NaOH(aq)$를 섞으면, 중화 반응 후 NaCl 용액 속에 남아 있는 H_3O^+와 OH^-의 농도는 순수한 물에서의 경우처럼 $[H_3O^+] = [OH^-] = 1.0 \times 10^{-7}$ M일 것이다. 다시 말해서 HCl과 NaOH 반응은 오른쪽으로 많이 진행될 것이다.

이 반응의 평형 상수를 살펴보아도 같은 결론에 도달하게 될 것이다. 어떠한 강산과 강염기 사이의 중화 반응은 물의 해리의 반대 과정에 해당하고, 이때 평형 상수 K_n('n'은 중화 반응을 의미)은 물의 이온곱 상수의 역이다. 즉 $K_n = 1/K_w$이다.

$$H_3O^+(aq) + OH^-(aq) \rightleftharpoons 2\ H_2O(l)$$

$$K_n = \frac{1}{[H_3O^+][OH^-]} = \frac{1}{K_w} = \frac{1}{1.0 \times 10^{-14}} = 1.0 \times 10^{14}$$

강산-강염기 반응에 대한 $K_n(1.0 \times 10^{14})$은 매우 큰 값을 가진다. 이것은 중화 반응이

100% 완결되는 쪽으로 진행됨을 의미한다. 같은 몰수에 해당하는 양만큼의 산과 염기로 중화한 후, 강산과 강염기로부터 생성되는 용액은 염을 포함한다. 이 염의 양이온이나 음이온은 산성이나 염기성을 띠지 않기 때문에, 용액의 pH는 7이다.

▲ 약산–강염기의 중화 반응

$CH_3CO_2H(aq) + OH^-(aq) \rightleftharpoons H_2O(l) + CH_3CO_2^-(aq)$

지시약인 페놀프탈레인을 함유하는 $CH_3CO_2H(aq)$에 $NaOH(aq)$를 가할 때, 아세트산의 중화 반응에 의해 용액은 염기성을 띠므로 지시약의 색깔은 pH 8.2~9.8 범위에서 무색에서 분홍색으로 변한다.

약산–강염기

약산 HA는 거의 해리되어 있지 않기 때문에, 약산과 강염기 사이의 중화 반응에 대한 알짜 이온 반응식은 HA로부터 강염기 OH^-로의 수소 이온 이동을 포함한다.

$$HA(aq) + OH^-(aq) \rightleftharpoons H_2O(l) + A^-(aq)$$

예를 들어, 아세트산(CH_3CO_2H)은 NaOH 수용액과 반응하여 물과 아세트산 소듐(CH_3CO_2Na)을 생성한다.

$$CH_3CO_2H(aq) + OH^-(aq) \rightleftharpoons H_2O(l) + CH_3CO_2^-(aq)$$

NaOH와 CH_3CO_2Na는 둘 다 완전히 해리되므로, Na^+ 이온은 알짜 이온 반응식에 나타내지 않았다.

아세트산 중화 반응에 대한 평형 상수 K_n을 구하려면, 중화 반응의 알짜 이온 반응식을 구하기 위해 더해진 반응들의 이미 알려진 평형 상수를 곱해야 한다. CH_3CO_2H는 반응식의 왼쪽에 있고 $CH_3CO_2^-$는 오른쪽에 있기 때문에, 필요한 반응식은 CH_3CO_2H의 해리에 대한 것이다. 한편 H_2O는 식의 오른쪽에 있고 OH^-는 왼쪽에 있으므로 H_2O 해리의 역반응식이 필요하다. 두 반응식을 더할 경우 H_3O^+와 한 분자의 H_2O가 상쇄되는 것에 유의하라.

$$CH_3CO_2H(aq) + \cancel{H_2O(l)} \rightleftharpoons \cancel{H_3O^+(aq)} + CH_3CO_2^-(aq) \qquad K_a = 1.8 \times 10^{-5}$$

$$\cancel{H_3O^+(aq)} + OH^-(aq) \rightleftharpoons \cancel{H_2O(l)} + H_2O(l) \qquad 1/K_w = 1.0 \times 10^{14}$$

$$\text{알짜: } CH_3CO_2H(aq) + OH^-(aq) \rightleftharpoons H_2O(l) + CH_3CO_2^-(aq) \qquad K_n = (K_a)(1/K_w) = (1.8 \times 10^{-5})(1.0 \times 10^{14}) = 1.8 \times 10^9$$

15.2절에서 살펴보았듯이, 중화 반응의 알짜 반응에 대한 평형 상수는 더해진 반응식의 평형 상수들의 곱과 같다. 그러므로 위의 중화 반응에 대한 K_n을 얻기 위해서는 CH_3CO_2H에 대한 K_a와 K_w의 역수를 곱해야 한다. (여기서 물의 해리 반응을 역으로 쓰기 때문에 $1/K_w$를 이용한다.) 여기서 $K_n(1.8 \times 10^9)$ 값이 큰 것은 중화 반응이 거의 100% 완결되어 진행된다는 것을 의미한다.

일반적으로 OH^-는 수소 이온에 대하여 큰 친화성을 갖기 때문에 어떤 약산이 강염기에 의하여 중화될 때 100% 완결되는 방향으로 진행된다. 같은 몰수의 CH_3CO_2H와 NaOH가 중화되면 용액 속에는 산성이나 염기성을 띠지 않는 Na^+와 약염기인 $CH_3CO_2^-$이 존재한다. 그러므로 용액의 pH는 7보다 커지게 된다.

강산–약염기

강산 HA는 H_3O^+와 A^- 이온으로 완전히 해리되고, 약염기와의 중화 반응에서 수소 이온은 H_3O^+로부터 약염기 B로 이동한다.

$$H_3O^+(aq) + B(aq) \rightleftharpoons H_2O(l) + BH^+(aq)$$

예를 들면, 염산과 암모니아 수용액의 중화 반응에 대한 알짜 이온 반응식은 다음과 같다.

$$H_3O^+(aq) + NH_3(aq) \rightleftharpoons H_2O(l) + NH_4^+(aq)$$

약산-강염기의 경우와 마찬가지로, 알짜 이온 반응식을 구하기 위해 더해지는 반응의 평형 상수들을 곱하여 중화 반응에 대한 평형 상수를 구할 수 있다.

$$
\begin{array}{lll}
& NH_3(aq) + \cancel{H_2O(l)} \rightleftharpoons NH_4^+(aq) + \cancel{OH^-(aq)} & K_b = 1.8 \times 10^{-5} \\
& H_3O^+(aq) + \cancel{OH^-(aq)} \rightleftharpoons \cancel{H_2O(l)} + H_2O(l) & 1/K_w = 1.0 \times 10^{14} \\
\hline
\text{알짜:} & H_3O^+(aq) + NH_3(aq) \rightleftharpoons H_2O(l) + NH_4^+(aq) & K_n = (K_b)(1/K_w) \\
& & \quad = (1.8 \times 10^{-5})(1.0 \times 10^{14}) \\
& & \quad = 1.8 \times 10^{9}
\end{array}
$$

▲ 강산-약염기의 중화 반응

$H_3O^+(aq) + NH_3(aq) \rightleftharpoons H_2O(l) + NH_4^+(aq)$

산-염기 지시약인 메틸 레드를 함유하는 암모니아 수용액에 염산을 가할 때, 암모니아의 중화 반응에 의해 용액은 약한 산성을 띠므로 지시약의 색깔은 pH 4.2~6.0 범위에서 노란색에서 빨간색으로 변한다.

이 경우에도 평형 상수 K_n 값이 매우 크므로(1.8×10^9) 이 중화 반응은 거의 100% 오른쪽으로 완결된다고 할 수 있다. (CH_3CO_2H와 NaOH, 그리고 HCl과 NH_3의 중화 반응은 동일한 K_n 값을 보인다. CH_3CO_2H의 K_a와 NH_3의 K_b는 같기 때문에 두 K_n 값이 같다.)

H_3O^+는 강력한 양성자 주개이므로, 일반적으로 약염기를 강산으로 중화하는 경우 반응이 100% 완결되는 방향으로 진행한다. 같은 몰수에 해당하는 양의 NH_3와 HCl이 중화되면, 용액 속에는 약한 산성을 띠는 NH_4^+와 산성이나 염기성을 띠지 않는 Cl^-가 존재한다. 그러므로 용액의 pH는 7보다 작아진다.

약산-약염기

약산 HA와 약염기 B는 둘 다 거의 해리되지 않으며, 이들 사이의 중화 반응에서는 수소 이온이 약산으로부터 약염기로 이동한다. 예를 들어, 아세트산과 암모니아 수용액의 중화에 대한 알짜 이온 반응식은 다음과 같다.

$$CH_3CO_2H(aq) + NH_3(aq) \rightleftharpoons NH_4^+(aq) + CH_3CO_2^-(aq)$$

평형 상수 K_n은 (1) 아세트산의 산 해리에 대한 평형 상수, (2) 암모니아의 염기 해리에 대한 평형 상수, (3) 물의 해리에 대한 평형 상수의 역수를 곱하여 구할 수 있다.

$$
\begin{array}{lll}
& CH_3CO_2H(aq) + \cancel{H_2O(l)} \rightleftharpoons \cancel{H_3O^+(aq)} + CH_3CO_2^-(aq) & K_a = 1.8 \times 10^{-5} \\
& NH_3(aq) + \cancel{H_2O(l)} \rightleftharpoons NH_4^+(aq) + \cancel{OH^-(aq)} & K_b = 1.8 \times 10^{-5} \\
& \cancel{H_3O^+(aq)} + \cancel{OH^-(aq)} \rightleftharpoons \cancel{2\,H_2O(l)} & 1/K_w = 1.0 \times 10^{14} \\
\hline
\text{알짜:} & CH_3CO_2H(aq) + NH_3(aq) \rightleftharpoons NH_4^+(aq) + CH_3CO_2^-(aq) & K_n = (K_a)(K_b)(1/K_w)
\end{array}
$$

$$K_n = (K_a)(K_b)\left(\frac{1}{K_w}\right) = (1.8 \times 10^{-5})(1.8 \times 10^{-5})(1.0 \times 10^{14}) = 3.2 \times 10^{4}$$

앞의 세 경우에 비하여 이 경우에는 K_n 값이 작다. 따라서 중화 반응은 완결될 때까지 진행되지 않는다.

일반적으로 약산-약염기 중화 반응은 강산 또는 강염기를 포함하는 중화 반응의 경우에 비하여 완결되는 경향이 적다. 예를 들어, 암모니아를 사용한 HCN 중화 반응의 경우 K_n 값은 1보다 작다. 이것은 절반 이하로 반응이 진행된다는 것을 의미한다.

$$HCN(aq) + NH_3(aq) \rightleftharpoons NH_4^+(aq) + CN^-(aq) \qquad K_n = 0.88$$

예제 17.1

중화 반응의 식을 쓰고, 용액의 pH 구하기

같은 몰수의 질산과 약염기인 메틸아민(CH_3NH_2)의 중화 반응의 균형 잡힌 알짜 이온 반응식을 쓰시오. 중화 반응 후 용액의 pH는 7보다 클지 작을지 같을지를 나타내시오.

전략

알짜 이온 반응식에 나타나는 화학식은 이들 산과 염기들이 강한가(완전히 해리하는가) 약한가(잘 해리하지 않는가)에 따라 다르다. 중화 반응 후에 나타나는 pH는 중화의 결과로 얻어진 염 용액에 있는 양이온과 음이온의 산-염기 특성에 의존한다.

풀이

HNO_3는 강산이고 CH_3NH_2는 약염기이므로, 중화 반응이 진행하여 완결되고 알짜 이온 반응식은 다음과 같다.

$$H_3O^+(aq) + CH_3NH_2(aq) \longrightarrow H_2O(l) + CH_3NH_3^+(aq)$$

이 반응에서 CH_3NH_2는 H_3O^+로부터 양성자를 받아들이기 위해 N 원자의 비공유 전자쌍을 이용한다.

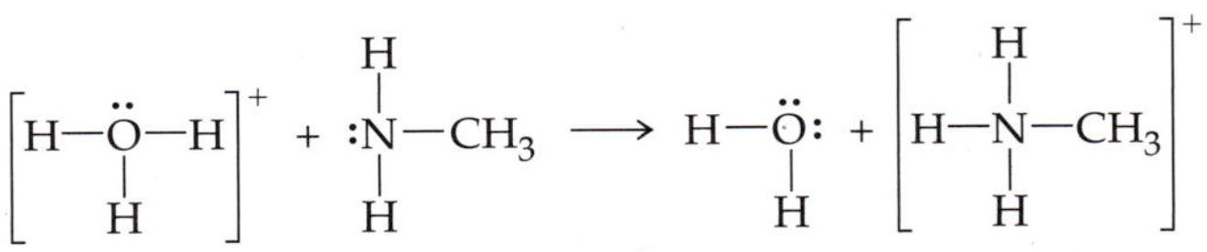

중화 반응 후 용액에는 약산 $CH_3NH_3^+$와 산이나 염기 성질이 없는 NO_3^-가 존재한다. 그러므로 pH는 7보다 작다.

▶ **연습문제 17.1** HNO_2와 KOH가 동일한 몰수로 중화될 때 균형 잡힌 알짜 이온 반응식을 쓰시오. 중화 반응 후 용액의 pH는 7보다 클 것인지 작을 것인지 같을 것인지를 나타내시오. K_a와 K_b 값은 부록 C에 있다.

▶ **응용문제 17.2** 다음 산-염기의 중화 반응에 대한 균형 잡힌 알짜 이온 반응식을 쓰고, 각 중화 반응에 대한 K_n을 계산하여 반응이 완결되려는 경향이 커지는 순서로 나열하시오. K_a와 K_b 값은 부록 C에 있다.

(a) HF와 NaOH

(b) HCl과 KOH

(c) HF와 NH_3

17.2 공통 이온 효과

약산과 그 짝염기의 용액은 중요한 산-염기 혼합물로, 이러한 혼합물들은 생체계에서 pH를 조절하는 역할을 한다. 약산(HA) 용액에 짝염기(A^-)를 넣을 때, 산 해리 반응에 의해 A^-가 이미 존재하므로 넣어 주는 A^-는 **공통 이온**(common ion)으로 고려할 수 있다.

$$HA(aq) + H_2O(l) \rightleftharpoons H_3O^+(aq) + \underset{\text{공통 이온}}{\underset{\uparrow}{A^-(aq)}}$$

그림 17.1에서 공통 이온 효과의 의미를 살펴보자. 오른쪽 그림의 분홍색 용액은 0.10 M 아세트산 용액으로 $[H_3O^+]=1.3\times10^{-3}$ M이고 pH는 2.89를 나타낸다. 왼쪽의 노란색 용액은 0.10 M의 아세트산과 짝염기인 $CH_3CO_2^-$의 혼합 용액으로 $[H_3O^+]=1.8\times10^{-5}$ M이고 pH는 4.74를 나타낸다.

아세트산 용액에 아세트산 이온을 첨가하였을 때, $[H_3O^+]$가 감소하며 이는 공통 이온 효과의 한 예가 된다. 이미 평형에 관여하고 있는 이온에 대해, 그 이온의 농도를 증가시키는 물질을 첨가할 때 평형이 이동하는 것을 **공통 이온 효과**라고 한다. 그림 17.2에서 보여 주는 것처럼, 첨가된 아세트산 이온은 아세트산-해리 평형을 왼쪽으로 이동시킨다.

$$CH_3CO_2H(aq) + H_2O(l) \rightleftharpoons H_3O^+(aq) + CH_3CO_2^-(aq)$$

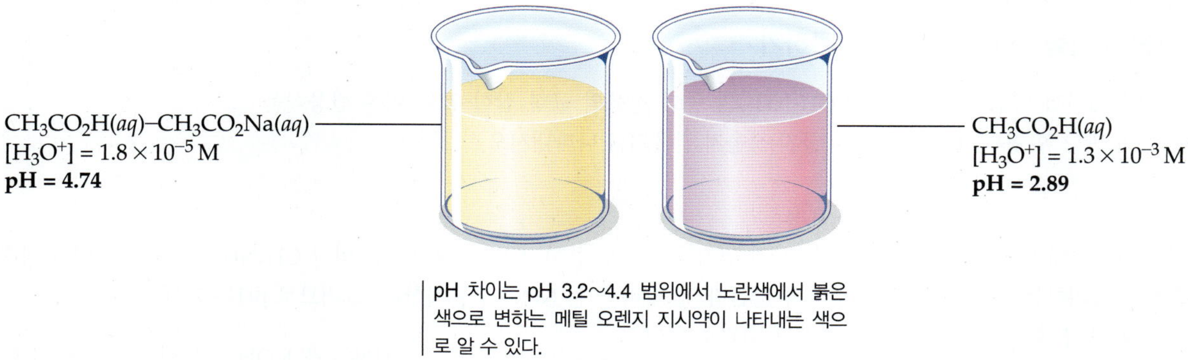

▲ 그림 17.1
공통 이온 효과의 설명. 왼쪽의 0.10 M 아세트산–0.10 M 아세트산 소듐 용액은 오른쪽의 0.10 M 아세트산 용액보다 H_3O^+의 농도가 낮으므로 더 높은 pH를 나타낸다.

▶ 그림 17.2
공통 이온 효과. $[H_3O^+]$를 로그 척도로 나타낸 것에 유의하라.

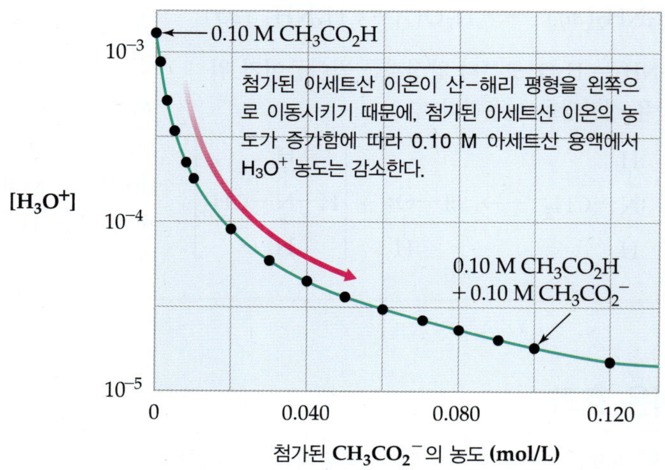

기억하기…
르샤틀리에 원리는 평형을 이루고 있는 반응 혼합물에 농도, 압력, 온도 등의 스트레스가 가해지면, 이러한 스트레스를 해소하는 방향으로 알짜 반응이 진행된다는 것을 말한다. 이러한 알짜 반응은 새로운 평형에 도달될 때까지 진행된다(15.6절).

개념탐구 질문 1
1.0 M 암모니아 용액 1 L에 고체 염화 암모늄 1.0 mol을 넣었을 때 pH 변화는 어떻게 되는가?

공통 이온 효과는 **르샤틀리에 원리**(15.6절)의 또 다른 예이다. 즉, 생성물 중 하나의 농도를 증가시켜 평형에 변화를 주면, 평형이 반응물 쪽으로 이동하여 가해진 변화가 해소된다. 예제 17.2는 약산과 그 짝염기로 이루어진 용액에서 pH를 어떻게 계산하는지를 보여 준다.

예제 17.2

농도, pH 및 해리 백분율에 미치는 공통 이온 효과 계산

0.10 M CH_3CO_2H($K_a = 1.8 \times 10^{-5}$)와 0.10 M $NaCH_3CO_2$ 혼합 용액에 존재하는 모든 화학종의 농도, 용액의 pH, 아세트산의 해리 백분율을 구하시오.(NaCH₃CO₂를 포함하지 않는 0.10 M CH_3CO_2H 용액의 pH는 2.89이고, 해리 백분율은 1.3%이다.)

문제 파악

알고 있는 것	알아내야 할 것
0.10 M CH_3CO_2H와 0.10 M $NaCH_3CO_2$ CH_3CO_2H의 $K_a = 1.8 \times 10^{-5}$	pH 모든 화학종의 농도 해리 백분율

전략

이 문제는 용액에 있는 여러 화학종의 산-염기 성질을 확인함으로써 풀 수 있다. 산-염기 문제를 해결하는 절차는 그림 16.7에 설명하였다.

풀이

단계 1. 산-염기 반응에 대한 균형 반응식을 적는다. 아세트산은 수용액에서 거의 대부분이 해리되지 않고, 아세트산 소듐 염은 거의 100% 해리되므로, 처음에 존재하는 화학종은 다음과 같다.

CH_3CO_2H	Na^+	$CH_3CO_2^-$	H_2O
산	비활성	염기	산 또는 염기

약산인 CH_3CO_2H의 K_a는 K_w보다 많이 크므로, 아세트산의 해리를 주반응으로 고려한다.

$$CH_3CO_2H(aq) + H_2O(l) \rightleftharpoons H_3O^+(aq) + CH_3CO_2^-(aq) \qquad K_a = 1.8 \times 10^{-5}$$

단계 2. 균형 반응식에서 나타나는 각 반응물과 생성물의 처음 농도, 농도 변화, 평형 농도가 수록된 표를 만든다.

해리되는 산의 농도, 여기서는 아세트산을 x라고 한다. 아세트산 이온은 두 군데서 생성된다는 것을 유념해야 한다. 처음에 존재하는 아세트산 소듐으로부터 생성되는 0.10 mol/L의 아세트산 이온과 아세트산의 해리로부터 생성되는 x mol/L을 고려해야 한다.

주반응	$CH_3CO_2H(aq)$ +	$H_2O(l)$ $\rightleftharpoons$	$H_3O^+(aq)$ +	$CH_3CO_2^-(aq)$
초기 농도(M)	0.10		~0	0.10
변화(M)	$-x$		$+x$	$+x$
평형 농도(M)	$0.10 - x$		x	$0.10 + x$

단계 3. 반응 평형식에 평형 농도를 대입하고 x를 구한다.

$$K_a = 1.8 \times 10^{-5} = \frac{[H_3O^+][CH_3CO_2^-]}{[CH_3CO_2H]} = \frac{(x)(0.10 + x)}{(0.10 - x)}$$

K_a가 작기 때문에 $(0.10+x) \approx (0.10-x) \approx 0.10$으로 근사가 가능할 정도로 x가 작다는 것을 이용하면, 식을 다음과 같이 간단히 나타낼 수 있다.

$$1.8 \times 10^{-5} = \frac{(x)(0.10 + x)}{(0.10 - x)} \approx \frac{(x)(0.10)}{0.10}$$

$$x = 1.8 \times 10^{-5}\ \text{M}$$

근사가 타당한지 점검하기 위해, 계산된 x의 초기 농도에 대한 백분율을 계산하면 다음과 같다.

$$\frac{1.8 \times 10^{-5}}{0.10} \times 100\% = 0.018\%$$

x가 초기 농도의 5%보다 작다면, 근사는 타당하고 계산된 평형 농도에 큰 영향을 주지 않는다. 이 문제에서는 5%보다 작은 0.18%이므로, 근사는 타당하다는 것을 알 수 있다. x가 산의 초기 농도보다 항상 무시할 수 있을 정도로 작지는 않기 때문에, **모든 문제에서 근사가 타당한지를 점검하는 것은 중요하다.**

단계 4. 반응에 관여하는 모든 반응물과 생성물의 농도를 계산한다.

반응에 관여하는 모든 화학종의 평형 농도를 구하기 위해 x를 사용한다.

$$[CH_3CO_2H] = 0.10\ \text{M} - x = 0.10\ \text{M} - 1.8 \times 10^{-5} = 0.10\ \text{M}$$

$$[H_3O^+] = x = 1.8 \times 10^{-5}$$

$$[CH_3CO_2^-] = 0.10\ \text{M} + x = 0.10\ \text{M} + 1.8 \times 10^{-5} = 0.10\ \text{M}$$

단계 5. pH를 계산한다.

$$pH = -\log(1.8 \times 10^{-5}) = 4.74$$

아세트산의 해리 백분율은 다음과 같다.

$$\text{해리 백분율} = \frac{[CH_3CO_2H]_{\text{해리된}}}{[CH_3CO_2H]_{\text{초기}}} \times 100\% = \frac{1.8 \times 10^{-5}}{0.10} \times 100\% = 0.018\%$$

점검

$CH_3CO_2H/CH_3CO_2^-$ 용액에서 $CH_3CO_2^-$가 공통 이온이다. 이것의 농도가 증가하면 주반응식의 평형을 왼쪽으로 이동시킨다.

$$CH_3CO_2H(aq) + H_2O(l) \rightleftharpoons H_3O^+(aq) + CH_3CO_2^-(aq)$$

결과적으로, H_3O^+의 농도와 해리 백분율은 감소한다. 예상되는 것처럼, 계산된 pH 값(4.74)은 $CH_3CO_2^-$를 포함하지 않는 0.10 M CH_3CO_2H 용액의 pH(2.89)보다 더 크다.

▶ **연습문제 17.3** 0.025 M HCN과 0.010 M NaCN 혼합 용액에서 용액의 pH와 HCN($K_a = 4.9 \times 10^{-10}$)의 해리 백분율을 구하시오.

▶ **응용문제 17.4** 0.20 M 메틸아민(CH_3NH_2, $K_b = 3.7 \times 10^{-4}$)과 0.60 M CH_3NH_3Cl이 같은 부피로 섞인 용액의 pH를 구하시오.

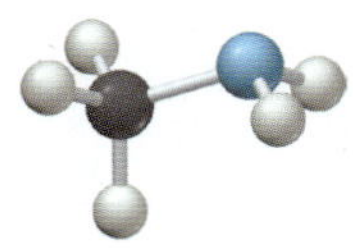

메틸아민

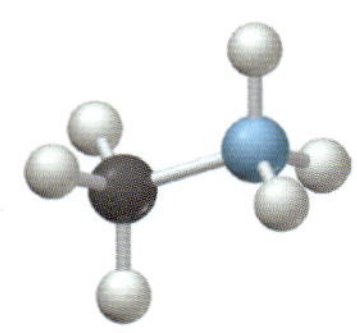

메틸암모늄 양이온

예제 17.3

pH와 해리 백분율에 미치는 공통 이온의 영향 결정

다음의 그림은 소듐 염 NaA를 포함하는 약산 HA 용액의 초기 농도를 나타낸 것이다. 어떤 용액의 pH가 가장 큰가? 어떤 용액에서 HA의 해리 백분율이 가장 크겠는가? (Na^+ 및 H_3O^+ 이온과 용매인 물 분자는 생략하였다.)

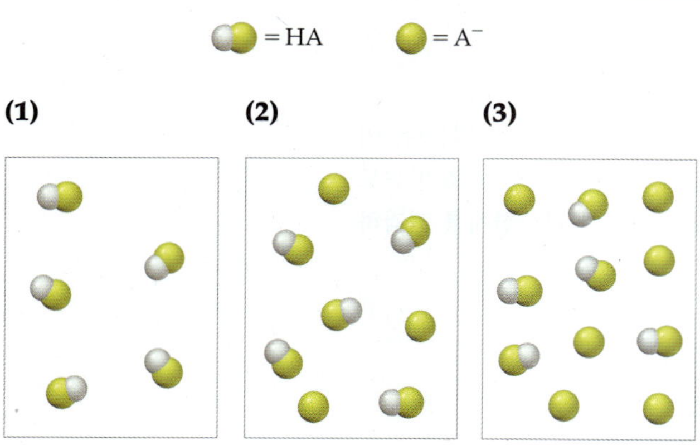

전략

pH와 HA의 해리 백분율은 반응 $HA(aq) + H_2O(l) \rightleftharpoons H_3O^+(aq) + A^-(aq)$에 의해 결정된다. 공통 이온 A^-를 더 많이 넣을수록 해리 평형은 왼쪽으로 이동하여 H_3O^+ 농도는 감소하고(pH 증가) 해리 백분율은 감소한다. 질문에 답을 하기 위해 A^- 이온의 개수를 세면 된다.

풀이

세 용액 모두 같은 수의 HA 분자를 가지나, A^- 이온의 수는 서로 다르다(용액 1에는 없고, 용액 2에는 3개, 용액 3에는 6개). 해리 평형은 용액 3이 가장 왼쪽으로 치우치게 되어, 가장 작은 H_3O^+ 농도와 가장 큰 pH를 갖는다. 용액 1은 HA의 해리를 억제하는 공통 이온이 없으므로, 가장 큰 해리 백분율을 갖는다.

▶ **개념 연습문제 17.5** 다음 그림은 소듐 염 NaF를 포함하는 약산 HF 용액의 초기 농도를 나타낸 것이다. 어떤 용액의 pH가 더 큰가? 어떤 용액에서 HF의 해리 백분율이 가장 크겠는가?

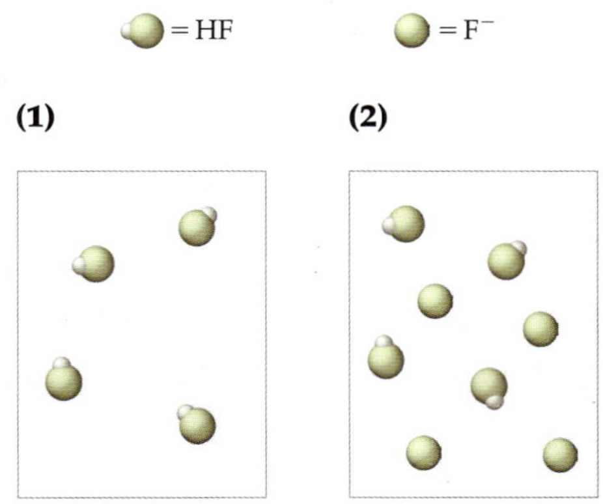

개념 응용문제 17.6 다음 그림은 염화 염 BH^+Cl^-를 포함하는 약염기 B 용액의 초기 농도를 나타낸 것이다. 어떤 용액의 pH가 가장 낮은가? 어떤 용액에서 B의 해리 백분율이 가장 크겠는가?(Cl^- 및 OH^- 이온과 용매인 물 분자는 생략하였다.)

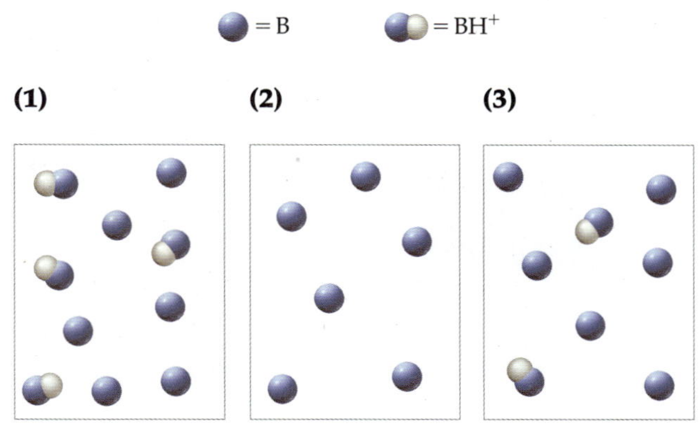

17.3 완충 용액

17.2절에서 살펴본 것과 같이, 어떤 약산과 그의 짝염기를 포함하는 용액을 **완충 용액(buffer solution)**이라 하고, 이러한 용액은 급격한 pH 변화에 저항하는 능력을 갖는다.

완충 용액

약산(HA)
+
짝염기(A^-)

예: $CH_3CO_2H + CH_3CO_2^-$
$HF + F^-$
$NH_4^+ + NH_3$
$H_2PO_4^- + HPO_4^{2-}$

완충 용액은 pH 변화를 어느 정도나 막을 것인가? 어떤 완충 용액에 소량의 OH^-를 첨가할 경우 pH는 증가하지만, 그 변화는 크지 않다. 왜냐하면, 그 완충 용액 중의 산 성분이 첨가한 OH^-를 중화하기 때문이다. pH에 큰 영향을 미치는 수산화 이온(OH^-)은 HA와 반응하여 약염기로 pH에 영향이 작은 A^-를 생성한다.

$$HA(aq) + OH^-(aq) \longrightarrow H_2O(l) + A^-(aq)$$

반대로, 소량의 H_3O^+를 첨가하면 pH는 감소하지만, 그 변화는 크지 않다. 이 경우 역시 완충 용액의 염기 성분이 첨가한 H_3O^+를 중화시키기 때문이다. pH에 큰 영향을 미치는 하이드로늄 이온(H_3O^+)은 A^-와 반응하여 약산으로 pH에 영향이 작은 HA를 생성한다.

$$A^-(aq) + H_3O^+(aq) \longrightarrow H_2O(l) + HA\ (aq)$$

생체에서 완충 용액의 역할은 매우 중요하다. 예를 들어 혈액은 완충 용액 중 하나로, 생체 반응의 결과로 생성되는 산과 염기를 중화하여 pH 변화를 억제한다. 심장이 멈춰 혈액 순환이 중단되는 심장마비는 이산화 탄소가 쌓여 피를 산성화되게 하는 반면, 과호흡증은 신체에서 제거되는 이산화 탄소의 양을 증가시켜 혈액의 pH를 높인다. 인체 내 혈액의 pH는 주로 H_2CO_3와 그 짝염기 HCO_3^-의 짝산-염기쌍에 의해 7.35~7.45의 pH 범위에서 매우 세심하게 조절된다. 혈액에서 헤모글로빈의 산소 운반 능력은 0.1 정도의 범위 내에서 pH에 민감하게 영향을 받는다.

개념탐구 질문 2

다음의 그림은 약산 HA와/또는 소듐 염 NaA를 포함하는 용액의 **초기** 농도를 나타낸 것이다. 어떤 용액이 완충 용액인가? (Na^+와 용매인 물 분자는 생략하였다.)

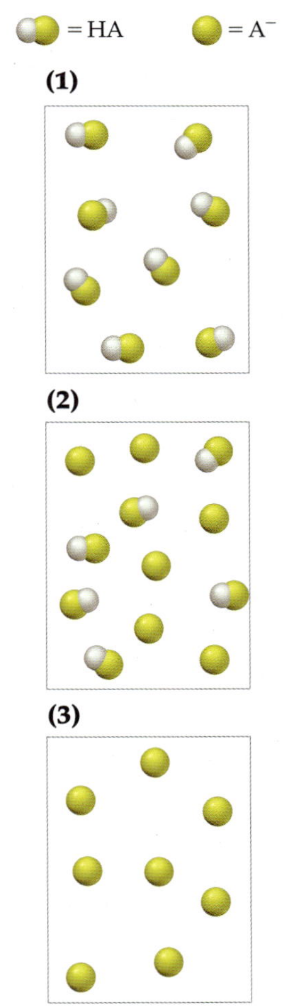

(a) 1.8×10^{-5} M HCl 1.00 L (pH = 4.74)

(b) (a) 용액에 0.10 M NaOH 몇 방울만 가해도 노란색 (pH > 5.4)으로 변한다.

(c) 0.10 M 아세트산 −0.10 M 아세트산 소듐 완충 용액 1.00 L (pH = 4.74)

(d) (c) 용액에 0.10 M NaOH 100 mL를 가해도 여전히 빨간색(pH < 5.4)을 유지한다.

▲ 그림 17.3

강산 용액과 완충 용액의 첨가된 염기를 흡수하는 능력. 각 용액의 색깔은 산–염기 지시약인 메틸 레드가 몇 방울 들어 있기 때문이다. 이 지시약은 pH가 약 5.4 이하에서 빨간색을 띠고, 그 이상에서는 노란색을 나타낸다.

완충 용액이 어떻게 pH를 일정하게 유지하는가를 이해하기 위하여, 0.10 M 아세트산−0.10 M 아세트산 소듐 용액과 1.8×10^{-5} M HCl에 대해 비교해 보자. 그림 17.3에서 보여 주는 것처럼, 강산의 희석 용액은 완충 용액과 같은 pH(4.74)를 갖지만, 첨가된 산 또는 염기에 대해 pH 변화를 완충하는 능력을 갖지 않는다. 예를 들면, 1.8×10^{-5} M HCl 1.00 L에 0.01 mol 고체 NaOH를 첨가하면, 무시할 수 있을 만큼 적은 양의 OH^-(1.8×10^{-5} mol)가 중화되고, 중화 후 OH^-의 농도는 0.01 mol/1.00 L = 0.01 M이 되어 pH는 4.74에서 12.0으로 증가하게 된다.

$$[H_3O^+] = \frac{K_w}{[OH^-]} = \frac{1.0 \times 10^{-14}}{0.01} = 1 \times 10^{-12}\,M$$
$$pH = 12.0$$

이러한 pH 변화는 그림 17.3a의 빨간색에서 그림 17.3b의 노란색으로 용액의 색이 변화하는 것을 통해 알 수 있다. 이와 비교하여, 0.10 M 아세트산−0.10 M 아세트산 소듐 완충 용액에 0.01 mol 고체 NaOH를 넣었을 때는 pH가 거의 변하지 않아, 그림 17.3c−d에서 빨간색이 유지되는 것을 알 수 있다.

그림 17.4는 어떻게 완충 작용을 하는지를 보여 준다. pH 또는 $[H_3O^+]$는 약산의 K_a 값이 일정하게 유지되므로, 약산과 짝염기의 비율의 영향을 받는다.

$$[H_3O^+] = K_a\frac{[HA]}{[A^-]}$$

OH^-나 H_3O^+가 완충 용액에 첨가되면 짝염기에 대한 약산의 비율이 변한다. 만약 첨가된 OH^-나 H_3O^+의 양이 완충 용액에 들어 있는 약산과 염기에 비해 적다면 그 비와 pH는 단지 조금만 변할 것이다.

용액이 큰 pH 변화 없이 수용할 수 있는 산 또는 염기의 양을 나타내는 **완충 용량(buffer capacity)**이라는 용어를 사용하여 용액의 완충 능력을 판단한다. 완충 용량은 주어진 양의 산 또는 염기의 첨가로 얼마나 pH가 변하는지를 측정한다. 완충 용량은 얼마나 많은 몰수의 약산과 짝염기가 들어 있는지에 의존한다. 용액의 부피가 같으면 진한 용액일수록 더 큰 완충 용량을 갖고, 용액의 농도가 같으면 부피가 클수록 더 큰 완충 용량을 갖는다.

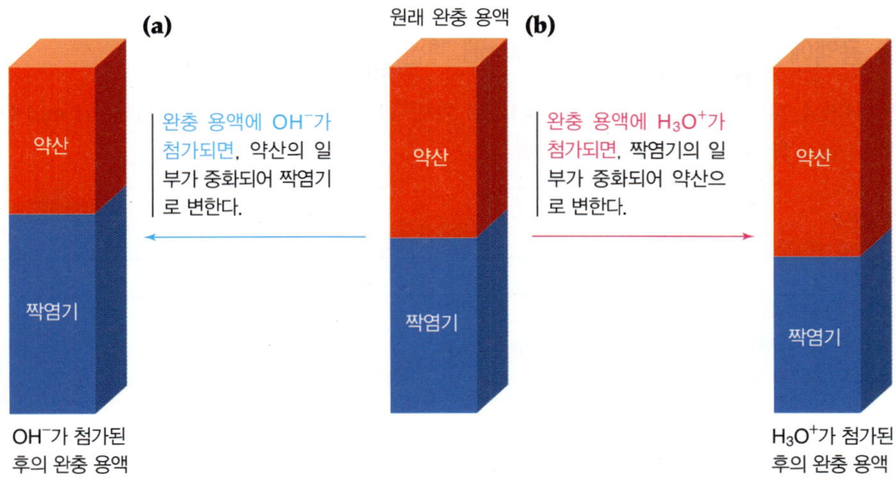

[약산]/[짝염기]의 농도 비가 처음의 값과 가깝게 유지되는 한, $[H_3O^+]$ 또는 pH는 크게 변하지 않는다.

◀ **그림 17.4**
완충 용액에 (a) OH^-와 (b) H_3O^+의 첨가

▶ 확인하기

어떤 조건에서 OH^-와 H_3O^+의 첨가가 완충 용액의 pH를 크게 변화시키는가?

답 첨가된 OH^-와 H_3O^+의 양이 약산과 짝염기의 비를 크게 변화시킬 때 용액의 pH가 크게 변한다.

완충 용액이 어떻게 작동하는지 보기 위해, 17.2절에서 언급한 0.1 M 아세트산−0.10 M 아세트산 소듐 용액을 살펴보자. 이 용액의 주반응과 평형 농도는 다음과 같다.

주반응	$CH_3CO_2H(aq)$	+	$H_2O(l)$	$\rightleftharpoons$	$H_3O^+(aq)$	+	$CH_3CO_2^-(aq)$
평형 농도(M)	$0.10 - x$				x		$0.10 + x$

$[H_3O^+]$에 대해 평형식을 풀면 다음과 같은 식을 얻는다.

$$K_a = \frac{[H_3O^+][CH_3CO_2^-]}{[CH_3CO_2H]}$$

$$[H_3O^+] = K_a\frac{[CH_3CO_2H]}{[CH_3CO_2^-]}$$

따라서 완충 용액에서 H_3O^+의 농도는 약산의 K_a 값에 가까운 값을 갖지만, [약산]/[짝염기] 비를 곱한 값만큼 다르다. 0.10 M 아세트산−0.10 M 아세트산 소듐 용액의 경우 그 농도 비율은 1이므로 $[H_3O^+]$는 K_a와 같다.

$$[H_3O^+] = K_a\frac{(0.10 - x)}{(0.10 + x)} = K_a\left(\frac{0.10}{0.10}\right) = K_a = 1.8 \times 10^{-5}\ \text{M}$$

$$\text{pH} = \text{p}K_a = -\log(1.8 \times 10^{-5}) = 4.74$$

이 결과를 계산할 때, 평형 농도 $(0.10-x)$와 $(0.10+x)$를 초기 농도 0.10과 같다고 근사하는 것에 유념한다. 왜냐하면, x는 초기 농도에 비하여 무시할 수 있을 정도로 작기 때문이다. 자주 사용하는 완충 용액의 경우 K_a 값은 매우 작고 초기 농도는 상대적으로 크다. 결과적으로, 일반적인 경우 x는 초기 농도에 비하여 무시할 수 있을 정도로 작으므로, 계산에서 그 초기 농도를 그대로 사용할 수 있다. 이제, 완충 용액에 H_3O^+나 OH^-를 넣었을 때 어떠한 일이 일어나는지 알아보도록 하자.

예제 17.4

완충 용액에 OH^- 또는 H_3O^+ 첨가 후 pH 계산

초기 pH가 4.74인 0.10 M 아세트산−0.10 M 아세트산 소듐 용액 1.00 L에 (a) 0.01 mol OH^- (b) 0.01 mol H_3O^+ 첨가 후 pH를 계산하시오.

문제 파악

알고 있는 것	알아내야 할 것
완충 용액의 부피(1.00 L) 아세트산과 아세트산 이온의 초기 농도(0.10 M) 첨가되는 산 및 염기의 양(0.01 mol)	최종 pH

전략

강산 또는 강염기를 포함하는 중화 반응이므로 반응은 100% 완결된다(17.1절). $[H_3O^+]$를 구하기 위해 평형 농도 표를 먼저 작성한다.

풀이(a)

완충 용액에 0.01 mol의 OH^-가 첨가되면 약산 CH_3CO_2H와 반응한다. 중화 반응은 몰수에 따라 달라진다. 처음에 (1.00 L)×(0.10 mol/L) = 0.10 mol의 아세트산과 동일한 양의 아세트산 이온이 있다. 여기에 OH^- 0.01 mol을 가하여 중화 반응이 일어나면 몰수는 다음과 같이 변할 것이다.

중화 반응	$CH_3CO_2H(aq)$	+ $OH^-(aq)$	$\xrightarrow{100\%}$ $H_2O(l)$ + $CH_3CO_2^-(aq)$
반응 전(mol)	0.10	0.01	0.10
변화(mol)	−0.01	−0.01	+0.01
반응 후(mol)	0.09	~0	0.11

용액 부피는 1.00 L로 아무런 변화가 없다면, 중화 반응 후 완충 용액 성분의 농도는 다음과 같다.

$$[CH_3CO_2H] = \frac{0.09\ \text{mol}}{1.00\ \text{L}} = 0.09\ \text{M}$$

$$[CH_3CO_2^-] = \frac{0.11\ \text{mol}}{1.00\ \text{L}} = 0.11\ \text{M}$$

이 농도를 $[H_3O^+]$에 관한 식에 대입하면 pH를 계산할 수 있다.

$$[H_3O^+] = K_a\frac{[CH_3CO_2H]}{[CH_3CO_2^-]} = (1.8 \times 10^{-5})\left(\frac{0.09}{0.11}\right) = 1.5 \times 10^{-5}\ \text{M}$$

$$\text{pH} = 4.82$$

점검(a)

0.01 mol NaOH를 가하면 농도 비율 [약산]/[짝염기]는 1.0에서 0.818(0.09/0.11)로 약간 변하므로 $[H_3O^+]$도 약간만 변한다. 그 결과 pH는 4.74에서 4.82로 단지 0.08만큼 변한다.

풀이(b)

완충 용액에 0.01 mol의 H_3O^+가 첨가되면, 약염기($CH_3CO_2^-$)와 반응한다. 첨가된 강산은 중화 반응에 의해 아세트산 이온 0.01 mol을 아세트산 0.01 mol로 변화시킬 것이다.

중화 반응	$CH_3CO_2^-(aq)$	+ $H_3O^+(aq)$	$\xrightarrow{100\%}$ $H_2O(l)$ + $CH_3CO_2H(aq)$
반응 전(mol)	0.10	0.01	0.10
변화(mol)	−0.01	−0.01	+0.01
반응 후(mol)	0.09	~0	0.11

중화 반응 후 $[CH_3CO_2H] = 0.11$ M, $[CH_3CO_2^-] = 0.09$ M, 그리고 이 농도들을 $[H_3O^+]$에 관한 식에 대입하면 pH를 계산할 수 있다.

$$[H_3O^+] = K_a\frac{[CH_3CO_2H]}{[CH_3CO_2^-]} = (1.8 \times 10^{-5})\left(\frac{0.11}{0.09}\right) = 2.2 \times 10^{-5}\ \text{M}$$

$$\text{pH} = 4.66$$

점검(b)

0.01 mol H_3O^+를 가하면, 농도 비율 [약산]/[짝염기]는 1.0에서 1.2 (0.11/0.09)로 약간 변하므로 $[H_3O^+]$도 약간만 변한다. 그 결과, pH는 4.74에서 4.66로 단지 −0.08만큼 변한다.

연습문제 17.7 pH가 3.76인 0.25 M HF−0.50 M NaF 완충 용액 0.100 L에 KOH 0.004 mol을 첨가한 후의 pH를 구하시오.

응용문제 17.8 (a) 0.050 M HF−0.100 M NaF 완충 용액 0.100 L에 HNO_3 0.002 mol을 넣었을 때 pH 변화를 구하시오.

(b) 용액이 2배로 희석되었을 때 pH가 변하는가?

17.4 pH 적정 곡선

산−염기 적정 과정에서 얻어지는 용액을 살펴봄으로써 산−염기 혼합물의 평형을 계속 공부하기로 하자. 전형적인 산−염기 **적정(titration)**(4.9절)에서는 농도를 알지 못하는 다른 산 용액(또는 염기 용액)에 농도를 아는 염기(또는 산)를 함유하는 용액을 뷰렛을 사용하여 서서히 가한다. pH 미터(그림 17.5a)를 사용하거나 적절한 산−염기 지시약의 색을 관찰하여 적정 진행 과정을 추적할 수 있다. pH 미터를 사용하면 가하는 적정액 부피에 대한 용액의 pH를 도시한 **pH 적정 곡선(pH titration curve)**을 작성할 수 있는 자료를 얻을 수 있다(그림 17.5b).

기억하기…
적정이란 기지 농도의 표준 용액과 반응하는 부피를 정확히 측정함으로써 어떤 용액의 미지 농도를 결정하는 과정이다(4.9절).

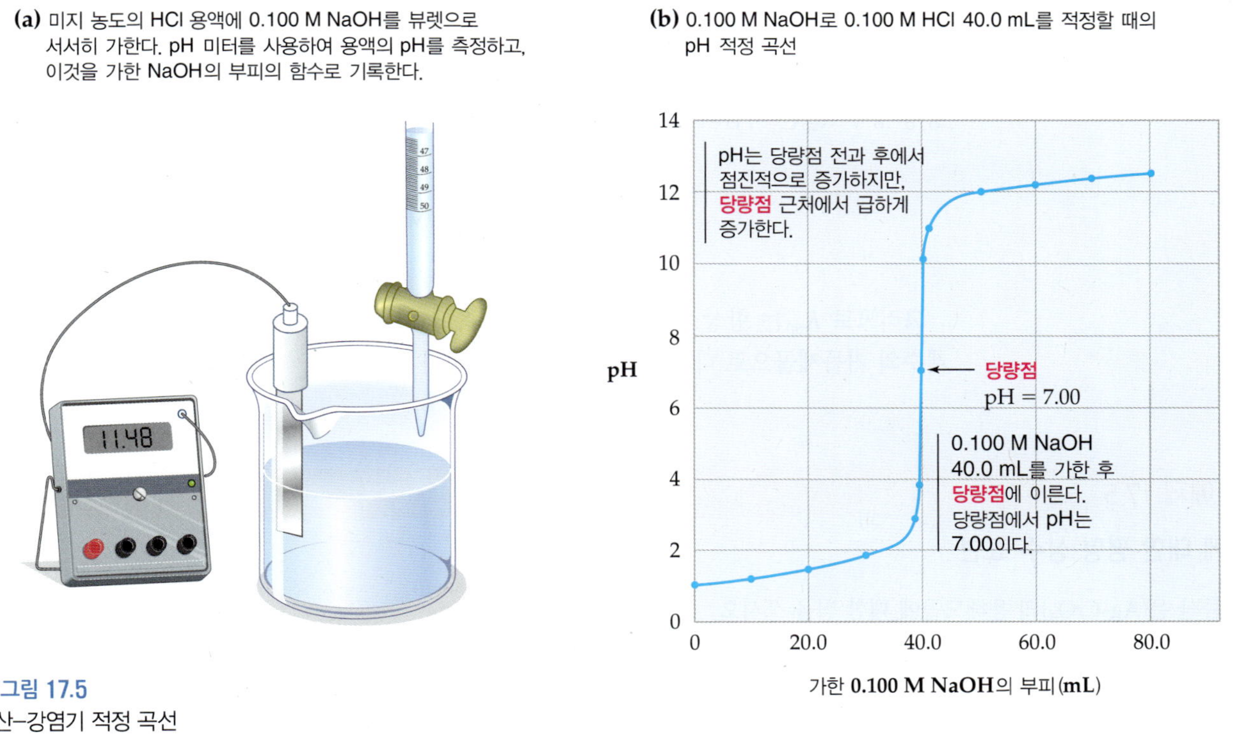

▲ 그림 17.5
강산−강염기 적정 곡선

왜 적정 곡선을 공부하는가? pH 적정 곡선의 모양으로 적정에서 **당량점(equivalence point)** 을 판별할 수 있다. 당량점에서 산과 염기는 화학량론적으로 동일한 양이 서로 섞인다. 적정 곡선의 모양을 알면 당량점을 나타낼 수 있는 적절한 지시약의 선택이 편리하다.

17.5 이온 화합물의 용해도 평형

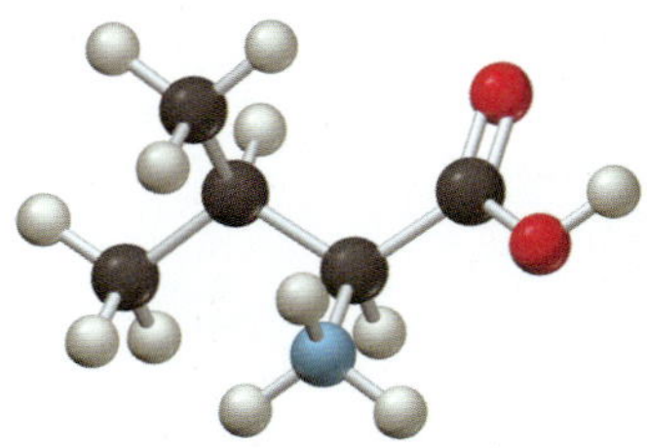

발린 양이온

많은 생물학적 및 환경학적 과정은 잘 용해되지 않는 이온 화합물의 용해 및 침전과 관련이 있다. 예를 들면, 치아가 썩는 것은 당분이 많은 음식이 박테리아에 의하여 분해될 때 유기산이 생성되고, 하이드록시아파타이트[$Ca_5(PO_4)_3OH$]라는 무기질로 구성된 치아의 에나멜이 이 유기산과 반응하여 용해되면서 시작된다. 신장결석은 옥살산 칼슘(CaC_2O_4)과 같은 잘 용해되지 않는 칼슘 염이 긴 세월에 걸쳐 서서히 침전되어 형성된다. 이러한 용해와 침전 과정을 정량적으로 이해하기 위해서는 용해도 평형의 원리를 살펴야 한다.

▲ 대부분의 담석은 옥살산 칼슘과 같은 불용성 칼슘염으로 구성되어 있다. ©remik44992/Shutterstock

기억하기…
순수한 고체나 순수한 액체의 농도는 평형 상수식 표현에서 생략할 수 있다. 왜냐하면, 열역학적 표준 상태에서 그것의 농도와 실제 농도의 비는 1이기 때문이다(15.4절).

과량의 고체 플루오린화 칼슘이 들어 있는 포화 용액의 용해도 평형에 대하여 생각해 보자. 대부분의 잘 용해되지 않는 이온성 용질의 경우처럼, 물에 용해된 플루오린화 칼슘은 강전해질이므로 수용액에서 완전히 해리된 상태의 수화 이온인 $Ca^{2+}(aq)$와 $F^-(aq)$로 존재한다. 평형에서 이온 농도는 항상 일정하다. 왜냐하면, 고체 CaF_2가 용해되어 $Ca^{2+}(aq)$와 $F^-(aq)$를 생성하는 속도와 이온들이 고체 CaF_2로 결정화하는 속도가 정확하게 같기 때문이다.

$$CaF_2(s) \rightleftharpoons Ca^{2+}(aq) + 2\,F^-(aq)$$

용해 반응의 평형식은 다음과 같다.

$$K_{sp} = [Ca^{2+}][F^-]^2$$

이때 평형 상수 K_{sp}를 **용해도곱 상수**(solubility product constant) 또는 간단히 **용해도곱(solubility product)**이라고 한다. 일반적인 불균일 평형과 같이 **고체의 농도** $[CaF_2]$는 항상 일정하므로 평형식에서 생략한다(15.4절).

다음과 같은 일반적 용해도 평형에서

$$M_mX_x(s) \rightleftharpoons m\,M^{n+}(aq) + x\,X^{y-}(aq)$$

평형 상수 K_{sp}는 다음과 같이 나타낸다.

용해도곱 $K_{sp} = [M^{n+}]^m[X^{y-}]^x$

그러므로 K_{sp}는 항상 화학 반응식의 오른쪽에 있는 각 이온들의 평형 농도에 균형 반응식 계수의 거듭제곱으로 나타낸 값을 모두 곱한 것과 같다.

예제 17.5

K_{sp}에 대한 평형 상수 표현

크로뮴산 은(Ag_2CrO_4)의 용해도곱에 대한 식을 쓰시오.

전략과 풀이

먼저 용해도 평형의 균형 반응식을 쓴다.

$$Ag_2CrO_4(s) \rightleftharpoons 2\,Ag^+(aq) + CrO_4^{2-}(aq)$$

K_{sp} 평형 상수식의 지수는 균형 반응식의 계수와 같다. 따라서

$$K_{sp} = [Ag^+]^2[CrO_4^{2-}]$$

연습문제 17.9 $Ca_3(PO_4)_2$의 K_{sp} 평형 상수식을 쓰시오.

개념 응용문제 17.10 다음은 세 가지 은 염 AgX, AgY, AgZ 용액을 그림으로 나타내었다. 각 그림은 포화 용액을 나타낸다(다른 이온과 물 분자는 혼동을 피하기 위하여 생략하였다).

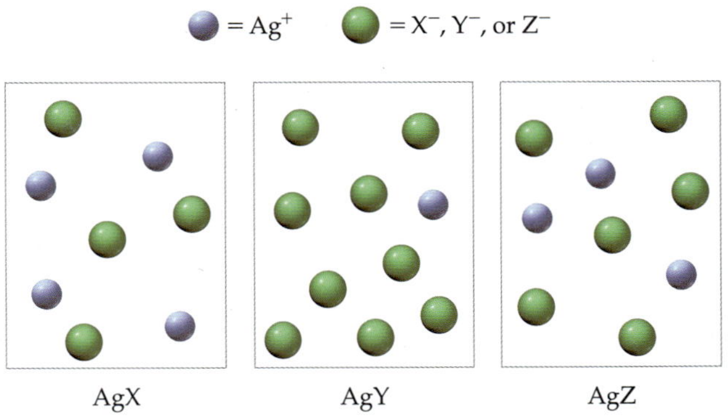

(a) K_{sp} 값이 가장 큰 염은 어느 것인가?

(b) K_{sp} 값이 가장 작은 염은 어느 것인가?

17.6 K_{sp} 측정과 K_{sp}로부터 용해도 계산

용해도곱 K_{sp}는 실험적으로 측정하는 수치이다. 예를 들어, 물에 고체 CaF_2 과량을 넣고 저어 CaF_2 포화 용액으로 만든 다음, Ca^{2+}와 F^- 이온의 농도를 측정하면 K_{sp}를 구할 수 있다. 이온의 농도가 평형값에 도달한 것을 확인하기 위하여, 장시간 혼합물 용액을 젓고 반복하여 측정한다. 가령 $[Ca^{2+}] = 2.1 \times 10^{-4}$ M이고, $[F^-] = 4.1 \times 10^{-4}$ M이라는 결과를 얻었다고 하자($[F^-]$ 값은 $[Ca^{2+}]$ 값의 두 배이다. 그 이유는 CaF_2 1 mol이 용해될 때 Ca^{2+} 1 mol과 F^- 2 mol을 내놓기 때문이다). 이제 CaF_2의 K_{sp} 값을 다음과 같이 계산할 수 있다.

$$K_{sp} = [Ca^{2+}][F^-]^2 = (2.1 \times 10^{-4})(4.1 \times 10^{-4})^2 = 3.5 \times 10^{-11}$$

CaF_2의 K_{sp}를 측정하기 위한 또 다른 방법은 반대 방향으로부터 평형에 도달하는 방법이다. 즉, Ca^{2+}와 F^- 이온을 내놓는 화합물을 섞어 고체 CaF_2 침전과 CaF_2 포화 용액을 생성한다. 예를 들어, $CaCl_2$와 NaF를 섞고 평형에 도달할 때까지 기다린 결과, $[Ca^{2+}] = 3.5 \times 10^{-5}$ M이 되고 $[F^-] = 1.0 \times 10^{-3}$ M이 된다고 가정하자. 이들 이온 농도로부터 똑같은 K_{sp} 값을 얻는다.

$$K_{sp} = [Ca^{2+}][F^-]^2 = (3.5 \times 10^{-5})(1.0 \times 10^{-3})^2 = 3.5 \times 10^{-11}$$

용액이 충분히 묽으면, NaF로부터 나온 Na^+ 이온과 $CaCl_2$로부터 나온 Cl^- 이온의 존재는 K_{sp} 값에 아무런 영향을 주지 않는다. 이온 농도의 증가에 따라 이온들간의 정전기적 상호 작용에 의하여 K_{sp} 값이 약간 변한다. 그러나 여기서는 복잡하므로 이를 무시하겠다.

순수한 물에 CaF_2를 용해시키는 것 이외에 어떤 방법으로 포화 용액을 만들어도 $[Ca^{2+}]$와 $[F^-]$에 대한 특별한 제한이 없다. 다만, 이온 농도에 대해 평형 상수식 $[Ca^{2+}]\,[F^-]^2$ 값이 K_{sp}와 같아야 한다는 것이 유일한 조건이다. 이 조건을 만족하는 $[Ca^{2+}]$와 $[F^-]$의 조합 방법은 무수히 많기 때문에, 서로 다른 CaF_2 포화 용액을 여러 가지로 만들 수 있다. 예를 들면, $[F^-]$ 값이 1.0×10^{-2} M이면 다음 식에 따라 $[Ca^{2+}]$는 3.5×10^{-7} M이어야 한다.

$$[Ca^{2+}] = \frac{K_{sp}}{[F^-]^2} = \frac{3.5 \times 10^{-11}}{(1.0 \times 10^{-2})^2} = 3.5 \times 10^{-7}$$

25 °C에서 몇 가지 이온성 화합물들에 대한 K_{sp} 값을 **표 17.1**에 나타내었고, 부록 C에 더 많은 상수값을 나타내었다. 모든 평형 상수와 마찬가지로 K_{sp}는 온도에 의존한다(15.8절).

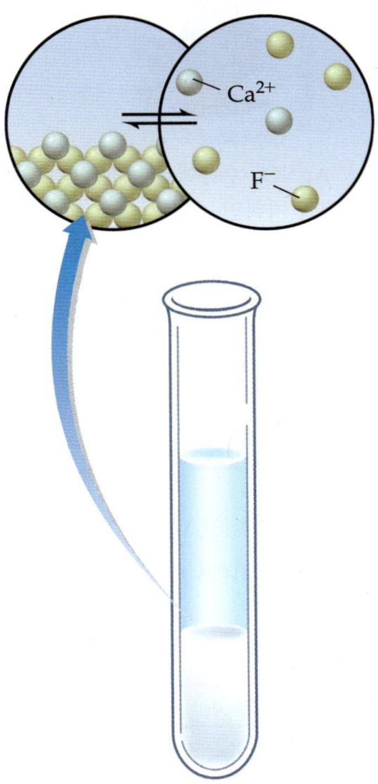

▲ 고체 CaF_2를 포함하는 플루오린화 칼슘 포화 용액은 평형에서 고체들이 용해되는 속도만큼 이온들이 결정화되기 때문에, 일정한 농도의 $Ca^{2+}(aq)$와 $F^-(aq)$를 함유한다.

개념탐구 질문 3

표 17.1에 나온 CaF_2와 $PbCl_2$의 K_{sp} 값을 비교하시오. 어떤 염의 몰농도가 더 큰가?

표 17.1 몇 가지 이온성 화합물의 K_{sp} 값 (25 °C에서)

화합물	화학식	K_{sp}
수산화 알루미늄	$Al(OH)_3$	1.9×10^{-33}
탄산 바륨	$BaCO_3$	2.6×10^{-9}
탄산 칼슘	$CaCO_3$	5.0×10^{-9}
플루오린화 칼슘	CaF_2	3.5×10^{-11}
염화 납(II)	$PbCl_2$	1.2×10^{-5}
크로뮴산 납(II)	$PbCrO_4$	2.8×10^{-13}
염화 은	$AgCl$	1.8×10^{-10}
황산 은	Ag_2SO_4	1.2×10^{-5}

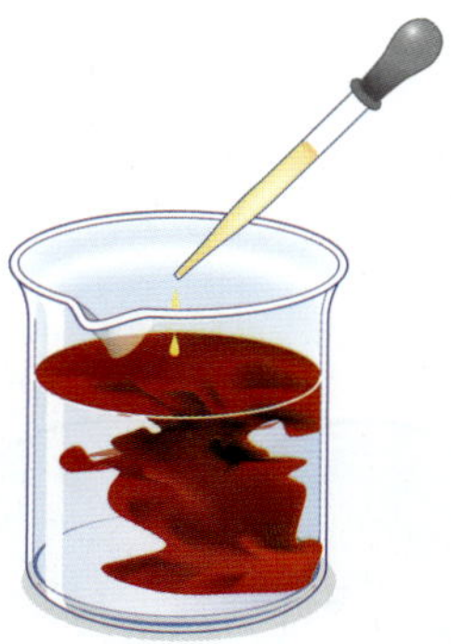

▲ $AgNO_3$ 수용액에 K_2CrO_4 수용액을 가하면, 붉은색 Ag_2CrO_4 침전과 Ag_2CrO_4 포화 용액이 생긴다.

화합물의 K_{sp} 값을 측정하면, 단위 부피의 포화 용액에 용해되어 있는 물질의 양을 나타내는 용해도를 계산할 수 있다. 그러나 두 가지의 복잡성 때문에 계산된 용해도는 근삿값인 경우가 많다. 첫째, K_{sp} 값이 측정하기 어려운 경우로, 때로 여러 문헌에는 10배 이상 차이가 나는 값들이 수록되기도 한다. 둘째, 부반응으로 인하여 계산된 용해도는 측정값보다 작을 수도 있다. 예를 들면, $PbCl_2$가 해리되면 Pb^{2+}와 $PbCl^+$를 생성한다. 이것은 Pb^{2+} 이온과 Cl^- 이온의 회합에 의한 결과이다.

$$(1) \quad PbCl_2(s) \rightleftharpoons Pb^{2+}(aq) + 2\,Cl^-(aq)$$
$$(2) \quad Pb^{2+}(aq) + Cl^-(aq) \rightleftharpoons PbCl^+(aq)$$

이 책에서는 반응 (1)과 같이 이온성 용질이 완전히 해리된다는 가정에서 용해도의 근삿값을 계산할 것이다. $PbCl_2$의 경우 두 번째 평형을 무시하면, 계산 결과는 약 1/2배 정도 낮은 값을 갖는다.

예제 17.6

이온 농도로부터 K_{sp} 계산

크로뮴산 은(Ag_2CrO_4) 포화 용액은 $[Ag^+] = 5.0 \times 10^{-5}$ M, $[CrO_4^{2-}] = 4.4 \times 10^{-4}$ M의 농도를 갖는다. Ag_2CrO_4의 K_{sp}는 얼마인가?

문제 파악

알고 있는 것	알아내야 할 것
$[CrO_4^{2-}] = 4.4 \times 10^{-4}$ M $[Ag^+] = 5.0 \times 10^{-5}$ M	K_{sp}

전략

Ag_2CrO_4의 K_{sp} 식에 주어진 평형 농도를 대입하면 K_{sp}를 구할 수 있다.

풀이

$$K_{sp} = [Ag^+]^2[CrO_4^{2-}] = (5.0 \times 10^{-5})^2(4.4 \times 10^{-4})$$
$$= 1.1 \times 10^{-12}$$

점검

$(5)^2(4) = 100$이므로 K_{sp} 값은 대략 $100 \times (10^{-5})^2(10^{-4})$이다. 따라서 K_{sp}는 약 10^{-12} 정도 된다. 이는 답과 거의 일치한다.

▶ **연습문제 17.11** $Ca_3(PO_4)_2$ 포화 용액 중 $[Ca^{2+}] = 2.01 \times 10^{-8}$ M이고, $[PO_4^{3-}] = 1.6 \times 10^{-5}$ M이다. $Ca_3(PO_4)_2$의 K_{sp}를 구하시오.

▶ **응용문제 17.12** 기증된 혈액에서 응고의 원인이 되는 Ca^{2+}는 옥살산 소듐($Na_2C_2O_4$)으로 침전시켜 제거한다. CaC_2O_4는 잘 용해되지 않는 염($K_{sp} = 2.3 \times 10^{-9}$)이다. $[Ca^{2+}]$를 3.0×10^{-8}보다 적게 유지하려고 할 때, 혈액에서 $Na_2C_2O_4$의 최소 농도는 얼마인가?

예제 17.7

K_{sp}로부터 용해도 계산

25 °C에서 물에 대한 MgF_2의 용해도를 다음 단위로 계산하시오.

(a) mol/L (b) g/L

문제 파악

알고 있는 것	알아내야 할 것
25 °C에서 K_{sp} (7.4×10^{-11}) (부록 C)	용해도(M, g/L)

전략

(a) MgF_2의 완전 해리를 가정하고, 용해도 평형에 관한 균형 방정식을 적는다. 그리고 부록 C에서 MgF_2의 K_{sp} 값을 찾는다. 녹은 MgF_2의 몰수를 x라 하면, 이 포화 용액은 x mol/L의 Mg^{2+}와 $2x$ mol/L의 F^-를 포함할 것이다. 이 평형 농도를 K_{sp} 평형식에 대입하고 x에 대하여 풀면, 몰 용해도를 구할 수 있다.

(b) mol/L 단위의 용해도를 g/L 단위로 바꾸려면, MgF_2의 몰 용해도에 그 몰질량(62.3 g/mol)을 곱한다.

풀이

(a) MgF_2 용해의 평형 표는 다음과 같다.

용해도 평형	$MgF_2(s) \rightleftharpoons$	$Mg^{2+}(aq)$	$+\ 2\,F^-(aq)$
초기 농도(M)		0	0
변화(M)		$+x$	$+2x$
평형 농도(M)		x	$2x$

K_{sp} 식에 평형 농도를 대입하면

$$K_{sp} = 7.4 \times 10^{-11} = [Mg^{2+}][F^-]^2 = (x)(2x)^2$$

$$4x^3 = 7.4 \times 10^{-11}$$

$$x^3 = 1.8 \times 10^{-11}$$

$$x = [Mg^{2+}] = \text{몰 용해도} = 2.6 \times 10^{-4}\ \text{mol/L}$$

따라서 25 °C에서 물에 대한 MgF_2 몰 용해도는 2.6×10^{-4} M이다.

$(x)(2x)^2$의 식에서 2라는 숫자가 두 번 나타나는 것에 주목하라. 지수 2는 평형 상수식 $K_{sp} = [Mg^{2+}][F^-]^2$ 때문이고, $2x$에서 계수 2는 MgF_2 1 mol이 용해되면 $F^-(aq)$ 2 mol을 형성하기 때문이다.

(b) $$\text{용해도(g/L)} = \frac{2.6 \times 10^{-4}\ \text{mol}}{\text{L}} \times \frac{62.3\ \text{g}}{\text{mol}} = 1.6 \times 10^{-2}\ \text{g/L}$$

점검

(a) MgF_2의 몰 용해도는 $K_{sp}/4$의 세제곱근에 해당되고, 이는 20×10^{-12}이다. $(2)^3 = 8$, $(3)^3 = 27$이고, $(10^{-4})^3 = 10^{-12}$이므로 몰 용해도는 2×10^{-4} M과 3×10^{-4} M 사이일 것이다. 이러한 어림셈은 답과 거의 일치한다.

▶ **연습문제 17.13** 25 °C 물에서 Ag_2CrO_4의 몰 용해도는 얼마인가? ($K_{sp} = 1.1 \times 10^{-12}$)

▶ **응용문제 17.14** 상부 위장관 X선 촬영을 하기 전에 환자는 고체 $BaSO_4$를 함유하는 현탁액을 마신다(바륨에 의한 X선 산란은 사진의 품질을 좋게 한다). Ba^{2+}는 독성을 갖지만, $BaSO_4$는 잘 용해되지 않으므로 섭취해도 안전하다. 만일 $BaSO_4$를 물에 용해시켜 만든 포화 용액에서 $[Ba^{2+}] = 1.05 \times 10^{-5}$ M이면, $BaSO_4$의 K_{sp}는 얼마인가?

17.7 이온 화합물의 침전

화학에서 자주 마주치는 문제는, 여러 이온이 혼합물로 용액에 있을 때 어떤 한 이온 화합물이 침전을 형성하는가에 대한 것이다. 예를 들어, $CaCl_2$ 용액과 NaF 용액을 섞으면 CaF_2는 침전될 것인가? 다시 말하면, 해리 반응이 오른쪽에서 왼쪽으로, 역반응이 일어날 것인가 하는 것이다.

$$CaF_2(s) \rightleftharpoons Ca^{2+}(aq) + 2\,F^-(aq)$$

이에 대한 문제를 4.6절에서 용해도 규칙을 설명하면서 간단히 다룬 적이 있다. 하지만 이제 더 정량적인 안목을 가질 수 있어야 한다. 이 답은 다음과 같이 표현하는 **이온곱(ion product,**

IP) 값의 크기에 달려 있다.

$$IP = [Ca^{2+}]_t[F^-]_t^{\,2}$$

기억하기…
반응 지수(Q_c)는 평형 상수(K_c)와 같은 방법으로 표현되지만, 평형 상수처럼 평형에서의 농도 값을 사용하지 않는다(15.5절).

IP 식에서 사용하는 농도는 초기 농도라는 것을 제외하면, IP는 K_{sp}와 같은 방식으로 정의된다. 이것은 임의의 시간 t에서의 농도이고, 꼭 평형 농도일 필요는 없다. 그렇기 때문에 IP는 실제로 **반응 지수(reaction quotient, Q_c)**(15.5절)이지만, 고체 CaF_2는 평형 농도식에서 사용되지 않기 때문에 이온곱이라는 용어가 더 적합하다. 아래와 같은 일반적인 용해도 평형 반응에서

$$M_mX_x(s) \rightleftharpoons m\,M^{n+}(aq) + x\,X^{y-}(aq)$$

이온곱은 다음과 같이 주어진다.

> **이온곱** $\quad IP = [M^{n+}]_t^{\,m}[X^{y-}]_t^{\,x}$

만일 IP 값이 K_{sp}보다 클 경우, 용액은 CaF_2에 대하여 비평형의 과포화 상태로 된다. 이러한 경우, CaF_2는 침전되어 IP가 K_{sp}와 같아질 때까지 이온의 농도는 감소한다. 용액의 IP가 K_{sp}와 같아질 때 용액은 용해도 평형에 도달하고 이 용액은 포화되었다고 한다.

일반적으로 이온 화합물이 침전하는가를 결정하기 위해 단순히 IP 값을 계산하고, 이것을 K_{sp} 값과 비교할 필요가 있다. 다음 세 가지 경우 중 하나일 것이다.

1. 만일 IP > K_{sp}이면 용액은 과포화되어 침전이 생길 것이다.
2. 만일 IP = K_{sp}이면 용액은 이미 포화되어 평형 상태에 있다.
3. 만일 IP < K_{sp}이면 용액은 불포화이고 침전이 생기지 않는다.

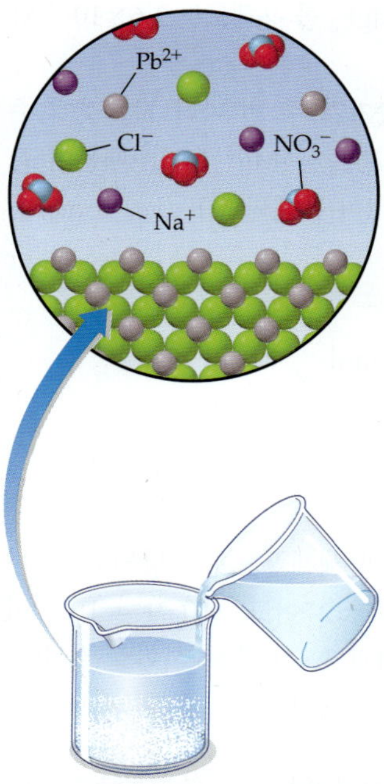

▲ 0.10 M $Pb(NO_3)_2$ 0.150 L와 0.20 M NaCl 0.100 L를 섞으면, IP는 K_{sp}보다 크기 때문에 흰색의 $PbCl_2$ 침전이 생긴다.

예제 17.8

용액을 섞었을 때 침전이 생길 것인가에 대한 결정

0.10 M $Pb(NO_3)_2$ 0.150 L를 0.20 M NaCl 0.100 L와 혼합하면 침전이 생기는가?

문제 파악

알고 있는 것	알아내야 할 것
반응물의 농도와 부피 (0.10 M $Pb(NO_3)_2$ 0.150 L) (0.20 M NaCl 0.100 L) $K_{sp} = 1.2 \times 10^{-5}$ (부록 C)	IP

전략

이온성 화합물은 강한 전해질이므로, 용액에서 $Pb(NO_3)_2$와 NaCl은 양이온과 음이온으로 분리되어 존재한다. 이온이 침전을 형성할 수 있는지 판단하기 위하여 4.6절의 용해도 지침을 이용하고, 혼합한 후 이들의 농도를 계산하시오. 가능한 침전에 대하여 IP를 계산하고 이것을 K_{sp} 값과 비교한다.

풀이

두 용액을 섞은 용액은 Pb^{2+}, NO_3^-, Na^+, Cl^-를 포함하고, 그 부피는 0.150 L + 0.100 L = 0.250 L가 된다. 소듐 염과 질산 염은 물에 용해되기 때문에, 침전되는 화합물은 $PbCl_2$($K_{sp} = 1.2 \times 10^{-5}$, 부록 C)뿐이다. $PbCl_2$의 IP를 계산하기 위하여, 섞인 용액에서 Pb^{2+}와 Cl^-의 몰수를 먼저 계산한다.

Pb^{2+}의 몰수 = (0.150 L)(0.10 mol/L) = 1.5×10^{-2} mol
Cl^-의 몰수 = (0.100 L)(0.20 mol/L) = 2.0×10^{-2} mol

다음과 같이 몰수를 몰농도로 환산한다.

$$[Pb^{2+}] = \frac{1.5 \times 10^{-2}\ \text{mol}}{0.250\ \text{L}} = 6.0 \times 10^{-2}\ \text{M}$$

$$[Cl^-] = \frac{2.0 \times 10^{-2}\ \text{mol}}{0.250\ \text{L}} = 8.0 \times 10^{-2}\ \text{M}$$

이온곱은 다음과 같다.

$$IP = [Pb^{2+}]_t[Cl^-]_t^2 = (6.0 \times 10^{-2})(8.0 \times 10^{-2})^2$$
$$= 3.8 \times 10^{-4}$$

$K_{sp} = 1.2 \times 10^{-5}$이고 IP는 K_{sp}보다 크므로 $PbCl_2$가 침전될 것이다.

연습문제 17.15 서로 같은 부피의 1.0×10^{-5} M $Ba(NO_3)_2$와 4.0×10^{-5} M Na_2CO_3 용액을 섞는다면, 침전이 생성될 것인가?

응용문제 17.16 0.20 M NH_4Cl과 0.20 M NH_3로 이루어진 완충 용액 200 mL에 1.0×10^{-3} M $MnSO_4$ 25 mL와 1.0×10^{-3} M $FeSO_4$ 25 mL를 넣으면, 침전이 생성될 것인가? (K_{sp} 값은 부록 C를 참조하시오.)

정리

절	개념 요약	학습 목표
17.1 중화 반응	강산과(또는) 강염기를 포함하는 중화 반응은 매우 큰 평형 상수(K_n)을 가지며, 거의 100% 반응이 완결되는 쪽으로 진행한다. 약산-약염기의 중화는 완결되지 않는 경향이 있다.	17.1 중화 반응에 대한 균형 맞춘 반응식을 세우고, 평형 상수를 구한다. 중화 반응 후 용액의 pH가 7보다 큰지 같은지 작은지를 결정한다.
17.2 공통 이온 효과	평형에 관여하는 이온들 중 어느 하나와 같은 이온을 내놓는 물질을 첨가할 때 평형의 위치가 이동하는 현상을 **공통 이온 효과**라고 한다. 예를 들어, 짝염기를 가함으로써 그 약산의 해리 백분율이 감소하는 경우를 들 수 있다.	17.2 공통 이온이 있을 때, 용액에 존재하는 모든 화학종의 농도, pH, 약산의 해리 백분율을 계산한다.
17.3 완충 용액	약산과 그 짝염기로 이루어진 용액은 급격한 pH의 변화를 억제하기 때문에 **완충 용액**이라고 한다. 소량의 산이나 염기를 가하더라도 pH가 급격하게 변하지 않는 완충 용액의 능력(**완충 용량**)은 약산과 그 짝염기의 양이 증가할수록 커진다.	17.3 완충 용액의 초기 pH와 강산 또는 강염기를 첨가했을 때 pH를 계산한다.
17.4 pH 적정 곡선	**pH 적정 곡선**은 산-염기 적정의 과정에서 용액의 pH를 첨가한 염기(또는 산) 부피의 함수로 나타낸 것이다.	
17.5~17.6 이온 화합물의 용해도 평형	이온 화합물의 **용해도곱**(K_{sp})은 물에서 용해에 대한 평형 상수이다.	17.4 이온 화합물의 용해에 대한 평형 상수를 나타내고, K_{sp} 값을 계산한다. 17.5 K_{sp} 값을 이용하여 평형에서의 이온 농도와 이온 화합물의 용해도를 계산한다.
17.7 이온 화합물의 침전	가용성 이온 화합물 용액이 섞일 때 그 용액 중의 이온으로부터 난용성 화합물 침전이 생성될 수 있다. 이 경우가 그 난용성 화합물의 **이온곱(IP)**이 용해도곱(K_{sp})보다 큰 경우다. 이온곱은 K_{sp}와 동일한 식으로 규정되지만, 그 식에서 농도는 평형 농도일 필요는 없다는 점이 다르다.	17.6 이온 화합물의 이온곱(IP)을 계산하고, 여러 용액을 섞을 때 침전의 생성 여부를 결정한다.

주요 용어

pH 적정 곡선
공통 이온 효과
당량점
완충 용량
완충 용액
용해도곱(K_{sp})
이온곱(IP)

주요 식

- 용해 반응 $M_mX_x(s) \rightleftharpoons m\, M^{n+}(aq) + x\, X^{y-}(aq)$에서 용해도곱 K_{sp}(17.5절)

$$K_{sp} = [M^{n+}]^m[X^{y-}]^x$$

- 반응 $M_mX_x(s) \rightleftharpoons m\, M^{n+}(aq) + x\, X^{y-}(aq)$에 대한 이온곱(IP)(17.7절)

$$IP = [M^{n+}]_t{}^m[X^{y-}]_t{}^x$$

아래 첨자 t는 꼭 평형이 아니라 임의의 시간 t에서의 농도를 나타낸다.

복습 문제

LO는 학습 목표(Learning Objectives)를 나타낸다.

이 장을 학습한 후엔, 학습자의 이해도를 평가할 수 있는 방법이 있다. **복습 문제**를 푸는 것이다. **복습 문제**들은 이 장의 학습 목표와 연계되어 있다. 따라서 푼 답이 틀렸다면, 이 장의 끝부분에 나와 있는 **정리** 문단의 **학습 목표**를 참고하면 된다. 정리 문단에는 **개념 요약**이 제공되며, **예제**를 참고하면 문제 해결 방법을 모델링 할 수 있다.

1. 다음 혼합물 중에서 pH가 가장 높은 것은 무엇인가? (**LO 17.1**)
   (a) 같은 부피의 1.0 M HCl과 1.0 M NaOH 혼합물
   (b) 같은 부피의 0.1 M HNO_3와 0.1 M KOH 혼합물
   (c) 같은 부피의 0.1 M HCN과 0.1 M NaOH 혼합물
   (d) 같은 부피의 0.1 M NaF와 0.1 M HCl 혼합물
2. 0.50 M 아세트산(CH_3CO_2H)과 0.10 M 아세트산 소듐($NaCH_3CO_2$) 용액에서 해리 백분율은 얼마인가? ($K_a = 1.8 \times 10^{-5}$) (**LO 17.2**)
   (a) 0.08% (b) 0.090%
   (c) 7.2×10^{-3}% (d) 2.3%
3. HF가 0.250 M이고 NaF가 0.250 M인 완충 용액 1.00 L에 1.00 M HCl 100.0 mL를 넣었을 때, pH를 구하시오. ($K_a = 3.5 \times 10^{-4}$) (**LO 17.3**)
   (a) 4.11 (b) 3.82
   (c) 3.46 (d) 3.09
4. $Ca_3(PO_4)_2(s)$에 대한 용해도곱 상수를 나타낸 것은? (**LO 17.4**)
   (a) $[Ca^{2+}]^3[PO_4^{3-}]^2$ **(b)** $\dfrac{[Ca^{2+}]^3[PO_4^{3-}]^2}{[Ca_3(PO_4)_2]}$
   (c) $\dfrac{[Ca_3(PO_4)_2]}{[Ca^{2+}]^3[PO_4^{3-}]^2}$ **(d)** $[Ca^{2+}]^2[PO_4^{3-}]^3$
5. 물에서 Ag_2SO_3의 몰 용해도는 얼마인가? 25 °C에서 아황산은의 용해도곱 상수는 1.5×10^{-14}이다. (**LO 17.5**)
   (a) 1.2×10^{-7} M (b) 2.0×10^{-5} M
   (c) 8.7×10^{-8} M (d) 1.6×10^{-5} M
6. 0.036 M Cu^{2+}와 0.044 M Fe^{2+}의 혼합 용액에 황 이온을 포함하는 용액을 첨가하였다. 침전이 생기기 시작하는 황 이온의 농도는 얼마인가? 침전은 무엇인가? (**LO 17.6**)
   $K_{sp}(CuS) = 1.3 \times 10^{-36}$ $K_{sp}(FeS) = 6.3 \times 10^{-18}$
   (a) 1.4×10^{-16} M, FeS (b) 3.6×10^{-35} M, CuS
   (c) 3.6×10^{-35} M, FeS (d) 1.4×10^{-16} M, C

답:
1. c, 2. a, 3. d, 4. a, 5. d, 6. b

개념 문제

문제 17.1~17.16**은 이 장의 본문 중에 있다.**

17.17 강산 HA와 같은 몰수의 NaOH를 갖는 수용액을 섞었다. 다음 중 어느 그림이 이 용액의 평형 상태를 나타내는가? (Na^+ 이온과 용매인 물 분자는 혼동을 피하기 위하여 생략하였다.)

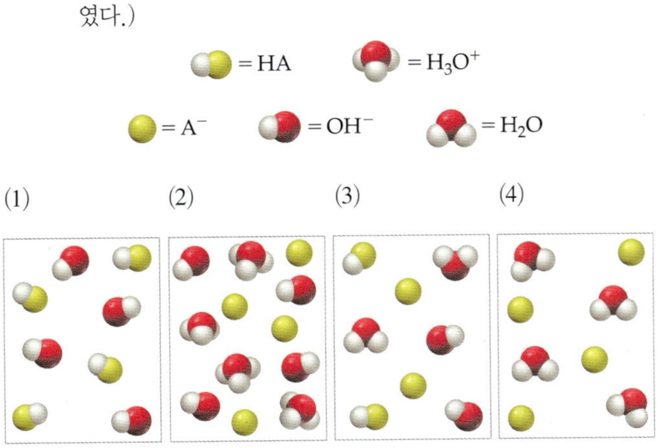

17.18 다음 그림은 약한 이양성자산인 H_2A에 대해, H_2A, NaHA, Na_2A 중 하나 또는 하나 이상을 포함하는 용액을 나타낸다. (Na^+ 이온과 용매인 물 분자는 혼동을 피하기 위하여 생략하였다.)
(a) 완충 용액은 어느 것인가?
(b) 완충 용량이 가장 큰 것은 어느 것인가?

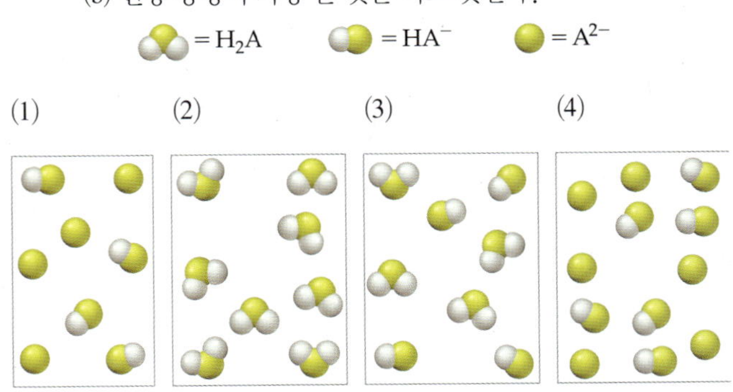

17.19 다음 그림은 Ag_2CrO_4 용액을 나타낸다. 그림에는 나타내지 않았지만, Ag^+와 CrO_4^{2-} 이온 외에 다른 이온이 포함되어 있을 수도 있다. 용액 (1)은 고체 Ag_2CrO_4와 평형을 이루고 있다. 용액 (2)~(4)에서 Ag_2CrO_4 침전이 생성되겠는가? 설명하시오.

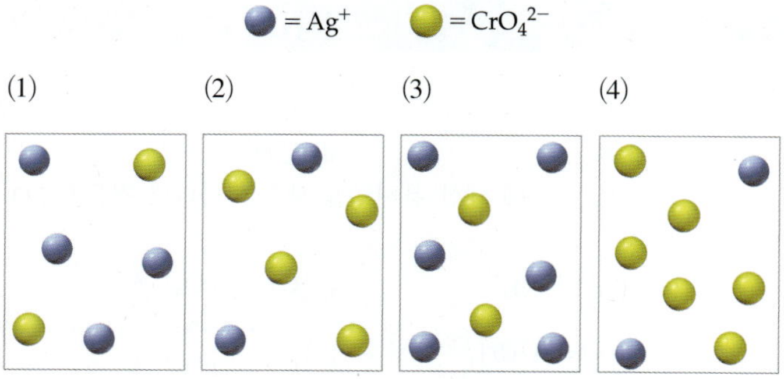

보충 문제

중화 반응(17.1절)

17.20 다음의 산-염기쌍을 중화하였을 때 pH는 7보다 큰가 작은가 같은가?

(a) NaOH와 벤조산($C_6H_5CO_2H$)

(b) NH_3와 $HClO_4$

(c) KOH와 HI

(d) $(CH_3)_3N$와 HOBr

17.21 다음 혼합물 중 pH가 더 낮은 것은 무엇인가?

(a) 같은 부피의 0.10 M HI와 0.10 M KOH

(b) 같은 부피의 0.10 M HI와 0.10 M NH_3

17.22 아닐린($C_6H_5NH_2$, $K_b = 4.3 \times 10^{-10}$)은 염색약을 만드는 데 사용하는 약염기이다. 아닐린과 바이타민 C(아스코브산, $C_6H_8O_6$, $K_a = 8.0 \times 10^{-5}$)의 중화 반응의 K_n을 계산하시오. 평형에서 아닐린이 많이 남아 있는가?

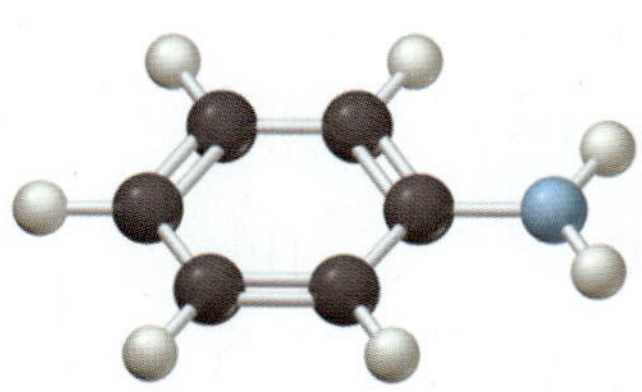
아닐린

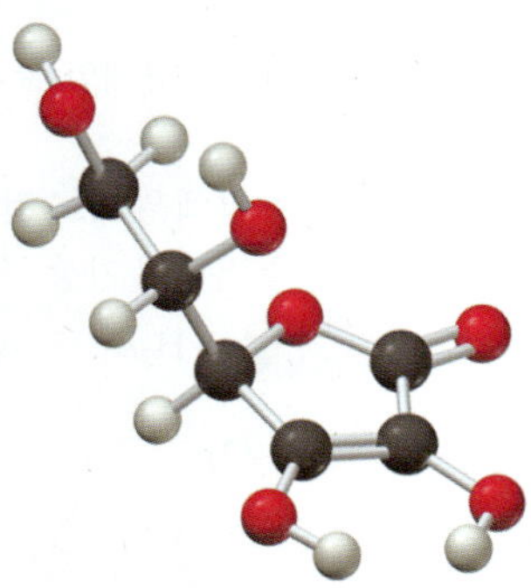
아스코브산

17.23 붕산(H_3BO_3)과 카페인($C_8H_{10}N_4O_2$)의 중화 반응의 평형 상수 K_n은 24이다. 카페인의 K_b는 얼마인가? 붕산의 K_a 값은 부록 C를 참조하시오.

공통 이온 효과(17.2절)

17.24 다음 각 경우에 pH는 증가하는가 감소하는가 유지되는가?

(a) NH_3 용액에 NH_4NO_3를 가할 경우

(b) $NaHCO_3$ 용액에 Na_2CO_3를 가할 경우

(c) NaOH에 $NaClO_4$를 가할 경우

17.25 0.40 M NH_3 0.500 L에 고체 NH_4Cl 0.10 mol을 용해시켰을 때 pH를 구하시오. 부피 변화는 없다고 가정한다.

17.26 NH_3와 NH_4Br 용액의 pH가 8.90이다. NH_3의 몰농도가 0.016 M이면 NH_4Br의 몰농도는 얼마인가?

17.27 NH_4NO_3 4.0 g을 첨가하기 전후의 0.30 M NH_3 100.0 mL의 pH를 계산하고, 그 차이를 설명하시오. 부피는 일정하다고 가정하시오.

완충 용액(17.3절)

17.28 다음의 두 용액을 같은 부피로 섞을 때 완충 용액이 되는 것은?

(a) 0.10 M NH_3와 0.10 M HCl

(b) 0.20 M NH_3와 0.10 M HCl

(c) 0.10 M NH_4Cl과 0.10 M NH_3

(d) 0.20 M NH_4Cl과 0.10 M NaOH

17.29 다음 중 어느 용액이 더 큰 완충 용량을 갖는가? 그 이유를 설명하시오.

0.20 M NH_4Br−0.30 M NH_3 50 mL 또는

0.40 M NH_4Br−0.60 M NH_3 50 mL

17.30 0.20 L의 물에 $NaHCO_3$ 4.2 g과 Na_2CO_3 5.3 g을 용해시켜 만든 완충 용액의 pH를 계산하시오. 용액을 10배로 묽히면 pH는 어떻게 변하는가? 그 이유를 설명하시오.

17.31 0.18 M 아세트산−0.29 M 아세트산 소듐 완충 용액의 pH와, 이 완충 용액 0.375 L에 (a) 0.0060 mol KOH와 (b) 0.0060 mol HBr을 첨가한 후의 pH를 계산하시오. 부피는 일정하다고 가정한다.

17.32 NaOH 20.0 g과 1.50 M NH_4Cl 0.500 L를 섞어 만든 용액에서 NH_4^+와 NH_3의 농도 및 pH를 계산하시오. (부피 변화는 없다고 가정하시오.)

강산-강염기 적정(17.4절)

17.33 1.0 M NaOH 50.0 mL를 1.0 M HCl로 적정할 때 첨가된 산의 mL에 따른 용액의 pH를 도시한 그래프를 그리시오. 그래프의 다음의 각 점에서 pH를 구하고, 당량점 도달에 필요한 산의 mL를 결정하시오.

(a) 적정 시작

(b) 당량점

(c) 과량의 산이 가해진 후

17.34 0.116 M NaOH 50.0 mL를 0.0750 M HCl로 적정한다. 다음 부피의 산을 가했을 때, 용액의 pH를 구하시오.
(a) 5.0 mL (b) 50 mL (c) 0.10 L

용해도 평형(17.5~17.6절)

17.35 다음 각 화합물의 K_{sp} 평형 상수식을 나타내시오.
(a) $Ca(OH)_2$ (b) Ag_3PO_4
(c) $BaCO_3$ (d) $Ca_5(PO_4)_3OH$

17.36 어떤 $Ca_3(PO_4)_2$ 포화 용액은 $[Ca^{2+}]=[PO_4^{3-}]=2.9\times10^{-7}$ M이다.
(a) $Ca_3(PO_4)_2$의 K_{sp} 값은 얼마인가?
(b) $[PO_4^{3-}]$ = 0.010 M인 $Ca_3(PO_4)_2$ 포화 용액에서 $[Ca^{2+}]$는 얼마인가?
(c) $[Ca^{2+}]$ = 0.010 M인 포화 용액에서 $[PO_4^{3-}]$는 얼마인가?

17.37 충격에 민감한 화합물인 아자이드화 납(II)($Pb(N_3)_2$)의 포화 수용액에서 $[Pb^{2+}]=8.5\times10^{-4}$ M이다. $Pb(N_3)_2$의 K_{sp} 값은 얼마인가?

17.38 다음의 용해도 값을 이용하여 각 화합물의 K_{sp}를 계산하시오.
(a) $CdCO_3$: 1.0×10^{-6} M
(b) $Ca(OH)_2$: 1.06×10^{-2} M
(c) $PbBr_2$: 4.34 g/L
(d) $BaCrO_4$: 2.8×10^{-3} g/L

17.39 부록 C에 있는 K_{sp} 값을 사용하여, 다음 화합물의 용해도(g/L)를 계산하시오.
(a) Ag_2CO_3 (b) CuBr (c) $Cu_3(PO_4)_2$

침전(17.7절)

17.40 센물은 Ca^{2+}와 같은 알칼리 토금속 양이온을 포함하며 CO_3^{2-}와 반응하여 $CaCO_3$ 불용성 침전이 생성된다. $[Ca^{2+}]=8.0\times10^{-4}$ M인 250 mL의 센물에 다음과 같은 물질을 넣으면 $CaCO_3$ 침전이 생성되는가?
(a) 2.0×10^{-3} M Na_2CO_3 0.10 mL
(b) 고체 Na_2CO_3 10 mg

17.41 치아 부식을 방지하기 위해 수돗물에 불소 이온을 첨가한다. 대기 중의 CO_2와 석회석($CaCO_3$) 평형을 이루는 물에서 Ca^{2+}의 농도는 5.0×10^{-4} M이다. 만일 농도가 1.0 ppm이 되도록 불소 이온을 넣는다면 CaF_2($K_{sp}=3.5\times10^{-11}$) 침전이 생기겠는가?

chapter 18

열역학: 엔트로피, 자유 에너지와 자발성

©adike/Shutterstock

CONTENTS

18.1 자발적 과정

18.2 엔탈피, 엔트로피와 자발적 과정

18.3 엔트로피와 온도

18.4 표준 몰 엔트로피와 표준 반응 엔트로피

18.5 엔트로피와 열역학 제2법칙

18.6 자유 에너지와 화학 반응의 자발성

18.7 반응의 표준 자유 에너지 변화

18.8 표준 생성 자유 에너지

18.9 비표준 상태 조건에서 반응의 자유 에너지 변화

18.10 자유 에너지와 화학 평형

열역학 제2법칙은 모든 자발적인 과정이 무작위성을 증가시킨다는 것을 나타낸다. 그러나 살아 있는 유기체는 DNA와 같이 고도로 체계화된 구조를 만든다. DNA 분자는 두 개의 가닥을 가지고 있으며, 각각은 특정한 염기 서열을 가지고 있다.

고도로 정렬된 분자들의 생성은 열역학 제2법칙을 위반하는가?

이 질문의 답은 571쪽 **INQUIRY ?** 에 나와 있다.

우리는 매일 한 잔의 물에서 녹는 얼음 조각, 공기가 빠져나가는 펑크 난 타이어, 공기와 물에 장시간 노출되어 녹슨 금속과 같은 친숙한 과정을 관찰한다. 이 책에서 우리는 열전달의 양(열화학), 반응 속도(반응 속도론) 및 반응의 정도(평형)와 같은 화학적 및 물리적 변화의 다양한 측면을 공부하였다. 그러나 우리는 처음에 이러한 변화가 일어나지만, 그 반대로는 왜 일어나지 않는가에 대해 고려해 본 적이 없다. 왜 물은 상온에서 자발적으로 얼음으로 변하지 않을까? 펑크 난 타이어가 스스로 공기를 다시 채우지 않고, 녹슬었던 금속이 원래의 반짝이는 상태로 돌아가지 않는 이유는 무엇일까? 다시 말해, 한 과정의 방향과 정도를 결정짓는 것은 어떤 요인인가?

화학적 또는 물리적 과정의 **방향**은 반응물이 생성물로 변하는지 또는 그 반대인지를 알려준다. 우리는 한 잔의 물에 있는 얼음은 상온에서 항상 녹을 것이고, 액체 물은 고체 얼음으로 되돌아가지 않는다는 것을 알고 있다. 반응의 **정도**는 평형 상수 K의 값으로 기술되는 평형의 위치를 말한다. 주로 생성물로 구성된 평형 상태에 이르는 반응은 K 값이 크고, 주로 반응물을 평형에서 생성하는 반응은 K 값이 작다. 얼음 조각이 물에서 완전히 녹고, 25 °C에서 $H_2O(s)$가 $H_2O(l)$로 변하는 물리적 변화는 매우 큰 값의 K를 가진다는 것을 관찰한다.

화학적 및 물리적 변화가 일어나는 근본적인 이유를 이해하기 위해, 우리는 에너지 형태 간의 관계를 다루는 분야인 **열역학(thermodynamics)**을 이용한다. 분자의 무질서도와 관련된 엔트로피가 이러한 변화의 원동력이라는 것을 알게 될 것이다.

18.1 자발적 과정

9.11절에서 우리는 **자발적 과정(spontaneous process)**을 외부 영향 없이 스스로 진행하는 과정으로 정의하였다. 자발적 과정의 역방향은 항상 비자발적이며, 어떤 지속적인 외부 영향이 존재해야 일어난다. 예를 들어, 기체의 진공 팽창을 생각해 보자. 그림 18.1에 보이는 장치의 잠금 꼭지를 열면, 용기 A의 기체는 진공인 용기 B로 두 용기의 압력이 같아질 때까지 자발적으로 팽창한다. 모든 기체 분자가 한쪽의 용기로 이동하는 역과정은 자발적으로 일어나지 않는다. 기체를 큰 부피에서 작은 부피로 압축하려면 피스톤을 사용하여 기체를 밀어 넣어야 한다.

▶ 그림 18.1
기체의 진공 팽창. 잠금 꼭지를 열면 용기 A의 기체는 진공 용기 B로 자발적 팽창하여 가능한 모든 부피를 채운다. 한쪽 용기로 기체를 압축하는 역과정은 비자발적이다.

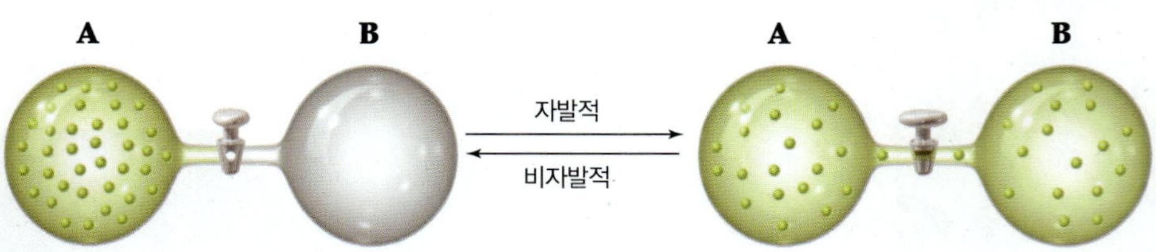

두 번째 예로, 백금 촉매 존재 하에 일어나는 수소와 산소의 결합 반응을 생각해 보자.

$$2\,H_2(g) + O_2(g) \xrightarrow{\text{촉매}} 2\,H_2O(l)$$

정반응은 자발적으로 일어나지만, 역반응인 물의 분해는 아무리 오래 기다려도 일어나지 않는다. 19.9절에서 **전기 분해(electrolysis)**에 의해 역반응을 일으킬 수는 있으나, 역반응은 비자발적이고 지속적인 전기 에너지의 주입을 필요로 한다는 것을 알게 될 것이다.

미리보기···
19.9절에서 다루게 될 **전기 분해**는 화학 변화를 일으키기 위해 전류를 사용하는 과정이다.

일반적으로, 정반응 또는 역반응이 자발적이냐 아니냐는 반응 혼합물의 온도, 압력, 조성에 달려 있다. 예를 들어, 암모니아의 하버 합성을 생각해 보자.

$$N_2(g) + 3\,H_2(g) \overset{\text{촉매}}{\rightleftharpoons} 2\,NH_3(g)$$

부분 압력이 각각 1 atm인 N_2, H_2, NH_3의 기체 혼합물이 300 K에서 자발적으로 반응하여 N_2와 H_2의 일부가 NH_3로 변환된다. 평형 상수 K와 **반응 지수**(**reaction quotient**, Q)의 상대적인 값으로부터 자발적 반응의 방향을 예측할 수 있다(15.5절). 300 K에서 $K_p = 4.4 \times 10^5$이고 부분 압력 1 atm에서 $Q_p = 1$로 Q_p가 K_p보다 작기 때문에 반응은 정방향으로 진행될 것이다. 이 조건 하에서 역반응은 비자발적이다. 그러나 700 K에서는 $K_p = 8.8 \times 10^{-5}$으로 Q_p가 K_p보다 크기 때문에 역반응이 자발적이다.

기억하기…
반응 지수 Q는 평형 상수 K와 같은 방법으로 정의된다. 사용되는 농도나 부분 압력의 값이 꼭 평형에서 얻어진 값일 필요는 없다(15.5절).

자발적 반응은 항상 반응 혼합물을 평형으로 이동시킨다. 반면에, 비자발적 반응은 혼합물의 조성을 평형 조성으로부터 멀어지게 한다. 자발적이란 말이 반드시 '빠르다'는 것을 의미하는 것은 아님을 기억하라. 자발적 반응은 빠를 수도 느릴 수도 있다. 예를 들어, 금속 철의 점진적인 부식은 느린 자발적 반응이다. 열역학은 반응이 어느 방향으로 일어나는가를 알려 줄 수는 있지만, 얼마나 오래 걸리는지에 대해서는 아무것도 말해 주지 않는다. 14.6절에서 논의한 대로, 반응의 속도는 온도, 농도, 반응물과 생성물 사이의 **활성화 에너지**(**activation energy**) 장벽의 높이에 의존한다(그림 18.2). 활성화 에너지의 값이 크면 반응 속도는 느려진다.

기억하기…
전이 상태와 반응물 사이의 에너지 차이인 **활성화 에너지 E_a**는 반응에 필요한 최소한의 충돌 에너지이다(14.6절).

바퀴의 가장자리가 녹스는 것은 느리지만, 자발적 반응이다.

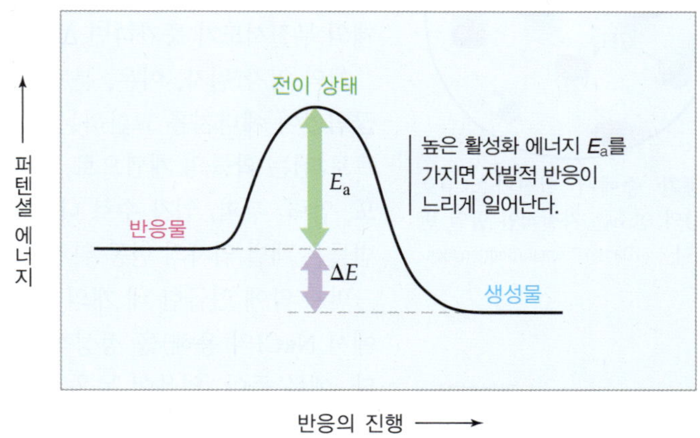

▲ **그림 18.2**
느린 자발적 반응의 친숙한 예와 반응의 퍼텐셜 에너지 도표. 반응 속도는 반응 속도론에 의존한다.

18.2 엔탈피, 엔트로피와 자발적 과정

자발적 과정과 그 과정을 일어나게 하는 열역학적 인자에 대해 좀 더 자세히 살펴보자. 9장에서 대부분의 자발적 반응은 퍼텐셜 에너지의 열변환을 수반한다는 것을 알았다. 예를 들어, 메테인이 공기 중에서 연소될 때, CH_4와 O_2의 화학 결합에 저장된 퍼텐셜 에너지가 일부 열로 바뀌어 계(반응물과 생성물)에서 주위로 흐른다.

$$CH_4(g) + 2\,O_2(g) \longrightarrow CO_2(g) + 2\,H_2O(l) \quad \Delta H° = -890.3\ \text{kJ}$$

계가 열을 잃었기 때문에 반응은 발열이고, 표준 반응 엔탈피는 음의 값($\Delta H° = -890.3$ kJ)이다. 전체 에너지는 보존되므로, 계가 잃은 모든 에너지는 주위가 얻은 열로 나타난다.

자발적 반응은 종종 열을 방출하기 때문에, 19세기 프랑스 화학자인 베르틀로(Marcellin Berthelot)는 자발적인 화학적 또는 물리적 변화는 항상 발열이라고 주장하였다. 그러나 베르틀로의 제안은 맞을 수 없다. 예컨대, 얼음은 0 °C 이상에서 주위로부터 자발적으로 열을 흡

개념탐구 질문 1

다음 중 어느 것이 비자발적 과정인가?

(a) 뜨거운 물체로부터 찬 물체로 열 흐름
(b) $K = 0.20$인 A $\rightleftharpoons$ B의 반응에서, $[A] = 2.0$ M이고 $[B] = 1.0$ M의 혼합물에서 물질 A가 물질 B로 변화되는 과정
(c) 28 °C에서 거울 위 증기가 액체 물로 응축되는 과정

수하여 녹는다. 유사하게, 액체 물은 100 ℃ 이상에서 열을 흡수하여 자발적으로 끓는다. 또 다른 예로 N_2O_4 기체는 400 K에서 NO_2로 분해될 때 열을 흡수하고, 식염은 상온에서 물에 녹을 때 열을 흡수한다.

$$H_2O(s) \longrightarrow H_2O(l) \qquad \Delta H_{\text{융용}} = +6.01\ \text{kJ}$$
$$H_2O(l) \longrightarrow H_2O(g) \qquad \Delta H_{\text{증발}} = +40.7\ \text{kJ}$$
$$N_2O_4(g) \longrightarrow 2\ NO_2(g) \qquad \Delta H^\circ = +55.3\ \text{kJ}$$
$$NaCl(s) \longrightarrow Na^+(aq) + Cl^-(aq) \qquad \Delta H^\circ = +3.88\ \text{kJ}$$

이 모든 과정은 흡열이지만 자발적이다. 위의 모든 경우, 계는 주위로부터 열을 흡수하여 더 높은 엔탈피 상태로 자발적으로 이동한다.

어떤 자발적 반응은 발열이고, 어떤 자발적 반응은 흡열이다. 따라서 엔탈피만으로는 자발적 변화의 방향을 설명할 수 없고, 두 번째 요인이 포함되어야 한다. 자발적 변화의 두 번째 결정 요소는 무질서도가 최대인 상태로 움직이려는, 자연이 가진 성향이다(9.11절).

분자의 무질서도를 **엔트로피(entropy)**라고 하며, 기호 S로 표시한다. 엔트로피는 **상태 함수(state function**, 9.2절)이므로, 어떤 과정의 엔트로피 변화 ΔS는 계의 초기와 최종 상태에만 의존한다.

$$\Delta S = S_{\text{최종}} - S_{\text{초기}}$$

계의 무질서도가 증가하면 ΔS는 양의 값을 가지며, 무질서도가 감소하면 ΔS는 음의 값이 된다.

계의 입자(원자, 이온, 분자)는 접근할 수 있는 부피의 공간에서 움직이며, 서로 충돌하면서 끊임없이 에너지를 교환하는 운동을 하고 있기 때문에, 계의 무질서도가 생긴다. 무질서도(엔트로피)는 확률의 개념으로, 계의 특정한 상태에 도달할 수 있는 방법의 수와 관계가 있다. 온도, 압력, 부피, 입자 수로 나타내는 거시계의 특정 상태에 도달하는 방법은 수없이 많다. 그 방법들은 개별 입자의 번동 위치와 에너지는 달라도 부피와 총 에너지는 일정하다.

먼저 앞에 언급한 네 개의 자발적 흡열 과정(얼음의 융해, 액체 물의 끓음, N_2O_4의 분해, 물에서 NaCl의 용해)을 정성적으로 살펴보자. 이들 과정은 계의 무질서도 증가를 포함하고 있다. 예를 들어, 얼음이 녹을 때 단단히 연결된 물 분자의 고도로 정렬된 결정 배열이 붕괴되어 분자들이 액체 내에서 자유로이 움직이게 되므로, 무질서도가 증가하게 된다. 액체 물이 증발할 때 무질서도는 더 증가하게 된다. 이것은 분자들이 훨씬 더 큰 기체 부피 내에서 독립적으로 움직일 수 있기 때문이다. 일반적으로 고체에서 액체로, 또는 액체에서 기체로 변환하는 과정은 무질서도의 증가를 포함하므로 엔트로피가 증가한다(그림 18.3).

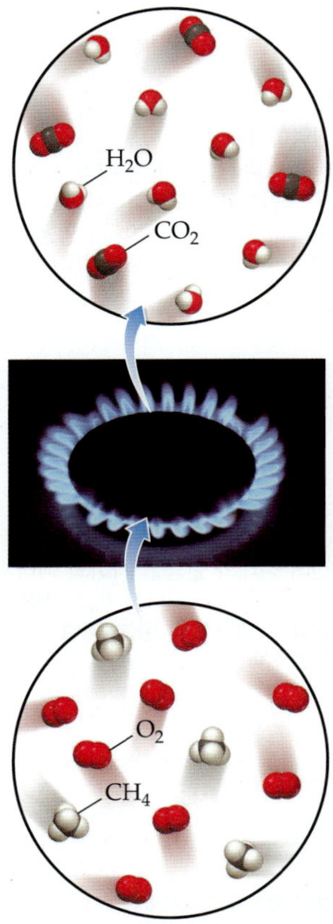

▲ 공기 중에서 천연가스(주로 CH_4)의 연소는 자발적인 발열 반응이다. ⓒDarren Pullman/Shutterstock

기억하기…

상태 함수란 계가 현재 상태에 도달하기 위해 사용한 경로에는 의존하지 않고 계의 현재 상태(조건)에만 의존하는 함수나 성질을 말한다. 압력, 부피, 온도, 엔탈피, 엔트로피는 상태 함수이다(9.2절).

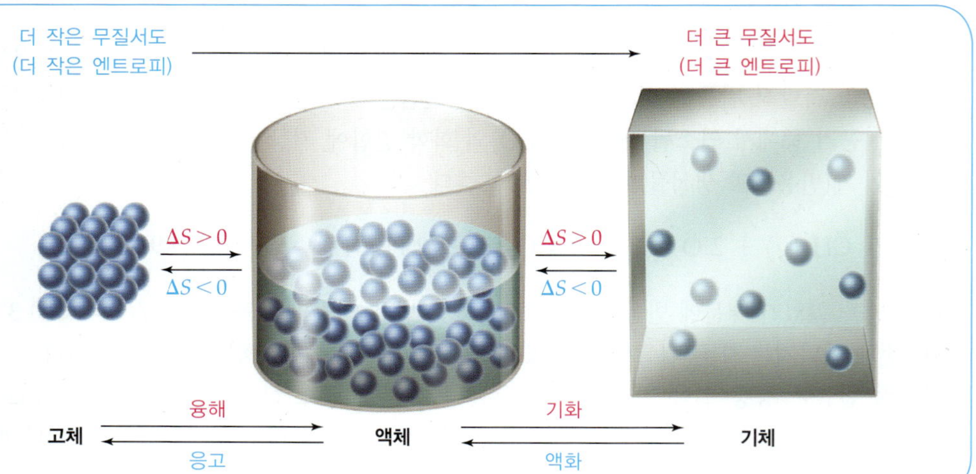

▶ **그림 18.3**
고체, 액체, 기체가 상호 변환할 때 분자의 무질서도(엔트로피) 변화

▶ **확인하기**

물질의 어떤 상태가 입자들이 배열하는 방법의 수가 가장 큰가?

답 기체

$N_2O_4(O_2N-NO_2)$의 분해는 무질서도의 증가를 수반한다. 이것은 N—N 결합이 깨져서 두 개의 NO_2 기체 분자 조각이 독립적으로 운동할 수 있기 때문이다. 어떤 분자가 둘 이상의 조각으로 쪼개지면 분자의 무질서도 값은 증가한다. 좀 더 일반적으로, 어떤 반응에서 기체 입자의 수가 증가하면 무질서도(엔트로피)는 증가한다(**그림 18.4**).

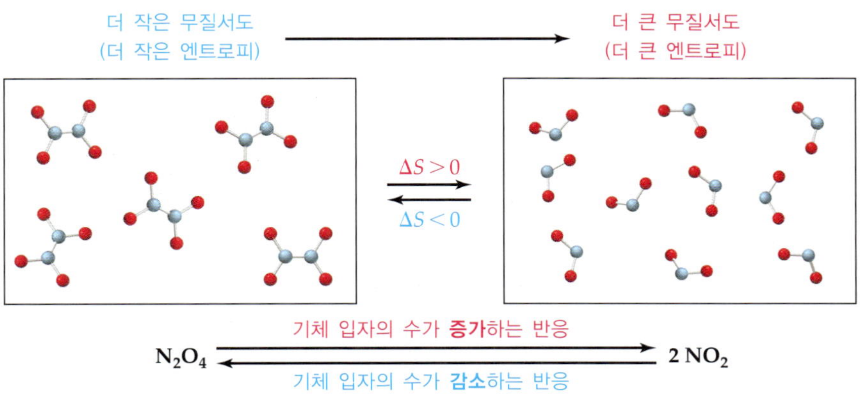

◀ **그림 18.4**
기체 입자의 수가 변할 때 분자의 무질서도(엔트로피) 변화

◀ 확인하기

기체 입자 수가 증가하면 왜 엔트로피가 증가하는가?

답 반응물에는 5개의 N_2O_4 분자가 있고, 생성물에는 10개의 NO_2 분자가 있다. 5개의 분자를 상대적으로 배열하는 방법보다 10개의 분자를 상대적으로 배열하는 방법이 더 많다. 배열 가능한 수가 증가하면 무질서도도 증가한다.

염화 소듐이 물에 용해될 때, 고체 NaCl의 결정 구조가 붕괴되어 Na^+와 Cl^- 이온이 **수화**(hydrated), 즉 용매인 물 분자의 잘 정렬된 껍질에 의해 둘러싸이기 때문에 엔트로피의 변화가 생긴다. 이온성 염이 물에 용해될 때 극성 물 분자와 전하를 띤 이온 사이에는 **이온–쌍극자 힘(ion-dipole forces)**이 형성된다는 것을 기억하자(8.3절). 결정의 붕괴는 무질서도를 증가시킨다. 이는 Na^+와 Cl^- 이온이 고체에서는 단단히 잡혀 있지만, 액체에서는 자유로이 움직이기 때문이다. 그러나 극성 물 분자가 이온을 수화시키는 과정에서 Na^+와 Cl^- 이온 주위에 규칙적으로 배열하기 때문에 무질서도는 **감소**하게 된다. 결과적으로, NaCl 용해 과정 전체의 무질서도는 증가하고, ΔS는 양의 값을 갖는다(**그림 18.5**). 이것은 $HgCl_2$와 같은 분자성 고체,

기억하기…
이온 – 쌍극자 힘은 이온과 극성 분자의 부분 전하 사이의 정전기적 인력의 결과이다(8.3절).

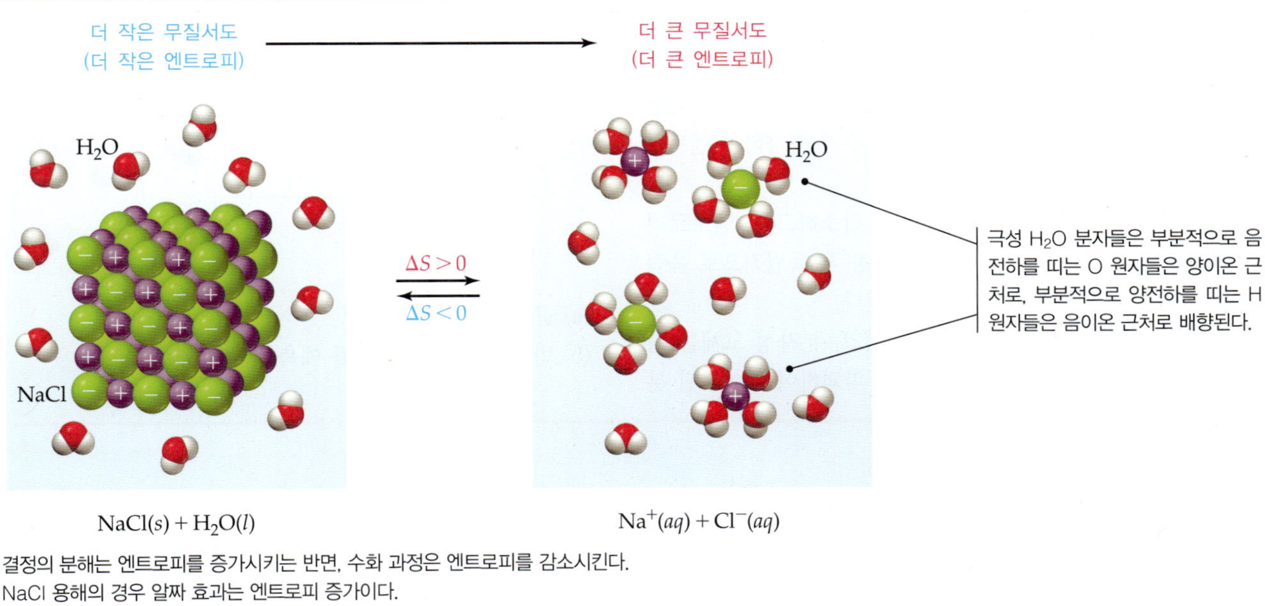

▲ **그림 18.5**
NaCl이 물에 용해될 때 분자의 무질서도, 즉 엔트로피 변화. NaCl이 물에 용해될 때 그 결정은 분해되고, Na^+와 Cl^- 이온들은 물 분자에 의하여 둘러싸여 수화된다.

+1가 양이온과 −1가 음이온을 포함하는 염의 용해에 흔한 경우이다. 더 큰 전하의 이온을 포함하는 $CaSO_4$와 같은 염은 물 분자가 더 강하게 이온에 붙들려 있어서, 용해 과정은 알짜 엔트로피의 감소를 가져온다. 다음 용해 반응은 이와 같은 내용을 설명해 준다.

$$HgCl_2(s) \longrightarrow HgCl_2(aq) \qquad \Delta S = +9\ \text{J/(K·mol)}$$
$$NaCl(s) \longrightarrow Na^+(aq) + Cl^-(aq) \qquad \Delta S = +43\ \text{J/(K·mol)}$$
$$CaSO_4(s) \longrightarrow Ca^{2+}(aq) + SO_4^{2-}(aq) \qquad \Delta S = -140\ \text{J/(K·mol)}$$

예제 18.1

ΔS의 부호 예측

다음 각 과정의 계에 대해, ΔS의 부호를 예측하시오.

(a) $CO_2(s) \longrightarrow CO_2(g)$ (드라이아이스의 승화)
(b) $CaSO_4(s) \longrightarrow CaO(s) + SO_3(g)$
(c) $N_2(g) + 3H_2(g) \longrightarrow 2NH_3(g)$
(d) $I_2(s) \longrightarrow I_2(aq)$ (물에서 아이오딘의 용해)

전략

ΔS의 부호를 예측하기 위해서는 그 과정이 상변화, 기체 분자 수의 변화, 고체의 용해나 침전을 포함하는지를 살펴본다. 고체가 액체로, 또는 액체가 기체로 변하는 상전이, 기체 분자 수가 증가하는 반응, 분자성 고체나 +1가 양이온과 −1가 음이온을 포함하는 염의 용해 반응의 경우, 엔트로피는 일반적으로 증가한다.

풀이

(a) 기체 분자는 자유롭게 움직일 수 있는 데 비해, 고체 분자는 질서 있게 붙들려 있으므로, 고체가 승화하여 기체가 되면 무질서도가 증가하고 ΔS는 양의 값이다.
(b) 생성물에 1 mol의 기체 분자가 포함되어 있는 반면, 반응물에는 기체가 없으므로, 기체 분자 수가 증가하여 엔트로피 변화는 양의 값이다.
(c) 기체 분자 수가 4 mol에서 2 mol로 감소하므로, 엔트로피 변화는 음의 값이다. 반응 전보다 반응 후 독립적으로 움직일 수 있는 입자들의 수가 더 적게 된다.
(d) 아이오딘 분자는 전기적으로 중성이고, 분자성 고체를 형성한다. 용해 과정은 결정의 정렬을 파괴하여 아이오딘 분자가 용액 내에서 무질서하게 움직이도록 하므로, ΔS는 양의 값이다.

▶ **연습문제 18.1** 다음 중 어느 반응의 엔트로피가 감소하는가 ($\Delta S < 0$)?

(a) $CO_2(s) \longrightarrow CO_2(g)$
(b) $I_2(g) \longrightarrow 2\ I(g)$
(c) $CaCO_3(s) \longrightarrow CaO(s) + CO_2(g)$
(d) $Ag^+(aq) + Br^-(aq) \longrightarrow AgBr(s)$

▶ **개념 응용문제 18.2** A_2 분자(빨간색)와 B 원자(파란색)의 기체상 반응을 생각해 보자.

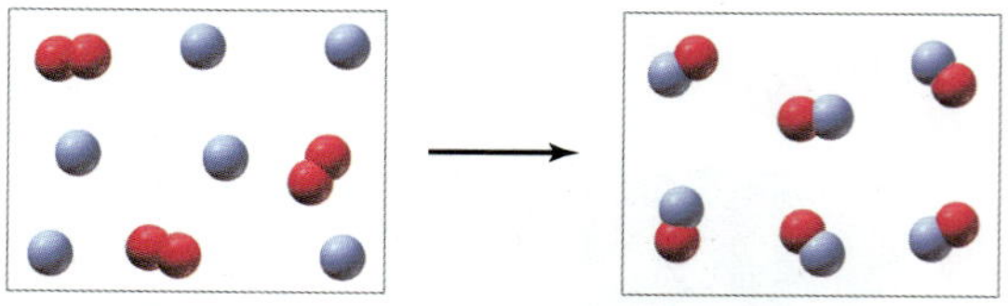

(a) 균형 반응식을 쓰시오.
(b) 반응에서 ΔS의 부호를 예측하시오.

18.3 엔트로피와 온도

엔트로피는 공간에서 분자의 배향 및 분포와 관련이 있다. 불규칙한 결정은 규칙적인 결정에 비하여 더 큰 엔트로피를 가지고, 팽창된 기체는 압축된 기체보다 큰 엔트로피를 갖는다.

엔트로피는 또한 분자 운동과 관계가 있다. 물질의 온도가 올라갈수록 무질서한 분자 운동이 증가한다. 이에 따라 분자의 평균 운동 에너지도 증가한다. 그러나 모든 분자가 같은 에너지를 갖는 것은 아니다. 10.6절에서 알게 되었듯이, 기체 분자는 속력 분포를 갖는데, 온도가 증가할수록 이 분포는 넓어지고 높은 속력 쪽으로 이동한다(그림 10.13). 고체, 액체, 기체에서 물질의 전체 에너지를 각 분자에 분배할 수 있는 방법의 수는 전체 에너지가 증가함에 따라 증가한다. 볼츠만 식에 의하면, 에너지를 분배하는 방법의 수가 많을수록 상태의 무질서도는 커지고, 엔트로피도 높아진다. 그러므로 온도가 올라갈수록 물질의 엔트로피는 증가한다(그림 18.6).

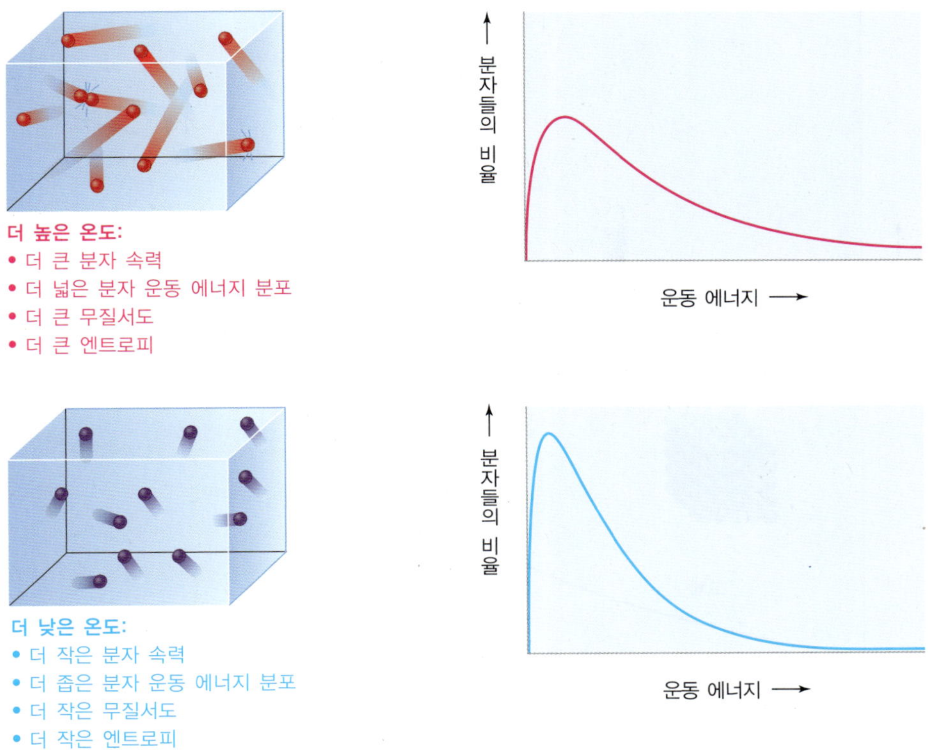

◀ 그림 18.6
고온의 물질은 저온의 물질보다 더 큰 엔트로피를 갖는다.

◀ 확인하기

왜 고온 물질은 저온 물질보다 더 큰 엔트로피를 갖는가?

답 고온에서 분자는 운동 에너지의 범위가 넓어서 에너지를 분배하는 방법이 더 많다.

온도에 대한 엔트로피의 전형적인 도표가 그림 18.7에 있다. 절대 온도 0도에서 모든 물질은 입자들이 결정 구조로 단단히 묶여 있는 고체이다. 만일 배향의 불규칙성이 남아 있지 않다면, 0 K에서 물질의 엔트로피는 0이 된다. 이것은 **열역학 제3법칙(third law of thermodynamics)**으로 요약되는 일반적 결과이다.

열역학 제3법칙 0 K에서 완전한 배열의 결정은 엔트로피가 0이다.

(열역학 제1법칙은 9.1절에서 논의하였다. 18.5절에서 제1법칙을 복습하고, 제2법칙에 대해 논의할 것이다.)

고체의 온도가 증가함에 따라 가해진 에너지는 결정 내 평형 위치에서 분자의 진동 운동을 증가시킨다. 온도가 오르면 진동 에너지를 분배하는 방법의 수가 증가하게 되어, 고체의 엔트로피는 온도가 증가하면 끊임없이 증가한다.

녹는점에서 엔트로피는 불연속적으로 급격히 증가한다. 이것은 고체보다는 액체에서 분자를 배열하는 방법의 수가 훨씬 많기 때문이다. 더구나 액체 속의 분자는 진동 운동뿐만 아니라 병진 운동과 회전 운동도 가능하기 때문에, 전체 에너지를 분배할 수 있는 방법이 훨씬 더 많다(그림 18.8). 끓는점에서는 더 급격한 엔트로피 증가를 관찰할 수 있다. 이것은 기체 분자는 훨씬 더 큰 부피를 자유롭게 차지할 수 있기 때문이다. 녹는점과 끓는점 사이에서는, 분자 운동과 전체 에너지를 각 분자에 분배할 수 있는 방법의 수가 증가할수록 액체의 엔트로피는 꾸준히 증가한다. 같은 이유로, 기체의 엔트로피도 온도 증가에 따라 꾸준히 증가한다.

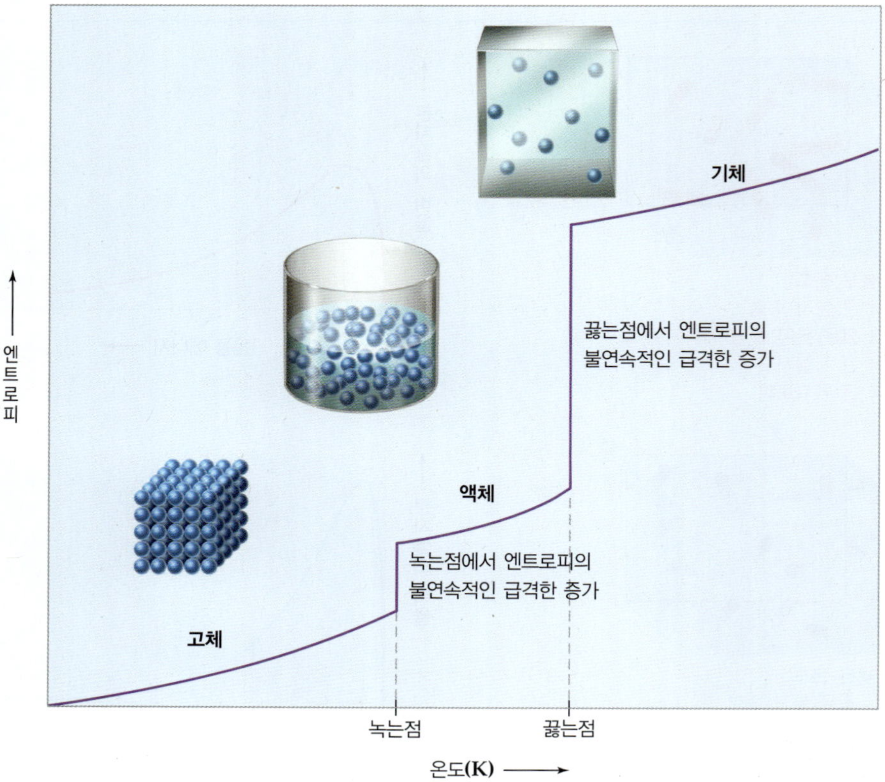

▶ 그림 18.7
온도에 대한 엔트로피. 순수한 물질의 엔트로피는 0 K에서 0인데, 온도가 올라가면 꾸준히 증가하며 상전이 온도에서 불연속적으로 급증한다.

▶ 확인하기

고체에서 액체로 또는 액체에서 기체로의 상전이 중 어느 것이 더 큰 엔트로피의 변화를 초래하는가? 설명하시오.

답 액체에서 기체로의 상전이가 고체에서 액체로의 상전이보다 엔트로피의 증가가 더 크다. 입자들이 기화하는 동안 완전히 분리되어 입자를 배열하는 방법이 훨씬 더 많기 때문이다.

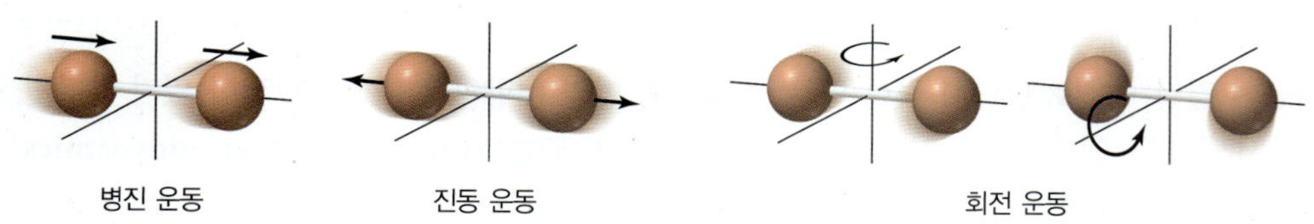

▶ 그림 18.8
이원자 분자의 분자 운동의 종류. 병진 운동은 질량 중심의 운동이다. 진동 운동은 화학 결합의 신축 운동이다. 회전 운동은 고정된 좌표축에 대한 분자의 회전 운동이다.

18.4 표준 몰 엔트로피와 표준 반응 엔트로피

우리는 물질의 엔트로피가 어떻게 결정되는지 설명하지는 않을 것이고, 엔트로피를 결정하는 두 가지 방법이 있다는 것만 언급한다. (1) 볼츠만 식에 의한 계산과 (2) 매우 낮은 온도까지 **열용량(heat capacity)**을 실험적으로 측정(9.7절)하는 방법이다. 많은 물질에 대해 $S°$로 나타내는 **표준 몰 엔트로피(standard molar entropy)**가 알려져 있다.

기억하기…
몰열용량은 물질 1 mol의 온도를 1 ℃ 올리는 데 필요한 열량이다(9.7절).

표준 몰 엔트로피 $S°$ 1 atm, 특정 온도(보통 25 ℃)에서 순수한 물질 1 mol의 엔트로피

25 ℃에서 몇 가지 물질의 $S°$ 값이 **표 18.1**에 수록되어 있고, 부록 B에 더 많은 자료가 실려 있다. S°의 단위는 kJ이 아닌 J/(K·mol)임을 유의하라. 표준 몰 엔트로피는 종종 **절대 엔트로피**(absolute entropy)라고 부른다. 이것은 절대 기준점, 즉 0 K에서 완전 결정 물질의 엔트로피[$T = 0$ K에서 $S° = 0$ J/(K·mol)]를 기준으로 측정되기 때문이다.

표준 몰 엔트로피는 동일한 온도와 압력에서 서로 다른 물질의 엔트로피를 비교할 수 있게 한다. 예컨대 표 18.1에 의하면 기체 물질의 엔트로피는 액체의 엔트로피보다, 액체의 엔트로피는 고체의 엔트로피보다 큰 경향이 있다. 또한 표 18.1은 분자 구조가 복잡할수록 $S°$ 값도 증가함을 보여 준다. 예를 들어, $S° = 127$ J/(K·mol)인 CH_3OH와 $S° = 161$ J/(K·mol)인 CH_3CH_2OH를 비교해 보라.

표 18.1 25 ℃에서 몇 가지 물질의 표준 몰 엔트로피

물질	화학식	$S°$ [J/(K·mol)]	물질	화학식	$S°$ [J/(K·mol)]
기체			액체		
아세틸렌	C_2H_2	200.8	아세트산	CH_3CO_2H	160
암모니아	NH_3	192.3	에탄올	CH_3CH_2OH	161
이산화 탄소	CO_2	213.6	메탄올	CH_3OH	127
일산화 탄소	CO	197.6	물	H_2O	69.9
에틸렌	C_2H_4	219.5	고체		
수소	H_2	130.6	탄산 칼슘	$CaCO_3$	91.7
메테인	CH_4	186.2	산화 칼슘	CaO	38.1
질소	N_2	191.5	다이아몬드	C	2.4
이산화 질소	NO_2	240.0	흑연	C	5.7
사산화 이질소	N_2O_4	304.3	철	Fe	27.3
산소	O_2	205.0	산화 철(III)	Fe_2O_3	87.4

표준 몰 엔트로피 값이 주어지면, 화학 반응의 엔트로피 변화를 쉽게 계산할 수 있다. **표준 반응 엔트로피**(**standard entropy of reaction**, $\Delta S°$)는, 생성물 전체의 표준 몰 엔트로피에서 반응물 전체의 표준 몰 엔트로피를 빼면 간단히 얻을 수 있다.

표준 반응 엔트로피 변화 $\Delta S° = S°(\text{생성물}) - S°(\text{반응물})$

$S°$ 값이 단위가 몰당(per mole)으로 주어지기 때문에 각 물질의 $S°$ 값에는 균형 화학식의 각 화학량론 계수를 곱해야 한다. 그러므로 일반적인 반응

$$a\,\mathrm{A} + b\,\mathrm{B} \longrightarrow c\,\mathrm{C} + d\,\mathrm{D}$$

에 대한 표준 반응 엔트로피는 다음과 같다.

표준 반응 엔트로피 변화

$$\Delta S° = [c\,S°(\mathrm{C}) + d\,S°(\mathrm{D})] - [a\,S°(\mathrm{A}) + b\,S°(\mathrm{B})]$$

이 식에서 계수의 단위는 mol이고, $S°$의 단위는 J/(K·mol)이다. 따라서 $\Delta S°$의 단위는 J/K가 된다.

예를 들어 다음 반응의 표준 반응 엔트로피 변화를 계산해 보자.

개념탐구 질문 2

다음 기체들을 엔트로피가 가장 작은 것부터 큰 순서로 나열하시오.

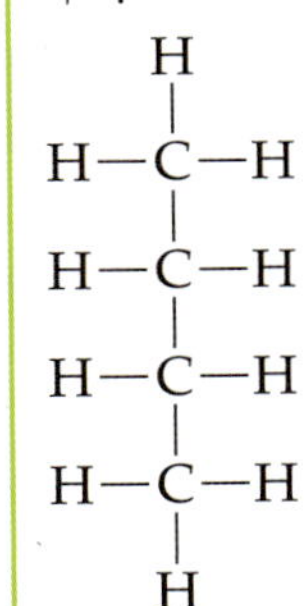

뷰테인(C_4H_{10})

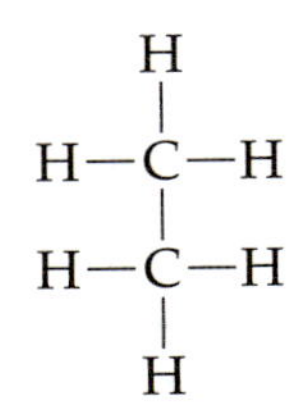

에테인(C_2H_6)

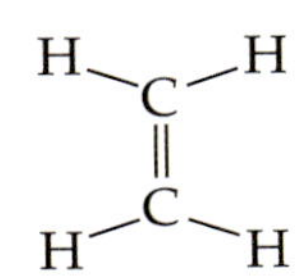

에틸렌(C_2H_4)

$$N_2O_4(g) \longrightarrow 2\ NO_2(g)$$

표 18.1에서 해당 $S°$ 값을 사용하면 $\Delta S° = 175.7$ J/K가 된다.

$$\begin{aligned}\Delta S° &= 2\ S°(NO_2) - S°(N_2O_4) \\ &= (2\ \text{mol})\left(240.0\ \frac{\text{J}}{\text{K}\cdot\text{mol}}\right) - (1\ \text{mol})\left(304.3\ \frac{\text{J}}{\text{K}\cdot\text{mol}}\right) \\ &= 175.7\ \text{J/K}\end{aligned}$$

예상한 바와 같이, 더 복잡한 분자인 N_2O_4의 표준 몰 엔트로피가 NO_2보다 크지만, 이 반응의 $\Delta S°$는 양의 값이다. 1 mol의 N_2O_4가 2 mol의 NO_2로 바뀌었기 때문이다. 그림 18.4에서 본 바와 같이, 분자가 두 개 이상의 조각으로 쪼개지면 엔트로피는 증가할 것으로 예상된다.

예제 18.2

표준 반응 엔트로피 계산

25 ℃에서 암모니아 하버 합성 반응의 표준 엔트로피를 계산하시오.

$$N_2(g) + 3\ H_2(g) \longrightarrow 2\ NH_3(g)$$

문제 파악

알고 있는 것	알아내야 할 것
반응물과 생성물의 $S°$ 값(부록 B)	표준 반응 엔트로피($\Delta S°$)

전략

반응의 $\Delta S°$를 계산하기 위해, 모든 생성물의 표준 몰 엔트로피에서 반응물 전체의 표준 몰 엔트로피를 뺀다. 균형 화학 반응식에 나타난 각 성분의 계수를 각 물질의 $\Delta S°$ 값에 곱하는 것을 기억하자.

풀이

$$\begin{aligned}\Delta S° &= 2\ S°(NH_3) - [S°(N_2) + 3\ S°(H_2)] \\ &= (2\ \text{mol})\left(192.3\ \frac{\text{J}}{\text{K}\cdot\text{mol}}\right) \\ &\quad - \left[(1\ \text{mol})\left(191.5\ \frac{\text{J}}{\text{K}\cdot\text{mol}}\right) + (3\ \text{mol})\left(130.6\ \frac{\text{J}}{\text{K}\cdot\text{mol}}\right)\right] \\ &= -198.7\ \text{J/K}\end{aligned}$$

점검

반응에서 기체 분자 수가 4 mol에서 2 mol로 감소하기 때문에, $\Delta S°$는 음의 값이어야 한다.

▶ **연습문제 18.3** 25 ℃에서 수소 기체가 산소 기체와 반응하여 액체 물을 생성하는 반응의 표준 반응 엔트로피를 계산하시오.

$$2\ H_2(g) + O_2(g) \longrightarrow 2\ H_2O(l)$$

▶ **응용문제 18.4** 25 ℃에서 기체 프로페인(C_3H_8) 연소의 **불균형 화학 반응식**은 다음과 같다.

$$C_3H_8(g) + O_2(g) \longrightarrow CO_2(g) + H_2O(l) \qquad \Delta S° = -376.6\ \text{J/K}$$

(a) 반응의 균형을 맞추고, $\Delta S°$가 왜 음수인지 설명하시오.

(b) 부록 B의 값을 이용하여 $C_3H_8(g)$의 $S°$[J/(K·mol)]를 계산하시오.

18.5 엔트로피와 열역학 제2법칙

지금까지, 분자들의 계가 최소 엔탈피와 최대 엔트로피를 갖는 상태로 자발적으로 움직이는 경향이 있음을 알았다. 하지만 어떤 특정한 반응에서 계의 엔탈피는 증가하거나 감소할 수 있다. 유사하게, 계의 엔트로피도 증가하거나 감소할 수 있다. 그렇다면 반응이 자발적으로 일어날 것인가를 어떻게 결정할 수 있을까? 이 절과 다음 절에서 자발성의 척도에 대한 결론을 얻을 것이다. 먼저 열역학 제1법칙과 제2법칙을 살펴보자.

열역학 제1법칙 어떤 과정이 자발적이든 또는 비자발적이든, 계와 그 주위의 전체 에너지는 일정하다.

열역학 제2법칙 어떤 **자발적**(spontaneous) 과정에서 계와 그 주위의 전체 엔트로피는 항상 증가한다.

제1법칙은 단순히 에너지 보존에 관한 언급이다(9.1절). 제1법칙은 에너지(또는 엔탈피)는 계와 주위 사이를 흐를 수 있으나, 계와 주위의 전체 에너지는 항상 일정하다고 말한다. 발열 반응에서 계는 주위로 엔탈피를 잃는다. 흡열 반응에서는 계가 주위로부터 엔탈피를 얻는다. 자발적이든 비자발적이든 모든 화학 과정에서 에너지는 보존된다. 따라서 제1법칙은 계와 주위 사이의 에너지 흐름을 추적 가능하게 하지만, 특정 반응이 자발적인지 비자발적인지에 대해서는 아무것도 알려 주지 않는다. 예를 들어, 제1법칙에 의하면 한 잔의 뜨거운 코코아가 주위의 공기 분자로 에너지를 전달하며, 식을 때 전체 에너지의 양은 보존된다. 이것은 왜 한 잔의 뜨거운 코코아가 주위로 열을 전달하는 것은 일어나면서, 실온의 공기가 열을 전달하여 한 잔의 차가운 액체를 따뜻하게 하는 것은 결코 일어나지 않는 이유를 설명하지 못한다.

그러나 제2법칙은 자발성에 대한 명쾌한 기준을 제시한다. 자발적 변화의 방향이 항상 전체 엔트로피 변화의 부호에 의해 결정됨을 이 법칙은 보여 준다.

전체 엔트로피 변화 $\Delta S_{전체} = \Delta S_{계} + \Delta S_{주위}$

구체적으로,

$\Delta S_{전체} > 0$이면, 반응은 자발적이다.
$\Delta S_{전체} < 0$이면, 반응은 비자발적이다.
$\Delta S_{전체} = 0$이면, 반응 혼합물은 평형에 있다.

모든 반응은 계와 주위의 엔트로피의 합이 증가하는 방향으로 자발적으로 진행된다. 정방향이 비자발적인 반응은 역방향으로는 자발적이다. 이것은 역반응의 $\Delta S_{전체}$는 정반응의 $-\Delta S_{전체}$와 같기 때문이다. 만일 $\Delta S_{전체}$가 0이면, 반응은 어느 방향으로도 자발적으로 가지 않으므로 반응 혼합물은 평형에 있다.

$\Delta S_{전체}$ 값을 결정하기 위해서는 계와 주위의 엔트로피 변화 값이 필요하다. 계의 엔트로피 변화 $\Delta S_{계}$는 반응 엔트로피인데, 예제 18.2에서 설명한 대로 표준 몰 엔트로피(표 18.1)로부터 계산할 수 있다. 일정 압력에서 일어나는 반응에서 주위의 엔트로피 변화는 다음 식과 같이 반응의 엔탈피 변화(ΔH)에 정비례하고, 주위의 절대 온도(T)에 반비례한다.

주위의 엔트로피 변화 $\Delta S_{주위} = \dfrac{-\Delta H}{T}$

▲ 차가운 주위에 열을 가하는 것은 고요한 호수에 돌을 던지는 것과 유사하다. 두 과정은 모두 움직임의 양을 상당히 증가시켜, 비교적 큰 엔트로피 증가를 가져온다. ©Akin Ozcan/Shutterstock

$\Delta S_{주위}$를 계산하기 위하여 이 식을 유도하지는 않겠지만, 그 형태가 옳다는 것을 증명할 수는 있다. 왜 $\Delta S_{주위}$가 $-\Delta H$에 비례하는가를 알기 위해, 발열 반응($\Delta H < 0$)에서 계가 주위로 열을 잃어버린다는 것을 기억하라(그림 18.9a). 그 결과, 주위에 있는 분자들의 무질서한 운동이 증가하고, 주위의 엔트로피도 증가한다($\Delta S_{주위} > 0$). 반면에, 흡열 반응($\Delta H > 0$)에서는 계가 주위로부터 열을 얻으므로(그림 18.9b) 주위의 엔트로피는 감소한다($\Delta S_{주위} < 0$). ΔH가 음

이면 $\Delta S_{주위}$는 양이 된다. 그 반대도 성립하므로 $\Delta S_{주위}$는 $-\Delta H$에 비례한다.

$$\Delta S_{주위} \propto -\Delta H$$

▶ **그림 18.9**
계의 엔탈피 변화(ΔH)와 주위의 엔트로피 변화($\Delta S_{주위}$)의 관계

▶ **확인하기**

얼음 조각이 녹을 때, $\Delta S_{주위}$의 부호는 무엇인가?

답 $\Delta S_{주위} < 0$. 얼음 조각을 녹이려면 열을 흡수해야 한다. ($\Delta H = +$, 흡열 과정)

$\Delta S_{주위} = \dfrac{-\Delta H}{T}$

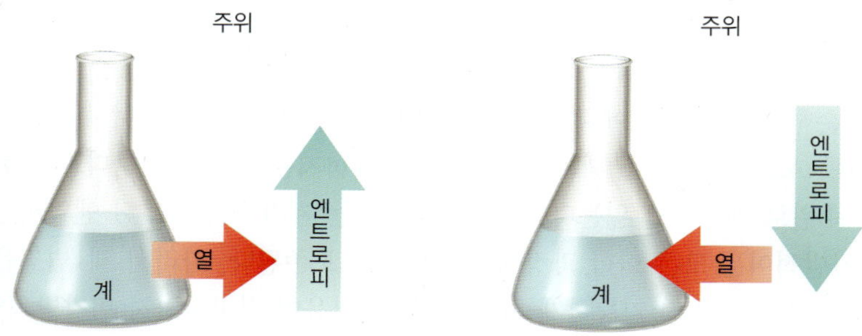

(a) 계에서 발열 반응이 일어날 때 ($\Delta H < 0$), 주위는 열을 얻어 엔트로피가 증가한다($\Delta S_{주위} > 0$).

(b) 계에서 흡열 반응이 일어날 때 ($\Delta H > 0$), 주위는 열을 잃어 엔트로피가 감소한다($\Delta S_{주위} < 0$).

$\Delta S_{주위}$가 절대 온도 T에 반비례하는 이유는 좀 더 미묘하다. 주위는 온도의 변화 없이 열을 가할 수 있는 무한히 큰 항온조라고 생각할 수 있다. 만일 주위의 온도가 낮으면 무질서도가 작아서, 일정량의 열을 가하면 무질서도는 상당히 증가할 것이다(비교적 큰 $\Delta S_{주위}$의 값). 만일 주위 온도가 높으면 이미 큰 무질서도를 가지고 있으므로, 같은 양의 열을 가하면 무질서도의 양은 약간 증가할 것이다(비교적 작은 $\Delta S_{주위}$의 값). 그러므로 $\Delta S_{주위}$의 변화는 온도에 반비례한다.

▲ 뜨거운 주위에 열을 가하는 것은 거친 파도의 호수에 돌을 던지는 것과 유사하다. 두 과정은 모두 움직임의 양을 조금 증가시켜 비교적 작은 엔트로피 증가를 가져온다.

$$\Delta S_{주위} \propto \frac{1}{T}$$

주위에 열을 가하는 것은 호수에 돌을 던지는 것과 유사하다. 돌을 던지기 전에 호수 표면이 움직임 없이 잔잔하다면, 돌로 인한 충격은 원형 파동 모양의 상당히 큰 움직임을 만들 것이다. 만일 호수에 이미 거친 파도가 일고 있어 표면의 움직임이 상당하면, 돌이 물에 부딪힐 때 생기는 추가적인 움직임은 거의 알아보기 어렵다.

예제 18.3

반응의 자발성 결정

금속 철의 산화를 생각해 보자.

$$4\ Fe(s) + 3\ O_2(g) \longrightarrow 2\ Fe_2O_3(s)$$

$\Delta S_{전체}$의 값을 계산하여, 25 °C에서 반응이 자발적인지 결정하시오.

문제 파악

알고 있는 것	알아내야 할 것
반응물과 생성물의 $\Delta H°_f$와 $\Delta S°$의 값 (부록 B)	$\Delta S_{전체}$

전략

$\Delta S_{전체} = \Delta S_{계} + \Delta S_{주위}$의 부호를 결정하려면, $\Delta S_{계}$와 $S_{주위}$ 값을 계산해야 한다. 계의 엔트로피 변화는 표준 반응 엔트로피와 같으므로, 표준 몰 엔트로피로부터 계산할 수 있다. $\Delta S_{주위} = -\Delta H°/T$를 얻기 위해서, 반응의 $\Delta H°$를 표준 생성열로부터 계산한다(9.9절).

풀이

$$\Delta S_{계} = \Delta S° = 2\,S°(Fe_2O_3) - [4\,S°(Fe) + 3\,S°(O_2)]$$

$$= (2\text{ mol})\left(87.4\,\frac{J}{K\cdot mol}\right)$$

$$-\left[(4\text{ mol})\left(27.3\,\frac{J}{K\cdot mol}\right)+(3\text{ mol})\left(205.0\,\frac{J}{K\cdot mol}\right)\right]$$

$$= -549.5\text{ J/K}$$

$$\Delta H° = 2\,\Delta H°_f(Fe_2O_3) - [4\,\Delta H°_f(Fe) + 3\,\Delta H°_f(O_2)]$$

원소의 $\Delta H°_f$ = 0이고 Fe_2O_3의 $\Delta H°_f$ = −824.2 kJ/mol이므로 반응의 $\Delta H°$는

$$\Delta H° = 2\,\Delta H°_f(Fe_2O_3) = (2\text{ mol})(-824.2\text{ kJ/mol})$$
$$= -1648.4\text{ kJ}$$

이다. 그러므로 25 °C (= 298.15 K에서)

$$\Delta S_{주위} = \frac{-\Delta H°}{T} = \frac{-(-1{,}648{,}400\text{ J})}{298.15\text{ K}} = 5529\text{ J/K}$$

$$\Delta S_{전체} = \Delta S_{계} + \Delta S_{주위} = -549.5\text{ J/K} + 5529\text{ J/K} = 4980\text{ J/K}$$

전체 엔트로피 변화 값이 양이므로, 25 °C 표준 상태에서 이 반응은 자발적이다.

점검

반응에서 3 mol의 기체가 소모되므로 $\Delta S_{계}$는 음의 값이다. 금속 철의 산화는 매우 큰 발열 반응이므로, $\Delta S_{주위} = -\Delta H°/T$는 매우 큰 양의 값이다. $\Delta S_{주위}$ 값은 $\Delta S_{계}$의 절댓값보다 크기 때문에 $\Delta S_{전체}$는 양의 값이고, 해답과 일치한다.

▶ **연습문제 18.5** $\Delta S_{전체}$의 값을 계산하여 25 °C 표준 상태 조건에서 탄산 칼슘의 분해가 자발적인지 결정하시오. (힌트: 반응물과 생성물의 $\Delta H°_f$와 $\Delta S°$ 값은 부록 B를 참고하시오.)

$$CaCO_3(s) \longrightarrow CaO(s) + CO_2(g)$$

▶ **응용문제 18.6** 부록 B의 $\Delta H°_f$와 $\Delta S°$의 값을 이용하여 Br_2의 끓는점(°C)을 예측하시오.

18.6 자유 에너지와 화학 반응의 자발성

화학자들은 일반적으로 주위보다 계(반응 혼합물)에 더 관심을 갖는다. 따라서 제2법칙을 주위에 상관없이 계의 열역학 성질만으로 다시 기술하는 것이 편리하다. 이를 위해 **자유 에너지**(**free energy**)라는 열역학 성질을 이용한다. 자유 에너지는 화학 열역학의 기반을 놓은 미국의 수리물리학자인 깁스(J. Willard Gibbs, 1839~1903)를 기념하여 G로 나타낸다. 자유 에너지 G는 다음과 같이 정의된다.

자유 에너지 $G = H - TS$

그 명칭으로부터 예상하겠지만, 자유 에너지는 에너지의 단위(J 또는 kJ)를 갖는다.

엔탈피, 엔트로피, 온도는 상태 함수이므로 자유 에너지도 상태 함수이다. 따라서 어떤 과정의 자유 에너지 변화(ΔG)는 경로에 무관하다. 일정 온도에서 반응의 ΔG는 엔탈피 변화에서 온도와 엔트로피 변화의 곱을 뺀 것과 같다.

자유 에너지 변화 $\Delta G = \Delta H - T\Delta S$

자유 에너지 변화에 대한 이 식과 자발성이 무슨 관련이 있는가를 알기 위해, 다음 관계를 생각해 보자.

$$\Delta S_{전체} = \Delta S_{계} + \Delta S_{주위} = \Delta S + \Delta S_{주위}$$

여기서 아래 첨자 계는 삭제하였다. (일반적으로, 아래 첨자가 없는 기호는 주위가 아니라 계

를 가리킨다.) $\Delta S_{주위} = -\Delta H/T$이고 ΔH는 일정 압력에서 계가 얻은 열이므로, 다음과 같이 쓸 수 있다.

$$\Delta S_{전체} = \Delta S - \frac{\Delta H}{T}$$

양변에 $-T$를 곱하면

$$-T\Delta S_{전체} = \Delta H - T\Delta S$$

이 식의 우변은 바로 ΔG이다. 즉, 일정한 온도와 압력에서 계의 자유 에너지 변화이다. 그러므로,

$$-T\Delta S_{전체} = \Delta G$$

절대 온도 T는 항상 양수이므로, ΔG와 $\Delta S_{전체}$는 서로 부호가 반대라는 것에 유의하라.

열역학 제2법칙에 의하면, $\Delta S_{전체}$가 양이면 반응은 자발적이고, $\Delta S_{전체}$가 음이면 비자발적이며, $\Delta S_{전체}$가 0이면 반응은 평형에 있다. $-T\Delta S_{전체} = \Delta G$이고 ΔG와 $\Delta S_{전체}$는 부호가 반대이므로, 일정한 온도와 압력에서 일어나는 반응의 자발성에 대한 열역학 기준을 다음과 같이 설명할 수 있다.

$\Delta G < 0$이면, 반응이 자발적이다.
$\Delta G > 0$이면, 반응이 비자발적이다.
$\Delta G = 0$이면, 반응 혼합물은 평형에 있다.

다르게 표현하면, **일정한 온도와 압력의 자발적 과정에서 계의 자유 에너지는 항상 감소한다.**

자유 에너지 식 $\Delta G = \Delta H - T\Delta S$에서 ΔG에 기여하는 엔탈피와 엔트로피의 부호에 대한 관계는 **표 18.2**에 4가지 다른 경우로 요약되어 있다.

표 18.2 일정한 온도와 압력에서 엔탈피, 엔트로피, 자유 에너지 변화의 부호 및 반응의 자발성

ΔH	ΔS	$\Delta G = \Delta H - T\Delta S$	반응의 자발성	예
−	+	−	모든 온도에서 자발적	$2\,NO_2(g) \longrightarrow N_2(g) + 2\,O_2(g)$
+	−	+	모든 온도에서 비자발적	$3\,O_2(g) \longrightarrow 2\,O_3(g)$
−	−	− 또는 +	ΔH가 $T\Delta S$보다 큰 낮은 온도에서 자발적	$N_2(g) + 3\,H_2(g) \longrightarrow 2\,NH_3(g)$
			$T\Delta S$가 ΔH보다 큰 높은 온도에서 비자발적	
+	+	− 또는 +	$T\Delta S$가 ΔH보다 큰 높은 온도에서 자발적	$2\,HgO(s) \longrightarrow 2\,Hg(l) + O_2(g)$
			ΔH가 $T\Delta S$보다 큰 낮은 온도에서 비자발적	

개념탐구 질문 3
낮은 온도에서는 비자발적이고 높은 온도에서는 자발적인 반응에서, ΔS와 ΔH의 부호는 무엇인가?

경우 1. ΔH가 음이고 ΔS가 양이면, 모든 온도에서 ΔG는 음이다. 그러므로 양의 엔트로피 변화 값을 갖는 발열 반응은 항상 자발적이다.

경우 2. ΔH가 양이고 ΔS가 음이면, 모든 온도에서 ΔG는 양이다. 그러므로 음의 엔트로피 변화 값을 갖는 흡열 반응은 온도에 관계없이 항상 비자발적이다.

그러나 ΔH와 ΔS가 모두 음이거나 또는 모두 양이면, ΔG의 부호(그리고 반응의 자발성)는 온도에 의존한다. 식 $\Delta G = \Delta H - T\Delta S$에서 온도 T는 ΔG에 기여하는 엔탈피와 엔트로피의 상대적 중요성을 결정하는 가중치의 역할을 한다.

경우 3. ΔH와 ΔS가 모두 음이면, ΔH의 절댓값이 $T\Delta S$의 절댓값보다 클 때만 반응이 자발

적일 것이다. 이것은 $T\Delta S$에서 가중치 T가 작을 경우인 낮은 온도에서 가능성이 매우 크다.

경우 4. ΔH와 ΔS가 모두 양이면, 온도가 높아 $T\Delta S$가 ΔH보다 클 경우에만 반응이 자발적일 것이다. 이러한 경우는 용융 또는 증발과 같은 **상변화**(11.2절)에서 이미 다루었다.

기억하기…
얼음이 녹는 **상변화**는 0 ℃ 이상에서, 즉 $T\Delta S$가 ΔH보다 크고 ΔG가 음일 때 자발적이다. 그러나 0 ℃ 이하에서, 즉 ΔH가 $T\Delta S$보다 크고 ΔG가 양일 때는 비자발적이다 (11.2절).

경우 3, 4와 같이 ΔH와 ΔS가 모두 음이거나 모두 양이면 비자발적 반응이 자발이 되거나 또는 자발적 반응이 비자발적으로 되는 온도를 추정할 수 있다. 이것은 그 온도가 반응이 평형에 도달하는 온도이기 때문이다. 평형에서는 $\Delta G = \Delta H - T\Delta S = 0$이므로, 반응이 자발적에서 비자발적으로(혹은 비자발적에서 자발적으로) 변하는 교차 온도는 $T = \Delta H/\Delta S$로 주어진다.

$$\Delta G = \Delta H - T\Delta S = 0 \qquad \text{평형에서}$$

$$T = \frac{\Delta H}{\Delta S} \qquad \text{교차 온도}$$

이 식은 교차 온도의 정확한 값이 아닌 추정치를 제공할 뿐이다. 이것은 ΔH와 ΔS가 온도에 약간 의존하기 때문이다. 일반적으로 온도가 증가할 때 반응물과 생성물의 엔탈피 및 엔트로피는 증가하지만, 생성물의 엔탈피와 엔트로피 증가는 반응물의 증가에 의해 상쇄된다. 그 결과 반응의 ΔH와 ΔS는 작은 온도 범위에서는 상대적으로 온도에 무관하다.

예제 18.4

반응이 자발적으로 되는 온도 결정

금속 철은 산화 철(III)을 수소로 환원하여 만들 수 있다.

$$Fe_2O_3(s) + 3\,H_2(g) \longrightarrow 2\,Fe(s) + 3\,H_2O(g) \quad \Delta H° = +98.8\text{ kJ};\ \Delta S° = +141.5\text{ J/K}$$

(a) 25 ℃ 표준 상태 조건에서 반응은 자발적인가?
(b) 어떤 온도에서 반응은 자발적으로 되는가?

문제 파악

알고 있는 것	알아내야 할 것
$\Delta H° = +98.8$ kJ	25 °C에서 ΔG
$\Delta S° = +141.5$ J/K	자발성에 대한 온도(T)

전략

25 ℃에서 반응이 자발적인지를 결정하기 위해서 $\Delta G = \Delta H - T\Delta S$의 부호를 결정해야 된다. 반응이 자발적으로 되는 교차 온도를 찾기 위해 $T = \Delta H/\Delta S$를 이용한다.

풀이

(a) 25 ℃(298 K)에서 반응의 ΔG는

$$\begin{aligned}\Delta G &= \Delta H - T\Delta S = (98.8\text{ kJ}) - (298\text{ K})(0.1415\text{ kJ/K})\\ &= (98.8\text{ kJ}) - (42.2\text{ kJ})\\ &= 56.6\text{ kJ}\end{aligned}$$

양의 ΔH 항이 양의 $T\Delta S$ 항보다 크기 때문에 ΔG는 양이고, 298 K에서 반응은 비자발적이다.

(b) 식 $T = \Delta H/\Delta S$에 ΔH와 ΔS 값을 대입하면, ΔG가 양에서 음으로 바뀌는 교차 온도를 추정할 수 있다.

$$T = \frac{\Delta H}{\Delta S} = \frac{98.8\text{ kJ}}{0.1415\text{ kJ/K}} = 698\text{ K}$$

이 계산에서 ΔH와 ΔS 값이 표준 상태 온도 298 K에서 698 K 사이에 변하지 않는다고 가정했기 때문에 계산된 T 값은 추정치일 뿐이다.

점검

$\Delta H°$와 $\Delta S°$가 모두 양인 경우, $T\Delta S$가 ΔH보다 커지면 반응은 자발적이다. 높은 온도는 $T\Delta S$ 항의 크기를 증가시켜 ΔG가 음이 되고, 반응은 자발적이 된다. 따라서 반응이 자발적으로 되는 온도가 반응이 비자발적으로 되는 온도(298 K)보다 더 높다고 예측할 수 있다. 이 교차 온도(698 K)가 298 K보다 더 높다.

▶ **연습문제 18.7** 기체 N_2O_4의 분해를 생각해 보자.

$$N_2O_4(g) \longrightarrow 2\,NO_2(g) \qquad \Delta H° = +55.3\text{ kJ};\ \Delta S° = +175.7\text{ J/K}$$

자발적인 반응의 온도 조건을 추정하시오.

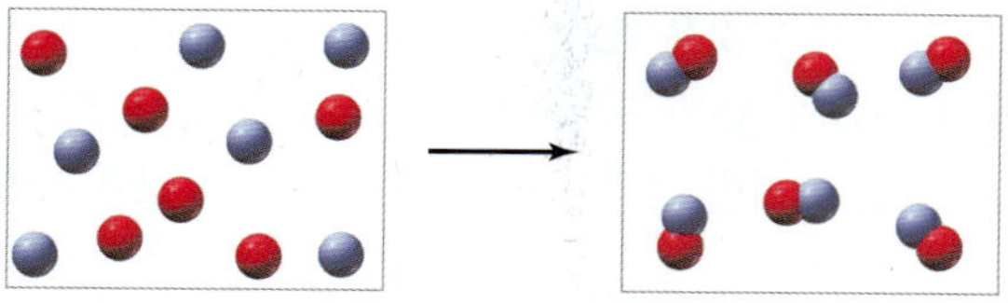

개념 응용문제 18.8 A 원자(빨간색)와 B 원자(파란색)의 다음 자발적 반응에 대한 ΔH, ΔS, ΔG의 부호(+, − 또는 0)는 무엇인가?

18.7 반응의 표준 자유 에너지 변화

물질의 자유 에너지는 엔탈피와 엔트로피처럼 온도, 압력, 물리적 상태(고체, 액체, 기체)와 농도(용액의 경우)에 의존한다. 그 결과, 화학 반응의 자유 에너지 변화는 잘 정의된 표준 상태 조건 하에서만 비교되어야 한다.

표준 상태 조건

- 1 atm에서 순수한 형태의 고체, 액체, 기체
- 1 M 농도의 용질
- 특정 온도, 보통 25 °C

기억하기…
질량, 부피와 같은 **크기 성질**은 시료의 크기에 따라 값이 변한다. 온도, 녹는점과 같은 세기 성질은 시료의 양과 관계가 없는 값을 가진다. (2.3절)

반응의 **표준 자유 에너지 변화**(**standard free-energy change**, $\Delta G°$)란 표준 상태에 있는 반응물이 표준 상태의 생성물로 변할 때 일어나는 자유 에너지 변화이다. $\Delta H°$와 같이 $\Delta G°$ 값은 균형 화학 반응식에 표기되는 몰수와 연관이 있는 **크기 성질**(**extensive property**)이다(2.3절). 예를 들면, 25 °C에서 다음 반응의 $\Delta G°$는

$$2\ Na(s) + 2\ H_2O(l) \longrightarrow H_2(g) + 2\ Na^+(aq) + 2\ OH^-(aq)$$

25 °C에서 고체 소듐 2 mol이 액체 물 2 mol과 완전히 반응하여, 1 atm에서 수소 기체 1 mol과 Na^+ 이온 2 mol, OH^- 이온 2 mol을 포함하는 1 M 농도의 수용액을 생성할 때 생기는 자유 에너지 변화이다. 이 반응의 $\Delta G° = -364$ kJ이다.

일정한 온도와 압력에서 어떤 과정의 자유 에너지 변화는 $\Delta G = \Delta H - T\Delta S$이다. 따라서 반응의 표준 자유 에너지 변화 $\Delta G°$는 표준 엔탈피 변화 $\Delta H°$와 표준 엔트로피 변화 $\Delta S°$로부터 계산할 수 있다. 하버의 암모니아 합성을 다시 생각해 보자.

$$N_2(g) + 3\ H_2(g) \longrightarrow 2\ NH_3(g) \quad \Delta H° = -92.2\ \text{kJ};\ \Delta S° = -198.7\ \text{J/K}$$

25 °C(298 K)에서 표준 자유 에너지 변화는

$$\begin{aligned}\Delta G° = \Delta H° - T\Delta S° &= (-92.2 \times 10^3\ \text{J}) - (298\ \text{K})(-198.7\ \text{J/K}) \\ &= (-92.2 \times 10^3\ \text{J}) - (-59.2 \times 10^3\ \text{J}) \\ &= -33.0 \times 10^3\ \text{J} \quad \text{또는} \quad -33.0\ \text{kJ}\end{aligned}$$

25 °C에서 음의 $\Delta H°$ 항은 음의 $T\Delta S°$보다 크므로, 표준 상태 조건 하에서 $\Delta G°$는 음이고, 반응은 자발적이다.

표준 자유 에너지 변화는 실제 과정보다 가상의 과정에 적용된다는 점에 유의하는 것이 중요하다. 가상의 과정에서 표준 상태의 분리된 반응물은 표준 상태의 분리된 생성물로 완전히 전환된다. 그러나 실제 과정에서는 반응물과 생성물은 섞여 있고, 반응은 완전히 진행되지 않는다.

예로서, 하버 합성을 생각해 보자. 가상의 과정은

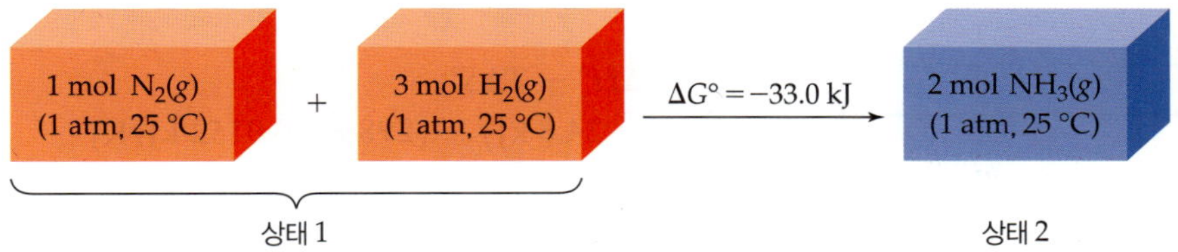

여기에서 $\Delta G° = -33.0$ kJ은 상태 1로부터 상태 2로 전환되는 계의 자유 에너지 변화이다. 그러나, 암모니아의 실제 합성에서는 반응물 N_2와 H_2는 분리되지 않고 서로 섞여 있다. 뿐만 아니라 이 반응은 완결되지 않고, 반응물과 생성물이 함께 존재하는 평형 상태에 도달한다.

그러면 실제 반응의 맥락에서 $\Delta G°$의 의미를 어떻게 생각해야 하는가? 한 가지 방법은 우리가 반응 용기에 N_2, H_2, NH_3의 혼합물을 각각 1 atm으로 가지고 있는 것으로 가정하는 것이다.

반응 용기는 반응물과 생성물의 압력을 1 atm으로 유지하기 위해서, 반응 속도에 맞춰 $N_2(g)$와 $H_2(g)$의 첨가를 허용하는 입구를 갖는다. 반응 용기는 또한 $NH_3(g)$의 압력을 1 atm으로 유지하기 위해, 생성 속도에 맞춰 NH_3를 제거하는 출구도 갖는다. (NH_3를 제거하는 한 가지 방법은, 반응 용기를 냉각시켜 N_2와 H_2보다 높은 끓는점을 갖는 NH_3를 선택적으로 응축시키는 것이다.)

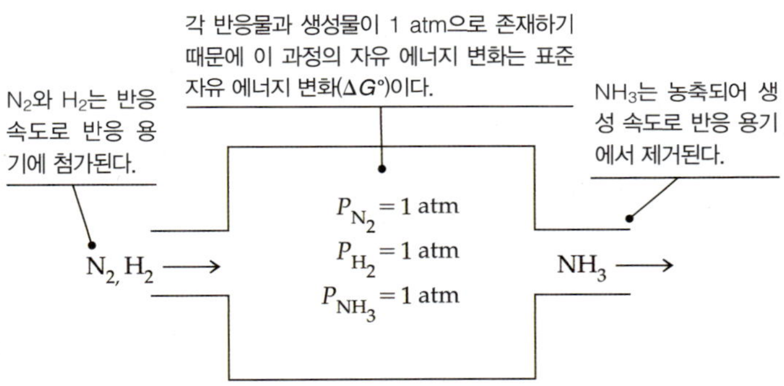

이러한 조건에서, 1 mol의 N_2가 3 mol의 H_2와 함께 2 mol의 NH_3를 생성하는 반응의 자유 에너지 변화는 표준 자유 에너지 변화($\Delta G° = -33.0$ kJ)이다. 각 반응물과 생성물이 1 atm으로 존재하기 때문이다.

항상 그렇듯이, $\Delta G°$의 값은 반응이 자발적인지 여부만을 나타내고, 그 속도에 대한 정보는 제공하지 않는다.

예제 18.5

$\Delta H°$와 $\Delta S°$로부터 반응의 $\Delta G°$ 계산

철광석에 포함된 산화 철(III)을 일산화 탄소로 환원시켜 금속 철을 상업적으로 제조한다.

$$Fe_2O_3(s) + 3\ CO(g) \longrightarrow 2\ Fe(s) + 3\ CO_2(g)$$

(a) 25 °C에서 이 반응의 표준 자유 에너지 변화를 계산하시오.
(b) 25 °C, 표준 상태 조건 하에서 반응은 자발적인가?
(c) 역반응은 고온에서 자발적인가? 설명하시오.

문제 파악

알고 있는 것	알아내야 할 것
온도(25°C)	$\Delta G°$
$\Delta H°_f$와 $\Delta S°$의 값	25 °C에서 자발적인가 비자발적인가
(부록 B)	자발성에 대한 조건

전략

(a) 표준 자유 에너지 변화는 $\Delta G° = \Delta H° - T\Delta S°$로부터 계산할 수 있다. 먼저 표준 생성열($\Delta H°_f$)과 표준 몰 엔트로피($S°$)로부터 $\Delta H°$ 와 $\Delta S°$를 구한다.

(b) $\Delta G°$가 음이면 표준 상태 조건 하에서 반응은 자발적이다.

(c) 고온에서 반응의 자발성은 $\Delta H°$와 $\Delta S°$의 부호와 크기에 의존한다.

풀이

(a) 다음 $\Delta H°_f$와 $S°$ 값은 부록 B에서 찾을 수 있다.

	$Fe_2O_3(s)$	$CO(g)$	$Fe(s)$	$CO_2(g)$
$\Delta H°_f$ (kJ/mol)	−824.2	−110.5	0	−393.5
$S°$ [J/(K·mol)]	87.4	197.6	27.3	213.6

따라서,

$$\Delta H° = [2\,\Delta H°_f(Fe) + 3\,\Delta H°_f(CO_2)] - [\Delta H°_f(Fe_2O_3) + 3\,\Delta H°_f(CO)]$$

$$= [(2\text{ mol})(0\text{ kJ/mol}) + (3\text{ mol})(-393.5\text{ kJ/mol})] - [(1\text{ mol})(-824.2\text{ kJ/mol}) + (3\text{ mol})(-110.5\text{ kJ/mol})]$$

$$\Delta H° = -24.8\text{ kJ}$$

이고

$$\Delta S° = [2\,S°(Fe) + 3\,S°(CO_2)] - [S°(Fe_2O_3) + 3\,S°(CO)]$$

$$= \left[(2\text{ mol})\left(27.3\,\frac{J}{K\cdot mol}\right) + (3\text{ mol})\left(213.6\,\frac{J}{K\cdot mol}\right)\right] - \left[(1\text{ mol})\left(87.4\,\frac{J}{K\cdot mol}\right) + (3\text{ mol})\left(197.6\,\frac{J}{K\cdot mol}\right)\right]$$

$$\Delta S° = +15.2\text{ J/K} \quad \text{또는} \quad 0.0152\text{ kJ/K}$$

그러므로

$$\Delta G° = \Delta H° - T\Delta S°$$
$$= (-24.8\text{ kJ}) - (298\text{ K})(0.0152\text{ kJ/K})$$
$$\Delta G° = -29.3\text{ kJ}$$

(b) $\Delta G°$가 음이므로 반응은 25 °C에서 자발적이다. 이것은 각 기체가 1 atm의 부분 압력을 갖는 $Fe_2O_3(s)$, $CO(g)$, $Fe(s)$, $CO_2(g)$의 혼합물이 25 °C에서 반응하여 더 많은 금속 철을 생산한다는 것을 의미한다.

(c) $\Delta H°$는 음이고 $\Delta S°$는 양이므로 $\Delta G°$는 모든 온도에서 음이다. 따라서, 정반응은 모든 온도에서 자발적이고, 역반응은 높은 온도에서 자발적이지 않다.

▶ **연습문제 18.9** 탄산 칼슘의 열분해 반응을 생각해 보자.

$$CaCO_3(s) \longrightarrow CaO(s) + CO_2(g)$$

(a) 부록 B의 자료를 이용하여, 25 °C에서 이 반응의 표준 자유 에너지 변화를 계산하시오.

(b) 고체 $CaCO_3$, 고체 CaO, 1 atm인 기체 CO_2의 혼합물은 25 °C에서 자발적으로 반응하여, 더 많은 CaO와 CO_2를 생성하는가?

▶ **개념 응용문제 18.10** 다음 AB_2 분자의 흡열 분해 반응을 생각해 보자.

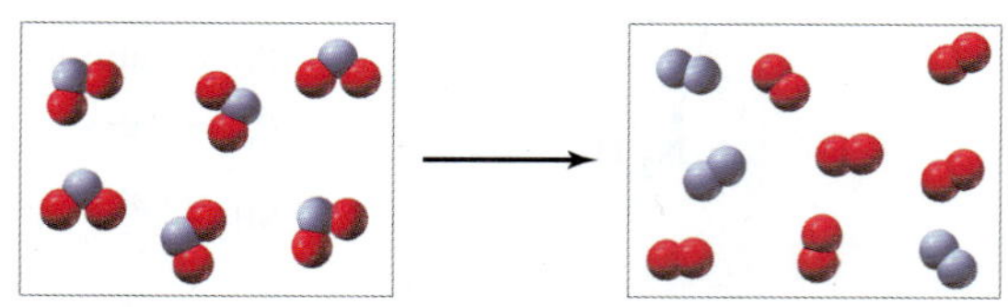

(a) 이 반응에 대한 $\Delta S°$의 부호(+, −, 0)는 무엇인가?

(b) 이 반응은 높은 온도에서 자발적일까 낮은 온도에서 자발적일까? 설명하시오.

18.8 표준 생성 자유 에너지

물질의 **표준 생성 자유 에너지(standard free energy of formation, $\Delta G°_f$)**란 표준 상태에서 가장 안정한 형태의 성분 원소로부터 표준 상태의 물질 1 mol이 생성되는 데 대한 자유 에너지 변화이다. 예를 들어, 18.7절에서 성분 원소로부터 2 mol의 NH_3 합성의 표준 자유 에너지 변화 $\Delta G°$는 −33.0 kJ임을 알았다.

$$N_2(g) + 3\,H_2(g) \longrightarrow 2\,NH_3(g) \quad \Delta G° = -33.0\text{ kJ}$$

그러므로 암모니아의 $\Delta G°_f$는 −33.0 kJ/2 mol, 즉 −16.5 kJ/mol이다.

25 °C에서 몇 가지 물질의 $\Delta G°_f$ 값이 **표 18.3**에 수록되어 있고, 추가 자료는 부록 B에 있다.

25 ℃에서 가장 안정한 형태의 원소에 대한 $\Delta G°_f$는 0으로 정의된다는 것에 유의하라. 따라서 고체 흑연의 $\Delta G°_f = 0$ kJ/mol이지만, 25 ℃에서 덜 안정한 형태의 고체 탄소인 다이아몬드의 $\Delta G°_f = 2.9$ kJ/mol이다.

표 18.3 25 ℃에서 몇 가지 물질의 표준 생성 자유 에너지

물질	화학식	$\Delta G°_f$ [kJ/mol]	물질	화학식	$\Delta G°_f$ [kJ/mol]
기체			**액체**		
아세틸렌	C_2H_2	209.9	아세트산	CH_3CO_2H	−390
암모니아	NH_3	−16.5	에탄올	CH_3CH_2OH	−174.9
이산화 탄소	CO_2	−394.4	메탄올	CH_3OH	−166.6
일산화 탄소	CO	−137.2	물	H_2O	−237.2
에틸렌	C_2H_4	68.1	**고체**		
수소	H_2	0	탄산 칼슘	$CaCO_3$	−1129.1
메테인	CH_4	−50.8	산화 칼슘	CaO	−603.3
질소	N_2	0	다이아몬드	C	2.9
이산화 질소	NO_2	51.3	흑연	C	0
사산화 이질소	N_2O_4	99.8	산화 철(III)	Fe_2O_3	−742.2

표준 생성 엔탈피 $\Delta H°_f$와 마찬가지로, 가장 안정한 형태의 원소에 대한 0의 $\Delta G°_f$ 값은 다른 물질의 표준 자유 에너지 측정에 열역학적 '해수면', 즉 기준점으로 작용한다. 물질에 대한 자유 에너지의 절댓값은 측정할 수 없지만(엔트로피는 측정 가능), 반응물과 생성물 사이의 자유 에너지 **차이**에만 관심이 있기 때문에 이는 문제가 되지 않는다.

물질의 표준 생성 자유 에너지는 그 물질의 구성 원소에 대한 열역학적 안정성의 척도가 된다. 이산화 탄소나 물과 같이 $\Delta G°_f$가 음의 값을 갖는 물질은 표준 상태 조건에서 안정하여 성분 원소로 분해되지 않는다. 에틸렌이나 이산화 질소와 같이 양의 $\Delta G°_f$ 값을 갖는 물질은 그 구성 원소에 비해 열역학적으로 불안정하므로 원칙적으로는 분해될 수 있다. 그러나 실제로는 분해 속도가 느린 경우, 이런 물질은 오랫동안 존재할 수 있다.

만일 어떤 물질의 $\Delta G°_f$ 값이 양이면, 표준 상태 조건에서 구성 원소로부터 그 물질을 합성하려는 시도는 의미가 없다. 이런 물질은 다른 온도나 압력에서 만들거나, 자유 에너지 변화가 음인 반응을 이용하여 다른 출발 물질로부터 만들어야 한다. 그러므로 열역학적 지식이 있다면, 화학 합성에서 상당한 시간을 절약할 수 있다.

18.7절에서 표에 주어진 $\Delta H°_f$와 S° 값을 이용하여 $\Delta H°$와 $\Delta S°$를 구하고, $\Delta G° = \Delta H° - T\Delta S°$로부터 반응의 표준 자유 에너지 변화를 계산하였다. 다른 방법으로, 모든 생성물의 표준 생성 자유 에너지로에서 모든 반응물의 표준 생성 자유 에너지를 빼면, 직접 $\Delta G°$를 계산할 수 있다.

반응의 표준 자유 에너지 변화

$$\Delta G° = \Delta G°_f(\text{생성물}) - \Delta G°_f(\text{반응물})$$

일반적인 반응

$$a\text{A} + b\text{B} \longrightarrow c\text{C} + d\text{D}$$

의 표준 자유 에너지 변화는 다음과 같다.

반응의 표준 자유 에너지 변화

$$\Delta G° = [c\Delta G°_f(C) + d\Delta G°_f(D)] - [a\Delta G°_f(A) + b\Delta G°_f(B)]$$

예제 18.5의 반응[일산화 탄소에 의한 산화 철(III)의 환원]에 대해, 표준 자유 에너지 변화를 계산해 보자.

$$Fe_2O_3(s) + 3\,CO(g) \longrightarrow 2\,Fe(s) + 3\,CO_2(g)$$

표 18.3의 $\Delta G°_f$ 값을 이용하면 다음의 결과를 얻을 수 있다.

$$\begin{aligned}\Delta G° &= [2\,\Delta G°_f(Fe) + 3\,\Delta G°_f(CO_2)] - [\Delta G°_f(Fe_2O_3) + 3\,\Delta G°_f(CO)]\\ &= [(2\text{ mol})(0\text{ kJ/mol}) + (3\text{ mol})(-394.4\text{ kJ/mol})]\\ &\quad -[(1\text{ mol})(-742.2\text{ kJ/mol}) + (3\text{ mol})(-137.2\text{ kJ/mol})]\\ \Delta G° &= -29.4\text{ kJ}\end{aligned}$$

이 결과는, 예제 18.5에서 $\Delta G° = \Delta H° - T\Delta S°$를 이용하여 계산된 값인 −29.3 kJ과 잘 일치한다.

예제 18.6

$\Delta G°_f$ 값으로부터 반응의 $\Delta G°$ 계산

(a) 일산화 질소(NO)와 물이 생성되는 암모니아 산화 반응의 표준 자유 에너지 변화를 계산하시오. 25 ℃ 표준 상태 조건에서, 이 반응은 촉매를 사용할 가치가 있는가?

$$4\,NH_3(g) + 5\,O_2(g) \longrightarrow 4\,NO(g) + 6\,H_2O(l)$$

(b) 25 ℃ 표준 상태 조건에서, 기체 N_2와 O_2로부터 NO를 합성하는 데 촉매를 사용할 만한 가치가 있는가?

문제 파악

알고 있는 것	알아내야 할 것
표준 생성 자유 에너지 $\Delta G°_f$ (부록 B)	$\Delta G°$

전략

아래 식을 사용하여, 표준 생성 자유 에너지로부터 $\Delta G°$를 매우 쉽게 계산할 수 있다.

$$\Delta G° = \Delta G°_f(\text{생성물}) - \Delta G°_f(\text{반응물})$$

균형 화학 반응식에서의 계수를 각 물질의 $\Delta G°$에 곱해 주는 것을 상기하라. 반응의 자유 에너지 변화가 음일 때만 촉매를 사용해 볼 만하다.

풀이

(a)
$$\begin{aligned}\Delta G° &= [4\,\Delta G°_f(NO) + 6\,\Delta G°_f(H_2O)] - [4\,\Delta G°_f(NH_3) + 5\,\Delta G°_f(O_2)]\\ &= [(4\text{ mol})(87.6\text{ kJ/mol}) + (6\text{ mol})(-237.2\text{ kJ/mol})]\\ &\quad -[(4\text{ mol})(-16.5\text{ kJ/mol}) + (5\text{ mol})(0\text{ kJ/mol})]\\ \Delta G° &= -1006.8\text{ kJ}\end{aligned}$$

음의 $\Delta G°$는 표준 상태 조건에서 반응이 자발적임을 의미하므로 촉매를 사용할 만하다. (이 반응은 질산을 생산하는 오스트발트 공정의 첫 번째 단계이다. 산업적으로는 백금−로듐 촉매를 사용하여 반응을 진행시킨다.)

(b) NO의 표준 생성 자유 에너지는 $\Delta G°_f = 87.6$ kJ/mol로 양의 값을 가지므로, 반응 $N_2(g) + O_2(g) \longrightarrow 2\,NO(g)$은 촉매를 사용할 가치가 없다. 이것은 25 ℃ 표준 상태 조건에서 NO가 불안정하여 N_2와 O_2로 분해된다는 것을 의미한다. 촉매는 분해 속도만 증가시킬 뿐이다. 촉매는 평형 혼합물의 조성에 영향을 줄 수 없기 때문에(15.10절), 반응의 방향을 되돌리지는 못한다.

연습문제 18.11 부록 B의 $\Delta G°_f$ 값을 이용하여, 탄화 칼슘(CaC_2)과 물의 반응에 대한 표준 자유 에너지 변화를 계산하시오. 이 반응을 아세틸렌(HC≡CH, 또는 C_2H_2) 합성에 이용할 수 있을까?

$$CaC_2(s) + 2\,H_2O(l) \longrightarrow C_2H_2(g) + Ca(OH)_2(s)$$

응용문제 18.12

(a) 표 18.3의 $\Delta G°_f$값을 이용하여, 반응 $C_{다이아몬드}(s) \longrightarrow C_{흑연}(s)$의 표준 자유 에너지 변화 $\Delta G°$를 계산하시오.

(b) 25 ℃ 표준 상태에서 다이아몬드 반지가 흑연으로 자발적으로 변하는가?

(c) 다이아몬드가 흑연으로 변하는 것을 관찰하지 못하는 이유를 설명하시오.

ⓒfocal point/Shutterstock

18.9 비표준 상태 조건에서 반응의 자유 에너지 변화

반응물과 생성물이 모두 표준 상태 조건에서 존재할 때, 표준 자유 에너지 변화 $\Delta G°$의 부호는 자발적인 반응의 방향을 알려 준다. 그러나 실제 반응에서는 반응 혼합물의 조성이 좀처럼 표준 상태의 압력 및 농도와 일치하지 않는다. 뿐만 아니라, 부분 압력과 농도는 반응이 진행됨에 따라 변한다. 그렇다면, 반응물과 생성물이 표준 상태가 아닌 압력과 농도에서 존재할 때, 반응의 자유 에너지 변화 ΔG는 어떻게 계산하겠는가?

이에 대한 해답은 다음 관계식으로 주어진다.

비표준 상태에서 자유 에너지 변화 $\Delta G = \Delta G° + RT \ln Q$

여기서 ΔG는 비표준 상태 조건에서 자유 에너지 변화, $\Delta G°$는 표준 상태에서 자유 에너지 변화, R은 기체 상수, T는 절대 온도(켈빈), Q는 반응 지수이다. (기체를 포함하는 반응은 기체의 표준 상태가 1 atm이므로 Q_p를 사용하고, 용액 중 용질을 포함하는 반응은 용질의 표준 상태가 1 M 농도이므로 Q_c를 사용한다.) 반응 지수 Q_c는 농도가 평형 값일 필요가 없다는 것만 제외하면, 평형 상수 표현 K_c와 동일한 형태를 갖는다는 것을 15.5절로부터 기억하라. 유사하게, Q_p는 부분 압력이 임의의 값을 갖는 것을 제외하면, K_p와 동일한 형태이다. 예를 들어, 암모니아의 하버 합성에 대해서 다음과 같이 쓸 수 있다.

$$N_2(g) + 3\,H_2(g) \rightleftharpoons 2\,NH_3(g) \qquad Q_p = \frac{(P_{NH_3})^2}{(P_{N_2})(P_{H_2})^3}$$

기체 및 용액 중의 용질을 둘 다 포함하는 반응에서, 반응 지수 Q는 압력 단위로 표시된 기체의 부분 압력과 용질의 몰농도로 표현한다.

비표준 상태 조건에서 ΔG에 관한 식을 유도하지는 않을 것이다. 그러나 ΔG와 Q가 서로 관련되어 있다는 것은 놀랍지 않다. 그것은 ΔG와 Q가 반응의 방향성을 예측하기 때문이다. 예제 18.7은 이 식을 어떻게 사용하는지 보여 준다.

예제 18.7

비표준 상태 조건에서 반응의 ΔG 계산

25 ℃(298 K)에서 암모니아 합성의 자유 에너지 변화를 계산하시오. 주어진 부분 압력은 다음과 같다.

(a) 1.0 atm N_2, 3.0 atm H_2, 0.020 atm NH_3

(b) 0.010 atm N_2, 0.030 atm H_2, 2.0 atm NH_3

$$N_2(g) + 3\,H_2(g) \rightleftharpoons 2\,NH_3(g) \quad \Delta G^\circ = -33.0\ \text{kJ}$$

문제 파악

알고 있는 것	알아내야 할 것
반응물과 생성물의 부분 압력 $T = 298$ K $\Delta G^\circ = -33.0$ kJ	ΔG

전략

$\Delta G = \Delta G^\circ + RT\ln Q$로부터 ΔG를 계산할 수 있다. 여기서 Q는 반응 $N_2(g) + 3\ H_2(g) \rightleftharpoons 2\ NH_3(g)$의 Q_p이다.

풀이

(a) Q_p 값은

$$Q_p = \frac{(P_{NH_3})^2}{(P_{N_2})(P_{H_2})^3} = \frac{(0.020)^2}{(1.0)(3.0)^3} = 1.5 \times 10^{-5}$$

이 Q_p 값을 ΔG 식에 대입하면

$$\begin{aligned}\Delta G &= \Delta G^\circ + RT\ \ln Q_p\\ &= (-33.0 \times 10^3\ \text{J/mol}) + [8.314\ \text{J/(K}\cdot\text{mol)}](298\ \text{K})(\ln 1.5 \times 10^{-5})\\ &= (-33.0 \times 10^3\ \text{J/mol}) + (-27.5 \times 10^3\ \text{J/mol})\\ \Delta G &= -60.5\ \text{kJ/mol}\end{aligned}$$

이 계산에서 일치된 단위를 유지하기 위해 ΔG와 ΔG°를 J/mol 단위로 표시했다. 이것은 R의 단위가 J/(K·mol)이기 때문이다. 여기서 몰당(per mole)은 균형 반응식의 계수로 표시되는 반응물과 생성물의 몰수가 분모에 있음을 의미한다. 그러므로 특정 조건에서 1 mol의 N_2와 3 mol의 H_2가 2 mol의 NH_3로 변환될 때, 자유 에너지 변화는 −60.5 kJ이다.

Q_p가 1보다 작고 ln Q_p가 음수이므로, ΔG는 ΔG°보다 더 음이다. 그리하여 이 반응은 열역학적으로 표준 상태 조건보다 제시된 조건에서 더 잘 일어나는 경향이 있다. 각 반응물과 생성물이 부분 압력 1 atm으로 존재할 때, $Q_p = 1$, $\ln Q_p = 0$. 따라서 $\Delta G = \Delta G^\circ$가 된다.

(b) Q_p 값은

$$Q_p = \frac{(P_{NH_3})^2}{(P_{N_2})(P_{H_2})^3} = \frac{(2.0)^2}{(0.010)(0.030)^3} = 1.5 \times 10^{7}$$

해당하는 ΔG 값은

$$\begin{aligned}\Delta G &= \Delta G^\circ + RT\ln Q_p\\ &= (-33.0 \times 10^3\ \text{J/mol}) + [8.314\ \text{J/(K}\cdot\text{mol)}](298\ \text{K})(\ln 1.5 \times 10^{7})\\ &= (-33.0 \times 10^3\ \text{J/mol}) + (40.9 \times 10^3\ \text{J/mol})\\ \Delta G &= 7.9\ \text{kJ/mol}\end{aligned}$$

ΔG가 양의 값을 갖도록 Q_p가 충분히 크기 때문에, 반응은 정방향으로 비자발적이지만 역방향으로는 자발적이다. 그러므로 반응이 자발적으로 진행하는 방향은 반응 혼합물의 조성에 달려 있다.

점검

(a) 르샤틀리에 원리(15.6절)에 의해, 반응물의 부분 압력 중 하나가 1 atm보다 크고 생성물의 부분 압력은 1 atm보다 작기 때문에, 표준 상태 조건보다 제시된 조건에서 반응이 일어날 경향이 더 클 것이라고 예상된다. 그러므로 Q_p는 1보다 작고 ΔG는 $\Delta G°$보다 더 음이 될 것으로 예측되므로, 풀이와 일치한다.

(b) 이 경우, 반응 혼합물에는 생성물은 많고 반응물은 적다. 그러므로 Q_p는 1보다 크고 ΔG는 $\Delta G°$보다 더 양이 될 것으로 예측되므로, 풀이와 일치한다.

연습문제 18.13 H_2 부분 압력이 100 atm, C_2H_4 부분 압력이 0.10 atm일 때, 25 °C에서 탄소와 수소로부터 에틸렌(C_2H_4) 생성의 ΔG를 계산하시오.

$$2\ C(s) + 2\ H_2(g) \longrightarrow C_2H_4(g) \qquad \Delta G° = 68.1\ \text{kJ}$$

이 반응은 정방향으로 자발적인가, 역방향으로 자발적인가?

개념 응용문제 18.14 다음과 같은 A_2(빨간색) 분자와 B_2(파란색) 분자의 기체상 반응을 생각해 보자.

$$A_2 + B_2 \rightleftharpoons 2\ AB \qquad \Delta G° = 15\ \text{kJ}$$

(a) 다음 중 어느 반응 혼합물이 가장 큰 ΔG를 갖는가? 또 어느 것이 가장 작은 ΔG를 갖는가?

(1)

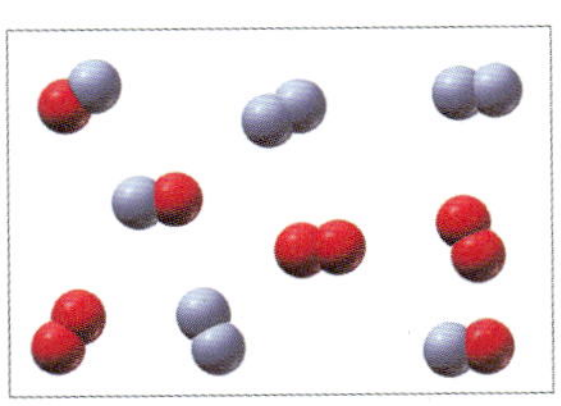

(2)

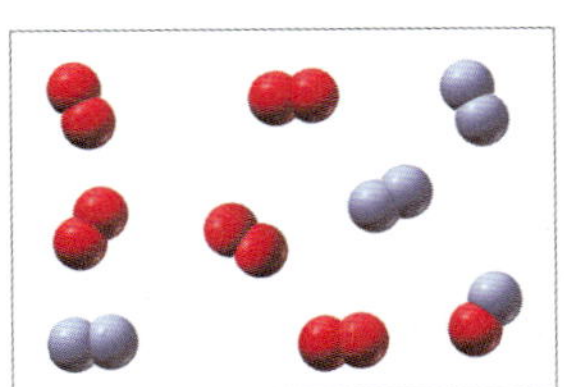

(3)

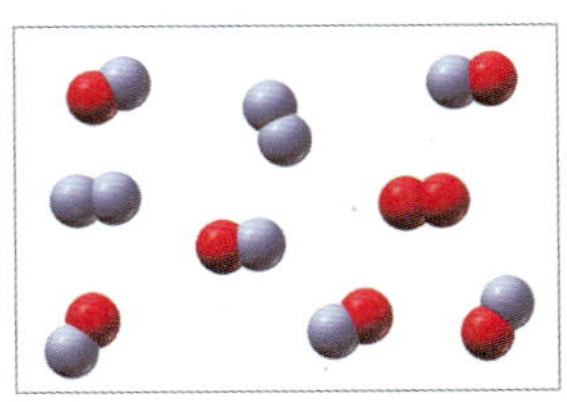

(b) 만일 반응 혼합물 (1)에서 각 반응물과 생성물의 부분 압력이 1 atm이라면, 반응 혼합물 (1)의 ΔG는 얼마인가?

18.10 자유 에너지와 화학 평형

반응의 ΔG가 반응 혼합물의 조성에 어떻게 의존하는가를 알았으니, 반응이 평형으로 진행됨에 따라 반응 혼합물의 전체 자유 에너지가 어떻게 변하는가를 이해할 수 있다. ΔG를 계산하는 식을 다시 살펴보면 다음과 같다.

$$\Delta G = \Delta G° + RT\ \ln Q$$

만일 반응 혼합물이 주로 반응물을 포함하고 생성물은 거의 없다면, Q는 1보다 훨씬 작고 $RT\ \ln Q$는 매우 큰 음수가 될 것이다($Q = 0$일 때 음의 무한대). 따라서 $\Delta G°$가 어떤 값을 가지든지(양 또는 음) 관계없이 음의 $RT\ \ln Q$ 항이 $\Delta G°$ 항보다 우세하게 되어, ΔG는 음이 된다. 이것은 생성물의 농도가 매우 작을 때 정반응이 항상 자발적임을 의미한다. 반대로, 반응 혼합물이 주로 생성물을 포함하고 반응물이 거의 없다면, Q는 1보다 훨씬 크고 $RT\ \ln Q$는 매우 큰 양수가 될 것이다(반응물이 존재하지 않을 때 양의 무한대). 따라서, 양의 $RT\ \ln Q$ 항이

개념탐구 질문 4

반응 생성물이 평형 혼합물에서 제거될 때, ΔG의 값은 어떻게 변하는가?

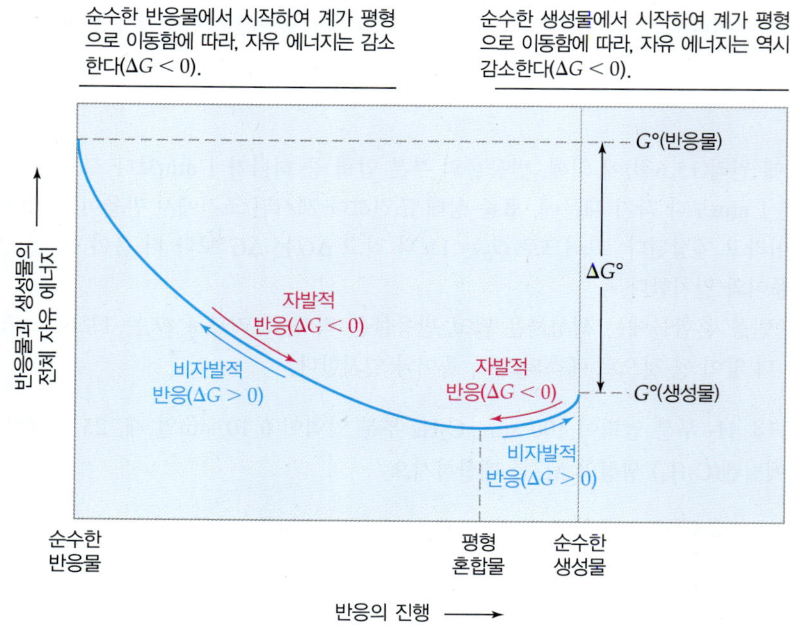

▶ 그림 18.10
반응 진행의 함수로서 반응 혼합물의 전체 자유 에너지. 그래프는 순수한 반응물과 순수한 생성물이 표준 상태에 있고, 반응의 $\Delta G°$는 음이기 때문에 평형 조성에 생성물이 많다는 가정 하에 그려진 것이다.

▶ 확인하기

(a) 자유 에너지 곡선이 최소일 때 반응물과 생성물의 농도는 얼마인가? (b) 계가 자유 에너지 곡선에서 최솟값의 오른쪽 지점에서 시작하면 어떤 반응이 일어나는가?

답 (a) 반응물과 생성물의 농도는 평형 농도이다. (b) 역반응이 일어난다. 생성물은 반응물로 전환된다.

$\Delta G°$ 항보다 우세하게 되어 ΔG는 양이 될 것이다. 그러므로 역반응이 항상 자발적일 때는 반응물의 농도가 매우 작을 때이다. 이 조건을 요약하면 다음과 같다.

- 반응 혼합물이 대부분 반응물일 때

$$Q \ll 1 \qquad RT \ln Q \ll 0 \qquad \Delta G < 0$$

반응은 정방향으로 자발적으로 진행되고, 전체 자유 에너지는 감소한다.

- 반응 혼합물이 대부분 생성물일 때

$$Q \gg 1 \qquad RT \ln Q \gg 0 \qquad \Delta G > 0$$

반응은 역방향으로 자발적으로 진행되고, 전체 자유 에너지는 감소한다.

그림 18.10은 반응이 진행됨에 따라 반응 혼합물의 전체 자유 에너지가 어떻게 변하는가를 보여 준다. 자유 에너지는 순수한 반응물이 생성물을 형성할 때 감소하고, 순수한 생성물이 반응물을 형성할 때도 감소하므로, 자유 에너지 곡선은 순수한 반응물과 순수한 생성물 사이의 어디에서 최솟값을 가져야 한다. 그 최소 자유 에너지 조성에서 계는 평형에 있게 된다. 이것은 반응물이 생성물로, 또는 생성물이 반응물로 변환할 때 자유 에너지가 증가하기 때문이다. 계가 외부 영향에 의해 교란되지 않는다면, 평형 조성은 끝없이 지속된다.

반응에 대한 ΔG의 부호는 자유 에너지 곡선의 기울기 부호와 같다(그림 18.10). 평형 조성의 왼쪽은 ΔG와 곡선의 기울기가 음이고, 반응물이 생성물로 변환됨에 따라 자유 에너지는 감소한다. 평형 조성의 오른쪽에서는 ΔG와 곡선의 기울기가 양이다. 정확히 평형 조성에서는 ΔG와 곡선의 기울기는 0이고, 알짜 반응은 일어나지 않는다.

이제 자유 에너지와 평형 상수의 관계를 유도할 수 있다. 평형에서는 반응의 ΔG는 0이고, 반응 지수 Q는 평형 상수 K와 같다. $\Delta G = 0$과 $Q = K$를 식에 대입하면 다음과 같다.

$$\Delta G = \Delta G° + RT \ln Q$$
$$0 = \Delta G° + RT \ln K$$

표준 자유 에너지 변화와 평형 상수와의 관계

$$\Delta G^\circ = -RT \ln K$$

이 식에서 K는 기체를 포함하는 반응에서는 K_p이고, 용액 중에 용질을 포함하는 반응에서는 K_c이다. 기체와 용액 중에 용질이 모두 관여하는 반응에서는 평형 상수 표현이 기체의 부분 압력과 용질의 몰농도를 포함한다.

$\Delta G^\circ = -RT \ln K$ **식은 화학 열역학에서 가장 중요한 관계식 중 하나이다. 그 이유는 이 식이 반응의 평형 상수를 표준 자유 에너지 변화로부터 또는 반대로 계산할 수 있게 해주기 때문이다.** 이 관계식은 K를 측정하기 어려울 때 특히 유용하다. 반응이 매우 느려 평형에 도달하는 데 실험자의 수명보다 시간이 더 오래 걸리거나, 또는 본질적으로 완결되어 반응물의 평형 농도가 극히 작아 측정하기 어려운 반응을 생각해 보자. 이런 경우 K를 직접 측정할 수는 없지만, ΔG°로부터 그 값을 계산할 수는 있다.

ΔG°와 평형 상수 K의 관계가 표 18.4에 요약되어 있다. ΔG° 값이 음인 반응은 1보다 큰 평형 상수를 갖는다. 이것은 그림 18.10의 자유 에너지 곡선에서 생성물이 더 많은 조성에서 최솟값이 존재하는 경우에 해당한다. 반면에, ΔG° 값이 양인 반응은 1보다 작은 평형 상수를 갖는다. 이것은 자유 에너지 곡선에서 반응물이 더 많은 조성에서 최솟값을 갖는다. $\Delta G^\circ > 0$인 경우에 대해 그림 18.10을 다시 그려 보라.

이제 이 장을 시작할 때 제기한 근본적인 질문에 대해 대답하려 한다. 무엇이 평형 상수를 결정하는가, 즉 자연의 어떤 성질이 특정한 화학 반응의 방향과 정도를 결정하는가? 해답은 평형 상수 값이 반응의 표준 자유 에너지 변화(ΔG°)에 의해 결정된다는 것이다. 이때 표준 자유 에너지 변화는 반응물과 생성물의 표준 생성열과 표준 몰 엔트로피에 의존한다.

표 18.4 반응의 표준 자유 에너지 변화와 평형 상수 사이의 관계: $\Delta G^\circ = -RT \ln K$

ΔG°	$\ln K$	K	설명
$\Delta G^\circ < 0$	$\ln K > 0$	$K > 1$	평형 혼합물은 주로 생성물이다.
$\Delta G^\circ > 0$	$\ln K < 0$	$K < 1$	평형 혼합물은 주로 반응물이다.
$\Delta G^\circ = 0$	$\ln K = 0$	$K = 1$	평형 혼합물은 비슷한 양의 반응물과 생성물을 포함한다.

예제 18.8

반응의 ΔG°로부터 평형 상수 계산

메탄올(CH_3OH)은 접착제, 섬유, 플라스틱의 제조에 이용되는 중요한 알코올이다. 메탄올은 공업적으로 다음 반응에 의해 합성된다.

$$CO(g) + 2\,H_2(g) \rightleftharpoons CH_3OH(g)$$

부록 B의 열역학 자료를 이용하여, 25 ℃에서 이 반응의 평형 상수를 계산하시오.

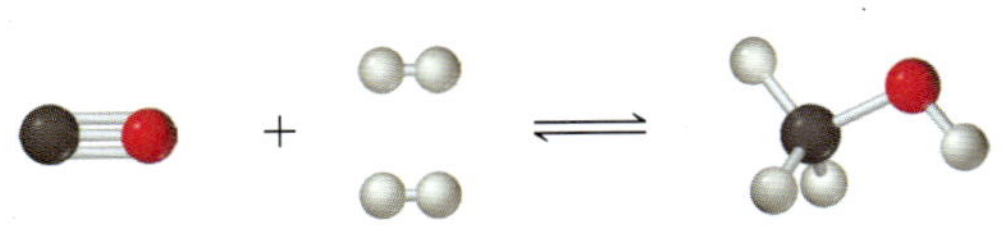

문제 파악

알고 있는 것	알아내야 할 것
표준 생성 자유 에너지($\Delta G°_f$) T = 25 °C	평형 상수(K_p)

전략

먼저, 표에 있는 반응물과 생성물의 $\Delta G°_f$를 이용하여, 반응의 $\Delta G°$를 계산한다. 그리고 $\Delta G° = -RT \ln K$ 식을 이용하여, 평형 상수 값을 구한다.

풀이

$$\Delta G° = \Delta G°_f(CH_3OH) - [\Delta G°_f(CO) + 2\,\Delta G°_f(H_2)]$$
$$= (1\text{ mol})(-162.3\text{ kJ/mol}) - [(1\text{ mol})(-137.2\text{ kJ/mol}) + (2\text{ mol})(0\text{ kJ/mol})]$$
$$\Delta G° = -25.1\text{ kJ}$$

$\Delta G° = -RT \ln K$ 식을 $\ln K$에 대해 풀면

$$\ln K = \frac{-\Delta G°}{RT} = \frac{-(-25.1 \times 10^3\text{ J/mol})}{[8.314\text{ J/(K·mol)}](298\text{ K})} = 10.1$$

그러므로 $K = K_p = e^{10.1} = 2 \times 10^4$이다.

반응물과 생성물이 기체이고 표준 상태는 압력을 사용하여 정의되기 때문에, 평형 상수는 K_p가 된다. K_c 값을 구하려면 $K_p = K_c(RT)^{\Delta n}$(15.3절)을 이용하여 계산해야 한다. 이때 기체 상수 R은 0.082 06 (L·atm)/(K·mol)을 사용해야 한다.

점검

$\Delta G°$는 음의 값이므로 평형 혼합물은 주로 생성물이어야 한다 ($K > 1$). 이것은 풀이와 일치한다.

▶ **연습문제 18.15** 부록 B에 주어진 자료로부터 25 °C에서 다음 반응의 K_p를 계산하시오.

$$CaCO_3(s) \rightleftharpoons CaO(s) + CO_2(g)$$

▶ **응용문제 18.16** 25 °C에서 물 해리 반응의 K_w가 1.0 × 10^{-14}이다. 다음 반응의 $\Delta G°$를 계산하시오.

$$2\,H_2O(l) \rightleftharpoons H_3O^+(aq) + OH^-(aq)$$

예제 18.9

$\Delta G°$로부터 증기 압력 계산

25 °C에서 기체 수은의 $\Delta G°_f$ 값은 31.85 kJ/mol이다. 25 °C에서 수은의 증기 압력은 얼마인가?

문제 파악

알고 있는 것	알아내야 할 것
Hg(g), $\Delta G°_f$ = 31.85 kJ/mol T = 25 °C	P_{Hg}

전략

증기 압력(atm)은 반응의 K_p와 같다.

$$Hg(l) \rightleftharpoons Hg(g) \quad K_p = P_{Hg}$$

Hg(l)은 순수한 액체이므로 평형 상수식에서 제외된다. 수은 원소의 표준 상태는 순수한 액체이므로 Hg(l)의 $\Delta G°_f = 0$이고, 증발의 $\Delta G°$는 Hg(g)의 $\Delta G°_f$ (31.85 kJ/mol)와 같다. 예제 18.8과 같이 $\Delta G° = -RT \ln K_p$를 이용하여 K_p를 계산할 수 있다.

풀이

$$\ln K_p = \frac{-\Delta G°}{RT} = \frac{-(31.85 \times 10^3\text{ J/mol})}{[8.314\text{ J/(K·mol)}](298\text{ K})} = -12.86$$
$$K_p = e^{-12.86} = 2.6 \times 10^{-6}$$

K_p는 압력 단위로 정의되기 때문에 25 °C에서 수은의 증기 압력은 2.6×10^{-6} atm(0.0020 mmHg)이다. 증기 압력이 상당히 크고 폐에 유독하기 때문에, 수은은 적절한 배기 장치 없이 취급해서는 안 된다.

▲ 수은은 실온에서 상당한 증기 압력을 가지고 있으며, 취급시 적절한 환기가 필요하다.

점검

$\Delta G°$가 양의 값이므로 증발은 반응이 많이 진행되지 않고 평형에 도달한다. 그러므로 K_p는 1보다 작다. 이것은 풀이와 일치한다.

▶ **연습문제 18.17** 부록 B의 자료를 이용하여, 25 °C에서 물의 증기 압력을 계산하시오.

▶ **응용문제 18.18** 25 °C에서 에탄올(CH_3CH_2OH)의 증기 압력이 60.6 mmHg라면, K_p와 $\Delta G°$의 값을 계산하시오.

INQUIRY? 고도로 정렬된 분자들의 생성은 열역학 제2법칙을 위반하는가?

언뜻 보기에 생명체는 '모든 자발적인 과정은 우주의 엔트로피를 증가시킨다'는 열역학 제2법칙을 거스르는 것처럼 보인다. 생명체가 복잡해질수록 무질서도가 낮아져서 낮은 엔트로피를 갖기 때문이다. 만일 우주의 무질서도가 항상 증가한다면, 대단히 복잡한 구조를 갖는 생명체의 진화와 성장은 어떻게 가능할까? 이러한 생물학적 질서의 딜레마는 계와 주위를 동시에 살펴봄으로써 설명될 수 있다. 주위의 무질서도가 계의 무질서도 감소를 상쇄하고 남을 정도로 크게 증가한다면, 계의 무질서도 감소는 자발적으로 충분히 가능하다.

생물학적 질서의 분자의 예로, 두 개의 단일 DNA 가닥들로부터 형성되는 **데옥시리보핵산(deoxyribonucleic acid, DNA)**의 이중 나선 구조를 생각해 보자. DNA는 유전 암호를 저장하고, 수소 결합(8.3절)을 통해 자발적으로 연결된 두 개의 상보적인 분자 가닥으로 구성된다. 아래 그림처럼 DNA 염기들은 아데닌(A)과 타이민(T)이 한 쌍을 이루고, 구아닌(G)과 사이토신(C)이 한 쌍을 이룬다.

이중 가닥의 형성은 계의 엔트로피 감소를 초래한다. 이것은 용액 내에서 자유롭게 확산하고 회전하는 두 개의 단일 가닥들이 고정된 위치로 하나의 분자로 결합되기 때문이다. 두 개의 단일 DNA 가닥이 접근하면, DNA 염기들 간의 분자간 힘(특히 수소 결합)이 형성되어 많은 양의 열(염기 쌍 1 mol 당 250 kJ)을 방출한다. 이때 방출된 열로 인해 주위의 엔트로피가 증가한다. 전체 엔트로피를 계산하면, 주위의 엔트로피 증가가 계의 엔트로피 감소보다 커서 자발적 과정이 된다 ($\Delta S_{전체} = \Delta S_{계} + \Delta S_{주위} > 0$).

두 개의 상보적인 단일 가닥으로부터 자발적으로 이중 가닥 DNA를 형성하는 것과는 대조적으로, 많은 생물학적 반응은 전체 엔트로피가 증가하지 않기 때문에 비자발적이다 ($\Delta S_{전체} = \Delta S_{계} + \Delta S_{주위} < 0$). 예를 들면, 단백질은 특정한 순서로 연결된 아미노산들로 구성되고, 생물학적 기능(반응에서 촉매와 같은)을 수행하기 위해, 정확한 모양으로 접혀진 구조를 갖는 매우 질서정연한 생물학적 분자이다. 단백질의 합성은 아미노산 분자들을 서로 연결하는 것과 관련이 있다. 대표적인 예로, 두 개의 글라이신(Gly) 아미노산 분자들 간의 반응이 있다.

$$\mathrm{Gly_1}(aq) + \mathrm{Gly_2}(aq) \rightleftharpoons \mathrm{Gly_1{-}Gly_2}(aq) + \mathrm{H_2O}(l) \quad \Delta G^{\circ\prime} = +15\ \mathrm{kJ}$$

생화학 계에서, H_3O^+의 표준 상태 농도는 1 M이 아니라 1×10^{-7} M이고, 표준 자유 에너지 변화는 기호 $\Delta G^{\circ\prime}$을 쓴다. $\Delta G^{\circ\prime}$의 양의 값은 반응이 반응물 쪽을 선호하고, 평형에서 단지 작은 양의 생성물만이 형성된다는 것을 의미한다. 그러므로 성분 아미노산들로부터 단백질의 합성은 자유 에너지의 보충이 필요하다.

복잡한 생물학적 분자를 만들고 생명체를 유지하기 위한 에너지는 어디에서 올까? 식물의 엽록체 세포는 태양 에너지를 이용해서 동물의 주 에너지원인 포도당을 만든다. 포도당($C_6H_{12}O_6$)은 아래 반응식과 같이 체내에서 산화되어 에너지를 발생시킨다.

$$\mathrm{C_6H_{12}O_6}(s) + 6\ \mathrm{O_2}(g) \rightleftharpoons 6\ \mathrm{CO_2}(g) + 6\ \mathrm{H_2O}(l) \quad \Delta G^{\circ\prime} = -2870\ \mathrm{kJ}$$

동물이 위 반응을 통해 환경(주위)에 열과 단순한 배출 물질인 CO_2와 H_2O를 방출할 때, 주위의 엔트로피는 증가한다. 포도당의 산화를 통해 얻어진 자유 에너지는 단백질과 같은 분자를 만들고 조직화하기 위해 쓰인다. 포도당의 산화로 발생한 모든 자유 에너지를 곧바로 사용하는 대신, 아데노신 삼인산(ATP^{4-}, 그림 18.11)을 합성해서 편리한 양으로 에너지를 저장한다.

자유 에너지는 ATP^{4-}가 물과 반응(가수 분해)하여 다음과 같이 아데노신 이인산(ADP^{3-}, 그림 18.11)을 형성할 때는 방출된다.

$$\mathrm{ATP^{4-}}(aq) + \mathrm{H_2O}(l) \rightleftharpoons \mathrm{ADP^{3-}}(aq) + \mathrm{H_2PO_4^-}(aq) \quad \Delta G^{\circ\prime} = -30.5\ \mathrm{kJ}$$

두 개의 글라이신 분자가 결합하는 반응은 ATP 가수 분해와 짝을 이루어 전체 반응을 자발적으로 만들고, 평형을 생성물이 형성되는 쪽으로 이동시킨다.

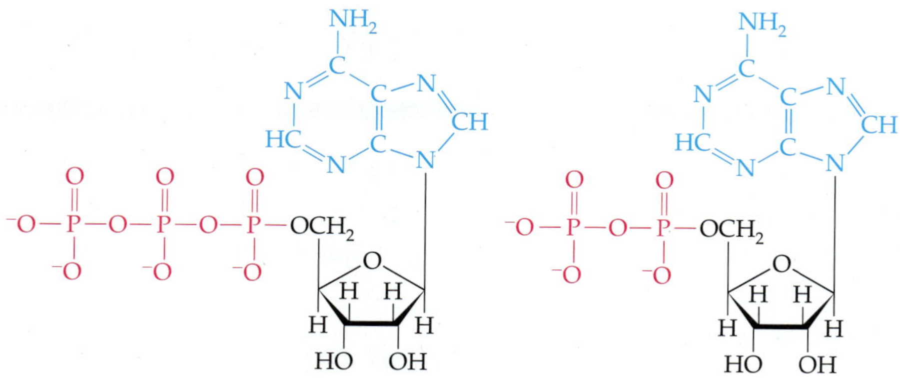

▲ **그림 18.11**
ATP^{4-}와 ADP^{3-}의 구조. ATP가 ADP와 인산염으로 분해될 때 에너지를 방출한다.

▲ 많은 과학자들이 ATP를 세포들의 에너지 통화라 부른다. 많은 상업적 거래에 현금이 이용되는 것처럼, ATP는 생물학적 계의 에너지 교환에서 중요한 매개체이다.

$$\text{Gly}_1(aq) + \text{Gly}_2(aq) \rightleftharpoons \text{Gly}_1\text{—Gly}_2(aq) + \cancel{H_2O(l)} \quad \Delta G^{\circ\prime} = +15.0\ \text{kJ}$$

$$\text{ATP}^{4-}(aq) + \cancel{H_2O(l)} \rightleftharpoons \text{ADP}^{3-}(aq) + H_2PO_4^-(aq) \quad \Delta G^{\circ\prime} = -30.5\ \text{kJ}$$

$$\text{Gly}_1(aq) + \text{Gly}_2(aq) + \text{ATP}^{4-}(aq) \rightleftharpoons \text{Gly}_1\text{—Gly}_2(aq) + \text{ADP}^{3-}(aq) + H_2PO_4^-(aq) \quad \Delta G^{\circ\prime} = -15.5\ \text{kJ}$$

짝을 이루는 반응은 반응물들이 매우 가까이 있고, 촉매의 활성 자리에 반응물들을 결합하는 효소에 의해 촉진될 때 잘 일어난다. **그림 18.12**는 탄소가 포함된 식품의 산화, ADP와 ATP의 순환, 복잡한 생물학적 분자들의 합성에 관한 자유 에너지 관계를 요약한 것이다.

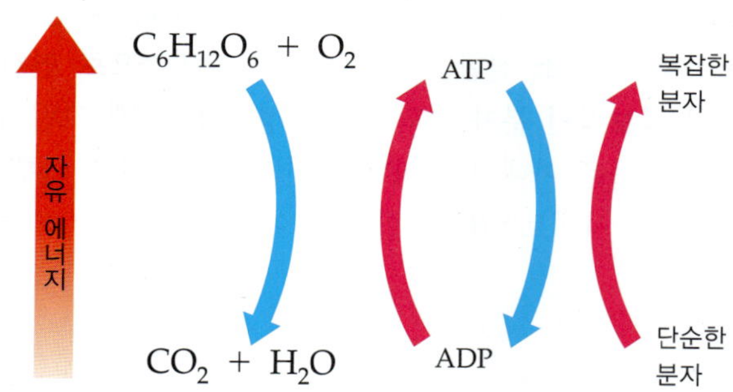

▲ **그림 18.12**
생명체 내에서 자유 에너지의 상호 변환. 포도당의 산화로 발생한 자유 에너지는 ADP로부터 ATP를 합성하는 데 쓰인다. ATP가 가수 분해되어 다시 ADP가 되면 자유 에너지가 발생한다. 이 에너지는 단백질과 같은 복잡한 생물학적 분자를 만드는 데 쓰인다.

정리

절	개념 요약	학습 목표
18.1 자발적 과정	**열역학**은 열과 다른 형태의 에너지 전환을 다루고, 화학 반응과 다른 **자발적 과정**의 방향과 정도를 예측하게 한다. 자발적 과정은 어떤 외부의 영향 없이 자체적으로 진행된다. 모든 자발적 과정은 평형을 향해 움직인다.	18.1 자발적 과정을 정의하고, 다양한 물리적 과정과 화학 반응을 자발적 또는 비자발적으로 분류한다.
18.2~18.3 엔트로피와 자발적 과정	S로 표기하는 **엔트로피**는 분자의 무질서도를 측정하는 상태 함수이다. 계(반응물과 생성물)의 엔트로피는 다음 과정에서 증가한다(ΔS는 양): 고체가 액체로, 액체가 기체로 전환하는 상전이, 기체 입자수가 증가하는 반응, 물에서 특정한 염과 고체 분자의 용해, 물질의 온도 상승, 일정 온도에서 기체의 팽창. **열역학 제3법칙**에 따라 완전히 배열된 순수한 결정 물질의 엔트로피는 0 K에서 0이다.	18.2 물리적 과정과 화학 반응의 ΔS의 부호를 예측한다. 18.3 일정한 온도에서 이상 기체의 팽창과 압축에 대한 ΔS를 계산한다. 18.4 어떤 상태의 물질이 더 큰 엔트로피를 갖는지 예측한다.
18.4 표준 몰 엔트로피와 표준 반응 엔트로피	물질의 **표준 몰 엔트로피($S°$)**는 특정 온도(보통 25 ℃)와 1 atm에서 순수한 물질 1 mol의 절대 엔트로피이다. **표준 반응 엔트로피($\Delta S°$)**는 다음 관계로부터 계산될 수 있다. $\Delta S° = S°(\text{생성물}) - S°(\text{반응물})$ 반응 $a\,\mathrm{A} + b\,\mathrm{B} \longrightarrow c\,\mathrm{C} + d\,\mathrm{D}$의 표준 엔트로피 변화는 다음 식으로 계산된다. $\Delta S° = [c\,S°(\mathrm{C}) + d\,S°(\mathrm{D})] - [a\,S°(\mathrm{A}) + b\,S°(\mathrm{B})]$	18.5 원자 구조가 물체의 엔트로피에 어떤 영향을 주는지 예측한다. 18.6 표준 몰 엔트로피($S°$)를 이용하여 표준 반응 엔트로피($\Delta S°$)를 계산한다.
18.5 엔트로피와 열역학 제2법칙	**열역학 제1법칙**은 어떤 과정에서, 계와 그 주위의 전체 에너지가 일정하게 유지되는 것을 설명한다. **열역학 제 2법칙**은 어떤 자발적 과정에서, 계와 주위의 전체 엔트로피($\Delta S_{전체} = \Delta S_{계} + \Delta S_{주위}$)가 항상 증가한다는 것을 말한다. $\Delta S_{전체} > 0$이면 화학 반응이 자발적이고, $\Delta S_{전체} < 0$이면 비자발적이며, $\Delta S_{전체} = 0$이면 평형에 있다. 정방향이 비자발적인 반응은 역방향이 자발적이다. 일정한 압력에서 반응의 $\Delta S_{주위} = -\Delta H/T$이고, $\Delta S_{계}$는 반응에 대한 ΔS이다.	18.7 반응의 자발성에 영향을 미치는 요인을 설명한다. 18.8 반응의 $\Delta S_{계}$, $\Delta S_{주위}$, $\Delta S_{전체}$의 값을 계산하고, 이 값에 의해 반응이 자발적인지를 결정한다.
18.6 자유 에너지와 화학 반응의 자발성	자유 에너지 $G = H - TS$는 반응이 자발적인지 비자발적인지를 나타내는 상태 함수이다. 일정 온도와 압력에서 반응은 $\Delta G < 0$이면 자발적이고, $\Delta G > 0$이면 비자발적이며, $\Delta G = 0$이면 평형이다. $\Delta G = \Delta H - T\Delta S$ 식에서 온도는 ΔG에 대한 엔탈피와 엔트로피의 상대적인 중요도를 결정하는 가중치이다.	18.9 ΔS, ΔH, 온도의 부호와 크기가 ΔG의 값과 반응의 자발성에 미치는 영향을 설명한다. 18.10 반응이 자발과 비자발 사이에서 변화를 일으킬 때의 온도를 계산한다.
18.7~18.8 표준 자유 에너지 변화와 표준 생성 자유 에너지	반응의 **표준 자유 에너지 변화($\Delta G°$)**는 표준 상태에 있는 반응물들이 표준 상태의 생성물로 완전히 전환될 때 일어나는 자유 에너지 변화이다. 물질의 **표준 생성 자유 에너지($\Delta G°_f$)**는 표준 상태에 있는 구성 원소의 가장 안정된 형태로부터 표준 상태의 물질 1 mol이 생성될 때의 자유 에너지 변화이다. 음의 $\Delta G°_f$ 값을 갖는 물질은 열역학적으로 구성 원소들에 비해 더 안정하다. 반응의 $\Delta G°$는 다음 두 방법 중 하나로 계산할 수 있다. (1) $\Delta G° = \Delta G°_f(\text{생성물}) - \Delta G°_f(\text{반응물})$ (2) $\Delta G° = \Delta H° - T\Delta S°$	18.11 $\Delta H°$와 $\Delta S°$로부터 표준 자유 에너지 변화($\Delta G°$)를 계산하고, $\Delta G°$의 부호의 의미를 해석한다. 18.12 $\Delta G°_f$ 값들로부터 반응의 $\Delta G°$를 계산하고, 표준 상태 조건에서 자발 반응인지를 결정하고, 온도가 어떻게 자발성에 영향을 미치는지 결정한다.
18.9~18.10 자유 에너지, 비표준 상태 조건, 그리고 화학 평형	비표준 상태 조건에서 반응의 자유 에너지 변화 ΔG는 $\Delta G = \Delta G° + RT \ln Q$로 주어진다. 여기서 Q는 반응 지수이다. 평형에서 $\Delta G = 0$이고, $Q = K$이다. 결과적으로 $\Delta G° = -RT \ln K$이다. 이것은 $\Delta G°$로부터 평형 상수를(그리고 반대로도) 계산할 수 있게 해준다.	18.13 비표준 상태 조건에서 반응의 ΔG를 계산한다. 18.14 반응의 $\Delta G°$와 평형 상수 사이의 관계를 이용하여 하나로부터 다른 하나를 계산할 수 있다. 18.15 자유 에너지를 반응 진행에 따라 그린 그래프의 곡선의 모양을 이해한다.

주요 용어

엔트로피(S)
열역학
열역학 제1법칙
열역학 제2법칙
열역학 제3법칙
자발적 과정
자유 에너지(G)
표준 몰 엔트로피($S°$)
표준 반응 엔트로피($\Delta S°$)
표준 생성 자유 에너지($\Delta G°_f$)
표준 자유 에너지 변화($\Delta G°$)

주요 식

• 반응의 표준 엔트로피 변화(18.4절)
$\Delta S° = S°(\text{생성물}) - S°(\text{반응물})$, 여기서 $S°$는 표준 몰 엔트로피이다.

• 반응 $a\,\mathrm{A} + b\,\mathrm{B} \longrightarrow c\,\mathrm{C} + d\,\mathrm{D}$의 표준 엔트로피 변화(18.4절)
$\Delta S° = [c\,S°(\mathrm{C}) + d\,S°(\mathrm{D})] - [a\,S°(\mathrm{A}) + b\,S°(\mathrm{B})]$

• 반응의 전체 엔트로피 변화(18.5절)
$\Delta S_{\text{전체}} = \Delta S_{\text{계}} + \Delta S_{\text{주위}}$
여기서 $\Delta S_{\text{계}}$는 반응의 엔트로피이고, $\Delta S_{\text{주위}}$는 주위의 엔트로피 변화이다.

• 일정한 압력에서 반응에 대한 주위의 엔트로피 변화(18.5절)
$\Delta S_{\text{주위}} = -\Delta H/T$
여기서 ΔH는 반응의 엔탈피이고, T는 주위의 켈빈 온도이다.

• 자유 에너지의 정의(18.6절)
$G = H - TS$

• 일정한 온도와 압력에서 반응의 자유 에너지 변화(18.6절)
$\Delta G = \Delta H - T\Delta S$

• 반응의 표준 자유 에너지 변화(18.8절)
$\Delta G° = \Delta G°_f(\text{생성물}) - \Delta G°_f(\text{반응물})$, 여기서 $\Delta G°_f$는 표준 생성 자유 에너지이다.

• 반응 $a\,\mathrm{A} + b\,\mathrm{B} \longrightarrow c\,\mathrm{C} + d\,\mathrm{D}$의 표준 자유 에너지 변화(18.8절)
$\Delta G° = [c\Delta G°_f(\mathrm{C}) + d\Delta G°_f(\mathrm{D})] - [a\Delta G°_f(\mathrm{A}) + b\Delta G°_f(\mathrm{B})]$

• 비표준 상태 조건에서 반응의 자유 에너지 변화(18.9절)
$\Delta G = \Delta G° + RT \ln Q$, 여기서 Q는 반응 지수이다.

• 반응의 $\Delta G°$와 평형 상수의 관계(18.10절)
$\Delta G° = -RT \ln K$

복습 문제

LO는 학습 목표(Learning Objectives)를 나타낸다.

이 장을 학습한 후엔, 학습자의 이해도를 평가할 수 있는 방법이 있다. **복습 문제**를 푸는 것이다. **복습 문제**들은 이 장의 학습 목표와 연계되어 있다. 따라서 푼 답이 틀렸다면, 이 장의 끝부분에 나와 있는 **정리** 문단의 **학습 목표**를 참고하면 된다. 정리 문단에는 **개념 요약**이 제공되며, **예제**를 참고하면 문제 해결 방법을 모델링 할 수 있다.

1. 다음 과정 중 비자발적인 것은? (**LO 18.1**)
(a) 25 ℃ 방에서 얼음 조각으로부터 공기로 열의 전달
(b) 열린 비커에서 물의 증발
(c) 따뜻한 물 한 잔에서 소금 한 티스푼의 용해
(d) 25 ℃, 1 atm의 방에서 바닥에 쏟아진 액체 질소의 끓음

2. 다음 반응 중 어느 것이 $\Delta S_{계} > 0$인가? (**LO 18.2**)
   (**a**) $N_2(g) + 3\,H_2(g) \longrightarrow 2\,NH_3(g)$
   (**b**) $Ag^+(aq) + Cl^-(aq) \longrightarrow AgCl(s)$
   (**c**) $2\,H_2O_2(aq) \longrightarrow 2\,H_2O(l) + O_2(g)$
   (**d**) $2\,I(g) \longrightarrow I_2(g)$

3. 0.100 atm에서 1.32 g의 프로페인(C_3H_8)이 20 ℃의 일정 온도에서 5배 압축될 때의 엔트로피 변화(ΔS)는 얼마인가? 프로페인은 이상 기체로 행동한다고 가정하시오. (**LO 18.3**)
   (**a**) $\Delta S = +13$ J/K
   (**b**) $\Delta S = -13$ J/K
   (**c**) $\Delta S = -0.40$ J/K
   (**d**) $\Delta S = +0.40$ J/K

4. 먼저 나열된 것이 더 큰 엔트로피를 갖는 쌍은 어느 것인가? (**LO 18.4, 18.5**)
   (a) 25 ℃에서 1 mol의 $NaCl(s)$ 또는 100 ℃에서 1 mol의 $NaCl(s)$
   (b) 50 ℃에서 1 mol의 $C_2H_4(g)$ 또는 50 ℃에서 1 mol의 $Ar(g)$
   (c) 1 mol의 $N_2(l)$ 또는 1 mol의 $N_2(g)$
   (d) 100 ℃, 1 atm에서 1 mol의 $O_2(g)$ 또는 100 ℃, 5 atm에서 1 mol의 $O_2(g)$

5. 다음 반응의 $\Delta S°$를 계산하시오. 각 종의 표준 몰 엔트로피($S°$)는 반응 아래에 주어진다. (**LO 18.6**)

$$4\,NH_3(g) + 5\,O_2(g) \longrightarrow 4\,NO(g) + 6\,H_2O(g)$$

	$4\,NH_3(g)$	$5\,O_2(g)$	$4\,NO(g)$	$6\,H_2O(g)$
$S°$(J/K·mol)	192.8	205.2	210.8	188.8

   (**a**) $+287.4$ J/K (**b**) -401.2 J/K
   (**c**) $+160.0$ J/K (**d**) $+178.8$ J/K

6. 자발적 과정에 대해서 맞는 것은? (**LO 18.7**)
   (a) 정방향으로 비자발적인 반응은 역방향으로 자발적이다.
   (b) 촉매를 첨가하면 비자발적인 반응이 자발적으로 된다.
   (c) 자발적 과정에서, 그 계의 엔트로피는 항상 감소한다.
   (d) 흡열 반응은 항상 자발적이다.

7. $\Delta S_{전체}$를 계산하고, 표준 상태 조건에서 반응이 자발적인지 비자발적인지 결정하시오. (**LO 18.8**)

$$2\,Br^-(aq) + Cl_2(g) \longrightarrow Br_2(l) + 2\,Cl^-(aq)$$

	$2\,Br^-(aq)$	$Cl_2(g)$	$Br_2(l)$	$2\,Cl^-(aq)$
$\Delta H°_f$(kJ/mol)	−121.5	0	0	−167.2
$S°$(J/K·mol)	82.4	223.0	152.2	56.5

   (a) −429 J/K; 비자발적
   (b) −123 J/K; 자발적
   (c) +3,530 J/K; 비자발적
   (d) +184 J/K; 자발적

8. 기체상 AB_3 분자와 A_2 분자의 다음 흡열 반응을 고려하자.

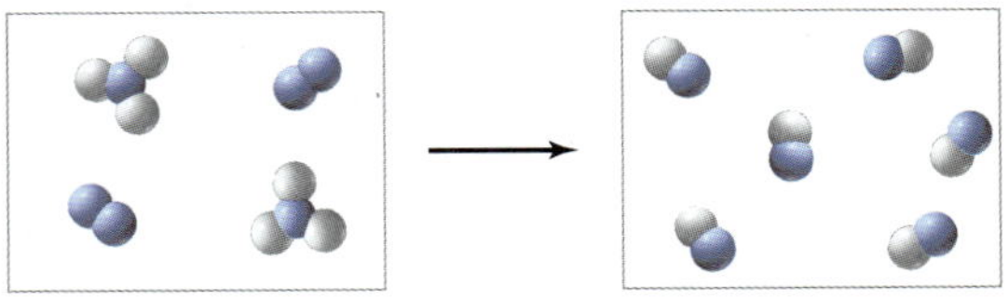

   이 반응의 자발성에 대해 옳은 것은? (**LO 18.9**)
   (a) 반응은 고온에서 자발적일 것이다.
   (b) 반응은 저온에서 자발적일 것이다.
   (c) 반응은 항상 자발적이다.
   (d) 반응은 결코 자발적이지 않다.

9. 하버 공정은 암모니아의 공업적 합성에 이용된다.

$$N_2(g) + 3\,H_2(g) \longrightarrow 2\,NH_3(g) \quad \Delta H° = -92.2\text{ kJ}, \quad \Delta S° = -199\text{ J/K}$$

   어떤 온도 조건에서 이 반응은 자발적인가? (**LO 18.10**)
   (**a**) $T < 463$ K (**b**) $T > 463$ K
   (**c**) $T > 291$ K (**d**) $T < 291$ K

10. 기체상 일산화 탄소가 고체 니켈과 접촉하면, 액체 니켈 테트라카보닐이 형성된다.

$$Ni(s) + 4\,CO(g) \longrightarrow Ni(CO)_4(l)$$

	$Ni(s)$	$4\,CO(g)$	$Ni(CO)_4(l)$
$\Delta H°_f$(kJ/mol)	0	−110.5	−633.0
$S°$(J/K·mol)	29.9	197.6	313.4

   표준 생성 엔탈피 $\Delta H°_f$ 값과 표준 몰 엔트로피($S°$) 값을 사용하여 $\Delta G°$를 계산하시오. 25 ℃ 표준 상태 조건에서 반응은 자발적인가 비자발적인가? (**LO 18.11**)
   (a) +151 kJ; 비자발적
   (b) −203 kJ; 비자발적
   (c) +12.5 kJ; 비자발적
   (d) −40.0 kJ; 자발적

11. 질소는 플루오린과 반응하여 플루오린화 질소를 생성한다.

$$N_2(g) + 3\,F_2(g) \longrightarrow 2\,NF_3(g) \quad \Delta H° = -249\text{ kJ}, \quad \Delta S° = -278\text{ J/K}$$

   $\Delta G°$를 계산하고, 평형의 조성이 반응물을 선호하는지 생성물을 선호하는지 결정하시오. (**LO 18.11**)
   (a) $\Delta G° = -6.7$ kJ; 평형 조성은 생성물을 선호한다.
   (b) $\Delta G° = -332$ kJ; 평형 조성은 반응물을 선호한다.
   (c) $\Delta G° = -166$ kJ; 평형 조성은 생성물을 선호한다.
   (d) $\Delta G° = +82.6$ kJ; 평형 조성은 반응물을 선호한다.

12. 298 K에서 다음 반응의 평형 상수(K)는 얼마인가? 각 종의 표준 생성 자유 에너지($\Delta G°_f$)는 주어진다. (**LO 18.12, 18.14**)

$$2\,CO(g) + 2\,H_2(g) \longrightarrow CH_3OH(l)$$

	$2\,CO(g)$	$2\,H_2(g)$	$CH_3OH(l)$
$\Delta G°_f$(kJ/mol)	−137.2	0	−166.6

   (**a**) 1.4×10^5 (**b**) 1.3×10^{-19}
   (**c**) 0.96 (**d**) 7.9×10^{18}

13. 황산은 다른 어떤 화학 물질보다 많은 양으로 생산된다. 그것은 비료 제조, 석유 정제 및 수백 가지 다른 공정에서 사용된다. H_2SO_4을 합성하는 산업 공정의 중간 단계는 이산화 황의 촉매 산화이다.

$$2\ SO_2(g) + O_2(g) \longrightarrow 2\ SO_3(g) \quad \Delta G^\circ = -141.8\ kJ$$

25 ℃에서 ΔG를 계산하시오. 부분 압력은 다음과 같이 주어진다: SO_2는 2 atm, O_2는 1 atm, SO_3는 10 atm (**LO 18.13**)

(a) +527 kJ (b) +7.83 kJ
(c) −150 kJ (d) −134 kJ

14. 악취탄 성분인 황화 수소 암모늄은 암모니아와 황화 수소로 분해된다.

$$NH_4HS(s) \longrightarrow NH_3(g) + H_2S(g)$$

진공 상태의 용기에 넣은 고체 NH_4HS의 전체 압력이 0.658 atm일 때, 25 ℃에서 이 반응의 표준 자유 에너지 변화를 계산하시오. (**LO 18.14**)

(a) −43.8 kJ (b) +1.04 kJ
(c) −462 kJ (d) +5.51 kJ

15. 다음과 같이 일반적인 반응(반응물 ⟶ 생성물)의 반응 진행에 따른 반응물과 생성물의 총 자유 에너지의 그래프를 고려하자. 4개의 점(a, b, c, d) 중 어느 점에서 $Q < K$인가? (**LO 18.15**)

(a) 점 a (b) 점 c와 d
(c) 점 a, c 그리고 d (d) 점 b

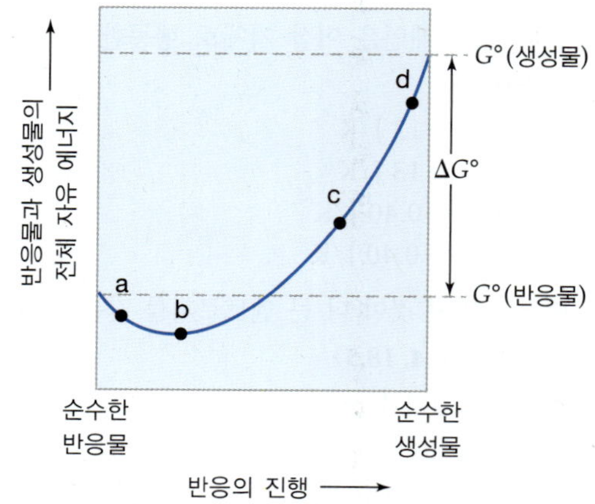

답:

1. a, 2. c, 3. c, 4. b, 5. d, 6. a, 7. d, 8. a, 9. a, 10. d, 11. c, 12. b, 13. d, 14. d, 15. a

개념 문제

문제 18.1~18.18**은 이 장의 본문 중에 있다.**

18.19 AB_3와 A_2 분자의 기체상 반응을 고려하자.

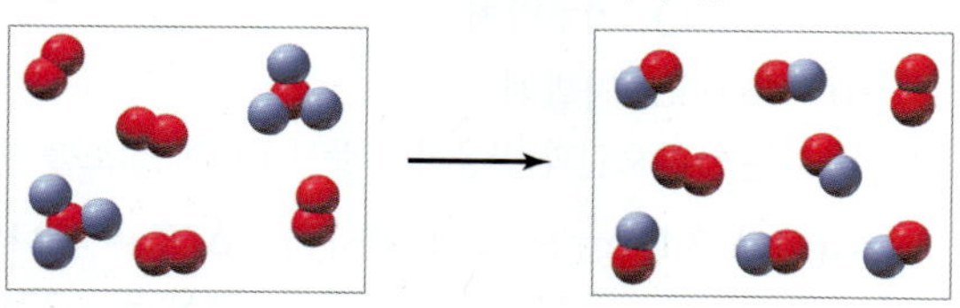

(a) 반응에 대해 균형 잡힌 반응식을 쓰시오.

(b) 반응에 대한 엔트로피 변화의 부호는 무엇인가?

18.20 결정성 고체의 자발적인 승화에 대한 ΔH, ΔS, ΔG의 부호(+, − 또는 0)는 무엇인가? 설명하시오.

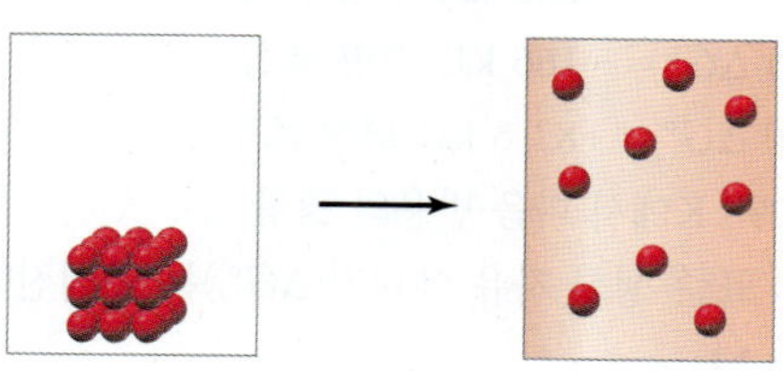

18.21 이상 기체가 일정 온도에서 압축된다. 이 과정에 대한 ΔH, ΔS, ΔG의 부호(+, − 또는 0)는 무엇인가? 설명하시오.

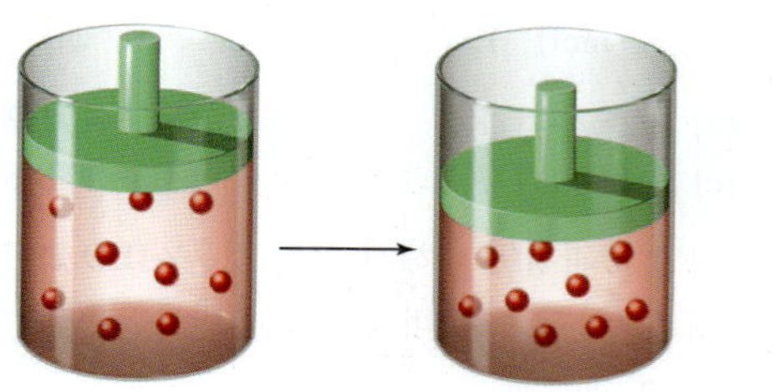

18.22 해리 반응 $A_2(g) \rightleftharpoons 2\ A(g)$을 고려하자. 다음 그림은 계의 2개의 가능한 초기 상태와 평형 상태를 나타낸다.

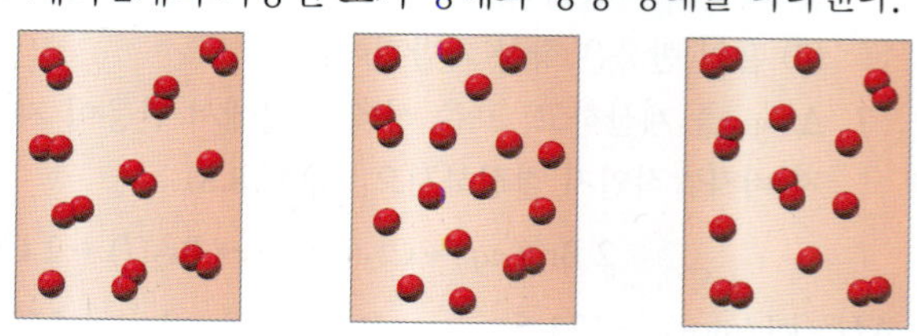

초기 상태 1 초기 상태 2 평형 상태

(a) 초기 상태 1의 반응 지수 Q_p가 평형 상수 K_p보다 큰가 작은가 같은가? 초기 상태 2의 Q_p가 K_p보다 큰가 작은가 같은가?

(b) 계가 초기 상태 1에서 평형 상태로 갈 때 ΔH, ΔS, ΔG의 부호(+, − 또는 0)는 무엇인가? 설명하시오. 이것은 자발적인 과정인가?

(c) 계가 초기 상태 2에서 평형 상태로 갈 때 ΔH, ΔS,

ΔG의 부호(+, − 또는 0)는 무엇인가? 설명하시오. 이것은 자발적인 과정인가?

(d) 각 그림을 그림 18.10의 그래프와 연결 지으시오.

18.23 다음과 같이 일반적인 반응(반응물 ⟶ 생성물)의 반응 진행에 따른 반응물과 생성물의 총 자유 에너지의 그래프를 고려하자.

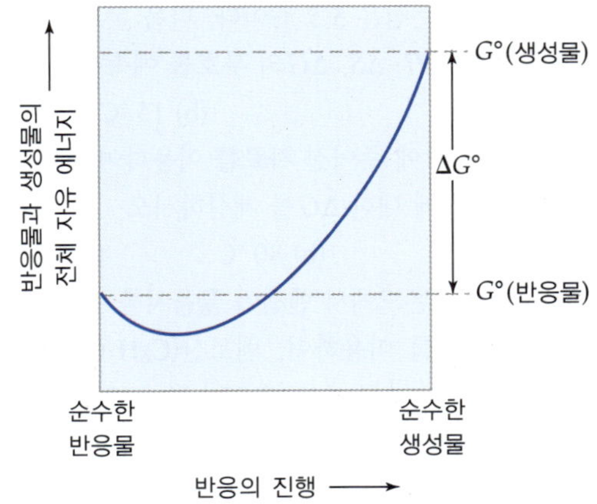

(a) 곡선의 모양을 설명하고, $\Delta G = 0$이 되는 점을 확인하시오. 그 점의 중요성은 무엇인가?

(b) 곡선의 최소점이 왜 그래프의 왼쪽에 존재하는가?

18.24 다음 그림은 25 ℃와 45 ℃에서 반응 A ⇌ B에 대한 평형 혼합물의 조성을 나타낸다. 여기서 A 분자는 빨간색 구, B 분자는 파란색 구이다.

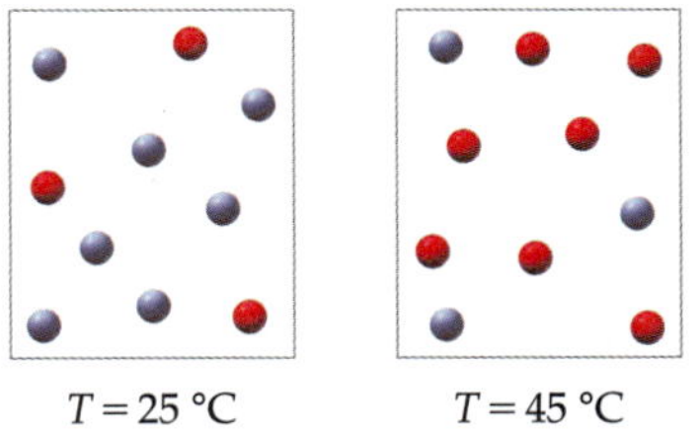

정반응 A ⟶ B에 대한 $\Delta H°$와 $\Delta S°$의 부호는 무엇인가? 설명하시오. ($\Delta H°$와 $\Delta S°$는 온도에 무관하다고 가정한다.)

보충 문제

자발적 과정(18.1절)

18.25 다음 중 어느 과정이 자발적이고, 어느 과정이 비자발적인가?

(a) 2 ℃에서 물이 어는 것

(b) 금속 철의 부식

(c) 주어진 부피를 채우려는 기체의 팽창

(d) 염화 포타슘(KCl)의 불포화 수용액을 고체 KCl과 액체 물로 분리

18.26 기체 반응물과 생성물이 부분 압력 1 atm에서 존재한다고 할 때, 다음 반응 중 정방향으로 자발적인 것은?

(a) $N_2(g) + 2\,H_2(g) \rightarrow N_2H_4(l);\ K_p = 7 \times 10^{-27}$

(b) $2\,Mg(s) + O_2(g) \rightarrow 2\,MgO(s);\ K_p = 2 \times 10^{198}$

(c) $MgCO_3(s) \rightarrow MgO(s) + CO_2(g);\ K_p = 9 \times 10^{-10}$

(d) $2\,CO(g) + O_2(g) \rightarrow 2\,CO_2(g);\ K_p = 1 \times 10^{90}$

엔탈피, 엔트로피와 자발적 과정(18.2절)

18.27 엔트로피를 정의하고, 계의 엔트로피가 증가하는 과정을 예로 들어 보시오.

18.28 다음 각 과정에 대해, 계의 엔트로피 변화의 부호를 예측하시오.

(a) 고체의 승화

(b) 액체의 응고

(c) Ag^+와 I^- 이온을 포함하는 용액에서 AgI의 침전

(d) 탄산음료로부터 CO_2 기체가 나오는 것

18.29 문제 18.25의 각 과정에 대해, ΔS의 부호를 예측하시오.

엔트로피(18.3절)

18.30 어느 상태가 더 높은 엔트로피를 갖는지 확률 관점으로 설명하시오.

(a) 고체 아산화 질소(N≡N−O)의 완전한 배열의 결정 또는 무작위로 배열된 분자들의 무질서한 결정

(b) 석영 유리(비정형의 고체) 또는 석영 결정

18.31 다음의 각 쌍 중 어떤 상태가 물질 1 mol당 더 큰 엔트로피를 갖는가?

(a) 25 ℃에서 부피가 10 L인 H_2 또는 25 ℃에서 부피가 50 L인 H_2

(b) 25 ℃, 1 atm에서의 O_2 또는 25 ℃, 10 atm에서의 O_2

(c) 25 ℃, 1 atm에서의 H_2 또는 100 ℃, 1 atm에서의 H_2

(d) STP에서의 CO_2 또는 100 ℃, 0.1 atm에서의 CO_2

18.32 0 K에서 298 K의 온도에 대한 메테인의 표준 엔트로피의 대략적이고 정성적인 그래프를 그리시오. 그래프에 다음의 데이터를 넣으시오: mp = −182 ℃; bp = −164 ℃; 25 ℃에서 $S° = 186.2$ J/(K·mol).

표준 몰 엔트로피와 표준 반응 엔트로피(18.4절)

18.33 다음의 각 쌍 중 어떤 물질이 더 큰 표준 몰 엔트로피를 가질 것으로 기대되는가? 설명하시오.

(a) $C_2H_2(g)$ 또는 $C_2H_6(g)$

(b) $CO_2(g)$ 또는 $CO(g)$

(c) $I_2(s)$ 또는 $I_2(g)$

(d) $CH_3OH(g)$ 또는 $CH_3OH(l)$

18.34 부록 B의 표준 몰 엔트로피를 사용하여, 일산화 탄소가 이산화 탄소로 산화되는 반응의 표준 반응 엔트로피를 계산하시오.

$$2\,CO(g) + O_2(g) \rightarrow 2\,CO_2(g)$$

18.35 부록 B의 표준 몰 엔트로피를 사용하여, 25 ℃에서 다음 각 반응의 $\Delta S°$를 계산하시오. 각 경우에 엔트로피 변화의 부호를 설명하시오.

(a) $2\,H_2O_2(l) \rightarrow 2\,H_2O(l) + O_2(g)$

(b) $2\,Na(s) + Cl_2(g) \rightarrow 2\,NaCl(s)$

(c) $2\,O_3(g) \rightarrow 3\,O_2(g)$

(d) $4\,Al(s) + 3\,O_2(g) \rightarrow 2\,Al_2O_3(s)$

엔트로피와 열역학 제2법칙(18.5절)

18.36 열역학 제2법칙을 서술하시오.

18.37 주위의 엔트로피 변화를 계의 엔탈피 변화와 연결해 주는 식을 제시하시오. 다음 경우 $\Delta S_{주위}$의 부호는 무엇인가?

(a) 발열 반응

(b) 흡열 반응

18.38 산화 수은(II)을 아연으로 환원하면 금속 수은이 생성된다.

$$HgO(s) + Zn(s) \rightarrow ZnO(s) + Hg(l)$$

(a) 이 반응의 $\Delta H° = -259.7$ kJ/mol이고, $\Delta S° = +7.8$ J/K이면 $\Delta S_{전체}$는 얼마인가? 25 ℃ 표준 상태 조건에서 이 반응은 자발적인가?

(b) 이 반응이 비자발적으로 되는 온도를 추정하시오.

18.39 공기 중의 산소는 번개에 의해 오존으로 변환된다.

$$3\,O_2(g) \rightarrow 2\,O_3(g)$$

$\Delta S_{전체}$의 부호를 결정하여, 25 ℃에서 이 반응이 자발적인가를 보이시오.

18.40 원소 상태의 수은은 수은 산화물로부터 생성된다.

$$2\,HgO(s) \rightarrow 2\,Hg(l) + O_2(g)$$

(a) 부록 B의 자료를 사용하여, 이 반응의 $\Delta S_{계}$, $\Delta S_{주위}$, $\Delta S_{전체}$를 계산하시오. 25 ℃ 표준 상태 조건에서 이 반응은 자발적인가?

(b) 이 반응이 자발적으로 되는 온도를 추정하시오.

18.41 벤젠이 증발할 때 $\Delta H_{증발} = 30.7$ kJ/mol이고, $\Delta S_{증발} = 87.0$ J/(K·mol)이다. 다음 온도에서 $\Delta S_{주위}$, $\Delta S_{전체}$를 계산하시오.

(a) 70 ℃ (b) 80 ℃ (c) 90 ℃

벤젠은 70 ℃, 1 atm에서 끓는가? 벤젠의 정상 끓는점을 계산하시오.

자유 에너지와 화학 반응의 자발성(18.6절)

18.42 일정한 온도와 압력에서 ΔH와 ΔS의 부호가 어떻게 반응의 자발성을 결정하는지 설명하시오.

18.43 다음 설명이 참인지 확인하시오. 자발적 반응은 다음 조건을 가져야 한다.

(a) 음의 엔탈피 변화

(b) 양의 엔탈피 변화

(c) 양의 엔트로피 변화

(d) 양의 자유 에너지 변화

(e) 음의 자유 에너지 변화

18.44 벤젠의 녹는점은 5.5 ℃이다. 다음 온도에서 벤젠의 용융에 대해, ΔH, ΔS, ΔG의 부호를 예측하시오.

(a) 0 ℃ (b) 15 ℃

18.45 문제 18.41에 주어진 자료를 이용하여, 다음 온도에서 벤젠의 증발에 대한 ΔG를 계산하시오.

(a) 70 ℃ (b) 80 ℃ (c) 90 ℃

1 atm, 각 온도에서 벤젠이 끓을지를 예측하시오.

18.46 다음 자료를 이용하여, 벤조산($C_6H_5CO_2H$)의 녹는점을 계산하시오. $\Delta H_{용융} = 18.02$ kJ/mol이고, $\Delta S_{용융} = 45.56$ J/(K·mol)이다.

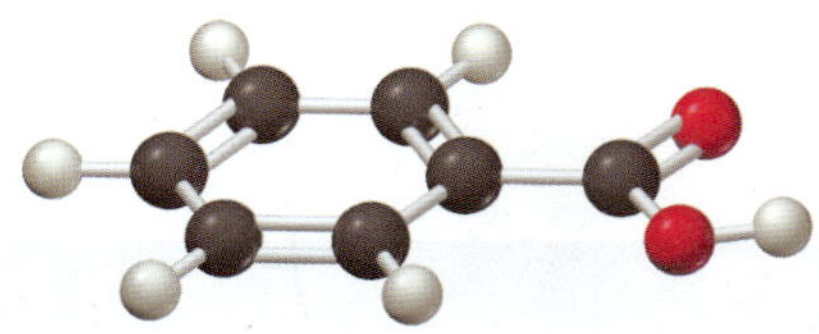

벤조산

18.47 에탄올(CH_3CH_2OH)의 증발 엔탈피는 38.6 kJ/mol이고, 증발 엔트로피는 110 J/(K·mol)이다. 에탄올의 정상 끓는점을 계산하시오.

표준 자유 에너지 변화와 표준 생성 자유 에너지(18.7~18.8절)

18.48 (a) 반응의 표준 자유 에너지 변화 $\Delta G°$와 (b) 물질의 표준 생성 자유 에너지 $\Delta G°_f$를 정의하시오.

18.49 부록 B의 자료를 이용하여, 다음 각 반응의 $\Delta H°$와 $\Delta S°$를 계산하시오. $\Delta H°$와 $\Delta S°$ 값으로부터 25 ℃에서 $\Delta G°$를 계산하고, 각 반응이 표준 상태 조건에서 자발적인가 예측하시오.

(a) $N_2(g) + 2\,O_2(g) \rightarrow 2\,NO_2(g)$

(b) $CH_3CH_2OH(l) + O_2(g) \rightarrow CH_3CO_2H(l) + H_2O(l)$

18.50 부록 B의 표준 생성 자유 에너지를 이용하여, 25 ℃에서 다음 반응의 $\Delta G°$를 계산하시오.

$$2\,KClO_3(s) \rightarrow 2\,KCl(s) + 3\,O_2(g)$$

18.51 부록 B의 자료를 이용하여, 25 ℃에서 다음 화합물 중 어느 것이 그 구성 원소에 비해 열역학적으로 안정한지 설명하시오.

(a) $BaCO_3(s)$ (b) $HBr(g)$

(c) $N_2O(g)$ (d) $C_2H_4(g)$

18.52 부록 B의 $\Delta G°_f$ 값을 이용하여, 에틸렌과 염소로부터 다이클로로에테인을 합성하는 반응의 표준 자유 에너지 변

화를 계산하시오.

$$C_2H_4(g) + Cl_2(g) \rightarrow CH_2ClCH_2Cl(l)$$

25 ℃, 1 atm의 C_2H_4 기체와 Cl_2 기체로부터 다이클로로에테인의 합성이 가능한가?

18.53 에탄올은 공업적으로 에틸렌의 수화 반응에 의해 제조된다.

$$CH_2 = CH_2(g) + H_2O(l) \rightarrow CH_3CH_2OH(l)$$

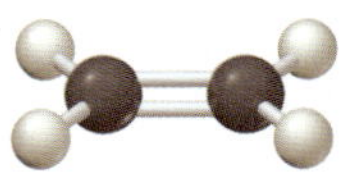
에틸렌

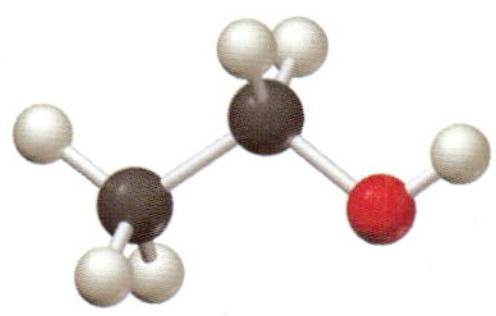
에탄올

부록 B의 자료를 이용하여, $\Delta G°$를 계산하고 이 반응이 25 ℃에서 자발적임을 보이시오. 왜 이 반응은 높은 온도에서 비자발적인가? 반응이 비자발적으로 되는 온도를 추정하시오.

18.54 아세틸렌이 벤젠으로 변환되는 반응을 생각해 보자.

$$3\,C_2H_2(g) \rightarrow C_6H_6(l)$$

아세틸렌

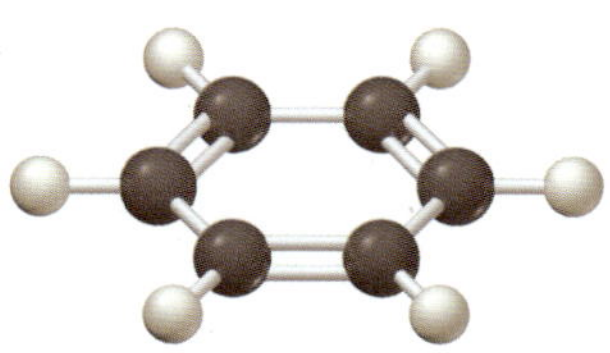
벤젠

이 반응의 촉매가 가능한가? 25 ℃, 1 atm에서 흑연과 H_2 기체로부터 벤젠의 합성이 가능한가?

비표준 상태 조건에서 반응의 자유 에너지 변화(18.9절)

18.55 비표준 상태 조건에서 자유 에너지 변화 ΔG, 표준 상태 조건에서 자유 에너지 변화 $\Delta G°$, 반응 지수 Q 사이에는 어떤 관계가 있는가?

18.56 부록 B의 자료를 이용하여, NOCl의 부분 압력이 2.00 atm, NO가 1.00×10^{-3} atm, Cl_2가 1.00×10^{-3} atm일 때 25 ℃에서 염화 나이트로실의 분해에 대한 ΔG를 계산하시오.

$$2\,NO(g) + Cl_2(g) \rightarrow 2\,NOCl(g)$$

이 조건에서 반응은 정방향으로 자발적인가 역방향으로 자발적인가?

18.57 황산은 다른 어떤 화합물보다 무게로 더 많은 양이 생산된다. 황산은 비료 제조, 유류 정제와 다른 수백 가지의 공정에 이용된다. H_2SO_4의 공업적 합성 과정에서 중간 단계는 이산화 황의 촉매 산화 반응이다.

$$2\,SO_2(g) + O_2(g) \rightarrow 2\,SO_3(g) \quad \Delta G° = -141.8\text{ kJ}$$

25 ℃, 다음의 각 부분 압력에서 ΔG를 계산하시오.

(a) SO_2 100 atm, CO_2 100 atm, SO_3 1.0 atm

(b) 각 반응물과 생성물의 부분 압력이 1.0 atm일 때

자유 에너지와 화학 평형(18.10절)

18.58 반응의 표준 자유 에너지 $\Delta G°$와 평형 상수 K는 어떤 관계가 있는가? 다음의 경우에 $\Delta G°$의 부호는 무엇인가?
(a) $K > 1$? (b) $K = 1$? (c) $K < 1$?

18.59 25 ℃에서 액체 에탄올(−174.9 kJ/mol)과 기체 에탄올(−167.9 kJ/mol)의 $\Delta G°$ 값을 이용하여, 25 ℃에서 에탄올의 증기 압력을 계산하시오.

18.60 25 ℃에서 기체 브로민의 $\Delta G°_f$가 3.14 kJ/mol이라면, 25 ℃에서 브로민의 증기 압력은 얼마인가?

18.61 산화 에틸렌(C_2H_4O)은 부동액(에틸렌 글라이콜, $HOCH_2CH_2OH$)을 만드는 데 사용된다. 산화 에틸렌은 공업적으로 촉매에 의해 에틸렌을 공기로 산화하여 제조한다.

$$2\,CH_2{=}CH_2(g) + O_2(g) \longrightarrow 2\,\overset{\quad O}{CH_2{-}CH_2}(g)$$

산화 에틸렌

부록 B의 자료를 이용하여, 25 ℃에서 이 반응의 $\Delta G°$와 K_p를 계산하시오.

18.62 질산 암모늄은 가열하면(때때로 폭발적으로) 분해하기 때문에 위험하다.

$$NH_4NO_3(s) \rightarrow N_2O(g) + 2\,H_2O(g)$$

(a) 부록 B의 자료를 이용하여, 25 ℃에서 이 반응이 자발적임을 보이시오.

(b) 온도를 올릴 때, 반응의 $\Delta G°$는 어떻게 변하는가?

(c) 25 ℃에서 평형 상수 K_p를 계산하시오.

(d) 각 기체의 부분 압력이 30 atm일 때 반응의 ΔG를 계산하시오.

18.63 부록 B의 자료를 이용하여, 다음 시료를 포함하는 밀폐된 1 L 용기 안의 CO_2의 평형 압력을 계산하시오.

(a) 25 ℃에서 15 g의 $MgCO_3$와 1.0 g의 MgO

(b) 280 ℃에서 15 g의 $MgCO_3$와 1.0 g의 MgO

(c) 280 ℃에서 30 g의 $MgCO_3$와 1.0 g의 MgO

$\Delta H°$와 $\Delta S°$는 온도에 무관하다고 가정한다.

18.64 기체 NH_3의 하버 합성에 대해 생각해 보자(이 반응의 $\Delta H°_f = -46.1$ kJ/mol, $\Delta G°_f = -16.5$ kJ/mol이다).

$$N_2(g) + 3\,H_2(g) \rightarrow 2\,NH_3(g)$$

(a) 이 자료만 사용하여, 25 ℃에서 반응의 $\Delta H°$와 $\Delta S°$를 계산하시오.

(b) $\Delta S°$의 부호에 대해 설명하시오.

(c) 25 ℃, 표준 상태 조건에서 반응은 자발적인가? 설명하시오.

(d) 350 K에서 평형 상수 K_p와 K_c는 얼마인가?
$\Delta H°$와 $\Delta S°$는 온도에 무관하다고 가정한다.

chapter 19

전기 화학

CONTENTS

19.1 반쪽 반응법에 의한 산화–환원 반응의 균형 맞추기

19.2 갈바니 전지

19.3 갈바니 전지의 간략 표기법

19.4 전지 반응의 전지 전위와 자유 에너지 변화

19.5 표준 환원 전위

19.6 표준 환원 전위의 이용

19.7 비표준 상태 조건에서의 전지 전위: 네른스트 식

19.8 표준 전지 전위와 평형 상수

19.9 전기 분해와 전해 전지

19.10 전기 분해의 정량적 관점

도요타 사의 수소 자동차 미라이(Mirai)는 무공해 연료 전지를 이용하여 전력을 생산한다. 연료 전지는 배터리와 비슷하며, 화학 에너지를 전기 에너지로 변환한다. 도요타 사는 2020년까지 연료 전지 자동차 생산량을 연간 3만대로 늘릴 계획이다.

수소 연료 전지는 어떻게 작동할까?

이 질문의 답은 613쪽 INQUIRY ? 에 나와 있다.

전지(배터리)는 현대 사회에서 어디에나 존재한다. 잠시 멈추고, 오늘날 우리가 사용하고 있는 전지의 수를 세어 보자. 전지는 전류를 공급해 자동차의 시동을 걸고, 휴대폰, 시계, 노트북(랩톱) 컴퓨터, 계산기, 심장 박동기 등 다수의 제품을 작동시킨다. 하이브리드 자동차와 전기 자동차에서 전지는 가솔린 엔진을 보완하거나 대체하여 전기 모터를 작동시킨다. 전지는 화학 에너지와 전기 에너지가 상호 변환하는 **전기 화학 전지**(electrochemical cell)이다. 전지는 자발적인 화학 반응에 의해 생성되는 에너지를 이용하여 전기를 생산한다.

전기 화학(**electrochemistry**)은 화학 에너지와 전기 에너지 사이의 변환을 다루는 분야이며, 전지뿐만 아니라 중요한 화학 약품 및 재료 생산을 가능하게 하기 때문에 현대 과학과 기술에 매우 중요한 부분을 차지하고 있다. 예를 들면, 종이, 섬유, 비누, 세제의 생산에 이용되는 수산화 소듐은 염화 소듐 수용액에 전류를 통과시켜 얻을 수 있다. 폴리염화바이닐[poly(vinyl chloride), PVC]과 같은 플라스틱 생산에 꼭 필요한 염소 기체도 동일한 방법으로 생산된다. 금속 알루미늄과 전선에 쓰이는 구리도 전기 화학적 공정으로 생산된다.

이 장에서는 전기 화학 전지의 구조 및 작동과 관련된 원리를 살펴볼 것이다. 아울러 전기 화학과 열역학 사이의 중요한 연관성도 공부할 것이다.

19.1 반쪽 반응법에 의한 산화–환원 반응의 균형 맞추기

산화–환원(redox) 반응은 한 물질로부터 다른 물질로의 전자의 이동을 수반하는 과정이다. 또한 전기 화학 전지의 기본이다. 4.10절 내용을 상기해 보면, 산화는 물질에 의한 하나 이상의 전자의 손실을 의미하고, 환원은 물질에 의한 하나 이상의 전자의 획득을 의미한다. 우리는 다음 절에서 전기 화학 전지를 설명할 것이다. 그러나 먼저, 산화–환원 반응과 그들의 균형을 맞추는 법을 복습하도록 하자.

하나의 예로서, 다이크로뮴산 포타슘($K_2Cr_2O_7$) 수용액과 NaCl 수용액의 반응을 살펴보자. 반응은 산성 용액에서 일어나고, 불균형 알짜 이온 반응식은 아래와 같다.

$$Cr_2O_7^{2-}(aq) + Cl^-(aq) \longrightarrow Cr^{3+}(aq) + Cl_2(aq) \quad \text{불균형}$$

기억하기…
산화수는 어떤 원자가 중성인지, 전자가 많은지, 전자가 부족한지를 나타낸다. 그리고 산화–환원 반응의 전자 이동을 알기 위한 편리한 숫자이다. 4.10절에서 원자의 산화수를 결정하는 규칙을 다루었다.

4.10절에서처럼 **산화수**(**oxidation number**)를 사용하여 어떤 원자가 산화–환원 반응에서 산화되고 환원되는가를 결정할 수 있다. 4.10절에서 논의된 산화수 결정 규칙의 내용을 반드시 복습해야 한다. 원소의 산화수 증가는 그것이 산화되었음을 나타낸다. 반면에, 산화수 감소는 환원을 의미한다. 이 반응에서 염화 이온은 산화(−1에서 0으로)되었고, 크로뮴 원자는 환원(+6에서 +3으로)되었다.

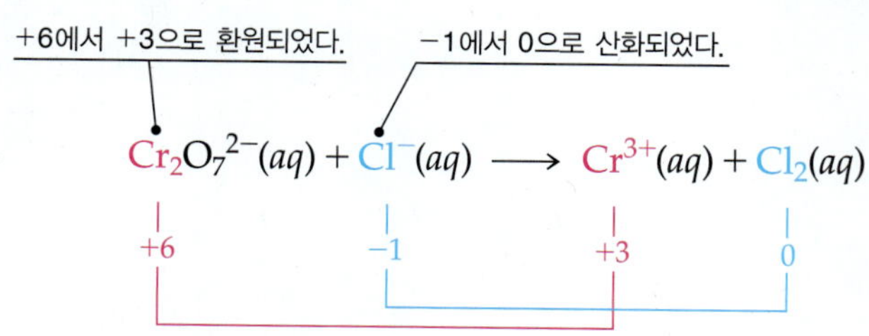

개념탐구 질문 1
다음 반응에서 어느 원소가 산화되는가?
$$TiO_2(s) + C(s) + 2\ Cl_2(g) \longrightarrow TiCl_4(l) + CO_2(g)$$

간단한 산화–환원 반응이라면 시행착오적인 방법을 통해 종종 균형을 맞출 수 있다. 그러나 대부분의 반응들은 너무 복잡하여 보다 체계적인 접근법을 사용해야 한다. 비록 산화–환원 반응의 균형을 맞추는 방법이 많이 있지만, 전자 전달에만 초점을 맞추는 **반쪽 반응법**(**half-**

단계 1. 불균형 알짜 이온 반응식을 쓴다.

단계 2. 어느 원자가 산화되고 환원되었는가를 결정하고, 두 개의 불균형 반쪽 반응식을 쓴다.

단계 3. O와 H 이외의 모든 원자에 대하여, 두 개의 반쪽 반응식의 균형을 맞춘다.

단계 4. O를 적게 갖는 쪽에 물을 더하여 O에 대한 각 반쪽 반응식의 균형을 맞추고, H를 적게 갖는 쪽에 H^+를 더하여 H에 대한 균형을 맞춘다.

단계 5. 더 큰 양전하를 갖는 쪽에 전자를 첨가하여, 전하에 대한 각 반쪽 반응의 균형을 맞춘다.

단계 6. 적당한 인자를 곱하여, 두 개의 반쪽 반응 양쪽이 같은 전자 수를 갖게 한다.

단계 7. 두 개의 균형 반쪽 반응식을 더하여, 반응식 양쪽에 나타나는 전자들과 기타 화학종을 삭제한다. (반응식이 원자와 전하의 균형이 맞았는지 확인한다.)

◀ 그림 19.1
산성 용액에서 반쪽 반응법을 사용한 산화-환원 반응식 균형 맞추기 단계

reaction method)을 살펴볼 것이다. 반쪽 반응법의 주요 핵심은 산화-환원 반응을 두 부분, 즉 두 **반쪽 반응**(**half-reaction**)으로 표현한다는 것이다. 한 반쪽 반응은 산화 부분을 설명하고, 다른 반쪽 반응은 환원 부분을 설명한다. 반쪽 반응 두 개의 균형을 맞추고 나서 더하면, 최종적으로 반응식을 구하게 된다. 그림 19.1은 산성 용액에서 반쪽 반응법으로 산화-환원 반응의 균형을 맞추기 위한 일곱 단계를 요약한 것이다. 예제 19.1은 산성 용액에서 산화-환원 반응의 균형을 맞추는 방법을 보여 준다. 예제 19.2는 염기성 용액에서 일어나는 반응의 반응식 균형을 맞추는 방법을 어떻게 이용하는가를 설명한다. 이 과정은 산성 용액에서 일어나는 반응의 균형을 맞추는 방법과 같다. 단지, 마지막 단계에서 식에 나타난 H^+ 이온을 중화하기 위하여 OH^- 이온을 더한다. 이것은 염기성 용액이 무시할 정도로 적은 양의 H^+와 상대적으로 많은 양의 OH^-를 포함하고 있다는 사실을 반영한 것이다.

예제 19.1

산성 용액에서 일어나는 반응의 산화-환원 반응식 균형 맞추기

반쪽 반응법을 사용하여, 산성 용액에서 일어나는 다이크로뮴산 이온과 염화 이온이 반응하는 반응식의 균형을 맞추시오.

$$Cr_2O_7^{2-}(aq) + Cl^-(aq) \longrightarrow Cr^{3+}(aq) + Cl_2(aq) \quad \text{불균형}$$

전략

그림 19.1에서 설명한 단계를 따른다.

풀이

단계 1. 불균형 알짜 이온 반응식을 작성한다.

$$Cr_2O_7^{2-}(aq) + Cl^-(aq) \longrightarrow Cr^{3+}(aq) + Cl_2(aq)$$

단계 2. 어느 원자가 산화되고 환원되는지를 결정하고, 불균형 반쪽 반응 두 개를 작성한다. 앞부분에서 설명한 것처럼, 염화 이온은 산화(−1에서 0으로)되었고, 크로뮴 원자는 환원(+6에서 +3으로)되었다. 따라서 다음 두 개의 불균형 반쪽 반응을 작성할 수 있다.

산화 반쪽 반응 $Cl^-(aq) \longrightarrow Cl_2(aq)$

환원 반쪽 반응 $Cr_2O_7^{2-}(aq) \longrightarrow Cr^{3+}(aq)$

단계 3. O와 H 이외의 모든 원자들에 대하여, 반쪽 반응 양변의 균형을 맞춘다. 산화 반쪽 반응은 Cl^- 앞에 계수 2가 필요하고, 환원 반쪽 반응은 Cr^{3+} 앞에 계수 2가 필요하다.

Cl의 균형을 맞추기 위해 계수를 첨가한다.

산화 $2\,Cl^-(aq) \longrightarrow Cl_2(aq)$

Cr의 균형을 맞추기 위해 계수를 첨가한다.

환원 $Cr_2O_7^{2-}(aq) \longrightarrow 2\,Cr^{3+}(aq)$

단계 4. 산소의 양쪽 균형을 맞추기 위하여, 더 적은 O를 갖는 쪽에 H_2O를 더한다. 그리고 수소 양쪽 균형을 맞추기 위하여, 더 적은 H를 갖는 쪽에 H^+를 더한다. 산화 반쪽 반응은 H 또는 O를 갖지 않지만, 환원 반쪽 반응은 O에 대한 균형을 맞추기 위하여 생성물 쪽에 7 H_2O가 필요하고, H에 대한 균형을 맞추기 위하여 반응물 쪽에 14 H^+가 필요하다.

산화 $2\,Cl^-(aq) \longrightarrow Cl_2(aq)$

그 다음 H의 균형을 맞추기 위해 14 H^+를 더한다.

먼저 O의 균형을 맞추기 위해 7 H_2O를 더한다.

환원 $Cr_2O_7^{2-}(aq) + 14\,H^+(aq) \longrightarrow 2\,Cr^{3+}(aq) + 7\,H_2O(l)$

단계 5. 더 큰 양전하(또는 더 작은 음전하)를 갖는 쪽에 전자(e^-)를 첨가하여, 두 반쪽 반응의 전하 균형을 맞춘다. 산화 반쪽 반응은 반응물 쪽(2 Cl^-)에 −2 전하를 가지므로 생성물 쪽에 2 e^-를 첨가해야 하고, 환원 반쪽 반응은 반응물 쪽에 총 +12 전하를 가지고 생성물 쪽에 +6 전하를 가지므로 반응물 쪽에 6 e^-를 첨가해야 한다.

전하의 균형을 위해 맞추기 이들 전자를 첨가한다.

산화 $2\,Cl^-(aq) \longrightarrow Cl_2(aq) + 2\,e^-$

전하의 균형을 맞추기 위해 이들 전자를 첨가한다.

환원 $Cr_2O_7^{2-}(aq) + 14\,H^+(aq) + 6\,e^- \longrightarrow 2\,Cr^{3+}(aq) + 7\,H_2O(l)$

단계 6. 두 반쪽 반응의 전자 수가 같도록 만들기 위해, 적당한 계수를 반쪽 반응에 곱한다. 산화 반쪽 반응에서 방출된 전자 수가 환원 반쪽 반응에서 소비된 전자 수와 동일해야 한다. 환원 반쪽 반응은 6 e^-가 있지만, 산화 반쪽 반응은 2 e^-만 있다. 따라서, 전체 산화 반쪽 반응에 3을 곱해 주어야 한다.

두 반쪽 반응에서 전자 수를 같게 만들기 위해 이 계수를 곱한다.

산화 $3 \times [2\,Cl^-(aq) \longrightarrow Cl_2(aq) + 2\,e^-]$

즉 $6\,Cl^-(aq) \longrightarrow 3\,Cl_2(aq) + 6\,e^-$

환원 $Cr_2O_7^{2-}(aq) + 14\,H^+(aq) + 6\,e^- \longrightarrow 2\,Cr^{3+}(aq) + 7\,H_2O(l)$

단계 7. 반쪽 반응 두 개를 더하라. 그리고 양변의 같은 화학종과 전자를 소거한다.

$$
\begin{array}{r}
6\,Cl^-(aq) \longrightarrow 3\,Cl_2(aq) + \cancel{6\,e^-} \\
Cr_2O_7^{2-}(aq) + 14\,H^+(aq) + \cancel{6\,e^-} \longrightarrow 2\,Cr^{3+}(aq) + 7\,H_2O(l) \\
\hline
Cr_2O_7^{2-}(aq) + 14\,H^+(aq) + 6\,Cl^-(aq) \longrightarrow 3\,Cl_2(aq) + 2\,Cr^{3+}(aq) + 7\,H_2O(l)
\end{array}
$$

답을 검사하여, 원자와 전하의 균형을 확인한다.

$$Cr_2O_7^{2-}(aq) + 14\,H^+(aq) + 6\,Cl^-(aq) \longrightarrow 3\,Cl_2(aq) + 2\,Cr^{3+}(aq) + 7\,H_2O(l)$$

전하: $(-2) + (+14) + (6 \times -1) = +6$ 전하: $(2 \times +3) = +6$

왼쪽	오른쪽
Cr = 2	Cr = 2
O = 7	O = 7
H = 14	H = 14
Cl = 6	Cl = 6

연습문제 19.1 다음 알짜 이온 반응식을 반쪽 반응법으로 균형을 맞추시오. 이 반응은 산성 용액에서 일어난다.

$$NO_3^-(aq) + Cu(s) \longrightarrow NO(g) + Cu^{2+}(aq) \quad \text{불균형}$$

응용문제 19.2 다음 알짜 이온 반응식을 반쪽 반응법으로 균형을 맞추시오. 이 반응은 산성 용액에서 일어난다.

$$I^-(aq) + IO_3^-(aq) \longrightarrow I_3^-(aq) \quad \text{불균형}$$

예제 19.2

염기성 용액에서 일어나는 반응의 산화-환원 반응식 균형 맞추기

하이포아염소산 소듐(NaOCl: 가정용 표백제) 수용액은 염기성 용액에서 아크로뮴산 이온 $[Cr(OH)_4^-]$과 반응하여 크로뮴산 이온(CrO_4^{2-})과 염화 이온을 만드는 강한 산화제이다. 다음 알짜 이온 반응식을 반쪽 반응법으로 균형을 맞추시오.

$$ClO^-(aq) + Cr(OH)_4^-(aq) \longrightarrow CrO_4^{2-}(aq) + Cl^-(aq) \quad \text{불균형}$$

전략

그림 19.1에서 설명한 단계를 따르고, 마지막 단계에서 식에 나타난 H^+ 이온을 중화하기 위하여 OH^- 이온을 더한다.

풀이

단계 1. 불균형 알짜 이온 반응식을 작성한다.

$$ClO^-(aq) + Cr(OH)_4^-(aq) \longrightarrow CrO_4^{2-}(aq) + Cl^-(aq) \quad \text{불균형}$$

단계 2. 어느 원자가 산화되고 환원되는지를 결정하고, 불균형 반쪽 반응 두 개를 작성한다. 불균형 알짜 이온 반응식은 크로뮴이 산화(+3에서 +6으로)되었고, 염소는 환원(+1에서 −1로)되었음을 보여 준다. 따라서 다음 반쪽 반응을 작성할 수 있다.

산화 반쪽 반응 $Cr(OH)_4^-(aq) \longrightarrow CrO_4^{2-}(aq)$

환원 반쪽 반응 $ClO^-(aq) \longrightarrow Cl^-(aq)$

단계 3. O와 H 이외의 모든 원자들에 대하여, 반쪽 반응 양변의 균형을 맞춘다. 반쪽 반응은 O와 H 이외의 다른 원자들에 대하여 이미 균형이 맞추어져 있다.

단계 4. 산소의 양쪽 균형을 맞추기 위하여, 더 적은 O를 갖는 쪽에 H_2O를 더한다. 그리고 수소의 양쪽 균형을 맞추기 위하여, 더 적은 H를 갖는 쪽에 H^+를 더한다.

산화 $Cr(OH)_4^-(aq) \longrightarrow CrO_4^{2-}(aq) + 4\,H^+(aq)$
환원 $ClO^-(aq) + 2\,H^+(aq) \longrightarrow Cl^-(aq) + H_2O(l)$

단계 5. 더 큰 양전하를 갖는 쪽에 전자(e^-)를 첨가하여, 두 반쪽 반응의 전하 균형을 맞춘다.

산화 $Cr(OH)_4^-(aq) \longrightarrow CrO_4^{2-}(aq) + 4\,H^+(aq) + 3\,e^-$
환원 $ClO^-(aq) + 2\,H^+(aq) + 2\,e^- \longrightarrow Cl^-(aq) + H_2O(l)$

단계 6. 두 반쪽 반응의 전자 수가 같도록 만들기 위해, 적당한 계수를 반쪽 반응에 곱한다. 산화 반쪽 반응은 2를 곱하고, 환원 반쪽 반응은 3을 곱하면, 둘 다 6개의 전자(e^-)가 된다.

산화 $2 \times [Cr(OH)]_4^-(aq) \longrightarrow CrO_4^{2-}(aq) + 4\,H^+(aq) + 3\,e^-]$
즉 $2\,Cr(OH)_4^-(aq) \longrightarrow 2\,CrO_4^{2-}(aq) + 8\,H^+(aq) + 6\,e^-$
환원 $3 \times [ClO^-(aq) + 2\,H^+(aq) + 2\,e^- \longrightarrow Cl^-(aq) + H_2O(l)]$
즉 $3\,ClO^-(aq) + 6\,H^+(aq) + 6\,e^- \longrightarrow 3\,Cl^-(aq) + 3\,H_2O(l)$

단계 7. 반쪽 반응 두 개를 더하라. 그리고 양변의 같은 화학종과 전자를 소거한다. 전자는 반드시 소거해야 한다.

$$2\,Cr(OH)_4^-(aq) \longrightarrow 2\,CrO_4^{2-}(aq) + 8\,H^+(aq) + 6\,e^-$$
$$3\,ClO^-(aq) + 6\,H^+(aq) + 6\,e^- \longrightarrow 3\,Cl^-(aq) + 3\,H_2O(l)$$
$$2\,Cr(OH)_4^-(aq) + 3\,ClO^-(aq) + 6\,H^+(aq) \longrightarrow 2\,CrO_4^{2-}(aq) + 3\,Cl^-(aq) + 3\,H_2O(l) + 8\,H^+(aq)$$

이제 반응식의 양변에 나타나는 화학종을 소거한다. 생성물 쪽에는 8 H^+와 반응물 쪽에는 6 H^+가 있으므로, 소거한 결과 생성물 쪽에 2 H^+가 남는다.

$$2\,Cr(OH)_4^-(aq) + 3\,ClO^-(aq) \longrightarrow 2\,CrO_4^{2-}(aq) + 3\,Cl^-(aq) + 3\,H_2O(l) + 2\,H^+(aq)$$

마지막으로, 반응은 염기성 용액에서 일어난다. 따라서 오른쪽에 있는 2 H^+ 이온을 중화시키기 위해 반응식 양변에 2 OH^- 이온을 더하면, 2 H_2O가 추가로 형성된다.

$$2\,OH^-(aq) + 2\,Cr(OH)_4^-(aq) + 3\,ClO^-(aq) \longrightarrow 2\,CrO_4^{2-}(aq) + 3\,Cl^-(aq) + 3\,H_2O(l) + 2\,H^+(aq) + 2OH^-(aq)$$
$$2\,OH^-(aq) + 2\,Cr(OH)_4^-(aq) + 3\,ClO^-(aq) \longrightarrow 2\,CrO_4^{2-}(aq) + 3\,Cl^-(aq) + 3\,H_2O(l) + 2\,H_2O(l)$$

이제, 원자와 전하의 균형을 맞춘 최종 알짜 이온 반응식은 다음과 같다.

$$2\,Cr(OH)_4^-(aq) + 3\,ClO^-(aq) + 2\,OH^-(aq) \longrightarrow 2\,CrO_4^{2-}(aq) + 3\,Cl^-(aq) + 5\,H_2O(l)$$

전하: $(2 \times -1) + (3 \times -1) + (2 \times -1) = -7$	전하: $(2 \times -2) + (3 \times -1) = -7$
Cr = 2	Cr = 2
Cl = 3	Cl = 3
O = 13	O = 13
H = 10	H = 10

연습문제 19.3 다음 알짜 이온 반응식을 반쪽 반응법으로 균형을 맞추시오. 이 반응은 염기성 용액에서 일어난다.

$$I^-(aq) + MnO_4^-(aq) \longrightarrow I_2(aq) + MnO_2(s) \quad \text{불균형}$$

응용문제 19.4 다음 알짜 이온 반응식을 반쪽 반응법으로 균형을 맞추시오. 이 반응은 염기성 용액에서 일어난다.

$$Fe(OH)_2(s) + H_2O(l) + O_2(g) \longrightarrow Fe(OH)_3(s) \quad \text{불균형}$$

19.2 갈바니 전지

전기 화학 전지(**electrochemical cells**)에는 두 종류가 있다. **갈바니 전지**(**galvanic cells**)[또는 **볼타 전지**(voltaic cell)라고 부르며, 일반적으로 배터리로 알려져 있다.]와 **전해 전지**(**electrolytic cell**)이다. '갈바니'와 '볼타'라는 이름은 전기 화학 분야에서 선구적 연구를 주도한 이탈리아 과학자 갈바니(Luigi Galvani, 1737~1798)와 볼타(Alessandro Volta, 1745~1827)를 기념하여 붙여졌다. 갈바니 전지에서는 자발적인 화학 반응에 의해 전류가 발생한다. 전해 전지에서는 전류를 이용하여 비자발적 반응이 일어나게 한다. 따라서 이 두 전지는 서로 역반응 관계에 있다. 이 절에서는 먼저 갈바니 전지를 설명하고, 전해 전지는 나중에 설명하겠다.

우선 자발적 산화–환원 반응을 살펴보자. 이는 갈바니 전지를 만들 때 필요로 하는 반응이다. 만일 금속 아연을 황산 구리 수용액에 넣으면, 아연 표면에 짙은 색을 띤 고체 석출물이 형성되고, Cu^{2+} 이온의 특징적 파란색이 용액에서 점점 사라지는 것을 볼 수 있다(그림 19.2).

이를 화학적으로 분석하면, 짙은 색의 석출물은 고운 분말의 구리 금속의 미소 입자이고, 용액은 아연 이온을 포함하고 있음을 알 수 있다. 따라서 반응식은 다음과 같다.

$$\mathrm{Zn}(s) + \mathrm{Cu}^{2+}(aq) \longrightarrow \mathrm{Zn}^{2+}(aq) + \mathrm{Cu}(s)$$

아연판을 황산 구리 수용액에 넣는다.

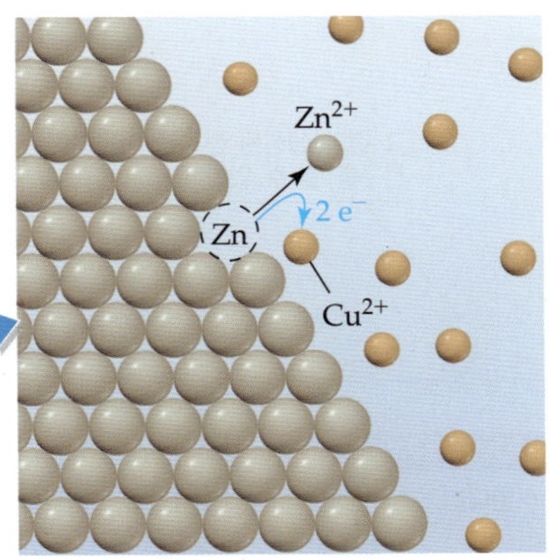

금속–용액 계면에서, Zn 원자로부터 Cu^{2+} 이온으로 2개의 전자가 전달된다. 따라서 각각 Zn^{2+} 이온과 구리 원자가 형성된다.

시간이 흐름에 따라 짙은 색의 구리 금속이 아연 위에 나타나고, Cu^{2+}의 파란색은 용액에서 사라진다.

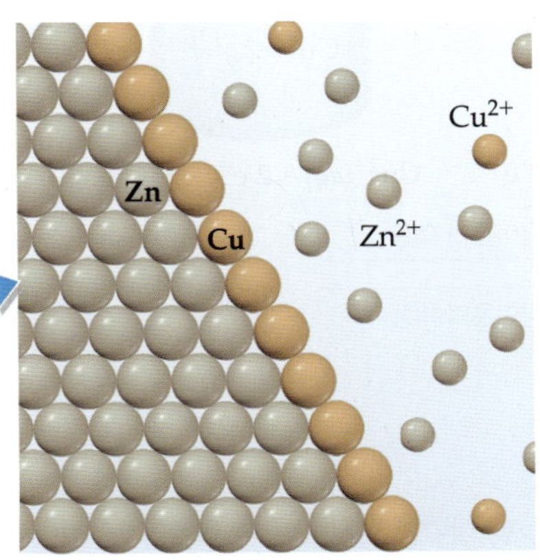

아연 표면은 구리 원자들로 덮이고, 용액에서는 Zn^{2+} 이온이 Cu^{2+} 이온을 대체한다.

◀ **그림 19.2**
아연 금속과 Cu^{2+} 이온 수용액의 산화–환원 반응

▶ 확인하기

어느 원소가 환원되는가?
$Zn(s)$ 또는 $Cu^{2+}(aq)$

답 $Cu^{2+}(aq)$는 $Cu(s)$로 환원된다. $Cu(s)$는 금속 아연 표면 위에 석출된다.

이 산화–환원 반응에서 Zn은 Zn^{2+}로 산화되고, Cu^{2+}는 Cu로 환원된다. **산화**는 전자를 잃는 것(산화수의 증가)이고, **환원**은 전자를 얻는 것(산화수의 감소)임을 기억하라.

전체 반응을 **반쪽 반응**으로 분리함으로써 산화와 환원의 측면으로 설명할 수 있다. 다음과 같이 한 반응은 산화 반응을 나타내고, 또 다른 하나는 환원 반응을 나타낸다.

$$\text{산화 반쪽 반응:}\quad Zn(s) \longrightarrow Zn^{2+}(aq) + 2\,e^-$$
$$\text{환원 반쪽 반응:}\quad Cu^{2+}(aq) + 2\,e^- \longrightarrow Cu(s)$$

Cu^{2+}는 **산화제**(oxidizing agent)라고 부른다. Zn으로부터 전자를 얻어 Zn을 Zn^{2+}로 산화시키기 때문이다. 마찬가지로, Zn은 **환원제**(reducing agent)라고 부른다. Cu^{2+}에 전자를 주어 Cu로 환원시키기 때문이다.

만약 반응이 그림 19.2에서와 같이 진행되면, 전자가 Zn으로부터 Cu^{2+}로 직접 전달되고, 반응 엔탈피는 주위에 열로 방출된다. 그러나 만약 반응이 **그림 19.3**에 설명한 대로 전기 화학 전지를 이용하여 진행되면, 반응에 의해 방출된 화학 에너지의 일부가 전기 에너지로 변환되어, 전구를 켜거나 전기모터를 작동하는 데 이용된다.

그림 19.3과 같은 장치는 다니엘 전지라고 부르는 갈바니 전지의 예이다. 1836년 이 전지를 처음 완성한 영국의 화학자 다니엘(John Frederick Daniell, 1790~1845)의 이름을 딴 것이

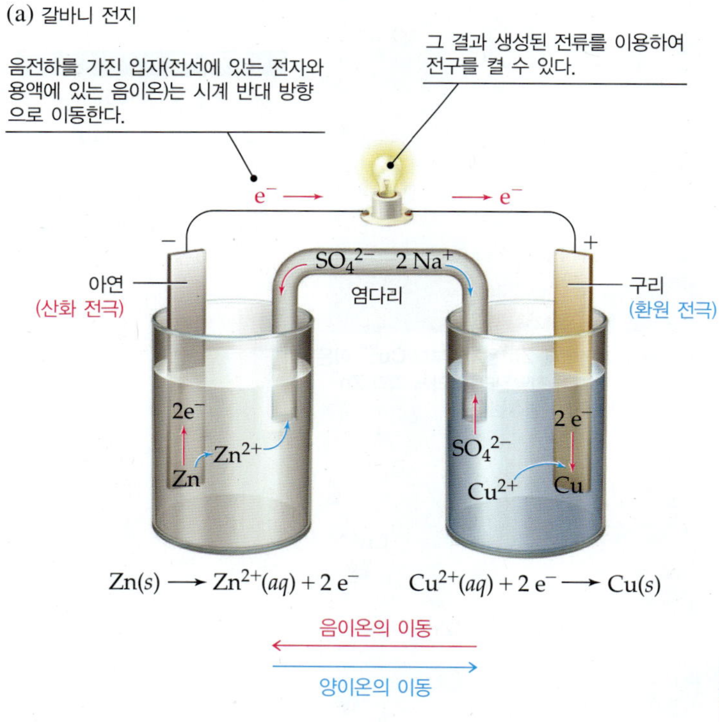

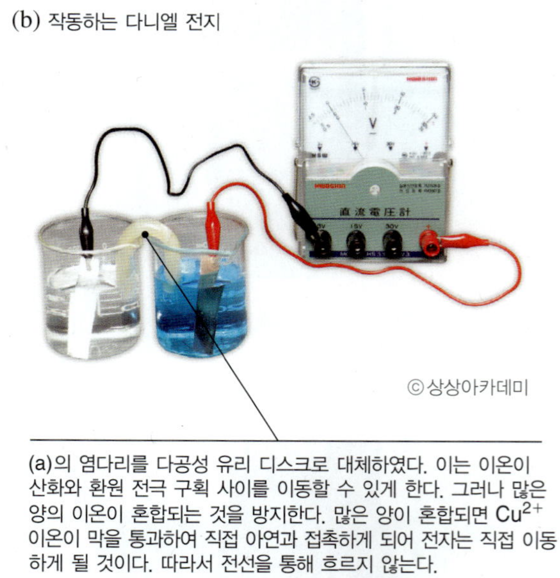

▲ 그림 19.3
갈바니 전지 중 하나인 다니엘 전지. (a) 다니엘 전지는 금속 아연이 Zn^{2+} 이온으로 산화되고, Cu^{2+} 이온이 금속 구리로 환원되는 것을 이용한다. (b) 작동하는 다니엘 전지에서는 (a)의 전구가 디지털 전압계로 대체되었다(자세한 내용은 19.4절에 있다).

▲ 확인하기

(a) 전자는 산화 전극으로 흐르는가 환원 전극으로 흐르는가?
(b) 다니엘 전지에서 어떤 전극의 질량이 감소하고, 어떤 전극의 질량이 증가하는가?

답 **(a)** 전자는 Cu^{2+}의 환원 반응이 일어나는 환원 전극으로 흐른다. **(b)** $Cu^{2+}(aq)$가 $Cu(s)$로 환원되므로 Cu 전극의 질량은 증가할 것이며, $Zn(s)$가 $Zn^{2+}(aq)$로 산화되므로 Zn 전극의 질량은 감소할 것이다.

다. 발전의 핵심은 두 개의 분리된 반쪽 전지에 있다. 그 두 개의 반쪽 전지들은 황산 아연 수용액에 아연판이 담겨 있는 비커와, 황산 구리 수용액에 구리판이 담겨 있는 비커로 이루어진다. 아연판과 구리판을 **전극(electrode)**이라고 부르고, 이들은 도체로 연결된다. 두 용액은 **염다리(salt bridge)**에 의해 연결된다. 이것은 황산 소듐(Na_2SO_4)과 같이 반응성이 없는 젤 형태의 전해질 용액을 함유한 U자 모양의 관이다. 이 전해질을 구성하는 이온은 용액에 있는 어떤 다른 이온과 반응하지 않고, 전극에서 산화되거나 환원되지 않는다.

다니엘 전지에서 일어나는 반응은, Zn과 Cu^{2+} 이온이 직접 반응할 때 일어나는 반응과 동일하다. 그러나 전지에서는 금속 Zn과 Cu^{2+} 이온은 분리된 구획에 있으므로, 전자는 **전선을 통해** Zn으로부터 Cu^{2+}로 이동한다. 따라서 다른 전극에서 산화 반쪽 반응과 환원 반쪽 반응이 일어나고, 그 결과 전선을 통해 전류가 흐른다. 전자는 용액을 통해 이동하지 않는다. 금속 전선은 물보다 훨씬 좋은 도체이기 때문이다. 실제로, 자유 전자는 물과 빨리 반응하기 때문에 수용액에서 매우 불안정하다.

산화가 일어나는 전극을 **산화 전극(anode**, 이 예에서는 아연판)이라고 하고, 환원이 일어나는 전극을 **환원 전극(cathode**, 이 예에서는 구리판)이라고 한다. 산화 전극과 환원 전극의 반쪽 반응을 더해야 전체 반응이 된다.

산화 전극(산화) 반쪽 반응:	$Zn(s) \longrightarrow Zn^{2+}(aq) + 2\,e^-$
환원 전극(환원) 반쪽 반응:	$Cu^{2+}(aq) + 2\,e^- \longrightarrow Cu(s)$
전체 전지 반응:	$Zn(s) + Cu^{2+}(aq) \longrightarrow Zn^{2+}(aq) + Cu(s)$

염다리는 전기 회로의 완성에 필요하다. 염다리가 없으면, 산화 전극 구획에 있는 용액은 Zn^{2+} 이온이 생성됨에 따라 양전하를 띠고, 환원 전극 구획에 있는 용액은 Cu^{2+} 이온이 제거되므로 음전하를 띠게 될 것이다. 전하의 불균형이 있다면, 전극 반응은 신속하게 멈춰지게 되고, 전선을 통한 전자의 흐름도 멈출 것이다.

이때 염다리로 두 용액을 연결하면, 이온의 이동에 의해 양쪽 산화, 환원 전극 구획에서 전기적 중성이 유지된다. 음이온(이 경우 SO_4^{2-})은 염다리를 거쳐 환원 전극 구획에서 산화 전극 구획으로 이동하고, 양이온은 반대로 염다리를 거쳐 산화 전극 구획에서 환원 전극 구획으로 이동한다. 그림 19.3과 같은 전지에서, Na^+ 이온은 염다리로부터 나와 환원 전극 구획으로 이동하고, Zn^{2+} 이온은 산화 전극 구획으로부터 염다리로 이동한다. 산화 전극과 환원 전극이라는 이름은 산화와 환원이 일어나는 구획 간의 이온 흐름의 방향으로부터 유래되었다. 즉, **음이온**(anion)은 **산화 전극**(anode)으로 이동하고, **양이온**(cation)은 **환원 전극**(cathode)으로 이동한다.

상업용 갈바니 전지의 전극은 일반적으로 플러스(+)와 마이너스(−)로 표시한다. 실제 전하량은 무한히 작고, 각 전극의 전하 부호가 관점에 따라 달라진다. 전선의 관점에서 보면, 산화 전극은 음전하를 띤 전자가 산화 전극으로부터 나오므로 (−)처럼 보인다. 그러나 용액의 관점에서 보면, 양전하를 가진 Zn^{2+} 이온이 산화 전극으로부터 이동해 나오므로 산화 전극이 (+)처럼 보인다. 갈바니 전지는 외부 회로에 전류 공급을 위하여 사용되므로, 전선의 관점을 수용하는 것이 좀 더 타당하다. 결과적으로, 산화 전극의 부호는 (−), 환원 전극의 부호는 (+)로 간주한다. 따라서 전자는 산화 전극 반쪽 반응에 의해 생성되어 (−) 전극으로부터 외부 회로를 통해 (+) 전극으로 이동하며 환원 전극의 반쪽 반응에 의해 소모된다.

개념탐구 질문 2

갈바니 전지에서, 전자는 ______ 기호의 전극 방향으로 이동한다. 해당 전극에서, ________반쪽 반응이 일어난다.

어떤 갈바니 전지에서는 반쪽 전지 반응이 반응성이 없는 전극에서 일어나기도 한다. 예를 들어, 다음 반응을 전지에 이용한다면

$$Fe(s) + 2\,Fe^{3+}(aq) \longrightarrow 3\,Fe^{2+}(aq)$$

이 반응에서 금속 철은 Fe^{2+} 이온으로 산화되고, Fe^{3+} 이온은 Fe^{2+} 이온으로 환원된다. 따라서, 전지의 각 반쪽 반응은 다음과 같다.

산화 전극(산화):	$Fe(s) \longrightarrow Fe^{2+}(aq) + 2\,e^-$
환원 전극(환원):	$2 \times [Fe^{3+}(aq) + e^- \longrightarrow Fe^{2+}(aq)]$
전체 전지 반응:	$Fe(s) + 2\,Fe^{3+}(aq) \longrightarrow 3\,Fe^{2+}(aq)$

환원 전극의 반쪽 반응에 2를 곱한 후, 두 개의 반쪽 반응을 더해야 전체 전지 반응을 얻는 것에 주의하라. 반쪽 반응들을 더할 때는 전자를 반드시 소거해야 한다. 전자는 전체 반응에는 나타나지 않는다. 그 이유는 환원제에 의해 소모된 전자가 산화제에 의해 얻어지기 때문이다.

▶ **그림 19.4**
Fe/Fe^{2+} 반쪽 전지와 Fe^{3+}/Fe^{2+} 반쪽 전지로 구성된 갈바니 전지. 환원 전극 반응은 반응성이 없는 백금 전극에서 일어난다.

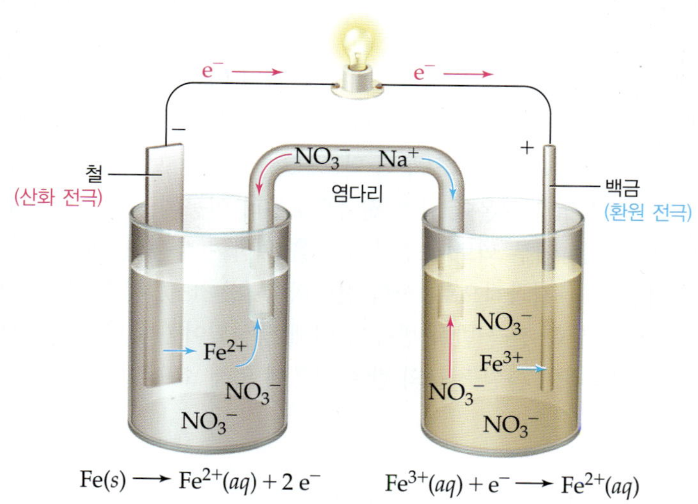

이 전지의 실험 장치를 그림 19.4에 나타내었다. 산화 전극 구획은 $Fe(NO_3)_2$ 수용액에 담겨 있는 금속 철 전극으로 구성한다. 반응성이 없는 어떤 전해질이라도 산화 전극 구획에서 전류를 전달하기 위해 사용될 수 있다. 즉, Fe^{2+} 이온은 처음에 존재할 필요는 없다. 산화 반쪽 반응의 반응물이 아니기 때문이다.

Fe^{3+}는 환원 반쪽 반응의 반응물이므로, $Fe(NO_3)_3$는 환원 전극 구획에서 좋은 전해질이다. 환원 전극으로는 용액에 있는 이온과 반응하지 않는 어떠한 전도체도 사용할 수 있다. 백금선은 흔히 사용되는 반응성이 없는 전극이다. 그러나 금속 철은 Fe^{3+}와 직접 반응하여 전지를 합선시키므로 사용할 수 없다. 그림에서 염다리는 $NaNO_3$를 사용하지만, 반응성이 없는 어떠한 전해질이라도 상관없다. 전자는 전선을 통하여, 철 산화 전극(−)에서 백금 환원 전극(+)으로 흐른다. 음이온은 환원 전극 구획에서 산화 전극 구획으로 이동한다. 반면에, 양이온은 산화 전극 구획에서 환원 전극 구획으로 이동한다.

개념 예제 19.3

갈바니 전지의 고안

다음 산화–환원 반응을 이용하는 갈바니 전지를 고안하시오.

$$2\,Cr(s) + 3\,Sn^{2+}(aq) \longrightarrow 2\,Cr^{3+}(aq) + 3\,Sn(s)$$

산화 전극 반쪽 반응과 환원 전극 반쪽 반응을 구별하고, 실험 장치를 그리시오. 산화 전극과 환원 전극을 표시하고, 전자와 이온이 흐르는 방향을 나타내고, 각 전극의 부호를 표시하시오.

전략

우선, 전체 전지 반응을 산화 전극 반쪽 반응과 환원 전극 반쪽 반응으로 나눈다. 그다음, 이 반쪽 반응을 이용하는 반쪽 전지를 준비하고, 전선과 염다리로 두 반쪽 전지를 연결한다.

풀이

전지 반응의 산화 전극에서는 Cr 금속이 Cr^{3+} 이온으로 산화되고, 환원 전극에서는 Sn^{2+} 이온이 Sn으로 환원된다.

산화 전극(산화): $2 \times [Cr(s) \longrightarrow Cr^{3+}(aq) + 3\,e^-]$

환원 전극(환원): $3 \times [Sn^{2+}(aq) + 2\,e^- \longrightarrow Sn(s)]$

전체 전지 반응: $2\,Cr(s) + 3\,Sn^{2+}(aq) \longrightarrow 2\,Cr^{3+}(aq) + 3\,Sn(s)$

산화 전극 반쪽 반응에 2를 곱하고 환원 전극 반쪽 반응에 3을 곱한 후 두 반쪽 반응을 더하면, 전자가 소거되고 전체 전지 반응을 얻게 된다.

가능한 실험 장치는 옆의 그림과 같다. 산화 전극 구획은 $Cr(NO_3)_3$ 수용액에 담겨 있는 금속 크로뮴 전극으로 구성하고, 환원 전극 구획은 $Sn(NO_3)_2$ 수용액에 담겨 있는 금속 주석 전극으로 구성한다. 염다리는 $NaNO_3$를 사용하지만, 반응성이 없는 어떠한 전해질이라도 상관없다. 전자는 전선을 통하여 크로뮴 산화 전극(−)에서 주석 환원 전극(+)으로 흐른다. 음이온은 환원 전극 구획에서 산화 전극 구획으로, 반면에 양이온은 산화 전극 구획에서 환원 전극 구획으로 이동한다.

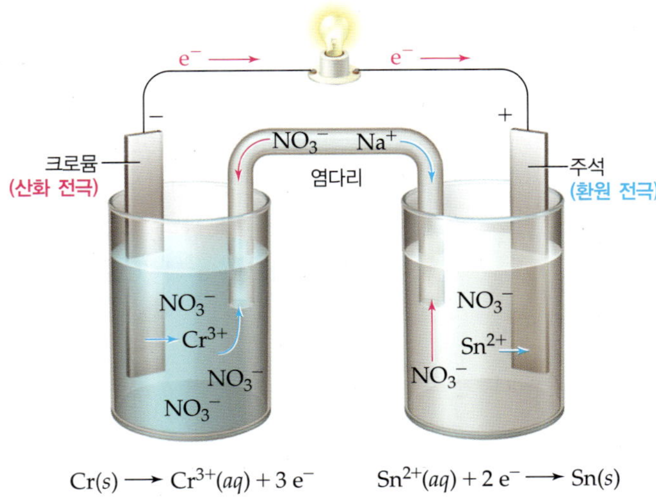

▶ **개념 연습문제 19.5** 다음 반응을 이용하는 갈바니 전지를 설명하시오.

$$2\,Ag^+(aq) + Ni(s) \longrightarrow 2\,Ag(s) + Ni^{2+}(aq)$$

산화 전극 반쪽 반응과 환원 전극 반쪽 반응을 구별하고, 실험 장치를 그리시오. 산화 전극과 환원 전극을 표시하고, 전자와 이온 흐름의 방향을 나타내고, 각 전극의 부호를 밝히시오.

개념 응용문제 19.6 오른쪽 갈바니 전지 그림을 이용하여, 산화 반쪽 반응과 환원 반쪽 반응을 구별하고, 균형 맞춘 전체 반응을 쓰시오. 그림에 산화 전극과 환원 전극을 표시하고, 각 전극의 부호를 밝히시오.

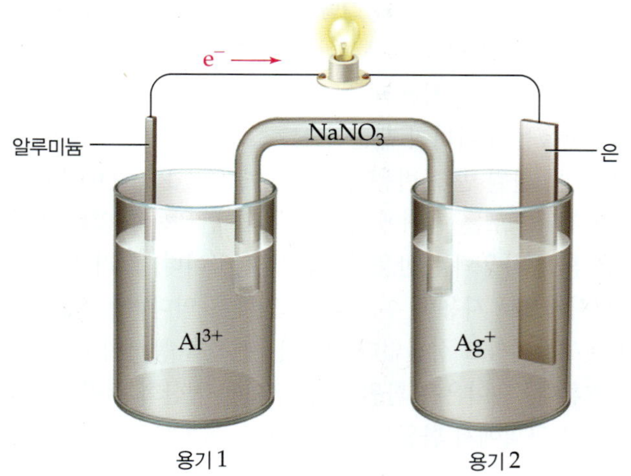

19.3 갈바니 전지의 간략 표기법

갈바니 전지는 말로 설명하는 것보다 전지를 나타내는 간략 표기법을 사용하는 것이 편리하다. 그림 19.3에서 설명된 다니엘 전지의 경우, 사용하는 반응식은 다음과 같다.

$$Zn(s) + Cu^{2+}(aq) \longrightarrow Zn^{2+}(aq) + Cu(s)$$

이 반응식은 다음과 같은 표현으로 쓸 수 있다.

$$Zn(s)\,|\,Zn^{2+}(aq)\|Cu^{2+}(aq)\,|\,Cu(s)$$

이 표기법에서, 단일 수직선(|)은 고체 전극과 수용액 사이에 있는 상 경계를 나타내고, 이중 수직선(||)은 염다리를 나타낸다. 산화 전극 반쪽 전지의 표기는 항상 염다리 기호의 왼쪽에, 환원 전극 반쪽 전지의 표기는 오른쪽에 쓴다. 산화 전극은 가장 왼쪽에, 환원 전극은 가장 오른쪽에 쓰고, 각 반쪽 전지에서 반응물을 먼저 쓰고, 생성물을 다음에 쓴다. 이러한 관습에 따르면, 전자는 외부 회로를 통해 왼쪽으로부터 오른쪽으로(산화 전극으로부터 환원 전극으로) 이동한다. 따라서 간략 표기법으로 나타낸 전체 전지 반응을 해석하면, Zn은 Zn^{2+}로 산화되고, Cu^{2+}는 Cu로 환원된다는 것을 의미한다.

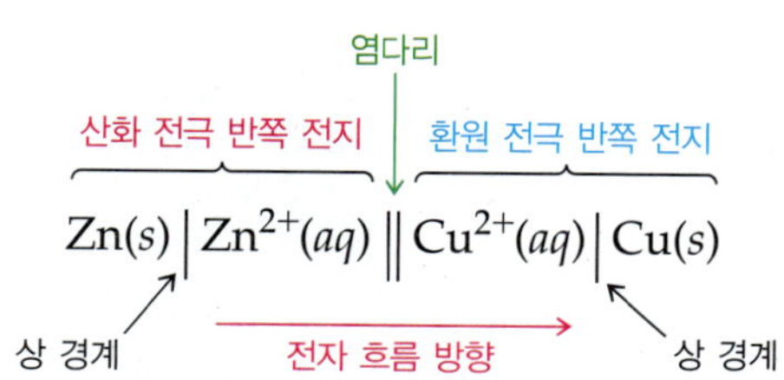

그림 19.4에 있는 갈바니 전지 반응의 반응식은 다음과 같고

$$Fe(s) + 2\,Fe^{3+}(aq) \longrightarrow 3\,Fe^{2+}(aq)$$

간략 표기법은 다음과 같다.

$$Fe(s)\,|\,Fe^{2+}(aq)\,\|\,Fe^{3+}(aq),\,Fe^{2+}(aq)\,|\,Pt(s)$$

환원 전극 반쪽 전지의 간략 표기는 전극(Pt)뿐만 아니라, 반응물(Fe^{3+})과 생성물(Fe^{2+}) 모두를 포함한다. $Fe^{3+}(aq)$와 $Fe^{2+}(aq)$ 두 이온은 수직선이 아닌 쉼표(,)로 구별한다. 두 이온이 같은 상에 있기 때문이다.

기체를 포함하는 경우라면, 수직선이 하나 더 필요하다. 상이 하나 더 존재하기 때문이다. 따라서 표기는 다음과 같다.

$$Cu(s)\,|\,Cu^{2+}(aq)\,\|\,Cl_2(g)\,|\,Cl^-(aq)\,|\,C(s)$$

구리는 구리 산화 전극에서 Cu^{2+}로 산화되고, Cl_2 기체는 비활성 흑연(탄소) 환원 전극에서 Cl^-로 환원되는 것을 나타낸다. 따라서 전지 반응식은 다음과 같다.

$$Cu(s) + Cl_2(g) \longrightarrow Cu^{2+}(aq) + 2\,Cl^-(aq)$$

좀 더 자세한 표기가 있다. 다음과 같이 이온의 농도와 기체의 압력을 포함하는 것이다.

$$Cu(s)\,|\,Cu^{2+}(1.0\text{ M})\,\|\,Cl_2(1\text{ atm})\,|\,Cl^-(1.0\text{ M})\,|\,C(s)$$

간략 표기법에서 산화 전극 반쪽 전지는 항상 왼쪽에 표기한다. 그러나 전지 그림에서 이들의 위치는 정해져 있지 않다. 따라서 전지 그림의 전극 위치로부터 어느 전극이 산화 전극인지 환원 전극인지 판단하기는 어렵다. 그러므로 각 반쪽 반응이 산화인지 환원인지를 판단한 후에, 산화 전극과 환원 전극을 표기해야 한다.

예제 19.4

갈바니 전지의 간략 표기법 해석

다음과 같이 주어진 간략 표기법의 경우,

$$Pt(s)\,|\,Sn^{2+}(aq), Sn^{4+}(aq)\,\|\,Ag^+(aq)\,|\,Ag(s)$$

전지 반응의 균형 반응식을 쓰고, 전지를 간단히 설명하시오.

전략

전지의 간략 표기법만 살펴보아도 반쪽 전지 반응의 반응식을 쓸 수 있다. 전지 반응의 균형 반응식을 쓰려면, 두 반쪽 반응식에 각각 적절한 상수를 곱한 다음 두 반쪽 반응을 더해야 전자가 소거될 수 있다. 간략 표기법은 산화 전극(가장 왼쪽)과 환원 전극(가장 오른쪽), 그리고 각 반쪽 전지 구획에는 반응물을 명시한다.

풀이

산화 전극은 표기법에서 항상 왼쪽에 나타나므로, 산화 전극의 반쪽 반응은 다음과 같다.

$$Sn^{2+}(aq) \longrightarrow Sn^{4+}(aq) + 2\,e^-$$

백금 전극은 반응성이 없고, 전자를 이동시키는 일만 수행한다. 환원 전극의 반쪽 반응은 다음과 같다.

$$2 \times [Ag^+(aq) + e^- \longrightarrow Ag(s)]$$

두 반쪽 반응을 더하여 전지 반응을 구할 때, 환원 전극 반쪽 반응에 2를 곱해야 전자가 소거된다. 전지 반응은 다음과 같다.

$$Sn^{2+}(aq) + 2\,Ag^+(aq) \longrightarrow Sn^{4+}(aq) + 2\,Ag(s)$$

전지는 $Sn(NO_3)_2(aq)$와 같은 Sn^{2+} 용액에 산화 전극으로 백금 선을 담그고, $AgNO_3(aq)$와 같은 Ag^+ 용액에 환원 전극으로 은 선을 담근 형태로 구성된다. 늘 그러하듯, 산화 전극 반쪽 전지와 환원 전극 반쪽 전지는 전선으로 연결하고, 용액은 비활성 이온을 함유하는 염다리로 연결한다.

▶ **연습문제 19.7** 다음과 같은 간략 표기법으로 표현되는 갈바니 전지의 경우, 전체 전지 반응의 균형 반응식을 쓰고, 전지를 간단히 설명하시오.

$$Pb(s)\,|\,Pb^{2+}(aq)\,\|\,Br_2(aq), Br^-(aq)\,|\,Pt(s)$$

▶ **개념 응용문제 19.8** 다음 갈바니 전지를 생각해 보자. 전자 흐름의 방향을 사용하여 (a)~(d)를 완성하시오.

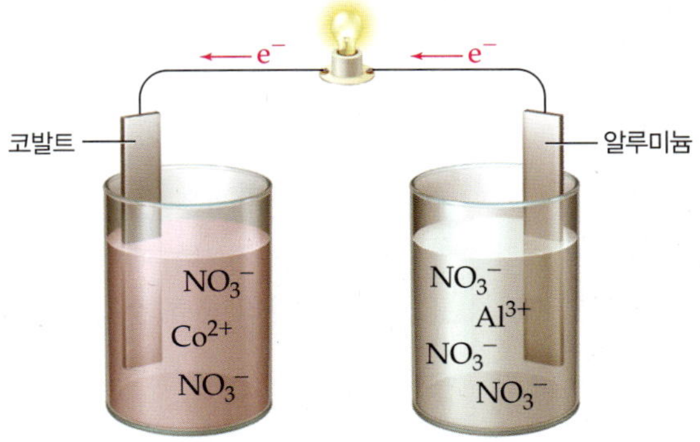

(a) 전지 작동에 중요한 성분을 첨가하여 그림을 완성하시오.
(b) 산화 전극과 환원 전극을 표시하고, 이온 흐름의 방향을 나타내시오.
(c) 전지 반응의 균형 반응식을 쓰시오.
(d) 전지의 간략 표기법을 쓰시오.

19.4 전지 반응의 전지 전위와 자유 에너지 변화

그림 19.3의 다니엘 전지로 다시 돌아가서, 전지 반응이 일어나는 경향의 전기적 측정량을 구해 보자. 전자는 아연 산화 전극으로부터 외부 회로를 통해 구리 환원 전극으로 이동한다. 전자는 아연 전극에 있을 때보다 구리 전극에 있을 때 에너지가 낮기 때문이다. 음의 전하를 갖는 전자를 산화 전극(−극)으로부터 밀어내고, 환원 전극(+극) 쪽으로 당기는 힘이 **기전력**(**electromotive force, emf**)이라고 부르는 전위이다. 전위는 **전지 전위**(**cell potential,** ***E***) 또는 **전지 전압**(**cell voltage**)이라고도 한다. 전위의 SI 단위는 볼트(V)이고, 갈바니 전지의 전위는 양의 값으로 정의된다.

볼트, 에너지의 SI 단위(줄, J), 전하량(쿨롱, C) 사이의 관계식은 다음과 같다.

$$1\ \mathrm{J} = 1\ \mathrm{C} \times 1\ \mathrm{V}$$

기억하기…
암페어(1 A = 1 C/s)는 전류의 SI 단위이다(표 1.2).

여기서 1 C는 1 암페어(ampere, A)의 전류가 1초 동안 흐를 때 이동한 전하량이다. 1 V의 전위차를 갖는 두 전극 사이에 1 C 전하가 이동할 때, 그 전지에 의하여 방출되는 에너지의 양 1 J로 전기적 일을 할 수 있다.

와트(W), 암페어(A), 볼트(V) 사이의 관계식은 다음과 같다.

$$1\ \mathrm{W} = \frac{1\ \mathrm{J}}{\mathrm{s}} = \frac{1\ \mathrm{C} \times 1\ \mathrm{V}}{\mathrm{s}} = 1\ \mathrm{A} \times 1\ \mathrm{V}$$

여기서 1 W는 1 J/s이고, 1 A는 1 C/s이다. 따라서 110 V의 가정용 전압에서 75 W의 가정용 전구를 통하여 흐르는 전류는 대략 0.7 A이다. 이것은 전구를 통해 1초 동안 흐르는 전하량이 0.7 C라는 것을 의미한다.

전지의 전위는 **전압계**(voltmeter)라는 전자 장비로 측정된다(그림 19.3b). 전압계는 양(+)의 단자를 (+)극(환원 전극)에, 음(−)의 단자를 (−)극(산화 전극)에 연결시켰을 때 양의 값을 나타내도록 설계되었다. 양의 값이 나타나도록 전압계−전지를 연결하는 것은 어느 전극이 산화 전극이고 어느 전극이 환원 전극인지를 알게 해준다.

기억하기…
어떤 반응의 자유 에너지 변화 ΔG가 음의 값을 갖는다면, 그 반응은 자발적이다. ΔG가 큰 음의 값일수록 그 반응이 일어날 경향은 더욱 커진다(18.6절).

지금까지 화학 반응이 일어나는 경향의 두 가지 정량적 척도, 즉 전기 화학적 양인 전지 전위 E와, 18.6절에서 다루었던 열화학적 양인 자유 에너지 변화(free-energy change, ΔG)를 알아보았다. ΔG와 E는 정비례하며 관계식은 다음과 같다.

자유 에너지 변화와 전지 전위의 관계: $\Delta G = -nFE$

여기서, n은 반응에서 이동한 전자의 몰수(mol), F는 1 mol의 전자가 지닌 전하량(96,485 C/mol e^-), 즉 **패러데이 상수**(Faraday constant)를 의미한다. 계산할 때는 F 값을 반올림하여 세 자리 유효 숫자만 이용한다.

$$F = 96{,}500\ \mathrm{C/mol\ e^-}$$

개념탐구 질문 3
갈바니 전지(배터리)에서, 반응의 자유 에너지 변화(ΔG)와 전지 전위(E)의 부호는 무엇인가?

패러데이는 19세기 영국 과학자로서, 전기에 대한 이해의 기초를 정립한 패러데이(Michael Faraday, 1791~1867)를 기념하여 붙인 이름이다.

$\Delta G = -nFE$ 식의 두 가지 특징은 다음과 같다. 단위와 마이너스 부호를 고찰해 볼 필요가 있다. 쿨롱으로 표시된 이동 전하(nF)를 볼트 단위로 표시된 전지 전위(E)와 곱하면, 줄 단위의 에너지(ΔG) 값을 얻는다. 이것은 1 J = 1 C×1 V라는 관계식과 일치한다. 식에 마이너스

부호를 꼭 붙여야 한다. 이는 E와 ΔG가 반대 부호를 가지기 때문이다. 갈바니 전지에서 자발적 반응은 전지 전위가 양의 값을 갖지만, 자유 에너지 변화는 음의 값을 갖는다(18.6절).

이 장 후반부에서 자유 에너지 변화와 마찬가지로, 전지 전위도 반응 혼합물의 조성에 따라 달라진다는 것을 알게 될 것이다. **표준 전지 전위(standard cell potential, $E°$)**는 반응물과 생성물 모두, 용질일 경우 1 M 농도, 기체일 경우 1 atm의 부분 압력, 그리고 고체와 액체일 경우 지정된 온도(일반적으로 25 ℃)에서의 순수한 형태를 말하는 표준 상태에서의 전위이다. 예를 들면, 다음 반응의 표준 전지 전위 $E°$는

$$\mathrm{Zn}(s) + \mathrm{Cu}^{2+}(aq) \longrightarrow \mathrm{Zn}^{2+}(aq) + \mathrm{Cu}(s) \quad E° = 1.10\ \mathrm{V}$$

이며, 25 ℃에서 순수한 Zn과 Cu 금속 전극과, 1 M 농도의 Zn^{2+}와 Cu^{2+}로 구성된 전지의 전지 전위이다.

표준 자유 에너지 변화와 표준 전지 전위의 관계식은 다음과 같다.

$$\Delta G° = -nFE°$$

$\Delta G°$와 $E°$는 정비례 관계이므로, 전압계를 '자유 에너지 측정기'로 간주할 수 있다. 즉, $E°$를 측정한다는 것은 간접적으로 $\Delta G°$를 측정한다는 것과 같다.

예제 19.5

표준 전지 전위로부터 표준 자유 에너지 변화 계산

25 ℃에서 표준 전지 전위가 0.90 V인 다음 반응의 표준 자유 에너지 변화를 계산하시오.

$$2\ \mathrm{Al}(s) + 3\ \mathrm{Zn}^{2+}(aq) \longrightarrow 2\ \mathrm{Al}^{3+}(aq) + 3\ \mathrm{Zn}(s)$$

문제 파악

알고 있는 것	알아내야 할 것
표준 전지 전위($E° = 0.90$ V)	표준 자유 에너지 변화($\Delta G°$)

전략

$\Delta G°$를 구하기 위하여 $\Delta G° = -nFE°$ 식을 이용한다. n은 균형 화학 반응식으로부터 알아낼 수 있고, F는 96,500 C/mol e^-이며, $E°$는 주어졌다.

풀이

2 mol의 Al이 2 mol의 Al^{3+} 이온으로 산화될 때, 6 mol의 전자가 3 mol의 Zn^{2+} 이온으로 이동하여 3 mol의 Zn으로 환원된다. 따라서 $n = 6$ mol e^-이고, 표준 자유 에너지 변화는 아래와 같다.

$$\Delta G° = -nFE° = -(6\ \mathrm{mol\ e^-})\left(\frac{96{,}500\ \mathrm{C}}{\mathrm{mol\ e^-}}\right)(0.90\ \mathrm{V})\left(\frac{1\ \mathrm{J}}{1\ \mathrm{C \cdot V}}\right)$$
$$= -5.2 \times 10^5\ \mathrm{J} = -520\ \mathrm{kJ}$$

점검

$\Delta G°$의 부호는 자발적 반응이라 예측했듯이 음이다. F는 대략 10^5 C/mol e^-이고 $E°$는 대략 1 V이기 때문에, $\Delta G° = -nFE°$에 대입하면, $\Delta G°$는 대략 $-(6\ \mathrm{mol\ e^-})(10^5\ \mathrm{C/mol\ e^-})(1\ \mathrm{V}) = -6 \times 10^5$ J, 즉 −600 kJ이다. 이렇게 추정한 −600 kJ은 위의 풀이에서 구한 −520 kJ과 부호가 같고 크기가 유사하다.

▶ **연습문제 19.9** 25 ℃에서 표준 전지 전위가 1.20 V인 다음 반응의 표준 자유 에너지 변화는 얼마인가?

$$2\ \mathrm{Ag}^+(aq) + \mathrm{Cd}(s) \longrightarrow 2\ \mathrm{Ag}(s) + \mathrm{Cd}^{2+}(aq)$$

▶ **응용문제 19.10** 표준 자유 에너지 변화가 59.8 kJ인 다음 반응은 자발적인가 비자발적인가? 25 ℃에서 표준 전지 전위는 얼마인가?

$$\mathrm{Hg}(l) + \mathrm{I_2}(s) \longrightarrow \mathrm{Hg}^{2+}(aq) + 2\ \mathrm{I}^-(aq)$$

19.5 표준 환원 전위

모든 갈바니 전지의 표준 전위는, 산화 전극에서 일어나는 산화 반쪽 반응과 환원 전극에서 일어나는 환원 반쪽 반응의 표준 반쪽 전지 전위를 합한 것이다.

$$E°_{전지} = E°_{산화} + E°_{환원}$$

예를 들어, H_2 기체는 산화 전극에서 산화되어 H^+ 이온으로, Cu^{2+} 이온은 환원 전극에서 환원되어 구리 금속으로 되는 전지를 생각해 보자(그림 19.5).

$$\begin{array}{ll} \text{산화 전극(산화):} & H_2(g) \longrightarrow 2\,H^+(aq) + 2\,e^- \\ \text{환원 전극(환원):} & Cu^{2+}(aq) + 2\,e^- \longrightarrow Cu(s) \\ \hline \text{전체 전지 반응:} & H_2(g) + Cu^{2+}(aq) \longrightarrow 2\,H^+(aq) + Cu(s) \end{array}$$

[이 장에서는 수화된 양성자는 $H_3O^+(aq)$가 아닌 $H^+(aq)$로 표시하였다. 전자 전달에만 관심이 있고, 양성자 전달(16장)에는 관심이 없기 때문이다.] 25 ℃에서 이 전지의 표준 전위 0.34 V는 산화와 환원 반쪽 반응의 반응 경향성을 합한 값이다.

$$E°_{전지} = E°_{산화} + E°_{환원} = E°_{H_2 \to H^+} + E°_{Cu^{2+} \to Cu} = 0.34\text{ V}$$

만일 각 반쪽 반응의 $E°$ 값을 측정할 수 있다면, 얻어진 값을 결합시켜 전체 전지 반응의 $E°$ 값을 구할 수 있을 것이다. 불행하게도, 단일 전극의 전위 측정은 불가능하다. 다만, 전압계를 두 전극 사이에 배치하여 두 전극의 전위차만 측정할 수 있을 뿐이다. 그럼에도 불구하고, 임의의 반쪽 전지를 기준점으로 이용하여 그 전지에 임의의 전위를 부여한 후, 이 기준 전지에 상대적인 다른 모든 반쪽 전지의 전위를 표시함으로써, 표준 반쪽 전지 전위들을 측정할 수 있다. 9.9절에서 같은 접근 방법을 사용하여 **표준 생성 엔탈피(standard enthalpy of formation, $\Delta H°_f$)**를 구하였다는 것을 기억하자.

기억하기…
어떤 물질의 **표준 생성 엔탈피**, $\Delta H°_f$는 표준 상태에 있는 그 물질 구성 원소의 $\Delta H°_f = 0$ kJ/mol 값을 기준으로 상대적으로 표시한다(9.9절).

전기 화학적 '해수면'에 대한 기준을 정하기 위해, 화학자들은 **표준 수소 전극(standard hydrogen electrode**, S.H.E)이라는 기준 반쪽 전지를 선택하였다. 이는 그림 19.5에 산화 전

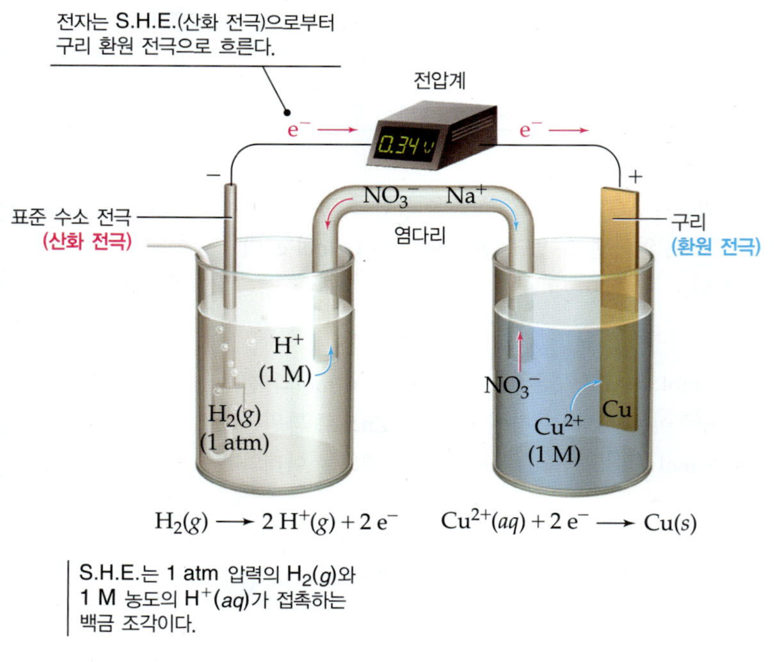

▶ **그림 19.5**
Cu^{2+}(1 M)/Cu 반쪽 전지와 표준 수소 전극(S.H.E.)으로 구성된 갈바니 전지. 25 ℃에서 측정된 표준 전지 전위는 0.34 V이다.

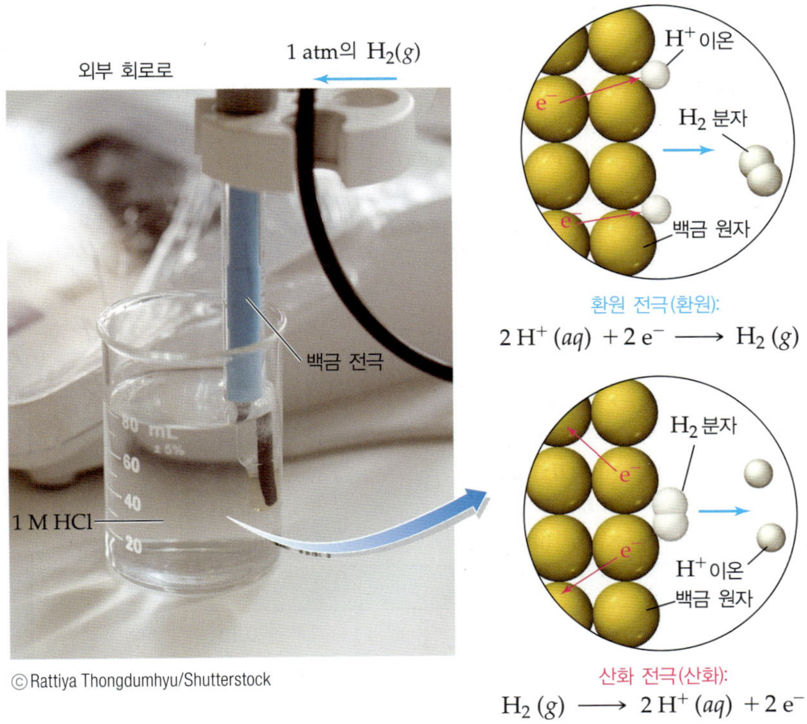

◀ **그림 19.6**
표준 수소 전극(S.H.E.)은 기준 전극으로 사용되며, 임의로 주어진 전위는 0 V이다. 이 전극은 갈바니 전지에서 환원 또는 산화 전극으로 사용될 수 있다.

극으로 나타낸 것으로, **그림 19.6**에서 보다 자세하게 표현되었다. 이 전지는 표준 상태 조건 [1 atm $H_2(g)$, 1 M $H^+(aq)$, 25 ℃]에서 H_2 기체 및 H^+ 이온과 접촉되어 있는 백금 전극으로 구성된다. 어느 방향(산화 혹은 환원)으로 표기되더라도, 이 반쪽 전지의 전위를 임의로 정확히 0 V로 정한다.

$$2\,H^+(aq, 1\,M) + 2\,e^- \longrightarrow H_2(g, 1\,atm) \qquad E° = 0\,V$$
$$H_2(g, 1\,atm) \longrightarrow 2\,H^+(aq, 1\,M) + 2\,e^- \qquad E° = 0\,V$$

이렇게 표준 수소 전극을 표준 기준 전극으로 정하면, 다음 전지의 전체 전위는

$$Pt(s)\,|\,H_2(1\,atm)\,|\,H^+(1\,M)\,\|\,Cu^{2+}(1\,M)\,|\,Cu(s)$$

Cu^{2+}/Cu 반쪽 전지의 전위가 된다.

$$\underset{\substack{\uparrow \\ 0.34\,V}}{E°_{전지}} = \underset{\substack{\uparrow \\ 0\,V}}{E°_{H_2 \rightarrow H^+}} + \underset{\substack{\uparrow \\ 0.34\,V}}{E°_{Cu^{2+} \rightarrow Cu}} = 0.34\,V$$

Cu^{2+}/Cu 반쪽 반응은 환원 반응이므로, 해당하는 반쪽 전지 전위 $E° = 0.34$ V를 **표준 환원 전위(standard reduction potential)**라고 부른다.

$$Cu^{2+}(aq) + 2\,e^- \longrightarrow Cu(s) \qquad \text{표준 환원 전위: } E° = 0.34\,V$$

전지에서 이 반쪽 반응이 반대 방향으로 일어나면, 해당 반쪽 전지 전위의 크기는 같지만 부호는 반대이다.

$$Cu(s) \longrightarrow Cu^{2+}(aq) + 2\,e^- \qquad E° = -0.34\,V$$

표 19.1 25 °C에서 표준 환원 전위

	환원 반쪽 반응			$E°$(V)	
더 강한 산화제	$F_2(g) + 2\,e^-$	$\longrightarrow$	$2\,F^-(aq)$	2.87	더 약한 환원제
	$H_2O_2(aq) + 2\,H^+(aq) + 2\,e^-$	$\longrightarrow$	$2\,H_2O(l)$	1.78	
	$MnO_4^-(aq) + 8\,H^+(aq) + 5\,e^-$	$\longrightarrow$	$Mn^{2+}(aq) + 4\,H_2O(l)$	1.51	
	$Cl_2(g) + 2\,e^-$	$\longrightarrow$	$2\,Cl^-(aq)$	1.36	
	$Cr_2O_7^{2-}(aq) + 14\,H^+(aq) + 6\,e^-$	$\longrightarrow$	$2\,Cr^{3+}(aq) + 7\,H_2O(l)$	1.36	
	$O_2(g) + 4\,H^+(aq) + 4\,e^-$	$\longrightarrow$	$2\,H_2O(l)$	1.23	
	$Br_2(aq) + 2\,e^-$	$\longrightarrow$	$2\,Br^-(aq)$	1.09	
	$Ag^+(aq) + e^-$	$\longrightarrow$	$Ag(s)$	0.80	
	$Fe^{3+}(aq) + e^-$	$\longrightarrow$	$Fe^{2+}(aq)$	0.77	
	$O_2(g) + 2\,H^+(aq) + 2\,e^-$	$\longrightarrow$	$H_2O_2(aq)$	0.70	
	$I_2(s) + 2\,e^-$	$\longrightarrow$	$2\,I^-(aq)$	0.54	
	$O_2(g) + 2\,H_2O(l) + 4\,e^-$	$\longrightarrow$	$4\,OH^-(aq)$	0.40	
	$Cu^{2+}(aq) + 2\,e^-$	$\longrightarrow$	$Cu(s)$	0.34	
	$Sn^{4+}(aq) + 2\,e^-$	$\longrightarrow$	$Sn^{2+}(aq)$	0.15	
	$2\,H^+(aq) + 2\,e^-$	$\longrightarrow$	$H_2(g)$	0	
	$Pb^{2+}(aq) + 2\,e^-$	$\longrightarrow$	$Pb(s)$	−0.13	
	$Ni^{2+}(aq) + 2\,e^-$	$\longrightarrow$	$Ni(s)$	−0.26	
	$Cd^{2+}(aq) + 2\,e^-$	$\longrightarrow$	$Cd(s)$	−0.40	
	$Fe^{2+}(aq) + 2\,e^-$	$\longrightarrow$	$Fe(s)$	−0.45	
	$Zn^{2+}(aq) + 2\,e^-$	$\longrightarrow$	$Zn(s)$	−0.76	
	$2\,H_2O(l) + 2\,e^-$	$\longrightarrow$	$H_2(g) + 2\,OH^-(aq)$	−0.83	
	$Al^{3+}(aq) + 3\,e^-$	$\longrightarrow$	$Al(s)$	−1.66	
	$Mg^{2+}(aq) + 2\,e^-$	$\longrightarrow$	$Mg(s)$	−2.37	
	$Na^+(aq) + e^-$	$\longrightarrow$	$Na(s)$	−2.71	
더 약한 산화제	$Li^+(aq) + e^-$	$\longrightarrow$	$Li(s)$	−3.04	더 강한 환원제

언제나 반쪽 반응의 방향이 **반대로** 되는 경우라면, $E°$의 부호도 **반대로** 된다. 따라서 산화 반쪽 반응의 표준 전위는 표준 환원 전위의 음의 값이다.

표준 수소 전극 또는 다른 기준 전극을 사용하여 수백 가지 반쪽 반응의 전위들이 측정되었다. **표 19.1**에 몇 가지를 나열하였고, 부록 D에는 더 완전한 목록이 수록되어 있다. 다음과 같은 규칙에 따라 반쪽 전지 전위 표가 구성되었다.

- **반쪽 반응은** 산화가 아닌 **환원 반응으로 표기한다**. 따라서 산화제와 전자가 반쪽 반응의 왼쪽에, 환원제는 오른쪽에 위치한다.
- **표의 반쪽 전지 전위는 표준 환원 전위이다**. 이는 **표준 전극 전위(standard electrode potential)**라고도 한다.
- **반쪽 반응은 표준 환원 전위 값이 감소하는 순서로 나열되어 있다.** 정방향 쪽으로는 감소하는 경향이 나타나고, 역방향 쪽으로는 증가하는 경향이 나타난다. 결과적으로, 가장 강한 산화제는 표의 왼쪽 위(F_2, H_2O_2, MnO_4^- 등)에, 가장 강한 환원제는 표의 오른쪽 아래(Li, Na, Mg 등)에 위치한다.

표준 수소 전극의 $E° = 0$ V라고 정하면 우리가 얻은 표준 환원 전위의 범위는 +3 V에서 −3 V이다.

표 19.1에서, 강한 산화제일수록 전자 친화도가 크거나, 주기율표의 오른쪽에 위치한 원

소임을 주목하라. F_2, Cl_2, 혹은 높은 산화수의 금속을 포함하는 산소산 음이온(MnO_4^-, $Cr_2O_7^{2-}$)이 이에 해당한다. 높은 산화수의 금속 원자는 높은 전자 친화도를 보이고, 상대적으로 쉽게 낮은 산화 상태로 환원된다. 또한 표 19.1에서, 강한 환원제일수록 주기율표의 왼쪽에 위치한 주족 금속임을 주목하라. 이들은 상대적으로 낮은 이온화 에너지를 가지며, 따라서 쉽게 산화된다.

마지막으로, 표 19.1에 표기된 반쪽 반응의 순서와 표 4.5에 표기된 활동도 서열의 순서가 일치한다는 사실에 주목하라. 활동도 서열에서 위쪽에 위치한, 활성이 큰 금속일수록 큰 산화 전위를 가진다. 따라서 더 큰 음수의 표준 환원 전위를 갖는다.

19.6 표준 환원 전위의 이용

표준 환원 전위 표는 매우 작지만 헤아릴 수 없이 많은 화학 정보를 담고 있다. 이 표를 이용하여 산화제나 환원제를 증가하는 세기 순서에 따라 나열할 수 있다. 또한 많은 산화–환원 반응이 자발적인지 혹은 비자발적인지를 예상할 수 있게 한다. 예를 들어, 표에는 100개의 반쪽 반응만 포함되어 있다고 가정하자. 각 환원 반쪽 반응은 나머지 99개 산화 반쪽 반응 중 어느 하나와 짝지우면 $100 \times 99 = 9900$개의 전지 반응을 만들 수 있다. 이들 전지 반응의 $E°$ 값을 계산해 보면, 이 반응 중 절반은 자발적이고, 나머지 절반은 비자발적 반응이라는 것을 알 수 있다. (왜 그런지 알 수 있는가?)

▲ 산화–환원 반응의 전위($E°$)는 반응물과 생성물에 의해 결정된다. 그리고 그 양과는 무관한다. 예를 들면, 동일한 산화–환원 반응을 갖는 전지는, 그 크기와 무관하게 동일한 전위(9 V)를 갖는다. 크기가 큰 전지라면, 오래 작동한다. 반응물의 양이 많기 때문이다. ©Biehler Michael/Shutterstock

표의 $E°$ 값을 이용하는 방법을 알아보기 위하여, $Ag^+(aq)$에 의한 $Zn(s)$ 산화의 $E°$를 계산해 보자.

$$2\,Ag^+(aq) + Zn(s) \longrightarrow 2\,Ag(s) + Zn^{2+}(aq)$$

먼저, 표 19.1에서 관련된 반쪽 반응을 찾은 다음, Ag^+의 환원과 Zn의 산화가 일어나는 적당한 방향을 쓴다. 그다음, 반쪽 반응을 더하여 전체 반응을 만든다. 그러나 두 반응을 더하기 전에 Ag^+/Ag 반쪽 반응에 2를 곱한다. 그래야 전자들이 소거된다.

$$\begin{array}{lrl}
\text{환원:} & 2 \times [Ag^+(aq) + e^- \longrightarrow Ag(s)] & E° = 0.80\ V \\
\text{산화:} & Zn(s) \longrightarrow Zn^{2+}(aq) + 2\,e^- & E° = 0.76\ V \\
\hline
\text{전체 반응:} & 2\,Ag^+(aq) + Zn(s) \longrightarrow 2\,Ag(s) + Zn^{2+}(aq) & E° = 1.56\ V
\end{array}$$

그다음, 아연 산화의 $E°$ 값은 표 19.1에 주어진 표준 환원 전위(−0.76 V)에 음의 부호를 더해야 한다는 것을 기억하면서, 반쪽 반응의 $E°$ 값을 표로 만든다. 그러나 Ag^+의 $E°$ 값(0.80 V)에는 2를 곱하지 않는다. 전위는 반응물과 생성물의 양과는 무관하기 때문이다. 반쪽 반응의 전위는 반응물과 생성물의 종류에 의해 결정되며, 전자가 전달되는 경향을 나타낸다. 잘 알려진 예로는, 전지의 크기와는 무관하게 동일한 산화–환원 반응과 동일한 전위를 가지는 배터리를 들 수 있다.

$E°$ 값이 왜 반응물과 생성물의 양과 무관한지는 $\Delta G° = -nFE°$ 식을 살펴보면 이해할 수 있다. 자유 에너지는 물질의 양에 의존하는 **크기 성질(extensive property)**이다(2.3절). 환원된 Ag^+ 양이 두 배로 증가하면, 자유 에너지 변화($\Delta G°$)도 두 배로 된다. 이동한 전자 수(n)도 두 배로 되지만, $E° = -\Delta G°/nF$는 일정하다. 따라서 전위는 물질의 양과 무관한 **세기 성질(intensive property)**이다.

기억하기…
질량, 부피와 같은 **크기 성질**들은 시료의 크기에 의존하는 값을 갖는다. 온도, 녹는점과 같은 **세기 성질**들은 시료의 크기에 의존하지 않는 값을 갖는다(2.3절).

$Zn(s)$과 $Ag^+(aq)$가 반응하는 전체 반응의 $E°$ 값은 두 반쪽 반응의 $E°$ 값을 합한 값, 즉 0.80 V + 0.76 V = 1.56 V이다. $E°$는 양의 값이므로($\Delta G°$는 음의 값), Ag^+에 의한 Zn의 산화는 표준 상태 조건에서 자발적 반응이다. Ag^+가 Zn을 산화시킬 수 있는 것과 같이 Ag^+는 표 19.1

에서 Ag^+/Ag의 아래쪽에 위치하는 어떠한 환원제(Fe^{2+}, H_2O_2, Cu 등)도 산화시킬 수 있다. Ag^+/Ag 환원의 $E°$(0.80 V)값과, 이 반응 밑에 놓여 있는 산화 반쪽 반응의 $E°$를 더하면, 항상 양수 값의 $E°$로 된다.

일반적으로, 산화제는 표준 환원 전위 표에서 자신보다 아래쪽에 놓여 있는 어떠한 환원제도 산화시킬 수 있다. 그러나 자신보다 위쪽에 위치하는 환원제는 산화시킬 수 없다. 따라서 Ag^+는 Br^-, H_2O, Cr^{3+} 등을 산화시킬 수 없다. 그 이유는 전체 반응의 $E°$가 음의 값이기 때문이다. 표준 환원 전위 표에서 산화제와 환원제의 위치를 단지 확인하는 것만으로도 반응이 자발적인지 비자발적인지를 예측할 수 있다.

예제 19.6

세기가 증가하는 순서로 산화제와 환원제 배열

(a) 다음 산화제들을, 표준 상태 조건에서 산화력이 증가하는 순서로 배열하시오.

$Br_2(aq)$, $Fe^{3+}(aq)$, $Cr_2O_7^{2-}(aq)$

(b) 다음 환원제들을, 표준 상태 조건에서 환원력이 증가하는 순서로 배열하시오.

$Al(s)$, $Na(s)$, $Zn(s)$

전략

표 19.1에 주어진 산화제와 환원제가 포함되어 있는 반쪽 반응을 선택하라. 그리고 나서 $E°$ 값에 따라 배열하라. 산화제의 세기는 $E°$ 값이 증가함에 따라 증가하고, 환원제의 세기는 $E°$ 값이 감소함에 따라 증가한다.

풀이

(a) Br_2, Fe^{3+}, $Cr_2O_7^{2-}$를 포함하는 반쪽 반응을 다음과 같이 표 19.1에 나타난 순서대로 배열한다.

$$\begin{aligned} &Cr_2O_7^{2-}(aq) + 14\,H^+(aq) + 6\,e^- \longrightarrow \\ &\qquad 2\,Cr^{3+}(aq) + 7\,H_2O(l) \qquad E° = 1.36\text{ V} \\ &Br_2(aq) + 2\,e^- \longrightarrow 2\,Br^-(aq) \qquad E° = 1.09\text{ V} \\ &Fe^{3+}(aq) + e^- \longrightarrow Fe^{2+}(aq) \qquad E° = 0.77\text{ V} \end{aligned}$$

$Cr_2O_7^{2-}$가 가장 강한 환원 경향성(가장 큰 $E°$ 값)을 보이고, Fe^{3+}는 가장 약한 환원 경향성(가장 작은 $E°$ 값)을 보임을 알 수 있다. 가장 강한 환원 경향성을 보이는 물질이 가장 강한 산화제이다. 따라서 산화력은 $Fe^{3+} < Br_2 < Cr_2O_7^{2-}$ 순서로 증가한다. 간단히 말해서, 표 19.1의 왼쪽에 위치한 산화제의 세기는 표 위로 올라갈수록 증가한다.

(b) $Al(s)$, $Na(s)$, $Zn(s)$를 포함하는 반쪽 반응을 다음과 같이 표 19.1에 나타난 순서대로 배열한다.

$$\begin{aligned} &Zn^{2+}(aq) + 2\,e^- \longrightarrow Zn(s) \qquad E° = -0.76\text{ V} \\ &Al^{3+}(aq) + 3\,e^- \longrightarrow Al(s) \qquad E° = -1.66\text{ V} \\ &Na^+(aq) + e^- \longrightarrow Na(s) \qquad E° = -2.71\text{ V} \end{aligned}$$

마지막 반쪽 반응(가장 큰 음의 $E°$ 값)은 정방향으로 진행하는 경향이 가장 작고, 역방향으로 진행될 경향이 가장 크다.

$$\begin{aligned} &Zn(s) \longrightarrow Zn^{2+}(aq) + 2\,e^- \qquad E° = +0.76\text{ V} \\ &Al(s) \longrightarrow Al^{3+}(aq) + 3\,e^- \qquad E° = +1.66\text{ V} \\ &Na(s) \longrightarrow Na^+(aq) + e^- \qquad E° = +2.71\text{ V} \end{aligned}$$

따라서 Na는 가장 강한 환원제이다. 환원제의 세기는 Zn < Al < Na 순서로 증가한다. 간단히 말해서, 표 19.1의 오른쪽에 위치한 환원제의 세기는 아래로 갈수록 증가한다.

▶ **연습문제 19.11** $Cl_2(g)$, $Al(s)$, $Cu(s)$, $Zn^{2+}(aq)$ 중 가장 강한 환원제는 무엇인가?

▶ **응용문제 19.12** 다음 표준 환원 전위 표를 이용하여 물음에 답하시오.

환원 반쪽 반응	$E°$(V)
$A^{3+} + 2\,e^- \longrightarrow A^+$	1.47
$B^{2+} + 2\,e^- \longrightarrow B$	0.60
$C^{2+} + 2\,e^- \longrightarrow C$	−0.21
$D^+ + e^- \longrightarrow D$	−1.38

(a) 어느 것이 가장 강한 환원제인가? 어느 것이 가장 강한 산화제인가?

(b) 어느 것이 B^{2+}에 의해 산화될 수 있는가? 어느 것이 C에 의해 환원될 수 있는가?

(c) 최고 전압을 생산할 수 있는 전체 전지 반응의 균형 반응식을 쓰고, $E°$ 값을 계산하시오.

예제 19.7

산화–환원 반응이 자발적인지 아닌지 예측

표 19.1로부터 $Pb^{2+}(aq)$가 표준 상태에서 Al(*s*) 또는 Cu(*s*)를 산화시킬 수 있는지의 여부를 예측하시오. 25 °C에서 각 반응의 $E°$를 계산하시오.

전략

산화–환원 반응이 자발적인지 아닌지를 예측하기 위해서, 산화제는 표에서 자신보다 밑에 있는 환원제들을 산화시킬 수 있지만, 위에 있는 환원제들을 산화시키지 못함을 기억하자. 산화–환원 반응의 $E°$를 계산하기 위해서는 환원 반쪽 반응과 산화 반쪽 반응의 $E°$ 값을 더한다. 만일 $E°$가 양의 값이면, 그 반응은 자발적이다.

풀이

표에서 $Pb^{2+}(aq)$는 Al(*s*)보다는 위에 있고, Cu(*s*)보다는 밑에 있다. 그러므로 $Pb^{2+}(aq)$는 Al(*s*)을 산화시킬 수 있지만, Cu(*s*)를 산화시키지는 못한다. 이러한 예측을 확인하기 위해서는 전체 반응의 $E°$ 값을 계산한다.

Pb^{2+}에 의한 Al 산화 반응의 $E°$는 양의 값(1.53 V)이므로 반응은 자발적이다.

$$
\begin{array}{lr}
3\times[Pb^{2+}(aq) + 2\,e^- \longrightarrow Pb(s)] & E° = -0.13\ V \\
2\times[Al(s) \longrightarrow Al^{3+}(aq) + 3\,e^-] & E° = 1.66\ V \\
\hline
3\,Pb^{2+}(aq) + 2\,Al(s) \longrightarrow 3\,Pb(s) + 2\,Al^{3+}(aq) & E° = 1.53\ V
\end{array}
$$

Pb^{2+}/Pb 반쪽 반응에 3을, 그리고 Al/Al^{3+} 반쪽 반응에 2를 곱하여 전자를 소거한다. 하지만 $E°$ 값에는 이와 같은 계수를 곱해 주지 않는다는 것에 유의하라.전지 전위는 세기 성질이기 때문이다.

Pb^{2+}에 의한 Cu 산화 반응의 $E°$는 음의 값(−0.47 V)이므로 반응은 비자발적이다.

$$
\begin{array}{lr}
Pb^{2+}(aq) + 2\,e^- \longrightarrow Pb(s) & E° = -0.13\ V \\
Cu(s) \longrightarrow Cu^{2+}(aq) + 2\,e^- & E° = -0.34\ V \\
\hline
Pb^{2+}(aq) + Cu(s) \longrightarrow Pb(s) + Cu^{2+}(aq) & E° = -0.47\ V
\end{array}
$$

▶ **연습문제 19.13** 표 19.1을 이용하여 다음 반응에 대한 $E°$ 값을 계산하고, 반응이 자발적인지 아닌지를 판단하시오.

$$2\,Fe^{3+}(aq) + 2\,I^-(aq) \longrightarrow 2\,Fe^{2+}(aq) + I_2(s)$$

▶ **응용문제 19.14** 표 19.1을 이용하여, Ag(*s*) 조각을 1.0 M $Mg(NO_3)_2(aq)$ 용액에 넣을 때 반응이 일어나는지를 예측하시오.

예제 19.8

표준 상태 조건에서 갈바니 전지의 전위 계산

다음 그림의 갈바니 전지 전위는 얼마일까? 산화 전극의 반쪽 반응은 무엇이며, 환원 전극의 반쪽 반응은 무엇일까? 어느 방향으로 전자 흐름이 일어나는가?

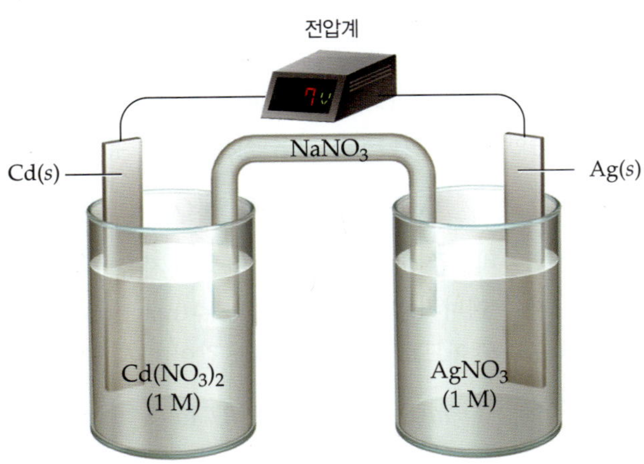

전략

갈바니 전지에서 산화 반쪽 반응과 환원 반쪽 반응은 반드시 있어야 하며, 두 반쪽 반응의 $E°$ 합은 양의 값으로 나타나야 한다. 자발적인 산화–환원 반응이라면, 반드시 양의 $E°$ 값을 가져야 한다.

표 19.1을 사용하여, 두 반쪽 반응의 $E°$ 값을 확인하고, 어느 반쪽 반응이 산화이고 어느 반쪽 반응이 환원인지를 결정한다.

풀이

표 19.1은 반드시 고려해야 할 두 반쪽 반응의 표준 환원 전위를 나타낸다.

$$Cd^{2+}(aq) + 2\,e^- \longrightarrow Cd(s) \qquad E° = -0.40\ V$$
$$Ag^{+}(aq) + e^- \longrightarrow Ag(s) \qquad E° = +0.80\ V$$

여기서 한 반응의 역반응은 산화 반응이다. 산화–환원 반응은 반드시 하나의 환원 반쪽 반응과 하나의 산화 반쪽 반응이 있어야 하기 때문이다. 갈바니 전지의 $E°$ 값은 반드시 양의 값이어야 한다. 따라서 산화 반쪽 반응은 $Cd(s)$가 $Cd^{2+}(aq)$로 산화되는 반응이다.

산화 전극(산화):	$Cd(s) \longrightarrow Cd^{2+}(aq) + 2\,e^-$	$E° = +0.40$ V
환원 전극(환원):	$2 \times [Ag^{+}(aq) + e^- \longrightarrow Ag(s)]$	$E° = +0.80$ V
전체 반응:	$2\,Ag^{+}(aq) + Cd(s) \longrightarrow 2\,Ag(s) + Cd^{2+}(aq)$	$E° = +1.20$ V

카드뮴의 반쪽 반응이 환원(−0.40 V)에서 산화(+0.40 V)로 바뀌면 $E°$의 부호가 변한다는 것을 유의하라. 또한 은의 환원 반쪽 반응에 2를 곱하여도 $E°$ 값은 변하지 않는다. 전체 전지 반응의 $E°$ 값은 산화 반쪽 반응과 환원 반쪽 반응의 $E°$ 값을 합한 것으로, 0.80 V + 0.40 V = +1.20 V이다. 전자는 카드뮴 반쪽 전지에서 은 반쪽 전지로 흐르며, $Ag^{+}(aq)$는 $Ag(s)$로 환원된다.

연습문제 19.15 다음 물질들을 갈바니 전지를 만드는 데 사용할 수 있다고 하자.

1.0 M $NiCl_2$, 1.0 M $Zn(NO_3)_2$, $Ni(s)$, $Zn(s)$, 염다리

(a) 이 갈바니 전지의 전위는 얼마인가?

(b) 이 갈바니 전지의 간략 표기법을 나타내시오.

응용문제 19.16 다음 갈바니 전지의 표준 전위는 0.92 V이다.

$$Al(s)\,|\,Al^{3+}(1\ M)\,\|\,Cr^{3+}(1\ M)\,|\,Cr(s)$$

표 19.1에서 Al^{3+}/Al 반쪽 전지의 표준 환원 전위를 찾아보고, Cr^{3+}/Cr 반쪽 전지의 표준 환원 전위를 계산하시오.

19.7 비표준 상태 조건에서의 전지 전위: 네른스트 식

전지 전위는 자유 에너지 변화처럼, 온도와 반응 혼합물의 조성에 의존한다. 즉, 용질의 농도와 기체의 부분 압력에 의존한다. 이 의존성은 다음 식으로부터 유도할 수 있다.

$$\Delta G = \Delta G° + RT \ln Q$$

18.9절로부터 반응의 ΔG는 비표준 상태 조건에서 반응의 자유 에너지 변화이고, $\Delta G°$는 표준 상태 조건에서 반응의 자유 에너지 변화, Q는 **반응 지수(reaction quotient)**임을 기억하자. $\Delta G = -nFE$이고 $\Delta G° = -nFE°$이므로, ΔG는 다음과 같이 다시 쓸 수 있다.

기억하기…
반응 지수 Q는 평형 상수 K와 똑같은 형태를 갖는다. 농도와 부분 압력이 반드시 평형 값일 필요가 없다는 점을 제외하면 같다(18.9절).

$$-nFE = -nFE° + RT \ln Q$$

이것을 $-nF$로 나누면, **네른스트 식(Nernst equation)**을 얻는다. 이는 처음 이 식을 유도한 독일의 화학자 네른스트(Walther Nernst, 1864~1941)의 이름을 딴 것이다.

네른스트 식 $E = E° - \frac{RT}{nF}\ln Q$ 또는 $E = E° - \frac{2.303\,RT}{nF}\log Q$

전지 전압과 pH 간의 밀접한 연관성 때문에 네른스트 식은 밑이 10인 로그식, 즉 ln Q 대신에 log Q로 표시한다. 25 ℃에서 $2.303RT/F$ 값은 0.0592 V이다. 따라서, 네른스트 식은 다음과 같이 쓸 수 있다.

개념탐구 질문 4
만약 생성물의 농도는 일정하게 유지하면서 반응물의 농도를 증가시키면, 갈바니 전지의 전위는 어떻게 변할까?

$$E = E° - \frac{0.0592\ \text{V}}{n}\log Q \quad (\text{V 단위로, 25 °C에서})$$

실제 갈바니 전지에서는 반응물과 생성물의 농도와 부분 압력이 표준 상태의 값이다. 따라서 전지 반응의 진행에 따라 그 값이 변한다. 네른스트 식은 유용하다. 예제 19.9에서 볼 수 있는 것처럼, 비표준 상태 조건에서 전지 전위 구하기를 가능하게 해주기 때문이다.

예제 19.9

네른스트 식을 이용하여 비표준 상태 조건에서의 전지 전위 구하기

다음 반응을 이용하는 갈바니 전지를 생각해 보자.

$$\text{Zn}(s) + 2\,\text{H}^+(aq) \longrightarrow \text{Zn}^{2+}(aq) + \text{H}_2(g)$$

25 ℃에서 $[\text{H}^+] = 1.0$ M, $[\text{Zn}^{2+}] = 0.0010$ M, $P_{\text{H}_2} = 0.10$ atm일 때, 전지 전위를 구하시오.

문제 파악

알고 있는 것	알아내야 할 것
농도($[\text{H}^+] = 1.0$ M, $[\text{Zn}^{2+}] = 0.0010$ M, $P_{\text{H}_2} = 0.10$ atm) 표준 환원 전위(표 19.1)	E

전략

표 19.1의 표준 환원 전위를 이용하여, 표준 전지 전위 $E°$ 값을 구한 다음, 네른스트 식을 이용하여 제시된 조건에서의 전지 전위 E를 구한다.

풀이

표준 전지 전위는 다음과 같다.

$$E° = E°_{\text{Zn}\rightarrow\text{Zn}^{2+}} + E°_{\text{H}^+\rightarrow\text{H}_2} = (0.76\ \text{V}) + 0\ \text{V} = 0.76\ \text{V}$$

25 ℃ 비표준 상태 조건에서의 전지 전위는 네른스트 식으로 주어진다.

$$E = E° - \frac{0.0592\ \text{V}}{n}\log Q = E° - \left(\frac{0.0592\ \text{V}}{n}\right)\left(\log\frac{[\text{Zn}^{2+}](P_{\text{H}_2})}{[\text{H}^+]^2}\right)$$

여기서 반응 지수에는 용질의 몰농도와 기체의 부분 압력(atm 단위)이 들어 있다. 보통, 아연은 반응 지수에서 생략된다. 순수한 고체이기 때문이다. 이 반응에서, 전자 2 mol이 이동하므로 $n = 2$이다. 네른스트 식에 적절한 $E°$, n, $[\text{H}^+]$, $[\text{Zn}^{2+}]$, P_{H_2} 값을 대입하면, 다음과 같다.

$$E = (0.76\ \text{V}) - \left(\frac{0.0592\ \text{V}}{2}\right)\left(\log\frac{(0.0010)(0.10)}{(1.0)^2}\right)$$
$$= (0.76\ \text{V}) - \left(\frac{0.0592\ \text{V}}{2}\right)(-4.0)$$
$$= 0.76\ \text{V} + 0.12\ \text{V} = 0.88\ \text{V} \quad (25\ \text{°C에서})$$

점검

이 반응은 표준 상태 조건보다 제시된 조건 하에서 일어날 경향이 더 크다. 생성물의 농도가 표준 상태 값보다 작기 때문이다. 따라서 전지 전위 E는 표준 전지 전위 $E°$보다 크다고 예측할 수 있다. 이는 풀이와 일치한다.

▶ **연습문제 19.17** 다음 반응을 이용하는 갈바니 전지를 생각해 보자.

$$\text{Cu}(s) + 2\,\text{Fe}^{3+}(aq) \longrightarrow \text{Cu}^{2+}(aq) + 2\,\text{Fe}^{2+}(aq)$$

25 ℃에서 이온 농도가 다음과 같다고 할 때, 전지 전위는 얼마인가?

$[Fe^{3+}] = 1.0 \times 10^{-4}$ M $[Cu^{2+}] = 0.25$ M
$[Fe^{2+}] = 0.20$ M

응용문제 19.18 알루미늄 포일 조각을 실수로 씹으면, 알루미늄이 치아에 채워져 있는 아말감과 닿을 때면 날카로운 통증을 일으킨다. 은, 주석, 수은의 합금인 아말감 충전재는 아주 작은 갈바니 전지의 환원 전극으로 작용하고, 알루미늄은 산화 전극으로, 침은 전해질로 작용하게 된다. 알루미늄과 아말감이 맞닿을 때 전류가 알루미늄에서 아말감으로 흐르게 되고, 치아는 이에 있는 신경에 의해 느껴지게 된다. 알루미늄은 산화 전극에서 산화되고, 산소 기체는 환원 전극에서 물로 환원된다.

(a) 산화 전극, 환원 전극, 전체 전지 반응의 균형 반응식을 각각 쓰시오.
(b) 체온 37 ℃에 적용되는 네른스트 식을 쓰시오
(c) 37 ℃에서의 전지 전위를 계산하시오. 이때 $[Al^{3+}] = 1.0 \times 10^{-9}$ M, $P_{O_2} = 0.20$ atm, 침의 pH는 7.0이라고 가정하시오. 또한 37 ℃에서 $E°$는 표 19.1의 값과 같다고 가정하시오.

개념 예제 19.10

농도 변화가 전지 전위에 미치는 영향

다음 갈바니 전지를 생각해 보자.

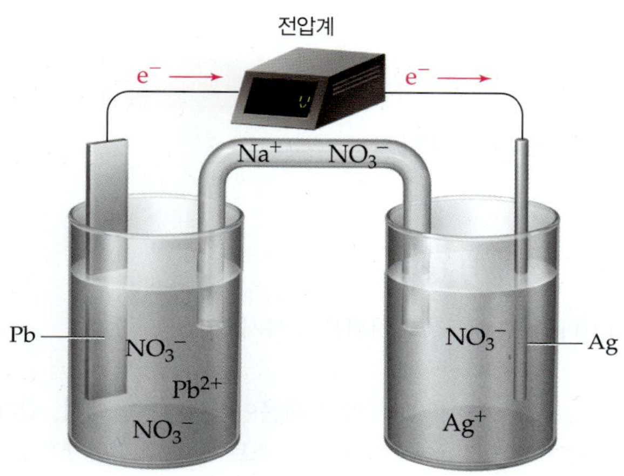

(a) 산화 전극 용액에 있는 이온의 농도가 10배 증가할 때, 전지 전위는 얼마나 변하는가?
(b) 환원 전극 용액에 있는 이온의 농도가 10배 증가할 때, 전지 전위는 얼마나 변하는가?

문제 파악

알고 있는 것	알아내야 할 것
농도 변화 전지 도표(전체 반응을 결정할 때 사용하는)	E의 변화

전략

그림에 표시된 전자 이동 방향에 의하면 납은 산화 전극이고, 은은 환원 전극이다. 그러므로 전지 반응은 다음과 같다.

$$Pb(s) + 2\,Ag^+(aq) \longrightarrow Pb^{2+}(aq) + 2\,Ag(s)$$

25 ℃에서 전지 전위의 네른스트 식에 $n = 2$, $Q = [Pb^{2+}]/[Ag^+]^2$를 대입하면, 다음과 같다.

$$E = E° - \frac{0.0592\text{ V}}{n}\log Q = E° - \left(\frac{0.0592\text{ V}}{2}\right)\left(\log\frac{[Pb^{2+}]}{[Ag^+]^2}\right)$$

네른스트 식에서 로그 항을 변화시킴으로써, 이온 농도의 변화에 따른 E의 변화를 구할 수 있다.

풀이

(a) Pb^{2+}는 산화 전극 구획에 있고, Ag^+는 환원 전극 구획에 있다. Pb^{2+}와 Ag^+의 원래 농도를 각각 1 M이라고 가정하면, $E = E°$이다. $[Pb^{2+}]$의 농도를 10 M로 증가시키면, 다음과 같다.

$$E = E° - \left(\frac{0.0592\text{ V}}{2}\right)\left(\log\frac{(10)}{(1)^2}\right)$$

log 10 = 1.0이므로 $E = E° - 0.03$ V이다. 따라서 Pb^{2+}의 농도를 10배 증가시키면, 전지 전압은 0.03 V 감소한다.

(b) $[Ag^+]$의 농도를 10 M로 증가시키면, 다음과 같다.

$$E = E° - \left(\frac{0.0592\text{ V}}{2}\right)\left(\log\frac{(1)}{(10)^2}\right)$$

$\log(10^{-2}) = -2.0$이므로 $E = E° + 0.06$ V이다. 따라서 Ag^+의 농도를 10배로 증가시키면, 전지 전압은 0.06 V 증가한다.

점검
생성 이온 농도($[Pb^{2+}]$)가 증가하면 반응이 일어날 경향성은 감소하고, 반응 이온 농도($[Ag^+]$)가 증가하면 반응이 일어날 경향성은 증가할 것이라고 예상된다. 따라서 전지 전위 E는 $[Pb^{2+}]$가 증가하면 감소하고, $[Ag^+]$가 증가하면 증가한다. 대략적인 점검과 풀이가 일치한다.

개념 연습문제 19.19 다음 갈바니 전지를 생각해 보자.

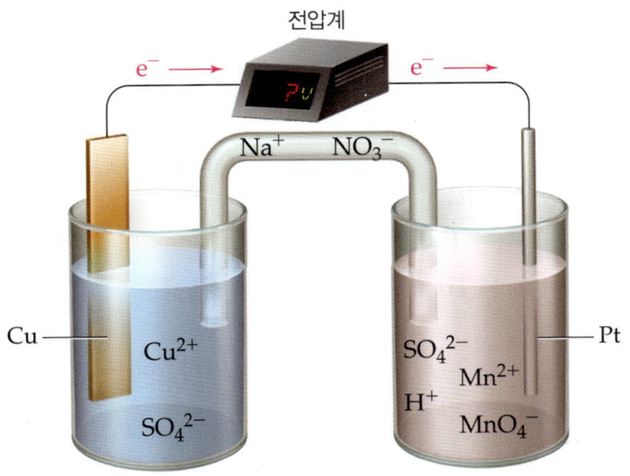

산화 전극 구획에 있는 이온의 농도가 100배 증가했을 때, 전지 전위는 얼마나 변하는가?

개념 응용문제 19.20 다음 갈바니 전지를 생각해 보자.

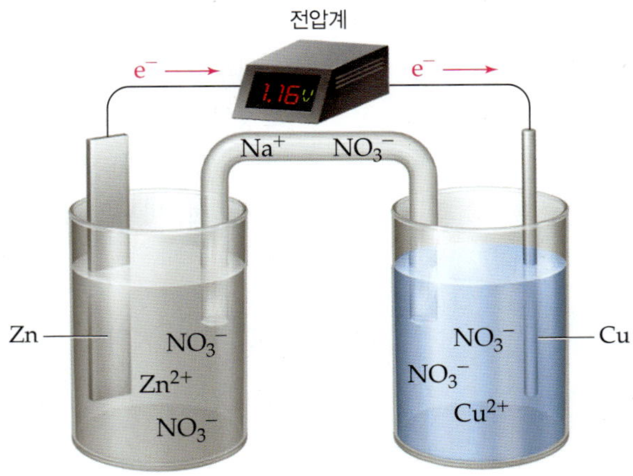

25 °C에서 측정된 전지 전위 값이 1.16 V 일 때, Zn^{2+} : Cu^{2+} 농도비는 무엇인가?

19.8 표준 전지 전위와 평형 상수

19.4절에서, 어떤 반응의 표준 자유 에너지 변화는 표준 전지 전위와 다음과 같은 관계가 있다는 것을 배웠다.

$$\Delta G° = -nFE°$$

또한 18.10절에서, 표준 자유 에너지 변화는 반응의 평형 상수와 다음과 같은 관계가 성립한다는 것을 보았다.

$$\Delta G° = -RT \ln K$$

기억하기…
평형에서는 $\Delta G = 0$이고 $Q = K$이므로, 방정식 $\Delta G° = -RT \ln K$는 $\Delta G = \Delta G° + RT \ln Q$로부터 직접 얻는다(18.10절).

위의 두 식을 합치면,

$$-nFE° = -RT \ln K$$

또는

표준 전지 전위와 평형 상수와의 관계

$$E° = \frac{RT}{nF}\ln K = \frac{2.303RT}{nF}\log K$$

25 °C에서 2.303 RT/F 값은 0.0592 V이므로, 위의 식은 산화-환원 반응의 표준 전지 전위와 평형 상수를 연관시키는 공식으로 간단하게 표현할 수 있다.

개념탐구 질문 5

표준 전지 전위($E°$)가 −0.78 V인 산화–환원 반응이 있다. 이 반응이 평형 상태일 때, 반응물과 생성물의 농도를 어떻게 비교할 수 있는가?

표준 전지 전위와 평형 상수와의 단순 관계식

$$E° = \frac{0.0592\ \text{V}}{n}\log K \quad (\text{V 단위로, 25 °C에서})$$

매우 작은 농도는 측정하기가 어렵다. 따라서 K 값이 매우 크거나 매우 작을 때는 농도를 측정하여 평형 상수를 결정하는 것이 어렵다. 그러나 표준 전지 전위는 상대적으로 쉽게 측정할 수 있다. 따라서, 표준 전지 전위로부터 평형 상수를 계산할 때 이 식이 자주 이용된다.

예로서, 다니엘 전지에서 다음 반응의 K 값을 계산해 보자.

$$Zn(s) + Cu^{2+}(aq) \longrightarrow Zn^{2+}(aq) + Cu(s) \quad E° = 1.10\ \text{V}$$

$E°$와 $\log K$의 관계식에서 $\log K$에 대하여 풀고, $E°$ 값과 n 값을 대입하면 다음과 같다.

$$E° = \frac{0.0592\ \text{V}}{n}\log K$$

$$\log K = \frac{nE°}{0.0592\ \text{V}} = \frac{(2)(1.10\ \text{V})}{0.0592\ \text{V}} = 37.2$$

$$K = 10^{37.2} = 2 \times 10^{37} \quad (25\ °\text{C에서})$$

$K = [Zn^{2+}]/[Cu^{2+}]$는 매우 큰 숫자이므로, 반응은 실제로 거의 완결된다. 예를 들어, 평형에서 $[Zn^{2+}] = 1$ M일 때, $[Cu^{2+}]$는 10^{-37} M보다 작다.

앞에서 설명한 계산은, $E°$(+1.10 V)가 상대적으로 작다 할지라도 $K(2 \times 10^{37})$는 매우 크다는 것을 보여 주고 있다. $E°$가 양이면 $\log K$도 양이다. 따라서 $K > 1$이다. $E°$가 음이면 $\log K$도 음이다. 따라서 $K < 1$이다. 표 19.1에 수록된 표준 환원 전위는 약 6 V의 범위에 걸쳐 존재할 수 있기 때문에, 산화–환원 반응에 대한 $E°$ 값은 가장 강한 산화제와 가장 강한 환원제로 구성된 반응의 +6 V로부터, 가장 약한 산화제와 가장 약한 환원제로 구성된 반응의 −6 V까지의 범위에 존재할 수 있다. 그러나 +3 V에서 −3 V 사이를 벗어난 $E°$ 값은 보기 드물다. $n = 2$인 경우, $E°$와 K 값의 상관 관계가 그림 19.7에 표시되어 있다. 산화–환원 반응의 평형 상수는 10^{14}에서 10^{-14}에 걸쳐 분포하는 산–염기 반응의 평형 상수에 비해 매우 크거나

▶ **그림 19.7**
$n = 2$인 산화–환원 반응에 대한 평형 상수 K와 표준 전지 전위 $E°$ 사이의 관계. K는 로그 눈금으로 도시된 것에 주목하라.

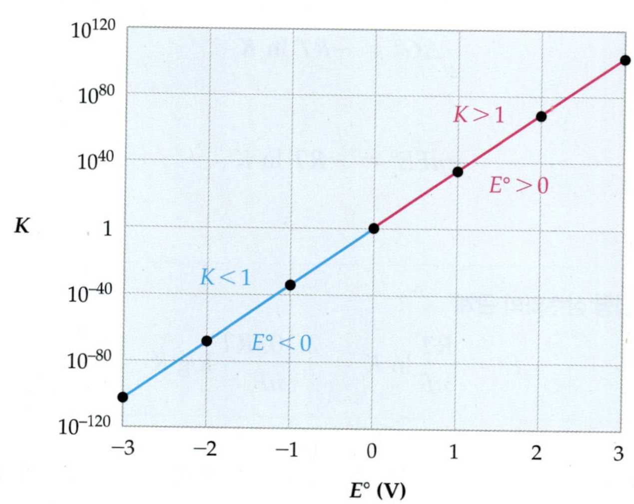

매우 작게 되려는 경향이 있다. 따라서, 산화–환원 반응은 대체로 완전히 완결되거나 거의 일어나지 않는다.

앞 장에서, 평형 상수 K 값을 구하는 두 가지 다른 방법, 즉 농도 자료로부터 구하는 방법(15.2절)과 열역학 자료로부터 구하는 방법(18.10절)을 논의하였다. 이 절에서는 전기 화학 자료로부터 평형 상수를 구하는 세 번째 방법을 추가했다. 다음은 각 계산법에서 필요한 주요 관계식이다.

1. 용질의 농도 자료로부터 K 값 구하기: $K = \dfrac{[C]^c[D]^d}{[A]^a[B]^b}$

2. 열역학 자료로부터 K 값 구하기: $\Delta G° = -RT \ln K$; $\ln K = \dfrac{-\Delta G°}{RT}$

3. 전기 화학 자료로부터 K 값 구하기: $E° = \dfrac{RT}{nF} \ln K$; $\ln K = \dfrac{nFE°}{RT}$

예제 19.11

표준 환원 전위를 이용한 평형 상수 계산

표 19.1에 수록된 표준 환원 전지를 이용하여, 25 ℃에서 다음 반응의 평형 상수를 구하시오.

$$6\ Br^-(aq) + Cr_2O_7^{2-}(aq) + 14\ H^+(aq) \longrightarrow 3\ Br_2(aq) + 2\ Cr^{3+}(aq) + 7\ H_2O(l)$$

문제 파악

알고 있는 것	알아내야 할 것
반쪽 반응의 표준 환원 전위($E°$)	평형 상수(K)

전략

예제 19.7처럼 표준 환원 전위로부터 반응의 $E°$를 계산한다. 그 다음, 식 $\log K = nE°/0.0592$를 이용하여 평형 상수를 구한다.

풀이

표 19.1에서 해당하는 반쪽 반응을 찾는다. 그다음, Br^-의 산화 반응과 $Cr_2O_7^{2-}$의 환원 반응에 대하여 적절한 방향으로 식을 쓴다. 반쪽 반응을 더하여 전체 반응을 구하기 전에, Br^-/Br_2 반쪽 반응에 3을 곱하여 전자를 소거한다.

$$\begin{array}{rlr} 3 \times [2\ Br^-(aq) & \longrightarrow Br_2(aq) + 2\ e^-] & E° = -1.09\ V \\ Cr_2O_7^{2-}(aq) + 14\ H^+(aq) + 6\ e^- & \longrightarrow 2\ Cr^{3+}(aq) + 7\ H_2O(l) & E° = 1.36\ V \\ \hline 6\ Br^-(aq) + Cr_2O_7^{2-}(aq) + 14\ H^+(aq) & \longrightarrow 3\ Br_2(aq) + 2\ Cr^{3+}(aq) + 7\ H_2O(l) & E° = 0.27\ V \end{array}$$

Br^-/Br_2 산화 반응의 $E°$는 표에 있는 표준 환원 전위(1.09 V)의 음의 값인 것에 주의한다. 또한, 전위는 세기 성질이기 때문에 $E°$ 값은 상수 3을 곱하지 않음을 기억하라. 전체 반응의 $E°$ 값은 반쪽 반응의 $E°$ 값을 합한 값이다. 즉, $-1.09\ V + 1.36\ V = 0.27\ V$이다. 평형 상수를 계산하기 위하여 $\log K$와 $nE°$ 사이의 관계를 이용하라. 이때 $n = 6$이다.

$$\log K = \frac{nE°}{0.0592\ V} = \frac{(6)(0.27\ V)}{0.0592\ V} = 27 \quad K = 1 \times 10^{27} \quad (25\ ℃에서)$$

점검

$E°$가 양수이다. 따라서 K는 반드시 1보다 커야 한다. 따라서 풀이와 일치한다.

연습문제 19.21 표 19.1을 이용하여, 25 ℃에서 다음 반응의 평형 상수를 구하시오.

$$4\ Fe^{2+}(aq) + O_2(g) + 4\ H^+(aq) \longrightarrow 4\ Fe^{3+}(aq) + 2\ H_2O(l)$$

응용문제 19.22 평형 상수가 1.8×10^{-5}이고, 2 mol의 전자가 이동하는 산화–환원 반응의 $E°$ 값을 구하시오.

19.9 전기 분해와 전해 전지

지금까지, 전기 화학적 갈바니 전지에만 관심을 가졌다. 갈바니 전지에서는 자발적 산화–환원 반응에 의하여 전류를 생산한다. 두 번째로 중요한 전기 화학적 전지는 전류를 이용하여 비자발적 반응을 진행하는 전해 전지이다. 그러므로 갈바니 전지와 전해 전지에서 일어나는 과정은 서로 반대이다. 양의 E 값(그리고 음의 ΔG 값)을 갖는 반응이 평형을 향하여 진행되는 갈바니 전지는, 화학 에너지를 전기 에너지로 변환한다. 음의 E 값(그리고 양의 ΔG 값)을 갖는 반응이 전류에 의하여 평형으로부터 멀리 진행되는 전해 전지는, 전기 에너지를 화학 에너지로 변환한다.

전류를 사용하여 화학적 변화를 일으키는 공정을 **전기 분해(electrolysis)**라고 부른다. 두 종류의 전지에 대하여 E와 $\Delta G = -nFE$의 서로 반대인 부호와 평형에 도달한 반응의 상태(작동하지 않는 배터리!)를 **표 19.2**에 요약하였다.

용융 염화 소듐의 전기 분해

전해 전지는 두 전극이 전해질에 담겨 있고, 배터리나 다른 직류 전원에 연결되어 있다. 예를 들면, 용융 소금의 전기 분해를 위한 전지는 **그림 19.8**에 나타나 있다. 배터리는 전자를 한 전

표 19.2 전지 전위 E와 자유 에너지 변화 ΔG의 관계

반응 종류	E	ΔG	전지 형태
자발적 반응	+	–	갈바니
비자발적 반응	–	+	전해
평형	0	0	작동하지 않는 배터리

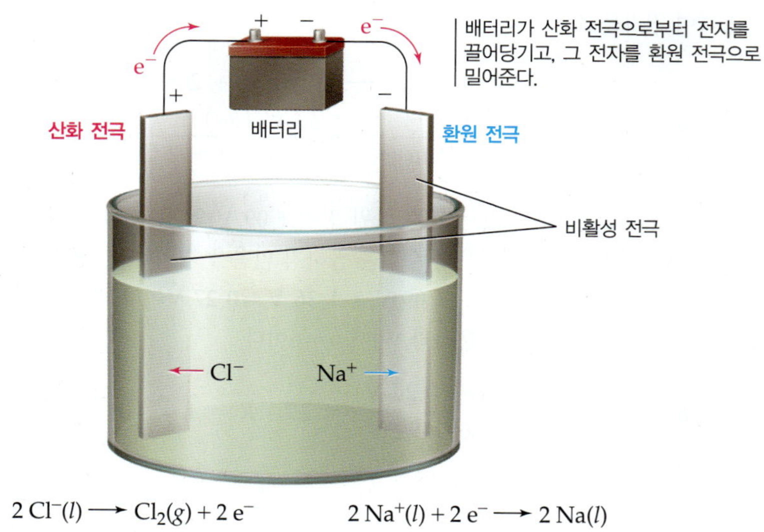

그림 19.8
용융 염화 소듐의 전기 분해. 염화 이온은 산화 전극에서 Cl_2 기체로 산화되고, Na^+ 이온은 환원 전극에서 금속 소듐으로 환원된다.

확인하기

전해 전지와 갈바니 전지(그림 19.3)에서 전극의 전하와 전자의 이동 방향을 비교하시오. 두 개의 전지가 어떻게 다른가?

답 갈바니 전지와 전해 전지 모두, 전자는 산화 전극에서 환원 전극으로 흐른다. 갈바니 전지에서는 산화 전극이 (–)이고, 환원 전극이 (+)이다. 그러나 전해 전지에서는 산화 전극이 (+)이고, 환원 전극이 (–)이다.

극으로 밀어 보내고, 다른 전극으로부터 전자를 빼내는 전자 펌프의 역할을 한다. (−) 전극은 Na^+ 양이온을 끌어당긴다. Na^+ 양이온은 배터리에 의해 공급되는 전자와 결합하여 액체 금속 소듐으로 환원된다. 비슷한 방식으로, (+) 전극은 Cl^- 음이온을 끌어당긴다. Cl^- 음이온은 배터리에 의해 제거된 전자를 보충하여 염소 기체로 산화된다. 전극 반응과 전체 전지 반응은 다음과 같다.

$$\begin{array}{ll} \text{산화 전극(산화):} & 2\,Cl^-(l) \longrightarrow Cl_2(g) + 2\,e^- \\ \text{환원 전극(환원):} & 2\,Na^+(l) + 2\,e^- \longrightarrow 2\,Na(l) \\ \hline \text{전체 전지 반응:} & 2\,Na^+(l) + 2\,Cl^-(l) \longrightarrow 2\,Na(l) + Cl_2(g) \end{array}$$

갈바니 전지에서와 마찬가지로, 산화 전극은 산화가 일어나는 전극이고, 환원 전극은 환원이 일어나는 전극이다. 그러나 두 전극의 부호는 갈바니 전지와 전해 전지의 경우 정반대이다. 갈바니 전지에서는 산화 전극이 외부 회로에 전자를 공급하므로 (−)극이다. 반면에, 전해 전지에서는 배터리에 의해서 산화 전극에서 전자가 제거되므로 (+)극으로 간주된다. 전해 전지에서 각 전극의 부호와 연결된 배터리 전극의 부호는 동일하다.

염화 소듐 수용액의 전기 분해

염화 소듐 수용액을 전기 분해할 때의 전극 반응은 용융 염의 전기 분해와 다를 수 있다. 물을 포함하기 때문이다. 예를 들어, 염화 소듐 수용액의 전기 분해에서 환원 전극 반쪽 반응은 용융 염화 소듐과 마찬가지로, Na^+가 금속 소듐으로 환원되거나 물이 수소 기체로 환원될 것이다.

$$\begin{array}{ll} Na^+(aq) + e^- \longrightarrow Na(s) & E^\circ = -2.71\text{ V} \\ 2\,H_2O(l) + 2\,e^- \longrightarrow H_2(g) + 2\,OH^-(aq) & E^\circ = -0.83\text{ V} \end{array}$$

Na^+의 환원 표준 전위보다 물의 환원 표준 전위가 훨씬 작은 음의 값이기 때문에, 물이 선택적으로 환원되어 환원 전극에서 수소 기체 기포가 발생한다.

산화 전극 반쪽 반응은 용융 염화 소듐에서처럼, Cl^- 이온이 Cl_2 기체로 산화되거나 물이 산화되어 산소 기체로 될 것이다.

$$\begin{array}{ll} 2\,Cl^-(aq) \longrightarrow Cl_2(g) + 2\,e^- & E^\circ = -1.36\text{ V} \\ 2\,H_2O(l) \longrightarrow O_2(g) + 4\,H^+(aq) + 4\,e^- & E^\circ = -1.23\text{ V} \end{array}$$

E° 값에 의하면, 1 M 이온 농도 용액에서 물의 산화가 약간 우세할 것이라고 예상된다. 중성 용액($[H^+] = 10^{-7}$ M)에서, 물의 산화 전위는 pH 7에서 −0.81 V이므로, 훨씬 쉽게 물의 산화 반응이 일어날 것이다. 그렇지만 산화 전극에서 관찰되는 생성물은 O_2가 아니고 Cl_2이다. **과전압**(overpotential)이라는 현상 때문이다. 실험에 의하면, 전기 분해에 필요한 전압은 표준 환원 전위로부터 계산한 값보다 항상 크다. 이때 추가로 필요한 전압을 **과전압**(overpotential, overvoltage)이라고 한다.

염화 소듐 수용액의 전기 분해의 경우, 관찰된 전극 반응과 전체 전지 반응은 다음과 같다.

$$\begin{array}{lll} \text{산화 전극(산화):} & 2\,Cl^-(aq) \longrightarrow Cl_2(g) + 2\,e^- & E^\circ = -1.36\text{ V} \\ \text{환원 전극(환원):} & 2\,H_2O(l) + 2\,e^- \longrightarrow H_2(g) + 2\,OH^-(aq) & E^\circ = -0.83\text{ V} \\ \hline \text{전체 전지 반응:} & 2\,Cl^-(aq) + 2\,H_2O(l) \longrightarrow Cl_2(g) + H_2(g) + 2\,OH^-(aq) & E^\circ = -2.19\text{ V} \end{array}$$

소듐 이온은 구경꾼 이온처럼 행동하고, 전극 반응에는 참여하지 않는다. 즉, 염화 소듐 용액은 수산화 소듐 용액으로 바뀐다. 이 비자발적 반응이 표준 상태 조건에서 일어나도록 하는 데 필요한 최소 전위는 2.19 V에 과전압을 더한 값이다.

물의 전기 분해

수용액의 전기 분해는 전해질이 있어야 한다. 용액 내에서 전류를 운반한다. 그러나 전해질의 이온이 물보다 쉽게 산화되거나 환원되지 않는 경우, 물이 양쪽 전극에서 반응한다. 예를 들어, 비활성 전해질인 Na_2SO_4 수용액을 전기 분해한다고 가정하자. 산화 전극에서는 SO_4^{2-} 이온보다 물의 산화가 선택적으로 잘 일어난다. 환원 전극에서는 Na^+ 이온보다 물의 환원이 선택적으로 잘 일어난다. 따라서 전극과 전체 전지 반응은 다음과 같다.

산화 전극(산화): $2\,H_2O(l) \longrightarrow O_2(g) + 4\,H^+(aq) + 4\,e^-$
환원 전극(환원): $4\,H_2O(l) + 4\,e^- \longrightarrow 2\,H_2(g) + 4\,OH^-(aq)$
전체 전지 반응: $6\,H_2O(l) \longrightarrow 2\,H_2(g) + O_2(g) + 4\,H^+(aq) + 4\,OH^-(aq)$

산화 전극과 환원 전극 용액이 섞이면, H^+와 OH^- 이온이 반응하여 물을 생성한다.

$$4\,H^+(aq) + 4\,OH^-(aq) \longrightarrow 4\,H_2O(l)$$

따라서 알짜 전기 분해 반응은 물의 분해이다. 이것은 실험실에서 적은 양의 순수한 H_2와 O_2를 얻기 위해 가끔 사용하는 과정이다.

$$2\,H_2O(l) \longrightarrow 2\,H_2(g) + O_2(g)$$

19.10 전기 분해의 정량적 관점

1830년대에, 패러데이(Michael Faraday)는 한 전극에서 전기 분해에 의해 생성되는 물질의 양은 전지를 통해 흐르는 전하량에 의존한다는 것을 증명하였다. 예를 들어, 다운스 전지(Downs cell)에서 1 mol의 전자가 흐르면, 1 mol의 소듐(23.0 g)이 환원 전극에서 얻어진다.

$$\underset{1\text{ mol}}{Na^+(l)} + \underset{1\text{ mol}}{e^-} \longrightarrow \underset{1\text{ mol }(23.0\text{ g})}{Na(l)}$$

비슷하게, 홀–에루 공정(Hall – Héroult process)에서 1 mol의 전자가 흐르면 1/3 mol(9.0 g)의 알루미늄이 생산된다. 이것은 다음 반응과 같이 1 mol의 Al^{3+}를 Al로 환원하기 위해 3 mol의 전자가 있어야 하기 때문이다.

$$\underset{1/3\text{ mol}}{Al^{3+}(l)} + \underset{1\text{ mol}}{3\,e^-} \longrightarrow \underset{1/3\text{ mol }(9.0\text{ g})}{Al(l)}$$

일반적으로, 전극 반응에서 생산되는 생성물의 양은 반응의 화학량론과 생성물의 몰질량에 직접적인 관련이 있다.

특정한 실험에서 몇 mol의 전자가 전지를 통하여 흐르는가를 계산하기 위해, 전류와 전류가 흐른 시간을 측정해야 한다. 전지를 통해 흐른 전하량(쿨롱 단위)은, 암페어 단위의 전류(초당 쿨롱)와 시간(초 단위)의 곱이다.

$$\text{전하량(C)} = \text{전류(A)} \times \text{시간(s)}$$

전자 1 mol의 전하량은 96,500 C(19.4 절)이므로, 전지를 통해 흐른 전자의 몰수는 다음과 같다.

$$e^-\text{의 몰수} = \text{전하(C)} \times \frac{1 \text{ mol } e^-}{96{,}500 \text{ C}}$$

그림 19.9에 보인 환산 과정은 정해진 시간 동안에 알고 있는 전류를 전지에 흘려줌으로써 생성되는 생성물의 질량이나 부피를 계산하는 데 이용된다. 전자를 균형 화학식에서 '반응물'로 간주하고, 다른 화학량론적 문제와 같이 진행하여 계산하는 것이 핵심이다. 예제 19.12에 계산 과정을 예시하였다. 또한, 그림 19.9의 역방향 과정을 통해서는 제시된 생성물의 양으로 생산하는 데 필요한 전류(혹은 시간)를 구할 수 있다.

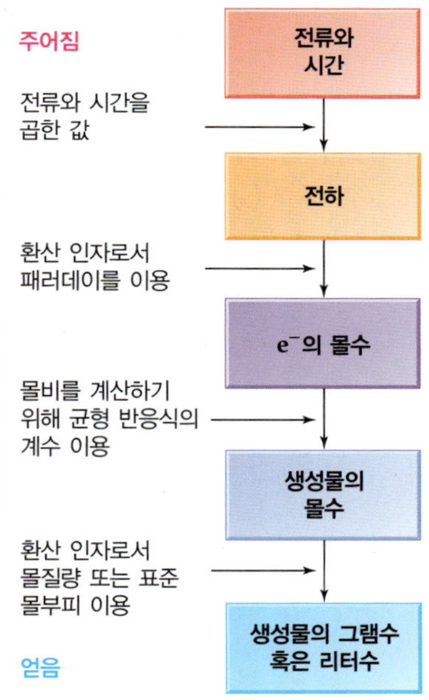

▲ 그림 19.9
일정한 시간 동안 전해 전지에 흘려 준 전류로부터, 생성된 생성물의 양을 구하는 환산 과정

예제 19.12

전기 분해로 생성되는 생성물의 양 계산

30.0 A의 일정한 전류가 NaCl 수용액에 1.00 h 동안 흘렀다. 몇 g의 NaOH와 몇 L의 Cl_2 기체가 STP에서 생성되는가?

문제 파악

알고 있는 것	알아내야 할 것
NaCl(*aq*) 시간(1.00 h) 전류(30.0 A = 30.0 C/s) STP(STP에서 1몰의 기체는 22.4 L의 부피를 갖는다.)	생성물의 양 [NaOH의 질량(g)과 Cl_2의 부피(L)]

전략

전류와 시간을 생성물의 g이나 L로 변환시키기 위하여, 그림 19.9에 있는 환산 과정을 실행한다. 다른 전략은, 알고 있는 단위로부터 시작해서 변환을 이용하여 구하고자 하는 단위에 도달하는 것이다.

풀이

전자는 전기 분해 과정에서 반응물로 생각할 수 있기 때문에, 첫 단계에서는 전지를 통해 흐른 전하량과 전자의 몰수를 구한다.

$$\text{전하} = \left(30.0 \frac{\text{C}}{\text{s}}\right)(1.00 \text{ h})\left(\frac{60 \text{ min}}{1 \text{ h}}\right)\left(\frac{60 \text{ s}}{1 \text{ min}}\right) = 1.08 \times 10^5 \text{C}$$

$$e^-\text{의 몰수} = (1.08 \times 10^5 \text{ C})\left(\frac{1 \text{ mol } e^-}{96{,}500 \text{ C}}\right) = 1.12 \text{ mol } e^-$$

환원 전극 반응은 전자 2 mol마다 OH^- 2 mol을 얻는다(19.9절: 염화 소듐 수용액의 전기 분해). 따라서 NaOH 1.12 mol이 얻어진다.

$$2 \text{ H}_2\text{O}(l) + 2 \text{ e}^- \longrightarrow \text{H}_2(g) + 2 \text{ OH}^-(aq)$$

$$\text{NaOH의 몰수} = (1.12 \text{ mol e}^-)\left(\frac{2 \text{ mol NaOH}}{2 \text{ mol e}^-}\right) = 1.12 \text{ mol NaOH}$$

NaOH의 몰수를 NaOH의 그램수로 전환하면, 44.8 g의 NaOH가 된다.

$$\text{NaOH의 그램수} = (1.12 \text{ mol NaOH})\left(\frac{40.0 \text{ g NaOH}}{1 \text{ mol NaOH}}\right) = 44.8 \text{ g NaOH}$$

환원 전극에서 생성된 NaOH의 질량은, 다음과 같이 한 단계로 간단히 계산할 수 있다.

$$\left(30.0 \frac{\text{C}}{\text{s}}\right)(1.00 \text{ h})\left(\frac{3600 \text{ s}}{\text{h}}\right)\left(\frac{1 \text{ mol e}^-}{96{,}500 \text{ C}}\right)\left(\frac{2 \text{ mol NaOH}}{2 \text{ mol e}^-}\right)\left(\frac{40.0 \text{ g NaOH}}{1 \text{ mol NaOH}}\right)$$
$$= 44.8 \text{ g NaOH}$$

산화 전극 반응은 전자 2 mol마다 Cl_2 기체 1 mol을 발생한다. 따라서, Cl_2 기체 0.560 mol을 얻는다.

$$2 \text{ Cl}^-(aq) \longrightarrow \text{Cl}_2(g) + 2 \text{ e}^-$$

$$\text{Cl}_2\text{의 몰수} = (1.12 \text{ mol e}^-)\left(\frac{1 \text{ mol Cl}_2}{2 \text{ mol e}^-}\right) = 0.560 \text{ mol Cl}_2$$

이상 기체 1 mol은 STP에서 22.4 L 부피를 차지한다. 따라서 얻은 Cl_2의 부피는 12.5 L이다.

$$\text{Cl}_2\text{의 리터수} = (0.560 \text{ mol Cl}_2)\left(\frac{22.4 \text{ L Cl}_2}{\text{mol Cl}_2}\right) = 12.5 \text{ L Cl}_2$$

산화 전극에서 발생하는 Cl_2의 부피는 다음과 같이 한 단계로 간단히 계산할 수 있다.

$$\left(30.0 \frac{\text{C}}{\text{s}}\right)(1.00 \text{ h})\left(\frac{3600 \text{ s}}{\text{h}}\right)\left(\frac{1 \text{ mol e}^-}{96{,}500 \text{ C}}\right)\left(\frac{1 \text{ mol Cl}_2}{2 \text{ mol e}^-}\right)\left(\frac{22.4 \text{ L Cl}_2}{\text{mol Cl}_2}\right)$$
$$= 12.5 \text{ L Cl}_2$$

점검

대략 1 mol의 전자가 전지를 통해 흐르고, 전극 반응으로 전자 1 mol마다 NaOH 1 mol과 Cl_2 0.5 mol을 얻는다. 따라서 NaOH 1 mol(약 40 g)과 Cl_2 0.5 mol(표준 상태에서 약 11 L)이 생성될 것이다. 대략적인 점검과 풀이가 일치한다.

연습문제 19.23 산화 알루미늄과 빙정석의 용융 혼합물에 8.00 h 동안 1.00×10^5 A의 일정한 전류가 흐를 때, 생산되는 알루미늄은 몇 kg인가?

응용문제 19.24 0.100 A의 일정한 전류를 이용하여 커피잔을 은으로 도금한다. 은 3.00 g을 도금하기 위해서 얼마 동안의 시간이 필요한가? (힌트: 그림 19.9의 역순으로 단계를 진행하시오)

INQUIRY? 수소 연료 전지는 어떻게 작동할까?

온실가스 배출 증가에 의한 기후 변화를 뒷받침하는 과학적 증거가 쌓이고, 공해가 건강에 미치는 악영향이 밝혀짐에 따라, 무공해 에너지원의 필요성이 점점 시급해지고 있다. 바람이나 태양과 같은 재생 에너지로부터 얻는 수소는 청정 에너지원이 될 수 있다. NASA의 우주 프로그램에 사용되어 온 수소의 직접적 연소는 우주 왕복선이나 다른 로켓들을 행성으로 쏘아올릴 때 사용된다. 반면에, 연료 전지에서 수소의 전기 화학적 반응은 우주선 안의 전기를 생산할 때 사용된다. 연료 전지에서 부산물은 물(깨끗해서 우주 비행사가 마실 수 있는!)뿐이다.

연료 전지란 무엇인가? **연료 전지**(**fuel cell**)란 반응물 중 하나가 메탄올이나 수소와 같은 연료를 사용하는 갈바니 전지이다. 연료 전지는 반응물이 전지 내부에 저장되어 있지 않고, 대신에 외부 가스탱크로부터 지속적으로 공급된다는 점에서 일반적인 배터리와 구별된다. 아마도 가장 잘 알려진 예는 우주선에 전력 공급원으로 사용된 수소–산소 연료 전지이다(그림 19.10). 이 전지는 금속 촉매를 주입한 다공성의 탄소 전극과 고온의 KOH 수용액 전해질로 구성된다. 기체 상태의 H_2 연료와 기체 상태의 O_2 산화제는 직접 반응하지 않는다. 대신에, 분리된 전지 구획으로 흘러 들어가서 수소는 산화 전극에서 산화되고, 산소는 환원 전극에서 환원된다. 전체 반응은 단순히 수소와 산소가 물로 전환되는 반응이다.

$$\text{산화 전극:}\quad 2\,H_2(g) + 4\,OH^-(aq) \longrightarrow 4\,H_2O(l) + 4\,e^-$$
$$\text{환원 전극:}\quad O_2(g) + 2\,H_2O(l) + 4\,e^- \longrightarrow 4\,OH^-(aq)$$
$$\text{전체 전지 반응:}\quad 2\,H_2(g) + O_2(g) \longrightarrow 2\,H_2O(l)$$

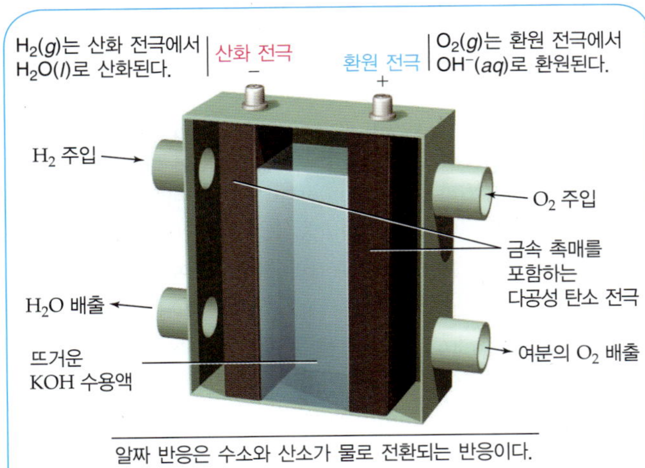

▲ 그림 19.10
수소–산소 연료 전지

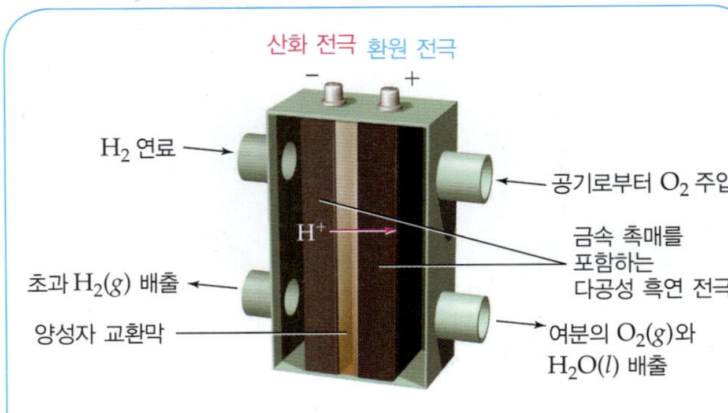

▲ 그림 19.11
양성자 교환막(PEM) 연료 전지

기차, 버스, 발전소에 필요한 전력을 공급하기 위해 설계된 연료 전지에서, KOH 수용액은 전자는 전도하지 않고 양성자만 전도하는 특별한 고분자막으로 대체되었다(그림 19.11). **양성자 교환막 연료 전지**[proton-exchange membrane(PEM) fuel cell]의 전극과 전체 전지 반응은 다음과 같다.

$$\text{산화 전극:}\quad 2\,H_2(g) \longrightarrow 4\,H^+(aq) + 4\,e^-$$
$$\text{환원 전극:}\quad O_2(g) + 4\,H^+(aq) + 4\,e^- \longrightarrow 2\,H_2O(l)$$
$$\text{전체 전지 반응:}\quad 2\,H_2(g) + O_2(g) \longrightarrow 2\,H_2O(l)$$

양성자는 막을 통과하여 산화 전극에서 환원 전극으로 이동한다. 반면에, 전자는 외부 회선을 통하여 산화 전극에서 환원 전극으로 움직여 전기를 발생시킨다. 대부분의 연료 전지는 1.2 V 이하의 전력을 생산한다. 따라서 자동차에 동력을 공급하는 전기 모터를 작동하기 위해서는 여러 개의 전지가 필요하다. 연료 전지 자동차는 조용하고, 유일한 반응 생성물이 물이기 때문에 배기가스를 배출하지 않는다. 비록 수소를 얻기 위한 증기–탄화수소 개질 과정에서 CO_2가 생성되지만, 환경 오염 물질이나 지구 온난화를 초래하는 CO_2를 생성하지 않는다.

연료 전지로 구동되는 시연 자동차(FCVs)가 수년 동안 운행되고 있다. 북아메리카와 유럽의 여러 도시에서 연료 전지 버스가 시험 운행되어 왔고, 연료 전지로 구동되는 첫 번째 트럭이 미군에 인도되었다. 세 가지 연료 전지 자동차(혼다의 클래리티, 현대의 투싼, 도요타의 미라이가 대표적이다)가 34개의 수소 연료 충전소가 설치되어 있는 미국 캘리포니아 주에서 판매되거나 임대되고 있다. 연료 전지 자동차

▲ 충전 중인 수소 연료 자동차. 수소는 물의 전기 분해에 의해 생산되었다. 이 전기 분해에 사용된 전기는 풍력이나 태양열과 같은 재생 에너지로부터 얻어진 전기를 이용하였다. ©metamorworks/Shutterstock

에 수소를 완전 충전하는 데 소요되는 시간은 단지 5분이며, 300마일 이상의 주행거리가 가능하다. 연료 전지 자동차의 대규모 상용화의 큰 장애물은, 상대적으로 높은 비용의 연료 전지 자동차, 높은 생산 비용, 오염을 발생시키지 않는 수소 생산 방식, 수소 연료 기간기설 개발 등이 있다. 화석 연료가 여전히 수소의 주요 공급원이지만, 태양열이나 풍력으로부터 생산되는 전기를 사용하는 물의 전기 분해는 청정한 생산 방법이다.

수소 연료 충전소를 설치하기 위해서는 2백만 달러에 가까운 높은 비용이 소요된다. 따라서 소수의 수소 연료 자동차를 위해서 많은 기반 설비 투자가 진행되기 어렵다.

연료 전지의 대중적 응용은 휴대폰, 노트북 컴퓨터 등과 같은 작은 전자기기에서 가능하게 될 것이다. 이와 같은 제품에 사용하기 위해 제안된 연료 전지가 **직접 메탄올 연료 전지**(direct methanol fuel cell, DMFC)이다. 이 전지는 PEM 연료 전지와 비슷하지만, 기체 상태의 수소를 사용하는 대신 메탄올(CH_3OH) 수용액을 연료로 사용한다.

산화 전극: $2\ CH_3OH(aq) + 2\ H_2O(l) \longrightarrow 2\ CO_2(g) + 12\ H^+(aq) + 12\ e^-$

환원 전극: $3\ O_2(g) + 12\ H^+(aq) + 12\ e^- \longrightarrow 6\ H_2O(l)$

전체 전지 반응: $2\ CH_3OH(aq) + 3\ O_2(g) \longrightarrow 2\ CO_2(g) + 4\ H_2O(l)$

DMFC는 일상적인 배터리보다 가볍고 에너지 밀도가 더 높다. 더욱이 메탄올은 수소보다 좀 더 쉽게 얻을 수 있고, 안전하며, 저장하는 것이 쉽다.

연료 전지는 또한, 병원, 호텔, 아파트 건물 등의 발전기에 사용되는 것을 볼 수 있다. 실제로 일본의 도쿄전력회사는 약 4,000여 가정에 전력을 공급할 수 있는, 11 MW 연료 전지 발전소를 2~3년 전부터 가동해왔다.

정리

절	개념 요약	학습 목표
19.1 반쪽 반응법에 의한 산화–환원 반응의 균형 맞추기	산화–환원 반응은 한 개 이상의 전자가 반응물 간에 이동하는 과정이다. 산화는 하나 이상의 전자를 잃고, 환원은 하나 이상의 전자를 얻는다. 산화–환원 반응은 **반쪽 반응법**을 이용하여 균형을 맞출 수 있다. 이를 그림 19.1에 요약했다.	19.1 산화수를 계산하고, 반쪽 반응을 산화 반응과 환원 반응으로 분류한다. 19.2 산성 용액 중에서 산화–환원 반응의 균형을 맞추기 위해 반쪽 반응법을 사용한다. 19.3 염기성 용액 중에서 반쪽 반응법을 사용하여 산화–환원 반응의 균형을 맞춘다.
19.2~19.3 갈바니 전지	**전기 화학**은 화학 에너지와 전기 에너지 간의 상호 변환을 다루는 화학 분야이다. 화학 에너지는 전류를 생산하는 데 자발적 산화–환원 반응을 사용하는 **갈바니 전지**에서 전기 에너지로 바뀐다. 전지 반응을 반쪽 반응으로 분리하면 편리하다. 산화와 환원 반응이 각기 분리된 **전극**에서 일어나기 때문이다. 산화 반응이 일어나는 전극을 산화 전극, 환원 반응이 일어나는 전극을 환원 전극이라 부른다.	19.4 갈바니 전지 모식도 그리기. 산화 전극과 환원 전극을 표시하고, 전자와 이온의 흐름 방향을 나타낸다. 그리고 반쪽 반응과 전체 전지 반응의 균형 반응식을 작성한다. 19.5 간략 표기법을 사용하여 갈바니 전지를 표현한다.
19.4 전지 반응의 전지 전위와 표준 자유 에너지 변화	**전지 전위** E(또는 **전지 전압** 또는 **기전력**)는 전지 반응이 일어나는 경향의 전기적 척도이다. 전지 전압은 온도, 이온 농도, 기체의 압력에 의존한다. **표준 전지 전위** $E°$란 반응물과 생성물이 표준 상태에 있을 때의 전지 전위이다. 전지 전위와 자유 에너지 변화의 관련 식은 $\Delta G = -nFE$, $\Delta G° = -nFE°$이다. 여기서, n은 전지 반응에서 전달되는 전자의 몰수, F = 96,500 C/mol e^-는 **패러데이**, 즉 1 mol 전자가 갖는 전하량이다.	19.6 전기 화학 반응의 전지 전위와 표준 자유 에너지 변화를 상호 전환한다.

절	개념 요약	학습 목표
19.5~19.6 표준 환원 전위	반쪽 반응의 **표준 환원 전위**($E°$)란, **표준 수소 전극**(**S.H.E.**)의 전위를 0 V로 했을 때의 상대적인 값으로 정의한다. $2\,H^+(aq, 1\,M) + 2\,e^- \longrightarrow H_2(g, 1\,atm) \quad E° = 0\,V$ 표준 환원 전위(**표준 전극 전위**) 표는 산화제의 세기 순으로 나열되어 있다. $E°$의 부호는 반쪽 반응이 역반응일 때 바뀐다. 전지 반응의 $E°$ 값은 산화 및 환원 반쪽 반응의 $E°$ 값을 합하면 계산할 수 있다. 양의 $E°$ 값은 자발적 반응을, 음의 $E°$ 값은 비자발적 반응을 의미한다.	19.7 반쪽 반응의 표준 환원 전위(부록 D)를 사용하여, 산화제나 환원제의 세기가 증가하는 순으로 물질을 정렬한다. 19.8 반쪽 반응의 표준 환원 전위를 사용하여 표준 전지 전위를 계산하고, 반응의 자발성을 결정한다. 19.9 반쪽 반응의 표준 환원 전위를 사용하여 갈바니 전지의 전위를 계산한다.
19.7 비표준 상태 조건에서의 전지 전위: 네른스트 식	비표준 상태 조건의 전지 전위는 네른스트 식을 사용하여 계산할 수 있다. $E = E° - \frac{0.0592\,V}{n}\log Q \quad (V\ 단위,\ 25\,°C)$ 여기서 Q는 반응 지수이다.	19.10 네른스트 식을 사용하여, 비표준 상태 조건의 전지 전위를 계산한다. 19.11 전지 전위를 사용하여 용액의 농도를 계산한다.
19.8 표준 전지 전위와 평형 상수	평형 상수 K와 표준 전지 전위 $E°$의 관계식은 다음과 같다. $E = \frac{0.0592\,V}{n}\log K \quad (V\ 단위,\ 25\,°C)$	19.12 표준 환원 전위를 사용하여 평형 상수를 계산한다.
19.9~19.10 전기 분해	**전해 전지**에서 전기 에너지는 화학 에너지로 전환된다. 이러한 전지에서 전류는 비자발적 반응을 일어나게 만든다. **전기 분해**는 전류를 이용하여 화학적 변화를 가져오는 공정이다. 전극에서 얻어진 생성물은 환원 전위와 **과전압**에 의존한다. 얻어진 생성물의 양은 전지에 흐른 전자의 몰수와 관련 있다. 이는 전류와 전류가 흐른 시간에 의존한다.	19.13 전해 전지를 도식화하고, 해석한다. 산화 전극과 환원 전극을 표시하고, 전자와 이온의 흐름 방향을 표시한다. 전극과 전체 전지 반응의 균형 반응식을 쓴다. 19.14 이온 결합 화합물의 수용액에서 전기 분해가 일어날 때, 형성된 생성물과 전극 및 전체 전지 반응을 예측한다. 19.15 전해 전지에서 전류, 시간, 생성물의 양 사이의 관계를 파악한다.

주요 용어

갈바니 전지	산화 전극	전기 화학 전지	표준 전극 전위
과전압	연료 전지	전지 전압	표준 전지 전위($E°$)
기전력(emf)	염다리	전지 전위(E)	표준 환원 전위
네른스트 식	전극	전해 전지	환원 전극
반쪽 반응	전기 분해	패러데이	
반쪽 반응법	전기 화학	표준 수소 전극(S.H.E.)	

주요 식

- 자유 에너지 변화와 산화–환원 반응의 전지 전위와의 관계(19.4절)

$\Delta G = -nFE$ and $\Delta G° = -nFE°$ 여기서 n은 전지 반응에서 이동한 전자 수, F는 패러데이 상수(96,500 C/mol e^-)

- 비표준 상태 조건의 전지 전위(E)와 표준 상태의 전지 전위($E°$), 반응 지수 Q의 관계를 보여 주는 네른스트 식(19.7절)

$$E = E° - \frac{RT}{nF}\ln Q \quad 또는 \quad E = E° - \frac{2.303\,RT}{nF}\log Q$$

다음과 같이 단순화할 수 있다.

$$E^\circ = E^\circ - \frac{0.0592\text{ V}}{n}\log Q \qquad (\text{V 단위로, 25 °C})$$

• 표준 전지 전위와 평형 상수의 관계(19.8절)

$$E^\circ = \frac{RT}{nF}\ln K = \frac{2.303\,RT}{nF}\log K$$

다음과 같이 단순화할 수 있다.

$$E^\circ = \frac{0.0592\text{ V}}{n}\log K \qquad (\text{V 단위로, 25 °C})$$

복습 문제

LO는 학습 목표(Learning Objectives)를 나타낸다.

이 장을 학습한 후엔, 학습자의 이해도를 평가할 수 있는 방법이 있다. **복습 문제**를 푸는 것이다. **복습 문제**들은 이 장의 학습 목표와 연계되어 있다. 따라서 푼 답이 틀렸다면, 이 장의 끝부분에 나와 있는 **정리** 문단의 **학습 목표**를 참고하면 된다. 정리 문단에는 **개념 요약**이 제공되며, **예제**를 참고하면 문제 해결 방법을 모델링할 수 있다.

1. 다음 불균형 반쪽 반응에서 산화 혹은 환원 반응이 정확하게 표시되어 있는 것은 어느 것인가? (**LO 19.1**)
   (a) $NO_3^-(aq) \longrightarrow NO(g)$; 환원
   (b) $Zn(s) \longrightarrow Zn^{2+}(aq)$; 환원
   (c) $ClO_3^-(aq) \longrightarrow Cl_2(g)$; 산화
   (d) $Br^-(aq) \longrightarrow Br_2(l)$; 환원

2. 다음 반응이 산성 용액에서 균형을 이룰 때, Sn^{2+}의 계수는 무엇인가? (**LO 19.2**)
   $$Sn^{2+}(aq) + IO_4^-(aq) \longrightarrow Sn^{4+}(aq) + I^-(aq)$$
   (a) 2　　(b) 4
   (c) 5　　(d) 7

3. 염기성 용액에서 산화–환원 반응이 균형을 이룰 때, 수산화 이온의 계수는 얼마이며, 반응식의 어느 쪽에 표시되는가? (**LO 19.3**)
   $$Mn^{2+}(aq) + H_2O_2(aq) \longrightarrow MnO_2(s) + H_2O(l)$$
   (a) 2 OH^-, 반응물 쪽　　(b) 4 OH^-, 생성물 쪽
   (c) 4 OH^-, 반응물 쪽　　(d) 3 OH^-, 반응물 쪽

   갈바니 전지의 모식도를 이용하여, 문제 4번과 5번을 답하시오.

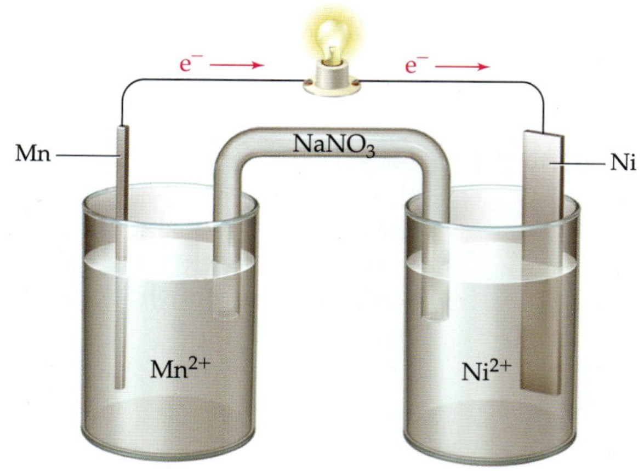

4. 산화 전극에서 일어나는 반응은 어느 것인가? (**LO 19.4**)
   (a) $Ni^{2+}(aq) + 2\,e^- \longrightarrow Ni(s)$
   (b) $Ni(s) \longrightarrow Ni^{2+}(aq) + 2\,e^-$
   (c) $Mn^{2+}(aq) + 2\,e^- \longrightarrow Mn(s)$
   (d) $Mn(s) \longrightarrow Mn^{2+}(aq) + 2\,e^-$

5. 갈비니 전지에 대한 간략 표기법은 어느 것인가? (**LO 19.5**)
   (a) $Mn(s)\,|\,Mn^{2+}(aq)\,\|\,Ni^{2+}(aq)\,|\,Ni(s)$
   (b) $Mn^{2+}(aq)\,|\,Mn(s)\,\|\,Ni^{2+}(aq)\,|\,Ni(s)$
   (c) $Ni(s)\,|\,Ni^{2+}(aq)\,\|\,Mn^{2+}(aq)\,|\,Mn(s)$
   (d) $Ni^{2+}(aq)\,|\,Ni(s)\,\|\,Mn(s)\,|\,Mn^{2+}(aq)$

6. 전동 공구에 사용되는 니켈–카드뮴 배터리의 전압은 1.20 V이다. 전지 반응의 표준 자유 에너지 변화(kJ 단위)를 계산하시오. (**LO 19.6**)
   $$Cd(s) + 2\,NiO(OH)(s) + 2\,H_2O(l) \longrightarrow Cd(OH)_2(s) + 2\,Ni(OH)_2(s)$$
   (a) +347 kJ　　(b) −232 kJ
   (c) −463 kJ　　(d) +115 kJ

7. 다음 표준 환원 전위 표를 참조하자.

환원 반쪽 반응	$E°$(V)
$D^{3+} + 3\ e^- \longrightarrow D$	1.50
$B^{2+} + 2\ e^- \longrightarrow B$	0.48
$C_2 + 2\ e^- \longrightarrow 2\ C^-$	0.17
$A + e^- \longrightarrow A^-$	−0.89

어떤 물질이 C^-에 의해 환원되는가? (**LO 19.7**)

(a) D, B (b) A^-

(c) D^{3+}, B^{2+} (d) A

8. 다음 두 용기 속 반쪽 반응으로 된 갈바니 전지를 고려해 보자.

산화 전극에서 일어나는 반응은 무엇이며, 전지에서 발생되는 전압은 얼마인가? (표 19.1의 표준 환원 전위를 참조하시오.) (**LO 19.8, 19.9**)

(a) $Cr_2O_7^{2-}(aq) + 14\ H^+(aq) + 6\ e^- \longrightarrow 2\ Cr^{3+}(aq) + 7\ H_2O(l)$, 1.62 V

(b) $2\ Cr^{3+}(aq) + 7\ H_2O(l) \longrightarrow Cr_2O_7^{2-}(aq) + 14\ H^+(aq) + 6\ e^-$, 1.10 V

(c) $Ni^{2+}(aq) + 2\ e^- \longrightarrow Ni(s)$, 1.10 V

(d) $Ni(s) \longrightarrow Ni^{2+}(aq) + 2\ e^-$, 1.62 V

9. 다음 반응의 갈바니 전지를 고려하자.

$$2\ Ag^+(aq) + Sn(s) \longrightarrow 2\ Ag(s) + Sn^{2+}(aq)$$

25 ℃에서 다음과 같은 이온 농도를 갖는 전지의 전위를 구하시오: $[Ag^+] = 0.010$ M, $[Sn^{2+}] = 0.020$ M. (부록 B의 표준 환원 전위를 참조하시오.) (**LO 19.10**)

(a) 0.94 V (b) 0.93 V

(c) 1.01 V (d) 0.87 V

10. 25 ℃에서 측정된 전지 전위가 0.58 V인 경우, 다음과 같은 전지의 환원 전극 구획에 있는 용액의 pH는 무엇인가? (**LO 19.11**)

$$Zn(s)\,|\,Zn^{2+}(1\ M)\,\|\,H^+(?\ M)\,|\,H_2(1\ atm)\,|\,Pt(s)$$

(표 19.1의 표준 환원 전위를 참조하시오.)

(a) 8.0 (b) 4.5 (c) 2.2 (d) 3.0

11. 다음의 갈바니 전지의 전위는 25 ℃에서 0.578 V 전위이다.

$$Ag(s)\,|\,AgCl(s)\,|\,Cl^-(1.0\ M)\,\|\,Ag^+(1.0\ M)\,|\,Ag(s)$$

25 ℃에서 AgCl의 K_{sp}를 계산하시오. (**LO 19.12**)

(a) 5.91×10^9 (b) 7.83×10^{-6}

(c) 1.69×10^{-10} (d) 3.85×10^{-3}

12. 다음 전지는 갈바니 전지인가 전해 전지인가? 음극에서 일어나는 반쪽 반응은 무엇인가? (**LO 19.13**)

(a) 갈바니; $K^+(l) + e^- \longrightarrow K(l)$

(b) 전해; $K^+(l) + e^- \longrightarrow K(l)$

(c) 갈바니; $2\ I^-(l) \longrightarrow I_2(l) + 2\ e^-$

(d) 전해; $I_2(l) + 2\ e^- \longrightarrow 2\ I^-(l)$

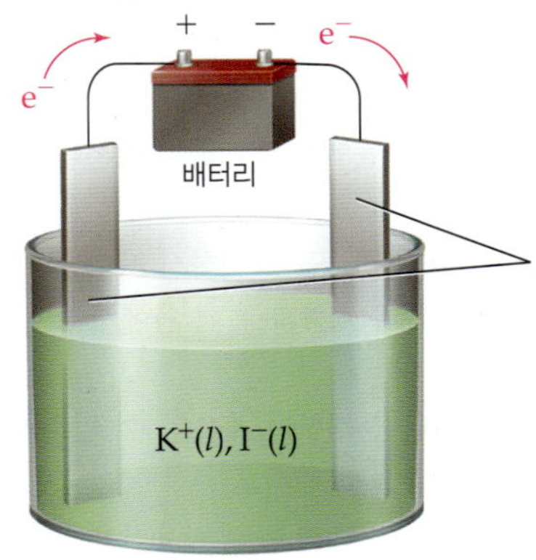

13. 수산화 소듐 수용액은 전기 분해할 때, 전체 반응의 생성물은 무엇인가? (표 19.1의 표준 환원 전위를 참조하시오.) (**LO 19.14**)

(a) $Na(s)$와 $O_2(g)$ (b) $H_2(g)$와 $O_2(g)$

(c) $Na(s)$와 $H_2(g)$ (d) $Na(s)$와 $H_2O_2(aq)$

14. 나일론 생산의 핵심 중간체인 아디포나이트릴(adiponitrile)은 아크릴로나이트릴(acrylonitrile)의 전해 공정을 통해 만들어진다.

산화 전극(산화 반응): $2\ H_2O \longrightarrow O_2 + 4\ H^+ + 4\ e^-$

환원 전극(환원 반응):

$$2\ CH_2CHCN + 2\ H^+ + 2\ e^- \longrightarrow NC(CH_2)_4CN$$

아크릴로나이트릴 아디포나이트릴

10시간 동안 3.00×10^3 A의 일정한 전류가 흐르는 전지에서, 아디포나이트릴 (M = 108.14 g/mol)은 몇 킬로그램이 만들어지는가? (**LO 19.15**)

(a) 289 kg (b) 579 kg

(c) 30.3 kg (d) 60.5 kg

답:

1. a, 2. b, 3. a, 4. d, 5. a, 6. b, 7. c, 8. d, 9. d, 10. d, 11. c, 12. b, 13. b, 14. d

개념 문제

문제 19.1~19.24는 이 장의 본문 중에 있다.

19.25 다음 갈바니 전지는 납과 아연 전극으로 구성된다.

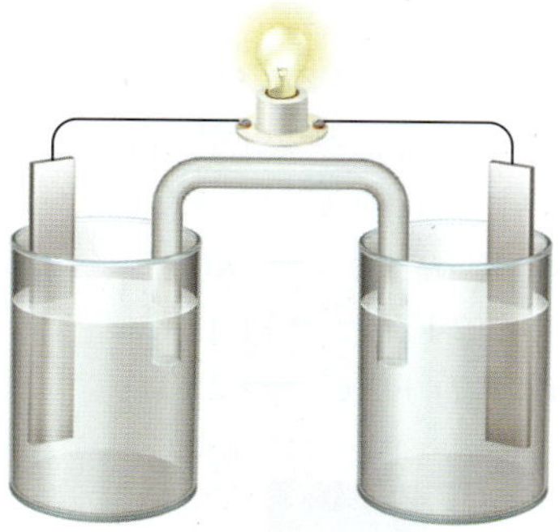

(a) 전극을 표시하고, 용액에 존재하는 이온이 무엇인지 나타내시오.
(b) 산화 전극과 환원 전극을 표시하시오.
(c) 전선에서의 전류의 흐름과 용액 안에서의 이온의 흐름을 나타내시오.
(d) 염다리에서 어떤 전해질이 사용될 수 있는지 답하고, 이온 흐름의 방향을 나타내시오.
(e) 전극과 전체 전지 반응의 균형 반응식을 쓰시오.

19.26 1.0 M 이온 농도의 다니엘 전지를 고려해 보자.

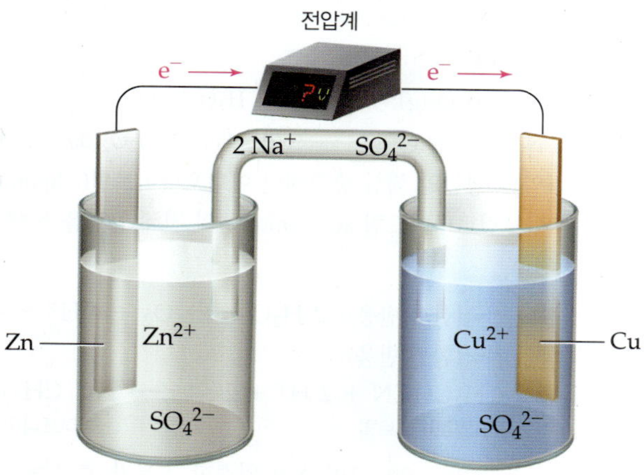

다음 변화가 일어날 때, 전지 전압은 증가하는가 감소하는가 변하지 않는가? 그 이유를 설명하시오.
(a) 환원 전극 구획에 5.0 M $CuSO_4$를 첨가할 경우
(b) 환원 전극 구획에 5.0 M H_2SO_4를 첨가할 경우
(c) 산화 전극 구획에 5.0 M $Zn(NO_3)_2$를 첨가할 경우
(d) 산화 전극 구획에 1.0 M $Zn(NO_3)_2$를 첨가할 경우

19.27 $CuBr_2$ 수용액의 전기 분해에 적합한, 비활성 전극이 있는 전지를 그리시오.
(a) 산화 전극과 환원 전극을 표시하시오.
(b) 전자와 이온이 흐르는 방향을 표시하시오.
(c) 산화 전극, 환원 전극, 전체 전지 반응의 균형 반응을 쓰시오.

19.28 기공성 TiO_2 조각은, 전해질이 용융 $CaCl_2$인 전기 화학 전지의 환원 전극에서 Ti 금속으로 환원될 수 있다. TiO_2가 환원될 때, O^{2-} 이온은 $CaCl_2$에 녹아 들어가 산화 전극에서 O_2로 산화된다. 이는 현재의 Ti 금속 생산 공정보다 비용이 적게 든다.

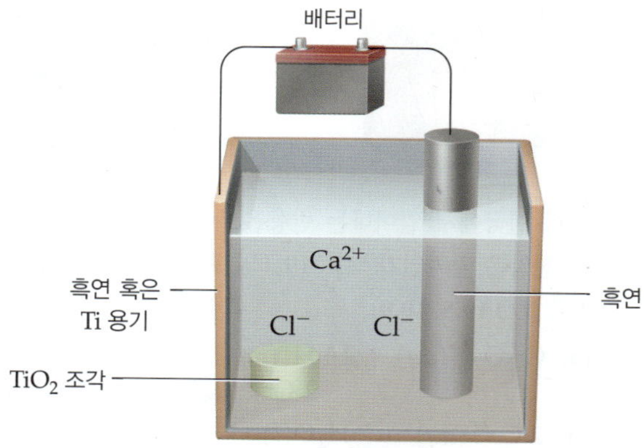

(a) 산화 전극과 환원 전극을 표시하고, 전극의 +, −를 표시하시오.
(b) 전자와 이온이 흐르는 방향을 표시하시오.
(c) 산화 전극, 환원 전극, 전체 전지 반응의 균형 반응식을 쓰시오.

보충 문제

산화-환원 반응의 균형 맞추기(19.1절)

19.29 다음 불균형 반쪽 반응이 산화 반응인지 환원 반응인지를 분류하시오.
(a) $HClO(aq) \longrightarrow Cl_2(g)$
(b) $Pt^{2+}(aq) \longrightarrow Pt(s)$
(c) $Cr(s) \longrightarrow Cr^{3+}(aq)$
(d) $SbCl_4^-(aq) \longrightarrow SbCl_6^-(aq)$

19.30 문제 19.29에서, 반응이 산성 용액에서 일어난다고 가정하고, 반쪽 반응의 균형을 맞추시오.

19.31 다음 반응의 불균형 산화 반쪽 반응식과 환원 반쪽 반응식을 쓰시오.
(a) $Te(s) + NO_3^-(aq) \longrightarrow TeO_2(s) + NO(g)$
(b) $H_2O_2(aq) + Fe^{2+}(aq) \longrightarrow Fe^{3+}(aq) + H_2O(l)$

19.32 다음 반쪽 반응의 균형을 맞추시오.
(a) (산성에서) $Cr_2O_7^{2-}(aq) \longrightarrow Cr^{3+}(aq)$
(b) (염기성에서) $CrO_4^{2-}(aq) \longrightarrow Cr(OH)_4^-(aq)$
(c) (염기성에서) $Bi^{3+}(aq) \longrightarrow BiO_3^-(aq)$
(d) (염기성에서) $ClO^-(aq) \longrightarrow Cl^-(aq)$

19.33 산성 용액에서, 다음 반응의 균형 알짜 이온 반응식을 쓰시오.

(a) $Zn(s) + VO^{2+}(aq) \longrightarrow Zn^{2+}(aq) + V^{3+}(aq)$

(b) $TeO_2(s) + Cr^{2+}(aq) \longrightarrow Te(s) + Cr^{3+}(aq)$

(c) $I^-(aq) + IO_3^-(aq) \longrightarrow I_3^-(aq)$

19.34 염기성 용액에서, 다음 반응의 균형 알짜 이온 반응식을 쓰시오.

(a) $MnO_4^-(aq) + IO_3^-(aq) \longrightarrow MnO_2(s) + IO_4^-(aq)$

(b) $N_2(g) + NO_2^-(aq) \longrightarrow N_2H_4(aq) + NO_3^-(aq)$

(c) $H_2O_2(aq) + ClO_4^-(aq) \longrightarrow ClO_2^-(aq) + O_2(g)$

갈바니 전지(19.2~19.3절)

19.35 갈바니 전지의 환원 전극이 (+)극으로 간주되는 이유는 무엇인가?

19.36 다음 반응을 이용하는 갈바니 전지를 구성하시오. 각 경우에, 산화 전극과 환원 전극의 반쪽 반응을 쓰고, 실험 장치를 그리시오. 산화 전극과 환원 전극을 표시하고, 각 전극의 부호를 나타내시오. 전자와 이온의 흐름을 표시하시오.

(a) $Cd(s) + Sn^{2+}(aq) \longrightarrow Cd^{2+}(aq) + Sn(s)$

(b) $2\,Al(s) + 3\,Cd^{2+}(aq) \longrightarrow 2\,Al^{3+}(aq) + 3\,Cd(s)$

(c) $Cr_2O_7^{2-}(aq) + 6\,Fe^{2+}(aq) + 14\,H^+(aq) \longrightarrow 2\,Cr^{3+}(aq) + 6\,Fe^{3+}(aq) + 7\,H_2O(l)$

19.37 다음 갈바니 전지에서, 전체 전지 반응의 균형 반응식을 쓰시오. 또한, 산화 전극과 환원 전극에 왜 비활성 전극들이 필요한지를 설명하시오.

$$Pt(s)\,|\,Br^-(aq)\,|\,Br_2(l)\,\|\,Cl_2(g)\,|\,Cl^-(aq)\,|\,Pt(s)$$

19.38 다음 전지 반응을 이용하는 갈바니 전지의 표준 간략 표기법을 쓰시오. 필요하면 비활성 전극도 포함시키시오.

$$2\,Al(s) + 3\,Cd^{2+}(aq) \longrightarrow 2\,Al^{3+}(aq) + 3\,Cd(s)$$

19.39 H_2/H^+ 반쪽 전지(산화 전극)와 Ag^+/Ag 반쪽 전지(환원 전극)가 전선과 염다리로 연결되어 있다.

(a) 전지를 그리고, 전자와 이온 흐름의 방향을 나타내시오.

(b) 전극과 전체 전지 반응의 균형 반응식을 쓰시오.

(c) 이 전지의 간략 표기법을 나타내시오.

19.40 다음 갈바니 전지의 경우, 전극과 전체 전지 반응의 균형 반응식을 쓰시오. 각 전지를 그리고, 산화 전극과 환원 전극을 표시하고, 전자와 이온 흐름의 방향을 나타내시오.

(a) $Co(s)\,|\,Co^{2+}(aq)\,\|\,Cu^{2+}(aq)\,|\,Cu(s)$

(b) $Fe(s)\,|\,Fe^{2+}(aq)\,\|\,O_2(g)\,|\,H^+(aq), H_2O(l)\,|\,Pt(s)$

전지 전위와 자유 에너지 변화(19.4절)

19.41 전지 전위 E가 표준 전지 전위 $E°$로서 사용되려면, 어떤 조건들을 만족시켜야 하는가?

19.42 시계에 사용하는 산화 은-아연 전지의 전압은 1.60 V이다. 다음 전지 반응의 자유 에너지 변화(kJ 단위)를 계산하시오.

$$Zn(s) + Ag_2O(s) \longrightarrow ZnO(s) + 2\,Ag(s)$$

ⓒArmando-Martin/Wikimedia Commons

19.43 다음 반응의 $E° = 1.43$ V와 $\Delta G° = -414$ kJ이면, x는 얼마인가?

$$A + B^{x+} \longrightarrow A^{x+} + B$$

19.44 부록 B의 표준 생성 자유 에너지를 이용하여, 수소-산소 연료 전지에서 일어나는 반응의 표준 전지 전위를 계산하시오.

$$2\,H_2(g) + O_2(g) \longrightarrow 2\,H_2O(l)$$

표준 환원 전위(19.5~19.6절)

19.45 표준 상태에서, 다음 산화제들을 산화력이 증가하는 순으로 나열하시오: $Br_2(aq)$, $MnO_4^-(aq)$, $Sn^{4+}(aq)$.

19.46 다음 물질을 고려해 보자.

$$I_2(s),\ Fe^{2+}(aq),\ Cr_2O_7^{2-}(aq)$$

가장 강한 산화제와 가장 약한 산화제는 어느 것인가?

19.47 다음 물질을 고려해 보자.

$$Fe(s),\ PdO_2(s),\ H^+(aq),\ Al(s),\ Ag(s),\ Cr_2O_7^{2-}(aq)$$

(a) 부록 D의 $E°$ 값을 이용하여, 위 물질을 산화제 혹은 환원제로 구분하시오.

(b) 가장 강한 산화제와 가장 약한 산화제는 어느 것인가?

(c) 가장 강한 환원제와 가장 약한 환원제는 어느 것인가?

(d) 어느 물질이 $Cu^{2+}(aq)$에 의해 산화되는가? 어느 물질이 $H_2O_2(aq)$에 의해 환원되는가?

19.48 부록 D의 자료를 이용하여, 다음 반응이 표준 상태에서 일어날 수 있는지 예측하시오.

(a) $Sn^{2+}(aq)$를 $Br_2(aq)$로 산화

(b) $Ni^{2+}(aq)$를 $Sn^{2+}(aq)$로 환원

(c) $Ag(s)$를 $Pb^{2+}(aq)$로 산화

(d) $I_2(s)$를 $H_2SO_3(aq)$로 환원

19.49 표준 상태 조건에서 다음 실험을 하였을 때, 일어나는 반응을 예측하시오.

(a) $Cr(NO_3)_3$ 산성 용액에 산소 기체를 넣을 경우

(b) $AgNO_3$ 수용액에 납 조각을 넣을 경우

(c) $H_2C_2O_4$ 수용액에 염소 기체를 넣을 경우

(d) HClO 수용액에 니켈 선을 넣을 경우

19.50 다음 갈바니 전지의 표준 전위는 0.40 V이다.

$$Zn(s)\,|\,Zn^{2+}(aq)\,\|\,Eu^{3+}(aq), Eu^{2+}(aq)\,|\,Pt(s)$$

(유로퓸(Eu)은 란타넘족 원소 중 하나이다.) 표 19.1의 자료

를 사용하여, Eu^{3+}/Eu^{2+} 반쪽 전지의 표준 환원 전위를 계산하시오.

19.51 주어진 다음 반쪽 반응에서 두 개의 반쪽 반응을 결합하여, 가장 큰 양의 값을 갖는 $E°$가 되도록 전지 반응을 구성한 다음, 균형 반응식을 쓰고, $E°$와 $\Delta G°$를 계산하시오.

$$Co^{2+}(aq) + 2\,e^- \longrightarrow Co(s) \qquad E° = -0.28\ V$$
$$I_2(s) + 2\,e^- \longrightarrow 2\,I^-(aq) \qquad E° = 0.54\ V$$
$$Cu^{2+}(aq) + 2\,e^- \longrightarrow Cu(s) \qquad E° = 0.34\ V$$

19.52 다음 반응의 표준 전지 전위와 표준 자유 에너지 변화(kJ 단위)를 계산하시오. (부록 D의 표준 환원 전위를 참조하시오.)

$$2\,Al(s) + 3\,Cd^{2+}(aq) \longrightarrow 2\,Al^{3+}(aq) + 3\,Cd(s)$$

19.53 다음 반응의 $E°$를 구하고, 어떤 반응이 표준 상태에서 자발적인지 말하시오.

(a) $2\,Fe^{2+}(aq) + Pb^{2+}(aq) \longrightarrow 2\,Fe^{3+}(aq) + Pb(s)$
(b) $Mg(s) + Ni^{2+}(aq) \longrightarrow Mg^{2+}(aq) + Ni(s)$

19.54 다음 반쪽 반응을 이용하는 갈바니 전지를 고려해 보자.

$$MnO_4^-(aq) + 8\,H^+(aq) + 5\,e^- \longrightarrow Mn^{2+}(aq) + 4\,H_2O(l) + Sn^{4+}(aq) + 2\,e^- \longrightarrow Sn^{2+}(aq)$$

(a) 전체 전지 반응의 균형 반응식을 쓰시오.
(b) 산화제와 환원제는 각각 무엇인가?
(c) 표준 전지 전위를 계산하시오.

네른스트 식(19.7절)

19.55 다음 반응을 이용하는 갈바니 전지를 고려해 보자.

$$2\,Ag^+(aq) + Ni(s) \longrightarrow 2\,Ag(s) + Ni^{2+}(aq)$$

이온 농도가 $[Ag^+] = 0.010$ M, $[Ni^{2+}] = 0.100$ M일 때, 25 ℃에서 전지의 전위를 구하시오.

19.56 다음 갈바니 전지의 전위는 25 ℃에서 얼마인가?

$$Pb(s)\,|\,Pb^{2+}(1.0\ M)\,\|\,Cu^{2+}(1.0 \times 10^{-4}\ M)\,|\,Cu(s)$$

만약, Pb^{2+}의 농도를 1.0 M로 유지하고 전지 전위를 0 V로 감소시키면, Cu^{2+}의 농도는 얼마인가?

19.57 다음 전지를 사용하여 측정한 전지 전위가 25 ℃에서 1.07 V 이었다면, Zn^{2+}:Cu^{2+} 농도비는 얼마인가?

$$Zn(s)\,|\,Zn^{2+}(aq)\,\|\,Cu^{2+}(aq)\,|\,Cu(s)$$

19.58 네른스트 식은 전지 반응과 반쪽 반응에 모두 적용할 수 있다. 다음 특정한 조건의 경우, 반쪽 반응의 전위를 25 ℃에서 계산하시오.

(a) $I_2(s) + 2\,e^- \longrightarrow 2\,I^-(aq);\ [I^-] = 0.020\ M$
(b) $Fe^{3+}(aq) + e^- \longrightarrow Fe^{2+}(aq);$
$[Fe^{3+}] = [Fe^{2+}] = 0.10\ M$
(c) $Sn^{2+}(aq) \longrightarrow Sn^{4+}(aq) + 2\,e^-;$
$[Sn^{2+}] = 1.0 \times 10^{-3}\ M,\ [Sn^{4+}] = 0.40\ M$
(d) $2\,Cr^{3+}(aq) + 7\,H_2O(l) \longrightarrow$
$Cr_2O_7^{2-}(aq) + 14\,H^+(aq) + 6\,e^-;$
$[Cr^{3+}] = [Cr_2O_7^{2-}] = 1.0\,M,\ [H^+] = 0.010\,M$

19.59 25 ℃와 다음 반응 조건에서 수소 전극의 환원 전위는 얼마인가? 반쪽 반응은 다음과 같다.

$$2\,H^+(aq) + 2\,e^- \longrightarrow H_2(g,\ 1\ atm)$$

(a) 1.0 M HCl
(b) pH 4.00인 용액
(c) 순수한 물
(d) 1.0 M NaOH

19.60 Pb^{2+}/Pb와 Cd^{2+}/Cd 반쪽 반응의 표준 환원 전위는 각각 −0.13 V와 −0.40 V이다. 반쪽 반응이 동일한 환원 전위를 갖는 Pb^{2+}와 Cd^{2+}의 상대적인 농도는 얼마인가?

표준 전지 전위와 평형 상수(19.8절)

19.61 $E°$, $\Delta G°$, K와 연관된 식을 이용하여, 양수 $E°$ 값을 갖는 반응의 경우 $\Delta G°$는 음수이고 $K > 1$이라는 것을 증명하시오.

19.62 표 19.1의 자료를 이용하여, 다음 반응의 25 ℃에서의 평형 상수를 구하시오.

$$Ni(s) + 2\,Ag^+(aq) \longrightarrow Ni^{2+}(aq) + 2\,Ag(s)$$

19.63 25 ℃에서 다음 반응의 평형 상수를 구하시오.

$$Cd(s) + Sn^{2+}(aq) \longrightarrow Cd^{2+}(aq) + Sn(s)$$

19.64 25 ℃에서 다음 반응의 평형 상수를 구하시오. (부록 D의 표준 환원 전위를 참조하시오.)

$$Hg_2^{2+}(aq) \longrightarrow Hg(l) + Hg^{2+}(aq)$$

19.65 다음 갈바니 전지의 전위는 25 ℃에서 1.214 V이다.

$$Hg(l)\,|\,Hg_2Br_2(s)\,|\,Br^-(0.10\ M)\,\|\,MnO_4^-(0.10\ M),\ Mn^{2+}(0.10\ M),\ H^+(0.10\ M)\,|\,Pt(s)$$

25 ℃에서 Hg_2Br_2의 K_{sp} 값을 계산하시오.

전기 분해(19.9~19.10절)

19.66 금속 마그네슘은 비활성 전극을 이용하여 용융 염화 마그네슘을 전기 분해하여 생산된다.

(a) 전지를 그린 다음, 산화 전극과 환원 전극을 표시하고, 전극의 부호를 나타내고, 전자와 이온 흐름의 방향을 보이시오.
(b) 산화 전극, 환원 전극, 전체 전지 반응의 균형 반응식을 쓰시오.

19.67 비활성 전극으로 이루어진 전지에서 $MgCl_2$ 수용액을 전기 분해할 때 일어날 수 있는, 산화 전극과 환원 전극의 반쪽 반응을 열거하시오. 어느 반쪽 반응이 일어나는지를 예측하고, 그 이유를 설명하시오.

19.68 비활성 전극으로 이루어진 전지에서 다음 염의 수용액을 전기 분해할 때, 산화 전극, 환원 전극, 전체 전지 반응을 예측하시오.

(a) NaBr (b) $CuCl_2$ (c) LiOH

19.69 질산 은 수용액을 2.40 A의 일정한 전류로 20.0분 동안 전기 분해할 때, 생성되는 은의 무게를 g 단위로 구하시오.

19.70 3.00×10^4 A의 일정한 전류로 용융 NaCl을 전기 분해하여 1.00×10^3 kg의 소듐을 얻으려면, 몇 시간이 필요한가? 부산물로 얻어지는 Cl_2는 표준 상태에서 몇 L인가?

19.71 20.0 A의 일정한 전류를 사용하여, 금속 질산염 수용액 $M(NO_3)_2(aq)$를 325분 동안 전기 분해하여 111 g 금속을 얻었다. 이 금속 이온 M^{2+}를 예측하시오.

19.72 알루미늄, 타이타늄, 몇몇 다른 금속들은 산화 처리(anodizing)라 부르는 전기 화학 과정에 의해 색을 띨 수 있다. 산화 처리에서는 금속 산화 전극이 산화되어, 밝은 색을 띠기 위해 염료 분자를 포함시킬 수 있는 다공성 금속 산화물 피막을 생성한다. 예를 들어, 알루미늄의 산화에서 전극 반응은 다음과 같다.

환원 전극(환원): $6\ H^+(aq) + 6\ e^- \longrightarrow 3\ H_2(g)$

산화 전극(산화): $2\ Al(s) + 3\ H_2O(l) \longrightarrow Al_2O_3(s) + 6\ H^+(aq) + 6\ e^-$

전체 전지 반응: $2\ Al(s) + 3\ H_2O(l) \longrightarrow Al_2O_3(s) + 3\ H_2(g)$

산화 전극 위에 형성된 알루미튬 산화물 피막의 두께는, 전기 분해 과정 동안 흘려준 전류를 바꿈으로써 조절할 수 있다. 한 모서리의 길이가 10.0 cm인 정사각형 알루미늄 금속 위에 0.600 A의 전류를 흘려주어, 0.0100 mm 두께의 Al_2O_3(밀도: 3.97 g/cm^3) 피막을 입히려면, 소요되는 시간은 몇 분인가?

▲ 산화 처리된 알루미늄 스포츠용 물병 ⓒJuan Aunion/Shutterstock

chapter 20

유기 화학

CONTENTS

20.1 유기 분자와 구조: 구조 이성질체

20.2 유기 화합물 집단: 작용기

20.3 원자가 결합 이론과 오비탈 겹침 그림

20.4 유기 화합물의 형식 전하와 공명

20.5 콘쥬게이션 계

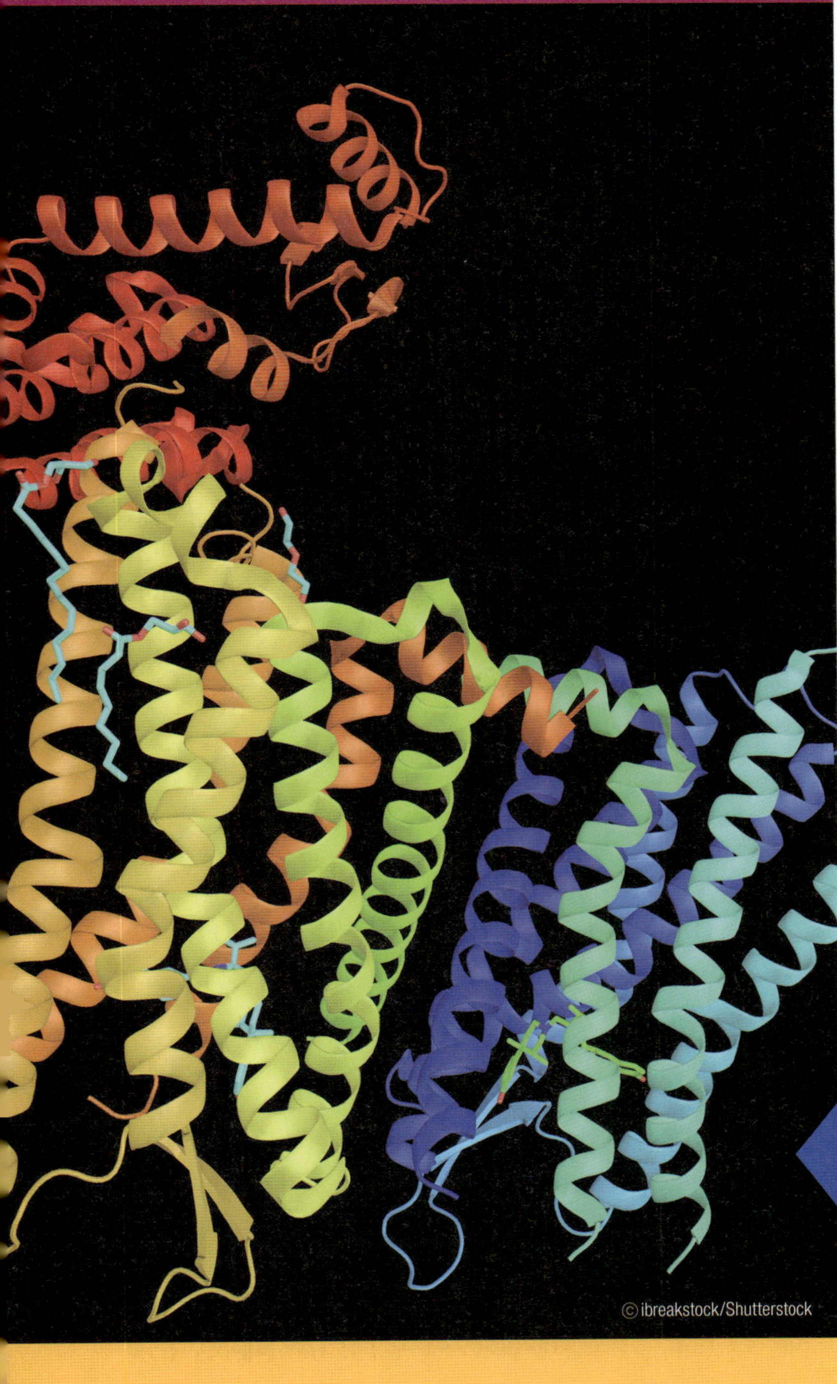

인간 오피오이드 수용체에 대한 작가의 그림. 뇌세포의 표면에 존재하는 이 수용체는 오피오이드와 결합하고 기쁨, 고통, 중독에 관여한다. 생물학적 수용체에 대한 분자의 결합은 분자의 모양에 의해 결정된다. 거울상 이성질체는 미묘한 모양의 차이와 매우 다른 생물학적 영향을 보여 주는 서로 동일하지 않은 거울상인 분자들이다.

화학의 궁극적인 목적이 분자 수준에서 우리 주변의 세계를 이해하는 것이라면, 생물체의 화학인 **생화학**(**biochemistry**)의 지식은 그 목적의 주요한 부분을 차지한다. 결국 유기 화학(organic chemistry)의 한 분야인 생화학은 본래 살아 있는 유기체에서 유래된 화합물의 연구를 의미하는 용어이며, 무기 화학(inorganic chemistry)은 무생물에서 유래된 화합물의 연구에 사용된 용어였다. 그러나 오늘날, 우리는 유기 화합물과 무기 화합물 사이에 근본적인 차이가 없음을 알고 있다. 동일한 원리가 모두에게 적용된다. 생물로부터 유래된 화합물이 갖는 유일한 공통적인 특징은 모두 탄소 원소를 포함하고 있다는 것이다. 따라서 현재 **유기 화학**(**organic chemistry**)은 탄소 화합물에 대한 연구로 정의된다.

그렇다면 무슨 이유로 탄소는 특별하고, 왜 화학자들은 여전히 유기 화학을 과학의 독립된 분야로 간주할까? 이러한 질문에 대한 답에는 탄소 원자들이 서로 결합하여 긴 사슬과 고리를 형성하는 능력이 포함되어 있다. 모든 원소 중에 탄소만이 유일하게 탄소 원자가 하나인 메테인부터 수십억 개의 탄소 원자로 이루어진 데옥시리보핵산(DNA)까지, 광대한 수의 화합물을 형성할 수 있다. 실제로, 전 세계의 실험실에서 6700만 개 이상의 유기 화합물이 만들어졌으며, 생물체에는 수백만 개가 더 존재한다.

이 장에서는 7장과 8장에서 다룬 구조와 결합의 중요한 개념들을 복습하고, 이 개념들을 유기 화합물에 적용할 것이다.

20.1 유기 분자와 구조: 구조 이성질체

왜 그렇게 많은 유기 화합물이 존재할까? 그 답은 비교적 소수의 원자들이 매우 다양한 방법으로 서로 결합할 수 있기 때문이다. 탄소와 수소만으로 이루어진 **탄화수소**(**hydrocarbon**) 중 단일 결합만으로 이루어진 분자를 살펴보자. 그러한 화합물이 속한 유기 화합물의 집단을 **알케인**(**alkane**)이라고 한다. 탄소 원자는 네 개의 바깥 껍질 전자를 가지고 네 개의 공유 결합을 형성하므로(7.5절), 탄소가 한 개인 알케인은 메테인(CH_4)이 유일하다. 마찬가지로, 탄소가 두 개인 알케인은 에테인(C_2H_6)이 유일하며, 탄소가 세 개인 알케인은 프로페인(C_3H_8)이 유일하다.

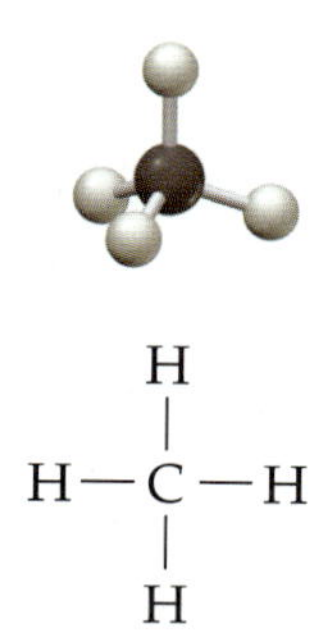

메테인(CH_4)

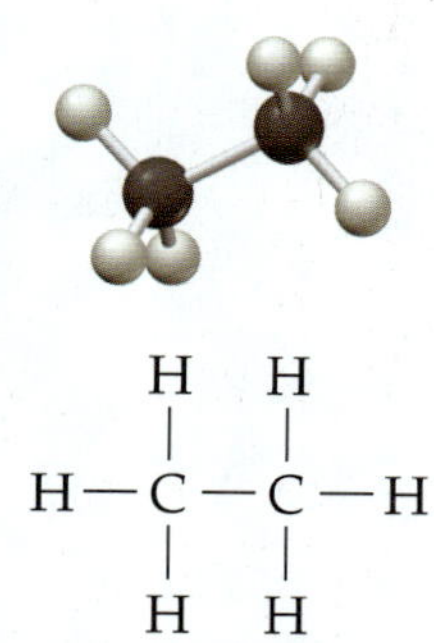

에테인(C_2H_6)

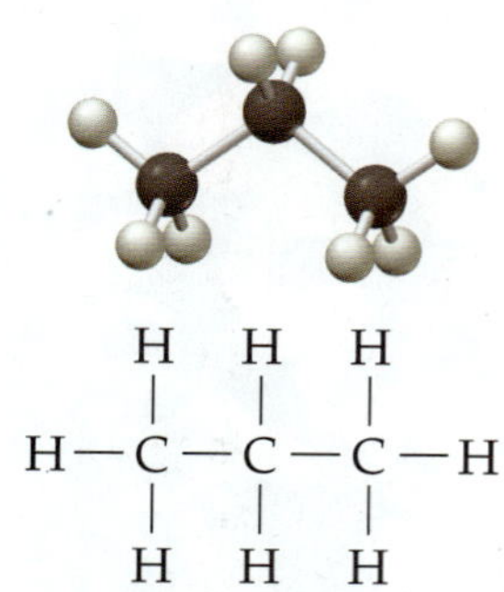

프로페인(C_3H_8)

그러나 많은 수의 탄소가 수소와 결합할 때에는 두 개 이상의 구조가 생길 수 있다. 예를 들면, 화학식 C_4H_{10}인 네 개의 탄소로 이루어진 알케인은 두 가지가 존재한다. 어떤 화합물은 네 개의 탄소가 한 줄로 연결되어 있으며, 어떤 화합물은 가지 달린 배열을 가지고 있다. 이와 비슷하게 화학식 C_5H_{12}인 알케인은 세 가지가 존재하며, 더 큰 알케인의 경우에는 더 많은 구조가 가능하다. 모든 탄소가 한 줄로 연결된 화합물을 **곧은 사슬 알케인**(**straight-chain alkane**)이라고 하며, 탄소가 가지로 연결된 화합물을 **가지 달린 사슬 알케인**(**branched-chain alkane**)이라고 한다.

두 개의 서로 다른 C_4H_{10} 분자와 세 개의 서로 다른 C_5H_{12} 분자와 같이, 분자식은 같으나 원자들이 서로 다르게 연결된 화합물을 **구조 이성질체(consitutional isomer)**라고 한다. 예를 들면, 뷰테인의 경우 왼쪽에서 두 번째 탄소는 두 개의 탄소 원자와 두 개의 수소 원자와 결합하고 있다. 구조 이성질체인 2-메틸프로페인의 두 번째 탄소는 세 개의 탄소 원자와 한 개의 수소 원자와 결합하고 있다. 5개의 이성질체가 가능한 C_6H_{14} 분자부터 60조 개 이상의 이성질체가 가능한 $C_{40}H_{82}$ 분자와 같이, 알케인의 가능한 이성질체의 수는 탄소 원자의 수가 늘어남에 따라 급격하게 증가한다. 이성질체는 서로 다른 화합물이다. 이들은 구조가 다를 뿐만 아니라 화학적 성질과 녹는점, 끓는점과 같은 물리적 성질이 다르다.

기억하기…
이성질체는 화학식은 같으나 원자들의 배열된 방식이 서로 다른 화합물이다. 구조 이성질체란 화학식은 같으나 원자들이 서로 다르게 연결되어 있는 화합물이다.

C_4H_{10}

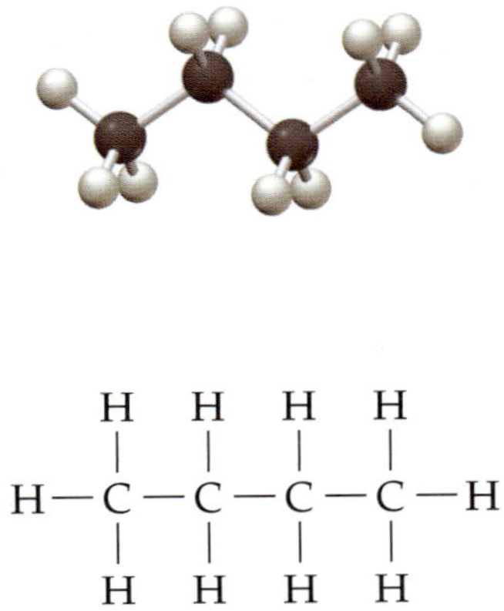

뷰테인(곧은 사슬)

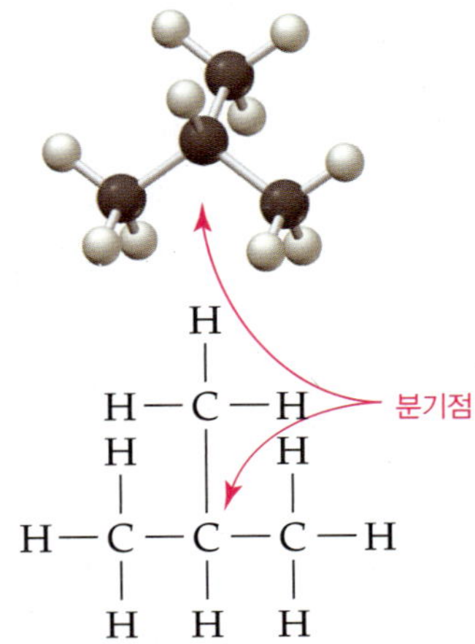

2-메틸프로페인(가지 달린 사슬)

C_5H_{12}

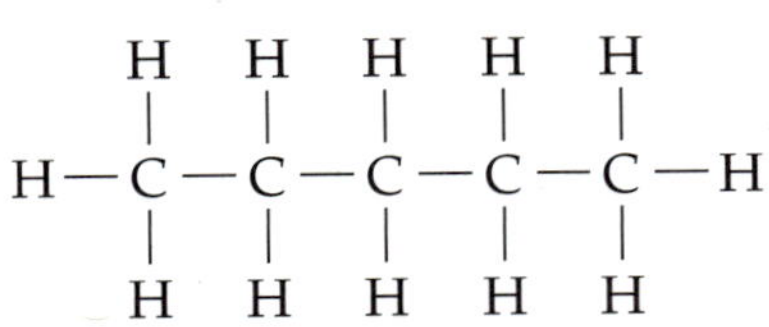

펜테인(곧은 사슬)

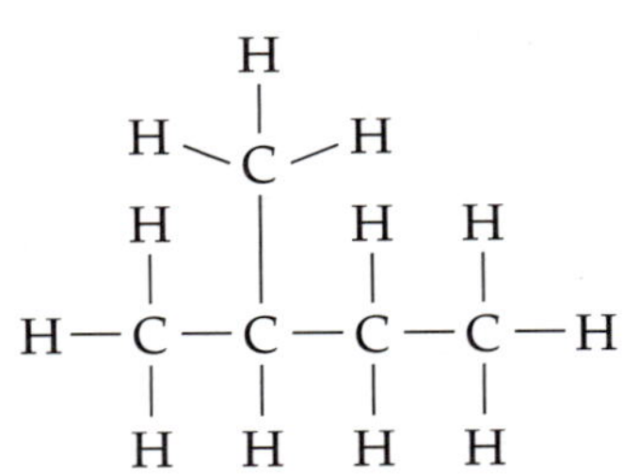

2-메틸뷰테인(가지 달린 사슬)

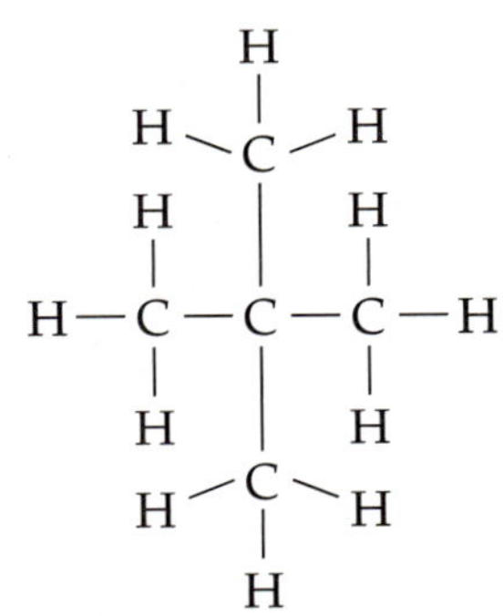

2,2-다이메틸프로페인(가지 달린 사슬)

유기 분자의 모든 결합과 원자를 그리는 것은 번거롭고 시간도 낭비되므로 화학자들은 **축약 구조식**이라는 속기법을 종종 사용한다. 축약 구조식에서는 탄소–수소 결합과 대부분의 탄소–탄소 단일 결합이 표현되지 않지만, 그러한 결합들이 있는 것으로 '이해하면' 된다. 한 탄소 원자에 세 개의 수소가 결합되어 있다면 CH_3, 두 개의 수소가 결합되어 있다면 CH_2와 같이 쓴다. 예를 들어, 네 개의 탄소를 가진 곧은 사슬 알케인 (뷰테인)과 가지 달린 사슬 이성질체(2-메틸프로페인 또는 아이소뷰테인)는 다음과 같이 쓸 수 있다.

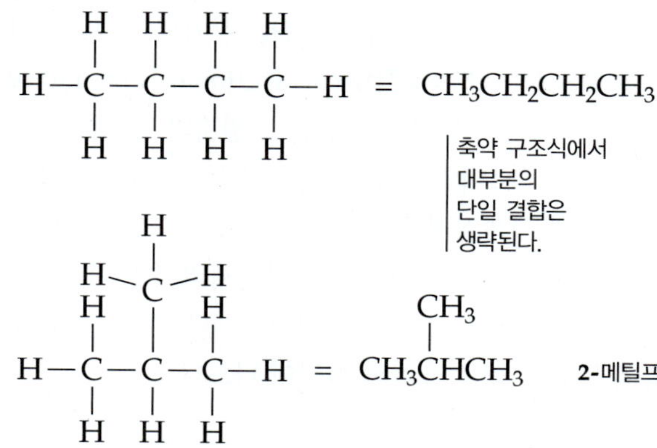

뷰테인

2-메틸프로페인(아이소뷰테인)

단순히 서로 옆에 놓인 CH_3와 CH_2 단위와 같은 탄소 사이의 수평 결합은 나타내지 않으나, 2-메틸프로페인에서의 수직 결합은 구조를 명확하게 표현하기 위해서 나타낸다.

유기 분자의 축약 구조식은 그 원자 사이의 연결만 나타낼 뿐 3차원적 모양에 대해서는 아무 것도 나타내지 않으며, 그 모양은 **VSEPR 모형(VSEPR model)**에 의해 예측할 수 있다. 따라서 한 분자는 여러 다른 방식으로 자유롭게 그릴 수 있다. 예를 들어, 2-메틸뷰테인이라는 이름을 가진 가지 달린 사슬 알케인은 아래의 어떤 구조로든 나타낼 수 있다. 모든 구조에서 네 개의 탄소는 한 줄로 연결되어 있으며, 끝에서 두 번째 탄소에 $-CH_3$ 가지가 있다.

기억하기…
VSEPR 모형에서는 한 원자 주위의 전하 구름의 수를 계산하고, 이러한 구름이 가능하면 공간에서 서로 멀리 떨어져 있는 방향으로 위치한다고 가정하여 기하 구조를 예측한다. 탄소가 네 개의 단일 결합을 가지고 있을 때에는 결합각이 약 109.5°인 사면체 기하 구조이지만, 탄소가 두 개의 단일 결합과 한 개의 이중 결합을 가지고 있을 때에는 결합각이 약 120°인 삼각 평면 기하 구조가 된다. 탄소가 한 개의 단일 결합과 한 개의 삼중 결합을 가지고 있을 때에는 선형 기하 구조이다(8.1절).

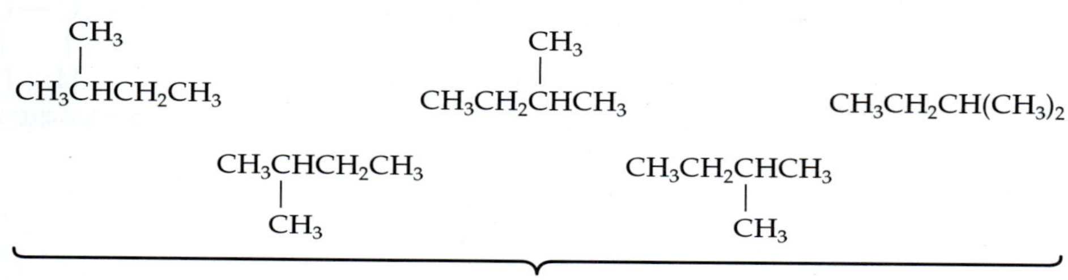

2-메틸뷰테인의 몇 가지 표현 방법

실제로 2-메틸뷰테인은 탄소–탄소 단일 결합에서 회전이 일어나기 때문에 한 가지 모양으로 존재하지 않는다. 한 개의 C—C 단일 결합으로 연결된 분자의 두 부분은 그 결합을 중심으로 회전할 수 있기 때문에 가능한 3차원 구조, 즉 **형태(conformation)**가 무수히 많이 존재한다. 따라서 2-메틸뷰테인의 큰 표본은 그 모양을 계속하여 바꾸는 매우 많은 수의 분자들을 포함하고 있다. 어떤 주어진 순간에 대부분의 분자들은 다른 가능한 구조보다 약간 더 안정한, 옆으로 펼쳐진 지그재그 모양을 한다. 다른 알케인에 대해서도 이 점이 동일하게 적용된다. 3차원 구조를 그릴 때 보통의 선은 종이면에 있는 결합을 나타내고, 쐐기는 종이에서 보는 사람 쪽으로 향하는 결합을 나타내며, 파선은 종이 뒤편으로 보는 사람으로부터 멀어지는 결합을 나타낸다는 점을 기억하라(8.1절).

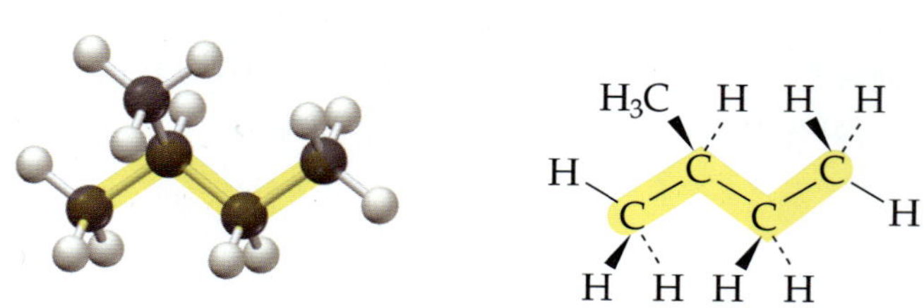

2-메틸뷰테인에서 탄소 사슬은 지그재그 모양을 가진다.

선 구조식은 탄소 사슬의 결합만을 표시하며, 구조를 나타내는 편리하고 간단한 방법 중 하나이다. 선 구조식은 탄소 사슬을 지그재그 모양으로 나타내는데, 이것은 탄소 원자의 사슬이

위의 2-메틸뷰테인의 구조에서 보이는 것과 같은 모양을 하고 있기 때문이다. 각 꼭짓점이나 종말점은 탄소 원자를 나타낸다. 탄소와 수소 사이의 결합은 나타내지 않지만, **탄소 원자가 네 개의 결합을 형성한다**는 사실로부터 수소 원자의 개수를 결정할 수 있다. 따라서 다른 탄소와 하나의 결합을 하고 있는 탄소 원자는 세 개의 수소와 결합할 것이다. 다른 탄소 원자와 두 개의 결합을 하고 있는 탄소 원자는 두 개의 수소와 결합할 것이다. 2-메틸뷰테인의 선 구조식은 다음과 같이 나타낸다.

$$\begin{array}{c} \quad CH_3 \\ \quad | \\ CH_3CHCH_2CH_3 \end{array}$$

2-메틸뷰테인

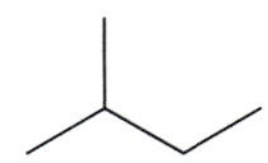

2-메틸뷰테인의 선 구조식

지금까지 살펴본 알케인은 열린 사슬 화합물, 즉 **비고리**(acyclic) 화합물 구조를 하고 있었다. **고리**(cyclic) 화합물은 탄소 원자들의 **고리**(ring)를 포함한다. 고리 화합물도 잘 알려져 있으며, 자연계에 널리 분포하고 있다. 3개에서 30개까지의 탄소로 이루어진 모든 크기의 고리 화합물과 그 이상의 큰 고리 화합물도 합성되었다.

가장 간단한 고리 화합물은 사이클로알케인(cycloalkane)으로, 열린 사슬 알케인처럼 C−C와 C−H 단일 결합만으로 이루어져 있다. 그림 20.1에 3개(사이클로프로페인), 4개(사이클로뷰테인), 5개(사이클로펜테인), 6개(사이클로헥세인)의 탄소를 가진 화합물을 나타내었다. 축약 구조식으로 고리 화합물을 그리는 것은 어렵기 때문에, 사이클로알케인을 나타내기 위해서는 대체로 선 구조식이 사용된다. 각 선이 만나는 점에는 하나의 탄소 원자가 있으며, 탄소 원자는 네 개의 결합을 형성하므로 수소 원자의 수를 결정할 수 있다. 고리 화합물에서 각각의 탄소 원자는 다른 탄소 원자들과 두 개의 결합을 하고 있으므로, 수소와는 두 개의 결합을 하고 있다.

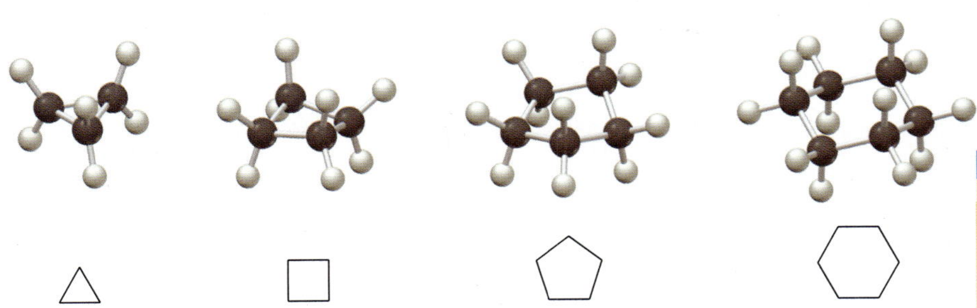

사이클로프로페인 사이클로뷰테인 사이클로펜테인 사이클로헥세인

◀ **그림 20.1**
몇 가지 간단한 사이클로알케인의 선 구조식과 구조. 고리를 다각형으로 나타내었다.

◀ 확인하기

사이클로펜테인의 화학식은 무엇인가? 5개의 탄소 원자가 곧은 사슬 구조를 하고 있는 펜테인에서의 수소 원자의 수와 비교하여, 사이클로펜테인의 수소 원자의 수는 얼마인가?

답 사이클로펜테인의 화학식은 C_5H_{10}이다. 고리 구조의 사이클로펜테인은 펜테인(C_5H_{12})보다 두 개의 수소를 적게 가진다.

예상했던 것처럼, 사이클로프로페인과 사이클로뷰테인의 C−C−C 결합각은 이상적인 정사면체 값인 109.5°에서 상당히 벗어나 있다. 예를 들어, 정삼각형 모양을 가지는 사이클로프로페인의 C−C−C 결합각은 60°이다. 따라서 삼원자 고리나 사원자 고리의 결합은 정상적인 경우보다 약하고, 이러한 분자는 다른 알케인보다 반응성이 더 크다. 그러나 그림 20.1의 모형에 나타난 것과 같이, 사이클로펜테인, 사이클로헥세인 및 더 큰 사이클로알케인은 결합각이 정상적인 정사면체 값에 가까운 모양을 가지도록 꺾여 있다.

개념 예제 20.1

분자 모형을 선 구조식으로 바꾸기

다음 알케인의 분자 모형을 선 구조식으로 바꾸시오.

(a)

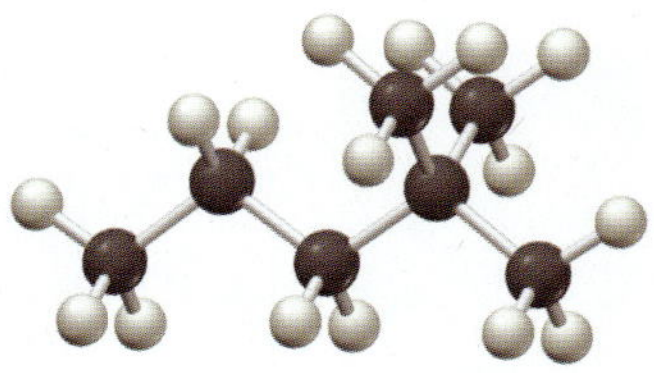

2,2-Dimethylpentane
2,2-다이메틸펜테인

(b)

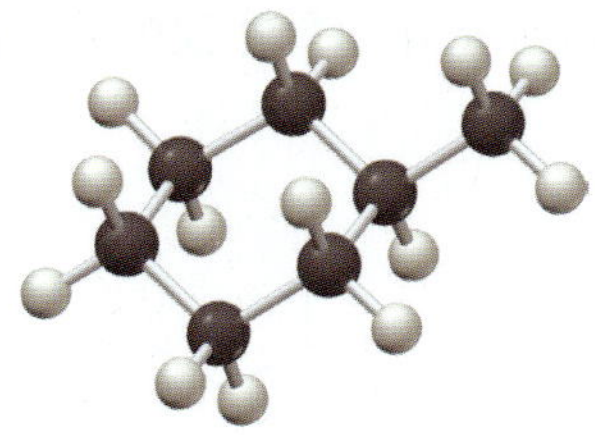

Methylcyclohexane
메틸사이클로헥세인

전략

먼저, 각 꼭짓점이나 종점이 탄소 원자를 나타낸다는 것을 이용하여 탄소 사슬 구조를 그린다. 탄소 원자들은 단일 결합으로 연결한다.

풀이

(a)

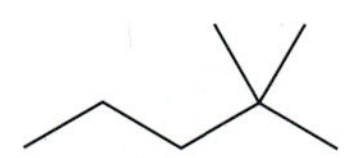

(b)

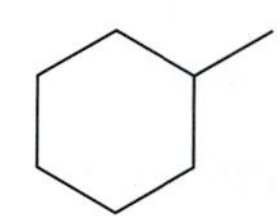

개념 연습문제 20.1 다음 알케인의 분자 모형을 선 구조식으로 바꾸시오.

(a) 에틸사이클로펜테인 (b) 3,5-다이메틸헵테인

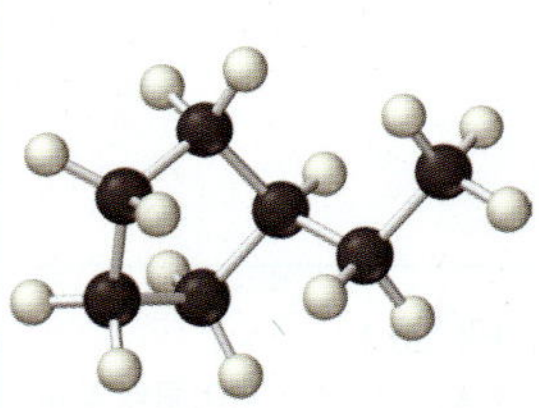

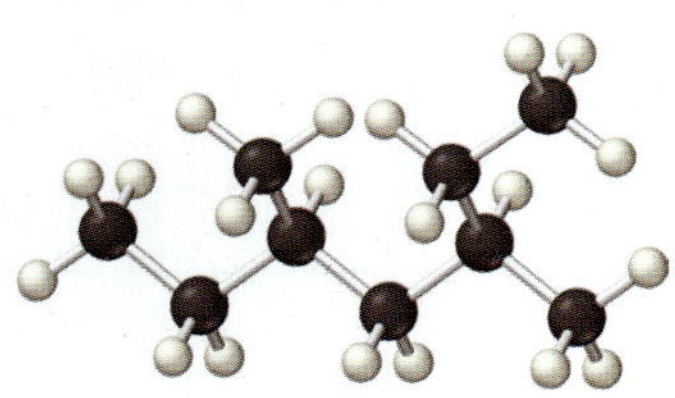

응용문제 20.2 선 구조식으로부터 다음 알케인의 분자식을 결정하시오.

(a)

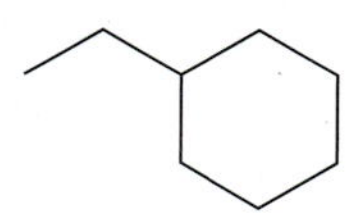

(b)

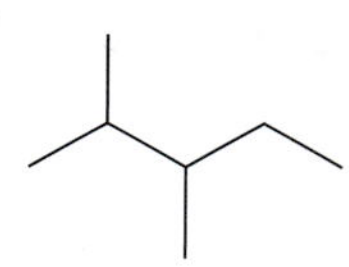

예제 20.2

구조 이성질체의 확인

다음 축약 구조식의 분자식은 모두 C_8H_{18}이다. 이 중에서 어느 것들이 같은 분자이며, 어느 것들이 이성질체인가?

(a)

$$\begin{array}{l}\quad CH_3 \quad\; CH_3 \\ \quad\;\; | \qquad\quad | \\ CH_3CHCH_2CHCH_2CH_3\end{array}$$

(b)

$$\begin{array}{r}CH_3 \quad\; CH_3 \quad\;\; \\ | \qquad\quad | \qquad\;\; \\ CH_3CH_2CHCH_2CHCH_3\end{array}$$

(c)

$$\begin{array}{l}\quad CH_3 \qquad\quad CH_3 \\ \quad\;\; | \qquad\qquad\;\; | \\ CH_3CHCH_2CH_2CHCH_3\end{array}$$

전략

원자 사이의 연결에 집중한다. 구조를 오른쪽에서 왼쪽으로 쓰는 것에 비해, 반대로 쓰는 경우에 구조식이 겉보기에 다르다고 오해하지 말라.

풀이

구조 (a)는 끝에서 두 번째와 네 번째 탄소에 $-CH_3$ 가지가 있는 탄소 6개의 곧은 사슬이다. 구조 (b)도 끝에서 두 번째와 네 번째 탄소에 $-CH_3$ 가지가 있는 탄소 6개의 곧은 사슬이므로 (a)와 동일하다. (a)와 (b) 사이의 유일한 차이는 하나는 '앞에서부터' 쓴 것이고, 다른 것은 '뒤에서부터' 쓴 것이라는 점이다. 구조 (c)는 끝에서 두 번째와 다섯 번째 탄소에 $-CH_3$ 가지가 있는 탄소 6개의 곧은 사슬이므로 (a)와 (b)의 이성질체이다.

연습문제 20.3 다음 구조 중 어느 것이 같은가?

(a)

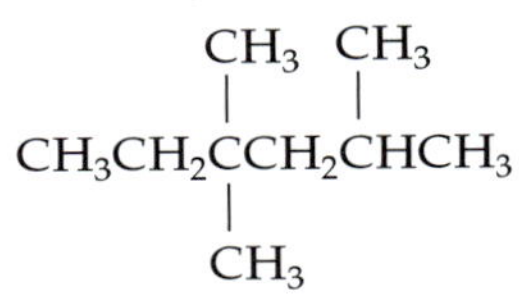

(b)

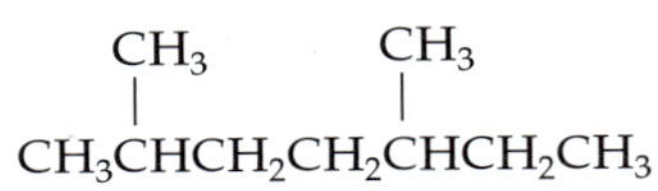

(c)

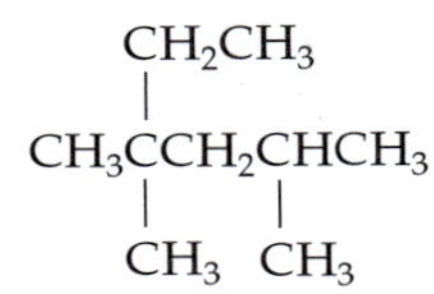

응용문제 20.4 화학식이 C_6H_{14}인 알케인에 대한 5가지 이성질체의 축약 구조식과 선 구조식을 그리시오.

20.2 유기 화합물 집단: 작용기

화학자들은 경험을 통해 배운 것이 있다. 유기 화합물들을 그 구조적 특성에 따라서 집단으로 분류할 수 있다는 것과, 특정한 집단을 구성하고 있는 화합물들이 종종 유사한 화학적 반응성을 가진다는 것이다. 무작위로 화학적 거동을 보이는 4,500만 개의 화합물을 대신하여 거동을 합리적으로 예측할 수 있는 소수의 화합물 집단이 존재한다.

화합물을 집단으로 분류하는 것을 가능하게 해주는 구조적 특징을 작용기라고 한다. **작용기(functional group)**란 독특한 화학적 거동을 하는 분자 내의 한 원자나 원자단을 말하며, 동일한 작용기를 포함하는 모든 분자들은 동일한 종류의 반응을 일으킨다. 예를 들어, 탄소–탄소 **이중 결합(double bond)** 작용기를 보자. 이중 결합을 가진 가장 간단한 화합물인 에틸렌($H_2C{=}CH_2$)은, 박하 기름에서 유래하는 훨씬 더 크고 복잡한 분자인 멘텐(menthene, $C_{10}H_{18}$)과 놀라울 정도로 유사하게 반응한다. 두 물질은 Br_2와 반응하여, Br 원자가 각각의 이중 결합 탄소에 첨가된 생성물을 형성한다(그림 20.2).

기억하기…
이중 결합은 원자 사이에 두 개의 전자쌍, 즉 네 개의 전자를 공유함으로써 형성된다(7.5절).

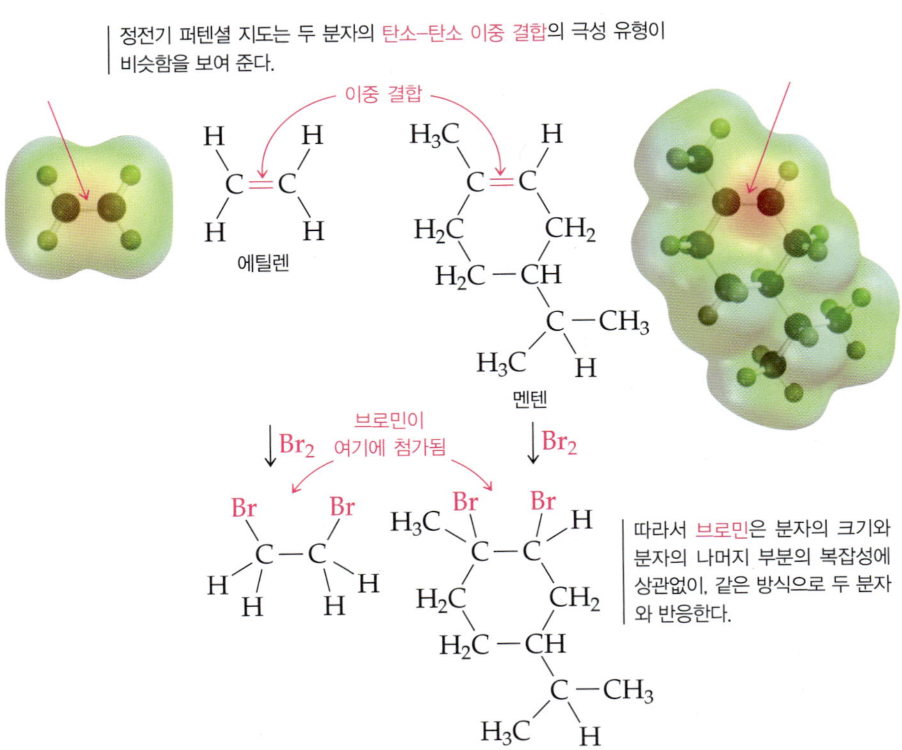

그림 20.2
에틸렌과 멘텐의 탄소–탄소 이중 결합과 브로민의 반응

그림 20.2는 유기 분자의 화학은 그 크기와 복잡성에 상관없이 그 분자 내에 존재하는 작용기에 의해 좌우된다는 대표적인 예이다.

표 20.1에 가장 흔한 작용기와 그것들의 예가 나와 있다. 작용기는 탄소–탄소 이중 결합을 가진 **알켄(alkene)**, 탄소–탄소 삼중 결합을 가진 **알카인(alkyne)**과 같이 다중 결합을 가진 탄

표 20.1 유기 화합물의 몇 가지 집단

집단명	작용기 구조	간단한 예	이름	이름의 접미사
알케인	(C–H와 C–C 단일 결합만 포함)	CH_3CH_3	에테인(ethane)	-에인(*-ane*)
알켄	>C=C<	$H_2C{=}CH_2$	에텐(ethene) (에틸렌)	-엔(*-ene*)
알카인	—C≡C—	H—C≡C—H	에타인(ethyne) (아세틸렌)	-아인(*-yne*)
아렌(방향족)	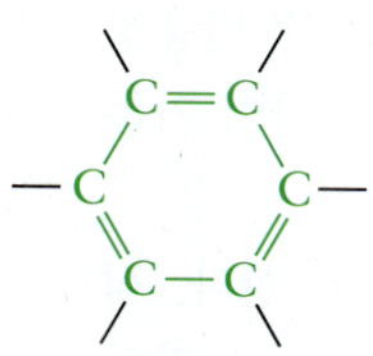	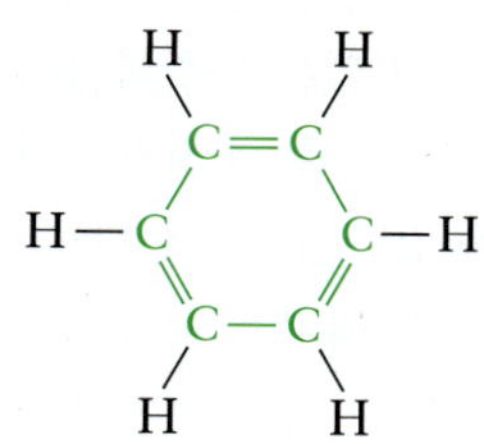	벤젠(benzene)	없음
알코올	—C—O—H	CH_3OH	메탄올(methanol)	-올(*-ol*)
에터	—C—O—C—	CH_3OCH_3	다이메틸 에터 (dimethyl ether)	에터(*ether*)
아민	—C—N—	CH_3NH_2	메틸아민 (methylamine)	-아민(*-amine*)
알데하이드	—C—C(=O)—H	$CH_3CH(=O)$	에탄알(ethanal) (아세트알데하이드)	-알(*-al*)
케톤	—C—C(=O)—C—	$CH_3C(=O)CH_3$	프로판온(propanone) (아세톤)	-온(*-one*)
카복실산	—C—C(=O)—O—H	$CH_3C(=O)OH$	에탄산(ethanoic acid) (아세트산)	-산(*-oic acid*)
에스터	—C—C(=O)—O—C—	$CH_3C(=O)OCH_3$	에탄산 메틸 (methyl ethanoate) (아세트산 메틸)	-산(*-ate*)
아마이드	—C—C(=O)—N—	$CH_3C(=O)NH_2$	에탄아마이드 (ethanamide) (아세트아마이드)	-아마이드(*-amide*)

연결이 명시되지 않은 결합은 분자의 나머지 부분에 탄소 또는 수소 원자가 붙은 것으로 가정한다.

화수소일 수 있다. 산소, 질소, 할로젠과 같은 원소들과 단일 결합을 포함하고 있는 작용기도 있으며, 탄소–산소 이중 결합을 가진 작용기도 있다. 특히, 대부분의 생물학적 분자는 **카보닐기(carbonyl group)**라고 하는 C=O 결합을 가지며, 몇 가지 다른 작용기에도 카보닐기는 존재한다.

개념 예제 20.3

작용기를 가진 분자의 선 구조식 해석

멜라토닌(melatonin)은 수면에 드는 형태를 조절하기 위해 인체에서 생성되는 호르몬이다. 멜라토닌의 완전한 전자점 구조을 그리시오.

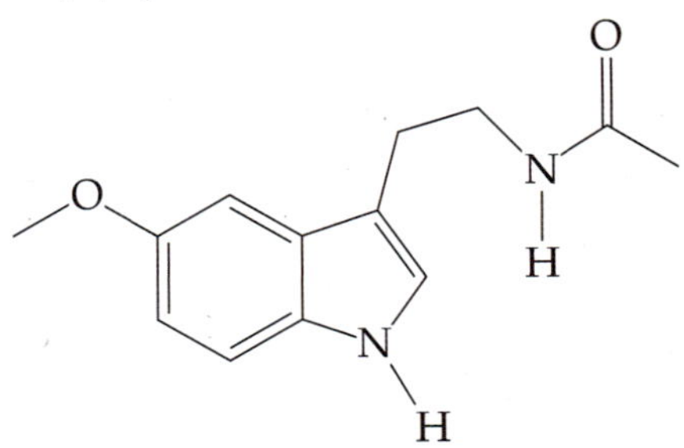

멜라토닌

전략과 풀이

단계 1. 연결된 원자들이 보이도록 골격 구조를 그린다. 아래와 같이 선 구조식에서 각 종점과 꼭짓점에 탄소를 그린다.

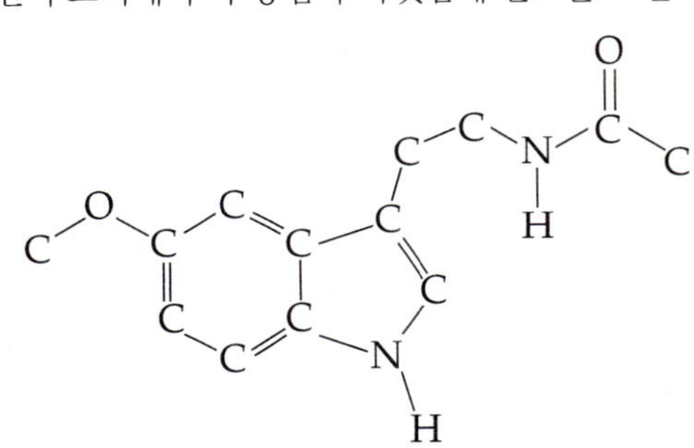

단계 2. 각 원자의 팔전자계를 완성한다. 선 구조식은 탄소와 결합한 수소 원자는 나타내지 않으나, 질소 또는 산소와 같은 다른 원자와 결합한 수소 원자는 나타낸다. 선 구조식은 고립 전자쌍도 나타내지 않는다. 탄소 원자가 네 개의 결합수를 가지도록 수소와의 결합을 그림으로써 각 탄소의 팔전자계를 완성한다. 탄소 이외의 원자들은 고립 전자쌍을 더하여 팔전자계를 완성한다.

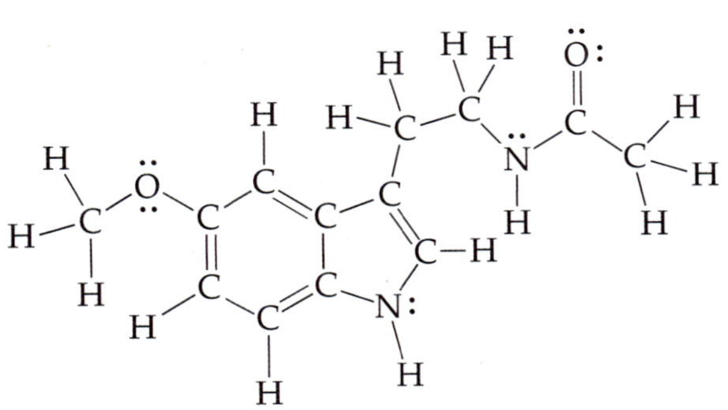

▶ **연습문제 20.5** 통증과 열을 완화하기 위해 사용되는 아세트아미노펜(acetaminophen)의 완전한 전자점 구조를 그리시오.

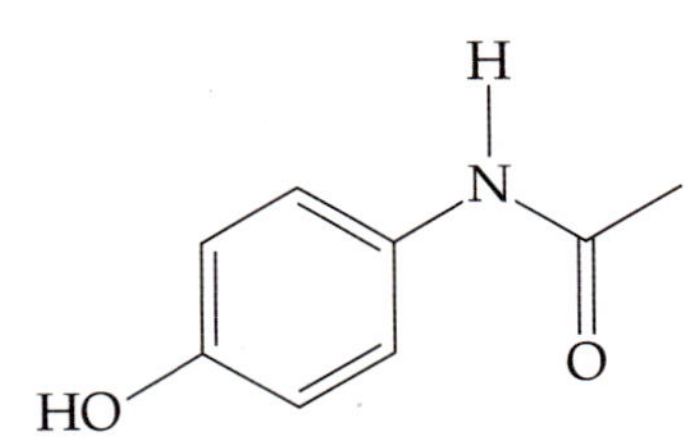

아세트아미노펜

▶ **응용문제 20.6** 리모넨(limonene)은 감귤류 껍질 기름의 주요 성분이며, 오렌지향을 가진다. 전자점 구조를 선 구조식으로 전환하시오.

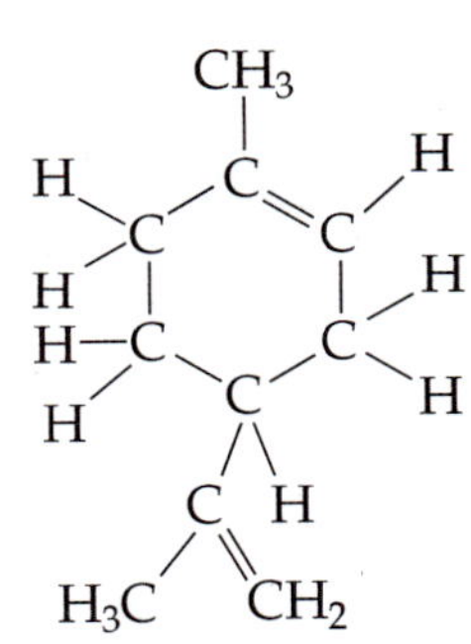

리모넨

개념탐구 질문 1

다음 분자의 작용기를 찾고, 확인하시오.

(a) 상한 우유에서 발생하는 젖산

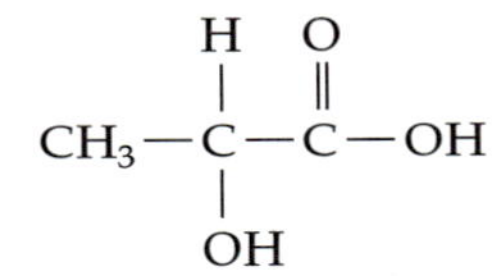

(b) 폴리스타이렌(polystyrene) 합성에 사용되는 스타이렌(styrene)

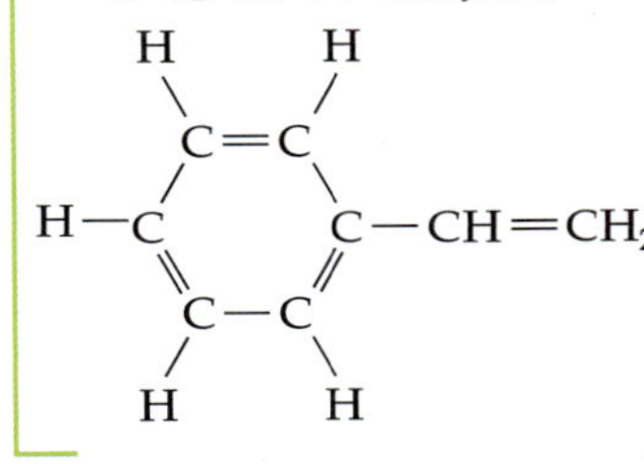

20.3 원자가 결합 이론과 오비탈 겹침 그림

전자점 구조와 선 구조식은 비교적 간단한 모형으로, 분자에서 원자의 연결과 다중 결합 및 고립 전자쌍의 위치를 나타낸다. 그러나 이런 간단한 모형들에는 한계가 있다. 데옥시리보핵산(DNA)의 구성 요소인 사이토신을 생각해 보자.

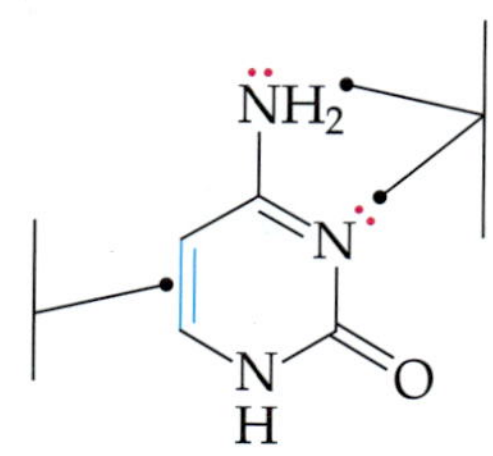

사이토신

전자점 구조에서 이중 결합의 두 결합(청색으로 강조함)은 동일하게 보인다. 그러나 실제로는 두 종류의 결합으로, 세기와 반응성이 서로 다르다. 마찬가지로, 두 질소 원자에 있는 고립 전자쌍(분홍색)은 반응성에서 차이점을 보일 것으로 예측할 수는 없지만, 서로 매우 다르다. 이런 차이를 이해하려면, 분자의 결합과 전자 분포를 나타내는 더 완전한 그림이 필요하다.

원자가 결합 이론은 화학 결합에서 전자쌍이 공유되는 방법을 나타내기 위하여 오비탈 겹침 그림을 이용한다. 전자 한 개가 채워진 원자가 오비탈들이 공간적으로 겹쳐져서 전자들이 양쪽 핵에 모두 끌리면 공유 결합이 생성된다. 원자가 결합 이론을 유기 분자에 적용하는 것은 다른 분자와 근본적으로 차이가 없으며, 오비탈 겹침 그림은 구조와 반응성을 이해하는 데 중요하다. 이 시점에서 원자가 결합 이론과 혼성에 대하여 알아보는 것이 좋을 것이며, 다음을 할 수 있어야 한다.

1. 전자점 구조에서 중심 원자의 혼성을 결정하기
2. 시그마(σ) 결합과 파이(π) 결합의 차이점을 설명하기
3. 시그마(σ) 결합과 파이(π) 결합을 형성하기 위한 오비탈의 겹침을 그리기

예제 20.4는 단일 결합을 가진 유기 분자의 오비탈 겹침을 설명하고, 예제 20.5는 이중 결합을 가진 유기 분자의 오비탈 겹침을 설명한다.

예제 20.4

단일 결합을 가진 유기 분자의 오비탈 겹침 나타내기

메탄올(목정이라고도 함) CH_3OH의 오비탈 겹침 그림을 그리시오.

전략

CH_3OH의 전자점 구조를 그리고, 각 중심 원자의 혼성을 결정한다. 단일 결합을 만들기 위해, 원자 오비탈이나 혼성 오비탈을 겹치고 전자점 구조에 나타난 고립 전자쌍을 비결합성 오비탈에 채운다.

풀이

메탄올의 전자점 구조는 다음과 같다.

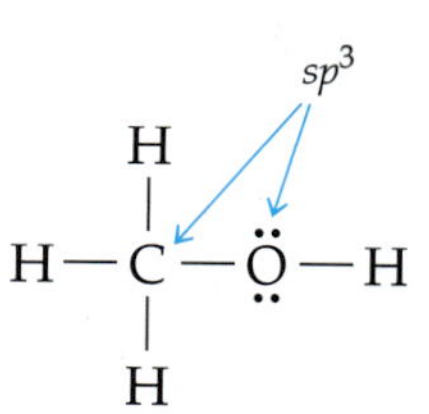

탄소 원자는 수소와 세 개, 산소와 한 개의 결합을 형성하므로 sp^3 혼성이다. 산소는 두 개의 결합과 고립 전자쌍 두 개를 가

지며, 역시 sp^3 혼성이다. 세 개의 탄소 sp^3 오비탈은 수소의 1s 오비탈과 겹쳐서 C—H 결합을 형성한다. 나머지 탄소의 sp^3 오비탈은 산소의 sp^3 오비탈은 겹쳐서 C—O 결합과 형성한다. 산소의 다른 sp^3 오비탈은 수소의 1s 오비탈과 겹쳐서 O—H 결합을 형성한다. 산소의 고립 전자쌍 두 개는 산소의 비결합 sp^3 오비탈에 위치한다.

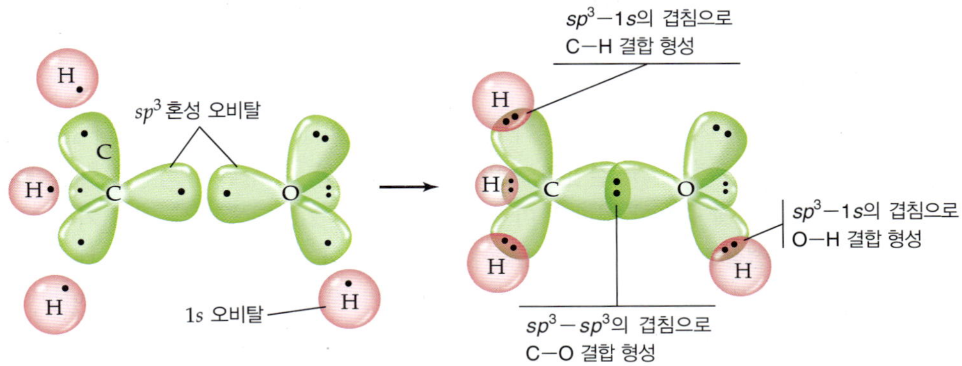

연습문제 20.7 생선과 유사한 강한 냄새를 가진 메틸아민(CH_3NH_2)의 오비탈 겹침 그림을 그리시오. C—H 결합, C—N 결합, N—H 결합을 형성하기 위해서는 어느 오비탈들이 겹치는가?

응용문제 20.8 사이클로프로페인은 비교적 불안정한 고리형 유기 화합물이다. 오비탈 겹침 그림을 그리고, 이를 이용하여 불안정성을 설명하시오.

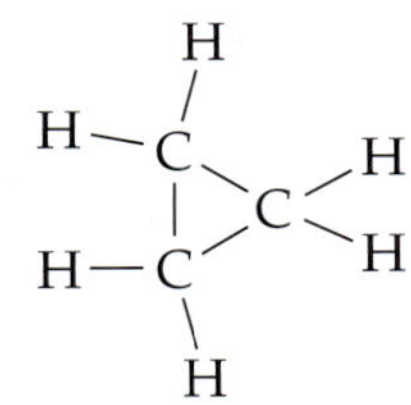

사이클로프로페인

예제 20.5

다중 결합을 가진 유기 분자의 오비탈 겹침 나타내기

쓰레기 봉지를 만드는 데 사용되는 플라스틱의 단위체인 프로펜의 오비탈 겹침 그림을 그리시오. 프로펜의 구조는 CH_2=$CHCH_3$이다.

전략

프로펜의 전자점 구조를 그리고, 중심 원자들의 혼성을 결정한다. 원자 오비탈이나 혼성 오비탈을 겹쳐 시그마(σ) 결합을 만들고, 혼성화되지 않은 p 오비탈들을 겹쳐 파이(π) 결합을 만든다.

풀이

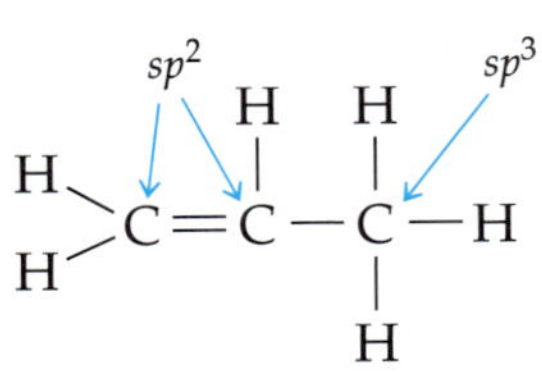

C=C 이중 결합을 만들려면, sp^2 혼성 탄소 원자들에서 각각 한 개의 sp^2 혼성 오비탈을 겹쳐 σ 결합을 만들고, p 오비탈들을 옆으로 겹치게 배열하여 π 결합을 만든다. 나머지 sp^2 오비탈은 모두 같은 평면에 놓여야 한다. 그 중 세 개는 세 개의 수소 원자의 1s 오비탈과 겹쳐서 C—H 결합을 만든다. 중심 탄소 원자의 세 번째 sp^2 오비탈과 오른쪽 탄소의 sp^3 오비탈을 겹쳐서 C—C 단일 결합을 만든다. 탄소의 sp^3 오비탈과 세 개의 수소 원자의 1s 오비탈을 겹쳐서 나머지 C—H 결합을 만든다.

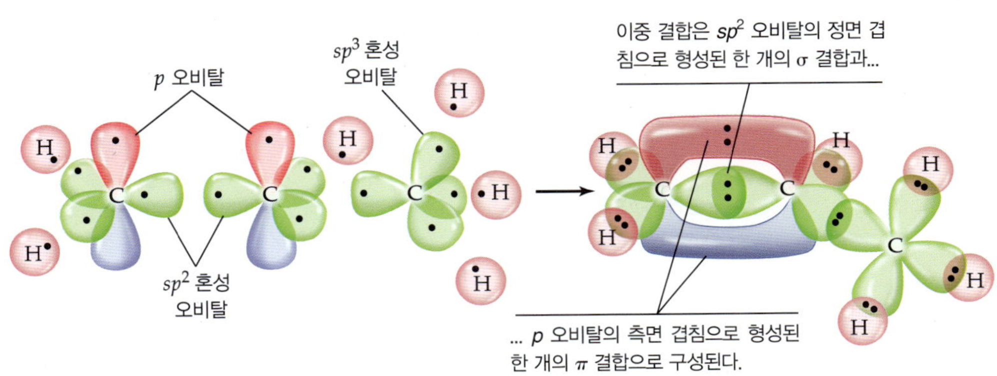

▶ **연습문제 20.9** 폼알데하이드 $O{=}CH_2$의 오비탈 겹침 그림을 그리시오.

(a) 고립 전자쌍들은 π 결합과 같은 평면에 있는가?

(b) 고립 전자쌍들은 수소 원자와 같은 평면에 있는가?

▶ **응용문제 20.10**

(a) C_2H_2O 화합물의 전자점 구조를 그리시오(탄소 원자들은 연결되어 있다).

(b) 오비탈 겹침 그림을 그리시오.

유기 분자에 *sp* 혼성 원자도 존재하지만, 비교적 드물다. 그러나 sp^2 혼성 원자는 흔하며, 매우 중요하다. π 결합의 오비탈 겹침은 결합 축 주위의 회전을 제한한다. 이는 유기 분자의 구조에 중요한 영향을 미친다. 예를 들면, 2-뷰텐에는 두 개의 기하 이성질체인 **시스-트랜스 이성질체(cis-trans isomers)**가 존재한다. 이것들은 이중 결합에 대한 기하 구조가 서로 다르다. 즉, 시스 이성질체는 두 $-CH_3$기가 이중 결합의 같은 쪽에 있고, 트랜스 이성질체는 두 $-CH_3$ 기가 이중 결합의 반대 쪽에 있다.

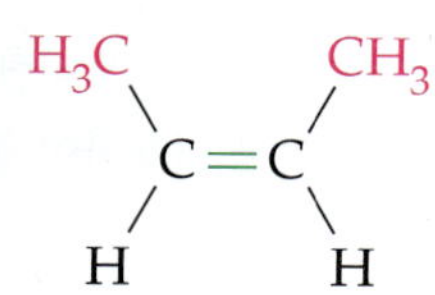

시스-2-뷰텐 (메틸기들이 같은 쪽에 있음)

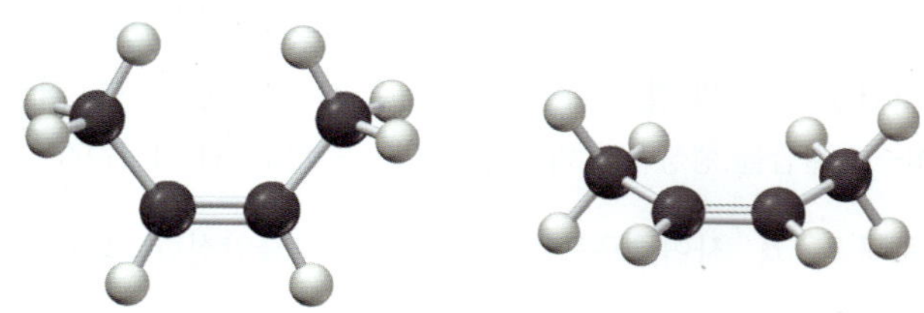
(평면도) (측면도)

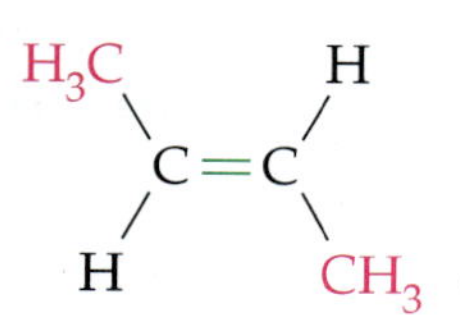

트랜스-2-뷰텐 (메틸기들이 반대쪽에 있음)

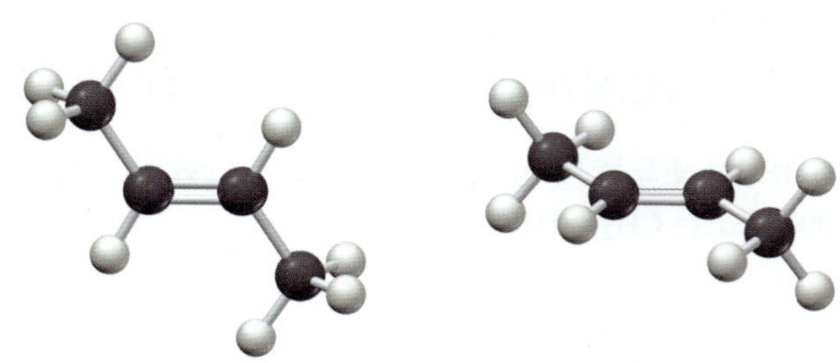
(평면도) (측면도)

알켄의 시스-트랜스 이성질 현상은 결합 회전을 에너지적으로 불리하게 만드는 이중 결합의 전자 구조 때문에 생겨난다. 회전이 일어나면, 평행한 두 *p* 오비탈의 옆으로 늘어선 겹침을 방해하여 이중 결합의 π 결합이 깨질 것이다(**그림 20.3**). 2-뷰텐의 결합 회전을 일으키는 데는 240 kJ/mol의 에너지가 필요하다.

▶ **그림 20.3**
탄소-탄소 이중 결합 주위의 회전

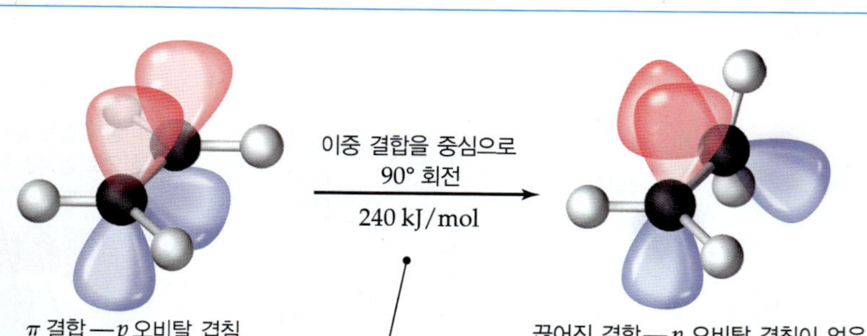

p 오비탈 겹침이 끊어지기 때문에 많은 에너지가 필요하다. 이 회전 장벽 때문에 시스-트랜스 알켄 이성질체가 안정하며 서로 전환되지 않는다.

예제 20.6

시스-트랜스 이성질체의 확인과 그리기

다음 (a)~(c) 중 어느 분자가 시스-트랜스 이성질 현상을 나타내는가? 이런 유형의 이성질체를 갖는 분자의 경우, 해당하는 시스나 트랜스 이성질체를 선 구조식으로 나타내시오.

(a)

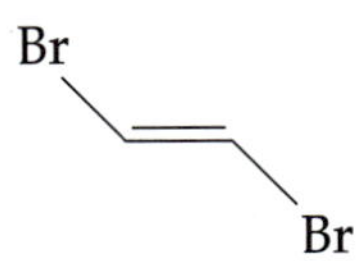

(b)

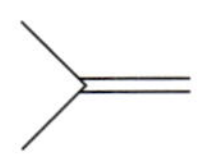

(c)

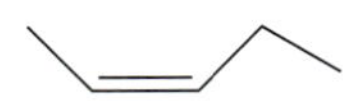

전략

흔히 선 구조식을 구조식으로 다시 변환하면 구조를 인식하기 더 쉽다. 시스-트랜스 이성질 현상은 이중 결합의 각 탄소 원자에 두 개의 서로 다른 치환기가 결합되었을 때 나타난다.

풀이

(a) 시스-트랜스 이성질체가 존재한다. Br 원자들이 이중 결합의 같은 쪽에 있거나 반대쪽에 있을 수 있기 때문이다.

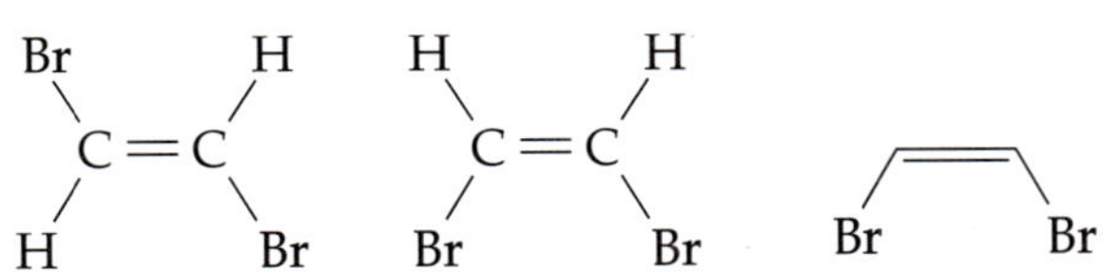

트랜스　　시스　　시스 이성질체의 선 구조식

(b) 시스-트랜스 이성질체가 존재하지 않는다. 이 구조는 두 개의 $-CH_3$(메틸)기를 같은 탄소에 가지고 있기 때문이다.

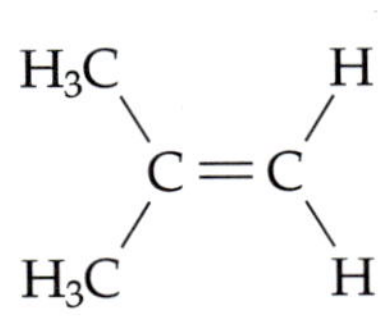

(c) 시스-트랜스 이성질체가 존재한다. 각 탄소 원자에 서로 다른 두 개의 치환기가 결합되어 있기 때문이다.

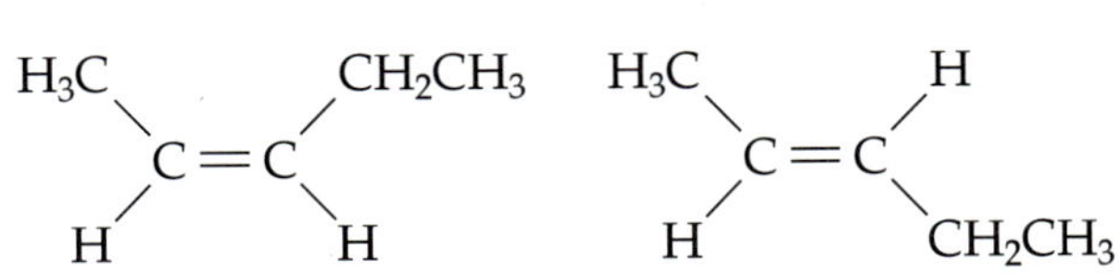

시스　　트랜스

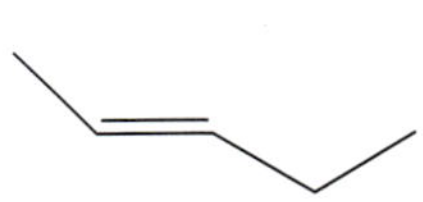

트랜스 이성질체의 선 구조식

▶ **연습문제 20.11** 다음 중 어느 분자가 시스-트랜스 이성질 현상을 보이는가? 이런 이성질체가 존재한다면, 시스나 트랜스 이성질체를 선 구조식으로 나타내시오.

(a)

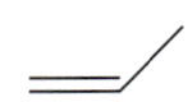

(b)

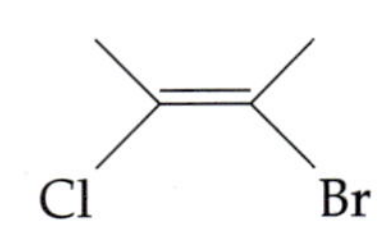

(c)

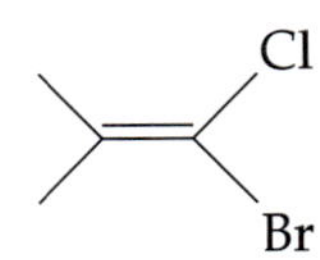

▶ **응용문제 20.12** 크레브스(Krebs) 회로(시트르산 회로)란 탄수화물로부터 에너지를 얻는 대사 경로이다. 그 과정에서 석신산이 푸마르산으로 전환된다.

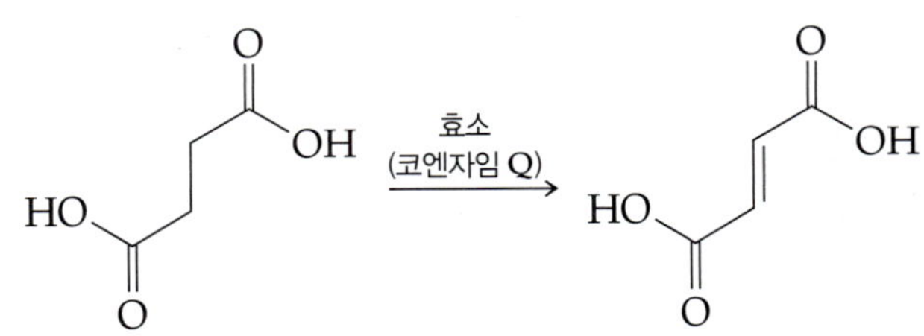

석신산　　푸마르산

(a) 푸마르산은 시스인가 트랜스인가?
(b) 푸마르산의 기하 이성질체인 말레산의 구조를 그리시오.
(c) 석신산은 시스와 트랜스 이성질체를 가지는가? 설명하시오.

기억하기…
형식 전하는 전자점 구조에서 고립된 원자의 원자가전자 수에서 원자에 따라 정해진 원자가전자의 수를 뺀 것이다(7.10절).

기억하기…
물질의 서로 다른 **공명** 형태는 결합 전자와 비결합 전자의 위치에서만 차이가 생긴다. 원자 사이의 연결과 원자의 상대적 위치는 그대로 유지된다(7.9절).

20.4 유기 화합물의 형식 전하와 공명

유기 화합물의 **형식 전하(formal charge)**와 **공명(resonance)**은 구조와 반응성을 이해하는 데 중요한 역할을 한다. 올바른 해석을 위해서는 선 구조식에 반드시 형식 전하를 표시해야 한다. 형식 전하를 표시하지 않은 구조식은 부정확한 것이다. 대부분의 유기 반응은 형식 전하에 의해서 흔히 표시되는, 전자 밀도의 높고 낮은 지역들 사이에서 발생한다. 예제 20.7은 유기 분자의 선 구조식에서 형식 전하를 계산하고 나타내는 방법을 보여 준다.

예제 20.7

유기 분자의 형식 전하 계산

다음 전자점 구조의 선 구조식을 그리고, 0이 아닌 형식 전하를 원자에 표시하시오. (주의: 비어 있는 오비탈로 인해 전자가 부족한 탄소 원자를 가진 공명 구조를 그릴 수 있다. 그러나 탄소는 결코 팔전자를 넘지 않는다.)

(a)

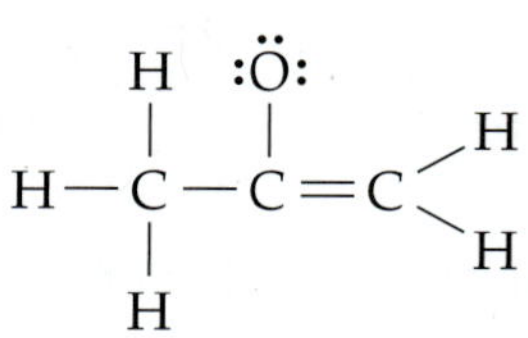

(b)

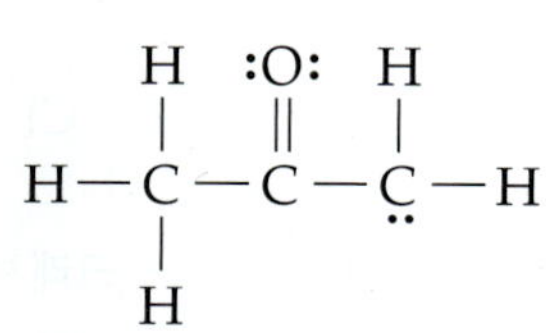

(c)

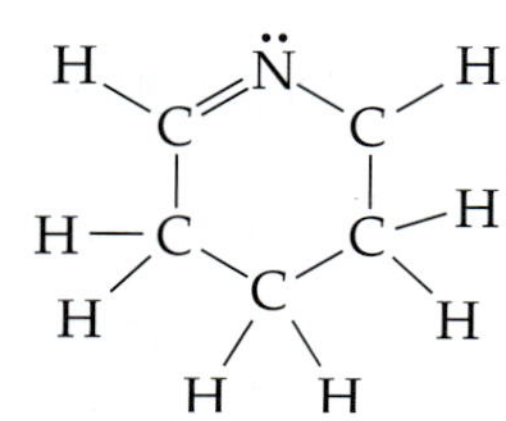

전략

단계 1. 7.10절에 주어진 형식 전하 계산식을 각 구조의 탄소 원자와 산소 원자에 적용한다.

$$형식\ 전하 = (자유\ 원자의\ 원자가전자\ 수) - \frac{1}{2}(결합\ 전자\ 수) - (비결합\ 전자\ 수)$$

(a)

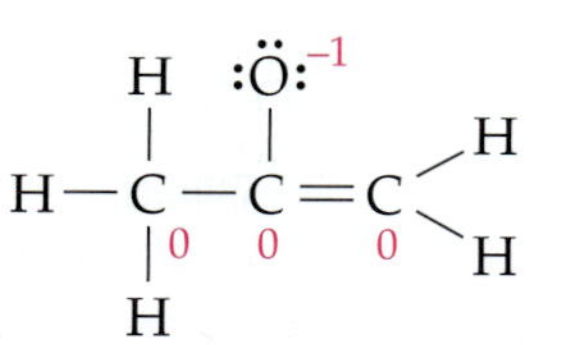

(b)

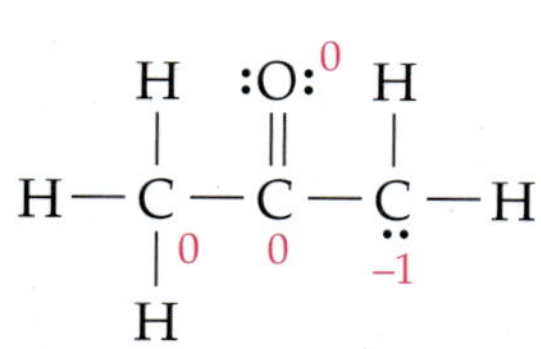

(c)

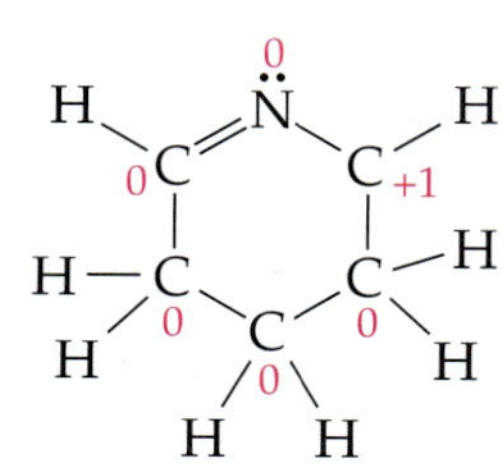

단계 2. 탄소–탄소 결합을 선으로 나타내어 전자점 구조를 선 구조식으로 변환한다. 수소 원자와 고립 전자쌍은 표시하지 않는다. 선 구조식의 원자들에 0이 아닌 형식 전하를 모두 나타내도록 한다.

풀이

(a)

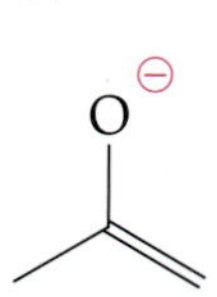

(b)

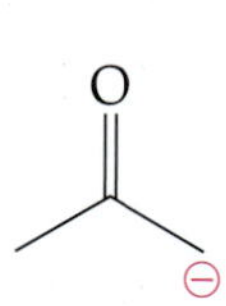

(c)

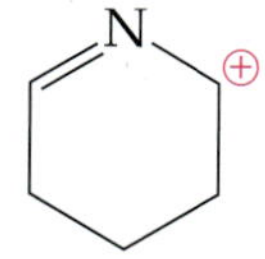

연습문제 20.13 다음 전자점 구조의 선 구조식을 그리고, 원자에 0이 아닌 형식 전하를 모두 표시하시오.

(a)

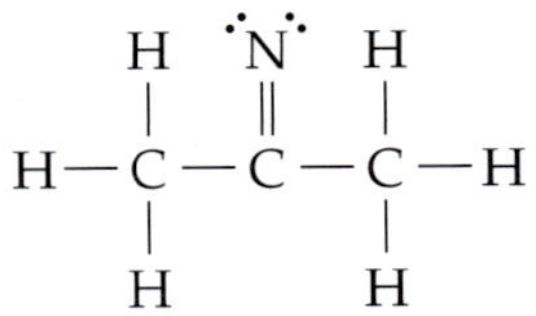

(b)

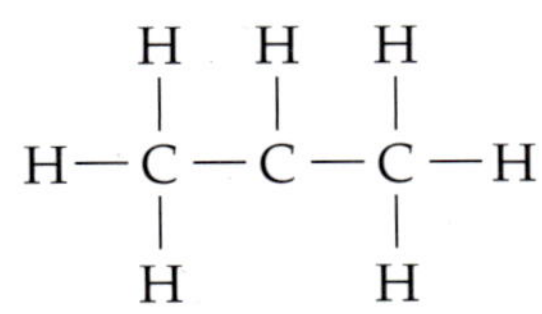

(c)

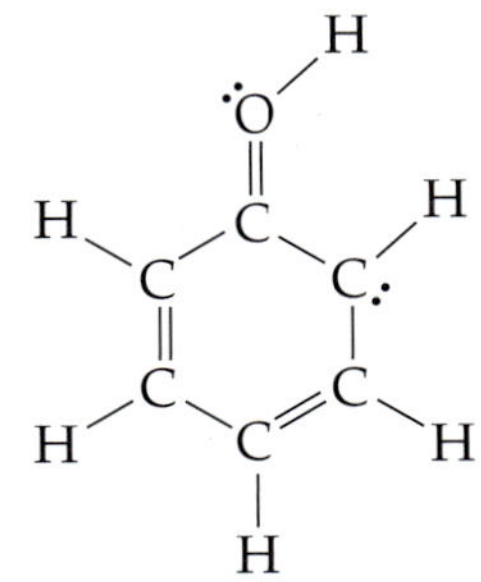

응용문제 20.14 선 구조식에 고립 전자쌍과 수소 원자를 더하여 완전한 전자점 구조를 그리시오.

(a)

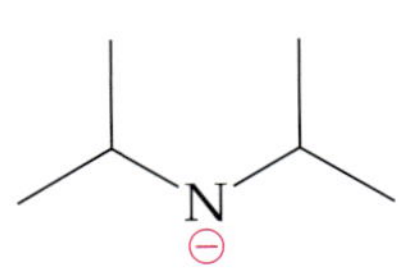

(b)

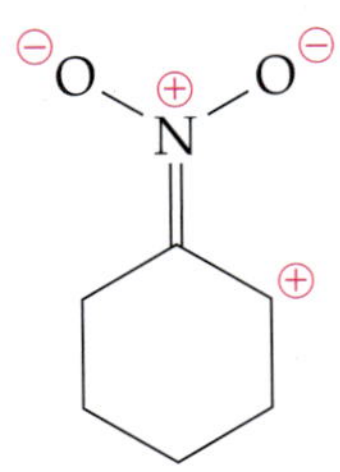

(c)

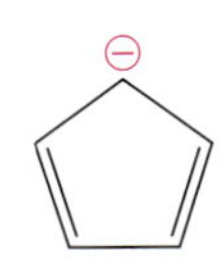

공명 이론은 오존과 같은 작은 무기 분자와 마찬가지로, 커다란 유기 분자에서도 결합 길이와 세기에 대한 실험적 관측을 설명한다(7.9절). 전자 밀도가 높고 낮은 곳과 안정성을 예측하여, 화합물이 어떻게 반응하는지 설명하는 데도 도움이 된다. 벤젠 C_6H_6은 유기 화합물의 공명에 관한 대표적인 예이다. 벤젠은 런던의 가로등에 쓰였던 기름 잔여물로부터 1825년에 처음 분리되었다. 현재는 의약품, 플라스틱, 세제, 농약을 생산하는 데 사용하는 중요한 산업적 화학 물질이다. 벤젠 C_6H_6은 단일 결합과 이중 결합이 교대로 구성된 6개 탄소 원자의 고리이다.

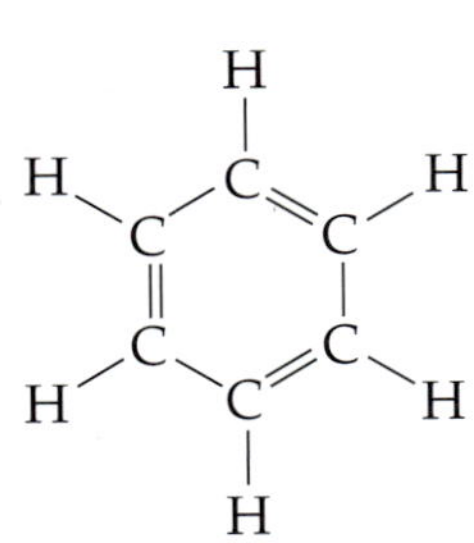

구조식

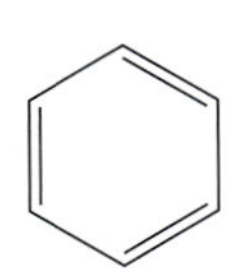

선 구조식

그림 20.4는 벤젠에 대하여 그릴 수 있는 두 개의 공명 구조를 보여 준다. 굽은 화살표는 한 형태에서 다른 형태로 상호 전환을 보여 준다. 벤젠의 공명 혼성은 기여하는 두 개의 공명 구조의 혼합을 나타내기 위해, 일반적으로 중심에 원을 가진 육각형의 고리로 표현된다. 원은 이중 결합의 전자들이 고리의 6개의 탄소 원자 모두에 분포, 즉 비편재화되어 있음을 나타낸다. 전자의 비편재화는 더 넓은 부피에 걸쳐 전자 밀도를 확산시켜 전자–전자 반발을 줄이고 분자를 안정화한다. 공명 혼성은 두 공명 구조의 **평균**이라 생각할 수 있다. 그 결과 탄소–탄소 결합은 단일 결합과 이중 결합의 사이에 있게 된다. 벤젠의 구조에 대한 실험적인 결정을 통해, 139 pm의 결합 길이를 가지는 6개의 동등한 탄소–탄소 결합을 확인하였다. 이 값은

C—C 단일 결합(154 pm)과 C=C 이중 결합(134 pm) 사이에 있다. 정전기 퍼텐셜 지도는 전자 밀도가 탄소 원자 고리의 전체에 걸쳐 고르게 퍼져 있음을 보여 준다.

▶ 그림 20.4
벤젠의 공명 구조

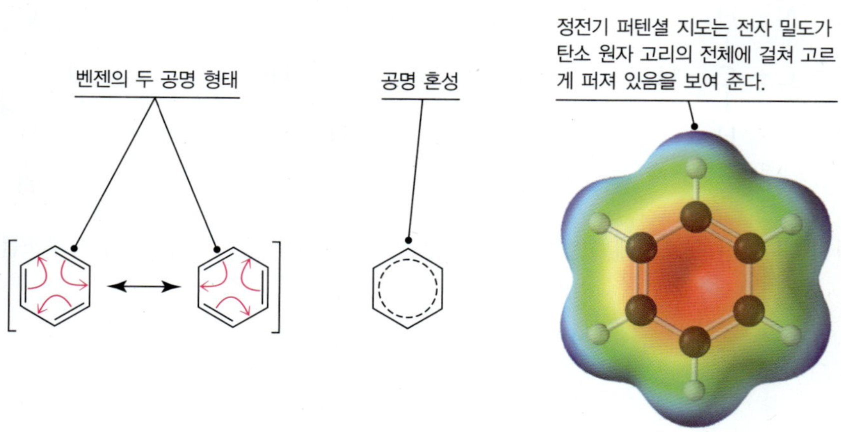

유기 분자의 공명 구조를 그릴 수 있는 일반적인 유형을 인지하는 것은 매우 유용하다. 아래에 세 가지 중요한 유형을 요약하였다.

1. 첫 번째 유형은 π 결합으로부터 σ 결합 하나의 거리에 있는 원자가 고립 전자쌍을 가질 때 발생한다. 오존 분자(7.9절)가 이런 유형의 예이며, 공명 구조는 아래와 같다.

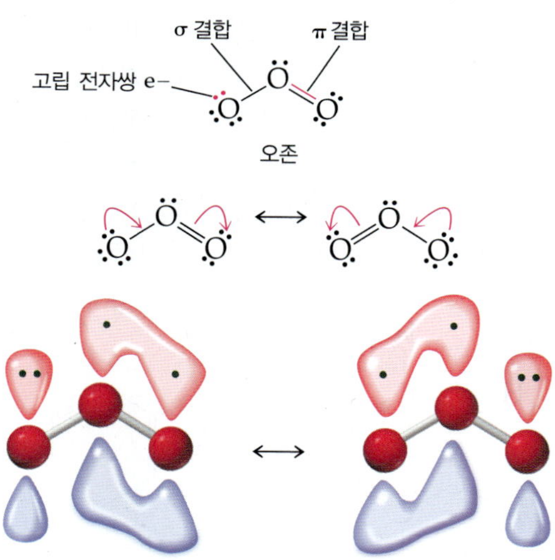

오존과 같은 공명의 유형을 보이는 유기 분자의 예는 다음과 같다.

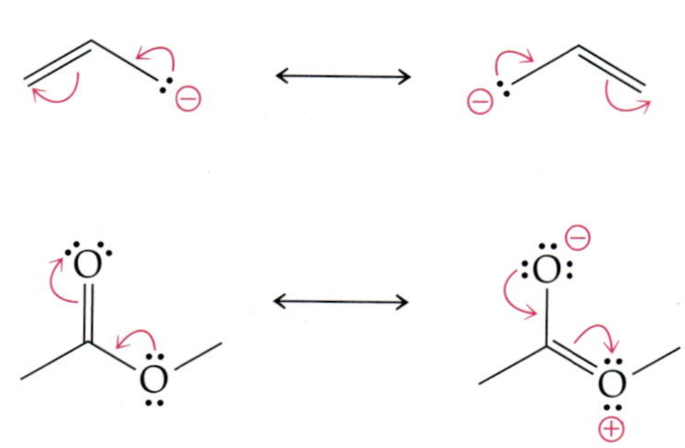

개념탐구 질문 2
다음 화합물의 공명 구조를 그릴 수 있는가? 그렇다면 공명 구조를 그리시오.

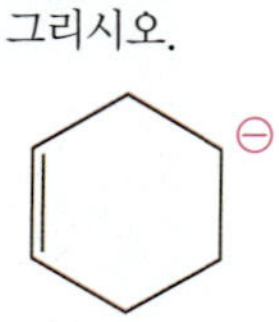

2. 두 번째 유형은 C=O 결합과 같이 극성 π 결합을 가질 때 발생한다. 이 유형에서 π 결합은 전기 음성도가 큰 산소 원자의 고립 전자쌍으로 다시 쓰여질 수 있다.

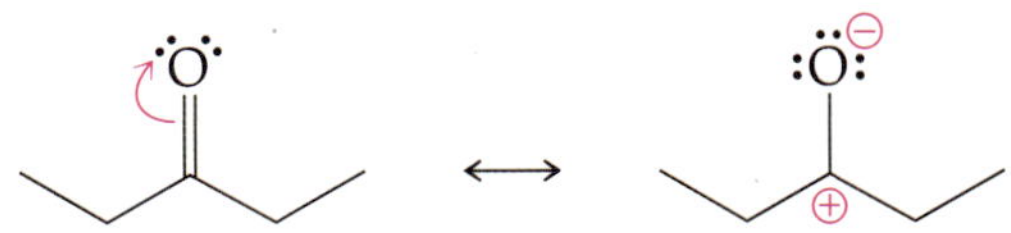

3. 세 번째 유형은 π 결합으로부터 σ 결합 하나의 거리에 있는 탄소 원자가 양의 형식 전하를 가질 때 발생한다.

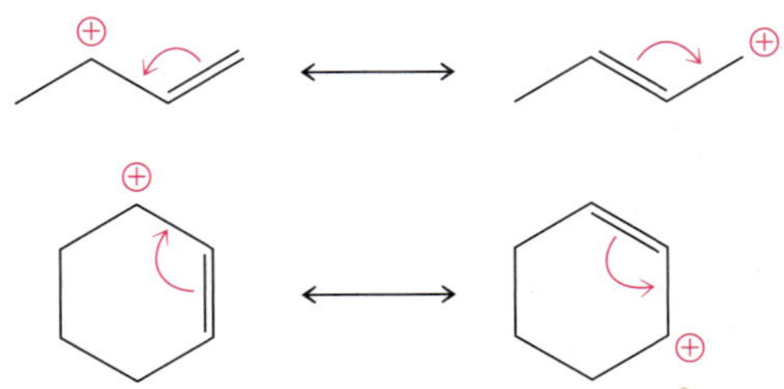

예제 20.8

유기 분자의 공명 구조 그리기

아래의 굽은 화살표의 결과로 생성되는 전자점 구조를 그리시오. 옳지 않은 구조가 생긴다면, 그 이유를 설명하시오. 옳은 구조의 선 구조식을 그리고, 형식 전하에 근거하여 어느 공명 구조가 더 바람직한지 나타내시오.

(a)

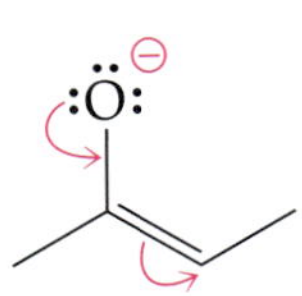

(b)

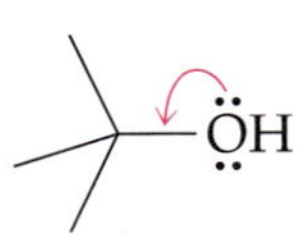

(c)

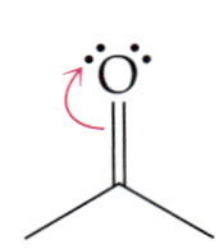

(d)

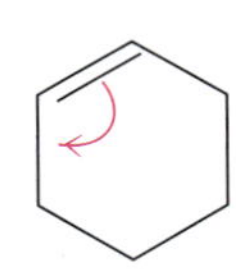

전략

수소 원자와 고립 전자쌍을 넣어 완전한 전자점 구조를 그린다. 다음으로, 굽은 화살표에 표시된 대로 전자를 재배열하고, 팔전자 규칙을 벗어나지 않는지 확인한다. 형식 전하를 표시하고, 아래에 요약한 것과 같은 기준(7.10절)에 근거하여 가장 바람직한 구조를 찾아낸다.

- 더 작은 형식 전하(양전하든지 음전하든지)가 큰 것보다 선호된다. −1보다는 0이 선호되며, −2보다는 −1이 선호된다.
- 음의 형식 전하는 전기 음성도가 더 큰 원자에 놓여야 한다.
- 같은 종류의 전하가 이웃한 원자에 있어서는 안 된다.

풀이

(a) 음의 형식 전하가 전기 음성도가 더 큰 산소에 있으므로 왼쪽의 공명 구조가 더 바람직하다.

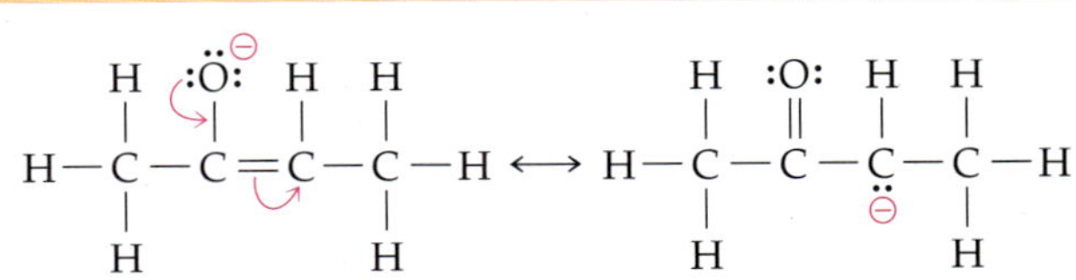

(b) 화살표가 지시하는 전자 재배열의 결과, 탄소가 5개의 결합을 가진 옳지 않은 전자점 구조가 그려진다.

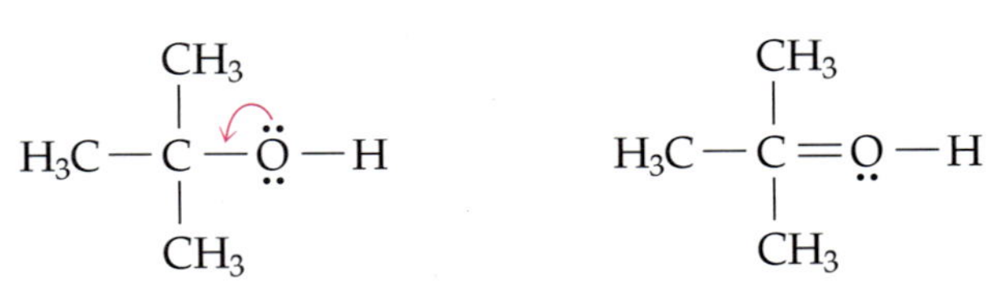

탄소는 확장된 팔전자계를 가질 수 없으므로 틀린 전자점 구조이다.

(c) 모든 원자의 형식 전하가 0이므로 왼쪽이 더 바람직하다. +와 −전하를 분리하려면 에너지가 필요하므로, 형식 전하를 가지지 않는 구조가 형식 전하를 가진 구조보다 낮은 에너지를 가질 것이다.

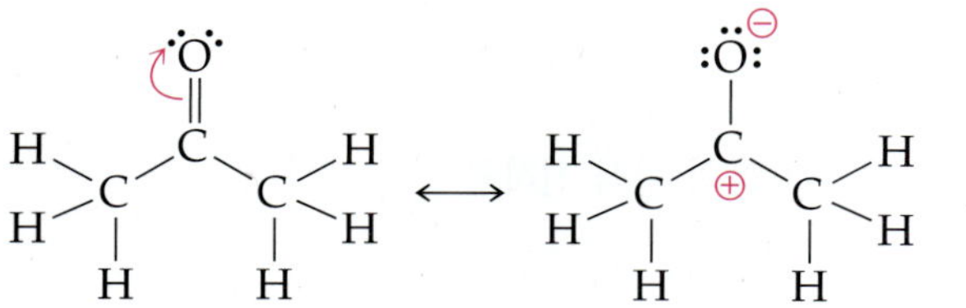

(d) 화살표가 지시하는 전자 재배열의 결과, 탄소가 5개의 결합을 가진 옳지 않은 전자점 구조가 그려진다.

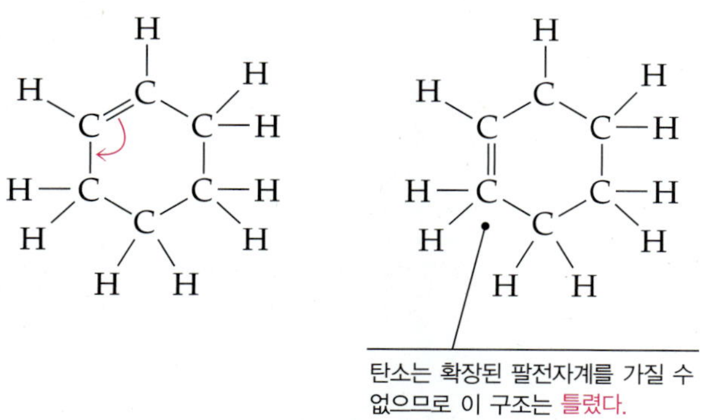

▶ **연습문제 20.15** 화살표가 나타내는 전자 재배열에서 생기는 새로운 전자점 구조가 옳은지 결정하시오. 옳지 않은 구조가 생긴다면, 그 이유를 설명하시오. 옳은 구조에 대하여 공명 구조의 선 구조식을 그리시오. 형식 전하에 근거하여, 어느 공명 구조가 더 바람직한지를 나타내시오.

(a)

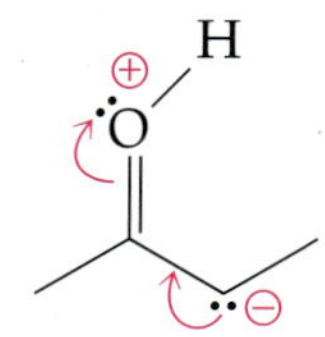

(b)

(c)

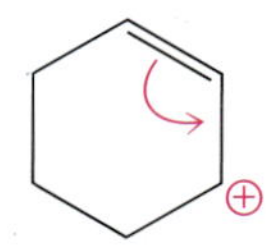

(d)

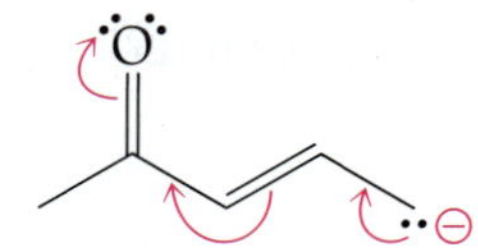

▶ **응용문제 20.16**

(a) DNA의 구성 요소인 사이토신의 선 구조식에 수소 원자와 고립 전자쌍을 넣어, 완전한 전자점 구조를 그리시오.

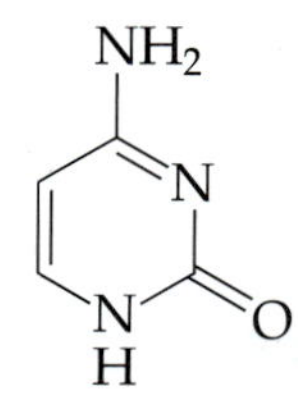

(b) (a)에서 그린 전자점 구조에 굽은 화살표를 그려서, 다음의 공명 구조를 만드시오.

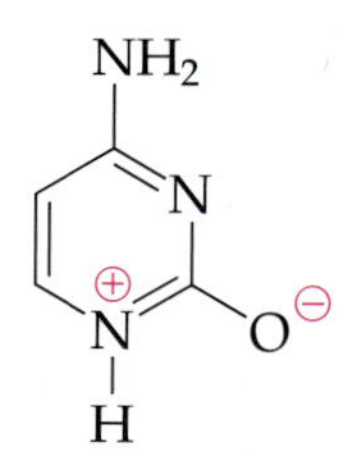

20.5 콘쥬게이션 계

선 구조식과 오비탈 겹침 그림을 이용하면, 유기 분자 결합의 매우 훌륭한 그림을 얻을 수 있다. 오비탈 겹침 그림은 분자 내 전자의 위치를 보여 주는 데 반하여, 선 구조식은 간단하다는 이점이 있다. π 결합을 가진 분자를 고려할 경우, 때로는 두 가지 접근 방법을 혼용하는 것이 유익하다. π 결합의 전자는 두 핵 사이에 정확히 놓여 있지 않으므로 σ 결합의 전자보다 높은 반응성을 보인다. 유용하면서 최대한 간단한 그림을 그리기 위해서 때때로 구조상의 σ 결합을 선 구조식으로, p 오비탈은 sp^2 혼성 원자들 위로 겹쳐지게 그린다. 장미와 시트로넬라 기름의 주성분인 제라니올(geraniol)을 예로 들어 보자. 이 분자의 완전한 오비탈 겹침 그림을 그리기는 매우 어렵겠지만, 그림 20.5와 같이 p 오비탈 겹침을 강조한 그림을 그릴 수 있다.

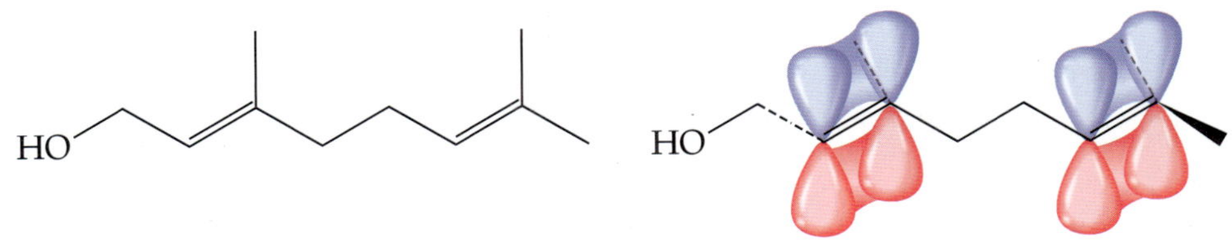

◀ 그림 20.5 제라니올의 π 결합성 오비탈 겹침을 단순화한 그림

이와 같은 그림은 제라니알 같은 분자를 이해하는 데 더 유용하다. 제라니알(geranial)은 제라니올과 밀접한 관련이 있으며 강한 레몬 냄새를 가진 분자이다(그림 20.6). 제라니알은 두 개 이상의 p 오비탈이 서로 이웃하는 파이(π) 계를 포함한다. 제라니알에는 네 개의 sp^2 혼성 원자가 잇달아 있다. π 계의 두 π 결합은 독립적이지 않으며, 네 개의 원자 전체에 걸쳐 전자가 비편재화된다.

다음의 p 오비탈 그림을 살펴봄으로써 π 계를 설명될 수 있다. 선 구조식은 하나의 C=O π 결합과 하나의 C=C π 결합으로 구별된 2개의 π 결합을 보여 주지만, 오비탈 그림은 네 개의 p 오비탈 사이에 약간의 겹침이 있다는 것을 분명하게 보여 준다. 네 개의 원자들은 오비탈의 관점에서는 모두 '서로 이어져' 있다. **콘쥬게이션 계(conjugation system)**는 단일 결합과 다중 결합이 교대로 존재하는 화합물에서 p 오비탈이 연결될 때 발견된다. 두 개의 π 결합이 하나의 σ 결합에 의해 분리된 경우를 콘쥬게이션되었다고 한다.

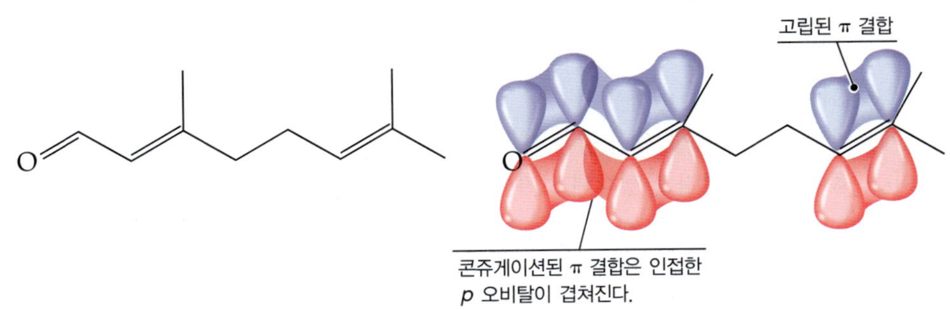

◀ 그림 20.6 제라니알 분자의 콘쥬게이션된 π 결합과 고립된 π 결합

예제 20.9

π 계의 간단한 오비탈 겹침 그림 그리기

바이타민 A의 간단한 오비탈 겹침 그림을 그리고, 콘쥬게이션 계를 이룬 원자들을 확인하시오.

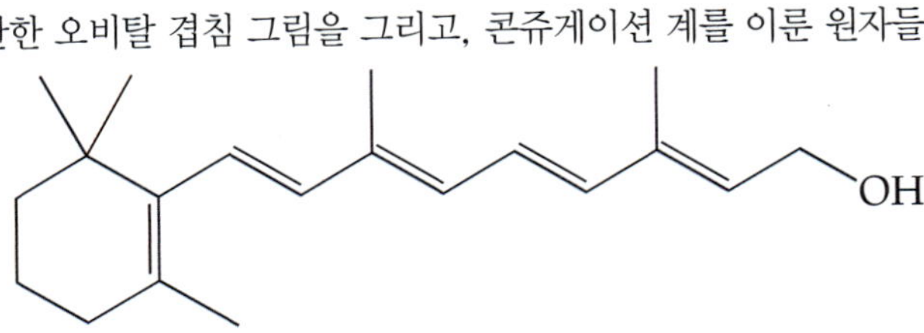

전략

바이타민 A의 선 구조식에 π 결합의 p 오비탈을 서로 겹친다. 서로 겹치는 p 오비탈을 가진 원자들을 모두 찾아서 콘쥬게이션을 확인한다.

풀이

바이타민 A는 하나의 π 계에 10 개의 탄소 원자를 가진다. 10 개의 모든 탄소 원자들은 콘쥬게이션되어 있다.

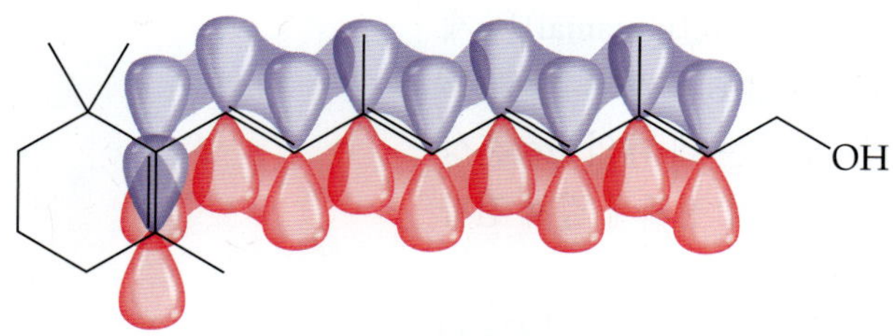

연습문제 20.17 향수의 성분인 베타-베티본(beta-vetivone)의 간단한 오비탈 겹침 그림을 그리시오. 숫자가 쓰인 π 결합들이 콘쥬게이션인지 비콘쥬게이션인지 표시하시오.

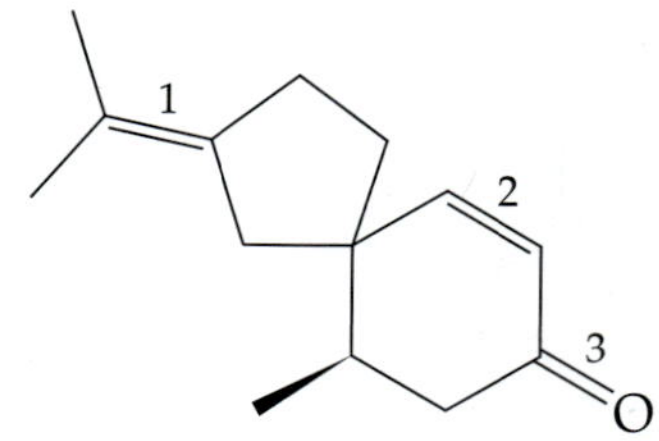

응용문제 20.18 아래 분자에서 삼중 결합은 이웃한 이중 결합과 콘쥬게이션된 한 개의 π 결합과 콘쥬게이션되지 않은 한 개의 π 결합을 가진다. 간단한 오비탈 겹침 그림을 그리고, 왜 삼중 결합의 한 π 결합의 전자는 비편재화되고, 다른 하나의 π 결합의 전자는 그렇지 않은지 설명하시오. (각 원자의 혼성을 표시하였다.)

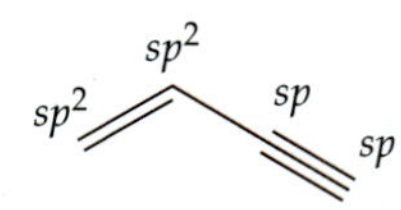

콘쥬게이션과 공명

선 구조식에서는 전자들은 두 원자 사이의 결합에 국한된 것으로 보인다. 그러나 콘쥬게이션 계에 있는 전자들은 분자 내의 하나 혹은 둘 이상의 원자들과 연관되어 있는, 즉 **비편재화되어(delocalized)** 있는 것으로 더 잘 묘사할 수 있다. 여기서는 원자가 결합 이론의 개념을 확장하여 비편재화를 설명할 수 있다.

콘쥬게이션의 가장 유용한 측면 중 하나는, 공명 개념의 구조적 근거를 제공해 줄 수 있다는 점이다. 폼아마이드 분자를 생각해 보자.

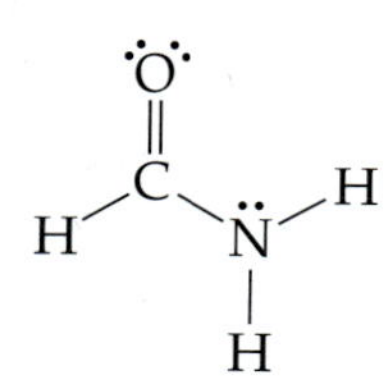

20.4절에서 π 결합으로부터 하나의 σ 결합 거리에 있는 원자에 고립 전자쌍이 있는 유형을 인지하여 공명 구조를 그리는 법을 배웠다. 두 구조를 혼합한 것이 공명 혼성 구조이다. 이 구조는 각각의 공명 구조 그 자체보다 전자의 분포를 더 잘 나타낸다.

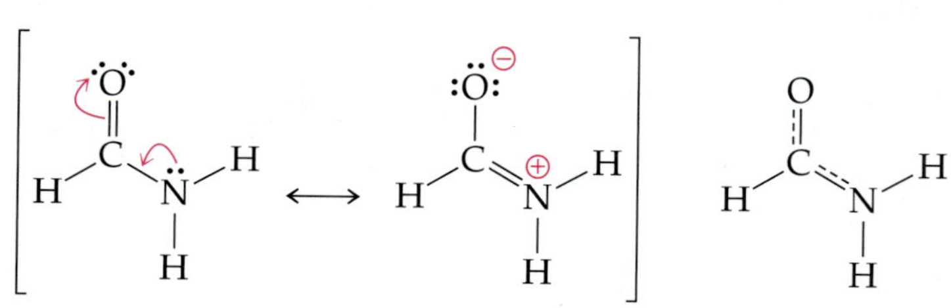

공명 구조 공명 혼성

그렇다면 분자의 실제 구조는 무엇일까? 공명 이론에 따르면, 이중 결합은 C=O와 C=N 사이에서 오가는 것이 아니라 항상 양쪽에 모두 존재한다. 이것이 어떻게 가능할까? 이것은 탄소, 질소, 산소 원자가 모두 sp^2 혼성이고, p 오비탈이 콘쥬게이션되어 있기 때문에 가능하다. 폼아마이드의 간단한 오비탈 그림은 σ 결합의 편재화된 전자와 π 결합의 비편재화된 전자들을 보여 준다.

세 오비탈이 모두 겹쳐지면 세 p 오비탈 모두를 가로지르는 결합이 가능하다. 간단한 전자점 구조는 전자들이 별개의 π 결합과 별개의 고립 전자쌍으로 존재하는 것을 암시하지만, 콘쥬게이션 그림은 공명 개념을 지지하여 네 개의 전자 모두가 세 개의 원자들 전체에 걸쳐 분산되어 있음을 보여 준다. 공명 이론에 따르면 질소에는 고립 전자쌍이 없다. 오히려 이 고립 전자쌍은 세 원자에 걸쳐 비편재화됨으로써 **공명 안정화**(resonance stabilized)된다.

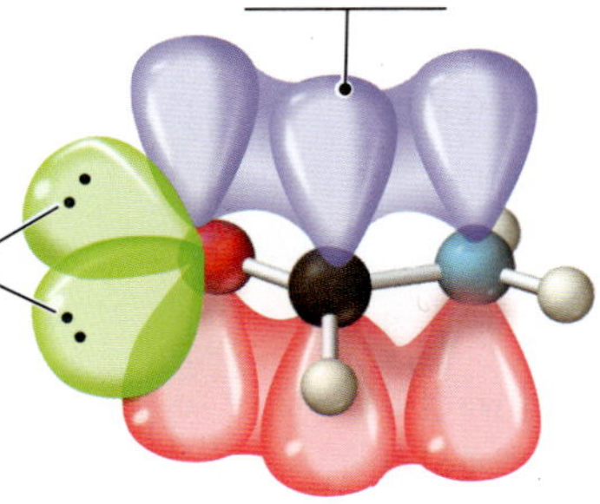

폼아마이드의 콘쥬게이션 계

개념탐구 질문 3

아래 분자에서 얼마나 많은 전자들이 비편재화되어 있는가?

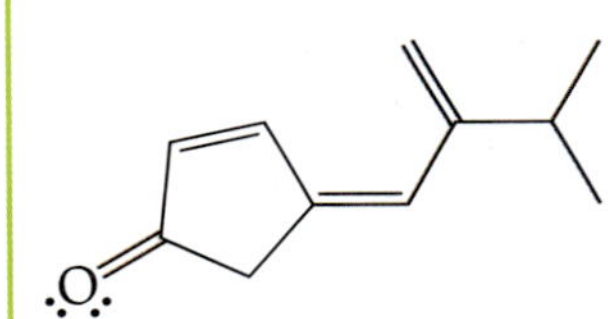

간단한 오비탈 겹침 그림은 공명 혼성에 있는 이중 결합의 구조에 대해서도 설명해 준다. 혼성 모형은 탄소와 산소 원자뿐 아니라 탄소와 질소 원자 사이의 이중 결합성을 암시한다. 반대로, 산소의 고립 전자쌍은 sp^2 혼성 오비탈을 점유하고 있으므로 한 원자에 편재화되어 있다.

콘쥬게이션과 혼성화

원자가 결합 이론의 중요한 원리는 혼성을 취한다는 것이다. 그래야 원자들의 전체 에너지를 낮춤으로써 분자를 가장 안정하게 만들 수 있다. 분자의 가장 안정한 구조 그림을 만들기 위해 다음의 두 가지 원리를 기억하라.

1. **콘쥬게이션은 대단히 안정하므로 항상 분자 내에서 콘쥬게이션 계를 먼저 찾아라.** 콘쥬게이션 계는 공명 구조의 특징과 같은 경향을 가진다. 즉, π 결합에서 하나의 σ 결합 거리에 있는 원자의 고립 전자쌍, 하나의 σ 결합을 사이에 두고 떨어져 있는 두 개의 π 결합, 혹은 π 결합에서 하나의 σ 결합 거리에 있는 원자의 양의 형식 전하이다. 콘쥬게이션 계에 포함되어 있는 원자들이 콘쥬게이션을 위한 p 오비탈을 갖기 위해서는 반드시 sp 혹은 sp^2 혼성이어야 한다는 것을 명심하라.
2. **콘쥬게이션에 참여하지 않는 원자는 VSEPR 모형에 따라 안정한 혼성을 취할 것이다.** 콘쥬게이션 계에 참여하지 않는 전자들은 최대한 서로 밀어 내려는 경향이 있다.

기억하기…

VSEPR(원자가 껍질 전자쌍 반발) 모형은 결합과 고립 전자쌍의 전자들이 전하 구름으로써 서로 반발하여 분자가 특정한 모양을 가진다고 생각한다(8.1절).

예제 20.10

π 결합을 가진 유기 분자에서 원자의 혼성 결정

폼산 이온은 개미가 물었을 때 따가운 원인이 되는 화합물이다. 폼산 이온에서 각 원자의 혼성을 결정하고, 적절한 오비탈에 위치한 고립 전자쌍을 포함하는 폼산 이온의 간단한 오비탈 겹침 그림을 그리시오.

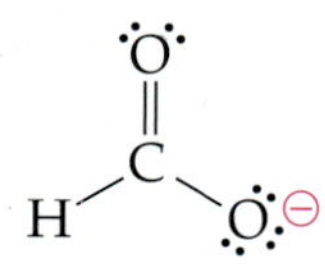

전략

먼저 콘쥬게이션을 찾아 각 원자의 혼성을 결정하고, 필요하면 VSEPR을 이용한다. 다음으로 오비탈 겹침 그림을 그린다.

풀이

전자점 구조는 산소 원자들 중 하나와 탄소 원자 사이에 π 결합을 보여 준다. 나머지 산소 원자는 π 결합으로부터 σ 결합 하나의 거리에 있으며, 고립 전자쌍을 가지므로 콘쥬게이션계이다. 따라서 탄소 원자와 두 산소 원자는 sp^2 혼성을 하고 있다. 산소 원자의 한 고립 전자쌍은 π 계에 비편재화된다. 산소의 나머지 고립 전자쌍은 sp^2 혼성 오비탈에 위치한다.

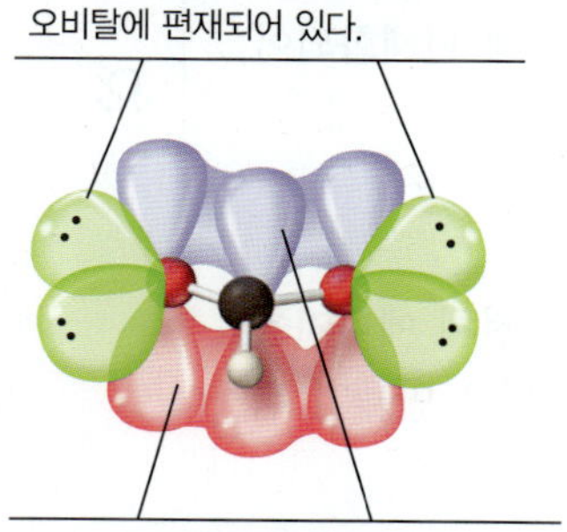

▶ **연습문제 20.19** 바이타민 B_6의 전구체인 피리독신은 아래와 같다. 숫자가 쓰인 각 산소 원자들의 혼성은 무엇인가?

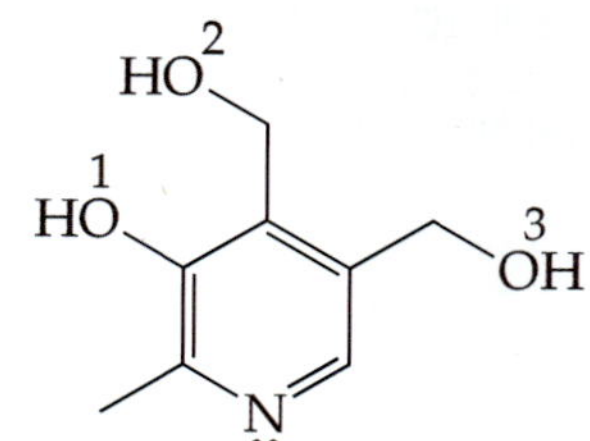

▶ **응용문제 20.20** 조효소 NADH의 전구체인 나이아신아마이드는 아래와 같다. 질소의 고립 전자쌍 중 한 개는 편재화되어 있고, 나머지는 비편재화되어 있다. 질소에 있는 각 고립 전자쌍이 편재화되어 있는지 비편재화되어 있는지를 표시하시오.

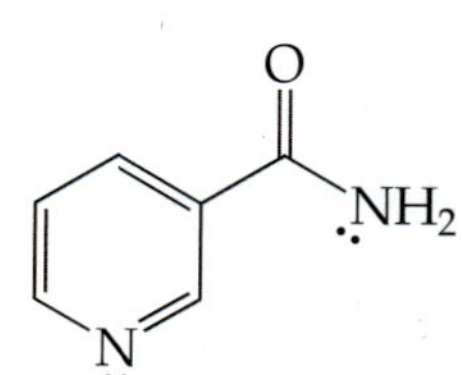

정리

절	개념 요약	학습 목표
20.1 유기 분자와 그 구조: 구조 이성질체	**유기화학**은 탄소 화합물에 대한 연구이다. 가장 간단한 화합물은 **알케인**이며, 이는 탄소와 수소만을 포함하며(**탄화수소**), 단일 결합만을 가진다. **곧은 사슬 알케인**은 모든 탄소가 한 줄로 연결되어 있고, **가지 달린 사슬 알케인**은 그들의 사슬에 곁가지를 가지고 있으며, **사이클로알케인**은 탄소 원자 고리를 가지고 있다. **구조 이성질체**란 같은 화학식을 가지나 원자의 연결이 다른 화합물이다.	20.1 알케인을 축약 구조식이나 선 구조식으로 나타낸다. 20.2 알케인의 구조 이성질체를 찾아내고 그린다.
20.2 유기 화합물 집단: 작용기	알려진 4,500만 가지 이상의 알려진 유기 화합물은 그것들이 포함하고 있는 작용기에 따라 집단으로 체계화할 수 있다. **작용기**란 특징적인 화학적 거동을 가지는 원자나 원자단이다.	20.3 유기 분자의 작용기를 찾아내고, 명명한다. 20.4 축약된 구조식과 선 구조식을 이용하여 작용기를 가진 분자를 나타낸다.
20.3 원자가 결합 이론과 오비탈 겹침 그림	탄소–탄소 이중 결합 주위로 회전이 불가능하기 때문에, 치환된 알켄에서는 **시스–트랜스 이성질체**가 가능하다. 시스 이성질체에서는 두 치환기가 이중 결합의 같은 쪽에 위치하고, 트랜스 이성질체에서는 두 치환기가 서로 반대 쪽에 위치한다.	20.5 유기 화합물의 결합을 설명하기 위한 오비탈 겹침 그림을 그린다. 20.6 시스–트랜스 이성질체를 구별하고 그린다.
20.4 유기 화합물의 형식 전하와 공명	공명 구조와 형식 전하는 유기 화합물의 구조와 반응성을 이해하는 데 중요한 개념이다. 선 구조식을 옳게 그리려면 형식 전하를 표시해야 한다. 형식 전하는 서로 다른 공명 구조의 공명 혼성에 대한 상대적 기여도를 평가하는 데 이용된다.	20.7 공명 구조를 그리기 위해 굽은 화살표를 이용하고, 형식 전하를 결정한다.
20.5 콘쥬게이션 계	**콘쥬게이션 계**는 인접한 원자에 있는 두 개 이상의 p 오비탈로 구성된다. p 오비탈은 π 계에 있는 모든 원자에서 겹치고 비편재화된다. 콘쥬게이션 계의 공명 구조를 그릴 수 있으며, 원자들은 전체 에너지를 낮추어 주는 혼성을 취한다. 콘쥬게이션 계의 일부인 p 오비탈의 전자들은 비편재화되고, 혼성 오비탈에 있는 전자들은 편재화된다.	20.8 콘쥬게이션 계의 오비탈 겹침 그림을 그리고, 편재화된 전자와 비편재화된 전자를 구별한다. 20.9 콘쥬게이션 계를 찾아내고, 계에 속한 원자들의 혼성을 구별한다.

주요 용어

가지 달린 사슬 알케인
곧은 사슬 알케인
구조 이성질체
불포화
비편재화
사이클로알케인
선 구조식
시스–트랜스 이성질체
알카인
알케인
알켄
유기 화학
작용기
축약된 구조식
카보닐기
콘쥬게이션 계
파이(π) 계
포화

복습 문제

LO는 학습 목표(Learning Objectives)를 나타낸다.

이 장을 학습한 후엔, 학습자의 이해도를 평가할 수 있는 방법이 있다. **복습 문제**를 푸는 것이다. **복습 문제**들은 이 장의 학습 목표와 연계되어 있다. 따라서 푼 답이 틀렸다면, 이 장의 끝부분에 나와 있는 **정리** 문단의 **학습 목표**를 참고하면 된다. 정리 문단에는 **개념 요약**이 제공되며, **예제**를 참고하면 문제 해결 방법을 모델링 할 수 있다.

1. 다음 중 어느 것이 구조 이성질체들로 짝지어져 있는가? (**LO 20.1, 20.2**)

(a)

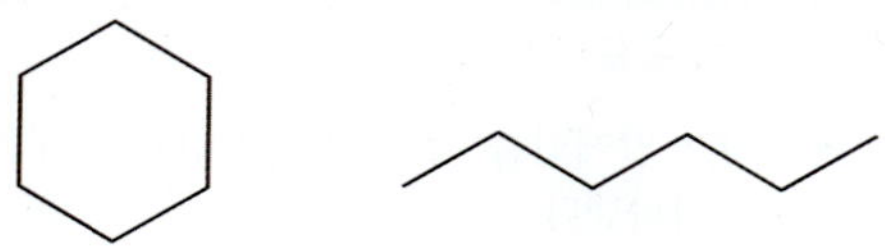

(b)

(c)

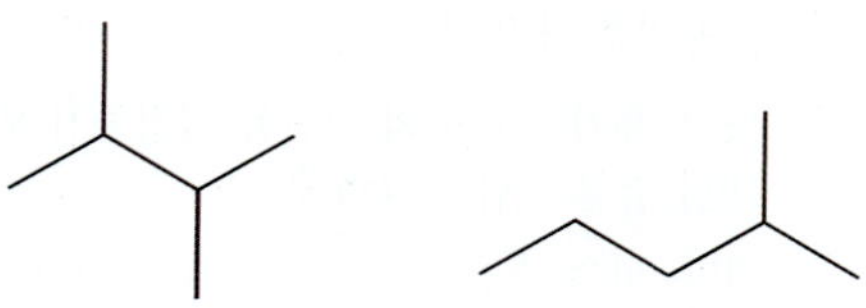

(d)

2. 다음 화합물의 분자식은 무엇이고, 존재하는 작용기는 무엇인가? (**LO 20.3, 20.4**)

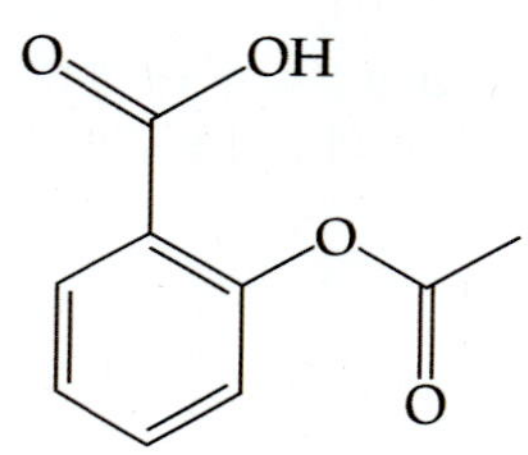

(a) $C_9H_8O_4$; 방향족 고리, 카복실산, 케톤, 에터
(b) $C_8H_{10}O_4$; 방향족 고리, 케톤, 알코올, 에스터
(c) $C_8H_{10}O_4$; 방향족 고리, 에스터, 케톤, 알코올
(d) $C_9H_8O_4$; 방향족 고리, 에스터, 카복실산

3. 아스코브산에서 화살표가 가리키는 탄소–탄소 결합을 형성하기 위해, 어떤 오비탈이 겹쳐져야 하는가? (**LO 20.5**)

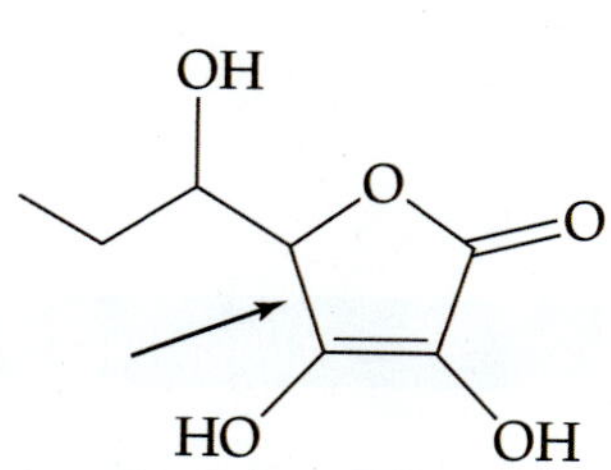

아스코르브산

(a) sp^2와 sp^2
(b) sp^3와 sp^3
(c) sp^3와 sp^2
(d) sp^2와 $2p$

4. 다음 중 어느 것이 시스–트랜스 이성질체로 짝지어져 있는가? (**LO 20.6**)

(a)

(b)

(c)

(d)

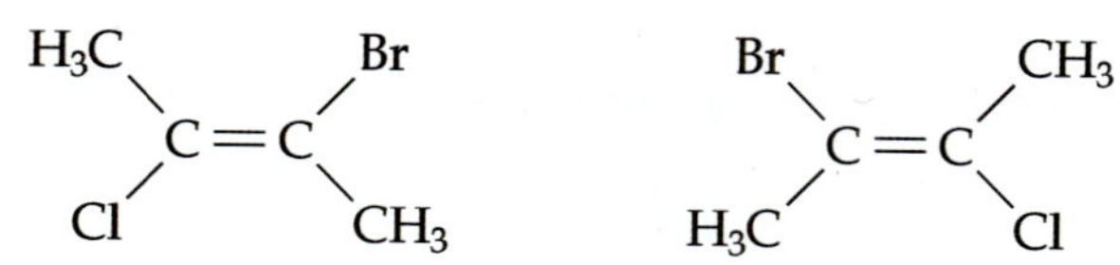

5. 다음 구조 중 질소 원자가 π 계에 비편재화되어 있는 고립 전자쌍을 가진 구조는 어느 것인가? (**LO 20.8, 20.9**)

(a)

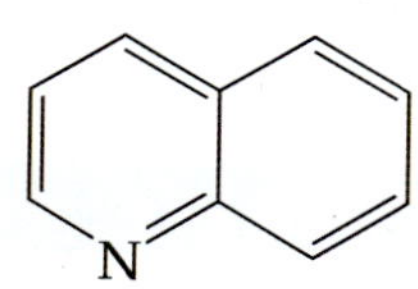

(b)

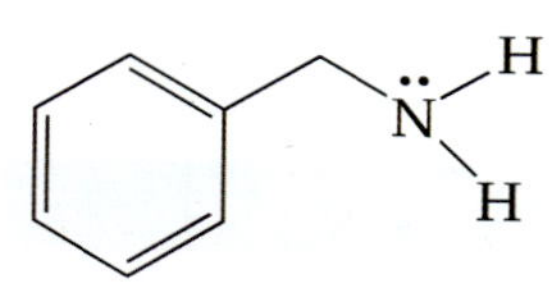

(c)

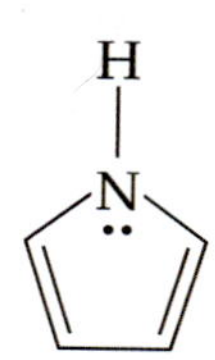

(**d**) 이 모든 구조에서 질소 원자의 고립 전자쌍은 비편재화되어 있다.

6. DNA 염기인 구아닌의 공명 화살표가 나와 있다. 다음 중 화살표가 나타내는 전자 재배열의 결과로 생성되는 공명 구조는 어느 것인가? 원자의 형식 전하를 표시하도록 한다. (**LO 20.7**)

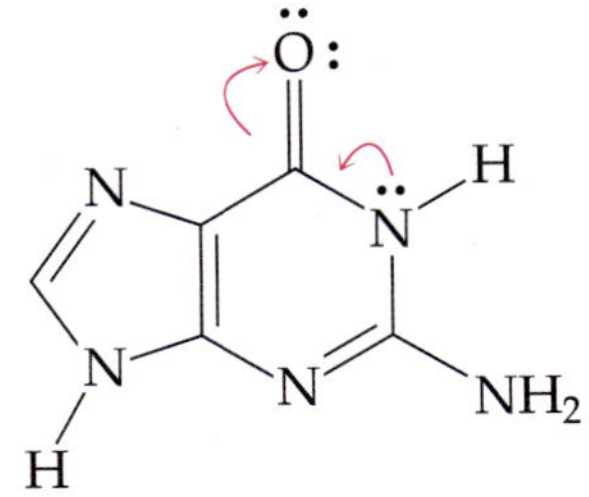

(a)

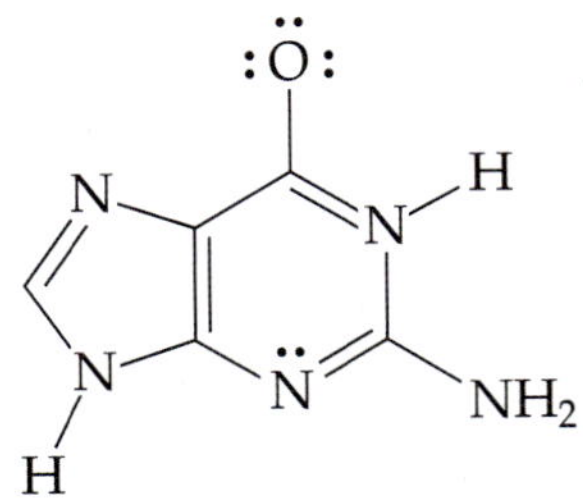

(b)

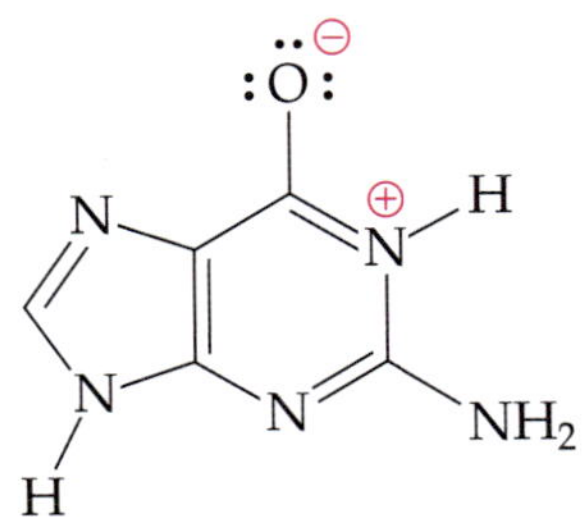

(c)

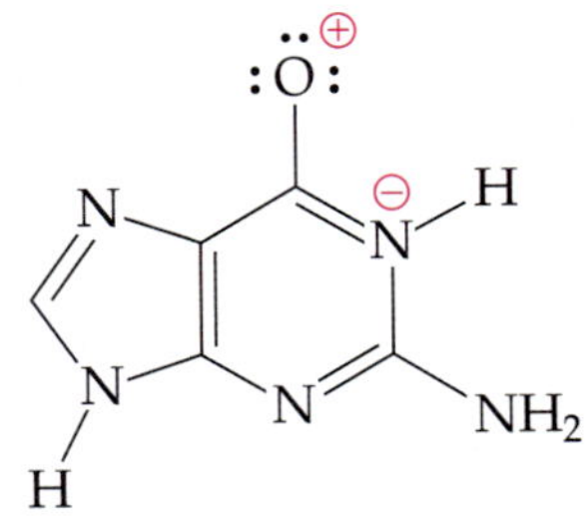

(d) 이 화살표는 옳은 공명 구조를 제공하지 않는다.

답:

1. c, 2. d, 3. c, 4. b, 5. c, 6. b

개념 문제

문제 20.1–20.20은 이 장의 본문 중에 있다.

20.21 다음 모형을 축약 구조식과 선 구조식으로 바꾸시오. 두 이성질성 화합물의 구조를 그리시오.

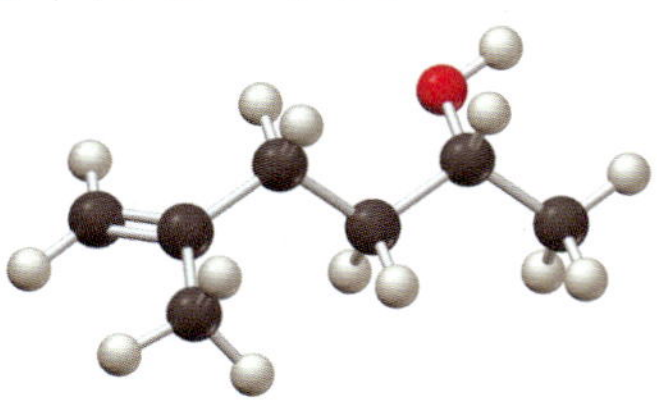

20.22 코카인의 작용기는 무엇인가?

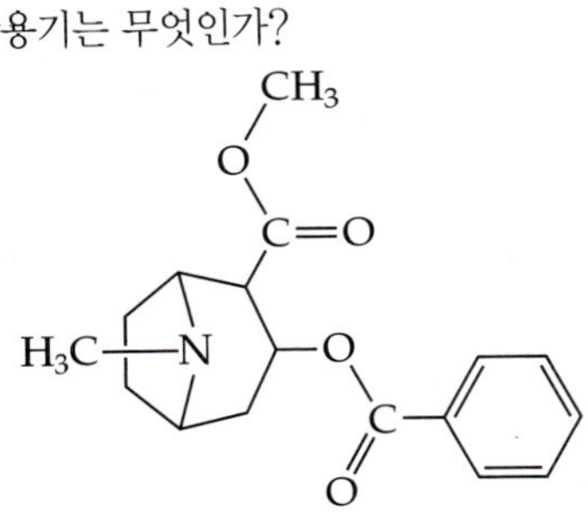

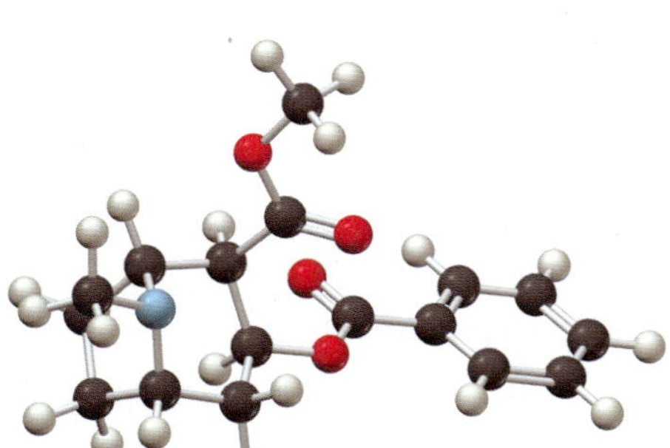

코카인

20.23 다음 구조는 DNA 구성 성분의 하나인 타이민을 나타낸 것이다. 고립 전자쌍이 존재하는 곳을 나타내어 완전한 구조를 완성하시오(빨간색 = O, 회색 = C, 파란색 = N, 상아색 = H). 선 구조식을 그리고, 분자식을 결정하시오.

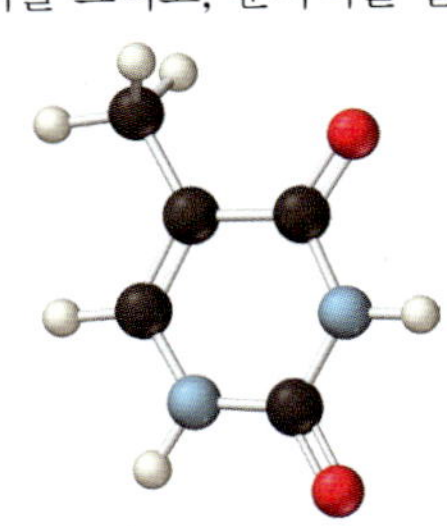

타이민

보충 문제

유기 분자와 구조 이성질체(20.1절)

20.24 곧은 사슬 알케인과 가지 달린 사슬 알케인의 차이점은 무엇인가?

20.25 6개의 탄소 원자를 가진 곧은 사슬 알케인의 축약된 구조식과 선 구조식을 그리시오.

20.26 다음 알케인 쌍이 구조 이성질체인지 결정하시오. 그렇지 않다면 이유를 설명하시오.

(a)

(b)

(c)

20.27 다음 선 구조식은 두 아미노산인 루신과 아이소루신을 나타낸다. 이 두 화합물은 구조 이성질체인가? 이유를 설명하시오.

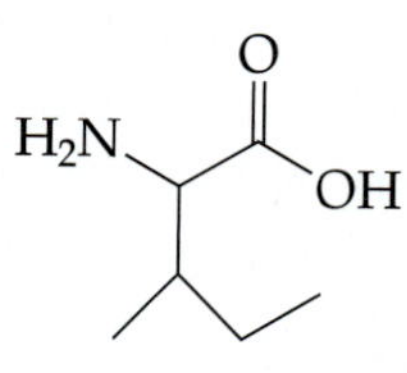

아이소루신

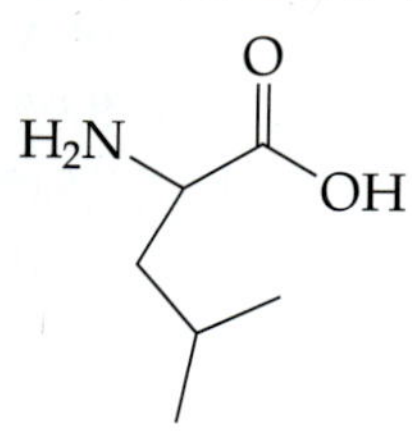

루신

작용기(20.2절)

20.28 작용기란 무엇인가? 또한 왜 중요한가?

20.29 다음 내용에 맞는 분자의 구조와 축약 구조식을 제안하시오.
(a) 화학식이 $C_5H_{10}O$인 케톤
(b) 화학식이 $C_6H_{12}O_2$인 에스터
(c) 아민이면서 카복실산이고 화학식이 $C_2H_5NO_2$인 화합물

20.30 다음 서술에 맞는 화합물의 선 구조식과 분자식을 쓰시오.
(a) 탄소 원자 3개와 1개의 삼중 결합을 가진 선형 알카인
(b) 탄소 원자 4개와 1개의 이중 결합을 가진 선형 알켄
(c) 고리에 탄소 원자 5개와 2개의 이중 결합을 가진 알켄

20.31 분자식 C_5H_8인 다이엔(이중 결합이 두 개인 화합물)은 몇 개가 있는가? 최대한 많은 구조를 그리시오.

20.32 누군가가 분자식 C_3H_9인 화합물의 합성을 보고하였다면, 대부분의 화학자들은 의심을 품을 것이다. 그 이유는 무엇인가?

20.33 다음 작용기를 가진 알케인의 완전한 전자점 구조를 그리고, 분자식을 결정하시오.

(a) 알코올

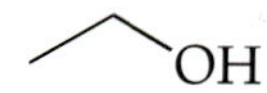

(b) 아민

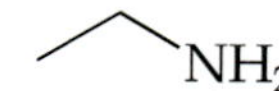

(b) 고리형 아민

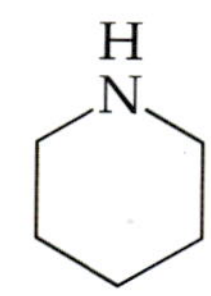

(d) 에터

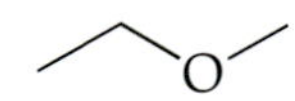

(e) 할로젠

(f) 케톤

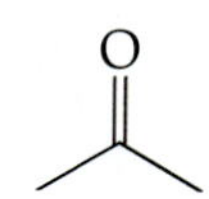

20.34 다음 유기 분자의 완전한 전자점 구조를 그리고, 분자식을 결정하시오.

(a)

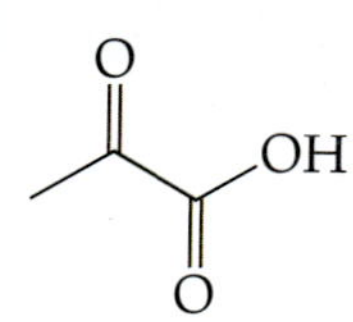

(b)

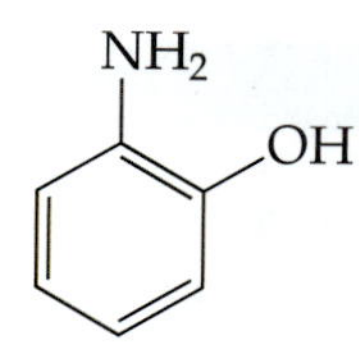

(c)

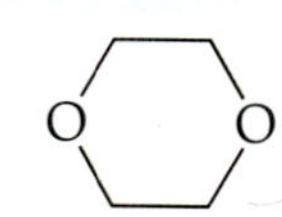

20.35 메틸페니데이트(methylphenidate)는 주의력 결핍 장애의 치료에 쓰이는 약품인 리탈린(Ritalin)의 활성 성분이다. 메틸페니데이트에는 어떤 작용기가 들어 있는가?

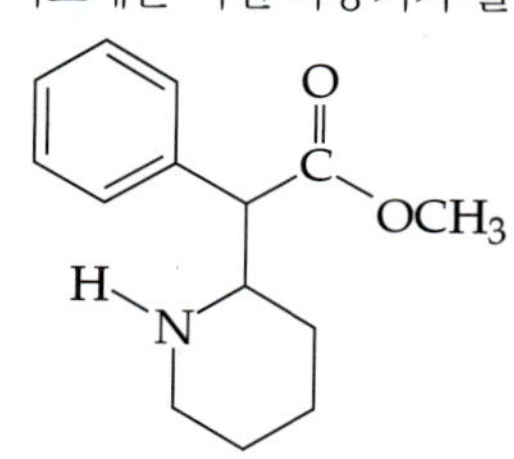

메틸페니데이트

원자가 결합 이론과 오비탈 겹침 그림(20.3절)

20.36 (a) 두 탄소 원자가 모두 sp^3 혼성이라고 가정하고, 에테인(CH_3CH_3)의 오비탈 겹침 그림을 그리시오. 이 그림에서 C—H 결합각은 얼마인가?
(b) 두 탄소 원자가 모두 sp^2 혼성이라고 가정하고, 에테인의 오비탈 겹침 그림을 그리시오. 이 그림에서 C—H 결합각은 얼마인가?
(c) 에테인의 실제 구조는 (a)에서 그린 그림과 비슷하다. VSEPR 이론을 이용하여, (a)의 그림이 (b)의 그림보다 더 안정한 분자인 이유를 설명하시오.

20.37 시스 배열의 이중 결합을 트랜스 형태의 이중 결합으로 전환하려면 π 결합이 끊어져야 한다. 이것은 두 p 오비탈이 전혀 겹치지 않는 전이 상태를 필요로 한다. 전이 상태에서 p 오비

탈을 채워서 끊어진 π 결합의 간단한 오비탈 겹침 그림을 그리시오.

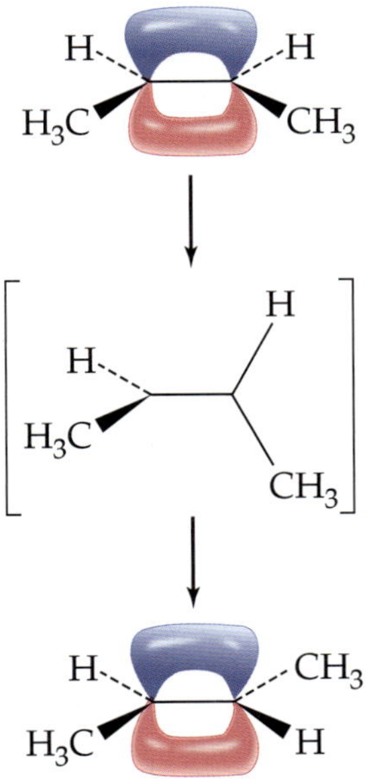

20.38 팔메롤라이드 A(palmerolide A)는 해양 생물체에서 분리된 화학 물질이며, 흑색종 암세포를 죽이는 것으로 증명되었다. 팔메롤라이드 A와 밀접하게 연관된 구조를 나타내었다. 각 탄소–탄소 이중 결합에 대하여 시스인지 트랜스인지 어느 것도 아닌지 표시하시오.

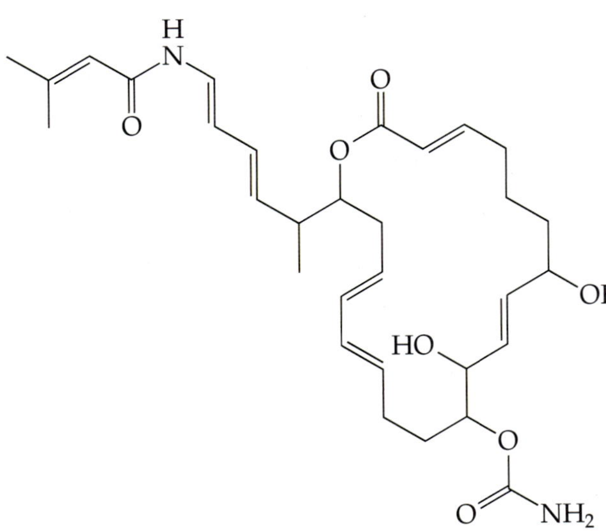

20.39 다음 화합물 중 시스–트랜스 이성질 현상을 나타내는 것은 어느 것인가? 이성질체가 존재한다면, 해당하는 시스나 트랜스 이성질체의 선 구조식을 나타내시오.

(a)

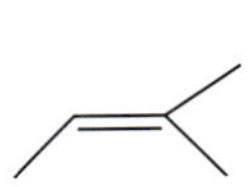

(b)

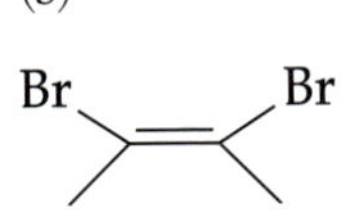

(c)

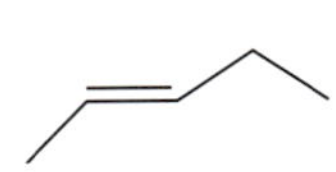

20.40 다음 화합물 중에서 시스–트랜스 이성질체로 존재할 수 있는 것은?

(a) 1–헥센 (b) 2–헥센 (c) 3–헥센

형식 전하와 공명(20.4절)

20.41 표시한 굽은 화살표로부터 생기는 전자점 구조를 그리시오. 화살표가 타당하다면, 공명 구조의 선 구조식을 그리시오. 틀린 구조의 경우, 구조가 존재하지 않는 이유를 설명하시오.

(a)

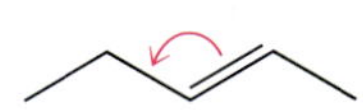

(b)

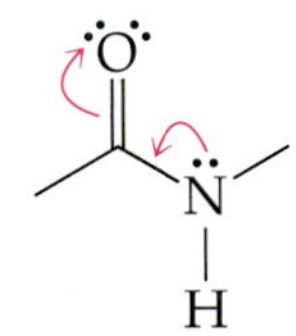

(c)

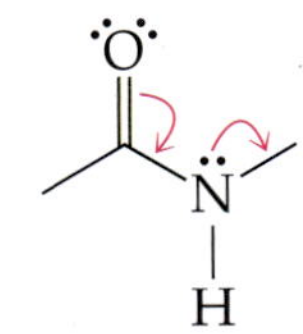

20.42 표시한 굽은 화살표로부터 생기는 전자점 구조를 그리시오. 화살표가 타당하다면, 공명 구조의 선 구조식을 그리시오. 틀린 구조의 경우, 구조가 존재하지 않는 이유를 설명하시오.

(a)

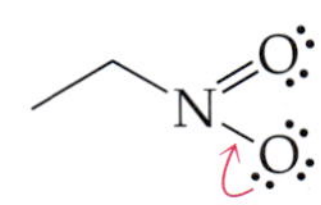

(b)

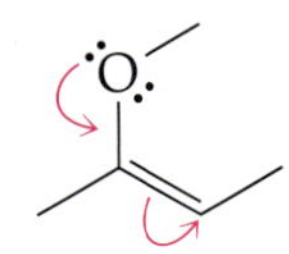

(c)

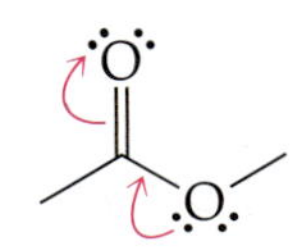

20.43 표시한 화살표로부터 생기는 공명 구조를 그리시오. 형식 전하를 나타내고, 각 구조의 공명 혼성에 대한 상대적 기여도를 평가하시오.

(a)

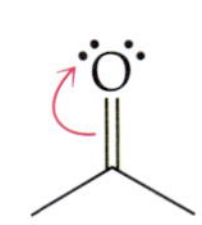

(b)

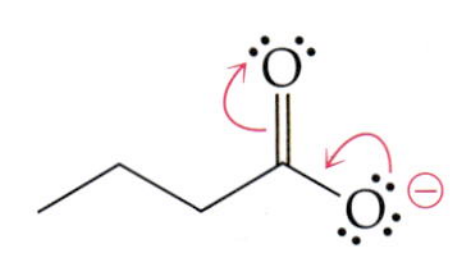

20.44 표시한 화살표로부터 생기는 공명 구조를 그리시오. 형식 전하를 나타내고, 각 구조의 상대적 공명 혼성에 대한 기여도를 평가하시오.

(a)

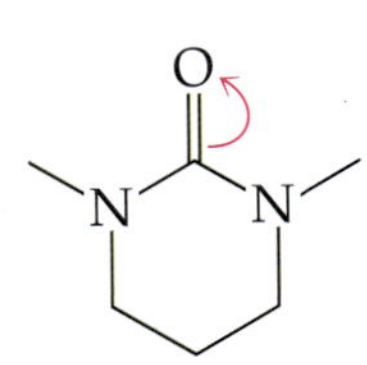

(b)

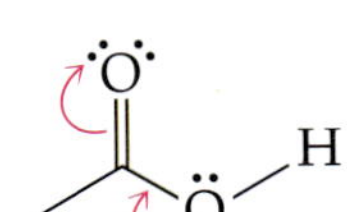

20.45 다음 두 구조는 구조 이성질체인가 공명 구조인가?

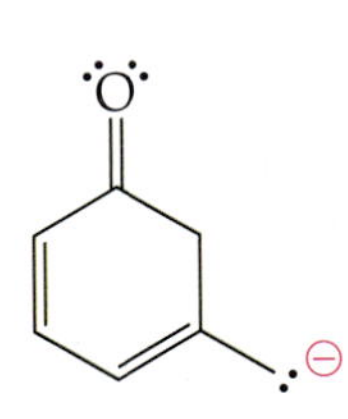

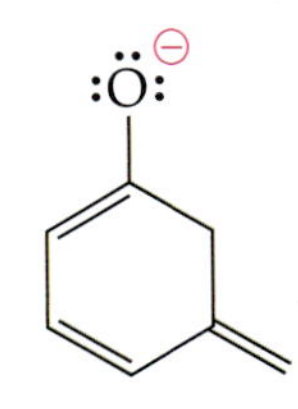

20.46 굽은 화살표를 그려서 첫 번째 구조를 공명 구조로 어떻게 전환하는지를 보이시오.

(a)

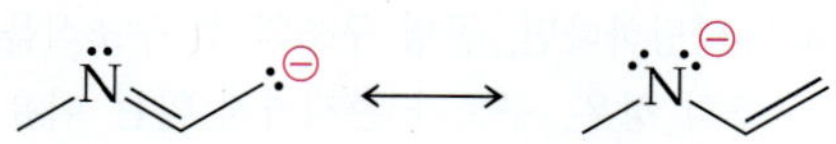

(b)

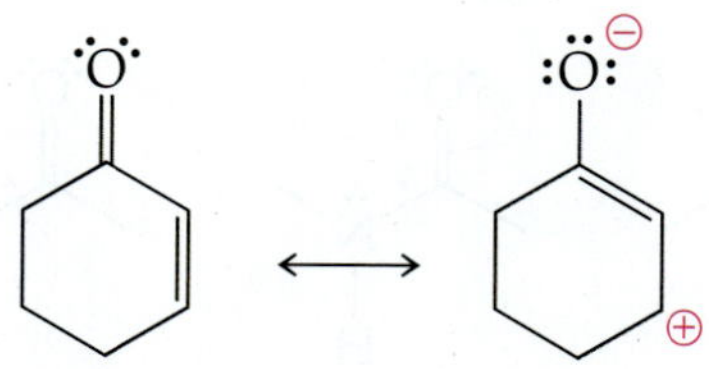

콘쥬게이션 계(20.5절)

20.47 다음 분자에서 어떤 원자들이 콘쥬게이션 계의 일부인지를 표시하시오.

(a)

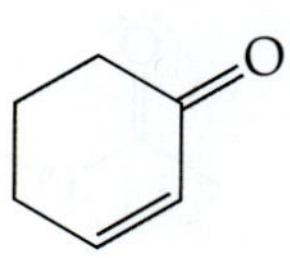

(b)

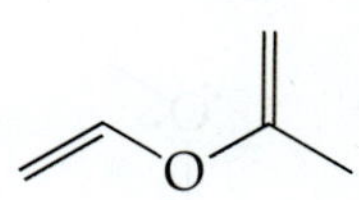

(c)

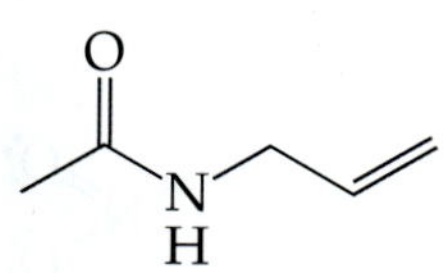

20.48 바이타민 B_7에서 각 N, O, S 원자의 혼성을 나타내시오.

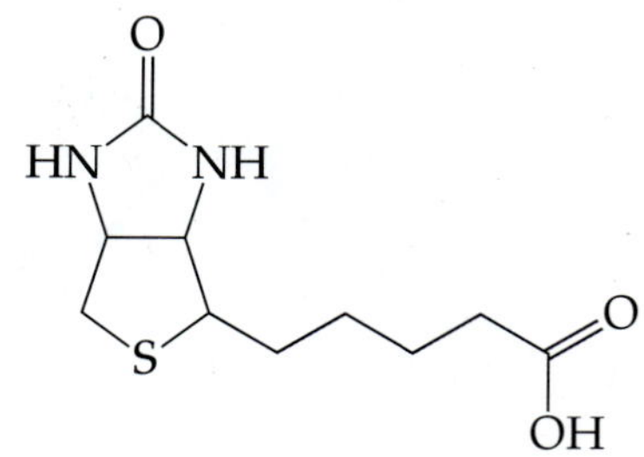

20.49 다음 분자의 간단한 오비탈 겹침 그림을 그리고, 편재화된 고립 전자쌍과 비편재화된 고립 전자쌍을 표시하시오.

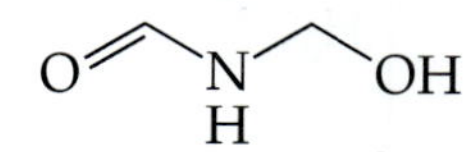

부록 A

수학 연산

A.1 과학적 표기

화학에서 만나는 숫자는 종종 매우 크거나 매우 작을 때가 있다. 예를 들어, 물 1.0 mL에는 H_2O 분자가 약 33,000,000,000,000,000,000,000개가 있으며, H_2O 분자에서 H와 O 원자 사이의 거리는 0.000 000 000 095 7 m이다. 이러한 양은 과학적 표기법을 이용하여 각각 3.3×10^{22}개의 분자나 9.57×10^{-11} m로 쓰는 것이 더 편리하다. 과학적 표기법에서는 수를 $A \times 10^n$의 지수꼴로 나타낸다. 여기서 A는 1과 10 사이의 수이며, 지수 n은 양이나 음의 정수이다.

보통의 표기법으로 쓴 숫자를 과학적 표기법으로 어떻게 전환하는가? 그 수가 10 이상이면 1과 10 사이의 수를 얻을 때까지 소수점을 **왼쪽**으로 n만큼 옮긴다. 그리고 10^n을 곱한다. 예를 들어 숫자 8137.6은 과학적 표기법으로 8.1376×10^3으로 쓴다.

$$8137.6 = 8.1376 \times 10^3$$

소수점을 왼쪽으로 3만큼 옮겨 1과 10 사이의 수를 얻는다.

소수점을 왼쪽으로 옮긴 횟수

소수점을 왼쪽으로 3번 옮기면 $10 \times 10 \times 10 = 1000 = 10^3$의 수로 나눈 것과 같은 효과이다. 따라서 10^3을 곱해 주어 그 값이 변하지 않도록 해야 한다.

1보다 작은 수를 과학적 표기법으로 전환하기 위해서는 1과 10 사이의 수를 얻을 때까지 소수점을 오른쪽으로 n만큼 옮긴다. 그리고 10^{-n}을 곱한다. 예를 들어, 숫자 0.012는 과학적 표기법으로 1.2×10^{-2}으로 쓴다.

$$0.012 = 1.2 \times 10^{-2}$$

소수점을 오른쪽으로 2만큼 옮겨 1과 10 사이의 수를 얻는다.

소수점을 오른쪽으로 옮긴 횟수

소수점을 오른쪽으로 2번 옮기면 $10 \times 10 = 100 = 10^2$을 곱한 것과 같은 효과이다. 따라서 10^{-2}을 곱해 주어 그 값이 변하지 않도록 해야 한다($10^2 \times 10^{-2} = 10^0 = 1$).

다음 표는 몇 가지 예이다. 과학적 표기법을 일반적인 표기법으로 전환하려면 단순히 위의 과정을 반대로 하면 된다. 따라서 숫자 5.84×10^4을 보통의 표현으로 바꾸어 쓰려면 10^4을 떼어내고 소수점을 4자리 **오른쪽**으로 옮긴다($5.84 \times 10^4 = 58,400$). 숫자 3.5×10^{-1}을 보통의 표현으로 바꾸어 쓰려면 10^{-1}을 떼어내고 소수점을 1자리 **왼쪽**으로 옮긴다($3.5 \times 10^{-1} = 0.35$). $10^0 = 1$이므로 1과 10 사이의 수에 대해서는 과학적 표기법이 필요없다는 것을 유념하라.

수	과학적 표기법
58,400	5.84×10^4
0.35	3.5×10^{-1}
7.296	$7.296 \times 10^0 = 7.296$

덧셈과 뺄셈

과학적 표기법으로 표기된 두 수를 더하거나 빼려면 두 수가 같은 지수를 가져야 한다. 따라서 7.16×10^3과 1.32×10^2을 더하려면, 먼저 나중 숫자를 0.132×10^3으로 쓰고 더한다.

$$\begin{array}{r} 7.16 \quad \times 10^3 \\ +0.132 \times 10^3 \\ \hline 7.29 \quad \times 10^3 \end{array}$$

답은 유효 숫자 3개를 가진다(유효 숫자는 1.9절에서 논의하였다). 또는 먼저 숫자를 71.6×10^2으로 쓰고 더한다.

$$\begin{array}{r} 71.6 \quad \times 10^2 \\ +1.32 \times 10^2 \\ \hline 72.9 \quad \times 10^2 \end{array} = 7.29 \times 10^3$$

곱셈과 나눗셈

과학적 표기법으로 표기된 두 수를 곱하려면, 10의 지수 앞에 있는 인수를 곱하고 지수를 더한다.

$$(A \times 10^n)(B \times 10^m) = AB \times 10^{n+m}$$

예를 들면

$$(2.5 \times 10^4)(4.7 \times 10^7) = (2.5)(4.7) \times 10^{4+7} = 12 \times 10^{11} = 1.2 \times 10^{12}$$
$$(3.46 \times 10^5)(2.2 \times 10^{-2}) = (3.46)(2.2) \times 10^{5+(-2)} = 7.6 \times 10^3$$

답은 모두 두 개의 유효 숫자를 가진다.

과학적 표기법으로 표기된 두 수를 나누려면, 10의 지수 앞에 있는 인수를 나누고 분자에 있는 지수에서 분모에 있는 지수를 뺀다.

$$\frac{A \times 10^n}{B \times 10^m} = \frac{A}{B} \times 10^{n-m}$$

예를 들면

$$\frac{3 \times 10^6}{7.2 \times 10^2} = \frac{3}{7.2} \times 10^{6-2} = 0.4 \times 10^4 = 4 \times 10^3 \qquad \text{(유효 숫자 1개)}$$
$$\frac{7.50 \times 10^{-5}}{2.5 \times 10^{-7}} = \frac{7.50}{2.5} \times 10^{-5-(-7)} = 3.0 \times 10^2 \qquad \text{(유효 숫자 2개)}$$

거듭제곱과 제곱근

숫자 $A \times 10^n$을 m 제곱하려면 인수 A를 m 제곱하고 지수 n에 제곱수 m을 곱한다.

$$(A \times 10^n)^m = A^m \times 10^{n \times m}$$

예를 들어, 3.6×10^2을 세제곱하면 다음과 같이 되어 4.7×10^7이다.

$$(3.6 \times 10^2)^3 = (3.6)^3 \times 10^{2 \times 3} = 47 \times 10^6 = 4.7 \times 10^7 \qquad \text{(유효 숫자 2개)}$$

숫자 $A \times 10^n$의 m 제곱근을 취하려면 $1/m$ 제곱하면 된다. 즉, 인수 A를 $1/m$ 제곱하고 지수 n을 제곱수 m으로 나눈다.

$$\sqrt[m]{A \times 10^n} = (A \times 10^n)^{1/m} = A^{1/m} \times 10^{n/m}$$

예를 들어, 9.0×10^8의 제곱근은 다음과 같이 되어 3.0×10^4이다.

$$\sqrt[2]{9.0 \times 10^8} = (9.0 \times 10^8)^{1/2} = (9.0)^{1/2} \times 10^{8/2} = 3.0 \times 10^4 \qquad \text{(유효 숫자 2개)}$$

답에 지수(n/m)를 정수로 표기하기 때문에, 때로는 지수 n이 제곱근을 하는 숫자 m의 정수배가 되도록 원래 숫자에서 소수점을 이동하여 다시 써야 한다. 예를 들어, 6.4×10^{10}의 세제곱근을 취하려면 지수(9)가 제곱근을 나타내는 숫자 3의 정수배가 되도록 먼저 이 숫자를 64×10^9으로 써야 한다.

$$\sqrt[3]{6.4 \times 10^{10}} = \sqrt[3]{64 \times 10^9} = (64)^{1/3} \times 10^{9/3} = 4.0 \times 10^3$$

과학적 표기법과 전자계산기

전자계산기를 가지고 과학적 표기법으로 표현된 계산을 할 수 있다. 설명서를 참고해서 특정 계산기를 써서 지수 형식으로 표현된 숫자를 입력하고 처리하는 방법을 익혀야 한다. 대부분의 계산기에서 $A \times 10^n$을 입력하는 방법은 다음과 같다. (i) 숫자 A를 입력한다. (ii) EXP나 EE 키를 누른다. (iii) 지수 n을 입력한다. 지수가 음수이면 n 값을 입력하기 전에 +/− 키를 누른다(숫자 10은 입력하지 않는다는 것을 기억하라). 계산기는 숫자 $A \times 10^n$을 왼쪽에 있는 숫자 A에 이어 약간의 간격을 두고 지수 n을 나타낸다.

예를 들면, 4.625×10^2은 4.625 02로 나타난다.

지수를 더하거나 빼거나 곱하거나 나누려면, 보통 숫자를 가지고 할 때와 마찬가지의 순서로 키를 누른다. 계산기에서 덧셈이나 뺄셈을 할 때 숫자들이 같은 지수를 가질 필요가 없다. 계산기가 다른 지수라도 자동으로 계산한다. 하지만 계산기에서는 보통 유효 숫자가 허용된 것보다 더 많은 자릿수를 나타낸다는 것을 기억하라. 때로는 유효 숫자의 개수를 따라가기 위해서 앞의 예에서처럼 종이에 계산을 대략 표시하는 것이 유용하다.

대부분의 계산기에는 숫자를 제곱하거나 제곱근을 계산하기 위한 x^2과 $\sqrt{x}$ 키가 있다. 숫자를 입력하고 맞는 자판을 누르기만 하면 된다. 어떤 수의 제곱꼴을 계산할 때에는 y^x(또는 a^x) 키를 사용한다. 예를 들어, 4.625×10^2의 세제곱을 계산하려면 다음과 같이 한다. (i) 숫자 4.625×10^2을 보통처럼 입력한다. (ii) y^x 키를 누른다. (iii) 제곱수 3을 입력하고, (iv) = 키를 누른다. 결과는 9.8931641 07로 나타나지만, 유효 숫자 4개로 반올림하여야 한다. 따라서 $(4.625 \times 10^2)^3 = 9.893 \times 10^7$이다.

어떤 수의 m 제곱근을 구하려면 그 수에 $1/m$ 제곱을 하면 된다. 예를 들어, 4.52×10^{11}의 다섯제곱근을 구하려면 다음과 같이 한다. (i) 숫자 4.52×10^{11}을 입력한다. (ii) y^x 키를 누른다. (iii) 숫자 5를 입력하고(다섯제곱근이므로), (iv) $1/x$ 키를 누른다(다섯제곱근을 1/5 제곱으로 전환). (v) = 키를 누른다. 결과는 다음과 같다.

$$\sqrt[5]{4.52 \times 10^{11}} = (4.52 \times 10^{11})^{1/5} = 2.14 \times 10^2$$

계산기는 정수가 아닌 지수 11/5을 취급할 수 있으므로 지수가 다섯제곱근인 5의 정수배가 되도록 45.2×10^{10}으로 숫자를 입력할 필요가 없다.

문제 A.1 다음 계산을 하고, 결과를 올바른 유효 숫자를 고려하여 과학적 표기법으로 나타내시오. 계산기를 사용할 필요는 없다.

(a) $(1.50 \times 10^4) + (5.04 \times 10^3)$ **(b)** $(2.5 \times 10^{-2}) - (5.0 \times 10^{-3})$
(c) $(4.0 \times 10^4)^2$ **(d)** $\sqrt[3]{8 \times 10^{12}}$ **(e)** $\sqrt{2.5 \times 10^5}$

답:
(a) 2.00×10^4 **(b)** 2.0×10^{-2} **(c)** 1.6×10^9 **(d)** 2×10^4 **(e)** $\pm 5.0 \times 10^2$

문제 A.2 다음 계산을 하고, 결과를 올바른 유효 숫자를 고려하여 과학적 표기법으로 나타내시오. 계산기를 사용하시오.

(a) $(9.72 \times 10^{-1}) + (3.4823 \times 10^{2})$ **(b)** $(3.772 \times 10^{3}) - (2.891 \times 10^{4})$
(c) $(7.62 \times 10^{-3})^{4}$ **(d)** $\sqrt[3]{8.2 \times 10^{7}}$ **(e)** $\sqrt[5]{3.47 \times 10^{-12}}$

답:
(a) 3.4920×10^{2} **(b)** -2.514×10^{4} **(c)** 3.37×10^{-9}
(d) 4.3×10^{2} **(e)** 5.11×10^{-3}

A.2 로그

상용로그

어떤 양수 x는 10의 z승꼴로 나타낼 수 있다. 즉, $x = 10^{z}$이라고 쓸 수 있다. 지수 z는 숫자 x의 **상용로그**(common logarithm) 또는 밑이 10인 로그라고 하며, $\log_{10} x$ 또는 간단히 $\log x$라고 쓴다.

$$x = 10^{z} \qquad \log x = z$$

예를 들어, 100은 10^{2}이라고 쓸 수 있으며, 따라서 log 100은 2와 같다.

$$100 = 10^{2} \qquad \log 100 = 2$$

비슷하게 다음 식이 성립한다.

$$10 = 10^{1} \qquad \log 10 = 1$$
$$1 = 10^{0} \qquad \log 1 = 0$$
$$0.1 = 10^{-1} \qquad \log 0.1 = -1$$

일반적으로 어떤 수 x의 로그값은 10의 z승이 x와 같아지도록 하는 수 z이다.

그림 A.1에서 보는 바와 같이, 1보다 큰 수의 로그값은 양수이고, 1의 로그값은 0이며, 1 미만 수의 로그값은 음수이다. 10의 어떤 수에 제곱을 해도 양수이므로($x = 10^{z} > 0$), 음수의 로그값은 정의되어 있지 않다.

계산기를 써서 10의 정수 제곱꼴이 아닌 어떤 수의 로그값을 구할 수 있다. 예를 들어, 61.2의 로그값을 구하려면 단순히 61.2를 입력하고 LOG 키를 누르면 된다. 61.2가 10^{1}과 10^{2} 사이의 값이므로 로그값은 1과 2 사이의 값이어야 한다. 계산기가 계산한 값은 1.786751422이지만, 61.2의 유효 숫자가 3개이므로 1.787로 반올림해야 한다.

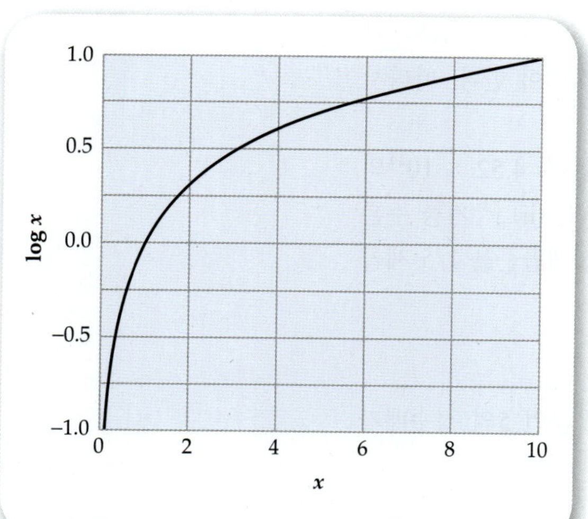

▲ 그림 A.1
0.1에서 10까지의 x 값에 대한 $\log x$ 값

유효 숫자와 상용로그

로그값에서 유효 숫자는 소수점 오른쪽에 있는 숫자뿐이다. 소수점 왼쪽에 있는 숫자는 정확한 수로 로그값을 지수꼴로 나타낼 때 10의 제곱수와 관련이 있는 수이다. 따라서 유효 숫자가 3개인 61.2의 로그값은 다음과 같이 쓴다.

$$\log \underbrace{61.2}_{\text{유효 숫자 3개}} = \log(\underbrace{6.12}_{\text{유효 숫자 3개}} \times \underbrace{10^{1}}_{\text{정확한 수}}) = \log 6.12 + \log 10^{1} = \underbrace{0.787}_{\text{유효 숫자 3개}} + \underbrace{1}_{\text{정확한 수}} = \underbrace{1}_{\text{정확한 수}}.\underbrace{787}_{\text{유효 숫자 3개}}$$

로그값(1.787)에서 소수점 왼쪽에 있는 숫자(1)는 정확한 수이며, 유효 숫자가 아니다. 그것은 단지 숫자 61.2에서 소수점의 위치만을 나타낸다. 61.2의 유효 숫자가 3개뿐이므로 로그값은 유효 숫자가 3개뿐이다(7, 8, 7). 비슷하게 log 61 = 1.79(유효 숫자 2개)이고, $\log(6 \times 10^1) = 1.8$(유효 숫자 1개)이다.

역로그

antilog로 쓰는 역로그는 상용로그의 역이다. z가 x의 로그값이라면 x는 z의 역로그값이다. 하지만, x를 10^z로 쓸 수 있으므로 z의 역로그는 10^z이다.

$$\text{만일 } z = \log x\text{이면 } x = \text{antilog } z = 10^z$$

다시 말하면, 어떤 수의 역로그는 그 수의 10의 제곱값이다. 예를 들어 2의 역로그값은 $10^2 = 100$이고, 3.71의 역로그값은 $10^{3.71}$이다.

antilog 3.71 값을 구하려면 계산기를 사용한다. 계산기에 10^x 키가 있으면 3.71을 입력하고 10^x 키를 누른다. 계산기에 y^x 키가 있으면 다음과 같이 한다. (i) 10을 입력한다. (ii) y^x 키를 누른다. (iii) exponent 3.71을 입력한다. (iv) = 키를 누른다. 계산기에 INV(inverse) 키가 있으면 3.71을 입력하고 INV 키를 누른 후, LOG 키를 누르면 된다. 그러면 계산기에 antilog 3.71 = 5.12861384×10^3이 나타나겠지만, 로그값(3.71)이 소수점 오른쪽이 2개이어서 유효 숫자가 2개이므로 반올림하여 5.1×10^3(유효 숫자 2개)으로 써야 한다.

자연로그

$\pi = 3.141\ 59\cdots$와 같이 $e = 2.718\ 28\cdots$ 도 많은 과학 문제에 나오는 수이다. 따라서 10을 밑으로 하는 로그값을 정의한 것처럼, e를 밑으로 하는 로그값을 정의하는 것이 편리하다. 숫자 x를 10^z로 쓸 수 있는 것과 마찬가지로 e^u로 쓸 수 있다. 지수 u는 숫자 x의 **밑이** e인 **자연로그값**이라고 하고, $\log^e x$ 또는 더 간단히 $\ln x$라고 쓴다.

$$x = e^u \qquad \ln x = u$$

어떤 수 x의 자연로그값은 e를 어떤 수로 u제곱했을 때 수 x와 같아지는 수 u이다. 예를 들어, 수 10.0은 $e^{2.303}$으로 쓸 수 있으므로 10.0의 자연로그값은 2.303과 같다.

$$10.0 = e^{2.303} = (2.718\ 28 \cdots)^{2.303} \qquad \ln 10.0 = 2.303 \quad \text{(유효 숫자 3개)}$$

계산기로 어떤 수의 자연로그값을 구하려면, 단순히 숫자를 입력하고 LN 키를 누르면 된다.

antiln이라고 쓰는 자연 역로그는 자연로그의 역이다. u가 x의 자연로그값이라면, $x(= e^u)$는 u의 자연 역로그값이다.

$$u = \ln x\text{이면 } x = \text{antiln } u = e^u\text{이다.}$$

다시 말하면, 어떤 수의 자연 역로그는 그 수의 e의 제곱값이다. 예를 들어, 3.71의 자연 역로그값은 $e^{3.17}$이고, 이것은 41이다.

$$\text{antiln } 3.71 = e^{3.71} = 41 \qquad \text{(유효 숫자 2개)}$$

계산기에 INV(inverse) 키나 e^x가 있을 것이다. 어떤 수, 예를 들어 3.71의 자연 역로그값을 구하려면, 3.71을 입력하고 INV 키를 누른 후 LN 키를 누르면 된다. 또는 3.71을 입력하고 e^x 키를 누른다.

로그의 수학적 성질

로그는 지수이기 때문에 지수의 대수적 성질은 다음 관계에 따라 사용할 수 있다.

1. 곱 xy의 로그값(상용로그이든 자연로그이든)은 x의 로그값과 y의 로그값의 합과 같다.

$$\log xy = \log x + \log y \qquad \ln xy = \ln x + \ln y$$

2. 비 x/y의 로그값(상용로그이든 자연로그이든)은 x의 로그값과 y의 로그값의 차와 같다.

$$\log \frac{x}{y} = \log x - \log y \qquad \ln \frac{x}{y} = \ln x - \ln y$$

또한 다음 관계가 성립한다.

$$\log \frac{y}{x} = -\log \frac{x}{y} \qquad \ln \frac{y}{x} = -\ln \frac{x}{y}$$

$\log 1 = \ln 1 = 0$이므로 다음 식이 또한 성립한다.

$$\log \frac{1}{x} = -\log x \qquad \ln \frac{1}{x} = -\ln x$$

3. x의 a제곱의 로그값은 x의 로그값의 a배이다.

$$\log x^a = a \log x \qquad \ln x^a = a \ln x$$

마찬가지로

$$\log x^{1/a} = \frac{1}{a} \log x \qquad \ln x^{1/a} = \frac{1}{a} \ln x$$

여기서

$$x^{1/a} = \sqrt[a]{x}$$

상용로그와 자연로그 사이의 관계는 무엇인가? 그것을 유도하기 위하여 $\log x$와 $\ln x$의 정의로부터 시작해 보자.

$$\log x = z \qquad \text{여기서 } x = 10^z$$
$$\ln x = u \qquad \text{여기서 } x = e^u$$

10^z로 $\ln x$를 쓰고, $\ln x^a = a \ln x$라는 성질을 이용하면

$$\ln x = \ln 10^z = z \ln 10$$

$z = \log x$이고 $\ln 10.0 = 2.303$이므로 자연로그값은 상용로그값에 2.303을 곱한 것과 같다.

$$\ln x = 2.303 \log x$$

자연로그값과 상용로그값이 2.303이라는 인수의 차이만 있으므로, 같은 규칙이 유효 숫자의 개수를 찾을 때에도 적용된다. 자연로그값과 상용로그값 모두에서 유효 숫자의 개수는 소수점의 오른쪽 숫자의 개수와 같다.

문제 A.3 계산기를 사용하여 다음을 계산하고, 올바른 유효 숫자를 고려하여 반올림하시오.

(a) $\log 705$ **(b)** $\ln (3.4 \times 10^{-6})$ **(c)** $\text{antilog}\,(-2.56)$ **(d)** $\text{antiln}\,8.1$

답:

(a) 2.848 **(b)** -12.59 **(c)** 2.8×10^{-3} **(d)** 3×10^3

A.3 직선 그래프와 선형식

과학 실험의 결과는 대개 그래프의 형태로 요약된다. 어떤 성질 y가 어떤 변수 x의 함수로 측

정되는 실험을 생각해 보자(실례로 기체의 부피를 온도의 함수로 측정하는 것이 있는데, 일반적인 논의를 위해 x와 y를 사용하자). 다음 실험값을 얻었다고 가정해 보자.

x	y
−1	−5
1	1
3	7
5	13

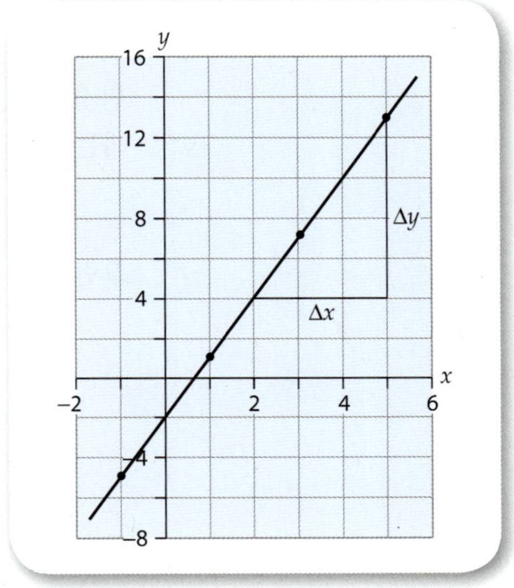

▲ 그림 A.2
표에 있는 자료로 그린 x대 y 직선

그림 A.2의 그래프는 수평축을 따라 독립 변수라고 부르는 x 값과 수직축을 따라 종속 변수라고 부르는 y 값을 보여 주고 있다. x와 y 실험값의 각 쌍을 그래프에 점으로 나타낸다. 이 특정 실험에서 네 자료의 점이 직선상에 놓여 있다.

직선 식은 다음과 같이 쓸 수 있다.

$$y = mx + b$$

여기서 m은 직선의 기울기이고, b는 직선이 y축과 만나는 점에서의 y 값, 즉 $x = 0$에서의 y 값인 절편이다. 선의 기울기는 x 값의 변화(Δx)에 대한 y의 변화(Δy)이다.

$$m = \text{기울기} = \frac{\Delta y}{\Delta x}$$

그림 A.2에서 오른쪽 삼각형은 x가 2에서 5로 변할 때 y가 4에서 13으로 변함을 보여 준다. 따라서 선의 기울기는 3이다.

$$m = \text{기울기} = \frac{\Delta y}{\Delta x} = \frac{13 - 4}{5 - 2} = \frac{9}{3} = 3$$

이 그래프는 y 절편이 −2이고($b = -2$)이고, 따라서 선의 식은 다음과 같다.

$$y = 3x - 2$$

$y = mx + b$ 형태의 식은 이 식을 만족하는 x와 y 값이 직선상에 위치해 있으므로 **선형 방정식**(linear equation)이라 부른다. 또한 y를 x의 **선형 함수**(linear function)라고 부르고, y는 x에 **정비례**한다고 한다. 이 예에서 y의 변화 속도는 x의 3배이다.

A.4 이차방정식

이차방정식은 다음 형태로 쓸 수 있는 방정식이다.

$$ax^2 + bx + c = 0$$

여기서 a, b, c는 상수이다. 이 식은 x의 제곱만을 포함하고 있고, 가장 높은 승수가 2이므로 이차식이라고 한다. 이차방정식의 해는 다음과 같이 주어진다.

$$x = \frac{-b \pm \sqrt{b^2 - 4ac}}{2a}$$

여기서 ±는 +부호의 해와 −부호의 해인 두 개의 해가 있음을 나타낸다. 예를 들어 다음 식을 풀어 보자.

$$x^2 = \frac{2 - 6x}{3}$$

먼저 3을 곱하고 2 − 6x를 좌변으로 이항하여 식을 $ax^2 + bx + c = 0$의 형태로 놓는다. 그 결과는 다음과 같다.

$$3x^2 + 6x - 2 = 0$$

그런 다음 $a = 3$, $b = 6$, $c = -2$를 공식에 넣는다.

$$x = \frac{-6 \pm \sqrt{(6)^2 - 4(3)(-2)}}{2(3)}$$

$$= \frac{-6 \pm \sqrt{36 + 24}}{6} = \frac{-6 \pm \sqrt{60}}{6} = \frac{-6 \pm 7.746}{6}$$

두 해는 다음과 같다.

$$x = \frac{-6 + 7.746}{6} = \frac{1.746}{6} = 0.291, \qquad x = \frac{-6 - 7.746}{6} = \frac{-13.746}{6} = -2.291$$

A.5 적분형 속도식의 미분

0차 반응

0차 반응의 반응 속도식은 다음과 같다.

$$\text{속력} = -\frac{\Delta[A]}{\Delta t} = k$$

미분형 속도식은 다음과 같이 쓸 수 있다.

$$-\frac{d[A]}{dt} = k$$

$$\text{또는} \quad d[A] = -kdt$$

$t = 0$에서 $t = t$까지 적분하면 다음과 같다.

$$\int_{[A]_0}^{[A]_t} d[A] = -k\int_0^t dt$$

$$[A]_t - [A]_0 = -kt$$

$$\text{또는} \quad [A]_t = -kt + [A]_0$$

1차 반응

1차 반응의 반응 속도식은 다음과 같다.

$$\text{속도} = -\frac{\Delta[A]}{\Delta t} = k[A]$$

미분형 속도식은 다음과 같이 쓸 수 있다.

$$-\frac{d[A]}{dt} = k[A]$$

$$\text{또는} \quad \frac{d[A]}{[A]} = -kdt$$

$t = 0$에서 $t = t$까지 적분하면 다음과 같다.

$$\int_{[A]_0}^{[A_t]} \frac{d[A]}{[A]} = -k\int_0^t dt$$

$$\ln [A]_t - \ln [A]_0 = -kt$$

$$\text{또는} \quad \ln \frac{[A]_t}{[A]_0} = -kt$$

2차 반응

2차 반응의 반응 속도식은 다음과 같다.

$$\text{속도} = -\frac{\Delta[A]}{\Delta t} = k[A]^2$$

미분형 속도식은 다음과 같이 쓸 수 있다.

$$-\frac{d[A]}{dt} = k[A]^2$$

$$\text{또는} \quad \frac{d[A]}{[A]^2} = -kdt$$

$t = 0$에서 $t = t$까지 적분하면 다음과 같다.

$$\int_{[A]_0}^{[A]_t} \frac{d[A]}{[A]^2} = -k\int_0^t dt$$

$$-\frac{1}{[A]_t} + \frac{1}{[A]_0} = -kt$$

$$\text{또는} \quad \frac{1}{[A]_t} = kt + \frac{1}{[A]_0}$$

부록 B

25 °C에서 열역학적 성질

표 B.1 무기물

물질과 상태	$\Delta H°_f$ (kJ/mol)	$\Delta G°_f$ (kJ/mol)	$S°$ [J/(K·mol)]
Aluminum			
$Al(s)$	0	0	28.3
$Al(g)$	330.0	289.4	164.5
$AlCl_3(s)$	−704.2	−628.8	109.3
$Al_2O_3(s)$	−1676	−1582	50.9
Barium			
$Ba(s)$	0	0	62.5
$Ba(g)$	180.0	146.0	170.1
$Ba^{2+}(aq)$	−537.6	−560.8	9.6
$BaCl_2(s)$	−855.0	−806.7	123.7
$BaO(s)$	−548.0	−520.3	72.1
$BaCO_3(s)$	−1213.0	−1134.4	112.1
$BaSO_4(s)$	−1473.2	−1362.2	132.2
Beryllium			
$Be(s)$	0	0	9.5
$BeO(s)$	−609.4	−580.1	13.8
$Be(OH)_2(s)$	−902.5	−815.0	45.5
Boron			
$B(s)$	0	0	5.9
$BF_3(g)$	−1136.0	−1119.4	254.3
$BCl_3(g)$	−403.8	−388.7	290.0
$B_2H_6(g)$	36.4	87.6	232.0
$B_2O_3(s)$	−1273.5	−1194.3	54.0
$H_3BO_3(s)$	−1094.3	−968.9	90.0
Bromine			
$Br(g)$	111.9	82.4	174.9
$Br^-(aq)$	−121.5	−104.0	82.4
$Br_2(l)$	0	0	152.2
$Br_2(g)$	30.9	3.14	245.4
$HBr(g)$	−36.3	−53.4	198.6
Cadmium			
$Cd(s)$	0	0	51.8
$Cd(g)$	111.8	77.3	167.6
$Cd^{2+}(aq)$	−75.9	−77.6	−73.2
$CdCl_2(s)$	−391.5	−343.9	115.3
$CdO(s)$	−258.4	−228.7	54.8
$CdS(s)$	−161.9	−156.5	64.9
$CdSO_4(s)$	−933.3	−822.7	123.0

물질과 상태	$\Delta H°_f$ (kJ/mol)	$\Delta G°_f$ (kJ/mol)	$S°$ [J/(K·mol)]
Calcium			
$Ca(s)$	0	0	41.4
$Ca(g)$	177.8	144.0	154.8
$Ca^{2+}(aq)$	−542.8	−553.6	−53.1
$CaF_2(s)$	−1228.0	−1175.6	68.5
$CaCl_2(s)$	−795.4	−748.8	108.4
$CaH_2(s)$	−181.5	−142.5	41.4
$CaC_2(s)$	−59.8	−64.8	70.0
$CaO(s)$	−634.9	−603.3	38.1
$Ca(OH)_2(s)$	−985.2	−897.5	83.4
$CaCO_3(s)$	−1207.6	−1129.1	91.7
$CaSO_4(s)$	−1434.1	−1321.9	107
$Ca_3(PO_4)_2(s)$	−4120.8	−3884.7	236.0
Carbon			
$C(s, \text{graphite})$	0	0	5.7
$C(s, \text{diamond})$	1.9	2.9	2.4
$C(g)$	716.7	671.3	158.0
$CO(g)$	−110.5	−137.2	197.6
$CO_2(g)$	−393.5	−394.4	213.6
$CO_2(aq)$	−413.8	−386.0	117.6
$CO_3^{2-}(aq)$	−677.1	−527.8	−56.9
$HCO_3^-(aq)$	−692.0	−586.8	91.2
$H_2CO_3(aq)$	−699.7	−623.2	187.4
$HCN(l)$	108.9	125.0	112.8
$HCN(g)$	135.1	124.7	201.7
$CS_2(l)$	89.0	64.6	151.3
$CS_2(g)$	116.7	67.1	237.7
$COCl_2(g)$	−219.1	−204.9	283.4
Cesium			
$Cs(s)$	0	0	85.2
$Cs(g)$	76.5	49.6	175.6
$Cs^+(aq)$	−258.3	−292.0	133.1
$CsF(s)$	−553.5	−525.5	92.8
$CsCl(s)$	−443.0	−414.5	101.2
$CsBr(s)$	−405.8	−391.4	113.1
$CsI(s)$	−346.6	−340.6	123.1

표 B.1 무기물(계속)

물질과 상태	$\Delta H°_f$ (kJ/mol)	$\Delta G°_f$ (kJ/mol)	$S°$ [J/(K·mol)]
Chlorine			
$Cl(g)$	121.3	105.3	165.1
$Cl^-(aq)$	−167.2	−131.3	56.5
$Cl_2(g)$	0	0	223.0
$HCl(g)$	−92.3	−95.3	186.8
$HCl(aq)$	−167.2	−131.2	56.5
$ClO_2(g)$	102.5	120.5	256.7
$Cl_2O(g)$	80.3	97.9	266.1
Chromium			
$Cr(s)$	0	0	23.8
$Cr(g)$	396.6	351.8	174.4
$Cr_2O_3(s)$	−1140	−1058	81.2
Cobalt			
$Co(s)$	0	0	30.0
$CO(g)$	424.7	380.3	179.4
$CoO(s)$	−237.9	−214.2	53.0
Copper			
$Cu(s)$	0	0	33.1
$Cu(g)$	337.4	297.7	166.3
$Cu^{2+}(aq)$	64.8	65.5	−99.6
$CuCl(s)$	−137.2	−119.9	86.2
$CuCl_2(s)$	−220.1	−175.7	108.1
$CuO(s)$	−157.3	−129.7	42.6
$Cu_2O(s)$	−168.6	−146.0	93.1
$CuS(s)$	−53.1	−53.6	66.5
$Cu_2S(s)$	−79.5	−86.2	120.9
$CuSO_4(s)$	−771.4	−662.2	109.2
Fluorine			
$F(g)$	79.4	62.3	158.7
$F^-(aq)$	−332.6	−278.8	−13.8
$F_2(g)$	0	0	202.7
$HF(g)$	−273.3	−275.4	173.7
Hydrogen			
$H(g)$	218.0	203.3	114.6
$H^+(aq)$	0	0	0
$H_2(g)$	0	0	130.6
$OH^-(aq)$	−230.0	−157.3	−10.8
$H_2O(l)$	−285.8	−237.2	69.9
$H_2O(g)$	−241.8	−228.6	188.7
$H_2O_2(l)$	−187.8	−120.4	110
$H_2O_2(g)$	−136.3	−105.6	232.6
$H_2O_2(aq)$	−191.2	−134.1	144
Iodine			
$I(g)$	106.8	70.3	180.7
$I^-(aq)$	−55.2	−51.6	111
$I_2(s)$	0	0	116.1
$I_2(g)$	62.4	19.4	260.6
$HI(g)$	26.5	1.7	206.5
Iron			
$Fe(s)$	0	0	27.3
$Fe(g)$	416.3	370.3	180.5
$FeCl_2(s)$	−341.8	−302.3	118.0
$FeCl_3(s)$	−399.5	−334.0	142.3
$FeO(s)$	−272	−255	61
$Fe_2O_3(s)$	−824.2	−742.2	87.4
$Fe_3O_4(s)$	−1118	−1015	146
$FeS_2(s)$	−178.2	−166.9	52.9
Lead			
$Pb(s)$	0	0	64.8
$Pb(g)$	195.2	162.2	175.3
$PbCl_2(s)$	−359.4	−314.1	136.0
$PbBr_2(s)$	−278.7	−261.9	161.5
$PbO(s)$	−217.3	−187.9	68.7
$PbO_2(s)$	−277	−217.4	68.6
$PbS(s)$	−100	−98.7	91.2
$PbCO_3(s)$	−699.1	−625.5	131.0
$PbSO_4(s)$	−919.9	−813.2	148.6
Lithium			
$Li(s)$	0	0	29.1
$Li(g)$	159.3	126.6	138.7
$Li^+(aq)$	−278.5	−293.3	13
$LiF(s)$	−616.0	−587.7	35.7
$LiCl(s)$	−408.6	−384.4	59.3
$LiBr(s)$	−351.2	−342.0	74.3
$LiI(s)$	−270.4	−270.3	86.8
$Li_2O(s)$	−597.9	−561.2	37.6
$LiOH(s)$	−487.5	−441.5	42.8
Magnesium			
$Mg(s)$	0	0	32.7
$Mg(g)$	147.1	112.5	148.6
$MgCl_2(s)$	−641.6	−591.8	89.6
$MgO(s)$	−601.7	−569.4	26.9
$MgCO_3(s)$	−1096	−1012	65.7
$MgSO_4(s)$	−1284.9	−1170.6	91.6
Manganese			
$Mn(s)$	0	0	32.0
$Mn(g)$	280.7	238.5	173.6
$MnO(s)$	−385.2	−362.9	59.7
$MnO_2(s)$	−520.0	−465.1	53.1
Mercury			
$Hg(l)$	0	0	76.0
$Hg(g)$	61.32	31.85	174.8
$Hg^{2+}(aq)$	171.1	164.4	−32.2
$Hg_2^{2+}(aq)$	172.4	153.5	84.5
$HgCl_2(s)$	−224.3	−178.6	146.0
$Hg_2Cl_2(s)$	−265.4	−210.7	191.6

표 B.1 무기물(계속)

물질과 상태	ΔH°_f (kJ/mol)	ΔG°_f (kJ/mol)	S° [J/(K·mol)]
$HgO(s)$	−90.8	−58.6	70.3
$HgS(s)$	−58.2	−50.6	82.4
Nickel			
$Ni(s)$	0	0	29.9
$Ni(g)$	429.7	384.5	182.1
$NiCl_2(s)$	−305.3	−259.1	97.7
$NiO(s)$	−240	−212	38.0
$NiS(s)$	−82.0	−79.5	53.0
Nitrogen			
$N(g)$	472.7	455.6	153.2
$N_2(g)$	0	0	191.5
$NH_3(g)$	−46.1	−16.5	192.3
$NH_3(aq)$	−80.3	−26.6	111
$NH_4^+(aq)$	−132.5	−79.4	113
$N_2H_4(l)$	50.6	149.2	121.2
$N_2H_4(g)$	95.4	159.3	238.4
$NO(g)$	91.3	87.6	210.7
$NO_2(g)$	33.2	51.3	240.0
$N_2O(g)$	82.0	104.2	219.7
$N_2O_4(g)$	11.1	99.8	304.3
$N_2O_5(g)$	13.3	117.1	355.6
$NOCl(g)$	51.7	66.1	261.6
$NO_2Cl(g)$	12.6	54.4	272.1
$HNO_3(l)$	−174.1	−80.8	155.6
$HNO_3(g)$	−133.9	−73.5	266.8
$HNO_2(aq)$	−119	−50.6	136
$HNO_3(aq)$	−207.4	−111.3	146.4
$NO_3^-(aq)$	−207.4	−111.3	146.4
$NH_4Cl(s)$	−314.4	−202.9	94.6
$NH_4NO_3(s)$	−365.6	−184.0	151.1
Oxygen			
$O(g)$	249.2	231.7	160.9
$O_2(g)$	0	0	205.0
$O_3(g)$	143	163	238.8
Phosphorus			
$P(s, \text{white})$	0	0	41.1
$P(s, \text{red})$	−18	−12	22.8
$P_4(g)$	58.9	24.5	279.9
$PH_3(g)$	5.4	13.5	210.1
$PCl_3(l)$	−319.7	−272.3	217.1
$PCl_3(g)$	−287.0	−267.8	311.7
$PCl_5(s)$	−443.5		
$PCl_5(g)$	−374.9	−305.0	364.5
$P_4O_{10}(s)$	−2984	−2698	228.9
$PO_4^{3-}(aq)$	−1277.4	−1018.7	−220.5
$HPO_4^{2-}(aq)$	−1292.1	−1089.2	−33.5
$H_2PO_4^-(aq)$	−1296.3	−1130.2	90.4
$H_3PO_4(s)$	−1284.4	−1124.3	110.5

물질과 상태	ΔH°_f (kJ/mol)	ΔG°_f (kJ/mol)	S° [J/(K·mol)]
Potassium			
$K(s)$	0	0	64.7
$K(g)$	89.2	60.6	160.2
$K^+(aq)$	−252.4	−283.3	102.5
$KF(s)$	−567.3	−537.8	66.6
$KCl(s)$	−436.5	−408.5	82.6
$KBr(s)$	−393.8	−380.7	95.9
$KI(s)$	−327.9	−324.9	106.3
$K_2O(s)$	−361.5		
$K_2O_2(s)$	−494.1	−425.1	102.1
$KO_2(s)$	−284.9	−239.4	116.7
$KOH(s)$	−424.6	−379.4	81.2
$KOH(aq)$	−482.4	−440.5	91.6
$KClO_3(s)$	−397.7	−296.3	143.1
$KClO_4(s)$	−432.8	−303.1	151.0
$KNO_3(s)$	−494.6	−394.9	133.1
Rubidium			
$Rb(s)$	0	0	76.8
$Rb(g)$	80.9	53.1	170.0
$Rb^+(aq)$	−251.2	−284.0	121.5
$RbF(s)$	−557.7		
$RbCl(s)$	−435.4	−407.8	95.9
$RbBr(s)$	−394.6	−381.8	110.0
$RbI(s)$	−333.8	−328.9	118.4
Selenium			
$Se(s, \text{black})$	0	0	42.44
$H_2Se(g)$	29.7	15.9	219.0
Silicon			
$Si(s)$	0	0	18.8
$Si(g)$	450.0	405.5	167.9
$SiF_4(g)$	−1615.0	−1572.8	282.7
$SiCl_4(l)$	−687.0	−619.8	239.7
$SiO_2(s, \text{quartz})$	−910.7	−856.3	41.5
Silver			
$Ag(s)$	0	0	42.6
$Ag(g)$	284.9	246.0	173.0
$Ag^+(aq)$	105.6	77.1	72.7
$AgF(s)$	−204.6		
$AgCl(s)$	−127.1	−109.8	96.2
$AgBr(s)$	−100.4	−96.9	107.1
$AgI(s)$	−61.8	−66.2	115.5
$Ag_2O(s)$	−31.1	−11.2	121.3
$Ag_2S(s)$	−32.6	−40.7	144.0
$AgNO_3(s)$	−124.4	−33.4	140.9
Sodium			
$Na(s)$	0	0	51.2
$Na(g)$	107.3	76.8	153.6

표 B.1 무기물(계속)

물질과 상태	ΔH°_f (kJ/mol)	ΔG°_f (kJ/mol)	S° [J/(K·mol)]
$Na^+(aq)$	−240.1	−261.9	59.0
$NaF(s)$	−576.6	−546.3	51.1
$NaCl(s)$	−411.2	−384.2	72.1
$NaBr(s)$	−361.1	−349.0	86.8
$NaI(s)$	−287.8	−286.1	98.5
$NaH(s)$	−56.3	−33.5	40.0
$Na_2O(s)$	−414.2	−375.5	75.1
$Na_2O_2(s)$	−510.9	−447.7	95.0
$NaO_2(s)$	−260.2	−218.4	115.9
$NaOH(s)$	−425.6	−379.5	64.5
$NaOH(aq)$	−470.1	−419.2	48.2
$Na_2CO_3(s)$	−1130.7	−1044.5	135.0
$NaHCO_3(s)$	−950.8	−851.0	102
$NaNO_3(s)$	−467.9	−367.0	116.5
$NaNO_3(aq)$	−447.5	−373.2	205.4
$Na_2SO_4(s)$	−1387.1	−1270.2	149.6
Sulfur			
$S(s$, rhombic$)$	0	0	31.8
$S(s$, monoclinic$)$	0.3		
$S(g)$	277.2	236.7	167.7
$S_2(g)$	128.6	79.7	228.2
$H_2S(g)$	−20.6	−33.6	205.7
$H_2S(aq)$	−39.7	−27.9	121
$HS^-(aq)$	−17.6	12.1	62.8
$SO_2(g)$	−296.8	−300.2	248.1
$SO_3(g)$	−395.7	−371.1	256.6
$H_2SO_4(l)$	−814.0	−690.1	156.9
$H_2SO_4(aq)$	−909.3	−744.6	20
$HSO_4^-(aq)$	−887.3	−756.0	132
$SO_4^{2-}(aq)$	−909.3	−744.6	20
Tin			
$Sn(s$, white$)$	0	0	51.2
$Sn(s$, gray$)$	−2.1	0.1	44.1
$Sn(g)$	301.2	266.2	168.4
$SnCl_4(l)$	−511.3	−440.1	258.6
$SnCl_4(g)$	−471.5	−432.2	365.8
$SnO(s)$	−280.7	−251.9	57.4
$SnO_2(s)$	−577.6	−515.8	49.0
Titanium			
$Ti(s)$	0	0	30.6
$Ti(g)$	473.0	428.4	180.2
$TiCl_4(l)$	−804.2	−737.2	252.3
$TiCl_4(g)$	−763.2	−726.3	353.2
$TiO_2(s)$	−944.0	−888.8	50.6
Tungsten			
$W(s)$	0	0	32.6
$W(g)$	849.4	807.1	174.0
$WO_3(s)$	−842.9	−764.0	75.9
Zinc			
$Zn(s)$	0	0	41.6
$Zn(g)$	130.4	94.8	160.9
$Zn^{2+}(aq)$	−153.9	−147.1	−112.1
$ZnCl_2(s)$	−415.1	−369.4	111.5
$ZnO(s)$	−350.5	−320.5	43.7
$ZnS(s)$	−206.0	−201.3	57.7
$ZnSO_4(s)$	−982.8	−871.5	110.5

표 B.2 유기물

물질과 상태	화학식	$\Delta H°_f$ (kJ/mol)	$\Delta G°_f$ (kJ/mol)	$S°$ [J/(K·mol)]
Acetaldehyde(*g*)	CH_3CHO	−166.2	−133.0	263.8
Acetic acid(*l*)	CH_3CO_2H	−484.5	−390	160
Acetylene(*g*)	C_2H_2	227.4	209.9	200.8
Benzene(*l*)	C_6H_6	49.1	124.5	173.4
Butane(*g*)	C_4H_{10}	−126	−17	310
Carbon tetrachloride(*l*)	CCl_4	−135.4	−65.3	216.4
Dichloroethane(*l*)	CH_2ClCH_2Cl	−165.2	−79.6	208.5
Ethane(*g*)	C_2H_6	−84.0	−32.0	229.1
Ethanol(*l*)	C_2H_5OH	−277.7	−174.9	161
Ethanol(*g*)	C_2H_5OH	−234.8	−167.9	281.5
Ethylene(*g*)	C_2H_4	52.3	68.1	219.5
Ethylene oxide(*g*)	C_2H_4O	−52.6	−13.1	242.4
Formaldehyde(*g*)	HCHO	−108.6	−102.5	218.8
Formic acid(*l*)	HCO_2H	−424.7	−361.4	129.0
Glucose(*s*)	$C_6H_{12}O_6$	−1273.3	−910	209.2
Methane(*g*)	CH_4	−74.8	−50.8	186.2
Methanol(*l*)	CH_3OH	−239.2	−166.6	127
Methanol(*g*)	CH_3OH	−201.0	−162.3	239.8
Propane(*g*)	C_3H_8	−103.8	−23.4	270.2
Vinyl chloride(*g*)	$CH_2{=}CHCl$	35	51.9	263.9

부록 C

25 °C에서의 평형 상수

표 C.1 25 ℃에서 산 해리 상수

산	화학식	K_{a1}	K_{a2}	K_{a3}
구연산(시트르산)(Citric)	$C_6H_8O_7$	7.1×10^{-4}	1.7×10^{-5}	4.1×10^{-7}
과산화 수소(Hydrogen peroxide)	H_2O_2	2.4×10^{-12}		
물(Water)	H_2O	1.8×10^{-16}		
벤조산(Benzoic)	$C_6H_5CO_2H$	6.5×10^{-5}		
붕산(Boric)	H_3BO_3	5.8×10^{-10}		
비산(Arsenic)	H_3AsO_4	5.6×10^{-3}	1.7×10^{-7}	4.0×10^{-12}
사이안화수소산(Hydrocyanic)	HCN	4.9×10^{-10}		
사카린(Saccharin)	$C_7H_5NO_3S$	2.1×10^{-12}		
셀레늄산(Selenic)	H_2SeO_4	매우 큼	1.2×10^{-2}	
아비산(Arsenious)	H_3AsO_3	6×10^{-10}		
아세트산(Acetic)	CH_3CO_2H	1.8×10^{-5}		
아세틸살리실산(Acetylsalicylic)	$C_9H_8O_4$	3.0×10^{-4}		
아셀레늄산(Selenious)	H_2SeO_3	3.5×10^{-2}	5×10^{-8}	
아스코브산(Ascorbic)	$C_6H_8O_6$	8.0×10^{-5}		
아이오딘산(Iodic)	HIO_3	1.7×10^{-1}		
아인산(Phosphorous)	H_3PO_3	1.0×10^{-2}	2.6×10^{-7}	
아질산(Nitrous)	HNO_2	4.5×10^{-4}		
아황산(Sulfurous)	H_2SO_3	1.5×10^{-2}	6.3×10^{-8}	
옥살산(Oxalic)	$H_2C_2O_4$	5.9×10^{-2}	6.4×10^{-5}	
인산(Phosphoric)	H_3PO_4	7.5×10^{-3}	6.2×10^{-8}	4.8×10^{-13}
젖산(락트산)(Lactic)	$HC_3H_5O_3$	1.4×10^{-4}		
클로로아세트산(Chloroacetic)	CH_2ClCO_2H	1.4×10^{-3}		
타타르산(Tartaric)	$C_4H_6O_6$	1.0×10^{-3}	4.6×10^{-5}	
탄산(Carbonic)	H_2CO_3	4.3×10^{-7}	5.6×10^{-11}	
페놀(Phenol)	C_6H_5OH	1.3×10^{-10}		
폼산(Formic)	HCO_2H	1.8×10^{-4}		
플루오린화수소산(Hydrofluoric)	HF	3.5×10^{-4}		
하이드라조산(Hydrazoic)	HN_3	1.9×10^{-5}		
하이포브로민산(Hypobromous)	$HOBr$	2.0×10^{-9}		
하이포아이오딘산(Hypoiodous)	HOI	2.3×10^{-11}		
하이포염소산(Hypochlorous)	$HOCl$	3.5×10^{-8}		
황산(Sulfuric)	H_2SO_4	매우 큼	1.2×10^{-2}	
황화수소산(Hydrosulfuric)	H_2S	1.0×10^{-7}	$\sim 10^{-19}$	

표 C.3 25 ℃에서 수화된 금속 양이온에 대한 산 해리 상수

양이온	K_a
$Fe^{2+}(aq)$	3.2×10^{-10}
$Co^{2+}(aq)$	1.3×10^{-9}
$Ni^{2+}(aq)$	2.5×10^{-11}
$Zn^{2+}(aq)$	2.5×10^{-10}
$Be^{2+}(aq)$	3×10^{-7}
$Al^{3+}(aq)$	1.4×10^{-5}
$Cr^{3+}(aq)$	1.6×10^{-4}
$Fe^{3+}(aq)$	6.3×10^{-3}

예를 들어 $Fe^{2+}(aq)$의 K_a는 다음 식의 평형 상수이다.

$$Fe(H_2O)_6{}^{2+}(aq) + H_2O(l) \rightleftharpoons H_3O^+(aq) + Fe(H_2O)_5(OH)^+(aq)$$

표 C.3 25 ℃에서 염기 해리 상수

염기	화학식	K_b
다이메틸아민 (Dimethylamine)	$(CH_3)_2NH$	5.4×10^{-4}
메틸아민 (Methylamine)	CH_3NH_2	3.7×10^{-4}
모르핀 (Morphine)	$C_{17}H_{19}NO_3$	1.6×10^{-6}
스트리크닌 (Strychnine)	$C_{21}H_{22}N_2O_2$	1.8×10^{-6}
아닐린 (Aniline)	$C_6H_5NH_2$	4.3×10^{-10}
암모니아 (Ammonia)	NH_3	1.8×10^{-5}
에틸아민 (Ethylamine)	$C_2H_5NH_2$	6.4×10^{-4}
코데인 (Codeine)	$C_{18}H_{21}NO_3$	1.6×10^{-6}
트라이메틸아민 (Trimethylamine)	$(CH_3)_3N$	6.5×10^{-5}
프로필아민 (Propylamine)	$C_3H_7NH_2$	5.1×10^{-4}
피리딘 (Pyridine)	C_5H_5N	1.8×10^{-9}
피페리딘 (Piperidine)	$C_5H_{11}N$	1.3×10^{-3}
하이드라진 (Hydrazine)	N_2H_4	8.9×10^{-7}
하이드록실아민 (Hydroxylamine)	NH_2OH	9.1×10^{-9}

표 C.4 25 ℃에서 용해도곱 상수

화합물	화학식	K_{sp}
Aluminum hydroxide	$Al(OH)_3$	1.9×10^{-33}
Barium carbonate	$BaCO_3$	2.6×10^{-9}
Barium chromate	$BaCrO_4$	1.2×10^{-10}
Barium fluoride	BaF_2	1.8×10^{-7}
Barium hydroxide	$Ba(OH)_2$	5.0×10^{-3}
Barium sulfate	$BaSO_4$	1.1×10^{-10}
Cadmium carbonate	$CdCO_3$	1.0×10^{-12}
Cadmium hydroxide	$Cd(OH)_2$	5.3×10^{-15}
Calcium carbonate	$CaCO_3$	5.0×10^{-9}
Calcium fluoride	CaF_2	3.5×10^{-11}
Calcium hydroxide	$Ca(OH)_2$	4.7×10^{-6}
Calcium phosphate	$Ca_3(PO_4)_2$	2.1×10^{-33}
Calcium sulfate	$CaSO_4$	7.1×10^{-5}
Chromium(III) hydroxide	$Cr(OH)_3$	6.7×10^{-31}
Cobalt(II) hydroxide	$Co(OH)_2$	5.9×10^{-15}
Copper(I) bromide	$CuBr$	6.3×10^{-9}
Copper(I) chloride	$CuCl$	1.7×10^{-7}
Copper(II) carbonate	$CuCO_3$	2.5×10^{-10}
Copper(II) hydroxide	$Cu(OH)_2$	1.6×10^{-19}
Copper(II) phosphate	$Cu_3(PO_4)_2$	1.4×10^{-37}
Iron(II) hydroxide	$Fe(OH)_2$	4.9×10^{-17}
Iron(III) hydroxide	$Fe(OH)_3$	2.6×10^{-39}
Lead(II) bromide	$PbBr_2$	6.6×10^{-6}
Lead(II) chloride	$PbCl_2$	1.2×10^{-5}
Lead(II) chromate	$PbCrO_4$	2.8×10^{-13}
Lead(II) iodide	PbI_2	8.5×10^{-9}
Lead(II) sulfate	$PbSO_4$	1.8×10^{-8}
Magnesium carbonate	$MgCO_3$	6.8×10^{-6}
Magnesium fluoride	MgF_2	7.4×10^{-11}
Magnesium hydroxide	$Mg(OH)_2$	5.6×10^{-12}
Manganese(II) carbonate	$MnCO_3$	2.2×10^{-11}
Manganese(II) hydroxide	$Mn(OH)_2$	2.1×10^{-13}
Mercury(I) bromide	Hg_2Br_2	6.4×10^{-23}
Mercury(I) chloride	Hg_2Cl_2	1.4×10^{-18}
Mercury(I) iodide	Hg_2I_2	5.3×10^{-29}
Mercury(II) hydroxide	$Hg(OH)_2$	3.1×10^{-26}
Nickel(II) hydroxide	$Ni(OH)_2$	5.5×10^{-16}
Silver bromide	$AgBr$	5.4×10^{-13}
Silver carbonate	Ag_2CO_3	8.4×10^{-12}
Silver chloride	$AgCl$	1.8×10^{-10}
Silver chromate	Ag_2CrO_4	1.1×10^{-12}
Silver cyanide	$AgCN$	6.0×10^{-17}
Silver iodide	AgI	8.5×10^{-17}
Silver sulfate	Ag_2SO_4	1.2×10^{-5}
Silver sulfite	Ag_2SO_3	1.5×10^{-14}
Strontium carbonate	$SrCO_3$	5.6×10^{-10}
Tin(II) hydroxide	$Sn(OH)_2$	5.4×10^{-27}
Zinc carbonate	$ZnCO_3$	1.2×10^{-10}
Zinc hydroxide	$Zn(OH)_2$	4.1×10^{-17}

표 C.5 25 °C에서 산에서의 용해도곱(K_{spa}) 상수

화합물	화학식	K_{spa}
황화 구리(II)(Copper(II) sulfide)	CuS	6×10^{-16}
황화 납(II)(Lead(II) sulfide)	PbS	3×10^{-7}
황화 니켈(II)(Nickel(II) sulfide)	NiS	8×10^{-1}
황화 망가니즈(II)(Manganese(II) sulfide)	MnS	3×10^{7}
황화 수은(II)(Mercury(II) sulfide)	HgS	2×10^{-32}
황화 아연(Zinc sulfide)	ZnS	3×10^{-2}
황화 은(Silver sulfide)	Ag_2S	6×10^{-30}
황화 주석(II)(Tin(II) sulfide)	SnS	1×10^{-5}
황화 철(II)(Iron(II) sulfide)	FeS	6×10^{2}
황화 카드뮴(Cadmium sulfide)	CdS	8×10^{-7}
황화 코발트(II)(Cobalt(II) sulfide)	CoS	3

주: MS의 K_{spa}는 다음 식의 평형 상수이다.

$$MS(s) + 2\,H_3O^+(aq) \rightleftharpoons M^{2+}(aq) + H_2S(aq) + 2\,H_2O(l)$$

전통적인 K_{sp} 값이 오차가 큰 H_2S의 K_{a2} 값을 기초로 하고 있어 잘못되었다고 알려졌기 때문에 금속의 황화물에 대해서는 K_{sp} 대신에 K_{spa}를 사용한다. (R. J. Myers, *J. Chem. Educ.*, **1986**, 63, 687~690 참조)

표 C.6 25 °C에서 착이온 형성 상수

착이온	K_f
$Ag(CN)_2^-$	3.0×10^{20}
$Ag(NH_3)_2^+$	1.7×10^{7}
$Ag(S_2O_3)_2^{3-}$	4.7×10^{13}
$Al(OH)_4^-$	3×10^{33}
$Be(OH)_4^{2-}$	4×10^{18}
$Cr(OH)_4^-$	8×10^{29}
$Cu(NH_3)_4^{2+}$	5.6×10^{11}
$Fe(CN)_6^{4-}$	3×10^{35}
$Fe(CN)_6^{3-}$	4×10^{43}
$Ga(OH)_4^-$	3×10^{39}
$Ni(CN)_4^{2-}$	1.7×10^{30}
$Ni(NH_3)_6^{2+}$	2.0×10^{8}
$Ni(en)_3^{2+}$	4×10^{17}
$Pb(OH)_3^-$	8×10^{13}
$Sn(OH)_3^-$	3×10^{25}
$Zn(CN)_4^{2-}$	4.7×10^{19}
$Zn(NH_3)_4^{2+}$	7.8×10^{8}
$Zn(OH)_4^{2-}$	3×10^{15}

부록 D

25 °C에서 표준 환원 전위

반쪽 반응	$E°$(V)
$F_2(g) + 2\ e^- \longrightarrow 2\ F^-(aq)$	2.87
$O_3(g) + 2\ H^+(aq) + 2\ e^- \longrightarrow O_2(g) + H_2O(l)$	2.08
$S_2O_8^{2-}(aq) + 2\ e^- \longrightarrow 2\ SO_4^{2-}(aq)$	2.01
$Co^{3+}(aq) + e^- \longrightarrow Co^{2+}(aq)$	1.81
$H_2O_2(aq) + 2\ H^+(aq) + 2\ e^- \longrightarrow 2\ H_2O(l)$	1.78
$Ce^{4+}(aq) + e^- \longrightarrow Ce^{3+}(aq)$	1.72
$MnO_4^-(aq) + 4\ H^+(aq) + 3\ e^- \longrightarrow MnO_2(s) + 2\ H_2O(l)$	1.68
$PbO_2(s) + 3\ H^+(aq) + HSO_4^-(aq) + 2\ e^- \longrightarrow PbSO_4(s) + 2\ H_2O(l)$	1.628
$2\ HClO(aq) + 2\ H^+(aq) + 2\ e^- \longrightarrow Cl_2(g) + 2\ H_2O(l)$	1.61
$Mn^{3+}(aq) + e^- \longrightarrow Mn^{2+}(aq)$	1.54
$MnO_4^-(aq) + 8\ H^+(aq) + 5\ e^- \longrightarrow Mn^{2+}(aq) + 4\ H_2O(l)$	1.51
$2\ BrO_3^-(aq) + 12\ H^+(aq) + 10\ e^- \longrightarrow Br_2(l) + 6\ H_2O(l)$	1.48
$ClO_3^-(aq) + 6\ H^+(aq) + 5\ e^- \longrightarrow 1/2\ Cl_2(g) + 3\ H_2O(l)$	1.47
$Au^{3+}(aq) + 2\ e^- \longrightarrow Au^+(aq)$	1.40
$Cl_2(g) + 2\ e^- \longrightarrow 2\ Cl^-(aq)$	1.36
$Cr_2O_7^{2-}(aq) + 14\ H^+(aq) + 6\ e^- \longrightarrow 2\ Cr^{3+}(aq) + 7\ H_2O(l)$	1.36
$O_2(g) + 4\ H^+(aq) + 4\ e^- \longrightarrow 2\ H_2O(l)$	1.23
$MnO_2(s) + 4\ H^+(aq) + 2\ e^- \longrightarrow Mn^{2+}(aq) + 2\ H_2O(l)$	1.22
$2\ IO_3^-(aq) + 12\ H^+(aq) + 10\ e^- \longrightarrow I_2(s) + 6\ H_2O(l)$	1.20
$Br_2(l) + 2\ e^- \longrightarrow 2\ Br^-(aq)$	1.09
$HNO_2(aq) + H^+(aq) + e^- \longrightarrow NO(g) + H_2O(l)$	0.98
$NO_3^-(aq) + 4\ H^+(aq) + 3\ e^- \longrightarrow NO(g) + 2\ H_2O(l)$	0.96
$2\ Hg^{2+}(aq) + 2\ e^- \longrightarrow Hg_2^{2+}(aq)$	0.92
$HO_2^-(aq) + H_2O(l) + 2\ e^- \longrightarrow 3\ OH^-(aq)$	0.88
$Hg^{2+}(aq) + 2\ e^- \longrightarrow Hg(l)$	0.85
$ClO^-(aq) + H_2O(l) + 2\ e^- \longrightarrow Cl^-(aq) + 2\ OH^-(aq)$	0.84
$Ag^+(aq) + e^- \longrightarrow Ag(s)$	0.80
$Hg_2^{2+}(aq) + 2\ e^- \longrightarrow 2\ Hg(l)$	0.80
$NO_3^-(aq) + 2\ H^+(aq) + e^- \longrightarrow NO_2(g) + H_2O(l)$	0.79
$Fe^{3+}(aq) + e^- \longrightarrow Fe^{2+}(aq)$	0.77
$O_2(g) + 2\ H^+(aq) + 2\ e^- \longrightarrow H_2O_2(aq)$	0.70
$MnO_4^-(aq) + e^- \longrightarrow MnO_4^{2-}(aq)$	0.56
$H_3AsO_4(aq) + 2\ H^+(aq) + 2\ e^- \longrightarrow H_3AsO_3(aq) + H_2O(l)$	0.56
$I_2(s) + 2\ e^- \longrightarrow 2\ I^-(aq)$	0.54

반쪽 반응	$E°$(V)
$Cu^+(aq) + e^- \longrightarrow Cu(s)$	0.52
$H_2SO_3(aq) + 4\,H^+(aq) + 4\,e^- \longrightarrow S(s) + 3\,H_2O(l)$	0.45
$O_2(g) + 2\,H_2O(l) + 4\,e^- \longrightarrow 4\,OH^-(aq)$	0.40
$Cu^{2+}(aq) + 2\,e^- \longrightarrow Cu(s)$	0.34
$BiO^+(aq) + 2\,H^+(aq) + 3\,e^- \longrightarrow Bi(s) + H_2O(l)$	0.32
$Hg_2Cl_2(s) + 2\,e^- \longrightarrow 2\,Hg(l) + 2\,Cl^-(aq)$	0.28
$AgCl(s) + e^- \longrightarrow Ag(s) + Cl^-(aq)$	0.22
$SO_4{}^{2-}(aq) + 4\,H^+(aq) + 2\,e^- \longrightarrow H_2SO_3(aq) + H_2O(l)$	0.17
$Cu^{2+}(aq) + e^- \longrightarrow Cu^+(aq)$	0.15
$Sn^{4+}(aq) + 2\,e^- \longrightarrow Sn^{2+}(aq)$	0.15
$S(s) + 2\,H^+(aq) + 2\,e^- \longrightarrow H_2S(aq)$	0.14
$AgBr(s) + e^- \longrightarrow Ag(s) + Br^-(aq)$	0.07
$2\,H^+(aq) + 2\,e^- \longrightarrow H_2(g)$	0
$Fe^{3+}(aq) + 3\,e^- \longrightarrow Fe(s)$	−0.04
$Pb^{2+}(aq) + 2\,e^- \longrightarrow Pb(s)$	−0.13
$CrO_4{}^{2-}(aq) + 4\,H_2O(l) + 3\,e^- \longrightarrow Cr(OH)_3(s) + 5\,OH^-(aq)$	−0.13
$Sn^{2+}(aq) + 2\,e^- \longrightarrow Sn(s)$	−0.14
$AgI(s) + e^- \longrightarrow Ag(s) + I^-(aq)$	−0.15
$Ni^{2+}(aq) + 2\,e^- \longrightarrow Ni(s)$	−0.26
$Co^{2+}(aq) + 2\,e^- \longrightarrow Co(s)$	−0.28
$PbSO_4(s) + H^+(aq) + 2\,e^- \longrightarrow Pb(s) + HSO_4{}^-(aq)$	−0.296
$Tl^+(aq) + e^- \longrightarrow Tl(s)$	−0.34
$Se(s) + 2\,H^+(aq) + 2\,e^- \longrightarrow H_2Se(aq)$	−0.40
$Cd^{2+}(aq) + 2\,e^- \longrightarrow Cd(s)$	−0.40
$Cr^{3+}(aq) + e^- \longrightarrow Cr^{2+}(aq)$	−0.41
$Fe^{2+}(aq) + 2\,e^- \longrightarrow Fe(s)$	−0.45
$2\,CO_2(g) + 2\,H^+(aq) + 2\,e^- \longrightarrow H_2C_2O_4(aq)$	−0.49
$Ga^{3+}(aq) + 3\,e^- \longrightarrow Ga(s)$	−0.55
$Cr^{3+}(aq) + 3\,e^- \longrightarrow Cr(s)$	−0.74
$Zn^{2+}(aq) + 2\,e^- \longrightarrow Zn(s)$	−0.76
$2\,H_2O(l) + 2\,e^- \longrightarrow H_2(g) + 2\,OH^-(aq)$	−0.83
$Cr^{2+}(aq) + 2\,e^- \longrightarrow Cr(s)$	−0.91
$Mn^{2+}(aq) + 2\,e^- \longrightarrow Mn(s)$	−1.18
$Al^{3+}(aq) + 3\,e^- \longrightarrow Al(s)$	−1.66
$Mg^{2+}(aq) + 2\,e^- \longrightarrow Mg(s)$	−2.37
$Na^+(aq) + e^- \longrightarrow Na(s)$	−2.71
$Ca^{2+}(aq) + 2\,e^- \longrightarrow Ca(s)$	−2.87
$Ba^{2+}(aq) + 2\,e^- \longrightarrow Ba(s)$	−2.91
$K^+(aq) + e^- \longrightarrow K(s)$	−2.93
$Li^+(aq) + e^- \longrightarrow Li(s)$	−3.04

부록 E

물의 성질

정상 녹는점	0 °C = 273.15 K
정상 끓는점	100 °C = 373.15 K
융해열	6.01 kJ/mol (0 °C에서)
기화열	44.94 kJ/mol (0 °C에서)
	44.02 kJ/mol (25 °C에서)
	40.67 kJ/mol (100 °C에서)
비열	4.179 J/(g·°C) (25 °C에서)
이온곱 상수(K_w)	1.15×10^{-15} (0 °C에서)
	1.01×10^{-14} (25 °C에서)
	5.43×10^{-13} (100 °C에서)

표 E.1 여러 온도에서 물의 증기 압력

온도(°C)	P_{vap}(mmHg)	온도(°C)	P_{vap}(mmHg)
0	4.58	60	149.4
10	9.21	70	233.7
20	17.5	80	355.1
30	31.8	90	525.9
40	55.3	100	760.0
50	92.5	105	906.0

선택 문제 해답

CHAPTER 1

1.2. (a) 7×10^{-5} m; (b) 2×10^{13} kg
1.4. 4.55 mL **1.6.** high precision accuracy is low
1.8. 2.23×10^{-2} g/mL **1.10.** 2.52 cm^3 **1.12.** 6×10^{-11} cm^3, 0.06 pL

Conceptual Problems

1.13. 32.2°C
1.14.

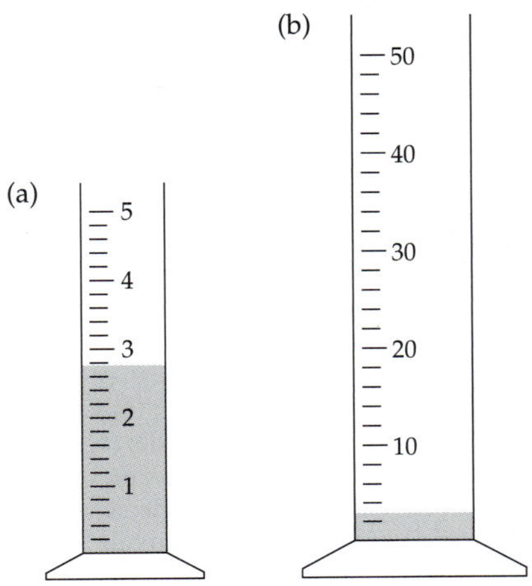

The 5 mL graduated cylinder can be read to ± 0.02 mL. The 50 mL graduated cylinder can only be read to ± 0.2 mL. The 5 mL graduated cylinder will give more accurate measurements.

Section Problems

Scientific Method (Section 1.1)

1.15. (a) experiment; (b) hypothesis; (c) observation **1.16.** (a), (b) and (d) are quantitative. (c) and (e) are qualitative.

SI Units and Scientific Notation (Section 1.2)

1.18. (a) kilogram, kg; (b) meter, m; (c) kelvin, K; (d) cubic meter, m^3; (e) joule, $(kg \cdot m^2)/s^2$; (f) kg/m^3 or g/cm^3 **1.20.** cL is centiliter (10^{-2} L) **1.23.** (a) 4.5332×10^2 mg; (b) 4.21×10^{-5} mL; (c) 6.67×10^5 g.

Accuracy, Precision, and Significant Figures (Sections 1.3–1.4)

1.24. (a) and (b) **1.25.** (a) 6; (b) 6; (c) 4; (d) 3; (e) 2, 3, 4, or 5; (f) 5 **1.26.** 3.666×10^6 m^3, 3.7×10^6 m^3 **1.90.** (a) 3.567×10^4 or 35,670 m; 35,670.1 m; (b) 69 g, 68.5 g; (c) 4.99×10^3 cm; (d) 2.3098×10^{-4} kg **1.28.** (a) 10.0; (b) 26; (c) 0.039; (d) 5526; (e) 87.6; (f) 13

Unit Conversions (Section 1.5)

1.29. (a) 110 g; (b) 443.2 m; (c) 76181×10^{12} m^2 **1.30.** 11.394 mi/h
1.31. 72.6 kg; 1.5 mg

CHAPTER 2

2.2. (a) K, potassium, metal; (b) shiny, metallic solid; (c) It would deform and not crack; (d) It would conduct electricity, but it is not a good choice for wiring because it reacts when exposed to oxygen and humidity (water) in the atmosphere. Potassium is also a soft metal which makes it unsuitable for use as a wire. **2.4.** SO_3 **2.5.** 2×10^4 Au atoms **2.6.** 40 times **2.7.** 34 protons, 34 electrons, 41neutrons. **2.8.** Cr; $^{52}_{24}$Cr. **2.9.** 63.55 **2.10.** (a) gallium-69; (b) ^{69}Ga 60.11%; ^{71}Ga; 39.89% **2.11.** 0.0487 mol Pt 2.93×10^{22} atoms Pt **2.12.** Ca **2.13.** (b) **2.14.** (a) Figures (b) and (d); (b) Figures (a) and (c); (c) Figures (b) and (d). **2.15.**

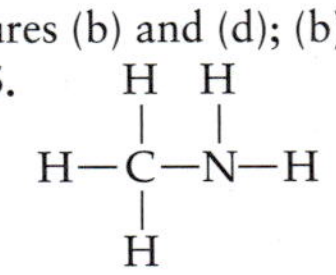

2.16. $C_9H_{13}NO_3$ **2.18.** Figure (a) ionic Figure; (b) molecular
2.19. (a) MgF_2; (b) SnO_2; (c) Fe_2S_3 **2.20.** red – potassium sulfide, K_2S; green – strontium iodide, SrI_2; blue – gallium oxide, Ga_2O_3
2.22. Drawing 1 Only (c) $CaCl_2$. Drawing 2 (a) LiBr and (b) $NaNO_2$
2.24. (a) phosphorus pentachloride; (b) dinitrogen monoxide

Conceptual Problems

2.26. americium (Am) 95. actinide **2.27.** (a) **2.28.** (b) and (c) are isotopes (a) is a different element.

Section Problems

Elements and the Periodic Table (Sections 2.1–2.3)

2.31. 118; 90 naturally. **2.32.** (a) Gd; (b) Ge; (c) Tc; (d) As.
2.33. (a) tellurium; (b) rhenium; (c) beryllium; (d) argon; (e) plutonium **2.34.** (a) Tin is Sn, Ti is titanium; (b) Manganese is Mn, Mg is magnesium; (c) Potassium is K, Po is Polonium; (d) The symbol for helium is He. **2.36.** periods groups. **2.37.** similar chemical properties.
2.38.

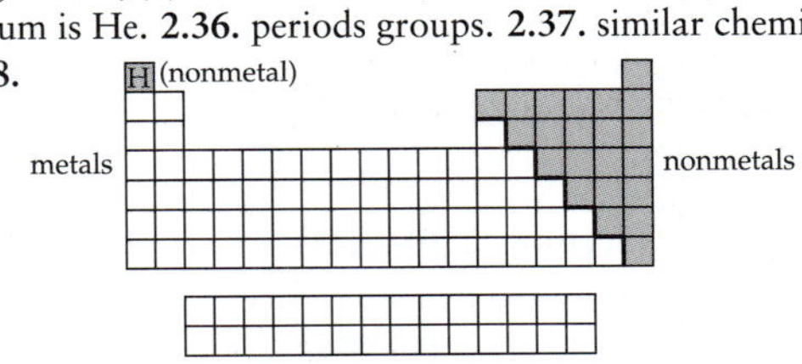

2.39. (a) Ti, metal; (b) Te, semimetal; (c) Se, nonmetal; (d) Sc, metal; (e) Si, semimetal **2.40.** (a) The alkali metals are shiny, soft, low-melting metals that react rapidly with water to form products that are alkaline; (b) The noble gases are gases of very low reactivity; (c) The halogens are nonmetallic and corrosive. They are found in nature only in combination with other elements. **2.41.** F, Cl, Br, and I. **2.42.** metal.
2.43. nonmetal. **2.44.** 2A and 7A.

Atomic Theory (Sections 2.4–2.5)

2.46. The law of mass conservation in terms of Dalton's atomic theory states that chemical reactions only rearrange the way that atoms are combined; the atoms themselves are not changed. The law of definite proportions in terms of Dalton's atomic theory states that the chemical combination of elements to make different substances occurs when atoms join together in small, whole-number ratios.
2.47. 3.7 g
2.48. not methane.

$$\frac{\text{C:H mass ratio in “other”}}{\text{C:H mass ratio in methane}} = \frac{4}{3}$$

2.49. $$\frac{\text{C:H mass ratio in benzene}}{\text{C:H mass ratio in ethane}} = \frac{3}{1},$$
$$\frac{\text{C:H mass ratio in benzene}}{\text{C:H mass ratio in ethylene}} = \frac{2}{1},$$
$$\frac{\text{C:H mass ratio in ethylene}}{\text{C:H mass ratio ethane}} = \frac{3}{2}$$

2.50. $$\frac{\text{O:C mass ratio in compound 2}}{\text{O:C mass ratio in compound 1}} = \frac{2}{1}, CO_2.$$

Elements and Atoms (Sections 2.6–2.8)

2.51. electron **2.53.** (a) -1.010×10^{-18} C **2.54.** (a) The alpha particles would pass right through the gold foil with little to no deflection. **2.55.** 1.8×10^7 Pb atoms thick **2.56.** The atomic number is equal to the number of protons. The mass number is equal to the sum of the number of protons and the number of neutrons.
2.57. one can readily look up the atomic number in the periodic table. **2.58.** (a) carbon, C; (b) argon, Ar; (c) vanadium, V.
2.59. (a) $^{220}_{86}Rn$; (b) $^{210}_{84}Po$; (c) $^{197}_{79}Au$ **2.60.** (a) 7 protons, 7 electrons, 8 neutrons; (b) 27 protons, 27 electrons, 33 neutrons; (c) 53 protons, 53 electrons, 78 neutrons, 58 protons, 58 electrons, 84 neutrons **2.61.** (a) magnesium; (b) nickel; (c) palladium; (d) tungsten **2.62.** $^{12}_{5}C$, $^{33}_{35}Br$, $^{11}_{5}Bo$

Atomic Weight, Moles (Sections 2.9)

2.66. ^{63}Cu **2.67.** 10.8 **2.68.** 25.982 **2.69.** 63 55
2.70. (a) 72.04 g Ti; (b) 7.75 g Na; (c) 614.8 g U **2.71.** X grams.
2.72. Kr.

Chemical Compounds (Sections 2.10–2.11)

2.73. A covalent bond results when two atoms share several (usually two) of their electrons. An ionic bond results from a complete transfer of one or more electrons from one atom to another.

2.74. Element symbols are composed of one or two letters. If the element symbol is two letters, the first letter is uppercase and the second is lowercase. CO stands for carbon and oxygen in carbon monoxide. **2.75.** (a) 4 protons and 2 electrons; (b) 37 protons and 36 electrons; (c) 34 protons and 36 electrons; (d) 79 protons and 76 electrons **2.76.** C_3H_8O **2.77.**

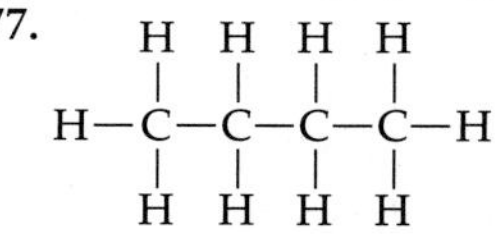

2.78.

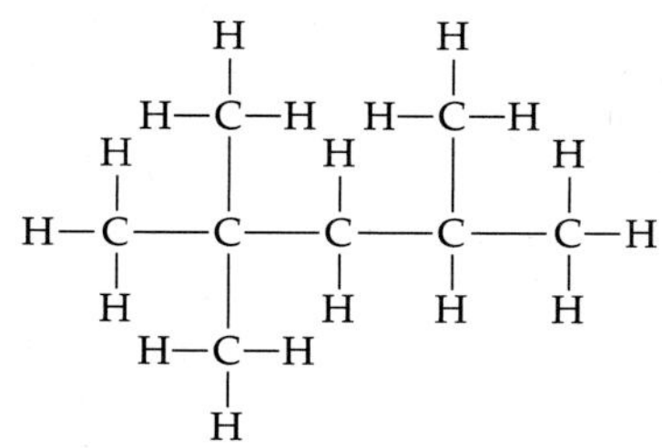

2.79. (a) cesium fluoride; (b) potassium oxide; (c) copper(II) oxide.
2.80. (a) KCl; (b) $SnBr_2$; (c) CaO; (d) $BaCl_2$; (e) AlH_3
2.81. (a) $Ca(CH_3CO_2)_2$; (b) $Fe(CN)_2$; (c) $Na_2Cr_2O_7$; (d) $Cr_2(SO_4)_3$; (e) $Hg(ClO_4)_2$. **2.82.** (a) calcium hypochlorite; (b) silver(I) thiosulfate or silver thiosulfate; (c) sodium dihydrogen phosphate; (d) tin(II) nitrate; (e) lead(IV) acetate; (f) ammonium sulfate
2.83. (a) $CaBr_2$; (b) $CaSO_4$; (c) $Al_2(SO_4)_3$ **2.84.** (a) $CaCl_2$; (b) CaO; (c) CaS **2.85.** (a) SO_3^{2-}; (b) PO_4^{3-}; (c) Zr^{4+}; (d) CrO_4^{2-}; (e) $CH_3CO_2^-$; (f) $S_2O_3^{2-}$ **2.86.** (a) carbon tetrachloride; (b) chlorine dioxide; (c) dinitrogen monoxide; (d) dinitrogen trioxide.
2.87. (a) nitrogen monoxide; (b) dinitrogen monoxide; (c) nitrogen dioxide; (d) dinitrogen tetroxide; (e) dinitrogen pentoxide
2.88. (a) Na_2SO_4; (b) $Ba_3(PO_4)_2$; (c) $Ga_2(SO_4)_3$

CHAPTER 3

3.1. $3\ A_2 + 2\ B \rightarrow 2\ BA_3$. **3.2.** reactants, box (d), and products, box (c) **3.4.** $8\ KClO_3 + C_{12}H_{22}O_{11} \rightarrow 8\ KCl + 12\ CO_2 + 11\ H_2O$ **3.6.** 342.3, 342.3 g/mol **3.7.** 0.0626 mol $NaHCO_3$ **3.8.** 15.0 g 4 tablets; 5.02×10^{22} molecules; **3.9.** 3.33 g **3.10.** 7.66 g; (b) 3.34 g **3.11.** 63% **3.12.** 27.9 g; (b) 143 g **3.13.** (a) $A + B_2 \rightarrow AB_2$; (b) Limiting reactant is A, excess reactant is B_2; (c) 6 molecules of AB_2
3.14.

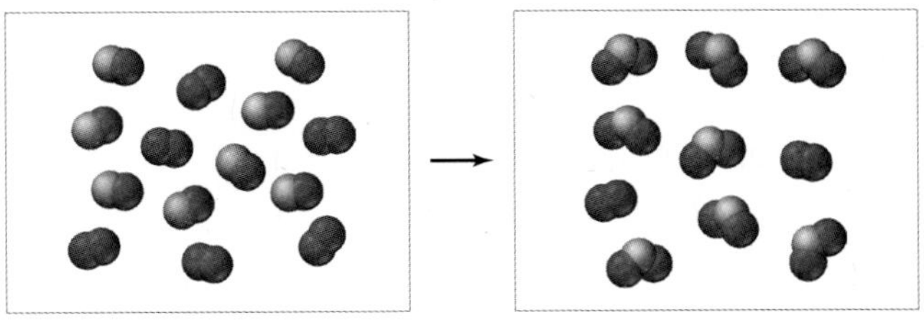

B_2 is in excess, AB is the limiting reactant. **3.16.** Yes, 411.7 g CO_2 **3.17.** $MgCO_3$. **3.18.** CH_2O, %C = 40.0%; %H = 6.7%, %O = 53.3% **3.19.** $C_{10}H_{20}O$. **3.20.** Empirical formula is C_5H_{11} and Molecular formula is $C_{10}H_{22}$

Conceptual Problems

3.22. (a) $A_2 + 3\ B_2 \rightarrow 2\ AB_3$; B_2 is the limiting reactant; (b) 2/3 mol AB_3

Section Problems

Balancing Equations (Section 3.2)

3.24. (b) **3.25.** (a) $Mg + 2\ HNO_3 \rightarrow H_2 + Mg(NO_3)_2$; (b) $CaC_2 + 2\ H_2O \rightarrow Ca(OH)_2 + C_2H_2$; (c) $2\ S + 3\ O_2 \rightarrow 2\ SO_3$; (d) $UO_2 + 4\ HF \rightarrow UF_4 + 2\ H_2O$ **3.26.** (a) $SiCl_4 + 2\ H_2O \rightarrow SiO_2 + 4\ HCl$; (b) $P_4O_{10} + 6\ H_2O \rightarrow 4\ H_3PO_4$; (c) $CaCN_2 + 3\ H_2O \rightarrow CaCO_3 + 2\ NH_3$; (d) $3\ NO_2 + H_2O \rightarrow 2\ HNO_3 + NO$

Molecular Weights and Molar Mass (Section 3.3)

3.28. (a) 472.1; (b) 88.1; (c) 120.9 **3.29.** (a) 558.7; (b) 444.5; (c) 321.8 **3.30.** (a) 47.87 g; (b) 159.81 g; (c) 200.59 g; (d) 18.02 g **3.31.** 0.867 mol **3.32.** 119. **3.33.** 1.97×10^{-3}mol, 1.19×10^{21} Fe(II)atoms **3.34.** 6.44×10^{-4} mol, 3.88×10^{20} molecules **3.35.** neon (Ne). **3.36.** 166.8 kg

Stoichiometry (Section 3.4)

3.37. (a) $2\ Fe_2O_3 + 3\ C \rightarrow 4\ Fe + 3\ CO_2$; (b) 4.93 mol C; (c) 59.2 g C **3.38.** (a) $2\ Mg + O_2 \rightarrow 2\ MgO$; (b) 16.5 g O_2 41.5 g MgO; (c) 38.0 g Mg, 63.0 g MgO **3.39.** (a) $2\ HgO \rightarrow 2\ Hg + O_2$; (b) 42.1 g Hg, 3.36 g O_2, 451 g HgO **3.40.** AgCl. **3.41.** (a) 581 g; (b) 1847 g

Reaction Yield and Limiting Reactants (Sections 3.5–3.6)

3.42. (a) 12.0 g; (b) 14.9 g **3.43.** 15.8 g NH_3 83.3 g N_2 left over **3.44.** 5.22 g **3.45.** $CaCO_3$ is the limiting. 0.526 L CO_2 **3.46.** 3.2 g. **3.47.** 86.8%

Percent Composition and Empirical Formulas (Section 3.7)

3.49. %C = 20.0% %H = 6.72% %N = 46.6% %O = 26.6% **3.50.** (a) $C_9H_8O_4$.; (b) $FeTiO_3$; (c) $Na_2S_2O_3$. **3.51.** SnF_2.

Formulas and Elemental Analysis (Section 3.8)

3.52. C_7H_7Cl, **3.53.** C_7H_8. **3.54.** 13,000 u **3.55.** 6 **3.56.** $C_{12}Br_{10}O$.

CHAPTER 4

4.5. 0.656 M **4.6.** 6.94 mL **4.7.** 0.675 M. **4.8.** (a) A_2Y is the strongest A_2X is the weakest; (b) = 0.700 M, Y ions = 0.350 M.; (c) 20% **4.10.** $Ag^+(aq) + Cl^-(aq) \rightarrow AgCl(s)$, $2\ AgNO_3(aq) + CaCl_2(aq) \rightarrow 2\ AgCl(s) + Ca(NO_3)_2(aq)$ **4.12.** $3\ Ca^{2+}(aq) + 2\ PO_4^{3-}(aq) \rightarrow Ca_3(PO_4)_2(s)$ **4.14.** $PbBr_2$.

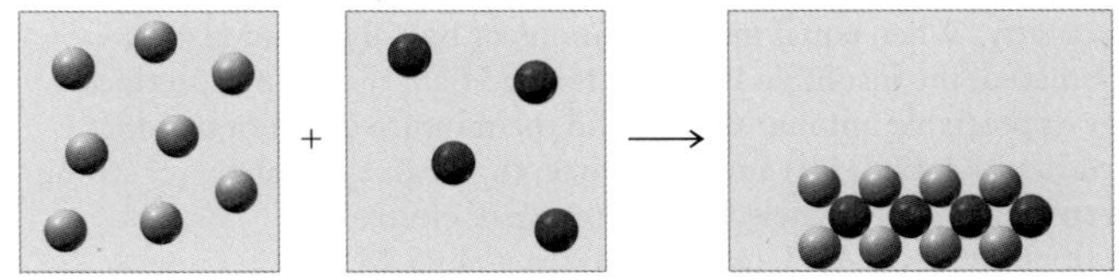

Anion = Br^- Cation = Pb^{2+}

4.16. (a) H_3PO_3; (b) H_2Se
4.18. $Mg^{2+}(aq) + 2\ OH^-(aq) + 2\ H^+(aq) + 2\ Cl^-(aq) \rightarrow Mg^{2+}(aq) + 2\ Cl^-(aq) + H_2O(l)$ $H^+(aq) + OH^-(aq) \rightarrow H_2O(l)$ **4.19.** 10.0 mL **4.20.** 0.0547 M **4.21.** 0.758 M **4.22.** 66.7 mL **4.23.** (a) Cl −1, Sn + 4; (b) O −2, Cr + 6; (c) O −2, Cl −1, V + 5; (d) O −2, V + 3; (e) O −2, H + 1, N + 5; (f) O −2, S + 6, Fe + 2 **4.24.** (a) +2, ClO, chlorine monoxide; +3, Cl_2O_3, dichlorine trioxide; +6, ClO_3, chlorine trioxide; +7, Cl_2O_7, dichlorine heptoxide; (b) Cl_2O_7 **4.26.** (a) C in C_2H_5OH oxidized and Cr in $K_2Cr_2O_7$ gets reduced; (b) $K_2Cr_2O_7$ is the oxidizing agent; C_2H_5OH is the reducing agent.

Conceptual Problems

4.29. (a) box (1); (b) box (2); (c) box (3). **4.30.** HY is the strongest HX is the weakest **4.31.** (a) $Sr^+ + At \rightarrow Sr + At^+$ No reaction; (b) $Si + At^+ \rightarrow Si^+ + At$ Reaction would occur; (c) $Sr + Si^+ \rightarrow Sr^+ + Si$ Reaction would occur.

Section Problems

Molarity (Section 4.1)

4.32. (a) 0.0420 mol; (b) 0.12 mol **4.33.** 160 mL **4.34.** 0.0685 M **4.35.** 0.958 M **4.36.** (a) 25.0 g; (b) 67.6 g

Dilutions (Section 4.2)

4.38. 1.71 M

Electrolytes (Section 4.3)

4.40. (a) bright; (b) dark; (c) dim **4.41.** $Ba(OH)_2$ dissociates into $Ba^{2+}(aq)$ and 2 $OH^-(aq)$, and conducts electricity. H_2SO_4 dissociates into $H^+(aq)$ and $HSO_4^-(aq)$. H_2SO_4 solutions conduct electricity. When equal molar solutions of $Ba(OH)_2$ and H_2SO_4 are mixed, the insoluble $BaSO_4$ is formed $BaSO_4$ does not produce any appreciable amount of ions and the mixture does not conduct electricity. **4.42.** (a) strong electrolyte; (b) weak electrolyte; (c) strong electrolyte; (d) strong electrolyte; (e) weak electrolyte; (f) nonelectrolyte **4.43.** (a) 2.25 M; (b) = 1.42 M
4.44. Na^+ 0.147 M Ca^{2+} 0.002 98 M K^+ 0.004 02 M Cl^- 0.157 M

Net Ionic Equations and Aqueous Reactions (Sections 4.4–4.5)

4.45. (a) precipitation; (b) redox; (c) acid-base neutralization

Precipitation Reactions and Solubility Guidelines (Section 4.6)

4.47. (a) insoluble; (b) soluble; (c) insoluble; (d) soluble **4.48.** (a) No; (b) $Fe^{2+}(aq) + 2\ OH^-(aq) \rightarrow Fe(OH)_2(s)$; (c) No (d) No
4.49. (a) not form; (b) $BaSO_4(s)$ will precipitate; (c) AgCl(s) will precipitate
4.50. (a) $Pb(NO_3)_2(aq) + Na_2SO_4(aq) \rightarrow PbSO_4(s) + 2\ NaNO_3(aq)$; (b) $3\ MgCl_2(aq) + 2\ K_3PO_4(aq) \rightarrow Mg_3(PO_4)_2(s) + 6\ KCl(aq)$; (c) $ZnSO_4(aq) + Na_2CrO_4(aq) \rightarrow ZnCrO_4(s) + Na_2SO_4(aq)$
4.51. 0.645 g AgCl **4.52.** Add HCl(aq); it will selectively precipitate AgCl(s). **4.53.** Cs^+ and/or NH_4^+.
4.54. (a) Add HCl $Hg_2^{2+}(aq) + 2Cl^-(aq) \rightarrow Hg_2Cl_2(s)$; (b) Add H_2SO_4 $pb^{2+}(aq) + SO_4^{2-}(aq) \rightarrow PbSO_4(s)$; (c) Add Na_2CO_3 $Ca^{2+}(aq) + CO_3^{2-}(aq) \rightarrow CaCO_3(s)$; (d) Add Na_2SO_4 $Ba^{2+}(aq) + SO_4^{2-}(aq) \rightarrow BaSO_4(s)$

Acids, Bases, and Neutralization Reactions (Section 4.7)

4.56. Add the solution to an active metal, such as magnesium. Bubbles of H_2 gas indicate the presence of an acid.
4.57. (a) $2\ H^+(aq) + 2\ ClO_4^-(aq) + Ca^{2+}(aq) + 2\ OH^-(aq) \rightarrow Ca^{2+}(aq) + 2\ ClO_4^-(aq) + 2\ H_2O(l)$; (b) $CH_3CO_2H(aq) + Na^+(aq) + OH^-(aq) \rightarrow CH_3CO_2^-(aq) + Na^+(aq) + H_2O(l)$ $H^+(aq) + OH^-(aq) \rightarrow H_2O(l)H^+(aq) + OH^-(aq) \rightarrow H_2O(l)$

Solution Stoichiometry and Titration (Sections 4.8–4.9)

4.59. 15.5 g **4.60.** 57.2 mL **4.61.** (a) 9.0 mL; (b) 11.0 mL
4.62. (a) basic; (b) basic

Oxidation Numbers (Section 4.10)

4.63. (a) O −2, N + 4; (b) O −2, S + 6; (c) O −2, Cl −1, C + 4; (d) Cl −1, H + 1, C 0; (e) O −2, K + 1, Cl + 5; (f) O −2, H + 1, N + 5 **4.64.** (a) O −2, Cl + 5; (b) O −2, S + 4; (c) O −2, C + 3; (d) O −2, N + 3; (e) O −2, Br + 1; (f) O −2, As + 5 **4.65.** (a) +1, N_2O, nitrous oxide; +2, NO, nitric oxide; +4, N_2O_4, dinitrogen tetroxide; +5, N_2O_5, dinitrogen pentoxide; (b) N_2O_5

Redox Reactions (Section 4.11)

4.66. The best reducing agents are at the bottom left of the periodic table. The best oxidizing agents are at the top right of the periodic table (excluding the noble gases). **4.67.** (a) gains; (b) loses; (c) loses; (d) gains **4.68.** (a) Ca(s) is oxidized $Sn^{2+}(aq)$ is reduced; (b) No oxidation numbers change.

Activity Series (Section 4.12)

4.69. (a) no reaction; (b) no reaction; (c) no reaction; (d) $Au^{3+}(aq) + 3\ Ag(s) \rightarrow 3\ Ag^+(aq) + Au(s)$.
4.70. (a) A > B > C > D; (b) 1. no reaction. 2. no reaction.

CHAPTER 5

5.2. (b) higher frequency; (b) more intense (b) represents blue light; (a) represents red light. **5.3.** IR, 77.2 kJ/mol; UV, 479 kJ/mol, X ray, 2.18×10^4 kJ/mol **5.4.** 1.4×10^3 mol photons **5.5.** Electrons will not be ejected. **5.6.** (a) Ag; (b) Rb **5.8.** (a) 1875 nm; (b) 820.4 nm
5.10.

n	l	m_l	Orbital	No. of Orbitals
5	0	0	5s	1
	1	−1, 0, +1	5p	3
	2	−2, −1, 0, +1, +2	5d	5
	3	−3, −2, −1, 0, +1, +2, +3	5f	7
	4	−4, −3, −2, −1, 0, +1, +2, +3, +4	5g	9
	25			

5.11. n = 4, l = 0, 4s **5.12.** four **5.14.** (a) Tc; (b) Ni **5.16.** C–I

Conceptual Problems

5.17. (a) has the greater intensity. (a) has the higher energy radiation. (a) represents yellow light. (b) represents infrared radiation.
5.18. (a) $3p_y$ $n = 3, l = 1$; (b) $4d_{z^2}$ $n = 4, l = 2$ **5.19.** molybdenum, Its anomalous electron configuration is [Ar] $5s^1\ 4d^5$ because of the resulting half-filled d-orbitals. **5.20.** selenium

Se,	[Ar]	↑↓	↑↓ ↑↓ ↑↓ ↑↓ ↑↓	↑↓ ↑ ↑
		4s	3d	4p

Section Problems

Wave Properties of Radiant Energy (Section 5.1)

5.21. Violet has the higher frequency and energy. Red has the higher wavelength. **5.22.** visible completely within this range ultraviolet and infrared regions are partially in this range. **5.23.** 5.5×10^{-8} m
5.24. (a) 36.4 cm; (b) 34.3 cm

Particlelike Properties of Radiant Energy (Section 5.2)

5.25. (a) 99.5 MHz 3.97×10^{-5} kJ/mol 1150 kHz 4.589×10^{-7} kJ/mol FM radio wave (99.5 MHz) has the higher energy; (b) 3.44×10^{-9} m 3.48×10^4 kJ/mol 6.71×10^{-2} m 1.78×10^{-3} kJ/mol X ray ($\lambda = 3.44 \times 10^{-9}$ m) has the higher energy. **5.26.** (a) 1320 nm, near IR; (b) 0.149 m, radio wave; (c) 65.4 nm, UV **5.27.** (a) 1.0×10^{-10} m; (b) 1.2×10^6 kJ/mol; (c) X rays **5.29.** (a) 779 nm 2.55×10^{-19} J; (b) 649 nm 3.06×10^{-19} J; (c) 405 nm 4.91×10^{-19} J **5.30.** Both (c) & (d) no electrons would be ejected; (b) would eject the least number
5.31. 1.09×10^{15} Hz

Atomic Line Spectra and Quantized Energy (Section 5.3)

5.32. continuous **5.33.** n = 3; 182.3kJ/mol n = 4; 246.1kJ/mol n = 5; 275.6kJ/mol **5.34.** 91.16 nm 1312kJ/mol **5.35.** 4051 nm 1312 kJ/mol 2625 nm 45.60 kJ/mol, IR **5.36.** 410.2 nm 291.6 kJ/mol

Orbitals and Quantum Mechanics (Sections 5.4–5.6)

5.37. n is the principal quantum number.
The size and energy level of an orbital depends on n.
l is the angular-momentum quantum number. *l* defines the three-dimensional shape of an orbital. m_l is the magnetic quantum number. m_l defines the spatial orientation of an orbital. m_s is the spin quantum number. m_s indicates the spin of the electron and can have either of two values, $+^1/_2$ or $-^1/_2$.
5.38. (a) $n = 4; l = 0; m_l = 0; m_s = \pm^1/_2$; (b) $l = 1$; $m_l = -1, 0, +1; m_s = \pm^1/_2$; (c) $l = 3$; $m_l = -3, -2, -1, 0, +1, +2, +3; m_s = \pm^1/_2$; (d) $n = 5; l = 2$; $m_l = -2, -1, 0, +1, +2; m_s = \pm^1/_2$ **5.39.** (c) **5.40.** 138 electrons
5.41. 363kJ/mol
5.42.

n	*l*	m_l	m_s
1	0	0	$+^1/_2$
1	0	0	$-^1/_2$
2	0	0	$+^1/_2$
2	0	0	$-^1/_2$
2	1	−1	$+^1/_2$
2	1	0	$+^1/_2$

5.43.

n	*l*	m_l	m_s
5	0	0	$+^1/_2$
5	0	0	$-^1/_2$

5.44. three

4s orbital

nodes are white

regions of maximum electron probability are black

Orbital Energy Levels in Multielectron Atoms (Section 5.7)

5.46. Part of the electron-nucleus attraction is canceled by the electron-electron repulsion, an effect we describe by saying that the electrons are shielded from the nucleus by the other electrons. The net nuclear charge actually felt by an electron is called the effective nuclear charge, Z_{eff}, and is often substantially lower than the actual nuclear charge, Z_{actual}. **5.47.** 4s > 4d > 4f **5.48.** The number of elements in successive periods of the periodic table increases by the progression 2, 8, 18, 32 because the principal quantum number n increases by 1 from one period to the next. As the principal quantum number increases, the number of orbitals in a shell increases. The progression of elements parallels the number of electrons in a particular shell. **5.49.** (a) 5d; (b) 4s; (c) 6s **5.50.** (a) 3d; (b) 4p; (c) 6d; (d) 6s

Electron Configurations (Sections 5.8–5.10)

5.51. (a) $1s^2\,2s^2\,2p^6\,3s^2\,3p^6\,4s^2\,3d^2$;
(b) $1s^2\,2s^2\,2p^6\,3s^2\,3p^6\,4s^2\,3d^{10}\,4p^6\,5s^2\,4d^6$;
(c) $1s^2\,2s^2\,2p^6\,3s^2\,3p^6\,4s^2\,3d^{10}\,4p^6\,5s^2\,4d^{10}\,5p^2$;
(d) $1s^2\,2s^2\,2p^6\,3s^2\,3p^6\,4s^2\,3d^{10}\,4p^6\,5s^2$;
(e) $1s^2\,2s^2\,2p^6\,3s^2\,3p^6\,4s^2\,3d^{10}\,4p^4$ **5.52.** (a) [Kr] $\underset{5s}{\underline{\uparrow}}$;

(b) [*Xe*] $\underset{6s}{\underline{\uparrow\downarrow}}$ $\underset{4f}{\underline{\uparrow\downarrow}\ \underline{\uparrow\downarrow}\ \underline{\uparrow\downarrow}\ \underline{\uparrow\downarrow}\ \underline{\uparrow\downarrow}\ \underline{\uparrow\downarrow}\ \underline{\uparrow\downarrow}}$ $\underset{5d}{\underline{\uparrow}\ \underline{\uparrow}\ \underline{\uparrow}\ \underline{\uparrow}}$;

(c) $\underset{4s}{\underline{\uparrow\downarrow}}$ $\underset{3d}{\underline{\uparrow\downarrow}\ \underline{\uparrow\downarrow}\ \underline{\uparrow\downarrow}\ \underline{\uparrow\downarrow}\ \underline{\uparrow\downarrow}\ \underline{\uparrow}}$ $\underset{4p}{\underline{\uparrow}}$;

(d) $\underset{5s}{\underline{\uparrow\downarrow}}$ $\underset{4d}{\underline{\uparrow}\ \underline{\uparrow}\ \underline{\ \ }\ \underline{\ \ }\ \underline{\ \ }}$

5.53. (a) 2; (b) 2; (c) 1; (d) 3

5.54. (a) Ra [Rn] $7s^2$ [Rn] $\underset{7s}{\underline{\uparrow\downarrow}}$;

(b) Sc [Ar] $4s^2\,3d^1$ [Ar] $\underset{4s}{\underline{\uparrow\downarrow}}$ $\underset{3d}{\underline{\uparrow}\ \underline{\ \ }\ \underline{\ \ }\ \underline{\ \ }\ \underline{\ \ }}$;

(c) Lr [Rn] $7s^2\,5f^{14}\,6d^1$ [Rn] $\underset{7s}{\underline{\uparrow\downarrow}}$ $\underset{5f}{\underline{\uparrow\downarrow}\ \underline{\uparrow\downarrow}\ \underline{\uparrow\downarrow}\ \underline{\uparrow\downarrow}\ \underline{\uparrow\downarrow}\ \underline{\uparrow\downarrow}\ \underline{\uparrow\downarrow}}$
$\underset{6d}{\underline{\uparrow}\ \underline{\ \ }\ \underline{\ \ }\ \underline{\ \ }\ \underline{\ \ }}$;

(d) B [He] $2s^2\,2p^1$ [He] $\underset{2s}{\underline{\uparrow\downarrow}}$ $\underset{2p}{\underline{\uparrow}\ \underline{\ \ }\ \underline{\ \ }}$;

(e) Te [Kr] $5s^2\,4d^{10}\,5p^4$ [Kr] $\underset{5s}{\underline{\uparrow\downarrow}}$ $\underset{4d}{\underline{\uparrow\downarrow}\ \underline{\uparrow\downarrow}\ \underline{\uparrow\downarrow}\ \underline{\uparrow\downarrow}\ \underline{\uparrow\downarrow}}$ $\underset{5p}{\underline{\uparrow\downarrow}\ \underline{\uparrow}\ \underline{\uparrow}}$

5.55. Z = 121 **5.56.** $1s^2\,2s^2\,2p^6$ **5.57.** [Rn] $7s^2\,5f^{14}\,6d^{10}\,7p^4$

Electron Configurations and Periodic Properties (Section 5.11)

5.58. Atomic radii increase down a group because the electron shells are farther away from the nucleus. **5.59.** F < O < S
5.60. (a) K; (b) Ta; (c) V; (d) Ba

CHAPTER 6

6.1. (a) Ra^{2+} [Rn]; (b) Ni^{2+} [Ar] $3d^8$; (c) N^{3-} [Ne]. **6.2.** (b)(c). **6.4.** Cl^- is yellow, K^+ is green, and Ca^{2+} is red. **6.6.** (c) < (b) < (a) < (d). **6.8.** Al. **6.10.** The least favorable E_{ea} is for Kr (red). The most favorable E_{ea} is for Ge (blue). **6.12.** gain 2 electrons. 2−. **6.13.** −1119 kJ/mol. **6.14.** −863 kJ/mol. **6.16.** (a) is NaCl and (b) is MgO. MgO has the larger lattice energy.

Conceptual Problems

6.19. (a) ionic; (b) covalent

Section Problems

Electron Configuration of Ions (Section 6.1)

6.23. A covalent bond results when two atoms share several (usually two) of their electrons. An ionic bond results from a complete transfer of one or more electrons from one atom to another. **6.24.** A molecule is the unit of matter that results when two or more atoms are joined by covalent bonds. An ion results when an atom gains or loses electrons. **6.25.** (a) 4 protons and 2 electrons; (b) 37 protons and 36 electrons; (c) 34 protons and 36 electrons; (d) 79 protons and 76 electrons **6.26.** (a) [Xe]; (b) [Kr] $4d^{10}$; (c) [Kr] $5s^2$ $4d^{10}$. **6.27.** [Ar]; [Ar] $3d^2$ **6.28.** Mg^{2+}. **6.29.** Cr^{2+} Fe^{2+}

Ionic Radii (Section 6.2)

6.30. (a) S^{2-}; (b) Ca; (c) O^{2-}. **6.31.** $Sr^{2+} < Rb^+ < Br^- < Se^{2-}$.

Ionization Energy (Section 6.3)

6.34. largest 8A smallest 1A.

6.35.

	Lowest E_{i1}	Highest E_{i1}
(a)	K	Li;
(b)	B	Cl;
(c)	Ca	Cl

Higher Ionization Energies (Section 6.4)

6.36. (a) Ca; (b) Ca. **6.37.** (a) P; (b) Ar; (c) Ca Ar has the highest E_{i2}. Ar has the lowest E_{i7}. **6.38.** boron.

Electron Affinity (Section 6.5)

6.39. same magnitude but opposite signs. **6.40.** Na^+ more than either. **6.41.** Energy is usually released when an electron is added to a neutral atom but absorbed when an electron is removed from a neutral atom because of the positive Z_{eff}. **6.42.** The electron-electron repulsion is large and Z_{eff} is low.

Octet Rule (Sections 6.6)

6.43. (a) [Ne], N^{3-}; (b) [Ar], Ca^{2+}; (c) [Ar], S^{2-}; (d) [Kr], Br^- **6.45.** (a) metal; (b) nonmetal; (c) X_2Y_3; (d) X 3A Y 6A.

Formation of Ionic Compounds (Section 6.7)

6.47. −325 kJ/mol. **6.49.** −537 **6.50.** −176 kJ/mol **6.51.** −294 kJ/mol. MgF(s) −1114 MgF_2(s) MgF_2 will form **6.53.** +640 kJ/mol for Cl^+Na^-(s) formation of Cl^+Na^- is not favored because the net energy change is positive whereas it is negative for the formation of Na^+Cl^-.

Lattice Energy (Section 6.8)

6.55. $MgCl_2 > LiCl > KCl > KBr$.

CHAPTER 7

7.2. H is positively polarized (blue). O is negatively polarized (red). This is consistent. **7.6.** (a) OF_2; (b) $SiCl_4$ **7.8.** (a)(b)(c) **7.12.** O_2^-

7.14.

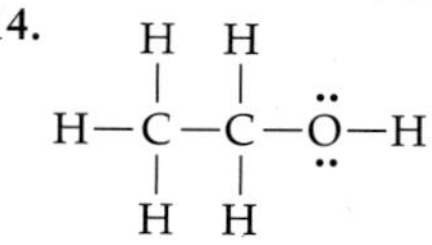

and

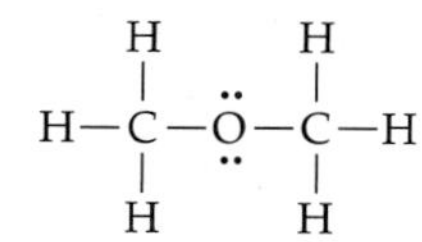

7.15. Molecular formula: $C_4H_5N_3O$

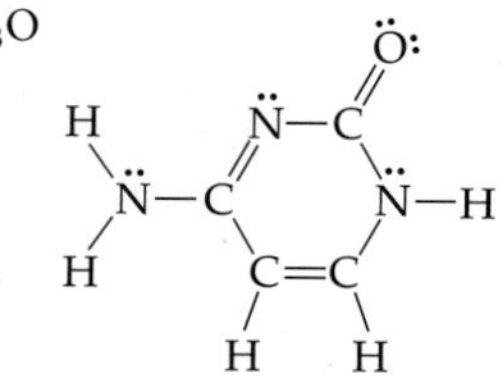

7.17. (a)

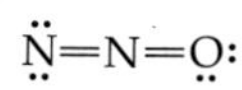

(b)

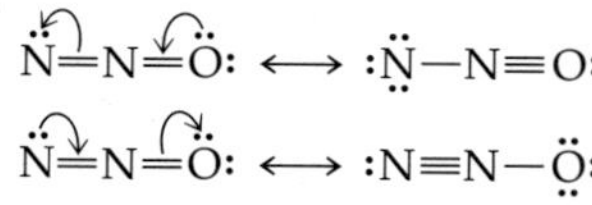

7.18.

(a)

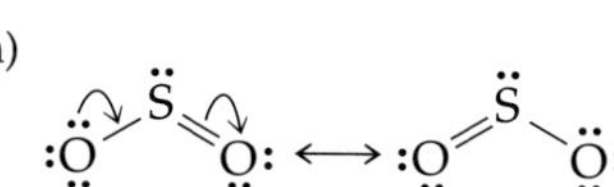

(b)

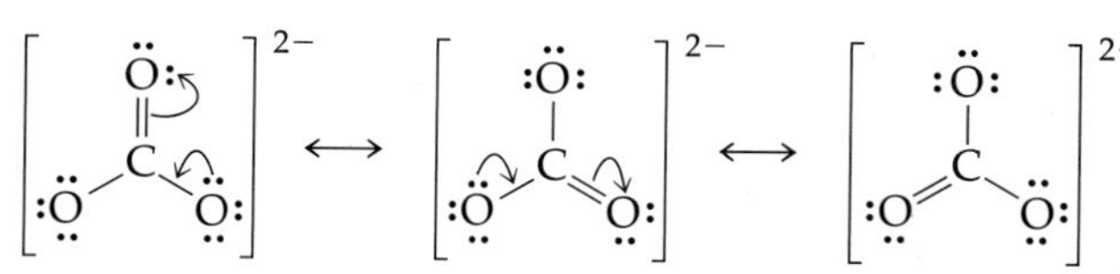

(c)

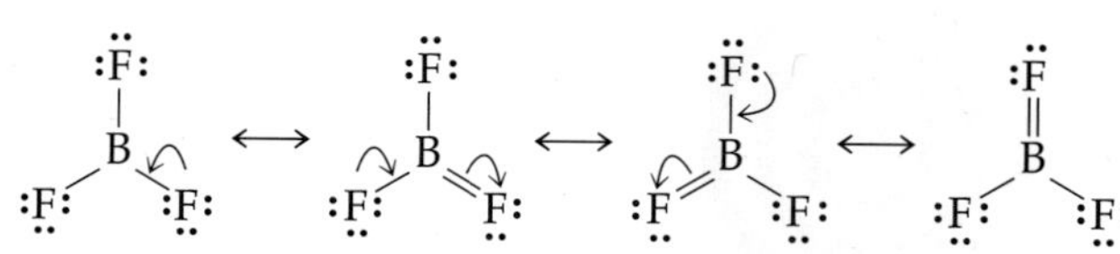

7.19. (a) This is a valid resonance structure; (b) not a valid resonance structure. **7.20.**

(a)

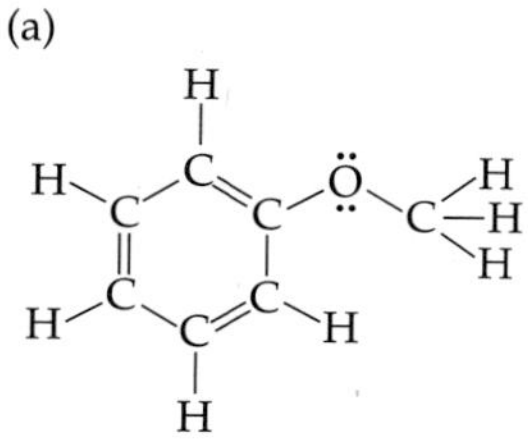

(b)

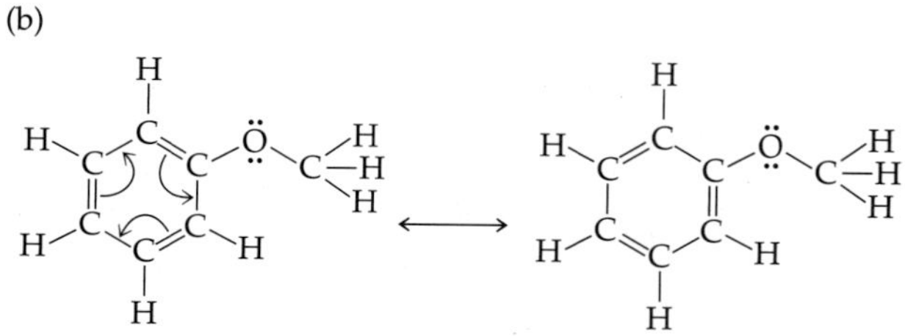

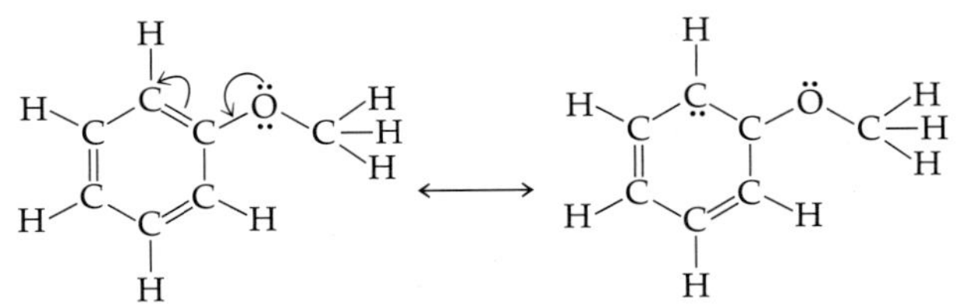

7.22.

(a)

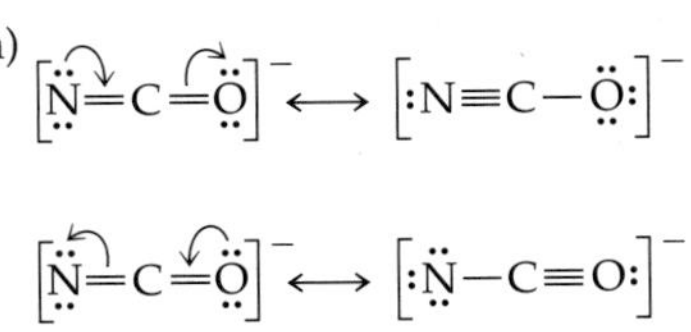

(b)

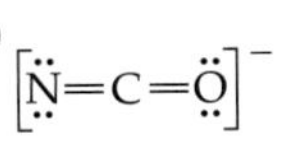

nitrogen: −1
carbon: 0
oxygen: 0
nitrogen: 0
carbon: 0
oxygen: −1
nitrogen: −2
carbon: 0
oxygen: +1 first two structures; (c) Carbon–nitrogen
7.23. All atoms 0
top oxygen: −1
right oxygen: +1
other atoms 0
structure without formal charges makes a larger contribution
7.24 All atoms in structures 1 & 2 have 0 structure 3: carbon: −1
oxygen: +1 other atoms 0 formal 1 and 2 larger contribution

Conceptual Problems

7.25. C–D A–B **7.26.** (a) fluoroethane; (b) ethane; (c) ethanol; (d) acetaldehyde
7.27. (a) $C_8H_9NO_2$

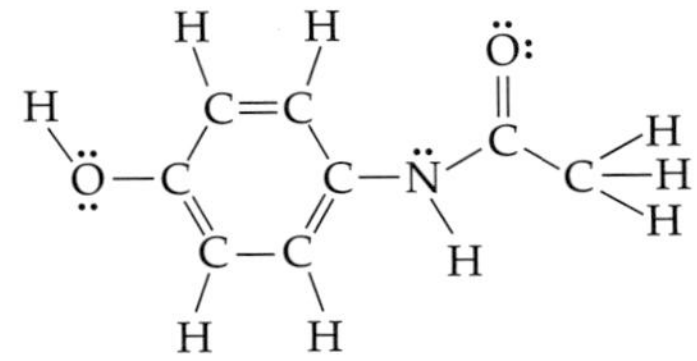

7.28.

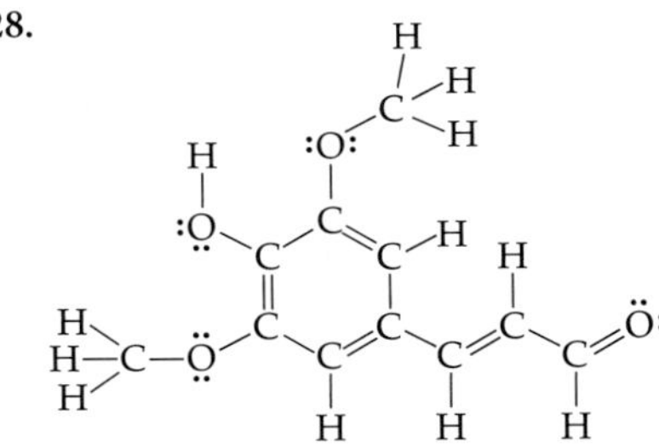

Section Problems

Covalent Bonding (Section 7.1)

7.29.(a) ionic; (b) nonpolar covalent; (c) covalent

Strengths of Covalent Bonds (Section 7.2)

7.30. increased bond polarity leads to increased bond strength.
7.31. O—H

Polar Covalent Bonds: Electronegativity (Section 7.3)

7.32. Electronegativity increases from left to right across a period and decreases down a group. **7.33.** $K < Li < Mg < Pb < C < Br$
7.37. (a) $CCl_4 \sim ClO_2 < TiCl_3 < BaCl_2$ **7.38.** (a) $MgBr_2$; (b) PBr_3
7.39. 5.05%

A Comparison of Ionic and Covalent Compounds (Section 7.4)

7.40. (a)

Electron-Dot Structures and Resonance (Sections 7.5–7.7)

7.41. The octet rule states that main-group elements tend to react so that they attain a noble gas electron configuration. The transition metals are characterized by partially filled d orbitals that can be used to expand their valence shell beyond the normal octet of electrons.
7.42.

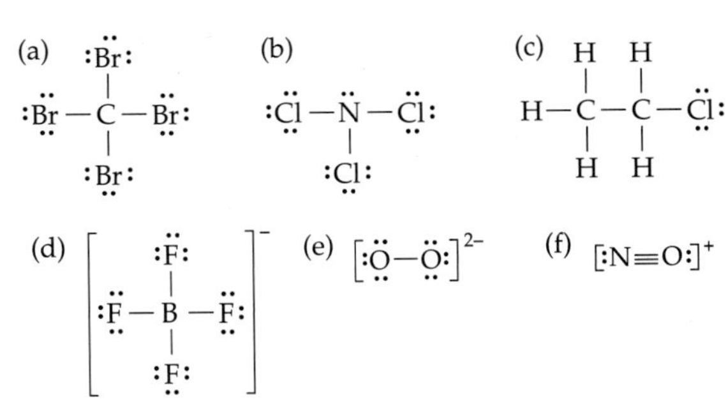

7.43. (c) **7.44.**

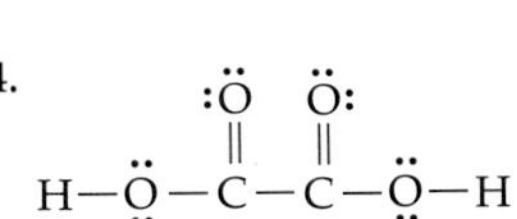

7.45. (a) Al; (b) P.

7.46. (a)

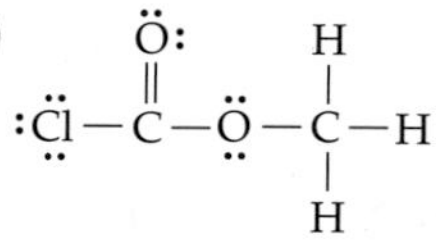

(b)

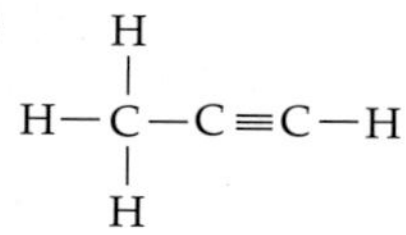

7.47. N_2H_2

7.48. (a)

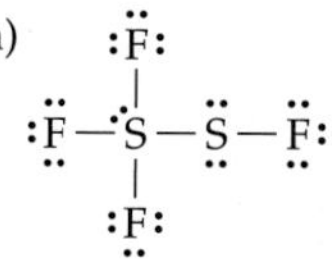

(b)

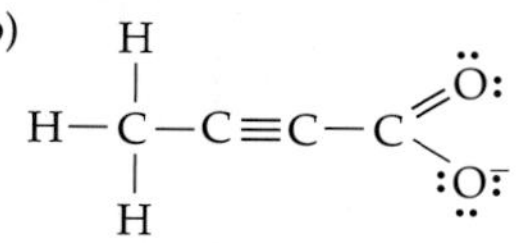

Electron-Dot Structures for Molecules with Second-Row Elements (Section 7.8)

7.49.

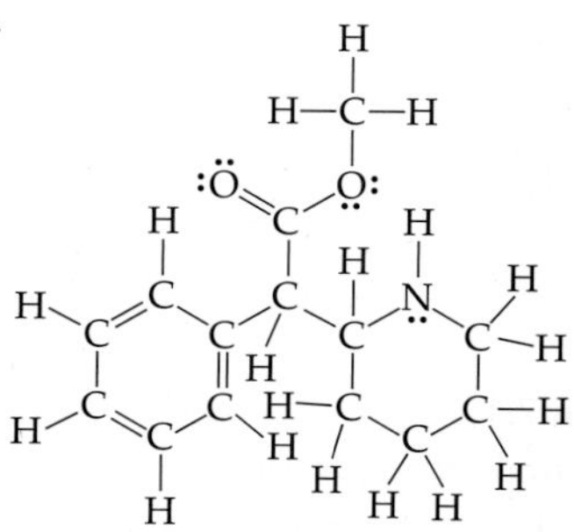

7.50.

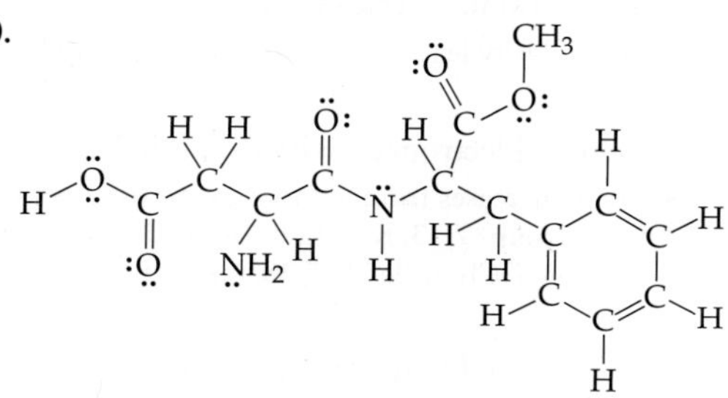

Resonance (Section 7.9)

7.51.

(a)

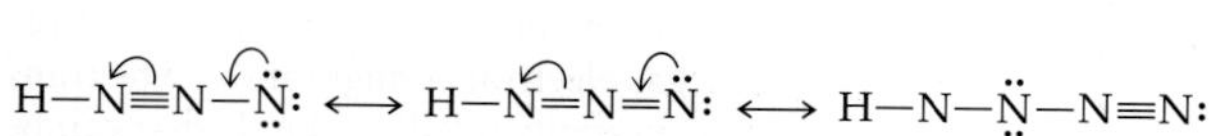

(b)

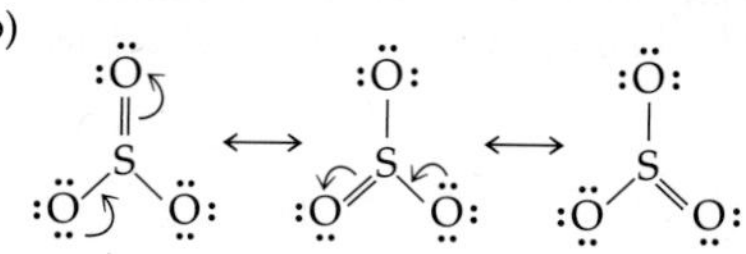

(c)

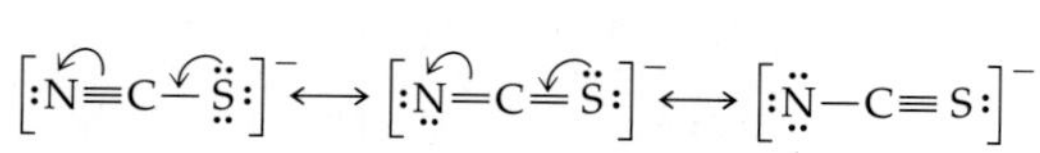

7.52. (a) yes; (b) no; (c) yes; (d) yes

7.53.

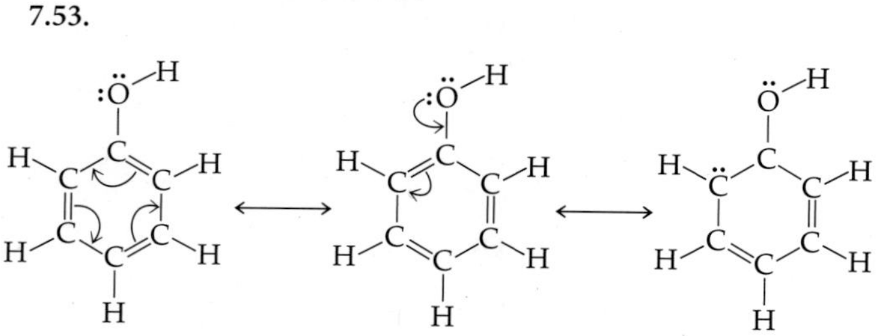

7.54. (a)

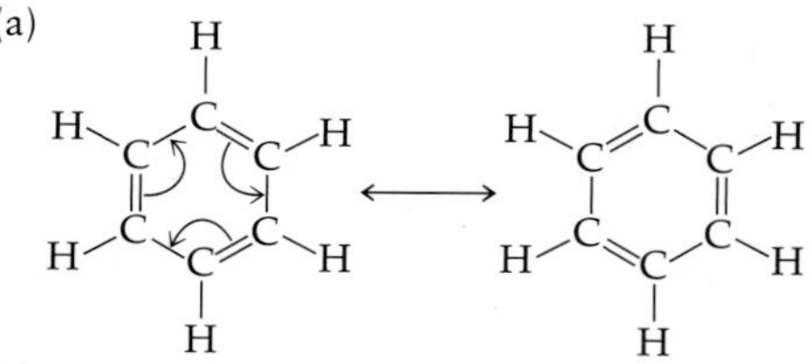

7.55. (a)

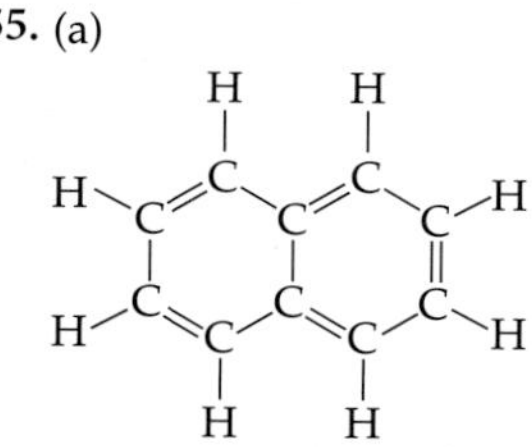

(b)

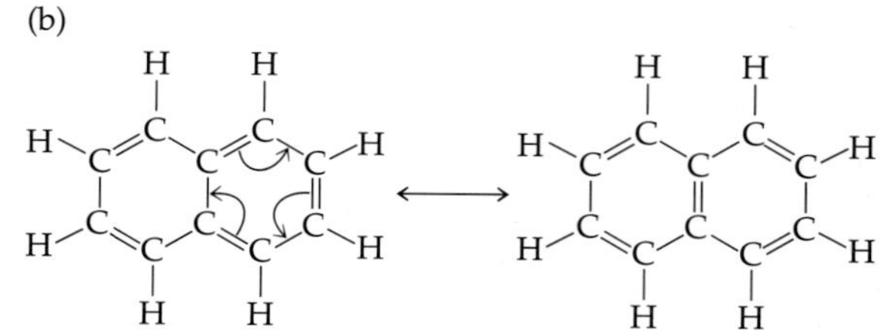

Formal Charges (Section 7.10)

7.56. carbon: −1
oxygen: +1

7.57.

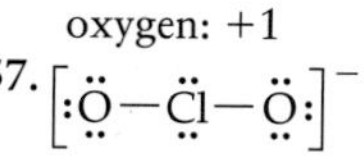

For both oxygens: −1
chlorine: +1

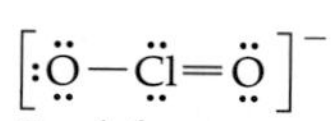

For left oxygen: −1
right oxygen: 0
chlorine: 0

7.58. (a)

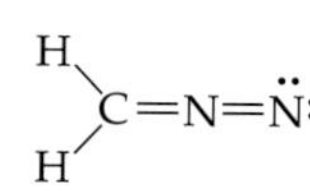

hydrogen: 0
nitrogen (central): +1
nitrogen (terminal): −1
carbon: 0; (b)

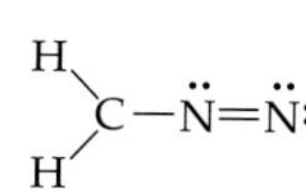

hydrogen: 0
nitrogen (central): 0
nitrogen (terminal): −1
carbon: +1 (a)

7.59.

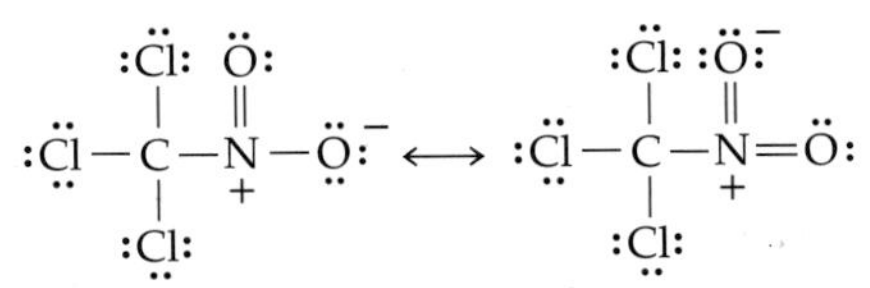

chlorine: 0
carbon: 0 nitrogen: +1 oxygen (double bonded): 0
oxygen (single bonded): −1

7.60. All atoms 0

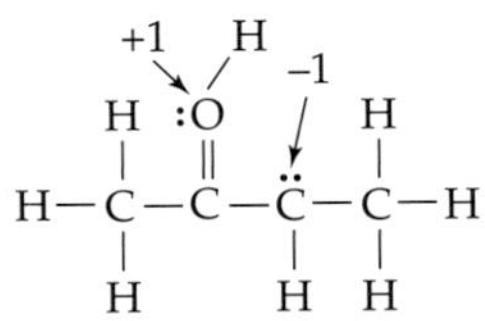

oxygen: +1
carbon: −1
other atoms 0
original structure is the larger contributor.

CHAPTER 8

8.2. (a) 4 tetrahedral tetrahedral molecular geometry; (b) 5 trigonal bipyramidal seesaw molecular geometry.

8.3.

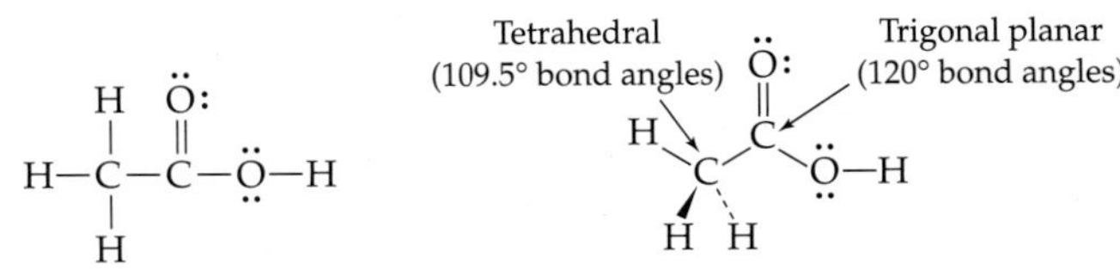

8.4.

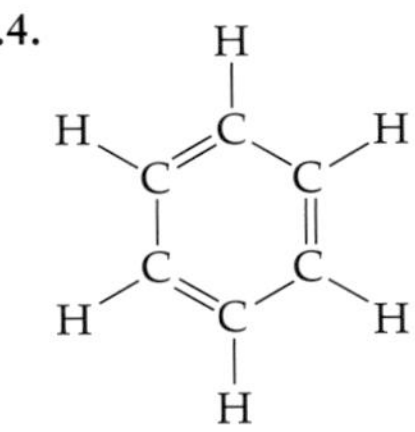

The bond angle around every carbon is 120° (trigonal planar).

8.6. (a) CF_4; (b) CH_2F_2; (c) CHF_3; (d) CH_3F

8.8.

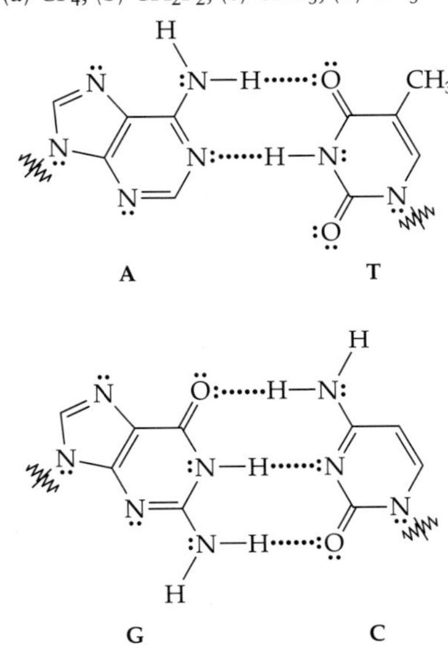

high in G–C pairs

8.10. H_2S dipole-dipole, dispersion
CH_3OH hydrogen bonding, dipole-dipole, dispersion
C_2H_6 dispersion
Ar dispersion
Ar $<$ $C_2H_6 < H_2S < CH_3OH$

Conceptual Problems

8.11. (a) trigonal bipyramidal; (b) tetrahedral; (c) (4 ligands one hidden) **8.12.** (a) $C_8H_9NO_2$ (b), (c)

8.13. The electronegative O atoms are electron rich (red), while the rest of the molecule is electron poor (blue). **8.14.** The N atom is electron rich (red). The C and H atoms are electron poor (blue)

Section Problems

The VSEPR Model (Section 8.1)

8.15. (a) trigonal planar; (b) trigonal bipyramidal; (c) linear; (d) octahedral **8.16.** (a) tetrahedral, 4; (b) octahedral, 6; (c) bent, 3 or 4; (d) linear, 2 or 5; (e) square pyramidal, 6; (f) trigonal pyramidal, 4. **8.17.** (a) bent; (b) tetrahedral; (c) bent; (d) trigonal planar. **8.18.** (a) trigonal bipyramidal; (b) see saw; (c) trigonal pyramidal; (d) tetrahedral. **8.19.** (a) tetrahedral; (b) tetrahedral; (c) tetrahedral; (d) trigonal pyramidal; (e) tetrahedral; (f) linear **8.20.** (a) 109°; (b) 120°; (c) 90°; (d) 120°.

8.21.

$H\text{-}C_a\text{-}H$	~120°	$C_b\text{-}C_c\text{-}N$	~180°
$H\text{-}C_a\text{-}C_b$	~120°	$C_a\text{-}C_b\text{-}H$	~120°
$C_a\text{-}C_b\text{-}C_c$	~120°	$H\text{-}C_b\text{-}C_c$	~120°

8.22.

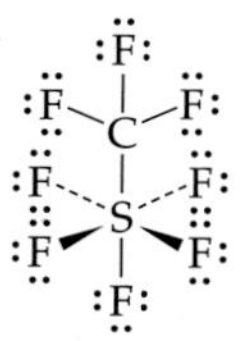

109.5° around carbon and 90° around S. **8.23.** 109°. Because the geometry about each carbon is tetrahedral, the cyclohexane ring cannot be flat.

Dipole Moments (Sections 8.2)

8.25.

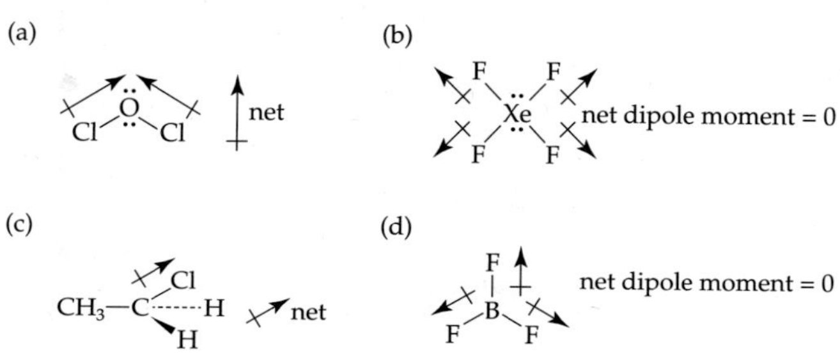

8.26. SO_2 is bent and the individual bond dipole moments add CO_2 is linear bond dipole moments can

8.27.

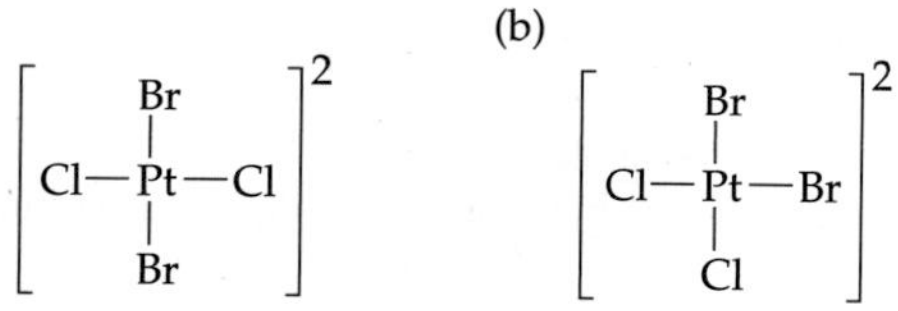

8.28. If a molecule has polar covalent bonds, the molecular shape (and location of lone pairs of electrons) determines whether the bond dipoles cancel and thus whether the molecule has a dipole moment.

Intermolecular Forces (Section 8.3)

8.30. (a) Dipole-dipole; (b) London dispersion; (c) London dispersion; (d) Dipole-dipole and hydrogen bonding **8.31.** CH_3OH can hydrogen bond; CH_4 cannot. For 1-decanol and decane, dispersion forces are comparable and relatively large. 1-decanol can hydrogen bond; decane cannot.

8.32.

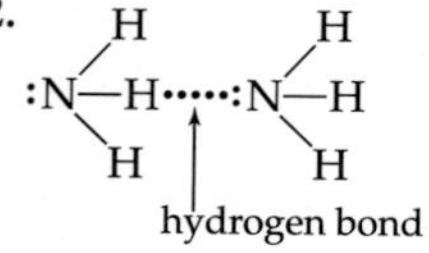

8.33. (ii) a nd (iii)

CHAPTER 9

9.2. −0.25 kJ system does work on the surroundings. **9.4.** (a) $P\Delta V$ is negative because the system volume is decreased at constant pressure; (b) ΔH is slightly more negative than ΔE; **9.6.** 39 kg C_3H_8 **9.9.** 26.9 J/(mol·C) **9.10.** 825 J/°C **9.13.** +131.3 kJ **9.14.** (a) $A + 2\ B \rightarrow D$; $\Delta H° = -100\ kJ + (-50\ kJ) = -150\ kJ$; (b) red arrow step 1: $A + B \rightarrow C$ green arrow step 2: $C + B \rightarrow D$ blue arrow overall reaction; (c) top level A + 2 B. middle level C + B. bottom level D. **9.16.** −250 kJ/mol **9.19.** negative because the reaction decreases the number of moles of gaseous molecules. **9.20.** reaction proceeds from a solid and a gas (reactants) to all gas (product) $\Delta S°$ is positive.

Conceptual Problems

9.21. $\Delta H > 0$ and $w < 0$

9.22.

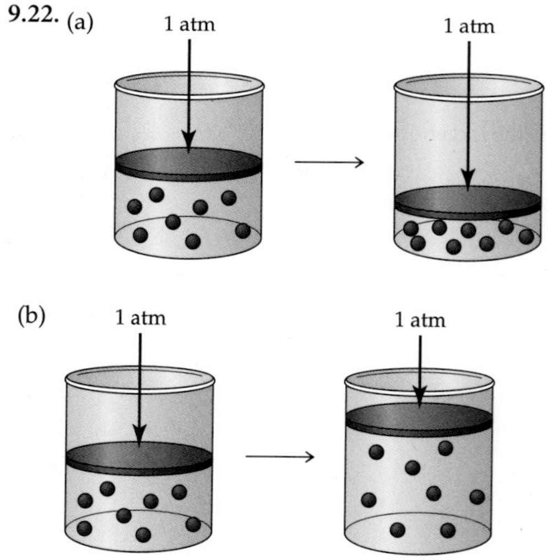

9.23. (a) Diagram 1; (b) $\Delta H° = +30\ kJ$
9.24. (a) $2\ AB_2 \rightarrow A_2 + 2\ B_2$; (b) ΔH is negative. ΔS is positive; (c) at all temperatures. **9.26.** ΔG is negative ΔS is positive. ΔS is positive

Section Problems

Heat, Work, and Energy (Section 9.1–9.3)

9.28. Heat is the energy transferred from one object to another as the result of a temperature difference between them. Temperature is a measure of the kinetic energy of molecular motion. Energy is the capacity to do work or supply heat. Work is defined as the distance moved times the force that opposes the motion. Kinetic energy is the energy of motion. Potential energy is stored energy. **9.29.** car **9.30.** (a) and (b) (c) is not. **9.31.** −70 J; The energy change is negative. **9.32.** (a) 35 min; (b) 150 min. **9.33.** (a) −593 J; (b) 26.4 cm **9.34.** = −15.1 L·atm

Energy and Enthalpy (Section 9.4)

9.35. $\Delta E = q_v$ is the heat change associated with a reaction at constant volume. Since $\Delta V = 0$, no PV work is done. $\Delta H = q_p$ is the heat change associated with a reaction at constant pressure. Since $\Delta V \neq 0$, PV work can also be done. **9.36.** −45.2 kJ **9.37.** −0.30 kJ **9.38.** = 45.4 kJ

Thermochemical Equations for Chemical and Physical Changes (Section 9.5–9.6)

9.39. (a) to the system, endothermic, $\Delta H° > 0$; (b) to the surroundings, exothermic, $\Delta H° < 0$; (c) to the system, endothermic, $\Delta H° > 0$ **9.40.** 25.5 kJ **9.41.** 131 kJ is released. **9.42.** (a) 780. kJ evolved; (b) 1.24 kJ absorbed. **9.43.** 0.388 kJ is evolved. exothermic.

Calorimetry and Heat Capacity (Section 9.7)

9.44. Heat capacity is the amount of heat required to raise the temperature of a substance a given amount. Specific heat is the amount of heat necessary to raise the temperature of exactly 1 g of a substance by exactly 1 °C. **9.45.** 1.23 J/(g· °C) **9.46.** −32 kJ **9.47.** 3.0°C **9.48.** −83.7 kJ **9.50.** −120 kJ/mol citric acid

Hess's Law (Section 9.8)

9.51. The standard state of an element is its most stable form at 1 atm and the specified temperature, usually 25 °C. The sum of the enthalpy changes for the individual steps in a reaction is equal to the overall enthalpy change for the entire reaction, a relationship known as Hess's law. **9.52.** −202 kJ

Heats of Formation (Section 9.9)

9.54. A compound's standard heat of formation is the amount of heat associated with the formation of 1 mole of a compound from its elements (in their standard states). **9.55.** (a) gas; (b) liquid; (c) gas; (d) solid **9.56.** (a) $2\ Fe(s) + 3/2\ O_2(g) \rightarrow Fe_2O_3(s)$; (b) $12\ C(s) + 11\ H_2(g) + 11/2\ O_2(g) \rightarrow C_{12}H_{22}O_{11}(s)$; (c) $U(s) + 3\ F_2(g) \rightarrow UF_6(s)$; **9.57.** −395.7 kJ/mol **9.58.** −909.3 kJ **9.59.** +104 kJ/mol **9.60.** −16.9 kJ/mol **9.61.** +179.2 kJ **9.62.** +179.2 kJ **9.63.** (a) +172.5 kJ; (b) −189.2 kJ; (c) −24.8 kJ

Entropy (Section 9.11)

9.66. Entropy is a measure of molecular randomness.
9.67. if ΔS is positive the $T\Delta S$ term is larger than ΔH.
9.68. (a) positive; (b) negative
9.69. ΔS is positive. The reaction increases the total number of molecules.

CHAPTER 10

10.3. 0.650 atm
10.4. (a)

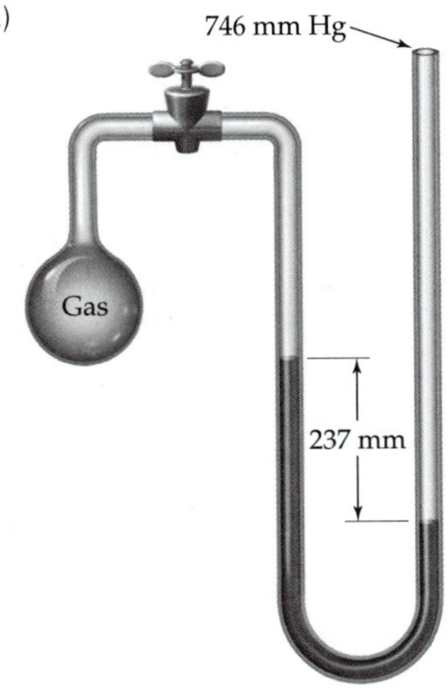

(b) 732 mm Hg

10.6.

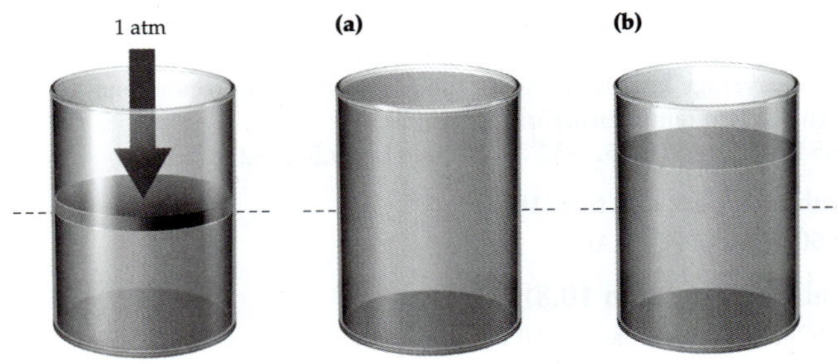

10.8. 5.0 atm **10.9.** 28°C. **10.10.** 142 L, **10.12.** 750.0 L H_2 250.0 L N_2 **10.13.** 34.1 H_2S, hydrogen sulfide. **10.14.** (a) 1.80 g/L; (b) higher molar mass **10.16.** 0.025 **10.18.** 32.00; O_2.

Conceptual Problems

10.19. The gas pressure in the bulb in mm Hg is equal to the difference in the height of the Hg in the two arms of the manometer. **10.23.** The picture on the right will be the same as that on the left

Section Problems

Gases and Gas Pressure (Section 10.1)

10.24. 14.7 psi 1.93×10^{-2} psi **10.26.** 0.632 atm; 6.40×10^4 Pa **10.27.** 930 mm Hg **10.28.** 1.046×10^5 Pa **10.29.** 1155 mm Hg **10.30.** 28.96

The Gas Laws (Sections 10.2–10.3)

10.31. (a) pressure would triple; (b) pressure would be $\frac{1}{3}$ the initial pressure; (c) pressure would increase by 1.8 times; (d) The pressure would be 0.17 times the initial pressure. **10.32.** They all contain the same number of gas molecules. **10.33.** 7210 L 51.5 L

10.34. 2.1×10^4 mm Hg **10.35.** 1×10^{-17} mm Hg **10.37.** ice **10.38.** Weigh the containers. heavier contains O_2.

Gas Stoichiometry (Section 10.4)

10.39. 1.5×10^4 g O_2 **10.40.** (a) 0.716 g/L; (b) 1.96 g/L; (c) 1.43 g/L **10.41.** 34.0 **10.42.** 0.5469 L **10.43.** (a) 9.44 L; (b) 6.05 g Zn **10.44.** (a) 380 g CO_2; (b) 5.4 days **10.45.** 0.464 g He **10.46.** 15 L

Dalton's Law and Mole Fraction (Section 10.5)

10.47. P_{N_2} 0.7808 atm; P_{O_2} 0.2095 atm; P_{Ar} 0.0093 atm; P_{CO_2} 0.000 38 atm the rest are negligible. **10.48.** P_{O_2} 0.970 atm; P_{CO_2} 0.007 11 atm; **10.49.** $X_{HCl} = 0.026$; $X_{H_2} = 0.094$; $X_{Ne} = 0.88$; **10.50.** (a) 1.68 atm; (b) 0.219 atm; **10.51.** 723 mm Hg 3.36 g Mg

Kinetic-Molecular Theory (Section 10.6)

10.53. The kinetic-molecular theory is based on the following assumptions:

1. A gas consists of tiny particles, either atoms or molecules, moving about at random.
2. The volume of the particles themselves is negligible compared with the total volume of the gas; most of the volume of a gas is empty space.
3. The gas particles act independently; there are no attractive or repulsive forces between particles.
4. Collisions of the gas particles, either with other particles or with the walls of the container, are elastic; that is, the total kinetic energy of the gas particles is constant at constant T.
5. The average kinetic energy of the gas particles is proportional to the Kelvin temperature of the sample.

10.54. 443 m/s **10.55.** −32 °C **10.56.** He **10.57.** −272.83 °C

Graham's Law (Section 10.7)

10.60. HCl > F_2 > Ar

Real Gases (Section 10.8)

10.62. (a) high; (b) larger; **10.63.** 20.5 atm 20.3 atm

CHAPTER 11

11.1. 31.4 kJ/mol **11.2.** 83.0 °C **11.3.** 7.00 kJ **11.4.** −4.59 kJ **11.6.** (a)

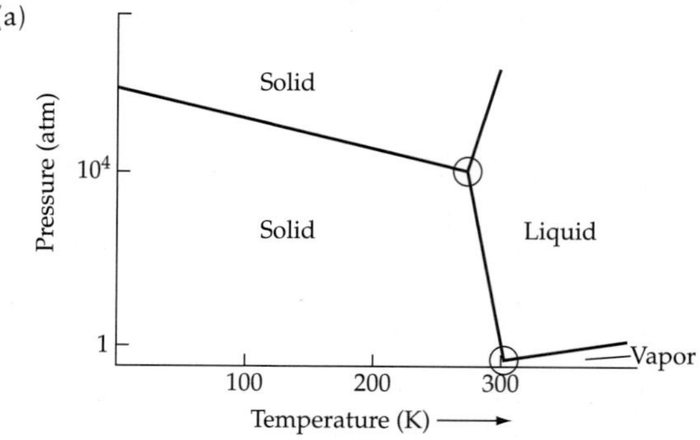

(b) two; (c) Increasing the pressure favors the liquid phase, liquid phase is more dense

Conceptual Problems

11.7. (a) normal boiling point ≈ 300 K; normal melting point ≈ 180 K; (b) (i) solid (ii) gas (iii) supercritical fluid

Section Problems

Properties of Liquids (Section 11.1)

11.8. surface tension **11.9.** (a) CH_2Br_2; (b) Ethylene glycol **11.10.** Oleic acid is a much larger molecule than H_2O with larger dispersion forces. It can also hydrogen bond.

Vapor Pressure and Boiling Point (Section 11.2)

11.11. 28.0 kJ/mol
11.13.

ln P_{vap}	1/T
4.383	0.003 802
4.8949	0.003 663
5.3627	0.003 534
5.7979	0.003 413
6.2054	0.003 300
6.5853	0.003 195

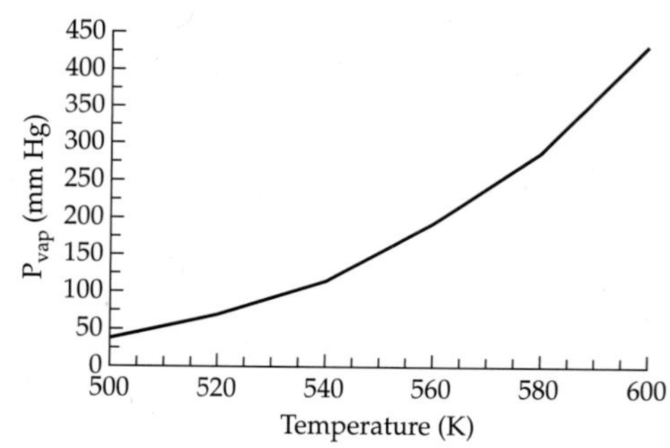

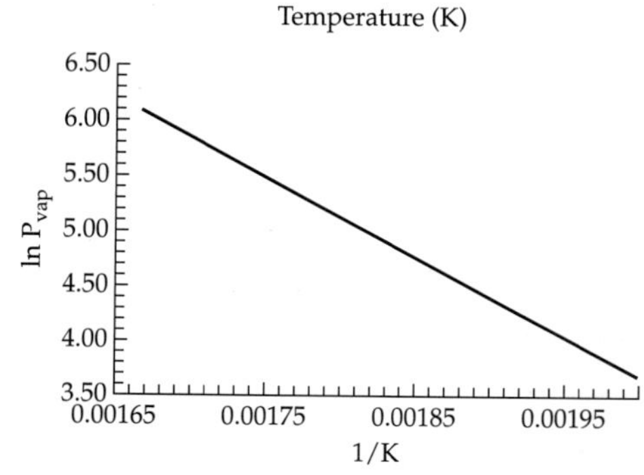

11.16. −30.7 °C

Phase Changes (Sections 11.3–11.4)

11.17. ΔH_{vap} is the heat required to overcome all intermolecular forces. **11.19.** (a) Hg(l) → Hg(g); (b) no change of state; (c) Hg(g) → Hg(l) → Hg(s) **11.20.** 2.40 kJ **11.21.** 3.73 kJ

Phase Diagrams (Section 11.5)

11.23. As the pressure over the liquid H_2O is lowered, H_2O vapor is removed by the pump. As H_2O vapor is removed, more of the liquid H_2O is converted to H_2O vapor. This conversion is an endothermic process and the temperature decreases. The combination of both a decrease in pressure and temperature takes the system across the liquid/solid boundary in the phase diagram so the H_2O that remains turns to ice.

11.25.

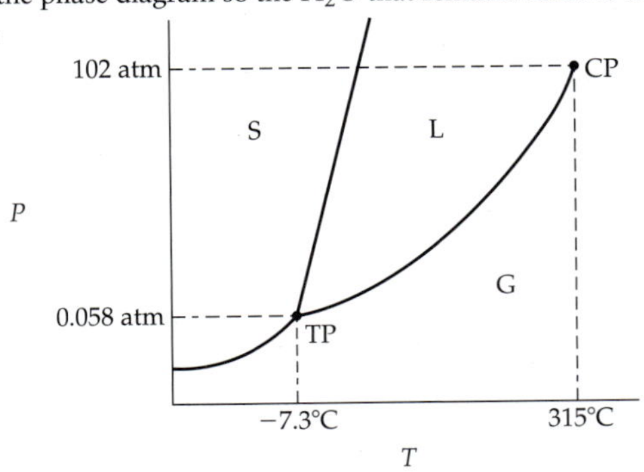

11.27.

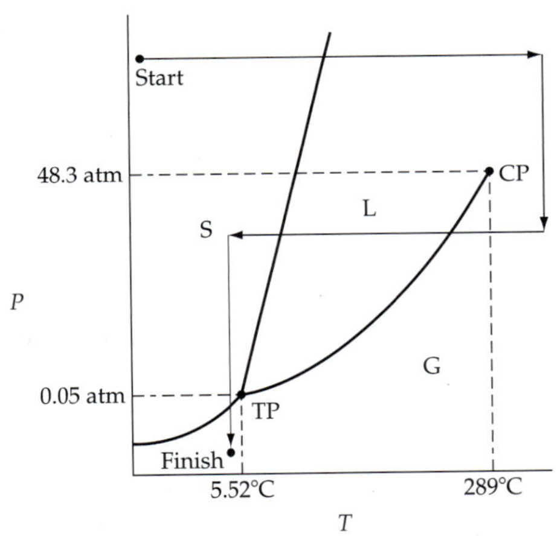

11.29. cannot be liquified

CHAPTER 12

12.1. 557 pm **12.2.** 167 pm **12.3.** 9.31 g/cm^3 **12.4.** 192.2 g/mol Ir. **12.5.** (a) 1/8 S^{2-} at 8 corners = 1 S^{2-}; 1/2 S^{2-} at 6 faces = 3 S^{2-}; 4 Zn^{2+}; (b) ZnS; (c) 2+; (d) tetrahedral **12.6.** (a) $CaTiO_3$; (b) +4; (c) all octahedral. **12.7.** The electron configuration for Hg is [Xe] $4f^{14}\ 5d^{10}\ 6s^2$. Assuming the 5d and 6s bands overlap, the composite band can accomodate 12 valence electrons per metal atom. Weak bonding and a low melting point are expected for Hg because both the bonding and antibonding MOs are occupied.

Section Problems

Types of Solids (Section 12.1)

12.9. molecular solid, CO_2, I_2; metallic solid, any metallic element; covalent network solid, diamond; ionic solid, NaCl **12.10.** (a) rubber; (b) Na_3PO_4; (c) CBr_4; (d) quartz; (e) Au **12.11.** covalent network solid.

The Packing of Spheres in Crystalline Solids: Unit Cells (Section 12.3)

12.12. Hexagonal and cubic closest packing are the most efficient; Simple cubic packing is the least efficient **12.13.** 8.90 g/cm^3 **12.14.** 404.9 pm **12.15.** 137 pm **12.16.** face-centered cubic **12.17.** face-centered cube **12.18.** 60% **12.19.** 6.01 × 10^{23} atoms/mol

Structures of Ionic Solids (Section 12.4)

12.20. Six Na^+ six H^- **12.21.** 244 pm

Structures of Covalent Network Solids (Section 12.5)

12.22.

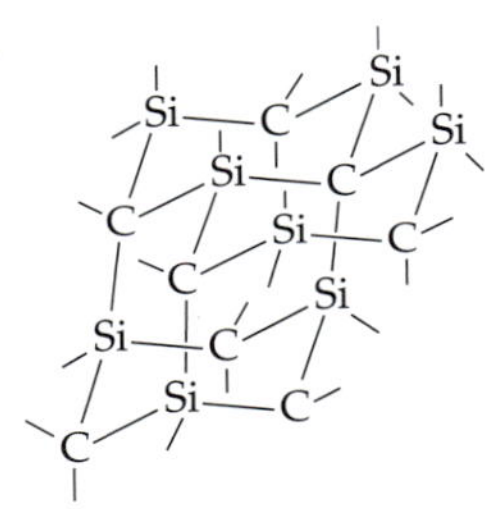

Bonding in Metals (Section 12.6)

12.24.

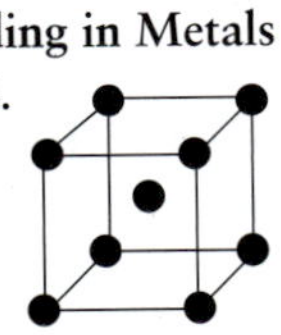

Each K has a single valence electron and has eight nearest neighbor K atoms. The valence electrons can't be localized in an electron-pair bond between any particular pair of K atoms. **12.25.** Malleability and ductility of metals follow from the fact that the delocalized bonding extends in all directions. When a metallic crystal is deformed, no localized bonds are broken. Instead, the electron sea simply adjusts to the new distribution of cations, and the energy of the deformed structure is similar to that of the original. Thus, the energy required to deform a metal is relatively small. **12.26.** Ionic bonding is stronger than metallic bonding **12.27.** The energy required to deform a transition metal like W is greater than that for Cs because W has more valence electrons and hence more electrostatic "glue."

CHAPTER 13

13.1. KBr < 1,5 pentanediol < toluene **13.2.** Vitamin E **13.3.** 5.52 mass % **13.4.** 185 g H_2O **13.5.** 25.0 ppb exceeds limit **13.6.** 4.6 × 10^{-5} g CO_2 **13.7.** 312 g **13.8.** 0.0249 *m* 2.96 × 10^{-3} **13.10.** 0.251 M **13.13.** 223.8 mm Hg **13.14.** 2.6 **13.15.** 46.6 mm Hg **13.16.** red and blue curves pure liquids green mixture. **13.18.** (a) 62 °C; (b) 2 *m* **13.19.** 7.06 atm **13.20.** (a) 0.17 M; (b) net transfer of water from outside the cell to the inside of the cell and the cell would swell. **13.21.** 180.5 g/mol **13.22.** powder is sucrose.

Conceptual Problems

13.23. (a)<(b)<(c) **13.24.** (a) 37 °C (b) 1.5 *m* **13.25** .(a) red curve solution of a volatile solute green curve represents the solution of a nonvolatile solute. (b) & (d)

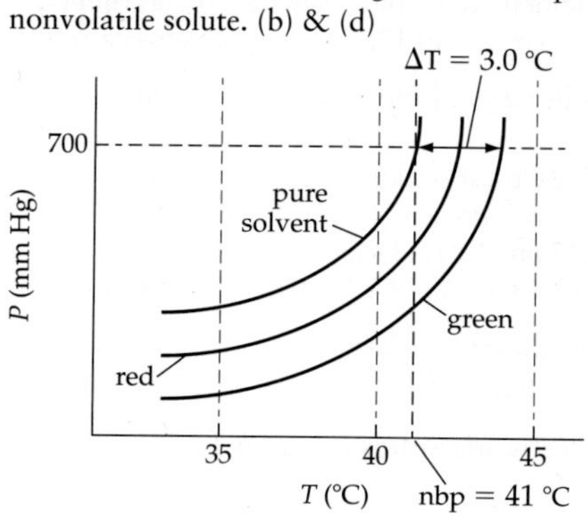

(c) 1.5 *m* **13.26.**

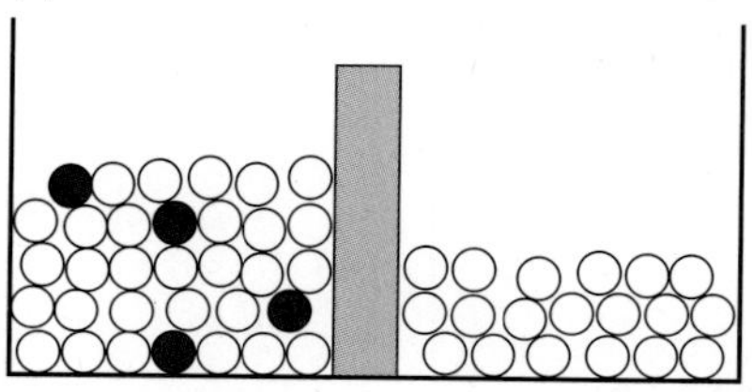

Section Problems

Solutions, Energy Changes, and Solubility (Sections 13.1–13.3)

13.27. The larger the surface area, the more rapidly the solid will dissolve. Powdered NaCl has a much larger surface area **13.28.** (a) Na^+; (b) Ba^{2+} **13.29.** Solvent-solvent is hydrogen bonding, solvent–solute is dispersion and solute–solute is dispersion. I_2 is not soluble in water. **13.30.** Both Br_2 and CCl_4 are nonpolar, and intermolecular forces for both are dispersion forces. H_2O is a polar molecule with dipole-dipole forces and hydrogen bonding. **13.31.** greater in water. **13.32.** toluene < Br_2 < KBr
13.34. three

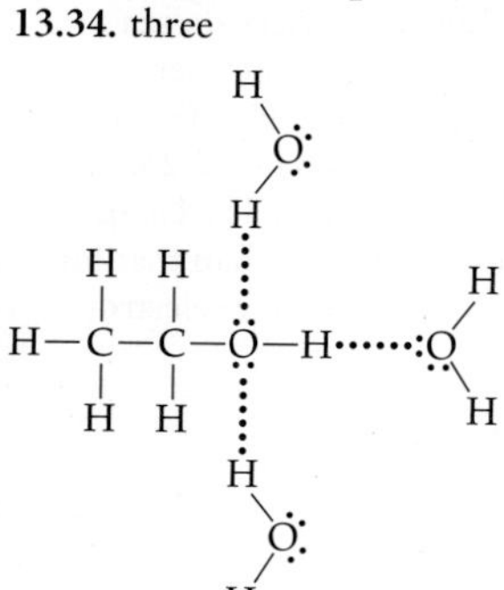

13.35. Ethyl alcohol and water are both polar with small dispersion forces. They both can hydrogen bond. Pentyl alcohol is slightly polar and can hydrogen bond. It has, however, a relatively large solute-solute dispersion force because of its size, which limits its water solubility. **13.36.** 42.5 °C

Units of Concentration (Section 13.4)

13.37. 0.614 M **13.38.** (a) 0.049 ppb; (b) 1.9 × 1^{-1} mol/L **13.39.** (a) Dissolve 0.150 mol of glucose in water; dilute to 1.00 L; (b) Dissolve 1.135 mol of KBr in 1.00 kg of H_2O; (c) Mix together 0.15 mol of CH_3OH with 0.85 mol of H_2O. **13.40.** Dissolve 4.42 × 10^{-3} mol (0.540 g) of $C_7H_6O_2$ in enough $CHCl_3$ to make 165 mL of solution. **13.41.** (a) 0.500 M KCl; (b) 1.75 M **13.42.** (a) 11.2 mass %; (b) 0.002 70 mass % KBr; (c) 3.65 mass % aspirin **13.43.** 0.20 ppm **13.44.** (a) 0.196 *m*; (b) $X_{C_{10}H_{14}N_2}$ 0.0145; $X_{CH_2Cl_2}$ = 0.985 **13.45.** 1.81 M **13.47.** 3.7 g **13.48.** (a) 0.0187; (b) 16.0%; (c) 1.06 *m*

Solubility and Henry's Law (Section 13.5)

13.50. 0.068 M **13.51.** 0.06 atm **13.52.** 4.8 × 10^{-4} mol/L **13.54.** $CaCl_2$ < $FeCl_3$ < glucose

Colligative Properties (Sections 13.6–13.9)

13.55. 98.6 mm Hg **13.56.** −3.55 °C **13.57.** 1.9
13.58. NaCl is a nonvolatile sol-ute.
Methyl alcohol is a volatile solute. When NaCl is added to water, the vapor pressure of the solution is decreased, which means that the boiling point of the solution will increase. When methyl alcohol is added to water, the vapor pressure of the solution is increased which means that the boiling point of the solution will decrease.

13.59.

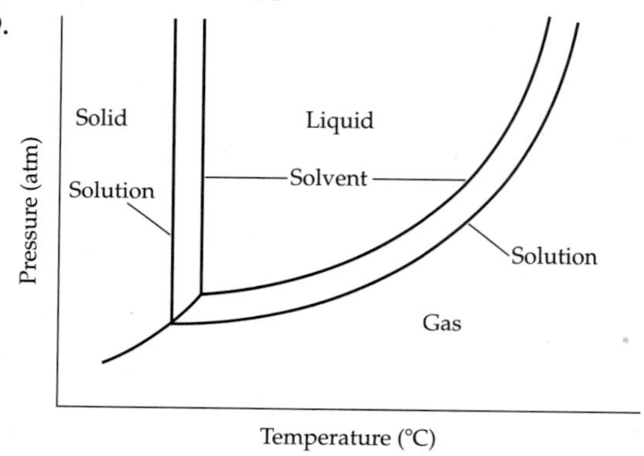

13.60. (a) 70.5 mm Hg; (b) 68.0 mm Hg **13.62.** 2.3 **13.63.** 0.514 **13.64.** 219 mm Hg **13.66.** 3.6 $\frac{°C \cdot kg}{mol}$ **13.67.** 0.573 *m*

13.68. (a) 13.0 atm; (b) 65.2 atm **13.68.** 0.197 M **13.69.** $\frac{°C \cdot kg}{mol}$
Reasonable amounts of salt are capable of lowering the freezing point (ΔT_f) of the snow below an air temperature of −2 °C. Reasonable amounts of salt, however, are not capable of causing a ΔT_f of more than 30 °C **13.71.** 342.5 **13.72.** HCl completely dissociates into two solute particles per each HCl. Only a few percent of the HF molecules dissociates into ions. **13.73.** 0.442 **13.74.** 1.3 g $C_{10}H_8$ **13.75.** freezing point −2.3 °C boiling point 100.63 °C **13.76.** 2.45% **13.77.** 0.51 mm Hg **13.79.** 334 g/mol

CHAPTER 14

14.1. (a) 1.6×10^{-4} M/s; (b) -3.2×10^{-4} M/s **14.2.** (a) -6.0×10^{-5} M/s, -1.2×10^{-4} M/s, 6.0×10^{-5} M/s; (b) $A + 2B \rightarrow C$ **14.4.** order for NO is 1, reaction order for Cl_2 is 2, 3rd order overall **14.6.** (a) Rate = $k[C_2H_4Br_2][I^-]$; (b) $4.98 \times 10^{-3}/(M \cdot s)$; (c) 1.12×10^{-4} M/s; (d) -3.36×10^{-4} M/s **14.8.** vessel 2, 0.02 M/s, vessel 3, 0.005 M/s **14.10.** (a) 0.0562 h^{-1}; (b) 33.8 h **14.11.** A plot of ln[cyclopropane] versus time is linear, first-order reaction, $k = 6.6 \times 10^{-4}$/s (0.040/min) **14.14.** $t_{1/2}$ = 5 min, After 15 min, one A molecule would remain **14.16.** A graph of In Abs vs time is linear, first order in dye $t_{1/2}$ = 22.6 s **14.18.**

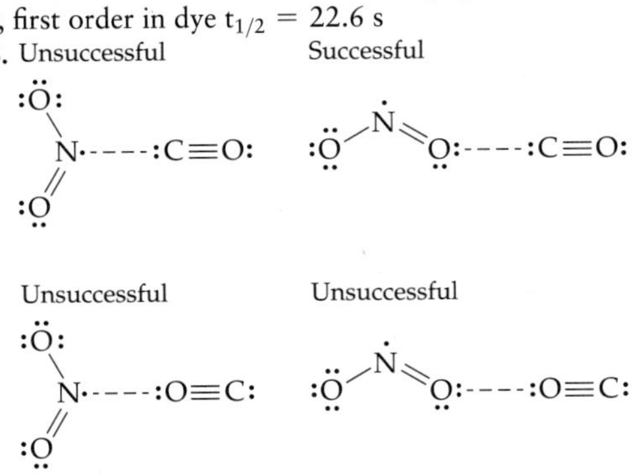

14.20. 76.5 kJ/mol **14.21.** (a) $2NO_2(g) + F_2(g) \rightarrow 2NO_2F(g)$, F(g), reaction intermediate; (b) each elementary reaction is bimolecular **14.22.** (a) $2\,H_2O_2(aq) \rightarrow 2\,H_2O(l) + O_2(g)$, OH(aq) and HO_2(aq), reaction intermediates; (b) Step 1 is unimolecular, Steps 2 and 3 are bimolecular

Conceptual Problems

14.25. (a)–(d) are 2 : 1 : 4 : 2; (b) k's are all the same **14.26.** (a)

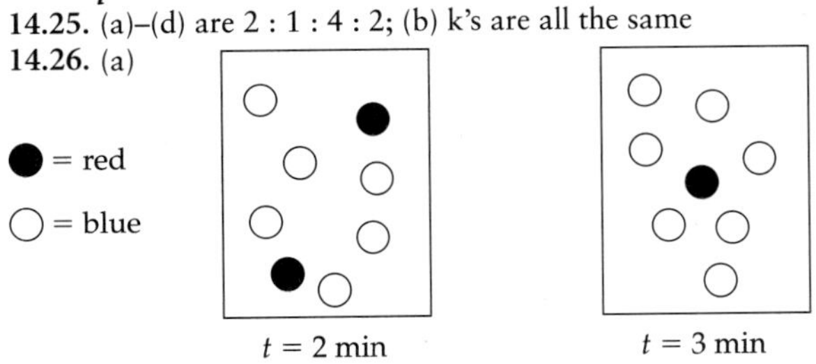

(b) 1 minute. **14.27.** (a) second-order in A; (b) Rate = $k[A]^2$; (c) (For fourth box, t = 7 min)

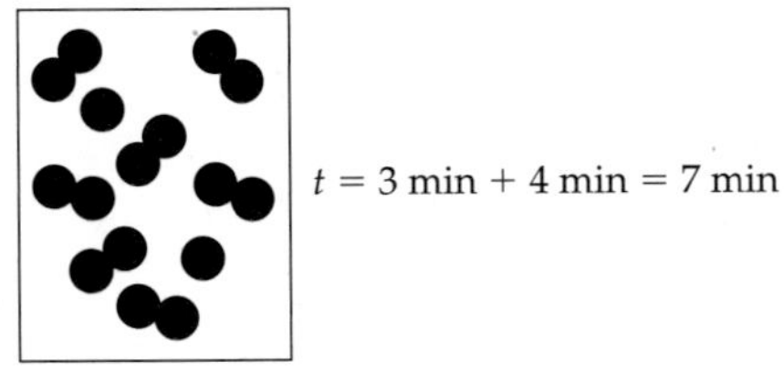

14.28. (a) zeroth-order in B, second-order in A; (b) Rate = $k[A]^2$; (c) $2\,A \rightarrow A_2$ (slow), $A_2 + B \rightarrow AB + A$; (d) A_2 is an intermediate **14.29.** (a) $BC + D \rightarrow B + CD$; (b) 1. B—C + D (reactants), A (catalyst); 2. B—C—A (transition state), D (reactant), 3. A—C (intermediate), B (product), D (reactant), 4. A—C—D (transition state), B (product), 5. A (catalyst), C—D + B (products); (c) first step, Rate = $k[A][BC]$; (d) Endothermic

Section Problems

Reaction Rates (Section 14.1)

14.33. (a) The rate of consumption of H_2 is 3 times faster; (b) The rate of formation of NH_3 is 2 times faster. **14.34.** (a) -2.4×10^{-6} M/s; (b) 9.6×10^{-6} M/s

Rate Laws (Sections 14.2–14.3)

14.35. Rate = $k[H_2][ICl]$; units for k are $\frac{L}{mol \cdot s}$ or $1/(M \cdot s)$ **14.36.** (a) Rate = $k[CH_3Br][OH^-]$; (b) decrease by a factor of 5; (c) increase by a factor 4 **14.37.** (a) Rate = $k[Cu(C_{10}H_8N_2)_2^+]^2[O_2]$; (b) 3; (c) rate will decrease by 1/16 **14.38.** (a) Rate = $k[NH_4^+][NO_2^-]$; (b) $3.0 \times 10^{-4}(M \cdot s)$; (c) 6.1×10^{-6} M/s

Integrated Rate Law; Half-Life (Sections 14.4–14.6)

14.40. (a) 0.015 M; (b) 40 min; (c) 7.2 min **14.42.** (a) 1, 5.2×10^{-3} M; (b) 3.1 h **14.44.** 2.79×10^{-3}/s

The Arrhenius Equation (Sections 14.7–14.8)

14.48. Very few collisions involve a collision energy greater than or equal to the activation energy, and only a fraction of those have the proper orientation for reaction. **14.49.** there is an exponential increase in the fraction of the collisions that leads to products.

14.51.
(a)

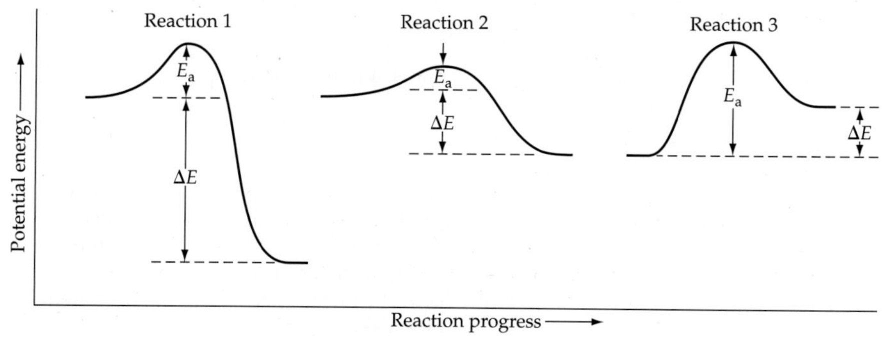

(b) Reaction 2 is the fastest (smallest E_a), and reaction 3 is the slowest (largest E_a); (c) Reaction 3 is the most endothermic, reaction 1 is the most exothermic **14.52.** (a) 134 kJ/mol; (b) 6.0/(M·s) **14.53.** 87 kJ/mol **14.54.** 68 kJ/mol, 1.7 **14.55.** (a) Measure the change in the concentration of A as a function of time at several different temperatures; (b) Plot In [A] versus time, for each temperature. Straight line graphs will result and k at each temperature equals –slope. Graph In k versus 1/K, Determine the slope of the line. $E_a = -R(\text{slope})$

Reaction Mechanisms (Sections 14.8)

14.57. There is no relationship unless the overall reaction occurs in a single elementary step **14.58.** (a) $H_2(g) + 2ICl(g) \rightarrow I_2(g) + 2HCl(g)$; (b) HI(g); (c) bimolecular **14.59.** (a) bimolecular, (b) unimolecular, (c) bimolecular, (d) termolecular
14.60. (a) $2\ NO_2Cl(g) \rightarrow 2\ NO_2(g) + Cl_2(g)$; (b) 1. unimolecular; 2. bimolecular

Catalysis (Sections 14.9)

14.61. A catalyst does participate in the reaction, but it is not consumed because it reacts in one step of the reaction and is regenerated in a subsequent step. **14.62.** (a) $O_3(g) + O(_g) \rightarrow 2\ O_2(g)$; (b) Cl acts as a catalyst; (c) ClO is a reaction intermediate; (d) A catalyst reacts in one step and is regenerated in a subsequent step. A reaction intermediate is produced in one step and consumed in another. **14.63.** (a) $NH_2NO_2(aq) \rightarrow N_2O(g) + H_2O(l)$; (b) OH^- catalyst $NHNO_2^-$, intermediate; (c) decrease

CHAPTER 15

15.2. (a) $K_c(\text{overall}) = \dfrac{[NO_2]^2}{[N_2][O_2]^2}$; (b) 2.8×10^{-15} **15.4.** (a) $K_c = 1.38 \times 10^{-4}$; (b) 0.992 M **15.5.** For a mixture to be at equilibrium, [AB][B] must be equal to 1, (2), = 1 at equilibrium. (3), = 0.125 not at equilibrium. (4), = 1 at equilibrium.

15.6.

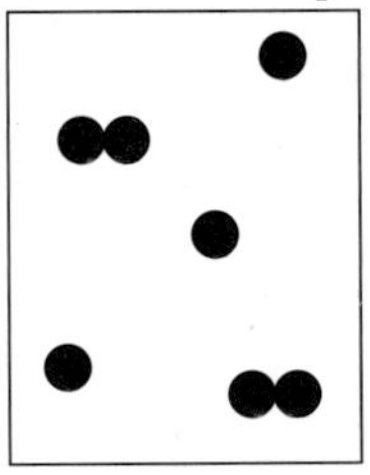

15.7. 9.48 **15.8.** 1.43 atm **15.10.** 0.335 **15.12.** 1.80×10^{-11} **15.16.** (a) (2); (b) (1), reverse; (3), forward **15.17.** $[CO_2] = [H_2] = 0.101$ M, $[CO] = [H_2O] = 0.049$ M **15.18.** $[CO_2] = [H_2] = 0.135$ M $[CO] = [H_2O] = 0.065$ M **15.19.** $[H_2] = 0.0032$ M, $[I_2] = 0.2032$, $[HI] = 0.1936$ M **15.20.** $[N_2O_4] = 0.476$ M, $[NO_2] = 0.0470$ M **15.24.** $P_{H_2O} = 0.90$ atm, $P_{CO} = 1.30$ atm, $P_{H_2} = 1.70$ atm **15.26.** (a) The concentration of both Ca^{2+} and $C_2O_4^{2-}$ will increase as fluid is lost and the reaction will proceed towards products; (b) Increasing the concentration of Ca^{2+} will cause the reaction to proceed toward products; (c) Decreasing the concentration of $C_2O_4^{2-}$ will cause the reaction to proceed towards reactants and the kidney stone will dissolve; (d) The concentration of both Ca^{2+} and $C_2O_4^{2-}$ will decrease causing the reaction proceed towards reactants and the kidney stone will dissolve **15.28.** (a)

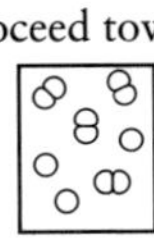

(b) the same

15.29. more NO, the higher the temperature. **15.30.** decreases, increase in K_c. **15.31.** There are more AB(g) molecules at the higher temperature. The equilibrium shifted to the right at the higher temperature, which means the reaction is endothermic.

15.32. (a)

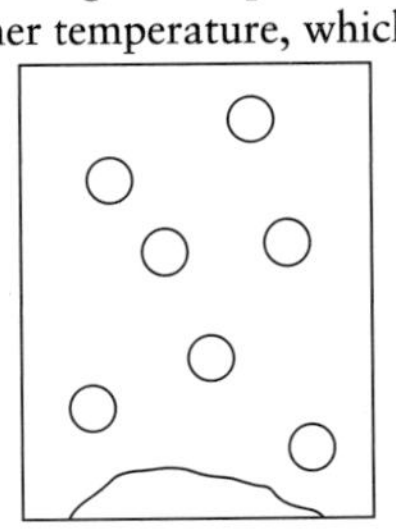

(b)

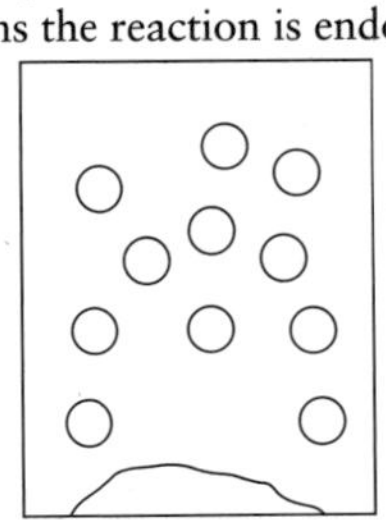

15.34. (a) k_r is larger; (b) < 1

Conceptual Problems

15.35. (a) $A_2 + C_2 \rightleftarrows 2\,AC$; (b) $A_2 + B_2 \rightleftarrows 2\,AB$ **15.36.** (a) $A_2 + 2\,B \rightleftarrows 2\,AB$; (b) fewer molecules **15.37.** exothermic

15.38. (a)

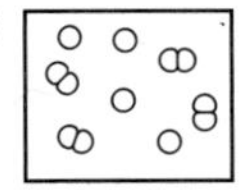

(b)

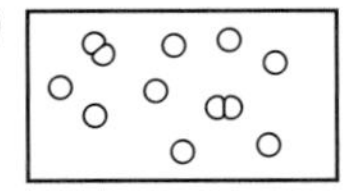

(c)

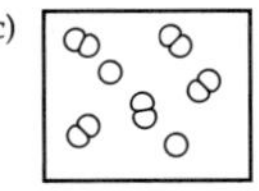

15.39. (a) $A \rightarrow 2\,B$; (b) (1) A increases, (2) A increases. (3) the same. (4) the same.

Section Problems

The Equilibrium State (Section 15.1)

15.40. (d)

Equilibrium Constant Expressions and Equilibrium Constants (Section 15.2–15.4)

15.41. $K_c = \dfrac{[C_2H_5OC_2H_5][H_2O]}{[C_2H_5OH]^2}$ **15.42.** (a) $K_c = \dfrac{[CO][H_2]^3}{[CH_4][H_2O]}$; (b) $K_c = \dfrac{[ClF_3]^2}{[F_2]^3[Cl_2]}$; (c) $K_c = \dfrac{[HF]^2}{[H_2][F_2]}$ **15.44.** (a) 1.3×10^8; (b) 1.2×10^4; (c) 5.6×10^{-17} **15.45.** (a) 1.4×10^{-8}; (b) 5.2×10^{15}; (c) 2.7×10^{-24} **15.46.** 4×10^3 **15.47.** 0.058 **15.48.** 9.0×10^3 **15.49.** 0.0313 atm, 1, 1.28×10^{-3} **15.50.** 3.48×10^{-9} M **15.51.** (a) $K_c = \dfrac{[CO_2]^3}{[CO]^3}$, $K_p = \dfrac{(P_{CO_2})^3}{(P_{CO})^3}$; (b) $K_c = \dfrac{1}{[O_2]^3}$, $K_p = \dfrac{1}{(P_{O_2})^3}$; (c) $K_c = [SO_3]$, $K_p = P_{SO_3}$; (d) $K_c = [Ba^{2+}][SO_4^{2-}]$

Using the Equilibrium Constant (Section 15.5)

15.52. (a) product; (b) reactants **15.53.** much SO_3 **15.54.** not at equilibrium reverse direction **15.55.** (a) 178; forward; (b) 0.0240 atm **15.56.** $[N_2O_4] = 0.0429$ M, $[NO_2] = 0.0141$ M **15.57.** 29.0 **15.58.** (a) 0.49; reverse; (b) $[BrCl] = 0.068$ M, $[Br_2] = [Cl_2] = 0.026$ M **15.59.** 3.7×10^{-3} M **15.60.** $[N_2] = 2.22$ M, $[O_2] = 0.54$ M, $[NO] = 0.045$ M **15.61.** (a) 6.8 moles; (b) mol $CH_3CO_2H = 0.03$ mol, mol $C_2H_5OH = 9.03$ mol, mol $CH_3CO_2C_2H_5 = 0.97$ mol **15.62.** $P_{ClF} = P_{F_2} = 0.389$ atm, $P_{ClF_3} = 1.08$ atm **15.63.** $[H_2] = [I_2] = 0.045$ M; $[HI] = 0.31$ M **15.64.** $[CO] = [H_2] = 0.18$ M; $[H_2O] = 1.02$ M

Le Châtelier's Principle (Sections 15.6–15.9)

15.72. (a) increases; (b) increases; (c) decreases; (d) decreases decreasing $[Cl^-]$ increases Q_c reaction must go from right to left **15.73.** (a) decreases; (b) same; (c) increases **15.74.** K_c increases **15.75.** (a) increases; (b) increases; (c) decreases; (d) increases **15.76.** (a) decreases; (b) increases; (c) no change; (d) increases; (e) no change **15.77.** (a) no shift; (b) toward reactants; (c) toward products; (d) toward reactants

Chemical Equilibrium and Chemical Kinetics (Section 15.10)

15.79. (a) same; (b) increases; (c) decreases; (d) same; (e) decreases **15.80.** forward **15.81.** $\dfrac{k_f}{k_r} = \dfrac{[C]}{[A][B]} = K_c$ **15.82.** 210

CHAPTER 16

16.3. $HCl(aq) + NH_3(aq) \rightleftharpoons NH_4^+(aq) + Cl^-(aq)$

Acid Base Acid Base

Conjugate acid–base pairs

16.4. (a) $CH_2NH_2(aq) + H_2O(l) \rightleftharpoons OH^-(aq) + CH_3NH_2^+(aq)$

Base Acid Base Acid

conjugate acid-base pairs

(b) $HNO_3(aq) + H_2O(l) \rightleftharpoons H_3O^+(aq) + NO_3^-(aq)$

Acid Base Acid Base

conjugate acid-base pairs

16.6. (a) HY; (b) (X^-); (c) to the left. **16.7.** 7.1×10^{-11} M, acidic. **16.8.** $[H_3O^+] = [OH^-] = 2.3 \times 10^{-7}$ M **16.10.** -0.80 5×10^{-12} M **16.12.** 40 times **16.14.** 11.77 **16.16.** (a) K_a (HY) < K_a (HX) < K_a (HZ); (b) HZ; (c) HY has the highest pH; HX has the lowest pH **16.18.** 0.57 M **16.19.** $[OH^-] = 2.7 \times 10^{-3}$ M, $[NH_4^+] = 2.7 \times 10^{-3}$ M; $[NH_3] = 0.40$ M, $[H_3O^+] = 3.7 \times 10^{-12}$ M, pH = 11.43 **16.20.** 7.0×10^{-11} **16.22.** (a) HX; (b) Y^-; (c) X^-

16.24.

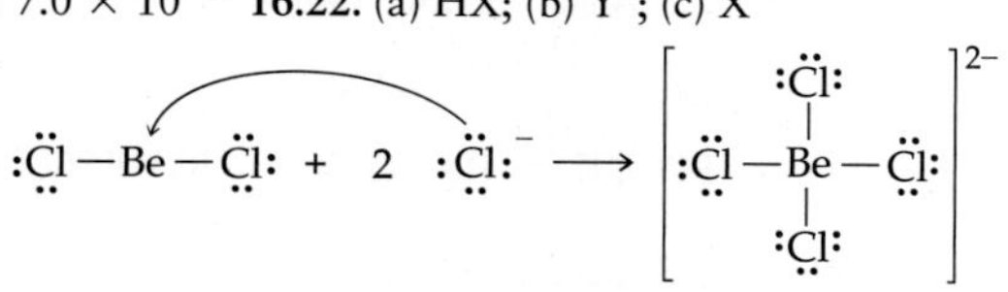

Conceptual Problems

16.25. (a) acids, HCO_3^- and H_3O^+; bases, H_2O and CO_3^{2-}; (b) acids, HF and H_2CO_3; bases HCO_3^- and F^- **16.26.** H_2S, weakest; HBr, strongest

16.28. (a) $H_3BO_3(aq) + H_2O(l) \rightleftharpoons H_3O^+(aq) + H_2BO_3^-(aq)$; (b) $H_3BO_3(aq) + 2\ H_2O(l) \rightleftharpoons H_3O^+(aq) + B(OH)_4^-(aq)$

Section Problems

Acid–Base Concepts (Section 16.1)

16.29. (b) NH_3; (c) HCO_3^- **16.30.** (a) SO_4^{2-}; (b) HSO_3^-; (c) HPO_4^{2-}; (d) NH_3; (e) OH^-; (f) NH_2^-

16.31. (a) $CH_3CO_2H(aq) + NH_3(aq) \rightleftharpoons NH_4^+(aq) + CH_3CO_2^-(aq)$

Acid Base Acid Base

(b) $CO_3^{2-}(aq) + H_3O^+(aq) \rightleftharpoons H_2O(l) + HCO_3^-(aq)$

Base Acid Base Acid

(c) $HSO_3^-(aq) + H_2O(l) \rightleftharpoons H_3O^+(aq) + SO_3^{2-}(aq)$

Acid Base Acid Base

(d) $HSO_3^-(aq) + H_2O(l) \rightleftharpoons H_2SO_3(aq) + OH^-(aq)$

Base Acid Acid Base

16.32. H_2S acid only, HS^- an acid and a base, S^{2-} base only, H_2O an acid and a base, H_3O^+ acid only, OH^- base only.

Acid and Base Strength (Section 16.2)

16.33. HSO_4^-, SO_4^{2-}

Factors That Affect Acid Strength (Section 16.3)

16.35. (a) $PH_3 < H_2S < HCl$; electronegativity increases from P to Cl; (b) $NH_3 < PH_3 < AsH_3$; X—H bond strength decreases from N to As (down a group) **16.36.** (a) HCl; The strength of a binary acid H_nA increases as A moves from left to right and from top to bottom in the periodic table;
(b) HBr; The strength of a binary acid H_nA increases as A moves from left to right and from top to bottom in the periodic table. **16.37.** (a) H_2Te, weaker X—H bond; (b) NH_4^+, higher positive charge and N is more electronegative than C

Dissociation of Water; pH (Sections 16.4–16.6)

16.38. 5.0×10^{-9} M **16.39.** (a) 2.9×10^{-6} M, basic; (b) 1.0×10^{-12} M, basic; (c) 1.0×10^{-4} M, acidic; (d) 1.0×10^{-7} M, neutral; (e) 1.2×10^{-10} M, acidic **16.40.** $[H_3O^+] = [OH^-] = 3.9 \times 10^{-6}$ M, neutral. **16.41.** (a) 4.70; (b) 11.6; (c) 8.449; (d) 3; (e) 15.08 **16.42.** (a) 8×10^{-5} M; (b) 1.5×10^{-11} M; (c) 1.0 M; (d) 5.6×10^{-15} M; (e) 10 M; (f) 5.78×10^{-6} M **16.43.** (a) chlorphenol red; (b) thymol blue; (c) methyl orange

Strong Acids and Strong Bases (Section 16.7)

16.45. (a) 11.30; (b) 1.82; (c) 12.54 **16.46.** (a) 13.90; (b) 1.19; (c) 2.92 **16.47.** 0.0089 g CaO

Weak Acids (Sections 16.8–16.10)

16.48. (a) $C_6H_5OH < HOCl < CH_3CO_2H < HNO_3$;
(b) $HNO_3 > CH_3CO_2H > HOCl > C_6H_5OH$
1 M HNO_3, $[H_3O^+] = 1$ M; (c)
1 M CH_3CO_2H, $[H_3O^+] = 4 \times 10^{-3}$ M,
1 M HOCl, $[H_3O^+] = 2 \times 10^{-4}$ M
1 M C_6H_5OH, $[H_3O^+] = [HA] \times K_a = 1 \times 10^{-5}$ M **16.49.** 2.0×10^9 **16.50.** 3.92×10^{-5}, 4.41 **16.51.** pH = 3.20 **16.52.** (a) 0.0029 M = $[H_3O^+] = [C_3H_3O_2^-]$, $[HC_3H_3O_2] = 0.147$ M pH = 2.54, $[OH^-] = 3.4 \times 10^{-12}$ M; (b) 3.3% **16.53.** 1.59, 1.7% **16.54.** (a) 8.0%; (b) 2.6%

Weak Bases (Section 16.11)

16.55.

(a) $(CH_3)_2NH(aq) + H_2O(l) \rightleftharpoons (CH_3)_2NH_2^+(aq) + OH^-(aq)$

$$K_b = \frac{[(CH_3)_2NH_2^+][OH^-]}{[(CH_3)_2NH]}$$

(b) $C_6H_5NH_2(aq) + H_2O(l) \rightleftharpoons C_6H_5NH_3^+(aq) + OH^-(aq)$

$$K_b = \frac{[C_6H_5NH_3^+][OH^-]}{[C_6H_5NH_2]}$$

(c) $CN^-(aq) + H_2O(l) \rightleftharpoons HCN(aq) + OH^-(aq)$;

$$K_b = \frac{[HCN][OH^-]}{[CN^-]}$$

16.56. 9.45 **16.57.** $K_b = 1 \times 10^{-6}$, $pK_b = 5.8$
16.58. 9.0×10^{-5} M = $[OH^-] = [HC_{18}H_{21}NO_4^+]$, $[C_{18}H_{21}NO_4] = 0.0024$ M, $[H_3O^+] = 1.1 \times 10^{-10}$ M, pH = 9.96

Relation between K_a and K_b (Section 16.12)

16.59. (a) 2.0×10^{-11}; (b) 1.1×10^{-6}; (c) 2.3×10^{-5}; (d) 5.6×10^{-6}

Lewis Acids and Bases (Section 16.13)

16.60. (a) Lewis acid, SiF_4; Lewis base, F^-; (b) Lewis acid, Zn^{2+}; Lewis base, NH_3; (c) Lewis acid, $HgCl_2$; Lewis base, Cl^-; (d) Lewis acid, CO_2; Lewis base, H_2O **16.62.** (a) base; (b) acid; (c) base; (d) acid; (e) base; (f) acid; (g) base; (h) Lewis acid

CHAPTER 17

17.2. (a) $HF(aq) + OH^-(aq) \rightleftharpoons H_2O(l) + F^-(aq)$, 3.5×10^{10}; (b) $H_3O^+(aq) + OH^-(aq) \rightleftharpoons 2\ H_2O(l)$, 1.0×10^{14}; (c) $HF(aq) + NH_3(aq) \rightleftharpoons NH_4^+(aq) + F^-(aq)$, 6.3×10^5, reaction (c) < reaction (a) < reaction (b) **17.4.** pH = 10.08 **17.5.** solution 2 also five F^- ions. solution 2 has higher pH. solution 1 larger percent dissociation. **17.6.** Solution (2) largest percent dissociation. Solution (1) lowest pH. **17.8.** (a) pH = 3.76, pH = 3.5; (b) pH does not change. **17.11.** 2.1×10^{-33} **17.12.** 0.077 M **17.14.** 1.10×10^{-10}
17.16. For $Mn(OH)_2$, no precipitate For $Fe(OH)_2$, precipitate will form.

Conceptual Problems

17.17. (4); **17.18.** (a) (1), (3), and (4); (b) (4)

Section Problems

Buffer Solutions (Sections 17.3)

17.32. $[NH_4^+]$ 0.50 M; $[NH_3]$ 1.0 M 9.55

CHAPTER 18

18.2. (a) negative; (b) positive; (c) positive; (d) negative; (e) negative; **18.4.** (a) $C_3H_8(g) + 5\ O_2(g) \rightarrow 3\ CO_2(g) + 4\ H_2O(l)$; 6 mol of gas in the reactants are converted to 3 mol; (b) 272.0 J/(K·mol) **18.6.** 58.4 °C **18.8.** $\Delta H < 0$, $\Delta S < 0$, $\Delta G < 0$ **18.10.** (a) positive; (b) high temperature **18.12.** (a) −2.9 kJ; (b) spontaneous; (c) reaction rate is extremely low. **18.14.** (a) Reaction (3) largest ΔG Reaction (2) smallest ΔG; (b) 15 kJ **18.15.** 9×10^{-24} **18.16.** 80 kJ/mol **18.17.** 0.03 atm **18.18.** 6.27 kJ

Conceptual Problems

18.19. (a) $A_2 + AB_3 \rightarrow 3\ AB$; (b) positive **18.20.** $\Delta H > 0$ (heat is absorbed), $\Delta S > 0$ (gas has more randomness), $\Delta G < 0$ spontaneous **18.21.** $\Delta H = 0$ (ideal gas at constant temperature), $\Delta S < 0$ less randomness, $\Delta G > 0$ not spontaneous **18.22.** (a) initial state 1, $Q_p < K_p$, initial state 2, $Q_p > K_p$; (b) $\Delta H > 0$ involves bond breaking, $\Delta S > 0$ more randomness, $\Delta G < 0$ spontaneously; (c) $\Delta H < 0$ bond making, $\Delta S < 0$ less randomness, $\Delta G < 0$ spontaneously; (d) State 1 lies to the left of the minimum State 2 lies to the right **18.23.** (a) free energy curve must go through a minimum somewhere. At the minimum point, $\Delta G = 0$ and the system is at equilibrium; (b) left side of the equilibrium composition is rich in reactants. **18.24.** ($\Delta H < 0$). $\Delta S°$ is negative.

Section Problems

Spontaneous Processes (Section 18.1)

18.25. (a) and (d) nonspontaneous; (b) and (c) spontaneous
18.26. (b) and (d) spontaneous

Enthalpy, Entropy, and Spontaneous Processes (Section 18.2)

18.27. Molecular randomness is called entropy. For the following reaction, the entropy increases: $H_2O(s) \rightarrow H_2O(l)$ at 25 °C.; **18.28.** (a) +; (b) −; (c) −; (d) +

Entropy (Sections 18.3)

18.31. (a) 50 L; (b) 1 atm; (c) 100 °C; (d) 100 °C, 0.1 atm
18.32.

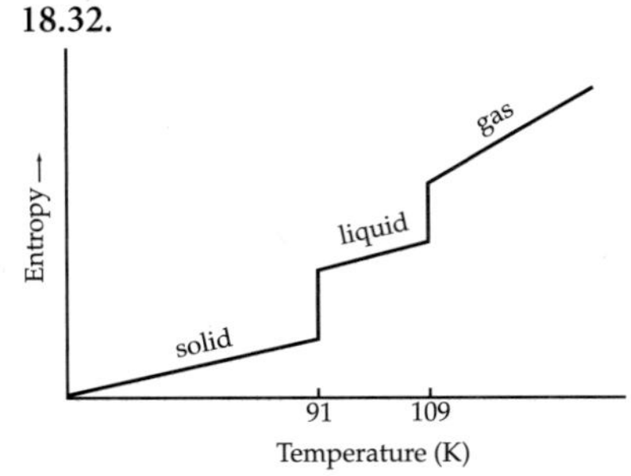

Standard Molar Entropies and Standard Entropies of Reaction (Section 18.4)

18.33. (a) $C_2H_6(g)$; more atoms/molecule; (b) $CO_2(g)$; more atoms/molecule; (c) $I_2(g)$; gas has more randomness; (d) $CH_3OH(g)$; gas has more randomness **18.34.** −173.0 J/K **18.35.** (a) +125 J/K (+, because moles of gas increase); (b) −181.2 J/K (−, because moles of gas decrease); (c) +137.4 J/K (+, because moles of gas increase); (d) −626.4 J/K (−, because moles of gas decrease)

Entropy and the Second Law of Thermodynamics (Section 18.5)

18.36. In any spontaneous process, the total entropy of a system and its surroundings always increases. **18.37.** $\Delta S_{surr} = \frac{-\Delta H}{T}$ (a) positive; (b) negative **18.38.** (a) +879.3 J/K; (b) no temperature **18.39.** $\Delta S_{total} < 0$, not spontaneous **18.40.** +216.4 J/K, ΔS_{surr} − 609.4 J/K, ΔS_{total} − 393.0 J/K, not spontaneous; (b) 839.2 K **18.41.** (a) −89.5 J/(K·mol), −2.5 J/(K·mol); (b) −87.0 J/(K·mol), 0; (c) −84.6 J/(K·mol),

+2.4 J/(K·mol), not boil at 70 °C ,normal boiling point is 80 °C

Free Energy (Section 18.6)

18.42. ΔH ΔS $\Delta G = \Delta H - T\Delta S$ Reaction Spontaneity,

ΔH ΔS	ΔG	Reaction Spontaneity
− +	−	Spontaneous at all temperatures,
− −	− or +	Spontaneous at low temperatures where $\lvert\Delta H\rvert > \lvert T\Delta S\rvert$,
		Nonspontaneous at high temperatures where $\lvert\Delta H\rvert < \lvert T\Delta S\rvert$,
+ −	+	Nonspontaneous at all temperatures,
+ +	− or +	Spontaneous at high temperatures where $T\Delta S > \Delta H$,
		Nonspontaneous at low temperature where $T\Delta S < \Delta H$

18.43. (e) a negative free-energy change. **18.44.** (a) 0 °C $\Delta H > 0$, $\Delta S > 0$, $\Delta G > 0$; (b) 15 °C $\Delta H > 0$, $\Delta S > 0$, $\Delta G < 0$ **18.45.** (a) +0.9 kJ/mol, not boil; (b) 0 boiling point; (c) −0.9 kJ/mol; boils **18.46.** 122.4 °C **18.47.** 78 °C

Standard Free-Energy Changes and Standard Free Energies of Formation (Sections 18.7–18.8)

18.48. (a) $\Delta G°$ is the change in free energy that occurs when reactants in their standard states are converted to products in their standard states; (b) $\Delta G°_f$ is the free-energy change for formation of one mole of a substance in its standard state from the most stable form of the constituent elements in their standard states. **18.51.** Stable, (a) yes; (b) yes; (c) no; (d) no **18.52.** −147.7 kJ, can be synthesized **18.53.** −6.1 kJ reaction becomes nonspontaneous at high temperatures because $\Delta S°$ is negative, nonspontaneous at 72 °C.
18.54. reaction is possible. Look for a catalyst, benzene from graphite and gaseous H_2 at 25 °C and 1 atm pressure is not possible.

Free Energy for Reactions under Nonstandard-State Conditions (Section 18.9)

18.55. $\Delta G = \Delta G° + RT \ln Q$ **18.56.** +11.8 kJ/mol, spontaneous in the reverse direction. **18.57.** (a) −176.0 kJ/mol; (b) −133.8 kJ/mol; (c) −141.8 kJ/mol

Free Energy and Chemical Equilibrium (Section 18.10)

18.58. $\Delta G° = -RT \ln K$, (a) negative; (b) 0; (c) positive.
18.59. 0.059 atm **18.60.** 0.28 atm **18.61.** −162.4 kJ 2.9×10^{28}
18.63. (a) 3×10^{-9} atm; (b) 0.39 atm; (c) 0.39 atm **18.64.** (a) $\Delta H° = -92.2$ kJ, $\Delta S° = -199$ J/K; (b) negative mol of gas molecules decreases; (c) spontaneous; (d) K_p 2.3×10^3, $K_c = 1.9 \times 10^6$

CHAPTER 19

19.1. $2\,NO_3^-(aq) + 8\,H^+(aq) + 3\,Cu(s) \rightarrow 3\,Cu^{2+}(aq) + 2\,NO(g) + 4\,H_2O(l)$
19.5.

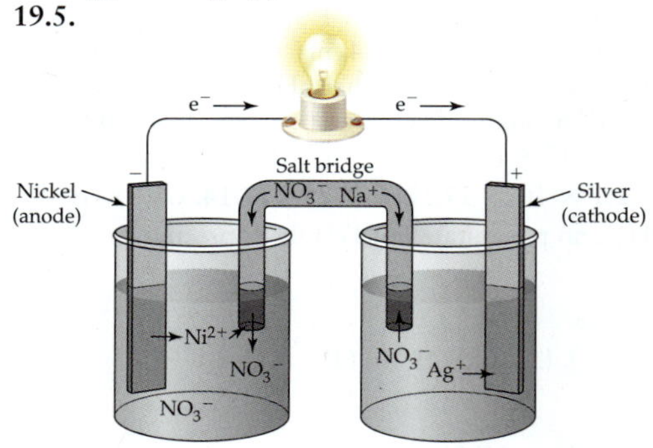

$Ni(s) \rightarrow Ni^{2+}(aq) + 2e^-$ $Ag^+(aq) + e^- \rightarrow Ag(s)$

19.6. $Al(s) \rightarrow Al^{3+}(aq) + e^-$ anode, $Ag^+(aq) + e^- \rightarrow Ag(s)$ cathode, $Al(s) + 3\,Ag^+(aq) \rightarrow Al^{3+}(aq) + 3Ag(s)$, Anode Al(s) minus, cathode Ag(s) positive. **19.10.** nonspontaneous −3.10 V **19.12.** (a) D is the strongest reducing agent. A^{3+} is the strongest oxidizing agent; (b) B^{2+} can oxidize C and D. C can reduce A^{3+} and B^{2+}; (c) $A^{3+} + 2D \rightarrow A^+ + 2D^+$ 2.85 V **19.15.** $2Ag^+(aq) + Ni(s) \rightarrow 2\,Ag(s) + Ni^{2+}(aq)$ 1.06 $Ni(s)/Ni^{2+}(1M)//Ag^+(1M)/Ag(s)$, Ni anode, Ag cathode **19.16.** −0.74 V
19.17. 0.25 V
19.18. (a)

anode:	$4[Al(s) \rightarrow Al^{3+}(aq) + 3\,e^-]$	$E° = 1.66$ V
cathode:	$3[O_2(g) + 4\,H^+(aq) + 4\,e^- \rightarrow 2\,H_2O(l)]$	$E° = 1.23$ V
overall:	$4\,Al(s) + 3\,O_2(g) + 12\,H^+(aq) \rightarrow 4\,Al^{3+}(aq) + 6\,H_2O(l)$	$E° = 2.89$ V

(b) &(c) $E = E° - \frac{2.303\,RT}{nF}\log\frac{[Al^{3+}]^4}{(P_{O_2})^3[H^+]^{12}}$, 2.63 V

19.22. −0.140 V

Conceptual Problems

19.27. (a)-(b)

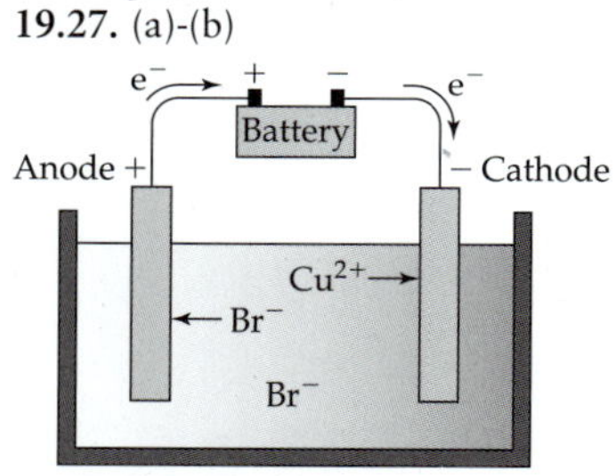

(c) anode reaction	$2\,Br^-(aq) \rightarrow Br_2(aq) + 2\,e^-$
cathode reaction	$Cu^{2+}(aq) + 2\,e^- \rightarrow Cu(s)$
overvall reaction	$Cu^{2+}(aq) + 2\,Br^-(aq) \rightarrow Cu(s) + Br_2(aq)$

19.28. (a) & (b)

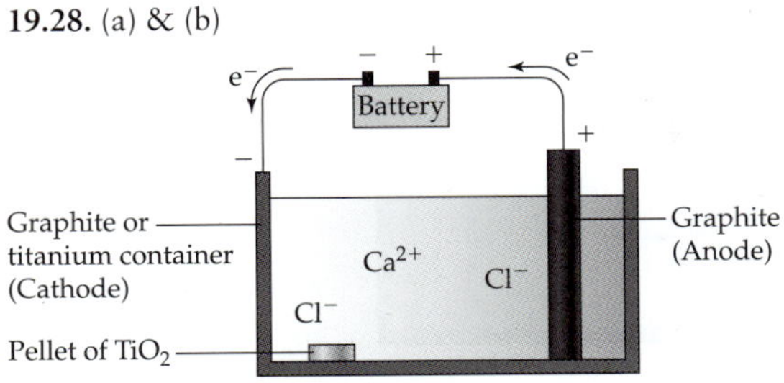

(c) anode reaction $2\ O^{2-} \rightarrow O_2(g) + 4\ e^-$
cathode reaction $TiO_2(s) + 4\ e^- \rightarrow Ti(s) + 2\ O^{2-}$
overall reaction $TiO_2(s) \rightarrow Ti(s) + O_2(g)$

Section Problems

Balacing Redox Reactions (Section 19.1)

19.30. (a) $3\ e^- + 4\ H^+(aq) + NO_3^-(aq) \rightarrow NO(g) + 2\ H_2O(l)$; (b) $Zn(s) \rightarrow Zn^{2+}(aq) + 2\ e^-$; (c) $Ti^{3+}(aq) + 2\ H_2O(l) \rightarrow TiO_2(s) + 4\ H^+(aq) + e^-$; (d) $Sn^{4+}(aq) + 2\ e^- \rightarrow Sn^{2+}(aq)$
19.31. (a) oxidation: $Te(s) \rightarrow TeO_2(s)$, reduction: $NO_3^-(aq) \rightarrow NO(g)$; (b) oxidation: $Fe^{2+}(aq) \rightarrow Fe^{3+}(aq)$, reduction: $H_2O_2(aq) \rightarrow H_2O(l)$ **19.32.**
(a) $14\ H^+(aq) + Cr_2O_7^{2-}(aq) + 6\ e^- \rightarrow 2\ Cr^{3+}(aq) + 7\ H_2O(l)$;
(b) $4\ H_2O(l) + CrO_4^{2-}(aq) + 3\ e^- \rightarrow Cr(OH)_4^-(aq) + 4\ OH^-(aq)$;
(c) $Bi^{3+}(aq) + 6\ OH^-(aq) \rightarrow BiO_3^-(aq) + 3\ H_2O(l) + 2\ e^-$;
(d) $H_2O(l) + ClO^-(aq) + 2\ e^- \rightarrow Cl^-(aq) + 2\ OH^-(aq)$

Galvanic Cells (Sections 19.2–19.3)

19.35. because electrons flow through the external circuit toward the positive electrode (the cathode).
19.36. (a)

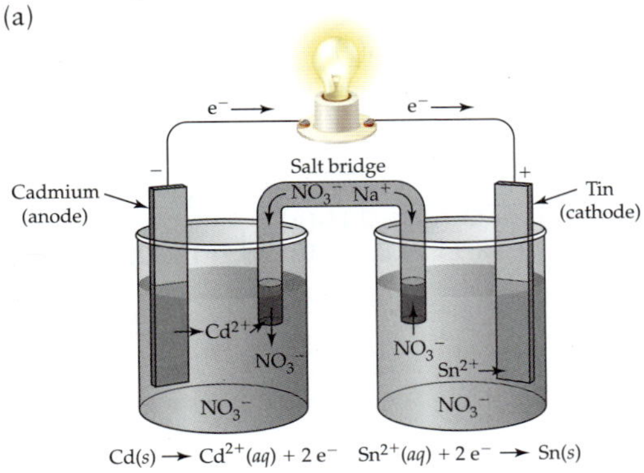

(b)

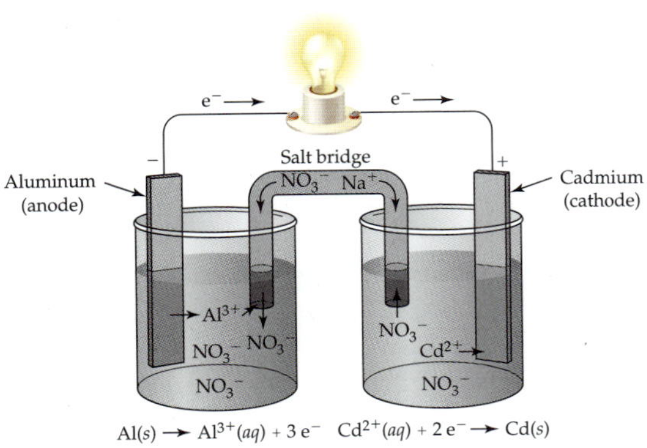

(c)

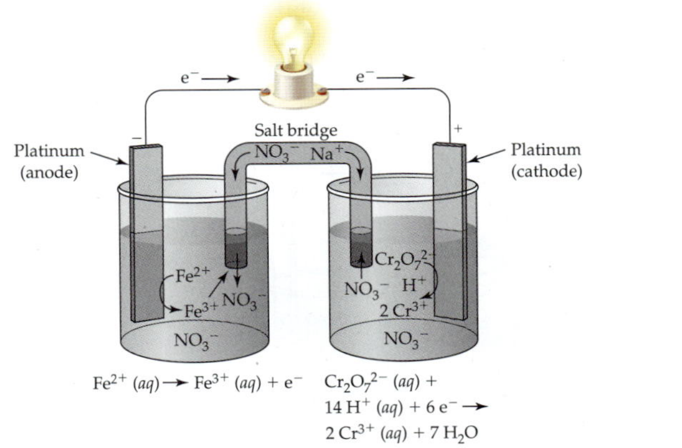

19.37. Inert electrodes are required because none of the reactants or products is an electrical conductor.
19.38. $Al(s)\,|\,Al^{3+}(aq)\,\|\,Cd^{2+}\,|\,Cd(s)$
19.39. (a)

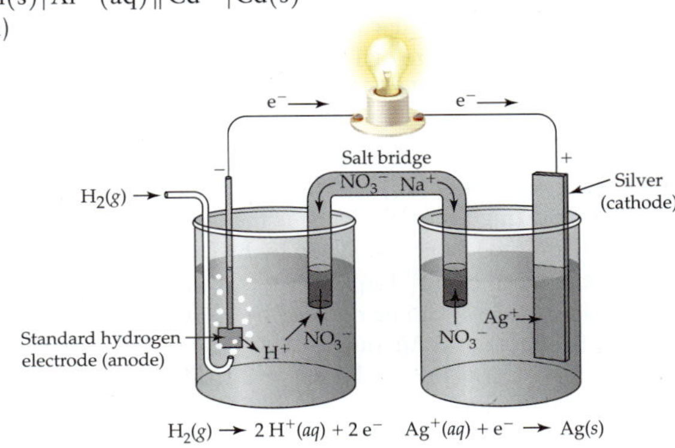

(b) anode reaction $H_2(g) \rightarrow 2\ H^+(aq) + 2\ e^-$
cathode reaction $2\ Ag^+(aq) + 2\ e^- \rightarrow 2\ Ag(s)$
overall reaction $H_2(g) + 2\ Ag^+(aq) \rightarrow 2\ H^+(aq) + 2\ Ag(s)$
(c) $Pt(s)\,|\,H_2(g)\,|\,H^+(ag)\,\|\,Ag^+(aq)\,|\,Ag(s)$
19.40. (a) anode reaction $Co(s) \rightarrow Co^{2+}(aq) + 2\ e^-$
cathode reaction $Cu^{2+}(aq) + 2\ e^- \rightarrow Cu(s)$
overall reaction $Co(s) + Cu^{2+}(aq) \rightarrow Co^{2+}(aq) + Cu(s)$

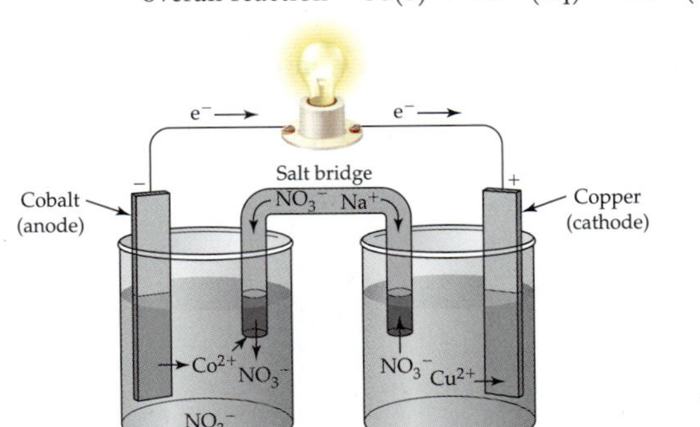

(b) anode reactoin $2\ Fe(s) \rightarrow 2\ Fe^{2+}(aq) + 4\ e^-$
cathode reaction $O_2(g) + 4\ H^+(aq) + 4e^- \rightarrow 2\ H_2O(l)$
overall reaction

$$2\ Fe(s) + O_2(g) + 4H^+(aq) \rightarrow 2\ Fe^{2+}(aq) + 2H_2O(l)$$

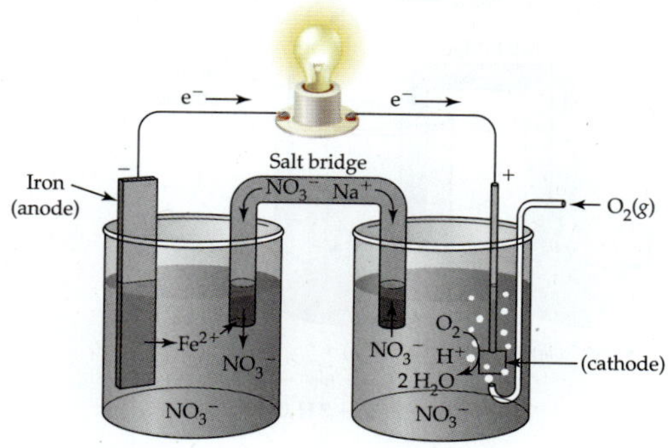

Cell Potentials and Free-Energy Changes (Section 19.4)

19.41. E is the standard cell potential (E°) when all reactants and products are in their standard states—solutes at 1 M concentrations, gases at a partial pressure of 1 atm, solids and liquids in pure form, all at 25°C. **19.42.** −309 kJ **19.43.** 3 mol e^- **19.44.** +1.23 V

Standard Reduction Potentials (Sections 19.5–19.6)

19.45. $Sn^{4+}(aq) < Br_2\ (aq) < MnO_4^-$ **19.46.** $Cr_2O_7^{2-}$ is the strongest oxidizing agent. $Fe^{2+}(aq)$ is the weakest oxidizing agent. **19.48.** (a) $Sn^{2+}(aq)$ can be oxidized by $Br_2(aq)$; (b) $Ni^{2+}(aq)$ cannot be reduced by $Sn^{2+}(aq)$; (c) Ag (s) cannot be oxidized by $Pb^{2+}(aq)$; (d) $I_2(s)$ can be reduced by H_2SO_3. **19.49.** (a) no reaction; (b) $Pb(s) + 2\ Ag^+(aq) \rightarrow Pb^{2+}(aq) + 2\ Ag(s)$; (c) $Cl_2(g) + H_2C_2O_4(aq) \rightarrow 2\ Cl^-(aq) + 2\ CO_2(g) + 2\ H^+(aq)$; (d) $Ni(s) + 2\ HClO(aq) + 2\ H^+(aq) \rightarrow Ni^{2+}(aq) + Cl_2(g) + H_2O(l)$ **19.50.** −0.36 V**19.51.** overall $I_2(s) + Co(s) \rightarrow Co^{2+}(aq) + 2\ I^-(aq)$ E° = 0.82 V, -1.6×10^2 kJ **19.52.** E° = 1.26 V, −730 kJ **19.53.** (a) −0.90 V, nonspontaneous; (b) 2.11 V, spontaneous.

The Nernst Equation (Sections 19.7)

19.56. 1×10^{-16} M **19.57.** $\frac{[Zn^{2+}]}{[Cu^{2+}]} = 10$ **19.58.** (a) 0.64 V; (b) 0.77 V; (c) −0.23 V; (d) −1.08 V **19.60.** $\frac{[Cd^{2+}]}{[Pb^{2+}]} = 1 \times 10^9$

Standard Cell Potetials and Equilibrium Constants (Section 19.8)

19.61. $K = 10^{\frac{nE°}{0.0592}}$ If E° is positive, the exponent is positive (because n is positive), and K is greater than 1. **19.62.** 6×10^{35} **19.63.** 6.3×10^8 **19.64.** 9×10^{-3}

Electrolysis (Sections 19.9–19.10)

19.66. (a)

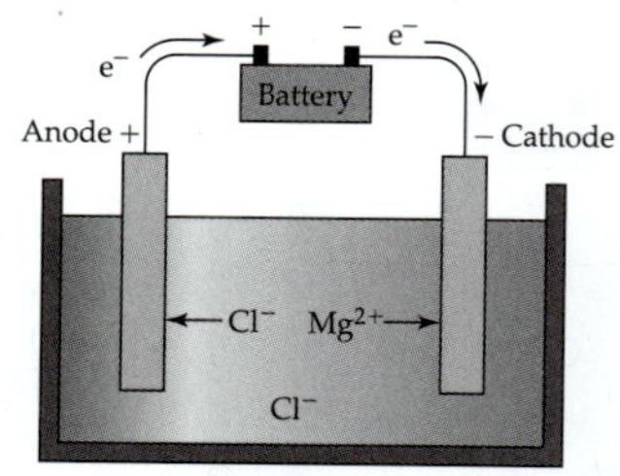

(b) anode: $2\ Cl^-(l) \rightarrow Cl_2(g) + 2\ e^-$
cathode: $Mg^{2+}(l) + 2\ e^- \rightarrow Mg(l)$
overall: $Mg^{2+}(l) + 2\ Cl^-(l) \rightarrow Mg(l) + Cl_2(g)$

19.67. Possible anode reactions:

$$2\ Cl^-(aq) \rightarrow Cl_2(g) + 2\ e^-$$
$$2\ H_2O(l) \rightarrow O_2(g) + 4\ H^+(aq) + 4\ e^-$$

Possible cathode reactions:

$$2\ H_2O(l) + 2\ e^- \rightarrow H_2(g) + 2\ OH^-(aq)$$
$$Mg^{2+}(aq) + 2\ e^- \rightarrow Mg(s)$$

Actual reactions:
anode: $2\ Cl^-(aq) \rightarrow Cl_2(g) + 2\ e^-$
cathode: $2\ H_2O(l) + 2\ e^- \rightarrow H_2(g) + 2\ OH^-(aq)$
This anode reaction takes place because of a high overvoltage for formation of gaseous O_2. This cathode reaction takes place because H_2O is easier to reduce than Mg^{2+}.

19.68. (a) NaBr
anode: $2\ Br^-(aq) \rightarrow Br_2(l) + 2\ e^-$
cathode: $2\ H_2O(l) + 2\ e^- \rightarrow H_2(g) + 2\ OH^-(aq)$
overall: $2\ H_2O(l) + 2\ Br^-(aq) \rightarrow Br_2(l) + H_2(g) + 2\ OH^-(aq)$
(b) $CuCl_2$
anode: $2\ Cl^-(aq) \rightarrow Cl_2(g) + 2\ e^-$
cathode: $Cu^{2+}(aq) + 2\ e^- \rightarrow Cu(s)$
overall: $Cu^{2+}(aq) + 2\ Cl^-(aq) \rightarrow Cu(s) + Cl_2(g)$
(c) LiOH
anode: $4\ OH^-(aq) \rightarrow O_2(g) + 2\ H_2O(l) + 4\ e^-$
cathode: $4\ H_2O(l) + 4e^- \rightarrow 2\ H_2(g) + 4\ OH^-(aq)$
overall: $2\ H_2O\ (l) \rightarrow O_2(g) + 2\ H_2(g)$

19.69. 3.22 g **19.70.** 38.9 h, 4.87×10^5 L Cl_2 **19.72.** 62.6 min

CHAPTER 20

20.1. (a)

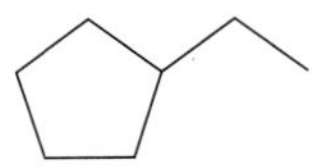

(b)

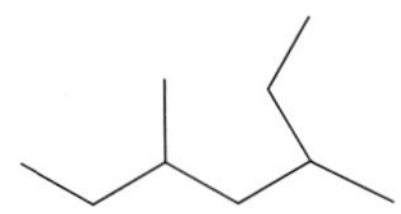

20.2. (a) C_8H_{16}; (b) C_7H_{16} **20.3.** Structures (a) and (c)

20.4.

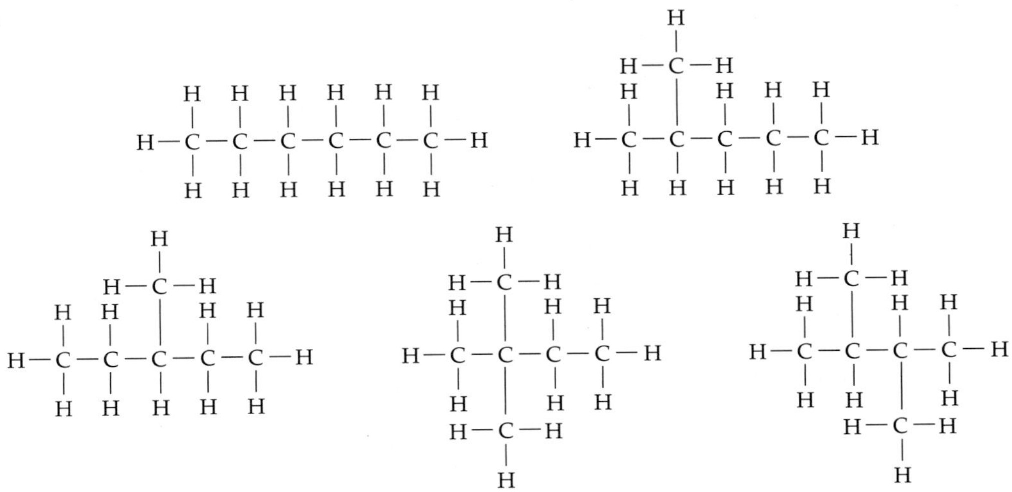

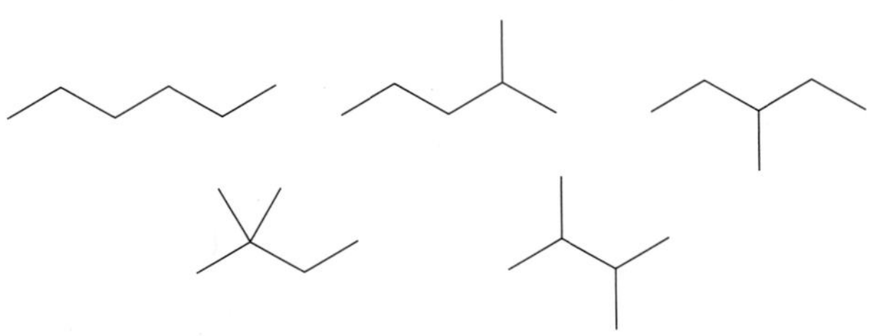

20.8. The molecule is unstable because the C—C bonds are relatively weak due to the less effective orbital overlap in a molecule with 60° bond angles.

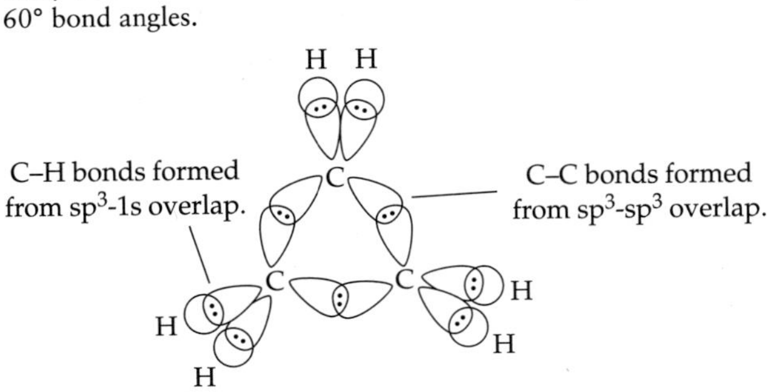

20.10.

(a)

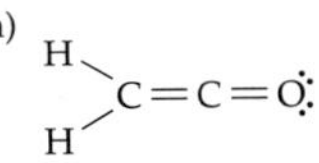

(b)

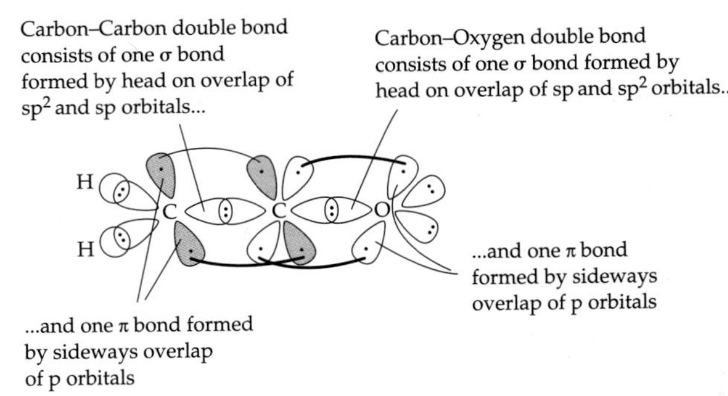

20.11. (a) Does not exhibit cis-trans isomerism; (b) The cis isomer was given in the problem. The structure for the trans isomer is:

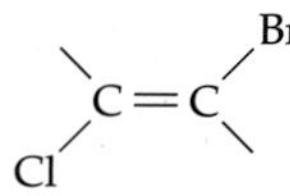

(c) Does not exhibit cis-trans isomerism.

20.12. (a) Fumaric acid is a trans isomer;
(b)

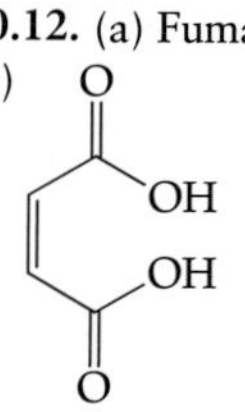

Maleic acid

(c) No, because succinic acid does not have a carbon–carbon double bond.

20.13.

(a) 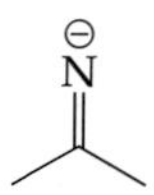 (b) 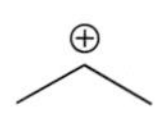 (c) 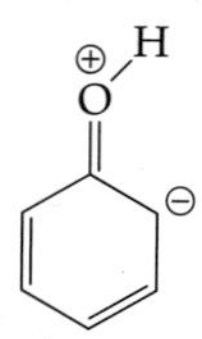

20.14.

(a) 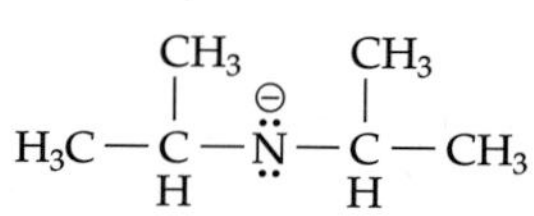

(b) 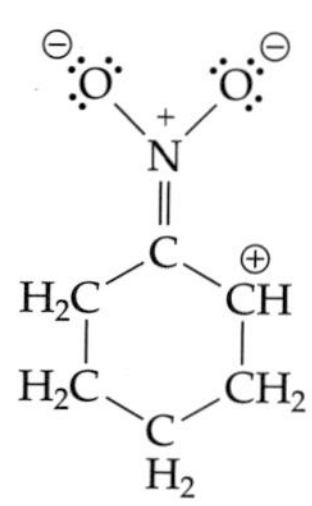

(c) 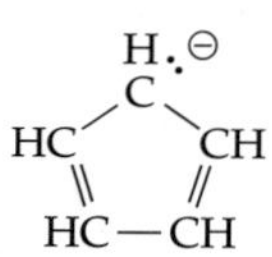

20.15.

(a) 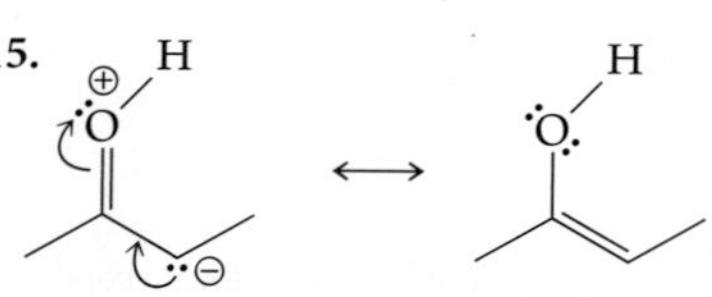

Preferred structure because formal charges are zero.

(b) 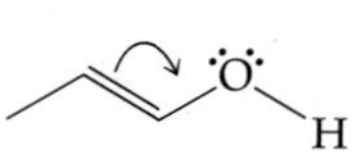

Moving electrons as indicated would result in an incorrect electron-dot structure because oxygen would have an expanded octet.

(c) 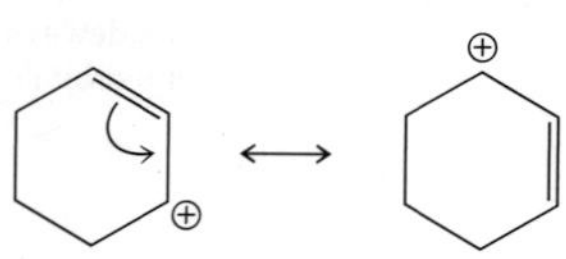

Both resonance structures are equivalent.

(d) 

Preferred resonance structure because negative formal charge is on more electronegative oxygen.

20.16. (a) 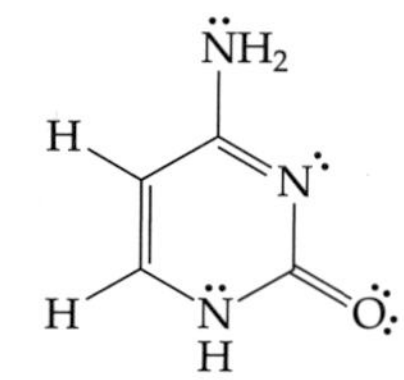 (b) 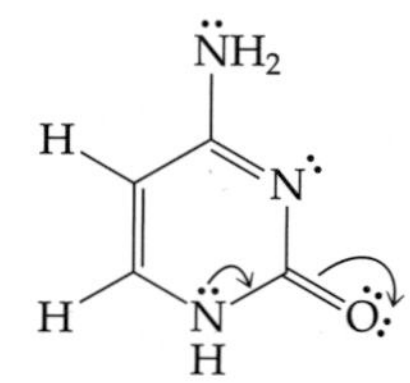

20.17.

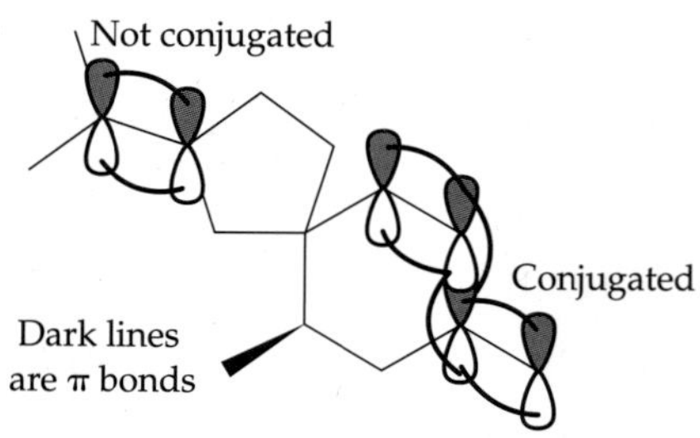

20.18. In the triple bond one of the π bonds is perpendicular to the other π bonds in the molecule. Therefore, it cannot have sideways overlap with the p orbitals that make up the other π bonds

20.19.

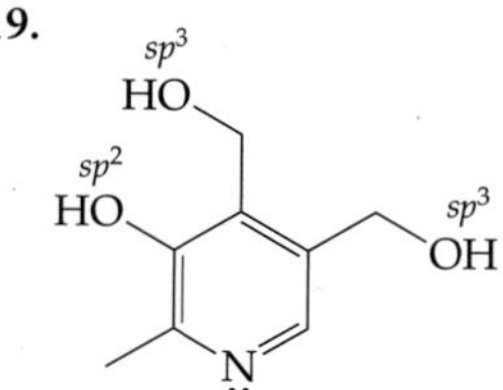

20.20.

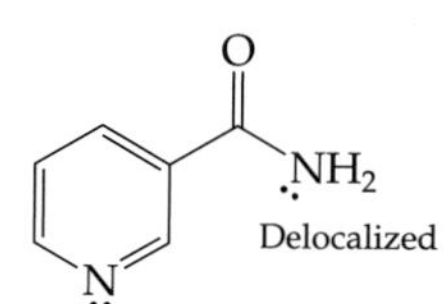

Localized because the electrons used to make π bonds are all in the same plane and delocalized. The lone pair of electrons is in an sp^2 hybrid orbital in a different plane.

Conceptual Problems

20.22. ester, aromatic ring, and amine

Section Problems

Organic Molecules and Constitutional Isomers (Section 20.1)

20.24. In a straight-chain alkane, all the carbons are connected in a row. In a branched-chain alkane, there are branching connections of carbons along the carbon chain.

Functional Groups (Section 20.2)

20.28. A functional group is a part of a larger molecule and is composed of an atom or group of atoms that has a characteristic chemical behavior. They are important because their chemistry controls the chemistry in molecules that contain them.

20.29.

(a) $CH_3CH_2\overset{O}{\overset{\|}{C}}CH_2CH_3$ (b) $CH_3CH_2CH_2\overset{O}{\overset{\|}{C}}OCH_2CH_3$ (c) $NH_2CH_2\overset{O}{\overset{\|}{C}}OH$

20.30. (a) 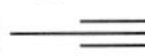 C_3H_4; (b) 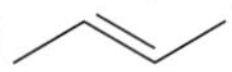 C_4H_8; (c) 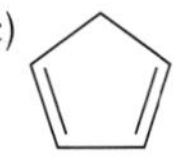 C_5H_6;

20.31.

$CH_2{=}C{=}CHCH_2CH_3$ $CH_2{=}CHCH{=}CHCH_3$ $CH_2{=}CHCH_2CH{=}CH_2$

$CH_3CH{=}C{=}CHCH_3$ $CH_2{=}\overset{CH_3}{\overset{|}{C}}CH{=}CH_2$ $CH_2{=}C{=}\overset{CH_3}{\overset{|}{C}}CH_3$

20.33. (a) 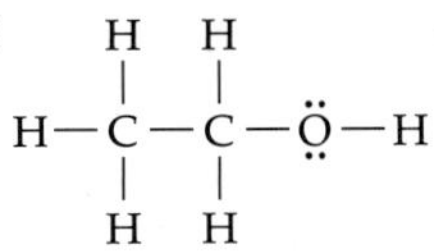 C_2H_6O;

(b) 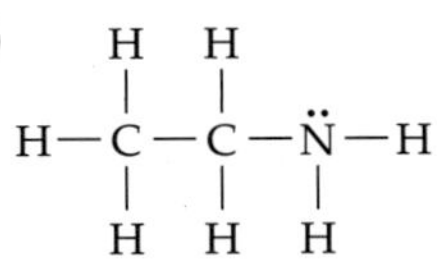 C_2H_7N; (c) 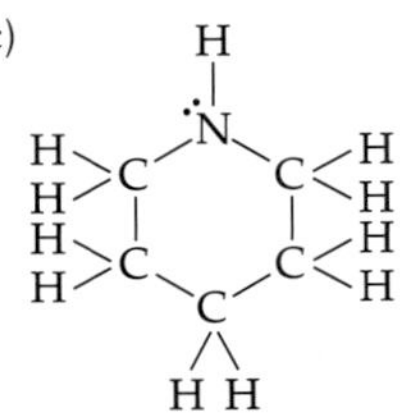 $C_5H_{11}N$;

(d) 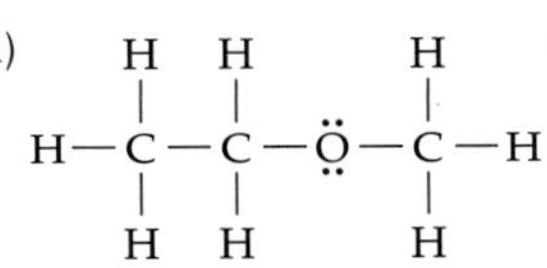 C_3H_8O;

(e) 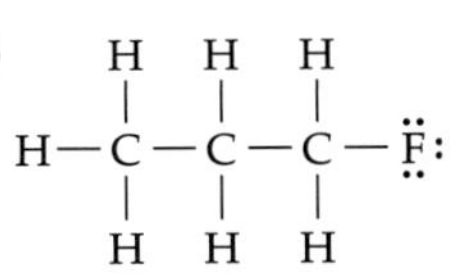 C_3H_7F; (f) 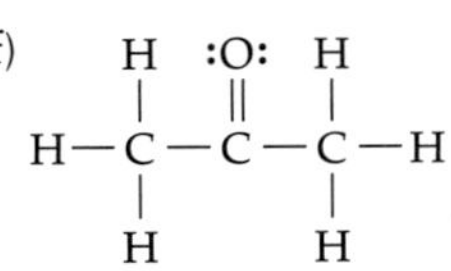 C_3H_6O

20.34. (a) 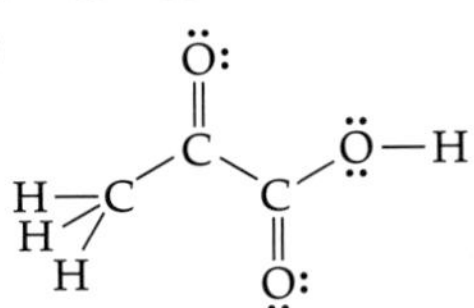 $C_3H_4O_3$;

(b) 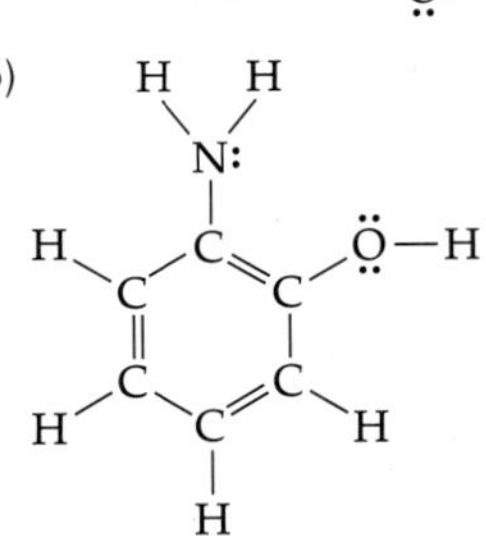 C_6H_7NO; (c) 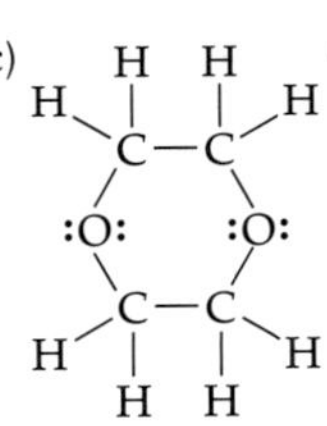 $C_4H_8O_2$

Valence Bond Theory, Cis–Trans Isomers (Section 20.3)

20.36. (a) All C—H bond angles are ~109.5°;

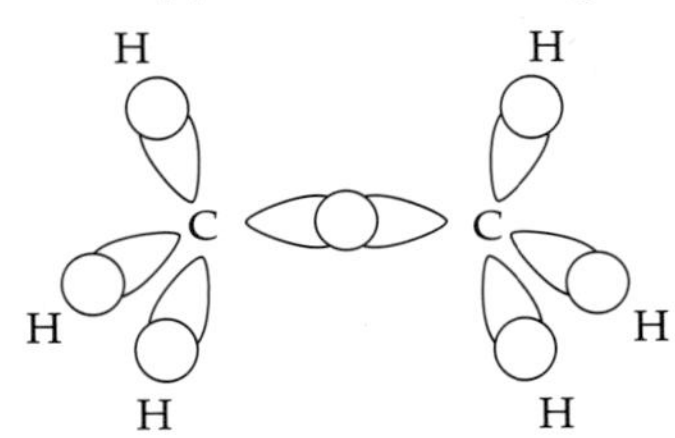

(b) Two C—H bond angles are ~120° and one is 90°;

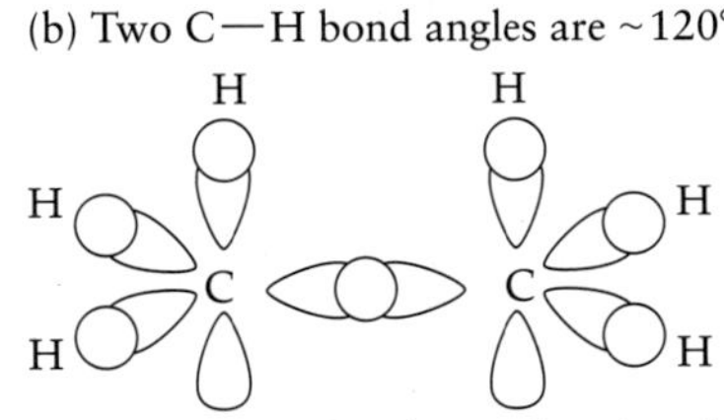

(c) In structure (b), the 90° bond angle introduces a larger repulsion and lower stability.

20.37.

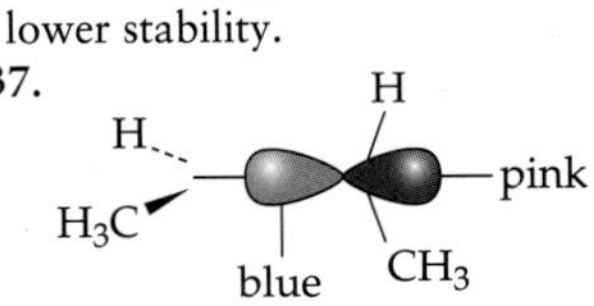

20.38.

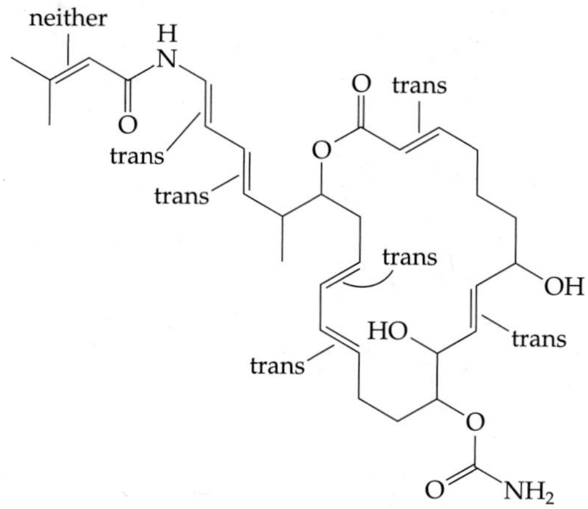

20.39. (b) 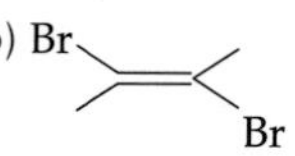 (c) 

20.40. (b) $CH_3CH{=}CHCH_2CH_2CH_3$; (c) $CH_3CH_2CH{=}CHCH_2CH_3$

Formal Charge and Resonance (Section 20.4)

20.41. (a)

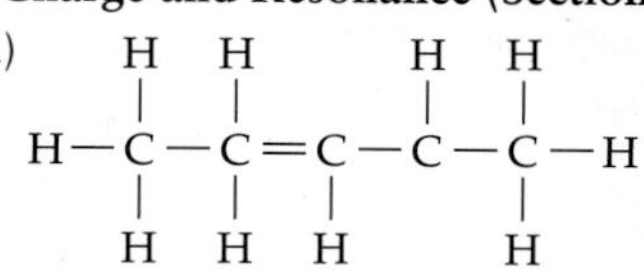

This structure is not valid because there are five bonds on the second carbon.

(b)

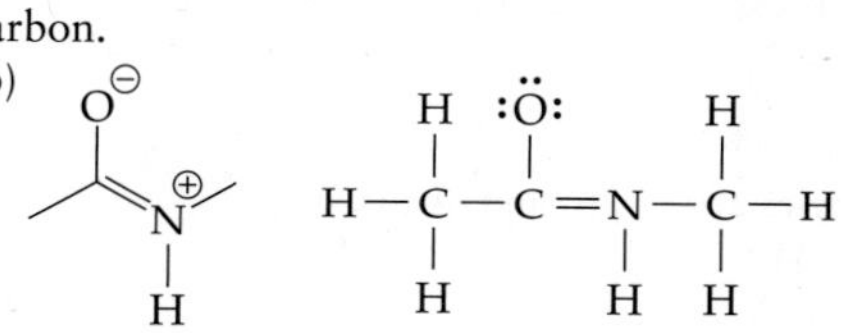

(c)

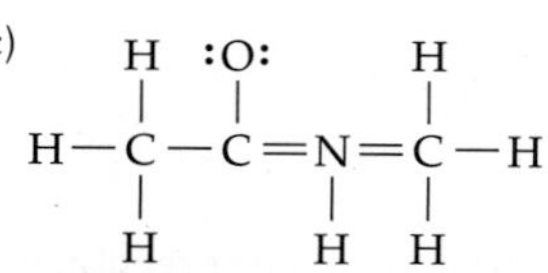

This structure is not valid because the nitrogen and one of the carbons bonded to it both have five bonds. The oxygen does not have a complete octet.

20.42. (a)

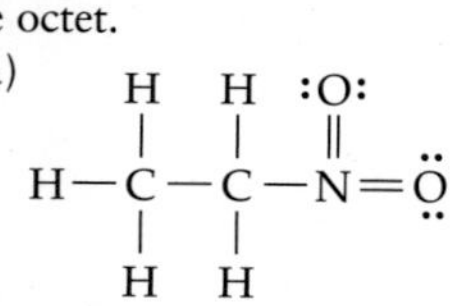

This structure is not valid because there are five bonds on the nitrogen.

(b)

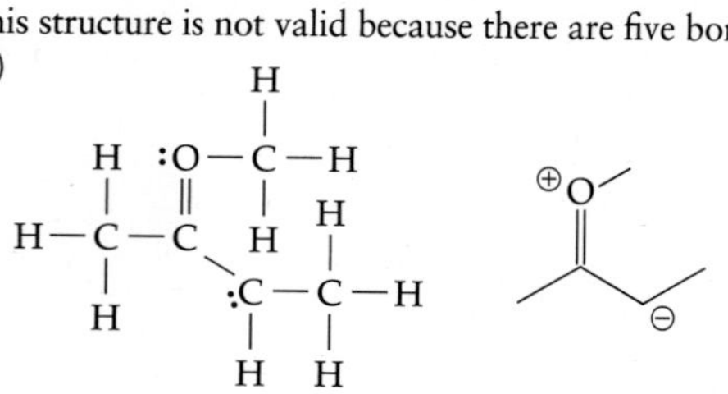

(c)

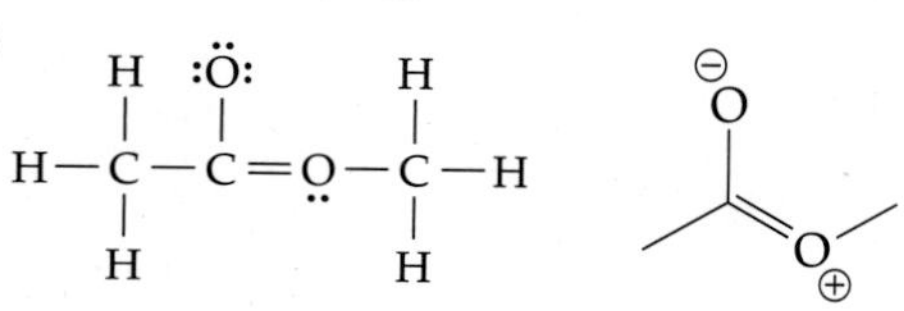

20.43. (a) 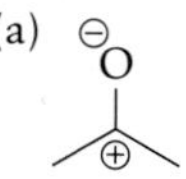 The original structure contributes more to the resonance hybrid because all formal charges are zero.

(b) 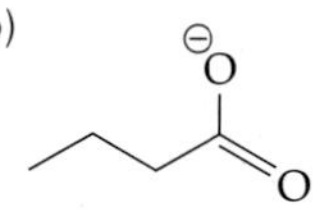 The two structures are identical and are equal contributors to the resonance hybrid.

20.44. (a) 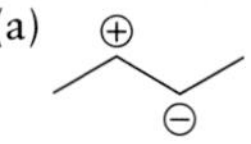 The original structure contributes more to the resonance hybrid because all formal charges are zero.

(b) 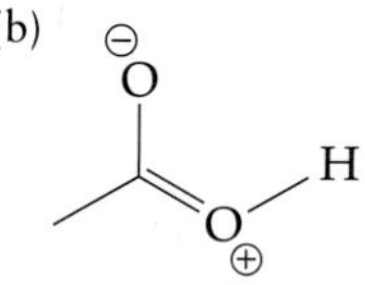 The original structure contributes more to the resonance hybrid because all formal charges are zero.

20.45. They are resonance structures.

20.46. (a) 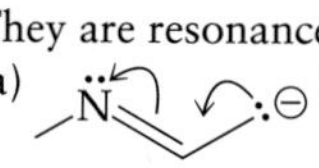 (b) 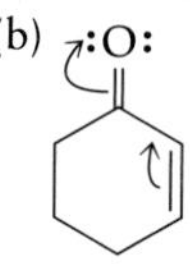

Conjugation Systems (Section 20.5)

20.47.

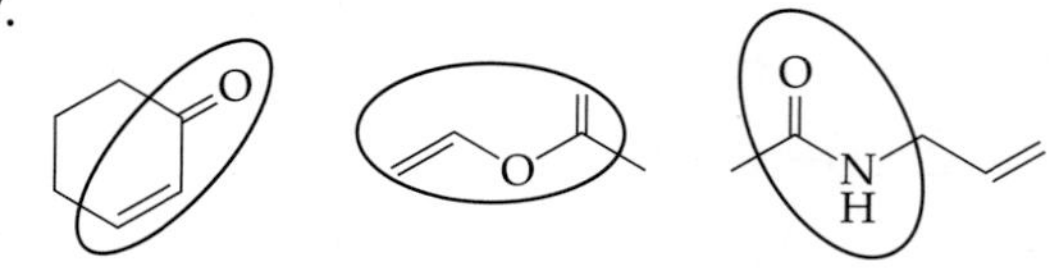

20.48.

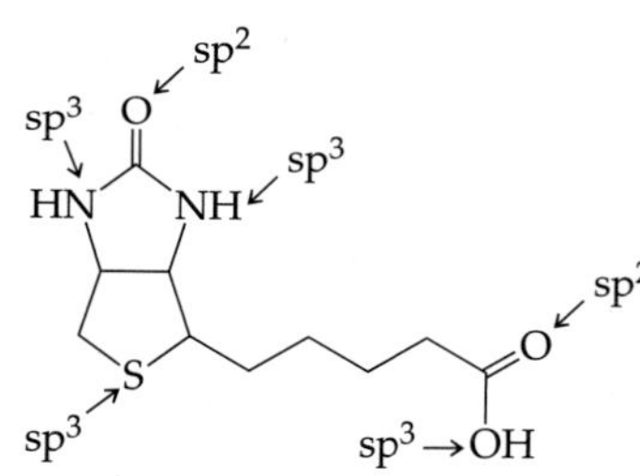

20.49.

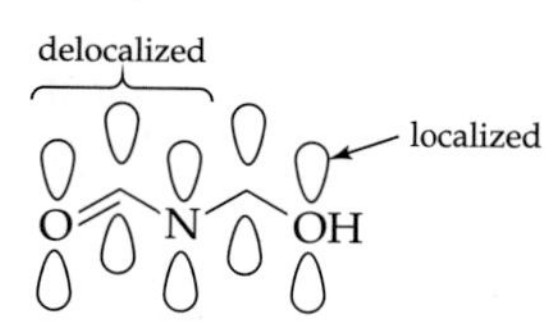

찾아보기

1몰(mole) 69
1차 반응(first-order reaction) 405
2차 반응(second-order reaction) 410
d-구역 원소(*d*-block element) 148
f-구역 원소(*f*-block element) 148
pH 적정 곡선(pH titration curve) 533
pH 척도(pH scale) 494
p-구역 원소(*p*-block element) 148
SI 단위(프랑스어로 Système Internationale d'Unités) 5
s-구역 원소(*s*-block element) 148
VSEPR 모형(VSEPR model) 224, 626

ㄱ

가지 달린 사슬 알케인(branched-chain alkane) 624
각운동량 양자수(angular momentum quantum number, l) 134
갈바니 전지(galvanic cells) 587
강산(strong acid) 102
강염기(strong base) 102
강전해질(strong electrolyte) 95
격자 에너지(lattice energy, U) 179
결정성 고체(crystalline solid) 342
결합 길이(bond length) 191
결합 전자쌍(bonding pair) 199
결합 차수(bond order) 193
결합 해리 에너지(bond dissociation energy, D) 192, 271
계(system) 251
고립 전자쌍(lone pair) 199
곧은 사슬 알케인(straight-chain alkane) 624
공명(resonance) 636
공명 이론(resonance theory) 209
공명 혼성(resonance hybrid) 210
공유 결합(covalent bond) 44
공유 결합(polar covalent bond) 194
공유성 그물 구조 고체(covalent network solid) 343
과전압(overpotential, overvoltage) 609
과학적 방법론 3
과학적 표기법(scientific notation) 6
구경꾼 이온(spectator ion) 97
구조식(structural formula) 46
균일 촉매(homogeneous catalyst) 428
그레이엄의 법칙(Graham's law) 309
금속 28
금속성 고체(metallic solid) 343
기전력(electromotive force, emf) 594
기체 상수(gas constant, R) 298
껍질(shell) 134

ㄴ

나노과학(nanoscience) 2
나노튜브(nanotube) 351
내부 에너지(internal energy, E) 251
내부 전이 금속족(inner transition metal group) 26
네른스트 식(Nernst equation) 602
뉴턴(newton, N) 289

ㄷ

다원자 이온(polyatomic ion) 48
단순 입방 쌓임(simple cubic packing) 344
단위 세포(unit cell) 345
단일 단계 반응(elementary reaction) 421
당량점(equivalence point) 534
대기압(atmospheric pressure) 289
돌턴의 부분 압력 법칙(Dalton's law of partial pressure) 304, 375
동소체(allotrope) 350
동위 원소(isotope) 39

ㄹ

라디칼(radical) 205
라울 법칙(Raoult's law) 372
란타넘족(lanthanides) 26
러더퍼드의 원자핵 모형(Rutherford's nuclear model) 130
런던 분산력(London dispersion force) 236
루이스 구조(Lewis structure) 198
루이스 산 510
루이스 염기 510
르샤틀리에 원리 462

ㅁ

마디(node) 138
면심 입방 단위 세포(face-centered cubic unit cell) 346
몰농도(molarity) 90, 363
몰랄 농도(molality) 365
몰랄 어는점 내림 상수(molal freezing-point-depression constant, K_f) 378
몰분율(mole fraction, X) 304
몰열용량(molar heat capacity, C_m) 264
몰질량(molar mass) 42
물리적 성질(physical property) 27
물의 이온곱 상수(ion-product constant for water) 492
물의 해리(dissociation of water) 492

미분화(degenerate) 144

ㅂ

바닥 상태 전자 배치(ground-state electron configuration) 144, 162
반감기(half-life) 409
반데르발스 힘(van der Waals force) 235
반도체(semiconductor) 29
반응 메커니즘(reaction mechanism) 421
반응 속도(reaction rate) 395
반응열(heat of reaction) 257
반응 중간체(reaction intermediate) 423
반응 지수(reaction quotient) 455, 602
반응 차수(reaction order) 400
반쪽 반응(half-reaction) 113, 583
반쪽 반응법(half-reaction method) 582
반트호프 인자(van't Hoff factor, *i*) 373
발머-뤼드베리 식 132
발열(exothermic) 261
배수 비례 법칙(law of multiple proportion) 32
배위 공유 결합(coordinate covalent bond) 201
보일 법칙(Boyle's law) 293
복사 에너지(radiant energy) 124
부껍질(subshell) 135
분광학(spectroscopy) 124
분자(molecule) 44
분자간 힘(intermolecular force) 235
분자도(molecularity) 423
분자량(molecular weight) 68
분자 반응식(molecular equation) 97
분자성 고체(molecular solid) 343
분자식(molecular formula) 79
분자 운동론(kinetic molecular theory) 306, 324
분출(effusion) 309
불균일 촉매(heterogeneous catalyst) 428
불균일 평형(heterogeneous equilibrium) 451
브뢴스테드-로리 이론(Brønsted-Lowry theory) 484
비결정성 고체(amorphous solid) 342
비금속 29
비열(specific heat, *c*) 264
비전해질(nonelectrolyte) 95
비활성 기체 28

ㅅ

산(acid) 101
산소산(oxoacid, oxyacid) 103
산소산 음이온(oxoanion, oxyanion) 103
산-염기 중화 반응(acid-base neutralization reaction) 96
산-염기 지시약(acid-base indicator) 496
산 해리 상수(acid-dissociation constant) 499
산화(oxidation) 109
산화수(oxidation number) 110
산화 전극(anode) 589
산화제(oxidizing agent) 113, 588
산화-환원 반응(oxidation-reduction reaction, redox reaction) 2, 97
삼분자 반응(termolecular reaction) 423
삼양성자산(triprotic acid) 102
삼중 결합(triple bond) 201
삼중수소(tritium) 39
삼중점(triple point) 332
삼투(osmosis) 379
상도표(phase diagram) 331
상변화(phase change) 327
상태 변화(change of state) 327
상태 함수(state function) 252
생화학(biochemistry) 624
샤를 법칙(Charles's law) 294
선 스펙트럼(line spectrum) 130
성질(property) 27
세기 성질(intensive property) 27
속도 결정 단계(rate-determining step) 425
속도 법칙(rate law) 399
속도 상수(rate constant) 399
수득량(yield) 73
수득 백분율(percent yield) 73
수소 결합(hydrogen bond) 239
스핀 양자수(spin quantum number, m_s) 142
승화(sublimation) 262
시스-트랜스 이성질체(cis-trans isomer) 634
실험식(empirical formula) 79
쌍극자(dipole) 232
쌍극자 모멘트(dipole moment) 196, 232
쌓음 원리(aufbau principle) 144, 162

ㅇ

아레니우스 도시(Arrhenius plot) 418
아레니우스 식(Arrhenius equation) 417
아보가드로 법칙(Avogadro's law) 295
아보가드로수(Avogadro's number) 42, 69
악티늄족(actinides) 26
알짜 이온 반응식(net ionic equation) 97
알카인(alkyne) 630
알칼리 금속 27
알칼리 토금속 27
알케인(alkane) 624
알켄(alkene) 630
알파(α) 입자 36
압력 289
압력계(manometer) 323
약산(weak acid) 102
약염기(weak base) 102
약전해질(weak electrolyte) 95
양성자(proton) 37, 38
양이온(cation) 48
양자수(quantum number) 134
에너지 보존 법칙(conservation of energy law) 250
엔탈피(enthalpy, *H*) 257
엔탈피 변화(enthalpy change, Δ*H*) 257
엔트로피(entropy) 274, 548
연료 전지(fuel cell) 2

연소 분석(combustion analysis) 81
열량계(calorimeter) 263
열역학(thermodynamics) 274, 546
열역학적 표준 상태(thermodynamic standard state) 259
열역학 제1법칙(the first law of thermodynamics) 251, 555
열역학 제2법칙 555
열역학 제3법칙(third law of thermodynamics) 551
열용량(heat capacity, C) 263
열화학(thermochemistry) 250
열화학 반응식(thermochemical equation) 258
염(salt) 104
염기(base) 101
염기 해리 상수(base-dissociation constant) 506
염다리(salt bridge) 589
오비탈(orbital) 134
옥소 음이온(oxoanion) 52
완충 용액(buffer solution) 529
용매(solvent) 359
용액 358
용융열(heat of fusion, $\Delta H_{용융}$) 329
용질(solute) 90, 359
용해도(solubility) 98
용해도곱(solubility product) 534
용해 엔탈피($\Delta H_{용해}$) 360
용해 엔트로피(entropy of solution) 362
운동 에너지(kinetic energy, E_K) 250
원소(element) 22
원시 입방 단위 세포(primitive-cubic unit cell) 345
원자(atom) 22
원자가 껍질 전자쌍 반발 모형[valence-shell electron pair repulsion (VSEPR) model] 224
원자량(atomic weight) 24, 41, 69
원자 반지름(radii of atom) 165
원자 번호(atomic number, Z) 38
원자 질량(atomic mass) 41
위상(phase) 138
유기 화학(organic chemistry) 46, 624
유기 화합물(organic compound) 207
유효 숫자(significant figure) 8
유효 핵전하(effective nuclear charge, Z_{eff}) 143, 166
육방 조밀 쌓임(hexagonal closest-packing) 344
음이온(anion) 48
이분자 반응(bimolecular reaction) 423
이상 기체(ideal gas) 293
이상 기체 법칙(ideal gas law) 298
이양성자산(diprotic acid) 102
이온(ion) 47
이온 결합(ionic bond) 47, 175
이온곱 538
이온 반응식(ionic equation) 97
이온성 고체(ionic solid) 48, 176, 343
이온–쌍극자 힘(ion-dipole force) 241
이온화 에너지(ionization energy, E_i) 167
이원자(diatomic) 46
이중 결합(double bond) 200
일(work, w) 253
일분자 반응(unimolecular reaction) 423
일양성자산(monoprotic acid) 102
일정 성분비 법칙(law of definite proportion) 32
임계점(critical point) 332
입방 조밀 쌓임(cubic closest-packing) 344

ㅈ

자기 양자수(magnetic quantum number, m_l) 135
자발적 과정(spontaneous process) 274
자발적인 과정(spontaneous process) 546
자유 라디칼(free radical) 205
자유 에너지(free energy) 557
자유 에너지 변화(standard free-energy change, ΔG) 594
작용기(functional group) 629
적분 속도 법칙(integrated rate law) 405
적정(titration) 107, 363
전극(electrode) 589
전기 분해(electrolysis) 608
전기 음성도(electronegativity) 194
전기 화학(electrochemistry) 582
전기 화학 전지(electrochemical cells) 587
전이 금속족(transition metal group) 26
전이 상태(transition state) 415
전자(electron) 34
전자 결핍(electron deficient) 202
전자기 복사(electromagnetic radiation) 124
전자기 스펙트럼(electromagnetic spectrum) 124
전자 바다 모형(electron-sea model) 352
전자 배치(electron configuration) 144
전자점 구조(electron-dot structure) 198
전자 친화도(electron affinity) 172
전지(배터리, battery) 582
전지 전압(cell voltage) 594
전지 전위(cell potential, E) 594
전하(electrical charge) 35
전해 전지(electrolytic cell) 587
전해질(electrolyte) 95
점도(viscosity) 322
정밀도(precision) 8
정확도(accuracy) 8
조성(composition) 78
조성 백분율(percent composition) 78
족(group) 25
주기(period) 25
주기율표(periodic table) 23
주양자수(principal quantum number, n) 134
주위(surroundings) 251
주족(main group) 26
준금속 29
중성자(neutron) 37
중수소(deuterium) 39
중화 반응 104

증기 압력(vapor pressure) 323, 372
증발열(heat of vaporization, $\Delta H_{증발}$) 325, 330
진동수(frequency) 126
진동수 인자(frequency factor) 417
진폭(amplitude) 126
질량 백분율(mass percent) 364
질량 보존 법칙(law of mass conservation) 31
질량수(mass number) 39
짝산(conjugated acid) 485
짝산-염기쌍(conjugate acid-base pairs) 484
짝염기(conjugated base) 485

ㅊ

차원 분석법(dimensional-analysis method) 12
체심 입방 단위 세포(body-centered cubic unit cell) 346
체심 입방 쌓임(body-centered cubic packing) 344
초기 속도 방법(method of initial rate) 401
초임계 유체(supercritical fluid) 333
촉매(catalyst) 2
총괄성 (colligative property) 371
축약 구조식(condensed structure) 625
충돌 이론(collision theory) 414
침전 반응(precipitation reaction) 96

ㅋ

카보닐기(carbonyl group) 631
콘쥬게이션 계(conjugation system) 641
콜로이드 358
쿨롱(coulomb) 35
크기 성질(extensive property) 27, 264
클라우시우스-클라페이론 식(Clausius-Clapeyron equation) 325

ㅌ

탄화수소(hydrocarbon) 624
통합 원자 질량 단위(unified atomic mass unit, u) 40

ㅍ

파동 방정식(wave equation) 134
파동 함수(wave function) 134
파스칼(pascal, Pa) 289
파울리 배타 원리(Pauli exclusion principle) 142
파장(wavelength) 126
팔전자 규칙(octet rule) 174
패러데이 상수(Faraday constant) 594
팽창 일 253
퍼텐셜 에너지(potential energy) 250
편극도(polarizability) 237
평형 상수 K_c(equilibrium constant, K_c) 444
평형 상수 K_p(equilibrium constant, K_p) 448
평형 상수식(equilibrium-constant expression) 444
평형 혼합물(equilibrium mixture) 440
표면 장력(surface tension) 322
표준 몰부피(standard molar volume) 296
표준 몰 엔트로피(standard molar entropy) 552
표준 반응 엔탈피(standard enthalpy of reaction) 259
표준 반응 엔트로피(standard entropy of reaction, $\Delta S°$) 553
표준 생성열(standard heat of formation, $\Delta H°_f$) 269
표준 생성 자유 에너지(standard free energy of formation, $\Delta G°_f$) 562
표준 수소 전극(standard hydrogen electrode) 596
표준 자유 에너지 변화(free-energy change, $\Delta G°$) 560
표준 전극 전위(standard electrode potential) 598
표준 전지 전위(standard cell potential, $E°$) 595
표준 환원 전위(standard reduction potential) 597
프로튬(protium) 39
플랑크 가설 127

ㅎ

한계 반응물(limiting reactant) 75
할로젠 28
해리 백분율(percent dissociation) 505
핵(nucleus) 37
헤르츠(hertz) 126
헤스 법칙(Hess's law) 267
헨리 법칙(Henry's law) 370
형식 전하(formal charge) 212, 636
혼합물(mixture) 43, 303
화학 결합(chemical bond) 44, 162
화학량론(stoichiometry) 70
화학 반응(chemical reaction) 64
화학 반응 속도론(chemical kinetics) 394
화학 반응식(chemical equation) 31
화학식(chemical formula) 31
화학식 단위(formula unit) 65
화학식량(formula weight) 69
화학적 성질(chemical property) 27
화학 평형(chemical equilibrium) 95, 440
화합물(chemical compound) 30, 44
확산(diffusion) 309
확장 팔전자(expanded octet) 202
환산 인자(conversion factor) 12
환원(reduction) 109
환원 전극(cathode) 589
환원제(reducing agent) 113, 588
활동도 서열(activity series) 115
활성화 에너지(activation energy, E_a) 415
훈트 규칙(Hund's rule) 145
흡열(endothermic) 261

화학교재연구회 (번역)

강동진 · 강미숙 · 강영종 · 강위경 · 곽지훈 · 김경찬 · 김도희 · 김동욱 · 김두리 · 김미라 · 김민경 · 김상헌 · 김선환
김성곤 · 김수연 · 김승준 · 김영수 · 김영일 · 김운중 · 김자헌 · 김종식 · 김종훈 · 김지영 · 김 철 · 김학준 · 김현주
김효준 · 남궁미옥 · 남기평 · 노재근 · 명승운 · 박 현 · 박명기 · 박영태 · 박종식 · 박현호 · 배상수 · 배재영 · 백경수
변창규 · 송재희 · 송현민 · 신권수 · 신승훈 · 신웅희 · 신은주 · 신익수 · 심상덕 · 양진국 · 윤국노 · 윤미경 · 윤석준
윤소원 · 윤영상 · 윤태현 · 이경림 · 이삼근 · 이성광 · 이승호 · 이영희 · 이윤경 · 이인호 · 이재욱 · 이종대 · 이주운
이진호 · 이창섭 · 이효성 · 임은희 · 임춘우 · 임홍철 · 장낙한 · 장진호 · 장효원 · 전근호 · 정 현 · 정대일 · 정병서
정종진 · 정진갑 · 정회일 · 조남준 · 조대원 · 조승구 · 조정환 · 조현우 · 주상우 · 채영기 · 최대옥 · 최성호 · 최원호
최효성 · 표명호 · 하동수 · 하영근 · 한진욱 · Victor Sukbong Hong · 황정숙

화학교재연구회 (감수)

강상욱 · 권도균 · 권성학 · 권오형 · 김봉수 · 김영식 · 김영준 · 김원준 · 김유영 · 김호태 · 김희준 · 명노승 · 박건용
박동호 · 박준동 · 박지애 · 박진균 · 박희억 · 박희준 · 방대석 · 백대진 · 봉필훈 · 서동철 · 서문규 · 송양헌 · 송정환
안철진 · 양영석 · 오일환 · 원태진 · 윤관한 · 이경구 · 이상명 · 이상철 · 이원호 · 이은석 · 이종호 · 이준희 · 이해성
이희영 · 임재민 · 장의순 · 장지웅 · 장진해 · 전석진 · 전영진 · 정경혜 · 정윤성 · 정인찬 · 정현민 · 조동환 · 조봉래
조성기 · 지광환 · 최이준 · 한혜철 · 홍성엽 · 홍인석

감수 및 편수: 전종호 · 정병서

핵심일반화학 제8판

| 저 자 Robinson · McMurry · Fay
| 역 자 화학교재연구회
| 발 행 인 김지영
| 발 행 처 자유아카데미
| 주 소 경기도 파주시 회동길 37-42
파주출판도시
| 전 화 031-955-1321
| 팩 스 031-955-1322
| 전자우편 main@freeaca.com(대표)
editor@freeaca.com(편집)
crm@freeaca.com(영업)
| 홈페이지 www.freeaca.com
| 등 록 제406-2003-017호, 1980. 7. 12
| 제8판1쇄 2020년 3월 5일 발행
| 제8판7쇄 2026년 2월 15일 발행
| 정 가 39,000원

PEARSON www.pearsonhighered.com

Printed in Korea
ISBN 979-11-5808-249-9 93430

Useful Conversion Factors and Relationships

Length
SI unit: meter (m)

$1\ \text{km} = 10^3\ \text{m} = 0.621\ 37\ \text{mi}$
$1\ \text{mi} = 5280\ \text{ft} = 1760\ \text{yd} = 1.6093\ \text{km}$
$1\ \text{m} = 10^2\ \text{cm} = 1.0936\ \text{yd}$
$1\ \text{in.} = 2.54\ \text{cm}$ (exactly)
$1\ \text{cm} = 0.393\ 70\ \text{in.}$
$1\ \text{Å} = 10^{-10}\ \text{m} = 100\ \text{pm}$

Mass
SI unit: kilogram (kg)

$1\ \text{kg} = 10^3\ \text{g} = 2.2046\ \text{lb}$
$1\ \text{lb} = 16\ \text{oz} = 453.59\ \text{g}$
$1\ \text{oz} = 28.35\ \text{g}$
$1\ \text{ton} = 2000\ \text{lb} = 907.185\ \text{kg}$
$1\ \text{metric ton} = 10^3\ \text{kg} = 1.102\ \text{tons}$
$1\ \text{u} = 1.660\ 54 \times 10^{-27}\ \text{kg}$

Temperature
SI unit: kelvin (K)

$0\ \text{K} = -273.15\ °\text{C} = -459.67\ °\text{F}$
$\text{K} = °\text{C} + 273.15$
$°\text{C} = \frac{5}{9}\,(°\text{F} - 32)$
$°\text{F} = \frac{9}{5}\,(°\text{C}) + 32$

Energy (derived)
SI unit: joule (J)

$1\ \text{J} = 1\ (\text{kg} \cdot \text{m}^2)/\text{s}^2 = 0.239\ 01\ \text{cal}$
$= 1\ \text{C} \times 1\ \text{V}$
$1\ \text{cal} = 4.184\ \text{J}$ (exactly)
$1\ \text{eV} = 1.602\ 176 \times 10^{-19}\ \text{J}$
$1\ \text{MeV} = 1.602\ 176 \times 10^{-13}\ \text{J}$
$1\ \text{kWh} = 3.600 \times 10^6\ \text{J}$
$1\ \text{Btu} = 1055\ \text{J}$

Pressure (derived)
SI unit: pascal (Pa)

$1\ \text{Pa} = 1\ \text{N/m}^2 = 1\ \text{kg/(m} \cdot \text{s}^2)$
$1\ \text{atm} = 101{,}325\ \text{Pa} = 1.013\ 25\ \text{bar}$
$= 760\ \text{mm Hg (torr)}$
$= 14.70\ \text{lb/in.}^2$
$1\ \text{bar} = 10^5\ \text{Pa}$

Volume (derived)
SI unit: cubic meter (m^3)

$1\ \text{L} = 10^{-3}\ \text{m}^3 = 1\ \text{dm}^3 = 10^3\ \text{cm}^3$
$= 1.0567\ \text{qt}$
$1\ \text{gal} = 4\ \text{qt} = 3.7854\ \text{L}$
$1\ \text{cm}^3 = 1\ \text{mL}$
$1\ \text{in.}^3 = 16.4\ \text{cm}^3$

Fundamental Constants

Atomic mass unit	1 u	$= 1.660\ 539 \times 10^{-27}$ kg
	1 g	$= 6.022\ 141 \times 10^{23}$ u
Avogadro's number	N_A	$= 6.022\ 141 \times 10^{23}$/mol
Boltzmann's constant	k	$= 1.380\ 649 \times 10^{-23}$ J/K
Electron charge	$-e$	$= -1.602\ 177 \times 10^{-19}$ C
Electron charge-to-mass ratio	$-e/m_e$	$= -1.758\ 820 \times 10^{11}$ C/kg
Electron mass	m_e	$= 5.485\ 798 \times 10^{-4}$ u
		$= 9.109\ 383 \times 10^{-31}$ kg
Elementary charge	e	$= 1.602\ 177 \times 10^{-19}$ C
Faraday's constant	F	$= 9.648\ 534 \times 10^{4}$ C/mol
Gas constant	R	$= 8.314\ 462$ J/(mol · K)
		$= 0.082\ 058\ 1$ (L · atm)/(mol · K)
Neutron mass	m_n	$= 1.008\ 665$ u
		$= 1.674\ 927 \times 10^{-27}$ kg
Pi	π	$= 3.141\ 592\ 6536$
Planck's constant	h	$= 6.626\ 069\ 57 \times 10^{-34}$ J · s
Proton mass	m_p	$= 1.007\ 276$ u
		$= 1.672\ 622 \times 10^{-27}$ kg
Rydberg constant	R_∞	$= 1.097\ 373 \times 10^{7}$/m
Speed of light	c	$= 2.997\ 924\ 58 \times 10^{8}$ m/s

Index of Important Information

Subject	Table/Figure	Page
Acid-dissociation constants for hydrated metal cations	Table C.2	A-15
Acid-dissociation constants for weak acids	Table C.1	A-14
Activity series of the elements	Table 4.5	142
Air composition	Table 10.1	375
Amino acid structures	Figure 23.13	1036
Atomic radii	Figure 5.26	193
Average bond lengths	Table 7.1	240
Average bond dissociation energies	Table 7.2	241
Base-dissociation constants	Table C.3	A-15
Binary hydrides of main-group elements	Figure 22.4	960
Density of water at different temperatures	Figure 1.9	13
Dissociation constants for polyprotic acids	Table 16.3	679
Electron affinities	Figure 6.6	219
Electron configurations	Figure 5.24	190
Electronegativities	Figure 7.4	243
Elemental abundances	Figure 22.1	955
Formation constants for complex ions	Table C.6	A-17
Functional groups in organic molecules	Table 23.1	1012
Ionization energies	Figure 6.4	214
Ionization energies (higher)	Table 6.2	217
Isomer classification scheme	Figure 21.11	921
Lattice energies	Table 6.3	226
Main-group cations and anions	Figure 2.17	64
Molecular geometry and VSEPR	Table 8.1	285
Oxides of main-group elements	Figure 22.16	983
pH values for some common substances	Figure 16.4	667
Polyatomic ions	Table 2.5	66
Prefixes for multiples of SI units	Table 1.2	6
Properties of water	Appendix E	A-20
Radioactive decay processes	Table 20.1	874
Separation of metal cations in qualitative analysis	Figure 17.18	752
Solubility product constants (K_{sp})	Table C.4	A-15–A-16
Solubility product constants in acid (K_{spa})	Table C.5	A-16
Standard reduction potentials	Appendix D	A-18-A-19
Thermodynamic properties of inorganic substances	Table B.1	A-9-A-12
Thermodynamic properties of organic substances	Table B.2	A-13
Transition metal ions	Figure 2.18	64
Vapor pressure of water at various temperatures	Table 11.2	426